Embryologie
3. Auflage

Embryologie

Ein Lehrbuch auf allgemein biologischer Grundlage

Von Dietrich Starck

3., neubearbeitete und erweiterte Auflage
568 zum Teil mehrfarbige Abbildungen
und ein Tabellenanhang

Georg Thieme Verlag Stuttgart 1975

Dietrich Starck, Dr. med. Dr. phil. h.c., Professor der Anatomie an der Universität Frankfurt am Main, Theodor-Stern-Kai 7

1. Auflage 1955
2. Auflage 1965

Diejenigen Bezeichnungen, die zugleich eingetragene Warenzeichen sind, wurden *nicht* besonders kenntlich gemacht. Es kann also aus der Bezeichnung einer Ware mit dem für diese eingetragenen Warenzeichen nicht geschlossen werden, daß die Bezeichnung ein freier Warenname ist. Ebensowenig ist zu entnehmen, ob Patente oder Gebrauchsmuster vorliegen.

Alle Rechte, insbesondere das Recht der Vervielfältigung und Verbreitung sowie der Übersetzung, vorbehalten. Kein Teil des Werkes darf in irgendeiner Form (durch Photokopie, Mikrofilm oder ein anderes Verfahren) ohne schriftliche Genehmigung des Verlages reproduziert oder unter Verwendung elektronischer Systeme verarbeitet, vervielfältigt oder verbreitet werden.

© 1955, 1975 Georg Thieme Verlag, D–7000 Stuttgart 63, Postfach 732 – Printed in Germany – Satz und Druck: H. Laupp jr, Tübingen

ISBN: 3 13 406503 7

In Dankbarkeit gewidmet
dem Andenken meiner Lehrmeister
H. Bluntschli, O. Veit
und J. Versluys

Vorwort zur 3. Auflage

In der vorliegenden dritten Auflage sind zahlreiche Kapitel überarbeitet und ergänzt worden. Insbesondere mußten in knapper Form die neuen Einsichten in die kausale Teratogenese eingefügt werden. Eine Anzahl von Abbildungen wurde durch bessere Vorlagen ersetzt. Der Umfang des Buches konnte im ganzen beibehalten werden.

Die erhebliche Erschwerung der Arbeitsbedingungen an den Universitäten in den letzten Jahren hat es mit sich gebracht, daß die Fertigstellung der 3. Auflage verzögert wurde. So mußte auch die Arbeit an den Korrekturen ohne Hilfe allein vorgenommen werden.

Herrn Prof. Dr. H. Frick, München, und Herrn Prof. W. Schmidt, Innsbruck, habe ich für Hinweise zu danken. Meiner Frau und meinen Kindern danke ich für Hilfe bei der Erstellung der Register. Mein Dank gilt wieder dem Verleger, Herrn Dr. G. Hauff und seinen Mitarbeitern für alle Mühe, die sie darauf verwandt haben, das Werk in der vorliegenden Form herauszubringen.

Frankfurt am Main
im Sommer 1974

D. Starck

Vorwort zur 1. Auflage

Es mag vermessen erscheinen, die Zahl der vorliegenden Lehrbücher der Embryologie durch ein neues Werk zu vermehren. Ein derartiges Vorhaben bedarf einer Begründung.

Während im deutschsprachigen Schrifttum kein Mangel an Lehrbüchern herrscht, welche die spezielle Organentwicklung des Menschen behandeln, fehlt ein Buch, das die neueren Ergebnisse der biologisch orientierten Entwicklungsgeschichte, insbesondere auch der Säugetiere, berücksichtigt. Entwicklungsgeschichtliche und entwicklungsphysiologische Fragestellungen gewinnen in ständig steigendem Ausmaß Bedeutung für allgemein biologische Fragestellungen, für Pathologie und Klinik. Dabei ist nicht in erster Linie an den erklärenden Wert der deskriptiven Embryologie für das Verständnis der formalen Genese gedacht. Eine dynamische Betrachtungsweise in Biologie und Medizin erkennt, daß letzten Endes alle Lebenserscheinungen Ausdruck morphogenetischer Prozesse sind oder mit solchen eng verkoppelt sind. Entwicklungsgeschichte kann aber nie sinnvoll als Entwicklung einer einzigen Organismenform betrieben werden. Die wesentlichen morphogenetischen Prozesse sind nur mit experimentellen Methoden erforschbar. Derartige Untersuchungen sind nur an niederen Wirbeltieren durchzuführen. Der Vergleich der Ontogeneseabläufe zahlreicher Formen ergab, daß ungeahnt verschiedenartige Modalitäten vorkommen. Die Ontogenesen selbst sind in der Stammesgeschichte abändernden Einflüssen unterworfen. Es gibt eine Evolution des Ontogeneseablaufes. Damit zusammenhängend sind zahlreiche Einzelvorgänge in der Ontogenese als Anpassungserscheinungen an bestimmte Bedingungen des Embryonallebens deutbar. Will man die Ontogenese einer Spezies, des Menschen, verstehen, so wird man diesen Tatbeständen Rechnung tragen müssen. Andererseits dürften aus einer derartigen Betrachtungsweise auch mannigfache Anregungen für die Entwicklungsphysiologie entspringen.

Die Entwicklungsphysiologie – so wie dieser Ausdruck heute meist verstanden wird – hat unter Führung von ROUX, SPEMANN, HARRISON u. v. a. vor allem die Bedingungen der Embryonalentwicklung, die Prozesse, welche zur Ausbildung eines Embryonalkörpers führen, in bewundernswerter Detailarbeit an Amphibien- und Seeigelkeim aufgeklärt. Es wird aber häufig übersehen, daß neben der Analyse der Frühentwicklung zahlreiche andere Probleme echte Entwicklungsphysiologie sind, Probleme, die neben eigener Fragestellung auch eine eigene Methodik entwickelt haben.

In diesem Zusammenhang sei vor allem auf das in den letzten Jahren so erfolgreich bearbeitete Gebiet der Beziehungen zwischen Keim und mütterlichem Organismus beim Säugetier hingewiesen. Es ist keine Frage, daß diese Probleme ebenfalls nur durch vergleichende und experimentelle Studien wirklich gefördert werden können. Das zunehmende Interesse an vergleichend embryologischen Forschungen an Säugetieren und die erfreulichen Ergebnisse derartiger Untersuchungen bestätigen diese Auffassung. Andererseits darf nicht übersehen werden, daß der Entwicklungsphysiologe, wenn er am Tritonkeim experimentiert, nicht die lebende Masse schlechthin untersucht. Jede Organismenart ist das Produkt eines langen evolutiven Prozesses, der sich in jeder Einzelontogenese manifestiert. Die Ausdehnung entwicklungsphysiologischer Untersuchungen auf zahlreiche Tierformen hat bereits mehrfach interessante und überraschende Ergebnisse gezeigt. Dennoch sind wir weit davon entfernt von einer vergleichenden Entwicklungsphysiologie als einem abgeschlossenen Lehrgebäude reden zu können.

Aus dem Gesagten ergibt sich, daß in vorliegendem Buch die allgemeine Entwicklungsgeschichte im Vordergrund steht. Dabei wurde der Versuch unternommen, vergleichende Embryologie und Entwicklungsphysiologie als Einheit zu behandeln. Der Nachdruck liegt überall auf den Forschungsresultaten, die für allgemeine Fragestellungen von besonderer Bedeutung sind. Spezielles wurde soweit eingefügt, daß eine Übersicht über die Grundzüge der Primitiventwicklung der Wirbeltiere im Ganzen möglich ist. Besonderer Wert wurde auf eine moderne Bearbeitung der Frühentwicklung der Säugetiere und des Menschen gelegt. Hierbei stand eine Berücksichtigung der entwicklungsphysiologischen Gesichtspunkte, besonders bei der Bearbeitung der fetomaternellen Beziehungen, im Vordergrund. Dies machte notwendig, zahlreiche Fragen der Fortpflanzungsbiologie, die im allgemeinen kaum in den Lehrbüchern der Embryologie berücksichtigt werden, einzubeziehen.

Die Betrachtung des Ontogeneseablaufes als eines einheitlichen Prozesses fordert weiterhin, einiges über die Ontogenesetypen, ihre evolutive Bedeutung und über die Postembryonalentwicklung einzufügen. Verf. hofft, daß dieser Abschnitt (A VIII) manchem Benutzer erwünscht sein wird. Ebenso mußten die Beziehungen zwischen Ontogenese und Stammesgeschichte (A VII) kurz analysiert werden. Wenn heute in Klinik und Pathologie Probleme wie Retardation, Fetalisation usw. Beachtung finden, kann auf eine kritische Stellungnahme hierzu in einem Lehrbuch der Embryologie nicht verzichtet werden.

Im zweiten Teil des Buches (spezielle Organentwicklung) stehen Kapitel, welche in besonderer Weise der entwicklungsphysiologischen Erforschung zugänglich sind (Nervensystem, Sinnesorgane) stark im Vordergrund. Demgegenüber beschränkt sich die Darstellung auf anderen Gebieten mehr auf eine allgemeine Übersicht. Aber auch bei der Besprechung der Organentwicklung wurde neuen Forschungsergebnissen weitgehend Rechnung getragen (periphere Gefäße, Skeletsystem). Neu dürfte eine eingehende Berücksichtigung des wichtigen Problems der Pigmentzellen sein.

Die Bearbeitung der Entwicklung des Zentralnervensystems basiert auf den klassischen Untersuchungen, führt aber zu einer von der üblichen Lehrbuchdarstellung stark abweichenden Auffassung über Gliederung und Organisation des nervösen Zentralorgans (Aufgabe des 3-Bläschen-Stadiums usw.), welche mit den entwicklungsphysiologischen Gegebenheiten (regionale Gliederung) in bestem Einklang steht.

Die Einbeziehung der Entwicklungsphysiologie führt von selbst zu einer Berücksichtigung der Mißbildungslehre. Auch auf diesem Gebiet wurde keine Vollständigkeit erstrebt, wohl aber eine sinnvolle Einordnung in das Gesamtbild. Es bedarf wohl kaum einer ausführlichen Begründung, daß die heute noch so häufig traditionell berücksichtigte Lehre von der spezifischen Bedeutung der „Keimblätter" endgültig eliminiert wurde. Die Beschreibung der Tatbestände der Organentwicklung sagt wenig aus über die Gesamtorganisation des Wirbeltierkörpers. Daher wurde zum Abschluß ein kurzes Kapitel über grundsätzliche Fragen der Organisation des Wirbeltierkörpers, besonders über das Kopfproblem, eingefügt. Naturgemäß muß ein derartiger Beitrag stark hypothetischen Charakter tragen. Trotzdem glaubte Verf., auf diesen Abschnitt nicht verzichten zu können, da in ihm nicht nur eine Zusammenfassung der Einzelbefunde gegeben wird, sondern gleichzeitig besonders klar gezeigt werden kann, wie die verschiedenen Disziplinen, experimentelle Forschungen und vergleichend embryologische Studien sich harmonisch zu einem Gesamtbild zusammenfügen lassen.

In vorliegendem Werk wird der Versuch unternommen, vergleichende und experimentelle Entwicklungsgeschichte zu einem Gesamtbild des Ontogeneseablaufes zu verbinden. Dabei scheute sich der Verf. nicht, auf offene Fragen hinzuweisen. Eine synthetische Arbeit kann nicht darauf verzichten, Hypothesen und persönliche Ansichten des Verf. wiederzugeben. Hypothetische Aussagen wurden stets als solche gegenüber den Tatsachen gekennzeichnet. Vollständigkeit konnte nicht erstrebt werden. Dem Interessierten ist am Ende des Buches ein Quellenverzeichnis geboten, das den Zugang zum Schrifttum erleichtern mag. Das Buch wendet sich nicht nur an den Studenten, sondern darüber hinaus an alle interessierten Mediziner und Biologen, denen an einer wissenschaftlichen Einführung in die Problematik der Entwicklungsgeschichte, nicht an einer Summation von Einzeltatsachen, gelegen ist.

Mein Dank gilt allen, die mich bei der Arbeit an diesem Buch unterstützt haben. In erster Linie habe ich dem Verlag und seinem tatkräftigen Leiter, Herrn Dr. h. c. Bruno Hauff, zu danken für die Geduld, die er bewiesen hat und für alle Sorgfalt und Mühe, die er dem Werk angedeihen ließ. Ich danke weiterhin meinen Mitarbeitern, Herrn Prof. Dr. Ortmann für die Überlassung zahlreicher Abbildungen und für kritische Hinweise, Herrn Priv.-Doz. Dr. Frick für zahlreiche Hinweise und für Hilfe bei der Durchsicht des Manuskriptes, Herrn Dr. Schneider für die Anfertigung zahlreicher Photographien, Herrn Institutszeichner Poike für die Herstellung der Zeichnungen. Für Hilfe beim Lesen der Korrektur habe ich zu danken Herrn Priv.-Doz. Dr. Frick, Dr. Kummer und Fräulein O. Kornmüller.

Folgenden Kollegen und Freunden habe ich zu danken für Überlassung von Abbildungen oder für Erlaubnis zur Reproduktion von Originalabbildungen: Beadle, Pasadena, Boyd, Cambridge, Breitinger, Frankfurt a. M., Corner, Baltimore, Dziallas, München, Frick, Frankfurt a. M., Goerttler, Freiburg i. B., Hamilton, London, Hediger, Zürich, Hochstetter †, Wien, Holtfreter, Rochester, Lehmann, Bern, Mahler, Frankfurt a. M., Nager, Zürich, Patzelt, Wien, Pollister, New York, Portmann, Basel, Rotmann †, Köln, Seidel, Marburg, Shumway, Hoboken, Stone, New Haven, Töndury, Zürich, Weber, Tübingen, Weiss, Chikago.

Für die Erlaubnis, Abbildungen aus ihren Verlagswerken übernehmen zu dürfen, bin ich folgenden Verlegern sehr verpflichtet: Carnegie Institution Washington, Baltimore; G. Fischer, Jena; Heffer and Sons, Cambridge; Hubrecht Laboratorium, Utrecht; Springer Verlag, Heidelberg; Urban und Schwarzenberg, Wien; The Wistar Institute, Philadelphia.

Frankfurt am Main, im Juni 1955

D. Starck

Inhaltsverzeichnis

Vorwort

A. ALLGEMEINER TEIL
Die Bedingungen der Embryonalentwicklung und die Bildung des Wirbeltierkörpers

I. Keimzellen und Keimzellbildung

1. Bau und Bildung der Keimzellen 1
   - a) Bau der Eizelle 1
   - b) Oogenese 11
   - c) Bau der Spermien 23
   - d) Spermatogenese 32
   - e) Leydigsche Zellen (Zwischenzellen) . . . 37

2. Die Reifungsvorgänge an Ei- und Samenzellen (Meiosis) 38

3. Befruchtung 45
   - a) Der Befruchtungsvorgang 45
   - b) Entwicklungsanregung, Parthenogenese und Merogonie 48

4. Chromosomentheorie der Vererbung . . . 51
   - a) Die Chromosomen als Träger der Erbsubstanz 51
   - b) Feinbau der Chromosomen 51
   - c) Trennung und Neukombination der Chromosomen und Gene 52
   - d) Faktorenkoppelung 53
   - e) Topographie der Gene im Chromosom . 53
   - f) Veränderungen des Erbgutes 55
   - g) Wirkungsmechanismus der Gene . . . 59
   - h) Anteil von Kern und Plasma an der Vererbung 68

5. Die Gamone und ihre Bedeutung für Besamung und Befruchtung 71

6. Geschlechtsbestimmung und Sexualität . . 72
   - a) Genotypische Geschlechtsbestimmung . 72
   - b) Phaenotypische Geschlechtsbestimmung 89
   - c) Theorie der Befruchtung und der Sexualität 91

II. Die Furchung

1. Allgemeines, Furchungstypen 93
2. Holoblastier. Spezielles Verhalten 94
   - a) Totale adaequale Furchung 94
   - b) Totale inaequale Furchung 95
   - c) Bedeutung der Furchung 100
   - d) Furchung bei Ganoiden und Dipnoern . 108
3. Meroblastier 108
   - a) Teleosteer (Knochenfische) 108
   - b) Elasmobranchier 108
   - c) Sauropsiden 109
4. Säugetiere 109
5. Superfizielle Furchung 109

III. Gastrulation und Embryobildung der Holoblastier

1. Gastrulation bei Branchiosoma 112
2. Gastrulation bei Amphibien 113
   - a) Formaler Ablauf der Gastrulation bei Amphibien 114
   - b) Analyse des Gastrulationsvorganges . . 115
   - c) Mesodermbildung. Coelomtheorie. Neurulation 125
   - d) Keimblattlehre 130
   - e) Bildung des caudalen Körperendes . . . 131
3. Das Determinationsgeschehen 135
   - a) Begriff der Determination. Organisator . 135
   - b) Abnorme Induktoren und chemische Grundlagen der primären Induktion . . 138
   - c) Stoffwechselphysiologische Analyse des Induktionsphänomens 141

d) Zusammenwirken verschiedener Induktionssysteme. Regional-spezifische Induktion 141
e) Entwicklungsphysiologie und menschliche Mißbildungen 147

4. Übersicht über Mehrlingsbildungen und die wichtigsten Mißbildungstypen beim Menschen 153
   a) Mehrlinge 153
   b) Doppelbildungen 155
   c) Mißbildungen einzelner Körperteile . . 157
   d) Ursache von Mißbildungen 157

5. Gastrulation und Frühentwicklung der Cyclostomen 162

IV. Primitiventwicklung der Meroblastier

1. Allgemeines 163
2. Primitiventwicklung der Gymnophionen . 163
3. Primitiventwicklung der Reptilien 164
4. Primitiventwicklung der Vögel 167
5. Primitiventwicklung der Fische 187
   a) Chondrichthyes (Knorpelfische): Elasmobranchier (Haie und Rochen), Holocephalen (Seekatzen) 188
   b) Teleostei: Knochenfische 191

V. Die erste Entstehung von Blut und Blutgefäßsystem. Mesenchymdifferenzierung

1. Blut- und Gefäßbildung bei Amphibien . . 194
2. Erste Entwicklung von Gefäßsystem und Blut bei Vögeln 195
3. Mesenchymdifferenzierung 200

VI. Die Primitiventwicklung der Säugetiere

1. Allgemeines 203
2. Primitiventwicklung der Monotremen . . . 206
3. Primitiventwicklung der Marsupialia (Beuteltiere) 207

4. Primitiventwicklung der Eutheria (Placentalia) 208
   a) Typ I (Carnovoren, in einzelnen Merkmalen auch Kaninchen, Abb. 216A, 221) . . 215
   b) Typ II (Ungulata, Talpa, Tupaia, Prosimiae) 217
   c) Typ III (kleine Nager mit Keimblattumkehr; Abb. 216C, 218) 219
   d) Typ IV (Igel, Flughunde; Abb. 216D) . 221
   e) Typ V (Kleinfledermäuse) 222
   f) Typ VI (Elephantulus, Rüsselspitzmaus; Abb. 223) 222

5. Primitiventwicklung der Primaten 225
   a) Primitiventwicklung der Affen 225
   b) Primitiventwicklung des Menschen . . . 229

6. Die Beziehungen zwischen Keim und mütterlichem Organismus bei den Eutheria . . 251
   a) Allgemeines 251
   b) Die zyklischen Vorgänge am Genital der Säugetiere (Oestruszyklus) und des Menschen und ihre hormonale Steuerung) . . 252
   c) Superfecundatio und Superfetatio . . . 265
   d) Implantation 266
   e) Vergleichende Placentationslehre 275

7. Spezielle Placentationslehre 292
   a) Semiplacentae (nicht invasive Formen) 292
   b) Placentae verae (invasive Placenten) . . 296

8. Die Placentation der Primaten 308
   a) Allgemeines 308
   b) Systematik und Phylogenie der Primaten 309
   c) Placenta der Lemuren 311
   d) Tarsius 311
   e) Placenta der Affen 312
   f) Die Placentation des Menschen 318

VII. Ontogenese und Phylogenese. Über funktionelle Anpassung in der Embryonalzeit
340

VIII. Der Ontogenesetyp und seine evolutive Beurteilung. Die Postembryonalentwicklung, besonders bei Vögeln und Säugetieren
343

B. SPEZIELLER TEIL

Die Entwicklung der Organsysteme

I. Nervensystem und Sinnesorgane

1. Allgemeines, Erste Formbildung des Zentralnervensystems, Histogenese 354
2. Entwicklung des Zentralnervensystems . . 364
   - a) Entwicklung des Rückenmarkes 364
   - b) Bauplan und erste Gliederung des Gehirnes 369
   - c) Entwicklung des Rhombencephalons . . 373
   - d) Entwicklung des Prosencephalons . . . 376
   - e) Entwicklung der Hypophyse 389
   - f) Entwicklung der Hirn- und Rückenmarkshäute 391
3. Peripheres Nervensystem, Neuralleiste, Plakoden 393
   - a) Die Neuralleiste und ihre Derivate . . . 393
   - b) Pigmentzellen 396
   - c) Bildung neuronaler Strukturen aus Neuralleiste und Plakoden 403
   - d) Entwicklung der Neurone des vegetativen Nervensystems 411
   - e) Paraganglien und Nebennieren 413
4. Entwicklung des Auges und seiner Hilfsorgane 416
5. Die Entwicklung des Ohres und seiner Hilfsorgane 427
   - a) Die Entwicklung des Labyrinthorganes . 427
   - b) Mittelohr 432
   - c) Äußeres Ohr 437
6. Integument und Anhangsorgane 438

II. Entwicklung des Darmkanals und der Respirationsorgane, einschließlich Coelom

1. Allgemeines über Gliederung des Darmrohres 442
2. Mundbildung und Gesichtsentwicklung, Entwicklung der Nase 443
3. Bildung der Lippen und des Vestibulum oris 453
4. Rachen, Kiemendarm, branchiogene und hypobranchiale Organe 460
5. Die Entwicklung der Respirationsorgane und des Oesophagus 466
   - a) Weitere Ausdifferenzierung der Nasenhöhle 466
6. Magen- und Darmentwicklung 474
7. Entwicklung von Leber und Pankreas . . 482
8. Entwicklung im Coelom, Mesenterien und Zwerchfell 488

III. Die Entwicklung des Urogenitalsystems

1. Allgemeine Einleitung und Entwicklung der Harnorgane 500
2. Entwicklung der Gonaden und ihrer Ableitungswege 513
3. Entwicklung der Kloake und ihrer Derivate, Harnblase, Urethra, Sinus urogenitalis, akzessorische Geschlechtsdrüsen, Damm . . . 526
4. Entwicklung der äußeren Geschlechtsorgane 529

IV. Entwicklung der Organe des Kreislaufes

1. Allgemeine Übersicht 532
2. Entwicklung des Herzens 537
   - a) Allgemeines, erste Anlage 537
   - b) Äußere Form, Ausbildung der Herzabschnitte 539
   - c) Scheidewandbildung im Herzen 541
3. Entwicklung der peripheren Gefäße . . . 551
   - a) Entwicklung der Arterien; Aorta und Kiemenbogenarterien 551
   - b) Dorsale Äste 557
   - c) Laterale Äste 557
4. Entwicklung des Lymphgefäßsystems, der lymphatischen Organe und der Milz . . . 569
5. Die Entwicklung der Blutzellen 570

V. Entwicklung von Skeletsystem und Muskulatur

1. Allgemeines, Histogenese der Stützsubstanzen 571
2. Allgemeines über Gelenkentwicklung . . . 575
3. Entwicklung der Wirbelsäule, der Rippen und des Sternums 576
4. Die Entwicklung des Schädels 582
5. Die Entwicklung der Extremitäten 603
6. Die Entwicklung des Muskelsystems . . . 614

VI. Der Bauplan des Wirbeltierkörpers und das Kopfproblem 623

Anhang 634

Literatur 645

Verzeichnis der im Text erwähnten Tier- und Pflanzennamen 682

Namenverzeichnis 686

Sachverzeichnis 689

A. ALLGEMEINER TEIL

Die Bedingungen der Embryonalentwicklung und die Bildung des Wirbeltierkörpers

I. Keimzellen und Keimzellbildung

1. Bau und Bildung der Keimzellen

Ausgangspunkt jeder Einzelentwicklung ist die befruchtete Eizelle oder *Zygote*. Diese Zygote ist physiologisch und morphologisch eine vollwertige Zelle, die durch Vereinigung von zwei nicht vollwertigen Elementen, den reifen Keimzellen, entstanden ist. Die Keimzellen *(Gameten)* stammen in der Regel, auch dann, wenn es sich um zwittrige Organismen handelt, von zwei verschiedenen Individuen her. Am Anfang der Entwicklung eines neuen Individuums steht also ein *Befruchtungsvorgang*, wir haben es bei Wirbeltieren mit „geschlechtlicher Fortpflanzung" zu tun. (Ungeschlechtliche Fortpflanzung kommt im Chordatenstamme nur bei einigen Tunicaten vor.) Geschlechtliche Fortpflanzung setzt geschlechtliche Differenzierung voraus. Bei den höheren Pflanzen und Tieren sind weibliche und männliche Gameten in der Regel sehr verschieden gebaut. Die weibliche Eizelle ist groß, wenig beweglich und mit Einlagerungen von Reservestoffen versehen. Die männliche Keimzelle (Spermie) ist klein, sehr beweglich, fast plasmafrei und besitzt spezielle Bewegungsorganellen (Geißelfaden). Die Eizelle wird von der aktiv beweglichen Spermie aufgesucht.

a) Bau der Eizelle

Die Eizelle wird in einem bestimmten Entwicklungszustand aus dem Eierstock (Ovar) gelöst und gelangt ins Coelom. Bei einigen Fischen kann sie von hier durch Genitalporen direkt ins Freie befördert werden. Im allgemeinen aber kommt das Ei aus dem Eierstock in den Eileiter (Oviduct) und wird bei eierlegenden (oviparen) Formen durch die Genitalwege ausgestoßen oder aber es verbleibt im Oviduct, wird befruchtet und macht hier längere Entwicklungsphasen durch (Lebendgebärende, Vivipare). Der Modus der Besamung, innere oder äußere Besamung, ist für das weitere Schicksal der Eizelle nicht von Belang. Auch bei oviparen Formen kommt oft innere Besamung vor. Hingegen sind die Milieubedingungen, die das Ei zu Beginn der Entwicklung antrifft, von entscheidender Bedeutung und prägen der Embryonalentwicklung ihre charakteristischen Eigenarten auf.

Der sich entwickelnde Keim stellt bestimmte, artlich verschiedene Anforderungen an Temperatur, Feuchtigkeit, Sauerstoff- und Nährstoffzufuhr. Wird das befruchtete Ei früh abgelegt, so muß es, bevor es den Eierstock verläßt, reichlich Nahrungs- und Reservematerial *(Dotter)* aufgespeichert haben, um den Aufbau eines Keimes wenigstens bis zu dem Zeitpunkt durchführen zu können, an dem dieser selbständig Nähr- und Aufbaumaterial aufnehmen kann. Menge, Beschaffenheit und Verteilung des Dotters können in den verschiedenen Eitypen sehr verschieden sein, und all diese Faktoren beeinflussen ihrerseits die Art des Ablaufes der ersten Entwicklungsvorgänge. Je nach Ort und Umgebungsfaktoren (Mikroklima) der Eiablage werden verschiedenartige Anforderungen an Schutzeinrichtungen für das Ei gestellt. Eihüllen und Schalen der verschiedensten Art wirken als Schutz gegen mechanische Insulte und gegen Eintrocknung. Dunkle Pigmentierung wirkt bei den im zeitigen Frühjahr abgelegten Amphibieneiern als Wärmespeicher zur Ausnutzung der noch geringen Sonnenstrahlung. Andersartig sind die Bedingungen, wenn sich der Keim in den mütterlichen Genitalwegen entwickelt. Liegt das Ei im Oviduct wie ein Fremdkörper, ohne innige Beziehungen zum mütterlichen Organismus aufzunehmen, so wird dem Keim doch der Schutz durch die Umhüllung durch die mütterlichen Organe gewährt (Haie, Alpensalamander). Nimmt aber der Keim engere Beziehungen zum maternen Organismus auf wie bei den höheren Säugetieren, so kann er schließlich auch seinen Bedarf an Nähr- und Aufbaustoffen aus dem mütterlichen Körper entnehmen. Damit erübrigt sich die Aufspeicherung von Dotter. Andererseits muß der Keim nun ein Ernährungs- und Stoffwechselorgan (Placenta) aufbauen. Diese Entwicklungsbedingungen prägen gerade der Frühentwicklung der Säuger so eigenartige und aberrante Züge auf, daß man bei ihnen im Vergleich mit niederen Formen nur schwer die prinzipiellen Grundgesetze der Embryonalentwicklung wiedererkennen kann. Wir sind daher, wenn wir die Entwicklungsvorgänge bei Säugern und beim Menschen wirklich verstehen wollen, auf ein sehr sorgfältiges Studium der niederen Wirbeltiere angewiesen, da uns diese in viel klarerer und einfacherer Weise die ersten Entwicklungsabläufe offenbaren als die höheren Formen. Hinzu kommt, daß eine Analyse der Entwicklungsvorgänge den Eingriff durch das Experiment in den Entwicklungsablauf selbst notwendig macht. Derartige Eingriffe sind bisher im großen Maßstab aber nur an niederen oviparen Formen durchführbar.

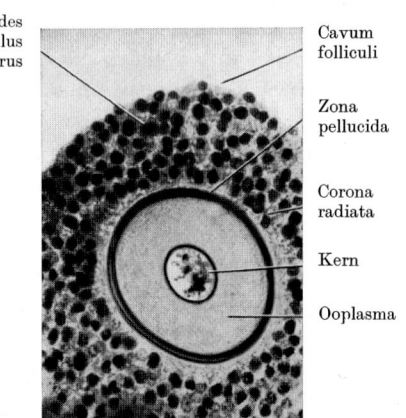

Abb. 1 Eizelle (Oocyte) aus einem DE-GRAAFschen Follikel des menschlichen Ovars. Die Oocyte ist von der Zona pellucida und den Epithelzellen des Cumulus oophorus umgeben. Orig.

Die Eizelle eines Säugetiers wurde zuerst 1827 von CARL ERNST V. BAER gesehen. Beim *Menschen* ist sie eine der größten Zellen des Körpers, mit bloßem Auge gerade sichtbar (Durchmesser 120–150 μ) (Abb. 1). Das Cytoplasma enthält besonders in den zentralen Partien einige Dottergranula. Der Kern (Keimbläschen) liegt exzentrisch und ist durch eine deutliche Kernmembran ausgezeichnet (Abb. 1). Im Kern beobachten wir einen großen Nucleolus (Macula germinativa). Der reifen Eizelle fehlt das Centriol (Cytocentrum). Der Cytoplasmaleib der Eizelle besitzt eine feine Oberflächenmembran (Dottermembran = membrana vitellina = Plasmalemm). Dieser liegt von außen die *Zona pellucida* (Oolemma BONNET) auf, eine im lebensfrischen Ei strukturlos durchscheinende Hülle. Ein sichtbarer Spaltraum (perivitelliner Spalt) zwischen Dottermembran und Oolemma tritt normalerweise erst während der Reifungsteilungen auf.

Neuere elektronenoptische und histochemische Befunde (BRADEN, MERKER, STEGNER und WARTENBERG) haben wesentlich zur Erweiterung unserer Kenntnisse beigetragen. Die Zona pellucida besteht im Stadium des Sekundärfollikels zunächst hauptsächlich aus Mucopolysacchariden, die wahrscheinlich vom Follikelepithel gebildet werden. In älteren Stadien (Tertiärfollikel) zeigt die Zona eine Schichtung. Zentral findet sich eine vorwiegend aus Glykoproteid bestehende Schicht, auf die sich außen saure Mucopolysaccharide auflagern. Histochemisch ergeben sich im Aufbau der Zona pellucida bei den untersuchten Arten (Ratte, Kaninchen, Mensch) erhebliche Unterschiede vor allem in Hinblick auf die beteiligten Proteine. Lipoide fehlen. Die Zona des frisch ovulierten und des befruchteten Eies zeigt keine Unterschiede.

Die Bildungsweise der Zona pellucida ist noch umstritten. Sie wird als Ausscheidungsprodukt der Follikelzellen, als Derivat der Eizelle oder als Produkt einer Gemeinschaftsleistung beider Partner gedeutet. Die zuletzt genannte Auffassung hat am meisten Wahrscheinlichkeit. Hierbei dürfte die Bildung des Materials der Zona durch die Follikelepithelzellen von der Oocyte induziert werden. Elektronenoptisch zeigen die Primärfollikel des Kaninchens (MERKER 1961) eine einfache Lage flacher Follikelzellen, deren Ränder sich überlappen. Der Zwischenraum zwischen Oocyten-Oberfläche und Follikelzelle ist 120 Å breit. In wachsenden Follikeln werden die Epithelzellen kubisch. An einzelnen Stellen hebt sich ihre Zellmembran von der Oberfläche der Eizelle ab (Abb. 2a, b). In diesen Räumen findet sich zart wolkiges Material. Sowohl die Eizelle als auch die Basis der Follikelzellen zeigt an derartigen Stellen verzweigte Fortsätze (Mikrovilli). Das Material zwischen den Mikrovilli verdichtet sich und fließt zu einer einheitlichen Schicht, der Zona pellucida, zusammen. Es wird vermutet, daß das interzelluläre Material im wesentlichen aus den Follikelzellen stammt, denn eine hohe Stoffwechselaktivität der Follikelzellen ist erwiesen. Mit autoradiographischen Methoden läßt sich zeigen, daß Substanzen aus der Blutbahn in die Follikelzellen übertreten und eine lebhafte Synthese in diesen Zellen statt-

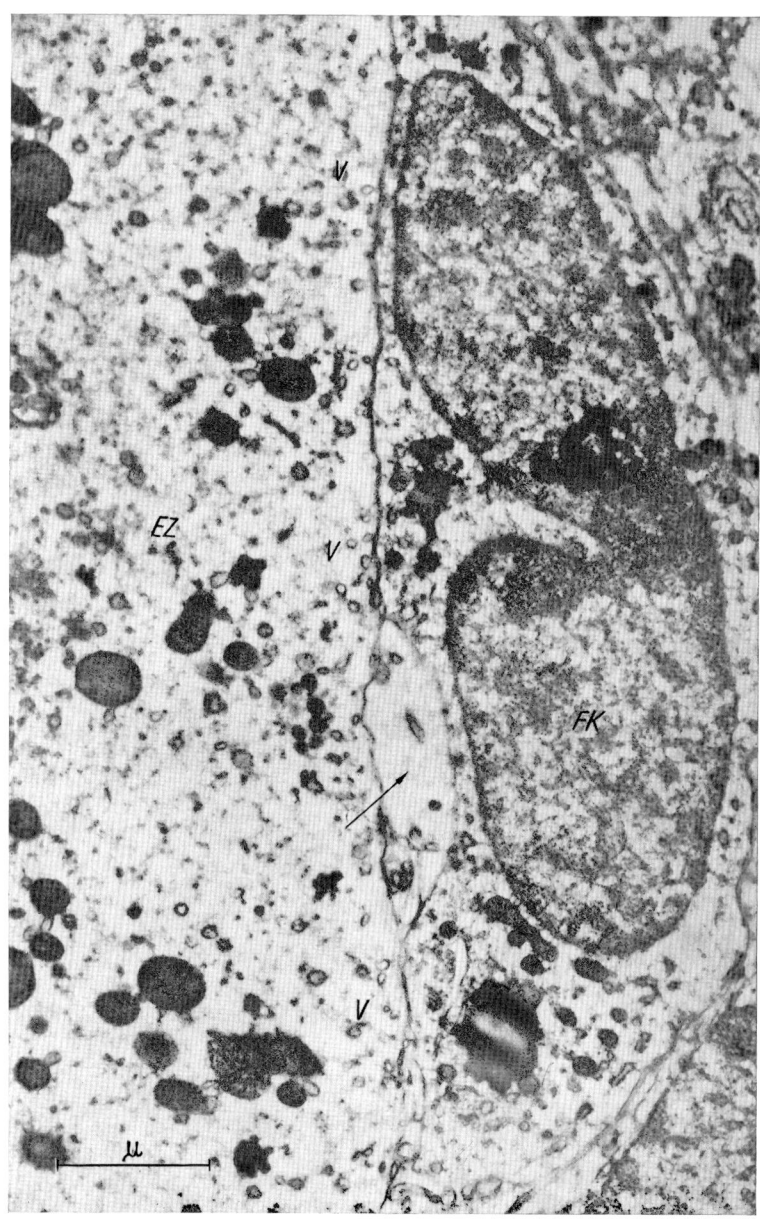

Abb. 2a Kaninchen, Primärfollikel mit niedrigem Follikelepithel. Ez = Eizelle, FK = Zellkern einer Follikelzelle, V = vesikuläre Strukturen. Entstehung von interzellulären Räumen zwischen Eizelle und Follikelzelle mit wolkigem Inhalt (Pfeil). 1 : 24000. Nach H. J. MERKER (Z. Zellforsch. 54, 1961).

findet (J. Brachet 1960, Burr und Davis 1951, Odeblad und Boström 1953, Merker 1961). Die Synthese ist in der Zelle an eine bestimmte Struktur, das endoplasmatische Reticulum, gebunden. Dieses findet sich reichlich in den Follikelzellen, ist aber in der Oocyte nur sehr spärlich nachweisbar. Elektronenoptisch sind in der menschlichen Eizelle Einschlüsse zu finden, welche die gleiche Dichte wie die Zona pellucida haben (Stegner und Wartenberg) (Abb. 3). Es ist nicht geklärt, ob diese Vakuolen an der Oberfläche der Eizelle Substanzen entleeren, die zur Bildung der Zona beitragen oder ob der Stofftransport in umgekehrter Richtung verläuft. Die Aufnahme von Substanzen an der Eizell-

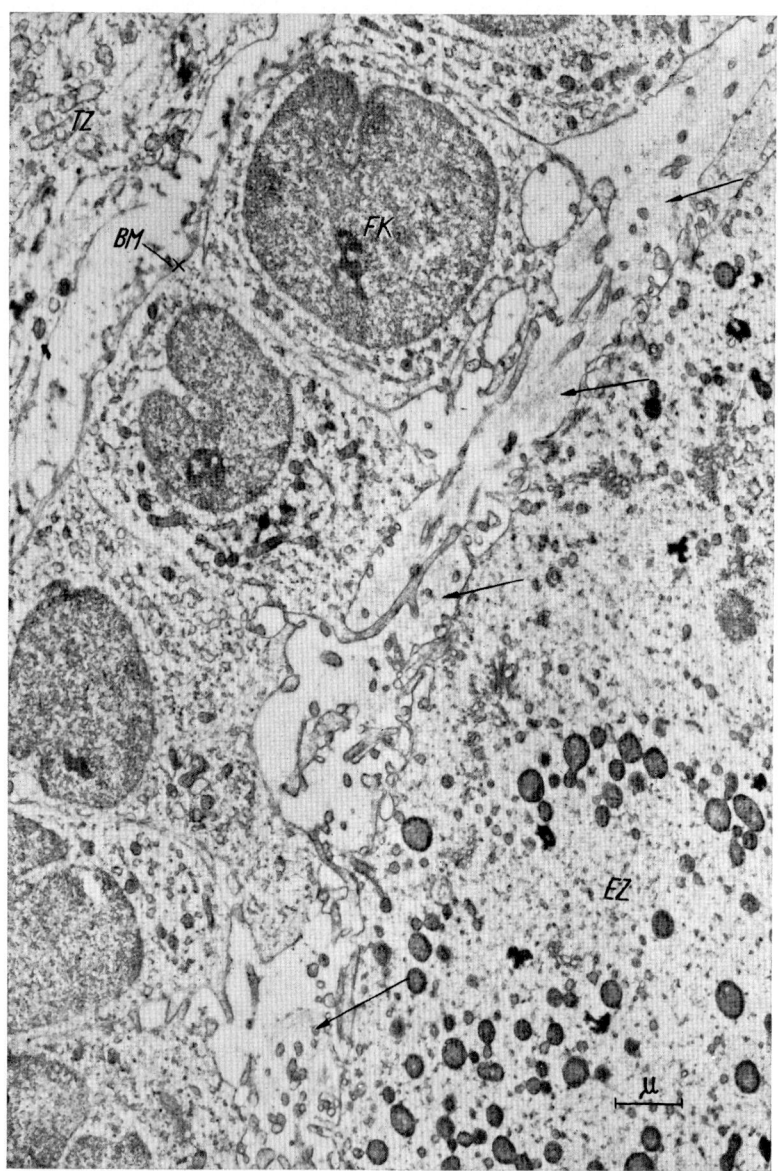

Abb. 2b Kaninchen, Primärfollikel mit kubischem Epithel. Die Oberfläche der Eizelle (rechts) bildet Mikrovilli aus. Die Follikelepithelzellen senden lange Fortsätze in den Zwischenraum zwischen Eizelle und Follikelzelle. Hier sammelt sich feingranuläres Material (Pfeil) an. Bildung der Zona pellucida. BM = Basalmembran. 1 : 10000. Nach H. J. Merker (Z. Zellforsch. 54, 1961).

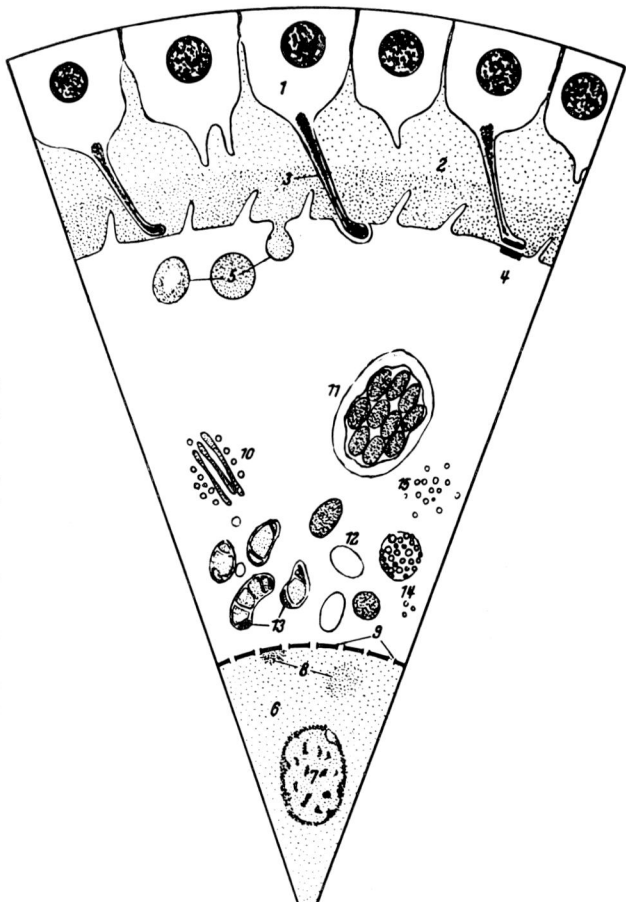

Abb. 3 Schematische Darstellung eines Sektors aus einer menschlichen Eizelle mit Zona pellucida und Follikelzellen.

1 = Follikelzellkern. 2 = Zona pellucida mit aufgelockerter äußerer und dichterer innerer Schicht. 3 = Plasmatischer Fortsatz der Follikelepithelzelle. 4 = Haftplatte (Desmosom) zwischen Fortsatz der Follikelepithelzelle und Eioberfläche. 5 = Vakuolen, deren Inhalt der Grundsubstanz der Zona pellucida strukturell gleicht. 6 = Eizellkern. 7 = Nucleolus. 8 = sogenannte „Nebennucleoli". 9 = Kernmembran mit Poren. 10 = „Golgi"-Material. 11 = Aggregat von rund-ovalen Körpern. 12 = rund-ovale Körper. 13 = Mitochondrien. 14 = multivesikulärer Körper. 15 = ausgestreute Bläschen aus multivesikulärem Körper. (Nach Stegner, H. E. und H. Wartenberg: Arch. Gynäk. 196, 1961.)

oberfläche ist jedenfalls mehrfach nachgewiesen worden (Merker, Niendorf, Watzka). Elektronenoptisch enthält die oberflächliche Schicht des Eiplasmas reichlich kleine Bläschen (Vesikel). Außerdem kommen rundlich-ovale und multivesikuläre Plasmaeinschlüsse vor, die funktionell den Dottereinlagerungen polylecithaler Eier entsprechen dürften, in der Feinstruktur aber mit diesen nicht identisch sind. Mitochondrien sind relativ spärlich. Der Zellkern besitzt eine von Poren durchsetzte Doppelmembran (Abb. 3). Lamelläre und vesikuläre Zellorganellen finden sich vor allem in der Umgebung des Zellkerns.

Das Cytoplasma der Eizelle wird nach außen von einer Zellmembran (Plasmalemm) begrenzt. Die Eioberfläche zeigt zahlreiche submikroskopische Zotten (Mikrovilli), die in die Zona pellucida hineinragen. Die Substanz der Zona pellucida des Menschen erscheint elektronenoptisch homogen, ist aber gegen das Follikelepithel zu aufgelockert (Abb. 3). Sie wird von verzweigten, meist schräg verlaufenden Fortsätzen der Follikelepithelzellen durchsetzt (Abb. 2, 3). Diese Fortsätze können gelegentlich im Lichtmikroskop eine radiäre Streifung der Zona bedingen. Sie erreichen die Oberfläche der Oocyte und stehen in Kontakt mit der Cytoplasmamembran des Eies. Ein kontinuierlicher Übergang zwischen Fortsätzen der Follikelepithelzellen und Eiplasma kommt nicht vor.

Die Bedeutung der Zona pellucida während der Oogenese dürfte die eines Vermittlers wichtiger Austauschprozesse sein. Über die Zona pellucida ist die Oocyte in den Stoffwechsel des Organismus eingeschaltet. Nach der Ovulation und Besamung wird ihr die Bedeutung einer Schutzhülle zugeschrieben, die die Eizelle während der ersten, autonom ablaufenden Entwicklungsschritte gegen Milieueinflüsse sichern soll.

Erst wenn die Zona pellucida aufgelöst ist, können sich Wechselwirkungen zwischen Keim und materner Uterusschleimhaut auswirken. Die Auflösung erfolgt in den meisten Fällen offenbar unter maternen Einflüssen (saures Milieu). Beim Meerschweinchen wird hingegen eine aktive Befreiung des Keimes aus der Zona während des Blastocystenstadiums angegeben. Auch der Zeitpunkt der Trennung des Keimes von der Zona ist artlich sehr verschieden:

Elephantulus (Insectivora) = 4-Zellenstadium.

Mensch = bei 58-Zellen-Stadium ist Zona noch erhalten, bei 107zelliger Blastocyste ist sie verschwunden.

Macaca (Rhesusaffe) = Zona wird nach dem 8. Tag, unmittelbar vor der Anheftung des Keimes, aufgelöst.

Eremitalpa (Insectivora) = Zona noch auf dem Stadium der Entodermbildung erhalten.

Cavia (Meerschweinchen) = Befreiung des Keimes durch Ausschlüpfen aus der aufbrechenden Zona am 6. Tag (Blastocystenstadium).

Die Ausgestaltung der *Hüllmembranen* um das Ei kann sehr verschieden sein. Wir unterscheiden primäre Eimembranen, die von der Eizelle selbst gebildet werden, sekundäre Eimembranen, die vom Follikelepithel des Ovars herstammen und tertiäre Membranen, die dem Ei während des Durchtritts durch den Genitalschlauch angelagert werden.

  I. Primäre Membranen, von der Eizelle gebildet, z. B. Membrana vitellina.
  II. Sekundäre Membranen, vom Follikelepithel im Ovar gebildet, z. B. Zona

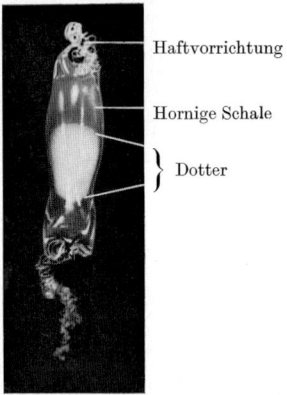

Abb. 4 Ei des Katzenhaies (*Scyllium canicula*) mit Hornschale und Haftvorrichtung. Etwa ½ nat. Gr.

pellucida, sogenanntes „Chorion" der Nematoden.

  III. Tertiäre Membranen, Schalen im Oviduct gebildet, z. B. Gallerthülle beim Froschlaich und einigen wenigen Säugern, Hornschalen der Selachier (Abb. 4), Eiweißschicht im Vogelei, Kalkschale der Sauropsideneier (Abb. 5).

Dem Säugetierei fehlen also in der Regel tertiäre Membranen. Doch kommt eine Gallerthülle bei einigen Formen (Kaninchen) vor.

Die Gallerthülle des Kanincheneies (Abb. 7) wird häufig als „Albumenschicht" bezeichnet. Sie besteht im wesentlichen aus neutralen oder schwach sauren Mucopolysacchariden. Ihr Gehalt an Protein ist sehr gering. Die Bezeichnung „Albumen- oder Eiweiß-Schicht" ist daher irreführend. Unter den Säugern besitzen nur die

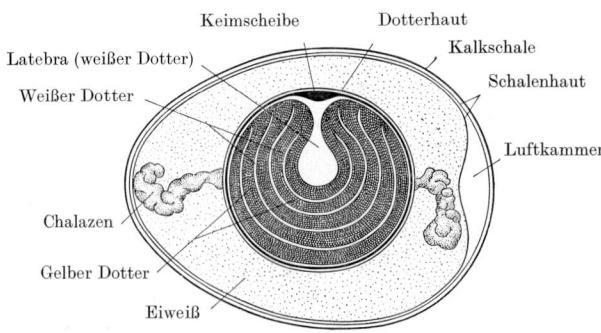

Abb. 5 Schematischer Längsschnitt durch ein Hühnerei (nach GOERTTLER, 1950).

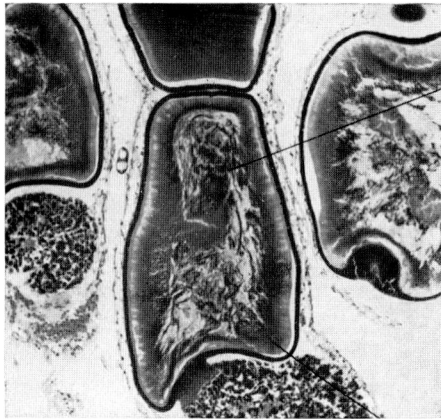

Zentrale Dotteransammlung in der Oocyte

Bildungsplasma

Abb. 6 Centrolecithales Ei im Eierstock des Maikäfers *(Melolontha vulgaris)*.

oviparen Monotremen (Schnabeltier) über der Gallerthülle noch eine Eischale. Dem Vogelei hingegen fehlen die sekundären Eimembranen. Ist die Dotterhaut sehr derb, so bleibt eine Öffnung (Mikropyle) für den Durchtritt der Spermie offen.

Dotter

Dottereinlagerungen (Deutoplasma) können in verschiedener Form auftreten. Ablagerung erfolgt in Form von Schollen, Granula oder Tropfen. Lipoide, Fette, Eiweißkörper, Kohlenhydrate sind im Dotter nachweisbar. Nach der Menge des Deutoplasmas unterscheiden wir alecithale (dotterfreie), oligolecithale (dotterarme), mesolecithale (mäßig dotterreiche) und polylecithale Eier. Aber nicht nur die Menge, sondern vor allem auch Beschaffenheit und Art der Verteilung des Dotters im Ei sind bedeutungsvoll.

Wir sprechen von isolecithalen Eiern, wenn der Dotter gleichmäßig im Plasma der Eizelle verteilt ist. Ist der Dotter an einem Pol angehäuft, so ist das Ei „telolecithal". Bei centrolecithalen Eiern liegt der Dotter zentral im Cytoplasma (Abb. 6). Übergangsformen zwischen den einzelnen Typen kommen vor. Das Dottermaterial ist nicht immer gleichmäßig beschaffen und kann eine Schichtung seiner Bestandteile der Schwere nach aufweisen. Das leichte Cytoplasma mit dem Kern schwimmt dann oben *(animaler Pol)*, das schwere Dottermaterial liegt unten am *vegetativen Pol*. Wenig scharf ist die polare Differenzierung bei vielen Amphibien und Ganoidfischen, sehr deutlich hingegen bei Selachiern, Knochenfischen, Reptilien und Vögeln.

Dottermenge

alecithal-oligolecithal:	Viele Wirbellose, *Branchiostoma*, Säuger.
mesolecithal:	Viele Amphibien, *Petromyzon*, Dipnoer.
polylecithal:	*Myxine*, Selachier, Knochenfische, Gymnophionen (Amphibia), Reptilia, Vögel, Monotremata.

Dotterverteilung

isolecithal:	Säuger, viele Evertebraten.
telolecithal:	Cyclostomen, Fische, Amphibien, Sauropsiden, Monotremata. Cephalopoden unter den Wirbellosen.
centrolecithal:	Insekten und einige andere Evertebraten.

Die Größe der Eizelle

Die Größe der Eizelle hängt von ihrem Reichtum an Dotter ab. Die polylecithalen Eier der Knorpelfische, Reptilien und Vögel können beträchtliche Größe erreichen. Unter den Säugetieren haben die polylecithalen Monotremen sehr große Eier (Durchmesser 3,5–4 mm). In der

Regel sind die Eier der Beuteltiere (*Dasyurus* 240 μ Durchmesser, *Didelphis* 140–160 μ) größer als die der Eutheria. Bei placentalen Säugern (Eutheria) schwankt der Durchmesser der reifen Eizelle zwischen 60 μ und 180 μ. Sicher ist, daß keine Korrelationen zwischen der absoluten Körpergröße des erwachsenen Säugetieres und der Größe der Eizelle bestehen (Abb. 7).

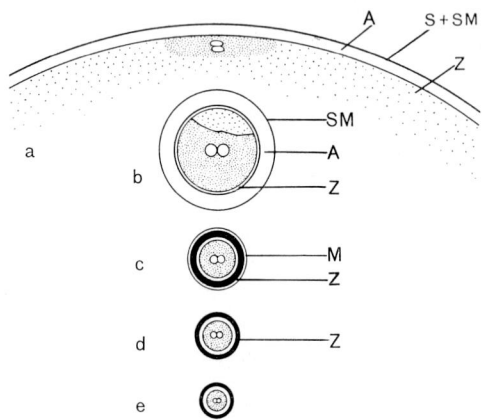

Abb. 7 Vergleich der Eigröße bei verschiedenen Säugetieren. a = *Tachyglossus* (Ameisenigel, Monotremata), b = *Dasyurus* (Beutelmarder, Marsupialia, c = *Oryctolagus* (Kaninchen), d = *Homo*, e = *Microtus agrestis* (Feldmaus).
A = Albumen, S = Schale, SM = Schalenhaut, M = Mukopolysaccharidhülle, Z = Zona pellucida.
Nach AUSTIN und AMOROSO 1959, abgeändert.

Eigröße einiger Metazoen:

	Durchmesser	Volumen
Ascaris (Spulwurm)	45 : 60 μ	
Arbacia (Seeigel)	70 μ	
Rana (Frosch)	500 μ	
Monotremata	3,5–4 mm	
Dasyurus	240 μ	7 000 000 μ^3
Microtus (Feldmaus)	60 μ	100 000 μ^3
Oryctolagus (Kaninchen)	120–130 μ	
Wale	130 μ	
Canis (Hund)	140 μ	
Macaca	110–120 μ	
Homo	130–150 μ	3 000 000 μ^3

Dotterbildung

Untersuchen wir ein polylecithales Ei, als Beispiel mag das Vogelei zur Zeit der Eiablage dienen (Abb. 5), so finden wir, daß der Dotter nicht homogen ist. Konzentrisch angeordnete Schichten von „weißem" und „gelbem" Dotter schließen sich schalenartig um einen Zentralkern, die *Latebra*. Die lamelläre Anordnung der Dotter-schichten beruht auf periodischer Ablagerung. Die Latebra setzt sich stielartig gegen den animalen Pol hin fort und bildet unter dem kernführenden Bildungsplasma (Keimscheibe) das Dotterbett oder den PANDERSchen Kern (Abb. 8). Bei Monotremen fehlt die Schichtung von gelbem und weißem Dotter, doch ist die Latebra vorhanden. Die Latebra ist das Dotterbildungszentrum. Die Dotterbildung ist ein komplexer Vorgang. Junge Oocyten zeigen relativ viel Fett in Form von Tröpfchen im peripheren Bereich. Zentral finden sich hingegen Mitochondrien. In der ersten Phase der Dotterbildung schwindet allmählich das Fett aus den kortikalen Bezirken. Im gleichen Maße schwellen die Mitochondrien an.

Die Dotterkügelchen gehen auf praeformierte, korpuskuläre Elemente, die in enger Beziehung zu den Mitochondrien stehen sollen, zurück. Die Transformation an den Mitochondrien zu Dotterschollen geht mit chemischen Umwandlungsprozessen einher, die in einer zunehmenden Basophilie ihren morphologischen Ausdruck finden. Der Prozeß der Dotterbildung läuft also zweiphasig, zunächst in zentripetaler, dann in zentrifugaler Richtung ab. In den Eizellen vieler Tiere kommen große Einschlüsse vor, die man als *Balbianischen Dotterkern* beschrieben hat. Es sei zunächst vermerkt, daß diese Gebilde, trotz einer gewissen äußerlichen Ähnlichkeit, nichts mit dem Zellkern zu tun haben. Auch verbergen

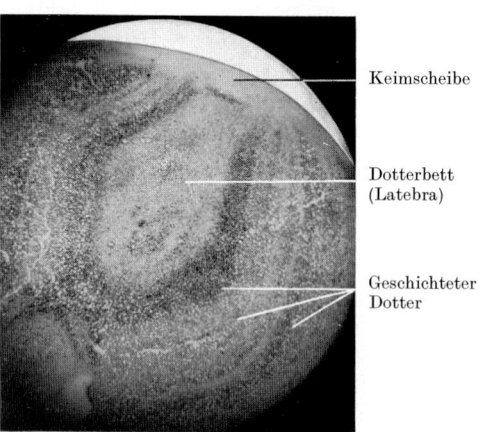

Abb. 8 Animaler Pol eines Eierstockseies der Eidechse *(Lacerta agilis)*. Das Bildungsplasma ist in Form der Keimscheibe zu sehen. Darunter findet sich peripher geschichteter Dotter, zentral die Latebra.

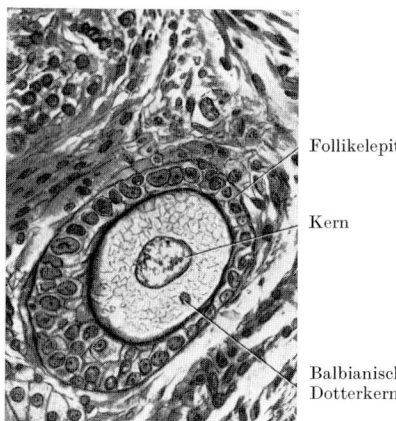

Abb. 9 Balbianischer Dotterkern in einer jungen Oocyte der Katze.

daß die Bildung der Ribonucleinsäuren in Abhängigkeit vom Nucleolus erfolgt. Es ist andererseits aus den Untersuchungen von CASPERSON und HYDÉN bekannt, daß der Nucleolus die Bildung von Ribonucleinsäuren induziert und daß diese wieder im Kontakt mit dem Cytoplasma die Synthese von Plasmaproteinen gewährleisten.

Die elektronenmikroskopische Untersuchung des Dotterkernes der Spinnen bestätigt die Zugehörigkeit dieses Zellorgans zum „vakuolären Apparat" der Zelle (SOTELO und TRUJILLO-CENOZ 1957, ANDRÉ und ROULLIER 1957). Im Zentrum des Dotterkernes finden sich unregelmäßige lamelläre Strukturen neben granulären und vesikulären Gebilden. Die periphere, im Lichtmikroskop lamelläre Zone besteht aus submikroskopischen Doppellamellen, die Zisternen umgrenzen. Sie sind unregelmäßig, nur in der groben Anordnung annähernd konzentrisch geschichtet (Abb. 11) und weisen eine große Ähnlichkeit mit dem endoplasmatischen Reticulum (Ergastoplasma) auf. Mitochondrien und Golgi-Elemente finden sich zwischen den Lamellen. Die lamelläre Zone wird von einem Feld umgeben, das vor allem Bläschen, Mitochondrien und Granula enthält. Diese Bläschen entstehen offenbar durch Fragmentation oder Auflösung der lamellär umgrenzten Zisternen. Die elektronenoptischen Befunde bestätigen die Auffassung, daß der Dotterkern ein wichtiges Stoffwechselzentrum der Zelle ist, das in engster Zusammenarbeit mit dem Zellkern (RNS) die Synthese von Cytoplasmabestandteilen und Dotter gewährleistet. So müssen wir heute im echten Dotterkern ein wichtiges Organ der Stoffsynthese in der wachsenden und dotterspeichernden Oocyte sehen. Stoffliche Beziehungen sind jedenfalls zwischen dem Dotterkern und dem Zellkern einerseits, den Cytoplasmaeinschlüssen andererseits nachgewiesen. Auch können sich die Mitochondrien, die wir bereits als Mittler bei der Dottersynthese kennengelernt hatten, am Aufbau der Dotterkerne beteiligen. Wenn der Dotterkern bei gewissen Tierformen sehr deutlich in Erscheinung tritt, so liegt das daran, daß er auffallend lange persistieren kann. Als rasch vorübergehende Bildung kommen homologe Strukturen auch in jungen Eizellen der Wirbeltiere vor.

sich unter diesem Namen Gebilde ganz verschiedener Struktur und verschiedener chemischer Natur. Vielfach dürfte es sich um nichts anderes als um aufgequollene und zugrunde gehende Centriole handeln (Säugetierei, Abb. 9). In anderen Fällen jedoch zeigen die Dotterkerne regelmäßige Form- und Materialumwandlungen, die in auffallender Weise mit den Prozessen der Dotterbildung parallel gehen. Neuere cytochemische Untersuchungen (URBANI 1949) haben an Wirbellosen (*Antedon*, viele Spinnen) den Nachweis erbracht, daß dieser Dotterkern in der Tat ein wichtiges Organ des Zellstoffwechsels ist, das die Synthese der Dottersubstanzen bestimmt. Bei der Spinne *Tegenaria* (Abb. 10) finden sich in den Randzonen des Dotterkerns Ribonucleinsäuren (RNS), während das Zentrum Proteine enthält. Auch läßt sich zeigen,

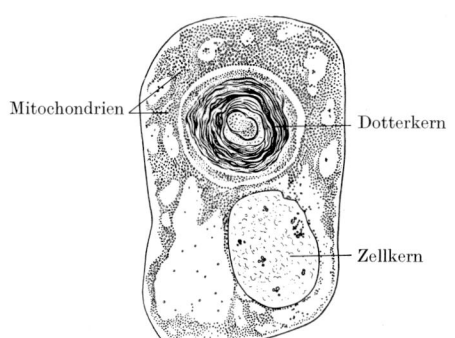

Abb. 10 Oocyte einer Spinne (*Tegenaria domestica*) mit großem geschichtetem Dotterkern und Mitochondrien (nach A. KOCH).

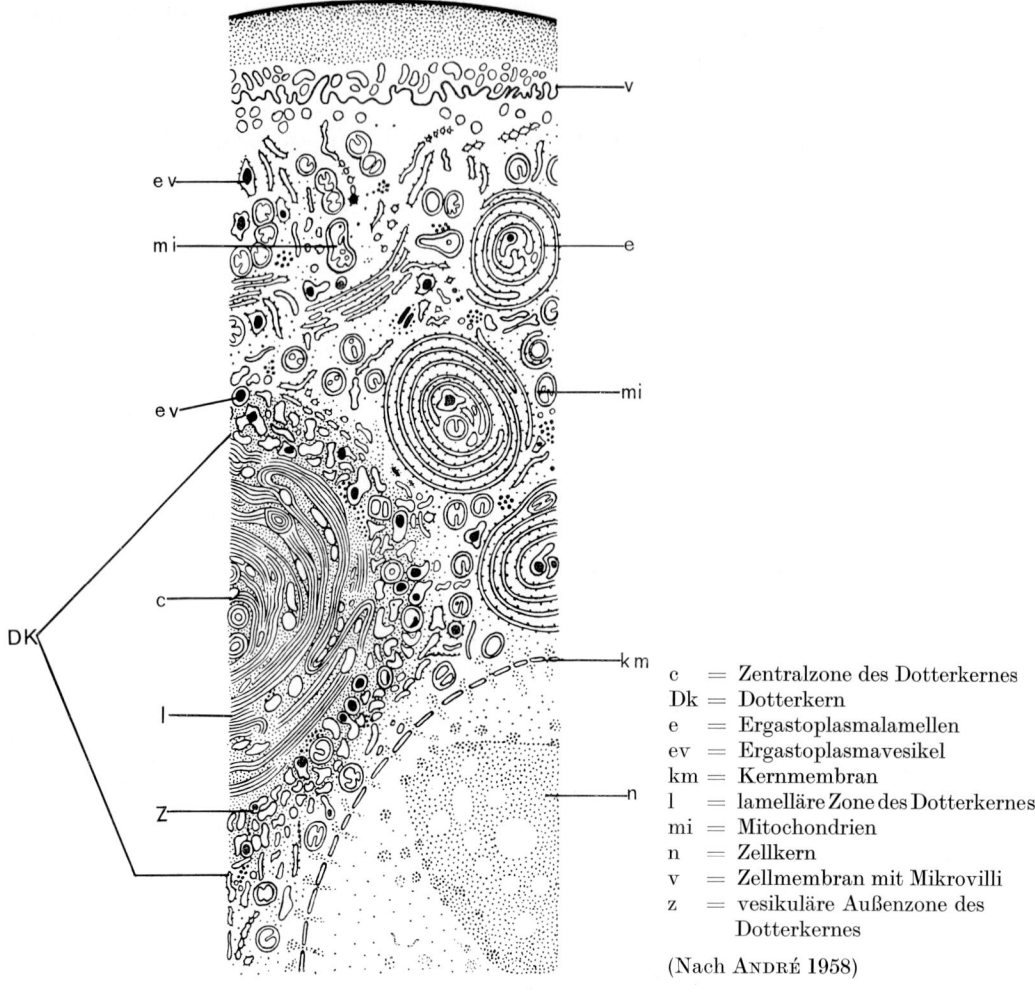

Abb. 11 Elektronenoptisches Bild einer Oocyte der Spinne *Tegenaria parietina* mit Dotterkern, kurz vor Einsetzen der Dotterbildung.

c = Zentralzone des Dotterkernes
Dk = Dotterkern
e = Ergastoplasmalamellen
ev = Ergastoplasmavesikel
km = Kernmembran
l = lamelläre Zone des Dotterkernes
mi = Mitochondrien
n = Zellkern
v = Zellmembran mit Mikrovilli
z = vesikuläre Außenzone des Dotterkernes

(Nach André 1958)

Bei einigen Säugetieren finden sich Dottereinlagerungen in Form lipoider Schollen (z. B. beim Hund). Die Dotterbildung verläuft als mehrphasiger Prozeß (Ortmann). Das Keimepithel bleibt stets frei von Lipoideinschlüssen. Hingegen enthalten die Epithelzellen der Pflügerschen Schläuche und ganz junge Oocyten grobgranuläre Lipoideinlagerungen im Cytoplasma, der Kern liegt zentral. In älteren Primär- und jungen Sekundärfollikeln zeigt die Oocyte eine exzentrische Kernlage. Neben dem Kern findet sich eine vitellogene Zone mit feingranulärem lipoidem Material. In älteren Oocyten (ältere Sekundärfollikel) wird die vitellogene Zone aufgelöst. Jetzt sammeln sich grobe granuläre Lipoidschollen peripher und zentral im Plasma an (Deutoplasmabildung), der Kern liegt wieder zentral. Offensichtlich entspricht die erwähnte vitellogene Zone einem Zellareal, das durch seinen Reichtum an Mitochondrien ausgezeichnet ist.

Bilaterale Symmetrie der Eizelle

Die Frage, ob neben der klar erkennbaren Polarität auch eine bilateralsymmetrische Struktur in der Eizelle nachweisbar ist, findet noch keine einheitliche Beantwortung. Die Verhältnisse bei niederen Wirbeltieren werden, soweit sie für den Ablauf der ersten Entwicklungsvorgänge wichtig sind, später zu besprechen sein (s. Kapitel Furchung S. 93). Bei Säugetieren sind seit langem Unterschiede der Dichte und Färbbarkeit der beiden ersten Furchungszellen beschrieben worden. Es lag nahe, diese Differenzen bereits auf verschieden organisierte Bezirke der ungefurchten Eizelle zurückzuführen. In der Tat hat sich an Oocyten und reifen Eizellen verschiedener Placentalier eine basophile Plasmazone in den Rindenschichten nachweisen lassen, die eine bestimmte Anordnung um eine sekundäre Eiachse zeigt und mit der Polaritätsachse dem Ei eine bilateral-symmetrische Organisation verleiht (DALCQ und JONES-SEATON 1950). Gelegentlich finden wir basophile Kernauflagerungen an der Seite der Kernmembran, die gegen die basophile Rindenzone gerichtet ist. Auch erscheint die Zona pellucida in jungen Follikeln zuerst an dem Teil der Oocytenperipherie, welche Basophilie zeigt.

Da basophile Strukturen, besonders Ribonucleoproteide, für Zellstoffwechsel und Morphogenese eine grundlegende Bedeutung besitzen, hat man der beschriebenen Organisation der Eizelle eine erhebliche Bedeutung zugemessen. Andererseits sind auch Bedenken gegen diese Befunde vorgebracht worden, denn sie erwiesen sich an einwandfreiem Material nicht eindeutig reproduzierbar (MORICARD). HEDBERG findet am menschlichen Ovarialei auf Grund von mikroradiographischen Untersuchungen mit Adsorptionsmessungen eine einheitlich diffuse, granuläre Struktur des Cytoplasmas, ohne jedes Anzeichen für eine polare Verteilung von Cytoplasmabestandteilen. Inwieweit die Widersprüche methodisch bedingt sind, inwieweit artspezifische Unterschiede der Untersuchungsobjekte eine Rolle spielen, muß durch weitere Untersuchungen geklärt werden.

b) Oogenese

Keimbahn

Die Keimzellen sind Träger des Keimplasmas, der Erbsubstanz (Idioplasma). In der Ontogenese erfolgt die Abtrennung der Urkeimzellen von den übrigen Körperzellen (Soma) bereits sehr früh. Bei vielen Wirbellosen und Wirbeltieren läßt sich das materielle Substrat der Keimzellen auf eine spezifische Plasmaformation in der befruchteten Eizelle zurückführen. Diese Beobachtung hat dazu geführt, daß man den Geschlechtszellen im Verlaufe der individuellen Ontogenesen eine gegenüber den Somazellen weitgehend selbständige und getrennte Geschichte zuschrieb. Nach dieser Keimbahnlehre (NUSSBAUM, WEISMANN, BOVERI) wird das spezielle, germinative Plasma schon während der ersten Furchungsteilungen auf bestimmte Blastomeren beschränkt, aus denen direkt die Urkeimzellen hervorgehen. So wird das „Keimplasma" in direkter Linie (Keimbahn) von Generation zu Generation weitergegeben (Abb. 12).

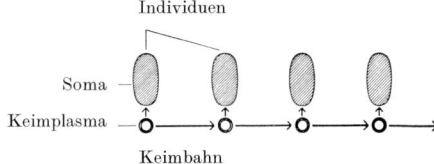

Abb. 12 Schema der Keimbahn. Die großen Pfeile zeigen die Folge der Generationen (unter Benutzung einer Abb. von PETERSEN).

In ihrer letzten Konsequenz führt diese Lehre zu der Vorstellung, daß das Soma gewissermaßen ein Anhang der streng isolierten Generationsfolge der Keimplasmaträger ist. Nun ist in der Tat bei Nematoden (Ascaris, BOVERI) ein derartiges frühes Sichtbarwerden der Keimzellen in der Ontogenese nachweisbar. Gegen eine grundsätzliche Bedeutung dieser Erscheinung spricht jedoch die Feststellung, daß bei vielen Wirbellosen (einige Würmer, Tunicaten) eine Regeneration von Keimzellen aus indifferenten Körperzellen nach Entfernung der Urkeimzellen möglich ist. Wie liegen die Dinge bei den Wirbeltieren? BOUNOURE konnte bei Fröschen eine spezielle, zunächst am vegetativen Eipol gelegene Plasmazone durch die Ontogenese bis zum erwachsenen Tier verfolgen und wahrscheinlich machen, daß die Urkeimzellen auf diese Plasmazone zurückführbar sind. Bei Urodelen treten die Urkeimzellen zunächst im Seitenplattenmesoderm des Schwanzknospenstadiums auf. Entfernung des praesumptiven Seitenplattenmesoderms führt zu völliger Sterilität trotz Regeneration der Seitenplatte (NIEUWKOOP). Verpflanzt man craniales Seitenplattenmesoderm an den Ort der entfernten Urkeimzellen, so bilden sich keine Urkeimzellen. Eine sekundäre Bildung von Urkeimzellen ist also bei Urodelen nicht möglich. Es bleibt aber die Frage offen, ob die Urkeimzellen wirklich autonome, sich selbst differenzierende Elemente sind oder ob Umgebungseinflüsse bei ihrer Entstehung eine Rolle spielen (abhängige Entwicklung). Die vorliegenden Untersuchungen machen es sehr wahr-

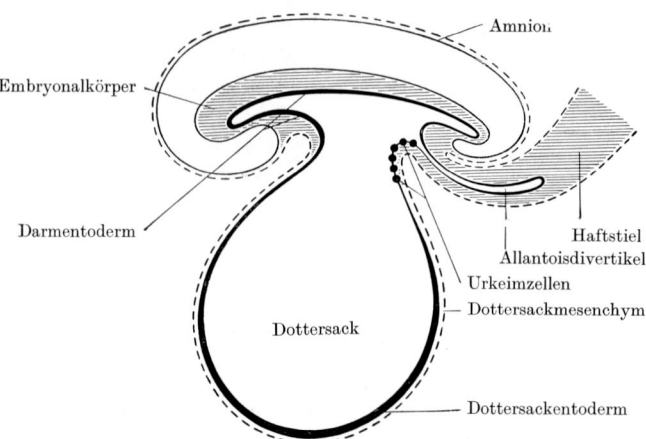

Abb. 13 Schematischer Längsschnitt durch einen jungen, etwa 3 Wochen alten menschlichen Embryo. Die Lage der Urkeimzellen im Bereich des Dottersackstieles und in der Haftstielwurzel ist angegeben.

scheinlich, daß tatsächlich bei Amphibien und auch bei Vögeln eine gewisse, plasmatisch bedingte primäre, Spezifität der Urkeimzellen besteht. Bei der endgültigen Ausdifferenzierung scheint der Kontakt mit caudalem Entoderm jedoch eine Rolle zu spielen. Beim Menschen konnten die ersten Gonocyten im Dottersackepithel von Praesomiten-Stadien (POLITZER 0,3 mm), also in der dritten Schwangerschaftswoche nachgewiesen werden. WITSCHI (1948), der ältere Stadien untersucht hat (13-Somiten-Stadium), fand Urkeimzellen ebenfalls im Dottersackepithel, nahe der Allantoisanlage. Auch hier besteht also eine Beziehung zum caudalen Entoderm. Die Zellen wandern in einer ersten Wanderungsperiode von hier in die Kloakengegend und in einer zweiten Wanderphase in der hinteren Rumpfwand bis zur Gonadenanlage (Homo 8 mm Scheitel-Steiß-Länge). Die Urkeimzellen vermehren sich während dieser Zeit. Nach *Politzer* steigt die Zahl von 40 bei Embryonen von 0,4 mm bis auf 600 bei Embryonen von 4 mm Länge an. Ob die Vermehrung während der Wanderung oder nur während der Ruhephasen erfolgt, ist unklar. Der Transport erfolgt offensichtlich durch amoeboide Eigenbewegungen. Es wird angenommen, daß das Gonadenfeld einen chemotaktischen Einfluß auf die wandernden Zellen ausübt.

Mit Hilfe histochemischer Methoden (Glykogen-Reaktion, PAS) konnte FALIN (1969) bestätigen, daß die definitiven männlichen und weiblichen Keimzellen direkte Abkömmlinge der Urkeimzellen (Gonocyten) sind. Anzeichen für sekundäre Urkeimzellbildung sind nicht nachzuweisen. Beim Vogelkeim finden sich die Urkeimzellen zeitweilig in der sogenannten mesodermfreien Sichel vor der Embryonalanlage. Zerstört man die Sichel, so kommt es zur Bildung von Gonadenanlagen, die völlig steril bleiben (Abb. 14). Exstirpiert man umgekehrt die Gonadenanlage

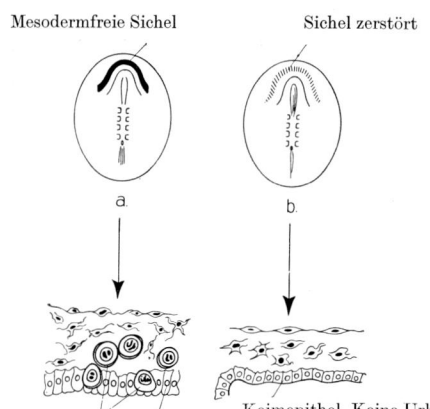

Abb. 14

a) Links: Junge Hühnerkeimscheibe. Die Zone, in der sich die Urkeimzellen befinden, liegt vor der Embryonalanlage (schwarz). Unten: Schnitt durch die Gonadenanlage eines älteren Hühnerkeimes mit Urkeimzellen im Keimepithel.

b) Rechts: Zerstörung der mesodermfreien Sichel und damit der Urkeimzellen im jungen Hühnerkeim durch Kauterisation führt (unten) zur Bildung einer keimzellfreien Gonadenanlage (unter Benutzung einer Abb. von V. DANTSCHAKOFF).

vor Einwanderung der Urkeimzellen, so regeneriert die Gonadenanlage cranial des Wundgebietes und differenziert sich normal. Das Gonadengewebe begünstigt die Ansiedlung wandernder Urkeimzellen.

Verpflanzt man einen normalen Hühnerembryo in die Nachbarschaft eines Keimes, dessen Sichel zerstört wurde, so wird die Gonadenanlage von Urkeimzellen des Nachbarembryos besiedelt, sobald eine Gefäßverbindung etabliert ist. Selbst wenn sich so eine weitgehende Autonomie der Urkeimzellen nachweisen läßt, so sind diese Elemente damit doch nicht völlig unabhängig. Sie vermehren sich durch Teilung, müssen also Stoffe aus dem Soma aufnehmen. Sie kommen in engsten Kontakt mit Zellen des Soma und nehmen am allgemeinen Stoffwechsel des Organismus teil.

Beim Menschen wird nach neueren Untersuchungen (OEHLER 1951) ein Teil der Urkeimzellen bereits im Mesenchym der Gonadenanlage festgehalten und entwickelt sich hier zu Oogonien. Auch in diesen Fällen stammt das Follikelepithel wahrscheinlich vom Oberflächenepithel der Gonadenanlage her. Nur ein kleiner Teil der Urkeimzellen wird in den Verband des Oberflächenepithels eingeschaltet und wandert sekundär ins Mesenchym zurück. Etwa vom 180-mm-Stadium an (Scheitel-Steiß-Länge) bildet sich die Tunica albuginea aus und macht eine Rückwanderung von Zellen aus dem Epithelverband in die Rindenschichten der Gonade unmöglich. Angaben amerikanischer Autoren (ALLEN 1923, EVANS und SWEZY 1931) über eine Bildung von Oogonien aus indifferenten Epithelzellen bei geschlechtsreifen Säugetieren und Mensch fanden keine Bestätigung, zumal sich auch beim Säugetier (Maus) experimentell zeigen ließ, daß Gonaden, die vor Einwanderung der Urkeimzellen in die Niere des erwachsenen Tieres verpflanzt wurden, keine Oogenese zeigen. Transplantiert man jedoch ältere embryonale Gonaden, so ist eine Keimzellbildung möglich (EVERETT 1943). Damit entfällt auch die Angabe einiger Forscher (STIEVE 1927), daß die primären Urkeimzellen zugrunde gehen und die definitiven Keimzellen aus dem Keimepithel als neue Generation gebildet werden.

Das weitere Schicksal der Urkeimzellen hängt nun von Faktoren ab, die in der Gonadenanlage wirksam werden. Im weiblichen Geschlecht er-

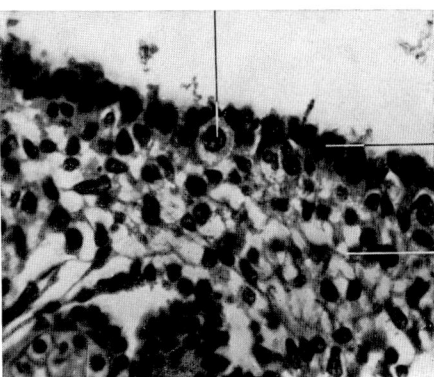

Abb. 15 Urkeimzelle im Keimepithel der Gonade bei einem menschlichen Embryo von 7,8 mm Länge. 275 fach. Präp. und Photo Prof. ORTMANN.

folgt die Differenzierung zu Ureizellen und damit zu Eizellen im Rindengewebe der Gonade. Im männlichen Geschlecht differenzieren sich die Ursamenzellen im Mark zu Samenzellen. Wir verfolgen zunächst das Geschehen beim weiblichen Geschlecht.

Oogenese

Die Ureizellen oder *Oogonien* schieben sich in den Verband des indifferenten Keimepithels ein (Abb. 15) und sind hier an ihrer relativen Größe, Kernstruktur und schwachen Färbbarkeit leicht erkennbar. Die Oogonien vermehren sich während des intrauterinen Lebens. In der Regel scheint beim Menschen eine Vermehrung der Oogonien nach der Geburt nicht mehr vorzukommen. Die Gesamtzahl der bereitstehenden Oogonien bei den Neugeborenen wird mit etwa 4–500000 angegeben. Die zyklisch ablaufenden Reifungsvorgänge der Eizelle und die zeitliche Beschränkung der Fortpflanzungsperiode auf 30 bis 35 Lebensjahre beim Weibe bedingen aber, daß von diesem Vorrat an Oogonien maximal nur etwa 400 befruchtungsfähig werden können. Die übrigen gehen früher oder später zugrunde. An die Vermehrungsperiode der Oogonien schließt sich die Wachstumsperiode der Praepubertät an. Diese führt zur Bildung der *Oocyte*.

Bereits in der Embryonalzeit beginnt das Coelomepithel, welches die Gonade bedeckt (= Keimepithel), in die Tiefe zu wuchern und nimmt dabei Oogonien mit in die ober-

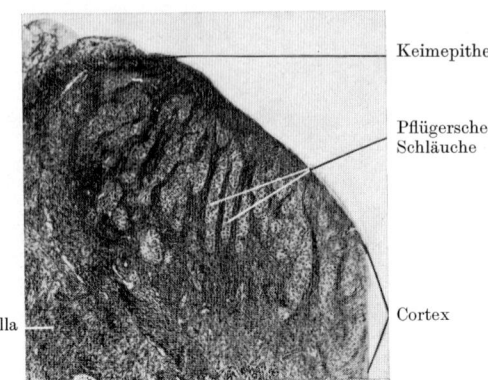
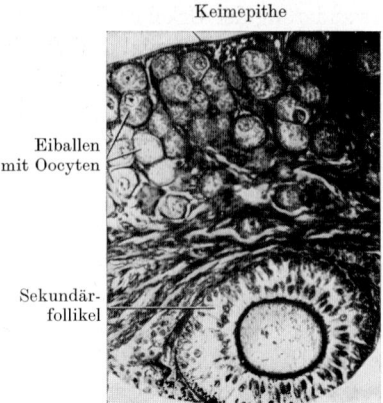

Abb. 16 PFLÜGERsche Schläuche im Ovar eines 5 Tage alten Hundes.

Abb. 17 Eiballen im Ovar einer erwachsenen Katze.

flächlichen Rindenschichten des Ovars. Erfolgt diese Einwucherung in Form geschlossener Zellstränge, wie beim Hund, so sprechen wir von PFLÜGERschen Schläuchen (Abb. 16). Das Mesenchym der Rinde wuchert gleichzeitig und zerlegt die Schläuche in *Eiballen*. Bei vielen Säugern, wie auch beim Menschen, werden von vornherein Zellkomplexe in Form von Eiballen in die Tiefe verlagert. Die ersten Keimepithelwucherungen atrophieren; die in ihnen enthaltenen Eizellen gehen zugrunde. Die Stränge sind als Markstränge des Ovars im Inneren der Gonade noch lange nachweisbar. Die folgenden Generationen der Eiballen erhalten sich im Cortex (Abb. 17). Beim Menschen ist etwa zur Zeit der Geburt die Bildung der Eiballen abgeschlossen, das Keimepithel enthält nun keine

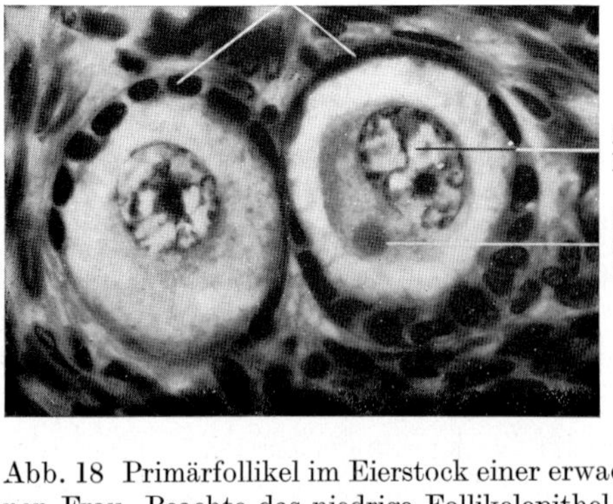

Urkeimzellen mehr. Die Eiballen zerfallen in Zellkomplexe, die in der Regel eine Oocyte umschließen. Das Keimepithel, das mit in die Tiefe verlagert wurde, umschließt als einschichtiges prismatisches Epithel die Oocyte. Der *Primärfollikel* ist gebildet (Abb. 18, 19a). Die enge Symbiose zwischen indifferentem Follikelepithel und Oocyte ist für die ganze intraovarielle Lebenszeit der Eizellen charakteristisch. An diese Wachstumsperiode der Eizellen schließt sich eine Ruheperiode von wechselnder Dauer an.

Zwischen Follikelepithel und Oocyte bildet sich die Zona pellucida (Abb. 19b, c, 20). Zur Zeit der Pubertät wird das Epithel einiger Follikel zweischichtig, dann mehrschichtig (2. Wachstumsphase). Wir sprechen jetzt von Sekundärfollikeln. Die Bildung der Zona pellucida wird abgeschlossen, die Oocyte erreicht ihre definitive Größe. Oocytenwachstum und Follikelwachstum gehen zunächst parallel. Dann treten mehrere interzelluläre Spalträume im Follikelepithel auf, die zu einem *Antrum* zusammenfließen. Die Follikelzellen schwellen zu dieser Zeit durch Flüssigkeitsaufnahme an. Die Flüssigkeit wird alsbald ins Antrum als Liquor folliculi ausgeschieden, das Antrum erweitert sich zum Cavum folliculi, der DE-GRAAFsche *Follikel* oder Bläschenfollikel ist entstanden (Abb. 21). Letztere erreichen beim Menschen einen Durchmesser von 5—8 mm (STIEVE) und verbleiben für mehrere Monate in diesem Zustand (2. Ruheperiode). Das Follikelepithel wird jetzt auch als *Membrana granulosa* bezeichnet. Der Follikel hat

Abb. 18 Primärfollikel im Eierstock einer erwachsenen Frau. Beachte das niedrige Follikelepithel. Die rechte Oocyte zeigt den Dotterkern (Präp. und Photo Prof. ORTMANN).

kuglige Gestalt. Das umgebende Bindegewebe ordnet sich unter dem Druck der sich vergrößernden Kugeln in konzentrischen Schichten an und bildet eine *Theca folliculi*. Hierbei ist eine mehrzellige Theca interna von der fibrösen Theca externa zu unterscheiden (Abb. 20, 21).

Eine deutliche Basalmembran wird als Grenzschicht zwischen Bindegewebe und Follikelepithel ausgebildet. Das Cavum folliculi dehnt sich durch Flüssigkeitsanreicherung mehr und mehr aus und modelliert die Oocyte mit den benachbarten Granulosazellen weitgehend aus dem

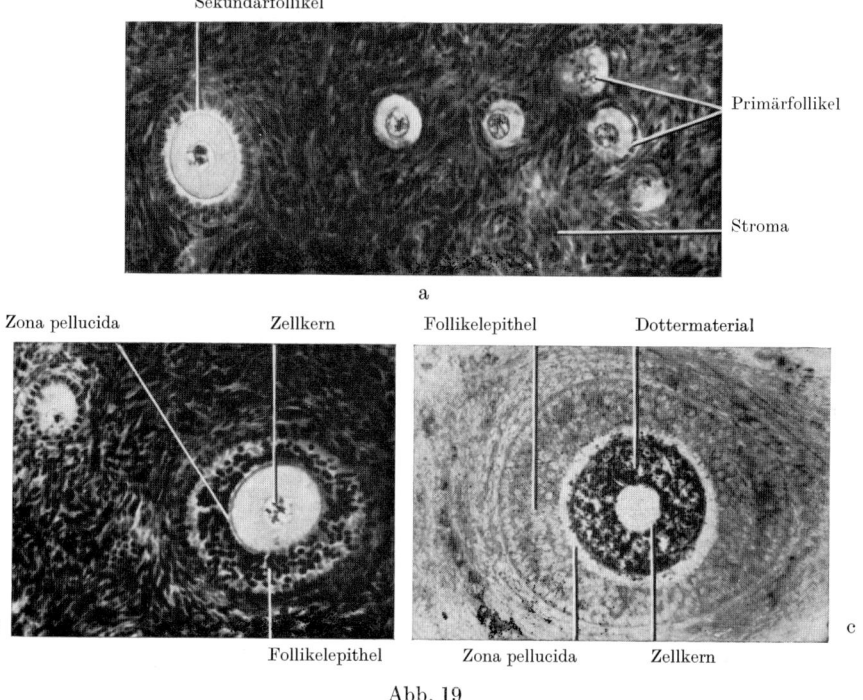

Abb. 19
a) Primär- und Sekundärfollikel im Ovar einer erwachsenen Frau (Vergr. 166fach).
b) Wachsender Follikel aus dem gleichen Eierstock (Vergr. 166fach).
c) Sekundärfollikel aus dem Ovar einer 21 Wochen alten Hündin. Färbung mit Sudanschwarz. Beachte die Anhäufung lipoiden Materials (schwarz) im Ooplasma (Vergr. 166fach).
Präp. und Photos Prof. ORTMANN.

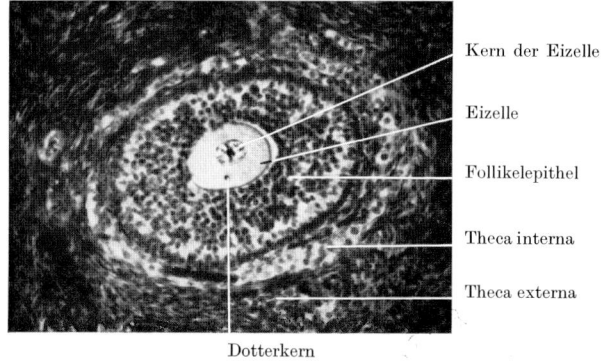

Abb. 20 Wachsender Follikel kurz vor der Bildung des Antrums aus dem Ovar einer erwachsenen Frau. Bildung der Theca folliculi interna und externa. Vergr. 120fach. Präp. und Photo Prof. ORTMANN.

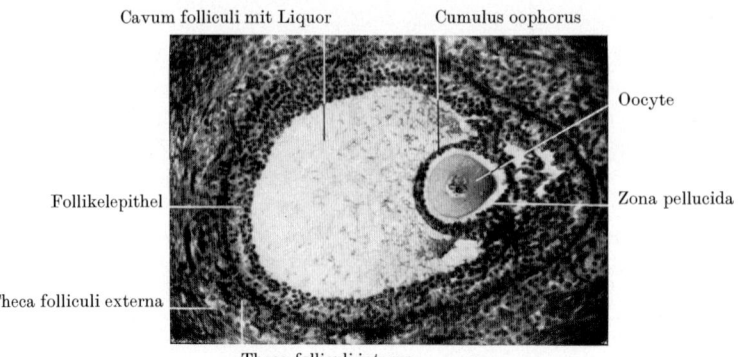

Abb. 21 DE-GRAAFscher Follikel aus dem Ovar einer erwachsenen Frau. Vergr. 84fach. Präp. und Photo Prof. ORTMANN.

Follikelepithel heraus. Schließlich springt die Oocyte mit den umhüllenden Epithelzellen als *Cumulus oophorus* (= *proligerus*) in den Liquorraum vor. Das Granulosaepithel ist frei von Blutgefäßen, doch wird der DE-GRAAFsche Follikel im ganzen reichlich von Gefäßen umsponnen. Man hat im Sinne der extremen Keimbahnlehre oft geglaubt, daß die Eizelle im Follikel gleichsam in einer Kugelschale völlig vom Soma isoliert wäre. Doch zeigt die Tatsache, daß der Follikel eine besonders reiche Gefäßversorgung hat und daß die Eizelle im Follikel wächst, deutlich an, daß Stoffverkehr zwischen Keimzelle und Soma stattfindet. Hingegen ist anzunehmen, daß die Follikelumhüllung der Eizelle eine eigene, von anderen Zellen abweichende, spezifische Stoffzufuhr vermittelt. Den Übergang von der zweiten Ruheperiode zur nun folgenden Reifeperiode kann in der Regel beim Menschen nur ein Follikel zu einer Zeit vollziehen. Ist ein Follikel in die Reifeperiode eingetreten, so wächst er innerhalb weniger Tage bis etwa Kirschgröße (15–20 mm) heran. Er wölbt nun die Oberfläche des Eierstocks vor und ist sprungreif. Beim Follikelsprung *(Ovulation)* gelangt die Oocyte in die freie Bauchhöhle und wird vom abdominalen Tubenostium aufgenommen. Gelegentlich kommen auch beim Menschen zweieiige Follikel vor.

Follikelatresie

Wir hatten erfahren, daß der größte Teil der Eizellen nicht zur Reife gelangen kann, sondern zugrunde gehen muß. Dieser Prozeß der Follikelatresie setzt bereits früh ein, kann aber auch noch Bläschenfollikel ergreifen. Die Eizelle zerfällt, die Granulosazellen degenerieren früh. Die Basalmembran ist als hyalines Gebilde noch längere Zeit sichtbar. Bindegewebe wuchert ein und bildet einen Narbenkörper (Corpus atreticum). Atretische Follikel können unter hormonalen Einflüssen den Charakter von Drüsenzellen annehmen (s. S. 19).

Ovulation und Bildung des Corpus luteum

Der sprungreife Follikel ist beim Menschen, wie wir sahen, in wenigen Tagen bis zu einem Durchmesser von 15–20 mm herangewachsen. Während dieser Zeit sind wichtige strukturelle Veränderungen eingetreten. Der Eikern tritt in die erste Reifeteilung ein. Die Granulosazellen vermehren sich, so daß die Follikelwand von 3–5 auf 10–12 Zellschichten anwächst. In dieser Granulosavermehrung haben wir eine bereits vor dem Follikelsprung einsetzende Vorbereitung der Corpus-luteum-Bildung zu sehen. Gleichzeitig lockert sich das Zellgefüge des Cumulus oophorus durch Auftreten interzellulärer Saftspalten auf. Die Follikelflüssigkeit nimmt zu und läßt den Follikel an der Ovaroberfläche vorspringen. Hierbei kommt es zu einer Abflachung und Dehnung der oberflächennahen Teile der Follikelwand und zu einer Kompression der nahegelegenen Blutgefäße. Die Lage des Cumulus zur Sprungstelle ist beim Menschen nicht unbedingt festgelegt, doch findet sich der Eihügel in der Regel an der lateralen Seite. Nunmehr öffnet sich der Follikel gegen die freie Bauchhöhle *(Follikelsprung)*.

Der Mechanismus der Wanderung und des Sprunges des Follikels ist weitgehend von der konstruktiven Gestaltung des Eierstockbindegewebes abhängig. Grundhügelsysteme von Faserbündeln steigen senkrecht zur Oberfläche auf und biegen hier in tangentiale Richtung um. Dadurch entsteht eine Tunica albuginea. Im Rindenparenchym existiert ein dreidimensionales Maschenwerk von Fibrillenbündeln, in welchem die Follikel untergebracht sind. Die Wikkelungssysteme um die Follikel stehen mit der Albuginea im Zusammenhang. Vergrößert sich der Follikel, so wird er, da er an der Albuginea verankert ist, automatisch gegen die Oberfläche gehoben. Die Wanderung des Follikels wird also durch eine sinnvolle Korrelation zwischen konstruktiver Gestaltung des Bindegewebsgerüstes und Wachstum des Follikels gerichtet und läuft automatisch ab. Beim Follikelsprung spielen mehrere Faktoren eine Rolle. Jedenfalls ist der zunehmende Binnendruck im Follikel allein nicht in der Lage, die Follikelwand zu sprengen. Das wird bewiesen durch die Tatsache, daß in pathologischen Fällen die Follikel zu riesenhaften Cysten anwachsen können, ohne daß es zum Platzen derselben kommt. Es zeigt sich vielmehr, daß in diesen Fällen das Bindegewebe mit einer Anpassung an die veränderten mechanischen Bedingungen reagiert. Auch plötzlicher Druckanstieg reicht nicht zur Sprengung des Follikels aus. Wesentlich ist vielmehr, daß die Bindegewebszüge in der Follikelwand durch proteolytische Fermente angegriffen und in ihrer Zerreißfestigkeit geschwächt werden. In der Tat konnte PETRY (1943/50) zeigen, daß sprungreife Follikel proteolytische Fermente enthalten, Follikelcysten aber nicht. Damit erweist sich der Follikelsprung als ein komplexer Vorgang, in dem mechanische und chemische Kräftefaktoren sinnvoll ineinandergreifen.

Der Vorgang ist beim Kaninchen und bei der Ratte im Film festgehalten worden (HILL, ALLEN und KRAMER 1935, BLANDAU). Dabei zeigt sich, daß zunächst der Follikel in Form eines Spitzenkonus vorspringt. Kurz vor dem Sprung findet sich etwas Blut an der Sprungstelle. Ist der Sprung eingetreten, so strömt die Follikelflüssigkeit aus. Dabei scheint die zuerst austretende Flüssigkeit ziemlich viskös zu sein. Das Ei, umgeben von den Zellen des Cumulus (Zona radiata), wird mit der Flüssigkeit ausgeschwemmt und vom Fimbrienende der Tube aufgenommen. Dieser Übertritt des Eies in die Genitalwege ist nun nicht dem Zufall überlassen. Bei der Ratte wird das Ei durch den Flimmerstrom der Fimbrien in das Tubenostium befördert (BLANDAU). Direkte laparoskopische Beobachtungen am Menschen (ELERT 1947) wiesen einen *Eiabnahmemechanismus* nach. Das Fimbrienende der Tube ist zur Zeit der Ovulation hyperaemisch und gleitet periodisch über den Eierstock, welcher wie ein Ei vom Eierbecher umfaßt wird. Eine freie Wegstrecke zwischen Ovaroberfläche und Tube existiert nicht. Auch der Eierstock selbst führt während dieser Zeit periodische Bewegungen um seine Längsachse aus (Verkürzung und Erschlaffung seiner Ligamente). Der Abnahmemechanismus ist also ein kurzdauernder (etwa 2 Minuten), periodisch ablaufender Vorgang. Bei vielen Säugern (Insectivoren, Carnivoren) wird das Ovar von einer Peritonealfalte eingehüllt, so daß eine Tasche *(Bursa ovarica)* zustande kommt, welche nur mit einem engen Spalt an die freie Bauchhöhle grenzt. Der *Zeitpunkt der Ovulation* liegt beim Menschen etwa in der Mitte des Intermenstrums (14. bis 16. Tag), doch kommen Schwankungen vor. Da die Lebensdauer der Eizelle nur kurz ist (48 Stunden), gibt es beim Menschen zweifellos einen optimalen Zeitpunkt für die Befruchtung und eine Zeitphase periodischer Unfruchtbarkeit (Prae- und Postmenstrum). Allerdings gilt dies nur für einen normalen Zyklusablauf. Voraussetzung für diesen geschilderten Ablauf der Vorgänge ist ferner, daß die Ovulation spontan eintritt. Das ist beim Menschen sicher die Regel. Doch kann auch beim Menschen gelegentlich eine *provozierte* Ovulation vorkommen. Der Reichtum des Ovars an Nerven und die Möglichkeit einer Beeinflussung des Organs über das Nervensystem sind bekannt. Klinische Erfahrung lehrt, daß de facto eine Frau zu jedem Zeitpunkt des Zyklus konzipieren kann. Hingegen ist bei vielen Säugetieren die provozierte Ovulation die Regel (Kaninchen, Hase, einige Eichhörnchenartige, Katzen, Marderartige und Spitzmäuse), d. h. die Ovulation bedarf der Auslösung durch den Coitus. Dabei ist nicht an direkte Einwirkung (Hyperaemie) zu denken, denn es vergeht zwischen Coitus und Ovulation ein artspezifisch verschiedener Zeitabschnitt (beim Kaninchen 10½ Stunden). Durch den Stimulus der Begattung wird die

Hypophyse zu vermehrter Sekretion gonadotropen Hormons angeregt. Diese hat vermehrte Bildung von Follikelflüssigkeit zur Folge und führt den Follikelsprung herbei. Bei anderen Arten (Katze) genügt Reizung der Cervix uteri zur Auslösung der Ovulation (lokaler oder zentralnervöser Mechanismus), jedenfalls ist das Hypophysen-Zwischenhirn-System im Gegensatz zum Kaninchen nicht beteiligt. Spontane Ovulation kommt bei Kaninchen und Katze in seltenen Ausnahmefällen vor. Daraus erklären sich wahrscheinlich die Versager (1–2 %) des FRIEDMANN-Testes (s. S. 262) beim Kaninchen.

Während der bisher beschriebene Vorgang der Ovulation bei den meisten Säugern in analoger Weise abläuft, sei hier darauf hingewiesen, daß gewisse primitive Placentalier (Tenrecidae: Insectivora) sich dadurch von anderen Säugern

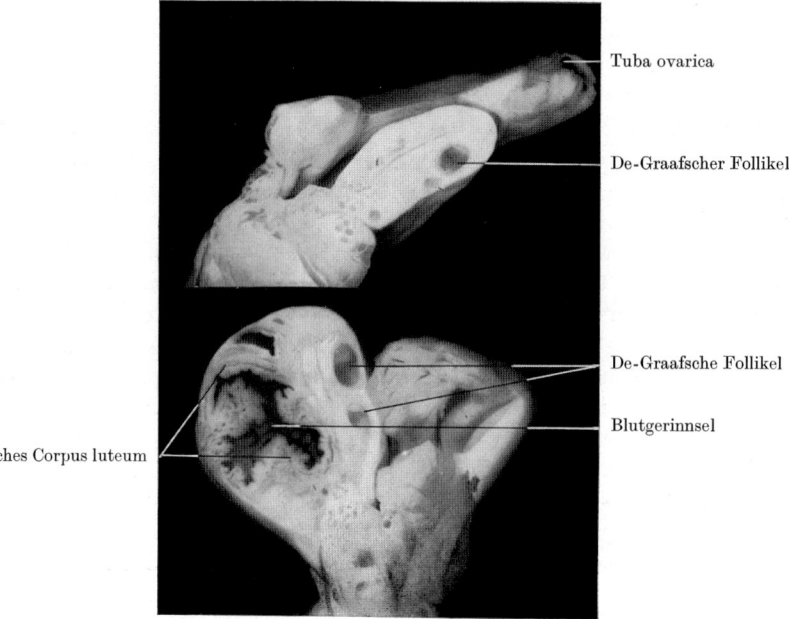

Abb. 22 Schnitte durch die Eierstöcke (rechtes Ovar oben, linkes Ovar unten) einer 24jährigen Frau. Der linke Eierstock (unten) enthält ein frisches Corpus luteum.

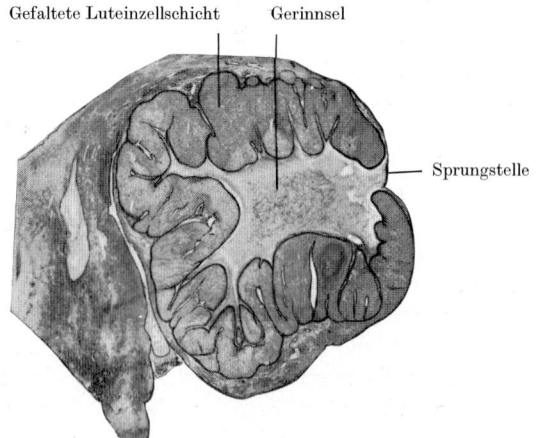

Abb. 23 Schnitt durch ein menschliches Corpus luteum, Übersichtsbild. Beachte Granulosafaltung und Sprungstelle.

unterscheiden, daß sie solide Reiffollikel besitzen und die Ovulation nicht abrupt verläuft. Wir können also zwei Arten des Ovulationsvorganges und damit zwei Arten der Corpus-luteum-Bildung unterscheiden, je nachdem, ob ein Follikelhohlraum vorhanden ist oder nicht. Zwischenformen verschiedenen Grades kommen vor (Spitzmaus, *Elephantulus*: Insectivora. Kleinfledermäuse).

Weiteres Schicksal des Follikels und Corpus-luteum-Bildung

A. *Follikel mit Hohlraum*: Ist der Follikel geplatzt, so fällt die Follikelwand zusammen und faltet sich in charakteristischer Weise ein (Granulosafaltung, Abb. 22, 23, 25). Im Inneren des Restcavums findet sich beim Menschen sehr wenig Blut (Abb. 22). Die Granulosazellen schwellen an und sind nur mehr blaß färbbar. Der Follikelhohlraum nimmt unregelmäßige Form an und enthält Gerinnsel (geronnener Liquor). Sehr schnell wird die Grenze zwischen Theca interna und Follikelepithel verwischt, da auch die Bindegewebszellen der Theca interna epitheloide Gestalt annehmen (Abb. 24, 25). Die Theca externa bleibt als äußere Kapsel unverändert. Die Granulosazellen teilen und vermehren sich nach dem Follikelsprung nicht mehr, Blutgefäße und Bindegewebe dringen von außen ein. Die Granulosazellen bilden nun ein gelbes, fettlösliches Pigment (Lutein) und werden auch als Granulosaluteinzellen bezeichnet. Damit ist das *Corpus luteum* gebildet, und zwar erreicht dieses am 7. bis 12. Tage nach dem Follikelsprung sein Blütestadium (nach STIEVE bereits am 2. Tag) und arbeitet als endokrine Drüse, die die Vorbereitung der Genitalwege für die Aufnahme eines Keimes kontrolliert (s. S. 248). Die Zellen der Theca interna ähneln jetzt den Granulosaluteinzellen, bleiben jedoch etwas kleiner, und ihr Plasma zeigt an Paraffinschnitten eine stärkere Vakuolisierung. Sie enthalten vorwiegend Cholesterinester. Übergangsformen zwischen Granulosa- und Thecaluteinzellen (= Paraluteinzellen) kommen nicht vor. Nach älterer Ansicht sollen auch die Paraluteinzellen Abkömmlinge der Granulosa sein. Der Luteingehalt verleiht dem Corpus luteum eine auffallend orangegelbe Färbung. Das weitere Schicksal des Corpus luteum, das nunmehr eine wichtige Rolle als inkretorische Drüse übernommen hat (s. S. 248), hängt davon ab, ob eine Befruchtung stattgefunden hat (Corpus luteum graviditatis) oder nicht (Corpus luteum menstruationis). Tritt ine Befruchtung ein, so bildet sich das Corpus luteum zurück. Lebensdauer und Dauer des Funktionsstadiums scheinen beim Menschen starken individuellen Schwankungen unterworfen zu sein. Abnorme Persistenz des Corpus luteum führt zu bleibender Progesteronausscheidung und zu Ausbleiben der Menstruation. Die Rückbildung beginnt beim Menschen in der Regel nach etwa 12 Tagen unter Zellschrumpfung und hyaliner Entartung. Bindegewebe wuchert stärker, und es bleibt schließlich ein Narbenkörper (Corpus albicans) übrig, der im Endzustand kaum von einem atretischen Follikel zu unterscheiden ist. Kommt es zu einer Gravidität, so wächst das Corpus luteum zunächst weiter, auch die Luteinzellen selbst sollen größer werden. Die Lebensdauer des Corpus luteum ist hormonal bedingt und scheint vom Prolactinspiegel im Blut abzuhängen (ASDELL).

Da die Verhältnisse der Corpus-luteum-Bildung und deren Schicksal beim Menschen noch in mancher Hinsicht umstritten sind, andererseits aber beim Rhesusaffen an lückenlosem, sicher datiertem Material genau untersucht wurden (CORNER, BARTELMEZ und HARTMAN 1945), sei auf diese Befunde hier eingegangen. Beim Rhesusaffen beobachten wir einen regelmäßigen 28tägigen Zyklus mit echter Menstruation. Die Ovulation tritt am 13. (9.–17.) Tag ein. Hier erfolgt die Umwandlung der Granulosazellen zu Luteinzellen ohne Zellproliferation, also ohne Zellteilungen, und zwar beginnt die Luteinisierung am 4. Tag nach der Ovulation und schreitet von außen nach innen fort. Der Unterschied zwischen Granulosa- und Thecaluteinzellen wird vorübergehend völlig verwischt, doch schwellen die Granulosazellen bald stärker an, so daß die Thecaluteinzellen sich bereits ab 7.–10. Tag wieder erkennen lassen. Derartige Befunde mögen auch die Angaben über Umwandlung der Thecazellen zu echten Luteinzellen erklären. Am 10. bis 12. Tag ist das Corpus luteum funktionsfähig (= 25. Zyklustag). Corpus luteum menstruationis und C. l. graviditatis zeigen bis zu diesem Zeitpunkt keinen Unterschied. Am 11. Tag nach

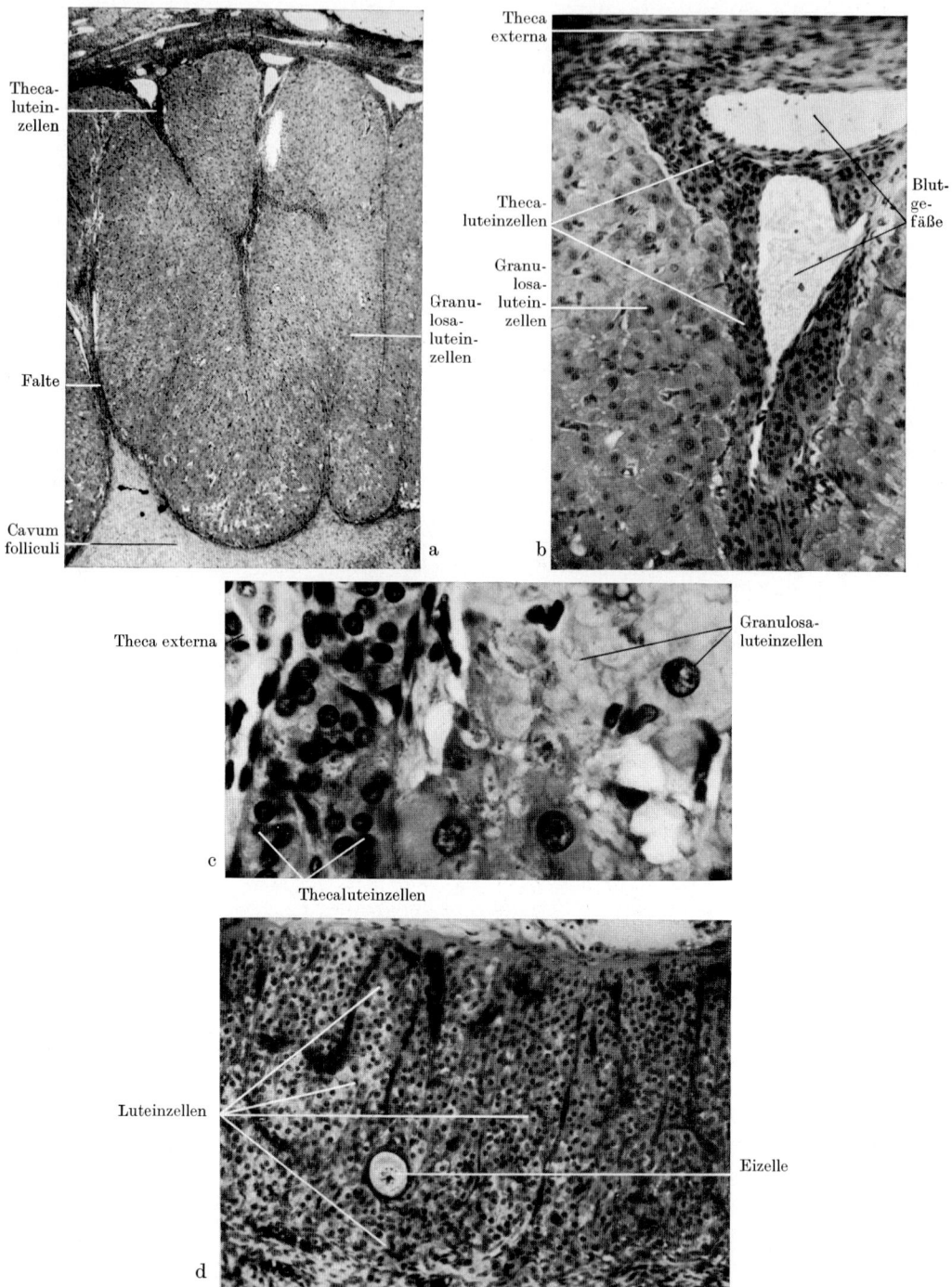

Abb. 24 Ausschnitt aus der Wand eines menschlichen Corpus luteum mit Granulosa- und Thecaluteinzellen. a) Vergr. 24fach. b) 125fach. c) 450fach. d) Einschluß einer Oocyte in das Corpus luteum. Wahrscheinlich handelt es sich um die Eizelle eines Follikels, der in unmittelbarer Nähe des sich bildenden Corpus luteum lag. Follikelepithel ist nicht mehr nachweisbar. Die Epithelzellen sind in den Luteinisierungsvorgang mit einbezogen worden. Das Bild stammt aus dem gleichen Corpus luteum wie Abb. 20a–c. Vergr. 125fach. Präp. und Photos Prof. ORTMANN.

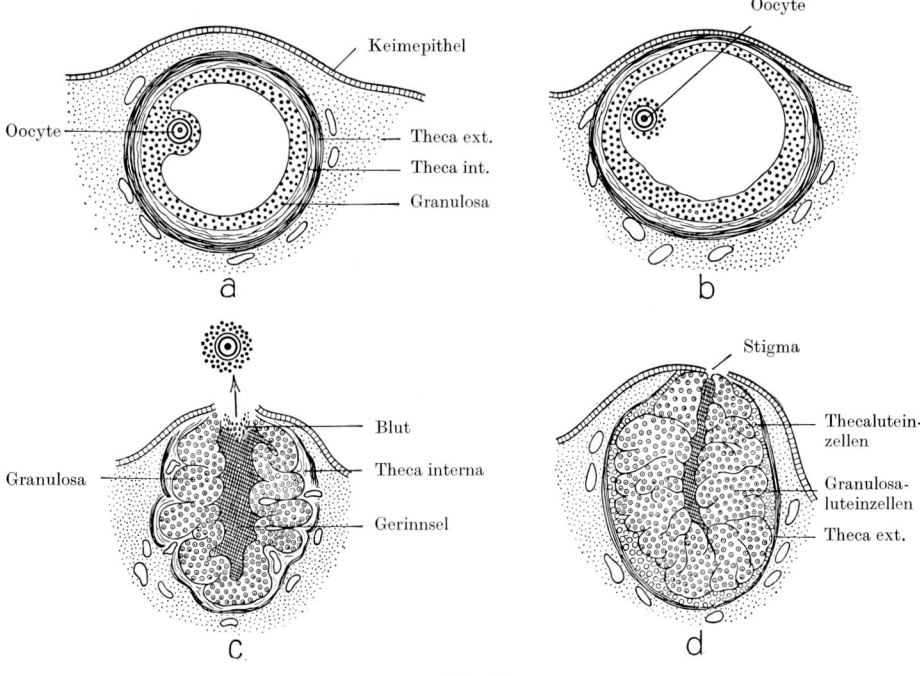

Abb. 25

a) Schematische Darstellung der Bildung des Corpus luteum aus einem Bläschenfollikel.
b) Follikel kurz vor dem Sprung, der Cumulus oophorus hat sich gelöst. Die Follikelwand ist an der späteren Sprungstelle verdünnt.
c) Follikelsprung und Granulosafaltung.
d) Corpus luteum gebildet. Schwarze Punkte: Follikelepithel. Kreise mit Punkt: Granulosaluteinzellen. Leere Kreise: Thecaluteinzellen.

der Ovulation findet beim Rhesusaffen die Einnistung des Keimes in die Uterusschleimhaut statt. Dieser Vorgang bewirkt grundsätzliche Umstellungen, die sich auch am Corpus luteum bemerkbar machen. Kommt es nicht zur Befruchtung, so bildet sich das Corpus luteum zurück. Dies hat Eintritt der Menstruation zur Folge. Es läßt sich zeigen, daß die Menstruation zwangsläufig innerhalb von 3 Tagen eintreten muß, wenn das Corpus luteum seine Tätigkeit einstellt (Exstirpation eines Ovars mit Corpus luteum). Im normalen Zyklusablauf hört das Corpus luteum zwischen dem 13. und 15. Tag nach der Ovulation mit der Progesteronbildung auf und ist am ersten Tag der Menstruation in voller Rückbildung. Kommt es zur Schwangerschaft, so verkleinern sich die Luteinzellen, die Vakuolen treten zurück, die Gefäße werden weiter. Dieser Zustand erhält sich bis in die letzte Zeit der Gravidität.

Recht wenig Sicheres ist über die sogenannten „Zwischenzellen" oder „interstitiellen" Zellen des Eierstockes bekannt, zumal unter dieser Bezeichnung verschiedenartige Gebilde beschrieben wurden. Außerdem ist es gerade in dieser Frage wieder kaum möglich, Befunde von einer Tierform auf andere Arten zu übertragen. Man beschrieb als „Zwischenzellen" große epitheloide Zellen des Eierstockes, die reich an Lipoideinlagerungen sind und den Charakter von Drüsenzellen haben. Sie sind den LEYDIGschen Zwischenzellen des Hodens ähnlich und werden daher oft mit diesen homologisiert. Mit Sicherheit können wir heute folgende Zellarten aus dem Sammelbegriff der Zwischenzellen des Eierstockes abtrennen:

a) Zwischenzellen, die von der Theca interna atresierender Follikel abstammen. Sie finden sich besonders reichlich bei vielen Nagern und beim Kaninchen. In der Gravidität werden atresierende Follikel unter dem Einfluß des normalen Gelbkörpers luteinisiert. MOSSMAN und JUDAS zeigten, daß beim Baumstachelschwein *(Erethizon)* dieser Luteinisierungsfaktor auch indifferente Stromazellen ergreifen kann. So werden noch spät indifferente Zellen zu Luteinzellen differenziert und dem Corpus luteum einverleibt. Die Tatsache, daß bei dieser Form sowohl mesenchymale wie epitheliale Zellelemente des Ovars die Potenzen zur Bildung ein und derselben hochdifferenzierten Spezialzelle bewahrt haben, läßt auch eine Umbildung von Thecazellen zu Luteinzellen als denkbar erscheinen. Beim Menschen finden sich Zwischenzellen, die von atretischen Follikeln herstammen, nur spärlich; am deutlichsten sind sie in den ersten Jahren des postembryonalen Lebens nachweisbar.

b) Im Hilus des Ovars kommen paraganglionäre Zellelemente vor, die gelegentlich mit Zwischenzellen verwechselt werden.

c) Mit den Zwischenzellen des postfetalen Ovars dürfen nicht ohne weiteres die embryonalen Zwischenzellen mancher Säuger gleichgesetzt werden. Insbesondere im Eierstock des Pferdes finden sich embryonal in der Markschicht enorme Mengen von epitheloiden, lipoidhaltigen Zellen, die zeitweise vier Fünftel der Masse des ganzen Organs ausmachen und verursachen, daß das Ovar eine unverhältnismäßige Ausdehnung schon in der Embryonalzeit erreicht. Diese Zellen stammen nachweislich vom Keimepithel (KOHN 1926) ab und sind den embryonalen Hodenzwischenzellen vergleichbar. Sie verschwinden später. Inwieweit sie doch den lipoidhaltigen Thecazellen des reifen Eierstocks vergleichbar sind, bleibt nach den Befunden von MOSSMAN und JUDAS dahingestellt. Beim Maulwurf werden die embryonalen Zwischenzellen anscheinend in den Bestand der reifen Gonade direkt übernommen. Über die Funktion ist nichts bekannt. Vielleicht ist die Hypertrophie des embryonalen Zwischengewebes beim Pferd auf hormonale Einflüsse der Mutter zurückzuführen.

B. *Solide Reiffollikel:* Ist der Reiffollikel solide, wie bei den madagassischen Tenreciden, so kann der Ovulationsvorgang nicht abrupt im Sinne eines Follikelsprunges (STRAUSS und FEREMUTSCH 1949, STRAUSS 1938/39) verlaufen. Die Granulosazellen quellen durch intrazelluläre Flüssigkeitsaufnahme auf (Abb. 26). Der Follikel wölbt sich vor und zerreißt das bedeckende Keimepithel. Die Eizelle wird durch den Druck der gequollenen Granulosazellen an die Oberfläche gedrängt (Abb. 26 c, d) und schließlich in die Bursa ovarica entleert. Gleichzeitig ist die Umbildung der Granulosazellen zu Luteinzellen von der Basis zur Oberfläche fortschreitend im

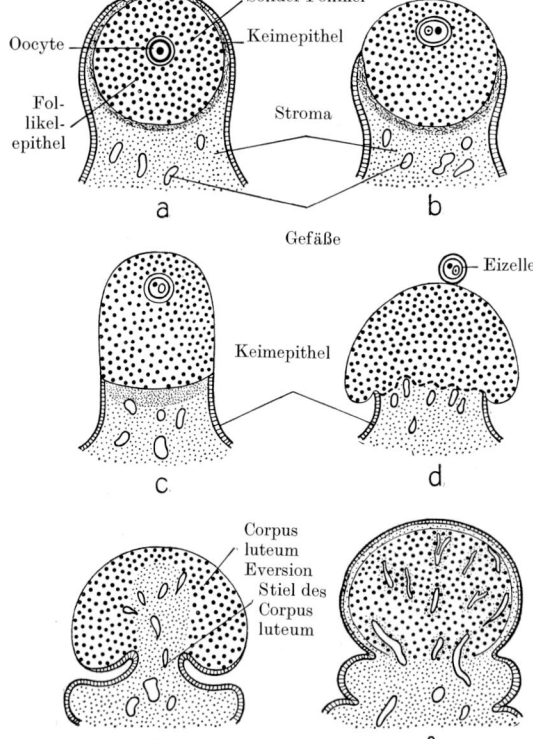

Abb. 26 Bildung des Corpus luteum aus solidem Follikel bei Tenreciden in Anlehnung an F. STRAUSS.
a) Solider Reiffollikel.
b) Beginnende Eversion.
c) Der Follikel wölbt sich über die Oberfläche des Ovars vor.
d) Ausstoßung der Eizelle.
e) Bildung des gestielten Corpus luteum.
f) Neue epitheliale Bedeckung des Corpus luteum ist gebildet.

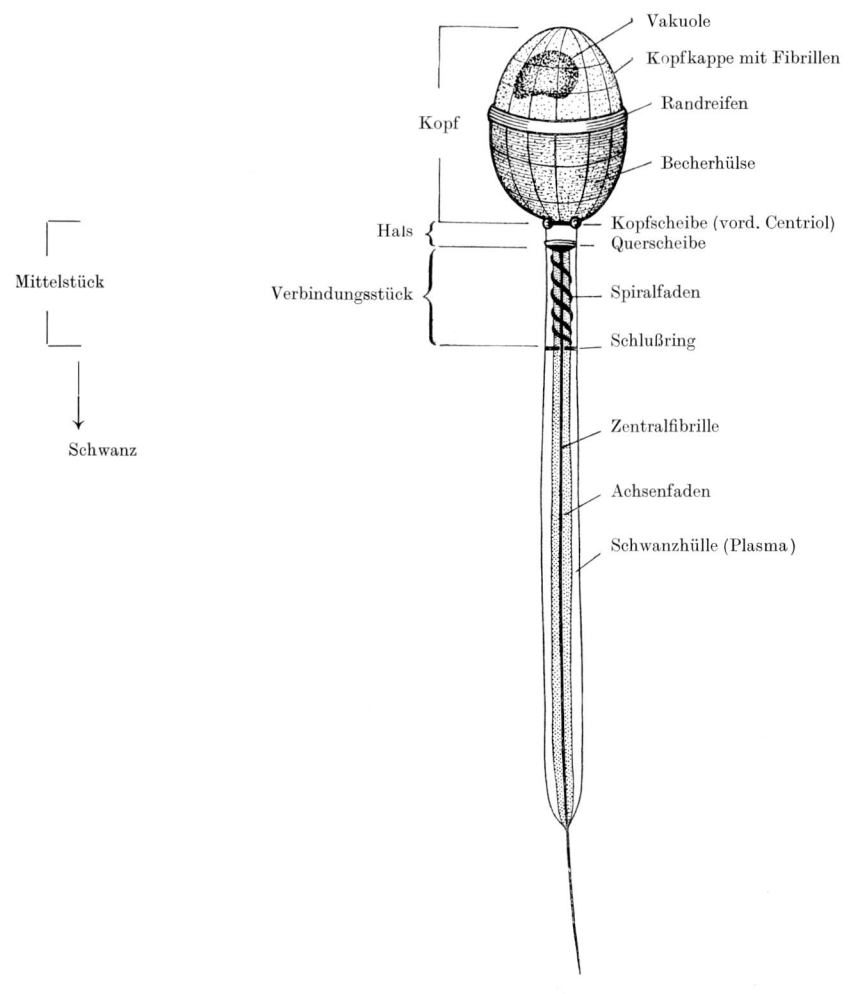

Abb. 27 Schema vom Bau der menschlichen Spermie nach lichtmikroskopischen Befunden (nach STIEVE), ältere Terminologie, siehe Fußnote nächste Seite.

Gange (Abb. 26d, e). Eine Granulosafaltung kommt also nicht vor. Die ganze Masse der Luteinzellen wird durch diesen Vorgang vielmehr pilzhutartig ausgestülpt (Granulosaeversion, Corpus-luteum-Prolaps). Es entsteht ein gestieltes Corpus luteum (Abb. 26e). Der Stiel besteht aus Bindegewebe und führt die Blutgefäße. Dieser zentrale Bindegewebszapfen erreicht schließlich die Oberfläche und schafft eine neue Bedeckung derselben (Abb. 26f).

c) *Bau der Spermien*

Die männlichen Gameten oder Spermien sind in ihrer Gestaltung durch ihre spezielle Aufgabe, die Eizelle aktiv aufzusuchen, geprägt. Sie sind beweglich, sehr klein (Länge der menschlichen Spermie $\pm$ 60 μ) und besitzen einen Schwanzfaden. Ihre Gesamtorganisation gleicht der vieler Flagellaten. So wurden sie auch lange Zeit für parasitäre Organismen gehalten. Ihr Entdecker, JOHANNES HAM (1677), ein Schüler LEEUWENHOEKS, hatte bereits vermutet, daß diese Samentierchen (Spermatozoen) eine wesentliche Rolle bei der Entwicklungsanregung spielen. Wir wissen heute, daß die Spermien durch Umformung typisch gebauter Zellen entstehen und den gleichen morphologischen Wert wie die reife haploide Eizelle haben.

Eine Spermie (Abb. 27) besitzt Kopf, Hals, Mittelstück und Schwanz. Der Kopf entspricht im wesentlichen dem Zellkern. Das Plasma ist bis auf minimale Reste reduziert, die sich hauptsächlich im Mittelstück finden*.

Die außerordentlich geringe Größe der Spermien hat eine Aufklärung der Feinstruktur durch das Lichtmikroskop sehr erschwert. Die elektronenmikroskopische Untersuchung der Spermien hat zu einer erheblichen Verfeinerung und Erweiterung des lichtmikroskopisch gewonnenen Bildes geführt (ÅNBERG 1957, HORSTMANN 1961, TELKKA-FAWCETT-CHRISTENSEN 1961 u. a.). Es muß jedoch betont werden, daß es bisher noch nicht gelungen ist, alle licht- und elektronenoptischen Befunde eindeutig zu koordinieren und zu deuten. Aus diesem Grunde werden wir in der folgenden Besprechung der Einzelstrukturen die mit beiden Methoden gewonnenen Befunde nebeneinander besprechen müssen.

Die Spermie besitzt in ihrer gesamten Ausdehnung eine Zellmembran. Lichtmikroskopisch (Abb. 27) erscheint das terminale Schwanzstück nackt, doch ist elektronenoptisch die Zellmembran auch für diesen Abschnitt nachgewiesen.

Am *Kopf der Spermie* ist die vordere Hälfte abgeplattet und verhält sich färberisch anders als der hintere Abschnitt. Photographien im ultravioletten Licht (H. MARCUS 1921) lassen am Kopf eine Art äußeren Skelettes in Gestalt von Randversteifungen und Querringen vermuten. Die hintere Kopfhälfte soll, wie ein Ei im Eierbecher, in einer Becherhülse sitzen

---

* Die Terminologie der Spermienabschnitte ist leider nicht einheitlich. Im älteren Schrifttum werden Hals und Verbindungsstück unter dem Oberbegriff „Mittelstück" zusammengefaßt. Das durch die Mitochondrienscheide gekennzeichnete Mittelstück der neueren Autoren entspricht dem „Verbindungsstück" der älteren Autoren.

	Ältere Terminologie	Neuere Terminologie
	Kopf	Kopf
Mittelstück {	Hals + Verbindungsstück	Hals
		Mittelstück
	Schwanz	Schwanz

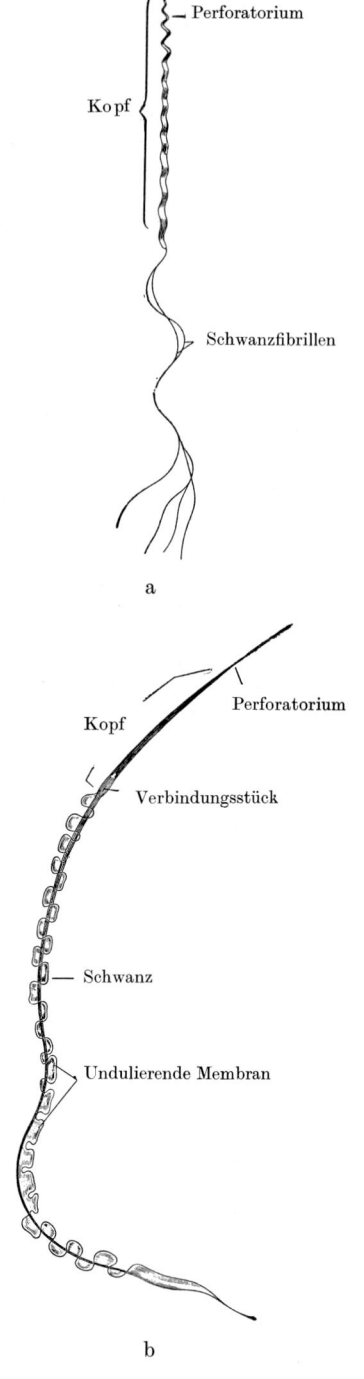

Abb. 28
a) Spermie von *Pelobates fuscus* (Knoblauchkröte) mit korkenzieherförmigem Perforatorium (nach WALDEYER-HARTZ).
b) Spermie von *Triturus marmoratus* mit undulierender Membran (nach BALLOWITZ).

(Abb. 27). Randreifen und Becherhülse konnten elektronenoptisch nicht nachgewiesen werden (Abb. 29). Das abgeplattete apikale Kopfende besitzt bei vielen Wirbeltieren, auch beim Menschen, einen mehrschichtigen Überzug, das *Akrosom*. Gelegentlich sind apikale Sonderbildungen kompliziert geformt und werden als Perforatorien, die das Eindringen der Spermie in die Eizelle erleichtern sollen, gedeutet. Sie sind dolchartig (Frosch), hakenförmig (Salamander, Maus) oder bohrerförmig (Knoblauchkröte) gestaltet (Abb. 28). Das Akrosom ist jedoch weniger ein mechanisch wirksames Zellorganell als vielmehr ein wichtiger Träger von Enzymen, die Haftung und Eindringen des Spermiums in die Eizelle ermöglichen. Defekte des Akrosoms bedingen Sterilität. Elektronenoptisch besteht das Akrosom beim Menschen (Abb. 29, 32) aus einer inneren und einer äußeren cytoplasmatischen Umhüllung. Zwischen Kernmembran und Cytoplasma bleibt ein schmaler Kern-Cytoplasmaspalt übrig. Das Akrosom entsteht aus einer dem Golgi-Komplex zugehörigen Vakuole (s. S. 35).

Der Kerninhalt besteht aus dicht gepacktem, granulärem Material. Der Nachweis von Chromosomen im Kern ist bisher nicht gelungen. So bleibt einstweilen das Ordnungsprinzip des Chromatinmaterials im Spermienkopf noch unbekannt.

An den Kopf schließen sich der *Hals* und das *Verbindungsstück* an (Abb. 27). Der *Hals* enthält das vordere Centriol, das zu einer „Kopfscheibe" umgeformt ist und eine lichtmikroskopisch homogene Zwischenmasse. Elektronenoptisch läßt sich im Centriolenmaterial eine granuläre Struktur nachweisen. Im Halsabschnitt kann der Kopf gegenüber dem Schwanzabschnitt wie in einem Gelenk abgeknickt werden. Der Fibrillenapparat des Achsenfadens (s. u.) beginnt im Mittelstück und zwar in einem Bereich, der dem distalen Centriol entspricht. Im Halsteil treten quergestreifte Strukturen auf, die einen selbständigen Ursprung haben (Fawcett und Philips 1969) (Abb. 30/31). Im Zusammenhang mit dem proximalen Centriol bildet sich bei Säugetieren und Mensch eine transitorische Organelle in Form eines quergestellten Anhängsels, die

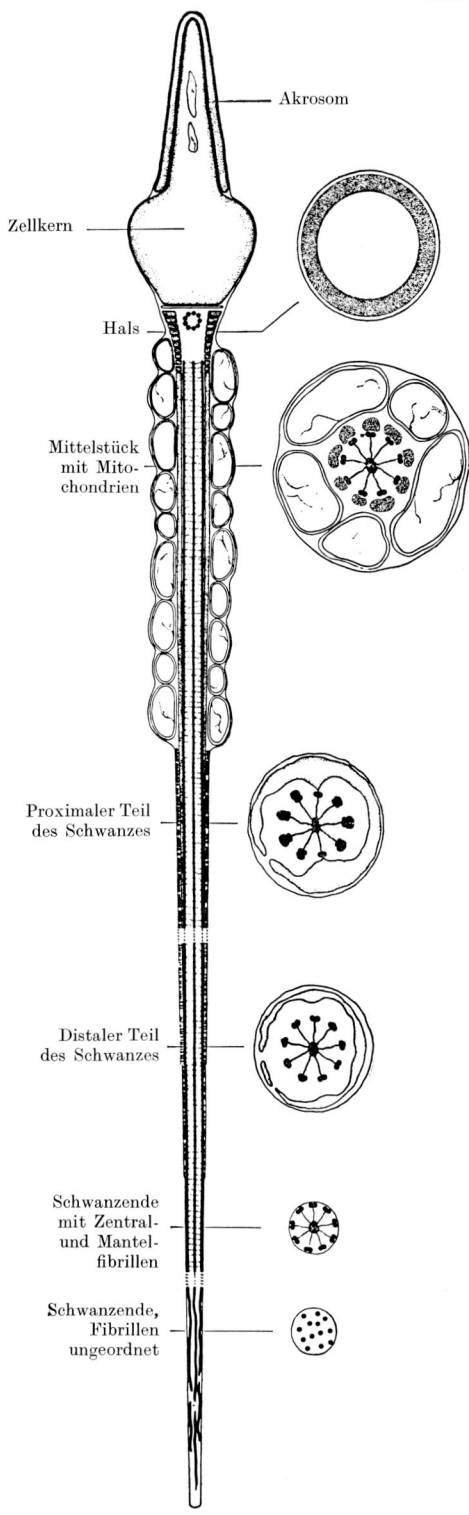

Abb. 29 Schema des Feinbaues eines menschlichen Spermiums auf Grund elektronenoptischer Befunde (nach Ånberg aus Bargmann 1962, Abb. 496).

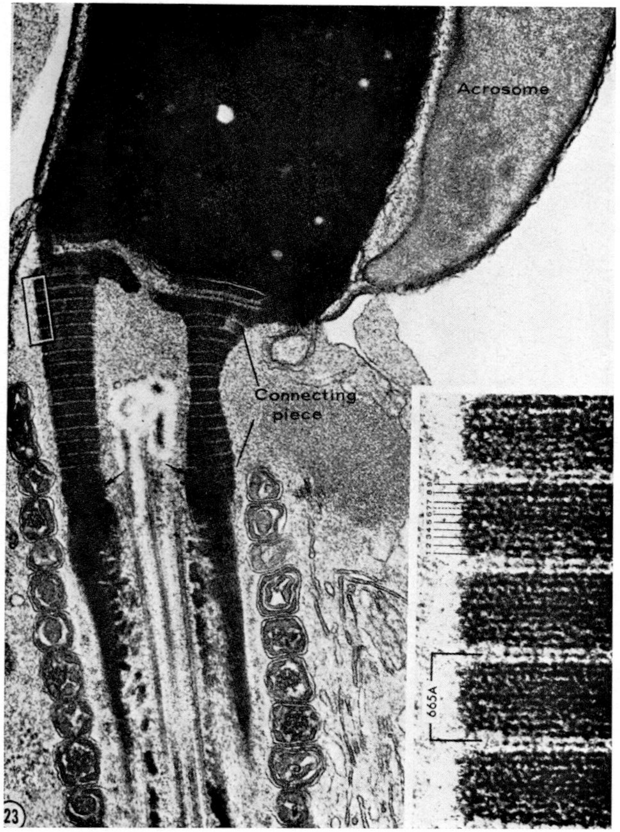

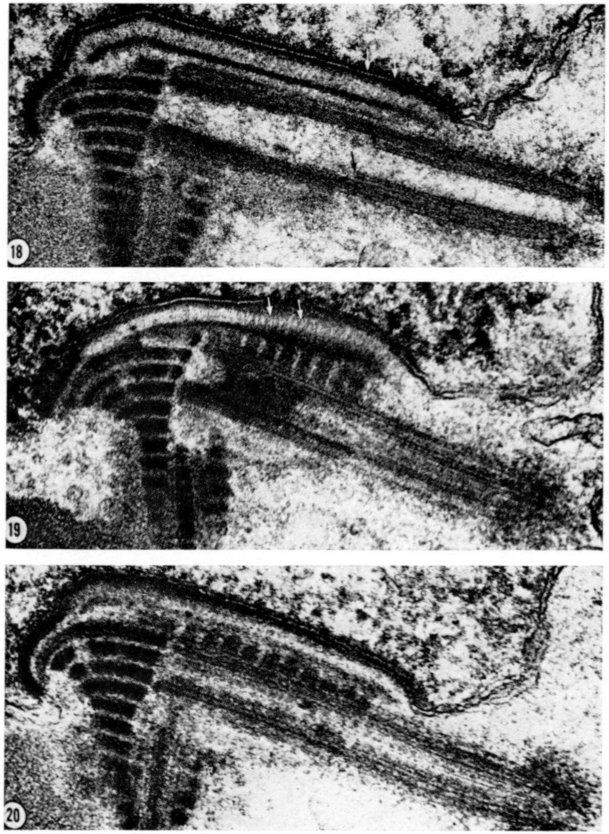

Abb. 31 Verbindung von Kopf, Hals und Mittelstück im Spermium des chinesischen Zwerghamsters. Kein distales Centriol. Querstreifung im Verbindungsstück und dessen Übergang in die äußeren Fasern des Flagellums (Pfeile). Der Ausschnitt rechts unten entspricht dem eingerahmten Bezirk links und zeigt die Struktur der Querstreifung bei stärkerer Vergrößerung. (Nach Don W. Fawcett, D.M. Phillips: Anat. Record 165, 153–184, 1969, pl. 8).

Abb. 30 Entwicklung der kopfnahen Partie des Verbindungsstücks, Spermium des chinesischen Zwerghamsters. (18) Verdickung der beiden Kernmembranen. Scharfe Begrenzung des Centriolen-Anhanges (schwarze Pfeile). (19) Filamente im „Gelenkspalt" zwischen Capitulum und Basalplatte (Pfeile). (19, 20): Querstreifung an der Rostralfläche des proximalen Centriols und in diesem Entwicklungsstadium im Verbindungsstück. (Nach Don W. Fawcett, D.M. Phillips: Anat. Record 165, 153–184, 1969, pl. 6).

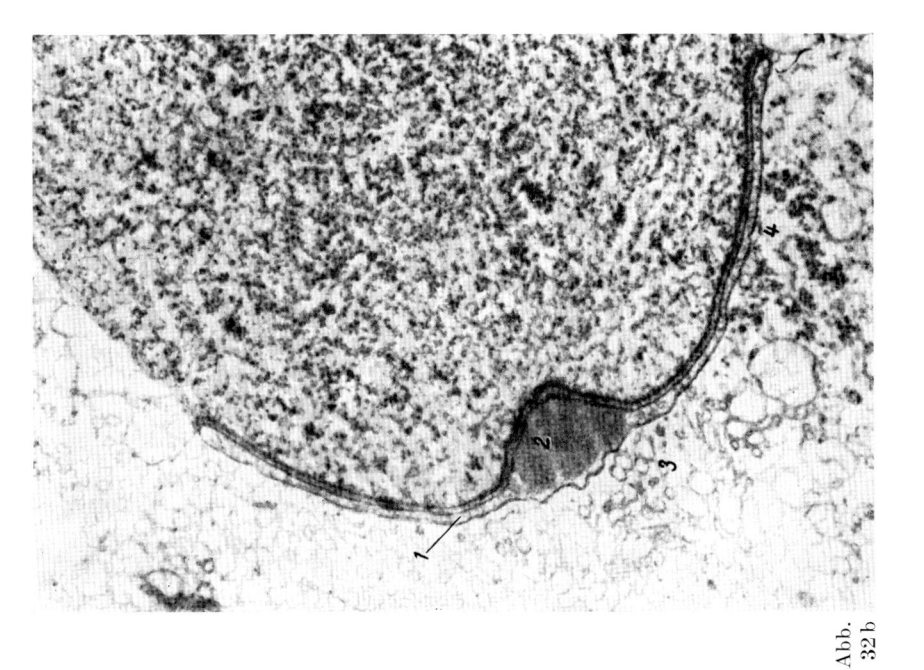

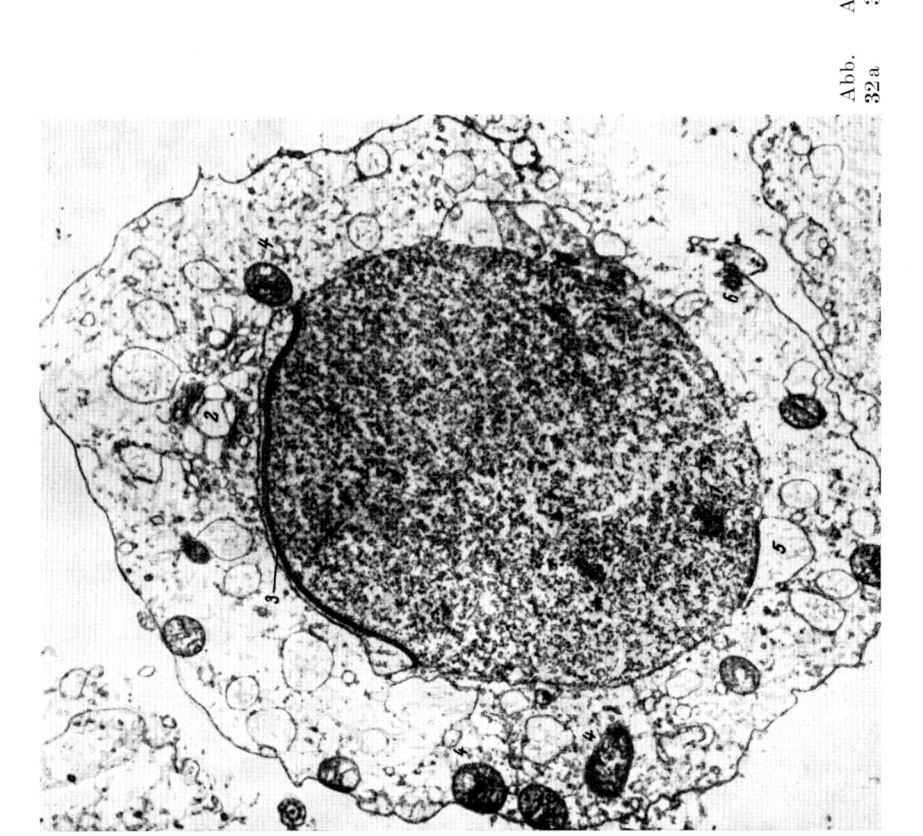

Abb. 32a–d Menschliche Spermatiden (Spermiden) in verschiedenen Stadien der Spermiohistogenese

a) junge Spermide, 1. Verdichtung des Karyoplasmas, 2. Golgiapparat, 3. Akrosomvakuole, 4. Mitochondrien, 5. Lamellenkörper in Bildung, 6. Querschnitt durch Geißelstruktur.

b) Rückbildung der Akrosomvakuole (1), das Akrosom (2) dellt den Kern ein, Golgiapparat (3), elektronendichte Granula (4).

Abb. 32d

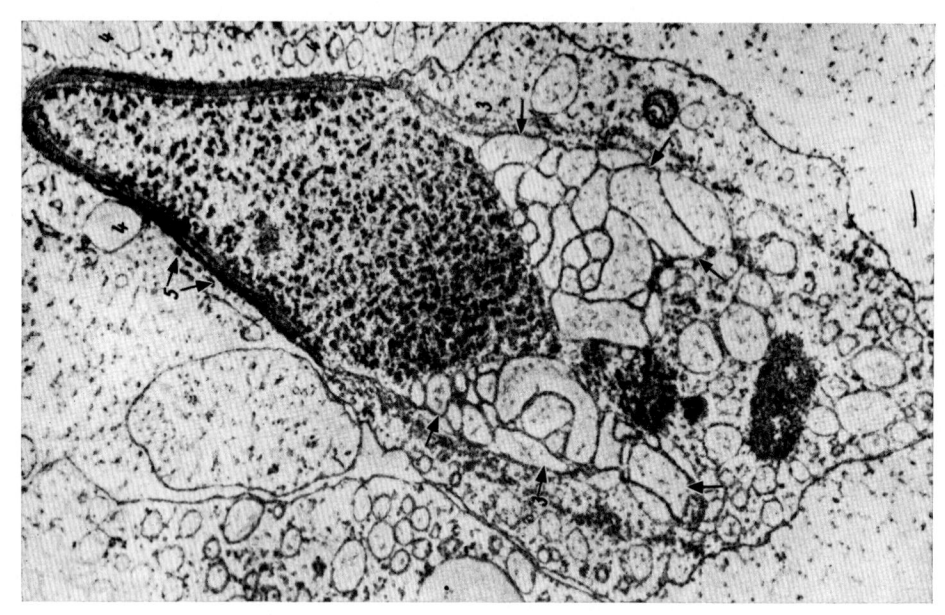

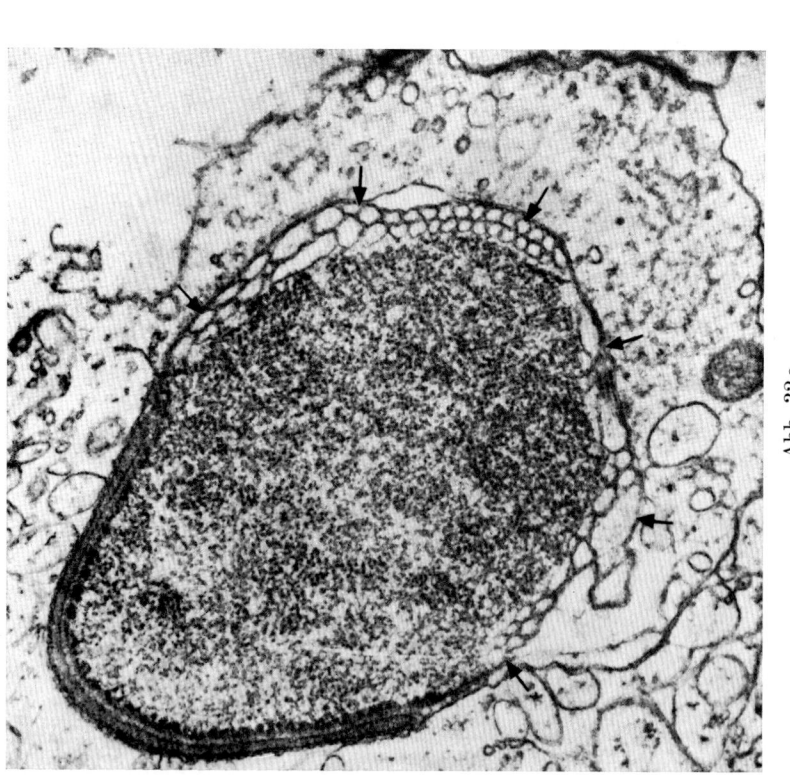

Abb. 32c

c) Akrosomkappe gebildet. Der Kernmembran liegen im Bereich des Akrosoms dichte Granula an. Im kaudalen Kernbereich zahlreiche Vakuolen. Pfeile = kaudale Kernmembran.
d) Vergröberung der Körnchen im Karyoplasma. Erweiterung der kaudalen Kernpartie durch zahlreiche große Vakuolen. Pfeile = kaudale Kernmembran. 1. proximales Centrosom an der Kernmembran, 2. mittleres Centrosom, 3. streifiges Material der Schwanzmanschette, 4. Bläschen und 5. Körnchen, im benachbarten Plasma der Sertolizelle. – (Aus E. HORSTMANN, Z. Zellforsch. 54, 1961).

später ohne Rest verschwindet. Ihre Bedeutung ist noch unbekannt. An der Verbindungsstelle zwischen Kopf und Hals besitzt die Kernmembran eine verdickte Zone (Basalplatte). Dieser gegenüber liegt am juxtanucleären Centriol eine elektronendichte Zone, das Capitulum. Der Spalt zwischen Basalplatte und Capitulum wird von sehr dünnen Filamenten überbrückt.

Das *Verbindungsstück* beginnt lichtmikroskopisch mit einer Querscheibe. Der fibrilläre Achsenfaden wird im Mittelstück von Cytoplasma mit Mitochondrieneinlagerungen umgeben.

Lichtmikroskopisch scheinen die Mitochondrien einen spiralig gewundenen Faden zu bilden (Abb. 27). Am Übergang zum Schwanzabschnitt läßt sich lichtmikroskopisch ein mit dem hinteren Centriol homologisierter „Schlußring" nachweisen (Abb. 27).

Die Anhäufung von Mitochondrien und die Einlagerung der Centriolen kennzeichnen das Mittelstück funktionell als kinetisches Zentrum und als Ort der Energiebildung. Im Gegensatz zur Eizelle ist dieser kinetische Apparat im Spermium besonders differenziert.

Der *Schwanz des Spermiums* (Abb. 27) besteht aus Achsenfaden mit Zentralfibrille und plasmatischer Schwanzhülle. Der Achsenfaden beginnt im Hals (s. S. 25).

Einige Wirbeltiere besitzen, ebenfalls in Analogie zu gewissen Flagellaten, am Schwanz eine undulierende Membran (*Triturus*, Abb. 28).

Am Spermienschwanz sind Hauptstück und Endstück zu unterscheiden. Die elektronenoptischen Untersuchungen der Säugerspermien (TELKKA-FAWCETT-CHRISTENSEN 1961) ergeben, daß regelmäßig im Inneren des Schwanzfadens elf längsverlaufende Fibrillen vorkommen. (Abb. 33). Zwei Einzelfibrillen liegen zentral. Um diese

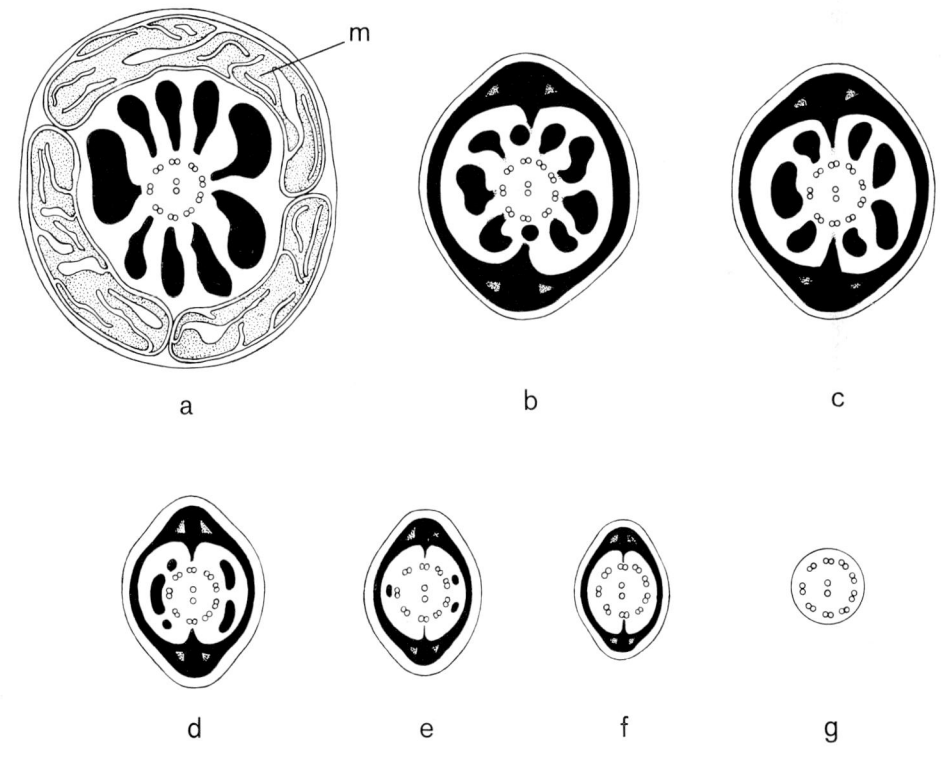

Abb. 33 Querschnitte durch Mittelstück (a) und Schwanz (b–g) des Spermiums der Ratte, schematisch auf Grund elektronenoptischer Befunde. a) Mittelstück mit Mitochondrienscheide (m), 9 äußere derbe Fibrillen, 9 feine Doppelfibrillen und 2 Zentralfibrillen, die Schnitte b–g folgen in Richtung auf die Schwanzspitze. b) Axialfilamentkomplex von fibröser Scheide umgeben, die an gegenüberliegenden Seiten rippenartig verdickt ist. In den folgenden Schnitten (c–f) enden die äußeren Fibrillen in bestimmter Reihenfolge. g) Schwanzende ohne dicke Außenfasern und ohne Faserscheide (nach TELKKA-FAWCETT-CHRISTENSEN, Anat. Rec. 141, 1961).

gruppieren sich in regelmäßigem Abstand neun Doppelfibrillen. Diese elf Fibrillen bilden zusammen den Axialfilament-Komplex. Er entspricht im Ganzen dem Axialfilament der Lichtmikroskopie und findet sich in gleicher Weise in Cilien und Geißeln von Protisten und Metazoenzellen. Bei Säugetieren treten im Spermienschwanz noch neun dicke äußere Längsfibrillen zu den beschriebenen Strukturen (Abb. 33). Das Hauptstück wird von einer dichten fibrösen Scheide umhüllt (Abb. 33). Das Endstück besteht allein aus dem Axialfilamentkomplex, der von der Zellmembran umgeben ist.

Die fibröse Scheide des Hauptstückes besteht (TELKKA-FAWCETT-CHRISTENSEN) aus verzweigten, miteinander verbundenen Querringen, die an zwei Längsleisten angreifen. Die Einzelstrukturen der fibrösen Scheide zeigen offenbar artliche Differenzen. Die neun äußeren Längsfibrillen sind verschieden dick und enden in verschiedener Höhe (Abb. 33) innerhalb des Schwanzes. Die Länge jeder einzelnen Außenfibrille ist konstant.

Atypische Spermienformen

Während der Grundbauplan des Spermiums meist gewahrt bleibt, kommen doch bei einzelnen Tiergruppen auch aberrante Formen vor. Erwähnt seien die Spermien der Nematoden (*Ascaris*), welche äußerlich noch die typische Zellform bewahrt haben. Die Geißel ist sekundär zurückgebildet. Am apikalen Ende ist ein aus Mitochondrien gebildeter „Glanzkörper" eingelagert. Bei vielen Crustaceen finden wir mehrere strahlenartige Fortsätze, welche als Widerhaken zur Befestigung des Spermiums im Brutraum dieser wasserbewohnenden Formen dienen. Gelegentlich kommen auch zwei grundverschiedene Spermienformen bei einer Tierart nebeneinander vor (Spermiendimorphismus einiger Schnecken und Schmetterlinge). Die Sumpfdeckelschnecke *(Viviparus viviparus)* besitzt typische Spermien mit Kopf und Perforatorium und atypische stabförmige Spermien ohne vollwertigen Kern (Abb. 34). Nur die typischen, sogenannten eupyrenen Spermien können befruchten. Die chromatinarmen (oligo- oder apyrenen) Spermien scheinen als Träger von Gamonen (s. S. 71) zur Aktivierung der eupyrenen Spermien nötig zu sein. Sie spielen jedenfalls sicher keine Rolle bei der Geschlechtsbestimmung, wie gelegentlich vermutet wurde.

Biologie der Spermien

Im Gegensatz zur Eizelle werden im männlichen Geschlecht Keimzellen während der ganzen Reifeperiode des Individuums dauernd gebildet. Bei periodisch brünstigen Tieren findet allerdings eine Spermiogenese nur während der Fortpflanzungsperiode statt (Abb. 35 a–d).

Die Spermien werden, wenn überhaupt Spermiogenese stattfindet, vom Hoden in dauerndem Strom über das Rete testis in den Nebenhoden entleert. Die bewegende Kraft ist in einem Sekretionsdruck der in geringer Menge in den Samenkanälchen gebildeten Flüssigkeit zu suchen (ROLSHOVEN). Der Nebenhoden dient als Samenspeicher. Jedenfalls können die großen Mengen von Spermien, die in einem Ejakulat enthalten sind (beim Menschen durchschnittlich 300 000 000 in 3–4 cm³) nicht in kurzer Frist aus dem Hoden herangeschafft werden. Folgen mehrere Ejakulationen in kurzer Frist aufeinander, so nimmt die Zahl der Spermien sehr schnell ab. Im Samenspeicher sind die Spermien in ein Sekret von relativ hoher Wasserstoffionenkonzentration (p$_H$ 6,48–6,61, VON LANZ) eingehüllt.

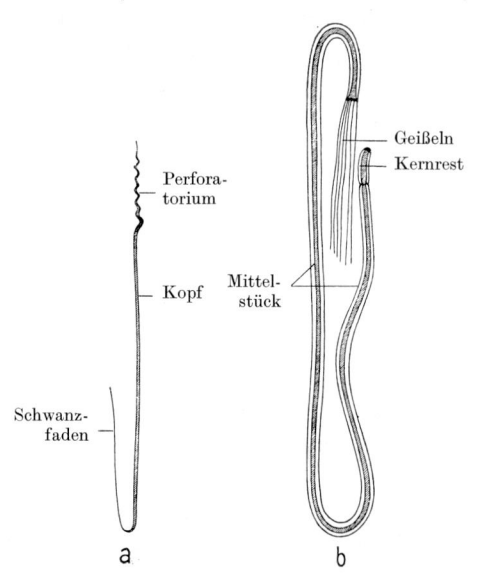

Abb. 34 Spermiendimorphismus bei *Viviparus viviparus* (Sumpfdeckelschnecke). Nach MEVES.

a) Normales, eupyrenes Spermium mit korkenzieherartigem Perforatorium.
b) Abgewandeltes, oligopyrenes Spermium mit reduziertem Chromatin.

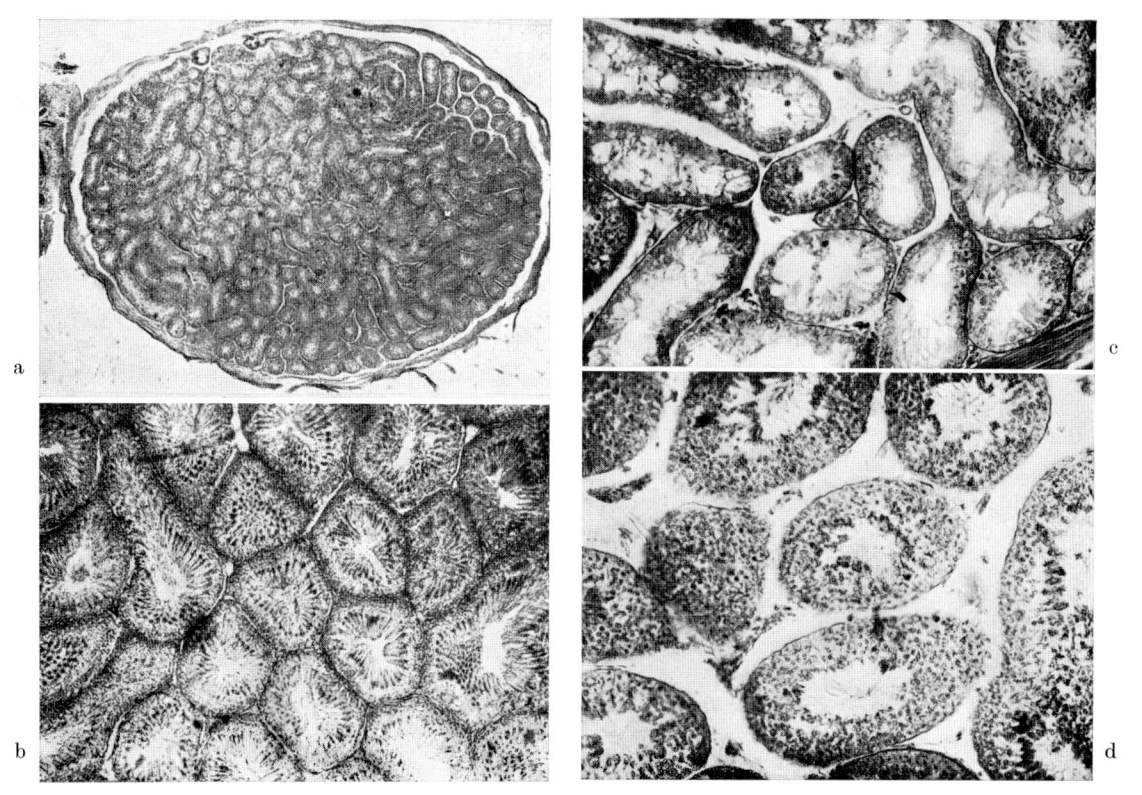

Abb. 35 Die Spermatogenese ist bei vielen Tieren saisongebunden.
a) Schnitt durch den Hoden von *Turdus merula* (Amsel) im August und
b) im März. Beide Photos bei gleicher Vergrößerung.
c) Schnitt aus dem Hoden von *Erinaceus europaeus* (Igel) im März (inaktiv) und
d) im Mai (Spermiogenese im Gang). Beide Photos bei gleicher Vergrößerung.

Dieser p_H-Wert wird sehr konstant gehalten. Er bewirkt eine weitgehende Bewegungsunfähigkeit der Spermien, die dadurch vor einem vorzeitigen Energieverbrauch bewahrt bleiben. Durch das alkalische Sekret der akzessorischen Geschlechtsdrüsen wird die Beweglichkeit der Spermien aktiviert. Vielleicht spielt hierbei auch eine gewisse Verdünnungswirkung (Aufhebung der Wirkung von Androgamon I, s. S. 71) eine Rolle. Entnimmt man Spermien aus dem Hoden und aus dem Nebenhoden und fügt ihnen Prostatasekret zu, so zeigt sich, daß die Spermien aus dem Nebenhoden sich schneller und intensiver bewegen als die aus dem Hoden entnommenen. Wir schließen hieraus, daß der Nebenhoden neben seiner Speicherfunktion noch einen gewissen ,,Reifungsprozeß" der Spermien ermöglicht (Anreicherung mit oxydativen Fermenten). Die Bewegungsfähigkeit der Spermien bleibt außerhalb des Körpers im Sperma bei 37° höchstens 48 Stunden erhalten. Es liegen Angaben darüber vor, daß noch 2–3 Wochen nach der letzten Kohabitation bewegliche Spermien in der Tube aufgefunden wurden (NÜRNBERGER, DÜHRSSEN). Doch besteht die Möglichkeit, daß Verwechslungen mit abgerissenen Flimmerzellen der Tubenschleimhaut vorgekommen sind. Keinesfalls dürfte die Befruchtungsfähigkeit der Spermien länger als 2–3 Tage im weiblichen Genitalschlauch anhalten. Die Geschwindigkeit der Spermien beträgt 2,5–3,5 mm pro Minute, so daß sie beim Menschen den Weg vom Ostium externum uteri bis zum abdominalen Tubenende in etwa 1 Stunde zurücklegen könnten, wenn man annimmt, daß die Spermien durch Eigenbewegung im weiblichen Genitaltrakt aufsteigen. Wir wissen aber, daß auch tote Partikel im gleichen Tempo wie lebende Spermien im Genitaltrakt aufsteigen können (STRAUSS 1964). Daher wird heute angenommen, daß Kontraktionen von Uterus- und Tubenmuskulatur und intraabdominale Druckdifferenzen beim Spermientransport eine entscheidende Rolle spielen.

Spermien haben die Eigenschaft, sich gegen einen Flüssigkeitsstrom zu bewegen; sie sind positiv rheotaktisch. Inwieweit diese Eigenschaft bei der Ausrichtung der Spermien während des Transportes eine Rolle spielt, ist unbekannt.

In Ausnahmefällen sind bei Tieren längere Lebenszeiten der Spermien beobachtet worden. Die Bienenkönigin wird in ihrem Leben einmal besamt (Hochzeitsflug) und kann mit ihrem Spermienvorrat durch mehrere Jahre Eier befruchten. Bei einigen Kleinfledermäusen findet die Begattung im Herbst, die Ovulation und Befruchtung im Frühjahr statt. Die Spermien werden bei *Rhinolophus* in Vagina und Uterus gespeichert. Diese Besonderheit erfordert zweifellos besondere Anpassungen im Chemismus des weiblichen Genitaltraktes, über die wir bisher wenig wissen. Auch wird ein Verschluß der Genitalwege während der Wintermonate durch einen Vaginalpfropf gebildet.

Übertragungsmechanismen der Spermien

Die Möglichkeiten der Übertragung der Spermien können hier nicht im einzelnen besprochen werden. Folgende Übertragungsarten kommen vor:

a) Das Männchen entleert bei vielen wasserlebenden Formen das Sperma über die bereits abgelegten Eier (Echinodermen, Mollusken, Fische, Amphibien). Eine Art Begattung kann bei Fischen und Amphibien mit dieser Art der Besamung verbunden sein.

b) Innere Besamung setzt eine Begattung voraus, bei der das Sperma in die weiblichen Genitalwege eingeführt wird. Die Ausbildung männlicher Kopulationsorgane (viele Sauropsiden, Säuger) ist im allgemeinen mit diesem Modus verbunden, doch kommt es auch vor, daß

c) die Spermamasse in einer Kapsel abgesetzt wird (Spermatophor, Samenstift) und vom Weibchen in die Ableitungswege aufgenommen wird (Insekten, Turbellarien, Cephalopoden, Schwanzlurche).

d) *Spermatogenese*

Im Gegensatz zum weiblichen Geschlecht dringen in der männlichen Gonade die vom Keimepithel in die Tiefe wachsenden Stränge, welche neben indifferenten Epithelzellen die Urkeimzellen enthalten (Abb. 36), bis in die Markschicht vor. Sie werden nicht in Ballen zerlegt. Bereits im 2. Schwangerschaftsmonat sammelt sich eine Schicht lockeren Mesenchyms unter dem Keimepithel als Anlage der Tunica albuginea an. Aus den Marksträngen, die stark in die Länge wachsen, gehen die Tubuli seminiferi hervor. Die Lumenbildung in ihnen erfolgt durch Dehiszenz und ist erst nach der Geburt abgeschlossen. Die Urkeimzellen vermehren sich lebhaft und werden zu *Spermatogonien*. Die indifferenten Epithelzellen bilden einen Belag auf der Basalmembran des Samenkanälchens (SERTOLI-Zellen). Im reifen Hoden sind die Kerne der Sertolielemente stets daran zu erkennen, daß sie sich in der Arbeitsphase befinden (chromatinarm, deutlicher Nucleolus), ein Hinweis auf ihre Bedeutung für Stoffwechsel und Ernährung der generativen Zellelemente. Die Gonocyten (Urkeimzellen) machen mehrere Vermehrungsphasen durch und bilden kleine, basal gelegene

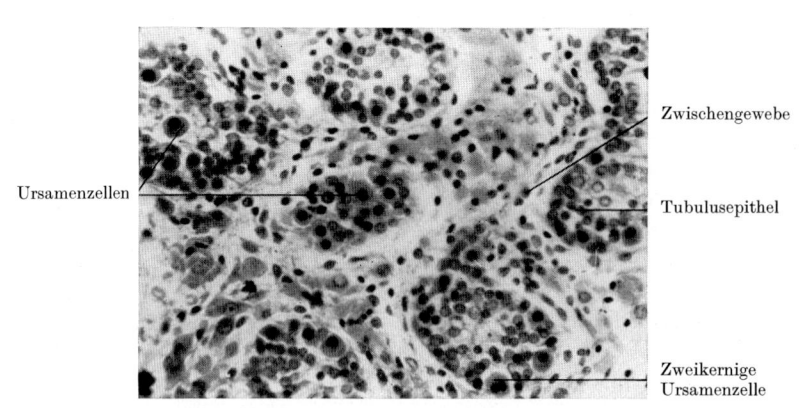

Abb. 36 Schnitt durch den Hoden eines menschlichen Neugeborenen. Die Tubuli besitzen noch kein Lumen. Zwischen indifferenten Tubuluszellen finden sich große Ursamenzellen. Am unteren Bildrand eine zweikernige Ursamenzelle. Vergr. 270fach. Präp. und Photo Prof. ORTMANN.

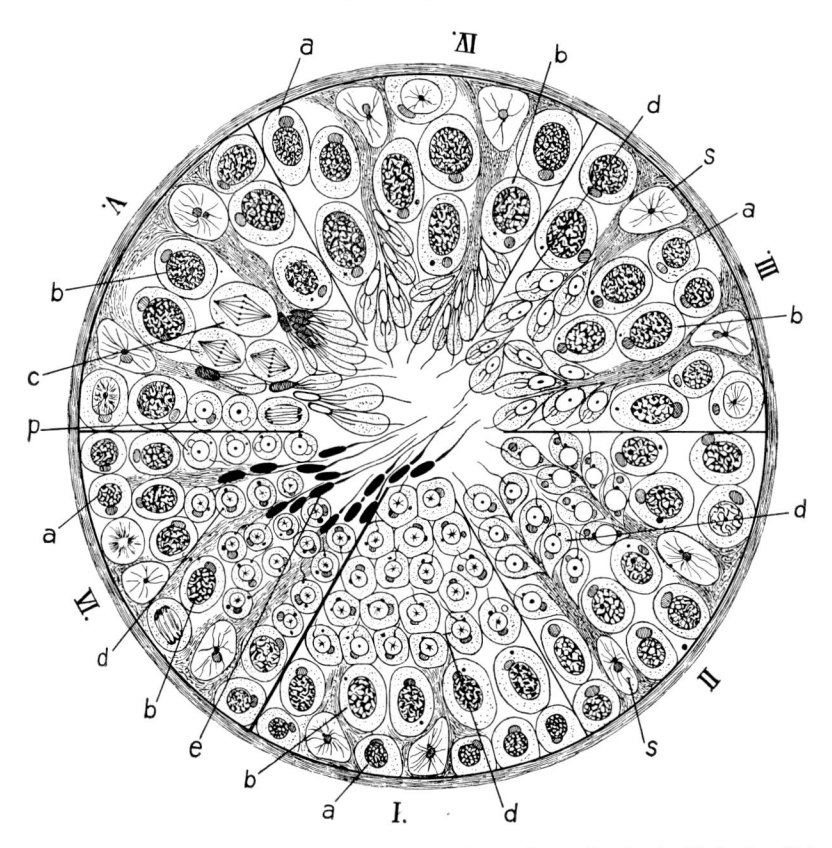

Abb. 37 Schema der Spermatogenese nach WALDEYER. Querschnitt durch ein Hodenkanälchen. In den Sektoren I–VI sind verschiedene Stadien der Spermatogenese angenommen. Abkürzungen: a = Spermatogonien, b = Spermatocyten, c = Spermatocytenteilungen, d = Spermiden, e = Spermien, S = SERTOLIsche Fußzellen, p = Praespermiden.

Sektor I: In basaler Lage inaktive SERTOLI-Zellen und Spermatogonien, in einer zweiten Schicht 5 Spermatocyten (b). Lumenwärts liegen Spermiden, welche in Umbildung zu Spermien begriffen sind.
Sektor II: Die SERTOLI-Zellen strecken ihre Plasmafüße lumenwärts. Diese sind mit Spermiden besetzt. Spermiohistogenese.
Sektor III: Die Spermiden sind weiter differenziert. Basal liegen 3 Spermatogonien.
Sektor IV: Weiteres Wachstum der Spermatocyten (b).
Sektor V: Die Spermatocyten (b) treten in die Teilungen ein (c). Links unten 2 Praespermiden.
Sektor VI: Spermiohistogenese fast beendet. Eine neue Spermatogenesewelle beginnt. Die Praespermiden haben sich geteilt und bilden eine Schicht von Spermiden.

Zellen mit dunklem Kern, die als Spermatogonien bezeichnet werden. Ein Stamm vermehrungsfähiger Urkeimzellen bleibt bis in die Reifephase erhalten. Ein Teil dieser Zellen wächst zu Spermatocyten (Spermiocyten I. Ordnung) heran. Diese Zellen teilen sich erneut. Ihre Tochterzellen, die Spermatocyten II. Ordnung (= Praespermiden) liegen weiter lumenwärts im Kanälchen. Aus ihnen gehen durch Teilung die Spermiden hervor. Während der Praespermidenteilungen laufen die Reifungsprozesse (Meiose) ab, auf die im folgenden Kapitel näher eingegangen wird. Jedenfalls wollen wir jetzt schon festhalten, daß die Spermiden in Hinblick auf ihren Chromosomenbestand bereits die Reifungsprozesse hinter sich haben, also im Sinne der Genetik fertige Gameten sind, ganz im Gegensatz zur Eizelle, die erst nach der Imprägnation die Reifungsteilungen zu Ende führt.

Diese sehr vereinfachte Beschreibung des Ablaufes der Spermatogenese kann heute durch

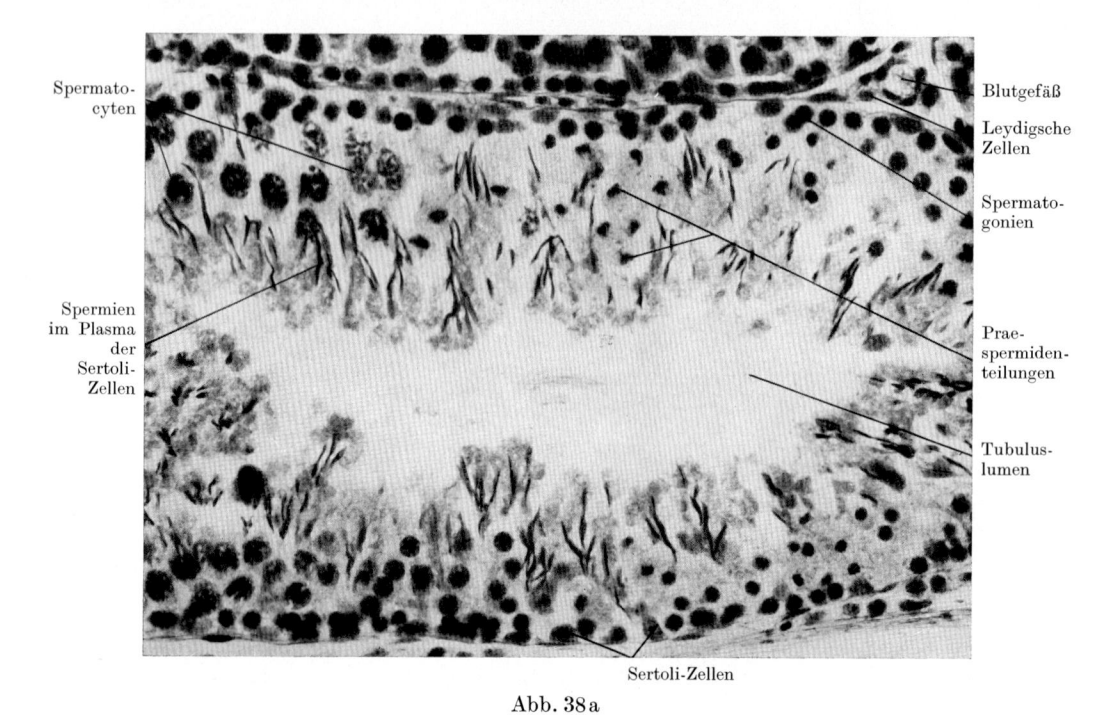

Abb. 38 Ausschnitt aus einem Hodenkanälchen der Ratte (*Rattus norvegicus dom.*), Spermatogenese. Färbung: Haematoxylin-Eosin
a) Übersicht, Vergr. der Abbildung 280fach
b) Ausschnitt, Vergr. 440fach. Photos Priv.-Doz. Dr. KRETSCHMANN.

einige Angaben, die durch die Einführung neuer Methoden möglich wurden, ergänzt werden (Semidünnschnitt-Technik, Elektronenmikroskopie). Allerdings bleiben auch jetzt noch Fragen offen. Das Bild im ganzen ist komplizierter geworden. Vor allem zeigt es sich, daß erhebliche Unterschiede zwischen verschiedenen Tierarten bestehen. Wir stützen uns im folgenden auf neue Untersuchungen am Menschen (HOLSTEIN u. Mitarb. 1971 Abb. 39). Auch aus diesen Studien ergibt sich, daß der Prozeß der Spermatogenese ein einheitliches Geschehen ist, das in der Embryonalzeit beginnt und lückenlos bis zur Reifeperiode führt. Eine Einteilung in Einzelphasen ist nur schematisch möglich. So ist auch die Unterscheidung einer prae- und einer postnatalen Phase unnatürlich. Eine Analyse des Vorganges stützt sich fast ausschließlich auf die cytomorphologischen Befunde.

Die embryonalen *Gonocyten* machen zunächst eine Vermehrungsphase durch. Diese Zellen sind wenig differenziert und zeigten wenig Zellorganellen, insbesondere sind sie arm an Mitochondrien mit Cristae. Vorübergehend tritt in ihnen Glykogen auf; die PAS-Reaktion wird positiv. Aus den fetalen Urkeimzellen gehen *Spermatogonien* hervor, die vor allen durch reichlich Mitochondrien gekennzeichnet sind. Alle diese Zellen stehen in enger Beziehung zur Basalmembran. Die fetalen Spermatogonien gehen alle in späten Fetalstadien zu Grunde. Die Keimzellbildung während der Reifeperiode geht auf Stämme undifferenzierter Urkeimzellen zurück, die persistieren. Etwa 50% der Urkeimzellen sollen erhalten bleiben (VOSSMEYER 1970). Bei einem Teil der Spermatogonien treten intercellulöre Cytoplasmabrücken auf, die bei Gonocyten nie vorkommen. Morphologisch lassen sich verschiedene Spermatogonienformen unterscheiden die alle durch ihre geringe Größe und die Beziehung zur Basalmembran gekennzeichnet sind. Unterschiede bestehen im Reichtum an Organellen, in der Dicke der Kernmembran und in der Beschaffenheit des Cytoplasmas. Zellen mit trüb granulärem Plasma werden als Übergangsstadien zu Spermatocyten gedeutet. Aus der dritten Vermehrungsphase (Abb. 39), die in die Pubertätszeit fällt, gehen über die Wachstumsphase *Spermatocyten I. Ordnung* hervor (groß, sehr deutliche Kernstruktur und Kernmembran, Golgi-Vesikel, endoplasmatisches Reticulum in Relation zum Zellkern). Die Chromosomen werden deutlich. Interzellularbrücken treten auf. Der Kern der *Spermatocyten II. Ordnung* ist klein. Die Zellen liegen nach dem Lumen hin und zeigen ein aus konzentrisch um den Kern angeordneten Lamellen bestehendes endoplasmatisches Reticulum. Die *Spermiden* besitzen die typischen Akrosomvesikel. An diese Phase schließt die Differenzierungsperiode, in der die Spermiden zu Spermien transformiert werden, an. Die Umformung der Spermide zur Spermie, wir sprechen von einer *Spermiohistogenese*, läuft ohne weitere Teilungsschritte ab. Die Spermiden setzen sich an langen, ins Lumen vorragenden Plasmazungen der Sertolizellen fest und erfahren hier ihre Transformation zur Spermie. Die Sertolizellen selbst zeigen eine funktionell bedingte Polymorphie (ROLSHOVEN). Die Plasmafortsätze gegen das Innere des Kanälchens finden sich nur dann, wenn Spermiden in Umwandlung zu Spermien begriffen sind. Sie sind also Ausdruck einer spezifischen Funktionsphase der Sertolizellen. Sind die Spermien ausdifferenziert und werden sie ins Lumen ausgestoßen, so ziehen sich die Plasmazungen zurück. Bei vielen Säugetieren teilen sich alle in einem begrenzten Kanälchenabschnitt befindlichen Spermatogonien gleichzeitig (Ratte, Igel): *Spermatogenesewelle*. Wir finden also in einem Kanälchenabschnitt immer einige wenige Phasen der Spermatogenese gehäuft, während bei anderen Formen, zu denen auch der Mensch gehört, ein Kanälchenquerschnitt gewöhnlich ein sehr buntes Bild verschiedenster Phasen aufweist.

Spermiohistogenese (Abb. 32, 40)

Entsprechend der Mannigfaltigkeit der Gestaltung der Spermien im Tierreich läßt auch die Spermiohistogenese mancherlei Modifikationen erkennen. Wir beschränken uns darauf, hier das Allgemeingültige zusammenzustellen. Der Kern erfährt die geringsten Veränderungen. Er streckt sich etwas, paßt sich jedenfalls ganz der jeweiligen Kopfform an. Sein Chromatingerüst wird unsichtbar. Der Kern erscheint homogen, dunkel färbbar. Die Spermide besitzt zwei Centriolen, die sich alsbald als proximales und distales Centriol am künftigen Schwanzende einstellen. Aus dem distalen Centriol wächst der

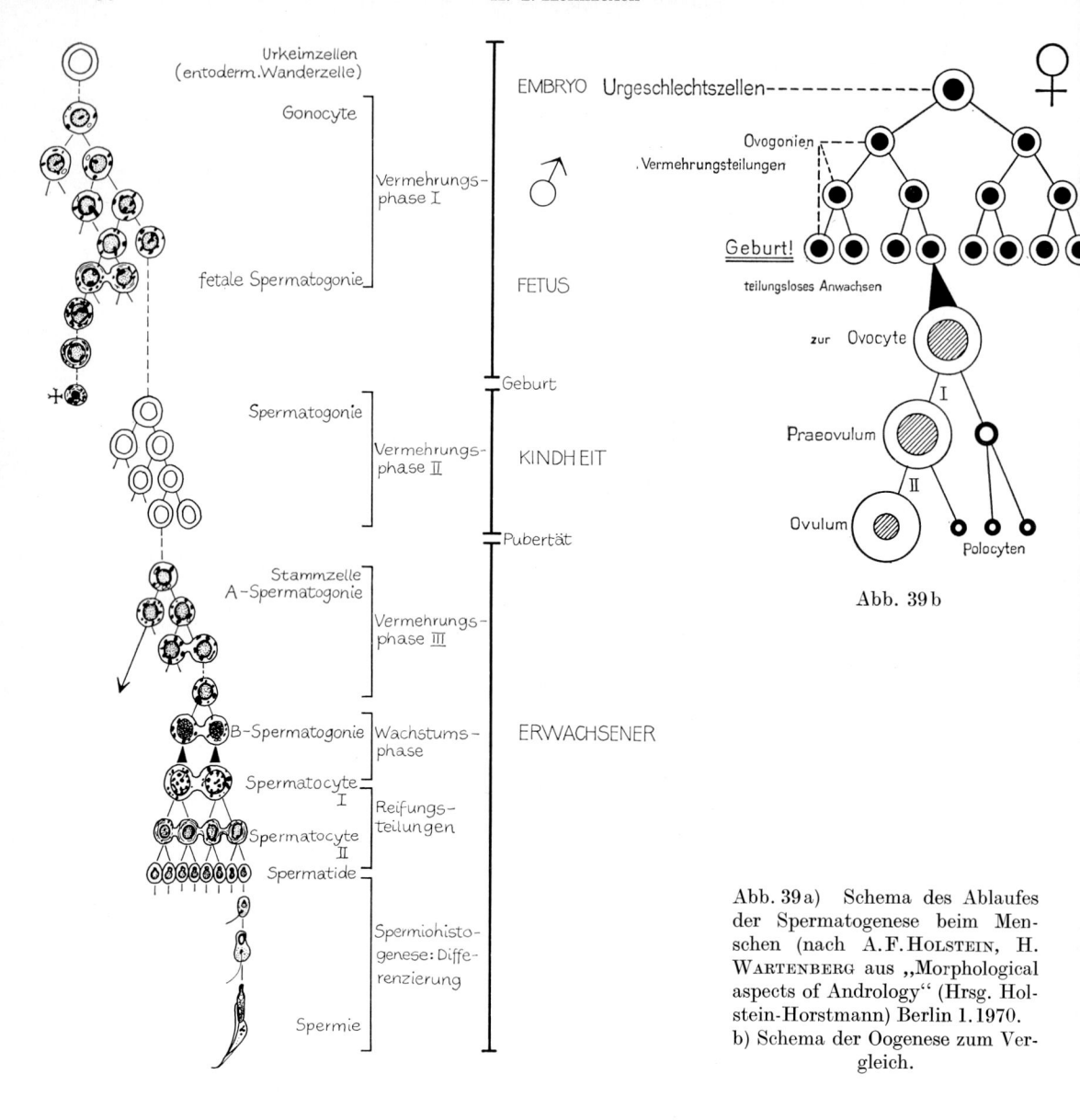

Abb. 39a) Schema des Ablaufes der Spermatogenese beim Menschen (nach A. F. HOLSTEIN, H. WARTENBERG aus „Morphological aspects of Andrology" (Hrsg. Holstein-Horstmann) Berlin 1.1970.
b) Schema der Oogenese zum Vergleich.

Schwanzfaden aus. Mit der Streckung des Kernes rückt das Plasma mehr und mehr an den centriolenhaltigen Bezirk. Es wird zum Teil in Hals und Mittelstück, die auch die Centriolen als Kopfscheibe, Querscheibe und Schlußring enthalten, erhalten bleiben, zum Teil schnürt es sich ab und geht verloren.

Das *Akrosom* entsteht in engem Zusammenhang mit dem Golgiapparat in Kernnähe (Abb. 32) (E. HORSTMANN, 1961). Zunächst tritt zwischen Zellkern und Golgi-Feld eine Vakuole auf, die von der Kernmembran durch eine schmale Cytoplasmaschicht getrennt bleibt. Die Kernmembran verdickt sich im Bereich des Kontaktfeldes (Abb. 32a). Anschließend kondensiert sich der Inhalt der Vakuole und wird zum Akrosom, das zunächst die Kernmembran eindellt (Abb. 32b). Sehr häufig entsteht das Akrosom seitlich neben dem Kern, nicht gegenüber dem Anfang des Halsstückes. Die Polarisierung der Spermie erfolgt nachträglich, vermutlich durch Kernrotation. Anschließend dehnt das Akrosom sich aus und umgreift mehr und mehr kappenartig den Kern bis schließlich etwa die Hälfte des

Kerns von ihm umfaßt wird. Ein dünner Cytoplasmasaum bleibt stets über dem Akrosom erhalten.

Das Karyoplasma der jungen Spermide enthält dichte Granula, die locker verteilt liegen (Abb. 32a, b). Sie sollen gelegentlich auf spiralig gewundenen Fäden aufgereiht sein. Ein Nucleolus fehlt. Das Bild unterscheidet sich zunächst nicht vom typischen Interphasenkern. Wenn die Akrosomkappe sich ausbildet, lagern sich die Körnchen enger zusammen, besonders in dem Kernbereich, der dem Akrosom benachbart ist. Im schwanzwärts gelegenen Kernabschnitt treten Vakuolen auf (Abb. 32c, d). Schließlich vergröbern sich die Granula im ganzen Kern und diese aggregierten Komplexe rücken eng zusammen, so daß der Zwischenraum immer mehr reduziert wird. Die Zahl und Größe der Vakuolen im kaudalen Kernabschnitt nimmt zu.

Die Granula im Kern sind als Chromatin (DNS) zu deuten. Während der beschriebenen Vorgänge verkleinert sich der Kern der Spermide erheblich, so daß mit großer Wahrscheinlichkeit auf eine echte Kondensation des Chromatins geschlossen werden darf. Bisher ist es noch nicht gelungen, ein Ordnungsprinzip in den Kondensationsstrukturen nachzuweisen (HORSTMANN), das aus dem bisherigen Bild vom Chromosomenbau verständlich wäre. Die Abgabe von Substanzen aus dem Kern läßt sich morphologisch während des Kondensationsprozesses in zwei Phasen verfolgen. In der Anfangsphase der Kondensation lösen sich Lamellensysteme, die abwechselnd aus dichtem und hellem Material bestehen, von der Kernoberfläche ab. Es wird vermutet, daß die dichte Substanz aus Ribonukleinsäure (RNS) besteht, zumal reife Spermien nahezu frei von RNS sind (BRACHET). Die Lamellensysteme verschwinden auch aus dem Cytoplasma wieder. Vermutlich spielen sie eine Rolle bei der Differenzierung von Mittelstück und Schwanz. In der zweiten Phase sammeln sich Flüssigkeitsvakuolen in der kaudalen Kernhälfte an. Diese werden am Ende der Spermiohistogenese an das Cytoplasma abgegeben. Die Mitochondrien sammeln sich relativ spät im Mittelstück an und bilden die Mitochondrienscheide.

e) Leydigsche Zellen (Zwischenzellen)

Im Hoden finden sich innerhalb des Interstitiums zwischen den Tubuli und in enger Beziehung zu den Blutgefäßen epitheloide Zellen, die Leydigschen Zellen (Zwischenzellen, Interstitialzellen). Sie bilden in ihrer Gesamtheit eine endokrine Drüse, die das Androgen produziert. Transplantate von Hodengewebe, in denen alle Tubuli zugrunde gegangen waren, in denen aber Leydigzellen erhalten waren, konnten die Kastrationserscheinungen verhindern (ROMEIS, Versuche an der Katze). Androgensynthese ist auch in der Gewebekultur nachgewiesen worden (ACEVEDO, AXELROD, ISHIKAWA, TAKAKI 1963).

Die Leydigszellen entstehen aus Mesenchymzellen in der 7. Schwangerschaftswoche und erreichen in der 12. Woche beim Menschen ein Maximum ihrer Ausbildung. Diese Phase ist durch ein hochentwickeltes endoplasmatisches Reticulum gekennzeichnet (HOLSTEIN u. Mitarb. 1971 b). In dieser frühfetalen Phase läßt sich bereits Androgensynthese, stimuliert durch Aktivität der Hypophyse, nachweisen. Offenbar hängt der Beginn der vorzeitigen, fetalen Spermatogonienbildung (1. Vermehrungsphase) mit dieser Aktivität zusammen. Über die Abgabe des Hormons ist nichts bekannt. Mikrovilli lassen sich in

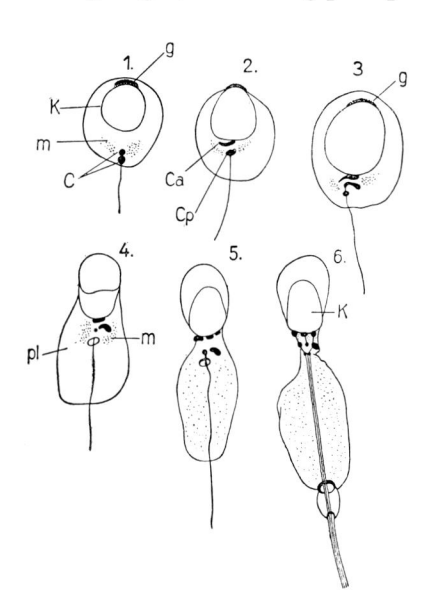

Abb. 40 Schematische Darstellung der Spermiohistogenese (nach MEVES aus WALDEYER).

Abkürzungen: C = Centrosom, Ca = vorderes Centrosom, Cp = hinteres Centrosom, g = Akrosom, K = Kern, m = Mitochondrien, pl = Cytoplasma.

mäßigem Ausmaß nachweisen. Nach der 14. Woche ist eine teilweise Rückbildung (absolut und relativ) der Leydigschen Zellen zu beobachten. Dies steht offenbar mit dem jetzt einsetzenden Ansteigen des Choriongonadotropin-Spiegels in Zusammenhang. Gleichzeitig bildet sich das endoplasmatische Reticulum zurück. Eine neue Aktivierung der Leydigzellen setzt in der Präpubertät ein.

2. Die Reifungsvorgänge an Ei- und Samenzellen (Meiosis)

Das Wesen der Befruchtung liegt in der Verschmelzung von Eizelle und Spermium, und zwar kommt es hierbei auf die Verschmelzung der beiden Zellkerne als Träger väterlichen und mütterlichen Erbmaterials an. Da bei der einzelnen Species die Chromosomenzahl konstant

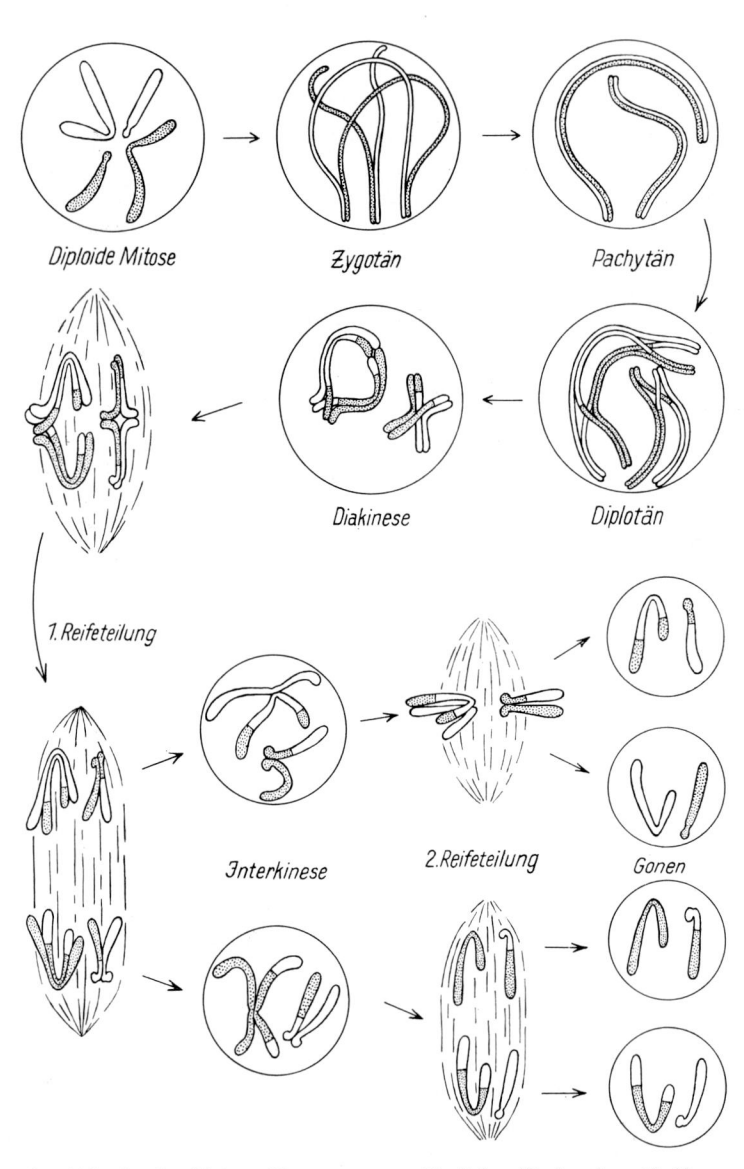

Abb. 41 Schema des Ablaufes der *Meiose*. Chromosomen väterlicher Herkunft weiß, Chromosomen mütterlicher Herkunft punktiert. Im Beispiel sind diploid vier Chromosomen angenommen.
(Nach BAUER aus HARTMANN, 1947).

ist, muß vor der Befruchtung die Chromosomenzahl der verschmelzenden Gameten auf die Hälfte (haploider Zustand) reduziert werden, wenn diese Konstanz der Chromosomenzahl über Generationen aufrecht erhalten werden soll. Diese Reduktionsvorgänge fassen wir unter dem Begriff der *Meiosis* oder der *Reifung*steilungen zusammen.

Im männlichen Geschlecht laufen sie in der Gonade während der Spermiogenese ab, im weiblichen Geschlecht können sie bei einzelnen Formen auch nach der Ovulation etwa gleichzeitig mit dem Eindringen des Spermiums in das Ei durchgeführt werden. Wir bezeichnen den normalen Chromosomensatz der Somazellen und der Gametenbildungszellen als *diploid*, den reduzierten, einfachen Satz ($= \frac{1}{2}$ diploid) als *haploid* (Abb. 41).

Beispiele für einige Chromosomenzahlen (diploid) (s. auch Tab. S. 72).

Ascaris megalocephala (Form: *bivalens*)	4
Ascaris megalocephala (Form: *univalens*)	2
Drosophila melanogaster	8
Apis mellifica (Honigbiene)	32
Musca domestica (Stubenfliege)	12
Paracentrotus lividus (Seeigel)	36
Branchiostoma lanceolatum (Lanzettfischchen)	24
Scyllium canicula (Haifisch)	24
Salamandra und viele *Triturus*arten	24
Rana temporaria und *esculenta*	26
Alytes obstetricans	36
Lacerta agilis (Zauneidechse)	38
Gallus domesticus (Haushuhn)	78
Felis catus (Hauskatze)	38
Cavia porcellus (Meerschweinchen)	64
Mus musculus dom. (weiße Maus)	40
Rattus norvegicus (Wanderratte)	42
Macaca mulatta (Rhesusaffe)	42
Homo sapiens	46

(nach MATTHEY 1949 u. a.).

Generell läßt sich feststellen, daß innerhalb jeder Tier- oder Pflanzengruppe verschiedene Zahlen vorkommen können. Sehr häufig beobachtet man jedoch, daß Formen einer Gattung (cf. Amphibien) gleiche Chromosomenzahlen besitzen. Oft bilden die Chromosomenzahlen innerhalb einer Gattung auch eine Reihe von Vielfachen (besonders bei vielen Moosen und Blütenpflanzen), so daß die Annahme begründet ist, die betreffenden Arten seien durch Vervielfältigung eines Chromosomengrundtyps entstanden *(Polyploidie)*. Allerdings spielt Polyploidie im Tierreich nicht die gleiche Rolle wie im Pflanzenreich; auch ist die Bildung von Sammelchromosomen und Fragmentation beobachtet worden. Wahrscheinlich ist das Auftreten von zwei Formen des Pferdespulwurmes *(Ascaris megalocephala bivalens* und *univalens)* ähnlich zu erklären.

Sehr hohe Chromosomenzahlen kommen bei *Artemia salina*, dem Salzkrebschen (diploid: 168), und bei einigen Protisten vor. Am häufigsten sind Zahlen um 20–30. Das Maximum dürfte etwa bei 200 liegen.

Der Vorgang der Meiose kann an verschiedenen Stellen des individuellen Entwicklungszyklus stattfinden. Wenn auch die grundsätzlichen Prozesse der geschlechtlichen Fortpflanzung (Amphigonie) bei Protisten, Metaphyten und Metazoen die gleichen sind, bestehen doch erhebliche Differenzen in der Art des *Kernphasenwechsels*. Als Kernphasenwechsel bezeichnet man den Übergang vom haploiden zum diploiden Zustand (bei der Befruchtung) und den Übergang von der Diplophase zur Haplophase (Reduktion), der zu irgendeinem Zeitpunkt des Individualzyklus erfolgen kann. Folgende Möglichkeiten finden sich in der Natur:

a) Die Reduktion findet an der Zygote statt, das ganze Leben läuft in der Haplophase ab (zygotische Reduktion). Kommt bei einigen Grünalgen und Pilzen vor.

b) Der Organismus ist während der ganzen vegetativen Periode diploid. Nur eine Zelle, die reife Keimzelle, ist haploid (gametische Reduktion). Der Organismus ist ein Diplont (alle Metazoa).

c) Bei vielen Pflanzen (Moose, Farne, Blütenpflanzen) tritt der Organismus in einer haploiden und einer diploiden Phase auf. Haplophase und Diplophase alternieren in einem heterophasischen Generationswechsel. Die haploide Phase (Gametophyt) bildet Gameten. Diese kopulieren (Zygote). Aus der Zygote geht der diploide Sporophyt hervor. Dieser bildet Sporen (Agameten). Die Reduktion ist zwischen Sporophyt (Diplophase) und Gametophyt (Haplophase) eingeschaltet und erfolgt bei der Sporenbildung. Bei den Farnen und besonders bei den Blütenpflanzen ist der Gametophyt weitgehend rudimentär.

Wie läuft nun die *Meiosis* (Reduktionsteilung) bei den Metazoa ab? Die Meiosis ist stets an das Auftreten kurz aufeinanderfolgender Zellteilungen gebunden (Abb. 41). In zwei Teilungsschritten entstehen vier Zellen (Gonen). Wir unterscheiden also eine erste und zweite Reifungsteilung. Als Endergebnis der Meiose ist der diploide Chromosomensatz auf die Hälfte reduziert.

Im männlichen Geschlecht werden die vier Gonen, die aus einer Spermiocytenteilung hervorgehen, zu Spermien. Im weiblichen Geschlecht wird nur jeweils eine der vier Gonen zur reifen Eizelle, während die übrigen drei rudimentär bleiben und als Polocyten (Polzellen, Richtungskörperchen) bezeichnet werden.

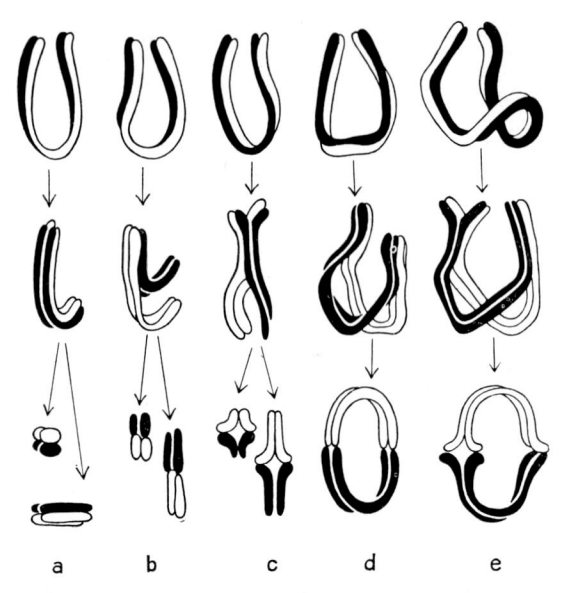

Abb. 42 Verschiedene Möglichkeiten der Bildung bivalenter Tetraden (nach BELAR).
a) und b) Biskuit- und Stabtetraden (Schmetterlinge, Heuschrecken).
c) Kreuztetraden (Wanzen).
d) Ringtetrade (Salamander).
e) Ringtetrade mit Kreuzbildung (Heuschrecke).

In der normalen Mitose einer diploiden Zelle zeigen die Chromosomen während der Prophase eine Längsteilung in vier Chromatiden. Die teilungsbereite Zelle ist also tetraploid. Sollen nun in der Meiosis haploide Zellen entstehen, so sind bei gleicher Ausgangssituation, also bei Vorhandensein von längsgespaltenen, bivalenten Chromosomen zwei Teilungsschritte nötig. In den Spermatocyten (Oocyten) lockern sich die Chromosomen zu langen Fäden auf (Leptotaenstadium) und konvergieren häufig mit ihrem freien Ende gegen einen Punkt der Kernoberfläche (Bukettstadium). Nunmehr legen sich jeweils zwei homologe Chromosomen (= väterliches und mütterliches Chromosom des gleichen Paares) aneinander und paaren sich (Chromosomenkonjugation) (Abb. 41). Diese Paarung ist keine echte Verschmelzung. Die Zusammenlagerung erfolgt in völlig exakter Weise derart, daß die entsprechenden Orte (Chromomeren) der beiden Paarlinge sich aneinanderlegen. Eine Konjugation ist also nur bei homologen Chromosomen, das heißt bei Chromosomen mit gleichem Genbestand und daher auch gleichem Chromomerenbau, möglich. Unmittelbar an die Konjugation anschließend verdicken und verkürzen sich die Kernschleifen (Pachytaenstadium) (Abb. 41). Durch die Konjugation wird die Zahl der Chromosomen nur scheinbar reduziert (Pseudoreduktion). In den Doppelchromosomen (Gemini) sind die Partner individuell vorhanden.

In der nun folgenden Phase lockert sich der Kontakt zwischen den Paarlingen; zwischen den Paarlingen wird der Längsspalt sichtbar. Die Gemini trennen sich wieder etwas voneinander, bleiben aber stets als Paar (Diplotaenstadium) erkennbar (Abb. 41). In vielen Fällen können sie sich dabei spiralig umwinden (Strepsitaenstadium).

Während des Diplotaenstadiums wird an jedem einzelnen Konjugationspartner ein Längsspalt („Aequationsspalt") sichtbar. Somit ist aus jedem Chromosomenpaar jetzt ein vierteiliges Gebilde (Vierstrangstadium) hervorgegangen. Dieses Stadium geht dadurch, daß die einzelnen Chromatiden sich verdichten oder in verschiedenartiger Weise verkürzen (Abb. 41, 42), in das Tetradenstadium über. Die Zahl der Tetraden entspricht also der haploiden Chromosomenzahl. Die Tetradenbildung ist ein hervorstechendes Merkmal der Meiose gegenüber der Mitose. Sie ist als Vorbereitung der Chromosomenreduktion

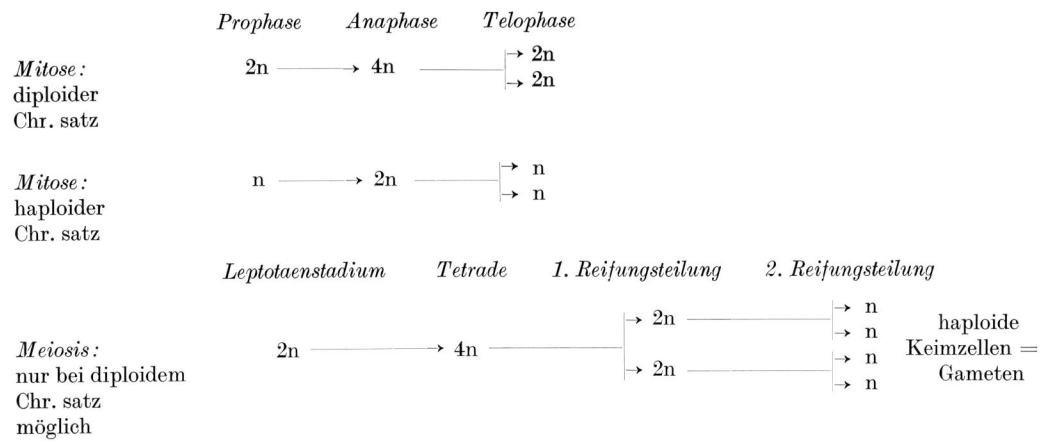

	Prophase	Anaphase	Telophase
Mitose: diploider Chr. satz	2n ⟶	4n ⟶	→ 2n → 2n
Mitose: haploider Chr. satz	n ⟶	2n ⟶	→ n → n

	Leptotaenstadium	Tetrade	1. Reifungsteilung	2. Reifungsteilung	
Meiosis: nur bei diploidem Chr. satz möglich	2n ⟶	4n ⟶	→ 2n ⟶ → 2n ⟶	→ n → n → n → n	haploide Keimzellen = Gameten

Vergleich der Mitose mit der Meiose (nach J. W. HARMS)

aufzufassen, denn die vier Teilstücke einer Tetrade werden auf die in zwei Teilungsschritten entstehenden vier Gameten verteilt. Die homologen Chromosomen eines Paares werden also in der Meiose getrennt und auf die Gameten aufgeteilt. Die Anordnung der Partner in einer Tetrade kann bei verschiedenen Organismengruppen recht different sein (Abb. 42 Ringtetraden, Kreuztetraden etc.), entsprechend der wechselnden Anordnung der Chromatiden im Diplotaenstadium. Das Tetradenstadium ist am Ende der Prophase der ersten Reifungsteilung erreicht. In der nun ablaufenden ersten Reifungsteilung werden je zwei Chromatiden jeder Tetrade auf jede Tochterzelle verteilt. An diese erste Reifungsteilung schließt unmittelbar die Prophase der zweiten Reifungsteilung an, in der die beiden Chromatiden getrennt und auf die beiden entstehenden Gameten verteilt werden. Die reife Geschlechtszelle enthält nur den einfachen Chromosomensatz (halbe Chromosomenzahl), sie ist haploid (Abb. 34).

Als Reduktionsteilung im engeren Sinne wird diejenige Teilung bezeichnet, die die homologen Chromosomen voneinander trennt. Die Trennungsspalten, die die vier äußerlich gleichen Chromatiden einer Vierergruppe trennen, sind danach nicht gleichwertig. Man unterscheidet den „Konjugationsspalt" oder „Reduktionsspalt", der die homologen, – von Vater und Mutter stammenden Chromosomen trennt, und den „Aequationsspalt" zwischen den beiden Spalthälften (Chromatiden) eines Chromosomes. Die Aufteilung der Chromatiden in den Reifungsteilungen kann nun so erfolgen, daß in der ersten Reifungsteilung die homologen (verschieden elterlichen) Chromosomen getrennt werden: *Praereduktion* (die erste Trennlinie entspricht dem Reduktionsspalt). Die zweite Teilung ist dann eine *Aequationsteilung*, sie trennt die beiden Spalthälften eines Chromosoms. Geht die Aequationsteilung als erste Reifungsteilung voran, so spricht man von einem *Postreduktionstyp* (die zweite Trennlinie verläuft im Reduktionsspalt). Ursprünglich wurde der Frage, ob die Reifeteilungen nach dem Prae- oder Postreduktionstyp ablaufen, große Bedeutung beigemessen. Sie ist nach dem heutigen Wissensstand bedeutungslos, denn in beiden Fällen muß das Endresultat das gleiche sein.

Die Chromosomenpaare einer Teilungsspindel verhalten sich nicht immer gleich, so kann ein Paar Prae- ein anderes Postreduktion zeigen (gemischte Reduktion).

Schließlich ist darauf hinzuweisen, daß im Falle von Faktorenaustausch (Chromatidenstückaustausch) streng genommen ein Teil eines Chromosoms die Reduktion in der ersten, ein anderer Teil des gleichen Chromosoms in der zweiten Reifungsteilung vollzieht.

Wir wollen an Hand der Abbildung 41 diese Vorgänge genauer verfolgen. Als Ausgangsstadium ist ein diploider Spermatocytenkern mit drei Chromosomenpaaren gewählt, die wir I 1, II 2, III 3 benennen wollen. Die von der Mutter stammenden Chromosomen sollen weiß, die vom Vater stammenden schwarz gezeichnet sein.

Die Chromosomen sind zunächst lang und fadenförmig (Abb. 43a, Leptotaenstadium). In der Prophase kommt es zur Chromosomenkonjugation (Abb. 43b), anschließend zur Verkürzung (Pachytaenstadium) und Tetradenbildung (Abb. 43c). In der ersten Reifeteilung entstehen zwei Praespermiden, die in dem gewählten Beispiel folgende Chromosomenkombination zeigen:

  e. links = I 1, II 2, 3 3
  e. rechts = I 1, II 2, III III

Die Interkinese geht sofort in die Prophase der zweiten Reifeteilung über, in der die Chromatiden

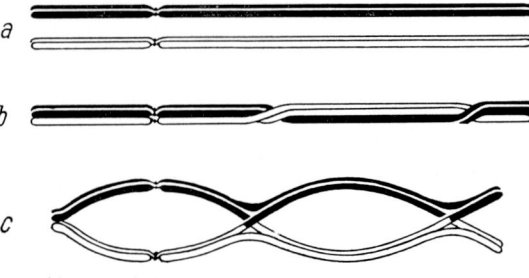

Abb. 44 Schema der Chromosomenpaarung. Stückaustausch zwischen Chromatiden im Vierstrangstadium. Chiasmatypie. (Nach A. KÜHN 1950).

Die Chromosomen der reifen Gameten können also verschiedener Herkunft sein. Die im diploiden Kern vereinigten, von Vater und Mutter stammenden Chromosomen, werden während der Meiose voneinander getrennt und zu neuen haploiden Sätzen kombiniert. Diese Tatsache ist die Grundlage der MENDELspaltung.

Unsere bisherige Darstellung hatte noch nicht berücksichtigt, daß in der Meiosis ein Austausch von Genen oder richtiger von Genkomplexen zwischen homologen Chromatiden vorkommen kann. Wenn aber ein derartiger Faktorenaustausch vorkommt, müssen verschiedenartige Genkombinationen auftreten.

MORGAN hatte beobachtet, daß bestimmte Merkmale stets kombiniert (gekoppelt) vorkommen. Die Zahl der vorkommenden Koppelungsgruppen entspricht der Zahl der Chromosomenpaare der betreffenden Tierart (bei *Drosophila melanogaster*: vier). In einer gewissen Anzahl von Fällen kommen Abweichungen in der Kombination von Merkmalen vor, so daß eine neue Kombination von Faktoren vorliegen muß.

MORGAN nahm nun, aufbauend auf älteren Vorstellungen von BOVERI, an, daß die Gene in den Chromosomen linear angeordnet sind, eine Annahme, die später exakt bewiesen werden konnte. Genaustausch erfolgt während des Diplotaenstadiums in Form der Chiasmenbildung. Chromatiden können an den Chiasmata auseinanderbrechen, wobei es zu einer kreuzweisen Vereinigung der Bruchenden verschiedener Paarlinge kommen kann (Abb. 44), so daß einzelne Chromatiden jetzt aus Stücken des väterlichen und des mütterlichen Chromosoms zusammengesetzt sein können. Auf diese Weise entstehen Chromatiden neuer Zusammensetzung (Chiasmatypie JANSSENS, Segmentaustausch).

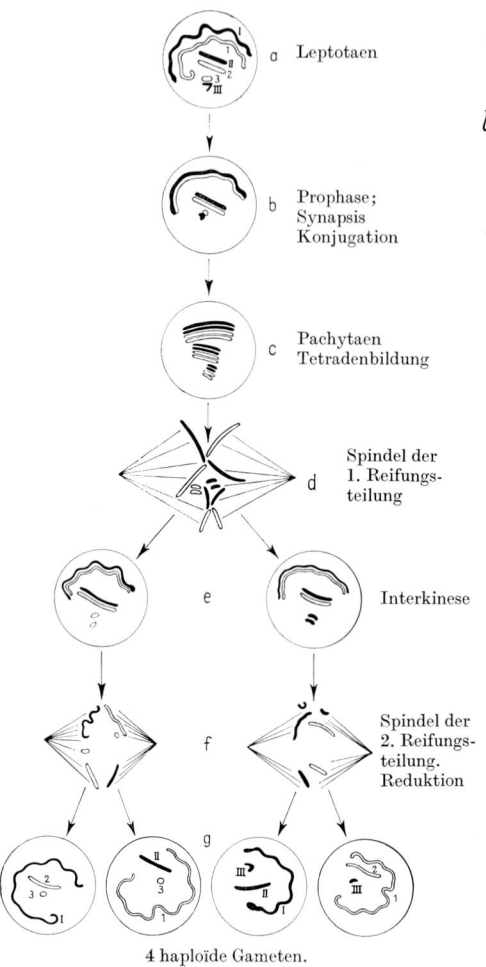

Abb. 43 Schema der Reifungsteilungen (Synapse und Tetradenbildung) in der Spermatogenese. Erklärung im Text.

ohne weitere Verdoppelung auf die vier Gameten (Spermiden) verteilt werden. In dem Beispiel ergibt sich für diese folgender Chromosomenbestand:
I, 2, 3 – 1, II, 3 – I, II, III – 1, 2, III.

Wie das folgende Diagramm zeigt, sind bei drei Chromosomenpaaren natürlich acht Kombinationsmöglichkeiten denkbar:

Chromosomenpaare	I 1	II 2	III 3
	I, II, III		1, II, III
	I, II, 3		1, II, 3
	I, 2, III		1, 2, 3
	I, 2, 3		1, 2, III

Das Beispiel der Abbildung 43 ist also derart gewählt, daß für das Paar III 3 Praereduktion, für die Paare I 1 und II 2 aber Postreduktion angenommen ist.

Die experimentell erschlossene Tatsache des Faktorenaustausches und die damit verbundene Durchbrechung von Koppelungsgruppen wird als „Crossing over" bezeichnet. Die Chiasmatypie ist die morphologische Grundlage des Crossing over. *Drosophila* zeigt die Besonderheit, daß im weiblichen Geschlecht häufig ein Genaustausch vorkommt, während im männlichen Geschlecht eine Konstanz der Koppelungsgruppen zu beobachten ist. Faktorenaustausch ist auch beim Menschen beobachtet worden und zwar für Erbanlagen, die im x-Chromosom lokalisiert sind.

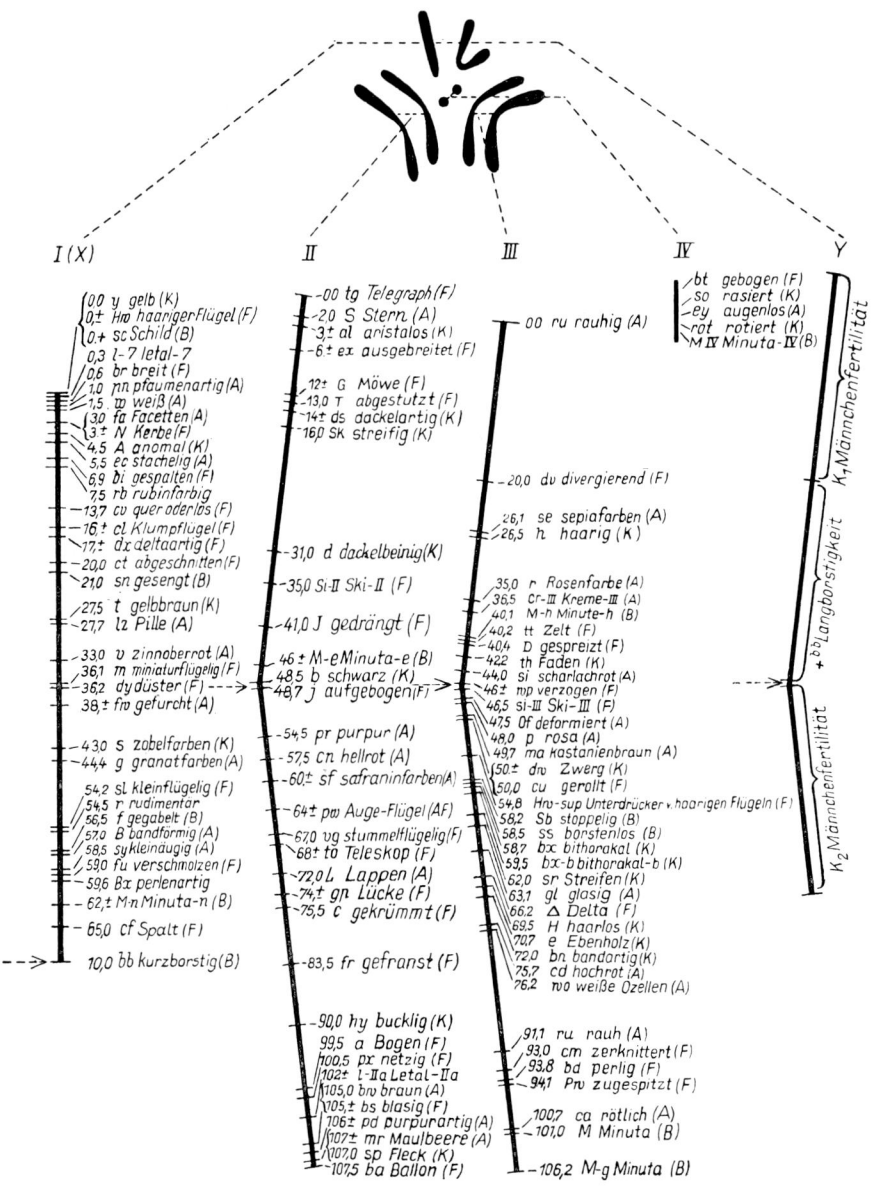

Abb. 45 Chromosomenkarte von *Drosophila melanogaster* auf Grund statistischer Untersuchungen. Die Gene sind nur zum Teil eingezeichnet. Die Zahlen bedeuten den Wert für die Austauschhäufigkeit (Abstände der Genloci von 0,0). Die Buchstaben geben den Körperteil an, an dem der Faktor sich phaenotypisch ausprägt: A = Auge, B = Borste, F = Flügel, K = Körper, Pfeile = Spindelansatzstellen.
Nach STERN aus HEBERER, 1935.

Die Beobachtung des Chromatidenstückaustausches hat zur Konsequenz, daß die scharfe Unterscheidung zwischen Trennung von homologen Chromosomen (Reduktionsteilung) und von Chromosomenteilstücken (Aequationsteilung) bedeutungslos wird. Streng genommen muß, wie Abbildung 41 zeigt, für verschiedene Teile eines und des gleichen Chromosoms, jede der beiden Reifungsteilungen sowohl Aequations- wie Reduktionsteilung sein.

Der Nachweis der linearen Anordnung der Erbfaktoren im Chromosom und das Vorkommen des Faktorenaustausches hat in überraschender Weise die Möglichkeit eröffnet, genauere Aussagen über die Topographie der Gene im Chromosom zu machen. Die Trennung von zwei Erbfaktoren muß bei linearer Anordnung um so häufiger vorkommen, je weiter entfernt voneinander ihre Orte im Chromosom liegen. In der Tat hat sich durch sorgfältige Analyse der Häufigkeit des Faktorenaustausches (MORGAN, STURTEVANT) zunächst bei *Drosophila* eine Lokalisation der Gene im Chromosom durchführen lassen, so daß es schließlich möglich wurde, ,,Chromosomenkarten" aufzustellen (Abb. 45).

Eine Durchbrechung der Koppelung zwischen zwei Faktoren kann nur erfolgen, wenn beide Faktoren an getrennten Orten im Chromosom liegen und wenn die Bruchstelle zwischen ihnen liegt. Die Wahrscheinlichkeit, daß ein Bruch zwischen zwei Genorten erfolgt, ist um so höher, je weiter entfernt beide voneinander gelegen sind, d. h. je länger das zwischen ihnen befindliche Chromosomenstück ist. Der Prozentsatz der Austauschhäufigkeit, wie er im Erbversuch festgestellt werden kann, gibt also zugleich ein Maß ab für die Länge der Strecke zwischen den beiden Genorten. Die auf diese Weise ermittelten Orte der einzelnen Gene ließen sich später bestimmten Chromomeren zuordnen (Riesenchromosomen der Speicheldrüsen).

Zusammenfassend sei hervorgehoben, daß die *Meiosis* ein einheitliches Ganzes ist. Der Prozeß läuft in zwei Teilungsschritten ab. Er führt dazu, daß der haploide Zustand hergestellt wird und daß die vier Gonen (reife Keimzellen) gebildet werden. Während der Meiose werden die im

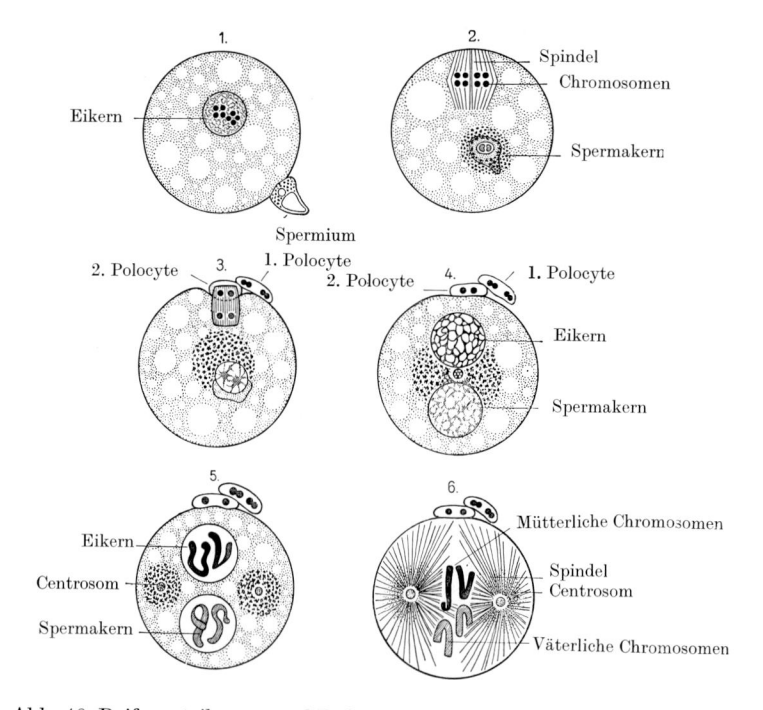

Abb. 46 Reifungsteilungen und Befruchtung bei *Ascaris megalocephala*.
1. Eindringen der Spermie.
2. Bildung der ersten Polocyte.
3. Bildung der zweiten Polocyte.
4. Der Eikern rückt gegen das Zentrum vor.
5. und 6. Kernkopulation und erste Furchungsteilung.
(In Anlehnung an BOVERI)

diploiden Kern vereinigten, von Vater und Mutter stammenden Chromosomen getrennt und erscheinen in den haploiden Zellen in neuer Kombination. Damit bildet die Meiose zugleich die Grundvoraussetzung für die MENDELschen Spaltungsregeln. Schließlich findet während der Meiose die Chromosomenkonjugation statt, die den Austausch von Chromatidenstücken und damit von Genkomplexen ermöglicht.

Vergleich zwischen Eireifung und Samenreifung

Das besprochene Beispiel der Meiose zeigt die Verhältnisse, wie sie bei der Samenreifung tatsächlich vorkommen. Wir halten also fest: aus einer diploiden Spermiocyte entstehen (theoretisch, da bivalente Teilung, s. S. 35) zwei Praespermiden, aus diesen vier haploide Spermiden. Diese müssen die Umformung zu Spermien durchmachen, da sie in ihrer äußeren Form noch nicht den Charakter der hochdifferenzierten Samenzelle besitzen. Im Hinblick auf das genetisch chromosomale Verhalten sind die Spermiden jedoch reif, d. h. reduziert. Der diploide Chromosomensatz kann erst dann wieder erworben werden, wenn sich eine reife Spermie mit einer reifen Eizelle zur Zygote vereinigt. Im Gegensatz zur Spermide unterscheidet sich die reife Eizelle in ihrer äußeren Gestalt kaum von der Oocyte. Jedoch sind auch bei den weiblichen Gameten am Kern grundsätzlich die gleichen Vorgänge der Meiose festzustellen wie an den männlichen. An der Oocyte (Abb. 46), die in die Reifungsteilungen eintritt, beobachten wir, daß der Zellkern an die Peripherie wandert. Die Spindel stellt sich radiär ein. Das Cytoplasma wölbt sich etwas vor und die Teilung erfolgt in der Weise, daß fast die gesamte Plasmamasse der einen Tochterzelle zugeschlagen wird, die zweite Tochterzelle jedoch nur einen unverhältnismäßig kleinen Plasmaanteil in Form der erwähnten Ooplasmaabschnürung erhält. Die erste Polocyte (Richtungskörperchen) ist entstanden. Die beiden aus der ersten Reifungsteilung hervorgehenden Partner unterscheiden sich also durch ihre sehr verschiedene Masse, während der Chromosomenbestand der gleiche ist. In analoger Weise erfolgt die zweite Reifungsteilung, indem aus dem Praeovulum das Reifei und die zweite Polocyte hervorgehen. Die erste Polocyte kann sich ihrerseits auch noch einmal teilen,

so daß im Effekt, wie bei der Spermienreifung, vier Zellen mit reduziertem Chromosomenbestand aus einer Oocyte in zwei Teilungsschritten entstehen. Der Unterschied besteht darin, daß von diesen vier haploiden Gameten drei rudimentär sind und nur eine zur befruchtungsfähigen Eizelle wird. Die Ursache für dieses Phänomen mag darin liegen, daß die Eizelle relativ große Plasmamengen für den Aufbau des Keimes und die Dotterproduktion mitführen muß, da die Spermie praktisch frei von Cytoplasma ist.

Polocyten sind kleine, in Hinblick auf ihr Ooplasma unvollkommene Abortiveier. Im allgemeinen haben sie für die Embryonalentwicklung keinerlei Bedeutung. Gelegentlich ist der Größenunterschied zwischen Eizelle und Polocyten nicht sehr erheblich (einige Würmer, Maus). Da es sich um haploide Gebilde handelt, ist theoretisch die Möglichkeit des gelegentlichen Vorkommens der Befruchtung einer Polocyte nicht abzulehnen. Bei sehr dotterreichen Eiern kann die Ausstoßung der Polocyte unterbleiben; ihr Kern geht in der Dottermasse zugrunde.

3. Befruchtung

a) Der Befruchtungsvorgang

Die Befruchtung ist die Vereinigung zweier geschlechtlich differenzierter Zellen unter Verschmelzung ihrer Zellkerne zu einer diploiden Zygote. Dabei ist die Vereinigung der Zellkerne das wesentliche Merkmal der Befruchtung. Das Eindringen der Spermie in die Eizelle, die Besamung oder Imprägnation, ist zwar eine notwendige Voraussetzung für die Befruchtung, ist aber keineswegs mit dieser gleichzusetzen. Bei höheren Tieren wird die Eizelle in der Regel vor Bildung der zweiten Polocyte besamt. An die Besamung schließt sich zunächst die zweite Reifungsteilung an: erst dann kann die Befruchtung erfolgen. Der Befruchtungsvorgang wurde erstmalig 1875 von OSCAR HERTWIG am Seeigelei beobachtet, bald darauf von mehreren Forschern für höhere Tiere und Pflanzen bestätigt. Bringt man die kleinen und durchsichtigen Seeigeleier unter dem Mikroskop mit Samenflüssigkeit zusammen, so sieht man, daß die Spermien sich alsbald auf die Eizellen zu bewegen. Die Eizellen locken mittels bestimmter chemischer Substanzen („Gynogamone" s. S. 71) die Spermien an. Hat eine Spermie die Eioberfläche erreicht, so wölbt sich das Eiplasma in Form eines kleinen Zapfens (Empfängnishügel) vor, der Spermienkopf dringt in das Eiplasma ein (Abb. 47). In diesem Moment bildet sich um die Eioberfläche eine feine Membran (Befruchtungsmembran), welche das Eindringen weiterer Spermien verhindert (Abb. 47). Dabei zieht sich bei vielen Formen (Seeigel, Säugetiere) das Ei unter Flüssigkeitsauspressung schnell zusammen, so daß zwischen Oolemm und Plasmaoberfläche ein „perivitelliner Spaltraum" entsteht.

Wenn die Spermie in Kontakt mit der Eioberfläche kommt, wird das im Akrosom eingelagerte Material ausgestoßen. Hierbei wird ein zuvor nicht nachweisbares fadenförmiges Element, das Akrosomfilament, gebildet. Das Auftreffen des Akrosomfilamentes auf die Eioberfläche aktiviert die weiteren Vorgänge im Ei. Die Befunde wurden an Echinodermen und Mollusken erhoben.

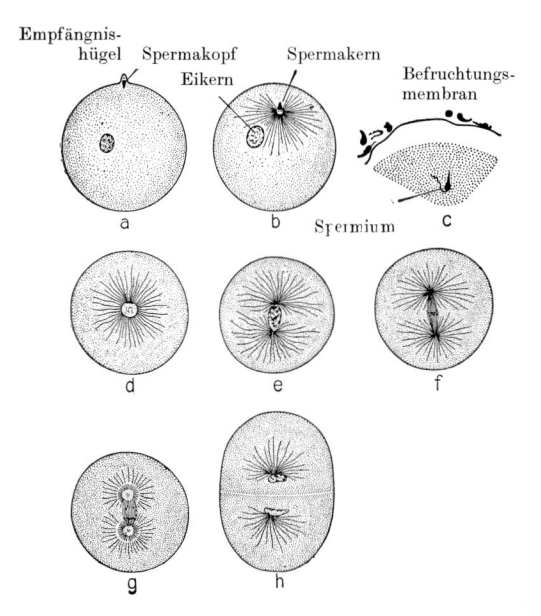

Abb. 47 Befruchtung des Seeigeleies.
a) und b) Eindringen des Spermiums in das Ei von *Echinus* (nach v. KOSTANECKI).
c) Das ganze Spermium ist in das Ei eingedrungen, Befruchtungsmembran, *Paracentrotus lividus* (nach DANTON).
d) bis h) Aufeinanderfolgende Befruchtungsstadien von *Echinus microtuberculatus* (nach GODLEWSKI).

Der ganze Vorgang wird als *Akrosomreaktion* bezeichnet. Die Aktivierung besteht wahrscheinlich in einer Enthemmung von Enzyminhibitoren.

Der Mechanismus der Bildung einer *Befruchtungsmembran* scheint gleichfalls bei Echinodermen, Fischen und Säugern ähnlich abzulaufen. Im Anschluß an die Akrosomreaktion tritt eine kurze Latenzzeit ein. Die granulären Elemente der Eirinde (Cortexgranula) lösen sich auf und ihr Material wird in die Zellmembran (sog. Dottermembran) eingelagert. Diese hebt sich von der Eirinde ab, es entsteht der perivitelline Raum. Der Vorgang breitet sich wellenförmig von der Kontaktstelle über die ganze Eioberfläche aus. Mit der Abhebung der Befruchtungsmembran wird auf der Eioberfläche ein zartes Häutchen, die hyaline Schicht, sichtbar, die gleichfalls Bestandteile der Rindengranula aufnimmt und vorwiegend aus Mukopolysacchariden besteht.

Nach der Theorie von RUNNSTRÖM läuft der Vorgang der Eiaktivierung zweiphasig ab. In der ersten Phase wird durch die Akrosomreaktion ein hemmender Faktor ausgeschaltet. Hierbei wird Lipoprotein der Eirinde gespalten. In einem zweiten Schritt wird der aktivierende Faktor freigesetzt. Faktoren, die ohne Besamung eine Entwicklungsanregung auslösen (Parthenogenese, s. S. 48f), sollen unmittelbar die zweite Phase in Gang setzen.

Mit dem Spermienkopf gelangt das Mittelstück in die Eizelle. Dieses liefert die beiden Centriolen der ersten Teilungsspindel. Der Spermienkopf quillt auf und wird zum männlichen Vorkern. Da der Spermienkern sich nach dem Eindringen ins Ei dreht, kommen die Centriolen in die Mitte der Eizelle zu liegen. Ei- und Samenkern wandern schnell aufeinander zu (Abb. 48) und verschmelzen miteinander.

Die Einführung eines Centrosomes in die Eizelle durch das Spermium genügt nicht, um die folgenden Zellteilungen in Gang zu bringen. Das Centrosom muß bei der Passage durch die Eirinde selbst wieder aktiviert werden. Bei künstlich induzierter Entwicklungsanregung (Parthenogenese) wird das Centrosom der Eizelle selbst offenbar wieder reaktiviert.

Der Schwanzfaden des Spermiums spielt im Befruchtungsgeschehen keine Rolle. Er kann ins

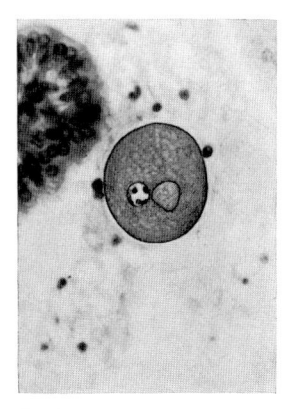

Abb. 48 Befruchtungsstadium aus der Tube der weißen Ratte. Man sieht in der Zygote den männlichen und weiblichen Vorkern (Orig.).

Cytoplasma der Eizelle mit aufgenommen werden und geht dann nach einiger Zeit zugrunde. Bei Säugetierkeimen kann der Schwanzfaden noch in späten Furchungszellen nachweisbar sein. In anderen Fällen (Seeigel), wird er bereits beim Eindringen des Spermienkopfes in die Eizelle abgestoßen.

Lebendbeobachtungen über Besamung und Befruchtung liegen auch von Säugetieren und vom Menschen vor (AUSTIN, BRADEN, HAMILTON, SHETTLES). Die Vorgänge sind hier durch das Vorkommen der Zona pellucida etwas modifiziert. Der Spermienkopf trifft senkrecht auf die Zona auf und durchdringt diese außerordentlich rasch. Die Imprägnation durch die Spermie hat sofort eine Reaktion der Eizelle zur Folge, die das Eindringen weiterer Spermien (Polyspermie) verhindert. Diese der Bildung einer Befruchtungsmembran analogen Prozesse sind bei Eutheria in zwei Teilvorgänge zerlegt. Wir unterscheiden:

a) eine *kortikale Reaktion der Eizelle*, vergleichbar der Bildung einer Befruchtungsmembran,
b) eine *Reaktion der Zona pellucida*.

Inwieweit beide Prozesse kausal verknüpft sind, ist noch nicht geklärt. Eine Hypothese, die viel Wahrscheinlichkeit hat, besagt, daß der Spermienkontakt mit der Eioberfläche die Freisetzung oder Bildung von Substanzen verursacht, die durch den Spalt zwischen Ei und Zona abdiffundieren und einen härtenden Effekt auf die Zona ausüben. Im Ablauf des Geschehens bestehen Unterschiede zwischen verschiedenen Säugerarten. In einigen Fällen steht die kortikale Reaktion ganz im Vordergrund, die Zona-Reaktion ist schwach oder fehlt (Kaninchen). In anderen Fällen (Hund, Schaf) ist die Reaktion der Zona sehr deutlich. Bei Maus, Ratte und Hamster halten sich beide Prozesse die Waage.

Nachdem der Spermienkopf die Zona passiert hat, legt er sich tangential dem Oolemm auf und haftet an diesem (Abb. 49a, b). Diese Phase dauert bei Ratte und Maus etwa 30 Minuten. Schließlich wird der Spermienkopf vom Cytoplasma der Eizelle umflossen. Der Vorgang wird mit einer Pinocytose verglichen. Jedenfalls scheint eine aktive Tätigkeit der Eizelle hierbei eine Rolle zu spielen. Die Oberfläche der Eizelle ist auch bei Säugern (Abb. 49c, d) leicht vorgewölbt und bildet eine Art Empfängnishügel. Auch bei Säugetieren (Goldhamster, nicht bei Maus und Ratte) kann ein Schwund der Cortexgranula beim Eindringen des Spermienkopfes beobachtet werden. Elektronenoptische Befunde an der Ratte (AUSTIN) zeigen, daß der

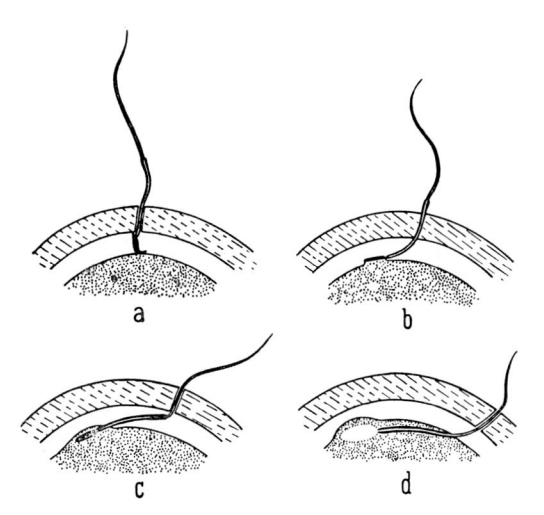

Abb. 49 Vier Stadien der Imprägnation der Eizelle bei Nagetieren (nach AUSTIN-BRADEN, J. exp. Biol. 33, 1956 fig. 1, pg. 360). a) Das Spermium ist eben durch die Zona pellucida gedrungen und bekommt Kontakt zur Eioberfläche. b) Der Spermienkopf liegt tangential dem Oolemm an. c) Der Kopf des Spermiums ist in das Eiplasma eingedrungen, Hals und Mittelstück sind durch die Zona geschlüpft. d) Kopf, Hals und Mittelstück sind in das Eiplasma aufgenommen. Umwandlung des Kopfes zum männlichen Vorkern ist im Gange. Plasmavorwölbung über dem Spermienkopf ist deutlich.

Spermienkopf nach dem Eintritt in das Eiplasma seine Kernmembran verliert.

Der Vorgang ist neuerdings mehrfach, vor allem bei Kaninchen und Nagetieren untersucht worden (BEDFORD, HADEK). Artunterschiede kommen vor, doch läßt sich einiges an grundsätzlichen Tatsachen feststellen. Einige der Spermien zeigen bereits beim Durchtritt durch die Granulosa eine *Akrosomreaktion* mit den Granulosazellen. Diese Spermien dringen nicht in das Ei ein. Inwieweit die Reaktion an den Granulosazellen zur Erweichung der Granulosa beiträgt und den unveränderten Spermien dadurch den Weg durch die Granulosa bahnt, ist ungeklärt. Eine Funktion des Akrosoms als Enzymträger (Hyaluronidase) bei der Ablösung der Granulosazellen ist fraglich, da eine ungestörte Penetration auch nach Blockade der Hyaluronidase erfolgen kann. Während des Durchtritts durch die Zona pellucida läuft die Akrosomreaktion ab. Hierbei verschwindet die äußere Membran des Akrosoms und der elektronendichte Inhalt wird neben zahlreichen Vesikeln entleert und verbleibt außen von der Zona pellucida. Die innere Akrosommembran bleibt erhalten und überkleidet den Spermienkopf. Ihr liegt das subakrosomale Material (Perforatorium) an.

Nun erfolgt der Kontakt des Spermienkopfes mit der Eioberfläche. Gleichzeitig wird die *cortikale Reaktion* ausgelöst, die in Form des Austrittes von granulären und vesikulösen Elementen sichtbar wird. Der Kopf legt sich tangential an die Eioberfläche und bekommt zunächst mit seinem aequatorialen und hinteren Abschnitt Kontakt. Das Eiplasma bildet einen Lappen, der sich über den Kopf schiebt und diesen ins Cytoplasma hineinzieht. Mittelstück und Schwanz werden gleichfalls ins Cytoplasma der Eizelle einbezogen. Der Ablauf der cortikalen Reaktion sichert die Monospermie. Die Transformation des Spermienkopfes zum männlichen Vorkern beginnt an dem hinteren Ende.

Grundsätzlich läuft der Befruchtungsvorgang stets ähnlich ab. Bei vielen Formen (Abb. 46) erfolgt die Besamung vor Bildung der zweiten Polocyte (*Ascaris*, Säugetiere). In diesem Falle wandern männlicher und weiblicher Vorkern nicht sofort aufeinander zu, sondern der Kern des Praeovulums rückt zunächst an die Peripherie und macht hier die zweite Reifungsteilung durch. Sodann kehrt er zum Zentrum der Zelle zurück und vereinigt sich mit dem männlichen Vorkern. In jedem Falle stammen die Chromosomen der ersten Furchungsteilung zur Hälfte vom Eikern, zur Hälfte vom Samenkern. Bei den nun folgenden Zellteilungen werden die Tochterchromosomen geordnet in zwei Gruppen als „väterliche" und „mütterliche" Chromosomen auf jede Furchungszelle verteilt (VAN BENEDEN). Dadurch ist eine gleichmäßige Verteilung der Erbmasse gewährleistet.

Polyspermie

Bei einigen dotterreichen Eiern (Selachier, Vögel) kommt es physiologischerweise zum Eindringen von zahlreichen Spermien. Auch in diesem Falle (physiologische Polyspermie) kommt stets nur ein Samenkern zur Befruchtung. Die übrigen gehen entweder zugrunde oder beteiligen sich als sogenannte Merocytenkerne an der Verflüssigung und Nutzbarmachung des Dotters. Sie spielen keine Rolle beim Aufbau des Embryonalkörpers. Eine zweite Art von Merocytenkernen kann später durch Abwanderung von Furchungskernen in den Dotter entstehen. Auch experimentell läßt sich eine Polyspermie erzielen, und zwar bei Verwendung überreifer Eier oder nach Behandlung der Eier mit Narcoticis. Man sieht in diesen Fällen, daß überzählige Samenkerne versuchen, sich Plasmabezirke zu unterwerfen. Gelegentlich kopulieren auch zwei Spermakerne miteinander. Derartige Produkte gehen gewöhnlich schnell zugrunde. In einigen Fällen gelang es bei Trispermie, die Keime eine Zeitlang am Leben zu erhalten. Sie zeigen bald pathologische Entwicklungsabweichungen und sterben ab.

Bei Säugetieren kommt Polyspermie normalerweise nicht vor. Gelegentlich beobachtet man Eizellen mit mehreren Spermien (bei der Ratte bis 60 Spermien in einer Eizelle). In solchen Fällen liegt stets eine Schädigung des Eiplasmas vor. Experimentell läßt sich Polyspermie beim Säugetier durch Überhitzung nach der Ovulation erzielen.

b) *Entwicklungsanregung, Parthenogenese und Merogonie*

Im normalen Ablauf der Entwicklung hat die Befruchtung die Anregung der Entwicklung zur Folge. Deshalb darf man jedoch nicht den Schluß

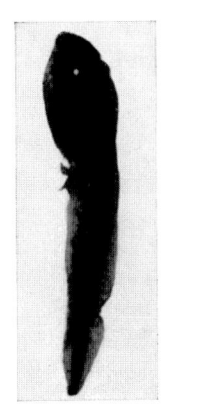

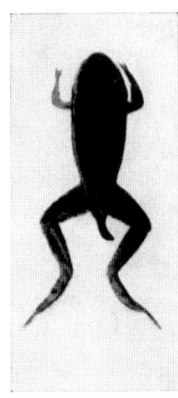

Abb. 50 Parthenogenetisch, durch Anstich der unbefruchteten Eizelle erzeugte Kaulquappe und metamorphosiertes Fröschchen (nach J. LOEB und F. W. BANCROFT, J. exp. Zool. 14, 1913).

ziehen, daß Ursache und Sinn des Befruchtungsvorganges in der Entwicklungsanregung zu sehen sind, denn eine Entwicklung kann auch ohne Befruchtung in Gang gebracht werden. Normalerweise kommt eine derartige *Parthenogenese* (Jungfernzeugung) bei vielen Wirbellosen vor. Eine künstliche Parthenogenese gelang erstmalig JACQUES LOEB (1913) durch Behandlung unbefruchteter Seeigeleier mit hypertonischen Salzlösungen ($CaCl_2$). Die von LOEB auf Grund seiner Befunde entworfene Theorie der Befruchtung auf physikalisch-chemischer Grundlage hat sich jedoch nicht bestätigt, da auch durch mechanische (Schütteln), thermische oder elektrische Reize eine Entwicklung in Gang gebracht werden kann. Spezifisch ist also nicht der Reiz, sondern die Reizantwort der Eizelle. BATAILLON gelang die künstliche Parthenogenese am Froschei durch Anstich mit einer Glasnadel. Die Keime können sich bis zur Metamorphose entwickeln. Sie sind haploid (Abb. 50). Das Centrosom der Eizelle muß bei parthenogenetischer Entwicklung wieder aktiviert werden.

Entwicklungsanregung kann auch mit geschädigten Spermien hervorgerufen werden, die an der Entwicklung selbst nicht teilnehmen. Radiumbestrahlung schädigt die Spermien, ohne daß diese zunächst ihre Bewegungsfähigkeit einbüßen. Besamung mit radiumgeschädigten Spermien führt bei Amphibien (O., G. und P. HERTWIG) zur Bildung der Befruchtungsmembran und zu parthenogenetischer Entwicklung. Der Samenkern wird eliminiert. Es lassen sich auf diese Weise haploide Zwerglarven züchten, die allerdings nur eine beschränkte Lebensdauer haben. Spontane Verdoppelung des Chromosomenbestandes kommt bei experimenteller Parthenogenese nicht vor. Bei Säugetieren sind gelegentlich im Ovar in atresierenden Follikeln Furchungsteilungen und Blastocystenbildungen beobachtet worden. Die künstliche Parthenogenese beim Säugetier gelang G. PINCUS. Als Versuchstier diente das Kaninchen. Normalerweise erfolgt beim Kaninchen die Ovulation 10 Stunden nach dem Deckakt. Läßt man ein Kaninchen durch einen sterilisierten Bock decken, so kann man reife Eier aus der Tube gewinnen. Diese Eier lassen sich in vitro durch kurzfristige Temperaturerhöhung (47°) oder durch Einwirkung hyper- oder hypotonischer Salzlösung zur Entwicklung bringen. Reimplantiert man derartige Eier in ein scheinträchtig gemachtes Tier, so können die Keime hier zur Entwicklung kommen. Bei der Schwierigkeit der Versuchstechnik gelingt das Experiment begreiflicherweise nicht leicht. Doch konnten immerhin drei Würfe parthenogenetischer Kaninchen erzielt werden. Wie zu erwarten, sind diese Tiere stets Weibchen (y-Chromosom fehlt den Eizellen). Nimmt man als Wirtstier zur Implantation der Keime eine andere Rasse als die Spendertiere, so kann man Fehlerquellen ausschalten. So wurden Eier von einem Chinchilla-Kaninchen in ein Albinotier verpflanzt. Der Wurf ergab zwei Chinchilla-Weibchen. Soweit darüber Untersuchungen vorliegen, sind die parthenogenetisch gewonnenen Kaninchen diploid, doch bedürfen die Chromosomenverhältnisse weiterer Nachprüfung.

Hingegen sind die Chromosomenverhältnisse bei *natürlicher Parthenogenese* genauer bekannt. Die Parthenogenese wurde 1762 von BONNET an der Blattlaus entdeckt. Grundsätzlich bestehen folgende Möglichkeiten:

a) Die Entwicklung beginnt vor Eintreten der Reduktionsteilungen, diese unterbleiben. Die parthenogenetischen Organismen sind diploid (Aphiden = Blattläuse, Rotatorien = Rädertierchen, Daphnien = Wasserflöhe, Lepidoptera = Schmetterlinge).

b) Die Parthenogenese beginnt nach Ablauf der Reduktionsteilungen, die Organismen sind haploid (Honigbiene; oft bei experimenteller Parthenogenese).

Einige Beispiele seien kurz besprochen. Bei Daphnoiden (WEISMANN) alternieren geschlechtliche und ungeschlechtliche Fortpflanzungszyklen in unregelmäßiger Aufeinanderfolge. Dabei besteht eine gewisse Abhängigkeit von äußeren Faktoren. Die Sommereier (Subitaneier) sind nicht reduziert. Sie entwickeln sich, ohne eine Ruhephase zu durchlaufen, parthenogenetisch. Die befruchtungsbedürftigen haploiden Wintereier (Dauereier) machen stets nach der Befruchtung eine längere Ruhepause durch.

Bei der Honigbiene *(Apis mellifica)* entstehen bekanntlich aus befruchteten Eizellen Königin und Arbeiter, aus unbefruchteten Eiern auf parthenogenetischem Wege Drohnen (Männchen). Drohnen entstammen reduzierten Eiern, ihr Soma ist also haploid. Somit müssen auch die Spermiocyten bereits haploid sein, eine Reduktionsteilung kann in der Spermatogenese unterbleiben. Interessanterweise ist aber nun eine rudimentäre Reduktionsteilung noch in der Spermatogenese angedeutet (Abb. 51), indem bei den Spermatocytenteilungen kernlose Plasmakalotten abgeschnürt werden. Die Königin wird nur einmal im Leben besamt (Hochzeitsflug). Die Eier, die in eine Königin- oder Arbeiterwabe abgelegt werden, sind stets befruchtet, die Eier in Drohnenwaben nie. Da die Königin ihren Spermavorrat in einem Reservoir, das dem Oviduct angeschlossen ist, bereit hat, muß sie die durch den Oviduct gleitenden Eizellen besamen. Wodurch dieser scheinbar „willkürliche" Akt gesteuert wird, ist unbekannt. Vielleicht spielt ein durch die Dimension der Wabe ausgelöster Reflexmechanismus eine Rolle. Ist die Königin überaltert und der Spermavorrat erschöpft, so können nur noch unbefruchtete Eier abgelegt werden, der Stock wird drohnenbrütig.

Als Gegenstück zur Parthenogenese würde die Entwicklungsanregung eines Spermakerns, die *Merogonie*, aufzufassen sein. Von der Erwägung ausgehend, daß dem Spermakern die zur Entwicklung notwendige Plasmamenge zur Verfügung gestellt werden müßte, hat man versucht, kernlose Eifragmente oder entkernte Eizellen zu besamen. Die ersten derartigen Versuche wurden von Th. BOVERI mit Bruchstücken von Seeigeleiern 1889 durchgeführt. Derartige Keime

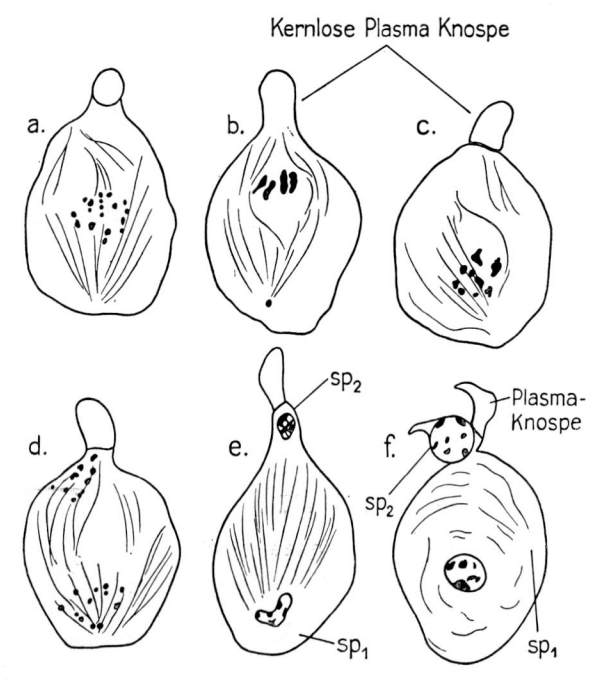

Abb. 51 Spermatocytenteilungen bei der Honigbiene (*Apis mellifica*). Nach MEVES.
a), b), c) Drei aufeinanderfolgende Stadien der ersten Reifungsteilung.
d), e), f) Drei Stadien der zweiten Reifungsteilung. Abschnürung kernloser Plasmaknospen.

entwickeln sich nur bis zum Gastrulastadium. BALTZER (1920, 1930) experimentierte mit Molcheiern, diese werden polysperm besamt. Durchschnürt man kurz nach der Besamung mit einer feinen Haarschlinge nach der SPEMANNschen Technik (s. S. 102) das Ei, so gelingt es, eikernlose Eihälften, die eine oder mehrere Spermien enthalten, zu erzeugen. 1922 gelang BALTZER die Aufzucht eines Merogons von *Triturus taeniatus* bis zur Metamorphose. Alle Triturusmerogone sind haploid. Die Merogonieversuche beweisen, daß zur Ausbildung eines ganzen Organismus der haploide Chromosomensatz genügt. BALTZER hat nun auch Bastardmerogone erzeugt, d. h. also Lebewesen, die von einer Art nur das Plasma, von der anderen nur den Kern haben. Die Triturusmerogone zeigen eine wesentlich bessere Entwicklungsfähigkeit als BOVERIS Seeigelmerogone, allerdings ist diese je nach der Zusammensetzung verschieden. Folgende Kombinationen wurden hergestellt:

1. *Tr. taeniatus* ♀ Plasma × *Tr. cristatus* ♂ Kern
2. *Tr. taeniatus* ♀ Plasma × *Tr. alpestris* ♂ Kern
3. *Tr. taeniatus* ♀ Plasma × *Tr. palmatus* ♂ Kern.

Kombination 1 entwickelt sich bis zum Medullarrohr- und Augenblasenstadium. Kombination 2 entwickelt sich weiter (Augenbecher, Labyrinthblase, Somite). Kombination 3 kommt in günstigen Fällen bis zum Extremitätenstadium mit funktionierendem Kreislauf, sezernierender Leber usw. Auf einem je nach der Zusammensetzung verschiedenen Entwicklungsstadium kommt es zu lokalen Gewebserkrankungen, beispielsweise im Kopfmesenchym, die zum Absterben des Keimes führen (Abb. 566). Da das Plasma in allen drei Versuchsreihen dasselbe ist, ergibt sich aus der Tatsache, daß jede Kombination bis zu einem typischen, aber je nach Zusammensetzung verschiedenen Entwicklungsgrad führt, daß alle vier untersuchten Amphibienarten gewisse Erbanlagen gemeinsam haben müssen. So können die Erbanlagen von *Triturus taeniatus* für eine gewisse Phase der Entwicklung durch diejenigen der anderen *Triturus*arten ersetzt werden. Damit bestätigt sich eine Vermutung von BOVERI, daß es nämlich generelle Anlagen gibt, die in der Frühentwicklung bei der Organbildung wirksam werden.

4. Chromosomentheorie der Vererbung

a) Die Chromosomen als Träger der Erbsubstanz

Bei Besprechung der Reifungsvorgänge und der Befruchtung hatten wir erwähnt, daß die Chromosomen das materielle Substrat der Vererbung sind. Im folgenden muß uns zunächst die Frage beschäftigen, welche Tatsachen zu dieser Schlußfolgerung berechtigen*). Bereits im Jahre 1887 hat WEISMANN auf Grund rein theoretischer Überlegungen die Forderung erhoben, daß das Keimplasma in jeder Generation einem Reduktionsprozeß unterworfen sein müsse, da andernfalls eine Summierung der Erbsubstanz in der Generationenfolge zu erwarten wäre. Mit dem Nachweis der Reduktionsteilungen fand diese Voraussage ihre Bestätigung. Als im Jahre 1900 die MENDELschen Vererbungsregeln gleichzeitig von CORRENS, TSCHERMAK und DE VRIES wiederentdeckt wurden, ergaben sich sofort auffallende Parallelerscheinungen in den Verteilungsgesetzen der Erbeinheiten, wie sie die Bastardforschung aufdeckte, und den Zahlengesetzen der Chromosomenverteilung, die bei Meiose und Befruchtung zutage treten. Eikern und Spermienkern sind wohl die einzigen Bestandteile, die den beiden Gameten gleichermaßen zukommen. Beide Geschlechter sind aber auch in gleichem Maße an der Übertragung des Erbgutes beteiligt. Die Chromosomen erweisen sich als konstant an Zahl. Jedes Chromosom ist eine Individualität mit nur ihm zukommenden spezifischen Merkmalen. Dies gilt vor allem auch für den Feinbau, wie uns die Befunde an den Riesenchromosomen in den Speicheldrüsen der Dipteren (Abb. 52) lehren.

b) Feinbau der Chromosomen. Riesenchromosomen

Jedes Chromosom hat eine besondere Form. Die Lage der Zugfaseranheftung ist charakteristisch. Jedes Chromosom besteht aus einem Faden, dem Chromonema, der in einer Hüllmasse (Matrix) eingebettet ist. Im Arbeitskern ist das Chromonema langgestreckt, die Matrix gequollen, so daß die einzelnen Chromosomen

---

*) Die Grundtatsachen der Vererbungslehre werden hier als bekannt vorausgesetzt. Ausführliche Darstellungen s. Schrifttumverzeichnis.

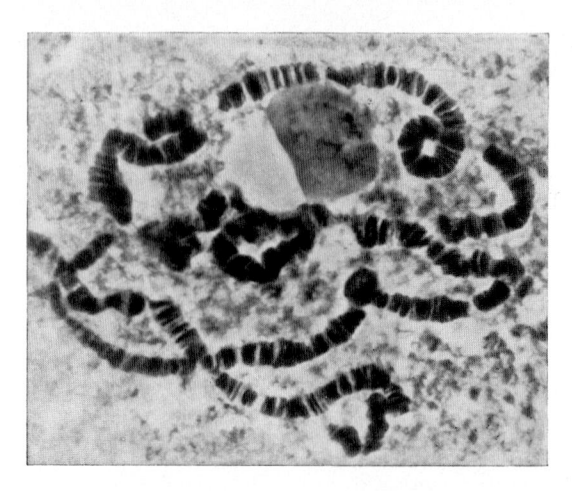

Abb. 52 Riesenchromosomen aus der Speicheldrüse von *Drosophila funebris*. Der Chromomerenbau ist deutlich sichtbar. Beachte die Unterschiede in Dicke, Form und Abstand der einzelnen Querscheiben (Orig., Photo Prof. ORTMANN).

enggepackt im Kernraum liegen und kaum in Einzelheiten übersehbar sind. Im Teilungskern werden die Chromosomen sichtbar, weil das Chromonema spiralig gewickelt wird und die Matrix entquillt. Die Spiralisierung aber verhindert eine genauere Analyse des Feinbaus des Fadens. Bei den Dipteren (Fliegenartige) sind in den Kernen der Speicheldrüsen die Chromosomen auch im entspiralisierten Zustand des Arbeitskerns sichtbar. An derartigen langgestreckten Chromosomen offenbart sich nun ein Feinbau des Fadens in Gestalt verschieden dikker und charakteristisch geformter, stark färbbarer Querscheiben (Chromomeren-Komplexe), die mit Bezirken kaum färbbarer Substanz abwechseln (Abb. 52). Wir unterscheiden die beiden verschieden färbbaren Anteile als Euchromatin und Heterochromatin. Mikrospectrophotometrische Untersuchungen (CASPERSON) zeigen, daß im Euchromatin Desoxyribonucleotide vorkommen, während das Heterochromatin im wesentlichen aus Proteinen vom Globulintypus besteht. Die Riesenchromosomen gestatten eine Analyse des Feinbaues, weil es sich hier um Gebilde handelt, in denen sehr viele Chromonemata gebündelt nebeneinander liegen, und zwar derart, daß nur korrespondierende Stellen der Einzelfäden nebeneinander gelagert sind. Somit ist das Riesenchromosom gewissermaßen ein vergrößertes Abbild eines Einzelchromonemas. Die Querscheiben und die Zwischenbänder sind für jedes einzelne Chromosom konstant und ermöglichen eine genaue Strukturbeschreibung über die ganze Länge des Chromosoms. Nicht nur die grobe Form, sondern auch die Feinstruktur des Chromosoms ist konstant. Chromosomen können nie neu gebildet werden. Sie vermehren sich durch Verdoppelung, eine Voraussetzung, die die Träger der Erbanlagen (Gene) erfüllen müssen.

c) *Trennung und Neukombination der Chromosomen und Gene*

Die MENDELschen Regeln ergeben, daß mütterliche und väterliche Erbanlagen in den Gameten getrennt werden müssen und sich nach Zufallsgesetzen neu kombinieren. Wir hatten bei Besprechung der Reifungsteilungen gesehen, daß in der Tat auch mütterliche und väterliche Chromosomen getrennt werden und nach Zufallsgesetzen auf die Keimzellen verteilt werden. Der Beweis hierfür läßt sich in solchen Fällen erbringen, wo ein bestimmtes Chromosom an einer Formeigentümlichkeit als solches erkennbar bleibt. Zwei Rassen des Schmetterlings *Phragmatobia* unterscheiden sich in ihrem Chromosomenbau dadurch, daß ein bestimmtes Chromosom bei der einen Form einheitlich, bei der anderen aber gebrochen ist (SEILER). Bastardiert man beide Rassen, so bleiben diese beiden Chromosomen ihrer Herkunft nach erkennbar, sie sind sozusagen markiert. Die erwartete Aufteilung auf die Gameten in der Reduktionsteilung kann direkt beobachtet werden.

d) Faktorenkoppelung

Nach der dritten MENDELschen Regel (Unabhängigkeitsgesetz) kombinieren sich die Erbanlagen völlig frei und unabhängig. Da die Zahl der Chromosomen beschränkt ist, die Zahl der Erbanlagen aber ein Vielfaches der Chromosomenzahl beträgt, kann die Unabhängigkeitsregel nicht ohne Einschränkung gelten, wenn die Chromosomen die Träger der Erbanlagen sind. In der Tat hat sich durch Untersuchungen zunächst an der Taufliege Drosophila herausgestellt, daß bestimmte Gene nur zusammen (gekoppelt) weitergegeben werden, sich also nicht frei kombinieren können. Es gibt stets nur so viele Koppelungsgruppen, wie der betreffende Organismus Chromosomenpaare besitzt (Drosophila 4, Mensch 23) (Abb. 53). Nur diejenigen Erbfaktoren werden unabhängig voneinander verteilt, die in verschiedenen Chromosomen lokalisiert sind.

Wir können aus dem Gesagten also entnehmen, daß das Erbgut in den Chromosomen liegt und mit diesen von Teilung zu Teilung weitergegeben wird.

Bei Drosophila kommt eine Mutante mit schwarzer Körperfarbe (Gen b) und Stummelflügeln (Gen v) vor (Abb. 54) (Gen für normale Farbe B, für lange Flügel V). Die F_1-Generation hat also die Erbformel: bBvV. Rückkreuzung der F_1-Männchen mit der Mutante ergibt nicht, wie nach dem 3. MENDELschen Gesetz zu erwarten, vier Kombinationen, sondern nur zwei, nämlich bvbv und BVbv, da die Gene schwarz-stummelflüglig und normal-langflüglig gekoppelt vererbt werden. Ein bekannter Spezialfall der gekoppelten Vererbung ist die geschlechtsgebundene Vererbung. Bei Drosophila sind die Gene für weiße oder rote (dominant) Augenfarbe an das x-Chromosom gebunden. Das weibliche Geschlecht besitzt xx, das männliche xy (y für die Vererbung bedeutungslos). Kreuzung weißäugiger Weibchen mit rotäugigen Männchen ergibt in F_1 rotäugige Weibchen und weißäugige Männchen. In F_2 erscheinen in beiden Geschlechtern rot- und weißäugige Tiere. Der Erbgang ist nur verständlich, wenn man Koppelung der Augenfarbe an das x-Chromosom annimmt. In F_1 können also normalerweise keine weißäugigen Weibchen und keine rotäugigen Männchen auftreten. Beim Menschen ist der Faktor für Farbenblindheit oder für Haemophilie (Bluterkrankheit) an das x-Chromosom gebunden (Abb. 55). Haemophilie ist rezessiv erblich. Eine gesunde Frau wird mit einem kranken Mann gesunde Söhne und gesunde, aber belastete Töchter zeugen, da das x-Chromosom der Söhne von der Mutter stammen muß. Die Töchter der F_1 werden bei Verbindung mit einem gesunden Mann kranke Söhne (25%) und gesunde Söhne (25%) sowie gesunde Töchter zeugen können. Von den Töchtern der F_2-Generation müssen die Hälfte wieder Träger der rezessiven Erbanlage sein. Die Krankheit wird also vom Großvater über die Töchter an die Enkelsöhne weitergegeben. Kranke Frauen können nur dann in einem Bluterstammbaum auftreten, wenn ein erkrankter Mann mit einer belasteten Frau Kinder zeugt (Abb. 55).

e) Topographie der Gene im Chromosom

Wie die bisherigen Ausführungen gezeigt haben, sind die Chromosomen als Träger des Genoms anzusehen. MORGAN hatte aus der Beobachtung des Faktorenaustausches (s. S. 44) bereits geschlossen, daß die Gene linear angeordnet sein müssen. Durch den Nachweis von Koppelungsgruppen ließ sich feststellen, welche Gene im gleichen Chromosom lokalisiert sind. Die Häufigkeit der Trennung von Erbfaktoren im Kreuzungsversuch ermöglichte nun eine genauere Lokalisation bestimmter Gene im Chro-

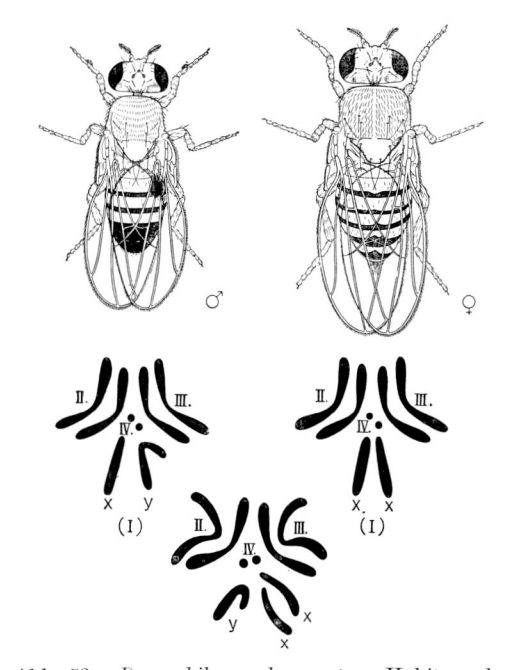

Abb. 53 *Drosophila melanogaster*. Habitus des männlichen und weiblichen Tieres. Beachte die Unterschiede in Form und Zeichnung des Abdomens und die Putzbürsten am ersten Beinpaar des Männchens. Darunter männlicher und weiblicher Chromosomensatz. Unten Mitte: Chromosomensatz mit überzähligem x-Chromosom (Heteroploidie).

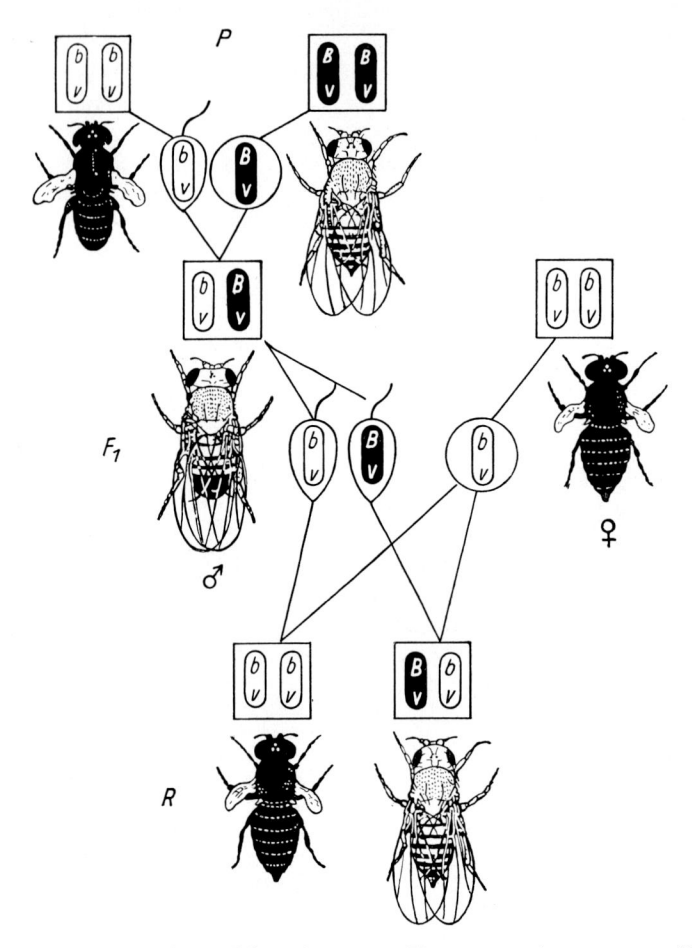

Abb. 54 Koppelung der Gene bei *Drosophila melanogaster*. Kreuzung: schwarz-stummelflügelig (bbvv) × grau-normalflügelig = Wildtypus (BBVV) und Rückkreuzung eines F_1-Männchens (BbVv) mit einem schwarz-stummelflügeligen Weibchen. Lokalisation der allelen Faktorenpaare B/b und V/v in dem Chromosomenpaar (nach MORGAN aus HEBERER, 1935).

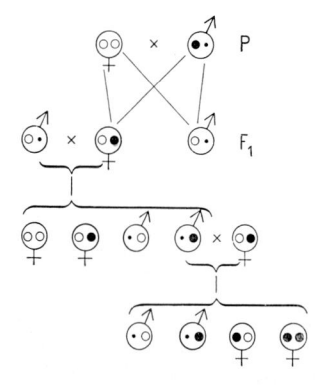

Abb. 55 Schema des Erbganges eines rezessiv geschlechtsgebundenen Merkmals (Bluterkrankheit). Große Punkte = x-Chromosomen. Kleine Punkte = y-Chromosomen. Weiß = normal, schwarz = mutiert.

mosom. Die Bestätigung der mittels statistischer Methoden aufgestellten Genkarten durch direkte cytologische Beobachtungen wurde zu einem der glänzendsten Erfolge der biologischen Forschung.

Durch Bestrahlung mit Röntgenstrahlen (MULLER 1928) gelingt es relativ leicht, Chromosomen zu zersprengen. Die Bruchstücke können sich an ein fremdes Chromosom anheften; wir sprechen von einer *Translokation* (Abb. 56). Wird ein Chromosomenstück transloziert, so muß sich der Effekt im Auftreten einer neuen Koppelungsgruppe zeigen. Eine sorgfältige Analyse zahlreicher derartiger Verlagerungen ergibt eine Bestätigung und Ergänzung der Genkarte. An den Riesenchromosomen der Speicheldrüsen

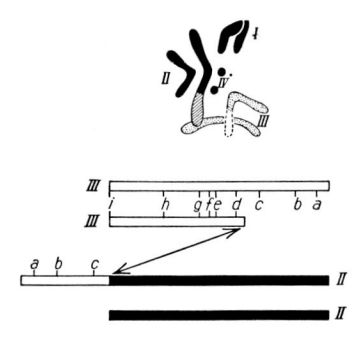

Abb. 56 Translokation eines Stückes des III. an das II. Autosom von *Drosophila*. Oben: Cytologischer Befund. Unten: Topographisches Schema (nach HEBERER, 1935).

sind solche Translokationen und Stückverluste direkt sichtbar, da die Chromosomengliederung die einzelnen Teilbezirke eines Chromosoms erkennbar macht. In einem Riesenchromosom sind die beiden Partner des Chromosomenpaares stets eng verbunden. Dabei zeigt sich, daß immer nur identische Abschnitte der beiden Partner sich aneinander binden. Fehlt dem einen Partner ein Abschnitt, so muß es zu Schleifenbildungen kommen, da das normale Chromosom an der Defektstelle kein Gegenstück findet (Abb. 57). Kommt es zum Herausbrechen eines Teilstückes mit nachfolgender Einfügung in polar inverser Richtung (Abb. 58, Inversion), so bilden die beiden Partner eine komplizierte ,,Inversionsschleife". Nur diese Anordnung ermöglicht, daß die entsprechenden Chromomeren sich aneinanderlagern. Derartigen Chromosomenänderungen, die an den Riesenchromosomen direkt beobachtet werden können, entsprechen Änderungen in der Anordnung der Erbfaktoren. Speziell die Stückverluste ermöglichen eine sehr genaue Lokalisation einzelner Gene im Chromosom. Wird beispielsweise (Abb. 55b) das Gen w durch den Stückverlust D 1 und durch den Defekt bei D_2 betroffen, so kann es nur in dem D_1 und D_2 gemeinsam zugehörigen Anteil des Chromosoms liegen. Zahllose mühsame Untersuchungen dieser Art sind an *Drosophila* durchgeführt worden und ermöglichen eine sehr gute Vervollständigung der Chromosomenkarten. Es ist damit gelungen, bestimmte Gene ganz bestimmten Chromomeren zuzuordnen. Dementsprechend muß ein langes Chromosom mehr Gene enthalten als ein kurzes. In der Tat lassen sich an geeigneten Objekten *(Drosophila)* die genetischen Genkarten vollständig mit den cytologischen Untersuchungsergebnissen zur Deckung bringen (Abb. 45). Dies betrifft in erster Linie die Reihenfolge der Erbanlagen. Die statistisch gewonnenen Ergebnisse lassen naturgemäß keinen sicheren Schluß über die Abstände der einzelnen Genorte voneinander zu. Es kann ja nicht einfach angenommen werden, daß ein Austausch an jedem Punkt eines Chromosoms mit gleicher Wahrscheinlichkeit möglich sei; denn die Bruchfestigkeit braucht in Anbetracht der inhomogenen Chromosomenstruktur nicht überall gleich zu sein. Die Ergebnisse der Defektversuche lassen dagegen eine direkte Messung des Abstandes der einzelnen Genorte zu. Ein Vergleich der alten statistisch gewonnenen Karten mit den Ergebnissen neuerer cytologischer Untersuchungen (Abb. 59) ergibt, daß die Abstände zwischen den Erbanlagen etwas anders bemessen sind als ursprünglich angenommen wurde. Die Gesamtzahl der Gene ist bei *Drosophila* höher als die Zahl der Chromomeren (Gene = $\pm$ 10 000). Der Wert von 10 000 scheint auch bei höheren Wirbeltieren etwa die obere Grenze der Anzahl der Gene anzugeben.

f) Veränderungen des Erbgutes

Abänderungen des Erbgutes kommen in der Natur in einer bestimmten Prozentzahl der Fälle vor. Betrachten wir einen züchterisch reinerbigen Bestand irgendeiner Tier- oder Pflanzenart, so finden wir, daß bei einzelnen Stücken neue Merkmale auftreten, die erblich sind. Derartige Änderungen des Erbgutes bezeichnet man als *Mutationen*. Die Mutationsrate für spontan in der Natur auftretende Abänderungen ist in einigen Fällen bekannt. Beispielsweise gilt für einen Farbfaktor R beim Mais das Verhältnis 1 : 2000, d. h. daß unter 2000 reifen Keimzellen eine enthalten ist, die statt R das mutierte Allel R^x enthält. Im allgemeinen sind jedoch die Mutationsraten sehr viel niedriger. Für *Drosophila* wird angegeben, daß etwa 2% aller Tiere irgendein mutiertes Gen enthalten; die durchschnittliche Mutationsrate für ein Gen wird mit $2 \cdot 10^{-6}$ berechnet. Wichtig ist nun, daß die Mutationsrate durch experimentelle Eingriffe erheblich gesteigert werden kann. MULLER (1927) konnte die Mutabilität von *Drosophila* durch Anwen-

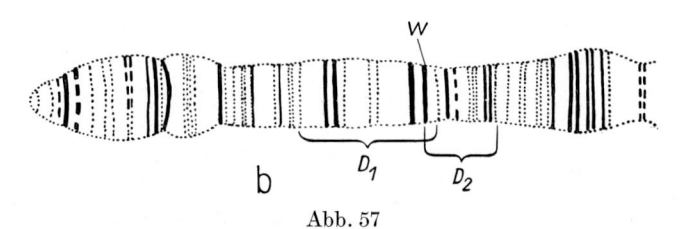

Abb. 57
a) Chromosomenstückverlust und Schlingenbildung.
b) Nachweis der Lage eines bestimmten Gens (w für Weißäugigkeit) im Bereich eines bestimmten Chromomers durch zwei Chromosomenstückverluste (D_1 und D_2). Nach PAINTER und MACKENSEN aus KÜHN.

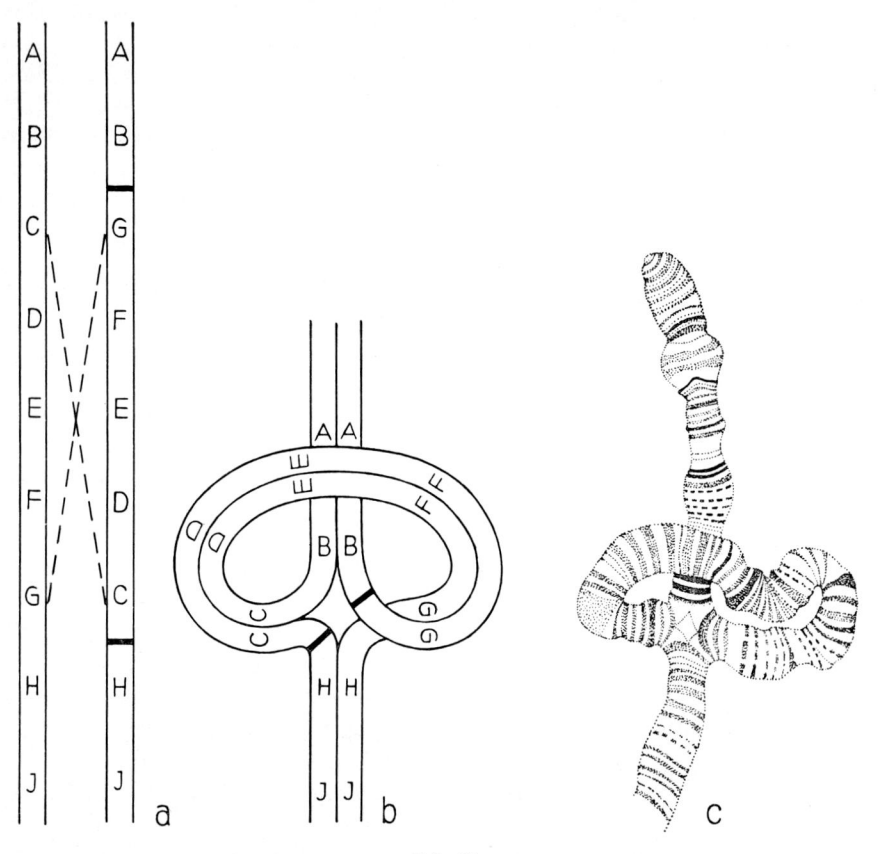

Abb. 58
a) und b) Umkehrung eines Stückes des I. Chromosoms. Schema der beiden Paarlinge und ihre Paarung unter Zusammenlagerung der einander entsprechenden Chromomeren.
c) Stück des Chromosoms mit der Inversionsschlinge.
(Nach PAINTER aus KÜHN)

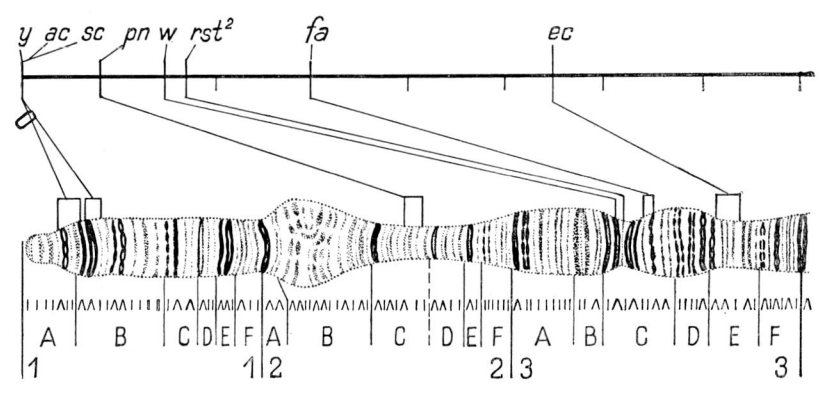

Abb. 59 Lokalisation der Gene an bestimmten Abschnitten des Chromosoms.
(Nach BRIDGES aus KÜHN)

dung von Röntgenstrahlen wesentlich erhöhen, und zwar besteht eine klare direkte Beziehung zwischen der Strahlendosis und der Mutationsrate (einfach lineare Proportion).

Beispiel (nach PICKHAHN) (*Drosophila melanogaster*, 4500 r in 20 h)
Erzeugung von geschlechtsgebundenen Mutationen

Bestrahlungs-dosis	Zahl der fruchtbaren F_1- und F_2-Kreuzungen	Geschlechts-gebundene Mutationen in %
Kontrolle	817	$0,12 \pm 0,11$
Röntgen-strahlen 4500 r, 20 h	508	$10,82 \pm 1,37$

Die Mutationen stellen das Ausgangsmaterial für evolutive Veränderungen (Stammesgeschichte) dar und erfüllen alle Voraussetzungen, die an ein solches Material gestellt werden müssen. Nach unseren heutigen Kenntnissen ist ausschließlich die Mutation Ausgangspunkt erblicher Merkmalsänderungen. Im Evolutionsgeschehen selbst greifen nun die Evolutionsfaktoren (Selektion, Isolation) ordnend an dem Evolutionsmaterial an und bestimmen den Ablauf der Evolution. Mutationsauslösung ist auch durch Anwendung abnormer Temperaturen, Ultraviolettbestrahlung und Anwendung bestimmter Chemikalien (Senfgas) gelungen.

Da die Chromosomen Träger der Erbanlagen sind, müssen wir uns fragen, ob die Veränderungen, die den Mutationen zugrunde liegen, am Substrat direkt faßbar sind. Das ist nun, besonders nach Erforschung der Riesenchromosomen der Dipteren, tatsächlich der Fall. Wir kennen folgende Gruppen von Chromosomenabänderungen (Abb. 60):

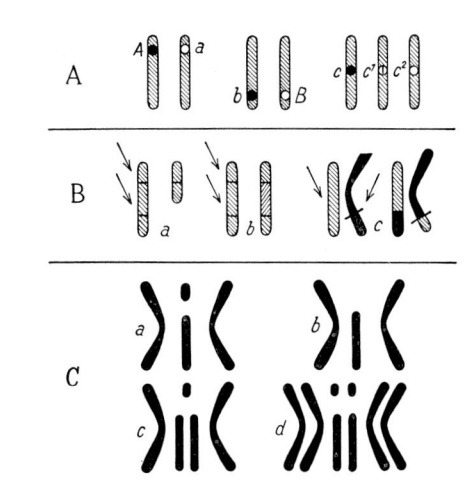

Abb. 60 Mutationstypen.

A. Genmutation.   Rezessive Mutation $A \rightarrow a$
dominante Mutation $b \rightarrow B$
multiple Allelenreihe $C \rightarrow c_1 \rightarrow c_2$

B. Chromosomenmutation.
   a) Deletion.
   b) Inversion.
   c) Translokation.

C. Genommutation.
   a) Normaler haploider Chromosomensatz.
   b) und c) Heteroploidien ($b = n-1$, $c = n+1$).
   d) Polyploidie.

(Nach TIMOFÉEFF-RESSOVSKY)

Abänderungen der Chromosomenzahl (Abb. 60C)

1. Vermehrung oder Verminderung des ganzen Chromosomensatzes: Haploidie, Diploidie, Triploidie usw., Polyploidie. Derartige Genomunterschiede sind die Grundlage des Rassen- und Artunterschieds sehr vieler Pflanzen (Blütenpflanzen, Moose). Polyploidie bei Pflanzen ist gelegentlich mit einer Resistenzzunahme gegen Klimaeinflüsse und einer Ertragssteigerung verbunden und spielt daher wirtschaftlich-züchterisch bei Nutzpflanzen (Getreidesorten, Obstrassen) eine außerordentliche Rolle. Spontane Polyploidie ist bei Tieren extrem selten. Experimentell läßt sich Polyploidie unter anderem durch Anwendung von Mitosegiften (Colchicin) erzeugen. Colchicin hemmt die Beendigung der Mitose. Betrifft diese Hemmung eine in Ausbildung begriffene Geschlechtszelle, so kann man diploide Gameten erzielen, die bei der Befruchtung triploide Organismen ergeben. Ohne größere Eingriffe in das Leben der Zelle oder des Kerns gelingt die Erzeugung polyploider Zustände bei Moosen. (MARCHAL 1906–1909, v. WETTSTEIN 1924). Bei Laubmoosen bildet die Spore das Protonema (haploid) oder das beblätterte Moosstämmchen. Dieses bildet männliche (Antheridien) und weibliche (Archegonien) Organe. Durch Befruchtung entsteht eine Zygote, die den diploiden Sporophyten (Sporenkapsel) aus sich hervorgehen läßt. Der Sporophyt sitzt auf dem Gametophyten, ist von diesem räumlich also nicht getrennt. In der Kapsel werden Sporen erzeugt, deren letzte Teilung eine Reduktionsteilung ist. Zerschneidet man nun diploide Sporophyten, so keimen die Stücke zu Protonemen aus, die diploid sind. Aus ihnen entstehen diploide Gametophyten. Bei der Befruchtung entsteht eine tetraploide Zygote. Der Versuch läßt sich mit derartigen Tetraploiden wiederholen, so daß man oktoploide Pflänzchen erzielen kann.

2. Abänderungen der Chromosomenzahl innerhalb eines Chromosomensatzes: Heteroploidie (Abb. 60c). Einzelne Chromosomen können fehlen oder mehrfach auftreten. Fehlen eines Chromosoms ergibt meist keine lebensfähigen Organismen.

Veränderungen des Feinbaus der Chromosomen: Chromosomenmutationen (Abb. 60B)

Im Gegensatz zu den Genommutationen betreffen die Chromosomenmutationen das Gefüge des einzelnen Chromosoms. Sie sind hauptsächlich an experimentell (Röntgenstrahlen) ausgelösten Abänderungen bei Dipteren studiert worden. Die einzelnen Erscheinungsformen sind im wesentlichen bei Besprechung der Topographie der Gene genannt worden. Folgende Haupttypen lassen sich unterscheiden:

1. Deletion = Chromosomenstückausfall. Das Chromosom bricht an zwei Stellen durch, das Zwischenstück bleibt isoliert, die beiden Endabschnitte vereinigen sich direkt miteinander.

2. Duplikation = Verdoppelung eines Abschnittes in einem Chromosom. Zwei homologe Chromosomen müssen hierzu an verschiedenem Ort zerbrechen. Die Endstücke werden ausgetauscht. Das eine Chromosom zeigt dann einen Stückverlust, das andere aber besitzt einen bestimmten Abschnitt doppelt.

3. Translokationen (s. S. 55). Zwei verschiedene Chromosomen sind an einer Stelle durchgebrochen und haben ihre Endstücke ausgetauscht.

4. Inversion (s. S. 55, Abb. 58). Ein Chromosom bricht an zwei Stellen auseinander. Das Mittelstück wird in umgekehrter Richtung wieder eingefügt.

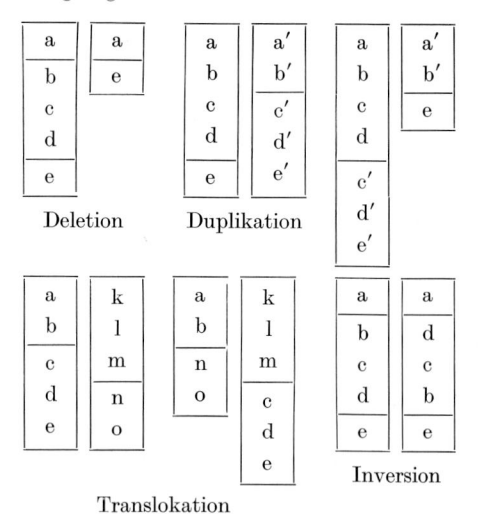

(Nach H. BAUER und N. W. TIMOFÉEFF-RESSOVSKY)

Genmutationen (Punktmutationen). (Abb. 60A)

Bei den Genmutationen ist die qualitative Beschaffenheit eines Gens verändert. Sie stellen wohl die Hauptmenge der spontan auftretenden

Mutationen und sind für die evolutiven Veränderungen des Genotypus am bedeutungsvollsten. Die Analyse der durch Röntgenstrahlen ausgelösten Mutationen (TIMOFÉEFF-RESSOVSKY) zeigt, daß es sich um Abänderungen im molekularen Gefüge chemischer Einheiten (Makromoleküle) handeln muß. Damit wird es sehr wahrscheinlich, daß die Gene selbst große Moleküle bzw. Molekularverbände sind. Ausfälle sehr kleiner Chromosomenstücke (Deletionen) sind oft fälschlich als Genmutationen angesprochen worden.

g) Wirkungsmechanismus der Gene

Während uns der kurze Überblick über die cytologischen Grundlagen des Erbgeschehens ein imponierendes Gebäude gesicherter Ergebnisse experimentell-biologischer Forschung vor Augen führte, sind unsere Kenntnisse über das Problem, wie die Gene arbeiten, wie Gen und Merkmal physiologisch verknüpft sind, noch außerordentlich lückenhaft. Gerade dieser Fragenkomplex steht heute im Mittelpunkt der Forschungsarbeit. Aus dem bisher Gesagten könnte man vielleicht den Eindruck gewinnen, als ob Einzelgen und Einzelmerkmal eng gekoppelt sind in dem Sinne, daß ein Gen direkt die Entstehung des zugeordneten Merkmals auslöst. Unsere heutigen Kenntnisse auf diesem Gebiet zeigen jedoch, daß der Merkmalsausbildung höchst komplizierte Reaktionsabläufe zugrunde liegen. Wir betreten damit ein Gebiet, das engste Beziehungen zur Entwicklungsphysiologie aufweist. Beide Wissenschaftszweige beschäftigen sich letzten Endes mit der Frage, welche Faktoren dem Entwicklungsgeschehen zugrunde liegen, wodurch die Entstehung der Merkmale, also die Differenzierung und die Ausprägung der Verschiedenheiten der Teile eines Organismus verursacht sind. Aus diesem Grunde soll das bisher bekannte Tatsachenmaterial etwas ausführlicher diskutiert werden.

Untersucht man aufmerksam die beim Sichtbarwerden der Merkmale auftretenden Erscheinungen, so kann man daraus bereits gewisse Rückschlüsse auf das Wesen der Beziehung zwischen Gen und Merkmal ziehen. Wie Bastardierungsversuche zeigen, sind die Erbanlagen in den meisten Fällen dominant oder rezessiv. Es erscheint also in der heterozygoten F_1-Generation ein einheitlicher Phänotyp, der in F_2 entsprechend den MENDELschen Spaltungsgesetzen aufspalten wird. Bei dominantem Merkmal dürfen sich also Homozygote und Heterozygote nicht unterscheiden. Eine genauere Analyse deckt in sehr vielen Fällen nun aber doch kleinere Unterschiede zwischen beiden Gruppen auf. Abbildung 61 mag das an einem Beispiel erläutern. Die beiden zur Bastardierung gewählten Hunderassen unterscheiden sich durch Form und Länge des Schwanzes. Der französische Basset besitzt einen langen, gestreckten Schwanz (Erbformel LL St St), die Bulldogge hat einen kurzen Knickschwanz (ss bb) (STOCKARD 1941). Kurz-geknickt ist rezessiv gegenüber lang-gestreckt. Dementsprechend hat die F_1-Generation lange, gestreckte Schwänze (Ls St b). In der F_2-Generation treten (Schema der dihybriden Vererbung) folgende Formen auf (Abb. 61):

1. langschwänzig gerade
2. langschwänzig geknickt
3. kurz gerade
4. kurz einfach geknickt
5. kurz mehrfach geknickt.

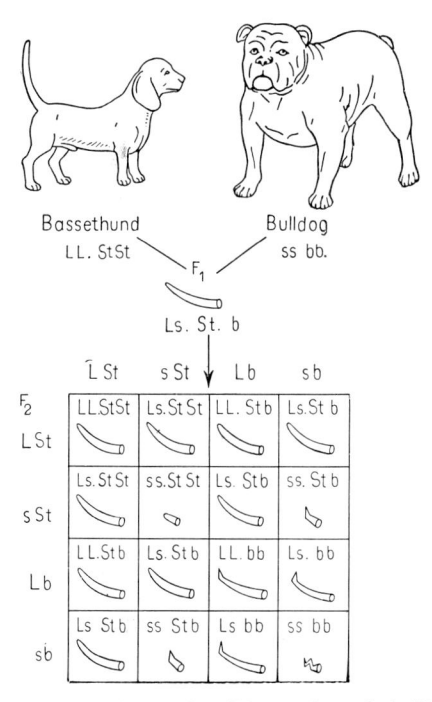

Abb. 61 Vererbung der Schwanzform bei Haushunden. Kreuzung zwischen Basset und englischer Bulldogge. Zusammengestellt nach Angaben von STOCKARD, 1941. Erläuterung im Text.

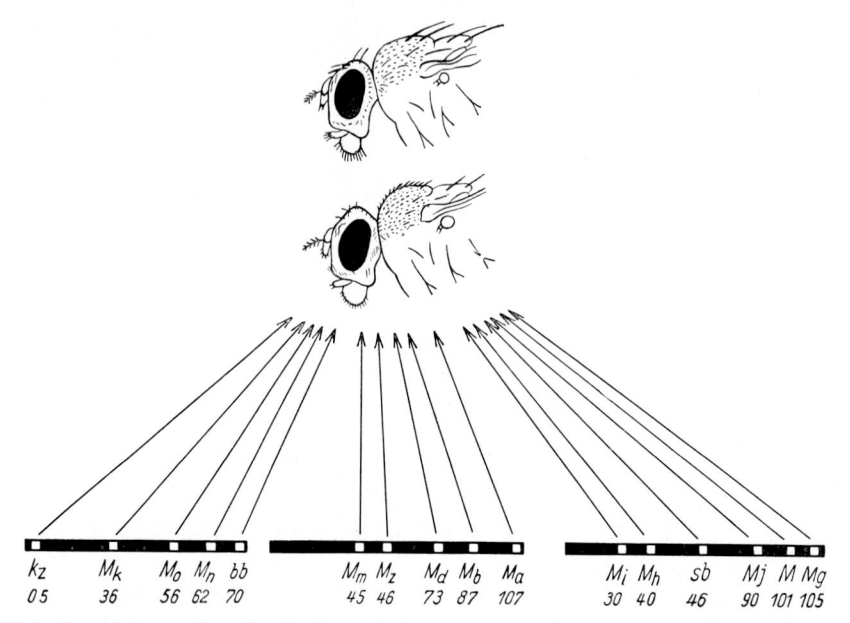

Abb. 62 Viele Gene können dasselbe Merkmal beeinflussen, Heterogenie. Die heterogene Merkmalsgruppe „minute" bei Drosophila. Oben: Kopf und Thorax eines normalen Tieres. Darunter „minute" = kurze Borsten. Unten: Die drei langen Chromosomen mit verschiedenen Genen, deren Mutation, jede für sich, dasselbe „minute"-Merkmal hervorruft. (Nach TIMOFÉEFF-RESSOVSKY, 1935).

Der typische Bulldoggenschwanz (kurz, mehrfach geknickt) erscheint nur, wenn Homozygotie (ss bb) vorliegt. Theoretisch wären in der F_2-Generation nur vier Typen zu erwarten. Kurz gerade müßte dreimal vorkommen (ss StSt, — ss Stb, — ss Stb). De facto zeigt aber die Kombination Stb stets einfache Knickung. In Kombination mit ss ist St nicht voll dominant über b, wohl aber in Kombination mit L. Das Beispiel lehrt also, daß der Grad der Dominanz variabel ist. Die Art der Merkmalsausprägung hängt von der Kombination des dominanten Gens mit anderen Genen im Genom ab.

Polygenie, Heterogenie

Die Ausprägung eines Merkmals hängt sehr oft (immer?) von der Zusammensetzung des gesamten Genoms ab. Ein Gen bestimmt im wesentlichen die Manifestierung des betreffenden Merkmals. Weitere Gene beeinflussen die Manifestierung im Sinne einer Verstärkung, Abschwächung oder qualitativen Abänderung (Polygenie). In vielen Fällen (Abb. 62) können mehrere oder viele Gene, die unter Umständen in verschiedenen Chromosomen lokalisiert sind, dasselbe Merkmal hervorrufen (Heterogenie).

Das Merkmal „kurze Borsten" (minute) bei *Drosophila* wird durch eine sehr große Zahl von Genen (mehr als in der Abb. angegeben) sogar in gleicher Kombination mit anderen Merkmalen hervorgerufen. Zahlreiche Erbkrankheiten des Menschen sind wahrscheinlich ebenfalls durch verschiedene Gene auslösbar. Ein weiteres Beispiel – „abnormes Abdomen" bei *Drosophila funebris* – zeigt Abbildung 63. Dies Beispiel lehrt gleichzeitig, daß die genotypisch bedingte Form „Abnormes Abdomen" auch als nicht erbliche Modifikation durch gewisse Außenfaktoren bedingt sein kann. Diese Modifikation tritt in Kulturen, in denen gewisse Mutationen, die selbst alle nichts mit dem abnormen Abdomen zu tun haben, kombiniert sind, gehäuft auf. Das Erscheinungsbild wird also durch die Kombination des Gengefüges im ganzen beeinflußt.

Umgekehrt können nun nicht nur verschiedene Gene denselben Effekt hervorbringen, sondern ein Gen wirkt sich gleichzeitig auf verschiedene Merkmale aus *(Polyphaenie, pleiotrope Genwirkung)*. Wenn wir im allgemeinen ein Gen nach der Art des Effektes benennen (z. B. weißäugig, kurzschwänzig, wildfarben usw.), so dürfen wir deshalb nicht annehmen, daß etwa das

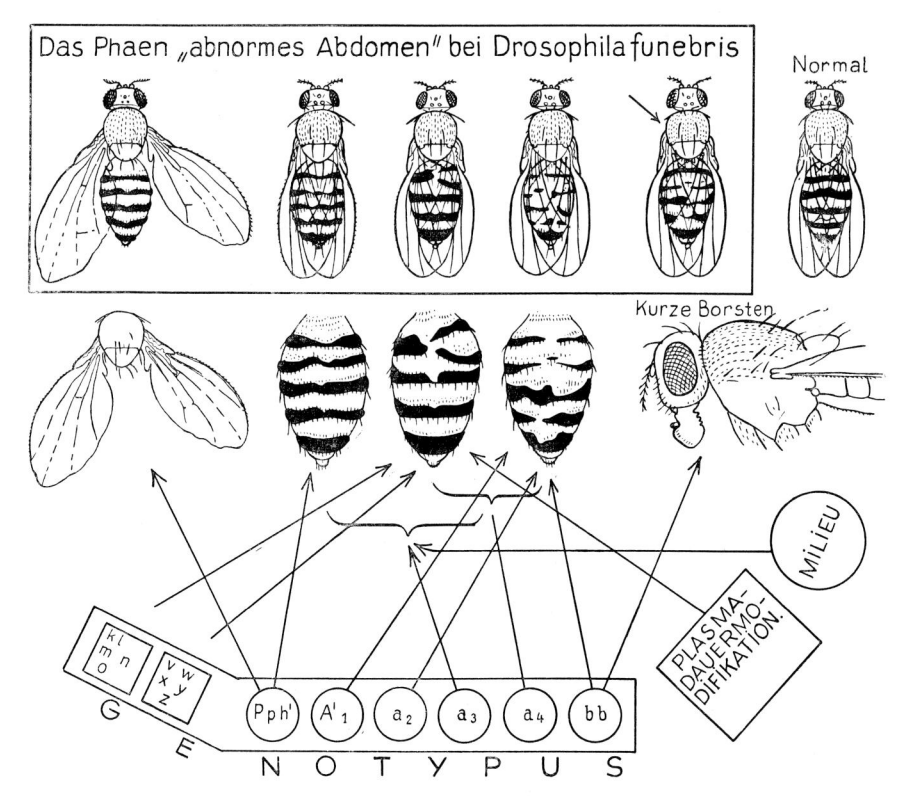

Abb. 63 Die heterogene Gruppe „*Abnormes Abdomen*" bei *Drosophila funebris*. Dieses Merkmal wird durch eine Reihe verschiedener einzelner Mutationen hervorgerufen, kann aber als Dauermodifikation erzeugt werden, tritt unter Einfluß gewisser Außenbedingungen als nichterbliche Modifikation auf und kann in gewissen Kulturen, die mehrere verschiedene Mutationen enthalten (wodurch die Vitalität der Fliegen geschwächt ist), gehäuft als nichterbliche Modifikation auftreten. Die Mutationen bb und P_{ph} rufen außerdem noch andere Begleitmerkmale hervor. (Nach TIMOFÉEFF-RESSOVSKY, 1935).

Gen „weißäugig" nur das Merkmal weiße Augenfarbe beeinflußt und der Komplex Gen-Merkmal ein in sich abgeschlossenes System ist. In den meisten, wenn nicht in allen Fällen, wirkt sich ein Gen gleichzeitig an sehr vielen Merkmalen aus. Die Benennung des Gens erfolgt nach dem für unser Auge gewöhnlich besonders hervorstechenden Effekt. Beispiele für derartige pleiotrope Genwirkung sind sehr zahlreich (Abb. 64, TIMOFÉEFF-RESSOVSKY). Das Gen, das bei *Drosophila* die Mutation „rauhe Augen" bedingt, verursacht gleichzeitig abnorme Zeichnung des Abdomens, Abweichungen in der Anordnung der Thoraxborsten, abnorm gespreizte Flügel und Abweichungen im Flügelgeäder. Untersuchungen von KÜHN an der Mehlmotte und von TIMOFÉEFF an *Drosophila* haben ergeben, daß die meisten Mutationen eine gegenüber der Norm veränderte (meist herabgesetzte) Vitalität besitzen. Die Lebenseignung kann aber auch in bestimmten Kombinationen gesteigert sein. Es sind Fälle bekannt, bei denen eine Kreuzung zweier verschiedener Mutanten mit verringerter Vitalität in der Kombination Steigerung der Lebensfähigkeit ergab. Bedeutsame physiologische Abläufe sind also mit oft geringfügigen Merkmalsänderungen verknüpft und sind weitgehend von der Kombination des Genoms abhängig.

Unsere Ausführungen über die Chromosomentheorie der Vererbung, über die Lokalisation der Gene und über Mutationen hatten gezeigt, daß dem Vererbungsprozeß letzten Endes ein atomares, diskontinuierliches Geschehen zugrunde liegt. Die Masse des Genoms setzt sich aus distinkten Einheiten, den Genen, zusammen. Diese klassische Lehre bedarf nun, wie die soeben besprochenen Beispiele zeigen, einer ge-

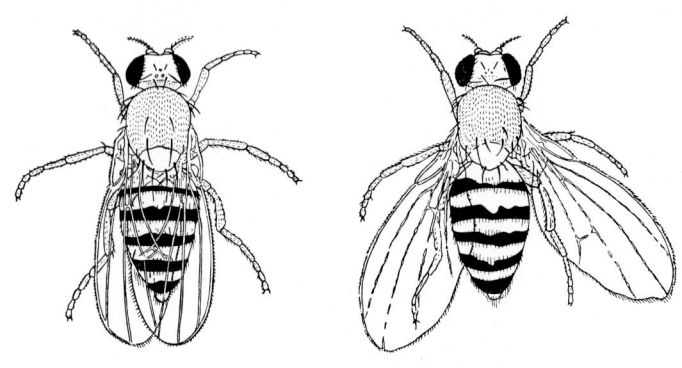

Abb. 64 Pleiotrope Genwirkung bei *Drosophila funebris*.
Links: Normales Tier: Rechts: Die pleiotrope Mutation „polyphaen" (verlagerte und reduzierte Borstenabnormes Abdomen, „rauhe "Augen, gespreizte Flügel und abnorme Flügeladerung). (Nach TIMOFÉEFF, RESSOVSKY, 1935).

wissen Einschränkung. Grundsätzlich ändert sich natürlich nichts an der realen Existenz der Gene. Der Effekt, den ein Gen hervorruft, hängt jedoch nicht nur von der qualitativen Beschaffenheit des Gens ab, sondern ist mitbestimmt durch die Lage des Gens im Chromosom (position effect) und der Gesamtkonstitution des Genoms. Damit ist eine wichtige Einsicht gewonnen, die uns bereits einen kleinen Einblick in das Wesen der Genmanifestierung gewährt.

In einigen Fällen ist eine tiefergehende Analyse der Genwirkung dank der Wahl günstiger Untersuchungsobjekte und geistreicher Versuchsanordnung gelungen. Man kann zwei verschiedene Wege der Genwirkung unterscheiden. Entweder lösen die Gene innerhalb der Zelle selbst bestimmte Reaktionsketten aus. Die Erbanlage wirkt sich in der Zelle selbst unter bestimmten Voraussetzungen (Entwicklungsbedingungen) aus, oder aber das Gen bewirkt in bestimmten Zellen die Bildung hormonartiger Substanzen, die ihrerseits bestimmte morphogenetische Prozesse auslösen. Besteht der letztgenannte Mechanismus, so ist eine morphologisch lokalisierbare Zwischeninstanz in den Prozeß eingegliedert. Der Reaktionsablauf ist dem experimentellen Eingriff (Transplantation, Exstirpation) zugänglich. Ein Beispiel für beide Wege der Wirkungsmöglichkeit sei gegeben.

1. Gewisse Schmetterlinge zeigen auffallende Geschlechtsunterschiede (Sexualdimorphismus). Kastriert man ein *Lymantria* ♂ oder ♀, so bleibt der Phaenotypus unverändert. Selbst Transplantation von Hoden in weibliche Tiere und von Ovarien in männliche Tiere ändert nichts am Aussehen der beiden Geschlechter. Auch die Geschlechtsorgane zeigen, außer den direkt betroffenen Keimdrüsen, keine Veränderung. Bei Schmetterlingen sind nämlich die Geschlechtsmerkmale (Färbung, Zeichnungstyp, Geschlechtsorgane) bereits fest durch den Chromosomenbestand bestimmt.

2. Führt man Kastrationsversuche oder Gonadentransplantationen bei Säugetieren aus (s. S. 80), so kommt es zu erheblichen Umstimmungen der sekundären Geschlechtsmerkmale. In diesem Fall ist primär chromosomal nämlich nur der Charakter der Gonade selbst festgelegt. Die sekundären Merkmale werden hormonal durch Wirkstoffe, die in der Gonade gebildet werden, bestimmt.

KÜHN und Mitarbeiter haben den Wirkungsmechanismus derartiger Gen-„Hormone" an einem sehr instruktiven Beispiel nachweisen können. Die rotäugige und schwarzäugige Rasse der Mehlmotte *Ephestia kühniella* unterscheiden sich durch einen einzigen Erbfaktor (aa = rotäugig, AA = schwarzäugig). Verpflanzt man ein Organ, etwa den Hoden, der dunkel pigmentierten Form in die rotäugige Form, so kommt es im Wirt zur Pigmentbildung in Auge, Haut, Hoden usw., obwohl die Wirtszellen das Gen A nicht enthalten. Organextrakte der dunkel pigmentierten Form haben den gleichen Effekt wie Organtransplantate. Damit ist der Nachweis erbracht, daß Gene durch Wirkstoffe Merkmalsausbildung beeinflussen. Für den Fall der *Ephestia* gelang BUTENANDT der Nachweis, daß der fragliche Genwirkstoff, das Kynurenin, ein Abbauprodukt des Tryptophans ist. Bei der Schmeißfliege konnte nachgewiesen werden, daß ein Gen (V+) Tryptophan in Kynurenin um-

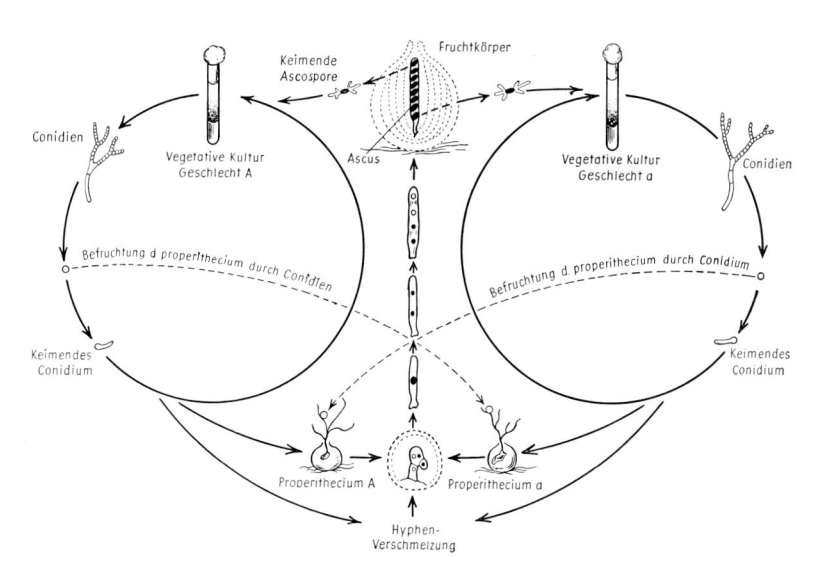

Abb. 65 Lebenszyklus von *Neurospora crassa*. Sexueller und asexueller Zyklus; außerdem Möglichkeit zu asexueller Vermehrung durch Mikrokonidien und durch Mycelfragmente. Weitere Erklärung im Text. (Nach BEADLE).

wandelt. Mutation dieses Erbfaktors unterdrückt die Pigmentbildung. Eine bestimmte Stufe in einem chemischen Prozeß wird also durch Wir-

$$\text{C}_6\text{H}_4(\text{NH}_2)\text{—CO—CH}_2\text{—CH(NH}_2)\text{—COOH}$$
Kynurenin

kung eines Genes kontrolliert. Den amerikanischen Forschern BEADLE, TATUM und Mitarbeitern ist es in den letzten Jahren gelungen, an einem außergewöhnlich günstigen Objekt, dem roten Brotschimmel *Neurospora crassa* (Ascomyzet), einen wesentlich tieferen Einblick in den Mechanismus der Genwirkung zu gewinnen und Beziehungen zwischen Genwirkung und chemischen Prozessen nachzuweisen.

Neurospora bietet zahlreiche Vorzüge für experimentell genetische Untersuchungen: schnelle Generationenfolge, haploide vegetative Generation, vor allem aber leichte Züchtbarkeit auf einem Medium, das in seiner chemischen Zusammensetzung völlig bekannt ist. *Neurospora* beansprucht als Baustoff zur Synthese von Proteinen usw. und Energiespender nur Ammoniumnitrat, Zucker, einige Salze und Biotin. Über den Fortpflanzungszyklus informiert Abbildung 63. Die vegetativen Hyphen bilden Konidien durch Sprossung, die auskeimen und ungeschlechtliche Vermehrung ohne Änderungen der genetischen Konstitution zulassen. Außerdem kommt geschlechtliche Fortpflanzung vor und führt zur Bildung von Fruchtkörpern, die viele Sporenschläuche enthalten. Jeder Sporenschlauch (Ascus) enthält acht Sporen (Ascosporen). Diese sind reduziert, aus ihnen gehen wieder die vegetativen Zellen hervor.

Mutationen sind leicht durch Röntgenbestrahlung zu erzielen. Bestrahlt man nun Konidien, kreuzt die auskeimenden Pilzfäden mit der Normalform und läßt es zur Bildung von Fruchtkörpern kommen (Abb. 66), so kann man einzelne Sporen gewinnen und diese auskeimen lassen. Ist durch die Mutation ein Gen ausgefallen, das eine bestimmte Synthese sichert, so kann die Spore nur dann in der Kultur angehen, wenn dem Minimalmedium der Stoff zugefügt wird, der von der Mutante nicht synthetisiert werden kann. In praxi geht man so vor, daß man ein Maximalmedium, das möglichst alle nötigen Aminosäuren, Vitamine usw. enthält, und ein Minimalmedium, das nur die Stoffe enthält, die zum Wachstum der Normalform unbedingt notwendig sind, zur Kultur benutzt. Findet im Minimalmedium kein Wachstum statt, so liegt eine Mutante vor, die irgendeine Synthese nicht

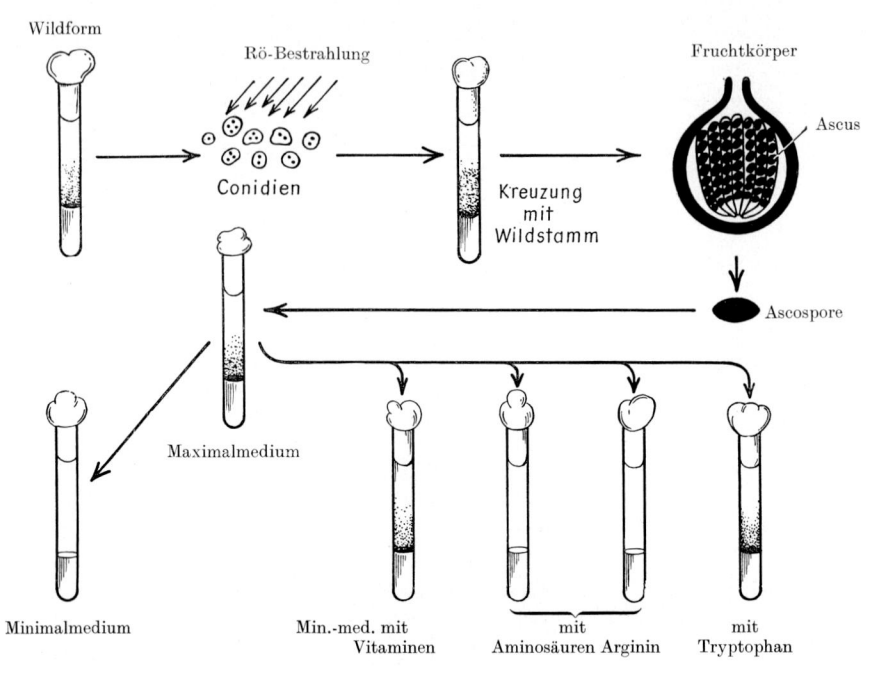

Abb. 66 Erzeugung und Feststellung biochemischer Mutationen bei *Neurospora*. Erläuterungen im Text. (Nach BEADLE).

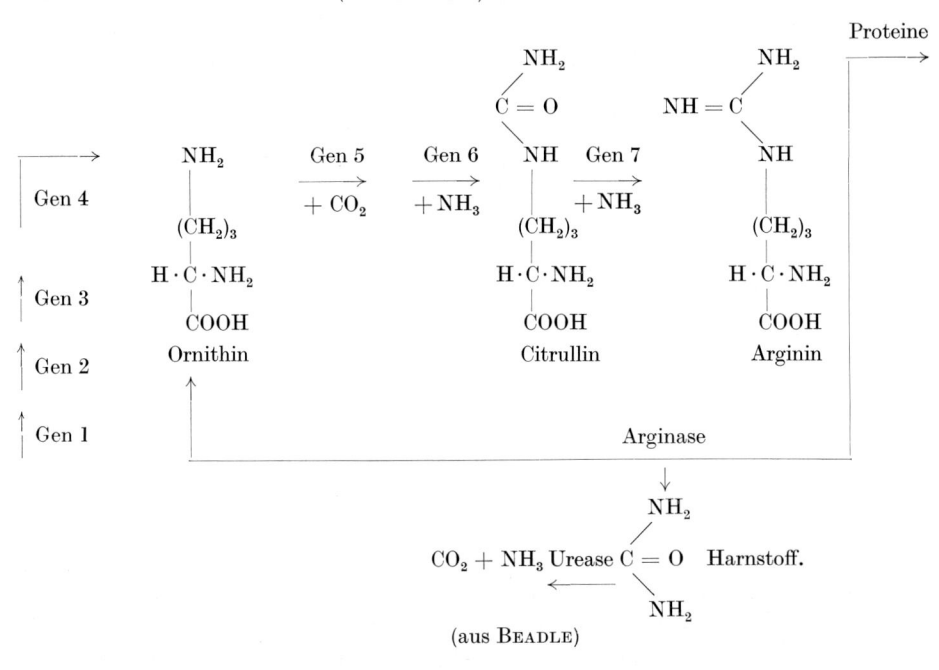

(aus BEADLE)

ausführen kann. Die Zucht im Maximalmedium ermöglicht es, von jeder Sporentype beliebig viele Individuen zu gewinnen. Aussaat auf verschiedene Probenährböden, denen jeweils bestimmte Stoffe fehlen, ermöglicht nun leicht eine Feststellung, welcher Stoff vom Pilz nicht mehr aufgebaut werden kann. Bisher sind mehrere hundert Mutanten festgestellt worden. So gibt es Mutanten, die die Synthese von Arginin, Lysin, Cholin, Pantothensäure, Lactoflavin usw.

nicht mehr durchführen können. Als Beispiel für einen derart genetisch gesteuerten Stoffwechselprozeß greifen wir die Argininsynthese heraus. SRB und HOROWITZ untersuchten sieben *Neurospora*stämme, die kein Arginin aufbauen konnten und stellten fest, daß bei allen sieben Stämmen ein anderes Gen mutiert war. Kreuzt man nämlich zwei Stämme, in denen verschiedene Gene betroffen sind, so erhält man u. a. unter den Nachkommen Exemplare, bei denen beide Gene normal sind. Das ist nur denkbar, wenn in beiden Ausgangsstämmen die mutierten Gene nicht identisch sind. Von den sieben Versuchsstämmen wuchsen vier nach Zufuhr von Ornithin, Citrullin oder Arginin, zwei nur nach Zufuhr von Citrullin oder Arginin, einer ausschließlich nach Zugabe von Arginin zum Kulturmedium (Abb. 66). Daraus ergibt sich, daß bei den verschiedenen Mutanten die Argininsynthese an verschiedener Stelle unterbrochen ist, in vier Fällen vor der Ornithinstufe, zweimal zwischen Ornithin und Citrullin und einmal vor der Argininstufe. Der Übergang von Citrullin zu Arginin ist eine Einzelreaktion. Dementsprechend ist nur ein Gen bekannt, das diesen Schritt unterbrechen kann. Der Übergang von Ornithin zu Citrullin ist an zwei Reaktionen, CO_2- und NH_3-Addition, gebunden. Dieser Übergang wird durch zwei Gene kontrolliert. Der Mechanismus der Bildung des Ornithins bei *Neurospora* ist nicht bekannt. Da vier Mutanten gefunden wurden, bei denen dieser Schritt unterbrochen ist, besteht die Wahrscheinlichkeit, daß vier Reaktionsstufen diese Synthese bestimmen. In analoger Weise konnte für eine große Anzahl weiterer Synthesen (Tryptophan, Cholin u. v. a.) die genetische Kontrolle sichergestellt werden. In unserem Zusammenhang interessiert der Nachweis, daß ein Einzelgen jeweils eine bestimmte chemische Reaktion innerhalb einer Reaktionskette kontrolliert. Damit ist ein wesentlicher Einblick in die Natur der Genwirkung gewonnen.

Nachdem wir diese Zusammenhänge zwischen Genmechanismus und chemischen Reaktionen kennengelernt haben, müssen wir noch einmal zum Problem der pleiotropen Genwirkung zurückkehren. Durch genauere Untersuchung von Erbleiden bei Säugetieren (GRÜNEBERG, NACHTSHEIM) ergab sich nämlich, daß ein wesentlicher Teil der *Pleiotropieerscheinungen* zweifellos *sekundärer Natur* ist. Es gibt beispielsweise eine Mutante der Ratte, deren homozygote Nachkommenschaft in der Jugend abstirbt. Wir können uns heute nicht mehr mit der Erklärung „letale Genwirkung" begnügen, sondern sind bestrebt, in derartigen Fällen den Ablauf des zum Tode führenden pathologischen Vorganges zu verfolgen und nach Möglichkeit zu analysieren. Die beiden genannten Forscher haben sich besondere Verdienste um die Aufklärung derartiger Erbkrankheiten bei Tieren erworben. Damit haben wir nicht nur ein wertvolles Modell für analoges Geschehen beim Menschen zur Hand, sondern können gleichzeitig manchen Aufschluß über die Wirkungsweise der Erbfaktoren gewinnen. Die „letalen" Ratten zeigen schon in den ersten Lebenstagen Wachstumsverlangsamung und Atembeschwerden. Die Atmungsbehinderung nimmt zu. Der Thorax wird deformiert und in Inspirationsstellung fixiert. Herzerscheinungen treten auf. Die Tiere gehen an Erstickung oder Dekompensation zugrunde. Teilweise verhungern sie, da sich Unfähigkeit zur Nahrungsaufnahme einstellt. Dem sehr variablen klinischen Bild liegt nun aber ein einheitliches pathologisches Geschehen zugrunde. Anatomisch findet sich eine sehr eigenartige Hypertrophie des Knorpelgewebes. Die knorpligen Skeletteile sind mächtig verdickt, grundsubstanzarm. Die Knorpelzellen besitzen mächtig verdickte Kapseln; schließlich zeigen sich im Inneren der knorpligen Skeletelemente Degenerationserscheinungen. Die Knorpelveränderung ergreift der Reihe nach Sternum, Rippen, dann Trachealknorpel, später alle übrigen Knorpelteile. Das ganze bunte Bild der Erscheinungen ist als Sekundärfolge der Skeletanomalie erklärbar. Die Veränderungen am Thorax führen zu Situsveränderungen, zu Wirbelsäulendeformitäten und zu Störungen der Lungenentwicklung. Die Folge sind Veränderungen im Lungenkreislauf, Zunahme der Erythrocytenzahl, Wachstumsstillstand. Störungen der Lungenzirkulation führen zu Hypertrophie des rechten Ventrikels, schließlich zu Dekompensation des Kreislaufes. Veränderungen an der Trachea und am Thorax können direkt den Erstickungstod herbeiführen. Entwicklungsstillstand kann sich im Bereich des Schnauzen- und Kieferskeletes manifestieren und in jungen Stadien den Saugakt unmöglich machen. Überlebt das Tier diese Phase, so können die Kieferdeformitäten Zahnstellungsanomalien bedingen, die die Aufnahme fester Nahrung unmöglich machen. GRÜNEBERG führt nun Belege dafür an, daß die primäre Genwirkung sich in dem besprochenen Fall ausschließlich am Knorpelgewebe manifestiert. Der Nachweis, daß es sich hier um primäre Wirkung der Erbfaktoren ohne Zwischenschaltung humoraler Zwischeneffekte auf den Knorpel handelt, ergibt sich aus Transplantationsversuchen. Verpflanzung gesunden Knorpelgewebes in kranke Ratten ergibt, daß das Transplantat sich völlig normal entsprechend der Herkunft aus dem gesunden Tier entwickelt. Umgekehrt zeigt Knorpel von kranken Ratten in gesunden Wirten pathologisches Wachstum. Der Knorpel entwickelt sich also stets herkunftsgemäß und wird nicht durch das Wirtsmilieu beeinflußt. Die wahre Natur des primären Effektes des Gens ist nicht bekannt. Alle Befunde sprechen jedoch dafür, daß die Mutante eine Änderung in einem chemischen Prozeß hervorruft, welche sich ihrerseits spezifisch an einem besonderen Gewebe, in unserem Falle dem Knorpel, auswirkt. Ähnliche Beispiele sind heute in größerer Zahl bekannt. Wir stellen also fest, daß nicht immer alle Erscheinungen, die bei Mutation eines Faktors auftreten, auf primärer Genwirkung im Sinne der echten Pleiotropie beruhen müssen, sondern daß wir Fälle kennen, in denen ein primärer Geneffekt Sekundär-, Tertiär- usw. -Folgen auslöst. Dabei sei aber betont, daß in einer großen Anzahl von gut analysierten Fällen zweifellos echte Pleiotropie vorkommt.

Natur der Gene und Chemie der genetischen Information

Versuchen wir jetzt, uns ein Bild von der Natur der Gene zu machen, so müssen wir vorausschicken, daß dieses Bild nur ein vergrößertes Schema sein kann, das zweifellos mit dem Fortschreiten unserer Kenntnisse noch Modifikationen erfahren muß. Vielleicht läßt sich die Feststellung, daß Gene primär chemische Reaktionsabläufe kontrollieren, verallgemeinern. Dabei dürfte die Bildung spezifisch wirksamer Fermente die entscheidende Rolle spielen.

Die befruchtete Eizelle enthält alle Informationen, die es ihr ermöglichen, den ganzen Organismus mit seinen spezialisierten Geweben und Organen in seiner ganzen Mannigfaltigkeit aufzubauen. Diese Fähigkeiten sind im Erbgut verankert. DUSPIVA (1963) hat das Problem kürzlich folgendermaßen formuliert: ,,So erscheint uns die Morphogenese als ein Prozeß, der den in den Molekularstrukturen des Genoms enthaltenen ‚Plan' über alle Stufen physikalischer, chemischer und biologischer Organisation zur Realisation bringt."

Die Eizelle erscheint strukturell einfach und keinesfalls spezialisiert. Die bisherigen Ausführungen hatten dargelegt, daß der Kern und im Besonderen die Chromosomen Träger der genetischen Information sind. Damit ergibt sich zunächst die Frage, welche Bestandteile der Chromosomen als Träger der ,,Information", also als Erbsubstanz, anzusprechen sind.

Eine Substanz, die die genannten Eigenschaften besitzt, muß in allen Zellkernen (Chromosomen) vorkommen. Sie muß aus einer Mindestanzahl von Bausteinen (drei) aufgebaut sein und muß zur Selbstvermehrung (Reduplikation) befähigt sein. Damit ist die Zahl der möglichen Substanzen, die in Frage kämen, bereits erheblich eingeschränkt. Nachdem die Vermutung, Proteine wären die spezifischen Träger der Erbinformation, sich nicht bestätigen ließ, ist heute gesichert, daß nur Nukleinsäuren, und zwar speziell Desoxyribonukleinsäuren (DNS), als wirksame genetische Substanz in Frage kommen. DNS ist in allen Chromosomen vorhanden. Ihre Gesamtmenge steht damit in Abhängigkeit von der Chromosomenzahl. Nukleinsäuren sind die einzigen bekannten Substanzen, die die Fähigkeit zur identischen Reduplikation besitzen. Schließlich ist zu fordern, daß die Eigenschaften der Erbsubstanz die Variabilität des Erbmaterials, ihre Fähigkeit zur Mutation, verständlich machen. Für Bakterien und Viren ist heute der Nachweis erbracht, daß die Nukleinsäuren (DNS) das chemische Substrat der Vererbung sind und daß die Reihenfolge der Bausteine in der DNS sowohl für den Aufbau der Proteine als auch für die Mutabilität verantwortlich ist. Für höhere Organismen ist der gleiche Mechanismus erwiesen. Keineswegs aber kann gesagt werden, daß die DNS im Zellkern ausschließlich genetische Funktionen hat.

Nukleinsäuren (DNS und RNS) bestehen aus langen Kettenmolekülen mit vielen Teilgliedern (Nukleotiden), deren Zahl sehr wechseln kann (60 bis über 100 000). Jedes Nukleotid hat drei Bausteine, Phosphat, Pentose und eine zyklische Base. Das Verhältnis dieser drei Bestandteile ist stets 1:1:1. Der Zucker (Pentose) ist in der RNS Ribose; in DNS tritt an deren Stelle Desoxyribose. In Nukleinsäuren kommen vier Basen vor, und zwar sind drei von diesen in DNS und RNS identisch. Es handelt sich um die Purinderivate *Adenin* und *Guanin* und um das Pyrimidinderivat *Cytosin*. Als vierte Base findet sich in DNS das Pyrimidinderivat *Thymin*, in RNS das *Uracil*, gleichfalls ein Pyrimidinabkömmling.

In Nukleinsäuren sind Phosphatreste mit je zwei Pentosemolekülen durch Esterbindung gebunden. Die Base sitzt am C^1 des Zuckers.

DNS besteht aus langen Fäden von etwa 20 Å

Dicke, wie aus Röntgendiagrammen erschlossen werden kann. Nach dem von WATSON und CRICK (1953) entwickelten Modell vom Aufbau des DNS-Moleküls (Abb. 67a) bilden die Fäden in der DNS zwei Untereinheiten (Stränge), die sich spiralig umwinden. Die Basen der beiden komplementären Stränge sind untereinander durch Wasserstoffbrücken verbunden (Sprossen der Leiter in Abb. 67a). Wichtig ist nun, daß immer nur zwei Basen zusammenpassen, nämlich Adenin mit Thymin und Guanin mit Cytosin. Die paarweise zusammengehörigen Basen, Adenin-Thymin einerseits, Guanin-Cytosin andererseits, kommen jeweils im Verhältnis 1:1 vor. Die Reihenfolge der Basen ist der wechselnde Faktor. In dieser Reihenfolge ist die genetische Spezifität begründet.

Identische Reduplikation: Die Fähigkeit der Nukleinsäuren zu identischer Reduplikation ist nachgewiesen. Der Mechanismus ist nicht sicher bekannt. Nach der Vorstellung von WATSON und CRICK sollen bei der Reduplikation die Wasserstoffbrücken zwischen den beiden Einzelsträngen gelöst werden. Die frei gewordenen Halbketten zwingen freie Nukleoside aus der Umgebung zur Anlagerung und zur Bildung neuer Halbketten (Abb. 67b). Dabei würden, wie beifolgendes Schema zeigt, die freien Basengruppen jeder Kette jeweils die komplementäre Base anlagern:

```
                       A  C  T  G
              A  C  T  G  ||  ||  ||  ||
           ↗  ||  ||  ||  ||  T  G  A  C
A  C  T  G     T  G  A  C
||  ||  ||  ||
T  G  A  C                 A  C  T  G
           ↘  T  G  A  C → ||  ||  ||  ||
              ||  ||  ||  ||  T  G  A  C
```

(Nach BEADLE 1957)

Experimentell gelungen ist der Nachweis der Reduplikationsfähigkeit. Setzt man einem Gemisch von Nukleinsäurebausteinen (Nukleoside) eine spezifische hochpolymere Nukleinsäure zu, so bildet sich diese spezifische Nukleinsäure neu, und zwar ist das Basenverhältnis (A-T zu G-C) gleich dem der Ausgangs-DNS, unabhängig von dem Verhältnis im benutzten Nukleosidgemisch.

Realisierung der genetischen Information: Die Aufeinanderfolge zweier Arten von Nukleotiden (A-T, G-C) gestattet die Bildung eines linearen Musters, das als Code wirken kann, beispielsweise: AT GC CG TA TA CG AT usw. Eine gegebene Sequenz bildet nun jeweils ein bestimmtes Enzym. Enzyme sind Proteine, die aus Aminosäureketten aufgebaut sind. Bei der Synthese der Proteine sind aber Zwischenglieder, vor allem RNS, in die Reaktionskette eingeschaltet. Die Synthese der RNS erfolgt nur in Gegenwart von DNS. Entlang der DNS-Stränge werden Fäden von RNS gebildet. Die Nukleotidsequenz in diesen RNS-Fäden ist komplementär zum DNS-Strang, mit anderen Worten, die RNS enthält die gleiche genetische Information wie der DNS-Strang, an dem sie gebildet wurde. Aus diesem Grunde spricht man von ,,Messenger-RNS". Die bisher besprochenen Vorgänge (Reduplikation der DNS und Synthese von RNS) erfolgen im Zellkern. Die Protein-Synthese ist nun an die im Cytoplasma, besonders im endoplasmatischen Reticulum enthaltenen Ribosomen gebunden. Die RNS-Stränge lagern sich der Oberfläche der Ribosomen an und dienen hier als Matrize für die Proteinmoleküle. Wesentlich ist also, daß die durch die Basensequenz im ,,Code" gegebene genetische Information in den ,,Klartext" der Aminosäuresequenz (Spezifität der Proteine) übersetzt wird.

Für die richtige Ablesung der Aminosäuresequenz auf der Polynukleotidkette muß diese unmißverständliche Informationseinheiten (,,Codewörter", *Codon*) zur Verfügung haben. Als solche dienen jeweils drei aufeinanderfolgende Basen (Mononukleotide). Diese Codoneinheiten werden als *Tripletts* bezeichnet. Da vier Basen mit der Gliedlänge drei zur Verfügung stehen, sind $4^3 = 64$ Tripletts möglich. Einem derartigen Triplett entspricht also eine Aminosäure. Bezeichnen wir die Mononukleotide abgekürzt mit den Anfangsbuchstaben ihrer Basen

A: Adenin-Nukleotid   C: Cytosin-Nukleotid
G: Guanin-Nukleotid   U: Uracil-Nukleotid in
T: Thymin-Nukleotid   RNS,
in DNS

so ergeben sich beispielsweise folgende Tripletts:

CUU: entspricht der Aminosäure Leucin
GAU: ,,   ,,   ,,   Asparaginsäure
UUU: ,,   ,,   ,,   Phenylalanin

Da nun nur 20 Aminosäuren in den Eiweißkörpern vorkommen, gibt es also 44 überzählige Codewörter. Einige von ihnen dienen als Interpunktionen. Für einige Aminosäuren stehen mehrere Codewörter zur Verfügung (z.B. für Alanin GCC, GCG, GCU, AUC).

Wichtig ist, daß die Basen der Tripletts auf der Nukleotidkette nicht getrennt sind Verschiebung bei der Ablesung um ein Basenpaar würde also eine vollständig falsche Aminosäurensequenz ergeben.

Der genetische Code hat universelle Gültigkeit für alle Organismen vom Virus bis zum Menschen.

Man nimmt heute an, daß die von der Messenger-RNS gebildeten Aminosäuren nochmals durch lösliche RNS (sog. ,,Transfer-RNS") schließlich in die richtige Position gebracht werden.

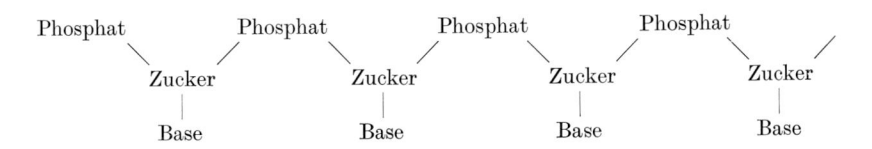

```
  Phosphat    Phosphat    Phosphat    Phosphat
     \           \           \           \
      Zucker      Zucker      Zucker      Zucker
        |           |           |           |
       Base        Base        Base        Base
```

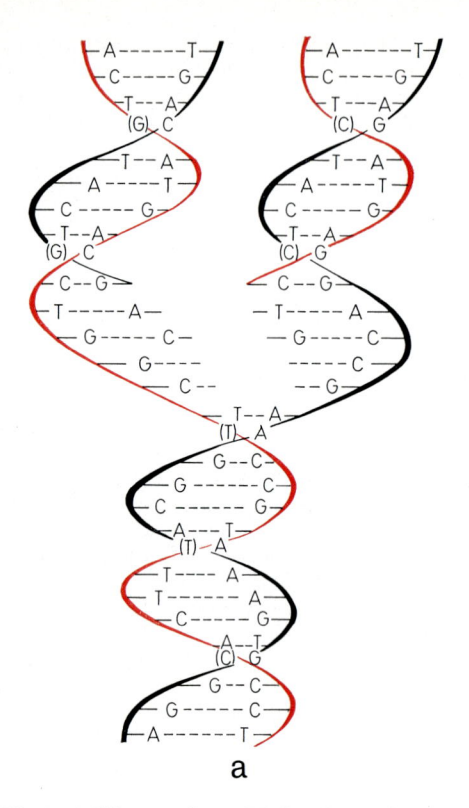

Abb. 67a) WATSON-CRICK Modell des Aufbaus und der Reduplikation der DNS. Zerreißen und Neubildung des Doppelstranges der DNS (aus H. WEICKER in: Klinische Pathophysiologie. Thieme, Stuttgart) 1970.

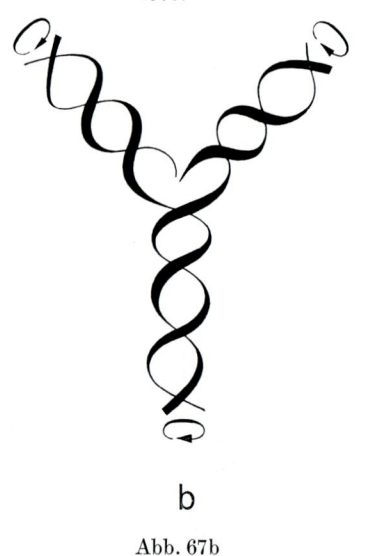

Abb. 67b

Mechanismus der identischen Reduplikation der DNS-Spirale nach der Auffassung von WATSON und CRICK (aus DELBRÜCK und STENT 1957).

Mutationsmechanismus: Die geschilderten Vorstellungen von der molekularen Struktur der Erbsubstanz erlauben eine Erklärung des Mechanismus einer bestimmten Gruppe von Mutationen, nämlich der Punkt-Mutationen. Nimmt man an, daß eine der DNS-Basen während der Reduplikation nicht in der gewöhnlichen, sondern in einer tautomeren Form auftritt, so würde eine andere als die normale Partnerbase zu ihr komplementär werden.

Adenin würde in einem derartigen Fall etwa Cytosin statt Thymin anlagern. Die Folge wäre, daß im nächstfolgenden Schritt das Cytosin nun Guanin anlagern müßte, während wahrscheinlich das Adenin in die normale Ausgangsform zurückverwandelt würde und wieder Thymin anlagert. Die Mutation wäre also durch die Änderung eines Basenpaares zustande gekommen.

Die Fortschritte in der Erforschung der biochemischen Grundlagen der Erbvorgänge, gewonnen meist an Viren und Bakterien, dürfen nicht darüber hinwegtäuschen, daß noch eine sehr große Lücke in unseren Kenntnissen zu schließen bleibt. Der Übergang aus der molekularen Größenordnung ins Gebiet der Chromosomenstruktur ist ein noch offenes Problem.

Es soll auch nicht übersehen werden, daß durch die neuen Entwicklungen bisher nützliche Definitonen teilweise unbrauchbar wurden und einer Neufassung bedürfen. Dies betrifft vor allem die auch von uns noch benutzte Definition des *Gens*, das nach der bisher allgemeingültigen Definition als korpuskulärer Teil eines Chromosomes mit einheitlicher, definierbarer Funktion und mit Fähigkeit zur Mutation und zur Rekombination gekennzeichnet wurde (E. MAYR 1963). Nach den neuen Erkenntnissen müssen die drei aufgeführten Eigenschaften aber keineswegs immer zusammenfallen. Eine Mutation kann durch eine Änderung an einem einzigen Nukleotidpaar verursacht sein, während funktionelle Einheiten oft von größeren Komplexen gebildet werden.

h) Anteil von Kern und Plasma an der Vererbung. Plasmatische Vererbung

Um exakt den Anteil von Plasma, männlichem und weiblichem Vorkern am Erbgeschehen zu prüfen, sind Versuche ausgeführt worden, die das Ziel hatten, den Kern einer Organismenart mit dem Plasma einer fremden Art zu kombinieren. Derartige Versuche gelingen verständlicherweise nicht leicht. Eindeutig sind die Ergebnisse von HAEMMERLING an der Schirmalge *Acetabularia*. Die Acetabularien sind *einzellige* Organismen von beträchtlicher Größe (etwa 5 cm lang). Der Kern liegt basal im Rhizoid, während der Stiel und der Schirm, abgesehen von Fortpflanzungsphasen, kernlos sind (Abb. 68). Es gelingt relativ leicht, den kernhaltigen Teil der Alge

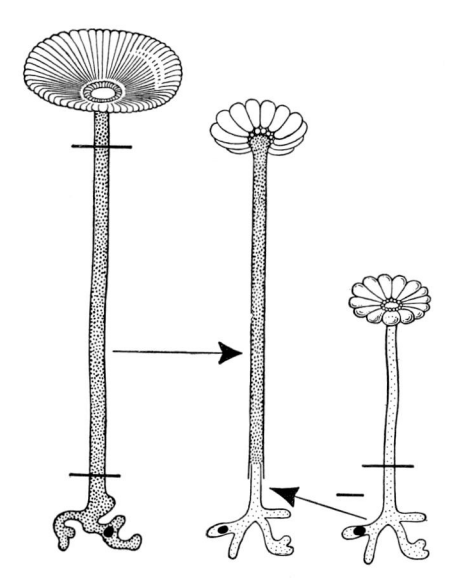

Abb. 68 Die Schirmalgen *Acetabularia mediterranea* (links) und *A. wettsteini* (rechts). Ein kernhaltiges Rhizoid von *A. wettsteini* und ein kernfreies Stück von *A. mediterranea* werden aufeinandergepfropft (Mitte). Das Transplantat bildet einen Hut, der nach dem Typ von *A. wettsteini* gebaut ist.
(Nach HAEMMERLING)

vom übrigen Teil zu trennen. *A. mediterranea* und *A. wettsteini* unterscheiden sich deutlich durch die Ausbildung des Schirmes. Pfropft man das kernhaltige Rhizoid von *A. wettsteini* an den kernlosen Stiel von *A. mediterranea*, so kommt es zu Schirmbildung von reinem Wettsteini-Typ. Bei reziproker Versuchsanordnung gleicht der Schirm völlig der Mediterranea-Form. Bei *Acetabularia* ist also das Plasma ohne Bedeutung für die Vererbung charakteristischer Formunterschiede. Letzten Endes sind die Merogonieversuche ursprünglich ebenfalls unternommen worden, um den Anteil von Kern und Plasma sowie den speziellen Anteil des väterlichen und mütterlichen Kernmateriales an der Vererbung klarzustellen. Die Tatsache, daß es gelingt, Eier ohne Besamung (künstliche Parthenogenese) und Eier ohne Eikern, aber mit männlichem Vorkern (Merogonie), aufzuziehen, beweist, daß Ei- und Samenkern jeweils den ganzen zum Aufbau eines normalen Organismus notwendigen Bestand an Erbanlagen enthalten. Ei- und Spermienkern haben also im Befruchtungsprozeß grundsätzlich gleiche Wertigkeit und gleiche Bedeutung. Merogonie mit Bastardbefruchtung mußte also Nachkommen mit ausschließlich väterlichen Eigenschaften erbringen. Nun ist es bei Metazoen außerordentlich schwer, Bastardmerogone bis zu einem derart vorgeschrittenen Entwicklungsstadium aufzuziehen, daß Artunterschiede deutlich erkennbar sind. Die Versuche fallen auch nicht bei allen Arten gleich aus. Während die ersten Merogonieversuche von BOVERI (s. S. 50) am Seeigelkeim für unsere Fragestellung ziemlich ergebnislos verliefen, da die beiden Ausgangsgattungen sich relativ fernstanden und dementsprechend die Merogone sehr früh abstarben, haben Untersuchungen (HÖRSTADIUS 1936) mit nahe verwandten Arten für einzelne Merkmale plasmatische Einflüsse nachgewiesen. Das gleiche fand HADORN (1936/37) für gewisse Epidermismerkmale bei *Triturusmerogonen*. Bastardmerogone zwischen schwarzen und weißen Axolotln (BALTZER 1941), also zwischen zwei nahe verwandten Rassen einer Art, die deutliche Unterschiede zeigen, ergaben nun folgendes: Besamt man kernlose Eier von schwarzen Axolotln mit Spermien der weißen Form, so entstehen haploide Larven vom Typ der weißen Rasse. Der Färbungstyp ist hier also ausschließlich vom Kern bestimmt, ohne daß Plasmaeinflüsse wirksam wären. Quantitative Änderungen des Kern-Plasma-Verhältnisses sind auch in folgender Weise zu erzielen. Bringt man Seeigeleier parthenogenetisch zur Entwicklung, so kann man durch Anwendung gewisser Kunstgriffe (Fettsäurezusatz) diploide Keime bekommen. Führt man anschließend eine Bastardbefruchtung durch, so entstehen triploide Keime, deren Kernmaterial zu zwei Teilen von der Eizelle, zu einem Teil vom Spermium stammt (HERBST, BOVERI 1914). Die Bastarde besitzen vorwiegend mütterliche Merkmale. Gleichzeitige Vermehrung oder Verminderung der Plasmamenge ist ohne Einfluß auf das Resultat.

Die bisher besprochenen Versuche zeigen also den überragenden Einfluß des Kernmateriales im Erbgeschehen, ohne Plasmaeinflüsse ganz auszuschließen.

Wir dürfen uns jedoch die Vorgänge beim Wirksamwerden der Erbfaktoren nicht einseitig als Leistung des Kernes vorstellen. Zweifellos muß zwischen Kern und Plasma im normalen Ablauf eine abgestimmte Harmonie bestehen. Die Wirksamkeit der Gene entfaltet sich über

Abb. 69 *Lymantria dispar* (Schwammspinner). Oben: Normale deutsche Tiere; rechts Männchen, links Weibchen (Sexualdimorphismus). Unten: Bastarde; links: Bastard aus japanischem ♂ × europäischem ♀, rechts: Bastard aus mitteleuropäischem ♂ × Balkan ♀. Beide Bastarde sind „Fleckenzwitter", d. h. in die dunkle Färbung des Männchens sind strichweise helle Elemente des weiblichen Musters eingestreut. (Orig.).

das Plasma, und das Plasma selbst wird durch das Erbgefüge beeinflußt. Die gleichen Erbfaktoren können sich in unterschiedlichem Plasmamilieu verschieden auswirken. Seit langem ist bekannt, daß Bastarde aus reziproken Kreuzungen sich nicht völlig gleichen, wie es zu erwarten wäre, wenn nur der Bestand an Kernmaterial für den Effekt entscheidend wäre. Der Schwammspinner *Lymantria dispar* zeigt einen deutlichen Sexualdimorphismus (♀ weiß, ♂ dunkelbraun, Abb. 69). Kreuzt man Weibchen von *Lymantria dispar japonica* mit dunklen Männchen der europäischen Rasse, so kommt es häufig in der F_2-Generation zu einer Verschiebung nach der weiblichen Seite. Bastarde zwischen Abendpfauenauge *(Smerinthus ocellata)* ♂ und Pappelschwärmer *(Amorpha populi)* ♀ unterscheiden sich von der Kreuzung aus weiblichem Abendpfauenauge und männlichem Pappelschwärmer.

Einfluß des Plasmas auf die Merkmalsausbildung im Ablauf der Vererbung ist für Pflanzen vielfach nachgewiesen worden. In diesem Zusammenhang sei kurz auf die Rolle der *Plastiden* (Chloroplasten) einiger Blütenpflanzen hingewiesen. Die Plastiden sind Cytoplasmabestandteile, die sich nur durch Teilung vermehren und nicht neugebildet werden. Sie werden selbständig auf die Tochterzellen verteilt. Durch Plastiden bedingte Merkmale (Weißscheckung der Laubblätter) werden nur durch die Eizelle übertragen und mendeln nicht (CORRENS, RENNER).

Wir können also zusammenfassend feststellen, daß der Kern der wesentliche Träger der Erbsubstanz, des *Genoms*, ist. Bei der Merkmalsausbildung ist jedoch das Plasma nicht gleichgültig (Plasmotypus). Die Gene entfalten ihre Wirksamkeit in Reaktion mit dem Plasma. Ein bestimmtes Genom wird in verschiedenem Plasmamilieu abweichende Merkmalsausprägung verursachen können. Genom und Plasmotypus beeinflussen sich gegenseitig und bestimmen in ihrem Zusammenwirken das Vererbungsgeschehen.

5. Die Gamone und ihre Bedeutung für Besamung und Befruchtung

Wir hatten gesehen, daß die reife Samenzelle in der Lage ist, aktiv die Eizelle aufzusuchen. Die Spermie dringt in die Eizelle ein; dann kommt es zur Kernkonjugation, zur Befruchtung. Der physiologische Ablauf dieses Geschehens wird durch bestimmte biologische Wirkstoffe gesteuert. Bereits DE MEYER (1911) und F. R. LILLIE (1912) konnten nachweisen, daß Eizellen von Seeigeln und Polychaeten in der Lage sind, Stoffe an das umgebende Medium abzugeben, welche die Beweglichkeit der Spermien steigern (Aktivierung), die Spermien anlocken (Chemotaxis) und die Spermien zur Verklumpung bringen (Agglutination). Sperma ist in der Lage, diese Effekte des Eisekretwassers abzuschwächen. LILLIE sprach dem Mechanismus der Agglutination die wesentliche Bedeutung im Befruchtungsvorgang zu. Das agglutinierende Agens nannte er ,,Fertilisin".

Die Vereinigung der geschlechtlich differenzierten Gameten wird von geschlechtsspezifischen Substanzen, die phasenspezifisch wirksam sind, kontrolliert. Für diese Substanzen hat sich die Bezeichnung ,,*Gamone*" durchgesetzt. Die Versuche, Wesen und Wirkungsmechanismus dieser ,,Befruchtungsstoffe" aufzuklären, haben zu mannigfachen Fehldeutungen geführt, so daß heute noch keine allgemein befriedigende Theorie des Imprägnationsvorganges möglich ist. Man bezeichnet Substanzen, die von den Eizellen gebildet werden und physiologische Effekte auf die Spermien ausüben, als *Gynogamone*. Die wichtigsten Wirkungen derartiger Substanzen sind:

a) Agglutinationsreaktion, die die Kopulation der Gameten ermöglicht,

b) Spermienaktivierung,

c) Chemotaktische Wirkung auf Spermien.

In den Spermien enthaltene wirksame Substanzen werden als *Androgamone* bezeichnet. Sie zeigen antagonistische Wirkung zu den Gynogamonen. Zu ihnen gehört die Rezeptorsubstanz der Spermienköpfe, ein Faktor, der die Eigallerte auflöst, und eine Substanz, die die Spermien der eigenen Art lähmt.

Die Gamone wurden bisher aus ersichtlichen Gründen an Organismen studiert, die ihre Gameten ins Wasser abgeben und deren Kopulation im Wasser erfolgt. Wichtigste Untersuchungsobjekte sind die Gameten der Echinodermata (Seeigel). Unsere folgenden Ausführungen betreffen, wenn nicht anders vermerkt, Befunde an Seeigeln.

1. *Agglutinierend wirkende Gamone*

Bei der Kontaktaufnahme zwischen Spermium und Eioberfläche spielt eine Oberflächenreaktion zwischen zwei komplementären Komponenten eine Rolle. Der agglutinierende Faktor der Eizelle entspricht dem *Fertilisin* (= Gynogamon II, M. HARTMANN). Es gilt heute als erwiesen, daß das Fertilisin ein Glykoproteid ist, das mit der Substanz der Eigallerte identisch ist (WIESE). Der Faktor ist thermostabil und artspezifisch. Spermien agglutinieren in Wasser, das zuvor Eier der gleichen Art enthalten hatte. Der erste Kontakt zwischen Ei und Spermium wird durch eine Reaktion des Fertilisins mit dem Rezeptor des Spermiums (Antifertilisin) gesichert.

Ein weiterer agglutinierender Faktor kann aus Eizellen, die von der Gallerthülle befreit wurden, isoliert werden (Cytofertilisin).

2. Die *Rezeptorsubstanz der Spermienoberfläche*

wird als *Antifertilisin* bezeichnet. Sie ist thermostabil und agglutiniert Eier der eigenen Art. Über den Wirkungsmechanismus ist wenig Sicheres bekannt.

3. *Spermien-Aktivierungsfaktor:*

Ein aktivierender Effekt soll dem Fertilisin zukommen. Ein spermienaktivierender Faktor ist außerdem in den Eizellen von *Arbacia* und im Eisekretwasser nachgewiesen worden. Er ist thermostabil und dialysabel. Atmung und Beweglichkeit der Spermien von *Arbacia* werden durch diesen Faktor intensiviert.

4. *Chemotaktische* Wirkung auf die männlichen

Gameten ist vielfach bei Pilzen und Algen nachgewiesen worden (Gynogamon-I-Effekt). Die Aktivierung und chemotaktische Anlockung von Spermien des Seeigels *Arbacia lixula* wurde ursprünglich auf eine Wirkung des Naphthochinon-Farbstoffes Echinochrom A zurückgeführt (HARTMANN). Diese Angaben konnten durch neuere Untersuchungen nicht bestätigt werden (BIELIG und DOHRN).

5. *Lytische Effekte auf die Eihülle:* In Seeigelspermien läßt sich ein thermolabiler und säureempfindlicher Faktor gegenüber dem Antifertilisin abgrenzen, der die Eigallerte aufzulösen vermag (Androgamon-II-Effekt). Durch Fertilisin läßt sich die Befruchtungsfähigkeit der Spermien aufheben, ohne daß der gallerte-auflösende Faktor gestört wird. Das Androgamon II hat offenbar enzymatischen Charakter. Bei Mollusken wird während der Akrosom-Reaktion (s. S. 48) eine Substanz frei, die die Eimembran selbst (nicht die Gallerte) zu lösen vermag.

Der Androgamon-II-Wirkung vergleichbar ist der Effekt der im Säugerspermium und in der Spermaflüssigkeit enthaltenen Hyaluronidase, die den Zellkitt (Hyaluronsäure) der Follikelzellen (Corona radiata) lösen soll und die Follikelepithelzellen zerstreuen soll. Doch ist diese Funktion neuerdings bezweifelt worden (s. S. 48)

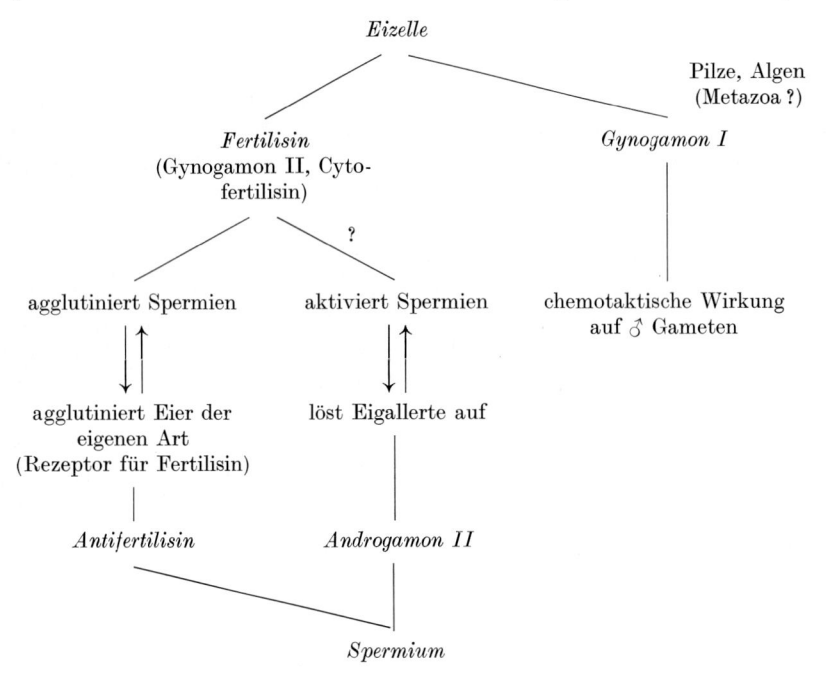

```
                        Eizelle
                       /       \
                      /         \        Pilze, Algen
                     /           \        (Metazoa?)
              Fertilisin       Gynogamon I
          (Gynogamon II, Cyto-
              fertilisin)
             /       \     ?
            /         \
   agglutiniert    aktiviert       chemotaktische Wirkung
    Spermien       Spermien          auf ♂ Gameten
      ↕              ↕
   agglutiniert   löst Eigallerte auf
   Eier der
   eigenen Art
   (Rezeptor für
    Fertilisin)
       |              |
   Antifertilisin  Androgamon II
                      |
                   Spermium
```

6. Geschlechtsbestimmung und Sexualität

Eine der rätselhaftesten Erscheinungen in der belebten Natur ist die Tatsache, daß die meisten Organismen in zwei verschiedenen Formen, geschlechtlich differenziert als Männchen oder Weibchen, auftreten. Wie kommt diese Geschlechtsbestimmung zustande? Im allgemeinen wird das Geschlecht im Moment der Befruchtung festgelegt (syngame Geschlechtsbestimmung). Gelegentlich ist aber die geschlechtliche Determination bereits durch die unbefruchtete Eizelle gegeben (progame Geschlechtsbestimmung) oder erfolgt erst nach der Befruchtung (epigame Geschlechtsbestimmung). Hängt es vom äußeren oder inneren Milieu ab, ob die Zellen männlich oder weiblich werden, so spricht man auch von *phaenotypischer* Geschlechtsbestimmung. Wird hingegen die Geschlechtsdetermination durch die Verteilung der Gene in Reifung, Reduktion und Befruchtung erzielt, so haben wir es mit *genotypischer* Geschlechtsbestimmung zu tun. Da bei den höheren Metazoen die genotypische Geschlechtsbestimmung ganz im Vordergrund steht, wollen wir diesen Modus zuerst besprechen.

a) *Genotypische Geschlechtsbestimmung*

Bereits 1891 erkannte HENKING, daß bei der Spermatocytenteilung der Feuerwanze *(Pyrrhocoris apterus)* ein Chromosomenpaar (x-Chromosom) nachhinkt. In der zweiten Reifungsteilung

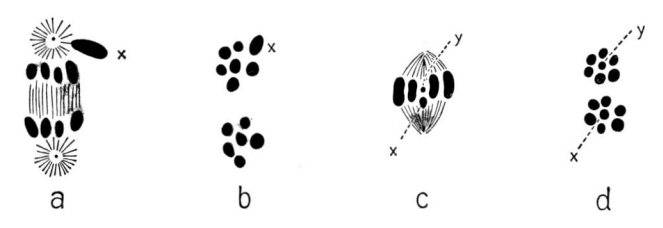

Abb. 70 Geschlechtschromosomen bei Insekten (Hemiptera, Wanzen). Nach WILSON, 1906.
a) *Protenor*, Anaphase der 2. Spermatocytenteilung.
b) Tochterplatte derselben Teilung.
c) *Lygaeus turcicus*, 2. Spermatocytenteilung.
d) Tochterplatte derselben Teilung.

wird jedes der beiden x-Chromosomen nicht weitergeteilt, sondern tritt als Ganzes in die eine der beiden Spermiden über. So bekommt nur die Hälfte der Spermien ein x-Chromosom. Bei einigen Heuschrecken *(Brachystola)* fand man 23 Chromosomen in den Spermatogonien, aber nur 22 in den Oogonien. Damit war ein Hinweis gegeben, daß dieses eigenartige zusätzliche Chromosom etwas mit der Geschlechtsdetermination zu tun haben könnte. Da alle Eizellen gleich beschaffen sind, die Spermien aber zur Hälfte ein x-Chromosom besitzen, zur Hälfte ohne x-Chromosom bleiben, suchte man die Geschlechtsbestimmung den männlichen Keimzellen zuzuschieben. Es gibt also zwei Arten von Spermien, deren genetische Konstitution sich folgendermaßen darstellen läßt (n = haploide Chromosomenzahl):

1. (n-1) + x
2. (n-1)

Man bezeichnet das akzessorische Chromosom auch als Heterochromosom oder Idiosom und stellt es allen anderen, den Autochromosomen (kurz Autosomen), gegenüber.

teilung der Geschlechtschromosomen dem Schema der Rückkreuzung (Bastard F_1 mit einem Elter, Aufspaltung der Nachkommenschaft 50:50) entsprechen (vgl. Abb. 54).

Die Idiochromosomen können auch paarweise auftreten (x, y). Ist nur ein Geschlechtschromosom vorhanden, so sprechen wir vom *Protenortyp**) (x o, Abb. 70). Sind zwei Geschlechtschromosomen vorhanden (x, y), die sich dann in der Regel sehr deutlich in Größe und Form unterscheiden, so haben wir den *Lygaeus-**) oder *Drosophilatyp* (Abb. 70, 53) vor uns. Beim *Drosophilatyp* würden also alle Eier 1 x besitzen, während 50% der Spermien x, 50% y enthalten. Die Geschlechtschromosomen sind in der Folge auch für die Wirbeltiere allgemein, einschließlich Mensch, nachgewiesen worden (Abb. 72). Beim Menschen ergibt sich also nachfolgendes Verteilungsschema (A = Autosomen):

Das weibliche Geschlecht ist homogametisch, d. h. alle Eizellen sind chromosomal gleichwertig, das männliche ist heterogametisch. Auch der reziproke Mechanismus (♂ = homogametisch, ♀ = heterogametisch) kommt vor, und zwar bei Schmetterlingen, Vögeln, Reptilien, einigen Fi-

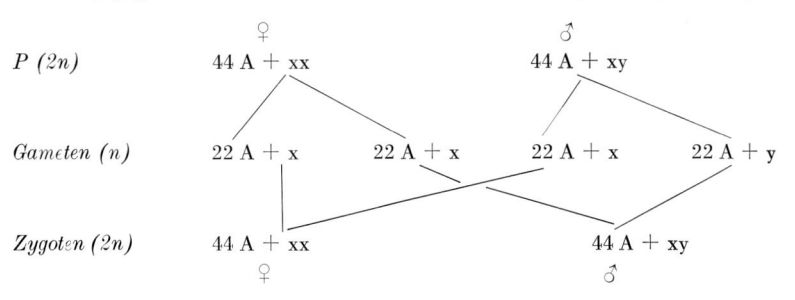

	♀	♂	
P (2n)	44 A + xx	44 A + xy	
Gameten (n)	22 A + x 22 A + x	22 A + x 22 A + y	
Zygoten (2n)	44 A + xx ♀	44 A + xy ♂	

Damit ergibt sich die Möglichkeit, die Geschlechtsbestimmung als Vererbungserscheinung (CORRENS) zu deuten, und zwar würde die Ver-

---

*) *Protenor* und *Lygaeus* sind Gattungen der Landwanzen (Hemipteroidea-Heteroptera-Gymnocerata).

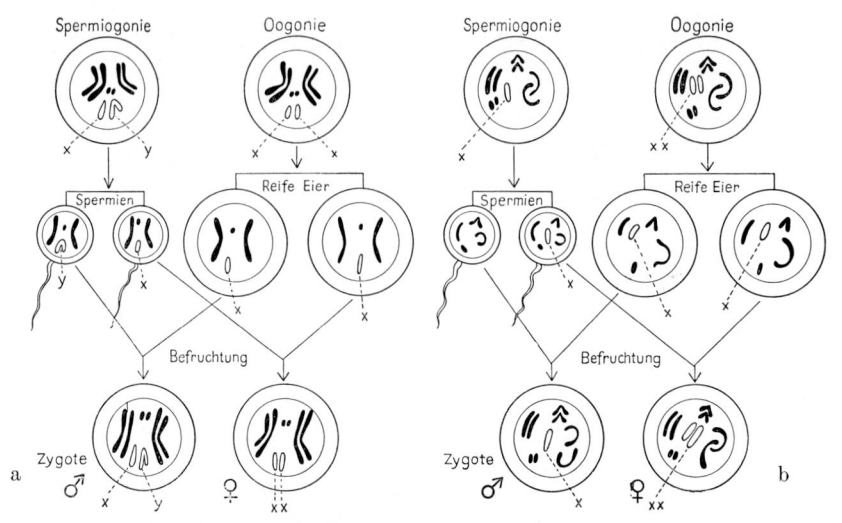

Abb. 71 Schema der genotypischen Geschlechtsbestimmung; a) durch Idiosomen, Drosophilatyp (xy-Chromosom), b) durch Monosom (x-Chromosom), Saltatorientyp.
(Nach H. WEBER, Lehrbuch der Entomologie, 1933).

schen und unter Blütenpflanzen bei *Fragaria* (Erdbeere). Die Chromosomenformel beim Haushuhn lautet beispielsweise:

$$\female\ 76\ A + xy, \quad \male\ 76\ A + xx$$

Die Ergebnisse der cytologischen Forschung stehen in vollem Einklang mit den Ergebnissen der Vererbungsversuche. Bei der Beschreibung der geschlechtsgebundenen Vererbung (S. 57) wurde bereits darauf hingewiesen, daß das Geschlechtschromosom auch andere Anlagen führen muß. Dies gilt jedoch nur für das x-, nicht für das y-Chromosom.

Nach einer nicht gesicherten Ansicht besitzen x- und y-Chromosom beim Menschen einen einander homologen Teil. Nur die im nichthomologen (differentiellen) Teil des x-Chromosoms enthaltenen Erbanlagen werden geschlechtsgebunden vererbt. Kommen im differentiellen Teil des y-Chromosoms tatsächlich Erbanlagen vor, so müßten diese nur in männlicher Linie vererbt werden *(holandrische Gene)*. Kritische Nachprüfung der angeblichen Fälle von holandrischer Vererbung beim Menschen (STERN 1957) haben ergeben, daß kein endgültiger Beweis für diesen Erbgang beim Menschen vorliegt, wenn auch mit einer derartigen Möglichkeit gerechnet werden kann (VOGEL 1961).

Der Dualismus der Geschlechtszellen ist im allgemeinen den reifen Gameten nicht äußerlich anzusehen. Bei einigen Spinnen kann das Geschlechtschromosom im Spermium jedoch sichtbar bleiben.

In diesem Zusammenhang sei kurz auf den *Geschlechtschromosomenmechanismus bei Parthenogenese* eingegangen. Bei der Blattlaus hat das diploide Weibchen xx. Da bei der parthenogenetischen Entstehung der Weibchen eine Reduktion unterbleibt, wird der Chromosomenbestand gewahrt. In den Eizellen, aus denen durch Parthenogenese Männchen hervorgehen, legen sich die x-Chromosomen paarweise aneinander und machen im Gegensatz zu den Autosomen einen Reduktionsprozeß durch. Auf diese Weise wird auch bei den am Ende der Fortpflanzungsperiode durch Parthenogenese entstehenden männlichen Blattläusen die typische Chromosomenzahl erhalten. Dagegen ist der Geschlechtschromosomenmechanismus bei der Honigbiene, bei der aus befruchteten Eiern Weibchen, aus unbefruchteten Eiern aber haploide Männchen hervorgehen, bisher nicht eindeutig geklärt.

Die Chromosomenzahl beim Menschen

Unsere Vorstellungen über die normale Chromosomenzahl des Menschen haben in den letzten Jahren eine grundlegende Wandlung erfahren. Seit den Untersuchungen von PAINTER (1921-24) und von EVANS und SWEZY (1929), die an gefärbten Gewebsschnitten, Häutchenpräparaten oder an isolierten Zellen ausgeführt wurden, nahm man allgemein an, daß der Mensch im diploiden Zustand 48 Chromosomen besäße. Die exakte Feststellung der Chromosomenzahl

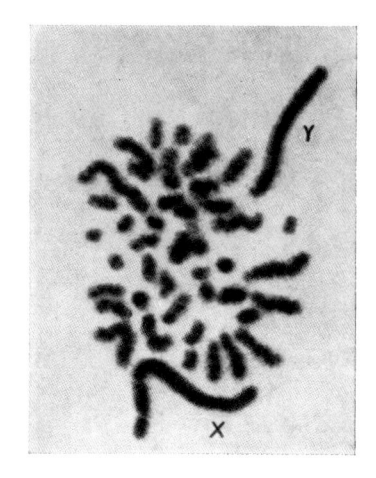

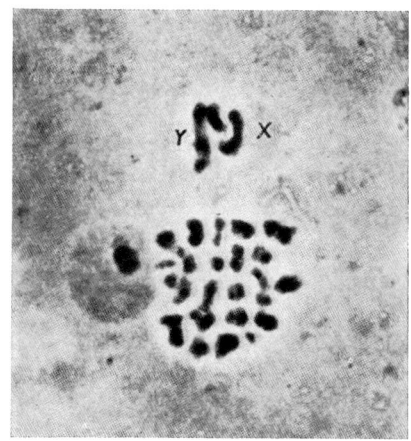

Abb. 72 Chromosomensatz und Geschlechtschromosomen (x, y) bei der Erdmaus, *Microtus agrestis*. (Nach C. R. AUSTIN, J. Anat. 91, 1957 Abb. 2, 3).
Beachte die außerordentliche Größe und die abweichende Gestalt der Geschlechtschromosomen im Vergleich mit den Autosomen. Die Präparate entstammen Hoden-Quetschpräparaten.

ist tatsächlich schwierig, da die sehr kleinen Chromosomen sich häufig überdecken und ihre morphologischen Unterschiede geringfügig sind. Mit Hilfe neuer Methoden gelang TJIO und LEVAN (1956) die Entdeckung, daß der Mensch im diploiden Zustand 46 Chromosomen besitzt. Die methodischen Fortschritte, die zu diesem Ergebnis führten, bestehen darin, daß man nicht mehr mit Gewebsschnitten, sondern mit ganzen Einzelzellen aus Gewebekulturen arbeitet.

Da in Gewebekulturen eine hohe Zellteilungsaktivität vorkommt, ist derartiges Material besonders geeignet, Chromosomenbilder zu gewinnen. Durch Behandlung der Kulturen mit einem Mitosegift (Colchicin), kann man eine Blockade des Mitoseprozesses während der Metaphase erreichen und dadurch die Chromosomen in einem Stadium fixieren, das für die Analyse besonders geeignet ist. Durch Behandlung mit hypotonischer Salzlösung gelingt es, die dicht gedrängt liegenden Chromosomen auseinanderzutreiben und sehr klare Bilder aller Einzelchromosomen zu gewinnen (Abb. 72, 73). Die neue Methode gibt die Möglichkeit, die einzelnen Chromosomen zu charakterisieren und systematisch zu ordnen. Die Kennzeichnung erfolgt auf Grund der Gesamtlänge, auf Grund der Lage der Spindelansatzstelle und des Vorkommens von Satelliten (Abb. 73).

Die Untersuchung der Chromosomenzahl bei Tierprimaten mit der neuen Methodik ergab erhebliche Abweichungen gegenüber den älteren Angaben. Die folgende Tabelle informiert in Übersicht über einige Chromosomenzahlen bei Halbaffen und Affen (nach BENDER-CHU 1963, KLINGER 1964) (Abb. 74):

Urogale everetti (Tupaiidae) 2n =	44
Lemur catta (Lemuridae)	56
L. macaco	44
Galago senegalensis	38
Cebus capucinus (Platyrrhini)	54
Ateles belzebuth	34
Callithrix chrysoleucos	46
Macaca mulatta (Catarrhini)	42
Papio doguera	42
Cercopithecus aethiops	60
Colobus polykomos	44
Hylobates lar (Hylobatidae)	44
Pongo pygmaeus (Pongidae)	48
Pan troglodytes	48
Pan paniscus	48
Gorilla gorilla	48
Homo	46

Chromosomenaberrationen beim Menschen

Die Ausarbeitung neuer Untersuchungsmethoden brachte die Möglichkeit, Abweichungen vom normalen Chromosomenverhalten auch beim Menschen untersuchen zu können. Abänderungen in der Zahl der Einzelchromosomen

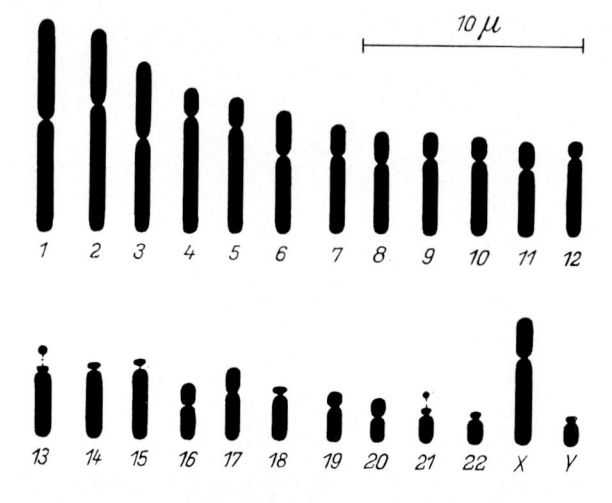

Abb. 73 a) Chromosomensatz des Menschen (männlich). Numerierung und Systematik der Chromosomen entsprechend der Konvention von Denver. Nach CHU und GILES 1959 abgeändert.

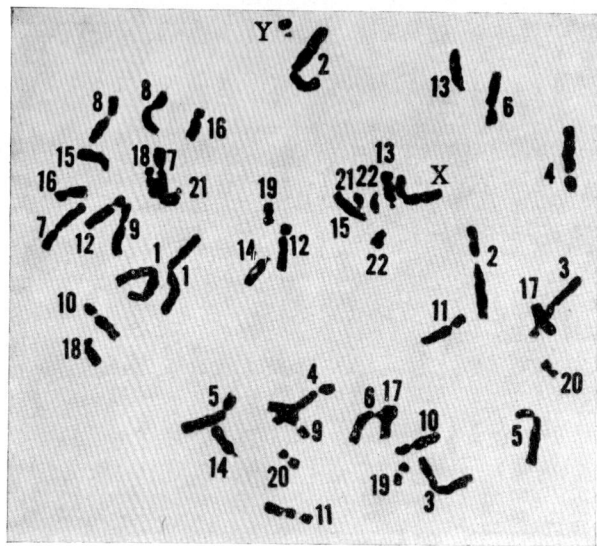

Abb. 73 b) Chromosomensatz aus einer Hautzelle eines neugeborenen Knaben. Gewebekultur. (Nach LÜERS 1959).

sind aus der experimentellen Genetik seit längerer Zeit bekannt. Ist der gesamte Chromosomensatz einer Zelle vervielfacht, so spricht man von *Polyploidie* (s. S. 55). Kommen hingegen nur einzelne Chromosomen vervielfacht vor, so spricht man von *Polysomie* (trisomerer, tetrasomerer usw. Zustand). Fehlt ein Chromosom, so liegt *Monosomie* vor. Die Bezeichnung eines zusätzlichen Chromosoms bei Trisomie als ,,überzählig" sollte vermieden werden. Besser ist es, in derartigen Fällen von ,,Extrachromosomen" zu sprechen (LÜERS 1961), denn überzählige Chromosomen sind nicht zu anderen Chromosomen des Satzes homolog. Beim Menschen sind in den letzten Jahren eine ganze Reihe von Chromosomenaberra-

tionen bekanntgeworden; sie gehen mit der Ausbildung kennzeichnender klinischer Symptome am Phaenotypus einher, so daß heute für eine Anzahl von Syndromen die Ursache der Mißbildung in einer Abweichung des Chromosomensatzes von der Norm gesehen werden darf.

a) Bei mongoloider Idiotie, einer häufigen Form des Schwachsinns, die mit charakteristischen Wachstumsstörungen und Anomalien des Bindegewebsapparates und der Haut kombiniert ist, liegt Trisomie eines Autosoms (und zwar des Chromosoms 21) in weitaus der Mehrzahl der Fälle vor (JACOBS u. a. 1959). (44 + A + xy: ♂; 44 + A + xx: ♀) (Abb. 75). Es sind allerdings auch einige Fälle von mongoloider Idiotie be-

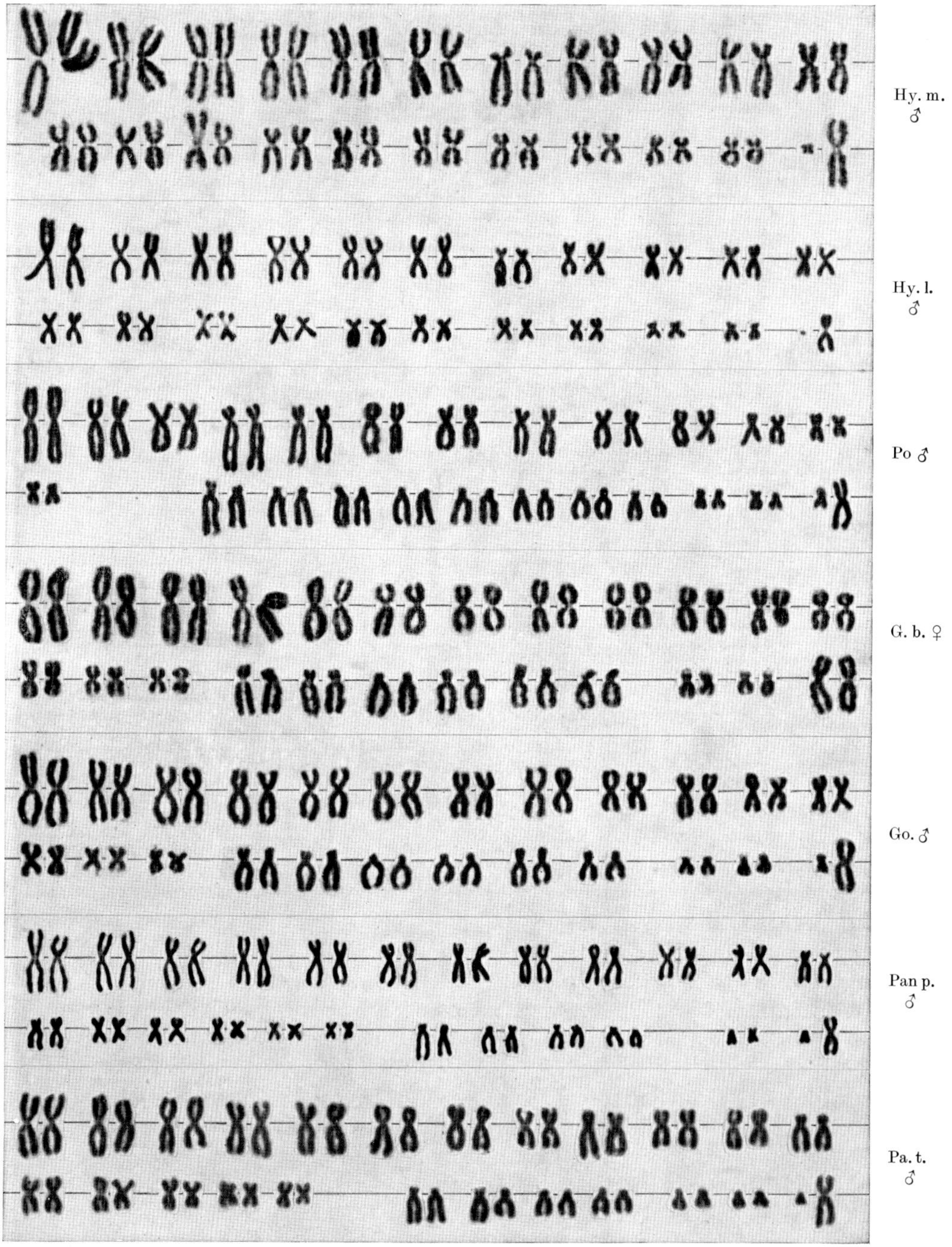

Abb. 74 Chromosomensätze der Menschenaffen. Pa. t. = *Pan trojlodytes*, Schimpanse. Pan p. = *Pan paniscus*, Zwergschimpanse. Go = *Gorilla gorilla*, Flachlandgorilla. G. b. = *Gorilla g. beringei*, Berggorilla. Po = *Pongo pygmaeus*, Orang Utan. Hy. l. = *Hylobates lar*, Gibbon. Hy. m. = *Hylobates moloch*, Gibbon. Die Geschlechtschromosomen jeweils in der unteren Reihe ganz rechts.
(Nach J. L. HAMERTON und H. P. KLINGER 1963).

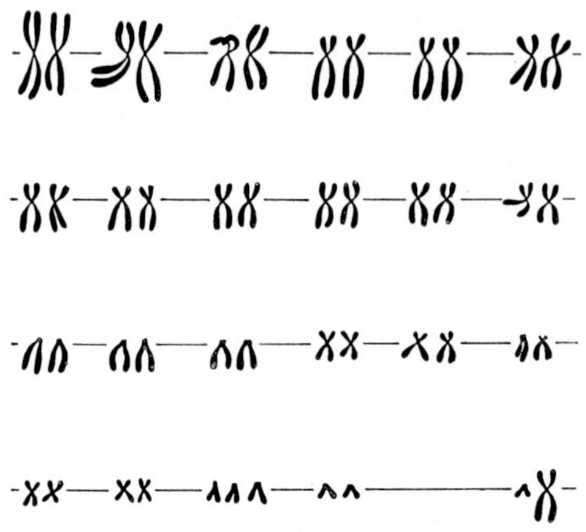

Abb. 75 Chromosomensatz eines elfjährigen Patienten mit mongoloider Idiotie. Die Chromosomen sind paarweise geordnet. Trisomie des Chromosomes 21 (untere Reihe, Mitte). (Nach BÖÖK, FRACCARO und LINDTSTON).

kannt geworden, bei denen andere Chromosomenaberrationen der Störung zugrunde lagen. Diese Patienten hatten normale Chromosomenzahlen (46), zeigten aber Translokationen zwischen verschiedenen Autosomen.

b) Bei der als ULLRICH-TURNER-Syndrom (FORD-JONES u. a. 1959) beschriebenen Mißbildungskombination finden sich 45 Chromosomen, ein y-Chromosom fehlt (44 + xo). Der Phaenotyp ist meist weiblich, doch besteht eine Aplasie der Gonaden und in deren Folge ein Ausbleiben der Entwicklung der sekundären Sexualmerkmale. Hinzu kommen Minderwuchs und Hautfaltenbildung am Hals (Pterygium). Die klinische und cytologische Variationsbreite ist groß. Individuen mit männlichem Phaenotyp wurden beobachtet. Cytologisch fanden sich bei Turner-Patienten gelegentlich Chromosomen-Mosaike (44 + xo und gleichzeitig 44 + xx). Die Befunde zeigen, daß beim Menschen die Zahl der x-Chromosomen nicht gleichgültig ist. Der xo-Typ ergibt meist weiblichen Phaenotyp, genügt aber nicht zur Bildung funktionsfähiger Gonaden. Auch hiervon sind Ausnahmen beschrieben worden.

c) Als KLINEFELTER-Syndrom wird ein Zustandsbild beschrieben, das durch Dysgenesie der Hoden bei männlichem Phaenotypus, durch häufige Kombination mit Gynaekomastie, Schwachsinn und durch hohe Ausscheidung von Gonadotropinen im Harn gekennzeichnet ist.

Durch den Nachweis des Geschlechtschromatins (s. S. 76) sind die Patienten als „weiblich" gekennzeichnet (Sex-Chromatin positiv). In typischen Fällen finden sich 47 Chromosomen (JACOBS, BAIKIE u. a. 1959). Die Analyse ergab, daß ein überzähliges x-Chromosom vorliegt (44 + xy + x).

Während bei *Drosophila* der xxy-Typ weiblich ist (s. S. 81), ist der entsprechende Chromosomentyp beim Menschen männlich. Aus diesen Befunden ergibt sich, daß bei *Drosophila* das Geschlecht ausschließlich von der Zahl der x-Chromosomen (Verhältnis: Autosomen zu x-Chromosomen) abhängt, während beim Menschen und bei den Säugern (Maus) das y-Chromosom keineswegs für die Geschlechtsbestimmung inert ist. Die Ausbildung männlicher Keimdrüsen hängt von der Anwesenheit des y-Chromosoms ab. Die Zahl der x-Chromosomen beeinflußt jedoch die Ausprägung der Sexualcharaktere und die Funktionstüchtigkeit der Gonade. Fälle mit xxxy und xxxxy sind beim Menschen gleichfalls bekanntgeworden. Sie zeigen KLINEFELTER-Symptome.

d) Der xxx-Typ (47 Chromosomen: 44 + xxx) ist in mehreren Fällen beim Menschen bekanntgeworden. Während dieser Karyotyp bei *Drosophila* zur Steigerung der weiblichen Charaktere („Überweibchen", Superfemales) führt, findet sich beim Menschen nichts Vergleichbares. Die Patientinnen zeigen oft Unterentwicklung des Genitalapparates und sind meist minderbegabt. In wenigen Fällen sind die Geschlechtsorgane funktionsfähig (LENZ 1961).

e) Kombinationsfälle: Gelegentlich können Kombinationen mehrerer Chromosomenaberrationen beobachtet werden. Theoretisch interessant ist das Vorkommen von mongoloider Idiotie in Verbindung mit dem KLINEFELTER-Syndrom bei einem Patienten (FORD u. a. 1959). Erwartungsgemäß fanden sich (Untersuchung von Haut- und Knochenmarkszellen) 48 Chromosomen, und zwar 2 x-, 1 y- Chromosom bei Trisomie des Autosoms 21 (44 + xxy + a).

Geschlechtschromatin (Sex-Chromatin)

BARR und BERTRAM (1949) konnten nachweisen, daß Geschlechtsunterschiede am Interphasekern somatischer Zellen bei Säugetieren vorkommen. Im Kern weiblicher Tiere findet

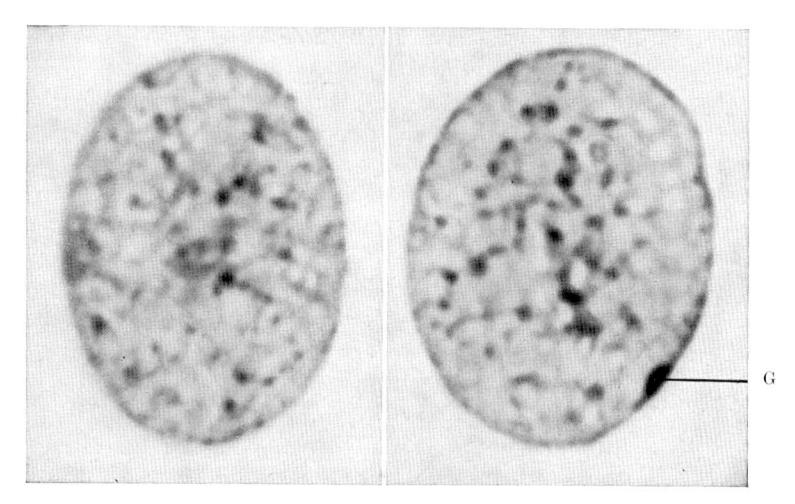

Abb. 76 Geschlechtschromatin. Zellkerne aus dem Epithel der Mundschleimhaut eines Mannes (links) und einer Frau (rechts). G = Geschlechtschromatin (Thioninfärbung nach KLINGER und LUDWIG) (Nach WOLF-HEIDEGGER aus BARGMANN 1962).

sich während der Interphase meist der Kernmembran anliegend ein Chromozentrum (chromatinartig färbbares Körperchen), das den männlichen Individuen fehlen soll. Besonders eingehend ist das Geschlechtschromatin bei Katze und Mensch untersucht worden. Säugetiere aus verschiedenen Ordnungen zeigen ein ähnliches Verhalten, wenn auch morphologische Unterschiede in Einzelheiten vorkommen. Beim Menschen findet sich das Geschlechtschromatin (Sex-Chromatin) in 50–80% (durchschnittlich 66%) der weiblichen Gewebszellen. Beim Manne findet es sich in 0–15% (durchschnittlich 5%). Dieser Befund ermöglicht mit Sicherheit eine Geschlechtsdiagnose aus dem histologischen Präparat verschiedenartiger Gewebe (Abb. 76).

Das Geschlechtschromatin liegt beim Menschen als etwa 1 μm langes Gebilde der Kernmembran an. Es besteht aus Desoxyribonucleinsäure. Häufig läßt es im Lichtmikroskop einen Aufbau aus zwei Korpuskeln erkennen. Das Fehlen des Sex-Chromatins in einem gewissen Prozentsatz der weiblichen Zellen beruht offensichtlich auf Mängeln der Technik. Eine bestimmte Anzahl speziell differenzierter Zellkerne besitzt aber zweifellos auch im weiblichen Geschlecht kein Sex-Chromatin. Zellkerne des Mannes, die Geschlechtschromatin enthalten (etwa 5%), werden als tetraploid gedeutet.

Im allgemeinen wird angenommen, daß das Geschlechts-Chromatin einem Teil der beiden x-Chromosomen entspricht. Diese Ansicht stützt sich vor allem auf die Beobachtung der Doppelnatur des Gebildes (KLINGER). Ein xC-hromosom soll zu klein sein, um im Lichtmikroskop sicher erkannt werden zu können. Die Beobachtung des Auftretens von sexchromatinähnlichen Gebilden in polyploiden Zellen scheint diese Hypothese zu stützen (KLINGER 1958). Nicht mit dieser Annahme vereinbar ist jedoch ein Befund an Vögeln. KOSIN und ISHIZAKI (1959) fanden das Geschlechtschromatin in ähnlicher Anordnung und Häufigkeit wie bei Säugern auch bei weiblichen Haushühnern. Da aber bei Vögeln das männliche Geschlecht homogametisch ist (xx), wäre zu erwarten, daß bei Vögeln die Männchen Träger des Sex-Chromatins sind, wenn die Theorie der Identität von Ge-

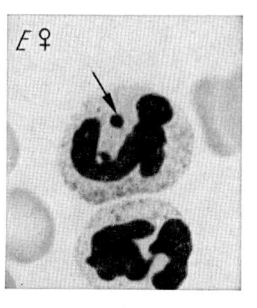

Abb. 77 Trommelschlegelanhängsel (Pfeil) am Kern eines Granulocyten aus dem Blut eines weiblichen Individuums (aus DAVIDSON-SMITH, Abb. 51e in OVERZIER 1964).

schlechts-Chromatin und Chromosomensubstanz (x-Chromosomen) zutrifft. Der Befund bedarf jedoch noch der Nachprüfung an umfangreicherem Material und zahlreicheren Arten.

Die Möglichkeit, das chromosomale Geschlecht von Körperzellen mit Hilfe des Sex-Chromatin-Testes festzustellen, hat in vielen Fällen große praktische Bedeutung erlangt (Fälle von unklarer Geschlechtsdifferenzierung, Intersexualität).

Da im klinischen Untersuchungsverfahren regelmäßig Blutausstriche angefertigt werden, hat die Frage, ob eine Geschlechtsdiagnose aus dem Kernbild der Granulocyten möglich sei, Bedeutung gewonnen (DAVIDSON-SMITH 1961, Abb. 77). Nun sind die Granulocyten des strömenden Blutes nicht mehr vermehrungsfähige, voll ausgereifte Zellen mit spezialisierter Kernstruktur. In Granulocytenkernen weiblicher Individuen findet sich gelegentlich eine trommelschlegelartige Ausstülpung („drum-stick"), die als Aequivalent des Geschlechtschromatins gedeutet wird (Abb. 77). Der Nachweis von 6 Trommelschlegeln auf 500 Neutrophile gilt in der Regel als Beweis für genetisch weibliches Geschlecht. Da aber die Kernanhänge der Leukocyten bei Frauen immer in einem viel geringeren Prozentsatz (0,5—20%) als das echte Geschlechts-Chromatin in Gewebszellen vorkommen, wird eine zuverlässige Diagnose sich stets zusätzlich auf die Untersuchung mindestens einer weiteren Gewebeart stützen müssen.

Sexualproportion

Wenn die Annahme einer genotypischen Geschlechtsbestimmung zutrifft, ist zu erwarten, daß stets gleich viele Männchen und Weibchen entstehen. Das Zahlenverhältnis der Geschlechter muß 50:50 sein. Beim Menschen kommen nun auf 100 Mädchengeburten 106 Knabengeburten. Dabei ist zu berücksichtigen, daß diese Proportion nur für die Zeit der Geburt gilt. Man könnte vermuten, daß die intrauterine Sterblichkeit des weiblichen Geschlechtes höher sei als die des männlichen. Eine Berücksichtigung von Früh- und Fehlgeburten ergibt jedoch eine weitere Verschiebung zugunsten des männlichen Geschlechtes, so daß sich für den Befruchtungszeitpunkt sogar ein Verhältnis von 100:125 bis 150 errechnet. Es werden also mehr männliche Früchte gezeugt als weibliche, und die intrauterine Absterberate ist bei diesen höher als bei weiblichen. Für Pferd, Rind, Schwein und Ratte liegt die Sexualproportion bei der Geburt nahe bei 1:1. Experimentelle Beobachtungen sprechen nun dafür, daß die Mehrzeugung männlicher Keime sicher sekundärer Natur ist. Die beiden Spermienarten sind gegen das physikochemische Milieu der weiblichen Genitalwege verschieden anfällig, und zwar sind die x-führenden Spermien (weibchenbestimmend) empfindlicher. Die y-führenden Spermien haben aus bisher nicht bekannten Gründen eine größere Wahrscheinlichkeit, zur Befruchtung zu gelangen als die x-führenden. Die höhere Sterblichkeit männlicher Keime scheint nicht auf rezessiven geschlechtsgebundenen Letalfaktoren, sondern auf einer geringeren Resistenz des männlichen Geschlechts gegen verschiedenartige Schäden zu beruhen (LUDWIG und BOOST 1943).

Die eigenartige Zunahme von Knabengeburten nach Kriegen und Notzeiten findet vielleicht durch folgende Hypothese eine Erklärung (DE RUDDER 1950). Die Auflösung der das Ei umgebenden Granulosa erfolgt durch ein im Sperma enthaltenes Ferment, die Hyaluronidase. Diese verflüssigt den Zellkitt der Granulosa, welcher als wesentlichen Bestandteil Hyaluronsäure, ein Polysaccharid, enthält. Eiweißmangelernährung führt zu einer Verarmung an Hyaluronidase. Dadurch bleibt die Granulosa länger zusammenhängend, und die kleineren y-Spermien haben wahrscheinlich eher Chancen, die Hüllschicht zu durchdringen, als die weibchenbestimmenden x-Spermien.

Mit der Feststellung, daß es eine genbedingte Geschlechtsbestimmung gibt, ist noch nichts über deren Mechanismus ausgesagt. Genotypische Geschlechtsbestimmung schließt das Vorhandensein komplizierter Reaktionsabläufe und die Mitwirkung weiterer Faktoren nicht aus. In der Tat hat sich nun herausgestellt, daß sehr verschiedenartige Mechanismen vorkommen können. Insbesondere kann das Eingreifen hormonaler Faktoren den Ablauf erheblich modifizieren. Bei Insekten kommen keine Geschlechtshormone im eigentlichen Sinne vor. Deshalb zeigen diese Formen besonders klar und unverfälscht die genbedingte Ausprägung des Geschlechts. Wir betrachten daher zunächst einige Befunde an Insekten, um die Natur der geschlechtsbestimmenden Faktoren genauer zu analysieren.

Geschlechtsrealisatoren

Untersuchungen von R. GOLDSCHMIDT an *Lymantria* und von BRIDGES an *Drosophila* haben eindeutig ergeben, daß beide Geschlechter die Potenz für die Bildung des entgegengesetzten Geschlechtes besitzen und sowohl die männchen- als auch weibchenbestimmenden Gene (Realisatoren) in beiden Geschlechtern gleichzeitig vorhanden sind. Dabei wirken diese Faktoren mit einer gewissen Stärke (Valenz), und zwar wirkt F (weibchenbestimmend) stärker als M (männchenbestimmend). Beim Drosophilatyp (männliche Heterogametie) hat das weibliche Geschlecht FF : MM (F > M), das männliche F : MM. Ausschlaggebend für das Zustandekommen eines bestimmten Geschlechts ist also das *quantitative* Verhältnis von F zu M. Es sei nochmals betont, daß nicht etwa die Geschlechtsrealisatoren als männchen- und weibchenbestimmender Faktor getrennt auf die beiden Geschlechter verteilt werden und qualitativ wirken. Die Realisatoren beider Geschlechter kommen Männchen und Weibchen zu, nur der Quotient ist verschieden. Hingegen findet bei *haplogenotypischer Geschlechtsbestimmung* (viele Algen und Pilze, Moose, einige Protozoen) tatsächlich eine Trennung und Verteilung männlicher und weiblicher Faktoren je zu 50% auf die haploiden Gonen in der Reduktionsteilung statt.

Quantitative Wirkung der Geschlechtsrealisatoren

Den Beweis der Geschlechtsbestimmung durch quantitativ abgestimmte Wirkung männlicher und weiblicher Realisatoren ergeben folgende Beobachtungen. Verändert man bei *Drosophila* (BRIDGES) das Verhältnis von Autosomen zu x-Chromosomen, so kann man die Geschlechtsdetermination verändern. *Drosophila* (Abb. 53) besitzt drei Autosomenpaare und ein Paar Geschlechtschromosomen.

Die Chromosomenformel lautet für

normale ♀: xx II.II. III.III. IV.IV.
normale ♂: xy II.II. III.III. IV.IV.

In der Tat kommt es auf das Verhältnis x-Chromosomen zu Autosomen an. F liegt im x-Chromosom, M im ganzen Autosomensatz. Das y-Chromosom ist völlig gleichgültig für den Mechanismus der Geschlechtsbestimmung. Im weiblichen Geschlecht kommen auf 2 Autosomensätze 2 x-Chromosomen (2 x : 2 A), im männlichen auf 1 x : 2 A. Erzeugt man Genommutationen, in denen das Verhältnis x : A normal bleibt, etwa 3 x : 3 A, so entstehen geschlechtlich normal differenzierte Tiere, in unserem Beispiel Weibchen, denn das Verhältnis x : A ist = 1 : 1. Ergibt die Kombination das Verhältnis 1 : 2 = 0,5, so entstehen Männchen. Bekommt man jedoch abnorme Verhältniszahlen, z. B. 2 x : 3 A = 2 : 3 = 0,67, so entstehen Intersexe. Es entstehen also sexuelle Zwischenformen, wenn der Quotient zwischen ♀- und ♂-bestimmenden Faktoren einen gewissen Grenzwert nicht erreicht. In gleicher Versuchsanordnung läßt sich nachweisen, daß das y-Chromosom bedeutungslos ist. Verschiebt man den Differenzwert über die Grenzen der Norm, so erhält man Tiere mit Überbetonung der jeweiligen Geschlechtsdifferenzierung, sogenannte Überweibchen bzw. Übermännchen.

Autosomensätze und Zahl der Geschlechtschromosomen	Geschlecht	Verhältnis x : A
3x + 2A	Überweibchen	3 : 2 = 1,5
4x + 4A	♀	4 : 4 = 1
3x + 3A	♀	3 : 3 = 1
3x + 3A + 1y	♀	3 : 3 = 1
2x + 2A	♀	2 : 2 = 1
2x + 2A + 2y	♀	2 : 2 = 1
2x + 3A	Intersexe	2 : 3 = 0,67
1x + 2A + 1y	♂	1 : 2 = 0,5
1x + 2A	♂	1 : 2 = 0,5
1x + 3A	Übermännchen	1 : 3 = 0,33

Eine Übertragung dieser Befunde an Insekten auf Säugetiere und Mensch ist jedoch nicht berechtigt. Während der XO-Typ bei Drosophila männlich ist, sind Individuen mit dieser Chromosomenkonstitution bei Maus und Mensch weiblich. Hingegen zeigen menschliche Individuen mit der Formel XXY (KLINEFELTER-Syndrom, s. S. 78) männlichen Phaenotypus.

Lymantria-Untersuchungen

Die Geschlechtsbestimmung durch quantitativ verschiedene Wirkung männlicher und weiblicher Realisatoren wurde zuerst von R. GOLD-

SCHMIDT (1912–1949) am Schwammspinner *Lymantria dispar* nachgewiesen. Die Verhältnisse liegen hier etwas verwickelter als bei *Drosophila*. Auch hier besteht ausschließlich zygotisch-genetische Geschlechtsbestimmung (weibliche Heterogametie). GOLDSCHMIDT konnte nun den interessanten Nachweis führen, daß es verschiedene *Lymantria*-Rassen gibt, die sich in bezug auf die Wertigkeit (Valenz) ihrer Geschlechtsrealisatoren unterscheiden. Kreuzt man Tiere der europäischen oder der japanischen Rasse unter sich, so zeigt die Nachkommenschaft ein normales Geschlechtsverhältnis. Das gleiche ist der Fall, wenn man japanische Weibchen mit europäischen Männchen kreuzt. Die reziproke Kreuzung (europäische ♀ × japanische ♂) ergibt hingegen 50% normale ♂ und 50% intersexuelle ♀. In der F$_2$-Generation aus europäischen ♀ × japanischen ♂ sind die Männchen normal, die Weibchen zur Hälfte normal, zur Hälfte intersexuell. F$_2$ aus japanischen ♀ × europäischen ♂ ergibt normale Töchter, aber Söhne, die zur Hälfte normal, zur Hälfte intersexuell sind. Die Erklärung für diesen Tatbestand finden wir in der Tatsache, daß die quantitative Wertigkeit der Geschlechtsrealisatoren bei europäischen und japanischen Schwammspinnern verschieden ist. Damit müssen bei Bastarden andere Quotienten auftreten als in der Norm. Erreichen diese Werte nicht die Schwelle, so ergeben sich sexuelle Zwischenstufen. Jedoch sind die Intersexe chromosomenmäßig stets normal männlich oder weiblich. Es gibt also auch hier bei genetisch determinierten Geschlechtsindividuen eine bisexuelle Potenz, und die endgültige Geschlechtsbestimmung hängt von der relativen Wirkungsstärke der männlichen oder weiblichen Realisatoren ab. Um sich die Verhältnisse klarzumachen, kann man die Wirkungsstärke der Realisatoren in willkürlich gewählten Zahlen ausdrücken. Nehmen wir für den Faktor F = 80 und M = 60, so ergibt sich für ♀ F : M = 8 : 6 = 1,33, für ♂ F : MM = 8 : 12 = 0,75. Hat aber beispielsweise der Faktor M bei einer sogenannten „starken Rasse" (Japaner) den Wert 90, so ergibt bei Kreuzung europäischer ♀ mit japanischen ♂ F : M = 8 : 9 = 0,89 = intersexe ♀ und F : MM = 8 : 18 = 0,44 = normale ♂. In unserem Beispiel würden also Werte zwischen 0,75 und 1,33 je nach dem Grad der Abweichung von diesen Grenzwerten mehr oder weniger männlich oder weiblich betonte Intersexe ergeben (Abb. 69). Es sei nochmals betont, daß die von uns eingeführten Grenzwerte nicht als absolute Werte zu beurteilen sind. Die Entstehung richtig ausdifferenzierter Geschlechtsformen hängt also von einem bestimmten ausgeglichenen Balanceverhältnis der Realisatoren ab. Über die weiteren Deutungen, die GOLDSCHMIDT an seine Untersuchungen der Lymantria-Intersexe anschließt, besteht jedoch noch keine Einigung. GOLDSCHMIDT nimmt nämlich an, daß die Intersexe die Entwicklung in der Richtung beginnen, die der chromosomalen Konstitution entspricht. Zu einem bestimmten Zeitpunkt – Drehpunkt – soll dann die Entwicklung in die Richtung des entgegengesetzten Geschlechtes umschlagen. Alle Organe, die vor dem Drehpunkt determiniert sind, werden in der Art des genetischen Geschlechts ausgebildet, alle Organe, die später determiniert werden, jedoch in der Art der nun wirksamen Faktoren des entgegengesetzten Geschlechts. So entstehen Tiere, die ein Mosaik männlicher und weiblicher Charaktere zeigen. Nun hat SEILER (1920–1949) mit seinen Mitarbeitern an dem Kleinschmetterling *Solenobia triquetrella* (Psychidae) ähnliche Untersuchungen über Intersexualitätsphänomene durchgeführt und kommt zu ganz abweichenden Ergebnissen. Auch *Solenobia* besitzt extremen Sexualdimorphismus (geflügelte ♂, ungeflügelte ♀). Durch Rassenkreuzung gelingt es hier, triploide Intersexe zu erzeugen. Durch Artkreuzung (*S. triquetrella* × *S. fumosella*) gelingt es, auch diploide Intersexe herzustellen. Die Verhältnisse dürften also ganz ähnlich wie bei *Lymantria* liegen. Nun ergibt aber eine genaue morphologische und histologische Analyse der Intersexe, daß diese Tiere in der Tat in allen Merkmalen intersex sind, daß also das sogenannte Zeitgesetz (Drehpunkt) von GOLDSCHMIDT nicht zu Recht besteht. Nach der Annahme von SEILER wirken männliche und weibliche Realisatoren von vorneherein stets gleichzeitig in den Intersexen. Jede Zelle, die geschlechtlich different ausgebildet wird, wird entweder rein weiblich oder rein männlich ausgebildet. In welche Richtung sie letzten Endes gerät, hängt von äußeren Faktoren ab. Die Faktoren F und M jedenfalls sind nach dieser Theorie gegeneinander ausgeglichen und heben sich in gewissem Sinne gegenseitig auf. Die Befunde an *Solenobia* sprechen jedenfalls sehr zugunsten der Deutung von SEILER, die damit wahrscheinlich auch für Intersexualitätsphänomene bei anderen Formen gültig sind. Wichtig ist in diesem Zusammenhang, daß es tatsächlich gelingt, den Ausprägungsgrad der Intersexualität durch äußere Faktoren (Temperatur, Ernährung) stark zu beeinflussen.

Geschlechtsbestimmung bei Wirbeltieren

Im Grunde genommen liegt der Mechanismus der genotypischen Geschlechtsbestimmung in der Diplophase, wie wir ihn von Insekten kennengelernt haben, auch der Geschlechtsdetermination der Wirbeltiere zugrunde. Doch wird bei diesen Formen das Bild erheblich komplizierter, weil hormonale Zwischenreaktionen eingeschaltet sind. Im Gegensatz zu Insekten besitzen Wirbeltiere nämlich Sexualhormone. Bei Wirbeltieren bestimmt also die genetische Konstitution keineswegs eindeutig, ob ein Individuum Eizellen oder Spermien bilden wird. Das Schicksal der Urkeimzelle hängt davon ab, in welchen Gewebsbestandteilen der Gonadenanlage sie ihre weitere Entwicklung durchmacht. Gelangt eine Urkeimzelle, gleich welcher chromosomalen Beschaffenheit, in die Markschicht der Gonade, so wird sie in männlicher Richtung differenziert. Geht jedoch die weitere Entwicklung in den oberflächlichen Schichten der Gonade vor sich, so entstehen Eizellen. Wir erinnern daran, daß die Keimzellen nicht in der Gonadenanlage gebildet werden, sondern sich nur sekundär in dieser ansiedeln und hier gewissermaßen ihre Spezialausbildung erfahren. Die Gonade ist also keine Keim-„drüse" im eigentlichen Sinne des Wortes, sondern ist eine Art Wirtsorgan für die sich ausbildenden Keimzellen. Diese sind grundsätzlich bisexuell. Sie können den genetisch bestimmten Entwicklungsablauf verwirklichen, können aber auch anders geartete, latente Potenzen entfalten, wenn sie unter entsprechende Einflüsse gelangen.

Schematisch können wir uns die Geschlechtsdifferenzierung etwa in folgender Weise darstellen:

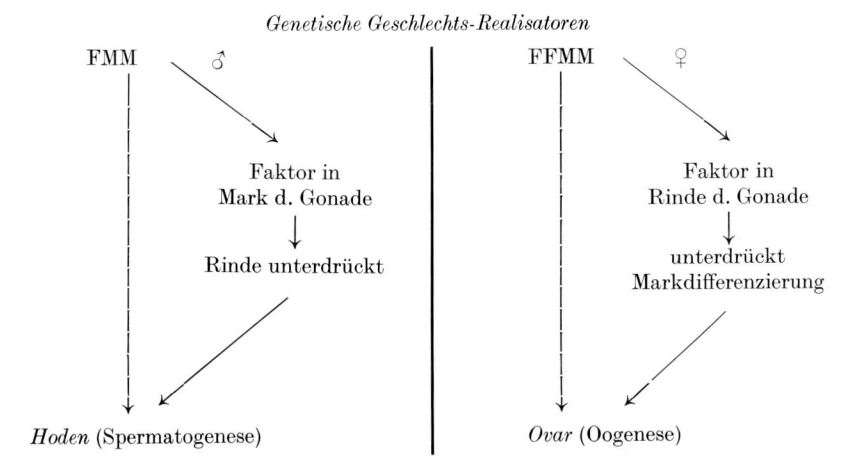

Genetische Geschlechts-Realisatoren

FMM ♂   FFMM ♀

Faktor in Mark d. Gonade   Faktor in Rinde d. Gonade

↓   ↓

Rinde unterdrückt   unterdrückt Markdifferenzierung

Hoden (Spermatogenese)   *Ovar* (Oogenese)

Im Grundsätzlichen ähneln sich die Verhältnisse bei allen Wirbeltieren, doch bestehen zahlreiche Abweichungen bei den einzelnen Gruppen. Am leichtesten experimentell beeinflußbar und daher am besten bekannt sind die Mechanismen bei Amphibien und Vögeln. Wir wollen daher zunächst bei der Erörterung der bisher bekannten Tatsachen diese Formen in den Vordergrund stellen und anschließend allgemeine Folgerungen ziehen. Die Urkeimzellen werden früh von den somatischen Zellen abgetrennt (Keimbahn) und in der Gonadenanlage abgelagert. In der Gonadenanlage entsteht eine neue gewebliche Umwelt. Bei gewissen Froschpopulationen ist die Gewebsdifferenzierung in der Rinde (Cortex) früh fertig, das Mark bleibt zurück. Die Keimzellen geraten zunächst unter den Einfluß induzierender Faktoren der Rinde und bilden sich zu Oocyten aus, die Tiere werden weiblich. Relativ spät differenziert sich das medulläre Gewebe (Mark). Die Keimzellen genetisch männlich bestimmter Tiere geraten nun unter medulläre Einflüsse, die Keimdrüse differenziert sich um und wird zum Hoden. Alle Tiere machen also zunächst ein indifferentes, dann ein weibliches Stadium durch. Relativ spät verschiebt sich dann die Geschlechtsdifferenzierung, bis die normale Sexualproportion erreicht wird (Abb. 78).

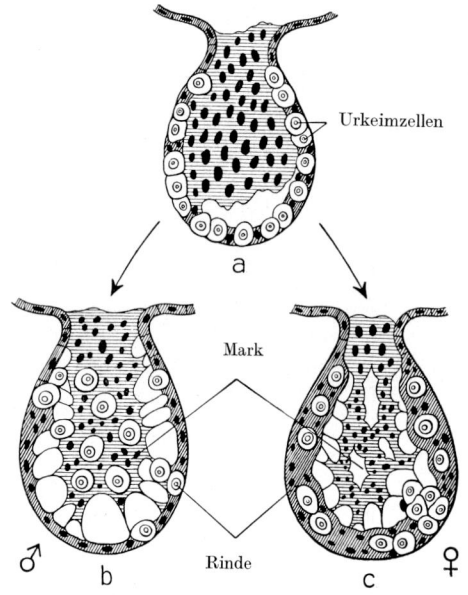

Abb. 78 Differenzierung der Gonaden bei Anuren. (In Anlehnung an WITSCHI).
a) Indifferentes Stadium, Potenz zu bisexueller Differenzierung.
b) Beim Männchen wandern die Urkeimzellen in die Medulla und differenzieren sich hier.
c) Beim Weibchen erfolgt die Differenzierung und Vermehrung der Keimzellen in der Rinde.

Dieser Befund gilt aber nur für bestimmte „undifferenzierte" Froschpopulationen. Genetisch eindeutig bestimmte Keimzellen können sich also einmal zu Eizellen, im anderen Falle zu Spermien differenzieren. Experimentell (hohe Temperatur) kann man bei Fröschen das Rindengewebe zur Degeneration und das Markgewebe zur Hypertrophie bringen. Umgekehrt lassen sich genetische Männchen durch tiefe Temperatur verweiblichen (WITSCHI). Wesentlich ist an diesen Befunden, daß die Ausbildung der beiden spezifischen Gonadengewebe durch äußere Faktoren beeinflußt werden kann und daß diese Umstimmung im Sinne unseres Schemas Umstimmung der Differenzierung der Keimzellen zur Folge hat.

Bei Kröten (*Bufo*) findet sich im erwachsenen Zustand in *beiden* Geschlechtern am cranialen Ende der Gonade ein kleines rudimentäres Ovar, das sogenannte BIDDERsche *Organ* (Abb. 79). Dieses ist auch beim Weibchen deutlich gegen das eigentliche Ovar abgegrenzt. Im männlichen Geschlecht kann sich dieser Teil der Gonade nicht zum Hoden differenzieren, weil in diesem Bereich entwicklungsfähiges Markgewebe fehlt. Entfernung der normalen Gonade führt in beiden Geschlechtern zum Funktionsfähigwerden des BIDDERschen Organs als Ovar. Unklar ist einstweilen, warum im weiblichen Geschlecht das BIDDERsche Organ normalerweise nicht funktionsfähig ist (HARMS, PONSE). Vielleicht liegt eine verschiedene Ansprechbarkeit des reagierenden Gewebes in den einzelnen Regionen der Gonadenleiste auf die geschlechtsbestimmenden Faktoren vor.

Vögel besitzen, von einigen Ausnahmen abgesehen, nur ein unpaares linkes Ovar (s. KUMMERLÖWE). Rechts findet sich ein rindenloses Gonadenrudiment (Abb. 80). Bekannt ist seit altersher, daß alte Hennen eine Geschlechtsumwandlung zeigen können (Hahnenfedrigkeit, krähende

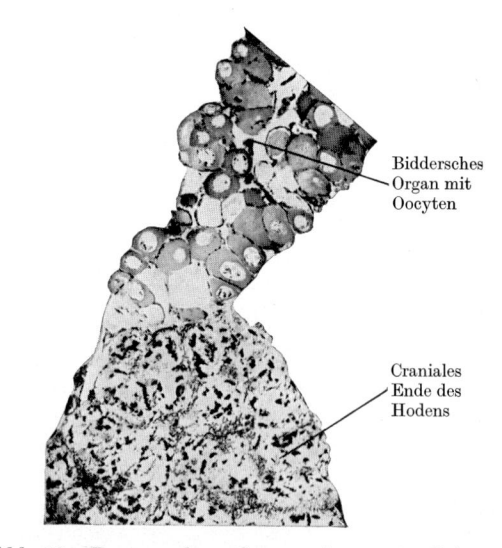

Abb. 79 BIDDERsches Organ einer männlichen Kröte. Unten: Hoden mit Spermatogenese. Oben: BIDDERsches Organ mit Oocyten, Struktur eines Ovars. (Orig.).

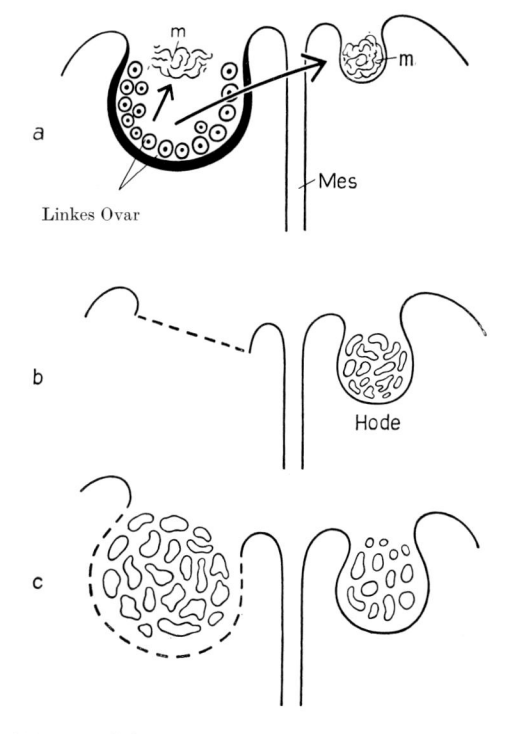

Abb. 80 Schematische Querschnitte durch die Gonadengegend eines Vogels.
a) Normales Verhalten im weiblichen Geschlecht. Nur die linke Gonade ist differenziert. Die Rinde des funktionstüchtigen linken Ovars hemmt die Ausbildung der rechten Gonade und des Markgewebes in der linken Gonade (Pfeile).
b) Entfernung des linken Ovars läßt den hemmenden Einfluß wegfallen. Die rechte Gonade differenziert sich. Es entsteht aber ein Hoden, da die Rinde nicht angelegt ist.
c) Entrindung des linken Ovars (experimentell oder durch Tuberkulose) läßt ebenfalls die hemmenden Faktoren wegfallen. Beide Gonaden entwickeln sich zu Hoden.

m = Medulla, Mes. = Mesenterium.

Henne). Es zeigt sich in derartigen Fällen, daß die Rinde des linken Ovars erschöpft oder durch einen krankhaften Prozeß zerstört ist. Damit fallen Faktoren weg, die die Ausbildung des Markes unterdrücken. Experimentelle Zerstörung des Cortex führt zur Bildung eines Hodens. Entfernt man frühzeitig das Ovar, so bildet sich auch das rechte Gonadenrudiment zum Hoden aus (Abb. 80b). Willkürliche Erzeugung eines rechten Ovars ist in der Regel nicht möglich, da kein Cortexgewebe vorhanden ist. Analoge Erscheinungen sind bei Säugetieren nicht zu beobachten, da in dieser Tiergruppe bei Ausbildung eines Ovars von vornherein das Markgewebe zu sehr unterdrückt wird.

Im Stamm der Säugetiere hat ein besonderer Fall von natürlicherweise vorkommender Beeinflussung der Geschlechtsdetermination früh Interesse gefunden. Beim *Rind* kommen gelegentlich genetisch verschiedengeschlechtliche Zwillinge vor, bei denen der männliche Zwilling normal, das ♀ aber in Richtung auf das männliche Geschlecht umgestimmt ist *(Zwicke* oder free martin). Zwicken entstehen nur, wenn zwischen beiden Zwillingspartnern eine Gefäßanastomose besteht. Fehlt diese, so zeigen beide Feten normale Geschlechtsdifferenzierung (Abb. 81). Die Gonade der Zwicke besitzt die typische Struktur eines unreifen Hodens. Die Entstehung der Zwicke läßt sich dadurch erklären, daß in der männlichen Gonade frühzeitig Wirkstoffe gebildet werden, die über die Gefäßanastomose auf den weiblichen Zwilling einwirken und dessen Geschlechtsdifferenzierung umstimmen. Ähnliche Intersexe sind von Ziege und Schwein bekannt.

Während bei den bisher besprochenen Wirbeltieren vergleichbare Mechanismen vorliegen, scheinen die Verhältnisse bei *Knochenfischen* (d'ANCONA) anders zu liegen. Bei einigen Formen (*Sparus auratus*) kommt echter Hermaphroditismus vor, bei anderen Formen finden sich die verschiedensten sexuellen Zwischenstufen. Kommen beiderlei Gonaden sukzessive in einem Tier zur Reife, so müssen wir eine zeitlich abgestufte Wirkung der geschlechtsspezifischen Differenziatoren annehmen. Bei den gleichfalls zwittrigen Serraniden liegen die Hoden- und Ovarteile oberflächlich in der Gonade, also im gleichen Substrat. Bei anderen Fischen (Aal) wieder sind die beiden Gonadenteile ziemlich regellos durchmischt. Die Trennung in streng spezifisches Mark- und Rindengewebe ist also nicht durchgeführt. Man hat zur Erklärung dieses Phänomens angeführt, daß die geschlechtsdeterminierenden Wirkstoffe in der ganzen Gonade ohne getrennte Lokalisation gleichzeitig nebeneinander gebildet würden und die endgültige Differenzierung der einzelnen Keimzellen nach statistischen Regeln zufallsmäßig erfolgt.

Natur der geschlechtsbestimmenden Wirkstoffe bei Wirbeltieren

Das angeführte Tatsachenmaterial zeigt also, daß neben den primären Genwirkstoffen bei Wirbeltieren noch eine zweite Gruppe von Faktoren wirksam ist. Über die Natur dieser Stoffe

Gefäßanastomose

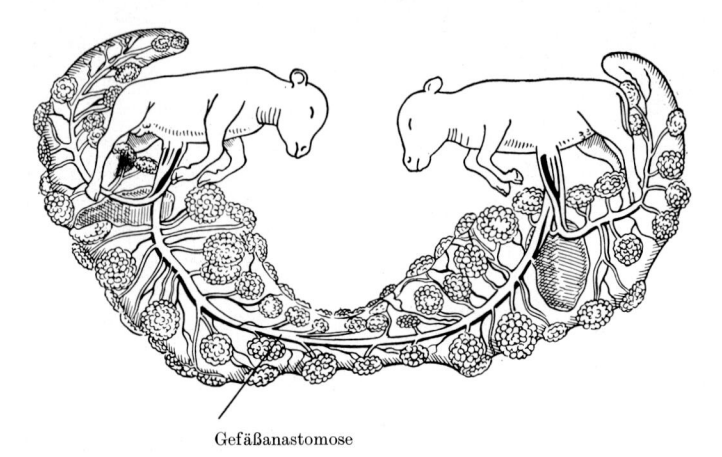

Abb. 81 Zwillingsfeten (Pärchen) beim Rind mit Eihäuten. In den Eihäuten ist eine Gefäßanastomose ausgebildet. Sogenannte „Zwicke". (Nach Lillie).

ist wenig bekannt. Aus der Beobachtung, daß experimentell durch Behandlung von Embryonen mit Sexualhormonen (Testosteron, Follikulin) Umstimmungen der Geschlechtsdifferenzierung erzielt werden können, schließt Dantschakoff, daß die in der Entwicklungszeit wirksamen Hormone mit den Sexualhormonen der erwachsenen Form identisch sind. Demgegenüber nimmt Witschi eine weitere Gruppe von besonderen Stoffen an, die er Corticin und Medullarin nennt. Für beide Ansichten lassen sich Argumente anführen. Betrachten wir zunächst die Ergebnisse der *Hormonbehandlung von Wirbeltierkeimen* (Dantschakoff, Burns, Raynaud, Wolff): Führt man Amphibienlarven das heterologe Sexualhormon zu, so erzielt man eine Umstimmung in Richtung auf das entgegengesetzte Geschlecht. Allerdings ist bei Schwanzlurchen kein Effekt durch männliches Hormon zu erzielen. Behandelt man Hühnerembryonen mit weiblichem Hormon (Follikulin), so werden die genetischen ♂♂ äußerlich verweiblicht (Gefieder). Gonade und Ableitungswege werden weiblich. Später erfolgt Rückschlag zum genetischen Geschlecht (etwa im Alter von 6—8 Monaten). Selbst die am weitesten verweiblichten Tiere legten keine Eier. Weibliches Hormon in genetisch weiblichem Tier ergibt Störungen im normalen Ablauf der Differenzierungsvorgänge am weiblichen Genital im Sinne einer überstürzten und unausgeglichenen Entwicklung. Behandlung genetischer Männchen mit männlichem Hormon (Testosteron) ergibt verfrühte Geschlechtsreife und Störungen der Differenzierung. Testosteronbehandlung weiblicher Embryonen führt zu Schädigung und frühem Absterben der Keime, und zwar dadurch, daß die Urniere vorzeitig in einen Nebenhoden umgewandelt und dadurch die Exkretion verhindert wird.

Es wirkt also das Hormon des homogametischen Geschlechts (♂) für die Embryonen beider Geschlechter schädlich, während das Hormon des heterogametischen Geschlechts weitgehend eine Histogenese im Sinne des weiblichen Geschlechts stimulieren kann. Beim Säugetier liegen die Verhältnisse ganz ähnlich, wenn wir berücksichtigen, daß das männliche Geschlecht heterogametisch ist. Weibliches Hormon tötet die Embryonen beider Geschlechter ab. Hingegen stimmt der männliche Wirkstoff den weiblichen Säugerkeim weitgehend um. Die experimentellen Befunde decken sich mit dem Naturexperiment der „Zwicke".

Die Hormonversuche an Säugetierembryonen sind technisch schwer durchführbar, da die Hormone nicht die Placentarschranke passieren, also nicht der Mutter injiziert werden dürfen, sondern direkt in die Eikammer eingeführt werden müssen. Man ist in neuester Zeit deshalb dazu übergegangen, entsprechende Versuche an Beuteljungen von *Didelphis* (Beutelratte) vorzunehmen. Diese werden in einem außerordentlich unreifen Zustand geboren und machen einen großen Teil der Entwicklungszeit, der bei placentalen Säugern auf die intrauterine Lebensperiode fällt, im Brutbeutel der Mutter durch (s. S. 267). Derartige Beuteljunge sind also entwicklungsmäßig direkt den Embryonen höherer Säuger vergleichbar. Eine Umstimmung der Gonade durch Hormonzufuhr ist bei Beuteljungen von *Didelphis* nicht mehr möglich. Hingegen kann der Descensus testis durch Follikelhormon unterdrückt werden. Der auffallendste Unterschied gegenüber anderen Säugern in diesen Versuchsergebnissen ist die Tatsache, daß durch *männliches* Hormon nicht nur die männlichen akzessorischen Organe (Prostata usw.) stimuliert werden, sondern daß auch die weiblichen Ausführwege (MÜLLERscher Gang, Tuben, Uterus) mächtige Wachstumsimpulse erfahren (amphisexueller Effekt). Die Wirkung auf weibliche Tiere ist sogar stärker als die auf männliche und kommt der des weiblichen Hormons gleich. Weibliches Hormon stimuliert die Ausbildung der MÜLLERschen Gänge und erzeugt in beiden Geschlechtern eine enorme Hypertrophie der WOLFFschen Gänge. Zusammenfassend können wir also konstatieren, daß die normalen Geschlechtshormone bei Wirbeltieren eine morphogenetische Wirksamkeit entfalten können. Es kommt im allgemeinen zu einer Stimulierung der Organe des entsprechenden Geschlechts. Doch treten auch paradoxe Effekte (Beispiel *Didelphis*) an den Ableitungswegen auf. Eine sichere Beurteilung dieser Erscheinung ist noch nicht möglich, da damit zu rechnen ist, daß unphysiologisch hohe Dosierungen in den Versuchen eine Rolle spielen. Die durch Zufuhr von Hormonen erwachsener Tiere in Embryonalstadien ausgelösten Effekte gleichen weitgehend den normalen Entwicklungsabläufen. DANTSCHAKOFF und WOLFF schließen hieraus, daß die Sexualhormone auch physiologischerweise Werkzeuge des Differenzierungsgeschehens am Geschlechtsapparat in der normalen Ontogenese sind. Demgegenüber führt WITSCHI Argumente dafür an, daß die in der Embryonalzeit wirksamen induzierenden Substanzen einer eigenen, von den Sexualhormonen verschiedenen Stoffgruppe angehören. Pfropft man zwei verschiedengeschlechtliche Salamander aufeinander, so daß Stoffaustausch zwischen beiden Partnern möglich ist (Parabioseversuch), so wird die Ausbildung des Ovars im weiblichen Partner unterdrückt, ohne daß es zur Bildung eines Hodens käme. Die hemmende Substanz kann also nicht mit der männlich stimulierenden Substanz (Medullarin) identisch sein. Es müssen daher für jedes Geschlecht spezifische, hemmende und stimulierende Stoffe angenommen werden. Die Parabioseversuche lehren, daß hemmende und stimulierende Substanzen nicht immer gleichzeitig auftreten müssen. Nun ist aber Testosteron bei Urodelen zu der Zeit, da die Unterdrückung der Ausbildung einer weiblichen Gonade im Parabioseversuch möglich ist, überhaupt nicht wirksam. WITSCHI glaubt annehmen zu dürfen, daß die embryonalen Stoffe großmolekulare Substanzen (Proteine) und sicher keine Sterone sind (im Gegensatz zu Sterinhormonen artspezifisch wirksam). Mitbeteiligung von Hypophysenhormonen konnte ausgeschlossen werden, da die Versuche großenteils an hypophysektomierten Tieren ausgeführt wurden. Wir müssen also heute die Beantwortung der Frage nach der Natur der in der Ontogenese wirksamen geschlechtsdifferenzierenden Wirkstoffe noch offen lassen. Mit Sicherheit kann nur gesagt werden, daß Wirkstoffmechanismen in den Gang der Geschlechtsdifferenzierung der Wirbeltiere eingeschaltet sind und daß sich durch Sexualhormone vielfach analoge morphogenetische Effekte im Experiment erzielen lassen, wie sie die normalen Differentiatoren hervorbringen.

Intersexualitätserscheinungen beim Menschen

Störungen der Geschlechtsdifferenzierung treten beim Menschen relativ häufig (2–3 $^0/_{00}$) auf und haben erhebliche klinische Bedeutung. Oft werden im medizinischen Schrifttum Erscheinungen ganz verschiedener Art als Hermaphroditismus oder Pseudohermaphroditismus beschrieben, ohne daß kritische Definitionen gegeben werden. Sekundär hormonale Disharmonien und genetische Intersexualität werden zusammengestellt. Es ist an dieser Stelle nicht möglich, Kasuistik, Symptomatik und Ätiologie der abnormen Geschlechtsdifferenzierung beim Menschen im einzelnen zu behandeln (s. umfassende Handbuchdarstellung bei C. OVERZIER u. a., Stuttgart 1961). Eine Übersicht über die Klassifikation derartiger Fehlbildungen nach dem heutigen Wissensstand mag aber die Darstellung des normalen Entwicklungsablaufes ergänzen.

Die komplizierten Entwicklungsprozesse während der Differenzierung der Sexualorgane können zu verschiedenem Zeitpunkt gestört sein. Die Störung kann an verschiedener Stelle des Geschehens eingreifen. Störungen im chromosomalen Geschehen müssen von Störungen in der Gonadendifferenzierung unterschieden werden. Das System der ableitenden Geschlechtsgänge ist beidgeschlechtlich angelegt, das bedeutet, daß die Entwicklung von einem indifferenten Stadium ihren Ausgang nimmt, das sowohl die Anlagen der männlichen (WOLFFsche Gänge) als auch der weiblichen (MÜLLERsche Gänge) Ableitungswege besitzt. Störungen in der Gonadenanlage haben stets Fehlbildungen im Gangsystem zur Folge. Die in Differenzierung begriffene Gonadenanlage stimuliert die Differenzierung des Gangsystems durch eine Initialinduktion (OVERZIER). Fehlt diese, so bleiben die Gänge im undifferenzierten Zustand nebeneinander erhalten. Die Gonadenanlage wirkt normalerweise außerdem dauernd während ihrer Differenzierung auf die Differenzierung des Gangsystems ein (Dauerinduktion). Fehlt diese Dauerinduktion nach anfangs eingetretener Initialinduktion, so kommt es sowohl bei genetisch männlichem als auch bei genetisch weiblichem Geschlecht zu weiblicher Differenzierung des Gangsystems.

Die klinisch gebräuchliche Klassifikation unterscheidet echten Hermaphroditismus von Pseudohermaphroditismus. Die fortschreitende Klärung der kausalen Zusammenhänge hat zu einer weitgehenden Auflösung des alten Sammelbegriffes „Pseudohermaphroditismus" geführt, doch bleibt nach Abtrennung einiger ätiologisch verständlicher Formen auch heute noch eine Gruppe von Fehlbildungen übrig, die als Pseudohermaphroditismus eingeordnet werden.

I. Echter Hermaphroditismus (H. verus):

Echte Zwitter haben stets sowohl ovariales als auch testikuläres Gewebe. Nach ihrem Karyotyp können sie chromatinpositiv oder chromatinnegativ sein. In den meisten Fällen finden sich 2 x-Chromosomen. Seltener beobachtet man den xy-Typ. Auch der Mosaiktyp (xy/xo) ist gefunden worden. Die Diagnose kann nur aus dem histologisch gesicherten Nachweis von gleichzeitigem Vorkommen von Hoden- und Ovargewebe beim gleichen Individuum gestellt werden. Im einzelnen unterscheidet man folgende Formen:

a) laterale Form: Auf einer Körperseite findet sich ein Hoden, auf der anderen Seite findet sich ein Ovar.
b) bilaterale Form: Auf jeder Körperseite finden sich Hoden und Ovar (gemischte Gonade, Ovotestis).
c) unilaterale Form: Auf einer Seite finden sich Hoden und Ovar, auf der anderen Seite ist nur eine Gonade (Hoden oder Ovar) vorhanden.

Der echte Hermaphroditismus ist die Folge einer Störung in der Gonadendifferenzierung. Dadurch wird bei genetisch männlichen oder bei genetisch weiblichen Individuen sowohl ovariales wie testikuläres Gewebe hervorgebracht. Die Zwitter sind steril, eine Selbstbefruchtung ist nicht möglich.

II. Pseudohermaphroditismus:

Beim Pseudohermaphroditismus finden sich stets nur Gonaden eines Geschlechts. Dieses entspricht stets dem Kerngeschlecht.

a) Pseudohermaphroditismus masculinus:

Die Individuen besitzen Hoden und sind chromatinnegativ. Das äußere Genital kann vorwiegend weiblich oder vorwiegend männlich differenziert sein. Entspricht die Differenzierung des äußeren Genitales mehr der des männlichen Geschlechtes, so findet sich doch meist das Orificium urethrae externum an der Basis oder an der Unterseite des Phallus. Stets sind die Derivate des MÜLLERschen Ganges (s. S. 514f.) stärker ausgeprägt als bei normalen männlichen Individuen. Insbesondere ist immer ein Uterus vorhanden.

β) Pseudohermaphroditismus femininus:

Das Kerngeschlecht ist immer weiblich (chromatinpositiv) und es sind Ovarien ausgebildet. Der Phallus ist penisartig vergrößert. Urethra und Vagina münden an der Unterseite des Gliedes. Die großen Labien können hinter dem Orificium vaginae scrotumartig verschmolzen sein. Selten kommt eine Durchbohrung des „Penis" durch die Urethra vor. Die Vagina ist immer stark verengt und verkürzt. Der Uterus ist gewöhnlich normal. Als Ursache wird eine frühembryonale Hormoneinwirkung von der Mutter oder eine gesteigerte frühembryonale Nebennierenrinden-Wirkung angenommen.

Folgende Spezialformen werden abgegrenzt:

γ) testikuläre Feminisierung:

Die Individuen haben rein weiblichen Habitus (äußeres Genital, Brust), besitzen aber Hoden. Die Vagina endet blind, der Uterus fehlt. Chromosomal handelt es sich um männliche Individuen. Histologisch sind die Testes nie normal. Offensichtlich liegt eine frühembryonale Hodeninsuffizienz vor, die zu einer Störung der Androgensynthese führt.

δ) Turner Syndrom (s. S. 78)

ε) Klinefelder Syndrom (s. S. 78)

ζ) Tumoren mit intersexueller Induktionswirkung

η) Adrenogenitales Syndrom: Erhöhte Aktivität der Nebennierenrinde führt zur Vermännlichung

ϑ) Durch Hormonwirkung *induzierte Intersexualität*

c) Mechanismus der Phaenogenese der Geschlechtsorgane und experimentelle Geschlechtsumstimmung.

Die Ausbildung männlicher und weiblicher Geschlechtsorgane wird weitgehend durch chemische Mittel ausgelöst und gesteuert. Wie wir sahen, hängt die Determination des Geschlechtes zunächst vom Chromosomenbestand der Zygote, also vom Erbgut ab. Dieses bestimmt aber nicht direkt, ob der Keim männlich oder weiblich wird, sondern es veranlaßt nur die Ausbildung einer männlichen oder einer weiblichen Gonade. Diese bilden ihrerseits Geschlechtshormone, die festlegen, ob die Entwicklung der Organe in männlichem oder weiblichem Sinn abläuft. Die weitere Differenzierung der Geschlechtsorgane hängt vollständig von der Einwirkung der Sexualhormone während der Fetalperiode ab. Hier liegt also ein klares Beispiel für eine Bestimmung von Entwicklungsabläufen durch chemische Substanzen vor.

Behandelt man junge weibliche Ratten kurz nach der Geburt einmal mit männlichem Hormon (Testosteron), so bleiben die Tiere zeitlebens steril, weil die Ausschüttung des für die Ovulation nötigen Hypophysenhormons gestört ist. Dieser Effekt kann auch nicht durch Gaben von weiblichem Hormon aufgehoben werden. Im männlichen Geschlecht ist der umgekehrte Versuch nicht ausführbar, weil beim Männchen bereits die Reaktionsnorm durch Bildung des männlichen Hormons während der Fetalzeit festgelegt wird.

Neuerdings (NEUMANN, HAMADA 1964, HOHLWEG) ist es gelungen, eine Substanz, das *Cyproteronacetat* zu entdecken, die die Wirkung des Testosterons aufhebt (Antisubstanz). Damit gelingt die Umwandlung von genetischen Männchen in Weibchen beim Säugetier (Ratte). Folgender Mechanismus ist dabei im Spiel: Hemmt man durch Gaben der Antisubstanz (Cyproteron) durch Behandlung der graviden Muttertiere das männliche Hormon bei genetisch männlichen Embryonen, so wird die Entwicklung männliche Organe verhindert. Es kommt aber auch nicht zur Bildung weiblicher Organe, da ein zweiter Faktor (x-Faktor) die Differenzierung weiblicher Organe hemmt. Pflanzt man den derart behandelten, genetisch männlichen Tieren, deren männliche Geschlechtswege nicht ausgebildet sind, nun nach Kastration Ovarien ein, so kommt es zur Ausbildung von weiblichen Organen, insbesondere zur Bildung von Uterus und Vagina.

Diese Befunde verdeutlichen dreierlei:

1. Die Verursachung bestimmter Prozesse der Embryonalentwicklung, die zur Ausbildung komplizierter Organe führen, durch das Zusammenspiel von chemischen Substanzen.
2. Sie zeigen, daß derartige chemische Reaktionsabläufe zwischen der vom Erbträger bestimmten ersten Anstoß und die definitive Formbildung eingeschaltet sind.
3. Sie zeigen, daß derartige Substanzen während einer bestimmten Entwicklungsphase, der sensiblen Periode, wirksam sein müssen.

b) Phaenotypische Geschlechtsbestimmung

Wir sprechen von phaenotypischer Geschlechtsbestimmung, wenn die Determination des Geschlechtes durch äußere Faktoren erfolgt. Auch in diesen Fällen sind männchen- und weibchenbestimmende Realisatoren vorhanden, deren Wertigkeit gegeneinander ausgeglichen ist. Phaenotypische Geschlechtsbestimmung kommt weit verbreitet bei Pflanzen und Metazoen vor. Soweit bisher die Verhältnisse genetisch geklärt sind, scheinen beide Geschlechter in Hinblick auf den Genbestand gleich beschaffen zu sein. Es hängt von äußeren Faktoren ab, ob die männliche oder weibliche Potenz im Einzelfall verwirklicht wird. Diese Faktoren können zu ganz verschiedenen Zeitpunkten des Individualzyklus eingreifen. Dadurch ergibt sich ein sehr vielgestaltiges Bild. Wir wollen im Folgenden drei bekannte Beispiele phaenotypischer Geschlechtsbestimmung kurz erläutern.

Bei dem marinen Wurm *Dinophilus apatris* (Archiannelida) entstehen die Männchen aus kleinen Eiern, die Weibchen aus großen Eiern (KORSCHELT 1882) (Abb. 82). Lange vor der Befruchtung ist also festgelegt, ob aus einem Ei ein männliches oder weibliches Tier entstehen wird *(progame Geschlechtsbestimmung)*. Die Faktoren, die in diesem Falle die Ausbildung der Geschlechter bestimmen, sind unbekannt. Genotypische Geschlechtsbestimmung kann ausgeschlossen werden, denn es gelingt, parthenogenetisch Weibcheneier zur Entwicklung zu bringen. Diese bringen wieder beide Arten von Eiern hervor (HARTMANN). Somit kann Reifungsteilung und Befruchtung keinen Einfluß auf die Geschlechtsbestimmung haben.

Bei dem Ringelwurm *Ophryotrocha puerilis* sind alle jungen Tiere männlich. Wachsen die Würmer über 20 Segmente heran, so werden sie weiblich. Verkürzt man erwachsene Weibchen durch Abschneiden des Hinterendes, so werden

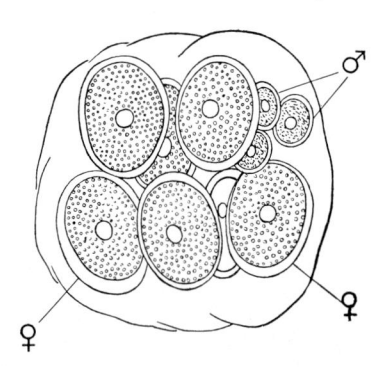

Abb. 82 *Dinophilus apatris*, Eikokon mit großen weibchenbestimmenden und kleinen männchenbestimmenden Eizellen. Progame Geschlechtsbestimmung. (Nach KORSCHELT).

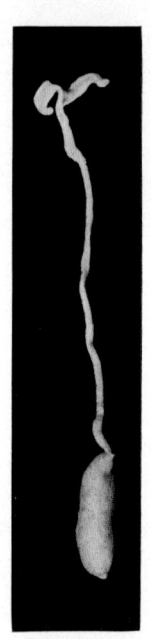

Abb. 83 *Bonellia viridis*, Weibchen, etwa ½ nat. Größe. Orig.

sie innerhalb weniger Tage zu Männchen (HARTMANN). Ebenso können Weibchen durch Hunger oder durch Erhöhung des K-Ionengehalts im Medium oder sogar durch Extraktstoffe reifer alter Weibchen vermännlicht werden. Es liegt also sicher modifikatorische, nicht erbliche Geschlechtsbestimmung vor *(epigame Geschlechtsbestimmung)*.

Bei dem marinen, zu den Echiuriden gehörigen Wurm *Bonellia viridis* erfolgt die Geschlechtsbestimmung erst relativ spät unter dem Einfluß äußerer Faktoren. Beide Geschlechter gehen aus einer indifferenten Schwärmlarve hervor. Aus diesen Larven entwickeln sich nun außerordentlich verschieden gestaltete Geschlechtstiere (Geschlechtsdimorphismus). Das Weibchen ist ein etwa 15 cm langer Wurm, der einen eichelförmigen Körper und einen langen Rüssel mit zwei Kopflappen besitzt (Abb. 83, 84). Die Männchen erreichen nur eine Größe von wenigen Millimetern und zeigen im Ganzen einen juvenilen Zustand (Abb. 84). Viele Organsysteme, insbesondere der Darmtrakt, sind rudimentär. Die Larven besitzen die Potenz, sich in beide Geschlechtsrichtungen zu differenzieren. Heftet sich die Larve am Rüssel eines alten ♀ fest und verbleibt hier etwa 3 Tage, so entsteht ein Männ-

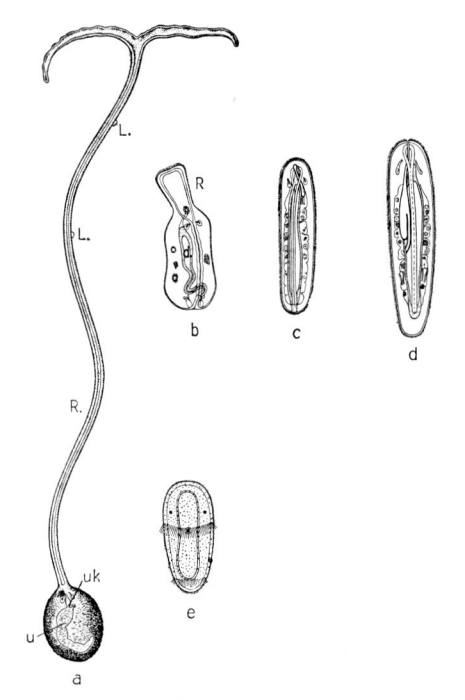

Abb. 84 Epigame Geschlechtsbestimmung bei *Bonellia viridis*.

a) Weibchen, am Rüssel (R) mehrere Larven (L). u = Uterus; uk = Uterusvorkammer, in der die Männchen leben.
b) Weiblicher Intersex; Larve, welche kurze Zeit am Rüssel parasitiert hatte.
c) Männlicher Intersex, hatte längere Zeit am Rüssel parasitiert.
d) Normales Männchen.
e) Indifferente Larve.

Abb. b, c, d und e stark vergrößert. Das Größenverhältnis zwischen erwachsenen Weibchen und Männchen ergibt sich aus Abb. a. (Nach BALTZER).

chen. Unterbleibt der Rüsselparasitismus, so metamorphosieren diese freilebenden Larven zu Weibchen. BALTZER verdanken wir die interessante Beobachtung, daß Larven, die kurzfristig am Rüssel festgeheftet waren, bei Weiterzucht in reinem Seewasser noch weiblich werden können. Dauert der Rüsselparasitismus länger (6–8 Stunden), so entstehen Intersexe (Abb. 84), deren Intersexualitätsgrad von der Dauer des Aufenthaltes am Rüssel abhängig ist. Aus derartigen Beobachtungen ergab sich die Annahme, daß vom Rüssel geschlechtsbestimmende Wirkstoffe gebildet werden, zumal sich in Vitalfärbungsversuchen ein Stoffübergang von der Rüsselepidermis auf die Rüssellarve nachweisen ließ. Versuche mit Epidermisstücken und Rüsselextrakten bestätigten diese Annahme. Derartige Stoffe finden sich nur dort, wo Larven parasitieren (bei *Bonellia fuliginosa*, deren Larven am Rumpf sitzen, in der Rumpfepidermis, bei *B. viridis* in der Rüsselepidermis). Frei von ihnen bleibt die Uteruskammer, der ständige Aufenthaltsort der geschlechtsreifen Männchen. Larven, die in Rüsselextrakt gehalten werden, entwickeln sich fast vollzählig zu Männchen. Da in diesen Versuchen auch eine kleine Zahl von weiblichen und intersexuellen Tieren auftreten, ist wohl die Mitwirkung genetischer Faktoren nicht ganz ausgeschlossen. Prinzipiell jedoch besitzen die Larven *bisexuelle Potenz* und damit die Fähigkeit, sich zu Männchen *oder* Weibchen zu differenzieren. Die Wirkung der Rüsselsubstanzen besteht in einer Entwicklungshemmung. Die Männchen sind neotene – d. h. auf dem Jugendstadium geschlechtsreif gewordene – Tiere. HERBST hat die Vermännlichung der Bonellialarven durch Zusätze zum Zuchtmedium (Säure, Cu^{++}, K-Ionen, Glyzerin) erzielen können und auf derartige Befunde eine weitgehende Theorie der Geschlechtsbestimmung durch Wasserverschiebung (Wasserentziehung: männchenbestimmend, Wasseraufnahme: weibchenbestimmend) aufgebaut. Doch sind die von HERBST erzielten Tiere häufig nicht normal, und die Versuche an ähnlichen Fällen von phaenotypischer Geschlechtsbestimmung sprechen gegen eine wesentliche Bedeutung des Wassergehaltes für die Geschlechtsbestimmung, so daß wir heute über den chemischen Mechanismus im einzelnen und die Natur bestimmter Wirkstoffe bei *Bonellia* keine Aussage machen können.

c) Theorie der Befruchtung und der Sexualität

Das Wesen des Befruchtungsvorganges und der Geschlechtlichkeit hat seit Jahrhunderten zu Spekulationen und Hypothesen Anlaß gegeben. Es lag zunächst nahe, die Befruchtung als wesentlichen Mechanismus zur Anregung der Entwicklung aufzufassen. Doch zeigen die Beobachtungen über natürliche und experimentelle Parthenogenese (s. S. 46) eindeutig, daß das Ingangkommen der Embryonalentwicklung eine Folge der Befruchtung sein kann, daß aber nicht unbedingt eine Befruchtung vorausgehen muß. Einen spezifischen Reiz, der die Entwicklung auslöst, gibt es nicht. Entwicklung ist die spezifische Antwort des Eies auf unspezifische Reize.

Bei vielen Protozoen beobachtet man, daß zwischen längere Phasen ungeschlechtlicher Fortpflanzung durch Teilung Kopulationen eingeschaltet werden. Daraus ergab sich die Vermutung, daß der Konjugationsprozeß wenigstens im Leben der Art von Zeit zu Zeit notwendig sei, um eine Degeneration zu verhüten (BÜTSCHLI, MAUPAS). Die experimentelle Nachprüfung ergab jedoch keinen Anhaltspunkt für die Berechtigung dieser *Verjüngungshypothese*. WOODRUFF züchtete Paramaecien unter optimalen Kulturbedingungen über 8000 Generationen ohne Konjugation. M. HARTMANN konnte die Volvocinee *Eudorina elegans* über 25 Jahre durch etwa 9000 Generationen unter völlig konstanten Bedingungen (Nährlösung, künstliche Lichtquelle) völlig agam züchten, ohne daß Degeneration eintrat.

BÜTSCHLI und unabhängig davon SCHAUDINN hatten zur Erklärung der Sexualitätserscheinungen und des Befruchtungsvorganges eine Hypothese entwickelt, die vor allem durch M. HARTMANN und seine Mitarbeiter weiterentwickelt und an Protisten und niederen Pflanzen gestützt wurde und die mit allen beobachteten Tatsachen gut vereinbar ist. Diese Lehre besagt, daß jede Zelle bisexuell veranlagt ist, also die Möglichkeit zur Entfaltung männlicher und weiblicher Potenzen in sich trägt. Ob männliche oder weibliche Reaktionen verwirklicht werden, hängt von chromosomalen oder äußeren Faktoren ab (genotypisch oder phaenotypisch bedingt). Verschiebung des Valenzverhältnisses der männlichen oder weiblichen Faktoren führt dazu, daß eine Zelle im Vergleich zu einer anderen Zelle geschlechtlich determiniert wird. Die Geschlechtlichkeit ist nicht eine absolute, sondern eine relative. Relative Sexualität ist in der Folge vielfach bei Protisten und Thallophyten aufgefunden worden. Kopulierende Gameten können morphologisch völlig einheitlich beschaffen sein (isogam), trotzdem können physiologische Unterschiede bestehen (z. B. *Cladophora*). So verhält sich die eine Gametenart passiv, während die andere aktiv den Partner aufsucht. Man unterscheidet in diesem Falle + und — Gameten. Bringt man Gameten verschiedener Stämme zusammen, so zeigt sich, daß in einer Reihe von Kombinationen Kopulation auftritt, in anderen Kombinationen aber nicht. Gameten aus ein und demselben Stamm kopulieren nie untereinander. Es kann vorkommen, daß Gameten des „gleichen Geschlechts" miteinander Kopulation eingehen. Ein Gamet x kann sich gegenüber dem Gameten y weiblich verhalten, aber gegenüber dem Gameten z männlich sein. z ist dann stärker weiblich als x. Die sexuelle Valenz der Gameten kann also verschiedene Grade zeigen:

$$z \longleftarrow \quad x \longleftarrow \quad y$$

weiblich : männlich : weiblich : männlich

Die Sexualität einer Zelle kann also nur relativ im Vergleich zu einer anderen Zelle beurteilt werden. Die Erscheinung dieser „relativen Sexualität" wurde zuerst von M. HARTMANN für die Braunalge *Ectocarpus siliculosus* sicher nachgewiesen.

Angaben über die stoffwechselphysiologischen und chemischen Grundlagen der relativen Sexualität von F. MOEVUS konnten hingegen nicht bestätigt werden (FÖRSTER und WIESE 1954).

Eine allgemein gültige Sexualitätstheorie kann zur Zeit kaum gegeben werden. Die von M. HARTMANN vertretene Sexualitätstheorie faßt das aus den erwähnten Befunden gewonnene Tatsachenmaterial zusammen. Sie kann durch folgende Leitsätze gekennzeichnet werden:

1. Bei allen geschlechtlichen Vorgängen treten zwei Formen von Gameten auf. Selbst wenn diese morphologisch nicht differenziert sind, so lassen sich doch stoffliche und physiologische Unterschiede nachweisen.

2. Jede Geschlechtszelle und damit jedes Individuum besitzt bisexuelle Potenz, d. h. es kann gegebenenfalls die Eigenschaften des einen wie des entgegengesetzten Geschlechts ausbilden.

3. Die Verwirklichung des Geschlechtstyps hängt vom relativen Valenzverhältnis der geschlechtsdeterminierenden Faktoren ab.

WEISMANN sah Sinn und Wesen der Befruchtung in der Vermischung der Genome (Keimplasmen) zweier Individuen. In der Tat wird in der modernen Evolutionsbiologie (E. MAYR) dem Genfluß und der Neukombination der Gene gegenüber der primär wirksamen Mutation die überragende Bedeutung für die Bereitstellung genetischer Variation zugemessen. Die genotypische Variation ist die entscheidende Voraussetzung für die Evolution. Kein Individuum gleicht genetisch einem anderen, abgesehen von einigen Zwillingen. In jeder Wildpopulation ist, entgegen älteren Anschauungen, eine Fülle von genetischer Variabilität vorhanden. Letzten Endes beruht diese auf der Ansammlung kleiner Mutationen. Durch Austausch genetischen Materials bei der geschlechtlichen Fortpflanzung kann die Produktion verschiedener Genotypen erheblich ansteigen. Dies ist der Sinn der geschlechtlichen Fortpflanzung. Bei ungeschlechtlicher Fortpflanzung kann Variation nur durch Mutation zustande kommen; der Zwischenmechanismus der Rekombination fällt hierbei weg. Die geschlechtliche Fortpflanzung bietet also einen gewaltigen Vorteil durch die Bereitstellung eines sehr effektiven Teilmechanismus im Evolutionsgeschehen.

II. Die Furchung

1. Allgemeines, Furchungstypen

Unmittelbar nach der Befruchtung macht das Ei in schneller Folge Zellteilungen durch. Diese Zellteilungen sind dadurch gekennzeichnet, daß die Tochterzellen nicht bis zur Größe der Mutterzelle heranwachsen. So wird die Zygote in eine mehr oder weniger große Zahl von Blastomeren oder Furchungszellen zerlegt, ohne daß zunächst weitere Differenzierungsprozesse zu beobachten sind. Die Zellgrenzen der Blastomeren erscheinen als Furchen auf der Eioberfläche. Daher bezeichnet man von alters her die ganze Entwicklungsphase als „Furchungsprozeß".

Der Ablauf der Furchungsteilungen ist weitgehend von dem Organisationstyp des Eies abhängig.

Furchung bedeutet also zunächst Zerlegung des Eies in kleinere Einheiten. Damit wird gleichzeitig die Kernmasse verteilt, das Verhältnis von Plasma : Kern verschiebt sich zugunsten des Kernmaterials. Da die Eizelle im Vergleich zu anderen Zellen eine unverhältnismäßig große Cytoplasmamenge besitzt und dementsprechend eine relativ kleine Oberfläche aufweist, bedingt die Furchung gleichzeitig eine Vergrößerung der Oberflächen und schafft günstigere Bedingungen für den Stoffaustausch. Ist auf diese Weise ein Haufen von kleinen Zellen gebildet worden, so setzen die Prozesse ein, die zur Bildung eines Embryonalkörpers führen.

Maßgebend für die Lage der Teilungsebenen ist die Einstellung der Kernspindel, und zwar steht die Teilungsebene senkrecht zur Spindelachse. Haben wir alecithale, runde Eizellen vor uns, so liegt die Spindel der ersten Furchungsteilung im allgemeinen in der Aequatorialebene, die Ebene der ersten Furchungsteilung ist also eine Meridianebene (sie geht durch animalen und vegetativen Pol). Die nächstfolgende Teilung muß dann eine aequatoriale Teilungsebene ergeben. Allerdings verlaufen die Teilungen nie ganz symmetrisch, da kleine Unregelmäßigkeiten in der Plasmaverteilung vorkommen und völlig dotterfreie Eier wohl nicht existieren.

Enthält das Ei größere Mengen von Dotter und ist dieser nicht gleichmäßig im Eiplasma verteilt (telolecithale, centrolecithale Eier), so wird der Furchungsablauf wesentlich beeinflußt, da die Zerlegung des Eies in kleinere Einheiten zunächst das Bildungsplasma betrifft. Finden sich am vegetativen Pol größere Mengen von Dottereinlagerungen, so müssen die entstehenden Furchungszellen hier größer sein, wenn sie die gleiche Menge an Bildungsplasma enthalten sollen wie die Zellen des animalen Poles. Unterschiede in der Größe der entstehenden Furchungszellen werden also um so deutlicher hervortreten, je stärker die polare Differenzierung der Eizelle ist. Enthält die Eizelle geringe oder mäßige Mengen von Dotter, so wird die ganze Eizelle durch die Furchungsteilungen in Blastomeren zerlegt, die Furchung ist total (*Holoblastiertypus*). Die totale Furchung kann aequal oder adaequal sein; die Blastomeren sind dann annähernd gleich groß. Nimmt die Dottermenge zu, so sind die entstehenden Blastomeren verschieden groß, die Furchung ist inaequal. Erreicht die Dottereinlagerung stärkere Ausmaße

Eistruktur	Furchung	Vorkommen
alecithal-oligolecithal	Total adaequal	viele Wirbellose, *Branchiostoma*, Säuger
mesolecithal	Total inaequal	Amphibien, Ganoiden, Dipnoer, Petromyzonten
polylecithal (telolecithal)	Partiell diskoidal	Cephalopoden, Myxinoiden, Selachier, Teleosteer, Gymnophionen, Sauropsiden, Monotremen
centrolecithal	Partiell superfiziell	Insekten, Spinnen, viele Crustaceen, Myriapoden

(polylecithale Eier) oder ist der Dotter scharf gegen das Bildungsplasma abgesetzt wie etwa bei den öligen Dottermassen des Knochenfischeies, so wird nur das Bildungsplasma zerlegt, die Furchung ergreift nicht die Dottermasse (partielle Furchung, *Meroblastiertypus*). Liegt die ungefurchte Dottermasse am vegetativen Pol (telolecithal), so bildet die Masse der Furchungszellen am animalen Pol eine *Keimscheibe* (diskoidale Furchung). Liegt die Dottermasse zentral (centrolecithales Ei), so betrifft die Furchung die ganze Eioberfläche (superfizielle Furchung), es entsteht eine die Eioberfläche umhüllende, zellig gegliederte Keimhaut (Blastoderm).

Vorkommen der Furchungstypen

Der Ablauf der Furchung kann aber auch nach der Lage der Furchungsebenen zur Eiachse charakterisiert werden. Ordnen sich die Blastomeren strahlig um die Hauptachse, welche animalen und vegetativen Pol verbindet, so sprechen wir vom *Radiärtypus* (Schwämme, Coelenteraten, Echinodermen). Liegen die Teilungsebenen in einem Winkel von etwa 45° zu den Meridianen und zum Aequator, so kommt es zu einer spiralig schrägen Anordnung der Furchungszellen, *Spiraltyp* der Furchung (viele Würmer, Schnecken und Muscheln). Der Radiärtypus kann in einen *Bilateraltypus* übergehen, wenn sich die zunächst radiär angeordneten Blastomeren bilateralsymmetrisch um die Medianebene des Keimes gruppieren (Tunicaten, Nematoden, andeutungsweise bei Wirbeltieren).

Im folgenden soll zunächst der formale Ablauf der Furchung bei den wichtigsten Wirbeltiertypen besprochen werden.

2. Holoblastier. Spezielles Verhalten

a) Totale adaequale Furchung.
  Branchiostoma (Abb. 85)

Das befruchtete Ei des Lanzettfischchens *(Branchiostoma)* zeigt eine polare Differenzierung durch ungleiche Dotterverteilung. Weiterhin finden sich deutlich abgrenzbare Plasmazonen. Neben dem dotterhaltigen vegetativen Plasma findet sich eine kernhaltige zentrale Plasmakalotte und eine besondere, asymmetrisch angeordnete Randzone des Plasmas (Marginalzone). Damit ist das Ei bereits auf dem Vorkernstadium bilateralsymmetrisch differenziert. Die Medianebene liegt fest und entspricht der Medianebene des Tieres. Die erste Furche (Abb. 85) schneidet vom animalen zum vegetativen Pol durch und ergibt zwei gleich große Blastomeren. Bereits die zweite Furchung führt zur Bildung von je zwei größeren (posteroventralen) und zwei kleineren (anterodorsalen) Blastomeren. Die Furchungsebene verläuft ebenfalls meridional. Die dritte Furche liegt aequatorial, aber nach dem animalen Pol verschoben, so daß jetzt vier kleine Furchungszellen am animalen Pol (*Mikromeren*) und vier große Furchungszellen (*Makromeren*) am vegetativen Pol entstehen. Die Mikromeren und die Makromeren sind unter sich nicht gleich groß. In beiden Gruppen sind zwei kleinere craniodorsale und zwei größere caudoventrale Zellen zu unterscheiden. Später nehmen die Asynchronien und Asymmetrien überhand und verwischen das Bild völlig. Als Endresultat der Furchung entsteht ein Keim, der 256 Zellen enthält. Diese gruppieren sich in epithelialer Anordnung alle oberflächlich um einen zentralen Hohlraum, eine Anordnung,

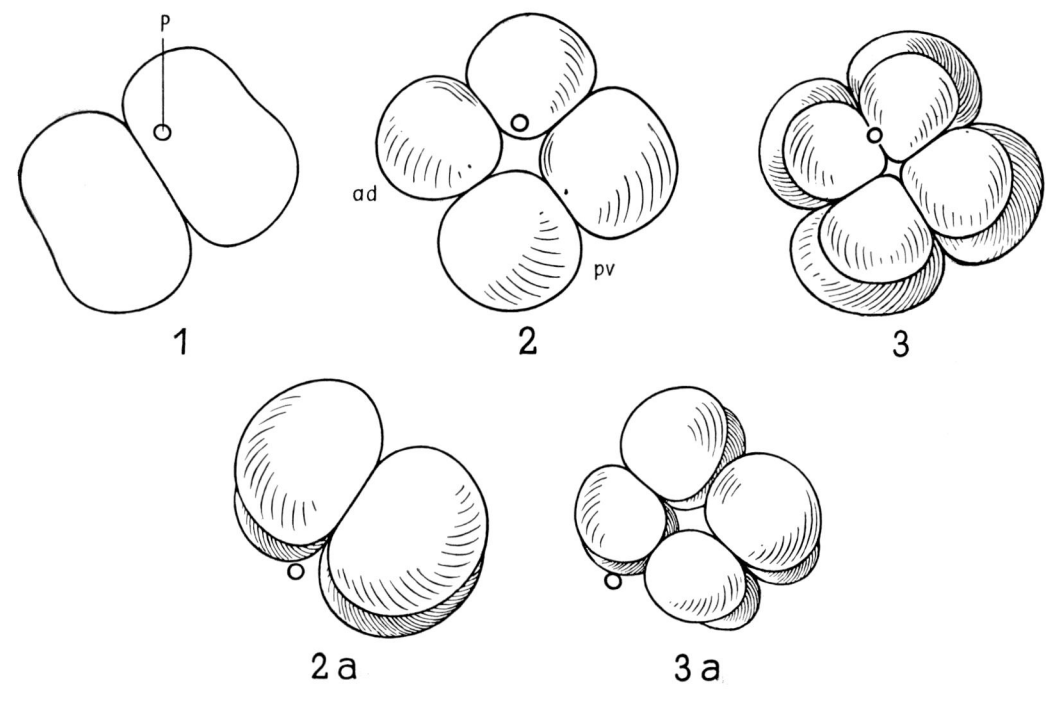

Abb. 85 Furchung von *Branchiostoma lanceolatum*. (Nach Cerfontaine).
1. Übergang vom 2- zum 4-Zellen-Stadium, Ansicht von oben.
2. 4-Zellen-Stadium von oben.
2a. 4-Zellen-Stadium von links.
3. 8-Zellen-Stadium von oben.
3a. 8-Zellen-Stadium von links.
ad = anterodorsale Blastomeren, pv = posteroventrale Blastomeren, P = Polocyte.

die biologisch sinnvoll ist und eine gründliche Sauerstoffausnutzung gewährleistet. Wir bezeichnen einen solchen einschichtigen bläschenförmigen Keim, der als Endresultat der Furchung entsteht, als *Coeloblastula*, den zentralen Hohlraum als Furchungshöhle oder *Blastocoel*. Man kann also feststellen, daß das kleine, dotterarme *Branchiostoma*-Ei bereits eine auf der Verteilung bestimmter Plasmazonen beruhende Bilateralsymmetrie besitzt und daß diese während der Furchung bestehenbleibt. Die erste Furche verläuft meridional und zerlegt das Ei in zwei gleich große Zellen; die zweite Teilung, ebenfalls meridional, ist bereits inaequal.

b) *Totale inaequale Furchung.*
   Beispiel: Amphibienei (Abb. 86, 87)

Den Furchungsablauf am Amphibienei (besonders bei Molch und Frosch) müssen wir eingehender studieren. Wir tun dies nicht, weil diese Tierformen etwa als solche für uns von besonderer Bedeutung sind, sondern weil sich bei ihnen Grundgesetze der Entwicklung in besonders klarer Weise und wenig beeinflußt durch sekundäre Anpassungen erkennen lassen. Es handelt sich hierbei um sehr generalisierte Formen, deren wenig spezialisierter Furchungsprozeß als Musterbeispiel für die Wirbeltiere überhaupt gelten kann. Die im Wasser zur Entwicklung kommenden Amphibieneier sind bequem in beliebiger Menge zu beobachten. Sie sind dem experimentellen Eingriff besonders leicht zugänglich, vor allem wegen ihrer relativen Größe und ihrer Unempfindlichkeit gegen derartige Eingriffe. Alle grundlegenden Gesetzmäßigkeiten der Entwicklungsphysiologie wurden am Amphibienkeim erforscht. Allerdings ist die Ontogenese des Amphibs in keinem Fall mit der eines Säugetieres oder des Menschen direkt vergleichbar. Doch haben experimentelle Untersuchungen

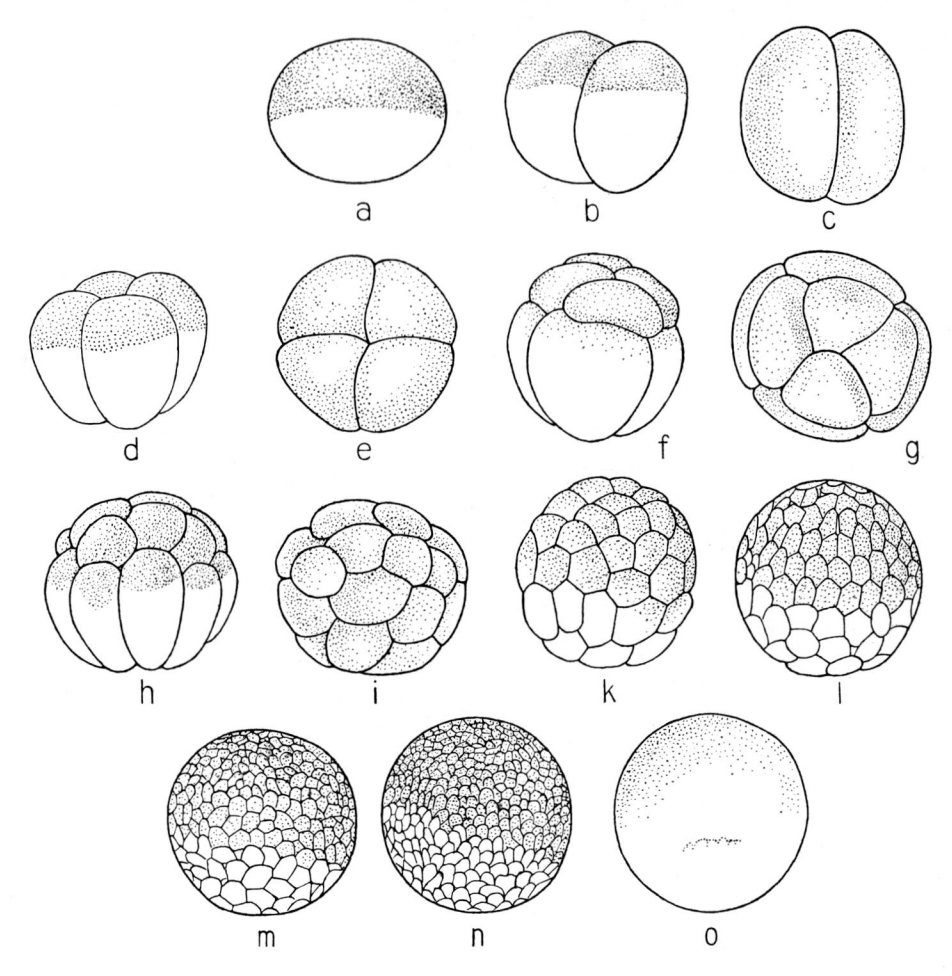

Abb. 86 Furchung von *Triturus alpestris*. c, e, g, i vom animalen Pol her gesehen, die übrigen von der Seite. (Nach KNIGHT, Roux Arch. 137, 1938).

an Fisch-, Vogel-, Reptil- und Säugerkeimen, die unter erheblich größeren technischen Schwierigkeiten durchgeführt werden konnten, gezeigt, daß die Grundgesetze tierischer Entwicklung identisch sind und daß wir mit voller Berechtigung das Amphibienei als Ausgangsmodell verwenden.

Das unbefruchtete Amphibienei zeigt eine deutliche polare Differenzierung. Der animale Pol enthält die Hauptmenge des Bildungsplasmas und zeigt starke Pigmentierung der Oberflächenschichten. Der vegetative Pol ist nicht pigmentiert und weist eine reichliche Dottereinlagerung auf. Darüber hinaus sind Anzeichen für eine bilateralsymmetrische Struktur bereits am unbefruchteten Ei vorhanden. Diese zeigen sich äußerlich durch eine Schrägstellung der Pigmentkappe bei einigen Formen an. Auch Differenzen der Plasmastruktur sind nachweisbar, wenn auch nicht alle Einzelheiten geklärt sind und artspezifische Unterschiede bestehen. Beim Axolotl (LEHMANN 1942) lassen sich drei Zonen unterscheiden (Abb. 88):

1. Vegetativer Sockel. Plasmaarm, grobe Dotterschollen, pigmentfrei.

2. Dicht oberhalb des Aequators findet sich eine ringförmige Plasmaanhäufung in den Rindenschichten: Marginalplasma.

3. Im zentralen animalen Bereich fein strukturiertes, wasserreiches Zentralplasma.

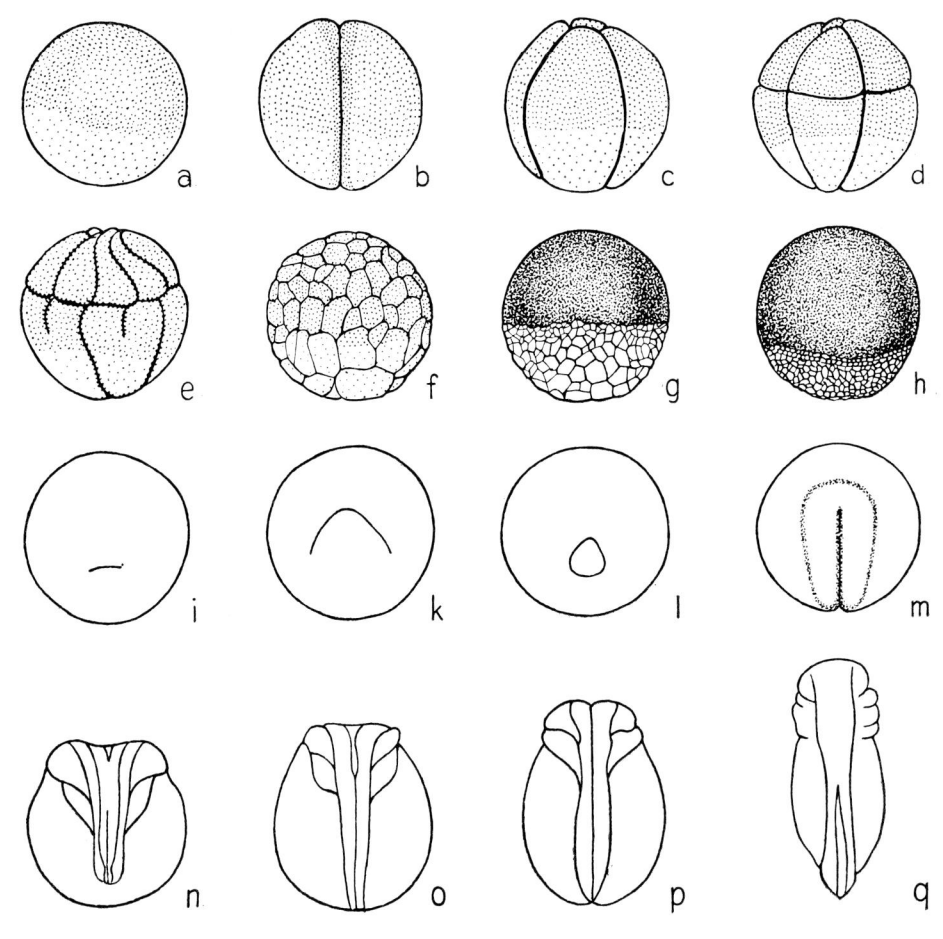

Abb. 87 Furchung, Gastrulation und Embryobildung von *Rana sylvatica*.
a–h: Furchung, von lateral.
i–l: Blastoporusbildung, Caudalansicht.
m–q: Neurulation und Embryonalkörperbildung, Dorsalansicht.
(Nach POLLISTER und MOORE, Anat. Rec. 68, 1937).

Ähnlich liegen die Verhältnisse bei *Rana* (Abb. 88c). Dem vegetativen Sockel entspricht das vegetative Plasma (weißer Dotter). Das Marginalplasma erscheint unter dem Bilde des seitlichen braunen Dotters. Die zentrale Plasmamasse läßt einen hellen Innenfleck und eine pigmentierte zentrale Masse unterscheiden. Die verschiedenen Plasmabezirke sind wahrscheinlich als verschiedenwertige Baumaterialien zu beurteilen. Nach der Befruchtung wird die bilateralsymmetrische Organisation des Eies deutlicher. Äußerlich ist dies am Auftreten des *grauen Halbmondes* zu erkennen (Abb. 89, 90). Diese Erscheinung tritt nicht bei allen Amphibienarten gleich deutlich hervor. Sie ist nachweisbar bei *Rana temporaria* und Axolotl, nicht bei *R. esculenta*. Der graue Halbmond erscheint als halbmondförmiger Streifen um den Aequator an der einen Seite des Eies (späteres Caudalende). Diese Zone ist gegenüber der Pigmentkappe aufgehellt. Der Halbmondbildung liegt eine Ausbreitung des pigmentierten Marginalplasmas unter den Rindenschichten ins vegetative Gebiet zugrunde (Abb. 90). Diese Plasmabewegung läßt sich sichtbar machen, wenn man im Bereich des Aequators eine Reihe von Farbmarkierungen anbringt (Technik s. S. 131). Diese Farbmarken sind im Bereich des Halbmondes stark nach dem vegetativen Pol hin ausgezogen (Abb. 91). Die Seite des grauen Halbmondes ent-

98 A. II. Furchung

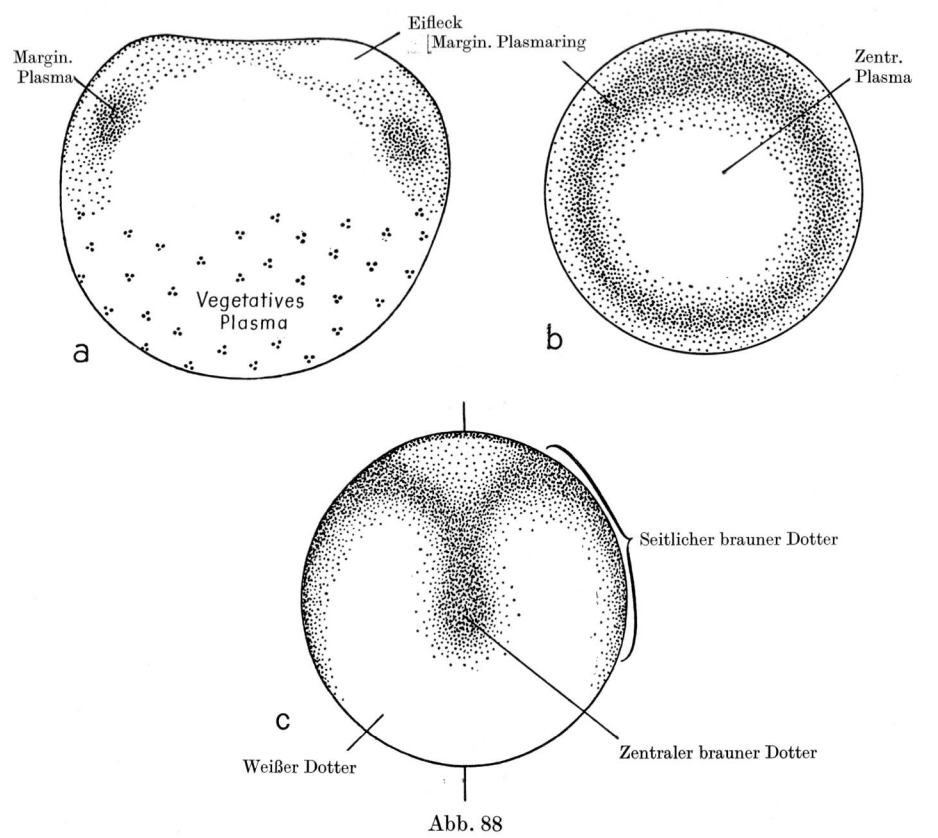

Abb. 88
a) und b) Lage des Marginalplasmas im Axolotl-Ei. a) Sagittalschnitt; b) Latitudinalschnitt auf der Höhe des Marginalplasmas (nach LEHMANN, 1942).
c) Marginale Lage des seitlichen braunen Dotters bei *Rana temporaria* (nach BORN, 1885).

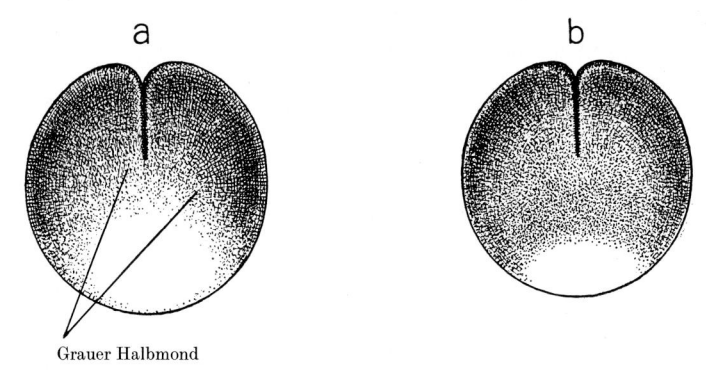

Abb. 89 Ei von *Rana temporaria*, die erste Furche schneidet vom animalen Pol her ein. a) Ansicht von caudal. b) Ansicht von cranial. Die Ausdehnung des hellen Feldes (grauer Halbmond) auf der Caudalseite ist deutlich. (Nach O. SCHULTZE).

spricht dem späteren Caudalende des Keimes. Die Medianebene des Keimes ist bei Anuren also durch die Ebene gegeben, die durch die Mitte des grauen Halbmondes und das Zentrum des Eies verläuft. ROUX hatte angenommen, daß die Bildung des grauen Halbmondes durch die Einschlagstelle des Spermiums bedingt sei. Impft man Sperma lokalisiert auf die Eioberfläche, so soll die an einer Pigmentstraße sichtbare Richtung der Spermabahn im Eiinneren

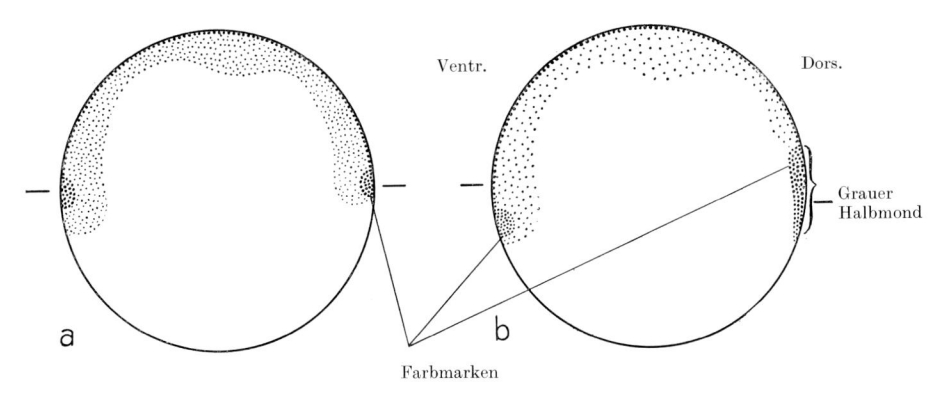

Abb. 90 Subaequatoriale Plasmaverschiebungen im Bereich des grauen Halbmondes beim Axolotl-Ei, dargestellt an durchschnittenen Eiern. (Nach BÁNKI, 1929).
a) Vor Bildung des grauen Halbmondes.
b) Nach Bildung des grauen Halbmondes. Die caudale Farbmarkierung hat sich in b ausgezogen.

die Lage der ersten Furchungsebene, die Spermaeintrittsstelle das künftige Hinterende des Tieres bestimmen. Sorgfältige Versuche mit lokaler Farbmarkierung (BÁNKI 1929) haben jedoch gezeigt, daß eine streng gesetzmäßige Beziehung zwischen Spermabahn und erster Furchungsebene nicht existiert. Auch folgt die Entstehung des grauen Halbmondes nicht sofort auf die Besamung, sondern 2–3 Stunden später. Bei Urodelen ist die künftige Medianebene bereits vor der Besamung durch die bilateralsymmetrische Eistruktur gegeben.

Formaler Ablauf der Furchung bei Amphibien

Die Furchung der Anuren und Urodelen ist total und inaequal. Die erste Furche zerlegt das Ei, vom animalen zum vegetativen Pol vorschreitend, in zwei gleich große Blastomeren (Abb. 86, 87, 89). Die zweite Furche ist ebenfalls meridional und steht auf der ersten senkrecht. Die dritte Furche verläuft aequatorial, und zwar ist sie nach dem animalen Pol hin verschoben (latitudinal). Bereits die vierte und fünfte Furche sind stark variabel. Sie verlaufen meist meridional. In der Folge treten tangential verlaufende Furchen (vertikal) auf. Der Keim wird mehrschichtig, im Inneren tritt eine Furchungshöhle (Blastocoel) auf. Die animalen Blastomeren sind klein (Mikromeren), die dotterreichen vegetativen Blastomeren aber groß (Makromeren). Dadurch ist das Blastocoel exzentrisch nach dem animalen Pol zu verlagert, die entstandene Bla-

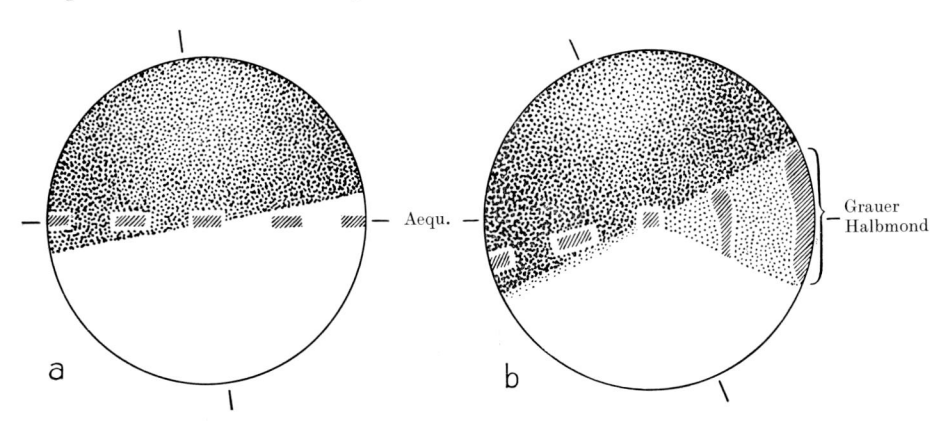

Abb. 91 Materialverlagerungen beim Axolotl-Ei während der Bildung des grauen Halbmondes. (Nach BÁNKI, 1929).
a) Farbmarkierung vor Bildung des grauen Halbmondes.
b) Verschiebung der Farbmarken nach Bildung des grauen Halbmondes zeigt die Materialverschiebungen an.

stula besitzt ein mehrschichtiges Blastocoeldach aus Mikromeren und einen soliden Block von Makromeren als Boden (Abb. 92, 93). Die Zellteilungen laufen bis etwa zum zwölften Teilungsschritt streng rhythmisch für den ganzen Keim ab, wie Zeitrafferfilmaufnahmen (W. VOGT) zeigen. Es wechseln also Ruhepausen mit gleichzeitig schlagartig einsetzenden Teilungsphasen aller Blastomeren ab. Wodurch dieser Rhythmus des Ganzkeimes gesteuert wird, ist unbekannt. Sicher jedoch ist für die erste Folge von Furchungsteilungen, daß Mikro- und Makromeren den gleichen Teilungsrhythmus zeigen und daß nicht, wie oft angenommen wurde, die dotterreichen Makromeren im Teilungstempo gegenüber den Mikromeren zurückbleiben.

Der Ablauf der Furchung ist entsprechend dem verschiedenen Dotterreichtum der Eier bei verschiedenen Amphibiengruppen von dem beschriebenen Entwicklungsgang abweichend. In der Reihe: *Rana – Triturus* – Axolotl, Perennibranchiaten – *Alytes* – *Salamandra* – Gymnophionen sind die Formen nach dem zunehmenden Dotterreichtum ihrer Eizellen geordnet. *Alytes* und *Salamandra* zeigen schon erhebliche Abweichungen. *Salamandra* leitet bereits zu meroblastischen Formen über, einem Zustand, der bei Gymnophionen erreicht ist.

c) *Bedeutung der Furchung*

Wir sehen, daß das befruchtete Ei durch den Furchungsprozeß in immer kleinere Einheiten zerlegt wird. Was bedeutet dieser Vorgang? Entspricht die Gliederung des Eies in Zellen

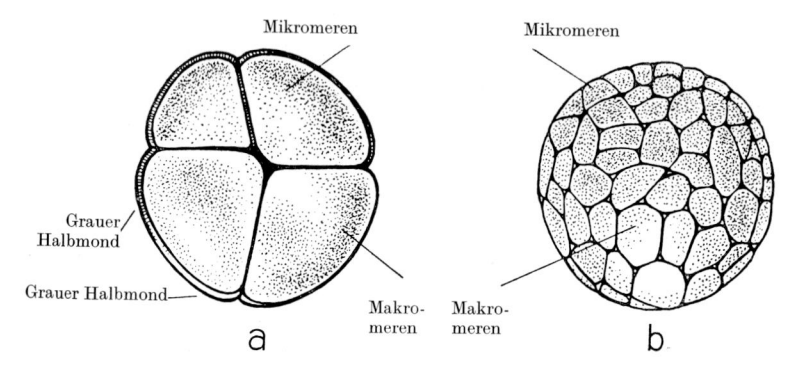

Abb. 92 Furchungsstadien von *Rana temporaria*. (Nach O. SCHULTZE)
a) 8-Zellen-Stadium von der Seite.
b) Kleinzellige Blastula von der Seite.

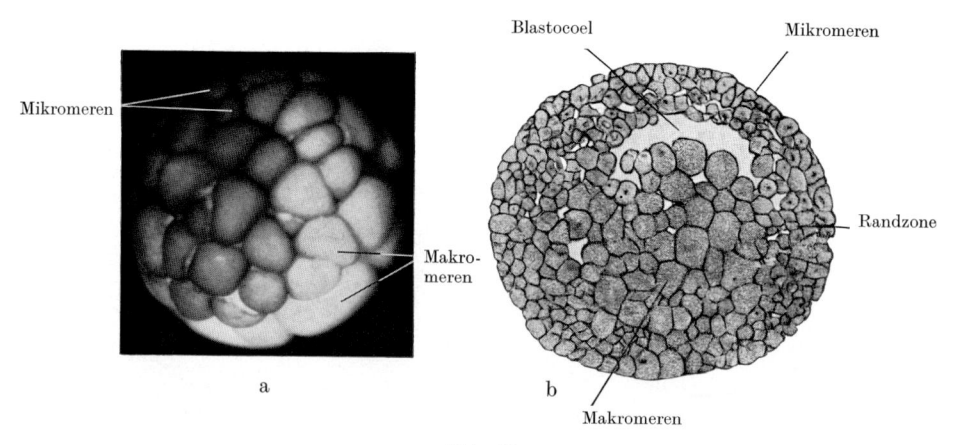

Abb. 93
a) Blastula von *Rana temporaria*, lebend. Aufnahme Prof. ORTMANN.
b) Schnitt durch die Blastula von *Rana temporaria*. Vielschichtige Coeloblastula. Der Boden der Furchungshöhle wird von Makromeren gebildet.

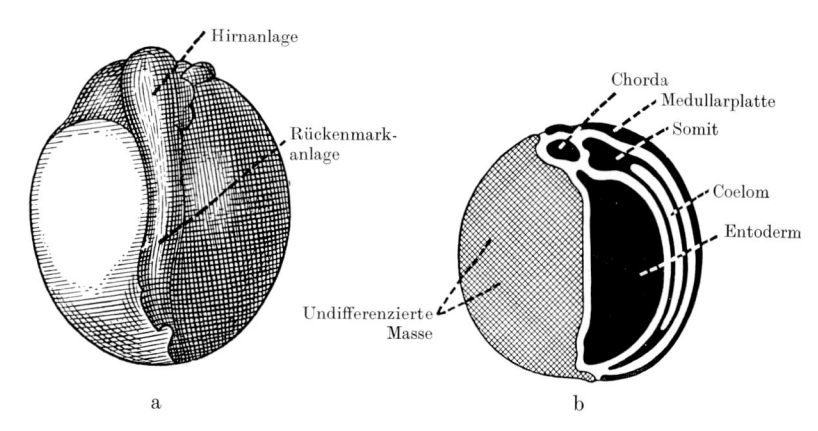

Abb. 94 a) und b) Hemiembryonen von *Rana*.
a) Ansicht eines Keimes auf dem Neurulastadium von dorsal, bei dem auf dem 2-Zellen-Stadium eine Blastomere durch Anstich zerstört war.
b) Querschnitt durch den gleichen Hemiembryo. Die Organe sind nur auf einer Körperhälfte (rechts) gebildet. Das Material der zerstörten Blastomere (links) bildet eine undifferenzierte Masse.

einer Aufgliederung in verschiedenwertige Keimbezirke? Sind im Ei bereits die späteren Körperteile und Organe in unsichtbarer Form eingeschachtelt? Ist die Entwicklung ein Sichtbarwerden vorhandener Mannigfaltigkeiten *(Evolution oder Praeformation)*, oder ist die Zygote undifferenziert und hängt das Schicksal der Keimteile vom weiteren Geschehen im Keim und von Wechselwirkungen zwischen den Keimteilen ab *(Epigenese)*? Praeformations- und Epigenesislehre sind die beiden großen Theorien, die durch lange Zeit die Diskussion beherrscht haben. Die Ontogenese ist nach der Praeformationslehre* eine Entfaltung im Ei vorgebildeter Teile (MALPIGHI, HALLER, BONNET, BUFFON). Nach der Epigenesislehre (C. F. WOLFF 1759, J. F. MECKEL) sind die einzelnen Phasen des Entwicklungsablaufes voneinander abhängig und bedingen einander. Eine Entscheidung in dieser Grundfrage erschien möglich, als W. ROUX (1888) in genialer Weise das Experiment in die Embryologie einführte. Er ging von der Annahme aus, daß Zerstörung eines Keimteiles zu Defektbildungen im Embryonalkörper führen muß, wenn die Praeformationslehre zu Recht besteht, wenn Entwicklung Mosaikarbeit ist. Durch Einstich mit der Glühnadel zerstörte ROUX eine Blastomere des 2-Zellen-Stadiums beim Frosch. Die unbeschädigte Blastomere blieb am Leben, aus ihr entstand ein halber Embryo (Hemiembryo). Damit schien die Praeformationslehre bestätigt (Abb. 94a, b). Da beim Frosch die erste Furchungsebene meist mit der späteren Medianebene zusammenfällt, bestanden diese Halbembryonen aus rechten oder linken Körperhälften. Der Anstichversuch auf dem 4-Zellen-Stadium ergibt, je nachdem ob die craniale oder caudale Körperhälfte betroffen ist, vordere (bzw. hintere) Halbembryonen. ROUX nahm daher an, daß Entwicklung Selbstdifferenzierung sei, d. h. daß die erhalten gebliebenen Keimteile im Versuch nur dasselbe leisten, was sie auch normalerweise geleistet hätten. Das Schicksal der Keimteile wäre im 2-Zellen-Stadium bereits endgültig festgelegt. Schon kurze Zeit später kam DRIESCH (1891) mit anderer Methodik am Seeigelei zu ganz andersartigen Ergebnissen. Durch Schütteln oder Behandlung mit verdünntem Seewasser gelingt es, einzelne Blastomeren völlig zu isolieren. Aus

---

*) Im 18. Jahrhundert nahm man noch allgemein an, daß die Organe und Teile des Körpers in den Geschlechtsprodukten fertig vorgebildet seien (Präformationslehre). Einige Forscher (MALPIGHI, V. HALLER, SPALLANZANI) behaupteten, daß der Körper im Ei vorgebildet sei und daß das Sperma nur den Anstoß zur Entfaltung bedinge (Ovisten). Andere (LEEUWENHOEK, LEIBNIZ) verlegten hingegen die Vorformung des Keimes in das Spermium (Animalculisten) und billigten dem Ei nur die Rolle eines Nahrungsträgers zu. Erst C. F. WOLFF hat in der Embryogenese einen Neubildungsprozeß gesehen (1795), fand aber bei seinen Zeitgenossen kein Verständnis.

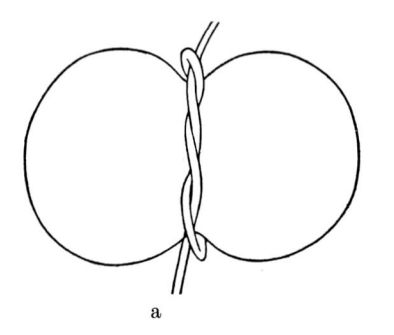

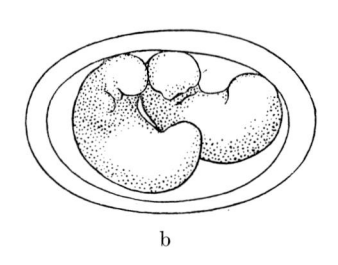

Abb. 95 Durchschnürungsversuch von SPEMANN.
a) Durchschnürung eines 2-Zellen-Stadiums von *Triturus* mit einer Schlinge aus Kinderhaar.
b) Zwei Triturusembryonen in gemeinsamer Schalenhaut haben sich aus einem durchschnürten Ei gebildet. (Nach SPEMANN).

derartigen Keimfragmenten entwickelten sich typische Ganzlarven, die nur etwas kleiner waren als normale Keime. Das war also gerade das nicht erwartete Resultat, das dem Ergebnis von ROUX diametral entgegengesetzt war. Eine Blastomere, die im normalen Entwicklungsablauf das Material für einen halben Embryonalkörper liefert, kann demnach unter gewissen Bedingungen mehr leisten; sie ist zur Bildung eines ganzen Keimes fähig. Die ersten Furchungsteilungen können also nicht, wie es die Mosaiklehre annahm, eine endgültige Verteilung verschiedenwertiger Materialien auf zwei ungleichwertige Zellen verursacht haben. Das Ergebnis von DRIESCH wurde durch SPEMANN (1901/03) für den Trituruskeim bestätigt.

SPEMANN gelang es, mit einer feinen Schlinge aus Kinderhaar (Abb. 95a, b) die beiden ersten Furchungszellen völlig voneinander abzuschnüren und isoliert aufzuziehen. Der Widerspruch zu den Ergebnissen von ROUX konnte alsbald aufgeklärt werden. Entfernt man nämlich die zerstörte Blastomere im Rouxschen Anstichversuch oder dreht man das Ei mit dem vegetativen Pol nach oben, so erhält man auch beim Frosch kleine Ganzlarven. Hemiembryonen ent-

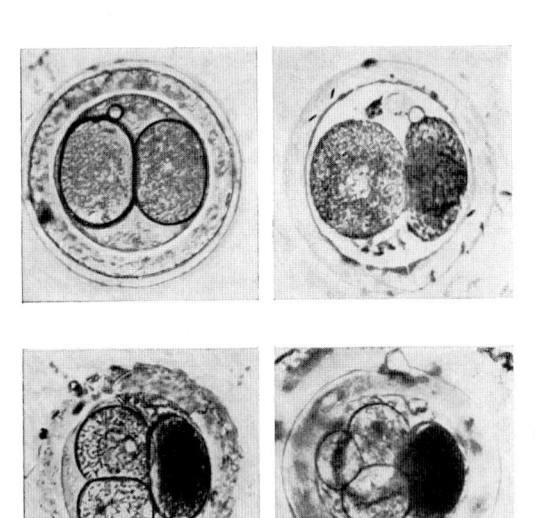

a) Links oben: Normales 2-Zellen-Stadium. Rechts oben: 2 Stunden nach Anstich ist die rechte Blastomere abgeplattet und dunkel, die unberührte Blastomere rund und hell. Unten: Furchung der überlebenden Blastomere. Lebendaufnahmen.
b) Ganzbildung eines Kaninchens aus einer isolierten Blastomere mit Wirtsmutter. Alter 22 Tage.

Abb. 96 Ganzbildung eines Kaninchens nach Zerstörung einer Blastomere auf dem 2-Zellen-Stadium. (Nach SEIDEL, 1953).

stehen nur dann, wenn die unverletzte Blastomere mit der zerstörten Blastomere belastet bleibt. Dadurch ist eine Umordnung der Zellbestandteile behindert. Diese Umordnung der inneren Eistruktur ist aber notwendig, wenn die Regulation zum Ganzen eintreten soll.

Auch beim Säugerei gelang es kürzlich Seidel (1952), die Potenzen der Einzelblastomere auf dem 2-Zellen-Stadium zu prüfen (Abb. 96a). Die 2-Zellen-Stadien werden aus der Tube eines graviden Kaninchens entnommen. Durch Anstich mit einer Nadel kann eine Furchungszelle isoliert abgetötet werden. Derartig behandelte Keime können nun einem scheinträchtigen Weibchen wieder in den Eileiter implantiert werden. Von 27 derartigen Keimen kamen zwei zur Entwicklung. Das eine Tier war völlig normal und lebenskräftig (Abb. 96b). Da das Wirtstier homozygot wildfarben (AA) war, der zur Auslösung der Scheinträchtigkeit benutzte vasektomierte Bock die genetische Konstitution AA besaß, das Jungtier aber homozygot einfarbig (aa) war, so ist sicher erwiesen, daß das geworfene Jungtier ein Ergebnis des Implantationsexperimentes ist.

Aus einer isolierten Blastomere kann mehr entstehen, als im normalen Entwicklungsablauf entsteht. Die Furchungszellen sind bis zu einem bestimmten Stadium in der Lage, den ganzen Körper zu bilden, sie sind untereinander gleichwertig, und zwar sind sie totipotent. Alle Zellen haben zunächst die gleiche *prospektive Potenz*, sie *können* das Ganze bilden, und doch wird aus ihnen unter normalen Umständen etwas Verschiedenes; ihre *prospektive Bedeutung* ist verschieden. Jede Furchungszelle hat den ganzen Schatz an Erbanlagen wie die befruchtete Eizelle. Was aus der Einzelzelle wird, hängt davon ab, welches Schicksal die Zelle im sich entwickelnden Keim erfährt (abhängige Differenzierung). Grundsätzlich sind die Furchungsteilungen nicht als erbungleiche Teilungen im Sinne von Roux zu bewerten. Beim Seeigelkeim gelingt es, Ganzkeime noch aus Fragmenten von 8-Zellen-Stadien zu züchten. Spemann konnte bei *Triturus* befruchtete Eizellen derart durchschnüren, daß der Kern nur der einen Hälfte zugeteilt wurde. Diese allein macht Furchungsteilungen durch. Läßt man nun, wenn die kernhaltige Eihälfte in 16 Zellen zerlegt ist, einen Kern, also $1/16$ der ursprüng-

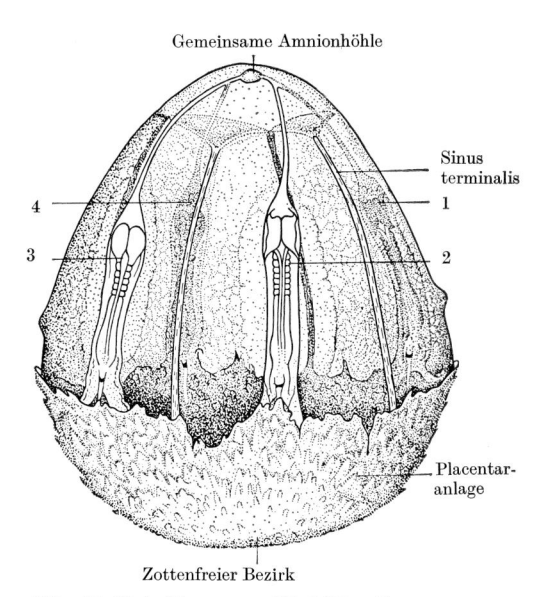

Abb. 97 Keimblase vom Gürteltier *Dasypus novemcinctus* mit 4 Embryonalanlagen (1–4), die aus einer Eizelle hervorgegangen sind. Diese Polyembryonie ist bei *Dasypus* normal. (Nach Newman und Patterson).

lichen Kernmasse, in die kernlose Eihälfte übertreten, so entwickelt diese sich zu einem Ganzkeim. Umgekehrt lassen sich zwei Keime auf dem 2-Zellen-Stadium bei *Ascaris* und bei Amphibien zur Verschmelzung bringen (zur Strassen, Mangold). Es entstehen Riesenlarven von normaler Organisation, jeder Keim fügt sich in die neue Ganzheit ein und bildet die Hälfte von dem, was er normalerweise geleistet hätte.

Zwillings- und Mehrlingsbildungen (eineiige Mehrlinge, s. S. 102, Abb. 95) können auch bei höheren Wirbeltieren durch frühe Trennung von Blastomeren eines Keimes entstehen. Bei einer Gürteltierart (*Dasypus novemcinctus*, Abb. 97) kommt eine derartige *Polyembryonie* physiologischerweise vor. Aus einer Eizelle entstehen in diesem Falle regelmäßig Vierlinge. Spemann konnte zeigen, daß *Doppelbildungen* (Duplicitas ant., D. post.), Mißbildungen mit verdoppeltem Vorder- oder Hinterende, entstehen, wenn der Keim nur unvollkommen eingeschnürt wird. Diese experimentell erzeugten Mißbildungen entsprechen vollkommen gewissen, auch beim Menschen gelegentlich vorkommenden Monstren, deren Entstehung durch unvollkommene Trennung einer Keimanlage unter pathologischen Bedingungen erfolgen muß.

Das Verhalten der jungen Blastomeren ist bei verschiedenen Tiergruppen in der Tat nicht gleich. Erfolgt die Festlegung dessen, was aus den einzelnen Eiteilen entstehen soll, sehr früh (unbefruchtete Eizelle), so fallen prospektive Potenz und prospektive Bedeutung zusammen. Derartige Keime verhalten sich tatsächlich so, wie es bei reiner Mosaikentwicklung zu erwarten wäre. Derartige ,,Mosaikeier" kommen bei Tunicaten, Ctenophoren und Mollusken vor. Ist die prospektive Potenz der Furchungszellen größer als ihre prospektive Bedeutung (Amphibien, Säuger), so spricht man von ,,Regulationseiern".

Wir hatten zuvor gesagt, daß die Feinstruktur der Eizelle für die Art des Furchungstyps entscheidend ist. Trifft dies zu, so muß eine künstliche Veränderung des Eigefüges von Änderungen im Furchungsablauf gefolgt sein. Eine totale Desorganisation des Eies (Froschei) läßt sich durch starke Zentrifugierung erreichen (O. HERTWIG, GURWITSCH). Dabei setzen sich drei Schichten ab, am animalen Pol eine flüssige Masse von Lipoidkörpern, sodann eine Eiweißschicht und schließlich der Dotter am vegetativen Pol. Die Lipoid- und Eiweißschicht vereinigen sich sehr schnell zu einer Emulsion. In dieser destruierten Masse treten Kern- und Zellteilungen auf, es resultiert eine meroblastische Furchung. Bei dem Eingriff wurde zweifellos das typische räumliche Gefüge völlig zerstört. Trotzdem kommt es zu einer Restitution des Eiplasmas. Die Faktoren, die die Furchung bestimmen, können also nicht allzu starr in der Struktur des Plasmas festgelegt sein. Dennoch zeigen uns die Zentrifugierungsversuche an Froscheiern die Abhängigkeit des Furchungstyps vom Feinbau der Eizelle. Es gibt aber andererseits auch sehr eigenartige inaequale Furchungserscheinungen an Eiern, deren sichtbare Struktur keine Erklärung für die Besonderheiten des Furchungsablaufes bietet. Die isolecithalen Seeigeleier erscheinen homogen. Trotzdem muß eine optisch nicht ohne weiteres faßbare Inhomogenität vorhanden sein, da die vierte Teilung völlig inaequal verläuft.

Furchung beim Seeigel

Wir wollen die ersten Entwicklungsvorgänge des Seeigelkeimes etwas genauer untersuchen, da sie uns wichtige Aufschlüsse über das Wesen des Entwicklungsganges geben. Am Seeigelei ist keine geordnete Struktur des Inhalts nachweisbar. Es besteht also keine polare Differenzierung, das Plasma ist eine echte Flüssigkeit. Durch Zentrifugieren (Abb. 98) läßt sich der Inhalt der Eizelle in Schichten abscheiden, wobei sich am zentripetalen Pol eine Ölkappe, sodann eine klare Plasmaschicht, eine Mitochondrienzone, Dotter und schließlich Pigment absetzen. In der normalen Eizelle sind diese Anteile annähernd gleichmäßig verteilt; die entwicklungsphysiologische Differenzierung kann also kaum als Ausdruck einer strukturellen Plasmaverschiedenheit gedeutet werden. Allerdings sind Angaben darüber vorhanden, daß die Rindenschichten des Eiplasmas Träger eines entwicklungsphysiologischen Musters sind, das durch Zentrifugierung kaum beeinträchtigt wird.

Die beiden ersten Furchungsebenen verlaufen meridional (Abb. 99), die dritte Teilungsebene schneidet aequatorial ein und zerlegt den Keim in vier animale Mesomeren und vier vegetative Makromeren. Bei der folgenden vierten Teilung entstehen acht Mesomeren, die ringförmig in einer Ebene angeordnet sind (Spindellage horizontal, Abb. 99c). Die Spindeln der Makromeren stehen jedoch vertikal und führen zur Bildung von vier Makromeren und vier vegetativen Mikromeren. Diese sind außergewöhnlich klein, die Teilung verläuft also völlig inaequal. In der Folge entstehen zwei Schichten von animalen Zellen (Mesomeren), acht Makro- und acht Mikromeren (Abb. 99). Prüft man das Schicksal dieser stark differenten Zellen im Vitalfärbungsversuch, so ergibt sich, daß die Mikromeren Mesenchym und Skelet bilden. Die untere Makromerenschicht liefert Entoderm, Mesoderm und sekundäres Mesenchym. Die oberen Makromeren bilden einen kleinen analen Ektodermbezirk. Die tiefe animale Mesomerenschicht liefert das Material für den größten Teil des seitlichen Ektoderms, die obere Mesomerenlage liefert Munddarm (Stomodaeum) und Wimperbüsche. Doch sagt diese Feststellung noch nichts über die prospektive Potenz der Zellen und über ihre Selbstdifferenzierungsfähigkeit aus. Zerlegt man einen Seeigelkeim des 32-Zellen-Stadiums durch einen Schnitt entsprechend der Grenze zwischen Meso- und Makromeren in eine animale und vegetative Hälfte und zieht beide isoliert auf, so bildet die

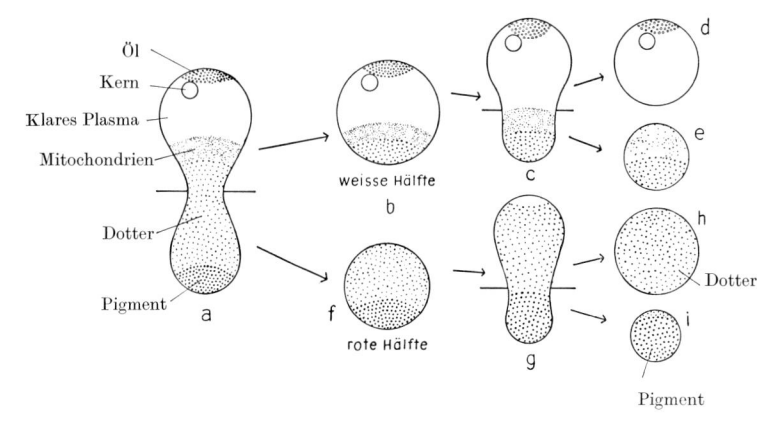

Abb. 98 Resultat der Zentrifugierung des Eies vom Seeigel *Arbacia pustulosa*. (Nach E. B. HARVEY).

animale Zellgruppe Stomodaeum, Wimperschopf usw., also animale Organe entsprechend der prospektiven Bedeutung dieser Zellen (Abb. 100). Die vegetative Hälfte ergibt Darm- und Skeletteil und etwas umhüllendes Ektoderm (Abb. 101). Es liegt also scheinbar Mosaikentwicklung vor. Halbiert man jedoch einen entsprechenden Keim längs des Meridians, so bekommt man normale kleine Ganzlarven. Der halbierte Keim bildet in diesem Falle einen vollständigen Organismus, zeigt also alle Kennzeichen der Regulationsentwicklung. Wir können aus diesen Versuchen entnehmen, daß sowohl die animale als auch die vegetative Keimhälfte, jede für sich, bestimmte Funktionen besitzen müssen, die der anderen Keimhälfte fehlen. Dabei kann es sich nicht um festgelegte Anlagemuster handeln. Die animalen (vegetativen) Tendenzen kommen allen Teilbezirken der jeweiligen Keimhälfte ganz allgemein zu. Zur Bildung eines ganzen Keimes ist ein ausgeglichenes Verhältnis beider Tendenzen notwendig. Nun fehlen jedoch den animalen Zellen keineswegs die Potenzen zur Bildung vegetativer Keimteile. Halbiert man einen Keim auf dem 32-Zellen-Stadium meridional und ersetzt die verlorene Hälfte durch einen Komplex animaler Zellen, so entstehen normalgestaltete Keime, obgleich jetzt auf einen vegetativen Komplex drei animale Teile kommen. Vitalfärbungsversuche zeigen, daß die zusätzlichen animalen Zellen sich am Aufbau vegetativer Organe beteiligen. Animale Zellen können also vegetative Leistungen vollbringen, sofern diese Fähigkeit durch einen lenkenden Faktor

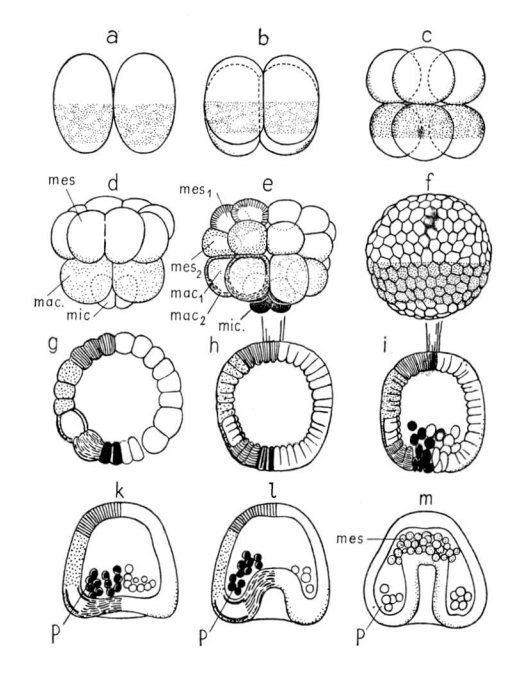

Abb. 99 Furchung und Gastrulation beim Seeigel *Paracentrotus lividus*. (Nach BOVERI und SCHLEIP).

a–f: Seitenansicht. a) 2-Zellen-Stadium, b) 4-Zellen-Stadium, c) 8-Zellen-Stadium, d) 16-Zellen-Stadium (8 Mesomeren = mes., 4 Makromeren = mac., 4 Mikromeren = mic.), e) 32-Zellen-Stadium, f) Blastula. Grau punktiert = oranges Pigment.

g–m: Medianschnitte. g) junge Blastula, h) Blastula mit Flimmerschopf, i) Einwanderung von Mesenchym (Scleroblasten) ins Blastocoel, k) beginnende Entoderminvagination, l) junge Gastrula, m) Gastrula mit sekundärer Mesenchymbildung. p = primäres Mesenchym, mes = sekundäres Mesenchym.

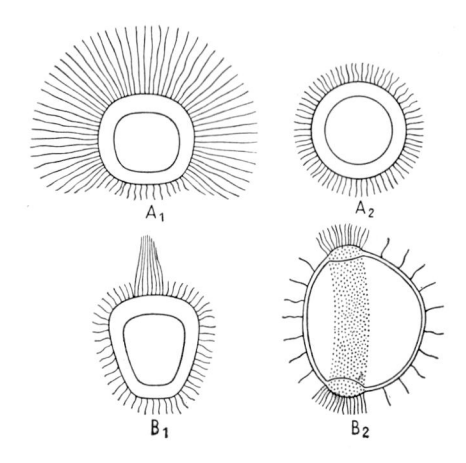

Abb. 100 Differenzierung isolierter animaler Hälften des Seeigeleies. (Nach HÖRSTADIUS, 1935).

A_1: Extremtyp. Blastula ganz mit langen Cilien bedeckt.
A_2: Spätstadium von A_1. Keine Differenzierung.
B_1: Weniger extremer Typ. Lange Cilien nur apikal.
B_2: Spätstadium von B_1. Cilienband gebildet, ähnlich wie bei normaler Larve.

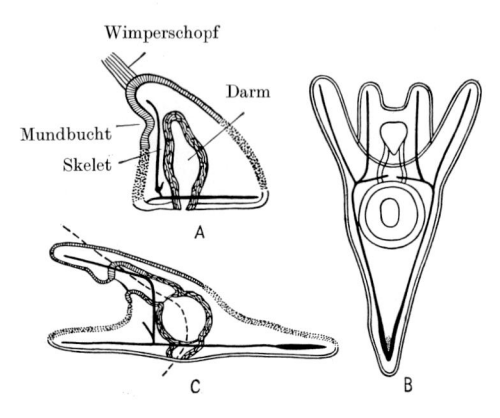

Abb. 102 Spätere Stadien der normalen Entwicklung des Seeigels. (Nach HÖRSTADIUS, 1935). A. Späte Gastrula in Seitenansicht. B. Pluteuslarve von ventral und C. von lateral. Gestrichelte Linie = ursprüngliche Eiachse.

aktiviert wird. Ebenso können vegetative Zellen animale Organe hervorbringen, und zwar beispielsweise dann, wenn man eine isolierte vegetative Keimhälfte ihrer Mikromeren beraubt. Wir haben also die eigenartige Erscheinung, daß die Wegnahme der animalen Hälfte des Keimes zur Bildung eines nur aus vegetativen Keimteilen bestehenden Teilkeimes führt, daß aber die zusätzliche Entfernung der Mikromeren nun wieder mehr oder weniger harmonisch gestaltete Keime ergibt. Die Makromeren enthalten jedenfalls alle Potenzen, die zur Bildung des Ganzen nötig sind. Zieht man isolierte Makromeren auf, so erhält man zwar Zellteilungen, aber keine Differenzierung. Animale Keimhälften bilden nur animale Organe. Kombiniert man aber animale Keimhälften mit Mikromeren, so bilden sich fast normalgestaltete Larven (Abb. 102, 103). Dieser Versuch zeigt deutlich, daß die Entwicklung keine Entfaltung vorgebildeter Anlagepläne sein kann, sondern daß das Zusammenwirken verschiedener Zellgruppen für die Bildung des Keimes von entscheidender Bedeutung ist. Die Mikromeren veranlassen in animalen Zellen die Bildung vegetativer Organe. Ein derartiger Vorgang wird als *Induktion* bezeichnet. Die Fähigkeit zur Induktion ist nicht auf die Mikromeren beschränkt, sondern kommt in schwächerem Grade auch den unteren Makromeren und in stark abgeschwächter Form den oberen Makromeren zu.

Die weitere Analyse dieser Erscheinungen ergibt, daß im Seeigelkeim zwei verschiedene Systeme wirksam sind. Beide sind an den entgegengesetzten Polen lokalisiert und wirken gegeneinander in gradueller Abstufung. Am animalen Pol besteht ein Wirkungsfeld animaler Differenzierungsleistung, das seinen Einfluß aequatorwärts entfaltet. Ihm wirkt vom vegetativen Pol her ein Feld vegetativer Differenzierung entgegen. Das Resultat des Entwicklungsprozesses hängt von der genauen Abstimmung der animalen und vegetativen Tendenzen aufeinander ab. Dieses Gleichgewicht kann z. B. eintreten, wenn

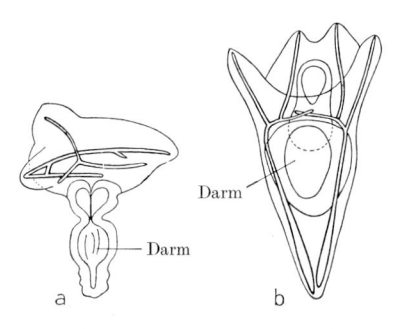

Abb. 101 Differenzierung isolierter vegetativer Hälften des Seeigeleies. (Nach HÖRSTADIUS, 1935).
a) Extremtyp, großer ausgestülpter Darm (Exogastrula). Es fehlen animale Differenzierungen.
b) Weniger extremer Typ, fast normale Pluteuslarve. Der Darm ist etwas vergrößert.

man in abgestufter Weise den Keim von beiden Polen her gleichmäßig verkleinert. Auch durch chemische Einflüsse läßt sich das Gleichgewicht verschieben. Behandlung der Keime mit Lithiumchlorid hat beispielsweise eine Verstärkung der vegetativen Tendenzen (übermäßige Darmbildung) und eine Unterdrückung animaler Effekte zur Folge, während Rhodannatrium vegetative Wirkungen unterdrückt. Die Wirkung derartiger Substanzen ist an bestimmte, spezifisch empfindliche Entwicklungsphasen gebunden. Isolierte, animale Keimhälften können durch den vegetativisierenden Lithiumeffekt weitgehend normalisiert werden. Als Schlußfolgerung ergibt sich aus dem Gesagten die Feststellung, daß die alte Fragestellung „Evolution oder Epigenese" dem Entwicklungsgeschehen nicht gerecht wird. Entwicklung ist sicher nicht reine Mosaikarbeit in dem Sinne, daß ein bereits in der Eizelle vorhandener, starr festgelegter Anlageplan während der Ontogenese schrittweise verwirklicht wird. Anderseits ist die Eizelle auch keine homogene strukturlose Plasmamasse. Ein Entwicklungsplan ganz allgemeiner Art ist in der befruchteten Eizelle vorhanden. Doch ist dieser Plan zunächst nicht in seinen Einzelheiten materialmäßig festgelegt. Die artspezifische Leistung beruht auf einer inhaerenten Eigenschaft von ausgesprochen praeformistischem Charakter. Zu einer *Determination* der Keimteile, d. h. zu einer Festlegung des definitiven Schicksals, kommt es schrittweise im Laufe der Entwicklung. Der Zeitpunkt, zu dem diese Determination einsetzt, kann außerordentlich verschieden liegen und ist zunächst für unsere Betrachtungen ohne Interesse. Doch immer ist diese Determination zunächst nicht starr, sondern dynamisch. So zeigt die Entwicklung stets Züge der beiden Grundprinzipien Präformation und Epigenese. Entwicklung ist Präformation und Epigenese zugleich, beides schließt sich nicht aus, sondern ergänzt sich, wobei einmal epigenetische, das andere Mal präformistische Züge augenfälliger werden können. Der Keim enthält die Potenzen zur Bildung des ganzen Organismus, und zwar sind diese Fähigkeiten zunächst noch nicht in Teilbezirke aufgeteilt. Dann treten zuerst ganz allgemeine lokale Differenzen hervor, die uns in Form der animalen und vegetativen Tendenzen beim Seeigelkeim beschäftigt haben. In der Folge wird dieses animalvegetative Gefälle mehr und mehr zugunsten organspezifisch determinierter Bezirke reduziert. Damit verliert der Keim aber auch die Fähigkeit, auf Störungen des Gefüges mit Regulationen zu antworten. Gleichzeitig verschwindet die Ansprechbarkeit auf LiCl und NaSCN, und der induzierende Effekt der Mikromeren erlischt. Qualitative Verschiedenheiten der einzelnen Keimteile treten nun mehr und mehr hervor. Diese Vorgänge werden uns im folgenden Kapitel beschäftigen.

Zusammenfassend können wir feststellen, daß die Furchung eine schnelle Aufeinanderfolge von Zellteilungen ohne nachfolgendes Zellwachstum ist. Der Charakter dieser Zellteilungen ist durch die sichtbare (Dotterverteilung) und molekulare Feinstruktur des Eies (Seeigel) bestimmt. Da der Ablauf der Furchungsteilungen bei unge-

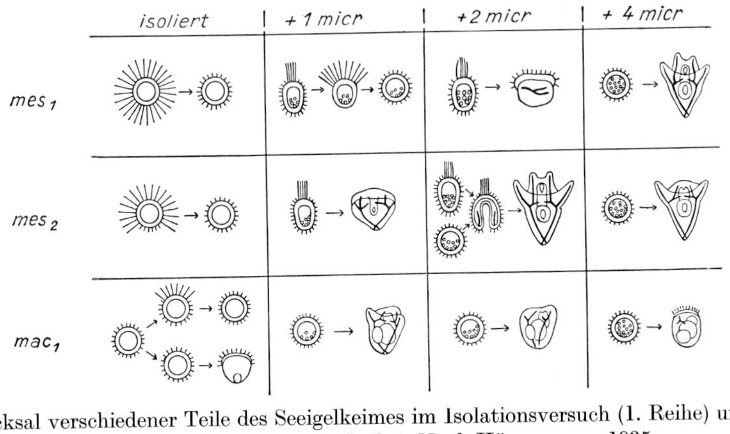

Abb. 103 Schicksal verschiedener Teile des Seeigelkeimes im Isolationsversuch (1. Reihe) und in Kombination mit Mikromeren (2.–4. Reihe). Nach HÖRSTADIUS, 1935.

störtem, normalem Entwicklungsablauf immer derselbe ist, können sich Beziehungen zwischen Bau der Eizelle und Lage bestimmter Körperebenen ergeben. Dennoch ist der Sinn der Furchung nicht in einer Verteilung qualitativ differenter Keimmaterialien (erbungleiche Teilung) zu sehen. Die Zerlegung des Eies in kleine Furchungszellen ist eine Umformung des Keimmaterials in kleinere Lebenseinheiten, die für die folgenden Entwicklungsphasen zum Aufbau eines Embryonalkörpers notwendig sind. Organisation und Differenzierung, das Hervortreten sichtbarer Mannigfaltigkeiten, sind Prozesse, die später eingehend analysiert werden sollen. Zuvor mögen noch einige abweichende Typen des Furchungsablaufes kurz besprochen werden.

d) Furchung bei Ganoiden und Dipnoern
(Abb. 104)

Die altertümlichen Fischgruppen der Ganoiden (Stör, Knochenhecht, Schlammfisch) und Dipnoer (Lungenatmer: *Neoceratodus*, *Protopterus* und *Lepidosiren*) zeigen einen Furchungstyp, der an den der Amphibien anschließt. Es handelt sich also um Holoblastier, doch bleibt der vegetative Pol lange ungefurcht, so daß diese Formen zu den Meroblastiern überleiten. *Lepidosiren* hat bereits sieben Blastomeren am animalen Pol, bevor die erste Furche den vegetativen Pol erreicht. Typische aequatoriale Furchen beobachtet man noch bei *Neoceratodus*. Bei *Amia* treten die beiden ersten Furchen meridional auf, dann folgen vertikale Furchen, die den Pol nicht mehr schneiden. Aequatoriale Furchen sind dem animalen Pol stark genähert. Bei *Lepisosteus* ist der meroblastische Furchungstyp erreicht. Der eigenartige Flösselhecht (*Polypterus*) zeigt totale, fast aequale Furchung (Abb. 104a).

3. Meroblastier

a) Teleosteer (Knochenfische)

Die Eier der Knochenfische sind zwar kleiner als die Amphibieneier, doch besteht eine sehr scharfe Trennung zwischen dem Bildungsplasma und dem öligen Dotter. Dieser bleibt von den Furchungsteilungen unberührt, so daß eine Keimscheibe gebildet wird. Sie besteht aus mehreren Lagen kleiner Zellen und ist vom Dotter durch eine Furchungshöhle getrennt (Abb. 105). In den Randzonen geht die Keimscheibe in eine zunächst nicht zellig gegliederte Plasmaschicht über (Dottersyncytium). Hier lösen sich noch relativ spät Zellen vom Dotter ab, gelangen unter die Keimscheibe und können dieser zugeschlagen werden. Das Dottersyncytium unterwächst die Keimscheibe und hüllt als „Periblast" den Dotter ein. Ist die Keimscheibe mehrschichtig geworden, so platten sich die oberflächlichen Zellen ab und bilden ein Deckepithel. Im Zentrum der Dottermasse kommt es in der Regel zu einer Ansammlung von Öltropfen. Als Endresultat der Furchung entsteht also eine mehrschichtige Keimscheibe, die den Dotter umwächst. Am Rande geht die Keimscheibe in den Periblasten (Syncytium) über, der beim Vorrücken der Keimscheibe nach dem vegetativen Pol zu verschoben wird.

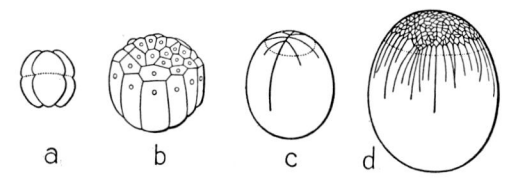

Abb. 104 Furchung bei Ganoidfischen.
a) *Polypterus*, nach KERR.
b) *Acipenser*, nach SALENSKY.
c) *Amia*, nach WHITMAN und EYCLESHYMER.
d) *Lepisosteus*, nach PARKER und BALFOUR, aus PETER.

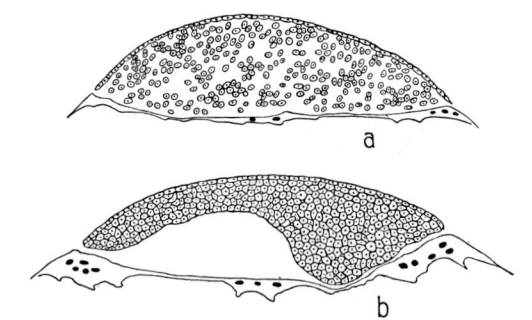

Abb. 105 Zwei Entwicklungsstadien des Forellenkeimes, discoidale Furchung, Bildung einer Keimscheibe (aus GURWITSCH).

b) Elasmobranchier

Bei Haien und Rochen sind die Eier außerordentlich dotterreich. Die Elasmobranchier zeigen physiologischerweise Polyspermie. Die Spermienkerne dringen in den Dotter ein und beteiligen sich als Merocyten an dessen Nutzbarmachung. Sie gehen später zugrunde, ohne sich am Aufbau des Keimes zu beteiligen. Die Keimscheibe ist vielschichtig und liegt im Gegensatz zu den Knochenfischkeimen, die viel dotterärmer sind, in eine Mulde des Dotters eingebettet. Auch bei Elasmobranchiern kommt unter der Keimscheibe und an deren Rand zunächst ein Dottersyncytium vor, von dem noch spät Zellen abgegliedert werden können. Eine Furchungshöhle erscheint innerhalb der Keimscheibe relativ früh. Sie ist nicht mit der Keimhöhle, die durch Dotterresorption unterhalb der Keimscheibe sichtbar wird, identisch. Bei einigen sehr dotterreichen Formen (*Chimaera*) wird nur ein kleiner Teil der Dottermasse umwachsen. Der größte Teil der Dottermasse wird durch Fragmentation in grobe Stücke zerlegt und durch die Kiemenöffnungen oder den Mund direkt aufgenommen.

c) Sauropsiden (Abb. 106)

Der Ablauf der Furchung bei Reptilien und Vögeln ähnelt sehr den entsprechenden Vorgängen bei Elasmobranchiern. Doch ist die Keimscheibe weniger scharf gegenüber dem Dotter abgesetzt als bei Elasmobranchiern oder Teleosteern. Die beiden ersten Furchen sind meridional angeordnet. Sehr bald treten Unregelmäßigkeiten im Ablauf der Zellteilungen auf. Die Keimscheibe wird vielschichtig. Ähnlich wie bei den Fischen kommt es auch hier zur Bildung eines Dottersyncytiums. Unter der Keimscheibe tritt eine Verflüssigung des Dotters auf. Dadurch entsteht zwischen Keimscheibe und Dottermasse die *Subgerminalhöhle*, die einer Furchungshöhle vergleichbar ist. Die Keimscheibe wächst in der Folge peripher über den Dotter hinweg und umwächst ihn. Die Randzone besteht aus einer lokalen Anhäufung lockergefügter Zellen (Keimwall). Die ersten Furchungsstadien werden im allgemeinen noch vor Ablage des Eies durchlaufen, also zu einer Zeit, da Eiweißhülle und Eischale noch fehlen.

4. Säugetiere

Die Furchung läuft bei den dotterreichen Monotremeneiern (Schnabeltier und Schnabeligel) nach dem Sauropsidentyp ab (Abb. 107). Die placentalen Säugetiere besitzen dotterfreie Eier. Ihre Furchung ist total und adaequal. Doch bestehen gewisse Besonderheiten, auf die später (s. Kapitel A VI.) einzugehen ist. Die Eier der Beuteltiere sind klein, besitzen aber eine Dottervakuole. Obgleich diese an Masse gegenüber dem Bildungsplasma sehr zurücktritt, wird sie doch bei der Furchung en bloc oder stückweise eliminiert (Abb. 108, 109). Die Furchungsteilungen ergreifen nur das Bildungsplasma. Die ausgestoßene Dottermasse wird nun sehr bald wieder von den Furchungszellen als Nährmittel resorbiert. Es liegt also ein eigenartig umwegiger Entwicklungsablauf vor, der nur verständlich ist, wenn wir annehmen, daß die Marsupialier von Formen mit dotterreichen Eiern abstammen. Streng genommen ist also die Furchung

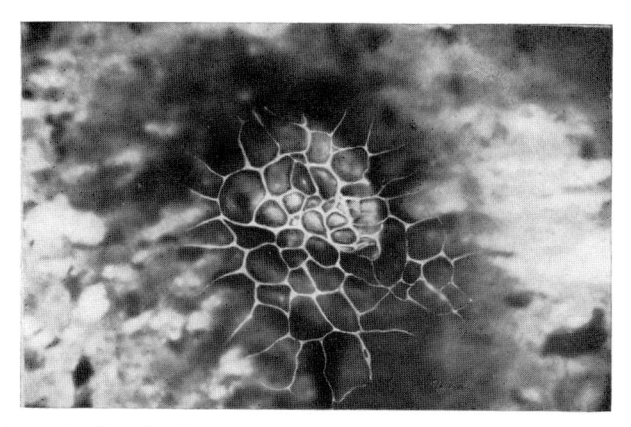

Abb. 106 Furchung des Eies der Ringelnatter (*Natrix natrix* L.). Aufsicht auf die Keimscheibe. Totalobjekt. (Orig.)

110　　　　　　　　　　　　　　　　A. II. Furchung

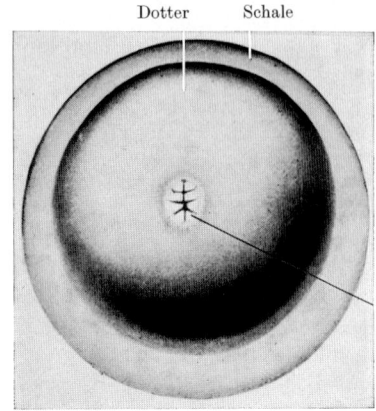

a) *Ornithorhynchus* (Schnabeltier) in der Eischale.
b) *Tachyglossus* (Schnabeligel), nach FLYNN und HILL (Trans. Zool. Soc., London, 1939).

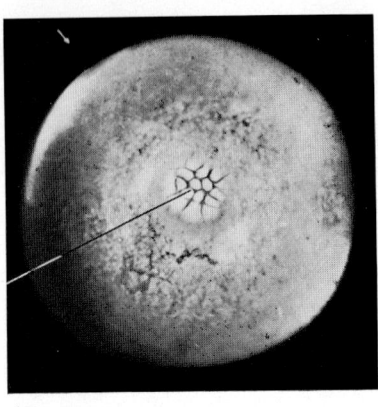

Abb. 107 Furchungsstadien von Monotremen.

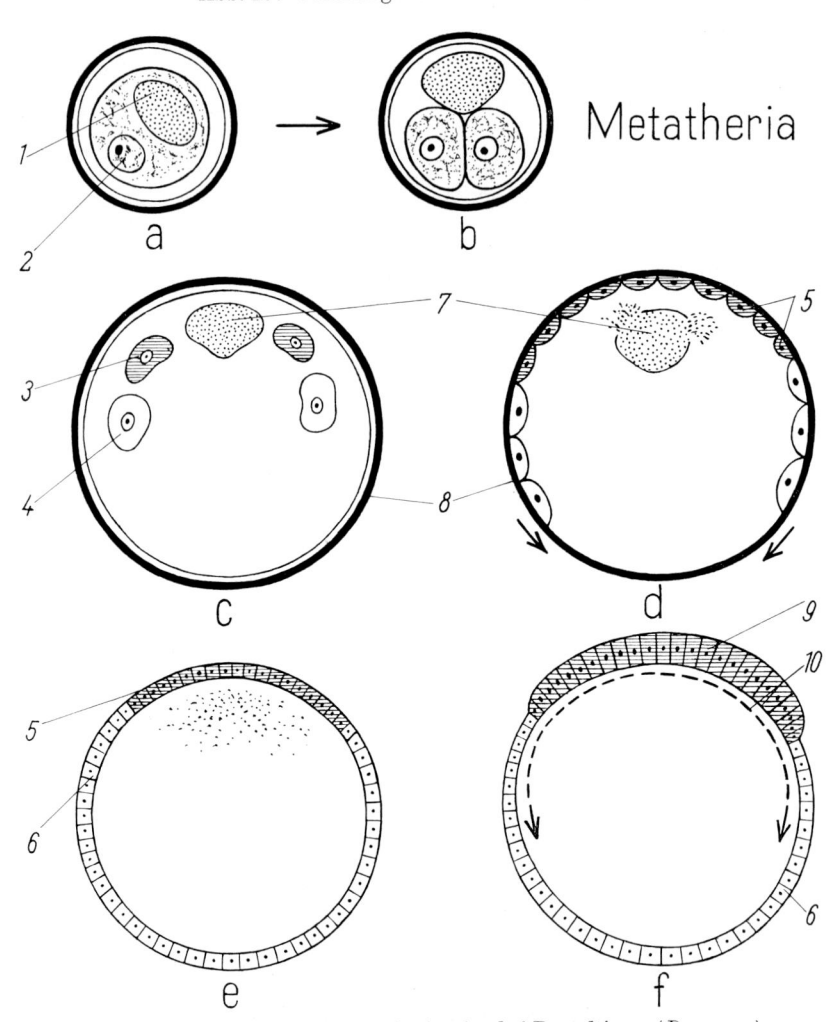

Metatheria

Abb. 108 Furchung mit Dotterelimination bei Beuteltieren (*Dasyurus*).
a) Ungefurchte Eizelle mit Dottervakuole. b) 2-Zellen-Stadium. Die Dottervakuole ist ausgestoßen.
c) 8-Zellen-Stadium. Formative und Trophoblastzellen. d) Bildung der Keimblase. Der Dotterkörper ist in Auflösung und wird resorbiert.

1 = Deutoplasma, 2 = Zellkern, 3 = Obere Blastomeren, 4 = Untere Blastomeren, 5 = Formative Zellen,
6 = Extraembryonales Ektoderm, 7 = Dotterkörper, 8 = Schalenhaut, 9 = Embryonalbezirk, 10 = Entoderm.

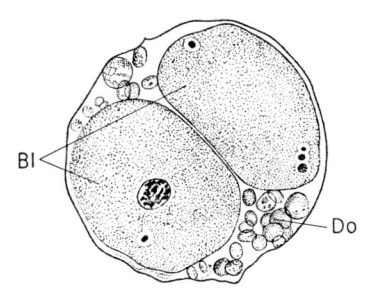

Abb. 109 Dotterelimination in Form einzelner Dotterpartikel bei der Beutelratte *Didelphis*. (Nach J. P. HILL).

Bl: Blastomeren
Do: Dotterpartikel

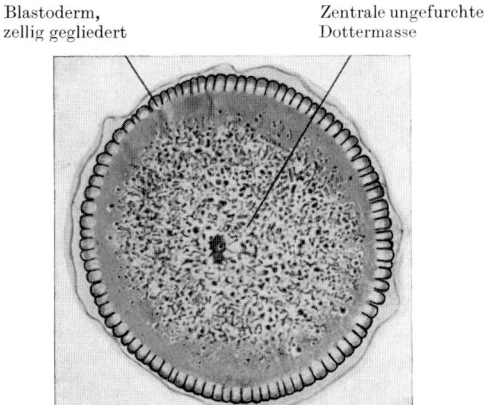

Abb. 110 Furchungsstadium der Stubenfliege (*Musca domestica*). Centrolecithales Ei, superfizielle Furchung, Bildung eines Blastoderms.

bei Beuteltieren nicht total, sondern zeigt einen Spezialtyp der partiellen Furchung. Bei einigen Placentaliern (*Vesperugo = Vespertilio?*, Kleinfledermaus, VAN DER STRICHT) kommt Dotterelimination geringen Grades ebenfalls noch vor.

5. Superfizielle Furchung

Superfizielle Furchung finden wir bei centrolecithalen Eiern (Insekten, Myriapoden, einige Crustaceen). Die durch Teilung entstehenden Furchungskerne wandern in das oberflächlich gelegene Bildungsplasma (Abb. 110). Dieses wird dadurch zellig gegliedert und nunmehr Keimhaut *(Blastoderm)* genannt. Auch bei superfizieller Furchung können Kerne in den Dotter gelangen.

Wir hatten gesehen, daß bei Veränderungen der Eistruktur der primäre Furchungstyp sich in rudimentärer Form erhalten kann. So besitzen die dotterarmen Beuteltiereier noch einen wenigstens andeutungsweise meroblastischen Furchungsmodus. Etwas ganz Ähnliches kommt auch bei centrolecithalen Eiern vor. Einige Krebse und Insekten haben sekundär dotterarme Eier. So erfolgt beispielsweise bei Poduriden (Insecta, Apterygota) zunächst totale Furchung (Abb.

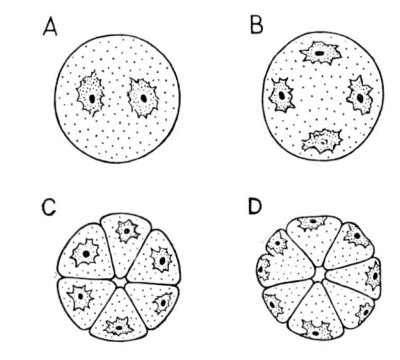

Abb. 111 Furchung bei Poduriden (Insecta, Apterygota).
a) und b) Auftreten von Furchungskernen ohne vollständige Zerlegung des Ooplasmas.
c) und d) Nachträgliche totale Furchung. Hier würde sich noch eine Blastodermbildung anschließen (nach UZEL).

111). Die zellige Gliederung bleibt an der Eioberfläche erkennbar, doch zerfallen die Blastomeren im Inneren wieder; es kommt zur Bildung des Blastoderms und der zentralen Dottermasse. Der superfizielle Furchungstyp wird ebenfalls auf einem Umweg etwa vom 32-Zellen-Stadium an wieder deutlich.

III. Gastrulation und Embryobildung der Holoblastier

Durch die Furchung wird bei den Holoblastiern (*Branchiostoma*, Amphibien) das Ei in kleinere Lebenseinheiten, die Blastomeren, zerlegt. Als Endresultat der Furchung entsteht eine Blastula. Diese zeigt gegenüber dem Ei noch keine Massenvermehrung. Ebensowenig sind bisher Formbildungsprozesse zu beobachten. Ist die Furchung abgeschlossen, so setzen plötzlich Zellverschiebungen und Verlagerungen am Keim ein, die zunächst zur Bildung eines zweischichtigen Keimes führen. Gleichzeitig verschwindet das Blastocoel. Bei der Bildung des zweischichtigen Keimes kommt es zur Bildung eines neuen inneren Hohlraumes, des Urdarmes (Archenteron) oder Gastrocoels. Wenn dieser Vorgang der Gastrulation, d. h. also Bildung eines zweischichtigen Keimes und eines Urdarmes, abgeschlossen ist, werden in einer weiteren Entwicklungsphase (Embryobildung) die Organanlagen sichtbar. Erst dann setzt eine gewebsmäßige Differenzierung ein. Zeitlich fallen die wesentlichsten Determinationsvorgänge in die Phase der Gastrulation.

Der *Urdarm (Archenteron)* ist ein Embryonalorgan, das *nicht nur* den Darm entstehen läßt. So enthält die Urdarmwand der Echinodermen präsumptives Material für Darm und Mesoblast (s. S. 105). Bei den Chordaten gehen aus der Innenschicht der Gastrula neben dem präsumptiven Darm auch präsumptiver Mesoblast und Chorda hervor. Die Entstehung von Coelom aus der Wand des Archenterons ist bei Deuterostomiern mit primär totaler Furchung im Gegensatz zu den meisten Protostomiern die Regel. Die das Archenteron auskleidende innere Schicht der Gastrula wird vergleichend embryologisch als *Entoderm* bezeichnet. Dieser Terminus hat im Laufe der Zeit einen Begriffswandel erfahren und ist heute leider nicht mehr eindeutig. So wurde besonders im entwicklungsphysiologischen Schrifttum die prospektive Bedeutung in die Definition einbezogen und der Entodermbegriff auf die präsumptive Darmwand eingeengt. Wir verwenden den Begriff Entoderm im ursprünglich morphologischen Sinne. Von einigen Autoren (s. KAESTNER 1963 pag. 1123, SEIDEL) wird vorgeschlagen, die den Urdarm auskleidende Schicht (= Entoderm im ursprünglichen Sinne) als *Entoblast* zu bezeichnen. Entsprechend werden die Bezeichnungen Ektoderm durch *Ektoblast* und Mesoderm durch *Mesoblast* ersetzt. Der Mesoblast kann primär epithelial oder mesenchymatisch (s. S. 128) sein. In einigen wenigen Fällen (Coelenteraten, Anneliden) bildet der Urdarm ausschließlich Darmkanal.

1. Gastrulation bei Branchiostoma

Die Coeloblastula von *Branchiostoma* ist einschichtig; der Blastulaboden besteht aus Makromeren. Die Gastrulation (Abb. 112) beginnt nun mit einer Abflachung des Blastulabodens. Bei *Branchiostoma* bleibt der animale Pol relativ lange an der Lage der Polocyte kenntlich. Die Hauptachse (animal–vegetativ) fällt nicht mit der künftigen Längsachse des Tieres zusammen, sondern bildet mit dieser einen Winkel von etwa 30°, so daß das spätere Rostralende materialmäßig nicht mit dem animalen Pol zusammenfällt. Die Einstülpung beginnt in der Nähe des postero-dorsalen Randes, dort, wo die Mikromeren in die Makromeren übergehen (Randzone). Die sich einstülpende Zellschicht verdrängt mehr und mehr das Blastocoel und kommt schließlich zur Berührung mit den Zellen des animalen Gebietes. Damit ist das Blastocoel völlig verschwunden, ein zweischichtiger Keim, die *Gastrula*, ist entstanden. Die äußere Zellage ist *Ektoderm* (Ektoblast, äußeres Keimblatt), die eingestülpte Zellschicht ist *Entoderm* (Entoblast, inneres Keimblatt). Der vom Entoderm umkleidete Hohlraum der becherförmigen Larve ist das *Archenteron* oder der *Urdarm*. Ektoderm und Entoderm gehen im Bereiche des *Urmundes (Blastoporus)* ineinander über. In der Folge streckt sich der Keim in die Länge, und

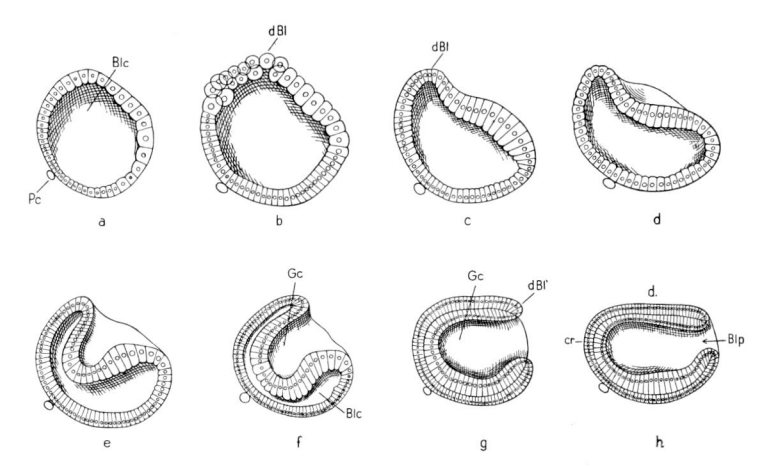

Abb. 112 Gastrulation von *Branchiostoma lanceolatum*, Längsschnitte. Der animale Pol, kenntlich an der Polocyte, ist nach links abwärts orientiert. Blc = Furchungshöhle (Blastocoel), Blp = Blastoporus, cr = Cranialende, dBl = dorsale Blastoporuslippe, Gc = Urdarm (Gastrocoel), Pc = Polocyte.

    a) Blastula mit abgeflachtem Boden.
    b, c, d) Bildung der dorsalen Blastoporuslippe.
    c, d, e) Beginn der Invagination.
    e, f, g) Verdrängung des Blastocoels durch den Urdarm.
    g, h) Verengerung des Blastoporus und Streckung.
    (Nach CERFONTAINE).

der Urmund verengert sich. Die Gastrulabildung erfolgt im wesentlichen durch Einstülpung *(Invaginationsgastrula)*, doch scheinen auch Zellproliferation und Überwachsung (Epibolie) im Gebiet des Blastoporus beteiligt zu sein. Wir wollen uns einstweilen mit dieser kurzen Schilderung des formalen Ablaufes der Gastrulation begnügen und die Analyse des Geschehens aufschieben, bis wir den Ablauf der Gastrulation bei den Amphibien kennengelernt haben, denn es ist nicht möglich, die Vorgänge einzig und allein aus der Aneinanderreihung von Präparaten abzulesen. Die reale Verschiebung von Material kann nur durch experimentelle Eingriffe (Farbmarkierung, Zeitrafferfilm) geklärt werden. Experimentelle Untersuchungen liegen aber in größerem Umfange nur für Amphibien vor. *Branchiostoma* mag uns zur Erläuterung der Grundbegriffe dienen, da die Formverhältnisse bei der einschichtigen Blastula etwas übersichtlicher sind als bei Amphibien.

Wir fassen also zusammen: Durch Invagination kommt es zur Bildung eines becherförmigen Keimes mit Urdarm und Urmund. Als Entoderm (Entoblast) bezeichnen wir die Zellen, die nach innen verlagert werden. Die Zellen, die außen bleiben, nennen wir Ektoderm (Ektoblast).

Diese Bezeichnungen sind nur deskriptiv verwendbar. Keineswegs ist eine allgemeine Gleichsetzung der Begriffe Entoderm–Makromeren, Ektoderm–Mikromeren gestattet. Der Begriff des Keimblattes ist demnach keine feststehende Größe. Zellen, die auf frühen Stadien noch außen liegen, werden später durch Invagination zu Bestandteilen des Entoderms. Es ist nicht überflüssig, dies besonders zu betonen, denn oft wurde versucht, den Keimblättern eine feste Determination zuzuschreiben. Die Befunde an Amphibien werden uns demgegenüber zeigen, daß der Massenverlagerungsprozeß bei der Gastrulation nicht direkt mit dem Determinationsvorgang gleichgesetzt werden kann.

2. Gastrulation bei Amphibien

Die Gastrulationsvorgänge bei Amphibien sind heute weitgehend exakt erforscht. Voraussetzung dafür ist, daß es gelingt, den Weg und das Schicksal bestimmter Keimbezirke über längere Entwicklungsperioden direkt zu verfolgen. Dazu ist es notwendig, bestimmte Zellgruppen kenntlich zu machen, ohne sie gleichzeitig zu schädigen. Das technische Problem wurde durch

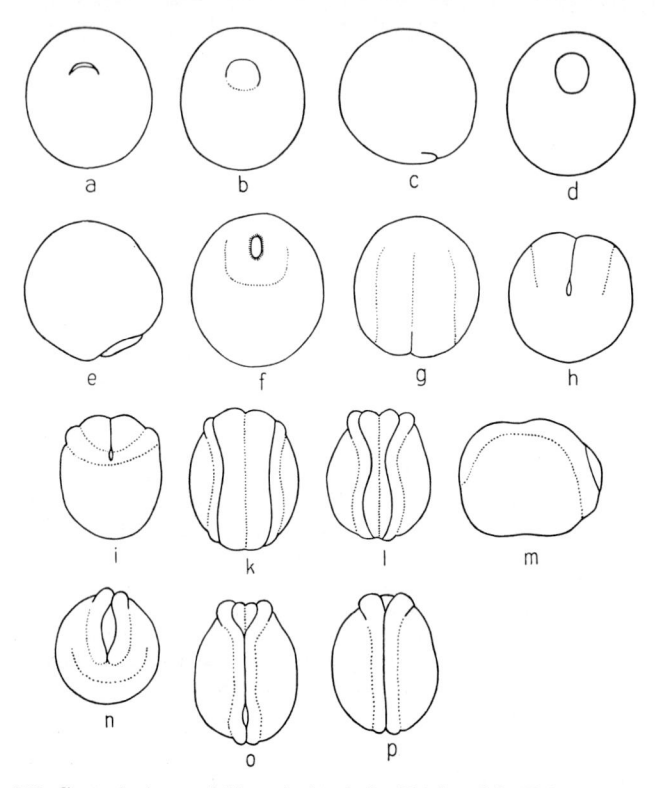

Abb. 113 Gastrulation und Neurulation beim Teichmolch, *Triturus taeniatus*.
a) Sichelförmiger Urmund. b–f) Schluß und Verengerung des Urmundes. g–m) Bildung von Neuralplatte und Neuralwülsten. n–p) Schluß der Neuralrinne zum Rohr.
a, b, d, f, h, i: Ansicht von caudal; c, e, m: Ansicht von lateral; g, k, l, o, p: Ansicht von dorsal; n: Ansicht von cranial. (Nach GLAESSNER, aus LEHMANN).

GOODALE und W. VOGT gelöst. Die Markierung erfolgt in der Weise, daß mit Farbstoff getränkte Agarstückchen einige Zeit auf die Oberfläche des Keimes, der in einem Wachsbett fixiert ist, gepreßt werden. Als Farbstoff finden Neutralrot und Nilblausulfat Verwendung. Der Farbstoff wird von den Zellen aufgenommen, gespeichert und für längere Zeit festgehalten, ohne daß er in die Umgebung abdiffundiert. In geeigneter Konzentration ist der Farbstoff praktisch unschädlich. Es gelingt auf diese Weise, Abkömmlinge von Zellen, die auf dem Blastulastadium markiert wurden, noch in späten Larvenstadien wiederzuerkennen. Markierungen sind auch an Selachiern, Teleosteern, Reptilien und Vögeln durchgeführt worden. In sehr mühsamen und umfangreichen Untersuchungen konnte VOGT mit seiner Methode die gesamte Oberfläche der Blastula abtasten und das weitere Schicksal jedes Oberflächenbezirkes verfolgen.

a) *Formaler Ablauf der Gastrulation bei Amphibien*

Bei Amphibien zeigt sich der Beginn der Gastrulation durch das Auftreten eines spaltförmigen Urmundes direkt unterhalb des grauen Halbmondes im Bereich der *Randzone* zwischen pigmentiertem und vegetativem Zellmaterial an. Die dorsale Blastoporuslippe ist dabei sehr deutlich ausgeprägt (Abb. 87, 113, 114). In der Folge biegen sich die Ränder des Urmundes nach unten und seitlich herab, laterale Blastoporuslippen werden gebildet. Gleichzeitig wird das nicht pigmentierte vegetative Feld mehr und mehr verkleinert, die Urmundlippen schließen sich ventral ringförmig um die Masse der Dotterzellen. Mit der Bildung der ventralen Blastoporuslippe ist der Blastoporus gebildet. Die Masse der Dotterzellen liegt nunmehr als Dotterpfropf im Blastoporus.

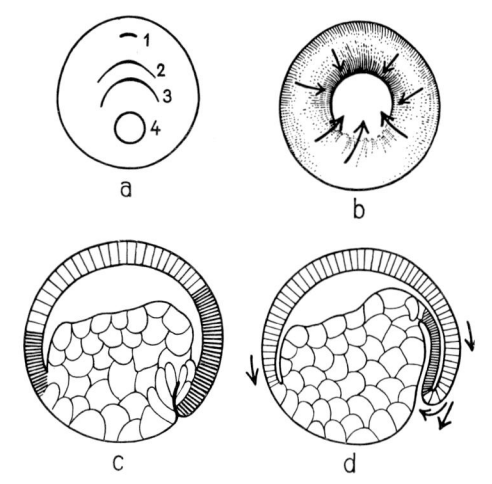

Abb. 114 Gastrulation bei Amphibien. (Nach KOPSCH, 1895). a) Ansicht einer Gastrula von caudal. Verschiedene aufeinanderfolgende Stadien der Urmundbildung (1–4) sind eingezeichnet. b) Schema der Zellbewegungen bei der Gastrulation des Axolotls. c) und d) Dasselbe am Längsschnitt.

b) Analyse des Gastrulationsvorganges. Gestaltungsbewegungen

Die Amphibienblastula besitzt bekanntlich einen massiven Sockel von Makromeren, dementsprechend liegt die Furchungshöhle exzentrisch, nach dem animalen Pol verschoben. Betrachten wir eine Blastula kurz vor Beginn der Gastrulation am Sagittalschnitt, so finden wir, daß die Zellen der *Randzone* im dorsalen Bereich gegenüber den Dotterzellen etwas isoliert sind (Abb. 93b). In diesem Feld, also noch im vegetativen Bereich, beginnt die Blastoporusbildung. Zu dieser Zeit läßt sich mit Hilfe der vitalen Farbmarkierung feststellen (SCHECHTMANN), daß Zellen vom vegetativen Pol ins Innere der Blastula einwandern und in den Boden der Furchungshöhle gelangen. Gleichzeitig rückt die Randzone in Richtung auf den vegetativen Pol hin vor. Um das Gebiet der künftigen dorsalen Blastoporuslippe wird Zellmaterial ins Innere des Keimes eingerollt, damit entsteht das Gastrocoel (Abb. 114, 115 a–c). Um die dorsale Lippe wird fortlaufend Zellmaterial ins Innere gelangen, und zwar erreicht nun auch kleinzelliges Randzonenmaterial das Einrollungsfeld. Das Dotterzellmaterial wird in den Keim invaginiert. Aus der Tatsache, daß während dieses Einrollungsprozesses der Urmund immer weiter zum vegetativen Pol hin vorrückt, können wir bereits schließen, daß im oberflächlichen Bereich der Gastrula Zellmaterial an den Blastoporus herangeschafft werden muß und daß dieser Zustrom schneller vonstatten geht als die Einrollung selbst. Im Keiminneren weitet sich der Urdarm sehr schnell aus und verdrängt das Blastocoel. Das Urdarmdach (Abb. 115b) besteht aus kleinzelligem Material, während der Boden von massiven Dotterzellen gebildet wird. Bei Anuren ist der Unterschied zwischen Mikro- und Makromeren stärker ausgeprägt als bei Urodelen. Die Dotterzellen üben dementsprechend einen hemmenden Einfluß auf die Gastrulationsvorgänge aus. So kann es vorkommen, daß die Furchungshöhle nicht völlig verdrängt wird, sondern durch Einreißen einer dünnen Scheidewand (Abb. 115b, c) in den Urdarm einverleibt wird. Morphologisch ist diese Einbeziehung der Ergänzungshöhle (Blastocoelrest) in die Urdarmbildung von untergeordneter Bedeutung. Es handelt sich um einen ganz sekundären Vorgang, der nur durch den Dotterreichtum bedingt ist. Eine Ergänzungshöhle kommt regelmäßig bei *Pelobates* (Knoblauchkröte) vor, sehr häufig bei *Alytes* und *Salamandra* und in einem großen Teil der Fälle auch bei *Rana*. Bei den *Triturus*-arten ist die Ergänzungshöhle eine seltene Ausnahme.

Aus der Beobachtung des Gastrulationsvorganges an sich kann zunächst nicht geschlossen werden, ob es sich um reine Gestaltungsbewegungen (Materialverschiebungen) handelt, oder ob Wachstumsvorgänge hierbei eine Rolle spielen. Eine Antwort auf diese Frage hat das Experiment (vitale Farbmarkierung) erbracht. Markiert man beispielsweise kurz vor Beginn der Gastrulation eine Zellgruppe im Bereich des vegetativen Feldes und finden wir dann, daß die angefärbten Zellen später ein bestimmtes Areal am Boden des Vorderdarmes einnehmen, so können wir schließen, daß Zellen in den Zwischenphasen eine entsprechende Verlagerung erfahren haben. VOGT und seine Mitarbeiter haben in zahllosen Versuchen die Materialbewegungen am Amphibienkeim studiert und in der Tat den Nachweis erbringen können, daß allein Gestaltungsbewegungen bei der Gastrulation von Bedeutung sind. Am Ende der Gastrulation liegt mehr als die Hälfte derjenigen Zellen, die die

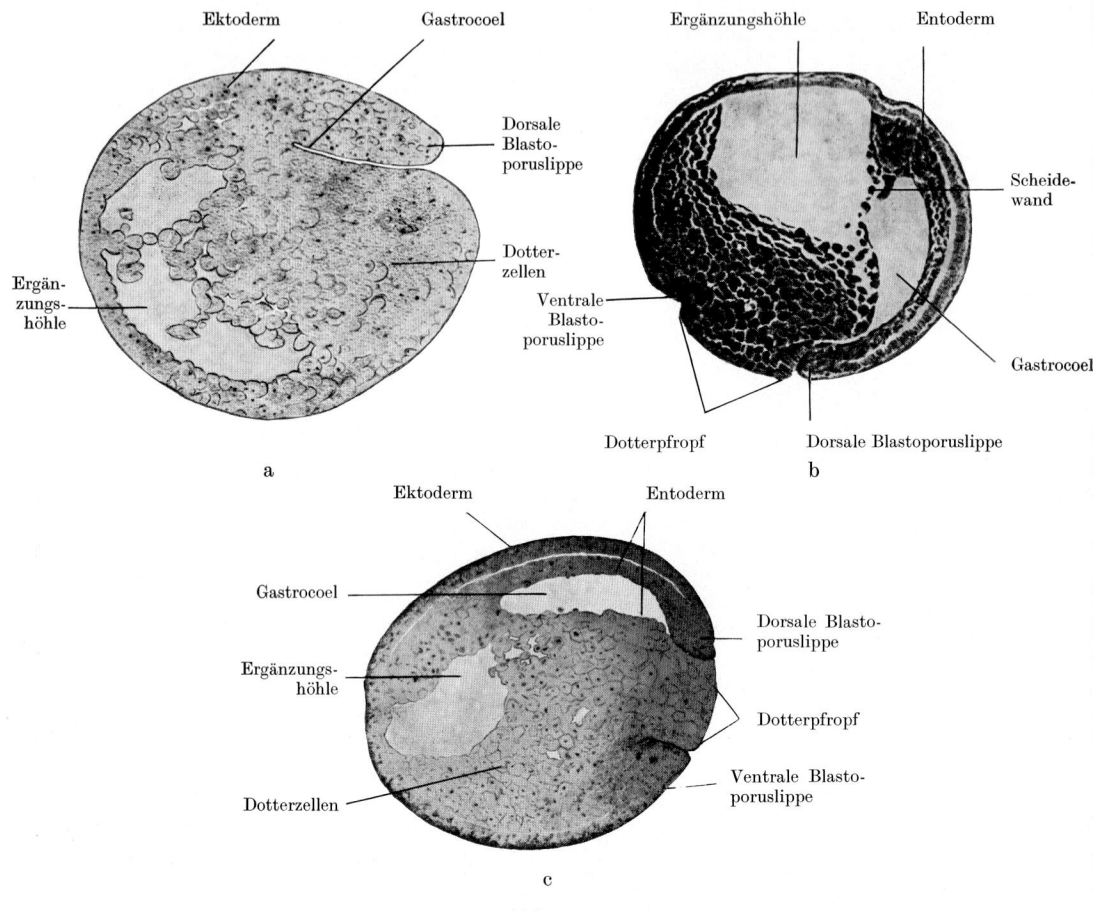

Abb. 115

a) Längsschnitt durch eine junge Gastrula von *Triturus taeniatus*. Großer Rest der Furchungshöhle erhalten, Gastrocoel noch klein, noch keine ventrale Blastoporuslippe.
b) Längsschnitt durch eine ältere Gastrula von *Rana temporaria*. Ergänzungshöhle. Scheidewand kurz vor dem Einreißen. Dotterpfropf.
c) Längsschnitt durch eine ältere Gastrula von *Rana temporaria*. Dorsale und ventrale Blastoporuslippe gebildet, Dotterpfropf, Ergänzungshöhle.

Oberfläche der Blastula gedeckt hatten, im Inneren des Keimes. Eine derartige Umlagerung muß natürlich auch Verschiebungen an den außen verbleibenden Zellen mit sich bringen. Wir können zunächst ganz generell feststellen, daß das Material der vegetativen Hälfte zusammengedrängt wird, das der animalen Hälfte sich aber ausbreiten muß. Zunächst werden die Makromeren des Dotterfeldes ins Innere gelangen, die Zellen drängen sich in der Blastoporusgegend zusammen und schieben sich unter der dorsalen Blastoporuslippe in der Form ins Innere hinein, daß sie hier eine nach dorsal offene Rinne mit freien, nach seitlich oben auslaufenden Rändern bilden (Invagination). Gleichzeitig drängt sich das Randzonenmaterial von dorsal her zum Blastoporus zusammen und wird um die dorsale Lippe eingerollt. Sind diese Zellen durch den Urmund hindurchgelangt, so gliedern sie sich in das Urdarmdach ein (Abb. 114) und beteiligen sich später an der Bildung der Chorda dorsalis. Die seitlich anschließenden Zellen werden zunächst nach dorsal umgelenkt und breiten sich sodann als geschlossene Schicht (Mesoderm) zwischen dem äußeren Blatt und dem Entoderm aus, indem sie sich über die freien Ränder der Urdarmrinne nach abwärts und vorn vorschieben. Gleichzeitig falten sich die Urdarmränder mehr und mehr nach dorsal auf und schließen sich, von cranial nach caudal fortschreitend, unter der Chorda zusammen, so daß nun der definitive Darm gebildet ist. Entoderm und Chorda-Mesoderm sind – wenigstens bei Urodelen – von vorneherein weitgehend selbständig voneinander. Man kann sich den Vorgang etwa in der Art vorstellen, daß zwei schalenförmige Gebilde im Inneren der Gastrula sich umfassen. Die Entodermschale bildet zunächst den vorderen und unteren Teil des Keimes. Sie wird von oben her von der umgekehrt gestellten Mesodermschale umfaßt (Abb. 128). Beide Schalen haben zunächst freie Ränder, die sich später schließen. Das Mesoderm entstammt also schließlich blastoporalem Zellmaterial (peristomale Mesodermbildung). Bei Anuren liegen die Dinge insofern etwas anders, als hier die Trennung von Ento- und Mesoderm nicht so frühzeitig durchgeführt ist und beide gemeinsam eingerollt werden, so daß das Mesoderm sich erst später vom Entoblast lösen muß (gastrales Mesoderm). Bei Urodelen ist nur die Bildung des vorderen Kopfmesoderms ebenfalls auf Abspaltung von der Darmwand zurückzuführen. Die Frage der Mesodermbildung wird uns später noch genauer zu beschäftigen haben (s. S. 125).

Blastoporusschluß

Bei der Schilderung des äußerlich sichtbaren Geschehens bei der Gastrulation hatten wir bereits darauf hingewiesen, daß der Urmund mehr und mehr eingeengt wird, um schließlich zu einem engen Ring geschlossen zu werden. Bei den Urodelen geht aus dem Urmund der definitive After hervor, während bei Anuren ein vorübergehender Verschluß des Urmundes stattfindet und der After sekundär durchbricht (Abb. 116).

Mechanik der Gastrulation

Das Wesen des Gastrulationsvorganges besteht in der Verlagerung von Zellmaterial in das Keiminnere und in der Bildung eines Urdarmes. Damit ergibt sich zugleich die Frage, wie Zellen nach innen verlagert werden können. Ursprünglich hatte man vermutet, daß die Mikromeren sich schneller teilen und daß dadurch ein Wachstumsdruck erzeugt würde, der die Einstülpung

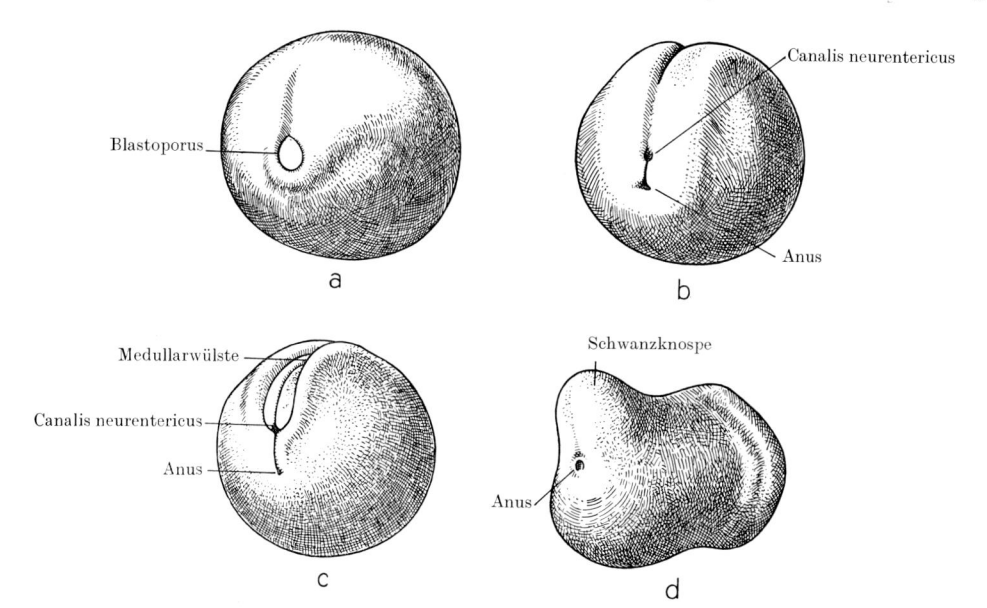

Abb. 116 Entwicklung von After und Schwanz bei *Rana temporaria*. Oberflächenbilder, Ansicht von caudal. (Nach ZIEGLER).
    a) Enger Blastoporus.
    b) Zerlegung des Blastoporus in Anus und Canalis neurentericus.
    c) Bildung der Medullarwülste, Canalis neurentericus.
    d) Bildung der Schwanzknospe.

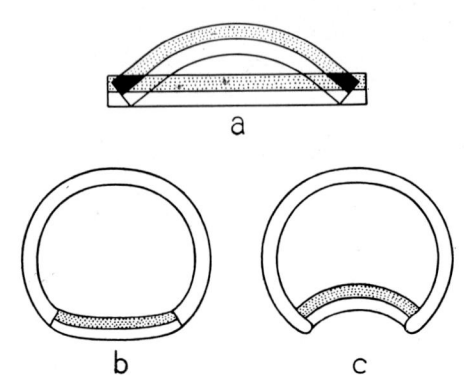

Abb. 117 Modellversuch zur Erklärung der Invagination (nach Spek, verändert).
a) Verbiegung einer Platte, die aus Papier (weiß) und Gelatine (punktiert) zusammengesetzt ist, nach Quellung.
b) Blastulamodell, unten zweischichtig, aus zwei verschiedenen quellbaren Materialien zusammengesetzt.
c) Wie b, nach Quellung durch Wasserbehandlung, Invagination des Bodens.

dings könnte ein Mikromerendruck einen bereits in Gang befindlichen Invaginationsprozeß zweifellos unterstützen. Eine Einstülpung könnte dann leichter zustandekommen, wenn die innere Oberfläche des zu invaginierenden Teiles einer Hohlkugel gegenüber der äußeren Oberfläche vergrößert ist. Spek (1931) hat ein einfaches Modell angegeben, das diesen Vorgang erläutert. Wenn man einen Ring aus Papier herstellt und in die eine Hälfte dieses Ringes einen Gelatinestreifen einfügt (Abb. 117), also zwei verschieden quellbare Materialien zusammenfügt, und sodann durch Zufuhr von Feuchtigkeit die Gelatine zum Quellen bringt, so stülpt sich dieser Teil des Ringes ein. Tatsächlich vergrößert sich nun bei der Amphibiengastrula die innere Fläche der Makromeren im Bereich des Blastoporusgebietes. Die Zellen nehmen eine sehr charakteristische Gestalt („Flaschenzellen") an (Abb. 122, 123). Das Prinzip scheint also auf die Invagination anwendbar zu sein.

bedingen sollte. Doch läßt sich leicht zeigen, daß ein vermehrter Mikromerendruck ausschließlich zu einer Längsstreckung des Keimes führt. Allerdemgegenüber wurde immer wieder versucht, nachzuweisen, daß die Bewegungen der Zellen des jungen Amphibienkeims endogen bedingt

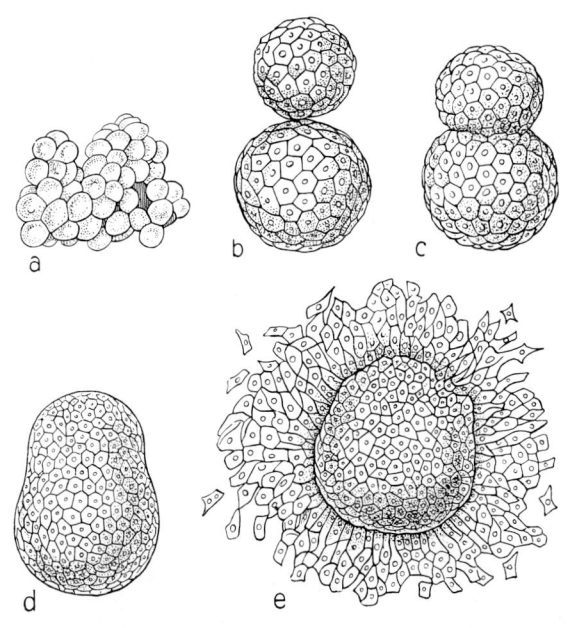

Abb. 118 Verhalten isolierter Entodermzellen aus der Amphibiengastrula.
    a)   Zellen kurz nach der Isolation.
    b)   Zwei zur Kugel abgerundete Aggregate nebeneinandergelegt.
    c, d) Verschmelzung beider zu einer einheitlichen Kugel.
    e)   Abflachung der Kugel und Auswanderung der abgeflachten Zellen.
(Nach Holtfreter 1939, Arch. exp. Zellforsch. 23).

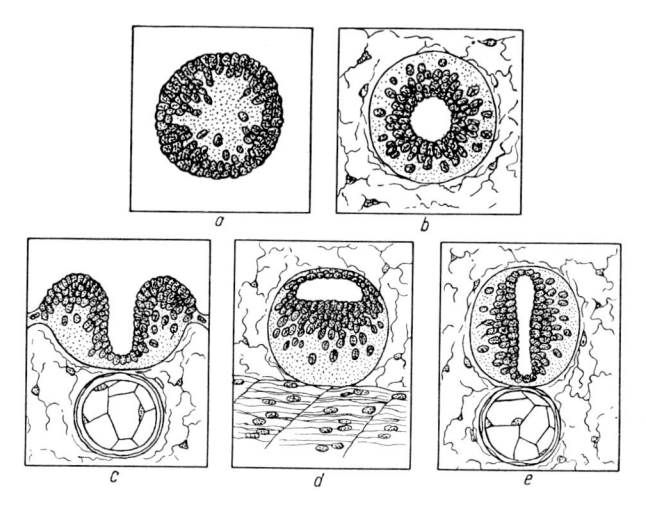

Abb. 119 Einfluß von Umgebungsfaktoren auf das Neuralrohr von Amphibienlarven im Isolationsversuch.

a) Solide Zellmasse im Explantat. Zellen der grauen Substanz außen, weiße Substanz innen.
b) Explantation von Neuralrohr mit Mesenchymumhüllung. Bildung eines zylindrischen Rohres mit zentralem Lumen, Zellen innen, Fasern außen.
c) Gleichzeitige Explantation von Chordagewebe. Verdünnung des Bodens der Neuralrinne dort, wo Kontakt mit der Chorda besteht. Dorsale Spaltbildung.
d) Unterlagerung des Explantates durch Muskulatur ergibt exzentrische Lage des Lumens (Basalmassentyp).
e) Neuralrohr von Chorda unterlagert mit reichlicher Mesenchymumhüllung ergibt normales Bild. Spaltförmiges vertikales Lumen.

(Nach HOLTFRETER 1934, Arch. exp. Zellforsch. 15).

sind und autonom ablaufen. VOGT hatte bereits 1913 auf die Fähigkeit isolierter Blastomeren zur amoeboiden Bewegung hingewiesen. HOLTFRETER (1939) hat dieses Verhalten genauer analysiert. Bringt man zwei Haufen von isolierten Entodermzellen im Kulturschälchen dicht nebeneinander (Abb. 118), so runden sich die Zellhaufen zu geschlossenen Kugeln ab und verschmelzen nach einiger Zeit miteinander, falls man sie zum Kontakt bringt. Nach etwa einem Tag aber wandern plötzlich aus dieser Zellkugel massenhaft Zellen aus (Abb. 118e) und breiten sich auf dem Boden der Zuchtschale in Form einer epithelialen Platte aus, ohne daß inzwischen eine Veränderung am Medium vorgenommen worden wäre. Diese Zellen differenzieren sich nach etwa 20 Tagen zu sezernierendem Darmepithel. Interessant ist nun die Feststellung, daß dieses Formbildungsgeschehen zeitlich und räumlich in Parallele zu den Vorgängen im Normalkeim gesetzt werden kann. Die Ausbreitung der Epithelplatte fällt zusammen mit der Aufschiebung der dünnen Darmlippen und dem Schluß des Darmdaches beim Kontrollkeim.

Ebenso fällt die Differenzierung zu sezernierenden Zellen im Explantat und im Kontrollkeim zeitlich zusammen. Es bestehen also zeitlich und räumlich geordnete positive und negative Affinitäten zwischen den Embryonalzellen, die auf physikalisch-chemischen Differenzierungen der Zellarten beruhen und den Kontakt der einzelnen Teile des Keimes ermöglichen oder verhindern. Dieses Verhalten ist eine wichtige Voraussetzung für den Ablauf der Formbildung.

Anziehungs- und Abstoßungskräfte spielen auch in späteren Entwicklungsphasen eine höchst bedeutsame Rolle. F. E. LEHMANN, HOLTFRETER u. a. haben zahlreiche Beispiele hierfür angeführt. Isoliert man beispielsweise bereits determiniertes Neuralmaterial (präsumptives Nervensystem), so liefern derartige Explantate Nervengewebe in völlig chaotischer Anordnung. Umhüllt man das Explantat mit Mesenchym, so bildet das Nervengewebe ein Rohr mit zentralem, rundlichem Lumen und gleichmäßig dicker Wand (Abb. 119). Fügt man dem Isolat Chorda hinzu, so nimmt das Rohr die typische Form des Neuralrohres mit vertikal spaltförmigem Lumen an. Fehlt die Chorda und wird das Neuralmaterial von Muskulatur unterlagert, so bildet sich ein Nervenrohr mit dicker basaler Nervengewebsmasse (Basalmassentyp) und dünner Decke. Ist die Mesenchymumhüllung unzureichend, so können Spaltbildungen auftreten (Abb. 119c). Analoge Mißbildungen kann man am Ganzkeim erhalten. Hindert man beispielsweise durch chemische Einwirkung die Chorda im Rumpfbereich an ihrer Ausbildung, so zeigt das Neuralrohr im betreffenden Bereich den Basalmassentyp.

Die Analyse dieser Kontaktbedingungen und des Verhaltens isolierter Zellgruppen erklärt aber keineswegs vollständig den Ablauf der Gastrulation und der Organbildung im normalen Ganzkeim. Bisher ist der steuernde und ordnende Faktor, der die Zell- und Massenbewegungen koordiniert und die wirkenden Kräfte synchronisiert, unbekannt geblieben. Neuerdings haben sich jedoch durch Untersuchungen von HOLTFRETER (1943, 1944, 1948) neue Gesichtspunkte ergeben, die vielleicht geeignet sind, hier Klärung zu schaffen. Sie ermöglichen es, den Vorgang der Gastrulation, jedenfalls in seinem technischen Ablauf, auf physikalisch-chemische Grundlagen zurückzuführen. Diese Befunde geben auch zum ersten Male eine Erklärungsmöglichkeit für die gesteuerten Massenbewegungen des Zellmaterials in der Frühentwicklung. Das Amphibienei besitzt innen von der Dottermembran eine feine Oberflächenschicht von eigenartiger Beschaffenheit (Abb. 120). Diese Schicht hat eine festere, gelartige Konsistenz als das Ooplasma, hängt aber andererseits nach der Tiefe zu kontinuierlich mit dem Plasma zusammen. Das nackte Cytoplasma grenzt also nicht an das umgebende Medium. Die Beschaffenheit der Eioberfläche (Oberflächenspannung) entspricht daher auch nicht der eines Cytoplasmatropfens im Wasser. Dieser Oberflächenfilm wird noch vor der Befruchtung im Oviduct gebildet, fehlt aber den Ovarialeiern. Daher ist das Eierstocksei im Gegensatz zum abgelegten Ei für Wasser außerordentlich permeabel. Andererseits ist der osmotische Druck im Eiinnern von der Eiablage bis zum Neurulastadium außerordentlich konstant, das Ei kann sich auch ohne nennenswerte Schädigung in nichtisotonischem Medium entwickeln. Erst dadurch ist es den Amphibienkeimen möglich, im Wasser zu überleben. Diese Oberflächenschicht (*surface coat*) bedeckt zunächst die ganze Eioberfläche gleichmäßig. Sie ist jedoch nur sehr schwer gegen das tiefere Cytoplasma abgrenzbar.

Da aber die Pigmentkörnchen zum größten Teil in die Oberflächenschicht eingelagert sind, kann die Pigmentierung als Indikator für den Oberflächenfilm dienen. Der Film ist durch besondere mechanische Beschaffenheit ausgezeichnet, und zwar besitzt er die Eigenschaft einer leicht gespannten, elastischen Membran. Diese hat eine gewisse Widerstandsfestigkeit gegen Zug, wie man durch Anheben mit einer feinen Glasnadel feststellen kann, und besitzt das Bestreben, sich zusammenzuziehen. Diese Oberflächenschicht ist dank ihrer Kontraktilität der wichtigste Faktor, welcher die Massenbewegungen in der Frühentwicklung steuert. Alle Mittel, welche die Konsistenz des Filmes herabsetzen, verhindern zugleich die Zellverschiebungen bei der Gastrulation und Neurulation. Andererseits

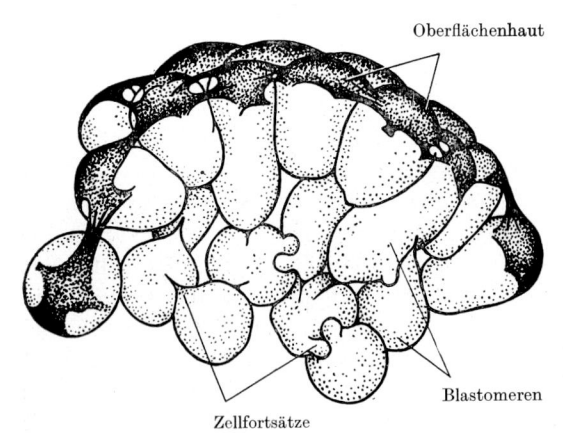

Abb. 120 Zellen aus der Blastula vom Axolotl. Der dunkle Oberflächenfilm ist sichtbar. Er ist stellenweise gerissen. Verbindung der Blastomeren durch Zellfortsätze.
(Nach HOLTFRETER 1943, J. Exp. Zool. 94).

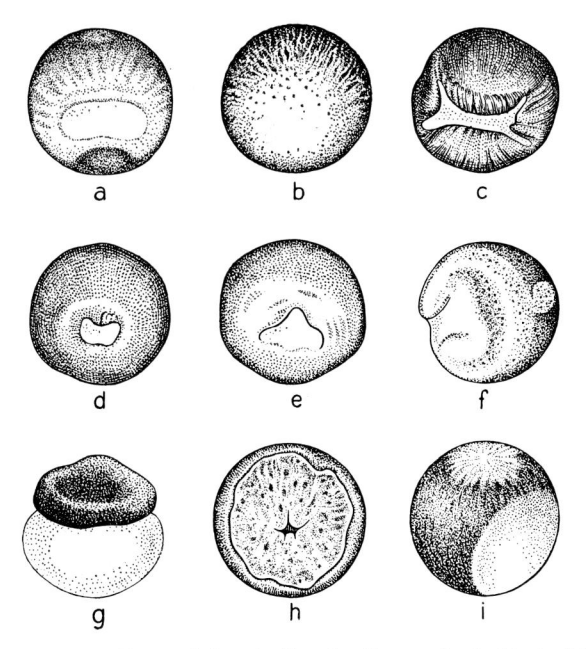

Abb. 121 Unbefruchtete Eier von *Rana pipiens* in Standardlösung (a, b, h), in Ringerlösung (c, d, f, g), in 0,4%iger LiCl-Lösung (e) oder in Leitungswasser (i); Strömung des pigmentierten Rindenmaterials nach abwärts. Pseudoinvagination (c–f). Exogastrulation (g).
(Nach HOLTFRETER 1943, J. Exp. Zool. 94).

können aber diese Gestaltungsbewegungen unter besonderen Umständen auch am ungefurchten Ei ablaufen. Läßt man *unbefruchtete* Amphibieneier etwa zwei Tage in Leitungswasser liegen, so sieht man, daß sich das pigmentierte Material allmählich gegen den vegetativen Pol hin ausdehnt. Der graue Halbmond tritt hervor. Schließlich erscheinen Strömungsfiguren im Pigment, und es kommt zur Invagination von dorsalem Material mit Bildung einer dorsalen – gelegentlich auch einer ventralen – Blastoporuslippe (Abb. 121). Wohlgemerkt laufen alle diese Vorgänge der Formbildung an der *ungefurchten Eizelle* ab. Es entsteht eine Pseudogastrula. Ein entsprechendes Phänomen war von LILLIE (1902) bereits an dem marinen Ringelwurm *Chaetopterus* beobachtet worden. Es kann hier zur Bildung trochophora-ähnlicher Gebilde mit Cilien kommen. Mit diesen Befunden ist wohl schlagend bewiesen, daß Zellteilungen und Wachstumsdruck keine entscheidende Rolle beim Invaginationsvorgang spielen können. Im übrigen hatte BRAGG 1938 bereits nachgewiesen, daß der Mitoseindex in der Gastrula keineswegs erhöht ist, besonders nicht in der dorsalen Blastoporuslippe, die man als Wachstumszentrum angesprochen hatte.

Der *Oberflächenfilm* besteht aus *gerichteten Kettenmolekülen* von Eiweißkörpern, die tangential und senkrecht zur Oberfläche orientiert sind. Unter Zug richten sich diese Molekülverbände parallel zur Oberfläche aus und werden schwach doppelbrechend, ein Beweis für ihre fibrilläre Feinstruktur. Dieser Film ist entscheidend für alle Eigenschaften der Eioberfläche, er steht unter einer gewissen Spannung und soll die Furchungszellen nach Art eines Syncytiums zusammenhalten. Alkali, O_2-Mangel und K-, Na-, Li-Ionen bringen ihn zur Auflösung, saures Medium und Ca-Ionen erhalten die Elastizität.

Im Laufe der Frühentwicklung bleibt die Verteilung des Materiales, das den Oberflächenfilm bildet, nicht gleichmäßig. Anhäufungen seiner Substanz lassen sich u. a. besonders im Gebiet der späteren dorsalen Blastoporuslippe nachweisen (Abb. 122). Damit wird dieses Gebiet auch in physikalisch-chemischer Hinsicht besonders ausgezeichnet. Der Oberflächenfilm ermöglicht dank seiner Elastizität, daß die Oberflächenbewegungen eines Bezirkes auf größere

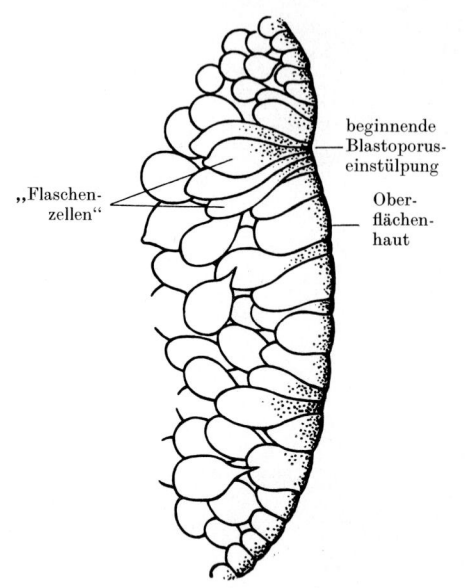

Abb. 122 Beginnende Blastoporuseinstülpung beim Axolotl, Längsschnitt. Anhäufung von dunklem Material des Oberflächenfilms, Flaschenzellen.
(Nach HOLTFRETER 1943, J. Exp. Zool. 94).

Wachstums, sondern eine Frage der Materialbewegungen (Abb. 123).

Die Bildung der Oberflächenschicht bedeutet gleichzeitig das Hervortreten einer deutlichen Polarität der Zellen. Der äußere und der innere Zellpol unterscheiden sich vor allem durch ihre sehr verschiedene Haftfähigkeit. Während der die äußere Zellfläche bedeckende Proteinfilm ein Verkleben mit Nachbarzellen verhindert, haften die basalen Zellteile sofort aneinander. Der Oberflächenfilm spielt daher auch eine wesentliche Rolle bei der Lumenbildung in embryonalen Hohlorganen (Urdarm, Neuralrohr), indem er eine Verklebung der freien Lichtung unmöglich macht.

Elektronenoptische Untersuchungen am Amphibienei vor und nach der Befruchtung (WARTENBERG, H. und W. SCHMIDT 1961) haben bisher keine weiteren Aufschlüsse über die Natur der Oberflächenmembran geben können; denn nach den genannten Untersuchern läßt sich elektronenoptisch keine extrazelluläre Oberflächenmembran nachweisen. Zur Zeit ist noch nicht geklärt, inwieweit präparatorische Eingriffe bei der Herstellung der Präparate die Struktur beeinflussen können, oder inwieweit sich der Oberflächenfilm auf Grund physikali-

Flächen übertragen werden und daß die Zellbewegungen zu Kollektivbewegungen zusammengefaßt werden und geordnet ablaufen. Der Gastrulationsvorgang ist also kein Problem des

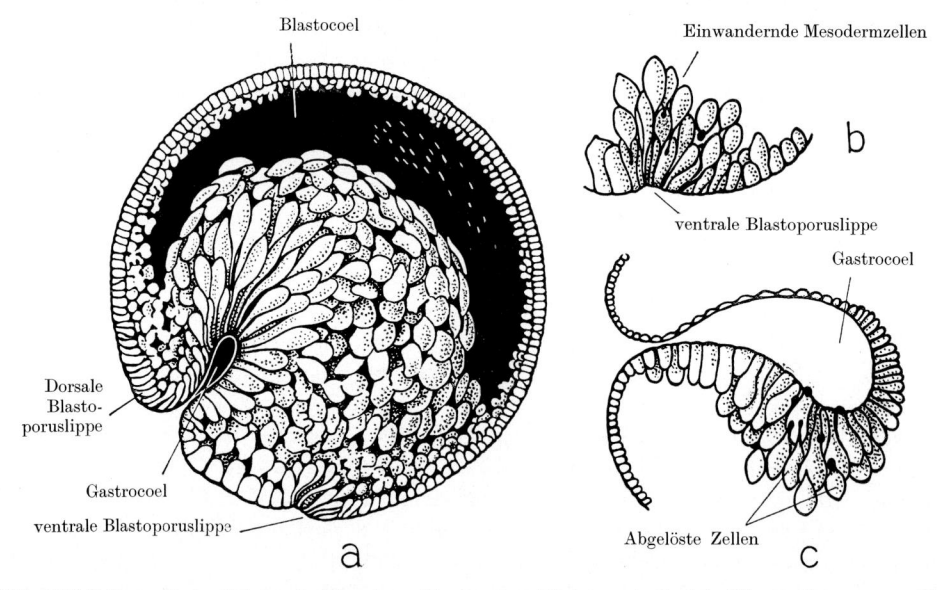

Abb. 123 Schematische Längsschnitte einer älteren Amphibiengastrula (a). Einwanderung von Mesodermzellen an der ventralen Blastoporuslippe (b). Entodermzellen, das Urdarmlumen auskleidend. Einige Zellen haben ihre Verbindung mit dem Oberflächenfilm aufgegeben, ihr pigmentiertes Halsstück ist kontrahiert.
(Nach HOLTFRETER 1943, J. Exp. Zool. 94).

scher Eigenschaften der elektronenoptischen Darstellung entzieht. Aus den erwähnten Untersuchungen ergibt sich jedoch, daß am Froschei Bläschen und Palade-Granula im Zytoplasma entstehen. Ihre Menge nimmt nach der Besamung zu. Sie bilden hauptsächlich die Zone des Rindencytoplasmas. Die Oocyte von *Rana* bildet in ihrer Oberflächenschicht Polysaccharidgranula aus. Der Inhalt dieser Granula tritt nach der Befruchtung in den perivitellinen Spalt über und bildet hier eine zähflüssige Schicht, die als Befruchtungsmembran gedeutet wird. Diese wird in der Folge durch Wasseraufnahme verflüssigt. Das Eierstocksei von *Rana* besitzt an seiner Oberfläche Mikrovilli, die bereits in der Oocyte zurückgebildet werden. Bei *Triturus*eiern verläuft der Vorgang in abweichender Weise. Die Oocyten besitzen keine Polysaccharidvakuolen. Der offenbar auch hier polysaccharidreiche Inhalt des perivitellinen Raumes entsteht durch Auflösung der Mikrovilli. Diese, als Befruchtungsmembran bezeichnete Schicht haftet der Eioberfläche bei Molchen – im Gegensatz zu Anuren – fest an. Sie wird durch das Plasmalemm gegen die Eioberfläche abgegrenzt.

SCHMIDT und WARTENBERG sind der Ansicht, daß das elektronenoptische Äquivalent der Oberflächenmembran von HOLTFRETER intrazellulär liegt und an die Granulazone des dichten äußeren Zytoplasmas gebunden ist. Wichtig ist die Beobachtung, daß sich am Amphibienei während der Furchung Haftstrukturen an den Zellgrenzen der Blastomeren ausbilden, die den Desmosomen des Epithelgewebes gleichen.

BALINSKY (1960) fand elektronenoptisch gleichfalls keine Oberflächenhaut. Hingegen gelang es BELL (1958–60) durch gerichtete Ultraschalleinwirkung auf Froschlarven (*Rana pipiens*), den Oberflächenfilm zu isolieren und, abgetrennt von den Zellen des Keimes, zu untersuchen. Bis zum frühen Neurulastadium gelingt die Abhebung der Membran. Später hängt der Film eng mit der Oberfläche der Ektodermzellen zusammen und setzt sich in die interzelluläre Matrix fort. Die Befunde von BELL erklären die negativen Resultate der elektronenoptischen Untersuchungen. Der Film besteht aus Mucopolysacchariden und enthält sehr wenig basische Aminosäuren. Schwefelhaltige Aminosäuren fehlen völlig. Elektronenmikroskopisch ist der Oberflächenfilm während der Gastrulationsphase nahezu strukturlos. Später (ältere Neurula) treten feine, aufgeknäulte Fibrillen (0,06 μm Durchmesser) auf. Sie sind gegen osmotische Einwirkungen außerordentlich empfindlich und verschwinden bei der Behandlung mit destilliertem Wasser, Osmiumtetroxyd, Bichromat oder Phosphorwolframsäure.

Die Gastrulation ist längst im Gange, wenn der Blastoporus erscheint. Die Zellen der animalen Keimhälfte breiten sich aus (Epibolie), gleichzeitig beginnt die Einwanderung von Zellen der vegetativen Hälfte. Die einwandernden Zellen hängen lange am Proteinfilm fest und werden bei ihrer Wanderung ins Innere zu „Flaschenzellen" ausgezogen (Abb. 122, 123). Diese eigenartige Zellform ist also eine Folge des Zusammenhanges mit dem Oberflächenfilm. Dementsprechend finden wir flaschenförmige Zellen auch an allen anderen Orten, wo Einfaltung vorkommt (Neuralrinne, Augenbecher). HOLTFRETER hat seine Beobachtungen durch Experimente an isolierten Zellaggregaten ergänzt. Pflanzt man eine Gruppe nackter Zellen ohne Oberflächenschicht auf ein Entodermsubstrat, so werden die Zellen in die Unterlage ohne „Blastoporus"bildung aufgenommen. Nimmt man aber Zellen mit Oberflächenfilm für diesen Versuch, so werden diese unter Bildung eines „Blastoporus" und unter Verformung zu Flaschenzellen in die Unterlage einverleibt. Dieser Versuch zeigt evident die Unhaltbarkeit der Gastrulationstheorien, die auf der Annahme von Wachstumsdruck, Zellvermehrung usw. beruhen. Der Mechanismus der Gastrulation läßt sich damit auf die Zellpolarität reduzieren. Schwächt man den Oberflächenfilm oder bringt ihn zur Auflösung (hypertonische Lösungen), so wird der gesamte Ablauf der Gastrulationsbewegungen gestört. Es kommt schließlich zur Exogastrulation, d. h. zu einer Ablösung des Ektoderms vom Entomesoderm (s. S. 139).

Die Untersuchungen von HOLTFRETER ermöglichen uns, den Vorgang der Gastrulation bei Amphibien in einer physikalisch-chemischen Terminologie zu beschreiben, und erklären uns, wodurch die Massenbewegungen bei der Gastrulation und Embryobildung gerichtet und koordiniert werden. Sie geben jedoch zunächst keine Erklärung für die wirkenden Kräfte bei der

Gastrulation. Diese sind in den Zellen selbst zu suchen und lassen sich weitgehend auf deren Oberflächeneigenschaften zurückführen. Versuche an isolierten Zellen aus verschiedenen Keimregionen zeigen deren spezifisch verschiedene Verhaltensweise.

Die Gastraeatheorie und der Ursprung der Metazoen

Die Bildung eines zweischichtigen Keimes mit Archenteron kommt im Anschluß an die Furchung weitverbreitet im Tierreich vor. Es ist das Verdienst von ERNST HAECKEL, die Vergleichbarkeit (Homologie) der beiden Keimschichten (Keimblätter) bei verschiedenen Metazoengruppen erkannt zu haben. Die Beobachtung, daß die für *Branchiostoma* geschilderten Entwicklungsvorgänge auch bei anderen Tiergruppen vorkommen und daß Tierformen existieren (Coelenterata, z. B. *Hydra*), die im reifen Zustand den Bau einer Gastrula bewahren, führte HAECKEL dazu, diese Vorgänge als von gemeinsamen Vorfahrenformen ererbt zu betrachten. HAECKEL's Gedankengang war folgender: Die Metazoa (Vielzeller) sind aus Protozoen (Einzellern) entstanden, indem sich Einzelindividuen zu Zellverbänden und Zellkolonien zusammenschlossen. Diese Zellenstaaten bilden hohlkugelartige Gebilde, die HAECKEL als *Blastaea* (entsprechend dem ontogenetischen Blastulastadium) bezeichnet. Aus der Blastaea entsteht durch Invagination die Becherlarve (*Gastraea*, entsprechend ontogenetisch: „Gastrula"). HAECKEL nahm an, daß alle Metazoen, vom Schwamm bis zum Säuger, ontogenetisch ein echtes Blastula- und Gastrulastadium durchlaufen.

Die Gastraeatheorie hat vielfach Anerkennung gefunden, denn sie schien geeignet, die Abstammung der Metazoen aus Protozoa zu erklären und die ungeheure Kluft zwischen diesen beiden Organismengruppen zu überbrücken. Die Theorie ist gleichzeitig aber auch eng mit der Lehre von der Spezifität der Keimblätter verknüpft, die sich in der zweiten Hälfte des 19. Jahrhunderts rasch als grundlegende Theorie der Frühentwicklung durchsetzte. Diese Koppelung zweier grundlegender Theorien war lange Zeit hindurch das Fundament der Morphologie der Tiere und ermöglichte, die mannigfachen Entwicklungsprozesse unter einheitlichen Gesichtspunkten darzustellen. Auch heute noch wird die Gastraeatheorie in mehr oder weniger modifizierter Form vertreten. Allerdings sind auch Zweifel an ihrer Gültigkeit geäußert worden und andere Theorien bemühen sich gleichfalls um eine Erklärung der Phylogenie der Metazoa.

Gegen die Gastraeatheorie wurde vor allem vorgebracht, daß eine echte Gastrula nicht sehr verbreitet im Tierreich vorkommt und daß gerade die Formen, die im reifen Zustand das Gastraeastadium noch am deutlichsten repräsentieren, die Nesseltiere, ihren becherartigen Körper nicht durch Invagination, sondern durch Einwucherung solider Zellmassen und sekundären Durchbruch des Urmundes bilden. Die Vorstellung der Bildung des Metazoenkörpers durch Assoziation von Einzelindividuen nach Art eines Zellenstaates ist schlecht mit entwicklungsphysiologischen Befunden vereinbar. „Der Metazoenkörper ist kein Zellenstaat aus sekundär zusammengetretenen, relativ gleichen und selbständigen Einzelwesen, sondern das Primäre ist seine Ganzheit und Individualität und das Sekundäre sind seine Teile und auch die Zellen" (DÜRKEN 1928).

Das Problem des Ursprunges der Metazoa kann heute noch nicht definitiv geklärt werden, denn kontinuierliche Übergangsreihen liegen, im Gegensatz zum Pflanzenreich, nicht vor (REMANE). Fossile Reste der niederen Metazoen fehlen völlig. Die rezenten Primitivgruppen zeigen teilweise Spezialisierungen. Die Lücken zwischen den wenigen bekannten rezenten Gruppen können also nur durch Hypothesen geschlossen werden. Diese haben sich auf Befunde der vergleichenden Morphologie und Ontogenie zu stützen. Sie können immer nur ein unseren jeweiligen Kenntnissen entsprechendes, mehr oder weniger wahrscheinliches Bild liefern, aber nie eine definitive Aussage zulassen. Wir dürfen uns durch starre Hypothesenbildung nicht den Blick für die Mannigfaltigkeit der Lebenserscheinungen einengen, können aber andererseits auch nicht auf Hypothesenbildung verzichten, da aus ihnen der Impuls für neue Forschungen entspringt. In diesem Sinne sei der Hinweis auf die heute diskutierten Hypothesen verstanden.

1. *Die Gastraeatheorie* wurde in ihrer klassischen Form zuvor besprochen. Als phylogenetische Hypothese kommt ihr auch heute noch

große Bedeutung zu, wenn man sie aus der Verbindung mit der Lehre von der Spezifität der Keimblätter löst (REISINGER), das heißt also, wenn man sie als phylogenetische Aussage gelten läßt, ohne sie mit entwicklungsphysiologischer Problematik zu koppeln. In dieser Fassung besagt die Gastraeatheorie, daß die Urformen der Metazoa von zweischichtigen, zellig gegliederten Organismen mit Archenteron und Urmund abzuleiten sind. Die Art der Entstehung des Urdarmes spielt in dieser modernen Fassung der Hypothese keine Rolle mehr. Die Frage, ob der Urdarm durch Invagination von vornherein mit einem Lumen entsteht oder ob das Entoderm anfangs eine solide, lumenfreie Zellmasse bildet (Planulalarve), ist unwichtig (REISINGER, REMANE). Der spezielle Entwicklungsmodus steht in enger Beziehung zum Dotterreichtum.

2. Die *Acoelentheorie* (STEINBÖCK, HADŽI) leitet die Metazoen von acoelen Turbellarien ab. Es handelt sich um sehr primitiv erscheinende, plasmodial strukturierte Strudelwürmer, die fast nirgends Zellgrenzen erkennen lassen und in ihrem histologischen Bau manche Ähnlichkeiten mit Ciliaten aufweisen. Die Hypothese nimmt also eine phyletische Reihe von Ciliaten über acoele Turbellarien – höhere Turbellarien – Enteropneusten – Chordaten an. Nun können gegen diese Hypothese einige schwerwiegende Einwände vorgebracht werden. Die rezenten Ciliaten sind durch ihren Kerndimorphismus derart spezialisiert, daß sie als Ausgangsformen für gametogame Metazoa nicht in Frage kommen. Die Ontogenese der plasmodialen Acoelen geht über zellige Anfangsstadien. STEINBÖCK versucht, diese Schwierigkeiten zu beheben, indem er anerkennt, daß die rezenten Euciliaten nicht als Ausgangsformen in Frage kommen können. Nach STEINBÖCK stehen vielkernige Vorfahrenformen der Ciliaten am Anfang. Aus diesen sind unter Größenzunahme plasmodiale Organismen entstanden (Modell: Acoela). Als Folge der Größenzunahme kam es zu zelliger Gliederung. Die Keimblätter entstanden sekundär als Spezialisierung aus dem Plasmodium.

Eine Entscheidung über die Gültigkeit einer der beiden Hypothesen kann heute nicht erbracht werden. Während eine Reihe morphologischer Tatsachen für die Gastraeatheorie in der modernisierten Form sprechen, kann andererseits nicht bezweifelt werden, daß die Acoelentheorie mit entwicklungsphysiologischen Daten gut vereinbar ist. Eine eingehende Diskussion der angeschnittenen Probleme findet sich bei DE BEER 1951, REISINGER 1961, REMANE-STEINBÖCK 1958.

c) *Mesodermbildung. Coelomtheorie. Neurulation*

Ist die Gastrulation abgeschlossen, so setzt die Bildung der Organanlagen ein. Dabei steht die Ausbildung des Zentralnervensystems zunächst im Vordergrund. Das Zellmaterial, das in die Bildung dieser Neuralanlage eingeht, liegt im Blastulastadium zunächst im animalen Bereich weit vor dem Blastoporus (Abb. 133). In dem Maße, in dem bei der Gastrulation Zellmaterial nach innen verlagert wird, wird das praesumptive Neuralmaterial an den Urmund herangezogen und erfährt dabei eine Streckung in der Längsrichtung. Es liegt dann im ektodermalen Bereich der ganzen dorsalen Keimhälfte. Die Zellplatte verdickt sich und wird mehrschichtig. Wir sprechen von einer Neuralplatte (Abb. 113). Diese faltet sich schließlich zu einem Rohr ein (Medullarrohr) (Abb. 124, 125). Damit ist das Ektoderm (Ektoblast) in Epidermis und Neuralrohr differenziert. An der Neuralplatte läßt sich bereits der rostrale breite Bezirk als Hirnanlage gegenüber der wesentlich schmäleren Rückenmarksanlage abgrenzen. Gleichzeitig hat auch im Keiminneren die Sonderung der Organanlagen Fortschritte gemacht. Bei Besprechung des Gastrulationsvorganges hatten wir bereits gesehen, daß das Mesoderm als Anlage von Rumpfmuskulatur und Leibeshöhlenauskleidung früh selbständig ist. Das Mesodermmaterial stammt bei Amphibien (besonders Urodelen) aus dem Gebiet der Urmundlippen und breitet sich von dorsal her nach den Seiten aus. Es ist also *peristomaler* Herkunft. Abgesehen vom Kopfdarmgebiet besteht bei Urodelen kein engerer Zusammenhang zwischen Entoderm und Mesoderm. Hingegen gelangt bei Anuren das Mesoderm bereits früh gemeinsam mit dem Entoderm ins Keiminnere und wird dann durch Abspaltung von diesem gelöst (*gastrale* Mesodermbildung). Das Mesoderm schiebt sich von der Blastoporusgegend nach vorne vor und wird dabei von lateral nach dorsal zusammenge-

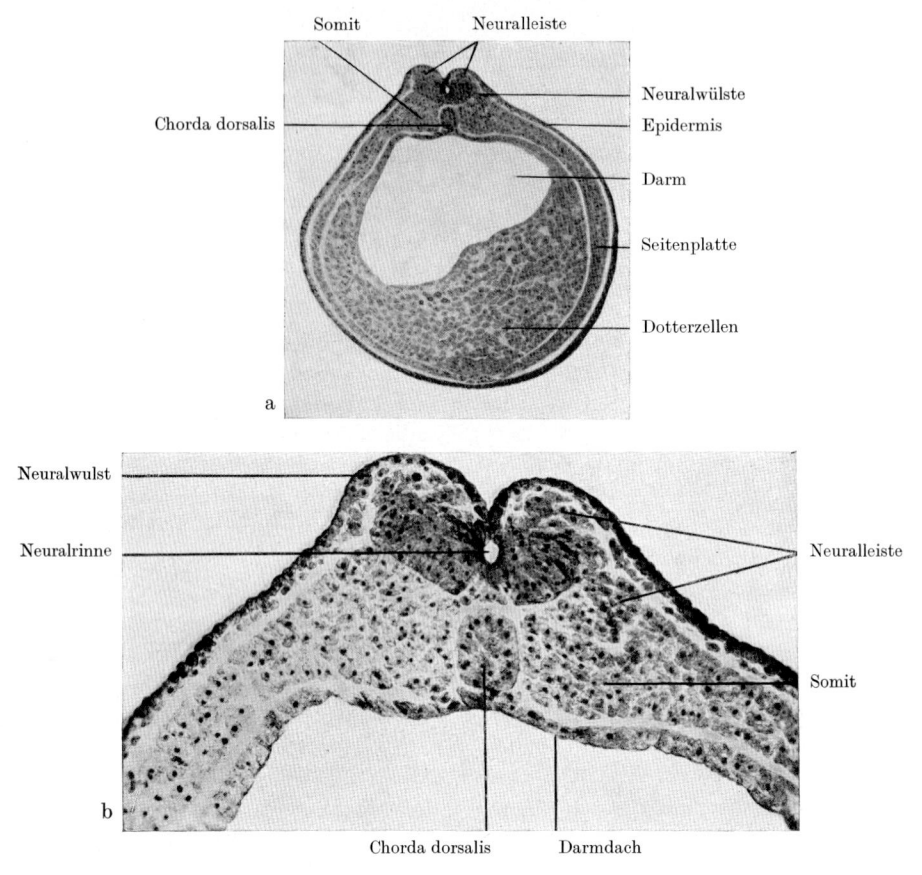

Abb. 124 Querschnitt durch eine junge Neurula von *Rana temporaria*. (Orig.)
a) Übersichtsbild.
b) Ausschnitt aus der dorsalen Hälfte bei stärkerer Vergrößerung, Neuralrinne, Neuralleiste.

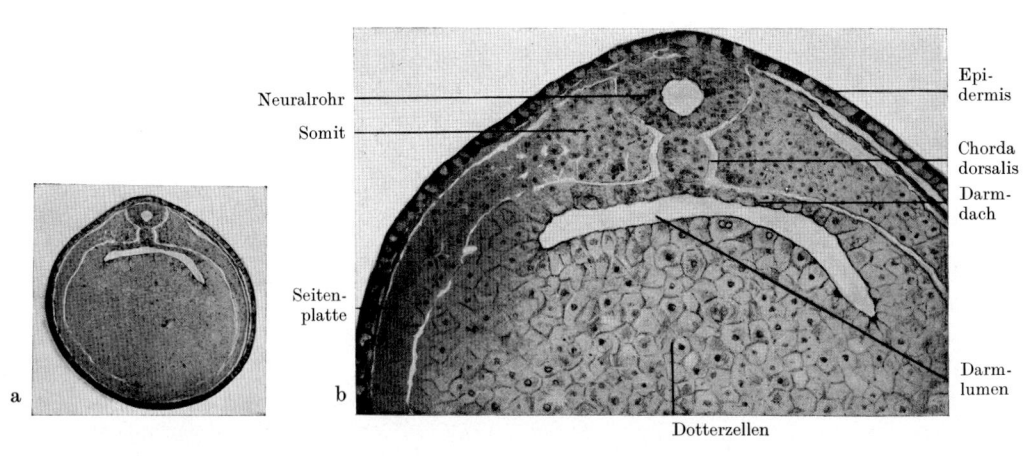

Abb. 125 Querschnitt durch eine ältere Neurula nach Schluß des Neuralrohres. Rumpfgebiet von *Rana temporaria*. (Orig.)
a) Übersicht.   b) Dorsale Achsenorgane.

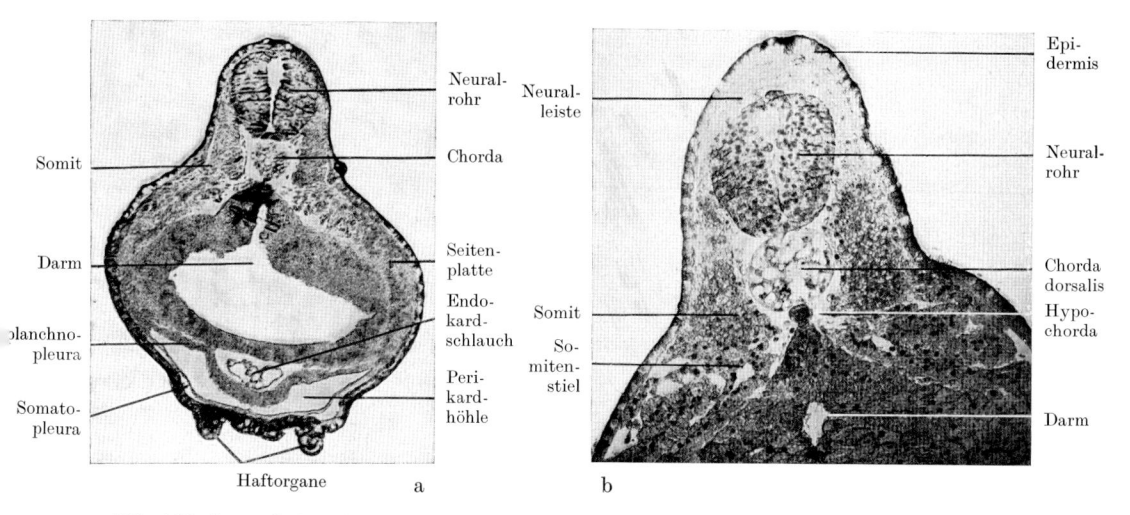

Abb. 126 Querschnitte durch das Rumpfgebiet älterer Froschlarven (*Rana temporaria*). (Orig.)
a) Übersicht. Herzgegend. Pericard.
b) Dorsale Achsenorgane, Hypochorda.

drängt. Nach vorne seitlich besitzt das Mesoderm zunächst einen freien Rand. Dorsal hängt es mit der *praechordalen Platte* zusammen.

Die in der dorsalen Mittellinie gelegenen Zellen des Mesodermmantels entsprechen dem Material für die *Chorda dorsalis*, der Anlage des ungegliederten Achsenskeletes. Sie differenzieren sich alsbald, von cranial nach caudal fortschreitend, zu einem hochschichtigen Epithelstreifen, der *Chordaplatte*. Nur im rostalen Bereich besteht ein Zusammenhang zwischen Entoderm und Mittelstreifen im Bereich der praechordalen Platte.

Die seitlich der Chorda liegenden Zellmassen, das Mesoderm, entsprechen der Anlage von Stammplatte (somatische Muskulatur) und Coelomwand (Seitenplatten). Der dorsale verdickte Mesodermstreifen (Stammplatte) wird von cranial nach caudal fortschreitend in Somite zerlegt, welche über die Somitenstiele mit den flachen Zellmassen der Seitenplatten in Verbindung stehen (Abb. 126). Die Seitenplatten zeigen im Gegensatz zu der Stammplatte niemals eine Zerlegung in metamere Teilstücke. Hingegen tritt in ihnen alsbald ein schmaler Spalt auf, die Leibeshöhle (Coelom). Damit läßt die Coelomwand nun ein äußeres Blatt (Somatopleura) und ein inneres Blatt (Splanchnopleura) erkennen. Nach caudal hin hängen Chorda, Stammplatte und Seitenplatten mit der Blastoporusregion zusammen. Bei Anuren ist analog den Verhältnissen am Mesoderm auch die Chorda vorübergehend ins Darmdach eingeschaltet, wird sekundär ausgegliedert und von den freien Darmrändern unterwachsen. Hierbei kann es durch Abfaltung zur Bildung einer Chordarinne kommen.

Damit ist im Endeffekt der typische Wirbeltierembryo entstanden, charakterisiert durch die bestimmte Lagerung der Hauptorgansysteme. Unter der Epidermis liegt dorsal das Neuralrohr, unter diesem die Chorda dorsalis. Seitlich schließen sich die Somite an (Abb. 126). Unter der Chorda liegt die Darmanlage, deren Boden aus der massiven Masse der Dotterzellen besteht. Zwischen Darmwand und seitlicher Epidermis finden sich die Seitenplatten mit dem Coelomspalt. Im Bereich des Blastoporus hängen alle diese Organanlagen noch zusammen. Eine gewebliche Differenzierung ist noch nicht vorhanden. Der ganze Keim besteht aus Zellen, ist also letzten Endes epithelial beschaffen.

Coelomtheorie

Die geschilderten Entwicklungsvorgänge haben im Laufe der Zeit verschiedenartige Deutung erfahren und zu lebhaften Kontroversen Anlaß gegeben. Insbesondere machte die Deutung der Mesoblastbildung Schwierigkeiten. Ein klares Bild und eine umfassende Theorie können nur gewonnen werden, wenn die ganzen Befunde auf breiter vergleichender

Basis berücksichtigt werden. Befunde an einer Tiergruppe oder gar an einer Art sind für sich wenig aussagekräftig, da sie abgeändert und spezialisiert sein können. Andererseits sind entwicklungsphysiologische Untersuchungen nur an wenigen Tierformen durchgeführt worden. Nur wenn beide Betrachtungsweisen in einer Synthese zusammengefaßt werden, kann eine tragfähige Theorie erarbeitet werden.

Bei niederen Metazoen (Coelenteraten) tritt zwischen Ekto- und Entoderm ein lockeres Mesenchymgewebe auf. In diesem können Gewebsspalten und Hohlräume erscheinen. Derartige Spalträume sind, da sie zwischen Ekto- und Entoderm liegen, vom Blastocoel abzuleiten und werden als primäre Leibeshöhle *(Schizocoel = Pseudocoel)* bezeichnet.

Echte Coelombildung (*sekundäre Leibeshöhle*) ist durch den Besitz einer eigenen epithelartigen Wand gekennzeichnet. Es ist seit langem bekannt, daß die sekundäre Leibeshöhle bei den Deuterostomiern (Branchiotremata, Echinodermata, Tunicata, Chaetognatha) durch Abfaltung vom Urdarm entsteht *(Enterocoelbildung)*. Die Sonderung des Coeloms vom Urdarm kann in der Weise vor sich gehen, daß Urdarmdivertikel vom Archenteron abgeschnürt werden (Chaetognatha, meist bei Branchiotremata und Echinodermata). In anderen Fällen werden zunächst solide Mesoblastzellmassen aus der Urdarmwand ausgegliedert. Die Lumenbildung in diesen erfolgt sekundär durch Spaltbildung (einige Enteropneusten und Echinodermen, viele Chordata). Der spezielle Modus der Abgliederung ist von untergeordneter Bedeutung und hängt offenbar mit dem Dotterreichtum und der Art der Gastrulation zusammen. So können in ein und derselben Gruppe beide Modi vorkommen (Enteropneusta). Echte Enterocoelbildung mit Divertikelbildung findet sich bei typischer Invaginationsgastrula mit einschichtigem Urdarmepithel. Wesentlich ist, daß bei der Gastrulation im Zusammenhang mit präsumptivem Darmmaterial auch präsumptive Mesoblastzellen in geschlossenem Verband ins Keiminnere gelangen.

Beobachtungen an *Branchiostoma* ergaben, daß sich auch bei Acrania das Vorderende des Archenteron in ein Paar Coelomhöhlen umwandelt. Im Anschluß an diese entstehen drei weitere paarige Coelomsäckchen (2—4) an der seitlichen oberen Urdarmkante durch Abfaltung von Urdarmdivertikeln (Abb. 127). In den kaudal folgenden Coelomsäckchen entsteht das Lumen offenbar sekundär. Das Vorkommen echter Enterocoelbildung bei *Branchiostoma* ist wiederholt bezweifelt worden, da neuere Theorien und entwicklungsphysiologische Befunde über die Coelombildung bei Wirbeltieren gegen eine Verallgemeinerung der Enterocoeltheorie zu sprechen schienen. Eine Neuuntersuchung der Mesoblastbildung bei *Branchiostoma* wurde von den Kritikern jedoch nicht durchgeführt. Beobachtungen von KAESTNER (1963) bestätigen die Enterocoelbildung an den Coelomsäckchen 2—4 von *Branchiostoma*. Unter den höheren Chordaten kommt echte Enterocoelbildung nur im Kopfbereich von Cyclostomen (*Petromyzon*, VEIT 1939, 1947) vor. Die Befunde an Amphibien sind, ohne Kenntnis der Verhältnisse bei typischen Enterocoeliern, schwer zu deuten, da Divertikelbildung nicht mehr auftritt.

Bei Anuren und im Kopfbereich der Urodelen läßt sich aber noch ein engerer Zusammenhang des präsumptiven Mesoblasten mit der Urdarmwand nachweisen (s. S. 130). Im übrigen schiebt sich das Material des Urdarmdaches bei der Invagination bereits in Gestalt einer selbständigen Gewebsplatte einwärts. Diese besteht aus dem medianen Streifen, der präsumptiven Chorda dorsalis, und zwei seitlichen Streifen (peristomaler Mesoblast, cf. S. 130), die sich von vornherein zwischen Ektoderm und den dorsalwärts offenen Urdarmkanten vorschieben (Abb. 126a, b, c). Die freien Lippen des Urdarmbodens schließen sich unter der Chorda. Damit wird das Chorda-Mesoblastmaterial definitiv vom Archenteron gesondert und der Darmkanal gebildet. Eine segmentale Gliederung des Mesoblasten beginnt nun im kranialen Körperbereich und schreitet nach kaudal fort. Sie bleibt, im Gegensatz zu *Branchiostoma*, auf den dorsalen Mesoblastbereich (= Stammplatte) beschränkt. Im ventralen, ungegliederten Mesoblasten (Seitenplatte) erscheint der Coelomspalt, indem die äußere (Somatopleura) und innere (Splanchnopleura) Wand der Seitenplatte auseinanderweichen. Die Vorgänge bei Sauropsiden und Säugetieren sind sekundär stark abgeändert und können, isoliert betrachtet, keine Grundlage für eine allgemeine Theorie des Coeloms abgeben. Der spezielle entwicklungsphysiologische Modus der Coelombildung ist zwar von großem allgemeinem Interesse, berührt aber das Problem der phylogenetischen Entstehung der sekundären Leibes-

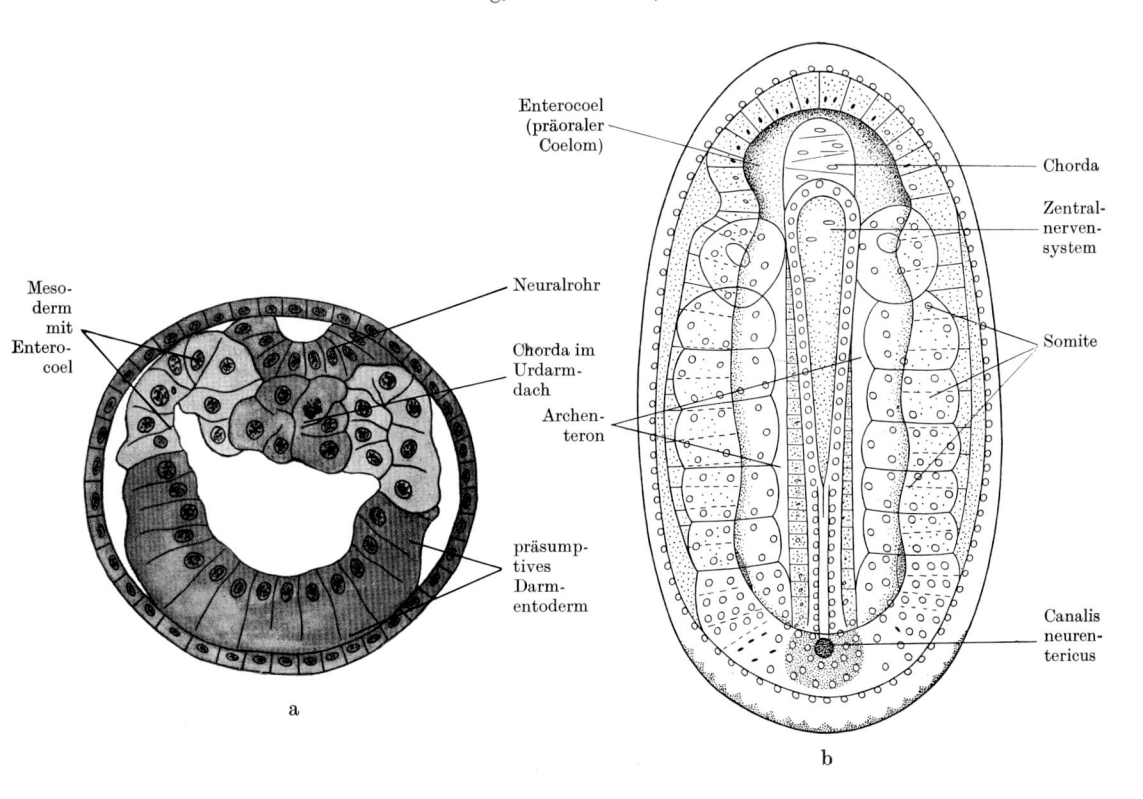

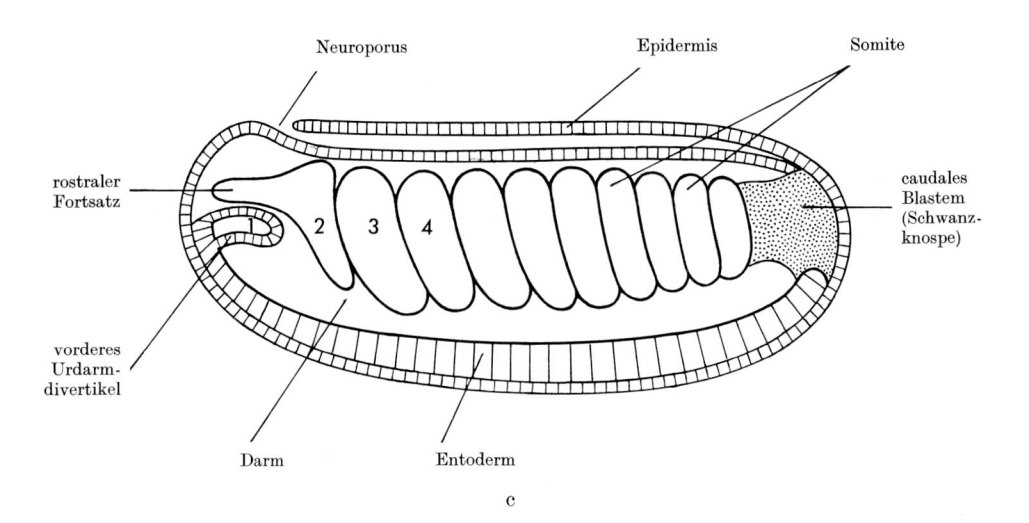

Abb. 127 a) *Branchiostoma*, Querschnitt durch eine Larve. Mesoblastbildung durch Abschnürung von Urdarmdivertikeln (Enterocoelbildung). Nach CERFONTAINE 1906 (fig. 10, pl. XXI). b) Larve 18 Stunden alt, durchscheinend, von dorsal her gesehen; Somitenbildung; paarige Enterocoelbildung (präorales Coelom). Nach CONKLIN. c) *Branchiostoma*larve 10–11 Somite, Schema in linker Seitenansicht. 1. vorderes paariges (später asymmetrisches) Urdarmdivertikel, wird hier als 1. Somit (Prämandibular-Somit, Präoralhöhle) gezählt. 2. 3. 4. die folgenden Somiten, 2. sog. „Mandibularsomit" (wird rechts zur keulenförmigen Drüse). Sein rostraler Fortsatz = Seitliche Rostralhöhle. 3. erster muskelbildender Somit. Umzeichnung nach einer Abbildung von HATSCHEK.

9 Starck, Embryologie, 3. A.

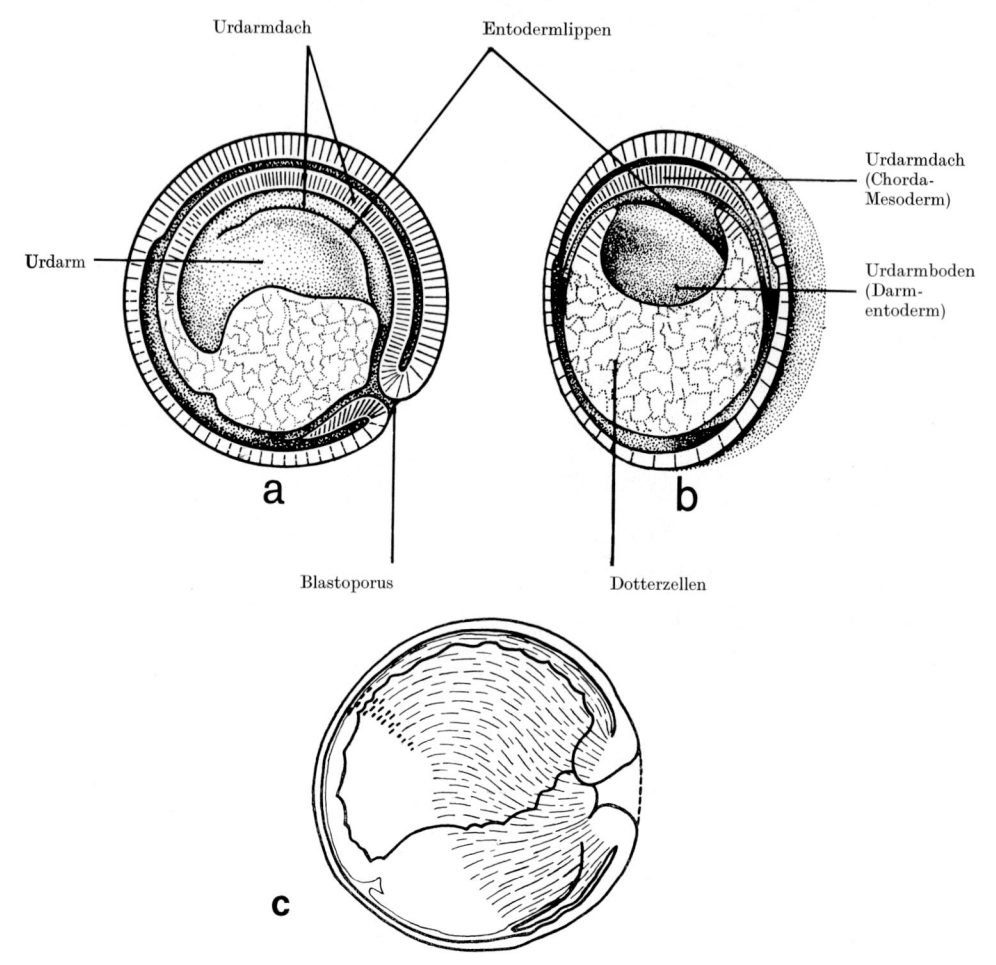

Abb. 128 Mesodermbildung bei *Triturus*-Keimen. a) Sagittalschnitt einer älteren Gastrula. Die Chorda-Mesoblastschale ist zum großen Teil von vorneherein gegen das Darm-Entoderm, das dorsal-seitlich freie Lippen aufweist, selbständig. b) das gleiche wie Abbildung 126a am Querschnitt. Blick schräg von vorne auf die caudale Hälfte des Keimes. c) Sagittalschnitt durch die späte Gastrula eines Molches. Das Urdarmdach ist für die rechte Keimhälfte plastisch dargestellt, also einschließlich des rechten Mesodermmantels (a und b nach Spemann 1936, c Umzeichnung nach W. Vogt 1929).

höhle nicht. Auf diese Frage kann hier nicht eingegangen werden. Hingegen bleibt das Problem noch in anderer Hinsicht, nämlich unter dem Gesichtspunkt der Keimblattlehre, zu klären.

d) *Keimblattlehre*

Historisch gesehen stammt der Keimblattbegriff aus dem Anfang des 19. Jahrhunderts (Pander, K. E. v. Baer), also aus einer Zeit, da die moderne mikroskopische Schneidetechnik noch nicht entwickelt war und die Embryologen den Bau des Embryos durch sorgfältige Präparation mit Schere und Pinzette unter der Lupe zu ergründen suchten. Bevorzugtes Untersuchungsobjekt war der Hühnerkeim, also ein meroblastischer, flach auf der großen Dottermasse ausgebreiteter Keim, dessen Organanlagen sich in Form blattartiger Schichten abpräparieren ließen. Da man für den normalen ungestörten Entwicklungsablauf gewisse regelmäßige Beziehungen zwischen den drei Keim„blättern" Ekto-, Meso- und Entoderm und gewissen Organanlagen feststellen konnte, sah man in ihnen Primitivorgane mit bestimmter organ- oder gewebsspezifischer Bildungsaufgabe. Tatsächlich läßt sich nun zwar ziemlich allgemein ein Ekto- und Entoderm definieren. Der Mesodermbegriff verursacht jedoch erhebliche Schwierigkeiten. Bereits O. HERTWIG erkannte, daß die Chorda dorsalis bei vielen Tierformen in engerer Beziehung zum Entoderm, bei anderen in näherer Verbindung zum Ektoderm entsteht, bei vielen aber weitgehend selbständig ist. Vor allem bestehen aber sehr große Schwierigkeiten, wenn man das Mesoderm als gleichwertiges Keimblatt dem Ekto- und Entoderm anreihen will. Bei Amphibien sahen wir einen engeren Zusammenschluß zwischen Stammplatte und Seitenplatte in der Embryonalentwicklung (ähnlich Amnioten). Diese gemeinsame Anlage bezeichnen wir rein deskriptiv als Mesoderm (Mesoblast), ohne damit etwas über dessen Leistungen aussagen zu wollen. Tatsächlich entsteht nun das „Mesoderm" keineswegs bei allen Tierformen als einheitliche Anlage. So zeigt beispielsweise das Neunauge, *Petromyzon* (VEIT 1939), daß im Anschluß an die Gastrulation, die ähnlich wie bei Amphibien abläuft, sich vom blastoporalen Gebiet aus eine Stammplatte weit nach cranial hin vorschiebt (peristomal), ohne daß Seitenplatten vorhanden wären. Erst wenn die Zerlegung dieser Stammplatte in Somite bereits im Gange ist, entstehen selbständig die Seitenplatten. Im Kopfbereich läßt sich somit bei *Petromyzon* typische Enterocoelbildung (Abschnürung von Entodermdivertikeln) nachweisen. Im Rumpfgebiet entsteht die Seitenplatte ebenfalls selbständig gegenüber der Stammplatte und findet sekundär Anschluß an diese. Der Begriff Mesoderm kennzeichnet nicht eine einheitliche Struktur. Die Organanlagen, Chorda, Stammplatte, Somite, Coelomepithel, Somitenstiele, entstehen zeitlich und räumlich getrennt. Die dotterarmen Holoblastier (*Petromyzon*) zeigen also ein ganz anderes und vermutlich ein primitiveres Bild als die Meroblastier. Bei Holoblastiern sind früh selbständig funktionstüchtige Organe erforderlich und werden dementsprechend früh angelegt, ohne daß es zur Bildung undifferenzierter Zellmassen im Sinne von „Keimblättern" wie bei Meroblastiern kommt.

Vor allem aber kann nicht scharf genug betont werden, daß dem Keimblattbegriff über das rein Deskriptive hinaus keinerlei Bedeutung für die Determination der Gewebe und Organe zukommt. Verpflanzt man bei der jungen Amphibiengastrula Zellmaterial der präsumptiven Epidermis in das vegetative Gebiet oder in die Blastoporusgegend, so entwickelt es sich nicht herkunftsgemäß zu Epidermis, sondern ortsgemäß zu Chorda, Muskeln, Nierenkanälchen usw. Die Zellen können also unter bestimmten Umgebungseinflüssen etwas ganz anderes aus sich hervorgehen lassen, als unter normalen Umständen entstanden wäre. Die Vorgänge der Determination und Differenzierung werden in den folgenden Kapiteln zusammenfassend besprochen. Hier sei nur betont, daß der Keimblattbegriff im Sinne einer Leistungsspezifität nicht haltbar ist. Auch im Normalgeschehen bilden die „Keimblätter" bereits sehr verschiedenartige Gewebe. Während die Rumpfmuskulatur aus der Stammplatte entsteht, also aus dem „Mesoderm", entwickelt sich die Pupillarmuskulatur aus dem *ektodermalen* Augenbecherrand, die Muskulatur der apokrinen Drüsen aus der Epidermis. Bindegewebe, Knorpel, Knochen entstehen am Rumpf aus Mesenchym mesodermaler Herkunft, am Kopf aber großenteils aus der Neuralleiste, also einer ektodermalen Struktur. Trotz dieser klaren Tatsachen findet man in neueren Büchern noch häufig tabellarische Zusammenstellungen, die etwa behaupten, Skeletsubstanzen und Muskulatur entstehen aus dem Mesoderm. Eine gewisse Verwirrung besteht auch in Hinblick auf den Mesenchymbegriff. Mesenchym ist eine Gewebsform (primitives Bindegewebe mit Interzellularflüssigkeit), das aus verschiedensten Quellen, auch aus Ektoderm (Neuralleiste), entstehen kann. Mesenchym ist nicht Mesoderm, der Begriff ist überhaupt nicht genetisch faßbar. Trotzdem findet man im medizinischen Schrifttum häufig bei der Erörterung gewisser Systemerkrankungen die Verwendung des Begriffes „Mesodermschwäche" usw., wenn es sich um eine Erkrankung des Mesenchyms als Gewebssystem handelt.

e) Bildung des caudalen Körperendes

Ist die Gastrulation und Neurulabildung abgeschlossen, so beginnen die Wachstums- und Differenzierungsvorgänge. Der Embryo streckt sich in die Länge. Dabei hebt sich die Schwanzknospe gegenüber dem Rumpf ab. Diese enthält noch lange Zeit hindurch histologisch indifferente Gewebsmassen (Blastem) (Abb. 129, 130, 131), so daß sich die Frage erhebt, ob in diesem Gebiet ein Wachstums- und Proliferationszentrum vorliegt (HOLMDAHL, PETER), aus dem noch längere Zeit Organe des Rumpfes und Schwanzes ohne Zwischenschaltung eines „Keimblattstadiums" gebildet werden können, oder ob das Material der Schwanzknospe bereits determiniert ist und noch nach Blastoporusschluß in Form der „Spätinvagination" in die Schwanzknospe verlagert wird. HOLMDAHL hatte die Rumpf-Schwanzknospe als Sprossungszentrum gedeutet, von dem aus nicht nur der Schwanz, sondern auch wesentliche Teile des Rumpfes (Hinterkörper) durch Ausdifferenzierung nach rostral gebildet würden. Durch Gastrulation und Neurulation soll nur die vordere Körperhälfte entstehen (primäre Körperentwicklung), während der Rest durch indirekte oder sekundäre Körperbildung über die indifferente Rumpf-Schwanz-Knospe hervorgehen soll. In neuester Zeit hat CHUANG (1947) in Fortführung älterer Arbeiten von VOGT, jedoch mittels Transplantations- und Vitalfärbungsversuchen zeigen können (Abb. 132), daß die Schwanzknospe nur Material für den Schwanz enthält und daß dieses Material physiologisch nicht indifferent (undeterminiert) ist. Auch während der Neurulation wird noch Material im Sinne einer Spätinvagination nach innen verlagert. Hier ordnet

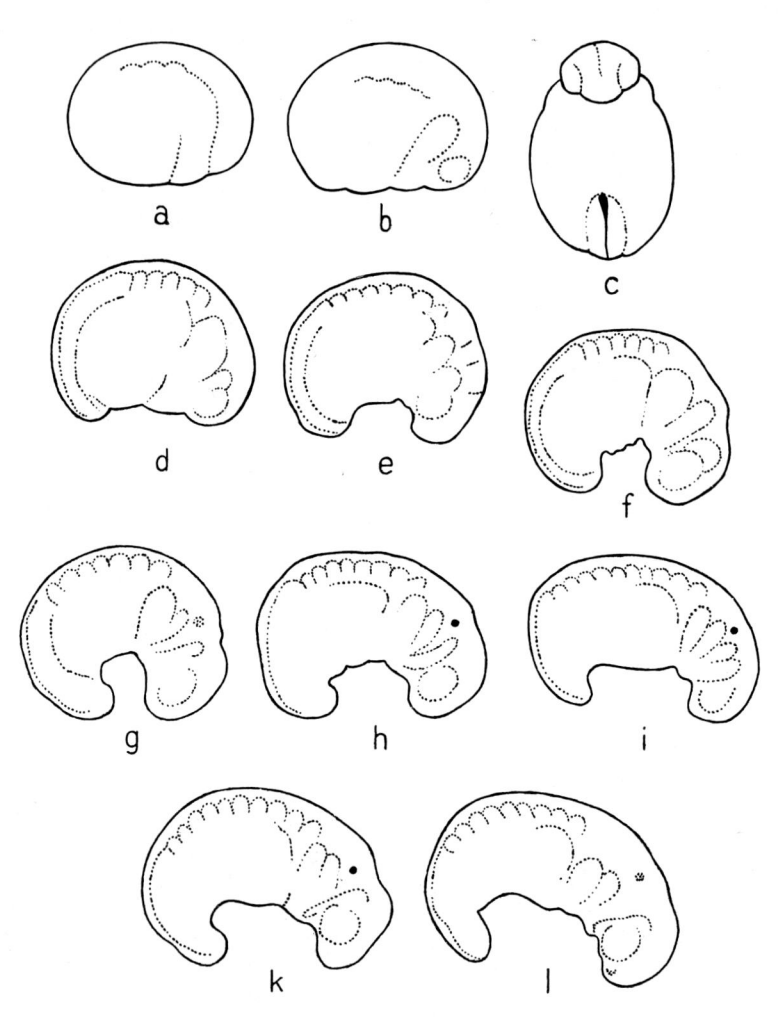

Abb. 129 Neurulation und Embryobildung von *Triturus taeniatus*, Ansicht von rechts. c) Ansicht von ventral. (Nach SATO aus LEHMANN).

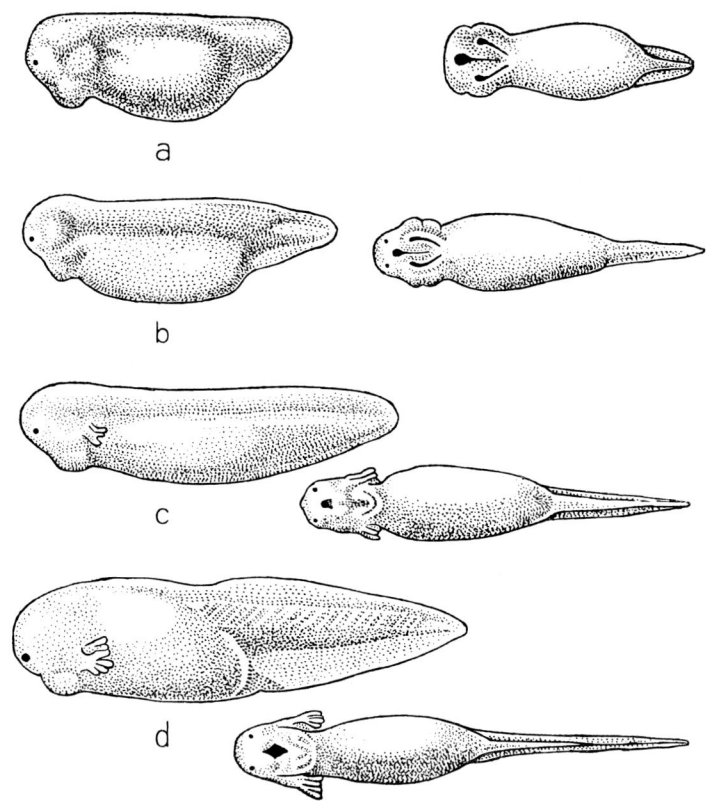

Abb. 130 Embryobildung, junge Larven von *Rana pipiens*. (Nach Shumway 1940).
a) Beginn der Muskelkontraktionen.
b) Beginn der Herzpulsation.
d) Öffnung des Mundes, Cornea wird durchsichtig.

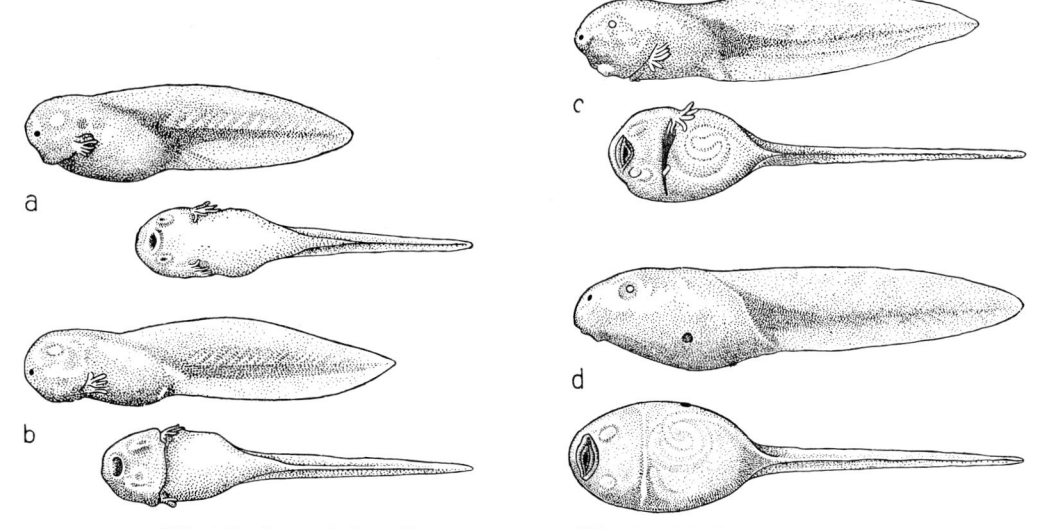

Abb. 131 *Rana pipiens*. Fortsetzung von Abb. 130. (Nach Shumway 1940).
a) Blutzirkulation im Schwanz beginnt.
b) Bildung der Opercularfalte und der Zähne.
c) Opercularfalte rechts geschlossen.
d) Operculum vollständig, ältere Kaulquappe.

Abb. 132a

Abb. 132b

Abb. 132 Schematische Darstellung der präsumptiven Organanlagen des caudalen Körperendes bei der Neurula (a–c: verschieden alte Stadien) von Urodelen. Chorda punktiert. Ziffern: Rumpfsomite. Sch.mesen: Schwanzmesenchym. Sch.m: Schwanzmesoderm. Sch.n: Schwanzneuralrohr. Spl: Seitenplatten. Sch.epi: Schwanzepidermis. A: Anus.
(Nach CHUANG 1947, Roux Archiv 143)

Abb. 132c

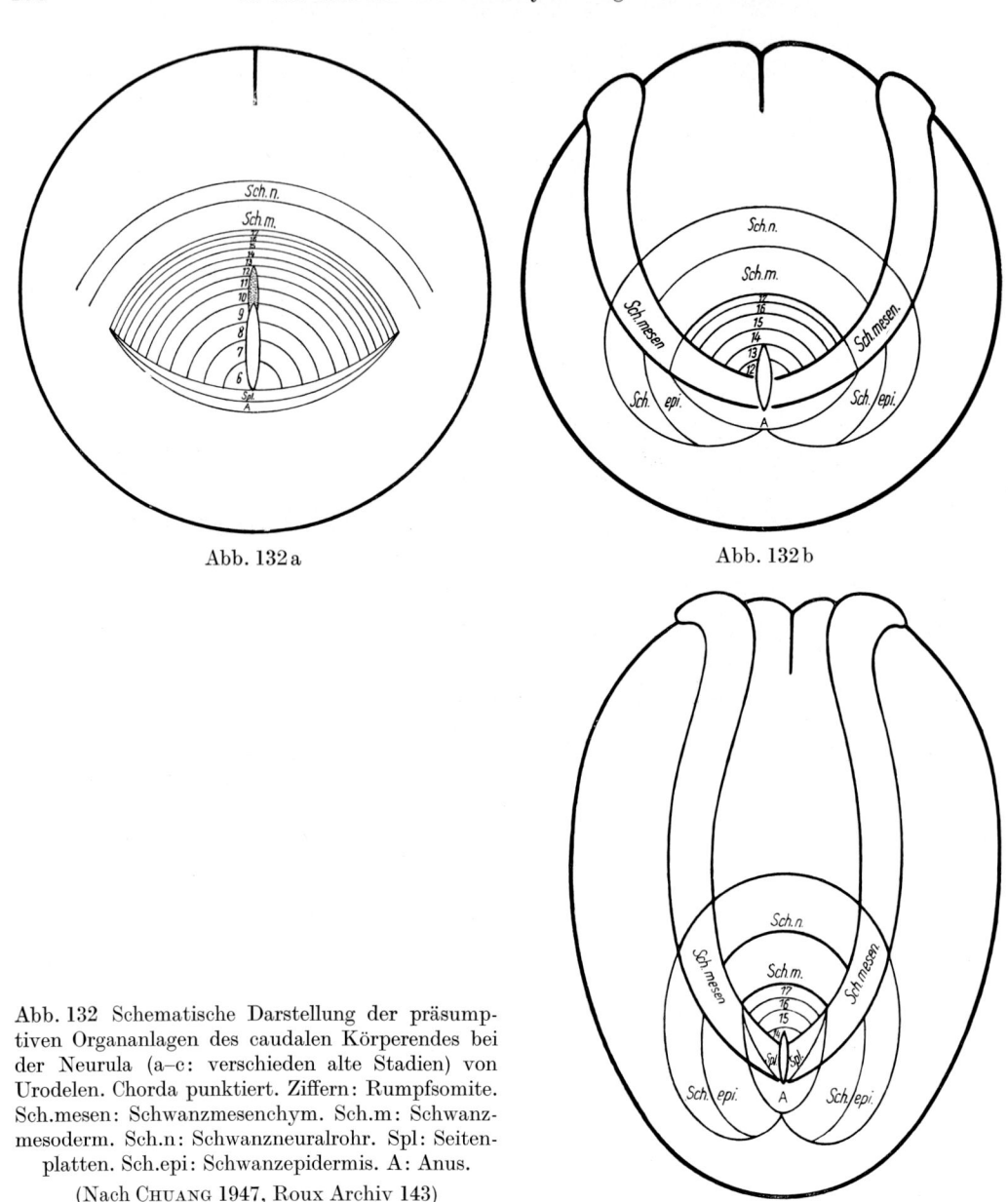

es sich in der Körperlängsrichtung an (*Streckung*) und strömt nach median (*Konvergenz*). Die Verteilung der präsumptiven Schwanzorgane im Neurulastadium erläutert Abbildung 132.

Bei der Besprechung der Mesodermbildung hatten wir bereits auf gewisse Unterschiede zwischen Urodelen und Anuren hingewiesen. Diese zeigen sich vor allem in einer relativen Zunahme der Dotterzellen und damit verbunden in einer Abänderung des Gastrulationsablaufes (Ergänzungshöhle). Gleichzeitig ist bei Anuren das Material für die dorsalen Achsenorgane relativ vermindert im Vergleich mit Urodelen. Demzufolge resultiert eine verschiedene Körpergestalt der Larve bei beiden Amphibiengruppen. Der Anurenkeim ist dorsal konkav eingekrümmt, die Schwanzknospe ist nach hinten oben gerichtet. Der Urodelenkeim besitzt eine dorsal konvexe

Rückenkrümmung (Abb. 129–131), die Schwanzknospe ist nach unten gerichtet. Dementsprechend muß die Proliferation im Gebiet der Schwanzknospe früh einsetzen. Während nun bei Urodelen der Blastoporus direkt zum After wird, verkleben bei Anuren die seitlichen Urmundlippen in der Mittellinie und zerlegen den Blastoporus in ein oberes und ein unteres Grübchen. Das obere Grübchen wird von dem Caudalende der Medullarplatte umfaßt (Abb. 116) und als Canalis neurentericus zu einer zunächst offenen Verbindung von Nerven- und Darmrohr umgestaltet. Aus ihm geht zum Teil der Schwanzdarm hervor. Die untere Blastoporusgrube verklebt bei Anuren (Verschluß durch eine nur aus Ekto- und Entoderm bestehende Aftermembran) und bricht sekundär wieder als definitiver Anus durch oder wird bei einigen Anuren (*Xenopus*) direkt als Afteröffnung übernommen.

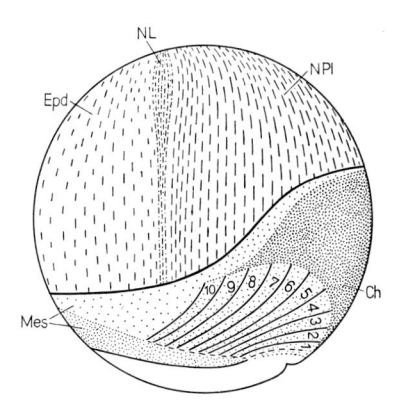

Abb. 133 Schema der Topographie der präsumptiven Organanlagen auf Grund von Vitalfärbungsversuchen rückprojiziert auf das Blastulastadium bei Urodelen. Prospektive Bedeutung der Keimbezirke. (Nach W. Vogt, verändert).
Ch = Chordamaterial. Epd = Epidermis. NL = Neuralleiste. NPl = Zentralnervensystem. Mes = Mesoderm. Zahlen = Somite.

3. Das Determinationsgeschehen

a) Begriff der Determination. Organisator

Vogt hatte mittels seiner Methode der vitalen Farbmarkierung das Schicksal einzelner Zellgruppen der Blastula verfolgen und festlegen können, in welchen Organen und Körperteilen die markierten Zellgruppen später erscheinen. Mit dieser Methode gelingt es also, die Lage des Zellmateriales, das bei der Bildung der wichtigsten Organanlagen verwendet wird, auf die Oberfläche der Blastula zurückzuprojizieren. So kann ein topographischer Plan der präsumptiven Organanlagen entworfen werden (Abb. 133). Damit ist jedoch noch nichts über die prospektive Potenz der Zellen in diesen „präsumptiven Organanlagen" ausgesagt. Das Schema gibt uns ein Bild der prospektiven Bedeutung der Keimteile. Wollen wir feststellen, ob die Zellen der präsumptiven Organanlagen bereits determiniert sind, d. h. ob ihr weiteres Schicksal bereits unabänderlich nach Art eines Mosaiks festgelegt ist oder ob sie die Fähigkeit haben, unter besonderen Umständen mehr zu leisten als im Normalgeschehen, so müssen wir Austauschversuche anstellen. Vertauscht man beispielsweise ein Gewebsstückchen aus der präsumptiven Epidermis gegen ein gleich großes Stück Medullarmaterial auf dem Blastulastadium, so heilen die transplantierten Stücke am fremden Ort sehr schnell ein und nehmen an der Entwicklung teil. Die ausgetauschten Stücke können sich dabei völlig vertreten, denn sie sind noch nicht determiniert. Aus der präsumptiven Epidermis entwickelt sich ortsgemäß Medullaranlage und die präsumptive Medullaranlage bildet Epidermis. Das Schicksal der Zellen hängt also nicht von ihrer Herkunft ab, sondern wird durch Einflüsse der Umgebung während einer bestimmten kritischen Phase der Entwicklung erst festgelegt. Zu Beginn der Gastrulation können sich fast alle Keimbezirke gegenseitig vertreten. Eine Ausnahme bildet nur das Zellmaterial in unmittelbarer Nähe des vegetativen Poles. Prüft man auf diese Weise die Potenz der einzelnen Keimteile, so erhält man einen Plan der Verteilung der Potenzen, wie ihn Abbildung 134 zeigt. Was aus einem Keimteil im Laufe der Entwicklung wird, hängt von der Lage des betreffenden Teiles im Keim, also letzten Endes von Einflüssen ab, die von der Umgebung ausgehen.

Die Entwicklung ist eine abhängige Entwicklung. Wann diese Determination erfolgt, kann nur durch das Experiment erkannt werden. Keinesfalls fällt die Determination mit dem Sichtbarwerden von Differenzierungen zusammen. Wir können also feststellen, daß auf einen indifferenten Zustand, in dem die Zellen pluri-

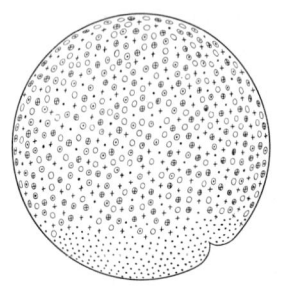

Abb. 134 Prospektive Potenz der Keimbezirke der frühen Urodelengastrula. Fein punktiert = Darmentoderm. Kreise = Epidermis. Kreise mit Punkt = Nervensystem. Kreise mit Kreuz = Chorda. Kreuze = Somite und Seitenplatten. (Nach HOLTFRETER 1936, Roux Arch. 134).

potent sind, die Phase der Determination folgt. Diese bedeutet Festlegung der prospektiven Bedeutung. Sie geht stets mit dem Verlust, aber auch der Weckung von Potenzen einher, bedeutet also gleichzeitig Einschränkung von Leistungen und Schaffung spezieller Entwicklungsmöglichkeiten. Ist die Determination erfolgt, so ist eine ortsgemäße Entwicklung ausgetauschter Keimbezirke nicht mehr möglich, die Entwicklung nimmt Mosaikcharakter an. Entnimmt man einer Amphibienneurula die rostrodorsale Hälfte (Abb. 135) und zieht diesen Keimteil isoliert auf, so entwickelt er sich zu einem normalen Kopf mit Hirn, Augen, Mund usw. wie im Ganzkeim. Entsprechend bildet der ventrocaudale Keimbezirk im Isolationsversuch einen kopflosen Rumpf mit Extremitäten und Schwanz (Selbstdifferenzierung). Damit ergibt sich die Frage, welche Potenzen indifferente Keimteile entfalten, wenn man sie ohne Umgebungseinflüsse durch andere Keimteile isoliert aufzieht. HOLTFRETER gelang die Kultur isolierter Keimteile in einer isotonischen Salzlösung in vitro. Damit war eine relativ einfache Methode geschaffen, und die unkontrollierbaren Einflüsse komplizierter Kulturmedien konnten vermieden werden. Die derart ermittelte Selbstdifferenzierungsleistung der Bezirke der jungen Amphibiengastrula zeigt Abbildung 136.

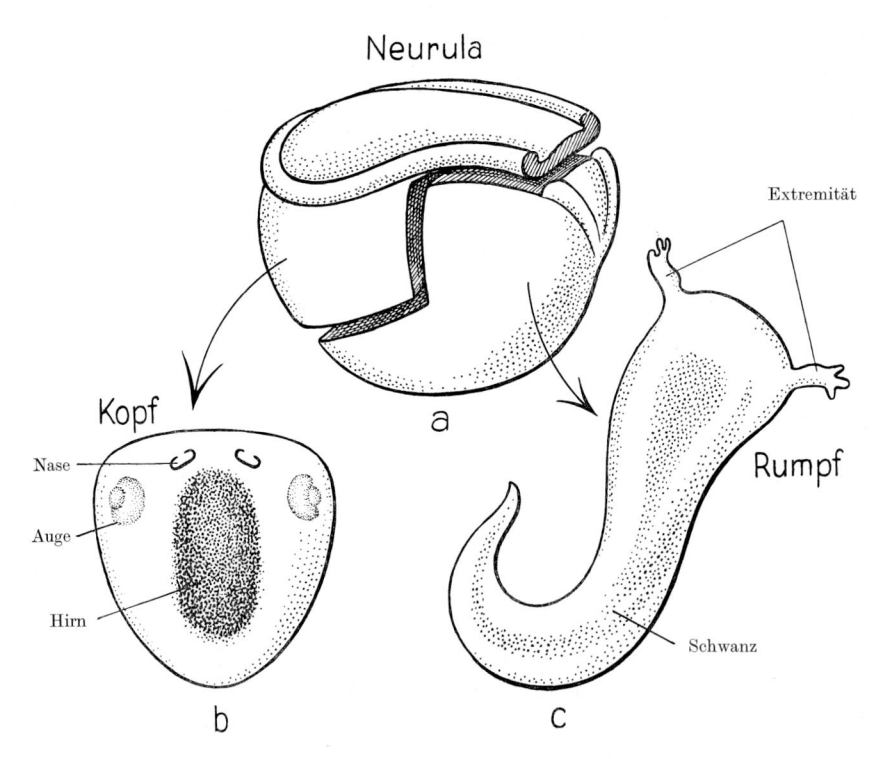

Abb. 135 Selbstdifferenzierung der isolierten vorderen und hinteren Körperhälfte beim Urodelenkeim. Eine Neurula, in der die Organanlagen weitgehend determiniert sind, wurde in zwei Teile zerlegt (a). Beide Teile wurden isoliert aufgezogen. Nach 25 Tagen haben sich ein Kopffragment (b) und ein Rumpfstück (c) gebildet (nach HOLTFRETER 1931).

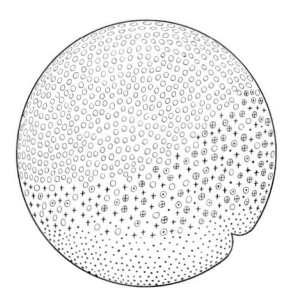

Abb. 136 Selbstdifferenzierungsleistungen der Bezirke einer frühen Urodelengastrula. Bezeichnungen wie in Abbildung 132. (Nach HOLTFRETER 1936, Roux Arch. 134).

Die Determination der einzelnen Keimbezirke erfolgt nicht gleichzeitig und gleichwertig. Insbesondere die Region der dorsalen Blastoporuslippe erweist sich als bevorzugt gegenüber anderen Regionen.

SPEMANN hatte festgestellt, daß das Gebiet der dorsalen Blastoporuslippe besonders früh determiniert ist und daß sich dieses Material frühzeitig im Transplantationsversuch herkunftsgemäß zu Chorda, Somiten und Vorderdarmdach entwickelt. Dieser bevorzugte Keimbezirk läßt sich auf das Material des grauen Halbmondes zurückführen. Verpflanzt man nun das Gebiet der dorsalen Urmundlippe in die präsumptive Bauchepidermis eines anderen Keimes oder steckt man es in das Blastocoel einer älteren Blastula (Abb. 137), so entwickelt es sich herkunftsgemäß. Gleichzeitig aber beeinflußt es die Wirtszellen der Umgebung und zwingt diesen eine neue Entwicklungsrichtung auf. Im unterlagerten Ectoderm kommt es so zur Bildung einer sekundären Medullarplatte, zur Bildung von Sinnesorganen, ja schließlich zur Bildung einer ganzen sekundären Embryonalanlage (Abb. 137). Es muß betont werden, daß das Implantat sich in diesem Versuch zwar an der Bildung des sekundären Embryos (Chorda, Mesoderm) beteiligt, daß aber eine *materielle* Beteiligung von Zellen des Transplantates am Aufbau der Medullaranlage nicht erfolgt. Die Bildung der sekundären Medullaranlage wird in den Wirtsgeweben durch das Implantat ausgelöst, sie wird induziert. Damit liegt ein klarer Fall von gegenseitiger Beeinflussung von Keimteilen im Sinne einer abhängigen Entwicklung vor. SPEMANN und H. MANGOLD (1924) bezeichnen dieses Gebiet, das im wesentlichen dem präsumptiven Mesoderm entspricht, als *Organisator*. Die Leistung des Organisators ist zunächst Induktionsleistung (Induktion einer Medullarplatte), gleichzeitig aber bildet der Organisator das Urdarmdach und bewirkt Streckung und Organisation der dorsalen Achsenorgane. Er besitzt die Fähigkeit zur Selbstorganisation und zur Assimilation benachbarter Blasteme (F. E. LEHMANN), während ein Induktor ausschließlich in einem Blastem eine bestimmte Entwicklungsleistung auslöst. Die Ausdehnung des Organisationszentrums zeigt Abbildung 138.

Da der Effekt des Induktors sich gewöhnlich auf ein unmittelbar überlagerndes Zellmaterial auswirkt, liegt die Annahme nahe, daß ein stofflicher Reiz dem Induktionsvorgang zugrunde liegt, das heißt, daß eine induzierende Substanz vom In-

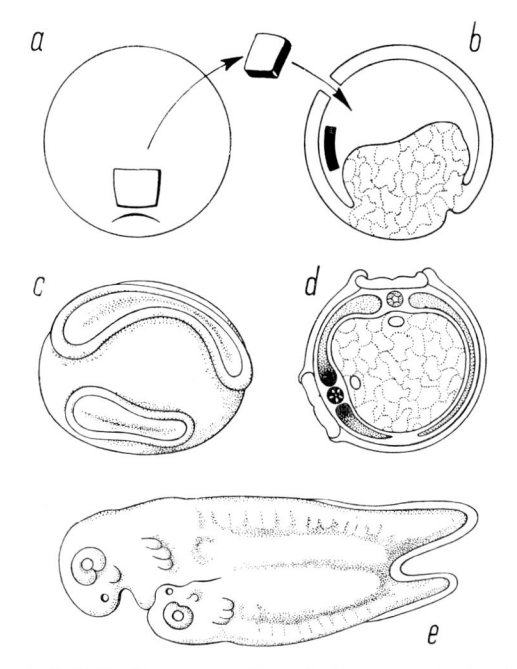

Abb. 137 SPEMANNS Organisationsversuch (nach ROTMANN).

a) Aus der Region der dorsalen Blastoporuslippe einer jungen *Triturus*gastrula wird ein Stück ausgeschnitten und ins Blastocoel (b) eines anderen Keimes verpflanzt. Unter dem Einfluß des Transplantates entsteht im Wirtskeim eine zweite Embryonalanlage.
c) Sekundäre Embryonalanlage auf dem Neuralplattenstadium.
d) Dasselbe im Querschnitt.
e) Älterer Keim mit sekundärer Embryonalanlage.

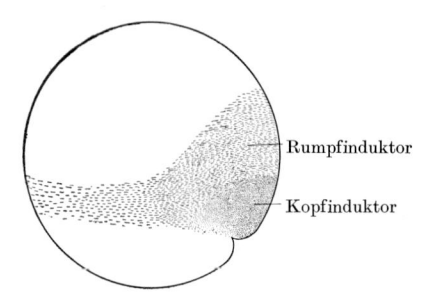

Abb. 138 Topographie des primären Induktionsbezirkes. Frühe Urodelengastrula. Unterscheidung von Kopf- und Rumpfinduktor
(nach HOLTFRETER 1936, Roux Arch. 134).

duktor abgegeben wird und durch Diffusion zum Reaktionssystem gelangt. Es bestehen heute kaum Zweifel darüber, daß ein Stofftransport vom Induktor in das überlagernde Gewebe stattfindet. WEISS (1949) hatte angenommen, daß ein enger Kontakt der Zellmembranen der induzierenden und der reagierenden Zellen die Voraussetzung schafft, daß an der neuen Kontaktfläche spezifische Makromoleküle gerichtet eingebaut werden („orientierte Adsorption"). Induktion ist nach dieser Theorie ein Oberflächenphänomen. Durch Einschaltung einer Filtermembran zwischen Induktor und reagierendes Gewebe ließ sich nachweisen, daß der Effekt über eine Distanz bis zu 20 μm hinweg erzielt werden kann. Durch Isotopenmarkierung ließ sich der Übertritt von freien Aminosäuren und von größeren Molekülverbänden nachweisen. Das gleiche gelang mit immunbiologischen Methoden (Übertritt von Frosch-Eiweiß auf Salamander-Ektoderm). Im normalen Geschehen dürfte in der Regel ein enger Kontakt der Zellmembranen die Voraussetzung für den Stoffübertritt sein.

b) Abnorme Induktoren und chemische Grundlagen der primären Induktion

Die Auffassung vom Wirkungsmechanismus der Induktion als einem Stofftransport führte dazu, die Entwicklung verschiedenartigen Materiales auf indifferentes Embryonalgewebe (Ektoderm) zu prüfen. Bei derartigen Versuchen gelang der überraschende Nachweis, daß abgetötete tierische Gewebe (BAUTZMANN 1932) Induktionseffekte hervorbringen können und daß induzierende Aktivität in vielen tierischen Geweben und Organteilen vorkommt (WEHMEIER und HOLTFRETER 1934). So erwiesen sich Leber, Muskulatur, Niere, Herz, Hirn usw. verschiedener Tiere (Fische, Schlange, Meerschweinchen, Mensch) in frischem oder abgetötetem Zustand (gekocht, Alkoholbehandlung) als wirksam. Stark wirksam war insbesondere Embryonalextrakt vom Hühnchen und Skeletmuskelextrakt. Interessanterweise bekommen Keimteile von Amphibien, die im lebenden Zustand wirkungslos sind, nach Abtötung durch Erhitzen auf 60° eine induzierende Wirkung. In der Folge wurde eine große Zahl von Naturstoffen und synthetischen Substanzen auf induzierende Effekte hin durchuntersucht (FISCHER, NEEDHAM, BRACHET u. a.). Aktiv erwiesen sich viele Fettsäuren, Muskeladenylsäure, Nucleoproteide, oestrogene und cancerogene Kohlenwasserstoffe (Dibenzanthrazen), Digitonin, Neutralrot, Janusgrün, Methylenblau, Cephalin u. v. a. Damit ist bereits gesagt, daß sehr verschiedenartige Substanzen wirksam sind und daß die ursprüngliche Erwartung, spezifisch induzierende Stoffe aufzufinden, nicht eintraf. Um Verunreinigungen durch Beimischung von Spurenstoffen auszuschließen, wurden Versuche mit synthetischer Ölsäure usw. durchgeführt, ohne daß die Induktionswirkung gegenüber dem Naturstoff dadurch verändert worden wäre. Wesentlich beim Induktionsvorgang schien, daß das Substrat auf verschiedenartige Reize in gewissen Grenzen stets die gleiche Antwort gibt. Spezifisch ist die Reizantwort, nicht der Induktor. Die Dinge liegen also ganz ähnlich wie beim Befruchtungsvorgang und bei der künstlichen Parthenogenese. Die Induktionsstoffe wirken vermutlich indirekt durch Aktivierung eines induktiven Prinzips in der Zelle. Daß tatsächlich ein derartiger Relaismechanismus vorkommen kann, wird durch die Fälle bewiesen, in denen ein Induktionseffekt durch toxische oder mechanische Schädigung der Zellen des Substrates erzielt werden kann. OKADA (1938) erhielt Induktionen durch Implantation von Kieselgur, HOLTFRETER (1945) durch mechanische Zerstörung von tiefliegenden Zellen der Gastrula mit der Glasnadel. Damit erweisen sich alle Experimente, bei denen Transplantationen ausgeführt wurden, als unexakt, da stets Zellschädigungen gesetzt wurden. Nun hatte HOLTFRETER

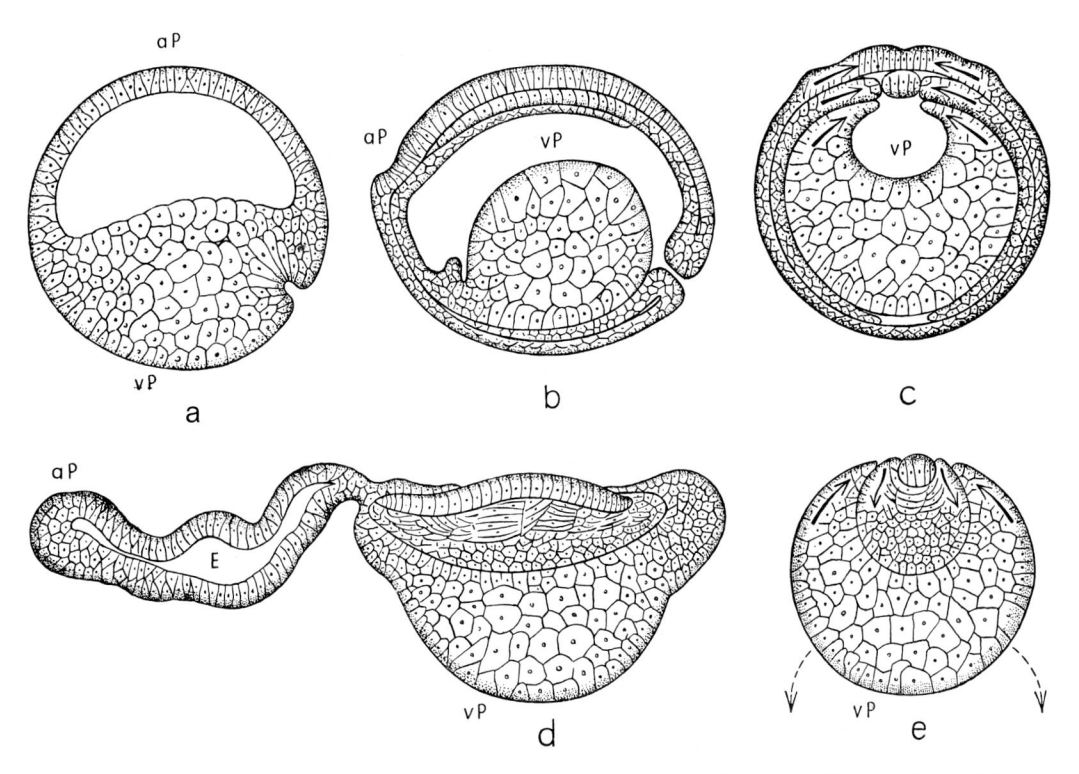

Abb. 139 Schematische Längsschnitte durch die junge Amphibiengastrula (a) und Neurula (b). c) Schematischer Querschnitt durch die Neurula. d) Längsschnitt durch die Exogastrula. e) Querschnitt durch die Exogastrula. (Nach HOLTFRETER 1933, Roux Arch. 129).

aP = animaler Pol. vP = vegetativer Pol. E = Epidermissack.

gezeigt, daß Axolotlkeime, die enthüllt waren und in 0,35%iger NaCl-Lösung aufgezogen wurden, Exogastrulation ergeben. In derartigen Keimen laufen die Gestaltungsbewegungen normal ab, doch kommt es nicht zur Invagination, sondern zur Ausrollung und Umstülpung des Entomesoderms (Entoderm + Mesoderm) und zur Abschnürung und Isolierung des gesamten Ektoderms (Abb. 139, 140). Das Ektoderm bildet dann einen leeren Hautschlauch und zeigt keine Spuren von Neuralbildung. Aus dem Entomesoderm entsteht ein haut- und nervenloser Embryo mit Chorda, Muskulatur, gegliedertem Darmkanal, Nieren usw. Das Ektoderm zeigt also ganz geringgradige Fähigkeit zur Selbstdifferenzierung, während das Entomesoderm eine ganze Reihe normaler histologischer Differenzierungen trotz abnormer Lagebeziehungen durchführt. Fügt man jedoch zu dem Ektoderm eine Unterlagerung durch ein kleines Stück Entomesoderm, so erzielt man sofort neurale Induktion. Das ganze Ektoderm ist also zunächst aequipotent und bekommt erst durch unterlagerndes Entomesoderm seine Determination. Es erregte daher Aufsehen und Zweifel, als BARTH (1941) in Wiederholung der Versuche von HOLTFRETER mitteilte, daß isoliertes Ektoderm von *Ambystoma punctatum* in einem großen Prozentsatz auch ohne Unterlagerung Neuralgebilde hervorbringt. Nachprüfung dieser Angaben durch HOLTFRETER bestätigte die Befunde von BARTH für *Ambystoma punctatum* und ergab gleichzeitig, daß auch *Triturus*keime neurale Induktionen zeigen, wenn sie kurzfristig in einem Milieu von pH unter 5 oder über 9,2 gehalten werden.

Ebenso wirkt Behandlung mit Ca^{++}-freier oder hypertonischer Lösung. HOLTFRETER kommt zu der Vorstellung, daß alle Eingriffe, die eine reversible Schädigung der Zellen im Sinne einer Cytolyse herbeiführen, neurale Induktion veranlassen, daß aber Epidermis entsteht, wenn cytolysehemmende Faktoren einwirken.

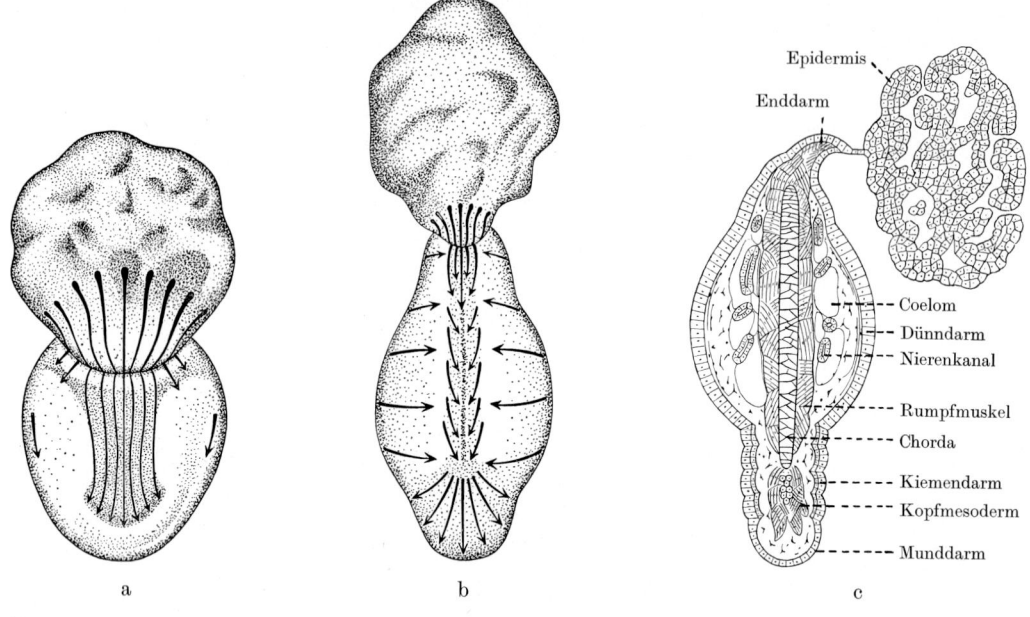

Abb. 140 Zwei Stadien der Exogastrulation. Die Pfeile geben die Richtung der Bewegungsvorgänge an (a, b). Schematischer Horizontalschnitt durch einen älteren „Exo"-Keim (c).
(Nach HOLTFRETER; a, b: Roux Arch. 129, 1933; c: Biol. Cbl. 53, 1933).

Dabei spielt der zuvor beschriebene Oberflächenfilm der Embryonalzellen eine sehr wesentliche Rolle. Zunächst ist festzustellen, daß man nie eine neurale Induktion erzielt, wenn man dorsale Blastoporuslippe auf eine mit Oberflächenfilm bedeckte Zellage setzt. Exogastruliertes Ektoderm zeigt keine Neuralbildungen, weil es mit dem Film bedeckt ist und ein Induktionsreiz dadurch nicht wirksam werden kann. Andererseits erhält man sofort Neuralgebilde, wenn man Gastrulaektoderm ausschneidet und mit der Basalseite zur Oberfläche wieder einsetzt. *Ambystoma* unterscheidet sich von *Triturus* normalerweise durch die äußerst geringe Ausbildung des Oberflächenfilms. Die Unterschiede im physiologischen Verhalten der *Triturus*- und *Ambystoma*keime sind also auf Permeabilitätsunterschiede zurückführbar. Cytolysierende Stoffe bewirken aber auch Veränderungen an den Bestandteilen des Cytoplasmas selbst und setzen vermutlich in der Zelle ein Agens frei, das durch Bindung an andere Faktoren inaktiv vorhanden ist.

Ist der Prozeß der Freimachung dieses Agens einmal in Gang gesetzt, so wäre die Möglichkeit gegeben, daß er nach Art einer Kettenreaktion fortschreitet und auf benachbarte Zellen übergreift. HOLTFRETER (1948) entwickelt nun folgende Hypothese zur Erklärung des Induktionsvorganges:

a) In Chorda, Mesoderm und Neuralgewebe ist das induzierende Agens frei enthalten. In anderen Keimteilen ist es gebunden. Im normalen Induktionsgeschehen diffundiert das Agens vom Induktor in das überlagernde Substrat, sprengt die inaktiven Komplexe und setzt dabei weitere Mengen des gleichen Agens frei, der Prozeß breitet sich aus. Gleichzeitig werden neurogene Substanzen frei. Diese werden zu Bestandteilen der Oberflächenschicht der Zelle. Es handelt sich um Kettenmoleküle von Eiweißkörpern, die oberflächenparallel geordnet werden und die spezifische hochzylindrische Form der Neuralzelle bestimmen. Diese mizellare Umordnung ist polarisationsoptisch nachgewiesen.

b) Cytolysierende und toxische Substanzen würden dann in der Weise wirken, daß sie im Substrat und eventuell in Nachbargeweben das Agens frei machen und damit den gleichen Reaktionsablauf wie unter a) auslösen. Ebenso würde milde Cytolyse durch das Kulturmedium wirken.

c) Abgetötete organische Stoffe enthalten das Agens in befreitem Zustand.

Welche cytologischen Befunde können nun zur Stützung dieses Erklärungsversuches der Induktion angeführt werden? Es ist festzustellen, daß in den Zellen Lipoproteingranula vorkommen (Lipochondrien), die gerade in dem p_H-Bereich stabil sind (p_H 4,2–9,2), in dem *Triturus*explantate keine Induktion zeigen. Induzierende Substanzen bringen im allgemeinen die Lipoproteineinschlüsse zum Zusammenbruch.

Die erste Phase der Erforschung des primären Induktionsvorganges in der Embryonalentwicklung hatte keine Klärung des Problems erbracht. Man hatte zwar eine Fülle von Substanzen mit induzierender Aktivität nachweisen können. Es fehlte jedoch jeder Hinweis darauf, daß eine spezifische, chemisch distinkte Substanz mit ganz spezifischer Wirkung vorkommt. Der Nachweis, daß mechanische oder chemische Zellschädigungen Bildung von Neuralgewebe auslösen können *(Autoneuralisation)*, ist an sich von großem Interesse und bildet die Grundlage einer wichtigen Hypothese zur Erklärung der Induktion (HOLTFRETER). Diese Befunde reichen offensichtlich nicht aus, um die normale Induktion in der frühen Embryonalentwicklung zu erklären, zumal auf Grund neuer Untersuchungen an hochmolekularen Substanzen Hinweise auf spezifische Effekte gegeben waren. LEHMANN (1938), BRACHET (1940–44) und andere Forscher hatten gefunden, daß Nucleoproteide in der Lage sind, neurale Strukturen zu induzieren. BRACHET schrieb den RNS-reichen Mikrosomen eine spezielle Rolle im Induktionsprozeß zu. Seine ursprüngliche Angabe, daß Ribonuclease den Effekt aufhebt und daß daher die Nucleinsäure das aktive Agens sei, wurde in der Folgezeit nicht bestätigt. Alle späteren Untersuchungen, auch die von BRACHET selbst, haben erwiesen, daß die Nucleotidfraktion nach Abtrennung des Proteins inaktiv wird. Ribonuclease inaktiviert die Induktionsfähigkeit nicht. Hingegen wird diese durch Trypsin und Pepsin zerstört. Damit rückten die Proteine in den Mittelpunkt des Interesses.

Die weitere Erforschung der primären Induktion ist eng mit der Frage nach dem Auftreten regionalspezifischer Unterschiede in den einzelnen Abschnitten des Zentralnervensystems verbunden und soll daher im Zusammenhang mit diesem Problem (s. S. 144) besprochen werden. Eine ausführliche und kritische Gesamtdarstellung des Induktionsproblems findet sich bei SAXÉN und TOIVONEN (1962).

c) Stoffwechselphysiologische Analyse des Induktionsphänomens

Da die Untersuchungen des Induktionsgeschehens immer mehr Hinweise auf chemische und physikalisch-chemische Mechanismen erbrachten, lag es nahe, mit stoffwechselphysiologischen Methoden den ganzen Keim und einzelne Keimteile zu untersuchen, um möglicherweise weitere Anhaltspunkte zu gewinnen. Das Ergebnis dieser Untersuchungen ist wenig aufschlußreich. Zwar läßt sich ein vom animalen zum vegetativen Pol abnehmendes Gefälle der Atmungsintensität bei der Amphibiengastrula nachweisen (FISCHER und HARTWIG 1938), doch zeigt sich, daß diese Abnahme der Atmungsintensität völlig proportional der Zunahme an Dotter zum vegetativen Pol hin ist. Berücksichtigung dieses Dotterfaktors führte dann auch zu dem Ergebnis, daß der O_2-Verbrauch in allen Teilen der Gastrula annähernd gleich groß ist. Hingegen ist die CO_2-Abgabe in der dorsalen Blastoporuslippe höher als in anderen Keimbezirken (RQ: 0,7–0,8 für Blastula, im Bereich der dorsalen Urmundlippe RQ: 1). Damit ist der Hinweis auf eine besondere Bedeutung des Kohlenhydratstoffwechsels bei der Invagination gegeben. Tatsächlich ist der Glykogengehalt in der dorsalen Urmundlippe etwa dreimal höher als im restlichen Keim. Der Abbau dieses Glykogens erfolgt anaerob. Doch können die Abbauprodukte des Glykogens keinesfalls Träger der Induktion sein, da explantiertes Urmundlippenmaterial induzieren kann, ohne daß das Glykogen schwindet. Der Glykogenabbau im Bereich der dorsalen Urmundlippe scheint möglicherweise etwas mit den Gestaltungsbewegungen bei der Gastrulation zu tun zu haben, jedoch keine wesentliche Rolle beim Induktionsgeschehen zu spielen.

d) Zusammenwirken verschiedener Induktionssysteme. Regional-spezifische Induktion

Wenn wir bisher die Induktion des Zentralnervensystems in den Mittelpunkt unserer Betrachtung gestellt hatten, so müssen wir beto-

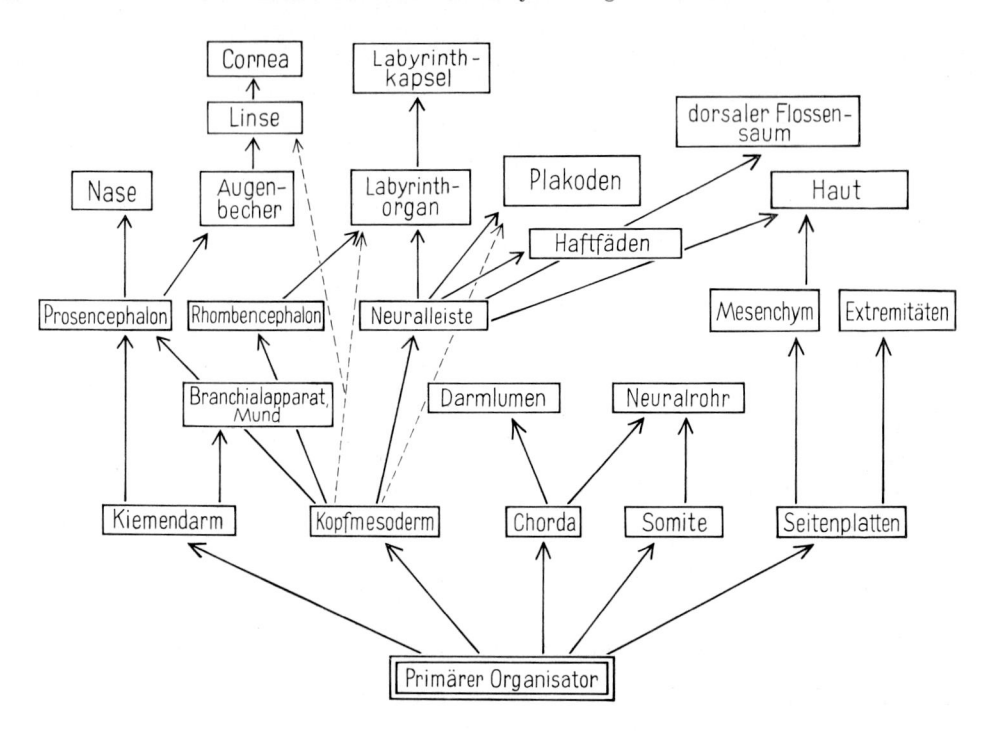

Abb. 141 Schematische Übersicht über die Hierarchie einiger Induktionssysteme beim Amphibienkeim (in Anlehnung an HOLTFRETER).

nen, daß analoge Mechanismen auch in der weiteren Entwicklung eine wesentliche Rolle spielen. Organe, die durch Induktion entstanden sind, können ihrerseits wieder Induktionen hervorrufen. So bauen sich auf den primären Induktoren Systeme II., III., ... Ordnung auf (Abb. 141). Das Vorderhirn induziert die Nase, der Kiemendarm bestimmt die Ausbildung des Branchialapparates, die Neuralleiste ist stark an der Bildung des Labyrinthorgans beteiligt. Das Zwischenhirn (Augenbecherausstülpung) induziert Linsenbildung, die Linse induziert ihrerseits die Umbildung der Epidermis zur Cornea. Das Labyrinthorgan induziert im umgebenden Mesenchym die Bildung einer knorpligen Ohrkapsel. Derartige Effekte sind auch in fremder Umgebung möglich. Verpflanzt man die Labyrinthblase unter die Bauchepidermis, so veranlaßt sie auch hier an fremdem Ort in fremdem Material die Bildung einer Ohrkapsel. Das ganze Entwicklungsgeschehen ist durch das Zusammenwirken und die zeitlich-räumliche Abstimmung derartiger Induktionsmechanismen aufeinander charakterisiert. Man hat mit Recht von einer Hierarchie der Induktionssysteme gesprochen (Abb. 141).

Der Effekt des primären Induktors ist die Bildung der Medullarplatte. Diese läßt aber bereits von vornherein spezifisch verschiedene Regionen erkennen: Vorderhirn, Rautenhirn und Rückenmarkabschnitt. Diese Teilbezirke sind nicht nur morphologisch verschieden, sondern besitzen auch verschiedene induzierende Fähigkeiten. Wie kommen diese regionalen Unterschiede zustande? SPEMANN hat zunächst den Gedanken ausgesprochen, daß es bei der Induktion der Medullarplatte regionalspezifische Induktoren gibt. Er unterscheidet einen Kopforganisator und einen Rumpf-Schwanz-Organisator, d. h. also, daß die spätere regionale Gliederung des Zentralnervensystems bereits in einer spezifischen Gliederung der Unterlagerung, des Organisators, vorweggenommen ist. Verpflanzt man Kopfinduktor in das Rumpfgebiet, so erhält man Induktion von Kopforganen. Rumpfinduktor im Kopfbereich ergibt jedoch ebenfalls Kopforgane. Für den Erfolg der Induktion ist also der Faktor „Wirtsregion" in Rechnung zu setzen. Dieser Einfluß könnte einmal in einer primär vorhandenen regionalen Längsstruktur der Epidermis zu suchen sein, oder aber ein Einfluß des primären Organisators könnte die sekundäre Induktion beeinflussen. Da die Epidermis nach den Ergebnissen der Explantatsversuche äquipotent ist, also ein indifferentes Reaktionsmaterial darstellt, muß die zweite Möglichkeit zutreffen. Dies bestätigen sehr überzeugend Untersuchungen von F. E. Lehmann, der durch abgestufte Behandlung junger Keime mit LiCl isolierte Schädigungen bestimmter Organisatorregionen erzeugen konnte. Behandelt man junge Gastrulae, so bekommt man Keime mit Schädigungen im Rautenhirnbereich (Otocephalie) und im Bereich der hinteren Schädelbasis. Behandlung älterer Keime ergibt Embryonen mit intaktem Hinterkopf, aber Mißbildungen des rostralen Kopfbereiches im Sinne der Cyclopie. Die kritische Phase für die Bildung der Hinterkopfregion fällt mit dem Beginn der Gastrulation zusammen und ist bereits abgeschlossen, wenn das Vorderkopfgebiet die größte Empfindlichkeit gegen die Schädigung erreicht.

Vorgänge während des Geschehens sehr wenig bekannt ist. Über die Vorgänge im reagierenden Gewebe wissen wir so gut wie nichts. Die experimentellen Befunde sind nicht immer vergleichbar, da verschiedene Arten und verschiedene Altersstadien untersucht wurden. Jede der zahlreichen Hypothesen ist in der Regel durch eine Anzahl von experimentellen Befunden gestützt, aber bisher gelang es nicht, eine einzige Hypothese mit allen experimentellen Befunden in Einklang zu bringen (Saxén-Toivonen 1962). Aus diesem Grunde werden im folgenden die wichtigsten Deutungsversuche im Zusammenhang mit den zugrunde liegenden Experimenten kurz besprochen.

Die Embryonalkörperbildung (Körpergrundgestalt Seidel) aller Wirbeltiere ist durch die Gliederung des Körpers in drei fundamentale Körperbezirke charakterisiert. Wir benennen diese Regionen nach den kennzeichnenden Abschnitten des Zentralnervensystems. Jeder Abschnitt ist aber auch durch eine Reihe von anderen Organen und Differenzierungen kenntlich, wie folgende Übersicht zeigt:

A. rostrales Gebiet: Prosencephale Region: Nase, Auge.
B. mittleres Gebiet: Rhombencephale Region: Labyrinthorgan, Branchialapparat.
C. caudales Gebiet: Spinocaudale Region, Rückenmark: Somite, segmental gegliederte Leibeswandmuskulatur, Vorniere.

Die Grenze zwischen dem Wirkungsbereich dieser regionalen Induktoren liegt nun nicht am Übergang vom Kopf zum Rumpf, sondern im Kopfbereich selbst, und zwar an der auch aus vergleichend anatomischen Gründen besonders markanten Grenze von Vorderhirn- und Rautenhirngebiet. Es ist also nicht ganz korrekt, von Kopf- und Rumpfinduktoren zu sprechen. Dem Rumpf-Schwanz-Gebiet läßt sich das prosencephale Gebiet gegenüberstellen. Dem Hinterkopf-Rautenhirngebiet kommt eine gewisse Sonderstellung zu.

Der Nachweis regionalspezifischer Induktionen sagt zunächst noch nichts aus über den zugrunde liegenden Prozeß. Die Frage nach der Ursache der regionalspezifischen Differenzierung ist bisher nicht restlos geklärt, wenn auch eine große Anzahl experimenteller Daten vorliegt. Die Schwierigkeiten der Deutung ergeben sich aus der Tatsache, daß über die physiologischen

In der Entwicklungsphysiologie werden häufig die Bezeichnungen archencephal (=prosencephal) und deuterencephal (= rhombencephal) benutzt. Wir vermeiden diese Ausdrücke, da sie geeignet sind, den Begriffen eine heute kaum vertretbare phylogenetische Deutung zuzuordnen, und zu Irrtümern Anlaß geben können.

Der Nachweis regionalspezifisch verschiedener Induktionseffekte legte es nahe, zu versuchen, Fraktionen verschiedener Induktionsleistung aus heterogenen Induktoren abzutrennen. Hierbei wurde die Analyse komplexer makromolekularer Gemische (Gewebsextrakte etc.) in den Vordergrund gestellt, da die Arbeit mit niedermolekularen Substanzen keine Aufschlüsse für das normale Entwicklungsgeschehen ergeben hatte.

Der Induktor ist nicht artspezifisch, denn es gelingt ohne Abschwächung des Effektes, den primären Induktor von Urodelen und Anuren wechselseitig auszutauschen. Die Prüfung zahlreicher Gewebe verschiedener Wirbeltiere auf ihre Induktionsfähigkeit ergab, daß in gewissen Grenzen spezifisch wirkende Gewebe vorkommen. So erweisen sich Thymus des Meerschweinchens, Retina vom Frosch und Oocytenkerne von *Triturus* als nahezu rein prosencephale Induktoren.

Knochenmark des Meerschweinchens und der Ratte induzieren ausschließlich spinocaudale Gebilde (SAXÉN und TOIVONEN). Meerschweinchen- und Mäuseleber, Fischniere, Speicheldrüsen und Herzmuskel vom Meerschweinchen hingegen ergeben in wechselndem Ausmaß Induktion aller drei Körperregionen. Derartige Beobachtungen machen es sehr wahrscheinlich, daß verschiedene Typen aktiver Substanzen vorkommen. Eine Gruppe von Hypothesen betont nachdrücklich qualitative Verschiedenheiten der aktiven Substanzen im Induktionsgeschehen.

Hypothesen, die die regionalspezifische Induktion durch qualitative Unterschiede wirksamer Substanzen erklären

(ROTMANN, CHUANG, TOIVONEN, KUUSI, MANGOLD, TIEDEMANN).

1. Von den meisten Autoren wird als gesichert angenommen, daß *zwei verschieden wirksame Hauptprinzipien* existieren (BRACHET, KUUSI, LEHMANN, SAXÉN, TOIVONEN, YAMADA). Die erwähnten Untersuchungen mit abnormen Induktoren hatten zur Abgrenzung eines prosencephalen und eines spinocaudalen Faktors geführt. So ist beispielsweise Meerschweinchenleber nach Alkoholbehandlung rein prosencephaler Induktor. Der wirksame Faktor ist hitzestabil. Meerschweinchenniere erweist sich als spinocaudaler Induktor. Der Faktor ist hitzelabil. Wärmebehandlung wandelt ihn in einen prosencephalen Induktor um. Eine chemische Trennung beider Faktoren ist bisher nicht gelungen. In beiden Fällen handelt es sich offensichtlich um Proteine.

TOIVONEN hat neuerdings Vorstellungen entwickelt, nach denen *nicht* die prosencephale oder spinocaudale Induktion im Vordergrund steht. Er nimmt zwar gleichfalls zwei Faktoren an, schreibt aber dem einen neuralisierenden, dem anderen mesodermalisierenden Effekt zu. Das Verhältnis beider Substanzen zueinander ist für den definitiven Effekt entscheidend. Während nach der älteren Auffassung die Wirkung des spinocaudalen Faktors zur Bildung von Rumpf-Schwanz-Gebilden mit Rückenmark, die des prosencephalen Faktors zu Vorderkopfgebilden führt, würde eine Überlagerung beider Effekte im Grenzbereich die Induktion von Hinterkopfgebilden mit Rhombencephalon zur Folge haben. Nach der Theorie von TOIVONEN (Abb. 142)

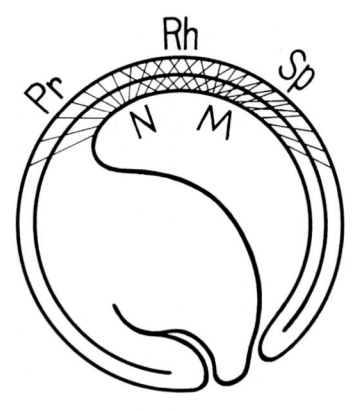

Abb. 142 Regionale Induktion nach der Theorie von TOIVONEN-SAXÉN. N = Neuralfaktor, M = Mesodermfaktor, Pr = prosencephale Region, Rh = rhombencephale Region, Sp = spinocaudale Region.

bedingt der neuralisierende Faktor (in der Folge = N) die Bildung von Nervensystem, während der mesodermalisierende (= M-)Faktor die Induktion von Mesenchym und Derivaten bestimmt. Die Kombination von

stark M + schwach N ergibt spinocaudalen Effekt,
mittelstark M + stark N ergibt rhombencephalen Effekt,
schwach M + stark N ergibt prosencephalen Effekt.

Es wird angenommen, daß der neuralisierende Faktor im ganzen Embryonalkörper wirksam ist und daß der normale Induktor einen stark wirksamen M-Faktor kombiniert mit relativ schwachem N-Faktor enthält. Der neuralisierende Effekt tritt stärker hervor, wenn der M-Faktor in zunehmendem Maße inaktiviert wird. Progressive Ausschaltung oder Konzentrationsminderung von M bedeutet Demaskierung des N-Effektes. Wahrscheinlich ist der N-Faktor an die Proteinkomponente des Ribonucleins gebunden, während M ein von diesem abweichendes Protein ist. Der regional verschiedene Aufbau des Embryonalkörpers wird also durch das qualitative Verhältnis von zwei differenten Substanzen, die sich in ihrer Wirkung überlagern, erklärt (Abb. 142).

2. Im Gegensatz zu der besprochenen Theorie von TOIVONEN nimmt eine andere Forschergruppe (MANGOLD, TIEDEMANN) die Wirkung „mesodermalen" Faktor an, die den beiden Induktoren von TOIVONEN nahezu entsprechen. Reiner Neuralfaktor bewirkt Induktion von Prosencephalon, reiner Mesoderminduktor bewirkt Bildung von Somiten, Chorda und Harnorganen. Hinterkopf und Rumpf-Schwanz-Gebilde mit entsprechenden Differenzierungen des Zentralnervensystems entstehen durch das Zusammenwirken beider Faktoren, wie folgendes Schema zeigt:

Induktionen:	prosencephal	rhombencephal	spinocaudal	mesodermal
	Prosencephalon Augen	Rhombencephalon Labyrinthblasen Kopfmuskeln Kopfmesenchym	Rückenmark Somite Chorda Harnorgane	Somite Chorda Harnorgane
	rein			rein
	Neuraler Faktor			Mesodermaler Faktor

von *drei qualitativ verschiedenen Induktoren* in der Frühentwicklung der Wirbeltiere an. Während in der Anerkennung des N- und des M-Faktors heute weitgehend Einigkeit besteht, rechnet TIEDEMANN zusätzlich mit einem spezifischen rhombencephalen (R-)Induktor. Der experimentelle Beweis für diese Auffassung besteht in dem Befund, daß Behandlung des aus Hühnerembryonen gewonnenen, induzierenden M-Faktors mit Thioglykolsäure die mesodermalisierende Wirkung aufhebt, jedoch den rhombencephalen Effekt nicht beeinflußt. Ein M-R-Faktor kann also in einen prosencephal-rhombencephalwirkenden Faktor umgeändert werden. TOIVONEN macht gegen die Befunde von TIEDEMANN geltend, daß Reste von M-Substanz in den Extrakten erhalten geblieben sein könnten und daß auch die von TIEDEMANN beschriebenen Effekte befriedigend mit der Zwei-Faktoren-Theorie erklärt werden könnten.

TIEDEMANN hat sich neuerdings der Zwei-Faktoren-Theorie weitgehend genähert (1963). Er nimmt jetzt einen „neuralen" und einen

Alle bisher besprochenen Theorien rechnen damit, daß das definitive Schicksal der Zellen im Reaktionssystem mit dem ersten Induktionsschritt festgelegt wird. Damit würden also die verschiedenen Abschnitte und Regionen des Nervensystems von vornherein als solche determiniert werden. Eine weitere Vorstellung (NIEUWKOOP und Mitarbeiter) nimmt hingegen an, daß die erste Phase des Induktionsvorganges einen allgemein neuralisierenden Effekt hat. Erst in einer zweiten Phase (Transformation) würde es zur Sonderung der Einzelabschnitte im Zentralnervensystem kommen.

Aktivierungs-Transformations-Hypothese
(NIEUWKOOP 1958)

Die Hypothese von NIEUWKOOP faßt Teilaspekte verschiedener älterer Theorien in einer originellen Synthese zusammen. Grundlage der Hypothese ist eine Reihe geistreicher Experimente. Schmale Streifen aus der präsumptiven Epidermis junger Urodelengastrula werden ausgeschnitten und so zusammengefaltet, daß die

Abb. 143 Schema zur Erläuterung der Aktivierungs-Transformations-Hypothese von NIEUWKOOP. Drei Ectodermfalten sind in eine Gastrula implantiert. Jede Falte läßt drei Regionen unterscheiden: Distal = punktiert umrandet, undifferenziert. Zwischenregion = schräg schraffiert, mesektodermale Differenzierungen. Proximal = dicke Längsstreifen, neurale Differenzierungen. Die primäre Aktivierung ergibt neurale Induktion mit prosencephaler Differenzierung. Im proximal gelegenen Anteil der Falte verursacht das Substrat die Transformation in rhombencephale Strukturen (angegeben durch Kreuze).
(Nach NIEUWKOOP et al. 1952).

basalen Seiten beider Faltenhälften gegeneinanderblicken. Diese Streifen werden in die dorsale Mittellinie von Gastrulae implantiert. Die Implantate differenzieren sich nun in verschiedene Zonen (Abb. 143, 144). Distal bleibt die Differenzierung aus (reine Epidermis). Es folgt eine Zone, in der mesectodermale Strukturen (Mesenchym, Pigmentzellen), aber kein Zentralnervensystem auftreten. Die basale (proximale) Zone ergibt Hirndifferenzierung. In verschiedenen Wirtsregionen findet sich in den Implantaten stets die gleiche Reihenfolge der Differenzierungen. Die Art der speziellen Hirndifferenzierung im Implantat aber entspricht weitgehend der Wirtsgegend. In rostral lokalisierten Implantaten findet sich also nur Vorderhirn, in kaudalen Implantaten verschwinden die prosencephalen Induktionen mehr und mehr. An ihrer Stelle treten zunehmend rhombencephale Induktionen auf. NIEUWKOOP nimmt einen zweiphasigen Induktionsprozeß an. In der ersten Phase wirkt ein *allgemeiner Induktionsreiz*, der im Ektoderm die Differenzierungsleistungen auslöst. Der Effekt ist im Bereich der ganzen präsumptiven Neuralanlage gleich; er besteht in der Differenzierung von Prosencephalon. Die Ausdehnung des künftigen Zentralnervensystems wird durch diesen Prozeß festgelegt. Der Mechanismus folgt dem „Alles-oder-nichts-Gesetz". Über die Natur des Induktors wird nichts ausgesagt. Möglicherweise handelt es sich um die Freisetzung von prosencephalen Differenzierungstendenzen in den Ektodermzellen durch den Induktor. Die zweite Phase der Aktivierungswelle führt zu einer

Transformation der neuralen Gebilde zu rhombencephalen Strukturen. Die regionale Differenzierung des Zentralnervensystems ist die Folge eines Zusammenspiels verschiedener Prozesse, die im Gleichgewicht miteinander stehen müssen. Ein innerer, autonomer Faktor ergibt pros-

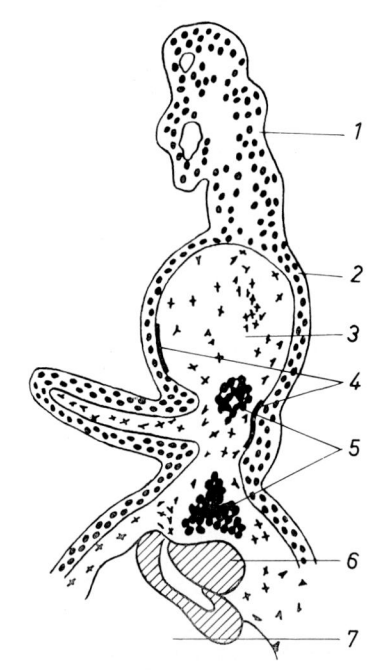

Abb. 144 Differenzierung in einer Ektodermfalte, die in die Hinterkopfregion einer Gastrula implantiert war. 1 = atypische Epidermis, 2 = Epidermis, 3 = Mesenchym, 4 = Chromatophoren, 5 = Ganglien, 6 = neurale Differenzierung, 7 = Rhombencephalon des Wirtskeimes.
(Nach NIEUWKOOP et al. 1952).

encephale Strukturen. Als Gegenspieler wirken sekundäre Einflüsse („caudale Faktoren"), die zur Transformation der primären Induktion führen. In der Normalentwicklung sind im rostralen Körperbereich (Abb. 143) die Neuralgebilde nicht dem Transformationsreiz ausgesetzt und bleiben daher prosencephal.

Hypothesen, die qualitative Verschiedenheiten der Keimteile aus der Wirkung quantitativer Variationen eines Grundprinzips erklären:

Die von C. M. CHILD (1929, zusammenfassende Darstellung 1941) entwickelte Gradiententheorie erklärt zahlreiche Entwicklungsprozesse aus der Wirkung von Stoffwechselgradienten. Für die Frühentwicklung der Wirbeltiere wurde diese Grundvorstellung vor allem durch DALCQ und PASTEELS (1941, Zusammenfassung und Kritik s. E. ROTMANN, 1943) zu einer Theorie der morphogenetischen Potentiale ausgebaut. Das Wesen dieser Hypothese besteht in folgendem. Primär existieren zwei Faktoren, der vegetativanimale Dottergradient (Dotterverteilung) und das dorso-ventrale Rindenfeld. Dem Dotter wird nicht nur die Rolle einer Reserve an Nähr- und Aufbaustoffen, sondern gleichzeitig eine wichtige morphogenetische Aufgabe zugesprochen. Diese muß nicht an die Dotterpartikel im Ganzen gebunden sein, sondern kann auch Funktion einer bestimmten Komponente des Dotters sein.

Durch die Wirkung der beiden primären Faktoren soll nun eine Substanz oder Substanzgruppe entstehen, deren Konzentration in verschiedenen Keimbezirken wechselt und für die besondere morphogenetische Leistung der Keimteile verantwortlich ist. Diese hypothetische Substanz („Organisin") bestimmt das morphogenetische Potential der Keimbezirke. Verschiedene Organisinkonzentration hat die Entstehung eines Musters verschiedener morphogenetischer Potentiale zur Folge.

e) Entwicklungsphysiologie und menschliche Mißbildungen

Die bisher besprochenen Ergebnisse der Erforschung des Determinations- und Induktionsgeschehens sind für das Verständnis von Mißbildungen bei höheren Tieren und beim Menschen von größter Bedeutung. Die Analyse derartiger Mißbildungen zeigt eindeutig, daß auch

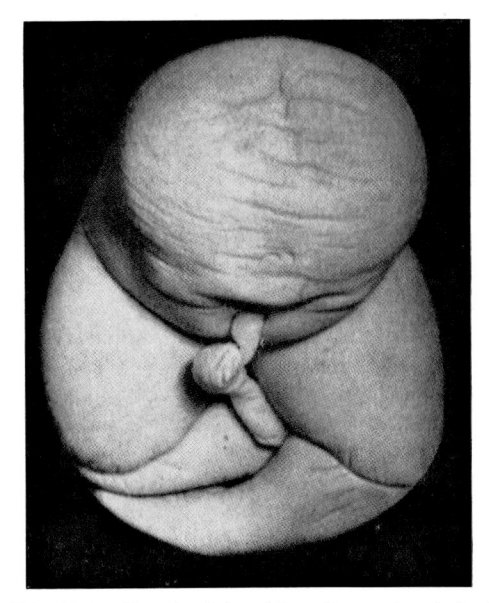

Abb. 145 Bauchstück (Acardius, Acephalus). Menschliche Mißbildung, die als Partner eines normalen Zwillings vorkommt. (Orig.)

bei höheren Wirbeltieren gleichartige, entwicklungsphysiologische Mechanismen wirksam sind. Alle wesentlichen Typen menschlicher Mißbildungen lassen sich experimentell bei Amphibien erzeugen.

Trennung von Blastomeren auf jungen Furchungsstadien kann zu Zwillings- und Mehrlingsbildungen führen (s. S. 102). Ist die Zerlegung der Keimanlage unvollständig, wie im unvollkommenen Durchschnürungsversuch, so können doppelköpfige Monstra (siamesische Zwillinge und ähnliche Mißbildungen) entstehen. Durchschnürt man den Amphibienkeim in frontaler Richtung derart, daß nur das eine Fragment den induktiv wirksamen Anteil mitbekommt, so entwickelt sich nur dieser Teil zu einem normalen Embryo, während der Partner, dem der Induktor fehlt, eine unorganisierte Masse, einen *Amorphus*, liefert. Analoge Mißbildungen sind vom Menschen bekannt. Ein Amorphus ist stets der defekte Partner eines normalen Zwillings. Erhält der eine Zwillingspartner zu wenig vom induzierenden Agens, so entwickelt sich ein mehr oder weniger vollständiges Rumpfstück (*Acardius*, Abb. 145). Auch beim Menschen ist demnach ein das Zentralnervensystem unterlagernder Organisator in der Frühentwicklung wirksam. Die regionale Gliederung in prosencephalen und spinocaudalen Induktor läßt sich für den Menschen aus dem Vorkommen bestimmter Mißbildungen ebenfalls erschließen. Die *Kopfmißbildungen* des Menschen und der Säugetiere lassen wieder zwei Typenreihen erkennen, die in allen Einzelheiten zu den experimentell erzeugten cyclopen bzw. otocephalen Mißbildungen in Parallele gesetzt werden können und auf primäre Schädigung des Organisators zurückgeführt werden müssen. Innerhalb der beiden Mißbildungsreihen kommen recht erhebliche Manifestationsschwankungen vor, die sich jedoch in einer Stufenreihe anordnen lassen und nur graduelle Differenzen des gleichen morphogenetischen Geschehens darstellen (v. GRUBER 1948). Die cyclopen Mißbildungen (Abb. 146) sind durch mangelhafte Ausbildung des prächordalen Schädelabschnittes (vor der Sella turcica), durch Unterentwicklung der Mund-Nasen-Höhle und Störungen am Vorderhirn gekennzeichnet. In leichteren Fällen manifestiert sich die Mißbildung als *Arhinencephalie* (Defekte an Zwischenkiefer, Nasenseptum, Vomer, Nasenhöhle unpaar, ohne Verbindung mit dem Pharynx, Riechhirn fehlt). Bei hochgradigen Formen der Mißbildung sind alle Defekte stärker ausgeprägt *(Cyclopie)*. Von der Nase ist nur ein rüsselförmiger Hautanhang über dem medianen unpaaren Auge übriggeblieben, dem jede Verbindung zum Vorderdarm fehlt. Alle an der Begrenzung der Nasenkapsel beteiligten Knochen fehlen. Die Mundhöhle ist stark verengt. Das Großhirn ist unpaar. Vom Hypophysen-Hypothalamus-Gebiet an caudalwärts ist das Gehirn völlig normal. In extremsten Ausprägungsgraden fehlt auch die Orbita vollständig *(Sphaerocephalie)*.

Arhinencephalie kommt alleine, ohne Gesichtsmißbildung vor. Sie kann nach FRUTIGER (1969) durch Trisomie bedingt sein und wird einmal auf 13000 Geburten beobachtet (0,007%). Die Manifestationsgrade der Mißbildung lassen sich in folgender Symptomenreihe ordnen:
1. Ethmocephalie: Nase und Os ethmoidale fehlen, ev. Rüsselbildung. Die Orbitae bleiben getrennt Die Frontalia verschmelzen. Bulbi olfactorii fehlen. Kopfform normal.
2. Cebocephalie: Flache Nasenwurzel, kielförmiges Schädeldach, Siebbeindefekt. Einfaches Vorderhirn. Falx fehlt, ebenso Corpus callosum und Fornix. Kein Riechhirn. Mikro-Anophthalmie
3. Cyclopie.

Im Gegensatz dazu ist das prosencephale Gebiet bei otocephalen Mißbildungen normal ausgebildet. Das Zentralnervensystem zeigt meist keine Defekte. Die Störung betrifft die Derivate des Kieferbogens (Unterkiefer und Gehörknöchelchen rudimentär), Ohr, Ohrkapsel und die hinteren Abschnitte des Schlundes. Beim Menschen tritt die leichte Manifestation dieser Mißbildungsgruppe als *Dysostosis mandibularis* auf (Abb. 148, Verkürzung des Unterkiefers, Verformung der Ohrmuschel, Einengung des Kiefergelenkspaltes). Schwere Formen mit totalem Defekt der Mandibel und Verlagerung der Ohrmuscheln in die ventrale Mittellinie (Abb. 147) sind sehr selten.

Die völlige Übereinstimmung des morphologischen Verhaltens derartiger Kopfmißbildungen mit den experimentell erzeugten Produkten gibt uns Aufschluß über die kausale Genese. Wir müssen annehmen, daß auch beim Säugetier und Menschen Induktoren wirksam sind, daß diese im Darmdach liegen, eine ähnliche regionale Gliederung wie bei Amphibien aufweisen und während bestimmter kritischer Phasen gegen Schädigungen empfindlich sind. An der Maus konnte die kritische Periode für die Entstehung von Kopfmißbildungen durch Bestrahlung des graviden Tieres mit Röntgenstrahlen (KAVEN) auf den 8.–13. Tag festgelegt werden. Beim Meerschweinchen (WRIGHT 1934) treten erbliche Kopfmißbildungen auf, die an vielen Hunderten von Individuen analysiert werden konnten. Sie entsprechen völlig den durch LiCl-Wirkung bei Amphibien erzeugten Defektbildungen und zeigen lückenlose Reihen von den geringsten Graden der Otocephalie und Cyclopie bis zu völliger Unterdrückung der Schädelbildung mit Ausnahme der Occipitalregion und schwersten Hirndefekten. Neben diesen kombinierten Mißbildungen kommen auch reine Otocephalien vor, die durch Mikrognathie, Fehlen der Mandibula, Verschmelzung der Ohrmuscheln und der Paukenhöhlen im ventralen Kopfbereich bei normalem Prosencephalon gekennzeichnet sind. Die graduell verschiedene Ausbildung des Defektes (Abb. 149) macht es wahrscheinlich, daß quantitativ verschiedene Verkleinerung des Kopforganisatormaterials die Ausdehnung des Defektes bestimmt.

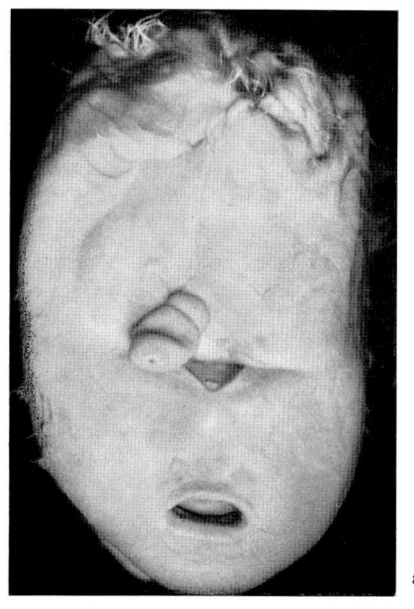

Abb. 146 (Orig.)
a) Cyclope Mißbildung beim Menschen. Rüsselartige Nase oberhalb des unpaaren Auges.
b) Cyclopie mit Arhinie kombiniert. Man erkennt im einheitlichen Auge deutlich zwei Pupillen und zwei Irides.

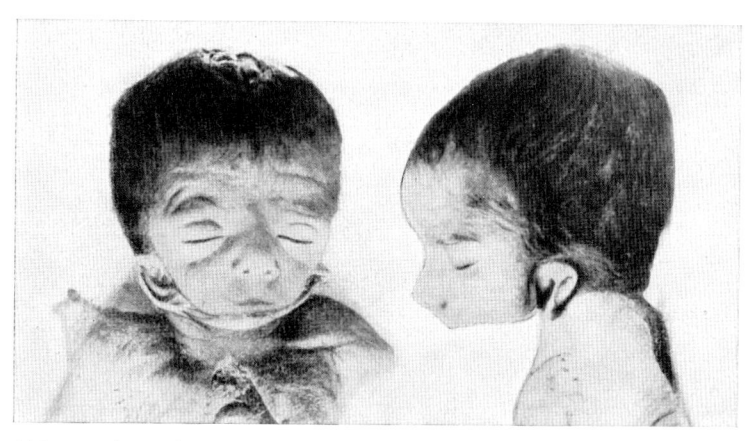

Abb. 147 Otocephalie beim Menschen. (Nach NAGER und DE REYNIER 1948).

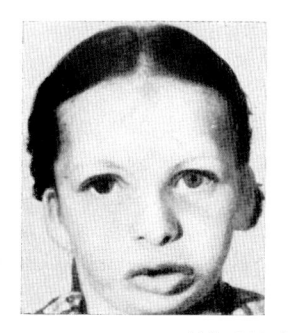

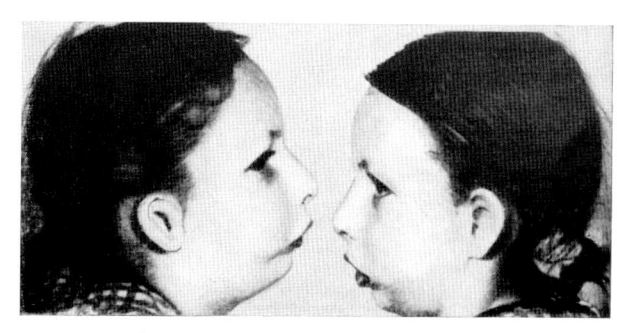

Abb. 148 Dysostosis mandibularis. (Nach NAGER und DE REYNIER 1948).

150   A. III. Gastrulation und Embryobildung der Holoblastier

f) Zusammenspiel des Aktions- und Reaktionssystems bei der Induktion

Unsere bisherigen Ausführungen hatten dargelegt, daß Induktionsvorgänge in der frühen Entwicklung unbedingt notwendig sind, wie es das Beispiel der Bildung des Zentralnervensystems am schönsten zeigt. Doch hatte uns der Exogastrulationsversuch (S. 139) bereits erwiesen, daß das isolierte Entomesoderm auch zu weitgehender Selbstdifferenzierung fähig ist und daß eine ganze Anzahl von Organen ohne Unterlagerung gebildet werden kann (Abb. 140). Nun zeigen eine Reihe von Austausch- und Transplantationsversuchen, daß der Entwicklungsprozeß letzten Endes auf ein Zusammenspiel von Induktionsvorgängen und spezifischen Antworten des Substrates auf die Induktionsreize hinausläuft. Für das Zustandekommen einer geordneten Gesamtorganisation ist nicht allein der spezielle Charakter des Induktors wichtig. Es ist

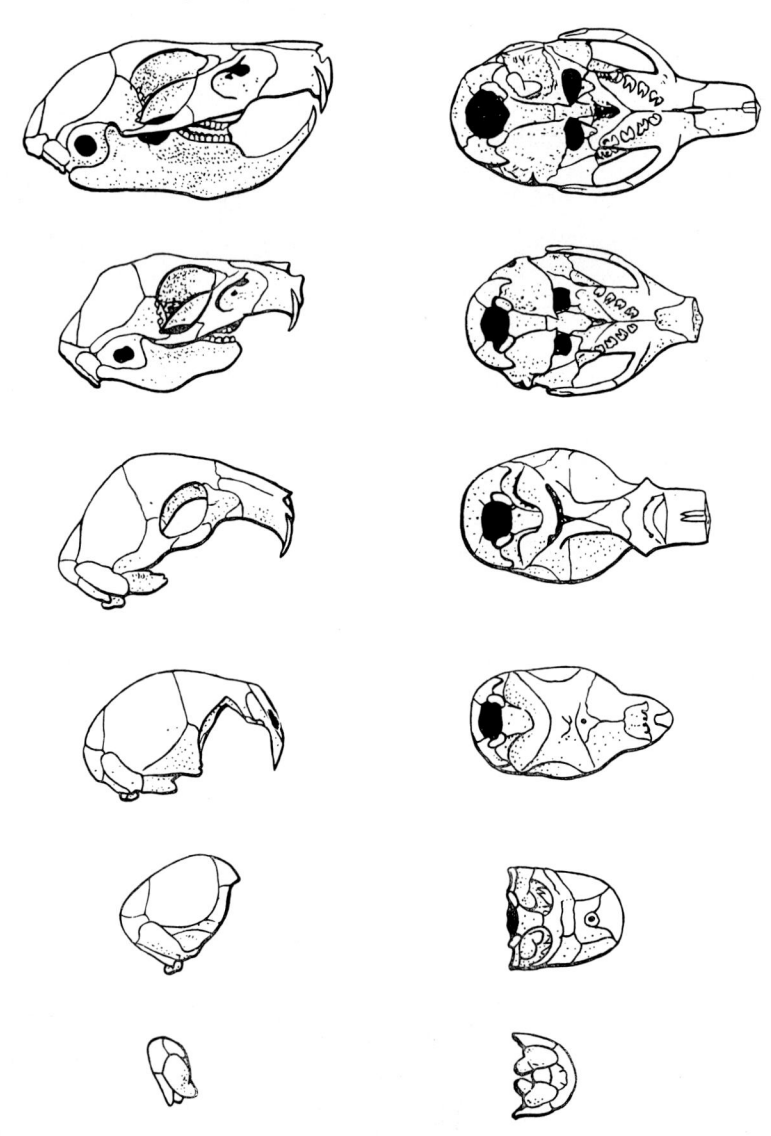

Abb. 149 Verschieden schwere Ausprägungsformen von Kopfmißbildungen in einem Meerschweinchenstamm. Links: Seitenansicht des Schädels. Rechts: Basalansicht des Schädels. Oben: Normaler Schädel. Von oben nach unten: Zunehmende Ausdehnung des Defektes. Otocephale Mißbildungsreihe.
(Nach WRIGHT und WAGNER).

weiterhin der Zeitpunkt, zu dem die Determination erfolgt, und der Ort, an dem die determinierenden Faktoren liegen, ausschlaggebend. Die reagierenden Zellen sind nicht jederzeit auf Reize, die vom Induktor ausgehen, ansprechbar, ja die Phase der Reaktionsbereitschaft ist im allgemeinen zeitlich eng begrenzt. Wir kommen also zu der Feststellung, daß ein geordnetes Zusammenspiel von *Aktions-* und *Reaktionssystem* den Prozeß der Morphogenese beherrscht. Dies soll an einigen Beispielen erläutert werden.

Der kleine Teichmolch (*Triturus taeniatus*) entwickelt sich rascher als der Kammolch (*Tr. cristatus*). Verpflanzt man Taeniatus-Epidermis auf den Augenbecher einer Cristatuslarve vor Beginn der Linsenbildung, so bildet die Taeniatus-Epidermis auf dem Cristatus-Augenbecher früher eine Linse, als dies der Cristatus-Epidermis möglich ist. Der Induktionsreiz ist in beiden Fällen der gleiche. Der Unterschied im Versuchsergebnis findet seine Erklärung dadurch, daß die Gewebe des Teichmolches sich schneller entwickeln und auch früher die Ansprechbarkeit auf die bereits wirksamen Induktionsreize erreichen als die Cristatusgewebe. Die Ansprechbarkeit der Zellen, ihre *Kompetenz*, ist also in charakteristischer Weise artlich und zeitlich verschieden und erfährt im Laufe der Entwicklung typische Veränderungen. Da die Induktionsreize meist über längere Zeit wirksam sind, ergibt sich, daß diese zeitlich eng begrenzte Ansprechbarkeit der Zellen für den normalen Entwicklungsvorgang außerordentlich wichtig ist.

Auch die Art des Entwicklungsprozesses ist durch das Zusammenspiel von Aktions- und Reaktionssystem bestimmt. Der Cristatus-Augenbecher induziert auch in Taeniatus-Epidermis eine Linse. Die gebildete Linse ist aber in ihrer speziellen Ausgestaltung eine Taeniatuslinse, d. h. sie ist für den induzierenden Augenbecher viel zu klein (auch der reziproke Versuch fällt sinngemäß aus). Die Ausgestaltung der Linse erfolgt also nach Gesetzmäßigkeiten, die durch das reagierende Material gegeben sind, unabhängig vom induzierenden Augenbecher (ROTMANN). ,,Die Linse wird als Ganzes in Ar-

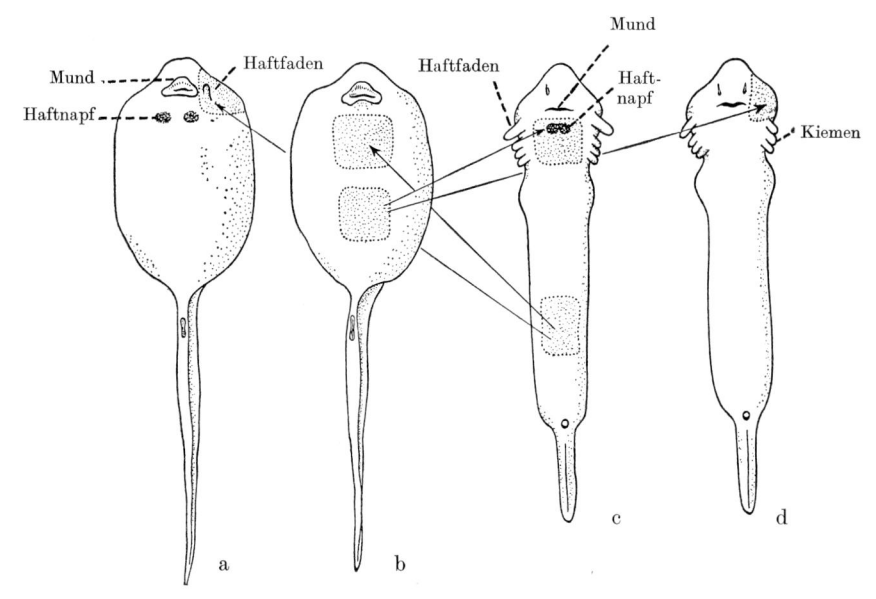

Abb. 150 Austauschversuche zwischen Anurenkeim und Urodelenkeim zur Analyse des Anteils von Aktions- und Reaktionssystem im Induktionsgeschehen. (Nach ROTMANN 1941).
a) Anuren-Kaulquappe. Bauchhaut vom Urodelenkeim in Mundregion bildet Haftfaden.
b) Molchhaut in die ventrale Körpergegend der Kaulquappe verpflanzt bildet keinen Haftfaden, wenn das Transplantat hinter der Mundregion liegt.
c) Molchkeim, Spender für a und b. Bauchhaut von Anurenlarve in Mundregion vom Molchkeim bildet Anuren-Haftnäpfe.
d) Bauchhaut der Kaulquappe in der seitlichen Kopfregion der Molchlarve bildet keine Sonderdifferenzierungen.

beit gegeben" (SPEMANN); ihre Größe hängt nicht von der Ausdehnung des Kontaktbezirkes zwischen Induktor und Epidermis ab. In späteren Entwicklungsabschnitten ist dann allerdings sekundär bis zu einem gewissen Grade eine größenmäßige Adaptation der Linse an den Augenbecher möglich. Doch handelt es sich hierbei zweifellos um grundsätzlich andersartige Vorgänge.

Die Larven der Triturusarten besitzen jederseits am Kopfe vor der Kiemenregion einen Haftfaden (sog. ,,Balancer"), ein Organ, das als Stütz- und Anheftungsorgan vor Ausbildung der paarigen Extremitäten dient. Dem Axolotl und den Froschlurchen fehlt dieses Organ. Pflanzt man Triturusepidermis auf den Kopf einer Axolotllarve, so bildet sich ein Haftfaden, auch dann, wenn die verpflanzte Epidermis aus dem Bauch- oder Rückenbereich stammt. Ein induzierender Reiz muß also auch im Wirtskeim vorhanden sein. Die Axolotllarve besitzt keine Haftfäden, weil ihre Epidermis auf den entsprechenden Induktionsreiz nicht mit der Bildung eines Haftfadens zu antworten vermag. Umgekehrt bildet sich in Axolotlepidermis, selbst wenn sie aus dem Kopfbereich der Larve stammt, kein Haftfaden, wenn sie auf die Trituruslarve verpflanzt wird. Anurenlarven besitzen an Stelle von Haftfäden napfförmige Haftdrüsen hinter dem Mundgebiet. Verpflanzt man Bauchhaut der Unke in die Mundgegend von *Triturus*, so entstehen Haftdrüsen (Abb. 150). Der Wirt bekommt also ein Organ, das er von Natur aus nicht besitzt und das auch die transplantierte Bauchhaut normalerweise nie gebildet hätte. Der Reiz wirkt ganz allgemein auslösend, die Reaktionsweise aber ist artspezifisch festgelegt. Ein Anurenkeim kann so die Bildung von Molchorganen auslösen, diese aber nie selbst bilden. Wenn der Anstoß zu dem Entwicklungsprozeß gegeben ist, läuft dieser ganz zwangsläufig ab. Analog liegen die Dinge bei der Entstehung der Bezahnung. Anurenlarven besitzen keine echten Zähne. Sie haben ein rundliches Saugmaul mit Hornzähnchen, während Urodelenlarven einen breiten Mund mit echten Den-

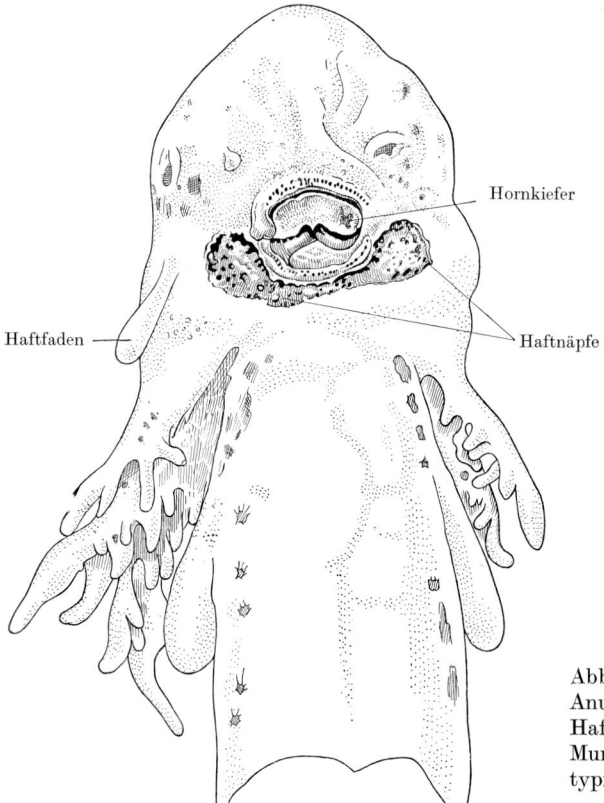

Abb. 151 Molchlarve, in deren Mundregion Anurenepidermis verpflanzt wurde. Links Haftfaden, aus Urodelenmaterial gebildet. Mund mit Hornkiefern und Haftnäpfen, typischer Anurenmund. (Nach SCHOTTÉ aus SPEMANN 1936).

tinzähnchen besitzen. Die Mundbildung ist also gruppenspezifisch deutlich verschieden. Transplantiert man nun Kaulquappenepidermis in die Mundgegend einer Urodelenlarve, so entsteht ein mit Hornzähnen bewaffnetes Saugmaul (Abb. 151). Das Überraschende an diesen Befunden ist zunächst die Tatsache, daß die Anurenepidermis überhaupt auf den vom Molchkeim ausgehenden Induktionsreiz anspricht. Die Antwort, die die Epidermis erteilt, ist aber die ihr gemäße, sie reagiert im Rahmen der in ihr erblich festgelegten Möglichkeiten. Der Reiz wirkt generell, bewirkt also in unserem Beispiel die Ausbildung von Mundorganen. Wie diese Organe ausgebildet werden, das bestimmt die arteigene Reaktionsweise des Reaktionssystems (SPEMANN und SCHOTTÉ, ROTMANN). Der Induktionsreiz ist nicht spezifisch auf die Ausbildung von Hornzähnen oder Haftfäden usw. gerichtet. Er hat auslösenden Charakter und bewirkt allgemein die Bildung von „Mundorganen". Wie diese Mundorgane ausgebildet werden, bestimmt die reagierende Epidermis allein. SPEMANN spricht in diesem Zusammenhang von einem „komplexen Situationsreiz", um damit die unspezifische Natur des Induktionsreizes treffend zu kennzeichnen.

4. Übersicht über Mehrlingsbildungen und die wichtigsten Mißbildungstypen beim Menschen

Im Zusammenhang mit der Besprechung der entwicklungsphysiologischen Mechanismen der Formbildung waren wir mehrfach auf die Entstehung von Mißbildungen und Mehrlingsbildungen eingegangen. Im folgenden sollen nun die wichtigsten Tatsachen der Mißbildungslehre kurz zusammengestellt werden.

a) Mehrlinge

Bei den meisten niederen Säugetieren (Insectivora, Rodentia, Carnivora, einige Ungulata) werden in einem Ovulationsakt mehrere Eier ausgestoßen (Polyovulation). Diese werden in der Regel befruchtet und kommen zur Entwicklung. In einem Geburtsakt werden also mehrere Jungtiere geworfen. Polyovulation ist aber nicht zwangsläufig mit der Entwicklung aller Keime verbunden. Bei dem Insektenfresser *Elephantulus* (Macroscelididae) kommt regelmäßig extreme Polyovulation vor (120 Eier bei einer Ovulation!), doch entwickelt sich immer nur ein Keim in jedem Uterushorn. Die übrigen gehen während früher Furchungsstadien zugrunde (s. S. 272). Bei den Callitriciden (Krallenäffchen) werden stets zwei Eier gleichzeitig ovuliert und kommen zur Entwicklung. Monovulatorische Zyklen finden sich normalerweise bei höheren Ungulaten (Pferd, Rind) und Primaten. Kommt es bei diesen Formen gelegentlich zur Ovulation von zwei oder mehr Eiern und kommen diese zur Entwicklung, so sprechen wir von zweieiigen Zwillingen (dreieiige Drillinge usw.). Derartige Mehrlingsgeschwister sind genetisch verschieden und verhalten sich grundsätzlich wie Geschwister aus verschiedenen Graviditäten zueinander. Gelegentlich kommt es aber vor, daß ein von einem Spermium befruchtetes Ei sekundär zerteilt wird und zwei Embryonalanlagen liefert (analog dem SPEMANNschen Durchschnürungsversuch, s. S. 102). Die resultierenden Zwillinge sind „eineiig" oder identisch. Sie haben die gleiche genetische Konstitution. Die Bedeutung eineiiger Zwillinge für die Analyse des Anteils von Erbe und Umwelt bei der Entwicklung morphologischer, funktioneller und psychologischer Merkmale kann als bekannt vorausgesetzt werden (Zwillingsforschung, v. VERSCHUER).

Beim Menschen kommen Zwillingsgeburten etwa in 1% der Fälle vor (Drillinge 0,01%, Vierlinge 0,0001%), von den Zwillingsgeburten sind etwa 80% zweieiig.

Die Tendenz zur Ovulation mehrerer Eier und damit zur Mehrlingsgravidität kann beim Menschen erblich auftreten. Eineiige Zwillinge sind stets gleichgeschlechtlich und sind ähnlich. Theoretisch wäre der Fall getrenntgeschlechtlicher, eineiiger Mehrlinge als Sonderform des Hermaphroditismus denkbar. Die Diagnose der „Eiigkeit" stützt sich gewöhnlich auf den Befund an den Eihäuten und auf die erbbiologische Ähnlichkeitsuntersuchung. Mehreiige Zwillinge haben in der Regel getrennte Choria und Amnia, dementsprechend auch zwei Placenten. Bei eineiigen Mehrlingen ist das Chorion von vorneherein einheitlich; die Amnia sind getrennt. Doch ist die Diagnose aus den Eihäuten nicht in jedem Falle mit absoluter Sicherheit zu stellen,

Abb. 152 Vierlinge. Die drei rechtsstehenden sind eineiig. (Nach BREITINGER 1950).

Abb. 153 Die verschiedenen Typen menschlicher Mehrlings- und Doppelbildungen (nach WILDER).

denn bei zweieiigen Zwillingen können die Placenten sehr nahe liegen oder auch verschmelzen. Auch kommt sekundäre Zerreißung der Amnionzwischenwand vor. Die Ähnlichkeitsdiagnose ist im allgemeinen zuverlässig. Sie versagt gelegentlich, wenn sie in zu jugendlichem Alter gestellt wird, denn auch zweieiige Zwillinge können gelegentlich sehr ähnlich sein. Unähnlichkeit eineiiger Mehrlinge läßt sich gewöhnlich auf peristatische Einflüsse (Krankheiten) zurückführen. Die Möglichkeit, daß eineiige Mehrlinge nicht erbgleich sind, ist theoretisch denkbar (erbungleiche Zellteilungen, Chromosomenstörungen), spielt aber praktisch keine Rolle (LEMSER 1937).

Drillinge können ein-, zwei- oder dreieiig sein. Bei Vierlingen (Abb. 152) sind folgende Kombinationen möglich: 1. eineiig, 2. zweieiig (eineiige Drillinge + Einling), 3. zweieiig (zwei eineiige Zwillinge), 4. dreieiig (eineiige Zwillinge + zwei Einlinge), 5. viereiig. Eineiige Vierlinge leben zur Zeit in Amerika (Morlock-Schwestern); die in Abbildung 152 dargestellten deutschen Vierlinge sind der Gruppe 2 zuzuordnen. Fünflinge sind beim Menschen nur in wenigen Fällen beobachtet worden. Die bekannten kanadischen Fünflingsschwestern (Dionne quintuplets) sind eineiig (NEWMAN). Neuerdings sind Graviditäten beim Menschen mit 7 und 9 Feten bekannt geworden.

b) *Doppelbildungen*

Führt die Trennung der beiden Keimanlagen bei der Zerlegung des jungen Keimes nicht zu einer vollständigen Trennung der Organisatorbezirke oder bleiben diese so nahe beieinander, daß ihre Wirkungsfelder sich überlagern, so entstehen Doppelbildungen. Derartige Mißbildungen gehen also stets aus einer Zygote hervor. (Ein Verwachsen primär selbständiger Embryonalanlagen kommt wahrscheinlich kaum vor.) Doppelbildungen können verschiedenste Grade der Verbindung aufweisen. Man klassifiziert sie nach dem Ort und nach dem Grad der Verbindung (Abb. 153).

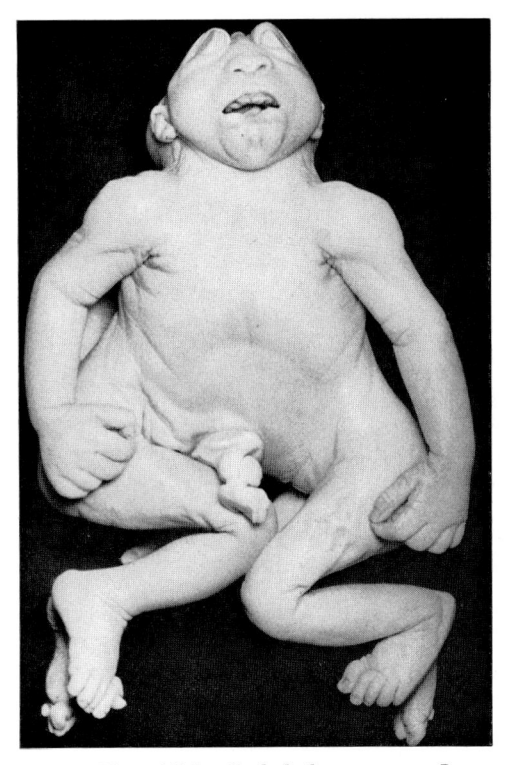

Abb. 154 Menschlicher Cephalothoracopagus. Januskopf. (Orig.)

Abb. 155 Menschlicher Thoracopagus. (Orig.)

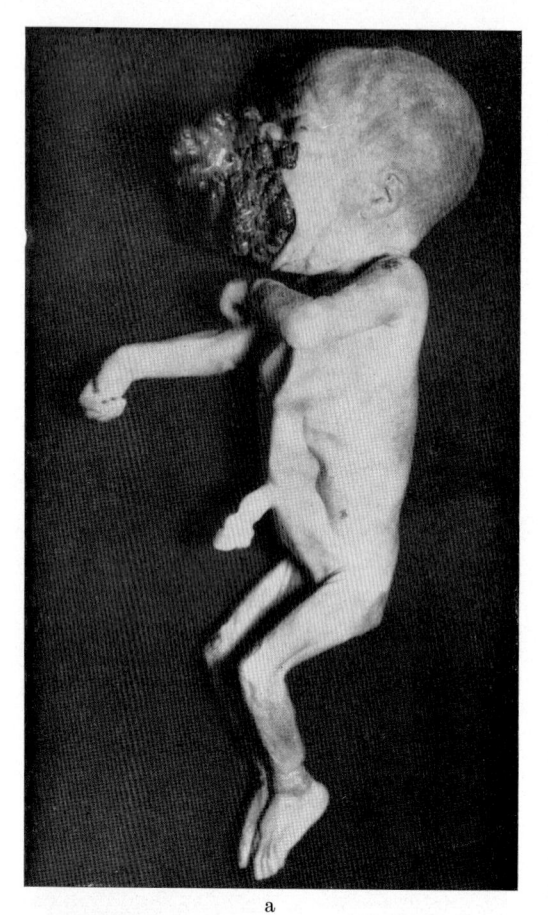

reich. Doppelgesicht (zwei entgegengesetzt orientierte Gesichter). Oft ist die eine Gesichtsseite unvollständig ausgebildet (Janus monosymmetros; Abb. 154).

Thoracopagus: Zusammenhang im Brustbereich (Abb. 155).

Xiphopagus: Zusammenhang oberhalb des Nabels mit oder ohne Leberbrücke. Hierher gehören die echten siamesischen Zwillinge Chang und Enk, die 1874 im Alter von 63 Jahren starben. Sie waren mit zwei Schwestern verheiratet und hatten jeder neun Kinder, die völlig normal waren. Die Weichteilbrücke kann im Laufe des Lebens gedehnt werden, so daß beide Partner sich relativ frei bewegen können.

Pygopagus: Zusammenhang im Bereich des Steißbeines und des Sacrums. Anus und äußeres Genital können einfach sein. Auch können der Wirbelkanal und die großen abdominalen Gefäßstämme einheitlich sein.

Ischiopagus: Zusammenhang im Bereich des Bauches.

Duplicitas anterior: Verdoppelung des vorderen Körperendes.

Dicephalus: Einheitlicher Körper mit zwei Köpfen, extreme Form der Duplicitas anterior. Können lebensfähig sein. So wird von einem zweiköpfigen Mann aus dem 16. Jahrhundert

Abb. 156 Epignathus. (Orig.)
a) Geschwulstartige Bildung am Gaumen eines Neugeborenen.
b) Schnitt durch den Parasiten zeigt die verschiedensten Gewebs- und Organteile in chaotischer Anordnung.

Craniopagus: Verbindung nur im Kopfbereich; selten lebensfähig. Der Zusammenhang kann nur die Weichteile betreffen, kann aber auch so weit gehen, daß eine gemeinsame Schädelhöhle besteht.

Cephalothoracopagus (Januskopf): Nie lebensfähig. Zusammenhang im Kopf- und Brustbereich.

berichtet, der ein Alter von 30 Jahren erreichte.

Glücklicherweise bleiben nur in den seltensten Fällen derartige Monstra am Leben. Ist der Zusammenhang der beiden Individualpartner nur oberflächlich, so ist unter Umständen operative Trennung möglich.

Häufig ist bei Doppelbildungen nur der eine

Individualteil vollständig ausgebildet (Autosit). Die unvollständige Bildung hängt dem Partner wie eine Geschwulst an (Parasit). Alle Übergänge zu embryonalen Mischgeschwülsten (Teratome) kommen vor (Abb. 156a, b). Auch getrennte Zwillinge können asymmetrisch ausgebildet sein. Die Ursache hierfür kann in einer frühen Störung der Zirkulation liegen und zum Absterben des einen Partners führen. Erfolgt die Verteilung des Organisators auf beide Partner ungleichmäßig, so kommt es zur Bildung eines Amorphus, Acardius, Acephalus (s. S. 147). Drillingsmonstra sind nur in ganz geringer Zahl zur Beobachtung gekommen.

Als Extremfall der Doppelbildungen müßte die Einfachbildung (Abb. 153, Reihe rechts) aufgefaßt werden, die aus zwei Anlagen entstanden ist. HUECK (1931) hat die Frage diskutiert, ob derartige Bildungen vorkommen und sich gegebenenfalls überhaupt nachweisen lassen. Das scheint nun tatsächlich bei jenen seltenen Fällen vorzukommen, bei denen die rechte und linke Körperhälfte eines Individuums auffallend verschieden sind, wie es besonders bei halbseitigem Riesenwuchs der Fall ist. Die Seitenunterschiede sind auch an den inneren Organen, besonders am Gehirn, deutlich nachweisbar. Die Entstehungsursache derartiger Halbseitendifferenzen ist unbekannt. Keinesfalls ist an eine „Verwachsung" zweier Embryonalanlagen auf relativ spätem Stadium zu denken. Wahrscheinlicher ist, daß die Ursache bereits in der Eizelle (zweikernige Eizelle?, Blastomerenverschmelzung nach Art der T-Riesen bei *Ascaris*) zu suchen ist.

c) Mißbildungen einzelner Körperteile

Für das Verständnis der normalen Morphogenese und den Rückschluß auf entwicklungsphysiologische Mechanismen sind die Mißbildungen einzelner Körperregionen nicht weniger wichtig als die Doppel- und Mehrfachbildungen. Wir besprechen diese im Zusammenhang mit der Normalentwicklung der einzelnen Regionen (Kopfmißbildungen S. 150, Gesichtsmißbildungen S. 450, Darm- und Situsmißbildungen S. 494, Herzmißbildungen S. 550, Nierenmißbildungen S. 512, Extremitätenmißbildungen S. 613, Mißbildungen der Wirbelsäule S. 580).

d) Ursache von Mißbildungen

Unsere Vorstellungen über die Entstehung der Mißbildungen haben einen mehrfachen und tiefgreifenden Wandel erfahren. Im 19. und zu Beginn des 20. Jahrhunderts räumte man den Umwelteinflüssen (Peristase) einen wesentlichen Einfluß auf die Entstehung von Mißbildungen ein. In der Folgezeit suchte man, unter dem Einfluß der aufblühenden Genetik, die angeborenen Mißbildungen mehr und mehr als Folge von Genwirkung zu deuten. Zweifellos wurde der Einfluß peristatischer Faktoren zeitweise unterschätzt, teilweise ignoriert. Als 1941 zum ersten Male nachgewiesen wurde, daß Frauen, wenn sie während der ersten Monate der Schwangerschaft an Röteln erkranken, in einem hohen Prozentsatz Kinder mit Mißbildungen zur Welt bringen (GREGG 1941), begann man erneut den Einfluß von exogenen Faktoren auf die Entstehung von Mißbildungen zu studieren. Es zeigte sich bald, daß eine ganze Reihe von Viruserkrankungen der Mutter auf den Embryo übertragen werden kann und daß dieser mit einer Erkrankung (*„Embryopathie"*) reagiert. Als Folgezustand nach Erkrankung eines Organismus im Verlaufe seiner Embryogenese kann eine Mißbildung entstehen (TÖNDURY 1962). Die Reaktionsweise eines Keimlings auf ein schädigendes Agens hängt vom Reifegrad seiner Gewebe im Moment der Beeinflussung ab. Sie weichen mitunter beträchtlich von entsprechenden Reaktionen des geborenen oder reifen Individuums ab. Die Begriffe und Definitionen der Postnatal-Pathologie können daher nicht ohne weiteres auf die Pränatal-Pathologie übertragen werden. Gleichzeitig gelang es immer wieder, durch experimentelle Eingriffe am graviden Tiere Mißbildungen zu erzeugen.

Diese neue Situation darf aber nicht darüber hinwegtäuschen, daß tatsächlich ein beträchtlicher Teil der beobachteten Mißbildungen genotypisch bedingt ist. Aus der experimentellen Genetik war seit langem bekannt, daß nichterbliche, durch äußere Reize bedingte Anomalien und Mißbildungen sehr oft völlig den durch Veränderungen des Erbgutes (Mutation) entstandenen Abweichungen gleichen. Sie kopieren gleichsam die genotypisch verursachte Mißbildung. Aus diesem Grunde hat R. GOLDSCHMIDT

(1935) den Begriff *Phaenokopie* eingeführt (hierzu NACHTSHEIM 1961). Wir folgen der Definition der beiden genannten Autoren: ,,Phaenokopien sind Mutanten-kopierende, nicht-erbliche Phaenotypen" (NACHTSHEIM 1961). In dieser Definition wird nur der Endzustand verglichen. Von mehreren Autoren wird der Begriff Phaenokopie eingeengt und nur auf solche Fälle angewandt, in denen Gen und exogener Faktor auf gleiche Weise in den Entwicklungsgang eingreifen. Da aber in den allermeisten Fällen die phaenogenetische Analyse nicht durchführbar ist, wird mit einer derartigen Verfeinerung der Definition vorerst wenig gewonnen, so erstrebenswert auch eine genaue Kenntnis des Entstehungsmodus der Abänderung in jedem Einzelfall wäre.

Die Angaben über die prozentuale Häufigkeit von spontan auftretenden Mißbildungen schwanken zwischen 0,5 (HOHLBEIN) und 3,3 % (ROSENBAUER). Diese Angaben beziehen sich auf den Zeitpunkt der Geburt, umfassen also nicht Fälle, die erst später manifest oder erkennbar werden (Taubheit). Wie hoch der Anteil der exogen und der genetisch bedingten Mißbildungen ist, läßt sich kaum abschätzen. Die meisten Angaben beruhen auf Vermutungen und divergieren außerordentlich. Außerdem ist zu beachten, daß sich beide Faktorenkomplexe bei der Manifestation überlagern können. In den relativ wenigen Fällen, in denen die Ursachen erkennbar sind (etwa 20 % aller Fälle), dürften etwa beide Faktorengruppen zu gleichen Teilen beteiligt sein.

Das sehr komplexe, aber praktisch wichtige Problem des Anteiles von Erbgut und Umwelt an der Entstehung der spontan auftretenden Mißbildungen kann hier im einzelnen nicht weiter erörtert werden (Lit. s. NACHTSHEIM 1961). Wir beschränken uns darauf, die wichtigsten Faktoren, die neben dem Erbgut bei der Entstehung von Mißbildungen bei Wirbeltieren eine Rolle spielen, zu nennen und in einer groben Übersicht zu klassifizieren:

1. *Stoffwechselschäden:* Wenn man trächtige Schweine während der ersten 30 Tage der Gravidität vitamin-A-frei ernährt, kommen Nachkommen mit Mißbildungen der Augen, der Extremitäten und des Urogenitalsystems zur Welt (HALE 1935). Carotin- und vitamin-A-freie Diät führt bei Ratten gleichfalls zu verschiedenartigen Mißbildungen. Die kritische sensible Phase liegt am 13.–14. Tag der Schwangerschaft (WARKANY). Seit diesen Untersuchungen wurde wiederholt mit verschiedenen Mangelernährungen experimentiert. Es sei besonders auf die Forschungen von GIROUD an Säugetieren und von LANDAUER an Hühnchen hingewiesen. Pantothensäure-Mangel ergab Mißbildungen der Augen und des Zentralnervensystems. Folsäure-Mangel führt zu Anomalien des Gehirns und zum Auftreten von Gesichtsspalten. Wichtig ist, daß nach den bisher vorliegenden Untersuchungen der Vitaminmangel sich streng phasenspezifisch auswirkt. Beispielsweise ist Vitamin B_2 (Riboflavin) bei der Ratte nur am 14. Schwangerschaftstag nötig. Nur zu diesem Zeitpunkt bedingt sein Fehlen Mißbildungen. Aber auch Schädigungen durch Überangebot an Vitaminen sind nachgewiesen. Übermäßige Vitamin-A-Zufuhr führt bei der Ratte zu Mißbildungen des Zentralnervensystems, Anencephalie, Hydramnion und Augendefekten.

Angaben über die spezifische Wirkung verschiedener Pharmaka sind sehr unterschiedlich. LANDAUER erzeugte an Embryonen von Huhn und Ente durch Behandlung mit Insulin, Borsäure und Pilocarpin Mißbildungen und Defekte des Rumpfskeletes, des Schädels und der Extremitäten. Durch Borsäure konnten auch Pigmentierungsstörungen erzeugt werden. Alle diese experimentell induzierten Mißbildungen erwiesen sich als Phaenokopien spontan auftretender erblicher Abweichungen. Eine spezifische Wirkung des Agens selbst ist nur in wenigen Fällen sicher erwiesen (bevorzugte Einwirkung von Insulin und von Riboflavinmangel auf das sich entwickelnde Skelet; Vitamin-A-Mangel wirkt sich besonders am Gefäß- und Urogenitalsystem aus usw.). Nach unseren bisherigen, allerdings noch unvollkommenen Kenntnissen über den Entstehungsmechanismus der Mißbildungen spielt jedoch die Empfindlichkeit des Reaktionssystems (des reagierenden Gewebes) zu einer ganz bestimmten kritischen Phase eine bedeutendere Rolle als die Spezifität des einwirkenden Agens.

Seit dem Jahre 1958/59 traten in Westdeutschland beim Menschen gehäuft Fälle von Extremitätenmißbildungen (Dysmelie) auf. Das plötzliche Auftreten und die epidemieartige Häufung derartiger Mißbildungen – im Ganzen waren etwa 5000 Neugeborene betroffen – ließ die Vermutung aufkommen, daß ein exogener Faktor, vielleicht ein neues Arzneimittel, verantwortlich sei. Seit 1961 wurde (W. LENZ 1961) ein neuartiges Beruhigungsmittel, das Thalidomid (: Contergan = N-Phthalylglutaminsäureimid) als ursächlicher Faktor verantwortlich gemacht. Nachdem das Mittel aus dem Handel gezogen war, verschwand die rätselhafte Mißbildungshäufung wie vorausgesagt, etwa 9 Monate später, also nachdem die Kinder ausgetragen waren, deren Mütter in der frühen Gravidität Thalidomid genommen hatten. Die Seuche trat nur in Ländern auf, in denen das Mittel benutzt wurde. Es zeigte sich sehr bald, daß die Empfindlichkeit gegenüber dem Thalidomid streng auf eine relativ kurze Phase der Gravidität beschränkt ist. Diese betrifft im wesentlichen den Zeitraum zwischen dem 28. und 42. Tag. Versuche, die Wirkung des Thalidomids im Tierversuch zu prüfen, gelangen erst nach einigen Mühen, da die sensible Periode für jede Versuchstierart erst festgestellt werden mußte. Weiterhin ist zu beachten, daß das Mittel auch an den Wirkungsort, also an den sich entwickelnden Keim gelangen muß. Die Substanz darf also nicht zu rasch im mütterlichen Körper abgebaut werden oder sofort ausgeschieden werden. Sie muß resorbiert werden, wenn sie oral zugeführt wird und muß die Placentarschranke durchschreiten. Bei Berücksichtigung dieser Faktoren gelang es bei Kaninchen, Nagetieren und Affen (Abb. 157) (Ratte: GIROUD MERCIER 1962, TUCHMANN-DUPLESSIS 1962, KLEIN OBBINK-DALDERUP 1963 u. a. Kaninchen: die gleichen Autoren und FOX 1966 SPENCER 1962 u. a., Makak (Abb. 157): DELAHUNT 1964 WILSON 1964, BARROW, STEFFEK KING 1968/69, Pavian: HENDRICKX, AXELROD, CLAYBORN 1966, Extremitätenmißbildungen zu erzeugen. Die Manifestation der Schädigung zeigt bei den verschiedenen Arten gewisse Unterschiede. Beim Kaninchen werden vor allem Extremitäten, bei der Ratte Brustkorb und Wirbelsäule betroffen. Beim Makaken treten Gliedmaßenmißbildungen (Dysmelie, Phokomelie) der vorderen Gliedmaßen bei Thalidomidgabe am 24.-27. Schwangerschaftstag, entsprechende Mißbildungen der Hinterbeine bei Zufuhr des Pharmakons am 30. Tag auf. Gleichzeitig konnten Mißbildungen am Darmkanal, an der Gallenblase und an den Coronargefäßen des Herzens festgestellt werden. Auch beim Menschen handelt es sich bei der Thalidomid-Embryopathie um ein Syndrom mit multipler Manifestation. Die Extremitätenmißbildungen stehen im Vordergrund (Dysmelie-Syndrom WIEDEMANN 1961) (Abb. 158). Aber auch Mißbildungen der Ohren und zahlreicher innerer Organe wurden beobachtet.

Eine sorgfältige Anylase zahlreicher Befunde an Contergan-geschädigten Kindern ließ es erstmals zu, auch für den Menschen Aussagen über die sensible Phase, die teratogenetische Determinationsperiode und damit über die zeitliche Reihenfolge der Determination von Organanlagen zu machen (Abb. 159a, b).

Die Bestimmung des Zeitpunktes der Entstehung der Mißbildung, also die Determination, läßt sich nicht mit Sicherheit aus dem morphologischen Erscheinungsbild ablesen. Die teratogene Ursache muß spätestens zu dem Zeitpunkt eingewirkt haben, zu dem die betroffene

Abb. 157 *Macaca mulatta*, Rhesusaffe. Totgeburt; 144 Tag. Das Muttertier hatte je 100 mg Thalidomid am 24., 25. und 27. Schwangerschaftstage erhalten. Mikrognathie, Phokomelie, Schwanzmißbildung (nach M. V. BARROW, A. J. STEFFEK, C. T. G. KING. Folia Primatologica 10. 1969. S. 197. Abb. 2a).

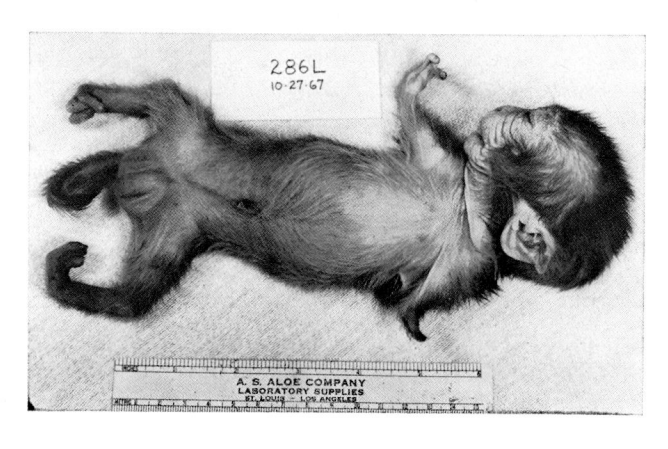

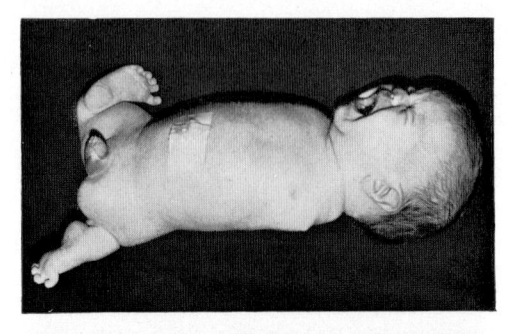

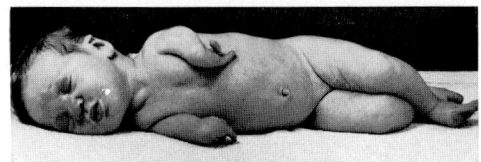

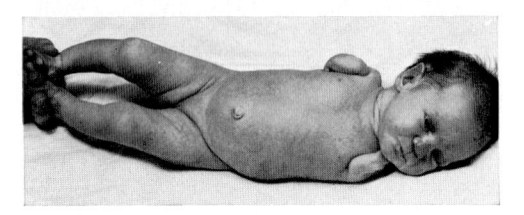

Abb. 158 Thalidomid-Syndrom (Wiedemann-Syndrom). Photos von Prof. H. R. WIEDEMANN, Kiel. Erläuterung im Text.

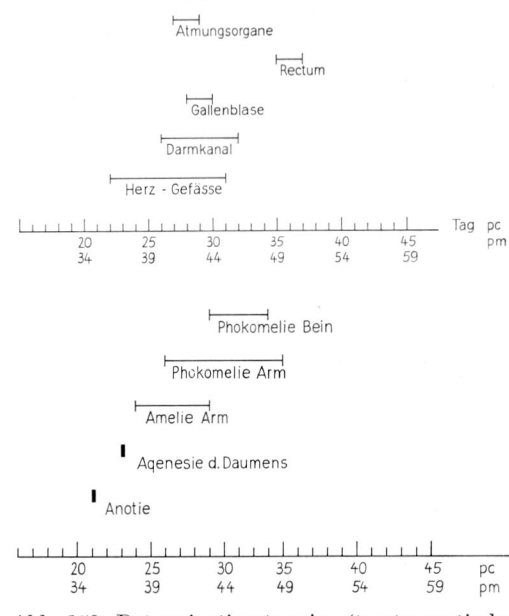

Abb. 159 Determinationstermin (teratogenetische Determinationsphase) einiger Mißbildungen beim Menschen auf Grund der Erfahrungen aus der Thalidomid-Katastrophe (1958–61).
a) Extremitätenmißbildungen
b) Mißbildungen innerer Organe.

Anlage ontogenetisch auftritt, sie kann aber weit vor diesem Zeitpunkt liegen. Das Sichtbarwerden einer Anlage gibt also höchstens den Zeitpunkt an, bis zu dem das teratogene Agens eingewirkt hat („Terminus ante quem", **teratogenetische Terminationsperiode**), sagt aber nichts über den exakten Zeitpunkt der Determination **(teratogenetische Determinationsperiode)** aus. Diese kann nur dann erschlossen werden, wenn man den Zeitpunkt des Einwirkens der Schädigung kennt. Dies ist in der Regel beim Säugetier und Menschen nicht der Fall. Aussage für den Menschen wurden erstmals überhaupt durch eine sorgfältige Analyse der Thalidomidschädigungen möglich, soweit exakte Zeitdaten festlagen. Danach ergeben sich für den Menschen folgende Regeln: (Abb. 159a, b). Anotie (Defekt des äußeren Ohres) wird am 35. Tag pm (entspricht 21. Tag Graviditätsalter) festgelegt. Agenesie des Daumens 37. (23.) Tag. Amelie des Armes: 38.–40. (24.–26.) Tag. Phokomelie Arm: 44.–45. (30.) Tag. Phokomelie Bein: 44.–47. (30.–33.) Tag. Normalerweise erscheinen die Auricularhöcker

(äußeres Ohr) erst in der 6. Woche. Dieser Termin liegt also um nahezu 3 Wochen später, als die teratogenetische Determinationsperiode und kann daher über diese nichts aussagen. Beim Rhesusaffen entspricht die Reihenfolge des Auftretens der sensiblen Phasen etwa der beim Menschen. Entsprechend der verschieden langen Graviditätsdauer (Homo 280 Tage, *Macaca* 163 Tage) ergeben sich einige Differenzen. So läuft die Determination und die Entwicklung bei Homo anfangs etwas rascher ab, als bei *Macaca*; später hat *Macaca* bis zu 5 Tagen Vorsprung.

Zeitplan der Gliedmaßen-Differenzierung beim Menschen

	Sch.Stlge.	Tag
Extremitätenleiste	3–4 mm	26.
Extremitätenknospe	5,5	27./28.
Handplatte	6,5	29.
Fingerstrahlen	11,5	34.–36.

Nach dem 36. Tag ist eine Verursachung von Extremitätenmißbildungen nicht mehr zu erwarten. Für die Anlagen von Bein/Fuß liegen die Daten jeweils etwas später.

Zusammenfassend soll bemerkt werden, daß sich bei sporadisch auftretenden Mißbildungen im Einzelfall keine Aussage über die Ursache der Mißbildung nur auf Grund der Morphologie oder der Kombination von Einzelmißbildungen (Phaenotyp) machen läßt. Die kausale Klärung der Zusammenhänge bei der Thalidomidvergiftung ergab sich aus der Übereinstimmung des Auftretens der Mißbildung mit der Verbreitung der Noxe (geographisch und zeitlich), aus dem Verschwinden der Mißbildungen nach Ausschaltung der Noxe und zusätzlich aus der formalen Einheit des Schädigungsmusters und dessen Häufung.

2. Als Sonderfall der Stoffwechselstörungen sollen hier Mißbildungen durch O_2-Mangel wegen ihrer großen praktischen Bedeutung gesondert angeführt werden. Experimentelle Untersuchungen über die Wirkung kurzfristigen O_2-Mangels beim Hühnchen hat bereits BECHER durchgeführt. Ausgedehntere Analysen liegen seither in größerer Anzahl vor (NAUJOKS, RÜBSAAMEN). Auch am Säugetier sind vergleichbare Resultate erzielt worden (einseitige Unterbindung der Art. uterina, Haltung der trächtigen Tiere in der Unterdruckkammer). Alle diese Versuche ergaben, daß die Mißbildungen phasenspezifisch sind (frühe Schädigung = Störungen am Zentralnervensystem, späte Schädigung = Extremitätenstörungen). DEGENHARDT konnte durch O_2-Mangel beim Kaninchen in ausgedehnten Versuchsreihen Mißbildungen der Achsenorgane, besonders der Wirbelsäule, erzeugen. Es gelang, nachzuweisen, daß die kritische Phase für die Determination der Gaumenspalte der Maus bei der O_2-Mangel-Behandlung genauso auf den 13.–14. Tag der Gravidität fällt wie in den Riboflavin-Mangelversuchen (WARKANY). Sauerstoffmangel als teratogener Faktor ist besonders für die Entstehung von Mißbildungen beim Menschen von Bedeutung, da aus mannigfachen Gründen Störungen der Blutzirkulation in der Placenta vorkommen und hierdurch O_2-Mangelsituationen für den Embryo verursacht werden können.

3. *Mißbildungen durch Strahlenschäden:* Durch Röntgenbestrahlung trächtiger Mäuse zwischen 8. und 13. Tag der Gravidität konnten Hirnmißbildungen erzeugt werden. Begann die Strahleneinwirkung erst am 9. Tag, so kam es auch zu Defekten des caudalen Körperendes. Gaumenspalten und Extremitätenmißbildungen wurden ebenfalls durch Röntgenstrahlen erzielt. Relativ geringe Bestrahlungsdosen in den ersten Wochen der Schwangerschaft können auch beim Menschen zu Schädigungen der Frucht führen.

4. *Mißbildungen durch Virus-Infektion:* Im Anschluß an eine sehr ausgedehnte Rubeolen-Epidemie in Australien im Jahre 1941 wurde beobachtet, daß die Kinder von Müttern, die während der ersten drei Monate der Gravidität an der Virusinfektion erkrankt waren, Augen- und Herzmißbildungen zeigten (GREGG 1941). Die *Embryopathia rubeolica* beruht auf einer Infektion des Embryos bei Erkrankung der Mutter. Stets geht eine Erkrankung des Chorions der Infektion des Embryonalkörpers voraus. Erkranktes und nekrotisches Material wird über die Vena umbilicalis in den Embryonalkörper verschleppt. Die Infektion befällt primär das Endokard im linken Atrium. Von hier aus erfolgt eine haematogene Aussaat. Die verschiedenen Organe (Linse, Herz, Zahnanlagen, Innenohr) werden zu verschiedenem Zeitpunkt befallen. Die Organveränderungen im einzelnen sind besonders von TÖNDURY (1962) sorgfältig untersucht worden. Durch diese Untersuchungen wurde der Infektionsweg erstmalig aufgeklärt. Gleichzeitig konnte der Nachweis erbracht werden, daß virusbedingte Schädigungen in den meisten Fällen bei sorgfältiger mikroskopischer Untersuchung der Embryonen nachweisbar sind, auch dann, wenn äußerlich keine auffallenden Mißbildungen erkennbar sind. Aus diesem Grunde sind die meisten älteren statistischen Angaben über die Häufigkeit des Auftretens von Mißbildungen nach Virusinfektion überholt, da sie sich meist nur auf äußere Inspektion des Keimlings stützen. Während der Zusammenhang zwischen Rubeoleninfektion der Mutter und Entstehung der Mißbildung nicht bezweifelt wurde, stand die Frage anderer Virusinfektionen als ätiologischer Faktor bei der Teratogenese noch unter Diskussion. TÖNDURY konnte zeigen, daß in den von ihm untersuchten Fällen (Erkrankung der Mutter an Mumps, Poliomyelitis, Influenza, Hepatitis epidemica) stets mikroskopisch schwere Veränderungen in den Organen des Feten nachweisbar waren, obgleich diese äußerlich keinerlei Veränderungen aufwiesen.

Der direkte Nachweis des Virus im Embryonalkörper steht noch aus, doch wurde experimentell der Nachweis erbracht, daß beim Kaninchen das Virus des Herpes simplex auf den Feten übertreten kann.

Häufig wird angenommen, daß bei der Entstehung von Mißbildungen beim Menschen auch die Toxoplasmose eine Rolle spielt. Der Erreger, Toxoplasma gondii ist ein Protozoon, das wahrscheinlich in die Verwandschaft der Leishmanien (Trypanosomidae) gehört. Eine diaplacentare Infektion des Feten ist möglich, wenn die Mutter eine Parasitaemie durchmacht. Eine solche tritt einmalig, bald nach der Infektion auf. Soweit bekannt, kommt jedoch eine Entstehung von Mißbildungen durch Einwirkung des Parasiten in den ersten drei Monaten der Schwangerschaft nicht vor, da die Placenta zu dieser Zeit nicht für den Infektionserreger durchlässig ist. Umstritten ist, ob ein Teil früher Aborte durch Toxoplasmose verursacht sein kann. Infektion das Feten ist im zweiten und dritten Drittel der Gravidität möglich und kann dann zu schwerer Schädigung des Kindes führen. Betroffen sind besonders Gehirn, Augen und endokrine Drüsen (THALHAMMER 1968). Ein großer Teil der Hydrocephalus-Fälle ist durch Toxoplasmose bedingt.

Für die *kausale Genese* der spontan auftretenden *Mißbildungen* ergeben sich damit folgende Schlußfolgerungen: Mißbildungen können durch endogene und exogene Faktoren verursacht werden. Endogene (erbliche) und exogen bedingte Mißbildungen können phaenotypisch gleich sein. Die Natur des schädigenden Agens ist für den entstehenden Mißbildungstyp meist nicht spezifisch. Die einzelnen Körperteile und Organanlagen haben sensitive Phasen. Viele in dieser Periode *(teratogenetische Determinationsperiode)* wirksame Schädigungen haben den gleichen Effekt. Nicht der Reiz ist spezifisch, sondern die Reaktion des Keimes. Im allgemeinen liegt der Determinationspunkt für Mißbildungen relativ früh. Für alle Doppel- und Mehrfachbildungen muß angenommen werden, daß die Determination auf dem Stadium des Embryonalknotens oder des Primitivstreifens erfolgt ist. Die Determination der Kopfmißbildungen muß in die Zeit der Wirksamkeit des Kopforganisators fallen. Die Möglichkeit, experimentell auch beim Säugetier Mißbildungen auszulösen, gestattet der Forschung die exakte Festlegung des Determinationszeitpunktes. Für viele Mißbildungen beim Menschen (Gesichtsspalten) ist bekannt, daß sie erblich auftreten. Doch beobachtet man erhebliche Manifestationsschwankungen, so daß der Erbgang unbekannt blieb. Wahrscheinlich erklären sich diese Schwierigkeiten durch die Mitwirkung exogener Faktoren. Im älteren pathologischen Schrifttum wird als Ursache für die Entstehung von Mißbildungen häufig eine Erkrankung des älteren Fetus („fetale Entzündung", Syphilis, dadurch Verminderung des Fruchtwassers) verantwortlich gemacht. Insbesondere spielen die sogenannten „amniotischen Stränge" hier eine wichtige Rolle. Derartige Erklärungsversuche sind jedoch nur für einen sehr begrenzten Teil der Mißbildungen zulässig (Schnürungen an Gliedmaßen, Abb. 160). Alle erheblicheren Mißbildungen werden im Laufe des ersten Schwangerschaftsmonats determiniert, und zwar bereits in der Anlage, lange vor der *Differenzierung* der Körperteile. Eine Entstehung der Anencephalie, der Hasenscharte oder der Leibeswandspalten beispielsweise durch mechanische Wirkung amniotischer Stränge ist nicht möglich.

5. Gastrulation und Frühentwicklung der Cyclostomen

Die Neunaugen (Petromyzonten) unter den Cyclostomen schließen sich in ihrer Frühentwicklung relativ eng an die Amphibien an. Unterschiede ergeben sich aus dem geringeren Dotterreichtum der Eier. Die Blastula ist vielschichtig, das Blastocoel etwas exzentrisch verlagert; eine bilaterale Symmetrie ist

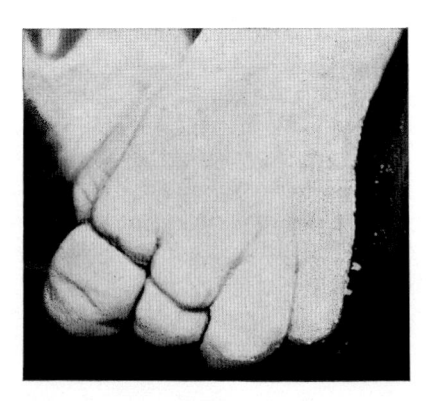

Abb. 160 Amniotische Schnürfurchen an der Hand eines Neugeborenen. (Orig.)

erkennbar. Die Furchung ist also total und inaequal. Auch der Ablauf der Gastrulation erinnert in vielem an die entsprechenden Vorgänge bei Amphibien. Im Bereich der Grenzzone zwischen Mikro- und Makromeren tritt eine Grenzrinne auf. Unterhalb dieser Furche erscheint eine bucklige Erhöhung, die Eminentia conica (HATTA). Die Blastoporuseinstülpung dringt unterhalb dieses Wulstes ein und bildet ein Gastrocoel, welches sodann die Furchungshöhle verdrängt. Das Gastrocoel ist schlauchförmig, eng; eine ventrale Blastoporuslippe ist kaum angedeutet. Die Eminentia conica entspricht also dem Gebiet der dorsalen Blastoporuslippe, das hier besonders deutlich und beherrschend in Erscheinung tritt. Die Lage der präsumptiven Organanlagen am Neunaugenkeim wurde von WEISSENBERG (1933) mittels der vitalen Farbmarkierung studiert und ergab eine weitgehende Analogie zu den Befunden von VOGT bei *Triturus*. Der wesentliche Unterschied besteht darin, daß bei *Petromyzon* die Chordamesodermzone nicht als geschlossener ringförmiger Bezirk die Blastula umgibt, sondern nur im dorsolateralen Bereich ausgebildet ist. Auch bei *Petromyzon* findet sich in der dorsalen Blastoporuslippe ein Organisatorzentrum (BYTINSKI-SALZ).

Was die Embryobildung bei *Petromyzon* angeht, so verweise ich auf das auf Seite 127 Gesagte. Die bedeutsamste Tatsache ist zweifellos der Mangel einer einheitlichen Mesodermschicht. Stammplatte (Somite) und Coelom mit Somitenstielen entstehen zeitlich und räumlich getrennt als Organanlagen (VEIT 1939). Im cranialen Bereich kommt echte Enterocoelbildung (Zusammenhang des Lumens der vordersten Somite mit dem Urdarmlumen) vor (VEIT, WEISSENBERG).

Die zweite Gruppe der Cyclostomen, die Myxinoiden, besitzen sehr große, längliche (2–3 cm) dotterreiche Eier. Über die Embryonalentwicklung ist sehr wenig bekannt. Es handelt sich um Meroblastier, die manche Ähnlichkeit mit den entsprechenden Entwicklungsvorgängen bei Selachiern und Teleosteern aufweisen (DEAN, DOFLEIN).

IV. Primitiventwicklung der Meroblastier

1. Allgemeines

Die Säugetiere zeigen, wie *Branchiostoma* und Amphibien, einen holoblastischen Furchungstyp. Demgegenüber sind Selachier, Teleosteer und Sauropsiden Meroblastier (s. S. 108). Versuchen wir die ersten Entwicklungsvorgänge bei Säugern zu analysieren, so müssen wir alsbald feststellen, daß ein Anschluß der Säuger an die genannten Holoblastier nicht möglich ist. Die Entwicklungsvorgänge laufen trotz ähnlicher Furchungsmechanismen grundsätzlich anders ab. Hinzu kommt, daß eine kleine Säugetiergruppe, die Monotremen, große dotterreiche Eier ablegt und sich in ihren ersten Entwicklungsvorgängen eng an die Sauropsiden anschließt. Tatsächlich läßt sich zeigen, daß viele Prozesse in der Säugerontogenese relativ leicht aus der Kenntnis der Sauropsidenentwicklung zu verstehen sind, denn die Sauropsidenontogenese wird durch die enorme Zunahme des Eidotters beeinflußt, und die höheren Säuger lassen sich von Formen mit dotterreichen Eiern ableiten. Das Säugerei ist, von den Monotremen abgesehen, sekundär dotterarm geworden. Nach der anderen Seite hin ergeben sich aber auch Beziehungen zwischen Amphibien und Sauropsiden. Betrachten wir die Frühentwicklung der oft beschriebenen Formen (Frosch, Molch, Huhn), so scheint der Gegensatz zwischen *Triturus* und Frosch einerseits, Hühnchen andererseits kaum überbrückbar. Nun gibt es aber unter den Amphibien zahlreiche Arten, die hinsichtlich des Dotterreichtums ihrer Eier eine Zwischenstellung einnehmen. So ist das Ei von *Salamandra* dotterreicher als das von *Rana* und *Triturus*. Einen Schritt weiter führt die Geburtshelferkröte (*Alytes*) und besonders die Gruppe der Gymnophionen*). Schließlich wird der Abstand, der zwischen den genannten Formen und den Vögeln in bezug auf Dotterreichtum und Ontogeneseablauf besteht, durch die Reptilien weiter eingeengt. Wir werden also die Ontogenese dieser Formen studieren müssen, wenn wir die Ontogenese der Säuger verstehen wollen.

2. Primitiventwicklung der Gymnophionen

Die Eier der Gymnophionen sind so dotterreich, daß sie bereits zum meroblastischen Furchungstyp überleiten. Die Furchung verläuft

---
*) Gymnophionen (Blindwühlen) sind eine kleine Gruppe tropischer Amphibien ohne Extremitäten mit wenigen Gattungen (z. B. *Ichthyophis*, *Hypogeophis*, *Siphonops*) in der Alten und Neuen Welt.

zunächst partiell und führt zur Bildung einer rundlichen Keimscheibe, die etwa ein Fünftel der Eioberfläche bedeckt. Später, nach Abschluß der Gastrulation, wird auch der Rest des Dotters noch in große Zellen zerlegt. Nach den Beobachtungen von A. BRAUER bildet sich am Caudalende der mehrschichtigen Keimscheibe ein Grübchen. Hier wird epithelial geordnetes Zellmaterial invaginiert. Es liegt der Beginn einer echten Urdarmbildung vor. Diese wird jedoch nicht weiter durchgeführt. Unter dem vorderen Teil der Keimscheibe liegt die Furchungshöhle. Hier schließen sich Dotterzellen zu unregelmäßigen Zellsträngen (Abb. 161) zusammen. Die Spalträume zwischen diesen Zellsträngen konfluieren. Schließlich bricht der so entstandene Spaltraum in die Urdarmhöhle durch. Die Darmauskleidung entsteht also aus zwei Quellen, einmal aus Urdarmwand (Invagination) und zum anderen aus Dotterzellen. Der Darm ist somit doppelten Ursprungs: Gastrocoel und Blastocoelrest. Die noch ungefurchte Dottermasse wird von Ekto- und Entodermzellen umwachsen, der zunächst spaltförmige Blastoporus ringförmig geschlossen. Aus den invaginierten Zellen (primäres Entoderm) gehen im wesentlichen Chorda und Mesoderm hervor. Die Gymnophionen bilden also hinsichtlich der Bildung des Darmes eine Zwischenstufe zwischen Amphibien und Reptilien. Die doppelte Entstehungsweise des Darmes stellt eine Fortbildung des bei *Rana* (Ergänzungshöhle, s. S. 115) und *Salamandra* erreichten Zustandes dar und ist eine direkte Folge der Dotteranhäufung. Die Invagination kommt zwar in Gang, wird aber nicht sehr weit geführt. Mehr und mehr tritt die Bildung sekundären Entoderms durch Delamination in den Vordergrund. Die Zunahme der Dottermenge bedingt, daß die Embryonalkörperbildung (Bildung der dorsalen Achsenorgane) immer stärker das Bild beherrscht, die Invagination (Urdarmbildung) dagegen zurücktritt. Von hier aus läßt sich die Entwicklung der Amnioten (Reptilien, Vögel, Säuger), in anderer Richtung aber der Entwicklungsmodus der Fische (Teleosteer, Elasmobranchier) ableiten. Wir verfolgen zunächst die direkte Entwicklungslinie, die zu den Amnioten führt, und besprechen die Verhältnisse bei Fischen im Anhang.

3. Primitiventwicklung der Reptilien

Die Eier der Reptilien sind sehr dotterreich. Dementsprechend ist die Furchung meroblastisch (s. S. 108, Abb. 106) und führt zur Bildung einer mehrschichtigen Keimscheibe. Die oberflächlichen Zellen dieser Keimscheibe schließen sich eng epithelartig aneinander. Die tieferen Zellen sind zunächst abgerundet und enthalten reichlicher Dotterpartikel. Noch relativ spät werden Zellen vom Dotter abgefurcht und der Keimscheibe von unten her zugefügt. Während nun die Zellen im peripheren Bereich der Keimscheibe relativ eng beieinander bleiben – wir nennen diesen Bezirk den Keimwall –, kommt es im zentralen Feld der Keimscheibe zu einer merklichen Auflockerung. Hier erscheint unter der Keimscheibe die *Subgerminalhöhle*. Dieses Feld ist am Ganzkeim durch seine Transparenz erkennbar *(Area pellucida)*. Sehr bald wird nun die Sonderung in zwei Blätter – primäres *Ektoderm* und *Dotterblatt* (= Hypoblast, Lecithophor, Deuterentoderm) – erfolgen. Die Art und Weise, wie dieses Dotterblatt entsteht, ist lange strittig gewesen. Hieran mag unter anderem die Tatsache schuld sein, daß die große Gruppe der Reptilien sehr verschiedenartige Formen um-

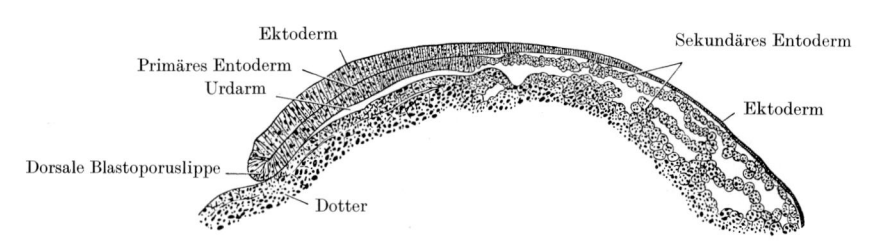

Abb. 161 Längsschnitt durch eine Gastrula von *Hypogeophis alternans* (Gymnophiona). Primäres Entoderm durch Invagination gebildet. Sekundäres Delaminationsentoderm. (Nach BRAUER)

faßt, die sich auch im Ontogeneseablauf unterscheiden*).

Das Dotterblatt soll nach PASTEELS, dessen Befunde an Schildkröten aber nicht verallgemeinert werden können und dringend der Nachprüfung bedürfen, durch massive Invagination am hinteren Keimscheibenrand entstehen. Für Eidechsen, Chamäleon und Schlangen muß, besonders nach den neuen Untersuchungen von GROSSER und PETER, dieser Modus der Entodermbildung ganz entschieden abgelehnt werden. Das Dotterblatt entsteht bei Eidechsen und Chamäleon durch Abspaltung *(Delamination)* von der Keimscheibe. Für die Ringelnatter gibt GROSSER Entodermbildung durch Zusammenschluß frei abgefurchter Zellen an. PETER nimmt auch für Schlangen und Schildkröten Delamination an. Im hinteren Bereich des Embryonalschildes, so nennen wir den zentralen Bereich der Keimscheibe, der durch prismatische Oberflächenzellen gekennzeichnet ist, tritt nun eine knotenförmige Verdickung, die *Primitivplatte* oder *Urmundplatte* (Abb. 162, 163), auf. Diese entsteht vorwiegend aus dem Ektoderm; nur bei einigen Formen (Eidechse) kommt möglicherweise eine geringe Beteiligung des Dotterblattes vor. Tritt die Urmundplatte sehr früh in Erscheinung, so können abgefurchte Zellen von unten eingefügt werden. Nunmehr kommt es im Bereich der Urmundplatte zu einer Verlagerung von Material in die Tiefe, wobei eine sehr deutliche säckchenförmige Einstülpung (Abb. 162 bis 165), das Primitivsäckchen oder *Urdarmsäckchen*, erscheint. Dieses schiebt sich zwischen Ektoderm und Dotterblatt ein und verklebt mit letzterem. Es entspricht einem *Urdarm*. Die In-

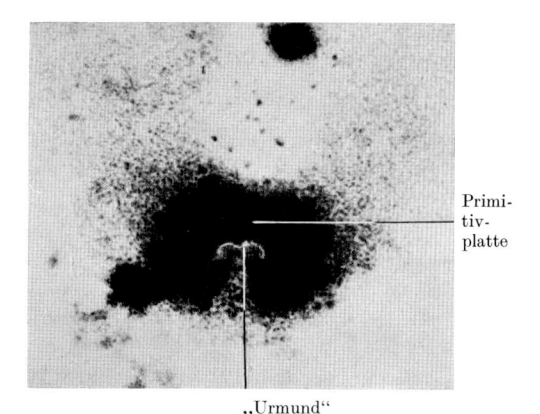

Abb. 163 Keimscheibe der Eidechse (*Lacerta agilis*) mit Primitivgrube, Totalansicht. (Orig.)

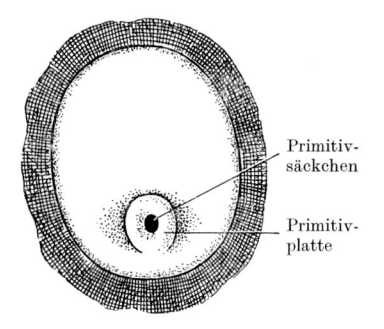

Abb. 162 Keimscheibe der Eidechse (*Lacerta muralis*) in Totalansicht. Primitivplatte mit Primitivgrube (nach WILL 1895, verändert).

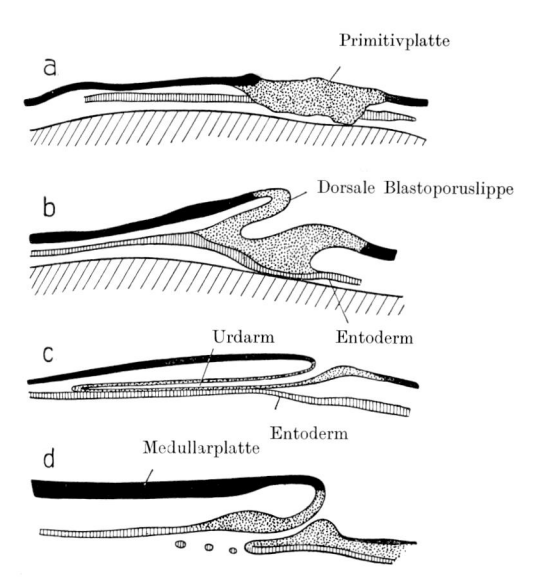

Abb. 164 Längsschnitte durch Gastrulationsstadien des Gecko, *Platydactylus* (nach WILL).
a) Primitivplatte,
b, c) Urdarmbildung,
d) Durchbruch des Primitivsäckchens (Urdarm) in die Subgerminalhöhle.

---

*) Die Besonderheiten der einzelnen Reptiliengruppen können in diesem Zusammenhang nicht besprochen werden. Es sei auf die grundlegenden Arbeiten verwiesen, und zwar für:
Eidechsen: WILL, PETER; Gecko: WILL; Chamäleon: SCHAUINSLAND, PETER; Brückenechse: SCHAUINSLAND; Schildkröten: MEHNERT, MITSUKURI, BRACHET, WILL, PASTEELS; Schlangen: BALLOWITZ, KRULL, GERHARDT, VIEFHAUS, GROSSER.

vaginationsgrube ist sichelförmig, nach vorn zunächst konvex. Die taschenförmige Einstülpung setzt sich weit nach cranial hin fort (Abb. 164, 165) und liefert im wesentlichen Chorda und Mesoderm. Sie wird daher auch als ,,Mesodermsäckchen" (O. HERTWIG) oder ,,Chordomesoblastkanal" (PASTEELS) bezeichnet. GROSSER hat für Schlangen den eindeutigen Beweis erbringen können, daß in geringem Ausmaß auch Darmauskleidung, also Entoderm, aus diesem Urdarmsäckchen entsteht. Die nach der Invagination an der Keimoberfläche verbleibende Schicht ist damit definitives Ektoderm geworden.

Der Boden des Urdarmes reißt bei Reptilien ein. Sein Lumen öffnet sich in die Subgerminalhöhle (= Furchungshöhle, s. Abb. 164d). Damit wird die Urdarmauskleidung in den Verband des Dotterblattes eingeschaltet und vor allem in das Dach des späteren definitiven Darmes

übernommen (Mittelplatte). Der Durchbruch des Urdarmes erfolgt in der Regel in der Weise, daß eine einzige Öffnung entsteht, die sich ausweitet (MEHNERT u. a.). Gelegentlich kann aber auch ein netzartiger Durchbruch des Urdarmbodens mit Zugrundegehen von Zellen eintreten (Abb. 164, WILL, von GROSSER für Schlangen bestätigt). Im Urdarmdach differenziert sich in einem mittleren Streifen die Chorda dorsalis. Seitlich davon strömt Zellmaterial in Form der Mesodermflügel nach beiden Seiten zwischen Ekto- und Entoderm aus (gastrale Mesodermbildung).

Später schließen sich die Mesodermränder hinter dem Urmund zusammen und bilden eine streifenförmige Verdichtungszone, in deren Bereich die Keimblätter zusammenhängen, den *Primitivstreifen*. Das von den seitlichen Urmundlippen umfaßte Gewebe wird in Form des sogenannten ,,Dotterpfropfes" gelegentlich pilzhutartig nach außen vorgetrieben. Dieser kann aber auch individuell fehlen. Der Primitivstreifen ist demnach ein Teil des stark in die Länge gezogenen Urmundes. Der im Bereich der Urmundplatte primär auftretende Invaginationsrand entspricht also nicht dem ganzen Blastoporusrand, sondern nur seiner dorsalen Lippe. Die sich schließenden, hinteren Mesodermränder sind den seitlichen Blastoporuslippen vergleichbar. Daraus ergibt sich auch – das sei schon hier im Hinblick auf die Befunde bei Vögeln und Säugern betont –, daß die Primitivplatte der Reptilien nicht dem Primitivstreifen der übrigen Amnioten vergleichbar ist. Sie ist daher besser als Urmundplatte zu bezeichnen und stellt den Ort der Urmundinvagination dar.

Die Chorda dorsalis reicht nicht bis an das vordere Ende des Urdarmes, sie wird also in ganzer Ausdehnung aus dem Urdarmdach entstehen. Relativ spät ist bei Reptilien wie bei Amphibien eine prächordale Platte nachweisbar. Über der Chorda differenziert sich im Bereich des Ektoderms die Anlage des Zentralnervensystems in Form der Neuralplatte. Damit sind im Prinzip die Grundbaubestandteile des Wirbeltierkörpers angelegt. Die späteren Entwicklungsvorgänge unterscheiden sich nicht grundsätzlich von denen der höheren Wirbeltiere und werden im Zusammenhang mit diesen besprochen.

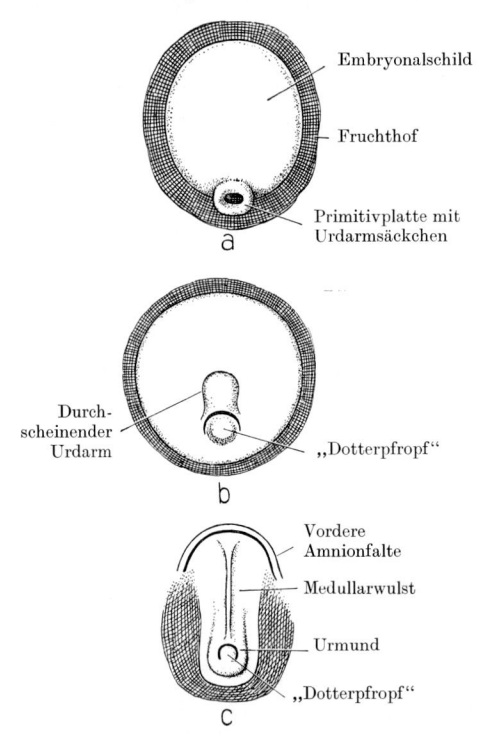

Abb. 165 Gastrulation der Schildkröte, *Caretta caretta*, Totalansicht (nach MITSUKURI 1894).
a) Bildung der Primitivplatte.
b) Urdarm durch die oberflächliche Schicht durchscheinend.
c) Bildung von Medullarfalten, vordere Amnionfalte, ,,Dotterpfropf".

Zunächst aber muß versucht werden, die beschriebenen Prozesse in den allgemeinen Zusammenhang einzuordnen und zu deuten. Es kann keinem Zweifel unterliegen, daß die Entodermbildung der Wirbeltiere kein einheitlicher Vorgang ist (PETER 1941). Bei Amphibien erfolgt die Entodermbildung primär durch Invagination. Diesen Vorgang allein bezeichnen wir als Gastrulation. Bereits bei Anuren (s. S. 115) wird gelegentlich ein Teil der Furchungshöhle (Ergänzungshöhle) mit dem Urdarm zur Bildung des definitiven Darmes verschmelzen. Damit helfen Furchungszellen (Dotterzellen) das definitive Darmlumen auskleiden. Furchungszellen und invaginierte Entodermzellen bilden gemeinsam das Darmentoderm. Dieser Prozeß ist bei Gymnophionen (s. S. 164) stärker ausgeprägt. Bei Reptilien – und ebenso bei Vögeln und Säugetieren – tritt nun die Bildung eines Dotterblattes (Deuterentoderm, sekundäres Entoderm) ganz in den Vordergrund, und zwar erscheint dieses Deuterentoderm verfrüht und liefert fast das ganze Darmentoderm. Urdarmbildung tritt verspätet noch auf (Urdarmsäckchen) und dient vorwiegend der Chorda- und Mesodermbildung.

Die theoretische Deutung dieser Vorgänge hat zunächst zur Annahme eines *Gastrulationsvorganges in zwei Phasen* (HUBRECHT 1888, KEIBEL 1889, O. HERTWIG 1903 u. a.) geführt. Danach würde in der ersten Phase das Dotterblatt, in einer anschließenden Phase sodann Chorda und Mesoderm gebildet werden.

Letzten Endes handelt es sich hierbei um eine Frage der Konvention. Hält man nur das Resultat, d. h. in unserem Fall die Bildung eines Urkörpers mit Darm, Chorda und Mesoderm, für entscheidend und bezeichnet diesen Vorgang, also die Verlagerung der präsumptiven Zellkomplexe für Darm, Chorda und Mesoderm ins Innere des Keimes, als Gastrulation, so muß man zwangsläufig zu einer Zerlegung des Vorganges in mehrere Phasen kommen. Überblickt man jedoch die Ontogeneseabläufe im gesamten Wirbeltierstamm und bewertet den ontogenetischen Vorgang, nicht nur das Resultat, so erscheint es bei weitem zweckmäßiger, die Bezeichnung „Gastrulation" nur auf die Urdarmbildung durch Invagination zu beschränken. Dann wäre das Dotterblatt eine Neubildung, die nicht unter den Gastrulationsbegriff subsumiert werden darf (VEIT 1922/23, PETER 1941, GROSSER 1943 u. v. a.).

Diese Definition des Gastrulationsbegriffes ist die einzige, die allen sachlichen und logischen Anforderungen gerecht wird (STARCK). PETER unterscheidet nach der Genese

a) Protentoderm, aus der Wand eines Urdarmes gebildet,
b) Deuterentoderm (= Dotterentoderm), entstanden durch Abspaltung aus der Masse der Furchungszellen.

Diese Vorgänge sind in gewissem Sinne erklärbar. Die Invagination tritt zwangsläufig mit zunehmender Dottermenge mehr und mehr in den Hintergrund. Gleichzeitig muß aber Zellmaterial zur Verarbeitung des Dotters bereitgestellt werden – Differenzierung eines Dotterentoderms –. Dieses entsteht also verfrüht als Neubildung im Sinne einer Kainogenese, verursacht durch die speziellen Anforderungen des Ontogeneseablaufes und der Eistruktur. Selbstverständlich kann dieses Entoderm bei der Darmbildung Verwendung finden. *Gastrulation ist also nicht Entodermbildung, sondern Urdarmbildung.*

4. Primitiventwicklung der Vögel

Das Vogelei hat zur Zeit der Eiablage die Furchung annähernd beendet. Als Resultat dieses Prozesses entsteht eine Keimscheibe, welche der großen Dotterkugel aufliegt. Diese Keimscheibe (Blastoderm) besteht aus mehreren Zellschichten. Sie ist im zentralen Bereich dünner als peripher. Unter dem zentralen Feld der Keimscheibe entsteht früh ein enger Hohlraum, die *Subgerminalhöhle*, einer Furchungshöhle vergleichbar.

Durch Verflüssigung des Dotters unter der Keimscheibe wird die Subgerminalhöhle vergrößert. An dieser Nutzbarmachung des Dotters sind freie Zellen, die am Boden der Subgerminalhöhle auftreten, beteiligt. Sie entstammen den Randgebieten der Keimscheibe und verschwinden später. Möglicherweise werden sie in den Verband der Keimscheibe aufgenommen. Es handelt sich keinesfalls um Entodermzellen. Der zentrale Bezirk der Keimscheibe ist über der Furchungshöhle leicht durchscheinend *(Area pellucida)*, während die Randzone, in der die Keimscheibe dem Dotter stets eng anliegt, trübe erscheint *(Area opaca)* (Abb. 166, 168). Außen schließt die unbedeckte Dottermasse *(Area vitellina)* an, über die sich die Keimscheibe mehr und mehr ausbreitet (peripherer Umwachsungsrand).

Aus entwicklungsphysiologischen und strukturellen Gründen ist eine weitere Zonengliederung der jungen Keimscheibe notwendig. Unmittelbar auf den peripheren Umwachsungsrand folgt einwärts die *Berührungszone (äußerer Keimwall)* (Abb. 166). Sie entspricht der Außenregion der Area opaca und ist dadurch gekennzeichnet, daß hier die Zellen der Keimscheibe noch ungelöstem Dotter aufliegen. Die Area opaca wird durch eine Ringfurche oberflächlich gegen die Area pellucida abgegrenzt. Nach innen zu, also im Bereich der Area pellucida, folgt die *Randzone (Marginalzone, innerer Keimwall)* (Abb. 166). Sie ist durch große Dichte der Zellen und hohe Wachstumsintensität charakterisiert. In diesem Bereich bildet sich später die *Area vasculosa.* Die Randzone ist nicht scharf gegen die eigentliche Area pellucida abgegrenzt.

Kurz vor der Eiablage (Hühnchen) wird der beschriebene Keim zweischichtig, indem unter der Oberflächenschicht (Epiblast = Ektoblast) der Entoblast (= Hypoblast = Entoderm mit Mesoderm) auftritt (Abb. 169). Die Entstehungsart dieser beiden Keimschichten war lange Zeit umstritten. Die entscheidenden Phasen laufen rasch ab und sind technisch schwer zu untersuchen.

Versuche, die Dynamik der Zellbewegungen am Vogelkeim experimentell zu analysieren, führten zunächst vielfach zu Trugschlüssen, da bei diesen Objekten erheblich größere technische Schwierigkeiten als bei Amphibienkeimen zu überwinden sind. Insbesondere ergibt die Methode der Vitalmarkierung aus später zu erörternden Gründen keine einwandfreien Resultate. Am zuverlässigsten erwies sich die Markierung von Oberflächenbezirken der Keimscheibe und von Zellkomplexen mit Kohle- oder Karmin-Pulver.

Das Problem der Entodermbildung beim Vogel ist heute weitgehend geklärt. Ältere Ansichten sind durch experimentelle Untersuchungen widerlegt. Da aber bisher nur sehr wenige Arten untersucht wurden und möglicherweise die am Hühnchen gewonnenen Resultate nicht verallgemeinert werden können, sollen die verschiedenen Theorien kurz zusammengestellt werden, zumal die Diskussion im Schrifttum noch keineswegs abgeschlossen ist.

1. Das Entoderm des Vogelkeimes soll durch *Einrollung* am Hinterrand der Keimscheibe entstehen (DUVAL, PATTERSON).

2. Das Entoderm entsteht durch Abwanderung von Einzelzellen des eingefalteten Epiblasten (sog. ,,Polyinvagination" GRÄPER, MERBACH). Die von GRÄPER beobachteten unregelmäßigen, chagrinartigen Einfaltungen der Epiblastoberfläche erwiesen sich als Kunstprodukt, das durch Abkühlung des Eies erzeugt wird. Die Deutung des Chagrins als ,,diffuser Urmund" ist also abzulehnen.

3. Entodermbildung erfolgt durch Delamination vom Epiblasten in einem lokalisierten Bezirk im hinteren Drittel der Area pellucida (JACOBSON). Die Delaminationszone wird als ,,Primitivplatte" beschrieben. Später soll der Prozeß mehr nach Art einer Invagination um den Urmund herum ablaufen. Nach 5 Stunden Bebrütung trifft das Entoderm mit den vom Keimwall her proliferierenden Zellen zusammen. Es handelt sich um eine echte Gestaltungsbewegung; denn im Bereich des ,,Blastoporus" findet sich keine erhöhte Anzahl von Mitosen. In vielen Punkten entspricht diese Theorie bereits den heutigen Vorstellungen.

4. Die Entodermbildung erfolgt durch Delamination im Bereich der ganzen Area pellucida. Die in loco erscheinenden Zellen schließen sich sekundär zu einer Entodermschicht zusammen (PETER).

Vergleichend embryologische Untersuchungen an verschiedenen Meroblastiern, besonders am Sperling (J. P. HILL und WOODGER), zeigen, daß bei der Bildung des zweischichtigen Keimes zwei Teilprozesse zu unterscheiden sind. Zunächst differenzieren sich die prospektiven Ektoblast- und Entoblastzellen frühzeitig im Blasto-

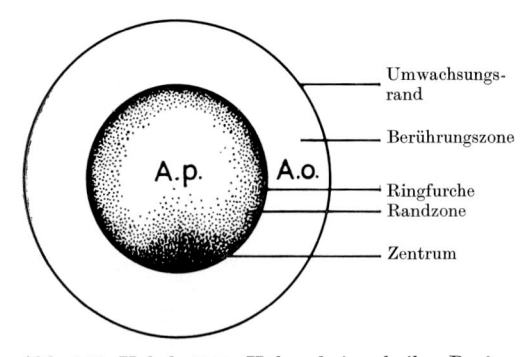

Abb. 166 Unbebrütete Hühnerkeimscheibe, Beginn der Entoblastbildung. Zonengliederung. A.p. = Area pellucida, A.o. = Area opaca (nach WADDINGTON 1952).

derm. Die Ektoblastzellen ordnen sich dann in die Oberfläche, die Entoblastzellen in die tiefe Schicht ein. Dieser Vorgang wird als *Segregation* bezeichnet. In einer zweiten Phase kommt es zur Abgliederung der beiden Keimschichten durch *Delamination*. Der Nachweis dieses Entwicklungsablaufes gelang nur bei einigen besonders günstigen Objekten (Monotremata, unter den Vögeln *Passer*), weil bei diesen Formen die Ekto- und Entoblastzellen vor der Segregation auch strukturell unterschieden werden können.

Die experimentellen Untersuchungen (SPRATT

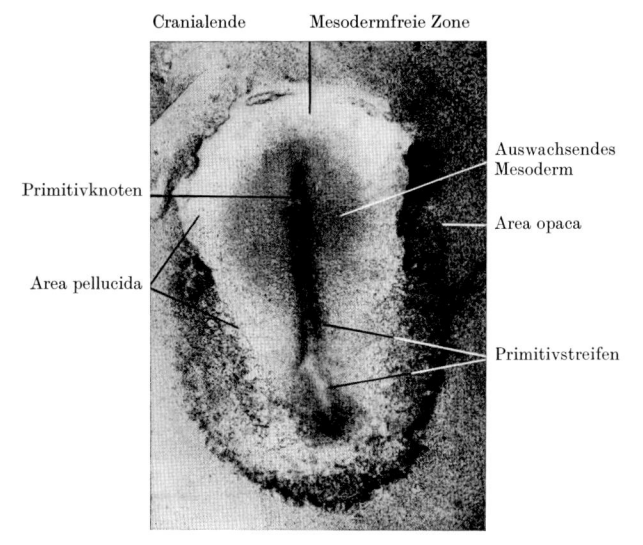

Abb. 167 Junge Hühnchenkeimscheibe etwa 15 Stunden bebrütet. Totalansicht. Primitivstreifenstadium, beginnende Mesenchymbildung. Beachte die Abknickung des Primitivstreifens als Folge von Wachstumsdifferenzen. Dunkler und heller Fruchthof. (Orig.)

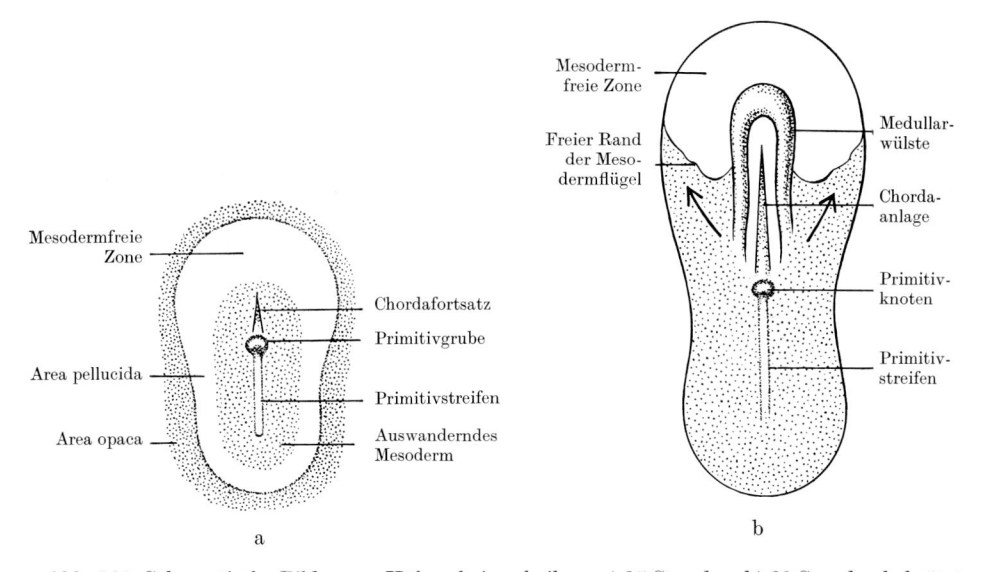

Abb. 168 Schematische Bilder von Hühnerkeimscheiben. a) 15 Stunden, b) 20 Stunden bebrütet.
a) Primitivstreifen am Rostralende zum Primitivknoten mit Primitivgrube verdickt. Von hier schiebt sich unter dem Ektoderm der Chordafortsatz vor.
b) Bildung der Medullarwülste im vorderen Bereich der Keimscheibe. Mesodermfreier Bezirk vor der Embryonalanlage, freie Mesodermränder, in diesen sind die herzbildenden Zellen lokalisiert. Die Pfeile deuten die Ausbreitungsrichtung der Mesodermflügel an.

jr. und HAAS) haben im wesentlichen zu einem gleichen Ergebnis geführt. Mit Anwendung der Markierungsmethoden konnte gezeigt werden, daß eine Einrollung von Zellmaterial am Rande der Umwachsungszone nicht vorkommt. Die Bildung des Entoblasten (Hypoblast) erfolgt primär im Bereich der Randzone (s. S. 168), also im peripheren Gebiet der Area pellucida. Hierbei spielen sowohl Zellproliferation als auch Segregation eine Rolle, entsprechend dem von HILL und WOODGER bereits vergleichend morphologisch erschlossenen Modus. Aus dem Gebiet der Randzone werden die in die Tiefe verlagerten Zellen nach peripher wie auch nach zentralwärts verlagert.

Die Entodermbildung läuft also ganz anders ab als bei Amphibien. Es ist außerordentlich zweifelhaft, ob überhaupt beim Vogelkeim irgendein Prozeß vorkommt, der dem Gastrulationsvorgang, also einer echten Invagination, vergleichbar ist. Die Einwanderung von Entodermmaterial en masse, ausgehend von einer Primitivplatte (JACOBSON), wird jedenfalls von neueren Autoren bestritten. So gehen wir wohl nicht fehl, wenn wir das Entoderm der Vögel als echtes *Delaminationsentoderm* (Deuterentoderm PETER) deuten und darin eine sekundäre Neubildung sehen, die als embryonale Anpassung an die Notwendigkeit, frühzeitig Dotter zu verarbeiten, entstanden ist. Unsere Deutung schließt sich damit eng an die Auffassung von PETER und HILL an. Allerdings kann diese Entodermbildung auch in der Form vor sich gehen, daß Einzelzellen des Blastoderms sich ablösen und in die Tiefe gelangen (PASTEELS). Diesen Modus rückt PASTEELS sehr in den Vordergrund und bezeichnet ihn ebenfalls als *Polyinvagination* – eine Bezeichnung, die abzulehnen ist, denn eine Abwanderung von Einzelzellen ist niemals ein Invaginationsvorgang. Die Untersuchungen von FLYNN und HILL an Vogel- und Monotremen-Keimen stützen die Kritik an dieser Auffassung.

Die Orientierung der Längsachse des Embryonalkörpers zeigt bei Vogelembryonen eine regelhafte Beziehung zur Längsachse des Eies (Achse vom stumpfen zum spitzen Pol). Nach der bereits durch C. E. v. BAER aufgestellten Regel steht beim Hühnchen die Längsachse des Embryonalkörpers senkrecht zur Längsachse des Eies. Das kaudale Ende des Embryos ist zum Beobachter hin gerichtet, wenn der stumpfe Eipol links, der spitze rechts liegt (Abb. 170). Abweichungen bis etwa 50° kommen in einem erheblichen Teil der Fälle vor. Experimentell läßt sich nachweisen, daß die Lage der Embryonalachse von der Rotationsrichtung der Eier in utero abhängt. Der Dotter dreht sich im Uterus um die Längsachse des Eies. Da die Dotterkugel durch die Chalazen (Abb. 5) mit der Schalenhaut verbunden ist und durch sie in der Längsachse festgehalten wird, läßt sich die Rotationsrichtung der Dotterkugel an der Spiralisierungsrichtung der Chalazen ablesen. Im Normalfall, das heißt, wenn die v. BAERsche Regel zutrifft, ist die Chalaze am spitzen Eipol, der gewöhnlich zur Kloake blickt, nach links, die am stumpfen Pol nach rechts gewunden. Wird das Ei in utero so gedreht, daß der stumpfe Pol kloakenwärts weist, so sind die Chalazen invers gedreht. Abweichende Orientierung der Embryonen ist immer mit Abweichungen der Spiralisierung der Chalazen kombiniert. Experimentelle Veränderungen der Eilage in utero führen zu abnormer Orientierung der Embryonalachse. Die Determination der Längs-

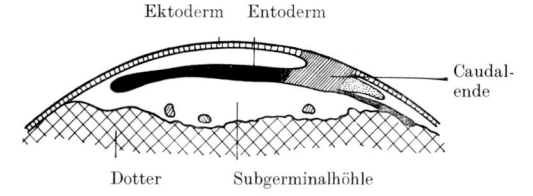

Abb. 169 Sagittaler Längsschnitt durch einen jungen zweischichtigen Hühnerkeim, wenige Stunden bebrütet. Mesoderm schiebt sich am Caudalende aus dem Primitivstreifenbezirk vor.

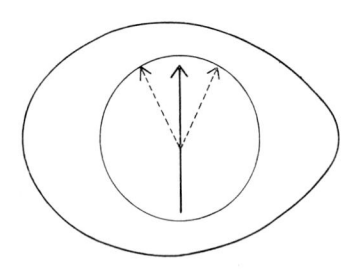

Abb. 170 Lage der Embryonalachse (Kopfende entspricht der Pfeilspitze) in Beziehung zur Eiachse (stumpfer Pol – spitzer Pol) beim Hühnerkeim nach der v. BAERschen Regel. Schwankungsbreite der Längsachse bei regelhaftem Verhalten etwa 50° (gestrichelte Pfeile). Aufblick von oben.

achse erfolgt gleichzeitig mit der Ansammlung von Entoblastzellen im hinteren Bereich der Keimscheibe und wird vom Entoblasten her festgelegt.

Die beiden primären Keimblätter umwachsen in der Folgezeit die Dottermasse, wobei das Ektoderm dem Entoderm etwas vorauseilt. Im Bereich der Area pellucida tritt bereits während des ersten Bebrütungstages ein verdickter medianer Streifen auf, der sich von hinten nach vorn verlängert. Es handelt sich um den *Primitivstreifen* (Abb. 167, 168, 171, 172), eine Bildung,

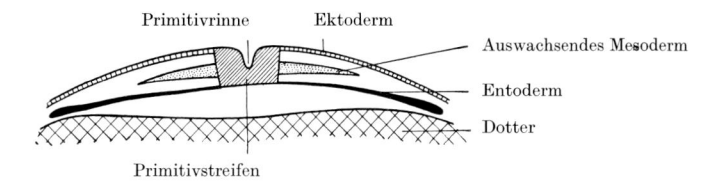

Abb. 171 Schematischer Querschnitt durch einen dreischichtigen Hühnerkeim im Primitivstreifengebiet, vor Auftreten des Coelomspaltes.

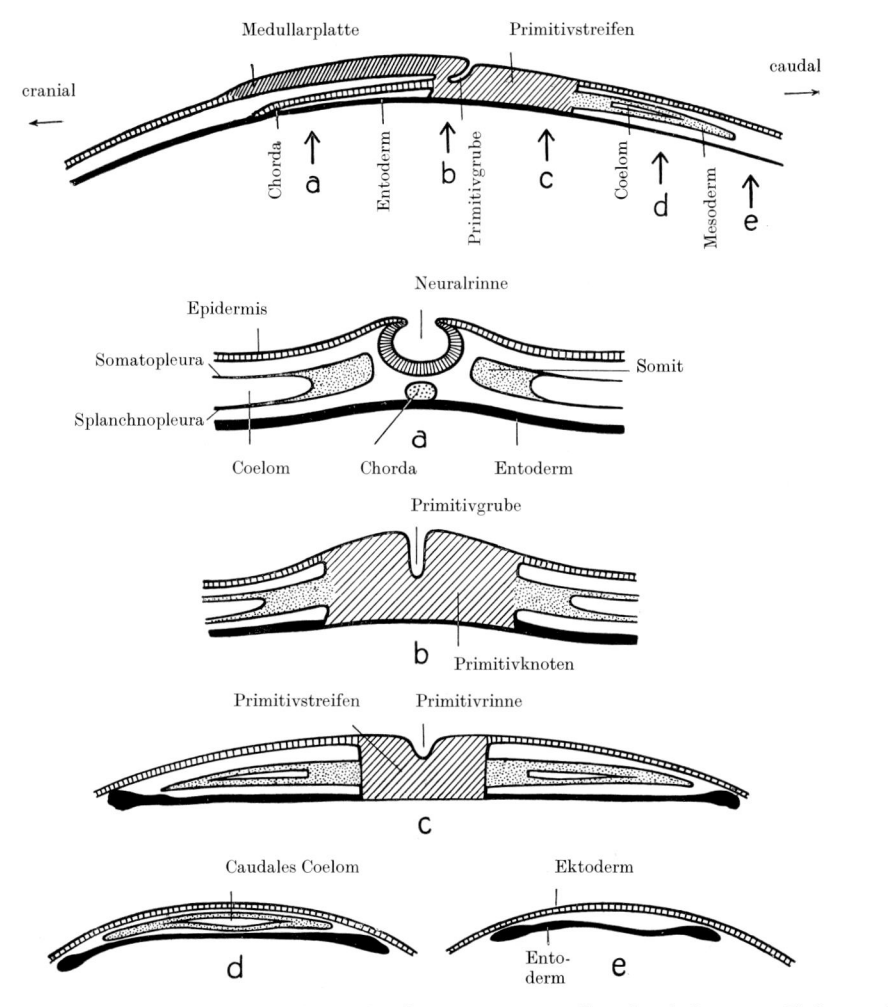

Abb. 172 Oben: Schematischer Längsschnitt durch einen etwa 40 Stunden bebrüteten Hühnerembryo. Darunter: Querschnitte durch den gleichen Embryo in verschiedener Höhe. Die Lage der Querschnitte a, b, c, d, e ist in der oberen Abbildung angegeben.

die in ihrer Deutung ebenfalls noch umstritten ist. Der Primitivstreifen ist bei Reptilien bereits nachweisbar und spielt in der Ontogenese der Vögel und der Säuger eine wichtige Rolle. Gegenüber den Reptilien besteht der wesentliche Unterschied jedoch darin, daß der Primitivstreifenbildung keine echte Urdarminvagination mehr vorausgeht und daß der Primitivstreifen bedeutend länger und deutlicher ist. Der Primitivstreifen wird ontogenetisch verfrüht ausgebildet. An der Dorsalseite senkt sich in den Längsstreifen eine Rinne, die *Primitivrinne*, ein. Sein Vorderende ist zum *Primitivknoten* (HENSENscher Knoten) verdickt. Dieser enthält eine grubenförmige Vertiefung. Als Ausdruck unregelmäßiger Zellverschiebungen ist der Primitivstreifen oft abgeknickt (Abb. 167). Vor dem Primitivknoten wird ein zarter Streifen sichtbar, welcher die Richtung des Primitivstreifens fortsetzt. Dieser sogenannte „*Kopffortsatz*" ist nichts anderes als die durch den Epiblast durchscheinende Anlage der Chorda dorsalis. Vor dem Primitivknoten erscheint nun die Anlage des Zentralnervensystems in Form der Neuralwülste (Abb. 168, 172, 174). Untersuchen wir den Primitivstreifen auf dem Querschnitt (Abb. 171–173), so finden wir einen verdickten Zellstreifen im Ektodermbereich, der von dorsal her rinnenförmig eingesenkt ist. In der Tiefe geht der Primitivstreifen ohne scharfe Grenzen in eine Zellmasse über, die sich zwischen Ektoderm und Entoderm einschiebt und welche nach lateral hin einen aufgelockerten Charakter annimmt. Wir haben hier die erste *Mesodermbildung* im Vogelkeim vor uns. Das Mesoderm schiebt sich weiter nach lateral vor und folgt in der Umwachsung des Dotters im extraembryonalen Bereich dem Ekto- und Entoderm (Abb. 171–173). Das Auswachsen des Mesoderms geht zunächst in lateraler und caudaler Richtung vom Primitivstreifen aus. Bald jedoch schwenkt das Mesoderm mit zwei flügelartigen Zipfeln nach vorne ein (Abb. 168), so daß das vor der Embryonalanlage gelegene mesodermfreie Feld (mesodermfreie Sichel) mehr und mehr eingeengt wird (Abb. 174, 175). Während der Abschnitt des Mesoderms, der den Achsenorganen des Embryonalkörpers benachbart ist (Stammplatte), in die segmental geordneten Somiten zerlegt wird, tritt im Seitenplattenbereich des Mesoderms, und zwar intra- und extraembryonal, der Coelomspalt auf (Abb. 172). Dieser wird nach außen hin durch die Somatopleura, nach dem Inneren des Embryos zu durch die Splanchnopleura begrenzt. Somato- und Splanchnopleura sind die durch das Auftreten des Coeloms entstandenen parietalen und visceralen Wandabschnitte des Seitenplattenmesoderms (Abb. 176). Die Differenzierung des Mesoderms im einzelnen und die damit eng verknüpfte Blut- und Gefäßbildung sollen später im Zusammenhang dargestellt werden.

Nachdem wir den formalen Ablauf der frühen Entwicklungsprozesse an der Vogelkeimscheibe kennengelernt haben, müssen wir uns fragen, wie die beschriebenen Prozesse ablaufen und welche Mechanismen hierbei wirksam sind. Die Gestaltungsvorgänge am Amphibienkeim hatten uns gelehrt, daß eine Beschreibung von Zu-

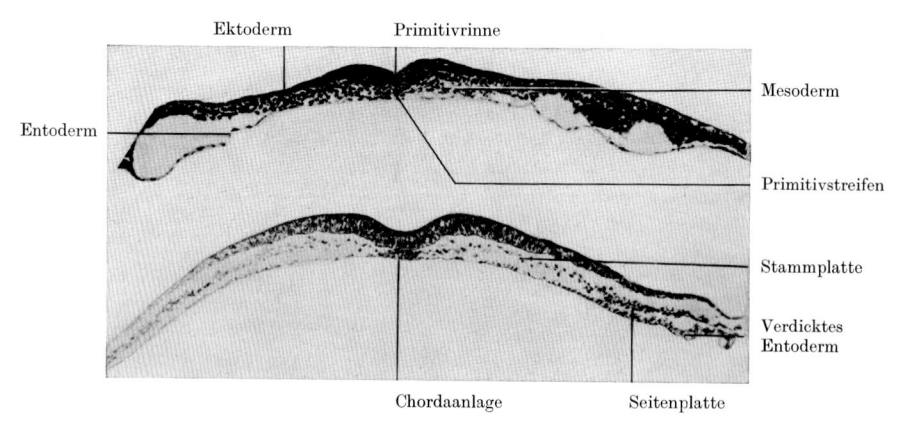

Abb. 173 Querschnitte durch eine junge Hühnerkeimscheibe: a) im Primitivstreifenbereich, b) im Bereich des Chordafortsatzes. (Orig.)

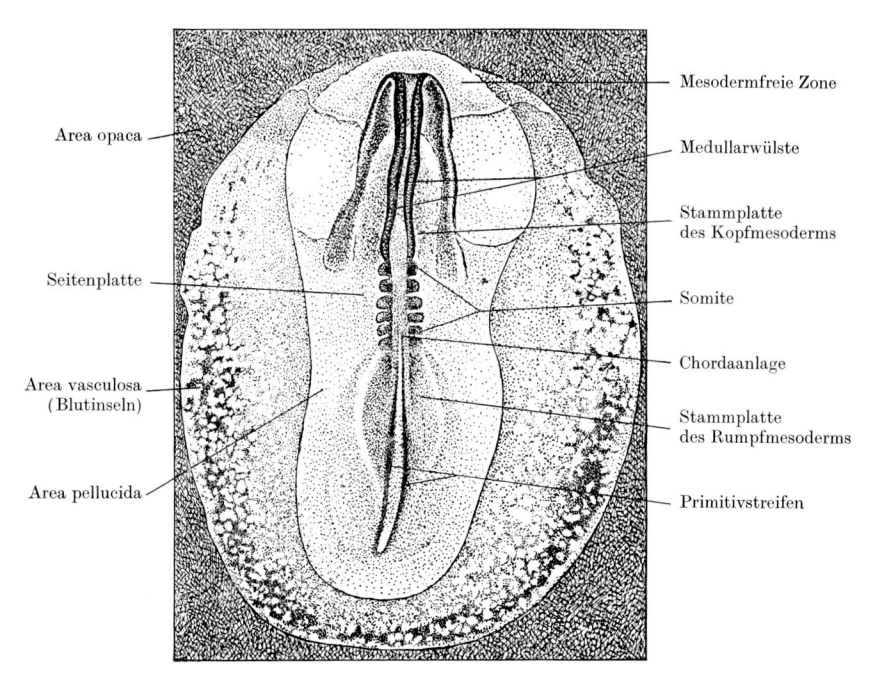

Abb. 174 Totalansicht einer Hühnerkeimscheibe, 7 Somitenpaare ausgebildet, etwa 30 Stunden bebrütet. Beachte die Ausdehnung des Mesoderms und die Reduktion der mesodermfreien Zone. Auftreten von Blutinseln (Area vasculosa).

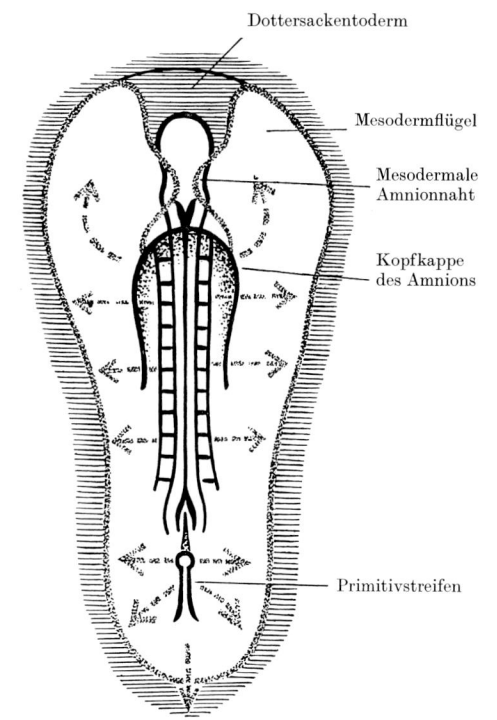

Abb. 175 Älterer Hühnerkeim, schematische Darstellung. Die Pfeile zeigen die Ausbreitung des Mesoderms an. (Unter Benutzung einer Abbildung von GOERTTLER).

standsbildern nicht ausreicht, um das dynamische Geschehen im Keim aufzuklären. Experimentelle Eingriffe am lebenden Keim sind notwendig, um den Ablauf der Prozesse zu verstehen. Die am Amphibienkeim bewährten Methoden (Farbmarkierung, Markierung durch Defekte, Ausschaltung und Transplantation) wurden auch am Vogelkeim angewandt (GRÄPER, WETZEL, PASTEELS, PETER, KOPSCH, SPRATT jr. und HAAS).

Bei der Auswertung derartiger Experimente ist zu beachten, daß der Vogelkeim im Gegensatz zum Amphibienkeim außerordentlich empfindlich ist. Ältere Untersuchungen (operative Eingriffe) sind nur mit Vorbehalt verwertbar, da unverhältnismäßig grobe Schädigungen eintraten. Auch die Vitalfärbungsversuche haben zu Fehldeutungen Anlaß gegeben. Während das meist benutzte Nilblausulfat bei Amphibien an Pigmentgranula gebunden wird und an diesen lange fixiert bleibt, sind im Vogelkeim Lipoide die Träger des künstlich applizierten Farbstoffes. Die Lipoide werden aber während des zu prüfenden Entwicklungsprozesses selbst abgebaut, so daß die Farbmarkierung verschwindet. Am zuverlässigsten hat sich die Markierung mit

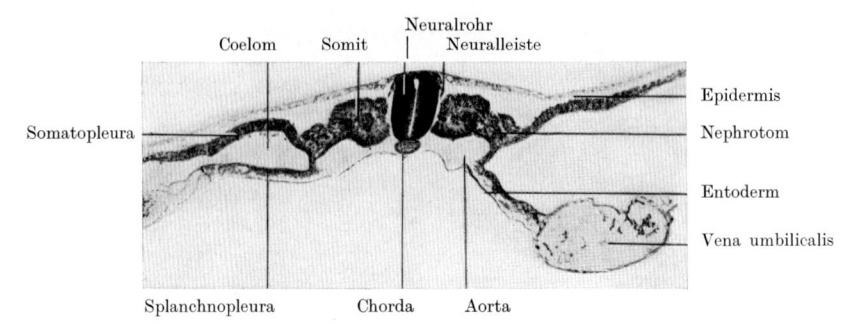

Abb. 176 Querschnitt durch einen 10 Stunden bebrüteten Hühnerkeim. Somitenstielzone. Coelombildung, Somato- und Splanchnopleura, das Neuralrohr ist geschlossen. (Orig.)

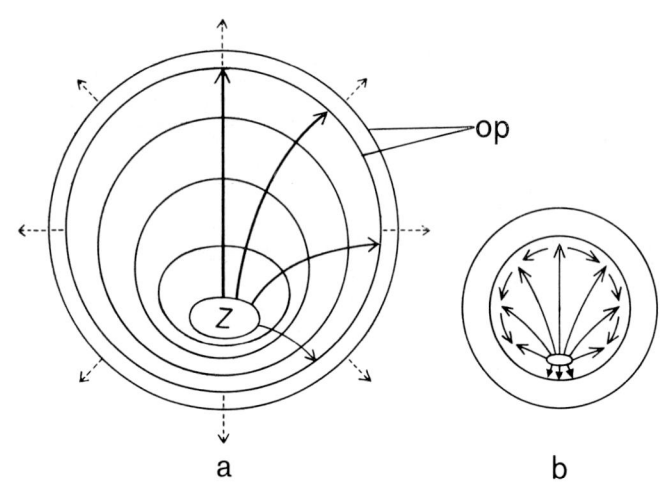

Abb. 177 Schema zur Erläuterung der Gestaltungsbewegungen im *Entoblasten* der Hühnerkeimscheibe während der ersten 10–12 Stunden der Bebrütung. Z = Zentrum im Entoblasten in der Nähe des Hinterrandes der Area pellucida. Die dicken Pfeile kennzeichnen die Zellwanderung im Entoblasten in Richtung auf die Marginalzone. op = Area opaca. Die gestrichelten Pfeile bezeichnen die Umwachsung des Dotters vom Umwachsungsrand der Area opaca ausgehend. In Abb. 177b ist die späte Aufstauung der Zellströme an der Randzone und die rückläufige Bewegung zum Zentrum hin dargestellt (nach SPRATT jr. und HAAS 1960).

Kohle- und Karminpulver erwiesen (SPRATT jr. und HAAS). Nachdem ältere Untersuchungen bereits auf das Vorkommen von Gestaltungsbewegungen hinwiesen (GRÄPER, WETZEL, PASTEELS), konnte zunächst keine einheitliche Meinung über den Ablauf und die Richtung dieser Gestaltungsbewegungen gewonnen werden. In den letzten Jahren wurde vor allem durch SPRATT und HAAS ein wesentlicher Fortschritt erzielt. Wir stellen daher diese Untersuchungen in den Mittelpunkt der folgenden Ausführungen.

Durch Markierung mit Kohlepulver läßt sich zeigen, daß vor Auftreten des Primitivstreifens, etwa nach 5 Stunden Bebrütungsdauer, am hinteren Pol der Keimscheibe im Grenzbereich zwischen Area pellucida und Area opaca *Gestaltungsbewegungen im Entoblasten* beginnen. Von einem exzentrisch, nahe dem Hinterrand gelegenen Zentrum aus machen sich in radiärer Richtung Zellströme bemerkbar, die bis in die Randzone (Abb. 177, 178) verfolgt werden können. Der nach vorne gerichtete Anteil dieser Zellströmung ist am intensivsten (Abb. 177). Im Bereich der Randzone hören diese Ströme auf. Gleichzeitig setzt ein Rückstrom von Zellen der Randzone zum Zentrum hin ein (Abb. 177b). Während dieser Bewegungen verhält sich der Ektoblast völlig indifferent. Der vom peripheren Rand ausgehende Umwachsungsvorgang des Dotters läuft selbständig ab und hat mit den beschriebenen Gestaltungsbewegungen im Entoblasten nichts zu tun. An der Dotterumwachsung

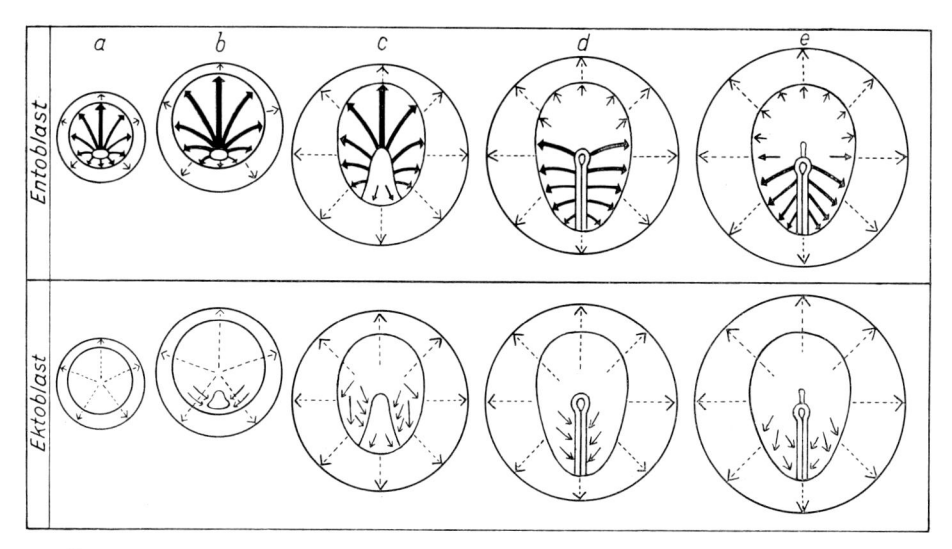

Abb. 178 Übersichtsschema über den Ablauf der Gestaltungsbewegungen im Entoblasten (obere Reihe) bis zum Kopffortsatzstadium beim Hühnchen. Gestaltungsbewegungen im Ektoblasten und Primitivstreifenbildung (untere Reihe). Die Dicke der Pfeile drückt annähernd die Intensität der Zellverschiebungen aus. Die punktierten Pfeile deuten die Umwachsung des Dotters an (nach SPRATT jr. und HAAS 1960).

sind Ekto- und Entoblast in gleicher Weise beteiligt.

Nach SPRATT und HAAS soll während der Zellbewegungen im Entoblasten kein Übertritt von Ektoblastzellen in den Entoblasten erfolgen. Das Zentrum ist ein Ort der Zellproliferation, die sich mit abklingender Intensität auch auf die Randzone fortsetzt. Zerschneidung der Keimscheibe vor Bildung des Primitivstreifens führt in einem hohen Prozentsatz der Fälle zur Bildung selbständiger ganzer Embryonen in beiden Teilstücken. Die Regulationsfähigkeit ist also groß, doch sind die verschiedenen Zonen der Keimscheibe nicht gleichwertig, denn bei querer Durchschneidung ist im vorderen Teilstück häufiger kein Embryo ausgebildet oder der gebildete Embryo zeigt Lage- und Formanomalien. Durch Zerlegung einer jungen Keimscheibe in vier Teilstücke gelang es jedoch, vier Ganzembryonen zu erzeugen (SPRATT und HAAS). Die Untersuchungen brachten den Beweis, daß die Embryonalkörperbildung von der Randzone ausgeht, daß aber die verschiedenen Teile der Randzone nicht völlig gleichwertig sind. Zentrum und Randzone werden daher funktionell mit dem *Organisationszentrum* des Amphibienkeimes verglichen (Randzone bei Amphibien, Randwulst bei Knochenfischen).

Im *Ektoblasten* beginnen Gestaltungsbewegungen erst später als im Entoblasten (etwa nach 8 Stunden Bebrütungsdauer). Der ungestörte Ablauf der geschilderten Vorgänge im Entoblasten ist unbedingte Voraussetzung dieser zweiten Phase, denn experimentelle Behinderung der Entoblastvorgänge macht die Bildung des Primitivstreifens und der Achsenorgane unmöglich. Der *Primitivstreifen* erscheint als Resultat dieser Gestaltungsbewegungen im Ektoblasten zunächst als kurzer Zapfen (Abb. 178), der vom hinteren Rand der Keimscheibe in die Area pellucida radiär vorspringt. Er besteht aus einer massiven Ektodermverdickung und liegt über dem „Zentrum" des Entoblasten (SPRATT, VAKAET). Durchtrennt man die Keimscheibe nach Bildung des Primitivstreifens in querer Richtung vor dem Vorderende des Primitivstreifens, so bildet sich im hinteren Fragment eine vollständige Embryonalanlage, während im vorderen Teilstück Primitivstreifen, Chorda und Neuralanlage fehlen. Markierungsversuche in der folgenden Phase des Längenwachstums des Primitivstreifens (Abb. 179) zeigen, daß das Entoblast-Zentrum seine Lage beibehält, daß aber der Primitivstreifen nach vorne und hinten auswächst. Der Mittelteil des Primitivstreifens bleibt während der Verlängerung gleichsam der

Ruhepunkt und liegt über dem Entoblastzentrum. Bei den älteren Stadien unterlagert das Zentrum den HENSENschen Knoten.

Der Ablauf der Gestaltungsbewegungen (Abb. 178) im Ektoblasten erfolgt in der Weise, daß zunächst Zellströme im hinteren Feld der Area pellucida zu einer Zellansammlung über dem Entoblastzentrum führen. Damit ist der junge Primitivstreifen entstanden. In der Folgezeit strömt Zellmaterial auf das Primitivstreifengebiet zu. Gestaltungsbewegungen im Entoblasten laufen unverändert bis zum Stadium des mittellangen Primitivstreifens weiter. Schließlich treten im Ektoblasten die zur Streckung des Primitivstreifens führenden Bewegungsvorgänge auf (Abb. 178e, 179). Umstritten ist, ob im Ektoblasten auch eine nach vorne gerichtete Zellbewegung vorkommt.

Wenn die Bildung des Primitivstreifens abgeschlossen ist, kommt es zu einer Änderung der Bewegungsrichtung im Entoblasten. Mit der Verlängerung des Primitivstreifens nach hinten tritt die vorwärtsgerichtete Zellströmung im Entoblasten mehr und mehr zurück und hört schließlich ganz auf. Im Ektoblasten strömt von der Seite weiterhin Material nach medial und wird am Primitivstreifen in die Tiefe verlagert (Abb. 180). Im Bereich des ganzen Primitivstreifens wird derart in die Tiefe gelangtes Material nach der Seite verschoben. Damit ist die *Mesoblastbildung* in Gang gekommen.

Das gesamte Zellmaterial, das in die Tiefe gelangt, muß das Primitivstreifengebiet passieren (Abb. 180). Es besteht bisher keine einheitliche Meinung über die morphologische und funktionelle Deutung aller Strukturen. Mit einiger Sicherheit kann heute folgendes festgestellt werden: Der junge Primitivstreifen ist funktionell kein primäres Induktions- oder Organisationszentrum. Ein solches findet sich im Entoblast-„Zentrum". Der junge Primitivstreifen ist ein *im Ektoblasten gelegenes Proliferationszentrum*

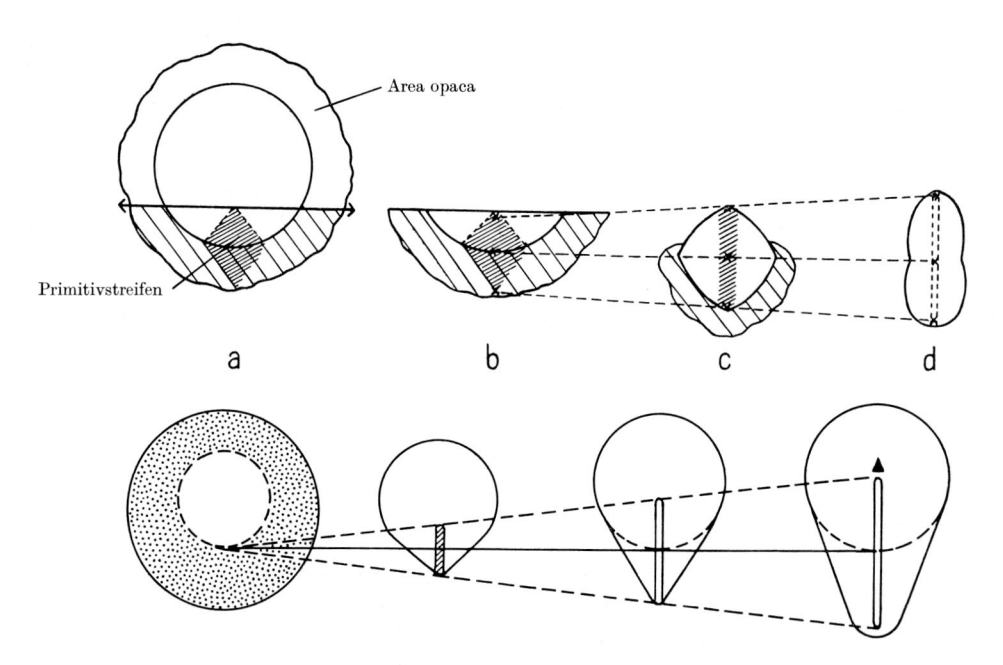

Abb. 179 Obere Reihe: Entwicklung isolierter hinterer Fragmente der Keimscheibe des Hühnchens in vitro a) Keimscheibe mit Area opaca und beginnender Primitivstreifenbildung. Der Schnitt zur Isolierung des hinteren Fragmentes ist angegeben. b) Hinteres Keimscheibenfragment mit drei Marken durch Kohlepartikelchen (Kreuze). c und d) Dasselbe nach 3 bzw. 6–8 Stunden weiterer Kultur im Explantat. Streckung des Primitivstreifens und Verlagerung der Kohlemarken. Untere Reihe: Zusammenfassende Darstellung des Wachstums des Primitivstreifens auf Grund von Markierungs- und Explantationsversuchen. Entstehung des Primitivstreifens im Ektoblasten über dem Entoblastenzentrum. Seine Verlängerung geht nach vorn und hinten vor sich. Dabei streckt sich die Keimscheibe mit allen Schichten nach hinten. Der mittlere Teil des Primitivstreifens ist relativ zum ganzen Blastoderm ein Fixpunkt. (Nach VAKAET 1962)

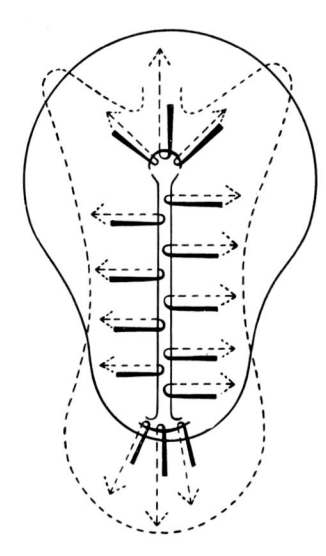

Abb. 180 Schematische Darstellung einer 15–18 Stunden bebrüteten Hühnerkeimscheibe. Die Pfeile zeigen die Verlagerung von zunächst oberflächlich gelegenem Material in die Tiefe an. (Mesodermbildung in der Auffassung von WETZEL, GOERTTLER u. a., nach GOERTTLER 1950).

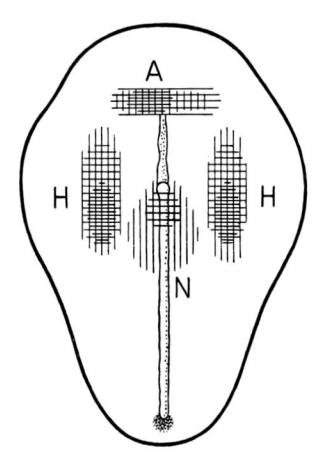

Abb. 181 Einige organbildende Bezirke der Hühnerkeimscheibe im Stadium des Chordafortsatzes. Stücke aus den markierten Feldern entwickeln sich im Isolationsversuch (in Chorioallantois eines älteren Wirtskeimes) herkunftsgemäß (nach RAWLES und WILLIER).

A = Annähernde Ausdehnung des Augenfeldes.
H = Herz. N = Urnierenfeld.

und kann daher nicht mit dem Blastoporusgebiet identifiziert werden. Es handelt sich um eine sekundäre (kainogenetische) Struktur, die als Folge der Verselbständigung der Mesodermbildung bei Amnioten entstanden ist. Die Mesodermbildung ist beim Vogelkeim vollständig von der Entodermbildung gelöst. Diese Vorgänge hängen mit der Notwendigkeit, die große Dottermenge zu verarbeiten, zusammen; denn reichliche Mesoblastbildung ist eine Voraussetzung für die frühe Bildung von Blut und Gefäßsystem. In späteren Entwicklungsphasen übernimmt der *Primitivknoten* die Funktion eines Induktionszentrums. Von hier aus erfolgt die Bildung der Chorda und der Somiten und die Induktion der Neuralanlage.

Nach anderer Auffassung (GRÄPER, GOERTTLER, DA COSTA u. a.) entspricht der Primitivstreifen dem Blastoporusgebiet der Amphibien und der Knoten der dorsalen Blastoporuslippe. Der Primitivstreifen selbst würde dann den seitlichen Urmundlippen vergleichbar sein. Die verschiedenen Deutungen und Homologisierungsversuche sind schwer vereinbar, da funktionelle und morphologische Kriterien häufig nicht klar getrennt werden. Es bestehen heute kaum Zweifel daran, daß das primäre Organisationszentrum im Entoblast-Zentrum, dann im HENSEN-

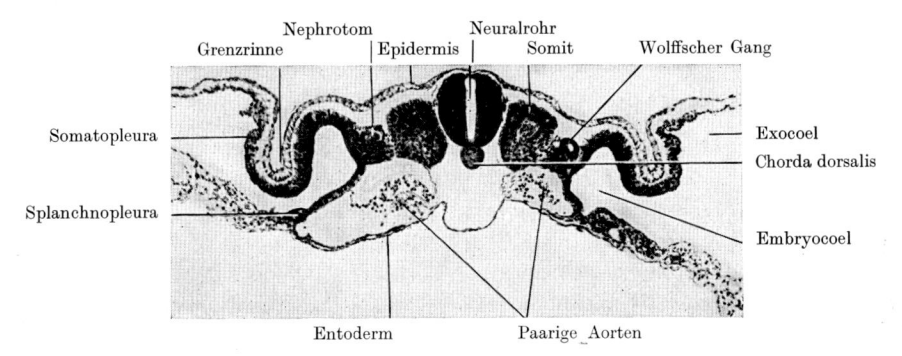

Abb. 182 Querschnitt durch Hühnerembryo, 48 Stunden bebrütet. Abhebung der Embryonalkörperanlage, Grenzrinne. (Orig.)

schen Knoten (Primitivknoten) und schließlich auch in anschließenden Teilen des Primitivstreifens zu suchen ist. Primitivgrube und vielleicht die Primitivrinne sind phylogenetische Relikte. Sie haben beim Vogel nichts mehr mit der Ento- und Mesoblastbildung zu tun, sind aber letzte Hinweise auf das Vorkommen einer echten Urdarmbildung. Bei einigen Vögeln (Gans, Ente, Wellensittich) wird der Primitivknoten von einem Canalis neurentericus durchbohrt, der sich selbst bis in die Chordaanlage fortsetzen kann. Bei vielen Formen bricht er bis ins Darmlumen durch. Er ist also ein eindeutiger Hinweis auf eine rudimentäre Archenteronbildung und als solche dem „Mesodermsäckchen" der Reptilien vergleichbar. Die Tatsache, daß in späteren Phasen im Bereich des Primitivstreifens Zellmaterial aus der Oberfläche in die Tiefe verlagert wird, ist offensichtlich in der zuvor beschriebenen Weise als Anpassungsvorgang zu deuten und berechtigt an sich noch nicht zu einer Homologisierung von Primitivstreifen und Urmund.

Schiebt man Keimscheibenfragmente zwischen Ecto- und Entoblast einer anderen Keimscheibe (Primitivstreifen-Stadium) ein, so kann man die Induktionsfähigkeit prüfen. Neurale Induktionen sind auf diese Weise nur durch Transplantate aus Primitivknoten und vorderem Primitivstreifengebiet und ihrer unmittelbaren Umgebung zu erhalten. Auch durch Primitivstreifenmaterial vom Kaninchen lassen sich neurale Strukturen in Hühnerkeimscheiben induzieren. Relativ früh erlischt beim Vogelkeim die Regulationsfähigkeit; die Entwicklung wird Mosaikarbeit. Transplantation junger Blastodermbezirke in vitro oder in die Eihäute anderer Keime ergibt für die verschiedenen Areale der Keimscheibe gut voraussagbare Differenzierungsleistungen (Abb. 181 RAWLES), jedenfalls vom Primitivstreifenstadium an.

Weitere Entwicklungsvorgänge am Vogelkeim.
Abfaltung der Embryonalanlage.
Embryonalhüllen

Das Mesoderm wächst nach lateral aus und umwächst dabei den Dotter. Allerdings bleibt dieses Vorschieben des Mesoderms zunächst im Tempo hinter dem Vorwachsen des Entoderms zurück. Gleichzeitig erfolgt durch Auftreten des Coelomspaltes die Zerlegung des Seitenplattenmesoderms in Somato- und Splanchnopleura (Abb. 182). Der mediale, den Achsenorganen benachbarte Streifen des Mesoderms (Stammplatte) wird nicht durch das Coelom gespalten, sondern durch segmentale Einschnürungen in Somite zerlegt. Dort, wo Coelomwand und Stammplatte aneinandergrenzen, bildet sich der *Somitenstiel*, wegen seiner Beziehungen zur ersten Anlage der Harnorgane auch *Nephrotom* genannt, aus (Abb. 182). Gleichzeitig differenzierten sich die Chorda dorsalis und die Neuralanlage (Medullarwülste, Medullarrohr) weiter. Untersucht man einen Hühnerkeim am Beginn des 2. Bebrütungstages (Abb. 175), so erkennt man im caudalen Bereich noch deutlich Primitivstreifen und Primitivknoten. Doch wird der Primitivstreifen mit zunehmender Ausgestaltung der Embryonalkörperanlage verkürzt. An der Medullaranlage sind Hirnabschnitte und Rückenmark klar unterscheidbar. Betrachten wir einen Querschnitt durch die Rumpfmitte eines derartigen Embryos, so erkennen wir, wie sich jetzt das Gebiet der Embryonalanlage scharf gegenüber dem extraembryonalen Bezirk durch die *Grenzrinne* abzuheben beginnt (Abb. 182). Damit wird auch am

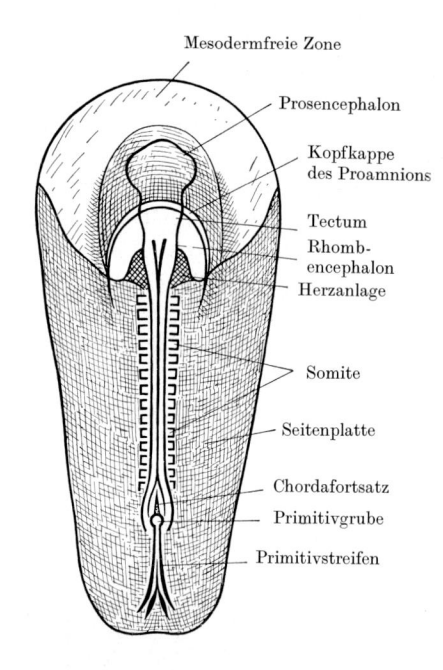

Abb. 183 Schema der Organisation eines älteren Hühnerkeimes, 48 Stunden bebrütet. Embryo ist stark auf Kosten des Primitivstreifens gewachsen. Deutliche Differenzierung der Hauptabschnitte des Zentralnervensystems. Kopfkappe und seitliche Falten des Amnions gebildet. Herzanlage im Rand der Mesodermflügel rückt auf die Mittellinie zu (nach GOERTTLER 1950).

Coelom die Grenze zwischen dem Embryocoelom (kurz Embryocoel) und dem extraembryonalen Coelom (Exocoel) erkennbar. Seitlich neben dem Embryonalkörper, aber auch vor dem Kopfgebiet und hinter der Schwanzregion, entstehen Falten (Amnionfalten), die schließlich zur Bedeckung des Embryos durch „Embryonalhüllen" führen. Darin unterscheiden sich die Sauropsiden grundsätzlich von Fischen und Amphibien. Man hat das Vorhandensein oder Fehlen derartiger Hüllen zu einem taxonomischen Kriterium gemacht und die Wirbeltiere danach in zwei große Gruppen, die Anamnier und die Amnioten, eingeteilt.

Anamnia	*Amniota*	
Cyclostomen	Reptilia	⎫
Pisces	Aves	⎬ Sauropsida
Amphibia	Mammalia	⎭

Unsere Beschreibung der Bildung dieser Embryonalhüllen gilt also sinngemäß auch für Reptilien. Die Verhältnisse bei Säugern zeigen besonders wichtige Modifikationen, die gesondert besprochen werden.

Beim Vogelkeim tritt die erste Andeutung einer Amnionbildung in Form einer sehr zarten Falte vor dem Kopfgebiet auf. Da diese Zone noch mesodermfrei ist, also nur aus Ekto- und Entoderm besteht, spricht man vom *Proamnion* (Abb. 183). Seitlich hinten geht das Proamnion in das *Amnion* über, d. h. in jenen Bereich der Auffaltung extraembryonalen Gewebsmateriales, der bereits vom Mesoderm und Exocoel erreicht ist, wie es das Querschnittsbild (Abb. 185) zeigt. Im Einzelfall laufen diese Entwicklungsprozesse sehr verschieden schnell ab. So findet sich bei den meisten Reptilien (besonders Chamäleon, SCHAUINSLAND, PETER (Abb. 188) eine sehr überstürzte Amnionauffaltung rings um den Embryo herum, bevor Mesoderm gebildet ist; das Proamnion ist sehr ausgedehnt. Beim Huhn ist ein wenig ausgedehntes Proamnion nur in einer sehr schnell durchlaufenen Entwicklungsphase vorhanden. Bei anderen Formen (z. B. Albatros)

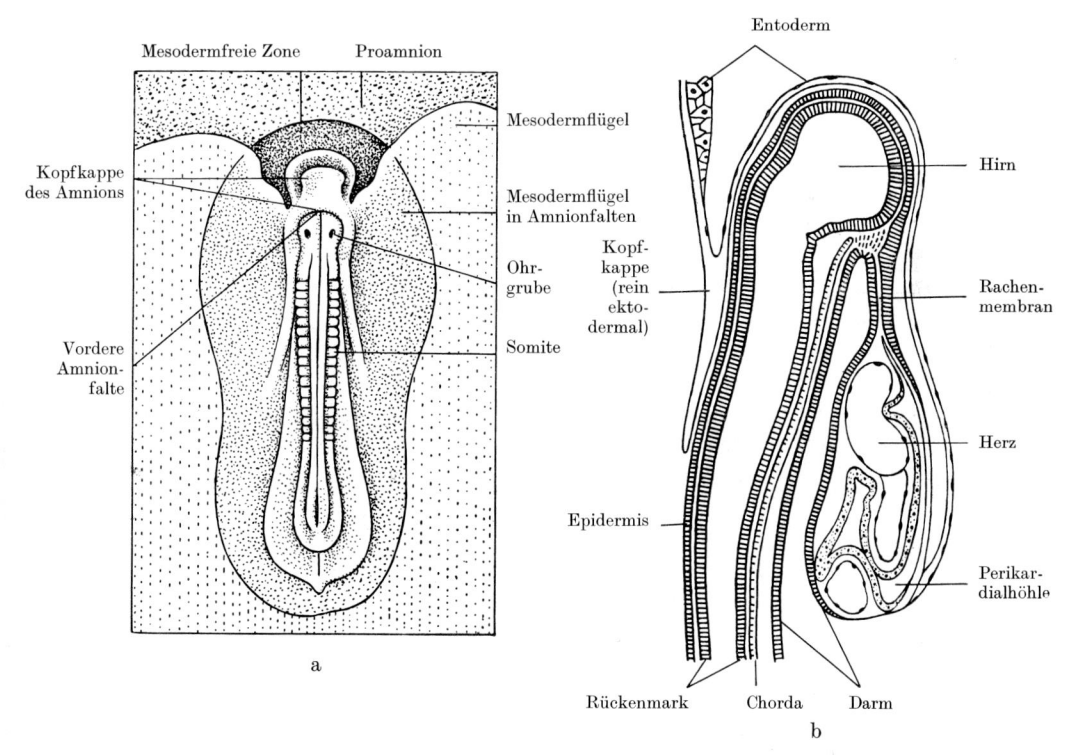

Abb. 184
a) Proamnion bei einem jungen Albatrosembryo. Beachte Ausdehnung der mesodermfreien Zone und der Mesodermränder.
b) Längsschnitt durch Albatrosembryo, Kopfkappe des Proamnions. (Nach SCHAUINSLAND 1906)

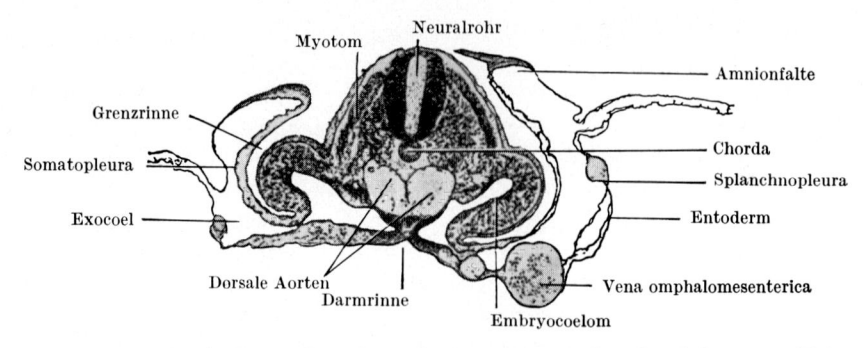

Abb. 185 Querschnitt durch die vordere Rumpfregion eines 48 Stunden bebrüteten Hühnerembryos. Abhebung der Embryonalanlage, Grenzrinne, Amnionfalten. Beginnende Abgrenzung von Exocoelom und Embryocoelom. (Orig.)

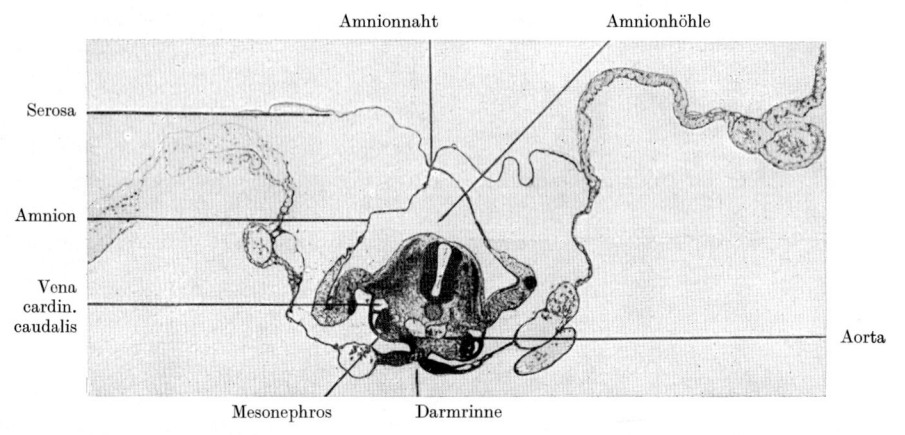

Abb. 186 Querschnitt durch 48 Stunden bebrüteten Hühnerkeim im vorderen Rumpfbereich. Amnionnaht. (Orig.)

nimmt die Ausdehnung des Proamnions eine Mittelstellung zwischen den beiden Extremen ein (Abb. 184). Schließlich verkleben die Amnionfalten über der Embryonalanlage (Abb. 186, 187). Diese rein ektodermale Verklebung löst sich wieder, und die echte mesodermale Amnionnaht führt zum definitiven Abschluß des Embryos von der Oberfläche. Damit sind zugleich aus den Amnionfalten zwei deckende Hüllen entstanden, außen die *Serosa (= Chorion)*, innen das *Amnion*. Der Spalt zwischen Chorion und Amnion, die *Chorionhöhle*, ist nichts anderes als die periphere Abteilung des Exocoels. Einwärts vom Amnion liegt die *Amnionhöhle*, in welche Amnionflüssigkeit von der Wand sezerniert wird (Abb. 187). Die dorsale Seite des Embryos ist nunmehr von zwei Hüllen (vier Zellschichten) bedeckt. Es sind dies (s. Abb. 187 d):

1. Chorionektoderm
2. Chorionmesoderm: Somatopleura
   Chorionhöhle: Exocoel
3. Amnionmesoderm: Somatopleura
4. Amnionektoderm
   Amnionhöhle, Liquor amnii
   Epidermis

In der Gegend des Nabels geht das Amnion in die äußere Haut des Embryos über. Die Ausbildung der vier Amnionfalten (1 craniale, 2 seitliche, 1 caudale) kann sehr verschieden sein. Sind alle vier Falten gut entwickelt und erfolgt der Schluß konzentrisch (Chamäleon Abb. 188), so entsteht ein Amnionnabel. Die Nahtstelle erscheint in Form eines Amnionnabelstranges. Stehen die seitlichen Falten im Vordergrund wie beim Hühnchen, so bildet sich eine in sagittaler Richtung ausgedehnte Naht. Die Schwanzfalte des Amnions ist sehr häufig nur ganz schwach

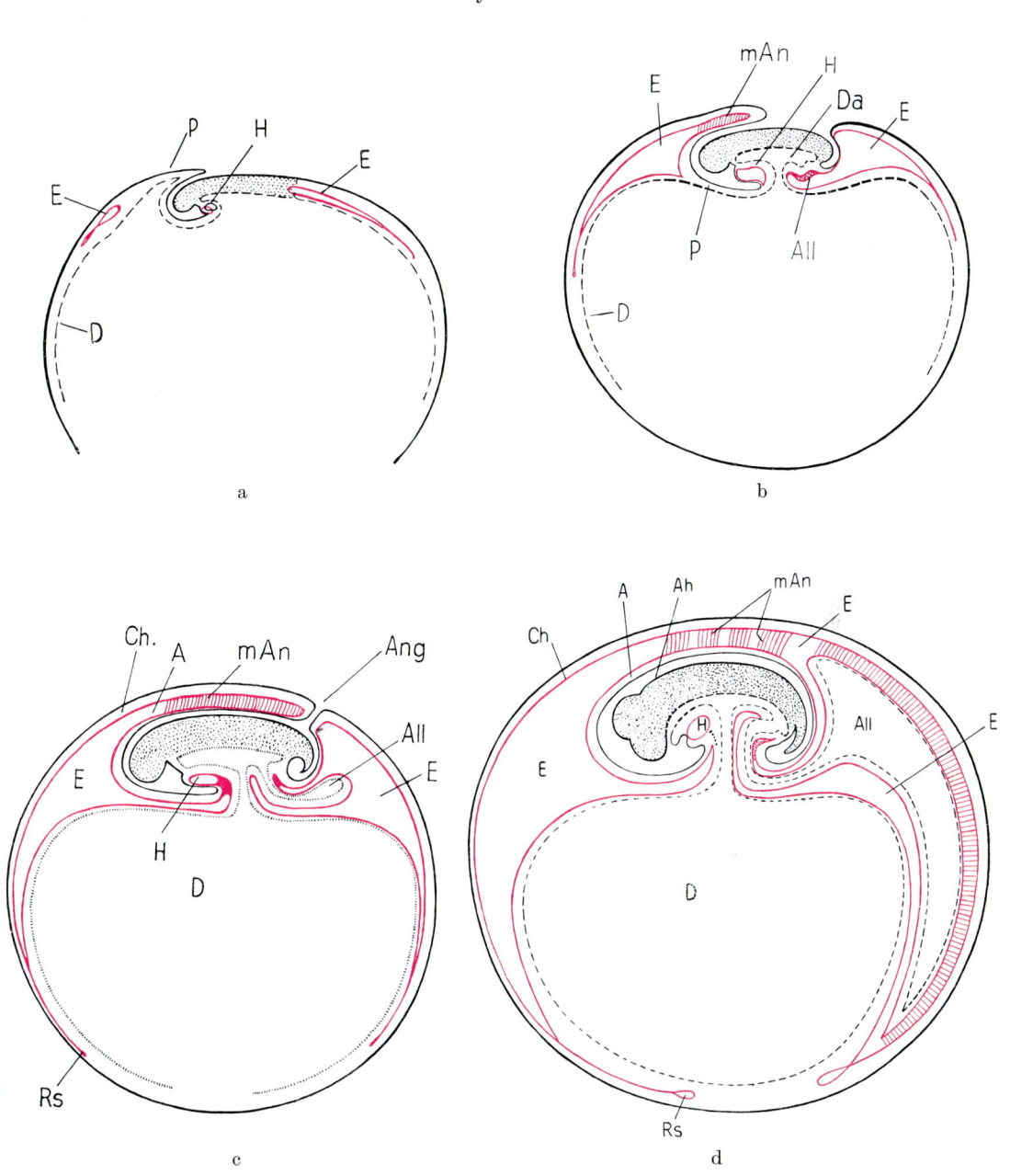

Abb. 187 Bildung der Eihäute beim Vogelkeim.
a) Proamnion.
b) Mesoderm ist in das Proamnion eingedrungen, Abhebung der Embryonalanlage fortgeschritten, Abschnürung der Darmrinne. Erste Andeutung einer Allantoisanlage.
c) Amnion fast geschlossen, mesodermale Amnionnaht gebildet. Allantoisbläschen wölbt sich ins Exocoel vor.
d) Die Allantois erreicht durch das Exocoel das Chorion und verklebt. Endgültiger, für Amnioten typischer Zustand der Eihüllen.

A = Amnion, Ah = Amnionhöhle, All = Allantois, Ang = Amnionnabelgang, Ch = Chorion, D = Dottersack (in a Dottersackentoderm), Da = Darm, E = Exocoel, H = Herzanlage, mAn = mesodermale Amnionnaht, P = Proamnion, Rs = Randsinus. (Nach GROSSER)

ausgebildet oder fehlt (z. B. *Vanellus* = Kiebitz). Dementsprechend liegt der Amnionnabel je nach der Ausbildung der Falten zentral oder exzentrisch über dem Caudalende der Embryonalanlage. Durch die Ausbildung des Amnions und Chorions wird ein völliger Abschluß des Keimes von der Umgebung erzielt. Damit ist erreicht, daß der zarte Keimling gewissermaßen in ein Wasserkissen eingeschlossen ist und vor Austrocknung weitgehend geschützt wird. Er liegt gewissermaßen in einer feuchten Kammer. Die Ausbildung von Amnion und Chorion ist also eng gekoppelt an den Übergang der Wirbeltiere zum Landleben. Bei den placentalen Säugetieren entwickelt sich der Keim innerhalb des mütterlichen Körpers, ist also gegen Umwelteinwirkungen gesichert. Die Eihüllen bleiben trotzdem erhalten, machen allerdings einen Funktionswandel durch. Sie werden hier die Verbindung von Embryo und mütterlichem Organismus übernehmen und werden damit Träger des Stoffaustausches. Entsprechend diesen veränderten Bedingungen ist die Bildungsweise von Amnion und Chorion bei Placentaliern vielfach stark abgeändert.

Nachdem die Schichten der Keimanlage den Dotter umwachsen haben, ist damit ein geschlossener *Dottersack* gebildet (Abb. 187 d). Die Umwachsung durch das Mesoderm ist allerdings nicht immer vollständig. Die Dottersackwand (Abb. 187) besteht also innen aus Entoderm, außen aber im größten Bereich des Organs aus Splanchnopleura. In dieser Dottersackwand bildet sich sehr früh ein Kapillarnetz aus, das mit dem embryonalen Gefäßsystem in Verbindung steht und die Resorption und Ausnutzung des Nahrungsdotters ermöglicht. Mit zunehmender Abfaltung des Embryos vom Dottersack kommt es auch zu einer Abgliederung des Darmrohres. Zunächst finden wir eine nach ventral offene Darmrinne (Abb. 185, 186). Wenn das Kopf- und Schwanzende sich abheben und frei über den Dotter vorwachsen (Abb. 187), entstehen ein geschlossenes Kopf- und Schwanzdarmrohr. Diese gehen im Bereich der vorderen und hinteren *Darmpforte* (Abb. 187) in die Darmrinne über. Das Darmrohr schnürt sich nun mehr und mehr vom Dotter ab, d. h. die Ausdehnung der Darm-Dottersack-Verbindung bleibt mit zunehmendem Wachstum des Embryonalkörpers relativ zurück und wird zum Dottergang: *Ductus omphaloentericus*. Dieser ist von jenem Abschnitt des Coeloms umgeben, der Embryocoel und Exocoel miteinander verbindet (Abb. 186, 187, 191). Rund um diese Coelomverbindung bleibt die Leibeswand offen, hier geht am *Hautnabel* das Amnion in die Epidermis über (Abb. 187 d). Resorption von Nahrungsdotter ist auch in späteren Entwicklungsstadien nur über das Gefäßnetz des Dottersackes möglich, nie jedoch durch direkte Aufnahme von Dotter über den Ductus omphaloentericus in den Darm. Die Aufnahme des Dotters durch die Dottersackwand wird dadurch erleichtert, daß sich zahlreiche gefäßführende Falten der Wand als Resorptionsorgan ausbilden. Zur Zeit des Schlüpfens ist der Dotter beim Vogel noch nicht vollständig verbraucht. Der Dottersackrest wird etwa zur Zeit des Schlüpfens in die Bauchhöhle einbezogen und atrophiert schließlich. Der Dotterrest mag in manchen Fällen als Nahrungsreserve für die ersten Tage des Freilebens dienen.

Für die Stoffwechselvorgänge im Keim gewinnt schließlich ein weiteres Organ, die *Allantois* („$\alpha\lambda\lambda\alpha\nu\tau\omicron\epsilon\iota\delta\eta\varsigma$": schlauchförmig), besondere Bedeutung. Die Allantois entsteht als Aus-

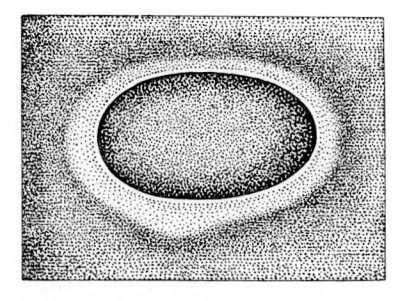

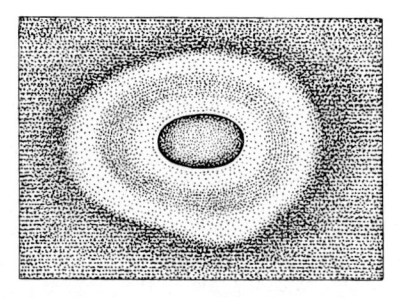

Abb. 188 Zwei Stadien des Amnionschlusses (Ringfaltenbildung) beim Chamäleon, Totalansicht. (Nach PETER 1934)

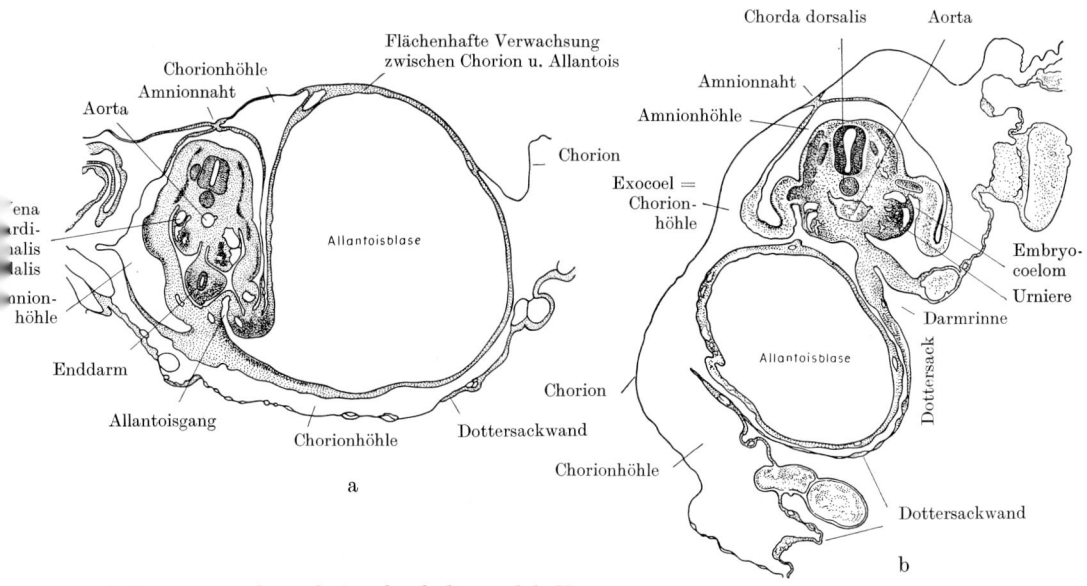

Abb. 189 Zwei Querschnitte durch die caudale Körperregion eines älteren Hühnerkeimes. (Orig.)
a) zeigt im Schnitt den Allantoisgang, Enddarm geschlossen.
b) Darmrinne. Allantois neben der Embryonalanlage im Exocoel. Amnionnaht in beiden Teilbildern sichtbar.
Abb. a) zeigt flächenhafte Verwachsung der Allantois mit dem Chorion.

stülpung des Enddarmes gegen das Exocoel (Abb. 187, 189, 190). Ihre Wand besteht also aus Entoderm und visceralem Mesoderm (Splanchnopleura). Der Mesenchymbelag dieses Allantoisdivertikels ist von vorneherein mächtig verdickt (Abb. 18I). Damit ist die Anlage des sehr reichen Gefäßnetzes der Allantois gegeben. Ursprünglich als embryonaler Harnsack dienend, wird die Allantois sehr bald zum wichtigen Atmungs- und Resorptionsorgan. Die Verbindung zwischen Enddarm und Allantois bleibt durch den Allantoisgang erhalten. Dieser wird mit dem Dottergang in den Nabelstrang aufgenommen (Abb. 187d). Die Allantois dehnt sich schnell in die Chorionhöhle aus und erreicht das Chorion. Dabei werden der Dottersack und das Amnion zurückgedrängt, die Allantois breitet sich unter dem Chorion aus, verklebt mit diesem und führt ihm Blutgefäße zu. Der Allantoiskreislauf ist die Grundlage der Vaskularisation der Chorionoberfläche und damit der Anlage des Placentarkreislaufes der Säugetiere vergleichbar (Vasa allantoidea = Vasa umbilicalia). Die Allantois dehnt sich schließlich über die ganze Chorionhöhle aus und gelangt in unmittelbare Nachbarschaft der Eischale und der Luftkammer am stumpfen Pol

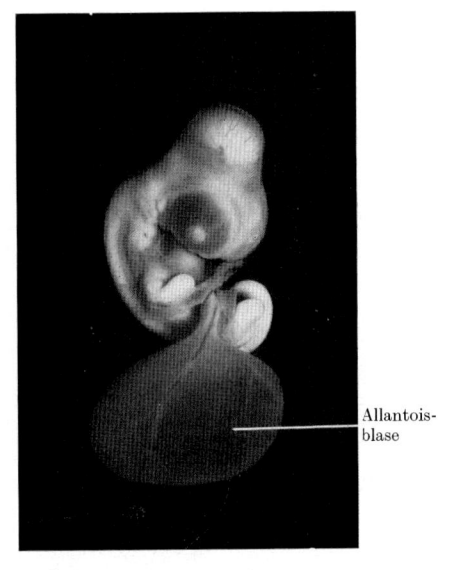

Abb. 190 Älterer Hühnerembryo mit Allantoisblase.

(Abb. 187d). Sie wird damit zusätzlich zum Atmungsorgan. Bei Säugetieren und anderen lebendgebärenden Formen wird das Gefäßsystem der Allantois zum Placentargefäßsystem Damit wird die Allantois zur wichtigen Gefäßbrücke zwischen Keimling und mütterlichem

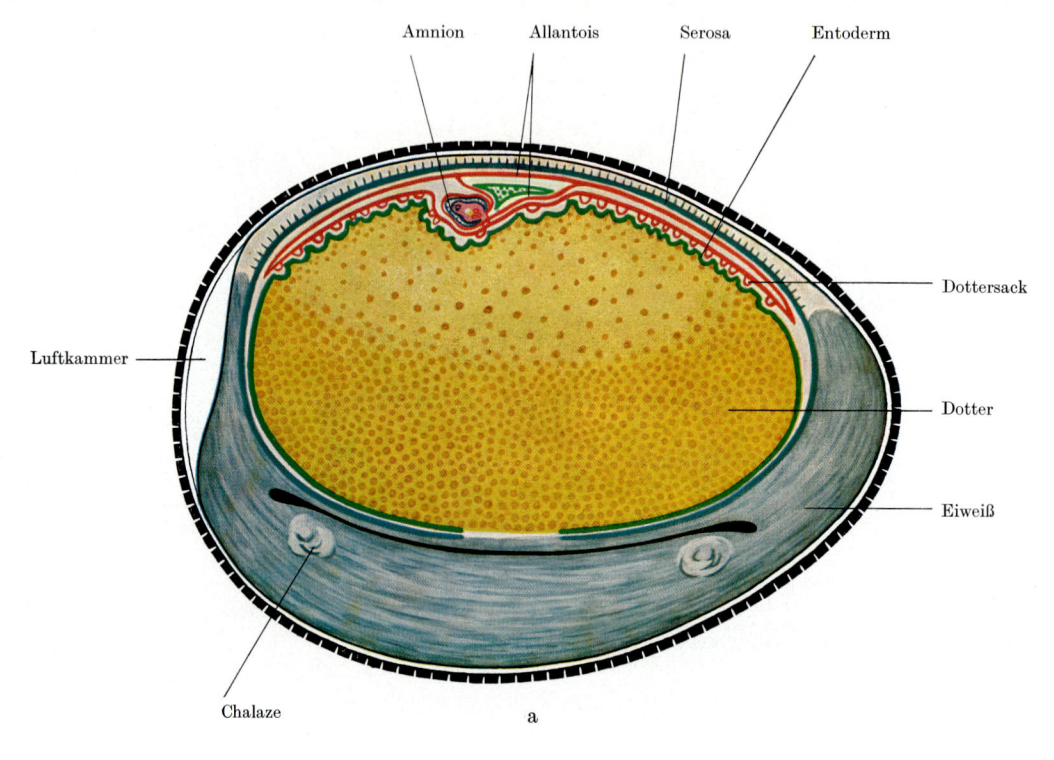

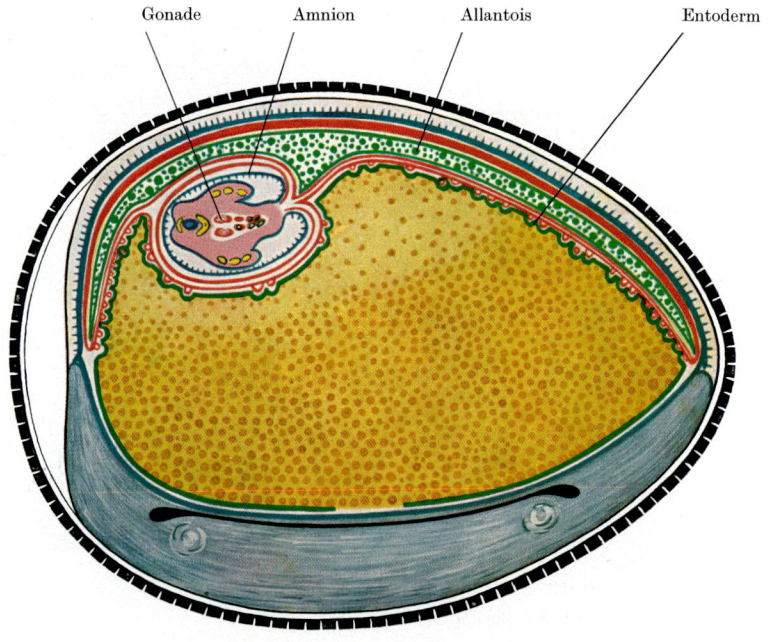

Abb. 191 Schnittbilder von Hühnereiern zur Erläuterung der Beziehungen von Embryo, Eihüllen, Dotter und Weißei, aus M. N. Ragosina (Moskau 1961).
a) 6. Bebrütungstag. Längsschnitt.
b) 8. Bebrütungstag, Längsschnitt, Embryonalkörper quergeschnitten.

Embryonalhüllen 185

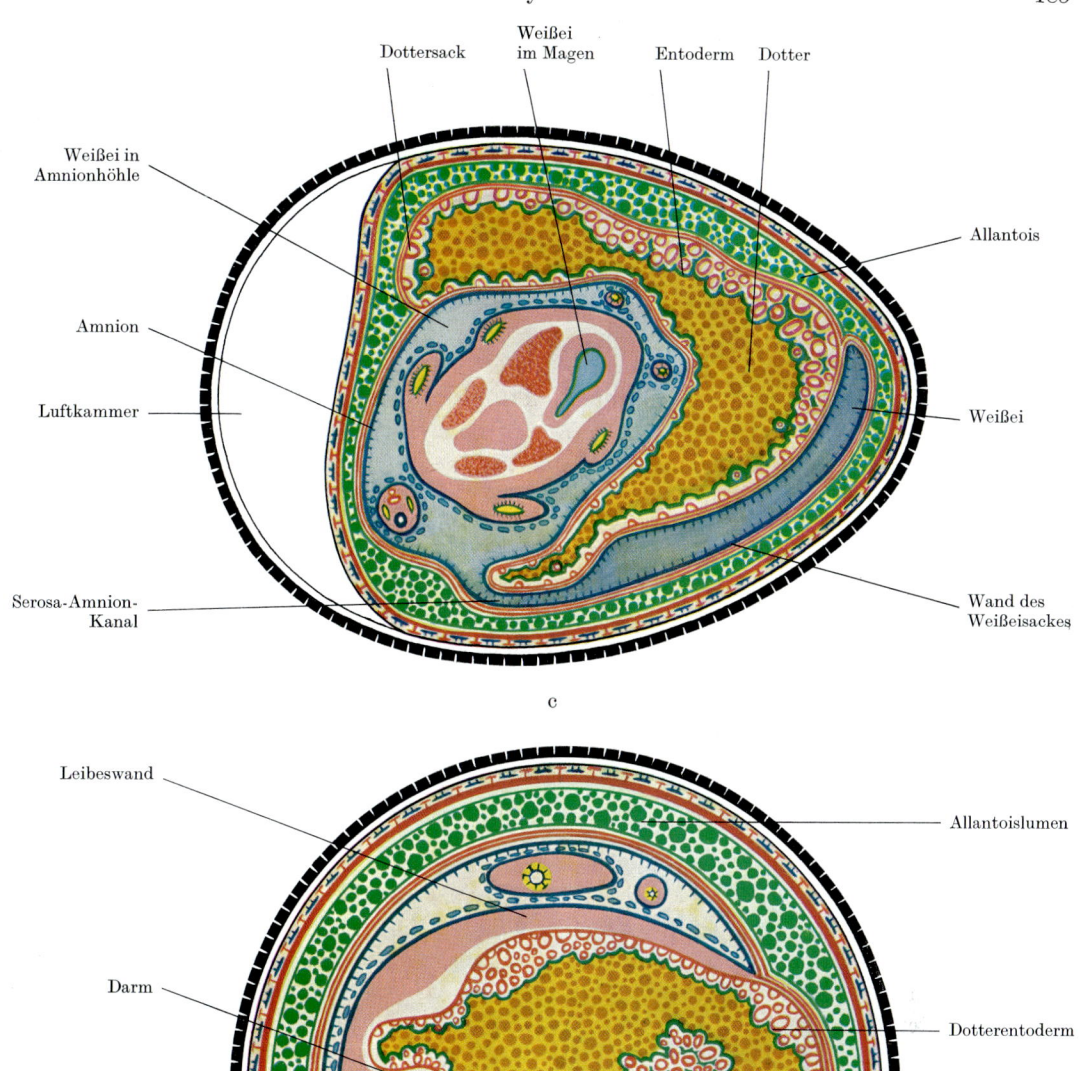

c) 14. Bebrütungstag. Längsschnitt durch das Ei, Embryo frontal geschnitten. Beachte Reduktion der Weißeimenge, Weißei gelangt durch den Serosa-Amnionkanal in die Amnionhöhle und wird vom Embryo verschluckt. Weißei im Magen.

d) 20. Bebrütungstag, Querschnitt des Eies. Embryo in Höhe des Nabelstieles quergeschnitten.

Organismus. Das Lumen der Allantois wird bei vielen Säugern, so beim Menschen, rückgebildet; der mesenchymale Wandteil der Allantois hypertrophiert als Träger der Gefäßanlagen. Gleichzeitig kann auch die Ausscheidung der Stoffwechselschlacken über die Allantoisgefäße (Placenta) in den mütterlichen Kreislauf erfolgen. Die mütterlichen Harnorgane übernehmen die endgültige Eliminierung dieser Substanzen.

Die Ernährung des sich in der geschlossenen Eischale entwickelnden Vogelkeimlings und der Aufbau des Körpers erfolgen ausschließlich unter Ausnutzung der im Ei enthaltenen Reservestoffe des Dotters und des Weißeies. Eine Zufuhr von Nahrungsstoffen, mit Ausnahme von Sauerstoff, ist nicht möglich. Die im unbebrüteten Ei enthaltenen Proteine (etwa 7 g) des Dotters und des Weißeies finden sich nach 23 Bebrütungstagen im wesentlichen als Gewebsproteine im schlüpfreifen Kücken (gleichfalls 7 g). Während die Ernährung des Keimes durch Dotterresorption seit langem bekannt ist, war die Nutzbarmachung des Weißeies bisher schwer verständlich

Durch die Forschungen von WITSCHI (1949) am Sperling und von RAGOSINA (1961) am Hühnchen ist diese Frage geklärt worden. Wir legen unseren Ausführungen die Befunde am Hühnchen zugrunde.

Bereits in den ersten Tagen der Bebrütung laufen spezifische Stoffwechselprozesse ab. Während des ersten bis achten Tages (mit dem Maximum am vierten Tag) nimmt der Dotter Flüssigkeit aus der Weißeischicht auf. Der relative Wassergehalt des Weißeies sinkt von etwa 80 auf 20% ab; es wird also eingedickt, der Dotter wird verflüssigt. Während dieser Entwicklungsphase laufen die entscheidenden Prozesse der Formbildung ab. In der folgenden, vom neunten bis dreizehnten Tag während Periode bleibt der Weißeianteil unverändert. Die Ernährung erfolgt durch Resorption von Dotter und flüssigen, in den Dotter hineindiffundierten Weißeikomponenten. Die Allantois vergrößert sich beträchtlich und füllt sich mit Stoffwechselschlacken. Aus Chorion und Innenmembran der Allantois bildet sich das „Weißeisäckchen".

Im Zusammenhang mit diesen Vorgängen wird der Amnionnabel zum Chorion-Amnion-Band ausgezogen, das vom Amnion zum Weißeisack zieht. Gegen Ende der zweiten Entwicklungsperiode bildet sich in diesem Strang ein neues Lumen; so entsteht ein offener Eiweißkanal (= Serosa-Amnionkanal) (Abb. 191), der den Übertritt von Weißei in die Amnionhöhle gestattet.

Durch diesen Kanal wird vom dreizehnten bis sechzehnten Tage Weißei in die Amnionhöhle überführt. Es wird mit der Amnionflüssigkeit durchmischt und verflüssigt. In dieser Form wird es durch die Mundöffnung vom Keim aufgenommen („Breakfast of the fetus" WITSCHI), im Drüsenmagen fermentativ aufgeschlossen und im Dünndarm resorbiert. In der Tat ist das aufgenommene Protein reichlich im Darmtrakt und im Respirationstrakt des Keimlings nachweisbar (Abb. 191).

Die Mechanismen, die den Transport des

Chemische Bestandteile des Hühnereies (aus ROMANOFF 1949)

	Eidotter 32%	Weißei 57%	Schale 11%	Total 100%
Wasser	50%	86%	—	65%
Eiweiß	16% (3 g)	13% (4 g)	—	13%
Fett	32% (6 g)	Spuren	—	10%
Kalk	—	—	94%	11%
Keratin der Schale	—	—	4%	
Weitere Bestandteile	2%	1%	2%	1%
Total	100%	100%	100%	100%

Weißeies aus dem Weißeisäckchen in die Amnionhöhle ermöglichen, sind wenig bekannt. Es wurde angenommen, daß der durch den wachsenden Fetus und die sich füllende Allantois erzeugte Druck ein entscheidender Faktor sei. Da aber der Druck in der geschlossenen Eischale, deren Inhalt im ganzen ein flüssiges Medium im physikalischen Sinne ist, überall gleich hoch sein muß, kann das Auftreten eines Druckgefälles zwischen Weißeisäckchen und Amnionhöhle nicht auf diese Weise erklärt werden. Schluckbewegungen des Keimlings treten relativ früh auf. Sie haben zweifellos eine ansaugende Wirkung. Die Bedeutung der Fruchthüllenmotorik (s. S. 187) in diesem Funktionskomplex ist nicht geklärt.

Die Wand des Weißeisäckchens sezerniert gleichzeitig Flüssigkeit, die zur Verdünnung des Inhaltes dient. Am achtzehnten Bebrütungstag ist das Weißei vollständig aus der Amnionhöhle verschwunden. Die Ernährung des Keimlings durch Weißei fällt im Wesentlichen in die Zeit des intensivsten Wachstums.

RAGOSINA weist auf eine zusätzliche Funktion des Weißeies hin. Durch die Überführung von Flüssigkeit aus dem Weißei in den Dotter (1.–8. Bebrütungstag) wird die Dotterkugel verformbar und nimmt an Volumen zu. Dadurch kann sich die gleichfalls vergrößerte Oberfläche der Dottermasse besonders in jenem Bereich, der bereits vom Mesoderm umwachsen ist, der Innenfläche der Schalenhaut anlegen und am Gasaustausch teilnehmen.

In der Schlußphase der Entwicklung innerhalb der Eischale sinkt die Aktivität der Embryonalorgane ab. Der Dottersack wird in die Körperwand einbezogen, die Ernährung erfolgt ausschließlich durch Dotterresorption. Das Weißei ist verbraucht. Gleichzeitig veröden die Chorio-Allantoisgefäße. Die Lungenatmung setzt bereits vor dem Schlüpfen ein.

Die geschilderten Untersuchungen haben die Nutzbarmachung des Weißeies und die Ernährungsvorgänge während des Aufenthaltes des Keimes in einer geschlossenen Eischale verständlich gemacht. Es wurde dadurch gleichzeitig deutlich, daß die Lebensbedingungen in einer Eischale eine besondere Umwelt für den Keim darstellen und spezielle Anpassungen erfordern. Die Eihüllen dürfen nicht nur als passive Schutzhüllen gedeutet werden; sie haben lebenswichtige Leistungen zu vollbringen und müssen als extrakorporale Embryonalorgane aufgefaßt werden.

Schließlich muß erwähnt werden, daß die Vogelkeime in der Wand des Amnions reichlich glatte Muskelzellen ausbilden, die das Substrat komplizierter motorischer Leistungen sind (Embryokinesis, BAUTZMANN). Die Fruchthüllenmotorik der Sauropsiden erleichtert zweifellos die stoffwechselphysiologischen Wechselbeziehungen zwischen dem Fetus und seinem Flüssigkeitsbett. Inwieweit sie für den Transport des Weißeies zur Amnionhöhle verantwortlich gemacht werden kann, ist zunächst nicht geklärt.

5. Primitiventwicklung der Fische

Die Vorgänge der Primitiventwicklung bei Elasmobranchiern und Knochenfischen sollen hier, soweit sie von allgemein biologischem Interesse sind, nur kurz besprochen werden, da diese Formen nicht in der direkten Evolutionslinie liegen, die zu den Säugetieren führt. Selbstverständlich sind diese evolutionistischen Bewertungen des Ontogeneseablaufes nicht allein maßgeblich für die Stammesgeschichte der Wirbeltiere, die sich in erster Linie auf die Ergebnisse der vergleichenden Anatomie und Palaeontologie stützen muß. Sie sind also im Sinne einer Merkmalsphylogenie – nicht als Sippenphylogenie – zu bewerten. In diesem Sinne nehmen die Gymnophionen eine wichtige Schlüsselstellung ein, da sich von hier einmal der Ontogenesetyp bei den Sauropsiden und Säugern, andererseits bei Teleosteern und Elasmobranchiern verständlich machen läßt. Es sei aber nochmals betont, daß damit *nicht* gesagt ist, daß etwa die Fische von Gymnophionen abstammen!

Für die Primitiventwicklung der so stark differenten Gruppe der Fische gilt in besonderer Deutlichkeit wieder, was wir schon bei der Besprechung von Amphibien und Sauropsiden hervorheben mußten. Aus technischen Gründen sind wenige Formen, von denen leicht Material zu erhalten ist in ihrer Ontogenese genau untersucht. Waren das bei den bisher besprochenen Gruppen etwa *Triturus*, *Rana* und Hühnchen, so sind unter den Fischen bevorzugte Untersuchungsobjekte *Scyllium* (Hai), *Pristiurus* (Hai), *Torpedo* (Rochen) und *Salmo* (Forelle, Knochenfisch). Von diesen wenigen Formen ausgehend, wurde ein Bild der „Entwicklung der Fische" entworfen. Mit der Gewinnung einer breiteren, vergleichend ontogenetischen Basis, die gerade für die Fische in den letzten 40 Jahren erarbeitet wurde, zeigte sich jedoch mehr und mehr, daß wir uns unbedingt vor Verallgemeinerungen von Befunden, die an einer Form gewonnen wurden, hüten müssen. Gerade die Fische zeigen eine enorme

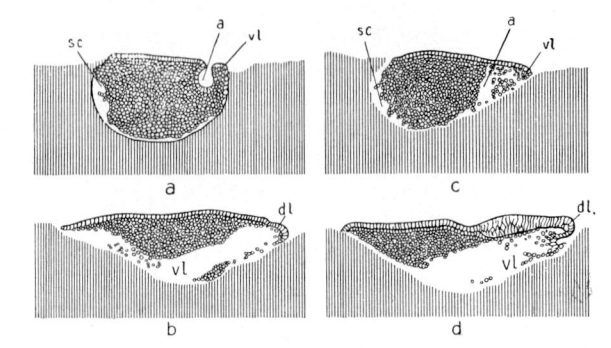

Abb. 192 Längsschnitte durch ältere Furchungsstadien von Knorpelfischen.
a, b) *Chimaera*, c, d) *Torpedo*. a = Urdarm, dl = dorsale Blastoporuslippe, vl = ventrale Blastoporuslippe, sc = Furchungshöhle.
(Nach DEAN aus VEIT).

Vielgestaltigkeit ihres Ontogeneseablaufes. Die Sammelgruppe der Ganoiden, welche sehr altertümliche Formen umfaßt, schließt in vielem an die Amphibien an. Dasselbe gilt für die Lungenfische (Dipnoi). Totale Furchung kommt bei *Polypterus*, *Acipenser* (Stör), *Neoceratodus* und *Lepidosiren* (Dipnoer) und in stark abgeänderter Form auch bei *Amia* (Schlammfisch, Knochenganoid) vor. Dabei schließen sich *Neoceratodus* und *Polypterus* besonders eng an die Amphibien an, während *Amia* und *Lepidosiren* schon zu den Meroblastiern überleiten. Meroblastische Furchung ist bei *Lepisosteus* (Knochenhecht, ebenfalls ein Ganoidfisch) erreicht. Damit zeigt diese Form Verhältnisse, wie sie auch bei Teleosteern vorkommen.

a) *Chondrichthyes (Knorpelfische)*: *Elasmobranchier (Haie und Rochen)*, *Holocephalen (Seekatzen)*

Bei den sehr dotterreichen Knorpelfischeiern resultiert als Ergebnis der Furchung eine Keimscheibe, die in den verflüssigten Dotter eingesenkt ist. Entgegen der verbreiteten Ansicht sind die Knorpelfische phylogenetisch nicht primitiv. Auch die Entwicklung dieser Formen ist nicht primitiv. Polyspermie kommt vor. Die überzähligen Spermakerne teilen sich amitotisch. Sie beteiligen sich als Merocyten an der Verarbeitung des Dotters, tragen jedoch nicht zum Aufbau der Keimscheibe bei. Unter der mehrschichtigen Keimscheibe findet sich die Furchungshöhle (Abb. 192). Am Boden der Furchungshöhle liegen Zellen, die wenigstens zum Teil als Furchungszellen aufzufassen sind. Wahrscheinlich kommt noch relativ spät Abschnürung neuer Furchungszellen vom Dotter vor. Das Blastoderm umwächst in der Regel den Nahrungsdotter in dem Maße, in dem die Dottermenge durch Nutzbarmachung für den Aufbau des Embryonalkörpers (Abb. 193) verkleinert wird, so daß es spät zur Ausbildung einer Dottersacknaht kommt. Bei einigen Formen jedoch (Holocephali, *Heterodontus*) wird nur ein sehr kleiner Teil der Dottermasse, etwa ein Zehntel, umwachsen. Der übrige, nicht in den Dottersack einbezogene Dotter wird in unregelmäßige Stücke zerlegt (Dotterfragmentation) und durch die Kiemenspalten bzw. durch die Mundöffnung aufgenommen oder durch die Kie-

menfäden resorbiert (DEAN). Ob man in dieser Dotterzerlegung Anklänge an eine rudimentäre holoblastische Furchung (DEAN) sehen darf, erscheint recht zweifelhaft.

Am Ende der Furchung ist die Keimscheibe am späteren Rostralende verdickt. Auf der Gegenseite ist sie verdünnt. Hier beginnt die Entodermbildung. Es kann nach Untersuchungen normaler Keime von *Scyllium* (Katzenhai) und nach Farbmarkierungsversuchen (VANDERBROEK) kein Zweifel darüber bestehen, daß die Entodermbildung durch Einstülpung von Zellmaterial am Hinterrand der Keimscheibe erfolgt. Die Abbildung 194 zeigt die Lage der präsumptiven Organbezirke auf der Keimscheibe von *Scyllium*. Das unter der halbkreisförmigen Linie X liegende Zellmaterial wird invaginiert und bildet embryonales Ento- und Mesoderm. Die Invagination führt zur Bildung einer Gastralhöhle. Sie erfolgt nicht nur in der Mitte des Hinterrandes der Keim-

Abb. 193 Zwei verschieden alte Embryonen vom Katzenhai, *Scyllium canicula*. Beachte die Verkleinerung des Dottersackes entsprechend dem Verbrauch von Nähr- und Aufbaumaterial. (Orig.)

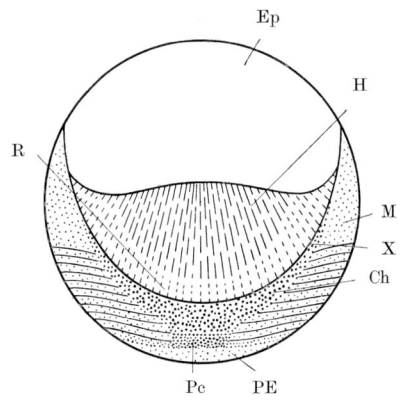

Abb. 194 Präsumptive Organbezirke (prospektive Bedeutung der Keimbezirke) auf der Keimscheibe von *Scyllium canicula* kurz vor Beginn der Einstülpung (nach VANDERBROEK).
Ch = Chorda, Ep = Epidermis, H = Hirn, Pc = Prächordalplatte, PE = prächordales Entoderm, R = Rückenmark, M = Mesoderm, X = Einstülpungsgrenze.

scheibe, sondern greift auch auf die seitlichen Teile des Hinterrandes über. Das Gebiet der Gastralhöhle ist im Oberflächenbild der Keimscheibe sichtbar. Dieser Bezirk entspricht der Anlage des Embryonalkörpers. Die seitlich anschließenden, verdickten Bezirke des Blastodermrandes werden als *Randwülste* (Abb. 195) bezeichnet. Vom embryonalen Entoderm sondern sich tiefe Zellmassen (Abb. 196) ab, welche zur Dottersackbildung beitragen und während des Invaginationsprozesses nach vorn und seitlich abgedrängt werden. An der Bildung dieses außerembryonalen Entoderms scheinen also Abspaltungsprozesse (Delamination) beteiligt zu sein (PETER 1941).

Von besonderer Bedeutung ist die Feststellung, daß bei Holocephalen (*Chimaera*, DEAN 1906) und scheinbar auch bei *Squalus* (C. K. HOFFMANN 1896) eine echte Gastrocoelbildung vorkommt. Bei *Chimaera* (Abb. 192) kommt es noch im Bereich der zelligen Keimscheibe zu einer Blastoporusbildung, die nach außen offen ist. Mit dem nun einsetzenden raschen Flächenwachstum der Keimscheibe wird der Blastoporus kurz nach seinem Erscheinen wieder zum Verschluß gebracht. Das geschlossene Gastrocoel vergrößert sich und fließt mit den Spalträumen

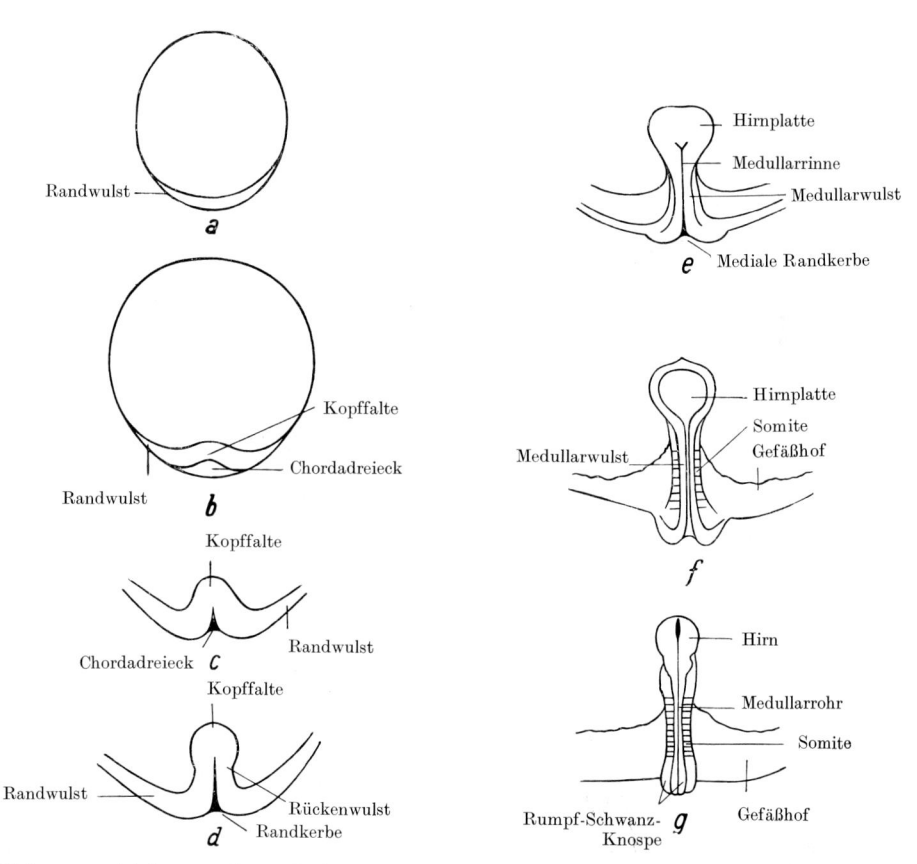

Abb. 195 Sieben verschiedene, aufeinanderfolgende Stadien der Embryobildung von *Scyllium canicula* in Totalansicht. Erklärung im Text. (Nach KOPSCH)

der Furchungshöhle zusammen. Am Caudalende der Keimscheibe bildet sich die Embryonalanlage in ganz ähnlicher Weise wie bei den übrigen Knorpelfischen aus. Auch bei *Squalus* sind Anzeichen einer echten Blastoporusbildung beschrieben worden. Doch erfolgt bei dieser Form die Invagination am Rande der Keimscheibe, so daß das Gastrocoel nach unten hin vom ungefurchten Dotter begrenzt wird.

HOFFMANN (1896) wies bei *Squalus* eine deutliche Gastrocoelbildung mit weitem Blastoporus nach, dessen Ränder bald verkleben. Die nun völlig geschlossene Urdarmhöhle dehnt sich zwischen Keimscheibe und Dotter aus. Aus den verlöteten Urmundlippen entsteht die Anlage des Embryonalkörpers. Der embryonale Darm entwickelt sich spät als sekundäre Bildung vom hinteren Blastodermrand aus. Die Bildung des Embryonaldarmes ist also nicht der Urdarmbildung gleichzusetzen, sie ist eine Pseudoinvagination. Bei *Pristiurus*, *Scyllium* und *Torpedo*, den meistuntersuchten Formen, ist die Gastrocoelbildung ganz unterdrückt. Demnach kann bei diesen Formen die Urdarmbildung nicht mit einem echten Gastrulationsvorgang verglichen werden.

Wir können also auch bei Knorpelfischen zwei grundsätzlich verschiedene Prozesse unterscheiden: a) die Invagination, welche zur Bildung eines Gastrocoels durch Einstülpung führt, und b) die Embryonalkörperbildung, welche im Gebiet der Blastoporuslippen relativ frühzeitig beginnt und den vorzeitigen Schluß des Blastoporus verursacht und eine weitergehende Invagination verhindert (s. VEIT 1922/23). Bei den meisten rezenten Elasmobranchiern hat sich der Prozeß der Embryobildung mehr und mehr in den Vordergrund geschoben und das ursprüngliche Bild weitgehend verdeckt. Reste der ventralen Urmundlippe lassen sich am Boden des Urdarmes nachweisen. Damit entfällt die Möglichkeit, den Umwachsungsrand als Urmund zu deuten (ZIEGLER, O. HERTWIG).

Mit der Ausdehnung der Gastralhöhle entsteht unter dem *Randwulst* um die hintere Hälfte der Keimscheibe eine Rinne *(Sichelrinne)*, die recht flach bleibt und einen Umschlagsrand des Blastoderms bildet. Nach vorne zu verstreicht diese Rinne allmählich. Währenddessen breitet sich das Dotterentoderm aus dem Bezirk der Embryonalanlage nach vorn und seitlich aus und fügt sich zu einem geschlossenen Dotterblatt zusammen.

Bei der Betrachtung der ganzen Keimscheibe zeigt sich in jenem caudalen Randbezirk, der Bildungsort der Embryonalanlage ist, eine Einziehung, die *Randkerbe* (Abb. 195d, e). Vor dieser entsteht die Anlage des Zentralnervensystems als Verdickung im Ektoderm (Medullarplatte Abb. 195e, f, g). Schnittbilder derartiger Entwicklungsstadien lassen erkennen, daß jetzt auch die *Mesodermbildung* im Gange ist. Die mesodermalen Zellmassen schieben sich als einheitliche, zusammenhängende Schicht an jeder Körperseite vom Randwulst und vom Urdarmdach her zwischen Ekto- und Entoderm ein. Das Mesoderm bildet jederseits ein halbmondförmiges Areal. Die beiden Spitzen des Halbmondes blicken nach rostral. Auf vorne liegenden Querschnitten muß daher das Mesoderm jederseits zweimal getroffen sein. Im caudalen Bereich geht jedoch das axiale Mesoderm kontinuierlich in das Randwulstmesoderm über. Die Differenzierung des Nervensystems, der Chorda und des Mesoderms bietet keine grundsätzlichen Besonderheiten und kann hier übergangen werden. Doch muß eine weitere Frage, die sich auf die Bildung des Embryonalkörpers bezieht, kurz erwähnt werden.

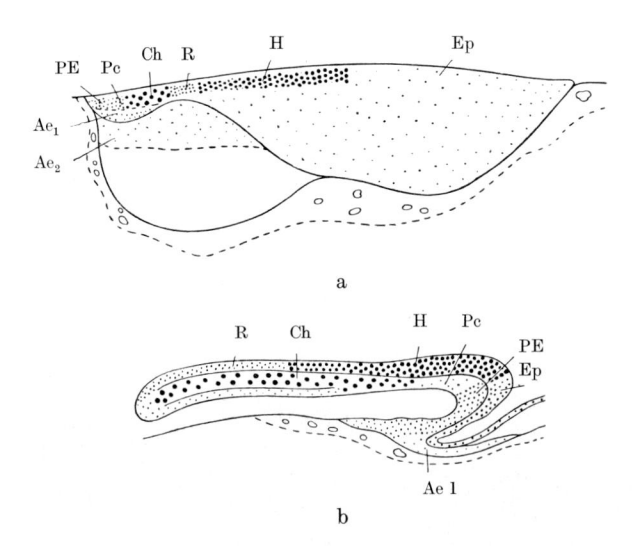

Abb. 196 Medianschnitte von verschieden alten *Scyllium*keimen. (Nach VANDERBROEK).
a) Kurz vor Beginn der Einstülpung. b) Vier Tage nach der Gastrulation.
Ae 1 und 2: außerembryonales Entoderm. Übrige Erklärungen wie in Abbildung 189.

Abb. 197

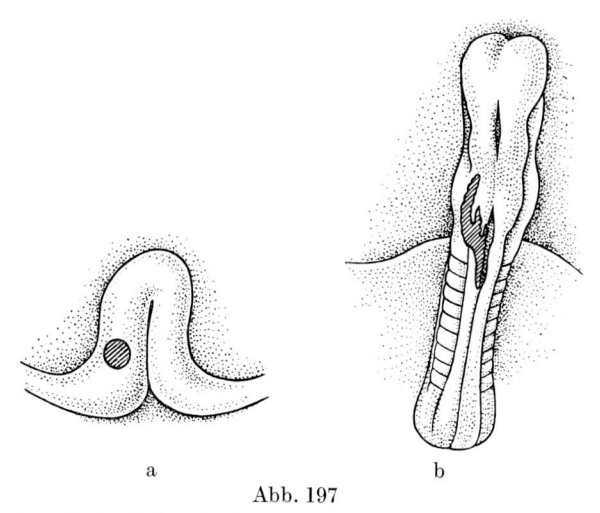

a) Anbringung einer Farbmarke im linken Rückenwulst eines jungen *Scyllium*keimes.
b) Form und Lage der Marke nach vier Tagen. Der Embryo zeigt äußerlich 10 Somite und Beginn der Schwanzknospenbildung. (Nach KOPSCH).

Betrachtet man eine Reihe aufeinanderfolgender Entwicklungsstadien eines Haifisches, wie sie etwa in Abbildung 195 dargestellt sind, so drängt sich die Vorstellung auf, daß sich bei der Bildung des Embryonalkörpers das Material des Randwulstes Schritt für Schritt in der Mittellinie zusammenlegt, daß also der Embryo um so viel in die Länge wächst, wie gleichzeitig der Umfang des Randwulstes abnimmt. Danach müßten die Abschnitte des Randwulstes um so weiter nach vorne im Embryo zu liegen kommen, je näher sie dem Mittelpunkt des Hinterrandes waren (VIRCHOW).

Diese Konkreszenzlehre behauptet also, daß der Embryonalkörper gewissermaßen durch Verschmelzung von zwei ursprünglich getrennten Hälften entstehe. Diese Lehre wurde von namhaften Forschern (BALFOUR, HIS 1877, MINOT u. a.) zäh verteidigt, während andere Autoren sich von vornherein skeptisch verhielten (H. VIRCHOW, KOPSCH u. v. a.). Eine Klärung wurde für Selachier durch KOPSCH (1950) herbeigeführt. KOPSCH arbeitet mit Farbmarkierungen und elektrolytischen Marken an *Scyllium canicula*. Das Ergebnis ist kurz folgendes: Eine *Längsverwachsung im Sinne einer Konkreszenz kommt nicht vor*. Abbildung 192 zeigt ein Beispiel für einen der Versuche von KOPSCH. Einem jungen Scylliumkeim wurde eine Nilblausulfatmarke etwa in die Mitte des „Rückenwulstes" appliziert. Nach 4 Tagen zeigt die Marke das Aussehen der Abbildung 197 b. Die Marke liegt im Gebiet des Rautenhirnes. Das präsumptive Material dieses Körperabschnitts muß also zur Zeit der Markierung an der Stelle gelegen haben, die markiert wurde. Die Längsstreckung der Marke zeigt direkt das Längenwachstum des markierten Zellmateriales an. Das Kopfgebiet ist vor der Marke ausgewachsen, das auf die Marke caudal folgende Gebiet stellt eine Wachstumszone für Rumpf und Schwanz dar. Zahlreiche derartige Versuche lassen ohne weiteres eine exakte Analyse der Wachstums- und Bildungsvorgänge am Embryonalkörper zu. Dabei zeigt sich, daß der Embryo durch Längsstreckung wächst, und zwar hauptsächlich von der Wachstumszone für Rumpf und Schwanz aus nach caudalwärts. Daneben wächst auch der Kopfabschnitt aus sich heraus (intussuszeptionell). Eine schrittweise Einbeziehung des Randwulstes in den Bestand des Embryonalkörpers kommt nicht vor.

b) Teleostei: Knochenfische

Die Furchung der Knochenfische ist meroblastisch (s. S. 108). Der Dotter bleibt von einem Dottersyncytium umhüllt, die Keimscheibe sitzt dem recht kleinen Ei oberflächlich auf. Dabei bleiben tiefe Blastomeren noch sehr lange mit dem Dottersyncytium im Zusammenhang, besonders in den Randzonen der Keimscheibe *(Periblast = Dottersyncytium)*. Der Periblast wächst durch mitotische Zellteilungen vom Blastoderm aus. Er beteiligt sich nicht am Aufbau des Embryonalkörpers, sondern hat eine Bedeutung für die Assimilation des Dotters. Der Periblast ist also eine kernhaltige, nicht zellig gegliederte Plasmazone, die das Blastoderm umgibt und sich als dünner Belag über den Boden der Furchungshöhle hinzieht (Abb. 105). Zwischen Blastoderm und Periblast liegt die Furchungshöhle.

Nun bilden die Knochenfische (s. Anhang) eine außerordentlich umfangreiche Gruppe recht heterogener Formen. Bisher ist aber lediglich die Ontogenese weniger Einzeltypen genauer bekannt. Viele

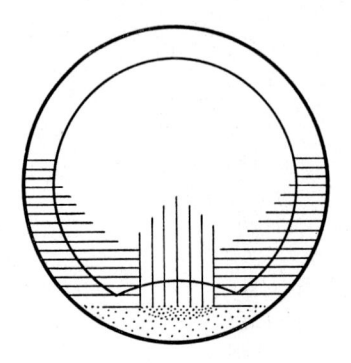

Abb. 198 Präsumptive Organanlagen (prospektive Bedeutung) bei einem Knochenfisch (*Fundulus*). (Nach OPPENHEIMER).
Senkrecht schraffiert = Zentralnervensystem. Horizontal schraffiert = Mesoderm. Grob punktiert = Entoderm. Fein punktiert = Chorda.

Die *Entodermbildung* bei Teleosteern ist nicht so klar wie bei Knorpelfischen zu überblicken. So wird im Schrifttum sowohl Entodermbildung durch Abspaltung (Delamination) als auch durch Invagination angegeben. Farbmarkierungen an der Forelle (PASTEELS 1936) und bei *Fundulus* (OPPENHEIMER 1936) ergaben übereinstimmend, daß das Entoderm und die Chorda im hinteren Bereich der Keimscheibe nach innen eingestülpt werden. Abbildung 198 zeigt die Lage der präsumptiven Organbezirke, die bei Knorpelfischen und Amphibien ähnlich angeordnet sind. Seitlich nach rostral schließt sich das Feld des *Mesodermmateriales* an. Dieses Feld verschmälert sich nach vorne. Die Mesodermbildung erfolgt also durch Einwanderung am Keimscheibenrand. Gleichzeitig verdünnt sich das Blastoderm und schiebt sich über den Dotter vor. Nur in der Randzone bleibt das Blastoderm verdickt *(Randwulst, Randring)*. Am Caudalende geht der Randwulst in die Embryonalanlage über. KOPSCH (1904) hat in sehr sorgfältigen Untersuchungen für die Forelle festgestellt, daß der Embryonalkörper nach hinten auswächst, wobei Randringmaterial zum Aufbau ventraler Körperteile herangezogen wird. Auch hierbei kommt eine Nahtbildung im Sinne der Konkreszenzlehre nicht vor. Der Kopf wächst selbständig aus Zellen des hinteren Keimscheibenbezirkes aus. Es besteht also auch bei der Forelle ein gewisser Gegensatz in der Entstehung von Kopf einerseits, Rumpf-Schwanz-Gebiet andererseits. Gleichzeitig wird der Dotter umwachsen, indem der Randring sich exzentrisch über den Dotter vorschiebt, und zwar beschreibt dabei diejenige Stelle, die der Embryonalanlage gerade gegenüber liegt, den längsten Weg (Abb. 199). Die Untersuchung anderer Knochenfische hat jedoch erwiesen, daß diese Entwicklungsvorgänge auch anders ablaufen können. Solche Unterschiede bestehen im Zeitpunkt des Auftretens der Embryonalanlage und in der Art der Dotterumwachsung. Diese ist beispielsweise beim Stichling (*Gasterosteus*) und bei *Gobius* wenig exzentrisch. Vor allem aber sind die Be-

Widersprüche in den Angaben verschiedener Autoren erklären sich zweifellos dadurch, daß Befunde an einer Spezialform für die ganze Gruppe verallgemeinert wurden. Gewiß besteht Übereinstimmung in wesentlichen Grundvorgängen, doch weichen die Ontogeneseabläufe in Einzelheiten weit voneinander ab. Bereits die Beschaffenheit des Dotters (Qualität, Quantität, Relation Dotter-/Plasmamenge, Dotterverteilung, Plasmabeschaffenheit) bietet erhebliche Unterschiede und beeinflußt die späteren Entwicklungsvorgänge. So bestehen sicher große Unterschiede im Vorkommen einer Nachfurchung. Diese ist bei der Forelle (KOPSCH) recht früh abgeschlossen, hält aber bei anderen Formen (Lophobranchier) bis in späte Entwicklungsstadien an. Die oberflächliche Zellage des Blastoderms ordnet sich zu einem epithelartigen Verband (Abb. 105), die Furchungshöhle ist meist prall mit Flüssigkeit gefüllt und kann vor der Embryonalanlage blasenartig vorgewölbt sein (*Coregonus*).

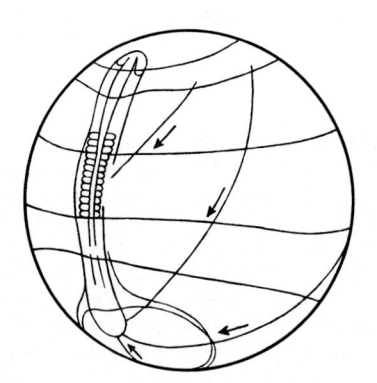

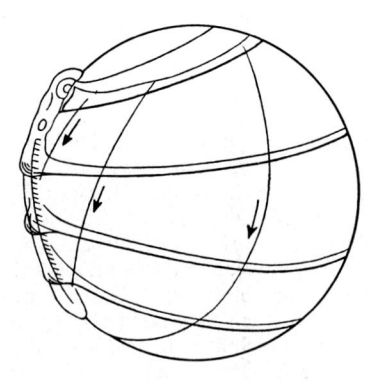

Abb. 199 Schema der Umwachsung des Forelleneies in schräger Seitenansicht und im Profil. Die Pfeile bezeichnen die von den betreffenden Punkten des Randringes zurückgelegten Wegstrecken. (Nach KOPSCH 1904).

ziehungen der Embryonalanlage zum Randring sehr wechselnd. Bei *Batrachus tau, Gymnarchus, Ameiurus* (ASSHETON, REIS u. a.) kann sich die Embryonalanlage völlig vom Randring lösen (Abb. 200). Embryonalanlage und Umwachsungsrand sind also völlig getrennt, und damit ergeben sich auffallende Anklänge an die Verhältnisse bei Amnioten. Erst spät kann dann das auswachsende Schwanzende des Embryos den Umwachsungsrand wieder erreichen. Dotterumwachsung und Embryobildung sind also unabhängig voneinander.

In diesem Zusammenhang sei auf eine sehr eigenartige Bildung im Bereiche des Enddarmes bei Knochenfischen hingewiesen. Bei Salmoniden tritt im Entoderm eine Blase auf *(Kupffersche Blase)*, und zwar unter dem caudalen Bereich der Chorda dorsalis. Diese ist ringsum zellig begrenzt, bei marinen Teleosteern jedoch oft nach dem Boden zu nicht zellig geschlossen. Diese KUPFFERsche Blase kann bei einigen anderen Formen (*Muraena*, BOEKE) als deutlich offene Invagination entstehen. Sie steht andererseits in enger Beziehung zur Einwucherung des Darmepithels. Daraus können wir mit SOBOTTA (1898) die Schlußfolgerung ziehen, daß die KUPFFERsche Blase völlig mit dem Urdarm der Knorpelfische übereinstimmt und als Teil des Gastrocoels aufgefaßt werden muß. Bei den meisten Fischen erfolgt die Gastrulation in Form einer soliden Einwucherung, die sich später zu einer geschlossenen Blase aushöhlt. Völlig unbekannt ist der Grund, warum sich gerade dieser eigenartige Abschnitt des Urdarmes in so regelmäßiger Weise ausbildet und ob ihm evtl. eine besondere Bedeutung bei der Dotterassimilation zukommt.

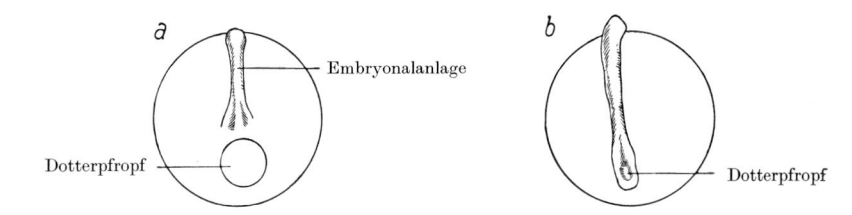

Abb. 200 Embryonalanlage des Zwergwelses (*Ameiurus nebulosus*). (Nach REIS 1910).
a) Das Caudalende der Embryonalanlage hat den Kontakt mit dem Umwachsungsrand völlig verloren.
b) Sekundär erreicht das Caudalende der Embryonalanlage wieder den Umwachsungsrand und umgreift den Dotterpfropf in typischer Weise.

V. Die erste Entstehung von Blut und Blutgefäßsystem. Mesenchymdifferenzierung

Ist der junge Keim so weit differenziert, daß die wichtigsten Embryonalorgane angelegt sind, so muß sich unbedingt ein Gefäßsystem, bestehend aus Gefäßbahnen, Blut und Motor, ausbilden, damit die für den weiteren Aufbau und das rapide Wachstum nötigen Nutz- und Nährstoffe, die zunächst aus dem Dotter entnommen werden, verteilt und ausgenützt werden können. Das Gefäßsystem muß also nicht nur früh entstehen, sondern auch notwendigerweise frühzeitig seine Funktion aufnehmen. Die Ausbildung und Inbetriebnahme dieses Kreislaufsystems wird im einzelnen wieder stark durch Menge und Beschaffenheit des Dotters beeinflußt. Wir wollen daher zwei extreme Typen, Amphibien und Vögel, als Beispiel herausgreifen und getrennt besprechen. Auf die Verhältnisse bei Säuger und Mensch wird später zurückzukommen sein. Bei diesen Formen führt die besondere Art der Brutpflege (Placentation) zur Ausbildung von Stoffaustauschorganen zwischen Mutter und Fet. Dadurch werden Besonderheiten in der Entwicklung des Gefäßsystems notwendig werden.

1. Blut- und Gefäßbildung bei Amphibien

Zunächst muß betont werden, daß Blutzellen und Zellen der primären Gefäßwand (Endothelzellen) allgemein aus der gleichen Anlage hervorgehen. Bei der Betrachtung des Gefäßsystems ist scharf zwischen der primären Gefäßwand, die ausschließlich durch das Endothelrohr dargestellt wird, und allen sekundären Zutaten, der sekundären Gefäßwand (Muskulatur, Elastica usw.) zu unterscheiden. Die Ausbildung der sekundären Gefäßwand erfolgt zum großen Teil unter Mitwirkung haemodynamischer, also funktioneller Faktoren (Blutdruck).

Bei Amphibien werden die ersten Gefäßanlagen als Blutstränge im ventralen Körperbereich zwischen Darmboden und Splanchnopleura sichtbar. Die Herkunft dieser mesenchymartigen Zellen kann aus der Betrachtung von Schnittpräparaten nicht erkannt werden. Experimentelle Untersuchungen haben gezeigt, daß die Zellen dieser Blutanlage relativ früh determiniert und an die sich ausbreitenden, freien vorderen ventralen Ränder des Seitenplattenmesoderms gebunden sind. Die Anlage hat also zunächst paarigen Charakter. Schiebt sich nun das Mesoderm nach rostral vor, so schließen sich die Mesodermränder allmählich von caudal nach cranial fortschreitend zusammen. Aus dem caudalen, früh unpaaren Bezirk (*Blutinsel*) entstehen im wesentlichen Blut und Gefäßwand, während die cranialen Teile des Mesodermrandes die präsumptive Herzanlage enthalten. Exstirpiert man die Blutinsel auf dem Neurulastadium (SLONIMSKI), so kann man erythrocytenfreie Kaulquappen erzeugen. Andererseits differenzieren sich in Explantaten der Blutinsel haemoglobinhaltige Erythrocyten. Die Blutinsel ist also im Neurulastadium zur Selbstdifferenzierung fähig (Abb. 201).

Blutzelle und Endothelzelle sind aus der gleichen Anlage hervorgegangen. In dem zunächst soliden Zellaggregat behalten die peripher gelegenen Zellen einen engen Zusammenhang, sie werden Gefäßwandzellen. Die zentral gelegenen Zellen verlieren ihren Zusammenhang, lösen sich voneinander und werden in das sich bildende Blutplasma abgeschwemmt.

Herzentwicklung der Amphibien

Das Herz entsteht prinzipiell in gleicher Weise wie die übrigen Gefäße. Entwicklungsgeschichtlich kann man das Herz als eine Strecke der allgemeinen Gefäßbahn auffassen, deren sekundäre Gefäßwand durch besondere Differenzierung (Myokard = Herzmuskelgewebe) gekennzeichnet ist. Die zunächst paarige Herzanlage schließt sich bei Amphibien sehr schnell zu einem unpaaren Schlauch ventral in der Mittellinie zusammen (Abb. 202). Dieser Zusammenschluß erfolgt bei Anuren sehr viel rascher als bei Urodelen. An der Stelle, wo der Endothelschlauch die Splanchnopleura berührt, verdickt sich diese zum myoepikardialen Mantel. Er bildet das Myo- und Epikard (Abb. 202), die sekundäre Gefäßwand des Herzens. Gleichzeitig fließen die paarigen Coelomhälften zur Bildung der Herzbeutelhöhle (Abb. 202) zusammen. Der caudale Teil der Gefäßanlage, etwa im Gebiet zwischen Herz und After, hat inzwischen die große Darmsammelvene (Vena subintestinalis) aus sich hervorgehen lassen, welche von caudal her in das Herz einmündet. Auch im übrigen Körper entstehen weitere Gefäßbahnen in loco. Am Vorderende des Herzschlauches entwickeln sich die zuführenden Kiemengefäße, welche in die Kiemenbogenarterien übergehen. Aus diesen sammeln sich

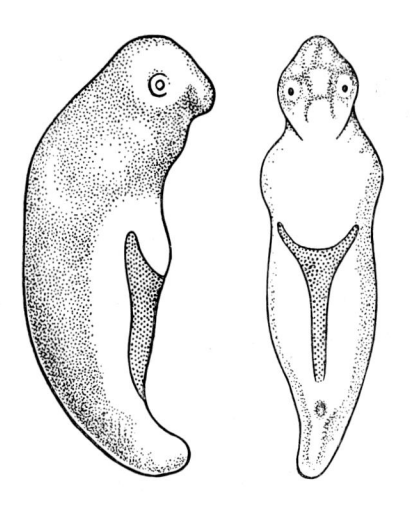

Abb. 201 Lage, Form und Ausdehnung der ventralen Blutinsel (punktiert) bei einer jungen Axolotllarve. Darstellung mit der Benzidinreaktion (nach SLONIMSKI 1931).

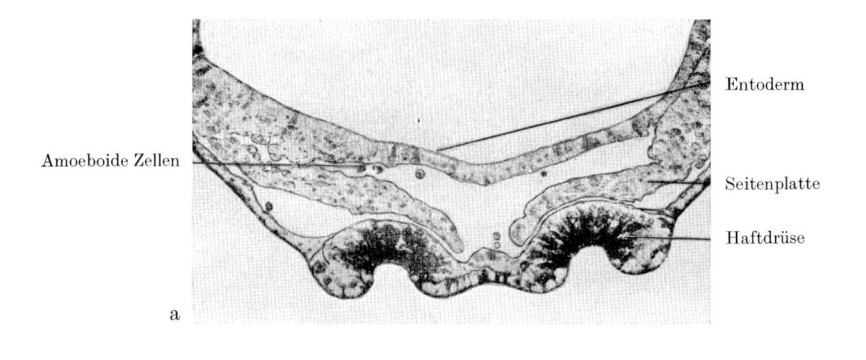

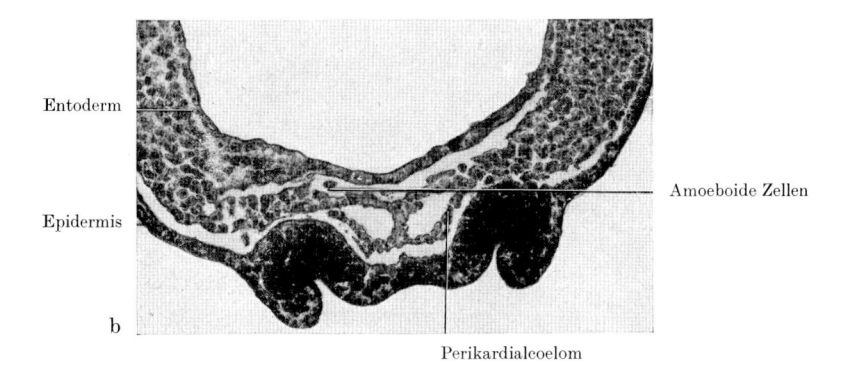

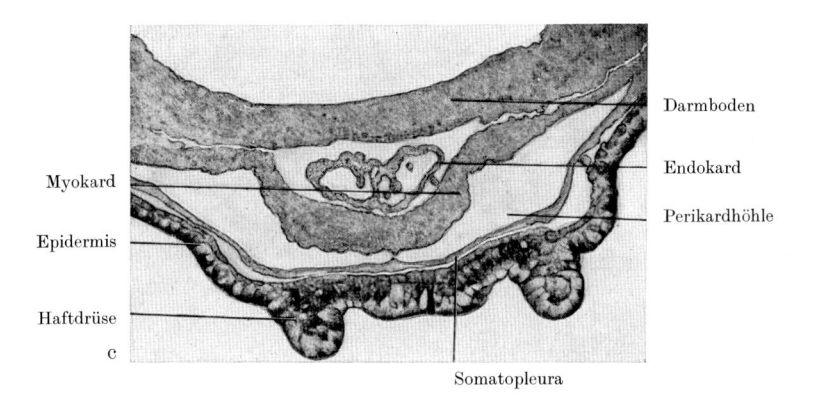

Abb. 202 Verschiedene Stadien der Herzentwicklung bei *Rana temporaria*. Querschnitte durch die ventrale Rumpfregion. (Orig.)

a) Amoeboide Zellen zwischen Darmboden und Ventralwand der Seitenplatten. In dieser Gegend noch kein Coelomspalt.

b) Perikardialcoelom gebildet. Amoeboide Zellen zwischen Darmboden und Splanchnopleura.

c) Wanderzellen haben sich zum Endokardschlauch zusammengeschlossen. Rechtes und linkes Coelom sind soeben vereinigt. Splanchnopleura als myoepikardialer Mantel verdickt.

paarige dorsale Gefäße, die nach caudal umbiegen, zwischen Darm und Achsenskelet schwanzwärts verlaufen und sich in der Mittellinie zur unpaaren Aorta vereinigen. Aus ihr entspringen die Darm-Dotter-Arterien. Damit ist zunächst ein primäres und funktionsfähiges Kreislaufsystem geschaffen, das charakteristischerweise enge Beziehungen zum Darm aufweist und einen ersten Stofftransport im Embryonalkörper ermöglicht.

Wenn wir zuvor festgestellt hatten, daß die Herzanlage bei Amphibien außerordentlich früh determiniert ist, so bedarf diese Feststellung einer gewissen Einschränkung. Die Zellen des ventromedialen Mesodermgebietes sind zwar frühzeitig bestimmt, Herz zu bilden, doch liegt zunächst noch nicht fest, welche Herzabschnitte aus den einzelnen Zellen gebildet werden. Die Form der Herzanlage ist also noch regulationsfähig. Verhindert man, daß sich die paarigen Herzanlagen zusammenschließen, indem man eine indifferente Trennungswand zwischen beide Anlagen einschiebt, so bildet jede Hälfte ein ganzes Herz (Abb. 203). Jede Hälfte besitzt also die Potenz, ein Ganzes entstehen zu lassen. Die Analogie zum Ganzkeim (eineiige Zwillinge) liegt auf der Hand. Durch wiederholte Ausführung des gleichen Eingriffes können Keime mit vier, fünf und mehr ganzen Herzen erzeugt werden. Schneidet man ein großes mediales Keilstück aus der Herzanlage aus und fügt die Resthälften aneinander, so bildet sich ein normalgeformtes Herz. Umgekehrt fügt sich eine Herzanlage, die man zusätzlich mitten zwischen die paarigen Anlagen eines Keimes einpflanzt, ins Ganze ein. Es entsteht nur ein Herz, das allerdings größer ist als das normale. Verpflanzt man eine Herzanlage in eine fremde Körperregion, so differenziert sich diese zwar, bildet aber eine atypische Form aus. Umgebungseinflüsse (Entoderm) sind demnach für die normale Herzgestaltung nötig. Explantiert man Zellen der undifferenzierten Herzanlage in die Gewebekultur, so kann man eine pulsierende Zellmasse ohne typische Form erhalten (OLIVO, GOERTTLER). Die Befunde zeigen, daß jedenfalls in der Embryonalzeit eine rhythmische Herztätigkeit ohne Regulierung durch das Nervensystem möglich ist.

2. Erste Entwicklung von Gefäßsystem und Blut bei Vögeln

Der Ontogeneseablauf des Vogelkeimes ist gegenüber den Verhältnissen bei Amphibien durch die außerordentliche Zunahme der Dottermasse modifiziert. Setzen wir dies in Rechnung, so werden auch die Abweichungen in der Entwicklung von Blut und Gefäßsystem bei Meroblastiern verständlich. Im frischgelegten Hühnerei hat die Keimscheibe den Dotter noch nicht umwachsen. Erst ganz allmählich schiebt sich der Keimscheibenrand über den Dotter vor und bildet eine Dottersackwand. Wenn nun beim Amphibienkeim die ersten Blutanlagen im ventrolateralen Mesodermrand auftreten, so sind dieselben beim Vogel im freien Mesodermrand im extraembryonalen Gebiet zu erwarten. Man kann sich die Verhältnisse beim Vogelei verdeutlichen, wenn man sich vorstellt, daß der Mesodermmantel der Amphibienlarve von ventromedial her nach dorsal aufgeklappt und in eine Ebene ausgebreitet ist.

Während sich also beim Amphib die ventralen Mesodermränder von hinten nach vorne zum unpaaren Blutstrang zusammenschließen und die Herzanlagen sich anschließend vereinigen, schieben sich beim Vogel die Mesodermränder immer weiter über den Dotter vor. Statt einer unpaaren, ventromedian gelegenen Sammelvene entsteht der Randsinus (Sinus terminalis) im Mesoderm des Umwachsungsrandes. Zu einer Vereinigung der paarigen Anlagen kommt es beim Vogel zunächst nur im Herzbereich. Dieses wird dadurch möglich, daß hier das Kopfende des Embryos frei vorwächst und damit ein ge-

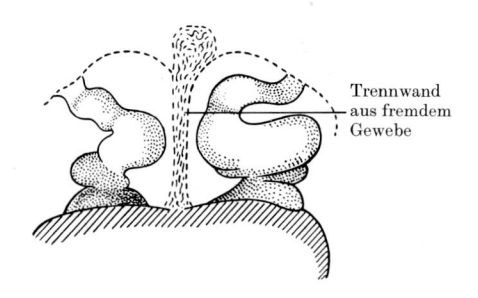

Abb. 203 Bildung von zwei vollkommen ausgebildeten Herzanlagen beim Amphibienkeim nach Einschiebung einer Trennwand in die erste Herzanlage (nach EKMAN 1925).

schlossener Vorderdarm vom Dottersack abgefaltet wird.

Vorher aber sind schon die ersten Anlagen des Gefäßsystems in Form von „Blutinseln" im Bereich des dunklen Fruchthofes zwischen Entoderm und Mesoderm sichtbar geworden. Auch beim Vogel sind Blut- und Gefäßzellen die ersten Zellen, die funktionsfähig werden. Diese Blutinseln erscheinen zunächst caudal der Embryonalanlage. Die ersten Zellen der Blutanlagen entstammen wahrscheinlich dem Primitivstreifengebiet und wandern als amoeboide Elemente in die Splanchnopleura ein. Einseitige Zerstörung des Primitivstreifens führt zu Defekten der Blutinseln auf der betroffenen Körperseite (HAHN 1909). Sehr schnell dehnt sich das Gebiet der Blutinseln seitlich der Embryonalanlage nach rostralwärts aus und bildet so einen Gefäßhof (Area vasculosa, Area opaca Abb. 166, 167). Am zweiten Bebrütungstag wird beim Hühnchen bereits Haemoglobin gebildet. Die Blutinseln sind als rote Flecke auf dem Eidotter, durch die oberflächlichen Schichten durchscheinend, sichtbar. Nun schließen sich die Blutinseln zu netzartigen Strängen zusammen. Lateral hört der Gefäßhof mit einer scharfen Grenze (Sinus terminalis) auf. Der Randsinus entsteht nicht durch Konfluieren von Blutinseln, sondern als selbständige blutfreie Gefäßanlage, ähnlich wie die Gefäßbahnen im Embryonalkörper (RÜCKERT). Die Gefäße wachsen mehr und mehr medialwärts auf den Embryonalkörper zu (innere und äußere Zone der Area vasculosa) und erreichen den Embryo im Gebiet der vorderen Darmpforte dort, wo die Kopfanlage sich über die Unterlage abhebt. Hier schließen sich die extraembryonalen Gefäße an das caudale Ende des Herzschlauches an (späterer Sinus venosus). Auch im Inneren des Embryonalkörpers sind inzwischen in loco Gefäße (dorsale Aorten, Kiembogengefäße) entstanden. Ist der Anschluß der ersten extraembryonalen Gefäße an das Herz hergestellt, so setzen auch bereits die ersten Kontraktionen (Hühnchen: 5–6-Somiten-Stadium) ein. Sie sind zunächst noch unregelmäßig und werden allmählich rhythmisch. Damit wird ein sehr wichtiger morphogenetischer Faktor für die Ausbildung des Gefäßsystems, nämlich die Blutströmung, wirksam. Das Herz saugt Flüssigkeit auf der Caudalseite an und treibt sie rostral aus. Die Hauptgefäße modellieren sich nun unter haemodynamischen Einflüssen aus dem zunächst uniformen, diffusen Gefäßnetz heraus. Bevorzugte Hauptbahnen weiten sich zu großen Gefäßstämmen aus, während Nebenbahnen die primäre Struktur bewahren (EVANS, GÖPPERT). Dieser primäre Bau der Gefäßwand ist aber der des einfachen Endothelrohres, d. h. das Gefäß besitzt im Prinzip den Bau der Blutkapillare, die daher als Grundform jeder Gefäßbahn angesehen werden kann.

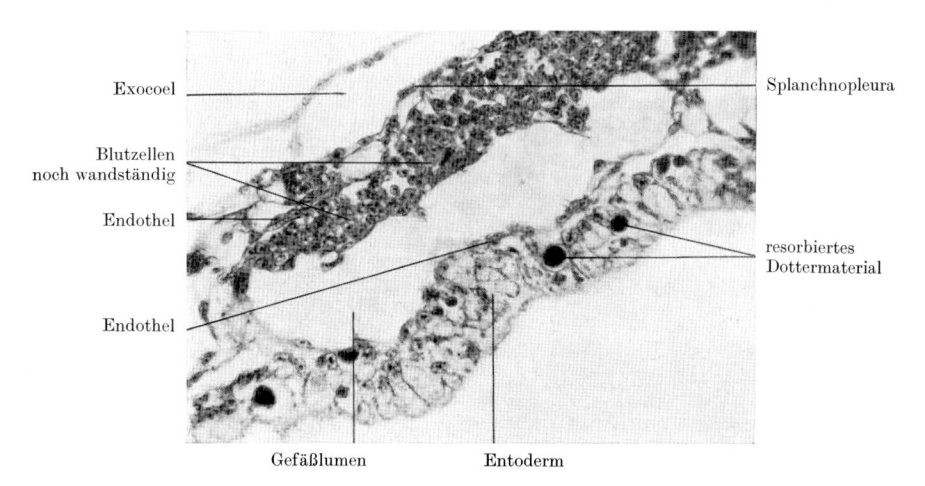

Abb. 204 Querschnitt durch den Gefäßhof einer 48 Stunden bebrüteten Hühnerkeimscheibe caudal des Primitivstreifens. Die Gefäßanlagen bekommen eine Lichtung. Blutzellhaufen noch an der Wand des Endothelrohres. (Orig.)

Die Ausdifferenzierung der Blutinseln erfolgt in der für Amphibien beschriebenen Weise. Die außen liegenden Zellen bilden die endotheliale Gefäßwand, innen gelegene Zellen werden zu Blutzellen. Letztere entstehen also von vorneherein intravaskulär. Die kompakten Zellhaufen (Abb. 204) in den Gefäßanlagen werden durch Bildung des Blutplasmas aufgelockert, die Zellen werden frei. Allerdings gilt diese Art der Blutzellbildung nur für das periphere extraembryonale Gebiet. Im Inneren der Embryonalanlage entstehen Gefäßanlagen, ohne daß es hier gleichzeitig zur Bildung von Blutzellen kommt. Die Blutzellbildung ist bei Vögeln und Säugern zunächst an den Kontakt des Bildungsmaterials mit extraembryonalem Entoderm gebunden. Offensichtlich bilden sich Blutzellen noch relativ spät aus proliferierenden Endothelknospen. Die spezielle Differenzierung der Blutzellen soll im zweiten Teil besprochen werden.

Das embryonale Herz der dotterreichen Vogelkeime hat schon früh eine enorme Arbeit zu leisten. Es ist nicht nur der Kreislauf im Embryonalkörper selbst zu bewältigen, sondern das Blut muß durch das ganze Dottergefäßsystem, zu dem bald auch noch der Allantoiskreislauf hinzu kommt, bewegt werden. Diese Mehrleistung bedingt, daß das Herz relativ groß ist und sich ventralwärts weit vorbuckelt.

Dottersackkreislauf

Die ersten extraembryonalen Gefäßbahnen führen also Blut aus der Dottersackwand zum Embryo (Venae omphalomesentericae). Ein geschlossener Blutkreislauf wird jedoch erst gebildet, wenn das Blut vom Embryonalkörper zum Dottersack zurückströmen kann. Die entsprechenden Dotterarterien (Aa. omphalomesentericae = Aa. vitellinae) gehen von der Aorta ab und verzweigen sich in das Kapillarnetz in der Dottersackwand. Wir können also bei Sauropsiden mehrere Phasen in der Ausbildung des Dottersackkreislaufes unterscheiden (Abb. 205).

1. Aus einem zunächst diffusen extraembryonalen Gefäßnetz fließt das Blut über einen Randsinus (Sinus terminalis) und über paarige Venae omphalomesentericae zum Herzen. Arterien fehlen noch.
2. Zwei Arteriae omphalomesentericae treten als Äste der Aorta weit caudal der Dottervenen (Vv. omphalomesentericae ant.) auf. Damit ist ein *primärer Dottersackkreislauf* gebildet. Der Randsinus ist vorn im mesodermfreien Bezirk zwischen den beiden Vv. omphalomesentericae ant. noch nicht geschlossen (Abb. 205a). Die Aorten sind inzwischen als dorsale Längsstämme im Embryonalkörper gebildet worden (s. S. 551).
3. Die rechte vordere Dottervene bildet sich beim Hühnchen etwa am 3. Tag zurück und schwindet später völlig. Der Randsinus schließt sich vor der Embryonalanlage.
4. Die weitere Entwicklung ist durch Ausbildung sekundärer Venen (Abb. 205b) gekennzeichnet. Zunächst modelliert sich eine unpaare V. omphalomesenterica posterior (vitellina post.) aus dem diffusen Gefäßnetz aus. Dann treten paarige Begleitvenen der Aa. omphalomesentericae auf (V. omphalomesenterica dextra und sinistra). Diese liegen oberflächlich zu den Dotterarterien. Das Gefäßsystem ist zweischichtig geworden. Der *sekundäre* Dottersackkreislauf ist gebildet.

Mit zunehmendem Verbrauch des Dotters bildet sich der Dottersack zurück. Die Anfangsstücke der A. omphalomesenterica werden als A. mesenterica superior in den definitiven Kreislauf übernommen. Mit dem Schwund des Dottersackes tritt die Allantois mehr und mehr in den Vordergrund. Auch im Mesodermbelag dieses entodermalen Organs (s. S. 183) treten frühzeitig Gefäßanlagen und Blutinseln auf. Die Aa. allantoideae *(= Aa. umbilicales)* entspringen aus dem Caudalende der Aorta und gelangen mit dem Allantoisgang in den Nabelstrang. Auch die Vv. umbilicales sind zunächst paarig angelegt, doch bildet sich die rechte später zurück. Nachdem die Allantois mit dem Chorion verklebt ist (s. S. 183), können die Umbilicalgefäße das Chorion erreichen und vaskularisieren. Dieser Allantoiskreislauf wird mit zunehmendem Entwicklungsalter des Keimes immer bedeutungsvoller. Er verödet erst gegen Ende der Bebrütungszeit, wenn der Vogel die Schalenhaut durchtrennt und Luft atmen kann.

Beim Säuger ist der Allantoiskreislauf die Grundlage des Gefäßsystems der Placenta.

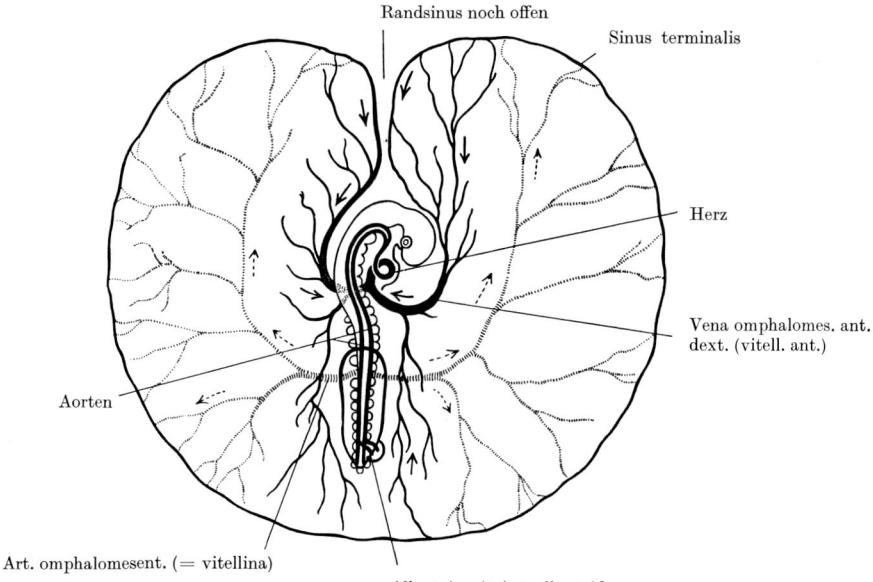

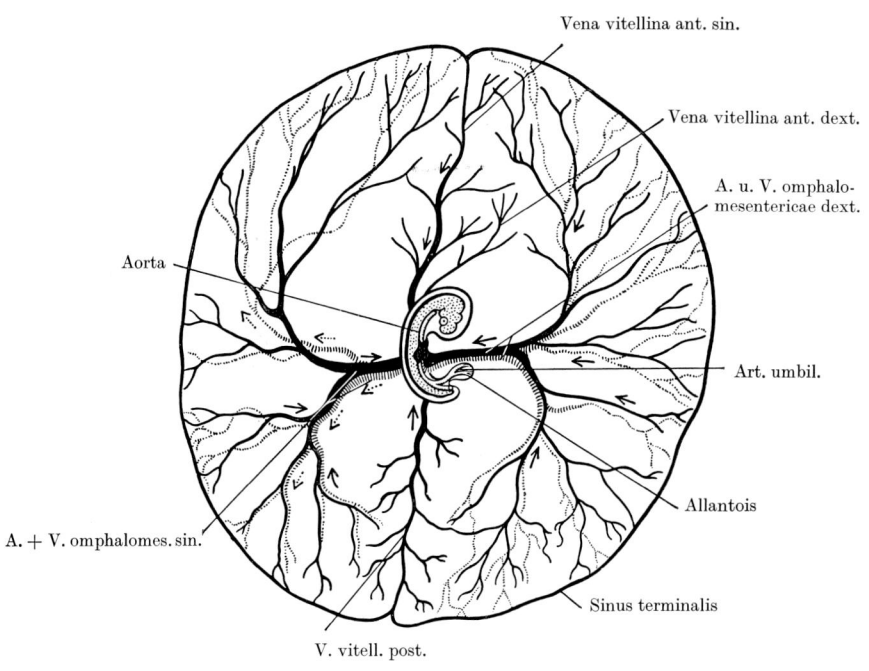

Abb. 205 Ausbildung des Blutkreislaufes beim Hühnerembryo.
a) Primärer Dottersackkreislauf. Paarige A. und V. omphalomesentericae ant. Beginn der Bildung des Allantoiskreislaufes. Symmetrische Ausbildung des Gefäßsystemes. Die Pfeile zeigen die Strömungsrichtung des Blutes an.
b) Sekundärer asymmetrischer Dottersackkreislauf. V. omphalomesenterica ant. dextra bleibt zugunsten der linken Vene im Wachstum zurück. Ausbildung einer Vena vitellina post.
c) Übersichtsphoto einer älteren Hühnerkeimscheibe. Ausbildung des Kreislaufes wie in b.

V. vitellina ant.

Kopfende des Embryos

Sinus terminalis

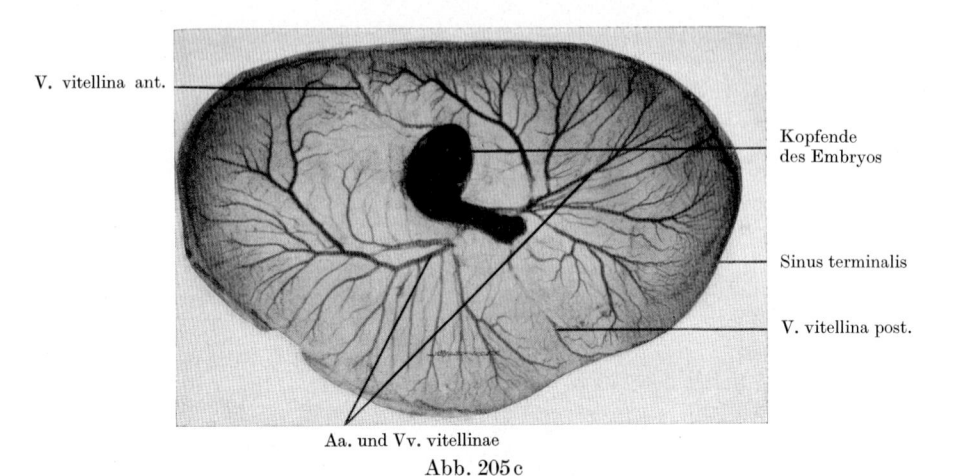

V. vitellina post.

Aa. und Vv. vitellinae
Abb. 205c

3. Mesenchymdifferenzierung

Wir haben gesehen, wie schrittweise Organanlagen aufgebaut werden und ihre typische Lage im Körper zueinander einnehmen. Es entstehen topographische Beziehungen, die in einer umfangreichen Organismengruppe immer wiederkehren, so daß wir alle diese Lebewesen zu einer großen taxonomischen Einheit „Wirbeltiere" zusammenfassen. Der Wirbeltierorganismus ist dadurch gekennzeichnet, daß dorsal im Körper ein Nervenrohr liegt; ventral davon folgt das Achsenskelet (Chorda dorsalis, Wirbelsäule), dann die Hauptgefäßbahn (Aorta). Im ventralen Rumpfbereich liegt der Darm, vom Coelom umschlossen. Die Rumpfmuskulatur findet sich seitlich in paariger Anordnung in der Leibeswand und ist dorsal zunächst sehr viel kräftiger entfaltet als ventral. Die ersten Bildungsvorgänge in der Ontogenese haben zum Aufbau einer derartigen typischen Organisation geführt. Abbildung 207 zeigt in der Gegenüberstellung von Querschnitten durch den Rumpf sehr verschiedenartiger Wirbeltierkeimlinge das Gemeinsame. Auch in der Organisation des Wirbeltierkopfes und der Gliedmaßen lassen sich derartige Baugesetzmäßigkeiten feststellen. Wir werden diese Körperregionen in den folgenden Kapiteln besprechen. Hier muß zunächst bemerkt werden, daß neben der Organisation und Formbildung zwei weitere Prozesse den Entwicklungsablauf bestimmen, Differenzierung und Wachstum. Differenzierung ist das Sichtbarwerden struktureller Verschiedenheiten im Baumaterial des Organismus, also das Auftreten verschiedenartiger *Gewebe*. Wie schon erwähnt, geht der sichtbaren Differenzierung eine unsichtbare Festlegung des künftigen Geschicks voraus, die Determination. Die Analyse der Differenzierungsprozesse über das Beschreibende hinaus, vorstoßend zu den kausalen Mechanismen, ist Aufgabe der experimentellen Histologie. Die Methode dieser Analyse ist vor allem die Gewebezüchtung. Wir werden im speziellen Teil auf Differenzierungsprozesse eingehen, verweisen aber schon hier besonders auf die zusammenfassenden Darstellungen (A. FISCHER 1930, LEVI 1934, I. FISCHER 1942). Der junge Wirbeltierkeim besteht zunächst ausschließlich aus Zellen. Er macht also ein Stadium durch, in dem sozusagen alle Organanlagen epitheliale Struktur besitzen (Abb. 124, 173). Die erste wesentliche Differenzierung ist das Auftreten eines einfachen Bindegewebes, des *Mesenchyms*. Zellen verlassen den epithelialen Verband und wandern in die Zwischenräume zwischen den Organsystemen aus. Gleichzeitig bildet sich die erste Interzellularflüssigkeit zwischen den Zellen. Die Zellen bleiben durch plasmatische Ausläufer in Kontakt, werden also sternförmig. Schließlich nimmt die Interzellularflüssigkeit zu und zeigt Sonderdifferenzierungen (Gelbildung, Fasern).

Das Mesenchymgewebe mit seiner Interzellularflüssigkeit hat für die Stoffbewegungs- und Stoffaustauschvorgänge im jungen Keim besondere Bedeutung und erleichtert die in der Aufbauperiode intensiven Stoffwechselprozesse, zumal vor Ausbildung eines Gefäßsystems. Die Mesenchymzellen können sich amoeboid bewe-

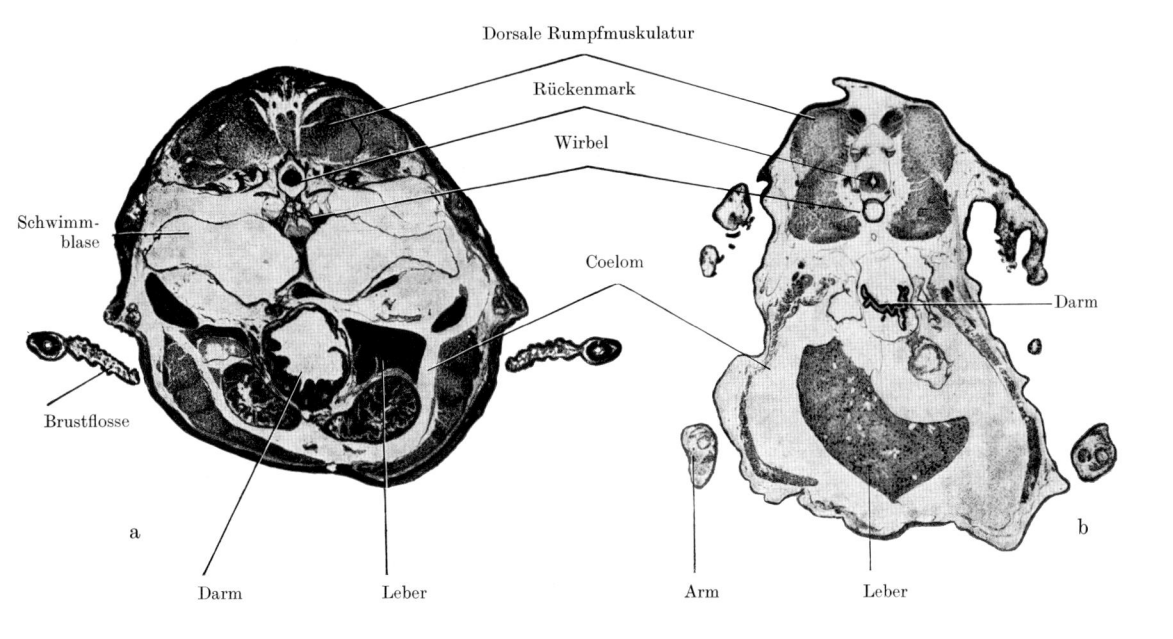

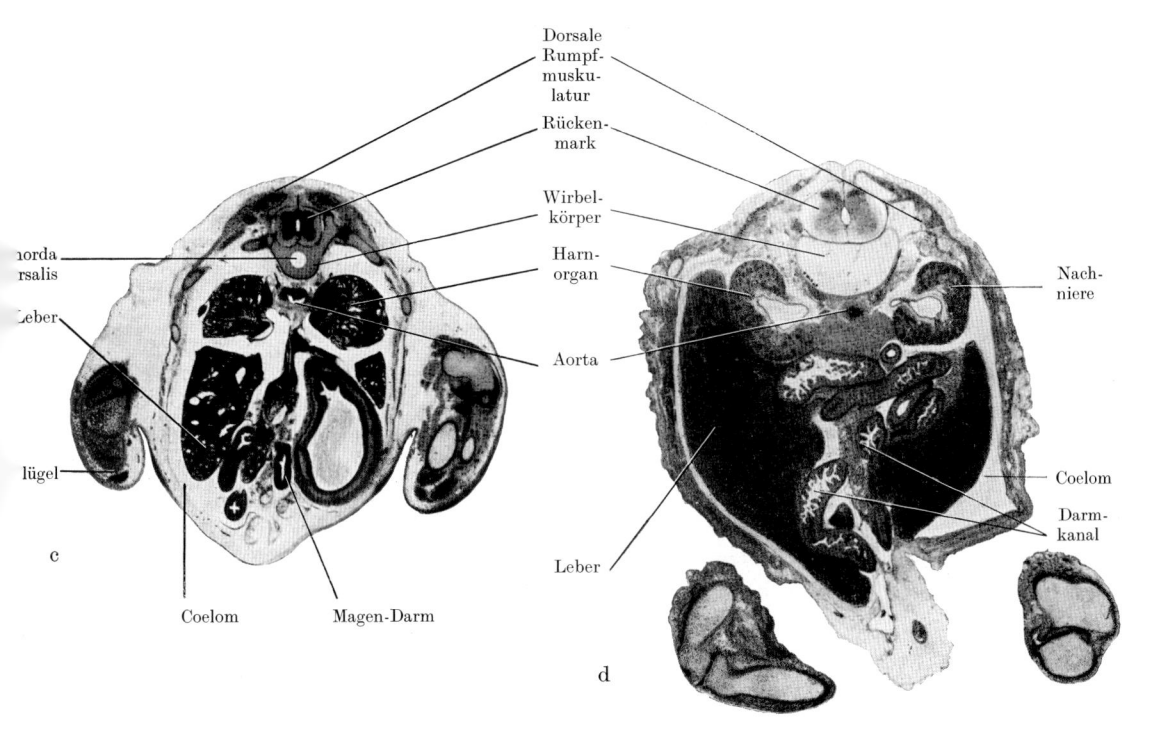

Abb. 206 Die Abbildung zeigt Querschnitte durch den Rumpf (Lebergegend) von vier Wirbeltieren aus verschiedenen Klassen des Systems, um die grundsätzlich gleiche Lagerung der Hauptorgansysteme zu demonstrieren. (Orig.)

a) Fisch (Zwergwels, *Ameiurus nebulosus*).
b) Urodeles Amphib (Axolotllarve, *Ambystoma mexicanum*).
c) Vogel (Embryo des Turmfalken, *Falco tinnunculus*, von 18 mm Länge).
d) Säuger (menschlicher Embryo von 42 mm Scheitel-Steiß-Länge).

gen und phagocytieren. Die Frage, ob die feinsten Plasmaausläufer der Mesenchymzellen kontinuierlich ineinander übergehen (Syncytium), oder ob sie nur in Kontakt miteinander treten, so daß eine Zellindividualität gewahrt bleibt, ist auf Grund experimenteller Befunde an der lebenden Zelle (Lewis 1922 u. a.) und durch elektronenmikroskopische Befunde zugunsten der letzten Anschauung entschieden. Wir fassen nochmals zusammen: Mesenchym ist eine Gewebsformation, die frühzeitig auftritt. Strukturelle Besonderheiten sind zum großen Teil durch die Milieuänderung, die sich für die Zelle nach Verlassen des epithelialen Verbandes ergibt, verständlich. Diesen Formbesonderheiten entsprechen bestimmte funktionelle Eigenschaften (amoeboide Beweglichkeit usw.). Auswandernde Epithelzellen werden auch in der Gewebekultur unter Umständen zu Mesenchymzellen. Der Mesenchymbegriff ist also ein rein histologisch-funktioneller Begriff. Er beschreibt *keine genetische* Einheit.

Die Mesenchymbildung beginnt relativ früh im Embryonalkörper an verschiedenen Stellen. Mesenchym kann von verschiedenen Epithelien, auch wenn sie verschiedenen Keimblättern zugehören, gebildet werden. Im Rumpfbereich wandern große Mengen von Mesenchymzellen aus den Somiten und den Seitenplatten, also aus dem Mesoderm, aus. Im Kopfbereich bildet die Neuralleiste, eine ektodermale Bildung, besonders reichlich Mesenchym (s. S. 393). Mesenchymbildung kann auch von lokalisierten Epidermisbezirken aus erfolgen (s. S. 406). Schließlich kann Mesenchymbildung auch vom Entoderm her, beispielsweise im Bereich der prächordalen Platte, vor sich gehen. Mesenchymbildung erfolgt demnach sicher aus allen drei Keimblättern und ist nicht, wie die klassische Keimblattlehre annahm, an das Mesoderm gebunden. Die Keimblätter besitzen keinerlei Spezifität im Hinblick auf gewebsbildende Potenzen. Mesenchym kann sich bereits aus ganz undifferenzierten Embryonalzellen bilden. Wir hatten die Mesenchymbildung aus dem Primitivstreifen bei Sauropsiden bereits kennengelernt. Wir werden sehen, daß bei einigen Säugetieren und beim Menschen Mesenchymbildung direkt von Furchungszellen her möglich ist.

Im Rumpfbereich des Wirbeltierembryos stehen bestimmte Mesenchymbildungsorte im Vordergrund. So finden wir besonders reichliche Mesenchymproliferation an der medioventralen Kante des Somiten. Das hier gebildete Mesenchym gruppiert sich zur Bildung des Achsenskeletes um die Chorda dorsalis. Daher wird diese Proliferationszone auch als *Sclerotom* bezeichnet. Aus der lateralen Somitenwand entsteht Mesenchym, das später den bindegewebigen Anteil des Integumentes (Cutis und Subcutis) liefert. Daher sprechen wir von einem *Dermatom* oder *Cutisblatt*. Auch aus der Somatopleura wandern Zellen ins Integument ab; ebenso liefert die Splanchnopleura Mesenchym zur Bildung der nichtepithelialen Baubestandteile der Darmwand. Zusammenfassend können wir folgende wichtigsten Mesenchymbildungsstätten nennen, die allerdings nicht bei jeder Tierform tatsächlich aktiv sind:

1. Mesenchymbildung aus Furchungszellen (besonders Mensch und einige Säuger).
2. Mesenchymbildung vom Primitivstreifen und Kopffortsatz aus.
3. Mesenchymbildung vom Trophoblasten (Säuger) (s. S. 237/317)
4. Mesenchymbildung vom Dottersackentoderm aus.
5. Prächordale Mesenchymbildung („Protochordalplatte").
6. Mesenchymbildung vom Somiten her (Sclerotom, Dermatom).
7. Mesenchymbildung aus Somato- und Splanchnopleura.
8. Mesenchymbildung aus der Neuralleiste (sog. „Mesektoderm", s. S. 393).
9. Mesenchymbildung aus der Epidermis (Plakoden, s. S. 406).

Mesenchym ist embryonales Bindegewebe. Alle Formen von spezialisierten Stütz- und Bindegeweben lassen sich auf das Mesenchym zurückführen. Das sind zunächst alle jene Gewebe, die durch Sonderbildungen in der Interzellularsubstanz (kollagene Fibrillen, elastische Netze, Knorpel, Knochen, Dentin) gekennzeichnet sind. Weiterhin geht ein sehr wesentlicher Teil des Muskelgewebes (Gefäß- und Herzmuskulatur, Darmmuskulatur, teilweise auch Skeletmuskelgewebe) aus dem Mesenchym hervor. Weitere Spezialisierungen des Mesenchyms betreffen die Ausgestaltung der Zelle selbst, die Interzellularsubstanz tritt in den Hintergrund (Fettgewebe, Blutzellen, Lymphzellen und schließlich alle speziellen Zellformen des Bindegewebes selbst). Die Determination und Differenzierung dieser verschiedenartigen Gewebsformationen kann zu sehr verschiedenem Zeitpunkt erfolgen. Während Zellen, die einmal zu Knorpelzellen oder Muskelzellen differenziert sind, kaum je wieder eine Umdifferenzierung erfahren können, sind andere Zellen (Lymphocyten, Reticulumzellen, Monocyten, Fibrocyten) weniger fest determiniert und können unter besonderen Umgebungseinflüssen verschiedenartige Potenzen entfalten. Die Tatsache, daß undifferenzierte Zellen auch beim Erwachsenen noch zu Knorpel- oder Knochenzellen werden können, ermöglicht die relativ gute Regenerationsfähigkeit des Skeletsystems nach Verletzungen.

Die Differenzierungsmöglichkeiten des Mesenchyms lassen sich schematisch etwa in folgender Übersicht zusammenfassen:

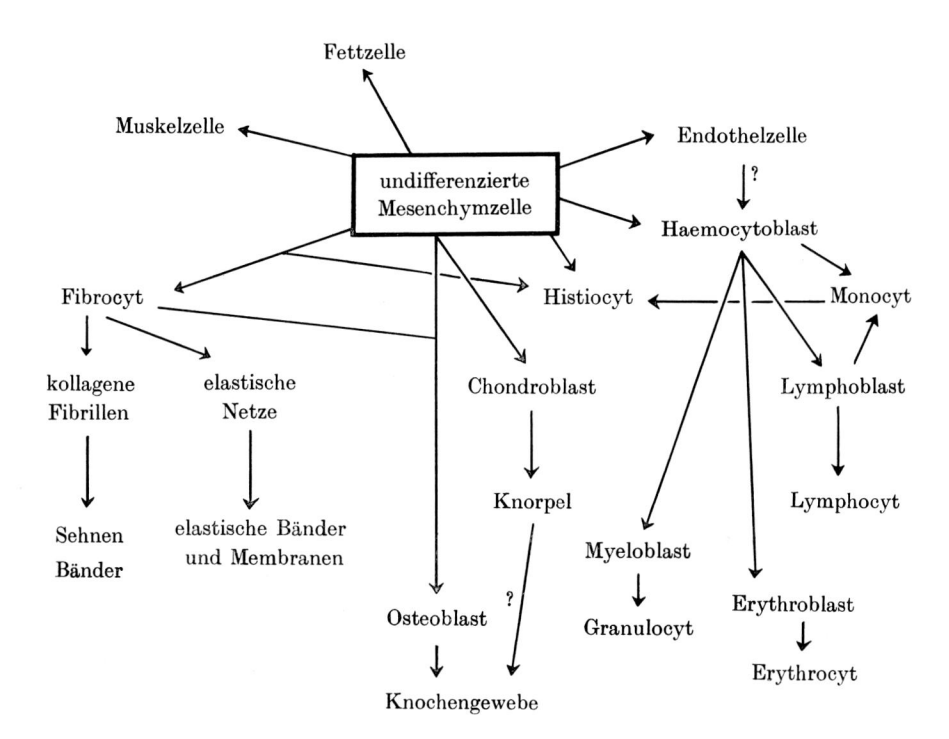

VI. Die Primitiventwicklung der Säugetiere

1. Allgemeines

Die Primitiventwicklung der Säugetiere verläuft nicht nach einem einheitlichen Modus. Im Ablauf der Ontogenese bestehen zwischen den drei großen Säugetiergruppen (Monotremen, Beuteltiere, höhere Säuger) grundsätzliche Unterschiede, so daß wir die Primitiventwicklung dieser drei Gruppen getrennt behandeln wollen.

I. Prototheria (Monotremata).

Hierher gehören die australischen Ameisenigel und Schnabeltiere. Es handelt sich um echte Säugetiere, mit Haaren und Milchdrüsen. Neben einseitigen Sonderanpassungen zeigen sie aber viele sehr primitive Reptilienmerkmale (Schultergürtel, Genitalsystem). Die Monotremen sind ovipar. Die Eier sind dotterreich, meroblastisch und verhalten sich in der weiteren Entwicklung prinzipiell wie Sauropsideneier, wenn auch manche Besonderheiten vorkommen.

II. Metatheria (Marsupialia), Beuteltiere.

Lebendgebärende primitive Säugetiere, gekennzeichnet durch die eigenartige Form der Brutpflege. Die Jungen werden nach sehr kurzer Tragzeit (s. Anhang 3) in unreifem Zustand geworfen und verbringen die erste Zeit ihres postembryonalen Lebens im Brutbeutel (Marsupium) der Mutter. Während der Gravidität kommt es nur bei einigen Formen zu engeren Beziehungen zwischen Mutter und Embryo in Form einer noch unvollkommenen Placentarbildung.

III. Eutheria (Placentalia), Placentatiere (alle höheren Säuger).

Ausgezeichnet durch den Erwerb einer leistungsfähigen fetomaternellen Beziehung. Die Placenta als fetales Stoffaustauschorgan ist höchst kompliziert ausgebildet und zeigt mannigfache Variationen. Die intrauterine Entwicklung mit Ausbildung einer Placenta prägt der Frühentwicklung der Eutheria ihre Eigenarten auf.

Ein Wort zuvor über die Beziehung der drei Hauptstämme der Säuger zueinander. Alle rezenten Säuger sind zweifellos Endglieder langer Evolutionsreihen. Obgleich die drei genannten Hauptgruppen jeweils eine verschiedene Ranghöhe in vielen Merkmalen zeigen – Monotremen sind primitiver als Marsupialier, diese wieder primitiver als Placentalier –, kann man daraus nicht ohne weiteres auf eine direkte stammesgeschichtliche Aufeinanderfolge der drei Stämme schließen.

Es bestehen keine Zweifel darüber, daß die Säugetiere von Reptilien abstammen und daß eine bestimmte Gruppe von Reptilien, die Synapsida, die von der Permzeit bis gegen Ende der Trias gelebt haben, die Stammgruppen der Säugetiere (Therapsida) aus sich hervorgehen ließ (FRICK und STARCK 1963). Wir kennen heute eine recht große Zahl von Formen aus diesem Übergangsbereich zwischen Reptil und Säuger. Viele von ihnen können als Ahnen der Mammalia in Frage kommen. Dennoch ist der spezielle Gang der Phylogenese im einzelnen unbekannt. Echte Säugerreste liegen bereits aus dem Mesozoicum vor.

Die bisher bekannten Fossilfunde mesozoischer Säugetiere ergaben nun, daß mehrere (etwa 5–8) Stämme von Therapsiden unabhängig voneinander das Säugerniveau erreicht haben (Abb. 207), das heißt, daß sie einzelne Merkmale oder Merkmalskombinationen erworben haben, die wir definitionsgemäß als Säugermerkmale betrachten. Wir nennen unter den wichtigsten Kennzeichen das sekundäre (squamosodentale) Kiefergelenk (s. S. 434), höckertragende Mahlzähne (tribosphenischer Zahn), Haare, Milchdrüsen und Besonderheiten der Endhirndifferenzierung (Einzelheiten bei FRICK und STARCK 1963). Allgemein wird mit guten Gründen angenommen, daß nicht alle Säugermerkmale gleichzeitig im Laufe der Evolution auftraten, sondern daß die phylogenetische Entwicklung für die verschiedenen Merkmalskomplexe asynchron erfolgte (kaleidoskopartige Entwicklung).

Heute sind etwa 10 Gruppen von mesozoischen Säugern bekannt. Die Verwandtschaftsbeziehungen zu bestimmten Therapsidengruppen liegen im dunklen, da gerade an der Trias-Jura-Grenze noch Fundlücken bestehen. Ebenso sind die verwandtschaftlichen Beziehungen dieser Formen untereinander noch nicht gesichert. Die in Abbildung 207 angenommenen Verwandtschaftsbeziehungen stellen eine gut begründbare Denkmöglichkeit dar. Zeitliche Einordnung der Funde und Reihenfolge der Ordnungen sind hingegen korrekt dem heutigen Wissensstand entsprechend wiedergegeben.

Das Schema (Abb. 207) zeigt, daß die Hauptgruppe der rezenten Säuger, die Eutheria (placentale Säuger), eine phylogenetische Einheit bildet, die auf primitive, insektivorenähnliche Stammformen (Grenze von Meso- und Kaenozoikum) zurückgeht und bereits im Paleozaen eine Aufspaltung in zahlreiche Ordnungen aufweist. Alle heute bekannten Ordnungen der Placentalia sind spätestens im Eozaen nachweisbar. Man führe sich in diesem Zusammenhang vor Augen, daß die Evolutionsphase vom Auftreten der ersten Säugermerkmale bis zum Beginn der Formaufspaltung der Eutheria von der späten Trias bis zum Paleozaen dauerte (100–120 Millionen Jahre), während die Geschichte der placentalen Säuger (Eutheria) sich im Verlauf von „nur" rund 60 Millionen Jahren (Paleozaen bis Jetztzeit) abgespielt hat.

Die Stellung der Monotremen wird verschieden beurteilt, da ihre Fossilgeschichte unbekannt ist. Sie dürften auf eine eigene Stammgruppe zurückgehen und nicht in naher Beziehung zu den Eutheria stehen.

Auch die Beziehungen der Metatheria (Marsupialia) zu den Eutheria sind nicht sicher bekannt. Unter ihnen sind die Beutelratten (*Didelphis* = Opossum) sehr primitiv und lassen sich palaeontologisch bis in die Jurazeit *(Amphitherium)* zurückverfolgen. Immerhin bestehen bei allen rezenten Beuteltieren so viele Sonderspezialisierungen (Brutbeutel, doppelte Vagina u. v. a.), daß sie nicht als Vorfahren der heute lebenden Placentalia in Frage kommen. Uns interessiert in diesem Zusammenhang weniger die direkte Verwandtschaft (Sippenverwandtschaft) der Stämme als vielmehr die Frage, ob es gelingt, eine phylogenetische Beurteilung des Ontogenesetyps zu gewinnen. Das scheint in der Tat möglich zu sein. Alles spricht dafür, daß die reptilähnlichen Stammformen der rezenten Säuger relativ dotterreiche Eier mit einer Eischale besaßen und ovipar waren. Da die Ontogenese der Monotremen in vielen Punkten von Reptilzuständen zum Entwicklungsablauf der Eutheria überleitet, können wir die Ontogenese der Monotremen als gutes *Modell* für die Ontogenese ancestraler Formen benutzen, ohne damit eine direkte phylogenetische Beziehung heutiger Monotremen zu den Eutheria zu behaupten. Übrigens sind die Monotremen auch in manchen anderen Merkmalen (Skelet, Chondrocranium, Urogenitalsystem) Modelle für Zwischenformen.

Ähnlich steht es mit den Beuteltieren. Sehen wir von allen Sonderspezialisierungen ab, so finden wir, daß die Art der Entwicklung des Keimes, die Geburt unreifer Jungtiere nach kurzer Gravidität, das Fehlen oder die unvollständige Ausbildung der Placenta usw., so allgemein und einheitlich ausgebildet sind, daß diese Merkmale für Metatheria als typisch und altertümlich angesehen werden müssen. Suchen wir nun einen Ontogeneseablauf kennenzulernen, der vom meroblastischen Sauropsiden-Monotremen-Typ zum Eutheriertyp überleitet, so könnten wir uns kein günstigeres Modell ausdenken, als es sich in der Marsupialierontogenese darbietet. In diesem Sinne mag also auch unsere Darstellung der Beutlerentwicklung verstanden werden. Direkte phylogenetische Beziehungen zwischen Marsupialiern und Eutheriern brauchen deshalb nicht zu be-

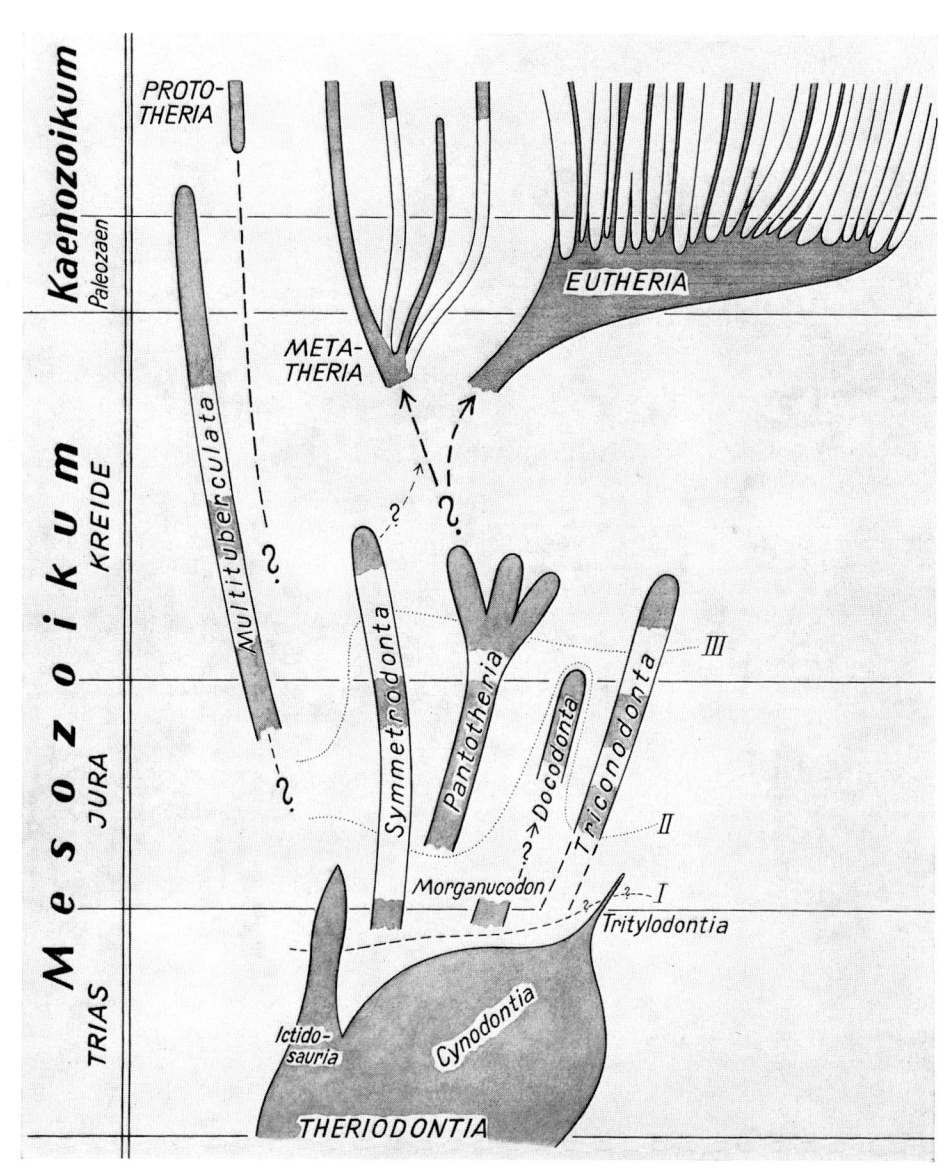

Abb. 207 Stammbaum der mesozoischen Säugetiere. (Nach FRICK und STARCK, 1963).

stehen. Vieles spricht hingegen dafür, daß die fossilen Pantotheria und nicht die Marsupialia die Zwischenformen sind (HOFER 1953). Über die Ontogenese der Pantotheria wissen wir nichts. Sie kann gerade in den entscheidenden Merkmalen marsupialierähnlich gewesen sein.

Die alte Streitfrage, ob die heute lebenden Säugetiere mono- oder polyphyletisch entstanden sind, erweist sich als Scheinproblem oder als Definitionsfrage. Sicher ist, daß mehrfach aus dem Therapsidenstamm Gruppen hervorgingen, die unabhängig voneinander Säugermerkmale entwickelt haben (Abb. 207), also selbständig das Säugerniveau erreicht haben (Polyphylie). Geht man jedoch weit genug in der Stammesgeschichte zurück, so werden sich alle Zweige letzten Endes in einer Stammgruppe (Theriodontia – Therapsida – Synapsida – Stammreptilien) vereinigen (Monophylie).

2. Primitiventwicklung der Monotremen

Der Schnabeligel *(Tachyglossus)* legt in der Regel ein Ei (Abb. 7a), das Schnabeltier *(Ornithorhynchus)* zwei. *Ornithorhynchus* besitzt, wie die Vögel, nur ein funktionstüchtiges Ovar, und zwar das linke, während bei *Tachyglossus* beide Ovarien funktionieren können.

	Durchmesser des Eies	
	bei der Ovulation	bei der Ablage (nach FLYNN und HILL)
Tachyglossus	4 : 4,75 mm	13 : 12 mm
Ornithorhynchus	4,3 mm	17 : 15 mm

Die Schwangerschaftsdauer ist nur für *Ornithorhynchus* genau bekannt und beträgt 13 bis 14 Tage (FLEAY 1950). Anschließend folgt eine Brutzeit von etwa 12 Tagen. *Ornithorhynchus* bringt seine Eier in einem Nest unter, während *Tachyglossus* das Ei in der Bruttasche trägt. Monotremen besitzen ein typisches Corpus luteum (HILL und GATENBY 1926), das sich von dem der Eutheria nur durch seine geringe Lebensdauer unterscheidet. Seine Rückbildung ist zur Zeit der Eiablage im Gange.

Die Furchung ist meroblastisch (Abb. 107). Furchungszellen wandern von der Keimscheibe ab und werden zu Vitellocyten, die sich zur Bildung eines syncytialen Keimringes um die Keimscheibe zusammenschließen. Relativ spät bildet sich eine Subgerminalhöhle aus. Wenn der Keimring geschlossen ist, setzt ein sehr eigenartiger Vorgang ein. Die Keimscheibe, die zunächst etwa 7–8 Zellschichten dick ist, verdünnt sich außerordentlich schnell bis zur Einschichtigkeit und dehnt sich dabei flächenhaft aus. Die Keimscheibe wird zum Blastoderm. Dieses rapide Wachstum der Keimscheibe ist in der Tat ein aktives Abwandern des Keimringes nach peripher. Seine Zellen besitzen ebenso die Fähigkeit zum amoeboiden Wandern wie die Vitellocyten selbst. Dadurch kommt es bereits vor Ausbildung des Primitivstreifens zur Dotterumwachsung und zur Bildung einer *Blastocyste* (Keimblase), die nun in der Lage ist, Uterussekret zu resorbieren. Damit sind die stoffwechselphysiologischen Voraussetzungen für ein rapides Wachstum und den Aufbau des Embryos gegeben. Wir können also diese Besonderheiten der Monotremenentwicklung als Anpassung an die besonderen Bedingungen der intrauterinen Frühzeit verstehen.

Entodermbildung

Nachdem eine einschichtige Keimhaut gebildet ist, können alsbald zwei verschiedene Zelltypen bunt durcheinander gemischt im Blastoderm unterschieden werden. Hiermit liegt ein außerordentlich wichtiger Befund vor (FLYNN und HILL 1947). Die beiden, in diesem Sonderfall besonders früh unterscheidbaren Zellformen erweisen sich nämlich als prospektive Ekto- und Entodermzellen. Die prospektiven Ektodermzellen sind groß und blaß färbbar. Sie haben ein fein granuliertes Cytoplasma. Der Kern ist groß und blaß und besitzt einen basophilen Nucleolus. Die präsumptiven Entodermzellen sind klein und dunkel färbbar, zeigen gröbere Plasmaeinschlüsse und haben einen kleinen, dunklen, basophilen Kern. Die Möglichkeit, Ekto- und Entodermzellen vor der Bildung beider Keimschichten unterscheiden zu können, erlaubt uns nun in diesem Einzelfall, die Art der Entodermbildung einmal genauer zu beobachten.

Es läßt sich ganz klar erkennen, daß die Bildung eines zweischichtigen Keimes durch mehrere Mechanismen zustande kommt, und zwar 1. durch aktive Wanderung der Zellen in die tiefe Schicht, 2. passiv durch Wachstumsdruck und 3. durch mitotische Zellteilungen. Die in die Tiefe verlagerten Entodermzellen zeigen plasmatische Fortsätze, die Verbindung miteinander aufnehmen und ein Reticulum bilden. Sind die

Zellen aneinander verankert, so erfolgt der Zusammenschluß zum Epithelverband.

Dem extraembryonalen Gebiet der Sauropsiden entspricht ein extraembryonales Areal bei Monotremen. Die folgenden Entwicklungsvorgänge zeigen nichts grundsätzlich Neues, so daß wir sie hier übergehen können.

3. Primitiventwicklung der Marsupialia (Beuteltiere)

Sehr merkwürdig sind die ersten Entwicklungsstadien bei Beuteltieren. Das Ei ist klein, etwa 0,25 mm im Durchmesser (Abb. 7b), zeigt aber eine sehr deutliche polare Differenzierung. Der Kern liegt exzentrisch, und eine scharf abgegrenzte Dottervakuole nimmt die eine Hälfte des Eies ein. Die Eizellen sind also klein im Vergleich mit denen der Sauropsiden und Monotremen, aber immerhin noch recht groß im Vergleich mit der Eizelle der Placentalier. Eine Albumenschicht und eine Schalenhaut sind ausgebildet. Bei einigen Formen (*Dasyurus*, HILL 1910) teilt sich das Cytoplasma der Eizelle vollständig bei den Furchungsteilungen und es entstehen zwei gleich große Blastomeren. Die Dottervakuole, die etwa so groß ist wie eine Blastomere des Zweizellstadiums, macht aber diese Furchungsteilungen nicht mit, sondern wird in toto eliminiert (Abb. 108). Nun erfolgen weitere Furchungsteilungen. Auf dem 16-Zellen-Stadium ordnen sich die Blastomeren zu zwei Ringen von je acht Zellen an (Abb. 108c, d).

Die Zellen des oberen Ringes sind kleiner als die des unteren Ringes. Beide Zellringe sind recht scharf getrennt und entwickeln sich ziemlich unabhängig voneinander weiter. So entsteht allmählich eine Keimblase (Blastocyste, Abb. 208), deren beide Hemisphären aus verschieden großen Blastomeren aufgebaut sind. Die Grenze der beiden Zellarten ist als feine Linie am Ganzkeim sichtbar. Durch Ausbreitung der Zellringe gegen die beiden Pole kommt es direkt zur Bildung eines bläschenförmigen Keimes; ein Morulastadium kommt nicht vor. Die animalen Zellen sind die „formativen" Zellen. Aus ihnen gehen das gesamte Entoderm und die Embryonalanlage hervor. Die vegetativen Zellen sind das sogenannte „nicht formative" Gebiet. Sie entsprechen dem extraembryonalen Material der Sauropsiden und Monotremen oder dem Trophoblasten der Placentalier. Es sind extraembryonale Ektodermzellen.

Während sich die Keimblase bildet, zerfällt die Dottermasse, und die Dotterpartikelchen werden von den Zellen aufgenommen. Es liegt also ein höchst merkwürdiger, umwegiger Entwicklungsgang vor. Die an sich geringe Dottermasse wird nicht gleich beim Furchungsprozeß auf die Tochterblastomeren verteilt, sondern es findet zunächst eine Dotterelimination statt. Unmittelbar danach nehmen jedoch die Abkömmlinge jener Zellen, die soeben den Dotter ausgestoßen hatten, den Dotter zur weiteren Verarbeitung wieder in sich auf. Es handelt sich somit, streng genommen, um eine partielle Fur-

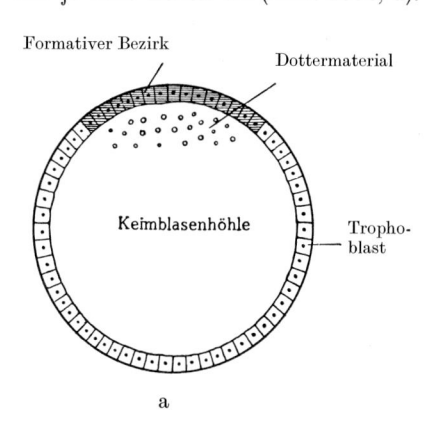

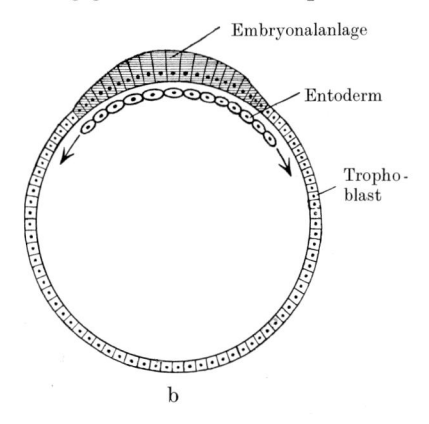

Abb. 208 Keimblase eines Beuteltieres (*Dasyurus*), schematisch.
a) Die Keimblasenwand wird oben von formativen Zellen, unten von „nicht formativen" Zellen gebildet. Letztere entsprechen dem Trophoblasten.
b) Abspaltung von Entoderm. Das Entoderm unterwächst die Keimblasenwand.

chung bei sehr geringer Dottermenge. Da die Dottermasse gegenüber dem Bildungsplasma stark zurücktritt, sprechen wir besser von einem sekundär holoblastischen Furchungstyp. Hierbei ist der Nachdruck auf die sekundäre Natur dieses Vorgangs zu legen, die wir in diesem Fall unmittelbar beobachten können. Bei *Didelphis* ist der Furchungsmodus um eine Phase weiterdifferenziert. Hier erfolgt die Elimination des Dotters nicht mehr im ganzen (Abb. 109), sondern in Form der Ausstoßung von Dotterfragmenten. Anzeichen einer ähnlichen Dottereliminiation lassen sich bei Placentaliern (Kleinfledermäuse) noch nachweisen.

Die Bildung des Entoderms erfolgt in ganz analoger Weise wie bei Monotremen. Auch bei *Dasyurus* konnte J. P. Hill (1910) nachweisen, daß die unilaminäre Blastocyste im formativen Bereich zwei Zellarten enthält. Die kleinen dunklen Entodermzellen wandern in die Tiefe und bilden eine geschlossene Lage unter dem Keimscheibenektoderm. Das Entoderm unterwächst in der Folge die Keimblasenwand (Abb. 208b). Die Embryonalanlage, die bei Marsupialiern von vorneherein oberflächlich liegt, bildet sich in ganz ähnlicher Weise wie bei Monotremen, so daß keine Schwierigkeit besteht, die Verhältnisse bei beiden Gruppen miteinander in Vergleich zu setzen. Auf die weitere Ausgestaltung der Beziehungen zwischen Keim und mütterlichem Organismus wird weiter unten zurückzukommen sein.

4. Primitiventwicklung der Eutheria (Placentalia)

Gegenüber den bisher geschilderten Verhältnissen zeigen die höheren Säugetiere recht erhebliche Abweichungen im Ablauf der ersten Entwicklungsprozesse.

Zeit und Ort der Befruchtung des Säugetiereies

Im allgemeinen wird angenommen, daß die Vereinigung der männlichen und weiblichen Keimzelle im ampullären Abschnitt der Tube stattfindet. Diese Angabe trifft für die Laboratoriumsnager (Maus, Ratte, Meerschweinchen, Goldhamster und Kaninchen) zu. Neuere Untersuchungen an Tenreciden haben aber gezeigt, daß bei dieser Säugergruppe die Spermien die Eizelle erreichen und imprägnieren, solange diese sich noch im Ovar, und zwar bei dieser Tiergruppe in soliden Follikeln, befindet (F. Strauss 1953). Ältere Feststellungen für den Hund geben ebenfalls das Ovar als Befruchtungsort an (Bischoff). Bei anderen Arten, zum Beispiel beim Fuchs, wieder findet die Vereinigung der Keimzellen erst im unteren, selbst im uterinen Abschnitt der Tube statt. Es ist also nicht möglich, für Säugetiere – dasselbe gilt für andere Wirbeltierklassen – einen einheitlichen Befruchtungsort anzugeben. Auch lassen sich bisher keine gesetzmäßigen Beziehungen zwischen Befruchtungsort und systematischer Stellung der Tierform erkennen. Ähnlich wechselnd liegt der Zeitpunkt der Befruchtung. Beim Goldhamster beispielsweise haben exakte Versuche (Strauss 1953) gezeigt, daß eine Befruchtung nur zwischen der 4. und 12. Stunde nach dem Deckakt möglich ist. Beim Kaninchen liegt der Befruchtungszeitpunkt 2–4 Stunden nach der Ovulation (Heape). Die Lebensdauer der Eizelle ist also sehr begrenzt.

Tubenwanderung des Eies

Das befruchtete Ei wandert in das Cavum uteri und heftet sich hier an. Während der Tubenwanderung laufen bereits die ersten Entwicklungsprozesse ab. Die Dauer der Tubenwanderung ist beim Menschen offensichtlich kürzer als eine Woche. Die jüngsten menschlichen Entwicklungsstadien, die uns gut bekannt sind und deren Alter sicher bestimmbar ist, betreffen eine ganz junge Blastocyste im Alter von 4 Tagen in utero und zwei Keime im Alter von 7 resp. 8 Tagen, die bereits in die Uterusschleimhaut eingedrungen sind (Hertig und Rock). Wir müssen bei diesem Stand der Kenntnisse die Dauer der Tubenwanderung beim Menschen mit etwa 4–5 Tagen ansetzen. Die Implantation scheint am 6. Tag zu erfolgen. Beim Rhesusaffen dauert die Wanderung 8–9 Tage, die Anheftung erfolgt mit großer Regelmäßigkeit am 9. Tag.

Die Tubenwanderung des Eies soll durch den Flimmerstrom des Tubenepithels und die Kontraktionen der Wandmuskulatur der Tube verursacht sein; auch werden Kontraktionen der Bauchmuskulatur, Darmperistaltik, Körperbewegungen, Schwerkraft usw. als Hilfsfaktoren

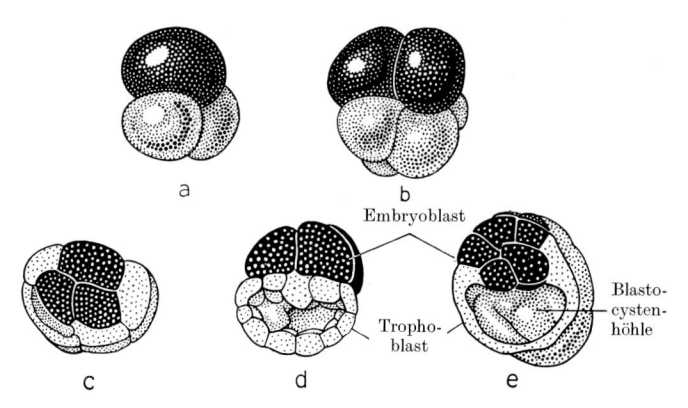

Abb. 209 Furchungsstadien vom Schwein (*Sus scrofa dom.*). Zellen des späteren Trophoblasten hell, Embryoblastmaterial schwarz. Beachte das Auftreten von asynchronen Zellteilungen (Drei-Zellen-Stadium). (Nach HEUSER und STREETER).

genannt. Die Tatsache, daß die Tubenwanderung auch nach Durchschneidung des Rückenmarkes normal abläuft, beweist, daß diesen sogenannten Hilfsfaktoren keine erhebliche Bedeutung zukommen kann. MARKEE (1944) hat zur Klärung dieser Fragen Versuche am Kaninchen ausgeführt. Er brachte Aufschwemmungen von Fremdeiern (Seeigel) in das obere Tubenende und prüfte einige Stunden später die Verteilung dieser Eier im Genitaltrakt. Dabei ergab sich, daß im allgemeinen die Eier gleichmäßig über den ganzen Uterus verteilt lagen, wenn es sich um Tiere handelte, bei denen der Versuch während des Oestrus, zur Zeit der Ovulation oder bis zu 5 Tagen nach der Ovulation vorgenommen war. Wurde der Versuch 10 Tage nach der Ovulation durchgeführt, so blieben die Fremdeier in der Nähe der Injektionsstelle liegen. Brachte man die Seeigeleier durch die Cervix in den Uterus, so erfolgte die gleiche Verteilung wie bei Injektion ins Tubenende. Somit kann also der Flimmerstrom, der gerichtet ist, nicht von Bedeutung sein. Maßgebend für den Eitransport sind nur die Kontraktionen der Wandmuskulatur der Tuben bzw. des Uterus. Es läßt sich zeigen, daß beim Kaninchen während des Oestrus und in den folgenden 5 Tagen peristaltische Kontraktionen vom tubalen zum cervicalen Ende des Uterus ablaufen, die später abklingen.

Die *Furchung* der kleinen (s. S. 109), dotterarmen Eier ist holoblastisch und annähernd aequal. Im Eileiter kann eine sogenannte „Albumenschicht" (s. S. 6) abgesondert werden (Kaninchen, Hund, Pferd). Die beiden ersten Furchungsteilungen sind in der Regel meridional angeordnet (Abb. 210). Die dritte Furche verläuft äquatorial. Die Furchungszellen runden sich sehr rasch ab und erlangen eine gewisse Selbständigkeit (Abb. 209, 210). Das Vier-Zellen-Stadium zeigt oft eine Anordnung der Blastomeren über Kreuz (Abb. 210b). Außerdem ist es für Placentalia kennzeichnend, daß die Furchungsteilungen nicht völlig synchron erfolgen. Daher gibt es auch 3-, 5-, 7-Blastomeren-Stadien (Abb. 209, 212). Beim Menschen sind nur wenige Furchungsstadien bekannt. Ein Zwei-Zellen-Stadium (Ovum CARNEGIE 8698, HERTIG, ROCK, ADAMS, MULLIGAN 1954. Abb. 211) zeigt gewisse Unterschiede beider Blastomeren in Größe und Färbbarkeit. Es ist aber zweifelhaft, ob diese Unterschiede auf natürlichen Strukturdifferenzen beruhen oder ob sie artifiziell bedingt sind. Das Ovum besaß noch eine Zona pellucida. Ein weiteres Stadium (9 Zellen, 4 Tage alt) ist gleichfalls nicht ganz intakt. Die Furchung menschlicher Eizellen in der Gewebekultur wurde an umfangreichem Untersuchungsgut von SHETTLES (1960) beobachtet. Die Eier wurden aus dem sprungreifen Follikel oder kurz nach der Ovulation aus der Tube entnommen und in vitro besamt. Dem Kulturmedium muß ein Stückchen Tubenschleimhaut zugefügt werden. Nach 30 Stunden währender Kultur fanden sich Zwei-Zeller, nach 40–50 Stunden Vier-Zeller. Nach etwa 60 Stunden ist das Stadium der jungen Morula erreicht, nach 72 Stunden besaß die Morula 32 Zellen.

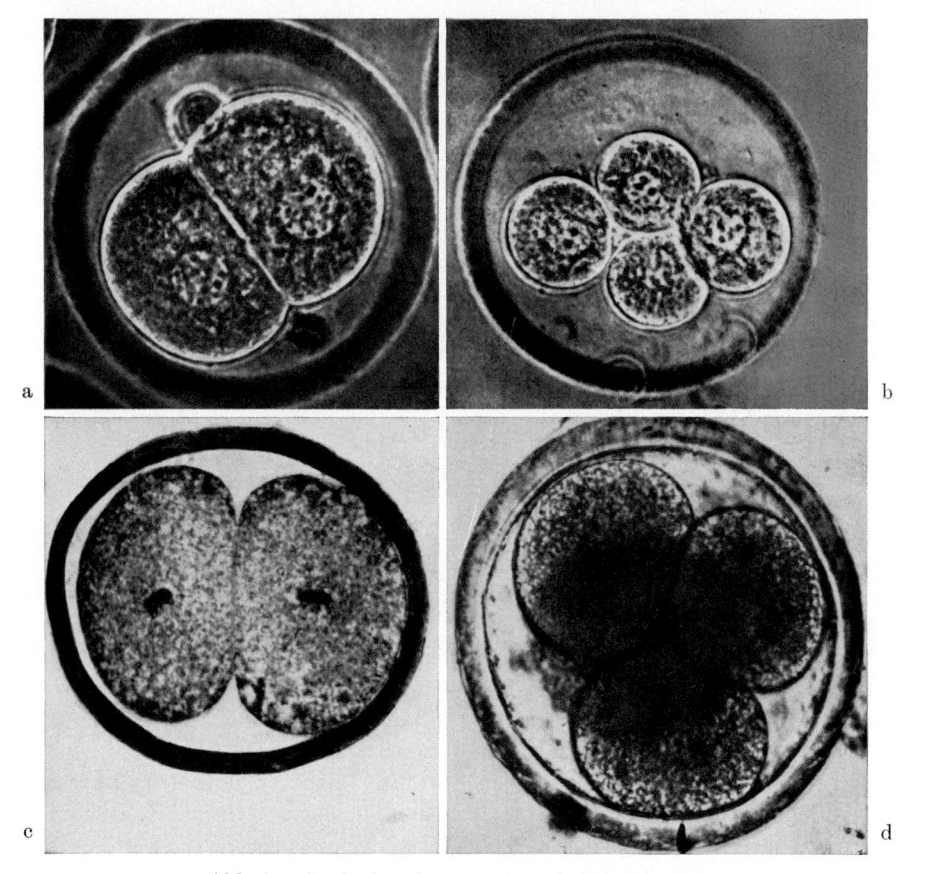

Abb. 210 Frühe Furchungsstadien von Placentalia.
a) Zwei-Zellen-Stadium des Goldhamsters *(Mesocricetus auratus)*
b) Vier-Zellen-Stadium des Goldhamsters.
c) Zwei-Zellen-Stadium des Rindes, Schnittbild.
d) Vier-Zellen-Stadium des Rindes, lebend.
(a, b nach Austin, J. roy. micr. soc. 1956. c, d nach Hamilton und Laing, J. Anat. 80, 1946).

Die Kultur gelang bis zum Stadium der Blastocyste (120–140 Stunden). Bis zu diesem Zeitpunkt bleibt der menschliche Keim in der Zona pellucida eingeschlossen. Er befreit sich am 5. bis 6. Tag aus der Zona und wird nun implantationsreif. Auch beim Rhesusaffen sind die Furchungsteilungen in der Gewebekultur beobachtet und gefilmt worden (Abb. 212, Lewis und Hartman 1941). Die Teilungen sind aequal, aber nicht synchron.

Sind bei den ersten Blastomeren Unterschiede nach Form, Größe, Struktur oder Färbbarkeit festzustellen (Maus, Mensch, Abb. 211), so ergibt sich die Frage, ob diese sichtbaren Differenzen Ausdruck einer Determination sind. Bisher kann hierzu wenig Sicheres ausgesagt werden. Es wurde behauptet, daß das Sichtbarwerden einer Verschiedenartigkeit der Blastomerenstruktur die Determination in Entoderm einerseits, in restliche Embryonalanlage und Eihäute andererseits ausdrücke. Ebenso hat man angenommen, daß die eine Blastomere den Embryonalkörper, die andere das Anhangsorgan, das wir als Trophoblasten kennenlernen werden, liefere. Bei eineiigen Mehrlingen mit einheitlichen Eihäuten kann allerdings die Trennung des Anlagematerials naturgemäß nicht bei der ersten Teilung erfolgen (s. S. 153).

Zahlreiche neuere Untersucher fanden an ausreichendem und gut fixiertem Material (Maus, Goldhamster, Frettchen, Fledermäuse, *Tupaia* usw.) keine deutlichen Unterschiede der ersten

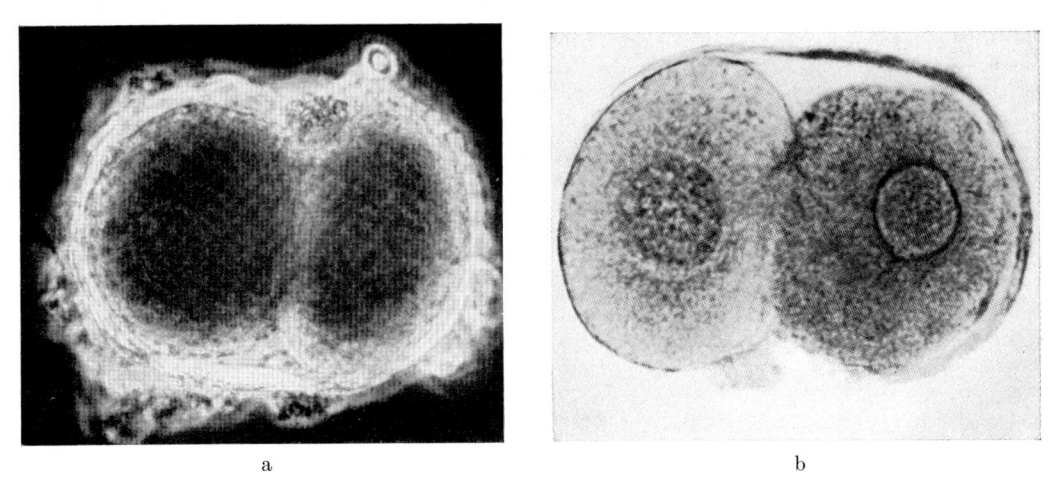

Abb. 211 Zwei-Zellen-Stadium des Menschen (Ovum CARNEGIE 8698).
a) Phasenkontrastaufnahme des intakten Ovums mit Zona pellucida. Am unteren Bildrand ist die größere Polocyte sichtbar.
b) Dasselbe Objekt im mikroskopischen Totalpräparat. Zona pellucida nach Fixation unten defekt. Beachte die Differenzen der beiden Blastomeren nach Größe, Färbbarkeit und Kerndichte.
(Nach HERTIG, ROCK, ADAMS, MULLIGAN, Contr. Embryol. 35, 1954, pl. 1).

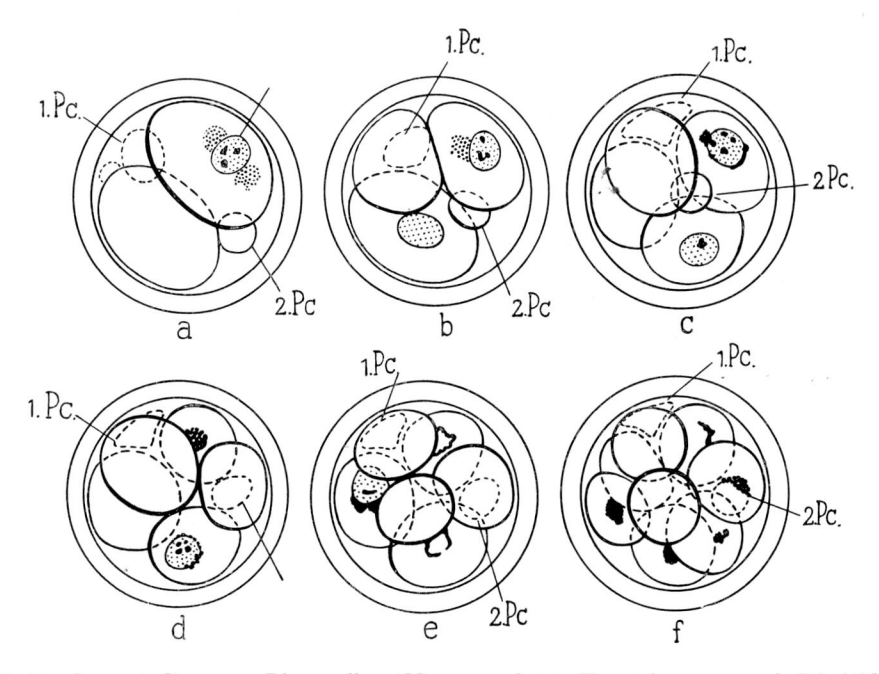

Abb. 212 Furchungsstadien vom Rhesusaffen (*Macaca mulatta*). Umzeichnungen nach Filmbildern von LEWIS und HARTMANN 1933.

a) Zwei-Zellen-Stadium   d) Fünf-Zellen-Stadium
b) Drei-Zellen-Stadium   e) Sechs-Zellen-Stadium
c) Vier-Zellen-Stadium   f) Acht-Zellen-Stadium

1. Pc, 2. Pc = erste und zweite Polocyte.

Blastomeren. Bei der Fledermaus *Myotis* sind alle Furchungszellen bis zum Acht-Zellen-Stadium morphologisch gleich beschaffen. Bei *Tupaia* werden die ersten Unterschiede erst im Sechzehn-Zellen-Stadium sichtbar.

Beim Kaninchen gelang die Unterscheidung praesumptiver Trophoblast- und Embryoblastzellen durch Anwendung der Bromphenolblaufärbung (DENKER 1972). Abbildung 214 zeigt die Möglichkeiten der Differenzierung einer Blastocyste mit frühzeitiger Kennzeichnung von Embryoblast- und Trophoblastzellen. Für kleine Nager (Maus, Hamster) würde der Weg a-b-f-e gelten. Für das Kaninchen (vielleicht Fledermäuse, Schwein) gilt das Schema a-b-c-d-e (DENKER).

Die Determination der Furchungszellen kann naturgemäß nur experimentell geklärt werden. Derartige Versuche wurden von SEIDEL am Kaninchen durchgeführt (s. S. 102, Abb. 96) und ergaben, daß sowohl auf dem Zwei-Zellen-Stadium als auch noch auf dem Vier-Zellen-Stadium eine einzige isolierte Furchungszelle sowohl eine intakte Embryonalanlage als auch Trophoblast liefern kann. Eine Anzahl von Keimen besaß keine Embryonalanlage. Es ergibt sich also, daß die Annahme, auf dem Zwei-Zellen-Stadium würde die eine Furchungszelle nur Trophoblast, die andere nur Embryoblast liefern können, nicht zulässig ist. Andererseits kommt

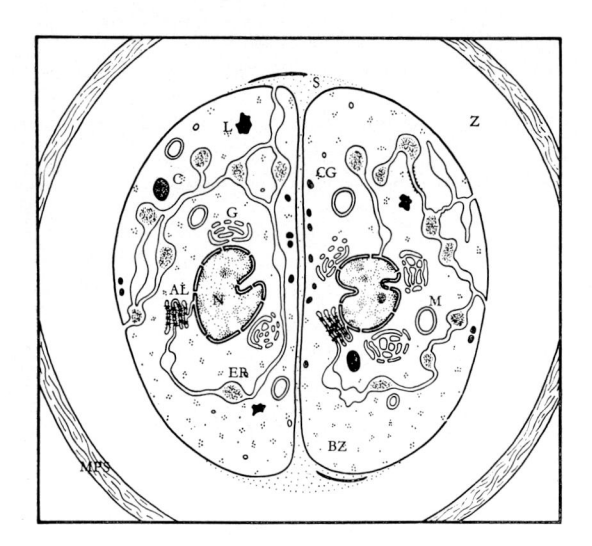

Abb. 213 Kaninchen, Zwei-Zellenstadium. Verteilung der Zell-Organellen, schematisch auf Grund elektronenoptischer Bilder. MPS: Mucoproteidschicht. Z: Zona pellucida, S: Perivitelliner Spalt mit eingedrungenen Spermien, ER: agranuläres endoplasmatisches Reticulum mit Cisternen und Sacculi, Häufung der Organellen in Nähe der Zellkerne. N: Zellkerne. AL: Granuläre Form des ER als gefensterte Doppelmembranen, G: Golgifeld, M: Mitochondrien, L: Lipoidkörper, C: Cytosom, CG: Cortexgranula, BZ: Basophile Zone. (Nach F. SEIDEL: Entwicklungspotenzen des frühen Säugetierkeimes. Westdeutscher Verlag, Köln-Opladen 1969, Abb. 16).

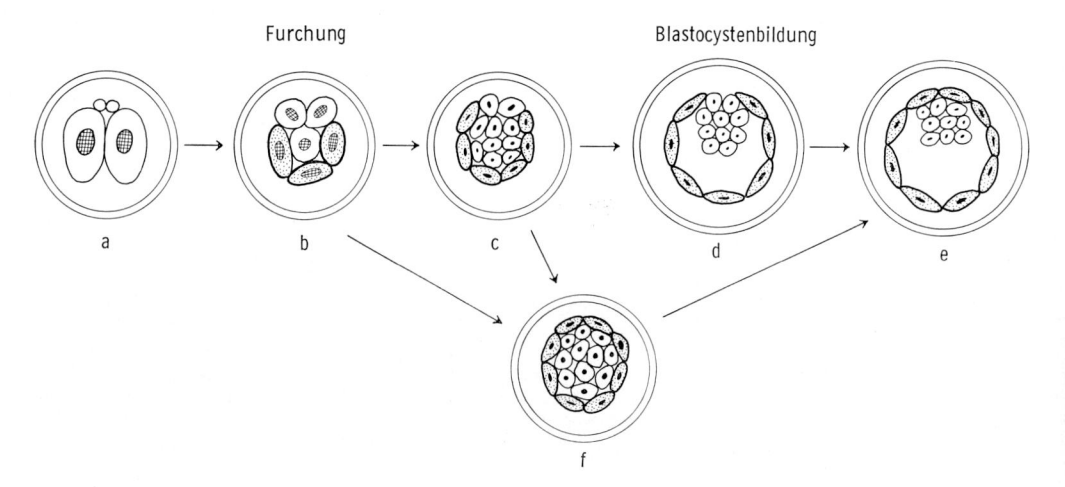

Abb. 214 Bildung der Blastocyste bei Eutheria. Der Modus a – b – f – e gilt für kleine Nager (Maus, Hamster), der Weg a – b – c – d – e gilt für das Kaninchen. (Nach DENKER, Verh. Anat. Ges. 1971.)

Sauropsida, Monotremata	Metatheria	Eutheria
Keimscheibe extraembryonales Gebiet	formatives Areal nichtformatives Areal	Embryoblast Trophoblast

die Potenz zur Bildung einer Embryonalanlage nicht dem ganzen Ei zu. SEIDEL nimmt an, daß ein bestimmter Plasmabezirk als Embryonalbildungszentrum anzusprechen sei. Dies unterscheidet sich grundsätzlich vom Organisationszentrum des Amphibienkeimes dadurch, daß es sich nicht in einer bereits vorhandenen Embryonalkörperanlage auswirkt, sondern deren Bildung erst veranlaßt.

Die Furchung führt alsbald zur Bildung eines soliden Zellhaufens, der *Morula*. Dieses Endstadium der Furchung läßt deutlich eine äußere epithelartige Zellage und eine innere Zellmasse erkennen. Die äußere Zellschicht hat mit der Bildung des Embryos nichts zu tun, sondern liefert das für den Keim wichtige Ernährungsorgan.

Sie wird daher als *Trophoblast* (Nährblatt) bezeichnet. Aus der inneren Zellmasse gehen der gesamte Embryonalkörper und häufig auch der Dottersack hervor. Wir nennen diesen Teil des Keimes daher *Embryoblast*. Wenn wir hier plötzlich von einem Dottersack sprechen, so mag das widersinnig erscheinen, denn die Eutheria besitzen dotterfreie Eier mit totaler, adaequaler Furchung. Tatsächlich legen aber die Eutheria in früher Embryonalzeit ein Organ an, das nach Struktur und Lagebeziehung nur dem Dottersack niederer Formen verglichen werden kann. Der Dottersack schwindet also bei Dotterverlust nicht. Wir werden erfahren, daß er auch bei Placentaliern als Ort der ersten Blutbildung eine wichtige Aufgabe besitzt. Aus dem Auftreten eines Dottersackes in der Ontogenese und der flächenhaften Ausbreitung der Embryonalanlage in Form einer Keimscheibe bei Placentaliern schließen wir mit großer Wahrscheinlichkeit, daß die Eutheria von Formen abstammen müssen, die dotterreiche Eier besaßen, sich also wenigstens in diesem Punkt sauropsidenartig verhielten. Wir werden sehen, daß auch die Entwicklung bestimmter Organsysteme (Herz) so abläuft, als ob ein großer Dottersack vorhanden wäre. Die Anlage des Dottersackes ist also altes phylogenetisches Erbe, das durch die konservativen Kräfte der Vererbung zäh erhalten wird, auch wenn es nicht mehr der ursprünglichen Funktion dienen kann.

Die Frühentwicklung der Eutheria ist somit charakterisiert durch eine frühzeitige Sonderung des Keimmaterials in zwei Zellgruppen, in Trophoblast und Embryoblast. Diese Trennung entspringt der Notwendigkeit, sehr früh ein Ernährungsorgan für den Keim aufzubauen. Wir können den Embryoblasten dem formativen Material der Metatheria und der Keimscheibe der Monotremen gleichsetzen. Der Trophoblast entspricht dann materialmäßig dem nicht formativen Areal der Beutler oder dem extraembryonalen Gebiet der Sauropsiden und Monotremen.

Sehr schnell kommt es nun – bei den einzelnen Placentaliergruppen in etwas verschiedenartiger Weise – zum Auftreten einer Höhle im Keim. Bei Fledermäusen (*Myotis*, WIMSATT) treten zunächst intrazelluläre Vakuolen auf (35–50-Zellen-Stadium), deren Inhalt sodann zu interzellulären Spalten und zu einem einheitlichen Hohlraum zusammenfließt, ohne daß es dabei zu nennenswerter Zellauflösung kommt. Beim Goldhamster weichen die Blastomeren bereits auf dem Zwölf-Zellen-Stadium zur Bildung eines zentralen Hohlraumes auseinander. Bei der Rüsselspitzmaus scheint die Höhle sogar schon bei Vierzellern nachweisbar zu sein. Bei dem erwähnten 4 Tage alten menschlichen Keim, der allerdings vielleicht nicht ganz normal ist, sind auch die ersten Anzeichen einer Höhlenbildung vorhanden. Die Spaltbildung führt zu einer weitgehenden Trennung von Embryoblast und Trophoblast. Gewöhnlich bleibt der Embryoblast, jetzt auch als *Embryonalknoten* (Abb. 215) bezeichnet, nur an einer Stelle in Kontakt mit dem Trophoblasten, der ihn aber ganz überdeckt und von der freien Oberfläche abschließt. Wir bezeichnen diese Erscheinung, daß der Embryonalknoten, völlig vom Trophoblasten bedeckt, im Keiminnern liegt, als *Entypie des Keimfeldes*. Die Entypie

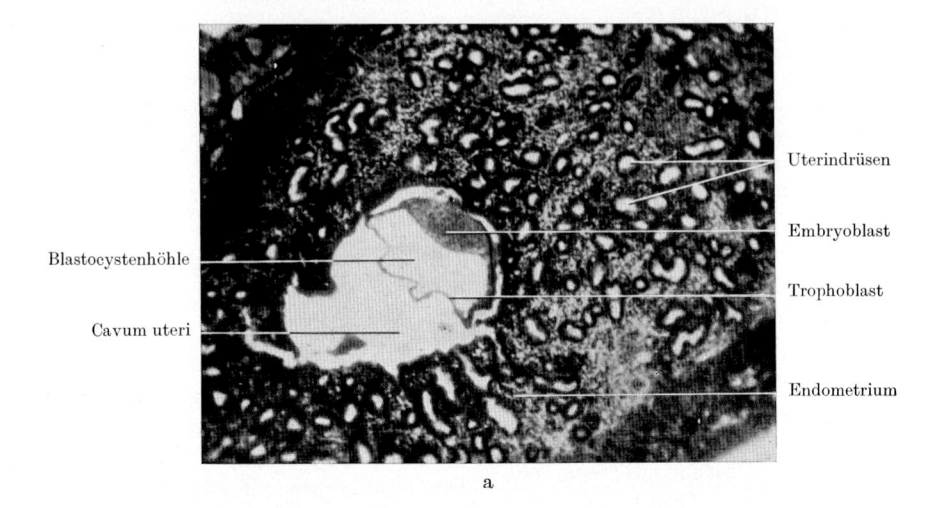

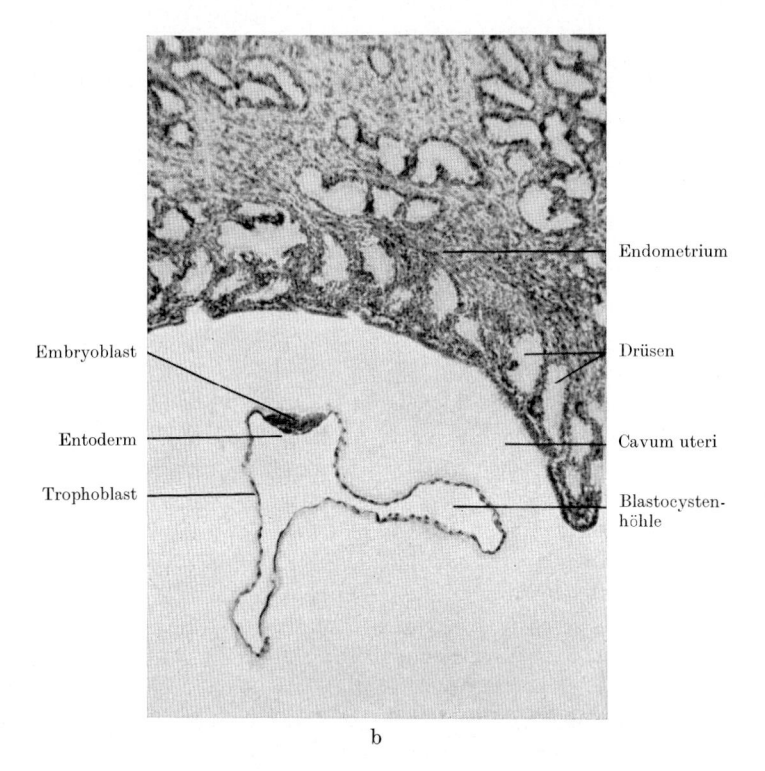

Abb. 215 Blastocysten von Placentaliern (Eutheria). (Orig.)

a) Junge Blastocyste einer Fledermaus (*Rhinolophus mehelyi*) im Uteruslumen. Beachte die dünne einschichtige Blastocystenwand (Trophoblast) und den Embryoblasten.

b) Ältere Blastocyste des Hundes im Cavum uteri, Entodermbildung ist im Gange.

findet sich ausschließlich bei Eutheriern und ist als Folgeerscheinung des Dotterverlustes, als Anpassung an die geringe Eigröße und an das intrauterine Entwicklungsmilieu aufzufassen. Ist im Inneren des Keimes ein Hohlraum aufgetreten, so sprechen wir von einer *Blastocyste* oder von einem Keimbläschen. Trotz gewisser äußerlicher Ähnlichkeit dürfen wir dieses Stadium nicht mit der Blastula, wie wir sie bei Amphibien kennenlernten, direkt vergleichen. Die Amphibienblastula umschließt eine Furchungshöhle und liefert im ganzen den Embryonalkörper. Die Säugerblastocyste enthält aber außer der Embryonalanlage noch den Trophoblasten, eine Neubildung, die vom extraembryonalen Gebiet der Sauropsiden abzuleiten ist. Man könnte vielleicht den Embryonalknoten mit der ganzen Amphibienblastula homologisieren. Die Keimblasenhöhle liegt aber außerhalb des Embryonalknotens, das Blastocoel in der Blastula.

Wir verstehen diese Entwicklungsvorgänge am besten, wenn wir uns vergegenwärtigen, daß der Placentalierkeim kaum Nahrungsmaterial von der Eizelle her mitbringt und sehr schnell Nähr- und Aufbaustoffe aufnehmen muß. Diese Stoffe entnimmt der Keim dem mütterlichen Organismus, zunächst in Form von Uterussekreten. Diese müssen resorbiert werden. Dazu aber ist ein zellig gegliederter Keim nötig. So wird der schnelle Aufbau eines zelligen bläschenförmigen Keimes als Folge der besonderen Bedingungen, die der Keim in utero antrifft, verständlich.

Die bisher besprochenen Entwicklungsprozesse können bei einzelnen Gruppen des formenreichen Säugerstammes manche Besonderheit aufweisen, zeigen aber mit ganz wenigen Ausnahmen doch große Übereinstimmung im Grundsätzlichen. Bei der Elefantenspitzmaus (VAN DER HORST und GILLMAN) bildet sich eine Keimblase ohne lokalisierten Embryonalknoten. Aus ihrer Wand lösen sich diffus amoeboid bewegliche Zellen ab, die zur Bildung des Knotens sekundär zusammentreten. Die Blastocyste ist also zunächst nicht polar differenziert, und der Knoten legt sich erst relativ spät dem Trophoblasten an (Abb. 222).

Die folgenden Entwicklungsvorgänge allerdings sind nun bei Eutheriern sehr stark abgeändert und laufen auch in den verschiedenen Gruppen der Placentalier zum Teil recht verschieden ab. Vor allem sind es die besonderen räumlichen und ernährungsphysiologischen Bedingungen im Uterus, dann auch die Bildung des Amnions, die derartige starke Abänderungen gegenüber den primitiven Formen zeigen können. Erst wenn die Bildung des Embryonalkörpers abgeschlossen, die Hauptorgane gebildet sind, ergibt sich wieder eine Möglichkeit, die verschiedenen Formen leicht miteinander zu vergleichen. Wir müssen also zunächst die Hauptentwicklungslinien gesondert verfolgen.

Die Keimblase kann, nachdem die Stoffaufnahme möglich ist, rapid wachsen und dann die Form eines langen geschlängelten Schlauches annehmen (z. B. Schwein, Wachstum beim Schwein etwa 1 mm pro Stunde). Dabei bleibt der Embryonalknoten zunächst an einer Stelle als noch undifferenzierter Zellhaufen liegen. Die erste Differenzierung im Inneren des Keimes ist das Auftreten einer unteren Zellschicht, des *Entoderms*. Diese Zellen stammen aus dem Embryoblasten und breiten sich an der Innenwand der Keimblase aus, die damit zweischichtig wird (Abb. 216, 219, 220). Dieses Entoderm hat zunächst reticulären Charakter (Abb. 220) und soll bei einigen Formen (*Elephantulus*) auch durch Abspaltung vom Trophoblasten her gebildet werden (VAN DER HORST). Die folgenden Entwicklungsphasen sollen nun nach Typen getrennt besprochen werden.

a) Typ I (Carnivoren, in einzelnen Merkmalen auch Kaninchen, Abb. 216A, 221)

Der Embryoblast wird als solide Zellmasse in den Trophoblasten eingeschaltet (Abb. 216 A 4) und sodann so weit eingeebnet, daß er vor Auftreten der Amnionfalten und der weiteren Differenzierung des Embryonalkörpers nur schwer gegen den Trophoblasten abgegrenzt werden kann. Die folgenden Entwicklungsvorgänge laufen wie bei Sauropsiden ab, d. h. Amnion, Chorion und Darm entstehen durch Abfaltung. Das Mesoderm wächst bis zum Gegenpol vor und trennt den Dottersack überall vom Chorionektoderm. Die Allantois sproßt aus dem Enddarm aus. Charakteristisch ist also, daß bei

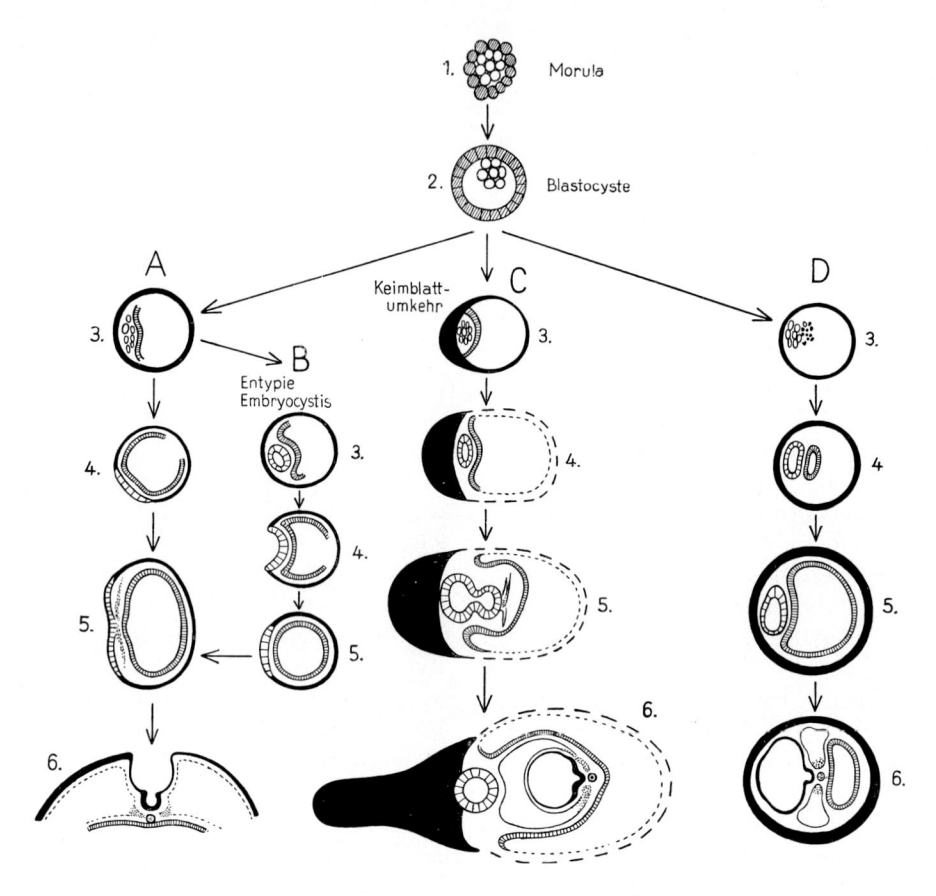

Abb. 216 Schema der Haupttypen der Primitiventwicklung placentaler Säugetiere.

A. Raubtiere, teilweise auch Kaninchen. Einschaltung des Embryoblasten in den Trophoblasten.
B. Huftiere, *Tupaia*, *Talpa*, Halbaffen. Bildung einer Embryocystis (B 3), diese bricht durch, der Embryoblast schaltet sich sekundär (B 4, 5) in den Trophoblasten ein.
C. Entwicklung der kleinen Nager (besonders Ratte und Maus) mit Keimblattumkehr.
D. Igel. Spaltamnion, nachträgliche Ausfüllung der Keimblase durch den Dottersack, der ebenfalls durch Dehiszenz in einer soliden Zellmasse entsteht.

(In Anlehnung an eine Abbildung von Grosser 1927.)

diesem Typ der Embryonalentwicklung die Entypie schnell aufgehoben und der Embryonalknoten sekundär in die Keimblasenoberfläche eingeschaltet wird (Abb. 216 A 4, 5). Ähnlich verhalten sich Spitzmäuse (*Sorex*). Der Entwicklungsmodus beim Kaninchen unterscheidet sich von dem geschilderten Entwicklungsablauf zunächst dadurch, daß Reste des Trophoblasten als sogenannte „*Raubersche Deckschicht*" noch längere Zeit den Embryoblasten überdecken können. Bemerkenswert erscheint, daß die Umwachsung durch Meso- und Entoderm sehr langsam erfolgt und nur bis zum Aequator der Keimblase reicht. Inzwischen ist der Keim so stark herangewachsen, daß er sich von oben her in die allein ausgebildete obere Dottersackhälfte vorbuckelt. Die größere untere Partie der Keimblase bleibt also mesodermfrei und erfährt eine Rückbildung (Abb. 221). Damit ist ein Prozeß angebahnt, der bei kleinen Nagern (Maus, Ratte, Meerschweinchen) viel früher einsetzt und ins Extreme gesteigert wird. Eröffnet man einen derartigen Keim, so liegt der Embryo eingehüllt in den Dottersack vor, und zwar blickt die ursprüngliche Innenseite des Dottersackes nach außen gegen den Beschauer (Abb. 221c, 216C). Man bezeichnet diesen Zustand in seiner maximalen Ausbildung als „Keimblattumkehr". Wir sehen darin einen weiteren Schritt in der Reihe der frühembryonalen Anpassungen an die besonderen Raumverhältnisse in utero, einen Vorgang, dessen erste Etappe durch die Entypie des Keimfeldes geschaffen war.

b) *Typ II (Ungulata, Talpa, Tupaia, Prosimiae)*

Der zweite Typ weicht nur unerheblich von Typ I ab (Abb. 216B). Wesentlich ist, daß im Embryonalknoten schon vor Einschaltung in

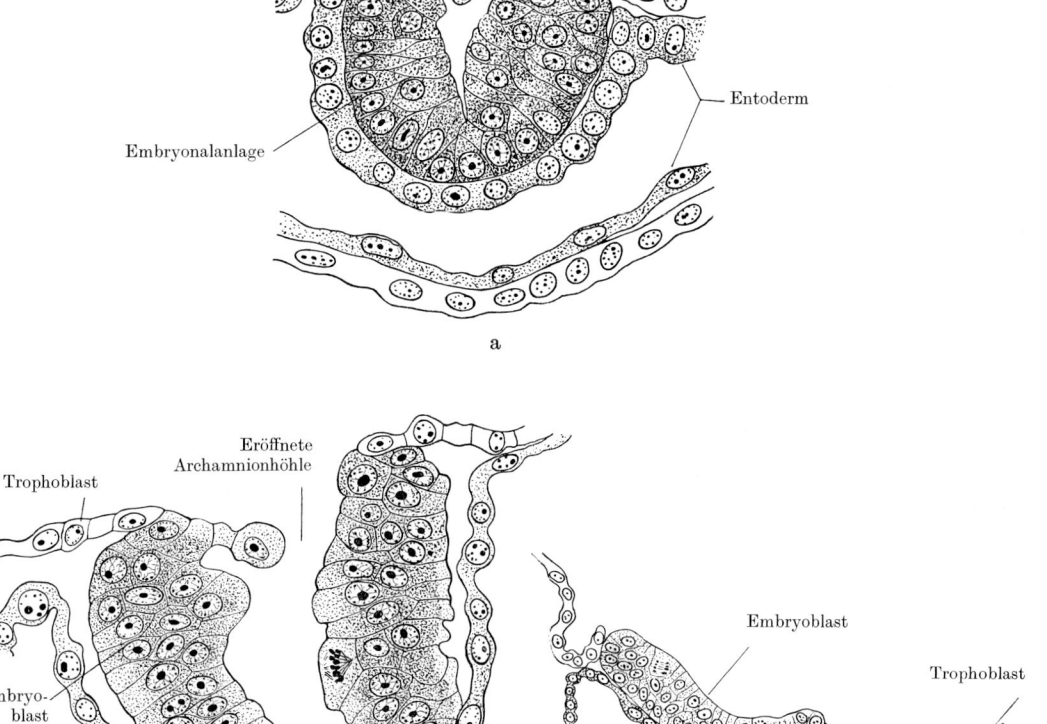

Abb. 217 Frühstadien der Entwicklung des Spitzhörnchens (*Tupaia javanica*).
a) Decke der Embryocystis gerade eingerissen. Geschlossene Trophoblastlage über dem Embryonalknoten.
b) Die Embryocystis („Archamnionhöhle") ist weiter eröffnet, der Trophoblast eingerissen.
c) Der Embryoblast ist völlig in den Trophoblasten eingeschaltet und gestreckt (Embryonalschild). Schrägschnitt.

(Nach DE LANGE und NIERSTRASS 1932.)

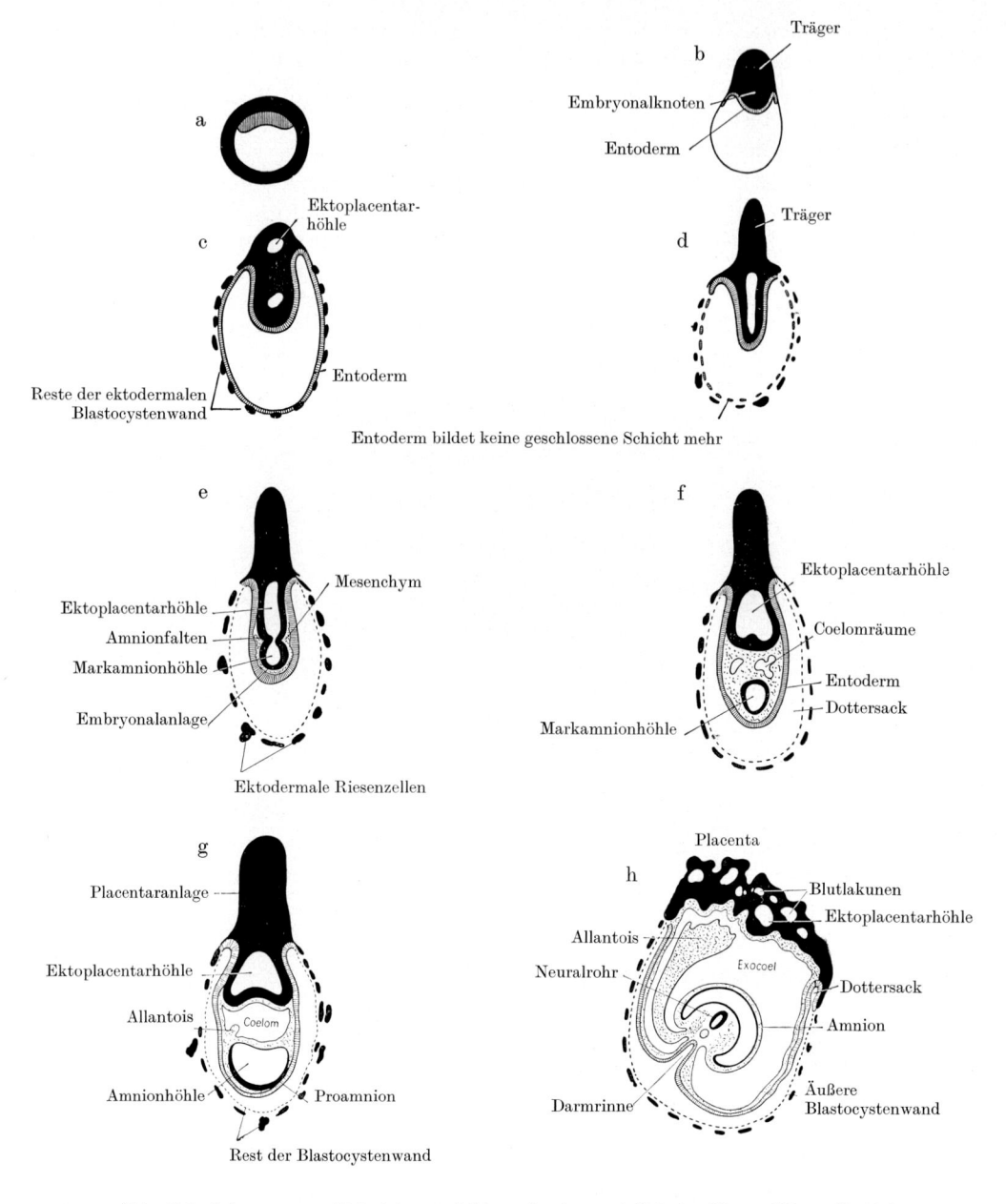

Abb. 218 Schemata zur Primitiventwicklung hoch spezialisierter Nager (Maus, Ratte).
a) Blastocyste.
b) Bildung des Trägers.
c) Rückbildung der ektodermalen Blastocystenwand. Auftreten der Ektoplacentarhöhle.
d) Auch die äußere Dottersackwand ist in Rückbildung begriffen.
e) Durch Abfaltung sondert sich die Ektoplacentarhöhle von der Markamnionhöhle. Embryonalanlage mit der Ventralseite in das potentielle Dottersacklumen vorgewölbt.
f) Ektoplacentarhöhle und Markamnionhöhle getrennt. Mesenchym mit Lückenräumen (Coelom) zwischen beiden.
g) Einheitliches Exocoelom gebildet. Allantois wuchert als mesenchymale Anlage vor. Reste der Blastocystenwand bilden trophoblastische Riesenzellen.
h) Placenta in Differenzierung. Embryonalanlage zeigt eine Darmrinne. Keimblattumkehr.

den Trophoblasten ein Hohlraum, die *Embryocystis*, auftritt, die sodann zur Oberfläche durchbricht (Abb. 216, 217). Embryo- und Amnionbildung erfolgen in typischer Weise. Das Mesoderm umwächst den Dottersack bis zum Gegenpol. Auch das Coelom dehnt sich bis zum abembryonalen Pol aus. Der Dottersack bleibt auffallend klein und erfährt eine frühe Rückbildung. Eine Besonderheit der Ungulaten ist das erwähnte starke Längenwachstum der Keimblase, die beim Schwein über 1 m lang werden kann. Die Halbaffen scheinen sich diesem Typ anzuschließen, doch ist über die frühesten Stadien wenig bekannt. Jedenfalls finden wir Einschaltung des Knotens in den Trophoblasten, kleinen Dottersack, Amnionbildung durch Faltung und große Exocoelhöhle auch in dieser Gruppe.

c) *Typ III (kleine Nager mit Keimblattumkehr; Abb. 216C, 218)*

Diese und die folgende Gruppe sind dadurch gekennzeichnet, daß die Embryocystisbildung nicht in die Keimoberfläche durchbricht, sondern direkt in die Amnionhöhle übernommen wird. Das Amnion entsteht also primär als Cavum durch Dehiszenz in einer soliden Zellmasse, nicht mehr durch Faltenbildung. Wir sprechen daher auch von einem Spaltamnion *(Schizamnion)* und stellen dies dem Faltamnion *(Pleuramnion)* gegenüber. Ratte, Maus, Hamster, Meerschweinchen zeigen verschiedene Grade dieser Spezialanpassung. Wir übergehen die artspezifischen Besonderheiten und stellen das Gemeinsame heraus. Wesentlich ist, daß derjenige Trophoblastbezirk, der zur Placenta wird, frühzeitig besonders mächtig entwickelt ist *(Träger, Ektoplacentarkonus)*, während die übrige Blastocystenwand eine frühe Rückbildung erfährt (Abb. 218 d, e, f). Der Träger wölbt sich gegen das Dottersacklumen vor und stülpt den Dottersack ein, so daß dessen eigentliche Innenseite die Trägeroberfläche überzieht. Die äußere Keimblasenwand, bestehend aus Trophoblast und Entoderm, geht zugrunde. Trophoblastreste erhalten sich als sogenannte Trophoblastriesenzellen (s. S. 291) und spielen bei der Implantation eine Rolle. An der Grenze von Trophoblast und Dottersack im Bereich der parietalen Keimblasenwand tritt eine zellfreie Schicht, die REICHERTsche *Membran*, auf, die meist als Restbildung gedeutet wird. Neuere histochemische Untersuchungen haben gezeigt, daß diese Membran aus Kollagen besteht (DEMPSEY und WISLOCKI) und daß sie bestimmte Stoffe (Eisen, Phosphatase) speichern kann, also vermutlich als hochwertiges Stoffwechselorgan in frühen Entwicklungsphasen funktioniert. Auch hier liegt wieder eine besondere funktionelle Anpassung in der Frühentwicklung vor. Die REICHERTsche Membran wird vom Trophoblasten gebildet, ein Befund, der von Interesse ist, da neuerdings für Insectivoren, Affen und Mensch allgemein Mesenchymbildung vom Trophoblasten her nachgewiesen wurde (s. S. 237).

Im Träger entsteht durch Dehiszenz eine Höhle (Ektodermhöhle, Archamnionhöhle). Sie wird durch Querfalten in die Amnionhöhle und die Resthöhle (Ektoplacentarhöhle) (Abb. 218 c–f) zerlegt. Unterschiede zwischen den einzelnen Formen bestehen vor allem in der Art und zeitlichen Aufeinanderfolge der Höhlenbildung und im Zeitpunkt der Sonderung von Träger und Embryonalanlage. Beim Meerschweinchen geht die äußere Keimblasenwand bereits so früh zugrunde, daß sie nicht vom Entoderm erreicht wird. Dieses umwächst aber als ektoplacentares Entoderm den Trägerpol der Keimblase. Der Embryonalkörper bildet sich in typischer Weise (Abb. 219) als Embryonalschild an der Grenze von Amnionboden und Entoderm. Die Amnionhöhle umfaßt potentiell zunächst das Ventrikelsystem des Zentralnervensystems. Daher wird diese primäre Höhle gelegentlich auch als Markamnionhöhle bezeichnet. Diese wird also erst durch die Abfaltung des Hirns und Rückenmarkes in Ventrikelsystem und definitive Amnionhöhle aufgeteilt. Wir fassen nochmals zusammen: Durch die voluminöse Entfaltung des Trägers, der einen Hohlraum enthält, und durch Rückbildung der parietalen Keimblasenwand entsteht ein bläschenförmiger Keim, der *außen* von Entoderm bedeckt ist. Wir bezeichnen diese Erscheinung als *Keimblattumkehr*. Sie wird nur verständlich, wenn wir sie als Endstufe in einer Reihe komplizierter Sonderanpassungen begreifen und wenn wir die gesamte Formenfülle vergleichend zur Deutung heranziehen.

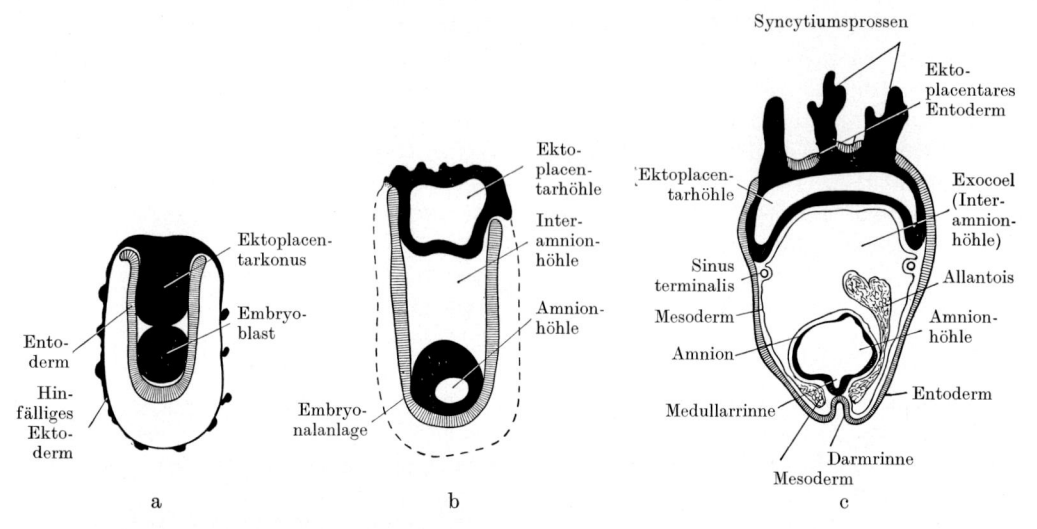

Abb. 219 Primitiventwicklung vom Meerschweinchen (*Cavia porcellus*), schematisch.
a) Ektoplacentarkonus und Embryoblast trennen sich. Entoderm unterwächst die Keimblasenwand nicht mehr vollständig.
b) Amnionhöhle durch Dehiszenz in solider Zellmasse des Embryoblasten gebildet. Weite Ektoplacentarhöhle und Interamnionhöhle.
c) Embryonalanlage ausgebildet, Mesenchymbildung im Gang, dadurch Interamnionhöhle zum Exocoel umgewandelt. Mesenchymale Allantoisanlage. Ektoplacentares Entoderm breitet sich über den Embryonalpol aus. Die Allantoisanlage wächst durch das Exocoel auf die Placentaranlage hin. Totale Keimblattumkehr.

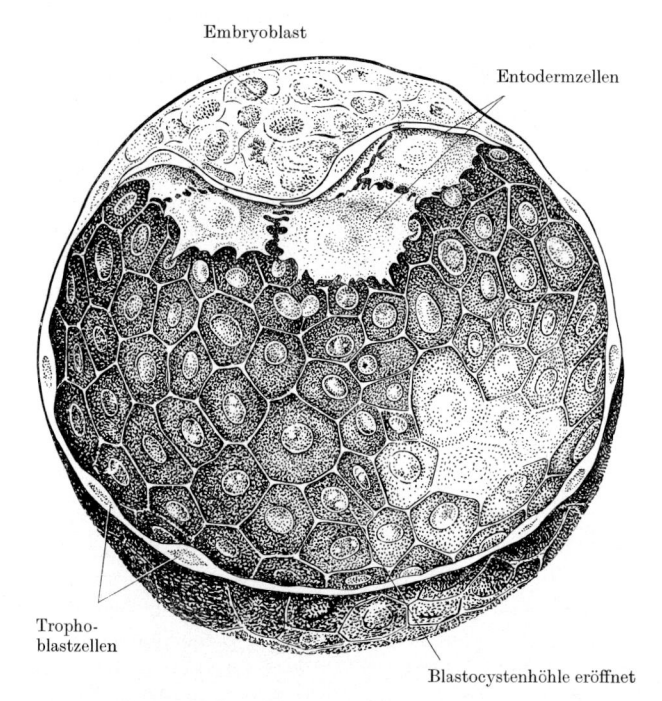

Abb. 220 Blastocyste des Rhesusaffen (*Macaca mulatta*). Schematische Rekonstruktion. Man blickt in die eröffnete Keimblase hinein. Die Entodermzellen stehen durch plasmatische Fortsätze in Verbindung (reticulärer Gewebscharakter) und breiten sich vom Embryoblasten her über die Innenseite der Blastocystenwand aus. (Nach STREETER.)

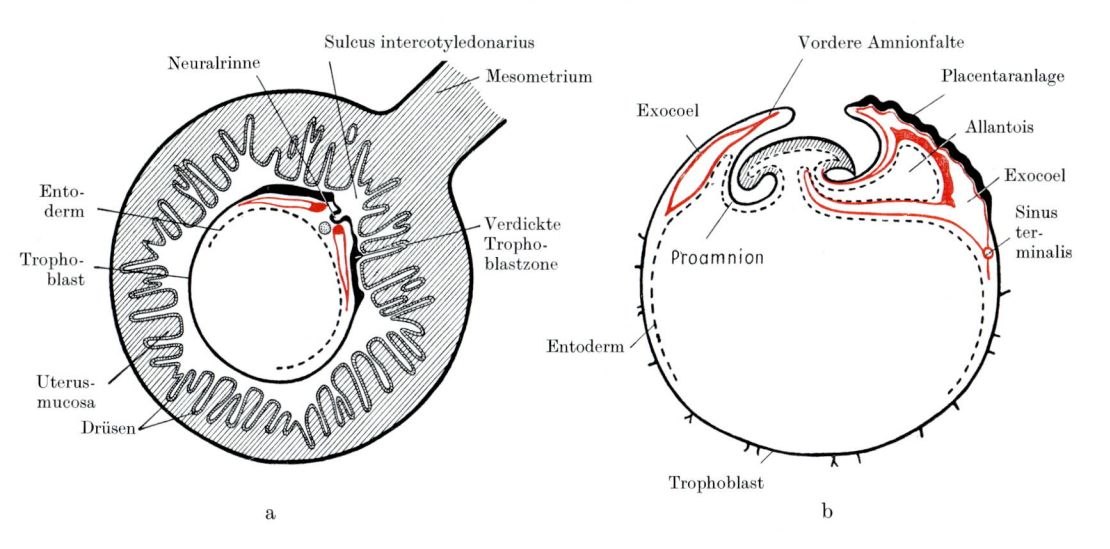

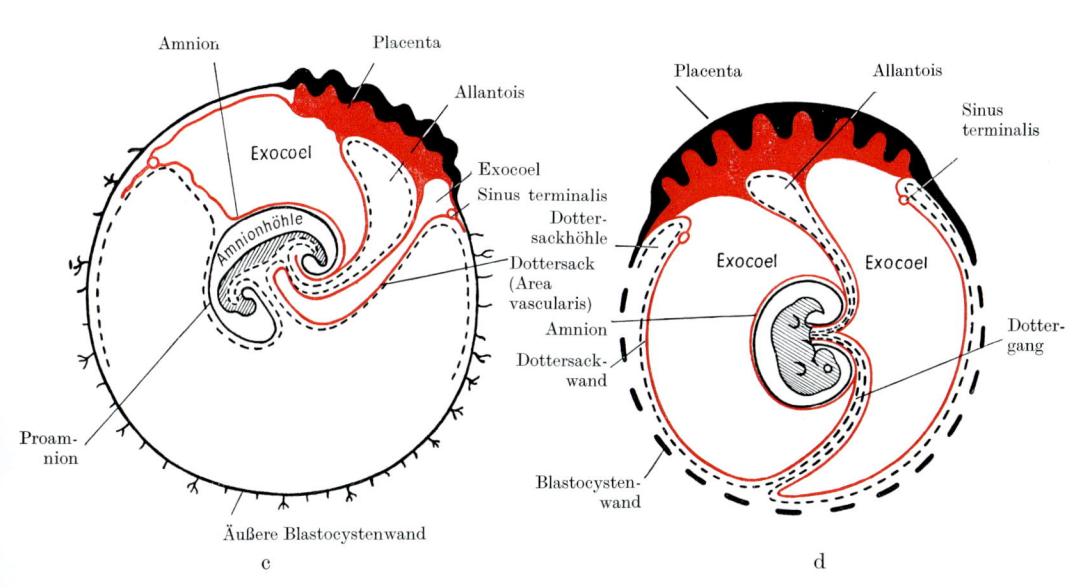

Abb. 221 Primitiventwicklung des Kaninchens (*Oryctolagus cuniculus*).
a) Keimblase im Uteruslumen. Der künftige Placentarbezirk (verdickte Trophoblastzone, im Schnitt zweimal getroffen) ist mesometral orientiert.
b) Placentaranlage im caudalen Bereich wird von der Allantois erreicht. Embryonalanlage abgefaltet. Proamnion. Amnionbildung durch Faltung. Entodermumwachsung unvollständig.
c) Amnion geschlossen. Exocoel dehnt sich aus. Die Embryonalanlage wölbt sich in den Dottersack vor.
d) Rückbildung der äußeren Keimblasenwand und der Dottersackwand. Dottergang vorhanden. Unvollkommene Keimblattumkehr. b–d Längsschnitte durch ältere Stadien. (b–d nach DUVAL).

d) Typ IV (Igel, Flughunde; Abb. 216D)

Diese Gruppe von Säugetieren, in sich keineswegs einheitlich, sei kurz durch folgende Merkmale charakterisiert: Durch Dehiszenz in einer soliden Zellmasse entsteht die Markamnionhöhle (Schizamnion). Beim Igel scheint auch der Dottersack durch Spaltbildung in einem soliden Zellhaufen zu entstehen. Der Trophoblast ist ringsum zu einer mächtigen Schale verdickt. Die

Entypie ist also sehr ausgeprägt, doch kommt keine Keimblattumkehr vor. Formal kann dieser Typ als Zwischenstufe zwischen Typ II und III aufgefaßt werden.

e) Typ V (Kleinfledermäuse)

Die große Gruppe der Mikrochiropteren umfaßt, was dem Laien gewöhnlich nicht bekannt ist, eine sehr große Zahl ganz verschiedenartiger Tierformen, die auch in ihrer Primitiventwicklung große Unterschiede aufweisen. Hier sei nur auf einen theoretisch interessanten Entwicklungsmodus hingewiesen, der bei vielen Mikrochiropteren zur Beobachtung kommt. Die primäre Amnionhöhle entsteht durch Dehiszenz. Sie verliert ihr Dach und wird nur vom differenzierten Trophoblasten bedeckt (Abb. 222). Nachträglich bilden sich nun unter der geschlossenen Trophoblastschicht Amnionfalten aus. Spaltamnion und Faltamnion kommen also bei einer Form nacheinander zur Ausbildung, ein Vorgang, der uns bei der Deutung der Erscheinungen noch beschäftigen wird. Die Mesodermumwachsung bleibt bei Kleinfledermäusen unvollständig.

f) Typ VI (Elephantulus, Rüsselspitzmaus; Abb. 223)

Elephantulus steht in vieler Hinsicht völlig isoliert und ist sicher stark sekundär abgeändert. Wir gehen auf diese Spezialform hier kurz ein, weil einige Vorgänge auffallende Parallelen zur menschlichen Frühentwicklung zeigen. Das gilt insbesondere für die frühe und überstürzte Mesenchymbildung. Die Ontogenese von *Elephantulus* ist durch VAN DER HORST und GILLMAN (1942–1950) genauer erforscht worden. *Elephantulus* ovuliert normalerweise 120 Eier auf einmal, bringt aber jeweils nur zwei Keime zur Entwicklung. Das ist der extreme Fall von Polyovulation, der bekanntgeworden ist. Die Mehrzahl der Eier wird zwar befruchtet, geht aber dann zugrunde, da sich nur zwei Keime in utero anheften können (s. S. 272). Wir hatten bereits oben (S. 215) gesehen, daß amoeboide Zellen der Keimblasenwand zur Bildung des Knotens zusammentreten (Abb. 223 b, c). Bevor dieser Knoten sich mit dem Trophoblasten vereinigt, tritt die Amnionhöhle durch Spaltbildung auf. Sie ist also sicher ringsum nur von Zellen des Knotens umgeben (Abb. 223 d). Nun erscheint ebenfalls sehr früh Mesenchym und schiebt sich zwischen Trophoblast und Knoten ein. Dieses Mesenchym erscheint also lange vor Auftreten eines Primitivstreifens, und zwar stammt es von amoeboiden Zellen der Außenschicht der Keimblase ab, die auch Entoderm bilden. Der Ablauf der späteren Embryonalentwicklung ist aus Abbildung 223 ersichtlich. Eine ausführliche Zusammenfassung der Primitiventwicklung bei allen Säugetiergruppen findet sich bei STARCK 1959.

Bevor wir die speziellen Entwicklungsvorgänge bei Affen und Mensch einer genaueren Betrachtung unterziehen, wollen wir kurz die *weitere Differenzierung der Embryonalanlage* bei Eutheriern besprechen. Die Bildung des Embryonalkörpers erfolgt in ganz ähnlicher Weise

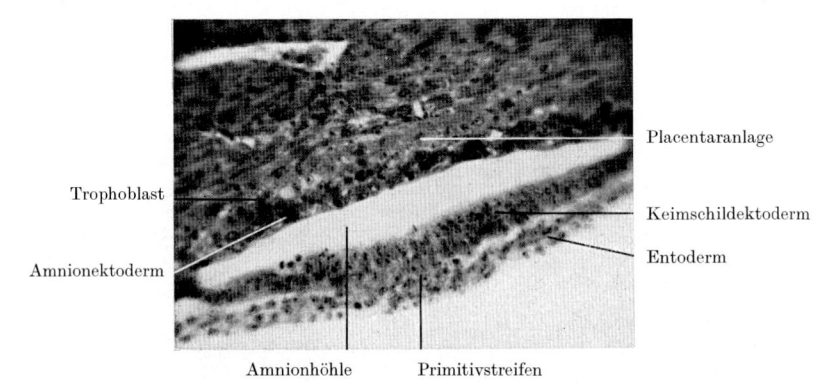

Abb. 222 Schnitt durch junge Embryonalanlage einer Fledermaus (*Miniopterus schreibersi*). Die Amnionhöhle hat nach ursprünglichem Verlust ihres Daches durch Verwachsen von Falten eine sekundäre Abgrenzung gegen den Trophoblasten erhalten. (Orig.)

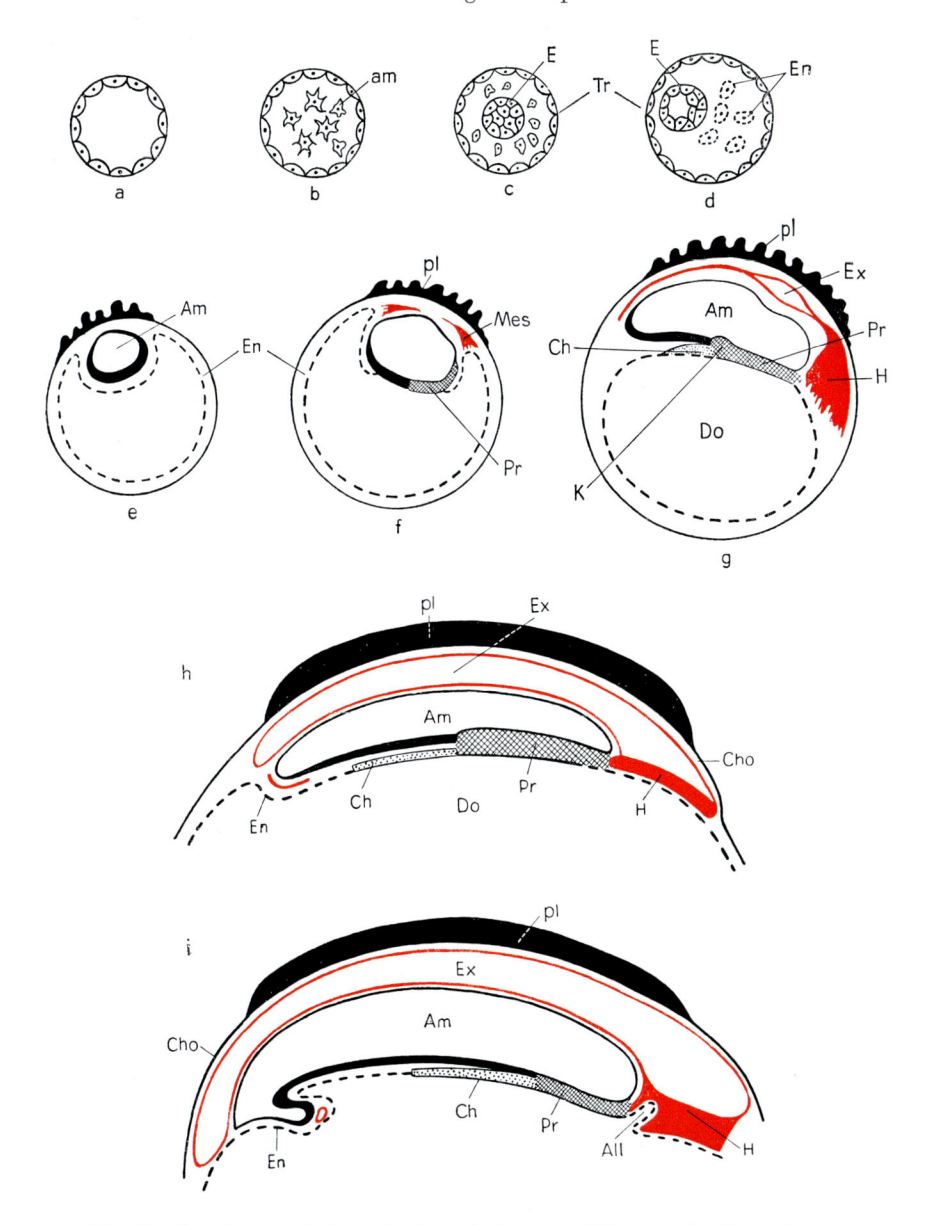

Abb. 223 Primitiventwicklung der Rüsselspitzmaus (*Elephantulus*, Insectivora).
a) Blastocyste.
b) Amoeboide Zellen der Keimblasenwand treten zur Bildung des Embryonalknotens (c) zusammen.
d) Amnionhöhle erscheint im Knoten (Spaltamnion). Entodermzellen von mesenchymalem Charakter entstehen aus der Keimblasenwand.
e) Entodermumwachsung vollendet.
f) Primitivstreifen erscheint. Extraembryonale Mesenchymbildung.
g) Bildung eines Haftstieles am caudalen Ende der Embryonalanlage.
h) Ausdehnung des Exocoels.
i) Abhebung der Embryonalanlage vom Dottersack, entodermale Allantois in Bildung, Haftstiel verkürzt.

All = Allantois, Am = Amnionhöhle, am = amoeboide Zellen, Ch = Chordaanlage, Cho = Chorion, Do = Dottersack, E = Embryoblast, En = Entoderm, Ex = Exocoel, Chorionhöhle, H = Haftstiel, K = Primitivknoten, Mes = Mesenchym, pl = Placentaranlage, Pr = Primitivstreifen, Tr = Trophoblast.

(Unter Benutzung von Abbildungen von van der Horst).

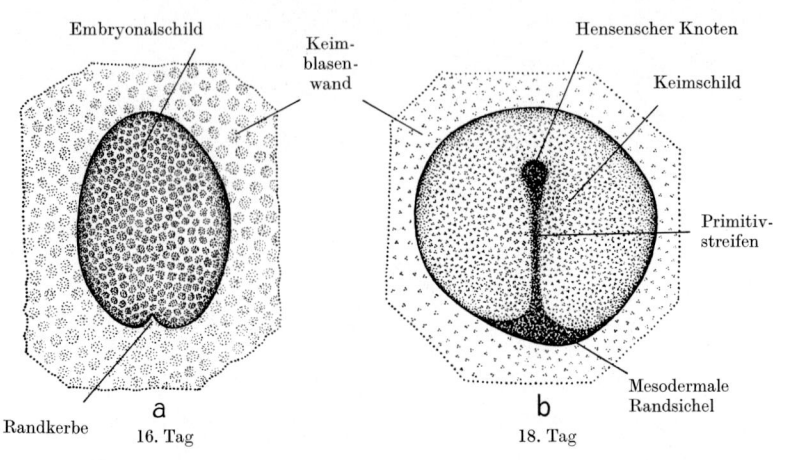

Abb. 224 Flächenbild der Embryonalanlage des Hundes, Ausschnitt aus der Keimblasenwand.
a) 16 Tage alter Keim, Embryonalschild. b) 18 Tage alter Keim, Primitivstreifen.
(Nach BONNET).

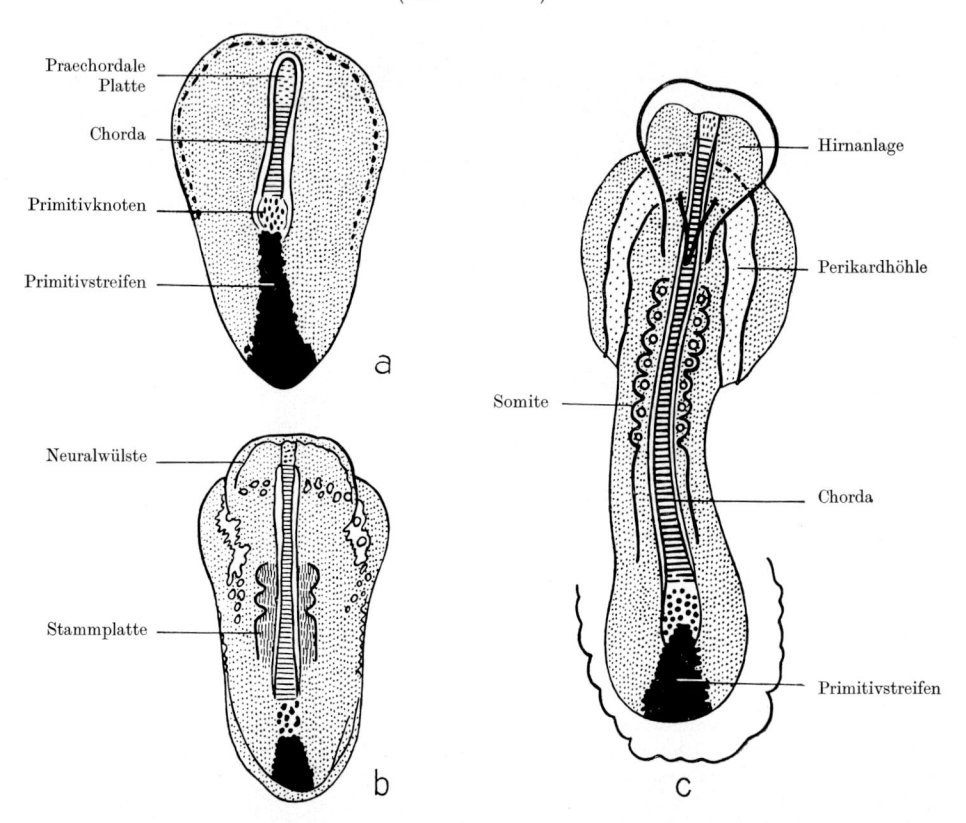

Abb. 225 Differenzierung der Embryonalanlage des Schweines (*Sus scrofa dom.*). Man beachte die zunehmende Verkürzung des Primitivstreifens (schwarz). In b, c) Bildung der Neuralwülste und der Somite. Längenwachstum. Abhebung des Kopfendes. (Nach STREETER).

wie bei Vögeln. Auf das Stadium des Embryonalknotens folgt die Ausbildung des Embryonalschildes dort, wo der Boden der Amnionhöhle und das Dach des Dottersackes aneinanderstoßen. Auch die Säugetiere bilden Primitivstreifen (Abb. 224), Primitivknoten, Chorda und

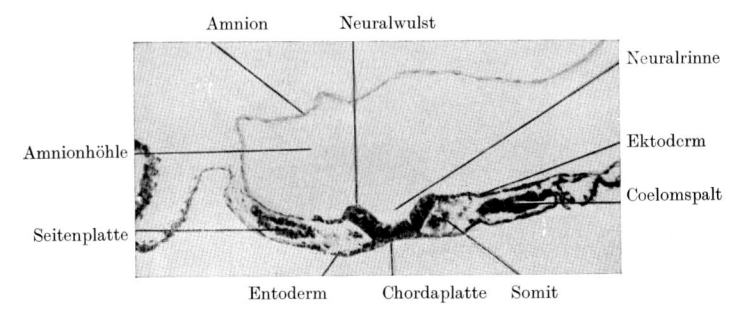

Abb. 226 Querschnitt durch einen jungen Embryo vom Meerschweinchen (*Cavia porcellus*). Offene Medullarrinne. Coelomspalt eben gebildet. (Orig.)

Medullarplatte aus (Abb. 225, 226). Seitlich ist der Embryonalschild meist gut gegen das extraembryonale Gebiet abgegrenzt. Mesoderm wächst vom Primitivstreifen nach lateral und hinten zwischen Ekto- und Entoderm aus. Sehr früh kann der Coelomspalt auftreten. Bei vielen Säugern (Meerschweinchen, Fledermäuse, Mensch) tritt ein sogenannter *Chordakanal* als Andeutung einer Invagination auf. Er geht von der Gegend der Primitivgrube aus und kann ins Darmlumen durchbrechen. Er entspricht völlig dem Urdarmsäckchen der Reptilien (s. S. 165), das ebenfalls mit dem Entoderm verschmilzt und sich in den subgerminalen Raum öffnet. Das Medullarrohr schließt sich caudal über dem Chordakanal, so daß es zur Bildung eines Canalis neurentericus kommt.

5. Primitiventwicklung der Primaten

Unsere Kenntnisse von der Frühentwicklung des Menschen waren bis vor kurzem sehr lückenhaft und sind auch heute noch keineswegs vollständig. Allerdings sind in den Jahren seit 1941 vor allem durch HERTIG und ROCK eine Reihe guterhaltener und entscheidend wichtiger Frühstadien bekanntgeworden. Nun muß vorausgeschickt werden, daß gerade die Frühentwicklung des Menschen durch Sonderanpassungen sehr stark abgeändert ist und nicht ohne weiteres aus Befunden am Tier erschlossen werden kann. Für einen Vergleich kommen in erster Linie die Tierprimaten in Frage. Doch ist frühembryonales Material von Affen noch schwieriger zu beschaffen als menschliches und selten zur Untersuchung gekommen. So sind uns die Vorgänge bei Menschenaffen fast ganz unbekannt. Genauere Untersuchungen liegen nur über den Rhesusaffen und Pavian vor (HEUSER und STREETER 1941, HENDRICKX 1971). Diese Befunde sind allerdings für die Deutung menschlicher Frühstadien sehr wichtig geworden und müssen daher etwas ausführlicher behandelt werden.

a) Primitiventwicklung der Affen

Bei den Halbaffen (*Loris*, J. P. HILL und SUBBA RAU, *Tarsius*, J. P. HILL) wird der Embryoblast frühzeitig in die Keimblasenoberfläche eingeschaltet. Das Amnion entsteht als typisches Faltamnion. *Tarsius* ist interessant durch das frühe Auftreten einer mesenchymalen Allantoisanlage, die als Haftstiel die Umbilicalgefäße durch das Exocoel zur Placenta leitet (s. S. 311). Auffallend ist die geringe Ausdehnung des Dottersackes. Genauer informiert sind wir über die Frühentwicklung des Rhesusaffen durch die Untersuchungen von STREETER, WISLOCKI und HEUSER (1938, 1941). Furchung und Blastocystenbildung (Abb. 227) laufen in der für Säugetiere typischen Weise ab. Die Tubenwanderung dauert 8–9 Tage. Am 9. Tag heftet sich die Keimblase oberflächlich im Uterus an (s. S. 269). Der Trophoblast bildet zu dieser Zeit eine gleichmäßig dünne, einschichtige Zellage. Regelmäßig legt sich die Blastocyste mit dem Embryonalpol zuerst der Uterusmucosa an. Sobald der Kontakt mit der Schleimhaut zustande gekommen ist, setzen Differenzierungsvorgänge am Trophoblasten ein. Der Trophoblast verdickt sich an der Anheftungsstelle und seine äußeren Schichten wandeln sich zu Syncytium (Abb. 227, 228) um. Bevor wir aber die Vorgänge der Anheftung des Keimes und den Aufbau eines Ernährungsorganes näher untersuchen, wollen wir die Bildung der Anlage des Embryonal-

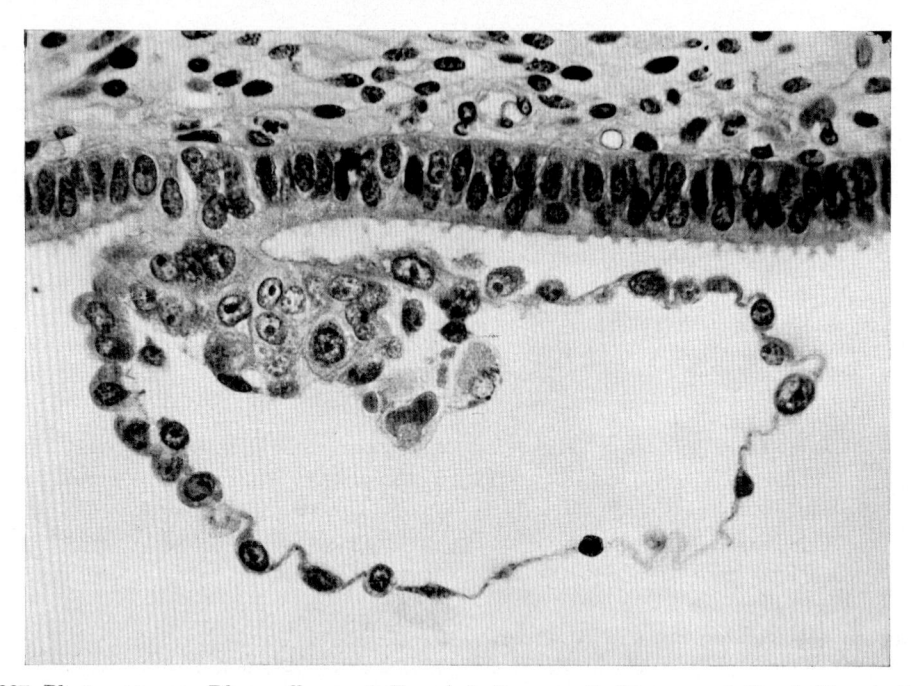

Abb. 227 Blastocyste vom Rhesusaffen am 9. Tag. Anheftung an die Uteruswand. Trophoblastverdickung im Bereich der Anheftungszone. (Nach HEUSER und STREETER 1941, Contrib. Embryol. 29).

körpers betrachten. Beim Rhesuskeim ist bereits am 9. Tag neben Trophoblast- und formativen Zellen eine dritte Zellart vorhanden, die sich auf der Innenseite der Blastocyste ausbreitet (Abb. 220, 228 b, c) und den Charakter primärer Entodermzellen hat. Diese Zellen können nicht vom Embryoblasten allein abstammen, sondern werden bereits während der Furchung abgespalten und später noch vom Knoten und wahrscheinlich auch vom Trophoblasten abgesondert. Sie bilden in ihrer Gesamtheit eine dünne „mesotheliale" Membran von reticulärem Charakter (Abb. 220). Im Knotenbereich tritt (Abb. 228c) zwischen Trophoblast und Knotenzellen ein Spalt auf, der zur Amnionhöhle wird. Dabei werden fortlaufend „amniogene" Zellen vom Trophoblasten abgespalten und dem Amnion zugeschlagen. Am 12. Tag hat sich das Amnion weitgehend gegen den Trophoblasten isoliert (Abb. 228 d, e, 233). An dieser Grenze tritt jetzt ein sehr feinmaschiges Mesenchym auf. Eine strangartige epitheliale Verbindung kann aber noch einige Zeit zwischen Trophoblast und Amnion bestehenbleiben. Sie wurde vielfach als rudimentäre Bildung eines Amnionnabels aufgefaßt, scheint aber in der Tat eine wachstumsmechanisch wichtige Zuwachszone für das Amnion zu sein. Das erste Mesenchym tritt ohne Zusammenhang mit der Embryonalanlage zwischen Zellen trophoblastischer Abkunft auf und scheint auch direkt vom Trophoblasten her geliefert zu werden. Kurze Zeit später lassen sich auch im abembryonalen Bereich der Keimblase frei bewegliche Mesenchymzellen zwischen Trophoblast und Entoderm nachweisen, so daß kein Zweifel mehr an der trophoblastischen Genese dieses Mesenchyms bestehen kann. Die Zellen des Embryonalknotens, welche den Boden der künftigen Amnionhöhle aufbauen, bilden ein hohes Epithel, das zum Keimschildektoderm wird (Abb. 228 d–g). Die Bildung des Embryonalkörpers zeigt keine nennenswerten Besonderheiten.

Hingegen gestalten sich die weiteren Entwicklungsvorgänge am *Dottersack* höchst eigenartig. Wir hatten bereits gesehen, daß die sogenannten primären Entodermzellen keine Abkömmlinge des Knotens sind, sondern direkt auf Furchungszellen oder extraembryonale Blastocystenwand zurückzuführen sind. Nachdem die Amnionhöhle und damit die Keimscheibe gebildet ist, findet sich unter

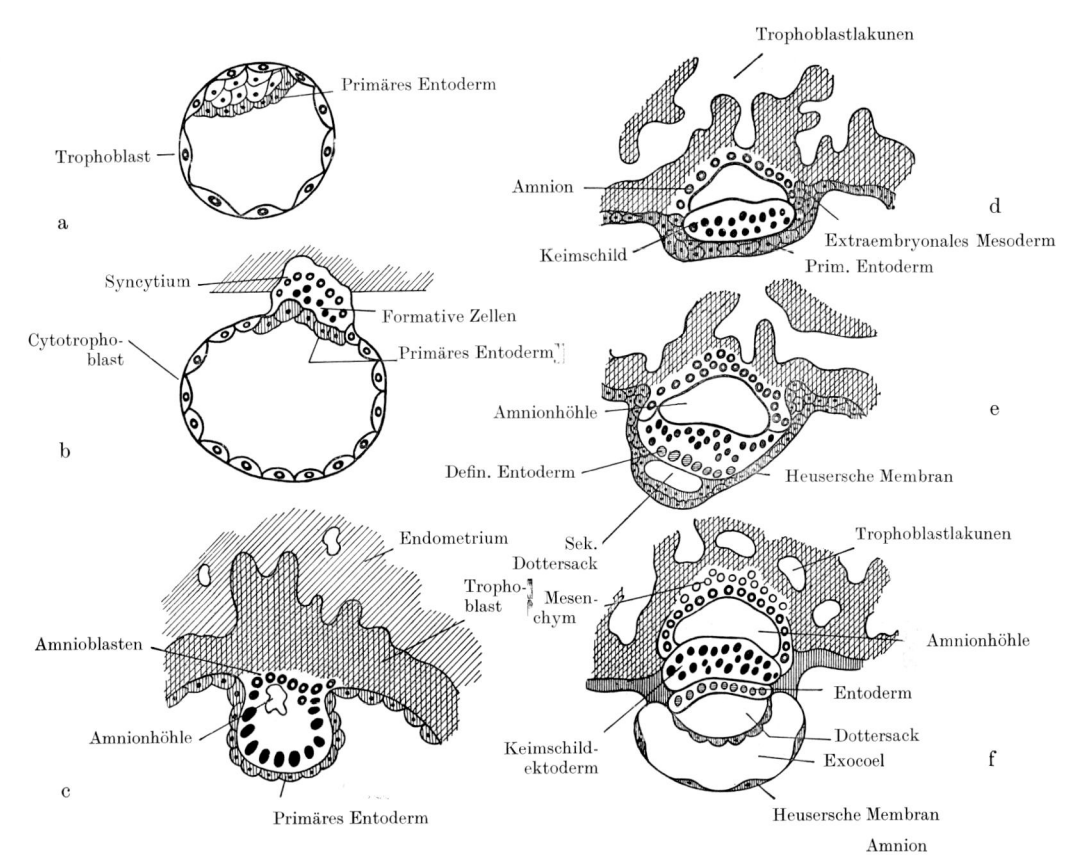

Abb. 228 a–g Frühentwicklung beim Rhesusaffen. Schematische Darstellung in Anlehnung an STRAUSS (Rev. Suisse de Zool. 52, 1945), insbesondere Bildung von Amnion und Dottersack. Schraffiert: Endometrium. Kreuzschraffiert: Trophoblast. Schwarze Kerne: Embryonales Ektoderm. Kerne mit hellem Zentrum: Amnioblasten, Amnionektoderm. Zellen vertikal gestrichelt mit kleinem, schwarzem Kern: Primäres Entoderm, HEUSERsche Membran. Kerne horizontal gestrichelt: Definitives Entoderm.

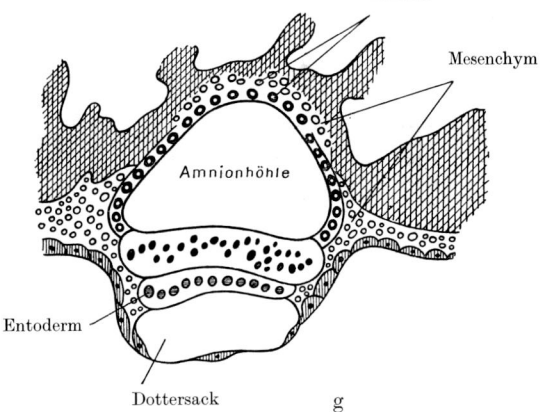

dem Keimschildektoderm eine mehrschichtige Zellplatte (Entodermplatte). Durch Spaltbildung und Abhebung bildet sich nun zwischen Entodermplatte und primärer Dottersackwand ein Hohlraum (Abb. 228 e, f, 233). Dieser Hohlraum rundet sich schnell ab und dehnt sich aus, so daß der ,,primäre" Dottersack verdrängt wird. Diese neue Höhle ist der definitive typische Dottersack. Seine Wand entsteht also dorsal zum Teil aus Zellen der Entodermplatte, welche im übrigen das Darmentoderm liefert. Die ventrale und seitliche Wand des definitiven Dottersackes wird gewissermaßen aus dem primären Dottersack herausgeschnitten. Der primäre Dottersack wird gegen die Peripherie abgedrängt und wird zum *Exocoel*. Seine Wand weist Lücken auf, die mit den Mesenchymmaschen kommunizieren. Da nunmehr sicher ist, daß der primäre Dottersack nicht zum definitiven Dottersack wird, ist es zweckmäßig, seine Wand als Exocoelmembran oder HEUSERsche Membran zu bezeichnen. Sie stellt ein Zellenreservoir für die Mesenchymbildung dar und schwindet etwa in der 3. bis 4. Woche des Embryonallebens.

Fassen wir kurz zusammen: Die Primitiventwicklung des Rhesusaffen ist gekennzeichnet durch Spaltamnionbildung, sehr frühe Entstehung extraembryonalen Mesenchyms und durch Mesenchymbildung vom Trophoblasten her. Auch amniogene Zellen stammen vom Trophoblasten. Am eigenartigsten sind die Verhältnisse bei der Morphogenese des Dottersackes. Der „primäre Dottersack" wird zur Exocoelblase, seine Wand, die HEUSERsche Membran, wird nur zum Teil in die Bildung des definitiven Dottersackes einbezogen. Damit ergibt sich die Frage, welche der beiden bläschenartigen Bildungen dem Dottersack der übrigen Vertebraten homolog ist und wie diese eigenartigen Zustände erklärt werden können*). Wir möchten annehmen, daß die geschilderten Tatsachen, die so isoliert stehen und in grundsätzlichen Punkten von dem, was wir von allen anderen Wirbeltieren her kennen, abweichen, nicht primitiv sind. Wir sehen in ihnen einen weiteren Hinweis auf die gruppenspezifische Eigengesetzlichkeit der Ontogenese und müssen die Frage prüfen, ob diesen sekundären Erscheinungen eine biologisch sinnvolle Deutung gegeben werden kann. Das ist nun in der Tat der Fall (s. STARCK 1952). Die geschilderten Besonderheiten weisen entschieden auf besondere Aufgaben im Rahmen der Betriebs- und Aufbaufunktionen des Keimes.

Sobald der Keim sich im Uterus anheftet, setzen Wechselwirkungen zwischen mütterlichem Organismus und Keim ein. Nähr- und Aufbaustoffe müssen herangeschafft und nutzbar gemacht werden. Bevor diese fetomaternale Verbindung betriebsfähig ist, kann der Keim selbst kaum mit Wachstums- und Differenzierungsleistungen beginnen. Die Zeit bis zur Entstehung eines funktionsfähigen Placentarorgans muß überbrückt werden. Wir sehen also, und das wird die Untersuchung der menschlichen Ontogenese bestätigen, daß alles zunächst auf Auf- und Ausbau des Trophoblasten abgestellt ist. Die Embryonalanlage bleibt ziemlich lange auf dem mehr oder weniger indifferenten Stadium des Knotens stehen. Als Transportmittel für den Stoffverkehr muß frühzeitig der extraembryonale Kreislauf mit seinen Organen und seinen Verbindungen zum Embryonalkörper ausgebildet werden. Blut- und Gefäßbildung ist eine Funktion des frühembryonalen Mesenchyms. Daher setzt die Mesenchymbildung überstürzt und verfrüht ein. Gleichzeitig aber scheint das Mesenchym vor Ausbildung eines funktionierenden Kreislaufes auch eine sehr wichtige, eigene Vermittlerrolle im Stoffaustausch zu spielen. Die Mesenchymbildung beginnt sofort nach der Implantation, also zu einem Zeitpunkt, zu dem ein Zustrom materner Nährstoffe einsetzt. Das sehr lockere, flüssigkeitsreiche Mesenchym mit seinen Lückenräumen stellt zweifellos ein Saftlückensystem her, das zunächst, bis die absolute Keimgröße einen artspezifischen Grenzwert erreicht, als Transportweg für den Strom der Nahrungsstoffe dient. Dabei ist auch daran zu denken, daß die Blastocystenflüssigkeit in ihrer qualitativen Beschaffenheit durch Trophoblast und Mesenchym beeinflußt wird und eine Art Kulturmedium für den Keim darstellt. Auffallend ist, daß die Mesenchymmenge in strenger Korrelation zur Implantationstiefe des Keimes steht. Damit werden die Bildung der Exocoelblase und die anschließenden Umbildungsprozesse verständlich. Die Exocoelblase dient als provisorisches Stoffwechselorgan vor Ausbildung des Chorions. Rückbildung der Exocoelblase und Ausbildung des kleinen definitiven Dottersackes setzen ein, sobald die Chorionzotten gebildet sind und ihre Funktion aufnehmen. Wir sehen also in den geschilderten Vorgängen entwicklungsphysiologisch bedeutsame Anpassungsvorgänge von zweifellos sekundärer Natur. Damit ergibt sich auch eine Antwort auf die Frage nach der Homologie der Dottersackbildungen. Wir sehen in der Bildung der Exocoelblase und der HEUSERschen Membran einen Teilprozeß der verfrühten Mesenchymbildung und darin einen Ausdruck der physiologischen Sonderbedingungen, unter denen der Keim in der ersten Zeit steht. Allein der definitive Dottersack

---

*) Die Frage der Bildung des Dottersackes bei Affen und Mensch und die verschiedenen Deutungsversuche sind vom Verf. ausführlich besprochen worden (s. STARCK 1952 a, b, 1959).

des Rhesusaffen kann mit dem Dottersack anderer Säuger und niederer Wirbeltiere verglichen werden.

b) Primitiventwicklung des Menschen

Die ersten Entwicklungsvorgänge des menschlichen Keimes lassen sich nicht aus Analogieschlüssen vom Befund am Tier her erschließen. Versuchen wir, das vorliegende Material an jungen menschlichen Keimen stadienmäßig zu ordnen und das Entwicklungsgeschehen aus der Aneinanderreihung der Stadien zu rekonstruieren, so ergeben sich erhebliche Schwierigkeiten. Erstens ist das vorliegende Material keineswegs lückenlos. Dann ist zu beachten, daß aus leicht ersichtlichen Gründen menschliche Keime, die zur Untersuchung gelangen, unverhältnismäßig oft pathologische Abweichungen zeigen, die erst als solche erkannt werden konnten, als ein umfangreicheres Vergleichsmaterial vorlag. Schließlich bietet die Frühentwicklung des Menschen so viele Eigentümlichkeiten, daß eine Deutung der Befunde und eine Rekonstruktion fehlender Zwischenstadien nicht ohne weiteres möglich sind. Hinzu kommt, daß gerade in der normalen Frühentwicklung auch zahlreiche individuelle Abweichungen und Varianten auftreten, die das Bild des Grundsätzlichen verschleiern. Es kann nicht unsere Aufgabe sein, alle Einzelbefunde an dieser Stelle zusammenzustellen. Wir versuchen, ein Bild von der Frühentwicklung des Menschen auf Grund der vorliegenden Befunde zu entwerfen. Dieses Bild muß zwangsläufig in Einzelheiten schematisiert sein und mag mit dem Fortschreiten unserer Tatsachenkenntnisse Änderungen in einzelnen Punkten erfahren. Der menschliche Keim zeigt in der dritten Schwangerschaftswoche den typischen Aufbau des Wirbeltierkörpers. Von dieser Zeit an sind ausreichende Befunde vorhanden, so daß die spätere Entwicklung des Menschen gut bekannt ist. Aus der Zeit vom 11. bis 12. Tag bis zur 4. Woche liegen immerhin so viele Befunde vor, daß einigermaßen sichere Aussagen gemacht werden können. Aus der Zeit vom 1. bis 11. Tag kennen wir erst wenige Einzelbefunde aus letzter Zeit, die uns höchstens erlauben, einige Fragen zu beantworten. Es handelt sich hierbei im wesentlichen um Keime, die von den amerikanischen Forschern HERTIG und ROCK seit 1941 genau bearbeitet wurden. Sie sollen im folgenden kurz aufgeführt werden:

Alter in Tagen	Bezeichnung des Keimes	Bearbeiter
4	Carnegie 8190	Hertig-Rock 1946
7	Carnegie 8020	Hertig-Rock 1945
8	Carnegie 8155	Hertig-Rock 1949
9	Carnegie 8171	Hertig-Rock 1949
9	Carnegie 8004	Hertig-Rock 1945
11	Carnegie 7699	Hertig-Rock 1941
12	Carnegie 7700	Hertig-Rock 1941

Diese neuen Befunde haben einmal gezeigt, daß die meisten der bisher beschriebenen, ganz jungen menschlichen Keime pathologisch verändert waren. Sie haben weiterhin den Nachweis erbracht, daß der menschliche Keim ein Blastocystenstadium durchmacht, ein Problem, das noch bis vor kurzem lebhaft umstritten war. Als drittes wesentliches Ergebnis lieferten sie den Beweis, daß die Befunde beim Rhesusaffen in mancher Hinsicht zu einer Deutung der menschlichen Frühentwicklung hinzuleiten vermögen.

Aus der Zeit der Tubenwanderung liegen nur zwei Furchungsstadien vor, die oben besprochen wurden (s. S. 209). Der menschliche Keim wandert in etwa 5 Tagen durch die Tube in den Uterus und heftet sich hier mit großer Regelmäßigkeit bereits am 6. Tag an (Vorgang der Implantation, s. S. 269). Die Implantation erfolgt beim Menschen also früher, als man bisher annahm, und auch früher als beim Rhesusaffen (9. Tag). Das junge menschliche Ovum 8020 (Abb. 229) vom 7. Tag war gerade im Begriff, sich in die Uterusmucosa einzunisten. Die Anheftung erfolgte, wie meist, an der Hinterwand des Uterus. Der Zustand der Schleimhaut entsprach dem 22. Zyklustag. Der menschliche Keim zeigt, das sei hier vorweggenommen, gegenüber dem Rhesusaffen eine wesentlich tiefere Implantation. Das Ei liegt im Endometrium (Abb. 229 a, b). Das mütterliche Epithel ist an dieser Stelle zerstört. Das vorliegende Ovum befindet sich nun auf dem Stadium der *Blastocyste* (Durchmesser im fixierten Zustand 0,42 : 0,46 mm). Dort, wo die Wand der Blastocyste gegen das freie Uteruslumen blickt (Abb. 229 unten), ist die Keimblasenwand dünn und zeigt den mesothelialen Charakter des Trophoblasten, wie wir ihn von anderen Säugetieren her bereits kennen. Dort hingegen, wo die Blastocyste mit maternem Gewebe in Berührung kommt, ist ihre Wand stark verdickt und zeigt bereits cytologische Differenzierungen am Trophoblasten (s. S. 310). Die Blastocystenhöhle ist noch frei. Ein typischer Embryonalknoten ist mit der Keimblasenwand verbunden. Er liegt, wie beim Rhesusaffen, am Anheftungspol der Keimblase. Am Embryonalknoten sind zwei Zellarten unterscheidbar (Abb. 229 a, b):

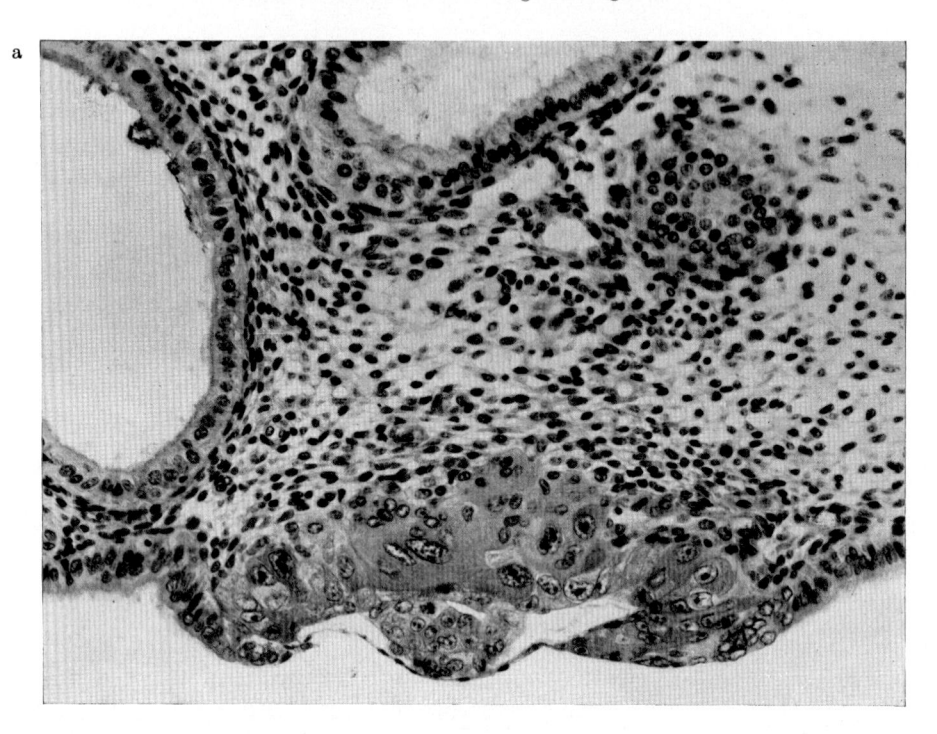

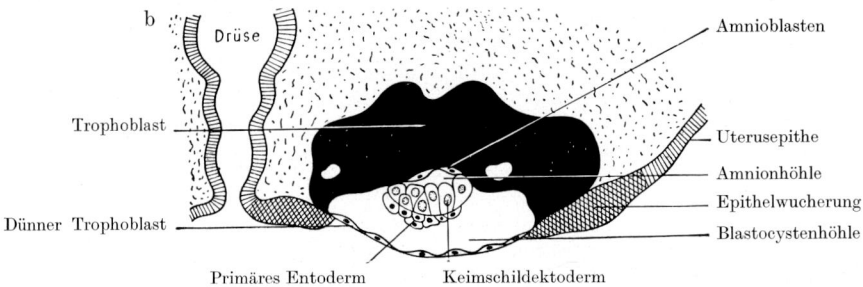

Abb. 229 Menschlicher Keim, Carnegie Nr. 8020, 7½ Tage, im Beginn der Implantation. Blastocystenstadium, verdickter Trophoblast nur basal. Gegen das Uteruslumen zu noch dünne Blastocystenwand. Spaltamnionbildung im Embryonalknoten.
a) Photo aus HERTIG und ROCK (Contrib. Embryol. 31, pl. 1, fig. 3, 1945).
b) Schematische Darstellung des gleichen Keimes.

1. dorsal große, regellose Zellen mit einigen Mitosen = praesumptives Ektoderm.
2. ventral kleine, dunkle Zellen ohne Mitosen = primäres Entoderm.

Zwischen primärem Ektoderm und Trophoblast ist die erste Andeutung einer Amnionhöhle in Form von zwei noch nicht zusammenhängenden feinen Spalträumen nachweisbar. Am 8. Tag ist der Keim im ganzen tiefer in das Endometrium eingesenkt, zeigt aber noch in einem kleinen Bezirk die ursprüngliche dünne Blastocystenwand. Wie bei anderen Säugetieren kommt es anscheinend mit vollzogener Implantation des Keimes zunächst zu einem Kollaps der Blastocystenhöhle. Die erneute Ausdehnung des Keimes durch die Vergrößerung der Chorionhöhle folgt erst später. Jetzt treten auf der Innenseite des Trophoblasten bereits vereinzelt amoeboide Mesenchymzellen auf, die offensichtlich auch beim Menschen vom Trophoblasten herstammen. Am 9. Tag (Abb. 230, 231) ist keine primäre Blastocystenwand mehr vorhanden. Der Trophoblast, dessen weitere Differenzierung spä-

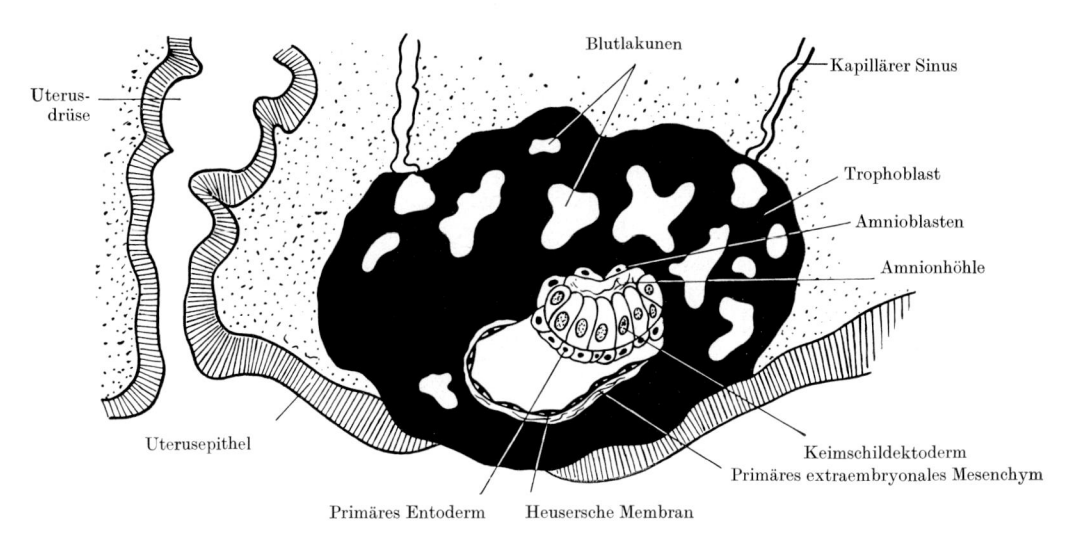

Abb. 230 Menschlicher Keim, Carnegie Nr. 8171, 9 Tage. Trophoblast auch nach der Seite des Uterusepithels hin verdickt. Lakunenbildung nur basal. Primäres Mesenchym gebildet. HEUSERsche Membran. Im Endometrium erweiterte kapilläre Sinus.
Schematische Darstellung nach den Abbildungen von HERTIG und ROCK 1949.

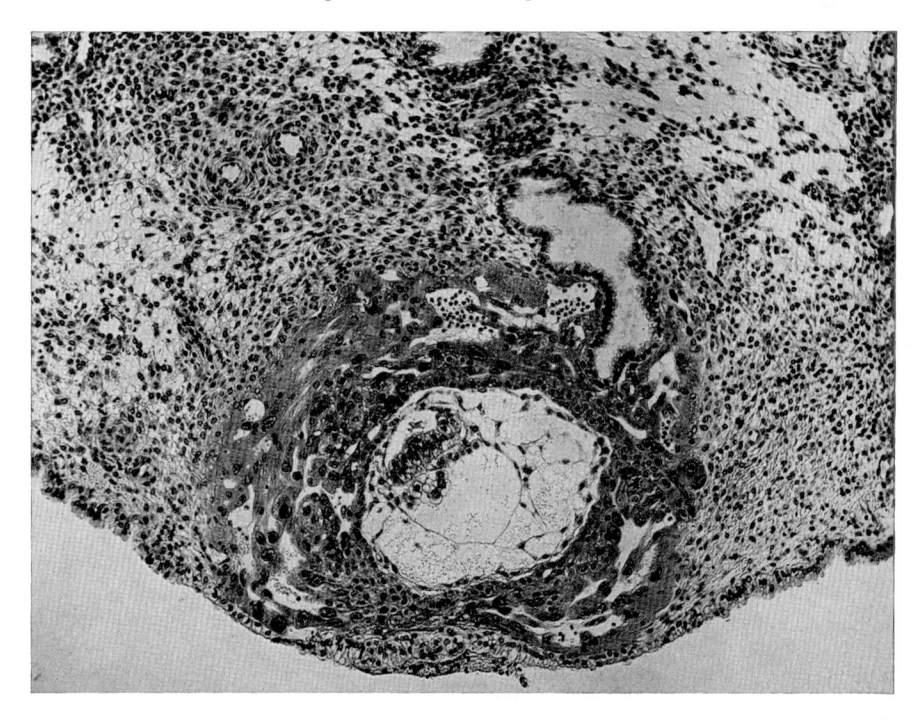

Abb. 231 Menschlicher Keim, Carnegie Nr. 7699, 11 Tage. Eben implantiert. Beachte die Vermehrung des Mesenchyms und die Differenzierung der Trophoblastschale.
(Nach HERTIG und ROCK 1941, Contrib. Embryol. 29, pl. 3, fig. 14).

ter besprochen wird (s. S. 274), ist ringsum zu einer mächtigen Schale verdickt, doch ist die Trophoblastdifferenzierung am embryonalen Pol deutlich weiter vorangeschritten. Die beiden folgenden Keime (11. und 12. Tag) zeigen die erwähnten individuellen Differenzen. So ist der jüngere von beiden Keimen etwas tiefer implantiert und zeigt am abembryonalen Pol eine dickere Trophoblasthülle (Abb. 231) als der ältere (Abb. 232). Zu diesem Zeitpunkt sind bereits Beziehungen zum mütterlichen Gefäßsystem angebahnt. Die Embryonalanlage liegt, wie ursprünglich, am Anheftungspol. Eine Drehung der Embryonalanlage, wie sie auf Grund älterer Befunde an schlecht erhaltenen Keimen lange Zeit angenommen wurde, kommt nicht vor.

Gleichzeitig hat sich das Mesenchym beträchtlich vermehrt und kleidet die ganze Keimblase innen aus. Die Embryonalanlage steht nirgends mit dem Trophoblasten in unmittelbarem Kontakt, da sich zwischen beiden Komponenten des Ovums überall Mesenchym findet. Die rapide Mesenchymbildung und -vermehrung erfolgt überall vom Trophoblasten her. Die Embryonalanlage selbst (Abb. 231, 232) erscheint jetzt in Form von zwei kleinen epithelialen Bläschen. Das kleinere Bläschen liegt am Implantationspol und entspricht der Amnionhöhle, die also durch Dehiszenz (Spaltamnion) entstanden ist. Der Boden der Amnionhöhle besteht aus hohen prismatischen Zellen des Keimschildektoderms. Unter ihnen liegen die Zellen der Entodermplatte

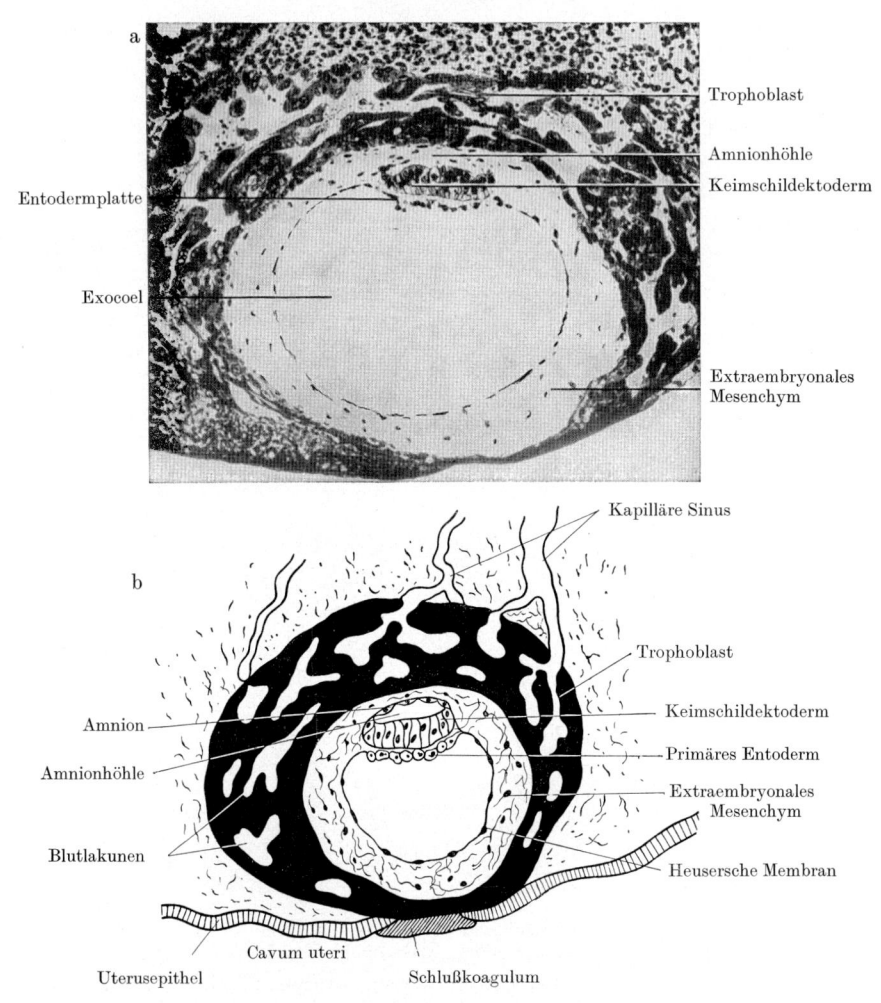

Abb. 232 Menschlicher Keim, Carnegie Nr. 7700, 12 Tage alt. Trophoblastschale weniger weit differenziert als bei dem jüngeren Keim der Abbildung 231. Beachte: Exocoel, HEUSERsche Membran. Entodermplatte. Extraembryonales Mesenchym. Die maternen Gefäße finden Anschluß an die Lakunen im Trophoblasten.
a) Photo aus HERTIG und ROCK (Contrib. Embryol. 29, pl. 6, fig. 23, 1941).
b) Schematische Darstellung des gleichen Keimes.

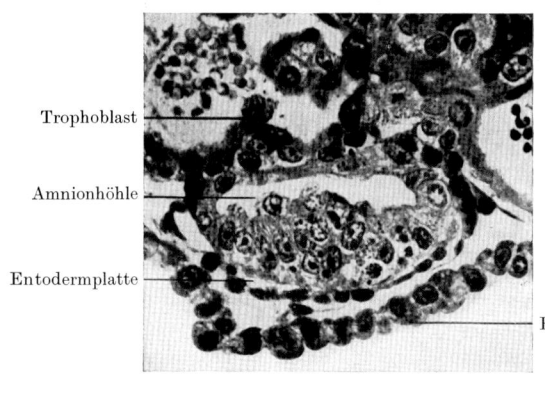

Abb. 233
a) Rhesusaffe *(Macaca mulatta)* 11 Tage alt. Embryonalanlage. Amnion vom Trophoblasten getrennt. Die Trophoblastlakunen kommunizieren bereits mit mütterlichen Venen. Exocoelmembran, Entodermplatte (aus HEUSER und STREETER, Contrib. Embryol. 29, 1941, pl. 12, fig. 96.)
b) Rhesusaffe *(Macaca mulatta)* 12 Tage alter Keim. Erste Anlage des definitiven Dottersackes (aus HEUSER und STREETER, Contr. Embryol. 29, 1941, pl. 14, fig. 108).

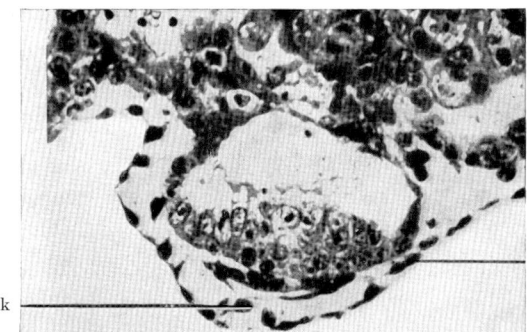

(STRAUSS), welche gleichzeitig das Dach des zweiten größeren Bläschens bilden. Dieses Bläschen entspricht vollständig der Exocoelblase des Rhesusaffen (= primärer Dottersack) (Abb. 233). Seine Wand wird von mesothelialen, flachen Zellen, der HEUSERschen Membran, gebildet.

Dottersackbildung

Die Frage, wie sich nun der definitive Dottersack bildet, ist nicht restlos geklärt. Die Art der Dottersackbildung weist allerdings eine derart auffallende Ähnlichkeit mit den Vorgängen beim Rhesusaffen auf, daß es uns berechtigt erscheint, diese Befunde zur Deutung heranzuziehen (Abb. 235), zumal die wenigen Befunde an menschlichen Keimen aus dieser kritischen Entwicklungsphase eine Bestätigung unserer Anschauungen bringen. Wir fassen den zentralen Hohlraum in ganz jungen menschlichen Keimen nicht als definitiven Dottersack auf, sondern betrachten ihn als Exocoelblase. Bei etwas älteren Keimen finden wir neben einem Dottersack eine deutlich mesothelial begrenzte Blase im Mesenchym (Ovum PETERS 1899, Ovum OP v. MÖLLENDORFF 1921, LINZENMEIER 1914, YALE 1938, Abb. 234). Alle diese Keime haben ein Alter von 13 bis 14 Tagen. Beim 15 Tage alten Ovum (Ei ANDO 1936) ist die Exocoelblase in Rückbildung begriffen; sie fehlt allen älteren Keimen. Hingegen sind bei Keimen der 2. und 3. Woche oft sogenannte Dottersackcysten beschrieben worden, die als Reste der Exocoelblase gedeutet werden können. STRAUSS machte darauf aufmerksam, daß das Ei FABER einen, im Hinblick auf die Befunde am Rhesus, sehr interessanten Zustand aufweist. Hier findet sich nämlich innerhalb der Entodermplatte ein Spaltraum, den STRAUSS für die erste Anlage des definitiven Dottersackes hält (Abb. 234). Das heißt aber, daß ähnlich wie beim

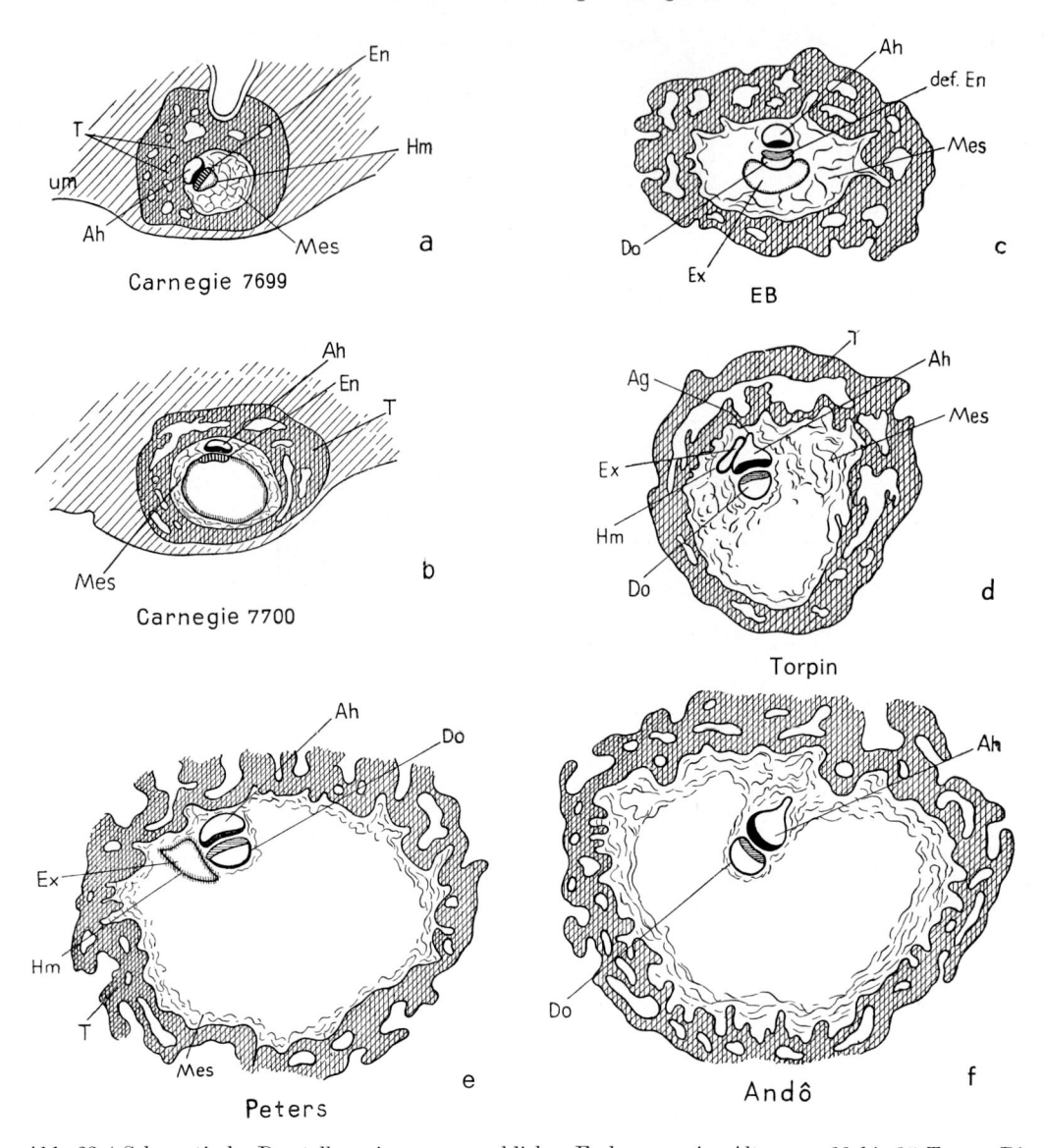

Abb. 23 4 Schematische Darstellung junger menschlicher Embryonen im Alter von 11 bis 15 Tagen. Die Bilder veranschaulichen die Entwicklung von Amnion, Exocoel und Dottersack. (Im Anschluß an F. STRAUSS 1945, Rev. Suisse de Zool. 52).
Ag = Amniongang, Ah = Amnionhöhle, def. En = definitives Entoderm, Do = definitiver Dottersack, En = Entodermplatte, Ex = Exocoel, Hm = HEUSERsche Membran, Mes = Mesenchym, T = Trophoblast, um = Mucosa uteri.

Rhesus (Keim vom 12. Tag) der definitive Dottersack des Menschen erst spät (13. bis 14. Tag) durch Dehiszenz entsteht. Die Exocoelblase wird durch den sich sehr schnell ausdehnenden Dottersack verdrängt und verschwindet bald. Die seit langem bekannte Exocoelblase (Ovum PETERS, Abb. 234e) wäre also bereits in Rückbildung begriffen und würde einem „primären Dottersack" homolog sein. Allerdings bedarf die hier vorgetragene Vorstellung von der Genese des Dottersackes beim Menschen noch der Bestätigung durch weitere Befunde. In Abbildung 235 sind kurz die bisher vertretenen Theorien über die Genese des Dottersackes dargestellt.

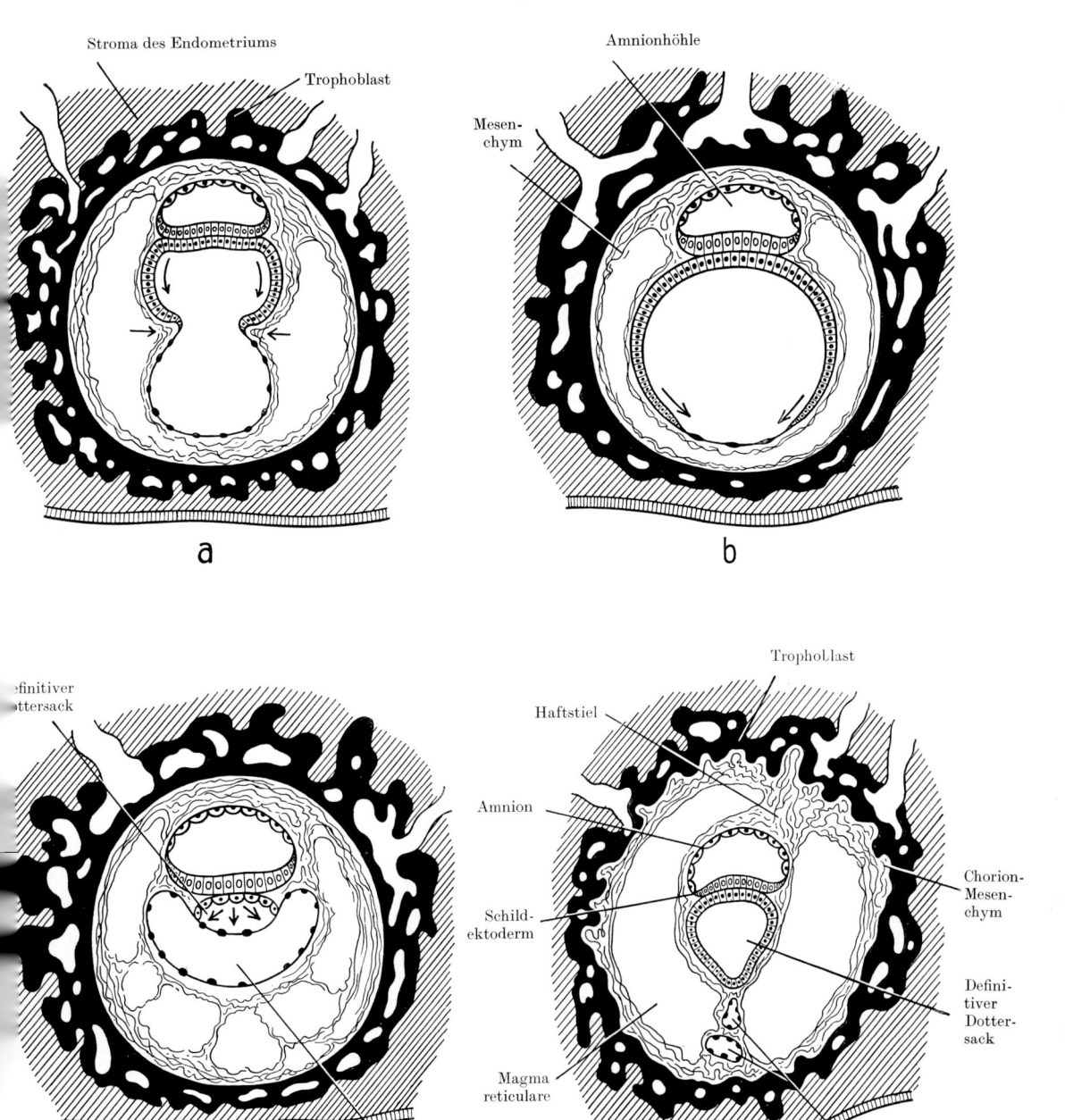

Abb. 235 Die Abbildung erläutert die verschiedenen Theorien zur Genese des Dottersackes beim Menschen. Erklärung im Text.
a) Abschnürung des definitiven Dottersackes vom primären Dottersack. Theorie von HERTIG und ROCK u. a.
b) Der definitive Dottersack unterwächst eine Mesenchymmasche (= primärer Dottersack). Theorie von GÉRARD, STIEVE.
c) Bildung des definitiven Dottersackes durch Dehiszenz (STRAUSS, STARCK).
d) Menschlicher Keim von 15 Tagen. Definitiver Dottersack und Haftstiel sind gebildet. Exocoelreste sind in Form von Cysten vorhanden.

1. STIEVE, GÉRARD u. a. vertreten die Anschauung, daß der Dottersack durch Umwachsung einer großen Masche im Mesenchym von der Entodermplatte her entsteht. Der Dottersack wäre gewissermaßen als Negativ im Mesenchym vorgebildet. Diese Theorie berücksichtigt weder die neuen Befunde an Affen noch am Menschen und hat daher heute wenig Tatsachen für sich (Abb. 235b).

2. Nach HERTIG, ROCK, BOYD-HAMILTON-MOSSMAN soll der definitive Dottersack durch Abschnürung vom primären Dottersack entstehen. Der definitive Dottersack wäre also eine relativ kleine Abgliederung der Exocoelblase. Dottersackcysten und ähnliche Bildungen sind Restbildungen der Exocoelblase (Abb. 235a).

3. Die auch hier vertretene, von STRAUSS begründete Anschauung stützt sich auf die Befunde am Ovum FABER. Danach entsteht der definitive Dottersack beim Menschen ähnlich wie beim Rhesus. Der definitive Dottersack entsteht durch Dehiszenz und verdrängt die Exocoelblase. Die Auskleidung des Exocoels entspricht der HEUSERschen Membran (Abb. 235c).

Die Anlage des *Embryonalkörpers* besteht also zunächst aus jenen beiden Zellagen, welche den Boden des einen (Amnion-) und das Dach des anderen (Dottersack-) Bläschens bilden. Damit ist eine *Keimscheibe* entstanden, die ohne weiteres mit der Keimscheibe niederer Vertebraten verglichen werden darf. Während diese Prozesse ablaufen, hat sich am Mesenchym eine für den menschlichen Keim charakteristische Veränderung abgespielt. Das Mesenchym behält in seinen äußeren Zonen, die der Innenseite des Trophoblasten anliegen, und auf der Oberfläche von Amnion- und Dotterbläschen seinen Charakter als primitives Bindegewebe. Zwischen diesen beiden Mesenchymbezirken nimmt das Gewebe mehr und mehr Flüssigkeit auf und wird zu einer dünnflüssigen Gallerte, dem *Magma reticulare*. An einer einzigen Stelle, dort, wo die Amnionblase dem Trophoblasten nahekommt, stehen die beiden festeren Mesenchymanlagen in kontinuierlichem, von Anfang an nie unterbrochenem Zusammenhang. Diese Verbindung von Chorionmesenchym und Amnionmesenchym spielt als *Haftstiel* (Abb. 236) eine wichtige Rolle für den Aufbau einer Gefäßbrücke zwischen Embryonalanlage und Eihäuten. Die überaus schnelle Vergrößerung der Keimblase durch Flüssigkeitsaufnahme führt dazu, daß die Embryonalanlage exzentrisch in der Keimblase liegt. Wir betrachten die Organisation eines derartigen Keimes an einigen schematischen Schnittbildern (Abb. 236a–e). Die Ausdehnung des Dotterbläschens ist zunächst größer als die des Amnionbläschens (Abb. 236a). Das Haftstielmesenchym verbindet als breite Brücke das Amnionbläschen mit dem Mesenchymbelag des Chorions. Die Insertion des Haftstiels am Keim entspricht dem späteren Caudalende der Embryonalanlage. Die Keimscheibe ist zweischichtig, flach ausgebreitet oder leicht dorsal aufgewölbt. Während das Keimschildektoderm aus hohen prismatischen Zellen besteht, sind die Zellen des Amnionektoderms relativ flach. Oft findet man (Ovum ANDO u. a., Abb. 232f), daß der Übergang der hochprismatischen in die platten Zellen in diesem Entwicklungsstadium nicht ringsum im Grenzbereich der flach ausgebreiteten Keimscheibe erfolgt. Die hohen Zellen setzen sich an einzelnen Stellen auf die seitliche Wand der Amnionhöhle fort. Möglicherweise kann hier noch spät eine Lösung des Schildes vom Amnion erfolgen, so daß auch diese subtile Sonderstruktur als biologisch sinnvoll gedeutet werden kann. Es handelt sich um eine Zuwachszone. Derartige Zuwachszonen für die Amnionhöhle kommen auch im Haftstielbereich vor. Sie erscheinen als *epitheliale Stränge* innerhalb des Mesenchyms und sind bei recht zahlreichen Keimlingen aufgefunden worden. Sie sind wahrscheinlich ganz verschiedener Genese. Einmal handelt es sich um erhalten gebliebene und nachträglich in die Länge gezogene, primäre Zellverbindungen zwischen Embryoblasten und Trophoblasten. Sie werden häufig als Rudimente eines Amnionnabels bei Spaltamnionbildung aufgefaßt. Ein Lumen kann vorhanden sein (Ovum ANDO). Es steht aber weder mit der Amnionhöhle noch mit dem Exocoel in Verbindung. Bei älteren Embryonen treten gelegentlich epitheliale Stränge im Haftstiel als sekundäre Aussprossungen des Amnions (oder Trophoblasten) auf. Nicht jede epitheliale Strangbildung darf als rudimentäre Restbildung im Sinne eines ,,Amnionnabels", wie er normalerweise bei Faltamnionbildung vorkommt, gedeutet werden. Dies ergibt sich aus der Beobachtung, daß bei dem Halbaffen *Tarsius* ein Amnionstrang im Haftstiel vorkommt (HUBRECHT, J. P. HILL), obgleich dieses Tier ein typisches Faltamnion besitzt. Diese Bildungen werden von v. MÖLLENDORFF und GROSSER als Zuwachsbezirke aufgefaßt. Degeneration des Epithels derartiger

Strangbildungen führt zur Bildung einer Ergänzungshöhle im Bereich des Haftstieles, die schließlich der Amnionhöhle zugeschlagen wird. GROSSER (Homo Lu 0,7 mm) hat solche Degenerationserscheinungen des Amnionepithels im Haftstielbereich demonstriert. Es handelt sich also in diesen Fällen um eine sekundäre Bildung, die wachstumsmechanische Bedeutung hat, aber nicht einer phylogenetischen Deutung zugänglich ist.

Mesenchymbildung

Das überaus frühe Auftreten von Mesenchym im extraembryonalen Bereich ist für Primaten und Mensch bezeichnend. Dieses Mesenchym schiebt sich vom Rande her allmählich zwischen Ekto- und Entoderm ein. Es stammt nun nicht, wie bei anderen Säugern, vom Primitivstreifen, sondern geht auf frühe Furchungszellen bzw. auf den Trophoblasten zurück. Der Primitivstreifen mit typischer Mesodermbildung erscheint erst relativ spät. Es besteht also ein deutliches Mißverhältnis zwischen der Menge des Mesenchyms und der geringen Ausbildung des Primitivstreifens. Seine Ursache ist darin zu sehen, daß das Mesenchym die Potenzen zur frühen Blut- und Gefäßbildung besitzt. So finden wir denn auch, daß die ersten Blutinseln beim Menschen auf dem Dottersack, auf dem Haftstiel und dem Chorion auftreten. Damit ist in der verfrühten Mesenchymbildung bei Primaten und Mensch eine embryonale Anpassung an Sonderbedingungen des Stoffaustausches bei intrauteriner Entwicklung zu sehen, die auf frühzeitigen Aufbau der Gefäßverbindungen zwischen Embryo und Anhangsorganen abzielt.

Wenn sich nun das Mesenchym vom Rande her in die Keimscheibe einschiebt, bleibt in einem umschriebenen Bereich im caudalen Abschnitt der Keimscheibe ein enger Zusammenhang zwischen Ekto- und Entoderm erhalten. Es handelt sich um die Anlage der Kloakenmembran (Abb. 236c). Dicht hinter ihr stülpt sich ein kleines Allantoisdivertikel in den Haftstiel ein (Abb. 236 b–e).

Äußere Form der Embryonalanlage

Die äußere Form des Embryonalschildes kann bei jungen menschlichen Keimen sehr verschieden gestaltet sein. Auch hier macht sich eine große individuelle Variabilität bemerkbar, wobei es allerdings nicht immer leicht ist, die Grenzen des Normalen gegenüber dem Abnormen festzustellen. Im großen und ganzen ist die junge

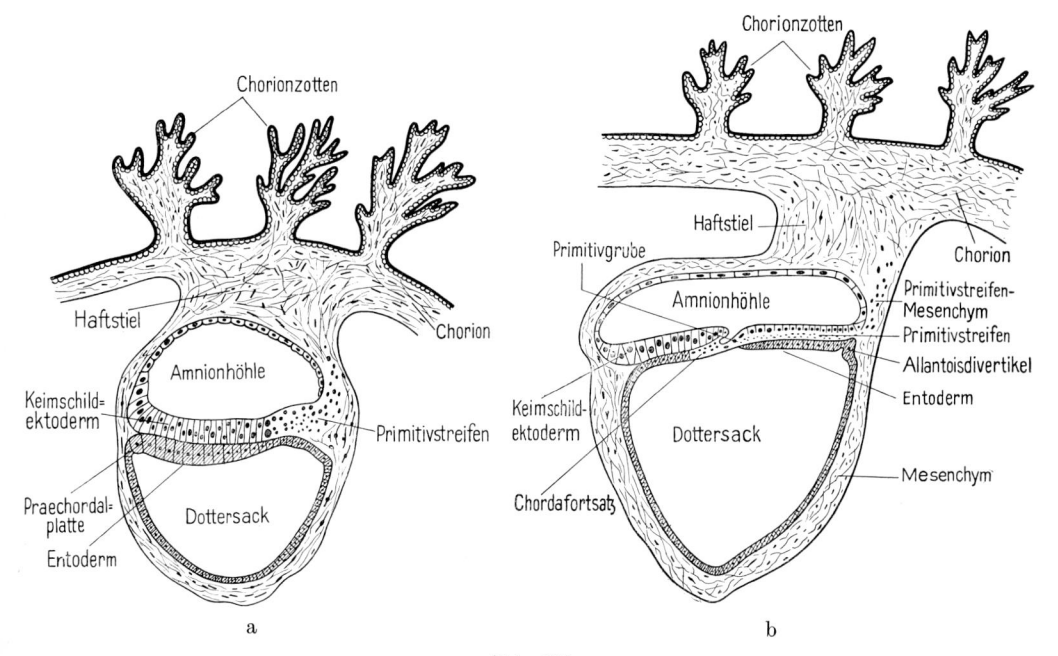

Abb. 236

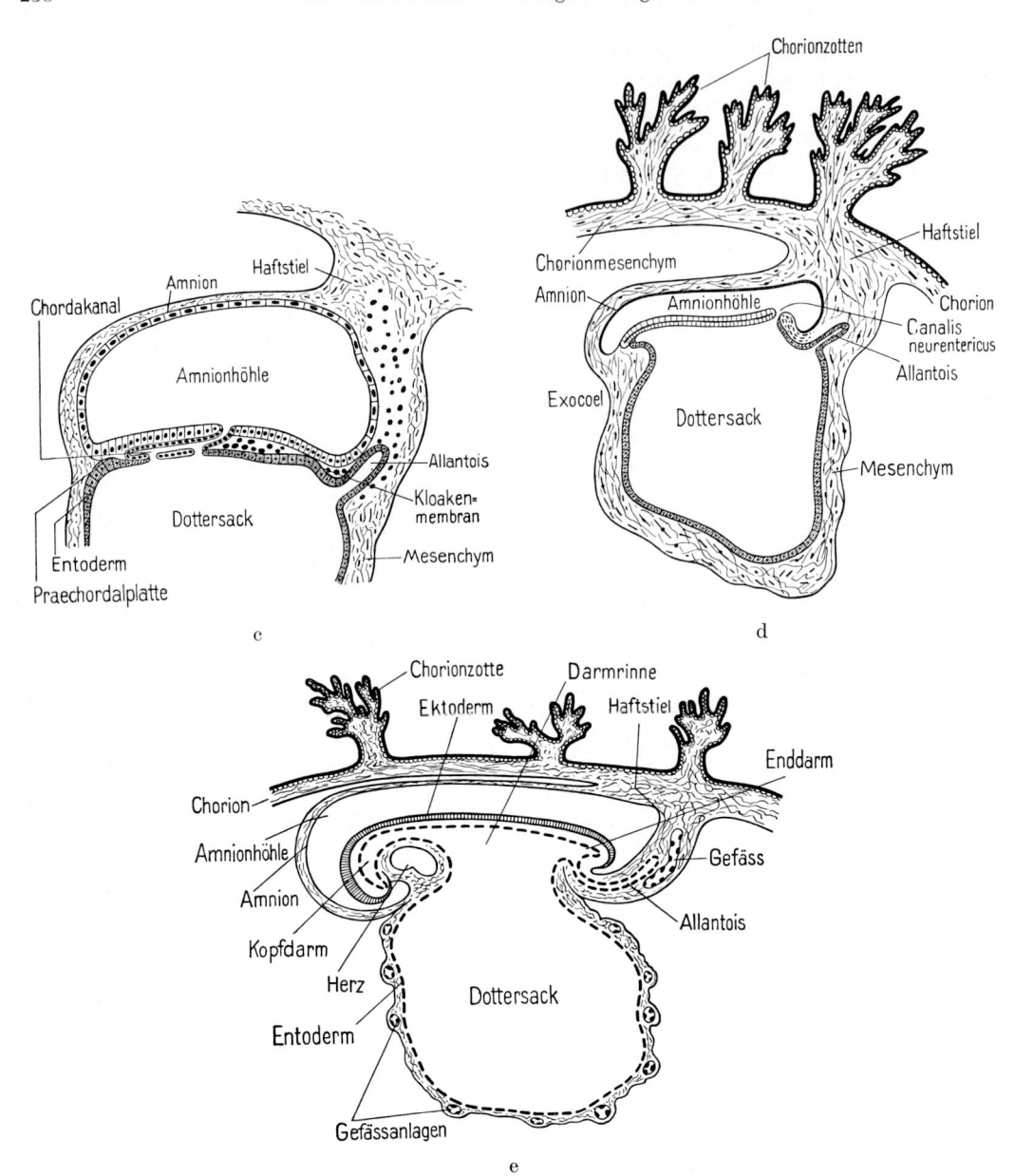

Abb. 236 Schematische Schnitte durch menschliche Embryonen im Alter von 15 Tagen bis 3 Wochen.
a) Embryo 15 Tage, Längsschnitt. Der sekundäre Dottersack ist gebildet, Primitivstreifenmaterial setzt sich in den Haftstiel fort. (Unter Benutzung einer Abbildung von BOYD, HAMILTON, MOSSMAN).
b) Embryo von 15 bis 16 Tagen. Amnionhöhle jetzt relativ kleiner als Dottersack. Primitivgrube. Ausgebildeter Primitivstreifen. Erste Anlage eines Allantoisdivertikels stülpt sich in Haftstiel vor.
c) Etwa gleich alter Embryo. Chordakanal. Allantoisdivertikel weiter ausgebildet.
d) Embryo SPEE Gl. Längsschnitt. Die Embryonalanlage beginnt sich abzuheben. Chordakanal. Haftstiel am Caudalende. Allantoisdivertikel. Beachte die relative Größenzunahme des Dottersackes. Alter etwa 21 Tage, Länge des Keimschildes 1,54 mm.
  Die Embryonen a–d entsprechen dem Präsomitenstadium.
e) Längsschnitt durch einen menschlichen Embryo vom Ende der 3. Woche. Haftstiel rückt auf die Ventralseite der Embryonalanlage vor. Der Embryonalkörper hebt sich von der Unterlage ab. Vorder- und Enddarm bereits zum Rohr geschlossen.

Keimscheibe zunächst rundlichoval (Embryo von SPEE, FRASSI u. a.), nimmt dann aber mehr oder weniger längsovale Form an (z. B. PEH. 1, HOCHSTETTER). Dabei beträgt das Verhältnis der Länge zur Breite des Schildes etwa 2 : 1. Aber auch in ganz jungen Stadien kommen schon sehr langgestreckte Formen vor (Embryo STRAHL-BENEKE). Später, wenn die Medullarplatte erscheint und die Abgrenzung des ersten Somiten beginnt, ist der menschliche Keim durch eine taillenartige Einschnürung in der Mitte gekennzeichnet (Embryo ETERNOD, Gl. von SPEE, INGALLS u. a.), die ihm einen schuhsohlenartigen Umriß („Sandalenform") verleiht (Abb. 237 a, b). Die Größe des Keimes ist in den ersten Wochen außerordentlich variabel. GROSSER gibt für vier Keime von gleichem Entwicklungsgrad und Alter folgende Maße an:

Länge des Embryonalschildes bei Embryo

Rossenbeck	1,4 mm
Grosser Kl 13	0,8 mm
Ingalls	2,0 mm
Strahl	0,7 mm

Eine außerordentliche Form- und Größenvariabilität gerade in der frühen Embryonalzeit ist auch für niedere Wirbeltiere der verschiedensten Klassen bekannt (MEHNERT, KEIBEL, V. BAER).

Der Zeitpunkt des ersten Auftretens eines *Primitivstreifens* beim Menschen ist strittig. Auch für diesen Bildungsprozeß muß mit einer großen individuellen Variabilität gerechnet werden. Bei den Embryonen vom 19. Tag (ROSSENBECK, GROSSER Kl 13, INGALLS) ist er jedenfalls bereits recht ausgedehnt. Grundsätzlich unterscheidet sich der Primitivstreifen nicht von dem der niederen Wirbeltiere (Vögel, s. S. 171). Rostralwärts geht der Streifen in einen Primitivknoten über, der sich in einen zelligen Fortsatz zwischen Ektoderm und Entoderm fortsetzt. Wir haben es hier mit der *Anlage der Chorda dorsalis* (sogenannter „Kopffortsatz") zu tun. Diese ist rostralwärts mit dem Entoderm verbunden und geht an ihrem vorderen Ende in die in das Entoderm eingeschaltete *Protochordalplatte* (Prächordalplatte) über. Sie entsteht durch Delamination aus dem Entoderm und liefert rostrales Mesenchym. Im Chordafortsatz findet sich bei menschlichen Embryonen (GROSSER Kl 13, INGALLS u. v. a.) ein längsverlaufender Kanal, der mit einer Öffnung im Primitivknotenbereich dorsal beginnt und zunächst blind endet. Dieser *Chordakanal*, auch LIEBERKÜHNscher Kanal, Urdarmkanal genannt, bricht an seinem Vorderende in das Dottersacklumen durch, indem Zellen seines Bodens abwandern. Damit sind bei menschlichen

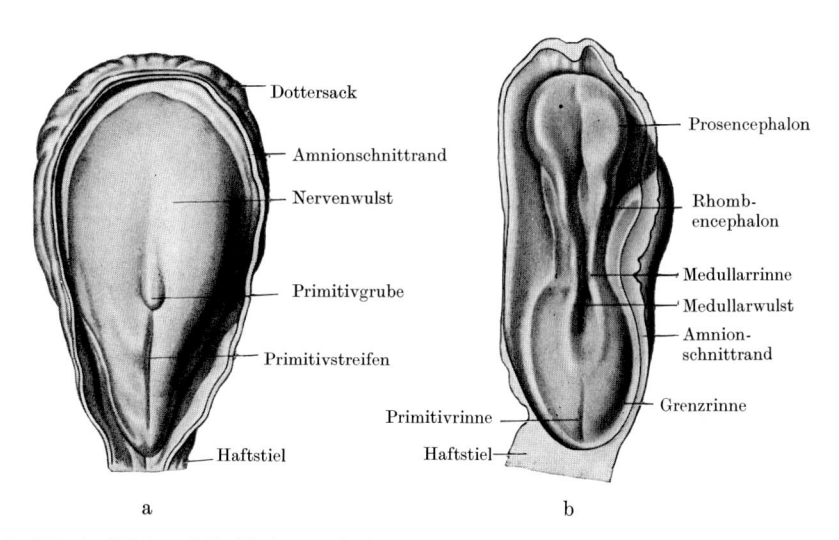

Abb. 237 Aufblick auf die Embryonalanlage nach Eröffnung der Amnionhöhle.
a) Embryo Carnegie Nr. 5960, 16 Tage, Präsomitenstadium.
b) Embryo INGALLS, 18 Tage, Bildung der Neuralanlage.
(Nach STREETER 1931).

Keimen Verhältnisse nachgewiesen, wie sie von Reptilien (Urdarmsäckchen, s. S. 165) bekannt sind. Der Mensch verhält sich in diesem Punkt also viel primitiver als etwa die Vögel. Die Bildung eines Chordakanals hat als phyletischer Rest eines Invaginationsvorganges großes theoretisches Interesse. Eine funktionelle Bedeutung scheint ihr jedoch nicht zuzukommen. Ein ganz entsprechender Kanal kommt auch beim Meerschweinchen (LIEBERKÜHN 1882, HUBER 1918) vor. Mit ihm darf nicht ein sekundärer Chordakanal verwechselt werden, welcher als Folgeerscheinung der Ausschaltung der Chorda aus dem Entodermverband bei wesentlich älteren Embryonen auftreten kann. Ist der Boden des primären Chordakanals völlig geschwunden, so bleibt zunächst ein kurzer Kanal übrig, der die Keimscheibe senkrecht durchsetzt (Embryo von SPEE, Gl. Abb. 236d). Dieser kann auch als Canalis neurentericus bezeichnet werden. Was die Funktion des Primitivstreifens anbetrifft, so können wir hier nur auf das über den Primitivstreifen des Vogelkeimes Gesagte (s. S. 164) verweisen. Wir haben keinen Grund, anzunehmen, daß die Verhältnisse bei Mensch und Säugetier grundsätzlich anders liegen. Im Primitivstreifen oder im Primitivknoten liegt ein wichtiges Induktionszentrum, das für die Bildung der embryonalen Achsenorgane verantwortlich ist. Die Frage, ob bei der Mesodermbildung am Primitivstreifen Gestaltungsbewegungen oder Zellproliferationen eine Rolle spielen, kann einstweilen nicht beantwortet werden. Jedenfalls ist die Bildung des embryonalen Mesoderms räumlich eng an das Primitivstreifengebiet gebunden. Dieses embryonale Mesoderm findet nun sehr schnell den Anschluß an den Mesenchymbelag auf Dottersack und Amnion (Abb. 236e). Die weitere Differenzierung des Mesoderms in Somite und Seitenplatten erfolgt in gleicher Weise wie bei niederen Wirbeltieren. Der erste Somit ist bei Embryonen aus dem Beginn der 4. Woche abgegrenzt (Homo Da 1 LUDWIG). Im Laufe der 4. Embryonalwoche wird das Stadium von acht Somiten (Homo VEIT-ESCH) und mehr erreicht.

Vor dem Primitivstreifen hat sich nun bereits das Ektoderm des Schildes zur *Medullarplatte* verdickt (Abb. 237b). Die weitere Differenzierung des Zentralnervensystems zu Medullarwülsten und Medullarrohr erfolgt in typischer Weise. In diesem Zusammenhang muß auf regelmäßig vorkommende *Asymmetrien* des Vorderendes der menschlichen Embryonalanlage hingewiesen werden. VEIT (1922) konnte zeigen, daß die eine Hälfte der Hirnanlage vor Schluß der Hirnnaht sehr oft (Homo KROEMER-PFANNENSTIEL, VEIT-ESCH u. a.) größer ist als die andere (Abb. 241). Solche Asymmetrien gleichen sich später aus. Es ist anzunehmen, daß für derartige Wachstumsasymmetrien, die sich auch bereits bei ganz jungen Keimen an den beiden Hälften des Embryonalschildes manifestieren können, die ungleichmäßige Versorgung der Keimteile mit Nährstoffen vor Ausbildung des embryonalen Kreislaufes verantwortlich ist, denn der Stoffaustausch ist zunächst nur auf dem Weg über Diffusion und Osmose möglich. Dabei könnten die Keimbezirke, die der Stoffquelle näher liegen, möglicherweise zunächst bevorzugt werden. Ähnliche Asymmetrien konnten wir an Pavianembryonen beobachten.

Abfaltung der Embryonalanlage vom Dottersack

Nachdem die Organanlagen in der für alle Wirbeltiere typischen Weise gebildet und angeordnet sind, hebt sich die Embryonalanlage vom Dottersack ab. Der Keim wächst jetzt relativ schnell über seine Unterlage hinweg (Abb. 236e, 237), und zwar eilt das Kopfende dabei dem Caudalende voraus. Es kommt zur Bildung der vorderen und hinteren Darmpforte. Die Verbindung des Darmrohres mit dem Dottersack wird mehr und mehr eingeschnürt, so daß Darm und Dottersack nur noch durch den engen Dottergang in Verbindung stehen. Bei diesen Vorgängen werden der Rest des Primitivstreifens, die Kloakenmembran und die Anheftung des Haftstieles auf die Ventralseite des Embryonalkörpers verlagert (Abb. 236e). Im Zusammenhang mit dieser Abhebung der Embryonalanlage wird das Magma reticulare (Abb. 240a) aufgebraucht. Dieser strukturarme Inhalt des Chorions wurde vielfach dem Exocoel gleichgesetzt.

Auf Grund der neueren Befunde aber muß die bereits von KEIBEL und ELZE (1908) vertretene Auffassung, daß es sich um Lückenräume im Mesenchym handelt, als richtig angenommen werden. Das Magma reticulare ist also Interzellularsubstanz, nicht Exocoelinhalt. Im frischen Zustand hat das Magma eine schleimige

Konsistenz. Es ist reich an Mucin- und Proteinkörpern und dient offensichtlich als Speicher für Nähr- und Aufbaustoffe. Gleichzeitig muß es wohl auch als elastisches Polster zwischen Embryonalanlage und Eibett aufgefaßt werden. Das Exocoel ist zunächst von mesothelialen Zellen (HEUSERsche Membran) ausgekleidet, während die Chorionhöhle nach innen unscharf begrenzt ist. Mit der Rückbildung der HEUSERschen Membran am Ende der 2. Woche fließen Exocoel und Chorionhöhle in ein einheitliches Raumsystem zusammen. Damit ist die Unterscheidung in Exocoel einerseits und Chorionhöhle (= Magmaraum) andererseits sinnlos geworden. Der Magmaraum kann als Ergänzungshöhle bei der Bildung des Exocoels aufgefaßt werden.

Bei der Ausdehnung der Chorionhöhle bleiben recht häufig mesenchymatische Strangverbindungen zwischen dem abembryonalen Dottersackpol und dem Chorion erhalten (Abb. 235d). In diesem Dottersackzipfel finden sich gelegentlich epithelial ausgekleidete Cysten als Reste des echten Exocoels (HEUSERsche Blase). Auch in diesem Strang können selbständige Gefäßanlagen auftreten. Damit gewinnt die Vermutung an Wahrscheinlichkeit, daß derartige choriovitelline Stränge als Rest einer alten Dottersackplacenta gedeutet werden dürfen, bei der ein Teil des Chorions vom Dottersack her vaskularisiert wird (GROSSER 1939). Im allgemeinen wird diese Strangverbindung, die nicht konstant vorkommt, früh wieder gelöst. Bleibt sie abnorm lange erhalten, so kann sie möglicherweise Mißbildungen verursachen.

Nabelstrangbildung

Die zunehmende Ausdehnung der Chorionhöhle führt zu einer zunehmenden Ablösung der Embryonalanlage mit der Amnionblase vom Chorion. Dabei bleibt die Haftstielverbindung zwischen Embryo und Chorion naturgemäß erhalten. Wie zuvor gezeigt, führen die Abfaltungs- und Wachstumsvorgänge an der Embryonalanlage dazu, daß der Embryo sich mit dem Kaudalende über den Haftstiel hinweg dreht und letzterer auf die Ventralseite verlagert wird. Der Haftstiel wird so zum *Bauchstiel*. Dieser kommt in unmittelbare Nachbarschaft des mesenchymbekleideten Dottersackganges zu liegen (Abb. 236e). Durch die zunehmende dorsalwärts konvexe Krümmung der Embryonalanlage und die Rückbildung des Dottersackes rücken beide Stränge eng aneinander und verkleben mit ihrem Mesenchymbelag (Abb. 238). Zu dieser Zeit hat sich die Amnionhöhle bereits stark ausgedehnt. Das Amnion legt sich damit von innen her dem Chorion an, die Chorionhöhle verschwindet. Im Bereich des Hautnabels geht das Amnionepithel mit scharfer Grenze in das Hautepithel über. Die beiden Strangbildungen, der Dottersack mit Dottergefäßen und Mesenchym und der Bauchstiel mit Allantoisdivertikel und Nabelgefäßen, werden gemeinsam von Amnionepithel und Amnionmesenchym umhüllt. Damit ist bei Embryonen von etwa 12 mm Scheitel-Steiß-Länge der *Nabelstrang* entstanden. Der Dottersackgang bildet sich immer mehr zurück. Schließlich zerfällt der Epithelschlauch in einzelne Epithelstränge, die alsbald verschwinden. Gleichzeitig werden auch die Dottergefäße rückgebildet. Das Dotterbläschen als Rest des Dottersackes findet sich zwischen Amnion und Placenta (Abb. 240b), dem Chorion angelagert, und kann an den geburtsreifen Eihäuten oft als Gebilde von wenigen Millimetern Durchmesser nachgewiesen werden. Die extraembryonale Allantois wird, ähnlich dem Dottersackgang, rückgebildet. Sie kann in Form unregelmäßiger Epithelreste noch lange nachweisbar bleiben. Die Abschnürung der Embryonalanlage führt schließlich auch zur Abtrennung der embryonalen Leibeshöhle vom extraembryonalen Coelom. Ein schmales Nabelcoelom bleibt noch einige Zeit in der Umgebung des Dotterstiels erhalten.

Die „reife" Nabelschnur enthält somit als funktionsfähige Gebilde lediglich die beiden Umbilicalarterien, die sich spiralig um die erhalten gebliebene linke V. umbilicalis winden. Nach der bisher gültigen Lehrmeinung besteht der „reife" Nabelstrang im wesentlichen aus der WHARTONschen Sulze, einem nervenfreien, gallertigen Bindegewebe (Abb. 239a). Sie umhüllt mit einer mächtigen Schicht die beiden dickwandigen, relativ engen Nabelarterien und die etwas weitere, dünnwandige V. umbilicalis. Neuere Untersuchungen von REYNOLDS lassen jedoch erkennen, daß ein solches Zustandsbild erst nach der Geburt entsteht. Solange der Blutstrom zwischen Placenta und Embryo nicht unter-

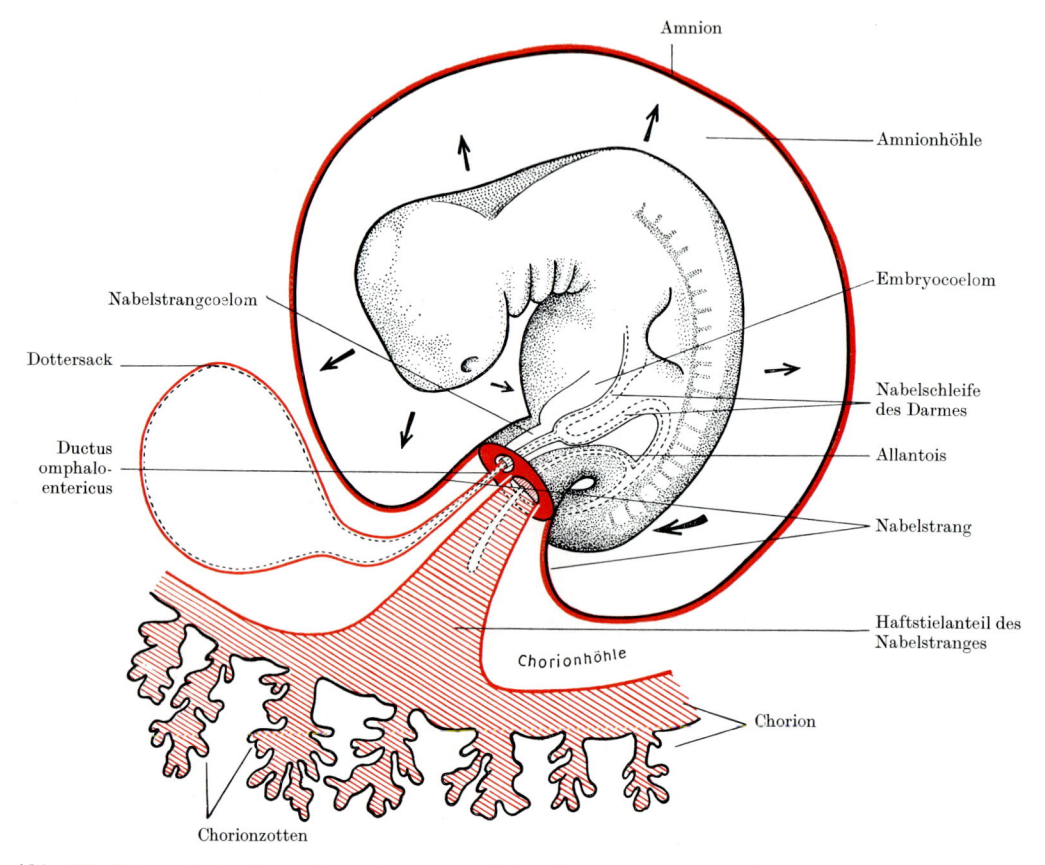

Abb. 238 Schematische Darstellung eines menschlichen Embryos von etwa 10 mm Länge in seinen Beziehungen zu den Eihäuten. Das Chorion ist nur in einem schmalen Sektor dargestellt. Bildung des Nabelstranges aus Haftstiel und Dottersackstiel mit Amnionüberzug. Die Pfeile deuten die Ausdehnung der Amnionhöhle an. Im Embryonalkörper ist der Rumpfdarm (Nabelschleife) mit umgebendem Coelom sichtbar gedacht.

brochen ist, nehmen die Umbilikalgefäße nahezu die ganze Querschnittsfläche der Nabelschnur ein (Abb. 239 b). Die WHARTONsche Sulze bildet lediglich eine dünne, straffe Scheide, einen Bindegewebsschlauch, der durch den in den Gefäßen herrschenden Blutdruck ausgespannt wird (Abb. 239 b). Die Nabelvene hat eine etwas größere Querschnittsfläche als die beiden Nabelarterien. In das Arterienlumen springen quere, halbmondförmige Leisten vor, die sogenannten HOBOKENschen Falten. Entstehungsweise, Form und Funktion werden von den einzelnen Autoren noch recht unterschiedlich beurteilt. Nach REYNOLDS handelt es sich lediglich um Einfaltungen der Intima. Vielfach wird angenommen, daß die HOBOKENschen Falten für die Regulation der Blutströmung in den Arterien von Bedeutung sind. Möglicherweise spielen sie eine Rolle bei der Unterbrechung der Blutzirkulation nach der Geburt. Die Gefäßabschnitte zwischen zwei HOBOKENschen Falten können dann prall mit Blut gefüllt und aufgetrieben erscheinen. Sie werden als „HOBOKENsche Knoten" oder als „falsche" Nabelschnurknoten bezeichnet.

Am Ende der Schwangerschaft besitzt die Nabelschnur eine Länge von 60 cm und mehr (Minimum etwa 20 cm, Maximum etwa 150 cm) und einen Durchmesser von etwa 1,5 cm. Sie ist in sich torquiert. Die Drehung erfolgt entgegen der Richtung des Uhrzeigers (vom Nabel aus gesehen). Die beträchtliche Länge der Nabelschnur gewährt dem Embryo eine weitgehende Bewegungsfreiheit. Meist ist die Nabelschnur in Windungen und Schlingen um den fetalen Körper herumgelegt. Derartige Schleifen können, vor allem, wenn sie um den Hals liegen, die Geburt gefährden. Gelegentlich schlüpft der Fetus durch eine Schlinge der Nabelschnur hindurch, so daß ein „echter" oder „wahrer" Nabelschnurknoten entsteht.

Bildung der äußeren Körperform des menschlichen Embryos

Die besonderen Bedingungen, unter denen sich der Säugetierkeim entwickelt – Dotterarmut des Eies und intrauterines Milieu –, verursachen, daß sich zuerst Nährorgane für den Keim bilden müssen und daß die Ausbildung des Embryonalkörpers zunächst verzögert ist. Dies gilt für jene Formen, die eine tiefe Implantation besitzen (s. S. 269), also auch für den Menschen, in besonderem Maße. Ist der Keim aber erst einmal gebildet, so zeigt er die für alle Wirbeltiere charakteristische topographische Anordnung der Hauptorgane. Dorsal liegt die Anlage des Zentralnervensystems, das Neuralrohr mit der Neuralleiste. Unter diesem liegt als Anlage des Achsenskeletes die Chorda dorsalis. Ventral liegt, umgeben von der Leibeshöhle, der Darmtraktus mit seinen Anhangsorganen. In der Rumpfwand finden sich mächtige Muskelanlagen. Diese entstehen zunächst dorsal in der Nachbarschaft des Neuralrohres als segmental gegliederte Somite. Wenn sich diese zunächst flach ausgebreitete Embryonalanlage vom Dottersack abzuheben beginnt, modelliert sich ein freies Kopfende und ein Schwanzende heraus. Dabei eilt das Kopfende in der Entwicklung voraus (Abb. 241a, b). Gleichzeitig setzt auch die innere Ausgestaltung des Keimes ein und führt zur Bildung und Ausdifferenzierung von Organanlagen. Diese Prozesse der Organentwicklung werden uns im zweiten Teil dieses Buches beschäftigen. Hier mögen zunächst noch einige Worte über die

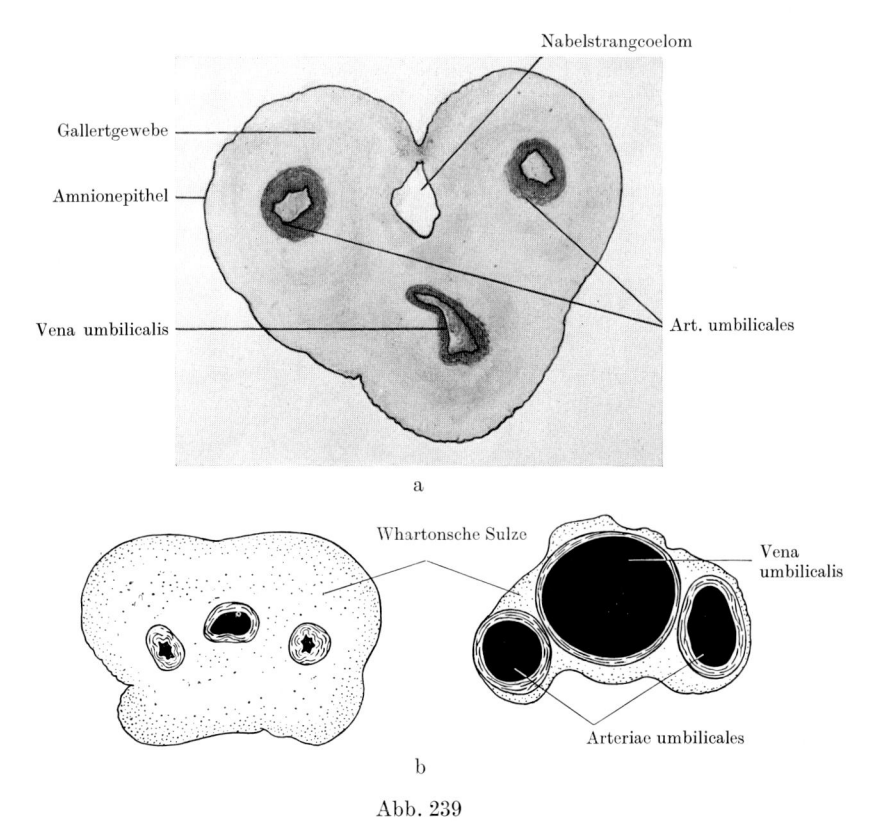

Abb. 239
a) Querschnitt durch den Nabelstrang, 4. Monat.
b) Links: Schematische Zeichnung eines Querschnittes durch den geborenen Nabelstrang, wie er gewöhnlich im histologischen Schnitt erscheint. Rechts: Dasselbe bei erhaltener Verbindung von Placenta und Frucht. (Umzeichnung nach REYNOLDS).

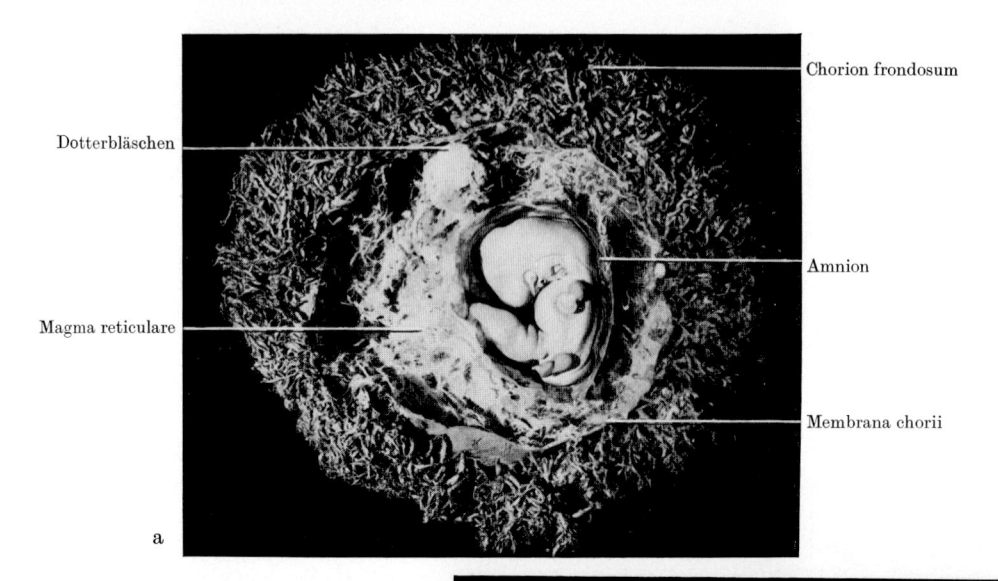

Abb. 240
Menschliche Embryonen
in ihren Eihäuten.
(Orig. Photos
von HOCHSTETTER)

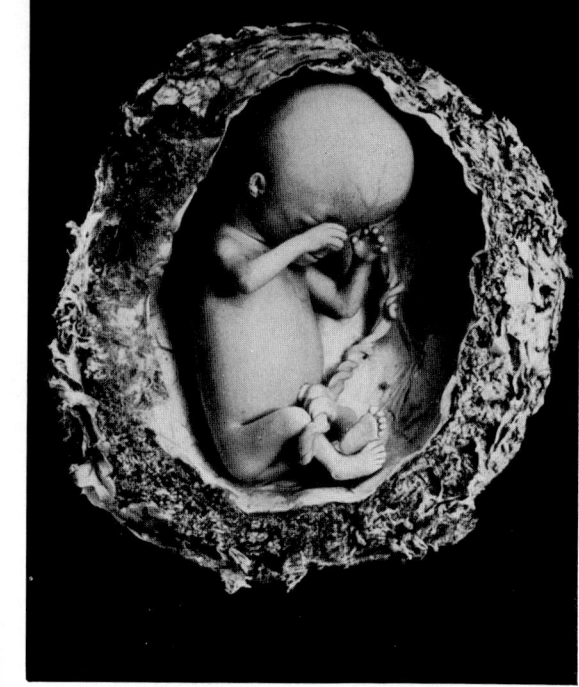

a) Embryo Ha 8, 12,8 mm Scheitel-Steiß Länge. Beachte die mächtige Ausdehnung des Magma reticulare noch auf diesem späten Stadium.
b) Embryo 25 mm Scheitel-Steiß-Länge. Rechts unten ist zwischen Chorion und Amnion das Dotterbläschen sichtbar.
c) Embryo von 58 mm Scheitel-Steiß-Länge. Die Nabelschnur hat den rechten Unterschenkel umschlungen.

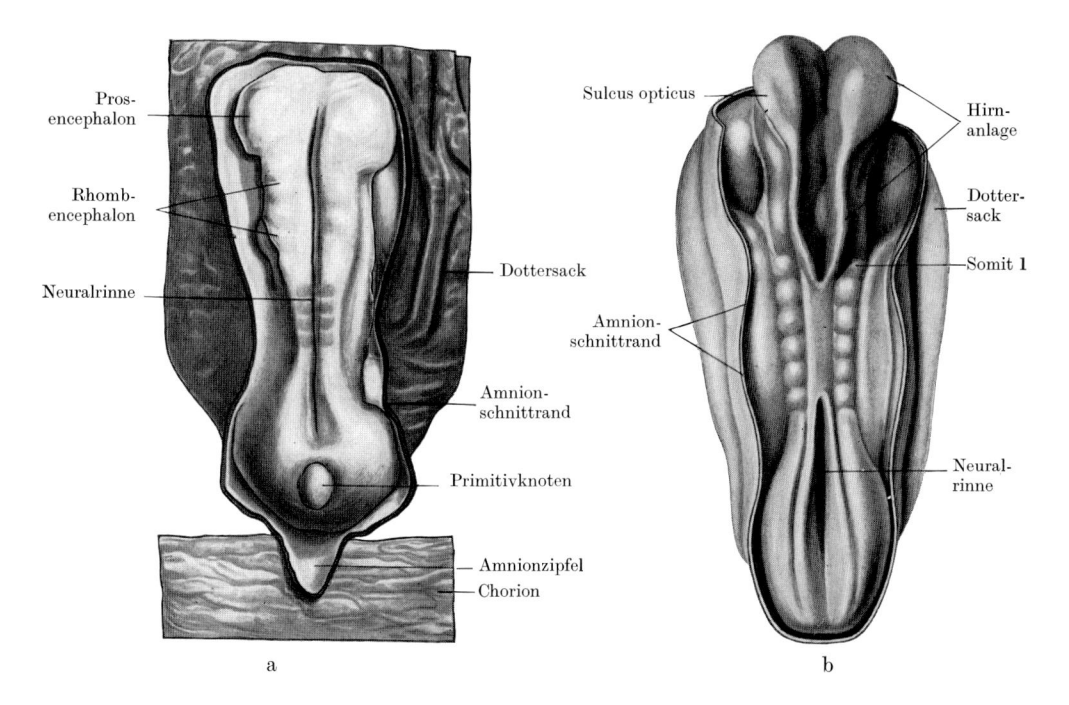

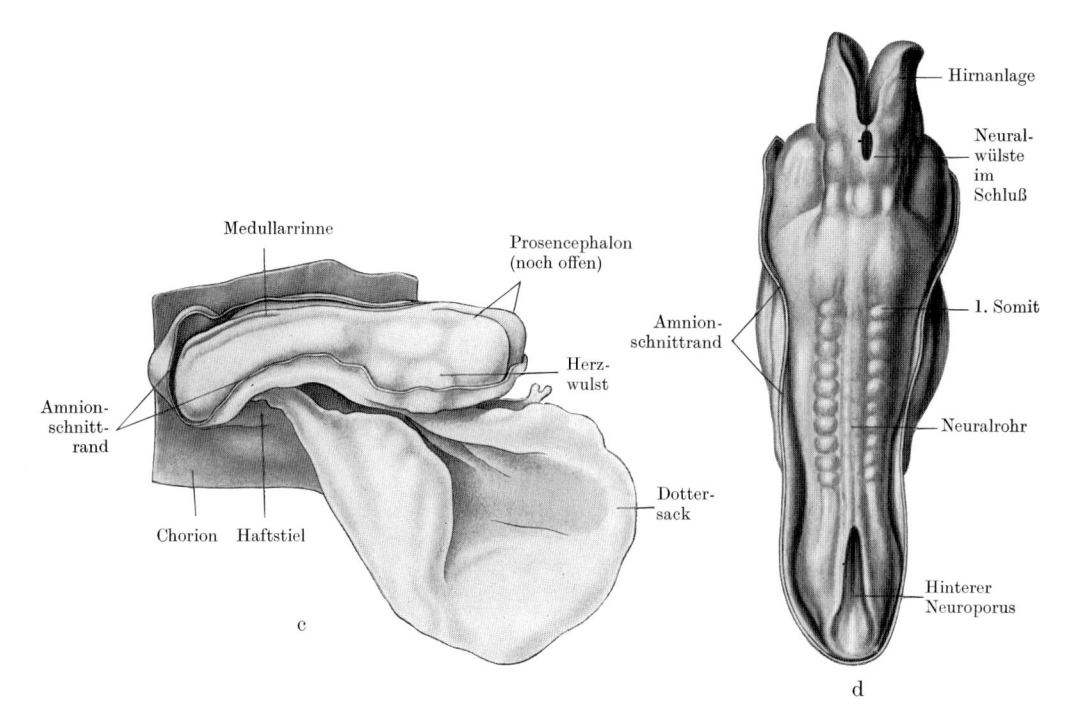

Abb. 241 Körperformbildung menschlicher Embryonen (Somitenstadien).
a) Homo STERNBERG, 4 Somite. (Nach dem Modell der Fa. ZIEGLER).
b) Homo PAYNE, 7 Somite, 19 Tage. (Aus STREETER 31).
c) Homo VEIT-ESCH, 8 Somite, 3. Woche. Seitenansicht. Dottersack eingedrückt. Amnion abgeschnitten. (Nach VEIT).
d) Homo CORNER, 10 Somite, 20 Tage. (Nach STREETER 1931).

Abb. 242–246 Körperformbildung älterer menschlicher Embryonen. Erklärung im Text.

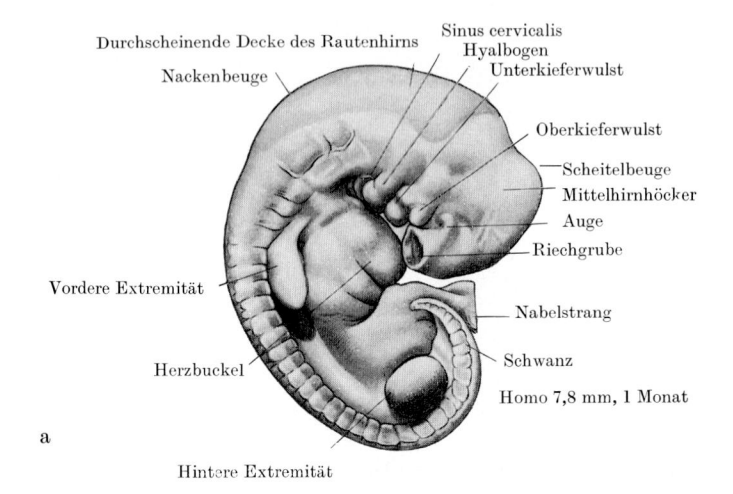

Abb. 242
a) Homo 7,8 mm, 4 Wochen. (Nach HOCHSTETTER).
b) Homo 8 mm Scheitel-Steiß-Länge. (Orig.)

Herausbildung der spezifisch menschlichen Körperform gesagt werden. Dabei ist festzustellen, daß einige Organsysteme, die durch besonders komplizierten Feinbau und funktionelle Bedeutung ausgezeichnet sind (Zentralnervensystem und große Sinnesorgane), massenmäßig sehr früh stark entfaltet sind.

Da das Zentralnervensystem exzentrisch im dorsalen Körpergebiet liegt, ist die Rückenseite stark konvex vorgewölbt (Abb. 242). Das Kopfende eilt in der Entwicklung voraus. Es ist daher besonders groß und scharf nach bauchwärts umgebogen, so daß der Kopf sich der ventralen Rumpffläche anlegt (Abb. 242,

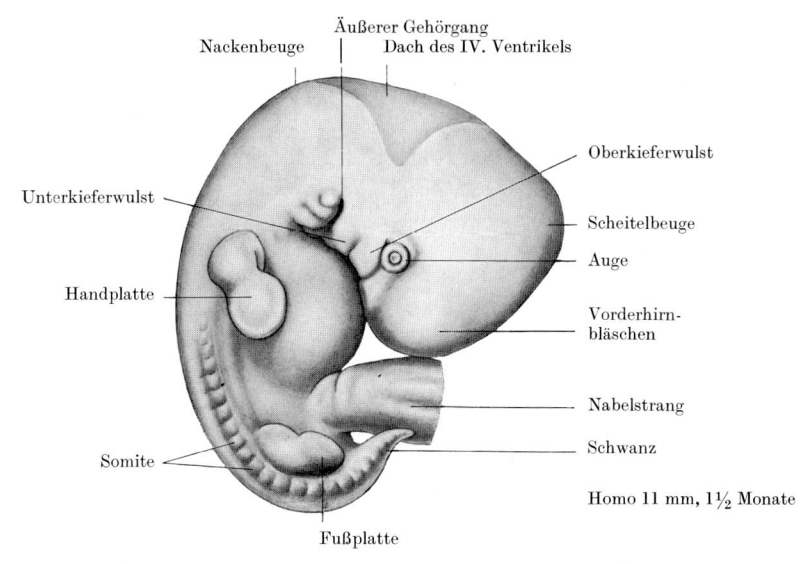

Abb. 243 Homo 11 mm Scheitel-Steiß-Länge, 1½ Monate. (Zeichnung nach einer Photographie von HOCHSTETTER).

243). Diese Einbiegung des Kopfendes bezeichnet man als *Nackenbeuge*. Aber auch Einzelheiten der Reliefgestaltung des Gehirnes machen sich im äußeren Erscheinungsbild des Embryos bemerkbar. Die dünne Decke des Rautenhirnes hebt sich deutlich gegen den massiven Rautenhirnboden ab. Vor dem Rautenhirn zeigt die Hirnanlage eine höckerartige Vorwölbung, den *Mittelhirnhöcker* (Abb. 242a, b). Auch in diesem Bereich ist die Kopfanlage nochmals nach ventral eingebogen *(Scheitelbeuge)*. Vor dem Mittelhirnhöcker tritt eine letzte, zunächst geringfügige Vorwölbung, der Stirn- oder *Vorderhirnhöcker*, hervor. Er ist durch die Anlage des Endhirnes verursacht und wird in der Folgezeit mit zunehmender Entfaltung dieses Hirnabschnittes immer stärker in Erscheinung treten. Gerade die mächtige Ausbildung des Großhirnes ist für die Formbildung des menschlichen Körpers besonders charakteristisch. Im Kopfgebiet sind die Anlagen von Riechgrube, Auge und Ohr (Labyrinthbläschen) äußerlich sichtbar. Im Rumpf- und Schwanzgebiet schimmern die segmental angeordneten Somite zunächst sehr deutlich durch die dünne Epidermis durch (Abb. 242, 243). Wenn später die Bildung der Leibeswandmuskeln aus den Somiten in Gang kommt, tritt diese Oberflächengestaltung zurück. Das Schwanzende bildet einen spiralig gekrümmten, äußeren Schwanz (Abb. 240, 241), der Rückenmark, Chorda und Somitenmaterial enthält. Er bleibt im Wachstum zurück und ist bei Embryonen von etwa 15 mm Länge verschwunden.

Bei den Embryonen der besprochenen Entwicklungsphase fehlt ein Hals noch völlig. Ebenso ist das Gesicht noch nicht ausgebildet. Hals- und Gesichtsbildung erfolgen unter Verwendung von Material der Kiemenbögen unter Einflüssen von Nase, Auge, Hirn und Munddarm. Auf Einzelheiten wird später einzugehen sein. Doch sei hier bereits darauf aufmerksam gemacht, daß sich die Branchialregion (Kiemendarmgegend) bei etwa 3 Wochen alten Keimlingen zwischen Herzwulst und Rautenhirngegend auch äußerlich abzuheben beginnt. Die Visceralbögen wölben sich wulstartig vor. Zwischen ihnen sind die Kiementaschen bzw. Kiemenspalten sichtbar. Bei menschlichen Embryonen des 2. Schwangerschaftsmonats überwiegen der erste (Kieferbogen) und zweite (Zungenbeinbogen) Visceralbogen massenmäßig. Zwei weitere Bögen sind vorübergehend äußerlich sichtbar. Durch Weichteilwülste des vorderen Kopfgebietes (Stirnwulst, Nasenwülste) und durch die Visceralbögen wird das Material für die Formung des Gesichtes bereitgestellt. Spät erst, doch vor Auftreten des Skeletes, kommt es durch Ausebnung der Furchen zwischen den einzelnen

Weichteilwülsten (s. S. 443) zur Modellierung des Gesichtes. Am Ende des 2. Schwangerschaftsmonats werden die zunächst freiliegenden Augen durch Lidfalten umgeben. Diese verkleben bei Embryonen von etwa 35 mm Scheitel-Steiß-Länge. Der Lidverschluß öffnet sich erst wieder im 7. Schwangerschaftsmonat. Während diese Formbildungsvorgänge im Gange sind, haben sich zugleich wichtige Bildungs- und Umbildungsprozesse an den Organen im Körperinneren abgespielt. Das Herz wird früh angelegt und entsprechend seiner Aufgabe recht mächtig entfaltet. Dadurch buckelt sich der Herz- oder Perikardwulst vor dem Nabelstrang stark nach ventral vor (Abb. 242a, b). Aber auch die Leber muß sehr schnell wachsen, da sie an Stelle des Dottersackes zum wichtigsten Organ der Blutzellbildung während der Embryonalzeit wird. Diese Aufgabe wird erst nach der Geburt vom roten Knochenmark übernommen. Die mächtige Auftreibung des Bauches in der Embryonalzeit ist durch die Leber bedingt. Die Leberanschwellung geht unmerklich in den Herzwulst über (Abb. 242, 243). Damit wird die starke Rückenkrümmung allmählich ausgeglichen. Aber immer noch überwiegen die cranialen Teile des Körpers, insbesondere das Hirngebiet, erheblich. Die caudalen Körperpartien sind im Wachstum stark zurückgeblieben (Abb. 244, 245). Dies geht so weit, daß der Darmkanal vorübergehend nicht genügend Platz zu seiner Entfaltung in der Bauchhöhle findet und in den Nabelstrang verlagert wird (physiologischer Nabelbruch s. S. 443). In der Folgezeit streckt sich der Körper mehr und mehr, die menschliche Körperform wird nun deutlich erkennbar (Embryonen von 18–20 mm). Die Gesichtsbildung ist zwar noch nicht abgeschlossen, doch sind eine breite, niedrige Nase, eine breite Mundöffnung und eine von Höckern umgebene Ohröffnung deutlich. Auffallend ist nach wie vor, daß der Hirnteil des Kopfes massenmäßig den Gesichtsteil bei weitem übertrifft. Durch das stärkere Auswachsen des caudalen Körperendes kommt es zu einem relativen Aufwärtsrücken des Nabels (vgl. Abb. 243 mit Abb. 245).

Die Gliedmaßenanlagen werden zuerst bei Embryonen von 3–4 mm Länge in Form flacher Leisten sichtbar, und zwar erscheint die Armanlage zeitlich etwas früher als die Beinanlage. Sehr bald nehmen sie die Form von Platten an. Abbildung 240 zeigt deutlich, daß die Armanlage im Bereich der unteren Cervicalsomite liegt, wenn wir sie auf die dorsale Körperwand projizieren. Vergleichen wir aber die Lage der Vorderextremität und der ventralen Rumpforgane, so sehen wir, daß das Herz zum größten Teil cranial der Armanlage liegt. Der Ausgleich dieser embryonalen Proportionen bestimmt weitgehend die folgenden Entwicklungsphasen und läßt den Keimling immer „menschenähnlicher" werden. Die weitere Formbildung an der Gliedmaße läuft so ab, daß die Platte einen Stiel bekommt (8–9 mm), der entsprechend der Lage der großen Gelenke (Ellenbogen-, Kniegelenk) geknickt wird (9–19 mm). An der Handplatte werden nun fünf Fingerstrahlen sichtbar. Während die Extremitätenanlagen ursprünglich der Rumpfwand seitlich anliegen (Abb. 243), kommt es durch die Massenentfaltung der Bauchorgane dazu, daß die Arme dem Herz-Leber-Wulst von oben her aufliegen. Der Ellenbogen wird also nach caudal gerichtet, die Hand kommt in Pronationsstellung (Abb. 244). Gleichzeitig blickt die Kniekehle nach medial, die Fußsohle legt sich der Seitenfläche des Nabelstranges an (Embryonen von etwa 20 mm Scheitel-Steiß-Länge). Erst mit stärkerem Längenwachstum der Gliedmaßen und einem Zurückweichen der ventralen Rumpfwülste werden die Extre-

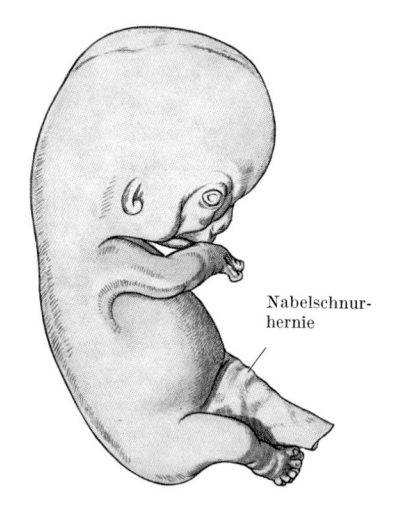

Abb. 244 Homo 25 mm Scheitel-Steiß-Länge, 2 Monate.
(Umzeichnung nach einer Photographie von HOCHSTETTER).

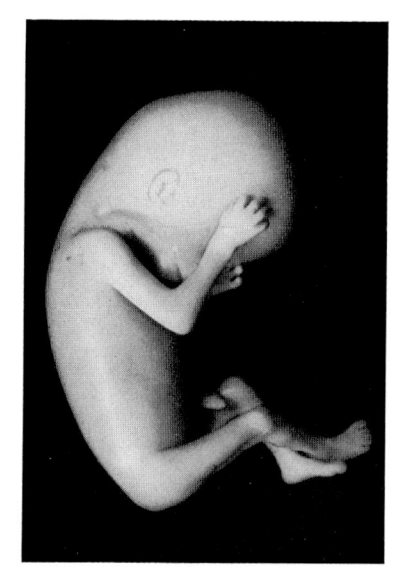

Abb. 245 Homo 62 mm Scheitel-Steiß-Länge, Ende des 3. Monats.

Abb. 246 Homo 162 mm Scheitel-Steiß-Länge, Anfang des 6. Monats.

mitäten nach und nach frei. Doch bleibt die Pronationsstellung der Hand, die Supinationsstellung des Fußes lange erhalten (Abb. 245, 246). Ellenbogen-, Knie- und Hüftgelenk befinden sich in mittlerer Beugestellung. Im großen und ganzen ist die menschliche Körperform bei Embryonen von etwa 25 mm Länge fertig ausgebildet. An Abbildung 245 sei nochmals auf die wesentlichsten embryonalen Proportionen aufmerksam gemacht. Der Kopf ist unverhältnismäßig groß, dabei überwiegt wieder der Hirnteil über den Gesichtsteil. Während der Bauch vorgewölbt ist, erscheint die Beckenpartie außerordentlich schlank und klein. Die Beine sind relativ kurz. Der Körpermittelpunkt befindet sich weit über dem Nabel.

Im 3. Monat treten die ersten Haare auf (Augenbrauen). Im 4. und 5. Monat ist das Wollhaarkleid ausgebildet. Aktive Bewegungen des Embryos sind im 2. Monat möglich, können von der Mutter als „Kindsbewegungen" frühestens ab 4. Monat gespürt werden.

Altersbestimmung menschlicher Keime

Die Altersbestimmung jüngster menschlicher Keime ergibt sich aus dem zuvor (S. 243f.) Gesagten. Größenbestimmungen für diese frühen Präsomitenstadien sind sinnlos, da die individuelle Variabilität außerordentlich groß ist. Für die folgende Periode, die die eigentliche Körperformbildung umfaßt (3.–8. Woche), gibt nachfolgende Tabelle Auskunft.

Embryo	Alter in Tagen	Größte Länge in mm	Entwicklungsstadium
Da Ludwig	20—21	—	1 Somit
Sternberg	20—21	—	4 Somite
Kroemer-Pfannenstiel	21—22	1,9	5—6 Somite
Veit-Esch	22—23	2,5	8 Somite
Heuser	25	—	14 Somite
R. Meyer 300	—	2,5	23 Somite
Carnegie 5923	31	—	30 Somite

Embryo	Alter in Tagen	Scheitel-Steiß-Länge in mm	Entwicklungsstadium
	35	5,0	Augenblase, Extremitätenplatten, Kiemenspalten, äußerer Schwanz.
	37	6,5	Cervicalsinus, Retrobranchialleiste, Extremitätenknick.
	40	9,5	Pigment im Augenbecher, Augenspalte, Sinus cervicalis überwachsen. Ober-Unterarm. Handplatte.
	43	12,0 ⎱	Schwanz in Rückbildung. Gesichtsbildung.
	45	15,0 ⎰	Ellenbogen-Knie.
	60	25,0	Körperform fertig.
	Ende des Mond-Monats	Gesamtlänge Scheitel-Ferse in mm	
	3	70—80	90	Augenbrauen
	4	100	160	Lanugo
	5	150	250	
	6	200	300	
	7	230	350	Kind wird extrauterin lebensfähig.
	8	265	400	
	9	300	450	Reifezeichen.
	10	335	500	

Beim Studium der vorstehenden Tabelle bleibt zu beachten, daß die Angaben Durchschnittswerte darstellen. Abweichungen kommen häufig vor. Besonders bei frühen Entwicklungsstadien ist ein Rückschluß aus der Körperlänge auf den Entwicklungsgrad nur sehr schwer möglich. Die Schwangerschaftsdauer wird vom 1. Tag der letzten Menstruation an gerechnet und beträgt im Durchschnitt 280 Tage = 10 Mondmonate zu 28 Tagen. Diese Berechnung ist um etwa 10–18 Tage zu hoch, da die Ovulation in der Regel etwa in der Mitte zwischen zwei Menstruationen stattfindet.

Reifezeichen

Normale, reife Kinder (Gewicht 3500 Gramm) können in einem Zeitraum zwischen 240 und 335 Tagen nach der letzten Menstruation geboren werden. Der Zeitpunkt der zu erwartenden Geburt läßt sich also nur annähernd aus dem Datum des letzten Menstruationstermins bestimmen. Das reife, ausgetragene Neugeborene mißt etwa 50 cm Scheitel-Fersen-Länge (33 cm Sitzhöhe = Scheitel-Steiß-Länge). Das Gewicht beträgt etwa 3500 Gramm = 7 Pfund. Der Schulterumfang beträgt etwa 35 cm, der Kopfumfang (fronto-occipital) 34 cm. Die Nägel reichen bis zur Fingerspitze. Der Hoden hat das Scrotum erreicht, bei weiblichen Neugeborenen sollen die kleinen Labien gerade von den großen Schamlippen verdeckt sein. Bei Totgeburten kann der Verknöcherungsgrad des Skeletes für die Bestimmung des Reifegrades verwendet werden. Zur Zeit der Geburt ist der Knochenkern in der proximalen Tibiaepiphyse gerade angelegt. Der häufig als Reifezeichen (BECLARD) angegebene Kern der distalen Femurepiphyse kann zur Zeit der Geburt noch fehlen. Die Variabilität aller Körpermaße kann beträchtlich sein; daher ist die Beurteilung, ob ein Kind ausgetragen und reif ist, unsicher, wenn sie sich nur auf Maßangaben stützt, ohne die qualitativen Reifezeichen zu berücksichtigen. Neugeborene, die unter der Norm liegende Körpermaße aufweisen, werden oft fälschlich als Frühgeburten angesehen. Es wurden Neugeborene mit einem Körpergewicht von 2000 Gramm und weniger beschrieben (Körperlänge 43 cm), die termingerecht geboren waren und alle morphologischen Reifezeichen aufwiesen (SCHWENZER 1962).

Nach einer praktischen Erfordernissen genügenden Regel entspricht die Gesamtlänge des Keimes (Scheitel-Ferse) am Ende des 3., 4. und 5. Monats dem Quadrat der Monatszahl, in den folgenden Monaten jeweils der fünffachen Monatszahl in Zentimetern, also Mens III: 9 cm, IV: 16 cm, V: 25 cm, VI: 30 cm usw.

Der Keim nimmt vom Ende des 2. Monats bis zur Geburt um das 20fache an Länge zu; von der Geburt bis zum Abschluß des Wachstums wird die Körperlänge nur um das 3,5fache vermehrt. Die entsprechenden Werte für die Gewichtszunahme betragen: vom Ende des 2. Monats bis zur Geburt das 800fache, von der Geburt bis zum Abschluß des Wachstums das 20fache.

6. Die Beziehungen zwischen Keim und mütterlichem Organismus bei den Eutheria.

Allgemeine Placentationslehre

a) Allgemeines

Die höheren Säugetiere (Eutheria) haben mannigfache Spezialisierungen und Anpassungen gerade in ihrer Frühentwicklung gegenüber niederen Wirbeltieren erfahren. Da sich der Keim im Schutz des mütterlichen Fruchthalters entwickelt, kommt es zur Ausbildung eines höchst komplizierten Stoffwechselorgans, der *Placenta*, die es dem Keimling ermöglicht, dauernd Nähr- und Aufbaustoffe aus dem mütterlichen Körper, insbesondere aus dem mütterlichen Blut, zu entnehmen. Gleichzeitig werden anfallende kindliche Stoffwechselschlacken über die mütterlichen Ausscheidungsorgane, auf dem Wege über die Placenta, eliminiert. Intrauterine Entwicklung, selbst mit Ausbildung einer Placenta, kommt in verschiedenen Wirbeltierklassen vor. Nur die Eutheria aber haben in großer Formenmannigfaltigkeit ein derartiges Organ ganz regelmäßig ausgebildet, so daß ihr Fortpflanzungsprozeß geradezu durch Aufbau und Vollkommenheit der Placenta gekennzeichnet wird. Die Ausbildung eines derartigen Brutpflegemechanismus ermöglicht zunächst einmal, daß die Entwicklungszeit für die Nachkommenschaft gegenüber niederen Formen verlängert werden kann. Verlängerung der vorgeburtlichen Lebensperiode bedeutet aber zugleich Zeitgewinn zur ruhigen, funktionsfreien Ausgestaltung des Organismus, insbesondere seines Zentralnervensystems. Damit wird die Überlegenheit der Säuger gegenüber anderen Wirbeltieren, wird die stammesgeschichtlich deutlich zunehmende Cerebralisation als direkte Konsequenz eines speziellen, entwicklungsphysiologischen Geschehens deutbar. Auch die Menschwerdung, gekennzeichnet durch die besondere Hirnentwicklung, war nur auf der Grundlage dieses besonderen Entwicklungsgeschehens möglich.

Auf anderem Wege haben sich bei den Vögeln hochentwickelte Gruppen zu einer gewissen Organisationshöhe erheben können. Die Embryonalperiode der Vögel ist zeitlich begrenzt durch die Menge des Nahrungsmaterials, welche dem Ei als Dotter mitgegeben werden kann (s. Anhang 3, S. 638). Hochentwickelte Vogelgruppen (Accipitres = Raubvögel und besonders Passeriformes = Sperlingsvögel) verlängern gewissermaßen die Embryonalperiode, indem die Jungtiere ein Nesthockerstadium (sekundär!) durchmachen. Das setzt aber voraus, daß die Eltern eine überaus sorgfältige und durch angeborene Instinkthandlungen bis ins Feinste geregelte Pflege und Fürsorge für die Nachkommenschaft übernehmen können. Damit scheint, stammesgeschichtlich gesehen, bei den Vögeln zwar ein Höhepunkt erreicht zu sein, dieser aber wurde erkauft durch sehr einseitige Ausrichtung und relativ starre Festlegung auch der zentralnervösen Mechanismen auf das eine Ziel „Brutfürsorge". Damit waren andere Möglichkeiten verbaut. Hohe Spezialisierung bedingte Einseitigkeit und Verlust der Fähigkeit, sich zu einer neuen Organisationsstufe zu erheben, wie es andererseits im Primatenstamm möglich war. Die Ausbildung des für placentale Säuger charakteristischen Fortpflanzungsmechanismus ermöglichte erst die Beibehaltung einer gewissen körperlichen Primitivität und damit einer großen und vielseitigen Anpassungsfähigkeit bei gleichzeitiger Spezialisierung des Zentralnervensystems. Erst diese Kombination von primitiver Vielseitigkeit mit gleichzeitiger Spezialisierung des Gehirnes hat es dem Menschen ermöglicht, sich über seine Umwelt zu erheben, sich von ihr weitgehend abzulösen und sie zu beherrschen.

Mit der Ausbildung der embryonalen Austauschorgane zwischen Mutter und Embryo müssen wir uns nun eingehender beschäftigen. Da es sich um Entwicklungsvorgänge handelt, die nur im Zusammenhang mit dem ganzen Fortpflanzungsgeschehen und seiner hormonal stofflichen Regulierung zu verstehen sind, seien einige Vorbemerkungen über den Fortpflanzungszyklus der Säugetiere und seine Steuerung durch die Sexualhormone vorausgeschickt.

b) *Die zyklischen Vorgänge am Genital der Säugetiere (Oestruszyklus) und des Menschen und ihre hormonale Steuerung*

Die Fortpflanzungstätigkeit ist bei den Säugetieren entweder streng jahreszeitlich gebunden oder wahllos über das ganze Jahr verteilt. Beschränkte Fortpflanzungsperioden sind offensichtlich Klimaanpassungen. So fällt beim Hirsch die Brunst in das Spätjahr (September/Oktober), die Geburt der Jungtiere aber ins Frühjahr (Mai/Juni). Die Brunstperiode vieler Kleinsäuger (Nager) fällt auf das zeitige Frühjahr, bei Pferden in den Sommer. Dabei hat sich zeigen lassen, daß die Belichtungsgröße auslösend wirkt. Säugetiere mit normaler Frühjahrsbrunst (Marder, Hunde) verlegen die Brunstperiode in den Winter vor, wenn sie entsprechend längerer Belichtung ausgesetzt wurden. Brunst und Paarung fallen zeitlich mit der Ovulation zusammen (Ausnahme: Fledermäuse). Nur zur Brunst (Hitze) sind Paarungen möglich. Ist der eng gekoppelte Vorgang – ,,Hitze-Ovulation-Corpus-luteum-Bildung" – ein Einzelvorgang, dann ist die Tierart ,,monoestrisch". Wiederholt sich dieser Vorgang serienmäßig in kurzen Abständen, dann bezeichnen wir die Tierart als ,,polyoestrisch". Beispiele für monoestrische Formen sind Hirsche, Pferde usw. Polyoestrisch sind viele Kleinsäuger (Maus, Ratte, Kaninchen und viele domestizierte Tiere). In dem Zeitraum zwischen den Brunstperioden (große Zwischenphase der polyoestrischen Tiere) ist keine Fortpflanzung möglich, die Gonaden sind inaktiv.

Bei den Primaten und beim Menschen finden wir keinen Oestruszyklus (Andeutungen bei Neuweltaffen nachweisbar). Dementsprechend ist Paarung jederzeit möglich. Doch besteht auch bei diesen Formen ein ovarieller Zyklus, der durch periodische Ovulationen und durch Menstruationsblutungen gekennzeichnet ist. Die Menstruation (s. S. 255) ist ein Vorgang eigener Art, der nur wenigen Säugern zukommt (außer Primaten einige Insektenfresser und Fledermäuse) und als Vorbereitung auf die Gravidität gedeutet werden darf. Genitalblutungen kommen als Brunstzeichen auch bei vielen Säugern vor (Hund u. v. a.). Diese Brunstblutung hat nichts mit der Menstruationsblutung zu tun und darf mit ihr nicht verwechselt werden. Die Brunstblutung fällt auf den Zeitpunkt der Ovulation und wird durch Oestrogene bedingt; die Menstruation aber folgt auf das Versiegen der Corpus-luteum-Sekretion. Beim Rhesusaffen findet man sowohl Brunst- als auch Menstruationsblutung. Alle zyklischen Vorgänge am Genitale sind hormonal gesteuert. Bevor wir die Besprechung der mannigfachen Erscheinungen im einzelnen beginnen, sei deshalb ein Überblick über die bei den Fortpflanzungsprozessen beteiligten Hormone gegeben.

Übersicht über die Geschlechtshormone

Grundsätzlich sind zwei Gruppen von Wirkstoffen (Hormone) als Regler sexueller Vorgänge bei Säugetieren zu unterscheiden (Abb. 250). Die erste Gruppe kontrolliert die Tätigkeit der Gonaden. Diese Hormone werden im Hypophysenvorderlappen gebildet (*gonadotrope Hormone*). Sie sind nicht geschlechtsspezifisch. Chemisch handelt es sich durchweg um kompliziertere Körper von Proteincharakter. Ihr Bildungsort sind die basophilen Zellen des Vorderlappens der Hypophyse.

1. Gonadotrope Hypophysenhormone (Gonadotropine)

Die Kontrolle der Gonaden durch die Hypophysenvorderlappen-(HVL-)Hormone ist durch das gesetzmäßige Zusammenwirken mehrerer Faktoren gekennzeichnet. Wir unterscheiden heute:

1. ein *Follikelstimulierungshormon* (FSH). Dieses bedingt das Wachstum der Follikel im

Ovar und hält beim männlichen Geschlecht die Spermiogenese in Gang,

2. ein *Luteinisierungshormon* (LH). Dieses bedingt die Ovulation und die Umwandlung der Granulosazellen in Luteinzellen. Beim männlichen Tier regt es die Sekretion der interstitiellen Zellen des Hodens an. Diese beiden Substanzen (FSH und LH) werden beim Menschen und einigen Affen (merkwürdigerweise auch bei der Giraffe, sonst bei keinem anderen daraufhin untersuchten Säugetier) während der Schwangerschaft im Harn ausgeschieden. Auch bei bösartigen Placentargewebsgeschwülsten (Chorionepitheliom) finden sich die Hormone im Harn. Solche Tumoren können auch beim männlichen Geschlecht auftreten (diagnostisch wichtig). Die im Harn nachweisbaren Substanzen mit Wirkung gonadotroper Hormone werden als *Prolane* (ASCHHEIM, ZONDEK) bezeichnet. Die Ausscheidung dieser Stoffe ermöglicht eine Schwangerschaftsdiagnose zu frühem Zeitpunkt (s. S. 254).

3. Als drittes gonadotropes HVL-Hormon muß das *Prolactin* bezeichnet werden. Es bringt die Sekretion der Luteinzellen in Gang, löst die Sekretion der Milchdrüse aus und wird gleichfalls für die Auslösung mütterlicher Pflegeinstinkte verantwortlich gemacht.

II. Gonadenhormone (Keimdrüsenhormone), Steroidhormone

Die Gonadenhormone oder Sexualhormone im engeren Sinne kontrollieren die Ausbildung und Funktionsbereitschaft der ableitenden Geschlechtswege und der sekundären Geschlechtsorgane (akzessorische Geschlechtsdrüsen). Sie werden in den Gonaden selbst gebildet. Chemisch sind es relativ einfache Körper, Phenanthrenderivate von Sterincharakter (3 Benzolringe und ein 5er-Ring). Sie haben somit Verwandtschaft mit den Hormonen der Nebennierenrinde. Auch die Wirkung dieser Stoffe ist durch ein kompliziertes Zusammenspiel mehrerer Substanzen in gesetzmäßiger, zeitlicher Abstufung gekennzeichnet. Im Gegensatz zu den HVL-Hormonen sind sie geschlechtsspezifisch, wenn auch nur in gewissen Grenzen. Wir werden später sehen, daß auch das männliche Tier weibliche Hormone produzieren kann und umgekehrt. Für das Verständnis der normalen Zyklusvorgänge mag diese Tatsache aber einstweilen vernachlässigt werden.

1. *Follikelhormon (Oestrogene)*: wird entweder in den Follikelepithelzellen oder nach neuerer Anschauung in den Zellen der Theca interna gebildet. Es verursacht den Aufbau der Uterusschleimhaut (Proliferationsstadium) und das Wachstum der Blutkapillaren im Endometrium. Gleichzeitig steigert es die Erregbarkeit der Uterusmuskulatur. Bei Zufuhr größerer Mengen (normal bei vielen Säugern) bedingt es Verhornung des Vaginalepithels und Wachstum der Milchgänge. Es ist weiterhin für die geschlechtsspezifische Ausbildung des Haarkleides und der Fettverteilung verantwortlich. Größere Mengen wirken antagonistisch zum FSH und hemmen die Gonadotropinbildung (Abb. 250).

2. *Progesteron*, Corpus-luteum-Hormon (Luteohormon): wird in den Granulosaluteinzellen gebildet und stimuliert das Wachstum der Uterusdrüsen (Sekretionsphase beim Menschen). Progesteron ermöglicht die Einnistung des Eies im Endometrium und erhält dieses in dem für die Gravidität notwendigen Funktionszustand. Gleichzeitig verhindert das Progesteron die Reifung von Follikeln, hemmt die Bildung von LH, verhindert die Verhornung der Vaginalepithelien und bewirkt Wachstum der Endstücke der Milchdrüse.

3. Neuerdings wird als weiteres Ovarialhormon ein Stoff *(Relaxin)* beschrieben, der für die Auflockerung der Bindegewebsstrukturen (Symphyse) an den Geburtswegen verantwortlich sein soll.

4. Im Hoden wird nur ein Hormon, das *Testosteron*, gebildet. Es entstammt den interstitiellen Zellen und beeinflußt die Ausbildung der männlichen sekundären Geschlechtsmerkmale (Behaarungstyp, akzessorische Drüsen, Geweihbildung usw.). Im Körper wird das Testosteron anscheinend in Androsteron umgewandelt, welches mit dem Harn ausgeschieden wird.

Der Bildungsort des männlichen Hormons war lange Zeit hindurch sehr umstritten, da sich aus leicht ersichtlichen Gründen das interstitielle Gewebe (ANCEL, BOUIN, STEINACH, Pubertätsdrüse) experimentell nicht isolieren läßt (Abb. 247). So wurde von anderen Autoren (STIEVE) als Bildungsort das Epithel der Samenkanäl-

Tubuli seminiferi

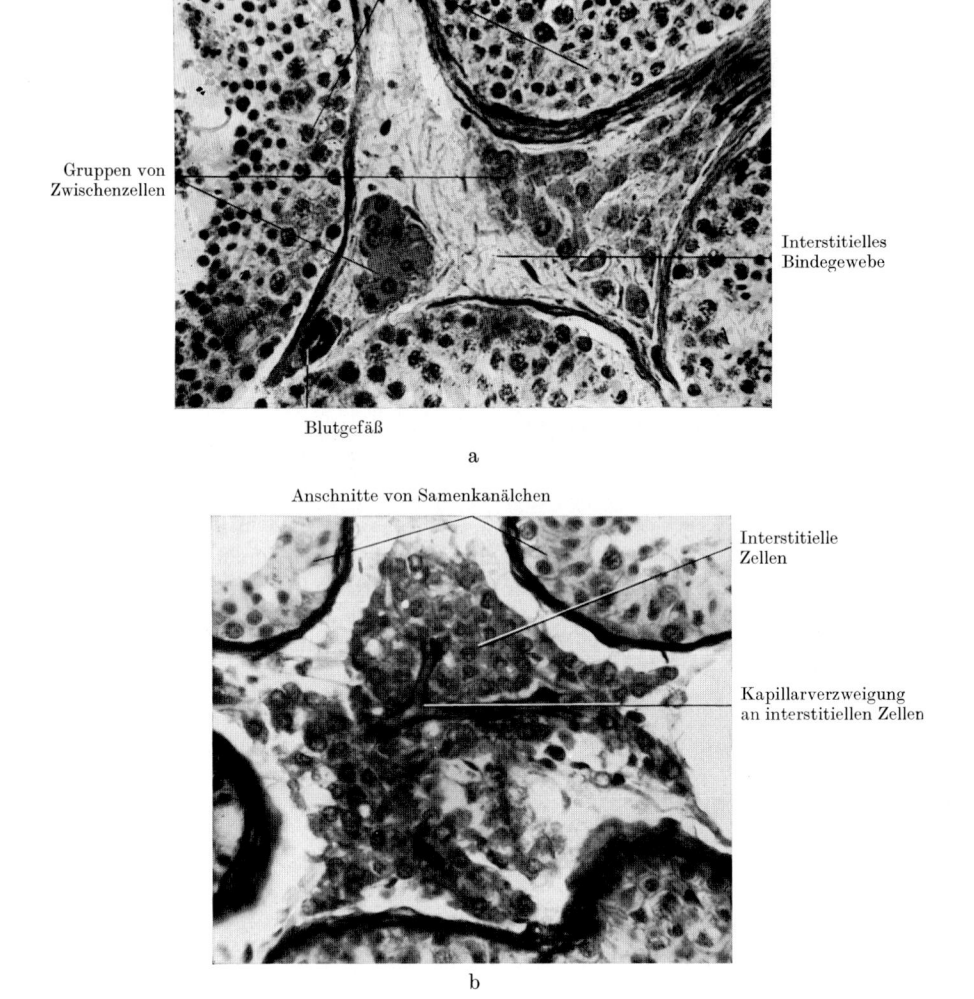

Gruppen von Zwischenzellen

Interstitielles Bindegewebe

Blutgefäß

a

Anschnitte von Samenkanälchen

Interstitielle Zellen

Kapillarverzweigung an interstitiellen Zellen

b

Abb. 247 (Orig.)
a) Interstitielle Zellen im Hoden eines erwachsenen Mannes.
b) Verzweigung einer Blutkapillare in der Gruppe interstitieller Zellen.

chen selbst angenommen (Sertolizellen). Diese Annahme stützt sich auf die Beobachtung, daß bei senilen Hoden das interstitielle Gewebe scheinbar zunimmt. Doch dürfte es sich hierbei nur um eine relative Vermehrung bei absolut stärkerem Schwund des samenbereitenden Gewebes handeln. Der Nachweis, daß tatsächlich die interstitiellen Zellen des Hodens Bildungsort des männlichen Hormons sind, gelang ROMEIS (1933). Dieser Autor führte an einem kastrierten Kater eine Hodenimplantation aus mit dem Erfolg, daß die männlichen Instinkte und Sexualcharaktere zurückkehrten. Autopsie des Transplantates nach 8 Jahren ergab, daß alles samenbereitende Gewebe verschwunden und nur interstitielle Zellen erhalten waren. Auch Beobachtungen an der Gonade von Fledermäusen (COURRIER) bestätigten diese Ansicht. Versuche von EVANS an hypophysektomierten männlichen Tieren ergaben, daß Zufuhr von LH die Sekretion der interstitiellen Zellen bedingt.

Oestron, rein dargestellt 1929 durch
BUTENANDT, DOISY, LAQUEUR.

Progesteron (Luteohormon)
BUTENANDT, SLOTTA, ALLEN, CORNER 1934.

Testosteron, LAQUEUR 1935.

Synergismus der Ovarialhormone, „Ovarialhormonquotient"

Aus dem bisher Gesagten könnte geschlossen werden, daß die beiden Ovarialhormone, Follikelhormon und Luteohormon, streng antagonistisch wirken, zumal Luteohormon in der Gravidität das Heranreifen von Follikeln verhindert und umgekehrt Zufuhr größerer Dosen von Oestrogen den Aufbau der Sekretionsschleimhaut beeinträchtigt. Es gibt jedoch Anzeichen dafür, daß im physiologischen Geschehen gerade ein abgestuftes Zusammenwirken der beiden Ovarialhormone die generativen Vorgänge steuert. Im Corpus luteum findet sich neben Progesteron stets auch Follikelhormon. Das Verhältnis von Follikelhormon zu Progesteron (F : P = *Ovarialhormonquotient*) ist für jede Zyklusphase und Tierart offenbar charakteristisch (s. VARANGOT 1946, LEWIN-SPIEGELHOFF 1951). Anscheinend schwanken die Werte auch bei einzelnen Individuen. Beim kastrierten Tier läßt sich der Progesteroneffekt mit geringeren Dosen und über längere Zeitdauer erzielen, wenn das Tier mit Oestrogenen vorbehandelt ist oder wenn man gleichzeitig mit dem Progesteron geringe Dosen von Follikelhormon injiziert.

Spezielles über den Oestruszyklus; Menstruation

Wir sehen also, daß die Sexualhormone bei Säugetieren zunächst den Wechsel zwischen sexuellen Aktivitäts- und Ruhephasen regulieren, also den Oestruszyklus bedingen. Die Zeit der Fortpflanzungsruhe wird als *Anoestrus* bezeichnet. Wächst unter dem Einfluß des FSH ein Follikel heran, so setzen die vorbereitenden Wachstumsvorgänge am Genitalschlauch ein. Der Wachstumsfaktor ist das im Follikel gebildete Follikelhormon. Der *Prooestrus* (Vorbrunst) ist charakterisiert durch steigende Oestrogenbildung, Follikelwachstum und Proliferationsstadium am Genitalschlauch. Bei polyoestrischen Tieren lassen sich im Prooestrus zwei Teilphasen abgrenzen: a) abnehmende Progesteronaktivität, b) ansteigende Oestrogenaktivität. Der *Oestrus* ist die eigentliche Brunstperiode (Hitze), gekennzeichnet durch rapides Follikelwachstum, endend mit der Ovulation. In die Oestrusphase fällt gewöhnlich die Empfängnis. Die Dauer des Oestrus ist bei verschiedenen Formen außerordentlich verschieden. Sie kann sich bei Primaten über die ganze Länge des Zyklus erstrecken. Der Oestrus geht bei einigen Säugern (Hund) mit Blutaustritt einher (Brunstzeichen). Beim Rhesusaffen läßt sich eine minimale Blutung im Vaginalausstrich meist noch nachweisen. Beim Menschen ist der Zeitpunkt der Ovulation gelegentlich durch das Auftreten von Schmerzen („Mittelschmerz") und Zunahme der Sekretion, selten auch durch geringe Blutbeimischungen zum Urin klinisch faßbar. Mit der Ovulation hört die Oestrogenausschüttung auf. Es schließt sich der *Postoestrus* (Nachbrunst) an. Wird nach spontaner Ovulation ein funktionierendes Corpus luteum gebildet, so kommt es zur Progesteronbildung, die ihrerseits die Sekretionsphase am Genitaltrakt auslöst *(Dioestrus)**. Bei vielen Nagern (Ratte) sind die Corpora lutea nicht aktiv und bedürfen der Aktivierung durch die Begattung. Hat diese keine Befruchtung zur Folge, so bleiben die Corpora lutea doch für etwa zwei

---

*) Vielfach wird als „Dioestrus" auch die Phase relativer Sexualruhe zwischen zwei Zyklen bezeichnet.

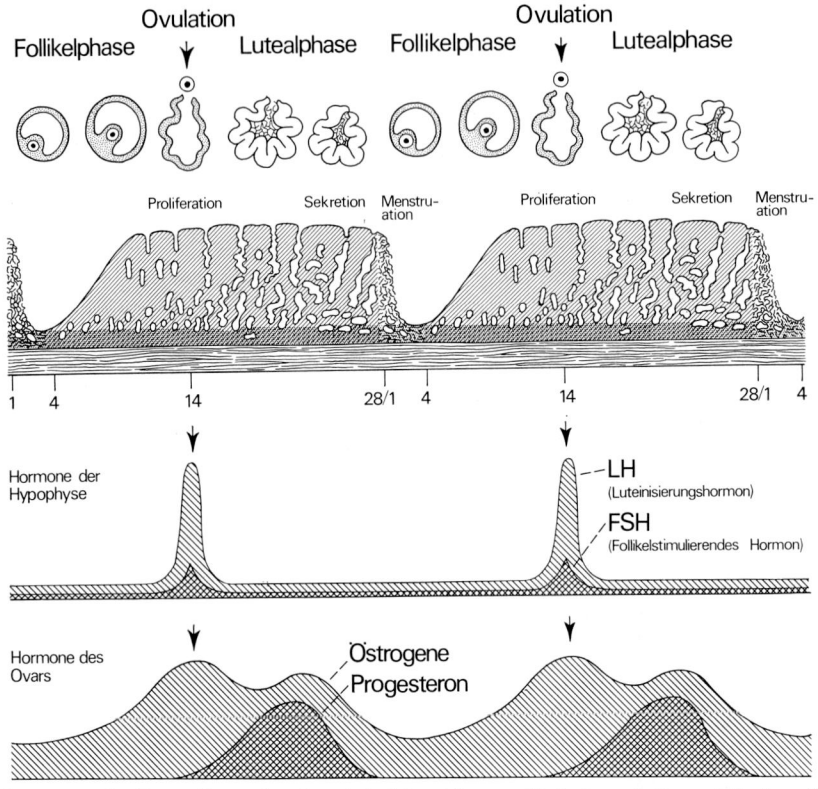

Abb. 248 Schematische Darstellung des Ovarialzyklus (oberste Reihe) und der zyklischen Veränderungen am Endometrium (2. Reihe von oben). Im mittleren Teil der Abbildung (modifiziert nach H,-D. TAUBERT) sind die Konzentrationen der Hypophysenvorderlappenhormone sowie die der Ovarialhormone im Blut wiedergegeben.

Wochen funktionsfähig, es kommt zur Scheinträchtigkeit (Pseudogravidität). Werden keine aktiven Corpora lutea gebildet, so sprechen wir vom *Metoestrus*. Bei Mensch, Affen und einigen anderen Formen bedingt das Versiegen der Progesteronbildung den Zusammenbruch der Uterusmucosa. Dieser Vorgang bedeutet den Eintritt der Menstruation.

Der normale Zyklus an der Schleimhaut des weiblichen Genitalschlauches hängt also vom geordneten Zusammenwirken der beiden Ovarialhormone ab. Die periodischen Veränderungen an der Schleimhaut werden durch periodische, anatomisch faßbare Veränderungen am Ovar selbst bestimmt (Abb. 248). Beim geschlechtsreifen Weibe folgen die Vorgänge an Schleimhaut und Ovar ohne Ruhepause. Es fehlt der Anoestrus. Die Dauer des normalen Zyklus beträgt ungefähr 28 (25–30) Tage. Wir rechnen als Beginn einer derartigen Periode den Tag, an dem die Menstruationsblutung einsetzt. Die Blutung hält 3–5 Tage an. Während dieser Zeit wird die Uterusschleimhaut ausgestoßen (Abb. 249a). Nur Reste der Drüsen erhalten sich als Mutterboden für die Epithelregeneration in den basalen Teilen des Stromas. Nach Aufhören der Menstruation setzt sofort die Regeneration der Schleimhaut ein. Gleichzeitig beginnt im Ovar ein neuer Follikel heranzureifen. Unter dem Einfluß des Follikelhormons kommt es zu einer schnellen Vermehrung des Stromas; die Drüsen wachsen in die Länge, die Funktionsschicht der Schleimhaut wird aufgebaut (*Proliferationsphase*, Abbildung 249b). Die Muscularis lockert sich auf. Etwa am 14.–15. Tag des Zyklus tritt die Ovulation ein. Das Corpus luteum wird gebildet. Unter dem Einfluß des Luteohormons nimmt die Sekretion der Uterindrüsen zu (,,*Sekretionsphase*", prägravide Phase, s. S. 257). Die Drüsenlumina erweitern sich und füllen sich mit Sekret. Die ursprünglich langgestreckten Drüsenschläuche nehmen in ihrem sezernieren-

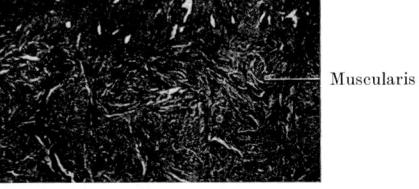

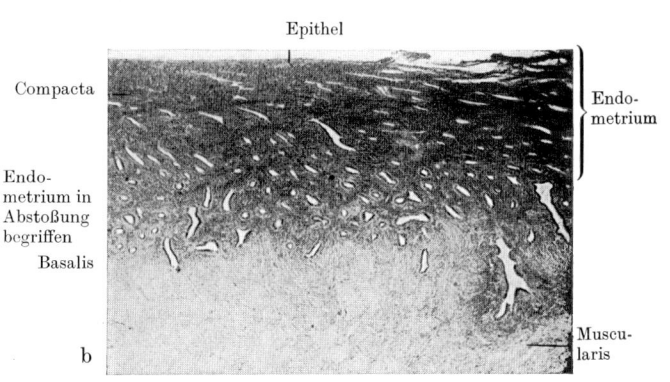

Abb. 249 Die Schleimhaut des menschlichen Uterus in verschiedenen Phasen des Zyklus. (Orig.)
a) Menstruation. Schleimhaut in Abstoßung begriffen.
b) Proliferationsphase. Schleimhaut intakt. Drüsen inaktiv.
c) Sekretionsphase. Prämenstruelle Schwellung. Drüsen stark geschwollen und geschlängelt.

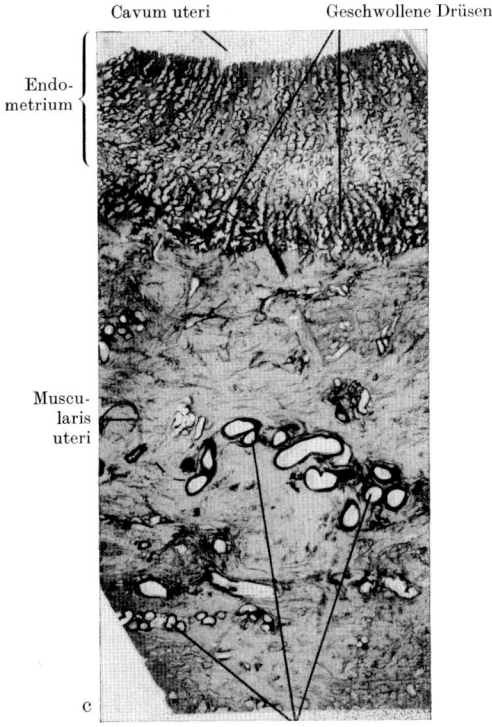

den Anteil eine geschlängelte Form an. Am Schnittbild (Abb. 249c) zeigen sie charakteristische gezähnelte Konturen. Das Bindegewebe zwischen den Drüsen wird ödematös, aufgelokkert, die Kapillaren sind prall gefüllt. Die Schleimhaut hat im ganzen an Höhe zugenommen. Die mittleren Schleimhautpartien erscheinen durch die prallgefüllten Drüsenlumina wie durchlöchert. Da die basalen Schleimhautpartien nicht in gleicher Weise an diesen Vorgängen teilnehmen, ergibt sich eine Schichtengliederung in die oberflächliche ,,Functionalis" und die ,,Basalis" oder Regenerationsschicht. An der Functionalis läßt sich das oberflächennahe, durch die nicht veränderten Drüsenmündungsstücke gekennzeichnete Gebiet als ,,Compacta" gegen die ,,Spongiosa" abgrenzen. Kommt es nun zu keiner Befruchtung, so stellt das Corpus luteum etwa am 25. Tag des Zyklus die Funktion ein. Das Versiegen der Progesteronausscheidung hat den Zusammenbruch und die Ausstoßung der Schleimhaut innerhalb von 3 Tagen zur Folge: Menstruation. Sie wird eingeleitet durch Veränderungen am Gefäßsystem der Uterusmucosa. Im Bereich der Functionalis kommt es zu einer durch Vasokonstriktion bedingten Blutstauung und dem Austritt von Blut durch die in ihrer Ernährung geschädigten Gefäßwände. Die Zirkulation in der Basalis bleibt hingegen durch selbständige Arterienäste gesichert und wird von diesen Vorgängen nicht beeinflußt. MARKEE konnte bei Affen durch Verpflanzung von Uterusmucosa in die vordere Augenkammer diese funktionellen Veränderungen unmittelbar beobachten. Sie treten zuerst in einzelnen Schleimhautbezirken, den Menstruationsarealen (MARKEE), auf und breiten sich dann auf die ganze Mucosa aus. Diese Menstruationsareale oder mensuellen Felder (STRAUSS) sind nun mit den auf Seite 273 beschriebenen Implantationsarealen identisch. Die in ihnen zu Beginn der Menstruation ablaufenden Gefäßveränderungen entsprechen vollständig den präimplantativen Umwandlungen der Uterusschleimhaut (s. S. 271). Das kann aber nur bedeuten, daß diese Veränderungen nicht als Anzeichen eines beginnenden Zusammenbruchs der Uterusmucosa gedeutet werden dürfen, sondern einen unbedingt notwendigen mütterlichen Beitrag für die Anheftung des Keims darstellen. Ist jedoch kein befruchtetes Ei vorhanden, so laufen sie ungehemmt ab und schießen gewissermaßen über das Ziel hinaus.

stattgefunden hat. Diese Erscheinung ist vor allem bei Naturvölkern bekannt. In derartigen Fällen kommt es zum Follikelwachstum und zur Oestrogenbildung. Doch hört etwa in der Mitte der Zyklusperiode die Oestrogenbildung allmählich auf. Der Follikel bildet sich zurück, ohne daß eine Ovulation erfolgt, und es kommt, obwohl keine prämenstruelle Schwellung ausgebildet wurde, zu einer menstruationsähnlichen Blutung (Diapedesisblutung auch ohne Schleimhautzerfall). Eine Gravidität ist bei anovulatorischem Zyklus natürlich nicht möglich. Bei Rhesusaffen sind derartige Zyklen ohne Ovulation ebenfalls zu Beginn der Geschlechtsreife und während der Sommermonate beobachtet worden.

Ovar	Follikelwachstum	Ovulation		Corpus luteum
Uterus bei polyoestr. Säugern	Prooestrus → Oestrus →	Postoestrus		
		a) Dioestrus (aktives Corp. luteum)	→ ↝	Gravidität Pseudogravidität
		oder		
		b) Metoestrus (abnehmende Oestrogenwirkung, Corp. luteum inaktiv)	→	Prooestrus
bei Mensch und Primaten	Postmenstrum Regeneration →	Intervall Proliferation →	Praemenstrum Sekretion → ↝	Gravidität oder Menstruation

Die Functionalis wird unter Blutaustritt abgestoßen und zerfällt. Wir müssen demnach in der Menstruationsblutung eine wesentliche, wenn auch schließlich vergebliche Vorbereitung des Endometriums für die Aufnahme des Keimes sehen (STRAUSS). Die Menstruation bedeutet den Abbau der Funktionsphase der Uterusmucosa. Mit Beginn einer Regeneration setzt ein neuer Zyklus ein.

Anovulatorische Blutungen

Beim Menschen können auch, besonders in der ersten Zeit nach der Pubertät, zyklische Blutungen auftreten, ohne daß eine Ovulation

Obenstehende Tabelle und Abb. 250 mögen eine Übersicht über die Beziehungen zwischen Oestruszyklus und Menstruationszyklus vermitteln. Daraus ergibt sich, daß die Dioestrusphase mit der Sekretionsphase verglichen werden muß. Beide sind durch das Luteohormon bestimmt und bedeuten die Funktionsphase der Uterusmucosa, in der sie bereit ist, einen Keim aufzunehmen. Der eigentliche Oestrus (Hitze) ist durch das schnelle Follikelwachstum kurz vor der Ovulation charakterisiert; ihm ist beim Menschen das Proliferationsstadium vergleichbar.

Das hormonale Zyklusgeschehen und die entsprechenden morphologischen Veränderungen

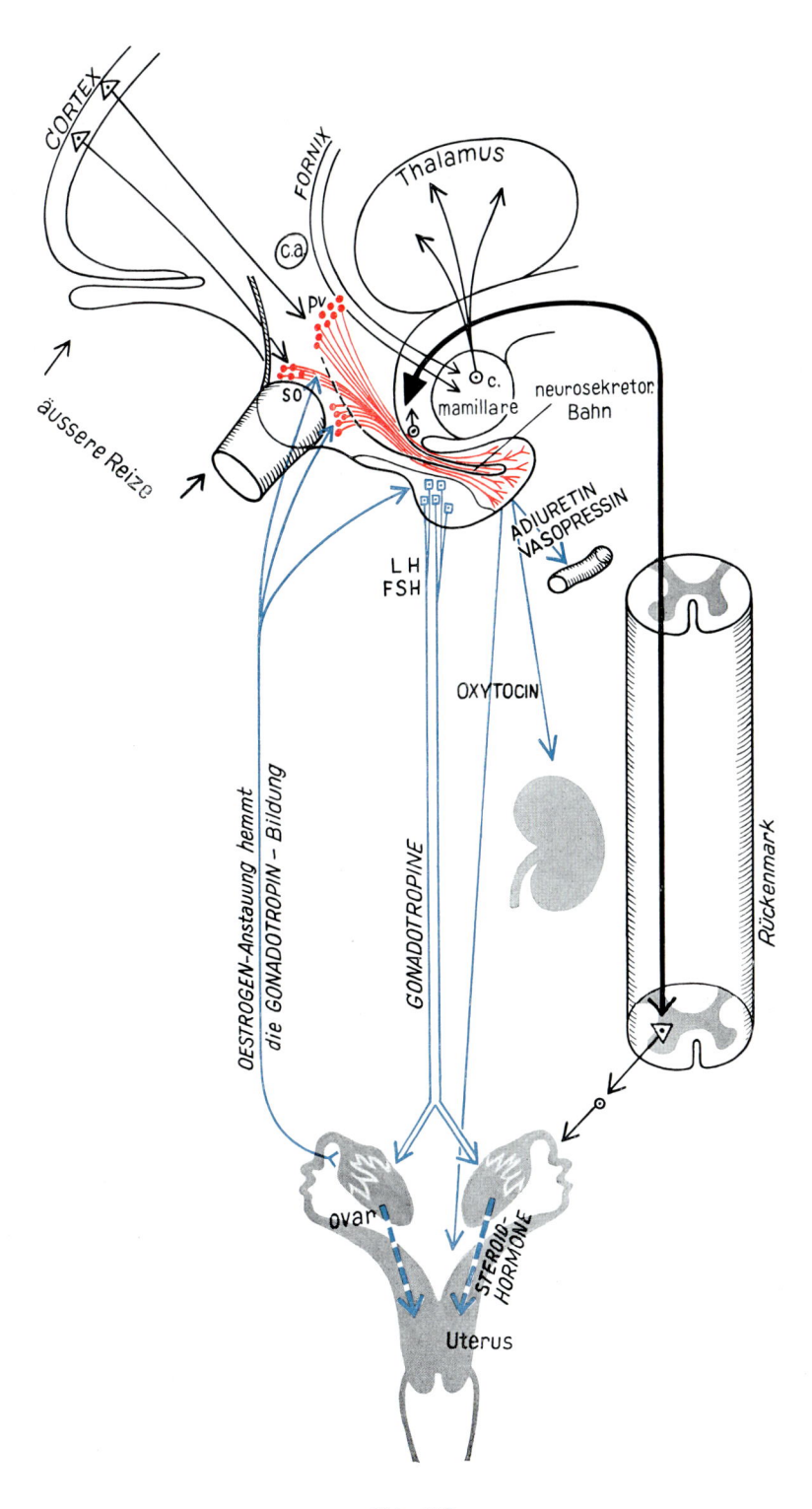

Abb. 250

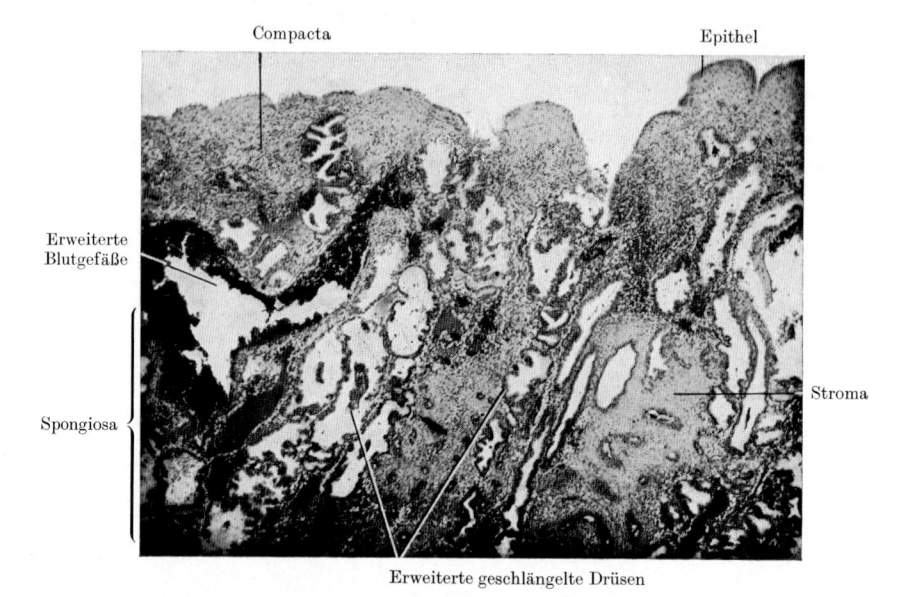

Abb. 251 Decidua parietalis. Menschliche Gravidität im 2. Monat. Erweiterte hyperämische Gefäße, stark erweiterte und geschlängelte Drüsen. Weiterbildung des Zustandes der prämenstruellen Schwellung in der Gravidität. (Orig.)

laufen bei nichtmenstruierenden und bei menstruierenden Säugern (Primaten) nach gleichen Gesetzmäßigkeiten ab. Die Unterschiede sind graduell. Auch bei Nichtprimaten kommt es nach Aufhören der Progesteronabgabe zu Rückbildungsvorgängen am Endometrium. Allerdings werden nur die obersten Schleimhautschichten abgestoßen. Es fehlt die Blutung, denn im Endometrium kommen keine Spiralarterien, wie sie die menstruierenden Säuger stets besitzen (Abb. 249c), vor.

Gravidität

Wird das Ei befruchtet, so bleibt das Corpus luteum zunächst erhalten und ist noch über mehrere Monate funktionsfähig (Corpus luteum graviditatis). Da nun auch die Progesteronbildung anhält, bleibt die Menstruation aus. Der prämenstruelle Zustand der Uterusschleimhaut (Sekretionsstadium) geht allmählich in den Zustand der *Decidua graviditatis* über. Dieser ist an sich nichts grundsätzlich Neues, sondern besteht in weiterer Schwellung und Steigerung der prämenstruellen Veränderungen (Abb. 251). Charakteristisch sind jetzt die *Deciduazellen*, große, geschwollene, basophile Zellen des Stromas, welche epitheloide Form annehmen können. Die Persistenz des Corpus luteum wird wahrscheinlich auf humoralem Wege vom Keim aus gewährleistet.

Ovulationstermin und Konzeptionsoptimum

Wir wissen, daß die Lebensdauer und Befruchtungsfähigkeit des menschlichen Eies relativ kurz ist und nur Stunden beträgt (höchstens 48 Stunden). Da die Ovulation beim Menschen in der Regel auf den Zeitpunkt in der Mitte zwischen zwei Menstruationen fällt, ist zu erwarten, daß die Konzeption nur zu diesem Zeitpunkt (etwa 12.–18. Tag des Zyklus) stattfinden kann. Auch die Befruchtungsfähigkeit der Spermien erlischt spätestens nach 2–3 Tagen und darf nicht mit der Bewegungsfähigkeit, die länger anhalten kann, gleichgesetzt werden. Auf derartige Überlegungen baute KNAUS seine Lehre von der periodischen Unfruchtbarkeit des Weibes auf. Danach soll die Frau vor dem 10. und nach dem 18. Tag des Zyklus steril sein. Voraussetzung für diese Annahme ist, daß der Abstand zwischen Ovulation und Menstruation stets konstant (14 Tage) ist. Den Beweis für diese Lehre wollte KNAUS dadurch erbringen, daß er die Erregbarkeit des Uterusmuskels gegenüber Pituitrin bestimmt. In der Luteinphase verhält der Muskel sich nämlich refraktär. Doch werden diese Angaben für den Menschen bestritten (HENRY und BROWN 1943). Somit kann die Methode von KNAUS nicht mit Sicherheit die Länge der Progesteronphase beim Lebenden erfassen. Sehr umfangreiche und kritisch ausgewertete, statistischklinische Untersuchungen zeigen jedenfalls, daß die Frau zu jedem Zeitpunkt des Zyklus konzipieren kann. Die Theorie von KNAUS hat den Wert einer allgemeinen Regel, die viele Ausnahmen zuläßt. Wie sind nun diese Ausnahmen zu erklären? Zunächst ist die Ovulation naturgemäß nicht starr auf den 14. Tag des Zyklus fixiert. Früh- und Spätovulationen kommen vor. Auch muß gelegentlich mit provozierter Ovulation beim Menschen gerechnet werden. Schließlich hindert die Ausbildung eines Corpus luteum nicht in jedem Einzelfall die Ausreifung weiterer Follikel. So ist es möglich, daß während eines Zyklus zwei Ovulationen vorkommen können. STIEVE fand bei einer gesunden Frau nebeneinander ein frisches Corpus luteum und einen frischgeplatzten Follikel. Auch kann nach einer Ovulation die Bildung des Corpus luteum unterbleiben.

Alternierende Tätigkeit der beiden Ovarien?

In diesem Zusammenhang sei kurz auf die Frage eingegangen, wie die beiden Ovarien zusammenarbeiten. Besteht ein Abwechseln oder ein bestimmter Rhythmus in der Funktion? Beim Menschen ist hierüber wenig bekannt; feste Gesetzmäßigkeiten scheinen auch hier nicht zu bestehen. Doch kommen sehr eigenartige und in ihren hormonalen Steuerungen noch nicht geklärte Zusammenhänge bei einigen Säugetieren vor. So ovuliert eine Pelzrobbe regelmäßig alternierend rechts und links (PEARSON). Bei einem Nagetier, dem Bergviscacha (*Lagidium peruanum*), ovuliert nur der rechte Eierstock, nie der linke. Exstirpiert man das rechte Ovar, so wird das linke Ovar funktionsfähig und ovuliert. In der Jugend sind beide Ovarien gleich beschaffen. Der Grund für die Dominanz der rechten Gonade ist völlig unbekannt.

Sexualzyklus der Laboratoriumsnager

Wegen der praktischen Bedeutung bei experimentellen Arbeiten sei anhangsweise hier kurz das Wichtigste über den Sexualzyklus unserer Laboratoriumstiere berichtet.

1. *Kaninchen:* Fortpflanzungsperiode im Frühjahr und Frühsommer, doch ist diese nicht streng festgelegt. Während der Fortpflanzungsperiode reifen dauernd Follikel heran. Ovulation nur provoziert (10 Stunden nach dem Deckakt). Kommt es zu keiner Ovulation, so atresieren die Follikel. Auslösung der Ovulation erfolgt über nervöse Mechanismen unter Einschaltung der Hypophyse. Steriler Deckakt führt zu Corpus-luteum-Bildung und Pseudogravidität (Dauer etwa 17 Tage). Ovulation kann kurz nach der Geburt oder nach Ende der Pseudogravidität wieder ausgelöst werden. Tragzeit 30 bis 32 Tage.

2. *Goldhamster:* Polyoestrisch, doch findet sich relativ häufig eine anoestrische Periode im Winter. Die Tiere werden mit 8 Wochen geschlechtsreif und sind nur fortpflanzungsfähig, solange sie wachsen. Mit Ende des Wachstums (1 Jahr) hört die Fortpflanzungsfähigkeit auf. Oestruszyklus dauert 4 Tage. Pseudogravidität 7–13 Tage. Die Ovulation erfolgt etwa 12 Stunden nach dem Deckakt. Der Goldhamster hat eine für placentale Säugetiere einzigartig kurze Tragzeit von nur 16 Tagen. Es werden 3–4 Würfe von durchschnittlich 6–7 Jungen gebracht.

3. *Maus:* Polyoestrisch. Zyklusdauer 3 bis 9 Tage. Ovulation spontan einige Stunden nach Einsetzen der Hitze. Die Maus zeigt einen deutlichen Vaginalzyklus. Während der Hitze treten im Vaginalabstrich verhornte Zellen (Schollenstadium) auf (Abb. 253). 24 Stunden nach dem Wurf wird die Maus erneut heiß. Graviditätsdauer 19 Tage. Wurfgröße 4–7.

4. *Ratte:* Polyoestrisch. Zyklusdauer 4–6 Tage, Hitze 20 Stunden. Ovulation spontan. Das Corpus luteum ist inaktiv und bedarf, wie auch bei der Maus, der Stimulierung durch den Deckakt (experimentell durch Cervixreizung). Aktivierung des Corpus luteum ohne Befruchtung hat Pseudogravidität zur Folge. Graviditätsdauer 21 Tage, Wurfgröße 7–9.

5. *Meerschweinchen:* Polyoestrisch. Zyklusdauer 17 Tage, Hitze 12 Stunden. Sehr deutlicher Vaginalzyklus. Die Jungen werden in sehr vollkommenem Zustand als Nestflüchter geworfen. Dementsprechend lange Graviditätsdauer (67–68 Tage) und geringe Wurfgröße (2–4). Die Ovulation ist spontan und führt sofort zur Bildung eines aktiven Corpus luteum.

Zusammenwirken heterologer Sexualhormone

Wir hatten zuvor darauf hingewiesen, daß in der Regel beide Geschlechter sowohl männliche als auch weibliche Hormone produzieren können. So läßt sich beispielsweise im Hoden von Stier, Eber und Hengst Follikelhormon nachweisen. Auch im weiblichen Säugerorganismus ist verschiedentlich männliches Hormon nachgewiesen worden. Die physiologische Bedeutung dieser Erscheinung ist unbekannt. Bei Vögeln haben WITSCHI und MÜLLER jedoch den Nachweis erbracht, daß es in beiden Geschlechtern Sexualcharaktere gibt, die nur vom männlichen Hormon ausgelöst werden. In der Brutperiode ist der Schnabel bei männlichen und weiblichen Staren gelb. Kastraten und sexuell inaktive Stare haben schwarze Schnäbel. Die gelbe Farbe kann bei Kastraten nur durch Zuführung männlichen Hormons hervorgerufen werden.

Prachtgefieder der Vögel

Es sei in diesem Zusammenhang erwähnt, daß die so auffallenden Sexualdifferenzen in der Gefiederfärbung der Hühner- und Entenvögel dadurch zustandekommen, daß das weibliche Hormon die unscheinbare Schutzfärbung des weiblichen Vogels hervorruft, während das männliche Prachtgefieder nicht durch Hormonwirkung entsteht, sondern asexuell ist, sozusagen die Normaltracht darstellt. Kastrierte Erpel unterscheiden sich im Prachtgefieder nicht von normalen. Hingegen legt die kastrierte Ente das Prachtkleid des Erpels an.

Hormonale Schwangerschaftsreaktionen

In der Gravidität wird gonadotropes Hormon in großen Mengen mit dem Harn ausgeschieden. Dieses Hormon wird in der Hypophyse, vielleicht auch in der Placenta, gebildet, und zwar bereits während der frühen Graviditätsstadien. Dadurch ist die Möglichkeit zu einer biologischen Frühdiagnose der Schwangerschaft gegeben. ASCHHEIM und ZONDEK gelang es, durch Implantation von Rinderhypophyse bei jugendlichen Mäusen die Tätigkeit der Ovarien in Gang zu bringen, und zwar konnten Follikelreifung, Ovulation und Corpus-luteum-Bildung ausgelöst werden. Vergrößerung des Uterus und Brunstreaktion (Oestrus) der Vaginalschleimhaut konnten gleichfalls beobachtet werden. Dieser Effekt (Hypophysenvorderlappenreaktion I = HVR I) beruht auf der Anwesenheit von Follikelreifungshormon. 1927 konnten ASCHHEIM und ZONDEK den Nachweis erbringen, daß im Harn der Schwangeren Stoffe ausgeschieden werden, welche in der juvenilen Maus nicht nur Follikelreifung, sondern auch Blutungen in die Follikel (HVR II) und Corpus-luteum-Bildung (HVR III) hervorrufen. Es handelt sich bei diesen Substanzen um das Luteinisierungshormon, das in der Placenta gebildet wird und mit dem Luteinisierungsstoff des Hypophysenvorderlappens nahezu identisch ist. Während Follikelreifungshormon auch von nichtgraviden Frauen ausgeschieden werden kann, d. h. also die HVR I nicht zur Schwangerschaftsdiagnose benutzt werden darf, läßt sich auf den HVR II und III ein biologischer Schwangerschaftstest aufbauen, die ASCHHEIM-ZONDEKsche *Reaktion*. Diese Reaktion arbeitet mit etwa 98% Sicherheit. Die technische Ausführung gestaltet sich folgendermaßen: Fünf weißen Mäusen von 6–8 Gramm Gewicht (Alter 4 Wochen) wird an drei aufeinanderfolgenden Tagen je zweimal 0,4 ccm zu prüfender Harn subcutan injiziert. Der Harn soll saure Reaktion zeigen und erwärmt sein (Erwärmung über 60° zerstört jedoch das Hormon). Am 5. Tage werden die Tiere seziert. Die Reaktion fällt positiv aus, wenn die HVR II und III oder eine der beiden deutlich nachweisbar sind (Abb. 252). Ein gewisser Nachteil der Methode liegt in der relativ langen Zeitdauer, die für die Durchführung der Reaktion benötigt wird. Diese Schwierigkeit wird bei der FRIEDMANNschen *Reaktion* am Kaninchen vermieden, da das Resultat dieser Reaktion bereits nach 24–48 Stunden abgelesen werden kann. Beim Kaninchen wird der Follikelsprung durch die Kohabitation ausgelöst, spontane Ovulation kommt praktisch nicht vor. Doch läßt sich die Ovulation durch gonadotropes Hormon auslösen. Die Durchführung der Reaktion geschieht in der Weise, daß einem erwachsenen Kaninchen von 1800 bis 2000 Gramm Gewicht 10 ccm Harn intravenös injiziert werden. Das Tier muß virginell sein oder vor Durchführung des Versuchs längere Zeit isoliert gehalten werden. Ist die Reaktion positiv, so finden sich nach 24 Stunden Blutpunkte im Ovar. Man injiziert im allgemeinen zwei Tiere. Zeigt das erste Tier nach 24 Stunden keine positive Reaktion, so untersucht man das zweite Tier nach 48 Stunden. Zeigt das erste Tier positive Reaktion, so verzichtet man auf eine Biopsie des zweiten Tieres. Die Untersuchung der Versuchstiere erfolgt durch Laparotomic. Damit geht das Tier durch die Untersuchung nicht verloren, sondern steht nach etwa 4 Wochen erneut zur Verfügung. Eine ähnliche Schnellreaktion kann an der Ratte durchgeführt werden (ZONDEK-SULMAN-BLACK-*Reaktion*). Drei weiblichen Ratten von 20 bis 25 Gramm Gewicht werden 4 ccm Urin injiziert. Autopsie nach 6 bis 24 Stunden. Die Reaktion ist positiv, wenn die Ovarien stark hyperämisch sind (erdbeerrote Farbe). Auch die hormonell ausgelösten Oestrusreaktionen an der Vaginalschleimhaut lassen sich für einen Schwangerschaftstest nutzbar machen (MAZER-GOLDSTEIN-*Reaktion*). Grundlage für diesen Test ist die Entdeckung von STOCKARD und PAPANICOLAOU (1917), daß man das Stadium des Brunstzyklus beim Meerschweinchen durch Scheidenabstrich diagnostizieren kann. Von EVANS und LONG wurde dieser Befund (1920) an der Ratte und von ALLEN und DOISY (1922) an der Maus bestätigt. Am bekanntesten und diagnostisch am häufigsten benutzt ist der ALLEN-DOISY-Test an der Maus. Der Oestruszyklus an der Scheidenschleimhaut der Maus läßt folgende Phasen unterscheiden (Abb. 253):

1. Anoestrus: Ruhephase. Im Scheidenausstrich finden sich neben Schleim einige Epithelzellen.
2. Prooestrus: Vorbereitungsphase. Das Scheidenepithel zeigt eine Schichtenvermehrung. Im Abstrich finden sich nur kernhaltige Epithelzellen. Im Ovar reifen die Follikel zu DE GRAAFschen Follikeln heran.
3. Oestrus: Brunstperiode. Zeit der Ovulation und Kohabitation. Die oberflächlichen Lagen des Vaginalepithels verhornen. Dementsprechend finden sich im Scheidenausstrich reichlich kernlose verhornte Epithelzellen (sogenanntes „Schollenstadium") (Abb. 253 b).
4. Dioestrus (Postoestrus). Im Ovar sind die Corpora lutea gebildet. Am Vaginalepithel setzen Rückbildungsvorgänge ein. Im Schei-

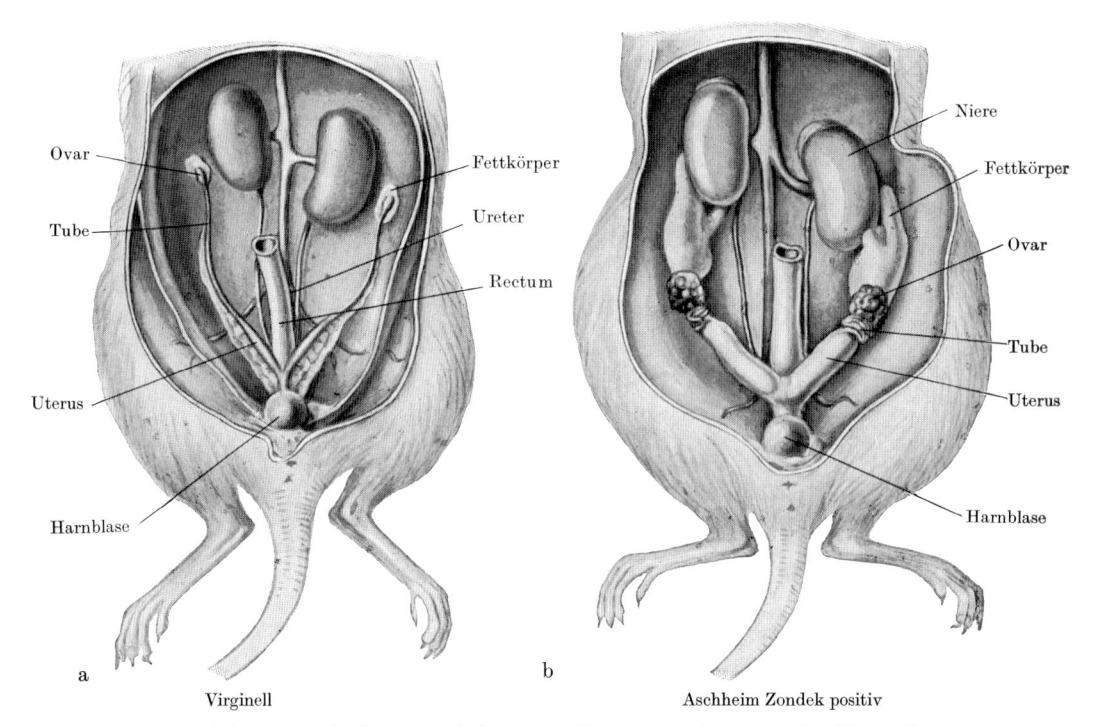

Abb. 252 Schwangerschaftstest nach ASCHHEIM-ZONDEK an der virginellen Maus. (Orig.)
a) Urogenitalsitus beim virginellen Tier.
b) Dasselbe bei positivem Test.

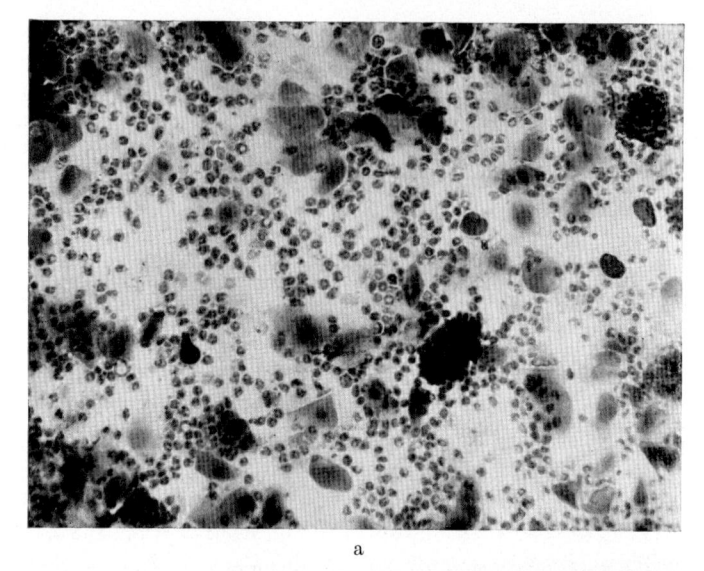

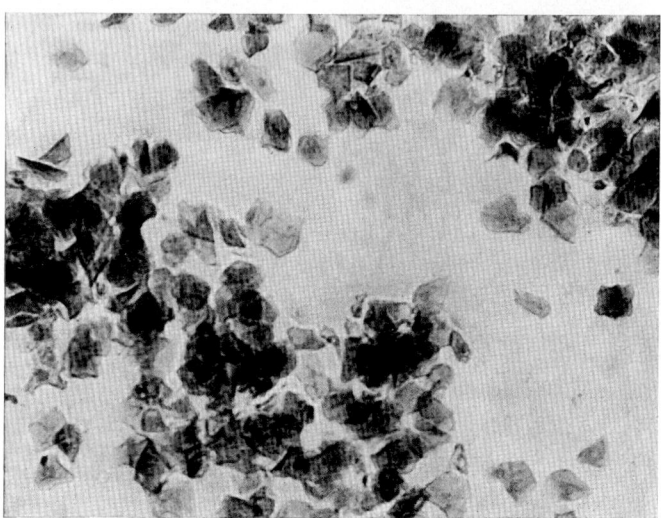

Abb. 253 Scheidenabstriche der weißen Maus in verschiedenen Oestrusphasen. (Orig.)
a) Postoestrus. Zahlreiche Leukocyten, einige Epithelzellen.
b) Oestrus. Schollenstadium. Reichlich Epithelzellen, darunter viele kernlose verhornte „Schollen".

denausstrich finden sich noch wenige kernlose Schollen, daneben reichlich Leukocyten und Schleim (Abb. 253 a).

Die MAZER-GOLDSTEINsche Reaktion wird in der Weise ausgeführt, daß man mehreren kastrierten Mäusen 15 ccm Harn dosiert an 2 Tagen subcutan injiziert. Auftreten des Schollenstadiums am 4. Tag bedeutet positiven Ausfall der Reaktion. Jedoch erreicht diese Reaktion nicht den gleichen Grad der Zuverlässigkeit wie die ASCHHEIM-ZONDEK- und die FRIEDMANN-Reaktion.

In zunehmendem Maße gewannen *Schwangerschaftsreaktionen an Kaltblütern* an praktischer Bedeutung. Zunächst konnte HOGBEN (1930) den Nachweis führen, daß sich durch Injektion von gonadotropem Vorderlappenhormon (Follikelreifungshormon) in kürzester Frist bei dem afrikanischen Krallenfrosch *Xenopus laevis* Ovulation und Eiablage hervorrufen lassen. Für die Durchführung des Hogben-Testes benutzt man isoliert gehaltene, erwachsene *Xenopus*weibchen. Man injiziert Blutserum oder entgifteten und konzentrierten Harnextrakt in den dorsalen Lymphsack und beobachtet Eiablage nach 6—12 Stunden bei positivem Ausfall der Reaktion (Vorhandensein von Follikelreifungshormon). Die Tiere können nach etwa 1 Monat erneut verwendet werden. Auch die Froscharten der Gattung *Rana* scheinen für diesen Test geeignet zu sein. Nun ist bekannt, daß die gonadotropen Wirkstoffe der Hypophyse auch die männliche Gonade beeinflussen, und zwar bringt das Follikelstimulierungshormon die Spermiogenese in Gang, während der Luteinisierungsfaktor auf das interstitielle Gewebe (Zwischenzellen) im Sinne einer Vermehrung wirkt. Injiziert man einem männlichen Frosch Harnextrakt oder Blutserum einer Schwangeren (Rugh 1934, Galli-Mainini 1948, Robbins-Parker-Bianco 1947), so werden Spermien gebildet und gelangen in die Harnblase. In einem aus der Kloake mittels einer Pipette entnommenen Harntropfen lassen sich diese mikroskopisch leicht nachweisen, und zwar spätestens 1—2 Stunden nach der Injektion. Für diese Reaktion können neben *Xenopus* auch unsere einheimischen *Rana*- und *Bufo*arten gut verwandt werden. Die Spermienausscheidung hält etwa 3 Tage an. Die Methode scheint nach den vorliegenden Erfahrungen gut und sicher zu arbeiten und hat neben der großen Schnelligkeit den Vorteil, daß billige Versuchstiere benutzt werden können.

c) Superfecundatio und Superfetatio

Von praktischem Interesse ist die Frage, ob zwei Eier einer Ovulationsperiode von verschiedenen Vätern befruchtet werden können. Die Möglichkeit ist theoretisch zuzugeben und ist für Haustiere auch verschiedentlich nachgewiesen worden (Schwein, Hund). Eine Stute warf nach Paarung mit einem Pferdehengst und einem Eselhengst ein Pferde- und ein Maultierfohlen. Beim Menschen sind ähnliche Fälle mehrfach behauptet worden. Bewiesen ist die *Superfecundatio* beim Menschen in einem Fall, den Geyer 1940 beschrieben hat. Es handelt sich um ein Zwillingspärchen, das nach Angabe der Mutter nicht vom gesetzlichen Vater, sondern aus außerehelichem Verkehr abstammen soll. Die erbbiologische Vaterschaftsprüfung unter Berücksichtigung der Blutgruppen und der Blutfaktoren MN ergab, daß die Zwillingsschwester vom angeblichen Vater, der Zwillingsbruder aber vom gesetzlichen Vater gezeugt sein muß.

Die Befruchtung verschiedener Eier aus verschiedenen Ovulationsperioden bezeichnet man als Überfruchtung oder *Superfetatio*. Es würde sich also darum handeln, daß eine Befruchtung zu einer Zeit stattfindet, zu der bereits Keime in Entwicklung begriffen sind. Viele derartige Fälle sind im älteren Schrifttum beschrieben, halten aber einer strengen Kritik kaum stand. Größenunterschiede bei Zwillingsfeten beweisen natürlich noch keinen Altersunterschied. In letzter Zeit ist aber der exakte Beweis für das Vorkommen der Superfetatio erbracht worden. Mehrere Fälle sind bei der Maus beschrieben worden. Rollhäuser berichtet 1949 über einen Fall, bei dem eine Maus mit sieben implantierten Keimen vom Stadium des 8. Tages einen frischen Vaginalpfropf aufwies. Die Ovarien zeigten Anzeichen einer frischen Ovulation. In den Tuben fanden sich Einzel- und Furchungsstadien. Sehr eigenartig ist das Verhalten des Feldhasen (*Lepus europaeus*). Bis vor kurzem bestanden Unklarheiten über die Schwangerschaftsdauer des Hasen, da die Zucht in Gefangenschaft kaum gelang. Die Angaben schwankten zwischen 30 und 45 Tagen. Nachdem es Hediger (1948) gelungen war, Feldhasen regelmäßig in Gefangenschaft zu züchten, konnte die Graviditätsdauer exakt mit 42 Tagen bestimmt werden. Gleichzeitig konnte nachgewiesen werden, daß hochträchtige Häsinnen in der Regel den Deckakt zulassen (bis zu 5 Tagen vor der Geburt). Einzeln gehaltene Häsinnen können im Zeitraum von 35 bis 40 Tagen zweimal gebären, d. h. also, daß zwei Schwangerschaften sich überschneiden können. Daraus ergibt sich die Unmöglichkeit, aus dem Zeitraum zwischen zwei Geburten die Tragzeit zu errechnen. Auch beim Menschen liegen mehrere Fälle von sicher bewiesener Superfetatio vor (Föderl 1932, Haselhorst und Watzka 1950). Im letzteren Falle fanden sich in einer Fehlgeburt ein Fet von 12,5 cm und ein zweiter von 2,1 cm Länge. Die histologische Untersuchung der Feten und der Placenten zeigte, daß beide Feten normal entwickelt waren. Es bestand ein Altersunterschied zwischen den Zwillingen von etwa 8 Wochen. Derart große Unterschiede im Entwicklungsgrad können nicht als Entwicklungshemmung der einen Frucht gedeutet werden, zumal keine anatomischen Anhaltspunkte für eine solche Annahme bestanden. Das Vorkommen einer Superfetatio würde voraussetzen, daß ein bestehendes Corpus luteum die Ausreifung weiterer Follikel nicht unbedingt unterdrücken muß. In der Tat sind nun bei Tier (regelmäßig beim Pferd) und Mensch gelegentlich Follikelwachstum und Ovulation während der Gravidität nachgewiesen worden. Wahrscheinlich spielt hierbei das Einsetzen der Prolanproduktion in der Placenta – beim Menschen Ende des 2. Monats – eine auslösende Rolle. Weiterhin muß es trotz bestehender Gravidität den Spermien möglich sein, bis zur Eizelle vorzudringen, wenn es zu einer Superfetatio kommen soll. Da beim Menschen Decidua capsularis und parietalis erst im 4. Monat miteinander verkleben, ist bis zu diesem Zeitpunkt diese Voraussetzung gegeben.

d) Implantation

Ist der Keim im Uterus angekommen, so bilden sich enge gewebliche Beziehungen zwischen Keim und mütterlichem Organismus aus, die zum Aufbau der Placenta als Stoffwechselorgan führen. Der Keim heftet sich im Uterus an, er implantiert sich. Damit wird beim Säugetier ein hoch entwickelter Brutpflegemechanismus geschaffen, an dessen Ausgestaltung Keim und Mutter in gleicher Weise beteiligt sind. Der Aufbau dieser Strukturen nimmt längere Zeit in Anspruch und durchläuft verschiedene Zwischenstadien. Immer aber kommt es bei den höheren Säugetieren (Eutheria, Placentalia) zum Aufbau einer Placenta als Vermittlungsorgan des Stoffaustausches, die gleichzeitig eine Grenzschicht zwischen mütterlichem und kindlichem Organismus darstellt. Eine Verbindung des mütterlichen und kindlichen Kreislaufes im Sinne einer direkten Kommunikation kommt nie vor. Implantation und Placentarbildung zeigen außerordentlich starke artliche Verschiedenheiten und prägen der Frühentwicklung der Säugetiere ihre Besonderheiten auf.

Definition: Als „*Placenta*" wird jedes Organ bezeichnet, das durch Anlagerung oder Verschmelzung der fetalen Eihüllen mit der Uterusmucosa zum Zwecke physiologischer Austauschprozesse zwischen Mutter und Keim zustande kommt. Bereits die einschichtige Blastocystenwand, die rein trophoblastisch ist, ermöglicht einen Stofftransport (Meerschweinchen, Mensch) und ist daher eine Placenta. Der Begriff „Placenta" wird somit im wesentlichen physiologisch definiert.

Der starke Polymorphismus der Placentarbildungen im Tierreich macht genauere Unterscheidungen notwendig. Oft wird die Bezeichnung „Placenta" (besser „Hauptplacenta") für klar lokalisierbare, grob morphologisch leicht faßbare, massive Placentarbildungen reserviert. Aus dieser oberflächlichen Definition ergab sich die irrige Auffassung, daß die Fetalanhänge neben der Hauptplacenta funktionell für den Stoffaustausch unwichtig wären. Die heute übliche Unterscheidung von Hauptplacenta und Paraplacentareinrichtungen enthält keine Wertung, sondern ist rein morphologisch, deskriptiv. Gewöhnlich ist sie der Ausdruck einer physiologischen Differenzierung in Areale differenter Leistung. Die Begriffe Paraplacenta und Nebenplacenta sind nicht völlig identisch. Die „Nebenplacenta" der Primaten ist ein Organ, das morphologisch und physiologisch der Hauptplacenta gleicht und von dieser nur durch etwas späteres Erscheinen und meist auch durch geringere Masse unterschieden ist. Man kann die Nebenplacenta als sekundäre oder isolierte Portion der Hauptplacenta auffassen. Beim Rhesusaffen findet sich die erste Anlage der Hauptplacenta am 9.–10., die der Nebenplacenta am 11.–14. Tag. Physiologische Differenzen zwischen Haupt- und Nebenplacenten sind im Gegensatz zu den Paraplacentareinrichtungen nicht bekannt. Die verschiedenen Placentartypen können nach den beteiligten Fetalanhängen bezeichnet werden (Chorionplacenta, Chorion-Allantoisplacenta, Dottersackplacenta, Omphalopleura usw.) (cf. MOSSMAN 1937, STARCK 1959 a, b).

Brutpflege bei niederen Tieren

Niedere Wirbeltiere legen ihre Eier meist in einem frühen Stadium ab (Oviparie) und überlassen den sich entwickelnden Keim seinem Schicksal. Das setzt voraus, daß das Ei einen gewissen Nahrungsvorrat (Dotter) mitbekommt, der den Aufbau eines Embryonalkörpers ermöglicht. Doch finden wir schon bei Wirbellosen und niederen Wirbeltieren oft recht komplizierte Brutpflegemechanismen. So sind bei *Peripatus* (Onychophora) placentaähnliche Bildungen beschrieben worden. Erinnert sei ferner an den Nestbau mancher Fische (Stichling), an die eigenartigen Brutpflegeinstinkte der maulbrütenden Fische (Cichliden) mit ihren komplizierten Verschränkungen mütterlicher und kindlicher Instinkthandlungen und an Nestbau und Brutpflege der Vögel. Oft übernimmt das Männchen die Brutpflege. So bildet beim Seepferdchen das Männchen eine Bruttasche aus Falten der Bauchhaut, die den Nachwuchs aufnehmen kann. Der männliche Darwinsfrosch (*Rhinoderma*) beherbergt die Kaulquappen im Kehlsack. Die Geburtshelferkröte (*Alytes*) wickelt die Eischnüre um die Hinterbeine und trägt den Laich mit sich, bis sich frei schwimmende Kaulquappen entwickelt haben. Derartige Mechanismen können aber auch die Anfänge einer innigeren Verbindung zwischen mütterlichem und kindlichem Organismus schaffen. Gerade die Frösche zeigen die verschiedenartigsten Möglichkeiten. Oft trägt das Männchen die jungen Kaulquappen auf dem Rücken mit sich (*Dendrobates*). Einige Arten (*Nototrema*) bilden Bruttaschen auf dem Rücken aus. Die Kaulquappen der *Nototrema*arten besitzen lappenartige Kiemenanhänge, die sich an gefäßreiche Falten der Brutraumwand anlegen und einen Stoffaustausch ermöglichen. Bei der Wabenkröte (*Pipa*) nisten sich die Kaulquappen einzeln in Brutkammern der mütterlichen Rückenhaut ein und durchlaufen hier das Kaulquappenstadium. Der Ruderschwanz wird als Bewegungsorgan nicht gebraucht und bildet einen großen gefäßreichen Oberflächenanhang, der ausschließlich dem Stoffaustausch dient. Damit treten in der Wirbeltierreihe schon vor Erreichen des Eutheria-Stadiums fetomaternelle Austauschorgane auf. Mehrfach ist auch zu beobachten, daß die Keime längere Entwicklungsabschnitte in den mütterlichen Genitalwegen durchlaufen. Dabei kommt es zunächst nicht zu enger Verbindung beider Organismen, es handelt sich also bei diesen ,,Lebendgebärenden" um Formen mit verzögerter Eiablage (Ovoviviparie). Der Keim genießt den Schutz gegen äußere Einwirkungen, ist aber in seiner Ernährung auf den Dottervorrat angewiesen (viele Haie, Eidechsen, Kreuzotter). Relativ häufig ist die Zahl der Jungen bei ovoviviparen Formen geringer als bei oviparen Verwandten. Oft dienen dabei sich nicht entwickelnde Eier den Embryonen zur Ernährung (einige Haie, Alpensalamander). Engere gewebliche Beziehungen zwischen Mutter und Fet treten gelegentlich bei Nichtsäugern auf. So kann der Dottersack ein faltenreiches Resorptionsorgan werden, das mit der Wand des Eileiters in Verbindung tritt. Eine derartige ,,Dottersackplacenta" kommt bei einigen Haien vor (Abb. 254). Die Dottersackplacenta des glatten Haies (*Mustelus laevis*) war bereits ARISTOTELES bekannt und wurde durch JOH. MÜLLER wiederentdeckt (1842). Bei *Mustelus* bleibt die Eischale zwischen maternem und fetalem Gewebe erhalten, läßt aber den Stoffdurchtritt zu. Bei einigen Reptilien (*Seps, Egernia-, Tiliqua*-Arten, einige Schlangen) kommt eine echte Placentation vor, die durch die Beteiligung des embryonalen Harnsackes, der Allantois, schon deutliche Anklänge an placentale Säuger zeigt (S. 276). Unter den niederen Säugern verhalten sich die Monotremen (Schnabeltier) in bezug auf den Fortpflanzungsmodus wie die meisten Sauropsiden; sie legen mit einer Schale versehene Eier ab. Eigene Differenzierungswege haben die Beuteltiere (Marsupialia) eingeschlagen. Das Junge wird auf einem sehr unvollkommenen Entwicklungszustand geboren und gelangt dann durch eigene Bewegung auf einer von der Mutter geleckten Speichelstraße in den Brutbeutel (DATHE). Hier kommt es zu einer epithelialen Verklebung zwischen mütterlicher Zitze und Lippen des Jungen. Die Ausreifung bis zum Nestflüchterzustand wird im Brutbeutel durchlaufen (Abb. 255). Ansätze zu echter Placentarbildung sind bei einigen Marsupialiern (*Perameles*) vorhanden (S. 277).

Echte Viviparie ist an die Ausbildung von fetomaternellen Austauschorganen gebunden. Derartige Einrichtungen haben die placentalen Säugetiere in höchst vollkommener Weise ausgebildet. Dadurch wird neben dem Schutz gegen äußere Schädlichkeiten für den zarten Keim vor

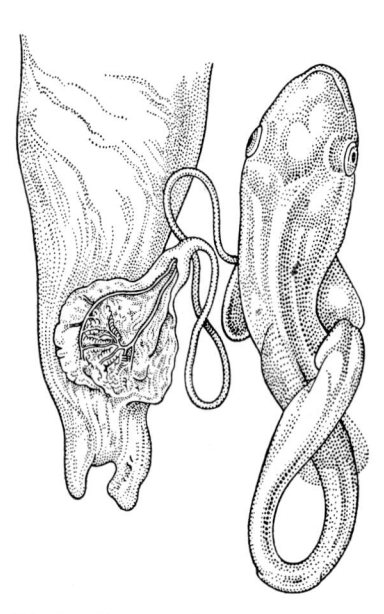

Abb. 254 Dottersackplacenta beim glatten Hai des ARISTOTELES (*Mustelus laevis*). Dottersack aufgeschnitten. Nach Abbildungen von Joh. MÜLLER kombiniert (aus PETER 1947).

Abb. 255 Beuteljunges vom Riesenkänguruh (*Macropus robustus*) im Brutbeutel (Marsupium) der Mutter, an der Zitze hängend. Das Marsupium ist aufgeschnitten. (Orig.)

Abb. 256 Junger Kaninchenembryo (Alter 8 Tage). Der verdickte Bezirk der Keimblasenwand (Trophoblast) hat sich dem Uterusepithel angelegt (links). Embryonalanlage mit offener Medullarrinne. Dottersacklumen blickt nach oben. Zentrale Implantation. (Orig.)

allem ein biologischer Fortschritt erzielt. Nun kann nämlich über längere Zeit fortlaufend Nähr- und Aufbaumaterial in ununterbrochenem Strom von der Mutter zur Verfügung gestellt werden. Gleichzeitig können kindliche Stoffwechselschlacken ausgeschieden werden. Die Embryonalzeit kann somit verlängert werden. Das ist aber nicht in rein zeitlichem Sinne gemeint, denn beim ovoviviparen Alpensalamander kommt eine Tragdauer bis zu 3 Jahren vor. Wenn wir von Verlängerung der Embryonalperiode sprechen, so meinen wir, daß die ganze intrauterine Zeit auch als Aufbau- und Wachstumsperiode ausgenutzt werden kann und das Junge in relativ vollkommenem Zustand, vor allem im Hinblick auf die Ausreifung des Nervensystems, geboren wird, ohne daß längere Ruhepausen während der Ontogenese eingeschaltet sind.

Die placentalen Säugetiere besitzen dementsprechend dotterarme Eier. Naturgemäß ist die äußere Schicht des Säugerkeimes das Gewebe, das zunächst den Kontakt mit dem maternen Organismus schafft und die Grundlage für die Placentarbildung herstellt. Wir nennen diese Schicht deshalb den *Trophoblasten*.

Implantationsmechanismen

Wie und wo kommt nun diese Verbindung zwischen Trophoblast und Uteruswand zustande? Im einfachsten Falle liegt der Keim zentral im Uteruslumen, wir sprechen von zentraler Implantation (Abb. 256, 221a). Diese Implantationsart ist zweifellos primitiv. Bei zahlreichen kleinen Säugern (Ratte, Maus) entwickelt sich der Keim in einer Seitentasche des Uterus (exzentrische Implantation, Abb. 257). Bei anderen wieder (Igel, einige Fledermäuse, Menschenaffen, Mensch) dringt der Keim in das Uterusstroma ein: interstitielle Implantation (Abb. 258).

Die herkömmliche Ansicht sieht im Eindringen des Keimes in die Uterusmucosa eine einseitig aktive Leistung des Keimes. Das Verhältnis zwischen Keim und mütterlichem Endometrium wurde dabei mit dem zwischen Parasiten und Wirtsorganismus verglichen. Vielfach zieht man sogar den Vergleich mit bösartigen Tumoren heran. Die Chorionhülle des Keimes wird mit Geschwulstzellen verglichen, die mütterliches Gewebe zerstören, abbauen und sich aktiv in das Endometrium hineinfressen. Die Uterusmucosa spielt in dieser Lehre nur eine passive Rolle, die höchstens einige Abwehrreaktionen zeigt.

Die neuere entwicklungsgeschichtliche Forschung hat einen grundsätzlichen und radikalen Umschwung in der Deutung der Implantationsvorgänge herbeigeführt (BARTELMEZ, BLUNTSCHLI, BOEVING, CORNER, HARTMAN, STRAUSS). Die Vertiefung und Verbreiterung der Befundbasis ging sowohl von der vergleichend embryologischen als auch von der experimentell physiologischen Forschung aus.

Dabei trat klar hervor, daß sowohl der Keim als auch das Endometrium aktiv am Implantationsgeschehen beteiligt sind und daß beide Organismen ein eng gekoppeltes System bilden. Fetale und materne Leistungen sind bei der Implantation eng verzahnt, und die am weiblichen Genital ablaufenden zyklischen Prozesse sind nur als Vorbereitungen auf die Gravidität wirklich verständlich. Erhebliche art- und gruppenspezifische Unterschiede im Einzelnen können vorkommen, doch sind die grundsätzlichen Vorgänge bei allen Placentaliern sehr ähnlich.

Der implantationsreife Keim befindet sich im Stadium der späten Morula oder der Blastocyste. Er gelangt in einen Uterus, dessen Mucosa unter hormonalen Einflüssen (S. 252) implantationsreif geworden ist. Zum Verständnis der feineren Vorgänge bei der Implantation ist es nötig, das Endometrium nach seiner Reaktionsfähigkeit und Reaktionsbereitschaft in Schichten zu gliedern. Die Einteilung in eine oberflächennahe „Functionalis" und in eine tiefe „Basalis" (SCHRÖDER) reicht nicht aus, um die entscheidenden Wandlungen am Endometrium in den verschiedenen Funktionsphasen klar zu erfassen. Daher wird heute im allgemeinen eine Einteilung in vier Schichten bevorzugt (BARTELMEZ, STRAUSS). Die erste Schicht (I) umfaßt das Oberflächenepithel und eine dünne unterlagernde Bindegewebslage. Während der prägraviden Phase (s. S. 256) erfährt diese Schicht unter dem Einfluß des Progesterons eine Auflockerung; sie wird gleichzeitig vaskularisiert. Naturgemäß spielt diese Zone bei der Implantation eine besonders wichtige Rolle, da sie als erste mit dem Keim in Kontakt kommt und die primäre Anheftung der Blastocyste ermöglichen muß. Schicht II enthält die mündungsnahen Teile der Drüsen. Das Stroma bildet recht breite Gewebsbezirke zwischen den Drüsen. In diesen treten während der prägraviden Phase die ersten Umwandlungen von Fibrocyten zu Deciduazellen auf. Die Zone III enthält die aktiven Drüsenabschnitte. Sie zeigen in der prägraviden Phase unregelmäßige Konturen und Sekretstauung. Die Drüsen sind oft verzweigt (Abb. 251, Spongiosa). In der Sekretionsphase wird das Binde-

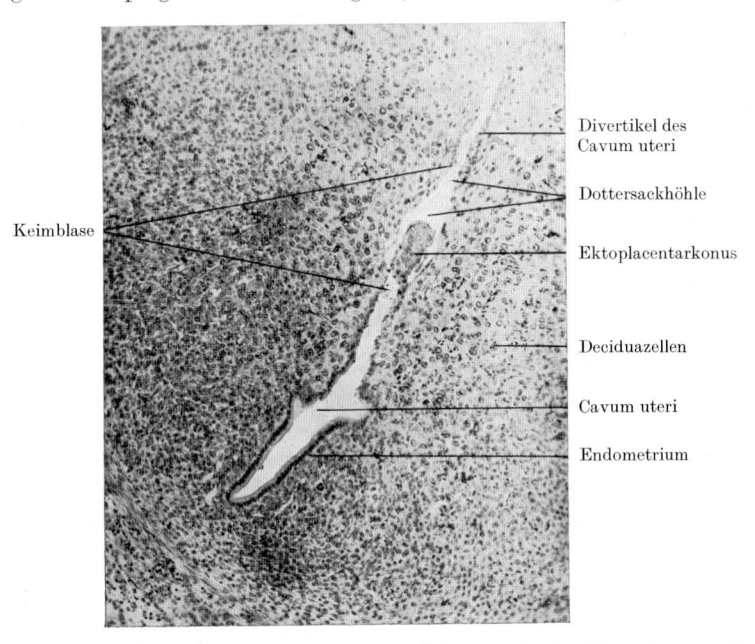

Abb. 257 Junge Keimblase der Maus implantiert sich in einer Seitentasche des Uteruslumens. Exzentrische Implantation. Beachte die Ausbildung des Ektoplacentarkonus. (Orig.)

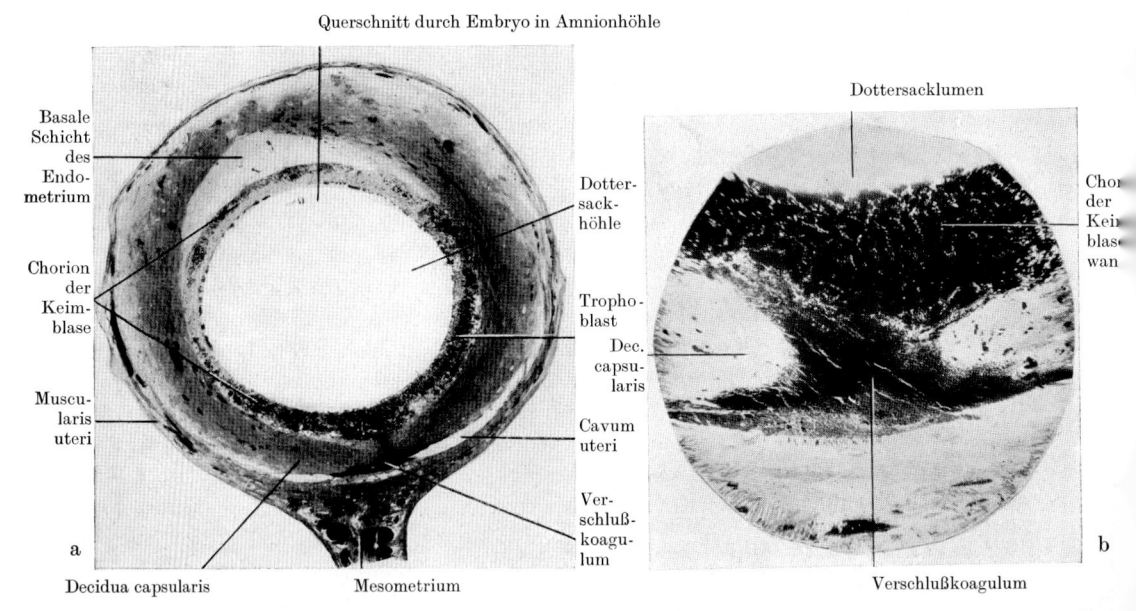

Abb. 258 Junge Keimblase des Igels (*Erinaceus europaeus*). Bildung einer Decidua capsularis. Interstitielle Implantation. (Orig.)

a) Übersichtsbild, Querschnitt durch die ganze Eikammer. Die Embryonalanlage liegt antimesometral. Die Verschlußstelle der Decidua capsularis ist nach der mesometralen Seite gerichtet. Beachte die mächtige Trophoblastverdickung in der ganzen Keimblasenwand.

b) Stärker vergrößerter Ausschnitt aus a) Verschlußkoagulum.

gewebe zwischen den Drüsen zu dünnen Balken zusammengedrückt. Zone II und III bilden gemeinsam die „Functionalis" (SCHRÖDER). Die tiefste Schicht (IV) entspricht der Basalis. Sie enthält derbes Bindegewebe und die Endstücke der Drüsen. Diese Drüsenanteile sind vor allem in der Proliferationsphase aktiv (Oestrogene).

Die Einsicht in die funktionellen Zusammenhänge beim Implantationsgeschehen hat Rückwirkungen für die Beurteilung der Zyklusprozesse am Endometrium. Die durch hormonale Einflüsse (Progesteron) für die Aufnahme eines Keimes vorbereitete Uterusschleimhaut befindet sich in der „prägraviden Phase". Die Bezeichnung „Sekretionsphase" (cf. S. 256) ist wenig glücklich, denn Sekretionsvorgänge zeigen die Uterindrüsen auch während der Proliferations-Phase. Zur Zeit der Ovulation sind die Sekretionsleistungen sogar besonders intensiv. Allerdings unterscheidet sich das Sekret nach seiner Zusammensetzung während der verschiedenen Phasen erheblich. Das Sekret ist während der Proliferationsphase dünnflüssig (glykogen- und mucoidhaltig). Die reichliche Ausscheidung zur Zeit der Ovulation ist vielleicht für die Aktivierung der Spermien wichtig. Während der prägraviden Phase wird das Sekret in den Drüsenlumina angestaut und gespeichert. Es ist visköser und enthält unter anderem auch Lipoidstoffe. Offensichtlich spielen diese Substanzen eine Rolle als Nähr- und Aufbaustoffe für den Keim. Prägravide Veränderungen sind nicht nur am Endometrium zu beobachten, sondern betreffen den gesamten Genitaltrakt, wenn auch in den verschiedenen Abschnitten in wechselnder Intensität.

Gegenüber den prägraviden Veränderungen sind die *präimplantativen Veränderungen* (FEREMUTSCH) im Uterus abzugrenzen. Sie sind dadurch gekennzeichnet, daß sie stets lokalisiert sind (Taschenbildung am Epithel, Stromaverdichtungen u.v.a.), und treten nur dann auf, wenn ein Keim im Uterus vorhanden ist. Derartige lokale Präimplantationsveränderungen finden sich bereits vor Anheftung des Keimes als umschriebene Reaktionen auf die Anwesenheit einer freien Blastocyste im Uterus.

Die Anwesenheit des Keimes ist nicht bei allen Säugern nötig, um die typischen Gewebsbestandteile des mütterlichen Anteiles der Placenta aufzubauen. Derartige Strukturen *(Deciduome)* können durch unspezifische (mechanische) Reize bei vielen Nagern an der prägraviden Uterusschleimhaut erzeugt werden. Sie gleichen im Aufbau völlig den normalen decidualen Reaktionen. Später werden die Deciduome unter Blutaustritt abgestoßen.

Die Lage des *Implantationsortes* im Uterus ist in gewissen Grenzen vorherbestimmt. Beim Menschen wird die Hinterwand des Fundus-Corpus-Gebietes bevorzugt. Anheftungen an der Vorderwand kommen in nicht geringer Zahl vor und führen meist zu normaler Gravidität. Beim Rhesusaffen fand sich unter 44 Fällen die primäre Anheftung 20mal an der Hinterwand, 21mal an der Vorderwand, zweimal seitlich und einmal im cervicalen Bereich. Bei den Säugern bestehen recht starre Regeln, die gruppenspezifisch sind. Man unterscheidet nach der Lage der Implantationsstelle zum Mesenterialansatz beim Uterus bicornis:

1. Antimesometrale Lage der Implantationsstelle: zahlreiche Insectivora, die meisten Nagetiere, viele Fledermäuse.
2. Mesometrale Lage der ersten Implantationsstelle: Macroscelididae (Insectivora), Megachiroptera (Flughunde), *Tarsius*.
3. Lage der ersten Implantationsstelle orthomesometral (= lateral; entsprechend der dorsalen Lokalisation bei Homo): *Tenrec* (Insectivora), Affen, Mensch.

In diesem Zusammenhang sei erwähnt, daß auch die intrauterine Lage der Embryonalanlage selbst gruppenspezifisch festliegt (MOSSMAN) (mesometral: meiste Nagetiere, antimesometral: viele Insectivora und Microchiroptera, orthomesometral: einige Insectivora, *Molossus* unter den Microchiroptera). Allerdings hat dieses Merkmal für den Implantationsvorgang nur indirekt Bedeutung.

Bei Säugetieren, die bei einer Schwangerschaft gleichzeitig mehrere Keime zur Entwicklung bringen, werden die einzelnen Keimblasen gleichmäßig auf beide Uterushörner verteilt. Bei Kaninchen und Ratte (MARKEE 1944, BÖVING 1954, 1956) wurden die Kräfte, die für die Verteilung und Lokalisation der Keimblasen im Uterus verantwortlich sind, experimentell untersucht. Beim Kaninchen werden die Blastocysten zunächst durch langsame Kontraktionen der Uterusmuskulatur zufallsmäßig verteilt. Vom fünften Tag an reagiert der Uterus auf die einzelne Blastocyste. Wenn diese einen gewissen Durchmesser (1–3 mm) erreicht hat, übt sie einen Dehnungsreiz auf die Gebärmutterwand aus. Das Myometrium steht zu dieser Zeit unter dem Einfluß des Luteohormons. Diese hormonale Vorbereitung ist die notwendige Voraussetzung für das Ingangkommen des endgültigen Verteilungsmechanismus.

Jede Blastocyste wird durch pendelnde Muskelkontraktionen gegen die benachbarten Keime und gegen die Enden des Uterus isoliert. Da der gleiche Mechanismus im Bereich jeder einzelnen Blastocyste einsetzt, werden die Keimblasen solange verschoben, bis die von zwei benachbarten Keimen ausgelösten Muskelaktionen sich die Waage halten. Dies ist der Fall, wenn der Abstand zwischen den Keimen einen Grenzwert erreicht hat. Hat der Keim einen Durchmesser von etwa 5 mm, so kann er nicht mehr im Uterus transportiert werden. Die Uteruswand wird im Keimbereich durch die Keimblase gedehnt (Fruchtkammer), die Muskulatur außerhalb des Keimbereiches kontrahiert sich weiter und fixiert den Keim. Da das Wachstum der Blastocyste selbst vom Luteohormon angeregt wird (CORNER), regelt der gleiche Faktor zunächst durch seine Wirkung auf das Myometrium die Verschiebung und Verteilung der Keime und bringt sodann durch seinen Einfluß auf das Wachstum der Keimblase den Verteilungsmechanismus zum Stillstand.

Das aktive Organ des Keimes ist die Außenschicht, der Trophoblast. Damit dieser seine Funktion entfalten kann, muß die Zona pellucida verschwunden sein. Wir wissen aus Versuchen von in vitro-Kulturen lebender Säugerkeime (PINCUS), daß die Entwicklungsvorgänge bis zur Blastocystenbildung, also bis zum Implantationsstadium, autonom ablaufen. Das Wechselspiel inhaerenter Faktoren des Keimes und uteriner Milieueinflüsse kann erst einsetzen, wenn die Zona pellucida verschwunden ist. Im allgemeinen werden für die Auflösung der Zona uterine Einflüsse (p_H) verantwortlich gemacht (Ratte). Doch bestehen auch hier erhebliche Artunterschiede. Die Auflösung der Zona pellucida kann zu sehr verschiedenem Zeitpunkt erfolgen. Bei der Elefantenspringmaus (*Elephantulus*: Insectivora) sind die Vier-Zellen-Stadien bereits in der Tube von der Zona befreit. Beim Goldmull (*Chrysochloris*) sind späte Blastocystenstadien mit Embryonalknoten und Entoderm noch in utero von der Zona umgeben. Beim Goldhamster sind die Blastocysten im Alter von 3½ Tagen, beim Meerschweinchen im Alter von 6 Tagen noch nicht befreit. Beim Meerschweinchen ließ sich nachweisen (v. SPEE, durch neue experimentelle Untersuchungen von BLANDAU bestätigt), daß die Zona offensichtlich ohne materne Einflüsse gesprengt wird und der Keim aktiv durch amoeboide Beweglichkeit der Trophoblastzellen auskriecht. Beim Rhesusaffen verschwindet die Zona am 9. Tag kurz vor der Anheftung. Beim Menschen ist der Mechanismus der Zonaauflösung noch unbekannt. Jedenfalls scheint keine nennenswerte Aufnahme von Nährstoffen möglich zu sein, solange die Zona intakt ist. Auch findet während dieser Zeit kein echtes Wachstum statt. Die Zona verhindert ferner eine vorzeitige Anheftung des Keimes an nicht geeigneter Stelle. Möglicherweise beruht das Vorkommen von Extrauterinschwangerschaften beim Menschen zum Teil auf einer vorzeitigen Auflösung der Zona in verändertem Tubenmilieu.

Die genaue Lage des *Implantationsortes* ist sicher nicht zufällig. Wir wissen durch Untersuchungen an Insektenfressern (*Setifer*, STRAUSS), daß Veränderungen an den mütterlichen Gefäßen nach Ablauf einer Gravidität nicht völlig zurückgebildet werden und daß damit die Blutversorgung des alten Placentarbezirkes für eine neue Implantation ungeeignet ist. Die Implantationsstelle rückt gegenüber der alten jeweils um eine Strecke weit vor. Bei *Elephantulus* (Insectivora) erfolgt die Implantation im Gebiet der menstruierenden Schleimhaut, die auf einen engen, polypenartig vorspringenden Zapfen beschränkt ist (Abb. 259) (VAN DER HORST). Auch beim Menschen finden sich Anzeichen für engere Beziehungen zwischen Implantationsort und Gefäßverhalten. An allen bisher bekannten, frühen menschlichen Entwicklungsstadien sieht man, daß der Keim sich über einem mütterlichen Gefäßbezirk und in einem gewissen Abstand von den nächst benachbarten Drüsenmündungen anheftet. Das

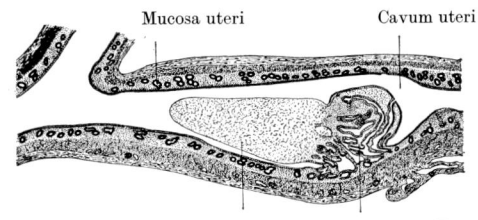

Abb. 259 Lokalisiertes Menstruationsfeld (Menstruationspolyp) im Uterus des Rüsselspringers (*Elephantulus myurus*). Längsschnitt durch ein Uterushorn. (Nach van der Horst).

Endometrium besitzt eine lobuläre Gliederung. Jedes Feld wird von einer Knäuelarterie versorgt (Abb. 249c). Diese treten im Abstand von 2 bis 3 mm an das Endometrium heran. Markee konnte an Transplantaten von Endometrium in die vordere Augenkammer zeigen, daß die einzelnen Knäuelarterien in ihrer Reaktion unabhängig voneinander sind (Permeabilitätsänderung). Die Gefäßreaktionen und damit die prägraviden Schleimhautveränderungen setzen zunächst nur in einzelnen Schleimhautfeldern, den Implantationsarealen (s. S. 257), ein und ergreifen erst nach und nach, in einem Zeitraum von 3 bis 4 Tagen, die gesamte Mucosa. Das Endometrium zeigt also gleichzeitig verschiedene Reaktionsbilder. Anscheinend prädestiniert normalerweise eine früh einsetzende Entwicklung der prägraviden Phase an der Dorsalwand dieses Feld zum präsumptiven Implantationsort.

Das Problem der verzögerten Implantation und der verlängerten Tragzeit

Wir hatten gesehen, daß die Implantation des Eies bei allen bisher besprochenen Säugern wenige Tage nach der Ovulation und Befruchtung erfolgt. In einigen Fällen kommt aber auch eine Verzögerung der Implantation vor. Beim Reh erfolgt die Begattung in der Regel im Juli bis August, die Implantation aber erst im Dezember. Beim Dachs findet die Befruchtung ebenfalls im Hochsommer statt. Doch bleibt auch hier die Blastocyste frei im Uterus liegen, um sich erst im Januar anzuheften und weiter zu entwickeln. Ähnlich liegen die Verhältnisse bei vielen Marderarten, Bären und Robben. Beim Hermelin kommen zwei Brunstzeiten vor (Watzka). Wird das Tier im Spätwinter befruchtet, so beträgt die Schwangerschaftsdauer 2 Monate. Erfolgt die Befruchtung im Sommer, so trägt das Hermelin 8–9 Monate, wobei etwa 6–7 Monate auf die Phase der Entwicklungsruhe fallen.

Die Ursache für die Verzögerung der Implantation ist im Verhalten des hormonalen Regulationssystems zu suchen. Vielfach wurde angenommen, daß eine Inaktivität des Gelbkörpers, der kleinzellig und gefäßarm bleibt, allein verantwortlich sei. Jedoch zeigte sich, daß Zufuhr relativ hoher Progesterondosen allein die Implantationsverzögerung nicht beeinflussen kann.

Es bestehen Anhaltspunkte für die Auffassung, daß zur Einleitung des Nidationsvorgangs zunächst eine Oestrogenausschüttung nötig ist. Der vollständige Ablauf der Implantation und die weitere Aufrechterhaltung der Gravidität hängt dann nur noch vom Progesteronspiegel ab.

Das Corpus luteum verharrt im Ruhestand, solange der Luteinisierungsfaktor des Hypophysenvorderlappens fehlt. Bei *Mustela vison* (Hansson) scheint die Aktivierung der Hypophyse von der Länge der Belichtung (ultraviolett) abzuhängen. Die Verzögerung der Implantation ist also nicht keimbedingt, sondern hängt von der Aufnahmebereitschaft des Endometriums ab.

Das Eindringen des Keimes in die Uterusmucosa

Ist die Blastocyste von der Zona pellucida befreit, so verliert sie durch Flüssigkeitsabgabe sehr schnell an Turgor und kann sich breit flächenhaft der Schleimhautoberfläche anlegen (Abb. 215b). Gleichzeitig setzt ein sehr rapides Wachstum des Trophoblasten ein. Dieses Trophoblastwachstum wird, wie Corner und Pincus an Ratten gezeigt haben, ebenfalls von maternen Faktoren ausgelöst, und zwar beeinflußt das Luteohormon über die Schleimhaut den Keim. Die spezielle Form der Trophoblastwucherung ist artspezifisch. Sie scheint um so intensiver zu sein, je tiefer sich der Keim in das Endometrium einbettet. Bei der jungen menschlichen Blastocyste von 7 Tagen Alter (Hertig und Rock) ist der Teil der Trophoblasthülle, der mit maternem Gewebe in Berührung steht, mächtig verdickt (Abb. 229a, b), während der gegen das freie Cavum uteri blickende Teil noch flachzellige primäre Blastocystenwand zeigt. Auch beim Rhesusaffen, dessen Keimblase sich recht oberflächlich implantiert, setzen schlagartig Veränderungen am Trophoblasten ein, wenn dieser mit dem Uterusepithel verklebt. Der wuchernde Trophoblast ist seinerseits in der Lage, das Epithel anzugreifen. Dieses reagiert zunächst mit einer Reparationswucherung, die in Andeutungen (Abb. 229) auch beim Menschen nachweisbar ist. Die verschiedenen Arten der Implantation sind nur graduell, nicht grundsätzlich verschieden. Die Tendenz zur Schließung des Defektes äußert sich stets ähnlich. Für die verschiedene Implantationsweise ist neben einer verschieden starken lytischen Kraft des Trophoblasten zweifellos auch eine artspezifisch verschiedene Reaktionsbereitschaft des Endometriums verantwortlich zu machen. In der Primatenreihe können wir feststellen, daß mit zunehmender Invasionskraft des Trophoblasten eine Abnahme der Intensität der Implantationsreaktionen parallel geht. Untersuchungen über den Gehalt junger Keime an proteolytischen Fermenten haben ergeben, daß Meerschweinchenkeime sehr reich an diesen Fermenten sind; andererseits besitzen Blastocysten der Ratte kaum proteolytische Fermente (BLANDAU, ALDEN). Bringt man in den Uterus dieser Tiere Fremdkörper von Blastocystengröße aus indifferentem Material (Glas, Paraffin), so reagiert die Ratte mit typischen Graviditätsreaktionen der Schleimhaut (Bildung sogenannter Deciduome), während das Meerschweinchen keine Schleimhautreaktionen zeigt. Es steht also bei der Ratte der materne Anteil, beim Meerschweinchen der fetale Anteil am Implantationsgeschehen stark im Vordergrund. Bei der Maus gelingt es sogar, Blastocysten in der vorderen Augenkammer zur Anheftung und Entwicklung zu bringen. Hierbei läßt sich das Eindringen fetaler Trophoblastzellen in Iris und Cornea beobachten (RUNNER). Doch ist aus diesen Versuchen noch keineswegs eine absolute Autonomie des Keimes abzuleiten, zumal die Milieubedingungen in der vorderen Kammer noch nicht erforscht und die hormonalen Verhältnisse der Versuchstiere ungeklärt sind. Entwicklung des Keimes in abnormem Milieu ist möglich (in vitro-Kulturen, Extrauteringravidität als pathologische Erscheinung). Für das junge menschliche Trophoblastgewebe (Chorionzotten des 1. bis 3. Monats) hat CAFFIER proteolytische Fermente nachgewiesen. Gleichzeitig hat aber auch die prägravide Uterusmucosa proteolytische Fähigkeiten, die nicht zu einer Selbstverdauung führen, sondern nur die Implantationsarbeit des Trophoblasten unterstützen. Seit langem ist bekannt, daß in der prägraviden Uterusschleimhaut des Menschen eine Arsenanreicherung vorkommt (IMCHANITSKY-RIESS und RIESS, GUTHMANN und HENRICH). Andererseits kennt man den wachstumsfördernden Anreiz von Arsenspuren auf das Gewebe. STRAUSS macht die Arsenanreicherung der Uterusmucosa daher für die ersten Wachstumserscheinungen am Trophoblasten verantwortlich.

Erste Differenzierung des Trophoblasten beim Menschen

Bei dem 7 Tage alten menschlichen Ei (Abb. 229) ist, wie beschrieben, die Trophoblasthülle dort mächtig verdickt, wo sie mit dem maternen Gewebe in Berührung kommt. Gleichzeitig sieht man strukturelle Differenzierungen, und zwar findet sich neben Massen von großen Zellen ein Syncytium. Wir unterscheiden von nun an einen *Cytotrophoblasten*, der seinen zelligen Aufbau bewahrt, und den *Syncytiotrophoblasten* oder kurz das „Syncytium". Cyto- und Syncytiotrophoblast sind zunächst regellos durchmischt, während vom 8 Tage alten Keim an stets das Syncytium gegen das materne Gewebe, der Cytotrophoblast aber nach dem Inneren der Keimblase zu liegt. Aus der oberflächlichen Lage des Syncytiums bei älteren Keimen hatte man geschlossen, daß das Syncytium als Wegbereiter für den Keim vor allem verdauende Funktionen habe. Man sprach direkt von einem Implantationssyncytium. Der Befund, daß auch beim Menschen Cytotrophoblast in direkten Kontakt mit maternem Gewebe kommt, ist wichtig, zumal er in den Befunden an Säugern (Insectivora) Bestätigung findet, denn gerade für den Cytotrophoblasten sind verdauende Fermente nachgewiesen. Aus den Untersuchungen an Explantaten von Placentargewebe in vitro (GUGGISBERG, NEUWEILER, FRIEDHEIM, SENGUPTA) wissen wir, daß der Cytotrophoblast selbständig wachstumsfähig ist und wie andere Gewebszellen das Kulturmedium verflüssigt. Tritt eine Wachstumshemmung ein, wie sie bereits durch den Kontakt des Gewebes mit einem flüssigen Medium ausgelöst wird, so wandelt sich Cytotrophoblast sofort in Syncytium um. Dieses ist nie selbständig wachstumsfähig, wohl aber amoeboid beweglich. Syncytium besitzt ferner die Fähigkeit zur Phagocytose. Wir gehen wohl nicht fehl in der Annahme, daß bei der Bildung von Syncytium aus Cytotrophoblast in situ der Kontakt mit dem maternen Blut die auslösende Rolle spielt (FRIEDHEIM, ORTMANN). Somit sehen wir heute in Cyto- und Syncytiotrophoblast nur verschiedene Reaktions- und Funktionsformen ein und desselben Gewebes. Der Cytotrophoblast liefert Fermente und daut maternes Gewebe an. Das Syncytium kann sich amoeboid vorschieben und Gewebstrümmer phagocytieren. Syncytium entsteht stets aus Cytotrophoblast. Eine Umbildung von Syncytium in Cytotrophoblast kommt nie vor, ein spezifisches „Implantationssyncytium" existiert nicht. Der Cytotrophoblast ist zugleich das wachsende und differenzierungsfähige Matrixgewebe. Auch am lebenden Tier hat sich zeigen lassen, daß Syncytium nicht selbständig wachstums- und wucherungsfähig ist. Injiziert man graviden Fledermäusen (WIMSATT) Colchicin, um Zellteilungsbilder zu erhalten, so findet man nach etwa 12 Stunden sehr reichlich Mitosen im Cytotrophoblasten, im Stroma des Endometriums und in anderen Geweben, niemals jedoch ist auch nur eine Mitose im Syncytiotrophoblasten nachgewiesen worden. Auch amitotische Zellteilungen sind im Syncytium nie gefunden worden.

e) Vergleichende Placentationslehre

Zum Verständnis der feineren Ausgestaltung der Placenta beim Menschen ist die Kenntnis der Placentation der Säugetiere notwendig. Wir wollen uns daher zunächst einen kurzen Überblick über die vergleichende Placentationslehre verschaffen und die allgemeinen Fragen im Zusammenhang besprechen, bevor wir die Placenta des Menschen einer genaueren Betrachtung unterziehen. Wie bereits der Implantationsmodus zahlreiche Besonderheiten erkennen ließ, finden wir auch im weiteren Ausbau der fetomaternellen Beziehungen eine fast unglaubliche Mannigfaltigkeit. Die zu besprechenden Prozesse sind in vieler Hinsicht besonders charakteristisch für die Entstehung des Säugetierstammes und haben die weitgehende Vervollkommnung dieses Tierstammes erst ermöglicht.

Formen der Placentation bei Reptilien

In der großen Gruppe der Reptilien gibt es einige Formen, die eine echte Placentation erworben haben. Trotzdem muß diese Erscheinung als seltene Ausnahme gewertet werden. Die Eier der Reptilien sind primär dotterreich und meroblastisch. Alle primitiven Typen (darunter alle Schildkröten, Krokodile, die Brückenechse und die meisten Eidechsen) sind ovipar. Die Eier besitzen eine Eiweißschicht mit Ausnahme der Eier der progressiven Squamaten (Eidechsen und Schlangen, PORTMANN). Im Gegensatz zum Vogelei, das darin schon einen eigenen Typ repräsentiert, sind die Reptileier sehr abhängig vom Feuchtigkeitsgehalt des Milieus und können Wasser aufnehmen. So beträgt bei Seeschildkröten der Gewichtsgewinn des Eies durch Wasseraufnahme etwa 10 Gramm. Gewichtszunahme durch Flüssigkeitsaufnahme ist für über 20 Reptilienarten nachgewiesen (PORTMANN). Die Fähigkeit, Wasser zu resorbieren, scheint für primitive Amnioten grundsätzlich wichtig zu sein. Die Monotremen, deren Eier früh Uterussekret resorbieren (s. S. 109), schließen sich hier zwanglos an. Im Gegensatz zu den Vögeln fehlt aber den Reptilien im allgemeinen die Fähigkeit, ihren Eiern Wärme zuzuführen. Deshalb währt die Embryonalperiode bei Reptilien stets viel länger als bei Vögeln (siehe Tabellenanhang 3). Während die Embryonalzeit bei Reptilien zwischen 60 und 400 Tage dauert, beträgt sie beim Vogel im Durchschnitt 25 Tage (Minimum: Spechte und einige Passeriformes 13–15 Tage, Maximum: Strauß 42 Tage, Neuweltgeier etwa 40 Tage, *Menura* 35 Tage).

Nun sind unter den Reptilien einige wenige Arten, die wir auch aus morphologischen Gründen für hochspezialisiert ansehen müssen (einige Skinke: *Egernia, Tiliqua, Chalcides, Seps* und einige Schlangen), dazu übergegangen, lebende Junge zur Welt zu bringen, und zwar handelt es sich um echte Viviparie. Die Keime bilden also eine Verbindung zum mütterlichen Organismus, die es ihnen erlaubt, Nährstoffe aus dem maternen Bestand zu übernehmen. Wie sind die Stoffaustauschorgane beschaffen? Bei einigen Arten ist die Größe des Eies und die Dottermasse gegenüber nahe verwandten Formen nicht verändert. Die Eiweißschicht wird schnell resorbiert, die Schalenhaut geht meist nur partiell zugrunde. Die große Allantois mit ihren Gefäßen verschmilzt mit dem Chorion zu einer Chorioallantois, die sich der Uterusschleimhaut eng anlegt. Bei einigen Formen

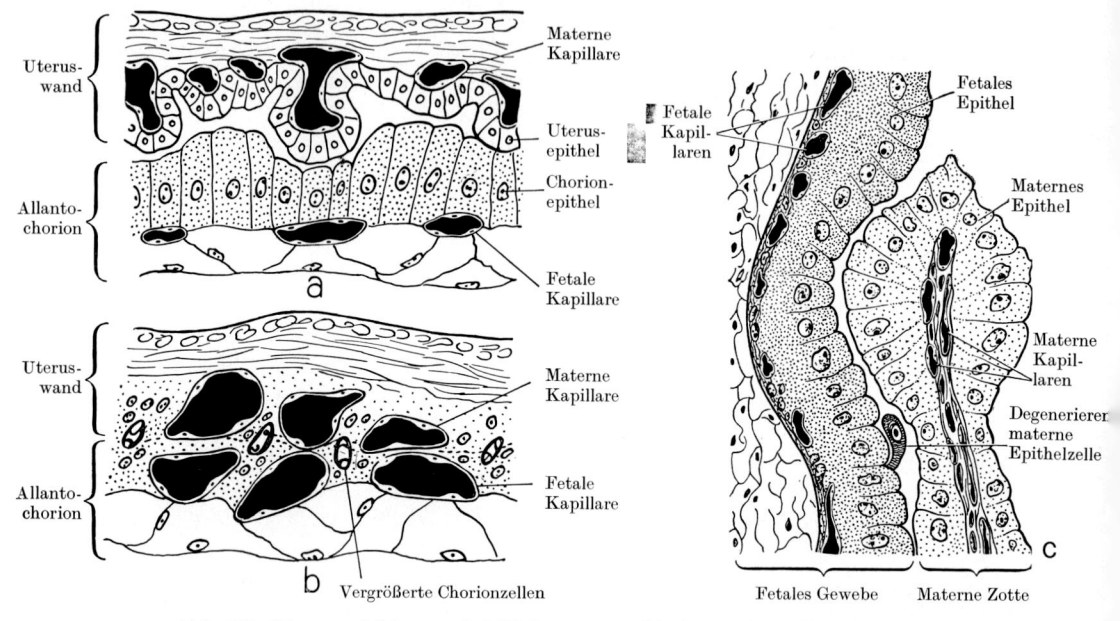

Abb. 260 Placentarbildungen bei Nichtsäugern. (Nach TEN CATE-HOEDEMAKER).

a, b) *Lygosoma entrecasteauxi* (Eidechse). — a) Schnitt durch das Placentargebiet. b) Schnitt im Paraplacentarbezirk. Im Placentarbereich epitheliochoriale Placentation. Im Paraplacentargebiet endothelio-endotheliale Placentation.

c) *Seps* (Lacertilier). Ausschnitt aus einem Placentom an der Spitze einer mütterlichen Zotte.

sind die Eigröße und die Dottermenge aber reduziert. Die Eiweißschicht fehlt. Das Uterusepithel kann eine Oberflächenvergrößerung durch zottenartige Ausstülpungen zeigen. Chorion wie Uterusepithel bilden schließlich Syncytium. Über den Kapillaren kommt es zu einem Schwund beider Epithellagen, so daß fetale und materne Gefäßwände eng aneinander liegen. Diese Reduktion der Zwischenschichten erleichtert naturgemäß den Übertritt von Stoffen von der Mutter auf den Keim. Die Placenta ist dem später zu besprechenden endothelio-endothelialen Typ zuzurechnen. Schließlich sei erwähnt, daß bei einigen Arten (*Seps*) ein hochdifferenziertes Placentarorgan mit fetalen und maternen Zotten von epitheliochorialem Charakter vorkommt, daß daneben im paraplacentaren Gebiet aber endothelio-endotheliale Austauscheinrichtungen bestehen. Abbildung 260 mag uns eine Vorstellung vom Aufbau dieser Organe vermitteln.

Wir heben nochmals hervor:

1. Bei Reptilien können, wenn auch nur in seltenen Fällen, hochkomplizierte fetomaternelle Austauschorgane vorkommen.
2. Diese haben den Charakter einer allantoiden Placenta.
3. In einzelnen Fällen kommt es dabei zu einem Abbau von Gewebsschichten zwischen mütterlichem und fetalem Organismus.
4. Nach ihrem Feinbau sind derartige Reptilienplacenten in den endothelio-endothelialen und epitheliochorialen Typ einzuordnen.
5. Bei ein und derselben Species können mehrere, durch ihren Feinbau unterschiedene Placentareinrichtungen nebeneinander vorkommen. Derartige Spezialbezirke können streng lokalisiert sein. Wir sprechen dann von einem Placentom. Die regionale Verschiedenheit der Placentarbezirke ist vermutlich funktionell zu deuten in dem Sinne, daß den verschieden gebauten Bezirken eine verschiedene Teilaufgabe im Rahmen der fetomaternellen Austauschprozesse zukommt.

Die besprochenen Eigentümlichkeiten gewinnen für die Deutung der Verhältnisse bei Säugern wesentliches Gewicht.

Die Formen der Placentation bei den Säugetieren. Marsupialia (Metatheria)

Nachdem die ersten, teilweise recht eigenartigen Prozesse der Ontogenese zur Bildung einer Blastocyste geführt haben (s. S. 200), laufen die weiteren Entwicklungsvorgänge beim Beutler-

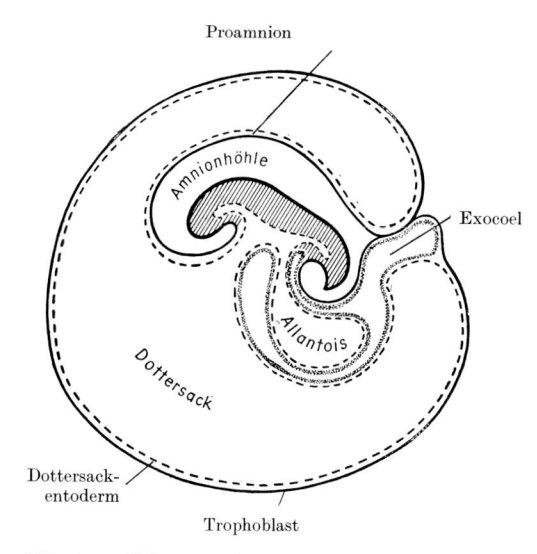

Abb. 261 Schematischer Längsschnitt durch die Embryonalanlage mit Eihäuten bei einem Beuteltier *(Didelphis)*. Beachte die mächtige Ausdehnung des Proamnions und die geringe Ausdehnung des Exocoels.

keim in ganz ähnlicher Weise ab wie bei Sauropsiden und Monotremen. Bei denjenigen Formen, die eine ganz kurze Tragzeit besitzen (Beutelratte: *Didelphis*), ist der Dottersack enorm groß und kann den ganzen Embryo samt Amnion und Allantois umhüllen (Abb. 261). Dementsprechend besitzen diese Formen zunächst ein sehr ausgedehntes *Proamnion*, also eine nur aus Ekto- und Entoderm bestehende Umhüllung. Das Exocoel bleibt relativ klein. Die Allantois ist bläschenförmig ins Exocoel vorgestülpt. Durch Einwachsen des Mesoderms wird das Proamnion in ein echtes Amnion umgewandelt. Nachdem der Dottersack vaskularisiert ist, kann eine Gefäßverbindung zwischen Keim und oberflächlicher Eischicht, die dem Chorion entspricht, zustandekommen. Es entsteht ein *Omphalochorion*, das bis zu einem gewissen Grade Resorptionsleistungen übernimmt *(omphaloide Placentation, Dottersackplacenta)*. Bei einigen wenigen Beutlern (*Perameles, Dasyurus*) ist die Tragzeit verlängert und eine Gefäßverbindung des Chorions mit dem Embryo über die Allantois (Vasa umbilicalia) entstanden. In derartigen Fällen spricht man von einer echten *Chorioallantoisplacenta*. Diese erreicht ähnlich hohe Grade der feinstrukturellen Ausgestaltung wie bei den Eutheria. Doch ist die Ausbildung einer derartigen Placenta bei Beutlern zweifellos ein sekundärer Neuerwerb mit eigener Differenzierungstendenz; der stammesgeschichtliche Weg zur Placenta der Eutheria führt nicht über die spezialisierte Beutlerplacenta.

Die allantoide Placenta von *Perameles* steht völlig isoliert durch die eigenartige Verschmelzung von maternem und fetalem Epithel zu einer funktionierenden Einheit. Uterusepithel wie Trophoblast bilden Syncytium. Fetales Cytoplasma wird maternem Syncytium einverleibt, fetale Zellkerne gehen in die verschmelzenden Cytoplasmamassen über (J. P. HILL 1949). Die Ausbildung eines derartigen Mischgewebes ist von keiner anderen Tierform bekannt und muß zweifellos als eigenartige Sonderspezialisierung in einem phyletischen Endzweig aufgefaßt werden. Auch die hochspezialisierte Dottersackplacenta von *Didelphis* ist wohl nicht primitiv. Andere Metatheria (*Vombatus, Phascolarctos*) zeigen im Verhalten von Placenta und Eihäuten primitivere Verhältnisse und können, jedenfalls in diesem Punkt, als Ausgangsformen für die beiden erwähnten speziellen Entwicklungsreihen angesehen werden.

Eutheria (Placentalia)

Alle *Eutheria* besitzen dotterarme Eier und müssen daher eine Placenta aufbauen. Fast alle besitzen einen Dottersack (Ausnahme: hystricomorphe Nager, Meerschweinchen, vergleiche S. 219). Sehr häufig kommt es zunächst vorübergehend zu einer Umhüllung des Dottersackes durch die Splanchnopleura, die ihrerseits mit dem Chorion verschmilzt (trilaminäre Omphalopleura, Choriovitellinplacenta). Allerdings wird eine derartige Dottersackplacenta stets durch eine allantoide Placenta ersetzt. Ausbildung und Entstehungsart der Eihäute und der Placenta zeigen bei den verschiedenen Säugergruppen eine sehr große Mannigfaltigkeit. Selbst bei nahe verwandten Arten können große Unterschiede bestehen (STARCK 1959).

Die Placenta kommt dadurch zustande, daß sich das von der Allantois mit Gefäßen versorgte Chorion der Uteruswand mehr oder weniger eng anlegt oder mit ihr verwächst. An den dadurch in Kontakt kommenden, maternen und fetalen Membranflächen finden die Resorption von Nahrungsstoffen, die Ausscheidung fetaler Stoffwechselschlacken und der Gasaustausch statt. In keinem einzigen Falle, auch wenn der Kontakt zwischen mütterlichen und kindlichen Geweben sehr eng wird, kommt es zu einer Gefäßkommunikation der Kreisläufe beider Individuen. Dieses Verhalten ist von grundsätzlicher Bedeutung. Da stets mehr oder weniger dicke Grenzschichten zwischen beiden Gefäßsystemen erhalten bleiben, kann es nie zu einem Übertritt gröberer korpuskulärer Elemente von der Mutter auf das Kind kommen. Die Grenzschicht hat elektive Fähigkeiten. So wird der Übertritt individualspezifischer Eiweißstoffe weitgehend verhindert. Insbesondere ist der Übertritt mütterlicher Blutzellen auf den Fetus und damit die Überschwemmung des kindlichen Organismus mit Fremdzellen unmöglich (s. S. 287). Mikroorganismen (Bakterien) können von der Mutter auf das Kind nur auf dem Umwege über eine Infektion der Placenta übertragen werden. Hingegen können Hormone von der Mutter auf das Kind übergehen und umgekehrt. Erkrankungen der mütterlichen Schilddrüse können sich am fetalen Organismus auswirken. Exstirpiert man einer trächtigen Hündin das Pankreas, so tritt kein Diabetes auf, solange Insulin vom Feten auf die Mutter übertreten kann. Andererseits kommen aber auch regelmäßig Eiweißreaktionen zwischen Mutter und Frucht vor. So bilden sich während der Schwangerschaft im mütterlichen Blut Abwehrfermente gegen Chorionepithel und gegen Hodengewebe bei Anwesenheit männlicher Früchte (ABDERHALDENsche Reaktion).

Der Fet besitzt in seiner Leber ein weiteres Schutzorgan gegen Überladung seines Blutes mit maternen Substanzen (GROSSER). Die relative Größe der fetalen Leber findet zum Teil in dieser Funktion ihre Erklärung.

Alles in allem genommen, hat die Placenta sehr mannigfache Aufgaben zu erfüllen. Sie ist Hauptstoffwechselorgan (Hilfsleber) und übernimmt gleichzeitig die Rolle der Niere (Exkretion), des Darmes (Resorption) und der Lunge (Atmung) für den Keimling. Sie ist weiterhin Bildungsstätte von Hormonen (s. S. 335). Diese Vielfalt der Aufgaben mag die Komplikation der Feinstruktur des Organes verständlich erscheinen lassen.

Wir hatten bereits angedeutet, daß der Kontakt der mütterlichen Uterusschleimhaut mit der Trophoblastoberfläche des Keimes sehr verschieden eng sein kann. Legt sich die Chorionoberfläche nur der Uterusmucosa an, so daß der Chorionsack ohne Schwierigkeiten beim Geburtsakt gelöst und ausgestoßen werden kann, so bleibt die Uterusmucosa intakt. Kommt es hingegen zu einer innigeren Verbindung von Chorion und Endometrium mit teilweisem Gewebsabbau, so wird ein Teil des Endometriums bei der Geburt zerstört und ausgestoßen. Es entsteht eine mehr oder weniger große Wundfläche. Der zugrundegehende Teil der Mucosa wird als *Membrana decidua* („hinfällige Haut") bezeichnet. Dementsprechend kann man die Eutheria in *Adeciduata* und *Deciduata* gliedern. Vielfach werden die Adeciduaten zu unrecht als primitivere Organisationsstufe bezeichnet. Nicht selten kommt es aber auch bei den hochentwickelten Typen der Placenta nur zu recht geringer Gewebsausstoßung beim Geburtsakt, obgleich im Laufe der Gravidität intensive Abbauvorgänge an der maternen Uterusauskleidung stattgefunden haben. Die ausgestoßene, reife Placenta enthält dann an maternem Material höchstens etwas Blut. Danach unterscheidet man (STRAHL) diejenigen Placenten, bei denen es nicht zur Eröffnung mütterlicher Gefäßbahnen kommt, als *Semiplacentae* (Halbplacenten) von jenen Formen, bei welchen unter der Geburt mütterliche Bluträume eröffnet werden, *Placentae verae* (Vollplacenten).

In seltenen Fällen (Maulwurf) scheint die Placenta nicht als Nachgeburt ausgestoßen, sondern in utero resorbiert zu werden (contradeciduater Typ).

Für die strukturelle Beurteilung der Placentarbildungen hat sich ein anderes, von GROSSER (1908/09) zuerst benutztes Prinzip der Gliederung als nützlich erwiesen.

Grossers Placentartypen

GROSSER geht von der Feststellung aus, daß, von ganz wenigen Sonderfällen abgesehen (u. a. Reptilien, s. S. 267), bei Säugern das Chorionepithel (Trophoblast) als äußere Grenzlage der fetalen Gewebe stets erhalten bleibt, wie kompliziert die Placenta auch im einzelnen ausgestaltet sein mag. Hingegen finden wir bei verschiedenen Säugern, daß die maternen Gewebe in sehr wechselnder Weise abgebaut werden können. Zahl und Dicke der Schichten zwischen fetalem und maternem Blut können also sehr verschieden beschaffen sein. Dementsprechend sind die Voraussetzungen für den Stoffaustausch recht unterschiedlich. Bei dem zweifellos primären Zustand, bei dem keinerlei Gewebsabbau stattgefunden hat, somit Chorionepithel *und* Schleimhautoberfläche intakt geblieben sind, finden wir zwischen kindlichem und mütterlichem Blut folgende Schichten:

1. mütterliche Gefäßwand
2. mütterliches Bindegewebe
3. mütterliches Uterusepithel
4. Chorionepithel
5. Chorionbindegewebe
6. fetales Gefäßendothel

Einen derartigen Placentartyp bezeichnet GROSSER als *epitheliochorial*. Dringt das fetale Gewebe tiefer in die Uterusmucosa ein, so muß es zu einem Abbau materner Schichten kommen. Zunächst verschwindet das Uterusepithel. Bleibt dieser Zustand erhalten, so grenzt das Chorionepithel an maternes Bindegewebe, die Placenta ist *syndesmochorial*. Weiteres Vordringen des Chorions führt schließlich dazu, daß Chorionepithel sich direkt der maternen Gefäßwand anlegt, *endotheliochoriale* Placenta. Wird schließlich auch das Endothel der maternen Gefäße zerstört, so grenzt Chorionoberfläche direkt an strömendes maternes Blut; zwischen kindlichem und mütterlichem Blutstrom befinden sich ausschließlich Grenzschichten *fetaler* Herkunft. Ein derartiger Placentartyp wird *haemochorial* genannt.

Diese Einteilung der Placentartypen hat zumindest einen großen beschreibenden Wert. Es sei gleich betont, daß bei ein und derselben Form auch mehrere dieser Strukturtypen in verschiedenen Regionen nebeneinander vorkommen können. Sinngemäß lassen sich weitere Placentarstrukturen, wie etwa die endothelio-endothelialen Placentarbezirke gewisser Reptilien, in dieses Schema einreihen. Da nun in jedem Falle der normale Uterus zunächst von einer intakten Mucosa mit Epithelüberzug ausgekleidet ist, muß beispielsweise die endotheliochoriale oder haemochoriale Placenta nach stufenweisem Gewebsabbau über ein epithelio-, dann syndesmochoriales Stadium entstehen. Also auch zeitlich folgen die GROSSERschen Typen nacheinander. Dies gilt sowohl für die Ontogenese wie für die Phylogenese. Allerdings darf nun nicht aus dieser Überlegung gefolgert werden, daß die epitheliochorialen Placenten *rezenter* Eutheria primitiv und die haemochorialen Formen unbedingt spezialisiert sein müssen. Das ist zweifellos nicht der Fall. Eine einfache Überlegung zeigt, daß die Leistungsfähigkeit epitheliochorialer Placenten recht groß sein kann. Die großen Huftiere (Pferd, Rind) besitzen etwa die gleiche Schwangerschaftsdauer wie der Mensch. Die Placenta ist bei Huftieren epithelio- (bzw. syndesmo-)chorial, beim Menschen aber haemochorial. Trotzdem wird bei den genannten Tieren ein weitentwickeltes Junges (Nestflüchter) von erheblichem Körpergewicht termingerecht zur Welt gebracht (Geburtsgewicht des neugeborenen Kalbes beträgt das 10–15fache des neugeborenen Menschen).

Man darf also aus der Eingruppierung einer Placentaform in einen bestimmten Strukturtyp nicht Rückschlüsse auf die funktionelle Wertigkeit der Placenta und auf die phylogenetische Stellung der Tierform ziehen. Zunächst eine kurze Übersicht über das Vorkommen der verschiedenen Placentartypen in den Säugergruppen:

1. *epitheliochorial:* viele Huftiere (Schwein, Rind, Nilpferd, Pferd), Wale, Pholidota, Halbaffen (außer *Tarsius*), sekundär bei Insectivora (*Scalopus*).
2. *syndesmochorial:* einige Huftiere, *Bradypus* (Faultier).
3. *endotheliochorial:* Carnivora, einige Fledermäuse, Spitzmaus, *Tupaia*.
4. *haemochorial:* Ungulata (*Procavia, Elephas*), Sirenia (*Trichechus*), Gürteltiere, *Orycteropus* (?), Insectivora (zum großen Teil), Lagomorpha, Rodentia, *Galeopithecus*, Fledermäuse (?), *Tarsius*, Primates, *Homo*.

Diese kurze Übersicht zeigt bereits, daß die Placentartypen nicht spezifisch an die großen taxonomischen Gruppen der Säugetiere gebunden sind. Huftiere kommen beispielsweise in 3 von 4 Gruppen vor. Weiterhin sind die Vertreter der Gruppe 1, also Vertreter eines zunächst primitiv erscheinenden Placentartyps, Arten, die in phylogenetischem Sinne zweifellos *nicht* primitiv sind (große Huftiere, Wale). Hingegen enthält Gruppe 4 (haemochorial) auffallend viele ancestrale Formen, wenn wir vergleichende anatomische und palaeontologische Kriterien zugrundelegen (Insectivora, *Procavia*). Nun möge man im Auge behalten, daß die Gliederung nach Strukturtypen eine sehr grobe Einteilung ist. Die menschliche haemochoriale Placenta ist ganz anders gebaut als die des Kaninchens oder des Igels. Vergleiche sind also nur mit starker Einschränkung durchführbar. Immerhin läßt sich feststellen, daß die Gruppe 1 sehr viele Großformen enthält (große Ungulaten, Wale) und die Gruppe 4 sehr viele Kleinformen (Insektenfresser, Nager, *Tarsius*, Fledermäuse, *Procavia*). Diese Beziehung wird deutlich, wenn wir verschiedene Vertreter ein und derselben Gruppe vergleichen:

(Dermoptera, Chiroptera, Primates, Rodentia, Edentata sowie die Stammgruppe der Raub- und Huftiere).

d) Die Wale sind aus dem Stamm der Raubtiere hervorgegangen. Proboscidea und Sirenia stehen der Huftierwurzel nahe.

Kein Deutungsversuch kann an diesen durch die Fossilfunde begründeten Feststellungen vorbeigehen. Betrachten wir nun die Placentarbildungen nicht ausschließlich unter dem Blickwinkel des Schemas von GROSSER, sondern berücksichtigen wir, daß die Placentation nur ein Teilprozeß des höchst komplexen Fortpflanzungsgeschehens im Ganzen ist – wie es vor allem A. PORTMANN (1938) betont –, so können wir zunächst zwei Hauptformen der Placentation unterscheiden: I. die „gedehnte" Placenta,

Große Form	Pferd 1 Artiodactyla 1,2	Cetacea 1 (Wale)	Lemur 1
Mittlere — kleine Form	Procavia 4	Carnivora 3	Tupaia 3 Tarsius 4

(die Zahlen bedeuten den Placentartyp unserer Aufzählung nach GROSSER)

Die große Vielfältigkeit der Placentarbildungen hat so dazu geführt, daß man vielfach glaubte, resignieren zu müssen und auf jede evolutionistische Bewertung verzichtete. Trotzdem gibt es heute eine Reihe von feststehenden Tatsachen, die es erlauben, ein verständliches, wenn auch nicht in allen Einzelheiten endgültiges Bild von den großen Zusammenhängen zu entwerfen. Wir fassen einige dieser Voraussetzungen zusammen:

a) Die Insektivoren sind unter den heute lebenden Eutheria die urtümlichsten Formen. Sie stehen den Ursäugern am nächsten. Die stammesgeschichtliche Entwicklung ging in den einzelnen Stämmen zumeist von kleinwüchsigen Formen aus.

b) Die rezenten Insektivoren sind bei aller Primitivität Endstufen langer stammesgeschichtlicher Reihen und zeigen stets auch Sonderanpassungen.

c) Von Insektivoren müssen die meisten übrigen Gruppen der Eutheria abgeleitet werden

gekennzeichnet durch erhebliche, flächenhafte Ausdehnung. Diese Form ist wenig destruktiv, d. h. die maternen Gewebe werden kaum abgebaut (epithelio- und syndesmochoriale Struktur). II. die „massige" Placenta. Diese ist durch räumlich mehr oder weniger enge Begrenzung auf einen bestimmten Oberflächenbezirk der Keimblase gekennzeichnet. Sie ist in ihrer Feinstruktur meist besonders kompliziert und zeigt oft einen weitgehenden Abbau maternen Gewebes (hierher haemochoriale, aber auch endotheliochoriale Strukturformen).

Berücksichtigen wir die Struktur der übrigen fetalen Anhangsorgane, so ergeben sich zwanglos drei verschiedene Kombinationsgruppen (PORTMANN):

I. Massige Placenta, großer oder mittelgroßer Dottersack, gut ausgebildete, entodermale Allantoisblase (archaische Formen, viele Insectivora, *Galeopithecus*, *Tupaia*).

II. Massige Placenta mit kleiner oder rudimentärer Allantois (Chiroptera, Xenarthra, Lagomorpha, Rodentia, Primates).

III. Gedehnte Placenta, große Allantoisblase, große und funktionierende Urniere (Ungulata, Cetacea, Pholidota).

Die Carnivora stehen als Mischtyp etwa zwischen II und III.

Wir können zunächst nur das Vorkommen dieser drei Typen konstatieren und dürfen nicht in den Fehler verfallen, die eine oder andere Gruppe als „höher" oder funktionell leistungsfähiger zu betrachten. *Verschiedenheit der Struktur bedeutet nicht Verschiedenheit der effektiven Leistung.* Die drei genannten Gruppen enthalten mehrere, ganz verschiedene Evolutionsreihen, die nicht ohne weiteres aufeinander bezogen werden können. Das heißt aber, daß es nicht eine einfache Entwicklungsreihe geben kann, die vom epitheliochorialen über den syndesmochorialen zum endothelio- und haemochorialen Placentartyp führt, ebenso falsch wäre es aber, die Reihe in umgekehrter Richtung (vom haemochorialen zum epitheliochorialen Typ) als Evolutionsreihe lesen zu wollen, wie es mehrfach versucht wurde (HUBRECHT u. v. a.).

Nun sind gerade in letzter Zeit Befunde bekannt geworden, die für das Problem der evolutiven Wertung der Placenta von größtem Interesse sind. Einmal konnte festgestellt werden, daß die Insektivoren keineswegs allgemein eine haemochoriale Placenta besitzen. Der amerikanische Maulwurf *Scalopus aquaticus* besitzt eine rein epitheliochoriale, nichtdestruktive Placenta (MOSSMAN). Allerdings wird dieser Status sekundär über ein endotheliochoriales Zwischenstadium erreicht. Die afrikanische Otterspitzmaus *Potamogale* hat neben einer typischen, destruktiv haemochorialen Hauptplacenta eine ausgedehnte, nichtinvasive Nebenplacenta (J. P. HILL). Auch bei Macroscelididen kommen „gedehnte" Nebenplacenten (Paraplacentareinrichtungen) vor (VAN DER HORST, STARCK). Bei madagassischen Insektenfressern (*Tenreciden*) finden sich ebenfalls verschiedenartige Placentarformen nebeneinander (BLUNTSCHLI, GOETZ, STRAUSS). Selbst bei einer so oft untersuchten Form wie dem Hausschwein konnten mehrere, verschieden strukturierte Placentarbezirke nebeneinander nachgewiesen werden (TÖNDURY, SCHAUDER). So finden sich also ähnliche Einrichtungen, wie wir sie bereits bei Reptilien (*Seps*) kennengelernt hatten. Wir wollen aber in diesem Zusammenhang nicht unterlassen, darauf hinzuweisen, daß es beim derzeitigen Stand unserer Kenntnisse unzulässig ist, zu behaupten, diese oder jene größere Gruppe der Eutheria besitze einen bestimmten Placentationstyp. Es gibt etwa 300 Arten rezenter Insektenfresser. Bis zum Jahre 1939 war die Frühentwicklung und Placentation von nur 10 Arten – zum Teil lückenhaft – bekannt. Diese 10 Arten haben alle eine haemochoriale Placenta. Heute kennen wir die Placentation von 21 Arten (14–15 Gattungen). Unter den neu untersuchten Arten finden sich so interessante Formen wie *Scalopus*, *Potamogale* und Macroscelididae (s. oben). Unter diesen Umständen ist es nicht erstaunlich, wenn neue Untersuchungen wirklich überraschende Tatsachen aufdecken. Von den etwa 1000 Arten rezenter Chiropteren ($1/6$ aller Säugerarten) sind Frühentwicklung und Placentation überhaupt nur bei 25 Species bekannt, davon bei höchstens 15 Arten einigermaßen genau. Ganz ähnlich liegen die Dinge bei vielen anderen Gruppen.

Es hat nicht an Versuchen gefehlt, die Befunde der vergleichenden Placentationslehre phylogenetisch zu deuten oder sie für die Aufklärung von stammesgeschichtlichen Zusammenhängen nutzbar zu machen (HUBRECHT, DE LANGE, WISLOCKI, GROSSER, MOSSMAN).

Derartige Versuche müssen grundlose Hypothese bleiben, wenn sie sich allein auf die schmale Basis der Befunde an rezenten Säugern stützen. Sie sind abzulehnen, wenn sie in offensichtlichem Gegensatz zu den gut begründeten Ergebnissen der Palaeontologie, der vergleichenden Anatomie, der Taxonomie, Tiergeographie und Verhaltensforschung stehen. Aus diesem Grunde sind beispielsweise alle jene Hypothesen, die die Säugetiere nicht von synapsiden Reptilien ableiten, heute nicht mehr diskutabel. Folgende Leitsätze mögen vorangestellt werden:

1. Die Säugetiere wurzeln in den synapsiden Reptilien und leiten sich von Therapsiden ab (s. S. 203).

2. Die Stammeslinien der drei rezenten Hauptgruppen (Monotremata, Marsupialia, Placentalia) waren relativ früh getrennt (s. S. 203).

3. Alle rezenten Placentalier-Gruppen (Eutheria) sind bereits im Paleozän-Eozän nachweisbar. Die Aufspaltung erfolgte sehr rasch. Die Stammgruppe der Eutheria dürfte insektivorenartig gewesen sein (Stammesgeschichte der Säugetiere im einzelnen siehe THENIUS-HOFER 1960, THENIUS 1969).

Hypothesen, die auf embryologische Argumente gestützt werden, können nur anerkannt werden, wenn sie den genannten Erkenntnissen Rechnung tragen. Besonders kann nur unter Berücksichtigung der palaeontologischen Befunde mit Sicherheit ausgesagt werden, ob eine Form oder ein Merkmalskomplex primitiv oder evoluiert ist. Die Rückschlüsse aus der Form auf die Funktion der gefundenen Struktur können nur mit äußerster Vorsicht gewagt werden. Die Erkenntnis, daß Form und Funktion eng korreliert sind und sich wechselseitig beeinflussen, hat leider auch zu sehr gewagten Spekulationen über die Abhängigkeit der Funktion von der Form geführt, die nicht weniger anfechtbar sind als gewisse phylogenetische Hypothesen. Das gilt besonders für viele Funktionen, bei denen chemische Leistungen vorherrschen (Stoffwechselfunktionen). Diese sind nun einmal nicht mit den üblichen morphologischen Methoden faßbar. Funktionelle Fragestellungen bedürfen einer adaequaten Methodik. Die fetalen Anhangsorgane sind aber Organe des Stoffwechsels und Stoffaustausches. Die außerordentliche Mannigfaltigkeit ihrer Leistung kann im einzelnen nicht aus ihrem Bau erschlossen werden. Eine funktionell-morphologische Betrachtungsweise ist, wie auf allen anderen Gebieten, nur dann sinnvoll, wenn die Ergebnisse von Morphologie und Physiologie auch in der Placentarforschung nach sorgfältiger Analyse beider Aspekte zueinander in Beziehung gesetzt werden. Im Besonderen hat sich gezeigt, daß die an sich klare und ordnende Typengliederung der Placentarformen von GROSSER (s. S. 279) auch heute noch brauchbar ist, um die Vielheit der Formen deskriptiv zu ordnen. Sie ist aber unbrauchbar, wenn man dem Stufenschema eine physiologische oder eine phylogenetische Bedeutung zusprechen will, wie es vielfach noch geschieht. Die Vorstellung, daß jede epitheliochoriale Placenta in ihrer funktionellen Wertigkeit von invasiven Placentartypen übertroffen wird, ist widerlegt (s. S. 280). Die biologisch ausgerichtete und evolutionstheoretisch begründete moderne Morphologie sieht in den rezenten Säugetieren Endstufen langer Entwicklungsreihen, die alle ganz spezielle Anpassungserscheinungen aufweisen und in eine ganz bestimmte Umwelt eingepaßt sind. Sie haben dabei zweifellos verschiedene Entwicklungshöhe erreicht.

Die Wertung der Entwicklungshöhe ist in der Tat eine der schwierigsten Fragen der Morphologie. Immerhin haben sich einige Erkenntnisse ergeben, die zu beachten sind, wenn wir die Placentarbildungen unter evolutiven Gesichtspunkten betrachten wollen:

1. Spezialisierung und Differenzierung bedeuten nicht, daß die betreffende Tierform, phylogenetisch gesehen, größere Überlebenschancen hat. Die „primitiven" Beutelratten persistieren seit der Kreidezeit und sind auch heute noch vital (*Didelphis* ist in Amerika noch in Ausbreitung seines Areals begriffen). Viele hoch spezialisierte Huftiere sind erloschen.

2. Hohe Differenzierung eines Organsystems bedeutet nicht, daß alle Organsysteme dieser Art hoch evoluiert sind. Der Mensch besitzt ein hoch entwickeltes Gehirn. Seine Hand zeigt viele primitive, nicht spezialisierte Kennzeichen, etwa im Vergleich mit der Gliedmaße eines Huftieres. Die Evolution verschiedener Organsysteme läuft nicht gleichmäßig und synchron ab (Kaleidoskopartige Entwicklung, s. S. 340). Die evolutive Ranghöhe einer Säugerart wird praktisch am besten aus dem Entfaltungsgrad und aus der Entwicklungshöhe des Neencephalons (STARCK 1963, 1964) definiert. Hohe Differenzierung des Endhirns bedeutet nicht, daß eine Säugergruppe auch hoch spezialisierte Fetalanhänge besitzen muß. Aus dem Gesagten ergibt sich, daß die alte Vorstellung, „der Mensch sei das höchst entwickelte Wirbeltier" und müsse daher auch die höchstdifferenzierte Placenta besitzen, unhaltbar ist. Gewiß ist der Mensch durch seine Neencephalisation und deren Folgen eine hochspezialisierte Endform in einer Stammeslinie. Seine Placenta ist ein überaus leistungsfähiges und spezialisiertes Organ. Wir würden aber in unwissenschaftlicher Weise vereinfachen, wenn

wir versuchen würden, die Gesamtheit der Tatsachen in ein lineares Schema zwängen zu wollen.

Versuchen wir, unter Beachtung der erwähnten Tatsachen, eine Vorstellung von der Phylogenie der Placentarbildungen und der Fetalanhänge zu gewinnen (Abb. 262), so müssen die Monotremen und Marsupialia aus der direkten Stammeslinie der Eutheria herausgenommen werden. Das bedeutet aber nicht, daß ihr Ontogeneseablauf nicht modellmäßig bei der Untersuchung herangezogen werden darf. Tatsächlich können wir aus den Befunden an Prototheria und Metatheria Aufschluß darüber bekommen, wie Dotterverlust, frühes Überwiegen des Extraembryonalbezirkes und frühe Fähigkeit zur Resorption von Flüssigkeit entstanden sein können. Die Entstehung der für Eutheria kennzeichnenden Blastocyste kann im Sinne einer „Merkmalsphylogenie" so verständlich gemacht werden.

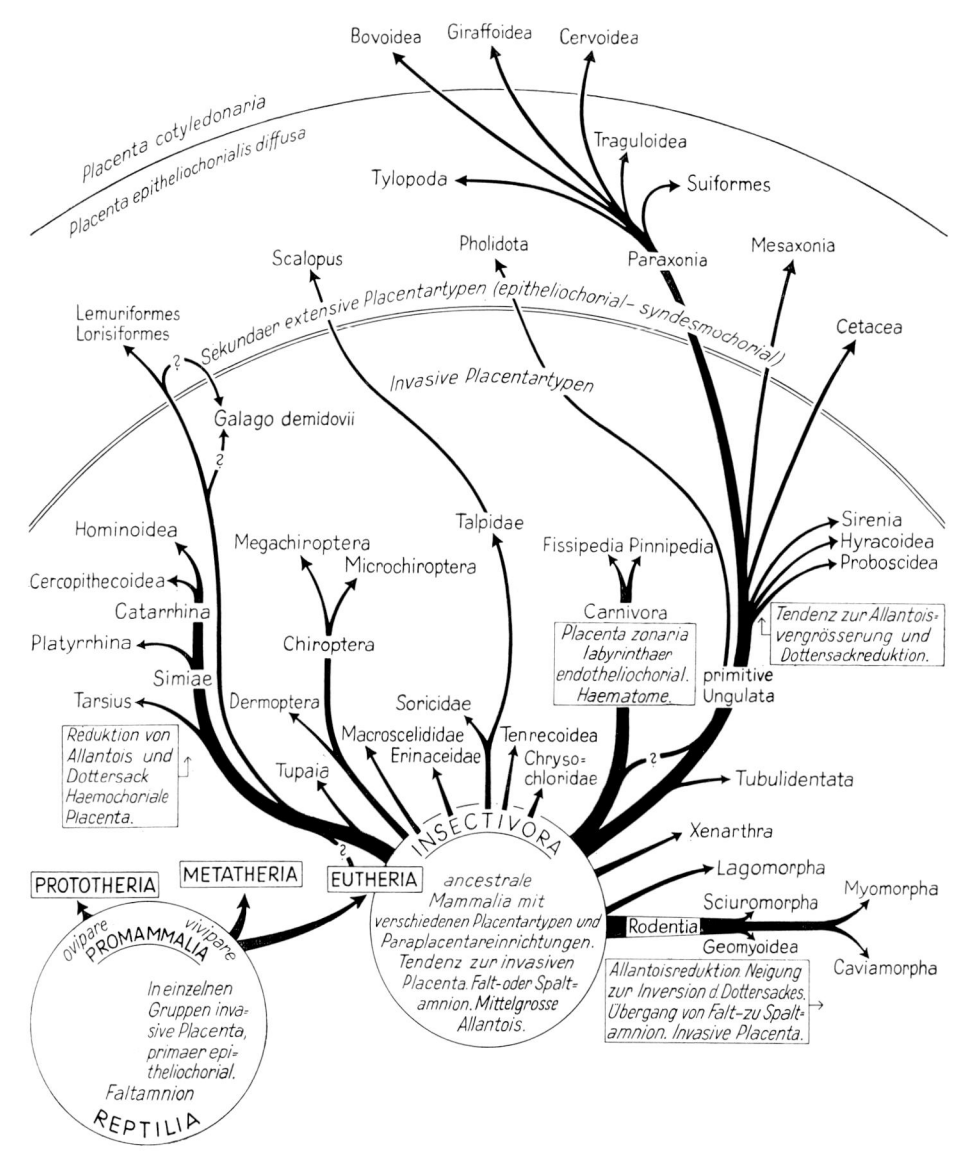

Abb. 262 Die evolutiven Zusammenhänge der verschiedenen Placentarformen bei Säugetieren. (Nach STARCK, 1959).

Zahlreiche Charaktere der frühen Embryonalentwicklung der Eutheria sind in der Tat nur verständlich, wenn wir annehmen, daß Dotterarmut und holoblastischer Furchungstyp früh im Säugerstamm oder bei den unmittelbaren Säuger-Vorfahren sekundär erworben wurden.

Faltamnionbildung ist primär gegenüber dem Spaltamnion. Dottersackbildung und Art der Herzentwicklung (s. S. 537) sprechen eine eindeutige Sprache. Betrachten wir die Evolution der Placentartypen, so ergibt sich, daß zunächst einmal bei Reptilien, die sich vivipar fortpflanzen, Dottergehalt, Schalenstruktur des Eies usw. kaum nennenswert von verwandten oviparen Arten abzuweichen brauchen. Es besteht also kein Grund, nicht auch für primitive Promammalier Dotterreichtum der Eier anzunehmen.

Kommt bei Reptilien eine Placenta vor, so muß diese nicht oberflächlich epitheliochorial sein. Besonders wichtig ist der Befund, daß bei Reptilien wie bei Säugern (Insektenfresser) die Placenta nicht immer einheitlich gebaut ist, sondern daß mehrere Placentareinrichtungen bei einer Form nebeneinander vorkommen können und verschiedene Struktur haben können (Abb. 260). Es ist also durchaus denkbar, daß bereits sehr früh im Säugerstamm, vielleicht schon bei Promammaliern, Abbauvorgänge an der Uterusschleimhaut eingesetzt hatten und hochinvasive Placentarformen vorkamen. Daneben mögen paraplacentare Einrichtungen von primitiverem Charakter (primär epitheliochorial) bestanden haben. So könnten die Placentarformen gewisser Insektivoren und Nager (haemochorial) tatsächlich für Säugetiere durchaus primitiv sein. Andere haemochoriale Placen-

Abb. 263 Äußere Form der Placenta bei verschiedenen Säugetieren.
a) Placenta diffusa (Schwein).
b) Placenta cotyledonaria (Rind).
c) Placenta zonaria (Hund, Katze).
d) Unvollständige Gürtelplacenta (Waschbär, *Procyon*).
e) Placenta bidiscoidalis (viele Affen).
f) Placenta discoidalis (Mensch).

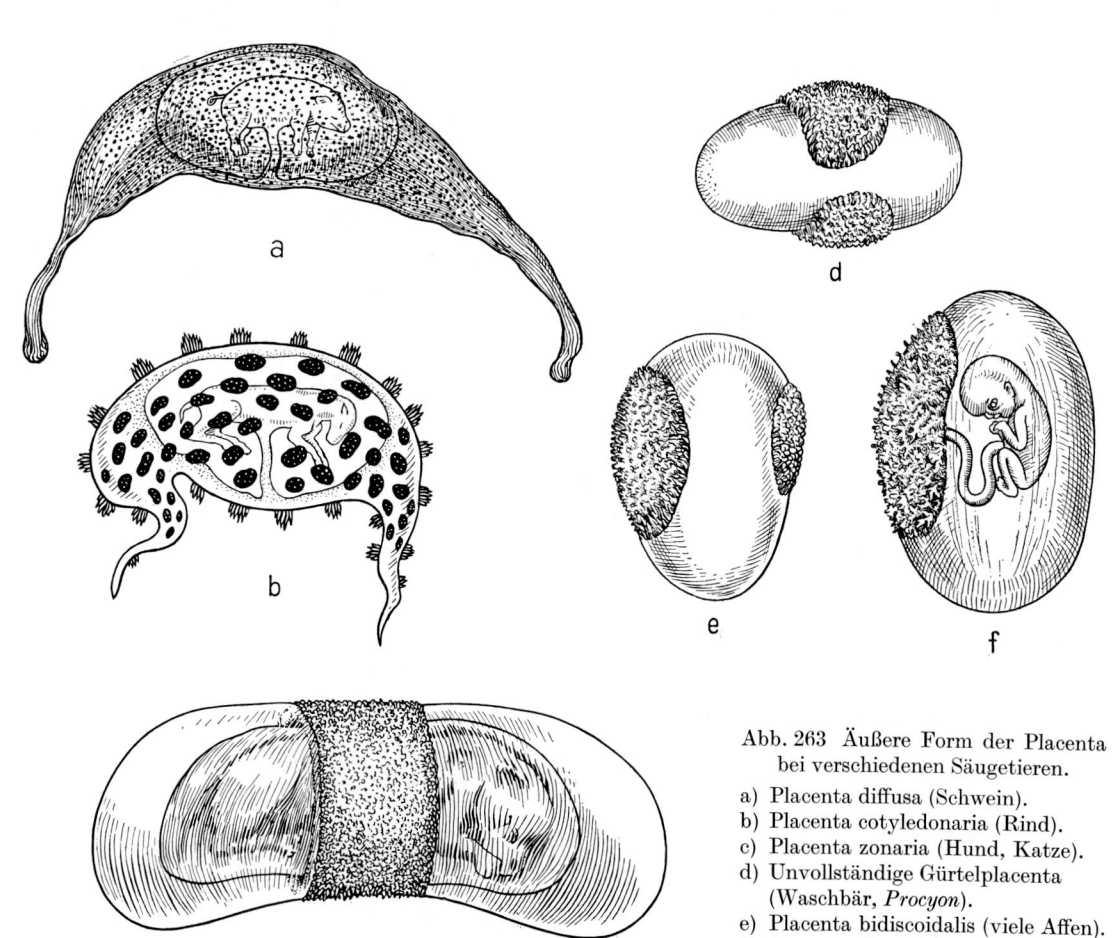

ten, wie etwa die komplizierten Labyrinthplacenten der Primaten (s. unten), müßten dann als Weiterbildung dieses Typs aufgefaßt werden. Andererseits sind große, flächenhaft ausgebreitete, nicht destruktive Placenten der großen Huftiere und Wale sicher nicht primitiv, sondern als Sonderspezialisierungen eigener Entwicklungstendenz aufzufassen. Die Ergebnisse von 80 Jahren palaeontologischer Forschung haben uns gelehrt, bei der Aufstellung hypothetischer Stammbäume kleiner Gruppen Vorsicht walten zu lassen. Wir dürfen nicht erwarten, jemals reale Befunde über den Ontogeneseablauf fossiler Formen zu gewinnen. Deshalb ist eine Spekulation darüber, wie es gewesen sein könnte, nur in gewissen Grenzen möglich. Derartige Hypothesen sind nur insoweit tragfähig, als sie die Gegebenheiten der durch die Palaeontologie gesicherten phylogenetischen Zusammenhänge streng beachten. Lediglich aus der Kenntnis des histologischen Baues einiger Placentartypen rezenter Eutheria läßt sich über die Phylogenie der Ontogeneseabläufe nichts aussagen. Die Berücksichtigung des ganzen umfassenden Indizienmateriales allein ermöglicht wissenschaftliche Aussagen.

Äußere Form der Placenta

Die Unterscheidung gedehnter und massiger Placenten weist bereits darauf hin, daß räumliche Ausdehnung, Lokalisation und damit auch das äußere, grob anatomische Erscheinungsbild der Placenta recht verschiedenartig sein können. Ist die ganze Chorionoberfläche der ausgedehnten Keimblase Placentarfläche, so spricht man auch von einer *Placenta diffusa* (Schwein, Flußpferd, Abb. 263a). Finden sich gruppenweise zerstreut Placentarbezirke *(Placentome)* auf einer im übrigen glatten, indifferenten Keimblasenwand, so handelt es sich um eine *Placenta multiplex* oder *cotyledonaria* (Abb. 263b). Die Zahl der Placentome kann sehr verschieden sein (Schaf, Rind etwa 100, Hirsch 10–12, Reh 3–5). Sind nur wenig Placentome vorhanden, so sind diese meist besonders groß, wir haben also einen Übergang zur lokalisierten Placenta. Letztere ist entweder gürtelförmig, *Placenta zonaria* oder scheibenförmig, *Placenta discoidalis*. Gürtelplacenten finden wir bei Raubtieren (Katze, Hund, Abb. 263c). Gelegentlich ist der Gürtel unvollständig (Waschbär, Iltis, Abb. 263d). Schließlich reduziert der Placentargürtel sich auf zwei *(Zorilla)* oder einen (Bär) scheibenförmigen Bezirk. Discoidale Placenten entstehen aber auch von vornherein selbständig, ohne je ein gürtelförmiges Stadium durchlaufen zu haben (Insectivora, Rodentia, Primates, Abb. 263e, f). Diese Unterscheidung der äußeren Formtypen ist prinzipiell unabhängig von bestimmten Feinbautypen.

Labyrinth- und Zottenplacenta

Haemochoriale Placenten sind meist scheibenförmig. Nach der Beschaffenheit der mütterlichen Bluträume kann man bei den haemochorialen Placenten *Labyrinth-* und *Zotten-*(= Topf-) *Placenten* unterscheiden. Bei der Labyrinthplacenta fließt mütterliches Blut in engen kapillären Kanälen innerhalb eines vom Chorion gebildeten Schwammwerkes. Bei der Topfplacenta (Affen, Mensch) finden wir einen großen einheitlichen Blutraum, der allseits von trophoblastischem Gewebe begrenzt wird. Dieser „intervillöse Raum" enthält maternes Blut, in das zottenartige Oberflächenausstülpungen des Chorions hineinragen. Bei den Primaten kommen alle Übergänge zwischen Labyrinth- und Zottenplacenta vor.

Kreislauf in der Placenta. Mossmansche Regel

Für die Anordnung der maternen Blutbahnen zu den fetalen Gefäßen ergeben sich ganz allgemeine Gesetzmäßigkeiten, auf die MOSSMAN (1926) zuerst hingewiesen hat. Wir finden bei Labyrinthplacenten (Katze, Hund, Maus, Kaninchen, Chiropteren MOSSMAN, Macroscelididen STARCK, aber auch bei Ungulaten BARCROFT und BARRON), daß der Blutstrom in mütterlichen und kindlichen Blutbahnen gegensinnig gerichtet ist (Abb. 264, sog. MOSSMANsche Regel). Die Uterinarterien verzweigen sich an der fetalen Seite der Placenta; das Blut fließt also in den für die Resorption entscheidenden Gefäßstrecken von der fetalen zur maternen Seite der Placenta. In den Gefäßen des fetalen Stromgebietes der Placenta ist die Strömung von der basalen zur fetalen Seite gerichtet. MOSSMAN hat die Vermutung ausgesprochen, daß diese gegensinnige Anordnung der Blutströme gegenüber einer Parallelströmung wesentliche Vorteile für die Diffu-

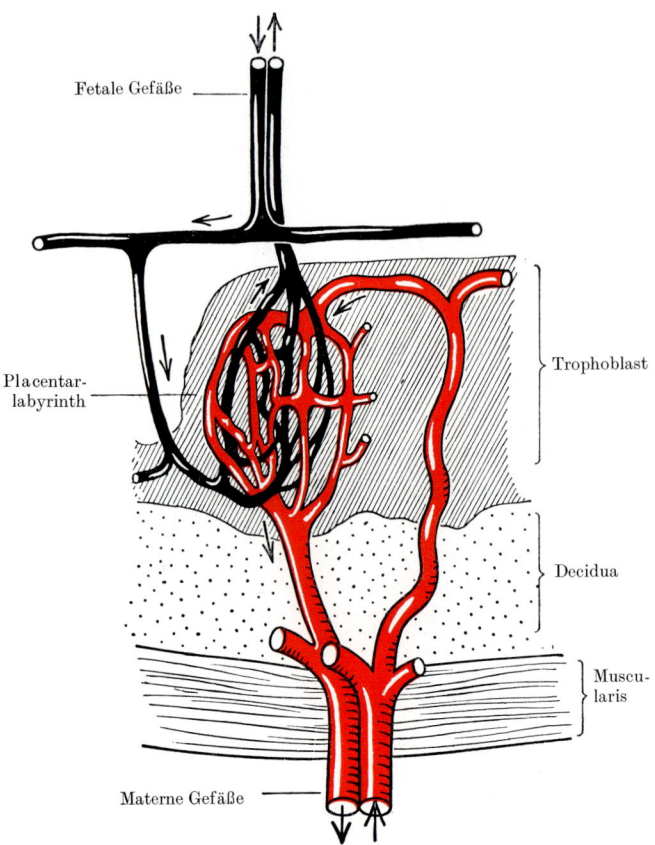

Abb. 264 Schema zur Erläuterung der MOSSMANschen Regel. In der Labyrinthplacenta fließen materner und fetaler Blutstrom gegensinnig. Rot: materne Gefäße. Schwarz: fetale Gefäße.

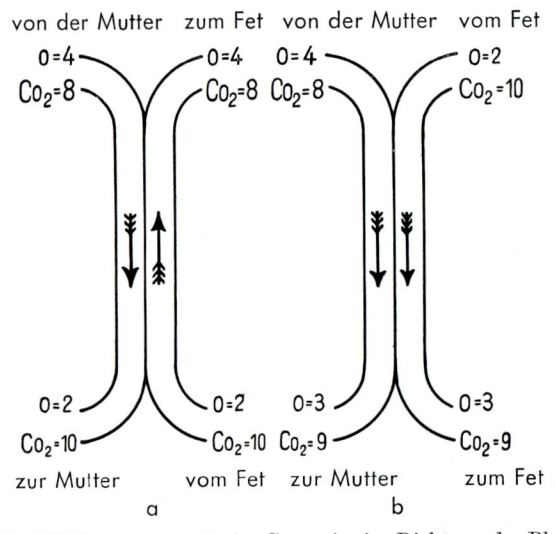

Abb. 265 Gegenstromprinzip: Gegensinnige Richtung des Blutstromes (a) gewährleistet eine bessere Diffusionsleistung als gleichgerichteter Blutstrom (b) in mütterlichen und fetalen Placentargefäßen. (Nach NOER).

sionsleistung mit sich bringe. Das zuströmende materne Blut (Abb. 265a, links oben) ist reich an O_2 und Nährstoffen. Der Gehalt an diesen Stoffen sinkt ab bis zum Übergang in die Vene, da laufend Material abgegeben wird. Im gleichen Maße, wie die Nährstoffe aus dem maternen Blut schwinden, muß sich das fetale Blut (Abb. 265a, rechts) mit diesen Substanzen anreichern, vorausgesetzt natürlich, daß Permeabilität der entscheidenden Strecke der Gefäßwand und Strömungsgeschwindigkeit den Austausch ermöglichen; schließlich wird ein Gleichgewichtszustand erreicht. Das abströmende fetale Blut ist arterialisiert und hat den gleichen Nährstoffgehalt erreicht wie das zuströmende materne Blut. Wären aber die beiden Blutströme parallel geschaltet (Abb. 265b), so könnte bestenfalls eine Angleichung des Nährstoffgehaltes erreicht werden. Die Nabelvene, die Blut dem Kinde zuführt, erreicht also höchstens den gleichen O_2- und Nährstoffgehalt, wie er in der abfließenden Uterusvene zu finden ist. In der Tat aber ist das Blut der Nabelvene arterialisiert, das Blut in der Uterusvene reduziert. Die Austausch- und Diffusionsbedingungen wurden experimentell an künstlichen Placentarmodellen von NOER (1946) studiert und erbrachten eine vollgültige Bestätigung dieser Überlegungen. In der Tat haben neue Untersuchungen (VAN DER HORST 1950) wohl den endgültigen Beweis von der Gültigkeit der MOSSMANschen Regel für alle Formen der Labyrinthplacenta erbracht. Auch viele syndesmochoriale Placenten (Schaf) folgen wahrscheinlich dieser Gesetzmäßigkeit. Die einzige Ausnahme soll in der Placenta von *Tenrec* (= *Centetes*, GOETZ 1936) vorliegen. Allerdings bestehen hier sehr eigenartige Gefäßverhältnisse, und der Kreislauf ist nicht genauer untersucht.

Im Gegensatz zur Labyrinthplacenta sind die Stromverhältnisse in der Topfplacenta noch wenig erforscht. Wir werden am Beispiel der menschlichen Placenta auf dieses Problem zurückkommen.

*Stoffaustausch in der Placenta**

Der Austausch von Nährstoffen zwischen kindlichem und mütterlichem Kreislauf hat seine Analogie in den Vorgängen des Stoffaustausches zwischen Blut und Gewebe beim Einzelindividuum. So werden diese Prozesse auch von analogen physikalisch-chemischen Gesetzmäßigkeiten beherrscht. Der Austausch von Blutgasen, Wasser, Kristalloiden und niedermolekularen Stoffen erfolgt im wesentlichen durch Diffusion. Hierbei ist zu beachten, daß die Affinität der Erythrocyten des Fetus zu O_2 höher ist als die der mütterlichen Erythrocyten. Für hochmolekulare Stoffe scheint eine elektive Durchlässigkeit der Trophoblastmembran zu bestehen. Als allgemeine Regel kann man angeben, daß Substanzen mit einem Molekulargewicht unter 350 durch Diffusion übertragen werden (HUGGETT). Die Permeabilität der Placenta für diffundierende Stoffe hängt in gewissen Grenzen von der Anzahl und der Beschaffenheit der trennenden Gewebsschichten zwischen den beiden Kreisläufen ab (FLEXNER u. a.), wie vor allem durch Versuche mit schwerem Wasser und Markierung durch Isotope nachgewiesen ist. Daher ist es nicht möglich, die Ergebnisse von Versuchen an einer Tierform kritiklos auf den Menschen oder eine Tierform mit anderem Placentartyp zu übertragen, wie es leider in der Placentarphysiologie allzuoft geschah. Für viele Substanzen ist vor allem durch neue histochemische Untersuchungen und durch Isotopenmarkierungen nachgewiesen worden, daß die Placenta die Fähigkeit zu Speicherung und Synthese besitzt, daß sie sich also aktiv an den Stoffwechselvorgängen beteiligt (WISLOCKI, POPJÁK). HUGGETT konnte an Schafembryonen nachweisen, daß zwei Möglichkeiten der Passage von Zucker durch die Placenta bestehen. Glukose diffundiert auf direktem Wege. Daneben kommt aktive Umwandlung in Fruktose durch die Placenta selbst vor. Proteine werden im großen und ganzen in Form von Aminosäuren durch Diffusion dem Kind zugeführt. Andererseits können aber Antikörper relativ leicht übertragen werden. Untersuchungen über den Rh-Antikörper haben für den Menschen jedoch wahrscheinlich gemacht, daß außerordentlich große individuelle Unterschiede der placentaren Durchlässigkeit vorkommen. Die elektive Durchlässigkeit der Placenta wird besonders deutlich in solchen Fällen, wo große Moleküle anstandslos übergehen, niedermolekulare Stoffe jedoch zurückgehalten werden. HARTLEY zeigte, daß rohes Diphtherie-Antiserum von der Mutter aufs Kind übergeht, während gereinigtes Serum von der Placenta zurückgehalten wird. Hierbei dürfte die Bindung an Trägersubstanzen eine Rolle spielen.

Es sei nochmals betont, daß die Durchlässigkeit der Placentarmembran nicht nur bei verschiedenen Tierarten sehr different sein kann, sondern daß sie auch stark vom Alter des Organs abhängt. Für die menschliche Placenta ist erwiesen, daß die Permeabilität für diffundierende Stoffe mit zunehmendem Graviditätsalter rasch zunimmt (Versuche mit radioaktivem Na). Der Übertritt von korpuskulären Bestandteilen (Gewebstrümmer) durch Phagocytose ist denkbar, aber bisher nicht exakt bewiesen. Für den Übertritt nicht hydrolysierter Proteine, der in gewissem Rahmen (Antikörper, Agglutinine) nachgewiesen ist, wird Passage durch Pinocytose (Aufnahme von Flüssigkeitsbläschen durch das Plasma des Trophoblasten) angenommen.

Seit langem ist es eine gesicherte Erkenntnis, daß der fetale und der materne Kreislauf nirgends kommunizieren, daß also das Blut von Mutter und Kind durch die Placentarschranke getrennt bleiben. Neuerdings (SMITH 1961) wurde mit verschiedenen Methoden der Nachweis erbracht, daß mütterliche Erythrocyten regelmäßig, wenn auch in geringen Mengen, in den fetalen Kreislauf gelangen, wie regelmäßig auch fetale Blutkörperchen ins Blut der Mutter übertreten. Weg und Mechanismus dieses Transportes sind noch völlig ungeklärt (MARTIN u. a.).

Histochemie der Placenta

Die Ausarbeitung exakter histochemischer Nachweismethoden für bestimmte Substanzen hat in den letzten Jahren große Fortschritte ge-

---

*) Siehe hierzu auch Seite 336, menschliche Placenta.

macht. Ihre Anwendung auf die Physiologie der Placenta steht zur Zeit im Mittelpunkt der Forschung. Das ganze Forschungsgebiet ist aber noch nicht so weit abgeschlossen, daß eine Aussage über allgemeingültige Gesetzmäßigkeiten möglich wäre (Referat der derzeitigen Ergebnisse s. STARCK, ORTMANN, STRAUSS). Ribonucleoproteide, nachgewiesen durch die Basophilie, finden sich reichlich an Orten hoher Wachstums- oder Funktionsaktivität. So sind sie stets in den Uterindrüsen der Semiplacentalia, im Epithel und Stroma des Uterus früher Stadien und im Syncytiotrophoblasten des Menschen zu finden. Im Labyrinth, beim Menschen im Syncytium, nimmt mit fortschreitendem Placentaralter die Basophilie ab. Die verschiedenen Zellformen des Cytotrophoblasten, außer den Langhans-Zellen (ORTMANN), und die Deciduazellen enthalten Ribonucleoproteide. Das Syncytium ist sehr reich an Mitochondrien. Da diese Träger der Zellfermente sind (Riboflavin, Succinooxydase, Cytochromoxydase), haben wir hier den Ort des intensivsten Zellstoffwechsels zu suchen. Besondere Aufmerksamkeit wurde den Phosphatasen zugewandt, denn sie spielen im Kohlenhydrat-, Fett- und Nucleinsäurestoffwechsel und damit bei allen energieliefernden Prozessen eine bedeutsame Rolle. Saure Phosphatase findet sich beim Menschen gegen Ende der Gravidität vor allem in den Kernen und in geringer Menge im Cytoplasma des Syncytiums. Alkalische Phosphatase tritt viel früher auf und nimmt mit zunehmendem Alter im Syncytium zu. Phosphatasen sind charakteristischer Weise in der Nähe der Grenze von materner und fetaler Strombahn lokalisiert. Außerdem besteht eine Beziehung zu den Orten, an denen Glykogen gespeichert wird. Fett und Lipoide kommen im Syncytium, im Cytotrophoblasten der Zellsäulen und in Deciduazellen vor. In der reifen menschlichen Placenta ist das reziproke Verhalten von alkalischer Phosphatase und Basophilie (Ribonucleoproteide) im Syncytium sehr kennzeichnend.

Allerdings muß hier betont werden, daß es eine große Anzahl verschiedenartiger substratspezifischer Phosphatasen gerade auch in der Placenta gibt. Da Phosphatasen eine bedeutende Rolle bei der Umwandlung von Glykogen zu Glukose, bei der Phosphorylierung von Fetten während der Resorption und anderen Prozessen des intermediären Stoffwechsels spielen und da sie außerdem besonders an der Grenze von materner und fetaler Blutbahn auftreten, ergibt sich ein wichtiger Hinweis auf die Bedeutung der fetomaternellen Gewebsschranke und ihre Rolle als *selektive* Grenzschicht. Auch die Resorption von Eisen läßt sich histotopochemisch recht gut verfolgen. Besonders der Dottersack scheint eine wesentliche Spezialaufgabe bei der Eisenresorption zu haben. Fe ist im Syncytiotrophoblasten als Enzymeisen des Cytochromsystems (perinucleär) und als Transporteisen im Cytoplasma nachweisbar. Ganz allgemein läßt sich feststellen, daß die bisherigen histochemischen Untersuchungen deutliche Hinweise dafür erbracht haben, daß in den verschiedenen Placentarformen spezifische Bezirke für die Resorption bestimmter Materialien vorkommen. Auf Einzelheiten wird bei der Besprechung der Spezialformen einzugehen sein.

Embryotrophe

Weil unsere bisherigen Ausführungen sich im wesentlichen mit dem Übergang von Stoffen aus der mütterlichen in die kindliche Blutbahn befaßten, sei nochmals betont, daß auch eine direkte Stoffaufnahme durch den Keim vorkommt, die wir mit der Resorption von Nahrungsstoffen im Darm des Individuums vergleichen können. Derartige Embryonahrung kann in Form von spezifischen Sekreten der Uterusdrüsen (sogenannte Uterinmilch) von der Mutter bereitgestellt werden. Sie kann aber auch in zerfallendem mütterlichem Gewebsmaterial bestehen, das vom Trophoblasten resorbiert wird. Danach unterscheidet GROSSER folgende Arten der fetalen Nährstoffe (= *Embryotrophe*):

I. Histiotrophe	II. Haemotrophe
stammt aus mütterlichem Gewebe a) histiogen (Sekrete usw.) b) histiolytisch (zerfallende Materialien, Blutextravasate)	stammt aus dem strömenden Blut der Mutter a) Aufnahme durch Diffusion b) Aufnahme durch Resorption

Betont sei, daß Aufnahme von Zerfallsprodukten aus Blutergüssen, wie sie bei vielen Formen vorkommt, natürlich unter den Begriff der *Histio*trophe fällt (I b).

Bei den gedehnten (epitheliochorialen) Placenten spielt die histiotrophe Ernährung die Hauptrolle. Allerdings kommen selbst in der Schweineplacenta (HITZIG, SCHAUDER, TÖNDURY) stets Bezirke vor, in denen die Ernährung haemotroph ist. Bei haemochorialen Placenten (Mensch) geht eine histiotrophe Phase in der Entwicklung der definitiven haemotrophen Ernährung voraus.

Deciduazellen

Während der prägraviden Phase (s. S. 271) kommt es zu sehr deutlichen Strukturveränderungen in der Uterusmucosa im Sinne einer Hypertrophie. Während die tiefen Schichten mit den basalen Drüsenteilen relativ wenig verändert werden („Basalis") und die Regenerationsschicht für den Wiederaufbau der Schleimhaut nach der Desquamation bilden, sind die oberflächenwärts gelegenen Mucosaanteile stark geschwollen („Functionalis"). Die Drüsen schwellen in ihren mittleren Partien ebenfalls stark an und zeigen infolge Sekretstauung das Bild der „Spongiosa" (s. S. 256, Abb. 249c, 251). Gleichzeitig ergreifen diese prägraviden Veränderungen nun auch das Stromabindegewebe. Die Bindegewebszellen quellen auf, nehmen schließlich polygonale, epitheloide Gestalt an und speichern Lipoide und Glykogen im Cytoplasma. Kommt es zur Implantation eines Keimes, so werden diese Veränderungen im Endometrium noch gesteigert. Das morphologische Bild der geschwollenen Stromazellen ist überaus charakteristisch. Wir bezeichnen diese Zellen als *Deciduazellen*. Vorkommen und Ausbildung der Deciduazellen unterliegen in der Säugerreihe großen Schwankungen. Bei Huftieren fehlen sie. Beim Menschen sind sie deutlich. Bei Nagern und Insektenfressern sind sie mannigfach differenziert. Stets handelt es sich aber um Zellen des uterinen Bindegewebsstromas, die vergrößert sind und Glykogen und Lipoide speichern.

Die in experimentell erzeugten Deciduomen (Hormonbehandlung und traumatische Reizung, s. S. 271) bei Ratte, Kaninchen und Affen auftretenden Deciduazellen gleichen in allen Merkmalen völlig den Schwangerschafts-Deciduazellen. Beim Kaninchen erscheinen am 9. Tag, wenn die Keimblase sich anheftet, Deciduazellen zunächst perivaskulär. Später kommt es zu einer Weiterdifferenzierung der Deciduazellen mit Auftreten 3–4kerniger Zellen, die die Wände der materner Gefäße durchsetzen und das Endothel verdrängen können. Schließlich treten auch im Myometrium besondere Zellformen auf, die durch Umwandlung von Bindegewebszellen in loco entstehen. Diese großen Zellen wurden als endokrine Drüse (glande myométriale, ANCEL-BOUIN) angesprochen. Ähnliche, sehr komplizierte deciduale Reaktionen am maternen Bindegewebsapparat beschreibt STARCK für *Macroscelides* (Insektenfresser).

Funktion der Deciduazellen

Sicher ist, daß die Deciduazellen aus Mesenchymzellen entstehen und daß die spezialisierten mehrkernigen Zellformen über kleine einkernige Deciduazellen gebildet werden. Die spezielle Ausgestaltung scheint von Umgebungseinflüssen in verschiedenen Schichten der Uteruswand induziert zu werden. Über die Funktion der Deciduazellen läßt sich wenig Sicheres angeben. Man hat sie als Schutzwall gegen das Vordringen des Trophoblasten aufgefaßt, eine Vorstellung, die Implantations- und Placentationsvorgang zu einseitig als aktive Leistung des Trophoblasten betrachtete. Da es viele Arten gibt, die keine Deciduazellen bilden, und andererseits Implantationstiefe und Menge der Deciduazellen in keinem nachweisbaren Abhängigkeitsverhältnis zueinander stehen, ist diese Ansicht kaum begründet. Wahrscheinlich ist hingegen, daß die Deciduazellen ganz bestimmte stoffliche Leistungen vollbringen. Nach MOSSMAN haben die Deciduazellen *nutritive* Funktion. Sie speichern Reservematerial und können offensichtlich leicht zerstört werden. Ihre Substanz kann also leicht von der Keimblase nutzbar gemacht werden. STARCK sieht in den eigenartigen Zellformen der Macroscelididenplacenta ebenso wie in merkwürdig hypertrophierten Endothelzellen der Deciduaarterien ebenfalls nutritive Einrichtungen. Demgegenüber haben sich Angaben über eine spezifische endokrine Funktion der Deciduazellen (glande myométriale usw.) nicht bestätigen lassen (MOSSMAN, FROBOESE,

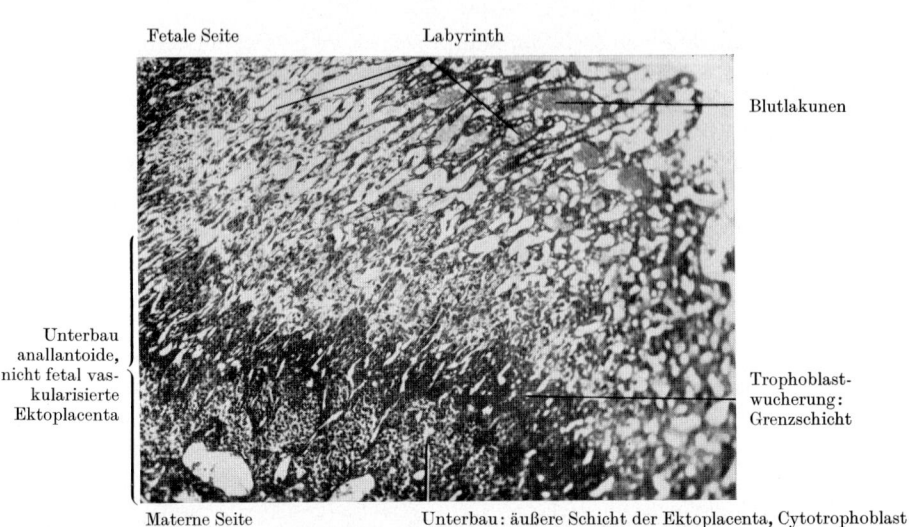

Abb. 266 Ausschnitt aus der fast geburtsreifen Placenta des Igels (*Erinaceus europaeus*). Basal vor dem Placentarlabyrinth liegt die nicht allantoid vaskularisierte Ektoplacenta. (Orig.)

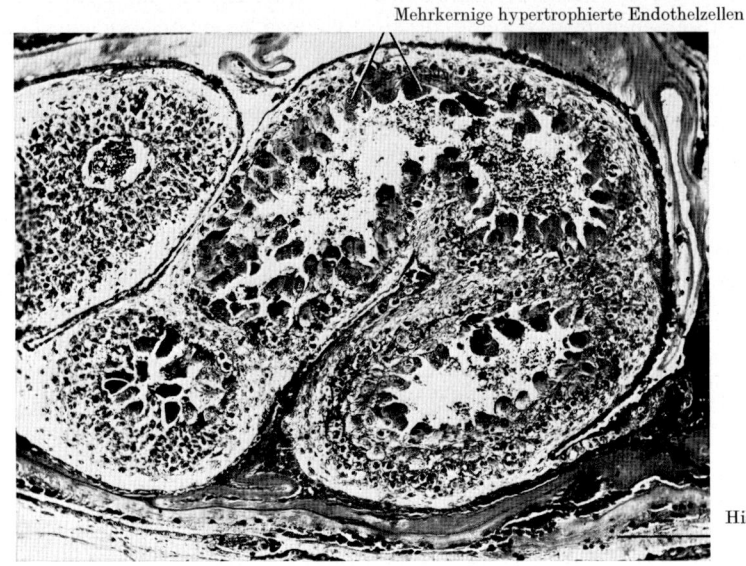

Abb. 267 Endothelhypertrophie in den subplacentaren Knäuelarterien von *Macroscelides* (Rüsselspringer). (Nach STARCK 1949).

STARCK). Neue experimentelle und histochemische Untersuchungen dieses ganzen Fragenkomplexes sind dringend nötig.

Ektoplacenta

In sehr vielen Fällen finden wir an der haemochorialen Labyrinthplacenta eine eigenartige Schichtengliederung. Während nach der fetalen Seite hin ein typisches, von der Allantois vaskularisiertes Labyrinth vorhanden ist, schließt sich nach basalwärts eine Zone an, welche ausschließlich aus einem vom Trophoblasten gebildeten Schwammwerk besteht, dessen Maschen maternes Blut führen. Es handelt sich um einen nicht von fetalen Gefäßen und fetalem Bindegewebe erreichten Teil des Trophoblasten. Die Blutlakunen dieser anallantoiden *Ektoplacenta* (Unterbau) öffnen sich in materne Venen. Diese Ektoplacenta erfährt bei einigen Insektivoren (Igel, Macrosceliden) einen erheblichen Ausbau durch sekundäre Trophoblastwucherung. Dabei kommt es beim Igel (Abb. 266) zu einer syncytialen Umwandlung des Trophoblasten, während bei *Macroscelides* der Trophoblast peripher syncytialen Charakter annimmt, zentral aber Cytotrophoblast erhalten bleibt. Die Bedeutung dieser Ektoplacenta ist nicht klar. VAN DER HORST meint, daß die Ektoplacenta eine endokrine Drüse sei, welche im maternen Organismus Schwangerschaftsreaktionen auslöst. Gegen diese Deutung spricht unseres Erachtens, daß die typische Ektoplacenta nur bei ganz wenigen Spezialformen vorkommt, bei diesen aber besonders mächtig entfaltet ist. Sie nimmt bei *Macroscelides* etwa $3/4$ der ganzen Placentarmasse ein (STARCK 1949). Auf GROSSER geht die Vorstellung zurück, daß im Labyrinth nur die Blutgase und bereits weitgehend abgebaute, niedermolekulare Substanzen resorbiert werden, während die Ektoplacenta gewissermaßen eine Art Vorverdauung durchführt. Nun ist aber bei Gültigkeit der MOSSMANschen Regel das basale Lakunensystem mit der „vorverdauenden" Ektoplacenta hinter das „resorbierende" Labyrinth geschaltet. Das würde bedeuten, daß die mit dem maternen Blut zugeführten Nährstoffe erst „vorverdaut", also abgebaut werden, nachdem sie das resorbierende Labyrinth passiert haben. Ein derartiger Mechanismus erscheint jedoch wenig sinnvoll. STARCK nimmt daher an, daß auch in der Ektoplacenta Resorptions- und Austauschvorgänge stattfinden. Die aufgenommenen Stoffe müßten dann intraplasmatisch bis an das fetale Gefäßsystem weitergegeben werden. Dabei kann dennoch eine Spezialisierung für die Aufnahme bestimmter Stoffe im Labyrinth und in der Ektoplacenta gegeben sein. Doch wissen wir bisher über die Spezifität solcher Resorptionsorte nichts.

Riesenzellen

Bei der speziellen Besprechung der einzelnen Placentarformen werden uns immer wieder sogenannte *Riesenzellen* begegnen. Unter diesem Sammelbegriff verbergen sich Strukturen ganz verschiedener Herkunft und Bedeutung. Wir wollen daher eine kurze Übersicht der speziellen Besprechung voranstellen. Als Riesenzellen werden außergewöhnlich große Zellen oder Plasmamassen bezeichnet. Im allgemeinen sind sie mehrkernig. Im Uterus kommen materne und vor allem trophoblastische (fetale) Riesenzellen vor.

A. Riesenzellen materner Herkunft

a) *Symplasmen*. Beim Untergang materner Uterusepithelien kommt es zur Verschmelzung von Zellen zu größeren, vielkernigen Plasmamassen. Diese zeigen stets Zeichen degenerativer Vorgänge. Sie finden sich in frühen Implantationsstadien bei Nagern, beim Kaninchen, Primaten u. a. Auf hormonalem Wege lassen sich Symplasmen beim Rhesusaffen erzeugen (HISAW), sie sind also nicht an das Vorhandensein von Trophoblast gebunden.

b) *Riesenzellen decidualer Herkunft* (vielkernige Deciduazellen) s. o.

c) *Hypertrophierte materne Endothelzellen* (s. o.): Sie kommen bei Nagern und Insektenfressern vor. Besonders auffallend sind sie in gewissen Entwicklungsstadien von *Macroscelides* (STARCK 1949) (Abb. 267). Es ist zweifelhaft, ob alle unter diesem Begriff beschriebenen Zellformen vergleichbar sind.

B. Riesenzellen trophoblastischer Herkunft

a) *Trophoblast-Riesenzellen der Nager*, meist einkernig: Bei vielen Nagern wandern frühzeitig trophoblastische Riesenzellen in die Decidua ein und bestimmen beispielsweise bei *Microtus* (Feldmaus) weitgehend das Bild der basalen Placentarregion. Auch bei spezialisierten Nagern (*Cavia*) kommen ähnliche Zellen in der Gegend des Trägers vor. Sie können nach der Geburt erhalten bleiben und sogar bis zur folgenden Gravidität persistieren. Da sich dann derartige Zellen in der Uteruswand finden können, bevor der Trophoblast den Kontakt mit dem Endometrium aufgenommen hat, hatte man irrtümlich materne Herkunft angenommen (DISSE). Analoge Zellen finden sich bei einigen anderen Säugergruppen.

b) *Vielkernige Trophoblast-Riesenzellen*: Größere kernhaltige Massen können sich vom Syncytiotrophoblasten ablösen und selbständig werden. Derartige Riesenzellen kommen bei vielen Arten vor. Sie scheinen beim Kaninchen (MOSSMAN) auf fermentativem Wege degenerierendes Material aufzuschließen und für die Resorption durch den Dottersack nutzbar zu machen.

7. Spezielle Placentationslehre

Vergleichende Placentationslehre*

a) Semiplacentae (nicht invasive Formen)

Epitheliochoriale und syndesmochoriale Placenta.

Als Beispiel für eine epitheliochoriale Placenta wählen wir die des Schweines (*Sus scrofa*). Die Keimblase wächst außerordentlich schnell zu einem langgestreckten Schlauch aus (Abb. 263a). Die Allantois ist außerordentlich groß. Diese Ausdehnung der Allantois ist sicher nicht mehr primitiv. Sie füllt mit dem Exocoel die Keimblase aus und unterstützt wahrscheinlich dadurch einen engeren Kontakt mit dem Uterusepithel. Die äußersten Zipfel der Keimblase werden nicht von der Allantois erreicht, erhalten daher keine Gefäße und atrophieren. Die Chorionoberfläche ist im übrigen mit Fältchen und Zotten besetzt, die sich mit zunehmendem Graviditätsalter stärker verzweigen und in entsprechende Vertiefungen der Uterusoberfläche einfügen (*Placenta diffusa*). Dabei bleiben Chorionepithel und Uterusepithel stets erhalten (Abb. 268). Das Chorionepithel steht durch feine Plasmaausläufer in enger Verbindung mit dem Uterusepithel. Diese Verbindung wird kurz vor der Geburt gelöst (HITZIG, TÖNDURY). Ein eigentlich freies Uteruscavum ist also nicht vorhanden. Daneben kommen nun verstreut über die ganze Keimblasenoberfläche Bezirke vor, die als *Areolae* oder *Chorionblasen* bezeichnet werden. Hier besteht kein enger Kontakt. Die Zotten ragen frei in einen sekretgefüllten Raum hinein, in den Uterindrüsen münden. Es handelt sich um Stellen, an denen Histiotrophe (sogenannte Uterinmilch) resorbiert werden kann. Nur hier münden Drüsen. Im Bereich der Chorionzotten muß zwischen dem Gebiet der Zottenbasis und der Zottenkuppe unterschieden werden. An der Basis ist das Chorionepithel hochzylindrisch und zeigt vakuoläre Einschlüsse und Bürstenbesatz. Der enge Kontakt maternen und fetalen Epithels ermöglicht hier einen Stoffübertritt aus dem mütterlichen Blut ins kindliche Gewebe. Morphologisch handelt es sich zweifellos um echte epitheliochoriale Bezirke. Die Ernährung ist aber haemotroph. Vermutlich erfolgt an diesen Stellen auch die Abgabe von Stoffwechselschlacken an den maternen Kreislauf.

---

*) Die folgende Übersicht erhebt nicht den Anspruch auf Vollständigkeit. Für ein eingehendes Studium sei auf die Werke von GROSSER 1909, 1927, MOSSMAN 1937 und STARCK 1959 sowie auf die neueren Spezialarbeiten und Zusammenfassungen von VAN DER HORST 1942–1950, MOSSMAN 1926, 1939, J. P. HILL 1932, 1938, STARCK 1949, 1952, 1959, WIMSATT 1944, 1945, STRAUSS 1944–1964, WISLOCKI 1940–1947, DE LANGE 1933, AMOROSO 1952 verwiesen.

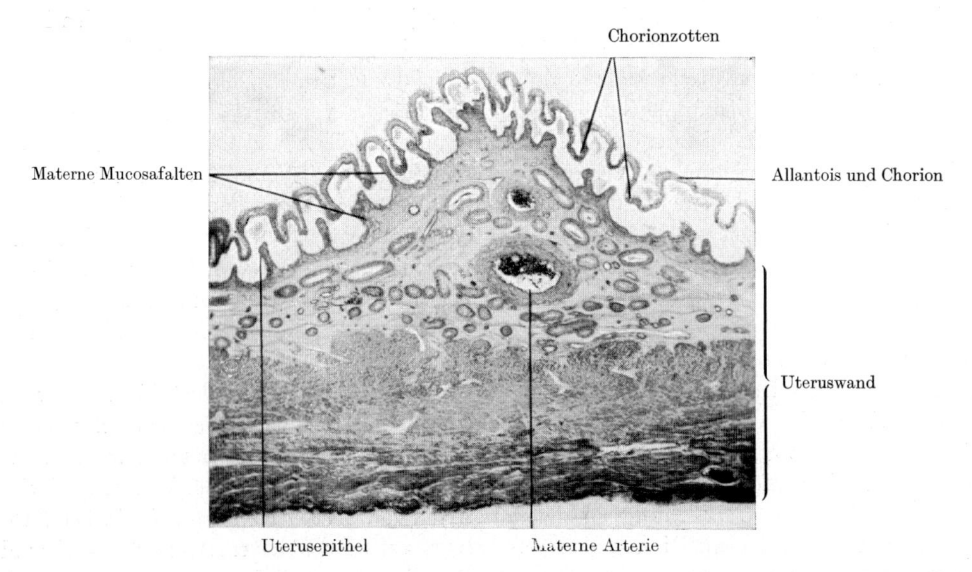

Abb. 268 Allantochorion in Anlagerung an die Uteruswand beim Schwein (*Sus scrofa dom.*). Die Chorionzotten alternieren mit maternen Zotten. Epitheliochoriale Placenta. (Orig.)

Im Gegensatz dazu finden wir an den Zottenspitzen reichlich intraepitheliale Kapillaren. Diese liegen niemals nackt, sondern bleiben stets von einer feinen Plasmahaut überzogen. Im morphologischen Sinne liegt also auch hier eine epitheliochoriale Struktur vor. Funktionell handelt es sich aber sicher um eine Sonderdifferenzierung, die vorwiegend dem Gasaustausch dienen dürfte. Das Beispiel der Schweineplacenta zeigt, daß das morphologische Schema der epitheliochorialen Placenta zwar anwendbar ist, daß es aber der Differenzierung des hochwertigen und spezialisierten Stoffwechselorgans in histologisch funktioneller Hinsicht nicht voll gerecht wird. Ähnlich gebaut ist die Placenta von Tapir (SCHAUDER 1945), Flußpferd (TEUSCHER 1937), Tylopoda, *Manis* (DE LANGE 1933) und Walen (WISLOCKI). Etwas spezialisierter ist das Organ bei Equiden (Pferd, Esel, SCHAUDER). Die Zotten sind hier büschelartig und nicht mehr ganz gleichmäßig verteilt. Stellenweise kommen syndesmochoriale Bezirke vor. Als „Hippomanes" bezeichnet man Massen eingedickten Uterussekretes, die in das Allantoiscavum aufgenommen werden.

Bei den Wiederkäuern sind die Chorionzotten im allgemeinen zu größeren Bündeln *(Cotyledonen)* zusammengeschlossen. Diese sind in vorgestülpte Felder der Uterusmucosa *(Carunculae)* eingestülpt. Caruncula und Cotyledo bilden gemeinsam das *Placentom*. Die Karunkeln sind bereits im nichtgraviden Uterus vorhanden. Somit muß die Lokalisation der Cotyledonen auf der Chorionoberfläche vom Endometrium induziert werden. Zahl, Größe, Form und Feinstruktur der Placentome wechseln sehr stark (Abb. 269, 270).

Zahl der Placentome bei Artiodactyla.
(Nach STARCK 1959).

Hirsche	4–12
Sylvicapra (Antilope)	6
Madoqua (Antilope)	28
viele große Antilopen	50–100
Rind	40–100
Schaf	60–100
Ziege	90–150
Giraffe	180

Die Karunkeln können konkav (napfförmig) sein (Abb. 269, 270, Schaf). Beim Rind verzahnen sich die Verästelungen konvexer Karunkeln mit baumartigen Verzweigungen der Cotyledonen (Abb. 271). Flach sind die Karunkeln mancher Hirsche.

Der Feinbau der Placenta der Paarhufer wird verschieden beurteilt. Nach älterer Ansicht kommt bei vielen Formen (Schaf) Abbau maternen Epithels und damit syndesmochoriale

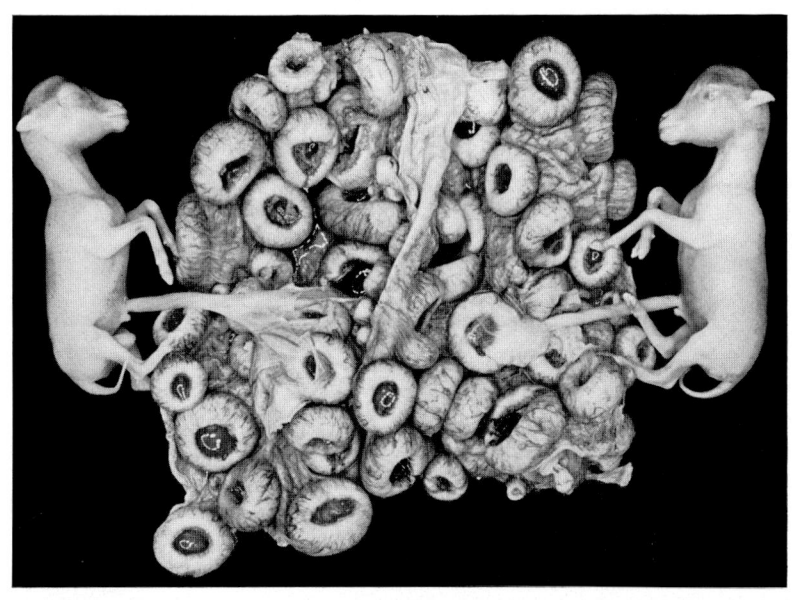

Abb. 269 Schaf (*Ovies aries* L.). Placentome von der fetalen Seite her gesehen. Amnion entfernt. (Nach STARCK 1959).

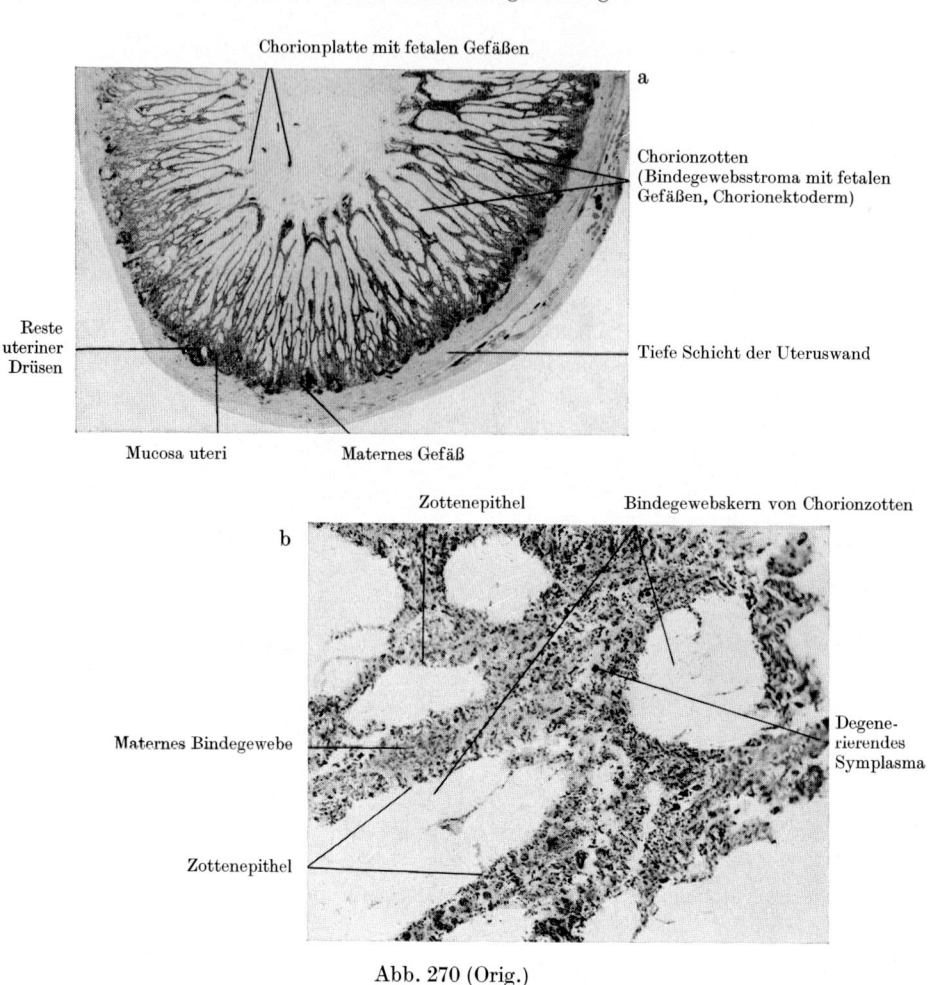

Abb. 270 (Orig.)
a) Schnitt durch ein Placentom vom Schaf. Syndesmochoriale Placenta.
b) Placentom vom Schaf, Ausschnitt bei stärkerer Vergrößerung.

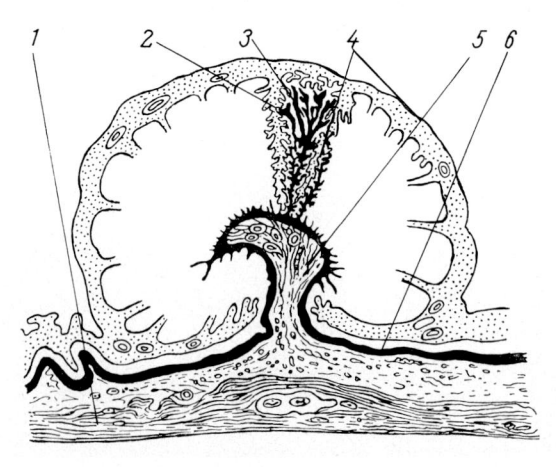

Abb. 271 Rind (*Bos taurus*). Schema des Baues eines konvexen Placentoms. (Nach Amoroso, 1952, fig. 15, 34). 1. Uteruswand, 2. fetale Zotten, 3. materne Zotte, 4. Cotyledo, 5. Caruncula, 6. Uterusepithel.

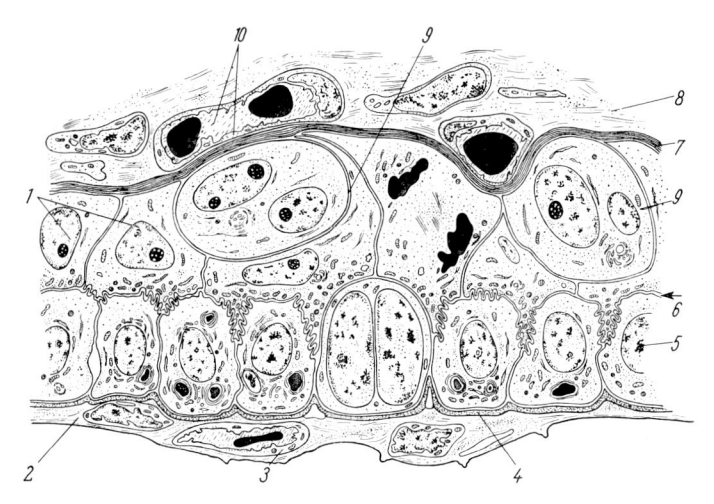

Abb. 272 Rind (*Bos taurus*). Schematische Darstellung der feto-maternen Grenzschicht im Placentom auf Grund elektronenmikroskopischer Befunde. Die maternen Kryptenepithelien (5) sitzen auf einer Basalmembran (4). Unter dieser folgt eine Mesenchymschicht mit Kapillaren (3). Im Bereich der feto-maternen Grenze (6) kommt es zu inniger Verzahnung von Mikrozotten der Kryptenepithelzellen und der Trophoblastzellen (1). Der Trophoblast bleibt zellig. Neben den gewöhnlichen Zellen kommen Trophoblast-Riesenzellen (9) vor. Unter dem Trophoblasten findet sich eine Basalmembran (7). (2) Maternes Bindegewebe, (8) fetales Mesenchym, (10) fetale Kapillare. (Nach BJÖRKMAN und BLOOM 1957).

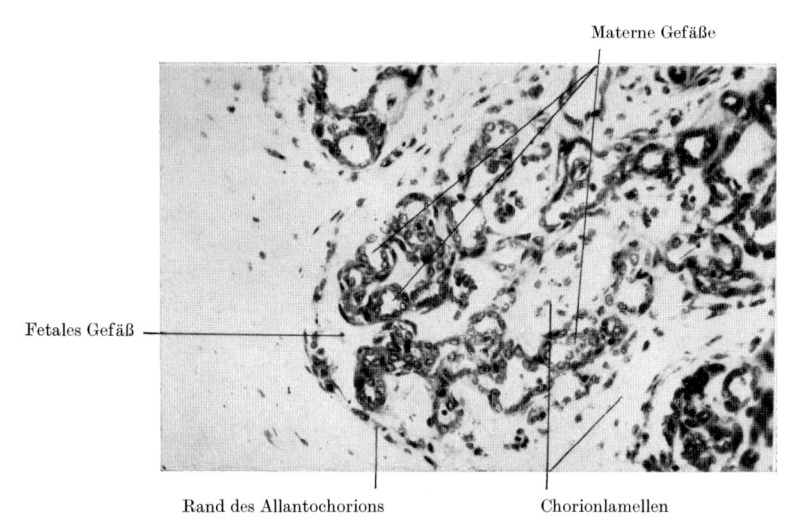

Abb. 273 Ausschnitt aus einem jungen Placentarstadium vom Faultier (*Bradypus spec.*). Syndesmochoriale Phase der Placentation.

Struktur der Placenta vor. Neuere elektronenoptische Untersuchungen der Rinderplacenta (BJÖRKMAN 1957) haben wenigstens für diese Form den Nachweis erbracht, daß das materne Epithel erhalten bleibt (Abb. 272), daß die Placenta also epitheliochorial ist. Eine genaue Untersuchung der Placenta einiger Hirsche (HARRISON und HAMILTON 1952, 1954) ergab, daß sich am reifen Placentom mindestens drei Zonen unterscheiden lassen, die wahrscheinlich einer funktionellen Gliederung entsprechen. In der Außenzone soll das materne Epithel erhalten bleiben (epitheliochorial), in der Innenzone aber soll der Trophoblast bis in das materne Stroma durchbrechen. Damit erweist sich die GROSSERsche Klassifikation als unzureichend, denn in ein-

und demselben Organ kämen in verschiedenen Bereichen verschiedene Placentartypen vor.

Die Placenta der Huftiere läßt deutlich verschiedene Bezirke differenter Wertigkeit erkennen. Oft finden wir im Placentom intraepitheliale Kapillaren (Antilopen), die den Gasaustausch vermitteln. Außerhalb der Placentome finden sich Drüsenmündungen und Histiotrophebildung.

Bei Besprechung der epitheliochorialen Placenta hatten wir gesehen, daß mit dem Auftreten von invasiven Prozessen am Uterusepithel bereits bei vielen Huftieren (Schaf, Hirsche) zu rechnen ist, daß also neben epitheliochorialen auch syndesmochoriale Bezirke vorkommen können.

In vielen Fällen ist es noch nicht geklärt, welcher Placentartyp tatsächlich vorliegt, denn eine definitive Entscheidung kann nur durch die elektronenmikroskopische Untersuchung erbracht werden. Eine syndesmochoriale Placenta mit vielen enggestellten Placentomen kommt vorübergehend beim Faultier (*Bradypus*, Abb. 273) vor. Diese Placenta erfährt in den späten Phasen der Schwangerschaft einen erheblichen Umbau, so daß schließlich eine bidiscoidale, endotheliochoriale Placenta entsteht.

b) *Placentae verae (invasive Placenten)*

Endotheliochoriale Placenta der Carnivoren

Die Carnivorenplacenta nimmt eine Mittelstellung zwischen der massigen, invasiven Placenta mit kleiner Allantois (s. S. 280) und der gedehnten Placenta ein. Endotheliochorialer Feinbau kommt auch in der massigen Placenta verschiedentlich vor (Spitzmäuse, *Tupaia*, einige Chiroptera). Die typische Raubtierplacenta besitzt in ihrem zentralen Hauptabschnitt ein echtes Labyrinth. Das mütterliche Epithel wird bis auf das Gefäßendothel abgebaut. Diese Gefäßbahnen werden vom mächtig gewucherten, syncytialen Trophoblasten (Abb. 274) eingehüllt. In das Syncytium dringt fetales Bindegewebe mit Gefäßen ein, so daß es zu einer Durchflechtung des materen und fetalen Gefäßnetzes kommt. Die Lösung der Placenta bei der Geburt kann nun natürlich nur unter Eröffnung materner Bluträume vor sich gehen; die Placenta ist deciduat geworden. Vielfach kommt es bei Carnivoren zu Blutergüssen. Beim Hund kommen solche Extravasate in den Randpartien der Gürtelplacenta durch Eröffnung mütterlicher Gefäße zustande (Abb. 274). Das Blut gerinnt, der Blutfarbstoff wird in dunkelgrünes Pigment (grüner Saum der Placenta, Randhaematom) umgewandelt. Dieses extravasierte Blut wird als histiolytische Histiotrophe von Chorionzotten verarbeitet. Im paraplacentaren Bereich spielt Ernährung durch histigene Histiotrophe (Drüsensekret) eine Rolle. Die Placenta der Katze ist etwas einfacher als die Hundeplacenta gebaut. Das Labyrinth besteht aus vertikal gestellten Lamellen (Abb. 275). Blutextravasate spielen eine geringere Rolle, kommen aber in unregelmäßiger Verteilung vor und sind braunrot gefärbt. Durch Phagocytose und Resorption von extravasiertem Material

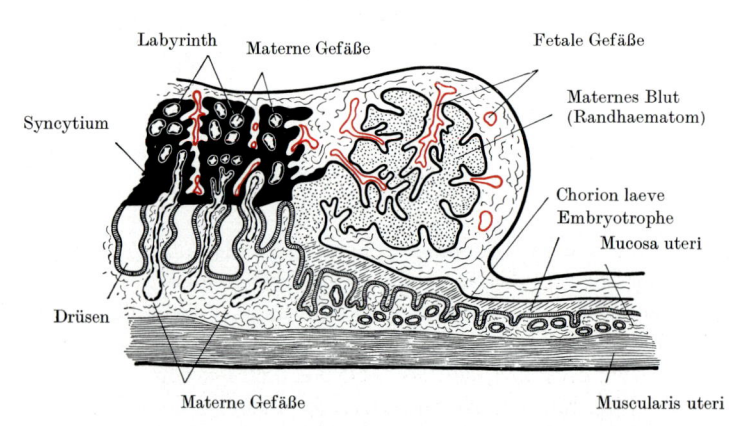

Abb. 274 Schematische Darstellung der Carnivorenplacenta (Hund). Randzone des Placentargürtels. Placenta endotheliochorialis. (Nach Grosser und Mossman).

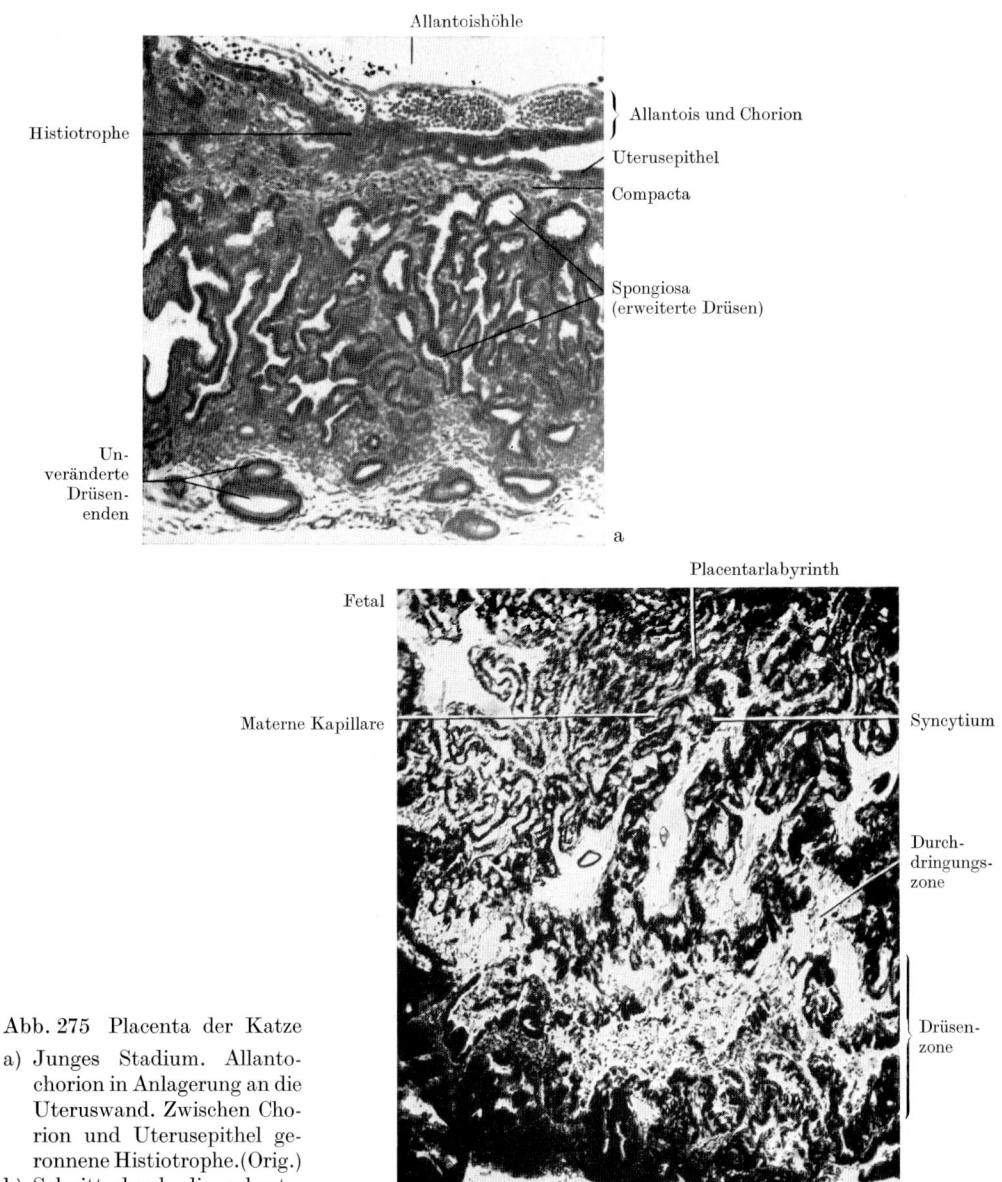

Abb. 275 Placenta der Katze
a) Junges Stadium. Allantochorion in Anlagerung an die Uteruswand. Zwischen Chorion und Uterusepithel geronnene Histiotrophe. (Orig.)
b) Schnitt durch die geburtsreife Placenta. Labyrinth ausgebildet. Durchdringungszone. (Orig.)

wird der Keim vorwiegend mit Eisen versorgt. Die discoidale Bärenplacenta ist von einem Extravasatring umgeben.

Massige Placenta mit kleiner oder rudimentärer Allantois

Hierher gehört die Placenta der Nager und der Lagomorphen (Hase, Kaninchen), der Fledermäuse und der Xenarthra. Im allgemeinen handelt es sich um haemochoriale Placenten. Neuerdings hat sich jedoch herausgestellt, daß bei Fledermäusen auch endotheliochoriale Struktur vorkommt. So soll die Placenta unserer einheimischen Fledermausgattungen *Nyctalus* und *Rhinolophus* endotheliochorial sein. WIMSATT nimmt sogar an, daß die endotheliochoriale Placentarform bei Fledermäusen allgemein vorkommt. Die langflüglige Fledermaus *Minio-*

pterus besitzt neben einem haemochorialen Labyrinth zwei kleine, scharf begrenzte endotheliochoriale Areale. Die große Mannigfaltigkeit der Formen macht es unmöglich, die hierher gehörigen Typen einzeln zu besprechen. Wir beschränken uns auf eine kurze Schilderung des Placentarbaues der wichtigsten Laboratoriumsnager – Kaninchen, Ratte, Meerschweinchen –, deren Placenta gut erforscht ist und als Objekt für experimentelle Untersuchungen dienen kann.

Die hier zu besprechenden Arten besitzen eine scheibenförmige, haemochoriale Labyrinthplacenta (Abb. 277, 284). Ein großer Teil des Chorions ist von vornherein glatt *(Chorion laeve)* und nicht am Aufbau der Placenta beteiligt. Bei Igel, Menschenaffen und Mensch kommt ebenfalls ein Chorion laeve vor Doch

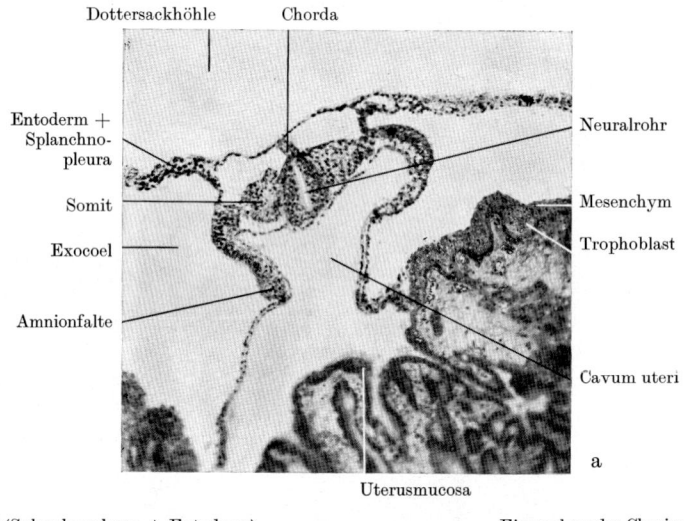

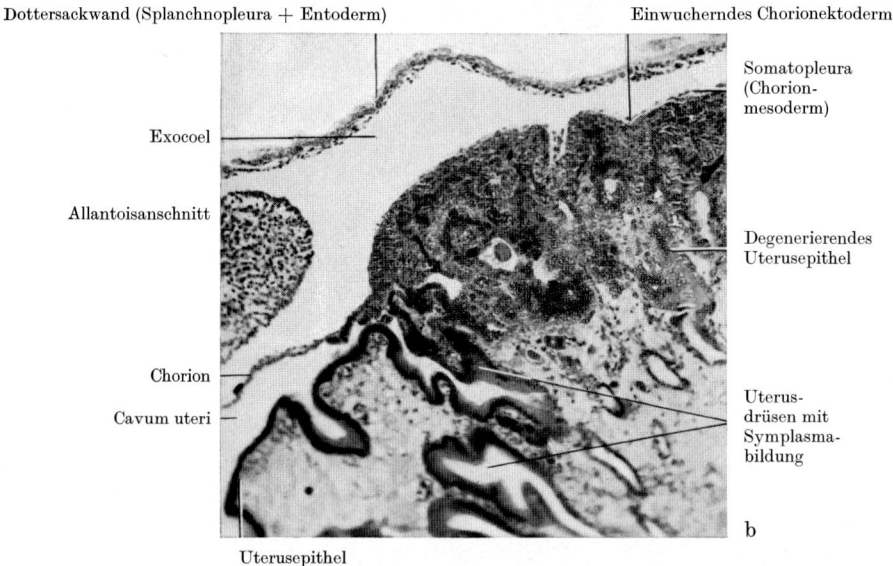

Abb. 276 Kaninchenkeim von 10 Tagen Alter. Faltamnion in Bildung. (Orig.)
a) Der Trophoblast hat sich in einer hufeisenförmigen Zone (im Bild rechts getroffen) dem Uterusepithel angelagert. Dieses zeigt Degenerationserscheinungen.
b) Schnitt aus der gleichen Serie, weiter caudal, zeigt die Degenerationszeichen an Epithel und Drüsen (Symplasmenbildung).

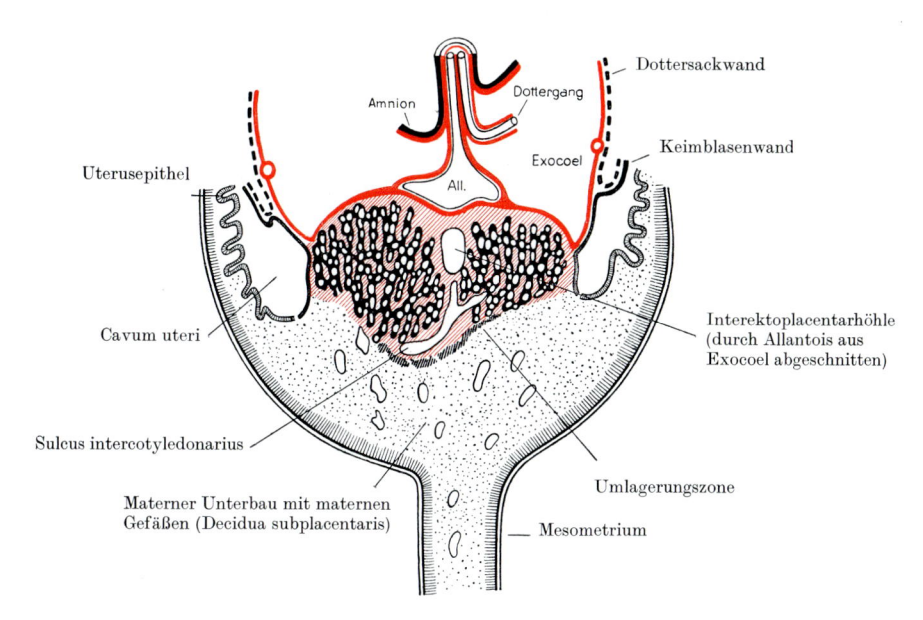

Abb. 277 Schematische Darstellung der Kaninchenplacenta. Placenta haemochorialis labyrinthica.

geht diesem bei den genannten Formen eine diffuse Placenta voraus.

Placenta des Kaninchens (DUVAL 1889, 1890, MOSSMAN 1926): Die Keimblase liegt frei im Uteruslumen und heftet sich oberflächlich, mesometral an. Die Embryonalanlage ist zunächst mit der Dorsalseite nach der mesometralen Seite gerichtet (Abb. 221a). An dieser Seite lassen sich im Uterus bereits vor der Implantation zwei Längswülste nachweisen. Sie bilden die materne Grundlage der zwei Placentarlappen. Die Embryonalanlage, die in die Keimblasenoberfläche eingefügt ist, findet in der Furche zwischen den beiden Wülsten (Sulcus intercotyledonarius) Raum zur Entfaltung (Abb. 256). An der zunächst typisch gebauten Keimblase tritt nun sehr schnell eine hufeisenförmige Ektodermwucherung auf, welche das Caudalende der Embryonalanlage umfaßt. Dieses Feld ist bestimmt, den embryonalen Anteil der Placenta zu liefern. Noch bevor es zur Anheftung kommt, wandeln sich die oberflächlichen Trophoblastschichten zu Syncytium um. Gleichzeitig setzt auch eine Symplasmabildung (Abb. 276) am Uterusepithel ein, das dem Trophoblastwulst gegenüberliegt. Am 8. bis 9. Tag verkleben Syncytium und Symplasma. Aus den tieferen Trophoblastlagen, die zellig gegliedert bleiben, erfolgt ein rascher Nachschub von neuem Syncytium, so daß dieses sehr schnell in die Tiefe dringt. Dabei treten nun auch am maternen Stroma (Decidua) Degenerationen und Symplasmenbildung auf. Durch Phagocytose des Syncytiums wird dieses Zerfallsmaterial als Histiotrophe verwertet. Das Syncytium skeletiert gewissermaßen bei dieser Tätigkeit die maternen Gefäße. Schließlich wird das Endothel zerstört, mütterliches Blut tritt in die nun nur von Trophoblastsyncytium ausgekleideten Lakunen über; das Labyrinth ist gebildet (Abb. 277).

Ab 10. Tag dringt von der fetalen Seite her Mesenchym mit Gefäßen in das Syncytium ein. Schließlich verdünnt sich das Syncytium zwischen Lakunen und fetalen Gefäßen stellenweise außerordentlich, so daß möglicherweise im Labyrinth Bezirke vorkommen, in denen die Placenta eine haemoendotheliale Struktur annimmt (MOSSMAN 1926).

Beim Kaninchen wird nur ein relativ kleiner Abschnitt der Keimblase vom Mesoderm umwachsen. Im übrigen geht die Keimblasenwand zugrunde. Der sich massenmäßig stark entfaltende Embryo (Abb. 221) wölbt sich in den Dottersack hinein. Da nun ein Teil der ekto-entodermalen Keimblasenwand bereits geschwunden ist, wird der Dottersack gewissermaßen umgestülpt, sein Epithel blickt nach außen und beteiligt sich sogar an der Resorption

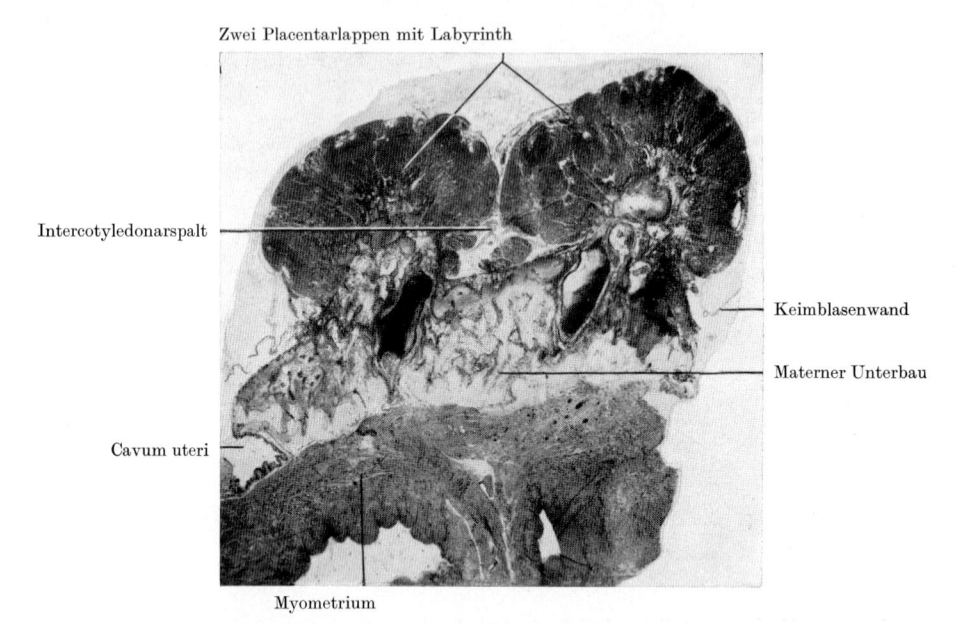

Abb. 278 Schnitt durch die geburtsreife Kaninchenplacenta im Zusammenhang mit der Uteruswand. Die Placenta ist zweilappig. Erklärung im Text. (Orig.)

Abb. 279 Schnitt aus der basalen Partie der reifen Placenta einer Ratte (*Rattus norvegicus*). Haemochoriale Labyrinthplacenta. Grenze des Labyrinthes gegen den maternen Unterbau. Einkernige fetale Riesenzelle. (Orig.)

von Histiotrophe. Eröffnet man von außen her eine derartige Eikammer, so stößt man zunächst auf die Innenseite des Dottersackes (Keimblattumkehr). Neben dem Rand der Placenta bleibt ein Rest der Keimblasenwand erhalten. Hier besteht auch in einem begrenzten Gebiet noch Chorion laeve als Verbindung von der Dottersackwand zum Placentarbezirk (Abb. 277).

Die reife Placenta läßt noch einen zweilappigen Bau erkennen (Abb. 277, 278). Der Intercotyledonarspalt wird von Allantois überbrückt. Er enthält ein abgesprengtes Exocoelbläschen.

Bei Ratte, Maus und Hamster erfolgt die Implantation antimesometral in einer Seitentasche des Uteruslumens (exzentrisch, Abb. 257). Sehr schnell geht das Uterusepithel der Eikammer zugrunde, die mächtig geschwollene Decidua schließt sich um die Keimblase und trennt somit die Eikammer vom Hauptlumen des Uterus ab. Das Lumen verklebt sodann auch auf der mesometralen Seite völlig, der Keim wird von einer *Decidua capsularis* umgeben. Anschließend beginnt sofort eine Neubildung des Uteruslumens, und zwar durch Gewebslösung an der antimesometralen Seite. Das Eibett ist also primär gegen die mesometrale Seite, später gegen die antimesometrale Seite des Uterus vorgewölbt. Die Decidua capsularis entsteht somit in ganz anderer Weise als bei Igel und Mensch (s. S. 327). An der Keimblase selbst ist der später zur Placenta werdende Trophoblastbezirk von vornherein als Träger (*Ektoplacentarkonus*, s. S. 219, Abb. 218) sehr mächtig ausgebildet, während die Blastocysten-

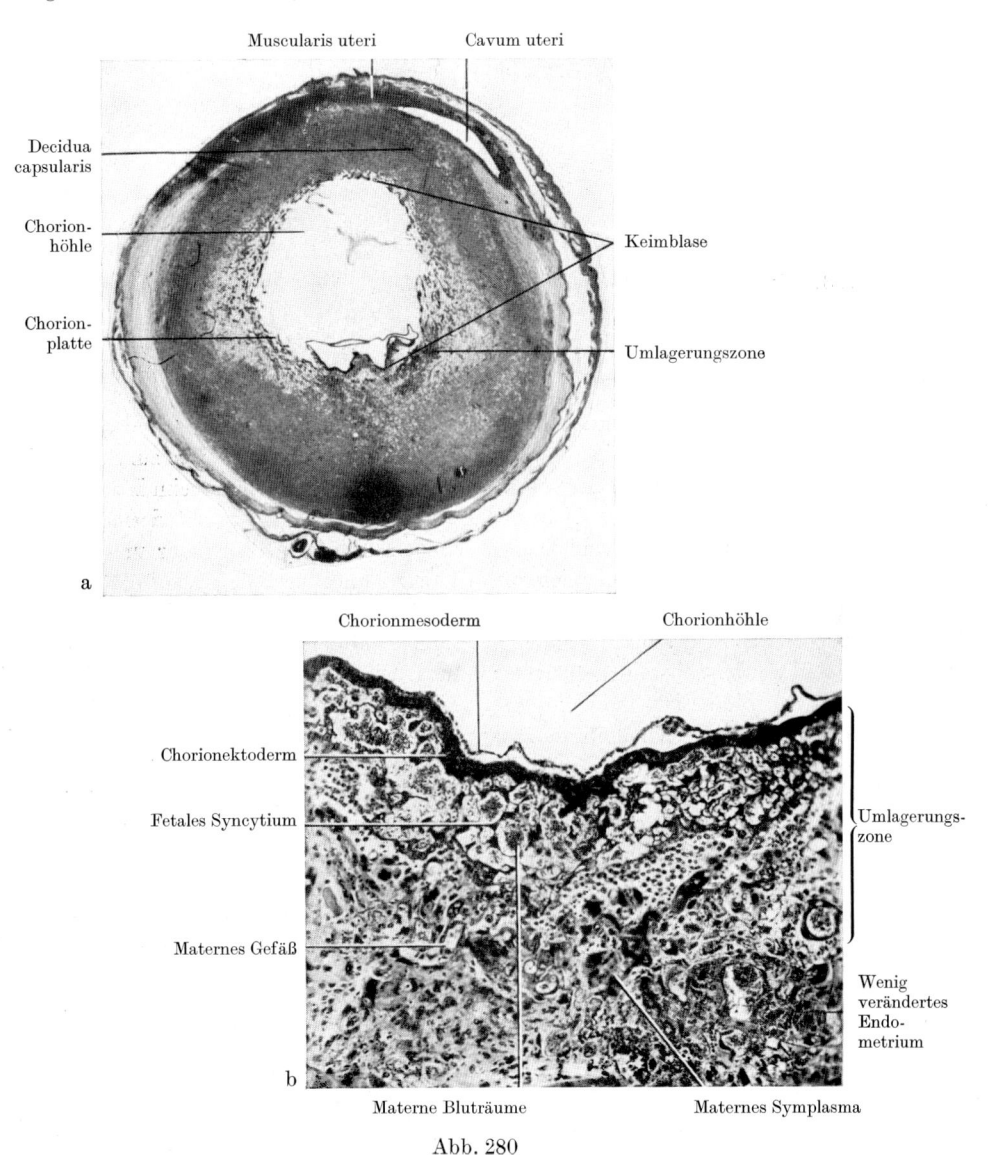

Abb. 280
a) Schnitt durch den Uterus mit junger Keimblase vom Meerschweinchen. Decidua capsularis.
b) Ausschnitt aus a) bei stärkerer Vergrößerung. Erläuterung im Text.

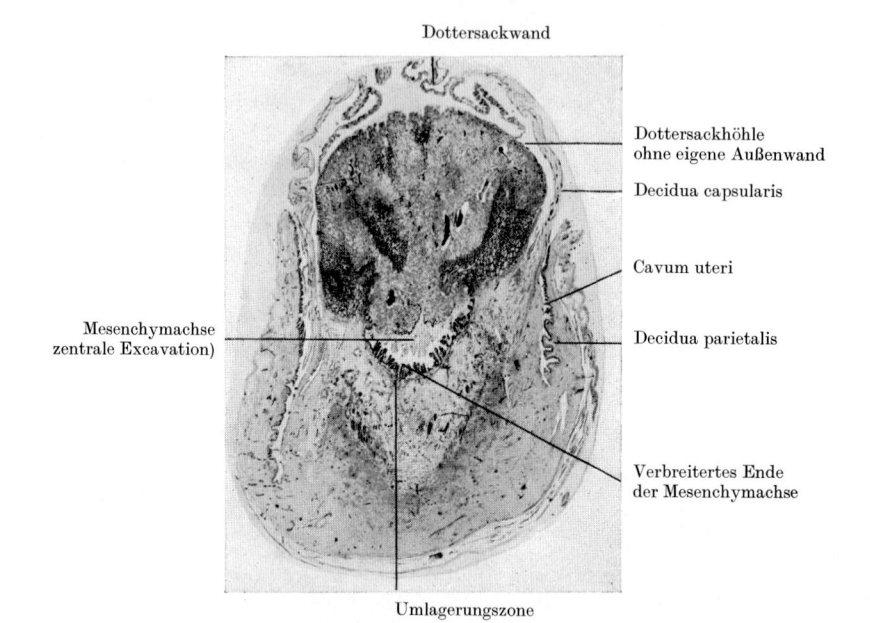

Abb. 281 Placenta vom Meerschweinchen (*Cavia porcellus*) aus der Mitte der Gravidität. Erläuterung im Text. (Orig.)

wand im übrigen ganz früh zugrunde geht. Reste der Basalmembran zwischen ekto- und entodermaler Keimblasenwand erhalten sich längere Zeit. Diese sogenannte „*Reichertsche Membran*" ist keine funktionslose Restbildung. Histochemische Untersuchungen (WISLOCKI und DEMPSEY) zeigen, daß sie materiell ausschließlich von den Trophoblastzellen herstammt und aus Kollagen besteht. Stoffwechselprodukte passieren diese Membran und werden zeitweise gespeichert (Eisen, Phosphatase). Sie besitzt zweifellos Bedeutung als durchlässige Grenzmembran zwischen Mutter und Embryo. Der Nachweis der Bildung dieser rein kollagenen Membran von ektodermalen Zellen ist eine wichtige Stütze für die Theorie von der Herkunft mesenchymatischer Strukturen vom Trophoblasten (s. S. 226, Mensch und Primaten). Reste der äußeren Keimblasenwand beteiligen sich als fetale Riesenzellen (s. S. 291) an der Zerstörung maternen Gewebes. Die äußere Dottersackwand wirkt zunächst bei der Resorption von Histiotrophe mit, schwindet aber später auch. Mesenchym bildet sich nur im Bereich des Trägers und der Embryonalanlage. Der Träger dringt in die Decidua ein und eröffnet materne Gefäße, doch kommt es bei Muriden erst relativ spät zu Syncytiumbil-

dung. Die Allantois entsteht als rein mesodermale Anlage ohne Lumen und führt etwa ab 10. Tag dem Träger Gefäße zu. So wird in ähnlicher Weise, wie wir es beim Kaninchen sahen, die ursprünglich rein ektodermale Placentaranlage (Ektoplacenta) mehr und mehr vaskularisiert und durch eine allantoide Placentation ersetzt. Im Träger selbst sind mittlerweile Lakunen entstanden, die maternes Blut aufnehmen. Die reife Placenta ist einlappig, discoidal. Sie läßt ein ausgedehntes Labyrinth und einen dünnen Unterbau, bestehend aus Decidua, Symplasmen und fetalen Riesenzellen, erkennen (Abb. 279). Ein Charakteristikum der Muridenplacenta ist das Auftreten sogenannter entodermaler Sinus. Es handelt sich um Auswüchse des Dottersackes, die von der fetalen Fläche her mit den fetalen Gefäßen in den Placentarkörper eindringen und sich den maternen Blutlakunen stark nähern. Sie sollen Substanzen aus der mütterlichen Blutbahn resorbieren.

Die Placentation des Meerschweinchens (*Cavia porcellus*) zeigt bei aller Ähnlichkeit doch einige Besonderheiten gegenüber den Muriden. Die Implantation erfolgt am 7. Tage antimesometral und interstitiell (Abb. 280), nachdem der Keim aktiv durch amoeboide Beweglichkeit des

Trophoblasten die Zona pellucida verlassen hat. Eibuckel und Capsularis entstehen wie bei Muriden. Beim Meerschweinchen ist der Prozeß der „Keimblattumkehr", der beim Kaninchen angebahnt, bei Muriden durchgeführt war, ins Extrem gesteigert. Die ektodermale Keimblasenwand schwindet außerordentlich früh, das parietale Dottersackblatt kommt gar nicht zur Anlage. Hingegen wächst nun das Dottersackentoderm, nachdem die Keimblasenwand verschwunden ist, außen um den Träger herum (ektoplacentares Entoderm, Abb. 219, 282) und beteiligt sich zunächst an der Resorption. Sehr bald sproßt der Trophoblast mit wurzelartigen Zapfen durch das ektoplacentare Entoderm und eröffnet materne Gefäße (Abb. 280b). Histologisch ist dann das Entoderm gegenüber dem Trophoblasten bald nicht mehr abzugrenzen. Es entsteht so schließlich eine typische labyrinthäre Ektoplacenta. Die Vaskularisation erfolgt durch einen massiven zentralen Mesenchymzapfen (Zentralkonus = zentrale Excavation von DUVAL, Abb. 281). Die Allantois besitzt kein Lumen. Sie ist ausschließlich mesenchymale Brücke, die der Ektoplacenta Gefäße zuführt (Abb. 218b). Das periphere, uteruswärts gerichtete Ende der zentralen Excavation wird verbreitert, der Ektodermbelag abgeplattet. Das Mesenchym schiebt sich in Form von Lamellen in diesen Teil der Placentaranlage vor. So entsteht ein eigenartiges Spezialorgan, die *Subplacenta* (= Dach der zentralen Excavation DUVALS, Abb. 283), in dem Histiotrophe aufgenommen wird. Die eigentliche Placenta besitzt Lappenbau, der dadurch zustande kommt, daß Mesenchym- und Gefäßeinwucherung nur unvollkommen erfolgen. Zwischen den vaskularisierten „Lappen" bleiben Teile des ursprünglichen Syncytiums mit Blutlakunen erhalten. Die peripheren Zonen der Placenta besitzen ebenfalls einen Überzug von derartigem Syncytium (interlobuläres und Randsyncytium, Abb. 282–284). Diese Bezirke entsprechen morphologisch also völlig einer Ektoplacenta, wie sie als scharf abgegrenzte Schicht bei Insektivoren beschrieben wurde (s. S. 290, Abb. 266). Über die mutmaßliche funktionelle Bedeutung dieser morphologischen Differenzierung verschiedener Placentarbezirke gilt dasselbe, was zuvor auf Seite 291 gesagt wurde. Mit zunehmendem Wachstum der Placenta wird die Anheftung des invertierten Dottersackes auf die fetale Seite der Placenta verschoben und wuchert als zunächst mehrschichtiges Epithel über die Seitenfläche der Placenta. Dieser Entodermüberzug auf der Placenta (Abb. 282) wird später einschichtig. Unter ihm liegt eine Schicht trophoblastischer Riesenzellen (Abb. 282). Erst dann folgt das Randsyncytium. Gegen Ende der Gravidität schwindet die Capsularis, so daß das Dottersackepithel in Kontakt mit der Uteruswand kommt (Resorption von Eisen; Phosphatase).

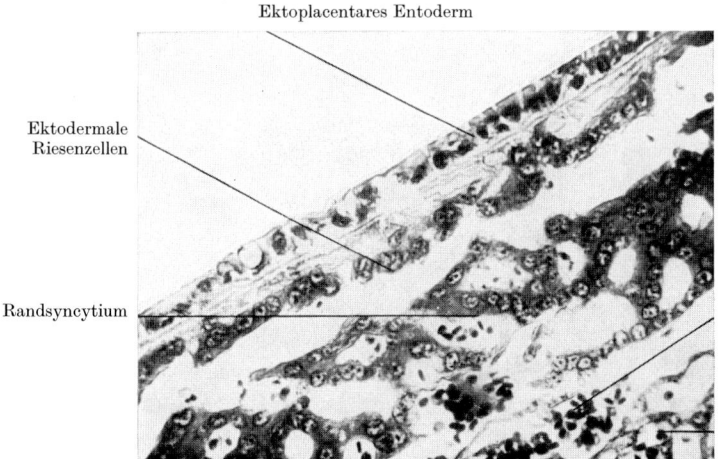

Abb. 282 Randpartie der reifen Placenta vom Meerschweinchen (Cavia porcellus) bei stärkerer Vergrößerung. Ektoplacentares Entoderm, darunter ektodermale Riesenzellen, dann Randsyncytium. (Orig.)

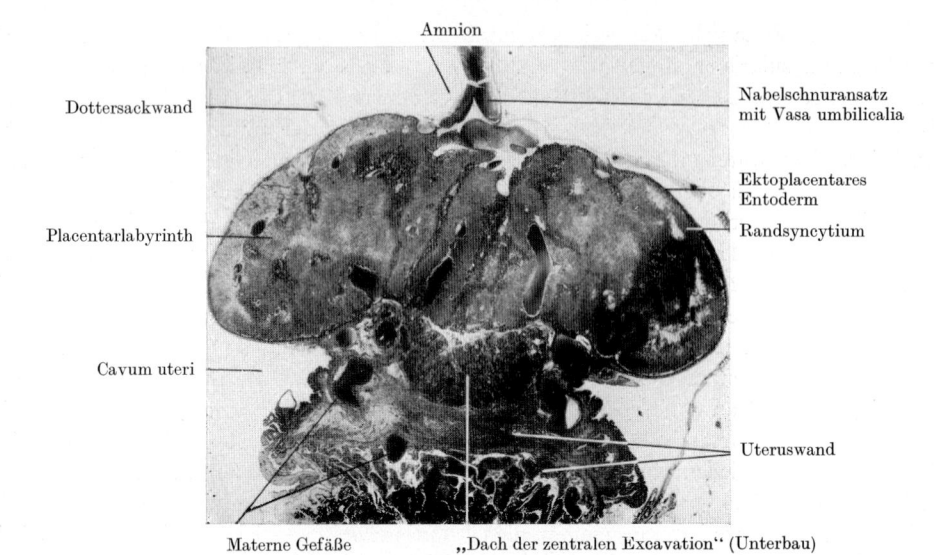

Abb. 283 Schnitt durch die reife Placenta mit Uteruswand vom Meerschweinchen (*Cavia porcellus*), Übersicht. Placentarlabyrinth mit interlobulärem Syncytium. (Orig.)

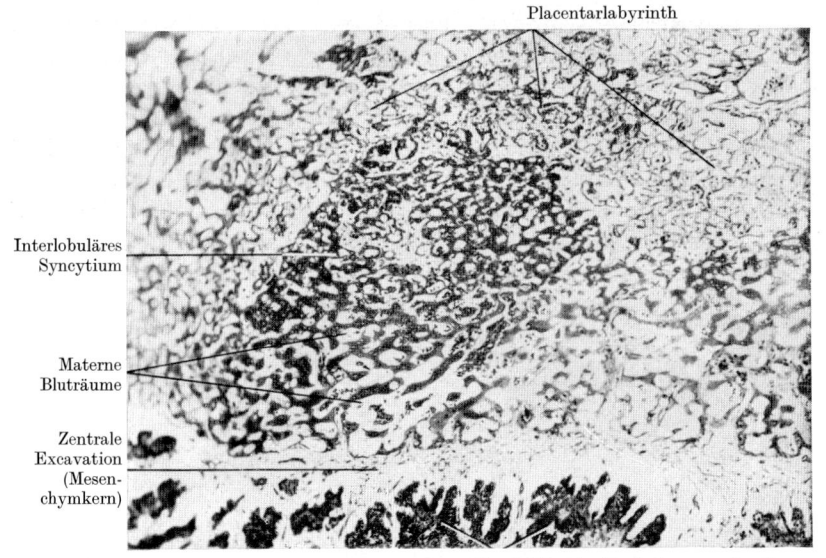

Abb. 284 Ausschnitt aus den basalen Partien einer Meerschweinchenplacenta aus der Mitte der Gravidität. Labyrinth und interlobuläres Syncytium. (Orig.)

Schließlich bildet sich die Subplacenta mehr und mehr zurück, das Uteruslumen schiebt sich unter der Placentarscheibe vom Rand her vor, so daß diese gestielt wird (Abb. 283). Bei einigen Nagern (Agouti) und Insektivoren (*Macroscelides*) geht diese pränatale Ablösung der Placenta so weit, daß nur eine mesenterialartig schmale Verbindung zwischen Uteruswand und Placentarkörper bestehenbleibt. Dieses *Mesoplacentarium* führt die größeren maternen Gefäße zur Placenta. Seine Bedeutung besteht darin, daß vorgeburtlich bereits die künftige Wundfläche bei der Ausstoßung der Nachgeburt möglichst klein gehalten wird. Damit ist die

Blutungs- und Infektionsgefahr auf ein Minimum reduziert. Gleichzeitig sind die Voraussetzungen geschaffen, daß nach kurzem Intervall eine neue Gravidität möglich wird.

Die Meerschweinchenplacenta ist ein gutes Beispiel für das Vorkommen verschiedener Funktionsbezirke in einem Organ. Wenn auch viele Einzelheiten noch unklar sind, haben histotopochemische Untersuchungen doch bereits manchen Hinweis gegeben. Basophile Granula finden sich vorwiegend im interlobulären Syncytium (Speicherung von Ribonucleoproteinen). Alkalische Phosphatase findet sich hingegen fast elektiv in den Placentarlappen, ferner im Dottersackepithel und in der Decidua. Dieses Ferment fehlt in der Subplacenta und im interlobulären Syncytium. Der Gehalt an Phosphatase wechselt in den verschiedenen Entwicklungsphasen. Im großen und ganzen nimmt er bis zum 55. Tag langsam zu und sinkt im letzten Viertel der Gravidität ab. Dabei geht in der Decidua der Phosphatasegehalt parallel dem Auftreten von histochemisch nachweisbarem Fett und Glykogen. Diese Substanzen erscheinen, wenn Zellnekrosen nachweisbar werden. Es scheint also durch Zerfall von Deciduazellen Fett und Glykogen frei zu werden. Gleichzeitig tritt Phosphatase auf, die für die bei der Resorption von Fetten und Zuckern notwendigen Phosphorylierungsprozesse gebraucht wird (Analogie zur Resorption im Darm). Auch im Dottersackepithel sind Phosphatase und Fett nachweisbar. Im letzten Viertel der Gravidität sinkt die funktionelle Leistung im Labyrinth offensichtlich schnell ab, dementsprechend sinkt der Phosphatasegehalt. Eisen findet sich im Dottersack und in Uterindrüsen, Calcium im Labyrinth. Der Resorptionsweg dieser beiden Stoffe ist also, anders als beim Menschen, in der Meerschweinchenplacenta offensichtlich verschieden. Die histochemischen Untersuchungen (HARD, WISLOCKI, DEANE und DEMPSEY) bestätigen unsere Anschauung über die verschiedenen Funktionsbezirke in der Placenta und unsere Vorstellungen über die resorptive Leistung der Ektoplacenta. Sie sind gleichzeitig eine eindringliche Mahnung, experimentelle Befunde an einer Tierart nicht voreilig auf andere Tierformen oder auf den Menschen zu übertragen.

Massige Placenta mit großem oder mittelgroßem Dottersack und gut ausgebildeter Allantois (Insectivora, Galeopithecus, Tupaia)

Placenta der Insectivora

Die Insectivoren sind kleine archaische Säugetiere. Sie besitzen meist eine massige invasive Placenta. Doch kommen alle denkbaren Strukturtypen als Hauptplacenta oder als Paraplacentarorgan in dieser phylogenetisch wichtigen Säugergruppe vor. Eine gedehnte epitheliochoriale Placenta besitzen der amerikanische Maulwurf *Scalopus* (hier allerdings sekundär, s. S. 280) und neben einer haemochorialen Scheibenplacenta auch *Potamogale*. Endotheliochorial ist die Placenta einiger Spitzmäuse und der Tupaiiden. Diese Feststellungen sind von Wichtigkeit, weil die Insektenfresser zweifellos eine ganz zentrale und altertümliche Stellung im Säugerstamm einnehmen und somit für die phylogenetische Beurteilung von besonderer Bedeutung sind. Aus diesem Grunde seien im folgenden die wichtigsten bisher bekanntgewordenen Befunde kurz zusammengestellt (s. auch STRAUSS 1942, STARCK 1949, 1952, 1959).

a) *Tenrec* und *Hemicentetes* (madagassische Borstenigel).

Die Implantation ist oberflächlich und erfolgt an der lateralen Seite (orthomesometral). Der Dottersack ist ausgedehnt und bildet vorübergehend eine mächtige Choriovitellinplacenta. Als Grundlage dieser Dottersackplacenta dient ein in dieser Form nur bei Tenreciden vorkommendes Schleimhautpolster („falsches Placentarkissen"). Die eigentliche Placenta besteht aus einem haemochorialen Labyrinth mit zentralem Blutbeutel. Letzterer leitet zu der Topfplacenta über. Ein syndesmochorialer Semiplacentarring ist als paraplacentares Hilfsorgan ausgebildet. Literatur: GROSSER 1928, GOETZ 1936, 1937, STRAUSS 1942, STARCK 1959).

b) *Setifer* (=*Ericulus*) (hartstachliger Borstenigel von Madagaskar).

Diese Form, meist zu den Tenreciden gerechnet, zeigt zahlreiche Besonderheiten. Die Implantation erfolgt teilweise interstitiell an der antimesometralen Seite. Die Choriovitellinplacenta ist zeitweilig als ringförmiges Organ ausgebildet. Keimblattumkehr ist angedeutet. Die Placenta besteht aus einem haemochorialen Labyrinth und einem stark gefalteten zentralen Blutbeutel. Ein Semiplacentarring fehlt (STRAUSS 1942, 1943).

c) *Potamogale velox* (afrikanische Otterspitzmaus).

Diese seltene und wenig bekannte Form ist bemerkenswert durch das Vorkommen einer sehr ausgedehnten epitheliochorialen Placenta und einer kleinen haemochorialen Labyrinthplacenta, die anscheinend teilweise den Charakter eines zentralen Blutbeutels annehmen kann (J. P. HILL 1939).

d) *Chrysochloris* (Goldmull), *Eremitalpa granti*.

Implantation seitlich und oberflächlich, Dottersack früh rückgebildet. Die Placenta ist invasiv. Implantation je eines Keimes in jedem Uterushorn; keine Polyovulation. Die Zona pellucida schwindet sehr spät (DE LANGE 1919, VAN DER HORST 1948).

e) *Erinaceus europaeus* (Igel).

Implantation interstitiell. Es kommt zur Bildung einer Decidua capsularis (Abb. 258, 266). Erste Anheftung des Keimes und Orientierung der Keimscheibe antimesometral. Zunächst wird eine Choriovitellinplacenta gebildet. Amnion und Dottersack entstehen durch Spaltbildung. Um die ganze Keimblasenoberfläche entsteht ein dicker invasiver Trophoblastmantel, welcher materne Gefäße eröffnet. Schließlich entsteht eine discoidale haemochoriale Labyrinthplacenta und ein Chorion laeve. An der

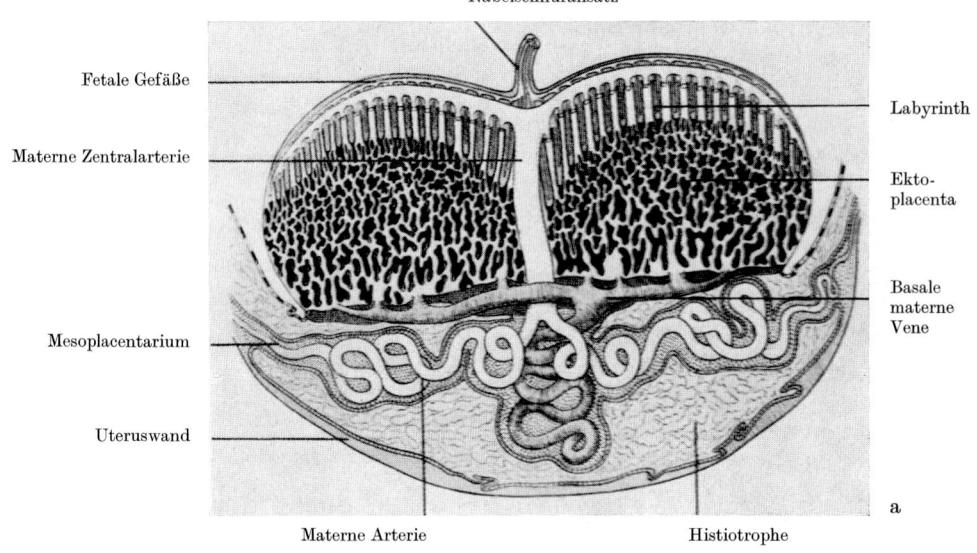

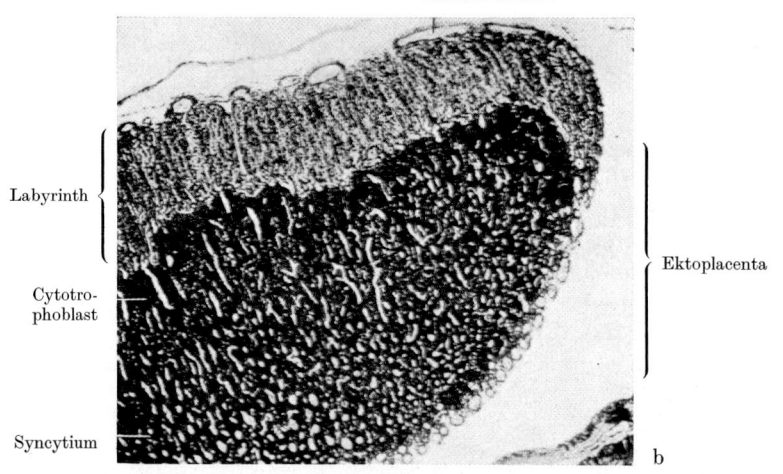

Abb. 285

a) Schema der Macroscelididenplacenta (nach STARCK 1949). Mächtige Ektoplacenta dem Labyrinth vorgelagert. Mesoplacentarium mit maternen Knäuelarterien. Die Placenta ist von einer maternen Zentralarterie durchbohrt. Beispiel für die Gültigkeit der MOSSMANschen Regel.
b) Aus der gleichen Placenta. Photo der Randpartie.

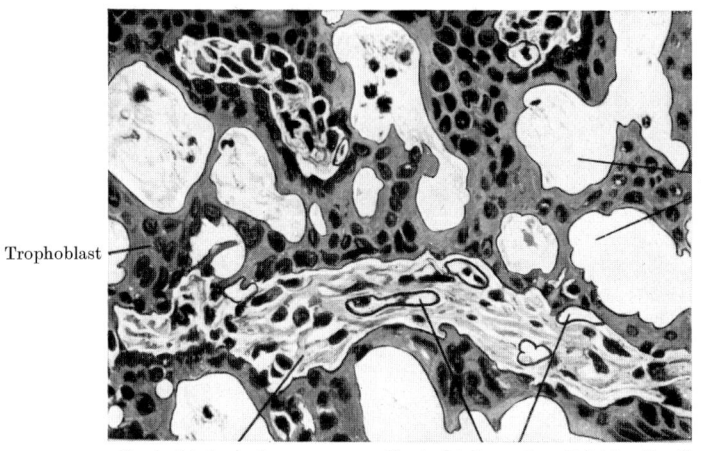

Abb. 286 Ausschnitt aus dem Labyrinth der Placenta von *Galeopithecus volans* (Flattermaki, Dermoptera). Placenta haemochorialis labyrinthica. (Orig.)

Placenta sind ein peripherer, nichtvaskularisierter Teil (Ektoplacenta mit Cytotrophoblast) und das von der Allantois vaskularisierte Labyrinth mit Syncytium (Abb. 266) zu unterscheiden (HUBRECHT 1889, 1898, RESINK 1903).

f) *Sorex, Blarina, Crocidura* (Spitzmäuse).

Die neueren Angaben über amerikanische Soriciden stimmen nicht völlig mit den alten Befunden an europäischen Arten überein. Die Befunde an letztgenannten Arten bedürfen der Nachprüfung. Da eigene Beobachtungen es wahrscheinlich machen, daß die an amerikanischen Formen erhobenen Feststellungen auch für unsere einheimischen Arten zutreffen, beschränken wir uns auf eine kurze Wiedergabe der Befunde von WIMSATT und WISLOCKI (1947) an *Blarina brevicaudata* und *Sorex fumeus*. Anheftung lateral, Orientierung der Keimscheibe antimesometral und oberflächlich. Placentarsitz antimesometral. Die Dottersackplacenta ist hochdifferenziert und funktioniert während der ganzen Schwangerschaft. Die definitive Placenta bildet sich relativ spät aus, zeigt zahlreiche Besonderheiten und ist endotheliochorial. Eine haemochoriale Paraplacenta kommt vor. Bei *Blarina* (und *Crocidura russula*) teilt ein vom Endometrium gebildetes Diaphragma die Fruchtkammer in zwei Abschnitte, einen für den Embryo, einen für die Placenta. Der Nabelstrang ist weitgehend in selbständige Portionen (allantoide und vitelline) geteilt. Literatur: HUBRECHT 1893, SANSOM 1937, 1939, WIMSATT und WISLOCKI 1947.

g) *Solenodon paradoxus* (Schlitzrüßler von Haiti).

Keimblattumkehr, haemochoriale Labyrinthplacenta mit vielen Spezialeinrichtungen. Nur ein Stadium bekannt. Literatur: WISLOCKI 1940.

h) *Talpa europaea* (Maulwurf).

Implantation zentral, superfiziell, lateral. Keimscheibe antimesometral, unvollständige Keimblattumkehr. Allantois mittelgroß. Die discoidale Labyrinthplacenta liegt antimesometral und zeigt haemochorialen (VERNHOUT 1894) oder endotheliochorialen (GROSSER 1927, 1935) Bau.

i) *Scalopus* (= *Scalops*) *aquaticus* (amerikanischer Maulwurf).

Völlig abweichend von *Talpa* findet sich bei dieser Form ausschließlich eine rein epitheliochoriale Placenta mit Chorionblasen (MOSSMAN 1939). Dieser Zustand wird sekundär über ein endotheliochoriales Zwischenstadium erreicht.

k) Macroscelididae (*Macroscelides, Nasilio, Elephantulus*), afrikanische Elefantenspitzmäuse.

Implantation mesometral, exzentrisch, interstitiell. Extreme Polyovulation, stets nur ein Keim in jedem Uterushorn implantiert. Lokalisierter Menstruationspolyp (Abb. 259). Sehr eigenartige Bildung einer Embryokammer und Decidua capsularis. Spaltamnion. Discoidale haemochoriale Labyrinthplacenta mit mächtiger Ektoplacenta. Placenta perforiert (Zentralarterie) (Abb. 285a, b). Hochdifferenzierte sekrethaltige Deciduazellen und Endothelhypertrophie (Abb. 267). Semiplacentarring. Literatur: GÉRARD 1923, STARCK 1949, VAN DER HORST und GILLMAN 1942 bis 1950, DE LANGE 1949.

l) *Tupaia*, Spitzhörnchen, wird meist mit guten Gründen in Beziehung zu den Halbaffen gebracht. Zweifellos steht diese Form an der Wurzel des Primatenstammes. Die Frühentwicklung und Placentation weicht von der anderer Insectivoren ab und unterstreicht diese Sonderstellung. Implantation zentral antimesometral (KUHN), Die Placenta ist doppelscheibenförmig, labyrinthär. Die Struktur nach HUBRECHT (1899) und DE LANGE und NIERSTRASS (1932) haemochorial, nach VAN DER HORST (1949) endotheliochorial.

m) *Galeopithecus*, Flattermaki.

Diese Form steht ziemlich isoliert und hat Beziehungen zu Insektenfressern, Fledermäusen und Halbaffen. Erste Anheftung superfiziell, antimesometral, exzentrisch. Spaltamnion, kleine Allantois. Discoidale Labyrinthplacenta von haemochorialer Struktur (Abb. 286), doch kommt es zu Defekten der Septen und Auftreten größerer Bluträume (Übergang zur Topfplacenta). Literatur: WISLOCKI, HUBRECHT, DE LANGE.

Eine haemochoriale Topfplacenta kommt bei den südamerikanischen Gürteltieren *(Dasypus)*, die zu den Edentaten gehören, vor. Beim afrikanischen Erdferkel *(Orycteropus)* findet sich – ein bisher völlig isoliert stehender Befund unter Eutheriern – eine *invasive Dottersackplacenta* von endotheliochorialer Struktur (VAN DER HORST 1949). Die definitive Placenta ist unvollständig gürtelförmig, wahrscheinlich endotheliochorial (DE LANGE).

Zusammenfassend sei nochmals betont, daß es eine „typische" Insektivorenplacenta nicht gibt. Alle Placentarstrukturen kommen in dieser archaischen Säugergruppe bereits vor. Dabei ist besonderer Wert auf die Feststellung zu legen, daß ein und dieselbe Form zeitlich nach- und nebeneinander sehr verschiedene Placentareinrichtungen entwickeln kann. Ähnliche Befunde lassen sich auch in anderen Säugergruppen erheben. Ein Beispiel aus der Familie der Huftiere sei angeführt. Während die großen spezialisierten Huftiere (Pferd, Rind usw.) flächenhaft gedehnte, nichtinvasive Placenten ausbilden, zeigt der Klippschliefer *(Procavia)*, ein sehr altertümliches Huftier von Katzengröße, eine Placenta zonaria haemochorialis labyrinthiformis. Implantation zentral, aber nicht oberflächlich (circumferentiell).

Die ganze Blastocystenoberfläche ist aktiv, ohne regionale Gliederung. *Procavia* verdient Interesse durch das Vorkommen eines echten Haftstieles. Zwischen Amnion und Trophoblast tritt eine sehr eigenartige Koagulumbildung auf. Das Chorion wird auffallend spät vaskularisiert. Der Haftstiel ist nie vaskularisiert und besitzt, anders als bei den Primaten, keine Beziehungen zur Allantois. Die Allantois ist groß und in vier Lappen geteilt, ein Befund, der uns bei der Besprechung der Prosimier noch beschäftigen wird. Alles in allem zeigt die Placentation von *Procavia* besonders deutlich eine Häufung von gruppenspezifischen Sonderstrukturen, die nachdrücklich die Eigengesetzlichkeit und die Sonderstellung des Ontogeneseablaufes für diese Form unterstreichen. *Procavia* ist ein schönes Beispiel für das Vorkommen differenzierter invasiver Placentarformen bei archaischen Arten von geringer Körpergröße. Literatur: WISLOCKI und VAN DER WESTHUYZEN 1940, STURGESS 1948, STARCK 1959 a, b.

Die Placenta der Elefanten *(Elephas, Loxodonta)* ähnelt der von *Procavia* insofern, als eine gürtelförmige, haemochoriale Zone vorkommt. Doch ist die Chorionoberfläche außerdem mit Zotten besetzt (Aufnahme von Histiotrophe?), zeigt also Anklänge an die Pferdeplacenta.

8. Die Placentation der Primaten

a) *Allgemeines*

Die Placentation der Primaten ist relativ häufig untersucht worden, da diese Gruppe engste phylogenetische Beziehungen zum Menschen besitzt (HUBRECHT 1898, 1902, GROSSER 1927, HILL, INCE und SUBBA RAU 1928, WISLOCKI 1929, 1932, J. P. HILL 1932, MOSSMAN 1932, WISLOCKI und STREETER 1938, STIEVE 1944, STARCK 1956, 1959, 1960). Trotzdem sind unsere Kenntnisse noch lückenhaft. Ebenso wie bei anderen Säugergruppen kann auch bei den Primaten nicht von einem einheitlichen Placentationstyp gesprochen werden. Die Menschenaffen besitzen wie der Mensch eine haemochoriale Topfplacenta. Bei niederen Affen kommen alle Übergänge zwischen Labyrinth- und Topfplacenta vor. Die Halbaffen haben, soweit Untersuchungen bisher vorliegen, eine epitheliochoriale Semiplacenta. *Tupaia* (eine den Insektivoren nahestehende Primitivform) besitzt eine endotheliochoriale Placenta (VAN DER HORST 1949). Sehr eigenartige Verhältnisse zeigt *Tarsius* (Koboldmaki), eine ancestrale Form – letztes Relikt eines großen Formenkreises –, die taxonomisch den Halbaffen zuzuordnen ist, aber im Endeffekt eine Placenta besitzt, die derjenigen gewisser Platyrrhinen sehr ähnelt (haemochorial). Allerdings wird dieser Zustand auf einem eigenen Weg erreicht. Um einen Überblick zu bekommen, unterscheiden wir zweckmäßigerweise (HILL 1932) fünf Grundtypen der Placentation bei den Primaten, und zwar:

1. Lemurenstadium
2. Tarsiusstadium
3. Platyrrhinenstadium
4. Cercopithecidenstadium
5. Hominoidenstadium

Dabei soll nicht gesagt sein, daß diese fünf Phasen zwangsläufig Stadien einer phylogenetischen Reihe bedeuten. Es wird für die evolutive Bewertung gerade auch der menschlichen Placentation notwendig sein, daß wir zuvor kurz einige Gesichtspunkte über die verwandtschaftlichen Beziehungen der Primaten untereinander erörtern.

b) Systematik und Phylogenie der Primaten

Die Primaten oder Herrentiere lassen zwanglos zwei Hauptgruppen von ganz verschiedener Ranghöhe unterscheiden: a) die Prosimiae oder Halbaffen und b) die Simiae oder Affen. Beide Gruppen umfassen sehr verschiedene Formen.

a) *Prosimiae*: Die Halbaffen sind primitive Eutheria mit engster Beziehung zu den Insectivora. Die malaiischen Spitzhörnchen (Tupaiidae) leiten von den Insektenfressern zu den Halbaffen über und werden von den Systematikern bald der einen, bald der anderen Gruppe zugerechnet. Die Lemuren oder Makis heben sich über das evolutive Niveau der Insektivoren durch Merkmale des Gehirnes, des Gebisses, des Schädels, der Extremitäten usw. hinaus. Taxonomisch unterscheiden wir: 1. Lemuridae in zahlreichen Arten auf Madagaskar (*Lemur, Indri, Cheirogaleus, Microcebus, Daubentonia* usw.), 2. Lorisidae in Afrika (*Perodicticus*, Galaginae) und Südasien (*Loris, Nycticebus*). Schließlich muß *Tarsius* mit seinen fossilen Verwandten zu den Halbaffen gestellt werden. *Tarsius* (Koboldmaki) ist ein kaum rattengroßes Tier, das sich springend fortbewegt. Die enorme Verlängerung des Tarsus hat der Form den Namen gegeben. Ganz eigenartig ist die Gestalt des Kopfes. Entsprechend der nächtlichen Lebensweise sind die Augen enorm vergrößert und beeinflussen die Gestalt des Gehirnes und des Schädels. *Tarsius* besitzt unter allen Säugern die relativ größten Augen. Die relative Augengröße (Volumen des Augapfels in cm³ in Prozent des Körpergewichts in Gramm) beträgt (A. H. SCHULTZ 1940, STARCK 1953) 2,243 gegenüber 0,147 bei *Lemur*, 0,351 bei *Aotes* (Nachtaffe mit vergrößerten Augen), 0,080 beim Rhesus, 0,016 bei Schimpanse und 0,015 bei *Homo*. Diese stark vergrößerten Augen („Kobold"maki) zusammen mit einer Reduktion des Gesichtsschädels und des Riechorgans verleihen dem Tierchen einen ganz eigenartigen Habitus. Die kuglige Kopfform und die Frontalstellung der Augen verursachen eine gewisse Ähnlichkeit des Ausdrucks mit dem höherer Affen. Da nun auch Schädelbau, Darmkanal und Placentarstruktur Anklänge an Affen aufweisen, wurde *Tarsius* vielfach als Zwischenform zwischen Halbaffen und Affen aufgefaßt. Es kann aber heute kein Zweifel darüber bestehen, daß *Tarsius* eine stark spezialisierte Form ist, der gewiß eine zentrale Stellung im Primatenstamm zukommt. Doch ist die ganze Grundorganisation dieser Form sehr primitiv. *Tarsius* ist ein stark spezialisierter Seitenzweig einer ancestralen Halbaffengruppe und sicher nicht der direkte Ahn der höheren Primaten.

Auch die *Tarsius*placenta ist spezialisiert. Sie kann uns aber gleichsam als Modell einer Zwischenform zwischen der Lemuren- und der Affenplacenta dienen.

b) In der Unterordnung *Simiae* (Affen) werden heute Formen vereinigt, die eine Anzahl von Merkmalen und Anpassungen gemeinsam haben, ohne daß damit die evolutiven Zusammenhänge in den Einzelheiten geklärt wären. Es handelt sich also um eine Stufen- oder Stadiengruppe (REMANE, HOFER-THENIUS). Der Ursprung der Platyrrhina (Ceboidea, Westaffen), die nur in Mittel- und Südamerika vorkommen, ist durch Fossilfunde nicht belegt.

System der rezenten Primaten
(nach FIEDLER)

Ordnung: *Primates*
Unterordnung: *Prosimiae* (Halbaffen)
  Familie: Tupaiidae (Spitzhörnchen)
    Lemuridae (Lemuren, Makis)
    Indriidae
    Daubentoniidae (Fingertier)
    Lorisidae (Loris)
    Galagidae (Buschbabys)
    Tarsiidae (Koboldmakis)
Unterordnung: *Simiae* (Affen)
    Platyrrhina (Breitnasen, Neuweltaffen)
    Cebidae (Kapuziner, Greifschwanzaffen usw.)
    Callithricidae (Krallenäffchen)
    Catarrhina (Schmalnasen, Altweltaffen)
    Cercopithecidae (Schlankaffen, Makaken, Paviane, Meerkatzen)
Superfamilie: *Hominoidea* (Menschenaffen und Mensch)
    Hylobatidae (Gibbons)
    Pongidae (Menschenaffen)
    Hominidae (Mensch)

Der Stamm der Neuweltaffen muß sich in Südamerika selbständig entfaltet haben, denn dieser Kontinent war fast die ganze Tertiärzeit hindurch gegenüber Nordamerika isoliert. Die Landverbindung über den Isthmus von Panama kam erst am Ende des Tertiär wieder zustande. Im Paleozän-Eozän aber hatten die Primaten sicher noch nicht die Simier-Stufe erreicht. Unabhängig davon, ob man für Alt- und Neuweltaffen einen gemeinsamen Vorfahren annimmt oder ob man beide Stammeslinien getrennt aus Halbaffen entstanden denkt, haben sich die beiden Stämme selbständig entfaltet.

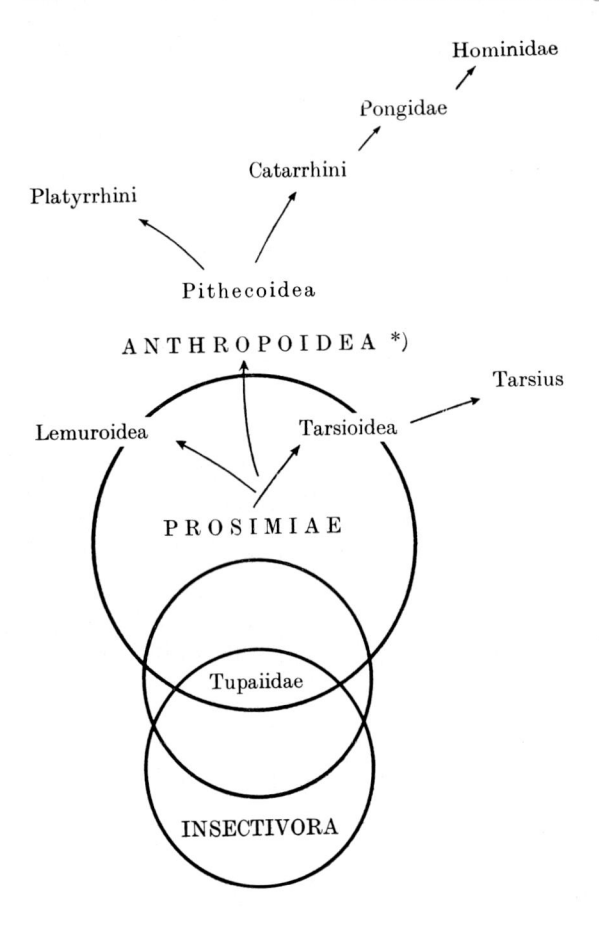

```
                          Hominidae
                         ↗
                    Pongidae
                   ↗
             Catarrhini
            ↗
Platyrrhini↘  ↗
         Pithecoidea
       ANTHROPOIDEA *)
                                    Tarsius
                                  ↗
  Lemuroidea   Tarsioidea
         ↖   ↑  ↗
          PROSIMIAE

            Tupaiidae

           INSECTIVORA
```

Es ist überaus eindrucksvoll, wie es dabei in zahlreichen Merkmalen zu paralleler Entwicklung (Konvergenz) gekommen ist. Platyrrhina und Catarrhina sind stets eindeutig an bestimmten Kennzeichen unterscheidbar (Nasenscheidewand, Gebiß, Tympanalregion, Handskelet usw.); dennoch ist die Ähnlichkeit beispielsweise in der Ausbildung des Großhirnes (vgl. *Cebus* mit *Macaca*), Schädel, Extremitäten und vieler anderer Organsysteme erstaunlich.

Im Gegensatz zu den Cercopitheciden, die alle annähernd gleiches Evolutionsniveau erreichen – nur die Paviane stehen etwas höher –, finden wir aber bei Breitnasen eine erhebliche Verschiedenheit des Evolutionsniveaus. Aus diesem Grunde ist das Studium der Platyrrhina von besonderem Interesse. Die Krallenäffchen (Callithricidae) repräsentieren einen sehr primitiven Zustand, den wir unter rezenten Cercopitheciden nicht mehr finden. Auch *Aotes* (Nachtaffe) und *Callicebus* (Springaffe) sind primitiver als alle heute lebenden Catarrhina. Kapuziner (*Cebus*) und Verwandte stehen etwa auf gleicher Stufe wie Makak und Meerkatze unter den Altweltaffen. *Ateles* (Klammeraffe) hat mindestens das

---

*) Anthropoidea = Simiae. Zur Taxonomie s. W. FIEDLER, Primatologie, I. Basel.

Pavian-Niveau erreicht und kommt in der Großhirnentfaltung bereits dem pongiden Muster sehr nahe.

Cercopitheciden, Hylobatiden und Pongiden werden oft unter dem Sammelbegriff Catarrhina (Schmalnasen) zusammengefaßt. Die Pongiden (Menschenaffen) haben viele Merkmale mit den Cercopitheciden gemeinsam, sind aber von diesen durch die bedeutend stärkere Neencephalisation, Schwanzreduktion, Rückbildung der Gesäßschwielen und der Backentaschen gekennzeichnet. Ob aber die heutigen Cercopithecoidea und die Hominoidea aus dem gleichen Stamm hervorgegangen sind, oder ob sie getrennt aus Prosimiern entstammen, ist noch nicht entschieden.

Wir können hier die Phylogenie und Klassifikation nur in ganz groben Zügen skizzieren. Eine genauere Besprechung würde eine eingehende Berücksichtigung der Fossilfunde nötig machen. Immerhin läßt sich feststellen, daß die Prosimier eine Basisgruppe darstellen, in der die Simiae, vielleicht mit mehreren Stämmen, wurzeln. Die Tarsioidea haben innerhalb der Halbaffen eine zentrale Stellung. Die Platyrrhinen sind sicher früh, wenn nicht von Anfang an, gegenüber den Altweltaffen selbständig. Die Pongiden haben nähere Beziehung zu den Hundsaffen. Die Hominiden wurzeln in der taxonomischen Gruppe „Pongidae", ohne daß die rezenten Menschenaffen (Gorilla, Schimpanse, Orang) als Ahnen in Betracht gezogen werden können.

In bezug auf die Embryonalentwicklung ist folgendes festzuhalten. Die meisten Halbaffen zeigen deutlich primitive Züge in der Ausbildung von Embryonalanlage und Fetalanhängen. *Tarsius* nimmt eine Sonderstellung ein und macht modellmäßig einige Kennzeichen höherer Formen (Mesenchymbildung, Haftstiel) verständlich. Die *Tarsius*-Placenta weicht in der Struktur von der Lemuren-Placenta erheblich ab, leitet aber nicht direkt zu den Verhältnissen der Simiae über. Unter den Affen zeigen die Platyrrhina durchweg in bezug auf Eihäute und Placenta ein recht einheitliches Bild, das dem der Catarrhina ähnlich ist, aber eindeutig primitivere Züge erkennen läßt. Wenn wir daher die Frühentwicklung und Placentation der Platyrrhina als Modell der Vorstufe höherer Primaten benutzen, so bedeutet dies nicht, daß die rezenten Altweltaffen von Neuweltaffen abstammen. In bezug auf die Eihäute und Placenta zeigen die Menschenaffen und Menschen sehr große Ähnlichkeiten. Sie sind von den Cercopitheciden durch eine Reihe gemeinsamer Merkmale gut abgegrenzt (tiefere Implantation, Decidua capsularis, einfach scheibenförmige Placenta, Chorion laeve nur sekundär).

Auf Grund der Befunde aus der Embryonalentwicklung rezenter Primaten ist es also möglich, mehrere Ontogenesetypen zu unterscheiden, die gleichzeitig Evolutionsstufen darstellen:

1. Lemurenstadium
2. Tarsiusstadium
3. Platyrrhinenstadium
4. Cercopithecidenstadium
5. Hominoideastadium.

Diese Stadien haben Bedeutung, da sie uns den phylogenetischen Gang der Ontogenesetypen erläutern können. Es ist nicht möglich, allein auf Grund derartiger embryologischer Merkmale Deutungen im Sinne einer echten Sippenverwandtschaft abzuleiten (s. hierzu S. 281/82).

Wir wollen uns nun der Besprechung der Grundtypen der Primatenplacenta zuwenden.

c) Placenta der Lemuren

Die Lemuren besitzen eine epitheliochoriale Semiplacenta, die in ihrer Struktur weitgehend etwa der Schweineplacenta gleicht. Die Placenta ist diffus, nicht lokalisiert. Die Implantation ist zentral, superfiziell. Unterschiede zwischen den einzelnen Genera bestehen im Verzweigungsgrad der Zotten, im Auftreten von Blutextravasaten im Endometrium und in der Ausbildung von Chorionblasen. Für *Galago* ist von Gérard das Vorkommen invasiver Placentationsformen angegeben worden. Die Allantois ist sehr groß und besitzt vier Lappen (Abb. 287). Diese Lappung wird von Hill damit in Zusammenhang gebracht, daß die primäre Allantoisblase frühzeitig das Chorion erreicht und diesem die Umbilikalgefäße zuführt. Die Umbilikalarterien besitzen vier Äste, die nicht nur die Kontaktzone zwischen Allantois und Chorion vaskularisieren, sondern sich sehr früh über das ganze Chorion ausbreiten. Damit werden vier Fixpunkte geschaffen, zwischen denen später Aussackungen der Allantois vorwachsen. In diesen Besonderheiten besteht zweifellos eine Spezialisierung der Lemureneihäute. Hill ist geneigt, in der frühen Fixierung des gefäßführenden Allantoissackes einen Vorläufer des Haftstieles und damit eine erste Differenzierung in Richtung auf die Simiae hin zu sehen. Nun hat diese Argumentation in letzter Zeit an Beweiskraft eingebüßt, da van der Westhuyzen (1940) und Sturgess (1948) zeigten, daß bei *Procavia*, einem primitiven Huftier, auf sehr frühem Stadium ein nicht vaskularisierter Haftstiel vorkommt, der allerdings schnell wieder verschwindet. Hingegen zeigt *Procavia* die gleiche eigenartige Lappenbildung der Allantois wie *Lemur*. Eine endgültige Beurteilung dieser Theorie wird jedoch erst möglich sein, wenn wir besser über die Funktion der Allantois in den verschiedenen Tiergruppen informiert sind; selbst über die Chemie des Allantoisinhaltes liegen kaum exakte Angaben vor.

d) Tarsius

Tarsius zeigt zentrale Implantation. Die Embryonalanlage wird früh in den Trophoblasten eingeschaltet. Demzufolge besteht Falt-

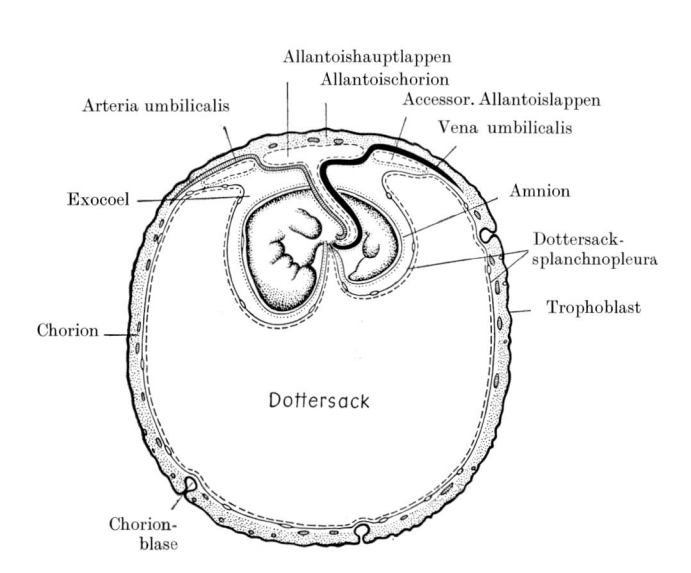

Abb. 287 Ältere Keimblase des Halbaffen *Loris tardigradus* (5,8 mm). Akzessorische Allantoislappen. Fixation der Allantoisblase ans Chorion über die Blutgefäße. (Nach J. P. Hill, Ince und Subba Rau).

amnionbildung. Die Placenta ist im Endzustand sehr massig, scheibenförmig und haemochorial. Die Keimblase heftet sich primär an der mesometralen Seite an. In diesem Gebiet findet sich eine ausgesprochene Hyperplasie des Uterusepithels, welche besonders die Drüsenhälse betrifft. Auch das endometrale Stroma wird von dieser Gewebstransformation betroffen, so daß schließlich eine kompakte Zellmasse entsteht. Da nun auch der Trophoblast in diesem Bezirk stark wuchert, ist es außerordentlich schwer, nach Schwund der Epithelgrenze zu sagen, wo materne und fetale Gewebselemente aneinandergrenzen. HUBRECHT hielt die als Trophospongia gezeichnete Gewebsmasse für maternen Ursprungs, während J. P. HILL (1929) sie für trophoblastisch hält. Dieser ektoplacentare Trophoblast – wir schließen uns damit der Deutung von HILL an – ist für die *Tarsius*placenta sehr charakteristisch. Er wächst zwar weiter, bildet auch eine stielartige Verlängerung seiner basalen Seite aus, zeigt aber absolut keine invasiven Tendenzen und offenbart damit auch ganz andere biologische Eigenschaften als der Trophoblast der höheren Primaten, der diffus in die Decidua eindringt. In der Ektoplacenta treten später große vielkernige Massen auf. Sie wachsen synchron mit der Placenta und fließen zu einem Syncytium zusammen, wenn das Chorionmesenchym in den Trophoblasten eindringt. Schließlich bilden sich allmählich lakunäre Spalten innerhalb des Trophoblasten, in welche maternes Blut gelangt. Die Vaskularisation des Syncytiotrophoblasten vom Chorion her schreitet fort, so daß schließlich ein netzartig angeordnetes Balkenwerk entsteht, das nur noch von einer dünnen Syncytiumlage bedeckt ist und durch viele Querverbindungen zusammenhängt. Mit zunehmendem Wachstum der Placenta werden die Trabekel immer schmaler. Es entsteht also eine discoidale, haemochoriale Labyrinthplacenta, die in vieler Hinsicht Anklänge an die Affenplacenta zeigt und jedenfalls weit über die Evolutionsstufe der Lemuridenplacenta hinausführt. Trotzdem ist die Entwicklung der *Tarsius*placenta eigenartig hoch spezialisiert und kann, auch wenn die Endstufen vergleichbar sind, nicht als Zwischenform zwischen Lemuren und Affen im streng phylogenetischen Sinne beurteilt werden.

Haftstiel bei Tarsius

Die Keimblase bei *Tarsius* unterscheidet sich von der bei den Lemuren durch überstürzte und vorzeitige Mesenchymbildung vor Auftreten des Primitivstreifens. Doch scheint im Gegensatz zu höheren Primaten diese Mesenchymbildung lokalisiert zu sein (HUBRECHT, HILL). Das caudale Ende des Primitivstreifens erscheint als vordere Fortsetzung des ersten Mesenchymbildungsbezirkes, der direkt in die Haftstielbildung übergeht. Der Haftstiel erreicht frühzeitig die Placentaranlage und wird durch Unterwachsung vom Exocoel her aus dem Chorion herausgeschnitten. Er wird damit zu einem strangartigen Gebilde, das frei durchs Exocoel zieht. Er enthält ein relativ großes Allantoisdivertikel. Die Amnionhöhle verlängert sich längs des Haftstieles und schafft damit Raum für das Auswachsen des Embryonalkörpers. Das Auftreten des Haftstieles bei *Tarsius* ist für das Verständnis der entsprechenden Bildung bei Affen und Mensch (s. S. 236) wesentlich.

Tarsius zeigt deutlich, daß der Haftstiel nichts anderes ist als das verfrüht auftretende Homologon der mesenchymalen Allantoisanlage. Damit wird die Verbindung zwischen Embryo und Chorion geschaffen, auf der die Umbilikalgefäße zur Placenta gelangen.

e) *Placenta der Affen*

Die Implantation der niederen Affen (Platyrrhinen und Cercopitheciden, nicht Pongiden) erfolgt zentral und superfiziell (Abb. 289). Die Keimblase heftet sich zunächst über dem Embryonalpol an (s. S. 220, Rhesusaffe). Später kommt eine sekundäre Anheftung am gegenüberliegenden Pol hinzu, so daß bei Platyrrhinen und Catarrhinen zwei scheibenförmige Placenten (Pl. bidiscoidalis, Abb. 288) entstehen. Eine Decidua capsularis fehlt. Gelegentlich kommt sowohl bei West- als auch bei Ostaffen eine einfache discoidale Placenta vor (*Alouatta, Callithrix*, regelmäßig bei *Papio*).

Der Typ der Platyrrhinen- und der Catarrhinenplacenta sind einander sehr ähnlich, wenn auch die Platyrrhinenplacenta etwas primitiver ist. Wir besprechen daher zunächst das Gemeinsame. Der Ablauf der Primitiventwicklung ist gegenüber dem der Halbaffen charakterisiert

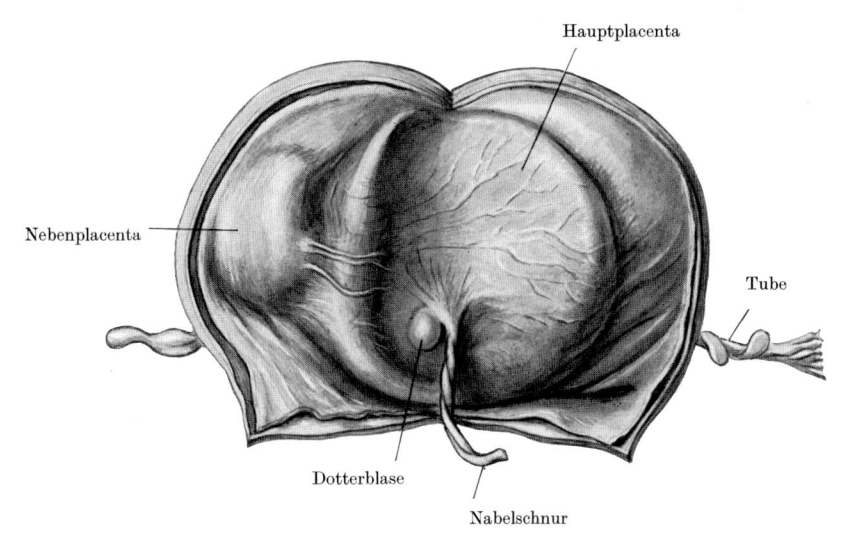

Abb. 288 Haupt- und Nebenplacenta bei einem catarrhinen Affen (*Presbytis aygula*), Embryo 80 mm Scheitel-Steiß-Länge). Der Uterus ist eröffnet, der Embryo entfernt. (Orig.)

durch Spaltamnionbildung, frühzeitige Anheftung des Trophoblasten und Besonderheiten der Dottersackbildung. Die Placenta ist von vorneherein scheibenförmig. Ein diffuses Zottenchorion wie bei Pongiden und Mensch kommt also nicht vor. Extraembryonales Mesenchym, Haftstiel und Chorion entstehen noch früher als bei *Tarsius*. Die erste Anlage des Haftstieles läßt sich auch bei Affen als lokalisierte caudale Proliferationszone des Mesenchyms (*Callithrix, Nasalis*, HILL) nachweisen. Die Abgrenzung dieser Mesenchymproliferation gegen die diffuse Mesenchymbildung vom Trophoblasten her (STREETER) ist nicht mit Sicherheit durchführbar. Bei der bidiscoidalen Placenta verbindet der Haftstiel den Keim nur mit der primären Placenta. Die sekundäre Placenta erhält ihre Vaskularisation durch anastomosierende Gefäße vom Rande der Hauptplacenta her.

Der Trophoblast heftet sich bei den *Platyrrhinen* in breiter Zone an das Endometrium an und bildet früh eine oberflächliche Syncytiumzone. Innen bleibt Cytotrophoblast zunächst als Reservelager für spätere Syncytiumbildung erhalten. Der Trophoblast ist deutlich aktiver als bei *Tarsius* und arrodiert materne Gefäße. So entsteht früh ein Lakunensystem, welches maternes Blut aufnimmt. In diesen mächtigen, primären Trophoblasten dringt Mesenchym mit Gefäßen ein und verästelt sich in ihm. Auf diese Weise entstehen Zotten und Balken, die vielfach zusammenhängen. Die Überkleidung der Zotten besteht also aus primärem Trophoblasten, der von vornherein an der Stelle seiner Entstehung liegengeblieben ist. Während dieser Entwicklungsvorgänge wird der Cytotrophoblast mehr und mehr in Syncytium umgebildet. Gleichzeitig kommt es zu fibrinoider Degeneration im Syncytium zwischen den Zotten. Damit werden die balkenartigen Verbindungen großenteils gelöst, es entstehen freie Zottenendigungen. Anastomosen zwischen den Zotten bleiben stellenweise besonders in Form syncytialer Stränge erhalten (Abb. 290a, b). Damit ist die Platyrrhinenplacenta im Endeffekt der Placenta der Catarrhinen recht ähnlich geworden. Doch sind syncytiale Anastomosen der Catarrhinenplacenta zumeist sekundär zustande gekommen und haben somit keine stammesgeschichtliche Bedeutung. Die Platyrrhinenplacenta ist eine Übergangsform zwischen Labyrinth- und Zottenplacenta, steht aber der letzteren bereits sehr nahe. Echte Haftzotten fehlen bei Platyrrhinen, da der Trophoblast von vornherein in breiter Zone am Endometrium verankert ist und diese breitbasige Verbindung erhalten bleibt. Die maternen Bluträume werden ringsum von Trophoblast eingefaßt, nach basal hin sind sie vom peripheren Syncytium begrenzt. Die Platyrrhinen-

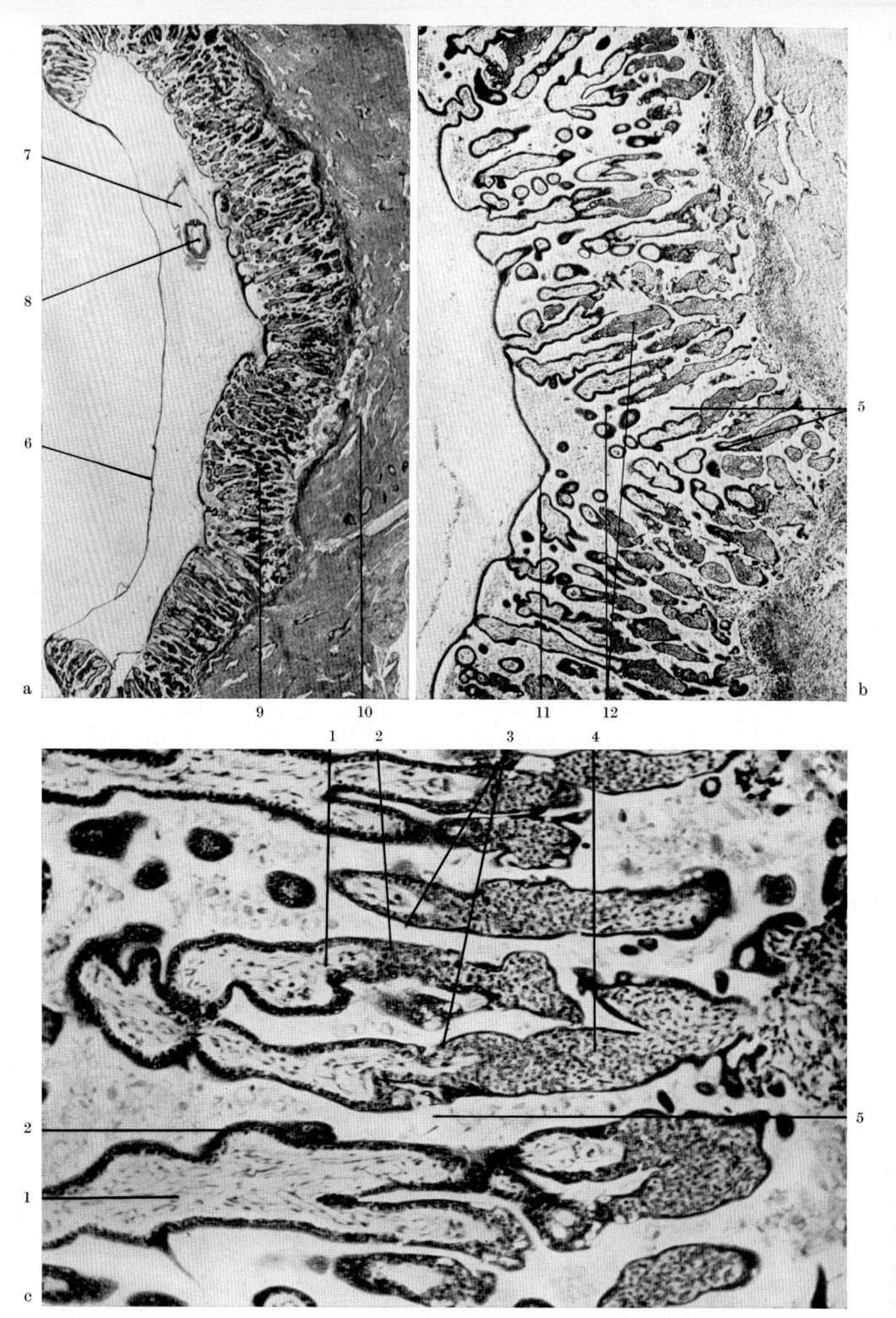

Abb. 289 Junge Keimblase eines Pavians (*Papio doguera*), Somitenstadium.
a) Übersicht über die Keimblase in situ; primäres Chorion laeve (links) blickt gegen das Cavum uteri. Basal (rechts) Placentaranlage.   b) Ausschnitt aus der Placenta.   c) Zotten bei stärkerer Vergrößerung
1 = Zottenmesenchym, 2 = Syncytiotrophoblast, 3 = Intermediärzone, 4 = typischer Cytotrophoblast der Zellsäulen, 5 = intervillöser Raum, 6 = Chorionlaeve, 7 = Amnionhöhle, 8 = Embryo, 9 = Placenta, 10 = Endometrium, 11 = Chorionplatte, 12 = Chorionzotten. (Nach STARCK 1959).

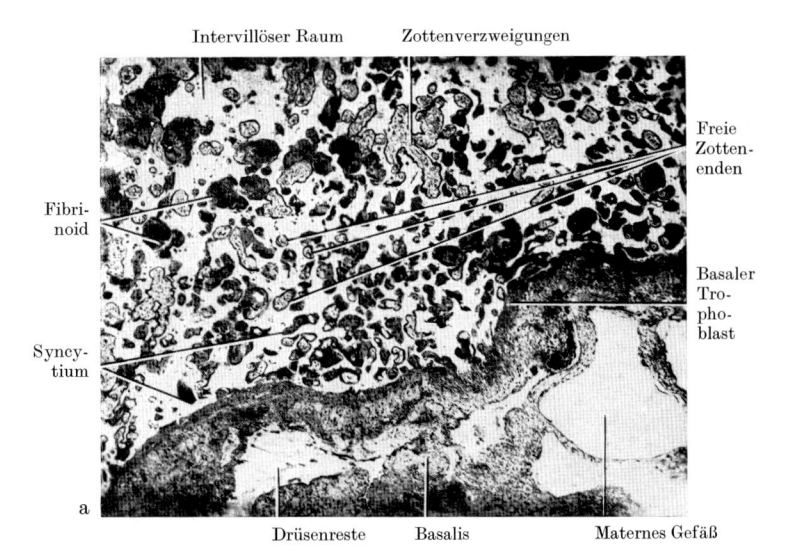

Abb. 290 Schnitte aus der Placenta eines platyrrhinen Affen (Brüllaffe, *Alouatta belzebul*. Embryo 36 mm Scheitel-Steiß-Länge). (Orig.)

a) Aus der Mitte der Placenta, viele freie Zottenenden, vereinzelt Zottenverbindungen.
b) Randzone der gleichen Placenta, stärker vergrößert. Zahlreiche syncytiale Zottenverbindungen, fast kein Cytotrophoblast.

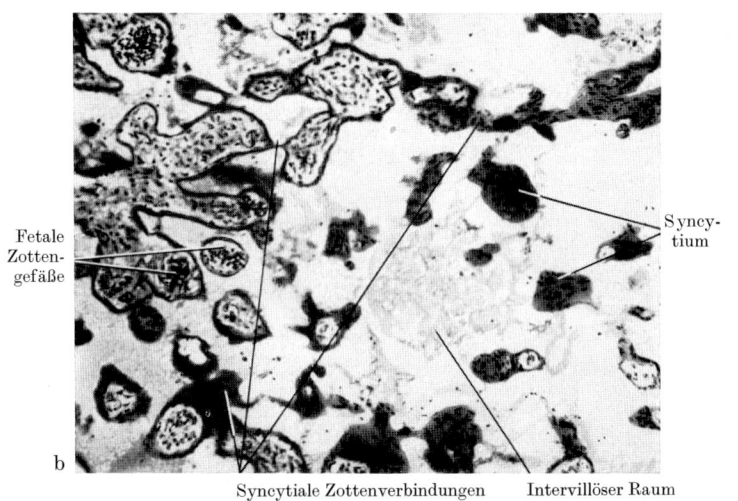

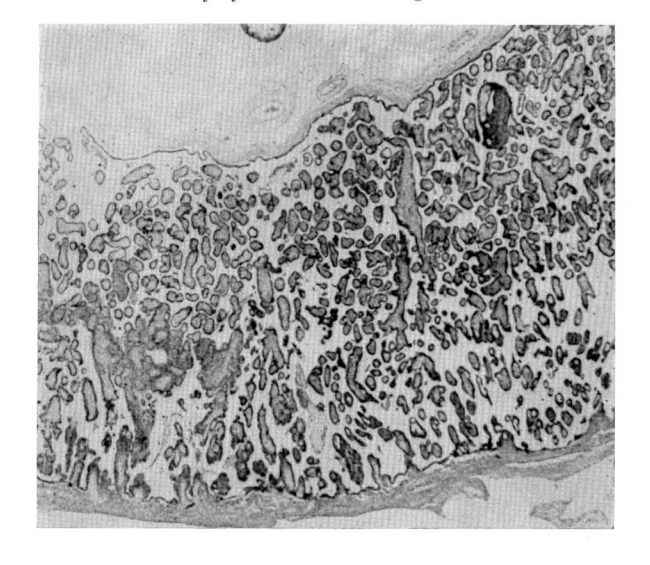

Abb. 291 Übersicht über die Placentarstruktur beim Mantelpavian (*Papio hamadryas*, Embryo 33 mm Sch-Stlänge). Starke Zottenverzweigung.
(Nach STARCK 1959).

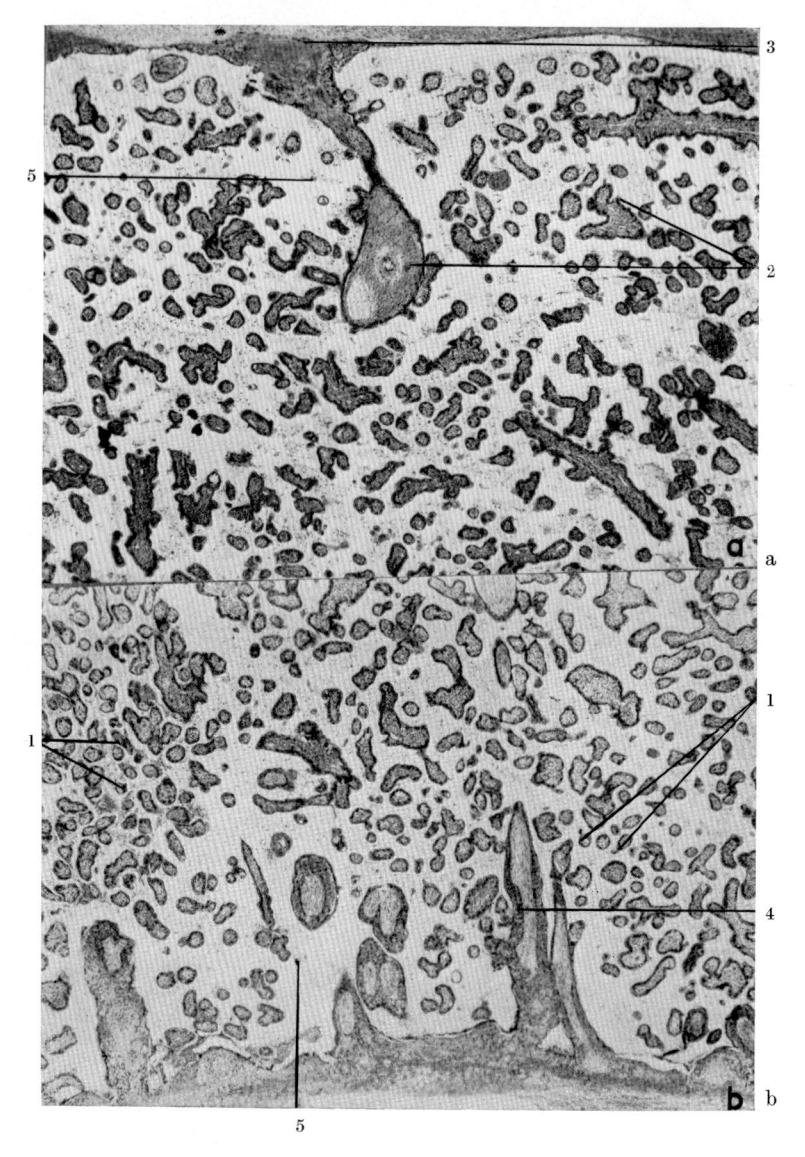

Abb. 292 Ausschnitte aus der Placenta eines Mantelpavians (*Papio hamadryas*, Embryo 85 mm Scheitel-Steiß-Länge) als Beispiel der Catarrhinenplacenta. Zottenverzweigung im intervillösen Raum.
a) fetale Seite, b) basale Seite der Placenta.
1 = freie Zottenenden, 2 = große Zottenstämme, 3 = Chorionplatte, 4 = Haftzotte, 5 = intervillöser Raum. (Nach STARCK 1959).

placenta ist gegenüber der Catarrhinenplacenta durch die starke primäre Trophoblastwucherung und deren langes Bestehenbleiben gekennzeichnet.

Die Verhältnisse bei *Catarrhinen* (Abb. 289, 291, 292) lassen sich hieraus leicht als Accelerations- und Abbreviationsprozesse deuten. Bei diesen Formen ist die primäre Trophoblastwucherung massenmäßig relativ unbedeutend, führt aber frühzeitig zur Eröffnung materner Gefäße, da die Invasionsfähigkeit sehr erheblich ist. Der wesentliche Fortschritt besteht nun darin, daß die Zotten nicht mehr durch Eindringen von Mesenchym in den peripheren primären Trophoblasten entstehen, sondern von vorneherein frei auswachsen. Der relativ dünne primäre Trophoblast (entsprechend den Primärzotten beim Menschen) wird durch die sich bildenden Sekundärzotten nach basalwärts geschoben. Der einheitliche placentare Blutraum (intervillöser Raum) ist also von vorneherein einheitlich und entsteht nicht wie bei Platyrrhinen durch sekundäre Auflösung von syncytialen Strängen (Abb. 291, 292). Der Zottenüberzug ist daher nicht vor Einwachsen des Mesenchymkernes vorhanden, sondern entsteht gleichzeitig mit der Proliferation der Zottenzweige durch Aussprossung. Etwa auftretende Zottenanastomosen in der Catarrhinenplacenta können daher auch nicht als Reste des Labyrinthbaues der Placenta gedeutet werden. Sie entstehen gegebenenfalls durch nachträgliche Verklebung, wenn wir von der unmittelbar basal gelegenen Zone der Trophoblastschale absehen, die den intervillösen Raum gegen das materne Gewebe abgrenzt. Tatsächlich hat die junge Catarrhinenplacenta weniger Zottenverbindungen als die reife Placenta.

Über den Kreislauf in der Affenplacenta ist wenig bekannt. Grundsätzlich scheinen die Verhältnisse ähnlich wie beim Menschen zu liegen, d. h. der intervillöse Raum wird durch basal eintretende Knäuelarterien gespeist. Der venöse Abfluß erfolgt über einen Randsinus und über abführende basale Venen. Die Placentation der Menschenaffen, deren Frühstadien allerdings nur ganz unvollkommen bekannt sind, schließt sich eng an die Verhältnisse beim Menschen an, deren Besprechung wir uns jetzt zuwenden.

Vergleichende Übersicht über Primitiventwicklung und Placentation bei Platyrrhina, Catarrhina und Hominoidea

	Platyrrhina Ceboidea	Catarrhina Cercopithecoidea	Hominoidea
Implantation	central, superfiziell	central, superfiziell	interstitiell
Decidua capsularis	fehlt	fehlt	vorhanden
Chorion	primäres und persistierendes Ch. laeve	primäres und persistierendes Ch. laeve	primäres Ch. frondosum
Placenta	sekundäre Pl. am abembryonalen Pol Hauptplacenta an primärer Anheftungsstelle	sekundäre Pl. am abembryonalen Pol (Ausnahme Paviane) Hauptplacenta an primärer Anheftungsstelle	keine sekundäre Placenta Pl. als persistierender, basaler Bezirk des Chorion frondosum
Trophoblast	Massive, frühe Wucherung. Primär labyrinthaeres Syncytium. Labyrinth kann lange persistieren	Labyrinthstadium schwächer, Chorionzotten entstehen durch Auswachsen, nicht durch Umbau	wie bei Cercopithecoidea
Haftzotten	fehlen	schlank	dicke Stämme
Deciduazellen	fehlen	vorhanden	vorhanden
Uterindrüsen	lange aktiv, können erhalten bleiben	Aktivität gering	Aktivität gering
Materne Kapillaren im Syncytium	vorhanden	fehlen	fehlen
Endstadium:	*Placenta haemochorialis villosa*		

f) Die Placentation des Menschen

Der junge menschliche Keim implantiert sich am 6. Tag nach der Ovulation im Endometrium. Die Implantation erfolgt interstitiell (s. S. 271). Der Keim befindet sich zu dieser Zeit auf dem Stadium der Blastocyste (Abb. 229, 230, 231). Wie wir zuvor sahen (S. 317f.), ist die Frühentwicklung des menschlichen Keimes durch recht tiefe Einnistung, durch überstürzte Mesenchym-Gefäßbildung, durch eine vollständige dicke Trophoblastschale und durch Spaltamnionbildung charakterisiert. Ähnlich dürften sich die Pongiden verhalten. Die niederen Affen unterscheiden sich in ihrer Frühentwicklung vom Menschen vor allem durch ihre oberflächliche Implantation (S. 225). Nachdem wir das Wechselspiel materner und fetaler Faktoren während dieser ersten Entwicklungsphase kennengelernt haben und die biologischen Eigenschaften des Trophoblasten besprochen wurden, bleibt nunmehr die weitere Ausgestaltung der menschlichen Placenta zu untersuchen.

Die Entwicklung ist zunächst durch eine schnelle Differenzierung des Trophoblasten gekennzeichnet. Demgegenüber bleibt der Embryoblast zurück. Die Embryonalkörperbildung kann erst dann in Gang kommen, wenn die Werkzeuge und die Transportwege für die Bereitstellung von Aufbaustoffen geschaffen sind. Darin sehen wir die Erklärung dieser eigenartigen zeitlichen Verschiebungen im Entwicklungsablauf. Die Frühphase der Placentation läßt sich zwanglos in drei Stadien (STREETER, STRAUSS) gliedern.

a) Lakunäres Stadium (noch ohne Zotten).
b) Zottenstadium (Bildung von Primärzotten).
c) Beginn der Zottenverzweigung, Bildung von Sekundärzotten.

Das dritte Stadium ist bereits erreicht, bevor der Primitivstreifen auftritt.

a) Lakunäres Stadium

Die Uterusmucosa befindet sich zu dieser Zeit außerhalb des Implantationsgebietes noch in der prägraviden Phase. In der Nähe des Eies treten Leukocyteninfiltrationen auf. Der Keim hat zunächst keine Beziehung zu den Uterindrüsen. Die Implantation erfolgt stets in einem gewissen Abstand von den nächsten Drüsenostien (Abb. 229, 230). Ob das Drüsensekret in der ersten Zeit beim Menschen eine Bedeutung als Nährmaterial für den Keim besitzt, ist unbekannt. Befunde an Mensch und Tierprimaten (Einmündung von Drüsen in den intervillösen Raum) lassen an eine derartige Möglichkeit denken. Später werden mit zunehmendem Wachstum der Keimblase die Drüsen zur Seite gedrängt (Abb. 293). Im Endometrium treten die ersten Anzeichen einer decidualen Reaktion in Form von Glykogenspeicherung in Fibrocyten auf. Diese prädecidualen Zellen finden sich vor allem in Gefäßnähe. Häufig beobachtet man weite Lymphräume im Endometrium. In der Nähe des Eies finden sich sehr dünnwandige, sinusoide Bluträume, die aus kapillaren Verbindungen zwischen Arterien und Venen entstanden sind (HERTIG und ROCK). Diese kapillaren Sinus nehmen die Verbindung zu den Trophoblastlakunen auf, wobei naturgemäß dem Trophoblasten die aktive Rolle zukommt. Auffallend häufig findet man bei jungen menschlichen Keimen, daß unter der Blastocyste eine starke blutgefüllte Schleimhautvene liegt, die durch relativ kurze Verbindungen mit den Trophoblastlakunen kommuniziert. Der Trophoblast bildet rings um das Ei eine dicke Schale, doch ist die Differenzierung am embryonalen Pol deutlich vorgeschritten. Überall ist die Differenzierung in Syncytiotrophoblast und Cytotrophoblast jetzt sichtbar. Die Cytotrophoblastschicht ist (Abb. 294) gegenüber dem Syncytium relativ dünn. Die Lakunen, die stets ringsum von Syncytium begrenzt werden, entstehen durch Konfluieren inter- und intrazellulärer Spalten. Mit der Eröffnung weiterer materner Blutsinus setzt nun auch die Zirkulation im Lakunensystem ein (Abb. 294b, 232).

b) Zottenstadium

Die Blutzirkulation in den Maschen des Trophoblasten begünstigt in der Folge eine Ausweitung der Lakunen. Die begrenzenden Trophoblastmassen zwischen den Lakunen werden damit zu balkenförmigen Gebilden *(Primärzotten)* ausgewalzt (Abb. 294c). Diese sind noch völlig frei von Mesenchym. In der Umgebung des Eies machen sich Degenerationserscheinungen im Endometrium deutlich bemerkbar. Die-

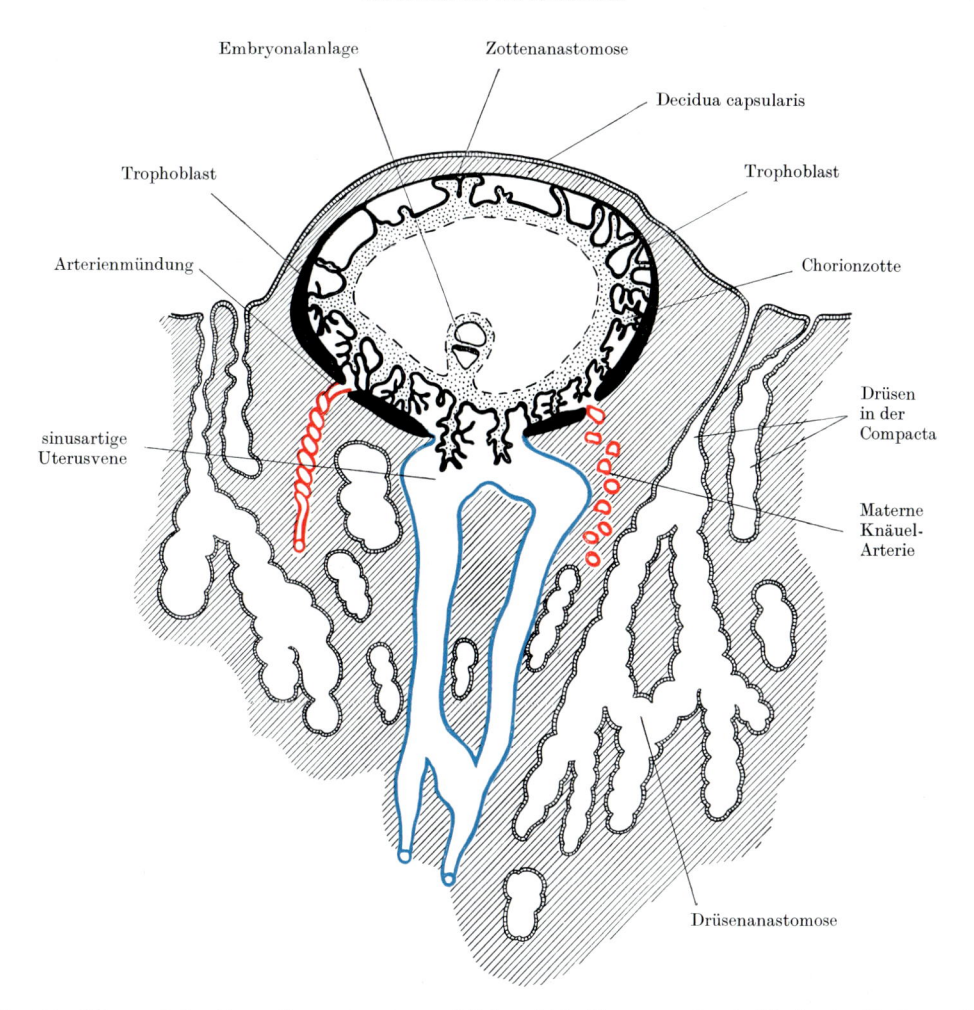

Abb. 293 Schematische Darstellung einer menschlichen Keimblase aus der 4. Woche im Endometrium. Beachte die bessere Ausbildung der Zotten und des Trophoblasten an der basalen Seite der Eikammer, Anastomosenbildung im Bereich der Capsularis, Anordnung der Drüsen und Gefäße. Noch kein geordneter Kreislauf im intervillösen Raum. (In Anlehnung an eine Abbildung von ORTMANN 1938).

se „Durchdringungszone" ist durch Gewebszerfall und durch das damit verbundene Auftreten amorpher Massen (Fibrinoid) und durch eine Abwehrzone materner Leukocyten gekennzeichnet. In diesem Gebiet dringt das Syncytium langsam weiter in das Endometrium vor. Nunmehr werden neben maternen Gefäßen auch Drüsen angegriffen. In den Drüsenlumina tritt in dieser Phase Blut auf. Die maternen Gefäße um das Eibett herum sind deutlich erweitert. Blutungen kommen auch außerhalb des Eibezirkes im Endometrium vor. Die Bildung von Deciduazellen macht Fortschritte. Mit Versilberungsmethoden läßt sich im Grenzgebiet zwischen mütterlichem und fetalem Gewebe eine Verdichtung der endometrialen Bindegewebsfasern nachweisen. Diese kann als Abwehrreaktion des Endometriums gegen das Vordringen des Trophoblasten aufgefaßt werden. Damit dürfte der Faserfilz der bindegewebigen Basalplatte vieler Insektivoren gleichzusetzen sein. Die Zerstörungsprozesse in der Schleimhaut sind jedenfalls außerhalb dieser Zone gering.

c) *Stadium der Sekundärzotten*

Während der besprochenen Entwicklungsperiode ist die Wachstumsleistung des Trophoblasten sehr intensiv. Wir hatten zuvor gesehen,

320　A. VI. Primitiventwicklung der Säugetiere

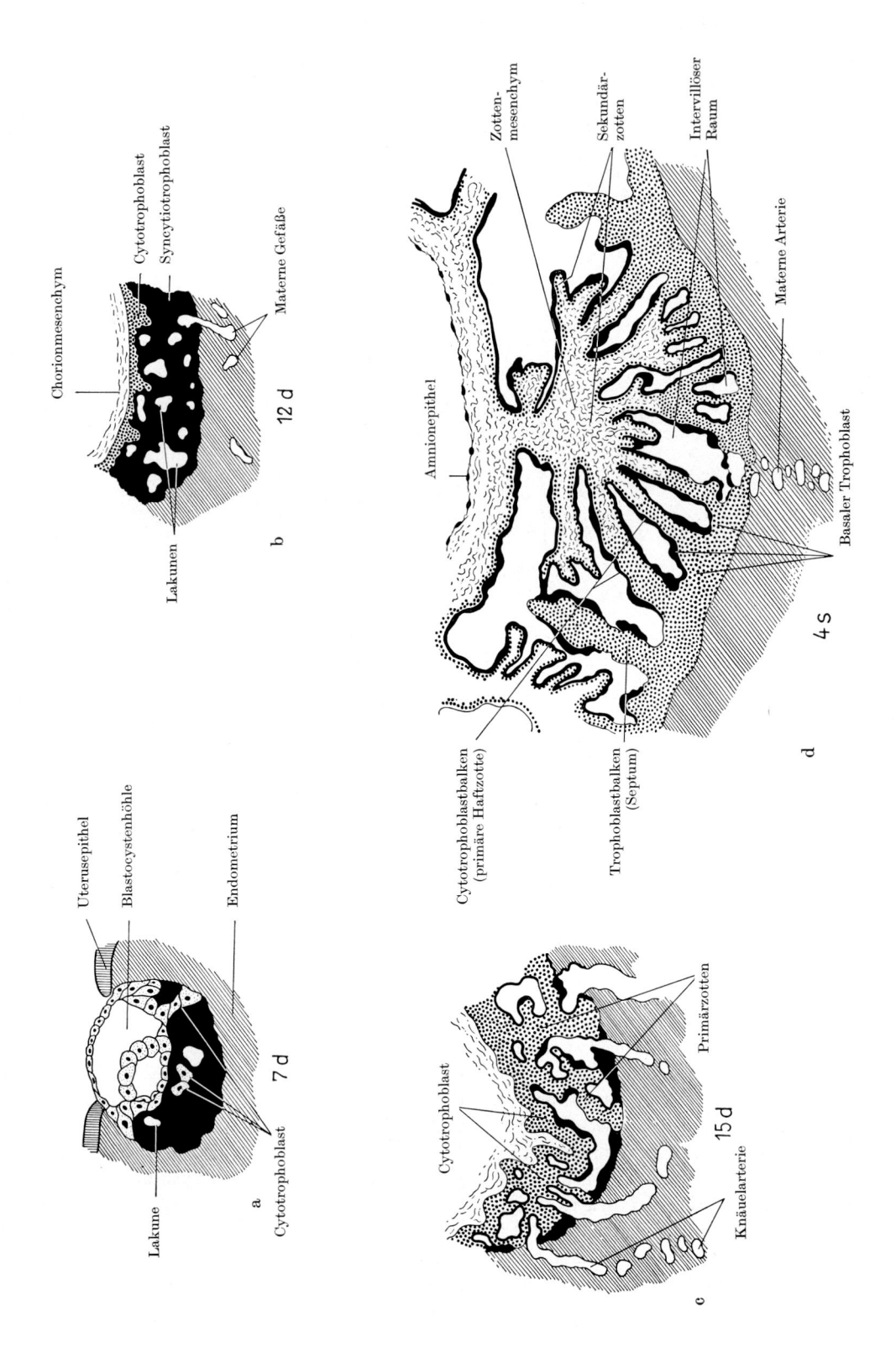

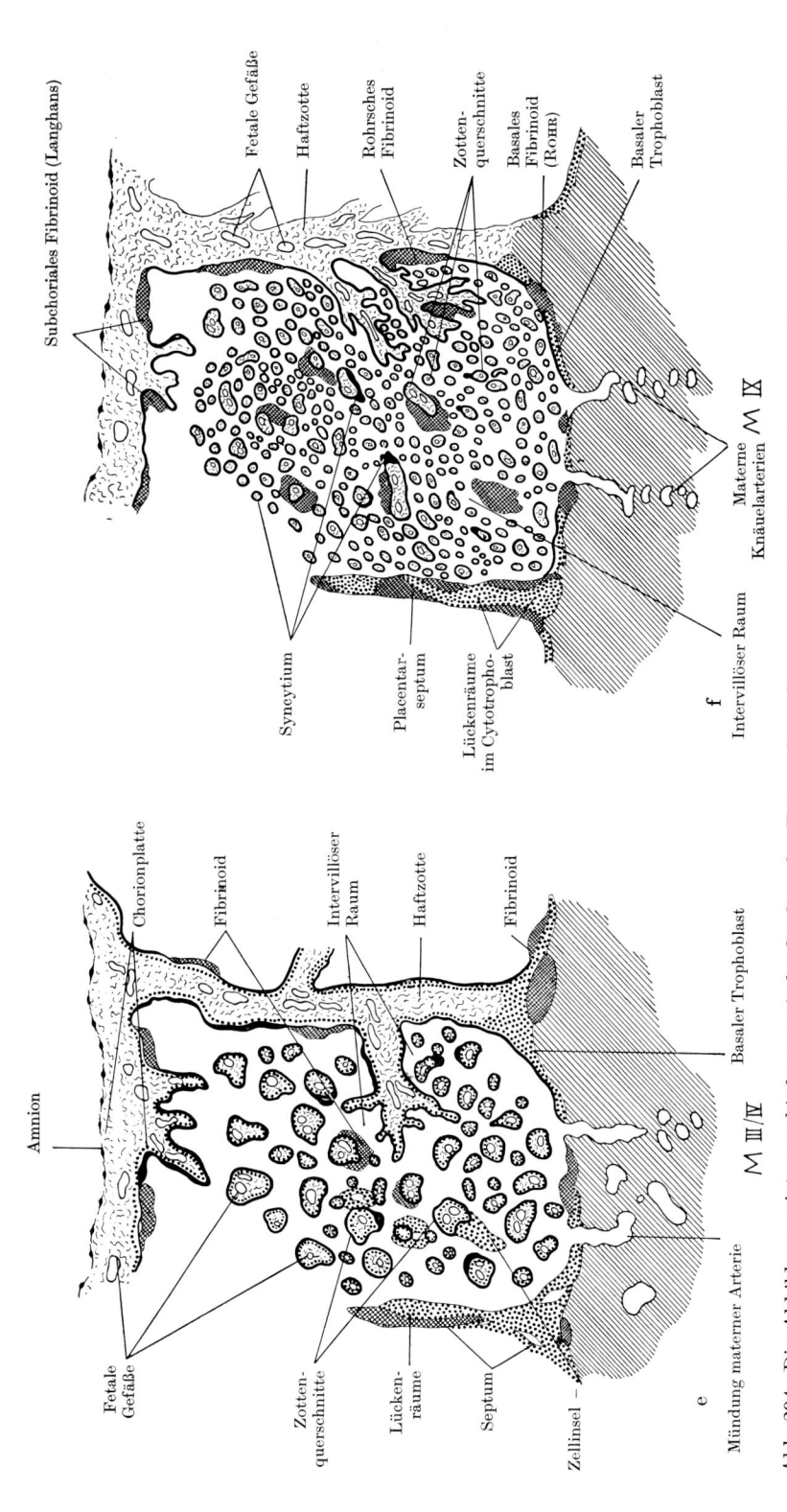

Abb. 294 Die Abbildung zeigt verschiedene typische Stadien der Feinstruktur der menschlichen Placenta im schematischen Schnittbild. (Orig.) Schwarz: Syncytium. Grob punktiert: Cytotrophoblast. Schräg schraffiert: Endometrium. Gekreuzt schraffiert: Fibrinoid.
a) Implantationsstadium, 7. Tag. Cytotrophoblast und Syncytium noch nicht geschichtet. Dünne Blastocystenwand nach dem Uteruslumen zu.
b) 12. Tag. Syncytium liegt außen vom Cytotrophoblasten, lakunäres Stadium. Kontakt mit maternen Gefäßen hergestellt.
c) 15. Tag. Bildung der Primärzotten (noch mesenchymfrei), basales Syncytium.
d) 4. Woche. Sekundärzotten (Zottenmesenchym gebildet). Primäre Haftzotten, Trophoblastbalken als Anlage der Placentarsepten.
e) 3.–4. Monat. Freie Zottenverzweigungen im intervillösen Raum. Beachte Zellinseln, basalen Trophoblast, Fibrinoid.
f) Reife Placenta. Stärkere Verzweigung der Zotten. Schwund des Cytotrophoblasten. Die Ableitung der Placentarsepten ausschließlich vom Cytotrophoblasten (e, f) ist heute zweifelhaft geworden (s. S. 334).

daß der Cytotrophoblast (S. 274) das eigentliche Matrixgewebe ist. Syncytium entsteht ausschließlich durch Transformation von Cytotrophoblast. Es ist selbst nicht vermehrungsfähig. Das nun vermehrt einsetzende Zottenwachstum geht mit einer Verzweigung der Zotten parallel. Gleichzeitig tritt aber im Inneren auch ein mesenchymaler, zunächst noch gefäßfreier Zottenkern auf (Abb. 289, 294d). Nach der älteren Anschauung entsteht dieser durch Eindringen von extraembryonalem Mesenchym von innen her. Der periphere Abschnitt der Zotte bleibt vorerst zellig (*Cytotrophoblast der Zellsäulen*, Abb. 289c, 294d, 302). Die Untersuchungen von STREETER und WISLOCKI, HERTIG und ROCK haben jedoch den Nachweis erbracht, daß Mesenchymbildung in erheblichem Ausmaß (bei Rhesus und Mensch) vom Trophoblasten her erfolgt. So gewinnt der Cytotrophoblast als Muttergewebe für die Mesenchymbildung eine weitere Bedeutung. Ob dabei alles Chorionmesenchym vom Trophoblasten aus gebildet wird oder ob später Zuwanderung vom extraembryonalen Mesenchym (Morulamesenchym) erfolgt, bleibt offen. An der grundsätzlichen Bedeutung dieser Befunde, die die starre Lehre von der gewebsspezifischen Funktion der „Keimblätter" ad absurdum führen, kann nicht mehr gerüttelt werden. Mit allem Nachdruck muß jedoch betont werden, daß die Bildung der Sekundärzotten nicht eine einfache Umwandlung des primär auf dem Lakunenstadium vorhandenen Trophoblasten ist, sondern daß sehr erhebliche, aktive Wachstumsprozesse hierbei ablaufen. Die Zotten und ihre Verzweigungen wachsen aktiv aus. Dieser Vorgang führt gleichzeitig zur Entfaltung des Blutraumes zwischen den Zotten *(Intervillöser Raum)*. Mit der zunehmenden Vergrößerung der Keimblase und dem fortschreitenden Wachstum der Zottenstämme schieben diese eine Lage von solidem, zelligem Trophoblast, der primär durch Cytotrophoblastbalken (Abb. 294d), sogenannte Haftzotten, mit den Zottenstämmen in Verbindung steht, gegen das mütterliche Gewebe vor sich her (basaler Trophoblast). Er bildet die periphere Auskleidung des intervillösen Raumes (Abb. 294d). Gleichzeitig staut sich dieser Trophoblast an der Grenze zweier benachbarter Zottenbezirke auf, so daß Scheidewände *(Septen)* und Cytotrophoblastinseln zwischen den Zottenbezirken gebildet werden.

Die Herkunft dieser *Placentarsepten* ist neuerdings auf Grund von Sex-Chromatin-Untersuchungen wieder umstritten (KLINGER und LUDWIG 1957, SADOVSKY, SERR und KOHN 1957, AUSTIN 1962). In den Zellkernen der Septen und der Inseln fand sich stets, auch in Placenten männlicher Feten, Sex-Chromatin. Wenn dieser Befund gesichert werden kann, wäre damit der Nachweis der maternen Herkunft der fraglichen Gewebsteile erbracht. Allerdings sind diese Angaben noch nicht mit den Ergebnissen der Untersuchung früher Placentarstadien und mit histochemischen Daten (ORTMANN 1959) eindeutig koordinierbar.

Damit wird auch die Frage nach der Rolle, die in den ersten drei bis vier Monaten der Schwangerschaft Abbau- und Zerstörungsprozesse am maternen Gewebe spielen, erneut gestellt. Sind die Septen materner Herkunft, dann würden sie als Resthorste mütterlichen Gewebes, die beim Vordringen des Trophoblasten stehenblieben, aufzufassen sein. Damit müßten derartige Zerstörungsprozesse beim Wachstum der Keimblase in den ersten Monaten eine relativ große Bedeutung haben.

Haben die Zotten einen Mesenchymkern erhalten, so werden sie als Chorionzotten bezeichnet (Chorion = Trophoblast + Chorionmesenchym). Gegen Ende des ersten Monats treten, zunächst in der Nähe des Haftstielbezirkes, Gefäßanlagen im Chorionmesenchym auf. Die gefäßführenden Zotten werden als *Tertiärzotten* bezeichnet. Die Gefäßanlagen stehen über den Haftstiel mit der Embryonalanlage in Verbindung und bilden den Umbilikal-(Placentar-)Kreislauf. Den histologischen Bau einer solchen Zotte aus dem 2.–3. Schwangerschaftsmonat erläutern Abbildung 295, 296. Wir sehen, daß der Kern der Zotte aus einem mesenchymartigen, fibrillenarmen Gewebe mit wenigen sternförmigen Zellen und weiten Interzellularräumen besteht. Später nimmt der Reichtum dieses Gewebes an Fibrillen zu. In dieses Zottenstroma sind fetale Gefäße eingelagert, die an den kernhaltigen Erythrocyten erkennbar sind. Die größeren Gefäßstämme, meist 1–2 Arterien und Venen, sind durch ein ganz oberflächlich, subepithelial liegendes Kapillarnetz miteinander

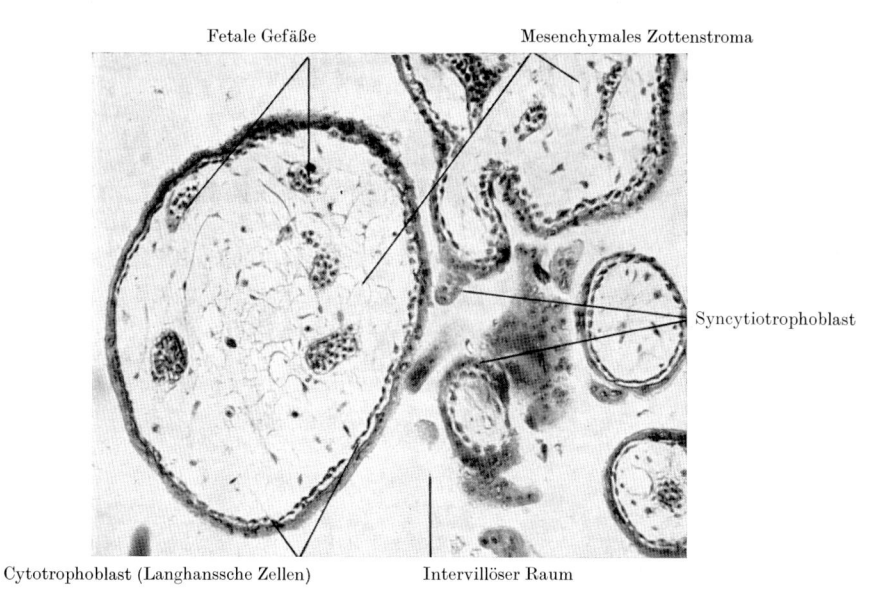

Abb. 294 Querschnitt durch eine menschliche Placentarzotte aus dem 2. Schwangerschaftsmonat. Beachte Cytotrophoblast, Syncytium, fetale Gefäße. (Orig.)

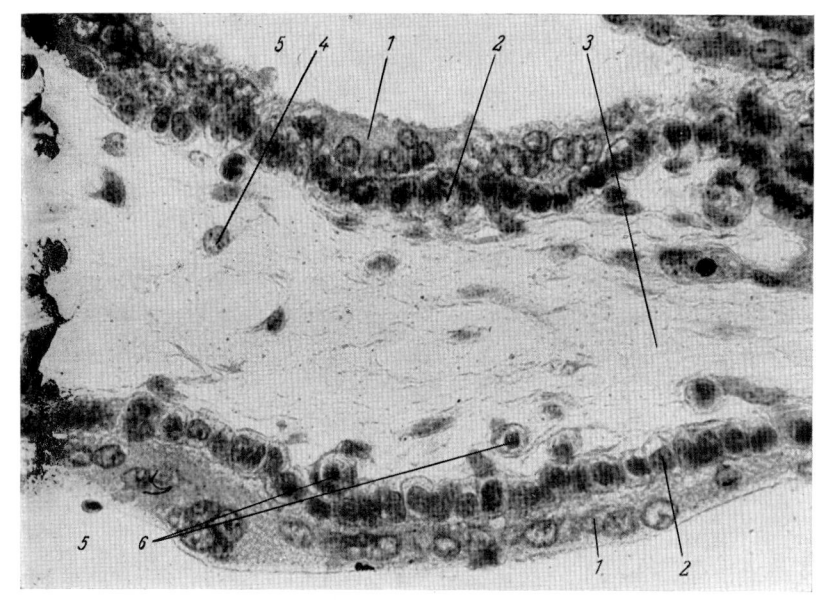

Abb. 295 Menschliche Placentarzotte aus dem 2. Schwangerschaftsmonat. Längsschnitt, stärker vergrößert. 1 = Syncytiotrophoblast, 2 = Cytotrophoblast (Langhans-Zellen), 3 = Zottenmesenchym, 4 = Hofbauer-Zelle, 5 = intervillöser Raum, 6 = fetale Kapillaren mit kernhaltigen Erythrocyten. (Nach STARCK 1959).

verbunden. An diesen Stellen ist das Zottenepithel oft stark verdünnt (Ort der Exkretion ?). Das Zottenepithel besteht aus zwei Lagen, einer oberflächlichen Syncytiumschicht und der basalen Schicht der LANGHANSschen Zellen, welche dem Cytotrophoblast entspricht. Mitosen können, wenigstens in jüngeren Stadien, in der LANGHANSschicht, nie aber im Syncytium gefunden werden. Das Syncytium überzieht als lückenlose Schicht die ganze Zottenoberfläche. Die Kerne finden sich nicht gleichmäßig verteilt, sondern sind stellenweise angehäuft. Als morphologischer Ausdruck der Resorptionsfunktion kommt ein Bürstensaum an der Syncytiumoberfläche vor (Abb. 296, 297).

Elektronenoptisch erweist sich der Bürstensaum am Syncytium wie an anderen resorbierenden Zellen (Niere) als eine aus *Mikrozotten* (Microvilli) bestehende Außenschicht, die in ihrer Struktur örtlich stark variieren kann (Abb. 298). Die Höhe dieser Zotten kann bis zu 3 μm betragen; sie nimmt mit zunehmendem Placentaralter ab. Die elektronenmikroskopische Untersuchung der menschlichen Placenta (BOYD und HUGHES 1954, WISLOCKI und DEMPSEY 1955, BARGMANN und KNOOP 1959) konnte den syncytialen (plasmodialen) Charakter des Syncytiotrophoblasten bestätigen; Zellgrenzen kommen also nie vor. Im Cytoplasma finden sich verschiedene Einschlüsse. Neben Mitochondrien beobachtet man Vakuolen und Vesikel verschiedener Größe und Dichtigkeit. Damit stimmen in diesem Falle licht- und elektronenmikroskopische Befunde recht gut überein. Oberflächennahe gelegene Bläschen werden als Ausdruck einer Resorptionstätigkeit (Pinocytose) gedeutet. Syncytium und Cytotrophoblast werden durch Haftplatten (Desmosomen) verbunden. Zwischen LANGHANSzellen und Chorionmesenchym liegt eine Basalmembran.

Häufig finden sich zapfenartige Anhänge und Fortsätze am Syncytium. Diese – oft als Proliferationsknoten gedeutet – verdanken ihren Ursprung nicht einer lokalisierten Wucherung, sondern sind Ausdruck der starken, aktiven, amoeboiden Beweglichkeit und Resorptionsfähigkeit. Sie sollten daher besser als *„Resorptionsknoten"* bezeichnet werden. Möglicherweise können sie temporäre Verklebungen zwischen der Syncytiumoberfläche benachbarter Zotten herstellen, wie es bereits LANGHANS annahm. Die starke und differente Färbbarkeit des Syncytiums weist ebenfalls auf die resorbierende Tätigkeit hin. Experimentell werden in die Blutbahn injizierte speicherfähige Substanzen (Thorotrast) bevorzugt im Syncytium abgelagert. Das histologische Bild ähnelt dann dem der Uferzellen des reticuloendothelialen Systems. Der Bau der Zotte zeigt somit deutlich alle Eigenschaften eines resorbierenden Organs. Nicht nur die Funktion, sondern auch der Bau ähnelt damit der Struktur der Darmzotte oder des Kiemenfadens niederer Wirbeltiere.

Mit zunehmendem Graviditätsalter wächst das Ei heran. Schließlich wölbt sich der eitragende Bezirk der Mucosa gegen das freie Uteruscavum vor (Abb. 299). Der gegen das Lumen zu gerichtete Bezirk der Eioberfläche steht nun

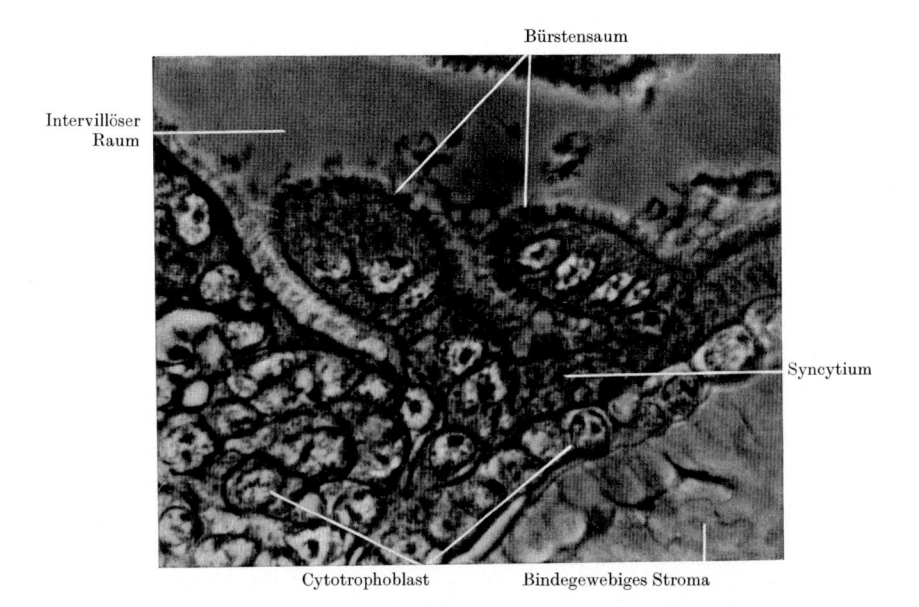

Abb. 297 Zotte aus der menschlichen Placenta (2.–3. Monat) mit Bürstensaum am Syncytium. Vergr. 400fach. Phasenkontrastaufnahme. Photo Prof. ORTMANN.

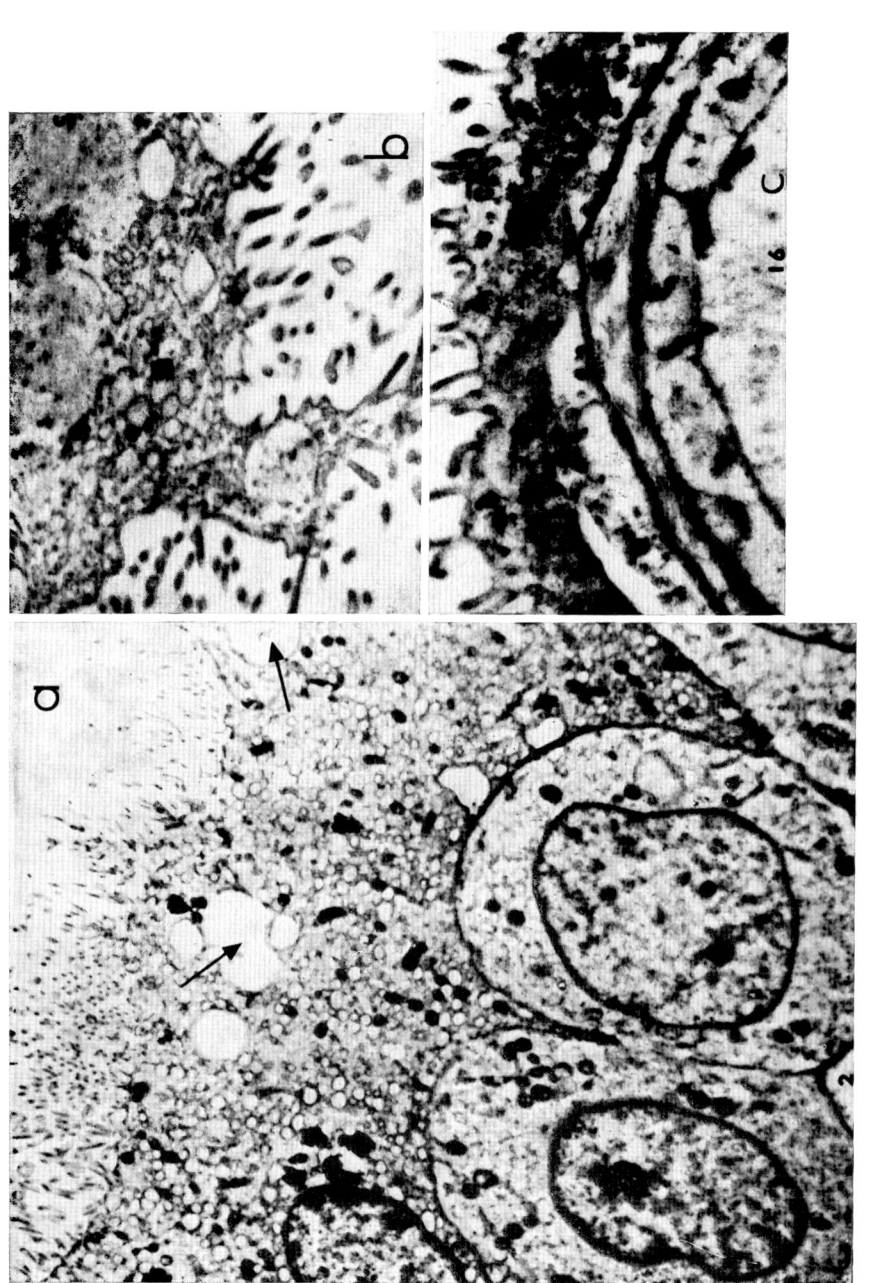

Abb. 298 Elektronenmikroskopische Bilder aus der menschlichen Placenta.
a) Oberfläche einer Zotte, Anfang des 3. Monats. Mikrozotten ragen von der Syncytiumoberfläche in den intervillösen Raum vor (oben). Große Vakuole im apikalen Syncytium (Mitte, Pfeil), Links am Rande Teil eines Syncytiumkernes. Unten zwei Langhanszellen mit Kern.
b) Mikrozotten an der Syncytiumoberfläche, stärker vergrößert (Orig. 1 : 16000). Große Vakuolen, davon eine in einer dicken Plasmavorstülpung.
c) Reife Placenta. Dünne Partie einer Zottenwand. Oben Syncytium mit Mikrozotten gegen den intervillösen Raum. Darunter eine Zone, die Mitochondrien und Granula enthält (Rest der Langhanszellen). Darunter Basalmembran des Trophoblasten und des Endothels.
(Nach WISLOCKI und DEMPSEY Anat. Rec. 123, 1955).

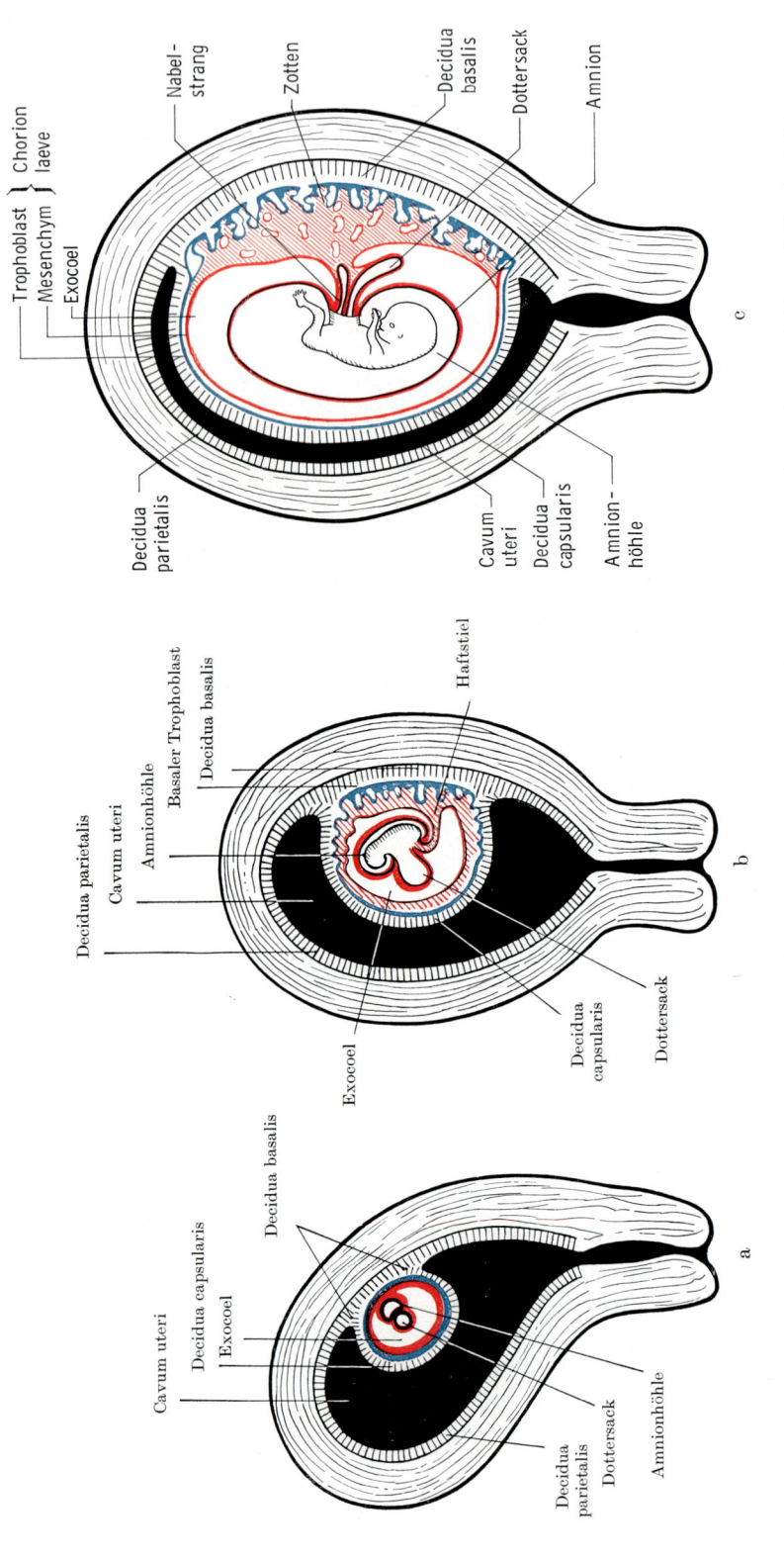

Abb. 299 Beziehungen des menschlichen Keimes zur Uteruswand. Beachte die Ausdehnung von Dottersack, Amnionhöhle und Chorionhöhle auf den verschiedenen Stadien. Decidua basalis, capsularis, parietalis. In Abb. 292 c steht das Uteruslumen kurz vor dem Schwund durch Verklebung von Decidua capsularis und parietalis.
a) Beginn des 2. Monats. b) Ende des 2. Monats. c) Im 4. Monat. (In Anlehnung an eine Abbildung von BOYD, HAMILTON, MOSSMAN).

unter ganz anderen mechanischen Bedingungen als das basale Gebiet. Wir unterscheiden dementsprechend topographisch und funktionell verschiedene Regionen der Decidua (Abb. 299).

1. Decidua basalis, der basale Bezirk, in dem die Eikammer der Uteruswand anliegt.
2. Decidua capsularis, der gegen das Cavum uteri vorgewölbte Abschnitt.
3. Decidua parietalis, der Wandabschnitt außerhalb der Nidationsstelle.
4. Decidua marginalis, Übergangszone zwischen 1, 2 und 3.

Die erhöhte Spannung im Bereich der Capsularis bedingt eine Rückbildung der Zotten gegenüber der Basalis. Diese lokale Differenz ist schon früh (Abb. 299) angedeutet. Nunmehr verschwinden aber die Zotten im Bereich der Capsularis völlig. Reste eingemauerter Zotten können noch lange Zeit hindurch (Abb. 300, aus dem 6. Monat) nachweisbar bleiben. Nur im basalen Bereich können die Zotten sich wie die Wurzeln eines Baumes in einen Mutterboden einsenken und verzweigen. Während also das menschliche Chorion ursprünglich an der ganzen Oberfläche Zotten trägt *(Chorion frondosum)*, bleibt schließlich nur ein scheibenförmiger basaler Placentarbezirk (Placenta discoidalis) zottentragend. Das übrige Chorion wird sekundär zottenfrei und ist glatt *(Chorion laeve)*.

Im 4.–5. Schwangerschaftsmonat wölbt sich die Eikammer so weit gegen das Uteruslumen vor, daß die Capsularis an die gegenüberliegende Parietalis stößt (Abb. 299c) und mit dieser verklebt. Das Uteruscavum ist damit verschwunden. Eröffnet man also einen graviden Uterus aus der zweiten Hälfte der Schwangerschaft, so findet man kein freies Uteruslumen mehr. Der Embryo liegt in der Amnionhöhle innerhalb der Uteruswand (interstitielle Implantation).

Die weitere Ausgestaltung der Placenta und der Bau der reifen menschlichen Placenta

Im 4. Schwangerschaftsmonat hat die Placenta ihre definitive Dicke (18–21 mm) erreicht und vergrößert sich in der Folgezeit noch in der Fläche (STIEVE 1940). Dieses Flächenwachstum wird nach dem 7. Monat langsamer, kommt aber

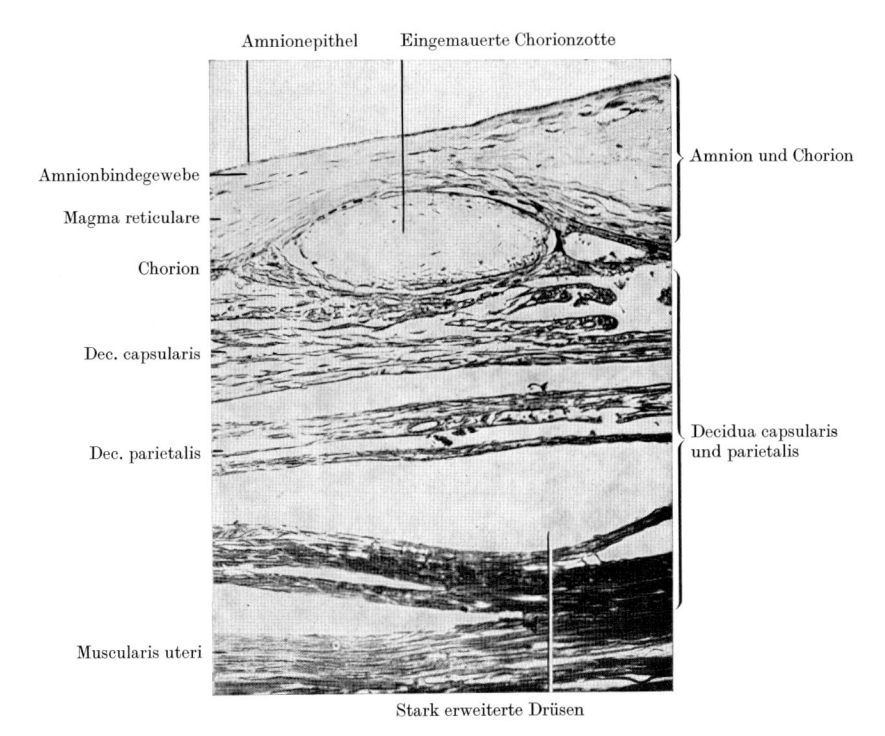

Abb. 300 Schnitt durch die Decidua parietalis, capsularis, Chorion und Amnion eines menschlichen Embryos aus dem 5.–6. Monat. Eingemauerte Chorionzotte. (Orig.)

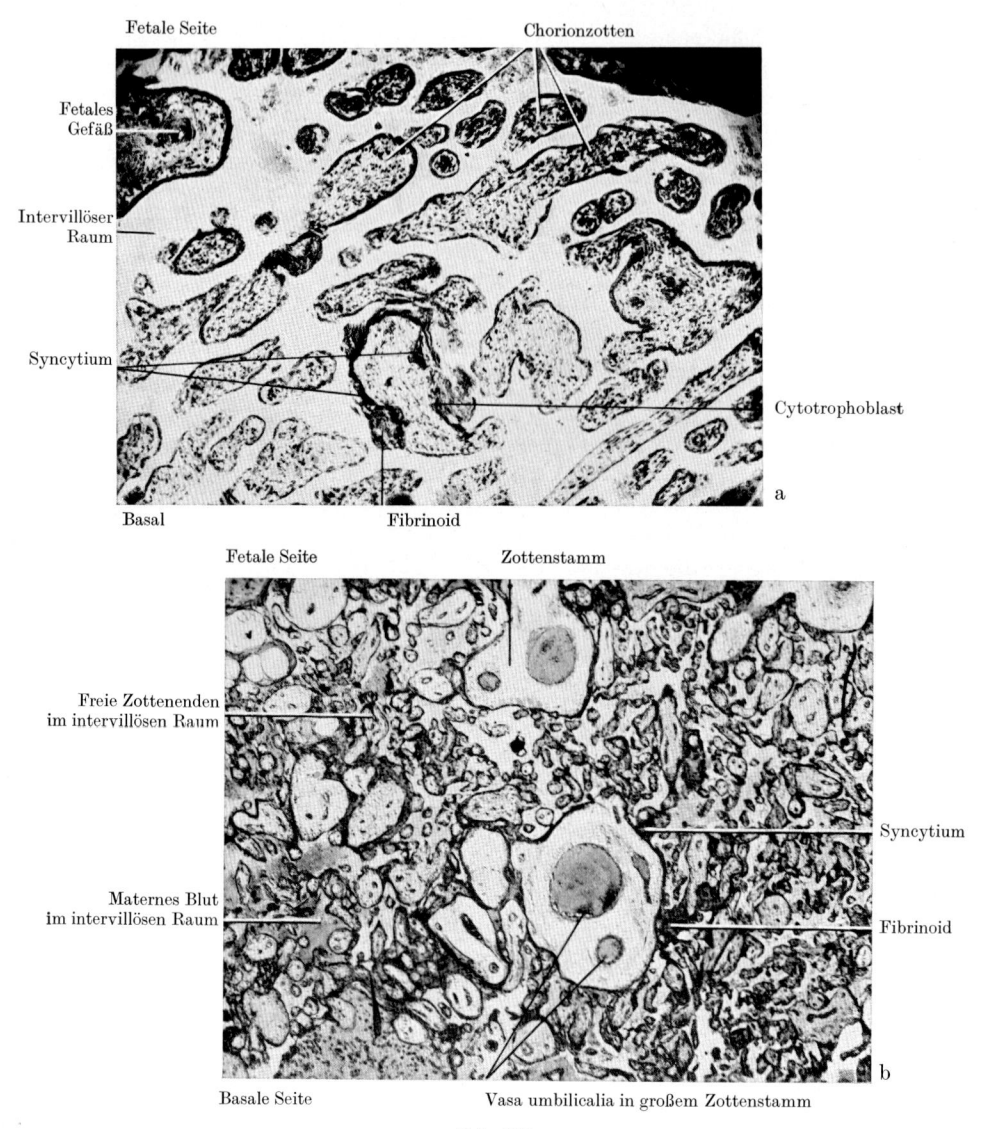

Abb. 301
a) Aus der menschlichen Placenta des 5.–6. Schwangerschaftsmonats, Randpartie.
b) Reife menschliche Placenta, Randpartie in der Mitte zwischen Chorionplatte und Basalis.
Beachte die verschiedene Dicke und den Aufteilungsgrad der Zotten.
Beide Abbildungen bei gleicher Vergrößerung. (Orig.)

bis zur Geburt nicht zum Stillstand. Während dieser Zeit laufen erhebliche Umbauprozesse an der Placenta ab, über die wir allerdings noch unvollkommen unterrichtet sind. Auffallend ist die Reduktion der LANGHANSschen Zellen nach dem 4.–5. Monat. Die Matrix braucht sich bei der Bildung von Syncytium auf, so daß die reifen Zotten von einer dünnen, resorbierenden Syncytiumlage überkleidet werden (Abb. 294 e, f, 301 a, b). Allerdings verschwinden die LANGHANSschen Zellen nie vollständig. Die elektronenmikroskopischen Untersuchungen haben den Nachweis erbracht, daß sie, wenn auch in unregelmäßiger Anzahl, in der geburtsreifen Placenta stets noch zu finden sind.

Die erwähnten Resorptionsknoten (s. S. 316) kommen auch jetzt noch vor. Derartige syncytiale Massen reißen sich gelegentlich los und werden in den mütterlichen Kreislauf verschleppt. Diese „Deportation syncytialer Elemente" (J. VEIT 1901) ist mehrfach für die Auslösung pathologischer Reaktionen des maternen Organismus verantwortlich gemacht worden. Bei der außerordentlichen Häufigkeit des Vorganges kann ihm aber in der Regel kaum eine pathogenetische Bedeutung zuerkannt werden.

Zellformen des Cytotrophoblasten:

Die verschiedenen Zellelemente, die früher unter dem Sammelbegriff „Cytotrophoblast" zusammengefaßt wurden, müssen auf Grund der vertieften neuen Erkenntnisse schärfer definiert werden. Der Grund für eine verfeinerte Unterscheidung ist in der Zellstruktur, den histochemischen Befunden und in der topographischen Verteilung der Einzelelemente zu sehen. Wir unterscheiden (Abb. 302, s. ORTMANN 1959):

a) Cytotrophoblastzellen des Zottenüberzuges (= LANGHANS-Zellen). Sie liegen stets subsyncytial. Ihre trophoblastische (fetale) Herkunft ist gesichert.

b) Zellen der *Cytotrophoblastsäulen* (Abb. 289c, 294d, 302). Ihre fetale Abkunft ist ebenfalls unbestritten. Sie finden sich während des 1.–4. Schwangerschaftsmonats am Ende der Haftzotten (s. S. 322). Der zellige Abschnitt der Zotten wird mit zunehmendem Alter schmäler, da die Zellen bei der Umwandlung in Syncytium und bei der Bildung von Chorionmesenchym aufgebraucht werden.

c) Zellen der *Trophoblastschale* (basaler Trophoblast), Zellen der *Septen* und *Zellinseln* (Abb. 302). Für diese Zellen wird auf Grund der Sex-Chromatinbestimmung materne Herkunft angenommen (s. S. 322). Bei der Besprechung der Placentarsepten hatten wir auf die bestehenden

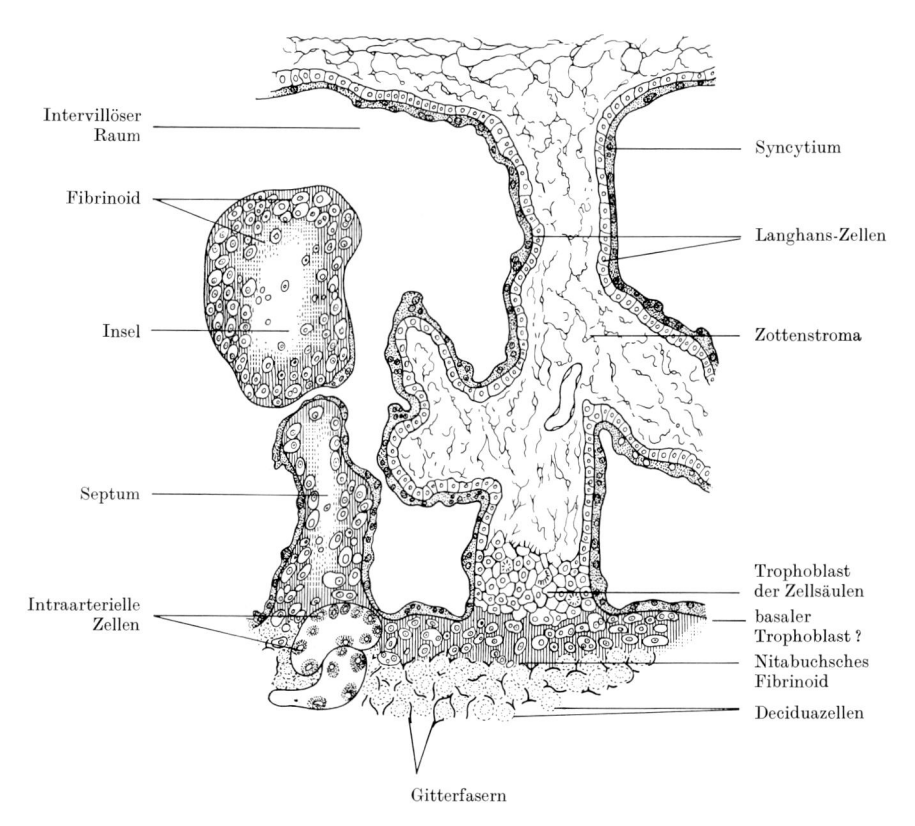

Abb. 302 Schema der verschiedenen Trophoblastformen, des Fibrinoids, der Deciduazellen, der Gitterfasern in der jungen menschlichen Placenta (etwa 4. Schwangerschaftsmonat). Die intraarteriellen Zellen sind Spezialzellen, deren Herkunft und Bedeutung noch unklar ist.
(Nach ORTMANN 1959/60).

Unklarheiten verwiesen. Die Annahme, daß trophoblastische Elemente, die von den Zellsäulen abstammen, an der basalen Auskleidung des intervillösen Raumes beteiligt sind, wird noch diskutiert (ORTMANN 1959).

Histochemisch sind unter den genannten Cytotrophoblastzellen die LANGHANS-Zellen am wenigsten durch Besonderheiten gekennzeichnet. Hervorzuheben ist ihre mangelnde Basophilie und der Reichtum an Mitosen. Sie werden vielfach als pluripotente, undifferenzierte Matrixzellen gedeutet.

Der Cytotrophoblast der Zellsäulen ist reich an Ribonucleoproteiden (Basophilie). Mitosen finden sich häufig besonders im Grenzbereich gegen das fetale Mesenchym. Hier beobachtet man auch relativ reichliche Glykogeneinlagerung. Gegen den intervillösen Raum wird diese Zone von einer dünnen Syncytiumlage überzogen. Alle diese Befunde sprechen dafür, daß es sich um eine Zuwachszone der Zotten handelt (s. S. 322).

Im intervillösen Raum kommen regelmäßig Bezirke großer geschwollener Zellen vor, die mit den Zotten in Verbindung stehen. Es handelt sich um die sogenannten *Zellinseln* oder *Zellknoten* (Abb. 302). Sie sind, wie die Placentarsepten, gefäßfrei. Cystenartige Hohlräume können in ihnen vorkommen. Fibrinoide Umwandlung von Zellinseln führt zur Bildung weißer Infarkte (s. S. 335).

Eine Reihe von gemeinsamen Kennzeichen finden sich an den großen Zellen der Trophoblastschale (basal am intervillösen Raum, oberhalb des NITABUCHschen Fibrinstreifens), der Zellinseln und der Placentarsepten. Diese Zellen sind stets besonders reich an Ribonucleoproteiden. Sie besitzen große Nucleolen und zeigen oft das Phänomen der Kerneinschlüsse (Kernsekretion). Sie sind während der mittleren Graviditätsphase besonders zahlreich, finden sich aber auch noch in der reifen Placenta.

Ihr Reichtum an Lipoiden und der Mangel an sauren Mucopolysacchariden kennzeichnen sie vor allem gegenüber den Deciduazellen. Auch wenn die Herkunft dieser Zellform noch nicht eindeutig geklärt ist, dürfte kein Zweifel daran bestehen, daß es sich um hochaktive Elemente mit spezifischer stofflicher Leistung (Eiweißsynthese) handelt.

Hofbauer-Zellen:

Im Mesenchym der Chorionzotten finden sich große, histiocytenähnliche Zellen, die HOFBAUER-Zellen (Abb. 295). Sie enthalten saure Phosphatase. Ihr Plasma ist reich an Vakuolen. Während sie früher meist als Kennzeichen der ersten Schwangerschaftsmonate angesehen wurden, sind sie jetzt auch in der reifen Placenta nachgewiesen. Über ihre Funktion ist nichts bekannt (ORTMANN 1959, BARGMANN und KNOOP 1959).

Zottenform und Zottenverzweigung, intervillöser Raum

Die Chorionzotten entspringen von der Chorionplatte und ragen nach unten in den intervillösen Raum. Dieser wird durch die Placentarsepten unvollständig in 20 bis 30 napfartige Karunkeln unterteilt. Jeder Karunkel entspricht ein Hauptzottenstamm mit seinen Verzweigungen (Cotyledo). Karunkel und Cotyledo bilden zusammen das *Placentom*.

Die Chorionplatte überdeckt wie der Deckel eines Topfes (Topfplacenta, *Pl. olliformis*) den intervillösen Raum (Abb. 303). Sie wird auf der fetalen Seite vom Amnion überkleidet. Da jedes Placentom nur einen Zottenstamm erster Ordnung besitzt und da dieser sich erst in einem gewissen Abstand von der Chorionplatte aufteilt, kommt es unter der Chorionplatte zu einem durchgehenden Blutraum, dem *subchorialen Spalt* (Abb. 303), denn die Placentarsepten erreichen die Chorionplatte nicht.

Vom 4. Monat an werden die Zotten schlanker und verzweigen sich stärker (vgl. Abb. 294e mit 294f), so daß schließlich der Raum in den einzelnen Placentomen ganz von Zottenverzweigungen erfüllt zu sein scheint. Tatsächlich muß man sich unter vitalen Bedingungen den intervillösen Raum als kapillarähnlichen Spalt, nicht als weiten Blutsack vorstellen. Exakte quantitative Angaben sind kaum zu machen. Größenordnungsmäßig wird der Anteil des intervillösen Raumes am Volumen der ganzen Placenta auf etwa 25% veranschlagt.

Nach der mütterlichen Seite hin wird der intervillöse Raum durch die Basalplatte abgegrenzt (s. S. 334). Jeder Hauptzottenstamm teilt sich etwa in Höhe des Oberrandes der Sep-

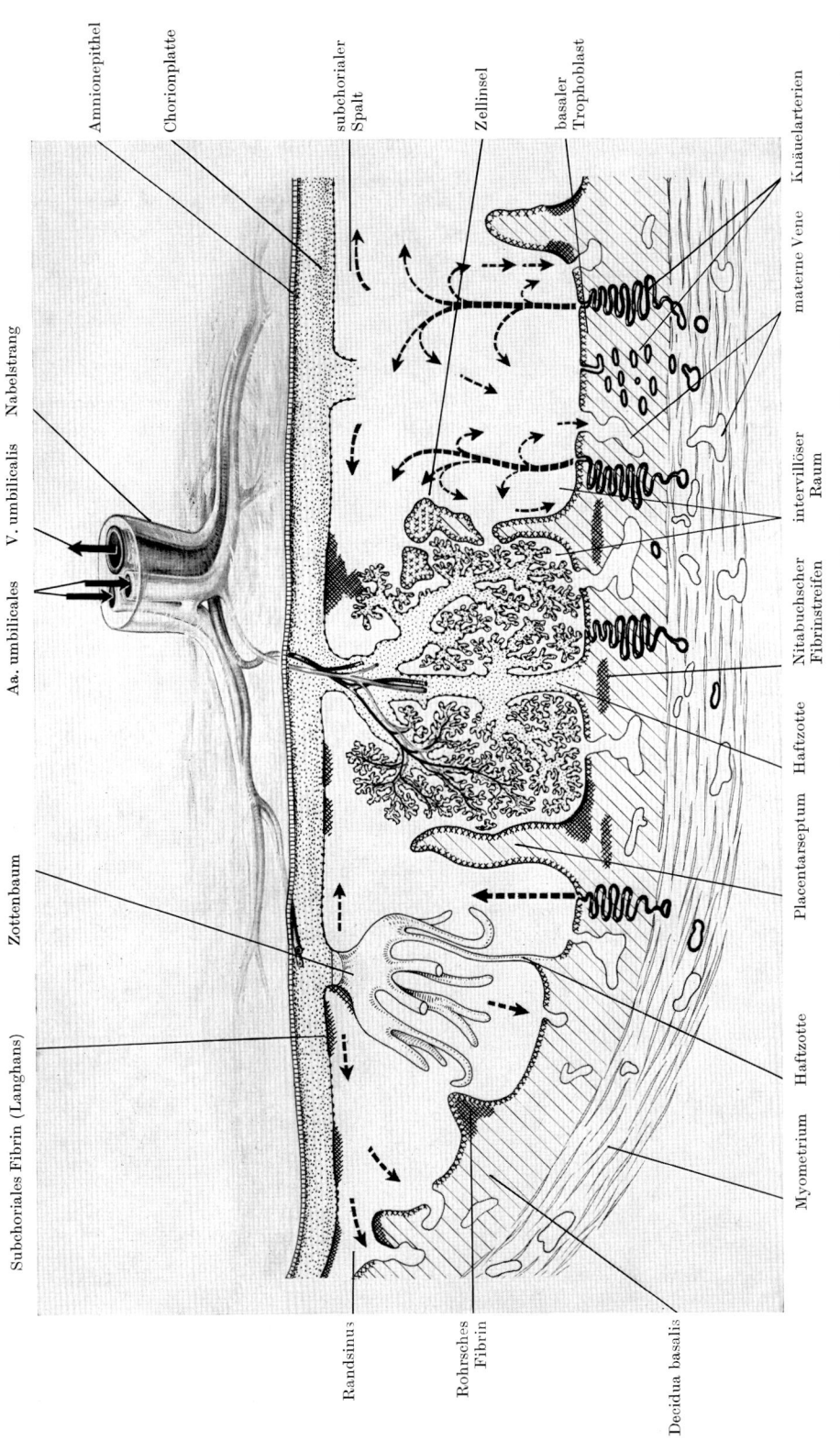

Abb. 303 Schema zur Erläuterung des Aufbaues der reifen menschlichen Placenta und des Kreislaufes im intervillösen Raum. Im linken Placentom ist die grobe Aufzweigung eines Zottenbaumes eingezeichnet. Im mittleren Placentom sind die Verzweigungen der Chorionzotten dargestellt. Die Verteilung der Umbilikalgefäße ist nur in einem Zottenbäumchen eingezeichnet. Im rechten Placentom ist der Stamm des Zottenbaumes abgeschnitten. Die gestrichelten Pfeile deuten die Strömungsrichtung des mütterlichen Blutes im intervillösen Raum an.

Fein punktiert = fetales Mesenchym. Grob schräg schraffiert = maternes (deciduales) Bindegewebe. Kreuzchen = Fibrin. Kreuzchen = Cytotrophoblast der Trophoblastschale, der Septen und Inseln (zugrundegelegt wurden Befunde und Auffassungen von RAMSEY, ORTMANS, STRAUSS, WILKIN).

ten unregelmäßig in Zottenstämme II. Ordnung auf (Abb. 303). Aus diesen gehen nach dichotomer Teilung Stämme III. Ordnung hervor (Abb. 303), die zum Teil als Haftzotten an der Basalplatte verankert sind. Von den Ästen III. Ordnung gehen die stark verzweigten feinen Seitenäste aus, die mit freien Enden in den intervillösen Raum hineinragen und vom mütterlichen Blut umspült werden. Die Gesamtfläche der aktiven Zotten bildet eine Oberfläche von etwa 14 qm, das ist etwa das 10fache der menschlichen Körperoberfläche.

Gelegentlich wurde die Ansicht vertreten, daß die Zottenenden untereinander in Verbindung treten und Anastomosen bilden (STIEVE 1935 bis 1944). Auf diese Weise sollte ein dreidimensionales Zottenraumgitter entstehen. STIEVE nahm an, daß zunächst die Zotten durch den Syncytiumbelag miteinander verkleben und dann verschmelzen, so daß schließlich echte Anastomosen des bindegewebigen Zottenkernes und der Gefäße zustande kommen. Nun sind tatsächlich aus der Placenta der Catarrhinen syncytiale Zottenverbindungen bekannt (s. S. 317). Ähnliche Verklebungen kommen gelegentlich, wenn auch nie in der von STIEVE angegebenen Häufigkeit, beim Menschen vor. Sie sind ein Ausdruck des sehr plastischen Verhaltens des Syncytiotrophoblasten, der sich aktiv verformen kann und amoeboid beweglich ist. Wahrscheinlich können diese Zottenverklebungen als Ausdruck temporärer Funktionszustände auftreten und wieder gelöst werden. ORTMANN (1938, 1941) konnte zeigen, daß die Angaben von STIEVE auf Fehlern der Methodik beruhen. So haben die Angaben über das reichliche Vorkommen von Zottenanastomosen in der menschlichen Placenta bei vielen namhaften Spezialforschern keine Anerkennung finden können. Die menschliche Placenta ist keine Labyrinth-

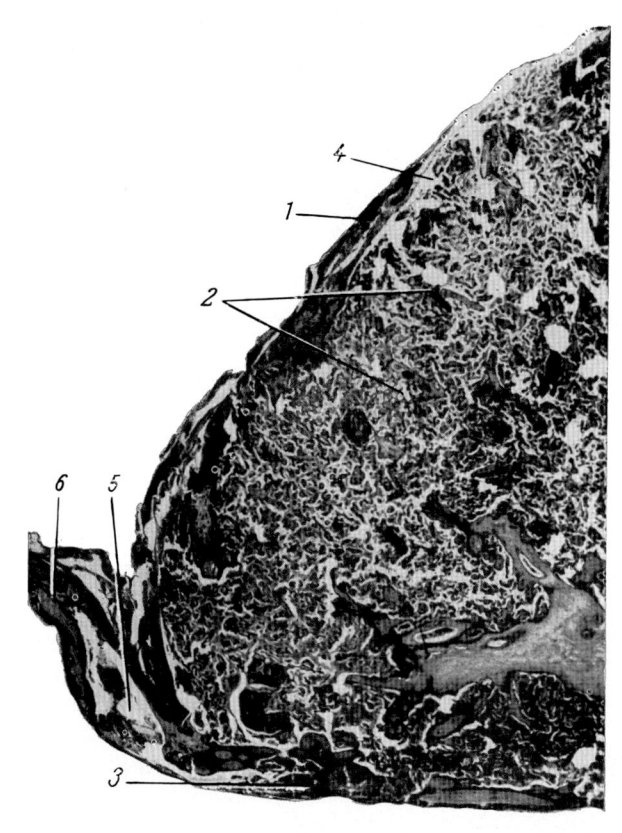

Abb. 304 Schnitt durch die Randzone (links) einer reifen, geborenen menschlichen Placenta, Übersicht. 1 = Chorionplatte, 2 = Chorionzotten im intervillösen Raum, 3 = Basalplattenreste, 4 = Subchorialer Spaltraum, 5 = Randsinus, 6 = Eihäute neben der Placenta. (Nach STARCK 1959).

placenta, sondern, wie gezeigt wurde, eine *Zotten-* oder *Topf-Placenta* (Placenta villosa, Pl. olliformis). Sie besitzt einen einheitlichen mütterlichen Blutraum, den intervillösen Raum, in den die Zotten mit freien Enden hineinragen. Die Chorionplatte deckt den Blutraum gleichsam wie ein Deckel ab.

Kreislauf im intervillösen Raum

Die besprochenen morphologischen Verhältnisse sind für die Auffassung vom Kreislauf im intervillösen Raum von Bedeutung. Es sei zunächst nochmals betont, daß der fetale und materne Blutkreislauf überall durch eine Placentarmembran voneinander getrennt bleiben. Sie besteht aus:

      1. fetalem Gefäßendothel,
      2. fetalem Bindegewebe,
      3. Trophoblast.

Hierbei kann die Bindegewebslage auf ein Minimum reduziert sein, wie auch der Trophoblast sich mit zunehmendem Placentaralter stark verdünnen kann (Reduktion der LANGHANS-Zellen; s. Abb. 298c). Der Trophoblast wird direkt von maternem Blut umspült. Die menschliche Placenta ist eine Placenta haemochorialis im Sinne der Klassifikation von GROSSER (s. S. 278).

Der intervillöse Raum wird durch die unvollständigen Placentarsepten in Cotyledonarbezirke (Placentome) unterteilt. Die einzelnen Placentome sind nicht völlig gegeneinander isoliert, sondern stehen durch Lücken in den Septen und vor allem über den subchorialen Raum miteinander in Verbindung. Trotzdem bildet jedes Placentom in gewissen Grenzen eine Strömungseinheit. Das Blut fließt ausschließlich durch basal mündende Spiralarterien in den intervillösen Raum ein. Diese Arterien münden mit einer verengten Mündungsdüse mehr oder weniger zentral in die Blutkammern. Da die Druckdifferenz zwischen mütterlichen Arterien und intervillösem Raum beträchtlich ist (60 bis 80 mm Hg), wird das Blut in starkem Strahl gegen die Chorionplatte gespritzt (Abb. 303) und fließt dann langsam durch den intervillösen Raum bis zur Basalplatte zurück. Hier finden sich im ganzen Placentarbereich die trichterartigen Mündungen der Venen (Abb. 303). Während des Rückstromes des Blutes in Richtung auf die Venenmündungen werden die Chorionzotten umspült. Hierbei erfolgt der Stoffaustausch. Die einzelne Blutkammer wird also nach Art einer Brausevorrichtung von oben her berieselt. Diese Art des Kreislaufes (RAMSEY 1946) gewährleistet also, daß auch in der menschlichen Placenta das Gegenstromprinzip (MOSSMANsche Regel, s. S. 286) angedeutet ist. Kreislaufphysiologisch ähnelt die Topfplacenta damit der Labyrinthplacenta.

Mütterliche Arterien und Venen münden dicht benachbart im Bereich der Basalplatte. Dennoch werden, dank der beschriebenen Druckdifferenzen, Kurzschlüsse zwischen Arterien und Venen vermieden; der Kreislauf ist gerichtet, die Blutverteilung ist geordnet. Die Zotten selbst wirken als Verteiler, ähnlich wie Grasbüschel in einem Rinnsal (RAMSEY).

Früher hatte man dem Randsinus (Abb. 303) eine überragende Bedeutung als venöse Abflußbahn zugesprochen (SPANNER), doch war das Vorkommen eines Randsinus immer umstritten. Durch die Untersuchungen von RAMSEY an Rhesusaffe und Mensch konnte gezeigt werden, daß es einen Randsinus (Abb. 303, 304) in der reifen Placenta gibt, wenn auch die individuelle Variabilität groß ist. Der Randsinus ist aber nicht die Hauptabflußbahn, sondern darf nur als relativ zottenfreier Anteil des intervillösen Raumes aufgefaßt werden. Er wirkt, ähnlich wie der subchoriale Spalt, als Ausgleichsbecken und Überlaufgefäß.

Fetale Gefäße

Das Placentom stellt eine Strömungseinheit dar. Die fetalen Arterien eines Cotyledo können heute als Endarterien aufgefaßt werden. Die Aufzweigung der fetalen Gefäße entspricht dem Aufzweigungsmodus der Zottenstämme (s. S. 330). Das dem Austausch dienende Kapillarsystem findet sich nur in den Zottenenden.

Die Frage, ob in den Zottengefäßen kreislaufregulierende Mechanismen (Sperrvorrichtungen, Sphincteren) vorkommen, ist noch umstritten. Neben dem eigentlichen Zottenkapillarnetz in den freien Zottenenden kommt ein „paravaskuläres" Kapillarnetz in der Begleitung der größeren Zottengefäße vor. Die funktionelle Bedeutung dieses zweiten Kapillarnetzes ist umstritten. Seine Hauptbedeutung dürfte in der Ernährung des Zottengewebes selbst zu sehen sein.

Basalplatte und fetomaterne Grenze

Der intervillöse Raum wird basal durch die Grund- oder Basalplatte abgeschlossen. Diese besteht aus großen, histochemisch definierbaren Zellen (s. S. 329), die bisher meist als Spezialformen des Cytotrophoblasten (Trophoblastschale, basaler Trophoblast) gedeutet wurden (Abb. 302, 303). Nach dieser Annahme liegt der intervillöse Raum also innerhalb des fetalen Gewebes. Die Placenta ist ein nahezu vollständig aus fetalem Gewebe aufgebautes Organ. An diese basalen Zellen grenzt das mütterliche Gewebe (Decidua basalis) mit den typischen Deciduazellen (s. S. 289) an. Hier treten zwischen den Zellen retikuläre Fasern auf (Abb. 302). Zwischen basalem „Trophoblasten" und Deciduazellen findet sich der NITABUCHsche Fibrinstreifen (s. S. 335). Durch die Untersuchungen des Sex-Chromatins ist auch die Frage nach der genauen Lage der Grenze zwischen mütterlichem und kindlichem Gewebe erneut in Fluß gekommen. Einige Forscher sind auf Grund dieser Befunde geneigt, die ganze Basalplatte als materne Bildung anzusprechen. Eine definitive Klärung des Problems konnte mit den bisher angewandten Methoden noch nicht erzielt werden.

Fibrin, Fibrinoid

Im Laufe der Entwicklung erscheinen im Bereich der Placentarsepten, der Inseln und der Basalplatte eigenartige amorphe Bezirke, die wegen ihrer mikroskopischen Ähnlichkeit mit Fibrin als *Fibrinoid* bezeichnet wurden. Das erste Auftreten von Fibrinoid wird beim Menschen im Bereich der Umlagerungszone (NITABUCHscher Streifen) beobachtet (15. Tag). Fibrinoid ist zellfrei und erscheint im mikroskopischen Bild homogen. Es färbt sich mit sauren Farbstoffen (Eosin) stark an. Auffallend ist die enge räumliche Beziehung zwischen Fibrinoid und Trophoblastelementen. Meist wird das Fibrinoid als Ausdruck einer Gewebsnekrose (Gewebszerfall, Degeneration) aufgefaßt und gegenüber dem *Fibrin*, das aus dem mütterlichen Blut besonders im subchorialen Raum stammt, abgegrenzt. Fibrinablagerungen kommen gleichfalls reichlich in der Placenta vor. Sie sollen sich durch fibrilläre oder granuläre Struktur gegenüber dem Fibrinoid abgrenzen lassen, doch ermöglichen diese Kriterien nicht in jedem Fall eine sichere Unterscheidung. Histochemische Untersuchungen, Färbungsanalysen und Verdauungsversuche ergaben, daß kein grundsätzlicher Unterschied zwischen Fibrin und Fibrinoid besteht (SINGER und WISLOCKI 1948, BUSANNY-CASPARY 1952). Fibrinoid kann aus fetalem Gewebe (Trophoblast, Mesenchym) und aus maternem Material (Basal-

Abb. 305 Septum in der geburtsreifen menschlichen Placenta. Beachte die im Septum eingemauerten Zotten, den basalen Trophoblasten und die Haftzotte rechts neben dem Septum (Orig.).

platte, Decidua) gebildet werden. Man darf die fibrinoide Umwandlung von Gewebe nicht nur als degenerativen Prozeß werten. Wahrscheinlich spielen die Fibrinoidmassen eine Rolle als Stützskelet in der Placenta. Sie könnten beispielsweise wichtig dafür sein, daß die Venenmündungen offen gehalten werden. Nach der Lokalisation in der Placenta unterscheidet man

1. *Langhanssches Fibrin* im subchorialen Bereich (Abb. 303).
2. *Rohrsches Fibrin* in unmittelbarer Nachbarschaft des intervillösen Raumes (Abb. 303, 305).
3. *Nitabuchscher Streifen* in den tiefen Schichten der Basalplatte (Umlagerungszone) (Abb. 303).

Als *weiße Infarkte* bezeichnet man größere, eventuell makroskopisch sichtbare Fibrinoidablagerungen an den Zottenverzweigungen im intervillösen Raum. Sie treten stets in den älteren Placentarstadien auf und sind nicht als pathologische Bildungen zu betrachten. Man hat aus ihrem Vorkommen auf eine funktionelle Minderwertigkeit der Placenta des Menschen geschlossen. Ein derartiger Schluß ist jedoch nicht berechtigt, solange die Kenntnisse über die Physiologie der Placenta noch unvollständig sind. Die neueren Forschungen über den Kreislauf in der menschlichen Placenta (s. S. 333, RAMSEY) mahnen zur Vorsicht gegenüber voreiligen Bewertungen in funktioneller Hinsicht allein aus dem morphologischen Befund.

Einige quantitative Angaben über die menschliche Placenta
(Nach HÖRMANN, JAROSCHKA, ORTMANN, SNOECK, STRAUSS, WILKIN).

Durchmesser der reifen Placenta	150–200 mm
Dicke der reifen Placenta	20 mm
Gewicht der reifen Placenta	± 500 g
Nabelschnurlänge	60 (30–100) cm
Aktive Zottenoberfläche	14 m²
Anteil des intervillösen Raumes am Gesamtvolumen der Placenta	± 25%
Dicke der für den Austausch wichtigen Placentarmembran	
zu Beginn der Gravidität	0,025 mm
in der reifen Placenta	0,002 mm
Zottendurchmesser (durchschnittlich)	
I.–II. Monat	140 μ
V. Monat	70 μ
VIII. Monat	50 μ
Verhältnis von Bindegewebe zu Trophoblast (gleichbleibend)	65 : 35
Kernplasmaverhältnis im Trophoblasten	1 : 1,13
Gesamtvolumen des Cytotrophoblasten der Zellinseln und der Basalplatte in der reifen Placenta	± 2 cm³

Zur Funktion der Placenta

Die Funktion der Placenta ist außerordentlich kompliziert und mannigfach. Die Placenta ist das Organ, das den Stoffaustausch zwischen Mutter und Kind ermöglicht. Die Nahrungsstoffe für den Fetus werden dem mütterlichen Bestand entnommen und dem kindlichen Organismus zugeführt, das gilt für flüssige bzw. gelöste Substanzen wie für Atmungsgase. Die Abgabe fetaler Stoffwechselschlacken erfolgt ebenfalls über die Placenta. Wir werden sehen, daß die Placenta nicht ausschließlich eine nach Diffusionsgesetzen arbeitende Membran ist, sondern daß sie auch aktiv an den Stoffwechselprozessen beteiligt ist. Die Placenta hat also die Funktionen zu leisten, die im erwachsenen Organismus Atmungsorgane, Darmkanal, Leber und Niere durchführen. Darüber hinaus ist die Placenta eine wichtige biologische Schutzeinrichtung für das Kind, die den Übertritt vieler schädlicher Stoffe in den fetalen Kreislauf verhindert. Schließlich bildet die Placenta selbst Hormone. Wenden wir uns nun zu einer kurzen Betrachtung der Funktionen im einzelnen.

1. Hormonbildung in der Placenta

a) *Gonadotrope Hormone (Gonadotropine)*: In den ersten beiden Monaten der Gravidität werden in der menschlichen Placenta gonadotrope Hormone in großer Menge gebildet und im Urin ausgeschieden. Die Bedeutung dieses Vorganges ist unbekannt, zumal eine derartige Hormonausschüttung bei den meisten Säugetieren nicht vorkommt. Sie ist bisher mit Sicherheit nur noch bei einigen Affen und bei der Giraffe gefunden worden. Ausscheidung der Prolane im Harn ermöglicht die hormonale Frühdiagnose der Schwangerschaft (s. S. 262). Daß dieses Prolan im Harn nicht aus der Hypophyse, sondern aus der Placenta stammt, ergibt sich aus mehreren Beobachtungen. Zunächst sind die Hypophysen- und Harnprolane in ihrer Wirkung nicht völlig identisch. Auch bei Kindern und beim Manne kann eine Ausscheidung gonadotropen Hormons vorkommen, nämlich dann, wenn Trophoblast vorhanden ist. Das ist bei gewissen bösartigen Geschwülsten (Chorionepitheliom) der Fall. Die Prolanausscheidung im Urin hat dann diagnostische Bedeutung. Schließlich hat Verpflanzung menschlichen Chorions (KIDO 1937) in die Augenkammer des Kaninchens zur Ausscheidung von Substanzen im Urin geführt, die bei einem zweiten Kaninchen den FRIEDMANN-Test positiv ausfallen ließen.

Über den Ort der Gonadotropinbildung in der Placenta kann eine definitive Aussage noch nicht gemacht werden. Da das Choriongonadotropin ein Mucoproteid ist, kann angenommen werden, daß jene Zellen in erster Linie in Frage kommen, die deutliche Anzeichen einer Proteinsynthese (Basophilie) erkennen lassen. Aus diesem Grund werden in erster Linie die Cytotrophoblastzellen der Inseln und der Septen als Gonadotropinbildner angesprochen (WISLOCKI 1950, ORTMANN 1955, 1959, BARGMANN 1957). Bei differenzierter Gewebszentrifugierung fand sich in der Kernfraktion ein relativ hoher Gonadotropingehalt. Dieser Befund wurde zu der Kernsekretion (s. S. 330) in den Cytotrophoblastzellen in nähere Beziehung gebracht (ORTMANN). In der Gewebekultur wachsende Cytotrophoblastzellen sollen bei der Reimplantation Gonadotropineffekte zeigen, doch ist die Identifizierung des Zelltyps der in der Kultur wachsenden Zelle noch unsicher. Die Tatsache, daß in der zweiten Hälfte der Gravidität beim Menschen der Choriongonadotropinspiegel stark absinkt und gleichzeitig der Cytotrophoblast rückgebildet wird, spricht gleichfalls für die angeführte Theorie. Da es bisher keine histochemische Reaktion gibt, die den spezifischen Nachweis der Gonadotropine im Gewebe gestattet, ist ein direkter Beweis zur Zeit nicht möglich.

b) *Oestrogene Hormone:* Follikulin läßt sich im Placentarextrakt mit den biologischen Testmethoden (Vaginalabstrich, s. S. 264) nachweisen und ist aus der Placenta auch dann zu isolieren, wenn das Tier ovarektomiert war. Es stimuliert das Wachstum und die Vermehrung der Muskelzellen und des Bindegewebes im Uterus. Allerdings muß sich die Follikulinwirkung mit dem Effekt des Gelbkörpers kombinieren, wenn die Wachstumsprozesse geordnet ablaufen sollen. Fällt gegen Ende die Progesteronkomponente weg, so sensibilisiert das Follikulin die Uterusmuskulatur für die Einwirkung des Oxytocins (Hypophysenhinterlappen). Es kommt zur Auslösung der Wehen.

c) *Progesteronbildung in der Placenta:* Im vierten Schwangerschaftsmonat beginnt das Corpus luteum sich zurückzubilden. Die Progesteronbildung wird in der zweiten Graviditätshälfte von der Placenta übernommen. Dementsprechend führt Ovarektomie nach dem vierten Monat beim Menschen nicht zwangsläufig zur Unterbrechung der Gravidität. Gegen Ende der Gravidität erlischt die Progesteronbildung, während Follikelhormon bis zur Geburt gebildet wird. Aus menschlichem Placentargewebe läßt sich ein Extrakt mit Progesteronwirkung herstellen. Der histochemische Nachweis der Steroidhormone ist in der Placenta möglich durch eine eigenartige gelbgrüne Fluoreszenz, die an aceton-alkohol-lösliche, doppelbrechende Substanzen gebunden ist. Phenylhydrazon-Bildung (Reaktion auf Ketosteroide) läßt sich im Syncytiotrophoblasten nachweisen (WISLOCKI und BENNET 1943). Im allgemeinen scheinen diese Steroidhormone nur im Syncytiotrophoblasten vorzukommen. Nur bei Fledermäusen (WIMSATT) finden sie sich ausschließlich in den Zellen des membranösen Chorions.

2. *Stoffwechselfunktionen der menschlichen Placenta*

Eine befriedigende Darstellung der mannigfachen Austausch- und Stoffwechselfunktionen der Placenta ist heute noch nicht möglich*). Bei allen Erwägungen über diese Funktionen muß beachtet werden, daß der diaplacentare Stofftransport ganz verschieden ablaufen kann. Die bestimmenden Faktoren sind:

a) Natur und Molekulargröße der übertretenden Substanz;
b) Struktur und Beschaffenheit der Placentarmembran; diese ist artspezifisch und altersspezifisch.

---

*) Eine moderne Zusammenfassung aller hier erörterten Fragen findet sich bei HUGGET und HAMMOND 1952.

Angaben über den Stofftransport durch die Placenta sind nur dann verwertbar, wenn man berücksichtigt, bei welcher Tierart und in welchem Entwicklungsstadium die Untersuchung vorgenommen wurde. Wir beschränken uns im folgenden auf einige Angaben über den Stoffaustausch in der ausgebildeten menschlichen Placenta. Der Trophoblast ist die stets vorhandene, für die Resorptionsleistung entscheidende Struktur in der Placenta. Das Syncytium ist bei Affen und Mensch im ersten Drittel der Gravidität zur Aufnahme von Substanzen durch Phagocytose befähigt. Später erlischt diese Funktion. Die im wesentlichen diskutierte Streitfrage ist die nach dem Mechanismus des Stofftransportes. Erfolgt der Übertritt von Substanzen nach einfachen physikalisch-chemischen Gesetzen oder liegt eine aktive Teilnahme der Gewebe an der Grenzschicht vor?

Wichtig ist die Feststellung, daß sich die einzelnen Substanzen recht unterschiedlich verhalten können. Beim Menschen ist beispielsweise der Gehalt des mütterlichen Blutes an Glukose höher als der des fetalen Blutes. Umgekehrt besteht, was freie Aminosäuren anbetrifft, gelegentlich ein Gefälle vom Fet zur Mutter. Andere Substanzen, wie Na^+ und andere Ionen, finden sich in mütterlichem und fetalem Blut in gleicher Konzentration.

Schon diese Beobachtung läßt einen Übertritt nur durch Diffusion als sehr fraglich erscheinen. Weiter bleibt zu bedenken, daß etwa im Gegensatz zur Alveolarwand in der Lunge, in der für den Gasaustausch allein der Partialdruck der Blutgase verantwortlich ist, in der Placenta stets eine relative dicke und kompliziert strukturierte Gewebsschicht zwischen beiden Blutströmen liegt. Diese Gewebsschicht hat sehr intensive, eigene Stoffwechseltätigkeit und speichert viele Substanzen (Glykogen).

Diese Überlegungen lassen es bereits als unwahrscheinlich erscheinen, daß auch nur der Gasaustausch ohne aktive Teilnahme fetaler Gewebselemente durch Diffusion vor sich geht. Tatsächlich liegen Beobachtungen vor, die zeigen, daß die Austauschrate wesentlich niedriger als in der Lunge ist, daß also eine gewisse Behinderung des Gasaustausches statthat.

Für den Austausch der Ionen glaubte man, im allgemeinen mit einem Übergang durch Diffusion auskommen zu können. Doch zeigen neuere Untersuchungen mit markierten Substanzen (Isotopen), daß der Austausch auch für diese Stoffe nicht frei ist. Relativ gut bekannt sind die Vorgänge bei der Eisenaufnahme, da sich Fe gut histochemisch nachweisen läßt. Fe findet sich im Syncytium um den Kern (wahrscheinlich Fe aus Cytochromoxydase), im Plasma des Syncytiums und zwischen den Zellen des Cytotrophoblasten (resorbiertes Eisen). Beim Menschen wird Fe also an den Zotten aufgenommen, während beim Schwein das ganze Chorion, bei Carnivoren besondere Cytotrophoblastbezirke (grüner Saum) für die Fe-Resorption verantwortlich sind (s. S. 287). Verabreicht man der Mutter per os markiertes Eisen, so ist dieses bereits nach 10 Minuten im Feten nachweisbar. Recht eigenartig liegen die Verhältnisse bei der Aufnahme von Kohlenhydraten. Der mütterliche Blutzucker besteht fast ausschließlich (98%) aus Glukose, während im kindlichen Blut neben Glukose auch Fruktose vorkommt, und zwar überwiegt letztere bei weitem (70–80%). Glukose kann direkt diffundieren. Daneben kommt Umwandlung zu Fruktose in der Placenta vor. Glykogen findet sich reichlich in der Placenta, und zwar im basalen Cytotrophoblasten, in den Zellbalken, besonders reichlich aber in Syncytium und Cytotrophoblasten der Zotten. Meist ist das Vorkommen von Glykogen mit der Lokalisation von alkalischer Phosphatase kombiniert. Das Placentarglykogen steht in keiner unmittelbaren Beziehung zum Zuckertransport, sondern ist ein direktes Stoffwechselprodukt des Placentargewebes. Fett und Lipoide sind oft und an vielen Stellen nachgewiesen worden. Wie oben gezeigt, ist die Auffassung, daß die Lipoidstoffe im Syncytium wenigstens zum großen Teil etwas mit der Bildung der Ketosteroide zu tun haben, gut begründet. Der Übertritt der Fette scheint im wesentlichen ähnlich wie im Darm abzulaufen, d. h. sie werden in Fettsäuren und Glycerin gespalten und jenseits der Placentarbarriere resynthetisiert. Gewisse spezifische Fettsäuren treten nach der Resorption in gleicher Form im fetalen Organismus auf. Recht unklar liegen die Verhältnisse für Vitamine. Sicher dürfte nur sein, daß Vitamin C (Ascorbinsäure) in der Placenta gespeichert werden kann und die Placentarschranke relativ frei passiert. Sehr kompliziert sind die Vorgänge bei der Eiweißresorption. Die Hauptmenge der für die fetale Ernährung auszunutzenden Proteine wird in Form freier Aminosäuren übertragen. Daneben ist aber auch eine Aufnahme ungespaltener Proteine in geringen Quantitäten möglich, wenn die Teilchengröße 6,5–7 µm nicht übersteigt. Diese Aufnahme unzerlegten Eiweißes spielt für die Ernährung keine Rolle, ist aber für immunbiologische Vorgänge von Bedeutung (s. S. 287). Hier sei nochmals auf die klinisch wichtige Übertragung spezifischer Bluteiweißkörper des Rh-Komplexes hingewiesen. Der Rh-Faktor (Rhesusfaktor, da bei diesem Affen entdeckt) kann vom (Rh-positiven) Vater auf das Kind vererbt werden. Besitzt das Kind einer Rh-negativen Mutter den Faktor, so können Agglutinogene vom Kind auf die Mutter übertreten und im maternen Körper Agglutinine für Rh erzeugen. Diese können umgekehrt wieder zum Feten übertragen werden und hier mit dessen Agglutinogen reagieren und damit eine schwere Erkrankung des Fetus (Erythroblastosis) erzeugen.

Abnormer Sitz und abnorme Form der Placenta

Die Implantation des Eies erfolgt normalerweise im Bereich des Corpus uteri, und zwar wird die Rückwand bevorzugt. Implantation an der Vorderwand ist noch als normal zu bewerten. Abnorme Implantation der Keimblase führt zu abnormem Sitz der Placenta. Derartigen pathologischen Anheftungen kommt erhebliche klinische Bedeutung zu. Erfolgt die Anheftung im Bereich des unteren Abschnittes des Uterus in der Nähe des inneren Muttermundes, so verdeckt die Placenta einen Teil der Geburtswege *(Placenta praevia)*. Bei der Geburt kommt es zu bedrohlichen Blutungen. Implantation des Keimes ist auch in der Tube, ja selbst im Ovar oder in der Bauchhöhle möglich (Tubargravidität, Eierstocks- und Bauchhöhlenschwangerschaft). Da der Keim sich hier in einem ungeeigneten Milieu einnisten muß, kommt es zwangsläufig zu sehr schweren Störungen (Tubenruptur, lebensbedrohende Blutungen). Inwieweit bei derartigen Fällen pathologische Veränderungen der Genitalwege (Entzündungen, Narben) für eine Verzögerung der Eiwanderung und eine abnorme Implantation des normal entwickelten Eies, wieweit abnorme Verhältnisse im Keim selbst (beschleunigte Entwicklung?) verantwortlich sind, ist nicht immer sicher zu entscheiden. Klinische Erfahrungen zeigen, daß mechanische Hindernisse in den Genitalwegen auf Grund vorausgehender Erkrankungen das Vorkommen von Tubargraviditäten begünstigen.

Abnorme Placentarformen sind beim Menschen häufig beschrieben worden. So kommen ovale, hufeisenförmige, zwei-, drei- und mehrteilige (Placenta bilobulata, multilobulata usw.) Placenten vor. Auch gürtelförmige Placenten (Placenta pseudozonaria) sind bekanntgeworden. All diese abnormen Formen sind nicht als Rückschläge auf irgendwelche tierischen Placen-

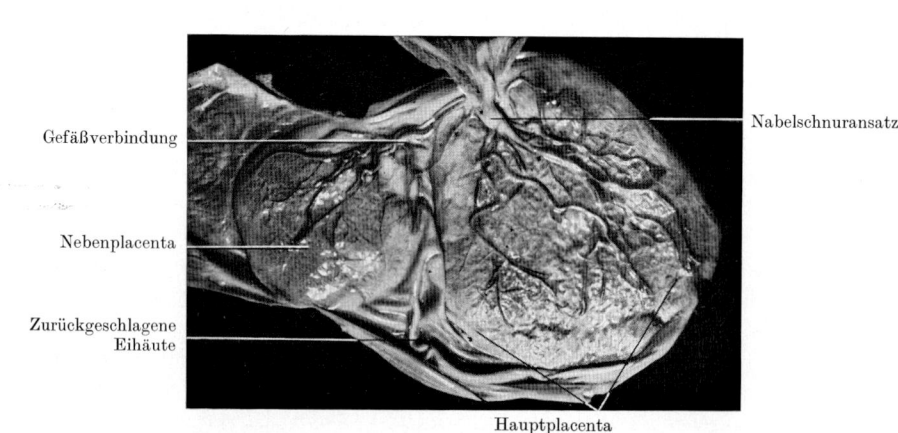

Abb. 306 Placenta succenturiata. Nebenplacenta beim Menschen. Diese ist durch Gefäßbrücken mit der Hauptplacenta verbunden. (Orig.)

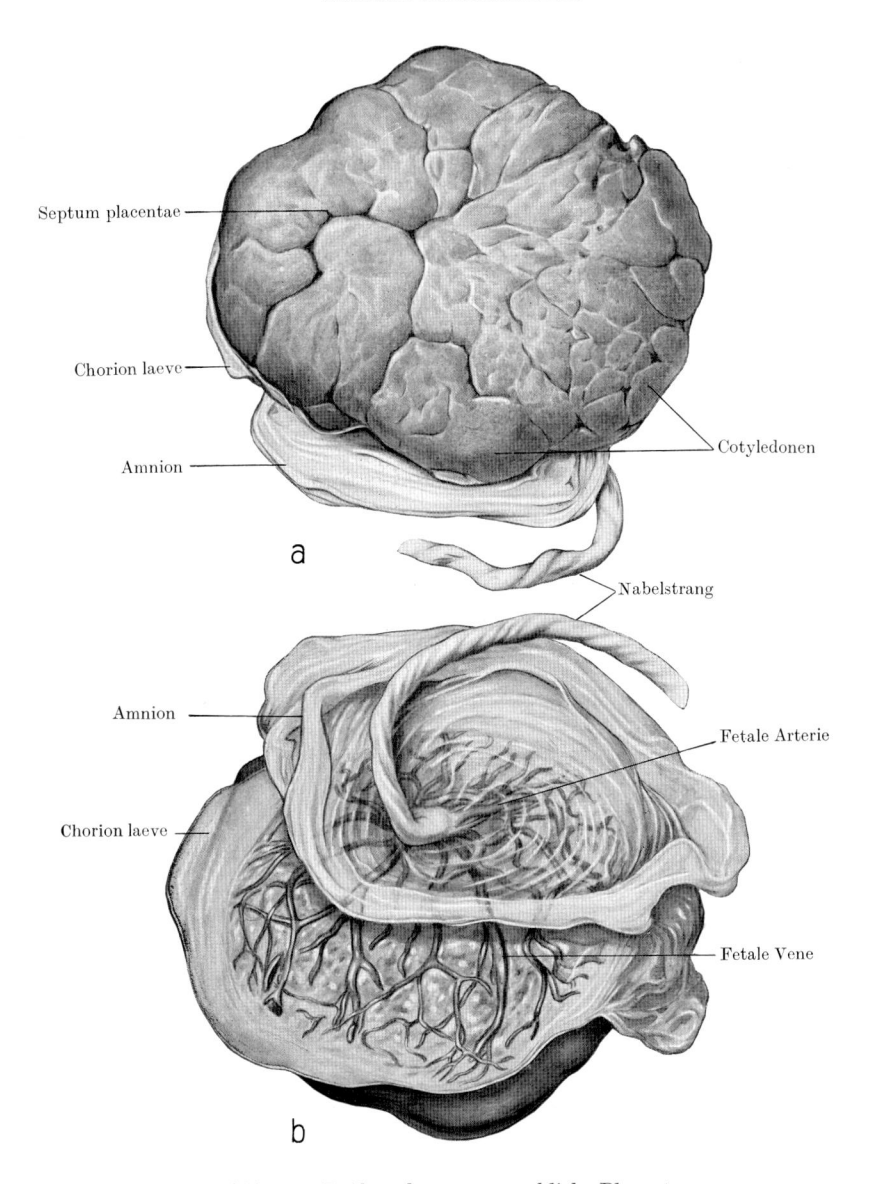

Abb. 307 Reife, geborene menschliche Placenta.
a) von der maternen Seite.
b) von der fetalen Seite.
Amnion teilweise zurückgeschlagen. (Orig.)

tarformen zu deuten, denn bei den Placentarformen der niederen Affen ist die Zottenbildung primär auf einen bestimmten Bezirk beschränkt, während die abnormen menschlichen Placenten durch Unregelmäßigkeiten in der Atrophie der Zotten zustande kommen. Von besonderer Bedeutung in klinischer Hinsicht ist das Vorkommen von Nebenplacenten *(Placentae succenturiatae)*, die in etwa 1% aller Geburten vorkommen (Abb. 306). Sie sind wie die Nebenplacenten der Tierprimaten durch Gefäßbrücken mit der Hauptplacenta verbunden. Ihre klinische Bedeutung liegt darin, daß sie nach Ausstoßung der Nachgeburt in utero zurückbleiben und Anlaß zu Blutungen und entzündlichen Erkrankungen geben können.

Die Insertion der Nabelschnur auf der menschlichen Placenta kann zentral (10%) oder exzentrisch (90%) erfolgen. Gelegentlich kommt Insertion an den Eihäuten *(Insertio velamentosa)* vor. In diesen Fällen verlaufen die Nabelgefäße ohne Umhüllung durch WHARTONsche Sulze eine mehr oder weniger lange Strecke zwischen Amnion und Chorion. Die Insertio velamentosa kann Anlaß zu Zwischenfällen (Zerreißung, Kompression der Gefäße) geben, besonders dann, wenn die Gefäße über den unteren Eipol verlaufen. Die Entstehung der Insertio velamentosa ist nicht sicher geklärt. Wahrscheinlich liegt ihr eine abnorme Atrophie des Chorion frondosum im Bereich der primären Anheftung des Haftstieles zugrunde.

Die Nachgeburt

Als Nachgeburt bezeichnet man die Placenta mit den Eihäuten (Amnion, Chorion mit Decidua parietalis, Nabelbläschen) und Nabelschnurrest. Diese Nachgeburt wird normalerweise 20–30 Minuten nach der Geburt des Kindes ausgestoßen. Die reife, geborene Placenta (Abb. 307) ist eine rundliche Scheibe von 15 bis 20 cm Durchmesser und etwa 500 Gramm Gewicht. Die kindliche (innere) Fläche der Placenta wird vom Amnion überzogen und ist daher glatt und glänzend, während die materne (basale) Seite die Cotyledonengliederung erkennen läßt und mit Blutgerinnsel bedeckt ist (Abb. 307).

Die Ablösung der Placenta wird durch Kontraktionen der Uterusmuskulatur nach Austreibung des Kindes (Nachgeburtswehen) erreicht. Die Trennung erfolgt im Bereich der Decidua basalis, in der bereits vor der Geburt eine Ablösungszone (Demarkationszone) durch Gewebsdegeneration sich vorbereitet. Bei der Ablösung der Placenta werden materne Gefäße eröffnet, es bildet sich ein retroplacentares Haematom. Nach Ablösung der Placenta kann sich der entleerte Uterus sehr rasch verkleinern. Die Uteruskontraktionen sorgen zugleich für einen Verschluß der eröffneten maternen Gefäßbahnen und verhindern größere Blutverluste. Bleiben Placentarreste in utero zurück oder versagt die Kontraktionsfähigkeit der Uterusmuskulatur, so kommt es nicht zu ausreichendem Verschluß der Gefäße. Lebensbedrohende Blutungen sind die Folge.

Nach der Geburt bilden sich die Geschlechtsorgane in einem Zeitraum von etwa 6 bis 8 Wochen (Puerperium) wieder annähernd zu jenem Zustand zurück, der vor der Schwangerschaft bestand. Die Placentarstelle verheilt in ähnlicher Weise wie jede Wunde. Die Regeneration des Epithels erfolgt von stehengebliebenen Resten der Drüsen aus.

VII. Ontogenese und Phylogenese.
Über funktionelle Anpassung in der Embryonalzeit

Die bisher besprochenen Entwicklungsprozesse und Entwicklungsmechanismen lassen gewisse gemeinsame Züge, die für alle Wirbeltiere gelten, erkennen. Durch den Furchungsprozeß wird die befruchtete Eizelle in kleinere Einheiten, Blastomeren, zerlegt. Anschließend erfolgt die Bildung des Embryonalkörpers, wobei Gestaltungsbewegungen eine wesentliche Rolle spielen. Die Lage der präsumptiven Organanlagen im undifferenzierten jungen Keim (Blastula, Keimscheibe; Abb. 133, 181, 194, 198) zeigt trotz vieler Abweichungen im einzelnen bei den verschiedenen großen Gruppen – Fische, Amphibien, Vögel – so viel Gemeinsames, daß es nicht schwer ist, die einzelnen Befunde aufeinander zu beziehen. Gemeinsamkeiten finden sich besonders deutlich im späteren Aufbau der Organanlagen. Bei allen Wirbeltiergruppen werden das Zentralnervensystem, das Auge, das Labyrinthorgan, die Leber u. v. a. in grundsätzlich gleicher Weise gebildet. So kann es nicht wundernehmen, wenn die Aufdeckung derartiger Gemeinsamkeiten eine vergleichende morphologische Betrachtungsweise in der Embryologie gewaltig förderte. Besonders der Einfluß von Ernst Haeckels Gastraeatheorie führte zu zahlreichen Versuchen, die Erscheinungen der Primitiventwicklung bei allen Wirbeltieren auf ein Grundschema zurückzuführen. Durch diese Arbeit wurde sehr wichtiges Tatsachenmaterial zusammengetragen. Allerdings kann nicht verschwiegen werden, daß sehr häufig auch einem Denkschema zuliebe vereinfacht wurde und Hypothesen konstruiert wurden, wo exakte Beobachtung hätte weiterführen können (Keimblattlehre). Einer der gefährlichsten Irrtümer war zweifellos der Glaube, daß man um so eher vergleichbare Stadien finden würde, um so mehr der gemeinsamen Urform nahe kommen müßte, je weiter man zu Frühstadien in der Ontogenese zurückging. Haeckel hatte in seinem „biogenetischen Grundgesetz" ein sehr wertvolles Prinzip zur Deutung von Entwicklungsprozessen aufgedeckt. Diese Regel besagt, daß eine ontogenetische Reihe von Entwicklungsstadien eine abgekürzte Rekapitulation der phylogenetischen Ahnenreihe der betreffenden Art sein kann. Die Ontogenese wiederholt also gewissermaßen den Phylogeneseablauf. Änderungen im Ontogeneseablauf, sogenannte Kainogenesen, verdecken gegebenenfalls das unverfälschte – „palingenetische" – Bild.

K. E. v. Baer (1828) hatte bereits festgestellt, daß Embryonen verschiedener Formen einander ähnlicher sind als die Erwachsenen. Dieser Parallelismus zwischen Ontogenese und Phylogenese bedarf einer kurzen Erörterung. Wenn wir beobachten, daß in der Ontogenese einer Formengruppe Organsysteme auftreten, die funktionslos sind, in anderen Formengruppen aber funktionstüchtig sind, so können wir annehmen, daß die erste Gruppe von Formen abstammt, die das Organ in funktionsfähiger Form besaßen. Die Ohrmuskeln oder der Wurmfortsatz des Menschen sind derartige Rudimente. Häufiger aber können derartige Organe nach Verlust ihrer ursprünglichen Funktion eine neue Aufgabe übernehmen *(Prinzip des Funktionswechsels)*. Der Kiemenkorb der Protochordaten ist ein Nahrungssieb. Er wird bei Fischen zum Atmungsorgan. Beim Übergang zum Landleben bildet er den Mutterboden für die Entstehung der branchiogenen Organe (Thymus, Epithelkörperchen usw.). Das Kiemenbogenskelet tritt in den Dienst des schalleitenden Apparates und des Kehlkopfes. Die Urniere wird zum Nebenhoden.

Eine Rekapitulation ontogenetischer Abläufe kommt also zweifellos vor. Allerdings müssen wir heute einsehen, daß die Ontogenese nicht eine Wiederholung von Reifestadien der Vorfahrenformen ist, sondern daß die Embryonen der evoluierten Form den Embryonalstadien der Ahnenform ähneln. Dabei darf nun die Bedeutung der Kainogenesen nicht übersehen werden. Phylogenetische Abänderungen können in jeder Phase des individuellen Lebenszyklus wirksam werden. So gewinnen wir einen neuen Ausgangspunkt für die Bewertung der Beziehungen zwischen Ontogenese und Phylogenese, der in gewissem Sinne zu einer Umkehrung der Formulierung von Haeckel führt. Veit (1921, 1923) hat diese Situation folgendermaßen gekennzeichnet: „Die Ontogenese ist nicht nur eine kurz zusammengedrängte Wiederholung der Phylogenese, sondern zugleich der Beginn neuer phylogenetischer Änderungen." Gleichzeitig entwickelten Garstang (1922) und de Beer (1930, 1938) eine Theorie der Paedomorphose, welche besagt, daß die kainogenetischen Abänderungen der Ontogenese das wesentliche Ausgangsmaterial für phylogenetische Abänderungen schaffen. Spezielle Anforderungen des Embryonallebens können so Bedeutung für die Ausgestaltung der definitiven Form bekommen. Sewertzoff (1899, 1931) hat gleiche Gedankengänge zum Aufbau seiner Theorie der Phylembryogenese benutzt. Ihm verdanken wir sehr überzeugende Beispiele von der phylogenetischen Bedeutung ontogenetischer Abänderungen.

Der Embryo entwickelt sich nicht unabhängig von äußeren Einflüssen. Der Keim ist bereits ein lebender Organismus, der sich, wie jedes Lebewesen, mit seiner Umwelt auseinandersetzen muß und auf Umwelteinflüsse mit Anpassungserscheinungen reagiert, und zwar schon in den frühesten Entwicklungsstadien (Peter). Wir können also nicht erwarten, wie es die klassische Lehre annahm, in den jüngsten Stadien der Keimesentwicklung gewissermaßen die reine, von Anpassungserscheinungen kaum betroffene Urform des Wirbeltierorganismus zu finden. Lebensbedingungen in einem besonderen Milieu machen Anpassungen an dieses Milieu notwendig. Es ist beispielsweise nicht gleichgültig, ob ein Keim sich in der Erde, im Wasser, an der Luft oder geborgen im mütterlichen Körper entwickelt. Gerade die Beziehungen zwischen mütterlichem Organismus und Keim sind in der Wirbeltierreihe sehr mannigfach ausgebildet. Man denke etwa an die Maulbrüter unter den Fischen, an Bruttaschen bei Seepferdchen (Männchen), an die verschiedenartigen Brutpflegebeziehungen bei Anuren, an den Brutbeutel der Marsupialier, an die fetomaternellen Beziehungen bei Placentaliern (u.v.a.). Anpassungserscheinungen in der Ontogenese haben wir bei der Schilderung der allgemeinen Entwicklungsgeschichte in reichem Maße kennengelernt. Hierher gehören bereits die verschiedenartigen Formen der Eihüllen (s. S. 6), die zur Ausbildung eigenartiger Verankerungseinrichtungen führen können (*Myxine*, Haifische; Abb. 4). Die zahlreichen im Dienste der Brutpflege stehenden Strukturen und Mechanismen, die wir im folgenden Kapitel kennenlernen werden, bieten eine Fülle von Beispielen.

Bei dieser Sachlage kann keine Rede mehr davon sein, daß etwa im Sinne von HAECKEL die Befunde aus der Ontogenese ein direktes Ablesen der Phylogenese gestatten würden. Die Ontogenese ist das primär Gegebene. Phylogenese ist die Summe einer großen Zahl aufeinanderfolgender Ontogenesen. Diese können mannigfach abgeändert sein. Die Abänderungen in der Ontogenese müssen so zu phylogenetischen Abänderungen führen.

Die Wege derartiger Abänderungen sind oft untersucht worden (FRANZ, NAEF, SEWERTZOFF, DE BEER, Zusammenstellung bei REMANE 1952). Nur die wichtigsten Modi seien hier kurz genannt (Abb. 308). Durch *Addition* von Endstadien *(Prolongation)* kann der Ontogenese ein Stadium zugeführt werden, das der Vorfahrenform fehlte. In diesem Falle wird in der Ontogenese das Merkmal der erwachsenen Ahnenform durchlaufen. Das Rekapitulationsgesetz trifft also zu. Praktisch kann bei der Betrachtung einzelner Organe tatsächlich in einem großen Prozentsatz der Fälle – REMANE schätzt etwa in 70% – mit diesem Modus gerechnet werden. Der ontogenetische Befund allein kann aber keinen sicheren Rückschluß auf den phylogenetischen Ablauf zulassen. Die mit phylogenetischen Methoden (Homologieforschung als Methode von vergleichender Anatomie, Taxonomie und Palaeontologie) gewonnenen Resultate sind für die Beurteilung der Stammesgeschichte entscheidend.

Anwendung des biogenetischen Grundgesetzes auf den ganzen Organismus mit all seinen larvalen Anpassungserscheinungen führt zu sehr großer Unsicherheit der Ergebnisse. Dies gilt besonders bei der Untersuchung *früher* Entwicklungsstadien, wie wir mehrfach betont hatten. Gerade die Prozesse, die zur Bildung eines Embryonalkörpers führen, sind bei den verschiedenen Tierformen speziellen Anpassungen unterworfen. Daher ist die Beurteilung früher menschlicher Entwicklungsstadien so außerordentlich schwierig.

Als weiterer Modus der phylogenetischen Abänderung sei hier die *Deviation* genannt, d. h. also die Erscheinung, daß die Ontogenese der Vorfahrenform bis zu einem bestimmten Stadium wiederholt wird, daß dann aber der Ablauf der Entwicklung vor Erreichen der Endstadien bereits in eine andere Richtung einbiegt (Abb. 308b). Die Abweichung im Ontogeneseablauf setzt also auf mittleren Stadien der Ontogenese ein. Beispielsweise gleicht der embryonale Tarsus und Carpus spezialisierter Säuger (etwa

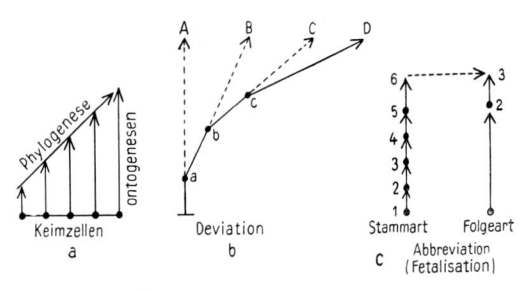

Abb. 308 Schematische Darstellung der Modi der phylogenetischen Abänderungen in der Ontogenese. (Nach REMANE 1952, vereinfacht).
a) Addition von Endstadien. Die vertikalen Linien stellen die verschiedenen Ontogenesen dar. Die untere Horizontale stellt die Umbildung des Keimplasmas in der Generationenfolge dar. Die obere schräg aufsteigende Linie zeigt die Reifestadien (Phylogenese im engeren Sinne).
b) Deviation. Die ausgezogene Linie stellt die Ontogenese eines Organs der Art D dar, welches einen Umweg durch Zwischenstadien (a, b, c) durchläuft. Diese sind Endstadien der Ontogenese bei anderen Formen.
c) Abbreviation, Ausfall von Zwischenstadien.

der Huftiere oder der Fledermäuse) noch ganz dem der Embryonen primitiver Insektivoren. Mit zunehmendem Fetalalter wird die Unähnlichkeit zunehmend größer. Die Fälle eines solchen „Abweichens" der Ontogenese gegenüber der Ahnenform sind äußerst häufig.

Schließlich sei noch darauf hingewiesen, daß auch ein Ausfall von Stadien der Ahnform bei den Abkömmlingen möglich ist (*Abbreviation*, Abb. 308 c). Solcher Ausfall von Stadien kann am Anfang, im Verlauf der Ontogenese oder an ihrem Ende statthaben. Terminaler Ausfall von Entwicklungsstadien führt also dazu, daß bei der erwachsenen Form ein Zustand auftritt, der von der Vorfahrenform in der Ontogenese durchlaufen wurde. Hierhin gehören vor allem die Fälle von *Neotenie* und *Fetalisation*.

SLIJPER hat beide Begriffe scharf gegeneinander abgetrennt. Danach verstehen wir unter *Neotenie* eine Kombination von Merkmalen des erwachsenen Tieres mit larvalen Strukturen, die infolge des Ausbleibens der Metamorphose in besonders deutlicher, über die für Larven typische Weise hinaus ausgeprägt sind. Neotenie ist also mit progressiven Veränderungen – nämlich einer Ausgestaltung und Vervollkommnung von larvalen Organen – gekoppelt. Das klassische Beispiel sind jene Salamanderlarven, bei denen die Metamorphose unterbleibt bzw. verzögert wird und die in diesem Larvenstadium geschlechtsreif werden (Axolotl, perennibranchiate Salamander). Demgegenüber tritt bei der *Fetalisation* ein Organ in einer Form auf, die bei der Ahnenform in der Ontogenese durchlaufen wurde. Das Organ verschwindet also nicht bei den Nachkommen. Diese Fetalisation ist oft nachgewiesen worden (SLIJPER). Hierher gehört etwa die Tatsache, daß bei vielen Säugern (Wale, Huftiere) das Arteriensystem in der Adultform stellenweise den embryonalen Plexuscharakter bewahrt. Daß derartige Umkehrungen des Ablaufes – die abgeleitete Form zeigt einen Befund, der bei der Ahnform ontogenetisch durchlaufen wird – die Auswertung der Ontogenese für die Phylogenese außerordentlich erschweren müssen, liegt auf der Hand. BOLK (1926) hat auf Grund umfangreicher Untersuchungen den Versuch unternommen, die Gesamtheit des menschlichen Körperbaues als Fetalisationserscheinung zu deuten. Der erwachsene Mensch soll in seinen charakteristischen Merkmalen (Schädelbau, Hirn, Becken, Extremitäten u. a.) gewissermaßen die Struktur der embryonalen Tierprimaten zeigen, also kurz gesagt durch Entwicklungsverzögerung von Affenembryonen ableitbar sein. Demgegenüber ist neuerdings besonders durch bessere Erforschung der Ontogenese der Primaten der Nachweis erbracht worden (KUMMER 1951, Schädel; A. H. SCHULTZ 1949, 1950, 1952, Proportionen, Extremitäten; PORTMANN 1944; SLIJPER 1936, kritische Zusammenfassung STARCK 1962), daß es wohl für Einzelmerkmale Fetalisationserscheinungen beim Menschen gibt, daß aber die Gesamtheit der menschlichen Formbildung nicht mit dem Schlagwort „Fetalisation" erklärt werden kann und von der der übrigen Primaten abweichende Züge trägt. Insbesondere konnten KUMMER und STARCK nachweisen, daß die Abknickung der Schädelbasis beim Menschen sich in eine Reihe komplizierter Teilprozesse auflösen läßt und nicht direkt in Parallele zur Form der Schädelbasis eines Affenembryos gesetzt werden darf. Wir werden im folgenden Abschnitt sehen, daß auch die lange Kindheitsperiode beim Menschen nicht im Sinne von BOLK als Zeichen einer Fetalisation gewertet werden kann, sondern eine andere Bedeutung hat.

VIII. Der Ontogenesetyp und seine evolutive Beurteilung.
Die Postembryonalentwicklung, besonders bei Vögeln und Säugetieren

Unsere bisherigen Ausführungen haben in großen Zügen ein Bild von jenen Formbildungsprozessen entworfen, die zum Aufbau eines Embryonalkörpers führen. Gleichzeitig bemühten wir uns, die Ergebnisse entwicklungsphysiologischer Forschung mit den vergleichend embryologischen Befunden zu koordinieren, also Aussagen über kausale Beziehungen in der Ontogenese zu machen, soweit dies heute möglich ist. Die Berücksichtigung dieser beiden Forschungs-

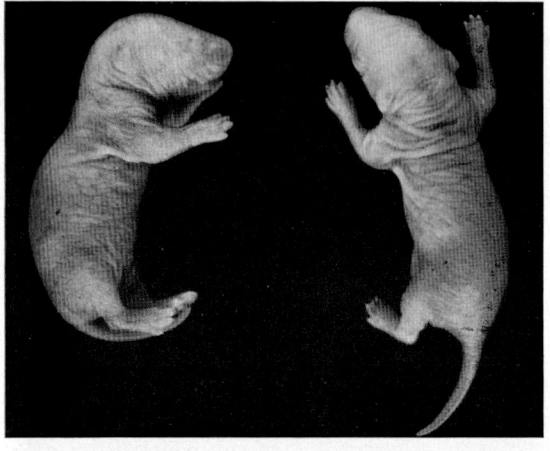

Abb. 309 Nesthocker und Nestflüchter bei Säugetieren.
a) Nesthocker. Neugeborene weiße Ratte.
b) Nestflüchter. Nilgauantilope kurz nach der Geburt.
c) Nestflüchter. Meerschweinchen am 1. Lebenstag.
(a, c: Orig., b: Photo E. SIEGRIST aus dem Zoologischen Garten Basel)

zweige allein kann uns aber nur ein lückenhaftes Bild von der Individualentwicklung vermitteln. Wichtige morphologische, physiologische und biologische Gesichtspunkte des Gesamtablaufes der Ontogenese sind dabei zunächst außer acht gelassen. Mit dem Aufbau des Wirbeltierkörpers sind die Entwicklungsprozesse nicht erschöpft. Auch der biologisch kritische und bedeutsame Moment der Geburt bedeutet hier keinen Abschluß. Die allgemeine Erfahrung zeigt, daß das Neugeborene in struktureller und funktioneller Hinsicht unreif ist. Dasselbe gilt naturgemäß für psychische Funktionen. Betrachten wir nun eine neugeborene Ratte und ein neugeborenes Huftier, so sehen wir, daß der Entwicklungsgrad dieser beiden Neugeborenen keineswegs vergleichbar ist. Die Ratte ist hilflos, nackt, hat geschlossene Augen und Ohröffnungen und ist auf mütterliche Pflege angewiesen (Abb. 309). Hingegen ist das Huftier wesentlich weiter entwickelt und gleicht eher der erwachsenen Form.

Vor allem ist es in der Lage, sich kurz nach der Geburt bereits fortzubewegen. Was bedeutet diese Tatsache, daß die Säuger und Vögel einmal als Nesthocker, das andere Mal als Nestflüchter zur Welt kommen? Bestehen hier Beziehungen zur Lebensweise, zur phylogenetischen Stellung der Tierform, oder lassen sich Abhängigkeiten von anderen Faktoren nachweisen?

Ontogenesetyp bei Anamniern

Bei der großen Gruppe der Anamnier (Cyclostomen, Fische, Amphibien) liegen im Grundprinzip einheitliche Verhältnisse vor. Wie der Gruppenname andeutet, fehlen stets die Embryonalhüllen „Amnion" und „Chorion". Die Embryonalperiode ist relativ kurz (s. Anhang 3, S. 638). An die Embryonalperiode schließt sich ein langer Abschnitt des Larvenlebens an. Die Larve ist durch den Besitz bestimmter Organe

(Larvenschwanz, Haftorgane, Kiemenfäden usw.), die der Adultform fehlen, gekennzeichnet. Der Umbau des larvalen Körpers in die definitive Form erfolgt in einem eigenartigen, sehr rasch ablaufenden Entwicklungsschritt, den wir als *Metamorphose* bezeichnen. Diese Metamorphose wird durch hormonale Regulationen gesteuert (Metamorphoseauslösung durch die Thyreoidea). Am bekanntesten sind diese Entwicklungsprozesse bei Fröschen, deren ausgeprägtes Larvenstadium als Kaulquappe bezeichnet wird. Nun soll betont werden, daß die Ausbildung typisch larvaler Organe (Haftfäden, Saugnäpfe, äußere Kiemen) und Verhaltensweisen (larvaler Fluchtreflex – COGHILL – und dessen morphologisches Substrat im Zentralnervensystem) Sonderanpassungen der Embryonalform an die Lebensbedingungen sind, daß sie also nicht Merkmale erwachsener Ahnenformen im Sinne des biogenetischen Grundgesetzes darstellen. Innerhalb dieser großen Formengruppe sind zahlreiche Spezialanpassungen möglich. Wir hatten bereits auf die verschiedenen Brutpflegeeinrichtungen bei Fischen und ganz besonders bei Fröschen hingewiesen (s. S. 266). Auch die Möglichkeit des Erwerbs der Ovoviviparie und der Viviparie war zuvor besprochen worden (s. S. 267).

Ontogenesetyp der Amnioten. Reptilien und Vögel

Die große Gruppe der Amnioten bildet eine stammesgeschichtliche Einheit, und zwar besteht volle Einigkeit darüber, daß die beiden evoluierten Gruppen – Vögel und Säugetiere – im Reptilstamme wurzeln, aber an ganz verschiedener Stelle aus dem Reptilstamm hervorgegangen sind.

Die Vögel haben sehr dotterreiche Eier, die Eizellen der Säugetiere hingegen sind praktisch dotterfrei. Die Eier der Reptilien sind relativ dotterreich. Die Dotterarmut der Säugereier ist sicher sekundär, zumal rezente Formen – Monotremen und Marsupialier (s. S. 7) – noch eindeutig den Übergang vom Sauropsidenzustand zum typischen Eutherierverhalten modellmäßig verständlich machen. Hiermit ist nicht gesagt, daß die heutigen Monotremen und Marsupialier Ahnformen der Placentalier sind. Über die Ontogenese der Übergangsformen zwischen Amphibien und primitiven Amnioten ist nichts bekannt. Wir können schwerlich von den heute lebenden, sehr spezialisierten Amphibien – Resten einer formenreichen Gruppe – Rückschlüsse auf Eistruktur und Ontogeneseablauf der Zwischenformen ziehen. Jedenfalls müssen Dotterreichtum und meroblastischer Furchungstyp früh im Reptilstamme, wenn nicht schon bei den Stammformen, erworben worden sein. Die Mehrzahl der rezenten Reptilien legt dotterreiche Eier mit Schale ab. Viviparie (s. S. 275) kommt nur gelegentlich bei höchst spezialisierten Gruppen vor, nie bei Primitivformen. Ebenso besitzen die Eier aller primitiven Gruppen (Schildkröten, Brückenechsen und Krokodile) eine Eiweißschicht. Diese fehlt den evoluierten Formen (Eidechsen und Schlangen). Die Reptileier sind im Gegensatz zum Vogelei nun in ihrem Wassergehalt stark von der Umgebung abhängig, d. h. die Eischale ist durchlässig und das Ei nimmt bis zu 50% seines Gewichts an Wasser noch nach der Ablage auf. Brutpflege kommt nur in ganz unvollkommener Weise gelegentlich vor. Vor allem werden die Eier nicht bebrütet. Die Dauer der Embryonalentwicklung der Reptilien ist – verglichen mit den Vögeln – außerordentlich lang (s. Tab. 3). Sie schwankt zwischen 42 und 390 Tagen (meist um 60 Tage). PORTMANN weist darauf hin, daß die kürzesten Entwicklungsabläufe bei Reptilien immer noch länger sind als die längsten der Vögel (10–60 Tage). Es ist also offensichtlich, daß der Erwerb der Homoiothermie bei Vögeln mit der Möglichkeit zur Bebrütung der Eier auch die Voraussetzungen für eine erhebliche Abkürzung der Embryonalperiode geschaffen hat. Die Reptilien verlassen das Ei in einem Zustand, in dem das Jungtier ein verkleinertes Abbild der erwachsenen Form ist. Sie sind also extreme Nestflüchter und sind im allgemeinen nicht mehr auf elterliche Fürsorge angewiesen. Damit ist die Wahrscheinlichkeit gegeben, daß bei Vögeln die Kombination: lange Embryonalzeit, Nestflüchterzustand der Jungtiere, unvollkommene Nestbau- und Brutpflegeinstinkte und Mangel postembryonaler Brutpflege, als primitiv angesehen werden muß (HEINROTH, PORTMANN 1935). Unter den rezenten Vögeln kommt eine Gruppe vor, die australomalaiischen Großfußhühner (Megapodidae), die

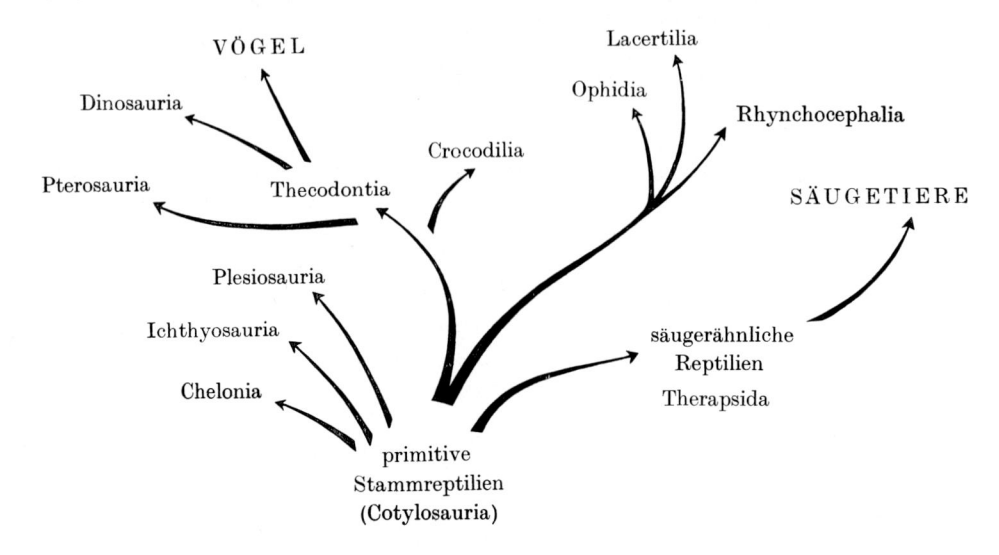

```
                    VÖGEL           Lacertilia
         Dinosauria  ↑         Ophidia  ↑
                       ↖         ↑    ↗ Rhynchocephalia
    Pterosauria           Crocodilia
        ↖      Thecodontia              SÄUGETIERE
               ↖
         Plesiosauria                       ↗
    Ichthyosauria                  säugerähnliche
                ↖                    Reptilien
         Chelonia ←                  Therapsida
                     primitive
                     Stammreptilien
                     (Cotylosauria)
```

diese Voraussetzungen erfüllt und die charakteristischerweise auch aus morphologischen Gründen als primitiv bewertet wird. Die *Megapodius*-arten legen ihre Eier im Sand oder im Laub ab und brüten nicht. Die notwendige Brutwärme gibt der sonnenbestrahlte Sand, in Einzelfällen vielleicht auch Gärungswärme verfaulender Pflanzenstoffe. Die Gelege sind groß (mehr als 10 Eier), die Embryonalperiode dauert etwa 40 Tage. Die Jungvögel sind sehr weit entwickelt und besitzen Konturfedern. Sie können schon am Schlüpftag fliegen.

Über die Beziehungen zwischen Körpergröße, Eigröße, Gelegegröße und Brutdauer bei Vögeln

Bevor wir nun die Evolution der verschiedenen Ontogenesetypen bei rezenten Vögeln untersuchen, müssen wir uns zunächst einen Überblick über die unglaubliche Mannigfaltigkeit der Abläufe verschaffen. Dabei werden wir zunächst feststellen, welche Unterschiede in Eigröße, Eizahl (Gelegegröße), Brutdauer bei verschiedenen Vogelgruppen vorkommen, inwieweit diese Gegebenheiten untereinander in gesetzmäßigen Beziehungen stehen und inwieweit sich Abhängigkeiten von der Körpergröße, der taxonomischen Einordnung, der Lebensweise und anderen Faktoren nachweisen lassen. Wir stützen uns dabei auf das einzigartige Tatsachenmaterial, das O. und M. HEINROTH (1922, 1924 bis 1931)

zusammengetragen haben. Im Anschluß daran wird zu untersuchen sein, ob sich unsere Befunde in ein System fügen und ob sie große Entwicklungslinien erkennen lassen.

Eigröße, Gelegegröße, Brutdauer und Entwicklungsgrad des eben geschlüpften Jungvogels sind sehr großen artlichen Verschiedenheiten unterworfen. Damit ergibt sich die Frage, inwieweit sich gültige Korrelationen zwischen diesen Erscheinungen, inwieweit sich Beziehungen zu Körpergröße, Lebensweise und anderen Faktoren nachweisen lassen. Zunächst sei festgestellt, daß innerhalb einer Art Eigröße, Eizahl, Brutdauer wie der ganze Ontogenesetyp spezifisch fest fixiert und wenig oder gar nicht durch äußere Einflüsse abänderbar sind. In unserm Tabellenanhang 4 haben wir für Vertreter aller großen Vogelgruppen die wichtigsten fortpflanzungsbiologischen Daten nach den Angaben von HEINROTH, NIETHAMMER, PORTMANN u. a. zusammengestellt. Bei den Angaben über Brutdauer ist zu berücksichtigen, daß stets die volle durchlaufende Bebrütungszeit angegeben wurde. Scheinbare Verlängerung der Brutzeit durch Brutunterbrechung ist natürlich keine echte Verlängerung, sondern Brutverzögerung. Eine Abkürzung der Brutdauer durch künstliche Mittel ist unmöglich.

Im allgemeinen kann man feststellen, daß innerhalb einer Gruppe die *Eigröße*, bezogen auf das Körpergewicht, um so mehr ansteigt, als die absolute Körpergröße (Durchschnittsgewicht) absinkt. Diese Regel gilt aber nur innerhalb ganz enger taxonomischer Gruppen. Vögel gleicher Körpergröße können sehr verschieden große Eier legen.

Folgende Vögel haben alle ein Durchschnittsgewicht von 100 Gramm:

	Eigewicht
Kuckuck	3,0
Wachtel	7,0
Drossel	7,0
Zwergohreule	12,0
Bekassine	17,0

Es gibt also Vogelgruppen mit relativ großen Eiern (Möwen, Schnepfen) und mit kleinen Eiern (Tauben, Papageien, Hühner). Beim Kuckuck als Brutschmarotzer spielt die Anpassung der Eigröße an die Wirtsform sicher eine bedeutende Rolle.

Nun ist dabei zu beachten, daß gleichgroße Eier nicht gleichwertig sein müssen, denn das Verhältnis von Dotter zu Eiweiß ist ebenfalls gruppenspezifisch fixiert. Das Dottergewicht, bezogen auf das Eigewicht = 100, beträgt beispielsweise bei Spechten 15, bei Enten 50 und mehr. Es ist nun sehr naheliegend, anzunehmen, die Differenzen in der Beziehung zwischen Gewicht des einzelnen Eies und Körpergröße würden ausgeglichen, wenn die Eizahl, also das gesamte *Gelegegewicht*, zur Körpergröße in Beziehung gesetzt würde. Eine solche Beziehung kann gelegentlich bei nahe verwandten Formen (Hühnervögel, HEINROTH) bestätigt werden, trifft aber in der Regel nicht zu. HEINROTH gibt bei Vögeln von 100 Gramm Körpergewicht folgende Werte für das Gewicht des ganzen Geleges an:

Fruchttaube	8%
Drossel	34%
Wachtel	130%

Im allgemeinen besitzen Eier von Nestflüchtern relativ mehr Dotter als Eier von Nesthockern, deren Jungtiere eine besondere Pflege und Ernährung durch die Eltern erfahren.

Brutdauer

Ähnlich kompliziert liegen die Verhältnisse, wenn wir die Brutdauer (s. o.) untersuchen. Als grobe Faustregel kann man feststellen, daß Nesthocker eine relativ kurze Brutzeit haben (Spechte, Singvögel). Aber Nesthocker können auch eine längere Brutdauer als Nestflüchter haben. So haben beispielsweise die Sturmvögel, die nur ein Ei legen und deren Jungtier völlig hilflos schlüpft, die längste überhaupt beobachtete Brutdauer. Die Sturmschwalbe *Hydrobates* (Körpergewicht 40 Gramm, Eigewicht 7 Gramm, 1 Ei, Nesthocker) brütet ebensolange – nämlich 40 Tage – wie Straußenvögel (viele Eier im Gelege, extremer Nestflüchter). Die lange Brutzeit vieler Seevögel, so der Sturmvögel, mag darin ihre Erklärung finden, daß diese Formen auf einsamen Inseln brüten und hier keine Feinde haben. Daher ist die langsame Entwicklung und die geringe Vermehrungsrate zunächst tragbar. Offensichtlich ist die kurze Brutdauer vieler Vogelarten das Ergebnis einer Selektion. Kurze Brutdauer bietet bei Gefährdung der Brut einen Vorteil, der durch Zuchtwahl in stammesgeschichtlicher Dimension ausgenutzt werden kann. Hierfür ein Beispiel. Die hocharktische Gans *Anser rossii* (Zwergschneegans) brütet nur 21 Tage, also etwa eine Woche weniger als andere gleichgroße Gänsevögel. Hingegen brüten Höhlenbrüter unter den Entenvögeln (Brautente, Türkenente) bis zu 35 Tagen, also deutlich länger als verwandte Arten, da der brutverkürzende Einfluß der Selektion bei Höhlenbrütern wegfällt.

Sehen wir von derartigen Spezialanpassungen ab, so finden wir oft bei nahe verwandten Arten gleiche Brutzeit trotz erheblicher Unterschiede in Körpergröße und Eigewicht. Bei den beiden Entenvögeln *Branta canadensis* (5000 Gramm Körpergewicht, 170 Gramm Eigewicht) und *Chenonetta jubata* (750 Gramm Körpergewicht, 45 Gramm Eigewicht) beträgt die Brutdauer 28 Tage. Hier ist die Brutdauer also offensichtlich durch die Zugehörigkeit zu einer systematischen Gruppe gegeben. Es scheint, als ob relativ lange Brutdauer stammesgeschichtlich primär wäre (HEINROTH, PORTMANN), daß aber eine Abkürzung der Brutzeit unter verschiedenen Einflüssen mehrfach in der Phylogenese erfolgt ist. Eine klare Beurteilung dieser Beziehungen ergibt sich, wenn wir den Ontogeneseablauf im ganzen unter Einbeziehung der postembryonalen Entwicklungszeit einer Betrachtung unterwerfen und auf seine evolutive Wertigkeit untersuchen. Ein derartiger Ordnungsversuch ist in besonders überzeugender und begründeter Weise von PORTMANN, auf dessen Forschungen wir uns stützen, gemacht worden.

Nesthocker und Nestflüchter

Die von uns bereits mehrfach benutzten Begriffe Nesthocker und Nestflüchter bedürfen noch einer kurzen Erläuterung. Die Nestflüchter sind bei der Besprechung der *Megapodius*formen genügend charakterisiert worden. Ihre Ontogenese ist gekennzeichnet durch frühzeitige Ausreifung von Hirn, Sinnesorganen und Bewegungsapparat. Ebenso sind die vitalen Betriebsfunktionen (Wärmeregulation, Bewegungskoordination) am Schlüpftag ausgereift. Junge Nesthocker sind nackt. Augen und Ohröffnungen sind – teilweise durch epitheliale Verklebung – verschlossen (Abb. 310a). Darm und Leber sind relativ stark entwickelt, vor allem im Vergleich mit den Lokomotionsorganen. Sehr eindrucksvoll ist ein Vergleich des Zentralnervensystems beider Gruppen. Beim eben geschlüpften Nesthocker sind die Fasersysteme des Hirns mit Ausnahme einiger Bahnen des Hirnstammes noch marklos, während beim Nestflüchter die Markreifung bereits bis ins Telencephalon sehr vollkommen ist (SCHIFFERLI 1948). Wesentlich ist nun, daß die Nacktheit der Nesthocker nicht auf einer verspäteten Ausbildung der Federanlagen beruht. Die Federanlagen treten bei Nesthockern und Nestflüchtern gleichzeitig auf. Bei extremen Nesthockern werden jedoch die Federkeime von einem bestimmten Zeitpunkt an in die Epidermis versenkt und durch Epithelwucherungen verschlossen (PORTMANN 1938), ein Hinweis auf die sekundäre Na-

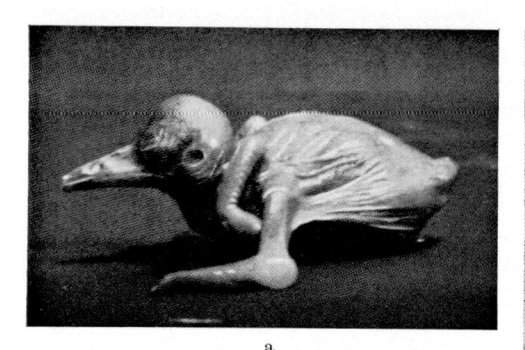

a) Frisch geschlüpfter Bienenfresser *(Merops apiaster)*, vollkommener Nesthockertyp. Beachte die Sitzschwielen an den Füßen.
b) Nestflüchter, zwei eben geschlüpfte chinesische Zwergwachteln. Daneben Fingerhut zum Größenvergleich.
c) Nestflüchter, 4 Tage alte Straußenküken *(Struthio camelus)*.

Abb. 310 Nesthocker und Nestflüchter bei Vögeln.
a) Photo SIEGRIST aus der Zoologischen Anstalt Basel; b, c) Photos HEDIGER aus dem Zoo Basel.

tur dieses Zustandes. Neben diesen extremen Typen kommen Zwischenformen vor. Bei eben geschlüpften Tauben sind die Augen verschlossen, die Ohröffnungen aber frei. Bei Tagraubvögeln sind Augen und Ohren offen und Nestlingsdunen ausgebildet. Doch sind die Jungvögel an das Nest gebunden, der Bewegungsapparat ist wenig entwickelt, und die Bewegungsmechanismen sind unvollkommen. Extreme Nestflüchter sind außer den Megapodiden alle Hühnervögel, dann Gänsevögel, Rallen und Kraniche. Die Tagraubvögel, Störche und Reiher nehmen eine Zwischenstellung ein. Nesthocker sind vor allem Spechte und Sperlingsvögel. PORTMANN unterscheidet sieben große Gruppen nach dem Zustand des Jungvogels.

Der Nesthockerzustand ist außer durch die genannten, morphologisch faßbaren Merkmale auch durch bestimmte Reaktionsweisen der Nestlinge gekennzeichnet. Hier sei als Beispiel die eigentümliche Verhaltensweise des „Sperrens", d. h. das Erwarten des Futters mit weitgeöffnetem Schnabel (im Gegensatz zum Pikken), genannt. Eine sorgfältige Analyse dieses Vorganges beim Star verdanken wir HOLZAPFEL (1939). Das Eigenartige ist, daß zwei verschiedene Instinkthandlungen, eine „larvale" und eine „adulte", zur Erreichung eines biologischen Zieles ineinander verschränkt sind. Die Komplexität dieses Vorganges, der bei Sperlingsvögeln (Passeriformes) und in Anfängen bei Spechten (*Jynx*, SUTTER 1941) beobachtet ist, deutet auf sekundäre Natur des Geschehens. Morphologische Korrelate des Sperrens sind die intensiven Farben des Nestlingsrachens, die leuchtenden, dicken Schnabelwülste und in einzelnen Fällen farbige Papillenbildungen am Rachen (BLUNTSCHLI 1939), die in ihrer Funktion mit den Saftmalen der Blumen verglichen wurden.

Die komplizierten Funktionen im Rahmen der Brutpflege haben andererseits auch beim Eltertier *kompensatorische Bildungen* hervorgerufen. Hierher gehören die Brutflecke und vor allem die Bildung der Kropfmilch bei Taubenvögeln. Es handelt sich um eine durch spezifische Umwandlung und Zellzerfall aus den Epithelien der seitlichen Kropfteile entstehende Nährmasse, die von beiden Geschlechtern bis zum 10.–15. Tag nach dem Schlüpfen abgesondert wird. In den Rahmen der kompensatorischen Erscheinungen gehören selbstverständlich auch zahlreiche Instinkthandlungen wie Nestbautrieb, Brüten, Füttern und Führen der Jungtiere und die merkwürdigen Mechanismen der Kotabnahme. Bei einigen Sperlingsvögeln sondert der Enddarm der Nestlinge eine gallertige Hüllmasse für den Kotballen ab, der es den Eltern erst ermöglicht, die Kotmasse aufzunehmen und zu entfernen. Auch hier finden wir eine zeitlich eng umgrenzte Spezialfunktion eines Organs, der Kloake, mit nur in dieser Periode möglichen Sonderfunktionen der Drüsen.

Wir sind etwas eingehender auf die Mannigfaltigkeit dieser Brutpflegeeinrichtungen eingegangen, weil wir darin mit PORTMANN einen sehr wichtigen Hinweis dafür sehen, daß es sich um stark evoluierte Formen handelt. PORTMANN hat nun diese Auffassung vor allem durch Untersuchung des Cerebralisationsgrades der verschiedenen Vogelgruppen gestützt. Tatsächlich erweist sich der Cerebralisationsgrad (s. PORTMANN 1936, 1946, SUTTER 1943) als ein sehr zuverlässiges Kriterium für die Ranghöhe der Vögel. Als Extreme können die Gruppen der Hühnervögel (Abb. 310b, Nestflüchter, niederer Cerebralisationsgrad) und der Sperlingsvögel (Nesthocker, höchster Cerebralisationsgrad) betrachtet werden. Aber auch in den anderen Gruppen besteht eine sehr enge Korrelation zwischen Cerebralisation und Ontogenesetyp. Ranghohe Vogelgruppen sind stets Nesthocker. Bei niederen Gruppen kann der Weg der Ontogenese über Nesthocker- und über Nestflüchterzustände führen. Zusammenfassend können wir jedenfalls feststellen, daß die Evolution von Nestflüchtern mit großer Eizahl und langer Brutdauer zu Nesthockerzuständen mit kurzer Brutdauer führt. Eigröße, Gelegegröße, Brutdauer und Brutpflegeinstinkte sind weitgehend charakteristisch für die einzelnen taxonomischen Gruppen. Finden sich innerhalb einer Kategorie auffallende Ausnahmen vom gruppentypischen Verhalten, so liegen meist leicht erkennbare Spezialanpassungen vor. Gerade im Funktionskreis der Fortpflanzungsbiologie kommt funktionellen und psychischen Eigenschaften eine nicht minder wichtige Bedeutung zu als anatomischen Konstruktionen. Instinkthandlungen und Verhaltensweise können damit für die Beurteilung des

Evolutionsganges ebenso bedeutsam sein wie morphologische Eigenschaften. Eine biologisch sinnvolle Analyse des Ontogeneseablaufes wird daher Struktur, Funktion und Verhaltensweise in gleichem Maße berücksichtigen müssen. Vielleicht ist der Nesthockerzustand die Voraussetzung für den Erwerb eines höheren Ausbildungsgrades des Hirns.

Ontogenesetyp und postembryonale Entwicklung der Säugetiere

Wenden wir uns nun einer Betrachtung der Säugerontogenese im Ganzen zu. Die *Monotremen* können wir übergehen, da sie sich im Ontogenesetyp ganz an Sauropsidenzustände anschließen. Brutpflege kommt vor. Das Schnabeltier bringt seine Eier in einem Nest unter (Embryonalzeit 13–14 Tage, Brutdauer 12 Tage). Der Ameisenigel trägt sein Junges in einer Bruttasche der Bauchhaut (Dauer der Embryonalzeit und der Brutperiode ist nicht bekannt). Wesentlich ist, daß bei den Monotremen bereits bestimmte apokrine Hautdrüsen als Milchdrüsen in den Dienst der Brutpflege getreten sind. Zitzen sind jedoch noch nicht vorhanden, die Drüsen münden in einem Drüsenfeld.

Die *Metatheria* (Beuteltiere) besitzen Milchdrüsen mit Zitzen. Das Junge wird in sehr unvollkommenem Zustand nach ganz kurzer Tragzeit (12–38 Tage) geboren und in dem mütterlichen Brutbeutel (Marsupium) untergebracht. Dieser hat sich möglicherweise auf dem Boden von Brutflecken ancestraler Formen entwickelt (BRESSLAU). Die hohe Differenzierung des Beutels und der zugehörigen Strukturen (Muskulatur) sind sicher spezielle Differenzierungen der Metatheria. Die sogenannten „Beutelknochen" haben mit dem Marsupium nichts zu tun. Beutelrudimente bei Eutheria sind nicht mit Sicherheit nachzuweisen. Über die Beziehungen des Typs der Embryonalentwicklung bei Metatheria zu dem der Eutheria war bereits gesprochen worden (s. S. 267). In keinem Fall kann man wohl die Verhältnisse bei Eutheriern von den hochspezialisierten Sonderbildungen rezenter Marsupialier direkt ableiten.

Die *Eutheria* haben stets periodisch funktionierende Milchdrüsen mit Zitzen. Ihre Embryonalentwicklung ist durch die Ausbildung komplizierter Placentarorgane gekennzeichnet. Im übrigen ist die Mannigfaltigkeit der strukturellen und funktionellen Elemente im Fortpflanzungsgeschehen nicht geringer als bei Vögeln. Auch bei Säugern gibt es Formen mit kurzer und solche mit langer Tragzeit (Goldhamster 16 Tage, Elefant 623 Tage), solche mit großer Zahl von Jungen in einem Wurf (*Tenrec* bis zu 32) und mit nur einem Jungen bei jeder Gravidität (Wale, Affen, Elefant, Pferd, Mensch u. a.). Auch Nesthocker- und Nestflüchterzustand sind bei Säugern bekannt.

In unreifem und pflegebedürftigem Zustand als *Nesthocker* werden die Jungen folgender Säugetiergruppen geboren: Insectivora (Ausnahme Macroscelididae, STARCK 1949), fast alle Chiroptera, Carnivora (Ausnahme *Crocuta*, Fleckenhyäne), Lagomorpha (Ausnahme *Lepus*, Hase) und unter den Nagetieren die Sciuromorpha (Hörnchen) und Myomorpha (Mäuseartige) (Ausnahmen *Sigmodon*, *Acomys* und vielleicht *Nyctomys*).

Nestflüchter sind alle Cetacea (Wale), Pinnipedia (Robben), Huftiere (Artiodactyla und Perissodactyla), Hyracoidea, Proboscidea (Elefanten) und unter den Nagetieren die Castorimorpha (Biber), Caviamorpha (Meerschweinchenverwandte) und Hystricomorpha (Stachelschweine und Verwandte).

Die Unterschiede im Reifegrad der neugeborenen Säugetiere sind beträchtlich und können nicht mit bestimmten Lebensbedingungen und Milieueinflüssen in Beziehung gebracht werden. Daher kommt

Abb. 311 Jungtier der Kreta-Stachelmaus, *Acomys minous*, am 2. Lebenstag. Beispiel für Nestflüchter-Zustand bei Muriden. Zum Vergleich links: Jungtier der weißen Hausmaus vom 1. Lebenstag. Orig.

dem Ontogenesetyp eine erhebliche taxonomische Bedeutung zu; er ist in besonderem Ausmaß gruppenspezifisch.

Die Verhältnisse bei Nagern hat kürzlich DIETERLEN (1963) ausführlich untersucht und sein besonderes Augenmerk auf die Ausnahmen gerichtet. Die sehr große Gruppe der mäuseartigen Nagetiere enthält fast nur Nesthocker. Als Nestflüchter wurden die Baumwollratte *(Sigmodon)* und die Stachelmaus *(Acomys)* (Abb. 311) bekannt. Wenn also als allgemeine Regel angegeben werden kann, daß Nestflüchter meist hoch spezialisiert sind, so gibt es gelegentlich, wenn auch sehr selten, unter relativ wenig spezialisierten Formen Nestflüchter (Macroscelididae, *Acomys*, *Sigmodon*). Offenbar hat auch bei Nagetieren der Nestflüchterzustand einen gewissen positiven Selektionswert. DIETERLEN schließt aus der Tatsache, daß der Nestflüchterzustand meist abgeleitet ist und daß Nesthocker sehr selten unter spezialisierten Formen anzutreffen sind, daß der höhere Ontogenesetyp (Nestflüchterzustand) primär vor Erwerb weiterer körperlicher Spezialisationsmerkmale erworben wurde.

Die meisten Nesthocker haben relativ viele Jungtiere in einem Wurf. Sie werden nackt geboren, Augen und Ohren sind durch epitheliale Verwachsung geschlossen (Abb. 309a). Gelegentlich kommt es auch zu einem Verwachsen der Ränder der Ohrmuschel (ROLAND). Die geweblichen Vorgänge beim Abschluß der großen Sinnesorgane und die Lösung dieses Verschlusses sind kürzlich auch für Sauropsiden von R. WEBER genau untersucht worden. Bewegungskoordination und Temperaturregulierung sind zur Zeit der Geburt noch nicht ausgereift. Demgegenüber sind die neugeborenen Huftiere, Primaten und Wale, abgesehen von der absoluten Körpergröße, den Eltertieren ähnlich. Vor allem sind sie zu sehr vollkommener Bewegung befähigt. Eine junge Antilope (Abb. 309b) kann sehr bald nach der Geburt der Mutter in rascher Flucht folgen. PORTMANN hat nun sehr klar darauf hingewiesen, daß beim Säuger ganz im Gegensatz zu den Vögeln der Nesthockerzustand primitiv und der Nestflüchterzustand abgeleitet ist. Beweis hierfür sind einmal die außerordentlich geringe Cerebralisation bei Insektivoren und Nagern und die hohe Ausbildung des Gehirns bei Huftieren und Primaten. Die Raubtiere stehen sowohl im Ontogenesetyp als auch im Cerebralisationsgrad etwa in der Mitte. Andererseits ist auch aus vergleichenden morphologischen und palaeontologischen Gründen nicht daran zu zweifeln, daß die Insektivoren, viele Nager und Raubtiere die rangniedere Stufe gegenüber Huftieren und Primaten darstellen. Die Evolution des Ontogenesetyps der Eutheria führt also gewöhnlich vom Nesthocker- zum Nestflüchterzustand. Wie sich Placentationsweise und Eihautbildung hier einordnen lassen, war zuvor besprochen worden (s. S. 282). Eine sichere Beurteilung des Evolutionsablaufes der Placentationstypen ist viel schwieriger als die Beurteilung der hier besprochenen Merkmale. Nun ist aber bei der Betrachtung der Fortpflanzungsbiologie der Säuger gegenüber den Sauropsiden stets zu beachten, daß selbst bei extremen Nestflüchtern das Jungtier nie jene Unabhängigkeit vom Muttertier erlangen kann, wie es etwa bei Reptilien und Großfußhühnern möglich ist, da ja auch der Nestflüchter stets auf die Ernährung durch die Milch der Mutter angewiesen ist. So finden wir erwartungsgemäß eine Fülle von *Brutpflegeinstinkten* und von Verhaltensweisen bei allen Säugern. Auch hier kommen die Verschränkungen mütterlicher und kindlicher Reaktionsweisen zu einer übergeordneten, biologisch sinnvollen Handlung vor. Auch beim Säuger sind die einzelnen Abläufe weitgehend art- oder gruppenspezifisch. Das neugeborene Huftier sucht selbständig die Milchquelle auf, während der junge Affe von der Mutter angelegt werden muß. Der Saugakt selbst kann vom Jungtier durch Massage der Mamma unterstützt werden (Stoßen mit der Schnauze gegen das Euter bei Huftieren, Milchtritt junger Katzen und Hunde). Bei Walen wird die Milch dem Jungtier von der Mutter eingespritzt (Wasseranpassung der Wale). Die Mutter muß die Analgegend des Jungtiers belecken, um die sonst nicht mögliche Entleerung von Darm und Blase auszulösen. Auf die vielen Besonderheiten bei einzelnen Gruppen kann hier nicht eingegangen werden. Eine Zusammenstellung der wichtigsten Tatsachen verdanken wir H. HEDIGER (1952). Nur auf eine Beobachtung, die wegen der erstaunlichen Komplexität der Erscheinungen besonders interessant ist, sei noch hingewiesen (zitiert nach HEDIGER 1952). Der Koala (Beutelbär) ist ein extremer Nahrungsspezialist. Er ernährt sich ausschließlich von den Blättern des Eukalyptusbaumes. Der Übergang von der Milchnahrung zur Blattnahrung erfolgt nun nicht abrupt,

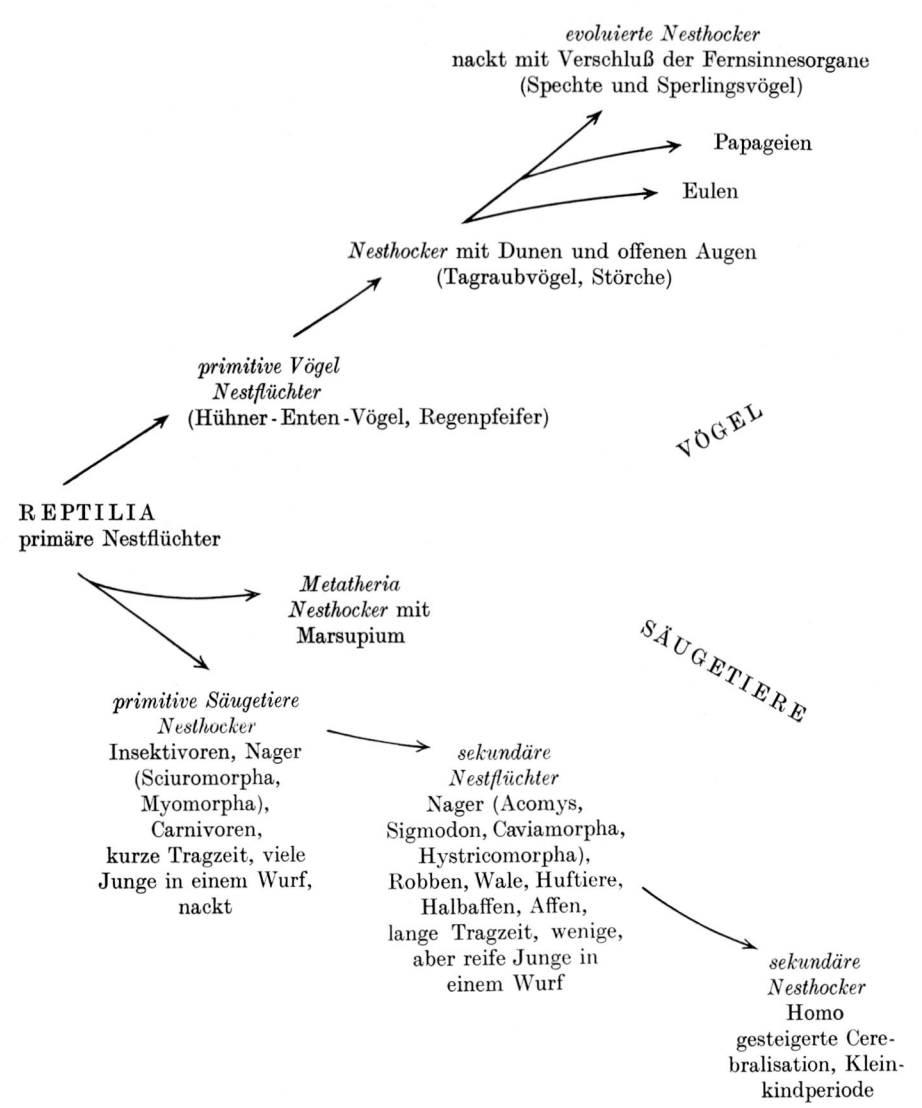

```
                            evoluierte Nesthocker
                        nackt mit Verschluß der Fernsinnesorgane
                            (Spechte und Sperlingsvögel)
                                    ↗
                                    ↗         → Papageien
                                                → Eulen
                        Nesthocker mit Dunen und offenen Augen
                                ↗   (Tagraubvögel, Störche)
            primitive Vögel
              Nestflüchter
        ↗   (Hühner-Enten-Vögel, Regenpfeifer)              VÖGEL

    REPTILIA
    primäre Nestflüchter
            ↘
              →   Metatheria
            ↘     Nesthocker mit
                    Marsupium                               SÄUGETIERE

        primitive Säugetiere
            Nesthocker
        Insektivoren, Nager    →    sekundäre
          (Sciuromorpha,              Nestflüchter
           Myomorpha),             Nager (Acomys,
            Carnivoren,          Sigmodon, Caviamorpha,
        kurze Tragzeit, viele      Hystricomorpha),
        Junge in einem Wurf,    Robben, Wale, Huftiere,
              nackt              Halbaffen, Affen,
                                lange Tragzeit, wenige,
                                 aber reife Junge in
                                    einem Wurf         ↘
                                                            sekundäre
                                                            Nesthocker
                                                              Homo
                                                        gesteigerte Cere-
                                                        bralisation, Klein-
                                                            kindperiode
```

zwischen beide Phasen ist eine Periode eingeschaltet, in der das Jungtier eine vorverdaute Blätternahrung aus dem mütterlichen Darm übernimmt. Interessanterweise ist der mütterliche Darm auf die Bildung dieses spezifisch bearbeiteten Blätterbreies nur während etwa 5 Wochen eingestellt, und zwar erfolgt diese spezifische Darmentleerung streng periodisch nur von 12 bis 14 Uhr. In der Zwischenzeit erfolgen normale Darmentleerungen. Im Gegensatz zu den meisten anderen Marsupialiern ist beim Koala der Beutel nach hinten verstrichen, so daß das Junge den Nahrungsbrei direkt vom Anus der Mutter aufnehmen kann, ohne den Beutel zu verlassen. Also auch hier eine eigenartige Kombination morphologischer, physiologischer und verhaltensmäßiger Spezialisationen im Dienste einer Aufgabe.

Ontogenesetyp bei Primaten und Mensch

Die Primaten bringen behaarte Junge mit offenen Augen und Ohren zur Welt. Die Bewegungskoordinationen sind recht weit entwickelt. Der Säugling klammert sich im Pelz der Mutter fest oder reitet auf ihrem Rücken (Paviane). Nur der primitive Koboldmaki trägt gelegentlich sein Junges nach Insektivorenart mit dem Mund. Die Cercopitheciden sind Nestflüchter mit starker Bindung des Säuglings an die Mutter. Demgegenüber ist der neugeborene Mensch ganz sicher ein Nesthocker im strengen Sinne des Wortes. PORTMANN (1944) hat nun erkannt, daß dieser funktionelle Nesthockerzustand den Menschen gegenüber den niederen Affen kennzeichnet. Er beruht nicht auf körperlicher Unreife zur Zeit der Geburt. Die Verwachsung der Augenlider ist beim Menschen im 3. Fetalmonat ausgeprägt und wird im 7. Monat gelöst. Zu dieser Zeit hat der menschliche Fet einen Entwicklungszustand erreicht, der dem eines geburtsreifen Nesthockers entspricht. Beim menschlichen Neugeborenen sind nun im Gegensatz zum neugeborenen Tierprimaten die Körperproportionen, speziell der Extremitäten, denen des Erwachsenen weniger ähnlich. Im Vergleich mit Pongiden ist das menschliche Neugeborene auffallend schwer. Die bisher spärlichen Angaben über die Kindheitsentwicklung der Pongiden weisen darauf hin, daß die Menschenaffen eine Zwischenstufe zwischen Hundsaffen und Mensch einnehmen.

PORTMANN nimmt an, daß das hohe Geburtsgewicht des Menschen in Korrelation zum hohen Anfangsgewicht des Gehirnes steht. Wäre der Mensch aber ein echter Nestflüchter, so müßte sein Neugeborenes die Proportionen des Erwachsenen und die Anfänge der arteigenen Beziehungsmittel (Sprache) besitzen. Dieser Zustand wird beim Menschen aber erst am Ende des ersten Lebensjahres erreicht. PORTMANN schließt hieraus, daß bei einem menschenähnlich organisierten Nestflüchter der Geburtstermin später liegen müßte, die Gravidität etwa 21 Monate betragen müßte. Der Mensch kommt also physiologischerweise als „Frühgeburt" zur Welt. Spezifisch menschlich ist sein erstes Lebensjahr, das „extrauterine Kleinkindjahr". Während dieses Jahres laufen wesentliche Reifeprozesse ab, die beim Nestflüchter in die Embryonalzeit fallen. Zusammenfassend stellen wir also fest, daß die menschliche Ontogenese einen ganz eigenartigen spezifischen Ablauf zeigt.

	Dauer der Schwangerschaft in Tagen	Körpergewicht bei Geburt in Gramm	Hirngewicht bei Geburt in Gramm	Körpergewicht erwachsen in kg	Hirngewicht erwachsen in Gramm
Gorilla (n = 4)	250—290	1800—1900	ca. 130	100	430
Schimpanse (n = 44)	202—261	1500	ca. 130	50—75	400
Orang	233	1500	ca. 130	75	400
Mensch	267 (250—285)	3200	350—390	65—80	1450

Bei annähernd gleicher Graviditätsdauer ist das menschliche Neugeborene wesentlich schwerer als das der Menschenaffen. Dabei bestehen keine allgemeingültigen Beziehungen zwischen Geburtsgewicht und Adultgewicht, wohl aber gibt es Beziehungen zum Hirngewicht. Die Vermehrungszahl der Hirnmasse, d. h. die Zahl, welche angibt, um wievielmal das Hirngewicht bei der Geburt vermehrt werden muß, um den Adultwert zu erreichen, beträgt nach PORTMANN für

echte Nesthocker 8–9   Pongiden 3
Nestflüchter 2–3   Mensch 4
Katze 4,7

d. h., daß das Hirngewicht des neugeborenen Nestflüchters dem des Erwachsenen ähnlicher ist als das des neugeborenen Nesthockers. Diese Relation weist den Menschen mehr den Nestflüchtern zu. Dabei ist das reife Menschenhirn etwa viermal schwerer als das eines erwachsenen Pongiden.

Bei gesteigerter Hirnentwicklung tritt keine Verlängerung der Graviditätsdauer ein. Statt dessen wird ein *sekundärer Nesthockerzustand* erreicht, der zwangsläufig eine verlängerte Pflege- und Warteperiode bedingt. Der durch die Hirngröße bedingte Umfang des kindlichen Craniums ist somit zum Zeitpunkt der Geburt den Dimensionen des mütterlichen Geburtsweges angepaßt.

PORTMANN weist nun besonders darauf hin, daß in der extrauterinen Frühzeit die aufrechte Körperhaltung, die Wortsprache und die Anfänge technischen Denkens und Handelns erworben werden, daß also dieses erste Lebensjahr durch den Erwerb der wesentlichsten menschlichen Eigentümlichkeiten und Verhaltensweisen gekennzeichnet ist. Das spezifisch Menschliche ist zweifellos in der Dominanz des Zentralnervensystems, in dessen früher Entfaltung und seinem überragenden Einfluß auf den Ablauf aller Funktionen zu sehen.

B. SPEZIELLER TEIL

Die Entwicklung der Organsysteme

I. Nervensystem und Sinnesorgane

1. Allgemeines. Erste Formbildung des Zentralnervensystems. Histogenese

Die erste Anlage des Nervensystems erscheint bei allen Wirbeltieren sehr früh, vor Ausbildung der Somite, in Form der dorsal gelegenen Neuralplatte, einer Ektodermverdickung. Es handelt sich hierbei um die Anlage des *Zentralnervensystems*. Diese Neural- oder Medullarplatte senkt sich zunächst als Rinne ein, schließt sich zum Rohr und löst sich von der Epidermis ab (Abb. 241 b–d). Sie wird in ihrem vorderen Teil zur Hirnanlage, im caudalen Bereich zum Rückenmark. Gewebsmäßig ist der Keim beim Schluß des Neuralrohres noch nicht differenziert. Alle Organanlagen besitzen noch epithelialen Charakter (Abb. 124, 125). Wir hatten zuvor (s. S. 141) dargelegt, daß die Bildung einer Medullarplatte abhängige Entwicklung ist und die Unterlagerung des Ektoderms durch einen Induktor (Material der dorsalen Blastoporuslippe, Primitivknoten) die Bildung der Neuralplatte determiniert. Gleichzeitig hatten wir darauf hingewiesen, daß die Medullarplatte von vornherein eine regionale Gliederung zeigt (s. S. 141).

Bevor wir den formalen Ablauf der weiteren Differenzierung und der Formbildung am Zentralnervensystem beschreiben, wollen wir zunächst einen Blick auf die phylogenetische Entwicklung des Nervensystems werfen. Da zeigt sich nun, daß ohne jeden Zweifel im Gegensatz zur Ontogenese das periphere Nervensystem phylogenetisch früher erscheint als das Zentralorgan. Es liegt also ein klarer Fall von Heterochronie vor. Ausgangspunkt für die Differenzierung eines Nervensystems bei Metazoen ist das *diffuse* Nervensystem.

Diffuses Nervensystem

Ein gleichmäßiges Netz von Nervenzellen und plasmatischen Zellausläufern breitet sich bei Coelenteraten zwischen Ektoderm und Entoderm aus und vermittelt die Erregungsverteilung im Körper. Aber auch bei höheren Formen, bei Turbellarien, findet sich gelegentlich noch ein sehr einfaches Nervensystem. Bei einigen acoelen Turbellarien, einer Gruppe, die wir aus guten Gründen für primitiv ansehen und die eine zentrale Stellung im Evolutionsablauf einnimmt, findet sich ein oberflächlich, direkt unter der Körperdecke gelegener, unregelmäßiger Nervenplexus, der bei einigen einfach gebauten Formen (*Nemertoderma bathycola*, STEINBÖCK 1930/31) noch keine bevorzugten Längsstämme erkennen läßt. Bei anderen Acoela treten solche Längsstämme auf. In einem derartigen diffusen Nervennetz entwickelt sich schrittweise am Vorderrand ein Hirnganglion. Es entsteht im Zusammenhang mit rostralen Sinnesorganen (Statocyste) zunächst in Form einer subepithelialen Nervenfaserkappe mit Ganglienzellen. Mit dem Übergang zu kriechender Lebensweise geht die Ausbildung einer bilateralen Symmetrie Hand in Hand. Diese wird auch am Zentralnervensystem deutlich. Es sei betont, daß die erste Verdichtung des Nervensystems nicht in Form eines Ringes, sondern als geschlossene Kappe am Vorderende erfolgt. Die schrittweise Verlagerung dieses Organs in die Tiefe ist an vielen Zwischenformen klar zu beobachten.

Unter den höheren Metazoen, die schließlich an der Wurzel des Vertebratenstammes stehen, begegnen wir im allgemeinen Tierformen, die eine kriechend schlängelnde Fortbewegungsweise und dementsprechend eine langgestreckte, bilateralsymmetrische Körperform besitzen. Bei einem derartigen Körperbau gewinnt das vordere Körperende, das bei der Lokomotion vorangeht und damit am intensivsten mit den Reizen der Umwelt in Berührung kommt, besondere Bedeutung als Träger von Sinnesorganen. Die Anhäufung von Sinnesorganen in dieser

"Kopfregion" bedingt gleichzeitig eine Anhäufung von nervösen Elementen. Grundsätzlich handelt es sich bei derartigen Ganglien nicht um Neubildungen, sondern um Verdichtungen und schärfere Abgrenzungen innerhalb eines diffusen Nervensystems, das als solches nach wie vor im ganzen Körper verbreitet ist.

Enteropneusta

Bei den Chordatieren finden wir prinzipiell vergleichbare Verhältnisse. Die primitivsten heute lebenden Chordaten sind wurmähnliche, am Meeresboden lebende Tiere (Enteropneusta, Eichelwürmer). Sie besitzen am Vorderdarm seitliche Öffnungen, die diesem Darmabschnitt die Eigenschaften eines Kiemendarmes geben. Dieses Merkmal und das Vorkommen eines chordaähnlichen Gebildes rücken die Enteropneusten nahe an die Stammform der Wirbeltiere heran. Das Nervensystem hat im Körper einen diffusen Charakter, besitzt aber typischerweise über dem Kiemendarm eine besondere Konzentration. Wir bezeichnen dieses Zentrum als Kragenmark. Es entsteht ontogenetisch als einheitliche Einsenkung vom Ektoderm aus. Bei einigen Formen besitzt es auch ein zentrales Lumen (Abb. 312a, b).

Tunicaten

Einen Schritt weiter zur Wirbeltierorganisation hin führen die Manteltiere (Tunicata). Auch bei dieser Gruppe, die durch Besitz eines echten Kiemendarmes als Nahrungsfilter und eine echten Chorda dorsalis ausgezeichnet ist, liegt ein Nervenzentrum – das Rumpfganglion – über dem Kiemendarm. Hinzu kommt aber am Vorderende des Körpers ein weiteres Zentralorgan, das durch Statocyste und einfaches Lichtsinnesorgan als rostrale Sinnesblase gekennzeichnet wird. Freischwimmende Formen unter den Tunicaten (Appendicularia und Larven der Ascidiacea, Abb. 313) besitzen einen echten Ruderschwanz mit segmental gegliederter Muskulatur. Entsprechend den einzelnen Muskelsegmenten sind diesem Körperabschnitt einzelne Gangliengruppen zugeordnet, die durch Längsstränge zu einem einfachen Rückenmark verbunden sind. Wir finden also ebenso wie bei niederen Formen auch bei Tunicaten ein diffuses Nervennetz im ganzen Körper. Hinzu kommt ein dreifaches Zentralorgan: eine rostrale Sinnesblase, ein Rumpfganglion im Zusammenhang mit dem Kiemendarm und ein primitives Rückenmark als motorisches Zentrum der segmentalen Muskulatur.

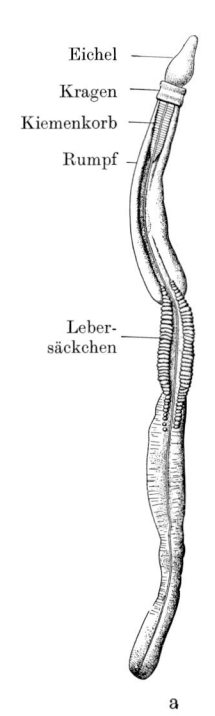

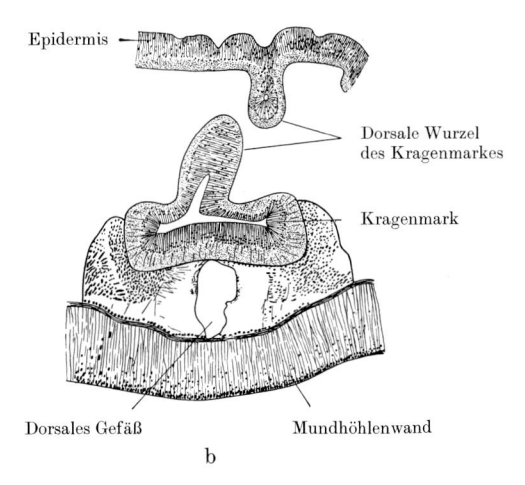

Abb. 312 Eichelwurm (Hemichordata, Enteropneusta). (Nach van der Horst 1939).
a) *Glossobalanus minutus*. Äußere Körperform, Ansicht von dorsal. Beachte Dreigliederung des Körpers in Eichel, Kragen und Rumpf. Kiemenkorb. (½ nat. Größe).
b) *Ptychodera bahamensis*. Querschnitt durch den dorsalen Teil des Kragens. Kragenmark mit zentralem Ventrikel, abgeschnürt von der Epidermis.

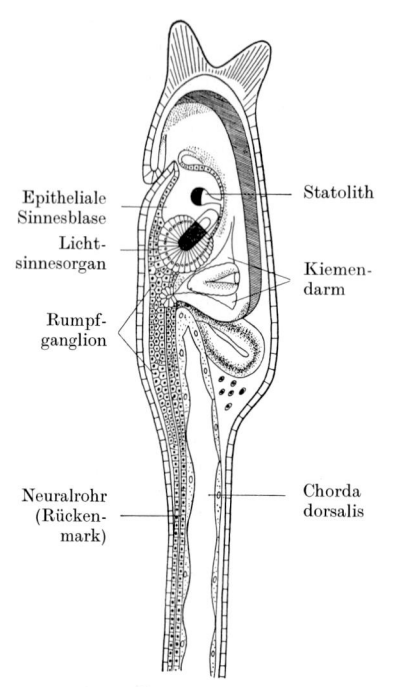

Abb. 313 Larve einer Ascidie (Tunicata), *Phallusia mammillata*. Beachte Kiemendarm, Chorda, rostrale Sinnesblase mit Lichtsinnesorgan und Statolith, Rumpfganglion und Rückenmark. Die segmentale Muskulatur nicht dargestellt. (Nach KOWALEVSKY).

Branchiostoma

Die gleiche Dreigliederung des Zentralnervensystems, die wir bei Tunicaten beobachten, kehrt bei *Branchiostoma* (Abb. 314) und im Grundprinzip bei allen Wirbeltieren wieder. Gleichzeitig aber bahnen sich weitere Fortschritte an. *Branchiostoma* besitzt einen hoch differenzierten Kiemendarm und eine bis an das Rostralende reichende segmentale Rumpfmuskulatur. Als Folge davon bildet sich ein typisches Rückenmark im ganzen mittleren und hinteren Körper aus. In der direkten vorderen Verlängerung des Rückenmarkes verbreitert sich das Zentralorgan und zeigt spezifische große Ganglienzellen (JOSEPHsche Zellen, Abb. 314), die als optische Rezeptoren spezialisiert sind. Dieser Abschnitt liegt über dem Kiemendarm und entspricht dem Rumpfganglion der Tunicaten. Als vorderster Abschnitt erscheint wieder eine Epithelsinnesblase mit einem Pigmentfleck und eigenartig spezialisierten Zellen, deren Bedeutung umstritten ist. Vergleichend anatomisch haben wir also das Zentralnervensystem bei *Branchiostoma* wie bei allen Wirbeltieren in folgende drei Abschnitte zu gliedern:

1. Rumpfganglion über dem Kiemendarm, Zentrum für die von Mund und Vorderdarm zufließenden Erregungen = Rhombencephalon der Wirbeltiere.

2. Rostrales Sinneszentrum, dem Prosencephalon der Wirbeltiere vergleichbar.

3. Rückenmark, entstanden im Zusammenhang mit der segmental gegliederten Leibeswandmuskulatur.

Diese Dreigliederung des Zentralnervensystems besitzt fundamentale Bedeutung für alle Wirbeltiere bis zum Menschen, weil sie gleichzeitig einer funktionell verständlichen Gliederung der Körperperipherie entspricht. Die drei nervösen Zentralorgane hängen untereinander durch Längsverbindungen zusammen, denn sie sind nicht völlig unabhängig voneinander entstanden, sondern sind lokale Verdichtungen und Zellanhäufungen in einem einheitlichen diffusen Netz.

Bereits hier wollen wir darauf hinweisen, daß die übliche Gliederung des Zentralnerven-

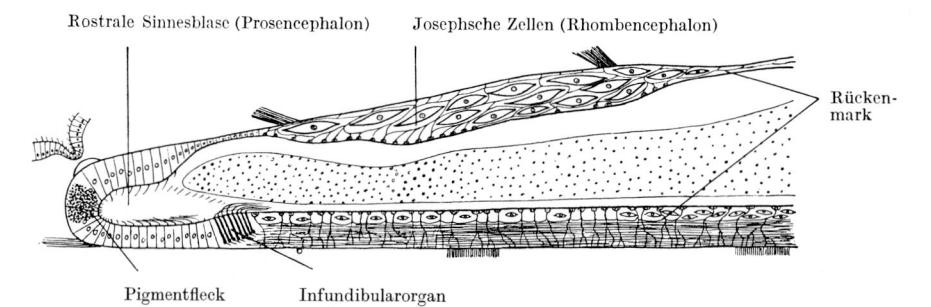

Abb. 314 *Branchiostoma lanceolatum* (Amphioxus). Vorderende des Zentralnervensystems im Längsschnitt. (Nach V. FRANZ 1927).

systems in Hirn und Rückenmark nur aus praktisch topographischen Gründen eine Berechtigung besitzt, daß aber eine biologische Betrachtungsweise aus den genannten Gründen der dreifachen Gliederung in Rückenmark, Rhombencephalon und Prosencephalon den Vorzug geben wird.

Histogenese

Bevor wir im einzelnen die Formentwicklung des Zentralnervensystems besprechen, müssen nun zunächst die histogenetischen Vorgänge erörtert werden, welche bei der Differenzierung der Neurone aus Epithelzellen ablaufen, zumal diese Prozesse in allen Abschnitten des Nervensystems gleichartig verlaufen. Bereits lange vor Schluß des Neuralrohres vermehren sich die oberflächlich gelegenen Zellen intensiv durch Mitose. Diese Mitosetätigkeit hält auch nach Schluß des Rohres an. Begreiflicherweise liegen nun die vorher oberflächlichen Zellen nahe der Lumenseite des Rohres (ventrikuläre Mitosen).

Diese Zellen sezernieren Flüssigkeit, welche das Neuralrohr füllt und dem ganzen System Turgor verleiht. Der primäre Liquor enthält

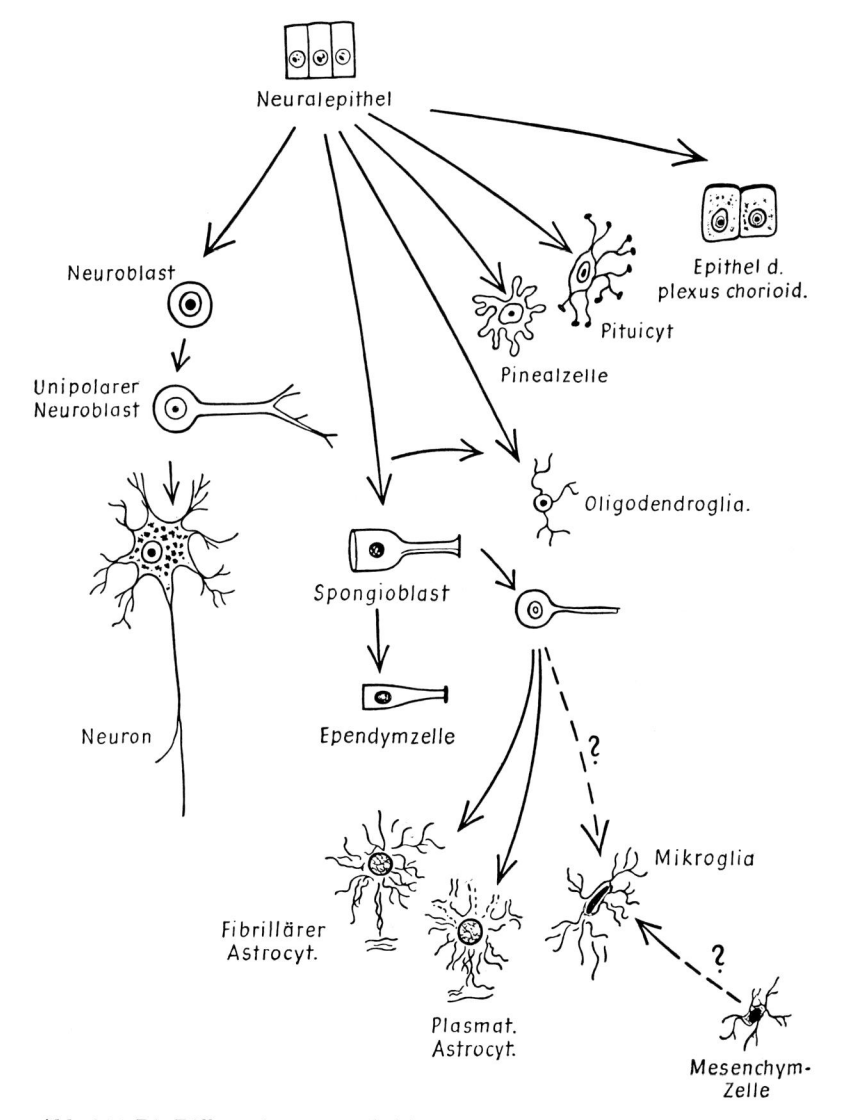

Abb. 315 Die Differenzierungsmöglichkeiten der neuralen Epithelzelle. Schema.

358 B. I. Nervensystem und Sinnesorgane

proteolytische Fermente (P. WEISS 1934), welche das Verkleben der Wände des Neuralrohres verhindern.

Gliagewebe

Die Differenzierung der neuralen Epithelzellen kann zwei Wege einschlagen. Die Zellen, welche das Lumen auskleiden (Ependymzellen, Abb. 315), können durch einen langen Plasmafortsatz längere Zeit mit der äußeren Grenzmembran im Zusammenhang bleiben. Später löst sich diese Verbindung, ein Teil der Zellen wandert in die Substanz des Nervenrohres ab und bildet als Spongioblasten (= Glioblasten) die Stammzellen der Neuroglia. Die kleinen Mikrogliazellen von HORTEGA stammen aus dem Mesenchym und dringen erst spät gemeinsam mit den Blutgefäßen in die Substanz des Zentralnervensystems ein.

Neuroblasten

Der zweite Weg der Differenzierung führt zu den verschieden gestalteten Nervenzellen. Die Differenzierung dieser Neuroblasten, die ebenfalls aus der ventrikulären Keimschicht stammen, beginnt erst, nachdem die Zellen sich in der äußeren Zone des Neuralrohres befinden. Wann und durch welche Faktoren die Determination der Einzelzelle zum Neuroblasten erfolgt, ist nicht bekannt. Die Differenzierung des Neuroblasten wird erkennbar durch das Auswachsen von Nervenfortsätzen.

Die nicht sichtbar polarisierten Neuroblasten lassen zunächst zwei gegensätzlich gerichtete Fortsätze aussprossen (bipolares Stadium). Der zentrale Fortsatz bildet sich sehr schnell zurück, der periphere Fortsatz wird zum Neuriten (unipolares Stadium, Abb. 315). Die Neuriten

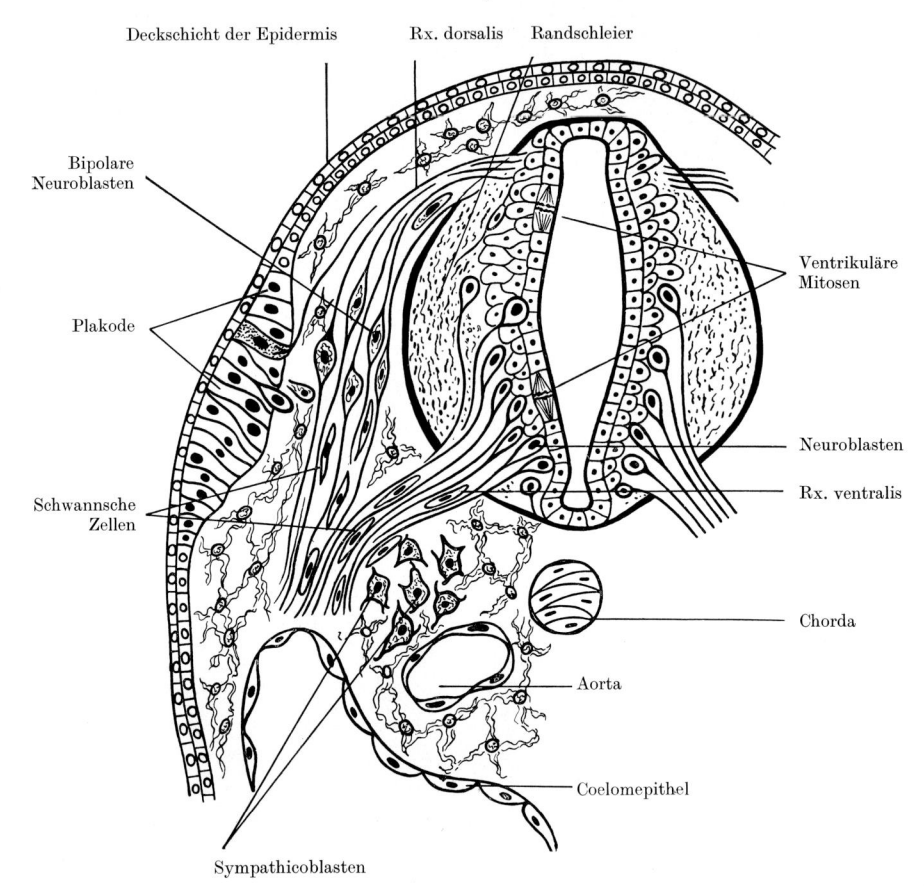

Abb. 316 Histogenese des Rückenmarkes und Differenzierung von Neuronen aus Plakoden (Epidermis) und Neuralleiste. Schematischer Querschnitt durch den dorsalen Teil des Rumpfes bei einem Embryo. (In Anlehnung an C. DA COSTA).

biegen in den Außenschichten des Neuralrohres in mehr oder weniger tangentiale Richtung um und bilden eine zarte Mantelschicht (Marginalzone, Randschleier, Abb. 327). Erst in einer zweiten, späten Entwicklungsphase bilden die multipolaren Neurone ihre Dendriten als Sekundärsprosse aus. Neurofibrillen sind relativ früh nachweisbar, während Nisslsubstanz erst sehr spät in den Nervenzellen auftritt. Die Schichtung in eine zentrale Zellzone und einen peripheren Randschleier (Abb. 316) entspricht der Differenzierung in graue und weiße Substanz. Die ventrikelnahe Lage der Zellen ist also auch für jene Teile des Zentralnervensystems zunächst durchgehend nachweisbar, die – wie Groß- und Kleinhirn – später eine Rindenbildung aufweisen.

Nervenfasern

Ein Teil der auswachsenden Neurite verläßt sehr früh schon das Zentralorgan und wächst in die Peripherie aus. Es handelt sich um die efferenten Nervenfasern. Die Bildung der Nervenfasern (Axone) erfolgt stets von der Nervenzelle her durch Auswachsen, nie durch autonome Differenzierung. Diese Tatsache ist endgültig bewiesen, seit R. G. HARRISON (1907, 1910) erstmals Neuroblasten aus dem Rückenmark der Froschlarve in der Gewebekultur züchten und das Auswachsen der Nervenfasern direkt beobachten konnte (Abb. 317). Das entscheidende Problem der Neurogenese war nunmehr, wie diese auswachsenden Nervenfasern ihren Weg finden können und die richtige Verknüpfung mit der Peripherie aufnehmen.

Die Nervenfasern sind also stets protoplasmatische Fortsätze des Zelleibes (*Perikaryon*). Die Tatsache, daß im Perikaryon der Nervenzelle laufend eine sehr lebhafte Proteinsynthese stattfindet (CASPERSON, P. WEISS) und daß ein ständiger Stoffabfluß im Axon von der Zelle nach der Peripherie exakt nachweisbar ist (WEISS), ist das stoffliche Korrelat des sichtbaren Faserwachstums. Die Frage, wie das komplizierte artspezifische Muster der Nerven in der Körperperipherie zustandekommt und wie die Verbindung zwischen Nervenfaser und Erfolgsorgan hergestellt wird, ist wohl nicht einheitlich zu beantworten. Immerhin lassen sich heute eine ganze Reihe von Tatsachen in einer einheitlichen Theorie zusammenfassen. Zunächst möge man sich vor Augen halten, daß die erste Verbindung zwischen Erfolgsorgan und Nervenfaser nur von sehr wenigen Fasern hergestellt wird und daß die Wege, die diese Pionierfasern (P. WEISS) im Embryonalkörper zurückzulegen haben, recht kurz sind (Abb. 318a). Haben diese ersten Fasern die Verbindung mit der Peripherie gewonnen, so bleibt diese Verbindung durch alle folgenden Entwicklungsperioden erhalten. Die Nervenfasern werden von den sich verlagernden und verschiebenden Organanlagen mitgeschleppt und verlängern sich (Abb. 318 b, c), wobei natürlich die dauernde Plasmasynthese im Neuron von größter Bedeutung ist. Die Hauptmenge der Fasern, die später die Nervenkabel zusammensetzen, wachsen gewissermaßen in einer zweiten Phase aus. Sie schmiegen sich den Pionierfasern eng an und benutzen diese als Leitweg (Abb. 318c).

Wie finden nun frei auswachsende Nervenfasern ihren Weg? Es ist sicher, daß Faktoren der Umgebung die entscheidende Rolle bei diesem Prozeß spielen, wenn auch keineswegs Einigkeit über die Natur dieser Faktoren herrscht.

Mehrfach ist die Vorstellung entwickelt worden, daß stoffliche Einflüsse aus der Peripherie auswachsende Nerven anlocken können.

Neurotropismus, Chemotaxis

Nach der Theorie des Neurotropismus (Chemotropismus, Chemotaxis) sollen in der Peripherie in zeitlich und räumlich geordneter Folge Substanzen gebildet werden, die gewissermaßen ein stoffliches Muster der Nervenverteilung vorwegnehmen. Diese Substanzen sollen zunächst einen allgemeinen Charakter tragen und mit zunehmender Gewebsdifferenzierung spezifischer werden. Verschiedene Körperteile könnten diese neurotropen Substanzen zu verschiedener Zeit bilden. Auch könnten verschiedene Neuroblastengruppen zu verschiedenem Zeitpunkt auf derartige Stoffe ansprechen. Für die von CAJAL entwickelte Theorie des Neurotropismus haben sich allerdings keine überzeugenden Beweise beibringen lassen. Versuchsdeutungen von FORSSMANN, der glaubte, Anlockung auswachsender Nervenfasern im Regenerationsversuch durch zerfallende Nervensubstanz nachweisen zu können, sind durch WEISS widerlegt.

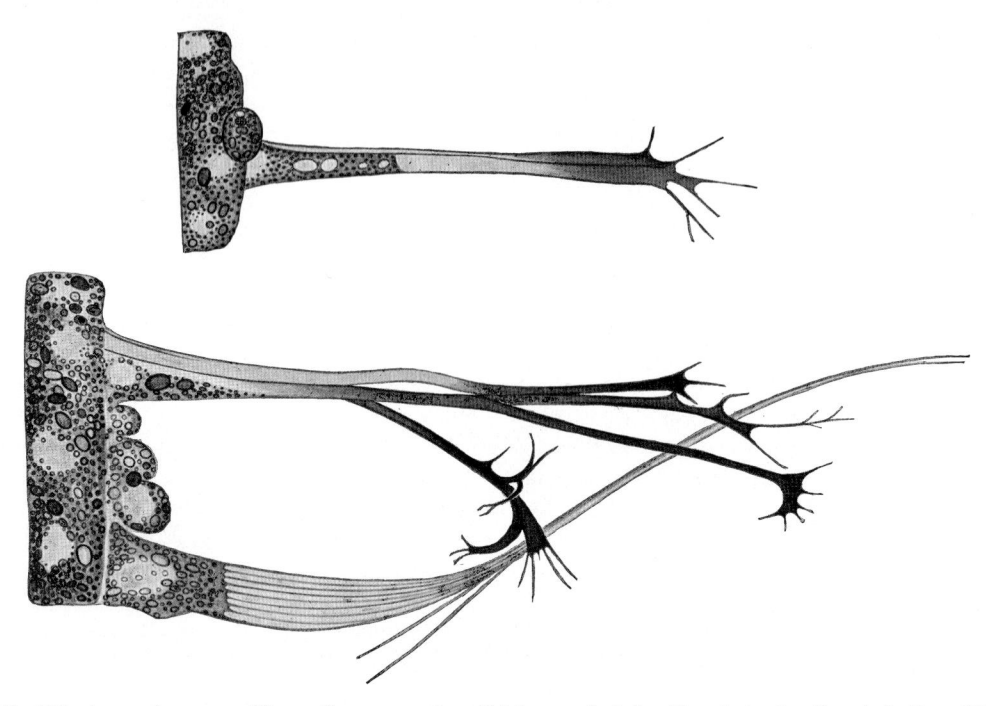

Abb. 317 Auswachsen von Nervenfasern aus dem Rückenmark beim Frosch in der Gewebekultur. Oben 25½ Stunden, unten 44 Stunden nach der Explantation. (Nach HARRISON)

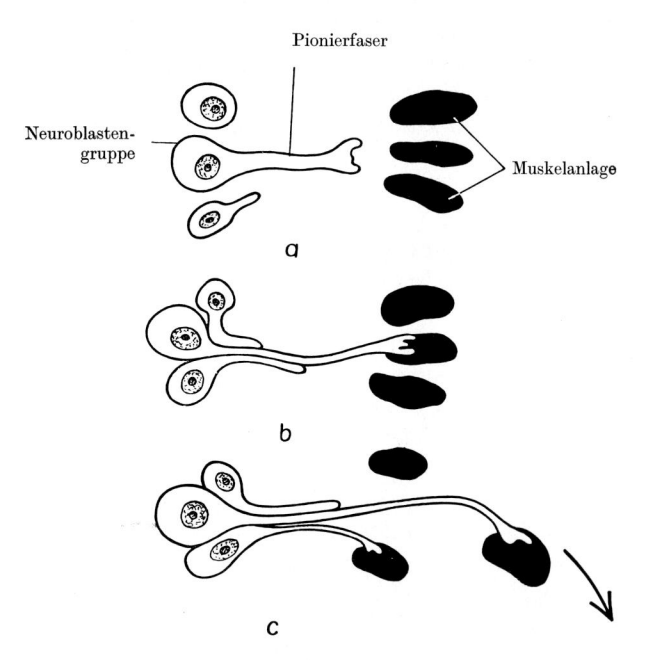

Abb. 318
Auswachsen von Nervenfasern aus Neuroblasten und Verankerung am Erfolgsorgan.
a) Pionierfasern
b) Verankerung einzelner Fasern an der Muskelanlage.
c) Ausziehen der Nervenfasern bei der Verlagerung der Muskelanlage. Später auswachsende Nervenfasern benutzen die ersten, am Erfolgsorgan verankerten Fasern als Leitweg.

(Schema nach P. WEISS 1941, Growth Suppl. 5).

Stülpt man über den zentralen Stumpf eines durchschnittenen Nerven eine sich gabelnde Arterie und bindet dann den Ast A (Abb. 319) der Arterie ab, bindet aber in den Ast B den peripheren Nervenstumpf ein, so wachsen die regenerierenden Fasern vom zentralen Stumpf sowohl nach A als auch nach B ein. Eine bevorzugte Einwanderung nach B, also eine Anlockung der Fasern durch den peripheren Stumpf, kommt nicht vor.

Angaben über Anlockung auswachsender Nervenfasern durch Nervensubstanz von CAJAL und FORSSMANN sind nicht beweisend, da Zugspannungen im

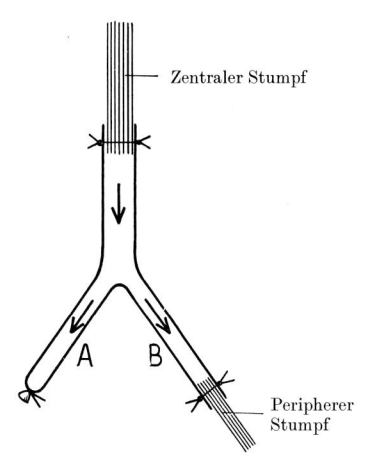

Abb. 319 Der zentrale Stumpf eines durchschnittenen Nerven ist in eine isolierte Arterie eingebunden. Die Arterie verzweigt sich in die Äste A und B. In B ist der periphere Stumpf eingebunden. Das freie Ende von A ist abgebunden. Regenerierende Nervenfasern aus dem zentralen Stumpf wachsen sowohl nach A als auch nach B ein. Der periphere Stumpf in B hat also keine Anziehungskraft auf auswachsende Nervenfasern. (Nach P. WEISS).

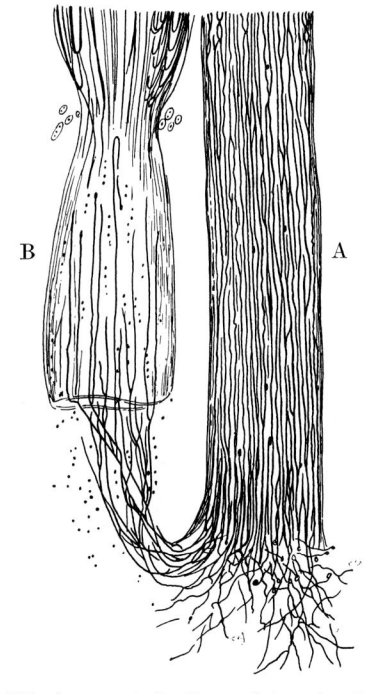

Abb. 320 A = zentraler Stumpf eines durchschnittenen Nerven. Der Nerv B ist unterbunden. Nervenregeneration eine Woche nach der Operation. Fasern wachsen von A nach B ein. Sie benutzen als Leitweg Brücken von SCHWANNschen Zellen, die im Präparat nicht dargestellt sind. (Nach CAJAL 1913).

Substrat durch vorzeitig auswandernde SCHWANNsche Zellen eine mechanische Orientierung der Fasern nicht ausschließen (Abb. 320).

Galvanotropismus

Nach einer zweiten Gruppe von Forschern (STRASSER, KAPPERS, INGVAR) sollen elektrische Ströme auswachsende Fasern richten können. Versuche, derartige Effekte in der Gewebekultur zu erzielen, sind nicht beweisend, da durch die Versuchsanordnung Dehydratationswirkungen erzielt werden, die Zugspannungen im Substrat zur Folge haben. Durch direkte Beobachtung ist weiterhin zu zeigen, daß zwei eng benachbarte Fasern in gegensätzlicher Richtung auswachsen können. KAPPERS hat eine Theorie der *Neurobiotaxis* entwickelt, nach welcher der Erregungsablauf im Nerven selbst einen Einfluß auf neu entstehende Bahnen hat. Möglicherweise spielen derartige Vorgänge bei der Differenzierung im Zentralnervensystem eine Rolle, wenn sich auch bisher kaum exakte Beweise erbringen lassen. Nach KAPPERS sollen Nervenfasern, die aus Neuroblastengruppen auswachsen, welche in der Nähe einer schon bestehenden Bahn liegen, eine bestimmte Orientierung zu dieser Bahn einnehmen. Die Dendriten sollen auf die Bahn zuwachsen, die Neuriten sollen in entgegengesetzter Richtung auswachsen. Auch eine Verlagerung von Zellen unter neurobiotaktischen Einflüssen wird angenommen.

Stereotropismus

Bereits 1887 hatte W. HIS angenommen, daß auswachsende Nervenfasern solide Leitstrukturen benutzen. HARRISON zeigte an Gewebekulturen, daß auswachsende Axone niemals in Flüssigkeiten wachsen können, sondern sich an feste Stützen (Deckglasoberfläche, Fibrinnetz, Spinngewebe) anschmiegen und diesen Leitstrukturen folgen. Diese Theorie des Stereotropismus ist von P. WEISS (seit 1934) weiterentwickelt worden. WEISS konnte zeigen, daß die Orientierung des Micellargerüstes im Substrat ein derartiges Leitwerk für auswachsende Nervenfasern bildet und daß chemische wie elektrische Einflüsse gewöhnlich eine Umgruppierung im ultramikroskopischen Gefüge des Substrates zur Folge haben. Chemische und elektrische Faktoren wirken also nicht direkt auf die Nervenfaser, sondern beeinflussen das Auswachsen nur sekundär auf dem Umweg über das Substrat.

Einflüsse der Körperperipherie allgemeiner Art

Mehrfach wurde beobachtet, daß sich in der Peripherie entwickelnde Organe einen attraktiven Einfluß auf auswachsende Nervenfasern

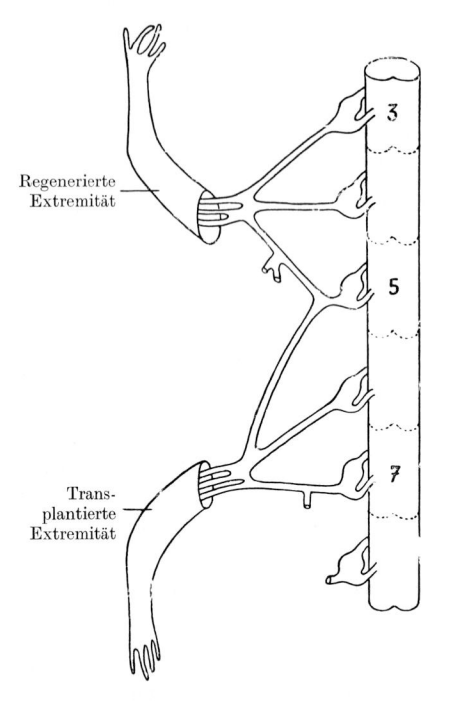

Abb. 321 Urodelenlarve. Segmentale Nervenversorgung einer transplantierten Extremität (Segment 5 bis 7) und einer regenerierten Extremität (Segment 3–5) 53 Tage nach der Operation. Die normale Gliedmaße wird aus Segment 3–5 versorgt. (Nach DETWILER 1927).

V. HAMBURGER (1929) exstirpierte jungen Froschlarven halbseitig das Rückenmark der caudalen Körperhälfte. Die sich entwickelnden Larven zeigten, daß sich der Lumbalplexus der kontralateralen Körperseite an der Innervation der nervenfrei gemachten Gliedmaße beteiligen kann (Abb. 322). Diese Befunde lassen doch an eine in ihren Einzelfaktoren nicht analysierte, direkte Wirkung der Peripherie auf das Auswachsen von Neuronen denken, wenn auch zu beachten bleibt, daß die Exstirpation auf sehr frühem Embryonalstadium vorgenommen wurde und die Verankerung der Pionierfasern (s. oben) früh erfolgt. Das Material für die Extremitäten beider Seiten liegt zum Zeitpunkt des Eingriffs noch sehr eng benachbart.

WEISS (1941) verpflanzte ein isoliertes Stück Rückenmark und in einigem Abstand eine Extremität in die Rückenflosse einer Urodelenlarve (Abb. 323). 3–4 Wochen nach der Verpflanzung ist die Gliedmaße durch einen kräftigen Nerven-ausüben. Verpflanzt man bei einer Urodelenlarve die Extremitätenanlage um 3 Segmentbreiten nach caudal, so wachsen Nerven aus dem Rückenmark in diese Gliedmaße ein. Während aber die Nerven der normalen Gliedmaße aus den Segmenten 3, 4, 5 stammen, bezieht das Transplantat seine Nerven etwa aus Segment 5, 6, 7. Kommt es zu einem Regenerat der Extremität an normaler Stelle (Abb. 321), so können Nerven mit normalem Segmentbezug in das Regenerat einwachsen, während das transplantierte Glied Nerven aus caudalen Segmenten, teilweise auch aus dem normalen Plexus bezieht (DETWILER 1927). Ein derartiger attraktiver Einfluß ist aber nicht spezifisch. Alle aktiv wachsenden Organanlagen, z. B. verpflanzte Nasenanlagen usw., haben ähnliche Wirkung. Verstärkte Mitosetätigkeit in einer bestimmten Region ist von lokaler Dehydratation begleitet und hat eine Umgruppierung der Molekularverbände in der Grundsubstanz des Gewebes zur Folge.

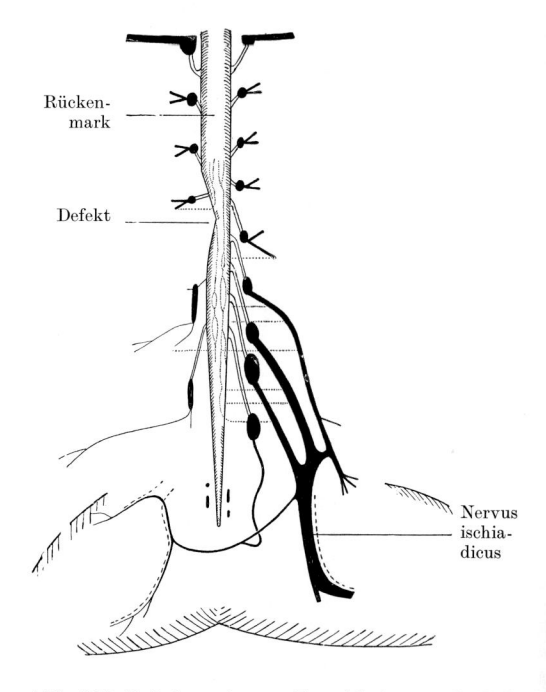

Abb. 322 Bei einem jungen Froschkeim war die linke Hälfte des Rückenmarkes im caudalen Gebiet entfernt worden. Die Abbildung zeigt das Caudalende des Rückenmarkes und die Extremitätenwurzel lange Zeit nach der Operation. Die linke Hinterextremität bleibt nervenfrei, doch kreuzt ein Ast von der rechten Körperseite nach links herüber. Erklärung im Text. (Nach HAMBURGER 1929).

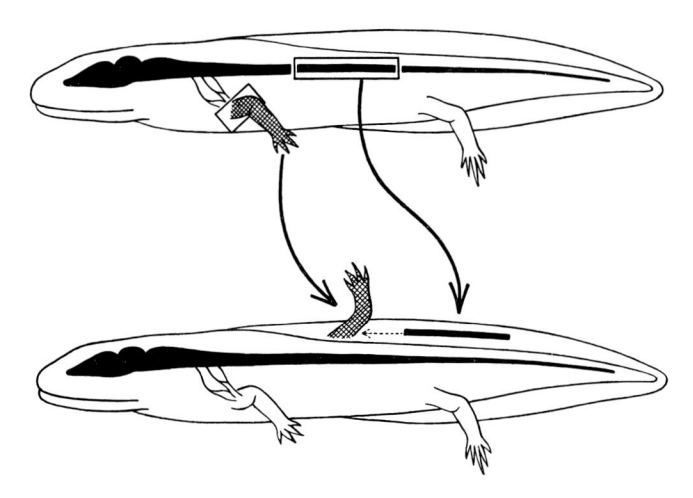

Abb. 323 In den Flossensaum einer Urodelenlarve werden eine Extremität und in einiger Entfernung davon ein Stück Rückenmark verpflanzt. Oben Spender, unten Wirt. Die transplantierte Extremität erhält Nerven aus dem transplantierten Rückenmarkstück (Pfeil in der unteren Abb.). (Nach P. Weiss 1941, Growth Suppl. 5).

strang mit dem Rückenmarktransplantat verbunden. Die Verbindung kann funktionstüchtig sein. Weiss hebt hervor, daß Schwannsche Zellen – die als Leitgebilde benutzt werden könnten – völlig fehlen. Der Versuch zeigt wohl eindeutig, daß eine nervenfreie Extremität Nervenfasern anlocken kann. Über eine spezifische, besonders chemische Wirkung sagt er aber wenig aus. Weiss denkt daran, daß auswachsende Fasern zunächst richtungslos umherirren, daß einige von diesen zufällig den Anschluß an das Extremitätentransplantat finden und nachfolgende Fasern nun diese erste Verbindung als Leitstrick benutzen und ein kräftiges Faserbündel schaffen (s. oben).

Zahlreiche Versuche wurden unternommen, um den Einfluß der Körperperipherie auf das Zentralnervensystem zu studieren. Seit langer Zeit ist bekannt, daß beim Menschen nach Amputation von Gliedmaßen die entsprechenden Rückenmarkssegmente hypoplasieren. Ebenso führt eine Verkleinerung des zu innervierenden peripheren Areals bei Fröschen und Vögeln zu einer Hypoplasie der motorischen Vorderhornzellen. Bei Urodelen jedoch bleibt bei gleicher Versuchsanordnung die Zahl der Motorneurone konstant. Hamburger erklärt diesen Unterschied damit, daß Urodelen noch keine echten Vorderhörner haben. Bei ihnen ist die Differenzierung der motorischen Zellen stark von intrazentralen Faktoren abhängig. Bei Anuren und Vögeln mit echten Vorderhörnern gewinnen periphere Einflüsse eine stärkere Bedeutung. Ähnlich sind die Ergebnisse, wenn man die Peripherie über die Norm hinaus künstlich vergrößert.

Eine solche Schaffung zusätzlicher peripherer Organe ist beispielsweise durch Einpflanzung von Gliedmaßen möglich. Urodelenlarven, denen drei Arme eingepflanzt waren, zeigten keine Zunahme der Zahl der motorischen Ganglienzellen. Die vorhandenen Zellen innervierten alle drei Arme, indem die peripheren Axone Aufzweigungen und Teilungen weit über die Norm hinaus aufwiesen. Anders liegt es bei afferenten Neuronen. In das Zentralnervensystem einwachsende sensible Nervenbahnen können in der Wand des Nervenrohres Zellproliferation stimulieren. Der Mechanismus dieses Aktivierungsvorganges ist unbekannt. Jedenfalls läßt sich experimentell zeigen, daß intrazentrale Faserbahnen einen aktivierenden Einfluß auf die Zellproliferation haben können.

Segmentierung

Die Segmentierung des Nervensystems, die ihren deutlichsten Ausdruck in der segmentalen Anordnung der Spinalnerven findet, ist nicht von vornherein fest im Neuralrohr determiniert, sondern wird durch die Segmentierung der Somite ausgelöst. Verpflanzt man Somite vor Aus-

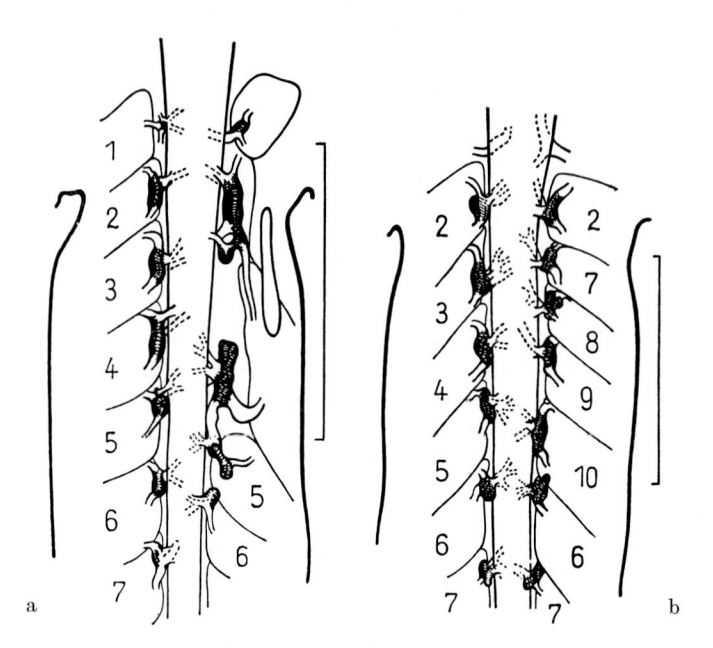

Abb. 324 Die segmentale Anordnung der Spinalganglien hängt von der Anordnung der Muskelsegmente ab. Rückenmark, Muskelanlagen und Spinalganglien von Urodelenlarven in der Ansicht von dorsal.
(Nach DETWILER 1936).

a) Somite 2–4 auf der rechten Seite entfernt. 56 Tage nach der Operation, unregelmäßige Anordnung der Spinalganglien auf der operierten Seite.
b) An Stelle der Somite 3–5 wurden vier kleinere Somite eingepflanzt (7–10). In dieser Strecke haben sich vier statt drei Spinalganglien gebildet.

wachsen der Nervenfasern, so kommt es zu Störungen in der Segmentierung. Experimentelle Einschaltung überzähliger Somite hat Bildung zusätzlicher Spinalganglien und Spinalnerven zur Folge. Ebenso bleibt die normale Segmentierung des peripheren Nervensystems aus, wenn unsegmentiertes Material an Stelle von Somiten gesetzt wird (DETWILER, Abb. 324).

Markscheidenbildung und Schwannsche Zellen

Die embryonal auswachsenden Nervenfasern sind zunächst nackt. In einer folgenden Entwicklungsphase werden sie durch periphere Gliazellen (SCHWANNsche Zellen) umhüllt. Diese wandern ebenfalls von zentral nach peripherwärts aus. Sie entstammen, zumindest zum größten Teil, der Neuralleiste (s. S. 393), zum Teil wohl auch dem Zentralnervensystem selbst. Diese Stützzellen spielen offensichtlich auch bei der Myelinbildung eine entscheidende Rolle. Markbildung ist eine Gemeinschaftsleistung von Nervenfaser und SCHWANNscher Zelle (im ZNS Oligodendroglia). Die Substanz der Markscheide selbst wird im wesentlichen von der SCHWANNschen Zelle geliefert. Hierzu ist aber ein von der Nervenfaser ausgehender Anreiz nötig. Auswandernde SCHWANNsche Zellen bilden auf Spinalnervenfasern Myelin. Gelangen die gleichen Zellen aber auf Axone des Sympathicus, so unterbleibt die Markbildung (SPEIDEL 1932). Die Unterschiede im Markgehalt der Nervenfasern verschiedener Systeme sind also in qualitativen Differenzen der Axone begründet.

2. Entwicklung des Zentralnervensystems

a) Entwicklung des Rückenmarkes

Wir stellen das Rückenmark an den Anfang unserer Besprechung, da dieser Abschnitt des Zentralnervensystems sich am wenigsten vom Stadium des Neuralrohres entfernt. Die Wandungen des Rückenmarksrohres verdicken sich durch Zellvermehrung. Die Differenzierung der Neurone und Stützelemente geht in der beschriebenen Weise vor sich. Der Umbau der Wand des Neuralrohres erfolgt besonders intensiv in den seitlichen Teilen, während Boden- und Deckplatte (Abb. 325) einen einfachen ependymalen Charakter bewahren. Das Lumen des Zentralkanals ist auf dem Querschnitt von Beginn des Neuralrohrschlusses an eng spaltförmig (Abb. 325). In den seitlichen Teilen des Rohres findet sich besonders lebhafte Zellvermehrung im dorsalen und ventralen Quadranten jeder-

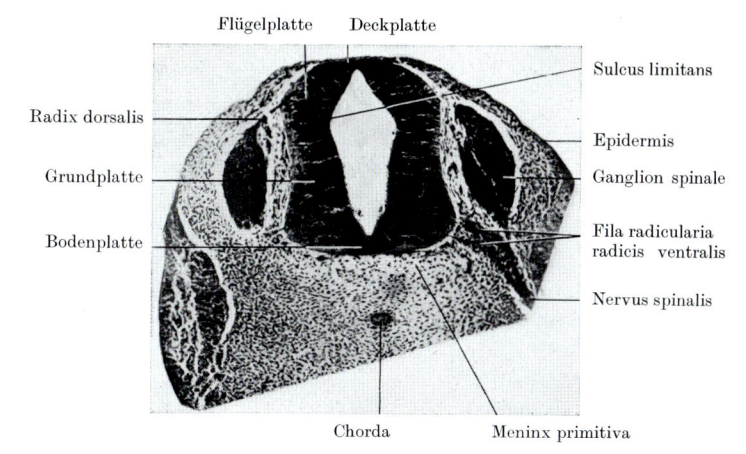

Abb. 325 Querschnitt durch die Rückenmarksanlage und die Spinalnervenwurzeln bei einem menschlichen Embryo von 7 mm Scheitel-Steiß-Länge. (Orig.)

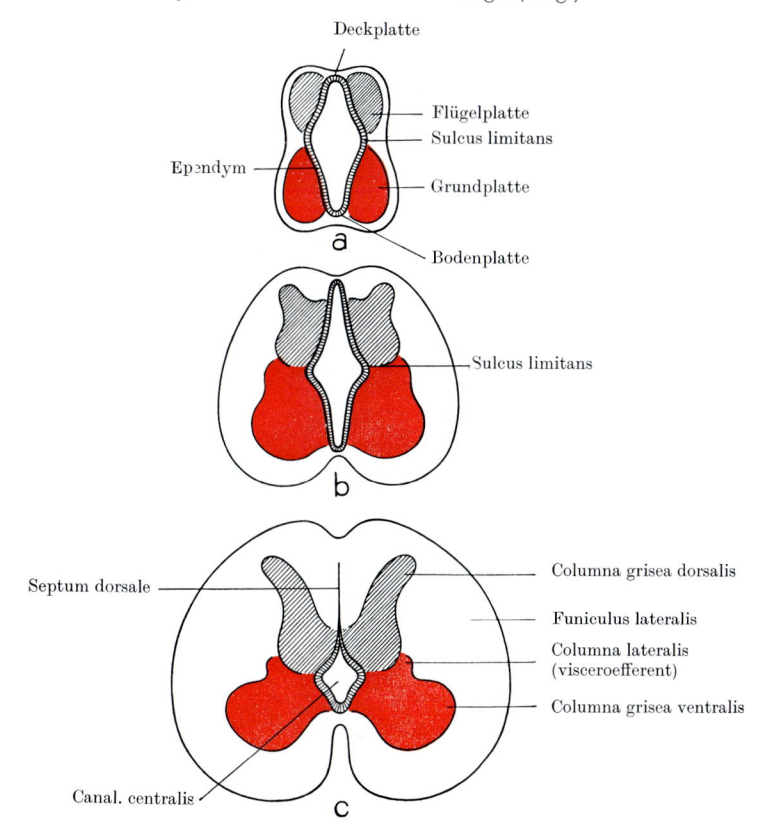

Abb. 326 Veränderungen des Rückenmarksquerschnittes in der Ontogenese. Schematisch an drei aufeinanderfolgenden Stadien dargestellt. Schwarz schraffiert: Flügelplatte. Rot: Grundplatte. (Nach BOYD, HAMILTON, MOSSMAN, Human Embryology.)

seits. Bald eilt die ventrale Proliferationszone voraus. Das Lumen zeigt an der Grenze beider Bezirke eine longitudinale Furche (Sulcus limitans, Abb. 325, 326), die das sensible vom motorischen Längszonenareal trennt. Wir unterscheiden das künftige motorische Feld (Anlage der Columna grisea anterior) als *Grundplatte* vom dorsalen (sensiblen) *Flügelplatten*areal. Die stärkere Zellvermehrung im Gebiet der Grundplatte führt bald zu einer Einengung des Zentralkanales (Abb. 326, 327). Später obliteriert das Lumen des Zentralkanals besonders in der dorsalen Hälfte des Rückenmarksquerschnittes. Auf diese Weise entsteht das Septum dorsale (Abb. 326c, 328). Der definitive Zentralkanal entspricht somit nur dem ventralen Abschnitt des primären Lumens. Auch er kann in individuell wechselnder Weise streckenweise obliterieren.

Das weitere Dickenwachstum des Rückenmarkes erfolgt durch Zellvermehrung, durch Faserbildung und später durch Myelinisierung der Fasern. Die Fasern bilden eine zarte *Randzone* (Anlage der weißen Substanz, Abb. 327). Allerdings beteiligen sich an der Bildung der weißen Substanz auch die Axone der sensiblen Ganglienzellen, die sich mittlerweile aus der Neuralleiste differenziert haben (Abb. 329).

Die zentralen Fortsätze der sensiblen Neurone wachsen in das Zentralorgan ein, teilen sich hier in auf- und absteigende Äste, die in ihrer Gesamtheit als Anlage der Funiculi posteriores (Abb. 327, 328) einen schmalen Bezirk der Randzone einnehmen. Die peripheren Fortsätze der sensiblen Ganglienzellen (Abb. 328) bilden die sensiblen Fasern der peripheren Nerven. Alle sensiblen Ganglienzellen sind zunächst bipolar (Abb. 316). Aus ihnen gehen durch weitere Modifikation der Zellform die typischen pseudounipolaren Neurone hervor (Abb. 329).

Sobald durch dorsale und ventrale Spinalnervenwurzeln eine Verbindung der Ganglienzellen mit der Peripherie hergestellt ist, ergibt sich damit auch eine topographische Aufteilung der weißen Substanz in Vorder-, Seiten- und Hinterstränge.

Die Ausbildung der Markscheide erfolgt relativ spät, und zwar in funktionell verschiedenwertigen Systemen nicht gleichzeitig. Als allgemeine Regel kann man angeben, daß phylogenetisch alte Systeme früh markhaltig werden, phylogenetisch junge Systeme aber spät. So bekommen die efferenten neocerebralen Bahnen (Pyramidenbahn) erst kurz nach der Geburt ihre Markscheide, werden auch dann erst funktions-

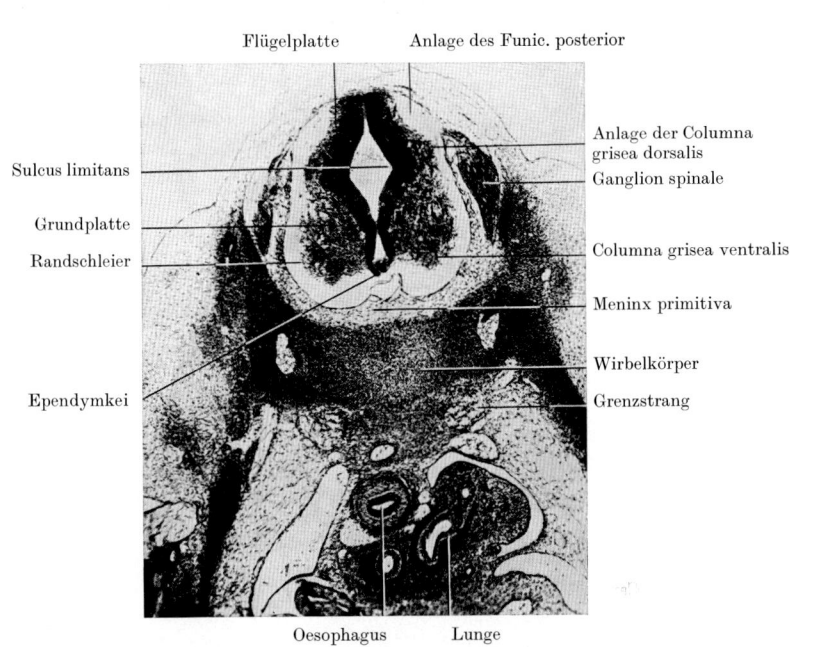

Abb. 327 Querschnitt durch die Rückenmarksanlage eines menschlichen Embryos von 12 mm Scheitel-Steiß-Länge. Vergleiche mit Abbildung 318. Der Randschleier tritt auf. (Orig.)

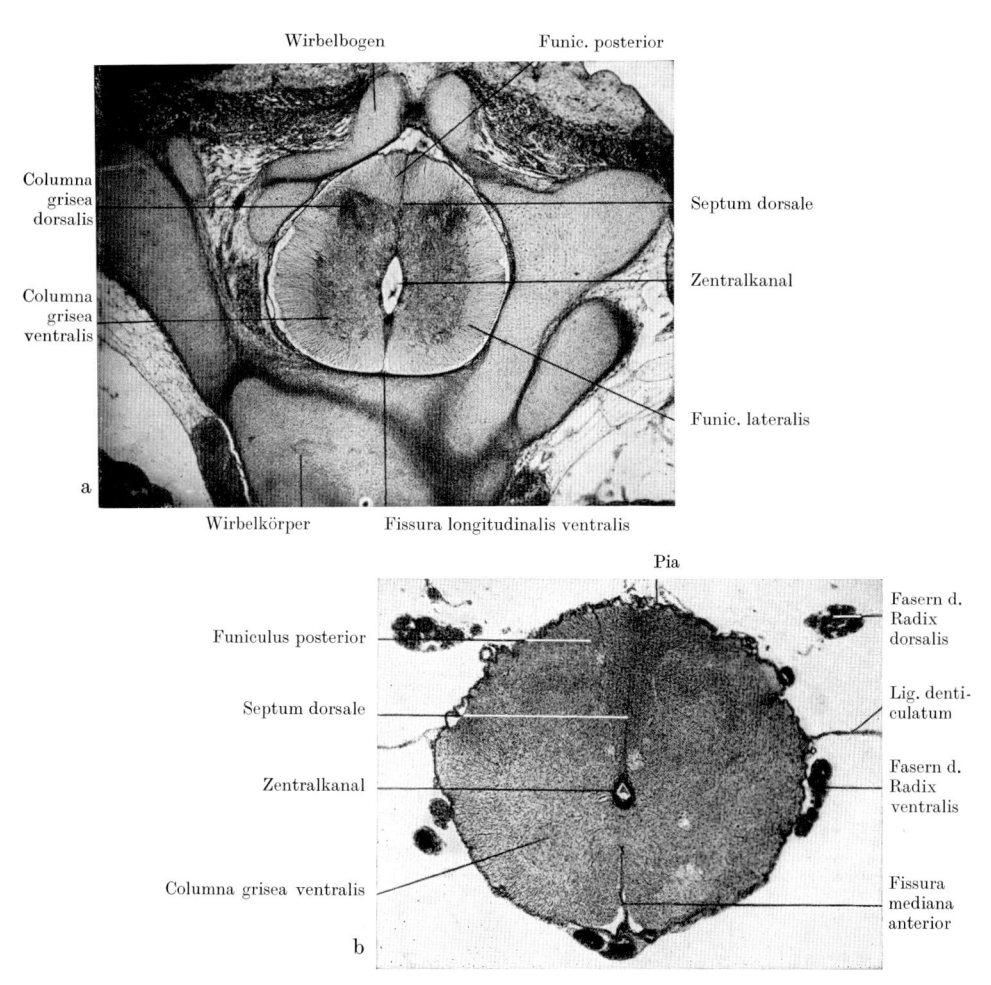

Abb. 328 Spätere Stadien der Differenzierung des Rückenmarkes. (Orig.)
a) Thoracalmark, menschlicher Embryo, 42 mm Scheitel-Steiß-Länge.
b) Lumbalmark, menschlicher Fet von 100 mm Scheitel-Steiß-Länge.

fähig, während die Markscheidenbildung in alten, rückenmarkseigenen Systemen bereits um die Mitte der Gravidität beginnt.

Längenausdehnung und Topogenese des Rückenmarkes

Das Rückenmark reicht zunächst bis ans caudale Körperende und findet sich auch in der Schwanzknospe. Es endet hier mit einer kleinen Blase (Sinus terminalis), welche an die Epidermis heranreicht und spät noch nach außen durchbricht (sekundärer Neuroporus). Doch erfolgt in dem caudalen Teil des Neuralrohres keine Differenzierung zu Nervengewebe mehr. Durch früh einsetzende Rückbildungsprozesse entsteht aus diesem Teil der Rückenmarksanlage das *Filum terminale* (Abb. 330). Jener Teil des Neuralrohres, in dem sich Neuroblasten differenzieren, endet caudal mit einer trichterförmigen Verengung, dem *Conus medullaris*. Bei Embryonen des dritten Fetalmonats erstreckt sich das Rückenmark noch über die ganze Länge des Wirbelkanales. Beim Erwachsenen steht das untere Rückenmarksende in Höhe des 12. Brust- bis 2. Lendenwirbels. Beim reifen Neugeborenen befindet sich der Conus medullaris in Höhe von Vert. lumb. 3, beim Feten von 100 mm Länge etwa in Höhe von Vert. sacr. 3. Dieser scheinbare *Ascensus* des Rückenmarkes ist das Resultat differenter Wachstumsgeschwindigkeiten des

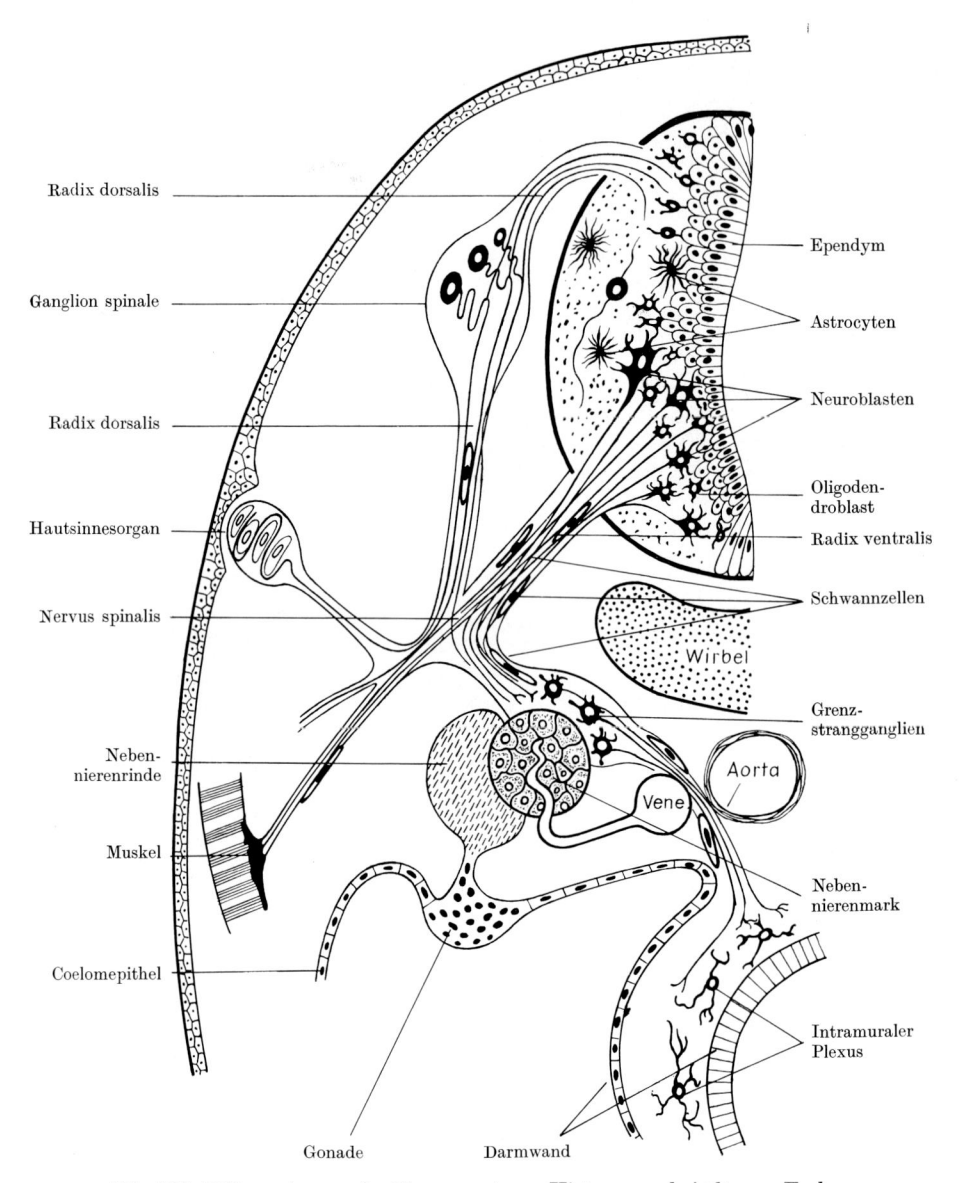

Abb. 329 Differenzierung des Nervensystems. Histogenese bei älterem Embryo. (Schema in Anlehnung an DA COSTA).

Zentralnervensystems und der Leibeswand. Während das nervöse Zentralorgan sehr früh angelegt wird und früh erhebliche Wachstumsenergien entfaltet, ist die Leibeswand und damit die Wirbelsäule besonders im caudalen Bereich zunächst massenmäßig wenig ausgebildet. Später (nach dem 3. Monat) bleibt das Rückenmark gegenüber der Wirbelsäule im Wachstum relativ zurück. Der „Ascensus" des Rückenmarkes kommt also durch ein relativ stärkeres und längeres Wachstum der Leibeswandorgane zustande. Diese Wachstumsrelationen haben Konsequenzen für die Lagebeziehungen der Spinalnerven. Während zunächst jede Spinalnervenwurzel annähernd horizontal verläuft und in Höhe ihres Abganges vom Rückenmark auch den Wirbelkanal verläßt, werden die Radices der Spinalnerven durch das Auswachsen der Wirbelsäule mehr und mehr in die Länge gezogen. Die Austrittstelle im Foramen intervertebrale ist fixiert. Da diese Austrittstellen aber mit dem Auswachsen der Wirbelsäule nach caudalwärts rücken, kommen die Radices dorsales und ventrales mehr und mehr in eine in der Längsrichtung absteigende Verlaufsrichtung. Dieser Prozeß macht sich naturgemäß im caudalen Bereich am stärksten bemerkbar und führt zur Bildung der *Cauda equina*.

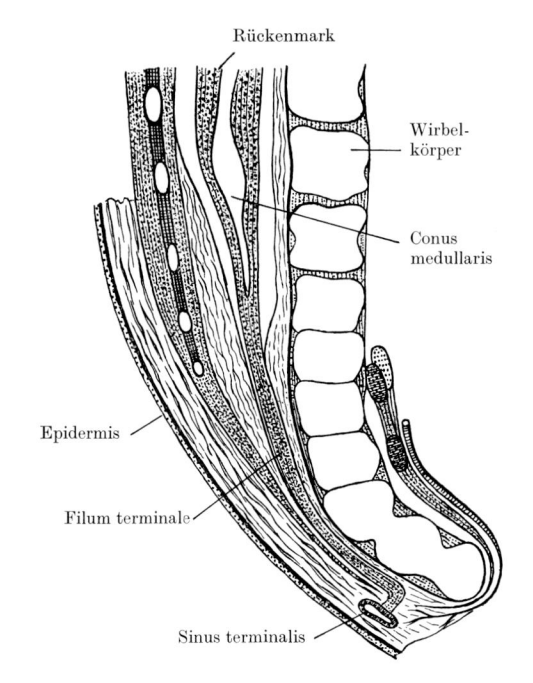

b) *Bauplan und erste Gliederung des Gehirnes*

Bereits auf dem Stadium der Medullarplatte hebt sich der spätere Hirnabschnitt des Zentralnervensystems durch seine größere Breite (Abb. 113, 241, 331) deutlich gegenüber dem Rückenmark ab. Mit Schluß des Neuralrohres bildet auch die Hirnanlage überall ein epitheliales Rohr mit recht weitem Lumen. Bereits jetzt läßt sich der caudale Abschnitt als *Rhombencephalon* vom rostralen *Prosencephalon* unterscheiden. Diese Gliederung hat grundsätzliche Bedeutung. Sie entspricht den wirklichen Verhältnissen und geht auf eine phylogenetisch primäre Differenzierung zurück (s. S. 356). Die bereits beim Rückenmark beschriebene Gliederung in Längszonen, entsprechend der Grund- und Flügelplatte, läßt sich bis ins Rhombencephalon verfolgen, fehlt aber völlig im Prosencephalon und seinen Derivaten.

Abb. 330 Schematisierter Längsschnitt durch das caudale Ende von Rückenmark und Wirbelsäule bei einem menschlichen Embryo von 11 mm Scheitel-Steiß-Länge. (Nach UNGER-BRUGSCH).

Abb. 331 Hirnanlage eines menschlichen Embryos von acht Somiten aus der 4. Woche (der gleiche Embryo „VEIT-ESCH" wie Abb. 241c). Beachte die asymmetrische Ausbildung der Hirnanlage auf den beiden Körperseiten. (Nach VEIT 1922).
a) Ansicht von dorsal. b) Ansicht von links.

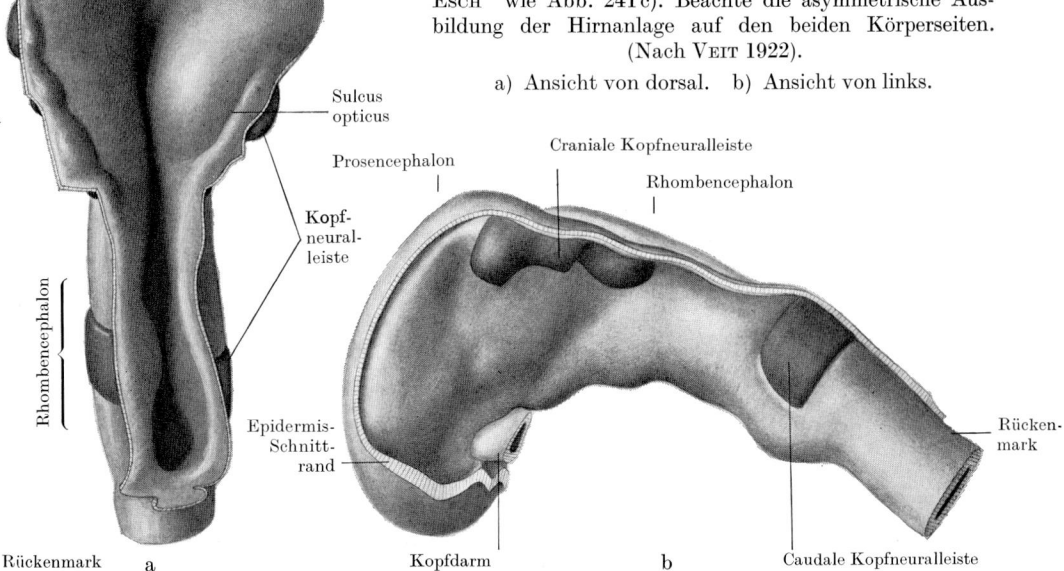

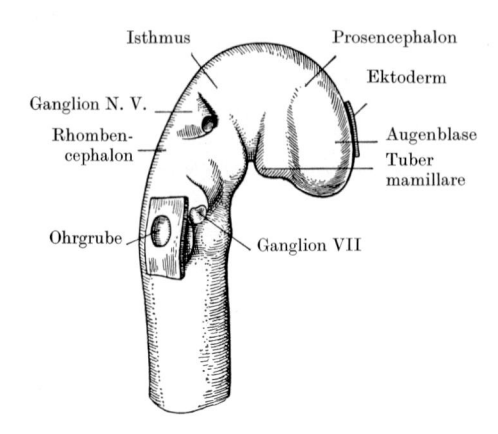

Abb. 332 Anlage des Zentralnervensystems eines menschlichen Embryos von 18 Somiten. (Nach STERNBERG).

Im Schrifttum findet sich häufig die Beschreibung eines Stadiums „der *drei* primären Hirnbläschen": Prosencephalon, Mesencephalon und Rhombencephalon. Diese Gliederung geht auf Befunde an Vogelkeimlingen (Hühnchen) zurück. Bei Vögeln (nicht bei der Ente) ist oft tatsächlich das spätere Mittelhirngebiet als Folge einer ontogenetischen Heterochronie früh mächtig entwickelt. Ein selbständiges Mittelhirnbläschen fehlt aber den meisten übrigen Wirbeltieren, insbesondere dem Säugern und dem Menschen. In der Tat beruht die Entfaltung des Mittelhirngebietes bei Vögeln zunächst auch nur auf einer dorsal lokalisierten Proliferation des Materiales übergeordneter optischer Gebiete (Tectum). Die seitlichen und basalen Teile dieses Gebietes sind echtes Rhombencephalon (Tegmentum). Eine innere Strukturgrenze zwischen Tegmentum mesencephali und Rhombencephalon existiert auch im ausgebildeten Zustand nicht. Die besondere und verfrühte Anlage des Tectums steht mit der bevorzugten Ausbildung der Augen bei Vögeln in ursächlichem Zusammenhang.

Betrachten wir die Hirnanlage eines jungen menschlichen Embryos kurz nach Schluß des Medullarrohres (Homo 18 Somite, Abb. 332), so ist zunächst sehr auffallend, daß das vordere Hirnende entsprechend dem rostralen Vorwachsen des Kopfendes nach ventral eingebogen ist. Dieser Knick liegt noch im Bereich des Rhombencephalons. Äußerlich erscheint, besonders dorsal, dieses Gebiet etwas eingeengt (Isthmus rhombencephali). Dicht vor dem Isthmus entwickelt sich, allerdings nur dorsal, das Tectum als neue Differenzierung. Die Zusammenfassung des Tectums mit den basalen Teilen (Tegmentum) hat für die morphologische Bewertung des Zentralnervensystems keine fundamentale Bedeutung, da eine Gliederung des Zentralnervensystems in Form einer reinen Quergliederung eben nicht durchführbar ist. Das ganze Rhombencephalon bildet eine von caudal nach cranial durchlaufende Einheit, auf dem sich dorsal übergeordnete sekundäre Zentren aufbauen, hinten das Cerebellum, vorne das Tectum. Bereits HOCHSTETTER (1919) hat klar gezeigt, daß das Mittelhirn beim Menschen zweifellos nicht als selbständiges „Hirnbläschen" angelegt wird. In funktioneller Hinsicht wie in den inneren Strukturzusammenhängen sind die rostralen Bezirke

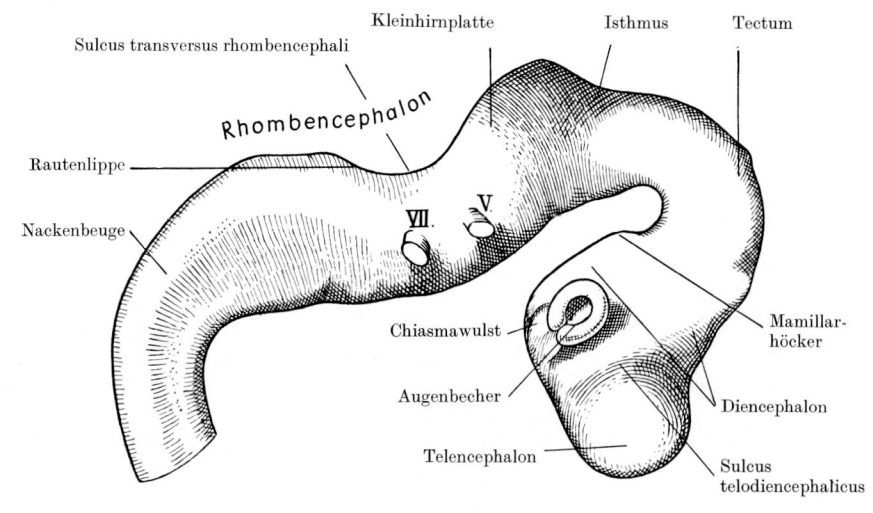

Abb. 333 Hirnanlage eines menschlichen Embryos von 7,5 mm Länge (E 5). Ansicht von rechts. (Nach F. HOCHSTETTER 1919).

des Rhombencephalons nicht von den caudalen zu trennen. Die praktischen Bedürfnisse der Neurologen haben deshalb schon lange dazu geführt, dieses basale Gebiet unter dem Begriff „*Tegmentum*" einheitlich zusammenzufassen.

Die soeben erörterten Schwierigkeiten in der Gliederung des Zentralnervensystems finden also in der historischen Entwicklung unserer Kenntnisse ihre Erklärung. Der Mittelhirnbegriff hat höchstens deskriptiv topographische Bedeutung. Wesentlich ist die Tatsache, daß das Rhombencephalon eine genetische, strukturelle und funktionelle Einheit bildet und daß sich neue Gebiete (Tectum und Cerebellum) dorsal auf diesem aufbauen. Betrachten wir die äußere Form dieses Gebietes, so sehen wir, daß das Rhombencephalon in seinem caudalen Bereich eine gewisse Ausdehnung in die Breite bekommt, die die Isthmuseinschnürung unterstreicht. Das hängt damit zusammen, daß die Neurone des Octavussystems (Labyrinthorgan) Anschluß an den caudalen Teil des Rhombencephalons gewinnen und hier mächtige Zellproliferationen stimulieren. In diesem Gebiet macht sich nun eine zweite Krümmung bemerkbar. Die vordere Krümmung im Isthmusgebiet wird als *Scheitelbeuge*, die caudale, ebenfalls nach ventral konkave Krümmung, als *Nackenbeuge* bezeichnet (Abb. 333). Bei der Entstehung dieser Krümmungen spielt neben der frühen Zellproliferation in der Hirnanlage selbst auch die Massenrelation gegenüber dem ventral das Hirn unterlagernden Kiemendarm eine Rolle. Vor und hinter dem Isthmus liegt Rhombencephalon. Der Isthmus ist niemals eine innere Strukturgrenze.

Komplizierter wird die Gliederung im rostralen Gebiet. Der vordere Teil des Prosencephalons erscheint räumlich und zeitlich als terminaler Abschnitt des Gehirns und wird deshalb auch als *Telencephalon* (Endhirn) bezeichnet. Dieses Gebiet ist stammesgeschichtlich zunächst primäres und sekundäres Riechzentrum, gewinnt aber in der aufsteigenden Wirbeltierreihe

Gliederung des Zentralnervensystems des Wirbeltiere

I. Rückenmark	II. Rhombencephalon		III. Prosencephalon	
zugeordnet der segmental gegliederten Rumpfwand	zugeordnet primär dem Kiemendarm, dann auch dem Octavusgebiet. Übergeordnetes Integrationszentrum		a) *Diencephalon* (Zwischenhirn)	b) *Telencephalon* (Endhirn)
	a) *alter Anteil = Rhombencephalon i. e. S. (Tegmentum)*		1. *Thalamus* 2. *Hypothalamus* mit Hypophyse 3. *Epithalamus* mit Epiphyse	1. *Basis* Riechhirn (Rhinencephalon) und Basalganglien
	übergeordnete neue Anteile			2. *Pallium* (Neencephalon) (dazu neencephale Anteile, die in andere Abschnitte des ZNS eindringen, wie Pyramidenbahn, Pons, Neocerebellum usw.)
	b) *Cerebellum* übergeordnetes proprioceptives Zentrum. Integration des Gleichgewichtssinnes	c) *Tectum* übergeordnetes optisches und später auch akustisches Gebiet	4. *Auge* mit *Opticus* und *Corpus geniculatum laterale* (Metathalamus)	
			(Sehhirn) (Ophthalmencephalon)	Palaeopallium vorwiegend olfaktorisch. Archipallium teilweise olfaktorisch. Neopallium übergeordnetes Integrationsgebiet.

zunehmende Bedeutung als übergeordnetes Integrationsgebiet. Wir gliedern danach das Endhirn in das endständig und basal gelegene, phylogenetisch ältere Riechhirn und das dorsal gelegene *Pallium* (Hirnmantel). Hinter dem Riechhirn differenzieren sich weitere basale, nicht olfaktorische Zentren bis an das Rhombencephalon heran. Zu erwähnen sind hier zunächst die basalen Vorderhirnganglien, die bei höheren Wirbeltieren eine wichtige Rolle im motorischen Apparat spielen, und daran anschließend Thalamus und Hypothalamus, sensible und vegetative Gebiete, die unter dem Begriff Zwischenhirn oder *Diencephalon* zusammengefaßt werden. Unsere bisherigen Ausführungen beabsichtigten, zunächst eine grundsätzliche Ordnung in die mannigfachen Strukturen des Zentralnervensystems zu bringen, bevor wir uns mit der Formbildung im einzelnen befassen. Wir haben diese Erkenntnisse in Form umseitiger Übersicht zusammengefaßt.

Weitere Ausbildung der groben Form

Betrachten wir das Gehirn eines menschlichen Embryos von etwa 5 mm Länge*, so sind jetzt Scheitel- und Nackenkrümmung deutlich. Am

*) Länge bedeutet im folgenden, wenn nicht anders vermerkt, stets Scheitel-Steiß-Länge.

Vorderhirn sind zwei seitliche Ausbuchtungen, die Augenblasen (Abb. 333), sichtbar. Im rostralen Bereich bleibt die Hirnwand auch später in der Mittellinie recht dünn und wird zur *Lamina terminalis*. Diese bildet jetzt tatsächlich noch den rostralen Wandabschnitt des Nervenrohres. Sie wird später zwischen den Frontalpolen des Großhirns versenkt.

Im Bereich des Rautenhirnes bleibt der Dachteil der Wand des Neuralrohres in der caudalen Hälfte epithelial. Im vorderen Dachbereich bilden sich später Cerebellum und Tectum. Der epithelial verbleibende Teil hat bei Betrachtung von dorsal her etwa Rautenform und ist bei jungen Embryonen durch die Haut hindurch deutlich sichtbar (Abb. 243, in den Abbildungen der Modelle nicht dargestellt). Es handelt sich um die Anlage des *Plexus chorioideus*. In diesem Bereich macht sich in der Folge (Abb. 334) eine starke, nach ventral konvexe Krümmung bemerkbar. Sie führt schließlich dazu, daß die vordere und hintere Hälfte der rautenförmigen Decke nicht mehr in einer Ebene liegen, sondern (im Sinne der ausgezogenen Pfeile, Abb. 334) gegeneinander geklappt werden. Die neu entstandene mittlere Krümmung des Hirnrohres ist somit entgegengesetzt gerichtet wie Nacken- und Scheitelbeuge und wird als *Brückenbeuge*

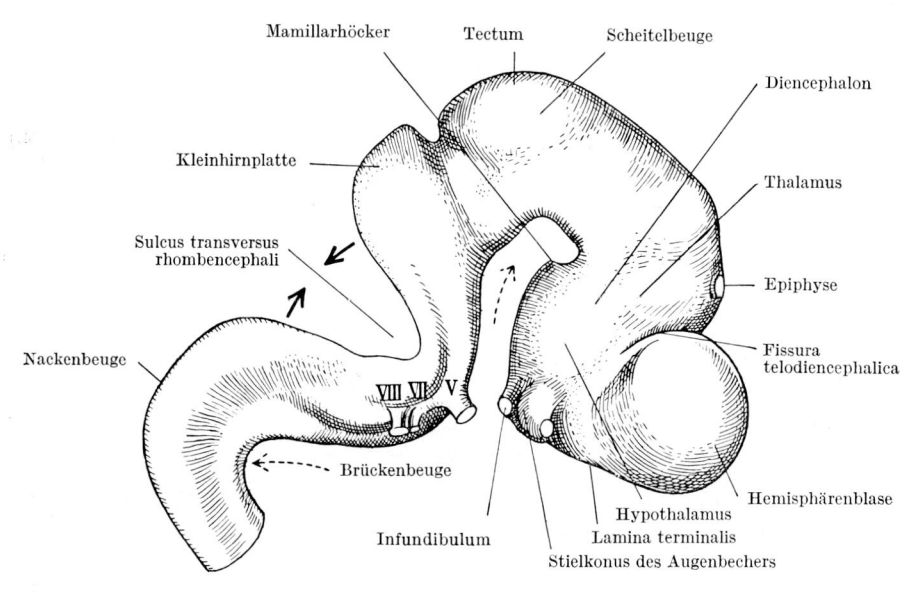

Abb. 334 Hirnanlage eines menschlichen Embryos von 12,84 mm Länge (No 1). Ansicht von rechts. (Nach F. HOCHSTETTER 1919).

bezeichnet. Bei ihrer Entstehung spielt möglicherweise eine Verankerung der massiven basalen Hirnteile an der Schädelbasis durch die Hirnnerven eine Rolle. Die dünne dorsale Wandpartie muß dann zwangsläufig bei weiterem Wachstum der basalen Zellmassen in der beschriebenen Weise einknicken.

Im Bereich des Prosencephalons wächst das vor den Augenblasen gelegene Gebiet in Form paariger Hemisphärenblasen (Telencephalon) seitlich und rostralwärts aus. Damit grenzt sich jetzt auch äußerlich das Telencephalon durch eine Furche (Sulcus telodiencephalicus) deutlich vom Zwischenhirn ab. Das Zwischenhirngebiet wird durch die Beziehungen zu den Augenblasen, die sich alsbald zum Augenbecher umformen, gekennzeichnet. Der Abgang des Augenblasenstieles rückt mehr und mehr nach basal herab. Das caudal anschließende Gebiet des Zwischenhirnbodens zeigt zunächst eine höckerartige Vorwölbung (Mamillarhöcker) und entspricht im Ganzen dem späteren Hypothalamus.

c) Entwicklung des Rhombencephalons

Im Bereich des Rhombencephalons finden sich vorübergehend mehrere lokale Verdickungen der basalen Seitenwand. Diese werden durch lokale Zellproliferationen verursacht. Sie sind durch mehr oder weniger deutliche Furchen an der äußeren Oberfläche und der Lumenfläche gegeneinander abgegrenzt. Man hat diesen sogenannten *Neuromeren* den Wert primärer Segmente zuschreiben wollen und ihr Erscheinen als Ausdruck einer alten Metamerie des Rautenhirns gedeutet. Doch besteht zur Zeit keine Einigkeit über den Wert dieser Bildungen, zumal vielfach sogar Artefakte als Neuromeren beschrieben wurden. Die Zahl der Neuromeren ist nicht mit der Zahl der abgehenden Nerven und ihrer Kerngebiete zur Deckung zu bringen.

Die Decke des Hirnrohres bleibt als *Lamina epithelialis* im caudalen Bereich (Medulla oblongata) dünn. Gefäßreiches Mesenchym der Hirnhäute legt sich der Lamina epithelialis eng an und treibt diese zottenförmig gegen das Lumen vor. Mesenchymaler (Tela chorioidea) und ependymaler (Lamina epithelialis) Anteil fügen sich so zu einem sezernierenden Organ, dem *Plexus chorioideus*, zusammen. Die Lamina epithelialis geht mit scharfer Übergangszone (Rautenlippe, Taenia chorioidea) seitlich in die nervöse Hirnwand über. Die dünne Hirnwand ist im caudalen Bereich blasig nach außen vorgewölbt. Die Zellen dieser Deckenblase platten sich ab und degenerieren (Embryonen von 60 mm SchStLge oder später). So kommt es zu einer medianen Verbindung zwischen Ventrikellumen und Cavum leptomeningicum (*Apertura mediana ventriculi IV*). Bei Embryonen von etwa 200 mm SchStLge setzt ein ähnlicher Rückbildungsprozeß an den Zellen des lateralen Teiles der Lamina epithelialis im Bereich des Recessus lateralis ein und führt zur Bildung der *Aperturae laterales ventriculi IV*.

Tegmentum

Der Grundbauplan des Tegmentums, also der basalen nervösen Anteile des Rautenhirnes, zeigt gewisse Anklänge an das Bauprinzip des Rückenmarkes. Am Boden des vierten Ventrikels scheidet der Sulcus medianus internus die rechte von der linken Hälfte. Jeder Seitenteil wird wieder durch eine Längsfurche, den *Sulcus limitans*, in zwei Längssäulen unterteilt. Das Gebiet zwischen Sulcus medianus und Sulcus limitans entspricht der Grundplatte (motorisches Areal). Seitlich des Sulcus limitans folgt das sensible Flügelplattengebiet. Die Anordnung der funktionell verschiedenwertigen Längszonen ist also die gleiche wie im Rückenmark. Innerhalb jeder Längszone liegen die visceralen Systeme unmittelbar dem Sulcus limitans an, die somatischen Gebiete außerhalb davon, so daß sich folgende Gliederung ergibt:

lateral / *medial*

Somatosensibel / Viscerosensibel / *Sulcus limitans* / Visceromotorisch / Somatomotorisch

Hierbei ist nur zu beachten, daß die somatomotorischen Gebiete des Rautenhirns (nur Hypoglossuskerngebiet) an Massenentfaltung ganz erheblich hinter dem visceralen Areal (Vagus, Glossopharyngeus, Facialis) zurückstehen. Die somatosensiblen Areale erfahren hingegen auch im Rautenhirn einen wesent-

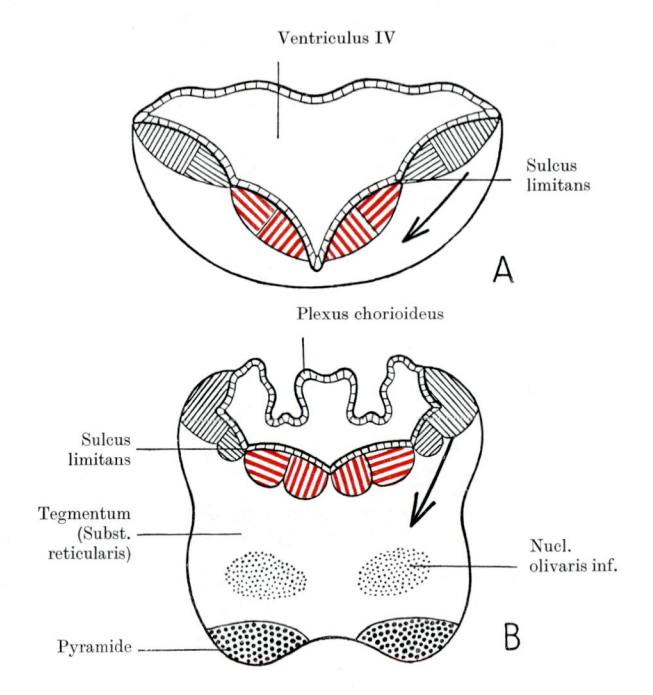

Abb. 335 Schematische Darstellung des Verhaltens von Grund- und Flügelplattenarealen im Rautenhirn. A: Junges Stadium. B: Erwachsener.
Rot vertikal gestrichelt: Somatomotorisch. Rot horizontal gestrichelt: Visceromotorisch. Schwarz horizontal gestrichelt: Viscerosensibel. Schwarz vertikal gestrichelt: Somatosensibel. Punktiert: Kerndifferenzierungen in der Substantia reticularis (Oliva inferior).

lichen Ausbau, da hier das gesamte Octavussystem eingegliedert wird.

Weit über die Differenzierungshöhe des Rückenmarkes hinaus geht nun aber die Ausbildung der Kerngebiete und Fasersysteme in jenem Teil, der basal unter den primären Längszonen liegt. Die progressive Entwicklung dieses Gebietes ist für das Rautenhirn charakteristisch. Zahlreiche zerstreute und schwer abgrenzbare Neurone bilden in ihrer Gesamtheit ein übergeordnetes Integrationsgebiet, das bei niederen Formen hauptsächlich die Motorik steuert (*Nucleus motorius tegmenti*), bei höheren Wirbeltieren aber mehr und mehr vegetative Aufgaben übernimmt (*Substantia reticularis*). Innerhalb dieses Areals kommt es auch zur Bildung deutlich abgrenzbarer Kerngebiete. Wir nennen als wichtigste caudal den Nucleus olivaris inferior, in der Mitte den DEITERSschen Kern und rostral den Nucleus ruber.

Das Material, welches diese Kerne aufbaut, scheint im wesentlichen durch Abwanderung von Einzelzellen aus der Rautenlippe, also aus dem Flügelplattengebiet, zu stammen. Mit der zunehmenden Differenzierung des Großhirns erreichen auch neencephale Bahnen das Rhombencephalon. Diese schieben sich in bereits vorhandene Strukturen ein und legen sich besonders basal an das Tegmentum an (Pyramiden, Pons, Crura cerebri).

Im Querschnitt läßt das Rhombencephalon also drei übereinandergelegene Etagen erkennen:

a) am Ventrikelboden die alten Kerngebiete mit deutlicher Längszonengliederung,

b) darunter Integrationszentren und Assoziationsgebiete (Substantia reticularis) mit eigenen Kerndifferenzierungen (Nucleus olivaris inferior, Nucleus Deiters, Nuclei pontis, Nucleus ruber),

c) basal gelegen die neencephalen Bahnen (Crura cerebri, Pons, Pyramis).

Cerebellum

Das Kleinhirn entsteht als Platte aus den vorderen Hälften der beiden Rautenlippen. Diese wölben sich sowohl nach der Ventrikel- wie nach der freien Außenseite mächtig vor, *innerer* und *äußerer Kleinhirnwulst*. In der Medianlinie werden die beiden Kleinhirnhälften durch eine Incisura marginalis oberflächlich getrennt. Durch die basalwärts gerichtete Brückenknickung (Embryonen von 12–20 mm SchStLge) ist die basale Fläche der Kleinhirnplatte (Abb. 336) nach vorn, die Deckenfläche

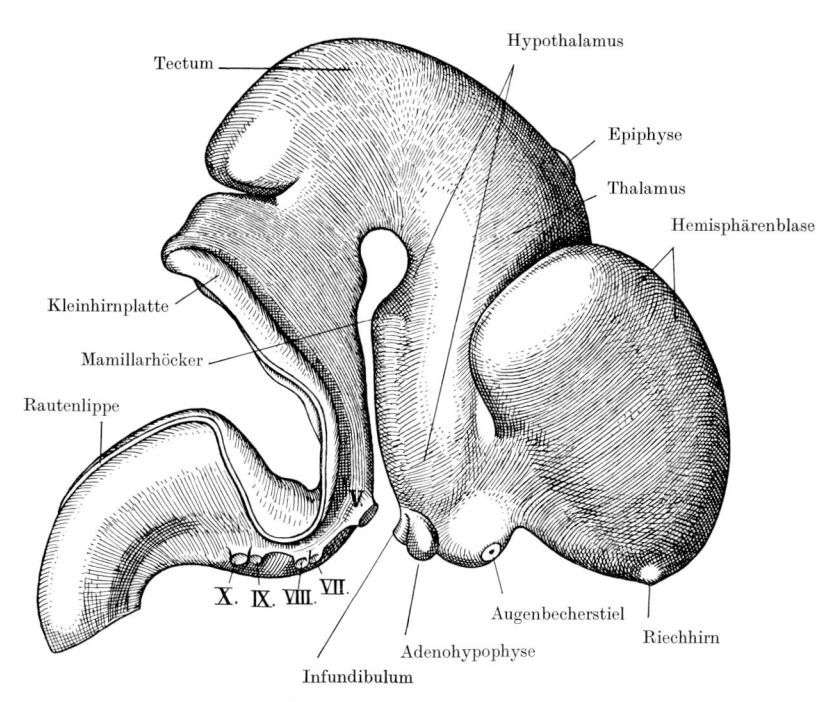

Abb. 336 Hirnanlage eines menschlichen Embryos von 19,4 mm Scheitel-Steiß-Länge (Ma 2). Ansicht von rechts. (Nach F. HOCHSTETTER 1919).

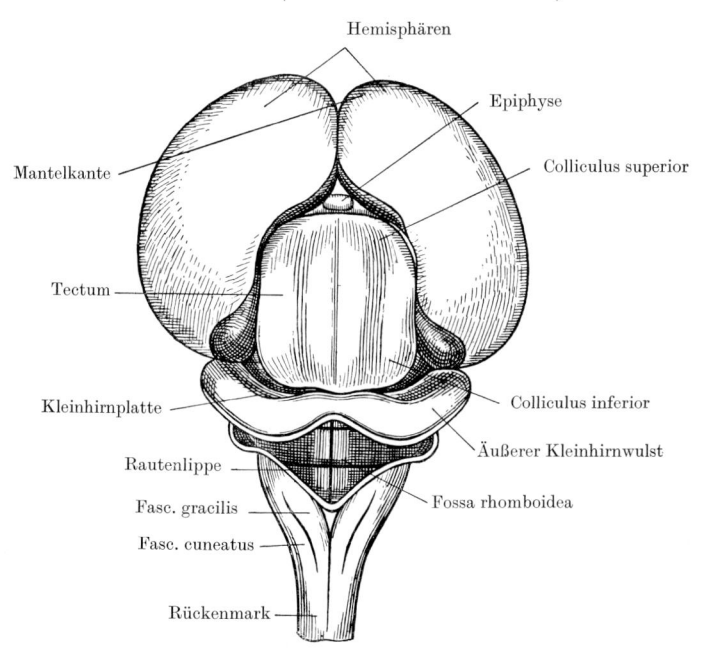

Abb. 337 Ansicht des Gehirns eines Embryos von 38 mm Scheitel-Steiß-Länge von hinten. (Nach F. HOCHSTETTER 1919).

direkt nach hinten orientiert. Durch zunehmende Zellproliferation in den seitlichen Wülsten kommt es zu einer Verschmelzung der beiden inneren Kleinhirnwülste in der Mittellinie. Anschließend wächst das Gebiet des äußeren Kleinhirnwulstes stärker, so daß der intraventrikuläre Teil nach und nach verschwindet (Abb. 337). Das Kleinhirn bildet jetzt einen queren Riegel über dem vorderen Teil des vierten Ventrikels. Die seitlichen Teile (Anlage der Hemisphären) sind verdickt. Bei Feten von etwa 100 mm Länge treten die ersten Furchen der Kleinhirnoberfläche auf. Das Erscheinen dieser Sulci folgt bestimmten Regeln. Phylogenetisch alte Teile grenzen sich embryonal zuerst ab. Früh erscheint der Sulcus posterior, der auf die seitlichen Teile übergreift und das alte Vestibularisgebiet *(Flocculus)* gegenüber dem übrigen Kleinhirn abgrenzt. Etwa gleichzeitig erscheint der Sulcus primarius als Grenze von Lobus anterior und medius. Die feinere Furchenbildung auf den Hauptlappen des Cerebellums bildet sich relativ spät aus. Die Zelldifferenzierung im Cerebellum sei nur kurz erörtert, da das Prinzip der Rindenbildung das gleiche ist wie im Großhirn.

Wie in allen Teilen des Zentralnervensystems liegen die Zellen zunächst als Matrix um das Ventrikellumen herum. Außen finden sich als Randschleier die Fasern. Im Bereich der Rautenlippe beginnen früh Zellen aus der zentralen Matrix auszuschwärmen und sich in den oberflächlichen Schichten zu einer Rinde zusammenzuschließen. Schließlich erschöpft sich die Matrix, die graue Substanz liegt nun als Cortex cerebelli außen von der weißen Fasermasse. Ein Teil der Schwärmzellen bleibt als Gruppe der zentralen Kleinhirnkerne im Inneren liegen, hat aber ebenfalls die Beziehung zur Ependymseite verloren. Das Cerebellum entsteht aus der Rautenlippe, also aus Flügelplattenmaterial, und zwar im besonderen aus dem Vestibularisgebiet. Dementsprechend sind auch Vestibularisfasern und deren Endigungsstätten als erste Gebiete im Kleinhirn ausgereift (Flocculus). Verbindungsbahnen von den sensiblen Hirnnerven (Trigeminus) und vom Rückenmark (Kleinhirnseitenstrangbahnen) folgen als nächste. Die neencephalen Verbindungen (cortico-ponto-cerebellare Bahnen) und deren Endigungen (Hemisphären und Lobus medius) reifen zum Schluß. Der ontogenetische Entwicklungsablauf entspricht völlig dem phylogenetischen Entwicklungsgang.

Die Bildung einer Brückenbeuge hat im Grunde nichts mit der Bildung der Brücke *(Pons)* zu tun. Die Knickung in diesem Bereich wird ausgeglichen. Die basale Vorwölbung der Brücke kommt ebenso wie die Bildung der *Crura cerebri* durch Einlagerung neencephaler Fasermassen relativ spät zustande.

Tectum

Im vorderen Rautenhirngebiet findet sich die gleiche Gliederung wie caudal. Unter dem Ventrikellumen, das hier als *Aquaeductus cerebri* den Charakter eines Zentralkanales behält, liegt das Tegmentum mit den Kerngebieten der Augenmuskelnerven (III, IV) und retikulärer Substanz (Nucleus ruber). Auf die basale Lage der Crura cerebri war bereits aufmerksam gemacht worden. Das dorsale Gebiet vor dem Kleinhirn bildet ein übergeordnetes Zentrum (Tectum). Das Wachstum der Hirnwand ist basal stärker als dorsal. Dadurch wird der Aquaedukt relativ nach dorsal verlagert. Das Tectum differenziert sich zur Vierhügelplatte (Lamina quadrigemina). Die vorderen Hügel zeigen eine Art Rindenbildung, wie sie sonst nur im Kleinhirn und Großhirn vorkommt. Im Colliculus inferior kommt es nur zu Kerndifferenzierung.

d) Entwicklung des Prosencephalons

Wir hatten zuvor gesehen, daß sich das Prosencephalon in zwei hintereinander gelegene Abschnitte gliedern läßt. Diese Aufteilung wird deutlich, wenn sich die Augenblasen schärfer abheben, also bei Embryonen von etwa 3 mm Scheitel-Steiß-Länge. Vor den Augenblasen wölben sich die Anlagen der beiden Großhirnhemisphären als Hemisphärenblasen nach rostral und dorsalwärts vor. Wir bezeichnen diesen Abschnitt als *Telencephalon* (Endhirn). Das um den Augenblasenstiel gelegene und caudal anschließende Gebiet ist primär Sehhirn (Ophthalmencephalon) und wird als *Diencephalon* (Zwischenhirn) bezeichnet (Abb. 333, 334). Die weitere Entwicklung des Vorderhirnes wird durch drei Prozesse gekennzeichnet, die untereinander korreliert sind. Einmal durch das extreme Wachstum des dorsalen Anteiles des Endhirnes, also durch die Ausbildung und Differenzierung eines *Palliums*. Weiterhin wird die Formbildung weitgehend bestimmt durch Differenzierungsvorgänge im basalen Endhirnbereich (Bildung der Basalganglien). Drittens kommt es im

Grenzgebiet zwischen Basalganglien und Zwischenhirn zu eigenartigen Massenverschiebungen als Folge von Wachstumsprozessen. Als Folge dieses Geschehens kommt es zu einer Umwachsung oder besser gesagt zu einer Einbeziehung des Diencephalons in das Endhirngebiet. Beide Hirnabschnitte liegen in späten Entwicklungsstadien nicht mehr hintereinander, sondern nebeneinander, das Zwischenhirn innen, das Endhirn außen.

Diencephalon

Das *Zwischenhirn* ist durch starke Zellvermehrung in den seitlichen und auch in den basalen Partien gekennzeichnet. Die Decke des Ventrikels bleibt dünn (Plexus chorioideus ventriculi III). Das zentrale Lumen (Ventriculus III) bildet auf dem Querschnitt einen hohen Spalt. Das Relief der Ventrikelfläche zeigt Vorwölbungen und Grenzfurchen zwischen diesen Vorwölbungen (Abb. 338). So lassen sich in den verschiedenen Wirbeltierklassen mehr oder weniger deutlich 3 Furchen und 4 Zellareale unterscheiden, in der Reihenfolge von dorsal nach ventral:

Epithalamus
Sulcus diencephalicus dorsalis
Thalamus dorsalis
Sulcus diencephalicus medius } Thalamus
Thalamus ventralis
Sulcus diencephalicus ventralis
  (= Sulcus hypothalamicus)
Hypothalamus.

Das Furchenbild kann, besonders wenn nur der Sulcus diencephalicus ventralis deutlich ist wie bei menschlichen Embryonen, dazu verleiten, die einzelnen Abschnitte der Zwischenhirnwand mit den Längszonen des Rückenmarkes zu identifizieren. Tatsächlich ist aber der Sulcus hypothalamicus keinesfalls mit dem Sulcus limitans vergleichbar. Ebensowenig können im Diencephalon Grund- und Flügelplatte unterschieden werden. Der Sulcus limitans verstreicht stets mindestens im Grenzgebiet von Zwischenhirn und Rhombencephalon (in der Gegend des Rec. mamillaris). Die Furchen der Zwischenhirnwand sind keine Bildungen mit eigenem morphologischem Wert, sondern nur Ausdruck lokaler Zellvermehrung in den angrenzenden Wandabschnitten. Da der Epithalamus im Säugergehirn massenmäßig stark zurückbleibt – er differenziert nur im caudalen Bereich Habenula und Epiphyse –, Thalamus dorsalis und ventralis aber in funktioneller und struktureller Hinsicht eng zusammengehören, ergibt sich zweckmäßigerweise eine Gliederung des menschlichen Zwischenhirnes in *Thalamus* und *Hypothalamus*. Die Grenze wird durch den Sulcus diencephalicus ventralis markiert. In späten Entwicklungsphasen kommt es in diesem Grenzgebiet um den Sulcus diencephalicus ventralis zu sekundären Differenzierungen, als deren Resultat ein spezielles Areal mit eigener Feinstruktur und eigener Aufgabe erscheint. Wir grenzen dieses sekundäre Gebiet, an dessen Aufbau also Material aus primärem Hypothalamus und Thalamus ventralis beteiligt ist, am besten als *Subthalamus* (markreicher Hypothalamus einiger Autoren, hierzu Corpus subthalamicum LUYSI, Zona incerta, Nucleus entopeduncularis) ab. Genetisch würde auch das Pallidum (s. unten) diesem Mischgebiet nahestehen.

Boden des Diencephalons

Der Boden des Hypothalamus erreicht nie die gleiche Dicke wie die Seitenwand des Zwischenhirnes. Caudal, im Gebiet des Mamillarhöckers (Abb. 334), entwickeln sich die Corpora mamillaria um den Recessus mamillaris und inframamillaris. Ventral und vor diesem Gebiet findet sich eine weitere Ausziehung des Bodens, der Recessus infundibuli (s. S. 389). Das Gebiet um das Infundibulum ist an der Bildung der Neurohypophyse beteiligt. Rostralwärts schließt die Pars optica des Hypothalamus an. Im Bereich des Augenblasenstieles differenziert sich die Chiasmaplatte als Anlage der Sehnervenkreuzung. Das Ansatzstück der Augenblasenstiele, der Stielkonus, wird später in die Seitenwand des Hypothalamus einbezogen. Vor dem Chiasma biegt die Hirnwand in der Mittellinie scharf aufwärts und geht am Recessus praeopticus in die *Lamina terminalis* (*L. rostralis*) über. Diese gehört bereits dem Telencephalon medium an. Während ursprünglich das Gebiet des Hypothalamus, verglichen mit dem des Thalamus, relativ ausgedehnt ist, verschiebt sich das Massenverhältnis im Laufe der Ontogenese mehr und mehr zugunsten des Thalamus (vgl. Abb. 334 mit 336).

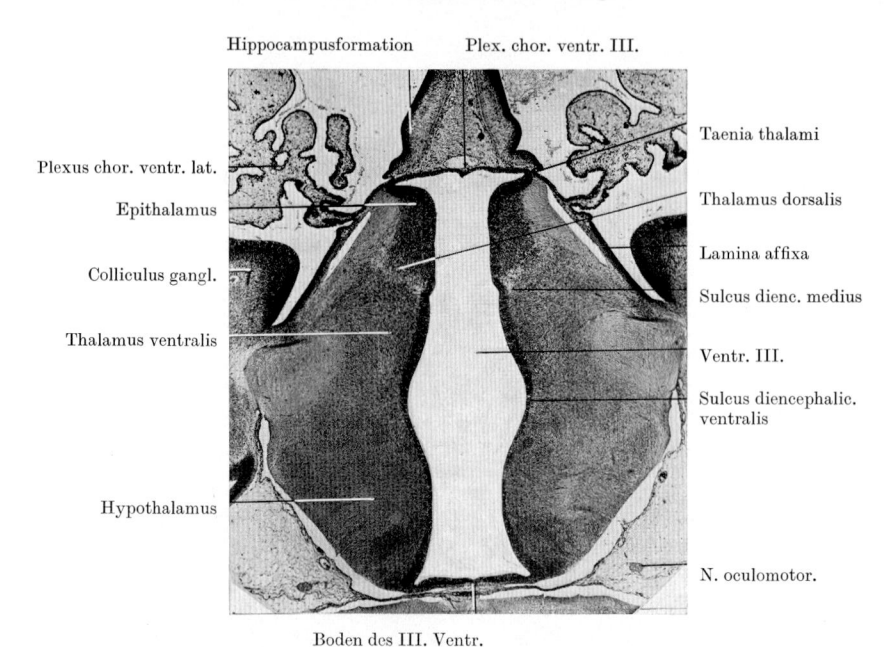

Abb. 338 Querschnitt durch das Diencephalon, menschlicher Embryo
von 25 mm Scheitel-Steiß-Länge. (Orig.)

Als Differenzierung des caudalen Anteiles des Thalamus gliedert sich das *Corpus geniculatum laterale* ab und bildet einen relativ selbständigen Hirnteil (*Metathalamus*), gut gekennzeichnet durch seine Beziehungen zum optischen Apparat. Die weitere Entwicklung des Thalamus kann nur im Zusammenhang mit dem Schicksal der Basalganglien verstanden werden und muß später besprochen werden (s. S. 384).

Epithalamus

Der Epithalamus bleibt sehr im Wachstum zurück. Das Dach des III. Ventrikels bildet die Lamina epithelialis des Plexus chorioideus. Die Übergangszone zur massiven Hirnwand (Taenia thalami) im dorsalen Thalamusbereich (Abb. 338) wird von Faserzügen des Riechhirnes (Stria medullaris thalami) begleitet. Die wichtigste Differenzierung des Epithalamus der Säugetiere und des Menschen ist die *Epiphysis cerebri* (Zirbeldrüse, Corpus pineale). Sie entsteht als unpaare mediane Ausstülpung des Zwischenhirndaches im caudalen Bereich. Der zunächst sehr deutliche Recessus pinealis verschwindet durch Zellvermehrung in seiner Wand, besonders im vorderen Teil. Wenn das Organ größer wird, kippt es in horizontale Richtung um und legt sich über das Tectum. Im Grenzgebiet von Epithalamus und Tectum bildet sich die *Commissura posterior* (Abb. 339). Dicht vor der Epiphyse liegen beiderseits das Ganglion habenulae und die Commissura habenularum. Die Epiphyse ist ein recht rätselhaftes Organ. Man hat sie als Drüse mit innerer Sekretion angesprochen, doch sind die experimentellen Befunde heute noch widersprechend (s. BARGMANN 1943). Sie entsteht in unmittelbarer Nachbarschaft und in engerer Verbindung mit dem Parietalorgan, das bei niederen Wirbeltieren (Lacertilia, *Petromyzon*) als photorezeptorisches Organ ausgebildet ist (Scheitelauge). Das Zwischenhirndach niederer Wirbeltiere kann weitere Organe im rostralen Bereich (Dorsalsack, Paraphyse) entstehen lassen.

Telencephalon

Das Endhirn läßt, wie gezeigt, schon früh zwei Hemisphärenblasen erkennen (Abb. 333, 334, 336), die außerordentlich schnell heranwachsen und nach und nach die übrigen Hirnteile überdecken. Das mittlere unpaare Stück des Endhirns (*Telencephalon medium*) bleibt im Wachstum zurück, es besteht im wesentlichen aus der

Lamina rostralis. Das Raumsystem der beiden Hemisphärenblasen entspricht den späteren Seitenventrikeln, welche zunächst durch ein geräumiges *Cavum interventriculare* verbunden sind. Die relative Massenzunahme der Hirnwand engt diesen Raum später zum Foramen interventriculare ein. Im Bereich des Cavum (bzw. Foramen) interventriculare kommunizieren die Seitenventrikel mit dem dritten Ventrikel (Abb. 340, 341). Die zunehmende Verdeckung caudaler Hirnteile durch das Hemisphärenwachstum ist aus Abbildung 342 ersichtlich.

Bei Embryonen von 30 mm Scheitel-Steiß-Länge ist das Zwischenhirn, bei 70 mm Scheitel-Steiß-Länge auch das Tectum, bei 95 mm Länge das Kleinhirn verdeckt, so daß schließlich bei

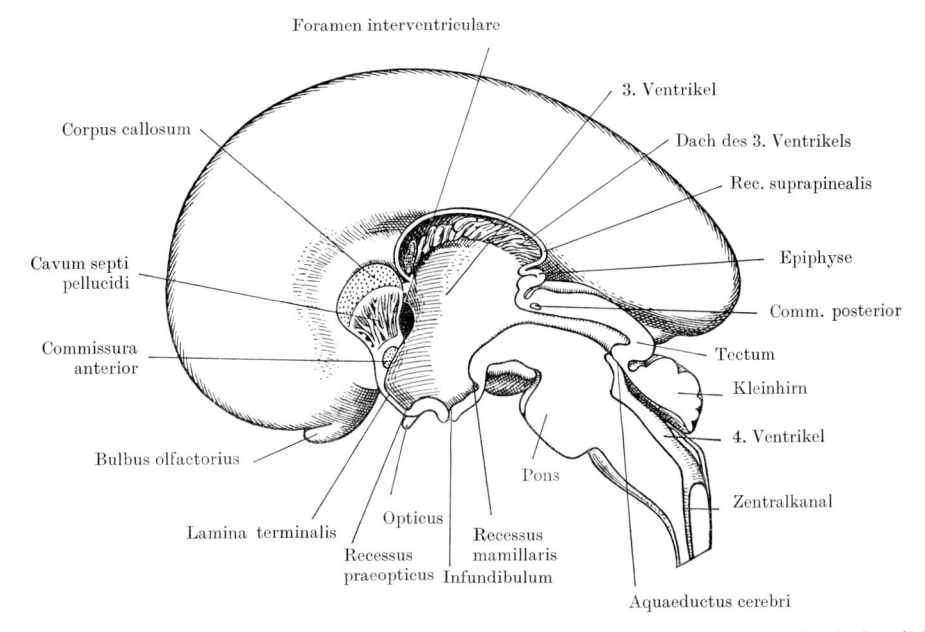

Abb. 339 Menschlicher Embryo (Ha 9), 102 mm Scheitel-Steiß-Länge. Medianschnitt durch das Gehirn. (Nach HOCHSTETTER 1919).

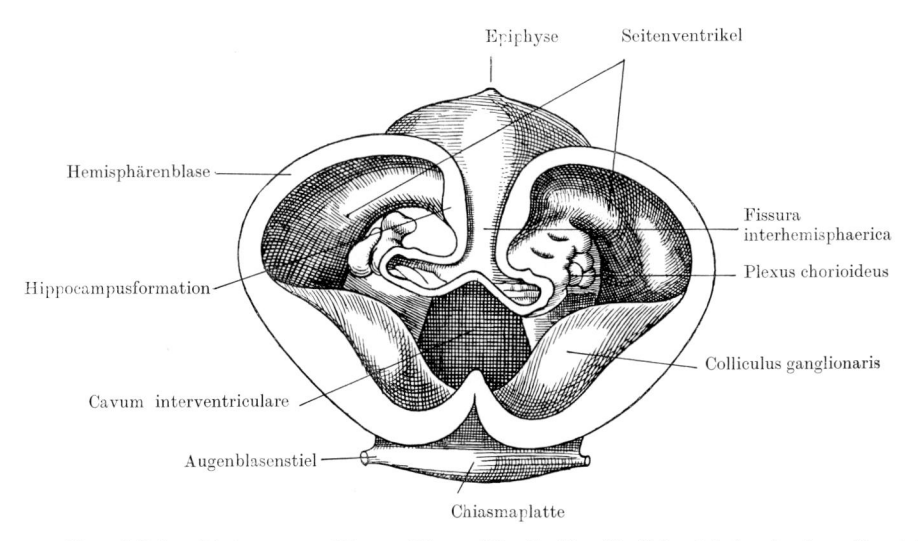

Abb. 340 Menschlicher Embryo von 17 mm Länge (Ha 7). Das Endhirn ist durch einen Frontalschnitt zerlegt. Einblick von vorn in die hintere Hälfte des Modells. (Nach F. HOCHSTETTER 1919).

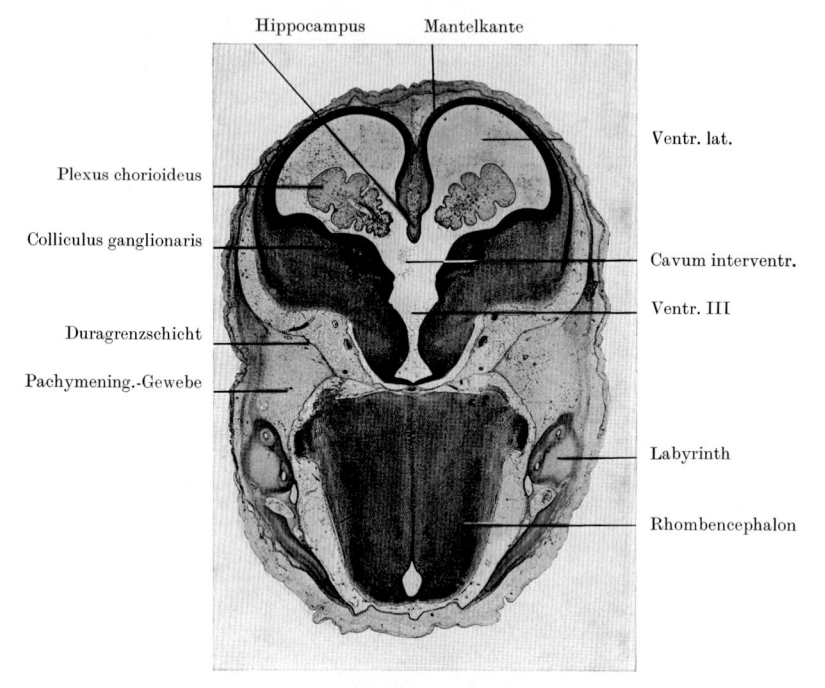

Abb. 341 Menschlicher Embryo (L 3) von 27 mm Scheitel-Steiß-Länge. Der Schnitt trifft das Vorderhirn in querer Richtung im Bereich des Foramen interventriculare. Das Rhombencephalon ist horizontal angeschnitten. (Orig.)

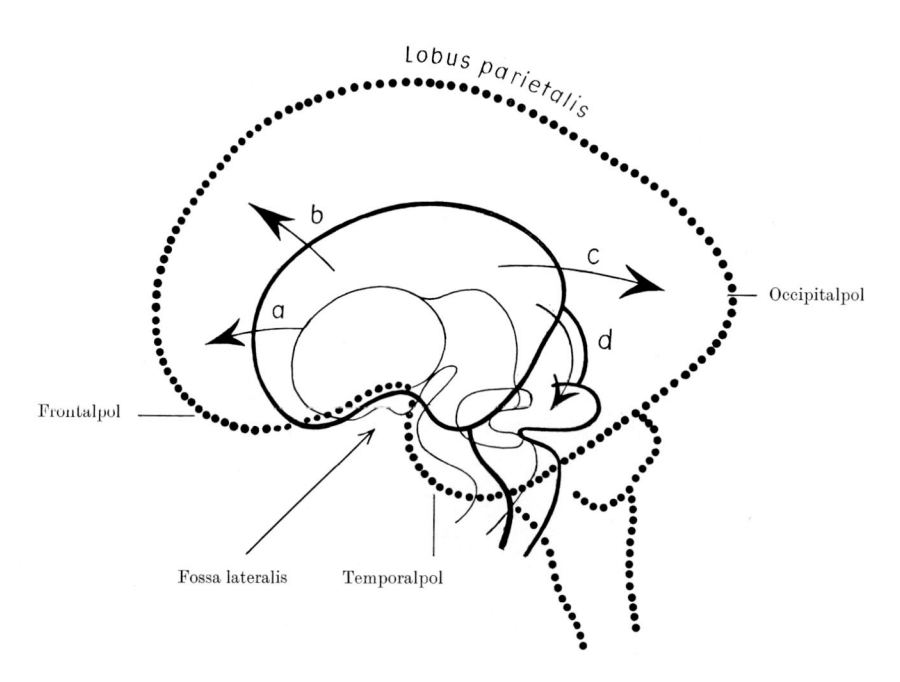

Abb. 342 Die Umrißkonturen von drei embryonalen Gehirnen (25 mm Scheitel-Steiß-Länge: dünne Kontur, 53 mm: dicke Kontur, 96 mm: punktierte Kontur) sind übereinander gezeichnet. Die Pfeile zeigen die Wachstumsrichtungen der Hemisphären an. (Nach F. HOCHSTETTER, verändert).

der Betrachtung des Gehirns von dorsal her nur Hemisphärenhirn sichtbar ist. Der ganze „Hirnstamm" wird vom Großhirn wie von einem Mantel (*Pallium*) überdeckt. Das Wachstum der Hemisphärenblasen erfolgt keinesfalls gleichmäßig nach allen Richtungen. In Abbildung 342 sind die Wachstumsrichtungen durch Pfeile markiert. Man beschreibt dieses Hemisphärenwachstum am besten als bogenförmig. Die Ausdehnung erfolgt nach rostral hin, so daß die Lamina rostralis und damit das Telencephalon medium zwischen den Hemisphären in die Tiefe versenkt werden (Abb. 342, Pfeil a). Es kommt zur Bildung des Stirnpoles. Gleichzeitig wächst das Pallium auch nach dorsal (Pfeil b, Lobus parietalis) und nach hinten (Pfeil c, Occipitalpol) aus. Im zentralen Bereich, dort wo im Inneren der Hemisphärenblase die Basalganglien liegen, bleibt das Wachstum der Hemisphärenblasenwand zurück. Dieses Gebiet zeigt äußerlich früh eine Eindellung (Abb. 342, *Fossa lateralis*). Dieses Areal der Hemisphärenoberfläche wird später zur Inselgegend. Schließlich wird diese Zone des relativen Stillstandes hinten und nach unten vorwärts umwachsen (Pfeil d). Dieser untere Bogen bewirkt somit die Bildung des Temporalpoles. Das Hemisphärenhirn wächst nach vorn, oben hinten und hinten unten, das zentrale Gebiet bleibt basal fixiert. Dem fixierten Gebiet entsprechen lagemäßig die Basalganglien im Inneren. Den frei auswachsenden Teilen (Stirn-, Scheitel-, Hinterhaupts- und Schläfenlappen) entspricht im Inneren freies Ventrikellumen. Das bogenförmige Auswachsen der Hemisphärenblasen ist nicht nur für das Verständnis der Lappung des Großhirns wichtig, sondern wirkt sich direkt an zahlreichen Strukturen des Telencephalons aus (Ventrikel, Plexus chorioideus, Nucleus caudatus, Hippocampusformation), wie noch zu zeigen sein wird. Da die beiden Hemisphärenblasen über den Hirnstamm hinauswachsen, kommen sie in der Mittelebene zur engen Berührung und platten sich aneinander ab (Bildung der Fissura interhemisphaerica und der Mantelkante, Abb. 337, 340, 341). Zu einer Verwachsung beider Hemisphären kommt es jedoch nirgends; sie bleiben stets durch perineurales Mesenchym getrennt. Die Wand der Hemisphärenblase ist zunächst außerordentlich dünn. Sie verdickt sich erst später durch das Auswachsen von Nervenfasern, welche die zentrale Markschicht des Großhirns (innere weiße Substanz) bilden.

Furchen und Windungen

Die Bildung der Fossa lateralis und die Versenkung eines primär oberflächlichen Bezirkes des Großhirnmantels in die Tiefe als Insel sind also die Folge gerichteter Wachstumsprozesse am Vorderhirn insgesamt. Keinesfalls kann die Bildung der Fossa – das gleiche gilt übrigens auch für die übrigen Furchen – als Einfaltungsprozeß gedeutet werden. Die der Fossa lateralis benachbarten Teile des Stirn-, Schläfen- und Scheitellappens wachsen später (Abb. 336) stark aus und verdecken das Inselgebiet völlig (Deckelbildung, Opercularisation). Die Fossa lateralis wird damit zu einer schmalen Furche, der *Fissura lateralis*, verengt. Die Bildung der zahlreichen Furchen und Windungen des Großhirnmantels erfolgt viel später als die Bildung der Fossa lateralis. Die Oberfläche des Palliums bleibt bis in die zweite Hälfte der Gravidität glatt (lissencephal). Die Windungsbildung ist starken individuellen Schwankungen unterworfen. Allgemein ist auch hierbei festzustellen, daß die Furchen als Zonen geringer Wachstumsintensität – bei aktivem Auswachsen der angrenzenden Areale, eben der Windungen – in die Tiefe einsinken. Die Bildungsprozesse von Furchen und Windungen sind also eng aneinandergekoppelt. Beide sind der Ausdruck eines differenten Dickenwachstums der Hemisphärenwand in verschiedenen Bezirken. Über die Ursachen der speziellen Anordnung der Furchen und Windungen besteht wenig Klarheit. Sicher ist wohl so viel, daß äußere oder grob mechanische Faktoren kaum für das Furchen- und Windungsbild verantwortlich gemacht werden können. Zweifellos besteht innerhalb begrenzter Säugergruppen ein gruppenspezifischer Furchungstyp. Wir können etwa vom Carnivorentyp, vom Ungulatentyp oder Primatentyp sprechen. Die verschiedenen Typen sind aber nicht ohne weiteres aufeinander beziehbar. Es sei betont, daß die Furchen nicht grundsätzlich als Grenzmarken funktionell verschiedenwertiger Rindenareale betrachtet werden können, wenn auch gelegentlich die Grenze zwischen zwei Rindenfeldern mit der Tiefe einer Furche zusammenfällt.

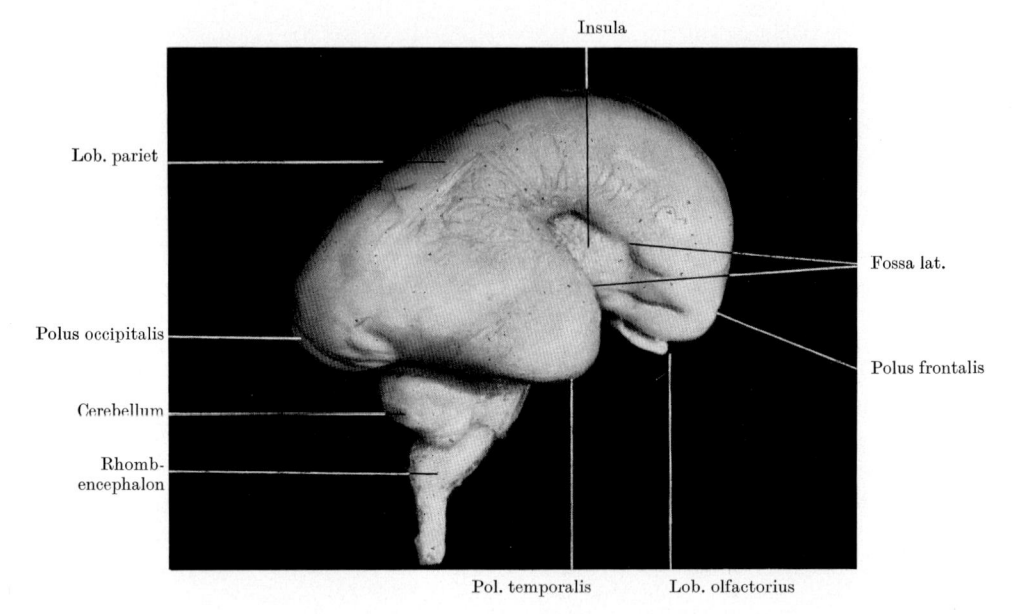

Abb. 343 Hirn eines menschlichen Fetus aus dem 5. Schwangerschaftsmonat von rechts. Bildung des Schläfenpoles und der Insula. (Orig.)

Pallium

Der feinere Strukturausbau des Telencephalons erfolgt in der Weise, daß in den basalen Partien, nach dem Lumen des Ventrikelsystems hin, sich der Ganglienhügel als Anlage der Basalganglien entfaltet. Im rostralen Bereich der Endhirnbasis bildet sich der Riechlappen (*Lobus olfactorius*) als zapfenartiger Vorsprung. Zunächst erstreckt sich das Ventrikellumen bis in den Lobus olfactorius. Später verklebt die Wand. Der Riechlappen ist zeitweilig (Homo mens V) recht mächtig entwickelt, bleibt jedoch bald im Wachstum zurück und stellt schließlich ein strangartiges Gebilde von mäßiger Dicke dar. Sein verdicktes Rostralende heißt nun Bulbus, der Rest Tractus olfactorius. Der Bulbus olfactorius ist primäres Riechzentrum. Auch die caudal an den Bulbus und Tractus oberflächlich anschließenden Bezirke des Endhirns (Area olfactoria) gehören dem Riechhirn an (*Palaeopallium*) und zeigen bereits eine primäre Rindenbildung (*Palaeocortex*).

Eine wesentlich bedeutsamere Entfaltung erfahren in der menschlichen Ontogenese die seitlichen und dorsalen Anteile des Palliums. Der Ausbau erfolgt phylogenetisch und ontogenetisch in zwei Etappen. Zunächst differenzieren sich im mediodorsalen Bereich der Mantelwand Assoziationsgebiete, die vorzugsweise Verbindungen zum Riechhirn haben. Wir bezeichnen dieses Gebiet als *Archipallium* (= *Hippocampusformation*). Später entfalten sich die dorsalen und dorsolateralen Teile der Hemisphärenwand und gewinnen einen dominierenden Einfluß auf alle anderen Teile des Zentralnervensystems. In diesem Gebiet (*Neopallium*) stehen nun übergeordnete, nicht olfaktorische Systeme im Vordergrund. Rindenbildung kommt im Bereich des ganzen Palliums vor, wir können auch hier wieder drei Stufen der Differenzierung unterscheiden: *Palaeocortex*, *Archicortex* und *Neocortex*. Die Unterschiede bestehen im Differenzierungsgrad der Rinde.

Pallium	*Neopallium* (dorsolateral)	*Archipallium* (medial)
Basis	*Basalganglien* (ventrikelwärts)	*Bulbus olfactorius* (rostral)
	Palaeopallium (basal vorn)	

Gliederung des Telencephalons

Die Ausdehnung des Archipalliums (Hippocampusformation) ist beim Menschen auf die mediale Hemisphärenwand beschränkt (Abb. 340, 344). Im unteren Bereich der medialen Hemisphärenwand bildet sich früh eine Verdickung, welche dem bogenförmigen Auswachsen des Endhirns folgt und sich auf die Medialseite des Temporallappens erstreckt. Dieser Hippocampuswulst ist eng der Area chorioidea benachbart.

Das dünne Dach des dritten Ventrikels erstreckt sich bis in die Gegend des Foramen interventriculare. Der epitheliale Wandbezirk setzt sich jedoch als Area chorioidea (Lamina epithelialis) von hier auf die Medialwand der Hemisphärenblasen fort (Abb. 339, 344). Der Plexus chorioideus des Seitenventrikels ist also von medial her in das Ventrikellumen vorgestülpt. Von dem bogenförmigen Auswachsen der Hemisphärenblase und der Bildung des Schläfenlappens wird auch die Area chorioidea betroffen. Der Plexus erreicht somit auch den Temporallappen und das Unterhorn des Seitenventrikels, er erreicht allerdings nie die Spitze des Unterhornes. Unterhalb der Area chorioidea bleibt die mediale Hemisphärenwand im Bereich eines schmalen Streifens dünn. Dieser Streifen geht im Grenzgebiet zwischen Ganglienhügel und Thalamus – am Sulcus terminalis – in die normale Hirnwand über (Abb. 345, rechts). Mit den alsbald zu besprechenden Umlagerungen und Wachstumsverschiebungen im Vorderhirn-Zwischenhirn-Grenzgebiet kommt dieser Streifen auf die Oberfläche des Thalamus zu liegen und verklebt als *Lamina affixa* (Abb. 345, links) mit dieser. Auf diese Weise wird die Thalamusoberfläche scheinbar in den Boden des Seitenventrikels einbezogen.

Hemisphärenblasenstiel und Basalganglion

Schon frühzeitig (Embryonen von 10 mm Länge) ist die Wand der Hemisphärenblase am Boden verdickt. Durch starke Zellvermehrung in der Matrixschicht kommt es zur Bildung einer mächtigen Vorwölbung in das Ventrikellumen hinein. Dieser *Ganglienhügel (Colliculus ganglionaris*, Abb. 346*)* zeigt vorübergehend eine Gliederung in einen medialen und einen late-

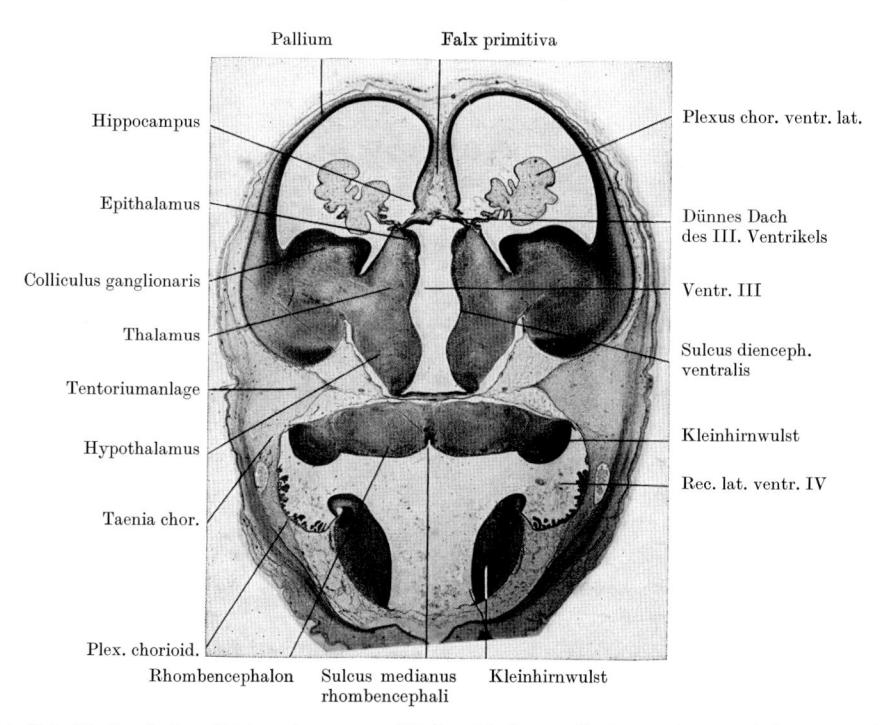

Abb. 344 Schnitt durch das Gehirn eines menschlichen Embryos (L 3) von 27 mm Scheitel-Steiß-Länge. Der Schnitt liegt weiter occipital als Abbildung 341. (Orig.)

ralen Abschnitt (Abb. 344), die durch eine seichte Furche getrennt sind. Gegenüber dem Thalamus wird der Ganglienhügel in der Ansicht von der Ventrikelfläche her durch den tiefen Sulcus terminalis geschieden (Abb. 345, 348).

Auch diese Furche wird später durch Ausfüllung mit Fasermassen und durch Zellvermehrung flacher, verstreicht aber im Gegensatz zu der Furche auf dem Ganglienhügel nicht. Das Gebiet an der Grenze von Basalganglien und Tha-

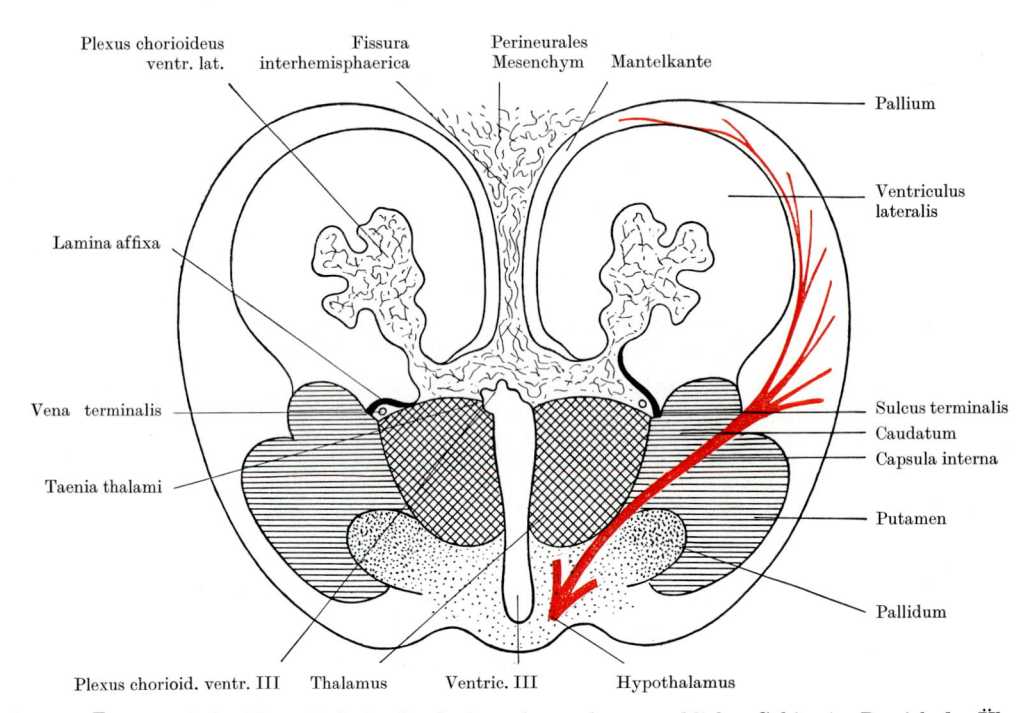

Abb. 345. Schematischer Frontalschnitt durch ein embryonales menschliches Gehirn im Bereich des Überganges vom Diencephalon zu den Basalganglien. Einbeziehung des Zwischenhirns in das Endhirn, Bildung der Capsula interna. Erläuterung im Text. (Orig.)

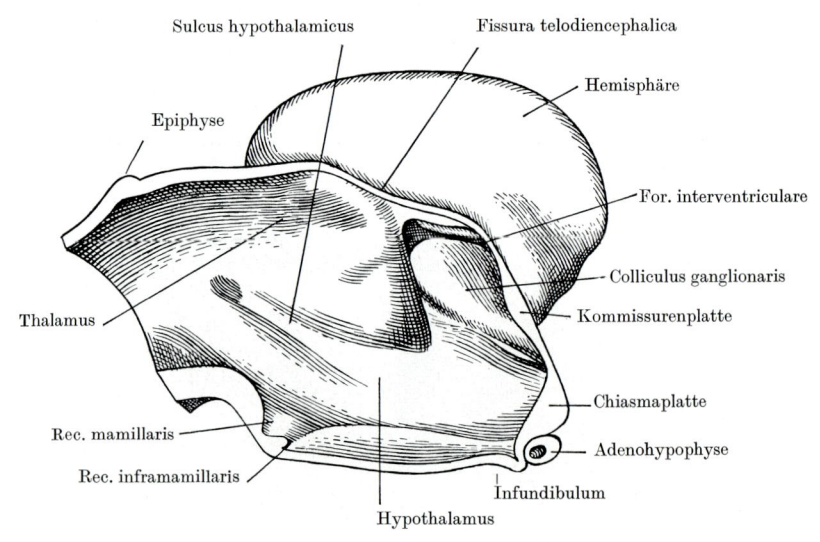

Abb. 346 Ansicht der Ventrikelfläche des Zwischenhirns bei einem menschlichen Embryo (Ma 2) von 19,4 mm Scheitel-Steiß-Länge. (Nach F. HOCHSTETTER 1919).

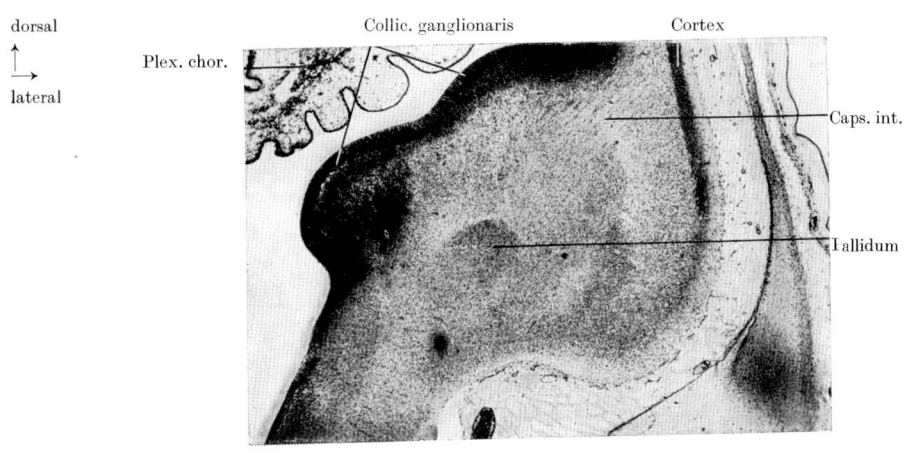

Abb. 347 Querschnitt aus den basalen Partien des Endhirns bei einem menschlichen Embryo (L 3) von 27 mm Scheitel-Steiß-Länge. Zellmatrix am Ganglienhügel. Anlage des Pallidums.
(Nach R. Schneider 1949).

lamus ist von besonderer Bedeutung, weil alle vom Neopallium ausgehenden und zum Neopallium aufsteigenden Projektionsbahnen diesen sogenannten *Hemisphärenblasenstiel* passieren müssen. Da hier der einzige Ort für den Durchtritt derartiger Faserverbindungen auf der ventrolateralen Seite liegt – das Zwischenhirndach besteht aus Lamina epithelialis –, drängen sich mit zunehmender Faserdifferenzierung (ab Mens II) immer mehr weiße Fasermassen in dieses Grenzgebiet ein und zersprengen sekundär die basalen Zellmassen. Die Summe der hier auf engen Raum zusammengedrängten Fasern bezeichnen wir als *Capsula interna* (Abb. 345). Die Bildung dieser inneren Kapsel hat eine Zerreißung des Basalganglions in eine mehr dorsomedial gelegene Portion (*Nucleus caudatus = Caudatum*) und das ventrolateral gelegene *Putamen* zur Folge. Beide Teile bleiben aber auch beim Erwachsenen, besonders ganz rostral, noch zellig verbunden. Derartige strangförmige, von Fasern durchsetzte Zellverbindungen haben dazu geführt, dem basalen Vorderhirnganglion den Namen *Striatum* (Streifenhügel) zu geben. Eng benachbart dem *Putamen* schließt sich mediobasal (Abb. 345) eine Zellmasse an, das *Pallidum* (Globus pallidus). Es handelt sich hierbei um Zellmaterial, das vom Zwischenhirn her, und zwar aus dem Gebiet des Subthalamus, ins Telencephalon eingedrungen ist, also nicht um Derivate des Colliculus ganglionaris (Abb. 347).

Die ursprüngliche Grenze zwischen Diencephalon und Basalganglion des Endhirns wird verwischt.

Zellinvasionen von einem Hirnteil in andere Gebiete führen, wie auch in anderen Teilen des Zentralnervensystems, zu einer Umorganisation im Zentralorgan. Pallidum und Putamen werden häufig wegen ihrer engen topographischen Beziehung als Nucleus lentiformis zusammengefaßt. Tatsächlich gehören aber Caudatum und Putamen genetisch wie auch funktionell und cytoarchitektonisch ganz eng zusammen. Auch in pathologischen Reaktionen zeigen Caudatum und Putamen viel Gemeinsames. Es ist daher berechtigt, diese beiden Gebiete als *Striatum* zusammenzufassen und dem *Pallidum* gegenüberzustellen. Der Begriff des Nucleus lentiformis sollte aufgegeben werden.

Gliederung der Basalganglien

Die Einschaltung der inneren Kapsel hat Umbildungen auch in der äußeren Gestaltung des Grenzbezirkes zur Folge. Wenn dieses relativ eng umschriebene Gebiet durch Einschaltung großer Fasermassen umgeformt wird, muß es vor allem zu einer Ausdehnung der Berührungsfläche von Ganglienhügel und Thalamus kommen (Abb. 348). Die ursprüngliche Vorderfläche des Thalamus, die an den Ganglienhügel angrenzt, wird gewissermaßen von innen heraus unproportioniert stark wachsen. Dadurch kommt es zu einer Verdrängung der freien

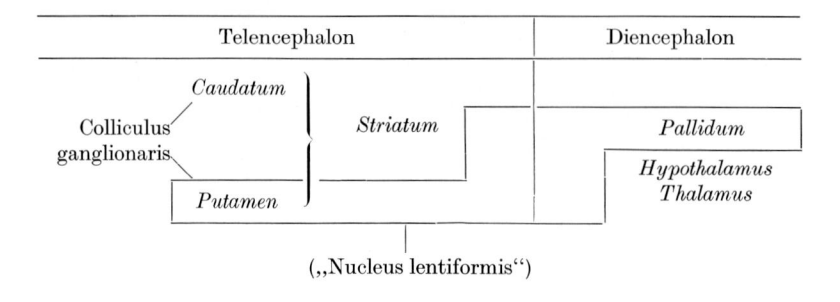

Telencephalon			Diencephalon
Colliculus ganglionaris	*Caudatum* *Putamen*	*Striatum*	*Pallidum* *Hypothalamus* *Thalamus*

(„Nucleus lentiformis")

Seitenfläche des Thalamus, die schließlich ganz verschwindet (Abb. 348). Eine äußerlich sichtbare Marke für diese Verschiebungen ergibt sich aus der Veränderung der Länge und der Verlaufsrichtung des Sulcus terminalis. Auf diese Weise kommt es schließlich dazu, daß die freie Seitenwand des Zwischenhirns völlig verschwindet und das Zwischenhirn gewissermaßen ins Endhirn hineingezogen wird. Jedenfalls spielen Verwachsungsvorgänge zwischen Endhirn und Thalamus – wie besonders HOCHSTETTER (1919) zeigen konnte – niemals eine Rolle. Eine Einschaltung der neencephalen Bahnen als innere Kapsel macht sich abwärts vom Thalamusgebiet nicht mehr in der inneren Struktur bemerkbar, da sie in diesen Hirnabschnitten bereits basale Lage eingenommen haben (Crus cerebri, Pons, Pyramide).

Cortex

In ähnlicher Weise wie im Tectum und im Kleinhirn finden wir im reifen Pallium die graue Substanz als Rinde *(Cortex)* oberflächlich gelegen, während die weißen Fasermassen in der Tiefe liegen. Dieser Zustand wird allmählich und schrittweise erreicht. Primär finden wir auch im Großhirn eine ventrikelnahe Zellschicht und eine oberflächliche Faserzone. Aus der ventrikulären Matrix (Basalschicht) wandern Zellen aus (Schwärmschicht). Eine oberflächliche Marginalzone bleibt nahezu zellfrei. In der Folge (Abb. 349) wandern mehr und mehr Zellen oberflächenwärts, die Schwärmschicht wird breiter und zellreicher, und die Zellen sammeln sich als einheitliche, zunächst nicht gegliederte Lamelle unter der Marginalschicht (Zonalschicht) an. Schließ-

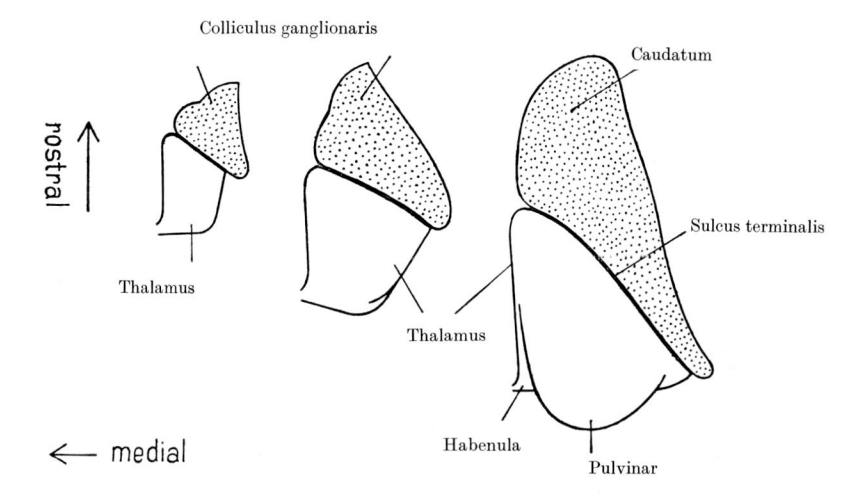

Abb. 348 Ansicht des Grenzgebietes zwischen Telencephalon (Caudatum) und Diencephalon (Thalamus) der rechten Körperseite von oben. Lageveränderungen dieser Grenze während der Ontogenese. Beachte die Richtung des Sulcus terminalis und dessen Ausdehnung. Embryonen von 35 mm, 81 mm und 190 mm Scheitel-Steiß-Länge. (Nach F. HOCHSTETTER 1919).

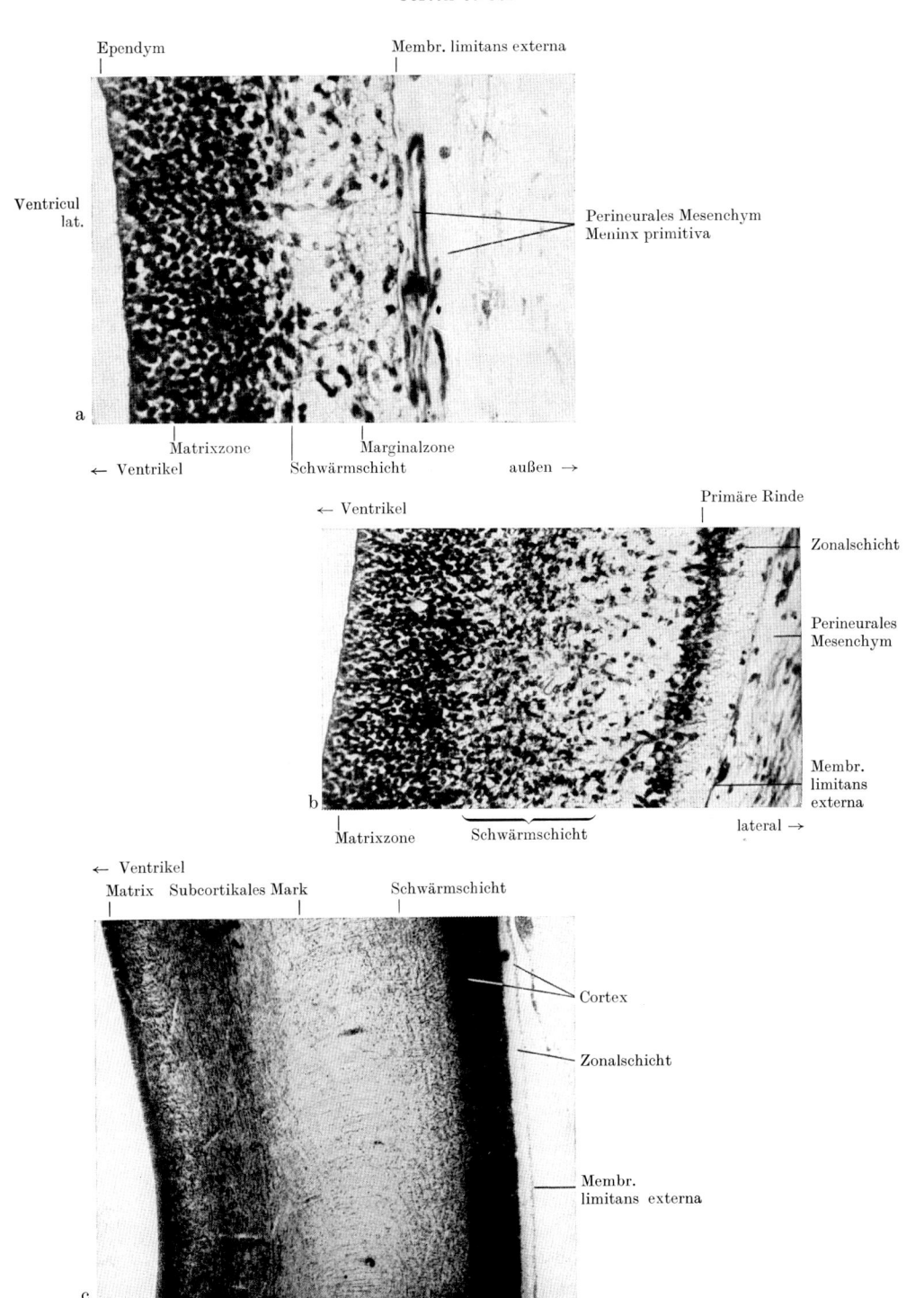

Abb. 349 Bildung der Großhirnrinde bei menschlichen Embryonen. (Orig.)
a) Homo 27 mm. Dorsomediales Gebiet. Breite ventrikuläre Matrix, schwache Schwärmschicht.
b) Gleicher Embryo, ventrolaterale Hemisphärenwand, primäre Rinde gebildet.
c) Embryo von 100 mm Scheitel-Steiß-Länge. Matrix stark aufgelockert. Schwärmschicht fast erloschen. Cortex mit zellarmer Zonalschicht.

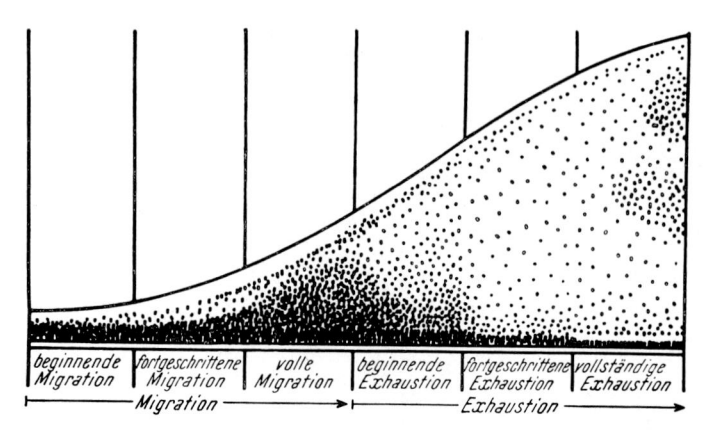

Abb. 350 Schema der Matrixphasen. 6 Stadien in der Richtung von links nach rechts fortschreitend. Während der Migrationsphasen (1–3) zugleich Verbreiterung der Matrix und Verwischung der Grenze gegen die Oberflächenzonen. Wenn die Matrix sich erschöpft (4–6), wird sie wieder scharf abgrenzbar. (Nach KAHLE 1958).

lich erschöpft sich die Matrix völlig, ein Zustand, der beim Menschen erst nach der Geburt erreicht wird. Dieser Vorgang läuft in gleicher Weise ab, wie auch in der Phylogenese die Rindendifferenzierung vor sich geht. Eine schrittweise vorgehende Untersuchung des Ablaufes der Matrixdifferenzierung und des Matrixaufbrauches (SPATZ 1925, KAHLE 1958) ergab, daß einzelne, strukturmäßig definierbare Matrixphasen (Abb. 350) regelmäßig vorkommen und zur Kennzeichnung der Stadien in der Embryonalentwicklung brauchbar sind. Die Zellproliferation erreicht erst allmählich einen Höhepunkt (Abb. 350, 3. Phase von links). Wenn der Aufbruch der Matrixzone deutlich wird, läßt sich die außen liegende Differenzierungszone scharf abgrenzen. Die Differenzierung der einzelnen Kerngebiete und der Rinde wird erst abgeschlossen, wenn die Matrix vollständig verbraucht ist.

Bei Cyclostomen und einigen Amphibien bleibt die Differenzierung des Palliums stets auf dem Zustand der periventrikulären Zellschicht stehen. Bei Gymnophionen ist eine Schwärmzone nachweisbar. Bei Reptilien bleiben Reste der Matrix erhalten, die Rinde zeigt aber auch beim erwachsenen Tier keine weitere Gliederung. Die Faktoren, welche die Rindenbildung auslösen und steuern, sind nicht bekannt. Da zunächst Leitungsbahnen nur in der Zonalschicht liegen können, hat man an neurobiotaktische Erscheinungen gedacht (s. S. 361). Die Zellen sollen sich unter einem stimulierenden Einfluß des Erregungsablaufes in einer bestehenden Faserbahn aus der Matrix ablösen und in Richtung auf die Faserbahn verlagern (Bildung einer Schwärmschicht). Während die Zellen mehr und mehr der Zonalschicht entgegenwandern, bilden sich die Axone der Zellen aus und gruppieren sich zum subcortikalen Mark. Dieses wird später auch von den zuleitenden Bahnen mit besetzt. Fernbahnen verschwinden dann aus der Zonalschicht völlig. Die Aufgliederung der Rinde in einzelne Areale erfolgt sekundär durch Auflockerung und Umgruppierung der Zellen. Die Zonalschicht wird zum Stratum moleculare. Die Ausdifferenzierung der Rinde bleibt in den Riechzentren des Telencephalons (Palaeocortex und Archicortex) auf einem weniger reifen Stadium (*Allocortex*) als im Bereich des übrigen Palliums (*Isocortex*). Die Ausreifung erfolgt langsam und ist zur Zeit der Geburt noch nicht beendet. Im Bereich des Neocortex ist das Gebiet der Körperfühlsphäre (Parietalregion) zuerst ausdifferenziert. Auch die Ausbildung der Marksubstanz erfolgt schrittweise. Phylogenetisch alte Systeme erhalten ihre Markscheiden am frühesten. Zur Zeit der Geburt ist die Pyramidenbahn noch nicht ausgereift. Das Studium der Myelogenese ermöglicht so eine Abgrenzung verschiedener Systeme nach ihrem phylogenetischen Alter. Motorik und Reflexverhalten des menschlichen Neugeborenen zeigen deutlich, daß die Pyramidenbahn noch nicht funktionsfähig ist. So zeigt das Kind in den ersten Lebensmonaten regelmäßig den BABINSKIschen Fußsohlenreflex, der beim Erwachsenen nur nach Ausfall der Pyramidenbahn nachweisbar ist.

Kommissuren

Der rostrale Abschluß des Endhirnventrikels erfolgt durch die *Lamina terminalis (rostralis)*. Mit der Ausreifung der Neurone des Palliums treten nun neben den langen Projektionsbahnen auch solche Systeme auf, welche die rechte und linke Hemisphäre miteinander verbinden und koordinieren (Kommissurenfasern). Für diese Verbindungsfasern ist die Lamina rostralis die einzige Straße, die von einer Hirnhälfte zur anderen hinüberführt. Im dorsalen Bereich des Vorderhirns findet sich in der Mittellinie nur Plexus chorioideus, also eine für das Auswachsen von Axonen ungeeignete Struktur. Der Weg durch den Ventrikelboden ist nicht möglich, da die Fasern aus dorsalen Teilen stammen und zu dorsalen Gebieten ziehen. Die Kommissurenfasern benutzen also den dorsalen Teil der Lamina rostralis als Weg. Dieses Areal wird daher als Kommissurenplatte bezeichnet (Abb. 346). Innerhalb der Kommissurenplatte treten zunächst Fasersysteme auf, die basale Endhirnanteile und Teile des Riechhirns verbinden (*Commissura anterior*). Kurz danach bilden sich auch dorsale Verbindungsfasern (Balkenanlage, *Corpus callosum*). Entsprechend dem Dominieren des Neopalliums erfährt der Balken als neopalliale Kommissur beim Menschen einen besonders mächtigen Ausbau, und zwar geht dieses Balkenwachstum dem Hemisphärenwachstum parallel. Der Balken (Abb. 339) muß dabei die Lamina rostralis ausbuchten und schiebt sich mehr und mehr occipitalwärts vor. Er überdeckt schließlich das ganze dünne Zwischenhirndach und die Region der Epiphyse. Die Bildung des Balkens zeigt somit eine gewisse Analogie zur Bildung der inneren Kapsel. In beiden Fällen schieben sich die spät differenzierten Fasern in bestehende Strukturen ein. Die Leitstruktur erfährt durch diese Massenzunahme eine erhebliche Umgestaltung. Das Gebiet zwischen Commissura anterior und Balkenanlage bleibt rudimentär (*Septum pellucidum*). Innerhalb dieses rudimentären Areales kommt es bei Embryonen von etwa 100 mm Länge durch Auseinanderweichen der gliösen Zellelemente zu Spaltbildungen. Die Spalten fließen allmählich zum *Cavum septi pellucidi* zusammen. Dieser Hohlraum hat also nichts mit dem Ventrikelsystem zu tun und ist von Anfang an völlig gegen andere Raumsysteme abgeschlossen.

e) Entwicklung der Hypophyse

Die erste Anlage der unteren Hirnanhangsdrüse (*Hypophyse*) erscheint in Form einer seichten Grube dicht vor der Rachenmembran bereits vor Schluß des Neuroporus. Diese Anlage entsteht also ausschließlich im ektodermalen Bereich. Durch das freie Auswachsen des rostralen Kopfendes und die Massenentfaltung des Vorderhirnes wird dieses Anlagefeld in den Winkel zwischen Rachenmembran und Vorderkopfepidermis verlagert und zu einer Tasche (RATHKEsche Tasche) vertieft. Im entodermalen Bereich findet sich dicht hinter der Rachenmembran im korrespondierenden Winkel eine ähnliche Taschenbildung (SEESSELsche Tasche), welche nach Einreißen der Rachenmembran verstreicht. Die RATHKEsche Tasche hat die Form einer quergestellten Furche. Die Vorderwand dieser Furche liegt dem Zwischenhirnboden an (Abb. 351), ohne daß Mesenchymzellen zwischengelagert sind.

Bei Embryonen von etwa 9 mm Länge wird eine Verdickung des Zwischenhirnbodens sichtbar. Aus der RATHKEschen Tasche gehen der Vorder- und Zwischenlappen (*Adenohypophyse*), aus dem Zwischenhirnboden der Hinterlappen (*Neurohypophyse*) hervor. In der Folge löst sich zunächst die Hypophysentasche (Embryonen von etwa 15 mm) vom Rachendach, indem sich mehr und mehr Mesenchymmassen als Anlage der Schädelbasis zwischen Rachendach und Hirnboden ansammeln. Eine schmale, strangartige Verbindung zum Rachendach kann noch einige Zeit bestehenbleiben. An ihrer Anheftungsstelle am Munddach kommt es zur Differenzierung von spezifischem Drüsengewebe (Rachendachhypophyse). Im Basisskelet bleibt ein entsprechender *Canalis craniopharyngeus* (Abb. 352) ausgespart. Dieser kann gelegentlich (2% der Fälle) beim Erwachsenen persistieren. In der Regel wird aber die Verbindung zwischen Hypophysenvorderlappen und Rachendach bereits im 2. Schwangerschaftsmonat unterbrochen. Gleichzeitig mit dem Auftreten der ersten

Verdickung am Zwischenhirnboden (8–9 mm) schiebt sich von der Seite her Mesenchym zwischen die Vorderwand des Hypophysensäckchens und den Hirnboden ein. Der Vorderlappen bekommt nun das Aussehen einer nach vorn und oben offenen Schale. Die aufgebogenen Seitenteile dieser Schale zeigen jetzt lebhafte Proliferation von Zellsträngen, wodurch die Konkavität schnell ausgefüllt wird. Die hintere Wand des Hypophysensäckchens hat keine Verdickung erfahren. Aus ihr geht die Pars intermedia (Zwischenlappen) hervor. Das Lumen des Säckchens (Hypophysenhöhle) obliteriert beim Menschen, kann aber bei vielen Säugern (z. B. Katze) regelmäßig persistieren (Abb. 353). Inzwischen hat sich der Zwischenhirnboden zu einem Zapfen (*Infundibulum*) verlängert, der ein Lumen als Fortsetzung des 3. Ventrikels enthält (*Recessus infundibuli*).

Der distale Teil des Infundibulums, welcher der Adenohypophyse anliegt, verdickt sich und wird zum Hypophysenhinterlappen. Die Ver-

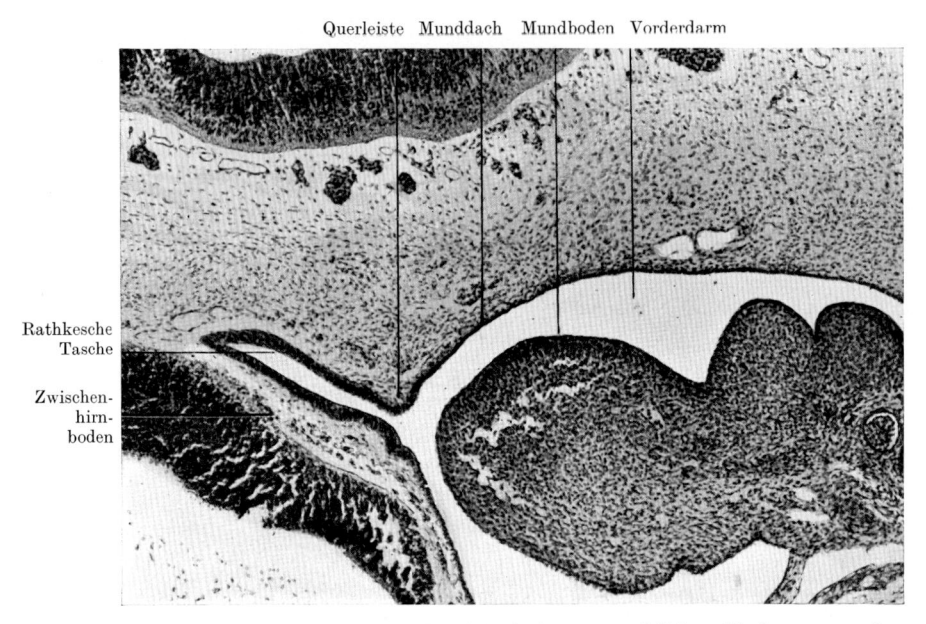

Abb. 351 Medianer Sagittalschnitt durch den Kopf eines menschlichen Embryos von 8 mm Scheitel-Steiß-Länge. RATHKEsche Tasche am Munddach (Anlage der Adenohypophyse). Orig.

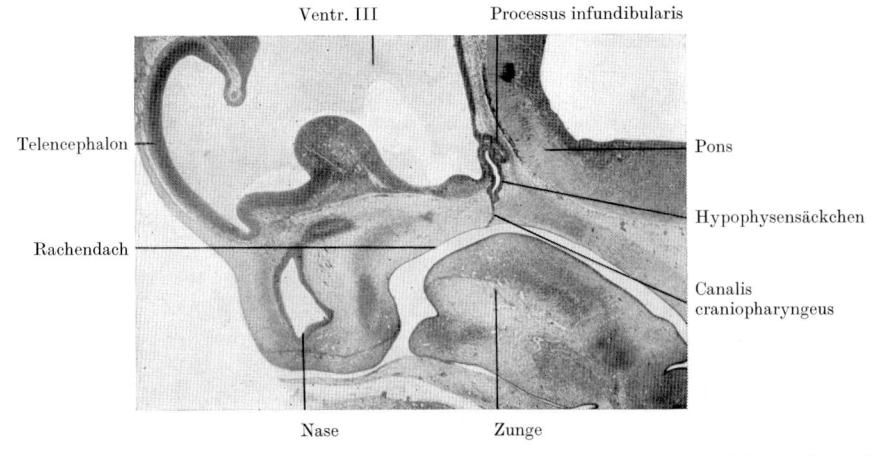

Abb. 352 Mediansagittalschnitt durch den Kopf eines Schweineembryos von 17 mm Scheitel-Steiß-Länge. RATHKEsche Tasche in Abschnürung begriffen. Neurohypophyse (Proc. infundibularis). (Orig.)

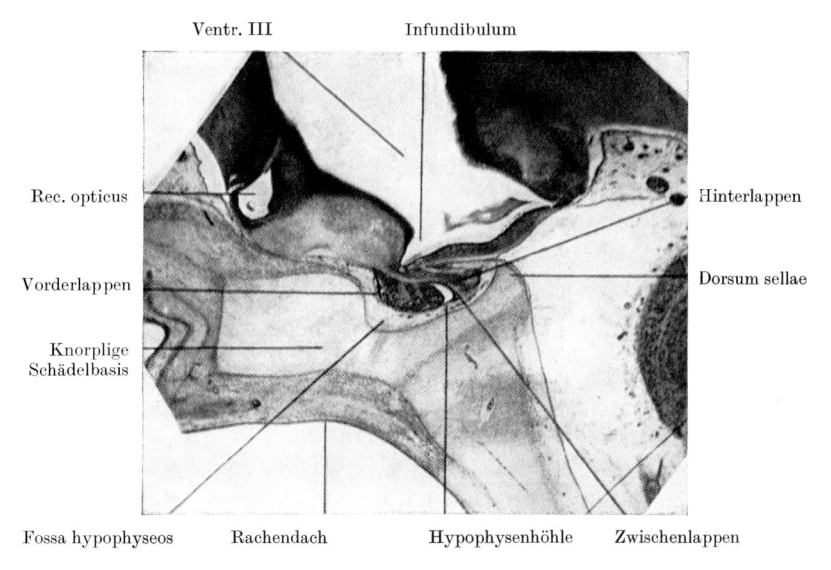

Abb. 353 Sagittalschnitt durch die Region des Zwischenhirnbodens und der Hypophyse bei einem menschlichen Embryo von 70 mm Scheitel-Steiß-Länge. (Orig.)

bindung zum Zwischenhirn (Hypothalamus) bleibt als Hypophysenstiel erhalten. Der Ventrikel erstreckt sich in individuell wechselnder Weise eine Strecke weit in den Stiel hinein. Dort, wo der Hypophysenstiel in den Hinterlappen übergeht, wird die Neurohypophyse von zwei „Hörnern" der Adenohypophyse umfaßt. Aus ihnen geht der Nackenteil des Vorderlappens hervor.

Eine gewisse Sonderstellung, auch in histogenetischer Hinsicht, nimmt die *Pars infundibularis* (sog. „Pars tuberalis") der Hypophyse ein. Es handelt sich um ein Derivat des Vorderlappens, das sich in Form von zunächst lumenführenden Epithelsträngen rostral am Hypophysenstiel aufwärts schiebt.

f) Entwicklung der Hirn- und Rückenmarkshäute

Bei jungen menschlichen Embryonen findet sich zunächst zwischen der Wirbelanlage und der Oberfläche des Rückenmarkes undifferenziertes, perineurales Mesenchym. Wir können diese Schicht als *Meninx primitiva* (Abb. 327) bezeichnen. Bei Amphibien stammt das Zellmaterial teilweise aus der Neuralleiste. Als erste Differenzierung (HOCHSTETTER 1934) machen sich strangförmige Zellverdichtungen zwischen der Wurzel der Neuralbögen und der Rückenmarksoberfläche bemerkbar. Diese Züge gewinnen später mechanische Bedeutung als Halteapparate (*Ligamentum denticulatum*) und zeigen, alternierend zum Abgang der Nervenwurzeln, segmentale Gliederung. Es muß betont werden, daß zu dem Zeitpunkt, zu dem diese Zellstränge erkennbar werden (Homo 14 mm), weder ein Periduralraum (= Epiduralraum) noch eine Pachymeninx differenziert sind. Die harte Rückenmarkshaut (*Dura mater*) bildet sich nicht innerhalb der Meninx primitiva, sondern löst sich von der bindegewebigen Auskleidung des Wirbelkanales, der Endorhachis, ab. Sie erscheint in Form einer zarten, zelligen Membran zuerst ventral vom Rückenmark – dorsal der Wirbelkörper (Homo 18 mm). Zwischen dieser Duralamelle und dem Wirbelkörper findet sich eine dünne Mesenchymlage. Die Duralamelle entsteht zuerst im unteren Hals- und im Thoracalbereich und dehnt sich von hier cranialwärts und caudalwärts aus. Materialmäßig scheint die Dura, jedenfalls im Wirbelkanal, vom Perichondrium aus zu entstehen (HOCHSTETTER 1934). Bei Embryonen von etwa 40 mm findet sich eine Aufspaltung der derben Bindegewebsschicht dorsal von den Wirbelkörpern in das Ligamentum longitudinale posterius und die eigentliche Dura. Dieser Spaltungsvorgang führt zur Bildung eines Periduralraumes. Dorsal, im Bereich der Wirbelbögen, hängt die

Dura zunächst untrennbar mit der Membrana reuniens der Neuralbögen zusammen. Die Lösung von dieser erfolgt erst spät nach Schluß der knorpligen Wirbelbögen. Die primär intradural liegenden Spinalganglien verlassen den Wirbelkanal und den Duralsack und liegen vorübergehend extradural im Foramen intervertebrale. Der definitive Duraüberzug der Ganglien entsteht erst sekundär durch Auswachsen von Zellen aus der primären Duralamelle. Der Subarachnoidalraum (*Cavum subarachnoidale = C. leptomeningeum*) entsteht als flüssigkeitsgefüllter Spalt durch Dehiszenz im lockeren subduralen Mesenchym (Meninx primitiva). Eine äußere Grenzlamelle bleibt als *Arachnoidea* erhalten. Die dem Rückenmark aufliegende innere Grenzschicht wird zur *Pia mater*. Verbindungszüge zwischen Pia und *Arachnoidea* als Reste des primären Mesenchyms bleiben nur dorsal als Septum leptomeningeum spinale erhalten. Eigentümlich sind die Lagebeziehungen der Spinalganglien im unteren Lumbal- und im Sacralbereich. Auch hier wandern die Ganglien zunächst peripherwärts und werden in die Foramina intervertebralia verlagert, jedenfalls Ganglion sacrale 1–4. Sie wandern aber später wieder in den Sacralkanal zurück. Es ist naheliegend, hierin eine Folge des „Ascensus medullae spinalis" zu sehen. Tatsächlich scheint aber die Ursache dieser eigenartigen Verlagerung nicht in einer direkten Zugwirkung, sondern – wie beim Ascensus selbst – in differenten Wachstumsgeschwindigkeiten von Nerv und Achsenskelet zu bestehen.

Hirnhäute

Das Gehirn wird wie das Rückenmark anfänglich von einer Meninx primitiva umgeben. Die Differenzierung der Pachymeninx (*Dura mater*) beginnt an der Schädelbasis und schreitet scheitelwärts vor. Bei Embryonen von 42–44 mm Scheitel-Steiß-Länge ist die Duragrenzschicht überall gebildet. Außer der inneren Grenzlamelle lassen sich an der Pachymeninx eine dicke mesenchymale Zwischenschicht und eine perichondrale Grenzschicht unterscheiden (Abb. 341). Im Bereich des Dorsum sellae hängt die innere Duralamelle eng mit dem Perichondrium zusammen. Zur Bildung eines echten Periduralraumes kommt es im Cavum cranii nirgends. Die Differenzierung des leptomeningealen Gewebes erfolgt in ähnlicher Weise wie im Wirbelkanal, doch bleiben fast allgemein Reste des leptomeningealen Gewebes erhalten, ein völliger Schwund mit Bildung freier Flüssigkeitsräume erfolgt nur im Bereich der Zisternen. Recht kompliziert gestaltet sich die Morphogenese der Durafortsätze (HOCHSTETTER 1939). Das Tentorium entsteht aus einer dicken, auf dem Schnitt keilförmigen Masse pachymeningealen Gewebes im Bereich zwischen Tectum und Rautenhirn (Abb. 344). Diese Gewebsmasse nimmt später mehr und mehr die Gestalt einer Platte an. Die gegen die Incisura gerichteten Randteile des Kleinhirnzeltes differenzieren sich zuerst. Bei der weiteren Ausgestaltung zur Tentoriumplatte dürfte das Wachstum des Schädels und der Hemisphären eine Rolle spielen. Jedenfalls schiebt sich das Tentorium nicht gegen das Hirn vor. Inwieweit direkt modellierende Einflüsse des Gehirns vorliegen, ist fraglich. Sicher scheint jedenfalls kein direkter Einfluß des Kleinhirns auf die Ausformung der Unterfläche des Tentoriums vorzukommen.

Von der ersten Anlage an bilden Falx und Tentorium eine Einheit. Die primitive Sichel (Falx primitiva) besteht aus leptomeningealem Gewebe und setzt sich am Rande in zwei Fortsätze, die Tela chorioidea prosencephali, fort. Da die Duradifferenzierung die scheitelwärts liegenden Bezirke spät erreicht, bleibt hier relativ lange Meninx primitiva erhalten, welche eine Zuwachszone zur primitiven Sichel bildet. Die Differenzierung in Lepto- und Pachymeninx im dorsalen Bereich beginnt zu dem Zeitpunkt, zu dem die auswachsenden Hemisphären das Tectum erreicht haben. Die definitive Falx erscheint zunächst im dorsalen, dem Skelet anliegenden Gebiet um den Sinus sagittalis superior als flache Sichelleiste. Die nach dem freien Rand zu gelegenen Teile der Falx differenzieren sich als sehnige Stränge spät in der Falx primitiva. Nach occipitalwärts wird die primitive Sichel niedrig und dick, und hier ist pachymeningeales Gewebe von vornherein am Aufbau beteiligt. Differenzierung von Falx und Tentorium zeigen also gewisse Gegensätzlichkeiten. Während am Tentorium die Randpartien zuerst deutlich werden, bilden sich an der Falx zuerst die basalen – dem Schädeldach nahen – Teile aus.

Die Bildung funktionell orientierter Fasersysteme der Dura (zugfeste Verspannungssysteme), welche der Aktion der Kau- und Nackenmuskulatur entgegenwirken, erfolgt lange vor Einsetzen von Muskelkontraktionen (TÖNDURY).

3. Peripheres Nervensystem, Neuralleiste, Plakoden

a) Die Neuralleiste und ihre Derivate

Im Grenzbereich zwischen Zentralnervensystem und Epidermis, dort wo sich das Neuralrohr von der Epidermis loslöst, findet sich ein sehr eigenartiges Embryonalorgan, die *Neuralleiste* (weniger glücklich oft auch als „Ganglienleiste" bezeichnet). Die Neuralleiste ist bereits vor Abschluß des Neuralrohres deutlich nachweisbar und erscheint auf dem Querschnitt (Abb. 124, 126) als Zellkeil zwischen Epidermis und Medullarwulst (Abb. 354). Sie ist eine selbständige embryonale Organanlage, die direkt auf das Ektoderm zurückzuführen ist und weder der Anlage des Integumentes noch des Zentralnervensystems näher zuzuordnen ist. Bei Amphibien läßt sich das präsumptive Neuralleistenmaterial auf Furchungsstadien rückprojizieren und findet sich im VOGTschen Anlageplan (Abb. 138) als schmaler Streifen zwischen präsumptiver Epidermis und Medullarmaterial (HARRISON). Bei der Amphibienneurula – im Medullarwulststadium – liegt das Material der Neuralleiste zunächst im Wulst selbst, d. h. die ektodermale Verschmelzungsnaht fällt nicht mit dem Rande des Medullarwulstes zusammen, sondern ist etwa auf die Höhe des Wulstes zu lokalisieren (HÖRSTADIUS und SELLMANN 1946). Die Neuralleiste begleitet seitlich die ganze Medullaranlage, zumindest bis in die Augengegend. Nur die rostrale Ausdehnung ist nicht ganz gesichert. Nach RAVEN, BAKER und GRAVES (1939) erstreckt sie sich rund um den queren Hirnwulst.

HIS (1887) führte bereits den Nachweis, daß aus der Neuralleiste die Spinalganglien entstehen. Auch am Aufbau der sensiblen Kopfganglien und des Sympathicus ist Neuralleistenmaterial beteiligt. Insoweit bestand Einigkeit über die Bedeutung der Neuralleiste. Die Befunde schienen eine klare Bestätigung der Lehre von der Spezifität der Keimblätter zu erbringen, hatte man doch bis dahin vielfach angenommen, daß Spinalganglien aus Somitenmaterial entstehen. Wenn nun auch kein Zweifel mehr daran bestehen kann, daß die Bildung von Nervenzellen aus Mesenchym nicht vorkommt, so erwies sich jedoch bald, daß die Neuralleiste nicht mit der Bildung von Neuronen erschöpft wird, sondern noch zahlreiche weitere Gewebe, darunter auch Mesenchym, Mesektoderm und Mesenchymderivate liefert. KASTSCHENKO (1899) und GORONOWITSCH (1893), vor allem aber J. PLATT (1894), betonten auf Grund der Untersuchung von Schnittreihen durch Vogel- und Amphibienembryonen sehr energisch die Beteiligung der Neuralleiste an der Mesenchymbildung. Miss PLATT hat als erste auch die Entstehung

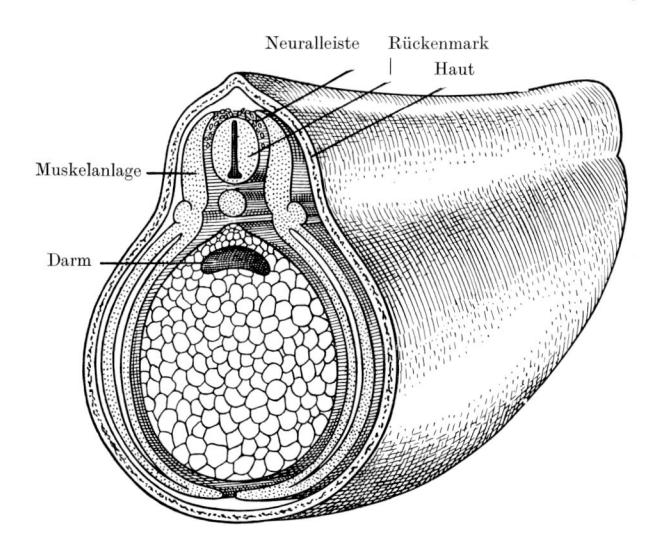

Abb. 354 Schematischer Querschnitt durch den Rumpf einer Froschlarve. Blick auf die caudale Hälfte. Lage des Neuralleistenmaterials. (Nach STARCK 1952).

von Skeletsubstanzen (knorplige Schädelanlage) aus Neuralleistenmaterial beobachtet. Eine klare Entscheidung in dieser wichtigen Frage, von der schließlich das Schicksal der gesamten Keimblattlehre abhing, konnte allerdings mit deskriptiven Methoden nicht erbracht werden. Die Befunde an Vogel- und Säugerembryonen sind nicht eindeutig, weil die Mesenchymzellen aus der Neuralleiste, wenn sie einmal in den Bestand des Mesenchyms aufgenommen sind, nicht mehr gegen Mesenchymzellen anderer Herkunft abgegrenzt werden können. Bei Amphibien bietet allerdings der verschiedene Gehalt an Dotter-

ren Wirbeltieren (für Mensch s. VEIT 1919, für Vögel und Säugetiere HOLMDAHL 1928) Mesenchym aus der Neuralleiste entsteht und daß dieses Mesenchym an der Bildung von Knorpel, Knochen und Odontoblasten (DE BEER 1947, WAGNER 1949) beteiligt ist. Wir bezeichnen dieses Mesenchym, das aus ektodermaler Quelle stammt, als *Mesektoderm*. Diese Befunde sind mit der Lehre einer strengen gewebs- oder organspezifischen Bedeutung der „Keimblätter" keinesfalls vereinbar (PETER, STARCK, VEIT). Die Keimblattlehre in dieser Form hat keine Berechtigung mehr (vgl. S. 200).

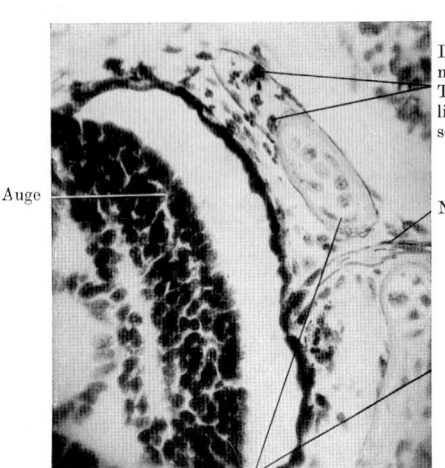

Abb. 355 Aus einem Querschnitt durch den Kopf einer Axolotllarve von 9,2 mm Länge. Man sieht die knorpelige Seitenwand der Orbitalregion des Schädels im Bereich des Foramen opticum. Der Knorpel ist im dorsalen Bereich mesodermaler Herkunft, hier mit Dotterkörnchen beladen. Im ventralen Bereich fehlen Dottereinlagerungen im Knorpelgewebe völlig. Es ist hier mesektodermaler Herkunft. (Orig.)

schollen noch zur Zeit der Verknorpelung eine Möglichkeit, Mesenchymzellen ektodermaler (dotterfrei) und mesodermaler (dotterreich) Herkunft zu unterscheiden (Abb. 355). Jedenfalls erfuhren die Angaben der genannten Autoren zunächst fast einhellige Ablehnung.

Erst die Anwendung experimenteller Methoden (Exstirpation, Transplantation, Vitalfärbung) durch LANDACRE, STONE (1921/22), VOGT u. a. hat den Nachweis erbracht, daß die Angaben von PLATT im wesentlichen richtig waren (zum Streit um die Neuralleistenfrage vgl. STARCK 1937, 1964, HARRISON 1938).

Heute besteht kein Zweifel mehr, daß bei Cyclostomen (VEIT, DAMAS), Selachiern (DOHRN) Fischen (VEIT 1924), Amphibien (LANDACRE, STONE, RAVEN, REISINGER, STARCK, HÖRSTADIUS und SELLMANN u. v. a.) und bei allen höhe-

Betrachten wir die experimentellen Befunde an Amphibien etwas genauer. Entfernt man im Medullarplattenstadium die Anlage der Neuralleiste im Kopfbereich, so erhält man Larven mit Defekten im Bereich des Kopfskeletes, und zwar sind die vordere Hälfte der Trabekel und der allergrößte Teil des Visceralskeletes nicht ausgebildet (Abb. 356). Das Experimentum crucis erbrachten Verpflanzungsversuche. Neuralleiste bildet Knorpelstückchen in fremder Umgebung. Verpflanzt man einseitig die Neuralleiste einer Urodelenart mit raschem Entwicklungstempo (*Ambystoma tigrinum*) auf einen Keim einer Art mit langsamem Entwicklungstempo (*Ambystoma punctatum*), so differenzieren sich die Visceralbögen der beiden Seiten des Wirtes verschieden. Embryonen von *Ambystoma punctatum* mit Tigrinumneuralleiste auf der einen

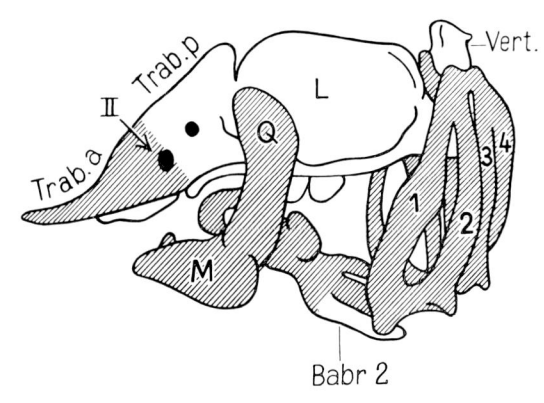

Abb. 356 Schematische Darstellung des Craniums mit Visceralskelet bei einer Urodelenlarve. Das Skeletmaterial mesektodermaler Herkunft ist schraffiert. (Nach STONE 1926).

Babr. 2 = 2. Basibranchiale. M = MECKELscher Knorpel. L = Labyrinthkapsel. Q = Palatoquadratum. Trab. a. = Vorderer Trabekelteil. Trab. p. = Hinterer Trabekelteil. Vert. = Wirbel. II = Foramen opticum. 1, 2, 3, 4 = Branchialbögen.

Seite haben auf der Transplantatseite viel größere und weiter differenzierte Visceralbögen als auf der normalen Kontrollseite. Das orthotop verpflanzte Neuralleistenmaterial fügt sich in die neue Umgebung ein, verhält sich aber in der speziellen Art der Ausführung herkunftsgemäß (HARRISON). Die artgemäße Wachstumsgeschwindigkeit wird von den Zellen auch im fremden Wirt festgehalten.

BALTZER und WAGNER (1950) gelang der Austausch von Kopfneuralleiste zwischen Urodelen (*Triturus*) und Anuren (*Bombinator*). Nun besitzen die Anuren eine von den Urodelen völlig abweichende Ausgestaltung des Kopfskeletes. Bombinatormesektoderm bildet im Trituruskopf typische Anurenskeletstücke (dreiarmiges Palatoquadratum, das den Urodelen fehlt, Rostralia usw.). Es entstehen also Chimaeren mit typischen Anurenskeletteilen im Trituruskopf. Durch derartige Untersuchungen konnte auch der Nachweis erbracht werden, daß eine Reihe von Deckknochen des Kopfskeletes (Dentale, Spleniale, Praemaxillare, Vomeropalatinum) sowie Odontoblasten aus Neuralleistenmaterial entstehen. Dentinbildung im Mesektoderm wird durch Vorderdarm induziert. Das Mesektoderm seinerseits induziert wieder die Bildung von Schmelzorganen in der Epidermis.

Einen sehr wesentlichen Ausbau erfuhr das ganze Mesektodermproblem durch neuere Untersuchungen von HÖRSTADIUS und SELLMAN (1946). Insbesondere konnte dadurch die Lage des Materials für die praesumptiven Visceralbögen in der Neuralleiste und die gegenseitige Vertretbarkeit einzelner Teile der Neuralleiste untereinander geklärt werden. Die Autoren haben den Neuralwulst im Kopfbereich in 8 Zonen eingeteilt (Abb. 357). Die Zonen 1–2 fallen in das Gebiet des queren Hirnwulstes. Aus diesem Gebiet wird kein Mesektoderm für Visceralbögen geliefert (Wegnahme des Querwulstes ergibt stets normales Visceralskelet, aber Defekte im Vorderhirn). Das Trabekelmaterial stammt aus Zone 3. Palatoquadratum und MECKELscher Knorpel sind nur bei Wegnahme von Zone 3 und 4 defekt. Entfernung von Zone 4–7 hat Ausfall der Kiemenbögen bei intaktem Mandibularbogen zur Folge.

Für die spezielle Ausformung der Skeletteile ist aber auch die Anwesenheit eines normalen Gehirnes nötig. Wird die Masse des Gehirnes verkleinert, so verschmelzen die an sich paarigen Trabekel zu einem unpaaren Knorpelstab. Es bestehen aber auch qualitative Unterschiede in den verschiedenen Teilen der Neuralleiste. Dreht man die ganze Hirnanlage mit der Neuralleiste um 180°, so wandert Mesektoderm, das normalerweise in die Kiemenbögen gehört, in den Mandibularbogen und mandibulares Mesektoderm in die Kiemenbögen ein. Das aus

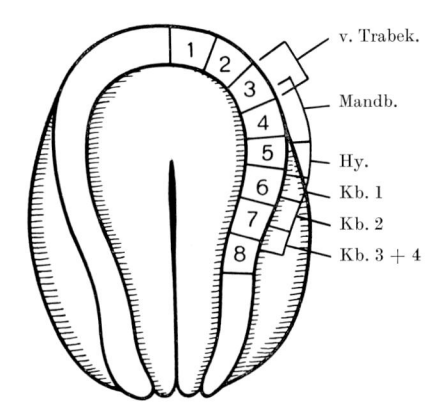

Abb. 357 Die Lage des Materials für Trabekel und präsumptive Visceralbögen in der Neuralleiste der Urodelenneurula. Zone 1–2: Querleiste. Zone 3–8: Bogenleiste. (Nach HÖRSTADIUS und SELLMAN 1946).

atypischem Material entstehende Palatoquadratum zeigt Formabweichungen gegenüber der Norm. Die aus mandibularem Mesektoderm entstehenden Kiemenbögen verschmelzen nicht mit den Basibranchialia. Wird die Zone 3–8 gegen die Zone 1–2 (Querleiste) vertauscht, so treten im rostralen Kopfbereich überzählige Knorpel auf, wohingegen die vorderen Trabekelteile fehlen. Es bestehen also erhebliche qualitative Unterschiede in den Potenzen zwischen Quer- und Bogenleistenmaterial.

Verpflanzt man vitalgefärbte Bogenleiste (3–8) in achsenrichtiger Orientierung in die ventrale Kiemenregion, so wandern die Mesektodermzellen entgegen ihrer normalen Wanderungsrichtung aufwärts in die Kiemenbögen hinein und bilden hier Knorpel. Mesektoderm des Kiemenbogengebietes kann aber im Rumpfgebiet nicht auswandern (Einfluß der entodermalen Unterlagerung?). Querleiste (1–2) ergibt im Rumpfgebiet Bildung von Hirngewebe. Bogenleiste (3–8) kann im Kopfbereich an abnormer Stelle Knorpel bilden, jedoch nicht im Rumpfgebiet, es sei denn, man verpflanzt gleichzeitig Entoderm der Kiemenregion. Die Qualitätsunterschiede der einzelnen Regionen der Kopfneuralleiste können kurz folgendermaßen charakterisiert werden: Zone 1 und 2 bilden nie Knorpelgewebe, wohl aber Hirn, Mesenchym und Pigment. Zone 3–8 liefert Knorpel, aber kein Hirn. Trabekelbildendes Material liefert keine Visceralbögen und umgekehrt. Wir können schon jetzt hinzufügen, daß Rumpfneuralleiste kein Knorpelgewebe liefert, wohl aber Mesenchym für den dorsalen Flossensaum, das wiederum nicht von Kopfneuralleiste gebildet werden kann. Im übrigen können Neuralleistenzellen bei ihrem Auswandern in beträchtlichem Umfang die dorsale Mittellinie zur kontralateralen Körperseite überschreiten (bis zu 40% der Zellen), so daß bei einseitigen Exstirpationsversuchen ein Ausgleich durch Zellen der Gegenseite möglich ist.

Schwannsche Zellen

Die Neuralleiste ist der wichtigste Bildungsort der peripheren Glia (SCHWANNsche Zellen). Bereits 1904 unternahm HARRISON Versuche, um die Frage zu klären, ob die SCHWANNschen Zellen an der Bildung der Nervenfasern beteiligt sind. Er bemühte sich, zu diesem Zweck Amphibienlarven der SCHWANNschen Zellen zu berauben. Schneidet man bei Froschlarven die dorsale Hälfte des Rückenmarkes mit der Neuralleiste heraus, so fehlen die dorsalen Spinalnervenwurzeln mit den Spinalganglien. Die motorischen vorderen Wurzeln wachsen jedoch normal aus, bleiben aber nackt, da die SCHWANNschen Zellen fehlen. Mit diesem Versuch war also prinzipiell geklärt, daß die SCHWANNschen Zellen für die Bildung der peripheren Nerven nicht nötig sind und daß sie zumindest zum größten Teil von der Neuralleiste herstammen. Spätere Untersuchungen haben gezeigt, daß ein Teil der SCHWANNschen Zellen auch im Zentralnervensystem entstehen kann und entlang der Nervenfasern auswandert.

Mesenchymbildung durch Rumpfneuralleiste

Die besprochenen Versuche zur Mesektodermfrage bezogen sich zum größten Teil auf die Kopfneuralleiste. Im Rumpfbereich kommt Mesenchymbildung aus der Neuralleiste ebenfalls vor, und zwar beteiligt sich dieses Mesektoderm an dem Aufbau der dorsalen Flossensäume und an der Bildung der Rückenmarkshäute, besonders der Leptomeninx. Knorpel- und Knochenbildung ist nicht beobachtet worden. Hingegen hat sich in letzter Zeit gezeigt, daß die Pigmentzellen des Wirbeltierkörpers aus der Neuralleiste gebildet werden. (Ausnahme: Pigmentepithel der Retina, einzelne Pigmentzellen aus dem CNS).

b) *Pigmentzellen*

Farbstofftragende Zellen kommen bei Wirbeltieren in weiter Verbreitung in allen Körperregionen vor, finden sich aber besonders im Integument und bei Kaltblütlern in den serösen Häuten. Man hat die Pigmentzellen vielfach als Sonderformen der Bindegewebszellen aufgefaßt und in ihnen Mesenchymderivate gesehen.

Die Pigmentzellen sind im allgemeinen stark verzweigte Zellen, die großen Bindegewebszellen ähneln. Im Zelleib und in den Plasmafortsätzen sind Farbstoffe in Form von Körnchen (Melanin) oder in gelöster Form (Lipofuscin usw.) eingelagert.

Wir bezeichnen nur solche Zellen mit Farbstoffeinlagerungen und Plasmafortsätzen, die eine echte spezialisierte Zellgruppe bilden, als Pigmentzellen oder *Chromatophoren* und beschäftigen uns hier nur mit diesen. Farbstoffe verschiedenster Art können auch in anderen Körperzellen (Erythrocyten, Ganglienzellen, Herzmuskel usw.) vorkommen. Derartige Gewebszellen mit Pigmenteinlagerung fallen also nicht unter den Begriff der Chromatophoren.

Wir unterscheiden unter den echten Chromatophoren nach der Beschaffenheit des Pigmentes folgende Formen:

cerale (pericoelomatische) und 4. perivaskuläre Pigmentzellen. Bei Vögeln und Säugetieren kommen nur noch Melanophoren vor, und diese finden sich fast ausschließlich im Integument. Die tiefen Pigmentzellen sind bis auf Reste zurückgebildet (Ausnahme Hoden einiger Vögel).

Herkunft der Pigmentzellen

Die Herkunft der Pigmentzellen war lange Zeit umstritten (STARCK 1964 Zusammenfassung), und zwar deshalb, weil sie aus farblosen

	Farbstoff	
Melanophoren	Melanin	in Form von Granula, Proteinabkömmling braun-schwarz
Lipophoren (Xanthophoren)	Lipofuscin	gelöst; Lipoidkörper, gelb
Erythrophoren (Allophoren)		gelöst; rot
Guanophoren		Guaninkristalle
Iridocyten		anorganische Salzkristalle

Färbung und Farbmusterbildung bei Tieren kommen durch verschiedenartige Kombination und Verteilung derartiger Pigmentzellen im Körper, besonders im Integument, zustande. Vor allem entstehen die braunen, schwarzen, gelben, roten und grünen Färbungen durch derartige Pigmentzellkombinationen. Aber auch physikalische Struktureigentümlichkeiten der Integumentalorgane (Haare, Federn, Schuppen) sind ein wichtiger Faktor in der Entstehung von Färbungen. Schillerfarben und blaue Farbtöne (Vögel, Perlmutter, Schmetterlinge) sind Strukturfarben. Sie können sich mit Pigmentfarben kombinieren. Strukturfarben enthalten kein blaues Pigment. Benetzt man schillernde Federn oder blauschillernde Schmetterlingsflügel mit Wasser oder Alkohol, so verlieren sie ihren Glanz und erscheinen trüb schwärzlich. Ein Farbstoff läßt sich nicht extrahieren, beim Trocknen kehrt die ursprüngliche Schillerfarbe zurück. Uns beschäftigen im Folgenden nur die durch chemische Substanzen bedingten Pigmentfarben.

Pigmentzellen kommen besonders bei niederen Wirbeltieren in weiter Verbreitung im Körper vor, besonders in der Haut, in Hirnhäuten, serösen Häuten, entlang der Gefäße und Nerven. WEIDENREICH unterscheidet nach der Verteilung: 1. cutane, 2. peri- und epineurale, 3. vis-

Mutterzellen hervorgehen, die sich kaum von Bindegewebszellen unterscheiden lassen. Experimentelle Methoden ergaben mit Sicherheit, daß die Melanophoren und Guanophoren (sehr wahrscheinlich auch Lipo- und Erythrophoren) bei Amphibien, Vögeln und Säugetieren ausschließlich von Neuralleistenzellen abstammen. Kurze Angaben über Pigmentzellbildung bei Fischen weisen ebenfalls auf Neuralleistenabkunft hin. Für Reptilien liegen noch keine Untersuchungen vor. Doch kann nach dem Gesagten kein Zweifel bestehen, daß die Neuralleistenabkunft der Pigmentzellen für alle Wirbeltiere gilt. Damit findet eine alte Vermutung von WEIDENREICH (1912) und BORCEA (1909) ihre Bestätigung.

Da das Problem der Pigmentzellbildung in der Pathologie (Pigmenttumoren, Naevi) und Klinik Bedeutung besitzt, sei kurz auf die älteren, heute überholten Theorien hingewiesen.
a) Pigmentzellen sind modifizierte Bindegewebszellen (LEYDIG, KÖLLIKER, RABL, SCHMIDT, ELIAS).
b) Pigmentzellen sind modifizierte Leukocyten (AEBY, RABL).
c) Pigmentzellen sind modifizierte Epidermiszellen, die teilweise sekundär in das Corium abwandern (JARISCH, KREIBICH).

Pigmentierte Zellen kommen nicht nur im Corium, sondern auch in der Epidermis und ihren Derivaten (Federn, Haare) vor. Auch für das

Pigment dieser Zellen gilt letzten Endes, daß es aus Zellen stammt, die von der Neuralleiste ausgewandert sind. Es ließ sich zeigen, daß die reifen Pigmentkörnchen von der Melanophore an die Epithelzellen bzw. an die Mutterzellen von Haar und Feder durch plasmatische Zellausläufer abgegeben werden.

Neuralleistentheorie

Wieso dürfen wir nun heute mit derartiger Sicherheit behaupten, daß die Pigmentzellen des Körpers ausschließlich von der Neuralleiste geliefert werden? Schon früheren Untersuchern (HARRISON 1910, MANGOLD 1929, HOLTFRETER 1929) war bekannt, daß bei Explantation von embryonalen Medullarplatten oder Rückenmarksmaterial von Amphibien in vitro Pigmentzellen auftreten. DU SHANE, ein Mitarbeiter von HARRISON (1934, 1935–1948), hat diese Beobachtungen zum Anlaß exakter Versuche gemacht und festgestellt, daß nach Ausschneiden der Neuralleiste an Amphibienkeimen die betroffene Region pigmentfrei bleibt (Abb. 358). Neuralleistenzellen bilden in der Gewebekultur Melanophoren. Nun lassen sich die Pigmentzellen verschiedener Amphibienarten an gewissen Struktureigentümlichkeiten unterscheiden. Verpflanzt man Neuralleiste der einen Art orthotop in einen jungen Keim der anderen Art, so wandern aus dem Implantat Neuralleistenzellen aus und entwickeln sich im fremden Wirt zu Pigmentzellen vom *Spendertyp*. Explantations- und Transplantationsversuche mit Mesoderm oder Seitenektoderm ergaben niemals Bildung von Chromatophoren. Für den Vogelkeim erbrachten zuerst die Untersuchungen von DORRIS (1936) eine Bestätigung der Neuralleistentheorie. Neuralleistenexplantate von jungen Hühnerkeimen pigmentierter Rassen ergeben Pigmentzellbildung in vitro. Verpflanzung von Neuralleistenmaterial in die Beinregion 3 Tage alter Hühnerkeime einer anderen Rasse ergab Färbung vom Spendertyp im Versuchsbereich. Für das Säugetier (Maus) erbrachten analoge Experimente von RAWLES (1947) gleichfalls eine Bestätigung.

Die angeführten Versuche gaben jedoch auch wichtige Aufschlüsse über den Mechanismus der Pigmentbildung. Die präsumptiven Pigmentzellen bleiben nämlich während ihrer Wanderung in die Peripherie des Körpers ungefärbt und färben sich erst aus, nachdem sie an Ort und Stelle angekommen sind. Hierbei spielen nun Faktoren, die im Substrat selbst liegen, eine wesentliche Rolle. Die chemische Konstitution des Melanins ist nicht bekannt. Wir wissen, daß eine Vorstufe des Farbstoffes, ein *Chromogen* (Melanogen), unter dem Einfluß von oxydierenden Fermenten zum Farbstoff umgewandelt wird. BLOCH hat nachgewiesen, daß das 3,4-Dihydroxyphenylalanin (Dopa) durch eine ,,Dopaoxydase" in Melanin umgewandelt wird. Bei Amphibien scheinen Tyrosin und Tyrosinase eine entscheidende Rolle in der Genese des Me-

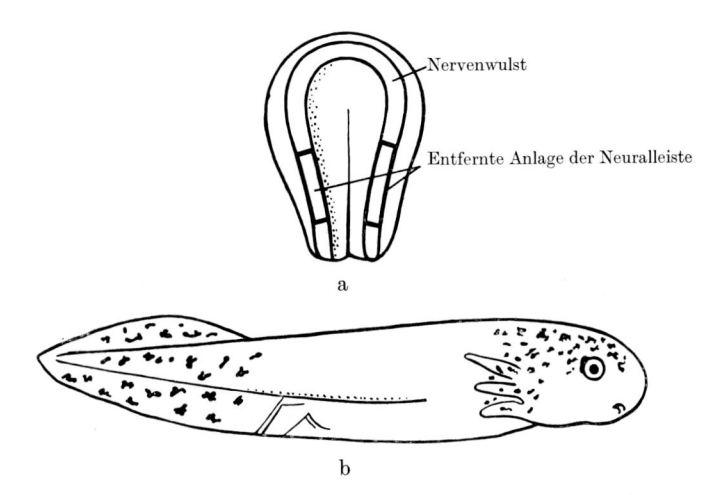

Abb. 358 Entfernung eines Bezirkes der Neuralleiste (a) bei einer Urodelenneurula ergibt Ausfall in der Pigmentierung der betroffenen Körperregion (b).

lanins zu spielen. In sorgfältig gereinigten Extrakten aus Pigmenttumoren und Augen von Säugern ließ sich zeigen, daß sowohl Dopa als auch Tyrosin vorkommen und die entsprechenden Oxydasen vorhanden sind. Tyrosinase war in diesen gereinigten Präparaten nur dann in der Lage, Melaninsynthese durchzuführen, wenn gleichzeitig Cytochrom c anwesend war. Dopa kann hingegen allein durch Dopaoxydase zu Melanin oxydiert werden. Das Problem der chemischen Vorgänge kann also kaum als geklärt angesehen werden und liegt wahrscheinlich wesentlich komplizierter, als die ersten Angaben von BLOCH vermuten ließen. Möglicherweise verbergen sich unter dem Sammelnamen „Melanin" eine ganze Reihe von verschiedenartigen Substanzen.

Die Ausfärbung der Pigmentzellen an Ort und Stelle ist, wie gesagt, von Einflüssen der Umgebung abhängig, ist abhängige Entwicklung. Die Farbstoffbildung in der ungefärbten präsumptiven Pigmentzelle muß also durch Faktoren, die nicht in der Zelle selbst liegen, aktiviert werden. Diese Tatsache wurde durch Austauschversuche zwischen Individuen der schwarzen und der albinotischen Form des Axolotls (*Ambystoma mexicanum*) aufgezeigt (DU SHANE 1936, 1939). Die prospektiven Pigmentzellen enthalten ein Propigment (Chromogen), die Zellen in der Körperperipherie (Epidermis) enthalten einen Faktor, der das Propigment zum Farbstoff umwandelt. Wahrscheinlich ist das Chromogen bei Amphibien mit Tyrosin, der Faktor in den Körperzellen mit der Oxydase identisch. Demgegenüber konnten TWITTY und BODENSTEIN zeigen, daß Neuralleistenzellen bei der Kultur in Leibeshöhlenflüssigkeit erwachsener Tiere sich schnell und intensiv ausfärben, und zwar auch dann, wenn die Flüssigkeit vorher gekocht war, also eventuell vorhandene Oxydase zerstört sein mußte. Eine Erklärung für diesen Befund steht noch aus, zumal die Ausfärbung auch in Coelomflüssigkeit von weißen (!) Axolotln möglich ist. Entweder enthält die Flüssigkeit ein Chromogen oder das Ferment wird von den Zellen mitgebracht und im Explantat aktiviert.

Verpflanzt man Neuralleiste von schwarzen Axolotln auf Larven der weißen Rasse, so wandern die Zellen zwar aus, bilden aber unter der Epidermis des Wirtes kein Pigment. Hingegen werden Neuralleistenzellen der weißen Rasse nach Verpflanzung in Keime der schwarzen Rasse auspigmentiert. Die Unfähigkeit der weißen Form, Farbstoff zu bilden, liegt also nicht in dem Mangel an Pigmentzellen oder dem Mangel der Zellen an Chromogen begründet, sondern hat seine Ursache in der Unfähigkeit der Epidermis-(Coelom- usw.)Zellen, das Propigment zu Pigment umzuwandeln. Den peripheren Körperzellen fehlt der zur Pigmentbildung notwendige Faktor (wahrscheinlich die Oxydase). Verpflanzt man Extremitätenanlagen vor Auswandern der Neuralleistenzellen von der weißen Axolotlform auf Larven der schwarzen Form, so wandern Neuralleistenzellen des Wirtes in das Transplantat ein. Die Haut bleibt jedoch weiß, da die Ausfärbung mangels des Fermentes nicht möglich ist (Abb. 359). Umgekehrt wird eine Extremitätenknospe der schwarzen auf der weißen Larve von Neuralleistenzellen des Wirtes besiedelt und färbt sich aus, da die Haut des transplantierten Beines das dem Wirt an sich fehlende Ferment besitzt (Abb. 359). Es gelingt also im Experiment, die farblosen Neuralleistenzellen des weißen Axolotls zur Ausfärbung zu bringen.

Farbmusterbildung

Das Erscheinungsbild einer Tierform hängt weitgehend von der Art der Verteilung der Pigmentzellen am Körper und von der Kombination der verschiedenartigen Farbstoffzellen in den einzelnen Körperregionen ab, d. h. die Pigmentzellen zeigen ein artspezifisches *Verteilungsmuster*, welches das Farbmuster der Art bestimmt. Theoretisch könnte dieses Muster durch eine in den Pigmentzellen autonom festgelegte Wanderungstendenz bestimmt werden oder aber die Musterbildung könnte durch Faktoren der Umgebung, also das Milieu der Körperperipherie, determiniert werden. Die Beantwortung dieser Fragestellung ist durch das Experiment möglich.

Die Ergebnisse derartiger Versuche (TWITTY und BODENSTEIN, BALTZER, ROSIN) zeigen, daß für die Farbmusterbildung wichtige Faktoren an die Pigmentzellen selbst gebunden sind, daß aber auch Umgebungseinflüsse von Bedeutung sind. TWITTY und BODENSTEIN haben vor allem mit den nahe verwandten Molchen *Triturus torosus*, *rivularis* und *simulans* gearbeitet und kommen für diese Formen zu etwas abweichenden Ergebnissen. Die Larve von *Triturus torosus* besitzt ein deutliches Streifenmuster (Abb. 360). Bei *Triturus rivularis* sind die Pigmentzellen diffus verteilt. *Triturus simulans* besitzt ein unscharf begrenztes dorsales Längsband und

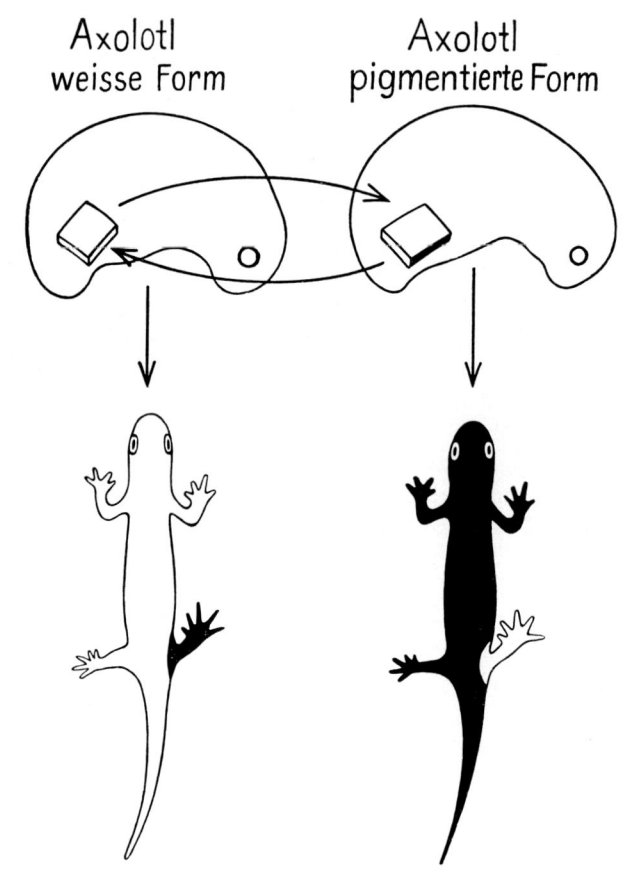

Abb. 359 Austausch der Extremitätenanlage zwischen Larven der schwarzen und der albinotischen Form des Axolotls. Erläuterung im Text. Oben: Junge Larve, Operationsstadium.

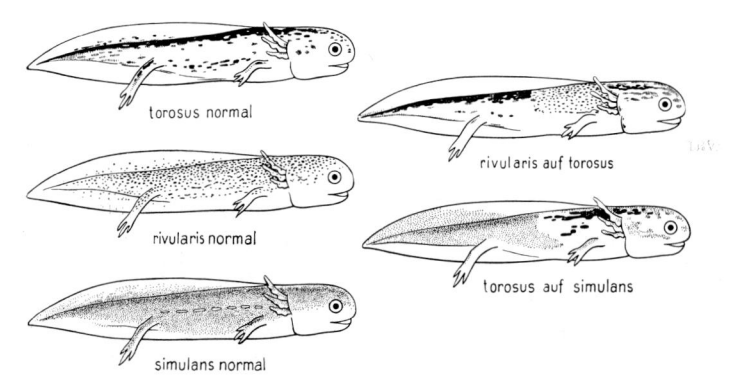

Abb. 360 Links: Normale Larven von *Triturus torosus*, *rivularis* und *simulans*. Rechts oben: Torosuslarve nach Einpflanzung von Rivularis-Neuralleiste im vorderen Rumpfgebiet. Rechts unten: Torosus-Neuralleiste in Simulanslarve. (Nach Twitty und Bodenstein).

stärkere diffuse Pigmentierung im ventralen Körperbereich. Bei älteren Larven verschwindet die Streifenzeichnung mehr und mehr zugunsten eines diffusen Musters. Nimmt man zwischen diesen drei Arten Austausch von Neuralleiste auf frühen Stadien vor (Abb. 360), so verhalten sich die Melanophoren herkunftsgemäß, d. h. *Triturus-torosus*-Melanophoren bilden in *Simulans* oder *Rivularis* als Wirt typische Bändermuster, während diese beiden Arten im *Torosus*-Wirt diffuse Muster erzeugen. Ein gewisser Einfluß des Wirtsmilieus scheint nur insofern vorzukommen, als *Torosus*-Melanoblasten die Tendenz haben, auch im fremden Wirt an der Somiten- und Dottergrenze haltzumachen. Nimmt man derartige Transplantationen zwischen weniger nahe verwandten Formen vor (*Triturus* und Axolotl oder gar zwischen Urodel und Anur), so machen sich Wirtseinflüsse stärker bemerkbar. Axolotl-Melanophoren ordnen sich im Rumpfbereich (ROSIN 1940) in das Streifenmuster der Trituruslarve ein, zeigen aber im Trituruskopf die diffuse Verteilung des Axolotlmusters.

Der typische Charakter der Einzelzelle, entsprechend ihrer Herkunft, bleibt jedoch auch im fremden Wirtskeim gewahrt, wenn diese Zelle sich dem neuen Mustertyp einordnet. BALTZER (1941) hat hauptsächlich das Verhalten von Anuren-(*Hyla*-)Neuralleiste in *Triturus*- und Axolotlkeimen studiert und wies nach, daß Größe, Form, Farbe, kurz alle typischen Eigenschaften des Zellindividuums auch im gattungsfremden Wirt sich herkunftsgemäß verhalten. Die fremden Pigmentzellen nehmen aber in beachtlichem Ausmaß an der Bildung des wirtsgemäßen Pigmentmusters teil. „*Die Einzelzelle verhält sich in ihrer Morphologie absolut herkunftsgemäß, in ihrer topographischen Einordnung überwiegend wirtsgemäß.*" In älteren Larvenstadien gehen die gattungsfremden Melanophoren gewöhnlich zugrunde und werden durch wirtseigene Zellen ersetzt.

Welches sind nun die Faktoren, die im Wirt die wandernde Pigmentzelle beeinflussen? Man hat zunächst an mechanische Einflüsse gedacht. So macht beispielsweise eine Entfernung von Somiten die Ausbildung des Bandmusters bei *Triturus torosus* unmöglich. Es hat sich aber auch zeigen lassen, daß das biologische Verhalten der Pigmentzellen in der Gewebekultur different sein kann. Melanoblasten von *Triturus torosus* verteilen sich in einer Salzlösung diffus, bilden jedoch dichte Zellhaufen und Nester, wenn sie in Peritonealflüssigkeit kultiviert werden. Im Gegensatz dazu verhalten sich Melanoblasten von *Simulans* und *Rivularis* auch in der Gewebekultur stets einheitlich, d. h. sie verteilen sich unter allen Bedingungen diffus. Der Unterschied im Verhalten der Pigmentzellen der drei Arten kann vielleicht als quantitativer Unterschied gedeutet werden (früher Differenzierungsstillstand bei *Torosus*), muß also bei den drei Triturusarten zunächst weitgehend in der Pigmentzelle selbst liegen. Im übrigen dürfte die Kontaktführung an Grenzflächen (Basalmembran, Serosaunterfläche, Gefäßwand) für die wandernden Melanoblasten eine bedeutende Rolle spielen. Dabei könnte die verschiedene Viskosität des Mediums einen Einfluß auf die Wanderungsgeschwindigkeit und damit auf die Einwirkungsdauer aktivierender Substanzen und somit auf die Musterbildung gewinnen. Es sei in diesem Zusammenhang nochmals auf die Rolle des Kernes bei der Pigmentbildung hingewiesen (s. S. 399). Die Pigmentbildung hängt vom Zellkern ab, denn kernlose Eifragmente der schwarzen Axolotlrasse, die mit Spermien der weißen Rasse besamt wurden, ergaben weiße Tiere (BALTZER).

Pigment und Pigmentmuster beim Vogel

Die pigmentbildenden Zellen entstammen auch bei Vögeln der Neuralleiste (DORRIS 1936). Transplantiert man Hautstücke pigmentierter Hühnerrassen sehr früh auf die Eihäute (Chorioallantois) pigmentierter Formen, so bilden sich weiße Federn. Verpflanzt man die Epidermisstückchen jedoch auf die Extremitätenknospe, so daß Neuralleistenzellen des Wirtes einwandern können, so entstehen pigmentierte Federn. Neuralleistenexplantate pigmentierter Rassen bilden in der Gewebekultur Pigmentzellen (Abb. 361). Die Melanophoren bilden ihre spezifische Farbe und ihr spezifisches Muster auch in Federn, die normalerweise eine andere Farbe besitzen. Während die Feder selbst unter dem induzierenden Einfluß der bindegewebigen Federpapille von der epidermalen Papille gebildet wird und alle Struktureigentümlichkeiten einer bestimmten Feder von der Natur der Epidermispapille ab-

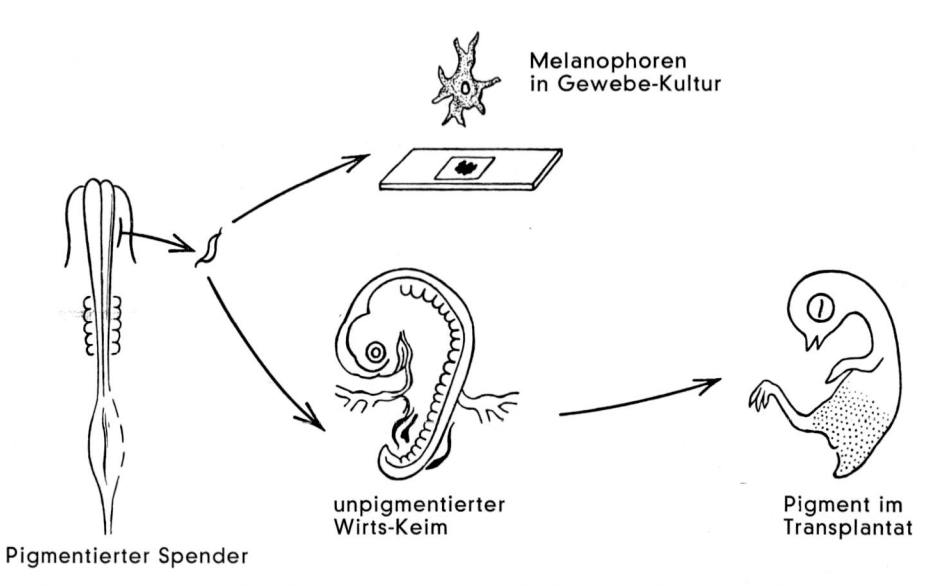

Abb. 361 Verpflanzung von Neuralleiste aus einem jungen Hühnerkeim einer pigmentierten Rasse auf einen älteren Keim einer ungefärbten Rasse. Oben: Neuralleistenzellen bilden in der Gewebekultur Pigmentzellen. (Nach DORRIS und DE SHANE).

hängen, werden Farbe und Farbmuster von der Art der einwandernden Melanoblasten bestimmt. Selbst artfremde Neuralleistenzellen (Drossel, Ente, Perlhuhn, Fasan) können in der Hühnerfeder zur Ansiedlung gebracht werden und erzeugen hier die spendergemäße Pigmentierung (RAWLES, EASTLICK). Bei den weißen Rassen des Haushuhnes liegen die Dinge etwas anders als bei farblosen Amphibien. Die weißen Hühnerrassen besitzen Pigmentzellen. Diese sterben jedoch ab, bevor sie Pigment in den Federkeimen abgelagert haben. Die Unfähigkeit zur Pigmentbildung beruht also nicht auf der Unfähigkeit zur Melaninsynthese, sondern hängt mit der geringen Vitalität der Neuralleistenzellen zusammen. Die Abhängigkeit der Musterbildung von den Melanoblasten läßt sich sehr schön an den sogenannten „barred"-Mustern (gesperbert) der Plymouth-Rock-Rasse zeigen. Neuralleistenzellen von Plymouth-Rock-Hühnern erzeugen in Federkeimen des weißen Leghorns die typische Sperberung des Spenders. Die weißen Streifen dieses im Vogelreich weitverbreiteten Färbungsmusters sind nicht durch den Mangel an Pigmentzellen verursacht, sondern wahrscheinlich dadurch, daß die Pigmentzellen eine die weitere Pigmentsynthese hemmende Substanz abgeben und langsam in ihre Umgebung abdiffundieren lassen. Jeder dunkle Pigmentstreifen muß dann von einer unpigmentierten Zone umgeben sein. In einigem Abstand vom Zentrum der Bildung des Hemmstoffes sinkt die Konzentration dann bis zur Unwirksamkeit ab, ein neuer Farbstreifen entsteht.

Beim Huhn kommen auch abhängige Pigmentzellen vor. Bei der New-Hampshire-Red-Rasse entstehen schwarze und rote Pigmentzellen aus der gleichen Stammzelle. Ob eine rote oder schwarze Zelle entsteht, hängt allein von der Feder- bzw. Körperregion ab, in der die Zelle zur Ausdifferenzierung kommt. Die spezielle Art der Ausfärbung wird in diesem Fall von der Epidermis bestimmt. Ist die Zelle in der einen oder anderen Richtung determiniert, so kann keine Umstimmung mehr erfolgen. Ein Übergang von Rot zu Schwarz oder umgekehrt ist nicht möglich.

Pigmentbildung bei Säugern

Bei Säugetieren spielen allein die Melanophoren eine Rolle bei der Ausbildung des Farbkleides. Alle anderen Formen von Pigmentzellen treten völlig zurück. Das Pigment des Haares wird, wie bei der Vogelfeder, von Melanoblasten an die Zellen des Haarkeimes durch feine Cytoplasmaausläufer abgegeben und in Form feiner Pigmentkörnchen in den Zellen des Haares abgelagert. RAWLES zeigte, daß Transplantate von Mäusehaut auf Eihäute von Hühnerkeimen pigmentfrei bleiben, wenn sie vor Einwanderung ihrer Melanoblasten verpflanzt werden. Transplantate älterer Embryonalhaut, welche Neuralleistenzellen enthält, bilden normal pigmentierte Haare. Kombination genotypisch verschiedenartiger Haaranlagen und Pigmentzellen ist auch bei der Maus möglich, wenn man undifferenzierte Haut auf neugeborene Tiere verpflanzt. In diesem Falle wandern, wie bei Vögeln, Wirtsmelanophoren in die Spenderhaut ein und besiedeln die transplantierten Haare. Auch abhängige Pigmentzellen sind bei Säugetieren nachgewiesen, und zwar ist ein Fall bekanntgeworden, der in völlige Analogie zu den New-Hampshire-Red-Hühnern gesetzt werden darf. Es handelt sich um die bei vielen Haustieren vorkommende Schwarzlohfärbung (Rücken und Kopf schwarz, Extremitäten und Bauch rotbraun; Dobermann-Pinscher, Dackel, Schwarzlohkaninchen usw., Black-and-tan-Färbung englischer Züchter).

Transplantiert man Rückenhaut eines albinotischen oder pigmentierten Spenders in die ventrale („rote") Region des Wirtes, so realisieren die einwandernden Pigmentzellen des Wirtes, die normalerweise rotes Pigment erzeugen würden, die Potenz zur Schwarzpigmentierung. Die prospektive Pigmentzelle hat also die Potenz, sowohl „Rot" als auch „Schwarz" zu bilden. Die Determination zu einer der beiden Farben hängt von Faktoren in der Epidermiszelle selbst ab.

Zusammenfassend kann gesagt werden, daß die Pigmentzellen hochdifferenzierte, spezifische Zellen sind, die von der Neuralleiste herstammen, und zwar bei allen Wirbeltieren*). Die Realisation der Pigmentbildung erfolgt unter Einwirkungen, die von dem Substrat ausgehen, in dem sich der Melanoblast befindet. Bei der Bildung des Pigmentes selbst spielen enzymatisch gesteuerte Prozesse eine wesentliche Rolle. Diese Vorgänge hängen weitgehend vom Genotypus ab. Eine autonome Pigmentbildung in Epidermiszellen ist nirgends nachweisbar.

c) *Bildung neuronaler Strukturen aus Neuralleiste und Plakoden*

Die Neuralleiste ist weiterhin der Bildungsort von Neuronen des peripheren Nervensystems; insbesondere die Neurone der allgemeinen Sensibilität (Spinalganglien und sensible Kopfganglien) und des Sympathicus gehen aus der Neural-

*) Zusammenfassende Gesamtübersicht zum Pigmentproblem siehe vor allem DuShane 1944, 1948, Rawles 1948, Starck 1952, 1964.

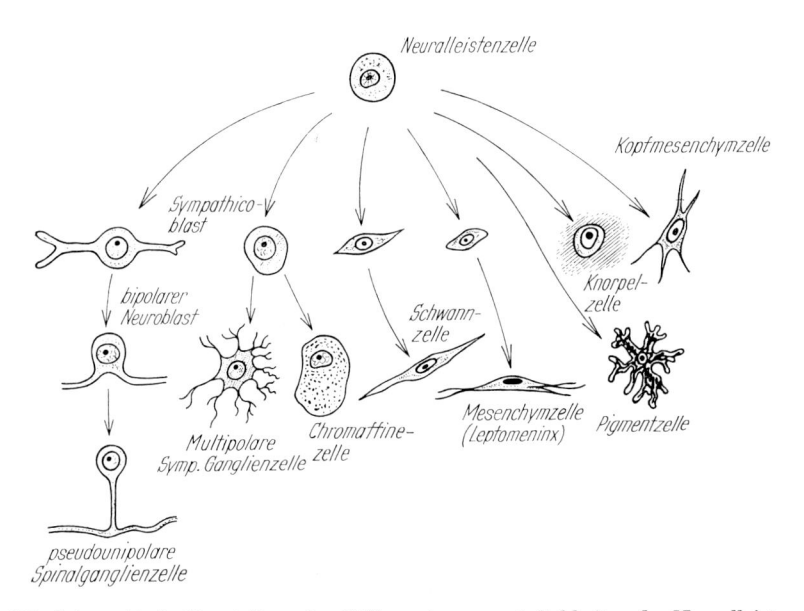

Abb. 362 Schematische Darstellung der Differenzierungsmöglichkeiten der Neuralleistenzelle. (Nach Boyd, Hamilton, Mossman).

leiste hervor. Die prospektive Potenz der Neuralleistenzelle ist also recht umfassend. Aus der Neuralleiste (Abb. 362) entstehen

pseudounipolare Neurone
(allgemeine Sensibilität)
multipolare Neurone (Sympathicus)
chromaffine Zellen des Nebennierenmarks
und der Paraganglien
SCHWANNsche Zellen, periphere Glia
Mesenchym, Leptomeninx,
  Kopfmesenchym
Knorpelzellen
Knochenzellen   } Mesektoderm
Odontoblasten
Pigmentzellen (Melano-
  phoren, Guanophoren
  usw.)

Die Neuralleistenzellen verlagern sich im Laufe der Zeit etwas nach ventral und liegen dann medial der Somiten an der latero-dorsalen Seite des Neuralrohres. Die Neuralleiste gliedert sich in so viele selbständige segmentale Portionen, wie Spinalganglien gebildet werden. Im Kopfbereich ist die Neuralleiste besonders mächtig und besonders früh ausgebildet. Der Beschreibung im einzelnen lege ich Befunde an Amphibien zugrunde. Die zunächst einheitliche Kopfneuralleiste wird in zwei Abschnitte, die craniale und die caudale Kopfneuralleiste (LANDACRE 1921, STARCK 1937; Abb. 331, 363), zerlegt. Der craniale Teil schiebt sich in zwei Zügen vor, einmal medial über dem Auge nach rostral und zum anderen hinter dem Auge nach ventral in den Kieferbogen (mandibulares Mesektoderm). Der dorsal-caudale Teil der cranialen Kopfneuralleiste beteiligt sich am Aufbau des Trigeminusganglions (Trigeminusneuralleiste, mesencephale Neuralleiste). Die caudale Kopfneuralleiste läßt früh eine Unterteilung in einen Facialis-, Glossopharyngeus- und Vagus-Komplex (Abb. 363) erkennen. Der Facialisanteil liegt dicht vor der Anlage des Labyrinthorgans (Ohrplakode), der IX-X-Komplex hingegen postotisch. Jeder dieser Abschnitte beteiligt sich mit einem ganglienbildenden dorsalen Bezirk am Aufbau der entsprechenden sensiblen Kopfganglien (V, VII, IX, X; Abb. 363, 364). Die ventralen Ausläufer der entsprechenden Neuralleistenabschnitte wandern in die zugeordneten Visceralbögen ein (V: Mandibularbogen, VII: Hyalbogen, IX: 1. Branchialbogen, X: 2., 3.,... Branchialbogen) und bilden hier in der beschriebenen Weise das Mesektoderm der Visceralbögen und der vorderen Kopfregion. Im Visceralbogen selbst bildet das Mesektoderm (Abb. 365) eine röhrenförmige Hüllschicht um das mesentodermale Zellmaterial. Bei niederen Wirbeltieren sind nun die Neuralleistenzellen nicht die einzige Quelle sensibler Neurone. In beträchtlichem Ausmaß beteiligt sich die seitliche Epidermis in Form von Verdickungen (Plakoden) an der Ganglienbildung, und zwar läßt sich wahrscheinlichmachen, daß die Neurone einer spezifisch differenzierten Sensibilität (Seitenliniennerven = Lateralissystem, Labyrinthorgan mit Nervus VIII, Geschmacksneurone) plakodaler Herkunft sind. Wir werden diese Komponenten im folgenden ausführlicher berücksichtigen. Zunächst sei also festgestellt, daß die Neuralleiste sich an der Bildung der Ganglien des Nervus V, VII, IX und X sowie am Aufbau der Spinalganglien beteiligt. Eine Beteiligung der Neuralleiste am Nervus statoacusticus (VIII) kommt nicht vor. Der Anteil von Neuralleistenmaterial am Aufbau dieser Ganglien kann bei den einzelnen Tiergruppen recht verschieden sein, zumal auch der Anteil der verschiedenen funktionellen Komponenten am Aufbau der Hirnnervenganglien verschieden groß ist. Der Nervus trigeminus ist der Hauptnerv der allgemeinen Hautsensibilität am Kopfe. Dementsprechend ist der Anteil der Neuralleiste an seinem Aufbau stets deutlich. Umgekehrt tritt die allgemein-sensible Komponente im Facialis ganz zurück. Daher wurde gelegentlich Beteiligung der Neuralleiste am Facialisganglion (Ganglion geniculi) geleugnet. Für *Ambystoma* konnte jedoch der Beweis geführt werden, daß Neuralleistenmaterial am Aufbau des VII-Ganglions beteiligt ist (Abb. 366, STARCK 1937). Die geringen Ausmaße dieses Anteils stehen im Einklang mit der geringen Anzahl allgemein-viscerosensibler Neurone in diesem Nerven.

Die Differenzierung der prospektiven Nervenzellen der Neuralleiste zu Neuroblasten erfolgt in der Weise, daß die Zellen zunächst bipolar werden. Der zentrale Fortsatz findet Anschluß an das Zentralnervensystem (hintere Spinalnervenwurzel bzw. Kopfnervenwurzel). Der peri-

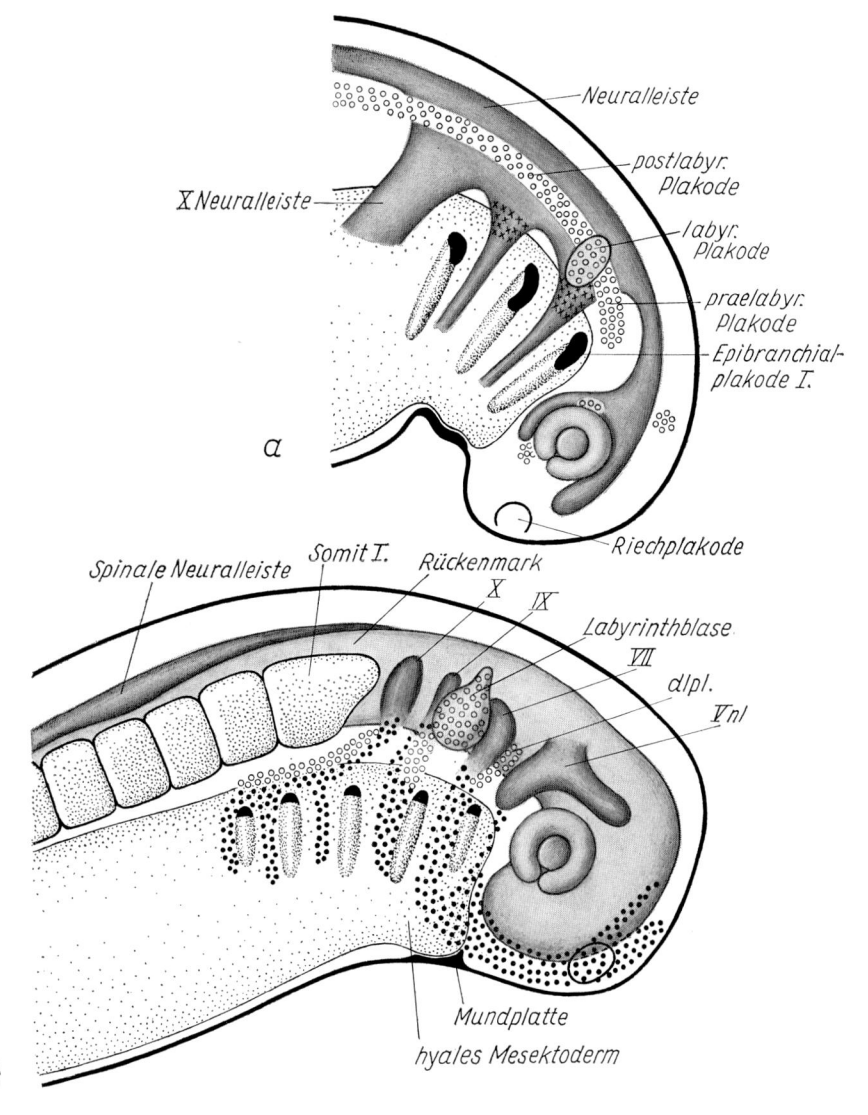

Abb. 363 Entwicklung der Kopfganglien bei urodelen Amphibien.
a) Axolotl-Larve, 3 mm. Kopfgegend von links. Grau: Neuralleiste. Schwarz: Epibranchialplakoden. Kreise: Dorsolateralplakode (Octavus-Lateralis-System). Gekreuzt: Ganglienzellbildende Bezirke im Gebiet der VII- und IX-Neuralleiste.
b) Axolotl-Larve, 5 mm (27 Somite). Die sensiblen Kopfganglien haben sich abgegrenzt. Schwarz punktiert: Mesektoderm. dlpl = Dorsolateralplakode, Vnl = Trigeminusneuralleiste. Sonst wie Abbildung a.
(Nach STARCK 1963).

phere Fortsatz wächst ähnlich wie die efferenten peripheren Nerven aus und erreicht die Körperperipherie. Schließlich gehen die bipolaren Neurone in die pseudounipolare Zellform über (Abb. 316, 329).

Wir hatten soeben gesehen, daß an der Bildung der sensiblen Kopfnerven und -ganglien neben der Neuralleiste auch verdickte Bezirke im seitlichen Ektoderm, die sogenannten *Plakoden*, beteiligt sind. Der Begriff der Plakode (VAN WIJHE 1882, v. KUPFFER 1894) wurde nicht einheitlich definiert, je nachdem, ob die Autoren nur solche Epidermisverdickungen, die Nervensystem und Sinnesorgane liefern, als Plakoden

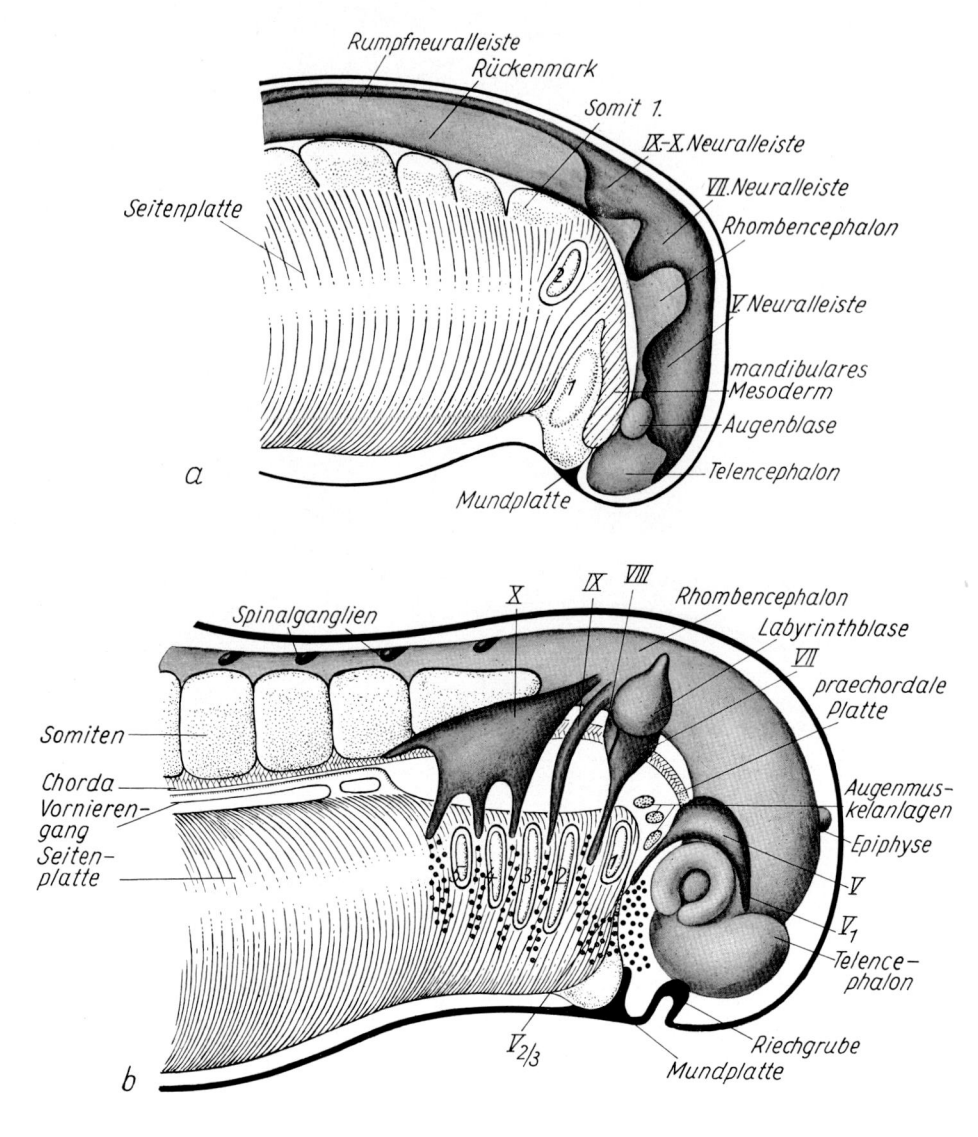

Abb. 363 Kopforganisation bei Larven von Urodelen (Axolotl).
a) Primäre Gliederung der Neuralleiste. Zwei Schlundtaschen sind gebildet. Das mandibulare Mesoderm umwächst die erste Visceraltasche, die von vorneherein in nie unterbrochenem Kontakt mit der Epidermis steht.
b) Ältere Larve. Aus der Neuralleiste haben sich sensible Ganglien und Mesektoderm (schwarz punktiert) differenziert.

(Nach STARCK 1963).

betrachten (ARIENS KAPPERS jr. 1941) oder ob auch Epidermisverdickungen, wie etwa die Linsenanlage, aus denen keine nervösen Strukturen hervorgehen, in den Begriff der Plakode mit einbezogen werden (ORTMANN 1943).

Wir betrachten zunächst die Plakoden im engeren Sinne, d. h. diejenigen Epidermisverdickungen, die, topographisch im Bauplan des Körpers festgelegt, später Material aus dem Epithelverband in die Tiefe aussondern und unter anderem nervöse Strukturen liefern. Auf diese lokalisierte Bereitstellung von Zellmaterial und dessen Verlagerung in die Tiefe ist bei der Definition Wert zu legen.

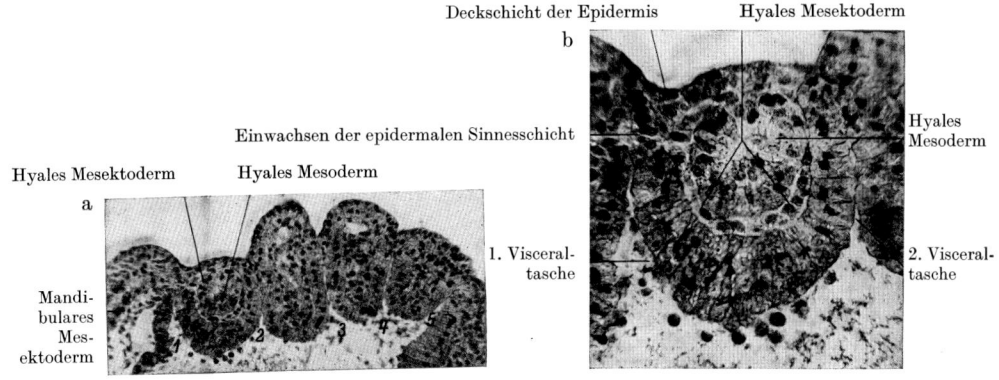

Abb. 365
a) Horizontalschnitt durch die Region der Schlundtaschen einer Körperseite (1–5) bei einer Axolotllarve von 5 mm Länge (entsprechend Abb. 364). Das Mesektoderm umscheidet in den Visceralbögen das Mesoderm.
b) Ausschnitt aus Abbildung a bei 100facher Vergrößerung. Gegend der Hyomandibulartasche und des Hyalbogens. Konzentration des hyalen Mesektoderms an der medialen Seite des Hyalbogens.
(Nach STARCK 1937)

Legen wir diese enger gefaßte Definition zugrunde, so finden wir, zunächst bei Fischen und Amphibien, zwei Gruppen von Plakoden, die in zwei craniocaudalen Längsreihen seitlich in der Kopf-Rumpf-Region angeordnet sind: die *dorsolaterale* Reihe und die weiter ventral gelegene *epibranchiale* Reihe (Abb. 363, 364, 367). Die dorsolateralen Plakoden stehen funktionell-morphogenetisch in unmittelbarer Beziehung zum Labyrinthorgan und zu den Sinnesorganen und Nerven der Seitenlinie. Topographisch ist die Labyrinthplakode als Anlage von Innenohr und Nervus VIII (einschließlich Ganglion VIII) nur der mittlere Teil der Dorsolateralplakode, die also in einen praelabyrinthären, labyrinthären und postlabyrinthären Abschnitt zu gliedern ist. Die Epibranchialplakoden stehen in enger Beziehung zum dorsalen Ende der Kiementaschen (Abb. 363, 364, 367). Aus ihnen gehen ebenfalls Neurone hervor, und zwar die Neurone

Abb. 366 Querschnitt durch die Kopfregion einer Axolotllarve von 3 mm Länge (entsprechend Stadium der Abb. 363a). Anlagerung des Facialisabschnittes der Neuralleiste von medial her an die prälabyrinthäre Plakode (Lateralisganglion VII). Beachte den Unterschied in der Zellstruktur zwischen Mesektoderm und Mesoderm. (Nach STARCK 1937)

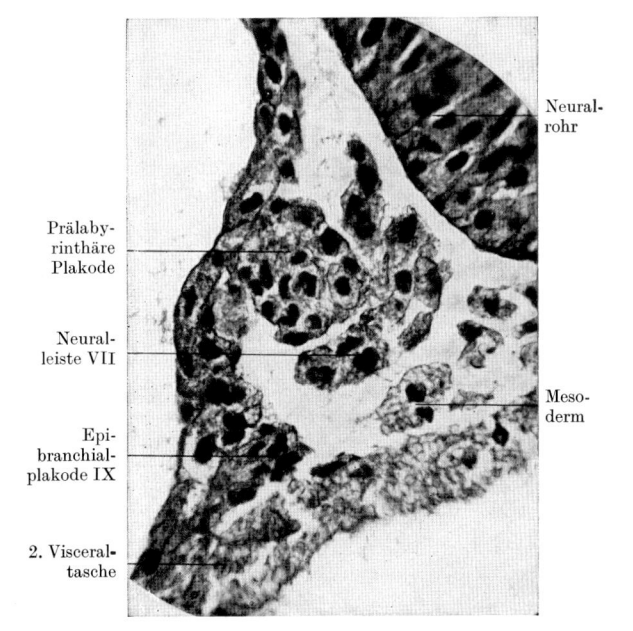

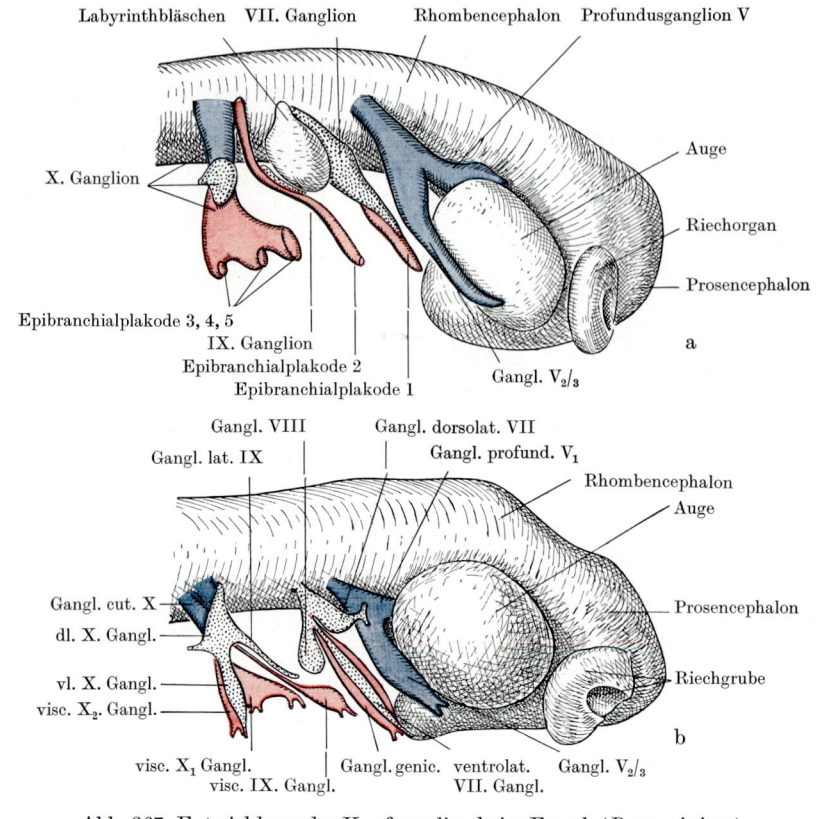

Abb. 367 Entwicklung der Kopfganglien beim Frosch (*Rana pipiens*).
a) Stadium 4 mm Länge, Topographie der ganglienbildenden Bezirke.
b) Stadium 5 mm Länge.
Punktiert = Dorsolateralplakoden. Rot = Material aus Epibranchialplakoden. Blau = Neuralleistenmaterial und Ophthalmicusplakode. (Verändert nach R. A. KNOUFF 1928, J. comp. Neurol. 44).

des Geschmackssinnes. Diese Angabe stützt sich auf die Beobachtung, daß die Ausbildung und Massenentfaltung der Epibranchialverdickungen ungefähr parallelgeht der Entfaltung des Geschmackssystems. So besitzen Fische, die eine enorme Hypertrophie des Geschmackssinns aufweisen – beim Zwergwels finden sich Geschmacksknospen weit über die äußere Körperhaut verbreitet –, auch eine entsprechend massive Epibranchialverdickung. Andererseits treten die Epibranchialplakoden bei Vögeln, die nur vereinzelt Geschmacksknospen besitzen, ganz zurück. Hingegen tritt bei Entenvögeln über der Glossopharyngeustasche wieder eine relativ mächtige Epibranchialplakode auf. Parallel geht ein größerer Reichtum des Nervus IX an Geschmacksfasern. STONE (1922) fand beim Axolotl einen Mangel an Geschmacksfasern nach Exstirpation der Epibranchialplakode. Zu den Dorsolateral- und Epibranchial-Plakodengruppen kommt nun noch eine weitere, am rostralen Kopfende gelegene Plakode. Sie liegt über dem Auge und liefert Neuroblasten für den Ophthalmicusanteil des Trigeminus (Ophthalmicusplakode). STONE konnte experimentell die Beteiligung dieser Plakode an der Bildung allgemein-sensibler Neurone (Hautsensibilität des V_1) nachweisen.

Bei landlebenden Wirbeltieren fehlt das spezifische Sinnessystem des Lateralis (Seitenliniensystem); dementsprechend bleibt vom System der Dorsolateralplakoden ausschließlich der zentrale Anteil, die Ohrplakode als Anlage des Labyrinthorgans, übrig (Abb. 368). Epibranchialplakoden sind nachgewiesen, und ihre Beteiligung an der Bildung von Geschmacksneuronen ist sicher. Eine Ophthalmicusplakode als Quelle

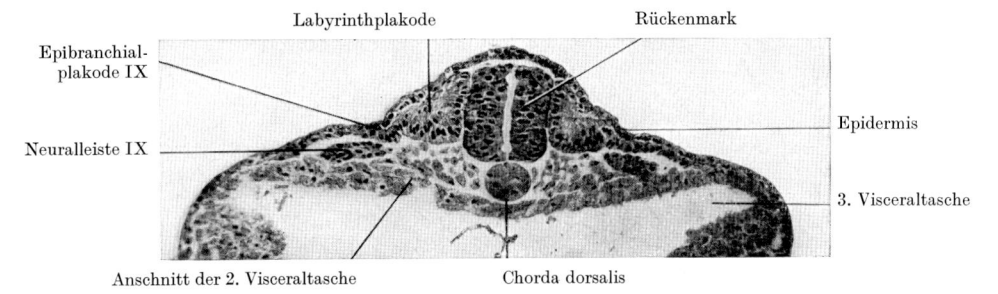

Abb. 368 Querschnitt durch das Gebiet der Labyrinthplakode und der Epibranchialplakode des Glossopharyngeus bei einer Axolotllarve von 3 mm Länge (Stadium der Abb. 363). Die dritte Visceraltasche ist getroffen. (Nach STARCK 1937).

von Material für den Nervus ophthalmicus wurde bei Vögeln (Ente, ORTMANN) gefunden, ist bisher aber bei Säugetieren noch nicht sicher nachgewiesen worden. Hier dürften Untersuchungen an Spezialformen mit besonders starkem Nervus ophthalmicus noch Aufschluß bringen. VAN CAMPENHOUT räumt den Plakoden bei Sauropsiden und Säugern einen sehr großen Anteil an der Bildung der Kopfganglien ein. Nach diesem Autor soll die Neuralleiste sich vorwiegend auf die Bildung von SCHWANNschen Zellen beschränken. Mesektodermbildung aus Plakoden kommt in geringem Umfang vor (Cyclostomen: v. KUPFFER, KOLTZOFF, Fische: NEUMAYER, LANDACRE, VEIT, Amphibien: ARIENS KAPPERS jr.).

Fassen wir das über die Plakoden Gesagte zusammen, so können wir feststellen, daß eine eindeutige und eigenartige Beziehung der verschiedenen funktionellen Komponenten des Nervensystems zu den verschiedenen Bildungsstätten festzustellen ist.

Die efferenten Neurone wachsen aus der Anlage des Zentralnervensystems selbst aus. Als Bildungsstätten für sensible Neurone kommen in Frage: a) Neuralleiste, b) Dorsolateralplakode, c) Epibranchialplakoden, d) Ophthalmicusplakode, e) Riechplakode (s. S. 444, Riechorgan). Dabei ist sichergestellt, daß die Dorsolateralplakode die Neurone für Labyrinthorgan und Seitenliniensystem, die Epibranchialplakoden jene für das Geschmackssystem liefern. Die Neurone der allgemeinen Hautsensibilität entstehen wahrscheinlich ausschließlich aus Neuralleiste und Ophthalmicusplakode. Unsicher sind die Angaben über die Herkunft der Neurone der allgemeinen (unspezifischen) Viscerosensibilität (sensible Schleimhautfasern, außer Geschmack). Wir geben im folgenden eine tabellarische Übersicht über die wichtigsten Theorien:

Ophthalmicusplakode	allgemeine Hautsensibilität im V 1	STONE, LANDACRE, STARCK, ORTMANN, KAPPERS
Epibranchialplakoden	nur Geschmacksfasern	LANDACRE, STARCK
	Geschmacksfasern und allgem. Viscerosensibilität	STONE, KNOUFF
Dorsolateralplakoden	Octavussystem, Lateralissystem	LANDACRE, STARCK, KNOUFF
	Octavo-Lateralissystem und allgemeine Hautsensibilität	STONE
Neuralleiste	allgemeine Hautsensibilität und allgemeine Viscerosensibilität	LANDACRE, STARCK
	nur allgemeine Viscerosensibilität	STONE
	allgemeine Haut- und Viscerosensibilität + Geschmacksfasern	KNOUFF

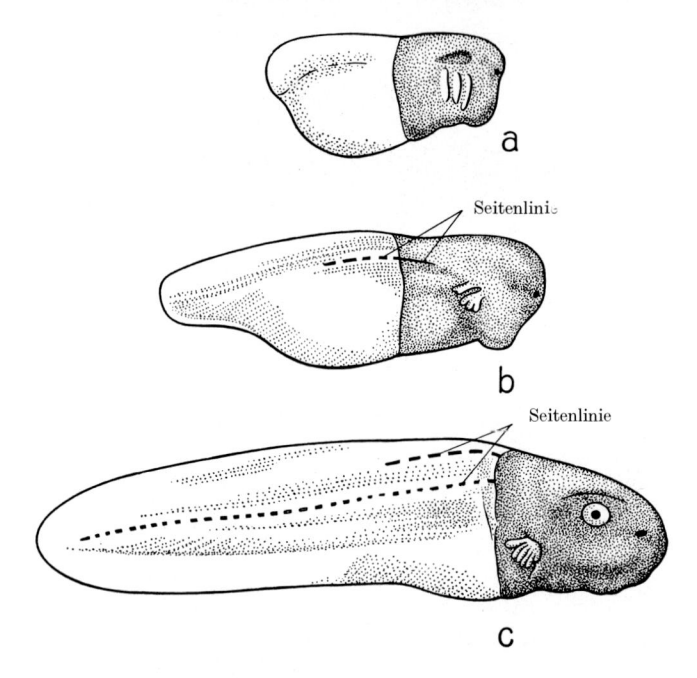

Abb. 369 Pfropfbastard von *Rana sylvatica* (vordere, dunkle Hälfte) mit *Rana palustris* (hintere, helle Hälfte). Drei verschieden alte Stadien. Auswachsen der Rumpfseitenlinie aus dem dunklen Material in das caudale Gebiet. (Nach HARRISON).

Sinnesorgane der Seitenlinie und Geschmacksknospen

Es bleibt nun noch kurz über die Entstehung der spezifischen Sinnesorgane des Seitenliniensystems und des Geschmackssinnes zu berichten. Beide Systeme bestehen aus Sinneszellen (sekundäre Sinneszellen) und zentripetal leitenden Neuronen. Die Herkunft der Neurone von den Plakoden darf als gesichert angesehen werden. Die Sinnesorgane der Seitenlinie entstehen ebenfalls aus dem Material der Dorsolateralplakode, und zwar sind sie recht frühzeitig determiniert. Exstirpiert man die postlabyrinthäre Plakode und pflanzt die praelabyrinthäre Plakode an ihre Stelle, so wachsen die Zellen, die herkunftsgemäß supraorbitale Seitenlinie gebildet hätten, in die Rumpfseitenlinien ein. Es differenzieren sich die spezifischen Sinneszellen und Ganglien, und diese finden Anschluß an die zentralen Lateralisgebiete. Im praeotischen Gebiet fehlt dann naturgemäß eine Lateraliskomponente. Der weitere Ausbau des Lateralissystems erfolgt in der Weise, daß Zellmaterial der Dorsolateralplakode in den tiefen Epidermisschichten entsprechend dem artgemäßen Seitenlinienmuster vorwächst und ohne Beteiligung der lokalen Epidermisregion sich an Ort und Stelle zu Lateralis-Sinnesorganen differenziert. HARRISON (1904) konnte das Auswachsen der Seitenlinie demonstrieren, indem er die vordere Körperhälfte der dunkel pigmentierten Larve von *Rana sylvatica* mit der hinteren Körperhälfte der blassen *Rana palustris* vereinigte (Abb. 369). Die dunkle *Sylvatica*-Seitenlinie wächst in das unpigmentierte Hautgebiet der *Palustris*-Larve ein und kann leicht beobachtet werden. STONE konnte das Auswachsen des Plakodenmaterials zu Seitenlinien an vital gefärbten Transplantaten demonstrieren. Bei erwachsenen Amphibien ist das Plakodenmaterial verbraucht, eine Regeneration ist daher nicht möglich. Regenerationsversuche an Fischen machen es jedoch wahrscheinlich, daß bei diesen Formen eine Entstehung von Lateralisorganen aus gewöhnlicher Epidermis unter induzierendem Einfluß von entsprechenden Nerven aus möglich ist (Literatur s. ORTMANN). Im Gegensatz zu den Befunden am Lateralissystem ist eine gemeinsame Entstehung von Sinnesorgan und Neuron aus den

Plakoden für das Geschmackssystem nirgends beobachtet worden. Selbständige und vom Nerveneinfluß unabhängige Entstehung von Geschmacksknospen im Entoderm konnte HOLTFRETER (1933) an ektodermfreien Urodelenkeimen nachweisen. Für Anuren (REISINGER 1933) wird Bildung von Geschmacksknospen im Entoderm durch Einwanderung mesektodermaler Zellelemente angegeben. Doch sind diese Befunde nicht absolut beweisend. Im Regenerationsversuch jedoch (OLMSTED 1920, TORREY 1933, 1934, 1936) konnte gezeigt werden, daß beim Zwergwels (*Ameiurus*) die Geschmacksknospen nach Nervendurchschneidung degenerieren und aus normaler Epidermis unter dem Einfluß der auswachsenden Nerven regeneriert werden können. Beim Säugetier (Ratte) ist ebenfalls nervenabhängige Differenzierung der Geschmacksknospen im Regenerationsversuch nachgewiesen und damit wohl auch für einzelne Formen für die normale Embryonalentwicklung anzunehmen.

d) *Entwicklung der Neurone des vegetativen Nervensystems.*
Sympathicus

Die erste Anlage des *Sympathicus* (Orthosympathicus) tritt im Mesenchym in der Umgebung der Aorta auf. Die Zellen heben sich kaum vom Mesenchym ab. So entstand die Auffassung (REMAK, TELLO u. a.), daß sich Sympathicusneurone aus dem Mesenchym in loco differenzieren können. Demgegenüber wurde schon früh auf Grund von Schnittbildern angegeben (BALFOUR, HIS), daß Sympathicoblasten aus der Neuralleiste und aus der Anlage des Neuralrohres entlang den Spinalnerven auswandern und sich seitlich und hinter der Aorta ansiedeln (Abb. 370). Von hier aus wachsen die Axone aus, erreichen als Rami communicantes grisei wieder das Rückenmark, während Fortsätze zentral gelegener Sympathicoblasten als praeganglionäre Fasern vom Rückenmark aus als Rami communicantes albi die Grenzstranganlage erreichen. Für die Herkunft der Sympathicoblasten aus der Neuralleiste sprechen die experimentellen Befunde. Zerstörung der Neuralleiste (HARRISON, INGVAR, VAN CAMPENHOUT) führt zu Defekten des Grenzstranges in der betroffenen Körperregion. RAVEN konnte später nachweisen, daß zwar der Hauptteil der Sympathicoblasten von der Neuralleiste stammt, daß aber bei Amphibien auch Auswanderung von Sympathicoblasten aus dem Neuralrohr selbst entlang der ventralen Wurzeln vorkommt. Die peripheren – intramuralen – Neurone des Sympathicus (praevertebrale Ganglien) wandern sekundär aus der primären Grenzstranganlage aus.

Für Säugetiere konnte DA COSTA zeigen, daß die erste, rein zellige Anlage des sympathischen Grenzstranges dorsal der Aorta vor Auftreten der Spinalnervenwurzeln entsteht und mit der

Abb. 370 Querschnitt durch die rechte dorsale Körperwandgegend eines Schweineembryos von 11 mm Scheitel-Steiß-Länge. Spinalnerv mit Wurzeln und Spinalganglion. Ramus ventralis, Ramus communicans und Anlage des Grenzstranges des Sympathicus (neben der Aorta). (Orig.)

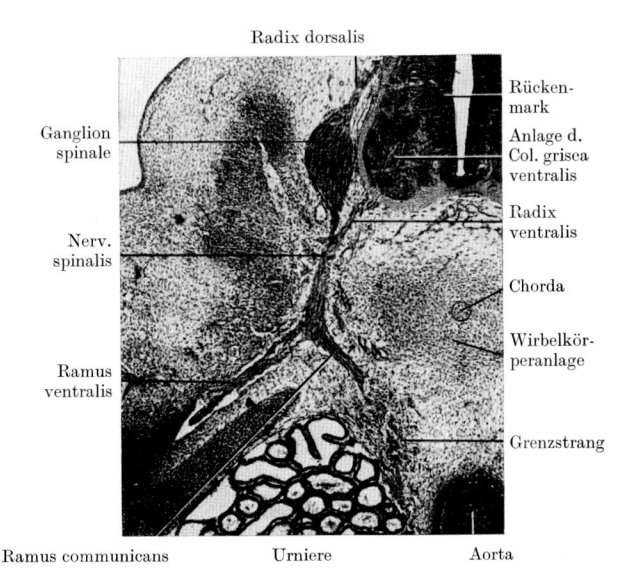

Anlage des Rückenmarkes durch Zellstränge verbunden ist. Diese Zellstränge sind keineswegs Vorläufer der Rami communicantes, sondern Sympathicoblasten, die aus der Anlage des Zentralorgans auswandern. Der Grenzstrang wird zuerst im Halsbereich, später im Brust- und Lendenbereich nachweisbar. Aus der primären Sympathicusanlage wandern Zellen zu beiden Seiten der Aorta nach ventralwärts und gelangen von hier aus weiter in die Peripherie. Es sind die Bildungszellen der postganglionären und intramuralen Neurone. Doch entstehen aus der primären Sympathicusanlage neben vegetativen Neuronen auch Hüllzellen (SCHWANNsche Zellen) und Zellen der Paraganglien. Letztere sind früh an ihrer blassen Färbung differenzierbar.

Entwicklung der Neurone des Parasympathicus

Die Entstehung der parasympathischen Neurone ist ähnlich umstritten wie die Entwicklung des Sympathicus. Die peripheren Neurone des parasympathischen Systems sollen nach KUNTZ (1934) entlang der peripheren Nerven aus dem Zentralnervensystem auswachsen. Zellen aus der Anlage der sensiblen Ganglien sollen sich beimischen, wobei es nicht zu entscheiden ist, ob es sich um Neuralleistenzellen oder um Zellen plakodaler Herkunft handelt. Andere Autoren nehmen Herkunft nur aus den sensiblen Ganglien (Neuralleiste) an (BROMAN, STREETER), während andererseits auch ausschließlich Herkunft aus dem Zentralorgan oder Differenzierung aus dem Mesenchym in loco (AMPRINO, LEVI-MONTALCINI 1946 für Gangl. ciliare) behauptet werden. JONES (1942) glaubte, für die postganglionären Vagusneurone experimentell Herkunft aus dem Vaguskerngebiet wahrscheinlichmachen zu können. Exstirpation der entsprechenden Abschnitte des Zentralnervensystems führt zu Defekten in der Ausbildung der peripheren Neurone (s. VAN CAMPENHOUT).

Für die einzelnen vegetativen (parasympathischen) Kopfganglien ergibt sich nach KUNTZ folgende Herkunft des Zellmaterials (Abb. 371):

Ganglion ciliare: Herkunft aus Zellen, die längs des Oculomotorius auswandern, und Zellen aus dem Trigeminus-1-Ganglion. Die letztere Quelle ist beim Menschen wichtiger.

Ganglion pterygopalatinum: Aus Hirnanlage längs des Nervus petrosus (superfic.) major,

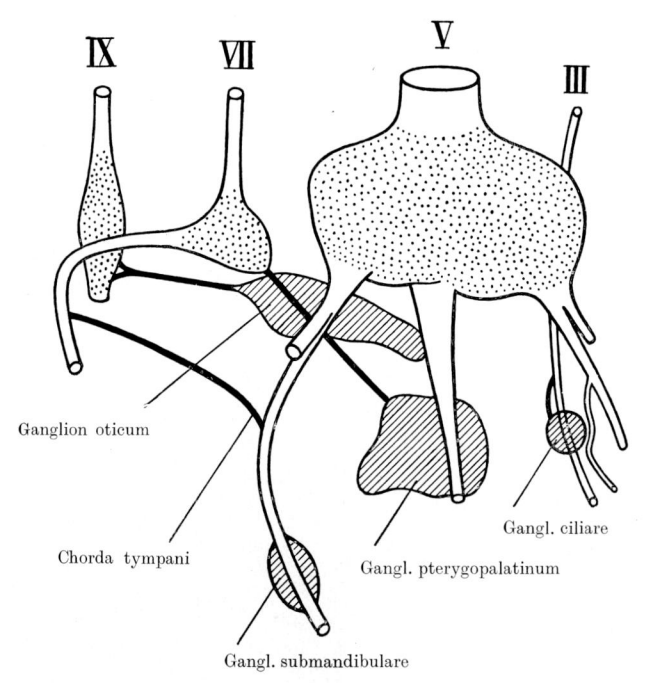

Abb. 371 Schema der Topographie der Kopfganglien. (Nach KUNTZ).
Sensible Ganglien punktiert. Parasympathische Ganglien gestrichelt.

aus Ganglion geniculi VII und aus Ganglion semilunare über V₂.

Ganglion oticum: Aus Hirnanlage längs des N. petrosus (superfic.) minor, über V₃ und aus Ganglion semilunare.

Ganglion submandibulare und *sublinguale:* Aus Hirnanlage über V₃, später aus Nervus VII.

Inwieweit eine feste Beziehung zwischen funktioneller Determination der Neurone und Herkunftsort besteht, etwa in dem Sinne, daß auch im vegetativen System efferente Neurone aus dem Zentralnervensystem, afferente aber aus Neuralleistenmaterial entstehen, läßt sich zur Zeit nicht entscheiden.

e) Paraganglien und Nebennieren

Aus der Anlage des Sympathicus, also letzten Endes aus der Neuralleiste, entstehen die spezifischen Zellen der Paraganglien. Es handelt sich um sekretorisch tätige Zellen, die Adrenalin bilden und histochemisch durch Braunfärbung nach Behandlung mit Oxydationsmitteln (insbesondere mit chromsauren Salzen) gekennzeichnet sind (phaeochrome oder chromaffine Zellen). Bei niederen Wirbeltieren (Knorpelfische) sind diese Organe segmental angeordnet. Bei höheren Formen finden sich Massen von paraganglionären Zellen an verschiedenen Stellen des Bauchraumes konzentriert, insbesondere in der Umgebung der Aorta (ZUCKERKANDLsches Organ: Aortenkörper) und im Bereich der sympathischen Geflechte des Beckens. Das wichtigste sympathische Paraganglion jedoch ist das *Nebennierenmark* (Paraganglion suprarenale, Adrenalorgan). Nach der Geburt bilden sich die Paraganglien des Sympathicus mehr und mehr zurück und sind beim Erwachsenen nur in Spuren erhalten. Wahrscheinlich hängt die Rückbildung dieser Organe vom Funktionstüchtigwerden des Nebennierenmarkes ab.

Ein sehr auffallendes Verhalten zeigen die Paraganglien gewisser Fledermäuse (Vespertilioniden, nicht Rhinolophiden), das für das Verständnis des paraganglionären Gewebes von Bedeutung ist (DA COSTA 1917–1947). Diese Tiere besitzen in der Embryonalzeit bis etwa zur Zeit der Geburt außergewöhnlich umfangreiche Paraganglien im Cervical- und Abdominalbereich. Sie sind topographisch den entsprechenden Sympathicusganglien zugeordnet (Abb. 372). Auffallend ist nun, daß die sympathischen Ganglien sich cytologisch sehr spät differenzieren, während die Paraganglien früh Anzeichen sekretorischer Aktivität zeigen. Die Paraganglien bilden sich zurück, sobald in den vegetativen Ganglienzellen Nisslsubstanz auftritt. Anders verhält sich das Nebennierenmark. Dieses bleibt erhalten, zeigt aber gewisse Änderungen in der Färbbarkeit der Zellen, sobald diese in Kontakt mit der Nebennierenrinde kommen. Die typische Chromreaktion jedoch bleibt unverändert. Immerhin ist an einen gewissen funktionellen Synergismus der Paraganglien und der

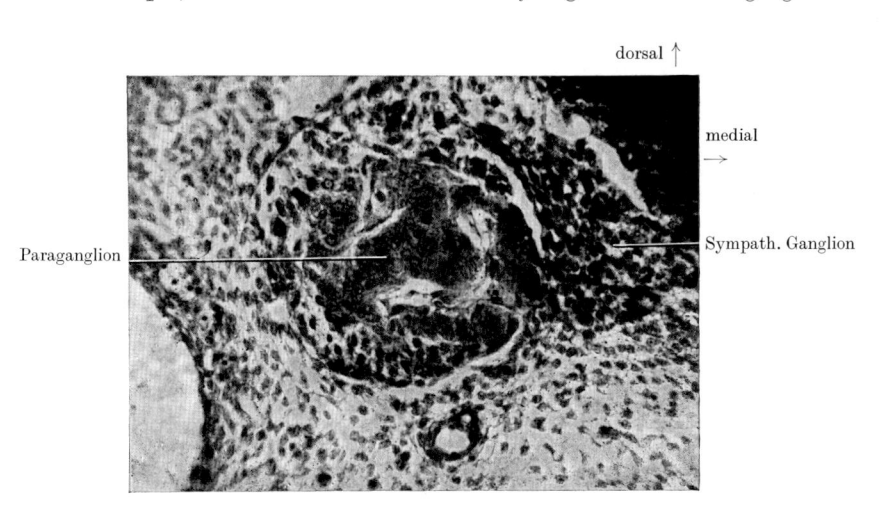

Abb. 372 Paraganglion, lateral neben der Anlage des sympathischen Grenzstrangganglions bei einer glattnasigen Fledermaus (*Myotis myotis*, Embryo 9 mm Scheitel-Steiß-Länge). (Orig.)

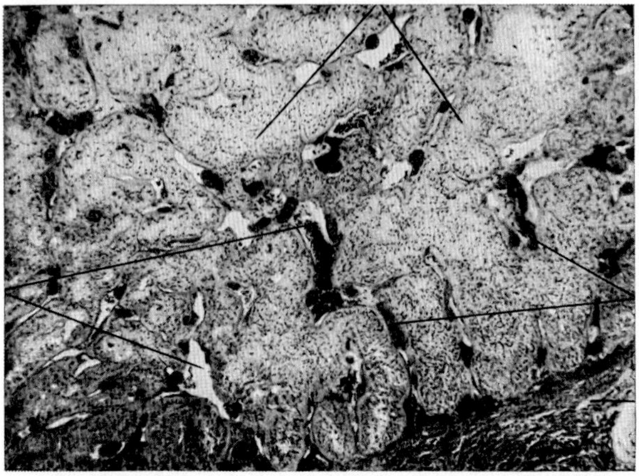

Abb. 373 Schnitt durch die Nebenniere eines Krokodils (*Crocodylus rhombifer*). Interrenalgewebe und Adrenalgewebe liegen nicht in Form von Rinde und Mark übereinandergeschichtet, sondern sind durchmischt. (Orig.)

sympathischen Ganglien zu denken, etwa in dem Sinne, daß bei Vespertilioniden ein humoraler Regulationsmechanismus (Paraganglien) im Laufe der Ontogenese durch einen nervösen Mechanismus abgelöst wird (DA COSTA).

Die Bedeutung der sogenannten *parasympathischen Paraganglien* (WATZKA, KOHN) ist in funktioneller und genetischer Hinsicht nicht völlig geklärt. Es handelt sich um Paraganglien, deren Zellen nicht chromierbar sind. Am wichtigsten sind *Carotiskörperchen* (*Glomus caroticum*) und *Supraperikardialkörper*. Doch kann aus dieser Farbreaktion ebensowenig wie aus der Innervation ein Rückschluß auf die Genese gezogen werden. Schließlich wird auch das Nebennierenmark parasympathisch innerviert. Am wahrscheinlichsten ist die Herkunft des Carotiskörperchens aus der Neuralleiste (Anlage des Ganglion cerv. sup.). Auch kommen bei einigen Säugern (Rind) chromaffine Zellen in ihm und im supraperikardialen Körper (Chiropteren) vor, so daß aus der Chromierbarkeit höchstens auf einen besonderen Funktionszustand geschlossen werden kann.

Die *Nebenniere* selbst ist ein komplexes Organ, das zwei heterogene Anlagen in sich vereint, einmal das *Adrenalorgan* = Nebennierenmark (Paraganglion suprarenale), dessen spezifische Elemente neuraler Herkunft sind, und andererseits das Interrenalorgan (Nebennierenrinde), ein drüsiges Organ, das aus Zellen der Coelomwand in unmittelbarem Zusammenhang mit der Gonadenanlage entsteht. Bei niederen Wirbeltieren (Fische) sind beide Organe getrennt. Bei Reptilien kommt es zu einer Invasion des Interrenalgewebes durch das paraganglionäre Material, das dann inselartig im Interrenalorgan verteilt ist (Abb. 373). Bei Säugern umgibt das Interrenalorgan kapselartig als Rinde das Adrenalorgan (Nebennierenmark). Dieser Zusammenschluß eines neurogenen und eines epithelogenen Organs zu einer Einheit kommt erst während der Ontogenese zustande. Die Nebennierenrinde entsteht als Verdickung des Coelomepithels medial der Urnierenanlage dicht seitlich der Mesenterialwurzel und hängt direkt mit der Gonadenanlage zusammen (FORBES, Abb. 329). Gonadenanlage und Nebennierenrinden-Anlage sind zunächst nicht gegeneinander abgrenzbar. Die Gonade geht aus dem ventrolateralen, die Nebennierenrinde aus dem medialen Teil der Leiste hervor. Die Differenzierung des Interrenalorgans beginnt gleichzeitig mit der Wucherung von Marksträngen in der Gonadenanlage, eine Tatsache, die von Interesse ist, wenn man berücksichtigt, daß Hyperplasie der Nebennierenrinde beim Weibe zur Vermännlichung (androgene Hormone) führt (s. S. 88). Nebennierenrinde und Markstränge des Hodens gehen aus der gleichen Anlage hervor und können gleiche Potenzen entfalten.

Aus der Rindenanlage gehen große acidophile Zellen hervor, die ein kompaktes Organ bilden.

An seiner Medialseite treten (Homo, 10 mm) Sympathicogonien auf, die etwa auf dem 15-mm-Stadium in die Organanlage eindringen (Abb. 374). Die völlige Umhüllung des Adrenalorgans durch die Rinde erfolgt erst sehr viel später. Etwa im 6. Schwangerschaftsmonat (Maus 15. Tag, Schwein 40 mm) wird die Chromaffinität nachweisbar. Die embryonale Anlage des Interrenalorgans erfährt kurz nach der Geburt einen erheblichen Umbau. Nur die äußeren Zellagen werden in den Bestand der definitiven Nebennierenrinde übernommen. Die Nebenniere ist im 2. Schwangerschaftsmonat wesentlich größer als die Niere selbst. Dieses Verhältnis verschiebt sich ganz allmählich zugunsten der Niere. Noch beim Neugeborenen beträgt das Gewichtsverhältnis Nebenniere zu Niere etwa 1 : 3 gegen 1 : 30 beim Erwachsenen.

Hier sei noch kurz auf eine eigenartige Kombination von Mißbildungen aufmerksam ge-

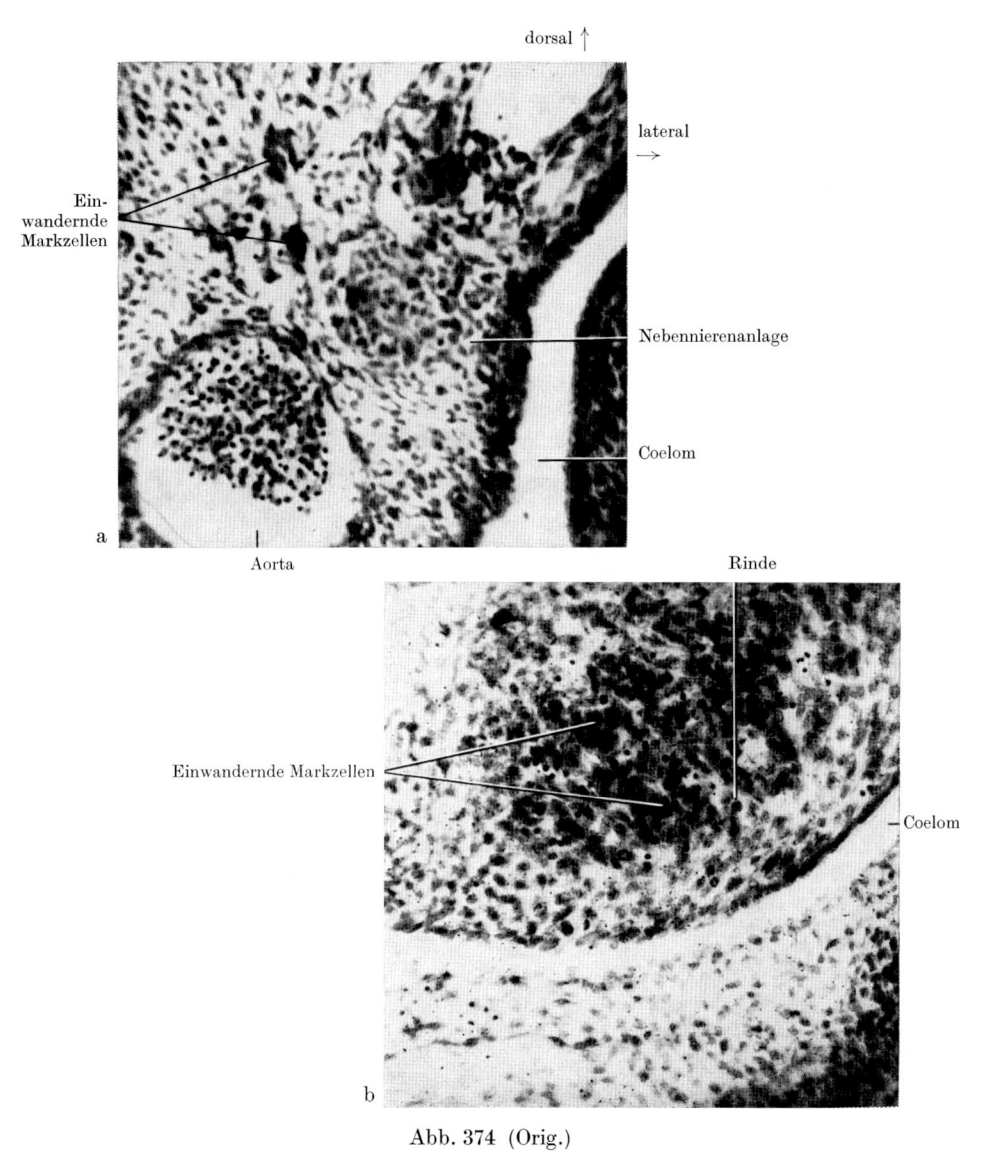

Abb. 374 (Orig.)
a) Nebennierenanlage einer Fledermaus (*Rhinolophus hipposideros*, kleine Hufeisennase, Embryo 7 mm). Einwandern der Sympathicogonien in die Nebennierenanlage.
b) Nebennierenanlage einer Fledermaus (*Myotis myotis*, 10 mm).

macht. *Anencephale Feten* haben im allgemeinen neben dem Hirndefekt eine Hypoplasie oder Aplasie der Nebennieren. Diese Kombination ist so regelmäßig, daß man kausale Zusammenhänge annehmen muß. Da das Nebennierenmark aus Zellen der Neuralleiste hervorgeht, ist es natürlich naheliegend, die Ursache für die Mißbildung in einem Defekt der ganzen Neuralanlage zu suchen. Nun ist es aber auffallend, daß gerade das Rindengewebe meist stärker von der Defektbildung betroffen ist als das Mark. Auch kann die Hirnmißbildung nicht als Folge des Nebennierendefektes aufgefaßt werden, da die Nebenniere bei anencephalen Embryonen noch normal angelegt wird. A. KOHN (1924) hat es wahrscheinlich gemacht, daß die Aplasie der Nebenniere Folge einer mit der Anencephalie verknüpften Mißbildung der Hypophyse ist. Tatsächlich lassen sich regelmäßig Hypophysenveränderungen bei Anencephalen feststellen (Verminderung der Eosinophilen, Fehlen der Pars intermedia und des Hinterlappens usw.), so daß eine Störung hormonaler Korrelationen sehr wahrscheinlich ist. Die Nebennierenstörung macht sich erst ab 5. bis 6. Monat bemerkbar, da erst dann diese Korrelationen wirksam werden.

Die anatomische Zusammenfassung eines neuralen und eines epithelogenen Organs zu einer übergeordneten Einheit, wie wir sie in der Nebenniere verwirklicht sehen, ist kein Einzelfall. Es sei in diesem Zusammenhang an die Hypophyse (Adeno- und Neurohypophyse) sowie an die Epithelkörperchen der Vögel erinnert. Bei Vögeln kommt es zu einer Umhüllung des Glomus caroticum durch die Epithelkörperchen (WATZKA, R. SCHNEIDER 1951). Diese neuroepitheliale Kontaktfläche in endokrinen Organen dürfte für die Funktion von besonderer Bedeutung sein und hat in letzter Zeit die Aufmerksamkeit der Forscher erregt (SPATZ, DIEPEN, GAUPP 1948, SCHNEIDER 1951), ohne daß bislang sichere Angaben gemacht werden konnten.

4. Entwicklung des Auges und seiner Hilfsorgane

Das Auge nimmt unter den Sinnesorganen insofern eine Sonderstellung ein, als die spezifischen Rezeptoren des Lichtsinnes Derivate des Zentralnervensystems, und zwar des Zwischenhirns, sind. Diese Feststellung gilt für alle Wirbeltiere. Auch die Photorezeptoren von *Branchiostoma* sind Abkömmlinge des Zentralnervensystems, in diesem Falle allerdings des Rückenmarkes (Becheraugen). Im Gegensatz dazu stammen die Lichtsinnesorgane der Wirbellosen aus der Epidermis. Innerhalb der Wirbeltierreihe zeigt das Auge ein einheitliches Bauprinzip, so daß keine progressive Entwicklungstendenz zu erkennen ist. Sonderanpassungen betreffen nur die feinere Ausgestaltung (Sehen im Flug, unter Wasser, Nachtsehen usw.). Charakteristisch ist, daß zwei Gebilde verschiedener Herkunft zu einem harmonischen Ganzen vereint sind. Die Netzhaut als Rezeptor ist Hirnderivat, die Linse stammt normalerweise von der Epidermis ab. Hinzu kommen verschiedenartige Gewebsformationen (Gefäßhaut, fibröse Augenhaut usw.) mesenchymaler Herkunft. Weiterhin finden wir stets *invertierte Augen*, d. h. die Sinneszellen des Wirbeltierauges sind so orientiert, daß ihr peripheres Ende vom Licht abgewandt steht.

Die erste Anlage des Auges läßt sich früh vor Schluß des Neuralrohres nachweisen. Bei menschlichen Embryonen von 7 Somiten (Abb. 241 b, 331 a) findet sich im Prosencephalonbereich der Neuralplatte jederseits eine Furche (*Sulcus opticus*). Beide Furchen stehen rostral am vorderen Hirnende durch einen Wulst (Torus opticus) in Verbindung. Wenn die Neuralwülste sich zum Rohr schließen, stülpen sich die Augenanlagen bereits als halbkuglige Blasen (Augenblase Abb. 375, 376) vor. Das Lumen dieser Anlage (Sehventrikel) steht primär mit dem Ventrikelsystem des Gehirns in Verbindung. In der Folge wächst die Augenblase rasch nach lateral vor, verdrängt das Mesenchym und stößt an die Epidermis. Gleichzeitig schnürt sich der mediale Teil der Augenblase ein, der die Verbindung zum Hirn herstellt, und wird zum Augenblasenstiel.

Die Determination der Augenanlage bei Amphibienlarven erfolgt bereits auf dem Medullarplattenstadium (Selbstdifferenzierung). Die Teildetermination ist aber im Gegensatz hierzu erst spät abgeschlossen, denn noch auf dem Schwanzknospenstadium können zwei Augenanlagen zur Verschmelzung gebracht werden und liefern dann ein einheitliches, harmonisch gebautes Auge. *Cyclopie* (ein unpaares, median gelegenes Auge) kommt zustande, wenn das sehr

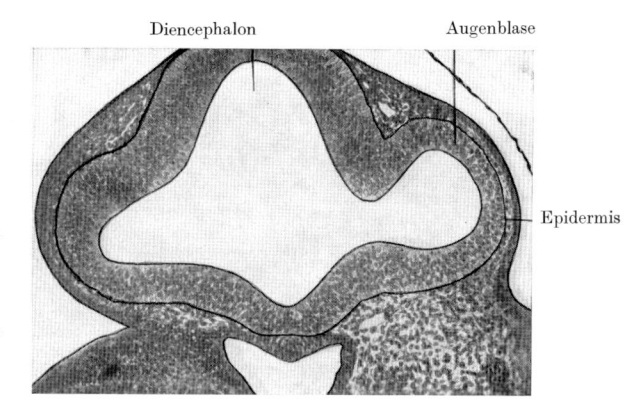

Abb. 375 Querschnitt durch den Vorderkopf eines jungen Schweineembryos, Zwischenhirngebiet mit Augenblasen. Über der Augenblase noch unveränderte Epidermis.

empfindliche Mesenchym des rostralen Körperendes chemisch oder mechanisch geschädigt ist. Die beiden Augenanlagen verschmelzen dann, da das zwischen ihnen gelegene Zellmaterial wegfällt. Cyclopie tritt auch bei Mensch (Abb. 146) und Säugetieren gelegentlich als Mißbildung auf. In jedem Fall liegt wohl eine Schädigung im praechordalen Kopfbereich (s. S. 148) der Mißbildung zugrunde.

Nach der Aufgliederung des Vorderhirnes in Telencephalon und Diencephalon gehört die Augenblase dem ventrolateralen Zwischenhirnbereich an. Bei Embryonen von etwa 4 mm Länge beginnt die Augenblase, sich von lateral her zum *Augenbecher* (Abb. 377) einzustülpen. Dieser Vorgang erfolgt aktiv, denn man beobachtet um diesen Zeitpunkt eine Häufung von Mitosen in jenem Bereich der Augenblase, welcher der Epidermis zugewandt ist. Gleichzeitig verdickt sich die überlagernde Epidermis zur Linsenplatte.

Ist die Einstülpung des Augenbechers vollzogen, so können zwei Wandschichten (Abb. 378) unterschieden werden. Die innere, dickere Schicht des Augenbechers bildet die Anlage der neuralen Retina, die äußere, dünnere Schicht

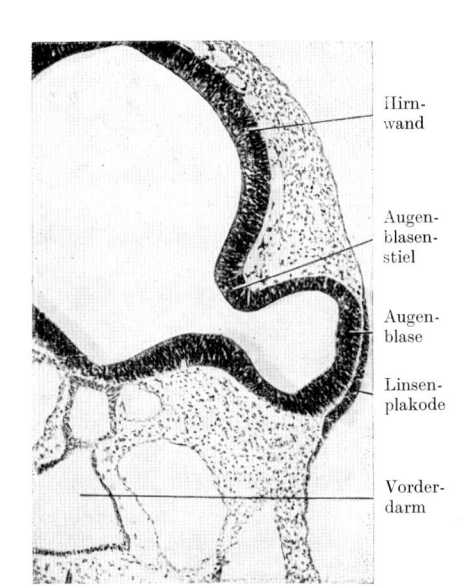

Abb. 376 Querschnitt durch das Kopfgebiet eines jungen Kaninchenembryos. Epidermis über der Augenblase ist zur Linsenplakode verdickt. (Orig.)

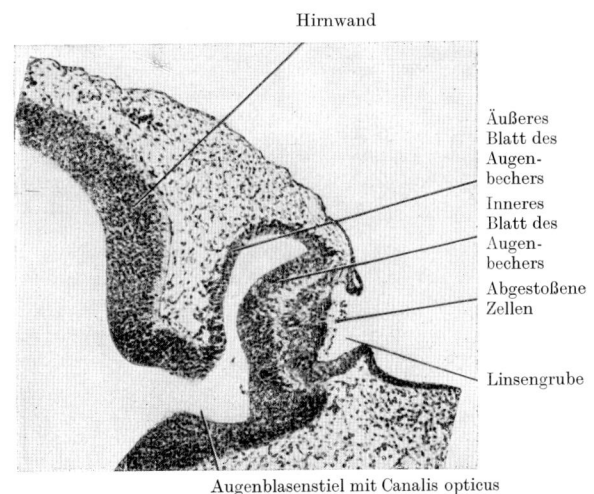

Abb. 377 Kaninchenembryo etwa 2 Wochen alt. Augenbecher gebildet. Die Linsengrube schnürt sich ab. Im Inneren der Linsengrube abgestoßene Zellen. (Orig.)

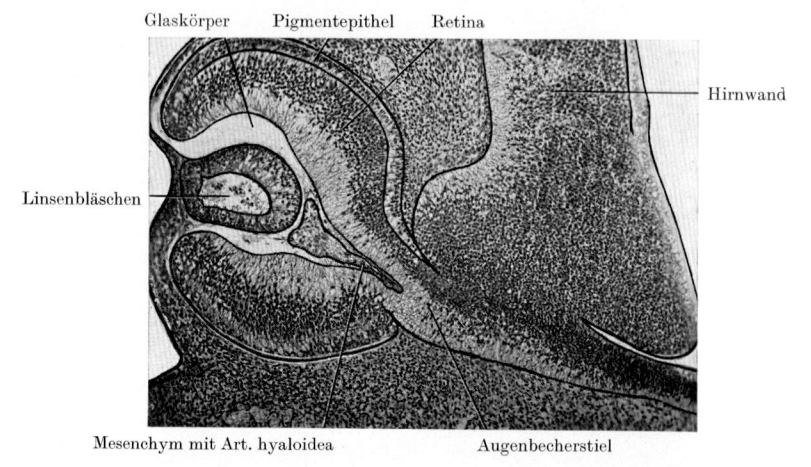

Abb. 378 Schweineembryo. Augenbecher mit dünnerer, äußerer Wand (späteres Pigmentepithel) und dicker, innerer Wand (Retina). Im Inneren des Augenbechers ist Mesenchym mit Arteria hyaloidea sichtbar. Das Linsenbläschen ist eben abgeschnürt. (Orig.)

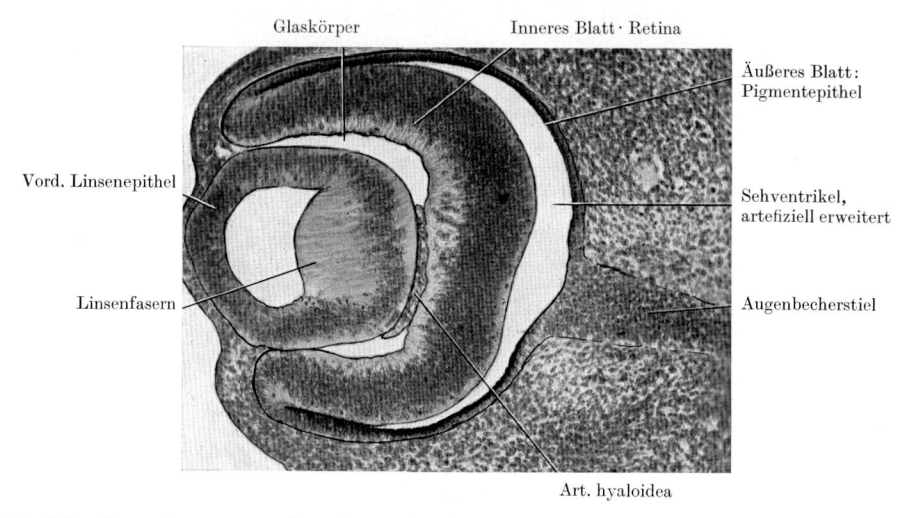

Abb. 379 Schweineembryo, etwas älter als das der Abbildung 378 zugrunde liegende Objekt. Pigment im äußeren Augenbecherblatt gebildet. Bildung von Linsenfasern in der verdickten Rückwand des Linsenbläschens.

die Anlage des Pigmentepithels der Netzhaut. Beide Blätter des Augenbechers legen sich dicht aneinander, so daß der Sehventrikel verschwindet (Abb. 378).

Differenzierung der Augenbecherwände

An der nach lateral blickenden Öffnung des Bechers, dem Augenbecherrand, gehen beide Blätter ineinander über. Die Öffnung wird später zur Pupille. Das zunächst mehrschichtige, äußere Blatt des Augenbechers wird einschichtig und liefert das Pigmentepithel der Retina, des Corpus ciliare und der Iris. Melaninpigment tritt in Form von Granula bei Embryonen von 7 mm Länge auf (Abb. 379). Es handelt sich um das einzige Pigment, das nicht von Neuralleistenzellen abstammt. Bei Amphibienlarven kann explantiertes Zellmaterial des Zwischenhirnes in vitro Pigmentzellen liefern (WEISS und WANG).

Am inneren Blatt des Augenbechers lassen sich bereits vor Abschluß der Pigmentbildung zwei Zonen unterscheiden. Der linsennahe, distale Bezirk besitzt niedrigeres Epithel als der hintere Abschnitt. Diese Gliederung entspricht der späteren Differenzierung in eine Pars caeca retinae (distal) und eine Pars optica retinae (proximal). Nur die Pars optica bildet Sinneszellen aus. Die Pars caeca überkleidet das Corpus ciliare und bildet das innere Blatt im Irisgebiet. In diesem Bereich greift die Pigmentbildung auch auf das innere Blatt über, erreicht aber nicht die Grenze zur Pars optica (Ora serrata). Wir unterscheiden also

Die Neurite der retinalen Ganglienzellen wachsen zentralwärts und finden als Nervus opticus Anschluß an das Zentralorgan (etwa 15–17 mm Embryonen, Markscheidenbildung erst postnatal). Da die Sehnervenfasern aus dem inneren Blatt des Augenbechers stammen, das nicht direkt, sondern nur über das äußere Blatt mit dem Gehirn in Verbindung steht (Abb. 377), muß notwendigerweise eine Leitstruktur für die

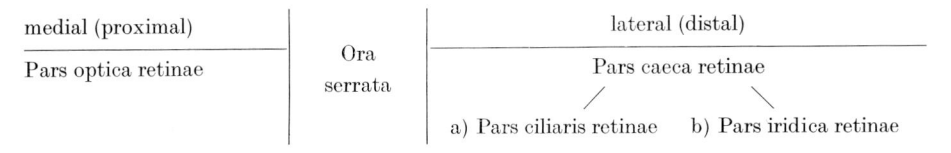

medial (proximal)	Ora serrata	lateral (distal)	
Pars optica retinae		Pars caeca retinae	
		a) Pars ciliaris retinae	b) Pars iridica retinae

Das hohe mehrreihige Epithel des inneren Augenbecherblattes wird mehrschichtig. Mitosen finden sich entsprechend den ventrikulären Mitosen im Zentralnervensystem in der äußeren, dem Sehventrikel zugewandten Schicht. Die Histogenese der Retina vollzieht sich in prinzipiell gleicher Weise wie im Gehirn. Wir beobachten auch hier die Differenzierung in Neuroblasten und Spongioblasten. Die Axone der Neuroblasten liegen als geschlossene, blasse Schicht (Randschleier) auf der Innenseite der Kernzone (Abb. 379, 380). Die Differenzierung schreitet von medial her nach dem Rande vor.

auswachsenden Nervenfasern geschaffen werden. Dies wird durch Einstülpung des Augenbecherstieles erreicht.

Wenn der Augenbecher vorwächst, bleiben die unteren Partien des Bechers im Wachstumstempo zurück. Dadurch kommt es zur Bildung einer Spalte (*Augenbecherspalte*, Abb. 381, 382), die auch äußerlich sichtbar ist. Sie setzt sich als Stielrinne auf den Augenbecherstiel fort (Abb. 381). Damit ist gewissermaßen eine Falte, die in direkter Verbindung mit dem inneren Blatt des Augenbechers steht, in den Stiel hineinverlagert. Sie wird von den seitlichen Teilen der Wand des

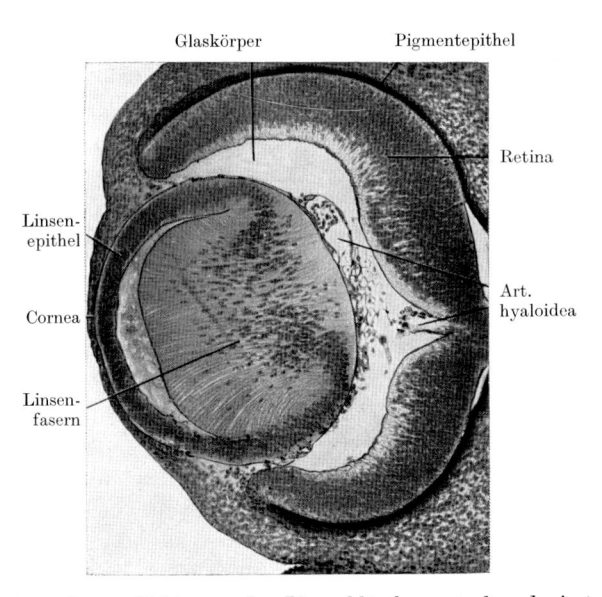

Abb. 380. Älterer Schweineembryo. Hohlraum des Linsenbläschens stark reduziert. Bildung von Linsenepithel und Linsenfasern. Im Augenbecher ist die Arteria hyaloidea sichtbar.

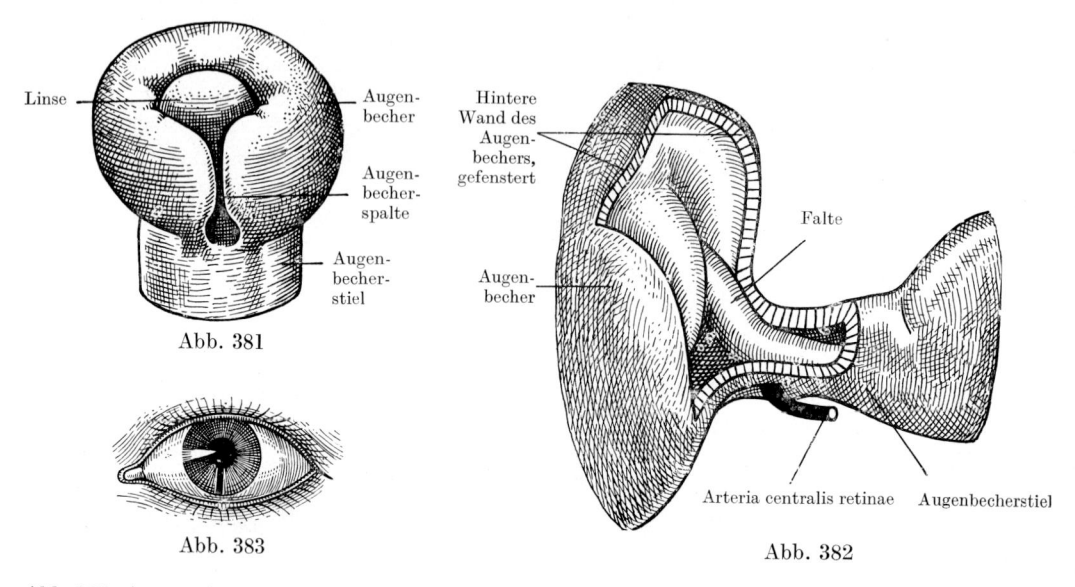

Abb. 381 Augenanlage eines menschlichen Embryos von 12,5 mm Länge, etwas von unten her gesehen. Augenbecherspalte. 66fach vergr. (Nach DEDEKIND-HOCHSTETTER).

Abb. 382 Hinterer (zentraler) Teil des Augenbechers mit Augenbecherstiel von einem 10,5 mm langen Kaninchenembryo. Die äußere Wand des Augenbechers ist gefenstert. Man sieht von unten her die Arteria centralis retinae in den Augenbecherstiel eintreten. Die Wand des Augenbecherstieles wird durch die Arterie nach oben hin zu einer Falte eingestülpt. (Nach v. SZILY).

Abb. 383 Coloboma iridis. Persistenz der fetalen Augenbecherspalte. Schema.

Stieles umwachsen. Durch die Entstehung eines derartigen unmittelbaren Verbindungsweges zwischen Retinablatt und Gehirn ist die Leitstruktur für die auswachsenden Neurone gegeben. Gleichzeitig nimmt die Spalte die Arteria centralis retinae auf und führt diese ins Augeninnere. Nachdem die ersten Nervenfasern das Gehirn erreicht haben (17 mm), schließt sich die Spalte durch Verwachsung ihrer Ränder. Damit wird auch die Umrandung der Pupille vervollständigt. Der Verschluß beginnt in der Mitte der Spalte und schreitet nach beiden Enden fort. Unterbleibt der Verschluß ganz oder teilweise, so kommt es zu einer Hemmungsmißbildung (Colobom, Abb. 383).

Linsenbildung

Die Linse faltet sich in jenem Bereich der Epidermis als Bläschen ab, der vom Augenbecher berührt wird. Die Epidermis ist in diesem Gebiet zunächst zur Linsenplakode verdickt, stülpt sich als Linsengrübchen (Abb. 376, 377) ein und schnürt sich schließlich als Bläschen ab.

Auch hier findet sich lebhafte Mitosetätigkeit, so daß es regelmäßig zur Abstoßung von Zellen (Abb. 377) kommt. Bei menschlichen Embryonen von 8 mm Länge ist die Abschnürung vollzogen. Das Linsenbläschen wird vom Augenbecher umfaßt und füllt diesen Raum zunächst fast ganz aus. Diese regelmäßige und koordinierte Beziehung zwischen Linse und Augenbecher läßt daran denken, daß der Becher rein mechanisch von der sich abschnürenden Linse eingedrückt würde. Das Auftreten von Mißbildungen mit normalem Augenbecher ohne Linse zeigt, daß die Beziehungen zwischen beiden Gebilden komplizierter sein müssen. Experimentell läßt sich an Amphibienlarven nachweisen, daß eine Unterdrückung der Linsenbildung nicht die Augenbechereinstülpung verhindert. Trotzdem bestehen Wechselwirkungen zwischen Augenbecher und Linse.

Die experimentelle Analyse dieser Korrelationen ergab, daß die Linsenbildung in der Epidermis durch den unterlagernden Augenbecher induziert wird (SPEMANN). Der Augenbecher wird früh determiniert (Induktor: Urdarmdach). Vor Schluß des Medullarrohres liegt das Material, das im normalen unbeeinflußten Entwicklungsablauf zur Bildung einer Linse verwendet wird, wie Vitalfärbungsversuche zeigen, weit außerhalb der Neuralanlage. Auf diesem Stadium ist es also möglich, das Augenbechermaterial zu zerstören, ohne das linsenbildende Material zu schädigen. Dennoch entwickelt sich nach Entfernung des Augenbechers keine Linse. Bei der Unke (*Bombinator*) kann es allerdings auch nach Entfernung des Augenbechers gelegentlich zur Bildung kleiner Linsen kommen. Regelmäßig ist dies bei Rana esculenta und beim Axolotl der Fall. Bei einigen Amphibienarten (Grasfrosch – *Rana temporaria*, *Triturus*arten) kann man noch relativ spät die Epidermis über dem Augenbecher durch Haut aus einer Körperregion ersetzen, die normalerweise nie Linse bildet (Bauchhaut). In diesem Falle kommt es durch Induktionswirkung des Augenbechers zur Bildung einer normalen Linse im Transplantat.

Austauschversuche zwischen verschiedenen Amphibienarten führten zur Klärung dieser Differenzen. Verpflanzt man Bauchhaut einer Art, die eine verbreitete Linsenpotenz besitzt (*Bufo*, *Rana temporaria*) auf den Augenbecher von *Rana esculenta*, so induziert der Augenbecher eine Linse im Transplantat. Es zeigt sich also, daß die Unfähigkeit von *Rana esculenta* in arteigener Bauchhaut Linsenbildung zu induzieren, nicht auf einer mangelnden Induktionsfähigkeit des Augenbechers beruht, sondern daß die Epidermis auf den Induktionsreiz nicht anspricht. Bei *Bombinator*, Axolotl und Teichfrosch ist die Bildung der Linse in der Kopfhaut frühzeitig determiniert. Damit erlischt die Reaktionsfähigkeit der übrigen Epidermis auf den Induktionsreiz des Augenbechers. Der Anteil des Reaktionssystems am Prozeß tritt mehr in den Vordergrund. Die Unterschiede zwischen den verschiedenen Amphibienarten sind also nicht grundsätzlicher Art, sondern beruhen auf Geschwindigkeitsunterschieden im zeitlichen Ablauf des Vorganges. Dabei ist, wie im allgemeinen, auch in diesem Spezialfall wieder festzustellen, daß die Induktionsfähigkeit eines Systems zeitlich weniger beschränkt ist als die Empfindlichkeit des Reaktionssystems. Die Ausgestaltung der Linse im einzelnen nach Form und Größe erfolgt ganz in der für die reagierende Epidermis artspezifischen Weise. Verpflanzt man beispielsweise Epidermis des kleinen Teichmolches über den Augenbecher des großen Kammolches, so ist die induzierte Linse für den Augenbecher viel zu klein (ROTMANN 1939). In späten Entwicklungsphasen, wenn die Wachstumsprozesse im Vordergrund stehen, kann eine Größenangleichung zwischen Linse und Augenbecher sekundär erfolgen.

Linsenregeneration

Die Fähigkeit zur Linsenbildung ist grundsätzlich nicht auf die Epidermis beschränkt. Schon lange sind linsenähnliche Gebilde als Mißbildung in der Retina bekannt (Lentoide). COLUCCI (1891) und WOLFF (1895) zeigten, daß nach operativer Entfernung der Linse aus dem Auge eines erwachsenen Salamanders eine Linsenregeneration möglich ist und daß diese vom oberen Rand der Iris aus erfolgt (Abb. 384), und zwar kann eine solche Regeneration wiederholt am gleichen Auge beobachtet werden. Legt man in den dorsalen Pupillarrand Schnitte und isoliert die einzelnen Partien durch Glasstreifen, so erzielt man multiple Linsenbildung. Die einzelnen Arten verhalten sich auch in diesem Geschehen etwas verschieden. Allgemein läßt sich zeigen, daß derjenige Bezirk des Augenbecherrandes (oberer Sektor zwischen „11 und 1 Uhr"), der im normalen Entwicklungsablauf zuerst mit der Epidermis in Berührung kommt und die Induktionswirkung entfaltet, auch im Regenerationsprozeß führend ist. Vorhandensein von Linsengewebe verhindert die Regeneration. STONE (1952) hat diese Vorgänge bei Urodelen genauer analysiert. Dabei zeigte sich, daß der hemmende Effekt vom Linsengewebe nur dann entfaltet wird, wenn dieses eine gewisse Reife hat (Linsenregenerat hemmt erst, wenn es mindestens 25 Tage alt ist). Verpflanzung normaler Iris in ein Wirtsauge mit intakter Linse ergibt keine Linsenbildung am Transplantat. Kommt es aber bei diesem Eingriff gelegentlich zur Degeneration der Wirtslinse, so kann das Transplantat eine Linse bilden.

Verpflanzt man dorsale Iris in ein linsenloses Auge, so kommt es regelmäßig zur Linsenregeneration an der Wirtsiris und in zahlreichen Fällen auch am Transplantat (Abb. 385). Verpflanzt

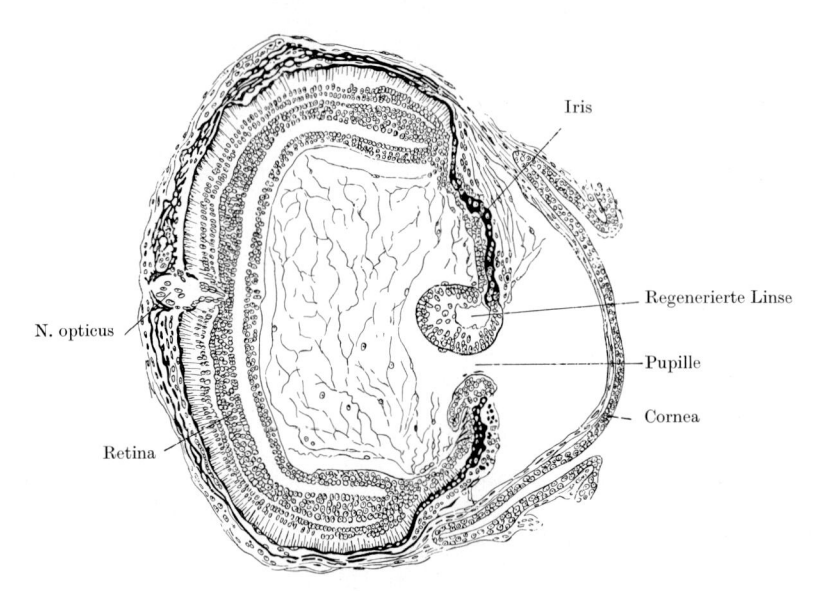

Abb. 384 Linsenregeneration bei einer Larve des Feuersalamanders (*Salamandra salamandra*). Die Linse wurde vor 54 Tagen entfernt. Vom oberen Pupillarrand der Iris ist ein neues Linsenbläschen gebildet. (Umzeichnung nach FISCHEL).

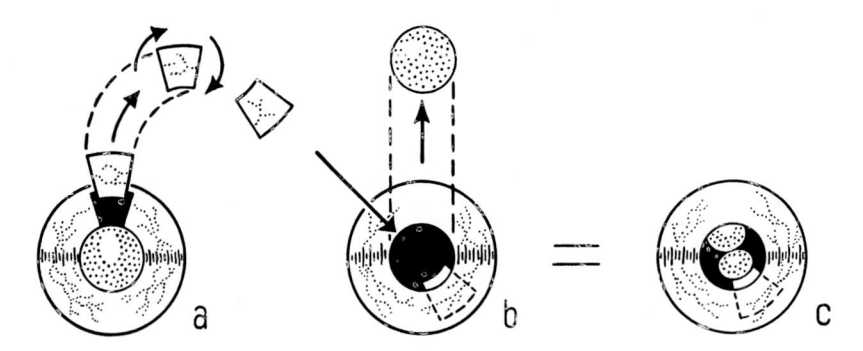

Abb. 385 Regenerationsversuch nach L. S. STONE. Operationsschema. Aus normalem Auge der Molchlarve (*Triturus viridescens*) wird ein Stück aus dem dorsalen Irisbereich ausgeschnitten (a) und in ein anderes, linsenloses Auge verpflanzt (b). Gleichzeitige Linsenbildung vom Implantat und von der Iris des Wirtes her (c). (Nach L. S. STONE 1952, J. exp. Zool. 121).

man dorsale Iris in ein Wirtsauge, das nur ein junges Linsenregenerat (etwa 7 Tage alt) enthält, so verhindert dieses nicht die Linsenbildung am transplantierten Irisstück.

Weitere Differenzierung der Linse

Ist das Linsenbläschen vollständig von seinem Mutterboden abgeschnürt, so setzt sehr schnell die Differenzierung ein. Zunächst bildet sich eine strukturlose Kutikularhülle. Die Zellen der der Epidermis zugewandten Seite des Linsenbläschens bleiben niedrig und bewahren dauernd den Charakter eines einschichtigen kubischen Epithels (Linsenepithel) (Abb. 379, 380, 387). Im Gegensatz dazu verlängern sich die Zellen der Aequatorzone und der Hinterwand beträchtlich und bilden die Masse der Linsensubstanz. Der Hohlraum des Linsenbläschens verschwindet mehr und mehr (Abb. 386, 387). Die stark verlängerten Zellen werden als Linsenfasern bezeichnet. Sie verlieren ihre Teilungsfähigkeit, die Zellkerne schwinden wenigstens teilweise. Eine weitere Vermehrung der aus Linsenfasern bestehenden eigentlichen Linsensubstanz ist nun nur noch durch Umwandlung von Zellen im Aequatorbereich möglich. Man spricht von einer „Kernzone" (Abb. 379) der Linse, da hier die Zellkerne dichtgedrängt liegen. Die Differenzierung der Linsenfasern geht gleichzeitig mit einem submikroskopischen Strukturwandel einher, der zur Bildung eines glasklaren Gebildes mit den erforderlichen optischen Qualitäten führt. Das Wachstum der Linse erfolgt also appositionell. Die zuerst gebildeten Fasern liegen zentral (Linsenkern). Anlagerung neuer Fasern erfolgt etwa bis zum 20. Lebensjahr. Die Linsenfasern werden von vornherein in einer bestimmten regelmäßigen Ordnung abgelagert und ergeben somit das komplizierte lamelläre Strukturbild der differenzierten Linse.

Glaskörper, Corpus vitreum

Die Linse ist als reines Epithelderivat gefäß- und bindegewebsfrei. Die Ernährung des wachsenden Organs erfolgt über Äste der Arteria centralis retinae, welche über die Augenbecherspalte ins Innere des Bulbus gelangen und gemeinsam mit begleitendem Mesenchym und Ästen der Arteriae iridis die Tunica vasculosa lentis bilden (Abb. 378, 380, 388). Während zunächst die Linse den Raum des Augenbechers vollständig ausfüllt, kommt es durch differente Wachstumsgeschwindigkeit in Augenbecher und Linse zu einer Vergrößerung des Raumes zwi-

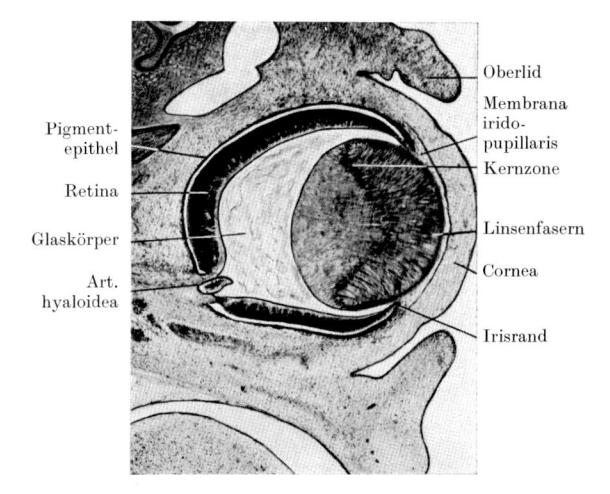

Abb. 386 Schnitt durch das Auge eines Kaninchenembryos von 20 mm Länge. Lidbildung beginnt. Im Augenbecherraum befindet sich der primäre Glaskörper. (Orig.)

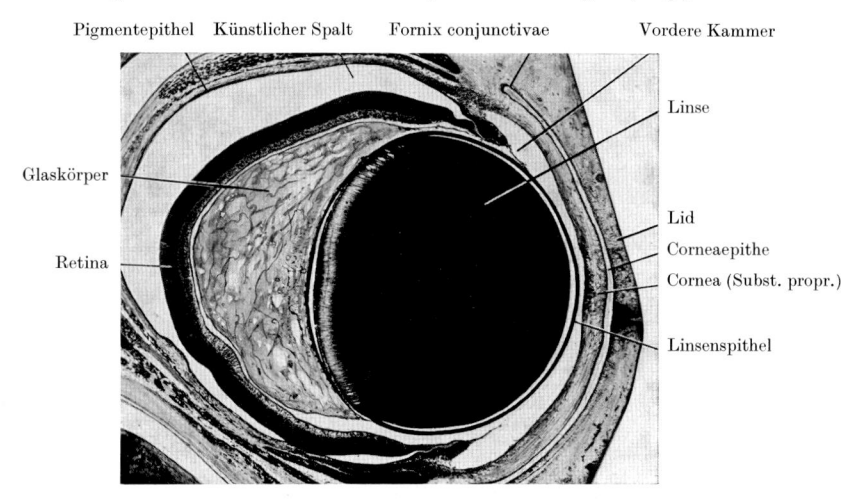

Abb. 387 Augenanlage eines Kaninchenembryos von 37,5 mm Länge. Augenlider verklebt. Bildung von Iris vorderer Kammer und Conjunctivalsack. (Orig.)

schen Retina und Linse. Dieser Raum ist zunächst frei von Mesenchym und füllt sich bald mit einer klaren Gallerte, dem Glaskörper. Die Herkunft des Glaskörpers ist umstritten. Zweifellos stammt ein wesentlicher Teil desselben von der Pars optica retinae, und zwar macht man die Spongioblasten für die Bildung dieser Substanz verantwortlich. Im vorderen Bereich des Augenbechers bildet die Pars caeca retinae Aufhängefasern, den Apparatus suspensorius lentis (Zonula ciliaris). In späteren Entwicklungsphasen wandern Mesenchymzellen entlang der Arteria hyaloidea in den Augenbecher ein. Sie beteiligen sich wahrscheinlich an der Bildung des Glaskörpers. Jedoch ist der retinale und der mesenchymale Beitrag zur Glaskörperbildung kaum sicher gegeneinander abzugrenzen. Im Glaskörper bleibt ein Kanal ausgespart, durch welchen die Arteria hyaloidea die Rückseite der Linse erreicht. Die Arterie bildet sich nach dem 6.–7. Schwangerschaftsmonat zurück. Dieser Prozeß beginnt an der Gefäßkapsel der Linse und ergreift das Ursprungsstück der Arteria hyaloidea zum Schluß. Als Mißbildung kommt totale oder partielle Persistenz der Glaskörperarterie vor.

Differenzierung der mesenchymalen Anteile des Auges

Der Augenbecher ist zunächst von einer einheitlichen Mesenchymverdichtung umgeben. Diese Hülle schiebt sich auch zwischen Epidermis und Linse ein und steht mit der Linsenkapsel im Zusammenhang. Der oberflächennahe Teil dieser Mesenchymschicht bildet die bindegewebige Grundlage (Substantia propria) der Hornhaut (Abb. 387). Die Transformation dieses Bindegewebes zu einer durchsichtig klaren Schicht beruht auf einer submikroskopischen Strukturänderung, die durch die Linse induziert wird. Die mesenchymale Hülle des Augenbechers differenziert sich in eine derbe, äußere Lage (Tunica fibrosa, Sclera) und eine gefäßreiche, lockere, innere Schicht (Tunica vasculosa = Chorioidea) (Abb. 388). Die Sclera geht vorn kontinuierlich in das Corneabindegewebe über. Auch diese Differenzierungsvorgänge werden vom Augenbecher selbst im umgebenden Mesenchym induziert.

Die Differenzierung straff fibröser, geordneter Fasersysteme in der äußeren Mesenchymschicht (Sclera) erfolgt unter dem Einfluß des intraoku-

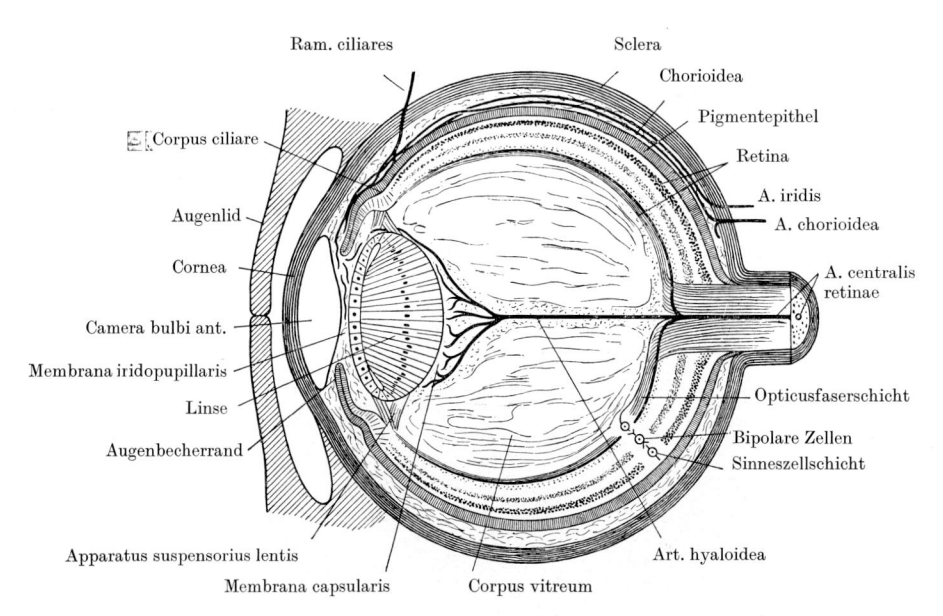

Abb. 388. Schematischer Schnitt durch ein embryonales Auge. Die Schichten des Augenbechers sind im Verhältnis zum Durchmesser des Bulbus viel zu dick gezeichnet. Unten ist der neuronale Aufbau der Retina angedeutet.

laren Druckes und dem Einfluß der Sehnenansätze der äußeren Augenmuskeln. Die Ausbildung eines Gefäßnetzes in der tiefen Mesenchymschicht (Chorioidea) wird vom Augenbecher selbst induziert. Daher ist im Bereich der offenen Augenbecherspalte zunächst keine Chorioidea ausgebildet (Coloboma chorioideae).

Die in der Chorioidea reichlich auftretenden Pigmentzellen entstammen der Neuralleiste (s. S. 398), haben also genetisch nichts mit der Pigmentepithelschicht der Retina gemeinsam. Im Bereich der Pars ciliaris, nahe dem Augenbecherrand, bildet die Mesenchymhülle eine Verdichtung, aus der das Corpus ciliare hervorgeht (Abb. 388). Die Wände des Augenbechers sind in diesem Bereich leistenartig als Processus ciliares nach innen vorgestülpt. In den äußeren Schichten dieses Mesenchyms differenziert sich der Musculus ciliaris. Am Aufbau des Corpus ciliare sind also beteiligt:

Mesenchymschicht (mit Musculus ciliaris).
Stratum pigmenti corporis ciliaris.
Pars ciliaris retinae.

Die vordere Augenkammer (Abb. 388) entsteht als Spaltbildung im Mesenchym zwischen Cornea und Linsenkapsel. Das Mesenchym der Linsenkapsel bzw. der Pupillarmembran wird gegen Ende der Gravidität resorbiert, kann aber gelegentlich als Mißbildung persistieren. Der hintere Überzug der Cornea bildet sich bei der Entstehung der vorderen Kammer aus epithelartig zusammengeschlossenen Mesenchymzellen. Die Iris entsteht dadurch, daß der vordere Augenbecherrand sich schärfer gegen das Corpus ciliare abhebt und in Richtung auf den vorderen Linsenpol vorwächst. Die Isolierung der Iris gegen die Cornea wird durch Ausdehnung des Spaltes der vorderen Kammer nach peripherwärts ergänzt. Grundlage der Iris ist der freie Rand des Augenbechers (Stratum pigmenti iridis + Pars iridica retinae). Ein Teil des vor dem Augenbecherrand gelegenen Mesenchyms wird als Stroma der Iris zugeteilt. Das Irisstroma ist also gewissermaßen ein persistierender Rest der Membrana iridopupillaris (Abb. 386, 388). Im Stroma der Iris liegen die *Musculi sphincter* und *dilatator pupillae*. Sie entstehen aus dem Epithel des Augenbecherrandes (Stratum pigmenti iridis), sind also ektodermaler Herkunft.

Die Epithelzellen verlieren in diesem Gebiet ihr Pigment und wuchern ins Stroma vor. Hier wandeln sie sich in glatte Muskelzellen um. Im Vogelauge bilden sich aus der gleichen Quelle quergestreifte Muskelfasern. Durch Ausdehnung der vorderen Kammer in das Gebiet zwischen Linse und Rückseite der Iris entsteht die hintere Kammer.

Hilfsorgane des Auges

Entwicklung der Augenlider

Zunächst ist die Cornea frei in der Epidermisoberfläche gelegen. Bei Embryonen von etwa 17 mm Länge beginnen sich ringförmige Wülste als Lidanlagen rings um das Auge zu erheben. Diese Lidwülste wachsen schnell aufeinander zu und verkleben bei Embryonen von etwa 35 mm Länge. Dadurch wird gleichzeitig der Conjunctivalsack als Raum zwischen Innenseite der Lider und Cornea abgeschlossen (Abb. 386, 387). Die Verklebung der Augenlider löst sich im 7. Graviditätsmonat wieder. Dieser Vorgang geht mit einem charakteristischen Verhornungsprozeß parallel. Der transitorische Verschluß von Fernsinnesorganen (R. WEBER, 1950) ist als Schutzeinrichtung für das noch nicht volldifferenzierte Organ zu werten. Ähnliche Verschlüsse beobachten wir am äußeren Ohr der Säugetiere und an der Nase der Amnioten. Bei ranghohen Vögeln kann es auch zu einer epidermalen Überdeckung der Federanlagen kommen. Diese verschiedenen Verschlußmechanismen sind untereinander nicht gleichwertig. Verschluß von Auge und Ohr kommt nur bei Vögeln und Säugetieren vor, und zwar relativ spät in der Ontogenese. Bei Nesthockern lösen sich diese Verschlüsse erst mehr oder weniger lange Zeit nach der Geburt. Die vorgeburtliche Öffnung der Lidspalte beim Menschen ist ein Hinweis auf die sekundäre Natur seines Nesthockerzustandes (A. PORTMANN, s. S. 353).

Tränenwege

Die Tränendrüse entsteht durch Aussprossung von 5–10 soliden Epithelzapfen aus dem Conjunctivalepithel im oberen temporalen Bereich. Die Drüsenanlagen verzweigen sich und lagern sich eng aneinander, behalten aber entsprechend ihrer Genese mehrere Ausführungsgänge. Das Drüsenlumen entsteht durch Dehiszenz. Die Drüse wird erst 3 Monate nach der Geburt funktionsfähig. Die Tränenwege entstehen aus einem Epithelstrang, welcher sich in der Nachbarschaft der Tränennasenrinne zwischen Stirnfortsatz und Oberkieferwulst in die Tiefe senkt. Die epitheliale Anlage des Tränennasenganges ist allerdings nicht, wie oft angenommen wird, mit dem Epithelstreifen am Grunde des Sulcus nasolacrimalis identisch. Die Tränenröhrchen (Canaliculi lacrimales) sprossen früh aus dem oberen Ende des Tränennasenganges aus und vereinigen sich bei Embryonen von etwa 33 mm Länge mit dem Epithel des medialen Lidrandes. Sie haben ursprünglich den gleichen Durchmesser wie der Tränenkanal. Das untere Röhrchen ist länger als das obere und mündet etwas weiter lateral am Lidrand aus. Das nasale Ende des Ductus nasolacrimalis wächst frei gegen die Nasengrube vor und findet hier Anschluß an das Epithel bei Embryonen von etwa 15 mm Länge. Die primäre Mündung kann obliterieren und durch eine sekundäre definitive Öffnung, die weiter proximal liegt, ersetzt werden. Die Tränenwege sind am Ende des 3. Embryonalmonats kanalisiert, öffnen sich aber erst im 5. Monat in die Nasenhöhle.

Regenerationsfähigkeit des Auges, besonders der Retina

Während die epidermalen Augen vieler Wirbelloser (Würmer) nach Verlust regeneriert werden können, ist bei dem hochdifferenzierten Wirbeltierauge, dessen rezeptorische Elemente aus dem Zentralnervensystem stammen, eine Regenerationsfähigkeit nicht von vorneherein zu erwarten. Trotzdem kann bei Amphibien, vor allem bei Urodelen, nicht aber bei Fischen und höheren Vertebraten, ein beträchtlicher Teil des Auges regeneriert werden. Die Tatsache der Linsenregeneration war zuvor besprochen worden. Aber auch ein so hochdifferenziertes und empfindliches Gebilde wie die Netzhaut kann bei Schwanzlurchen ersetzt werden (WACHS, STONE). Verpflanzt man bei Urodelen einen Augapfel, so degeneriert die gesamte neurale Retina innerhalb 3 Wochen. In der Folgezeit kann aber ein Ersatz der Netzhaut zustande kommen,

der auch voll funktionsfähig wird. Das gleiche Resultat ergeben Versuche, bei denen die ganze Retina operativ aus dem Auge in situ entfernt wird (STONE 1950, Abb. 389). Die Neubildung einer Netzhaut erfolgt nicht, wie man zunächst annahm (WACHS), vom Irisrand her, sondern stets vom Pigmentepithel. STONE konnte in umfangreichen Untersuchungsreihen alle Fehlerquellen ausschließen und den histogenetischen Prozeß an eng seriierten Regenerationsstadien klären. Das von der Retina entblößte Pigmentepithel wird höher, die Pigmentkörnchen sind weit im Plasma zerstreut, die Zellkerne werden deutlich sichtbar. Nach 10—14 Tagen treten Mitosen auf, die Zellen werden schnell pigmentfrei und bilden nach 16—20 Tagen eine zwei- bis dreischichtige Lage. Drei Wochen nach dem Eingriff ist die histologische Differenzierung im vollen Gang. Nach 30 Tagen ist die Retina morphologisch restituiert. Von dieser Retina erfolgt das Auswachsen der Opticusfasern, welche am 41. Tag das Gehirn erreichen. Die Regeneration einer Netzhaut konnte im gleichen Auge bis zu 4mal experimentell hervorgerufen werden. Eine Regeneration der neuralen Retina nach Transplantation tritt auch in Augen ein, die bis zu 7 Tagen gefroren waren (STONE). Die Möglichkeit, Augen zu verpflanzen, die nach der morphologischen Restitution der Netzhaut wieder funktionstüchtig sind, eröffnet den Weg zu einer Analyse der funktionellen Polarisation in der Retina (STONE, SPERRY). Man kann das Auge eines Salamanders um 180° drehen, ohne daß die Blutversorgung der Netzhaut unterbrochen und ohne daß der N. opticus durchtrennt wird. Die Retina bleibt vollständig intakt. Man beobachtet nunmehr eine völlige Umkehr aller Reaktionen auf optische Reize. Der gleiche Erfolg tritt jedoch auch ein, wenn man einen Augapfel verpflanzt und ihn um 180° gedreht einheilen läßt. Obwohl in diesem Fall die neurale Retina degeneriert und erst wieder von der Pigmentepithelschicht aufgebaut werden muß, zeigt ein solches Tier die gleiche Umkehr aller optomotorischen Reaktionen wie nach der einfachen Drehung des Augapfels in situ. Dies sei an zwei Beispielen demonstriert. Vertauscht man bei einem Salamander das rechte und das linke Auge, so bleiben der dorsale und ventrale Quadrant in natürlicher Lage, während der nasale

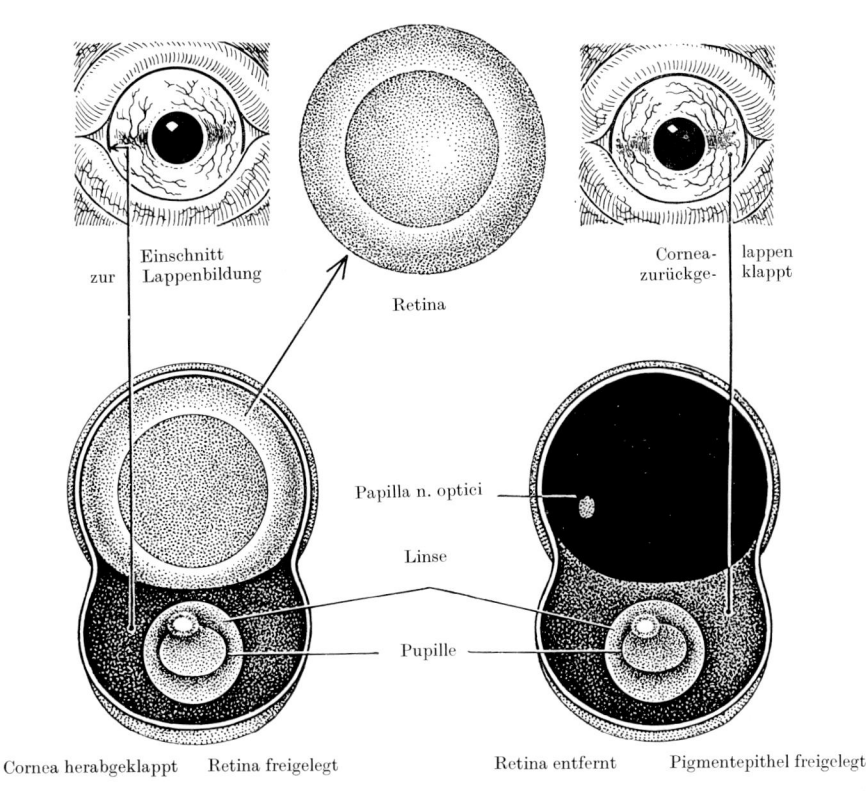

Abb. 389 Operationsschema zur Entfernung der neuralen Retina am Auge der Urodelenlarve. Links oben: Schnittführung am Rand der Cornea. Links unten: Cornea mit Linse herabgeklappt. Mitte oben: Die Retina wird durch Ringerlösung herausgespült. Unten rechts: Retina entfernt, Pigmentepithel liegt frei. Rechts oben: Cornealappen zurückgeklappt. (Nach L. S. Stone 1950, J. exp. Zool. 113).

und temporale Quadrant in eine gegen die Norm verkehrte Position gelangen. Bringt man nun einen Köder in horizontaler Richtung an das Tier heran, so schnappt es nach der verkehrten Richtung. Die Reaktion in dorsoventraler Richtung bleibt intakt. Dreht man das Auge um 180° und vertauscht somit den dorsalen und ventralen Quadranten, so schnappt das Tier nach unten, wenn der Bissen oben erscheint, und umgekehrt. Eine biologisch sinnvolle Anpassung der Reaktion ist auch nach jahrelanger Beobachtung nicht erfolgt. Hingegen stellt sich die normale Reaktionsweise sofort wieder ein, wenn man ein in situ gedrehtes Auge wieder in seine normale Stellung bringt. Weitere Versuche von Stone, auf die hier nicht näher eingegangen werden soll, deuten darauf hin, daß die funktionelle Polarisation in der Retina der Urodelen schon im Schwanzknospenstadium erfolgt, d. h. daß bereits am Augenbecher, also vor der histologischen Differenzierung von Sinnesepithel-

schicht und Pigmentblatt, die einzelnen Quadranten in funktioneller Richtung starr determiniert sind. Dieser Befund würde auch erklären, weshalb die nach der Verpflanzung aus dem Pigmentepithel neu aufgebaute neurale Retina eine der ursprünglichen Sinnesepithelschicht entsprechende funktionelle Polarisation zeigt und eine Transplantation des um 180° gedrehten Auges genauso zu einer umgekehrten Reaktion auf optische Reize führen muß wie die einfache Drehung des Augapfels in situ bei unveränderter Retina.

5. Die Entwicklung des Ohres und seiner Hilfsorgane

a) Die Entwicklung des Labyrinthorganes

Das morphologisch einheitliche Hör- und Gleichgewichtsorgan entsteht aus einer ektodermalen Anlage (*Labyrinthplakode*), welche gleich-

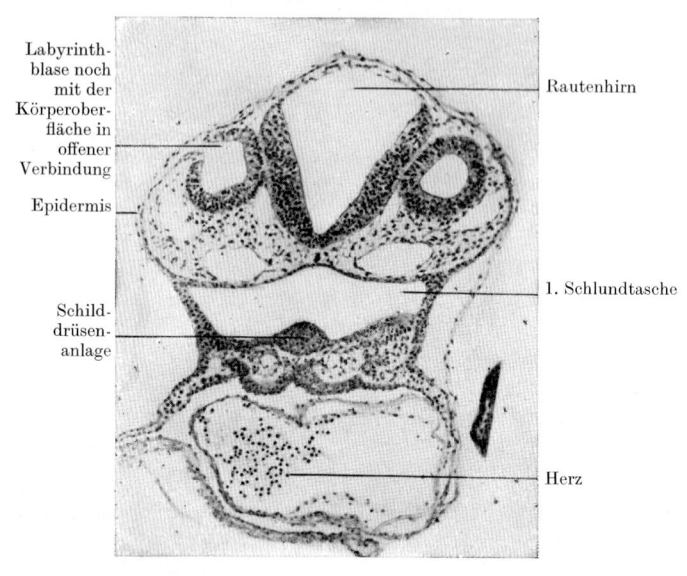

Abb. 390 Schnitt durch das Hinterkopfgebiet eines Kaninchenembryos von 14 Tagen. Die Labyrinthblase steht noch mit der Körperoberfläche in offener Verbindung (im Bilde links). Beachte die räumliche Beziehung des Labyrinthbläschens zu Rautenhirn und erster Schlundtasche. (Orig.)

zeitig die Neurone des Nervus octavus aus sich hervorgehen läßt. Der schalleitende Apparat, äußeres Ohr und Mittelohr, hat selbständigen Ursprung und vereinigt sich erst sekundär mit dem eigentlichen Sinnesorgan.

Das häutige Labyrinthorgan entsteht bei menschlichen Embryonen von 7 Somiten seitlich vom Rautenhirngebiet als *Ohrplakode* (s. S. 409, Abb. 368). Diese Plakode senkt sich zur Ohrgrube ein und schnürt sich als *Ohrbläschen* ab (Hörbläschen, etwa 30-Somiten-Stadium) (Abb. 390). Bisher ist nicht endgültig geklärt, wodurch die Labyrinthplakode induziert wird. Wahrscheinlich handelt es sich um einen höchst komplexen Vorgang, an dem Rautenhirn (LOPASHOV), Neuralleiste (TRAMPUSCH, SCHMALHAUSEN) und Entomesoderm (DALCQ, YNTEMA, ZWILLING) beteiligt sind.

Die Labyrinthanlage ist bereits frühzeitig in zwei Teilbezirke determiniert. Aus der hinteren Hälfte entstehen der hintere Bogengang und der Sacculus, aus dem vorderen Abschnitt der laterale und vordere Bogengang und der Utriculus (DE BURLET 1937). Diese morphogenetische Gliederung ist auch vergleichend anatomisch begründet, entspricht aber nicht der späteren funktionell-morphologischen Gliederung des Organs. Die Determination der Symmetrieebenen des Labyrinthbläschens erfolgt relativ früh, kann aber stark von Einflüssen der Umgebung überdeckt werden.

Zu der Zeit, zu der sich die Ohrblase von der Epidermis löst, wächst aus der medialen Wand des Bläschens ein Gang aus, der sich schnell ver-

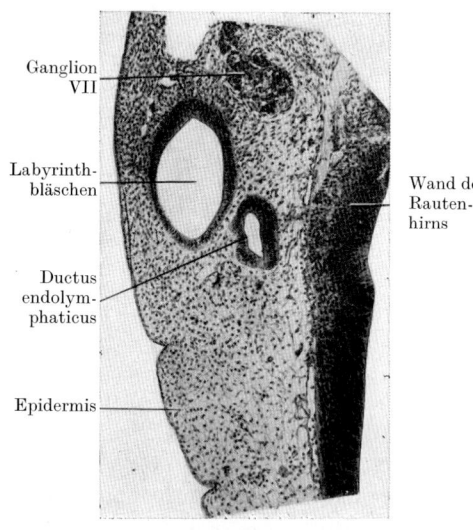

Abb. 391 Horizontalschnitt durch die Hinterkopfgegend eines Schweineembryos von 12 mm Scheitel-Steiß-Länge. Zwischen Labyrinthbläschen und Wand des Rautenhirns ist der Ductus endolymphaticus getroffen. (Orig.)

längert und in enger Beziehung zu der Ablösungsstelle des Bläschens von der Epidermis steht. Dieser Recessus labyrinthi bleibt in seinem proximalen Teil eng (Ductus endolymphaticus), verdickt sich aber peripher zum Saccus endolymphaticus. Bei Knorpelfischen geht der Ductus endolymphaticus direkt aus der Abschnürungsstelle hervor und behält die offene Verbindung zur Körperoberfläche.

Das Labyrinthbläschen liegt zunächst dorsal der zweiten Kiemenfurche. Später verschiebt es sich über die erste Schlundtasche durch relative Massenentfaltung des Materiales des Zungenbeinbogens (Abb. 390). In der Folge schnürt sich das Ohrbläschen ein, so daß ein oberer Teil (Pars vestibularis) und ein unterer Teil (Pars cochlearis) unterschieden werden können. Der obere Teil läßt den Utriculus und die Bogengänge aus sich hervorgehen. Diese bilden sich als taschenförmige Ausstülpungen aus dem späteren Utriculusabschnitt, und zwar entsteht zunächst seitlich vom Recessus labyrinthi eine gemeinsame Anlage für die beiden vertikalen Bogengänge (Abb. 392 a, b). Etwas später bildet sich aus dem lateralen Abschnitt der Pars superior die horizontale Bogengangstasche (Abb. 392 b, c). Die Umformung der Taschen zu Bogengängen erfolgt in der Weise, daß die Epithelwände der Taschen sich im zentralen Bereich aneinanderlegen und verschmelzen, während gleichzeitig

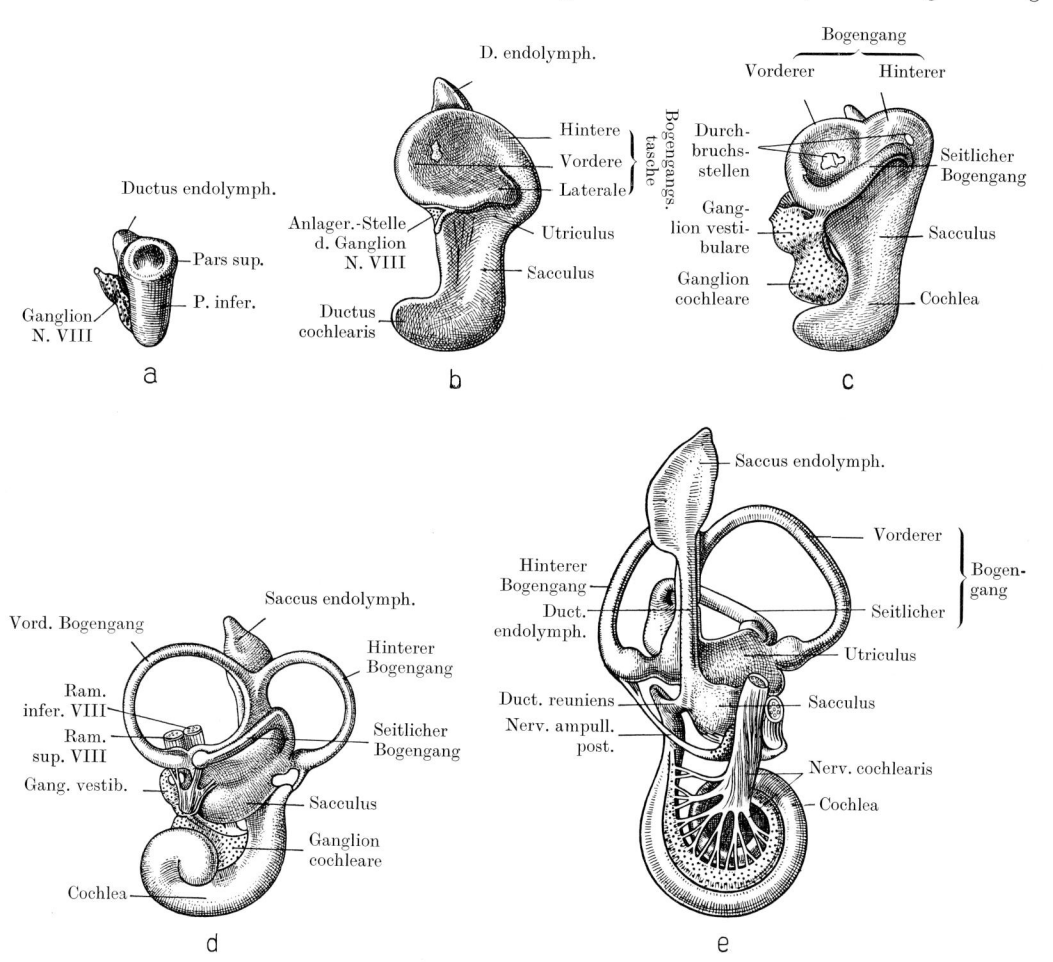

Abb. 392 Formentwicklung des Labyrinthorgans beim menschlichen Embryo.
a–d) Linkes Labyrinth von lateral her gesehen.
e) Linkes Labyrinth von der medialen Seite her gesehen.
a) 6,6 mm, b) 11 mm, c) 13 mm, d) 20 mm, e) 30 mm Länge. (Nach G. L. Streeter)

die Randpartien, die nun allein ein Lumen enthalten, weiter vorwachsen. Im Bereich der gemeinsamen Anlage der beiden vertikalen Bogengänge kommt es zu zwei derartigen Verklebungsstellen (Abb. 392c). An diesen Bezirken geht das Epithel zugrunde. Der Defekt wird vom Mesenchym der Umgebung durchwachsen. Es bleiben also gewissermaßen nur die Ränder der Taschen als lumenführende Gänge übrig. Der mittlere Bezirk der vertikalen Bogengangstasche, der zwischen den beiden Durchbruchsstellen liegt, wird zum Crus commune. Die auf diese Weise entstandenen beiden vertikalen Bogengänge liegen zunächst in einer Ebene, verschieben sich aber derart gegeneinander, daß sie einen nach lateral offenen Winkel von 90° miteinander bilden. Der laterale Bogengang hat von vornherein seine definitive Lage. Während diese Vorgänge ablaufen, schnürt sich die Grenze zwischen Pars superior und Pars inferior labyrinthi immer tiefer ein. Utriculus und Sacculus hängen schließlich nur durch einen schmalen Ductus utriculosaccularis zusammen. Aus dem Sacculus wächst der Schneckengang (Ductus cochlearis) aus und rollt sich allmählich zu einer Spirale ($2\frac{1}{2}$ Windungen) ein. Die Abgangsstelle des Ductus endolymphaticus (Abb. 391, 392a–e) wird in den Bereich des Ductus utriculosaccularis einbezogen. Auch die Abgangsstelle des Schneckenganges vom Sacculus verengt sich zunehmend (Ductus reuniens).

Ganglion und Nervus VIII

Das Ohrbläschen liefert nicht nur das häutige Labyrinthorgan, sondern auch die Neurone des Octavussystems. Die Neuroblasten lösen sich früh aus dem Verband des Epithels und liegen zunächst rostral, später medial des Ohrbläschens. In unmittelbarer Nachbarschaft sammeln sich Neuralleistenzellen an. Aus ihnen gehen die sensiblen Neurone des Nervus facialis (Ganglion geniculi) hervor. Ganglion VII und VIII sind also ganz verschiedener Herkunft und sondern sich auch früh topographisch voneinander (s. S. 407).

Die Neuriten des VIII-Ganglions wachsen auf das Rautenhirn zu und finden hier Anschluß an die zugeordneten Endkerne. Die peripheren Fortsätze der VIII-Neuroblasten erreichen die Sinnesendstellen des Labyrinthes. Entsprechend der Gliederung des Labyrinthes lassen sich auch am Ganglion ein oberer und ein unterer Abschnitt unterscheiden. Auch am Nervus VIII ist die Aufteilung in einen Ramus superior und inferior deutlich. Diese Gliederung des peripheren Nerven entspricht jedoch nicht einer Aufteilung nach funktionellen Komponenten. Der Ramus inferior (posterior) führt Cochlearislemente, außerdem die Fasern für die Ampulla posterior und den hinteren unteren Teil der Macula sacculi. Im Ramus superior (anterior) verlaufen die übrigen vestibulären Fasern (Nerv. amp. ant., amp. lat., utricularis, Ram. saccul. sup.), außerdem Fasern des Cochlearissystems (OORTsche Anastomose). Während also die makroskopische Aufteilung des Nervus VIII in Äste nichts mit dem Aufbau aus verschiedenwertigen funktionellen Systemen zu tun hat, macht sich eine solche funktionelle Gliederung in der Lagerung der Ganglienzellen deutlich bemerkbar. Sämtliche Ganglienzellen des Vestibularissystems liegen als mehr oder weniger deutlich geteiltes Ganglion vestibulare SCARPAE im inneren Gehörgang, während die Ganglienzellen des Cochlearissystems wesentlich weiter peripher, nämlich als Ganglion spirale cochleae, in unmittelbarer Nähe des CORTIschen Organs liegen. Die Vestibularisneurone sind, entsprechend ihrer Natur als phylogenetisch alte Anteile, früher differenziert als die Cochlearisneurone.

Differenzierung der Sinnesendstellen

Die Wand des häutigen Labyrinthorgans besteht zunächst aus niedrigem, einschichtigem Epithel. Dort, wo Sinnesendigungen entstehen, wird dieses Epithel höher und mehrreihig. Diese Differenzierung scheint von den einwachsenden Nervenfasern stimuliert zu werden. Schließlich finden wir in allen Sinnesendstellen des Labyrinthes ein zweischichtiges Epithel. Die eigentlichen Sinneszellen erreichen nie die Basalmembran, sondern sitzen auf Stützzellen. Es handelt sich stets um sekundäre Sinneszellen. Ursprünglich differenziert sich eine große einheitliche Sinnesendstelle in der medialen Wand des Organs. Diese zerfällt sekundär in *Macula utriculi* und *Macula sacculi*. Im Bereich der ampullären Bogengangsenden entstehen die *Cristae ampullares* selbständig. Die Bildung einer Ampulle ist durch eine Knickung des Bogengangrohres vorgetäuscht. Der Crista-tragende Wandabschnitt wird leistenartig ins Lumen eingestülpt. Eine Erweiterung des Rohres im ampullären Bereich kommt nie vor. Am Boden des Ductus cochlearis differenziert sich das CORTISCHE Organ in prinzipiell analoger Weise. Seine Differenzierung schreitet von basal nach terminal vor. Am Anfang des 3. Graviditätsmonats sind alle wesentlichen Teile des Labyrinthorgans gebildet.

Differenzierung der mesenchymalen Hüllen des Labyrinthorgans

Die Ausbildung einer zunächst knorpligen, dann knöchernen Labyrinthkapsel erfolgt direkt unter induzierenden Einflüssen des Labyrinthorganes. Die Dinge liegen hier sehr ähnlich wie bei der Linsenbildung (LUTHER, FILATOW). Bei Amphibien unterbleibt nach frühzeitiger Exstirpation des Ohrbläschens die Ausbildung einer Ohrkapsel. Andererseits kann eine transplantierte Labyrinthanlage in fremdem Mesenchym die Bildung einer Ohrkapsel induzieren. Der Zeitpunkt der endgültigen Determination des Mesenchyms liegt bei den einzelnen Arten sehr verschieden. Die Ausbildung des Raumsystems im Mittelohr (tubo-tympanaler Raum) hingegen ist völlig unabhängig von der Labyrinthanlage.

Der Verknorpelungsmodus der Ohrkapsel zeigt bei verschiedenen Säugern sehr erhebliche Unterschiede. Häufig geht die Verknorpelung von einem Zentrum an der lateralen Wand im Bogengangsbereich aus und schreitet von hier auf die übrigen Bezirke vor. Aber auch im Schneckenbereich kann die Verknorpelung beginnen. Zusätzliche Verknorpelungszentren können auftreten. Beim Menschen beobachtet man im allgemeinen zwei Chondrifikationszentren, eins im Bogengangsbereich und eins im Schneckenbereich. Beide schließen sich bald zusammen. Bei Embryonen von 30 mm Länge ist die knorplige Ohrkapsel in allen Abschnitten gebildet. Die Ossifikation beginnt bei Embryonen von 110 mm Länge. Die Wachstumsprozesse des wenig plastischen Knorpelgewebes müssen in enger Korrelation zum Wachstum des Sinnesorgans und seines komplizierten Raumsystems erfolgen. Hierbei kommt es zu Rückbildungen und Entdifferenzierungsvorgängen am Knorpelgewebe, beispielsweise in der Bogengangsgegend (STREETER). Bei der Chondrifikation bleiben der Meatus acusticus internus (Nervus VIII, VII), die Fenestra ovalis (Stapes-Fußplatte) und das Foramen perilymphaticum ausgespart. Das *Foramen perilymphaticum* wird durch einen Knorpelfortsatz, den *Processus recessus*, in eine lateral gelegene *Fenestra rotunda* (Membrana tympani secundaria) und die mediale *Apertura interna* des *Aquaeductus cochleae* (Canaliculus c.) zerlegt (FRICK 1953, Abb. 393). Durch den Processus recessus wird gleichzeitig eine Ausbuchtung der Paukenhöhle als *Fossula fenestrae rotundae* (Schneckenfensternische) abgegliedert. Die Ossifikation der Ohrkapsel erfolgt von zahlreichen, individuell sehr wechselnden Zentren aus (cf. AUGIER 1931), doch lassen sich drei Hauptzentren abgrenzen, die möglicherweise auf das Opisthoticum und das Prooticum niederer Wirbeltiere zurückzuführen sind. Bei Feten von etwa 200 mm Länge (6. Monat) vereinigen sich diese Zentren zum einheitlichen *Os petrosum* ($=$ *Os perioticum*). Aus dem an der Schädelseitenwand freiliegenden Teil des Petrosums wächst der Processus mastoideus aus. Eine selbständige „Pars" mastoidea existiert nicht.

Perilymphatisches Gewebe und perilymphatische Räume

Zwischen der knorpligen Ohrkapsel und dem Labyrinthorgan bleibt wohl unter spezifischen Wirkungen des epithelialen Sinnesorgans eine Mesenchymschicht von beträchtlicher Dicke erhalten, das perilymphatische Gewebe (Abb. 394). In diesem Gewebe nimmt die Interzellularflüssigkeit zu. Sie wird als *Perilymphe* bezeichnet. Die Gewebsumwandlung beginnt in der Gegend des Utriculus und führt im unteren Teil des Organs, um Sacculus und Schnecke, zur Bildung eines einheitlichen Perilymphraumes. Die Perilymphe dient der Fortleitung der durch die Gehörknöchelchen übertragenen Schwingungen auf das CORTISCHE Organ. Der häutige Ductus cochlearis bleibt fest an der Wand der Knorpelkapsel angeheftet. Es kommt hier also nicht zu einem das Organ rings umfassenden perilymphatischen Raum. Perilymphspalten sind nur oberhalb (*Scala vestibuli*) und unterhalb (*Scala tympani*) des Ductus cochlearis entwickelt. Beide Scalen stehen nur an der Schneckenspitze (*Helicotrema*) miteinander in Verbindung. Die Scala tympani endet basal an der durch die Mem-

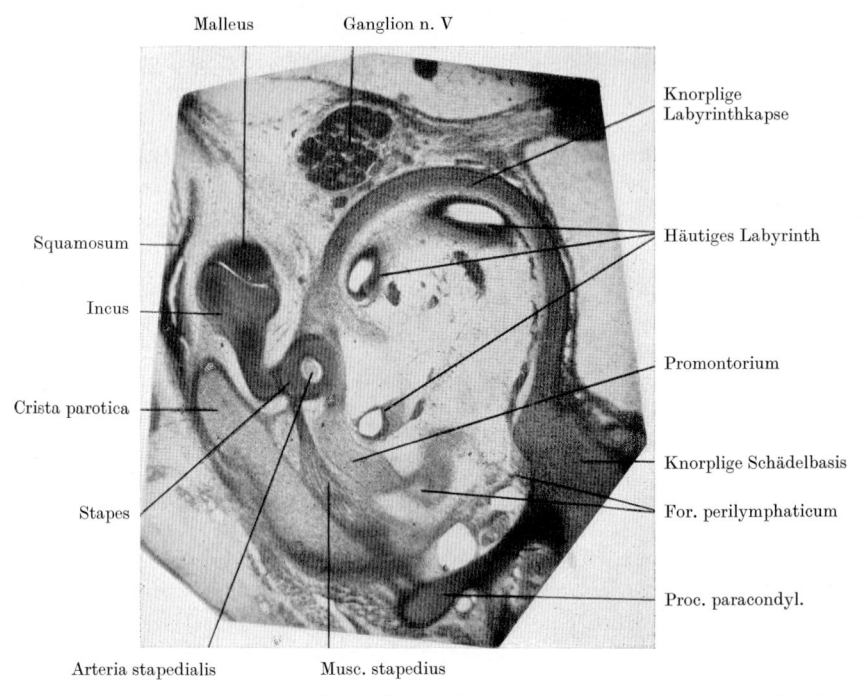

Abb. 393 Schnitt durch die Pars cochlearis der Labyrinthkapsel bei einem 15 mm langen Embryo eines Flughundes (*Rousettus leschenaulti*, Macrochiroptera). Stapes mit Musculus stapedius und Arteria stapedialis getroffen. Die Schnittrichtung ist schräg horizontal. (Orig.)

brana tympani secundaria verschlossenen Fenestra rotunda. Im Bereich der Bogengänge und des Utriculus bleiben Reste des perilymphatischen Gewebes in Form von Strängen erhalten, die Rückbildung ist hier unvollständig.

b) *Mittelohr*

Das Raumsystem des Mittelohres (*tubo-tympanaler Raum*) entsteht aus der ersten Schlundtasche (vgl. S. 462). Der proximale Teil dieses Rohres bleibt relativ eng und wird zur *Tuba pharyngotympanica (auditiva)*, der distale Teil weitet sich zum *Cavum tympani* aus. Zwischen Epidermis und lateralem Ende des tubotympanalen Raumes schiebt sich Mesenchym ein und drängt das Cavum tympani von der ersten Kiemenfurche ab. Durch die Mesenchymwucherung kommt es auch zu einer Aneinanderlagerung der epithelialen Wände und zu einer weitgehenden Unterdrückung des Lumens, welches sich erst in der zweiten Schwangerschaftshälfte allmählich neu entfaltet. Die Paukenhöhle hat zu dieser Zeit die Gestalt einer flachen Tasche mit enger Lichtung (Abb. 394). Das Mesenchym in der Umgebung der Paukenhöhle zeigt nun eine ähnliche Transformation in ein flüssigkeitsreiches Gallertgewebe, wie wir es bereits für den perilymphatischen Raum beschrieben hatten (Abb. 395). Die Flüssigkeit wird vom 7. Monat an rasch resorbiert. In dem Maße, wie dieses peritympanale Gallertgewebe schwindet, kann sich die Paukenhöhle entfalten. Die Resorption geht sehr rasch vor sich. Das Cavum tympani dehnt sich aus und bildet nun mehrere nach dorsalwärts gerichtete Aussackungen (Saccus anterior, medius, posterior; Abb. 396), welche ihrerseits wieder sekundäre und tertiäre Ausstülpungen vortreiben. Im peritympanalen Gewebe, also in dem Raum zwischen Ohrkapsel, Paukenhöhle und Epidermis, liegen eine Anzahl wichtiger Strukturen, die von den Paukenhöhlenaussackungen umfaßt und damit dem Cavum tympani einverleibt werden. Es sind dies die Gehörknöchelchen, die Musculi tensor tympani und stapedius und die Chorda tympani. Bei der Inkorporation in die Paukenhöhle kommt es zu einer Umhüllung dieser Gebilde mit Schleimhaut und zur Bildung mesenterienartiger Schleimhautfalten. Gegen Ende

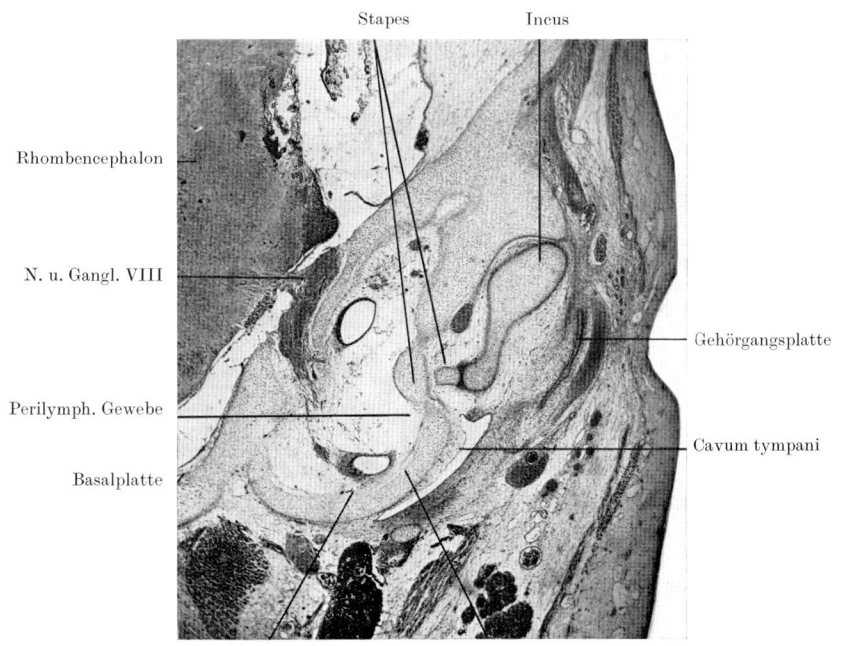

Abb. 394 Schnitt durch die Ohrkapsel eines Kaninchenembryos von 37,5 mm Länge. Das Cavum tympani bildet einen schmalen Spalt. Die Gehörknöchelchen liegen noch weit außerhalb desselben. (Orig.)

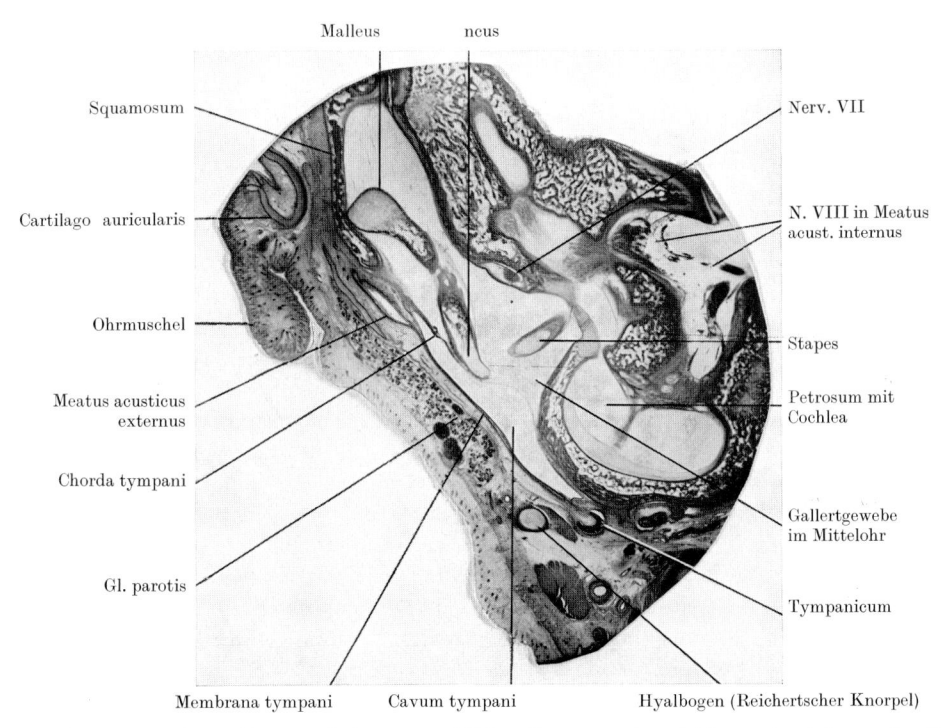

Abb. 395 Schnitt durch die Ohrgegend eines menschlichen Fetus aus dem 5. Monat. Ausdehnung des Cavum tympani. Die Gehörknöchelchen sind noch von tympanalem Gallertgewebe umgeben. Ossifikation weit vorgeschritten. (Orig.)

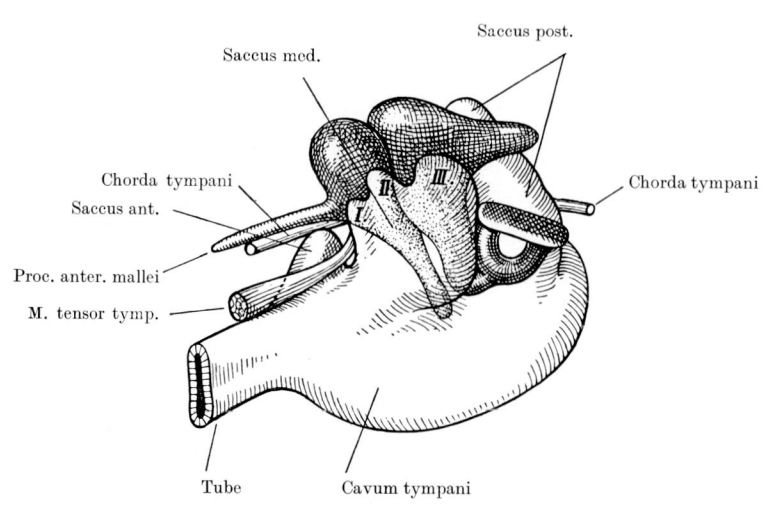

Abb. 396 Schema der Umhüllung der Gehörknöchelchen durch die Recessusbildungen der Paukenhöhle. Auch Chorda tympani und M. tensor tympani werden umhüllt. Ansicht von medial her. (Im Anschluß an HAMMAR.)

des Fetallebens werden diese Falten teilweise resorbiert und die buchtigen Räume verschwinden bis auf Reste (epitympanaler Raum usw.) (Abb. 393—396).

Kurz vor der Geburt weitet sich das Cavum tympani auch nach hinten aus und bildet den Aditus ad antrum und das Antrum mastoideum. Die Bildung von pneumatischen Kammern im Warzenfortsatz erfolgt später, da der Proc. mastoideus zur Zeit der Geburt noch kaum entwickelt ist.

Gehörknöchelchen

Die Gehörknöchelchen entwickeln sich aus dem Visceralskelet, sind also knorplig praeformiert. Hammer und Amboß lassen sich auf das dorsale Ende des Mandibularbogens zurückführen, der Stapes entsteht aus dem Hyalbogen. Der Hammer zeigt auch bei menschlichen Embryonen noch kontinuierlichen Zusammenhang mit dem MECKELschen Knorpel, er entspricht dem Gelenkteil des Kieferbogens (Articulare) niederer Formen. Der Incus läßt sich auf das Quadratum zurückführen. Das Hammer-Amboß-Gelenk der Säugetiere ist also dem Kiefergelenk niederer Vertebraten homolog. Es ist ein Quadratoarticulargelenk. Das Kiefergelenk der Säuger ist eine sekundäre Neubildung zwischen zwei Deckknochen (Squamosodentalgelenk).

Malleus (Hammer)	— Articulare	} — Mandibularbogen
Incus (Amboß)	— Quadratum	
Stapes (Steigbügel)	— Hyalbogen	— entspricht der Columella auris, dem einzigen Gehörknöchelchen niederer Wirbeltiere

Diese gewaltige Umkonstruktion eines biologisch so wichtigen Gelenkes in der Phylogenese ist heute gut verständlich. Die morphologischen Tatsachen, zusammenfassend als REICHERT-GAUPPsche Theorie beschrieben, sind lange bekannt. Die Homologien werden bewiesen durch die Tatsache, daß der Malleus mit dem MECKELschen Knorpel stets homokontinuierlich verbunden ist, daß ein alter Deckknochen des Unterkiefers, das Goniale, als deckknöcherner Fortsatz (*Proc. anterior Folii*) dem Hammer einverleibt wird und daß die Nachbarschaftsbeziehungen der Gehörknöchelchen völlig den nach der Theorie zu erwartenden Beziehungen entsprechen. Das neue Gelenk entsteht rostral vor dem alten. So liegt erwartungsgemäß das Squamosodentalgelenk innerhalb der Trigeminusmuskulatur, während das primäre Kiefergelenk im

Grenzgebiet zwischen V- und VII-Muskulatur liegt. Auch die Beziehungen zu Nerven und Gefäßen (besonders zur Chorda tympani und zum Nervus auriculotemporalis) entsprechen der Theorie. Schließlich ist zu erwähnen, daß das sekundäre Kiefergelenk sehr spät über ein Schleimbeutelstadium als Anlagerungsgelenk entsteht, während fast alle anderen Gelenke durch Abgliederung innerhalb eines einheitlichen Blastems entstehen. Die hiermit kurz gekennzeichnete Theorie wurde endgültig bewiesen, als es gelang, an primitiven säugerähnlichen Reptilien aus der Permformation Südafrikas die Zwischenformen auch palaeontologisch vorzuweisen. Auch physiologisch bestehen keine Einwände mehr gegen die REICHERTSCHE Theorie, seit es EDGEWORTH gelang, nachzuweisen, daß junge Beuteltiere den Übergang von der Benutzung des primären zu der des sekundären Kiefergelenkes postnatal in der Funktionsperiode vollziehen, und seitdem wir einige Analogiefälle eines ähnlichen Funktionswandels zwischen zwei Gelenken bei anderen Formen kennen. Phylogenetisch hängt die gesamte Umkonstruktion des Kieferapparates bei der Säugetierwerdung aufs engste mit dem Erwerb eines heterodonten Gebisses (Mahlzähne) und dem Erwerb von Weichteillippen und Wangen zusammen. Die Möglichkeit, Beuteobjekte zu zerbeißen und zu kauen, gab die Voraussetzung zur Vorverlagerung des Kaugelenkes und damit zur Verkleinerung der Mundspalte. Diese Vorgänge sind wieder eng korreliert mit dem Erwerb von Milchdrüsen und der säugetiertypischen Art der Brutpflege. Möglicherweise spielte auch der Erwerb des Saugaktes (M. mylohyoideus) eine wesentliche Rolle bei der Abgliederung des vorderen Kieferabschnittes. Andererseits bedingt die enorme Massenentfaltung des Gehirns bei Säugern erst diese ganze Umwandlung, denn durch die Hirnausdehnung nach lateral und basal wurden die Voraussetzungen geschaffen, die eine Annäherung des Dentale an das Squamosum und damit die Bildung eines Anlagerungsgelenkes ermöglichen.

Der Steigbügel steht primär mit dem 2. Visceralbogen (REICHERTscher Knorpel) in Verbindung. Diese Verbindung löst sich aber im Gegensatz zu der Kontinuität zwischen Hammer und MECKELschem Knorpel außerordentlich früh. Die Durchbohrung des Steigbügels (Abb. 393) beruht darauf, daß die *Arteria stapedialis* (s. S. 554) in früher Embryonalzeit von dem Knorpelblastem umwachsen wird. Nach der Rückbildung des Gefäßes (3. Monat) bleibt die Ringform des Stapes erhalten.

Der *Musculus tensor tympani* stammt von der Muskulatur des ersten Visceralbogens ab (Kaumuskulatur) und wird dementsprechend vom Trigeminus innerviert. Der *Musculus stapedius* entstammt dem Hyalbogen (Musculus styloideus) und wird vom Facialis versorgt. Der *M. tensor tympani* ist eine Neubildung beim Säugetier. Bei einigen Säugern findet sich ein rudimentärer Muskel, der am Articulare (Malleus) ansetzt, von der Ohrkapsel entspringt und vom Facialis innerviert wird (VOIT). Dieser Muskel entspricht nach Lage und Innervation völlig dem Musculus depressor mandibulae (VII) der Sauropsiden. Dieser Befund ist eine wichtige Stütze der REICHERTschen Theorie, denn er zeigt die Lage des primären Kiefergelenkes auf der Grenze zwischen V- und VII-Muskulatur noch beim Säugetier.

Lagebeziehungen des Nervus facialis und Bildung der knöchernen Wand der Paukenhöhle

Das Gebiet, in dem sich Paukenhöhle und Gehörknöchelchen befinden, liegt lateral der knorpligen Ohrkapsel. Bei der Ossifikation wird dieses Gebiet mit den hier gelegenen Nerven und Gefäßen (Nervus facialis, Chorda tympani, Nervus tympanicus, Art. carotis int.) in den Knochen einbezogen, die Paukenhöhle bekommt eine knöcherne Wand. An diesem Prozeß sind knorplig praeformierte Teile der Ohrkapsel (*Tegmen tympani* und *Solum tympani*) als Dach- und Bodenpartie beteiligt. Dorsal und lateral erfolgt der Abschluß durch Deckknochen: Os squamosum und Os tympanicum (Abb. 395). Beide Deckknochen verschmelzen postnatal mit dem Petrosum zum Großknochen „Schläfenbein" (Os temporale). Das Tympanicum wird in Form eines nach oben offenen Ringes seitlich und unter den Gehörknöchelchen im Bindegewebe angelegt und bildet zunächst nur einen Rahmen für das Trommelfell. Später wächst es nach lateralwärts zu einer Röhre aus, welche den größten Teil der Wand des knöchernen Gehörganges bildet (s. S. 599).

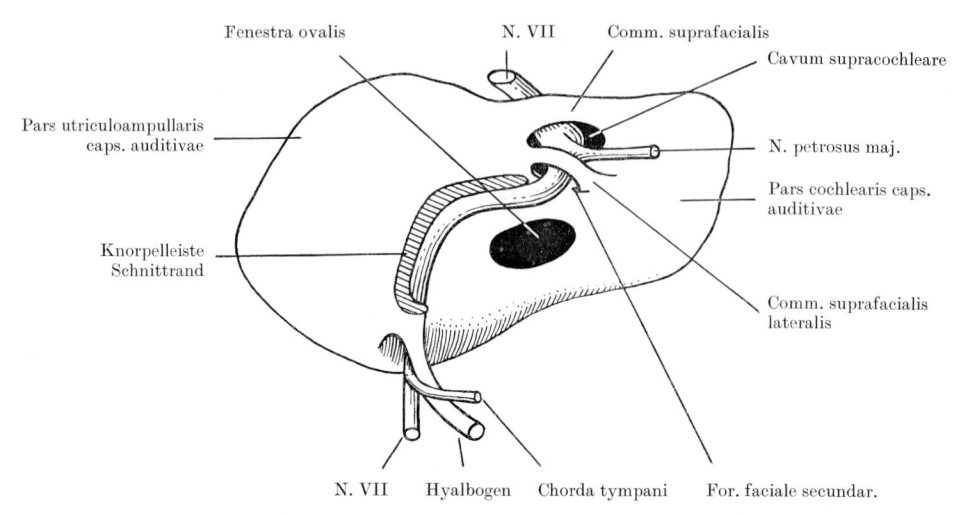

Abb. 397 Rechte Labyrinthkapsel (Petrosum) eines menschlichen Fetus von lateral her gesehen. Darstellung des Facialisverlaufes. Knorpelleiste (Crista parotica) abgeschnitten. (Im Anschluß an GAUPP).

Facialiskanal

Der *Nervus facialis* verläßt primär das Cavum cranii durch eine Öffnung in der Ohrkapsel. Diese Austrittsstelle liegt etwa auf der Grenze von Pars canalicularis und Pars cochlearis und wird von einer schmalen Knorpelspange, der suprafacialen Kommissur (Abb. 397), überbrückt. Etwas weiter seitlich tritt der Nerv nochmals unter einer Knorpelspange hindurch. Zwischen beiden Kommissuren liegt er nach dorsal hin frei. Hier ist ihm das Ganglion geniculi angelagert, und hier verläßt ihn der Nervus petrosus (superficialis) major (Abb. 397). Bei der Ossifikation wird dieses Gebiet knöchern umschlossen, nur der Hiatus canalis nervi petrosi maj. bleibt als Rest des äußeren Endes des primären Facialiskanals offen. Jenseits der lateralen Kommissur verläuft der Nerv an der Seitenwand der Ohrkapsel nach hinten. Die Commissura suprafacialis ist ein Rest der primären Schädelseitenwand. Bei der Ossifikation des Schläfenbeines wird nun der Teil des Facialis, welcher an der seitlichen Labyrinthkapselwand durch das Gebiet der späteren Paukenhöhle zieht, von knöchernen Anbauzonen der Ohrkapsel umhüllt und in einen knöchernen Kanal eingeschlossen. Dieser Knochen ist zwar nicht knorplig praeformiert, kann aber auch nicht als Deckknochen aufgefaßt werden. Es handelt sich um nicht knorplig praeformierte Ergänzungsteile an Ersatzknochen. Gleich dem Nervus facialis werden nun auch andere, zunächst extrakapsulär gelegene Gebilde (Art. carotis int., Musculus tensor tympani, Musculus stapedius, Tube usw.) durch derartige *Zuwachsknochen* eingeschlossen und abgegrenzt. Dadurch wird einmal der durch Squamosum und Tympanicum nur unvollständig abgegrenzte Mittelohrraum völlig knöchern umhüllt, andererseits treten aber auch knöcherne Scheidewände zwischen den verschiedenen Gebilden auf. So wird der Musculus stapedius vom Facialiskanal abgetrennt, und der *Canalis musculotubarius* wird unvollständig in einen Semicanalis tubae und einen Semicanalis m. tensoris tympani geteilt. Auf gleiche Art erfolgt die Trennung von Carotiskanal und Canalis musculotubarius. Auch die endgültige Öffnung des Facialiskanals an der freien Schädelbasis (Foramen stylomastoideum) wird von Zuwachsknochen umfaßt. Zusammenfassend läßt sich also feststellen, daß neben der Ohrkapsel im Stadium der Verknöcherung eine zweite Knochenkapsel gebildet wird, welche man als *Mittelohrkapsel* bezeichnen könnte. Beide werden in den komplexen Großknochen Schläfenbein eingeschlossen. Am Facialiskanal selbst lassen sich genetisch folgende Abschnitte unterscheiden (Abb. 397):

1. Durchtritt durch die primäre Schädelseitenwand (= Commissura suprafacialis).
2. Lage im Cavum supracochleare (zwischen beiden Kommissuren), hier Abgang des N. petros. major. Ganglion geniculi. Hiatus canalis facialis.
3. Durchtritt durch die sekundäre Schädelseitenwand (laterale Kommissur im Gebiet des Tegmen tympani).
4. Verlauf an der lateralen Wand der Labyrinthkapsel im Bereich der Paukenhöhle, hier später von Zuwachsknochen umhüllt.
5. Durch Zuwachsknochen Anbau einer Hülle um die letzte Verlaufsstrecke des Nerven bis zum definitiven Austritt (Foramen stylomastoideum).

c) *Äußeres Ohr*

Die Entwicklung der Ohrmuschel

Die äußere Ohröffnung liegt zwischen Mandibular- und Hyalbogen. Früh tritt auf beiden Bögen eine quere Falte auf. Bei Embryonen von 10—11 mm Länge erscheinen unregelmäßige Höckerbildungen auf beiden Bögen. Aus diesen formen sich im wesentlichen durch Mesenchymwucherung die *Auricularhöcker* und zwar auf dem Kiefer- und Zungenbeinbogen je drei. Die erste Kiemenfurche verbreitert sich nun zu einer rhombenförmigen Grube, der Ohrmuschelgrube. Das ventrale Ende dieser Grube wird von den begrenzenden Wülsten überwachsen. Aus dem ventromedialen Teil der Ohrmuschelgrube geht schließlich der äußere Gehörgang hervor. Die Auricularhöcker verstreichen vollständig (HOCHSTETTER 1948). Tragus und Antitragus gehen aus Vorwölbungen der Wand der Ohrmuschelgrube hervor, welche sich in der Gegend der unteren Auricularhöcker (1 und 6) befinden. Der dorsale Teil der ersten Kiemenfurche schwindet. Bei Embryonen von 24 mm Länge sind alle wesentlichen Teile der Ohrmuschel angelegt. Entgegen älteren Darstellungen ist der Entwicklungsablauf bei Bildung der Ohrmuschel nicht weniger variabel als die definitive Form des äußeren Ohres selbst.

Entwicklung des äußeren Gehörganges und des Trommelfells

Der äußere Gehörgang entsteht aus der ersten Kiemenfurche, und zwar im ventromedialen Bereich der Ohrmuschelgrube. Die ursprünglich nachweisbare epitheliale Verbindung des Grundes der ersten Kiemenfurche mit dem Ende der ersten Schlundtasche wird gelöst, die Verschlußmembran verschwindet also. Dieser Prozeß schreitet in der Richtung von ventral nach dorsalwärts vor, und zwar in der Form, daß sich die beiden angrenzenden Visceralbögen (I und II) annähern und verschmelzen. Schließlich schwindet die epitheliale Verbindungslamelle. Durch diesen Prozeß entfernt sich der Grund der ersten Kiemenfurche mehr und mehr von der ersten Schlundtasche. Diese selbst zeigt im seitlichen Teil Obliteration ihres Lumens, so daß schließlich ein beträchtlicher Teil der ersten Schlundbucht verschwindet (HOCHSTETTER 1948). Der verbleibende Teil der ersten Schlundtasche wächst in Korrelation mit den Nachbargebilden in die Länge. Auch der ventrale Teil der ersten Kiemenfurche bildet sich zum großen Teil zurück. Aus dem persistierenden Rest aber entsteht der äußere Gehörgang. Dieser wächst nun, wie HOCHSTETTER (1948) durch sorgfältige Messungen gezeigt hat, nicht — entsprechend der Lehrmeinung — nach medialwärts, sondern nach außen unter Einbeziehung von Material der Ohrmuschelgrube. Der primäre Teil des Gehörganges liegt also medial. Durch Verklebung und Verwachsung schwindet in diesem Abschnitt das Lumen (*Gehörgangsplatte*). Die Gehörgangsplatte (Abb. 394) entsteht stets sekundär aus einem eine Lichtung enthaltenden Gangabschnitt. Niemals ist sie ein primär solides Proliferationszentrum (HAMMAR). Die seitlichen Teile des Gehörganges werden sekundär in die solide Platte einbezogen. Beim Menschen betrifft dieser Vorgang nur den medialen Teil des äußeren Gehörganges. Bei vielen Säugern kann er sich aber auf den ganzen Gehörgang erstrecken und selbst auf die Ohrmuschel übergreifen (Kaninchen). In dem soliden medialen Teil des äußeren Gehörganges tritt durch Dehiszenz etwa im 7. Graviditätsmonat ein Lumen auf. Bei vielen Säugern (Nesthocker; Carnivoren usw., s. S. 344) öffnet sich der Gehörgang erst nach der Geburt. Haar- und Drüsenanlagen treten beim Menschen nur in dem lateralen Teil des Gehörganges auf, der sein Lumen nicht verliert. Wir unterscheiden also aus morphogenetischen Gründen einen primären medialen und einen sekundären lateralen Abschnitt (HOCHSTETTER) des äußeren Gehörganges. Die Gehörgangsplatte ist primär mit einem Lumen versehen. Das Trommelfell entsteht aus der Mesenchymschicht zwischen dem Grund der ersten Kiemenfurche und der ersten Schlundtasche. Die äußere epitheliale Fläche des definitiven Trommelfells wird bei der Bildung des endgültigen Gehörgangslumens frei. Die innere Fläche ist von Paukenhöhlenschleimhaut überkleidet.

6. Integument und Anhangsorgane

Haut

Nach Abgliederung von Neuralrohr und Neuralleiste vom Ektoderm differenziert sich die oberflächlich verbleibende Ektodermlage zur *Epidermis*. Zu diesem epithelialen Anteil der Haut gesellt sich Mesenchym als Anlage von *Corium* und *Subcutis*. Die Epidermis besteht zunächst aus einer Schicht kubischer Zellen. Am Ende des ersten oder am Beginn des zweiten Monats bildet sich eine zweite oberflächliche Schicht platter Zellen, das *Periderm (Epitrichium)*. Die basale Zellschicht zeigt lebhafte Mitosetätigkeit (Keimschicht). Dadurch wird früh, stellenweise bereits bei Embryonen von 30 mm Länge, eine mittlere Zellage (Stratum intermedium) gebildet. Diese Schicht wird zunehmend dicker und bildet den Hauptteil der Epidermis. Gleichzeitig wird das Epitrichium allmählich abgestoßen. Die Verhornung der oberflächlichen Schichten beginnt etwa im 5. Schwangerschaftsmonat. Dadurch wird die zunächst transparente Epidermis trüb und undurchsichtig. Abgestoßene Epitrichiummassen und Hornschuppen, vermischt mit Haaren und Drüsensekret, bilden eine weißliche, schmierige Masse *(Vernix caseosa)*. Das Mesenchym von Corium und Subcutis entstammt dem Dermatom (Cutisblatt des Somiten) und der Somatopleura. Die Faserbildung im Mesenchym beginnt im 3. Monat. Die Einlagerung von Fett erfolgt in der zweiten Schwangerschaftshälfte zunächst in Form von einzelnen Fetttropfen in Bindegewebszellen. In der Nähe von Blutgefäßen kann es zur Bildung eigener Fettorgane (Fettgewebskeimlager) kommen. Derartige Organe bestehen aus perivaskulären Anhäufungen von Mesenchymzellen, die Fett speichern; sie werden durch eine Bindegewebskapsel abgegrenzt. Diese Fettorgane sollen aus spezifisch determinierten Zellen (Steatoblasten) bestehen. In den Fettorganen finden sich häufig Herde von erythropoetischem Gewebe. Das sogenannte braune Fettgewebe entsteht stets aus Fettorganen. Es handelt sich um plurivakuoläre Fettzellen. Auch die chemische Natur des braunen Fettes ist eine besondere (reich an Cholesterin und anderen doppelbrechenden Lipoiden). Es findet sich beim Menschen in der Regio supraclavicularis, in der Nähe des Herzbeutels und in der Gegend der Nebennieren und dürfte als hochwertiges Speicherorgan aufzufassen sein.

Haare

Die erste Anlage eines Haares tritt in Form einer isolierten Epidermispapille auf. Diese wächst als *Haarzapfen* schräg in die Tiefe. Das

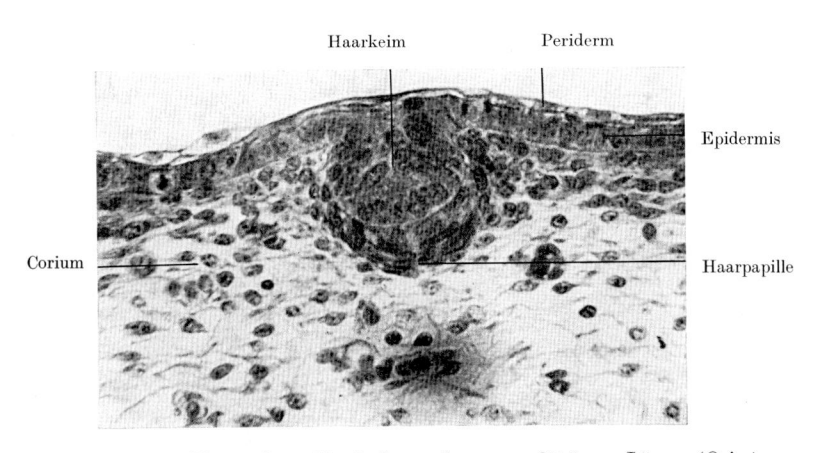

Abb. 398 Junge Haaranlage, Kaninchenembryo von 37,5 mm Länge. (Orig.)

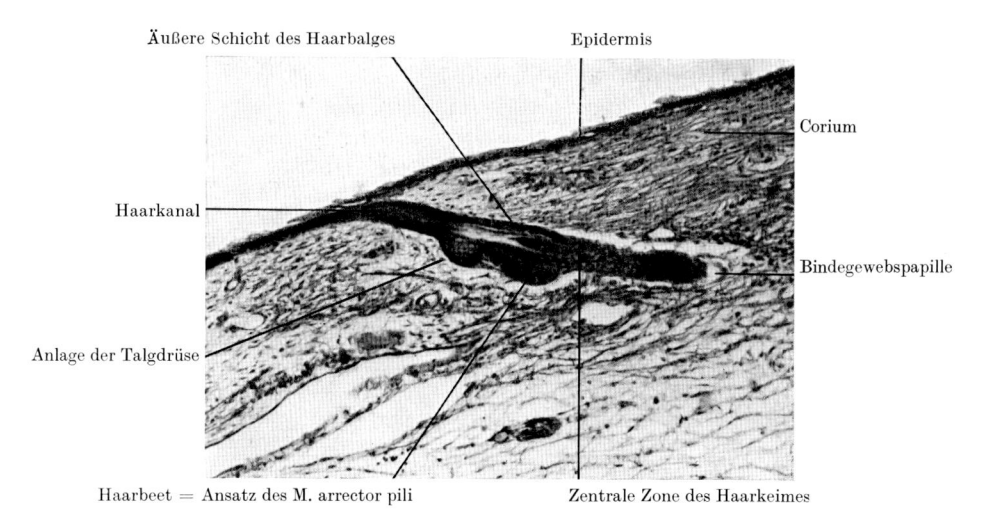

Abb. 399 Haaranlage aus der Nackengegend, menschlicher Fet von 140 mm Scheitel-Steiß-Länge. Anlage der Talgdrüse. (Orig.)

Mesenchym bildet um das freie Ende dieses Haarkeimes eine kappenartige Verdichtung, die Papillenanlage (Abb. 398). Diese Mesenchympapille wird von dem unteren, verdickten Ende des Epidermiszapfens umfaßt und wird damit zur *Haarpapille*. Verdichtete Mesenchymzüge umgeben die ganze Haaranlage als bindegewebige Wurzelscheide (*Haarbalg*, Abb. 399). Die zentral gelegenen Zellen des Haarzapfens verhornen und bilden den Haarschaft. Dieser bleibt von epithelialen Elementen umgeben, welche nunmehr als innere und äußere Wurzelscheide bezeichnet werden. Die in unmittelbarer Nähe der Papille, also terminal, gelegenen Zellen der Haaranlage bleiben als Keimlager, von dem aus das Haar wächst, erhalten (*Haarzwiebel*). Die ersten Haare treten im Bereich der Augenbrauen etwa im 3. Graviditätsmonat auf. Die Färbung des Haares kommt in der beschriebenen Weise (s. S. 403) zustande, indem Pigmentzellen ihr Pigment in Form von Granula an die Zellen des Haarkeimes abgeben. Eine autonome Pigmentbildung in den Zellen der Haaranlage kommt nie vor. Das erste Haarkleid besteht aus zarten Wollhaaren *(Lanugo)* und wird vor der Geburt abgestoßen. Die zur Zeit der Geburt entstehende Haargeneration besteht am Körper größtenteils ebenfalls aus Wollhaaren. Kopfhaare, Augenwimpern und Augenbrauen bestehen aus derben und längeren *Terminalhaaren*. Zur Zeit der Pubertät treten unter dem Einfluß von Gonadenhormonen Terminalhaare auch im Bereich der Schamgegend und der Axilla, im männlichen Geschlecht auch als Bartwuchs auf. Beim Manne kann die Behaarung des Rumpfes und der Extremitäten in individuell sehr wechselnder Weise den Charakter von Terminalhaaren annehmen.

Haarwechsel

Der Haarwechsel erfolgt in der Weise, daß das untere Ende des alten Haares verhornt; das Haar wird zum Kolbenhaar. Die Epithelzellen zwischen der bindegewebigen Papille und der Basis des Kolbenhaares teilen sich und bilden einen Strang, die Anlage des neuen Papillenhaares. Das Kolbenhaar fällt aus. Auch im Haarwechsel bekommt das neue Haar Pigment von Melanoblasten, die zwischen den Matrixzellen des alten Haares lagen. Die Lebensdauer eines Kopfhaares beträgt mehrere Jahre.

Schuppe und Feder

Auf die Entwicklung der Reptilschuppe und der Vogelfeder kann hier im einzelnen nicht eingegangen werden, doch sei vermerkt, daß diese integumentalen Anhangsgebilde morphologisch und genetisch nicht dem Haar vergleichbar sind. Hingegen sind Schuppe und Feder einander homolog. Beide entstehen aus einer initialen Coriumpapille, die ihrerseits erst sekundär die Bildung eines Epidermishügels verursacht. Die

Pigmentierung der Feder erfolgt in gleicher Weise wie die des Haares. Die Schlußfolgerung, daß Haar und Schuppe nicht homolog sein können, ergibt sich aus der Tatsache, daß bei Säugern Haare neben Schuppen vorkommen können (Schwanz der Ratte, Schuppentier usw.). Sehr häufig sind die Haare bei Säugetieren embryonal zunächst in Gruppen angeordnet, ein Hinweis auf die Zuordnung einzelner Haargruppen zu einem primären Schuppenkleid.

Nägel

Auch die Finger- und Zehennägel sind epidermale Hornbildungen. Sie entstehen zunächst am terminalen Fingerende (3. Monat) und schieben sich erst sekundär auf die Dorsalseite. Dadurch erklärt sich auch die Innervation der Dorsalseite der Fingerspitze aus palmaren Nerven. Der proximale und seitliche Rand der primären Nagelplatte wird von der Epidermis überwuchert, es kommt zur Bildung eines Nagelfalzes. Im Bereich des Nagelfalzes bilden die tiefen Epidermisschichten die Matrix, von der aus neues Zellmaterial schrittweise am Verhornungsprozeß teilnimmt. Die Ausdehnung der Matrix nach distal ist als Lunula sichtbar. Da die Nagelplatte von proximal her wächst, muß sie sich allmählich distalwärts vorschieben. Etwa vom 8. Graviditätsmonat an haben die Fingernägel das freie Ende des Fingers erreicht (Reifezeichen, s. S. 250).

Hautdrüsen

Die Drüsen der Haut entwickeln sich unmittelbar von der Epidermis aus als Epithelsprosse, zum Teil entstehen sie von den epithelialen Haaranlagen aus. Wir unterscheiden drei Drüsenarten, die morphologisch, genetisch und histologisch wohl charakterisiert sind: 1. Talgdrüsen, 2. ekkrine Schweißdrüsen, 3. apokrine Duftdrüsen, hierzu die Milchdrüse.

1. Talgdrüsen. Die Talgdrüsen des Menschen entstehen im allgemeinen durch Aussprossung solider Zellkolben von der Haaranlage aus (Abb. 399). Ohne Zusammenhang mit Haaranlagen bilden sie sich in der Circumanal- und Genitalregion, in Nasenflügel und Augenlid direkt von der Keimschicht der Epidermis aus. Es handelt sich um polyptyche Drüsen, d. h. um vielschichtige Drüsen, deren Sekret durch spezifische Umwandlung der zentralen Zellen (holokrine Sekretion) gebildet wird. Demzufolge müssen stets in peripherer Lage Ersatz- oder Reservezellen vorhanden sein. Diese Drüsen sind im Gegensatz zu den ekkrinen Drüsen weit im Wirbeltierstamm verbreitet und zeigen den primitiven Sekretionstypus, der nur eine besondere Form der sekretorischen Funktion der Epidermis darstellt (SCHAFFER).

2. Schweißdrüsen. Sie entstehen als solide Epithelsprosse von der Epidermis aus und erhalten erst spät ein Lumen durch Dehiszenz. Die anfangs gestreckten Stränge und Schläuche knäueln sich am freien Ende auf. Trotz ihres einfachen Baues sind diese Drüsen ein phylogenetisch später Erwerb des Primatenstammes. Sie stehen im Dienst der Wärmeregulation. Es handelt sich um monoptyche Drüsen (einschichtig) mit ekkrinem Sekretabgabemechanismus.

3. Die apokrinen Drüsen werden häufig als modifizierte Schweißdrüsen bezeichnet. Es handelt sich jedoch um morphologisch, physiologisch und entwicklungsgeschichtlich selbständige Gebilde von hohem phylogenetischem Alter. Typische apokrine Drüsen sind durch Abgabe des Sekrets in Tropfenform und durch Myoepithelzellen gekennzeichnet. Sie entstehen stets früher als die ekkrinen Drüsen, und zwar primär immer im Zusammenhang mit Haaranlagen. Beim Menschen finden sie sich in der Axilla, in der Genitalregion, am Warzenhof und am Augenlid. Genetisch stehen die Milchdrüsen ihnen sehr nahe.

Entwicklung der Mammarorgane

Die Anlage der Milchdrüsen erscheint sehr früh (1. Monat) in Form einer Epidermisleiste, welche sich an der ventrolateralen Körperseite ins Mesenchym senkt (Abb. 400). Diese Milchleiste erstreckt sich in beiden Geschlechtern von der Axillar- und Pectoralregion bis in die Leistengegend. Zur Bildung des Mammarorgans wird nur ein kleiner Bezirk dieser Anlage herangezogen. Doch können auch beim Menschen im ganzen Bereich der Milchleiste akzessorische Drüsen vorkommen. Beim Menschen erfährt die Milchleiste außerhalb des pectoralen Abschnittes früh eine Rückbildung. Bei Huftieren (Rind) erhält sich der inguinale Abschnitt, während bei Säugern mit zahlreichen Milchdrüsen (Insektivoren, Nager, Carnivoren) die ganze Leiste funktionsfähig bleibt.

Die Anlage der Drüse selbst tritt in Form einer lokalen Verdickung auf, die sich ins Mesenchym einsenkt. Diese Anlage wächst langsam und wird zapfenförmig, von ihr sprossen etwa 20 sekundäre Zellstränge (Ductus lactiferi) aus, die ihrerseits wieder weitere Generationen von Sprossen aus sich hervorgehen lassen (Abb. 401). Das Lumen tritt erst spät durch Dehiszenz auf.

Frühzeitig senkt sich das primäre Drüsenfeld zu einer Grube ein. Bei vielen Säugetieren vertieft sich diese Grube, und die definitive Zitze entsteht durch Vorwachsen des umgebenden Integumentes (Inversionszitze, z. B. Rind). Beim Menschen wuchert das Mesenchym in der Umgebung der primären Drüsenanlage und führt damit zu einer warzenartigen Erhebung des Drüsenfeldes über die Umgebung (Eversion). Dieser Prozeß ist zur Zeit der Geburt nicht abgeschlossen. Bleibt die Eversion aus, so kommt es zur Bildung einer „Hohlwarze" (Stillhindernis). Bis zur Pubertät läuft die Entwicklung des Organs in beiden Geschlechtern gleich ab. Die weitere Ausdifferenzierung im weiblichen Geschlecht erfolgt unter dem Einfluß der Follikelhormone. Die endgültige Ausgestaltung bis zur Funktionstüchtigkeit (Laktation) erfolgt erst in der Schwangerschaft. Die Ausbildung der Drüsengänge und Endstücke wird im wesentlichen von einem Zusammenwirken der Oestrogene und des Progesterons gesteuert. Gleichzeitig hemmt das Progesteron aber den Hypophysenvorderlappen. Diese Hemmung fällt im Moment der Geburt weg; der Hypophysenvorderlappen bildet jetzt vermehrt Prolaktin. Dieses Laktationshormon bringt die Milchsekretion in Gang.

Abb. 400 Milchleiste im Querschnitt, Katzenembryo von 12 mm Länge.

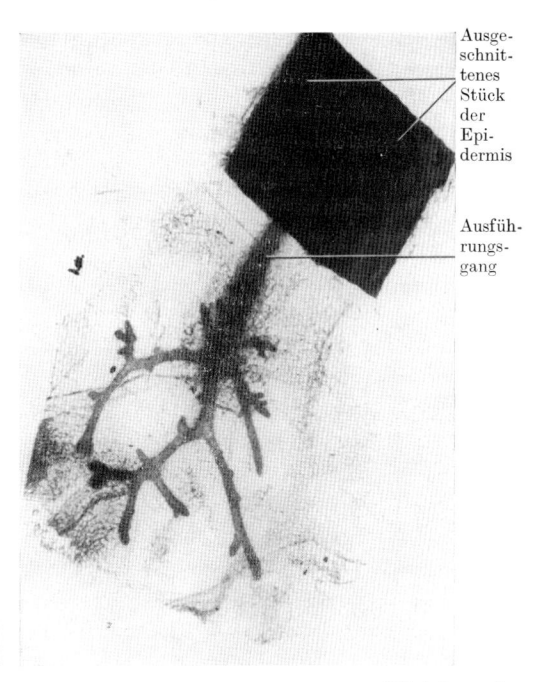

Abb. 401 Aufhellungspräparat einer Milchdrüse der neugeborenen weißen Maus. (Orig.)

II. Entwicklung des Darmkanals und der Respirationsorgane, einschließlich Coelom

1. Allgemeines über Gliederung des Darmrohres

Beim Menschen ist, wie bei allen Formen mit Dottersack, der Keimschild zunächst flach ausgebreitet. Das Entoderm bildet die untere Schicht der Keimscheibe. Mit zunehmender Abfaltung der Embryonalanlage vom Dottersack (s. S. 240) gliedert sich der Darm in Form einer Darmrinne ab. Diese schließt sich zum Rohr. Da Kopf- und Schwanzende früh über die Unterlage vorwachsen, besitzen diese Körperabschnitte auch zuerst einen röhrenförmig geschlossenen Darm. Kopf- und Schwanzdarm gehen an der vorderen und hinteren Darmpforte in den mittleren Darmabschnitt, der noch die Rinnenform zeigt, über (Abb. 187, 236). Das Darmrohr schnürt sich mehr und mehr auf Kosten der mittleren, offenen Rinne ab, so daß schließlich nur noch eine enge Verbindung zwischen Darm und Dottersack, der *Ductus omphaloentericus*, übrigbleibt. Vorder- und Hinterende des Darmkanales endigen blind. An beiden Enden findet sich eine grubenförmige Einsenkung der Epidermis. In diesem Bereich legen sich Ektoderm und Entoderm aneinander, ohne daß eine Mesenchymschicht zwischen beiden Epithellagen liegt. Diese beiden Verschlußmembranen werden als Rachenmembran (*Membrana buccopharyngea*) und Kloakenmembran (*Membrana cloacalis*) bezeichnet. Bei der Kloakenmembran scheint der direkte Kontakt zwischen Ekto- und Entoderm im Gegensatz zur Rachenmembran primär zu sein.

An beiden Enden des Darmkanales kommt es sekundär zum Durchbruch der definitiven Ostien. Die Rachenmembran reißt sehr früh ein (3. Woche), die Kloakenmembran wesentlich später (2.–3. Monat). In beiden Fällen wird ein kurzer ektodermaler Abschnitt, das *Stomodaeum* (Mundbucht) und das *Proctodaeum* (Afterbucht), dem entodermalen Darmrohr zugefügt. Nach dem Einreißen der Rachenmembran ist die Ekto-Entodermgrenze nicht mehr exakt festzustellen. Bei Amphibien sind die Ektodermzellen von den dotterreichen Entodermzellen relativ leicht zu unterscheiden. Bei Urodelen ist die Mundpartie zunächst solide. Eine ektodermale Einwanderung erstreckt sich nur bis in das Gebiet der späteren Mundhöhle. Bei Anuren ist die Ektodermeinwanderung ganz geringfügig.

Im allgemeinen wird der Darmkanal in Vorder-, Mittel- und Enddarm gegliedert (Abb. 402). Dabei gilt aus morphologischen Gründen der Ort der Leberanlage als Grenze zwischen Vorder- und Mitteldarm. Aus praktischen Gründen wird beim Säugetier häufig der Pylorus als Grenzmarke gesetzt. Allgemein ist diese Abgrenzung nicht durchführbar, da es primär magenlose Wirbeltiere gibt (*Branchiostoma*, viele Fische). Eine genaue Grenze zwischen Mittel- und Enddarm ist zunächst nicht gegeben. Zum Enddarm rechnet man den Schwanzdarm, d. h. den später der Rückbildung verfallenden postanalen Darm, und das Darmgebiet vor dem Anus. Später wird konventionell als Mittel-Enddarm-Grenze die histologische Strukturgrenze zwischen Dünn- und Dickdarm angenommen. Bei Formen mit Blinddarm ist diese Grenze äußerlich meist genügend gekennzeichnet. Der Mitteldarm ist durch die Beziehungen zum Dottersack charakterisiert. Er entspricht im großen und ganzen dem Dünndarm. Im Bereiche des Vorderdarmes unterscheiden wir Kopfdarm (Mundhöhle und Kiemendarm) und Vorderdarm im engeren Sinne (Oesophagus, Magen). Die Grenze zwischen Munddarm und Kiemendarm liegt im Gebiet des Arcus palatoglossus, denn die Tonsillarbucht ist bereits aus dem Kiemendarm (zweite Schlundtasche) hervorgegangen. Der Kopfdarm ist morphologisch gut gekennzeichnet, da er im Gegensatz zum restlichen Darmkanal keinerlei Beziehungen zum Coelom hat. Als Rumpfdarm faßt man auch den Vorderdarm im engeren Sinne (also ausschließlich Kiemendarm) mit dem Mittel- und Enddarm zusammen. Die primäre Mundhöhle

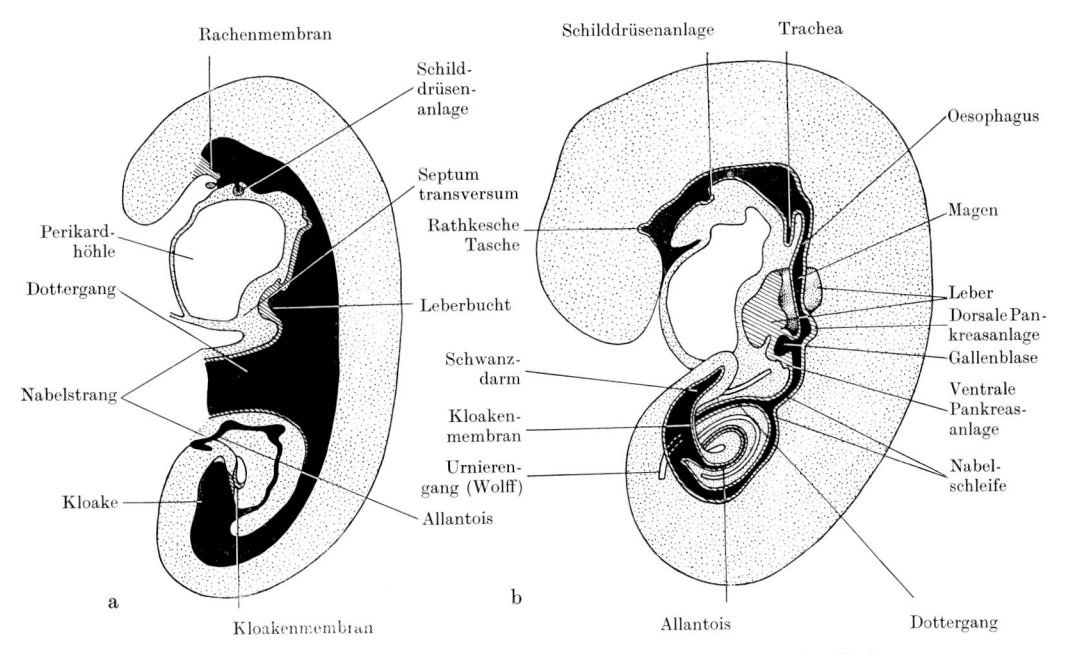

Abb. 402 Schematischer Längsschnitt durch den Darmkanal menschlicher Embryonen.
a) Homo 23 Somite, nach THOMPSON. b) Homo 4,9 mm, nach INGALLS.

wird durch eine horizontale Scheidewand, den definitiven Gaumen, in zwei Etagen zerlegt, die definitive Mundhöhle und die Nasenhöhle. Auch am caudalen Darmende findet eine Aufteilung in Rectum und Harnblase mit Sinus urogenitalis statt. Die Gliederung des Darmrohres kann nicht exakt nach genetischen Gesichtspunkten durchgeführt werden, da mit Grenzverschiebungen und Verwerfungen im Laufe der Individualentwicklung zu rechnen ist. Aus dem Darmrohr selbst bildet sich die epitheliale Auskleidung mit allen Drüsen (einschließlich Leber und Pankreas). Muskulatur und bindegewebige Strukturen der Darmwand entstammen dem Mesenchym (Splanchnopleura). Die Respirationsorgane (Larynx, Trachea, Lungen) werden aus dem caudalen Abschnitt des Kiemendarmes gebildet.

2. Mundbildung und Gesichtsentwicklung, Entwicklung der Nase

Die Mundbucht vertieft sich schnell durch Wachstum der umgebenden Weichteile zur primären Mundhöhle, welche in der Tiefe durch die Rachenmembran abgeschlossen wird. Diese reißt bei Embryonen von etwa 20 Somiten (3. Woche) ein. Damit verwischt sich die Grenze zwischen entodermaler und ektodermaler Schleimhaut. Dicht vor der Rachenmembran, noch im ektodermalen Bereich, liegt am Munddach die RATHKEsche Tasche, die Anlage der Adenohypophyse (s. S. 390). Auch dicht hinter der Rachenmembran findet sich vorübergehend eine taschenartige Divertikelbildung, die SEESSELsche Tasche, die zeitweise mit dem Vorderende der Chorda dorsalis in Verbindung stehen kann. Möglicherweise entspricht sie einem bei niederen Wirbeltieren beobachteten praeoralen Darmdivertikel. Sie schwindet jedenfalls bei Säugern vollständig.

Die Umgebung der äußeren Mundöffnung wird von mehreren Weichteilwülsten gebildet, dem unpaaren Stirnfortsatz, der dem vorderen Hirnende entspricht, und den seitlichen Oberkiefer- und Unterkieferwülsten (Abb. 403). Sie bilden das Ausgangsmaterial der Gesichtsweichteile. Die Ausbildung des typischen Gesichtes erfolgt nicht direkt, sondern über recht komplizierte Zwischenstadien. Die Komplikation dieser Vorgänge beim Säugetier hängt mit der Ausbildung von Weichteillippen und Wangen (Saug-

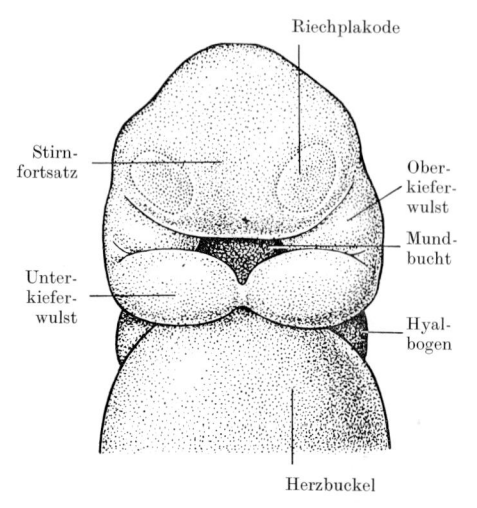

Abb. 403 Vorderes Kopfende eines menschlichen Embryos von 2,5 mm Länge. (Nach RABL).

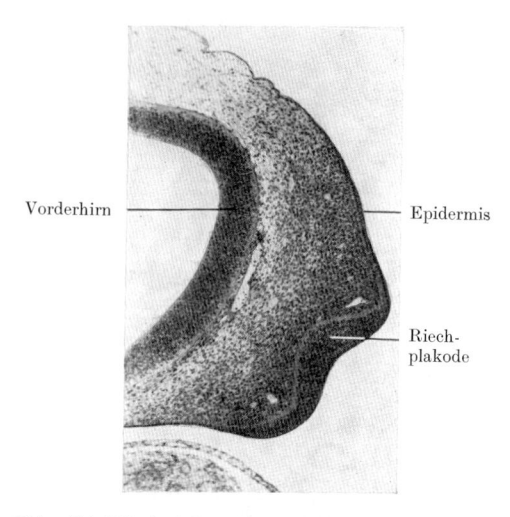

Abb. 404 Riechplakode eines Schweineembryos von etwa 5 mm Länge.

akt) zusammen. Ober- und Unterkieferwulst gehören zum Kieferbogen (1. Visceralbogen). Während aber die übrigen Visceralbögen in etwa gleicher Form und Anordnung hintereinanderliegen, knickt sich der Kieferbogen ab, so daß zwei Wülste, der Oberkieferwulst und der Unterkieferwulst, entstehen. Diese liegen schließlich parallel hintereinander (Abb. 242, 243), so daß bei oberflächlicher Betrachtung der Eindruck von zwei selbständigen Visceralbögen entstehen kann.

Nase

Die weitere Entwicklung des Gesichtes ist durch das Auftreten der Nasenanlage kompliziert. Diese erscheint bei Embryonen von etwa 6 mm Länge in Form von zwei Epidermisverdickungen (Riechplakoden; Abb. 403, 404) im Bereich des Stirnfortsatzes. Diese senken sich zu Riechgruben ein und werden schließlich zu Riechschläuchen umgeformt. Durch das Auftreten der Riechgruben wird der Stirnfortsatz in den medialen Nasenfortsatz zwischen rechter und linker Riechgrube und die lateralen Nasenfortsätze seitlich der Riechgruben unterteilt (Abb. 405). Die beiden unteren seitlichen Ecken des medialen Nasenfortsatzes sind als Processus globulares etwas vorgewölbt und begrenzen die leicht eingedellte mediane Partie des mittleren Nasenfortsatzes (Area infranasalis). Am unteren Ende der Riechgrube kommt es frühzeitig zu einer epithelialen Verklebung des medialen Nasenfortsatzes mit der lateralen Wand der Riechgrube. Diese wird hier vom lateralen Nasenfortsatz gebildet. Eine vorübergehende Beteiligung des Oberkieferwulstes an der Begrenzung der Riechgrube, wie PETER u. a. annahmen, kommt nach den sorgfältigen Untersuchungen von HOCHSTETTER nicht vor. Diese Epithelverklebung führt zur Bildung einer Platte („Epithelmauer"), welche im Bereich des primären Gaumens (Abb. 406, 407, 408) das

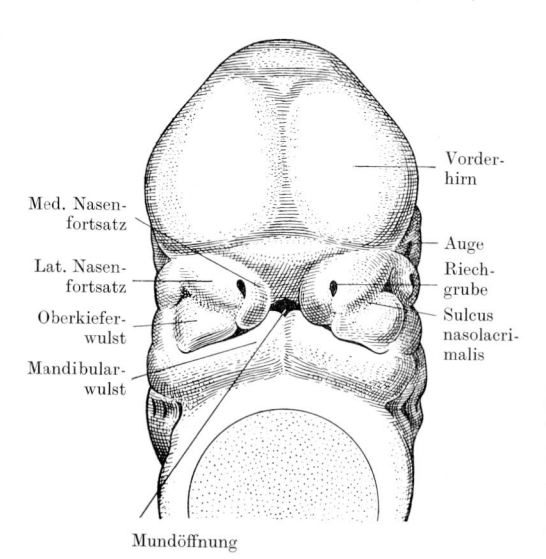

Abb. 405 Gesichtsbildung, menschlicher Embryo der 6. Woche. Schema.

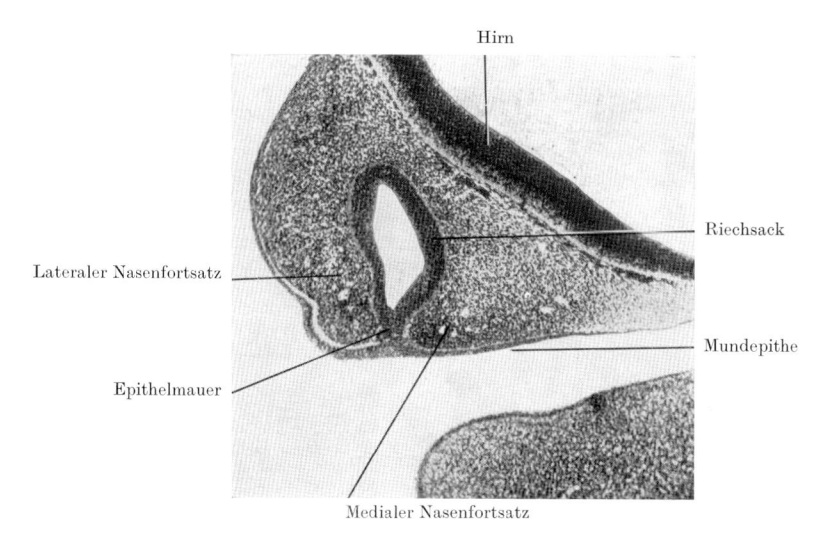

Abb. 405 Schweineembryo, 11 mm. Riechgrube, medialer und lateraler Nasenfortsatz und die Epithelmauer zwischen beiden im Schnitt. (Orig.)

Epithel des Riechsackes mit dem Mundepithel kontinuierlich verbindet. Äußerlich entspricht eine furchenartige Einziehung, die primitive Gaumenrinne, der Lage dieser Epithelmauer. Die Epithelmauer bleibt nur kurze Zeit erhalten und verfällt bald (12 mm Länge) der Auflösung, und zwar beginnt dieser Prozeß in der Mitte und schreitet nach vorn und hinten fort (Abb. 407c). An die Stelle der Epithelmauer tritt Mesenchym. Schließlich bleibt eine epitheliale Verbindung nur im hinteren Bereich erhalten. Hier ist durch seitliche Ausweitung des Nasensackes die Epithelmauer ganz niedrig geworden. Sie wird dadurch zur Membrana bucconasalis umgeformt (Abb. 407e). Diese epitheliale Membran reißt bei etwa 15 mm langen Embryonen ein. Damit ist eine primäre innere Nasenöffnung, die *Apertura nasalis interna*, entstanden. Das Gebiet zwischen primärer innerer und äußerer Nasenöffnung wird als primärer Gaumen bezeichnet. Die geschilderten Vorgänge laufen bei Mensch und allen darauf untersuchten Säugern gleich ab. Später schiebt sich der Oberkieferwulst am seitlichen Nasenfortsatz vor und bekommt Berührung mit dem medialen Nasenfortsatz (Abb. 409). Der mittlere Nasenfortsatz wächst stärker als die seitlichen, welche damit von der Begrenzung der Mundöffnung ausgeschlossen bleiben. An der Begrenzung der Mundöffnung sind nur mittlerer Nasenfortsatz, Oberkiefer- und Unterkieferwulst beteiligt. Bei Sauropsiden wird im hinteren Abschnitt der Nasenhöhle keine Epithelmauer gebildet. Die Apertura nasalis interna entsteht bei diesen Formen gemeinsam mit der äußeren Nasenöffnung aus der primären einheitlichen Öffnung der Riechgrube. Eine Verklebung kommt nur im mittleren Abschnitt (primärer Gaumen) vor. Im Gegensatz dazu ist bei Säugern nur die äußere Nasenöffnung Derivat der weiten ursprünglichen Öffnung der Riechgrube; die Apertura nasalis interna bricht sekundär durch.

Grundsätzlich muß hier betont werden, daß die sogenannten „Gesichtsfortsätze" keine selbständigen Bildungen sind. Nach älteren, auf unzureichenden Befunden begründeten Anschauungen räumte man den Gesichtsfortsätzen eine sehr große Selbständigkeit ein und meinte, daß die Bildung des Gesichtsreliefs durch Verwachsung derartiger Fortsätze zustande käme. Diese Vorstellungen fanden scheinbar eine Stütze in der Tatsache, daß relativ häufig Mißbildungen in Form von Spaltbildungen des Gesichtes vorkommen. Diese Mißbildungen wurden dann als Hemmungsbildungen (Ausbleiben normaler Verwachsungsprozesse) gedeutet. Wir wissen heute, vor allem durch die Untersuchungen von HOCHSTETTER, daß bei der Formbildung des Gesichtes Verwachsungsvorgänge kaum eine Rolle spielen. Eine echte Verwachsung kommt tatsächlich nur an einer einzigen Stelle, eben am unteren Rande der Riechgrube, vor. Die soge-

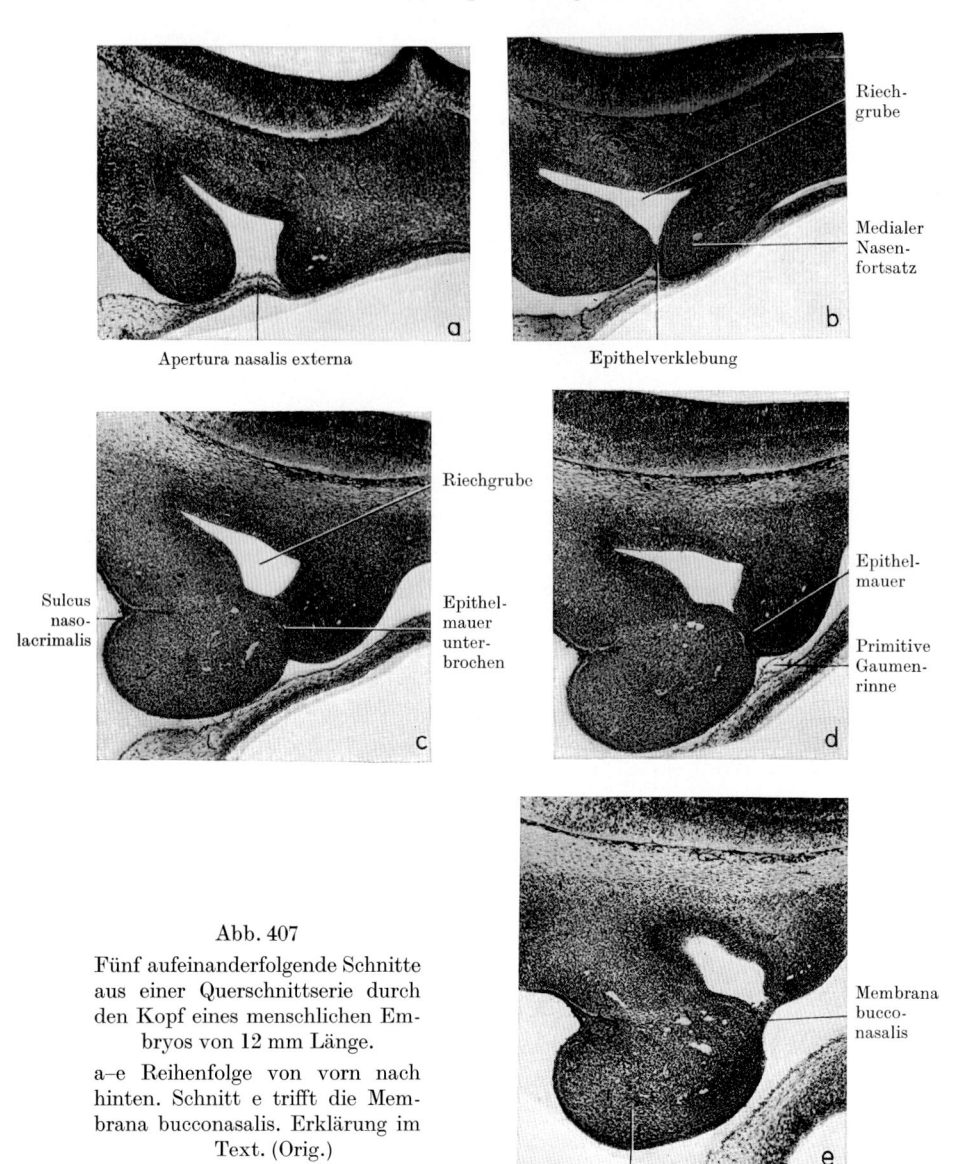

Abb. 407
Fünf aufeinanderfolgende Schnitte aus einer Querschnittserie durch den Kopf eines menschlichen Embryos von 12 mm Länge.

a–e Reihenfolge von vorn nach hinten. Schnitt e trifft die Membrana bucconasalis. Erklärung im Text. (Orig.)

nannten Gesichtsfortsätze sind in der Tat nur Wülste, die dadurch entstehen, daß in ihrem Gebiet Mesenchym unter dem Epithel angehäuft ist. Die zwischen den Gesichtswülsten auftretenden Furchen sind zu keiner Zeit tief einschneidende Spalten, sondern nur seichte Gräben, d. h. Zonen, in denen relativ wenig Mesenchym vorhanden ist. Die Gesichtswülste sind weder durch Nerven- noch durch Gefäßbeziehungen als morphologisch selbständige Territorien gekennzeichnet. Sie entsprechen auch nicht den Bezirken der späteren Knochenanlagen. Das definitive Relief des Gesichtes (Abb. 410) kommt also nicht durch Verwachsung von Fortsätzen, sondern durch Verstreichen der Furchen zustande (TÖNDURY).

Die zwischen den Wülsten sichtbaren Furchen (Abb. 405, 407) werden als *Sulcus nasolacrimalis* (zwischen Oberkieferwulst und seitlichem Nasenfortsatz) und als *primitive Gaumenrinne* (s. o.) bezeichnet. Die Umbildung des embryonalen Gesichtsreliefs in die definitive Form er-

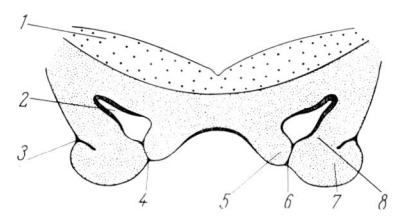

Abb. 408 Schematischer Frontalschnitt durch die Gesichtsregion eines menschlichen Embryos von 11 mm Scheitel-Steiß-Länge. Beziehungen der Gesichtswülste zu Riechsack und Epithelmauer (Nach STARCK 1959).
1. Gehirn 2. Riechsack 3. Sulcus nasolacrimalis
4. Gaumenrinne 5. Medialer Nasenwulst 6. Epithelmauer 7. Oberkieferwulst 8. Lateraler Nasenwulst

folgt durch differente Wachstumsgeschwindigkeit in den verschiedenen Bezirken. Durch Mesenchymwucherung werden die Furchen ausnivelliert. Derartige Proliferationsprozesse im Mesenchym verursachen vor allem die Bildung einer vorspringenden äußeren Nase (Abb. 410) und die Bildung von Lippen und Wangen. Das Material des mittleren Nasenfortsatzes ist vor allem an der Bildung von Nasenrücken, äußerem Septumanteil und mittlerem Bereich der Oberlippe (Philtrum) beteiligt. Die seitlichen Nasenfortsätze bilden Nasenflügel und die Weichteile um die Nasenöffnung, beteiligen sich aber nicht an der Oberlippe. Der Oberkieferwulst formt den verbleibenden Teil der Oberlippe und die Wangen oberhalb einer Linie, die vom Mundwinkel horizontal ohrwärts verläuft. Unterlippe und seitlich anschließende Wangenpartie entsprechen dem Material der Unterkieferwülste. Das definitive Gesicht ist bei Embryonen von 20–30 mm Länge in der Grundform erkennbar. Der endgültige Ausbau ist aber zur Zeit der Geburt noch nicht abgeschlossen (individuelle Nasenform). Die feinere Ausprägung der Individualform hängt nicht zum geringsten Teil von der Ausbildung des Schädels und des Gebisses ab, kann also auch erst nach Abschluß des Zahnwechsels und nach Beendigung des Knochenwachstums entstehen.

Die komplizierten Entwicklungsabläufe bei der Formung des Gesichtes können in mannigfacher Weise gestört oder gehemmt sein. Hieraus resultieren Gesichtsmißbildungen, die zu den häufigsten Mißbildungen des Menschen gehören und denen eine große praktische Bedeutung zukommt, weil in sehr vielen Fällen ein operativer Eingriff die Störung beseitigen kann. Da diese Mißbildungen oft mit Störungen der Gaumenbildung kombiniert sind, sei zunächst die normale Entwicklung des sekundären Gaumens besprochen.

Gaumenentwicklung

Die definitive Mundhöhle der Säugetiere entspricht nicht der ganzen primären Mundhöhle, denn durch Bildung einer horizontalen Scheidewand, des Gaumens, wird die Nasenhöhle aus

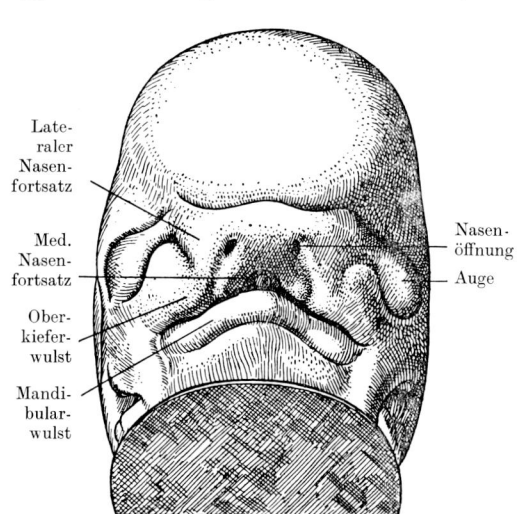

409 Gesichtsbildung, menschlicher Embryo, 15 mm. (Nach einem Modell von PETER).

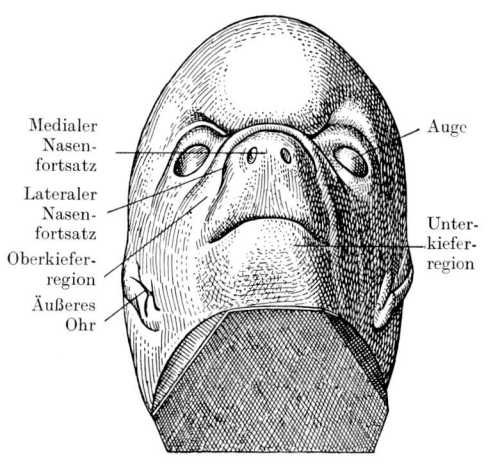

Abb. 410 Gesichtsbildung, menschlicher Embryo, 28 mm. (Nach einem Modell von K. PETER)

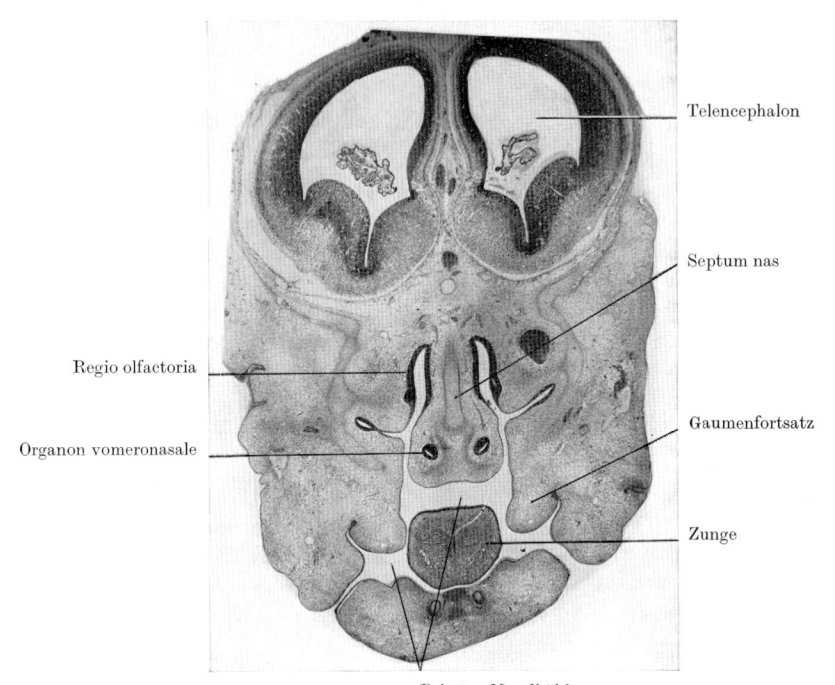

Abb. 411 Schweineembryo von etwa 20 mm Länge. Querschnitt durch die Nase. Septum nasi, Organon vomeronasale. Die Nasenhöhle ist noch nicht von der primären Mundhöhle abgegliedert. Die Gaumenfortsätze sind abwärts gerichtet. (Orig.)

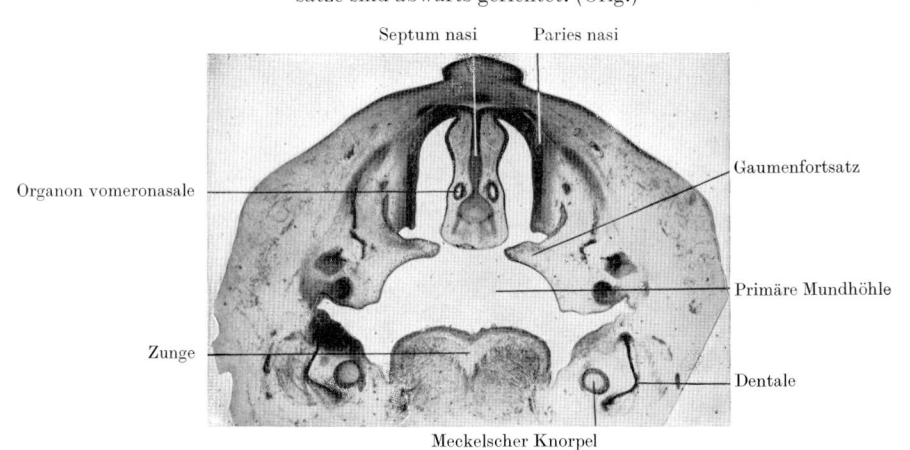

Abb. 412 Menschlicher Embryo von 26 mm Länge. Gaumenfortsätze stehen horizontal. Organon vomeronasale. (Orig.)

der primären Mundhöhle ausgegliedert. Dach der definitiven Mundhöhle ist also der Gaumen, während die primäre Mundhöhle bis an die Schädelbasis heranreicht. Die Bildung des Gaumens geht zeitlich der Ausbildung eines Nasenseptums parallel, das in der hinteren Verlängerung der Scheidewand der primären Nasenhöhle entsteht (Abb. 411). Gleichzeitig bilden sich im Bereich der seitlichen Wand der primären Mundhöhle, etwa in der späteren Oberkieferregion, jederseits die Gaumenfortsätze aus (Abb. 411), welche zunächst nach abwärts gerichtet sind und sich neben der Seitenfläche der Zunge in den Sulcus alveololingualis vorschieben. Der Zun-

Gaumenentwicklung

genrücken berührt zu dieser Zeit den unteren freien Rand des Septum nasi (Embryonen von 20 mm Länge). In der nun folgenden Phase wird die Zunge sehr schnell zwischen den beiden Gaumenfortsätzen herausgezogen, die Gaumenfortsätze werden in horizontale Richtung umgelagert (30-mm-Embryo) und berühren sich dann mit ihren freien Rändern. Dieser schnell ablaufende Umlagerungsvorgang (Abb. 412) ist einmal durch das Wachstum in den basalen Teilen der Gaumenfortsätze, dann auch durch beschleunigtes Wachstum des Unterkiefers, des Mund-

Abb. 413 Menschlicher Embryo von 42 mm Scheitel-Steiß-Länge. Querschnitt durch die Nasenhöhle. Sekundärer Gaumen geschlossen. Gaumennaht. Der Vomer entsteht als Deckknochen am unteren Ende des knorpligen Nasenseptums. (Orig.)

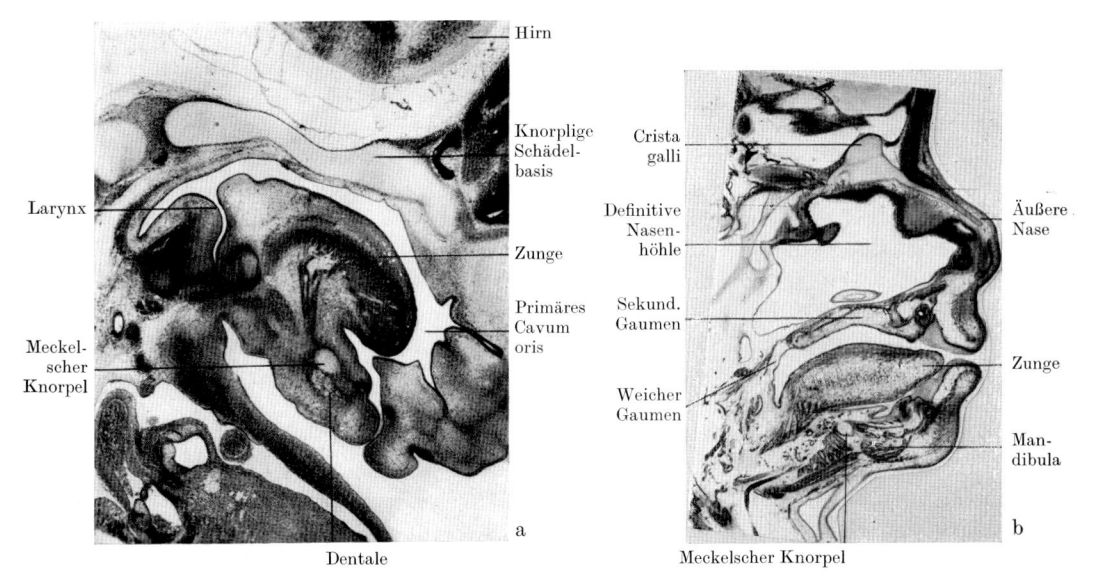

Abb. 414 (Orig.)
a) Sagittalschnitt durch Mund-Nasen-Höhle eines menschlichen Embryos von 18 mm Scheitel-Steiß-Länge.
b) Dasselbe. Menschlicher Embryo von 70 mm Scheitel-Steiß-Länge. Der Schnitt liegt paramedian.

29 Starck, Embryologie, 3. A.

bodens und der Zunge in den kritischen Zeitphasen verursacht. Zwischen den beiden Gaumenfortsätzen besteht zunächst eine Spalte. Die Gaumenfortsätze schließen sich an den primitiven Gaumen an und verwachsen untereinander und mit dem Unterrand des Nasenseptums (Abb. 413, Embryonen 40 mm). Dieser Verwachsungsprozeß schreitet von vorn nach hinten vor. Dort, wo die Gaumenfortsätze sich an den Stirnfortsatz anschließen, bleibt ein Epithelstrang in der Nahtlinie erhalten, von dem der *Ductus nasopalatinus* auswächst. Diese Stelle (Foramen incisivum) entspricht der Grenze von primärem und sekundärem Gaumen. Durch die Bildung des sekundären Gaumens wird die Übergangsstelle aus dem Nasenraum in den Munddarm bis ins Rachengebiet verlagert. Die sekundäre innere Nasenöffnung wird als Choane bezeichnet (Abb. 414 a, b).

Entwicklungsstörungen und Mißbildungen des Gesichtes und des Gaumens

Die geschilderten Entwicklungsprozesse können in mannigfacher Weise gestört sein. Häufig kommen kombinierte Mißbildungen des Gesichtes und des Gaumens vor. Relativ selten beobachtet man die mediane Oberlippenspalte, bei welcher der mittlere Nasenfortsatz unterentwickelt ist und nicht das Niveau der Oberlippe erreicht (Abb. 415a, b). Häufig sind seitliche Lippenspalten (= *Hasenscharte, Cheiloschisis*, Abb. 415c, d, e). Sie machen 15% aller menschlichen Mißbildungen aus. In diesem Falle besteht eine Spaltbildung in der Oberlippe, seitlich des Philtrum, also im Grenzgebiet zwischen Oberkieferwulst und medialem Nasenfortsatz. Alle Grade der Manifestation dieser Mißbildung, von leichten Einkerbungen der Oberlippe bis zu schweren durchgehenden Spaltbildungen des Kieferknochens, sind möglich. Relativ oft kommen Hasenscharten zur Beobachtung, bei denen die beiden Spaltenränder durch mehr oder weniger vollkommene Weichteilverbindungen, sogenannte „Brücken", verbunden sind. Diese Erscheinung weist bereits darauf hin, daß der Spaltbildung ein komplizierter Entstehungsmechanismus zugrunde liegen muß. Die alte Deutung, daß Hasenscharten einfache Hemmungsbildungen sind, entstanden durch Ausbleiben eines Verwachsungsvorganges zwischen den beteiligten Gesichtsfortsätzen, läßt sich in dieser Form nicht mehr aufrechterhalten. Eine Klärung der Phaenogenese der Hasenscharte war erst möglich, als es gelang, an Mäusestämmen mit erblicher Hasenscharte größere Entwicklungsreihen zu untersuchen und die Mißbildung sozusagen in statu nascendi zu beobachten (STEINIGER, TÖNDURY). Heute liegen auch Angaben über Hunde vor, bei denen erbliche Hasenscharten ebenfalls häufig zur Beobachtung kommen. Die wenigen menschlichen Embryonen, welche Anfangsstufen der Mißbildung aufweisen, bestätigen, daß der Entstehungsmechanismus beim Menschen der gleiche sein dürfte wie beim „Modell" Maus. Die Befunde an der Maus haben nun die überraschende Feststellung erbracht, daß der Entstehungsmechanismus der Hasenscharte gar kein einheitlicher ist und daß alle älteren Theorien über die Entstehung dieser Mißbildung in einzelnen Fällen einmal verwirklicht sein können. Bei der Maus (STEINIGER) kommen Embryonen vor, bei denen der Verschluß des Riechgrübchens von vorneherein unterbleibt (entsprechend der Theorie von PETER, HOEPKE), die Mißbildung also als reine Hemmungsbildung zu erklären ist. Andererseits kommen häufig Fälle vor, bei denen in der oben erwähnten Epithelmauer cystenartige Hohlräume entstehen, d. h. also, daß die Epithelmauer normal gebildet wird, daß dann aber die Mesenchymdurchwachsung nicht in normaler Weise ablaufen kann. Solche Cysten können recht groß werden und sekundär in Mund- oder Nasenhöhle durchbrechen. Die Mißbildung wäre dann der Effekt einer sekundären Rißbildung. Die *Klestadtschen Zahnfleischfisteln* beim Menschen sind möglicherweise als geringgradige Ausprägungen dieses Ausbildungstyps aufzufassen. Auf die geschilderte Weise kann eine totale Hasenscharte zustande kommen. Einkerbungen der Oberlippe entstehen, wenn der Verschmelzungsprozeß normal beginnt, die Epithelmauer aber zu kurz ausfällt. Brückenbildungen in Hasenscharten entstehen, wenn die Epithelmauer oder Reste von dieser abnorm lange persistieren und nur teilweise durch Mesenchym ersetzt werden. Auch Reste einer Cystenwand können als Brückenbildung persistieren. Die Variabilität im Entwicklungsmodus der Hasenscharte ist also enorm groß. Hierbei sei erwähnt, daß auch bei

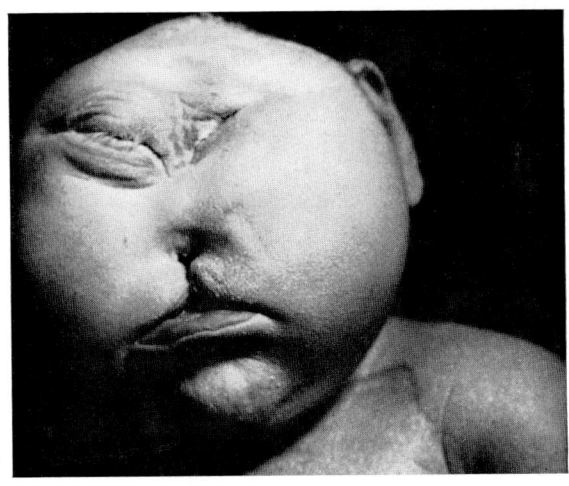

Abb. 415 Verschiedene Formen von Lippenspalten beim Menschen.
a) Neugeborenes mit Arhinie und medianer Oberlippenspalte. (Orig.)
b) Defekt des mittleren Nasenfortsatzes. Mediane Oberlippenspalte.
c) Analoge Mißbildung wie b, aber asymmetrisch.
d) Linksseitige Hasenscharte stärkeren Grades.
e) Rechtsseitige Hasenscharte geringeren Grades.
(b–e Originalphotos von Frau Chefarzt Dr. MAHLER.)

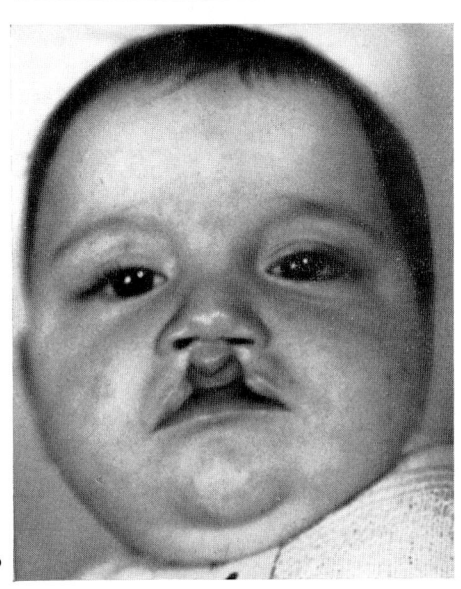

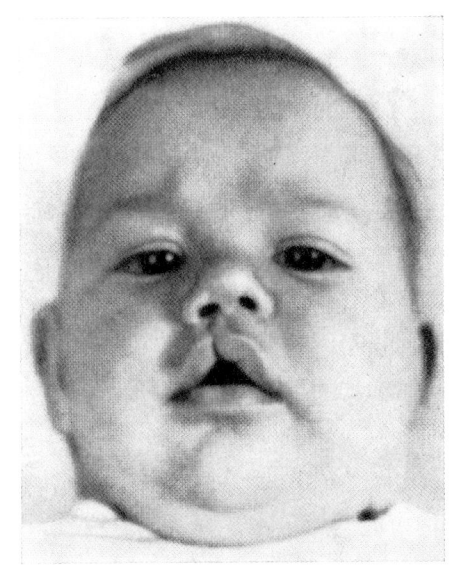

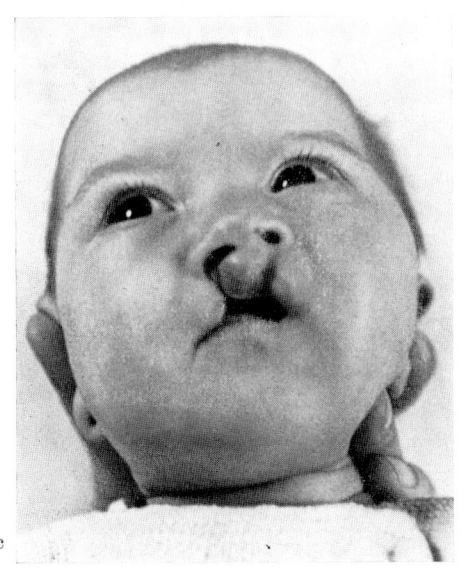

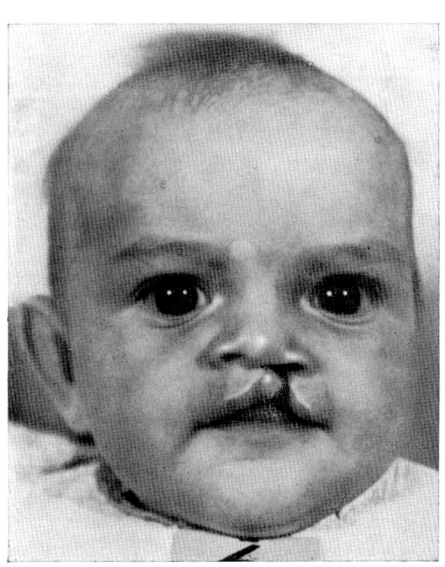

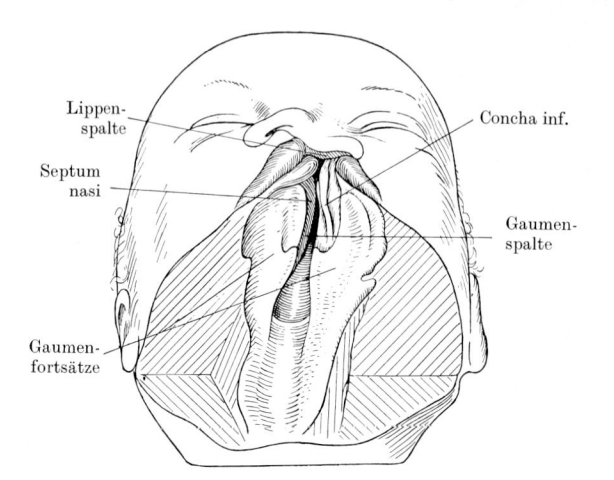

Abb. 416
Lippenspalte kombiniert mit totaler Gaumenspalte (Cheilognathouranoschisis, Wolfsrachen). Der rechte Gaumenfortsatz hat das Septum nasi erreicht (im Bild links). (Orig. nach Präparat des Anatomischen Instituts Frankfurt/Main)

der erblichen Hasenscharte der Maus die verschiedenen Manifestationsformen und Entstehungsmodi nebeneinander im gleichen Stamm realisiert sein können. Das allen diesen Defekten zugrunde liegende primäre Geschehen ist bisher nicht bekannt. Es läßt sich zur Zeit nur sagen, daß stets eine Entwicklungsstörung im Bereich der Nasenanlage vorliegt.

Als schräge Gesichtsspalte wird eine Mißbildung bezeichnet, die vom Mundwinkel oder vom Nasenwinkel ausgehend schräg nach außen oben verläuft. Auch diese seltenere Mißbildung kann sich in verschiedener Form manifestieren. Stets handelt es sich um eine sekundäre Rißbildung, nie um eine primäre Verwachsungsstörung. Man hat sie zu Unrecht als Ausbleiben einer Verwachsung zwischen seitlichem Nasenfortsatz und Oberkieferwulst deuten wollen. Echte Hemmungsbildungen – Unterbleiben eines Verwachsungsvorganges – liegen hingegen bei den Gaumenspalten vor, die ebenfalls in sehr verschieden schwerer Form auftreten können.

Die *Gaumenspalte* (*Uranoschisis, Palatoschisis*), auch als ,,Wolfsrachen" bezeichnet (Abb. 417), kommt isoliert oder in Kombination mit Hasenscharten (*Cheilognathouranoschisis*) vor (Abb. 416). Die eigentliche Gaumenspalte beginnt hinter dem Foramen incisivum. Ist das Zwischenkiefergebiet mitbetroffen, so liegt eine Kieferspalte (totale Hasenscharte) vor. Die Kieferspalte schneidet im Bereich des Zwischenkiefers ein und zerlegt die Anlage des Incisivus II in zwei

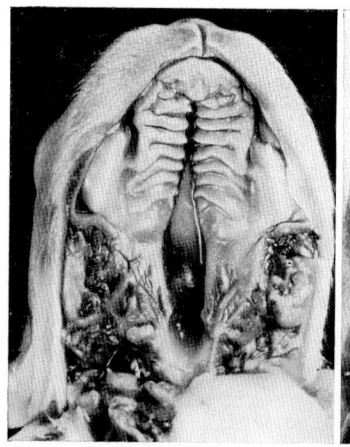

Abb. 417 Verschiedenartige Ausprägungsformen der Gaumenspalte als Mißbildung bei Haushunden (links: französischer Bulldogg, rechts: deutscher Boxer). In beiden Fällen bestand keine Lippenspalte. (Orig.)

Hälften. Sie entspricht also nicht der Grenze zwischen Os praemaxillare und Os maxillare. Die Anlage des Os praemaxillare (Zwischenkiefer) entwickelt sich im medialen Nasenfortsatz und im Oberkieferwulst. Schwere Formen der Gaumenspalte sind mit erheblichen Funktionsstörungen (Nahrungsaufnahme, Sprachhindernis) verbunden, denn der fehlende Abschluß zwischen definitiver Mund- und Nasenhöhle macht

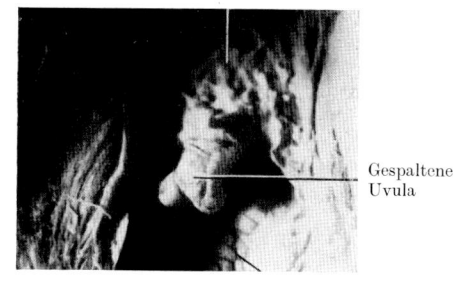

Abb. 418 Gespaltenes Zäpfchen, Ansicht von hinten. Mildeste Manifestationsform der Gaumenspalte beim Menschen. (Orig.)

den Saugakt unmöglich. Der Saugakt und die übrigen damit gekoppelten Brutpflegeeinrichtungen sind typische Säugetiermerkmale, die an das Vorhandensein von geschlossenem Gaumen und muskularisierten Lippen, Wangen und Zunge gebunden sind. Leichtere Formen der Gaumenspalte können sich auf eine Spaltung des weichen Gaumens oder nur der Uvula (Abb. 418) beschränken.

3. Bildung der Lippen und des Vestibulum oris

Wenn die Gesichtsweichteile in der beschriebenen Weise geformt sind, geht die Epidermis im Bereich der Mundöffnung kontinuierlich in die Auskleidung der Mundhöhle über, ein Vestibulum oris ist noch nicht abgegrenzt. Durch die Ausbildung des Alveolarteiles der Kiefer mit ihrem Gingivalüberzug kommt es zu einer topographischen Sonderung des Vestibulums vom Cavum oris und zur Bildung der Area alveololingualis. Diese Prozesse werden durch die Bildung der Zahnleiste eingeleitet (s. S. 455). Ent-

sprechend der Lage des späteren Zahnbogens senkt sich eine Leiste vom Mundhöhlenepithel in das Mesenchym (*Zahnleiste* = Schmelzleiste). Kurze Zeit später bildet sich außen von der Zahnleiste eine zweite Epithelleiste (*Vorhofleiste*), diese Leiste wandelt sich zu einer Furche um (*Sulcus alveololabialis*), indem die zentralen Zellen zerfallen. Der Sulcus entspricht dem späteren *Vestibulum oris*. Im mittleren (mesialen) Teil des Ober- und Unterkiefers senkt sich die Vorhofleiste weniger tief ein als seitlich. Daher bleiben hier die als Frenula bekannten Falten stehen. In ähnlicher Weise wie das Vestibulum entsteht der tiefere Sulcus alveololingualis zwischen unterem Alveolarfortsatz und Zunge aus einer Epithelleiste.

Die Mundöffnung ist zunächst außerordentlich breit und reicht bis in die Ohrgegend. Später wird die Mundöffnung relativ enger, der Abstand zwischen Ohröffnung und Mundwinkel vergrößert sich. Während bei niederen Wirbeltieren die Mundöffnung stets bis an das Kiefergelenk heranreicht, besitzt ein Säugetier also echte Wangen. Die dadurch entstehende Verkleinerung der Mundspalte ist eng korreliert mit der Ausbildung eines heterodonten Gebisses und dem Erwerb eines Kauvermögens gegenüber dem Schlingmechanismus der Reptilien. Bei der Bildung der muskularisierten Wangen, die auch eine notwendige Voraussetzung für den Saugakt sind, spielen Verwachsungsvorgänge zwischen Ober- und Unterlippe („Wangenlippen") bei den verschiedenen Arten in wechselndem Ausmaß eine Rolle. Bei einigen Formen (*Myotis, Cavia*) entstehen die ganzen Wangen durch Verwachsung. Die Nahtstelle kann dabei exzentrisch liegen, so daß Epidermis an der Begrenzung des Vestibulum beteiligt wird und größere Bezirke an der Innenseite der Wange Haaranlagen (*Manis*) oder sogar eine Haarbekleidung (Kaninchen) tragen (STARCK 1940). Beim Menschen fehlt eine derartige Verwachsung (HOCHSTETTER 1953). Die häufig beschriebenen Zottenbildungen an der Innenseite von Lippen und Wangen älterer menschlicher Feten sind Artefakte.

Entwicklung der Speicheldrüsen

Die Drüsen des Vestibulum oris (Gl. labiales, buccales, Parotis) und des Cavum oris (Gl. sublinguales minores, subling. major, submandibularis, glossomandibulares compositae, glossopalatinae, palatinae) entstehen alle in ähnlicher Weise aus soliden Epithelsprossen der Schleimhaut. Die großen Drüsen erscheinen viel früher als die kleinen. Die Gl. submandibularis ist bei Embryonen von 13 mm, die Gl. parotis bei 15 mm, die Gl. sublingualis major bei 19 mm Länge nachweisbar. Die zunächst solide Drüsenanlage bekommt ihr Lumen durch Dehiszenz. Die kleineren Drüsen bleiben am Orte ihrer Entstehung liegen. Die großen Drüsen entfernen sich teilweise recht weit mit dem Drüsenkörper von der Schleimhaut, behalten aber ebenfalls stets durch ihre Ausmündung den Zusammenhang mit dem Ort der ersten Anlage. So schieben sich Gl. sublingualis major und Gl. glossomandibularis composita nur bis zum Grund des Sulcus alveololingualis, während die Gl. submandibularis sich über den Mundboden (M. mylohyoideus) hinaus ins Trigonum submandibulare verlagert. Sie entsteht aus einer leistenförmigen Anlage, die sich von hinten nach vorn vom Epithel abschnürt. Die Parotis entsteht in der Nähe des Mundwinkels. Mit der Verengerung des Mundspaltes schiebt sich der Mundwinkel nach vorn und entfernt sich von der Mündung des Parotisganges. Die Drüsenanlage selbst wächst lateral vom Masseter vor und erreicht das Gebiet des Kieferwinkels und der Ohröffnung. Sie entfaltet sich vor allem auch in den retromandibulären Raum. Die verschiedene Länge des Ausführungsganges und damit die verschieden weite Entfernung der Speicheldrüsen von der Schleimhautoberfläche geht parallel der speziellen histologischen Differenzierung der Drüse selbst. Eine Speicheldrüse enthält um so mehr muköse Anteile, je kürzer der Ausführungsgang ist, je näher also der Drüsenkörper der Schleimhaut liegt. In der Nähe der Parotismündung findet sich ein solider Epithelsproß, das CHIEVITZsche Organ, das als rudimentäre Wangendrüse gedeutet wurde. Das Gebilde ist beim Erwachsenen stets nachweisbar und ist durch seinen Reichtum an Nervenendigungen auffallend. Ein ähnliches Gebilde, das ACKERKNECHTsche Organ, findet sich an der Mündungsstelle der Glandula submandibularis im vorderen Bereich des Sulcus alveololingualis. Die Bedeutung ist unklar. Doch deutet das Vorkommen derartiger, reich innervierter Gebilde an den Mündungen der großen Drüsen auf eine bisher noch unbekannte Aufgabe in einem Regulationsmechanismus hin.

Die Entwicklung der Zunge

An der Bildung der Zunge ist Material recht verschiedener Herkunft beteiligt. Die erste Anlage entsteht am Mundboden im Bereich des ersten und zweiten Visceralbogens. Zu dieser branchiogenen Anlage kommt mesenchymales Material aus dem angrenzenden Gebiet der folgenden Branchialbögen und Muskelmaterial aus dem Hinterkopfgebiet (Occipitalsomite). Die Verschiedenartigkeit der Genese dieser Komponenten erklärt die Beteiligung zahlreicher heterogener Nerven an der Zungeninnervation. Als erste Anlage der Zunge findet sich im entodermalen Mundbodenbereich unmittelbar hinter den Unterkieferwülsten ein unpaares, medianes Höckerchen, das *Tuberculum impar*. Dicht hinter diesem findet sich schon im Bereich des Hyalbogens die Anlage der Schilddrüse. Unmittelbar vor und lateral vom Tuberculum impar wölben sich die Unterkieferwülste als seitliche Zungenwülste vor. Diese entstehen vor der Rachenmembran im ektodermalen Gebiet. Das Tuberculum impar ist eine transitorische Bildung. Durch Ausnivellierung der Furchen und Mesenchymwucherung verstreichen die Grenzen zwischen Tuberculum impar und seitlichen Zungenwülsten. Aus dieser gemeinsamen Anlage bilden sich die vorderen zwei Drittel der Zunge (Spitze und Zungenrücken). Das Material des Tuberculum impar ist nun nicht mehr abgrenzbar. Es ist wahrscheinlich in einem kleinen Feld unmittelbar vor dem Foramen caecum (Schilddrüsenanlage) zu suchen. Dieses Gebiet wird sensibel innerviert vom Nervus lingualis (V_3) und von der Chorda tympani (VII), dem alten Mundbodenast (Ramus mandibularis internus) des Facialis. Der Zungengrund (Zungenwurzel) bildet sich aus Material des Hyalbogens, doch wird auch Mesenchym der folgenden Visceralbögen mit in die Zungenanlage einbezogen (Innervation N. IX, X). Der Zungenbeinbogen bildet median dicht hinter dem Tuberculum impar ebenfalls ein Höckerchen, die *Copula*, welches die erste Anlage des Zungengrundes darstellt. Die Abgrenzung des Materiales der verschiedenen Visceralbögen ist an der fertigen

Zunge nicht mehr exakt möglich, da Mesenchymverschiebungen vorkommen und sich die Nervenareale ebenfalls weitgehend überschneiden. Die Muskulatur der Zunge stammt von den ersten drei Somiten her und wandert sekundär in die Zunge ein. Die histogenetische Ausdifferenzierung erfolgt jedoch zur Hauptsache erst in der Zunge selbst. Die Zungenmuskulatur ist genetisch also somatisch, d. h. sie stammt von der Leibeswand ab. Der motorische Zungennerv (XII) ist vorderen (ventralen) Spinalnervenwurzeln homolog. Sein Spinalnervencharakter ergibt sich eindeutig aus dem gelegentlichen Vorkommen einer dorsalen Wurzel und eines rudimentären Spinalganglions (FRORIEPsches Ganglion).

Die Entwicklung der Zungenpapillen beginnt bei etwa 25 mm langen Embryonen, und zwar erscheinen zuerst die Papillae fungiformes, dann die Papillae vallatae, zuletzt die Papillae filiformes (45 mm). Die Bildung der Papillae vallatae und fungiformes scheint mit dem Einwachsen von Geschmacksnerven eng gekoppelt zu sein. Die Geschmacksknospen sind in der Embryonalzeit weit verbreitet (Kehlkopfeingang, Gaumen, Wangen), bilden sich aber später zurück, so daß nur die Zunge Träger des Geschmackssinnes bleibt. Wie Studien an menschlichen Frühgeburten zeigen, ist die Unterscheidungsfähigkeit für verschiedene Geschmacksqualitäten früh (7. Monat) ausgebildet. Das Neugeborene reagiert deutlich auf Geschmacksreize, also zu einer Zeit, wo optische und olfaktorische Eindrücke noch keine Rolle spielen. Die Frage, inwieweit die Differenzierung von Geschmacksknospen nervenabhängig ist, läßt sich kaum einheitlich beantworten. Im Regenerationsversuch dürfte nervenabhängige Differenzierung der Sinnesorgane für Fische und Säugetiere sichergestellt sein. Wahrscheinlich kommen die gleichen Korrelationen auch in der Ontogenese vor. Andererseits ist eine nervenunabhängige Differenzierung von Geschmacksorganen bei ektodermfreien Amphibienlarven (Exogastrulae) von HOLTFRETER nachgewiesen worden.

Die Entwicklung der Zähne

Zähne sind Hartsubstanzbildungen der Schleimhaut. Sie sind bei höheren Wirbeltieren auf den Kieferbereich beschränkt. Bei Fischen, Amphibien und einigen altertümlichen Reptilien kommen Zähne auch am Gaumenskelet vor. Bei Knorpelfischen finden sich in der ganzen Haut Plakoidorgane, die den Zähnen homolog sind. Die rezenten Cyclostomen besitzen keine Dentinzähne. Ihre Mundbewaffnung besteht aus Hornzähnen, welche den echten Zähnen nur funktionell vergleichbar – also analog – sind. Während bei niederen Wirbeltieren die Zahnform meist einfach, kegelförmig ist, bilden sich bei Säugern komplizierte Sonderformen in Anpassung an Spezialaufgaben (Schneidezähne, Mahlzähne). Im allgemeinen können die Zähne der niederen Vertebraten häufig gewechselt werden. Beim Säugetier kommt nur ein einziger Zahnwechsel (Milchgebiß – Ersatzgebiß) vor.

Die erste Anlage des Gebisses entsteht als Zahnleiste (s. S. 453) vom Epithel der Mundhöhle aus (14-mm-Embryonen), und zwar ist der Bogen der Zahnleiste im Oberkiefer weiter gespannt als im Unterkiefer. An der äußeren Fläche der Zahnleiste bilden sich frühzeitig (Embryo 16 mm) kolbenförmige Auftreibungen, entsprechend der Anordnung der Milchzähne. Wir haben also 20 derartige Schmelzorgane, je 10 im Ober- und im Unterkiefer. Diese Gebilde vergrößern sich in der Folge rasch und dellen sich vom freien Ende her ein (Abb. 420–421). Das Organ bekommt so die Gestalt einer Kappe oder Glocke („*Schmelzglocke*"). Gleichzeitig verlagern sich diese Gebilde in der Weise, daß die Öffnung der Glocke, die zuerst nach außen blickt, nach abwärts gerichtet wird. Das Organ stellt sich also in die Richtung der Zahnleiste ein. Die beschriebenen Entwicklungsprozesse gehen parallel mit entsprechenden Veränderungen im umgebenden Mesenchym. Im Bereich der Höhlung der Zahnglocke sammelt sich eine Mesenchymverdichtung an, die *Zahnpapille*. Gleichzeitig wird das ganze Gebilde auch von verdichtetem Mesenchym, dem *Zahnsäckchen*, umhüllt. Der Anstoß zur Zahnbildung geht zweifellos vom Epithel aus. Die Schmelzorgane induzieren die Bildung von Zahnpapillen und Zahnsäckchen im Mesenchym. Neben dieser primären, die Zahnbildung überhaupt in Gang bringenden Wirkung hat das Schmelzorgan aber noch wesentliche Aufgaben bei der Formbildung der Zahnkrone. Es gibt gewissermaßen die Negativform, in welche die Hartsubstanzen hineingegossen werden.

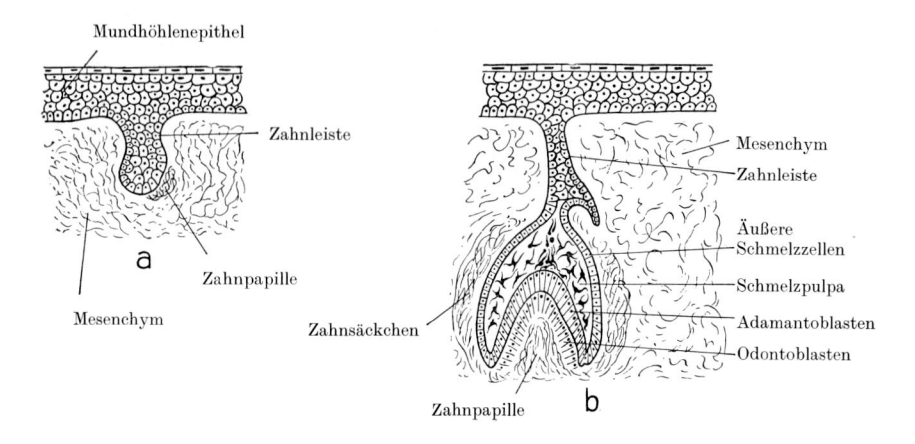

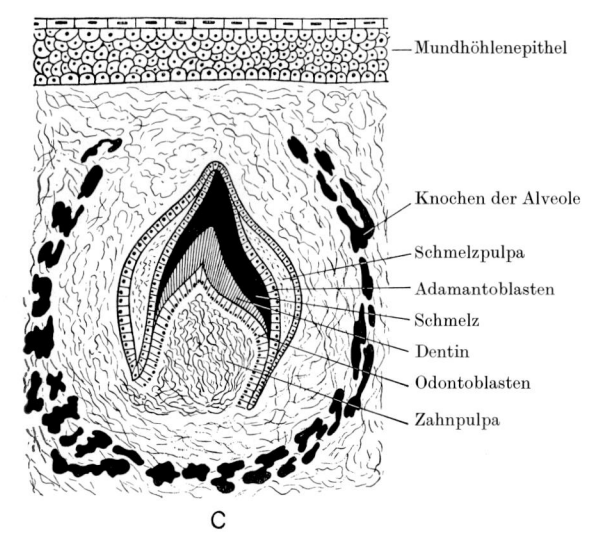

Abb. 419
Schematische Darstellung der Entwicklung eines Zahnes.
a) Zahnleiste.
b) Schmelzorgan.
c) Auftreten der Hartsubstanzen.
(Unter Anlehnung an eine Abbildung von MAXIMOW-BLOOM).

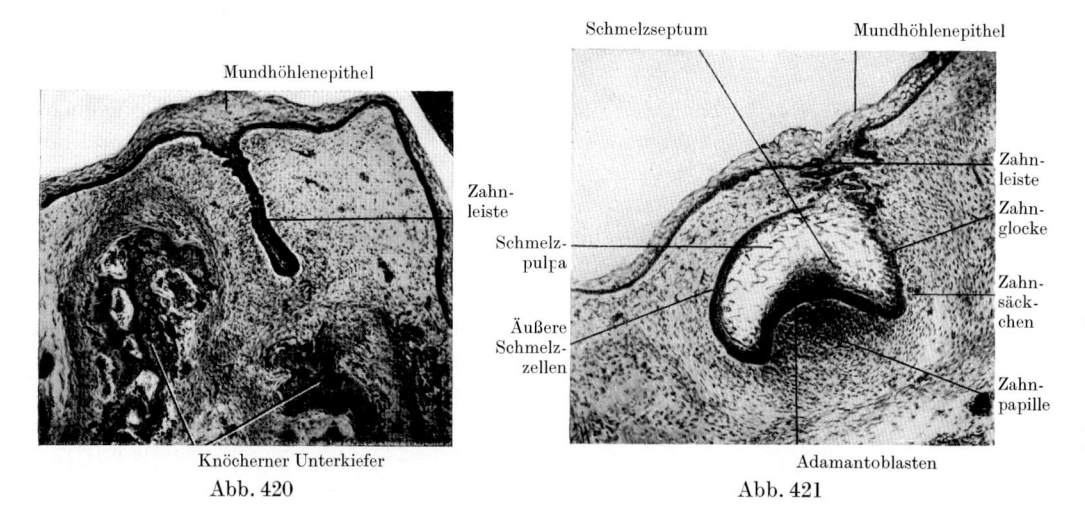

Abb. 420 Querschnitt durch die Zahnleiste eines älteren Katzenembryos.

Abb. 421 Schmelzorgan aus dem Oberkiefer eines Katzenembryos.

Die Bildung des Zahnes ist eine Gemeinschaftsleistung der epithelialen Schmelzglocke und des Mesenchyms.

Zahnglocken können sich sowohl von ektodermalem wie von entodermalem Mundhöhlenepithel bilden. Durch experimentelle Untersuchungen (SELLMAN 1946, DE BEER 1947, WAGNER 1949) ist für Urodelen gesichert, daß das Mesenchym der Zahnpapille von der Neuralleiste stammt, also mesektodermaler Herkunft ist, und zwar bilden die gleichen Abschnitte der Neuralleiste, die das Material für Mandibulare und Trabekel liefern, auch die Zahnpapillen. Für die höheren Wirbeltiere muß mit dem gleichen Entwicklungsmodus gerechnet werden, wenn auch ein direkter Beweis noch aussteht.

Die Zahnglocken lösen sich im 4. Monat von der Zahnleiste ab. Diese selbst wird mit Ausnahme des unteren Randes, welcher als Ersatzzahnleiste erhalten bleibt, resorbiert. Reste der Zahnleiste finden sich auch beim Erwachsenen in Form von Epithelperlen (SERRESsche Körperchen) oder Cysten.

Bereits während der Bildung der Zahnglocke beginnen histologische Differenzierungsprozesse. Im Inneren des zunächst rein epithelialen Schmelzorganes kommt es zum Auftreten von Interzellularflüssigkeit. Das Gewebe nimmt hier nun den Charakter eines echten Mesenchyms an. Die Zellen werden sternförmig und stehen durch Ausläufer miteinander in Kontakt. Wir bezeichnen dieses Mesenchym als Schmelzpulpa (Abb. 419b, 421). Die äußere Wand des Schmelzorgans behält jedoch ihren rein epithelialen Charakter. Die Schmelzpulpa steht also nirgends in direktem Kontakt mit dem umgebenden Mesenchym. Es wird vermutet, daß die Schmelzpulpa als Vorratsspeicher für Nähr- und Aufbausubstanzen, die den schmelzbildenden Zellen zugeführt werden, dient. Das äußere Epithel des Schmelzorgans (äußere Schmelzzellen) bleibt kubisch, während die der Zahnpapille gegenüberliegenden Zellen (innere Schmelzzellen, *Adamantoblasten*) hochprismatisch werden. Das Schmelzorgan wächst in der Folge, bis es die definitiven Dimensionen der Zahnkrone erreicht hat, und zwar liegt die durch Mitosenhäufung kenntliche Wachstumszone im Bereich des Randes der Glocke (Abb. 421, 422). Mit Beginn der Hartsubstanzbildung ordnen sich die den Adamantoblasten gegenüberliegenden, oberflächlichen Zellen der Zahnpapille zu einem epithelialen Verband. Sie werden jetzt als *Odontoblasten* oder Dentinbildner bezeichnet. Auch diese Differenzierung erfolgt unter induzierenden Einflüssen vom Schmelzorgan aus. Die Abscheidung der Hartsubstanzen, Schmelz und Dentin, beginnt im 4. Monat in der Zone zwischen Adamantoblasten und Odontoblasten. Die Bildung des Dentins geht zeitlich der Schmelzbildung voran. Die Histogenese des Dentins hat sehr viel Ähnlichkeit mit der Bildung des Knochengewebes, wie beide Gewebsarten auch phylogenetisch eng zusammengehören. Da Hartsubstanzen fossiler Formen gut bekannt sind und auch histologisch untersucht wurden, können wir uns heute über die Entstehung dieser Gewebsarten in der Phylogenese gesicherte Vorstellungen machen. Dentin und Knochengewebe sind Differenzierungen, die sich auf ein primäres Hartgewebe zurückführen lassen (ØRVIG 1951). Dentinbildung kommt zunächst nicht nur am Zahn vor, sondern findet sich als Oberflächendifferenzierung auch am Hautskelet niederer Wirbeltiere. Die Hartsubstanzen Schmelz, Dentin, Knochengewebe folgen in dieser Reihenfolge von der Oberfläche zur Tiefe aufeinander. Am Innenskelet kommen Schmelz und Dentin nie vor. Fehlt Dentin am Exoskelet, so handelt es sich stets um sekundäre Zustände (WEIDENREICH).

Histogenese

Die Dentinbildung beginnt in der Ontogenese stets vom tiefsten Punkt der Zahnglocke aus und schreitet zum Rande vor. Zunächst findet man ein feines Netzwerk von argyrophilen Fibrillen zwischen den Odontoblasten und außerhalb der Odontoblasten, das mit dem Gewebe der Zahnpapille in kontinuierlicher Verbindung steht (VON KORFFsche Fasern). In dieses Netzwerk wird eine Kittsubstanz von den Odontoblasten abgeschieden. Solange keine Kalkablagerung in diesem Material stattfindet, bezeichnet man es als *Praedentin*. Bei der Abscheidung von Praedentin bilden die Odontoblasten Fortsätze aus, welche eingeschlossen werden. Mit der Verdickung der Praedentinschicht werden diese Fortsätze (TOMESsche Fasern) in die Länge gezogen. Bei der Verkalkung bleiben im Dentin radiär angeordnete Dentinkanälchen für die Odontoblastenfortsätze ausgespart. Die Mineralstoffe, die zum Aufbau der Hartsubstanzen nötig sind, werden aus der Blutbahn entnommen und durch Vermittlung der Odontoblasten dem Praedentin zugeführt. Die Ablagerung von Hydroxylapatit erfolgt rhythmisch von innen her. Die Dentinbildung ist mit dem Durchbruch des Zahnes nicht beendet. Sie erfolgt während der ganzen Lebensdauer des Zahnes (Dentin der Gebrauchsperiode) und führt zu einer zunehmenden Verengung der Pulpahöhle. Ist die Zahnkrone gebildet, so schieben sich die Ränder des Schmelzorgans wurzelwärts vor und ermöglichen das Längenwachstum des Zahnes und die Wurzelbildung. Im Wurzelabschnitt fehlt die Schmelzpulpa; innere und äußere Schmelzzellen liegen dicht aufeinander (HERTWIGsche Wurzelscheide, Abb. 422). In diesem Teil des Zahnes unterbleibt die Schmelzbildung, die offensichtlich nur möglich ist, wenn eine Schmelzpulpa vorhanden ist. Bei der Bildung der Zahnwurzel wird die Zahnpapille mehr und mehr vom Dentin umfaßt und als Zahnpulpa in den Zahn einbezogen.

Die Histogenese des Schmelzes ist nicht vollständig geklärt. Die Schmelzbildung beginnt immer in dem Bereich der Zahnglocke, in dem die erste Dentinbildung erfolgte, und zwar kurz nachdem die Verkalkung des Praedentins eingesetzt hat. Das innere Schmelzepithel besteht jetzt aus hohen prismatischen Zellen, die durch ein inneres und äußeres Schlußleistennetz zusammengefügt sind. Im Gegensatz zur Dentinbildung erfolgt die Schmelzbildung in einer streng territorialen Gliederung. Jedem Adamantoblasten entspricht ein Schmelzprisma. Histologisch nachweisbare Sekretionserscheinungen und Vorkommen von Calcium und Phosphor in den Adamantoblasten sprechen für eine aktive Beteiligung dieser Zellen an der Schmelzbildung. Auch die Schmelzpulpa zeigt zur Zeit der Schmelzbildung erhöhte Aktivität (Phosphatasereaktion). Jeder Adamantoblast besitzt einen plasmatischen Fortsatz (TOMESscher Fortsatz), welcher gegen das Schmelzprisma gerichtet ist und lichtoptisch in dieses übergeht. Unbekannt ist, inwieweit das Schmelzprisma selbst durch Umformung eines praeformierten Zellteiles entsteht, inwieweit es als Sekretionsprodukt gedeutet werden darf. Jedenfalls bildet sich auch hier zunächst ein nicht verkalktes Gerüstwerk aus organischem Material, in welches Hydroxylapatit eingebaut wird. Bei niederen Säugern dringen Odontoblastenfortsätze in den Schmelz ein und lassen sich bis in die interprismatische Substanz verfolgen. Inwieweit hier ein entwicklungsphysiologisch bedeutsames Phänomen vorliegt, läßt sich zur Zeit nicht entscheiden. Nach Abschluß der Prismenbildung entsteht an der Oberfläche der Krone das Schmelzoberhäutchen (Cuticula dentis) durch Abscheidung von den Adamantoblasten her oder aus den rückgebildeten Resten dieser Zellen. Elektronenoptisch findet sich zwischen dem distalen Ende der Adamantoblasten und den Odontoblasten eine dünne Basalmembran. Wenn die Abscheidung der Hartsubstanzen beginnt, ziehen sich die Zellkörper der Odontoblasten mit den Zellkernen von der Basalmembran zurück. Plasmatische Odontoblastenfortsätze ragen aber in den Raum bis zur Basalmembran hinein. Zwischen den Odontoblasten findet man kollagene Fibrillen, die gleichfalls den Raum bis zur Basalmembran überbrücken und an dieser verankert sind. Zu diesem Zeitpunkt bilden sich zwischen den distalen Enden der Adamantoblasten Spalten. Das Cytoplasma der Schmelzbildner enthält reichlich Vakuolen, Mitochon-

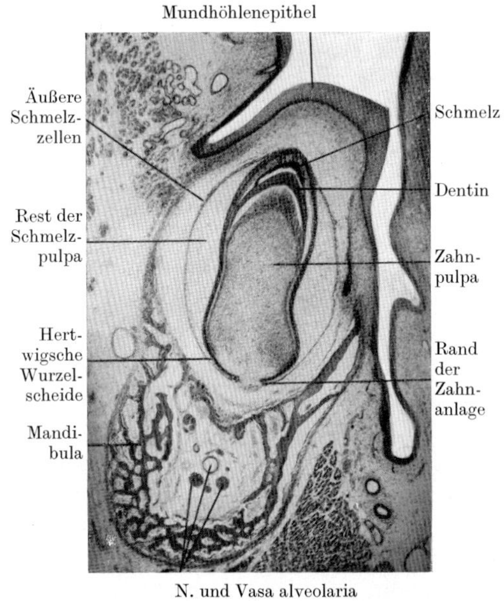

Abb. 422 Katze. Bildung der Hartsubstanzen des Zahnes. Querschnitt durch den Unterkiefer.

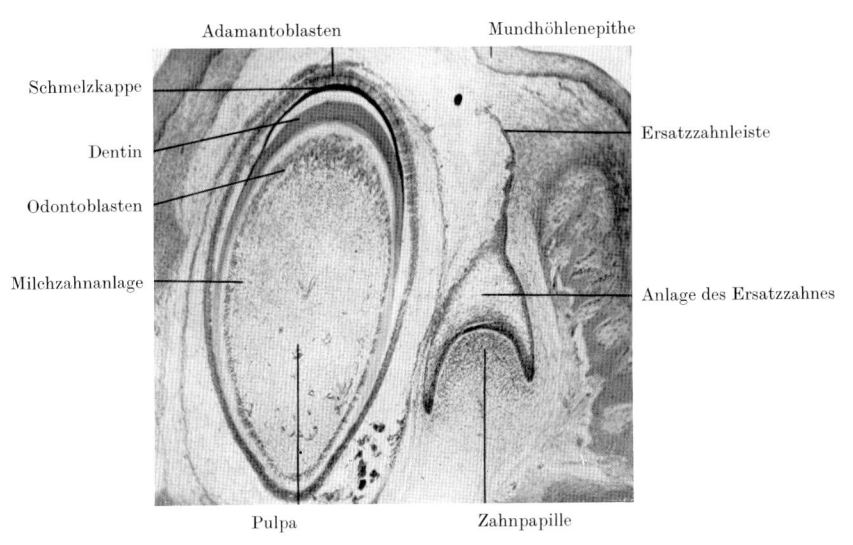

Abb. 423 Querschnitt durch den Unterkiefer eines älteren Katzenembryos. Anlage eines Milchzahnes (links) und des entsprechenden Ersatzzahnes (rechts).

drien und elektronendichtes granuläres Material im apikalen (distalen) Abschnitt. Granuläres Material der gleichen Art wird in die erwähnten Interzellularspalten ausgeschleust und bildet die Grundlage für die Entstehung der Schmelzmatrix.

Die Zementbildung erfolgt nur in jenem Bereich des Zahnes, in welchem keine Schmelzpulpa vorhanden ist, also an der Wurzel. Die Zementbildner sind typische Osteoblasten, die aus dem Mesenchym des Zahnsäckchens stammen. Aus dem Zahnsäckchen entsteht im übrigen auch der bindegewebige Halteapparat, das Periodontium (Wurzelhaut, Alveolarperiost). Die histogenetischen Vorgänge bei der Ersatzzahnbildung gleichen völlig denen bei der Entstehung der Milchzähne.

Zahndurchbruch und Zahnwechsel

Der Durchbruch des Zahnes erfolgt in der Weise, daß zunächst die Schmelzpulpa und die Adamantoblasten zurückgebildet werden. Mit dem Wachstum der Zahnwurzel übt der Zahn schließlich einen Druck auf die überdeckende Schleimhaut aus. Es kommt zu Störungen der Zirkulation und zu Druckatrophie der Gingiva über dem Zahn, die Krone bricht durch. Beim Zahnwechsel spielt eine Raumbeengung des Milchzahnes durch den sich entwickelnden Ersatzzahn eine Rolle. Die Wurzel des Milchzahnes wird durch *Osteoklasten* abgebaut und resorbiert. Schließlich fällt die Krone aus, der Ersatzzahn rückt nach. Der Durchbruch der Milchzähne erfolgt gewöhnlich in einer bestimmten Reihenfolge, die durch Allgemeinerkrankungen stark beeinflußt werden kann.

Durchbruch der Milchzähne:

1. i 1   6.– 8. Monat
2. i 2   8.–12. Monat
3. p 1   12.–16. Monat
4. c   15.–20. Monat
5. p 2   20.–40. Monat

Der Durchbruch der Milchzähne ist also im Alter von 2½ Jahren abgeschlossen. Damit kommt auch das Wachstum der Kiefer zu einem vorläufigen Abschluß. Gewöhnlich brechen die Unterkieferzähne etwas früher durch als die entsprechenden Zähne des Oberkiefers.

Die Zähne des permanenten Gebisses entstehen in gleicher Weise wie die Milchzähne (Abb. 423). Es ist zu beachten, daß das Dauergebiß mehr Zähne besitzt als das Milchgebiß, denn die Molaren haben keine Vorläufer. Man unterscheidet dementsprechend Ersatzzähne und Zuwachszähne. Die Molaren des Dauergebisses gehören genetisch der ersten Zahngeneration an. Die Ersatzzahnleiste entsteht an der lingualen Seite der Milchzähne aus Resten der Zahnleiste. Im Dauergebiß bricht zuerst der erste Molar durch (6-Jahres-Molar). Die übrigen

Zähne folgen in etwa der gleichen Reihenfolge, in der die Milchzähne erscheinen. Auch im Dauergebiß erscheinen die Unterkieferzähne etwas früher als die entsprechenden Oberkieferzähne.

Zeitfolge des Durchbruches der permanenten Zähne:

1. M 1   6. Jahr
2. I 1   7.– 8. Jahr
3. I 2   8.– 9. Jahr
4. P 1   9.–11. Jahr
5. P 2   11.–13. Jahr
6. C   11.–13. Jahr
7. M 2   12.–14. Jahr
8. M 3   18.–40. Jahr

4. Rachen, Kiemendarm, branchiogene und hypobranchiale Organe

Der auf den Munddarm folgende Darmabschnitt ist bei allen Wirbeltieren durch den Besitz seitlicher taschenartiger Aussackungen, der *Schlundtaschen*, gekennzeichnet (siehe S. 247). Diesen Schlundtaschen kommen von der Epidermis her entsprechende Einsenkungen (*Kiemenfurchen* oder *Kiementaschen*) entgegen. Die Wände der Kiemen- und Schlundtasche verkleben unter Bildung einer epithelialen Verschlußmembran (*Membrana branchialis*). Diese reißt später ein, so daß, jedenfalls bei niederen Wirbeltieren, durchgehende Kiemenspalten entstehen, welche von der äußeren Körperoberfläche bis ins Darmlumen führen. Bei Säugern und Mensch reißt die Verschlußmembran nicht mehr regelmäßig ein. Artliche und individuelle Varianten sind häufig. Beim Menschen kommt es meist zum Durchbruch der 2. Tasche (Abb. 424a).

Der Kiemendarm geht auf eine sehr alte Struktur der Protochordaten zurück, deren Kiemenkorb bereits Durchbrechungen in großer Zahl zeigt. Doch sind diese Öffnungen noch nicht in der charakteristischen Weise nach Art einer Metamerie in craniocaudaler Folge angeordnet. Ein solcher Kiemenkorb dient als Nahrungssieb bei Detritusnahrung. Bei primitiven Chordaten (*Branchiostoma*) sind echte Kiemenspalten vorhanden. Doch ist ihre Zahl nicht festgelegt, sondern nimmt mit dem Wachstum zu und kann bis zu 100 erreichen. Auch bei Cyclostomen (*Bdellostoma*) kommen noch individuelle Schwankungen in der Zahl der Kiementaschen vor. *Petromyzon* besitzt 7 Taschen. Bei den fossilen Cephalaspiden und Anaspiden schwankt ihre Zahl zwischen 6 und 15. Bei rezenten Haifischen und primitiven Fischen ist die erste Tasche spezialisiert und zum Spritzloch umgebildet. 5–6 Kiemenspalten kommen noch bei Haifischen vor. Knochenfische besitzen in der Regel nur 4 Spalten, doch kommen 6 Paar echter Kiemenspalten bei dem Tiefseeknochenfisch *Eurypharynx*, einer sehr spezialisierten Form, vor (Portmann).

Die Kiemenbögen der Cyclostomen und Fische dienen als Träger der Atmungsorgane (Kiemen). Beim Übergang zum Landleben und bei der Ausbildung von Lungen kommt es erneut zu einem Funktionswechsel im Bereich des Kiemendarmes. Für die Atmungsorgane sind die Kiemenspalten nun überflüssig. Sie schwinden jedoch nicht, sondern ihr Epithel gibt den Mutterboden für die Bildung endokriner Organe, der sogenannten *branchiogenen Organe*, ab (Parathyreoidea, ultimobranchialer Körper, Thymus).

Beim Menschen werden ontogenetisch fünf Schlundtaschen angelegt, doch entspringt die fünfte nicht mehr selbständig vom Darm, sondern aus der vierten Tasche (Abb. 424 b). Zwischen den Kiementaschen liegen die Visceralbögen. Da hinter der letzten Tasche auch ein Bogen liegt, ist ihre Zahl stets um 1 höher als die der Taschen. Die regelmäßige Aufeinanderfolge von Kiemenspalten und Kiemenbögen in rostro-caudaler Richtung läßt daran denken, daß echte metamere Strukturen vorliegen. Tatsächlich jedoch können die Kiemenbögen und -spalten nicht auf bestimmte Leibeswandsegmente (Somite, Spinalnerven) bezogen werden. Die scheinbare Metamerie des Kiemendarmes ist also eine Pseudometamerie („Branchiomerie", s. S. 627).

In der menschlichen Ontogenese erscheinen die Schlundtaschen sehr früh (20-Somiten-Embryonen besitzen bereits vier Taschen), und zwar in der Reihenfolge von vorn nach hinten. Die Kiemenfurchen bilden sich erst aus, wenn die Schlundtaschen bereits die Epidermis erreicht haben. Der fünften Schlundtasche entspricht beim Menschen keine Kiemenfurche mehr. Als räumliches, lumentragendes Gebilde erhalten

Kiemendarm

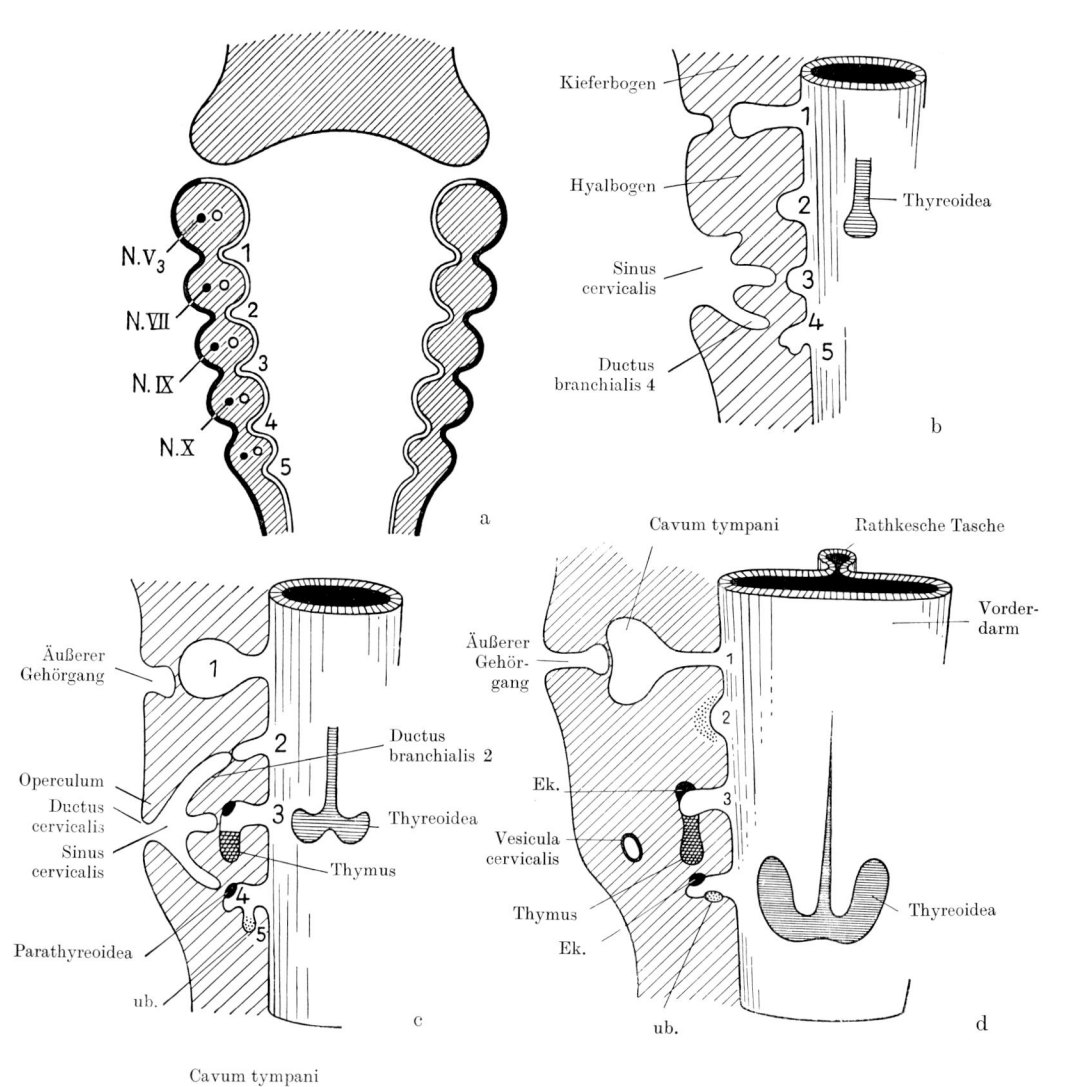

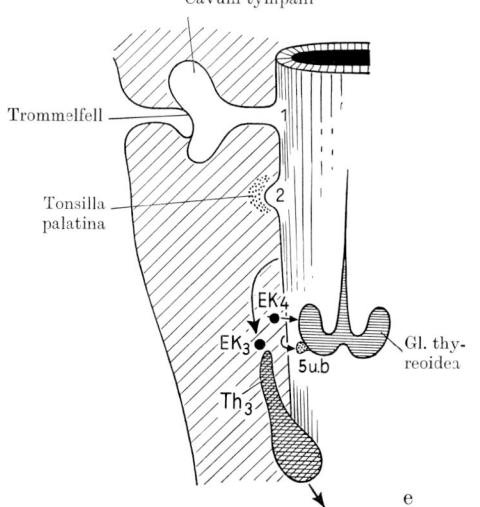

Abb. 424

Schematische Darstellung der Entwicklung des Kiemendarmes und seiner Derivate.

a) Horizontalschnitt durch den Kiemendarm.
b) Bildung des Sinus cervicalis. Anlage der Schilddrüse.
c) Sinus cervicalis sinkt in die Tiefe. Thymus und Epithelkörperchen sprossen aus den Schlundtaschen aus.
d) Kiemendarmderivate, älteres Stadium. Vesicula cervicalis.
e) Späteres Schicksal der Kiemendarmderivate. Verlagerung von Thymus und Epithelkörperchen.

Ek = Epithelkörperchen
ub = ultimobranchialer Körper
Th = Thymus

sich nur die erste Kiemenfurche – sie wird zum äußeren Gehörgang – und die erste Schlundtasche (tubotympanaler Raum, s. S. 432; Abb. 425).

Schicksal der Kiemendarmderivate des Menschen

Kieferbogen	MECKELscher Knorpel, Malleus, Incus
1. Schlundtasche	tubotympanaler Raum (Tuba auditiva, Cavum tympani)
Hyalbogen	Proc. styloideus, Lig. stylohyoideum, Cornu hyale (minus) des Zungenbeins, Stapes.
2. Schlundtasche	Tonsillarbucht
I. Branchialbogen	Cornu branchiale (majus)
3. Schlundtasche	dorsal: untere Parathyreoidea, ventral: Thymus
II. Branchialbogen	Cartilago thyreoidea
4. Schlundtasche	obere Parathyreoidea
III. Branchialbogen	Cartilago thyreoidea
5. Schlundtasche	ultimobranchialer Körper
IV. Branchialbogen (= 6. Visceralbogen)	

Die erste Schlundtasche obliteriert in ihren ventralen Partien; aus ihrem dorsalen Anteil geht das tubotympanale Raumsystem hervor (s. S. 424). Sie liegt zwischen Kiefer- und Zungenbeinbogen. Diese engen Lagebeziehungen sind die Voraussetzung für die Einlagerung der Gehörknöchelchen in die Paukenhöhle (Abb. 424 c, d).

Die zweite Schlundtasche obliteriert größtenteils. Als Rest bleibt eine seichte Einsenkung, die Tonsillarbucht, zwischen den Gaumenbögen erhalten. Die *Tonsilla palatina* selbst entsteht nicht aus Material des Kiemendarmes, sondern durch Einwanderung mesenchymaler Elemente aus der Umgebung in die Schleimhaut, welche zum Tonsillarhöcker vorgebuchtet wird. Die Krypten entstehen sekundär nach der Geburt. Tonsillarbildung ist nicht spezifisch an den Kiemendarm gebunden, doch ist beachtenswert, daß Anhäufungen lymphatischen Gewebes bevorzugt in jenen Teilen des Darmkanales auftreten, in denen epitheliale Gebilde in Rückbildung begriffen sind (zweite Schlundtasche, Appendix vermiformis).

Die folgenden Schlundtaschen werden durch Wachstums- und Proportionsveränderungen im Kopfbereich stark beeinflußt. Durch die Einkrümmung des vorderen Körperendes wird das Gebiet, in dem die Kiementaschen 3–5 ausmünden, in die Tiefe versenkt. Dieser Vorgang wird wesentlich begünstigt durch die auffallende Diskrepanz in der Massenentfaltung der beiden ersten Visceralbögen gegenüber den folgenden. So versinkt schließlich das Gebiet der Mündung der zweiten bis vierten Kiemenfurche in die Tiefe und wird zum *Sinus cervicalis* (Halsbucht; Abb. 424 b, c). Der Grund des Sinus cervicalis vergrößert sich in der Folgezeit noch, seine Ausmündung an die Körperoberfläche wird aber mehr und mehr eingeengt (Ductus cervicalis) und obliteriert schließlich, so daß aus dem Sinus ein geschlossenes Bläschen, die *Vesicula cervicalis* (Abb. 424 d), entsteht. Bei diesen morphogenetischen Vorgängen spielt die Tatsache eine Rolle, daß der Hyalbogen sich als Operculum nach hinten schiebt. Das in die Tiefe versinkende Areal wird auch unten (Herzwulst) und hinten (Retrobranchialleiste, Anlage des Musculus sternocleidomastoideus) durch Wülste begrenzt.

Die Vesicula cervicalis verschwindet beim Menschen vollständig.

Sie kann Anlaß zu Cystenbildungen geben. Bei einigen Säugern (Schwein, Meerschweinchen) beteiligt sich der ektodermale Sinus an der Bildung des Thymus. Beim Maulwurf entsteht der Thymus sogar ausschließlich aus ektodermalem Material.

Die weiteren Entwicklungsvorgänge an der dritten und vierten Schlundtasche sind einander sehr ähnlich. Bei Embryonen von etwa 8 mm Länge ist am blinden, lateralen Ende der Tasche eine dorsale und eine ventrale Verdickung festzustellen. Die dorsalen Verdickungen sind solide und bilden die *Epithelkörperchen* (*Glandulae parathyreoideae*). Die ventrale Aussackung der dritten Tasche bildet den *Thymus*. Beim Menschen beteiligt sich die vierte Tasche nur in Einzelfällen an der Thymusbildung. Die Verbindung zwischen dem lateralen Abschnitt der Schlundtasche und dem Vorderdarm (Ductus pharyngobranchialis) schwindet im 2. Monat. Die Thymusanlage hat nun schon früh die Tendenz, nach caudalwärts auszuwachsen (Abb. 424 d, e). Die Parathyreoidea der dritten Tasche liegt dann dem cranialen Pol des Thymus an und wird bei dessen Caudalwärtswanderung mitgenommen, wird damit also zum unteren Epithelkörperchen. Hingegen besteht kein Kontakt der Parathyreoidea 4 mit dem Thymus. Sie

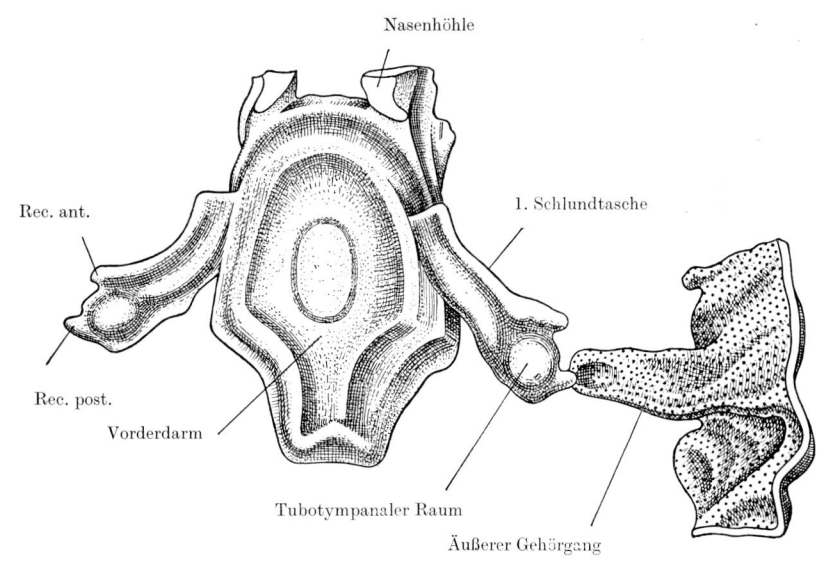

Abb. 425 Kiemendarm und rechter äußerer Gehörgang eines menschlichen Embryos von 24 mm. Ansicht von dorsal. Äußerer Gehörgang und Epidermis punktiert. (Nach HAMMAR).

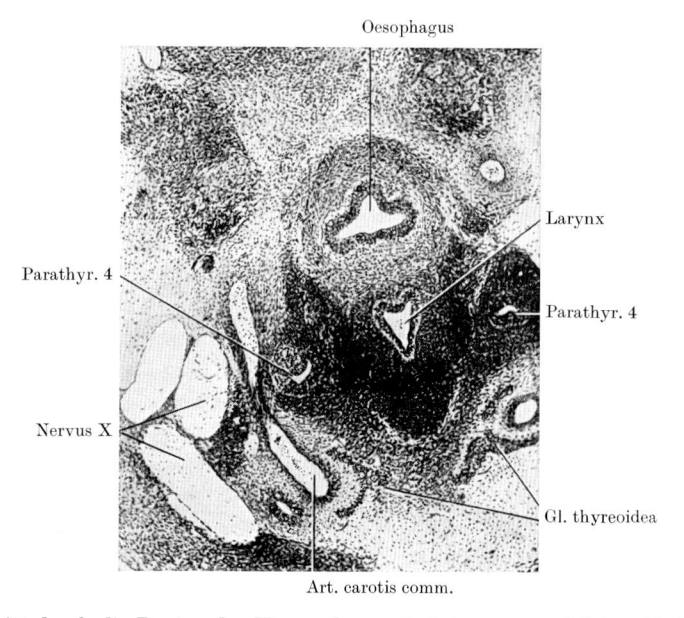

Abb. 426 Querschnitt durch die Region des Kiemendarmes bei einem menschlichen Embryo von 10 mm Länge. Die seitlichen Lappen der Thyreoidea und das obere Epithelkörperchen (Parathyreoidea 4) sind getroffen. (Orig.)

bleibt in der Nähe ihres Ursprungsortes liegen und wird zum oberen Epithelkörperchen (Abb. 426, 427). In späterer Zeit löst sich auch die Parathyreoidea III vom Thymus und lagert sich der Schilddrüse an. Überzählige Epithelkörperchen entstehen gelegentlich durch Zerfall der primären Epithelkörperchen. Die Thymusanlage selbst verschiebt sich weit nach abwärts und wird schließlich in den Brustraum (vorderes Mediastinum) hineinverlagert. Der Halsteil des Thymus verdünnt sich bei dieser Verlagerung und schwindet schließlich.

Aus der fünften Schlundtasche entsteht der ultimobranchiale Körper. Es handelt sich ebenfalls um ein drüsiges Organ, das normalerweise der Schilddrüse einverleibt wird und sich dann diesem Organ strukturell völlig angleicht, so daß es nicht mehr abgrenzbar ist.

Entwicklung der Schilddrüse

Die *Glandula thyreoidea* entsteht aus dem Boden des Kiemendarmes, hat also keine näheren Beziehungen zu den Kiemenspalten. Es handelt sich nicht um ein branchiogenes, sondern um ein unpaares, hypobranchiales Organ. Stammesgeschichtlich geht die Schilddrüse wahrscheinlich auf die Hypobranchialrinne der Acranier und Cyclostomen zurück. Die Schilddrüsenanlage erscheint bei Embryonen von 18 Somiten als Epithelknospe am Boden des Mundbodens direkt hinter dem Tuberculum impar (Abb. 390). Diese Anlage enthält zunächst ein kleines Divertikel. Sie liegt dem Truncus arteriosus direkt an. Mit der Streckung des Embryonalkörpers und der Caudalwärtsverlagerung des Herzens löst sich die Schilddrüsenanlage zwar von den großen Gefäßstämmen, wird aber gleichzeitig als Ganzes nach caudalwärts verlagert (Abb. 424). Hierbei wird das Epithel des Mutterbodens zu einem meist soliden Strang, dem sogenannten *Ductus thyreoglossus*, ausgezogen. Der Entstehungsort der Schilddrüse am Mundboden bleibt als Foramen caecum erkennbar. Der Ductus thyreoglossus degeneriert und schwindet. Dieser Rückbildungsprozeß beginnt meist in der Mitte. Caudale Teile des Stranges können erhalten bleiben und bilden dann den Lobus pyramidalis. Reste des oberen Endes haben Beziehungen zum Zungenbein und können Anlaß zur Bildung akzessorischer Schilddrüsen und vor allem von Speicheldrüsen geben. Die beiden Schilddrüsenlappen sprossen erst sekundär aus der Drüsenanlage aus (Abb. 426).

Histogenese der branchiogenen Organe und der Schilddrüse

Die solide epitheliale Thymusanlage lockert sich auf (35 mm). Die auseinanderweichenden Epithelzellen bilden das Thymusreticulum, in dessen Maschen von außen her Lymphocyten einwandern. Die Differenzierung in Mark und Rinde beginnt bei Embryonen von etwa 40 mm, indem die zentralen Partien zu wuchern beginnen. HASSALLsche Körperchen entstehen durch Umbildung von Reticulumzellen, sind also entodermalen Ursprungs. Die Differenzierung der Parathyreoidea beginnt ebenfalls mit einer geringfügigen Auflockerung des Zellverbandes, geht allerdings nie über das Stadium der Bildung von Zellsträngen hinaus. Das Organ ist durch den Mangel einer Kapsel und die auffallende Armut an Bindegewebe gekennzeichnet. Die Gruppierung von Zellsträngen scheint von eindringenden Kapillaren induziert zu werden. Recht häufig kommen in den Epithelkörperchen kolloidhaltige Bläschen vor. Man hat in diesen Bildungen, die in der Schilddrüse sehr charakteristische Strukturen bilden, den Ausdruck gemeinsamer Entwicklungstendenzen der Kiemendarmderivate sehen wollen (CLARA 1934). Die Differenzierung der Schilddrüse beginnt ähnlich wie die der Parathyreoidea, geht aber über das Stadium der Zellstränge hinaus und erreicht stets im ganzen Organ das Stadium der Kolloidfollikel. Die ersten Follikel sind bei Embryonen von 50 mm Länge nachweisbar. Bei Hypofunktion oder Entfernung der Schilddrüse kommt es regelmäßig zu Follikelbildung in den Epithelkörperchen. Es sei auf die analogen Entwicklungstendenzen in der Hypophyse (Zellstränge, Follikel in der Adenohypophyse und in der Pars intermedia) hingewiesen.

Mißbildungen: branchiogene Fisteln und Cysten

Als Mißbildung treten gelegentlich an der Hautoberfläche des Halses offen mündende Kanäle *(Halsfisteln)* auf, die Sekret absondern können und für den Träger beschwerlich sind. Gelegentlich sind derartige Fistelgänge Ausgangspunkt für die Bildung branchiogener Tu-

Abb. 427 Oberes Epithelkörperchen eines menschlichen Embryos von 12 mm Scheitel-Steiß-Länge. (Orig.)

Parathyreoidea 4

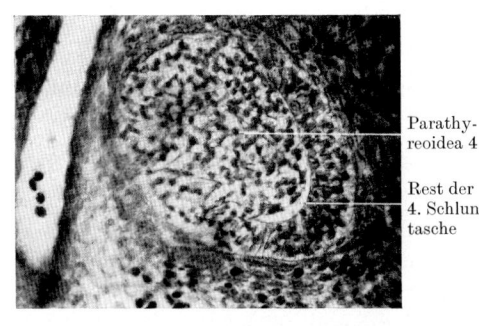

Rest der 4. Schlundtasche

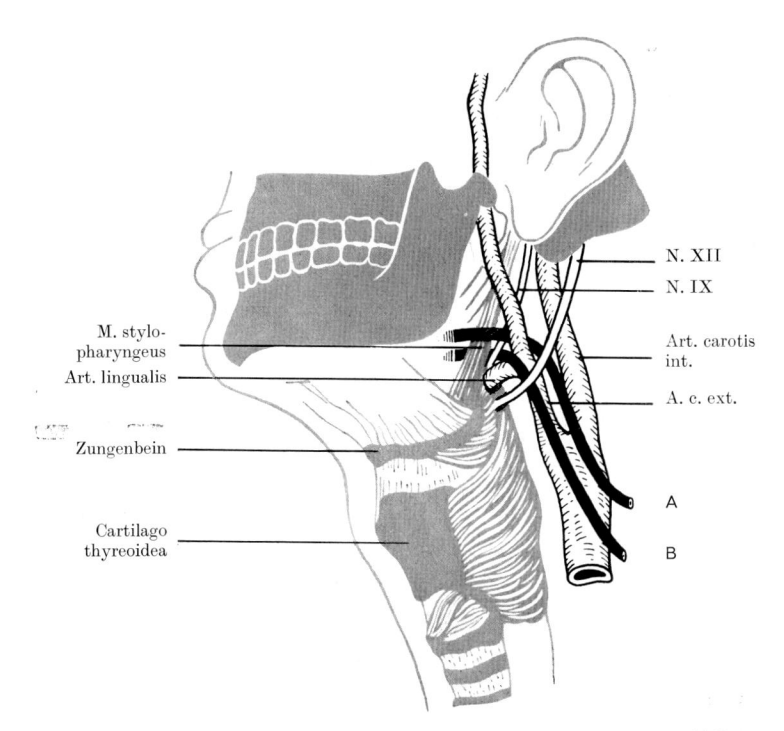

Abb. 428 Topographie von Halsfisteln nach W. TISCHER 1956/57.
A = Fistelverlauf bei Ableitung aus dem Komplex der zweiten Schlundtasche. B = Fistelverlauf bei Ableitung vom Ductus thymopharyngeus. Beachte die Beziehungen der Fistelkanäle zur Art. carotis und zum N. glossopharyngeus.

moren. Man unterscheidet mediane und laterale Halsfisteln.

a) Die angeborenen medianen Halsfisteln sind sehr selten. Sie münden dicht unterhalb des Zungenbeines in der Mittellinie und werden als sekundäre Durchbrüche eines persistierenden Ductus thyreoglossus gedeutet. Eine weitere Form der medianen Halsfisteln mündet weiter caudal. Sie setzt sich gewöhnlich in einen bindegewebigen Strang bis gegen die Kinnregion fort. Ihre Entstehung ist unbekannt.

b) Häufiger und praktisch bedeutungsvoller sind die lateralen, branchiogenen Halsfisteln, deren Entstehung auf Abweichungen in der Genese des Kiemendarmes und der Kiementaschen zurückgeführt wird. Offenbar handelt es sich auch hier um verschiedene Mißbildungsformen (Abb. 428, TISCHER 1956/57). Seitliche Halsfisteln münden nahezu immer am medialen Rand des Musc. sternocleidomastoideus dicht oberhalb des Sternoclaviculargelenkes. Die äußere Öffnung wird bei Kindern meist erst in den ersten Lebensjahren bemerkt, so daß die Wahrscheinlichkeit besteht, daß die Öffnung sekundär zustande kommt. Die Fisteln ziehen am vorderen Rand des M. sternocleidomastoideus aufwärts und können blind, meist in Nähe des Zungenbeins, enden (inkomplette, laterale Halsfistel). Eine offene Verbindung zum Kiemendarm kann vorkommen. Diese kompletten Halsfisteln münden innen in den Pharynx entweder zwischen den Gaumenbögen, über der Tonsilla palatina, oder hinter dem Arcus palatopharyngeus. Gelegentlich kommt auch eine tiefere Lage der inneren Mündungsstelle vor. Fehlt dem persistierenden, branchiogenen Restgebilde sowohl eine äußere als auch eine innere Öffnung, so liegt eine Halscyste vor.

Die Deutung der Genese der Halsfisteln hat einige Schwierigkeiten gemacht. Die verschiedenen Theorien sind kürzlich von TISCHER zusammengestellt worden. Es stehen heute zwei Auffassungen zur Diskussion. Nach der ersten Auffassung entsteht die laterale Halsfistel durch Persistenz des ganzen Komplexes der zweiten Schlundtasche, der Kiemenfurche und des entsprechenden Abschnittes des Sinus und Ductus cervicalis. Voraussetzung wäre, daß die Verschlußmembran II einreißt. Besteht diese Deutung zu Recht, so wäre zu erwarten, daß der Fistelkanal durch die Gabelung der Arteria carotis zieht (Abb. 428 A), denn der Komplex der zweiten Schlund-Kiementasche wird von ventraler und dorsaler Aorta und caudal von der dritten Kiemenbogenarterie, also von den Gefäßen, aus denen sich die Carotisgabel bildet, umfaßt. Tatsächlich findet sich gelegentlich, aber nur in relativ seltenen Fällen, diese topographische Anordnung. In den meisten exakt beschriebenen Fällen läuft der Fistelkanal lateral und ventral vor der A. carotis communis und externa (Abb. 428 B). Würde die Fistel dem ganzen Komplex der dritten Schlundtasche entsprechen, so müßte sie dorsal der A. carotis communis verlaufen.

Die nicht durch die Carotisgabel verlaufenden Halsfisteln werden daher heute vom Ductus thymopharyngeus abgeleitet (WENGLOWSKI, TISCHER). Der Duct. thymopharyngeus geht bei Embryonen von 14 mm als Kanal von der dritten Schlundtasche aus und zieht zum Thymus, also entlang des vorderen Sternocleidomastoideusrandes zum Sternum. Der Durchbruch nach außen erfolgt sekundär.

5. Die Entwicklung der Respirationsorgane und des Oesophagus

a) *Weitere Ausdifferenzierung der Nasenhöhle*

Bei der Besprechung der Entwicklung der Mundhöhle hatten wir die Prozesse, die zur Ausgliederung der Nasenhöhle aus der primären Mundhöhle führen, eingehend besprochen. Es bleibt noch die Ausbildung der Muscheln, der Nebenhöhlen und die Differenzierung des Sinnesepithels zu erörtern.

Die Seitenwand der Nasenhöhle wird durch das Auftreten von Schleimhautwülsten (*Conchae*), die Skeleteinlagerungen enthalten, charakterisiert. Die menschliche Nasenhöhle ist gegenüber der der meisten Säugetiere stark reduziert. Man kann die Verhältnisse beim Menschen nicht deuten, wenn man nicht das typische Bild des Organs bei makrosmatischen Säugern kennt. Diese besitzen drei Gruppen von Muscheln (*Turbinalia*). Das Nasoturbinale liegt im vorderen seitlichen Teil der Nasenhöhle. Es fehlt beim Menschen und bei den Primaten. Das Maxilloturbinale (untere Muschel beim Menschen) liegt unter dem Nasoturbinale im vorderen Bereich der Nasenhöhle und ist meist sehr ausgedehnt. Seine Skeleteinlagerung entsteht aus dem unteren Rand der knorpligen Nasenseitenwand (Abb. 537). Die Ethmoturbinalia (Riechmuscheln im engeren Sinne) sind Neubildungen der Säugetiere, welche sich im hinteren Teil der Nasenhöhle, dem *Recessus ethmoturbinalis*, ausbilden. Im Gegensatz zu Naso- und Maxilloturbinale findet sich das Bildungsmaterial der Ethmoturbinalia in früher Embryonalzeit an der septalen Wand. Die Bildung dieser Muscheln erfolgt in der Weise, daß die epitheliale Wand der Nasenhöhle nach lateral und caudal auswächst, und zwar treibt das Epithel in artspezifischer Weise zahlenmäßig konstante Aussackungen und Taschen gegen das Mesenchym vor. Die zwischen diesen Taschen übrigbleibenden Gewebsbalken sind die Ethmoturbinalia. Sie entstehen gewissermaßen passiv (REINBACH). Sekundär können durch aktives Auswachsen Verästelungen und Seitenbalken von den Ethmoturbinalia entstehen (Epiturbinalia). Im definitiven Zustand entspringen die Ethmoturbinalia von der lateralen Nasenwand. Bei makrosmatischen Säugern können sieben, acht und mehr Ethmoturbinalia vorkommen. Die Zahl ist artlich konstant, sagt aber an sich wenig über die Ausdehnung der Riechepithelfläche aus, da eine starke Oberflächenvergrößerung auch durch starke Aufspaltung und Bildung sekundärer Muscheln (Epi- und Interturbinalia) bei relativ wenigen primären Ethmoturbinalia vorkommen kann. Seitlich über dem Recessus ethmoturbinalis findet sich bei vielen Formen ein weiterer Raum, der Recessus frontoturbinalis. Dieser kann ebenfalls Muscheln (Frontoturbinalia) enthalten. Beim Menschen ist die ganze Nasenhöhle verkürzt und auch in seitlicher Richtung stark eingeengt. Zudem wird sie fast ganz vom Gehirn überlagert. Die Muscheln sind einfach gebaut und nicht verzweigt. Ein Nasoturbinale fehlt. Das Maxilloturbinale wird als Concha inferior bezeichnet. Drei Ethmoturbinalia werden gewöhnlich angelegt, doch bleiben nur Ethmoturbinale I (Concha media) und II (Concha sup.) erhalten. Die gelegentlich als Variante auftretende Concha suprema entspricht einer Aufspaltung des Ethmoturbinale II. Die Bulla ethmoidalis entsteht aus einem Interturbinale.

Die Nasennebenhöhlen sind früh angelegt, entfalten sich aber sehr spät. Im Bereich der seitlichen Wand des Nasensackes, zwischen Ethmoturbinale I und Maxilloturbinale, entstehen blindsackartige Taschen. Eine derartige Aussackung erstreckt sich nach hinten unten als Recessus maxillaris und nach vorn oben als Recessus frontalis. Eine zweite, seitlich vom Ethmoturbinale I gelegene dorsale Aussackung wird als Recessus frontoturbinalis bezeichnet. Recessus maxillaris und frontalis sind die Vorläufer der Kiefer- und Stirnhöhle. Diese müssen also, entsprechend ihrer Genese, stets zwischen Concha inferior und media in die Haupthöhle ausmünden. Die Ausdehnung der pneumatischen Nebenhöhlen in die Knochen kann bei verschiedenen Arten erhebliche Unterschiede aufweisen. Entscheidend für die Identifikation ist nie das Knochenterritorium, das von einer Nebenhöhle erreicht wird, sondern stets die Lage der Mündung. Beim Neonatus sind die Nebenhöhlen noch sehr mäßig ausgebildet. Eine Entfaltung der Nebenhöhlen erfolgt erst postnatal, nach Resorption der knorpligen Nasenwand. Ein stärkeres Wachstum ist zunächst um das 6. Lebensjahr herum festzustellen, dann nochmals nach der Pubertät (Beziehungen zur Ausbildung des Gebisses).

Der Entwicklungsablauf ähnelt im einzelnen sehr den Vorgängen, die wir bei der Entstehung der Paukenhöhle beschrieben haben. Zwischen Schleimhauttasche und Knochen findet sich zunächst ein flüssigkeitsreiches Gallertgewebe (Platzhalterfunktion). Dieses wird resorbiert und parallel entfaltet sich die Schleimhauttasche, so daß schließlich die Schleimhaut der Nebenhöhle dem Knochen eng anliegt. Die Nebenhöhlen schieben sich in mechanisch nicht beanspruchte Räume zwischen den tragenden Skeletverstrebungen ein und ermöglichen gleichzeitig auch eine Isolierung und Ausbildung derartiger Grundkonstruktionen. Für die Nase und für deren Funktion als Atmungs- und Geruchsorgan kommt den Nebenhöhlen keinerlei Bedeutung zu. Das Gesagte erklärt, daß die individuelle Beanspruchung des Gesichtsskeletes sich stark auf das morphologische Verhalten der Nebenhöhlen auswirken

muß. So kann das Bild durch Besonderheiten des Kauapparates (partieller oder totaler Zahnverlust, Lähmungen usw.) stark abgewandelt werden. Daneben ist aber auch wahrscheinlich ein erblicher Faktor mit im Spiel, wobei es dahingestellt bleiben muß, ob dieser sich direkt in einer bestimmten Tendenz zur starken oder schwachen Pneumatisation manifestiert oder ob er auf dem Umweg über Besonderheiten der Schädel- und Kieferkonstruktion indirekt wirksam ist. Genetisch völlig von den bisher beschriebenen Nebenhöhlen (Sin. maxill., frontalis, Cell. ethmoidales) abzutrennen ist der Sinus sphenoidalis. Es handelt sich um einen Teil des Hauptraumes der Nasenhöhle selbst, der bei Mensch und Primaten im Zusammenhang mit den Rückbildungen der Nase im Ganzen bei dieser Gruppe ausgegliedert wird. Dementsprechend mündet die Keilbeinhöhle auch von hinten her in den Hauptraum ein. Sekundär kann sich der Sinus sphenoidalis auch in die postselläre Schädelbasis ausdehnen.

Das Sinnesepithel der Nase geht aus dem Material der Riechplakode hervor. Das Epithel der primären Mundhöhle, das einen wesentlichen Teil der definitiven Nasenhöhle auskleidet, besitzt nicht die Fähigkeit zur Bildung von Sinnesnervenzellen. Die Neuroepithelzellen differenzieren sich in der Peripherie. Ihre Axone wachsen auf den Bulbus olfactorius zu und erreichen ihn bereits im 2. Schwangerschaftsmonat. *Riechschleimhaut* findet sich bei Embryonen von 25 mm Länge noch auf der mittleren Muschel. Beim Erwachsenen ist die Regio olfactoria auf einen kleinen Bezirk der oberen Muschel und der gegenüberliegenden Fläche des Septums beschränkt.

Bei vielen makrosmatischen Wirbeltieren entwickelt sich im medialen Bereich des Riechsackes ein weiteres Sinnesorgan, das Organon vomeronasale *(Jacobsonsches Organ)*. Dieses Organ liegt später im vorderen Teil der septalen Nasenwand als langgestreckter Schlauch (Abb. 411, 429) und mündet in den Ductus incisivus aus. Ein primärer Bodenknorpel der Nase (Cartilago paraseptalis, Abb. 429) tritt als Stützgerüst in Beziehung zu diesem Organ. Auch beim Menschen wird das Organ regelmäßig angelegt und erreicht kurz nach der Mitte der Schwangerschaft seine vollkommenste Ausbildung. Später erfährt es eine Rückbildung.

468   B. II. Darmkanal, Respirationsorgane, Coelom

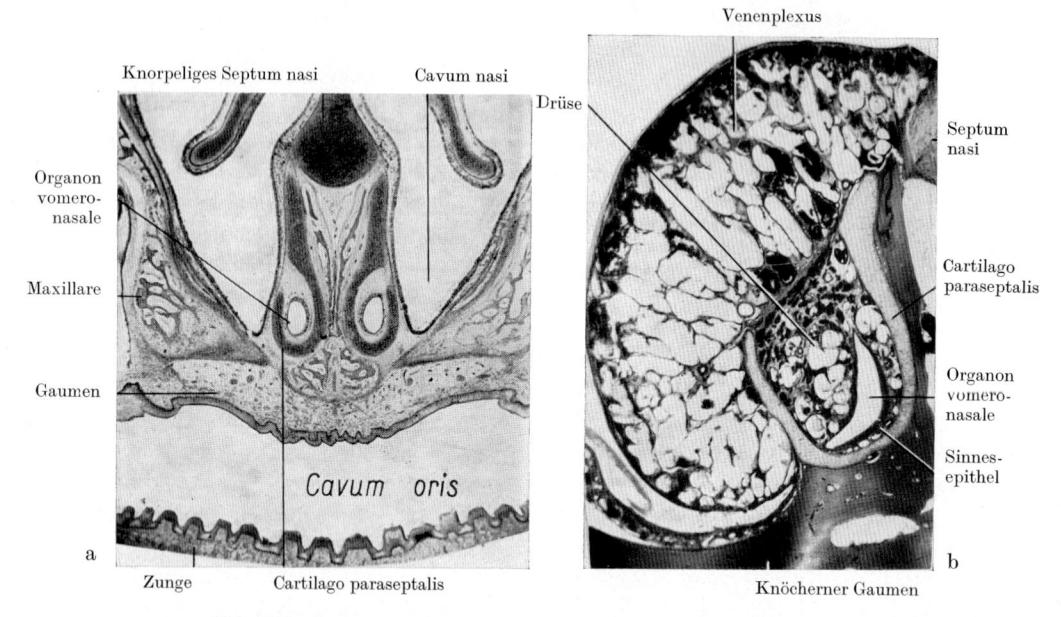

Abb. 429   Organon vomeronasale (JACOBSONsches Organ). (Orig.)
a) Älterer Katzenembryo. Unteres Ende des Septum nasi und Gaumen. Das Organon vomeronasale hat Beziehungen zum Paraseptalknorpel.
b) JACOBSONsches Organ einer erwachsenen Katze im Querschnitt. Sinnesepithel. Differenzierung von Drüsen und Venenplexus in der Umgebung des Organs.

Reste sind zur Zeit der Geburt meist noch nachweisbar (Abb. 430). Beziehungen zum Paraseptalknorpel bestehen beim rudimentären Organ des Menschen nicht mehr. Über seine Funktion ist wenig bekannt. Zweifellos handelt es sich um ein Spezialorgan im Dienste des Geruchssinnes, denn es wird von Fasern des Olfactorius innerviert und besitzt typisches Riechepithel. Bei Säugern soll es als Spürsinnesorgan oder als Mundgeruchsorgan funktionieren. Bei Reptilien (Schlangen und Eidechsen) ist es der Mundhöhle zugeordnet und verliert die Verbindung zur Nasenhöhle. Es dient bei diesen Formen als Spürorgan beim Verfolgen der Duftspur eines Beuteobjektes. Die Geruchsstoffe werden beim Züngeln dem Organ mit den Zungenspitzen zugeführt. Die Zunge arbeitet als Zuträger der Riechstoffe im Dienste dieses Sinnesorganes. Geblendete Schlangen können eine Duftspur noch verfolgen und ein Beuteobjekt auffinden. Ohne Zungenkontakt kann aber Nahrung nicht mehr gefunden werden (zur Funktion siehe KAHMANN 1939).

Larynx, Trachea und Lungen

Die erste Anlage der tiefen Respirationsorgane (Larynx, Trachea, Lunge) findet sich am Boden des Vorderdarmes unmittelbar caudal an den Kiemendarm anschließend. Diese Anlage hat die Form einer Rinne (*Laryngotrachealrinne*) und

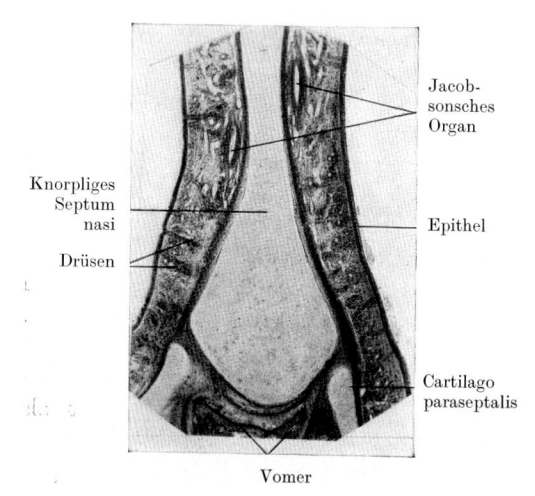

Abb. 430   Rudimentäres Organon vomeronasale bei einem menschlichen Feten. Das Organ hat keine Beziehungen mehr zum Paraseptalknorpel. (Orig.)

umschließt gleichzeitig auch die erste Lungenanlage. Nach caudal hin verstreicht die Rinne gegen den Dottergang. Diese Anlage wird nun in caudocranialer Richtung vom Darmkanal abgeschnürt (Abb. 431), so daß also die Lunge zeitlich vor der Trachea, diese wiederum früher als der Larynx erscheint. In der ersten Anlage ist die Lunge beim Säugetier kaum gegen die Trachealanlage abgrenzbar. Daraus erklärt sich die alte Streitfrage, ob die menschliche Lunge aus einer unpaaren oder aus einer paarigen Anlage hervorgeht. Bei niederen Vertebraten (Amphibien, Sauropsiden) ist die erste Anlage der Lunge stets paarig. Als deutlich nachweisbare Bildungen sind auch die Lungenanlagen bei Säugetieren bilaterale, breitbasige Ausbuchtungen im ventrolateralen Teil des Vorderdarmes (HJORTSJÖ 1945). Diese Lungenanlagen wachsen sodann rasch nach caudal hin aus. Gleichzeitig wird die Trachealrinne vom übrigen Darm in der Richtung von caudal nach cranial abgeschnürt. Der primäre Vorderdarm wird durch ein Septum oesophageotracheale in den dorsalen Oesophagus und die ventralen Atmungswege zerlegt. Am Übergang der Luftröhre in den Vorderdarm differenziert sich der Kehlkopf.

Nachdem die Anlage des Respirationstraktes sich vom Oesophagus abgeschnürt hat, wird der primäre Kehlkopfeingang von drei Wülsten umrahmt. Vorn liegt der quere Epiglottiswulst, hinten seitlich finden sich paarige Arytaenoidwülste. Der Epiglottiswulst schließt zunächst eng an die Zungenanlage an. Beide Organe lösen sich voneinander, indem die Epiglottis sich rückwärts verschiebt, die Zunge aber nach craniodorsal sich aufwölbt. Dabei entstehen zwischen Epiglottis und Zungengrund die als Valleculae bezeichneten Gruben und die Plicae glossoepiglotticae. Der Knorpel der Epiglottis entsteht erst im 5. Schwangerschaftsmonat als Sekundärknorpel, hat also nichts mit dem Branchialskelet zu tun.

Da sich in den den Aditus laryngis umgebenden Wülsten beträchtliche Mesenchymmengen ansammeln, wird der Eingang selbst zu einem T-förmigen Spalt verengt. Im 3. Schwanger-

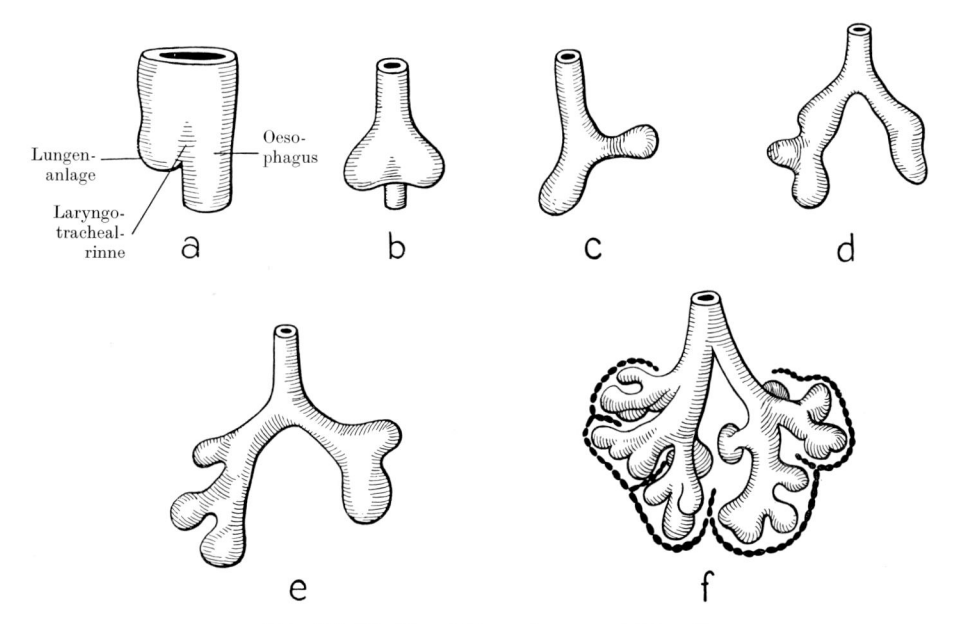

Abb. 431 Die Entwicklung der menschlichen Lunge.
a) Ansicht von links; b–f) Ansicht von ventral.
a) Homo 3 mm, Laryngotrachealrinne.
b) Homo 4 mm.
c) Homo 5 mm.
d) Homo 7 mm.
e) Homo 8,5 mm.
f) Homo 14 mm.
Mesenchymale Lungenanlage dick punktiert eingezeichnet.
(Nach GROSSER, HEISS und ASK).

schaftsmonat bleiben die Arywülste im Wachstum zurück, gleichzeitig wächst die Epiglottis stärker aus, die Plicae aryepiglotticae treten deutlich hervor. Die Kehlkopfknorpel bilden sich während des 2. Monats im perilaryngealen Mesenchym aus Material, das im wesentlichen vom 4. und 5. Visceralbogen abstammt (s. S. 462). Epiglottis, Proc. vocales der Aryknorpel, Cartilag. cuneiformes und corniculatae sind spät entstehende Sekundärbildungen.

Die Muskulatur des Larynx differenziert sich, wie zu erwarten, aus der Vorderdarmmuskulatur (visceral). Dementsprechend sind die Nerven der beteiligten Branchialbögen (Nerv. laryngeus superior und N. recurrens aus dem N. vagus: Nerv des 4. und 6. Bogens) an der Kehlkopfinnervation beteiligt. Wahrscheinlich sind diesen Nerven bei Säugetieren aber auch Teile des Ram. intestinalis vagi angeschlossen.

Nach vollzogener Abgliederung des Respirationstraktes vom Verdauungsdarm wächst die Trachea schnell in die Länge (Abb. 431). Die Trachealknorpel differenzieren sich bei Embryonen von etwa 20 mm Scheitel-Steiß-Länge im Mesenchym. Kehlkopf und Luftröhre stehen in der Fetalzeit wesentlich höher als beim Erwachsenen. Noch in der zweiten Schwangerschaftshälfte ragt die Epiglottis über den weichen Gaumen in den Nasen-Rachen-Raum. Dieser Zustand bleibt bei vielen Säugern, besonders bei wasserbewohnenden Formen, zeitlebens erhalten. Beim Menschen setzt in der zweiten Schwangerschaftshälfte ein Descensus laryngis ein, der zur Zeit der Geburt noch nicht beendet ist.

Entwicklung der Lungen

Die entodermalen Lungenanlagen bilden, wie beschrieben, paarige Aussackungen des Vorderdarmes, welche das Mesenchym der Darmwand vorwölben. In der ersten Anlage scheinen sie annähernd symmetrisch zu sein, doch macht sich bereits sehr früh eine Asymmetrie beider Lungen bemerkbar (5-mm-Stadium). Die rechte Lungenanlage ist etwas größer als die linke. Sie wächst mehr in caudolateraler Richtung vor, während die linke Anlage stärker in die Querrichtung wächst (Abb. 431c, d). Aus diesen primären Lungensäckchen wachsen sekundäre Aussackungen aus. Links finden sich zwei, rechts drei sekundäre Knospen, wodurch bereits die Anlagen der Hauptlappen praeformiert sind. Die weitere Entwicklung läuft nun in der Weise ab, daß diese Sekundärknospen weitere Generationen von Aussackungen aus sich hervorgehen lassen. In jeder Lungenanlage ist eine dieser Knospen caudalwärts gerichtet (Abb. 431 d, e, f). Sie wachsen zu blindendigenden, schlauchförmigen Gebilden aus, welche sich in der Folge, nach Art einer Drüsenanlage, dichotom aufteilen. Jede Sekundärknospe ergibt mit ihren Aufzweigungen schließlich die Anlage für einen definitiven Lungenlappen mit zugehörigem Bronchus. Der Bronchus des rechten Oberlappens liegt zunächst hinter, später über der rechten Arteria pulmonalis (eparterieller Bronchus). Die fortschreitende Aufgliederung des Bronchialbaumes ist ein viel diskutiertes Problem. Besonders steht die Frage zur Diskussion, ob die Aufzweigung nur durch aktives Aussprossen von aufeinanderfolgenden Generationen von Wachstumsknospen erfolgt oder ob das umgebende Mesenchym aktiv an diesem Prozeß teilnimmt, indem Mesenchymsepten zentripetal gegen die entodermalen Teile der Lungenanlage vorwachsen. Der Streit scheint im wesentlichen zugunsten der ersten Auffassung entschieden zu sein. Bis zur Geburt sind etwa 18 aufeinanderfolgende Generationen von Aufzweigungen gebildet (BROMAN). Dieser Prozeß ist aber damit nicht abgeschlossen, sondern setzt sich postnatal fort, bis etwa 25 Teilungsgenerationen entstanden sind. Im Tierversuch konnte gezeigt werden, daß nach Exstirpation von Lungenteilen eine regenerative Hyperplasie möglich ist (HILBER). Die Regeneration geht vom Alveolarepithel aus. Die Entwicklungsvorgänge sind hierbei im Prinzip die gleichen wie in der normalen Ontogenese. Die Knospen des Bronchialbaumes zeigen in den frühen Aufzweigungsstadien eine recht regelmäßige Anordnung in eine dorsale und in eine ventrale Gruppe (Abb. 432). Diese Regelmäßigkeit wird aber nach dem vierten Teilungsschritt mehr und mehr verdeckt, da die räumliche Beengung in dem kompakten Organ und im Brustraum eine freie Entfaltung kaum zuläßt. Die späteren Lungensegmente, besser als Bronchialterritorien bezeichnet, lassen sich bereits bei Embryonen von 13 mm Länge am entodremalen Bronchialbaum klar erkennen (Abb. 432a). Die Numerierung in Abbildung 432 entspricht der

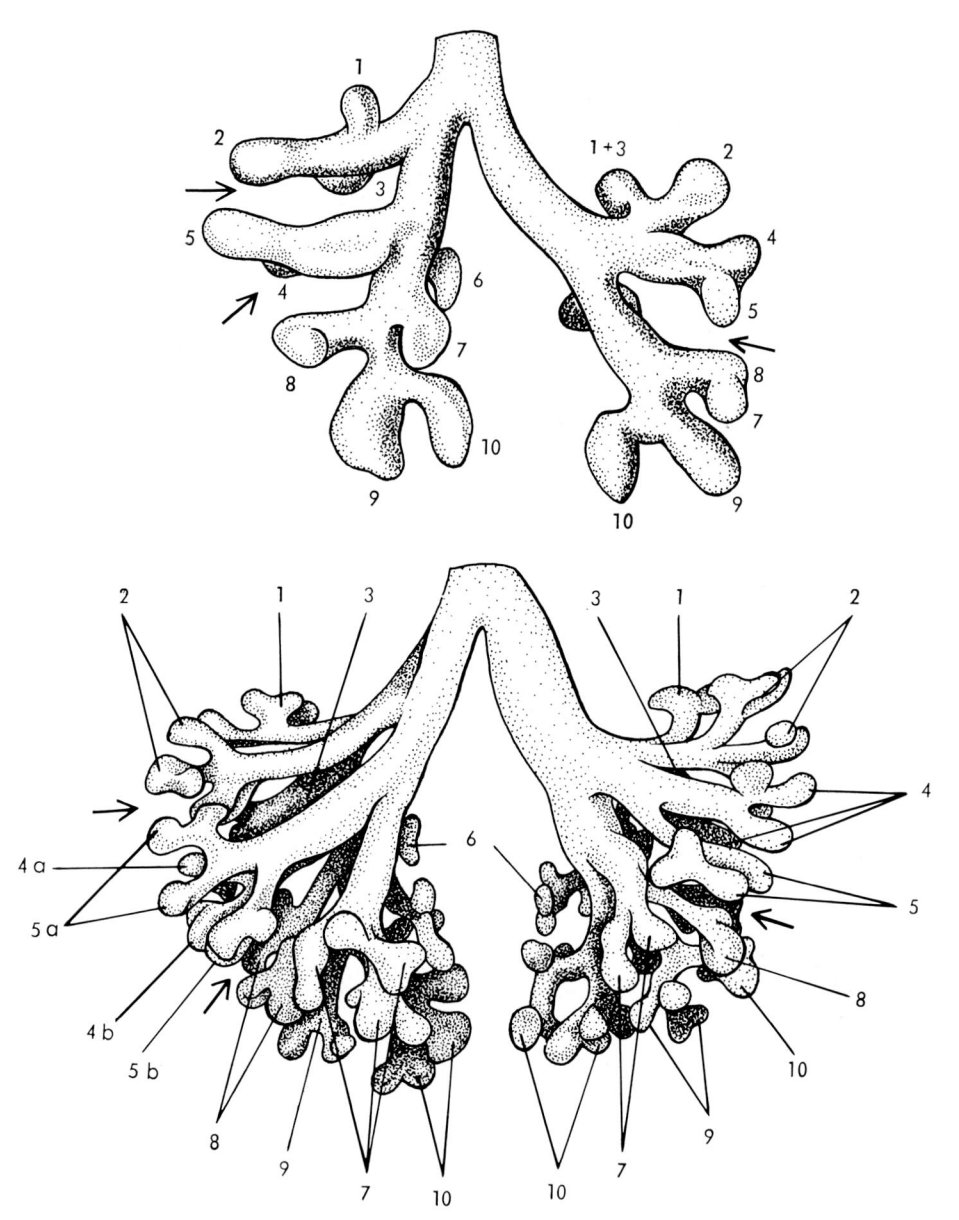

Abb. 432 Die Aufzweigung der entodermalen Lungenanlage in älteren Embryonalstadien.
a) Menschlicher Embryo 13 mm Scheitel-Steiß-Länge von ventral. b) Menschlicher Embryo 20 mm Scheitel-Steiß-Länge von ventral. Alle Bronchialterritorien sind bereits angelegt. Die Zahlen bezeichnen die Bronchialterritorien (sog. „Lungensegmente"). Die Pfeile geben die Lage der Lappengrenzen an.
(Nach WELLS und BOYDEN 1964).

klinischen Terminologie. An der rechten Lunge bilden No. 1–3 den Oberlappen, 4–5 (ventral) den Mittellappen und 6–10 (dorsal und ventral) den Unterlappen. Links gehen die Bronchialterritorien 1–5 im Oberlappen, 6–10 im Unterlappen auf. Abweichungen in der Anordnung der Bronchialknospen werden sich daher als Varianten der Segmentverteilung beim Erwachsenen bemerkbar machen. Bei Embryonen von 12 bis 20 mm Länge sind die Grenzen der Bronchialterritorien als Grenzfurchen auch an der Oberfläche des Organs erkennbar.

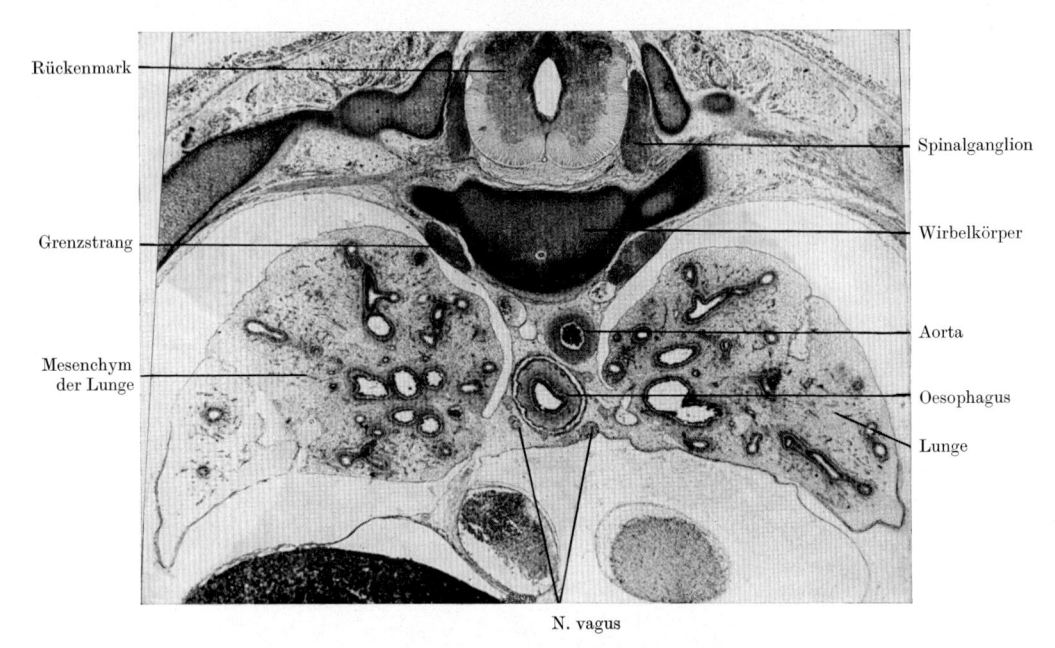

Abb. 433 Querschnitt durch die Brustregion eines menschlichen Embryos von 25 mm Scheitel-Steiß-Länge. Differenzierung der Lunge. (Orig.)

Für die Ausbildung der äußeren Form der Lunge ist der mesenchymale Anteil des Organs von Bedeutung. Die Anlage der Lunge ist wie die des ganzen Darmtraktus von einer eigenen Mesenchymhülle umgeben. Diese hängt zunächst breit mit dem Mesenchym, das Oesophagus und Magen umschließt, zusammen (Mesopneumonium) (Abb. 433). Mit fortschreitendem Vorwachsen der epithelialen Anlage wird der Mesenchymbelag gedehnt und verdünnt sich dadurch mehr und mehr. Die großen Hauptfurchen sinken in die Tiefe in dem Maße, wie die epithelialen Lappenanlagen zentrifugal auswachsen. Die Gesamtform der embryonalen Lunge weicht zunächst stark von der definitiven Form ab. Sie ist im wesentlichen durch Masseneinflüsse von der Umgebung her bestimmt. Zunächst besitzt die Lunge caudalwärts gerichtete Spitzen, während die oberen Partien relativ breit sind (Abb. 431f). Bei Embryonen von etwa 20 mm Länge ist die Lungenanlage so weit ausgewachsen, daß die zunächst breite Mesenterialverbindung zur Lungenwurzel eingeengt wird. Die massenmäßig stark entfaltete Leber und die Zwerchfellanlage drängen die caudale Lungenspitzen hoch. Diese flachen sich zur Basis pulmonis ab. Die craniale Lungenspitze wächst im 3. Monat aus, so daß jetzt die definitive Form annähernd erreicht wird. Die mesenchymale Lungenanlage läßt aus sich die elastischen Netze, Muskulatur und Bronchialknorpel hervorgehen. Ebenso entstehen das subseröse Bindegewebe der Pleura pulmonalis und das septale Mesenchym aus diesem Material.

Die Lunge ist während des ganzen intrauterinen Lebensabschnittes nicht tätig. Bei der Geburt setzt die Funktion schlagartig ein. Das Organ muß also während der afunktionellen Periode funktionstüchtig ausgebildet sein. Die akute Umstellung stellt besondere Anforderungen. Wie dieser Ausbau im einzelnen erfolgt und die Funktionsfähigkeit vorbereitet wird, ist nicht vollständig bekannt. Zunächst unterscheidet sich die Entwicklungsart des Organs wenig von der einer beliebigen Drüse. Etwa um die Mitte des Fetallebens kommt es zu einer auffallenden Vermehrung der kapillären Gefäße. Nach der Ansicht einiger Autoren sollen zu dieser Zeit die Epithelzellen der terminalen Gangverzweigungen auseinanderweichen und kapilläre Sinus direkt an das Lumen der künftigen Alveolargänge angrenzen. Nach der von den meisten Forschern vertretenen Ansicht bleibt jedoch der geschlossene Epithelbelag im gesamten Gangsystem der Lungenanlage erhalten. Diese Auffassung ist elektronenoptisch bestätigt worden. Das Epithel ist im 6. Monat flach kubisch. Die ersten Alveolen erscheinen zu dieser Zeit als Seitensprossen. Mit den ersten Atemzügen nach der Geburt wird die Lunge entfaltet. Dieser Vorgang erfolgt nicht schlagartig im ganzen Organ, sondern erfaßt zunächst nur die vorderen Partien und erreicht die caudalen Teile zum Schluß (am 3. Lebenstag). Die beim Neugeborenen funktionierenden Alveolen werden zu alveolarfreien Bronchialgängen umgebaut. Das Neugeborene atmet also mit dem „späteren Bronchialbaum" (BROMAN). Der Umbau der Lunge während der Funktionsphase bedarf noch eingehender Erforschung.

Die Entwicklung der Speiseröhre

Derjenige Teil des Vorderdarmrohres, der nach Abschnürung des Respirationstraktes übrigbleibt, wird zum *Oesophagus* und Magen. Der direkt auf den Kiemendarm folgende Abschnitt ist zunächst sehr kurz, verlängert sich aber im 2. Monat sehr stark. Dieses Längenwachstum ist für die definitive Lage des Magens von wesentlicher Bedeutung. Das Epithel ist zunächst einschichtig prismatisch, beginnt aber nach Abtrennung der Trachea stark zu wuchern und wird zunächst zwei-, dann vielschichtig. Gelegentlich kann es stellenweise zu einem völligen Schwund des Lumens kommen. Im Epithel treten Vakuolen auf (Abb. 434), welche konfluieren und mit dem Hauptlumen kommunizieren können. Sie verschwinden im 3. Monat und tragen zur Ausweitung des Lumens der Speiseröhre bei. Zu dieser Zeit treten in den basalen Epithelschichten große, dunkle Zellen auf, welche an die Oberfläche drängen und dort Flimmerhaare bekommen (Abb. 435). Reste von Flimmerepithel können sich bis zur Zeit der Geburt erhalten. Im 5. Monat entstehen große, basal gelegene Schleimzellen, welche nach der Oberfläche aufrücken und die Flimmerzellen verdrängen. Keratohyalinbildung findet sich erst nach der Geburt. Die Muskulatur des Oesophagus ist visceraler Herkunft. Sie entsteht im Mesenchym der Darmwand, und zwar differenziert sich die Zirkulärmuskulatur früher (2. Monat) als die Längsschicht. Im oberen Drittel der Speiseröhre differenziert sich quergestreiftes Muskelgewebe, in den unteren $2/3$ aber glatte Muskulatur. Wodurch die verschiedene histologische Differenzierung determiniert wird, ist unbekannt. Im mesenchymalen Ausgangsmaterial ist kein Strukturunterschied nachweisbar.

Mißbildungen, Oesophageotrachealfistel

Die in der normalen Ontogenese auftretende Epithelwucherung kann im Oesophagus, wie in anderen Darmabschnitten, zu einer vorübergehenden Okklusion führen. Bleibt die Restitution des Lumens aus, so entsteht eine Oesophagusatresie. Diese Mißbildung tritt häufig kombiniert mit einer Oesophageotrachealfistel

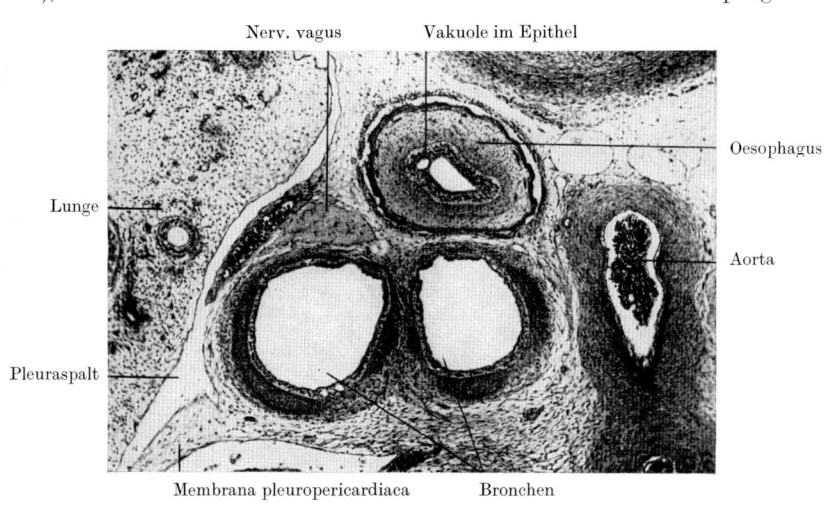

Abb. 434 Querschnitt durch Bronchen und Oesophagus bei einem menschlichen Embryo von 25 mm Scheitel-Steiß-Länge. (Orig.)

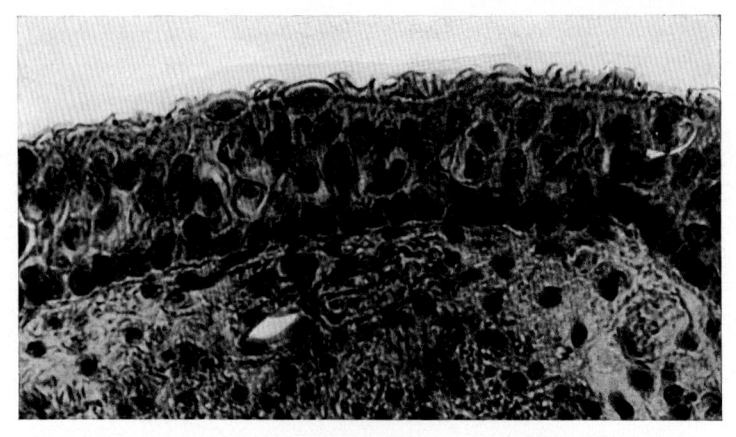

Abb. 435 Mehrschichtiges Flimmerepithel im Oesophagus eines menschlichen Fetus von 175 mm Scheitel-Steiß-Länge. (Orig.)

auf, einer Störung des Abschnürungsvorganges zwischen Oesophagus und Luftwegen (Abb. 436). Bei der einfachen Oesophageotrachealfistel besteht eine offene Verbindung zwischen Luftröhre und Speiseröhre. Bei der kombinierten Form endet das obere Oesophagusende mit einem Blindsack (Atresie). Das untere Ende des Oesophagus steht in breit offener Verbindung mit der Trachea. Beide Oesophagusenden sind meist durch einen Muskelstrang verbunden. Im allgemeinen ist eine Oesophageotrachealfistel mit dem Leben nicht vereinbar, doch ist kürzlich die operative Heilung dieser Mißbildung gelungen.

6. Magen- und Darmentwicklung

Die Entwicklung des Magens

Die erste Anlage des Magens ist als schwache, spindelförmige Erweiterung des gerade gestreckten Darmrohres (3. Woche) sehr früh nachweisbar (Abb. 402b). Bei Embryonen von 4–5 mm Länge beginnt bereits eine Drehung des Magens,

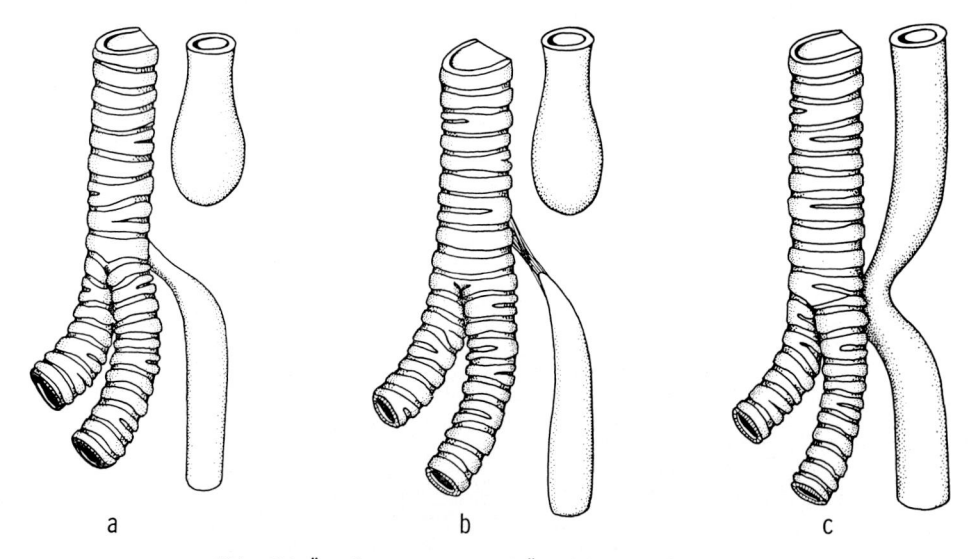

Abb. 436 Ösophagusatresie und Ösophageotrachealfisteln.
a) Ösophagusatresie mit Ösophageotrachealfistel.
b) Ösophagusatresie. Zwischen distalem Speiseröhrenteil und Trachea besteht ein fibröser Strang.
c) Proximaler und distaler Teil des Ösophagus stehen durch eine Öffnung mit der Trachea in Verbindung.
(Aus J. LANGMANN: Medizinische Embryologie. Thieme, Stuttgart 1970).

die dazu führt, daß die linke Seite nach ventral, die rechte Seite nach dorsal verlagert wird. Die ursprünglich nach dorsal blickende Kante (Ansatz des Mesogastrium dorsale) wird zur Curvatura major, die primäre Ventralkante zur Curvatura minor. Außer dieser Drehung des Magens um die Längsachse ist gleichzeitig eine Abkippung zu beobachten, welche dazu führt, daß sich die Cardia nach links abwärts, der Pylorusteil aber nach rechts aufwärts schiebt (Abb. 437 b, d). Die Ausweitung des Magens zur definitiven Form ist bereits bei Embryonen von 15 mm Länge abgeschlossen. Die Ursachen der Magendrehung sind wahrscheinlich eine Folge autonomer Wachstumsabläufe im Organ selbst, sind also außerordentlich früh determiniert. Der Magen ist am Oesophagus und am Übergang zum Duodenum relativ fixiert. Da der Oesophagus stark in die Länge wächst, wird der Magen besonders mit seinen linksseitigen Anteilen stark nach abwärts gedrängt und abgeknickt. In der zweiten Hälfte der Schwangerschaft wächst der Magen, besonders der Corpusteil, stark in die Länge und kommt in eine vertikale Stellung. Cardia und Pylorus stehen dann fast in der gleichen Ebene übereinander. Diese extreme Vertikalstellung wird nach der Geburt nicht mehr erreicht, da durch die Ausdehnung der Lungen und die Senkung des Zwerchfells der Fundusabschnitt herabgedrängt wird, andererseits die sich füllenden Därme den Pylorusteil aufwärts schieben. Der Pylorus ist als Epithelverdickung bei Embryonen von 10 mm Länge abgrenzbar. Drüsenanlagen treten bei Embryonen von 20 mm Länge auf. Die Belegzellen sind vom 4. Monat ab zu erkennen, ohne daß deshalb schon ihre Funktionsfähigkeit ausgereift wäre. Proteolytische Fermente lassen sich im Magensaft von Feten des 4. Monats nachweisen. Eiweißverdauung ist sicher ab 6. Monat möglich.

Die Entwicklung des Darmes

Nach der Abgliederung vom Dottersack (Abb. 236e) bildet der Darmkanal ein in der Längsachse des Rumpfes gelegenes, geradgestrecktes Rohr (Abb. 402). Dieses Rohr wird in seiner ganzen Länge mit der hinteren Rumpfwand durch ein Mesenterium dorsale verbunden. Ein Mesenterium ventrale zwischen Darmtrakt und ventraler Rumpfwand findet sich nur im oberen Bereich. Seine caudale Grenze fällt mit dem Unterrand der Leberanlage und der Vena umbilicalis zusammen. Der unmittelbar auf die Magenanlage folgende Teil des Darmes zeigt eine leichte, nach rechts konvexe Ausbiegung und wird zum Duodenum. Der nun folgende Abschnitt steht etwa in der Sagittalebene und zeigt eine leichte Krümmung nach ventral hin (primäre Nabelschleife). Diese geht mit einer weiteren Biegung, der primären Colonflexur, in den Enddarm über (Abb. 437a). Die folgenden Entwicklungsprozesse sind vor allem dadurch gekennzeichnet, daß das Längenwachstum des gesamten Darmschlauches wesentlich schneller abläuft als das der Rumpfwand. Diese Unterschiede im Wachstumstempo führen dazu, daß das Duodenum sich in der beschriebenen Weise zu einer nach rechts konvexen Schleife krümmt, daß aber vor allem die Nabelschleife zu einer langen, sagittal gestellten Schlinge auswächst. Die Form des Duodenums ist teilweise dadurch vorbedingt, daß sich dieser Darmteil um die Wurzel der Arteria mesenterica sup. und die Pankreasanlage herumschieben muß. Das dorsale Mesenterium des Duodenums ist also von vornherein, sobald ein Duodenum überhaupt abgrenzbar ist, zu einem massiven Gewebssockel, dem *„Gefäß-Pankreasstiel"* (W. Vogt), verdichtet (Abb. 437b). Diesem ist das Duodenum breitbasig angeheftet. Wenn das Duodenum nun in die Länge wächst, liegt dieser Gefäß-Pankreas-Stiel im Wege. Der Übergangsteil des Duodenums in den folgenden Darmabschnitt, die spätere Flexura duodenojejunalis, muß also unter der durch das Längenwachstum verursachten Schubwirkung um den Stiel herumwachsen und sich somit unter der Arteria mesenterica sup. von rechts her nach links herumschieben. Die Abgrenzung des Duodenums gegen den Anfang der Nabelschleife prägt sich als scharfe Knickung aus (Abb. 437c).

Nabelschleife

An der *Nabelschleife* selbst sind ein absteigender (oberer) und ein aufsteigender (unterer) Schenkel zu unterscheiden (Abb. 238). Am Scheitel der Nabelschleife geht der *Ductus omphaloentericus* vom Darm zur Nabelblase. Diese Darm-Dottersack-Verbindung wird später zurückgebildet. Gelegentlich kann sich ein Rest des

Abb. 437 Form- und Lageentwicklung des Darmkanals beim Menschen.

a) Homo 12,4 mm, Ansicht von links. Nabelschleife.
b) Homo 12,4 mm, Ansicht von vorn. Das Duodenum ist breitbasig um den Gefäßpankreasstiel herumgelegt. Der Übergang des Duodenums ins Jejunum legt sich von rechts her an das Mesenterium der primären Colonflexur an. Nabelschleife abgetragen.
c) Homo 22 mm, Ansicht von links. Cardia, Mesogastrium, Pankreas und Pylorus im Schnitt. Flexura duodenojejunalis bildet einen scharfen Knick. Schlingenbildung im Bereich des Dünndarmteiles der Nabelschleife; diese liegen im Nabelstrang.
d) Homo 22 mm, Ansicht von vorn. Die Flexura duodenojejunalis schiebt sich um den Gefäßpankreasstiel herum und treibt das Mesocolon und den Colonbogen nach links.
e) Homo 33 mm. Bildung der linken Colonflexur unter Einwirkung der oberen Jejunumschlingen. Der Magen senkt sich dem Colon entgegen.

(Nach W. Vogt aus Verh. Anatom. Ges. 1920)

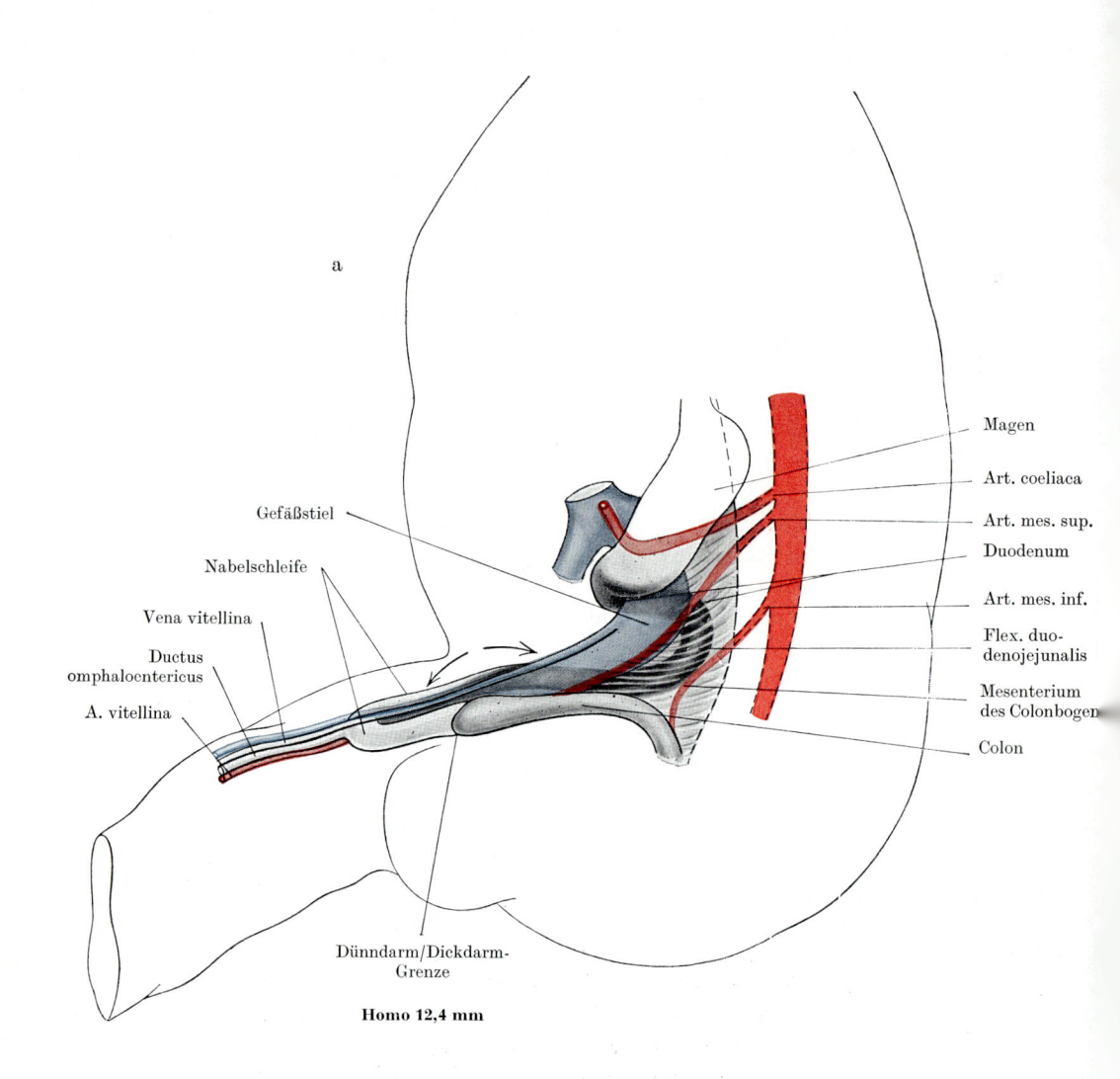

Homo 12,4 mm

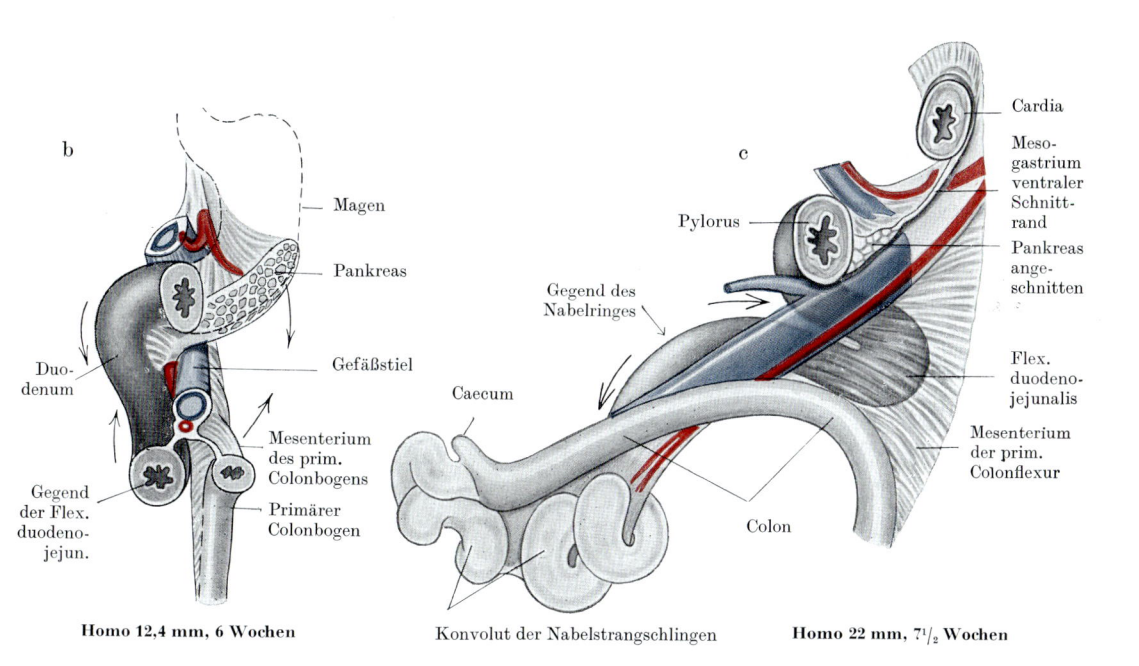

Darmentwicklung

b Homo 12,4 mm, 6 Wochen

c Homo 22 mm, 7½ Wochen

Konvolut der Nabelstrangschlingen

d Homo 22 mm, 7½ Wochen

e Homo 33 mm, 9 Wochen

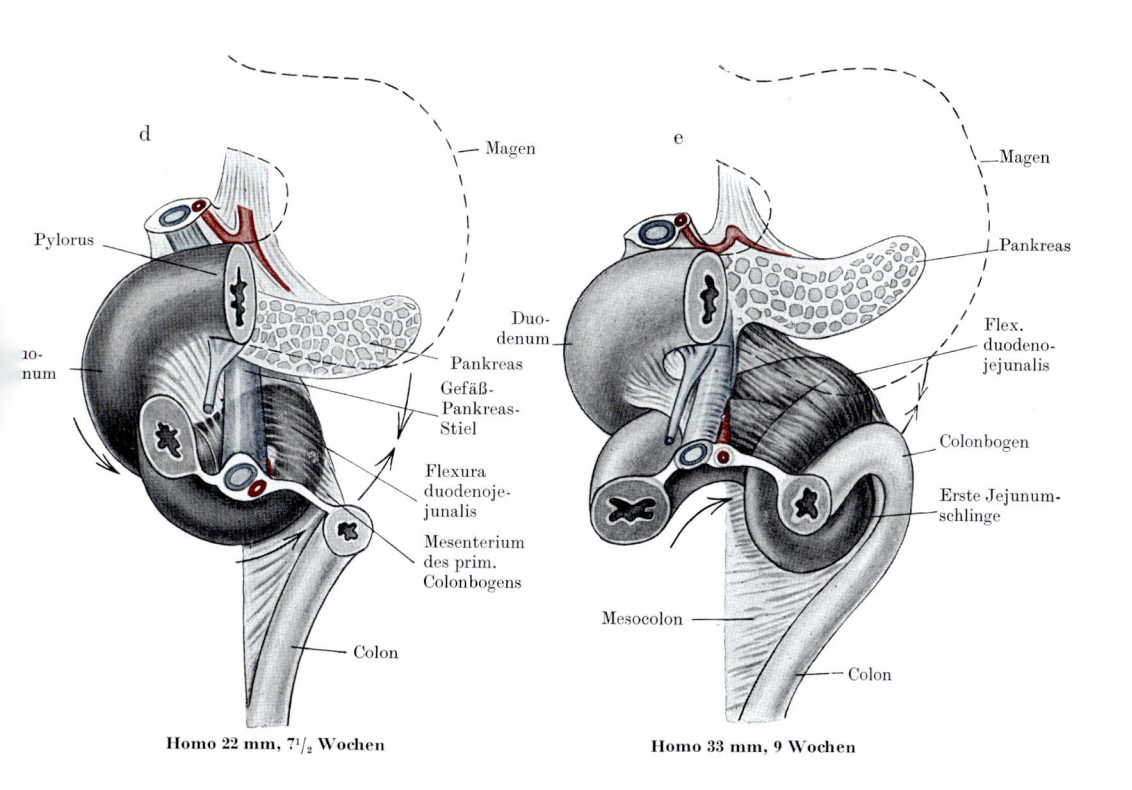

Ductus omphaloentericus als *Meckelsches Divertikel* erhalten (3% der Fälle), welches Ausgangspunkt für pathologische Prozesse werden kann. Das MECKELsche Divertikel findet sich stets im Bereich des Ileums und kann sehr verschieden lang sein (wenige mm bis 25 cm); es bleibt in seltenen Fällen mit dem Nabel verbunden. Der Scheitel der Nabelschleife entspricht keiner Strukturgrenze zwischen verschiedenen Darmabschnitten. Seine Lage ist beim Erwachsenen nur dann mit Sicherheit festzulegen, wenn ein MECKELsches Divertikel vorhanden ist. Die spätere Grenze zwischen Dünndarm und Colon findet sich im ersten Drittel des aufsteigenden Schenkels der Nabelschleife (Abb. 437a).

Der aufsteigende Schenkel der Nabelschleife zieht in Richtung auf die hintere Rumpfwand und geht an der primären Colonflexur (Abb. 437a, c) in den Enddarm über. Die folgenden Entwicklungsvorgänge sind durch ungleiche Wachstumsprozesse und dadurch verursachte Lageveränderungen gekennzeichnet. Diese Verlagerungen werden als *,,Darmdrehung"* beschrieben; sie ergreifen den gesamten Magen-Darm-Traktus und beeinflussen ihn in allen seinen Teilen. Während man lange Zeit hindurch annahm, daß die Flexura duodenojejunalis bei Beginn der Darmdrehung bereits fixiert sei, konnte W. VOGT zeigen, daß das Duodenum ausschlaggebend an der Darmdrehung beteiligt ist. Die Flexura duodenojejunalis ist keineswegs ein Punctum fixum, sondern ist gleichzeitig bewegter und bewegender Punkt (W. VOGT). Das Duodenum nimmt gegenüber dem übrigen Darm während der Drehung nur insofern eine besondere Stellung ein, als es seitlich an den Gefäß-Pankreas-Stiel angelehnt ist und seine Verschiebungen während der Entwicklung durch diese Lagebeziehung in eine bestimmte Richtung geleitet werden. Mit anderen Worten, die Achse für die Darmdrehung verläuft nicht, wie man vormals annahm, durch die Flexura duodenojejunalis, sondern durch den massiven Bindegewebssockel, welcher die Vasa omphalomesenterica und die Anlage des Pankreas enthält. Die Flexura duodenojejunalis wandert unter diesem Gewebssockel nach links herüber. Hierbei stößt die Flexura duodenojejunalis (Abb. 437d, e) gegen das dorsale Gekröse der primären Colonflexur, buchtet dieses aus und drängt das Mesocolon descendens gegen die hintere Bauchwand. Das Duodenum besitzt also zu keiner Zeit ein eigenes, freies, dorsales Mesenterium. Duodenum und Nabelschleife wurzeln gemeinsam am Gefäß-Pankreas-Stiel, von dem auch das Gekröse der Nabelschleife ausgeht. Wir können mit

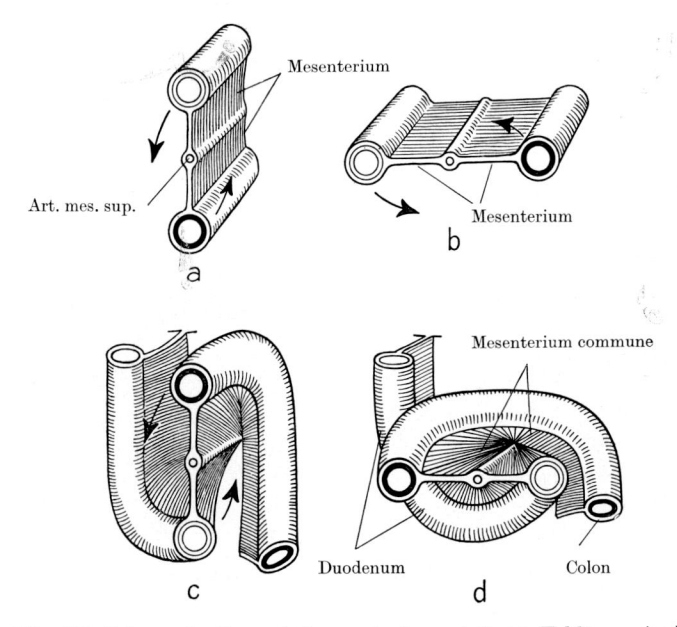

Abb. 438 Schema der Darmdrehung, stark vereinfacht. Erklärung im Text.

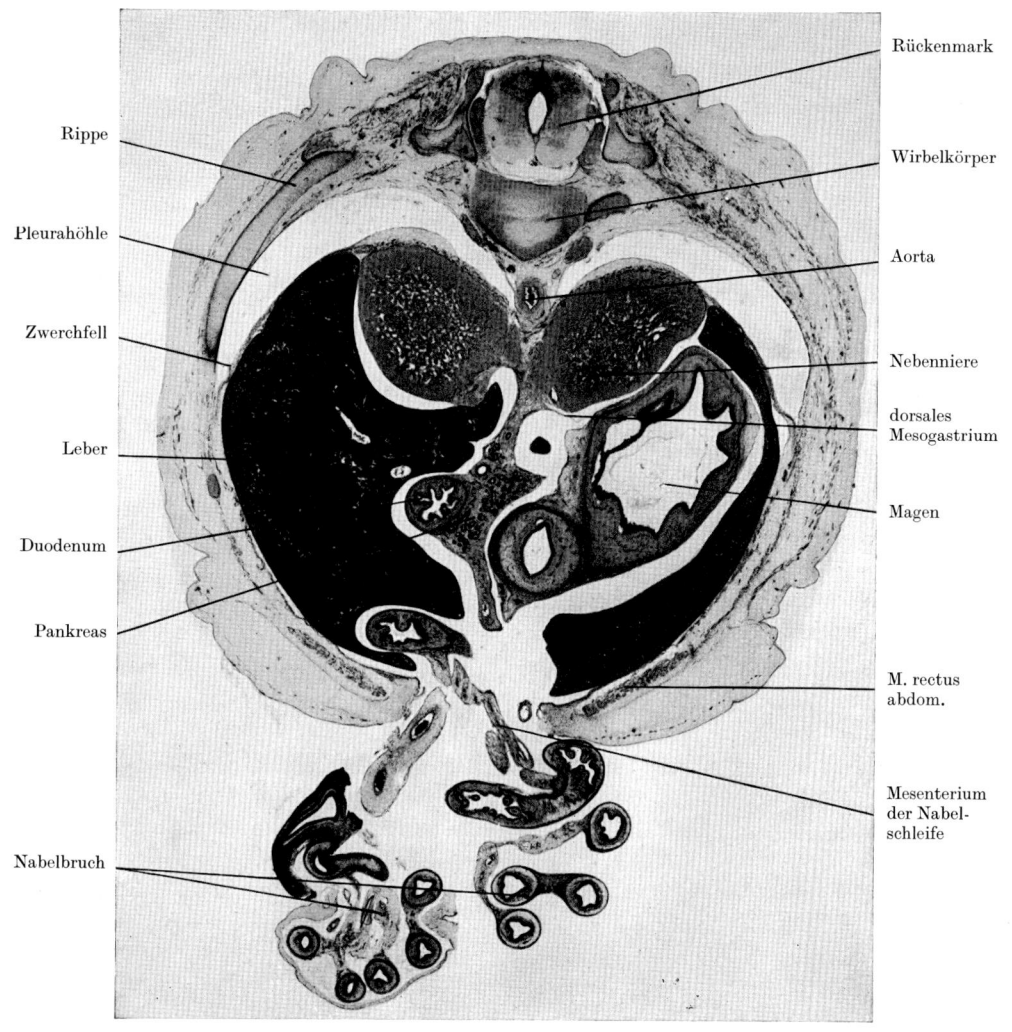

Abb. 439 Querschnitt durch die Oberbauchregion eines menschlichen Embryos von 25 mm Scheitel-Steiß-Länge. Physiologischer Nabelbruch. (Orig.)

Vogt am Mesenterium dorsale also folgende Abschnitte unterscheiden:

a) Mesogastrium dorsale, von der Cardia bis an den Ursprung der Art. coeliaca.
b) Gefäß-Pankreas-Stiel, gemeinsame, massive Gewebsmasse um Vasa omphalomesenterica (mesenterica sup.) und Pankreasanlage, zugleich Basis des Duodenums und der Nabelschleife.
c) Mesocolon des primären Colonbogens, entspricht dem späteren Mesocolon transversum der linken Hälfte und dem Mesocolon descendens.

In der Folge wächst die Nabelschleife stark in die Länge und findet in der kleinen Bauchhöhle nicht mehr genug Platz. Sie ragt mit ihrem scheitelwärts gelegenen Teil in den Nabelstrang, welcher ein Coelomdivertikel enthält, hinein (Abb. 238, 239a, 439). Die nun ablaufende Drehung spielt sich am ganzen Darm ab. Als mechanische Fußpunkte dieses Vorganges können Pylorus und Anus betrachtet werden. An der Nabelschleife manifestiert sich dieser Vorgang in folgender Weise. Beide Schenkel wandern aus der sagittalen Ebene in eine horizontale Stellung (Drehung gegen den Uhrzeigersinn um 90°, Abb. 438a, b). Der absteigende Schenkel liegt dann rechts vom aufsteigenden. Während dieser Phase setzt bereits ein sehr starkes Längenwachstum im praesumptiven Dünndarmabschnitt, also im ganzen absteigenden und

Abb. 440 Angeborener großer Bauchbruch (Eventeration). (Orig.)

im Anfangsteil des aufsteigenden Schenkels, ein. Als Resultat dieser differenten Wachstumsvorgänge entstehen im Dünndarmbereich alternierende Schlingen (Abb. 437c), welche zunächst im Nabelstrangteil der Nabelschleife, kurz darauf auch im intraabdominellen Teil des Dünndarmes auftreten. Dieser „physiologische Nabelbruch" ist bei Embryonen von 25 mm Länge ausgebildet (Abb. 439). Bei Embryonen zwischen 45 und 50 mm Länge erfolgt sehr schnell eine Reposition des Nabelbruches. Der Mechanismus dieser Rückverlagerung ist nicht sicher bekannt. Zweifellos spielt eine jetzt einsetzende Wachstumsbeschleunigung der Rumpfwand, welche zu einer Vergrößerung des sagittalen Durchmessers der Bauchhöhle führt, hierbei eine entscheidende Rolle. Gelegentlich kann eine Nabelhernie persistieren. Als Ursache hierfür kommt ein Ausbleiben der normalen Reposition in Frage, weil der Bruch durch Verwachsungen oder persistierende Dottergangreste im Bruchsack fixiert wird oder weil die normalen Wachstumsvorgänge gestört sind. Häufiger dürfte ein Defekt bei der Bildung der vorderen Bauchwand den bereits reponierten Nabelbruch sekundär wieder austreten lassen. Ungenügende Ausbildung der vorderen Bauchwand (Abb. 440) kann außerordentlich umfangreiche Bauchbrüche (Eventeration) zur Folge haben.

Die Darmdrehung wird erst nach der Reposition des Nabelbruches abgeschlossen. Hierbei schiebt sich der aufsteigende Schenkel der Nabelschleife nach aufwärts und kommt über die Masse der Dünndarmschlingen zu liegen (Abb. 438c). Schließlich wird der aufsteigende Schenkel nach rechts herüber verlagert. Der Übergang des Dünndarms in den Dickdarm (Caecum) kommt nach rechts unter die Leber zu liegen, das Colon descendens wird durch die Dünndarmschlingen ganz nach links hinübergedrängt (Drehung um 270°, Abb. 438d). Die primäre Colonflexur entspricht nicht der definitiven Flexura sinistra (Abb. 441). Das Colon wächst im Bereich des primären Bogens nach cranial aus und gewinnt in der Milzgegend eine definitive Verankerung. Ein Teil des primären Enddarmes wird dabei dem Colon transversum zugeschlagen. Die Grenze zwischen primärem Enddarm und Nabelschleife liegt also in der linken Hälfte des definitiven Colon transversum. Dieser Punkt entspricht etwa der Innervationsgrenze zwischen Vagusareal und Gebiet des Nervus pelvicus.

Die Ursache der Darmdrehung liegt zweifellos in den autonom im Darmkanal festgelegten Wachstumstendenzen, ist also nicht rein mechanisch erklärbar. Hierfür sprechen auch die Erfahrungen der Entwicklungsphysiologie. Teil-

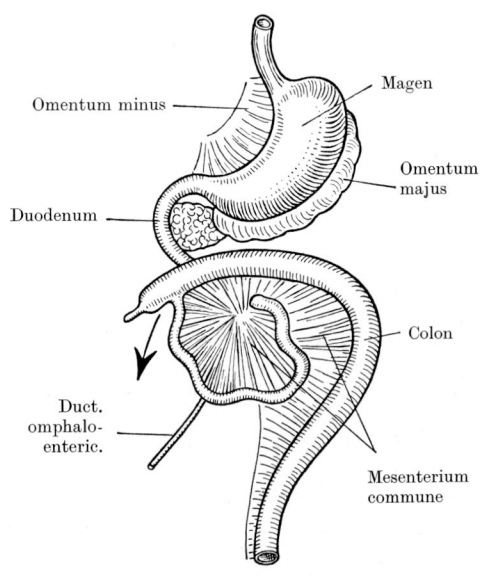

Abb. 441 Übersicht über den Darmkanal kurz nach Abschluß der Drehung. Mesenterialabschnitte.

prozesse der Darmdrehung mögen wohl mechanisch deutbar sein. So dürfte die Verschiebung der Flexura duodenojejunalis über die Mittellinie hinaus nach links zu einem Druck gegen die primäre Colonflexur und ihr Gekröse führen und die Verschiebung des Colons dadurch in Gang setzen.

Das Colon ascendens wächst erst sekundär nach caudal aus. Derjenige Punkt, der zuerst rechts unter der Leber fixiert wird, entspricht etwa dem Caecum. Da die Leber zu dieser Zeit sehr weit nach abwärts reicht, geht das Caecum direkt in das Colon transversum über, ein Colon ascendens existiert noch nicht. Mit zunehmendem Körperwachstum steigt der untere Leberrand cranialwärts hoch. Gleichzeitig wächst das Colon ascendens aus. Der Fixierungspunkt des Colons unter der Leber entspricht nun der Flexura dextra. Häufig beobachtet man einen abnormen Hochstand des Caecums. In derartigen Fällen fehlt das Colon ascendens nicht, es ist gewissermaßen dem Colon transversum zugefügt worden, wie das Gefäßverhalten eindeutig zeigt. Diese Variante kommt zustande, wenn eine falsche Stelle des Colons (Caecum) frühzeitig mit der Leber fixiert wird. Das Colon kann dann nur nach der Mitte hin auswachsen; das Colon ascendens fehlt nur scheinbar.

Das *Caecum* bildet sich im Bereich des aufsteigenden Teiles der Nabelschleife, zunächst in Form eines sackartigen Divertikels (Abb. 437c). Dieses Gebilde nimmt bald Trichterform an. Spät, meist erst nach der Geburt, setzt sich der distale Teil als Appendix vermiformis scharf gegen das Caecum selbst ab. Gelegentlich persistiert die embryonale konische Form auch beim Erwachsenen.

Der Enddarm liegt zunächst in der Mittelebene, wird aber durch die sich entfaltenden Dünndarmschlingen im Colonbereich mehr und mehr nach links gedrängt. Nur der Endabschnitt, das Rectum, bleibt in der Medianebene. In der späten Fetalzeit zeigt dieser Darmteil ein bevorzugtes Längenwachstum, so daß das Rectum und das Colon sigmoideum in der Regel zur Zeit der Geburt eine besonders starke Schlingenbildung zeigen. Nach der Geburt bleibt das Wachstum des Rectums relativ zum Längenwachstum zurück, die Schlingenbildung gleicht sich meist aus. Doch sind gerade am Sigmoid und Rectum die Varianten in Form, Länge und Lage und damit auch in den Mesenterialbeziehungen sehr häufig.

Das *Rectum* mündet in die durch die Kloakenmembran nach außen abgeschlossene Kloake ein (s. S. 526). Diese verlängert sich in sagittaler Richtung, verschmälert sich aber bald in der Querrichtung. Gleichzeitig schiebt sich eine Scheidewand, das Septum urorectale, zwischen hinterem und vorderem Kloakenteil in craniocaudaler Richtung vor. Dadurch wird die Kloake in Rectum (hinten) und ventralen Kloakenrest (Sinus urogenitalis, primäre Urethra und Harnblase) zerlegt. Das Septum urorectale verschmilzt jedoch nicht mit der Kloakenmembran (POLITZER, LUDWIG, v. HAYEK), entgegen älterer Ansicht. Die Kloakenmembran reißt bei Embryonen von etwas über 16 mm Länge ein, das Rectum öffnet sich in die Amnionhöhle. Die untere Kante des Urorectalseptums wird zum primären Damm (s. S. 527, Abb. 488). Zuvor aber kommt es zu einer Mesenchymvermehrung unter der Epidermis um die spätere Analregion herum, welche zur Bildung der paarigen Analhöcker führt. Dadurch wird das Analfeld selbst mit der Analgrube in die Tiefe verlagert, die spätere Analöffnung entspricht also nicht der Grenze zwischen Epidermis und Entoderm. Ein ektodermaler Anteil, das Proctodaeum, wird dem Enddarm zugefügt. Die Ekto-Entodermgrenze liegt später im Bereich der Zona haemorrhoidalis, dürfte also kaum exakt mit der Grenze zwischen Platten- und Zylinderepithel zusammenfallen. Unterbleibt der Durchbruch der Analmembran, so kommt es zu einer Atresia ani. Mangelhafte Ausbildung des Rectums kann zu einer Atresia recti führen. Zwischen Enddarm und Bildung des Proctodaeums bzw. der Analmembran bestehen offensichtlich kausale Beziehungen in dem Sinne, daß die Bildung der Analmembran und des Proctodaeums vom entodermalen Darmrohr induziert wird.

Differenzierung der Darmwand

Das Darmlumen wird zunächst allgemein von einschichtigem, prismatischem Epithel ausgekleidet. Im zweiten Monat kommt es in vielen Darmabschnitten, besonders im Duodenum und im Colon (s. S. 473, Oesophagus), zu einer sehr lebhaften Zellproliferation, welche zu einem vorübergehenden Schwund des Lumens führen kann. In diesem Epithel treten zahlreiche Vakuolen auf, welche konfluieren und in die Reste des Zentrallumens durchbrechen. Im 3. Monat ist die Restitution des Lumens in der Regel abgeschlossen. Bleibt diese aus, so kommt es zu Atresien der betroffenen Darmabschnitte, in leichteren Fällen zu Lumenverengerungen (Stenosen). Am häufigsten ist das Duodenum von dieser Mißbildung betroffen. Die Differenzierung der Schleimhaut des Darmkanales schreitet im großen und ganzen in craniocaudaler Richtung voran. Darmzotten treten bei Embryonen von 20 mm Länge (3. Monat) im Duodenum auf, später in den folgenden Darmabschnitten, auch im Colon (Mens 4.). Gegen Ende des Fetallebens verschwinden die Zotten der Colonschleimhaut, indem durch starke Vermehrung des Mesenchyms die Zwischenzottenräume ausniveliiert und in die Colonkrypten einbezogen werden. Die Zottenspitzen werden durch starkes Flächenwachstum gedehnt, die Schleimhaut verliert ihr Zottenrelief. Die Oberfläche der Colonschleimhaut wird also nicht von der Epithelfläche des primären Darmlumens, sondern von der Schicht der „Zottenspitzen" gebildet. Im Bereich des Wurmfortsatzes kommt es auch zu Verschmelzung von Zotten an der Zottenbasis. Die Variabilität des Darmkanales, besonders auch seiner histologischen Struktur, ist bereits in der zweiten Hälfte der Schwangerschaft sehr groß. So lassen sich bei Feten bereits Individuen mit reicher Anhäufung von lymphatischem Gewebe von „Nichtlymphatikern" unterscheiden.

Die bindegewebigen Strukturen der Darmwand (Lamina propria, lymphat. Apparat, Submucosa, Subserosa) und die Muskulatur entstehen aus dem Mesenchym der Darmwand, also letzten Endes aus Splanchnopleura. Die Ringmuskulatur ist im 2.–3. Monat nachweisbar, etwas später tritt Längsmuskulatur, zuletzt die Muscularis mucosae auf. Kontraktionen (Peristaltik) sind von der 11. Woche an (40 mm) beobachtet worden. Trypsin und andere proteolytische Fermente sind im Darm vom 5. Monat an nachweisbar. Der Darminhalt besteht in der letzten Zeit der Gravidität aus einer zähen, schwarzen Masse, dem *Meconium* (Kindspech), das aus verschlucktem Fruchtwasser und Drüsensekret gebildet wird. Es enthält reichlich abgeschilferte Gewebsreste (Vernix caseosa, Lanugohaare, Darmepithelien) und wird im Dickdarm stark eingedickt. Die schwarze Färbung beruht auf der Beimischung von Gallenfarbstoffen bzw. deren Abbauprodukten.

7. Entwicklung von Leber und Pankreas

Die großen Verdauungsdrüsen, Leber und Pankreas, entstehen in unmittelbarer Nachbarschaft zueinander aus dem Duodenum. Die Beschränkung dieses Feldes mit drüsenbildenden Potenzen im Epithel auf die cranialen Dünndarmabschnitte ist verständlich, da die Produkte bereits in oberen Darmabschnitten dem Speisebrei beigemischt werden müssen, wenn sie wirksam werden sollen. Die erste Anlage der Leber liegt unmittelbar vor der vorderen Darmpforte. Das Leberfeld stülpt sich zur Leberrinne, dann zur Leberbucht aus. Bereits bei Embryonen von 2,7 mm Länge beginnen Leberzellstränge auszusprossen. Die junge Leberanlage läßt zwei übereinander gelegene Divertikel unterscheiden, aus dem cranialen geht die Leber selbst mit den Ductus hepatici hervor, das caudale liefert die Anlage der Gallenblase und des Ductus cysticus. Die Leberanlage liegt zunächst am ventralen Umfang des Duodenums (Abb. 442a, 444a).

Pankreasentwicklung

Das Pankreas entsteht aus einer dorsalen Anlage, welche der Leberanlage direkt gegenüberliegt, und aus einer ventralen Anlage, welche sich in dem Winkel zwischen caudalem Leberdivertikel (Gallenblasenanlage) und vorderer Duodenalwand findet (Abb. 442a). Bei den meisten Wirbeltieren finden sich paarige ventrale Anlagen. In der menschlichen Ontogenese sind diese beiden ventralen Anlagen nicht getrennt angelegt; sie sind beide in der einheitlichen ventralen Anlage enthalten. Die Pankreasanlagen sind zuerst an der besonderen Höhe der Epithelzellen in ihrem Bereich erkennbar. Sehr bald formen sich sackartige Ausstülpungen, welche sich mehr und mehr von der Darmwand loslösen und Zapfenform annehmen. Die ventrale Anlage wird sekundär bilateralsymmetrisch, sie nimmt Hufeisenform an. In der Folge wird die ventrale Pankreasanlage gemeinsam mit dem

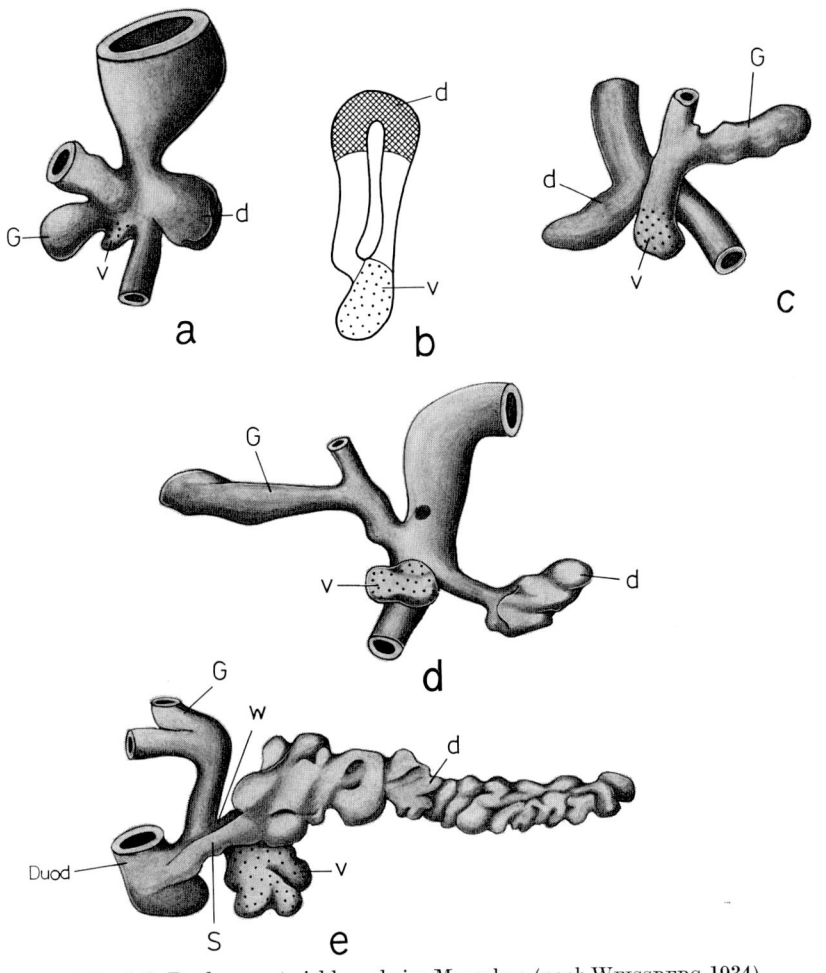

Abb. 442 Pankreasentwicklung beim Menschen (nach WEISSBERG 1934).

a, b) Homo 5 mm, von links und im Querschnitt; c) Homo, 7 mm von rechts und von hinten; d) Homo 7 mm, von ventral; e) Homo 10 mm, von ventral.
Punktiert: Pankreas ventrale. d: dorsale Pankreasanlage DUOD:. Duodenum. G: Gallenwege, Gallenblase. S: Ductus Santorini (D. pancreaticus accessorius). W: Ductus Wirsungianus. v: Ventrale Pankreasanlage.

Mündungsbezirk des Ductus choledochus nach rechts verlagert (Abb. 442b, c). Der Mechanismus dieser Verlagerung ist nur unzureichend bekannt. Wesentlich scheinen ungleiche Wachstumsprozesse in der Duodenalwand zu sein (progressives Wachstum des linken und ventralen Umfangs). Die dorsale Anlage sproßt gleichzeitig cranial von der Arteria omphalomesenterica in das Mesoduodenum vor (s. S. 475, Gefäß-Pankreas-Stiel) und wuchert hinter dem Magen in der dorsalen Bauchwand nach links hinüber. Wachstumsdifferenzen in der Duodenalwand bedingen, daß die Einmündung des Ganges der dorsalen Pankreasanlage von dorsal nach links wandert. Gleichzeitig sind die Einmündungsstelle des Ductus choledochus und die der ventralen Pankreasanlage an den dorsalen Umfang des Duodenums gelangt, so daß sie jetzt unter (caudal) der dorsalen Pankreasanlage ausmünden (Abb. 442d). Damit sind beide Pankreasanlagen in engen Kontakt gekommen und verschmelzen miteinander (Abb. 443d). Die dorsale Anlage bildet Corpus und Cauda pancreatis und beteiligt sich an der Bildung des Kopfes. Die Verschmelzung beginnt bei menschlichen Embryonen von etwa 12 mm Länge, und zwar in der Weise, daß sich dorsale und ventrale Anlage flach übereinander (in dorsoventraler Richtung)

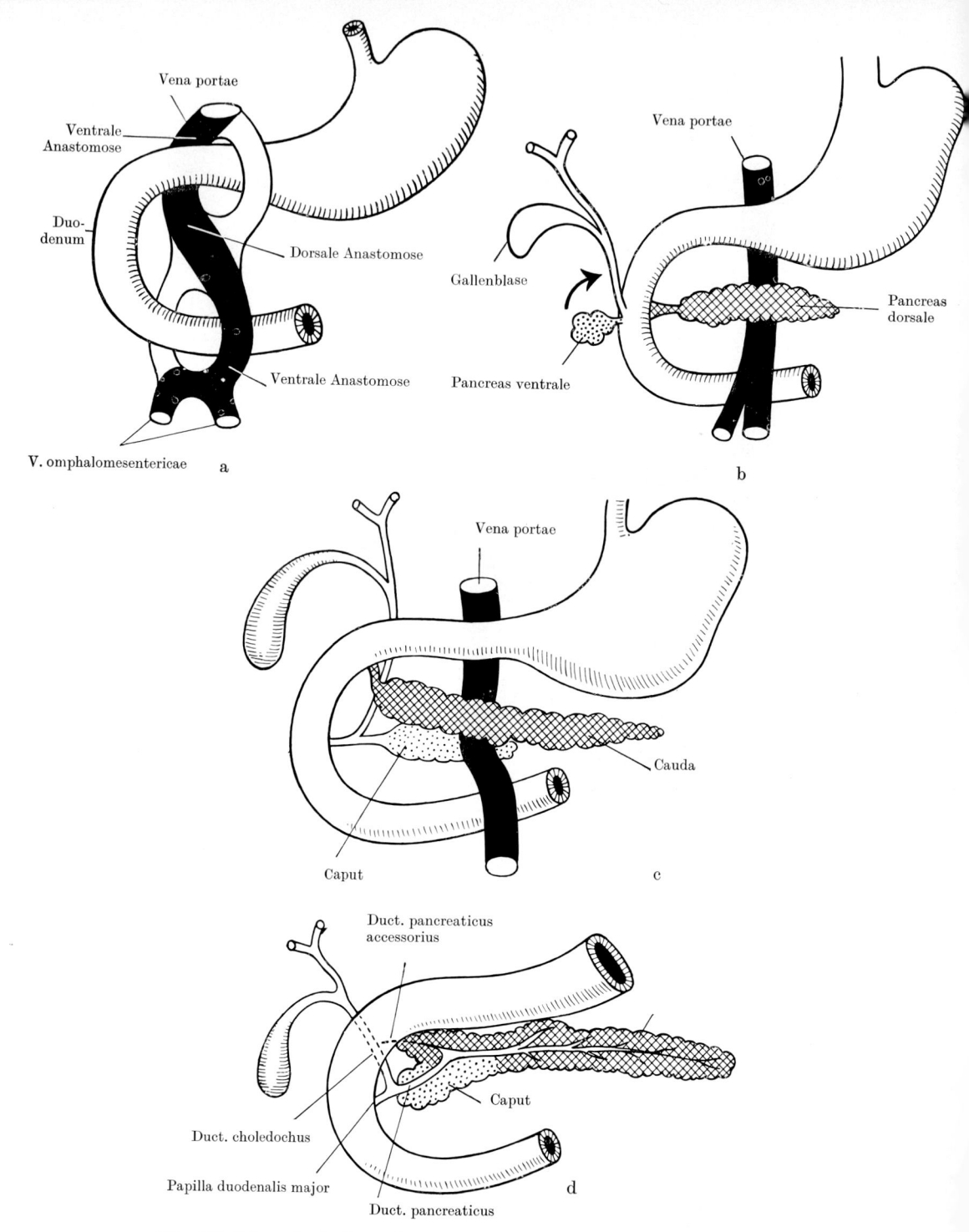

Abb. 443 Schematische Darstellung der Entwicklung von Pankreas und Vena portae.
a) Anastomosen der Venae omphalomestericae im Bereich des Duodenums. Die persistierenden Gefäßstrecken sind schwarz gezeichnet. b) Pankreasanlagen vor der Verschmelzung. c) Die ventrale Anlage ist um das Duodenum nach dorsal gewandert. Die Vena portae wird zwischen die beiden Anlagen des Pankreas eingeschlossen. d) Verschmelzung der beiden Drüsenanlagen und Bildung der Ausführungsgänge. Pancreas dorsale gekreuzt, Pancreas ventrale punktiert.

lagern. Sie schreitet in cranio-caudaler Richtung vor. Die dorsale Anlage liegt im Caputbereich also vor der ventralen Anlage (Abb. 443c). Entgegen der älteren Lehrbuchmeinung sind an der Bildung des cranialen Drittels des Caput pancreatis sowohl dorsale wie ventrale Anlage beteiligt (Russu und Vaida 1959).

Das Pankreas ist also eine Glandula bistomatica, es ist aus zwei Anlagen hervorgegangen und besitzt zwei Ausführungsgänge. Im allgemeinen findet das mündungsnahe Ende des Gangsystemes der dorsalen Anlage nach der Verschmelzung innerhalb des Drüsenkörpers Anschluß an den Gang der ventralen Anlage, welcher nun als Hauptabfluß für das Drüsensekret dient (Ductus pancreaticus, Mündung auf der Papilla duodeni major). Die selbständige Mündung des dorsalen Ganges obliteriert. Bleibt sie erhalten, so mündet sie auf der Papilla duodeni minor, welche stets cranialwärts von der Hauptpapille liegen muß (Abb. 443d). Die Bildung des Lumens in den terminalen Teilen des Gangsystemes erfolgt durch Dehiszenz in zunächst soliden Zellsprossen. Die besprochenen Entwicklungsvorgänge erklären gleichzeitig die komplizierten Lagebeziehungen der Drüse zu den Vasa mesenterica sup. Bei der Besprechung der Venenentwicklung (s. S. 562) wird zu zeigen sein, daß die Wurzeln der Pfortader ventral vor der Pars inferior duodeni, aber dorsal der Pars superior duodeni und der dorsalen Pankreasanlage (Abb. 443a) liegen müssen. Da zu dieser Zeit die Wanderung der ventralen Anlage noch nicht beendet ist, muß diese, die von rechts hinten her sich vorschiebt, dorsal hinter der Vena portae liegen (Abb. 443c). Die Vena portae wird also zwischen dorsaler und ventraler Pankreasanlage eingeschlossen, sie durchbohrt das Pankreas im Kopfbereich (Abb. 443).

Die Ausdifferenzierung des exokrinen Drüsenanteils zeigt keine Unterschiede gegenüber den Mundspeicheldrüsen. Die Langerhansschen Inseln entstehen durch Ausknospungen vom Gangsystem der Drüsenanlage. Bei Amphibienlarven läßt sich durch Explantations- und Transplantationsversuche nachweisen, daß nur die dorsale Anlage die Potenz zur Bildung Langerhansscher Inseln besitzt (Wolf-Heidegger 1936).

Akzessorische Pankreasanlagen kommen gelegentlich im Bereich des ganzen oberen Dünndarmabschnittes, besonders häufig am Meckelschen Divertikel vor. Bei vielen Säugetieren (Muriden) kommen normalerweise neben den drei typischen Pankreasanlagen zahlreiche akzessorische Pankreasknospen vor, so daß das definitive Organ viele Ausführungsgänge besitzt. Bei niederen Vertebraten (*Petromyzon*) entstehen an der Vorderdarm-Mitteldarm-Grenze zahlreiche Drüsenknospen, die sich zu mehreren Drüsenmassen (dorsales Pankreas, Zwischenpankreas) vereinigen. Von diesem Zustand aus sind die normalerweise auftretenden akzessorischen Pankreasknospen der Mäuse und die verlagerten Pankreaskeime beim Menschen abzuleiten. Als relativ seltene Mißbildung kommt ein ringförmiges Pankreas (Pancreas anulare) vor. In diesen Fällen umfaßt ein schmaler Streifen von Pankreasgewebe ringförmig die Pars descendens duodeni. In der Regel wird diese Mißbildung als akzessorischer Befund bei der Autopsie festgestellt, macht also keine klinischen Symptome. Gelegentlich kann ein Ringpankreas aber Ursache von Stenoseerscheinungen sein. Die Ursache für diese ontogenetisch sehr früh entstehende Mißbildung liegt offensichtlich nicht in einer prinzipiellen Störung des normalen Entwicklungsablaufes, sondern in einer abnormen Wachstumstendenz einzelner frühembryonaler Pankreasabschnitte (aberrierende Tubuli).

Die Entwicklung der Leber

Die frühembryonale Leberbucht liegt dem Sinus venosus benachbart und dringt in das dem Mesenterium ventrale zugehörige Mesenchym zwischen Herz und Dottergang, das sogenannte Septum transversum, vor. Aus dem cranialen Divertikel (s. S. 443) sprossen alsbald Epithelzellen vor, welche sich zu Zellplatten (Elias) formieren. Die Leberbucht selbst wird gänzlich zum Aufbau der großen extrahepatischen Gallenwege aufgebraucht. Das caudale Divertikel wächst zur Gallenblase mit Ductus cysticus aus. Der zentrale, die Divertikel verbindende Teil der Leberbucht wird zum Ductus choledochus. Die aussprossenden Leberzellmassen nehmen von vornherein Beziehung zu den Venae omphalomesentericae auf, welche als ein

Abb. 444 Entwicklung der Leber bei jungen Schweineembryonen. Querschnitte.
a) Leberbucht und ventrale Pankreasanlagen.
b) Beginn des Auswachsens von Leberzellsträngen in das Mesenchym des Septum transversum.
c) Zellstränge der Leberanlage in Beziehung zu venösen Sinusoiden.

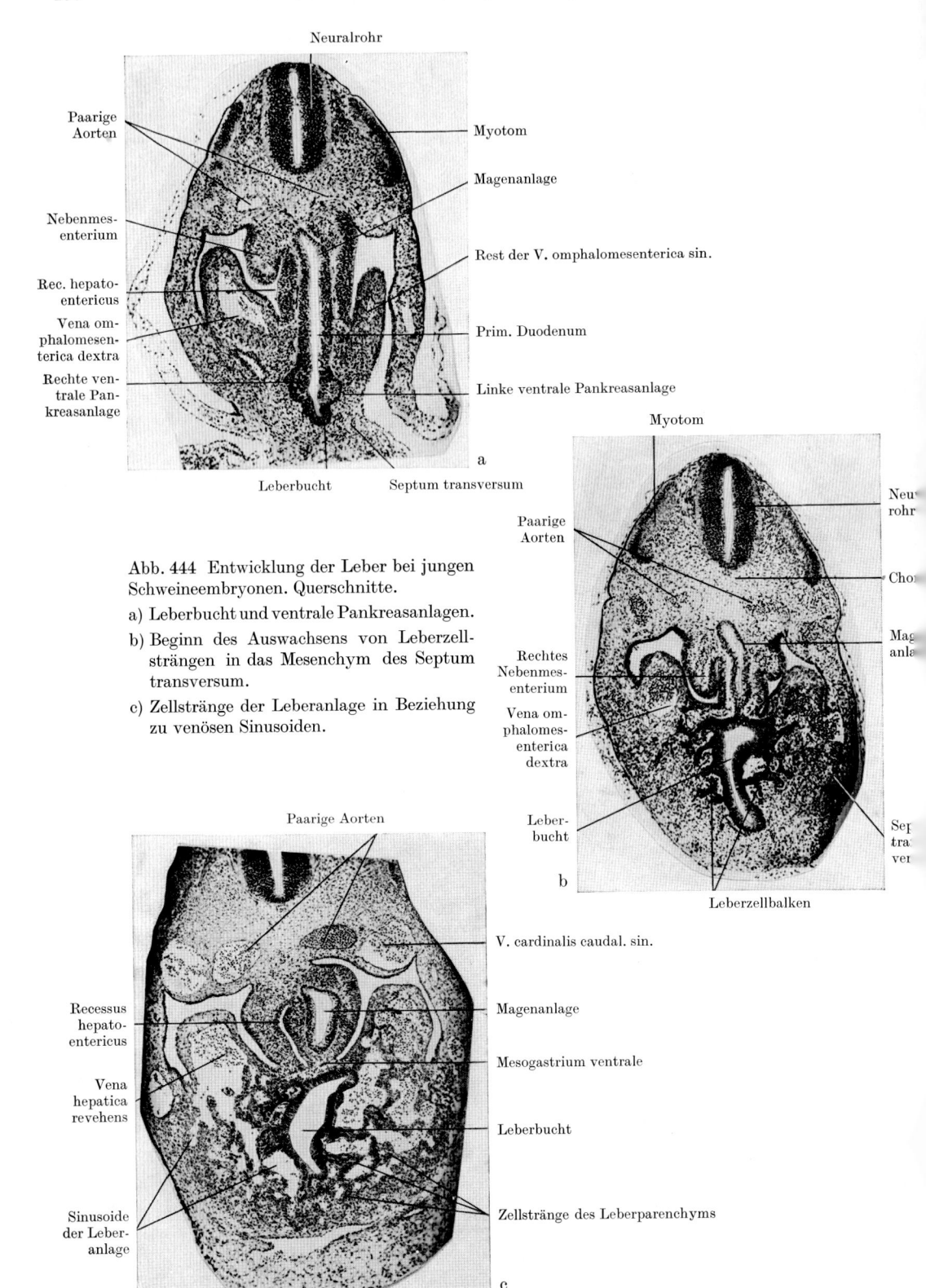

dichtes Maschenwerk sinuöser Bluträume die Epithelplatten wabenartig durchsetzen (Abb. 444). Die zuführenden Dottervenen bilden frühzeitig mehrere Queranastomosen aus (Abb. 443), die in Form von zwei Ringen das Duodenum umgeben. Diese Gefäßringe bilden drei Anastomosen neben dem Darm. Das obere und untere Querstück liegen ventral, das mittlere aber dorsal (retroduodenal). Indem der rechte Schenkel des unteren und der linke Schenkel des oberen Ringes (Abb. 443a) obliterieren, entsteht ein einheitlicher Gefäßstamm die Vena advehens hepatis oder Vena portae. Diese muß also zwangsläufig, wie aus dem im Schema (Abb. 443) erläuterten Entwicklungsablauf hervorgeht, das Duodenum spiralig umfassen. Die cranialen, jenseits des Leberplexus gelegenen Anteile der Venae omphalomesentericae leiten das Leberblut zum Herzen zurück, daher Venae revehentes hepatis. Mit der Ausbildung der Asymmetrie des Herzens, der Verlagerung der Einmündung des Sinus venosus nach rechts hin, kommt es zu einer Bevorzugung der rechten Vena revehens. Die linke Vene bildet sich zurück. Die einzige (rechte) Vena revehens wird zur Vena hepatica. Die Nabelvenen (Venae umbilicales) verlaufen zunächst seitlich an der Leber vorbei, nehmen aber früh Verbindung zu den Venae omphalomesentericae auf. Die rechte Nabelvene bildet sich früh zurück, während die linke erhalten bleibt. Diese verliert allerdings ihre craniale Verbindung zum Sinus venosus und mündet in die Pfortader ein (Abb. 521). Damit wird alles von der Placenta dem Embryonalkörper zuströmende Blut der Leber bzw. dem Pfortadersystem zugeleitet. Diese enorme Steigerung des Blutzuflusses bedingt, daß sich quer durch die Leber hindurch Strombahnen zwischen Vena umbilicalis sinistra und Vena revehens hepatis ausweiten. Diese direkte Verbindung zwischen Nabelvene und Pfortader einerseits, Vena hepatica revehens andererseits, wird als *Ductus venosus Arantii* bezeichnet. Er ermöglicht den direkten Abfluß des Placentarblutes zum Herzen unter Vermeidung des Leberkapillarplexus. Nach der Geburt und dem Wegfall des Placentarkreislaufes obliterieren die Vena umbilicalis und der Ductus venosus. Reste erhalten sich als Lig. teres hepatis (Chorda venae umbilicalis) und als Lig. venosum (Chorda ductus venosi). Die rasche Proliferation der Leberzellen bedingt, daß die Leber zu einem sehr voluminösen Organ wird, das das gesamte Venennetz umwächst. Das Organ ist zunächst seitensymmetrisch, rechter und linker Lappen sind etwa gleich groß. Der linke Lappen umfaßt von ventral her Magen und Milz (Abb. 445). Von Interesse ist das relative Volumenverhältnis der Leber zum Gesamtvolumen des Körpers:

Embryo 10 mm
 Leber = 5% des Körpervolumens

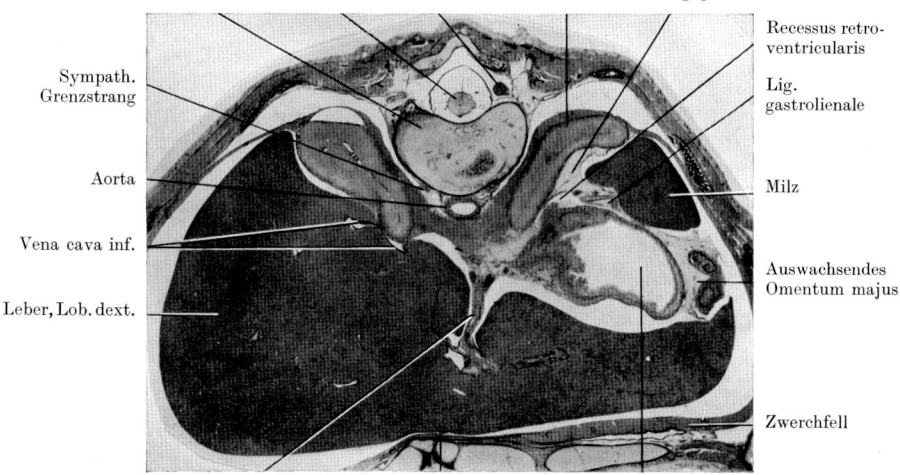

Abb. 445 Querschnitt durch den Oberbauch eines menschlichen Fetus aus dem 4. Monat. Beachte die Ausdehnung des linken Leberlappens bis in die Milzgegend. (Orig.)

Embryo 30 mm
    Leber = 10% des Körpervolumens
Neugeborenes
    Leber = 5% des Körpervolumens
Erwachsener
    Leber = 2% des Körpervolumens.

Die Leber bleibt also im Laufe der Ontogenese im Wachstum zurück, wenn auch eine absolute Massenzunahme besteht.

Die Massenzunahme des Gesamtkörpers des Neugeborenen bis zum Zustand des Erwachsenen beträgt das 20fache, die Zunahme der Leber für den gleichen Entwicklungszeitraum nur das 12fache. Diese relativ bedeutende Größe der fetalen Leber erklärt sich aus der Tatsache, daß die Leber zunächst in erheblichem Maße blutbildendes Gewebe enthält. Die Form der Leber ist wohl nur zum geringen Teil auf endogene Formbildungstendenzen zurückzuführen und ergibt sich größtenteils aus den Beziehungen zu den Nachbarorganen. Im 3. Schwangerschaftsmonat reicht das Organ bis in das Becken hinein. Zu dieser Zeit verursacht die Nabelschleife einen tiefen Einschnitt in der Mittellinie. In der Folge bleibt der linke Lappen gegenüber dem rechten im Wachstum zurück. Teilweise lassen sich auch Rückbildungsprozesse nachweisen. Die Gallenkapillaren zwischen den Leberzellen erscheinen sehr früh (1. Monat). Die Epithelmasse der Leberzellen wird durch die sinusartig erweiterten Äste der Venae omphalomesentericae und begleitendes Mesenchym aufgelockert. Leberzellen und Gefäßbaum wachsen zunächst synchron, ohne daß eine bestimmte Ordnung des Gewebes erkennbar wäre. Die Verzweigungen der Venae advehentes und revehentes sind dabei räumlich ziemlich deutlich voneinander getrennt. Mit zunehmendem Wachstum des Leberparenchyms greifen die auswachsenden Verzweigungen dieser großen Gefäßstämme mehr und mehr alternierend ineinander und zerlegen das Parenchym in primäre Leberläppchen. Jedes primäre Leberläppchen enthält mehrere Äste der Vena revehens (hepatica). In der Folge werden diese Primärläppchen durch eindringende Äste der Vena portae in so viele Sekundärläppchen zerlegt, wie Hepaticaäste in ihnen vorhanden sind. Jedes definitive Läppchen ist also um eine Vena centralis (Vena-hepatica-Wurzel) angeordnet. Die Leberzellplatten orientieren sich innerhalb des Läppchens im wesentlichen in radiärer Richtung. Dieser Aufgliederungsprozeß ist zur Zeit der Geburt keineswegs abgeschlossen. Blutbildendes Gewebe findet sich in der Leber bereits früh nach Rückbildung des Dottersackes und erhält sich bis zum 7.–8. Schwangerschaftsmonat. Unter besonderen Umständen, z. B. nach Blutverlusten, kann auch beim Erwachsenen die Erythropoese in der Leber reaktiviert werden.

8. Entwicklung im Coelom, Mesenterien und Zwerchfell

Die Entwicklung der Mesenterien

Der embryonale Darmkanal besteht aus dem epithelialen Entodermrohr und einer relativ dicken Mesenchymhülle. Dieses Mesenchym entstammt der Splanchnopleura (Abb. 182). Von der seitlichen Leibeswand und der Somatopleura wird die Darmwand durch den Coelomspalt (Leibeshöhle) getrennt (Abb. 182). Das intraembryonale Coelom entsteht innerhalb der Seitenplatten (s. S. 172), und zwar tritt es zunächst im Kopfgebiet, vor der Rachenmembran und vor der Herzanlage, auf. Dieser Coelomabschnitt, die spätere Perikardhöhle, kommt alsbald unter und hinter die Mundgegend zu liegen. Die Leibeshöhle dehnt sich von der Herz-

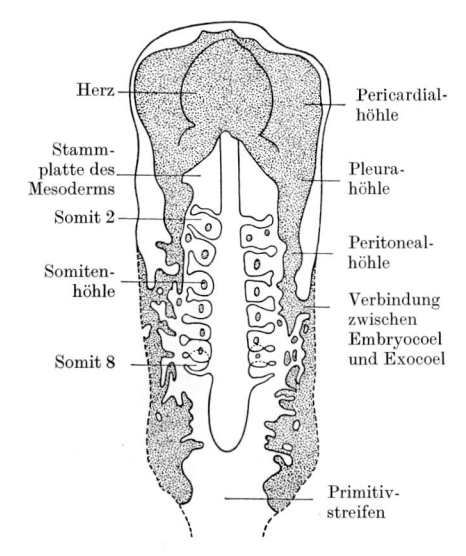

Abb. 446 Coelom eines menschlichen Embryos von sieben Somitenpaaren. (Nach DANDY).

gegend rechts und links des Darmkanales nach caudalwärts aus und erscheint also im größten Teil des Rumpfes paarig. Nur im Herzbeutelabschnitt sind rechte und linke Leibeshöhle früh vereinigt (Abb. 446). Aus dem paarigen, direkt an die Perikardialhöhle anschließenden Teil des Coeloms gehen die Pleurahöhlen hervor. Diese setzen sich in die Peritonealhöhlen fort. Im Laufe des 2. Schwangerschaftsmonates wird die zunächst einheitliche Leibeshöhle (Cavum pericardiaco-pleuro-peritoneale) durch Scheidewände (Septum pleuropericardiacum und Zwerchfell s. S. 496) in die definitiven Abschnitte – Herzbeutel, Pleurahöhlen und Bauchhöhle – zerlegt. Die Vorgänge bei der Aufgliederung des Coeloms sollen später besprochen werden. Zunächst sei auf das Schicksal der Mesenterien eingegangen.

Als *Mesenterium* bezeichnen wir die zunächst recht breite Gewebsplatte, welche zwischen beiden Coelomhälften Darm und Rumpfwand verbindet. Solange das Darmrohr noch die Gestalt eines wenig differenzierten gestreckten Schlauches besitzt, ist ein durchlaufendes dorsales Mesenterium vorhanden (Mesenterium commune). Ein Mesenterium ventrale ist hingegen nur cranial von der Vena umbilicalis nachweisbar. Caudal der Nabelvene gehen rechtes und linkes Coelom ventral des Darmes ineinander über. Mit der Differenzierung der einzelnen Darmabschnitte erfolgt eine Aufgliederung des dorsalen Mesenterium commune in einzelne regionale Bezirke (Mesooesophageum, Mesogastrium, Gefäß-Pankreas-Stiel mit Gekröse der Nabelschleife, Mesocolon). – Das ventrale Mesenterium geht in seinem cranialen Abschnitt als Mesopneumonium in die mesenchymale Lungenanlage über. Caudal schließen sich ein ventrales Mesogastrium und Mesoduodenum an.

Die weitere Entwicklung der Mesenterien wird weitgehend bestimmt durch das Auftreten von Mesenterialrezessen und durch die Umbildungen am Darmkanal selbst. Hierbei kommt es in einzelnen Abschnitten sekundär zu Verklebungen bestimmter Darmabschnitte mit der dorsalen Rumpfwand, die Organe werden retroperitoneal. Derartig fixierte Darmabschnitte finden sich jedoch stets nur an umschriebenen Stellen (Duodenum, Colon ascendens, Colon descendens), da nur ein freies Mesenterium (intraperitoneale

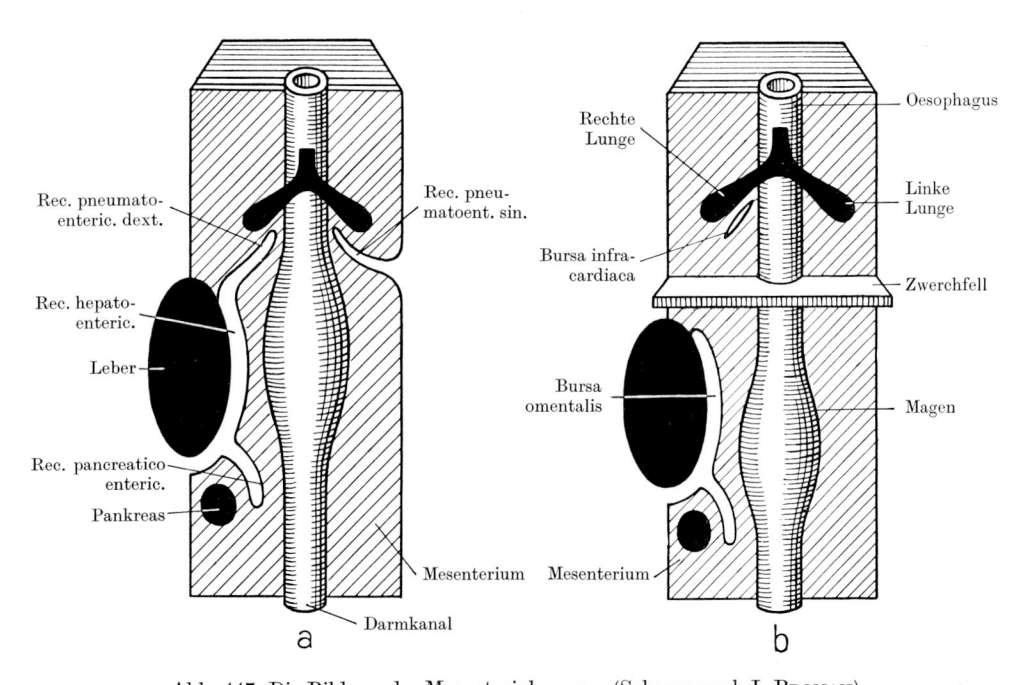

Abb. 447 Die Bildung der Mesenterialrezesse. (Schema nach I. BROMAN).
a) Vor Bildung des Zwerchfells.
b) Nach Bildung des Zwerchfells.

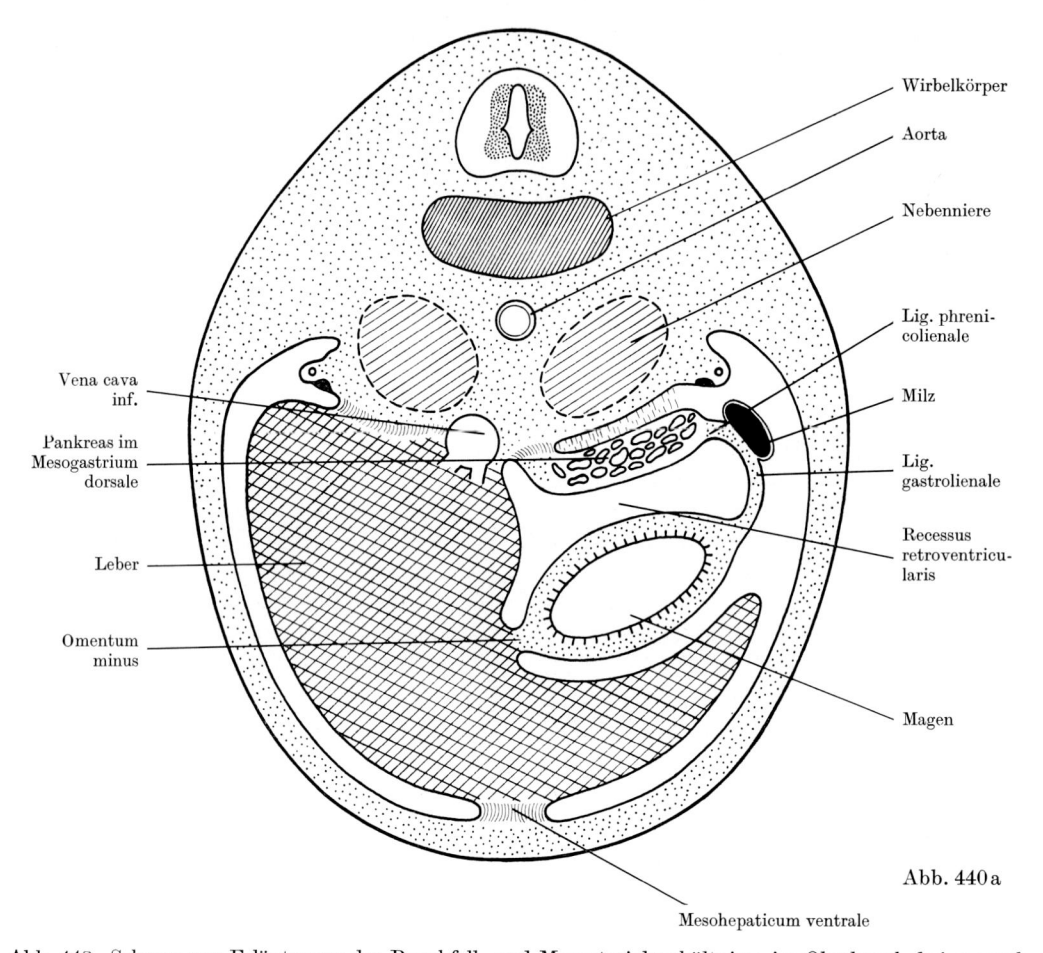

Abb. 448 Schema zur Erläuterung der Bauchfell- und Mesenterialverhältnisse im Oberbauch bei menschlichen Embryonen.

a) Stadium 18 mm SchStLge. Die Leber steht über das Mesohepaticum ventrale mit der vorderen Bauchwand in Verbindung und ist über die Area nuda (Nebenmesenterium) an der rückwärtigen Bauchwand befestigt. Zwischen dem nach links verlagerten Magen und der Leber befindet sich das Mesogastrium ventrale (= Omentum minus, Lig. hepatogastricum). In das dorsale Mesogastrium sind Pankreas und Milz eingelagert. Durch die Milz wird das Mesogastrium dorsale in Lig. gastrolienale und Lig. phrenicolienale unterteilt. Die beginnende retroperitoneale Fixation der Cauda pancreatis ist durch Strichelung angedeutet.

b) Stadium 30 mm SchStLge. Der Schnitt liegt etwas weiter caudal (unterhalb der Milz) als Abbildung 448a. Die Anlage des Omentum majus und der Bursa omentalis ist getroffen. Der Pfeil markiert die Lage des Foramen epiploicum am freien Rand des Omentum minus. Die Cauda des Pankreas ist jetzt mit der dorsalen Bauchwand verlötet.

Lage) freie Beweglichkeit der Darmteile gewährleisten kann. Funktionell sind die Mesenterien als Einrichtungen zu bewerten, welche bei freier Beweglichkeit des Darmes den ungestörten Zutritt von Blut- und Lymphgefäßen und Nerven von den großen Leitungsbahnen der Rumpfwand zum Darmkanal sichern. Eine nennenswerte Bedeutung als Befestigungsmittel kommt ihnen sicher nicht zu.

Die erste Entstehung des Coeloms in der Tierreihe läßt sich derzeit nicht mit Sicherheit deuten. Es ist sogar fraglich, inwieweit die als Leibeshöhle deutbaren Bildungen der verschiedenen Gruppen einander homolog sind. Viel Wahrscheinlichkeit hat die Theorie für sich, welche die Chordaten von oligomeren Würmern ableitet. Diese Gruppe, zu der auch die mehrfach erwähnten Enteropneusten gehören, ist durch

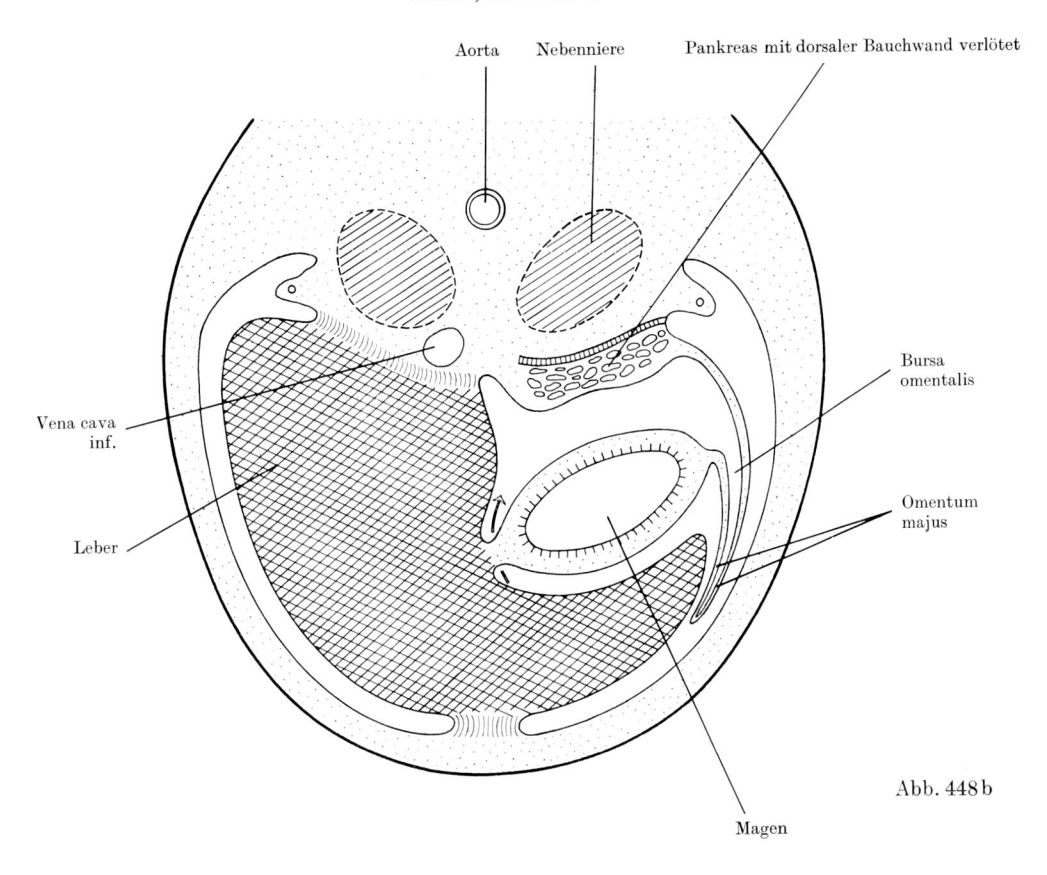

Figure labels (Abb. 448b): Aorta, Nebenniere, Pankreas mit dorsaler Bauchwand verlötet, Bursa omentalis, Omentum majus, Magen, Leber, Vena cava inf.

eine Dreigliederung des Körpers und durch den Besitz von drei Leibeshöhlenabschnitten gekennzeichnet. Möglicherweise bestehen primäre Beziehungen der Leibeshöhle zur Ausscheidung der Exkrete und zur Abgabe der Geschlechtsprodukte (BROMAN). Bei den Wirbeltieren sind diese Funktionen an bestimmt lokalisierte und kompakte Organe (Nieren und Gonaden) gebunden. Die Hauptaufgabe der Leibeshöhle wird zweifellos die Isolierung der beweglichen und verschieblichen Organe (Herz, Lunge, Darm) gegenüber der Leibeswand. Diese Aufgabe steht bei Wirbeltieren ganz im Vordergrund und macht es nötig, daß noch auf relativ späten Stadien, entsprechend den eintretenden Form- und Massenveränderungen, taschenartige Rezessus auftreten, welche die Organe gegeneinander und gegenüber der Leibeswand freipräparieren und sie beweglich machen. Beim Menschen treten derartige Recessus sehr früh (3 mm) paarig, caudal der mesenchymalen Lungenanlage auf (*Recessus pneumatoenterici*, Abb. 447). Am Mesenterium selbst entsteht dadurch lateral des Rezesses eine klappenartige Falte, das sogenannte Nebenmesenterium. In dieses hinein schiebt sich von oben her die Lunge, von vorne her die Leber vor. Gleichzeitig dringt der Recessus tiefer zwischen die Organe ein. Die Recessus pneumatoenterici haben beim Menschen geringe Bedeutung, da die Isolierung der Lunge gegenüber der Umgebung zur Hauptsache durch aktives Vorwachsen der Lungenanlage selbst erfolgt. Bei niederen Wirbeltieren (Amphibia) ist die Bedeutung der Recessus pneumatoenterici wesentlich größer. Bei Säugern bilden sich der linke Rezess und das zugehörige Nebengekröse früh zurück. Bei der Bildung des Zwerchfells und der Abschnürung der Pleurahöhle wird der craniale Teil des rechten Recessus pneumatoentericus abgegliedert (12-mm-Embryo) und wird nun als *Bursa infracardiaca* bezeichnet (Abb. 447b). Diese obliteriert später, kann sich aber individuell auch erhalten. Sie hat dann etwa 2–3 cm Durchmesser und liegt zwischen Oesophagus und Zwerchfell und kann möglicherweise auch eine Bedeutung für die Isolierung des Oesophagus am Zwerchfelldurchtritt gewinnen. Bei vielen Säugern persistiert die Bursa infracardiaca und nimmt als „3. Pleurahöhle" Beziehung zum Lobus infracardiacus der rechten Lunge auf.

Beim Menschen hat sich inzwischen der caudale Abschnitt des Recessus zwischen Leber und Pankreas einerseits, Darmkanal andererseits eingeschoben. Wir unterscheiden jetzt rechts drei Taschen, welche untereinander in Verbindung stehen und mit einer gemeinsamen Öffnung, dem späteren *Foramen epiploicum*, in die Peritonealhöhle ausmünden (Abb. 447b).

Links
Rec. pneumatoentericus sinister
obliteriert spurlos

Rechts
a) Rec. pneumatoentericus dexter (Bursa infracardiaca)
b) Rec. hepatoentericus
c) Rec. pancreaticoentericus
    b + c = Recessus retroventricularis (Vestibulum bursae omentalis)
    Hiatus recessus — Foramen epiploicum.

Recessus hepato- und pancreaticoentericus bilden gemeinsam die Anlage des Recessus retroventricularis (Vestibulum bursae omentalis).

Es muß betont werden, daß die Entstehung der Bursa omentalis völlig unabhängig von der Form- und Lageentwicklung des Magens abläuft, insbesondere nicht abhängig von der Magendrehung ist (BROMAN). Die spätere Formausgestaltung der Bursa wird durch die Magenentwicklung beeinflußt. Dadurch wird der Recessus besonders nach links hin vertieft. Die Leber dehnt sich unter dem Zwerchfell in das rechte Nebengekröse aus, läßt dieses verstreichen und gewinnt auf diese Weise eine direkte Fixation an der hinteren Bauchwand (Area nuda = P. affixa der Leber) (Abb. 448). Die Arteria coeliaca springt faltenartig gegen den Recessus retroventricularis vor und gliedert damit die Bursa omenti minoris (Rec. retroventricul. i. e. S.) von dem links liegenden Abschnitt, dem Atrium der Bursa omenti majoris, ab. Das Omentum majus selbst entsteht durch aktives Auswachsen einer Falte des Mesogastrium dorsale (Homo m. II–III. 50 mm) (Abb. 448, 449b). Auch die Bildung des großen Netzes ist völlig unabhängig von der Lageentwicklung des Magens. Es handelt sich um ein Organ, das spezifisch für Säugetiere ist und das durch den Einbau von reichlichem lymphatischem Gewebe („Milchflecken") charakterisiert ist. Als Derivat des Mesogastrium dorsale entspringt das Omentum majus von der großen Kurvatur des Magens, schlägt sich am caudalen Rand um und zieht zur dorsalen Bauchwand. Früh schon können die beiden Blätter des großen Netzes verkleben; das Netz selbst wird spongiös. Im Bereich der Anheftungsstelle des großen Netzes an der Bauchwand kommt es zu sekundären Verklebungen, so daß die Wurzel des Mesogastrium dorsale mit dem eingedrungenen Schwanz des Pankreas wandständig (retroperitoneal) wird (Abb. 449b). Die Ursprungsstelle des Mesogastrium dorsale wird also nach links verlagert. Schließlich legt sich das große Netz mit seiner Rückwand über das Quercolon und das Mesocolon transversum und verwächst mit diesen Gebilden (Homo 80 mm). Die zwischen Magen und Colon transversum liegende Mesenterialplatte, bestehend aus dem Mesocolon transversum und dem cranialen Abschnitt des Omentum majus, wird dann als Lig. gastrocolicum bezeichnet (Abb. 449b)*).

Duodenum und Pankreas werden bereits früh durch den Gefäß-Pankreas-Stiel an der Bauchwand fixiert (s. S. 475). Das Mesenterium der Nabelschleife besitzt keine eigene Wurzel, sondern stellt die Fortsetzung des Gefäßstieles dar (W. VOGT 1917, 1920), denn seine Fußpunkte sind nicht an der hinteren Bauchwand angeheftet, sondern gehen aus dem Gefäß-Pankreas-Stiel hervor. Anders ausgedrückt, das Duodenum ist nichts anderes als die erste Mitteldarmschlinge, welche nur durch die Anlehnung an die Gefäßachse und die topographischen Beziehungen zu Leber und Pankreas charakterisiert ist (W. VOGT). Längenwachstum, Schlingenbildung und Drehung des Darmes wirken sich auf die Formgestaltung des Mesenteriums aus. Die Drehung des Darmes hat eine Verlagerung des Mesenterium commune aus der sagittalen in die horizontale Ebene zur Folge. Mit der Verlagerung des Caecums nach rechts kommt es zu einer Überkreuzung des Mesocolons über das Duodenum. Das Auswachsen des Colon ascendens (S. 481) hat ein Auswachsen des zu-

---

*) Über die Mesenterialverhältnisse der Milz vergleiche Seite 570.

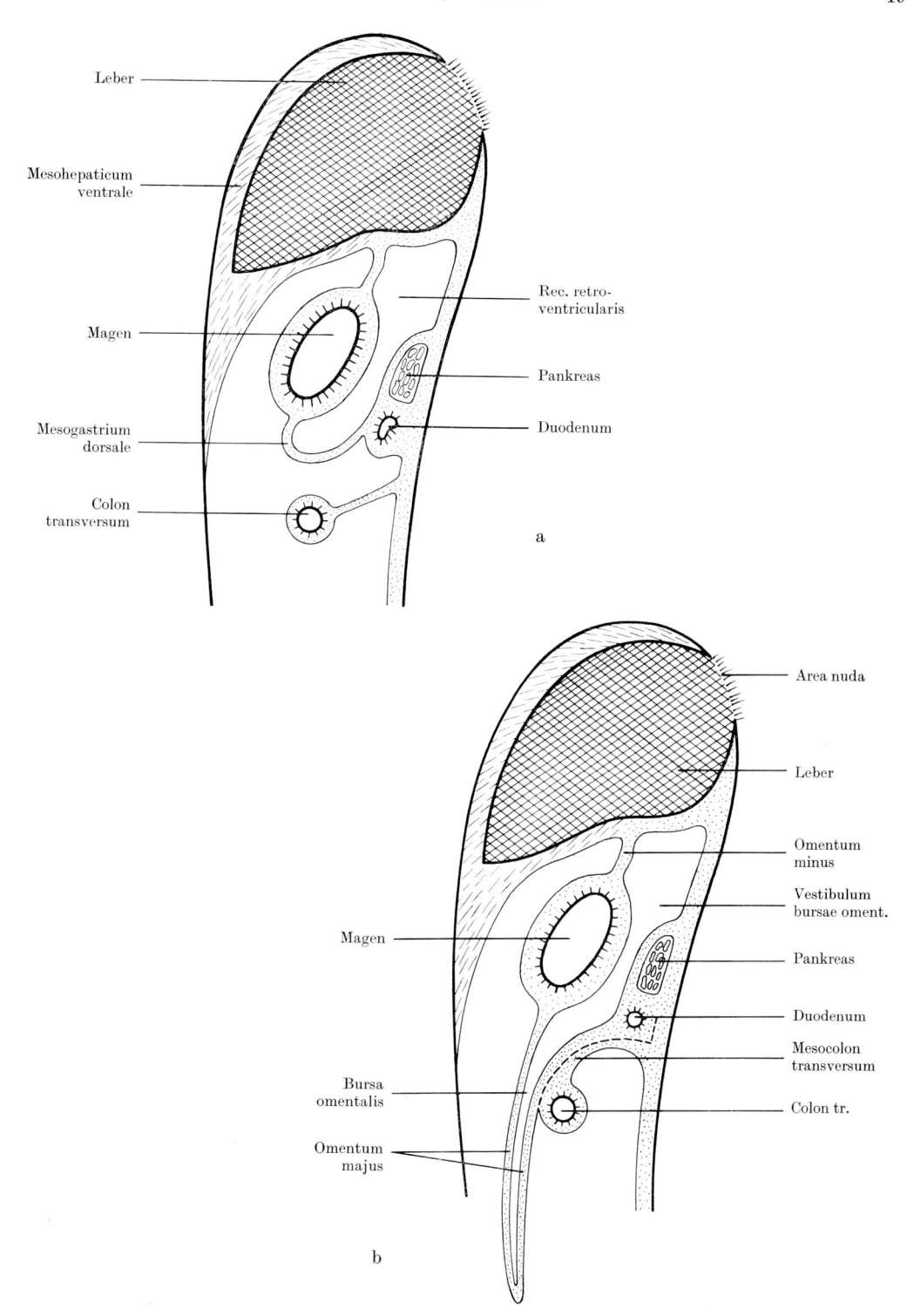

Abb. 449 Zwei Sagittalschnittschemata zur Erläuterung der Bildung von Omentum majus und Bursa omentalis.
a) Beginnende Vorwölbung des Mesogastrium dorsale zur Bildung des Omentum majus.
b) Das Omentum majus ist ausgewachsen und mit Colon und Mesocolon transversum verklebt.

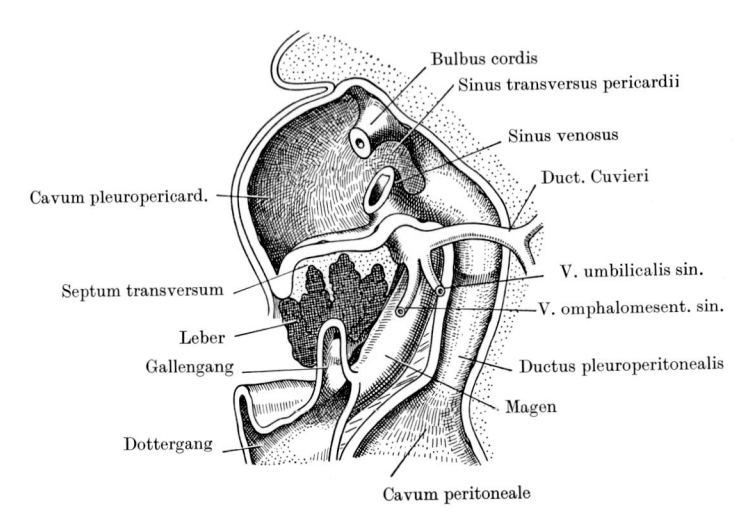

Abb. 450 Coelom eines menschlichen Embryos von 3 mm. Ansicht von links. Herz entfernt. (Nach His-Kollmann).

gehörigen Mesenterialabschnittes zur Folge. Sekundär legt sich das Mesocolon ascendens der hinteren Bauchwand an und verwächst mit dieser. Ein Teil des Duodenums mit dem Pankreaskopf wird von dem Mesocolon ascendens bedeckt (Pars tecta duodeni) und verklebt mit diesem (Abb. 449). Auch im Bereich des Colon descendens kommt es zu einer Fixation des Mesocolons an der Bauchwand.

Veränderungen am Mesenterium ventrale

Ein ventrales Mesenterium findet sich nur am Magen und am Anfangsteil des Duodenums, cranialwärts der Vena umbilicalis. In dieses ventrale Magen-Duodenal-Gekröse hinein entfaltet sich die Leber. Die Mesenterialplatte wird damit in einen Abschnitt zwischen vorderer Bauchwand und Leber (Mesohepaticum ventrale) und einen Abschnitt zwischen Leber und Darmkanal (Omentum minus mit Lig. hepatogastricum und hepatoduodenale) zerlegt (Abb. 448, 449). Im freien Rand des Mesohepaticum ventrale finden wir die Vena umbilicalis bzw. die Chorda venae umbilicalis. Das Omentum minus führt die Gebilde, welche die Leber mit dem Darm verbinden, also von medial nach lateral Ductus choledochus, Vena portae und Arteria hepatica. Es ist an der Curvatura minor, der primären Ventralkante des Magens, angeheftet und erfährt durch die Lageveränderungen des Magens eine Verlagerung in eine frontale Ebene (Abb. 448, 449). Damit wird auch der unter dem freien Rand des Omentum minus gelegene Eingang in den Recessus retroventricularis, das Foramen epiploicum, nach rechts verlagert. Die Leber selbst ist von vorneherein breit mit der ventrolateralen Bauchwand und dem Septum transversum verbunden (Abb. 450). Diese Verbindung wird (2. Monat) durch das Vordringen der besprochenen Bauchfelltaschen und durch aktives Auswachsen der Leberlappen nach lateral absolut und relativ verdünnt. Schließlich bleiben nur die definitiven „Leberligamente", das Mesohepaticum ventrale (*Lig. falciforme*) und laterale (*Lig. coronarium*) (Abb. 448, 449), übrig.

Mißbildungen des Darmsitus und der Mesenterien, Variationen

Es ist keine Frage, daß bei derart komplexen Entwicklungsabläufen, wie wir sie an Darm und Mesenterien kennengelernt haben, Störungen und Varianten relativ häufig vorkommen müssen. Wir unterscheiden zunächst solche Störungen, welche sich auf Hemmung im normalen Ablaufe der Darmdrehung zurückführen lassen, von solchen anderer Genese.

Lageanomalien auf Grund von Störungen der Darmdrehung:

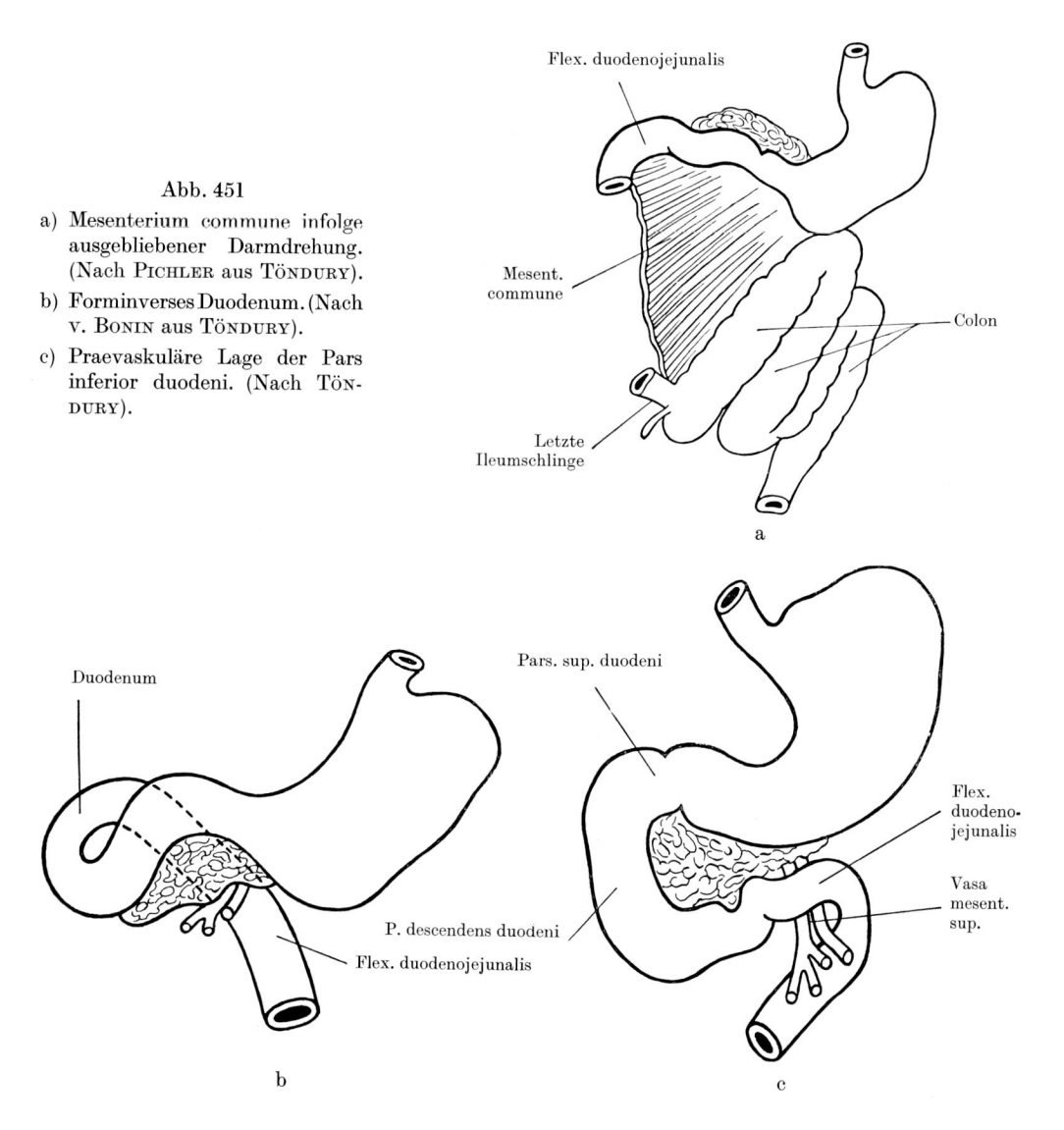

Abb. 451
a) Mesenterium commune infolge ausgebliebener Darmdrehung. (Nach PICHLER aus TÖNDURY).
b) Forminverses Duodenum. (Nach v. BONIN aus TÖNDURY).
c) Praevaskuläre Lage der Pars inferior duodeni. (Nach TÖNDURY).

Bei allen Drehstörungen persistiert das Mesenterium commune, d. h. Dünndarm und rechter Colonschenkel besitzen eine gemeinsame Mesenterialverbindung zur hinteren Bauchwand. (Abb. 451 a). Allerdings sei hervorgehoben, daß die Persistenz eines Mesenterium commune nicht unbedingt eine Drehstörung zur Folge hat. Auch bei normalem Ablauf der Darmdrehung kann ein Mesenterium commune erhalten bleiben, wenn Mesocolon ascendens und descendens nicht sekundär mit der Bauchwand verwachsen.

Hemmungen der Darmdrehung können in jeder Phase des Entwicklungsablaufes eintreten. Am häufigsten finden sich Fälle, bei denen die Drehung nach den ersten 90° stehenbleibt (TÖNDURY). Der gesamte Dickdarm liegt in diesen Fällen links, das Konvolut der Dünndarmschlingen rechts. Ist die Drehung zwischen 90 und 180° zum Stillstand gekommen, so finden wir normale Verhältnisse im Bereich des Colon descendens und der Flexura sinistra. Der rechte Colonteil besitzt ein gemeinsames Mesenterium mit dem Dünndarm. Bleibt die Drehung zwischen 180 und 270° stehen, so nähert sich das Bild bereits sehr dem Normalzustand. Nur im Bereich des rechten Colonschenkels und seiner Derivate fehlt die normale Anheftung. Das Caecum mobile ist wohl als geringster Grad der

Manifestation einer derartigen Mißbildung zu betrachten. Die praktische Bedeutung der genannten Mißbildungen besteht darin, daß sie eine abnorme Beweglichkeit des Darmes und damit die Gefahr von Stieldrehung und Darmverschluß bedingen.

Lageanomalien des Darmkanales, die nicht auf Störungen der Darmdrehung zurückzuführen sind:

In diesem Zusammenhang sei zunächst auf den *Situs inversus* eingegangen. Wir verstehen darunter die Erscheinung, daß alle Brust- und Baucheingeweide spiegelbildlich zur normalen Lage angeordnet sind. Diese Anomalie findet sich gelegentlich bei eineiigen Zwillingen (25%), und zwar stets nur bei einem Partner eines Paares. Auch bei jenen Zwillingspartnern, welche nach einem Durchschnürungsversuch aus der *rechten* Hälfte eines Molcheies hervorgehen, kommt der Situs inversus gehäuft vor. Der aus der linken Hälfte hervorgegangene Zwilling ist stets normal. Aus dieser Tatsache ergibt sich der Schluß, daß auch der Situs inversus sehr früh determiniert ist und daß die normale Asymmetrie von der linken Körperseite her bestimmt wird. Experimentelle Schädigung der linken Keimhälfte kann, auch wenn diese im normalen Zusammenhang belassen wird, Bildung eines inversen Situs ergeben. Hypothesen, die Ausbildung des Situs inversus ausschließlich auf mechanische Störungen der Darmdrehung oder der Torsion des Herzschlauches zurückzuführen, haben sich nicht bestätigt. Spaltung der jungen Herzanlage in der Längsrichtung ergibt Ausbildung von zwei normal gestalteten Herzschläuchen (s. S. 537). Der linke Herzschlauch hat die normale Asymmetrie, während der rechte invers ist. Also besteht auch in der Herzanlage ein dynamisches Übergewicht der linken Hälfte wie im ganzen Körper.

Weitere Darmanomalien:

(Caecumhochstand s. S. 481, MECKELsches Divertikel s. S. 478, Atresien und Okklusionen s. S. 482.) Retroposition des Colon transversum: Bei normaler Darmlage ist das Mesocolon transversum sehr kurz oder fehlt ganz. Diese Anomalie läßt sich bereits bei Embryonen aus der ersten Hälfte der Gravidität beobachten. Medianlage des Colon descendens: Das Colon descendens verläuft schräg von links oben nach rechts unten parallel zur Radix mesenterii, mit der es in der Regel verwächst. Auch diese Anomalie manifestiert sich bereits frühembryonal. Schließlich sei noch auf Mißbildungen des Duodenums hingewiesen. Abbildung 451c zeigt eine praevaskuläre Lage der Pars inferior duodeni, d. h. die Pars inferior liegt ventral der Vasa mesenterica sup. Es handelt sich um den Ausdruck einer partiellen Inversion der Darmdrehung. Die Mißbildung ist meist mit anderen Darmanomalien kombiniert und praedisponiert zu Stieldrehungen. Ebenfalls als Folge einer partiellen Inversion muß die in Abbildung 451 b gezeigte, seltene Mißbildung aufgefaßt werden. Bei diesem forminversen Duodenum sind Pars superior und descendens normal gestaltet. Die Pars inferior zieht jedoch in scharfem Knick rechts der Pars descendens aufwärts und hinter dem Pankreaskopf nach links hinüber.

Ausbildung und Aufteilung des Coeloms, Zwerchfellentwicklung

Coelom

Die erste Anlage des intraembryonalen Coeloms erscheint in Form unregelmäßiger Spalten in den Seitenplatten (Praesomiten-Stadium). Diese fließen zusammen und nehmen sekundär Verbindung zum Exocoel auf. Die Ausbildung des Coeloms schreitet von cranial nach caudal fort. Die rostrale Partie des Embryocoeloms verbindet über die Mittellinie hinweg vor der Rachenmembran rechte und linke Coelomhälfte und wird zur Perikardialhöhle (Abb. 446). Diese setzt sich dorsocaudal in das Rumpfcoelom, die *Pleuroperitonealhöhle*, fort. Die einheitliche Leibeshöhle wird im 2. Schwangerschaftsmonat durch Septen in die Perikard-, Pleura- und Peritonealhöhle zerlegt. Wir unterscheiden ein *Septum pleuropericardiacum* jederseits zwischen Herzbeutel und Pleurahöhle und das *Zwerchfell* zwischen Peritonealhöhle einerseits, Pleura- und Perikardialhöhle andererseits.

Durch das schnelle und starke Wachstum des Herzschlauches wird die Herzbeutelhöhle stark nach ventrocaudal vorgetrieben. Dieses Wachstum beeinflußt die caudal des Herzens und vor dem Dottergang gelegene Körperregion. In diesem Gebiet findet sich eine Mesenchymplatte, das *Septum transversum*, welche die großen, zum Sinus venosus cordis ziehenden Venenstämme umschließt (Ductus Cuvieri, Vv. omphalomesentericae, Vv. umbilicales). Gleichzeitig wuchert von dorsocaudal her die Leberanlage in das Septum transversum ein (Abb. 450). Man kann somit das Septum transversum als den rostralen Teil des Mesenterium ventrale auffassen, welcher sich zwischen Herz- und Leberanlage entfaltet und durch die Beziehung zu diesen Nachbarorganen zu einer quergestellten Platte ausgewalzt ist. Es setzt sich nach caudal in das Mesohepaticum ventrale fort. Durch die Ausbildung des Septum transversum wird die Aufteilung der Leibeshöhle eingeleitet (Abb. 450). Das Cavum pleuropericardiacum steht dorsal zunächst jederseits durch den engen Ductus pleuroperitonealis mit der Bauchhöhle in Verbindung.

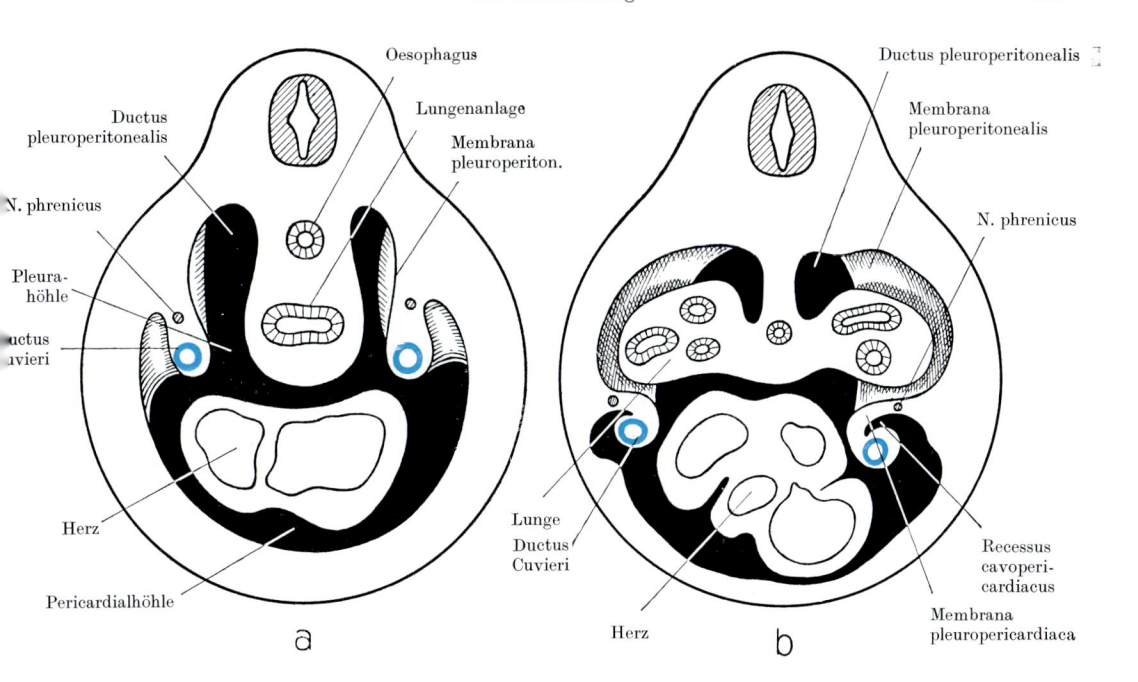

Dieser Ductus pleuroperitonealis wird von vorn und lateral her durch den Randausläufer des Septum transversum – die sogenannte Lungenleiste – umfaßt. Der Rand dieser Lungenleiste ist nach cranial und caudal hin verbreitert. Die caudale Lamelle (Abb. 453) stellt die Anlage der Membrana pleuroperitonealis dar, die craniale Randverbreiterung enthält den Ductus Cuvieri (Abb. 453, FRICK 1949) und entspricht der Membrana pleuropericardiaca. Der Ductus

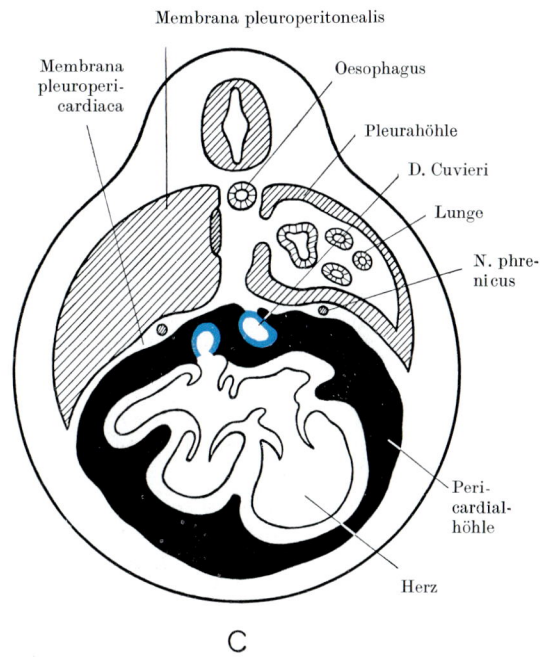

Abb. 452 Schematische Rumpfquerschnitte zur Erläuterung der Trennung von Perikard, Pleurahöhle und Peritonealhöhle.

Cuvieri ändert in der Folgezeit entsprechend der Vergrößerung der Perikardial- und Pleurahöhle seine Verlaufsrichtung. Während er bei Embryonen von 4 mm Länge von lateral hinten

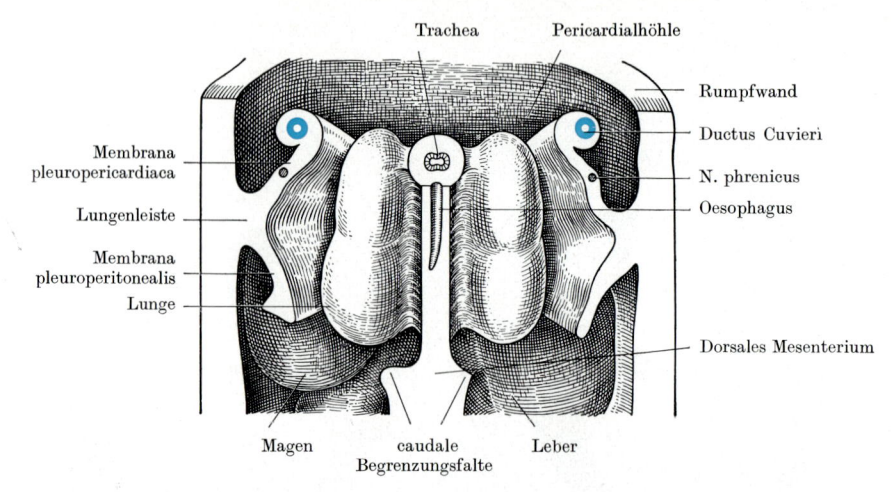

Abb. 453 Einblick in die Leibeshöhle eines menschlichen Embryos von etwa 8 mm Länge von dorsal her nach Entfernung der hinteren Rumpfwand. (Schema von H. FRICK).

nach medial vorne zieht, verläuft er nahezu sagittal (Abb. 452a, b). Der Pleuroperitonealkanal wird dadurch ohne Beteiligung von Verklebungs- und Verwachsungsvorgängen zu einem schmalen Spalt eingeengt, welcher zwischen Ductus Cuvieri und mesenchymaler Lungenanlage liegt. Bei Embryonen von 9 mm Länge lagern sich die Membranae pleuropericardiacae mit einem Streifen ihrer Dorsalfläche (Abb. 452b) an die Lungenwurzel im Bereich des Trachealwulstes an und verschmelzen mit ihr. Gleichzeitig löst sich der Ductus Cuvieri von der Membrana pleuropericardiaca. Zwischen Ductus Cuvieri und Membran entsteht ein Recessus cavopericardiacus (Abb. 452b, FRICK). Die Ventralfläche des Trachealwulstes bleibt dabei frei

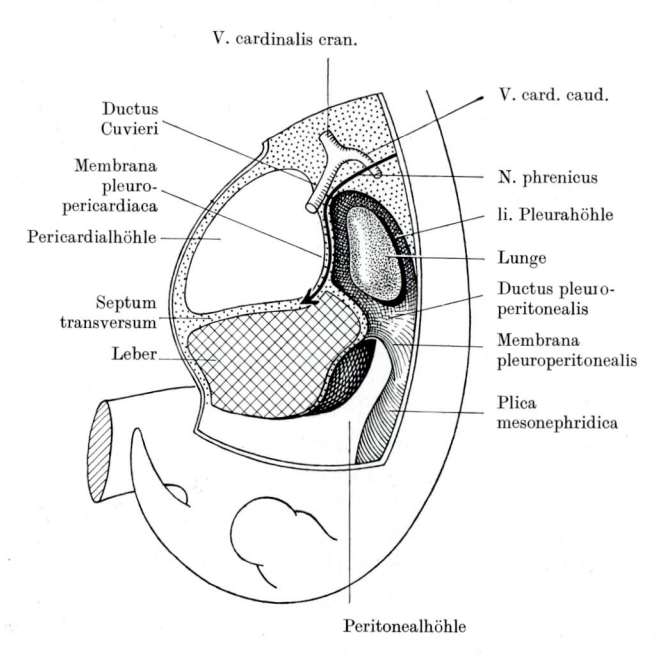

Abb. 454 Schema der Aufteilung der Leibeshöhle. Verlauf des Nervus phrenicus in der Membrana pleuropericardiaca.

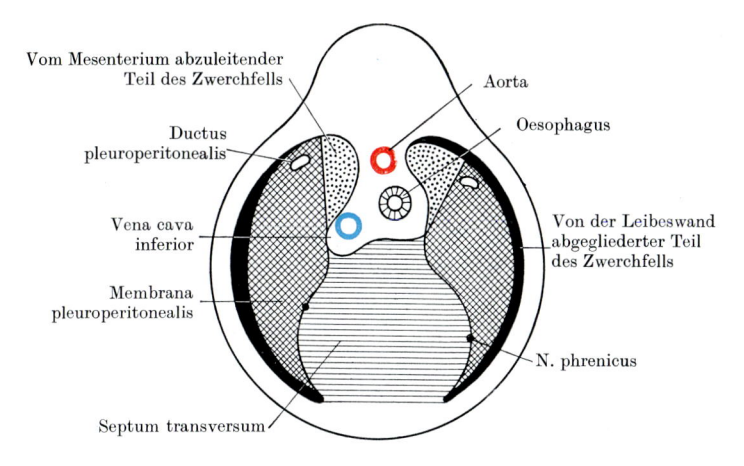

Abb. 455 Die Bausteine des Zwerchfells beim menschlichen Embryo, von cranial her gesehen. Schematischer Querschnitt. (Nach BROMAN).

und wird später zur Rückwand des Sinus transversus pericardii. Es kommt beim menschlichen Embryo also nicht, wie mehrfach angenommen wurde, zu einer Vereinigung der beiden Membranae pleuropericardiacae. Während diese Entwicklungsprozesse im Gange sind, wölbt sich die Pleurahöhle in die laterale Leibeswand vor, dehnt sich also in das Septum transversum hinein zwischen Membrana pleuropericardiaca und Membrana pleuroperitonealis aus (Abb. 453). Hierbei dürfte ein lockeres, gallertiges Mesenchym in der Leibeswand eine ähnliche Platzhalterfunktion ausüben, wie wir es bereits beim peritympanalen Gallertgewebe, bei der Entwicklung der Fortsätze der harten Hirnhaut oder bei der Entstehung der Nasennebenhöhlen kennengelernt hatten. Mit der Ausbildung des Septum pleuropericardiacum ist der Abschluß der Herzbeutelhöhle von den Pleurahöhlen vollzogen. Der aus dem 3., 4., (5.) Halssegment stammende *Nervus phrenicus* (Abb. 452, 453, 454) zieht im Septum pleuropericardiacum zum Zwerchfell. Da aus diesem Septum jene Teile von Pleura mediastinalis und Perikard hervorgehen, die miteinander in Kontakt stehen, muß der N. phrenicus vor dem Lungenhilus zwischen Pleura mediastinalis und Herzbeutel verlaufen. Der zunächst seitlich der Lungenanlage herabziehende N. phrenicus wird durch die Ausdehnung von Pleurahöhle und Lunge in die laterale Körperwand nach medialwärts verdrängt.

Zwerchfell

Die Pleurahöhlen stehen mit der Peritonealhöhle zunächst noch durch den engen Ductus pleuroperitonealis (Abb. 454) in Verbindung. Der Abschluß erfolgt durch das Zwerchfell. Dieses entsteht aus dem Septum transversum und den Zwerchfellpfeilern. Die Zwerchfellpfeiler (= Membranae pleuroperitoneales) wachsen von der seitlichen und hinteren Rumpfwand unter der Lungenanlage nach medialwärts vor und vereinigen sich mit dem Septum transversum und dem Mesenterium dorsale. Damit wird ein membranöser Abschluß zwischen Pleura- und Peritonealhöhle hergestellt. Gleichzeitig wird aber auch Material von der Thoraxwand und vom Mesenterium dorsale abgegliedert und dem Zwerchfell zugeschlagen. Dieser Prozeß ist eine Folge der Ausdehnung der Pleurahöhlen in die Brustwand hinein (Abb. 455). Aus dem Septum transversum geht jener Teil des Zwerchfelles hervor, welcher das Perikard trägt (Herzboden). Pars costalis und Pars sternalis entstehen aus der Thoraxwand und aus den Membranae pleuroperitoneales. Die Pars lumbalis stammt vom Mesenterium dorsale und von der Rumpfwand her. Die Genese der Zwerchfellmuskulatur ist nicht sicher bekannt. Stammesgeschichtlich leitet sich (Innervation vom 4. Cervicalsegment) der Zwerchfellmuskel sicher von ventraler Rumpfmuskulatur des Halsgebietes ab (System des Musc. transversus, GRÄPER). Ontogenetisch erfolgt die Differenzierung zu Muskelgewebe aber im membranösen Zwerchfell (KÖRNER), so daß es unklar bleibt, ob die Gewebselemente des 4. Halsmyotoms im undifferenzierten Zustand in die Zwerchfellanlage einwandern oder ob die Muskulatur sich aus Mesenchym in loco differenziert.

III. Die Entwicklung des Urogenitalsystems

1. Allgemeine Einleitung und Entwicklung der Harnorgane

Die Ausscheidungsorgane und die Geschlechtsorgane werden unter dem Begriff Urogenitalsystem zusammengefaßt, da beide in unmittelbarer Nachbarschaft zueinander entstehen und ihre Ausführungswege in der Embryonalzeit nebeneinander in die Kloake einmünden. Die Harnorgane erfahren in Stammesgeschichte und Individualentwicklung mannigfache Umbildungen, die stets dadurch gekennzeichnet sind, daß Teile des primären exkretorischen Apparates in den Dienst der Gonaden als deren Ausführungsgänge treten.

Die Umbildungen am harnbereitenden Apparat lassen sich in engsten Zusammenhang mit den Leistungen des Stoffwechsels bringen. Wenn wir beispielsweise drei zeitlich nacheinander auftretende Harnorgane – *Vorniere (Pronephros)*, *Urniere (Mesonephros)* und *Nachniere (Metanephros)* – beschreiben, so handelt es sich dabei jeweils um den Ersatz eines Organteiles durch einen vollkommeneren und leistungsfähige-

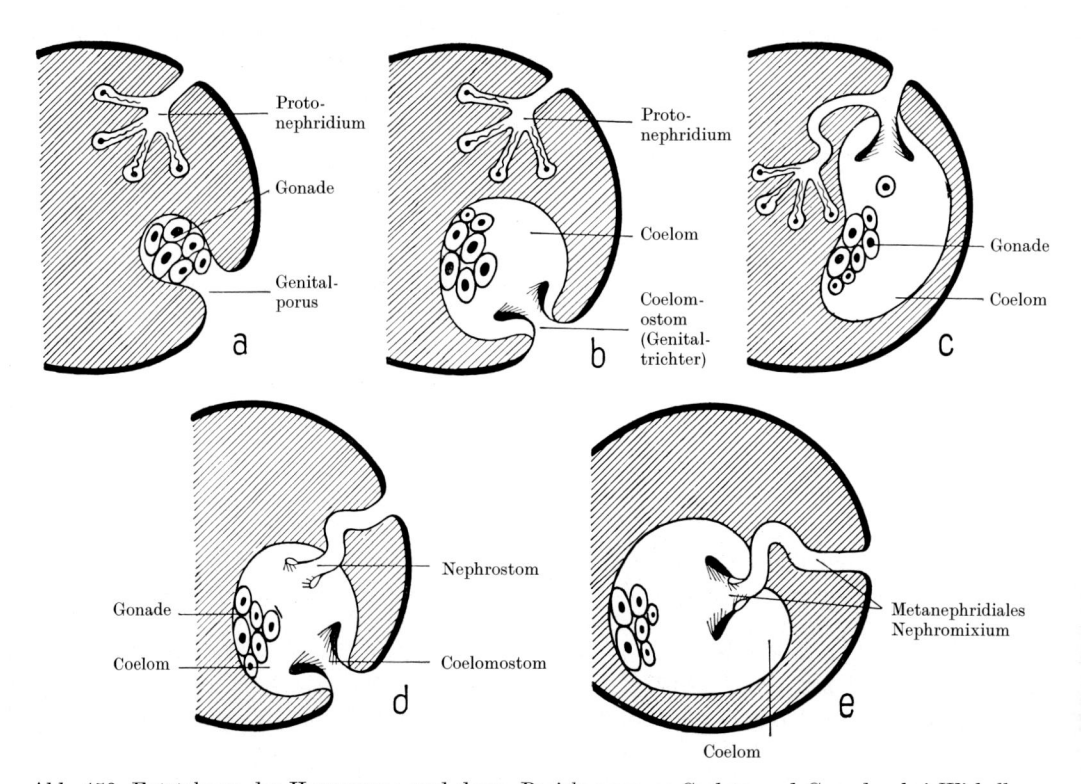

Abb. 456 Entstehung der Harnorgane und deren Beziehungen zu Coelom und Gonaden bei Wirbellosen.
a) Protonephridien. b) Genitaltrichter. c) Verbindung von Protonephridien und Coelomostom.
d) Nephrostom. e) Metanephridiales Nephromixium.

ren bei zunehmender Organisationshöhe und damit verbundener Steigerung der Stoffwechselintensität. Die Urniere ist leistungsfähiger und besser durchkonstruiert (histologisch differenziert) als die Vorniere. Die Nachniere wieder ist leistungsfähiger und vollkommener als die Urniere. Wir können in diesem Falle von einer Vervollkommnung in Ontogenese und Phylogenese sprechen; denn es handelt sich nicht nur um eine zunehmende Differenzierung. Diese ist vielmehr kombiniert mit einer Zentralisation, einer straffen Zusammenfassung und Ordnung, die sich in unserem Falle in der einfachen und geschlossenen äußeren Form und der geringen absoluten Größe der Nachniere gegenüber ihren Vorgängern zeigt. Erst Zentralisation und Differenzierung gemeinsam bedeuten Vervollkommnung (V. FRANZ).

Stammesgeschichtlich ist die Herkunft der Harnorgane der Wirbeltiere nicht geklärt. Da aber bereits bei niederen Wirbellosen enge Beziehungen der Exkretionsorgane zu Coelom und Gonaden auftreten, muß hier kurz über diese primitiven Exkretionsorgane berichtet werden. Bei den ameren Würmern (Plattwürmer und Fadenwürmer, ohne echtes Coelom) besteht das Ausscheidungsorgan aus blind endigenden Drainagekanälen, die das Körperparenchym durchsetzen und stark verzweigt sein können. Sie besitzen an ihrer Seitenwand oder an ihrem blinden Ende Wimperflammen (Terminalorgane). Diese *Protonephridien* münden auf der äußeren Körperoberfläche (Abb. 456a). Sie entstehen durch Einsenkung vom Ektoderm her. Protonephridien kommen auch bei vielen Anneliden, Molluskenlarven und Rotatorien vor. Die Ausscheidungsorgane von *Branchiostoma* beginnen ebenfalls blind mit einer Röhrenzelle (Solenocyte), welche einer verdünnten und auf eine Einzelzelle reduzierten Wimperflamme entspricht.

Protonephridiale Ausscheidungsorgane können segmentale Anordnung zeigen (Anneliden). Weiterhin treten Beziehungen zum Genitalapparat auf. Außer dem Terminalorgan besitzen derartige protonephridiale Nephromixien einen coelomwärts offenen Genitaltrichter. Als nächsthöhere Stufe treten Harnorgane auf, welche stets mit offenem Wimpertrichter am Coelom beginnen und nie Terminalorgane besitzen.

Diese Metanephridien sind segmental angeordnet, und zwar in der Weise, daß sie stets die Dissepimente (segmentale Scheidewände des Coeloms bei Polymeren) durchsetzen. Der Wimpertrichter liegt praeseptal, der Hauptteil des Kanälchens mit der Ausmündung postseptal. Diese Organe können mannigfache histologische Differenzierung aufweisen. Sie können in einzelnen Körperabschnitten reduziert werden und können sekundär ihre Mündung zum Coelom verlieren (Chaetognatha). Beim gemeinen Regenwurm bildet ein Segmentalorgan beispielsweise fünf lange Schleifen und zeigt mindestens sechs verschiedene Differenzierungszonen der Kanälchenwand. Seine Differenzierung übertrifft die eines Nephrons der Säugerniere bei weitem.

Die genetischen Beziehungen der Protonephridien zu den Metanephridien und die Entstehung der Verbindung zu Coelom und Genitalapparat sind oft untersucht worden, ohne daß endgültige Klarheit erzielt werden konnte. Man kann sich vorstellen, daß die Terminalorgane der Protonephridien verlorengehen und gleichzeitig Nephrostome (Coelomverbindungen) auftreten. Durch Verschmelzungsprozesse gewinnen diese Organe segmentalen Charakter. Nach einer anderen Vorstellung (Gonodukttheorie) sind die Protonephridien und Metanephridien nicht homolog. Protonephridiale Segmentalorgane entsprechen echten Protonephridien. Die Coelombildung erfolgt durch Ausweitung der Gonadenhöhle (Gonocoeltheorie von A. LANG). Metanephridien entstehen als Neubildungen. Nach einer heute meist akzeptierten Theorie von GOODRICH sind proto- und metanephridiale Segmentalorgane homolog. Die Nephrostome entstehen bei Rückbildung der Terminalorgane, haben aber nichts mit Genitaltrichtern zu tun. Cilientragende Organe und Genitaltrichter entstehen zunächst unabhängig von den Protonephridien (Abb. 456b, c), können sich aber dann an die Protonephridialkanäle anschließen (Nephromixien, Abb. 456d). Schließlich können sich Genitaltrichter (Gonostom) und metanephridiales Nephrostom zu einem einheitlichen Gebilde (metanephridiales Nephromixium) vereinigen (Abb. 456e). An all diesen komplizierten Bildungsprozessen ist für uns allgemein von Interesse, daß zweifellos der Kontakt des Kanälchens mit dem Coelom bei der Differenzierung der Organe eine besondere Rolle spielt, weiterhin, daß früh engere Beziehungen zwischen Exkretionsorgan, Genitalapparat und Coelom auftreten. Schließlich zeigen die Befunde an Würmern bereits, wie ursprünglich ektodermale Organe (Protonephridien) von innen her allmählich durch andere Gewebe ersetzt werden, bis schließlich das ganze Nephridium ontogenetisch eine rein mesodermale Ent-

Ausbildung der Harnorgane bei Wirbeltieren

Branchiostoma	Als Exkretionsorgan funktionieren protonephridienartige Gebilde mit Solenocyten. Sie liegen am dorsalen Ende der sekundären Kiemenbögen und sind kaum mit Ausscheidungsorganen der Cranioten vergleichbar.		
	Vorniere Pronephros	Urniere Mesonephros	Nachniere Metanephros
Myxinoidea	funktionierend	—	—
Petromyzontia	zeitweise funktionierend	als definitives Harnorgan funktionierend	—
Selachii	angelegt, nie funktionierend	definitives Harnorgan	—
Teleostei, Amphibia	zeitweise funktionierend	als definitives Organ funktionierend	—
Amniota	angelegt, nie funktionierend	zeitweise funktionierend (bei Homo angelegt, aber nicht als Harnorgan funktionierend)	definitives Ausscheidungsorgan

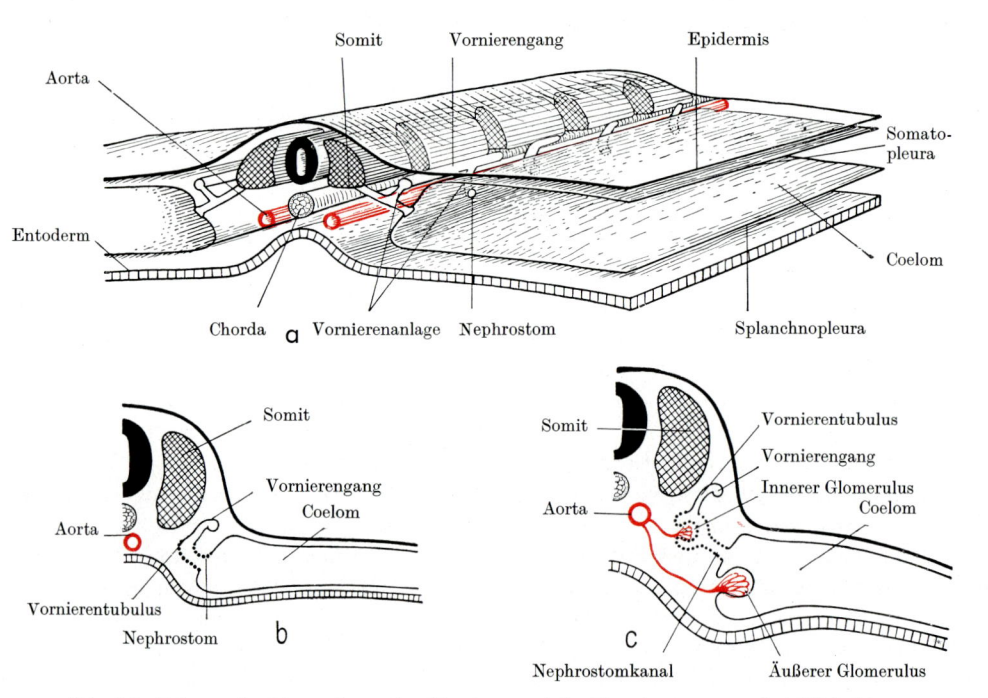

Abb. 457 Schema der Entstehung der Vorniere und des Vornierenganges bei Wirbeltieren.

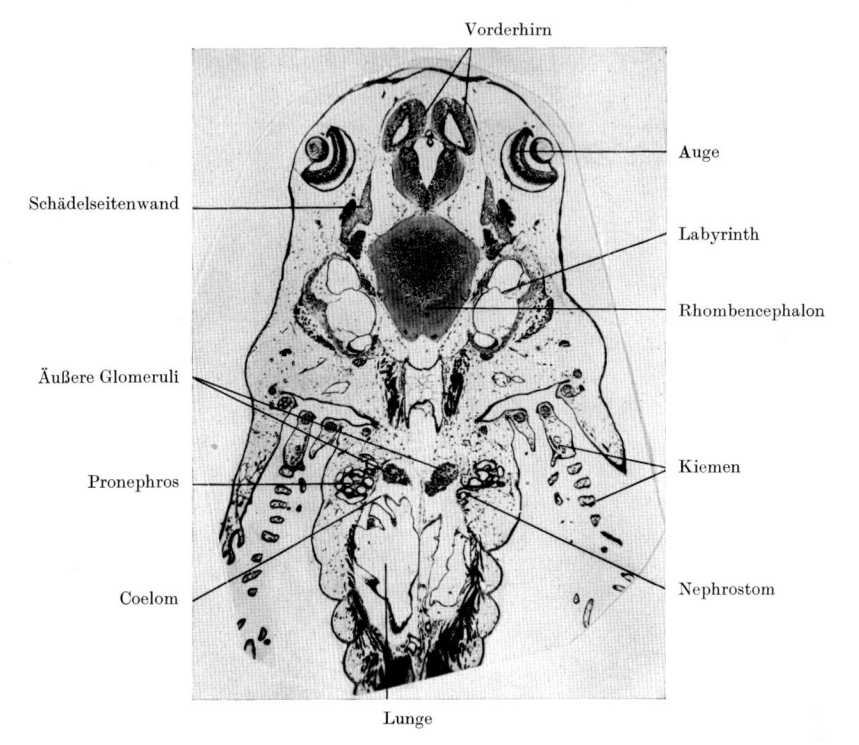

Abb. 458 Horizontalschnitt durch eine Urodelenlarve (Axolotl). Vorniere mit Nephrostom (rechts) und Glomus. (Orig.)

stehung aufweist (Gewebsersatz in der Phylogenese).

Bei *Branchiostoma* entstehen die Exkretionsorgane ektodermal und zeigen die Struktur von Solenocyten-tragenden Protonephridien. Bei Wirbeltieren entstehen die Harnorgane in der Regel im Bereich der Somitenstielzone des Mesoderms. Es handelt sich also um das Gebiet des Embryonalkörpers, in dem Somite (segmentiertes Mesoderm) und Seitenplatten (unsegmentiertes Mesoderm) zusammentreffen. Diese Zone wird daher auch als *Nephrotom* bezeichnet. Dementsprechend besitzen die primären Exkretionsorgane der Wirbeltiere (Pronephros) segmentale Anordnung. Die Vorniere bildet das definitive Harnorgan der Myxinoiden. Bei Petromyzonten, Teleosteern und Amphibien funktioniert die Vorniere in der Embryonalzeit (Larvenperiode), die Urniere wird zum definitiven Harnorgan. Bei Selachiern wird die Vorniere angelegt, funktioniert aber nicht mehr. Definitives Harnorgan ist die Urniere. Bei Amnioten werden alle drei Nierengenerationen angelegt. Die Vorniere wird nie funktionsfähig, die Urniere funktioniert in den meisten Fällen zeitweise. Definitives Harnorgan ist die Nachniere.

Wodurch unterscheiden sich nun die verschiedenen Typen der Harnorgane voneinander und in welchem Verhältnis stehen sie zueinander? Untersucht man die Verhältnisse an extremen Beispielen, so gewinnt man den Eindruck, daß es sich um drei völlig verschiedene Organe handelt. Überblickt man jedoch die Mannigfaltigkeit der Formen, so finden sich Übergänge, und es wird schwierig, allgemeingültige Definitionen für die drei Nierentypen zu geben.

Die *Vorniere* (*Pronephros*) wird stets segmental angelegt (Abb. 457). Sie besteht aus Pronephroskanälchen. Diese beginnen mit einem Nephrostom am Coelom. Die Vorniere entsteht in der Weise, daß nur im vorderen Rumpfbereich jeweils in der Somitenstielregion von der Somatopleura aus ein zapfenartiger Gang vorwächst (Abb. 457a). Dieser Zapfen wächst zum „Hauptkanal" aus. Das lateralwärts gelegene, dem Nephrostom benachbarte Stück des Kanälchens wird als Ergänzungskanal bezeichnet. Die

Verbindung des Somitenstieles zum Somiten geht früh verloren (Abb. 457b). Die blind endigenden Vornierenkanälchen verlängern sich nun, biegen caudalwärts um und vereinigen sich schließlich zum primären Harnleiter (Vornierengang, Abb. 457b, c). Dieser wächst frei nach caudal aus und mündet schließlich in die Kloake. Das Ergänzungskanälchen differenziert sich in den Nephrostomkanal und die innere Vornierenkammer. In diese innere Kammer stülpt sich ein Kapillarnetz (innerer Glomerulus) ein (Abb. 457c). Außerdem kommen auch in unmittelbarer Nachbarschaft der Nephrostomata Glomeruli im Coelom selbst vor (sogenannter „äußerer Glomerulus" oder Glomus; Abb. 457c, 458). Die Kapillarnetze beider Glomeruli werden von der Aorta her gespeist. Harnfähige Substanzen werden durch den äußeren Glomerulus ins Coelom ausgeschieden und durch die Nephrostomata in das Vornierenkanälchen eingestrudelt. Außerdem erfolgt Abscheidung durch den inneren Glomerulus direkt in das Vornierenkanälchen. Im Kanälchen selbst (Hauptkanal) dürfte durch Rückresorption und Sekretion der Primärharn verändert werden. Der Vornierengang spielt, auch wenn das Organ bei den Amnioten selbst nicht funktionsfähig ist, eine bedeutsame morphogenetische Rolle als Induktor für die Urniere.

Die *Urniere (Mesonephros)* ist durch ihre Lage caudal von der Vorniere gekennzeichnet. Sie wird ontogenetisch später als die Vorniere angelegt. Die Urnierenkanälchen entstehen in der Regel auch segmental und finden Anschluß an den Vornierengang, der jetzt auch als WOLFFscher Gang (*Ductus mesonephridicus*) bezeichnet wird. Äußere Glomeruli kommen nie vor. Die Nephrostomata sind vorhanden, werden aber zurückgebildet und gehen später ganz verloren. Das Organ wird komplizierter durch Verlängerung und zunehmende Differenzierung der einzelnen Kanälchen. Damit wird auch die segmentale Anlage mehr und mehr verwischt. Die Urniere erscheint als kompakter Körper, der beiderseits der dorsalen Mesenterialwurzel ins Coelom hineinragt (Abb. 459). Schließlich kann bei höheren Wirbeltieren der segmentale Charakter der Urniere auch bereits in der Anlage verwischt sein. Das Organ bildet sich dann aus einem länglichen Blastem, dem mesonephrogenen Strang. Die Urniere unterscheidet sich von der Vorniere also dadurch, daß äußere Glomeruli stets fehlen, daß das Organ weiter caudal angelegt ist und daß die Kanälchen sekundär Anschluß an den primären Harnleiter finden Vornieren- und Urnierenkanälchen kommen nie im gleichen Segment nebeneinander vor.

Die *Nachniere (Metanephros)* entsteht nie segmental, sondern entwickelt sich stets aus einem einheitlichen Blastem, dem metanephrogenen Gewebe. Dieses schließt caudal direkt an das mesonephrogene Blastem an. Nephrostomata kommen nie vor. Die Nachnierenkanälchen münden nie in den primären Harnleiter, sondern stets in eine Aussprossung desselben, in den *Ureter*. Die Unterschiede der drei Nierengenerationen sind also nicht durchgreifend. Die Organabschnitte liegen hintereinander, und zwischen ihnen bestehen Übergangszonen. Es ist daher berechtigt,

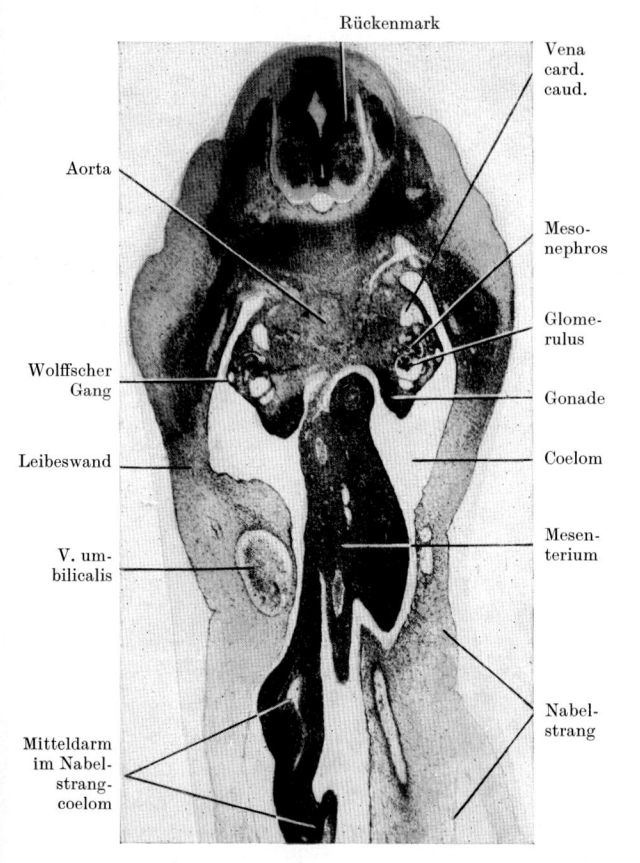

Abb. 459 Querschnitt durch den Rumpf eines menschlichen Embryos von 9 mm Scheitel-Steiß-Länge. Lage von Urnieren, WOLFFschem Gang und Gonaden. (Orig.)

die drei Nieren nicht als selbständige und verschiedenartige Organe zu betrachten. Wir sehen vielmehr in ihnen nur Differenzierungszonen eines einheitlichen Exkretionsorgans (Holonephrostheorie), dessen verschiedene Differenzierungsgrade durch Zunahme der Zahl der Nephrone und damit durch Vergrößerung der ausscheidenden Oberfläche gekennzeichnet sind.

Entwicklung der Harnorgane beim Menschen

Die Vorniere

Die Vorniere des Menschen ist völlig rudimentär und funktioniert nie. Kanälchen werden bei Embryonen von 8—10 Somiten angelegt, und zwar im 4. bis 14. Segment. Wie bei allen rudimentären Organen bestehen sehr große, individuelle Schwankungen. Wichtig ist die Anlage des Organs für die Bildung des Vornierenganges, die in typischer Weise erfolgt. Innere Glomeruli kommen nicht vor, doch werden gelegentlich Anlagen äußerer Glomeruli beobachtet. Diese können relativ lange persistieren. Bei Embryonen von 5 mm Scheitel-Steiß-Länge ist das Organ gewöhnlich schon zurückgebildet. Der Vornierengang setzt sich in den Urnierengang fort und wird als WOLFFscher Gang bezeichnet.

Die Urniere

Die Urniere bildet sich im Bereich des 13. (1. Thoracal-) bis 27. (3. Lumbal-) Segmentes. Doch ist im cranialen Bereich kaum mit Sicherheit unterscheidbar, was noch als Vorniere oder schon als Urniere bezeichnet werden muß. Die Urniere entsteht als mesenchymatischer Gewebsstrang. Dieser zerfällt sehr früh in einzelne Zellmassen; zunächst sind diese noch segmental angeordnet. Später vermehren sich diese Zellhaufen durch Teilung, so daß mehrere in jedem Segment liegen. Diese Zellhaufen haben keine Verbindung zu den Somiten oder zu den Seitenplatten und liegen daher von vornehereinretroperitoneal. Sie wölben sich in ihrer Gesamtheit als massiver Körper gegen das Coelom vor (Abbildung 459) und können eine Art Mesenterium ausbilden. Die Rückbildung des Organs beginnt cranial bereits zu einer Zeit, zu der die caudalen Teile noch nicht entwickelt sind. Am Ende des ersten Monats erreicht die Urniere ihre größte Ausdehnung. Der Rückbildungsprozeß, der etwa $5/6$ des Organs betrifft, ist im 4. Monat beendet.

Die kompakten Zellhaufen der Urniere legen sich zu Epithelgewebe zusammen. Sie bilden ein Lumen aus (Urnierenbläschen) und nehmen birnenförmige Gestalt an. Das spitze Ende des Bläschens wächst nach lateral aus und verbindet sich mit dem primären Harnleiter. Gleichzeitig verdünnt sich die mediale Wandpartie des Urnierenbläschens. In diese Partie stülpt sich ein von den Aa. mesonephridicae gespeistes Kapillarnetz ein; die mediale Wandpartie des Urnierenbläschens bildet also die BOWMANsche Kapsel der Glomeruli. Das Kanälchen selbst wächst zu einer mehrfach gewundenen Schleife aus (Hauptstück, Mittelstück und Anschlußstück an den Urnierengang). Anschlußstück und BOWMANsche Kapsel stellen die alten Teile des Urnierennephrons dar. Das gewundene Haupt- und Mittelstück sind Neubildungen. Die Grenze zwischen altem und neuem Kanälchenabschnitt wird durch den sogenannten Kontaktpunkt (KOZLIK) markiert. Hier ist der Übergang zwischen Mittel- und Anschlußstück an die BOWMANsche Kapsel angelegt und mit dieser verklebt. Kontaktpunkte kommen nur in den hochdifferenzierten Ur- und Nachnieren vor. Sie sind ein wesentliches strukturelles Kennzeichen dieser Organe gegenüber der Vorniere.

Die Entwicklung der Urniere wird durch engste Beziehungen zur Gonade gekennzeichnet. Diese entsteht medial von der Urniere (Abb. 459) auf der gleichen, in das Coelom vorspringenden Falte. Diese wird beim Wachstum der Gonade in eine Plica mesonephridica und eine Plica genitalis zerlegt. Schließlich bleiben nur im caudalen Bereich der Urniere, also in der Nachbarschaft der Gonade, Kanälchen erhalten. Diese treten alle in Beziehung zum Geschlechtsapparat. Gewöhnlich unterscheidet man eine obere Kanälchengruppe als *Epigenitalis* von einer unteren Gruppe, der *Paragenitalis* (Abb. 460). Die oberen 1—2 Kanälchen der Epigenitalis werden zu aberrierenden Kanälchen (Appendices epididymidis und epoophori, MORGAGNIsche Hydatiden; Abb. 461). Die übrigen Kanälchen der Epigenitalis (in der Zahl wechselnd, bis zu 12) werden zu den Ductuli efferentes des Nebenhodens (Abb. 461) bzw. zu den Querkanälchen des Epoophorons (Nebeneierstock) beim Weibe (Abb. 462). Aus

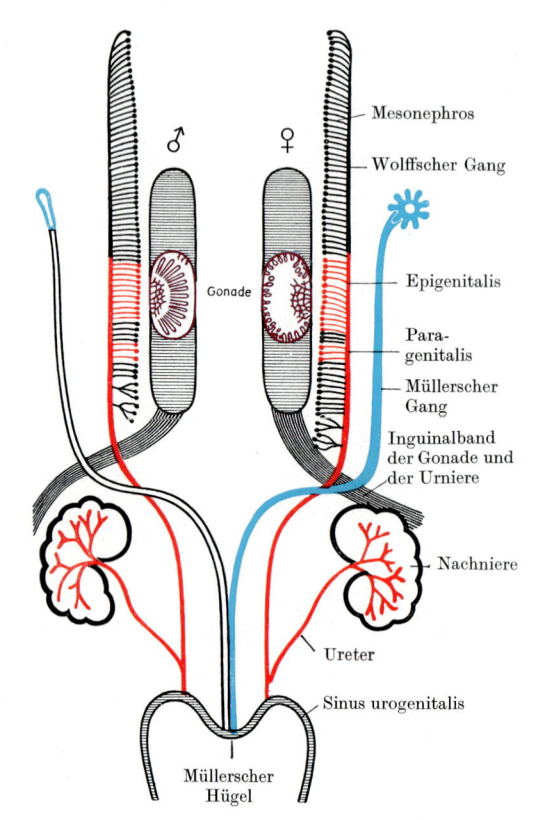

Abb. 460 Schema der Entwicklung der Harn- und Geschlechtsorgane aus der indifferenten Anlage bei Mann und Frau. (Unter Benutzung einer Abbildung von PATZELT.)

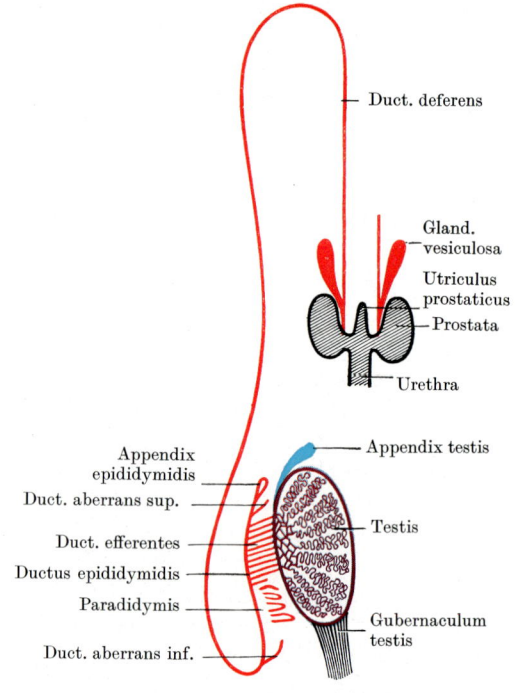

Abb. 461 Schema der ausgebildeten männlichen Geschlechtsorgane. (Nach PATZELT 1948).

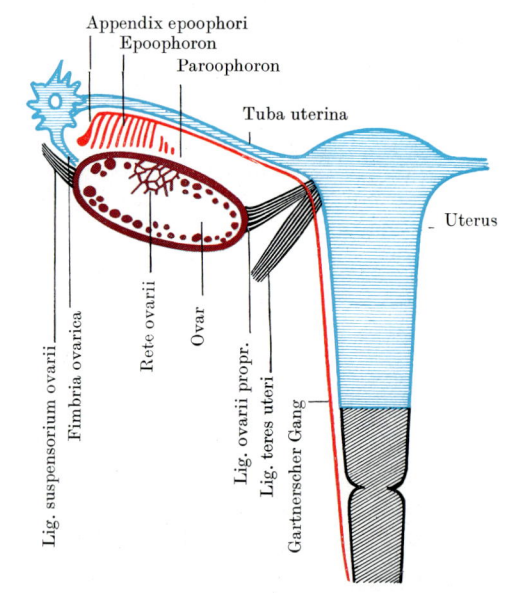

Abb. 462 Schema der ausgebildeten weiblichen Geschlechtsorgane. (Nach PATZELT 1948).

der Paragenitalis entstehen nur rudimentäre Gebilde, Paradidymis (GIRALDÈSsches Organ; Abb. 461, 482) und Paroophoron sowie die Ductuli aberrantes inferiores. Der Urnierengang (WOLFFscher Gang) hat in beiden Geschlechtern ein sehr verschiedenes Schicksal (s. S. 515). Er wird im männlichen Geschlecht zum Ausführungsweg der Gonade, also zum Samenleiter (Ductus deferens; Abb. 461). Im weiblichen Geschlecht erfährt er eine Rückbildung. Seine Reste sind als GARTNERscher Gang (s. S. 515, Abb. 462) noch längere Zeit nachweisbar.

Funktion der Urniere als Ausscheidungsorgan: Beim Menschen funktioniert die Urniere zu keiner Zeit als Exkretionsorgan. Doch liegen die Verhältnisse bei vielen Säugern anders. Beim Schwein findet sich in der Embryonalzeit eine extrem große Urniere (Abb. 463), die deutlich Anzeichen einer Sekretionstätigkeit aufweist. Experimentell ist durch Farbstoffinjektion die Ausscheidung durch die Urniere an Beuteljungen vom Opossum (*Didelphis*) und an Embryonen von Kaninchen und Schwein nachgewiesen

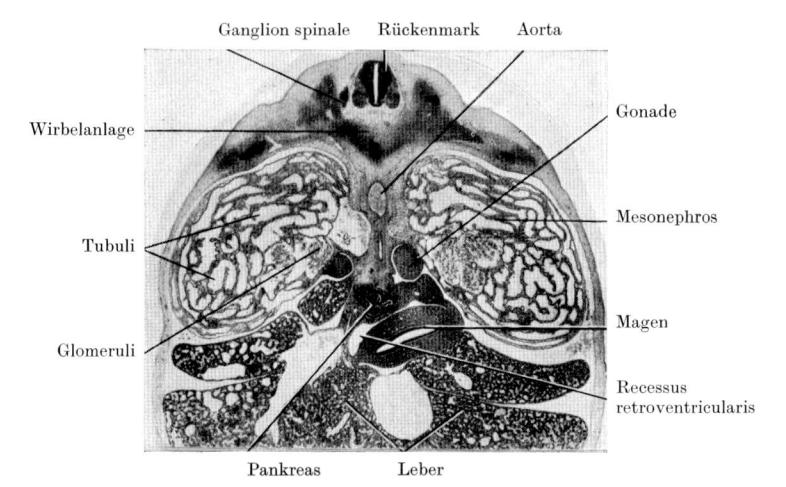

Abb. 463 Querschnitt durch den Rumpf eines Schweineembryos von 15 mm Länge. Ausbildung der Urniere und Gonade. (Orig.)

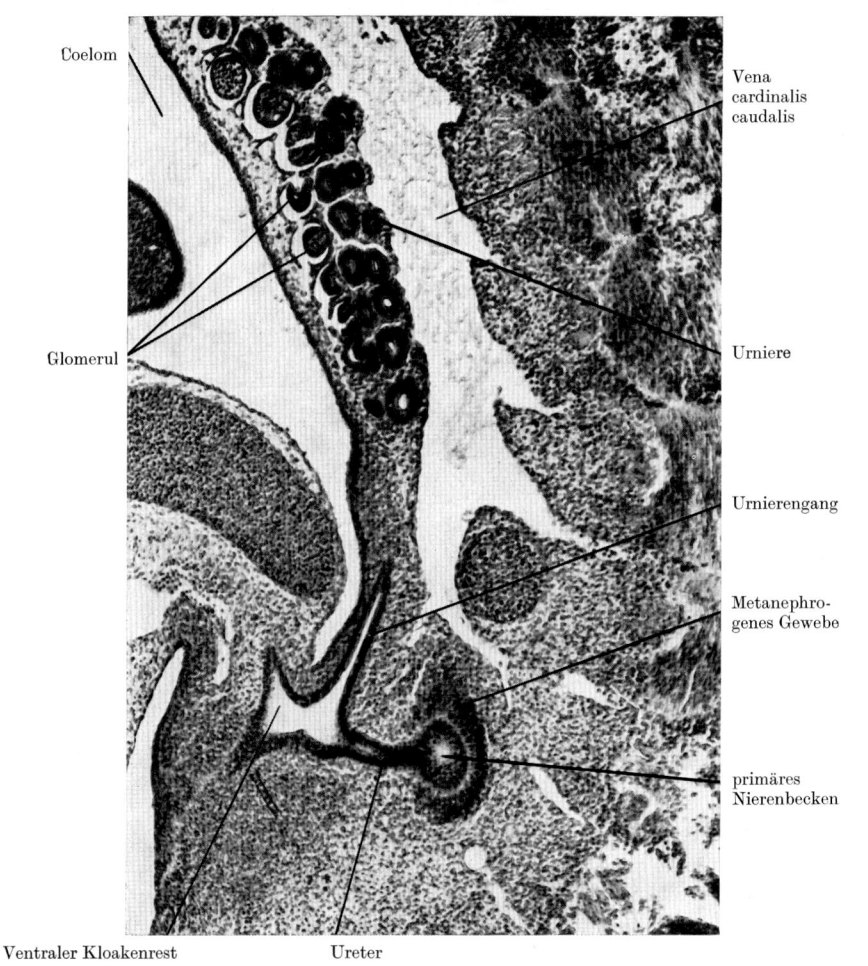

Abb. 464 Menschlicher Embryo, 8 mm Scheitel-Steiß-Länge. Paramedianer Sagittalschnitt des caudalen Rumpfabschnittes. Urniere, ventraler Kloakenrest, Ureterknospe und metanephrogenes Gewebe. (Orig.).

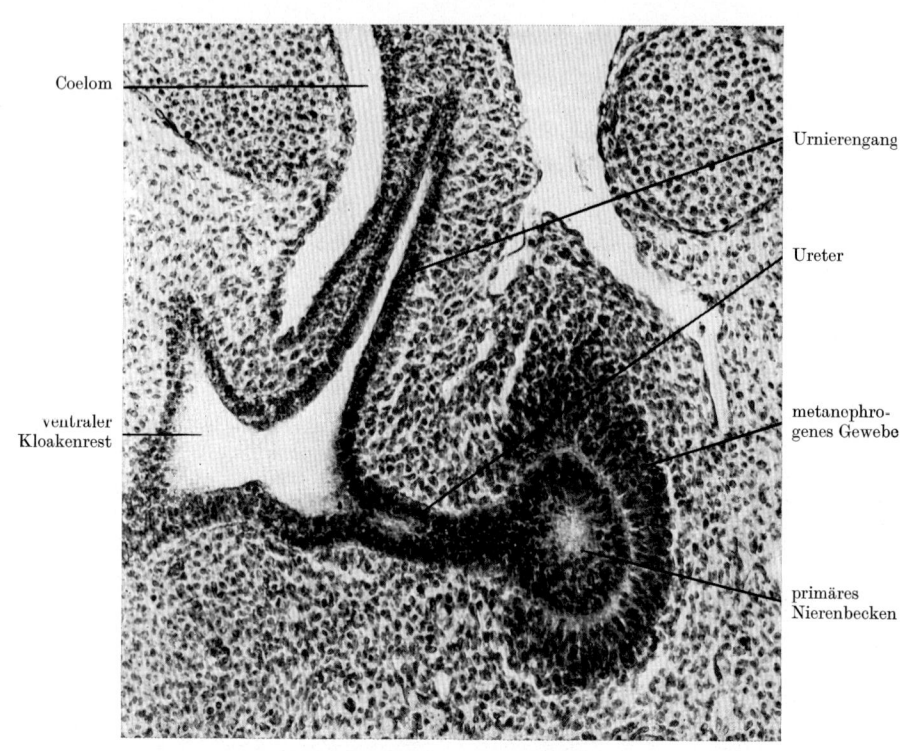

Abb. 465 Menschlicher Embryo, 8 mm Scheitel-Steiß-Länge. Ausschnitt aus Abbildung 456. Anlage der Nachniere. (Orig.).

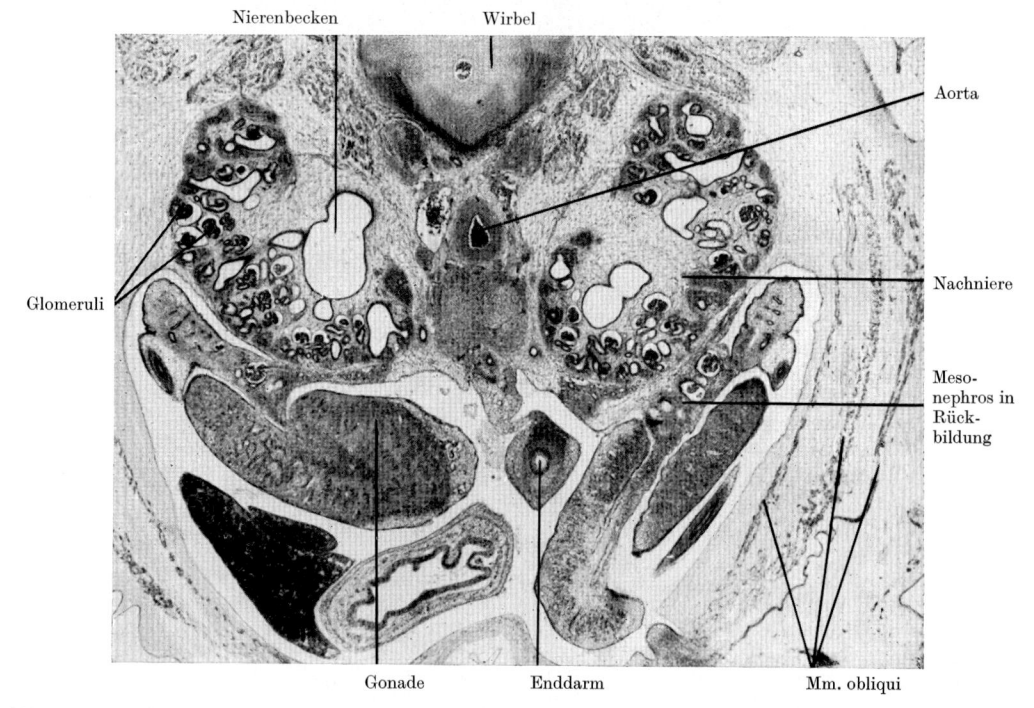

Abb. 466 Menschlicher Embryo von 25 mm Scheitel-Steiß-Länge. Nachniere, Urniere in Rückbildung, Gonadenanlage (Orig.)

worden (GERSH 1937). Vielfach wird eine enge Korrelation zwischen der Funktionsfähigkeit der Urniere und der Placentarstruktur angenommen (BREMER 1916). Danach soll bei hochdifferenzierter haemochorialer Placenta nur diese der Exkretion dienen; die Urniere und die Allantois sind klein. Umgekehrt findet sich eine funktionstüchtige Urniere und eine große Allantois bei Formen mit einer Semiplacenta (Placenta epitheliochorialis, Schwein). Diese Theorie ist neuerdings zweifelhaft geworden, da sich einmal eine über Erwarten große Leistungsfähigkeit der Placenta epitheliochorialis zeigen ließ, andererseits der Halbaffe *Microcebus* bei typischer epitheliochorialer Placenta eine auffallend geringe Sekretionsfläche der Urnieren besitzt (HINTZSCHE 1940). Allgemeingültige Beziehungen zwischen Placentarbau und Urnierenfunktion scheinen jedenfalls nicht zu bestehen.

Die Entwicklung der menschlichen Nachniere (Metanephros)

Nachniere

Die Nachniere entsteht aus zwei verschiedenen Materialien: der vom WOLFFschen Gang aussprossenden Ureterknospe und dem metanephrogenen Blastem. Die Ureterknospe bildet Ureter, Nierenbecken mit Kelchen und Sammelrohre, das metanephrogene Gewebe hingegen den eigentlichen harnbereitenden Apparat, die Nephrone. Die Grenze der beiden genetisch verschiedenen Bestandteile liegt also im fertigen Organ innerhalb des Parenchyms.

Die Ureterknospe sproßt bei Embryonen von etwa 4 mm Länge in der Gegend des 5. Lendensegmentes aus dem caudalen Ende des Urnierenganges aus (Abb. 487). Sie wächst zunächst nach dorsal, biegt dann aber bald nach cranial um. Sie wird jetzt bereits von einer Kappe

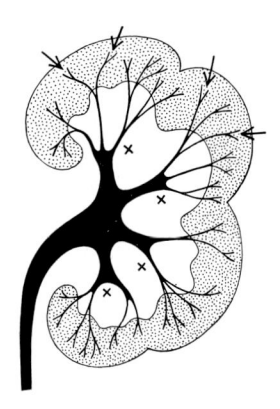

Abb. 467 Schema einer embryonalen menschlichen Nachniere mit Darstellung des Ureterbäumchens zur Erläuterung der Spaltungstheorie. (Nach HEIDENHAIN 1937).

metanephrogenen Gewebes umgeben (Abb. 464, 465). Die Bildung dieses Blastems wird im Mesenchym durch die Ureterknospe selbst induziert. Bei diesem Aufwärtssteigen im retroperitonealen Mesenchym schiebt sich die Nachniere dorsal an der Urniere vorbei und liegt schließlich dorsal und cranial von dieser (Abb. 466). Sehr früh schon ist das blinde Ende der Ureterknospe ampullenartig erweitert (primäres Nierenbecken) (Abb. 465). Die beiden Polenden des primären Beckens wachsen zu den Polröhren aus. Außer diesen beiden Aussackungen bilden sich noch in wechselnder Zahl (meist vier) weitere Verzweigungen erster Ordnung im zentralen Bereich des primären Nierenbeckens. Die weitere Entwicklung des Uretersprosses geht in der Weise vor sich, daß die Verzweigungen erster Ordnung solche zweiter Ordnung aus sich hervorgehen lassen. Auf diese folgen Verzweigungen dritter, vierter Ordnung und so fort. Nun ist allerdings bisher keine Einigung über den weiteren Ablauf der Differenzierung des Ureterbäumchens zu erzielen gewesen. Nach der klassischen Lehre, der

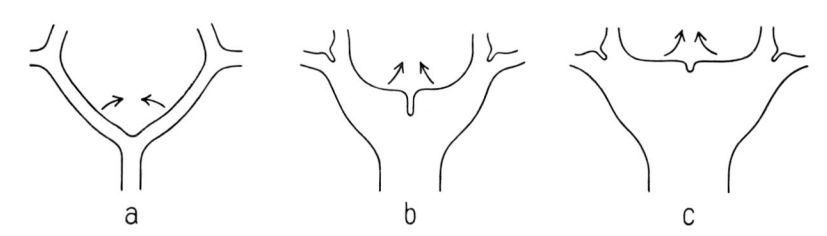

Abb. 468 Schema zur Erläuterung der Ausweitung des Nierenbeckens bei der Nachnierendifferenzierung. (Nach SONNTAG 1943).

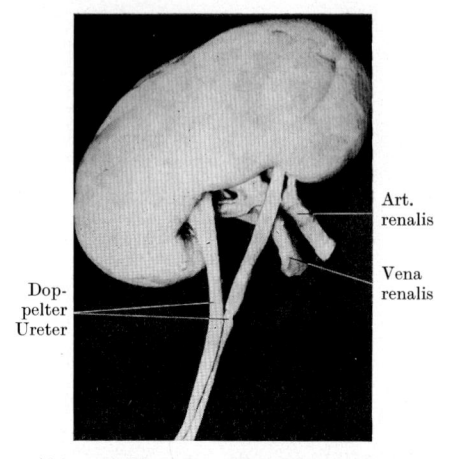

Abb. 469 Ureterenverdoppelung. (Orig.)

wir hier folgen, setzt sich dieser Sprossungsprozeß fort, bis etwa 12–13 Teilungsschritte einander gefolgt sind. Der Sprossungsvorgang wäre etwa im 5. Monat abgeschlossen. Die ersten vier Generationen von Ureterverzweigungen liegen zentral von den späteren Papillen. Sie weiten sich aus und werden als Kelche ins definitive Nierenbecken einbezogen. Nach einer neueren, von HEIDENHAIN vertretenen Theorie gehen aber aus dem Sprossungsprozeß nur vier Teilungsfolgen hervor. Die weitere Ausbildung des Sammelrohrsystems soll nun in der Weise erfolgen, daß vom peripheren Ende her die bereits vorhandenen Gänge durch einen *Spaltungs*vorgang nach nierenbeckenwärts aufgeteilt werden. Dieser Prozeß soll sich mehrfach wiederholen, bis schließlich die definitiven, initialen Sammelrohre entstanden sind (Abb. 467). Nun ist aus der Betrachtung von histologischen Schnittpräparaten allein die Entscheidung in dieser Frage schwer zu erbringen. Immerhin spricht für die klassische Lehre, daß die Erweiterungen des primären Beckens exakt nachgewiesen wurden (HAUCH 1903, SONNTAG 1943). Hierbei sollen sich die Epithelien der Wand des Nierenbeckens zu Falten eng aneinanderlegen. Die Falten verschwinden schließlich unter Degenerationserscheinungen (SONNTAG; Abb. 468). Die Verzweigungen des primären Nierenbeckens 5. Ordnung würden also normalerweise als Sammelrohre auf den Papillen in die Calyces minores ausmünden. Individuelle Unterschiede im Tempo der Einnivellierung der ersten Generationen der Nierenbeckenaufzweigungen ergeben die verschiedenen Individualformen des Nierenbeckens. Weitgehende Einnivellierung ergibt den ampullären Typ. Der dendritische Typ entsteht, wenn die Einebnung nur unvollkommen erfolgt.

Gelegentlich unterbleibt die Differenzierung metanephrogenen Gewebes (mangelnde Induktionsfähigkeit der Ureterknospe?). Der Nierendefekt ist im allgemeinen einseitig, und zwar wird die linke Körperseite häufiger betroffen. Die einzige vorhandene Niere zeigt dann eine Arbeitshypertrophie. Diese bildet sich aber erst nach der Geburt, also in der Funktionsperiode, heraus. Eine der häufigsten Mißbildungen überhaupt ist die Verdoppelung des Ureters. Totale

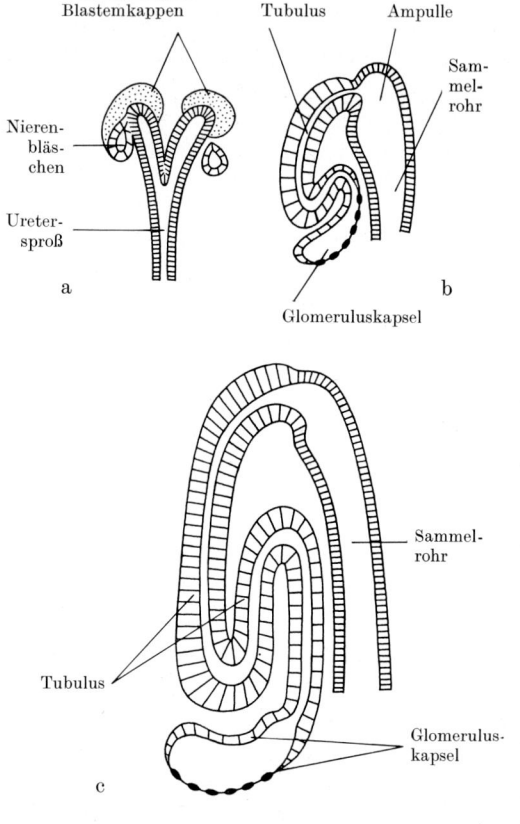

Abb. 470 Gewebliche Ausdifferenzierung der Nachniere, schematische Darstellung.
a) Ende eines Ureterzweiges mit Nierenbläschen und metanephrogenen Gewebskappen.
b) Sammelrohr (Uretersproß) mit Ampulle und angeschlossenem S-förmigen Nierenkanälchen.
c) Weitere Ausgestaltung eines älteren Nierenkanälchens.

Verdoppelung kommt durch Auswachsen von zwei Ureterknospen auf einer Körperseite zustande (Abb. 469). Mehr oder weniger weitgehende Aufspaltungen eines Ureters (Ureter fissus) werden im allgemeinen nur als Extremfall der Norm, als besonders weit getrennte Calyces majores, gedeutet. Gelegentlich verschmelzen beide Nieren an ihren caudalen Enden vor der Mittellinie (Hufeisenniere). Die Ureteren verlaufen in solchen Fällen ventral über die Verbindungsbrücke nach abwärts.

Differenzierung des metanephrogenen Gewebes

Das metanephrogene Gewebe überkleidet das primäre Nierenbecken kappenartig. Mit der Aufteilung des Ureterbäumchens wird diese Kappe in einzelne Gewebsterritorien, entsprechend den jeweiligen blinden Endigungen des Gangsystems, zerlegt. Die Differenzierung in diesem Gewebe geht in ganz ähnlicher Weise vor sich wie in der Urniere. Ein Teil des Blastems bleibt als Keimschicht und Reservelager für die Bildung späterer Generationen von Nephronen außen liegen

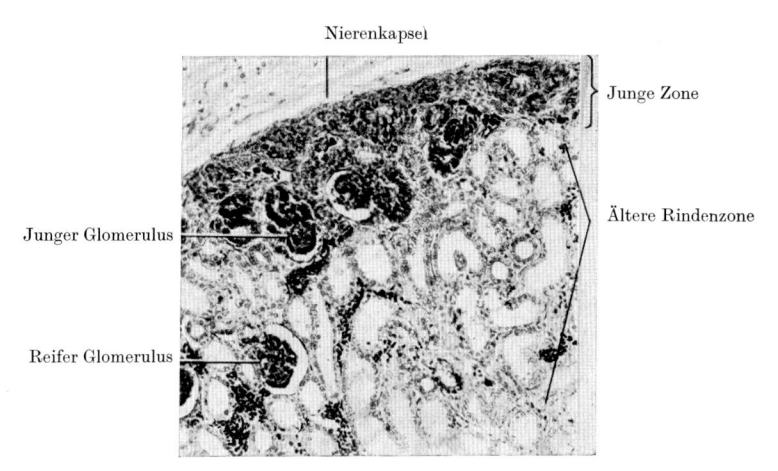

Abb. 471 Nachniere eines älteren Schweineembryos. In den tieferen Schichten ist die Rinde differenziert. In der peripheren Zone ist die Differenzierung noch im Gange. (Orig.)

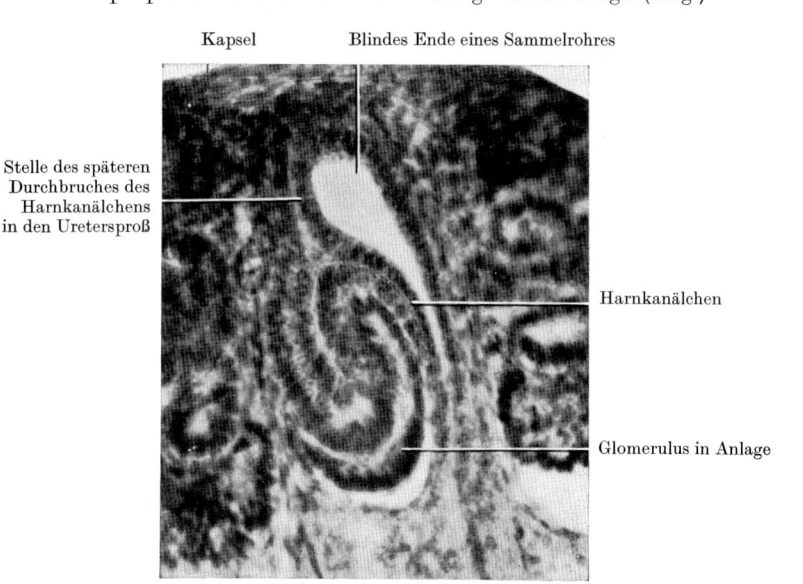

Abb. 472 Aus der Niere eines älteren menschlichen Fetus. Blindes Ende eines Sammelrohres getroffen. Glomerulusanlage und Harnkanälchen kurz vor dem Durchbruch ins Sammelrohr. (Orig.)

(Abb. 471). In der inneren Zone bilden sich „Nierenkugeln". Diese bekommen ein Lumen („Nierenbläschen", Homo 18 mm) und nehmen längliche Gestalt an. Schließlich wächst das Bläschens zu einem S-förmigen Gang aus. Die untere Schlinge des S verdünnt sich und wird löffelförmig. In sie dringt das Kapillarnetz der Glomerulusanlage ein (Abb. 470). Das obere, freie Ende der S-Schlinge findet Anschluß an die Ampulle eines initialen Sammelrohres und bricht schließlich in dieses durch (Abb. 472). Der obere Bogen des S wächst in die Länge und legt sich in zahlreiche Windungen. Eine dieser Schlingen wächst in Richtung auf das Zentrum der Niere hin stark in die Länge. Diese Schlinge wird zur HENLEschen Schleife. Die übrigen Schlingen verbleiben als Tubuli contorti erster und zweiter Ordnung im Rindenteil der Niere. Mit der zunehmenden Differenzierung des Nachnierengewebes werden die erhaltenen Reste des metanephrogenen Gewebes mehr und mehr zur Oberfläche abgedrängt. Hier können noch längere Zeit hindurch neue MALPIGHIsche Körperchen und Nephrone gebildet werden. Die der Oberfläche nahegelegenen Nephrone sind also jünger als die mehr im Inneren des Organs gelegenen (Abb. 471). Gelegentlich kommt der Anschluß der Nierentubuli an die Sammelrohre nicht ordnungsgemäß zustande. Setzt nun die Sekretion ein, so kommt es zur Harnstauung in den Tubuli. Diese werden zu Cysten ausgeweitet und gehen schließlich zugrunde. Derartige Nierencysten können als Einzelbildungen auftreten. Es kann jedoch auch ein sehr großer Teil der Kanälchen von dieser Mißbildung betroffen sein (angeborene Cystenniere). Diese Mißbildung tritt familiär auf und ist oft mit anderen Mißbildungen kombiniert.

Die embryonale Niere besitzt tief einschneidende Furchen, sie ist gelappt. Diese Lappung kommt dadurch zustande, daß das Nierengewebe um die primären Ureterverzweigungen herum jeweils als Einheit vorwächst. Die primären Nierenlappen (Renculi), gewöhnlich sechs, können sekundär durch Aufspaltung auf 12–20 vermehrt werden. Sie sind keilförmig radiär um das Nierenbecken angeordnet. Zwischen ihnen findet sich Bindegewebe mit Gefäßen. Die Lappung persistiert bis in die postnatale Lebensperiode. Später verschmelzen die Renculi. Die Rindenkappen benachbarter Renculi vereinigen sich zu den Columnae renales (BERTINI). Schließlich werden die Oberflächenfurchen durch das Wachstum der Rinde ausnivelliert. Reste der fetalen Lappung können an der Niere des Erwachsenen erhalten bleiben.

Die Niere entsteht im caudalen Körperbereich (untere Lumbalregion) und macht in der Ontogenese einen Ascensus durch. Dieser ist auf aktives Auswachsen der Ureterknospe, zum großen Teil aber auch auf das Caudalwärtswachsen der hinteren Bauchwand zurückzuführen.

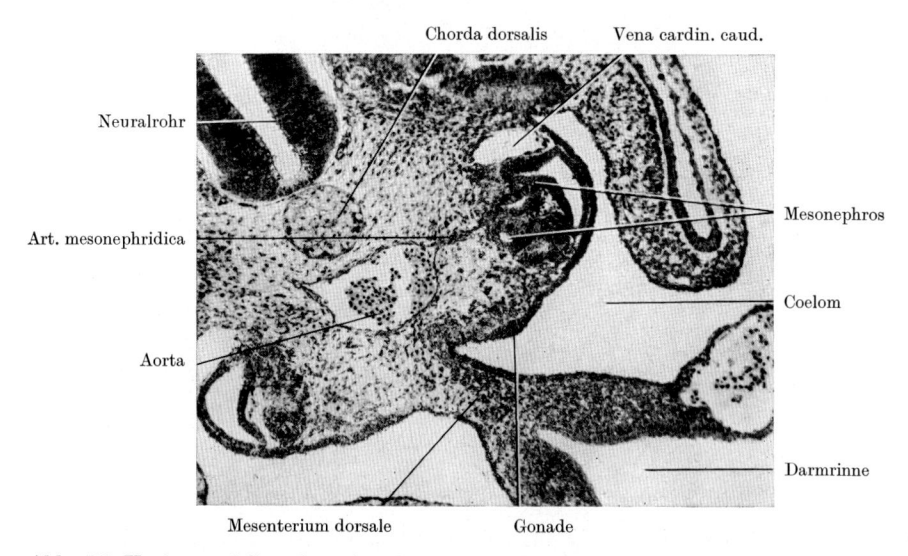

Abb. 473 Urniere und Gonadenanlage bei einem Hühnerkeimling vom 4. Bebrütungstag. (Orig.)

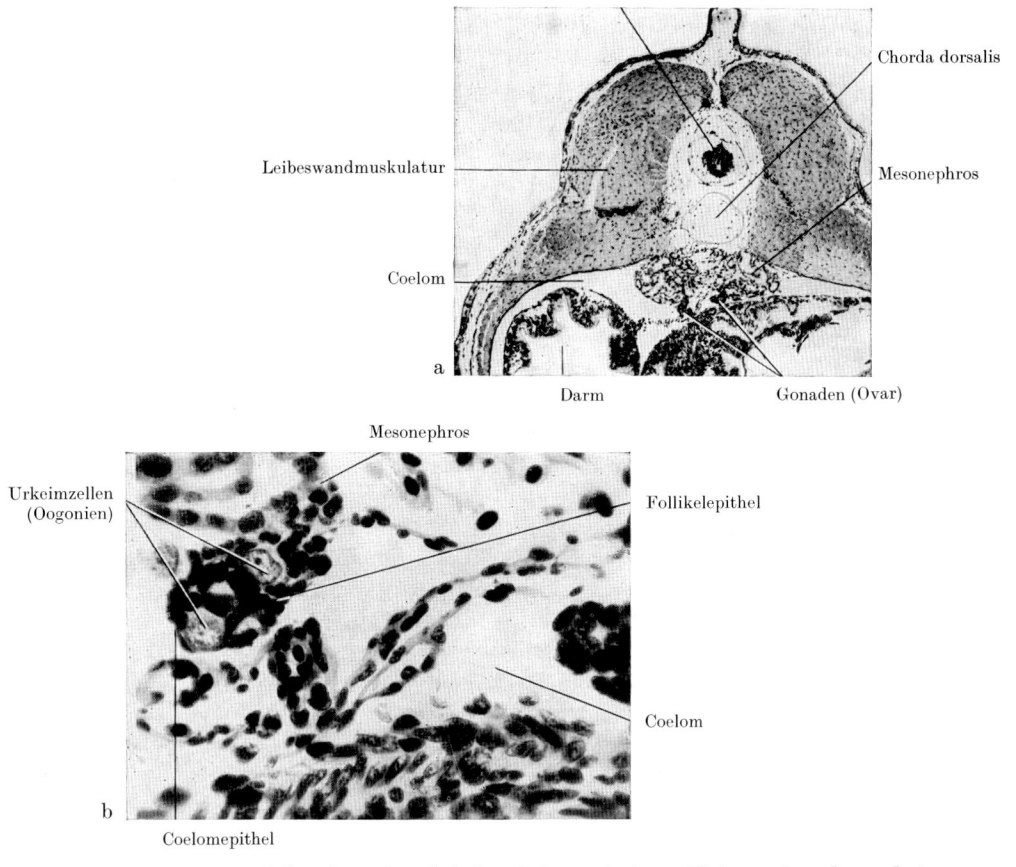

Abb. 474 Urniere und Gonadenanlage bei einer Salamanderlarve (*Salamandra salamandra*).
a) Übersicht, Querschnitt durch die dorsale Körperhälfte.
b) Ausschnitt aus a bei stärkerer Vergrößerung. Urkeimzellen in der Gonadenanlage.

Die Funktion der Niere setzt bereits lange vor der Geburt ein. Die Blase ist bei Kindern, die mit einem Verschluß der Harnwege zur Welt kommen, maximal gefüllt. Allerdings ist die Nierenfunktion während des intrauterinen Lebens nicht notwendig, denn Kinder mit angeborenem Nierenmangel entwickeln sich normal bis zur Geburt. Die Ausscheidung von Stoffwechselschlacken erfolgt über die Placenta.

2. Entwicklung der Gonaden und ihrer Ableitungswege

Die Determination des Geschlechtes erfolgt beim Menschen im Moment der Befruchtung, also syngam (s. S. 72). Trotzdem besteht in der morphologischen Ausgestaltung der Geschlechtsorgane, der Gonaden wie der Ausführungswege und der äußeren Geschlechtsorgane, zunächst kein Unterschied. Der Keim macht ein indifferentes Stadium in der Ausbildung des Geschlechtsapparates durch.

Die Anlage der Gonade wird bei menschlichen Embryonen von etwa 4 mm Länge in Form der Genitalleiste an der medialen Seite des Mesonephros sichtbar (Abb. 459, 474). Diese Anlage ist zunächst nicht scharf gegen die Anlage der Nebennierenrinde abgrenzbar. Das Coelomepithel ist in ihrem Bereich erhöht. Die Ausbildung einer Gonadenanlage ist unabhängig von der Anwesenheit von Urkeimzellen. In die Gonadenanlage wandern sekundär Urkeimzellen ein, wie zuvor ausführlich dargelegt wurde

(s. S. 11). Gleichzeitig kommt es im Gonadenfeld zu einer Vermehrung des Mesenchyms. Dadurch wölbt sich schließlich die Gonadenanlage als länglich ovaler Körper (Abb. 459) in die Leibeshöhle vor. Urniere und Keimdrüsenanlage bilden die Urogenitalfalte, welche durch ein Urogenitalmesenterium mit der Leibeswand verbunden bleibt. Die indifferente Gonade besteht also aus einem strukturell differenzierten Epithel und dem Mesenchymkern. In diesen wuchern Epithelstränge mit Urkeimzellen ein (s. S. 14, Abb. 474).

Die Gonade erstreckt sich zunächst über eine beträchtliche Strecke (6. Thoracal- bis 2. Sacralsegment), ist allerdings nie in allen Abschnitten gleichzeitig differenziert. Die cranialen und caudalen Abschnitte bilden sich zu den sogenannten Keimdrüsenligamenten (Zwerchfellband der Keimdrüse, Inguinalband der Keimdrüse; s. S. 522) zurück. Eine progressive Entwicklung erfährt die Gonade nur im Bereich von 3-4 Segmenten des caudalen Bereiches. Hier wächst sie allerdings stark heran und überflügelt bald die Urniere. Mit dem Wachstum des Organs vertiefen sich die Einschnitte dorsomedial gegen die Rumpfwand und die Nebenniere und lateral gegen die Urniere.

Die LEYDIGschen Zwischenzellen des Hodens werden im 3. Monat im Mesenchym zwischen den Hodenkanälchen sichtbar (Abb. 36). Sie entstammen wohl sicher zur Hauptsache dem Mesenchym, vielleicht zum kleinen Teil auch dem Epithel der Hodenstränge.

Unterschiede in der Struktur der Gonade zwischen beiden Geschlechtern bilden sich bei Embryonen von 15–17 mm Länge heraus. Die Unterscheidung des embryonalen *Hodens* vom Ovar wird in dem Moment möglich, in dem die Tunica albuginea des Hodens als aufgelockerte, breite Mesenchymzone zwischen Keimepithel und Mesenchymkern sichtbar wird (Homo 15 mm). Die Keimstränge ordnen sich im Hoden radiär an. Bei Embryonen von etwa 25 mm Länge sind sie durch die Albuginea völlig vom Epithel getrennt. Aus den Keimsträngen gehen durch Wachstum die *Tubuli seminiferi* hervor (Abb. 475). Diese werden allerdings erst spät, zum größten Teil nach der Geburt, kanalisiert. Nach der Hilusgegend zu, dort, wo der Genitalabschnitt der Urniere dem Hoden anliegt, bilden die Hodenstränge ein Netzwerk, das *Rete testis*.

Möglicherweise sind die Kanäle des Rete aber auch als Derivate der Urniere zu betrachten. Die Kanälchen des Rete verschmelzen im 4. Monat mit den Kanälchen der Epigenitalis, welche im männlichen Geschlecht zu den Ductuli efferentes epididymidis werden. Im allgemeinen finden sich etwa zehn derartige Mesonephroskanälchen, welche in die Urogenitalverbindung einbezogen werden (Abb. 461).

Die Differenzierung des *Ovars* setzt etwas später ein als die des Hodens. Da keine Albuginea als derbe, geschlossene Schicht besteht, bleibt der Kontakt der Zellstränge und Zellballen, welche in die Tiefe verlagert werden, mit dem Oberflächenepithel länger gewahrt. Die Keimstränge zerfallen früh zu Eiballen oder entstehen von vorneherein in dieser Form. Sie nehmen niemals die regelmäßige radiäre Anordnung an, die für den Hoden charakteristisch ist. Auch im Ovar kommt es zur Ausbildung eines Rete und zur Herstellung einer Urogenitalverbindung. Im Gegensatz zum Hoden besitzt diese Verbindung aber keine Bedeutung für die Abgabe der Keimzellen. Eine Funktion des Epoophoron ist nicht bekannt.

Die Entwicklung der ableitenden Geschlechtswege

Bei den Wirbeltieren bilden sich in den beiden Geschlechtern ganz verschiedenartige Gänge als Ableitungswege der Gonaden aus. Im männlichen Geschlecht wird der Urnierengang (WOLFFscher Gang) allgemein als *Ductus deferens* in den Dienst des Geschlechtsapparates gestellt. Im weiblichen Geschlecht wird ein eigenes Gangsystem, die MÜLLERschen Gänge, als *Ovidukt (Tube, Uterus)* ausgebildet. Diese erfahren bei Säugetieren einen besonderen strukturellen Ausbau durch Differenzierung ihrer Wand im Zusammenhang mit der langen Entwicklungsperiode des Keimes innerhalb des mütterlichen Organismus. Der untere Abschnitt der MÜLLERschen Gänge wird zum Fruchthalter (Uterus). MÜLLERsche und WOLFFsche Gänge werden in gleicher Weise in beiden Geschlechtern angelegt, doch bilden sich die MÜLLERschen Gänge im männlichen Geschlecht bis auf minimale Reste zurück. Im weiblichen Geschlecht werden die WOLFFschen Gänge rudimentär (Abb. 461).

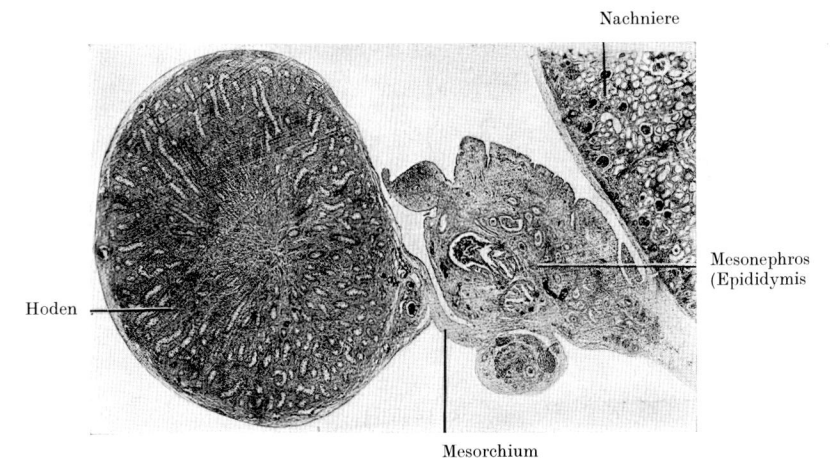

Abb. 475 Hodenanlage eines älteren Schweineembryos. Die Urniere ist im Begriff, sich in den Nebenhoden umzubilden. (Orig.)

Schicksal des Wolffschen Ganges (Urnierengang)

Wie bereits erwähnt, erfährt die Urniere eine weitgehende Rückbildung in beiden Geschlechtern. Aus den Kanälchen der Epigenitalis (s. S. 505 und Abb. 461, 466, 475) gehen die Ductuli efferentes des Nebenhodens hervor. Dabei bleiben im wesentlichen die peripheren Teile der Urnierenkanälchen (Anschlußstücke) mit ihrer Verbindung zum Urnierengang erhalten. Die Anfangsteile mit den MALPIGHIschen Körperchen verschwinden auch in jenem Bereich der Urniere, der die Urogenitalverbindung aufnimmt. An dieser Stelle kommt es im 4. Monat zur Verbindung der Urnierenkanälchen mit den Hodenkanälchen über das Rete testis. Unmittelbar im Anschluß an die Urogenitalverbindung verlängert sich der WOLFFsche Gang stark und legt sich in enge Schlingen. Diese Strecke wird zum Ductus epididymidis. Der periphere Teil des Urnierenganges zeigt vor allem eine mächtige Differenzierung seiner mesenchymalen Hülle (Muscularis) und wird zum Ductus deferens. Diejenige Verlaufsstrecke des WOLFFschen Ganges, die distal der Ureterabzweigung liegt, wird durch Ausweitung in den Sinus urogenitalis einbezogen, so daß schließlich Ureter und Ductus deferens getrennt voneinander in die Kloake einmünden (s. S. 528).

Im weiblichen Geschlecht erfährt der WOLFFsche Gang, soweit er nicht in den *Sinus urogenitalis* einverleibt wird, eine Rückbildung. Diese beginnt bei Embryonen von 30 mm Länge. Reste erhalten sich als GARTNERscher Gang in unmittelbarer Nachbarschaft der Vagina, des Uterus und der Tube bis in die späte Fetalzeit, gelegentlich auch bis in die postnatale Lebensperiode (Abb. 462). Aus solchen Resten können Cysten und Geschwulstbildungen entstehen.

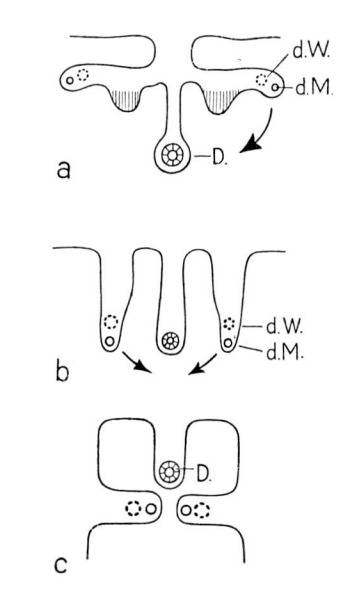

Abb. 476 Schema der Stellung der Urogenitalfalte mit WOLFFschem Gang (d. W.) und MÜLLERschem Gang (d. M.) bei menschlichen Embryonen von etwa 30 mm Länge. Die Schnitte folgen in craniocaudaler Richtung aufeinander. D = Enddarm.

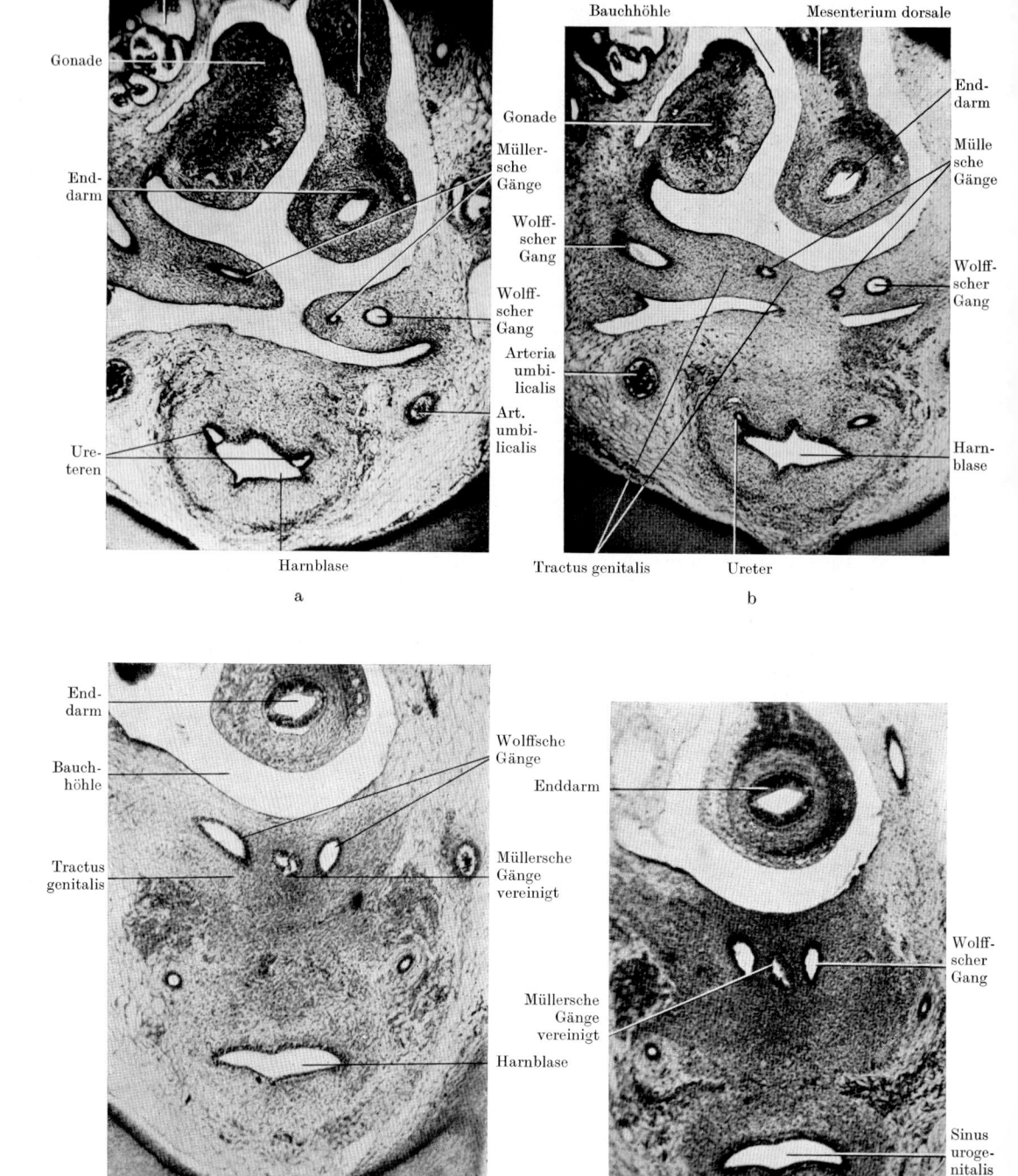

Abb. 477 Schnitte durch die Urogenitalfalte und die WOLFFschen und MÜLLERschen Gänge. Menschlicher Embryo von 25 mm Scheitel-Steiß-Länge. Die Schnitte a–d folgen in craniocaudaler Richtung aufeinander. (Orig.)

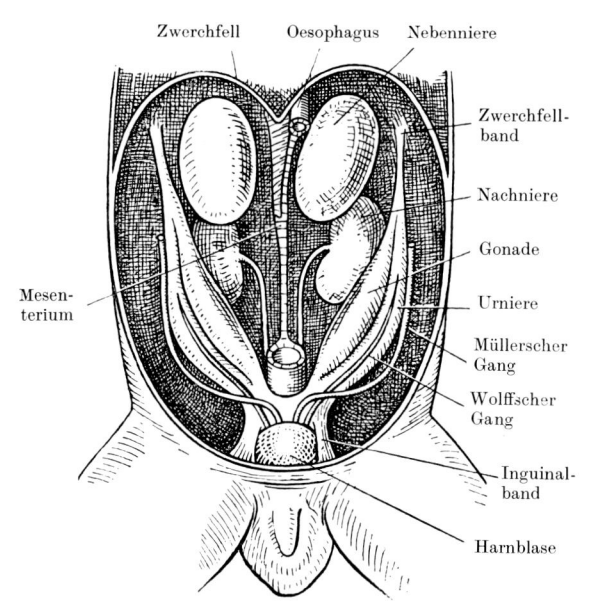

Abb. 478 Die Organe der hinteren Bauchwand und ihre Topographie beim menschlichen Embryo vom Ende des 2. Monats.

Schicksal des Müllerschen Ganges

Der Müllersche Gang entsteht als Abfaltung des Coelomepithels in der Genitalfalte, lateral vom Wolffschen Gang, im 2. Embryonalmonat (Homo 10 mm). Diese Abfaltung findet sich nur im oberen Bereich, dicht unterhalb des Zwerchfells. Hier bleibt die offene Verbindung der abgefalteten Rinne mit dem Coelom als Ostium abdominale tubae dauernd erhalten. Dicht unterhalb dieser Stelle senkt sich die Rinne als solider Zellstrang ins Mesenchym der Urogenitalfalte ein und wächst nun als selbständiger Sproß dicht neben dem Wolffschen Gang abwärts. Er erreicht die dorsale Wand des Sinus urogenitalis und wölbt diese als Müllerschen Hügel vor. Bereits während des Wachstums bekommt der Sproß ein Lumen.

Die morphologische Bedeutung des Müllerschen Ganges ist unbekannt. Von einigen Autoren wird das Ostium abdominale tubae auf ein Vornierennephrostom zurückgeführt, der Gang selbst von der Vorniere abgeleitet. Von anderen wieder wird der Müllersche Gang als Abspaltung des Wolffschen Ganges gedeutet. Wenn nun auch zweifellos enge entwicklungsphysiologische Beziehungen zwischen beiden Gängen bestehen – der Müllersche Gang wächst nur im Kontakt mit dem Urnierengang ordnungsgemäß aus –, so scheinen doch primär beide Gänge selbständige Bildungen zu sein.

Für das Verständnis der weiteren Entwicklung der Müllerschen Gänge sind die Lagebeziehungen der *Plica urogenitalis* wesentlich (Abb. 476, 477). Im oberen Bereich der Urogenitalfalte liegt medioventral die Gonade, lateral die Urniere. An diese schließt sich seitlich der Wolffsche Gang an. Ganz lateral liegt der Müllersche Gang (Abb. 476). Die Urogenitalfalte steht in diesem Bereich in querer (transversaler) Richtung. Weiter caudalwärts behält die Urogenitalfalte ihre primäre, sagittale Stellung (Abb. 476b). Die Lageänderung ist eine Folge der Massenentfaltung von Nachniere und Nebenniere im cranialen Teil der Bauchhöhle. Während oben also der Müllersche Gang seitlich vom Wolffschen Gang liegt, muß er im unteren Abschnitt ventral zu jenem liegen. Verfolgt man diese Gebilde nun weiter beckenwärts, so ergeben sich Lageänderungen aus der andersartigen Topographie des Darmrohres. Das Rectum nähert sich mehr und mehr der dorsalen Beckenwand (Abb. 476, 477), sein dorsales Mesenterium verkürzt sich. Die Urogenitalfalten ragen weit in den Beckenraum hinein und kommen schließlich vor dem Rectum mit ihrem freien Rand zur Berührung und Verschmelzung. Da die MÜLLERschen Gänge in diesem freien Rand liegen, müssen sie nun nach der Verschmelzung der Falten ganz nach medial gelangen, die WOLFFschen Gänge liegen im unteren Bereich also lateral (Abb. 476c, 477). Im ganzen gesehen kreuzen die MÜLLERschen Gänge vor den WOLFFschen Gängen von lateral nach medial (Abb. 478). Durch die Verschmelzung der Urogenitalfalten entsteht eine frontal gestellte Scheidewand, der Geschlechtsstrang (Tractus genitalis), welcher den Beckenraum in eine dorsale und eine ventrale Kammer teilt (Abb. 477a, b).

Rechter und linker MÜLLERscher Gang liegen nunmehr eng benachbart in einer gemeinsamen Mesenchymhülle. Die benachbarten Wandstrecken beider Gänge verkleben, so daß ein durch ein Septum unterteiltes Doppelrohr entsteht. Schließlich verschwindet dieses Septum (Homo 50 bis 60 mm); aus dem im Tractus genitalis eingeschlossenen Teil der MÜLLERschen Gänge ist ein einheitliches Rohr, der Uterovaginalkanal, entstanden. Die nicht zur Verschmelzung gelangenden cranialen Teile der MÜLLERschen Gänge werden zu den Tuben.

Die Differenzierung des weiblichen Genitalkanals in Tuben und Uterus ist zunächst dadurch charakterisiert, daß sich im Tubenabschnitt die mesenchymalen Wandschichten nur geringfügig weiterentwickeln, während gerade diese im Uterus eine progressive Ausgestaltung erfahren. Die Tuben entstehen aus dem im wesentlichen in der Längsrichtung des Körpers verlaufenden oberen Teilen der MÜLLERschen Gänge. In die Bildung des Uterus werden

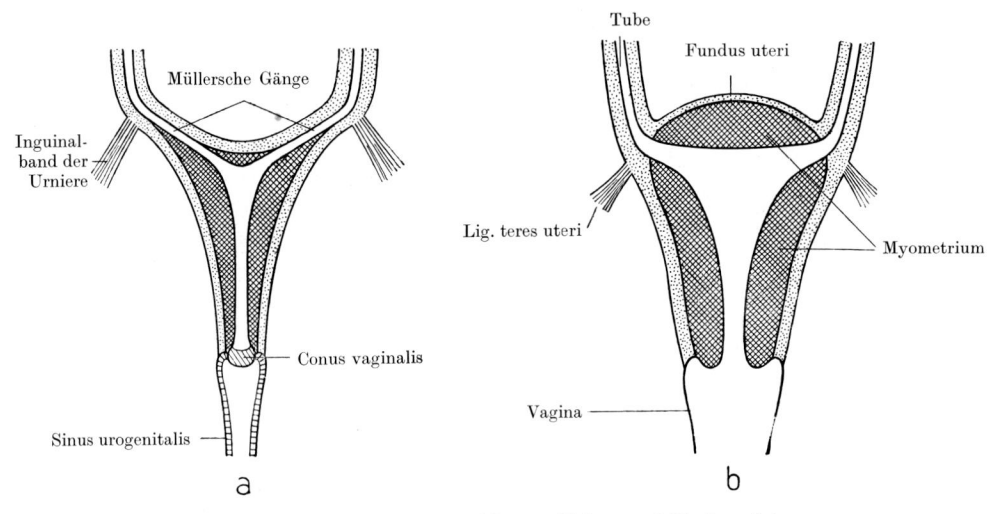

Abb. 479 Die Entwicklung von Uterus, Tuben und Vagina. Schema. Myometrium gekreuzt schraffiert.

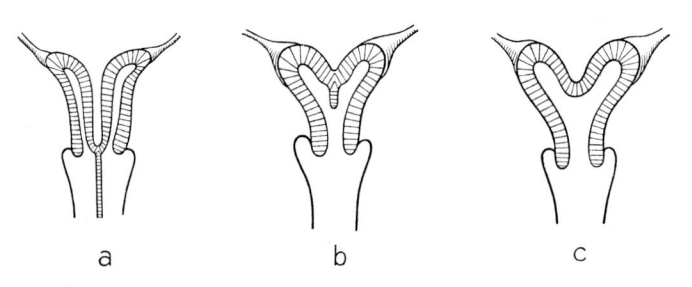

Abb. 480 Abnorme Uterusformen als Persistenz frühembryonaler Zustände (unvollständige Vereinigung der MÜLLERschen Gänge).
a) Uterus und Vagina duplex. b) Uterus bipartitus. c) Uterus bicornis.

Vorkommen der verschiedenen Typen des Uterus in der Säugerreihe

	Vorkommen
Uterus duplex (doppelter Uterus, beide münden selbständig in die Vagina)	*Orycteropus*, viele Chiroptera, primitive Carnivora, Nager
Uterus bipartitus (gemeinsamer Muttermund, Uteri bis auf ein ganz kurzes Stück getrennt)	Schwein, Carnivora, viele Chiroptera
Uterus bicornis (einheitlicher Uterus mit zwei Hörnern)	Insektivora, Chiroptera, Lemuroidea, *Tarsius*, Ungulata, Cetacea, Sirenia
Uterus simplex (birnförmig einheitliches Organ mit Fundus)	einige Chiroptera und Edentata, Simiae, *Homo*

nicht nur die verschmolzenen Teile der MÜLLERschen Gänge einbezogen. Auch der horizontal verlaufende mittlere Abschnitt dieser Gänge beteiligt sich an der Bildung des Uterus (Abb. 460, 462). Daher ist das Cavum uteri noch im definitiven Zustand nach beiden Tuben hin in zipfelartige Verlängerungen ausgezogen. Dieser Entwicklungsprozeß kann auch an der Lage der Ursprungsstelle des Inguinalbandes der Urniere abgelesen werden. Diese Stelle liegt zunächst dort, wo der craniale Teil der MÜLLERschen Gänge in die horizontale Richtung umbiegt. Später inseriert das Inguinalband (*Lig. teres uteri* = *Chorda uteroinguinalis*) am Uterus selbst (Abb. 478, 479). Durch die Verdickung der Mesenchymwand wird äußerlich der Sattel am oberen Ende des Uterus ausnivelliert (Abb. 479). Der zweihörnige Uterus bekommt einen Fundus (Uterus simplex). In der Säugetierreihe geht der Verschmelzungsprozeß der MÜLLERschen Gänge sehr verschieden weit. So beobachten wir verschiedene Formtypen des Uterus, die jeweils verschiedenen Verschmelzungsgraden der MÜLLERschen Gänge entsprechen. Beim Menschen können als Mißbildungen derartige Zustände persistieren (Uterus duplex, Uterus bipartitus, Uterus bicornis; Abb. 480).

Abgrenzung des Uterus gegen die Vagina und Entwicklung derselben

Der Uterovaginalkanal wölbt die Wand des Sinus urogenitalis als MÜLLERschen Hügel vor. Allerdings brechen die MÜLLERschen Gänge zunächst nicht in den Sinus durch. Die Mündung der WOLFFschen Gänge in den Sinus schließt sich zu dieser Zeit. Dabei kommt es zu einem engen Kontakt der WOLFFschen und MÜLLERschen Gänge. Man beobachtet zu dieser Zeit die Bildung einer massiven Zellplatte im Grenzgebiet zwischen Uterovaginalkanal und Sinus (Conus vaginalis; Abb. 479a). Mit dieser Epithelplatte treten paarige dorsale Divertikel des Sinus urogenitalis, die Sinus bulbi, in Verbindung und beteiligen sich an der Proliferation. Durch Wachstum der Bulbi verstreicht der MÜLLERsche Hügel. Die Bulbi verschmelzen mit dem unteren Ende des Uterovaginalkanals und bilden die Vaginalplatte, welche spät, gelegentlich erst nach der Geburt, ein Lumen bekommt. Die Tatsache, daß zu einer bestimmten Zeit die Verbindung von MÜLLERschen Gängen und Sinus durch eine solide Zellplatte erfolgt, hat eine sichere Deutung der Entwicklungsabläufe sehr erschwert. Insbesondere besteht noch heute keine Klarheit über die Herkunft des Vaginalepithels. Nach der klassischen Lehre (v. LIPPMANN 1939) entsteht die ganze Vagina aus dem unteren Ende der MÜLLERschen Gänge. Nach der Ansicht von SPULER 1910, MIJSBERG 1924, VILAS 1932/33, KOFF 1933, KEMPERMANN 1935 entsteht die Vagina ganz oder zum Teil (KOFF) aus einer Epithelplatte. Das Epithel dieser Platte stammt vom Sinus urogenitalis ab. Gelegentlich (MIJSBERG, KEMPERMANN, 1931) wurde auch Beteiligung des WOLFFschen Epithels an dieser Vaginalplatte angenommen. Die Deutung dieser Vorgänge ist durch individuelle Variabilität sehr erschwert. Zudem bestehen sehr große Unterschiede bei verschiedenen Säugerarten. Eine endgültige Klärung dieser Streitfrage dürfte mit anatomischen Methoden allein nicht möglich sein. Befunde an Mißbildungen scheinen jedenfalls die Lehre von einem doppelten Ursprung des Vaginalepithels zu stützen.

Die Vagina entsteht also aus einer soliden Epithelplatte, die Sinus urogenitalis und MÜLLERsche Gänge miteinander verbindet. Um die Herkunft des Epithels der Vaginalplatte aufzuklären, wurden histochemische Methoden herangezogen (FORSBERG 1963). Auf diesem Wege sollte einmal geklärt werden, ob sich Degenerationsprozesse an lokalisierten Stellen des Epithels nachweisen lassen, die den Ersatz einer Epithelart durch Epithel aus einer angrenzenden Region wahrscheinlich machen. Weiterhin konnte versucht werden, ob es gelingt, genetisch verschiedene Epithelien (Sinus-Epithel, WOLFFsches Epithel, MÜLLERsches Epithel) durch bestimmte histochemische Eigenschaften zu kennzeichnen. Hierzu ist festzustellen, daß die histochemische Beschaffenheit eines Gewebes in der Regel Ausdruck einer Differenzierung oder eines Funktionszustandes ist und keine sicheren Beweise für die Genese des fraglichen Epithels liefern kann. Bei kritischer Anwendung der Methode ergeben sich jedoch wichtige Indizien, die mangels direkter Beweise herangezogen werden müssen. FORSBERG hat vor allem das Enzym-Muster in Vaginalplatte, Sinus-Epithel und WOLFFschem Epithel untersucht (Phosphatasen, Esterasen, Aminopeptidase usw.) und kommt zu dem Ergebnis, daß bei den untersuchten Säugetierarten artliche Unterschiede bestehen. Kurz zusammengefaßt, ergibt sich Folgendes:

Maus, Ratte, Goldhamster: Das untere Ende der verschmolzenen MÜLLERschen Gänge degeneriert. An Stelle des zugrunde gehenden MÜLLERschen Epithels wächst dorsal Sinus-Epithel nach cranial vor. Der Sinus urogenitalis wird in frontaler Richtung unterteilt und teilweise in die Vagina mit einbezogen. Die Vagina entsteht also aus drei Quellen: MÜLLERschem Epithel, auswachsendem Sinus-Epithel und einbezogener Sinuswand.

Kaninchen: Die Vagina entsteht aus MÜLLERschem Epithel und aus WOLFFschem Epithel. Eine Beteiligung des Sinus-Epithels war nicht nachweisbar. Bemerkenswert ist, daß die drei untersuchten Nager gleiches Verhalten zeigten, während das Kaninchen, das auch phylogenetisch weit abseits von den Nagern steht,

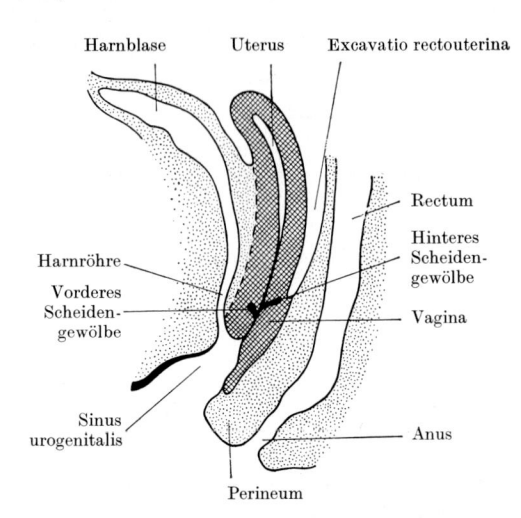

Abb. 481 Entwicklung der Vagina und der Scheidengewölbe. Sagittalschnitt durch die Beckenorgane eines Fetus aus dem 4. Monat. Schema.

einen grundsätzlich abweichenden Befund ergab.

Hund: Die Vagina entsteht aus MÜLLERschem Epithel und Sinus-Epithel. Eine direkte Einbeziehung der Sinuswand kommt nicht vor.

Rind: Im Bereich der Anlagerung von WOLFFschen und MÜLLERschen Gängen an die Sinuswand kommt es zu komplizierten Epithelverschiebungen. Endgültig entsteht die Vagina aus MÜLLERschem Epithel und Sinus-Epithel, also ähnlich wie beim Hund.

Mensch: Für den Menschen ist die Herkunft des Vaginalepithels noch nicht restlos geklärt. Die histochemischen Befunde sprechen für die Annahme, daß das WOLFFsche Epithel einen wesentlichen Anteil an der Auskleidung der menschlichen Vagina hat und daß die MÜLLERschen Gänge keinen nennenswerten Beitrag liefern.

Die Abgrenzung der Vagina gegen den Uterus erfolgt spät (160 mm SchStLge.). Uterus und Vagina besitzen zu dieser Zeit im Grenzgebiet keine Lichtung und gehen ohne Grenze ineinander über. An der späteren Grenze von Cervix und Vagina wächst das Vaginalepithel in Form einer trichterförmigen Lamelle in das umgebende Mesenchym vor und bildet so eine Epithelkappe, welche die spätere Cervix uteri umfaßt. Innerhalb dieser Epithellamelle kommt es durch Dehiszenz zur Lumenbildung, es entstehen die Scheidengewölbe, welche die Cervix uteri (Portio vaginalis) umfassen (Abb. 481).

Die Entstehung des *Hymen* kommt dadurch zustande, daß das untere Ende der Vaginalanlage sich stark erweitert. Zwischen Sinus urogenitalis und Vaginalanlage schiebt sich also eine Mesenchymscheibe ein. Durch das Epithelwachstum wird der Raum zwischen Sinus und Vaginalanlage keilförmig eingeengt. Die individuelle Form des Hymens hängt von der Art des definitiven Durchbruches des Ostium vaginae ab. Im allgemeinen erfolgt dieser am ventralen Ende der Hymenalscheibe. Die Deutung der Epithelverhältnisse hängt naturgemäß von der Beurteilung der Vaginalentwicklung ab. Diejenigen Autoren, die an der klassischen Lehre festhalten (v. LIPPMANN), nehmen Überkleidung der inneren Fläche durch mesodermales MÜLLERsches Epithel an, während die Außenfläche von entodermalem Sinusepithel überzogen ist. Nach der Ansicht von KOFF (u. a.) ist das Epithel der Außen- und Innenseite entodermaler Herkunft.

Im männlichen Geschlecht erfahren die MÜLLERschen Gänge eine Rückbildung. Reste des oberen Endes können sich als Appendix testis (Abb. 482) erhalten. Das untere Ende der MÜLLERschen Gänge bekommt hingegen gemeinsam mit dem Conus vaginalis ein Lumen und bricht in den Sinus urogenitalis durch. Aus ihm geht der *Utriculus prostaticus* hervor. Dieser entspricht beim Menschen nicht dem Uterus, sondern nur dem caudalen Abschnitt der Vagina. Bei vielen Säugern, besonders gut ausgebildet beim Biber, wird ein weitgehend differenzierter Uterus im männlichen Geschlecht ausgebildet.

Der Descensus der Gonaden

Während die Lage der Gonaden an der hinteren Bauchwand zunächst bei beiden Geschlechtern die gleiche ist, kommt es in der späteren Embryonalzeit (3. Monat) zu geschlechtsspezifischen Unterschieden. Die Lageveränderungen der Keimdrüsen werden als Des-

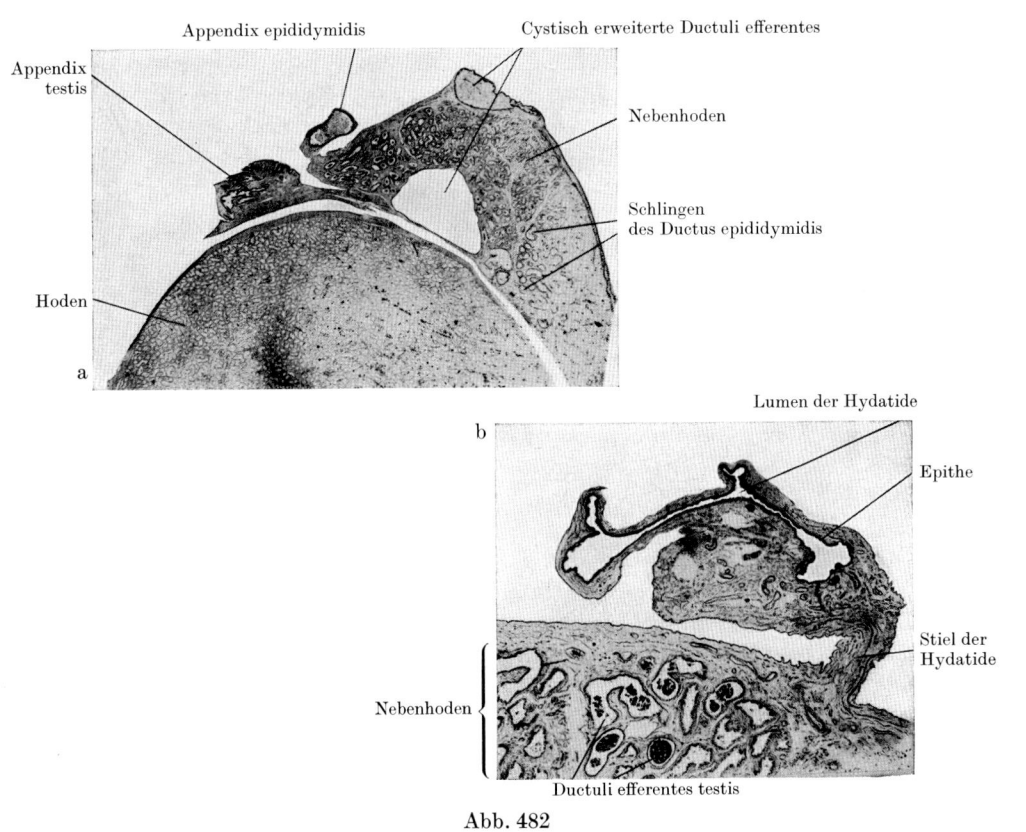

Abb. 482
a) Gestielte und ungestielte Hydatiden beim Menschen.
b) Gestielte Hydatide, stärker vergrößert.

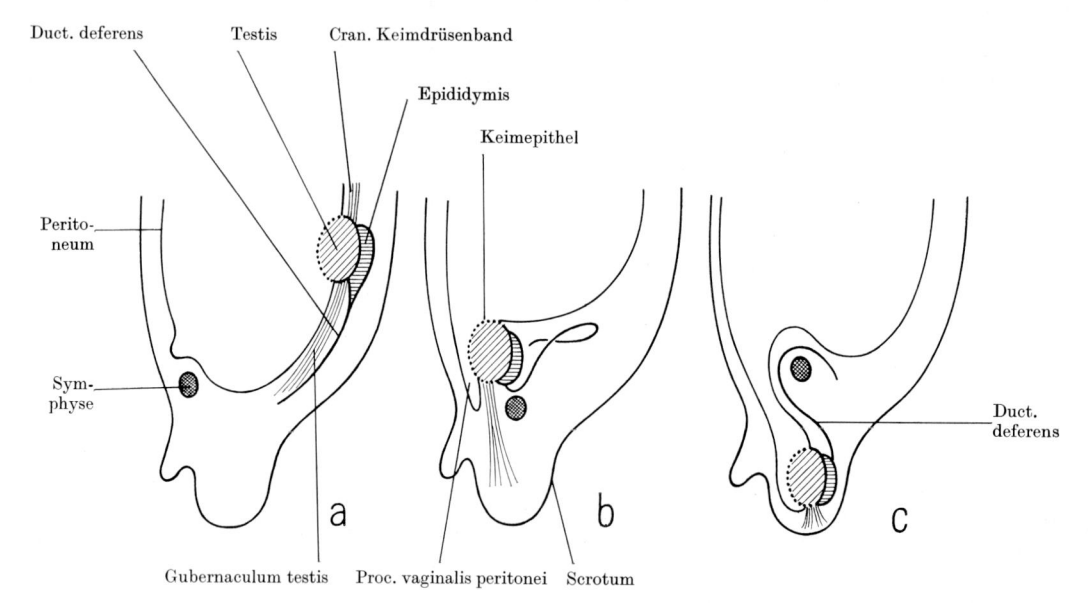

Abb. 483 Schematische Darstellung des Descensus testis.

census (Herabsteigen) beschrieben. Dabei bleibt aber im Auge zu behalten, daß es sich in beiden Geschlechtern zunächst um eine relative Caudalwärtsverlagerung, verursacht durch ein stärkeres Auswachsen der Rumpfwand, handelt. Diese relative Wachstumsverschiebung bedingt die Verlagerung des Ovars in das kleine Becken. Beim männlichen Geschlecht schließt sich an diesen Vorgang nun ein echter Descensus an, der zur Verlagerung des Hodens in das Scrotum führt.

Die sogenannten Keimdrüsenligamente

Die Gonaden liegen ursprünglich medial der Urniere und werden mit diesem Organ durch eine gemeinsame Peritonealfalte, die Urogenitalfalte, verbunden. Da nun der craniale und der caudale Teil der Urniere nicht zur vollen Entfaltung kommen, setzt sich die durch Urniere und Gonade aufgeworfene Leiste nach cranial und caudal in faltenartige Bildungen (craniales und caudales Urnieren- und Keimdrüsenband; Abb. 478, 483) fort. Das craniale oder Zwerchfellband der Urniere und Keimdrüse verstreicht später im männlichen Geschlecht. Im weiblichen Geschlecht erhält es sich in dem Lig. suspensorium ovarii. Caudal setzt sich die Urnierenfalte, die zunächst den WOLFFschen Gang enthält, in den Urogenitalstrang fort, der den WOLFFschen Gang und den MÜLLERschen Gang zum Sinus urogenitalis leitet. Das caudale Urnierenband löst sich schon früh vom Urogenitalstrang und gewinnt Beziehungen zur vorderen Bauchwand. Es setzt sich entsprechend dem späteren Verlaufe des Leistenkanals durch die Bauchwand hindurch bis in die Mesenchymlage der Geschlechtswülste fort und wird nunmehr als Inguinalband der Urniere (bzw. Keimdrüse) bezeichnet. Damit sind Gonaden und Urnieren in den Geschlechtswülsten verankert. Im *weiblichen* Geschlecht wird das obere Ende des Inguinalbandes am Tubenwinkel des Uterus fixiert und wird damit zum *Lig. teres uteri (Chorda uteroinguinalis)*. Die caudale Keimdrüsenfalte erhält sich als Lig. ovarii proprium. Die Urnieren- und Keimdrüsenfalte sind beim Weibe auch nach den Umlagerungsprozessen als Mesosalpinx und Mesovarium erkennbar. Im *männlichen* Geschlecht wird die Keimdrüsenfalte selbst zum *Mesorchium*. Das Inguinalband der Urniere (und Keimdrüse) wird zum Leitband (*Gubernaculum*) des Hodens. An diesem sind zwei Abschnitte zu unterscheiden:

1. die Pars abdominalis gubernaculi, die von der Urniere (Nebenhoden) zur vorderen Bauchwand zieht;
2. die Pars inguinalis gubernaculi, welche die Bauchwand durchsetzt.

Man muß nun aber beachten, daß Leitband und Muskeln der Bauchwand sich gleichzeitig entwickeln. Es kommt also nicht zu einer Durchbrechung einer bereits gebildeten muskulösen Bauchwand durch das Gubernaculum, sondern die auswachsenden Bauchmuskeln umfließen gewissermaßen die Verankerungsstelle des Leitbandes an der Bauchwand. Die Aponeurose des Musculus obliquus abdominis externus gewinnt Beziehungen zum Leitband und umwächst dieses. Dadurch tritt der Anulus inguinalis *superficialis* als scheinbare Durchbrechung der Bauchwandschichten in Erscheinung. Das Leitband besteht zunächst aus einem zellreichen Mesenchym. Es inseriert in der Bauchwand zwischen lateralem Rectusrand und Obliquus internus. An der Bildung des inguinalen Abschnittes des Leitbandes ist aber auch die Bauchwand selbst beteiligt. Dieses ventrale Ende des Leitbandes wird als *Conus inguinalis* bezeichnet und enthält die eingestülpten Bestandteile der Bauchwand, innen Muskeln, außen Mesenchym (Abb. 484). Erst wenn der Conus inguinalis gebildet ist, entsteht ringförmig um die Anheftungsstelle des Gubernaculums eine trichterförmige Ausstülpung der Bauchhöhle, der *Processus vaginalis peritonei*. In der Folge wird der Conus inguinalis nach außen umgestülpt und damit zum Cremastersack. Anscheinend erfolgt dieser Prozeß unter aktiver Beteiligung der Muskulatur. Bei Säugetieren mit periodischem Descensus (manche Nagetiere) bleibt der Conus inguinalis als mächtige Bildung zeitlebens erhalten. Seine muskulöse Wand kann den Hoden während der Brunstperiode aktiv in das Scrotum ziehen.

Während der Processus vaginalis peritonei im weiblichen Geschlecht nur ein seichtes Grübchen bleibt, durchsetzt er beim männlichen Embryo am Ende des 3. Schwangerschaftsmonats bereits

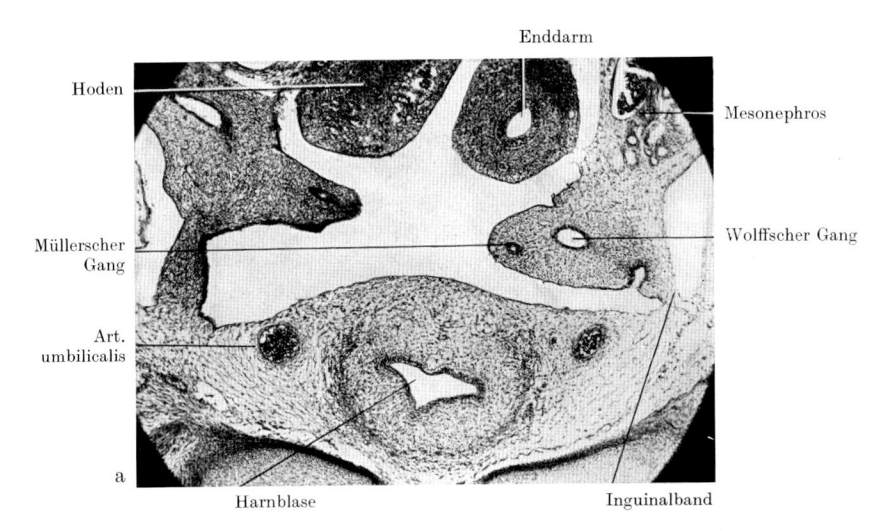

Abb. 484
Entwicklung d. Inguinalregion. Querschnitte durch die Beckenregion eines menschlichen Embryos von 25 mm Scheitel-Steiß-Länge. (Orig.)

a) Inguinalband der Urniere in Beziehung zur vorderen Bauchwand.
b) liegt weiter caudal als a). Conus inguinalis und Proc. vaginalis peritonei.

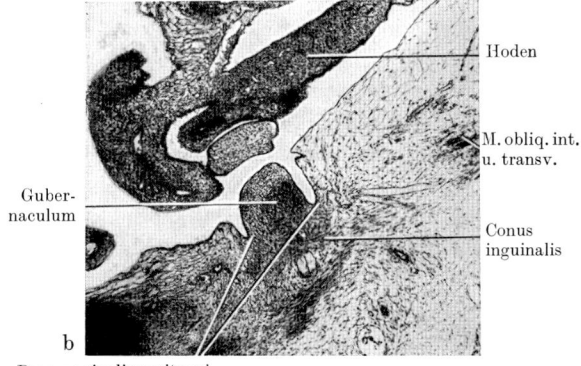

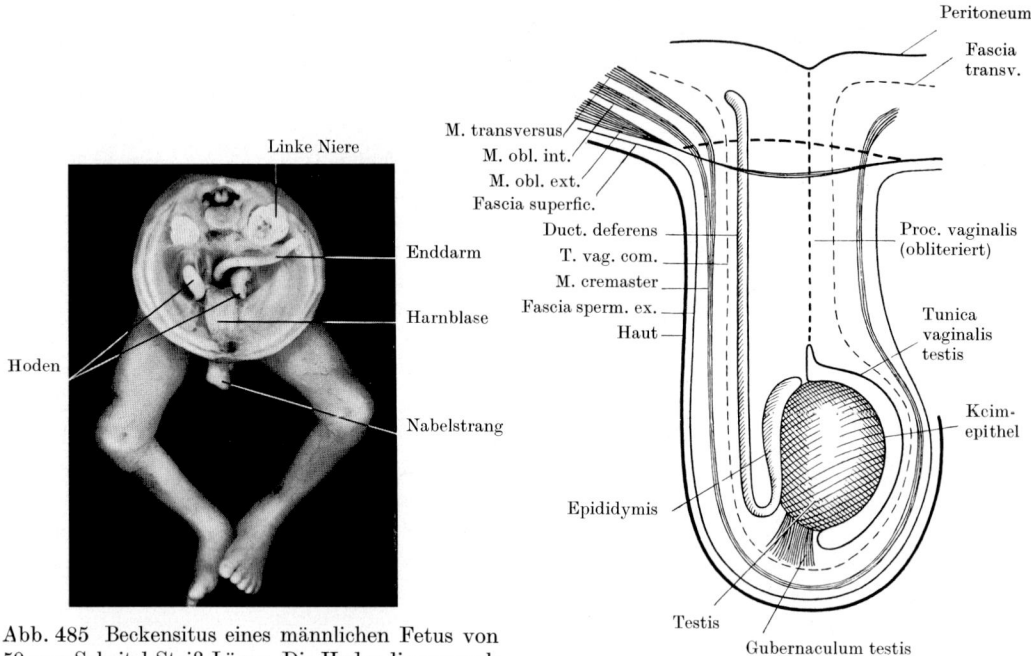

Abb. 485 Beckensitus eines männlichen Fetus von 50 mm Scheitel-Steiß-Länge. Die Hoden liegen noch im Becken. (Orig.)

Abb. 486 Schema der Hüllen des Hodens.

die ganze Bauchwand bis zum subcutanen Leistenring. Zu diesem Zeitpunkt ist der Hoden bereits in der Gegend des praeperitonealen Leistenringes angekommen. An dieser Stelle bleibt er gewöhnlich bis zum 7. Monat liegen (Abb. 483, 485). Inzwischen ist der Leistenkanal durch Aufquellung und Wachstum des Leitbandes so erweitert, daß der Hoden nunmehr den Leistenkanal passieren kann und in das Scrotum gelangt. Inwieweit auch hierbei aktive Kräfte beteiligt sind, ist unbekannt. Gelegentlich kann der Descensus ganz unterbleiben oder der Hoden bleibt bei der Passage im Leistenkanal stecken (Kryptorchismus). Zufuhr männlichen Sexualhormons kann einen unvollständigen Descensus zum Abschluß bringen, einen nicht begonnenen Descensus jedoch nicht beeinflussen, da es sich in diesen Fällen meist um weitergehende Störungen der Sexualität mit Geschlechtsumkehr handelt. Ist der Descensus vollendet, so obliteriert der Processus vaginalis gewöhnlich sehr schnell. Unterbleibt dieser Verschluß, so persistiert eine offene Verbindung der Bauchhöhle mit dem Serosaraum des Scrotums, in welche sich Bauchhöhlenorgane verlagern können (angeborener Leistenbruch). Da der Processus vaginalis die Bauchwand durchsetzt, müssen die Schichten der Bauchwand sich als Hüllen auf Samenstrang und Hoden fortsetzen (s. Abb. 486 und Tabelle). Über die Beziehungen des Hodens zum Bauchfell sei folgendes vermerkt: Die Gonade ist an ihrer Vorderseite von Coelomepithel überkleidet. Dieses ändert auf der Gonadenanlage selbst seine Struktur und wird als Keimepithel bezeichnet. Diese Beziehungen bleiben stets erhalten. Der Hoden gleitet also nicht, wie es den Anschein haben könnte, hinter dem Peritoneum in einen vorgebildeten Peritonealsack hinein, sondern Verlagerung des Hodens und Vorrücken des Processus vaginalis peritonei erfolgen synchron. Obliteriert der Processus vaginalis, so wird ein kleiner Teil der Bauchhöhle als Serosaraum des Scrotums von der eigentlichen Bauchhöhle abgetrennt. Die Bauchfellauskleidung dieses Serosaraumes wird als Tunica vaginalis testis bezeichnet, wobei wieder ein parietales Blatt (Periorchium) und ein viscerales Blatt (Epiorchium = Keimepithel) unterschieden werden müssen.

Die Ursachen des Descensus der Gonaden

Die Ursachen des Descensus testis und somit die Ursachen der Scrotalbildungen an sich sind höchst rätselhaft. Aus der Tatsache, daß die

Hodenhüllen	Bauchwand
Haut mit Tunica dartos	Haut mit Subcutis
Fascia spermatica externa	Faszie des M. obliquus externus abdominis und Faserzüge aus beiden Schenkeln des äußeren Leistenringes
Fascia cremasterica	Faszie des M. obliquus internus abdominis
M. cremaster	M. obliquus internus abdominis und transversus abdominis
Fascia spermatica interna (= Tunica vaginalis communis)	Fascia transversalis abdominis

Tunica vaginalis testis
  Lamina parietalis (= Periorchium)
  Lamina visceralis (= Epiorchium)
	Peritoneum

Spermiogenese gewöhnlich bei Kryptorchismus (Bauchhoden) gestört oder völlig gehemmt ist, glaubte man schließen zu können, daß die höhere Temperatur im Inneren des Körpers ungünstig auf die Spermiogenese einwirken würde und daß die Verlagerung des Hodens in das Scrotum ein zweckmäßiger Vorgang zur Sicherung einer für die Spermiogenese optimalen Temperatur sei. Nun ist es zwar richtig, daß die Spermiogenese durch Temperaturerhöhung gehemmt wird. Allein diese Zweckmäßigkeitsdeutung übersieht völlig, daß bei Vögeln mit relativ hoher Körpertemperatur (über 40°) die Spermiogenese stets ungestört bei abdominaler Lage des Hodens abläuft. Dasselbe gilt für gewisse Säugetiere, die keinen Descensus aufweisen. Wir müssen also in dem niederen Temperaturoptimum der Spermiogenese bei Säugern mit Descensus eine Folge (Anpassung), aber nicht die Ursache des Descensus sehen. Zweifellos liegt die Gonade, dieses für die Arterhaltung entscheidend wichtige Organ, im Bauchraum geschützt und ist vor mechanischen Insulten besser geborgen als im Scrotum. Eine Deutung des Descensus allein nach der Zweckmäßigkeit bereitet unlösbare Schwierigkeiten. Neue Gesichtspunkte in dieser Frage, auf die A. PORTMANN aufmerksam machte, ergeben sich, wenn wir untersuchen, bei welchen Formen ein Descensus vorkommt, bei welchen er unterbleibt. Da zeigt sich nun, daß alle diejenigen Säugetiere, deren Hoden zeitlebens im Bauchraum verbleibt, recht primitiv oder altertümlich sind (Insektenfresser, Edentaten, Klippschliefer und Elefant unter den Huftieren). Die abdominale Lage des Hodens bei den Walen dürfte als Anpassung an das Wasserleben aufzufassen sein. Hingegen sind die Scrotalbildungen um so ausgeprägter und auffallender, je höher die Tierform rangmäßig einzuordnen ist. Bei den Paarhufern unter den Ungulaten finden wir auffallende Farbmuster und Spiegelbildungen um den Sexualpol des Körpers. Bekannt sind auch die Haarfärbungen in der Scrotalgegend bei vielen Raubtieren und die oft bunte Färbung der Anal- und Sexualregion vieler Affen. Alle diese Tierformen sind durch Praevalieren des optischen Sinnes in ihrer Umweltorientierung gekennzeichnet. Es kann keinem Zweifel unterliegen, daß die Hervorhebung des Sexualpoles einen ornamentalen Charakter besitzt und semantische (Signalwirkung, Art- und Geschlechtserkennungszeichen) Bedeutung hat. PORTMANN macht darauf aufmerksam, daß alle die Formen, bei denen der Descensus seine höchste Ausbildung erreicht, auch durch semantische Ausgestaltung der Kopfregion (Zeichnung, Geweih, Haarbildungen) ausgezeichnet sind. Er ist geneigt, die ornamentale Ausgestaltung des Kopfpoles und des Sexualpoles mit der häufig optischen Orientierung beim ranghohen Säugetier in Zusammenhang zu bringen und ihr besonderen Ausdruckswert als Geschlechtstracht zuzusprechen. Eine Deutung des Descensus und der Scrotalbildungen aus reinen Zweckmäßigkeitsbetrachtungen heraus ist also nicht möglich. Nur bei Bewertung der gesamten Tiergestalt erschließt sich uns eine sinnvolle Deutung.

3. Entwicklung der Kloake und ihrer Derivate. Harnblase, Urethra, Sinus urogenitalis, akzessorische Geschlechtsdrüsen, Damm

Bei jungen menschlichen Embryonen mündet der Enddarm mit der Allantois in einen gemeinsamen Endabschnitt, die *Kloake*, ein (Abb. 487, 488). Die entodermale Kloake legt sich der äußeren Körperdecke an, ohne daß ento- und ektodermales Epithel durch Mesenchym voneinander getrennt wären (Kloakenmembran, s. S. 443). Die Kloake wird in einen dorsalen Teil, das Rectum, und einen ventralen Anteil zerlegt. Diese Bildungsprozesse waren bereits bei der Beschreibung der Enddarmentwicklung (s. S. 481) besprochen. Wir stellen die Ergebnisse dieses Aufgliederungsprozesses nochmals tabellarisch zusammen:

```
                        Kloake
                      /       \
ventraler Kloakenrest | Septum  | dorsal
        |             | uro-    | Rectum
Harnblase (dorsocranial) | rectale |
prim. Urethra (Mitte)    | prim.   |
Sinus urogenitalis (ventral) | Damm |
                      Canalis cloacalis
```

Die Grenze zwischen Sinus urogenitalis einerseits, primärer Harnröhre und Blase andererseits wird durch die Mündungsstellen der WOLFFschen Gänge festgelegt. Damit sei schon hier betont, daß der größte Teil der männlichen Harnröhre – nämlich der Abschnitt distal von der Mündung der Ductus ejaculatorii – aus dem Sinus urogenitalis entsteht. Auf die primäre Harnröhre lassen sich die weibliche Urethra und die Pars prostatica der männlichen Harnröhre zurückführen.

Der craniodorsale Abschnitt des ventralen Kloakenrestes weitet sich zur Harnblase aus. In diesen Abschnitt münden seitlich unten die Urnierengänge (WOLFFsche Gänge) ein (Abb. 487, 489). Das Mündungsgebiet ist zu zwei Zipfeln, den Kloakenhörnern, ausgezogen. Aus dem unteren Ende des WOLFFschen Ganges sproßt die Ureterknospe aus. WOLFFscher Gang und Ureter haben also zunächst ein gemeinsames Mündungsrohr. Später münden Ureteren und WOLFFscher Gang jedoch selbständig voneinander. Wie dieser Trennungsprozeß im einzelnen zustande kommt, ist nicht völlig geklärt. Die Sonderung des Ureters vom Urnierengang wird gewöhnlich in der Weise beschrieben, daß der trennende Gewebssporn (Uretersporn) nach caudal vorrückt. Zweifellos spielt bei diesem Vorgang auch eine Ausweitung der gemeinsamen Wegstrecke eine Rolle. Dieser gemeinsame Gang wird wenigstens teilweise in die Blasenwand einbezogen (Abb. 489), und zwar ist dieser Prozeß bei Embryonen von 10 mm Länge bereits durchgeführt. In der Folgezeit kommt es aber zu weiteren Verlagerungen, welche dazu führen, daß die Ureteren wesentlich weiter cranial als die WOLFFschen Gänge ausmünden. Gleichzeitig vergrößert sich auch der quere Abstand der beiden Uretermündungen

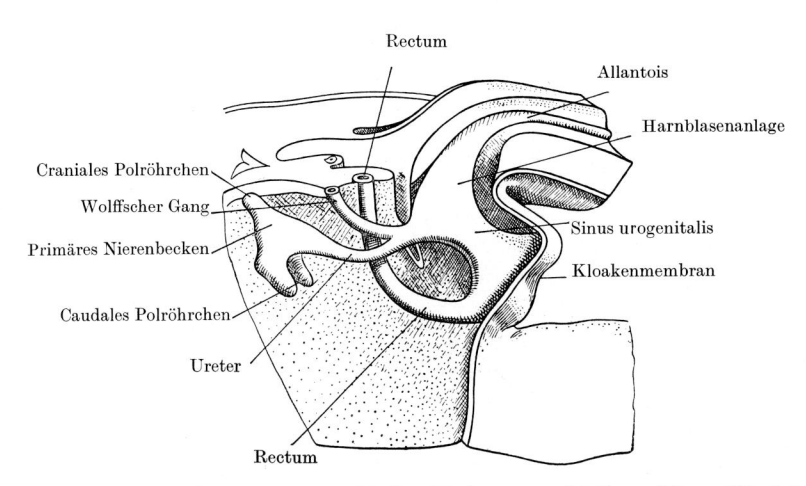

Abb. 487 Urogenitalorgane eines menschlichen Embryos von 11,5 mm Länge. (Nach KEIBEL).

voneinander. Das untere Ureterende ist zu dieser Zeit verschlossen. Der Durchbruch in die Harnblase erfolgt bei Embryonen von 28 mm Länge. Die komplizierten Wachstumsabläufe bei der Verschiebung der Uretermündungen nach cranial sind nicht genau bekannt. Möglicherweise wird Material des Ureters selbst in die Blasenwand einbezogen. Andererseits wächst der zunächst wenig umfangreiche Bezirk zwischen Mündung der Ureteren und der Urnierengänge aktiv in die Länge und in die Breite. Dadurch wird das Feld zwischen Ureterostien und Mündung der Ductus ejaculatorii zu einem dreieckigen Feld, dem primären Trigonum vesicae, ausgezogen. Vielfach wird angenommen, daß das Epithel des Trigonums mesodermaler Herkunft sei, also von dem Material der WOLFFschen Gänge abstamme. Doch wird andererseits auch die Herkunft des gesamten Trigonum-Epithels aus entodermalem Material behauptet (CHWALLA 1927). Die Verhältnisse liegen ähnlich unklar wie bei der Entstehung der Epithelauskleidung der Vagina. Materialverschiebungen lassen sich nun einmal nicht mit rein deskriptiven Methoden klar analysieren, wenn nicht sichere Markierungspunkte vorhanden sind. Richtig ist zweifellos, daß sich der Trigonumabschnitt der Blase strukturell abweichend gegenüber der übrigen Blasenwand verhält (Feinbau der Muskulatur, Schleimhautrelief, Gefäßverhältnisse). Doch ist ein derartiger Strukturunterschied zwischen zwei Regionen kein Beweis für verschiedene Herkunft des Materials.

Das craniale Ende der Harnblase setzt sich zunächst in den Allantoisgang fort, erreicht also den Nabelstrang. Der intraabdominale Teil des Allantoisganges, der sogenannte *Urachus*, verödet bereits im 2. Embryonalmonat. Auch das obere Ende der Harnblase selbst obliteriert. Die Harnblase ist noch beim Neugeborenen relativ lang und spindelförmig. Die definitive Form wird erst postnatal durch Wachstum in die Breite erreicht. Gleichzeitig macht die Blase im Zusammenhang mit dem Auswachsen des caudalen Körperendes einen Descensus durch. Während sie ursprünglich bis zum Nabel reicht, sinkt sie später bis hinter die Symphyse herab. Reste des Urachus können als Blasenfisteln oder als Urachuscysten erhalten bleiben. Unterbleibt die Einwanderung von Mesenchym in das Gebiet der Kloakenmembran im Bereich der vorderen Bauchwand, so kommt es zu einem Durchbruch der persistierenden Epithelmembran. Als Resultat ergibt sich eine Blasenspalte (Ectopia vesicae) und eine ventrale Bauchwandspalte.

Das Schicksal des Sinus urogenitalis ist in beiden Geschlechtern verschieden. Früh schon können eine Pars pelvina und eine Pars phallica un-

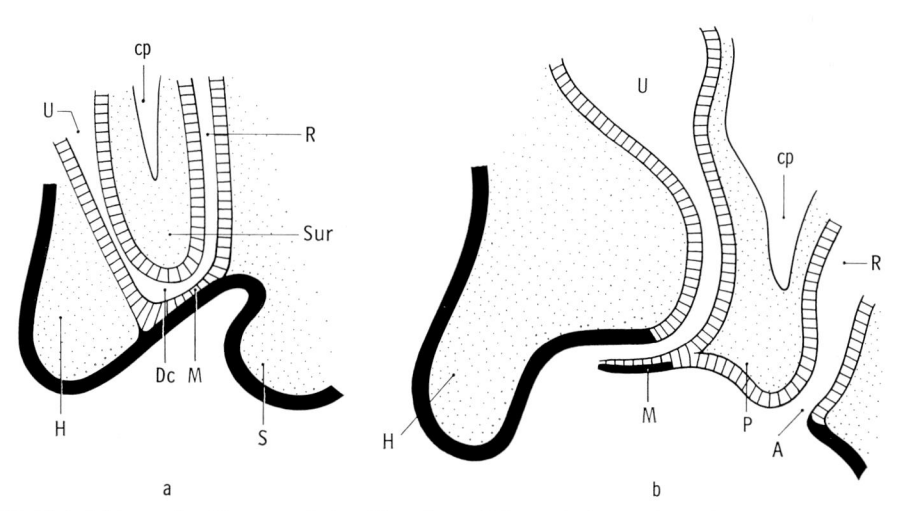

Abb. 488 Entwicklung des Dammes beim Menschen. Schematische Medianschnitte durch das kaudale Körperende. A. Stadium etwa 15 mm SchStLge. B. etwa 90 mm.

A: Analöffnung, cp: tiefster Punkt der Bauchhöhle, Dc: Ductus cloacalis, H: Geschlechtshöcker, M: Kloakenmembran bzw. deren Rest, P: Perineum, R: Rectum, S: Schwanzhöcker, Sur: Septum urorectale, U: Urogenitaltrakt.

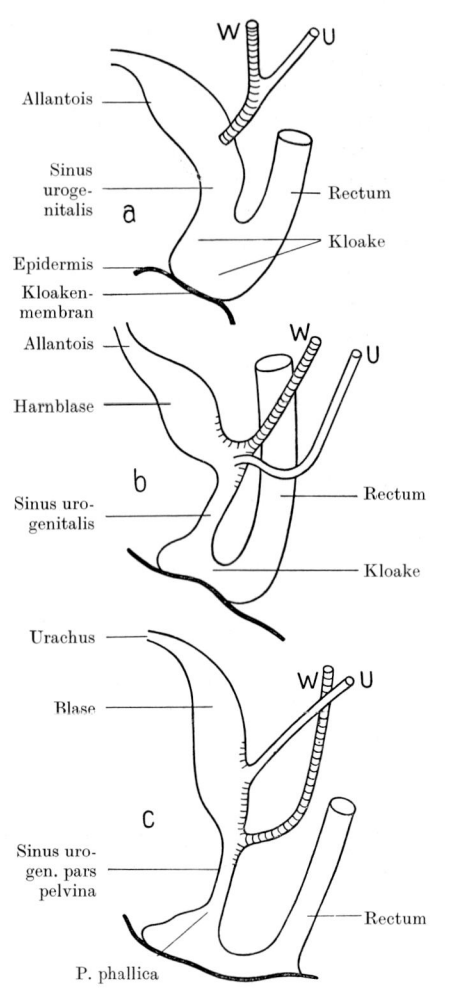

Abb. 489 Schema der Entwicklung von Ureter und Harnblase. WOLFFscher Gang und dessen Derivate gestrichelt. Aufteilung der Kloake. W = WOLFFscher Gang. U = Ureter.

terschieden werden. Die Pars pelvina ist recht breit, aber in dorsoventraler Richtung abgeplattet. Aus ihr gehen im männlichen Geschlecht der distale Teil der Pars prostatica urethrae und die Pars membranacea hervor. Bei der Frau beteiligt sie sich an der Bildung des unteren Endes der Urethra. Die Pars phallica ist zunächst in der Längsrichtung ausgezogen, aber wenig in der Breite entfaltet. Sie liefert im weiblichen Geschlecht das Vestibulum vaginae, im männlichen Geschlecht die Pars spongiosa urethrae.

Die Pars pelvina des Sinus urogenitalis ist der Mutterboden für die Bildung der akzessorischen Geschlechtsdrüsen, insbesondere der Prostata. Die Drüsengänge sprossen in zwei getrennten Gruppen bei Embryonen von etwa 50 mm Länge aus. Die eine Gruppe entsteht dorsal aus dem Epithel der primären Urethra, also cranial von der Ausmündung der Urnierengänge. Sie kommt beiden Geschlechtern zu und bildet beim Manne den Mittellappen der Prostata (bisexueller Anteil der Drüse). Eine zweite Gruppe entwickelt sich vor allem seitlich und ventral im Bereich des Sinus urogenitalis. Sie ist für das männliche Geschlecht typisch. Die Unterscheidung von zwei genetisch verschiedenen Abschnitten der Prostata ist praktisch wichtig, denn der typisch männliche Anteil des Organs, die untere Drüsengruppe, neigt im Alter zur Atrophie, während nur die obere Drüsengruppe (Mittellappen) im Greisenalter bei verändertem Hormonquotienten zur Hypertrophie neigt.

Die Bläschendrüsen (Gl. vesiculosae, Samenblasen) entwickeln sich aus dem ampullär erweiterten distalen Ende des Ductus deferens.

Der untere Rand des Septum urorectale (Kloakenseptum) verwächst, entgegen älteren Ansichten, nicht mit der Kloakenmembran und wird zum primären Damm (POLITZER, LUDWIG, v. HAYEK) (Perineum) (Abb. 488). Bei Embryonen über 16 mm Sch.-Stlge. geht die Kloakenmembran zugrunde, der primäre, zunächst von Entoderm überzogene Damm tritt an die Oberfläche, das Rectum öffnet sich in die Amnionhöhle. Gelegentlich kann, sekundär durch Verklebung, Verschluß des Rectums vorkommen. Die Einebnung des primären Dammes und seine Umformung zum sekundären Damm erfolgt im wesentlichen durch Wucherung des unterlagernden Mesenchyms. Die Urogenitalmembran reißt wenig später ebenfalls ein (Homo 18 mm). Analöffnung, primitive Urogenitalöffnung und primärer Damm liegen zunächst am Grunde einer Längsfurche, die beiderseits von den Genitoanalhöckern begrenzt wird. Durch die Vermehrung des Mesenchyms in der Perinealregion wird die Rinne mehr und mehr ausnivelliert, die Genitoanalhöcker verstreichen. Ebenso findet sich eine Vermehrung von Mesenchym im Unterhautbereich der Analregion (Bildung von Analhöckern, dann Analring), wodurch die Mündung des Enddarms nach peripherwärts vorverlagert wird. Dem entodermalen Darmrohr wird ein ektodermales Proctodaeum zugefügt, aus dem der Analkanal entsteht.

männlich	indifferente Ausgangsform	weiblich
Hoden	Gonadenanlage	Ovar
Nebenhoden Rudimente: Ductuli aberrantes des Nebenhodens, Paradidymis	Urniere	Rudimente: Markstränge des Ovars, Epoophoron, Paroophoron
Ductus deferens	WOLFFscher Gang	Rudiment: GARTNERscher Gang
Rudimente: Utriculus prostaticus, Hydatide des Hodens	MÜLLERscher Gang	Tube, Uterus, Vagina
Gubernaculum testis (= Lig. genitoinguinale)	Inguinalband der Urniere und der Gonade	Lig. teres uteri und Lig. ovarii propr.
—	Zwerchfellband der Urniere u. craniales Geschlechtsband	Lig. suspensorium ovarii

Äußere Geschlechtsorgane

männlich	indifferente Ausgangsform	weiblich
Corpus cavernosum penis	Geschlechtshöcker (Phallus)	Clitoris
Terminalende des Corpus cavernosum penis	Glans des Phallus	Glans clitoridis
Corpus spongiosum penis mit Glans penis	Geschlechtsfalten	Labia minora
Scrotum	Geschlechtswülste	Labia majora
Pars spongiosa urethrae	Sinus urogenitalis	Vestibulum vaginae

4. Entwicklung der äußeren Geschlechtsorgane

Die Entwicklung der äußeren Geschlechtsorgane nimmt ihren Ausgang von einem indifferenten Stadium. Eine Diagnose des Geschlechtes ist nach Untersuchung der äußeren Geschlechtsorgane nicht vor Ende des 2. Schwangerschaftsmonats möglich und stößt auch dann noch auf Schwierigkeiten (Homo 18–20 mm, sicher erst bei 50 mm). Die Differenzierung der äußeren Genitalien im männlichen Geschlecht geht erheblich über den morphologischen Differenzierungsgrad des weiblichen Geschlechts hinaus.

Im indifferenten Zustand tritt zunächst ein Geschlechtshöcker (Phallus) vor dem ventrocranialen Ende der Kloake auf (Abb. 490a). Dieser wächst schnell in die Länge. Dadurch wird das Material der Genitoanalhöcker zu den Geschlechtsfalten ausgezogen. Diese flankieren die Urogenitalmembran. Die Wachstums- und Umformungsprozesse am Geschlechtshöcker beeinflussen zugleich die Pars phallica des Sinus urogenitalis. Das Vorderende der Kloakenmembran bleibt zunächst als verdickte Urethralplatte erhalten, welche das Vorderende der Pars phallica des Sinus urogenitalis abschließt. Die Rückbildung betrifft zunächst nur den hinteren Abschnitt der Urogenitalmembran. Zwischen den Geschlechtsfalten und der Wurzel der Gliedmaßen erheben sich flache Wülste, die gegen die Analregion zu konvergieren und verstreichen. Auch diese „Geschlechtswülste" entstehen durch Mesenchymvermehrung im subcutanen Gewebe.

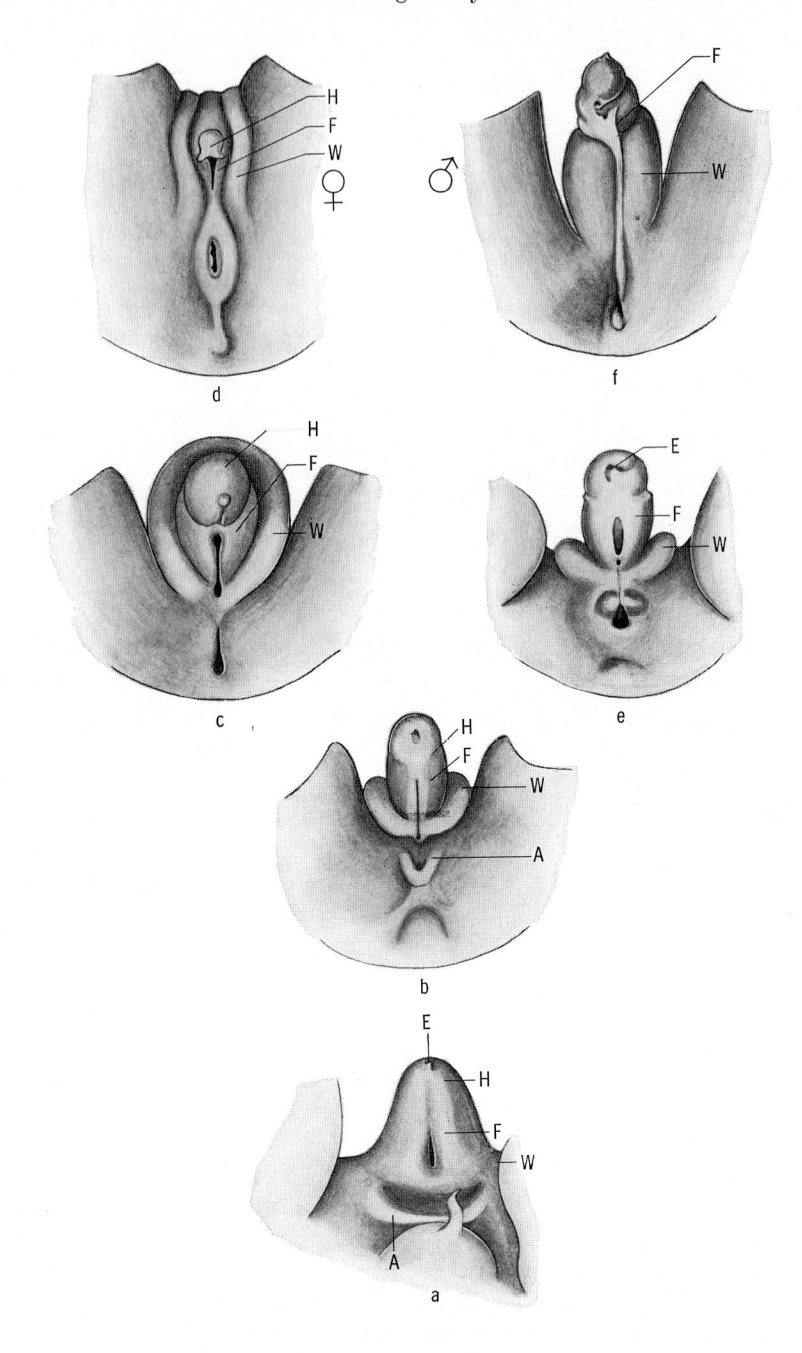

Abb. 490. Die Entwicklung der äußeren Geschlechtsorgane des Menschen (nach SZENES, v. HAYEK, HOCHSTETTER).

a) indifferentes Stadium 15,8 mm,
b) männlich 34 mm,
c) weiblich 51 mm,
d) weiblich 65 mm,
e) männlich 38 mm,
f) männlich 64 mm.
A: Analhöcker,
F: Geschlechtsfalte,
W: Geschlechtswulst, Scrotum,
H: Geschlechtshöcker,
E: Epithelpfropf.

Äußere Geschlechtsorgane

Entwicklung der weiblichen äußeren Geschlechtsorgane

Im Prinzip bleibt der indifferente Zustand der äußeren Geschlechtsorgane in wenig veränderter Form beim Weibe erhalten. Der Geschlechtshöcker vergrößert sich anfangs, bleibt aber dann bald im Wachstum zurück und wird zur Clitoris. Da die Geschlechtsfalten nicht miteinander verwachsen, bleibt der Sinus urogenitalis, in den Urethra und Vagina ausmünden, völlig frei und wird zum Vestibulum vaginae. Die Geschlechtsfalten werden zu den Labia minora. Aus den Geschlechtswülsten gehen die Labia majora hervor. Das Wachstum dieser Gebilde ist zur Zeit der Geburt nicht abgeschlossen, sondern erfährt unter hormonalen Impulsen zur Zeit der Pubertät eine weitere Steigerung (Abb. 490, 491a, b).

Entwicklung der männlichen äußeren Geschlechtsorgane

Das männliche Geschlecht ist durch stärkeres Wachstum des Phallus und der Geschlechtswülste gekennzeichnet. Die Geschlechtswülste schieben sich dabei mehr und mehr in Richtung auf das Perineum hin vor und vereinigen sich zur Bildung des Scrotums. Ob hierbei ein echter Verwachsungsvorgang vorkommt oder ob die Vorwölbung des Scrotums allein durch Vermehrung des unterlagernden Gewebes zustande kommt, ist nicht entschieden. Da echte Spaltbildungen am Scrotum nicht beobachtet wurden, hat der zuletzt genannte Entwicklungsmodus viel Wahrscheinlichkeit. Eine echte Verwachsung kommt im männlichen Geschlecht hingegen an den Geschlechtsfalten vor. Dieser Prozeß schreitet von hinten nach vorn vor (Abb. 490b, e, 491c, d), so daß schließlich nur das Ostium urethrae externum offenbleibt. Durch den Verschmelzungsvorgang wird ein wesentlicher Teil des Sinus urogenitalis zu einer Röhre, der männlichen Urethra, geschlossen. Die Urethra des Mannes ist also im Grunde genommen ein *Canalis urogenitalis* (= Harnsamenröhre). Die Reste der Verwachsungsnaht sind als Raphe bzw. Septum penis beim Erwachsenen nachweisbar. Häufig erfolgt der Schluß der Harnsamenröhre unvollkommen. Als Mißbildung resultieren die verschiedenen Grade von Hypospadie. Unterbleibt der Schluß des Canalis urogenitalis vollständig, so ähnelt das äußere männliche Genitale dem des weiblichen Geschlechts, trotz vollständig männlicher Differen-

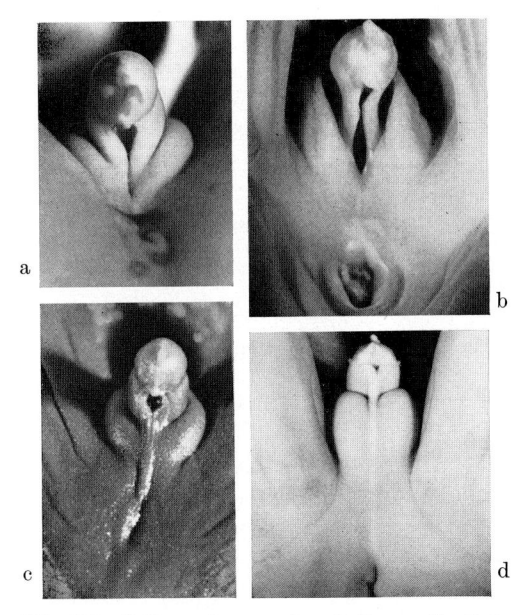

Abb. 491 Differenzierung des äußeren Genitals.
a) weiblicher Embryo 48 mm Scheitel-Steiß-Länge.
b) weiblicher Embryo 76 mm Scheitel-Steiß-Länge.
c) männlicher Embryo 52 mm Scheitel-Steiß-Länge.
d) männlicher Embryo 85 mm Scheitel-Steiß-Länge.

Epitheliale Verklebung zwischen Glans und Praeputium

Glans

Praeputium

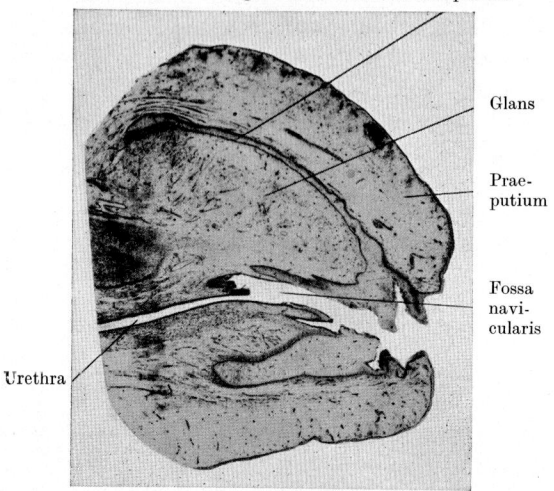

Fossa navicularis

Urethra

Abb. 492 Längsschnitt durch die Glans penis eines geburtsreifen Fetus. Epitheliale Verklebung zwischen Praeputium und Glans. (Orig.)

zierung der Gonaden. Derartige Fälle von Pseudohermaphroditismus haben nichts mit echten Zwitterbildungen zu tun. Das Material der Geschlechtsfalten differenziert sich zum Corpus spongiosum penis. Dieses umfaßt auch die Spitze des Phallus und baut allein die Glans penis auf. Die Glans clitoridis hingegen wird vom Geschlechtshöcker gebildet, ist also nicht der Glans penis homolog. Das Corpus cavernosum penis differenziert sich im Geschlechtshöcker selbst. Die Glans penis ist bis zum 70-mm-Stadium unbedeckt. Später wächst von der Gegend des Sulcus coronarius aus eine Epidermisduplikatur, die Anlage des Praeputiums, über die Glans vor. Das innere Blatt dieser Praeputiallamelle verklebt mit dem Epithel der Glans (Abb. 492). Durch Zellzerfall innerhalb dieser Epithelschicht kommt es gegen Ende der Fetalzeit zu einer Lösung zwischen Praeputium und Glans. Reste derartiger Verklebungen können persistieren.

Die Diagnose des Geschlechtes bei jungen menschlichen Keimlingen nach äußeren Merkmalen

Die Geschlechtsunterschiede sind bei menschlichen Keimlingen erst bei Stadien von 45–50 mm Scheitel-Steiß-Länge so deutlich, daß eine Geschlechtsdiagnose möglich ist. Doch läßt sich bereits bei Embryonen von 20–25 mm Scheitel-Steiß-Länge mit einiger Übung das Geschlecht erkennen. Bei weiblichen Embryonen ist der Phallus ventrocranial gerichtet, seine Achse bildet mit der Ebene der Phallusbasis einen nach hinten offenen stumpfen Winkel. Im männlichen Geschlecht ist dieser Winkel spitz, der Phallus ist etwas nach abwärts gerichtet. Dieser Unterschied verschwindet bei Embryonen von mehr als 25 mm Länge. Bei weiblichen Embryonen bis zu 40 mm Länge vereinigen sich die caudalen Enden der Geschlechtswülste hinter der Geschlechtsspalte, während im männlichen Geschlecht die Geschlechtsfalten caudal über die nicht vereinigten Geschlechtswülste hinausragen (Abb. 490, 491). Bei Embryonen über 45 mm Länge verschmelzen die Geschlechtsfalten im männlichen Geschlecht (Raphe), der Phallus richtet sich auf. Im weiblichen Geschlecht bleiben diese beiden Kennzeichen aus. Die Geschlechtsunterschiede sind nun deutlich (Abb. 490c, e, 491).

IV. Entwicklung der Organe des Kreislaufes

1. Allgemeine Übersicht

Das Gefäßsystem des Embryos wird außerordentlich früh angelegt und ist das Organsystem, welches zuerst in Funktion tritt. Beim menschlichen Embryo der 4. Woche (Homo VEIT-ESCH) mit acht Somiten ist bereits ein funktionsfähiger Dotterkreislauf aufgebaut, der Chorionkreislauf befindet sich in Bildung. Diese Tatsache wird verständlich, wenn wir berücksichtigen, daß der Wirbeltierembryo einen intensiven Stoffwechsel besitzt. Die Ernährung des Keimes und seine Versorgung mit Nähr- und Aufbaustoffen kann nur während einer begrenzten Zeitphase durch Diffusion erfolgen. Haben die Dimensionen der Embryonalanlage eine gewisse absolute Größe erreicht, so ist ein Gefäßsystem für den Stofftransport unbedingt not-

Gefäßentwicklung, Allgemeines

wendig. Weiterhin ist zu beachten, daß die embryonalen Anhangs- und Ernährungsorgane in den Frühphasen der Entwicklung wesentlich umfangreicher sind als der Embryonalkörper selbst. Die embryonalen Kreislauforgane haben also ein sehr umfangreiches extraembryonales

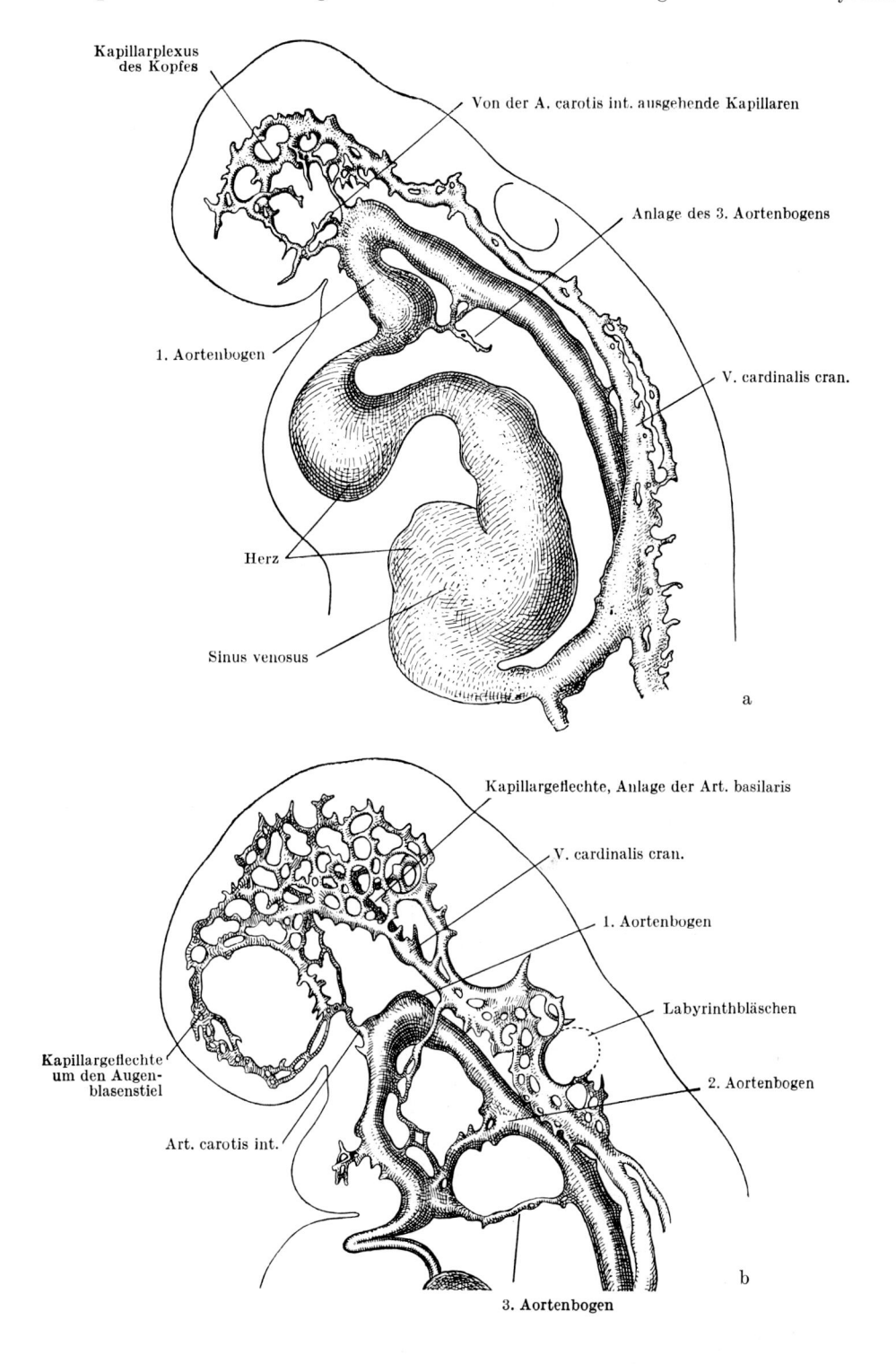

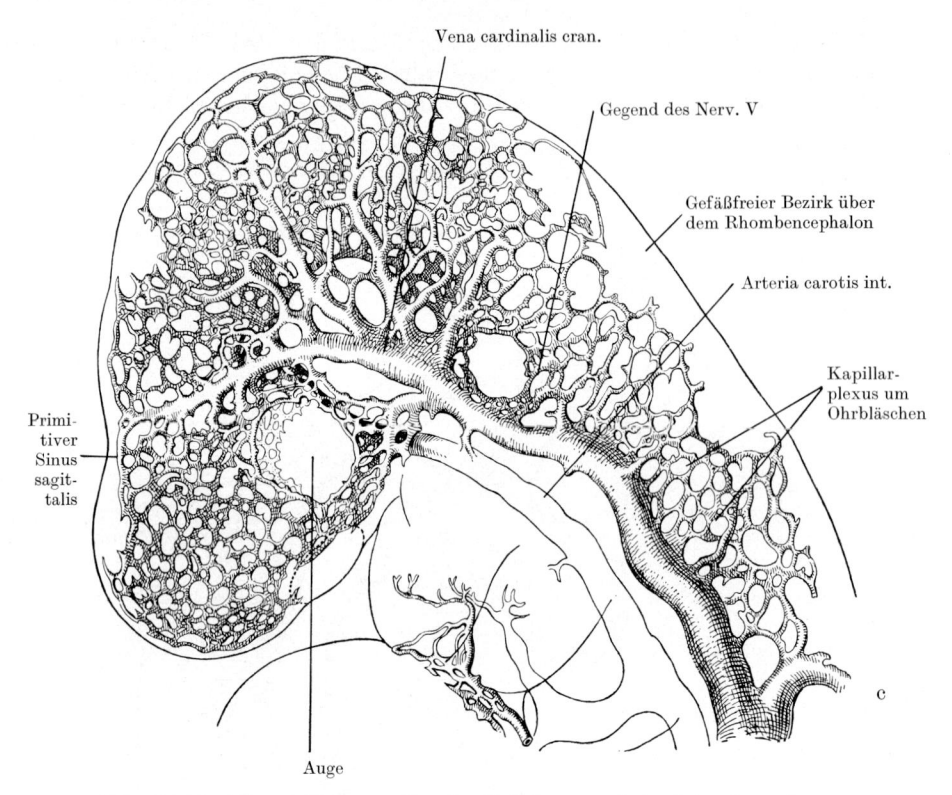

Abb. 493 Drei Entwicklungsstadien des Gefäßsystems beim Schweineembryo, Injektionspräparate. (Nach EVANS).

Territorium zu versorgen. Infolgedessen ist das Herz in dieser Entwicklungsphase außergewöhnlich groß und wölbt sich weit nach ventral vor.

Der Aufbau der ersten Kreislauforgane und die entwicklungsphysiologischen Grundtatsachen wurden, besonders in Hinblick auf die niederen Wirbeltiere, zuvor besprochen (Kap. A V, S. 193). Hier sollen nur einige Besonderheiten der menschlichen Gefäßentwicklung nachgetragen werden. Gefäßbildende Zellen sind früh determiniert. Aus dem ersten Sichtbarwerden derartiger Angioblasten kann kein Rückschluß auf ihre Herkunft gezogen werden. Diese Zellen stehen in engster Beziehung zur Splanchnopleura, besonders zur Mesenchymüberkleidung des Dottersackes und des Haftstieles. Inwieweit die Angioblasten im Embryonalkörper in loco selbständig entstehen, ist unbekannt. Da einzelne Angioblasten wandern können, kann eine Entstehung in loco leicht vorgetäuscht sein. Die Frage ist heute noch für den menschlichen Keimling offen. Die Auffassung,

daß auch die Gefäße des Embryonalkörpers von außen her einsprossen, hat viel Wahrscheinlichkeit für sich. Die ersten Anlagen von Blut und Gefäßen werden beim Menschen auf dem Dottersack und auf dem Haftstiel (Embryo v. SPEE-GLAEVECKE) in Form typischer Blutinseln sichtbar. Aus den Gefäßanlagen auf dem Haftstiel gehen die Gefäße des Umbilikalkreislaufes hervor.

Die ersten Gefäßanlagen entstehen also auf dem Dottersack und im Haftstiel. Von hier schieben sie sich in den Embryonalkörper zwischen Dottersackwand und Splanchnopleura hinein. Aus diesen Anlagen entstehen auch die Herzanlage und die Aorten (BREMER 1912, VEIT 1922). In neuer Zeit wird angegeben, daß die ersten Angioblasten beim Menschen vom Chorion bzw. vom Morulamesenchym abstammen (HERTIG) und den Dottersack sekundär besiedeln. Die Frage kann nicht mit deskriptiv anatomischen Methoden entschieden werden. Jedenfalls ist festzustellen, daß das Gefäßsystem des Menschen früh im extraembryonalen Bezirk auftritt und daß die verfrühte Anlage der Kreislauforgane eine funktionelle Notwendigkeit für die Ernährung des Keimes ist. Es besteht auch kein Zweifel, daß die vorzeitige Ausbildung extraembryonalen Mesenchyms bei Primaten und Mensch (s. S. 237) ein morphologischer Ausdruck dieser Notwendigkeiten ist.

Auch in der Frage der weiteren Differenzierung des Gefäßsystemes werden verschiedene Auffassungen diskutiert. Nach einer älteren Auffassung sollen Arterien und Venen als selbständige Gefäßbahnen angelegt werden. EVANS (seit 1911) hat durch eine sehr subtile Injektionstechnik (s. Abb. 493) zeigen können, daß die Anlage *aller* Gefäße auf einen Kapillarplexus zurückgeht. Die endgültigen Arterien und Venen modellieren sich unter haemodynamischen und Genomeinflüssen aus diesem Netzwerk heraus, indem einzelne Partien ausgeweitet und bevorzugt, andere aber rückgebildet werden. Diese „Netztheorie", der wir uns anschließen, besagt aber nicht, daß immer und in allen Fällen der Kapillarplexus gleichmäßig ausgebildet sein muß. Umgebungseinflüsse spielen zweifellos eine Rolle. Besteht bereits ein ausgedehnter Kapillarplexus, so können Gefäßanlagen aussprossen, welche nun von Anfang an unter dem Einfluß des Blutstromes stehen und somit als selbständige Stämme erscheinen. EVANS führt als Beispiel für diesen Modus die dorsalen Segmentalarterien an. Diese Einschränkung bedeutet keine grundsätzliche Absage an die Netztheorie.

Der primäre Kreislauf des Blutes benutzt bei allen Cranioten gleiche Wege (Abb. 494). Aus dem Herzen wird das Blut durch die Kiemenbogenarterien in die dorsalen Aorten getrieben, gelangt über den Körper in das Kapillarnetz des Dottersackes, von hier in die Venen und durch diese in das Herz zurück. Es besteht also ein einfacher Kreislauf mit zwei hintereinandergeschalteten Kapillargebieten (Kiemenkapillaren und Dottersackkapillaren). Mit Auftreten der besonderen Organkreisläufe bilden sich aber grundsätzliche Unterschiede bei den verschiedenen Wirbeltierstämmen heraus. Bei Knochenfischen und Amphibien passiert alles Blut, das den Dottersack erreicht, zuvor das Körperkapillarnetz. Der Dottersack wird also durch Venen gespeist (Caudal- und Kardinalvenen).

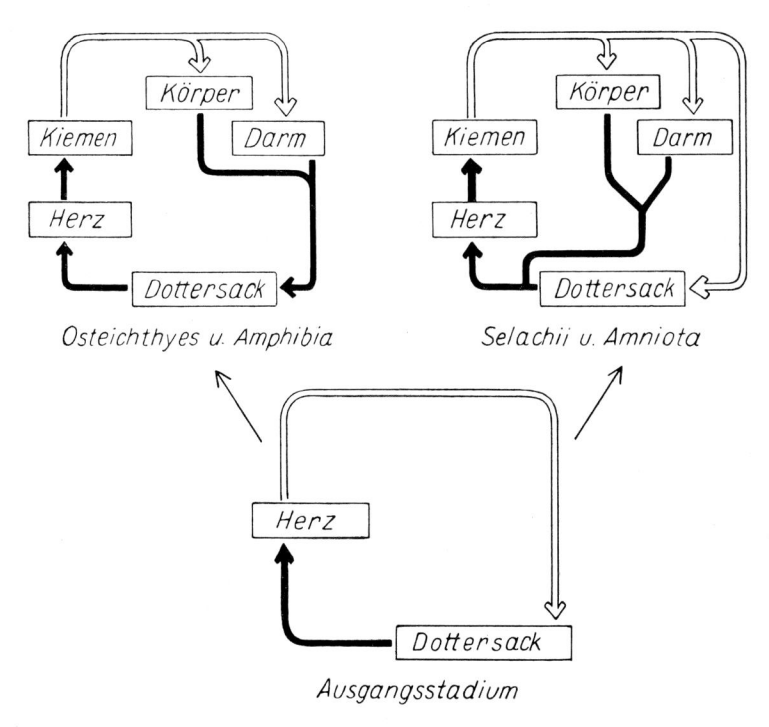

Abb. 494 Schema des Dottersackkreislaufes. (In Anlehnung an MOSSMAN).

Bei Selachiern und Amnioten bleibt hingegen die arterielle Versorgung des Dottersackes auch nach Auftreten der Organkreisläufe erhalten (Abb. 494, MOSSMAN 1948). Die Versorgung des Dottersackes erfolgt über die Arterien des Mitteldarmes. Die funktionelle Bedeutung dieses grundsätzlichen Unterschiedes ist nicht bekannt. Offensichtlich bestehen hier Beziehungen zur Größe des Dottervorrates und zur Umwachsungsgeschwindigkeit des Dottersackes. Bei Knochenfischen und Amphibien ist der Dottersack ein Derivat der Leibeswand, die hier nicht vom Coelomspalt erreicht wird. Der definitive Dottersack der Amnioten ist ein Derivat der Splanchnopleura (Darmwand). Die Somatopleura wird dem Chorion zugeschlagen. Der Allantoiskreislauf (Umbilikalkreislauf) wird durch Äste der dorsalen Aorta (Arteriae umbilicales) gespeist. Der Rückfluß erfolgt über die Venae umbilicales zum Herzen.

Ein einfacher Kreislauf mit zwei hintereinandergeschalteten Kapillarnetzen (Kiemenkapillaren, Organkapillaren) findet sich persistent bei allen jenen Formen, die durch Kiemen atmen (Fische). Der Übergang von der Kiemenatmung zur Lungenatmung macht einen komplizierten Umbau des Gefäßsystemes notwendig. Neben dem Körperkreislauf muß ein Lungenkreislauf auftreten. Die beiden Kapillargebiete sind aber nebeneinandergeschaltet. Damit wird die Unterteilung des Motors in einen arteriellen Teil (linke Herzhälfte) und einen venösen Teil (rechte Herzhälfte) nötig. Diese Umstellung erfolgt in Onto- und Phylogenese schrittweise. Eine völlige Trennung beider Herzhälften wird erst bei Warmblütlern (Vögel und Säugetiere), also bei den Gruppen mit höchster Stoffwechselintensität erreicht. Es ist leicht ersichtlich, daß die Nebeneinanderschaltung der beiden Kapillargebiete mit zwei Motoren (Herzhälften) eine wesentlich günstigere Voraussetzung für eine rasche Zirkulation des Blutes bietet, als wenn die beiden Kapillargebiete nacheinander durchströmt würden. In der Art, wie diese Aufteilung in der Ontogenese durchgeführt wird, wiederholt sich im großen und ganzen der Ablauf der Phylogenese (biogenetische Regel).

Bei *Amphibien* ist der Kammerabschnitt des Herzens stets ungeteilt, hingegen besteht bereits eine Teilung des Vorhofabschnittes. In den rechten Vorhof münden die Venen des Körperkreislaufes (reduziertes Blut), in den linken Vorhof münden die Lungenvenen (oxydiertes Blut). Wenn auch aus beiden Vorhöfen Blut in den einheitlichen Ventrikel einströmt, kommt es doch nur zu einer geringfügigen Durchmischung der beiden Blutarten. Die Scheidung beider Blutqualitäten ist funktionell bereits weitgehend gesichert. Der Ventrikel besitzt tiefe Taschen und Buchten in seiner muskulösen Wand. Die Trennung ist weiterhin dadurch gewährleistet, daß die Systole asymmetrisch rechts an der Herzspitze beginnt. Die Systole der linken Ventrikelhälfte folgt nach. Die verschiedenen Blutarten werden also nacheinander und in verschiedener Richtung ausgestoßen. Die zeitliche Reihenfolge des Blutausstoßes während einer Systole ergibt somit

1. vorwiegend reduziertes Blut,
2. gemischt-oxydiertes Blut,
3. fast rein oxydiertes Blut.

Das Ostium atrioventriculare liegt asymmetrisch etwas nach links verschoben. Die arterielle Ausflußbahn hingegen liegt mehr nach rechts. Im Conus arteriosus (Ausflußbahn) finden sich mehrere spiralig verwundene Falten. Beginnt nun die Kontraktion in der rechten Ventrikelhälfte, so strömt das vorwiegend reduzierte Blut rechts der Spiralfalte ins Arterienrohr und von hier in die Art. pulmonalis und cutanea. Schreitet die Systole voran, so gelangt mehr und mehr Blut auch unter dem Rand der Spiralfalte in die linke Conushälfte. Gleichzeitig beginnt der Conus selbst sich zu kontrahieren. Dadurch wird der Conus gegen den Rand des Vorhofseptums gepreßt, die Pulmonalisbahn wird geschlossen. Das gemischte Blut strömt in die Aortenkanäle. Bei fortschreitender Kontraktion des Conus wird in der Schlußphase der Systole vorwiegend oxydiertes Blut aus der linken Kammerhälfte in die Carotiden gepreßt. Obgleich also bei Amphibien anatomisch noch keine Teilung des Kammerteiles des Herzens besteht, ist durch komplizierte Aufeinanderfolge der Teilphasen der Kammersystole, durch Spiralfalten im Conus und durch die buchtigen Nebenräume des Ventrikels eine weitgehende Scheidung des Blutes verschiedener Qualität bereits erreicht. Das stark reduzierte Blut gelangt in die Lungen und wird hier oxydiert. Die beste O_2-Versorgung bekommt der Kopf und damit das Gehirn.

Bei *Reptilien* ist die Trennung der Kammern weitgehend durchgeführt. Die funktionelle Scheidung der Blutarten wird in zunehmendem Maße durch eine morphologische Scheidung der Herzhälften gesichert. Das Ventrikelseptum ist eine neue Bildung, die nichts mit der Vorhofsscheidewand zu tun hat. Die Reihe Schildkröten – Eidechsen – Schlangen – Krokodile entspricht einer Reihe zunehmender Vervollkommnung der Herztrennung. Bei Vögeln und Säugetieren ist die vollständige Teilung in eine rechte venöse und eine linke arterielle Hälfte durchgeführt. Die bei Amphibien, teilweise schon bei Lungenfischen, angebahnte Septierung des Herzens und die Überkreuzung der Kreisläufe (Nebeneinanderschaltung) ist nun vollendet. Das vierteilige Herz (zwei Vorhöfe, zwei Kammern) ist entstanden.

2. Entwicklung des Herzens

a) Allgemeines, erste Anlage

Beim jungen menschlichen Keim (Praesomitenstadium) finden sich die ersten herzbildenden Angioblasten zwischen Splanchnopleura und Entoderm. Dieses Herzfeld liegt vor der Neuralplatte und vor der Rachenmembran. Mit dem freien Auswachsen des Kopfendes und der Abhebung des Vorderdarmes kommt die Herzanlage ventralwärts unter den Darm und hinter die Rachenmembran zu liegen. In den mesenchymatischen Zellsträngen der Herzanlage tritt ein Lumen auf. Die Herzanlage ist zunächst paarig.

Die Struktur dieser ersten Herzanlage gleicht völlig derjenigen anderer Gefäße, d. h. es handelt sich um ein einfaches Endothelrohr (primäre Gefäßwand). Die diesem Herzrohr anliegende Wand der Splanchnopleura zeigt nun eine Verdickung (kardiogene Platte), welche Myo- und Epikard bildet. Form und Anordnung der ersten Herzanlage werden durch den Dotterreichtum der Keime bestimmt. So ergeben sich erhebliche Differenzen zwischen Holoblastiern und Meroblastiern. Während bei Holoblastiern (Amphibien) die zunächst paarig angeordneten Zellstränge von vorneherein zu einem unpaaren, ventral vom Darm gelegenen Herzschlauch zusammentreten (Abb. 202), entsteht bei Meroblastiern das Herz als paariger Schlauch beiderseits der vorderen Darmpforte. Mit der Abschnürung des Dottersackes von der Embryonalanlage und mit dem Schluß der Darmrinne zum Rohr rücken die paarigen Herzschläuche nach medial hin vor, verschmelzen miteinander, die trennende Wand reißt ein, und es entsteht sekundär ein unpaarer Herzschlauch (Abb. 495). Diese primäre Paarigkeit der Herzanlage hat natürlich gar nichts mit der späteren Teilung des Herzens in eine rechte und linke Hälfte zu tun. Beim Säugetier erfolgt trotz der Reduktion des Dotters und der geringen Ausdehnung des Dottersackes die erste Bildung des Herzens in gleicher Weise wie bei Meroblastiern. Wir sehen hierin einen Hinweis auf die sekundäre Natur der Dotterarmut des Säugereies und auf die Herkunft der Placentalier von dotterreichen Ahnenformen (Sauropsiden). Die dem Endokardschlauch benachbarten, zunächst paarigen Coelomabschnitte werden zur Perikardialhöhle. Aus ihrer verdickten Wand entsteht die sekundäre Gefäßwand des Herzens, also Epi- und Myokard. Bei Sauropsidenkeimen treffen rechtes und linkes Herzbeutelcoelom über und unter dem Herzschlauch zur Bildung eines dorsalen und ventralen Herzgekröses (Mesokard, Abb. 495) zusammen. Beide reißen sehr bald ein, so daß der Herzschlauch frei im Herzbeutel liegt. Ein Zusammenhang zwischen Perikard und Epikard besteht sodann nur noch im Bereich des arteriellen und des venösen Endes des Herzschlauches. Beim Menschen wird kein ventrales Mesokard mehr angelegt. Zu dieser Zeit findet sich zwischen Endokard und myoepikardialem Mantel noch ein relativ weiter Spaltraum (Abb. 495), der von plasmatischen Brücken durchzogen wird und eine gallertige, amorphe Substanz („gelatinöses Reticulum") enthält. Diese wird vom Endokardschlauch her später mit Zellen besiedelt. Erst nachdem diese den Myokardmantel erreicht haben, wird das Endokardrohr am Myoepikardmantel befestigt. Aus dem myoepikardialen Mantel gehen der gesamte Herzmuskel mit allen bindegewebigen Elementen und das Epikard hervor. Beim Vogelkeimling setzen bereits auf einem Stadium, das noch kein differenziertes Herzmuskelgewebe besitzt,

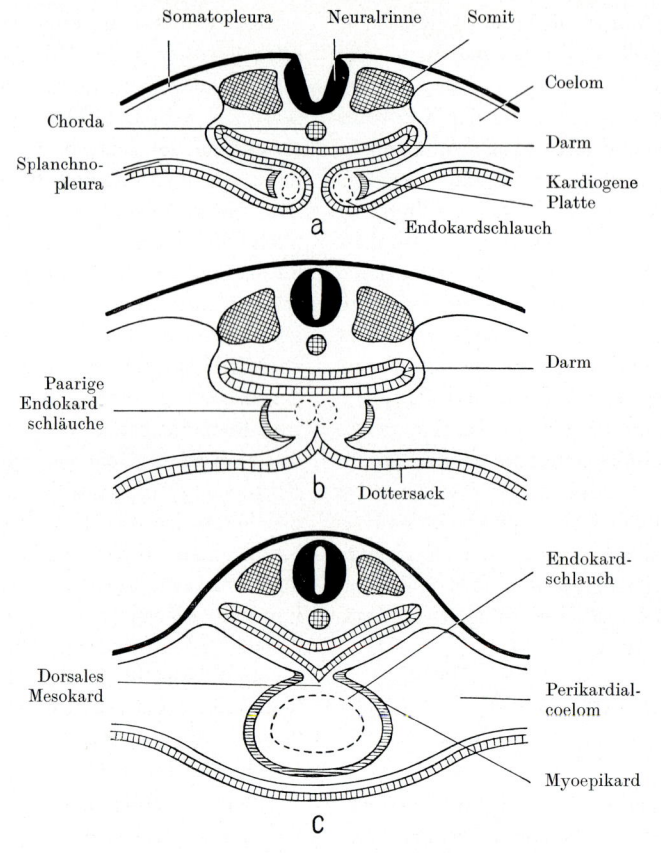

Abb. 495 Herzentwicklung bei Meroblastiern. Schema.

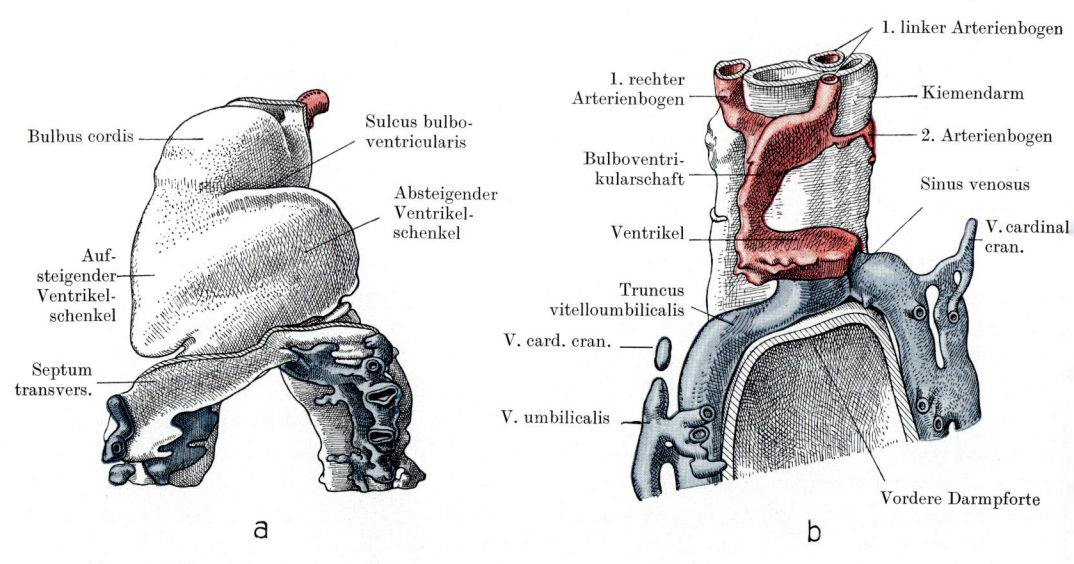

Abb. 496 Herzanlage eines menschlichen Embryos von 2,3 mm Länge (Embryo der Abb. 234c).
a) Myoepikardialer Mantel.   b) Endothelschlauch.
Blau = Venen. Rot = Herz und Arterien. (Nach Veit 1922).

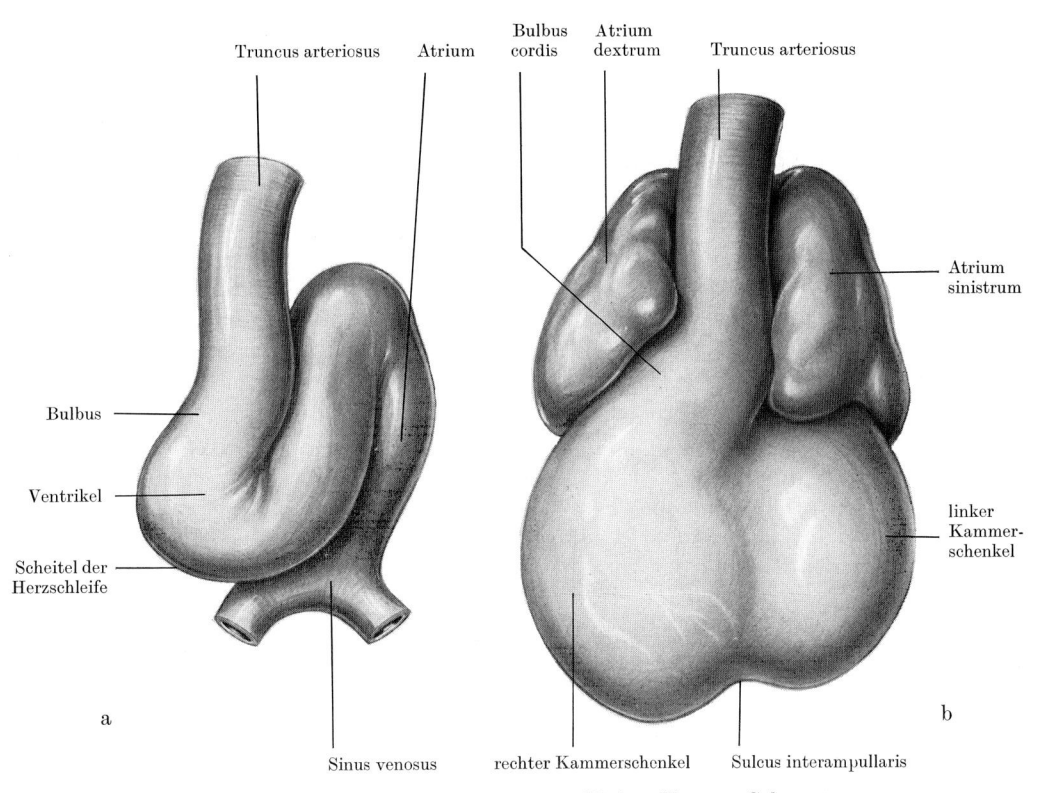

Abb. 497 Formentwicklung des menschlichen Herzens. Schemata.
a) Herzschleife. b) Bildung der Herzohren und des Ohrkanals.

die ersten rhythmischen Kontraktionen ein (9-Somiten-Stadium beim Hühnchen). Auch an Herzmyoblasten in der Gewebekultur läßt sich das Einsetzen der Kontraktionen auf dem entsprechenden Stadium beobachten (OLIVO). Diese erste rhythmische Herztätigkeit erfolgt sicher ohne Beteiligung irgendwelcher nervöser Impulse. Die Erregungsleitung ist zu dieser Zeit also myogen. Bringt man zwei Herzexplantate in engem Kontakt in eine Gewebekultur, so kommt es in kurzer Zeit zu einer völlig synchronen Tätigkeit. Kommt der Kontakt der beiden Explantate aber nur durch eine bindegewebige Brücke zustande, so bleibt die Synchronisation aus.

b) Äußere Form, Ausbildung der Herzabschnitte

Beim menschlichen Embryo von 10 Somiten ist die Rückbildung des dorsalen Mesokardes im Gange. Bei Embryonen von 16 Somiten ist das Mesokard völlig geschwunden, der Herzschlauch liegt nun frei im Perikardialraum. Dorsal des Herzschlauches besteht also jetzt eine völlig freie Kommunikation von der rechten in die linke Herzbeutelhälfte (späterer Sinus transversus pericardii). An diesem fast gestreckten Herzschlauch lassen sich bereits mehrere Abschnitte als leichte Ausweitungen erkennen. Vom venösen (caudalen) zum arteriellen (rostralen) Ende des Herzschlauches sind dies (Abb. 496, 497):

a) der *Sinus venosus*, welcher in querer Richtung verbreitert ist, und in den die Venae omphalomesentericae, Vv. umbilicales und die Ductus Cuvieri (Leibeswandvenen) einmünden. Er ist eng mit dem Septum transversum verbunden.

b) das einheitliche *Atrium*.

c) der *Ventrikel*, von b) durch den Atrioventrikularkanal (= Ohrkanal) getrennt, und schließlich

d) der *Bulbus cordis*, der sich in den Truncus arteriosus (arterielle Ausflußbahn) fortsetzt (Abb. 497).

Dieser Herzschlauch wächst sehr rasch in die Länge. Da einerseits sein Wachstum erheblich schneller abläuft als das der angrenzenden Körperpartien, da anderseits aber arterielles und venöses Ende des Herzschlauches an diese Umgebung fixiert sind, muß der Schlauch Krümmungen erfahren. Diese vor allem sind für die Überleitung des Schlauches in die definitive Herzform verantwortlich.

Zwischen den beiden fixierten Punkten bildet der Herzschlauch eine S-förmig gekrümmte Schleife. Der Scheitel dieser Schleife liegt ventral und blickt nach rechts und caudal (Abb. 497a, 498). Er entspricht der späteren Herzspitze. Die nach ventral gerichtete Konvexität der Herzschleife entspricht im ganzen also dem Ventrikelabschnitt. Sie setzt sich nach vorne (cranial) rechts in den Bulbus cordis fort. Der venöse Abschnitt des Herzens (Sinus und Atrium, Abb. 498) ist nach hinten (dorsal) und cranial verschoben. Mit dem stärkeren Längenwachstum der Herzschleife prägt sich die Abknickung im Bereich des Ventrikelabschnittes immer stärker aus. Von cranial her dringt die Bulboauricularspalte zwischen die beiden Ventrikelschenkel ein. Dieser Spalt setzt sich in eine ringförmige Furche, welche den ganzen Ventrikel umfaßt, den Sulcus interampullaris, (Abb. 498) fort. Die dadurch bedingte oberflächliche Gliederung des Ventrikels in eine Proampulle und eine Metampulle (Abb. 498) spielt bei der späteren Teilung der einheitlichen Kammer eine Rolle. Die Herzschleife ist asymmetrisch, mit ihrer Konvexität nach rechts gerichtet. Würde der an seinen beiden Enden fixierte Herzschlauch in allen Partien seiner Wand mit gleicher Intensität wachsen, so müßte eine rein sagittale, nach ventral hin konvexe Krümmung entstehen. Tatsächlich läßt sich nachweisen, daß bereits früh die linken Wandpartien des Herzschlauches stärker wachsen und sich früher differenzieren als die rechte Seite. Die Asymmetrie des Herzschlauches läßt sich also auf eine Ungleichmäßigkeit des Wachstums in den contralateralen Wandabschnitten zurückführen.

Die folgenden Entwicklungsphasen sind nun dadurch gekennzeichnet, daß die einzelnen Herzabschnitte sich stärker auswölben, die Grenzfurchen dementsprechend tiefer einschnüren. Dies betrifft vor allem die Vorhöfe und die Atrioventrikularfurche. Direkt ventral vor den Atrien liegt der Bulbus cordis. Weitet sich das Atrium commune aus, so muß es von hinten her rechts und links um den Bulbus herumgreifen (Abb. 497). Der Bulbus drückt sich von ventral her in das Atrium ein. Die in der Ventralansicht, rechts und links des Bulbus cordis, sichtbaren blindsackartigen Enden des Vorhofes werden zu den definitiven Herzohren. Ihre Bildung ergibt sich aus den engen räumlichen Beziehungen zwischen Vorhof und Bulbusabschnitt. Die Grenze zwischen Vorhof und Ventrikel ist als Einschnürung sichtbar (Abb. 497b). Ihr entspricht im Inneren der Ohrkanal (Auricularkanal, benannt nach der topographischen Nachbarschaft zu den Herzohren). Vorhof

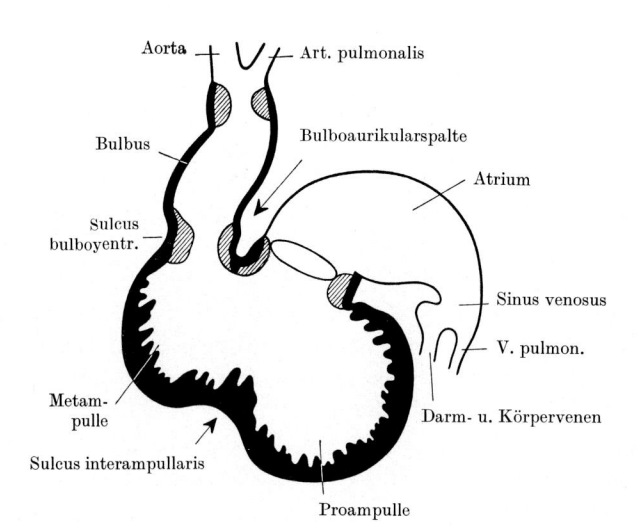

Abb. 498 Schematischer Längsschnitt durch die Herzschleife. Schraffiert: Endokardpolster. Der zwischen Atrium und Ventrikel eingezeichnete Ring entspricht dem Ohrkanal. (Nach PERNKOPF und WIRTINGER 1933).

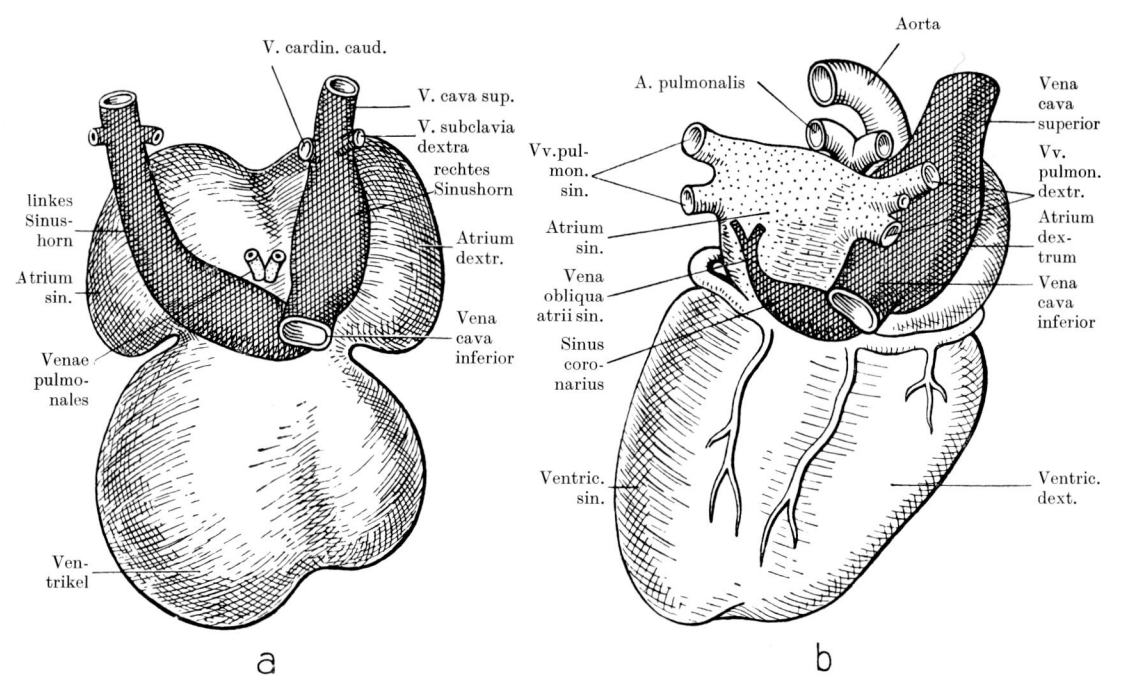

Abb. 499 **Einbeziehung des Sinus venosus in das Atrium, Entwicklung der Lungenvenen.**
a) Embryo aus dem Anfang des 2. Monats.
b) Erwachsener. Ansicht von dorsal.
Schema.

und Sinus sind zunächst kaum abgegrenzt. Eine Abschnürung als Grenzmarke bildet sich erst relativ spät aus (Sulcus terminalis). Am Sinus selbst sind jeweils die Abschnitte, in die die Ductus Cuvieri einmünden, nach lateral zum Sinushorn ausgezogen (Abb. 499). Die Grenze zwischen Ventrikelabschnitt und Bulbus cordis ist wenig ausgeprägt (Sulcus ventriculobulbaris) und verstreicht später. Im Inneren des Herzens bilden sich im Bereich der verengten Zonen die Herzklappen aus Endokardverdickungen.

Während der Sinus venosus ursprünglich derjenige Herzabschnitt ist, welcher am weitesten caudal liegt, schieben sich in der Folgezeit die beiden Schenkel des Ventrikelabschnittes immer mehr nach caudal vor. Der Vorhof und der Sinus rücken damit nach dorsocranial. Am Herzen sind nun Basis und Spitze, also die definitive Form, deutlich geworden (Abb. 497, 499). Inzwischen ist das Herz im ganzen aber mehr und mehr aus dem Halsbereich (Segment 3, 4) bis in das Brustgebiet (Segment 20) herabgerückt. Damit verändern die Ductus Cuvieri und die Sinushörner ihre Verlaufsrichtung. Letztere münden nicht mehr von lateral unten, sondern von oben her in das Sinusquerstück ein (Abb. 499a).

c) *Scheidewandbildung im Herzen*

In diesem noch einheitlichen Herzen wird die Scheidung in rechte und linke Herzhälfte durchgeführt, indem unabhängig voneinander Septenbildungen in Vorhof, Ventrikelabschnitt und Bulbus cordis entstehen. Diese drei Scheidewände werden im Laufe der weiteren Entwicklung durch Lageveränderungen der Ostien derart verschoben, daß sie aufeinanderstoßen und sich zu einer einheitlichen Trennwand zusammenfügen. Gleichzeitig kommt es zu tiefgreifenden Veränderungen im Bereich des Sinus venosus. Dieser wird nämlich in den rechten Vorhof einbezogen. Im Bereich der Einmündung des Sinus in das Atrium commune springen faltenartige Wülste (= rechte und linke „Sinusklappe") in das Atrium vor. Die Sinusklappen hängen oben (cranial) in einer gemeinsamen Leiste, dem

Septum spurium, zusammen. Durch die zunehmende Ausdehnung und Ausweitung der Vorhöfe wird die ganze rechte Sinushälfte in den Vorhof einbezogen. Hierbei spielt ein relativ stärkeres Wachstum der Vorhofswand und in dessen Folge eine passive Dehnung der Sinuswand eine Rolle. Auf diese Weise nimmt das rechte Atrium in seine Dorsalwand die rechte Hälfte des Sinusquerstückes und das rechte Sinushorn auf (Abb. 499b). Die linke Hälfte des Querstückes bleibt als Sammelvene des Herzmuskels (Sinus coronarius cordis) erhalten. Das linke Sinushorn bleibt im Wachstum zurück und wird zur Vena obliqua atrii sinistri (Marshalli) (Abb. 499b). Der aus dem Sinus venosus entstandene Teil des Vorhofes bleibt auch im ausgebildeten Herzen an seiner glatten Wand kenntlich. Musculi pectinati finden sich nur in jenem Teil des Vorhofes, der aus dem primären Atrium hervorgeht.

Der Vorgang der Scheidewandbildung wird gewöhnlich als ein „Auswachsen" des Septums von der Vorhofswand aus beschrieben. Für eine rein deskriptive Darstellung mag dies ausreichen, doch wird der wachstumsphysiologische Prozeß damit keineswegs erfaßt. Bestimmungen der Mitosenrate in der Wand des embryonalen Herzens ergaben den Nachweis, daß die Stellen der Wand, von denen aus die Scheidewände entstehen, eine niedere Wachstumsrate haben, während die Wachstumsaktivität in der näheren Umgebung der Septenanheftung hoch ist (Kl. GOERTTLER). Die Scheidewandbildung wäre daher korrekter als Einstülpungsvorgang (TANDLER, BENNINGHOFF), jedenfalls als passiver Prozeß, aufzufassen. Es bleibt, auch wenn wir im folgenden der Einfachheit halber von einem Vorwachsen der Septen sprechen, stets im Auge zu behalten, daß das Herz während der Phase der Septenbildung wächst und arbeitet.

Wie GOERTTLER betont, sind die Endokardfalten nicht in der Lage, gegen die Kraft des Blutstromes in das Herzinnere vorzuwachsen, wenn nicht lokale Faktoren die Möglichkeit hierzu schaffen. Lebendbeobachtung und Durchströmungsversuche an Glasmodellen, die die Form des embryonalen Herzens exakt nachahmen, zeigen, daß Trennung der Strombahnen im Herzschlauch funktionell erreicht wird, bevor die anatomische Sonderung der Herzhälften durchgeführt ist. Das entspricht dem Ablauf in der Phylogenese. Die Aufteilung des Strombettes und die Parallelschaltung der Kreisläufe wird also durch die Form des Myokardschlauches bestimmt. In der Ontogenese ändert sich diese Form und damit die Blutstrombahn kontinuierlich. Die Septen entstehen dort, wo im Modellversuch eingespritzte Farblösung „liegenbleibt". Diese Bezirke sind keinem einseitigen Druck ausgesetzt. Sie werden von Kl. GOERTTLER als „Totwasserzonen" bezeichnet.

Vorhofsepten

Die Bildung des Vorhofseptums beginnt links neben der Sinusmündung an der dorsalen Wand in Form einer Leiste. Diese „wächst" als *Septum primum* (Abb. 500) nach vorne und abwärts in Richtung auf den Ohrkanal zu. Unter dem freien Rand des Septum I bleibt zunächst eine Kommunikation zwischen rechtem und linkem Vorhof, das *Foramen ovale primum (subseptale)*, erhalten. Gleichzeitig wandert die Atrioventrikularöffnung über die Mitte nach rechts. Im Bereich des Ostium atrioventriculare erfährt der Herzschlauch eine Verwindung (Torsion) in dem Sinne, daß die ursprünglich rechts liegenden Wandabschnitte nach ventral, die ursprünglich links liegenden nach dorsal verschoben werden. Diese Torsion wird aus der Lageverschiebung von Mesokardresten nach rechts erschlossen. Im Übergangsbereich zwischen Ventrikel und Bulbus läuft ein umgekehrter Drehungs-

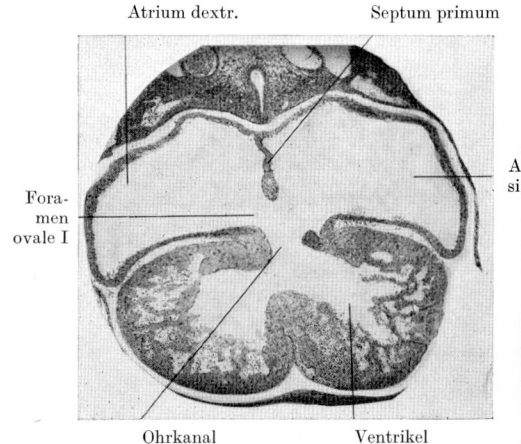

Abb. 500 Querschnitt durch Atrium mit Septum primum und Ventrikel. Junger Schweineembryo.

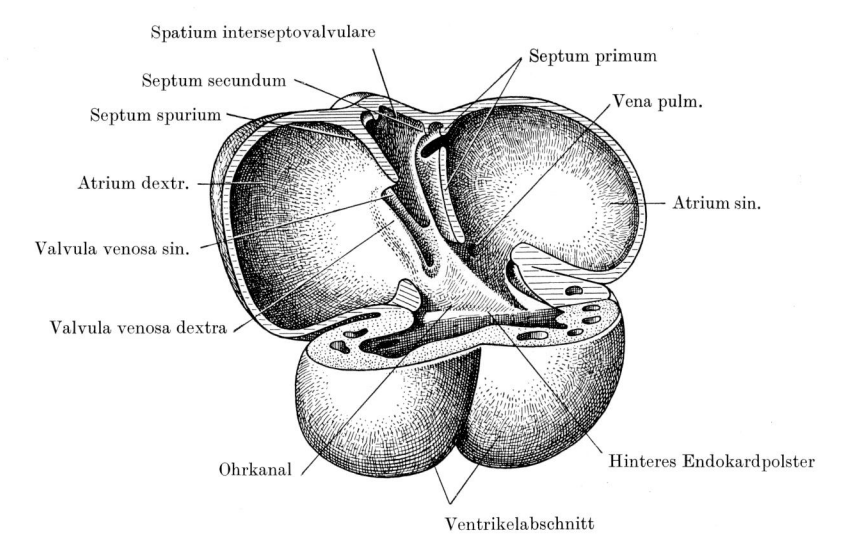

Abb. 501 Herz eines menschlichen Embryos von 9 mm Scheitel-Steiß-Länge. Modell von ventral. Vorhofabschnitt eröffnet. (Nach TANDLER).

vorgang um die Längsachse ab. Beide Prozesse sind Teilvorgänge des gleichen Geschehens und stehen offenbar in engster Beziehung zur doppelten Abknickung der Herzschleife. Im Atrioventrikularostium finden sich frühzeitig zwei mächtige Endokardverdickungen, eine rechte und eine linke. Mit der Torsion des Herzschlauches wird das rechte Endokardpolster nach ventral, das linke nach dorsal verschoben. Das Septum primum findet Anschluß an die atrioventrikulären Endokardpolster. Bevor diese Verwachsung eingetreten ist, bilden sich jedoch die hinteren oberen Abschnitte des Septum I wieder zurück. Es entsteht so ein *Foramen ovale secundum**) über dem Septum I, welches jetzt eine Verbindung von rechtem und linkem Vor-

hof gewährleistet (Abb. 501). Dieses Loch weitet sich rasch aus. Vom Septum I bleibt eine sichelartige Zone erhalten, welche das Foramen ovale secundum besonders vorn oben und hinten unten umfaßt. Aus ihr geht die spätere Valvula foraminis ovalis hervor.

Die Persistenz dieser Verbindung während des fetalen Lebens ist eine Notwendigkeit, denn das dem Keimling zuströmende oxydierte Blut gelangt zunächst in den rechten Vorhof und muß, um den Körperkreislauf zu erreichen, in die linke Herzhälfte übergeleitet werden. Eine Umstellung kann erst mit Eröffnung des Lungenkreislaufes und Einsetzen der Atmung erfolgen. An der hinteren oberen Wand des Atriums entsteht nun in der Folge eine zweite Leiste, das *Septum secundum*, welches ebenfalls nach vorne und unten auswächst (Abb. 501, 502). Auch dieses Septum II bildet keine vollständige Scheidewand. Beide Septen schieben sich kulissenartig aneinander vorbei, indem sich das Septum primum schließlich mehr unten vorn, das Septum II mehr oben hinten vorschiebt. Mit dem Septum II verschmilzt in Fortsetzung des Septum spurium die linke Sinusklappe (Abb. 501, 503). Die nunmehr rechts oben vom Septum I entstandene Verbindungslücke zwischen beiden Vorhöfen wird als *Foramen ovale secundum (definitivum)* bezeichnet. Dieser Vorgang wird dadurch ermöglicht, daß der zwischen linker Sinusklappe und

---

*) Die Terminologie der Verbindungen zwischen rechtem und linkem Atrium ist leider nicht einheitlich. Kl. GOERTTLER (1963) hat die Widersprüche kürzlich klargestellt. Die ältere Bezeichnungsweise (TANDLER) versteht unter Foramen ovale primum die primäre Kommunikation unter dem freien Septumrand (= For. subseptale PERNKOPF, FISCHEL). Die durch Ablösung des Septum primum an der hinteren oberen Vorhofswand entstandene Öffnung ist das Foramen secundum (= For. primum FISCHEL). Das endgültige Foramen ovale entspricht dem Foramen ovale secundum definitivum (= For. ovale secundum FISCHEL). Da die ältere Terminologie im anglo-amerikanischen und im teratologischen Schrifttum eingeführt ist, wird sie, im Gegensatz zur ersten Auflage dieses Buches, auch hier beibehalten.

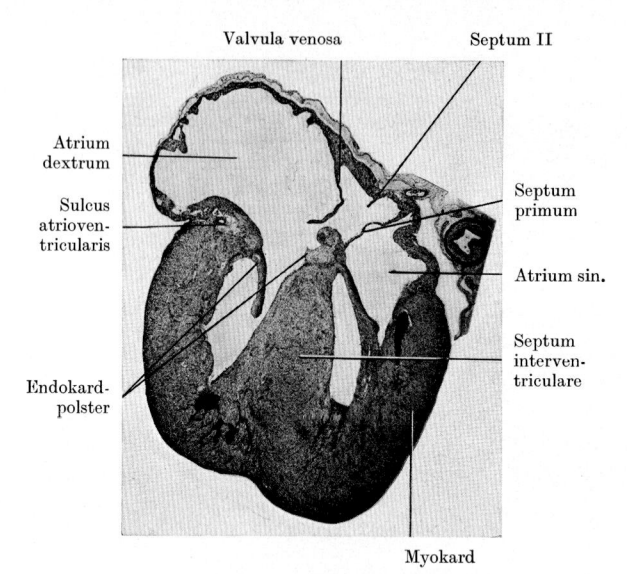

Abb. 502
Schnitt durch das Herz eines menschlichen Embryos von 42 mm Scheitel-Steiß-Länge. Vorhofsepten, Septum interventriculare, Atrioventrikularklappen. (Orig.)

Vorhofsepten gelegene Raum, das Spatium interseptovalvulare, im Wachstum zurückbleibt. So kommt es schließlich auch zu einer Verwachsung des oberen Teiles der Valvula venosa sinistra mit dem Septum primum. Die Valvula venosa sinistra verbindet in spiraligem Verlauf die beiden Vorhofsepten. Septum secundum und der größere untere Teil der linken Sinusklappe gehen im *Limbus foraminis ovalis* auf, während das Septum primum zur *Valvula foraminis ovalis* wird (Abb. 503). Das Septum I legt sich von links her gegen den Limbus. Da in der Fetalzeit der Druck im rechten Vorhof (Zufluß durch Vena umbilicalis) stets höher ist als im linken, bleibt die Klappe offen, das Blut fließt vom Ort höheren zu dem niedrigeren Druckes. Mit der Entfaltung der Lungen und der Eröffnung des Lungenkreislaufes nach der Unterbrechung des

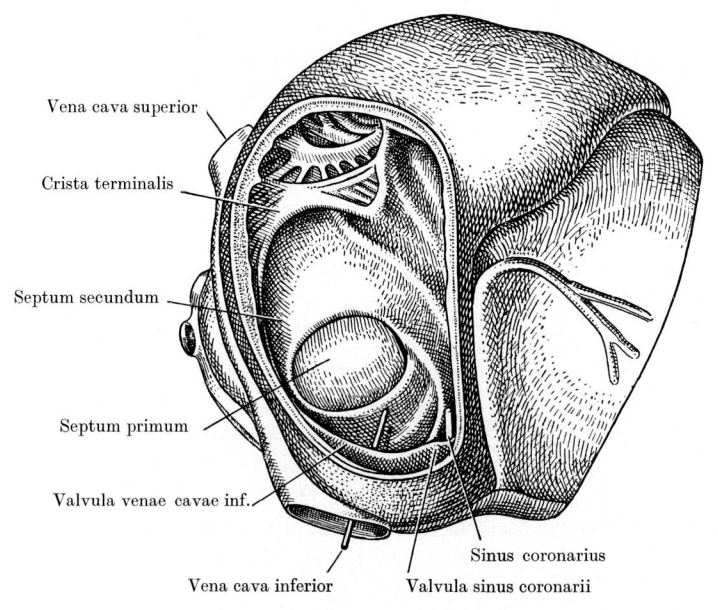

Abb. 503. Einblick in das rechte Atrium des Herzens eines menschlichen Embryos von 310 mm Länge Vorhofseptum. Ansicht von rechts. (Nach BORN).

Nabelkreislaufes, also beim Einsetzen der ersten Atemzüge, steigt der Druck im linken Atrium schlagartig an. Jetzt legt sich die Valvula von links her gegen den Limbus, der Schluß ist wenigstens funktionell erreicht. Eine Verwachsung der Valvula mit dem Limbus erfolgt in den ersten Wochen des postnatalen Lebens, gelegentlich aber auch erst in den ersten Lebensjahren. In etwa 20% der Fälle kann diese Verwachsung ganz ausbleiben, ohne daß es zu funktionellen Störungen kommt, denn der Schluß des Foramen ovale bleibt gewährleistet, solange die Valvula durch den höheren Druck im linken Vorhof gegen den Limbus gepreßt wird. Krankhafte Störungen werden durch ein Foramen ovale persistens nur dann verursacht, wenn das Septum primum zu klein ist, um das Foramen ovale vollständig abzudecken.

Die rechte Sinusklappe bildet sich in ihrem oberen Teil fast vollständig zurück. Gemeinsam mit dem Septum spurium finden sich Reste als Crista terminalis. Der untere Abschnitt der rechten Sinusklappe wird durch die Ausbildung muskulöser Züge in zwei Abschnitte zerlegt. Der größere Abschnitt hinter diesem sogenannten „Sinusseptum" umfaßt die Einmündung der Vena cava inferior (Valvula venae cavae inferioris Eustachii) und leitet das von der Nabelvene zufließende Blut in Richtung auf das Foramen ovale. Der kurze vordere Abschnitt umgreift die Mündung des Sinus coronarius (Valvula sinus coronarii Thebesii) (Abb. 503).

Die komplizierten Vorgänge bei der Septierung des Vorhofes sind aus den besonderen Kreislaufbedingungen in der Fetalzeit zu verstehen. Während des Embryonallebens muß die Kommunikation zwischen rechtem und linkem Vorhof gewahrt bleiben. Bei der Geburt muß mit Einsetzen der Lungenatmung der Abschluß aber schlagartig einsetzen. Die eigenartigen Bildungsvorgänge am Septum atriorum (interatriale) sind gewissermaßen die Vorbereitung auf diese Notwendigkeiten.

Entwicklung der Lungenvenen

Die Entstehung der *Lungenvenen* ist nicht restlos geklärt. Nach der einen Anschauung sollen sie vom Sinus auf die Lungenanlage zuwachsen und sekundär Anschluß an die kapillären Plexus der Lungen gewinnen. Nach anderer Anschauung sollen sie aus dem Lungenplexus herausmodelliert werden und sekundär Anschluß an den Sinus gewinnen. Neuere Untersuchungen (SCHORNSTEIN, OTTERBACH) machen es wahrscheinlich, daß solide Angioblastenstränge von der dorsalen Vorhofswand auswachsen und mit dem Kapillarplexus der Lunge zusammentreffen. Auch die Ausweitung des Lumens erfolgt in peripherer Richtung. Welche Faktoren dieses Auswachsen steuern (attraktive Wirkung der Organanlage), bleibt zunächst offen. Gelegentlich kommt als Mißbildung Einmündung der Lungenvene in den rechten Vorhof vor (ENGELS). Diese Mißbildung erklärt sich aus der Tatsache, daß bei der Torsion des Herzschlauches normalerweise Wandbezirke des Gesamtatriums von rechts nach links verschoben werden. Das Bildungsmaterial der Lungenvenen liegt primär in diesem Abschnitt der Rückwand des Atriums (Abb. 504). Störungen im Torsionsablauf können Anlaß zu der abnormen Einmündung der Pulmonalvenen geben. So wie der Sinus venosus in die Wand des rechten Atriums einbezogen wird, nimmt auch der linke Vorhof ihm primär fremde Bestandteile, nämlich das Anfangsstück der Pulmonalvene, in seine Wand auf. Durch Ausweitung des Mündungsstückes der Vena pulmonalis kommt es dazu, daß die beiden Hauptäste dieser Vene selbständig ins Atrium einmünden. Später greift dieser Inkorporationsvorgang auch auf die Verzweigungen zweiter Ordnung über, so daß im Endeffekt vier selbständige Einmündungen von Lungenvenen beobachtet werden (Abb. 499b). Der Teil der Rückwand des linken Atriums, der zwischen den Einmündungsstellen der Lungenvenen liegt, entstammt also nicht der ursprünglichen Vorhofswand.

Kammerseptum

Die Aufteilung des Ostium atrioventriculare commune erfolgt bei Embryonen von 10 mm Länge, indem das vordere und hintere Endokardkissen in der Mitte miteinander verwachsen. Gleichzeitig findet vom Atrium her das Septum primum Anschluß an die verschmolzenen Endokardpolster. Damit verschwindet das Foramen ovale primum. Die Kammerscheidewand entsteht vom Scheitelpunkt der Ventrikelschleife, also von der Herzspitze aus. Hier bildet sich früh (Homo 7 mm) eine muskuläre Ringleiste, ent-

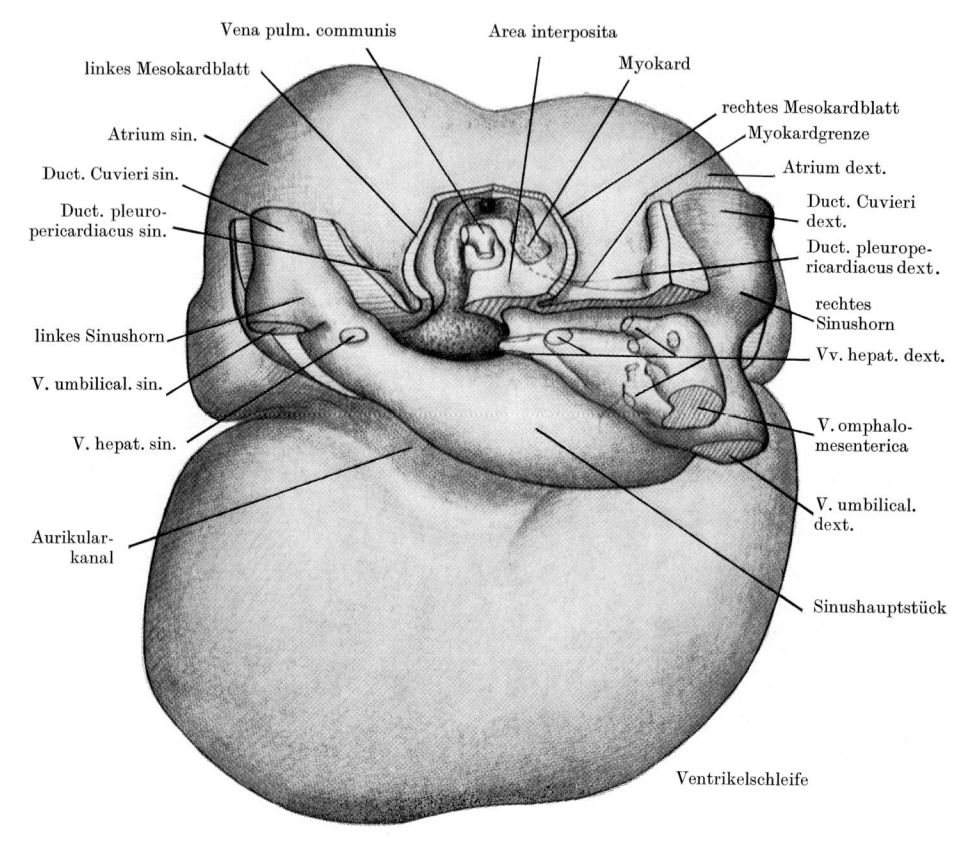

Abb. 504 Herz eines menschlichen Embryos von 5 mm Scheitel-Steiß-Länge. Ansicht von dorsal. Das punktierte Feld ist Myokard. (Nach OTTERBACH 1938).

sprechend der Grenze von Pro- und Metampulle. Diese Leiste wächst aktiv nach aufwärts und erreicht das hintere atrioventrikuläre Endokardkissen rechts der Mittellinie. Hier kommt es zu einer Verwachsung. Über den freien oberen Rand des Septum interventriculare stehen rechte und linke Kammer zunächst in Verbindung.

Dieses Foramen interventriculare wird zunächst unten vom oberen Rand des muskulären Interventrikularseptums begrenzt. Dorsal schließt sich das vordere Endokardpolster des Atrioventricularostiums an (Abb. 505, gelb). Oben begrenzen die beiden Proliferationen des Bulbusseptums (Abb. 505, rot, blau) das Foramen interventriculare. Die drei erwähnten Gebilde schließen sich zur Bildung der Pars membranacea septi zusammen (Abb. 505).

Der Abschluß der Trennwand zwischen rechter und linker Kammer erfolgt also von den Endokardwülsten her. Es bleibt auch bei der Analyse dieser Vorgänge wieder zu beachten, daß sie nicht isoliert ablaufen, sondern daß das Herz gleichzeitig wachsen und funktionieren muß. Diese Komplikationen sind in der vereinfachenden Abbildung 505 nicht berücksichtigt. Das Aufwachsen des muskulären Septum interventriculare wird zur Hauptsache durch das Auswachsen der Kammerabschnitte in Richtung der künftigen Herzspitze verursacht. Das auswachsende Septum bleibt nicht sagittal gestellt, sondern nimmt einen spiralig verwundenen Verlauf. Gleichzeitig zieht sich der von dorsal und cranial vorspringende Bulboauricularsporn (Abb. 498) allmählich zurück. Der zunächst über dem freien Rand des Interventricularseptums gelegene Raum (Foramen interventriculare) bleibt erhalten und wird zur aortalen Ausflußbahn. Die Aorta wird auf diese Weise der linken, die Arteria pulmonalis der rechten Kammer zugeschlagen. Würde

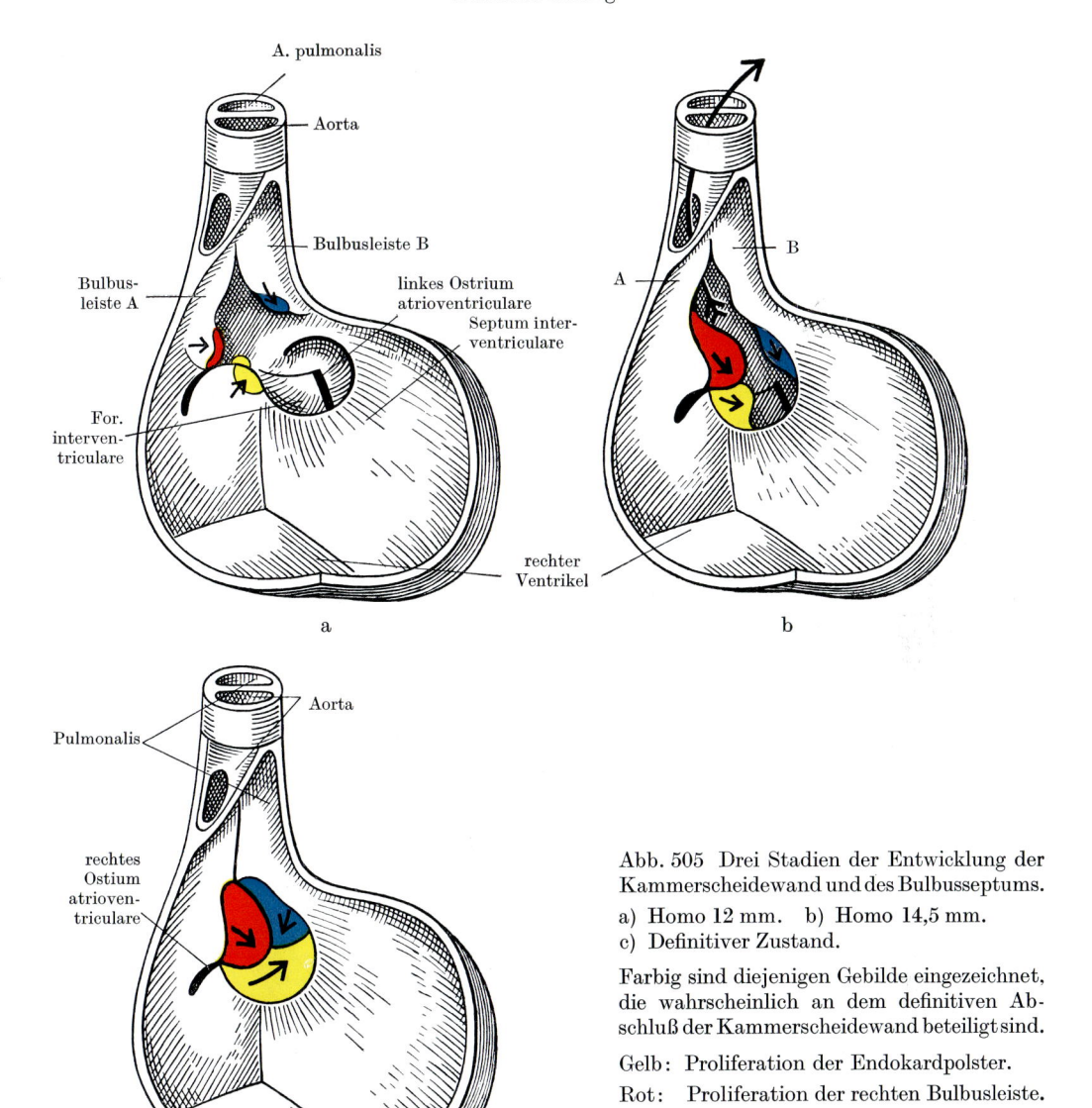

Abb. 505 Drei Stadien der Entwicklung der Kammerscheidewand und des Bulbusseptums.
a) Homo 12 mm.   b) Homo 14,5 mm.
c) Definitiver Zustand.

Farbig sind diejenigen Gebilde eingezeichnet, die wahrscheinlich an dem definitiven Abschluß der Kammerscheidewand beteiligt sind.

Gelb: Proliferation der Endokardpolster.
Rot: Proliferation der rechten Bulbusleiste.
Blau: Proliferation der linken Bulbusleiste.

(Nach BOYD, HAMILTON, MOSSMAN).

die Verwindung des Septums ausbleiben und würde nicht der ventrale Teil des primären Interventrikularforamens als Teil der Aortenbahn persistieren, so hätte der linke Ventrikel keine Ausflußbahn. Die Aortenwurzel „bettet sich in den ventralen Teil des Foramen interventriculare ein" (BENNINGHOFF). Die geschilderten Vorgänge ermöglichen, daß das Septum interventriculare gleichzeitig Anschluß an die Vorhofscheidewand und an das aorticopulmonale Septum (Septum bulbi) findet. Der aus dem Bulbusseptum entstehende Teil der Kammerscheidewand geht in die Pars membranacea septi ein.

Bulbusseptum

Kurz vor dem Auftreten der ersten Anlage der Kammerscheidewand zeigen sich leistenartige Endokardverdickungen im Bulbus corais (Homo 5 mm). Im ventrikelnahen, proximalen Bulbusteil finden wir zwei, im truncusnahen, distalen Teil vier derartige Wülste:

Bulbuswülste	Wulst A		B	
proximal:	rechts vorne		links hinten	
distal:	I	II	III	IV
	links hinten	links vorne	rechts vorne	rechts hinten

Zwischen A und I entsteht eine durchlaufende spiralige Leiste. Eine ähnliche Leiste bildet sich zwischen B und III. Durch Verwachsung dieser Leisten entsteht ein spiralig verwundenes Septum aorticopulmonale (Abb. 505), das die beiden Gefäßen gemeinsame Wandstrecke liefert. Das Bulbusseptum steht proximal, dicht über den Ventrikeln, in frontaler Ebene, ist im mittleren Bulbusbereich an der vorderen und hinteren Bulbuswand angeheftet und ist weiter distal (Truncus) wieder frontal orientiert (Anheftung an den Seitenwänden). Das Bulbusseptum geht kontinuierlich in das aus dem Teilungssporn zwischen Aorta und Art. pulmonalis entstehende Truncusseptum über. Die Aufteilung des Bulbus in Aorta und Pulmonalis ist bei Embryonen von 20 mm Länge durchgeführt. Nur der spiralig verwundene Septumverlauf im Bulbus gewährleistet, daß das Blut aus dem rechten Ventrikel der Pulmonalis, aus dem linken Ventrikel der Aorta zugeleitet wird. Die Art und Weise, in der diese Scheidewand entsteht, bestimmt die spiralige Umschlingung der beiden definitiven Arterienrohre (Abb. 506). Die Art der Torsion des Herzschlauches und die Septierung sind eng mit dem Erwerb der Lungenatmung gekoppelt. Phylogenetisch (s. S. 536) geht die Torsion in der Ventilebene dem Auftreten einer Kammerscheidewand voraus. Bleibt die normale Torsion im Bulbus-Truncus-Bereich während der Ontogenese aus, so entwickeln sich die Scheidewände in abnormer Lage. Es kommt dann unter Umständen zu einer Einpflanzung von Aorta und Art. pulmonalis in den falschen Ventrikel (Transposition der Herzostien).

Abbildung 505 zeigt uns, wie der definitive Abschluß des Foramen interventriculare erreicht wird. Der rechte Bulbuswulst (A) stößt von hinten her an den freien Rand des Septum interventriculare. Die linke Bulbusleiste (B) verschmilzt mit dem vorderen Ende des Ventrikelseptums. Von unten her schiebt sich zwischen den freien oberen Septumrand und den Unterrand der vereinigten Bulbuswülste (Abb. 505) Material ein, welches den atrioventrikulären Endokardwülsten entstammt. Dadurch wird der Abschluß der Pars membranacea septi vollendet (Homo 17 mm).

Entwicklung des Myokards und der Herzklappen

Das Herzmuskelgewebe entwickelt sich aus dem Zellmaterial des myoepikardialen Mantels. In der Embryonalzeit hat das Myokard einen aufgelockerten spongiösen Charakter. Doch lassen sich früh geordnete Züge und Systeme nachweisen. Die Muskulatur aller Herzabschnitte hängt zunächst kontinuierlich zusammen. Diese Tatsache ist wichtig, denn sie ist die Voraussetzung für die Existenz eines spezifischen Reizleitungssystemes. Bei der zunehmenden Verdickung des Myokards bleibt die primäre Muskulatur innen, in Endokardnähe, liegen und zeigt so noch lange Zeit die Konturen des Herzschlauches an. Aus diesen sogenannten Kontur-

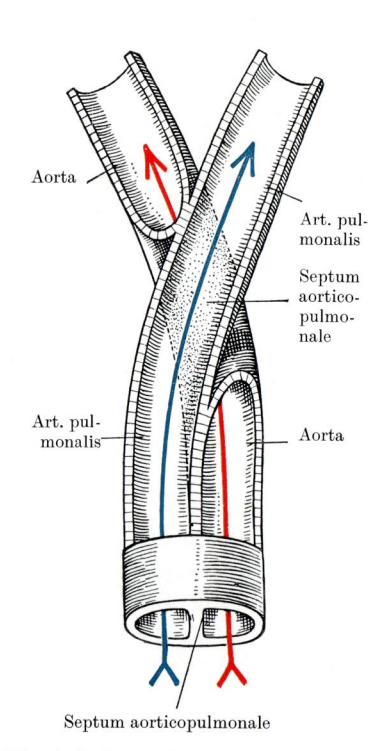

Abb. 506 Aufteilung des Bulbus arteriosus durch das Septum aorticopulmonale. Ansicht von rechts.

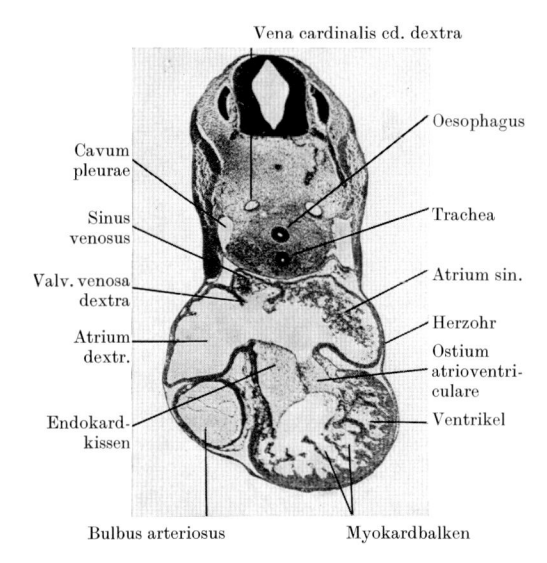

Abb. 507 Querschnitt durch die Herzanlage eines menschlichen Embryos von 7 mm Länge. Endokardpolster im Ohrkanal. (Orig.)

fasern, die gegenüber dem Arbeitsmuskel mehr embryonale Strukturmerkmale bewahren (plasmareiche Fasern), entsteht das eigentliche Reizleitungssystem. Da bei der Ausbildung der Kammern das Septum nicht nur vorwächst, sondern in umgekehrter Richtung auch die Kammerwand gewissermaßen nach der Herzspitze zu sich über das primäre Septum vorschiebt, das Septum also passiv herausmodelliert wird, kommt es im Kammerbereich nach der Spitze hin zu einer Durchbrechung und Zerreißung der Kammerauskleidung durch Konturfasern. Die erhaltenen Reste bilden das Hissche Bündel. Der Sinusknoten, Ort der Erregungsbildung, läßt sich auf alte sphincterartige Muskulatur an der Sinus-Vorhof-Grenze zurückführen. Der Atrioventrikularknoten läßt sich auf den Atrioventrikulartrichter, einen Ringmuskel des Atrioventrikularostiums, zurückführen. Der rechte Hauptschenkel des Hisschen Bündels umfaßt den Rand des Foramen interventriculare. Durch die Bildung des fibrösen Herzskeletes (Anulus fibrosus) kommt es in zunehmendem Maße zu einer Trennung von Vorhof- und Kammermuskulatur. Nur im Bereich des Septum interventriculare bleibt eine schmale Muskelbrücke erhalten. Die Differenzierung und Massenvermehrung der Muskulatur im Vorhof erreicht nicht die Ausmaße wie die der Kammerwand. Dicken-

unterschiede zwischen Muskulatur der rechten und linken Kammer entwickeln sich erst postnatal nach der definitiven Trennung der beiden Herzhälften.

Die Herzklappen entstehen aus Endokardverdickungen (Abb. 507, 508). Aus den atrioventrikulären Endokardpolstern bilden sich die Atrioventrikularklappen in folgender Weise: Zunächst reicht das Schwammwerk des Myokards bis an das Endokardkissen heran. Das Bindegewebe in diesen Polstern proliferiert. Gleichzeitig werden die Endokardkissen von der Ventrikelseite her unterhöhlt und zu dünnen Segeln umgewandelt. Die Muskelbalken, die in unmittelbarem Kontakt mit dem Endokardpolster stehen, atrophieren und wandeln sich fibrös um. Aus ihnen gehen die Chordae tendineae und Randpartien der Segelklappen hervor. Nach der Kammerspitze zu bleibt der Muskelschwamm erhalten; er bildet die Papillarmuskeln.

Die Semilunarklappen gehen im wesentlichen auf die vier distalen Bulbuswülste zurück. Durch die Verwachsung der Bulbuswülste I und III (Abb. 508 A, B) kommt es zur Trennung der Aorta von der Arteria pulmonalis. Hierbei werden die beiden größeren Wülste in je zwei Hälften zerlegt. Jedem der beiden Arterienrohre fallen also (Abb. 508) drei Einzelwülste zu. Im dorsalen Gefäß (Aorta) findet sich ein hinterer Wulst (hervorgegangen aus dem ungeteilten Wulst IV) und zwei vordere, die je einer Hälfte der beiden zerlegten Bulbuswülste entsprechen. Umgekehrt erhält die vorne gelegene Arteria pulmonalis den vorderen, ungeteilten Wulst und zwei hintere Wülste zugewiesen. Die Wülste werden von peripher her möglicherweise unter Beteiligung haemodynamischer Faktoren ausgehöhlt und zu Taschenklappen ummodelliert.

Weitere Entwicklung des Herzbeutels

Die Abgliederung der Perikardhöhle von den Pleurahöhlen war zuvor besprochen worden (s. S. 496). Nach dem frühen Schwund des Mesokards beim Menschen besteht ein Übergang vom Perikard auf das Epikard nur noch am venösen und am arteriellen Ende des Herzschlauches. Die Perikardhöhle ist einheitlich. Diese Umschlagsstellen des visceralen auf das parietale Blatt umfassen also jeweils das ungeteilte arterielle Aus-

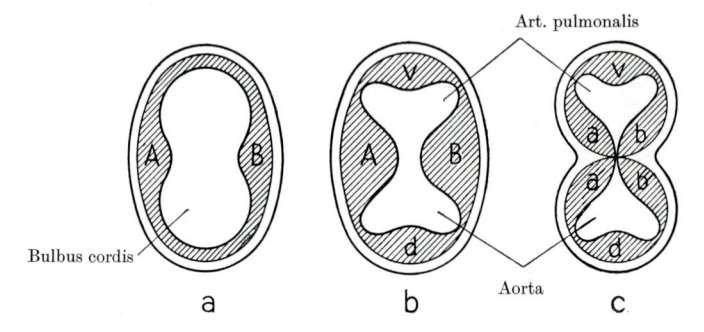

Abb. 508 Schema der Aufteilung des Bulbus cordis und der Bildung der Semilunarklappen.
Drei aufeinanderfolgende Stadien.

flußrohr und die venöse Einflußbahn. Mit der Ausbildung der Herzschleife wird das venöse Ende dem arteriellen Ende genähert (Abb. 509). Damit kommen auch die beiden Umschlagstellen in unmittelbare Nachbarschaft zu liegen. Der ursprünglich dorsal liegende Abschnitt der Herzbeutelhöhle, in dem zunächst das Mesocardium dorsale ausgebildet war, wird als *Sinus transversus pericardii* bezeichnet. Mit der Aufteilung des Truncus und der Ausbildung der definitiven Venenstämme ändert sich nichts an den ursprünglichen Verhältnissen im Bereich der Perikardumschlagstellen. Auch am erwachsenen Herzen werden die arteriellen und venösen Ostien je von einer selbständigen Umschlagszone umfaßt. Beide sind durch den Sinus transversus pericardii getrennt (Abb. 509 c, d).

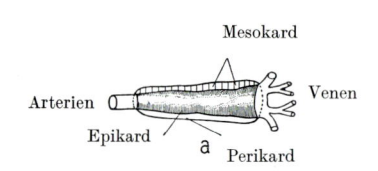

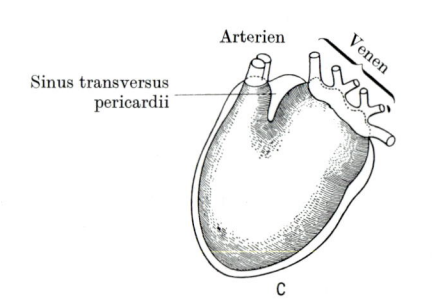

Nach HEINE (1972) muß diese, auf GAUPP und TANDLER zurückgehende Darstellung der Perikardentwicklung zumindest für Säugetiere modifiziert werden. Nach dieser Auffassung existiert bei den Säugetieren nur eine einzige Übergangsstelle zwischen visceralem und parietalem Herzbeutelblatt. Dies hängt mit der Ausbildung und Entfaltung der Lungen, des Trachealwulstes und der Lungenvenen zusammen. Das Dach des Sinus transversus pericardii wird vom Trachealwulst und nicht von der Membrana pleuropericardiaca gebildet.

Herzmißbildungen

Anomalien der Lage des Herzens sollen hier nur kurz erwähnt werden. Beim Situs inversus (s. S. 496) sind die Brustorgane mitbetroffen. Eine unvollständige Lageinversion,

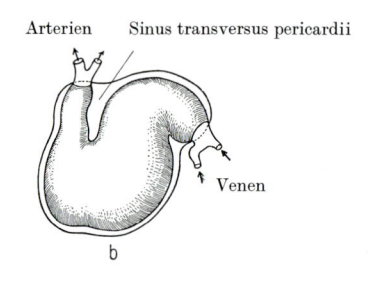

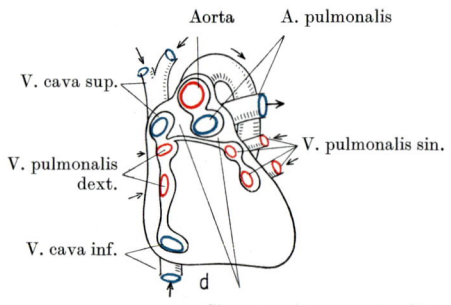

Abb. 509 Schema der Entwicklung des Herzbeutels und der Perikardumschlagstellen.

die nur das Herz betrifft, wird als Dextrokardie bezeichnet. Auch die Transposition der großen Gefäße wurde bereits erwähnt (s. S. 548).

Eine wichtige Gruppe von Mißbildungen betrifft diejenigen Fälle, bei denen die großen Ostien (Aorta, Arteria pulmonalis, Ostia atrioenosa) verschlossen oder verengt sind (Atresie, Stenose). Häufig sind Stenosen der großen Arterienstämme, besonders der Arteria pulmonalis. Sie sind sehr oft mit Defekten der Kammerscheidewand kombiniert. Nach älterer, kaum begründeter Anschauung sollen diese Stenosen durch Abweichungen im Verlauf des Septums zustande kommen. Wenn diese Deutung richtig wäre, müßten Abänderungen an Zahl, Form und Anordnung der Klappen im Truncus erwartet werden. Dies ist aber gewöhnlich nicht der Fall. Als Ursache kommen vor allem Entwicklungshemmungen oder Atrophien einer Herzhälfte (DOERR) in Frage. Da bei der kongenitalen Pulmonalisstenose reduziertes Blut aus der rechten Kammer über das offene Foramen interventriculare in den Körperkreislauf gelangt, besteht eine erhebliche Cyanose („Blue babies"). Die Lungen erhalten in diesen Fällen Blut über die erweiterten Arteriae bronchiales und über den persistierenden Ductus arteriosus Botalli (s. S. 554). Kongenitale Defekte der verschiedenen Septen kommen häufiger vor. Ein offenes Foramen ovale (s. S. 543) ist die häufigste Mißbildung des Herzens. Defekte der Kammerscheidewand entstehen einmal durch mangelhafte Ausbildung der Pars membranacea septi (Bulbusseptum). Dieser Defekt liegt im ventralen Bereich. Findet das Kammerseptum keinen Anschluß an die atrioventrikulären Endokardkissen, so entsteht ein dorsaler Defekt. Ausbleiben der Bildung des Septum interventriculare mit oder ohne Defekt des Vorhofseptums (Cor biloculare, Cor triloculare) ist äußerst selten.

3. Entwicklung der peripheren Gefäße
a) Entwicklung der Arterien; Aorta und Kiemenbogenarterien

Die Aorten entstehen als paarige Gefäße, die am rostralen Ende des Herzschlauches (Truncus arteriosus) entspringen, eine kurze Strecke weit rostralwärts unter dem Vorderdarm verlaufen (Aorta ventralis) und im ersten Visceralbogen neben dem Darm nach dorsalwärts umbiegen (erste Kiemenbogenarterie). Dorsolateral des Darmes verlaufen diese paarigen dorsalen Aorten nach caudal. Sie haben in der ersten Zeit (Homo 5–7 Somite) noch teilweise Plexuscharakter und hängen durch zahlreiche kapilläre Anastomosen mit den Dottersackplexus und mit den segmentalen Plexus der Leibeswand zusammen. Sie setzen sich caudalwärts in die Umbilikalarterien fort, die in den Bauchstiel übertreten. Später wachsen die Aorten über das Ursprungsgebiet der Arteria umbilicalis hinaus in die Schwanzknospe hinein, so daß die Nabelarterie als Ast und nicht mehr als Fortsetzung der Aorta erscheint. Die Aortae dorsales (descendentes) verschmelzen (Homo 2,5 mm, 3. Woche) zu

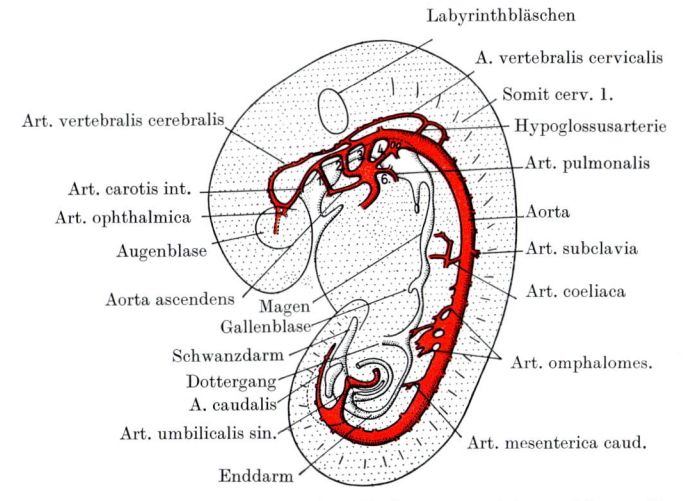

Abb. 510 Arteriensystem eines menschlichen Embryos von 4,9 mm Länge. (Nach INGALLS).

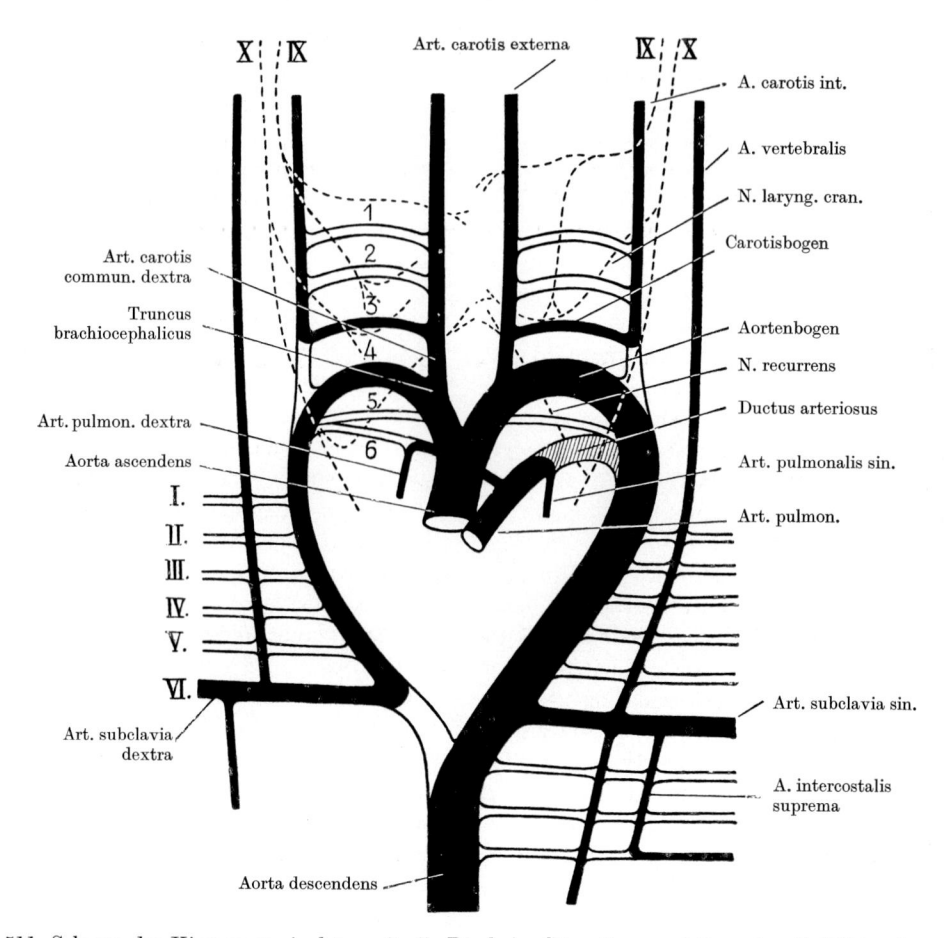

Abb. 511 Schema der Kiemenarterienbögen (1–6). Die beim Säugetier persistierenden Gefäßstrecken sind schwarz gezeichnet. Schraffiert = Ductus arteriosus. I–VI = Segmentalarterien. Punktiert sind die Nerven der Branchialbögen eingetragen. Nerv. IX = Nerv des 3. Bogens. N. laryngeus superior = Nerv des 4. Bogens (= X_1). Nerv. recurrens = Nerv des 6. Bogens (X_3). Der Nerv des 5. Bogens (X_2) fehlt bei Säugetieren, persistiert aber bei Reptilien.

nächst in Höhe des 10. Somiten. Diese Verschmelzung setzt sich sehr rasch nach cranialwärts und besonders nach caudalwärts fort, so daß bei Embryonen von 3,5 mm Länge bereits das Ursprungsniveau der Schwanzarterien erreicht wird. Nach cranialwärts erreicht der Verschmelzungsprozeß die Höhe des Abganges der 6. Segmentalarterie. Die Anfangsstücke der ventralen Aorten in Truncusnähe verschmelzen ebenfalls zu einer unpaaren Strombahn. Dieser Prozeß ist in der 4. Woche abgeschlossen. Paarig bleibt also zunächst nur jener Teil der arteriellen Strombahn, der von ventral kommend den Kiemendarm umfaßt und in die dorsalen Aorten übergeht (Abb. 510, 511).

Die Verbindung zwischen ventralen und dorsalen Aorten erfolgt nicht nur über das Arterienpaar im Kieferbogen. Auch in den übrigen Visceralbögen treten derartige „Kiemenbogenarterien" zwischen ventralen und dorsalen Aorten auf. Bei Fischen und Amphibienlarven ist in diese Kiemenbogengefäße das respiratorische Kapillarnetz eingeschaltet. Beim menschlichen Embryo werden im ganzen sechs Kiemenbogenarterien angelegt. Allerdings sind diese nicht alle gleichzeitig ausgebildet. Die 1. und 2. Arterie bilden sich im allgemeinen zurück, bevor der 3. und 4. Bogen vollständig entwickelt sind. Die 6. Arterie erscheint zeitlich vor der 5. Die 5. Bogenarterie ist von vorneherein schwach entwickelt und bildet sich schnell zurück. Sie tritt nie selbständig auf, sondern mündet stets in die Arterie des 6. Visceralbogens ein. Das Arterienmuster, bei allen Wirbeltieren in dieser typischen Weise angelegt, erfährt nun bei allen höheren Vertebraten eine grundsätzliche Umbildung. Teile des primären Gefäßsystems werden zwar in den Dienst des definitiven Systems übernommen, erfahren aber stets einen wesentlichen Umbau. Beim Säugetier gehen der 1., 2. und 5. Arterienbogen vollständig zugrunde. Die Arterie des 6. Bogens wird mit ihrem Anfangsteil in den Truncus pulmonalis einbezogen, das distale Stück bildet sich zurück. Eine besondere Ausgestaltung erfahren der 3. und 4. Arterienbogen (Abb. 511). Die dorsalen Aorten setzen sich nach cranialwärts bis unter die Hirnbasis als primitive Arteriae carotides internae fort. Die ventralen Aorten lassen an ihrem Vorderende die primitiven Arteriae carotides externae aus sich hervorgehen. Diese erreichen zunächst nur das Gebiet des Kieferbogens. Die verbindende Gefäßstrecke zwischen 3. und 4. Bogen im Bereich der dorsalen Aorten obliteriert (Abb. 511). Damit kann nur noch über die Arterie des 3. Bogens Blut in die Carotis interna einströmen. Der 3. Arterienbogen wird zum Anfangsstück der Arteria carotis interna (Abb. 511). Die Arteria carotis communis entspricht dem Abschnitt der ventralen Aorten, welcher 3. und 4. Bogen verbindet (Abb. 511). Sie wächst später mit der Ausbildung des Halses und der Abwärtsverlagerung des Herzens stark in die Länge. Der 4. Arterienbogen entwickelt sich auf der linken Körperseite zu einer mächtigen Hauptbahn. Aus ihm geht der Arcus aortae hervor. Auf der rechten Körperseite wird der 4. Bogen zum Anfangsstück der Arteria subclavia. Arteria subclavia dextra und Arteria carotis communis dextra entspringen aus einem gemeinsamen Stamm, dem Truncus brachiocephalicus (Abb. 511), dem persistierenden Anfangsteil der rechten ventralen Aorta.

Die Arteria subclavia sinistra entsteht ganz aus der sich ausweitenden 6. Segmentalarterie. Die rechte 6. Segmentalarterie läßt nur das periphere Stück der Arteria subclavia dextra aus sich hervorgehen. Die beiden Arteriae subclaviae sind also nicht völlig vergleichbar. Im Anfangsteil der Subclavia dextra sind die Arterie des 4. Bogens und das anschließende Stück der dorsalen Aorta enthalten (Abb. 511). Die Verbindung der rechten Aorta dorsalis zwischen Abgangsstelle der 6. Segmentalarterie und Einmündung in die verschmolzene Aorta descendens obliteriert (Abb. 511). Gelegentlich kann der rechte Aortenbogen persistieren (Abb. 512 b). Im allgemeinen ist dann der 4. Bogen auf der linken Seite obliteriert. Gelegentlich obliteriert der 4. Bogen rechts. In derartigen Fällen wird

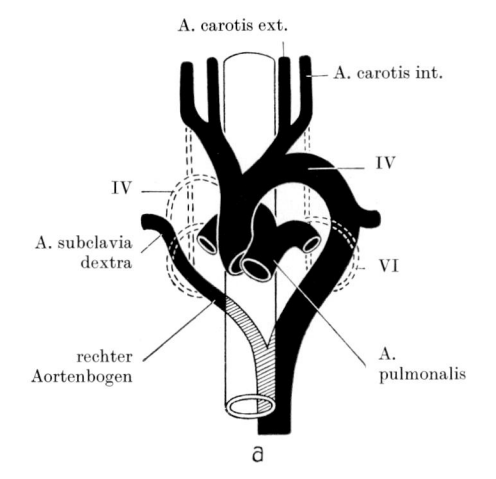

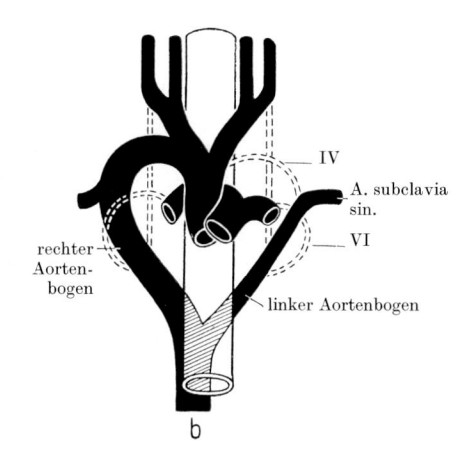

Abb. 512 Entwicklungsgeschichtliches Schema zur Erklärung von Varietäten der großen Arterienstämme beim Menschen. (Nach BLUNTSCHLI aus RUGE 1908).
 a) Ursprung der rechten A. subclavia aus der Aorta descendens.
 b) Rechtsseitiger Aortenbogen, Ursprung der A. subclavia sinistra aus der Aorta descendens.

die Subclavia dextra aus der definitiven Aorta descendens gespeist (Abb. 512a). Dann entspringt die Subclavia dextra gewissermaßen links von der Subclavia sinistra und zieht hinter dem Oesophagus auf die rechte Körperseite hinüber. Bei Amphibien und Reptilien persistieren beide Aortenbögen, bei Vögeln nur der rechte.

Der 6. Arterienbogen sendet jederseits einen kleinen Ast zur Lungenanlage (Abb. 511). Das Anfangsstück des linken Bogens wird in den Stamm der Arteria pulmonalis einbezogen. Das distale Stück des linken Bogens bleibt während der Fetalzeit als Ductus arteriosus (BOTALLI) erhalten und stellt eine Verbindung von der Arteria pulmonalis zur Aorta dar. Durch ihn wird der größte Teil des Blutes der rechten Kammer direkt dem Körperkreislauf zugeführt. Nach der Geburt, bei Einsetzen der Lungenatmung, obliteriert der Ductus arteriosus.

Die Umbildungen im Bereich der Kiemenbogenarterien beeinflussen das Verhalten der Nerven. Primär liegen die Branchialnerven lateral der Kiemenbogenarterien. Diese Lagebeziehung bleibt am Nervus V, VII, IX in bezug auf die Arteria carotis interna erhalten. Der Nervus IX ist dem 3. Visceralbogen zugeordnet. Die Nerven der folgenden Branchialbögen stammen aus dem Vagus (Nervus X). Dem 4. Bogen gehört der Nervus laryngeus superior (X_1) zu, der Nerv des 5. Bogens fehlt beim Säuger, ist aber bei Reptilien nachgewiesen. Dem 6. Bogen gehört der Nervus recurrens (X_3) an. Mit dem Schwund der Strecke zwischen 3. und 4. Bogen an der dorsalen Aorta wird der Weg für eine Verschiebung des Nervus laryngeus superior auf die mediale Seite der Carotis interna frei (Abb. 511). Der Nerv des 6. Bogens (Nervus recurrens X_3) verläuft typusgemäß um die Arterie des 6. Bogens. Er wird mit der Verlängerung des Halses und dem Descensus des Herzens zu einer langen Schlinge ausgezogen (Abb. 512). Auf der linken Seite bleibt der 6. Arterienbogen als Ductus arteriosus bzw. Ligamentum arteriosum erhalten. Der linke Recurrens schlingt sich beim Erwachsenen also um das Ligamentum arteriosum und gelangt rückläufig zum Kehlkopf. Auf der rechten Körperseite schwinden der 5. und 6. Arterienbogen. Der rechte Recurrens gleitet daher aufwärts und findet erst an der Arterie des 4. Bogens, dem Ursprungsteil der Arteria subclavia, Halt. Er gelangt also um die rechte Arteria subclavia zu seinem Endgebiet.

Die Entwicklung der Kopfarterien

Das Hauptgefäß für den Kopf ist zunächst die Arteria carotis interna. Diese biegt unter der Hirnbasis um (Arteria vertebralis cerebralis) und geht in einen Plexus über, der seitlich die Hirnanlage begleitet und aus einer Trigeminusarterie (PADGET) und segmentalen Gefäßen der Hinterkopfregion (Hypoglossusarterie; Abb. 513) gespeist wird. Zwischen dieser Hypoglossusarterie und den folgenden 6 Segmentalarterien bildet sich eine Längsanastomose aus. Die 6. Segmentalarterie wird zur Arteria subclavia; die Segmentalgefäße 1–5 bilden sich zurück. Der Längsstamm verbindet nun als Arteria vertebralis cervicalis die Subclavia mit der Arteria vertebralis cerebralis. Unter dem Rautenhirn verschmelzen die beiden Arteriae vertebrales zu einem unpaaren medianen Stamm, der Arteria basilaris. Inselbildungen und Reste von Zwischenwänden an diesem Gefäß weisen häufig auf den paarigen Ursprung hin. Die Trigeminusarterie tritt bereits vor Ausbildung des bilateralen neuralen Plexus auf (Homo 3 mm). Sie entspringt im Bereich des 1. Arterienbogens und beteiligt sich wesentlich am Aufbau der Basilaris. Nach Schwund der beiden ersten Arterienbögen erscheint sie als Ast der Arteria carotis interna. Sie obliteriert nach Ausbildung der Arteria communicans posterior. Reste können als Anastomose zwischen Basilaris und Carotis interna (in ihrer Verlaufsstrecke im Sinus cavernosus) erhalten bleiben.

Bei der Rückbildung der beiden ersten Arterienbögen bleiben kleinere Gefäße erhalten, die als Arteria mandibularis und Arteria hyalis zu bezeichnen sind. Die Arteria mandibularis versorgt sehr bald nicht mehr das Gebiet des Kieferbogens, das von den Ästen der Arteria carotis externa und stapedialis (s. u.) okkupiert wird. Aus der Mandibulararterie geht ein Begleitgefäß für den Nervus petrosus major, die Arteria canalis pterygoidei (VIDIANA), hervor. Sie ist beim Erwachsenen inkonstant und erscheint als Ast der Carotis interna. Wichtiger ist das Schicksal der Arterie des 2. Bogens (Arteria hyalis). Sie entsendet einen Kollateralast, die Arteria stapedialis, der dorsal der ersten Schlundtasche verläuft (Abb. 513a) und Äste ins Supraorbitalgebiet (spätere Arteria meningea media) und in das Ober- und Unterkiefergebiet entsendet (Arteria maxillaris, Arteria alveolaris inferior). Sie ist bei Embryonen von 11–13 mm Länge gut ausgebildet und nimmt jetzt Verbindung zur Arteria carotis externa auf. Deren Gebiet ist zunächst wenig ausgedehnt. Die Carotis externa entsendet als Hauptäste die Arteria occipitalis, lingualis, facialis und maxillaris (Abb. 513a).

Um den Stamm der Arteria stapedialis bildet sich das Blastem des Steigbügels aus, dessen charakteristische Form eben durch die Beziehung zu dieser Arterie verursacht wird (Abb. 393). Die Arteria carotis externa entspringt aus dem ventralen Längsstamm, der die Arterienbögen verbindet (Abb. 513a). In der Folgezeit übernimmt die Carotis externa das Endgebiet der Arteria stapedialis, indem sich die Anastomose zwischen beiden Stromgebieten ausweitet. Der Stamm der Stapedialis obliteriert dicht hinter seiner Ursprungsstelle im Bereich des Stapes. Nunmehr werden die supraorbitalen, maxillaren und mandibularen Äste der Stapedialis von der Carotis externa gespeist. Der supraorbitale Ast wird in seiner Anfangsstrecke zur Arteria me-

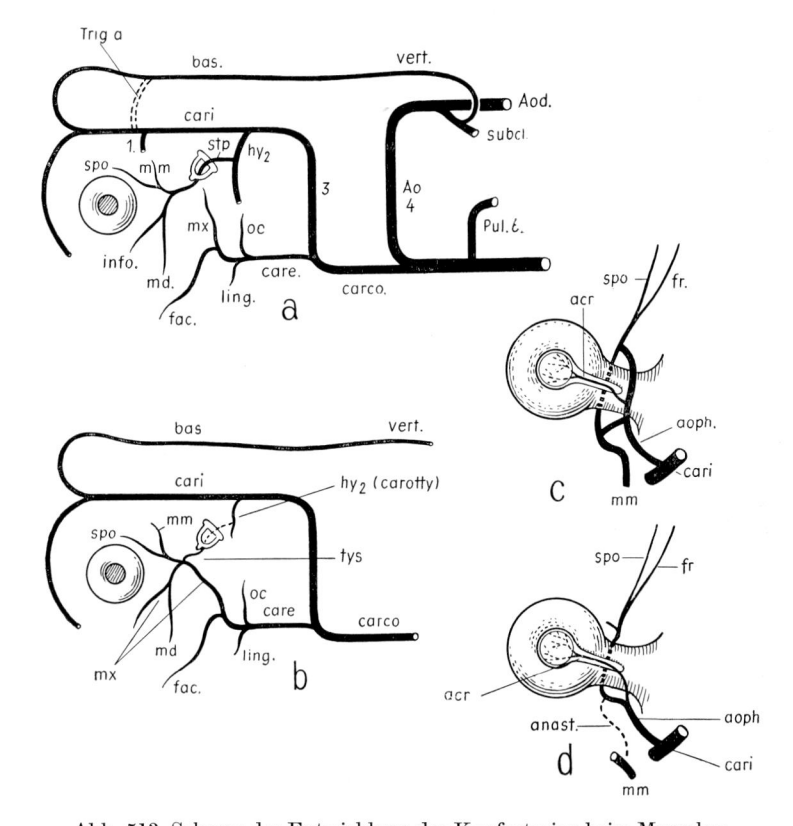

Abb. 513 Schema der Entwicklung der Kopfarterien beim Menschen.

acr	= A. centralis retinae	cari	= A. carotis interna	oc	= A. occipitalis
anast	= Anastomose zwischen A. ophthalmica und A. meningea media	fac	= A. facialis	pul. 6	= A. pulmonalis
		fr	= A. frontalis	spo	= A. supraorbitalis
		hy 2	= A. hyalis = caroticotympanica	stp	= A. stapedialis
Ao	= Aortenbogen			subcl	= A. subclavia
Aod	= Aorta dorsalis	info	= A. infraorbitalis	Trig a	= Trigeminus-Arterie
aoph	= A. ophthalmica	ling	= A. lingualis	tys	= A. tympanica superior
bas	= A. basilaris	md	= A. alveolaris inf.	vert	= A. vertebralis
carco	= A. carotis communis	mm	= A. meningea media		
care	= A. carotis externa	mx	= A. maxillaris		

ningea media (Abb. 513b). Als Rest der Arteria hyalis (nicht der Stapedialis!) erhält sich eine kleine Arteria caroticotympanica (Abb. 513b). Das distale Stammstück der Stapedialis wird zur Arteria tympanica superior und als solche dem Gebiet der Carotis externa zugeschlagen (Abb. 513b).

Recht komplizierte Umbildungen finden wir im Bereich der Arterien des Auges und des Gehirns (s. für Einzelheiten PADGET 1948). Hier sei kurz auf die Umbildungen im Bereich der Arteria ophthalmica hingewiesen.

Bei jungen Embryonen entspringen zahlreiche Augenarterien aus der distalen Strecke der Carotis interna. Von diesen gewinnen eine Arteria ophthalmica dorsalis primitiva als Gefäß der Choriocapillaris und eine Ophthalmica ventralis primitiva eine besondere Bedeutung. Letztere dringt durch die Augenbecherspalte als Arteria hyaloidea ein und erreicht die Linsenkapsel (s. S. 424). Die primitiven Augenarterien werden mit der Verlängerung des Opticus stark in die Länge gezogen. Die Arteria hyaloidea wird durch Ausbildung von Anastomosen später völlig auf die definitive Arteria ophthalmica übernommen. Diese entspringt viel weiter caudal als die primitive Ophthalmica aus der Carotis interna in Höhe der Hypophysenanlage (Homo 18 mm) und entsteht durch progressive Ausbildung und Wanderung von Kollateralbahnen. Die orbitalen Arterien sind Derivate der Stapedialis (Arteria meningea media). Bei Embryonen von 20 mm Länge ist der Opticus in der Orbita von einem Arterienring umschlossen.

Dieser wird durch die definitive Ophthalmica und die Meningea media gespeist. Aus ihm geht die Arteria centralis retinae hervor. Das ventrale Schlußstück dieses Ringes obliteriert (Abb. 513c, d). Gleichzeitig bildet sich die Wurzel der orbitalen Arterien aus der Meningea media zurück. Als Restbildung bleibt häufig eine feine Anastomose zwischen Meningea media und Ophthalmica erhalten (Abb. 513d).

Die Entwicklung der Äste der Aorta descendens

Die paarigen dorsalen Aorten geben drei verschiedene Gruppen von Ästen ab, die durch ihre peripheren Beziehungen, im definitiven Zustand auch durch eigene venöse Abflußwege, gekennzeichnet sind. Es sind dies (Abb. 514):

a) Ventrale Äste zum Dottersack und zum Darmkanal. Sie verlieren früh ihre paarige Natur und verschmelzen zu einheitlichen Stämmen, wenn die unpaare Aorta descendens sich bildet.

b) Dorsale Äste zur Leibeswand, insbesondere zur Somitenmuskulatur. Sie sind segmental angelegt und behalten den streng segmentalen Charakter. Aus ihnen gehen die Arteriae intercostales und lumbales hervor.

c) Laterale Äste zum Urogenitalsystem. Sie sind paarig und zeigen keine echte Metamerie.

a) Ventrale Äste

Sie sind früh in großer Zahl vom Hals- bis zum Beckengebiet angelegt, werden aber zum größten Teil rückgebildet. Nur drei selbständige

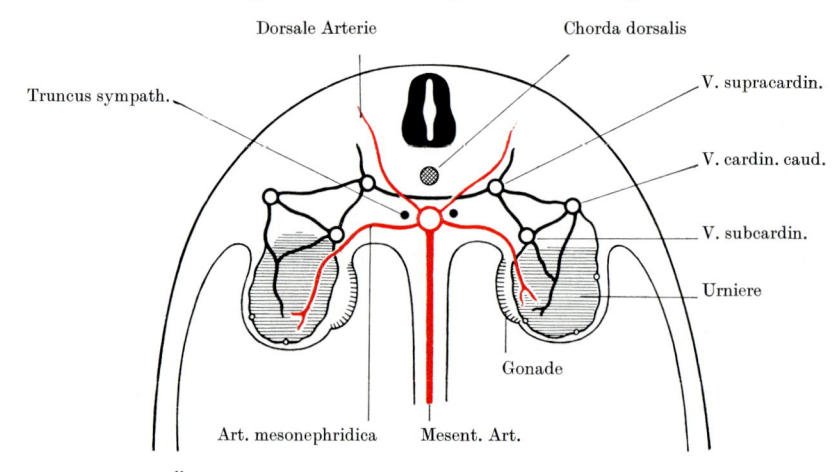

Abb. 514 Schema der Äste der Rumpfaorta und der wichtigsten Leibeswandvenen am Querschnitt.

Stämme bleiben erhalten, der Truncus coeliacus als Arterie der Oberbauchorgane, die Arteria mesenterica superior als Gefäß der Nabelschleife und die Arteria mesenterica inferior als Arterie des Enddarms (Abb. 510). Die mittlere dieser drei Arterien erreicht den Scheitel der Nabelschleife und setzt sich über diesen hinaus als Arteria omphalomesenterica zum Dottersack fort. Nach Rückbildung des Dottersackes bleibt nur ihr proximales Stück als Arteria mesenterica superior erhalten. Die drei visceralen Arterien entstammen weit cranial gelegenen Segmenten (7. Cervicalsegment, 3. und 5. Brustsegment). Da die definitiven Darmarterien in weiter caudal gelegenen Körperregionen entspringen (Truncus coeliacus: 12. Thoracalsegment; Arteria mesenterica superior: 1. Lumbalsegment; Arteria mesenterica inferior: 3. Lumbalsegment), müssen sich die Arterien in der Ontogenese caudalwärts verschieben. Diese „Wanderung" erfolgt durch progressive Anastomosenbildung, d. h. cranial gelegene Arterien anastomosieren mit weiter caudal gelegenen Ästen. Diese Anastomosen weiten sich zur Hauptbahn aus; der Ursprungsstamm der cranialen Arterie obliteriert. Der gleiche Prozeß wiederholt sich mehrfach. Die Arteriae umbilicales sind ebenfalls primär viscerale Äste der Aorta (Abb. 510), die zur mesenchymalen Allantoisanlage (Haftstiel) ziehen. Die Art. umbilicalis bildet eine Anastomose zur 5. Lumbalarterie aus. Sie besitzt also zeitweise zwei Ursprünge, mit denen sie den Ureter umgreift. Später bildet sich der Ursprungsstamm aus der Aorta zurück. Die Arteria umbilicalis hat ihren Ursprung damit auf parietale Arterien verlagert. Sie verläuft nun dorsal des Ureters. Die Verzweigungen der 5. Lumbalarterien werden zu den Hauptstämmen des Beckens (Arteriae iliacae). Die Arteria umbilicalis entspringt somit schließlich aus der Arteria iliaca interna.

b) Dorsale Äste

Die Segmentalarterien 1–5 werden nach Ausbildung der Längsanastomose (Arteria vertebralis, s. S. 554) zurückgebildet. Die Einbeziehung der 6. Arterie als Subclavia in die Versorgung des Armes war besprochen. Die 7.–9. Segmentalarterie (= 7. Hals- und 1., 2. Thoracalarterie) verbinden sich mit der Subclavia durch eine Längsanastomose und verlieren ihre Anfangsstrecke aus der Aorta. Auf diese Weise entspringen im definitiven Zustand die beiden ersten Interkostalarterien über den Truncus costocervicalis aus der Arteria subclavia. Die Arteria thoracica interna und ihre Fortsetzung, die Arteriae epigastricae, entwickeln sich aus einer ventralen Längsverbindung zwischen den Segmentalarterien, insbesondere der Arteria subclavia und der Arteria iliaca externa.

c) Laterale Äste

Die lateralen Äste der Aorta descendens versorgen zunächst die Urnieren als Arteriae mesonephridicae. Entsprechend der Längenausdehnung dieses Organs erstrecken sie sich über eine größere Körperstrecke (unteres Cervical- bis oberes Lendengebiet). Ihre Zahl kann bis auf 30 ansteigen. Noch während des 2. Monats (15 mm) werden die cranialen Arteriae mesonephridicae zurückgebildet. Sie nehmen die in unmittelbarer Nachbarschaft der Urniere entstehenden Organe, die Gonaden und die Nebennieren, in ihr Versorgungsgebiet auf. Von den zur Gonade ziehenden Ästen bleibt nur die Arteria testicularis (ovarica) erhalten. Ihr hoher Ursprung in der Nierengegend erklärt sich aus den primären Lagebeziehungen der Gonade. Auch das Ursprungsgebiet der Nebennierenarterien (Arteriae suprarenales) liegt ursprünglich im Bereich der Urniere. Aus diesen Arteriae suprarenales entspringen Äste zum Zwerchfell und zur Nachniere (Abb. 515). Da nun die Nebennieren im Wachstum stark zurückbleiben, das Zwerchfell mit der Ausdehnung

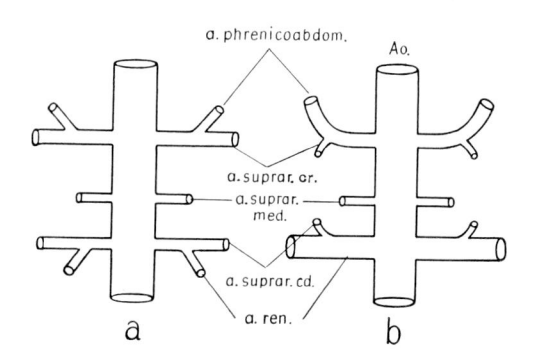

Abb. 515 Schema der Entwicklung der lateralen Äste der Bauchaorta (Urogenitalarterien).
a) Jüngeres Stadium. b) Älteres Stadium.

der Leibeswand ebenso wie die Nachniere aber relativ stark wächst, erscheinen die primären Nebenäste, die Arteriae phrenicae (inferiores) und die Arteriae renales, nunmehr als Hauptstämme, aus denen die schwachen Arteriae suprarenales superiores und inferiores hervorgehen (Abb. 515). Die Arteriae suprarenales mediae allein behalten selbständigen Ursprung aus der Aorta. Häufig persistieren Urnierenarterien als akzessorische Nierenarterien beim Erwachsenen.

Die Entwicklung der Arterien des Armes

Die Entwicklung der Gliedmaßenarterien zeigt besonders deutlich, daß das einmal angelegte Gefäßsystem nicht direkt in den definitiven Zustand übernommen wird, sondern mehrfach Abänderungen und Umkonstruktionen erfährt. Frühembryonal versorgt ein zentraler Gefäßstamm die Gliedmaßenknospe. Dieser durchsetzt den Nervenplexus und bildet im Zentrum der Gliedmaßenanlage ein Netzwerk (Abb. 516). Aus diesem Netz gehen Kapillaren hervor, die sich in die Randvene (HOCHSTETTER) ergießen. An sehr subtilen Injektionspräparaten hat vor allem EVANS diese Gefäßnetze demonstriert. Innerhalb des indifferenten Netzes sondern sich die zu- und ableitenden Leitungsbahnen als Arterien und Venen, während verbindende Teile des primären Plexus als Kapillarnetz erhalten bleiben. Der weitere Ausbau des Gefäßnetzes erfolgt unter Ausbreitung dendritisch verzweigter Bahnen in dem Kapillarnetz. In frühester Zeit sind mehrere Segmentaläste der dorsalen Aorta (2–5) an der Versorgung der Extre-

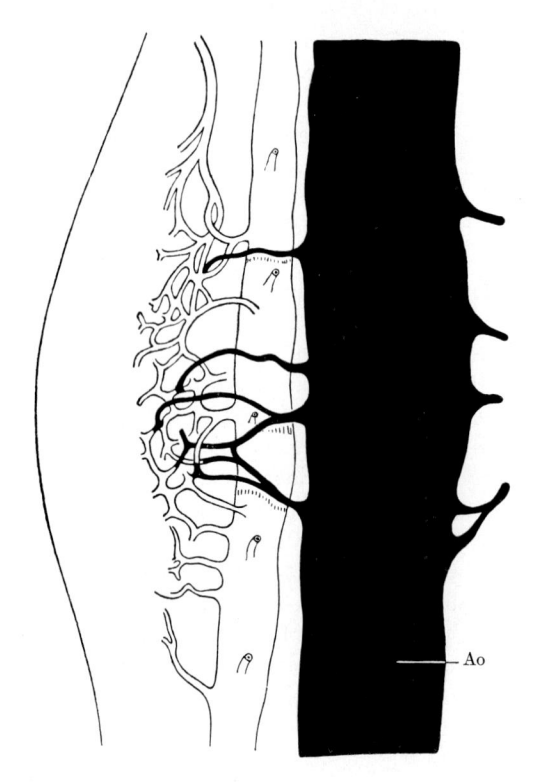

Abb. 517 Anlage der linken vorderen Gliedmaßen eines 72 Stunden bebrüteten Hühnerkeimes. Aorta (Ao) und ihre Seitenäste schwarz. Kapillaren und Venen konturiert. (Aus GÖPPERT 1911).

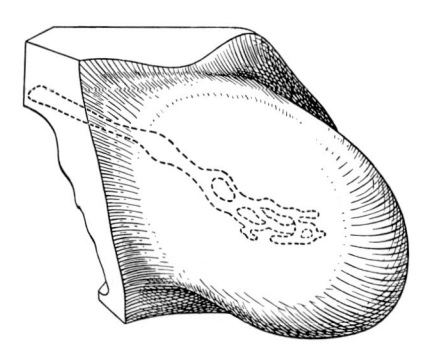

Abb. 516 Anlage des Armes mit zentralem Arteriennetz, menschlicher Embryo von 5 mm Länge. (Nach E. MÜLLER 1903).

mitätenknospe beteiligt (Abb. 517). Die einzelnen Strecken des Stammgefäßes werden als Axillaris, Brachialis primitiva und Interossea (anterior) bezeichnet. Die Interossea durchbohrt den Carpus und gelangt auf das Dorsum manus. Aus ihr werden fünf Arteriae digitales gespeist. Im Bereich des Vorderarmes kommt es in der Folge zur Ausbildung eines zweiten Längsstammes, der Arteria mediana, welche den Nervus medianus begleitet (Abb. 518). Diese übernimmt als Hauptgefäß die Versorgung von Vorderarm und Hand, die Arteria interossea tritt in den Hintergrund. Schließlich wird auch dieses Gefäß wieder durch neue Bahnen abgelöst. An der radialen und ulnaren Seite des Vorderarmes treten anfangs schwache Muskeläste auf, die als Arteria radialis und ulnaris ihr Gebiet bis zur Hand ausdehnen und die Mediana ersetzen. Die Ontogenese wiederholt in der Ausbildung dieser Arterienbahnen getreu den Ablauf der Stammesgeschichte. Bei Nichtsäugern bleibt die Interossea das Hauptgefäß des Armes, bei niederen Säugern tritt die Mediana ganz in den Vordergrund. Radialis und Ulnaris bilden sich erst im Primatenstamm zu Hauptbahnen aus. Als atavistische Variationen können auch beim Menschen Interossea und Mediana ein größeres Versorgungsgebiet behalten. Die Mediana kann das Hauptgefäß für die Versorgung der Hohlhand sein.

Etwas komplizierter liegen die Verhältnisse im Bereich der Axillaris und Brachialis. In der Wurzel der Gliedmaße findet sich zunächst ein arterielles Netz, aus dem im Bereich des Nervenplexus die Brachialis hervorgeht. Dabei können im Individualfall verschiedene Strecken des Netzes als definitive Hauptbahn erhalten bleiben. Die Varietäten im Verlauf der Axillaris können nicht atavistisch gedeutet werden, da der Axillarisverlauf in der Säugerreihe schwankend ist und aus ontogenetischen Bedingungen heraus verstanden werden muß. Ähnlich liegen die Dinge bei der als Arteria brachialis superficialis

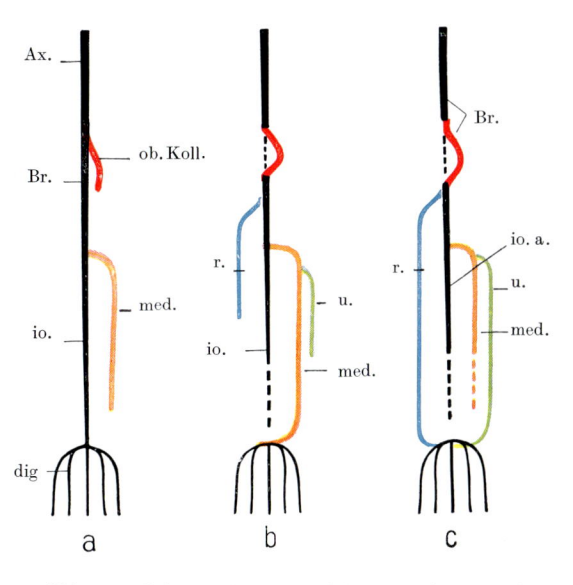

Abb. 518 Schema der Entwicklung der Arterien des Armes.

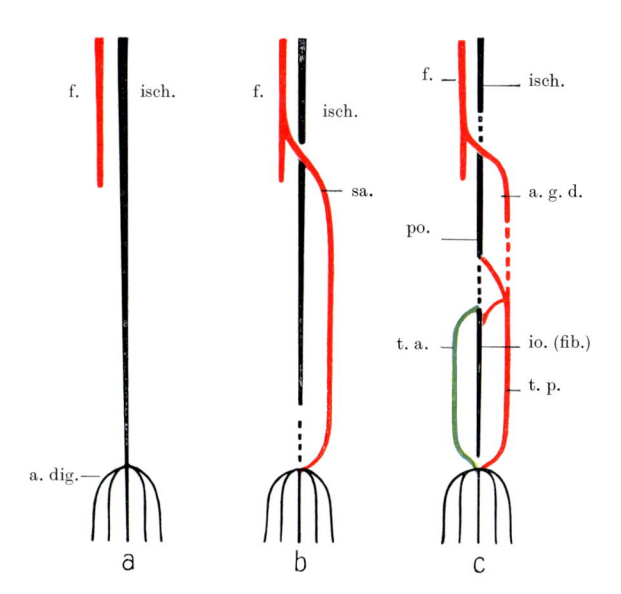

Abb. 519 Schema der Entwicklung der Arterien des Beines.

a. dig.	Arteriae digitales	med.	Art. mediana
a. g. d.	Art. genus descendens	ob. Koll.	oberflächliche Kollateralarterie
Ax.	Art. axillaris		
Br.	Art. brachialis	po.	poplitea
f.	Art. femoralis	r.	Art. radialis
fib.	Art. fibularis (peronea)	sa.	Art. saphena
io.	Art. interossea	t. a.	Art. tibialis anterior
ioa.	Art. interossea anterior	t. p.	Art. tibialis posterior
isch.	Arteria ischiadica	u.	Art. ulnaris

Abb. 520 Schematische Darstellung der genetischen Komponenten des Arteriensystems des Beines.

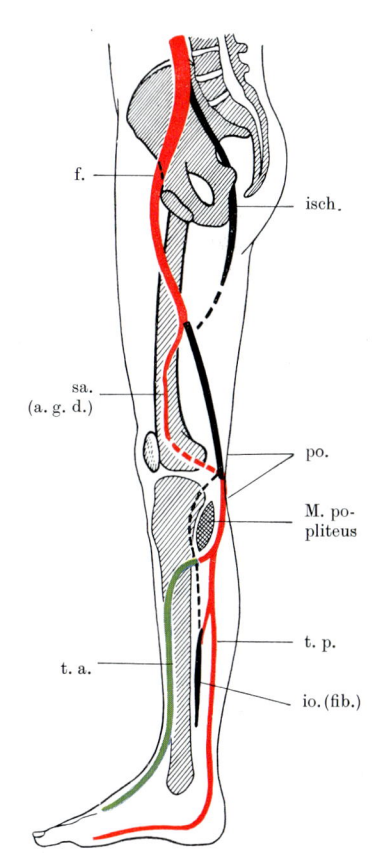

beschriebenen häufigen Variante. Diese Arterie verläuft oberflächlich zum Nervus medianus. Sie kann als Parallelgefäß zum normalen Hauptstamm ausgebildet sein, kann aber auch als alleiniges Gefäß die Versorgung des Armes übernehmen. GÖPPERT konnte durch Untersuchung von Gefäßvarianten bei Mäuseembryonen die Genese dieser Verlaufsform aufklären. In jedem Fall tritt zunächst ein Gefäßstamm in der Gliedmaße auf, der für alle Säuger als typisch zu gelten hat. Diese Brachialis wird sodann umgebaut und ergibt verschiedenartige Endzustände. Über Kollateralstämme wird Blut abgeleitet, die entlastete Hauptbahn geht allmählich zugrunde. Verschiedene Endzustände ergeben sich, weil verschiedenartige Kollateralbahnen bei verschiedenen Individuen benutzt werden. Der Entwicklungsablauf führt also über die Norm hinaus zur Varietät, die Variation ist als progressiv zu beurteilen. Derartige Varianten können den Weg aufzeigen, der in der Stammesgeschichte zu neuen Organisationsmerkmalen führt.

Die Arterien des Beines

Die primäre Hauptarterie des Beines liegt auf der Dorsalseite und entstammt der Arteria iliaca interna. Sie tritt als Arteria ischiadica durch den Plexus ischiadicus, verläßt das Becken durch das Foramen infrapiriforme und bildet als Arteria ischiadica das Achsengefäß des Beines. Im Fußbereich gehen aus ihr die fünf Arteriae digitales hervor (Abb. 519). Bei Nichtsäugern bleibt die Arteria ischiadica das persistierende Hauptgefäß während des ganzen Lebens. Auf der ventralen Seite der Gliedmaßenanlage entsteht ein zweiter Hauptstamm in Fortsetzung der Arteria iliaca externa, die Arteria femoralis. Diese setzt sich als Arteria saphena auf den Unterschenkel fort, und übernimmt schließlich die Versorgung des Gefäßplexus am Fuß (Abb. 519, 520). Zwischen dorsalem und ventralem Hauptstamm (Arteria ischiadica und femoralis) bestehen zahlreiche Querverbindungen. Eine derartige Anastomose im Bereich des Musculus adductor magnus weitet sich zur Hauptbahn aus und leitet so das Blut aus der Femoralis in das distale Stück der Arteria ischiadica (Abb. 519, 520). Der proximale Teil der Ischiadica bildet sich zurück. Reste erhalten sich als Arteria comitans nervi ischiadici. Der in der Fossa poplitea gelegene Teil der Arteria ischiadica wird zur Arteria poplitea. Das proximale Ursprungsstück der Arteria saphena erhält sich in der Arteria genus descendens (Abb. 520).

Die Fortsetzung der Arteria ischiadica am Unterschenkel wird als Arteria interossea bezeichnet. Sie entspricht, jedenfalls im distalen Teil, im wesentlichen der Strombahn der Arteria peronea. Die Arteria tibialis posterior geht aus der Verbindung zwischen Arteria poplitea und distalem Teil der Arteria saphena hervor. Sie übernimmt die Versorgung der Fußsohle (Arteriae plantares). Die Arteria tibialis anterior entsteht aus einem Muskelast der Arteria interossea. Sie wächst bis zum Fußrücken vor und findet Anschluß an die Arteria dorsalis pedis, das Endstück der Arteria interossea. Der Wechsel in der Arterienversorgung des Beines vom Stromgebiet der Arteria ischiadica zu dem der Arteria femoralis ist eine direkte Folge der Stellungsänderung der Gliedmaßen beim Säugetier und der damit verbundenen Umkonstruktionen der Muskulatur.

Die Entwicklung des Venensystems

Die in der Embryonalzeit auftretenden großen Venenstämme lassen sich zwanglos nach Wurzelgebiet und topographischem Verhalten in drei Gruppen zusammenfassen:

1. Das System der Dottervenen (Venae vitellinae s. omphalomesentericae). Sie sammeln sich im Mesenchym der Dottersackwand und treten über die Splanchnopleura ins Septum transversum ein. Hier bestehen Anastomosen zu den Umbilicalvenen.

2. Die Venae umbilicales stammen aus der Placenta (Chorion) und treten über Haftstiel (Nabelstrang) und Somatopleura ins Septum transversum ein. Beide Gruppen (1, 2) besitzen früh Beziehungen zur Leberanlage, die sich ins Septum transversum hinein entwickelt (s. S. 485).

3. Das System der Kardinalvenen gehört völlig dem Embryonalkörper an und sammelt das Blut aus Extremitäten und Leibeswand.

Alle drei genannten Venen münden in den Sinus venosus ein. Venae vitellinae und Venae umbilicales sind kurz vor ihrer Mündung in einem kurzen Truncus vitello-umbilicalis zusammengefaßt. Die Kardinalvenen der vorderen und der hinteren Körperhälfte (Venae cardinales craniales und caudales) vereinigen sich ebenfalls in einem gemeinsamen Stamm, dem Ductus Cuvieri, der von lateral nach medial zieht und in den Sinus venosus einmündet.

Die Venen entstehen, wie alle Blutbahnen, auf der Grundlage eines Kapillargeflechtes. Die Differenzierung weitlumiger Venenstämme hängt von haemodynamischen Bedingungen und von den Einflüssen der sich entwickelnden Organe ab. Allerdings sind diese Einflüsse, entsprechend den Druckverhältnissen im Venensystem, viel geringer als auf der arteriellen Seite des Gefäßsystems. Deshalb bleibt bei den Venen der plexusartige Charakter viel deutlicher erhalten als bei den Arterien, die Variabilität ist wesentlich stärker. Auch beim Venensystem entstehen die definitiven Strombahnen nicht auf direktem Wege. Mannigfache, teils entwicklungsphysiologisch, teils phylogenetisch bedingte Umbildungen werden beobachtet.

Die Venae vitellinae (omphalomesentericae) und umbilicales

Die Venae omphalomesentericae bilden im Septum transversum und rund um das Duodenum einen Plexus. In diesen Plexus hinein wachsen die Leberzellstränge (s. S. 487, Abb. 521a).

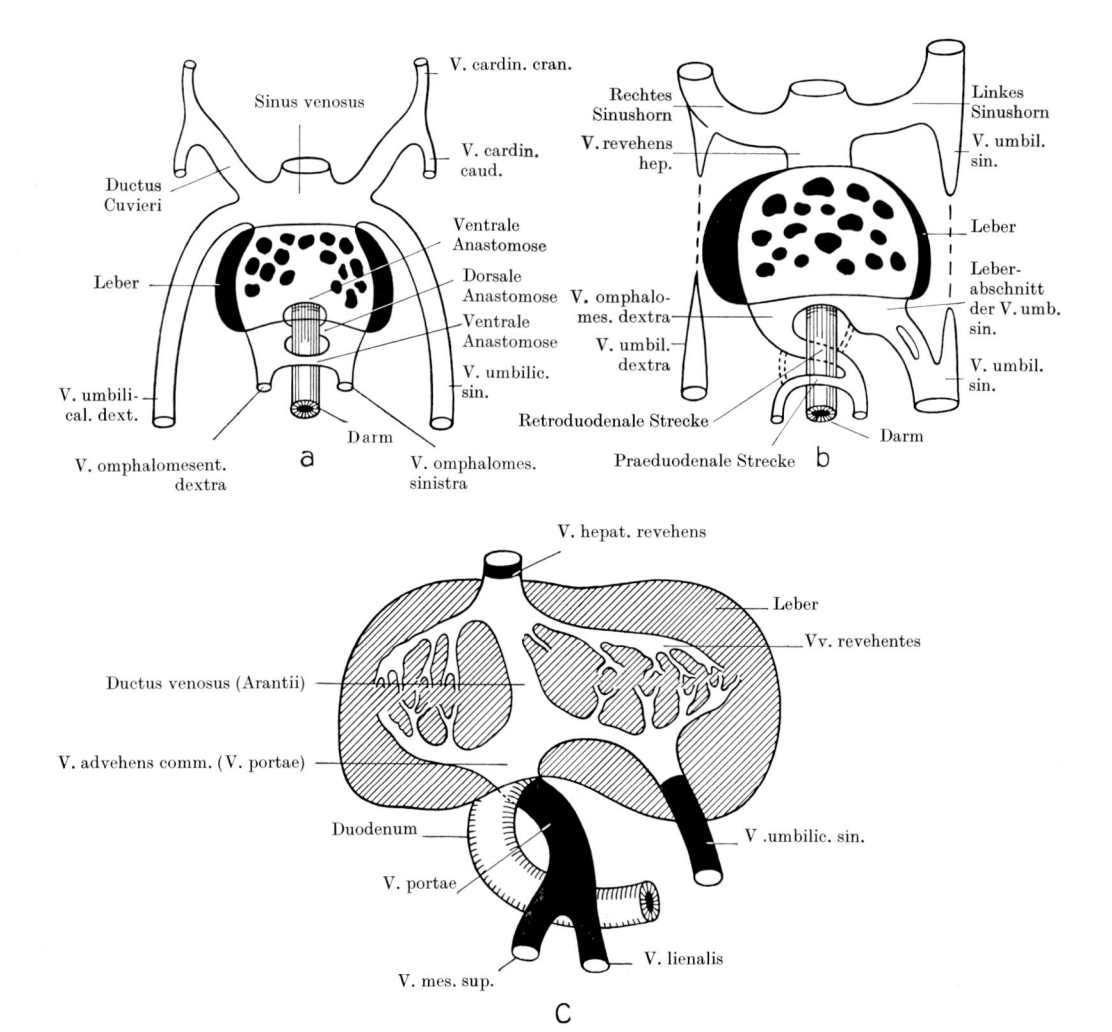

Abb. 521 Schema der Entwicklung des Leberkreislaufes und der Vena portae beim Menschen.

Damit gehen die Lebersinusoide also auf den gleichen Plexus wie die Dottervenen zurück. Aus dem Plexus führen die Venae revehentes hepatis das Blut zum Sinus venosus. Innerhalb des distalen Anteiles des Plexus bilden sich größere zur Leber leitende Bahnen, die Venae hepatis advehentes, aus. Diese umfassen in Form von zwei Ringen (Achtertour) das Duodenum mit drei Queranastomosen (Abb. 521a). Die mittlere dieser Querverbindungen liegt dorsal, die beiden anderen aber liegen ventral des Duodenums. Die ringförmigen Gefäße im Duodenalbereich sind also nur als ausgeweitete Teile des allgemeinen Darmwandplexus zu verstehen. Innerhalb dieses Ringsystems (Abb. 521b) kommt es nun zur Obliteration des rechten Schenkels des unteren und des linken Schenkels des oberen Ringes. Wie das Schema (Abb. 521b, c) zeigt, muß die persistierende Gefäßbahn spiralförmig das Duodenum umfassen. Hierbei ist aber zu beachten, daß in natürlichen Lageverhältnissen der Darm nicht geradegestreckt verläuft, sondern selbst nach rechts ausgebogen ist. In der Tat umfaßt das Duodenum die persistierende Vene in einer Spiraltour. Die Vene selbst, jetzt als Vena advehens hepatis communis bezeichnet, strebt auf kürzestem, geradem Wege zur Leber hin. Diese Umbildungen am Venensystem sind die direkte Folge der Vergrößerung des Magens und der Drehung und Schlingenbildung am Duodenum. Die Vena advehens communis nimmt die Venen von Milz, Magen und Darm auf und wird damit zur Vena portae. Der periphere Teil der Vena omphalomesenterica verfällt bei Rückbildung des Dottersackes der Obliteration. Die beschriebenen Entwicklungsvorgänge erklären die definitiven Lagebeziehungen der Vena portae, ventral der Pars inferior duodeni, aber dorsal der Pars superior duodeni (Abb. 443). Die paarigen Umbilicalvenen verschmelzen im Nabelstrang zu einem unpaaren Gefäß. Innerhalb des Embryonalkörpers bleiben aber zunächst zwei Nabelvenen erhalten. Diese liegen seitlich im Septum transversum und werden ebenfalls von der sich entwickelnden Leberanlage eingeschlossen. Sehr früh schon (5 mm) erfolgt der Abfluß aus den Venae umbilicales über die Anastomosen zu den Venae omphalomesentericae, also über die Sinusoide der Leber. Die direkte Abflußbahn der

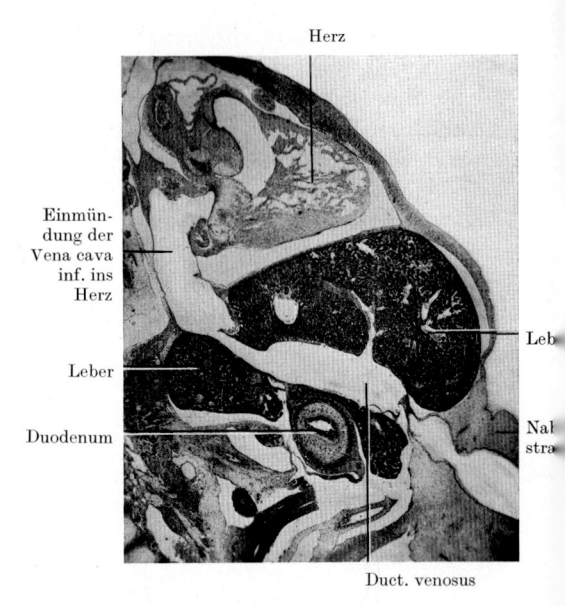

Abb. 522 Paramedianer Sagittalschnitt durch den Rumpf eines menschlichen Embryos von 18 mm Scheitel-Steiß-Länge. Ductus venosus.

Nabelvenen zum Sinus venosus wird unterbrochen (Abb. 521b). Kurz darauf bildet sich die rechte Nabelvene völlig zurück. Die linke Nabelvene führt nun das ganze Blut von der Placenta zum Embryonalkörper, und zwar vollständig über die Gefäßbahnen der Leber. Diese ist also gewissermaßen dem aus dem extraembryonalen Gebiet stammenden Blut vorgeschaltet. Sie erhält zunächst nur Blut von den Venae omphalomesentericae, dann Placentarblut über Vena umbilicalis und Dottervenen. Diese Blutmenge durchströmt nun keineswegs das ganze Kapillarnetz der Leber. Sehr früh schon weitet sich die kreislaufdynamisch günstige Strecke der Leberstrombahn zum Ductus venosus Arantii (Abb. 522) aus, der das Blut unter Umgehung des Leberkapillargebietes direkt von der Nabelvene (links) zur Vena revehens communis leitet. Ein wesentlich kleinerer Teil des Blutes gelangt über die Pfortader von der Nabelvene aus in die Leber selbst. Nabelvene und Ductus venosus obliterieren nach der Geburt. Reste der Vene bleiben als Lig. teres hepatis (Chorda venae umbilicalis) im Mesohepaticum ventrale erhalten. Ein entsprechender Strang (Ligamentum venosum) als Rudiment des Ductus venosus findet sich zwischen linkem Leberlappen und Lobus caudatus.

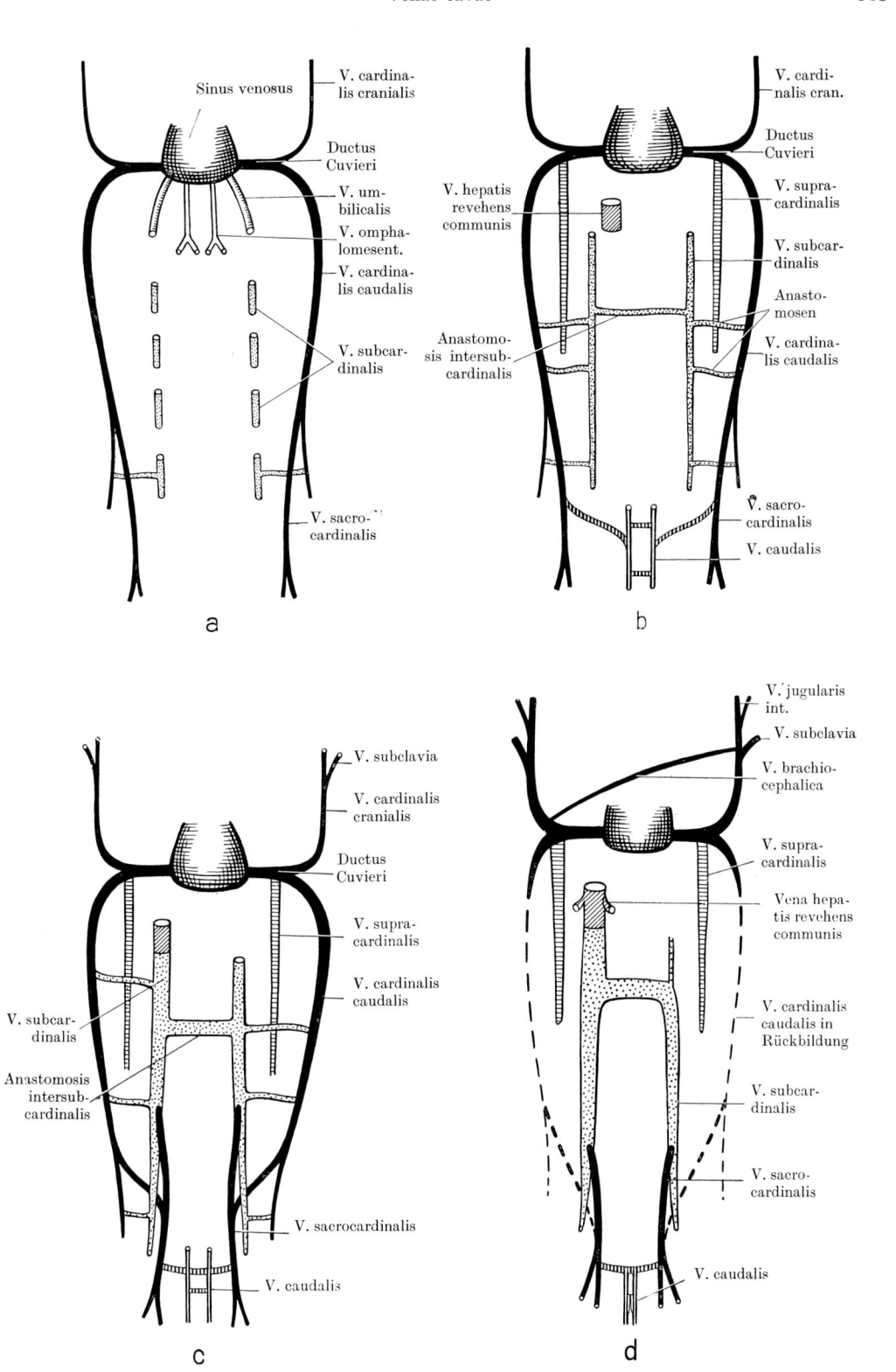

Abb. 523

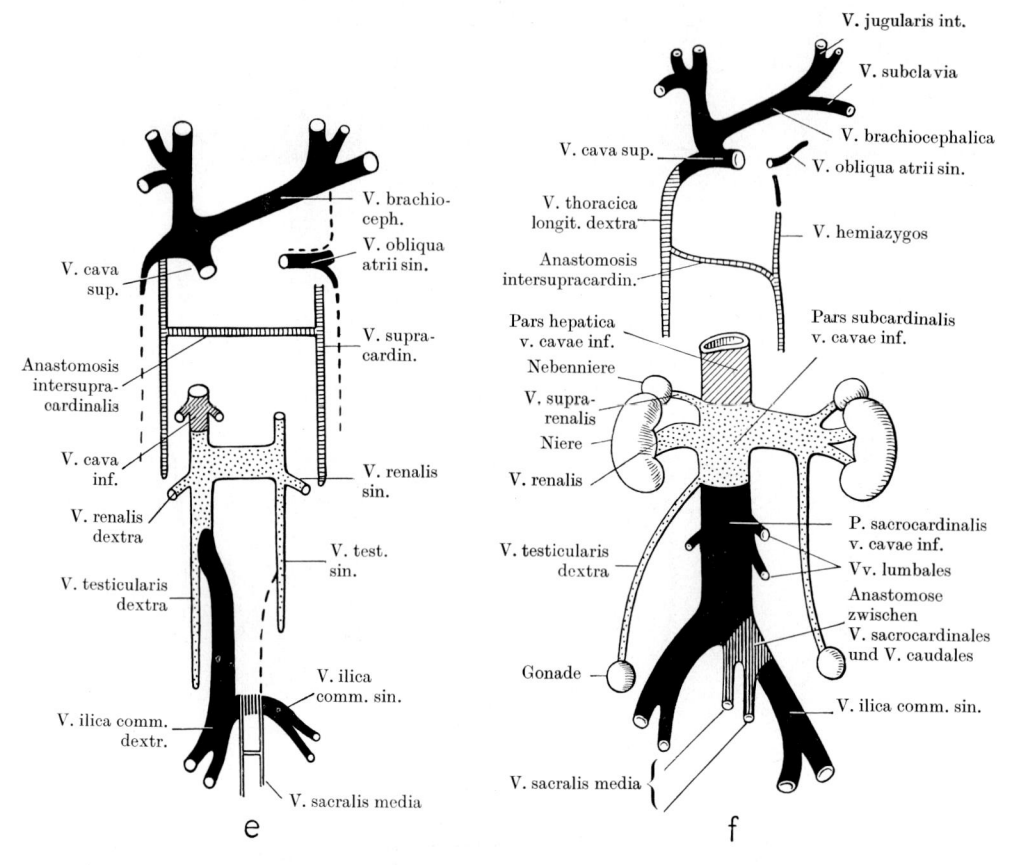

Abb. 523 Schema der Entwicklung des Systems der Kardinalvenen und der Venae cavae im Anschluß an die Auffassung von GRÜNWALD (1938).
Schwarz = Venae cardinales. Punktiert = V. subcardinales. Quergestrichelt = V. supracardinales. Schräg schraffiert = V. hepatis revehens. Senkrecht schraffiert = Anastomosen im Bereich der V. sacrocardinales und caudales.

Die Venen der Leibeswand.

Venae cardinales, Ductus Cuvieri, Venae cavae

Das Venensystem des Embryonalkörpers wird völlig symmetrisch angelegt. Aus dem Kopf und dem vorderen Rumpfgebiet sammeln sich die Venae cardinales superiores. Sie vereinigen sich im Ductus Cuvieri (s. S. 541) jederseits mit den Venae cardinales inferiores aus der hinteren Rumpfregion.

Die vorderen Kardinalvenen entspringen aus den perineuralen Venenplexus seitlich des Gehirns. Diese sind vor allem dorsomedial zwischen den Großhirnhemisphären, dann seitlich vom Vorderhirn über dem Auge und seitlich neben dem Rhombencephalon ausgebildet. Im Bereich des Rautenhirns lassen sich ein prae- und post-

otischer Plexus unterscheiden. Der Abfluß erfolgt über eine Sammelvene, die Vena capitis medialis, die medial der Nervi V, VII, VIII und des Labyrinthorgans verläuft. Sie stellt die Wurzel der vorderen Kardinalvene dar. Sehr früh wird diese Vene durch eine lateral von den hinteren Hirnnerven (V–XII) gelegene Anastomose, die Vena capitis lateralis, ersetzt. Die perineuralen Plexus liegen im meningealen Mesenchym. Aus ihnen gehen die Sinus durae matris hervor, indem sich die Geflechte zurückbilden und nur solche Venenkanäle erhalten bleiben, welche in der Nähe tiefer Einschnitte zwischen den Hirnteilen liegen (Sinus sagittalis zwischen den Hemisphären, Sinus transversus zwischen Groß- und Kleinhirn usw.). Dura und Periost bleiben nur dort voneinander getrennt, wo sich Venensinus ausbilden. Die Entstehung der Venensinus durch Zusammendrängen und Verschmelzung von Gefäßnetzen läßt sich besonders schön am Sinus cavernosus demonstrieren. Die ursprünglich extradural zwischen den Venen des Plexus verlaufenden Gebilde (Arteria carotis interna, Nervus VI) werden beim Zusammenfließen der Einzelgefäße zum Sinus in diesen einbezogen. Der kavernöse Charakter des Sinus, das Vorkommen buchtiger Räume und balkenartiger Septen, ist durch die Persistenz von Resten der Gefäßwände zu erklären.

Die Vena capitis lateralis wird zur Hauptabflußbahn des Kopfes, zur Vena jugularis interna. Sie nimmt vor ihrer Einmündung in den Ductus Cuvieri die Vena subclavia auf, die ursprünglich in die hintere Kardinalvene einmündet, dann aber weiter nach cranial verschoben wird. Im 2. Monat wird dieses Sammelvenensystem asymmetrisch. Zunächst bildet sich eine Anastomose zwischen beiden Venae cardinales anteriores aus (Abb. 523d). Diese weitet sich aus und führt das Blut von der linken Kopfhälfte vorzugsweise zur rechten Vena cardinalis anterior. In dem Maße, wie sich diese Anastomosis intercardinalis cranialis zur Hauptstrombahn (Vena brachiocephalica sinistra) umbildet, werden die linke obere Kardinalvene und der linke Ductus Cuvieri reduziert. Als Rest des herznahen Endes des linken Ductus Cuvieri er-

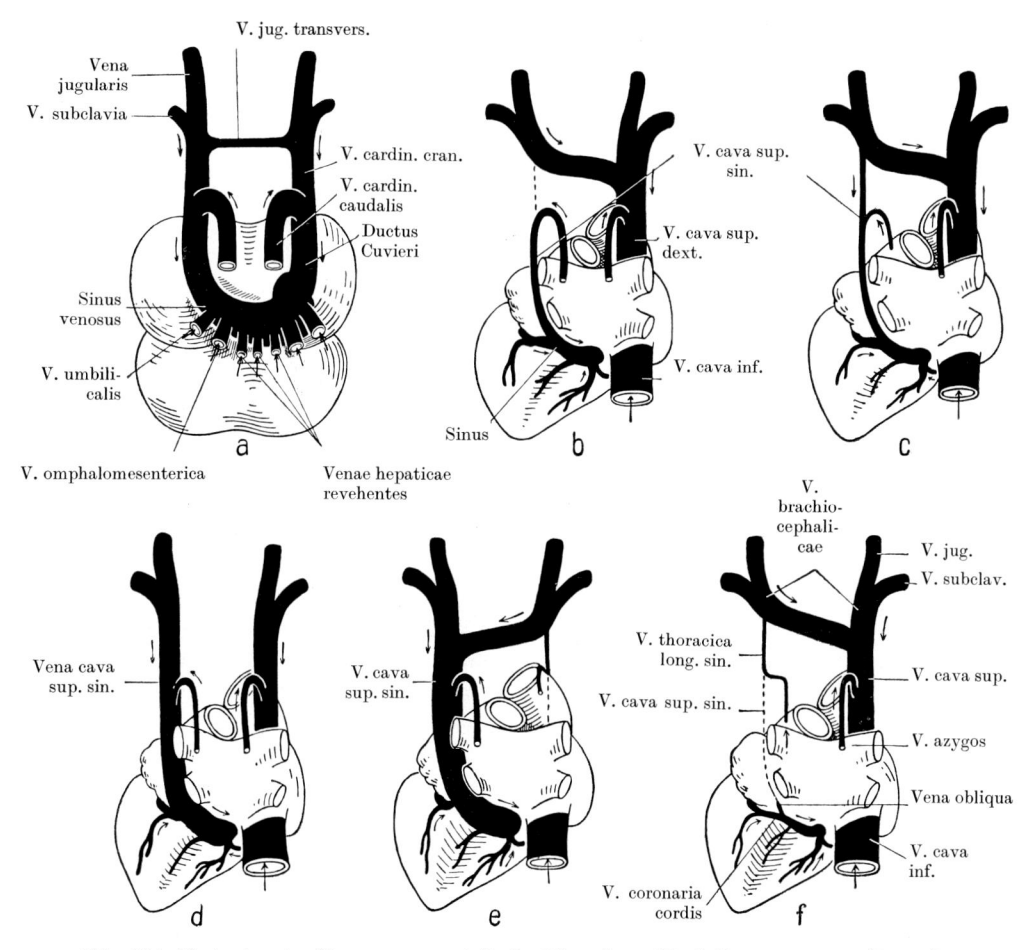

Abb. 524 Varianten der Vena cava cranialis des Menschen. (Nach BLUNTSCHLI aus RUGE 1908)
a) Schema der in den Sinus venosus während der frühen Embryonalzeit einmündenden Venen.
b–e) Vier verschiedene Ausbildungsgrade einer linken Vena cava cranialis unter gleichzeitiger Rückbildung der rechten oberen Hohlvene.
f) Normales Verhalten beim Erwachsenen.

hält sich die Vena obliqua atrii sinistri (s. S. 541). Die Venenstrecke zwischen der Einmündung der Subclavia dextra und der Vena brachiocephalica sinistra wird nun als Vena brachiocephalica dextra bezeichnet. Der herzwärts hiervon gelegene Teil der Vena cardinalis dextra wird zur Vena cava superior (Abb. 523e). Variationen im Bereich der oberen Hohlvenen sind häufig. Gelegentlich können die linke obere Kardinalvene und der linke Ductus Cuvieri persistieren (Abb. 524c, d). Im extremen Falle bestehen dann zwei seitensymmetrisch ausgebildete Venae cavae superiores (Abb. 524d). Auch Rückbildung der Vena cava superior dextra bei Persistenz der linken oberen Hohlvene (Abb. 524e) kommt vor.

Die Ausbildung der Venen in der caudalen Rumpfhälfte, die schließlich zur Ausbildung des Systems der *Vena cava inferior* führt, erfolgt aus anfangs bilateral symmetrischen Zuständen über höchst komplizierte Zwischenphasen. Die Venae cardinales caudales liegen dorsal der Urniere (Abb. 514). Sie allein führen zunächst das Blut aus der hinteren Körperhälfte zum Herzen zurück. Sie sammeln Blut aus den segmentalen Gefäßen der Leibeswand und aus den Gliedmaßen und geben gleichzeitig zuführende Stämme (Venae mesonephridicae advehentes) zur Urniere ab. In der Urniere besteht ein Pfortaderkreislauf, vergleichbar dem der Leber. Die Venae mesonephridicae revehentes sammeln sich aus dem Kapillargebiet der Urniere in zwei Längsstämmen, den Venae subcardinales. Diese liegen ventromedial der Urnieren.

Die unteren Kardinalvenen werden caudalwärts bei Embryonen von etwa 10 mm Länge durch Venenstämme ergänzt, die sich in Becken und Bein fortsetzen. Sie liegen zum Unterschied von den Venae cardinales caudales hinter den Arteriae umbilicales und werden als Venae sacrocardinales bezeichnet. Zwischen den beiden Sakrokardinalvenen bestehen plexusartige Anastomosen über die Mittellinie hinweg, aus denen die Caudalvenen hervorgehen. Diese Querverbindung gewinnt wesentliche Bedeutung als Wurzelstück der linken Vena iliaca communis (Abb. 523a, b). Auch die Subkardinalvenen besitzen plexusartige Anastomosen über die Mittellinie hinweg. Sie nehmen gleichzeitig Verbindung zu den Sakrokardinalvenen auf (Abb. 523c) und entlasten den Abfluß in die Venae cardinales caudales. Mit der Vergrößerung ihres Wurzelgebietes erweitern sich die Subkardinalvenen, die hinteren Kardinalvenen bilden sich zurück (Abb. 523d). Nach oben hin findet die rechte Subkardinalvene Anschluß an die Vena revehens hepatis. Der Abfluß aus der linken Vena subcardinalis erfolgt über eine Anastomosis intersubcardinalis (Abb. 523b, c) in die rechte Vene und über diese in das rechte Atrium.

Diese Verlagerungen und Asymmetrien des Venensystems sind letzten Endes eine Konsequenz der Aufteilung des Atriums in eine linke und rechte Hälfte und eine Folge der Verlagerung der Einströmungsbahn aus dem Körperkreislauf nach rechts. Schließlich macht sich auch zwischen rechter und linker Subkardinalvene eine deutliche Kaliberdifferenz bemerkbar. Die linke Sakrokardinalvene leitet Blut aus dem linken Bein über die Caudalanastomose nach rechts und verliert ihren Abfluß in die linke Subkardinalvene (Abb. 523e). Diese bleibt im Durchmesser gegenüber der rechten zurück. Sie wird zur Vena testicularis sinistra (Abb. 523e, f). Bei Embryonen von 20 mm Länge ist dieser Zustand erreicht.

Schließlich bilden sich dorsal der Aorta und medial der Venae cardinales caudales noch paarige Suprakardinalvenen aus (Abb. 523 d, e, f). Sie werden zu den Hauptsammelvenen der Leibeswand (Venae azygos und hemiazygos = thoracicae longitudinales).

Die weitere Ausbildung des Venensystems ist gekennzeichnet durch Zunahme der Asymmetrie zugunsten der rechten Körperseite. Hierbei sind drei Anastomosen von entscheidender Bedeutung. Die caudale Anastomose wird zum Schlußstück in der Verbindung der beiden Venae iliacae communes (Abb. 523e, f). Die Anastomose zwischen den beiden Subkardinalvenen wird zur Vena renalis sinistra (Abb. 523e, f). Die Anastomose der Suprakardinalvenen leitet das Blut aus der Vena hemiazygos in die Vena azygos. Die linke Hemiazygos verliert in der Regel ihren direkten Abfluß in die linke obere Kardinalvene. Die Vena cava inferior entsteht also aus Gefäßstrecken verschiedener Wertigkeit. Das caudale Stück der Cava inferior entspricht der rechten Vena sacrocardinalis. Diese bildet gleichzeitig das Anfangsstück der rechten Vena iliaca communis. Die beiden Venae iliacae communes sind also nicht völlig homolog, denn in der linken Iliaca communis ist außer dem sakrokardinalen Anteil auch die Caudalanastomose aufgegangen. Das mittlere Stück der Vena cava inferior geht aus der erweiterten Vena subcardinalis dextra hervor (Abb. 523f). Die untere Grenze dieses Segmentes wird durch den Abgang der Vena testicularis dextra markiert, denn dieses Gefäß geht aus dem caudal der Anastomosis intersubcardinalis gelegenen Teil der Vena subcardinalis hervor. In den Subkardinalabschnitt der Cava inferior münden die Nierenvenen ein. Auch rechte und linke Nierenvene sind nicht vollständig homolog. Die linke Vena renalis geht direkt aus der Anastomosis intersubcardinalis hervor. Die rechte Renalis ist ein Seitenast der Subcardinalis dextra. Die Asymmetrie der Venen und besonders die größere Länge der linken Iliaca communis und Renalis erklären sich zwanglos aus den geschilderten Entwicklungsvorgängen. Das oberhalb der Einmündung der Nebennierenvenen gelegene Teilstück der Cava inferior geht aus den erweiterten Venae hepatis revehentes hervor. Grobschematisch lassen sich also drei genetisch verschiedenartige Abschnitte an der Cava caudalis unterscheiden:

1. das hepatische Segment, oberhalb der Vena suprarenalis;
2. das subkardinale Segment, zwischen der Einmündung der Vena suprarenalis dextra und Vena testicularis dextra;
3. das sakrokardinale Segment, unterhalb der Einmündung der Vena testicularis dextra (Abb. 523f).

Gleichzeitig macht das geschilderte Entwicklungsschema verständlich, warum die linke Testicularis in die Vena renalis, die rechte aber in die Cava inferior selbst einmünden muß. Es soll nicht verschwiegen werden, daß das unserer Beschreibung zugrunde gelegte Schema von der Entwicklung der Vena cava inferior (GRÜNWALD 1938) in manchen Punkten vereinfacht ist. Das sehr komplizierte Schema von HUNTINGTON, McCLURE und BUTLER hat andererseits kaum Allgemeingültigkeit. Da die Venen aus kapillären Plexus entstehen, ist bereits in der Entwicklungszeit mit einer erheblichen Variabilität zu rechnen. Dies erklärt die Differenzen in den vorliegenden Angaben. Zahlenmäßig ausreichendes Material zur Beurteilung der Variabilität im embryonalen Venensystem steht aus begreiflichen Gründen nicht zur Verfügung. Auch im Gebiet der Vena cava inferior und der Vena azygos-hemiazygos kommen häufig Variationen vor. Diese betreffen vor allem die Ausbildung der Anastomose zwischen Azygos und Hemiazygos und die Persistenz einer oberen Einmündung der Hemiazygos in die Vena brachiocephalica sinistra. Die Vena cava inferior kann in ihrem caudalen Abschnitt verdoppelt sein. Es handelt sich um eine Persistenz der Subcardinalis sinistra und eine Persistenz der Verbindung der linken Sacrocardinalis (V. iliaca) mit der Subkardinalvene bei Obliteration der Caudalanastomose. Die Anastomose der Subkardinalvenen kann an abnormer Stelle zustande kommen. Daraus resultiert ein abnormer Verlauf der Vena renalis sinistra.

Der fetale Kreislauf und die Veränderungen am Gefäßsystem kurz nach der Geburt

Nachdem wir die Wege des Blutstromes und die an ihnen ablaufenden Umbildungen während der Embryonalzeit kennengelernt haben, sei zum Abschluß nochmals die Zirkulation des Blutes in der späten Fetalzeit beschrieben. Der Blutkreislauf des Fetus unterscheidet sich von den Verhältnissen nach der Geburt vor allem dadurch, daß die Lunge noch nicht als Atmungsorgan funktioniert und daß großer und kleiner Kreislauf noch nicht getrennt sind. Das fetale Blut wird in der Placenta oxydiert und gelangt über die Vena umbilicalis zur Leber. Durch den Ductus venosus kommt es sodann in die Vena revehens hepatis und durchmischt sich hier mit reduziertem Blut aus dem Pfortaderkreislauf. Dazu kommt nochmals eine Durchmischung mit reduziertem Blut in der Vena cava inferior. Das durch die Cava inferior dem rechten Atrium zugeleitete Blut wird durch die Valvula venae cavae gegen das Foramen ovale und durch dieses in den linken Vorhof geleitet. Die Pulmonalvenen führen vor der Geburt nur geringe Blutmengen, so daß die Beimischung von Blut aus dem Lungenkreislauf gering ist. Vom linken Atrium strömt das gemischte Blut über linken Ventrikel und Aorta in den Körperkreislauf,

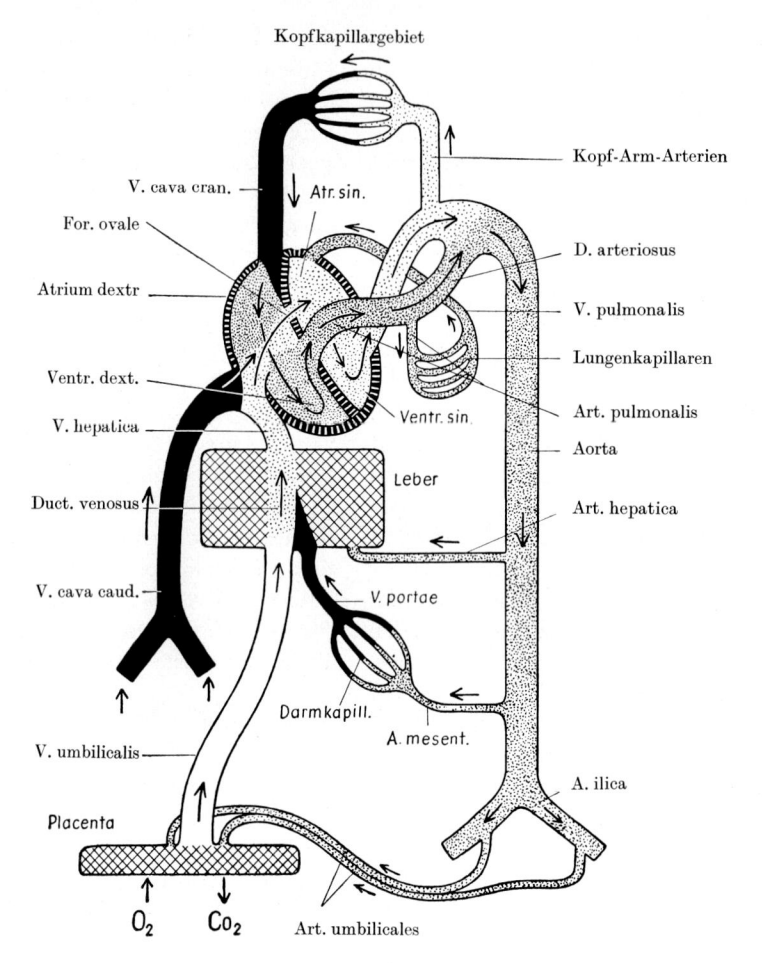

Abb. 525 Schema des fetalen Kreislaufes beim Menschen. (Orig.)
Oxydiertes Blut = weiß. Reduziertes Blut = schwarz. Gemischtes Blut = punktiert.

um schließlich über die Nabelarterien zur Placenta zurückzufließen.

Der rechte Vorhof nimmt aber auch das Blut der Cava superior auf. Dieses ist stärker reduziert als das Blut der unteren Hohlvene. Die Hauptmenge des Blutes der oberen Hohlvene gelangt mit wenig Blut aus der Cava inferior in den rechten Ventrikel und von hier in die Arteria pulmonalis. Von hier wird es zum größten Teil über den offenen Ductus arteriosus in die Aorta geleitet, nur ein geringer Teil passiert die Lungen. Peripherwärts von der Einmündung des Ductus arteriosus führt die Aorta also stärker reduziertes Blut als weiter herzwärts. Damit ist gewährleistet, daß Kopf und obere Extremitäten das O_2-reichste Blut des Körpers bekom-

men (Abb. 525). Der fetale Kreislauf unterscheidet sich somit von dem des Erwachsenen durch den verschiedenen O_2-Gehalt des Blutes in der oberen und in der unteren Körperhälfte. Da der Lungenkreislauf zunächst bedeutungslos ist und Blut aus der rechten Kammer ebenfalls dem großen Kreislauf zugeführt wird, besteht für beide Herzkammern im Gegensatz zum Erwachsenen kein Unterschied im Ausmaß der peripheren Widerstände, das Myokard beider Ventrikel ist daher gleich dick.

Die Umstellung vom fetalen Zirkulationsmechanismus auf die definitiven Bedingungen muß schlagartig im Moment der Geburt bei Einsetzen der Atmung erfolgen. Der Organismus ist in höchst zweckmäßiger Weise auf diese Umstellung längst vor der Geburt vorbereitet. Das Gefäßsystem der Lunge ist funktionsfähig und wird in den letzten Wochen des Fetallebens bereits von einer recht beträchtlichen Blutmenge durchströmt. Mit dem Einsetzen der ersten Atemzüge, die durch die CO_2-Anreicherung im Blut nach der Unterbrechung des Placentarkreislaufes reflektorisch über das Atemzentrum ausgelöst werden, kommt es zu einer spontanen Kontraktion der Umbilikalgefäße und des Ductus venosus. Da der Nabelstrang nervenfrei ist, kann es sich nicht um einen ausschließlich reflektorischen Vorgang handeln. Im Bereich der intraembryonalen Verlaufsstrecke der Umbilikalgefäße spielen aber Reflexvorgänge beim Verschluß sicher eine Rolle (BARRON 1942). Auch der Ductus arteriosus, dessen Media durch sphincterartige Muskulatur ausgezeichnet ist, schließt sich beim Einsetzen der Atmung. Die Obliteration durch eine Art Entzündungsvorgang ist wenige Wochen nach der Geburt beendet. Die Zunahme der Durchblutung der Lunge nach der Geburt verursacht einen Druckanstieg im linken Atrium. Dadurch wird die Valvula foraminis ovalis gegen den Limbus gepreßt, und der funktionelle Abschluß zwischen beiden Vorhöfen ist momentan erreicht. Schließlich verwachsen Valvula und Limbus miteinander. Mit der Vollendung des Abschlusses zwischen rechter und linker Herzhälfte ist die Scheidung des oxygenierten Blutes (im linken Herzen) vom desoxygenierten Blut (im rechten Herzen) erreicht.

Als Restbildungen embryonaler Gefäße erhalten sich beim Erwachsenen strangartige Bildungen: Die Chorda venae umbilicalis (Lig. teres hepatis) liegt im Mesohepaticum ventrale, die Chorda ductus venosi (Ligamentum venosum) findet sich an der visceralen Fläche der Leber zwischen Lobus caudatus und linkem Leberlappen. Die Arteriae umbilicales bleiben in ihrem Anfangsstück bis zum Abgang der Arteriae vesicales superiores durchgängig. Der distale Teil liegt als Chorda arteriae umbilicalis (Lig. umbilicale laterale) der vorderen Bauchwand an. Auch die Chorda ductus arteriosi (Lig. arteriosum) bleibt beim Erwachsenen als derber Strang erhalten. Auf ihre topographischen Beziehungen zum linken Nervus recurrens war bereits hingewiesen worden.

4. Entwicklung des Lymphgefäßsystems, der lymphatischen Organe und der Milz

Die Entstehung des Lymphgefäßsystems ist lichtmikroskopisch wegen der zarten Wandstruktur nur schwer exakt zu untersuchen. Zwei verschiedene Ansichten werden vertreten, ähnlich wie wir es bereits bei der Entwicklung der Lungenvenen erfahren hatten. Nach der einen Ansicht sprossen die Lymphgefäße vom bereits vorhandenen Venensystem aus (SABIN). Nach anderer Anschauung (KAMPMEIER u. a.) entstehen die ersten Lymphbahnen in Form von Spalträumen im Mesenchym direkt. Die wandständigen Mesenchymzellen bilden sich zu Endothelzellen um, der Durchbruch ins Venensystem erfolgt sekundär. Beim menschlichen Embryo sind die ersten größeren Lymphbahnen in der seitlichen Hals- und Armgegend bei Embryonen von 10 mm Länge nachweisbar (jugularer Lymphsack). In ihrer caudalen Verlängerung bilden sich zunächst paarige Ductus thoracici, die dorsal der Aorta zu einem einheitlichen Gang zusammenfließen. Inwieweit periphere Lymphbahnen in loco oder durch Aussprossung von diesen primären Gefäßen entstehen, ist strittig. Die Lymphknoten entstehen als Mesenchymanhäufungen um die Lymphgefäße (Homo 30–50 mm). Die histologische Differenzierung von Lymphocyten und Reticulumzellen setzt sehr spät ein. Bei keimfrei aufgezogenen Säugetieren (HELLMANN) unterbleibt die Ausbildung von Reaktionszentren im lymphatischen Gewebe. Die definitive histogenetische Ausgestaltung ist also stark von der Tätigkeit des Gewebes (Abwehrreaktionen) abhängig. Teilweise findet in Lymphknoten auch Bildung roter Blutzellen statt. Diese Erythropoese in Lymphknoten hört aber schon sehr früh auf. Bei einigen Säugern (z. B. Pferd) gewinnen Lymphknoten Beziehungen zum Blutgefäßsystem und werden von Blut durchströmt (Blutlymphknoten).

Milz

Die Milz entsteht als Mesenchymverdichtung im Mesogastrium dorsale (10 mm). In diesem Bereich wird das Coelomepithel kubisch. Bei Embryonen von 15 mm Länge buckelt sich der Milzbezirk bereits in die Bauchhöhle vor. Durch die Einlagerung der Milz wird das dorsale Magengekröse in zwei Teile zerlegt. Der eine verbindet die Milz mit der hinteren Bauchwand (Lig. phrenicolienale), der andere stellt die Verbindung zwischen Magen und Milz her (Lig. gastrolienale).

Das Mesenchym der Milzanlage wuchert in mehreren Bezirken um die Blutgefäßanlagen herum, so daß das Organ höckerig gelappt erscheint. Später werden diese Einkerbungen bis auf einzelne Randkerben durch Wachstum ausnivelliert. Kausale Abhängigkeiten zwischen Mesenchymwucherung und Verdickung des Peritonealepithels sind wahrscheinlich. Jedenfalls ist die Potenz zur Bildung von Milzgewebe im subperitonealen Mesenchym weit verbreitet; Nebenmilzen kommen nicht nur in der Nachbarschaft des Organs, sondern auch in anderen Teilen des Bauchraumes häufig vor. Das Milzmesenchym bildet Lymphocyten und Retikulumzellen. In der Mitte der Gravidität treten in diesem Mesenchym erythroblastische und myeloische Herde auf. Die Fähigkeit zur Bildung von Zellen der myeloischen Reihe erlischt schnell wieder, während die Bildung roter Blutzellen bis über den Geburtstermin hinaus weitergeht. Unter besonderen Bedingungen (Knochenmarkserkrankungen, Blutverlust) kann auch die Milz des Erwachsenen wieder erythroblastische Potenzen entfalten.

5. Die Entwicklung der Blutzellen*)

Die ersten Blutzellen entstehen außerhalb des Embryonalkörpers gemeinsam mit den Gefäßendothelien in Blutinseln (s. S. 197). Beim Menschen finden wir derartige Blutinseln im Mesenchym des Dottersackes und des Haftstieles, vielleicht auch im Chorionmesenchym (s. S. 237). Ein Teil der Zellen der Blutinseln bleibt wandständig und liefert das Endothel. Die zentralen Zellen weichen auseinander, zwischen ihnen sammelt sich Flüssigkeit an (Blutplasma); schließlich werden sie ins Lumen abgeschwemmt. Diese primären Blutzellen sind stets kernhaltig.

---

*) Die Histogenese der Blut- und Lymphzellen wird hier nur kurz behandelt. Eingehende Darstellungen dieses Gebietes finden sich in den Lehr- und Handbüchern der Histologie und mikroskopischen Anatomie.

Innerhalb des Embryonalkörpers sind die beiden morphogenetischen Prozesse, Blutgefäßbildung und Blutzellbildung, im allgemeinen nicht mehr kombiniert. Die Gefäße entstehen zunächst selbständig und werden sekundär von den Blutzellen besiedelt. Damit wird es nun, besonders nach Rückbildung des Dottersackes (2. Monat), notwendig, daß blutzellbildende Gewebsbezirke oder Organe auftreten. Als solches erscheint zunächst die Leber, die ihre erythropoetischen Funktionen bis zum Ende der Gravidität (7. bis 8. Monat) behält. Die Blutzellbildung in der Leber ist an Mesenchyminseln in der unmittelbaren Umgebung der Sinusoide gebunden. Schließlich bildet auch die Milz (5. Monat — nach Geburt) Blutzellen. Als weiterer Ort der Blutbildung tritt in der zweiten Schwangerschaftshälfte das rote Knochenmark auf. Dieses behält auch beim Erwachsenen die Fähigkeit, Erythrocyten und myeloische Zellen zu bilden. Es handelt sich ebenfalls um Mesenchymherde in der Nachbarschaft von Gefäßen. Rotes Knochenmark findet sich vor allem in den platten und kurzen Knochen (Sternum, Schädeldach).

Bereits frühembryonale Blutzellen bilden Haemoglobin (Erythroblasten). Andere Zellen bleiben indifferent und enthalten kein Haemoglobin. Sie sind als Haemocytoblasten Stammzellen von Erythrocyten und farblosen Blutzellen. Kernlose Erythrocyten finden sich nicht vor Ende des dritten Schwangerschaftsmonats. Mit zunehmender Spezialisierung und Kernverlust büßen die Erythrocyten ihre Vermehrungsfähigkeit ein. Nachschub kann also nur aus dauernd tätigen erythropoetischen Organen (Knochenmark) erfolgen. Die Lebensfähigkeit eines roten Blutkörperchens ist beschränkt (etwa 100 Tage). Der Kernverlust der Erythrocyten ist als Spezialanpassung an die Funktion des O_2-Transportes zu deuten und bedingt für diese Sonderaufgabe eine Leistungssteigerung, die aber mit Verlust der Teilungsfähigkeit und Einschränkung der Lebensdauer erkauft wird. Amphibien haben im allgemeinen kernhaltige Erythrocyten. Doch kommen kernlose Erythrocyten bei lungenlosen Salamandern (Plethodontiden) vor. Die Schwäche des Systems der Atmungsorgane (Lungenverlust sekundär, reine Haut- und Schleimhautatmung) wird hier durch Leistungssteigerung auf der anderen Seite des Systems (Kernlosigkeit der Erythrocyten) kompensiert.

Die Differenzierung der farblosen Blutzellen in lymphatische und myeloische Elemente bedeutet, genetisch gesehen, keine völlige Trennung in zwei spezifische Stammreihen. In der Dottersackwand entstehen zunächst neben Erythroblasten auch Stammformen der lymphatischen und der myeloischen Reihe. Beide gehen auf Mesenchymzellen, bzw. Haemocytoblasten zurück. Für die endgültige Differenzierung zu lymphatischen oder myeloischen Zellen ist das Gewebsmilieu des Entstehungsortes (Lymphknoten oder Knochenmark) entscheidend. Unreife Lymphocyten aus Lymphknoten können im Explantat zu Granulocyten differenziert werden, wenn der Kultur zellfreier Knochenmarksextrakt zugefügt wird.

V. Entwicklung von Skeletsystem und Muskulatur

1. Allgemeines, Histogenese der Stützsubstanzen

Die Gewebe des Skeletsystems, Knorpel- und Knochengewebe, differenzieren sich aus Mesenchym. Dabei spielt es keine Rolle, ob dieses skeletogene Gewebe mesodermaler oder ektodermaler Herkunft ist. Während am Rumpf und in den Extremitäten im wesentlichen Mesenchym mesodermaler Herkunft als Material für Knorpel- und Knochendifferenzierung dient, wird im Kopfbereich in bedeutendem Ausmaß ektodermales Mesenchym (Mesektoderm, s. S. 393) zur Bildung von Knorpel, Knochen und Zahnbein herangezogen.

Die Faktoren, welche die Bildung der Skeletsubstanzen determinieren, sind nicht vollständig bekannt. Sicher ist einmal, daß phylogenetische Einflüsse von großer Bedeutung sind. Haifische und Rochen sind nicht in der Lage, in ihrem Endoskelet Knochengewebe aufzubauen. Stammesgeschichtlich ist das Knochengewebe zweifellos älter als Knorpelgewebe. Die palaeontologischen Funde der letzten Jahrzehnte haben uns gezeigt, daß die ältesten Wirbeltiere (Agnathi) ausgedehnte Knochenpanzer *(Exoskelet)* besaßen. Dieses knöcherne Außenskelet wurde auch bei ältesten Elasmobranchiern nachgewiesen. Es entstand zweifellos im Bindegewebe. Im Inneren des Körpers bildete sich frühzeitig ein knöchernes *Endoskelet* aus. Dieses entstand bei niederen Wirbeltieren wahrscheinlich auf der Grundlage eines primitiven Schleimknorpelgewebes. Im allgemeinen beobachtet man in der Phylogenese zunächst eine Tendenz zur Rückbildung des Knochengewebes. Echtes Knorpelgewebe tritt erst sekundär bei Rückbildung eines primären knöchernen Innenskeletes auf (HOLMGREN und STENSIÖ). Die fossilen Agnathen (Cephalaspiden) besaßen ein von perichondralen Knochenlamellen überkleidetes Schleimknorpelskelet. Ihre Abkömmlinge, die rezenten Cyclostomen, bilden überhaupt kein Knochengewebe. Eine ganz analoge Reduktion des Knochengewebes finden wir in der Stammesreihe, die von fossilen Elasmobranchiern zu den rezenten Haien und Rochen führt. Auch bei stammesgeschichtlich jungen Knochenfischen und Amphibien tritt das Knorpelskelet gegenüber den Ossifikationen wieder stärker hervor. Für die Beurteilung der Entstehung der Hartsubstanzen ist also zunächst die taxonomisch-phylogenetische Stellung der Tierform wesentlich[*].

Andererseits ist bekannt, daß die Stützgewebe und die aus ihnen gebildeten Organe in erstaunlicher Weise mechanisch durchkonstruiert sind (G. H. MEYER, J. WOLFF, W. ROUX, A. BENNINGHOFF, F. PAUWELS, B. KUMMER). Wir können uns auf Grund physikalisch-funktioneller Untersuchungen ein Bild davon machen, wie im Einzelfall die Struktur von Bändern, Knochen usw. bis ins einzelne funktionell angepaßt ist und können weiterhin zeigen, daß Abänderungen der Beanspruchung unmittelbar eine

---

[*] Auf die phylogenetischen und strukturellen Beziehungen der Hartsubstanzen, besonders von Knochen, Dentin, Schmelz und Kalkknorpel zueinander, kann hier nicht näher eingegangen werden. Es sei auf die Arbeiten von WEIDENREICH (1930) und ØRVIG verwiesen.

Änderung der Struktur zur Folge haben. Derartige Studien sind von großer praktischer Bedeutung, denn pathologische Änderungen der Form (Knochenbrüche, Defekte usw.) oder der Funktion ergeben ganz gesetzmäßige Strukturumbildungen. Kennen wir die Gesetze, die diesen Transformationen zugrunde liegen, so sind wir in der Lage, Regenerations- und Heilungsprozesse weitgehend zu beherrschen und zu beeinflussen. Die Faktoren, welche die Regeneration und den Umbau des fertigen Knochens bestimmen, dürften zum größten Teil auch in der Ontogenese wirksam sein. Heute sind zwei Gruppen von Faktoren bis zu einem gewissen Grade analysiert, mechanische und chemische. Hervorgehoben sei aber, daß unsere Kenntnisse zum größten Teil durch experimentelle Untersuchungen am höheren Wirbeltier, vor allem am Säugetier, und durch klinische Beobachtung am Menschen gewonnen wurden. Die Schlußfolgerungen haben daher auch nur für diese Formen Gültigkeit. Hier gilt, wie allgemein für den lebenden Organismus, daß die von außen kommenden Reize Reaktionen auslösen, daß aber die Art der Reaktion selbst spezifisch für die Tierform ist. Die phylogenetische Stellung der Tierform bestimmt die Reaktionsweise, mit anderen Worten, die geweblichen Potenzen einer Art sind ausschlaggebend für das Resultat der Reaktion. Ein Haifisch wird auf einen Reiz, der beim Teleosteer Knochenbildung verursacht, nie mit Knochenentwicklung reagieren können.

Es kann nicht die Aufgabe dieses Buches sein, die mechanischen und chemischen Faktoren der Knorpel- und Knochenbildung im einzelnen zu besprechen. Nur Weniges sei gesagt. Zahlreiche stoffwechselphysiologische Vorgänge (Kalkhaushalt, Säure-Basen-Haushalt, Epithelkörperchen, Vitamin D, Phosphorhaushalt, Fermente usw.) spielen in der normalen Ontogenese des Skeletsystems ebenso eine Rolle wie bei der Knochenbruchheilung. Bestimmte Wirkstoffe können offensichtlich Knochenbildung induzieren. LACROIX konnte durch Injektion zellfreien alkoholischen Epiphysenextraktes in die Muskulatur Knochenbildung hervorrufen. P. WEISS gelang die Induktion von Knorpelbildung durch abgetötetes Knorpelgewebe. Die mechanischen Faktoren, welche die Histogenese von Knorpel und Knochen beherrschen, sind in letzter Zeit vor allem von PAUWELS analysiert worden. Dabei ließ sich folgende kausale Abhängigkeit der Gewebsbildung von der mechanischen Beanspruchung wahrscheinlich machen. Dehnung des Bindegewebes hat Bildung von längsverlaufenden Fibrillensystemen zur Folge, die in der Lage sind, Zugspannungen aufzunehmen. Hydrostatischer Druck löst die Bildung von hyalinem Knorpel aus. Die erste Bildung von Knochengewebe kann nur dort erfolgen, wo das Bildungsmaterial völlig vor mechanischen Beeinflussungen geschützt ist (PAUWELS). Für die Entwicklung der platten Knochen des Schädeldaches konnte DZIALLAS (1952, 1954) Beziehungen zwischen der Lokalisation der ersten Knochenanlage und der Anlage des Venensystems nachweisen.

Ontogenetisch entstehen die Skeletsubstanzen ungewöhnlich spät, jedenfalls später als die Weichteile (Muskelanlagen). Sehr oft beobachtet man, daß in der Embryonalentwicklung Knorpelbildung der Knochenbildung vorausgeht. Zweifellos liegt in dieser zeitlichen Aufeinanderfolge eine Umkehrung (Heterochronie) gegenüber dem Ablauf der Stammesgeschichte vor. Die Befunde der Palaeontologie zeigen deutlich, daß die lange Zeit hindurch vertretene Annahme, daß das Knorpelgewebe phylogenetisch älter als Knochengewebe sei, nicht zu Recht besteht. Mit guten Gründen nehmen wir an, daß das Knorpelgewebe eine spezielle Anpassungsform des Stützgewebes an die Bedingungen des Embryonallebens ist (ROMER 1942). Hierbei dürften die Besonderheiten der Wachstumsvorgänge in den Stützgeweben wichtig sein. Knorpelgewebe kann nämlich durch Intussusception, d. h. durch Quellung von innen heraus, wachsen, während Knochenwachstum nur durch komplizierte An- und Abbauvorgänge möglich ist. Knorpelgewebe wächst infolgedessen schneller als Knochengewebe. Es kann dem rapiden Wachstumstempo der Embryonalzeit besser folgen. So spielt Knorpelgewebe vielfach die Rolle eines Platzhalters für das Knochengewebe. Knorplige Skeletteile werden im Laufe der Ontogenese durch knöcherne Skeletteile ersetzt (chondrale Ossifikation). An anderen Stellen des Körpers – beim Säugetier am Schädeldach und am Gesichtsskelet sowie an der Clavicula – werden hingegen Teile des Exoskeletes in den

Bestand des definitiven Skeletes übernommen. Diese Deckknochen entstehen primär im Bindegewebe und haben keinen knorpligen Vorläufer.

Es wäre aber ein Irrtum, aus dem Gesagten schließen zu wollen, daß die histogenetischen Vorgänge bei der Knochenbildung entscheidende Kriterien für die Beurteilung eines Skeletteiles als Deck- oder Ersatzknochen wären. Sekundär kann an einem Ersatzknochen die knorplige Praeformation nämlich teilweise oder vollständig unterdrückt werden. So kann bei vielen Teleosteern das Knorpelstadium bei der Entwicklung der Wirbel ausfallen (Ausfall mittlerer Entwicklungsstadien, „Acceleration" nach SEWERTZOFF, MATVEIEV). Es besteht kein Zweifel darüber, daß diese Fischwirbel auch ohne knorplige Praeformation im Einzelfall den morphologischen Wert von Ersatzknochen behalten. Vielfach wird das feinere Oberflächenrelief von knorplig praeformierten Knochen nicht im Knorpelmodell des Skeletstückes ausgestaltet, sondern entsteht durch Zuwachs nicht knorplig praeformierten Knochengewebes im engsten Zusammenhang mit dem knorplig praeformierten Hauptteil des Skeletteiles. Ein Beispiel hierfür ist das menschliche Felsenbein. Dieses Skeletstück ist ein Ersatzknochen, der knorplig praeformiert ist. Feinere Reliefgestaltungen, wie etwa das Septum des Canalis musculotubarius oder der knöcherne Abschluß des Facialiskanals, kommen ohne knorplige Praeformation durch derartige „Zuwachsknochen" zustande.

Deckknochen entstehen primär, ohne knorplige Praeformation, im Bindegewebe, nahe der Körperoberfläche, in Haut oder Schleimhaut. Sie können sekundär in die Tiefe verlagert werden. Vielfach kann sich ein Deckknochen mit einem Ersatzknochen zu einem Mischknochen (Großknochen) vereinigen (Os temporale: Deckknochenanteile = Tympanicum und Squamosum, Ersatzknochenanteile = Petrosum und Pars hyoidea). Andererseits kann nun aber auch ontogenetisch spät und ohne jeden näheren Zusammenhang mit dem knorpligen Endoskelet in Deckknochen echtes Knorpelgewebe auftreten. Dieses ist als reine Wachstumsanpassung an bestimmten Wachstumspunkten zu deuten. Es verknöchert nach den gleichen histogenetischen Regeln wie bei der chondralen Ossifikation, ohne daß dadurch das Skeletstück seinen morphologischen Wert als Deckknochen verlöre. Derartige „Sekundärknorpel" kommen beim Menschen vor allem im Unterkiefer (dem Dentale, einem reinen Deckknochen) und in der Clavicula vor. Die Beurteilung eines Skeletstückes als Deck- oder Ersatzknochen erfolgt also ausschließlich nach morphologischen, nicht nach histogenetischen Gesichtspunkten.

Auf die Histogenese der Skeletgewebe sei nur in aller Kürze hingewiesen*). Knorpelgewebe entsteht im Mesenchym in Form einer Gewebsverdichtung (Blastem). Derartige Blastemareale können, bereits vor Sichtbarwerden einer besonderen Struktur, unter Umständen eine chemische Differenzierung aufweisen, welche mit Hilfe von bestimmten Färbemethoden sichtbar gemacht werden kann (BUJARD, VAN WEEL, GRAUMANN). In der Folge runden sich die Blastemzellen ab (Vorknorpel, Zellknorpel). In der Interzellularsubstanz treten kollagene Fibrillenbündel auf. Schließlich vermehrt sich die Knorpelgrundsubstanz mehr und mehr und nimmt basophilen Charakter an (Auftreten von Chondroitinschwefelsäure); die kollagenen Fibrillenbündel verquellen und werden unsichtbar.

Knochenbildung: Knochengewebe entsteht stets auf der Grundlage von Bindegewebe. Auch in den Fällen, in denen das Skeletstück knorplig praeformiert ist, muß der Knorpel zunächst abgebaut werden. An seine Stelle rückt Mesenchym oder Bindegewebe, von dem der eigentliche Ossifikationsprozeß ausgeht.

Bei der *desmalen Knochenbildung* differenzieren sich Mesenchymzellen zu großen plasmareichen Knochenbildnern (Osteoblasten). Diese ordnen sich in Reihen an. In ihrer Nähe tritt ein feiner Faserfilz auf, der durch eine amorphe Kittsubstanz imprägniert wird. Diese zunächst kalkfreie Zwischenzellsubstanz wird als „Osteoid" bezeichnet. Schließlich treten im Osteoid Kalksalze auf (vor allem Apatit-Calciumphosphat, dann Calciumkarbonat usw.) und verleihen dem Gewebe die charakteristische Härte. Primär sind die Osteoblasten gewöhnlich an einer Seite eines derartigen jungen Knochenbälkchens zu finden. Schließlich dehnt sich die Grundsub-

---

*) Ausführliche Darstellung in den Lehr- und Handbüchern der Histologie.

stanz zwischen den Zellen aus und ummauert sie. Die Osteoblasten sind in dem Moment, in dem sie von Grundsubstanz eingeschlossen werden, zu Osteocyten geworden. In dem Maße, in dem das Knochenbälkchen in die Tiefe wächst, rücken weitere Mesenchymzellen in die Nähe und werden zu Osteoblasten. Neue Grundsubstanz wird auf das bestehende Bälkchen aufgelagert. Flächenwachstum am Rand des Knochenstückes erfolgt unter Einbeziehung angrenzenden Bindegewebes.

Knochenbildung auf knorpliger Grundlage: Wie bereits gezeigt, kommt es bei diesem Modus der Knochenbildung nie zu einer Umwandlung von Knorpelgewebe in Knochengewebe. Das knorplig praeformierte Skeletstück wird schrittweise abgebaut und durch Knochengewebe ersetzt. Nehmen wir als Beispiel die Ossifikation eines langen Röhrenknochens. Der Prozeß beginnt in der Mitte des Schaftes, indem Zellen der mesenchymalen Knorpelhülle zu Osteoblasten werden und eine dünne Knochenmanschette auf dem Schaft ablagern (perichondrale Ossifikation). Dieser Prozeß läuft in völlig gleicher Weise ab wie die desmale Ossifikation. Gleichzeitig zeigt aber das Knorpelgewebe des Schaftes regressive Veränderungen (Zelldegeneration und Kalkablagerung im Knorpel). Die Rückbildungsvorgänge am Knorpel schreiten nun schnell voran. Gefäße und Mesenchymzellen dringen in das degenerierende Knorpelgewebe ein. Ein Teil dieser Mesenchymzellen (Chondroklasten) zerstört durch fermentative Aktivität und durch Phagocytose die Reste des Knorpels; andere Mesenchymzellen werden zu Osteoblasten und beginnen, auf den Resten des Kalkknorpels Knochensubstanz abzuscheiden. Schließlich besteht das Skeletstück aus einem knöchernen (perichondral entstandenen) Schaft, der Diaphyse, die ein buntes osteogenes Gewebe im Inneren enthält. Knorpelgewebe ist in der Diaphyse völlig verschwunden. Das osteogene Gewebe des Schaftes wird als primäres Markgewebe bezeichnet. An den beiden Enden des Skeletstückes erhält sich zunächst je ein Knorpelpfropf, die Epiphyse. Diese ist wie ein Korken im Flaschenhals in die diaphysäre Knochenröhre eingesetzt („encoche"). Das rapid wuchernde primäre Markgewebe steht in der Knochenröhre unter Druck und ist gezwungen, gegen die beiden Epiphysenenden hin auszuweichen. An dieser Kontaktzone zwischen Epiphysenknorpel und primärem Markgewebe setzen nun weitere Vorgänge ein.

Dort, wo die knorpligen Epiphysen in die Diaphyse eingezapft sind, zeigt der Epiphysenknorpel Veränderungen. Diese bestehen zunächst in einer parallelen Anordnung der Knorpelzellen (Reihen- oder Säulenknorpel). In Richtung auf den primären Markraum hin werden die Knorpelzellen größer und platten sich aneinander ab. Die zwischen den Zellreihen zunächst verbleibenden Reste von Knorpelgrundsubstanz weisen Kalkeinlagerungen auf. Die Veränderungen im Epiphysenknorpel werden offenbar vom primären Markgewebe aus induziert. An der Kontaktzone von Knorpel und Markraum quellen die Knorpelzellen (Blasenknorpel) und gehen schließlich zugrunde (Eröffnungszone). Reste der verkalkten Grundsubstanz, im Schnittbild an ihrer Basophilie leicht kenntlich, bleiben auch innerhalb des wuchernden Markgewebes erhalten. Auf ihnen siedeln sich aus dem primären Mark stammende Osteoblasten an und beginnen hier mit der Ablagerung von Knochengrundsubstanz (enchondrale Ossifikation). Im Gegensatz zum perichondral entstandenen Knochen enthält also der enchondrale Knochen stets Reste von Knorpelgrundsubstanz. Bei den regressiven Vorgängen am Knorpelgewebe gehen die Knorpelzellen im allgemeinen zugrunde. Es besteht jedoch die Möglichkeit, daß vereinzelt Knorpelzellen an der Eröffnungszone frei werden und eine Art Entdifferenzierung erfahren. Sie würden sich also dem Mesenchym beimischen und unter Umständen osteoblastische Funktion gewinnen können. Im Bereich der Epiphysen findet sich ausschließlich enchondrale Verknöcherung, denn der äußere Knorpelmantel der Epiphyse bleibt als Gelenkknorpel stets erhalten. Die Ausbildung eines epiphysären Verknöcherungszentrums beginnt mit der Einwanderung von Gefäßen und Mesenchym vom Perichondrium her. Der Epiphysenkern vergrößert sich allmählich. In gleichem Maße wird der Knorpel reduziert, bis schließlich nur die äußere Knorpelzone als Gelenkknorpel und eine schmale Knorpelscheibe, die Epiphysenscheibe, an der Dia-Epiphysengrenze übrigbleiben. Die Epiphysenscheibe behält zunächst ein stetiges

Wachstum bei. Zugleich wird sie von der epiphysären und von der diaphysären Markhöhle aus zerstört. Solange diese Wachstums- und Abbauprozesse sich die Waage halten, bleibt die Epiphysenfuge erhalten. Der fortwährende Umbau in der Region der Epiphysenscheibe, der mit dauerndem Knochenanbau in der Längsrichtung des Skeletstückes einhergeht, ist entscheidend für das Längenwachstum des Knochens. Die Wachstumszone wird also von dem Gelenkende ins Innere des Knochens verlagert. Beim Abschluß des Wachstums gewinnen die Ossifikationsprozesse und der Abbau am Knorpelgewebe die Oberhand über das Knorpelwachstum. Die Epiphysenscheibe wird von Knochenbälkchen durchbrochen. Schließlich kommt es zur knöchernen Vereinigung von knöcherner Epiphyse und Diaphyse. Damit ist ein weiteres Längenwachstum des Skeletstückes ausgeschlossen. Als zarte Verdichtungszone (Epiphysennaht) bleibt die Lage der Epiphysenscheibe auch am Knochen im allgemeinen noch erkennbar.

2. Allgemeines über Gelenkentwicklung

Wir unterscheiden zwei Modi der Gelenkentwicklung. Am häufigsten entsteht ein Gelenk durch Abgliederung innerhalb einer ursprünglich einheitlichen Blastemanlage. Bereits auf dem Blastemstadium findet sich an der Stelle des späteren Gelenkes eine intensive Zellverdichtung. Die äußeren Lagen dieser Zellmasse gehen kontinuierlich in das spätere Perichondrium bzw. Periost über. Aus ihnen entwickelt sich die Gelenkkapsel mit den Ligamenten. Durch Dehiszenzbildung im Zwischengewebe zwischen beiden Skeletanlagen entsteht der Gelenkspalt. Bei niederen Wirbeltieren (Amphibien) kann das Zwischengewebe ontogenetisch echten Knorpelcharakter annehmen. Bei Amnioten kann sich recht lange im postembryonalen Leben ein Rest des mesenchymalen Zwischengewebes auf den Gelenkenden erhalten und hier laufend Umbildung zu Knorpelgewebe erfahren. Der Gelenkknorpel besitzt also – unter Umständen auch beim Menschen – eine periphere Zuwachszone. Bei den Synarthrosen (Fugen, Füllgelenke) bleibt das embryonale Zwischengewebe erhalten. Gelenke, die eine Zwischenscheibe (Diskus, Meniskus) enthalten, bilden zwei Gelenkkammern aus. Der Diskus ist auf das Zwischengewebe zurückzuführen.

Die meisten Juncturen des Säugetierorganismus entwickeln sich in der beschriebenen Weise als Abgliederungsgelenke, d. h. sie entstehen aus einer primären homokontinuierlichen Verbindung. Auch die Befunde über die Phylogenese der Gelenke in der Wirbeltierreihe (LUBOSCH 1938) zeigen eindeutig, daß die homokontinuierliche Verbindung stets primär ist und daß die meisten Gelenke durch Abgliederung entstehen. Nur in wenigen Fällen beobachtet man eine zweite Art der Gelenkentstehung, nämlich die Bildung eines Gelenkes durch Aneinanderlagerung ursprünglich weit getrennter Skeletteile (Angliederungsgelenk). Hierher gehören vor allem einige Wirbelgelenke und das sekundäre Kiefergelenk der Säugetiere. An der Berührungsstelle der beiden weit differenzierten Skeletteile entsteht ein Schleimbeutel als Anlage des Gelenkspaltes. Dieser wird unter dem Einfluß der Funktion zu einem echten Gelenkspalt mit Kapsel ausdifferenziert. Das Kiefergelenk einiger niederer Säuger (Monotremen, Edentaten) bleibt zeitlebens auf dem Stadium des Schleimbeutels stehen.

Die Frage nach der Entstehung der charakteristischen Form der Gelenkenden (Bildung von Kopf und Pfanne) war lange umstritten. Einmal wurde unter dem Einfluß von experimentellen Befunden, die eine Abänderung der Gelenkform unter der Einwirkung künstlich veränderter Muskeltätigkeit nachwiesen (FICK), angenommen, daß die Muskelaktion einen formbildenden Einfluß auf die Gelenkgestaltung besitzt. Andererseits wurde angegeben, daß die typische Gelenkform erblich fixiert ist und ohne aktiven Muskeleinfluß, allein durch Wachstumsprozesse zustande kommt. Die Entscheidung in dieser Streitfrage ist im wesentlichen zugunsten der zweiten Ansicht gefallen (HESSER u. a.). Die typische Gelenkform ist tatsächlich nämlich bereits vorhanden, wenn noch ein kontinuierliches Zwischengewebe zwischen den Skeletteilen besteht. Gelenke, die im Fetalleben sicher nicht bewegt werden (Gelenke zwischen den Gehörknöchelchen), zeigen vor Einsetzen der Funktion eine bis ins feinste ausmodellierte Flächengestaltung.

Andererseits ist der erhaltende Reiz der Funktion zweifellos nötig, um die normale Gelenkform dauernd zu bewahren. Fixierte Gelenke (Lähmungen usw.) zeigen alsbald Vergröberungen des Reliefs und pathologische Veränderungen der Gelenkflächen. Ändert man die am Gelenk angreifenden Kräfte durch Verpflanzung der Muskelinsertionen, so kann man wesentliche Umgestaltungen der Gelenkform erzeugen (FICK). Möglicherweise spielen derartige Faktoren eine Rolle bei der phylogenetischen Entstehung der Gelenkform. Wir können nur konstatieren, daß die Form eines Gelenkes und die im Spezialfall einwirkenden Kräfte stets harmonisch aufeinander abgestimmt sind. Wie im Einzelfall die afunktionelle Phase gegen die funktionsbedingte Phase in der Gelenkentwicklung abzugrenzen ist, ist nicht bekannt. Wahrscheinlich ist auch hierbei mit erheblichen Unterschieden zwischen den verschiedenen Stämmen der Wirbeltiere zu rechnen. Die weitgehende Autonomie der Gelenkformung und ihre Unabhängigkeit von äußeren Faktoren wird durch Experimente demonstriert, bei denen das Material für die Pfanne lange vor der Knorpeldifferenzierung auf dem Mesenchymstadium verkleinert wurde (Versuche am Schultergelenk der Unke von H. BRAUS 1910). Beide Gelenkenden entwickeln sich tatsächlich selbständig und unabhängig voneinander. Entsteht im Versuch eine zu kleine Pfanne, so entwickelt sich der Kopf außerhalb der Pfanne in Luxationsstellung, aber in typischer Form. In der weiteren Differenzierung allerdings besteht eine wechselseitige Beeinflussung der Gelenkenden aufeinander. Die angeborenen Luxationen des Menschen, besonders die kongenitale Hüftluxation, beruhen auf einer erblich bedingten Inkongruenz zwischen Anlagematerial von Pfanne und Kopf. Sie kommen nie, wie vormals vermutet wurde, durch grobe Gewalteinwirkung während der Gravidität oder Geburt zustande.

3. Entwicklung der Wirbelsäule, der Rippen und des Sternums

Bei niederen Chordaten wird das Achsenskelet des Rumpfes von der Chorda dorsalis gebildet *(Branchiostoma,* Cyclostomen). Diese besteht aus einer derben, bindegewebigen Hülle und aus blasigen Zellen, deren Turgor die Chorda gespannt erhält. Bei allen Wirbeltieren wird die Chorda dorsalis in der Embryonalzeit angelegt. Sie bleibt jedoch nicht als einziges Achsenskelet erhalten, sondern wird bereits bei Fischen teilweise zurückgebildet und durch ein metamer gegliedertes Achsenskelet, die Wirbelsäule, ersetzt. Die Tatsache, daß die Chorda dorsalis zurückgebildet wird, beweist nicht, daß sie bei höheren Wirbeltieren funktionslos ist. Zweifellos kommt ihr eine gestaltungsphysiologische Aufgabe zu (Induktionsleistung, Streckung des Embryonalkörpers, später Einfluß auf die Differenzierung benachbarter Organe, HADORN 1951, TÖNDURY 1958).

In der Phylogenese treten zunächst nur kleine Skeletelemente ventrolateral und dorsolateral der Chorda auf. Es handelt sich um Bogenelemente; Wirbelkörper fehlen noch völlig (aspondyles Stadium). Aspondyle Wirbel besitzen die Cyclostomen und primitive Fische (*Acipenser,* Dipnoi usw.). In jedem Segment treten vier Bogenelemente auf, und zwar

dorsal cranial: Interdorsale
dorsal caudal: Basidorsale (= Neuralbogen)
ventral cranial: Interventrale
ventral caudal: Basiventrale (= Haemalbogen)

(Abb. 526).

Von diesen Bogenstücken gewinnen nur Basidorsale und Basiventrale größere Bedeutung. Sie formen Schutzkanäle für das Nervenrohr und das Hauptblutgefäß. In der aufsteigenden Wirbeltierreihe entstehen um die Chorda oder anstelle der Chorda Skeletteile, die als Wirbelkörper bezeichnet werden. Dieser Prozeß ist im Wirbeltierstamm mehrfach, mindestens fünfmal, unabhängig voneinander durchgeführt worden. Da sich in jedem Falle andere Elemente am Aufbau der Wirbelkörper beteiligen, sind die einzelnen Wirbeltypen nicht untereinander vergleichbar. Wirbelkörper können durch Auswachsen der Bogenelemente entstehen (arcozentrale Wirbel der Osteichthyes). Durch Verknorpelungen in der Chordascheide entstehen chordazentrale Wirbel (Selachii). Schließlich können Wirbelkörper durch Skeletsubstanzbildung im perichordalen Gewebe, unabhängig von Chordascheide und Bogenstücken, entstehen (autozentrale Wirbel). So entstehen bei vielen Fischgruppen und bei gewissen fossilen Amphibien (temnospondyle Stegocephalen) in jedem Segment zwei halbringförmige Schalen um die Chorda, das Hypozentrum und das Pleurozentrum (Abb. 526c). Beide sind umgekehrt zueinander orientiert. Jedes dieser Centra kann sich nun zu einem Ring um die Chorda herum ausdehnen. Dann besitzt jedes Segment zwei Wirbelkörper (Diplospondylie z. B. bei *Amia*). Die meisten Wirbeltiere besitzen

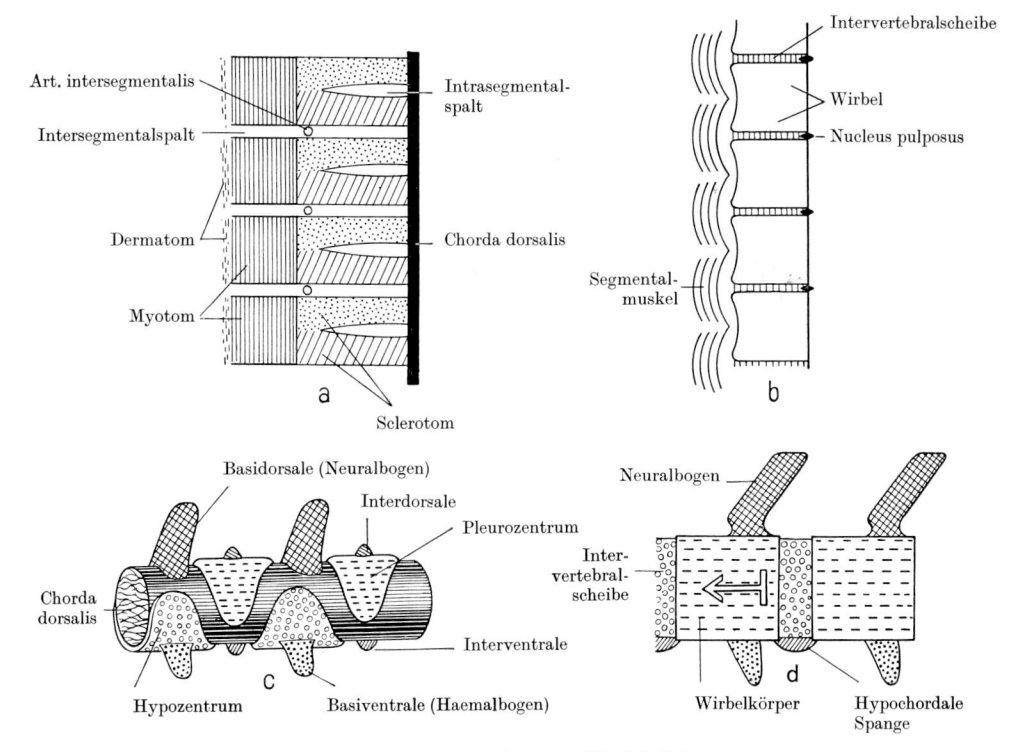

Abb. 526 Entwicklung der Wirbelsäule.
a) Primäre Gliederung der Somiten. Zerlegung des Sclerotoms durch den Intrasegmentalspalt.
b) Definitive Gliederung des Achsenskeletes.
c) Acentrische Wirbel primitiver Vertebraten
d) Schema eines Expansionswirbels.

umhüllen die Chorda. Dabei bleibt zunächst die metamere Gliederung an diesen Mesenchymmassen erhalten (Abb. 526a). In jedem Segment ist die caudale Hälfte des Sclerotoms durch besondere Zelldichte gegenüber der cranialen Hälfte kenntlich. Diese dichtere Blastemmasse schiebt sich vorwärts und kommt schließlich etwa in die Mitte des Myotoms zu liegen. Hier bildet sie die Anlage der Zwischenwirbelscheibe (Abb. 526b). Sie entspricht dem Hypozentrum. Der Wirbelkörper entsteht aus der lockeren Masse des Sclerotoms des nächstfolgenden Segmentes (Pleurozentrum).

Die Bogenelemente – beim Menschen haben nur die dorsalen Neuralbögen Bedeutung – gehen jeweils aus dem cranialen Segment, aus dem auch die vordere Intervertebralscheibe entsteht, hervor. Der Körper entsteht als Expansionswirbel aus dem caudal folgenden Sclerotom. Jeder Wirbel enthält Bestandteile zweier Segmente. Die segmentale Gliederung der Wirbel-

aber nur einen Wirbelkörper im Segment (Monospondylie). Dieser kann durch Verschmelzung von Hypo- und Pleurozentrum entstehen (Konkreszenzwirbel). Andererseits kann auch ein Element sich über das ganze Segment ausdehnen und das andere Element verdrängen (Expansionswirbel, Abb. 526d). Bei Tetrapoden kommen nur Expansionswirbel vor, und zwar sind beide möglichen Typen verwirklicht. Bei einigen fossilen Amphibien wird der Wirbelkörper vom Hypozentrum gebildet, bei Amnioten entsteht er allgemein aus dem Pleurozentrum (Abb. 526d).

Ontogenese der menschlichen Wirbelsäule:

Die primäre Segmentierung des Wirbeltierrumpfes ist eine segmentale Gliederung der Leibeswandmuskulatur. Ontogenetisch manifestiert sie sich dementsprechend an den Somiten, die die Anlagen der Muskulatur enthalten. Jeder Somit differenziert sich in Myotom (Muskelanlage), Dermatom und Sclerotom (s. S. 195). Dermatom und Sclerotom liefern Mesenchym. Aus dem Sclerotom ausschwärmende Zellen

säule entspricht also nicht der primären Metamerie der Muskulatur, sondern ist dieser gegenüber um eine halbe Segmentbreite verschoben. Die Umgliederung des Achsenskeletes ermöglicht, daß die Bewegungslinie (Wirbelgrenze) von den Muskeln überbrückt wird und jeweils ein Segmentalmuskel an zwei benachbarten Wirbeln inseriert, also auf beide wirken kann. Diese entscheidenden Vorgänge bei der Morphogenese der Wirbelsäule laufen noch während des Mesenchymstadiums ab, sind daher schwer analysierbar. Die Verknorpelung der Wirbel erfolgt im 2. Monat in craniocaudaler Richtung. Sie betrifft zunächst die Wirbelkörper und die Wurzeln der Bögen (Abb. 527). Der dorsale Abschluß des Wirbelkanals durch Vereinigung der Bögen erfolgt erst im 4. Monat. Die Chorda dorsalis geht bei der Verknorpelung der Wirbelsäule im Bereich der Körper zugrunde. Die Gelenkfortsätze und die Querfortsätze wachsen am Ende des 2. Monats von den Bögen aus. Der periphere Teil des Dornfortsatzes entsteht spät, nicht vor dem 4. Monat. Besonderheiten zeigen die beiden ersten Halswirbel. Der Atlas besitzt keinen eigenen Wirbelkörper. Der Körper des ersten Wirbels ist als Dens mit dem Axis verschmolzen, welcher also Material von zwei Wirbelkörpern enthält. Der ventrale Abschluß des Atlas erfolgt durch die hypochordale Spange. Diese entspricht dem Interventrale (Abb. 526) und bleibt am Atlas relativ selbständig. Die Ossifikation der Wirbel beginnt bei Embryonen von etwa 50 mm Länge (3. Monat). Im allgemeinen beobachten wir ein Ossifikationszentrum im Corpus und jederseits ein solches im Bogen (Abb. 528). An den Halswirbeln erscheinen die Knochenkerne der Bögen früher als die der

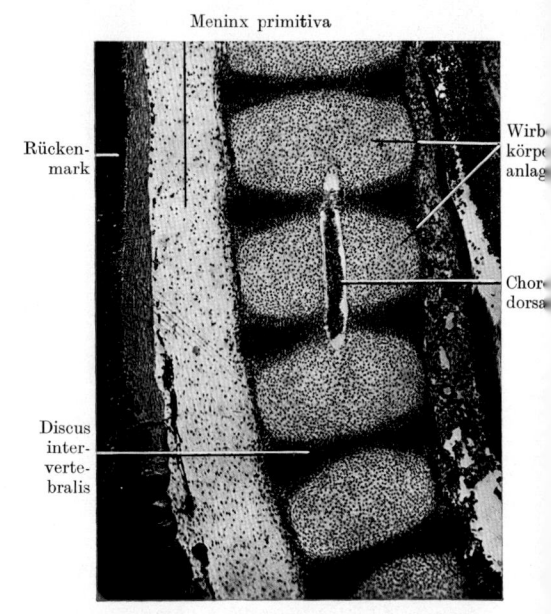

Abb. 527 Sagittalschnitt durch die Wirbelsäule eines menschlichen Embryos von 18 mm Scheitel-Steiß-Länge. (Orig.)

Körper. An Brust- und Lendenwirbeln treten die Ossifikationszentren in den Körpern gewöhnlich früher auf (Abb. 529). Die zeitliche Reihenfolge des Auftretens der Knochenkerne ist folgende:

1. Bogenkerne der Halswirbel.
2. Körperkerne in unteren Brust- und oberen Lendenwirbeln.
3. Bogenkerne in Brust- und Lendenwirbeln.
4. Körperkerne in Hals- und unteren Lendenwirbeln.

Auf Grund von Beobachtungen am Röntgenbild wurden mehrfach zwei Knochenkerne im Wirbelkörper beschrieben. Hinter einem großen,

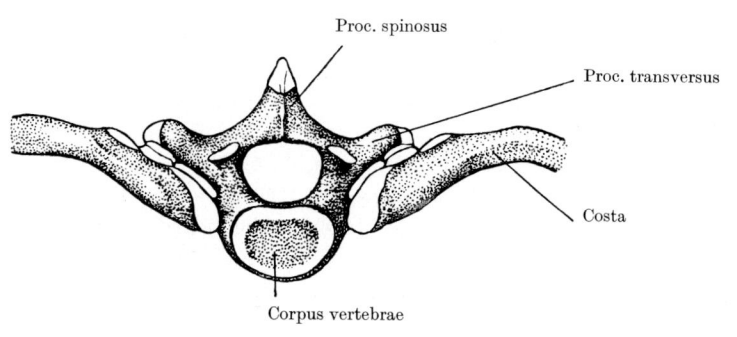

Abb. 528 Brustwirbel mit proximalem Rippenende eines Knaben von 1½ Jahren. Knorpel = weiß. (Orig.)

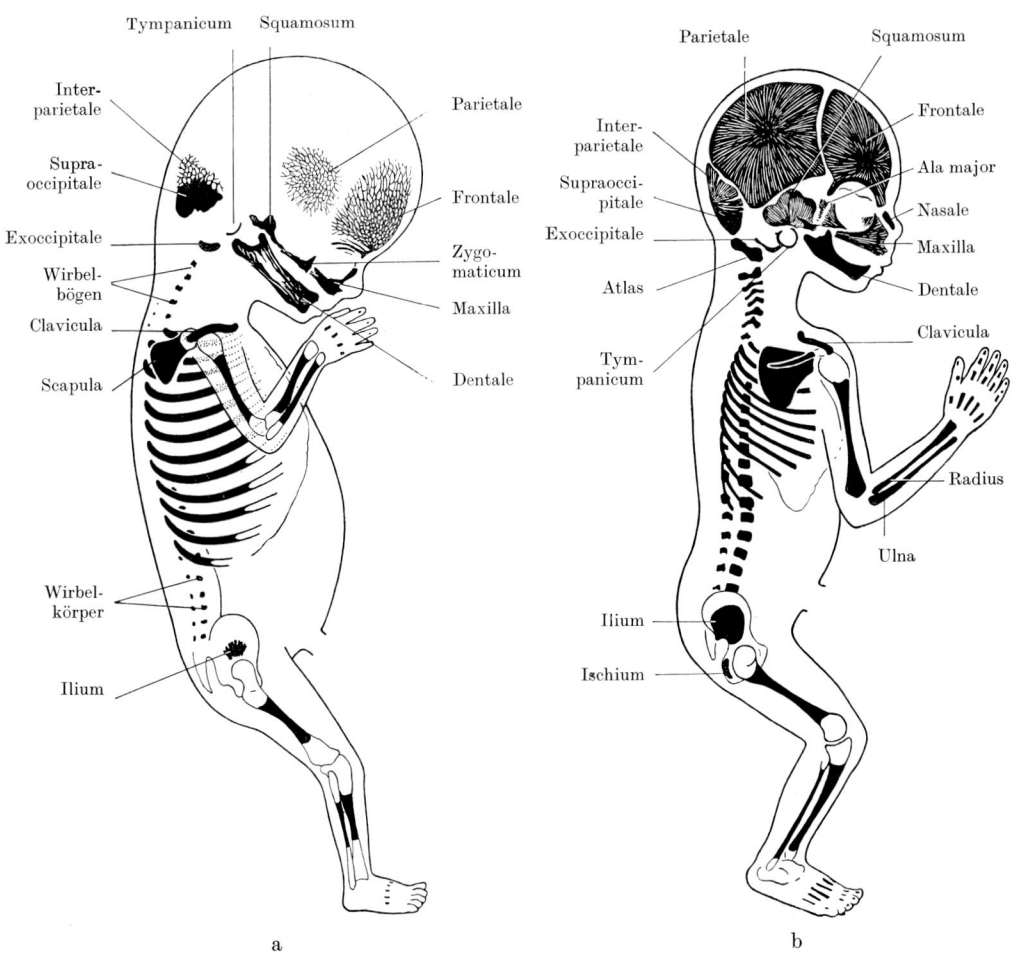

Abb. 529 Skeletentwicklung menschlicher Embryonen nach Aufhellungspräparaten. Knochen mit Alizarin gefärbt. (Orig.)
a) 55 mm Scheitel-Steiß-Länge.
b) 130 mm Scheitel-Steiß-Länge, beide auf gleiche Gesamtlänge gebracht.

nierenförmigen, ventralen Kern soll ein kleiner selbständiger dorsaler Kern liegen. Nachprüfung am histologischen Präparat ergab, daß die Verdoppelung des Knochenkernes durch das Gefäßverhalten vorgetäuscht wird. Die Hauptgefäße dringen nämlich nicht radiär in den Ossifikationsherd ein, sondern verlaufen von dorsal her außen um den Knochenkern und erreichen dessen Zentrum von lateral her. In diesem Bereich wird der Kalkknorpel früh aufgelöst, so daß strahlendurchlässiges Gewebe eine scheinbare Verdoppelung des Ossifikationskernes im Röntgenbild vortäuscht (TÖNDURY).

Zur Zeit der Geburt hat der enchondrale Knochenkern im Wirbelkörper sich soweit vergrößert, daß er überall bis nahe an die Oberfläche reicht. Dorsal und ventral wird eine dünne perichondrale Knochenschicht auf dem Wirbelkörper abgelagert. Knorplige Reste der Wirbelanlage bleiben zunächst als flache Scheiben auf der cranialen und caudalen Fläche des Wirbelkörpers und als Fugen zwischen Körper und Bogen übrig. Die Knorpelplatten auf den beiden Endflächen der Wirbelkörper gehören nicht, wie gelegentlich behauptet wurde (SCHMORL), zur Bandscheibe, sondern gehen direkt auf die knorplige Wirbelkörperanlage zurück (s. S. 578). Sie bilden Epiphysenzonen für das Höhenwachstum der Wirbelkörper und decken den Markraum gegen den Intervertebralraum ab. Solange die Knorpelplatten intakt bleiben, dringen keine Blutgefäße vom Markraum in die Bandscheibe vor.

Im Kindesalter werden die Knorpelscheiben zentral dünner, während sich die Randzone verdickt. Der verdünnte, zentrale Anteil zeigt etwa vom 5. Lebensjahr an Verkalkungsherde. Echte Verknöcherungszonen treten aber nur in der Randzone auf. Nur diese Randzone bleibt erhalten. Durch enchondrale Ossifikation wird sie zu einer ringförmigen, knöchernen *Randleiste*, die als Epiphyse anzusprechen ist. Um das 25. Lebensjahr verschmilzt die Randleiste synostotisch mit dem knöchernen Wirbelkörper. Der knöcherne Schluß des Wirbelbogens erfolgt nach dem ersten Lebensjahr. Die Verschmelzung der knöchernen Bögen mit den Wirbelkörpern erfolgt im 3.–6. Jahr. Gegen das 10. Lebensjahr treten Epiphysenkerne zusätzlich an der Spitze der Dorn- und Querfortsätze auf.

Entwicklung der Zwischenwirbelscheiben

Die Gliederung der Wirbelsäule in Wirbel und Zwischenwirbelscheiben ist bereits bei Embryonen von 12 mm Scheitel-Steiß-Länge deutlich erkennbar (TÖNDURY). Die Anlage des Discus intervertebralis besteht aus Mesenchym (Abb. 527). Die Chorda dorsalis durchzieht als gleichmäßig dicker Zellstrang Wirbelkörper und Bandscheiben in ihrer ganzen Länge. Bei Embryonen von 20–40 mm Länge werden die Intervertebralscheiben bikonkav. Zur gleichen Zeit werden die Zellen der Chorda dorsalis aus den Wirbelkörperanlagen in die Anlage der Bandscheibe gepreßt und bilden hier zentral liegende, tropfenförmige „Chordasegmente", während im Wirbelkörper der schließlich zellfreie „Chordascheidenstrang" übrigbleibt (TÖNDURY). Die Bandscheibe gliedert sich bereits bei jungen Stadien in eine fibrilläre Außenzone und eine zellreiche Innenzone, die das Chordasegment umschließt. Diese Innenzone verknorpelt, so daß die Wirbelkörper zeitweise durch einen hyalinknorpligen, perichordalen Zapfen verbunden werden. Ältere Autoren haben diesen Knorpelzapfen meist als Teil des Wirbelkörpers gedeutet. Die Untersuchungen von TÖNDURY ergaben den Nachweis, daß diese Knorpelzone in der Bandscheibenanlage entsteht und zu dieser gehört. Die Knorpelzellen sind stets kleiner, das Gewebe ist grundsubstanzärmer als in den benachbarten Wirbelkörpern. Bei Embryonen von 70–100 mm Länge verliert die Innenzone den knorpligen Gewebscharakter. Die Zellen bekommen Ausläufer und werden sternförmig, Lamellensysteme und Faserzüge treten auf, doch wird der ganze Gewebscharakter nach zentralwärts immer uncharakteristischer. Schließlich wandelt sich die Grundsubstanz der Innenzone in eine strukturlose, gallertige Masse um. Im Bereich der Chordasegmente kommt es gleichfalls zu Strukturänderungen. Die Zellen werden vakuolär und bilden einen reticulären Zellverband (Chordareticulum). Mitosen kommen im Bereich der Chordasegmente nicht vor. Die Chordasegmente vergrößern sich unter Einschmelzung des angrenzenden Gewebes. Auf diese Weise entsteht ein mit Gallerte gefüllter Hohlraum, der Nucleus pulposus. Die Chordazellen selbst degenerieren. Reste sind noch bei Neugeborenen zu finden. Nach dieser Auffassung (TÖNDURY) entsteht, im Gegensatz zu älteren Deutungen, der Gallertkern *nicht* aus der Chorda dorsalis. Die Chorda hat dennoch eine wichtige Bedeutung für die Entstehung und Differenzierung der Bandscheibe, denn die Chordasegmente wirken als Platzhalter für den Gallertkern. Die gerichteten Fasersysteme in der Außenzone der Bandscheibe bilden die Anlage des Anulus fibrosus. Die durch die wachsenden Chordasegmente und Gallertkerne erzeugte Spannung ist kausal für die Differenzierung der fibrösen Anteile (Verspannungssysteme im Anulus fibrosus) verantwortlich. Wichtig ist die Feststellung, daß die charakteristischen Bauelemente der Zwischenwirbelscheibe gebildet sind und ihre Differenzierung zu einer funktionellen Struktur abgeschlossen ist, lange bevor die typische funktionelle Beanspruchung nachweisbar wird.

Entwicklungsphysiologie der Wirbelsäule, Mißbildungen

Die regelmäßige, metamere Gliederung der dorsalen Achsenorgane (Somite, Wirbel, Rückenmuskeln) hängt von der Anwesenheit einer normalen Chorda dorsalis ab. Fehlt die Chorda in einem bestimmten Rumpfabschnitt, so verschmelzen die Somite vor dem Rückenmark. Die Folge ist eine schwere Mißbildung der Wirbelsäule (TÖNDURY 1958). An Amphibienkeimen läßt sich die Chorda streckenweise operativ entfernen. Bleibt das Neuralrohr bei dem Eingriff erhalten, so kann sich zwar ventral des Neuralrohres eine Knorpelmasse bilden. Diese zeigt aber keine Gliederung im Wirbelkörper. Durch Behandlung junger *Triturus*-Gastrulae mit Lithiumchlorid (LEHMANN) gelingt es, partiell chordalose Larven zu erzeugen. Diese zeigen in den chordafreien Rumpfabschnitten keine Wirbelgliederung. Das Rückenmark wird in dem betroffenen Körperabschnitt von einer Knorpelröhre umschlossen, die Öffnungen für die Nervenaustritte besitzt.

Auch das Neuralrohr ist für die normale Gestaltung der Wirbelsäule von Bedeutung, wie Exstirpations- und Transplantationsversuche an Amphibien und Hühnchen ergaben. Ausschaltung eines Neuralrohrabschnittes beim Hühnchen führt dazu, daß das Nervenrohr von beiden Schnittflächen her regeneriert; die beiden Regenerationsstümpfe wachsen kegelförmig aufeinander zu. Die Weite des Wirbelkanals ist in diesem Abschnitt vollständig an die wechselnde Dicke des Neuralrohres angepaßt. Isoliertes Neuralrohr kann im Transplantat Knorpelbildung induzieren, sofern Mesenchym vorhanden ist. Neuralrohr ohne Chorda ergibt in der Regel normale Wirbelbögen und läßt eine ungegliederte ventrale Knorpelmasse entstehen. Die Bildung normaler Intervertebralscheiben und die normale Gliederung der Wirbelkörper ist von der Anwesenheit der Chorda dorsalis abhängig. Die Entwicklung der Wirbelsäule wird also durch ein harmonisches Zusammenwirken von Chorda und Neuralrohr garantiert (TÖNDURY). Bei der Entwicklung von Extremitäten und Rippen ist hingegen ein entwicklungsphysiologischer Einfluß beider Embryonalorgane nicht erwiesen.

Wirbelsäulenmißbildungen lassen sich bei Säugetieren durch experimentelle Behandlung der trächtigen Muttertiere (Röntgenbestrahlung, O_2-Mangel) erzeugen. Die kritische Phase liegt bei Kaninchen und Maus um den 9. bis 13. Tag. Die entsprechende sensible Phase fällt beim Menschen in die 3. bis 6. Schwangerschaftswoche. Die vorliegenden Ergebnisse zeigen, daß die bei Säugetieren nachweisbaren, entwicklungsphysiologischen Mechanismen offenbar völlig mit den Befunden an niederen Wirbeltieren vergleichbar sind. Sauerstoffmangel-Behandlung von Kaninchen (DEGENHARDT) am 9. Tag ergibt Defektbildungen an der Chorda dorsalis, die später Blockwirbelbildung verursachen. Spontanmißbildungen und genetisch bedingte Chordadefekte bei Säugetieren und Mensch beweisen die gleichen Zusammenhänge, die der Defektversuch an niederen Tieren aufdeckt. Hintere Wirbelbogenspalten (Spina bifida) sind eine nicht seltene Mißbildung beim Menschen. Sie finden sich am häufigsten im unteren Lumbal- und im Sacralbereich. Es handelt sich wohl stets um eine primäre Störung im Bereich des Neuralrohres. Die Mißbildung beruht also nicht auf einer Ossifikationsstörung, sondern ist viel früher determiniert. Ventrale Spaltbildungen (Wirbelkörperspalten, „Rhachischisis anterior") sind die Folge einer Verdoppelung der Chorda dorsalis. Verdoppelung des Knochenkerns im Wirbelkörper (Corpus vertebrae binucleare) ist wahrscheinlich eine leichtere Manifestationsform der gleichen Mißbildungsreihe.

Regionenbildung der Wirbelsäule und Variationen

Die Gliederung und Regionenbildung am Achsenskelet zeigt bei Mensch und Tier eine außerordentliche Variabilität. Die Zahl der praesakralen Wirbel beträgt beim Menschen in der Regel 24 (7 Hals-, 12 Brust-, 5 Lendenwirbel), sie kann aber zwischen 23 und 26 schwanken. Der 7. Wirbel kann eine Rippe tragen (Halsrippe), auch kann eine 13. Rippe am 20. Wirbel vorkommen. Die Grenzen zwischen den Regionen der Wirbelsäule sind also nicht starr festgelegt. Am häufigsten kommen Varianten im lumbosakralen Übergangsgebiet vor (4 Lendenwirbel, lumbosakrale Übergangswirbel, Variabilität des Sacrums). Relativ selten sind Varianten im Gebiet der Kopf-Rumpf-Grenze. Der Atlas kann einseitig oder doppelseitig mit dem Hinterhaupt verwachsen sein (Atlasassimilation), oder aber ein Wirbel, der normalerweise als solcher angelegt und dann ins Hinterhaupt aufgenommen wird, kann selbständig auftreten (Manifestation eines Occipitalwirbels). Alle diese Varianten können praktische Bedeutung erlangen. Das Auftreten einer 13. Rippe kann operatives Vorgehen im Lumbalbereich modifizieren. Halsrippen können durch Druck auf den Plexus brachialis Beschwerden verursachen. Asymmetrien im Lumbosakralgebiet können statische Beschwerden verursachen. Wie sind derartige Abweichungen von der Norm zu erklären? Zunächst ist festzustellen, daß Variationen des Rumpfskeletes häufig kombiniert sind mit anderen numerischen Abweichungen an Organen der Leibeswand (Lage der Pleuragrenzen, Segmentbezug des Plexus usw.). Die Hauptursache dieser Variationen dürfte in einer zeitlichen Variabilität der Extremitätenwanderung zu suchen sein. In früher Ontogenese macht die Gliedmaßenanlage eine Verschiebung durch (KEMPERMANN), und zwar wandert die obere Extremität um durchschnittlich zwei Segmentbreiten nach caudal, die untere Gliedmaße scheint in analoger Weise eine Verschiebung cranialwärts durchzumachen. Diese Extremitätenwanderung erfolgt auf einem Stadium, bei dem die Somiten noch vorhanden sind, also noch kein Skelet besteht, und bei dem die Nervenplexus sich erst zu formen beginnen. Eine solche Verschiebung ist als dynamischer Prozeß in Dauer und Ablauf nicht starr festgelegt. Andererseits ist bekannt, daß von den Gliedmaßenanlagen Einflüsse auf die Gebilde der Rumpfwand ausgehen (Induktion). Die Variationen am Skelet und Nervensystem finden also zwanglos ihre Erklärung in geringen zeitlichen Abweichungen im Ablauf der Extremitätenwanderung. Asymmetrien der Wirbelsäule haben ihre Ursache in Differenzen in der Dauer der Extremitätenwanderung beider Körperseiten. Fraglich bleibt allerdings, ob die Variationen an der Kopf-Rumpf-Grenze sich in die vorgetragene Deutung eingruppieren lassen.

Entwicklung von Rippen und Sternum

Die Rippen der Wirbeltiere sind untereinander nicht stets vergleichbar. Verschieden ist vor allem die Schichtenlage dieser Skeletspangen. Wir untersuchen nur die sogenannten dorsalen Rippen, die im Septum zwischen ventraler und dorsaler Rumpfmuskulatur gelegen sind. Die Rippen der Amphibien und der Amnioten gehören diesem Typ an. Im Mesenchymstadium werden die Rippen selbständig und unabhängig vom Wirbel angelegt, und zwar an allen Wirbeln.

Auch entwicklungsphysiologisch sind die Rippen vom Achsenskelet unabhängig (s. S. 572). An Hals-, Lenden- und Sakralwirbeln verschmelzen sie früh mit den Wirbeln und bilden einen Teil dieser Knochen (Spange vor dem Foramen costotransversarium am Halswirbel = For. transversarium der P. N. A., Processus costarius am Lumbalwirbel, Anteil der Pars lateralis des Sacrums). Im Knorpelstadium besteht auch an den echten Rippen der Brustregion ein homokontinuierlicher Zusammenhang mit dem zugeordneten Wirbel. Dieser wird sekundär gelöst. Bereits im Mesenchymstadium sind die ventralen Enden der Rippen (Rippe 2—7) jederseits durch einen Mesenchymstreifen, die Sternalleiste, verbunden. Diese entsteht aus einem eigenen Blastem. Die Verknorpelung der Sternalleiste geht von den Rippen 2—7 aus. An der Bildung des Manubrium sterni ist außer den Sternalleisten noch das interclaviculäre Blastem beteiligt. Es handelt sich um eine Mesenchymverdichtung, welche mit der Claviculaanlage zusammenhängt. Sie liegt ursprünglich in Höhe des 6. Halswirbels und rückt etwas caudalwärts vor. Die seitlichen Teile des Manubriums gehen aus den cranialen Enden der Sternalleisten hervor, die völlig mit dem interclaviculären Blastem zusammenfließen. Im interclaviculären Blastem ist das Material des Procoracoids und des Praesternums niederer Vertebraten enthalten.

In der Folge wachsen die Rippenanlagen in der seitlichen Thoraxwand aus und erreichen die ventrale Seite. Hier verschmelzen die Sternalleisten von cranial nach caudal. Zu dieser Zeit bestehen die Sternalleisten aus jungem Knorpelgewebe. Gelegentlich auftretende Spaltbildungen am Brustbein (Fissura sterni congenita) sind aus der paarigen Natur der Anlage zu erklären. Die Form des Brustkorbes der menschlichen Embryonen unterscheidet sich von Anfang an dadurch von der der Säugetiere, daß der Querdurchmesser stets größer als der Sagittaldurchmesser ist (REITER 1942).

4. Die Entwicklung des Schädels

Die Morphologie des Kopfskeletes (Cranium) kann nur aus seiner phylogenetischen und ontogenetischen Entwicklung verstanden werden, denn es vereinigen sich zahlreiche Komponenten verschiedener morphologischer Wertigkeit zu einem geschlossenen Ganzen. Alle diese Komponenten besitzen eine lange und komplizierte Evolution, die zum großen Teil noch aus der Embryonalentwicklung abgelesen werden kann. Eine genaue Kenntnis der Stammesgeschichte ist nötig, um alle Einzelheiten der Morphologie des Craniums zu verstehen. Andererseits ist das Cranium ein Gebilde, das in engster Abhängigkeit von den Organen der Umgebung entsteht und in dauernder Wechselwirkung mit diesen steht. Zum Verständnis des Baues des Schädels ist also auch eine genaue Analyse dieser funktionellen Beziehungen unbedingt nötig. Zweifellos bestehen solche Wechselbeziehungen zwischen Schädel und Gehirn einerseits, zwischen Schädel und Kauapparat (Muskeln, Gebiß) andererseits. Daneben ist der Schädel aber auch als Träger der großen Sinnesorgane (Auge und Ohr) und als Träger des Anfangsteiles der Atemwege (Nase) von diesen Gebilden abhängig. Die Analyse dieser Korrelationen ist nicht einfach. Beispielsweise hat die Frage, ob die Hirnform vom Wachstum des Craniums abhängig ist oder ob das Hirn die Schädelform bestimmt, lebhafte Diskussionen verursacht. Man ist in den letzten Jahrzehnten mehr und mehr zu der Vorstellung gekommen, daß das Cranium, wie das Skelet überhaupt, ein abhängiges Organ ist, das unter formenden Einflüssen der Umgebung entsteht. Für das Säugercranium wurde schließlich angenommen, daß es als passives Produkt zwischen zwei widerstreitenden Kräften, dem Hirnwachstum und der Aktion der Kau- und Nackenmuskulatur, entsteht. Im großen und ganzen ist es richtig, daß das Hirn neben dem Kauapparat einen wesentlichen formbildenden Einfluß auf den Schädel ausübt. Es darf aber nicht, wie gerade Untersuchungen der letzten Zeit immer wieder bestätigt haben (VAN DER KLAAUW 1948–1952, HOFER, STARCK 1954), übersehen werden, daß auch eigene, regional begrenzte und lokalisiert ablaufende Wachstumsprozesse für Formbildung und Gestaltwandel des Craniums von größter Bedeutung sind. Andererseits muß beachtet werden, daß die formgestaltenden Kräfte sich in verschiedenen Wirbeltiergruppen quantitativ und qualitativ sehr verschieden verhalten. Bei

Knochenfischen ist beispielsweise das Hirn außerordentlich klein und tritt an Masse ganz hinter den Augen und hinter dem Visceralapparat (Kiefer- und Kiemenapparat) zurück. Infolgedessen ist der Einfluß des Hirns auf den Schädel in dieser Gruppe bedeutungslos. Bei Vögeln (unter Säugern nur beim Koboldmaki: *Tarsius*) sind die Augen enorm groß und übertreffen an Volumen das Gehirn. Infolgedessen sind Form, Größe und Stellung der Augen bei diesen Formen für die Schädelgestaltung besonders wichtig. Schließlich sei zum Schluß auf den Einfluß der Körpergröße hingewiesen. Innerhalb eines Verwandtschaftskreises besitzen große Formen ein relativ kleineres Gehirn und eine relativ stärkere Muskulatur als kleine Formen. Voraussetzung ist natürlich, daß nur Formen der gleichen Gruppe mit vergleichbarer Gesamtorganisation und ähnlichen Anpassungen verglichen werden. Vor allem muß die Differenzierungsstufe des Gehirns bei den Partnern des Vergleiches unbedingt dieselbe sein. Man kann also etwa Katze und Löwe oder Zwerghund und Bernhardiner miteinander vergleichen, nicht aber Mensch und Hund oder Affe und Maus. Der Schädel der größeren Form ist nun nicht einfach das vergrößerte Nachbild der kleineren Form. Allein aus den Differenzen der Körpergröße ergeben sich ganz gesetzmäßige Proportionsverschiebungen, die das morphologische Bild im Einzelfall weitgehend bestimmen. Kleinere Formen haben im allgemeinen eine glatte und abgerundete Hirnkapsel gegenüber Großformen. Bei letzteren findet sich häufig ein besonderes Relief von Leisten und Kämmen als Vergrößerung der Ursprungsfläche für die nicht nur absolut, sondern auch relativ größere Muskelmasse bei relativ kleinerer Hirnkapsel (s. hierzu HOFER, VAN DER KLAAUW, KLATT, STARCK). Jede Veränderung der Körpergröße, auch in der Phylogenese, muß viele komplexe Auswirkungen haben. Durch positiv allometrisches Wachstum eines Körperteiles kann ein bemerkenswerter Formwandel verursacht werden. Eine Analyse dieser Relationen kann ein kausales Verständnis der Ganzheit des Formwandels ermöglichen (RENSCH 1954, RÖHRS 1959).

Betrachten wir nun kurz die Komponenten, die bei niederen Vertebraten das Cranium bilden. Wir hatten erfahren (s. S. 571), daß bei den ältesten Wirbeltieren (Cephalaspiden) ein geschlossener Hautknochenpanzer entsteht. Im Inneren des Körpers entwickelt sich ein Stützskelet zunächst auf der Grundlage von Schleimknorpeln. Diese verknöchern, können sich aber auch zu echtem Knorpelgewebe differenzieren. Bei höheren Formen tritt zumindest in der Embryonalzeit die knorplige Struktur des Endoskeletes ganz in den Vordergrund. Wir unterscheiden also auch am Schädel eine Komponente, die auf den Hautknochenpanzer zurückgeht, das Dermatocranium (Exocranium), und eine knorplig praeformierte Komponente, das Chondrocranium (Endocranium).

Außerdem ist bei niederen Wirbeltieren das Cranium auch sehr deutlich in funktionelle Komponenten zerlegbar. Einmal findet sich eine mehr oder weniger geschlossene Skeletkapsel für Hirn, Auge, Ohr und Nase, das *Neurocranium*. Hiervon ist der aus Spangen aufgebaute Skeletapparat in der Wand des Vorderdarmes, das Kiefer- und Kiemenbogenskelet, recht unabhängig. Wir bezeichnen diesen Teil als *Splanchnocranium* (= Viscerocranium). Die mannigfachen Umbildungen im Verlaufe der Evolution können hier nicht besprochen werden (s. hierzu DE BEER, GOODRICH). Allgemein läßt sich feststellen, daß im Laufe der Stammesgeschichte Elemente des Endocraniums und des Dermatocraniums in mannigfacher Kombination zusammentreten können und ein Syncranium bilden. Die Natur der Einzelelemente läßt sich dann nur aus der Ontogenese und Phylogenese erkennen. Das Dermatocranium besteht aus Deckknochen, das Endocranium aus Ersatzknochen (s. S. 573). Ebenso schließen sich, besonders im Säugerstamm, viscerale und neurale Elemente aufs engste zusammen. Zum Aufbau des menschlichen Schädels werden Skeletteile visceraler und neuraler Herknuft ebenso verwendet wie Knochen des Dermato- und Endocraniums. Selbstverständlich schließen sich die Begriffe Endo- und Dermatocranium einerseits, Viscero- und Neurocranium andererseits nicht gegenseitig aus. Ein Element des Endoskeletes kann visceraler *oder* neuraler Natur sein. Ebenso treten auch am Viscerocranium Deckknochen auf, die im Groben mit Elementen des Dermatocraniums verglichen werden können. Diese visceralen Deckknochen entstehen in der Schleimhaut des Mundes und Vorderdarmes und tragen häufig Zähne. In der Ontogenese der Säugetiere bildet sich zunächst ein rein knorpliges Chondrocranium aus (neurales + viscerales Endoskelet). Bevor dieses aber vollständig differenziert ist, erscheinen die ersten Deckknochen (viscerale und neurale). Schließlich verknöchert das Chondrocranium durch chondrale Ossifikation. Nur geringe Reste des Chondrocraniums bleiben beim Säugetier knorplig (Nasenknorpel, Fibrocartilago basalis). Die auf der Grundlage des Chondrocraniums entstandenen Knochen bilden gemeinsam mit den Deckknochen den definitiven Schädel. An einzelnen Stellen vereinigen sich sogar Deck- und Ersatzknochen zu einem Großknochen (Os temporale, s. S. 598; Os occipitale enthält 4 Ersatzknochen, nämlich 2 Exoccipitalia, 1 Basioccipitale, 1 Supraoccipitale und 1 Deckknochen, das Interparietale).

Entwicklung und Morphologie des menschlichen Chondrocraniums

Die erste Anlage des Chondrocraniums erscheint basal vom Gehirn, also im Bereich der späteren Schädelbasis. In diesem Gebiet findet sich das vordere Ende der Chorda dorsalis, welches in den hinteren Teil der Basis aufgenommen wird. Die Chordaspitze reicht bis dicht hinter die Hypophysenanlage. Wir können somit einen hinteren parachordalen Abschnitt von einem praechordalen Gebiet unterscheiden. Die Chorda selbst wird schon im 3. Monat zurückgebildet. Reste von Chordagewebe können am Rachendach in der Hypophysengegend erhalten bleiben und Anlaß zu Geschwulstbildungen (Chordome) geben. Wenn die hintere Partie der Schädelbasis zu einer einheitlichen Knorpelplatte geformt ist, tritt die Chorda aus dem Dens des Axis zunächst auf die cerebrale Fläche der Basalplatte. Nach kurzem Verlauf durchbohrt sie diese, gelangt auf die pharyngeale Basisfläche und kann hier streckenweise mit dem Pharynxepithel verschmelzen. Dicht hinter dem Dorsum sellae tritt sie wieder, nun von ventral, in die Basis ein und endet mit umgebogener Spitze dicht hinter der Hypophysengrube. Die Lagebeziehungen zwischen Chorda und Basalplatte sind in der Säugetierreihe sehr wechselnd und zeigen keine Gesetzmäßigkeiten.

Das Chondrocranium entsteht nicht aus einem Guß, sondern von verschiedenen Verknorpelungszentren aus. Wir unterscheiden die *Parachordalia*, die bei Embryonen von 13–14 mm Länge bereits zur Basalplatte verschmelzen. Die vordere Grenze dieses Gebietes ist an der Lage der Crista transversa auch später kenntlich. Im Zusammenhang mit den Parachordalia entsteht die ganze knorplige Hinterhauptsregion. Der vordere Teil der Basis entsteht ebenfalls aus zwei Knorpelspangen, den *Trabeculae*, die seitlich und vor der RATHKESchen Tasche auftreten. Mit ihnen vereinigen sich sehr schnell zwei kleine, seitlich des Hypophysenganges gelegene Elemente, die Polknorpel. Bei Embryonen von 17 mm Länge sind Trabeculae, Polknorpel und Parachordalia zu einer einheitlichen Basis verschmolzen. Das Gebiet der Trabeculae wird vom Hypophysengang (Ductus craniopharyngeus) durchbohrt. Die Ohrkapseln entstehen völlig unabhängig von der Basis jederseits aus zwei selbständigen Verknorpelungszentren. Bei Embryonen von 20 mm Länge sind die Ohrkapseln einheitlich und stehen in homokontinuierlichem Zusammenhang mit der Basis. Bei vielen Säugern entsteht die Ohrkapsel isoliert, bei anderen (*Didelphis*) jedoch von vorneherein im Zusammenhang mit der Basalplatte. Da die Bildung der Ohrkapsel vom Labyrinthorgan im Mesenchym induziert wird (s. S. 431), haben die artlichen Differenzen wohl keine grundsätzliche Bedeutung. Sie sind der Ausdruck geringer zeitlicher Verschiebungen im Wirksamwerden des Induktionsmechanismus bei verschiedenen Arten.

Die Nasenscheidewand und die Crista galli entstehen von der Trabekelplatte aus (bei Embryonen von 17 bis 18 mm). Die Seitenwand der Nasenkapsel (Abb. 530) entsteht beim Menschen selbständig, das Dach der Nasenkapsel aber wächst vom Septum aus. Die Verhältnisse sind bei verschiedenen Säugern nicht gleich. Für den Menschen ist die Differenzierung der Nasenkapsel noch ungenügend bekannt. Bei Embryonen von 30 mm Länge sind Septum, Paries und Tectum nasi zu einer einheitlichen Kapsel vereinigt. Im ganzen gesehen schreitet die Differenzierung des knorpligen Neurocraniums in der Richtung von hinten nach vorn vor. In umgekehrter Richtung bildet sich das Splanchnocranium aus. Bei Säugern sind die knorpligen Visceralbögen starken Umbildungen unterworfen. Der 1. Visceralbogen liefert zwei vorknorplige, später knorplige Zentren:

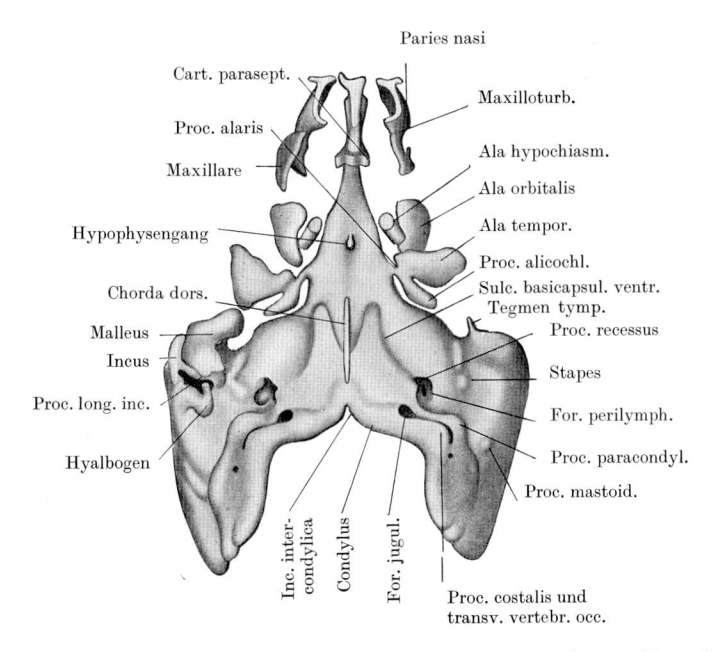

Abb. 530 Chondrocranium eines menschlichen Embryos von 20 mm Länge. Ventralansicht. (Nach J. D. KERNAN)

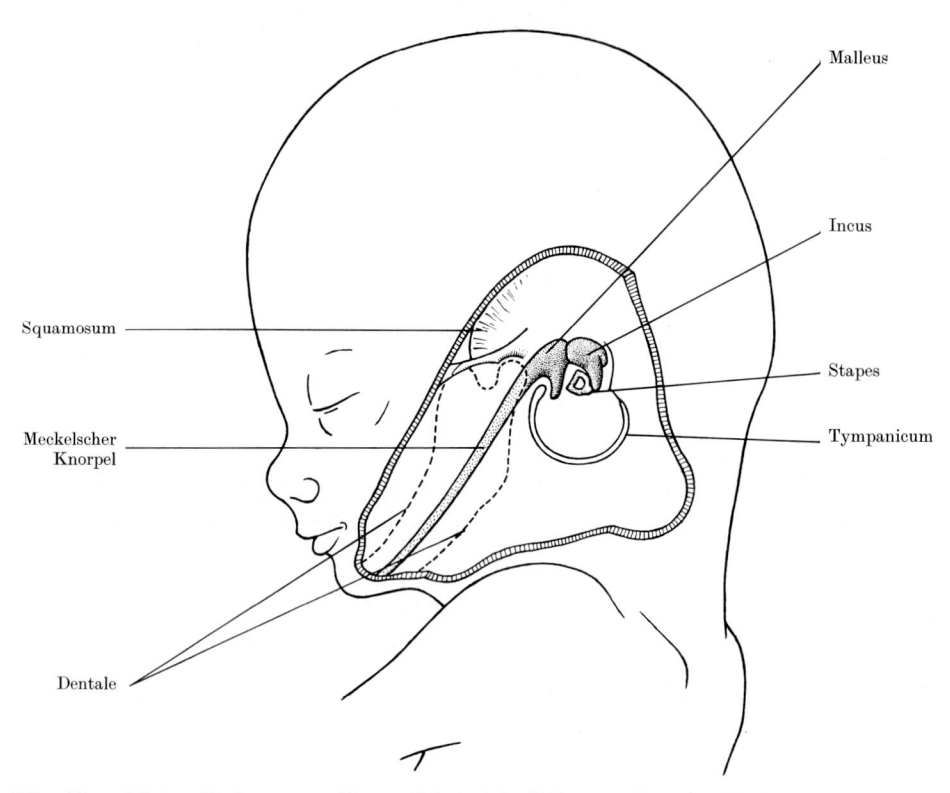

Abb. 531 Menschlicher Embryo von 62 mm Scheitel-Steiß-Länge. Primäres Kiefergelenk (= Hammer-Amboß-Gelenk) und sekundäres Kiefergelenk (Squamoso-Dental-Gelenk). (Nach FRICK und STARCK, 1963).

1. MECKELscher Knorpel, kontinuierlich mit dem Malleus verbunden (Abb. 531),
2. Incus (s. S. 594).

Aus dem 2. Visceralbogen entstehen Stapes, Processus styloideus (REICHERTscher Knorpel) und Cornu hyale (Cornu minus) des Zungenbeines. Die Verbindung von Incus und Stapes in einem Gelenk kommt sekundär zustande. Der 3. Bogen (1. Branchialbogen) bildet das Cornu branchiale (C. majus) und einen Teil des Zungenbeinkörpers. Der 4. und 5. Bogen sind zum größten Teil im Schildknorpel enthalten.

Das Material, das zur Bildung des Chondrocraniums herangezogen wird, ist nicht einheitlicher Herkunft. Bei niederen Wirbeltieren (Amphibia, s. S. 394) tragen wesentliche Teile des Neuralleistenmateriales (Mesektoderm) zur Bildung des Craniums bei (Visceralskelet, Trabeculae), während die Parachordalia und Ohrkapseln aus mesodermalem Mesenchym entstehen. Für Säugetiere und Mensch ist dieser Beitrag des Mesektoderms nicht mit Sicherheit beweisbar, da experimentelle Prüfung nicht möglich ist und die Herkunft der Zellen nicht aus der Struktur erschlossen werden kann. Doch machen alle Indizien einen Beitrag des Mesektodermes an der Skeletbildung auch bei höheren Wirbeltieren wahrscheinlich.

Das menschliche Chondrocranium ist im wesentlichen ein transitorisches Gebilde, das in der Embryonalzeit wichtige Wachtumsfunktionen zu erfüllen hat. Doch sind niemals alle Teile des Chondrocraniums gleichzeitig vollständig ausgebildet. Ein An- und Ausbau kann noch in wichtigen Teilstücken erfolgen, wenn andere Regionen bereits weitgehend rückgebildet oder durch Knochen ersetzt sind. Die Annahme eines „Stadium optimum" der Ausbildung des Chondrocraniums ist also eine Fiktion (AUGIER, FRICK, STARCK). Trotzdem kann natürlich festgestellt werden, daß die wesentlichsten Teile des Knorpelschädels bei menschlichen Embryonen von 40–80 mm Länge ausgebildet sind und ein

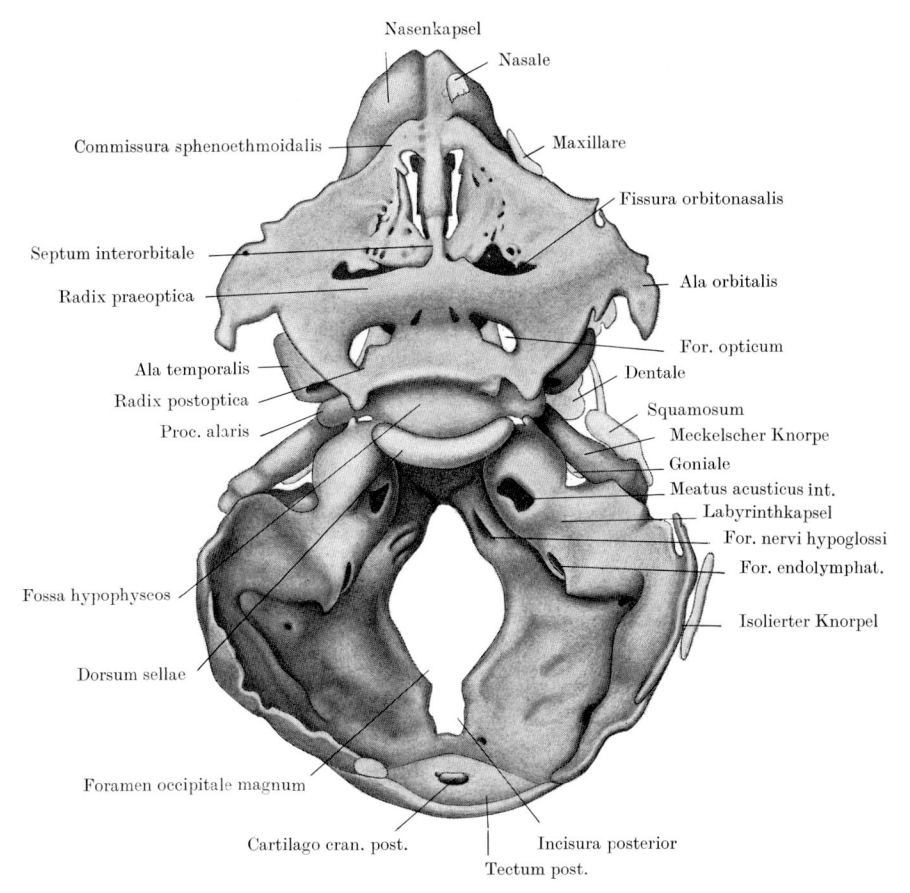

Abb. 532 Chondrocranium eines menschlichen Embryos von 40 mm Länge. Dorsalansicht.
(Nach MACKLIN 1914)

geschlossenes Ganzes bilden. Die Morphologie eines solchen Craniums soll in der Folge kurz geschildert werden (Abb. 532—535, MACKLIN, MATTHES).

Das Chondrocranium läßt, oberflächlich betrachtet, zwei sehr verschieden geformte Teile unterscheiden. Hinten finden wir eine flache Schale, die der Ohr- und Hinterhauptsregion des Kopfes entspricht. In dieser Schale ruht das Gehirn, dessen seitliche und dorsale Partien nicht vom Knorpelskelet bedeckt werden. Die Schale besitzt hinten basal eine große Öffnung, das Foramen occipitale magnum. In der Mitte ist das Cranium stark eingeengt. Dieses Gebiet entspricht der Hypophysengegend und der Orbitotemporalregion. Der vordere Teil des Chondrocraniums, Nasenregion und vordere Hälfte der Orbitotemporalregion umfassend, ist kompliziert gebaut und zeigt mannigfache Fortsatzbildungen. Vorderer und hinterer Abschnitt des Chondrocraniums stehen also nur basal durch einen relativ schmalen Knorpelbalken im Zusammenhang. Dieser Zustand ist für Mensch und Primaten recht typisch. Bei den meisten Säugern existiert nämlich zwischen Ohrregion und Nasenkapsel eine mehr oder weniger vollständige Schädelseitenwand. Diese wird, möglicherweise im Zusammenhang mit der Hirnentfaltung (?), bei Primaten unterbrochen. Die Nasenregion ist gegen die hintere Basis in einem Winkel von etwa 115° nach ventralwärts geknickt. Der Scheitel dieses Winkels liegt im praebasialen Gebiet, d. h. vor der Hypophysengrube. Die definitive Knickung der menschlichen Schädelbasis entsteht durch recht komplizierte Umbildungsprozesse, ist also nicht dieser Knickung des fetalen Schädels direkt vergleichbar (KUMMER 1952).

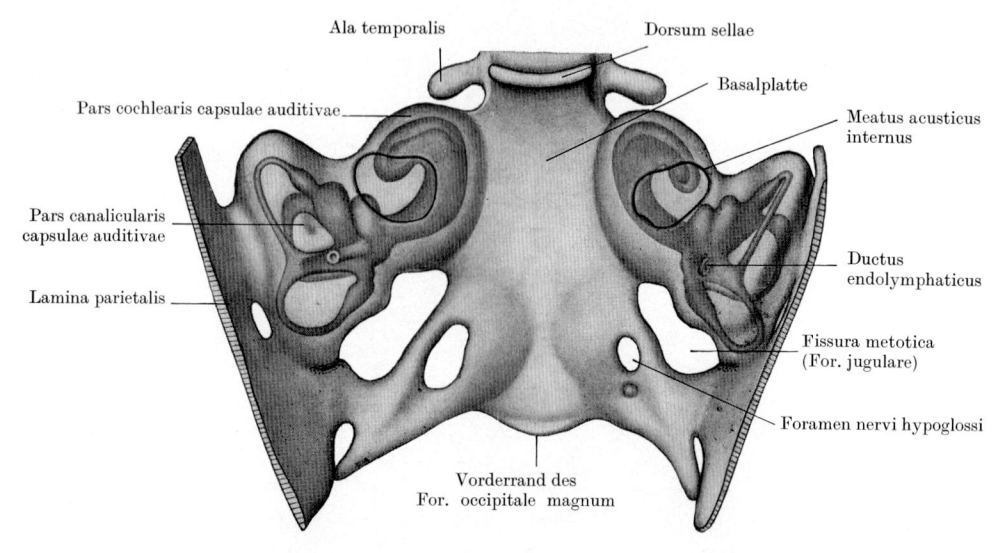

Abb. 533 Dorsalansicht der hinteren Orbital- und der Ohrregion eines Chondrocraniums. Menschlicher Embryo von 21 mm Länge. (Nach LEWIS)

Die Basis ist kurz und breit. Sie steigt nach vorne an und geht in ein Dorsum sellae über, das als selbständige Bildung entsteht und mit der Crista transversa (hintere Begrenzung der Fossa hypophyseos) verschmilzt. Das vordere Stück der Basis wird durch die Pars cochlearis der Ohrkapsel stark eingeengt (Abb. 533). Nach hinten und seitlich geht die Basis in die Occipitalpfeiler über. Diese greifen als schmale Knorpellamellen weit nach der Seite aus, umfassen den Hirnstamm und vereinigen sich, vielleicht unter Beteiligung selbständiger Knorpelzentren, über der Medulla oblongata zum Tectum posterius. Das Foramen occipitale magnum ist relativ weiter als beim Erwachsenen und setzt sich nach dorsal in eine Incisur fort, die später geschlossen wird (s. S. 597). Nach vorn seitlich geht das Tectum posterius in die Lamina parietalis ohne scharfe Grenze über. Es handelt sich um einen Rest der Hirnschädelseitenwand über der Ohrkapsel (Abb. 533). Vor dem Tectum posterius können in individuell wechselnder Weise knorp-

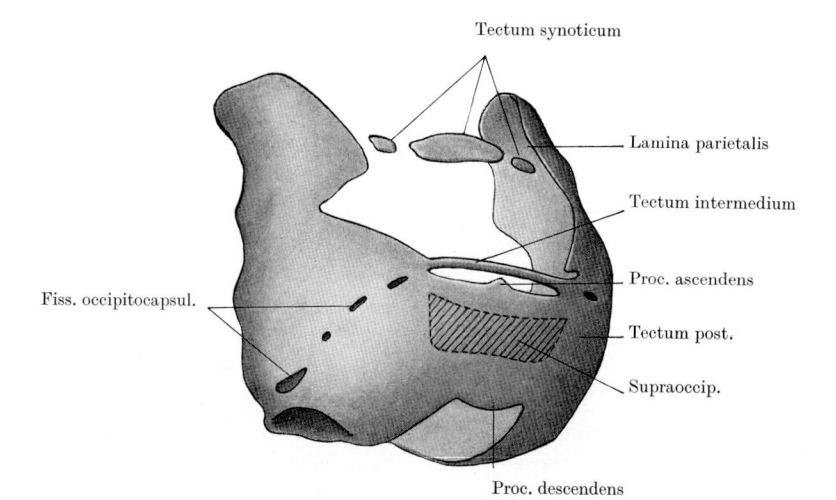

Abb. 534 Deckenbildungen (Tectum synoticum, Tectum intermedium und Tectum post.) bei einem menschlichen Embryo von 30 mm Scheitel-Steiß-Länge. (Nach FAWCETT)

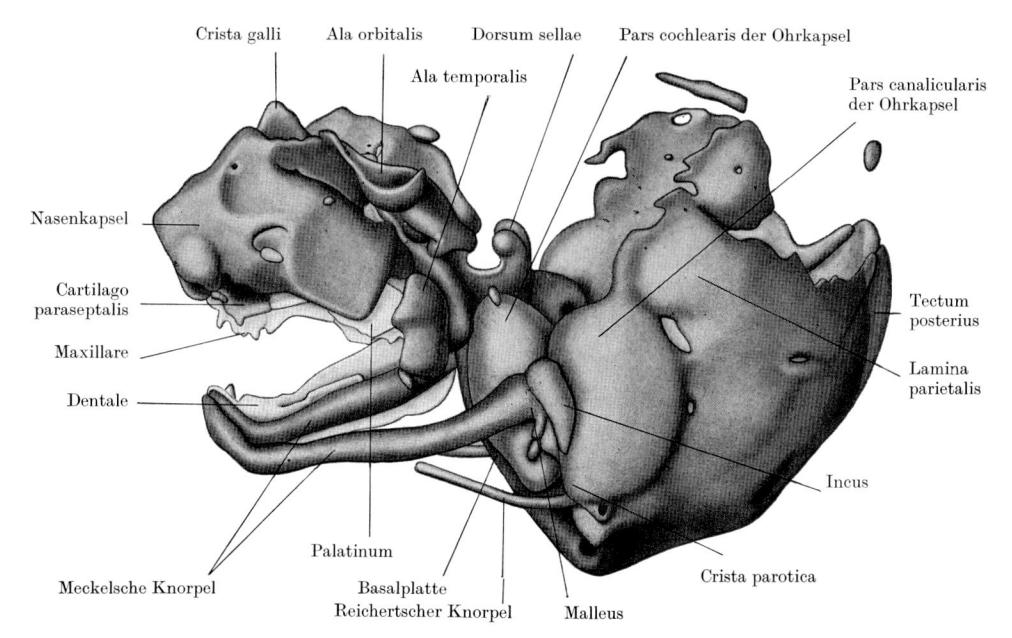

Abb. 535 Chondrocranium eines menschlichen Embryos von 40 mm Länge. Ansicht von links. Deckknochen auf der linken Seite entfernt. (Nach MACKLIN 1914)

lige Reste einer primären vorderen knorpligen Schädeldecke auftreten (FAWCETT, Tectum intermedium, Tectum ant.; Abb. 534). Sie werden später spurlos resorbiert. Das Tectum anterius dürfte dem Tectum synoticum niederer Formen entsprechen. Die caudalen, zur Umgrenzung des Foramen occipitale auseinanderweichenden Schenkel der Basalplatte werden von den Foramina nervi hypoglossi, die häufig in der Mehrzahl jederseits auftreten, durchbohrt. Die Außenansicht ist durch die Condyli occipitales gekennzeichnet.

Zwischen Ohrkapsel und Basis der Occipitalregion bleibt von vornherein eine weite Lücke, die Fissura metotica (= Foramen jugulare, Durchtritt der Nervi IX, X, XI und Vena jug. int.). Die Ohrkapsel entspricht der Anlage des Petrosums. Sie steht bei menschlichen Embryonen an zwei Stellen, vor und hinter dem For. jugulare, durch Knorpelkommissuren mit der Basis in Verbindung (Abb. 533). Die Ohrkapsel ist bei niederen Wirbeltieren (Amphibia, Reptilia) ganz in die Schädelseitenwand eingebaut, kann sich auch bei Säugern noch zum Teil an der Bildung der Seitenwand beteiligen. Beim Menschen ist sie unter dem andrängenden Wachstum des Gehirns völlig an die Basis ge-

rückt. Man unterscheidet an ihr eine Pars cochlearis vorn medial und eine Pars canalicularis (entsprechend der Lage des Vestibulums und der Bogengänge) hinten. An der Grenze beider findet sich eine Einschnürung in der Gegend des Facialisaustritts*).

Die cerebrale Fläche der Ohrkapsel zeigt in vergrößerter Form das Relief der Bogengänge. Die Öffnungen im Knorpel sind im Vergleich zum knöchernen Felsenbein relativ weit. Der Meatus acusticus internus bildet eine flache Mulde, in die seitlich hinten der N. statoacusticus, vorn medial der N. facialis eintritt (Abb. 533). Der Ramus ampullaris post. besitzt eine selbständige Öffnung (For. singulare). Auch das Foramen endolymphaticum, hinten lateral, ist auffallend weit. An der Außenseite der Ohrkapsel fällt zunächst das knorplig praeformierte Tegmen tympani auf. Dieses ist vorerst ein schmaler Knorpelzapfen, wächst aber später nach lateral in Form einer Lamelle aus, welche die Gehörknöchelchen überdeckt (Abb. 530). Caudal schließt sich als Begrenzung der primären Paukenhöhle eine Knorpelleiste, die Crista parotica, an. Ein Carotiskanal existiert

---

*) Zur Bildung des Facialiskanales s. S. 436.

am Chondrocranium nicht. Die Arteria carotis interna tritt durch den weiten Spalt zwischen Ohrkapsel und Ala temporalis, das Foramen prooticum, ins Cavum cranii ein. Durch den gleichen Spalt verlaufen der Nervus V$_3$, die Art. meningea media und der Nerv. petrosus (superf.) major. Ein Carotiskanal entsteht erst mit der Bildung einer knöchernen Mittelohrkapsel (s. S. 435)*).

Die Außenwand der knorpligen Ohrkapsel entspricht der späteren Medialwand des Cavum tympani und dem Gebiet, aus dem später der Proc. mastoideus vorwächst. Letzterer ist am fetalen Schädel kaum angedeutet.

Die Orbitotemporalregion besteht aus dem Basisanteil – dem späteren Keilbeinkörper – und den seitlichen Flügeln (Alae temporales hinten, Alae orbitales vorn) (Abb. 532). Die Fossa hypophyseos wird durch das Dorsum sellae hinten begrenzt. Der Canalis craniopharyngeus verschwindet beim Menschen sehr schnell (30 mm).

---

*) Über die Bildung der Fenestrae ovalis und rotunda s. S. 431.

Die Ala temporalis besteht aus zwei Teilen, dem mit der Basalplatte von vorneherein verbundenen Wurzelstück (Proc. alaris) und der Lamina ascendens (Abb. 536). Diese ragt stets frei nach außen vor. Die Lamina ascendens entsteht meist aus einem eigenen Knorpelzentrum. Sie besitzt einen nach ventral gerichteten Fortsatz, den Proc. pterygoideus. Während der dritte Trigeminusast zwischen Ohrkapsel und Ala temporalis austritt – der Spalt wird erst bei der Ossifikation zu einem Foramen ovale geschlossen – verlaufen Nervus V$_1$ und V$_2$ über die Ala temporalis und verlassen den Schädel zwischen dieser und der Ala orbitalis (spätere Fissura orbitalis superior). Das Gebiet der Ala temporalis hat beim Säugetier tiefgreifende Umbildungen erfahren. Während bei Nichtsäugern (Abb. 537a) das Ganglion semilunare (nervi V) ganz oder teilweise außerhalb des Craniums liegt und damit die Aufteilung des Trigeminus in seine drei Äste außerhalb des Schädels erfolgt, ist am Säugercranium das Ganglion mit dem Ursprung der drei Äste in das Cavum cranii einbezogen worden (Abb. 537b).

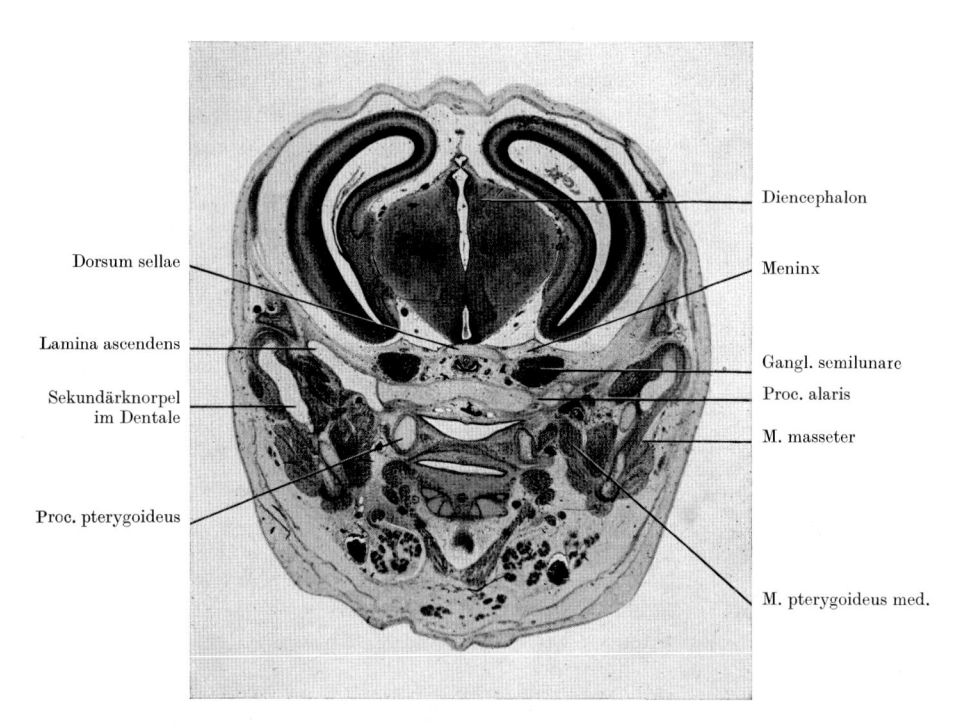

Abb. 536 Querschnitt durch die Orbitotemporalregion des Kopfes. Kaninchenembryo von 40 mm Scheitel-Steiß-Länge. Gegend der Ala temporalis. (Orig.)

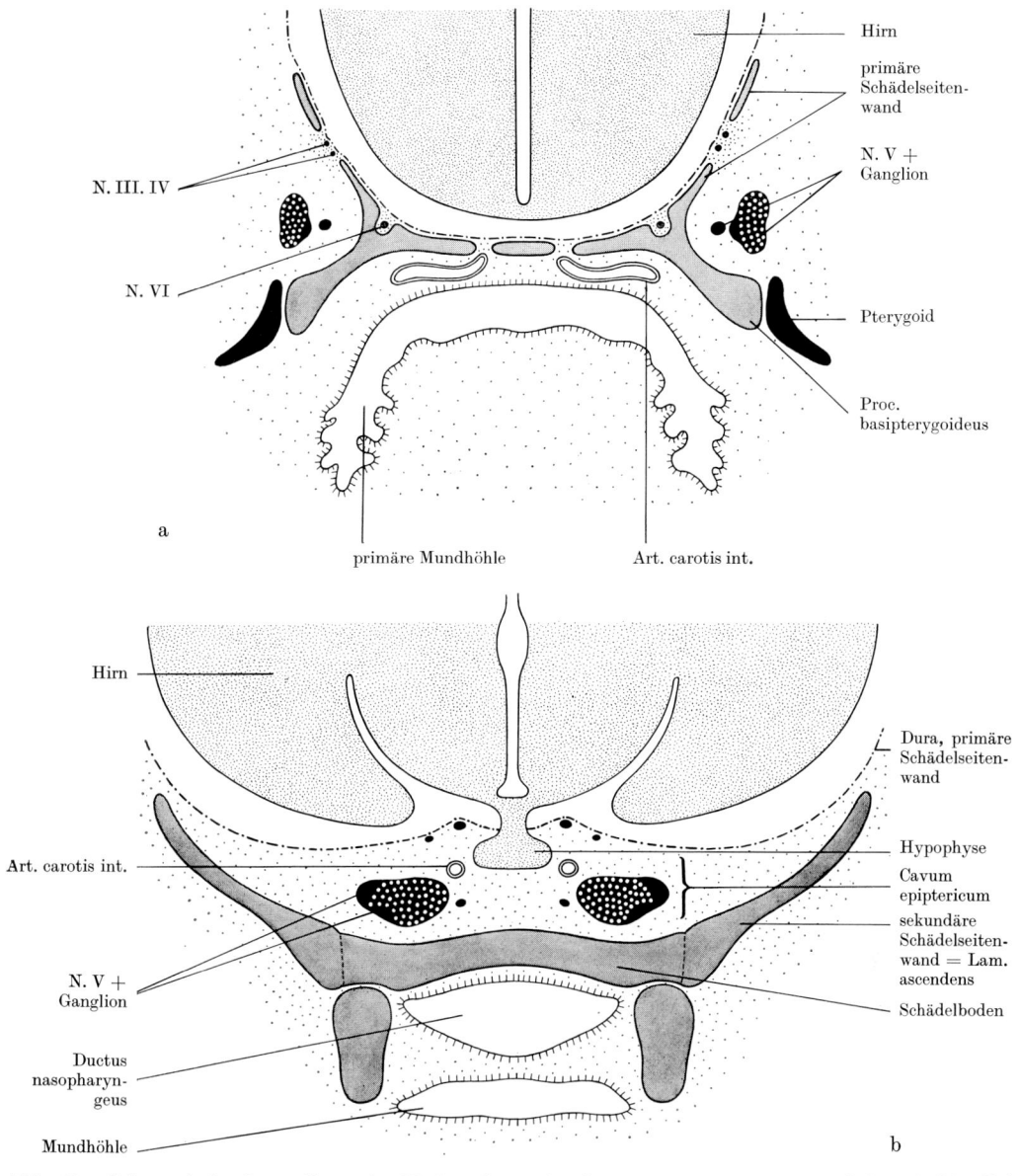

Abb. 537 Schematische Darstellung der Einbeziehung des Cavum epiptericum in die Schädelhöhle. Primäre und sekundäre Schädelseitenwand. Querschnitte durch den Kopf
a) eines Reptilembryos und
b) eines Säugetierembryos.
(Aus FRICK und STARCK, 1963).

Die Äste müssen also durch eigene Öffnungen den Schädel verlassen. Es handelt sich bei diesen Umbildungen um einen progredienten Prozeß, der dazu führt, daß ursprünglich extracranialer Raum (Cavum epiptericum) (Abb. 537b) beim Säugetier in das Cavum cranii einbezogen wird.

Die primäre Seitenwand des Schädels verschwindet. Eine sekundäre Seitenwand wird durch Einbeziehung primär außen liegender Skeletteile aufgebaut. Es besteht wohl kein Zweifel darüber, daß dieser Vorgang im Zusammenhang mit der Massenentfaltung des

Gehirnes beim Säugetier steht. Reste der primären Seitenwand sind in Form einzelner Knorpel (Restknorpel) oder Knochenspangen (Abducensbrücke, Taenia clinoideocarotica usw.) vielfach nachgewiesen worden. Die Lage der primären Seitenwand des Schädels in der Orbitotemporalregion wird auch beim Erwachsenen noch durch die Lage der Dura markiert (Abb. 536, 537). Der lange intracraniale, aber extradurale Verlauf vieler Nerven und Gefäße findet durch diese Umbildung eine Erklärung. Der Proc. alaris ist zweifellos dem Proc. basipterygoideus der Reptilien homolog (GAUPP). Die Deutung der Lamina ascendens ist umstritten. Es ist anzunehmen, daß wenigstens teilweise Reste des Proc. ascendens palatoquadrati (Epipterygoid) in ihr enthalten sind. Die Ala orbitalis entsteht aus einem eigenen Zentrum (15 mm). Sie wird im allgemeinen bei Säugern in die Schädelseitenwand eingebaut und steht mit der Ohrregion durch eine Commissura orbitoparietalis, mit der Nasenkapsel durch eine Comm. orbitoethmoidalis in Zusammenhang. Durch den Rückbildungsprozeß am menschlichen Chondrocranium fehlt eine orbitoparietale Commissur völlig (Abb. 532, 535). Die Verbindung mit der Nasenkapsel bleibt erhalten. Zwischen Commissur, Nasenkapsel und vorderer Wurzel der Ala orbitalis bleibt die Fissura orbitonasalis (Nerv. ethmoid. V_1) ausgespart. Die Ala orbitalis wurzelt mit zwei Spangen, der Radix prae- und postoptica, an der Basalplatte. Die beiden Wurzeln umfassen das weite Foramen opticum. Die menschliche Ala orbitalis wird durch die Massenentfaltung des Gehirnes nach basal gedrängt und liegt als dreieckige Knorpellamelle subcerebral. Ihre äußere Ecke ist zu einem Fortsatz – Rest einer orbitoparietalen Commissur – ausgezogen.

Die Nasenregion des menschlichen Chondrocraniums ist im Vergleich mit der eines Säugetiers außerordentlich stark abgeändert. Während die Nasenkapsel der Säuger im wesentlichen typisch praecerebral liegt, ist sie beim Menschen zum großen Teil subcerebral gelagert. Die Siebplatte liegt völlig horizontal unter dem Vorderhirn (Abb. 532). Im allgemeinen sind die wesentlichen Teile des Nasenskeletes vorhanden, sie sind nur einfach gestaltet. Besonders das Innenrelief und die Nasenbodenregion sind reduziert. Die Nasenkapsel läßt, wie gezeigt, Septum, Tectum und Paries unterscheiden. Nach basal hin ist die knorplige Nasenkapsel offen. Der Unterrand der Seitenwand ist als Maxilloturbinale (Concha inferior) eingerollt. Diese bildet also einen integrierenden Teil der Seitenwand. Ein selbstän-

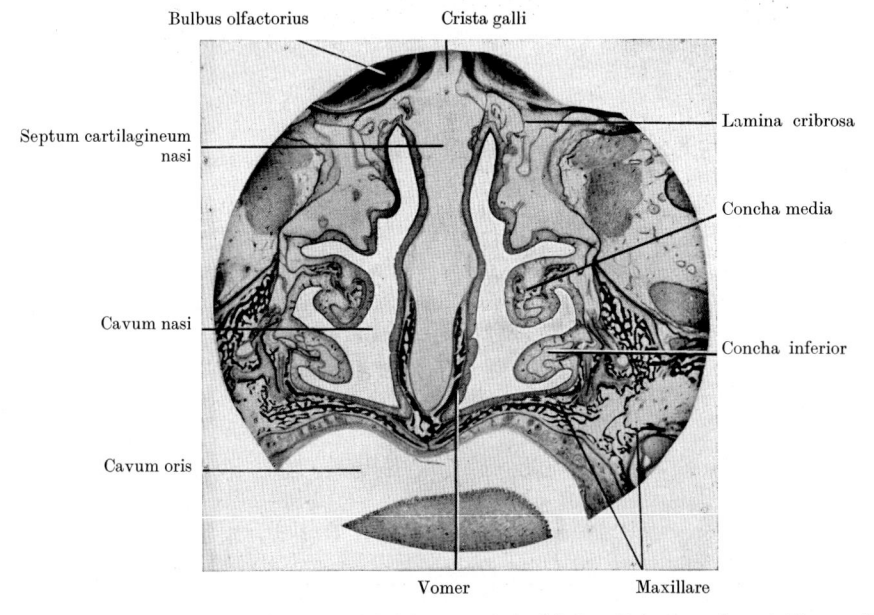

Abb. 538 Querschnitt durch die Nasenhöhle eines menschlichen Fetus aus dem 5. Monat. (Orig.)

diges Os conchae entsteht erst sekundär, indem durch einen merkwürdigen Abbauprozeß das Gebiet der knorpligen unteren Muschel aus dem Zusammenhang mit der Seitenwand gelöst wird und selbständig ossifiziert (Abb. 538). Septumunterrand und Seitenwand stehen beim Menschen an keiner Stelle in Verbindung. Ein Skeletboden der Nasenhöhle wird erst durch Auftreten von Deckknochen (Maxillare, Palatinum) geschaffen. Reste eines alten knorpligen Nasenbodens finden sich in Gestalt von Paraseptalknorpeln. Diese können bei Säugern mit wohlentwickeltem JACOBSONschen Organ (s. S. 468) als Stützskelet mit diesem in Verbindung treten*).

---

*) Über die Bildung der Nasenmuscheln und der Nebenhöhlen vgl. S. 467.

Die visceralen Elemente des Chondrocraniums

Stammesgeschichtlich und ontogenetisch erscheint das Visceralskelet in Gestalt von hintereinander angeordneten, knorpligen Visceralbögen in der Darmwand. Beim Menschen werden fünf Bögen angelegt. Der erste Visceralbogen wird, da er in den Dienst der Nahrungsaufnahme tritt, als Kieferbogen (Mandibularbogen) bezeichnet. Bei niederen Wirbeltieren entwickeln sich zwei Skeletstücke in diesem Bogen, das Palatoquadratum (oben) und das Mandibulare (unten, nicht zu verwechseln mit dem Deckknochen „Mandibula"!). Beide funktionieren als oberer und unterer Kiefer. Sie artikulieren im primären Kiefergelenk, dem Quadratoarticulargelenk. Bei den Nichtsäugern unter den Tetrapoden bleibt das primäre Kiefergelenk als

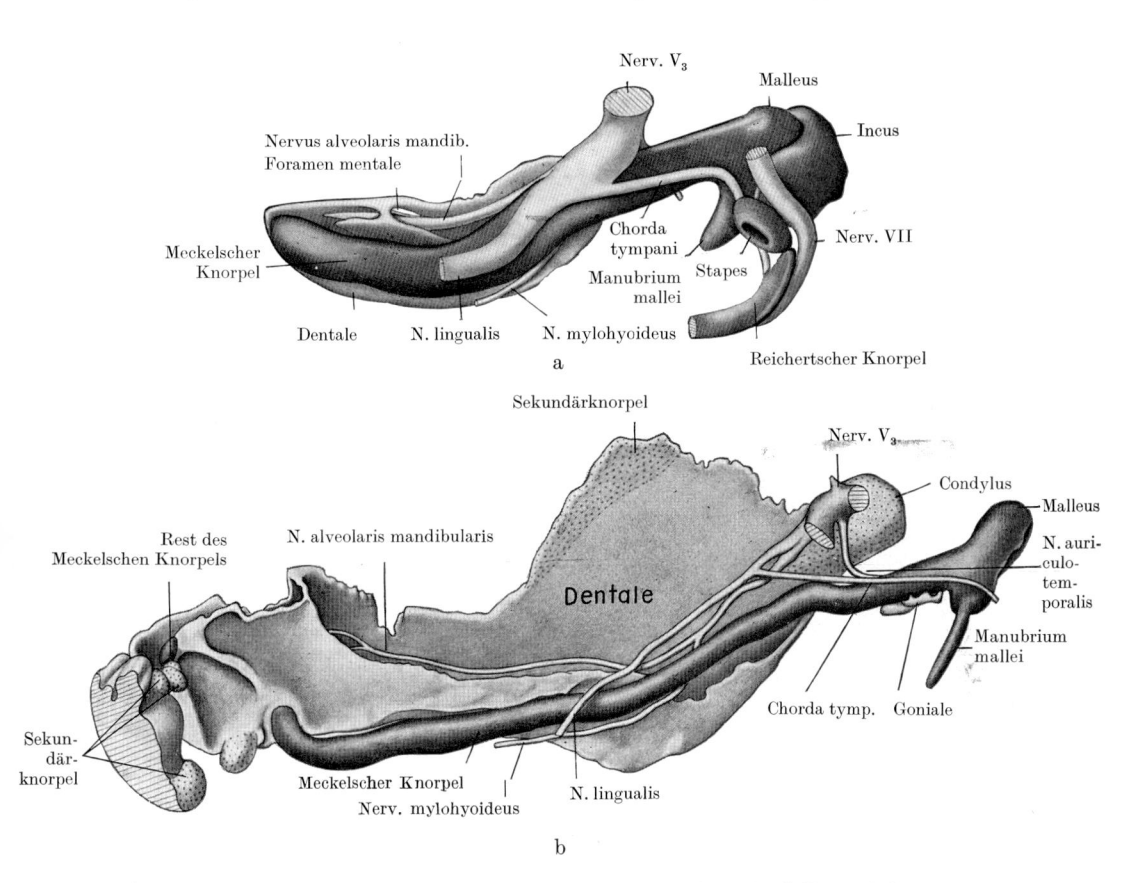

Abb. 539 Entwicklung des menschlichen Unterkiefers. (Nach Low 1910)
a) Mandibula mit MECKELschem Knorpel, Gehörknöchelchen und Nerven in der Ansicht von medial. Embryo von 24 mm Länge.
b) Embryo von 95 mm Länge, Incus und Stapes nicht dargestellt.

funktionierendes Kiefergelenk erhalten. Der vordere Teil des Palatoquadratums erfährt mannigfache Rückbildungen. Der Quadratanteil – das „Quadratum" – erhält sich als Träger des Kiefergelenkes. Der Gelenkteil des Mandibulare bleibt als Articulare ebenfalls in Funktion, wenn auch der Unterkiefer selbst schon bei Fischen einen komplizierten Ausbau durch Auftreten von Deckknochen erfahren kann. Bei Säugern und beim Menschen wird der erste Bogen vollständig und typisch angelegt. Das Mandibulare bildet eine lange, im Querschnitt runde Spange (Abb. 531, 535, 539, 540), die als MECKELscher Knorpel bezeichnet wird. Sein Gelenkende, das als Articulare verknöchert, ist verbreitert und hakenförmig nach abwärts gebogen. Das Quadratum wird als Incus angelegt. Articulare und Quadratum erhalten sich als Hammer und Amboß (Abb. 531). Die mannigfachen Umbildungen, die bei der Umbildung des Kieferapparates und bei der Entstehung der Gehörknöchelchen zu beobachten sind, hatten wir als REICHERT-GAUPPsche Theorie bereits besprochen (s. S. 594). Hier sei folgendes ergänzend nachgetragen. Der MECKELsche Knorpel verfällt beim Säuger völlig der Reduktion, wenn wir vom Articulare (Malleus) absehen. Unbedeutende Reste können im Bereich der Unterkiefersymphyse eine Zeitlang erhalten bleiben. Doch gehen diese „Ossicula mentalia" teilweise auch aus Sekundärknorpeln hervor (Abb. 539 b). Der „alte" Unterkiefer, der knorplig praeformiert ist, verschwindet und wird durch einen Deckknochen, das Dentale, ersetzt. Hierbei handelt es sich natürlich nicht um Ersatzknochenbildung, denn das Dentale (= Mandibula) entsteht zwar in unmittelbarer Nachbarschaft des zugrunde gehenden MECKELschen Knorpels und ersetzt diesen funktionell, aber es entsteht lateral vom Perichondrium des MECKELschen Knorpels (Abb. 539, 540). Von den übrigen zahlreichen Deckknochen des Unterkiefers niederer Wirbeltiere erhält sich das Goniale und wird als Proc. anterior dem Hammer zugeschlagen. Dieser ist also ein Mischknochen. Auch das Tympanicum geht auf einen alten Unterkieferdeckknochen, das Angulare, zurück.

Entwicklung des Osteocraniums

Das Osteocranium wird aus den Verknöcherungen im Chondrocranium (Ersatzknochen) und aus den Deckknochen aufgebaut (Abb. 541). Die ersten Ossifikationen, die am menschlichen Schädel auftreten, sind Deckknochen.

Reihenfolge des Auftretens der ersten Knochenbälkchen in den Deckknochen (nach AUGIER 1931):
1. Mandibula, kurz darauf Maxilla; 15 mm
2. Palatinum, Zygomaticum, Squamosum, Frontale; 25 mm
3. Goniale, Pterygoid, Vomer; 30 mm
4. Tympanicum, Nasale, Lacrimale, Interparietale; 32–34 mm
5. Parietale; 37 mm (ev. früher nach MALL; 31 mm)

Reihenfolge des Auftretens der ersten Knochenkerne in den Ersatzknochen:
1. Supraoccipitale; 30 mm
2. Exoccipitale, Alisphenoid; 37 mm
3. Basioccipitale; 51 mm
4. Orbitosphenoid; 60 mm, Basisphenoid 65 mm
5. Praesphenoid; 90 mm
6. Petrosum (weitere Zentren im Petrosum später; 130 mm), Incus; 110 mm
7. Malleus; 117 mm
8. Maxilloturbinale, Ossicula Bertini, Ethmoid (Concha media); 130 mm
9. Stapes; 140 mm

Aus dieser Übersicht läßt sich entnehmen, daß die Deckknochen im wesentlichen vor den Ersatzknochen erscheinen. Sie sind mit Ende des 3. Schwangerschaftsmonats alle angelegt. Bei niederen Wirbeltieren existieren sehr viel mehr Einzelknochen am Cranium als bei höheren Formen. Wir beobachten also in der Phylo-

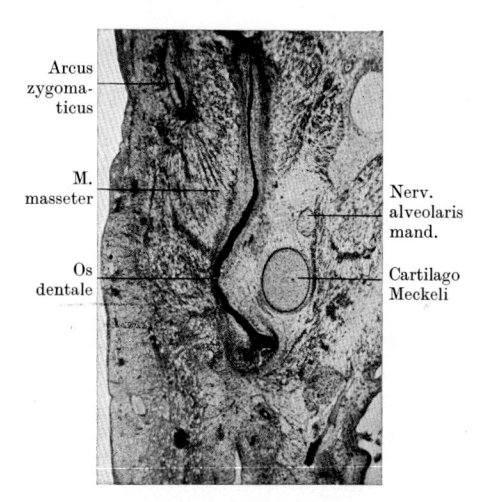

Abb. 540 Querschnitt durch MECKELschen Knorpel und Dentale, menschlicher Embryo von 42 mm Scheitel-Steiß-Länge. (Orig.)

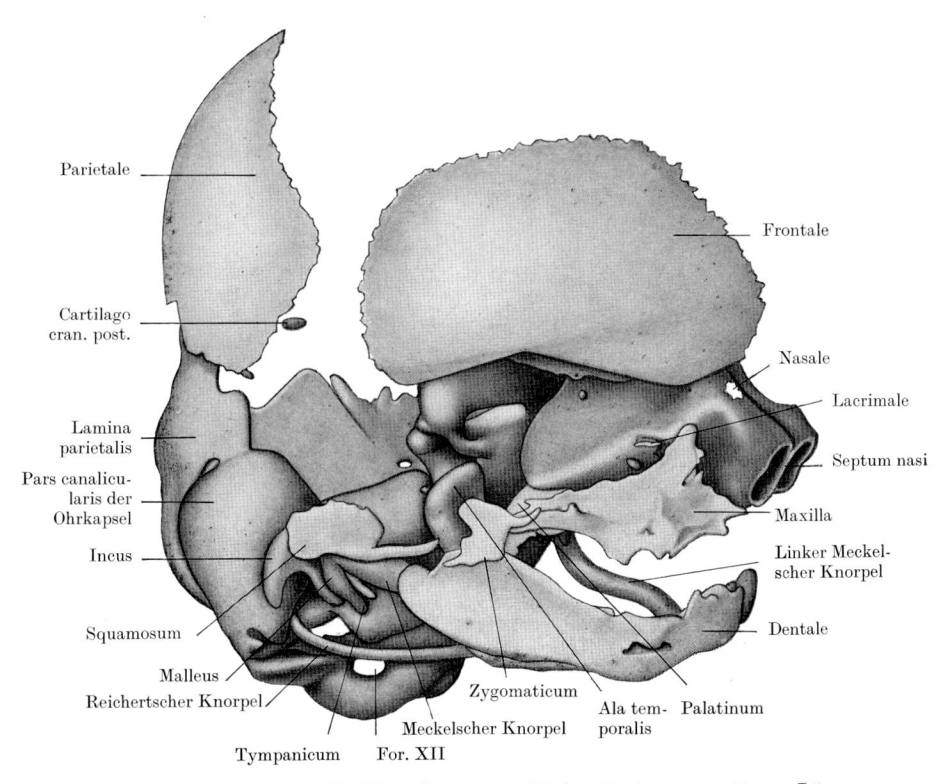

Abb. 541 Cranium mit Deckknochen, menschlicher Embryo von 40 mm Länge.
Ansicht von rechts. (Nach MACKLIN 1914)

genese eine zunehmende Reduktion. Diese kommt einmal durch Wegfall bestimmter Elemente, andererseits durch Verschmelzung ursprünglich selbständiger Skeletstücke zustande. So beträgt beispielsweise die Zahl der Einzelknochen im ausgebildeten Schädel bei

Eusthenopteron (fossiler Fisch)	143
Captorhinus (Stegocephale)	90
Didelphis (Beutelratte)	42
Macaca	30
Hylobates (Gibbon)	26
Homo	27

Auch in der Ontogenese des Menschen entstehen viel mehr Einzelelemente, als am Schädel des Erwachsenen vorhanden sind. Vielfach vereinigen sich Deck- und Ersatzknochen in komplizierter Weise. Die Bestandteile derartiger Mischknochen können dann nicht mehr ohne weitere Untersuchung der Genese voneinander unterschieden werden. Die Reihenfolge und die Art des Auftretens von Knochenkernen ist eine völlig andere, als die von Verknorpelungszentren. Im ganzen gesehen kann man vielleicht bei den Ersatzverknöcherungen eine Tendenz zum Voranschreiten der Ossifikation von hinten nach vorn beobachten. Die kausalen Zusammenhänge beim Auftreten der ersten Ossifikationszentren sind keineswegs völlig klar. Sicher spielen phylogenetische, also erblich fixierte Faktoren eine sehr große Rolle. Andererseits ist zu vermuten, daß auch funktionelle Momente mit im Spiele sind. Für die platten Knochen des Schädeldaches sind engste Beziehungen zum Gefäßmuster der betreffenden Region nachgewiesen worden (DZIALLAS 1954). Am Os parietale kann deutlich gezeigt werden (Abb. 546), daß die Ossifikationen nicht an der Stelle der stärksten Vorwölbung, dem späteren Tuber parietale, entstehen.

Entwicklung der einzelnen Knochen

Os occipitale: Das Hinterhauptsbein entsteht aus 6 Einzelstücken, den beiden Ossa interparietalia (Deckknochen) und den Ersatzknochen Basioccipitale, 2 Exoccipitalia, Supraoccipitale. Das Basioccipitale entsteht als unpaarer Kern (sehr selten paarig) im hinteren Teil der Basalplatte. Die Exoccipitalia

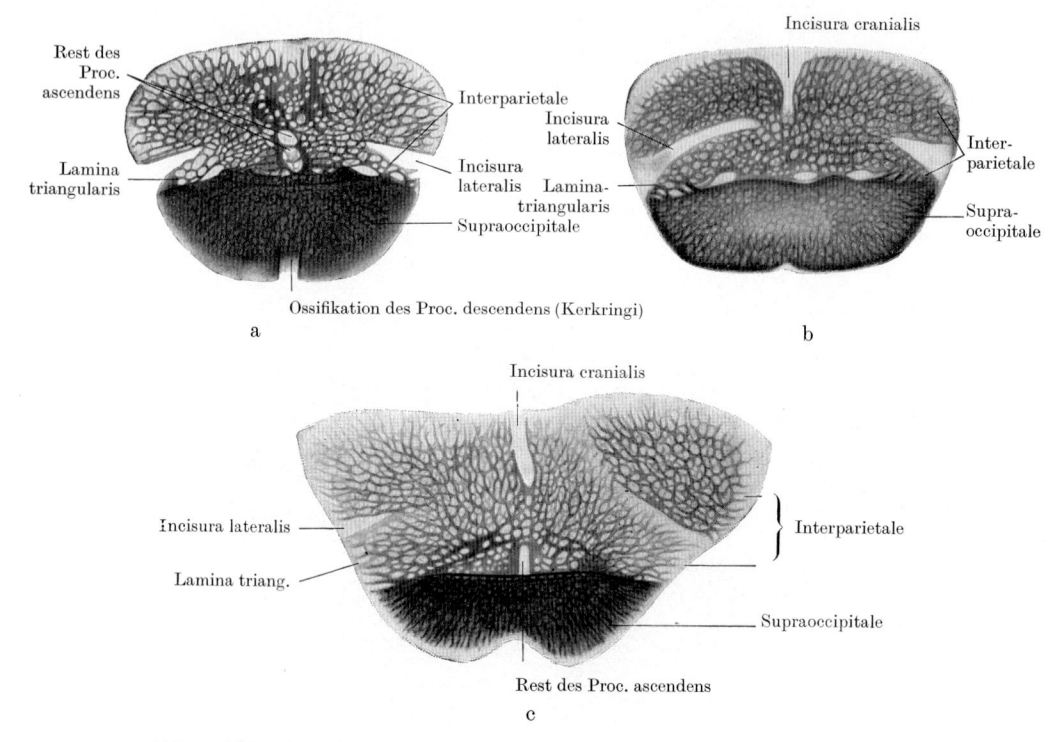

Abb. 542 Ossifikationen der Hinterhauptschuppe. Aufhellungspräparate. (Orig.)

a) Homo 80 mm Scheitel-Steiß-Länge. Ansicht von innen. Rest des Proc. ascendens tecti, schwache Incisura cranialis am Interparietale.
b) Homo 83 mm Scheitel-Steiß-Länge. Asymmetrisches Interparietale. Tiefe Incisura cranialis.
c) Homo 90 mm Scheitel-Steiß-Länge. Großer knorpliger Rest des Proc. ascendens tecti. Selbständige Ossifikationsstelle im Bereich des Interparietale oben rechts.

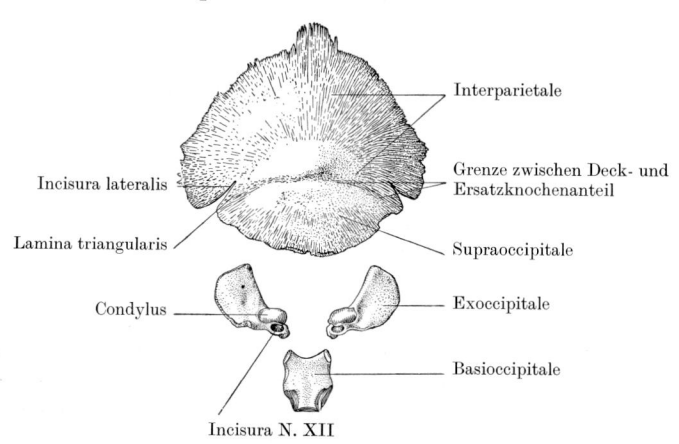

Abb. 543 Die Ossifikationen des Os occipitale beim Neugeborenen, Ansicht von außen. (Orig.)

entstehen in den Seitenteilen jederseits über dem Canalis n. XII und umwachsen diesen. Der Kanal wird erst spät (3. Lebensjahr) knöchern umschlossen. Das Gebiet des Condylus verknöchert vom Exoccipitale und Basioccipitale aus. Im Tectum posterius erscheint sehr früh als unpaare Ersatzverknöcherung das Supraoccipitale. Zu dem enchondralen Herd kommt allerdings perichondraler Zuwachs. Das For. occipitale magnum wird von den genannten vier Knochen umfaßt. Die zunächst weite Incisura occipitalis posterior wird geschlossen, indem sich ihre knorpligen Ränder nach der Mitte vorschieben. Gleichzeitig aber wächst von oben ein Zapfen des Os supraoccipitale in die Incisur hinein. Da dieser Fortsatz schneller wächst, als sich die Knorpelränder schließen, wird das untere Ende dieses ,,Processus Kerkringi" von außen sichtbar (Abb. 542a). An der Innenseite ergänzt sich der Fortsatz durch Zuwachsknochen. Die über das untere Ende des Tectums in der Mittellinie hervorragende Spitze des Processus Kerkringi kann den Eindruck eines selbständigen Knochenkernes erwecken (sog. ,,Ossiculum Kerkringi" der Lehrbücher). Ein selbständiger Knochenkern als Ergänzung eines sehr kurzen Processus Kerkringi kommt nur als sehr seltene Ausnahme vor (AUGIER 1931). Das Interparietale (Abb. 542) ist ein Deckknochen, der paarig angelegt wird und sehr zu Variationen neigt. Früh schon verschmelzen die beiden Anlagen quer über die Mittellinie und vereinigen sich dann auch sofort mit dem Supraoccipitale. Supraoccipitale und Interparietale bilden gemeinsam die Hinterhauptschuppe. Asymmetrien und überzählige Verknöcherungszentren (Praeinterparietalia, Abb. 542c) sind häufig. Durch Selbständigbleiben derartiger überzähliger Elemente entstehen überzählige Nähte und dadurch abgetrennt, Inkabeine und ähnliche akzessorische Skeletstücke. Die Naht, die ein solches überzähliges Knochenstück nach hinten abgrenzt, entspricht nie der Vereinigungsstelle des Interparietale mit dem Supraoccipitale. Das normale Interparietale besitzt jederseits (Abb. 542, 543) einen tiefen Einschnitt, die Incisura lateralis, in welchen ein flügelförmiger Fortsatz der knorpligen Lamina parietalis hineinragt. Durch die Incisur wird ein schmaler unterer Abschnitt, die Lamina triangularis, unvollkommen

vom Hauptteil des Knochens getrennt. Die Incisur persistiert als ,,Sutura mendosa" noch beim Neugeborenen (Abb. 543). Tritt ein sogenanntes selbständiges Interparietale auf, dann handelt es sich stets um eine Persistenz der Sutura mendosa. Auch in diesen Fällen ist der isolierte Knochen nur der obere Teil des Interparietale. Die Lamina triangularis ist mit dem Supraoccipitale verschmolzen.

Os sphenoidale (Abb. 544)

Das Sphenoid ist ein höchst kompliziertes Gebilde, auch vom genetischen Standpunkt. AUGIER unterscheidet 18–19 Einzelossifikationen auf Grund eines sehr umfangreichen Untersuchungsgutes. Ohne alle Einzelheiten aufzuzählen, können wir festhalten, daß in diesem Knochen eine große Anzahl von Ersatzknochen enthalten sind. Diese gruppieren sich zweckmäßig um ein hinteres und ein vorderes Areal. Beide bleiben bei vielen Säugern als vorderes und hinteres Sphenoid (Prae- und Basisphenoid) getrennt (Abb. 544). An jedem sind wieder Körper und Flügel zu unterscheiden. Hierzu kommt als paariger Deckknochen das Pterygoid. Schließlich gliedern sich Teile der hinteren Kuppel der Nasenkapsel ab und finden als Ersatzverknöcherungen (Ossicula Bertini = Conchae sphenoidales) Anschluß an das Keilbein. Das Keilbein selbst verschmilzt im 18. Lebensjahr mit dem Basioccipitale (Abb. 544) zum Os tribasilare.

Übersicht über die Ossifikationen im Os sphenoidale (Abb. 544)

I. Pterygoid, paariger Deckknochen, Lamina medialis des Processus pterygoideus.

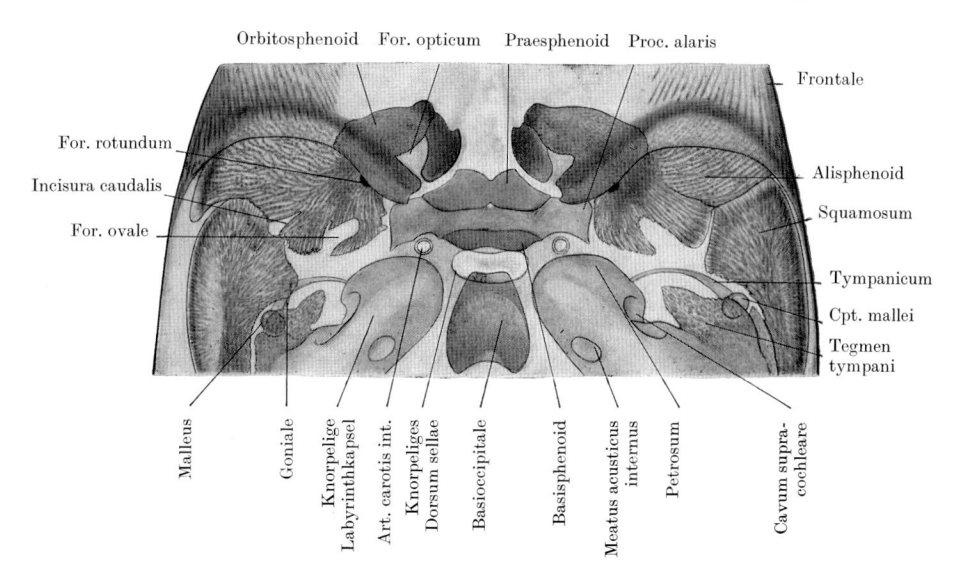

Abb. 544 Menschlicher Embryo von 185 mm Scheitel-Steiß-Länge. Sphenoidkomplex und Umgebung. Aufhellungspräparat, Ansicht von der cerebralen Seite her. (Orig.)

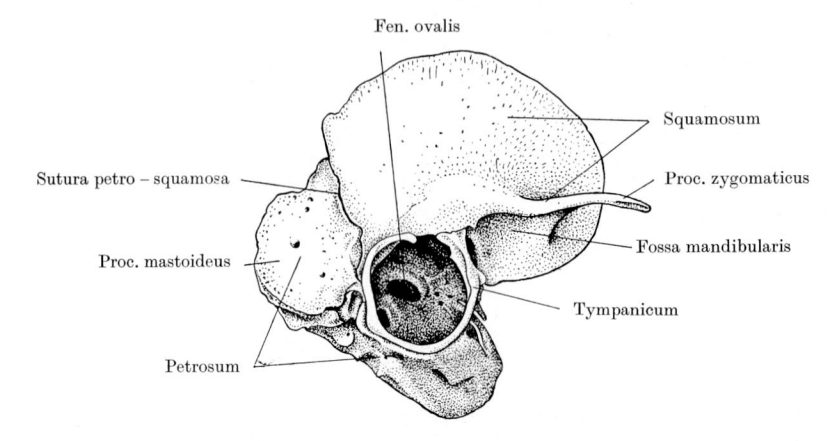

Abb. 545 Rechtes Os temporale vom menschlichen Neugeborenen. (Orig.)

II. Hinteres Keilbein	Ala major (Alisphenoid, großer Flügel), paariger Ersatzknochen. Basisphenoid, Ersatzknochen paarig, damit früh vereinigt selbständige Kerne im Processus alaris.
III. Vorderes Keilbein	Ala minor (Orbitosphenoid, kleiner Flügel), paariger Ersatzknochen. Praesphenoid, Ersatzknochen, ein unpaarer medianer Kern und jederseits zwei seitliche Kerne.
IV. Ossicula Bertini	Paariger Ersatzknochen, jeder aus mehreren Kernen entstehend. Abgliederung von der Nasenkapsel. Bildet vorderen Abschluß des Sinus sphenoidalis. Verschmilzt erst zur Zeit der Pubertät endgültig mit dem Praesphenoid.

Die Lamina lateralis des Processus pterygoideus verknöchert als Ersatzknochen von der Ala temporalis aus. Im Pterygoid kommt häufig ein Sekundärknorpel (Cartilago pterygoidea) vor. Das Dorsum sellae ossifiziert vom Basisphenoid aus. Die Fuge zwischen Basi- und Praesphenoid liegt stets am Vorderrand der Hypophysengrube, die Sphenooccipitalfuge liegt hinter dem Dorsum sellae. Der Nerv V_3 tritt durch eine Incisur im Hinterrand der Ala temporalis, welche erst postnatal als Foramen ovale knöchern abgeschlossen wird (Abb. 544).

Ossifikationen der Ohrregion (Abb. 545):

Der Großknochen Schläfenbein, Os temporale, baut sich aus vier genetisch verschiedenwertigen Teilen auf (GAUPP).

1. Petrosum, Chondrale Ossifikation in der Labyrinthkapsel (= Perioticum).
2. Pars hyoidea, wird zum Processus styloideus, Chondrale Ossifikation im Hyalbogen.
3. Pars squamosa, Deckknochen, bildet die Schuppe, den Processus zygomaticus und die Kieferpfanne.
4. Pars tympanica, Deckknochen, bildet einen Teil der Wandung des äußeren Gehörganges und des Cavum tympani.

Eine in der Literatur oft genannte Pars mastoidea als genetische Einheit existiert nicht. Es gibt nur einen Processus mastoideus, an dessen Aufbau sich Pars petrosa und Pars squamosa beteiligen.

Die Summe der Ersatzknochen in der Labyrinthkapsel wird als „Perioticum" zusammengefaßt. Im Einzelfall ist die Zahl der Knochenbildungsherde recht hoch und zeigt individuelle Variationen. Doch können drei Hauptkerne abgegrenzt werden, welche sich folgendermaßen gruppieren:

a) Hinten ventral um die Hinterwand des hinteren und des lateralen Bogenganges, reicht bis an die Cochlea heran. Entspricht dem Opisthoticum niederer Formen.
b) Dorsal vorn, im Gebiet des vorderen Bogenganges bis in die Commissura suprafacialis reichend, Prooticum. Umfaßt die Fenestra ovalis und den Meatus acust. internus.
c) Ein laterales Zentrum, das Epioticum, bildet vor allem die an der Außenfläche des Craniums erscheinende Partie des Petrosums, aus der der Processus mastoideus auswächst.

Keines dieser Otica entsteht nur aus einem Ossifikationsherd. Die Ossifikationen beginnen etwa an der Grenze von cochlearem und canaliculärem Teil der Ohrkapsel, und zwar verknöchert das Gebiet der Schnecke zuerst, dann die Gegend des Vestibulums, zum Schluß die Bogengänge und die Gegend des Warzenfortsatzes. Vom Petrosum her verknöchert auch das Tegmen tympani als Dach der Paukenhöhle. Auf die Beteiligung von Zuwachsknochen an

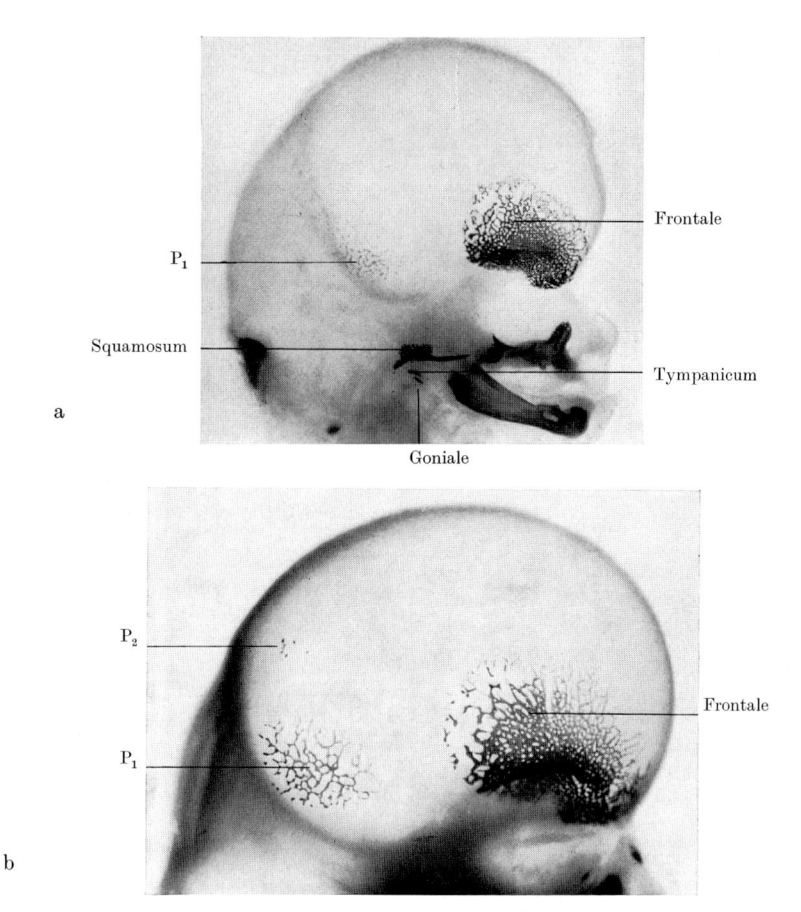

Abb. 546 Aufhellungspräparate des Schädels, Ansicht von rechts.
(Nach P. DZIALLAS 1954).
a) Homo 42 mm Länge.
b) Homo 42,5 mm Länge.
P_1: Basaler Kern des Os parietale. P_2: Dorsaler Kern des Parietale.

der Bildung der feineren Reliefbesonderheiten der Ohrregion war hingewiesen (s. S. 435). Bei Feten von etwa 20 cm Länge haben sich die einzelnen Knochenkerne des Petrosums vereinigt.

Die Pars hyoidea, also ein knorplig praeformiertes viscerales Element, besteht aus mehreren Ossifikationen im REICHERTschen Knorpel. In seinem dorsalen Teil entsteht ein Tympanohyale, das dem Perioticum angeschlossen wird und in diesem aufgeht. Das Foramen stylomastoideum wird durch diesen Anschmelzungsprozeß eingeengt. Im distalen Teil der Knorpelspange ossifiziert das Stylohyale. Dieses verschmilzt spät mit dem Tympanohyale und damit indirekt mit dem Petrosum.

Das Squamosum (Deckknochen) entsteht außen auf der Ohrkapsel aus einem, selten aus zwei Zentren. Es geht wahrscheinlich auf einen Deckknochen des Quadratums zurück. Beim Säugetier wird der Schuppenteil progressiv entfaltet und beteiligt sich an der knöchernen Wand des Hirncavums. Das Squamosum vereinigt sich im 9. Graviditätsmonat mit dem Tympanicum. Beide gemeinsam verschmelzen mit dem Petrosum nach der Geburt.

Das Tympanicum, ein alter Deckknochen des Unterkiefers (Angulare), entsteht aus zwei, selten aus drei Verknöcherungsherden, welche sich bei Embryonen von 65 mm zu einem unvollständig geschlossenen Ring vereinigen (Abb. 529, 531, 545, 546). Die Öffnung des Ringes blickt nach hinten oben. Das Tympanicum wächst nach der Geburt zu einer Rinne aus, die den Abschluß der Paukenhöhle und des äußeren Gehörganges ergibt. Ein knöchern umgrenzter Meatus acusticus externus besteht also beim neugeborenen Kind noch nicht. Da das Wachstum des Ringes an den beiden oberen Enden viel schneller erfolgt als in der Mitte (basal), hat die entstehende Gehörgangsrinne zunächst Lücken. Zwischen Squamosum und Tympanicum schaltet sich vorn basal ein Fortsatz des Tegmen tympani (Proc. inferior) ein. Dadurch entstehen die Fissurae petrosquamosa und petrotympanica.

Verknöcherungen der Nasenkapsel

Die wesentliche Ossifikation der knorpligen Nasenkapsel ist das Siebbein (Ethmoid). Die Verknöcherung beginnt im Bereich der mittleren Muschel; Lamina cribrosa, Crista galli und Lamina perpendicularis (Septum) ossifizieren zuletzt. Wesentliche Teile der Nasenscheidewand bleiben stets knorplig. Auch das Os conchae (Concha inferior, Maxilloturbinale) entsteht durch chondrale Ossifikation im unteren, eingerollten Rand der Seitenwand (vgl. S. 593). Teile der Nasenkapsel werden als Ossicula Bertini abgegliedert und dem Sphenoidkomplex angeschlossen (s. S. 598)*).

Os parietale (Abb. 549)

entsteht aus zwei isolierten Zentren (Embryonen von 31–40 mm), von denen das hintere, untere zuerst auftritt, und zwar in unmittelbarer Nachbarschaft des Sinus sigmoideus. Das zweite Zentrum entsteht weiter dorsal. Beide vereinigen sich früh. Die ersten Ossifikationszentren besitzen keine Beziehungen zum Gebiet des späteren Tuber parietale.

Os frontale (Abb. 529, 546)

erscheint als paariger Deckknochen stets früher als das Parietale (30 mm), und zwar geht die Ossifikation auch hier nicht von der Stelle der stärksten Wölbung, sondern vom Gebiet des Supraorbitalrandes aus. Die beiden Ossa frontalia vereinigen sich unten bereits kurz nach der Geburt. Doch bleibt zwischen den Schuppen eine Interfrontalnaht (Sutura metopica) bis zum Ende des 1. oder bis ins 2. Lebensjahr erhalten. Als Variante kann die Naht beim Erwachsenen offenbleiben (Metopismus).

Maxilla

Das Oberkieferbein, die Maxilla, entwickelt sich aus zwei selbständigen Deckknochen, dem Maxillare hinten und dem Praemaxillare (= Intermaxillare, Os incisivum) vorn. Das Maxillare entsteht im Mesenchym der Umgebung der Nasenkapsel bei Embryonen von 15 mm Länge. Das Gebiet des Alveolarfortsatzes erscheint zuerst. Von hier schiebt sich der Knochen schnell an der Außenfläche der Nasenkapsel aufwärts. Gleichzeitig wächst der Knochen nach lateral und hinten als Orbitalboden und nach medial als Nasenboden (Proc. palatinus) aus (Abb. 529, 538, 541). Das Praemaxillare entsteht ebenfalls am Alveolarteil im Schneidezahnbereich bei Embryonen von 25–30 mm Länge und verschmilzt sofort mit dem Maxillare. Von hier wächst ein Fortsatz seitlich neben der äußeren Nasenöffnung vor. Trotz der frühen und überstürzten Verschmelzung der Anlagen beider Knochen bleibt die Naht (Sutura incisiva) auffallend lange an der Innenseite des aufsteigenden Teiles und an der Gaumenfläche erhalten. Bei Säugetieren persistieren Maxillare und Praemaxillare gewöhnlich als selbständige Knochen.

Palatinum

Das Palatinum, ein Deckknochen auf der Außenseite der hinteren Hälfte der Nasenkapsel, entsteht aus einem Zentrum. Horizontaler und vertikaler Fortsatz wachsen wie beim Maxillare vom ersten Zentrum aus.

Nasale, Lacrimale und Zygomaticum

sind Deckknochen, und zwar entsteht jeder dieser Knochen aus einem einzigen Zentrum.

Vomer

ist ein Deckknochen unter der Schleimhaut am Unterrand des knorpligen Nasenseptums (Abb. 538, 547). Zunächst treten zwei Lamellen auf, die sich bei Embryonen von 50 mm Länge unten vereinigen, so daß der Knochen auf dem Schnitt V-förmig aussieht. Der Unterrand des Septums ist in die Rinne des V eingezapft. Später verlängert sich der untere Teil des Vomer, so daß die V-Form in eine Y-Form übergeht. Der Stiel des Y wächst vor allem nach der Geburt außerordentlich in die Höhe, so daß die lamellären Flügel und die von ihnen umfaßte Rinne mehr und mehr zurücktreten. Die Verknöcherung des Vomer kann gelegentlich beim Menschen, regelmäßig bei der Katze, auf den Paraseptalknorpel übergreifen (Abb. 547), also hier einen ersatzknöchernen Zuwachs bekommen. An der Bildung des Nasenseptums beteiligen sich folgende Knochen:

A. Ersatzknochen: Lamina perpendicularis des Ethmoids.
Crista sphenoidalis.
Knorpel persistiert vorne.

B. Deckknochen: Vomer und eine schmale Leiste vom Gaumenfortsatz des Maxillare.

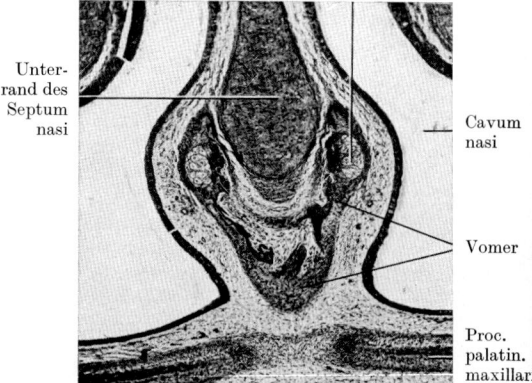

Abb. 547 Unterrand des Nasenseptums eines älteren Katzenembryos im Querschnitt. Übergreifen des Vomer auf den Paraseptalknorpel. (Orig.)

---

*) Über die Entwicklung der Nasennebenhöhlen vgl. S. 467.

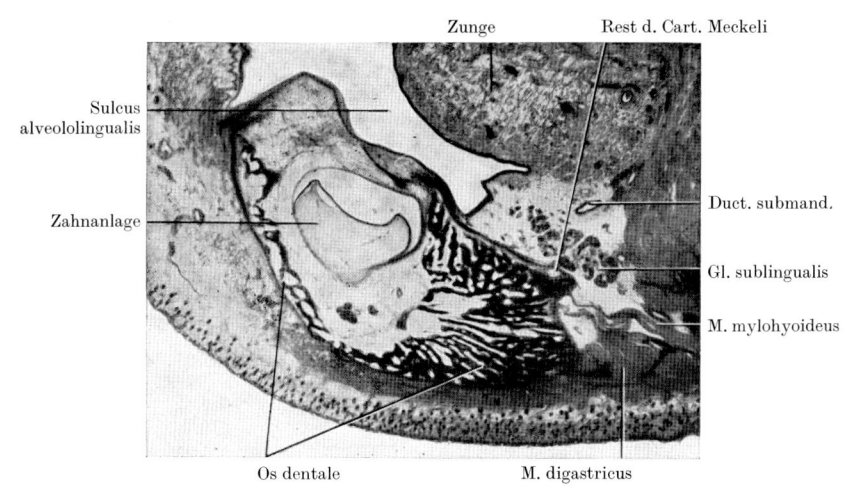

Abb. 548 Querschnitt durch die rechte Unterkieferhälfte eines menschlichen Fetus aus dem 5. Monat. (Orig.)

Mandibula

Der Unterkiefer (Mandibula, Dentale s. S. 593) erscheint sehr früh als erster Schädelknochen (15 bis 25 mm), und zwar zuerst in seinem mittleren Teil. Die Anlage ist durch die Beziehung zum MECKELschen Knorpel und zum Nervus alveolaris inferior, die beide medial von ihr liegen, gekennzeichnet (Abb. 539). Früh schon tritt eine innere Lamelle des Knochens auf (Abb. 539, 540), welche sich zwischen Nerv und Knorpel einschiebt. Im symphysennahen Bereich wird auch der MECKELsche Knorpel vom Dentale umhüllt. Der MECKELsche Knorpel erhält sich bis in das letzte Drittel der Schwangerschaft und spielt als transitorisches Stützskelet der Mundbogenregion zweifellos eine wichtige Rolle (Abb. 548). Im Symphysenbereich können abgesprengte Teile des MECKELschen Knorpels als ersatzknöcherne Ossicula mentalia dem Dentale angegliedert werden. Sekundärknorpel kommt im Proc. condylaris, im Angulusgebiet, im Proc. coronoideus und vielleicht auch in der Symphysengegend vor (Abb. 539).

Die Ossicula mentalia variieren in der Anzahl. Sie sind wahrscheinlich ein im Zusammenhang mit der Kinnbildung progressives Merkmal des Menschen. Die knöcherne Verschmelzung der beiden Unterkieferhälften in der Symphyse beginnt im 2. Monat nach der Geburt.

Die auf knorpliger Grundlage entstandenen Knochen fügen sich im Laufe der Ontogenese mit den Deckknochen zu einer Einheit zusammen. Die zunächst weit voneinander getrennten Einzelknochen rücken mit zunehmendem Flächenwachstum aufeinander zu und lassen schließlich schmale Bindegewebsverbindungen – die Nähte – an ihren Grenzen frei. Mit zunehmendem Alter können diese Nähte in bestimmter Reihenfolge knöchern obliterieren. Betrachten wir den Schädel eines Neugeborenen (Abb. 549a, b), so sind an den Stellen, wo Knochenterritorien aneinanderstoßen, teilweise noch relativ weite Lücken (Fontanellen). Da der Kopf als umfangreichster Körperteil des Neugeborenen beim Geburtsakt eine besondere Rolle spielt und da das Fontanellenbild andererseits für den Geburtshelfer als Hilfsmittel zur Bestimmung der Lage des Kindes wichtig ist, sei auf den Zustand des Knochen- und Nahtbildes am Schädeldach des Neugeborenen kurz hingewiesen. Bei der Betrachtung von dorsal sind fünf Einzelknochen zu sehen (zwei Frontalia, zwei Parietalia, eine Occipitalschuppe, Abb. 549b). Zwischen den vier paarigen Knochen verläuft eine Sagittalnaht vom Stirnpol bis an die Spitze der Hinterhauptschuppe. Dort, wo die Sagittalnaht sich mit der Kranznaht (Sutura frontopariet.) schneidet, bleibt die große Fontanelle als rautenförmiger Spalt ausgespart. Parietalia und Hinterhauptschuppe treffen in der kleinen oder dreieckigen Fontanelle zusammen. Geburtshilflich läßt sich also aus der Feststellung der viereckigen oder der dreieckigen Fontanelle die Lage von Stirn- und Hinterhauptspol diagnostizieren. Die Keilbeinfontanelle an der Grenze von Frontale, unterem vorderem Angulus des Parietale und Ala major des Sphenoids ist ohne praktische Bedeutung. Die Knochenlücke oberhalb des Proc. mastoideus, zwischen Parietale und Occipitale, enthält beim Neugeborenen noch knorplige Teile der Ohrkapsel. Die große Fontanelle schließt sich im ersten Lebensjahr. Die übrigen Fontanellen verschwinden bald nach der Geburt. Früh synostosiert die Interfrontalnaht (2. Lebensjahr). Die Synostose der übrigen Nähte des Schädeldaches erfolgt erst jenseits des 40. Jahres.

Von besonderem Interesse sind die Wachstumsvorgänge am Schädel, denn ein räumlich so kompliziertes Gebilde wie das Cranium muß in feinster Korrelation mit den eingebauten Teilen – Hirn, Augen, Kieferapparat – wachsen. Dabei ist zu beachten, daß der Schädel eine recht starre und feste Kapsel um das Hirn bildet, die nicht durch Expansion wachsen kann. Man hat vielfach angenommen, daß den Nähten als Zonen des Randwachstums der Knochenterritorien die entscheidende Rolle zukommt. Doch sind Umbauprozesse ebenfalls von wesentlicher Bedeutung. Die Suturen sind zweifellos nicht nur Grenzzonen, an denen Knochen zusammentreffen. Sie sind vielmehr unsichtbar im inneren Schädelperiost vorgebildet und werden durch Faktoren bestimmt, welche außerhalb des Wachstums und der Mechanik des Einzelknochens liegen (TROITZKY 1932). Entfernt man bei jugendlichen Tieren, unter Schonung des endocranialen Periostes, Knochen und äußeres Periost, so kommt es zu einer Regeneration des Knochens von innen her. Entfernt man zwei Knochen mit der eingeschalteten Naht, so wird auch die Naht wieder regeneriert. Die Nahtregeneration hängt also von dem inneren Periost (Dura) ab. Das Wachstum des Schädels ist mit erheblichen Änderungen der Proportionen und der Krümmungen verbunden. Diese Krümmungsänderungen kommen durch sehr fein regulierte Apposition und Resorption, also durch kombinierte Anbau- und Abbauprozesse zustande. Dabei ergeben sich zahlreiche lokale Besonderheiten (LACOSTE 1923). Am Beispiel des Os parietale vom Schaf sei dies demonstriert (Abb. 550). Der Knochen zeigt Flächenwachstum und Entkrümmung. Dazu ist Anbau und Abbau an der äußeren wie an der inneren Knochenfläche nötig. Die Änderung der Krümmung entspricht bis in alle Einzelheiten den gleichzeitig ablaufenden Wachstumsprozessen am Hirn. Am Parietale finden wir Abbau außen zentral (Abb. 550), Anlagerung innen zentral. Abbau findet sich innen peripher und Anbau peripher außen. Dadurch kommt die Entkrümmung zustande. Völlig analog laufen die Vorgänge bei allen anderen Knochen, auch bei Ersatzknochen, ab. Dabei ergeben sich Besonderheiten im Einzelfall durch die oft komplizierte und unregelmäßige Gestalt des Skeletstückes. Allgemeine Regeln über den Ablauf der Wachstumsprozesse lassen sich über das Gesagte hinaus nicht angeben. Der wirkliche Ablauf kann nur durch sorgfältiges Studium der

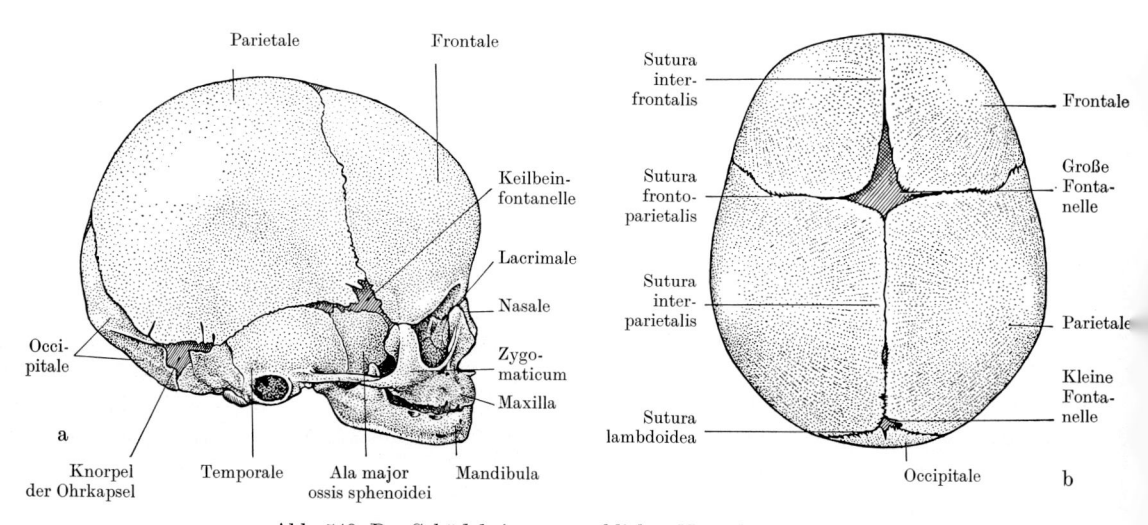

Abb. 549 Der Schädel eines menschlichen Neugeborenen. (Orig.)
a) Von rechts. b) Von dorsal, Fontanellen.

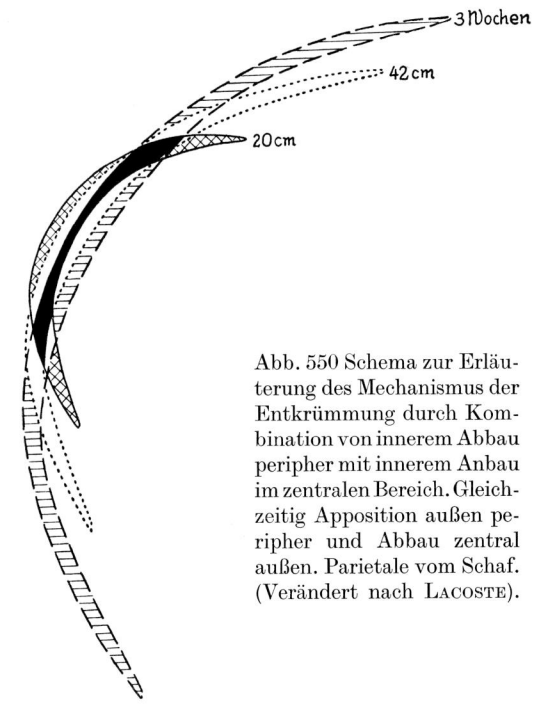

Abb. 550 Schema zur Erläuterung des Mechanismus der Entkrümmung durch Kombination von innerem Abbau peripher mit innerem Anbau im zentralen Bereich. Gleichzeitig Apposition außen peripher und Abbau zentral außen. Parietale vom Schaf. (Verändert nach LACOSTE).

Abbau- und Anbauprozesse in den verschiedenen Regionen zu verschiedenen Zeiten erkannt werden. Hierbei leistet die vitale Färbung mit Krappfarbstoff gute Dienste, da nur das Knochengewebe, das zur Zeit der Krappfütterung abgelagert wird, den Farbstoff aufnimmt. Mit dieser Methode läßt sich also Knochengewebe, das zu einer bestimmten Zeit abgelagert wird, markieren. Das Schicksal dieses Materials kann dann durch längere Entwicklungsphasen verfolgt werden. Im Bereich der Schädelbasis scheinen die Knorpelfugen zwischen den drei großen Knochenterritorien (Praesphenoid-Basisphenoid-Basioccipitale) die Rolle von Epiphysenscheiben zu spielen. Das Längenwachstum der Basis erfolgt durch interstitielles Wachstum in den knorpligen Zonen und durch knöchernen Anbau an den Fugen.

Entsprechend der besonderen Formenmannigfaltigkeit der Knochen des Gesichts- und Kieferschädels sind die Wachstumsprozesse in diesem Bereich besonders kompliziert und müssen für jeden Knochen selbständig studiert werden. Hierbei ist zu beachten, daß der zeitliche Ablauf des Wachstums nicht in gleichmäßigem Tempo erfolgt, sondern daß Phasen relativer Wachstumsruhe und rapiden Wachstums abwechseln. Das hängt im wesentlichen von den Formbildungsprozessen am Gebiß ab. Durchbruch der Milchzähne, Zahnwechsel, Auftreten der Molaren bedingen gleichzeitig Perioden intensiver Umbau- und Wachstumsprozesse am Kieferschädel und damit auch am Gesamtschädel. Ändern sich die mechanischen Bedingungen an einem Teil der Gesamtkonstruktion, wie es beim Zahnwechsel der Fall ist, so muß die ganze Konstruktion den neuen Gegebenheiten angepaßt werden. Hiermit hängt es beispielsweise zusammen, daß die Nasennebenhöhlen erst zur Zeit des Zahnwechsels stärker in Erscheinung treten (s. S. 467). Mit Abschluß des Wachstums und Bildung des Dauergebisses wird das Tempo der Umbauvorgänge am Cranium langsamer, doch erlöschen diese Prozesse nie. Im Greisenalter überwiegen schließlich, wie an allen Organen, Abbau- und Rarefikationsprozesse.

5. Die Entwicklung der Extremitäten

Bei allen Wirbeltieren, außer den Cyclostomen, finden sich zwei Gliedmaßenpaare, welche durch ein Gürtelskelet im Rumpf verankert sind. Bei Fischen sind die Extremitäten als Flossen ausgebildet und zeigen eine außerordentliche Formenmannigfaltigkeit. Demgegenüber ist die auf einen fünf(sieben)strahligen Grundtyp zurückführbare Gliedmaße der Landwirbeltiere (Tetrapoden) relativ einheitlich. Auch so extreme Anpassungstypen wie der Vogelflügel oder die Delphin-,,Flosse" lassen den Grundplan stets deutlich erkennen. Die Gliedmaßen der Fische sind zweifellos den Tetrapodenextremitäten homolog. Fragen wir nach der Evolution der Gliedmaßen, so müssen wir zwei Teilprobleme auseinanderhalten. Einmal ist die Frage zu stellen, woher die Extremitäten, speziell also die Pterygia (Flossen) der Fische, stammen. Unabhängig davon ergibt sich die Frage nach der Ableitbarkeit des Chiropterygiums (strahlige Extremität der Tetrapoden) vom Ichthyopterygium (Fischflosse). Während die zweite Frage heute dank zahlreicher Untersuchungen aus vergleichender Entwicklungsgeschichte und Palaeontologie klar beantwortet werden kann, ist die Lösung der ersten Frage noch nicht restlos gelungen.

Drei Haupttheorien über den Ursprung der paarigen Extremitäten der Wirbeltiere werden diskutiert. Nach der Seitenfaltentheorie sollen die Extremitäten als Reste eines kontinuierlichen seitlichen Flossensaumes übriggeblieben sein. Diese Theorie stützt sich vor allem auf zwei Tatbestände, auf das Vorkommen einer epithelialen seitlichen Leiste am Rumpf der Rochen und auf den metameren Charakter der Extremitätenmuskulatur. Nun sind aber die Rochen stark angepaßte Spezialformen, die eine enorme sekundäre Ausdehnung der Brustflosse zeigen. Sie können also kaum als Ausgangsform herangezogen werden. Die metamere Natur der Muskulatur besagt sehr wenig für eine allgemeine Theorie, da die Rumpfwandmuskulatur von Anfang an metamer gegliedert ist. Wohl aber erheben sich zahlreiche Einwände und Bedenken gegen diese Lehre von funktionellen Gesichtspunkten aus. Die ganze Organisation des Wirbeltierkörpers beweist, daß die schlängelnde Lokomotionsweise bereits den Stammformen zukam. Mit der schlängelnden Fortbewegung ist aber das Auftreten kontinuierlicher seitlicher Stabilisierungsflächen nicht vereinbar. Tatsächlich kommen im Tierreich Seitenfalten vor, aber bei einem ganz andersartigen Bautyp, nämlich bei Tintenfischen *(Sepia)*. Diese Formen besitzen eine starre Körperachse und bewegen sich nach dem Raketenprinzip (Rückstoß durch Auspressen von Wasser aus der Mantelhöhle) fort.

GEGENBAUR leitet die Gliedmaßen von Kiemenbögen ab. Die Einzelheiten dieser Lehre können nicht erörtert werden. Die Theorie setzt eine Wanderung der Beckengliedmaße über eine weite Strecke voraus. Derartige Wanderungen sind in der Ontogenese nachgewiesen (ROSENBERG, FÜRBRINGER). Der Haupteinwand gegen diese Theorie stützt sich auf die Tatsache, daß die Extremitäten mit Leibeswandmuskeln besetzt sind, während die Kiemenbögen von visceralen Muskeln versorgt werden. Nun ist es zunächst nicht unbedingt nötig, anzunehmen, daß Skelet und Muskulatur der Gliedmaße von vorneherein einander zugeordnet waren. Das Übergreifen spinaler Muskeln auf viscerale, speziell branchiale Skeletteile läßt sich vielfach in der Wirbeltierreihe beobachten (FÜRBRINGER). Umgekehrt kann es auch dazu kommen, daß viscerale Muskeln, wie der aus der Vagusgruppe innervierte M. trapezius, auf dem Gliedmaßenskelet Fuß fassen.

Gegenüber diesen klassischen Theorien, die wenig befriedigend sind, ist in jüngerer Zeit von GRAHAM-KERR auf Grund neuer Tatsachen die Lehre von GEGENBAUR weiter ausgebaut worden. KERR nimmt, entsprechend der Kiemenbogentheorie, an, daß der Extremitätengürtel von Visceralbögen abzuleiten ist. Die freie Gliedmaße aber führt er auf äußere Kiemen zurück. Diese Theorie stützt sich auf die Tatsache, daß äußere Kiemen gerade bei jenen Fischen vorkommen, die in nähere Beziehun-

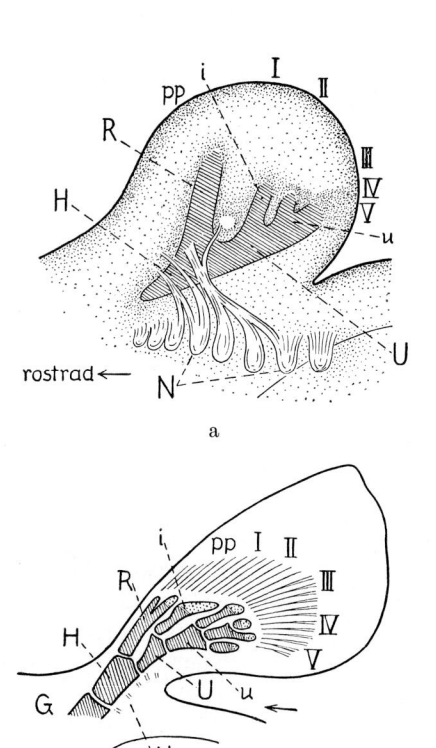

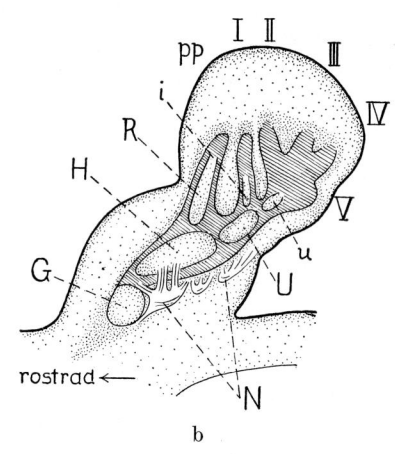

Abb. 551 Entwicklung der Tetrapodengliedmaße. (Nach STEINER 1935).

a) Früheste Skeletanlage, Gabelstadium.
b) Schematische Darstellung der Skeletanlage, älteres Stadium.
c) Flosse von *Eusthenopteron* (Crossopterygier).

G = Gürtelanlage. H = Humerus. i = Intermedium. N = Nerven. pp = Praepollex. R = Radius. U = Ulna. u = Ulnare. I–V = I.–V. Finger.

gen zu den Tetrapoden gebracht werden können (Dipnoi, Polypterini). Vor allem aber wird sie durch die überraschende Beobachtung gestützt, daß bei brutpflegenden Männchen von *Lepidosiren* (Dipnoi) die Beckenflosse stets, die Brustflosse gelegentlich den Bau einer echten äußeren Kieme mit vaskularisierten Kiemenfäden annehmen kann (GRAHAM-KERR).

Die Entstehung der Tetrapodengliedmaße aus dem Ichthyopterygium ist heute geklärt. Während an der Homologie des Gürtelskeletes der Fische mit dem der Tetrapoden kaum Zweifel bestehen können, war die Ableitung der freien Extremität nicht ohne weiteres möglich, solange nur spezialisierte Formen untersucht wurden. STEINER konnte zeigen, daß die erste Anlage der Tetrapodengliedmaße eine auffallende und konstante Ähnlichkeit mit dem Bauplan der Pterygien zeigt. Vor allem ist das sehr charakteristische Gabelstadium des Extremitätenskeletes bei allen Tetrapoden und bei Ichthyopterygiern zu beobachten. Die Hauptachse der Gliedmaße wird von den Anlagen von Humerus-Ulna-Ulnare (bzw. Femur-Fibula-Fibulare) gebildet. Diese Achse stimmt mit dem Metapterygium der Fische überein. Von dieser Hauptachse gehen Seitenstrahlen ab (Abb. 551). Der erste Seitenstrahl, als Zweig des Gabelstadiums auch bei Tetrapoden stets seitlich abgespreizt, läßt Radius-Radiale aus sich hervorgehen, der zweite Strahl würde dem Intermedium-Digitus I entsprechen. Die Parallelstellung von Radius und Ulna kommt in Ontogenese und Phylogenese erst sekundär zustande. Von besonderem Interesse ist nun die Tatsache, daß das Skelet der Brustflosse von *Eusthenopteron*, einem fossilen Crossopterygier, den wir aus mannigfachen Gründen (Schädelbau) an die Wurzel des Stammes der Landwirbeltiere stellen, in schematisch klarer Weise den Übergang vom Ichthyopterygium zum Chiropterygium vermittelt.

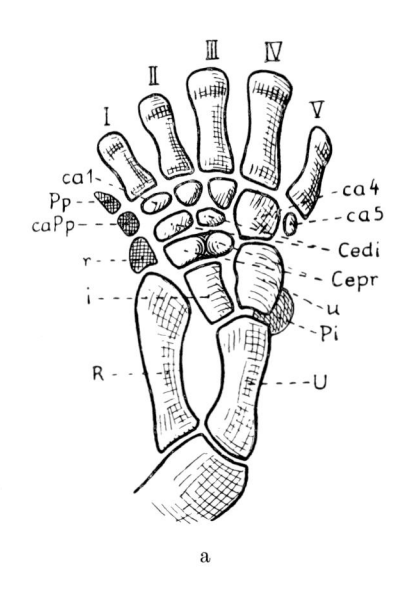

Abb. 552 Entwicklung von Carpus und Tarsus bei Säugetieren. (Nach STEINER 1942).
a) Bauplan des Extremitätenskeletes primitiver Tetrapoden.
b) Carpus und
c) Tarsus eines Säugetieres.

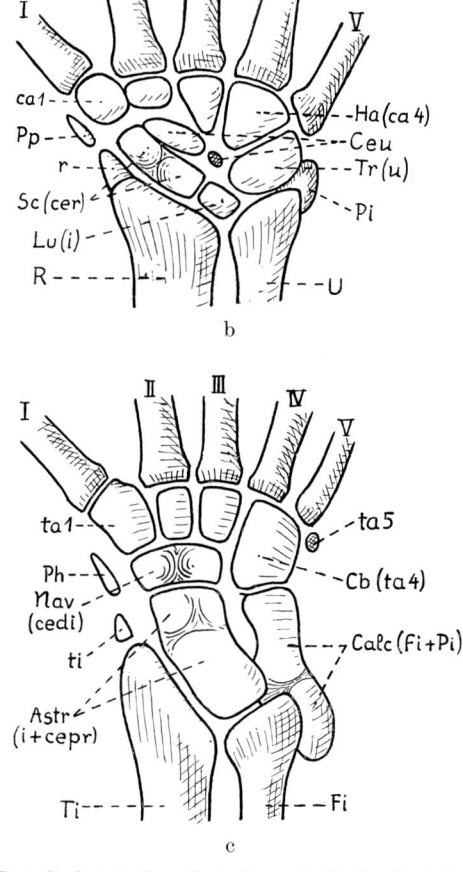

ca 1, ca 5: erstes, fünftes Carpale usw. ca Pp: Carpale praepollicis. Cedi: Centralia distalia. Cepr: Centralia proximalia. Cer: Centralia radialia. Ceu: Centralia ulnaria. r: Radiale. Ha: Hamatum. Lu: Lunatum. Pi: Pisiforme. Sc: Scaphoid. Tr: Triquetrum. Astr.: Talus. Calc: Calcaneus. Fi: Fibula. fi: Fibulare. Nav: Naviculare pedis. Cb: Cuboid. ta: Tarsalia. Ti: Tibia. ti: Tibiale. Übrige Bezeichnungen wie bei Abbildung 551.

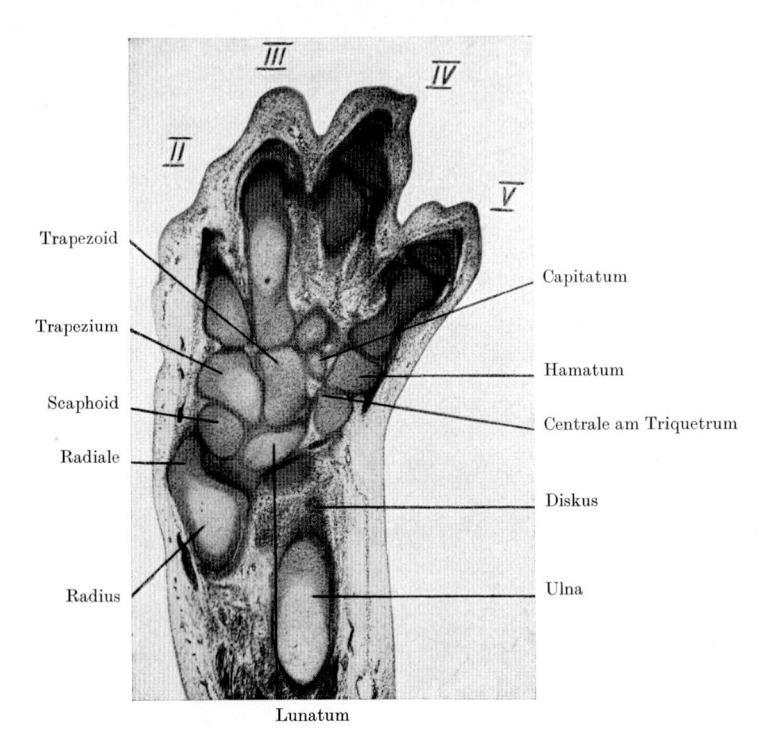

Abb. 553 Flachschnitt durch die Hand eines menschlichen Embryos von 25 mm Scheitel-Steiß-Länge. (Orig.)

Am Skelet der Extremität der Landwirbeltiere unterscheidet man Gürtel und freie Gliedmaße. Am Schulter- wie am Beckengürtel läßt sich ein dorsaler und ein ventraler Abschnitt unterscheiden. An der Grenze beider liegt die Gelenkpfanne für Schultergelenk bzw. Hüftgelenk. Der Schultergürtel ist dem Rumpf locker und beweglich angefügt. Die Scapula ist im wesentlichen durch Muskelschlingen am Rumpf befestigt. Hingegen besitzt der dorsale Teil des Beckengürtels, das Ilium, eine feste Gelenkverbindung mit dem Sacrum.

Am Schultergürtel sind dorsal die Scapula, ventral das Procoracoid und das Coracoid knorplig praeformiert. Die beiden ventralen Elemente erfahren bei Säugetieren mit Ausnahme der Monotremen jedoch eine weitgehende Reduktion. Reste erhalten sich im Processus coracoideus und möglicherweise in knorpligen Anteilen der Clavicula, die zur Hauptsache durch desmale Ossifikation (Os thoracale) entsteht. Die spät in der Clavicula auftretende Knorpelbildung kann aber auch mit großer Wahrscheinlichkeit als Sekundärknorpel gedeutet werden. Der Beckengürtel wird knorplig angelegt, Deckknochen fehlen. Die ventralen Teile Pubis und Ischium bleiben vollständig erhalten.

Am Skelet der freien Gliedmaße können drei Abschnitte unterschieden werden, das Stylopodium (Humerus-Femur), das aus zwei Skeletteilen aufgebaute Zeugopodium (Radius-Ulna, Tibia-Fibula) und das Autopodium (Hand-Fuß). Der Aufbau des Autopodiums erfährt im Stamm der Landwirbeltiere wesentliche Umbildungen. Diese betreffen vor allem den basalen Anteil, das Basipodium (Carpus und Tarsus). Da Carpus und Tarsus in der Ontogenese von Mensch und Säugetier zunächst in einer Form angelegt werden, die an ancestrale Typen anklingt, und da die Umbildungen am Autopodium für das Verständnis von Variationen wichtig sind, sei kurz auf dieses Problem eingegangen. Das Autopodium primitiver Tetrapoden (Abb. 552) besitzt stets in Fortsetzung des Hauptstrahles (Ulna) ein Ulnare und distal zwei Carpalia distalia (IV, V). Diesen sitzen die Finger IV, V auf. Radialwärts folgt ein Seitenstrahl (Abb. 552), bestehend aus dem Carpale distale III und

Digitus III. Der nächste Strahl umfaßt zwei Centralia ulnaria, Carpale distale II, Digitus II. Radialwärts folgt ein weiterer Strahl, bestehend aus Intermedium, zwei Centralia radialia, Carpale distale I, Digitus I. Der Randstrahl schließlich wird vom Radius, dem Radiale und den Elementen eines Praepollex gebildet. Alle diese Elemente sind, wenigstens in der Anlage, auch für die Säugetiere nachgewiesen (STEINER, SCHMIDT-EHRENBERG). Die wesentlichen Veränderungen des Carpus der Säugetiere bestehen darin, daß ein echtes Radiale nirgends mehr als freies Element auftritt. Es wird stets in das distale Ende des Radius aufgenommen (Abb. 552, 553). Das Scaphoid entspricht den verschmolzenen Centralia radialia (proximale + distale). Findet sich ein freies Centrale – beim Menschen kommt es nur als individuelle Variante vor –, so handelt es sich um das Centrale ulnare distale. Das Lunatum entspricht dem Intermedium, das Triquetrum dem Ulnare. Die Carpalia distalia I–IV erhalten sich in den Carpalia der distalen Reihe. Das Carpale distale V wird reduziert oder im Hamatum (Carp. dist. IV) aufgenommen. Praepollex und Praehallux sind meist rudimentär, lassen sich aber beispielsweise bei *Didelphis* und Maus nachweisen. Für Säugetiere ist stets eine primäre Abduktionsstellung von Daumen und Großzehe (primäre Greifhand) nachweisbar. Der Tarsus läßt sich auf ein gleiches Grundschema zurückführen wie der Carpus.

Über die genetischen Beziehungen der einzelnen Skeletelemente informieren Abbildung 552 und folgende Tabelle:

Tibia (homolog Radius)	Fibula (homolog Ulna)
Tibiale, in Tibia aufgenommen	
Intermedium	
Centrale tibiale proximale	: Talus (Astragalus)
Centrale fibulare proximale	
Fibulare	: Calcaneus
Pisiforme	
Centrale fibulare distale	: Naviculare
Centrale tibiale distale	
Tarsale IV	: Cuboid
Tarsale I, II, III	: Cuneiforme I, II, III

Die Entwicklung der äußeren Form und des Skeletes der menschlichen Gliedmaßen

Die Extremitäten entstehen im Bereich der seitlichen Leibeswand als leistenförmige Auswüchse, die mit Mesenchym aus der Somatopleura erfüllt sind. Bei Embryonen von 3 mm Länge springt die Anlage der oberen Extremität als bogenförmige Leiste in der Ausdehnung von etwa 5 Somiten nach lateral vor. Sie geht caudal ohne scharfe Grenze in die sogenannte „WOLFFsche Leiste" über, eine transitorische Bildung, die bereits bei Embryonen von 5,5 mm Länge verschwunden ist. Die Anlage des Beines springt zunächst etwas stärker vor, ist aber schmäler als die Armanlage. Nach dem freien Rand

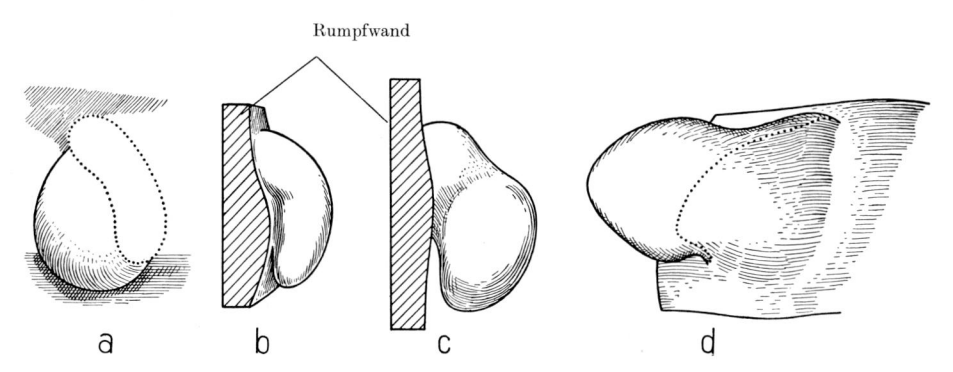

Abb. 554 Entwicklung der äußeren Form der menschlichen Extremitäten. (Nach HOCHSTETTER 1952).
a) Linker Arm eines Embryos (No 4) von 7,8 mm Länge. Ansicht von links. Punktiert wurde der Umriß der Extremitätenwurzel eingezeichnet.
b) Gleiches Objekt wie a, Ansicht von ventral.
c) Rechte Armanlage eines Embryos (Ha 5) von 8,22 mm Länge (spiegelbildlich).
d) Anlage des rechten Beines (spiegelbildlich) eines menschlichen Embryos von 8,66 mm Länge.

hin ist die Gliedmaßenanlage von einer Kappe verdickten Epithelgewebes überkleidet (Randleiste) (s. S. 611). In der Folge differenzieren sich Arm- und Beinanlage in ähnlicher Weise. Die Armanlage eilt in der Entwicklung deutlich voraus. Sie wird nun mehr und mehr zu einer Platte, doch ist die Wurzel wesentlich dicker als die Randzone; dabei wächst sie nach ventral und caudal. Bei Embryonen von 5,5 mm Länge ist die Form bereits stark abgeändert. Am besten vergleicht man sie etwa mit der Form der menschlichen Zunge (HOCHSTETTER). Der craniale Rand wird zum Radialrand (bzw. Tibialrand) der Gliedmaße, entsprechend der untere Rand zum Ulnar(Fibular)rand (Abb. 554). In der folgenden Phase lassen sich ein proximaler und ein distaler Extremitätenabschnitt unterscheiden. Der distale Teil schnürt sich als Hand(bzw. Fuß)platte gegen den proximalen Teil ab. Die Stellung der Anlagen ist weitgehend abhängig von den Form- und Massenverhältnissen des Rumpfes. Zunächst steht der obere (radiale) Rand weiter von der Rumpfwand ab als der Ulnarrand. Später bedingt die Massenentfaltung der Leber ein Divergieren der Armanlagen nach distalwärts (12–13 mm). Die Gliederung in Fußplatte und proximalen Abschnitt beginnt bei Embryonen von 8,5 mm Länge. Die Fußplatte unterscheidet sich durch ihre Spitzbogenform (Abb. 554d) deutlich von der Handanlage.

Aus dem spiraligen Verlauf des Nervus radialis beim Erwachsenen wird häufig auf eine in der Ontogenese ablaufende Torsion des Humerus geschlossen. HOCHSTETTER konnte zeigen, daß der charakteristische Verlauf des Nerven auf dem Blastemstadium des Humerus deutlich ist und daß eine echte Torsion nicht vorkommt. Der definitive Verlauf des Nerven findet allein durch das Längenwachstum des Oberarmes aus der gegebenen Ausgangssituation seine Erklärung. Bei Embryonen von 11,5 mm Länge können die Fingerstrahlen als verdickte Stränge innerhalb der Handplatte erkannt werden. Humerus, Radius und Ulna sind jetzt vorknorplig angelegt. Die Knickung des Ellenbogens tritt deutlich hervor, während die Kniegegend sich noch kaum abhebt. In der Folge ändert sich die Richtung der Armanlage. Die Hand rückt mehr in Pronationsstellung, die Daumenseite der Handplatte gelangt nach medial. Hand und Arm folgen der Formänderung des Rumpfes und benutzen die Rumpfwand gewissermaßen als Gleitfläche (Abb. 240, 242, 243). Erst bei Embryonen von 13,5 mm Länge ist der Ellenbogen ganz gegen die Rumpfwand isoliert. Die Fingeranlagen werden frei, indem sich die Interdigitalmembranen („Schwimmhäute") sehr rasch (zwischen 17,5 und 18 mm) zurückbilden. Am Fuß treten die Zehen als freie Bildungen bei Embryonen von 20 mm Länge hervor. An der Beinanlage ist der Oberschenkelabschnitt zunächst (16 mm) sehr kurz. Das Knie ist nach lateral gerichtet, die Fußsohlen blicken nach medial, gegen den Nabelstrang. Die großen Skeletstücke des Armes – Scapula, Humerus, Radius und Ulna – sind bei 16,8 mm Länge noch knorplig. Zu dieser Zeit erscheinen die Carpalia als vorknorplige Gebilde. Am Hüftbein sind die drei Hauptteile bei Embryonen von 18,5 mm Länge knorplig angelegt. Doch sind sie zu dieser Zeit noch isoliert und hängen in der Hüftpfannengegend nur durch Vorknorpel zusammen. Das Foramen obturatum ist ventral offen, da die symphysenwärts gelegenen Teile von Schambein und Sitzbein noch nicht verknorpelt sind. Femur, Tibia und Fibula sind zu dieser Zeit knorplig. Im Tarsus beginnt die Knorpelbildung.

Bei Embryonen von 20 mm sind auch die Carpalia knorplig angelegt, nur das Centrale und das Pisiforme sind noch vorknorplig. In den Tarsalia beginnt nun die Knorpelbildung. Der Fuß befindet sich zunächst in extremer Plantarflexion, d. h. er steht in der Längsachse des Unterschenkels. Gleichzeitig ist der Fuß supiniert, die Fußsohlen berühren sich. Diese Supinationsstellung wird noch bis zum 50-mm-Stadium beibehalten. Die definitive Pronationsstellung wird erst bei der Belastung nach der Geburt beim Kleinkind erreicht. Bei Embryonen von 26 mm Länge sind alle Skeletelemente des Armes knorplig gebildet. An den Fingern beginnt jetzt die Bildung des Nagelbettes. Die Hüftbeine sind knorplig, ohne daß noch Nahtgrenzen in der Pfannengegend nachweisbar wären. Die Umrahmung des Foramen obturatum hat sich geschlossen. Die beiden Hüftbeine berühren das Sacrum. Die Symphyse ist anfangs noch weit.

Das gesamte Extremitätenskelet mit Ausnahme der Clavicula ist also knorplig vorgebildet. Die Clavicula ist ein Deckknochen (Os thoracale), und zwar erscheint sie als erster Knochen des ganzen Skeletes bereits bei Embryonen von 15 mm Länge. Spät auftretende Knorpel in den beiden Gelenkenden sind wahrscheinlich als Sekundärknorpel zu deuten. In der Scapula erscheint ein Knochenkern im lateralen Teil der Platte bei Embryonen von 30 mm Länge. Postnatal bilden sich zwei weitere Kerne, und zwar im Proc. coracoideus (1. Jahr) und in der Wurzel des Proc. coracoideus und der Gegend der Gelenkpfanne (10. Jahr). Im Becken treten drei Knochenkerne auf. Zuerst erscheint der Kern für das Os ilium (Abb. 529) (35 mm, Ende des 2. Monats); der Kern des Ischium tritt im 4. Monat (100 mm) auf; das Os pubis erscheint bei Embryonen von 175 mm Länge. Im Acetabulum stoßen die drei Komponenten des Hüftbeins in einer Y-förmigen Knorpelfuge zusammen. Ischium und Pubis verwachsen im 7.–8. Lebensjahr im Gebiet des Ramus. Die Fuge im Acetabulum synostosiert um das 10. Lebensjahr oder später. Gleichzeitig tritt zwischen Ilium und Pubis ein zusätzlicher Knochenkern, das Os acetabuli, auf. Über die zeitliche Aufeinanderfolge der Knochenkerne in den freien Gliedmaßen informiert folgende Übersicht:

Erstes Auftreten der Knochenkerne in

Humerus	Diaphyse	18 mm
	proximale Epiphyse	1. Jahr
	distale Epiphyse	1. Jahr
Radius	Diaphyse	19 mm
	proximale Epiphyse	4.–7. Jahr
	distale Epiphyse	1. Jahr
Ulna	Diaphyse	24 mm
	proximale Epiphyse	10.–12. Jahr
	distale Epiphyse	4.–5. Jahr
Femur	Diaphyse	18 mm
	proximale Epiphyse	1. Jahr
	distale Epiphyse	Geburt
Tibia	Diaphyse	19 mm
	proximale Epiphyse	Geburt
	distale Epiphyse	2. Jahr
Fibula	Diaphyse	20 mm
	proximale Epiphyse	3.–5. Jahr
	distale Epiphyse	2. Jahr
Patella		3.–5. Jahr

Außer diesen Hauptkernen treten weitere Ossifikationszentren auf, so im Tuberculum majus humeri (2.–3. Jahr), im Tuberculum minus (3.–5. Jahr) und in der distalen Epiphyse. Das proximale Femurende besitzt zusätzliche Ossifikationszentren im Trochanter major (4. Jahr) und im Trochanter minor (11.–14. Jahr). Das Auftreten des Knochenkerns in der distalen Femurepiphyse, besser das des Kernes der proximalen Tibiaepiphyse, kann als Reifezeichen (s. S. 250) verwertet werden. Der Schluß der Epiphysenfugen an den langen Extremitätenknochen erfolgt zu folgenden Zeiten:

Humerus	proximale Epiphysenfuge	20.–22. Jahr
	distale Epiphysenfuge	16.–17. Jahr
Radius	proximale Epiphysenfuge	16.–18. Jahr
	distale Epiphysenfuge	21. Jahr
Ulna	proximale Epiphysenfuge	18.–21. Jahr
	distale Epiphysenfuge	16.–18. Jahr
Femur	proximale Epiphysenfuge	17.–19. Jahr
	distale Epiphysenfuge	19.–24. Jahr
	Apophysenfuge des Trochanter major	17. Jahr
	Apophysenfuge des Trochanter minor	16. Jahr
Tibia	proximale Epiphysenfuge	19.–24. Jahr
	distale Epiphysenfuge	16.–19. Jahr
Fibula	proximale Epiphysenfuge	19.–24. Jahr
	distale Epiphysenfuge	19.–22. Jahr

Der Carpus bekommt erst nach der Geburt Knochenkerne; im Tarsus besitzen nur Calcaneus und Talus vor der Geburt Ossifikationen.

Die Reihenfolge des Auftretens der Knochenkerne im Carpus ist folgende (nach SIEGERT 1935):

Capitatum	2½ Monate
Hamatum	4–5½ Monate
Triquetrum	35–36 Monate
Lunatum	5 Jahre
Trapezium und Trapezoid	6 Jahre
Scaphoid	6 Jahre
Pisiforme	12 Jahre

Im Calcaneus und Talus erscheinen Knochenkerne im 6.–7. Schwangerschaftsmonat. Der Calcaneus bekommt einen zusätzlichen lateralen Kern, der nicht knorplig praeformiert ist (HINTZSCHE, parachondraler Kern, möglicherweise perichondraler Zuwachsknochen). Im 7. bis 10. Jahr bildet sich am hinteren Ende des

Tuber calcanei ein Epiphysenkern aus. Das Cuboid erhält kurz nach der Geburt einen Kern. Die Kerne in den Cuneiformia treten bis zum 4. Lebensjahr auf. Das Naviculare bekommt einen Kern im 3.–5. Jahr.

Die Diaphysen der Metacarpalia und der Metatarsalia verknöchern im 2.–3. Monat (25 mm). Sie besitzen im Gegensatz zu den langen Knochen nur einen Epiphysenkern. Dieser findet sich an Metacarpale II–V (Metatarsale II–V) am distalen Ende, an Daumen und Großzehe aber am proximalen Ende. Die Ossifikation beginnt im 2. und 3. Strahl. Die Ossifikation in den Phalangen beginnt im Endglied, es folgt das Grundglied, zum Schluß die Mittelphalange. Hand und Fuß verhalten sich hierin gleich. Das Auftreten der Knochenkerne in den Extremitäten erfolgt beim normalen Kind in streng gesetzmäßiger Reihenfolge, vorausgesetzt, daß keine Störungen des Gesundheitszustandes vorliegen. Erkrankungen beeinflussen sehr leicht die Ossifikationsvorgänge. Das Röntgenbild der Hand des Kindes ist daher ein wichtiges Hilfsmittel bei der Beurteilung des Allgemeinzustandes. Die Handknochen ossifizieren im weiblichen Geschlecht früher als im männlichen. Der Abstand beträgt vom Auftreten des Lunatums an ein Jahr (SIEGERT). Unterernährung und alle chronischen Erkrankungen verursachen Verzögerungen. Andere Erkrankungen bewirken eine verfrühte Ossifikation. Auftreten des Ossifikationszentrums im Triquetrum vor Ablauf des 1. Lebensjahres kann der erste Hinweis auf eine beginnende Rachitis sein.

Die Determination der Extremitäten und Extremitätenmißbildungen

Entwicklungsphysiologische Untersuchungen an den Gliedmaßenanlagen sind in großem Umfang bei Amphibienlarven und Hühnchen durchgeführt worden (BRAUS, HARRISON, BRANDT, DETWILER, SWETT, SAUNDERS, HAMPÉ, AMPRINO u. a.). Die Determination zur Gliedmaße erfolgt außerordentlich früh, und zwar wird bei Amphibien, soweit bekannt, während der Determination zur Extremität auch die Qualität (Vorder- oder Hinterextremität) festgelegt. Eine labile Determination besteht bereits vor Ablauf der Gastrulation. Auf dem jungen Neurulastadium findet sich das Material, das zur Bildung der Vorderextremität determiniert ist, in einem Feld dicht unter dem seitlichen Rand der Medullaranlage in Höhe der Körpermitte. Im Schwanzknospenstadium, vor Auftreten der Extremitätenstummel, findet sich das Extremitätenfeld dicht hinter dem letzten Kiemenwulst. Verpflanzungen junger Extremitätenanlagen (Spender: Neurulastadium) in andere Körpergegenden ergaben stets herkunftsgemäße Differenzierung. Armanlagen in der Beingegend bilden Arm, Beinanlagen in der Armgegend Bein. Vielleicht macht sich ein Einfluß der Wirtsregion insofern bemerkbar, als Armtransplantate in der Beingegend in einem gewissen Prozentsatz fünf Finger ausbilden (Urodelen besitzen an der Hand vier, am Fuß fünf Finger). Die Seitenqualität der Extremitätenanlage wird hingegen erst recht spät definitiv festgelegt.

Sehr überraschend war die Beobachtung, daß in einer Region, die normalerweise keine Extremitäten bildet (seitliche Rumpfwand), Gliedmaßen durch Labyrinthbläschen oder durch Celloidinstückchen induziert werden können (BALINSKY, FILATOW). Der Charakter dieser Gliedmaßen entsprach der Körpergegend. Lag die überzählige Gliedmaße weiter vorne, so bildete sich ein Arm, weiter caudal aber ein Bein. Die Erklärung für dieses Phänomen ist nicht einfach. Zweifellos liegt kein spezifisch induzierender Einfluß vor. Möglicherweise kommt es unter dem Einwirken des Implantates zu einer lokalen unspezifischen Blastemanhäufung, welche später unter den regionalspezifischen Organisationseinfluß der Wirtsregion gerät. Es wäre aber auch daran zu denken, daß der Implantationsreiz direkt lokale Potenzen zur Extremitätenbildung weckt.

Die junge Gliedmaßenanlage besteht aus einem Mesenchymkern und einem Epithelüberzug. Transplantation von Mesenchym der Extremitätenknospe unter fremde Epidermis ergibt Bildung einer Gliedmaße am neuen Ort. Doch ist dieses Experiment nicht mehr beweisend, seitdem es gelang, durch unspezifische Reize Extremitätenbildung zu erzielen. Verpflanzung von Ektoderm der Extremitätenanlage ohne Mesenchym in eine fremde Umgebung führt gelegentlich zu einem positiven Resultat. Ortsfremdes Ektoderm auf einer Extremitätenanlage ergibt eine normale Gliedmaße. Offensichtlich liegt hier, wie bei anderen Induktionsvorgängen, eine Gemeinschaftsleistung beider Gewebe vor, bei der das Mesenchym eine dominierende Rolle spielt.

Die Seitendetermination der Extremitäten erfolgt sehr spät. Der Prozeß läuft bei verschiedenen Arten in ähnlicher Weise, aber mit verschiedener Geschwindigkeit ab. Die Dorsoventralachse ist beispielsweise bei *Triturus* (BRANDT) wesentlich früher determiniert als bei *Ambystoma* (HARRISON). Transplantiert man auf dem Schwanzknospenstadium eine linke Gliedmaßenanlage auf die rechte Körperseite in der Weise, daß die primäre Dorsalseite wieder dorsal zu liegen kommt (dorso-dorsal), so bildet sich bei *Ambystoma* eine linke Gliedmaße, die aber nach vorne statt nach hinten auswächst. Die transplantierte Gliedmaße entwickelt sich herkunftsgemäß, die Vorn-Hinten-Richtung wird beibehalten, ist also auf dem Schwanzknospenstadium bereits fest determiniert. Verpflanzt man jedoch die Extremitätenknospe unter Beibehaltung ihrer Vorn-Hinten-Orientierung, aber unter Verdrehung der Dorsoventral-Orientierung (linke Extremität über den Rücken nach rechts), so entsteht eine Extremität, die der Wirtsseite vollkommen entspricht. Aus der linken Gliedmaßenanlage wird eine rechte Extremität. Bei *Triturus* fällt der gleiche Versuch analog aus, wenn man auf dem Neurulastadium operiert. Auf dem Schwanzknospenstadium ist die dorsoventrale Achse bereits festgelegt.

Die Radio-Ulnar-Richtung wird an der Amphibienextremität zuletzt determiniert. Wir können also zusammenfassen:

1. Die Determination der Gliedmaßen erfolgt früh, und zwar sehr schnell bereits qualitativ zu Vorder- oder Hintergliedmaße.
2. Die Determination der Achsen erfolgt spät, und zwar für die drei Hauptachsen nicht gleichzeitig.
3. Das Determinationsgeschehen läuft bei verschiedenen Amphibienarten prinzipiell gleichartig, aber in sehr verschiedenem Tempo ab.

Beim Vogelkeim werden die Achsenverhältnisse der Gliedmaßen relativ früh determiniert. Arm- und Beinanlage liegen zunächst sehr eng beieinander. Sie entfernen sich durch die zunehmende Streckung des Embryos voneinander.

Die antero-posteriore Achse ist beim Hühnchen bereits im 5-Somitenstadium festgelegt, während die dorso-ventrale Achse erst im 13-Somitenstadium determiniert wird.

Innerhalb der Extremitätenanlage läßt sich durch Markierungsversuche der prospektive Anteil der verschiedenen Mesenchymbezirke an den einzelnen Skeletelementen bestimmen. Auf diese Weise gelingt es, ,,Anlagepläne" festzulegen. Abbildung 555–556 zeigen derartige Pläne für Flügel- und Beinanlage verschieden alter Entwicklungsstadien des Hühnchens. Beachtenswert ist, daß zunächst nur die Materialien für proximale Skeletteile nachweisbar sind und daß eine apikale Wachstumszone im Mesenchym nach und nach die endständigen Skeletelemente entstehen läßt (AMPRINO-CAMOSSO 1958). Markierung von Epithel und Mesenchym der Extremitätenanlage mit Kohlepartikeln bringt den Nachweis, daß das Epithel nach distal hin gestreckt wird, während die Farbmarken im Mesoblast kompakt bleiben. Die epitheliale Randleiste der Gliedmaße (s. S. 608) entsteht auf diese Weise. Die Randleiste ist nicht, wie vielfach vermutet wurde, eine aktive Wachstumszone; sie zeigt keine lokale Mitosehäufung. Nach Entfernung der Randleiste kann eine Regeneration der apikalen Skeletteile möglich sein. Der Anlageplan in der Beinknospe zeigt ähnliche Verhältnisse wie in der Flügelanlage (Abb. 556). Erwähnt sei, daß eine eigenartige Korrelation zwischen dem präsumptiven Material für Tibia und Fibula besteht. Die Fibula der Vögel ist rudimentär und fehlt im distalen Abschnitt des Unterschenkels ganz. Entfernt man einen Teil des mesenchymalen Unterschenkel-Blastems, so bleibt die Tibia normal, während die Fibula verkleinert wird oder fehlt. Zellmaterial aus dem Fibulablastem kann also für die Tibia-Anlage eintreten.

Führt man aber den gleichen Versuch aus, nachdem man einen Plastikstreifen zwischen Tibia- und Fibula-Blastem eingeschoben hat, so wird die Zellüberwanderung verhindert. In der Folge entsteht eine verkleinerte Tibia bei normaler Fibula.

Der primäre Induktor für die Gliedmaßen liegt im Mesoblasten. Epithelfreier Mesoblast der jungen Extremitätenanlage induziert unter fremder Epidermis (im Flankenbereich) im

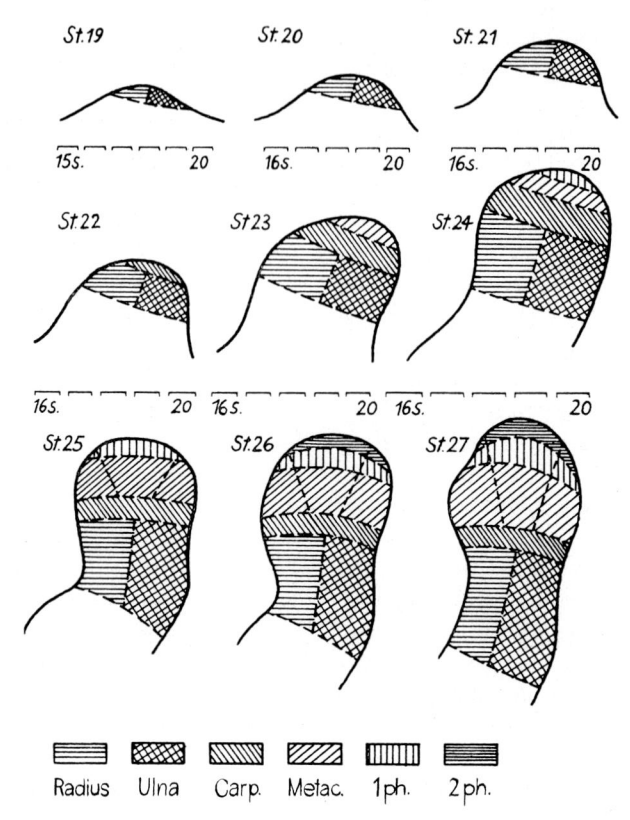

Abb. 555 Plan der präsumptiven Anlage der Skeletteile im Mesenchym der Flügelknospe des Hühnchens. Die Ziffern bezeichnen das Entwicklungsstadium. Die Lage der Extremitätenknospe ist durch die unter ihr angegebene Somitenzuordnung markiert. (Nach AMPRINO und CAMOSSO, 1958).

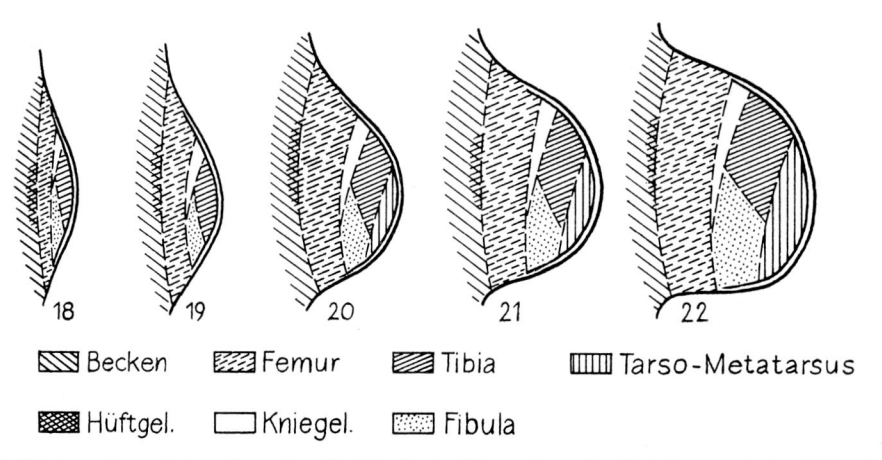

Abb. 556 Präsumptiver Anlageplan der Skeletteile im Mesenchym der Beinknospe beim Hühnchen. Die Ziffern kennzeichnen das Entwicklungsstadium. (Nach HAMPÉ, 1959).

Mesenchym der Transplantationsstelle (Mesenchym aus Seitenplatten) vollständige Gliedmaßen. Umstritten ist, ob in späteren Entwicklungsphasen eine Induktionswirkung vom Ektoderm ausgeht. Nach einer Theorie (HAMPÉ, KIENY) induziert das Mesenchym der Extremitätenknospe die Gliedmaßenbildung und die Bildung der epithelialen Randleiste. Vom Ektoblasten soll dann in einer zweiten Phase das Wachstum der Anlage und die Differenzierung der Skeletteile im Mesenchym induziert werden. Die Notwendigkeit einer intakten epithelialen Randleiste für die Bildung einer normalen Gliedmaße wird von den Vertretern dieser Auffassung betont. Demgegenüber hat in den letzten Jahren eine andere Theorie sehr an Wahrscheinlichkeit gewonnen (AMPRINO). Nach dieser neuen Anschauung hat die Randleiste keinen Einfluß auf die Bildung der Gliedmaße und übt keinen induzierenden Einfluß auf das Mesenchym aus. Defekte der Randleiste gehen meist mit Schädigungen des unterlagernden apikalen Mesenchyms einher. Vor allem kommt es bei derartigen Eingriffen sehr leicht zu Zirkulationsstörungen durch Schädigung der Randgefäße. Die entstehenden Defektbildungen werden durch derartige Nebeneffekte vollständig erklärbar. Da die Randleiste selbst nicht aktiv wächst und da epithelfreie Transplantate von Gliedmaßen-Mesoblast ins Coelom alle Extremitäten-Skeletteile einschließlich der Phalangen bilden können, spricht heute die Mehrzahl der Argumente für die Richtigkeit der letzterwähnten Theorie.

Bei Amphibien bleiben die Potenzen zur Organisation von Extremitäten lange erhalten, so daß auch bei erwachsenen Tieren eine Regeneration ganzer Gliedmaßen möglich ist.

Eine Gliedmaßenanlage ist in der Lage, mehr als eine Gliedmaße zu bilden. Doppelbildungen der ganzen Gliedmaße oder einzelner Abschnitte sind als Mißbildung bei Tier und Mensch nicht selten, doch ist die Neigung dazu je nach der Tierart verschieden. Sie ist besonders groß bei Amphibien, also bei Formen mit sehr vollkommener Regenerationsfähigkeit. Experimentell lassen sich solche Mehrfachbildungen durch Spaltung der Anlage auf frühem Stadium erzeugen. Die Extremitätenanlage ist ein harmonisch aequipotentielles System. Die Verhältnisse liegen also ganz ähnlich wie bei der Entstehung von Zwillingen bei experimenteller Durchschnürung von Furchungsstadien oder wie bei Mehrfachbildungen des Herzens.

Die beim Menschen gelegentlich auftretenden Mißbildungen der Gliedmaßen lassen sich experimentell im Versuch am Amphibienkeim kopieren. Eine systematische Darstellung dieser Miß-

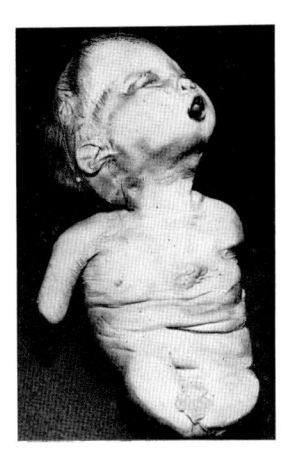

Abb. 557 Amelie, angeborener Mangel der Extremitäten. (Orig.)

bildungen würde bei weitem den Rahmen dieses Buches sprengen (s. BRANDT, WERTHEMANN). Wir wollen daher nur auf einige allgemeine Gesichtspunkte hinweisen. Zunächst können wir zahlenmäßige Varianten zusammenfassen. Hierher gehören Verdoppelungen und Vermehrungen einzelner Strahlen (Polydactylie). Sehr selten sind Verdoppelungen höheren Grades (Handverdoppelung, Diplocheirie, Diplopodie usw.). Der höchste Grad der Verdoppelung beim Menschen betrifft einen Fall von überzähliger Hand mit kurzem Unterarmstummel auf der linken Seite. Defektbildungen der Strahlen sind häufiger. Gelegentlich kommen entsprechende Defekte der Unterarm- oder Unterschenkelknochen vor. Die höchsten Grade der rückläufigen Mißbildungen betreffen die Gruppe der Peromelie (Phokomelie und Amelie). Bei der Phokomelie fehlen Ober- und Unterarm, die Hand sitzt am Rumpf („Robbenhand"). Experimentell läßt sich Phokomelie erzeugen durch partielle Schädigung des Extremitätenblastems, beispielsweise durch Einführen eines Ektodermläppchens in den proximalen Teil der Anlage (BRANDT). Bei der Amelie fehlen die Extremitäten völlig (Abb. 557). Bei Amphibienlarven gelingt experimentell eine Unterdrückung der Hinterbeine bei völlig normaler Ausbildung des übrigen Körpers durch einseitige Ernährung (REINHARDT). Die kritische Phase für die Wirksamkeit der Mangelkost ist feststellbar. An den Vorderbeinen gelingt der gleiche Versuch nicht, da diese die kritische Phase durchlaufen, wenn der Dottervorrat noch genügend Reserven hat und die Versorgung sicherstellt. Die Natur des Mangelstoffes ist unbekannt.

Eine interessante Gruppe von Mißbildungen, bei der die hinteren Gliedmaßen in Mitleidenschaft gezogen sind, betrifft die sirenoiden Mißbildungen. Es handelt sich um Mißbildungen des caudalen Körperendes (der Rumpfschwanzknospe), die sich in ähnlicher Weise, wie wir es bei den Kopfmißbildungen (s. S. 148) sahen, zu einer eindrucksvollen teratogenetischen Reihe ordnen lassen. Diese Defekte sind bilateralsymmetrisch; bei ihnen ist das Material im dorsalen, im dorsalen und ventralen Bereich oder dicht seitlich der Mittellinie betroffen. Sie sind charakterisiert durch das Symptom der *Sympodie* (Verschmelzung der unteren Gliedmaßen, Sirenen). Die verschiedensten Grade der Sirenenbildung (apode Formen, monopodiale, dipodiale Sirenen usw.) sind möglich. Die Mißbildungen (Abb. 558) sind meist kombiniert mit Störungen in der Entwicklung des unteren Endes der Wirbelsäule, des Rückenmarkes, des Sinus urogenitalis und des ganzen Urogenitaltraktes. Sehr charakteristisch ist ferner das Vorkommen nur einer Nabelarterie. Experimentell ließen sich sympodiale Mißbildungen beim Hühnchen durch Röntgenbestrahlung des Materials der Rumpfschwanzknospe erzeugen. Auch in diesen Fällen finden sich gleichzeitig Defekte an Nieren, Genitalien, Wirbelsäule, Rückenmark und Enddarm (Et. WOLFF). Sehr ähnliche Mißbildungskombinationen kommen bei einigen Mutanten der Hausmaus (Kurzschwanzmäuse) auf genetischer Grundlage vor.

6. Die Entwicklung des Muskelsystems

Muskelgewebe kann sich im Embryonalkörper aus verschiedenen Quellen differenzieren. Die Skeletmuskulatur des Rumpfes und der Extremitäten entsteht aus den Somiten, also in der Leibeswand. Genetisch ist von der Skeletmuskulatur die viscerale Muskulatur scharf zu trennen. Diese entsteht aus nicht segmentiertem Mesoderm (Splanchnopleura) und liefert außer der Darmmuskulatur im engeren Sinne auch die Kopfmuskulatur (Kaumuskeln, mimische Muskeln) und die Musculi trapezius und sternocleidomastoideus (Kiemenmuskulatur, branchiogene Muskulatur). Die Gliederung in somatische und viscerale Muskulatur erfolgt somit nach topographischen und genetischen Gesichtspunkten. Somatische Muskulatur entsteht aus Somiten in der Leibeswand, viscerale Muskulatur entsteht einwärts vom Coelom aus der Splanchnopleura. Im Kopfbereich fehlt das Coelom. Hier sind die Territorien beider Muskelgruppen daher nicht scharf gegeneinander abgegrenzt. Viscerale Muskulatur greift am Kopf und in der Kiemenregion auf das Skelet über. Andererseits kann im Kopfgebiet auch somatische Muskulatur in den Dienst des Darmtraktus treten (Zungenmuskulatur ist somatische Muskulatur). Die Scheidung beider Gruppen ist jedoch stets an der Innervation zu erkennen und daher bedeutsam. Somatische Muskulatur wird von Spinalnerven oder deren Homologa innerviert (Nervus XII). Viscerale Muskulatur wird ausschließlich von Branchialnerven (Nervus V, VII, IX, X, XI) versorgt. Die genetische Einteilung des Muskelsystems hat keinerlei Bedeutung für die histologische Differenzierung im einzelnen. Diese

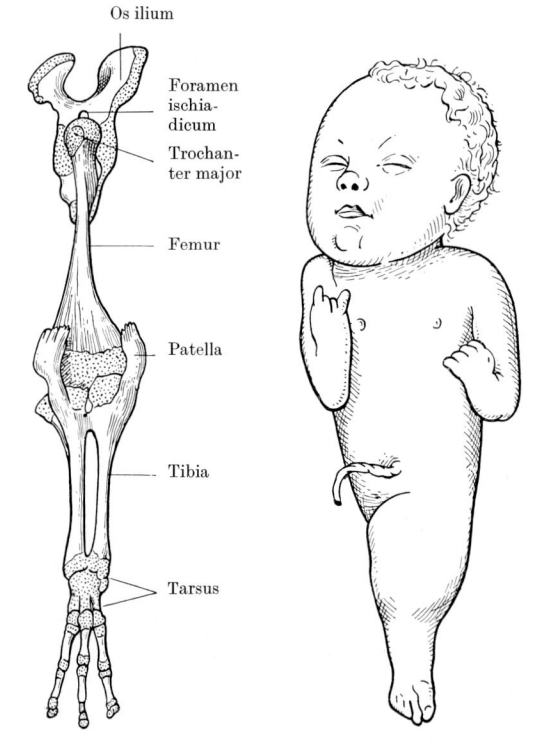

Abb. 558 Sirenenbildung (Sympodie). Links: Skelet des Beckens und Beines der rechts dargestellten Mißbildung. (Nach VEIT 1909).

ist hingegen ganz auf die physiologischen Erfordernisse abgestimmt. Quergestreiftes Muskelgewebe kommt also an der somatischen Muskulatur (Rumpf-Extremitäten-Muskeln) wie an der visceralen Muskulatur vor (Kaumuskeln, mimische und andere branchiogene Muskeln, Pharynx, Oesophagus). Quergestreiftes Muskelgewebe ist physiologisch durch schnelle und präzise Reaktionsweise bei hohem Energieaufwand gekennzeichnet. Es findet sich deshalb überall dort, wo die Muskulatur im Dienst der Auseinandersetzung mit der Umwelt steht (Bewegung im Raum, Ergreifen und Verschlingen der Nahrung, Ausdrucksbewegungen, Blickeinstellung – Augenmuskeln). Glattes Muskelgewebe findet sich dort, wo im Dienste der inneren Betriebsfunktionen lokomotorische Leistungen nötig sind, also am Darmkanal, am Gefäßsystem, an den Drüsen und am Urogenitalapparat. Physiologisch ist glatte Muskulatur durch träge Reaktionsweise bei geringem Energieverbrauch charakterisiert. Die genetisch-morphologische Eingruppierung der äußeren Augenmuskeln ist bisher nicht mit Sicherheit möglich, denn diese Muskeln entstehen aus lokalisierten mesenchymatischen Anlagen in einem Körperabschnitt, in dem echte Somiten nicht vorkommen, andererseits aber auch kein Coelom auftritt. Ihre histologische Struktur ist nach dem Gesagten kein Wegweiser für ihre genetische Deutung. Auch die Innervation läßt in diesem Fall keine Deutung zu, denn die Augenmuskelnerven sind weder mit Sicherheit den Spinalnerven noch den Branchialnerven homologisierbar. Ihr histologischer Aufbau aus quergestreiften Muskelfasern ist aus ihrer Beziehung zur Umwelteinstellung (Blickorientierung) zureichend erklärt. Die Muskulatur der Iris (Musculi sphincter und dilatator pupillae; s. S. 425) und die Muskulatur der apokrinen Hautdrüsen (myoepitheliale Elemente) entstehen aus dem Ektoderm. Diese Muskulatur ist bei Säugetieren aus glatten Muskelzellen aufgebaut. Beim Vogelauge kann die Irismuskulatur jedoch auch aus quergestreiften Muskelfasern bestehen.

Somatische Muskulatur

Die Anlage metamer gegliederter Somiten als Vorstufen der segmentalen Rumpfmuskulatur ist ein wesentliches Merkmal, das allen Chordaten zukommt. Jeder Somit differenziert sich in Myotom (Muskelanlage), Sclerotom und Dermatom (s. S. 202). Sclerotom und Dermatom lösen sich frühzeitig auf und bilden Mesenchym. Die Zahl der Somiten ist beim menschlichen Embryo größer als die Zahl der Wirbelsegmente. Wir unterscheiden gewöhnlich 4 Occipitalsomite, 8 Cervical-, 12 Thoracal-, 5 Lumbal- und 5 Sacralsomite. Dazu kommen 8–10 Caudalsomite. Von diesen Somiten erfahren der erste Occipitalsomit und die letzten Schwanzsomite vollständige Rückbildung. Variationen der Somitenzahl in den einzelnen Körperregionen sind häufig (s. S. 581). Die dorsomediale und mediale Partie des Somiten, das *Myotom* (Abb. 559), behält zunächst den epithelialen Charakter. Nach Auflösung von Sclerotom und Dermatom in Mesenchym nehmen die Zellen Spindelform an und richten sich in der Längsachse des Körpers aus. Myofibrillen entstehen früh im Cytoplasma der Myoblasten durch Aneinanderlagerung feiner granulärer Elemente. Die weitere Bildung von Myofibrillen beim Wachstum erfolgt zum größten Teil durch Teilung bereits bestehender Fibrillen, daneben auch durch Neubildung aus Granula. Der Kern der Muskelzelle macht nun wiederholte Teilungen durch, ohne daß eine Plasmateilung der zu langen Muskelfasern herangewachsenen Gewebselemente sich anschließt. Die zunächst zentral liegenden Zellkerne wandern erst spät (8. Fetalmonat) an die Oberfläche der Fasern. Die Querstreifung, die an die Myofibrillen gebunden ist, erscheint zu einem Zeitpunkt, zu dem die Fibrillen noch spärlich sind und der Kern noch zentral liegt. Kontraktion der Myoblasten ist ebenfalls lange vor der histologischen Ausdifferenzierung möglich. Dort, wo quergestreifte Muskelfasern nicht aus Somiten, sondern im Mesenchym entstehen, laufen die histogenetischen Prozesse in ganz analoger Weise ab. Das Wachstum von Muskeln erfolgt postnatal zum größten Teil durch Dickenzunahme der bestehenden Fasern. Neubildung von Muskelfasern kann nur von Myoblasten aus erfolgen. Diese finden sich auch an Muskeln, die aus Somiten entstanden sind, in Form von mesenchymalen Reservelagern in Nähe der Ansätze. Die Regenerationsfähigkeit der quergestreiften Muskulatur ist sehr gering. Wunden und Defekte heilen durch Bildung bindegewebiger Narben.

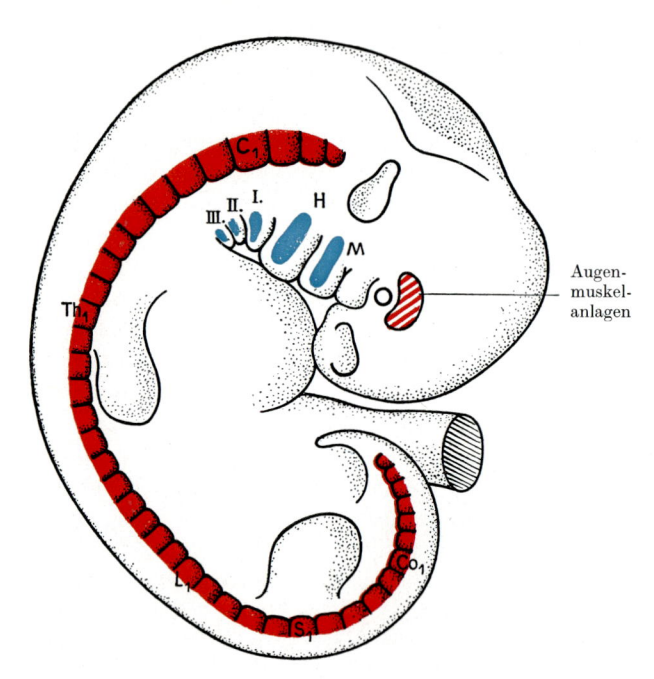

Abb. 559 Schema der Muskelanlagen, menschlicher Embryo von 5 mm Länge. Rot = Somiten. Blau = Branchiale Muskeln. Rot schraffiert = Augenmuskelanlagen. (Nach BOYD, HAMILTON, MOSSMAN).

Die Myotome zeigen bei Embryonen von 8 mm Länge bereits eine Gliederung in einen dorsalen und ventralen Teil, äußerlich kenntlich an einer Längsfurche. Diese Gliederung hat fundamentale Bedeutung, denn ihr entspricht eine Aufteilung des Spinalnerven, die sich als völlig konstant erweist. Der Ramus dorsalis des Nervus spinalis innerviert nämlich nur die Derivate der dorsalen Myotomhälfte und den überlagernden Hautbezirk. Aus dieser Anlage entsteht die tiefe (autochthone) Rückenmuskulatur. Der Rest der Rumpfwandmuskulatur, einschließlich der Extremitätenmuskeln, wird vom Ramus ventralis des Spinalnerven innerviert. Die gesamte Muskulatur der lateralen und ventralen Rumpfwand wächst als „Bauchfortsatz" des Myotoms von dorsal nach ventral zwischen Integument und Somatopleura aus.

Differenzierung der autochthonen Rückenmuskulatur (dorsale Muskeln)

Die primäre segmentale Anordnung der Muskulatur am Rumpf, das anatomische Substrat der für primitive Wirbeltiere typischen schlängelnden Fortbewegungsweise, erfährt einen wesentlichen Umbau beim Übergang zum Landleben und der Ausbildung von paarigen Gliedmaßen in Form von Hebelsystemen. Die Änderung der Lokomotionsweise bringt einen Umbau des Muskelsystems mit sich, der hauptsächlich durch Verschmelzung von Myotomen oder Myotomteilen zu komplizierten Muskelindividuen (Polymerisation) gekennzeichnet ist. Die plurisegmentale Innervation der Muskelindividuen erlaubt auch jetzt noch, Rückschlüsse auf die Herkunft des Muskelmaterials zu ziehen. Im Bereich der autochthonen Rückenmuskulatur erhält sich die segmentale Gliederung ausschließlich an den tiefliegenden Muskelschichten (Mm. interspinales, intertransversarii, Mm. rotatores, kurze Nackenmuskeln). Die oberflächlichen Schichten verschmelzen zu langen, durchverlaufenden Systemen (Erector spinae), an denen frühzeitig ein medialer und ein lateraler Trakt unterschieden werden können.

Differenzierung der ventralen Rumpfmuskulatur

Die ventrale Rumpfmuskulatur bildet sich aus dem Bauchfortsatz des Myotoms. Topographisch wird die Grenze zwischen der dorsalen und ventralen Muskulatur durch den Querfortsatz der Wirbel und die zugeordneten Bindegewebsstrukturen (Fascia transversalis: horizontales Myoseptum) festgelegt. Die ventrale Muskulatur behält im Thoraxbereich metameren Charakter (Mm. intercostales), denn die Rippen bleiben als segmentale Skeletelemente in diese Muskeln eingeschaltet. Im Abdominalbereich entstehen die queren und schrägen Bauchmuskeln durch Verschmelzung der Anlagen zu einheitlichen Platten. Diese Muskulatur zeigt eine Schichtung in drei Lagen, von denen die mittlere, der Musculus obliquus internus abdominis, primär ist. Der Musculus obliquus externus abdominis ist eine Abspaltung des Internus. An der ventralen Kante vereinigen sich beide Muskelanlagen zunächst im Musculus rectus abdominis. Von diesen Bauchmuskeln können sich weitere Muskelschichten abspalten. Bei Säugetieren kommt nur ein zusätzlicher Bauchmuskel, der Musculus transversus abdominis, vor. Die drei Muskelschichten werden typisch im Brustbereich und im Bereich des ersten Lumbalsegmentes gebildet. Die lumbalen Myotome 2–5 haben nur einen sehr kleinen ventralen Fortsatz, der das Material für den Musculus quadratus lumborum liefert. Im Halsbereich entsprechen die Mm. scaleni und die praevertebralen Muskeln (Longus capitis, Longus colli) der Intercostalmuskulatur bzw. dem Quadratus lumborum. Das System des Musculus rectus abdominis kann mit der Infrahyalmuskulatur und dem Geniohyoideus verglichen werden.

Die Muskulatur des Zwerchfells (s. S. 499) ist ein Derivat der ventralen Rumpfmuskulatur des Cervicalgebietes (Segment 3, 4, 5) und entspricht dem Musculus transversus.

Die Extremitätenmuskulatur

Die Muskulatur der Gliedmaßen wird von ventralen Ästen der Spinalnerven (Plexus brachialis, Plexus lumbosacralis) innerviert und muß daher als Derivat der ventralen Rumpfmuskulatur aufgefaßt werden. Diese Tatsache besagt jedoch nicht, daß in jeder Einzelontogenese die Gliedmaßenmuskulatur aus der Rumpfwand in die Extremitätenknospe einwachsen muß. Determination und Differenzierung fallen zeitlich nicht zusammen. Der Determinationszustand eines Mesenchyms kann aber nicht mit anatomischen Methoden erschlossen werden, sondern läßt sich nur experimentell ermitteln. Die Anlagen der Gliedmaßenmuskulatur erscheinen bei tetrapoden Wirbeltieren jedenfalls in der Gliedmaßenknospe als mesenchymale Anlagen, nicht als differenzierte Muskelknospen. Die wenigen, bisher vorliegenden experimentellen Angaben zeigen nun, daß bei Amphibien die Muskulatur des Schultergürtels noch durch Auswachsen von der Rumpfmuskulatur her entsteht, daß aber die Muskulatur der freien Gliedmaße durch Differenzierung im Mesenchym, welches von der Somatopleura herstammt, entsteht. RAWLES und STRAUSS geben für das Hühnchen sogar Beteiligung der Somatopleura an der Bildung der ventralen Rumpfmuskulatur an. Für Säugetier und Mensch liegen verständlicherweise keine Angaben vor. Doch kann trotz dieser Befunde kein Zweifel daran bestehen, daß die Gliedmaßenmuskulatur morphologisch der segmentalen ventralen Muskulatur zuzuordnen ist. Die Befunde an Fischen und die Innervation sichern diese Annahme.

In Arm- und Beinanlage gliedert sich die Muskulatur frühzeitig in eine Flexoren- und eine Extensorengruppe. Besonders am Arm ist diese Gliederung auch an der Aufgliederung der Nervenstämme (Flexorenäste und Extensorenäste) stets deutlich erkennbar. (Die Rami flexorii: Nervus ulnaris, medianus, musculocutaneus liegen vor der Arteria axillaris, die Rami extensorii: Nervus radialis und axillaris aber hinter ihr.)

Von besonderer Bedeutung ist, daß im Bereich der oberen Gliedmaße sich Extremitätenmuskulatur wieder sekundär auf den Rumpf vorschieben kann und sowohl ventral wie dorsal die Mittellinie erreicht. Die Muskulatur liegt oberflächlich zur autochthonen dorsalen und ventralen Muskulatur. Vom Flexorenanteil der Gliedmaße schiebt sich die thoracohumerale Muskelgruppe (Mm. pectorales, subclavius) auf den Thorax vor. Auf die Dorsalseite greift vom Extensorenanteil her die spinohumerale Muskelgruppe (Musculi latissimus, teres major, rhomboideus, levator scapulae und serratus anterior) über. Diese Extremitäten-Rumpf-Muskulatur (Abb. 560) wird dementsprechend nur vom Plexus brachialis her innerviert, und zwar stammen die Nerven für die thoracohumeralen Muskeln aus dem Flexorenanteil des

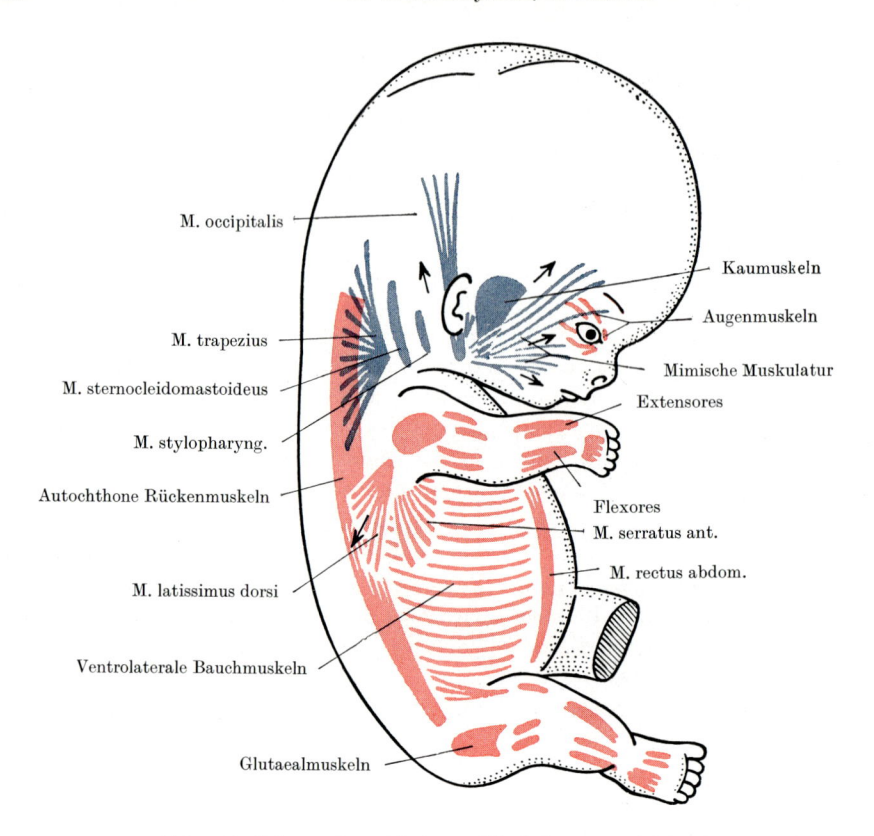

Abb. 560 Schema der wichtigsten Muskelgruppen beim älteren Embryo.
Rot = Somatische Muskeln und Augenmuskeln. Blau = Viscerale (branchiale) Muskeln.
(Nach Boyd, Hamilton, Mossman).

Plexus (Nn. thoracales ventrales), während die spinohumeralen Muskeln von den Rami extensorii her versorgt werden (Nervus dorsalis scapulae, Nervus thoracicus longus, Nervus thoracodorsalis). Die Ausbildung einer derart mächtigen Übergangsmuskulatur zwischen Rumpf und Gliedmaße ist für die freie Beweglichkeit des Armes gegenüber dem Rumpf von Bedeutung. Beim Säugetier sind diese Muskeln teilweise (Musculus latissimus) zu ausgedehnten Platten geworden, die sich bis zum Becken erstrecken können (Abb. 560). Der Musculus serratus anterior erfährt im Zusammenhang mit Umbildungen am Gürtelskelet gewissermaßen tertiär eine Verlagerung seines Ursprunges von der Dorsalseite des Rumpfes unter der Scapula vorbei auf die seitliche Thoraxwand. Bei Säugetieren (außer Monotremen) findet sich eine kleine Muskelgruppe, die von der Intercostalmuskulatur abstammt und sich ebenfalls oberflächlich von den autochthonen Rückenmuskeln, aber unter den spinohumeralen Muskeln, zur Wirbelsäule vorschiebt. Die Ausbildung dieser spinocostalen Muskeln (Musculi serratus posterior superior und inferior) steht in engstem Zusammenhang mit der Entwicklung des muskularisierten Zwerchfells, für das sie als Stellmuskeln dienen.

Im Bereich des Beines fehlen die Übergangsmuskeln. Die gesamte Beinmuskulatur entspricht der autochthonen Muskulatur der freien Gliedmaße beim Arm. Die Verfestigung der Verbindung zwischen Becken und Wirbelsäule wie die Versteifung des Beckenringes in sich machen die Ausbildung von Übergangsmuskeln unmöglich und unnötig. Auch am Bein lassen sich Beuger und Strecker unterscheiden. Am Oberschenkel tritt eine dritte Muskelgruppe, die Adduktoren, hinzu, welche auch der Innervation nach (Nervus obturatorius) selbständig ist. Am Becken lassen sich äußere Muskeln (Glutealmuskeln) und innere Muskeln (M. iliopsoas und pectineus) unterscheiden. Die Glutealmuskeln gehören zu den Extensoren, die inneren Hüftmuskeln, welche primär am Trochanter minor inserieren, sind wahrscheinlich auf praevertebrale Rumpfmuskeln zurückführbar. Am Unterschenkel ist die Unterscheidung in Extensoren und Flexoren deutlich. Die Peronaeus-Gruppe (Musculi peronei) ist Abkömmling der Extensoren (Innervation: Nervus peronaeus superfic.).

Viscerale Muskulatur

Die viscerale Muskulatur entwickelt sich aus der Splanchnopleura, also aus dem unsegmentierten Mesoderm der Darmwand. Ihrer feineren Struktur nach ist diese Visceralmuskulatur im Bereich des Kopfdarmes bis ins mittlere Drittel des Oesophagus hinein quergestreiftes Muskelgewebe. Caudal anschließend findet sich beim Säugetier nur glattes Muskelgewebe. Die viscerale Muskulatur des Kopfgebietes steht zunächst im Dienste des Kiemenapparates (s. S. 614) und ist an die Visceralbögen angeheftet. Mit der Umbildung des gesamten Kiemendarmes beim Übergang zum Landleben erfährt auch diese Muskulatur wesentliche Umgestaltungen und wird für neue Aufgaben frei. Entsprechend der branchiomeren Gliederung des Kiemenskeletes ist auch die Muskulatur in so viele Teilstücke zerlegt, wie Visceralbögen vorhanden sind. Die Muskulatur des 1. Bogens, der als Kieferbogen früh Besonderheiten zeigt, wird zur Kaumuskulatur. Die alten Kieferadduktoren gewinnen beim Umbau des Kiefergelenkes Anheftung am Hirnschädel und an der Mandibula (Musculi temporalis, masseter, pterygoideus medialis und lateralis). Auch der Musculus tensor veli palatini und der Tensor tympani gehen auf die Kieferadduktoren zurück. Der Tensor tympani inseriert als Muskel des primären Kiefergelenkes (Quadratoartikulargelenk; s. S. 594) am Malleus und entspricht der caudalen Portion der Kieferbogenmuskulatur. Die ventralen Konstriktoren des Kieferbogens sind beim Säugetier zweischichtig ausgebildet. Die tiefe Lage wird vom Musculus mylohyoideus gebildet, die oberflächliche Schicht vom vorderen Digastricusbauch. Die ganze Muskelgruppe wird vom Trigeminus, dem Nerven des 1. Visceralbogens, innerviert.

Die Muskulatur des 2. Visceralbogens (Hyalbogen) erfährt besonders tiefgreifende Umgestaltungen. Mit dem Hyalskelet stehen nur einige kleine Muskelindividuen in Zusammenhang, nämlich der Musculus stapedius, der Musculus stylohyoideus und der hintere Digastricusbauch. Die Hauptmasse der Hyalmuskulatur bildet ein Blastem, das sich oberflächlich über Kopf und ventrale Halsregion ausbreitet, oberflächlich im Corium inseriert und damit zur mimischen Muskulatur wird. Diese Muskelgruppe ist bei Säugetieren in den Dienst von Ausdrucksbewegungen getreten und hat damit eine völlig neue Aufgabe übernommen und im Zusammenhang mit dieser eine gewaltige Entfaltung erfahren. Sie hat dabei ihre Beziehungen zur tiefen Facialismuskulatur völlig verloren. Bei Metatheria und Eutheria (Beutler und Placentalier) tritt diese oberflächliche Muskulatur häufig in Form von zwei Lagen, Platysma und Sphincter colli profundus, auf, die ihrerseits in den verschiedenen Säugerstämmen eine außerordentliche Formenfülle entfalten können. Auf das Platysma geht die retroauriculäre Muskulatur zurück. Die gesamte Gesichtsmuskulatur, beim Menschen besonders um Auge und Mundöffnung differenziert, ist Abkömmling des Sphincter colli profundus (HUBER, MEINERTZ, FRICK). Die ganze Gruppe wird vom Nervus facialis (VII) innerviert.

Die Muskulatur des 3. Bogens (1. Branchialbogen) wird vom Nervus glossopharyngeus (IX) innerviert. Hierher gehören Musculus stylopharyngeus, glossopharyngeus und oberer Abschnitt der Pharynx-Konstriktoren. Die Muskulatur der folgenden Bögen (4., 5.: Innervation: Nervus vagus) liefert den Rest der Pharynxmuskulatur und die Kehlkopfmuskulatur.

Ein Teil der Branchialmuskulatur (6. Bogen) gewinnt Anheftung am Gürtelskelet und schließt sich funktionell damit der somatischen Muskulatur an. Die viscerale Genese dieser Muskeln bleibt aber an der Innervation durch einen typischen Branchialnervenast (Nervus accessorius, XI) kenntlich. Diese Muskelmasse bildet zunächst eine einheitliche Anlage, die sich spät in einen vorderen Anteil, den Musculus sterno-

Übersicht über Entwicklung und Gliederung des Muskelsystems

A. *Kopf*

		Innervation
I. Äußere Augenmuskeln		N. III, IV, VI
II. Zungenmuskeln	somatisch	N. XII
III. Branchialmuskeln	visceral	Branchialnerven
a) Kaumuskeln, M. mylohyoideus, vorderer Digastricusbauch, Mm. tensor tympani und tensor veli palatini	Kieferbogen	N. V
b) M. stylohyoideus hinterer Digastricusbauch, M. stapedius, mimische Muskeln	Zungenbeinbogen	N. VII
c) M. stylopharyngeus, Pharynxkonstriktoren, Larynxmuskulatur	Branchialbögen	N. IX, X

B. *Rumpf und Extremitäten*

I. Branchiogene Muskeln Mm. trapezius, sternocleidomastoideus	visceral	N. XI
II. Dorsale Muskulatur autochthone Rückenmuskeln, Erector spinae	somatisch	Rami dorsales der Spinalnerven
III. Ventrale Muskeln	somatisch	Rami ventrales der Spinalnerven
a) Ventrolaterale Gruppe Mm. intercostales, Mm. obliqui und transversus abdominis, Mm. levatores costarum, Mm. rectus abdominis und pyramidalis, infrahyale Muskeln, M. quadratus lumborum, Mm. scaleni und longus colli, Zwerchfell		Rami ventrales der Spinalnerven

b) Muskeln der oberen Gliedmaße
  1. Flexoren
  2. Extensoren
		Plexus brachialis

c) Thoracohumerale Muskeln (Mm. pectorales, subclavius) zu III b 1		Plexus brachialis
d) Spinohumerale Muskeln (Mm. latissimus, teres major, levator scapulae, rhomboideus, serratus ant.) zu III b 2		Plexus brachialis
e) Spinocostale Muskeln (Mm. serrati posteriores)		Rami ventrales nerv. intercostalium

f) Muskeln der unteren Gliedmaße
  1. Flexoren
  2. Extensoren einschließlich Glutaei
  3. Adduktoren am Oberschenkel
  4. Innere Hüftmuskeln
    (M. iliopsoas und pectineus)
		Plexus lumbosacralis

cleidomastoideus, und einen dorsalen Muskel, den Musculus trapezius, sondert. Der zwischen beiden Muskeln auftretende Spaltraum wird als laterales Halsdreieck bezeichnet. Muskuläre Verbindungsbrücken zwischen beiden Muskeln bleiben häufig erhalten. In individuell wechselnder Weise nehmen diese beiden Muskeln Material aus Somiten in sich auf. Daher beteiligen sich oft ventrale Spinalnervenäste an der Innervation dieser Muskeln.

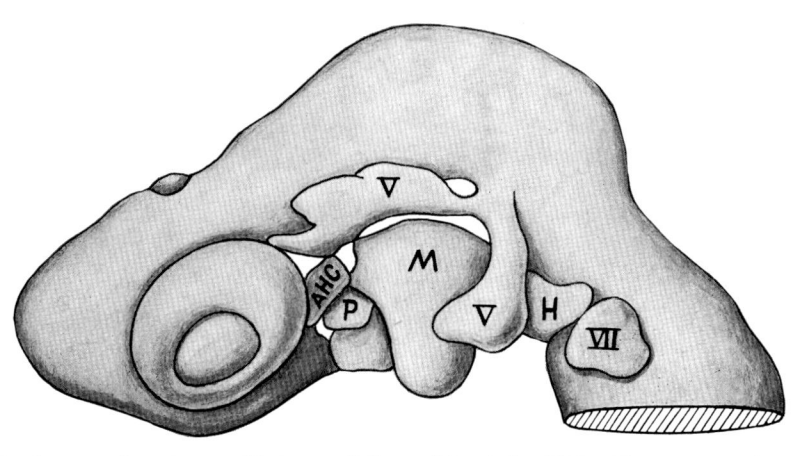

Abb. 561 Kopforgane eines jungen Embryos (6,5 mm Länge) des Haies *Etmopterus spinax*. Darstellung der Hirnanlage, des Auges, der Kopfganglien und der Kopfhöhlen.
AHC = vordere Kopfhöhle, eine nur bei einigen Knorpelfischen vorkommende Bildung unbekannter Bedeutung. H = Hyalhöhle. M = Mandibularhöhle. P = Praemandibularhöhle. V = Trigeminus. VII = Facialis.
(Nach WEDIN 1955).

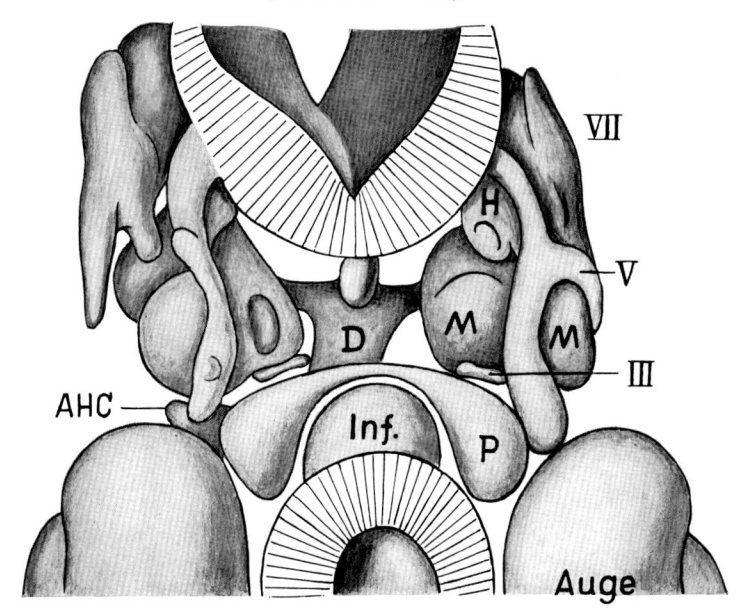

Abb. 562 Kopfhöhlen beim Embryo des Dornhaies (*Squalus acanthias*). Topographische Beziehungen der Kopfhöhlen und Kopfganglien zu den Nachbarorganen.
D = Darm. Inf = Infundibulum. Übrige Bezeichnungen wie bei Abbildung 552. Querschnitt im Bereich der Scheitelbeuge, Blick auf die caudale Schnittfläche. (Nach WEDIN 1955).

Die Augenmuskeln

entwickeln sich aus Primitivorganen, die als „*Kopfhöhlen*" bezeichnet werden. Es sind epithelial umgrenzte, meist serial angeordnete Bläschen, die zugleich Orte starker Mesenchymproliferation darstellen. Der zentrale Hohlraum kann unterdrückt werden, so daß eine Blastemmasse übrigbleibt. Vielfach werden die Kopfhöhlen wegen ihrer serialen Anordnung und ihrer Wuchsart in Gestalt epithelialer Bläschen mit Somiten homologisiert. Diese Gleichsetzung ist jedoch sehr problematisch, denn die Kopfhöhlen liegen medial der Neuralleiste, während die Somite lateral der Neuralleiste liegen. Bei dem Hai *Etmopterus* konnten gleichzeitig Somite und Kopfhöhlen im vorderen Kopfmesoblasten nachgewiesen werden (WEDIN). So bleibt die Frage nach der morphologischen Deutung der Kopfhöhlen und damit der Augenmuskelanlagen noch offen. Regelmäßig kommen drei Paar Kopfhöhlen vor, die als Praemandibular-, Mandibular- und Hyalhöhle bezeichnet werden (Abb. 561, 562):

I. Praemandibularhöhle	III-Muskulatur: Mm. rectus sup. bulbi inferior bulbi rectus medialis bulbi obliquus inferior bulbi
II. Mandibularhöhle	IV-Muskulatur: M. obliquus superior bulbi
III. Hyalhöhle	VI-Muskulatur: M. rectus lateralis.

In der Wirbeltierreihe sind die Verhältnisse sehr konstant. Bereits bei Fischen finden sich grundsätzlich gleiche Verhältnisse wie bei Säugetieren, so daß wir den geschichtlichen Werdegang der Muskelgruppe nicht beurteilen können. Auch die morphologische Bewertung der Augenmuskelnerven und ihrer Kerngebiete ist unklar und ermöglicht keine Lösung des Problems. Andererseits besteht keine Frage, daß die Kopfhöhlen Ausdruck rapider Wachstumsvorgänge im Mesenchym sind. Damit kann die Segmentation der Kopfhöhlen ein sekundäres Phänomen sein (ADELMANN, WEDIN). Die Ausbildung der Kopfhöhlen und ihr rasches Wachstum geht dem Auswachsen der Augenbecher nach lateral und dem Auftreten der Hirnbeugen parallel. So können die Kopfhöhlen sich als Druckpolster im Raum zwischen Hirnanlage, Epidermis, Auge, Labyrinth und Kiemendarm (Abb. 562) ausdehnen und als Anpassungserscheinungen an die rasch wechselnden Massen- und Raumbedingungen aufgefaßt werden. Die als seriale Gliederung imponierenden Erscheinungen sind die Folge der Aufspaltung in verschiedene Muskelgruppen. Diese funktionelle Wertung sagt nichts über die morphologische Bedeutung und über die Homologie aus (STARCK, 1963).

Die Muskulatur der Zunge

wird vom Nervus hypoglossus innerviert. Dieser Nerv (XII) ist ein echter Spinalnerv, der den Occipitalsomiten zugeordnet ist. Die Zungenmuskulatur (Musculi genioglossus, hyoglossus, styloglossus und zungeneigene Muskeln) ist also echte somatische Muskulatur, die sekundär in den Dienst des Darmtraktus getreten ist. Bei Säugetieren liegen die Verhältnisse in der Ontogenese aber ähnlich wie bei der Differenzierung der Extremitäten- oder Zwerchfellmuskulatur. Die Einwanderung von Muskelanlagen aus dem Hinterkopfgebiet in die Zunge ist nicht direkt zu beobachten. Die Differenzierung zu Muskelgewebe erfolgt im Mesenchym in loco.

Die Muskeln des Beckenbodens

sind Leibeswandmuskulatur, doch sind zwei genetisch verschiedenwertige Muskelgruppen beteiligt. Der Musculus levator ani geht auf Muskeln zurück, die bei Säugern die Schwanzwirbelsäule bewegen (Musculus adductor caudae). Er wird von „oben" her aus dem Plexus sacralis innerviert. Mit der Rückbildung des Schwanzes gewinnt er Beziehungen zum Enddarm.

Die Dammuskulatur geht ebenfalls auf Leibeswandmuskulatur zurück, hat sich aber früh im Tetrapodenstamm (Reptilien) als Ringmuskel der Kloake angeschlossen. Mit der Aufteilung der Kloake in Anus und Urogenitalöffnung differenziert sich auch die Muskulatur zu einem Sphincter ani und Sphincter urogenitalis. Auf den Sphincter urogenitalis geht die oberflächliche Dammuskulatur (Musculi bulbospongiosus, ischiocavernosus, sphincter urethrae) zurück. Diese Gruppe wird vom Nervus pudendus innerviert, der von „außen" an die Muskeln herantritt.

VI. Der Bauplan des Wirbeltierkörpers und das Kopfproblem

Betrachtet man die Organisation nahe verwandter Organismen, so findet man, daß identische Organe und Körperteile an gleichem Ort im Körper liegen, gleiche Struktur und gleiche Funktion besitzen. Dehnt man derartige vergleichende Untersuchungen auf einen größeren Kreis von Formen aus, so zeigt sich, daß identische (homologe) Organe sehr verschiedene Gestalt annehmen und verschiedene Funktionen haben können (Prinzip des Funktionswechsels). Vergleicht man die Organisation völlig verschiedenartiger Organismen, so findet man, daß ganz differente Teile bei solchen Formen ähnlich sein und gleiche Funktion haben können. An einem Beispiel sei dies erläutert. Die vordere Gliedmaße des Menschen (Greifhand), einer Fledermaus („Flügel") und des Delphins (Flosse) sind identische (homologe) Gebilde (Lagegleichheit, Aufbau aus gleichen Elementen, Vorkommen von Übergangsformen). Sie sind nicht ähnlich in ihrer äußeren Erscheinung und haben verschiedenartige Funktion (Greifen, Fliegen, Schwimmen). Vergleicht man nun die Flügel einer Fledermaus mit denen eines Insektes, so sieht man Organe, die ähnlich sind und gleiche Funktion haben. Dennoch handelt es sich um verschiedenartige Gebilde. Die Insektenflügel sind integumentale Anhangsgebilde, die Fledermausflügel sind Derivate der ventralen Rumpfwand mit einem typischen Innenskelet, mit bestimmter Anordnung der Muskeln und Nerven. Morphologisch identische Gebilde bezeichnen wir als *homolog*. Sie können ähnlich sein und gleiche Funktion haben, doch ist dies oft nicht der Fall und gehört nicht zum Begriff der Homologie. Andererseits werden ähnliche Organe gleicher Funktion, die morphologisch nicht identisch sind – also etwa Fledermaus- und Insektenflügel –, als *analog* bezeichnet.

Überblickt man das Tierreich im ganzen, so zeigt sich, daß die Mannigfaltigkeit nicht grenzenlos und ungeordnet ist. Die Tatsache, daß die Organismen sich in bestimmten Gruppen ähnlicher Grundorganisation zusammenfassen lassen, ermöglicht die Aufstellung eines natürlichen Systems. Die Beobachtung, daß diese Mannigfaltigkeit abgestuft ist, daß sich die Organismen in eine oder mehrere, gegebenenfalls verzweigte, aufsteigende Reihe gruppieren lassen, ist eines der Hauptargumente der Deszendenzlehre.

Formen gleicher Grundorganisation haben den gleichen *Bauplan*, bilden einen *Typus*. Ein solcher Typus wird nun nicht durch eine real existente Einzelart repräsentiert, sondern stellt eine begriffliche Einheit dar. Unsere Ausführungen haben gezeigt, wie diese gemeinsame Grundorganisation der Wirbeltiere zustande kommt. Die entwicklungsphysiologischen Mechanismen, die hierbei wirksam werden, sind im ersten Abschnitt dieses Buches eingehend besprochen worden. Dabei wurde besonders auf die Verschiedenheiten in den einzelnen Wirbeltiergruppen und deren Bedingtheit eingegangen. Als Endresultat unserer Ausführungen soll nun das Gemeinsame im Formenbild zusammengestellt werden (Abb. 206).

Wirbeltiere besitzen bilateral symmetrischen Körperbau. Das rostrale Körperende ist als Kopf ausgebildet. Es ist Träger des Gehirns, der großen Fernsinnesorgane und der Öffnungen von Darm- und Respirationstrakt. Der Darmkanal besitzt im vorderen Bereich eine besondere Ausgestaltung als Kiemendarm. Ganz anders ist der Rumpf gestaltet. Er ist vor allem charakterisiert durch ein gegliedertes Achsenskelet und metamere Leibeswandmuskulatur. Die Rumpfwand umschließt eine ausgedehnte Leibeshöhle, welche den Verdauungs- und Respirationstrakt birgt. Alle Wirbeltiere besitzen als Grundlage des Rumpfskeletes eine Chorda dorsalis. Diese liegt dorsal in der Leibeswand, unter dem Nervenrohr (Rückenmark). Um die Chorda dorsalis bildet sich als definitives Achsenskelet die Wirbelsäule, die aus ähnlichen, metamer angeordneten Einzelelementen besteht. Die Muskulatur der Leibeswand ist ebenfalls metamer angeordnet (Abb. 563) und zeigt ihre mächtigste Entfaltung im dorsalen Bereich, rechts und links der Wirbelsäule. Ventral der

Wirbelsäule finden sich die Hauptgefäßbahnen (Aorta). Die ventrale Hälfte des Rumpfes wird von der Leibeshöhle mit Darmkanal und Anhangsorganen (Leber, Pankreas) eingenommen. Die Urogenitalorgane finden sich stets paarig in der dorsalen Coelomwand, beiderseits der Mesenterialwurzel. Das Herz befindet sich ventral vom Darm im rostralen Bereich. Der Schwanz zeigt die gleiche Grundorganisation wie der Rumpf, nur fehlen Coelom und Inhalt. Er besteht also ausschließlich aus Leibeswand.

Die beiden Hauptabschnitte des Körpers, Kopf und Rumpf, zeigen also fundamentale Unterschiede in ihrer Organisation. Als die Anatomie begann, sich aus dem Stadium einer reinen Formbeschreibung zu einer wissenschaftlichen Morphologie zu entwickeln (Ende des 18. und Anfang des 19. Jahrhunderts), wurde frühzeitig die Frage nach der Bedeutung dieses grundsätzlichen Unterschiedes von Kopf- und Rumpforganisation erkannt und als Problem formuliert. Besonders reizvoll ist es, die Versuche zur Lösung dieses Problems, in denen sich Zeitgeist und geistige Bestrebungen der Epochen widerspiegeln, zu verfolgen (VEIT 1947, KÜHN 1950, STARCK 1944, 1952, 1963). Historisch bedingt und im idealistisch morphologischen Denken verwurzelt ist jene Lehre, die versucht, die Organisation des Wirbeltierkopfes auf irgendeinen metameren Urtypus zurückzuführen und von der des Rumpfes abzuleiten. Ausgangspunkt derartiger Überlegungen war das Kopfskelet. GOETHE, OKEN, CARUS u. a. glaubten, im Schädel der Wirbeltiere eine Anzahl von stark abgeänderten, metamorphosierten Wirbeln erkennen zu können, und betrachteten den Schädel als umgebildetes Vorderende der Wirbelsäule. Genaue Erforschung der Ontogenese zeigte nun aber (C. VOGT 1842, TH. HUXLEY 1858), daß der Schädel ungegliedert entsteht und daß man bei der Beurteilung von einem unsegmentierten Chondrocranium auszugehen hat.

Die bisherigen Versuche waren Anfänge. Mit dem Aufkommen der vergleichend morphologischen Forschung (HAECKEL, GEGENBAUR) wurde die Basis durch genaues Studium der Weichteile, Nerven und Gefäße wesentlich verbreitert. Aus der Schädeltheorie entwickelte sich allmählich das Kopfproblem. Gleichzeitig erfuhren diese Untersuchungen durch die bewußte Konzeption des Entwicklungsgedankens (DARWIN 1859, HAECKEL 1866) einen gewaltigen Impuls.

Wenn auch der Schädel selbst keine Wirbelgliederung zeigt, glaubte man, aus dem Vorkommen segmentaler Gebilde am Kopf Rückschlüsse auf eine primäre Metamerie des Kopfgebietes ziehen zu dürfen. GEGENBAUR hielt zunächst die Kiemenbögen für rippenartige Bildungen und verglich die Kopfnerven mit Spinalnerven. Dieser vertebrale Schädel umfaßt allerdings nur den hinteren Kopfabschnitt, dem sich ein primär ungegliederter, praevertebraler Teil als Schutzkapsel der rostralen Sinnesorgane als Neubildung anschließt. Die Grenze zwischen diesen Schädelabschnitten wird von GEGENBAUR dicht hinter das Foramen opticum verlegt. Eine wesentliche Stütze erfuhr diese Anschauung durch den exakten Nachweis einer Assimilation von segmentiertem Material während der Ontogenese im Occipitalbereich bei Fischen und Amphibien (STÖHR, SAGEMEHL). Damit war die moderne embryologische Forschung in die Betrachtung mit einbezogen. Bei der Untersuchung von Selachierfrühstadien (BALFOUR, VAN WIJHE) glaubte man, eine große Anzahl von Somiten im Kopfbereich nachweisen zu können. So war wieder eine Übereinstimmung im Aufbau von Kopf- und Rumpforganisation auf einem anderen Niveau gefunden. Aus der Wirbeltheorie des Schädels hatte sich die Segmenttheorie des Kopfes entwickelt. Über die Anzahl der am Aufbau des Kopfes beteiligten Somiten ging die Meinung der Forscher ebenso auseinander wie seinerzeit über die Anzahl der Kopfwirbel. Die Theorie wurde in der Folge weiter ausgebaut und fand einen gewissen Abschluß in den Arbeiten von FÜRBRINGER, welcher annahm, daß der Kopf ursprünglich bis ans Rostralende heran gegliedert sei. Dieser Teil bildet den Urschädel, das Palaeocranium. Er schließt hinten mit der Ohrregion, also mit dem Austritt der Vagusgruppe ab. Ein derartiges Palaeocranium findet sich bei rezenten Cyclostomen. Demgegenüber ist das Cranium der Selachier und Amphibien durch Angliederung echten Wirbelmateriales im Occipitalbereich ergänzt (protometameres Neocranium). Bei den höheren Fischen und bei den Amnioten soll durch einen zweiten Schub erneut eine wechselnde Anzahl von Wirbeln dem Cranium angefügt werden (auximetameres Neocranium). Diese klassische Lehre hält jedoch einer ernsthaften Kritik nicht mehr stand. Vor allem ist keine Tatsache bekannt, welche die Annahme einer doppelten Assimilation von Rumpfsegmenten beweist. Auch die Ausdehnung der metameren Organisation bis an das Rostralende beruht auf einer Mißdeutung von embryonalen Strukturen.

Neuere Deutungsversuche (FRORIEP, VEIT, ORTMANN, DE LANGE, STARCK) stützen sich auf vergleichend embryologische Befunde und ziehen vor allem die entwicklungsphysiologischen Beobachtungen mit heran.

Bevor die neuen Auffassungen über das Kopfproblem erörtert werden, ist es notwendig, Klarheit über die Bedeutung der Metamerie des Wirbeltierrumpfes zu gewinnen. *Metamerie* läßt sich in vielen Tierstämmen beobachten. Sie ist besonders bei Cestoden und Articulaten genau untersucht worden. Wir verstehen unter „Metamerie" die Erscheinung, daß prinzipiell gleich gebaute Körperabschnitte oder Teile in der craniocaudalen Richtung in mehrfacher Folge wiederkehren. Zur Zeit der idealistischen Morphologie (MOQUIN-TANDON u. a.) und in der Anfangsperiode evolutionistischer Gedankengänge (E. HAECKEL), die stark unter dem Einfluß idealistisch-morphologischer Ideen stand, war man geneigt, die Teilstücke eines metamer gegliederten Organismus (Metameren) als Metamorphosen einer typischen Grundform, als primäre morphotische Einheiten zu betrachten. Der ganze Organismus ist danach einem Tierstock (Cormus), einer Kolonie von Einzelindividuen (Segmenten) vergleichbar. Die Segmente sollen durch Knospung auseinander hervorgehen.

Zunächst ist festzustellen, daß metamere Gliederungen nicht ohne weiteres vergleichbar sind. Die Metamerie der Cestoden (Proglottidenbildung) ist zweifellos eine besondere Anpassung an den Fortpflanzungsmodus dieser parasitischen, stark spezialisierten Würmer. Die Metamerie der Articulaten ist primär eine Segmentierung der Leibeshöhle (Coelom-Dissepimente) und daher nicht mit der Metamerie der Wirbeltiere vergleichbar. Mehr Wahrscheinlichkeit hat die Hypothese für sich, daß die drei Körperabschnitte der oligomeren Würmer (Enteropneusten, Chaetognathen, Phoronidea) in der Organisation der Wirbeltiere wiederzufinden sind. Die Oligomera zeigen eine Gliederung in Prosoma, Mesosoma und Metasoma (Abb. 312). Coelombildung findet sich in allen drei Körperteilen, bei *Phoronis* nur in den beiden caudalen Abschnitten. Die Natur des vordersten Körperabschnittes, dessen Coelom unpaar ist, bleibt fraglich. Möglicherweise ist die Dreigliederung der Enteropneusten in der Organisation der Chordaten (besonders von *Branchiostoma*) wiederzufinden. Das Prosoma (Eichel) würde dem rostralen Kopfgebiet entsprechen. Das Mesosoma (Kragen) könnte in den vordersten Mesodermsäckchen von *Branchiostoma* und in den Mandibularhöhlen der Cranioten wiedererkannt werden. Das Metasoma würde dem ganzen segmentierten Rumpfgebiet der Chordaten entsprechen. Zweifellos sind die Oligomera eine primitive und zentrale Metazoengruppe, die einerseits Beziehungen zu den Echinodermen, andererseits zu den Chordaten besitzt. Sollte es sich bestätigen, daß die Dreigliederung dieser Formen in der Organisation der Chordatiere wiederkehrt, so würde damit auf jeden Fall gezeigt sein, daß die drei Körperabschnitte nicht den Leibeswandsegmenten der Chordaten entsprechen.

Die Entstehung der *Metamerie der Wirbellosen* wird am überzeugendsten durch eine von HEIDER, IWANOV und REMANE begründete Theorie erläutert. An der Wurzel von Proto- und Deuterostomiern stehen Formen mit drei Coelomabschnitten (Archimetameren). Die Leibeshöhlenabschnitte werden aus den Darmtaschen eines vierstrahligen Coelenteraten abgeleitet. Diese älteste Form der Körpergliederung ist streng an das Coelom gebunden. Der vorderste unpaare Coelomabschnitt entspricht dem Protosomcoelom (Axocoel). Der folgende paarige Abschnitt ist das Hydrocoel (Mesosomcoelom). Das große paarige Rumpfcoelom (Somatocoel) entspricht dem Metasomcoelom.

Axo- und Hydrocoel erhalten sich bei Tentaculata, Hemichordata und Echinodermata. Diese Coelomabschnitte werden in den übrigen Gruppen meist früh zurückgebildet. Aus dem Somatocoel gehen in einer zweiten Phase durch Neugliederung (Metamerisation) die Deutometameren hervor. In einer dritten Phase können

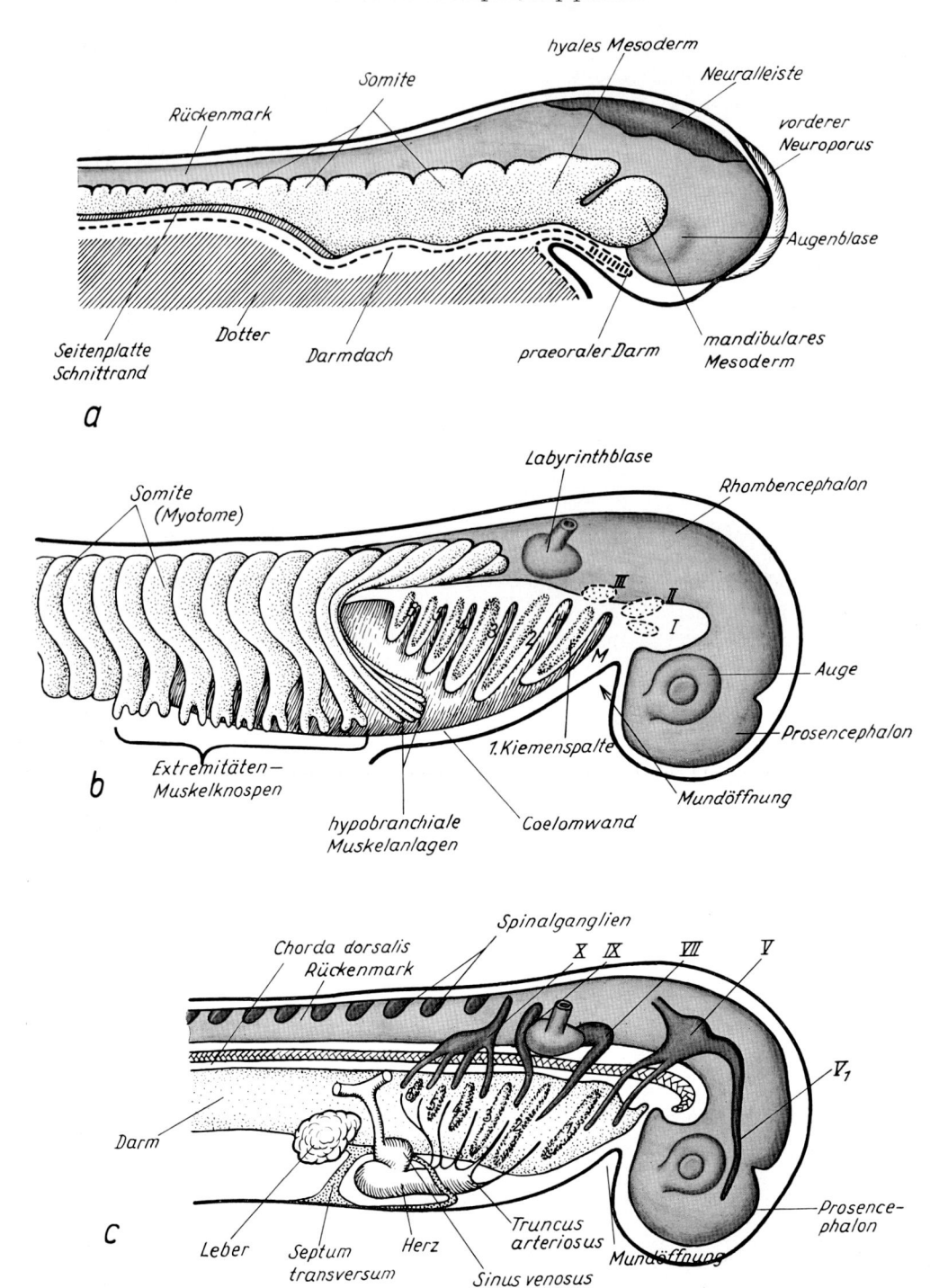

Abb. 563 Schema der Organisation des Wirbeltierkopfes am Beispiel eines Haiembryos (unter Benutzung von Abbildungen von BRAUS, ROMER, SCAMMON).
a) Frühstadium, Mesoblastgliederung. b) Muskulatur, Coelom, Kiemendarm, Sinnesorgane, Kopfhöhlen (Chorda, Neuralleiste und Ganglien nicht eingezeichnet). c) Darm, Nerven, Chorda, Gefäßsystem. M = Mandibularbogen. H = Hyalbogen. 1–6 = Visceraltaschen. I–III = Augenmuskelanlagen. (Aus STARCK 1963).

durch einen teloblastischen Sprossungsprozeß (Annelida, Arthropoda) eine weitere Gruppe von segmentalen Körperabschnitten, die Tritometameren, entstehen.

Die Verhältnisse bei Chordaten sind sehr wahrscheinlich nicht auf die Tritometameren zurückführbar, sondern sind Ausdruck einer Sonderentwicklung. Es handelt sich bei Chordaten offenbar um ein sekundäres Übergreifen einer *Myomerie* vom Schwanz auf den Rumpf (REISINGER, STARCK). Diese sekundäre Segmentation spielt sich am Metasoma ab.

Der *Kiemendarm* ist zweifellos ein uraltes Erbe der Deuterostomier. Er zeigt primär keine segmentale Gliederung. Die bereits bei Stammformen der Chordaten auftretende *Branchiomerie* im ventrocranialen Körpergebiet greift sekundär nach caudal auf das Rumpfgebiet über (Abb. 567, 568). Wir haben es also sowohl bei der Myomerie wie bei der Branchiomerie der Wirbeltiere mit sekundären Prozessen zu tun, die sich an verschiedenen Organsystemen abspielen und nicht mit der Archimetamerie in Beziehung gebracht werden können.

Untersuchen wir die Organisation eines Wirbeltierembryos oder eines erwachsenen Fisches, so finden wir, daß ausschließlich in der Rumpfwand, im dorsalen axialen und paraxialen Bereich metamere Strukturen vorkommen (Abb. 563). Sie fehlen im Kopfgebiet und embryonal auch im caudalen Körperende. Die unsegmentierten Gebiete hängen ventral stets kontinuierlich durch ein relativ ausgedehntes, ungegliedertes Körperstück zusammen. Eine Segmentierung läßt sich nie an Hirn, großen Kopfsinnesorganen, Coelom und rostralem Mesenchym auffinden. Stets deutlich ist die Metamerie an der dorsalen, aus Somiten hervorgehenden Muskulatur, am knorpligen und knöchernen Achsenskelet (Wirbelsäule) und am peripheren Nerven- und Gefäßsystem der Rumpfwand. Am Darmkanal und seinen Anhangsorganen findet sich keine Spur von Metamerie. Auf die besonderen Verhältnisse am Kiemendarm wird zurückzukommen sein. Beim Wirbeltier kommen also nirgends wirklich durchgehende Segmente vor. Wir können aber zu einem Verständnis dieser Erscheinung gelangen, wenn wir auch die funktionelle Seite des Problems berücksichtigen. Die primitiven

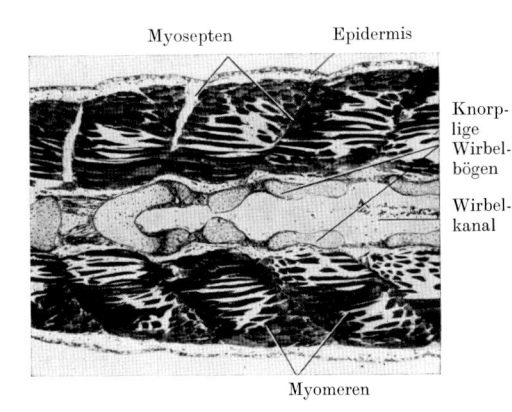

Abb. 564 Horizontalschnitt durch den Schwanz einer Salamanderlarve. Myomerie.

Wirbeltiere sind spindelförmige, bilateralsymmetrische Formen, die im Wasser leben. Der fischartige Körper wird durch schlängelnde Bewegungen des Rumpfes fortbewegt. Für diese Lokomotionsart sind die metamere Muskulatur und die Segmentierung des Achsenskeletes hervorragend geeignet. Es liegt also keine echte Segmentierung im Sinne von HAECKEL vor. Statt dessen finden wir eine primäre *Myomerie* der Rumpfwand (Abb. 564). Diese bedingt sekundär eine entsprechende Gliederung des Achsenskeletes, des peripheren Nerven- und Gefäßsystems der Rumpfwand. Besonders wichtig erscheint es, daß primär keine Segmentierung im Feinbau des Zentralnervensystems erkennbar ist (HERRICK). Die überwundene Lehre, welche das Zentralnervensystem als eine metamere Reflexmaschine betrachtete, hat offensichtlich rückwirkend einen erheblichen Einfluß auf die morphologische Bewertung der Metamerie gehabt. Die biologisch funktionelle Bewertung der Metamerie des Wirbeltierrumpfes (STARCK 1944, 1963) hat naturgemäß erhebliche Auswirkungen für das Kopfproblem.

Auf Grund embryologischer Beobachtungen hatte FRORIEP bereits eine neue Beurteilung des Kopfproblems angebahnt. Bei ganz jungen Selachierembryonen (*Torpedo* 2 mm) finden sich Somite bis nahe an das vordere Körperende (Abb. 565a). Der vorderste liegt in Höhe des Vorderrandes der Ohrplakode und im Niveau der ersten Schlundtasche, die auch in entwicklungsphysiologischer Hinsicht eine wichtige Grenzmarke darstellt. Nun ist aber die Ohr-

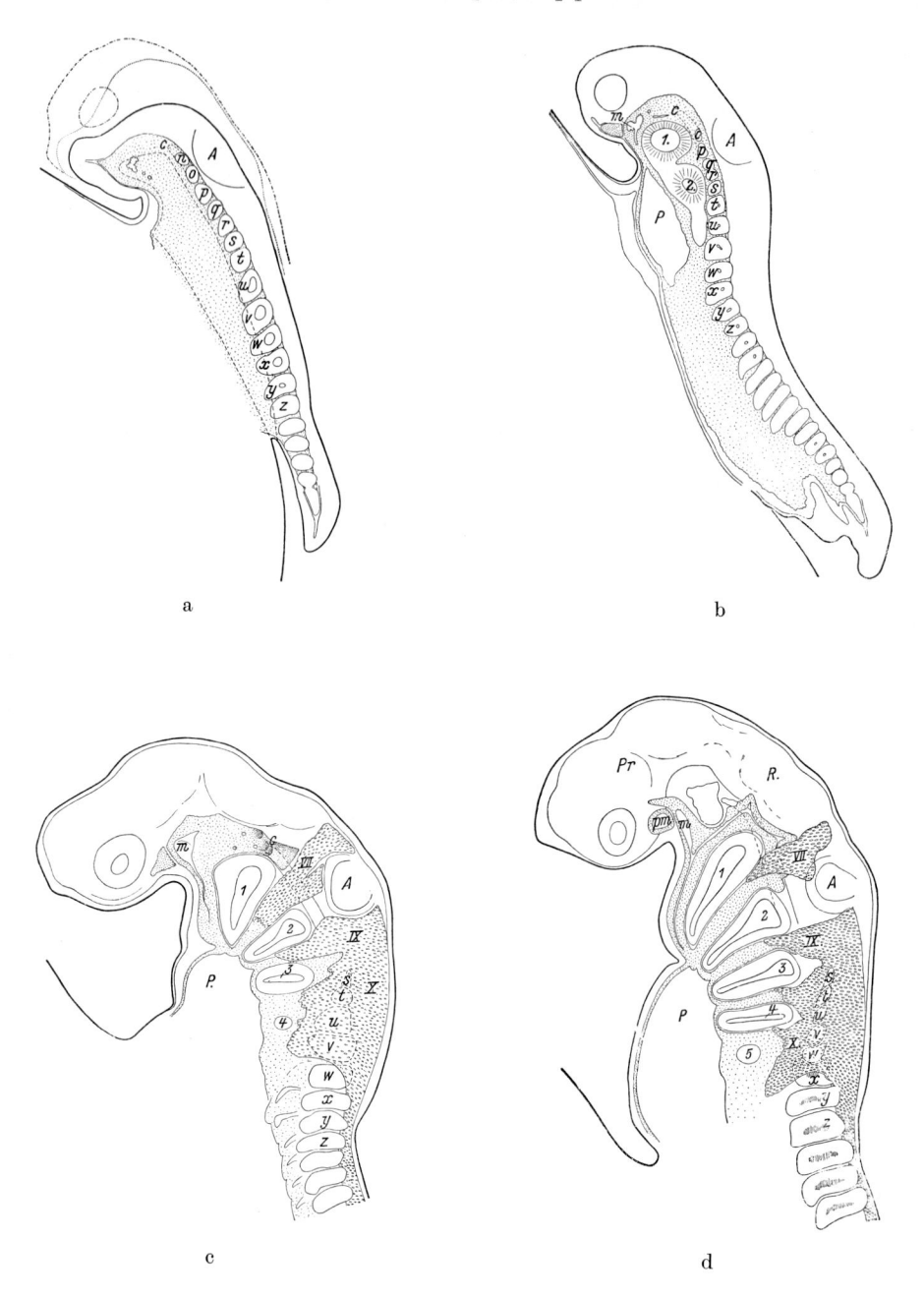

Abb. 565 Kopfentwicklung bei Embryonen des Rochens (*Torpedo ocellata*). (Nach FRORIEP 1902).

a) Profilbild, drei Embryonen übereinandergezeichnet. Volle Kontur: Embryo 1,8 mm. Punktiert: Embryo 2 mm. Strichpunktiert: Embryo 2,3 mm, Darmwand gestrichelt. A: Ohrplakode. c: Rostrales Chordaende. n–z: Occipitale Somite.

b) Embryo 2,7 mm. m: Mandibulare Kopfhöhle. P: Perikard. 1, 2: 1., 2. Visceraltasche. o–z: Occipitale Somite.

c) Embryo 4 mm. 1–4: Visceraltaschen. VII, IX, X: Anlagen der Kopfganglien.

d) Embryo 5 mm. pm: Praemandibulare Kopfhöhle. R: Rhombencephalon. Pr: Prosencephalon.

plakode in ihrer Lage nicht fixiert. Sie erfährt im Laufe der Ontogenese eine Verschiebung nach caudal, so daß sie keinen sicheren Fixpunkt bei der Beurteilung der Lagebeziehungen zwischen den Kopforganen abgibt. Gleichzeitig kommt es zur Auflösung von rostralen Somiten in Mesenchym. Mit der weiteren Ausgestaltung von Nase und Auge wächst das Gehirn und damit das ganze rostrale Körperende stark nach vorn aus. Im ventralen Bereich wirkt die Ausbildung des Kiemendarmes nachhaltig auf äußere Formgestaltung und innerlich auf die räumlich strukturelle Ausgestaltung des Kopfgebietes ein. Das Kiemendarmgebiet schiebt sich schnell caudalwärts vor (Abb. 565 b-d). Dabei kommen stellenweise Schlundtaschen unter intakte Somite zu liegen, so daß der Eindruck entstehen kann, als ob eine Identität zwischen Somitengliederung und Kiemenbogengliederung (Branchiomerie) existiere. An der Bildung des Kopfes sind keine Somite mehr beteiligt. Von Anfang an wird die am Rumpf zu beobachtende metamere Gliederung im Kopfgebiet vermißt. Der Kopf entsteht durch Neubildung, durch Auswachsen nach rostral (Abb. 565) unter dem Einfluß der Kopfsinnesorgane, des Gehirns und des Kiemendarmes. Diese Kopforgane vereinigen sich mit der Chorda und den Resten der Somite (postotische Somite) zum Urkopf. Eine scharf akzentuierte Kopf-Rumpf-Grenze läßt sich nicht festlegen, da es im Grenzgebiet der großen Körperabschnitte zu mannigfachen Abbau- und Umbauprozessen kommt und zahlreiche Verwerfungen und Verschiebungen der Organsysteme vorkommen. So schiebt sich ventral das Kiemendarmgebiet langsam nach caudal ins Rumpfareal vor (Abb. 563, 565 b, c, d). Der grundsätzliche Fortschritt in dieser Deutung ist darin zu sehen, daß die Ontogenese nunmehr zur Erklärung der Phylogenese führt (VEIT). Die Erscheinung der erwachsenen Form ist ontogenetisch bedingt. Die gleichen Kräfte, welche in der Ontogenese wirksam sind, haben auch die Entstehung des Wirbeltierkopfes bedingt. Wenn dem so ist, muß die Entwicklungsphysiologie einen wesentlichen Beitrag zur Klärung des Kopfproblems zu leisten haben (VEIT, STARCK).

Nun finden wir tatsächlich zahlreiche Ansätze, die von entwicklungsphysiologischen Gesichtspunkten aus wichtige Beiträge zum Kopfproblem ergeben. Zunächst ist festzuhalten, daß Kopf und Rumpf grundverschieden organisiert sind. Die Branchiomerie hat primär mit der Mesomerie (Leibeswand-Myomerie) nichts zu

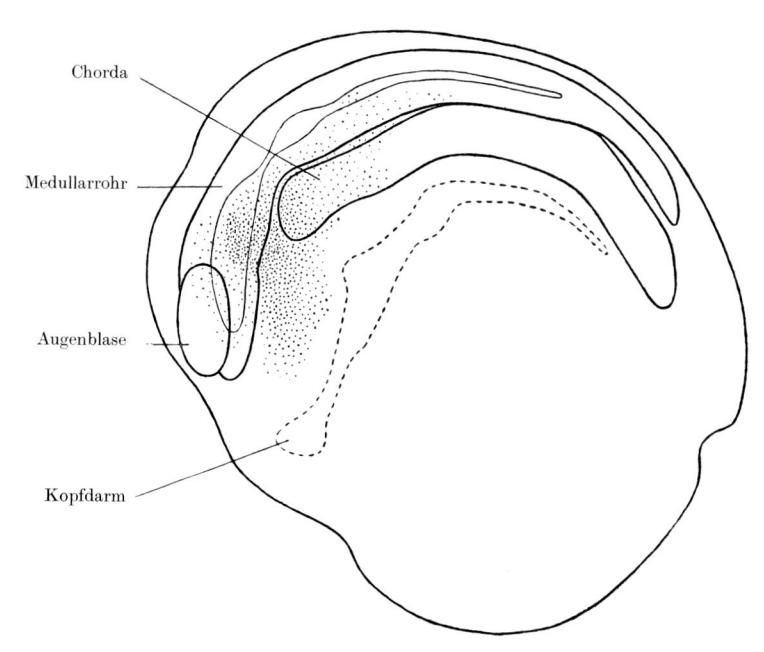

Abb. 566 Merogonischer Keim (*Triturus taeniatus* ♀ × *Triturus cristatus*). Die Punktierung entspricht der Ausdehnung der erkrankten Bereiche. (Nach BALTZER 1930).

tun. Die Untersuchungen von FRORIEP und VEIT haben ergeben, daß in der Ontogenese des Wirbeltierkörpers zwei Prozesse von Anfang an beteiligt sind, Kephalogenese (Kopfbildung) und Notogenese (Rumpfbildung). Unter dem Einfluß von zwei Differenzierungszonen kommt es zur Ausbildung der typischen Wirbeltierorganisation. Diese beiden großen Differenzierungszentren arbeiten in der Richtung aufeinander hin, so daß im Grenzgebiet ihres Wirkungsfeldes Überschneidungen der Effekte auftreten müssen. In dieser Grenzzone kommt es also zu Umbildungsvorgängen und zu Gewebsabbau (Somitenzerstörung usw.). In diesem Zusammenhang ist bemerkenswert, daß bei Bastardmerogonen von *Triturus* gerade in diesem Grenzbezirk von Kopf und Rumpf regelmäßig gehäuft Zelldegenerationen vorkommen (BALTZER, HADORN 1930/32), die dazu führen, daß derartige Keime früh zugrunde gehen (Abb. 566). Die Kopf-Rumpf-Grenze derartig experimentell erzeugter Bastardmerogone ist also eine Zone besonderer Empfindlichkeit. Besonders bedeutsam für die Deutung des Kopfproblems war jedoch der Nachweis regionalspezifischer Induktoren (s. S. 141). Wenn wir heute von Kopf- und Rumpfinduktor sprechen und die Induktionsleistungen als spinocaudal und prosencephal kennzeichnen, so kommt damit in entwicklungsphysiologischer Terminologie zum Ausdruck, daß zwei Zonen von großer morphogenetischer Wirksamkeit in der Bildung des Embryonalkörpers zusammenarbeiten. In vielen Einzelheiten aber hat sich durch die Ergebnisse entwicklungsphysiologischer Forschung manches ergeben, was uns zwingt, Vorstellungen zu modifizieren und zu ergänzen. Man wird heute bei der Entfaltung von Kopf- und Rumpfgebiet und den Vorgängen im Grenzgebiet weniger an gegenseitige mechanische Beeinflussungen denken und das Wechselspiel von Aktions- und Reaktionssystemen (s. S. 150) genauer analysieren. Eine dynamische Betrachtungsweise tritt also an Stelle schematischer Konstruktionen.

Bisher ist die Frage, ob der spezifische Aufbau des rhombencephalen Bereiches (Rautenhirn, Ohrblasen, Parachordalia) durch die Wirkung eines dritten Induktionszentrums („Hinterkopforganisator") bestimmt wird oder ob diese besondere Organisation durch Überschneidung eines prosencephalen und eines spinocaudalen Wirkungsfeldes zustande kommt, noch ungeklärt (s. S. 144). Die verschiedene Genese des Kopfskeletes in beiden Regionen (vordere Schädelbasis mesektodermal, hintere Basis mesodermal) und das differente Verhalten der praechordalen Platte im rostralen und mittleren Bereich weisen darauf hin, daß grundsätzliche morphologische Unterschiede zwischen Vorder- und Hinterkopfgebiet bestehen. Besonders wichtig ist in diesem Zusammenhang, daß sich eine autonome Gestaltungstendenz und Induktionsfähigkeit für das Kiemendarmentoderm nachweisen läßt (HOLTFRETER, HÖRSTADIUS und SELLMANN, RAUNICH). Wir müssen nach dieser Auffassung also eine *primäre Dreigliederung* des Wirbeltierkörpers, wie sie in diesem Buch vertreten wurde, postulieren (Abb. 567, 568):

Vorderkopfregion	Nase, Augen, Prosencephalon, Trabekel
Hinterkopfregion	Rhombencephalon, Kiemendarm, Labyrinth, hintere Basis
Rumpf-Schwanz-Region	Wirbelsäule, metamere Gebilde der Leibeswand, im ventralen Bereich Coelom mit Rumpfdarm und Anhangsorganen

Die Sonderstellung des Rhombencephalons, die auch in der Phylogenese zum Ausdruck kommt, hat naturgemäß Konsequenzen für die Beurteilung des gesamten Nervensystems (STARCK 1944, 1952). Nach dieser Auffassung besteht ein grundsätzlicher Gegensatz zwischen Spinalnerven und Branchialnerven. Damit entfällt auch die Berechtigung, beide Nervengruppen als homolog zu bewerten, eine wesentliche Voraussetzung der älteren Kopftheorien (GEGENBAUR, FÜRBRINGER, VAN WIJHE). Auch die Nerven der großen Kopfsinnesorgane bilden Systeme eigener Art, die nur im Zusammenhang mit dem Sinnesorgan zu verstehen sind.

Von großer Bedeutung für die Beurteilung der Organisation des Wirbeltierkopfes erweist sich das Studium von Kopfmißbildungen. Im Grunde genommen können Mißbildungen als unbeabsichtigte, entwicklungsphysiologische Experimente aufgefaßt werden. Für den Menschen ist das Studium von Mißbildungen die einzige Möglichkeit, Rückschlüsse auf entwicklungsphysiologische Abhängigkeiten zu ziehen. Tatsächlich finden wir unter den Kopfmißbildungen

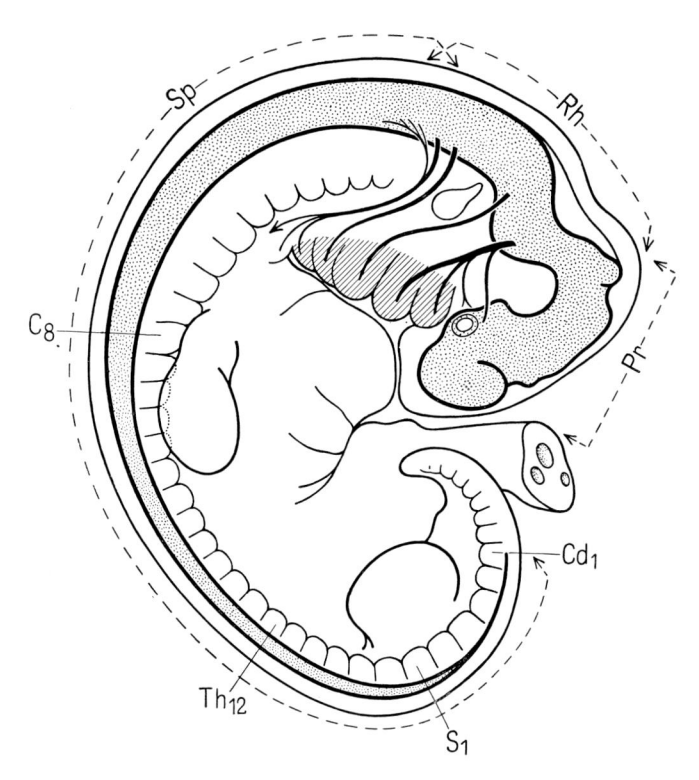

Abb. 567 Organisation von Kopf und Rumpf, Schema. Menschlicher Embryo.
Punktiert = Zentralnervensystem. Gestrichelt = Bereich der Visceralbögen. Pr = Prosencephalon. Rh = Rhombencephalon. Sp = Rückenmark. C 8, Th 12, S 1, Cd 1 = Entsprechende Rückenmarkssegmente.

zwei große Störungsgruppen, die cyclope und die otokephale Reihe (s. S. 148, Abb. 146–148). Cyclopen zeigen Störungen im rostralen Bereich (vorderstes Kopfdarmgebiet, Nase, Augen, Vorderhirn, vordere Schädelbasis). Diese Mißbildung tritt graduell verschieden auf (Arhinencephalie – Cyclopie, s. S. 148). Bei der otokephalen Gruppe ist das Zentralnervensystem meist nicht verändert. Störungen finden sich im Bereich des Kieferbogens, des Ohres, der Ohrkapsel und des hinteren Schlundgebietes (s. S. 148). Durch experimentelle Eingriffe lassen sich an Amphibien (LiCl-Behandlung) und Säugetieren (Röntgenbestrahlung des graviden Tieres) entsprechende Mißbildungen erzeugen. Am Meerschweinchen sind völlig vergleichbare Mißbildungen auf genetischer Grundlage aufgetreten und genau analysiert worden (Abb. 149). Grundsätzlich besteht vollständige Übereinstimmung zwischen den experimentell erzeugten Defekten und den spontan bzw. erblich auftretenden Mißbildungen bei Tier und Mensch. Die auslösende Ursache ist also verschieden. Wesentlich ist nur, daß die Ursache in der kritischen, empfindlichen Phase in die entwicklungsphysiologischen Prozesse eingreift. Spezifisch ist die Reaktion des Keimes. Da formale Gleichheit zwischen den experimentell erzeugten und den spontanen Mißbildungen besteht, da weiterhin die experimentelle Analyse Aufschluß über das entwicklungsphysiologische Geschehen gibt, ist der Rückschluß aus dem Studium der Spontanmißbildungen auf gleiche entwicklungsphysiologische Mechanismen erlaubt. Die Schädigung wirkt früh und stört das Wirken der Kopfinduktoren. Otokephalie und Cyclopie sind nicht grundsätzlich verschieden. Sie sind in erster Linie durch den verschiedenen Zeitpunkt der sensiblen Phase gekennzeichnet.

Die Ausführungen zum Kopfproblem müssen naturgemäß fragmentarisch sein. Die moderne entwicklungsphysiologische Forschung und die Mißbildungslehre haben jedenfalls ein altes morphologisches Problem wieder in den Mittelpunkt

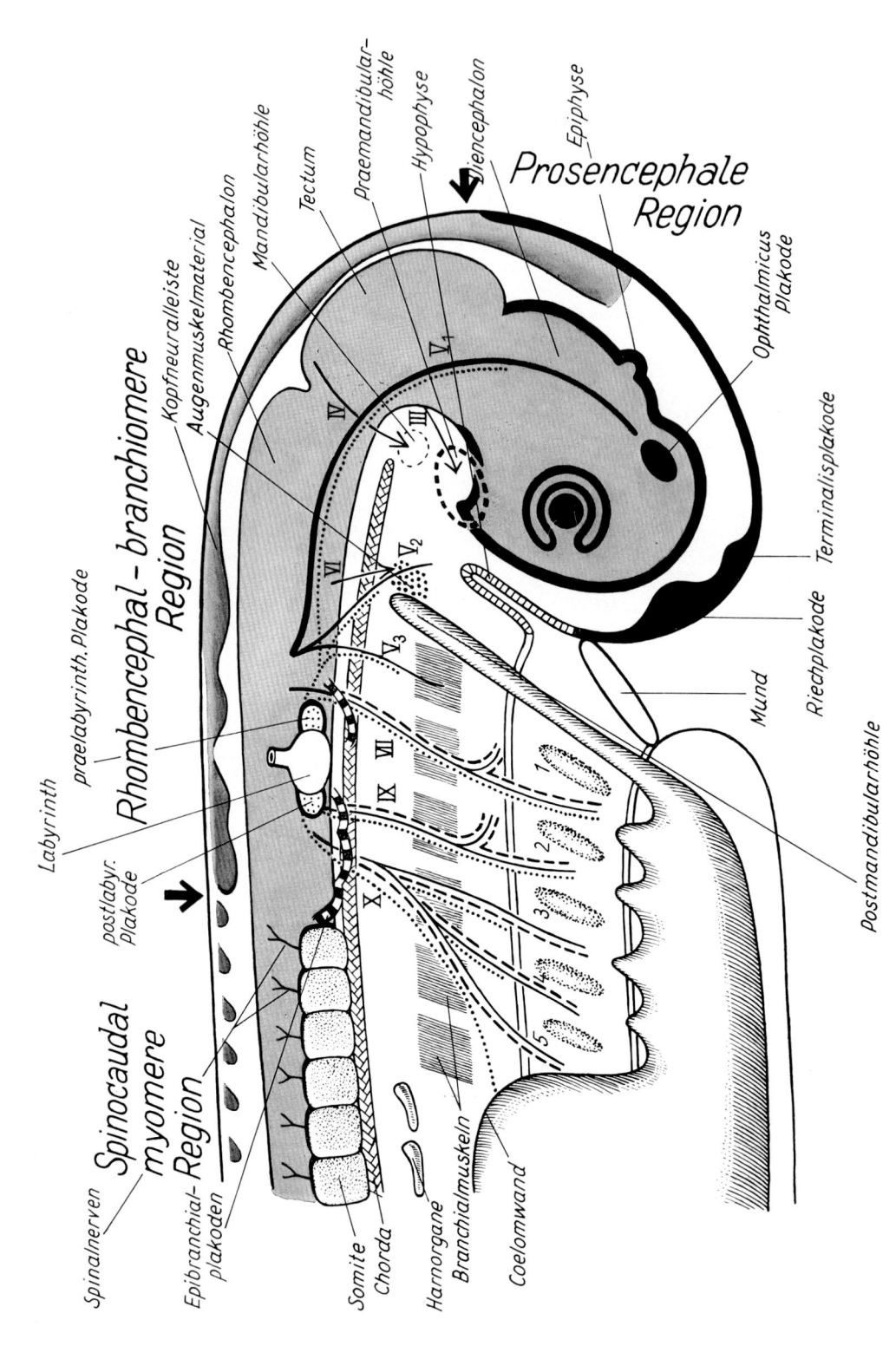

Abb. 568 Schema der Kopforganisation der Wirbeltiere. Lateralissystem punktiert. (Nach STARCK 1963).

des Interesses gerückt. Die Zusammenarbeit der verschiedenen Disziplinen erweist sich auch hier wieder als segensreich und fruchtbar bei der Lösung der Probleme*).

Eine Reihe von Einzelfragen ist offen und konnte hier nicht erörtert werden. So bedarf insbesondere die Frage der Epidermisplakoden in diesem Zusammenhang einer weiteren Erforschung (ORTMANN 1943). Auch die morphologische Einordnung des ganzen Darm-Coelom-Abschnittes ist noch problematisch. DE LANGE läßt diesen Körperabschnitt in engerem Zusammenhang mit dem Vorderkopf entstehen und stellt das Vorderkopf-Rumpfdarm-Coelom-Gebiet dem metamer gegliederten Bezirk (Leibeswand, Harnkanälchen, Wirbelsäule, Rückenmark) gegenüber. ORTMANN erkennt die Doppelnatur des Kopfgebietes an, weicht aber im Hinblick auf die phylogenetische Bewertung des Vorderkopfgebietes und der Plakoden von der vorgetragenen Deutung ab. Zusammenfassend läßt sich jedoch bereits heute folgendes als gesichert herausstellen:

Die Organisation des Wirbeltierkopfes und des Rumpfes sind grundsätzlich verschieden. Die Organisation des Kopfes läßt sich nicht auf ein Metamerieschema zurückführen. Damit sind die Wirbeltheorie des Schädels und die Segmenttheorie des Kopfes überholt.

Das vordere Kopfgebiet nimmt eine Sonderstellung ein (Abb. 568).

Die regionale Verschiedenheit ist auch an der Neuralleiste sehr deutlich (s. S. 393).

Das Kiemendarmentoderm besitzt eine autonome, induzierende Aufgabe bei der Kopfentwicklung.

*) Ausführliche Darstellung der hier angeschnittenen Fragen bei VEIT 1947, STARCK 1944, 1952, 1963, ORTMANN 1943

Entwicklungsphysiologische Erkenntnisse und Befunde an Mißbildungen ordnen sich zwanglos in diese Vorstellung ein.

Die Sonderstellung des Rautenhirngebietes ist unbestritten. Problematisch ist die Frage, ob es einen eigenen rhombencephalen Induktor gibt. Ebenso bedarf die phylogenetische Stellung des rhombencephalen Abschnittes noch weiterer Erforschung.

Das Problem im ganzen kann nicht mehr mit morphologischen Methoden allein geklärt werden. Ein Fortschritt ist nur zu erwarten, wenn morphologische, entwicklungsphysiologische, teratologische, embryologische und genetische Erkenntnisse zu einem Gesamtbild der Vorgänge synthetisch verarbeitet werden. Die Erkenntnisse der Entwicklungsphysiologie haben einen tiefen Einblick in das Wirken der Faktoren in der Ontogenese erbracht. Die Auswirkungen dieser Kräfte werden morphologisch faßbar. Verschiedenheiten im zeitlichen Auftreten und im Wirksamwerden der entwicklungsphysiologischen Mechanismen sind von ausschlaggebender Bedeutung für Verschiedenheiten der erwachsenen Formen. Derartig ontogenetisch bedingte Abänderungen können Ausgangspunkt für phylogenetische Abänderungen sein (s. S. 340). Vor allem bleibt aber daran festzuhalten, daß ein starres Schema den Lebensvorgängen nicht gerecht werden kann. Die Morphogenese ist ein dynamischer Ablauf, bei dem eine ungeheuer große Zahl von Faktoren zusammenwirkt. Leben ist Entwicklung, aber das Wesen des Lebens ist uns heute nicht deutbar. Wir können nur in bescheidener Kleinarbeit Bausteine zusammentragen. Ein sorgfältiges Studium des Formwerdens aber verhilft uns zu einem besseren Verständnis der ausgebildeten organismischen Gestalt.

ANHANG 1
Das System der Wirbeltiere

	Beispiele
A. Prochordata	
Hemichordata, Enteropneusta (Eichelwürmer)	Balanoglossus
Urochordata, Tunicata (Manteltiere)	Ascidia, Phallusia, Botryllus, Salpa
B. Chordata (Chordatiere)	
I. *Cephalochordata* (Acrania, Lanzettfischchen)	Branchiostoma (= Amphioxus)
II. *Craniota*	
1. Klasse: Agnatha (Kieferlose Wirbeltiere)	
+ Osteostraci	+ Tremataspis, + Cephalaspis
+ Anaspida	+ Birkenia, + Lasanius
+ Heterostraci	+ Drepanaspis, + Pteraspis, + Thelodus
Cyclostomata (Rundmäuler)	
a) Myxinoidea (Schleimfische)	Myxine, Bdellostoma
b) Petromyzonidae (Neunaugen)	Petromyzon
GNATHOSTOMATA (Kiefermäuler)	
2. Klasse: + Placodermi	
+ Arthrodira	+ Dinichthys
+ Acanthodii	+ Acanthodes, + Cheiracanthus
3. Klasse: Chondrichthyes (Knorpelfische)	
A. *Elasmobranchii*	
a) + Cladoselachii	+ Cladodus, + Cladoselache
b) Selachii (Haie)	Scyliorhinus (Scyllium = Katzenhai), Squalus (= Acanthias, Hundshai), Mustelus, Etmopterus, Pristiurus, Raja, Torpedo (elektr. Rochen)
c) Batoidei (Rochen)	
B. *Holocephali*	
a) Chimaerae (Seekatzen)	Chimaera, Callorhynchus
4. Klasse: Osteichthyes (Knochenfische im weiteren Sinne)	
A. *Chondrostei*	+ Chondrosteus, Acipenser (Stör), Polyodon (Löffelstör)
B. + *Palaeoniscoidea*	+ Cheirolepis, + Palaeoniscus, + Birgeria
C. *Polypterini*	Polypterus, Calamoichthys
D. *Holostei* („Knochenganoiden")	+ Semionotus, + Sinamia, Amia, Lepisosteus
E. *Teleostei* (Knochenfische i. e. S.)	
a) Isospondyli	Clupea, Salmo, Mormyrus, Gymnarchus
b) Ostariophysi	Cyprinus, Gymnotus, Ameiurus
c) Apodes	Anguilla, Muraena
d) Mesichthyes	Esox, Cyprinodon, Belone, Exocoetus, Gasterosteus
e) Acanthopterygii	Zeus, Perca, Serranus, Blennius, Gadus, Batrachus, Lophius, Gobius, Thunnus

Choanichthyes	Beispiele
F. *Crossopterygii* (Quastenflosser)	+ Osteolepis, + Eusthenopteron, + Coelacanthus, Latimeria
G. *Dipnoi* (Lungenfische i. e. S.)	+ Dipterus, Neoceratodus, Protopterus, Lepidosiren

5. Klasse: Amphibia (Lurche)

A. + *Stegocephala*	+ Capitosaurus, + Trematosaurus, + Eogyrinus
B. *Apoda* (Gymnophiona, Blindwühlen)	Hypogeophis, Ichthyophis, Siphonops
C. *Urodela* (Schwanzlurche)	Ambystoma (Axolotl), Megabalotrachus, Triturus (= Triton), Salamandra, Siren, Proteus
D. *Anura* (Salientia, Frösche und Kröten)	Xenopus, Pipa, Rana, Hyla, Bufo, Alytes, Bombina, Pelobates

6. Klasse: Reptilia
Anapsida

A. *Cotylosauria* (Stammreptilien)	+ Seymouria
B. *Chelonia* (Schildkröten)	Testudo, Chelonia, Emys, Dermochelys
Ichthyopterygia	+ Ichthyosaurus
Synaptosauria	+ Plesiosaurus

Lepidosauria

A. *Rhynchocephalia*	Sphenodon
B. *Squamata*	
a) Lacertilia (Eidechsen)	Lacerta (Eidechse), Seps, Varanus, Anguis (Blindschleiche), Gekko, Chamaeleo
b) Ophidia (Schlangen)	Natrix (Ringelnatter), Vipera (Kreuzotter), Python, Eunectes, Eryx

Archosauria

a) + Thecodontia	+ Ornithosuchus, + Euparkeria
b) Crocodylia	Crocodylus, Alligator
c) + Pterosauria	+ Rhamphorhynchus, + Pterodactylus
d) + Saurischia	+ Tyrannosaurus, + Brontosaurus
e) + Ornithischia (vogelähnliche Reptilien)	+ Trachodon
Synapsida (säugerähnliche Reptilien)	+ Dimetrodon, + Cynognathus

7. Klasse: Aves (Vögel)

a) + Archaeornithes (Urvögel)	+ Archaeopteryx
b) Neornithes	+ Hesperornis
Ratites	Struthio (Strauß), Apteryx (Kiwi), Rhea (Nandu)
Carinates	Gallus, Larus, Falco, Columba, Spheniscus, Diomedea, Passer

	Beispiele
8. Klasse: Mammalia (Säugetiere)	
A. *Prototheria*	
Monotremata (eierlegende Säuger) . . . . + Multituberculata	Ornithorhynchus (Schnabeltier), Tachyglossus (= Echidna, Schnabeligel)

B. *Metatheria* (Beuteltiere)
     + Pantotheria
     Marsupialia . . . .
	Didelphis (Beutelratte), Dasyurus, Perameles, Phascolarctos, Macropus (Känguruh)

C. *Eutheria* (Monodelphia = placentale Säuger) 1. Insectivora (Insektenfresser)	Erinaceus (Igel), Talpa (Maulwurf), Sorex (Spitzmaus), Tenrec, Potamogale, Solenodon, Gymnura, Chrysochloris, Macroscelides, Elephantulus
2. Dermoptera (Flattermaki)	Galeopithecus

3. Chiroptera (Flattertiere)
       a) Megachiroptera (Flughunde). . . . .
       b) Microchiroptera (Fledermäuse). . . . .
	Pteropus, Rousettus
	 Myotis, Plecotus, Miniopterus, Rhinolophus, Phyllostoma, Desmodus

4. Primates (Herrentiere) a) Prosimiae (Halbaffen, Makis)	Tupaia*), Lemur, Microcebus, Daubentonia, Loris, Galago, Tarsius (Koboldmaki)

b) Simiae (Affen) Platyrrhina (Neuweltaffen)
         Cebidae. . . . .
         Callithricidae . . . .
	Cebus, Alouatta, Ateles
	 Callithrix (= Hapale, Krallenäffchen)

Catarrhina (Altweltaffen) Cercopithecidae (Hundsaffen)	Macaca (Rhesus), Cercopithecus (Meerkatze), Papio (Pavian), Mandrillus, Presbytis, Colobus, Nasalis
Hominoidea Pongidae (Menschenaffen)	Hylobates (Gibbon), + Dryopithecus, + Proconsul, Pongo (Orang), Pan (Schimpanse), Gorilla
Hominidae	+ Australopithecus, + Pithecanthropus, + Sinanthropus, Homo
5. Edentata (Zahnarme) Xenarthra	+ Mylodon, Myrmecophaga (Ameisenfresser), Bradypus (Faultier), Dasypus (Gürteltier)
6. Pholidota	Manis (Schuppentier)
7. Lagomorpha (= Duplicidentata)	Lepus (Hase), Oryctolagus (Kaninchen)
8. Rodentia (=Simplicidentata, Nagetiere) a) Sciuromorpha	Sciurus (Eichhörnchen), Xerus, Marmota (Murmeltier), Citellus (Ziesel), Geomys, Castor (Biber)
b) Myomorpha	Cricetus (Hamster), Microtus (Wühlmaus), Apodemus (Waldmaus), Rattus, Mus

---

*) Tupaia wird oft zu den Insectivoren gestellt. Tatsächlich handelt es sich um eine basale Gruppe mit langer Eigenentwicklung.

	Beispiele
c) Hystricomorpha	Hystrix (Stachelschwein)
d) Caviamorpha	Erethizon, Coendu, Cavia (Meerschweinchen), Hydrochoerus (Wasserschwein), Lagidium, Myocastor (Sumpfbiber)
9. Cetacea (Waltiere)	
a) Odontoceti (Zahnwale)	Phocaena (Tümmler), Delphinus, Lagenorhynchus, Globiocephalus
b) Mysticeti (Bartenwale)	Megaptera, Balaenoptera
10. Carnivora (Raubtiere)	
a) + Creodonta	
b) Fissipeda	
Canidae (Hunde)	Canis, Vulpes
Ursidae (Bären)	Ursus, Thalarctos
Procyonidae (Kleinbären)	Procyon (Waschbär), Nasua
Mustelidae (Marder)	Mustela, Meles (Dachs), Mephitis (Stinktier)
Viverridae (Schleichkatzen)	Viverra, Paradoxurus
Hyaenidae	Crocuta, Hyaena
Felidae (Katzen)	Felis, Panthera (Löwe, Tiger)
c) Pinnipeda (Robben)	Otaria (Ohrenrobben), Eumetopias, Zalophus (Seelöwe), Odobenus (Walroß), Phoca (Seehund)

Protungulata
11. + Condylarthra	+ Phenacodus
12. + Litopterna	+ Macrauchenia
13. + Notungulata	+ Notostylops, + Homalodotherium
14. + Typotheria	
15. + Astrapotheria	
16. Tubulidentata	Orycteropus (Erdferkel)

Paenungulata
17. + Pantodonta	
18. + Dinocerata	
19. + Pyrotheria	
20. Proboscidea	Elephas (ind. Elefant), Loxodonta (afrik. Elefant)
21. + Embrithopoda	
22. Hyracoidea	Procavia, Dendrohyrax (Klippschliefer)
23. Sirenia	Trichechus, Dugong, + Hydrodamalis (Seekühe)

Mesaxonia
24. Perissodactyla (Unpaarhufer)	Equus (Pferd, Esel, Zebra), Tapirus, Rhinoceros, Dicerorhinus, Diceros (Nashörner)

Paraxonia
25. Artiodactyla (Paarhufer)	
Suidae (Schweine)	Sus, Phacochoerus, Potamochoerus, Tayassu, Babirussa
Hippopotamidae (Flußpferde)	Hippopotamus, Choeropsis
Tylopoda	Camelus, Lama
Ruminantia (Wiederkäuer)	Tragulus, Cervus, Muntiacus (Hirsche), Giraffa Bovidae: Bos (Rind), Ovis (Schaf), Capra (Ziege), Antilope

ANHANG 2

Außer vorstehendem, rationell begründetem System der Wirbeltiere sind noch folgende rein praktisch erprobte, allerdings auf Einzelmerkmalen beruhende, taxonomische Gliederungen im Gebrauch:

A. *Agnatha* (Kieferlose)

B. *Gnathostomata* (Kiefermäuler)

```
Placodermi      ⎫
Chondrichthyes  ⎬ PISCES   ⎫
Osteichthyes    ⎨ (Fische) ⎬ ANAMNIA
Choanichthyes   ⎭          ⎪
Amphibia                   ⎭

Reptilia   ⎫ SAUROP- ⎫
Aves       ⎬ SIDA    ⎬ AMNIOTA
Mammalia   ⎭         ⎭
```

Der Begriff der Ganoidfische (Ganoidei) hat kaum noch Berechtigung, da er völlig heterogene Gruppen auf Grund eines Einzelmerkmals (Ganoidschuppen) umfaßt. Man versteht darunter die Gruppen der Chondrostei, Palaeoniscoidea, Polypterini, Holostei und Crossopterygii.

ANHANG 3

Die folgenden Tabellen enthalten Angaben über die Dauer der Embryonalentwicklung der Wirbeltiere, über die Anzahl der Jungen in einem Wurf usw. Die Angaben über Anamnier sind nur annäherungsweise zu verwerten, da die Embryonalentwicklung dieser Formen sehr temperaturabhängig ist. Bei den Angaben über Reptilien ist zu beachten, daß das Ei auf einem relativ späteren Stadium abgelegt wird als bei Vögeln. Bei einem Vergleich zwischen beiden ist also den Reptilien jeweils etwa 1 Woche zuzurechnen. Die genauesten und umfassendsten Angaben liegen über Vögel vor. Wertvolle Zusammenstellungen bei HEINROTH, NIETHAMMER, für Säugetiere bei ASDELL, auf die sich unsere Angaben in erster Linie stützen.

ANAMNIA (nach PORTMANN)

	Dauer der Embryonalperiode
Acipenser (Stör)	5 Tage
Polypterus (Flösselhecht)	4 Tage
Amia (Schlammfisch)	8—14 Tage
Lepisosteus (Knochenhecht)	$5\frac{1}{2}$— 9 Tage
Neoceratodus (australischer Lungenfisch)	10—12 Tage
Protopterus (afrikanischer Lungenfisch)	8 Tage
Lepidosiren (amerikanischer Lungenfisch)	8—10 Tage

Anhang 3

REPTILIA (nach Portmann 1935)

	Dauer der Embryonalperiode
Rhynchocephalia	
Sphenodon (Brückenechse)	360—420 Tage
Chelonia	
Emys orbicularis (Sumpfschildkröte)	60—120 Tage
Caretta caretta (Seeschildkröte)	42— 48 Tage
Crocodylia	
Melanosuchus niger	>60 Tage
Alligator mississipiensis	56— 70 Tage
Lacertilia	
Heloderma suspectum	28— 30 Tage
Ophiosaurus ventralis	56— 60 Tage
Hemidactylus mabouya	63 Tage
Tupinambis nigropunctatus	64 Tage
Lacerta agilis (Zauneidechse)	68 Tage
Lacerta muralis (Mauereidechse)	83— 85 Tage
Lacerta viridis (Smaragdeidechse)	93—106 Tage
Draco fimbriatus (Flugdrache)	68 Tage
Calotes jubatus	84 Tage
Chalcides tridactylus	90 Tage (vivipar)
Ophidia (Schlangen)	
Natrix natrix (Ringelnatter)	75 Tage
Elaphe vulpina	37 Tage
Elaphe longissima	95 Tage
Vipera berus (Kreuzotter)	90 Tage (vivipar)
Naja tripudians	>83 Tage

AVES (Werte nach Heinroth 1922, Niethammer, Portmann 1935 u. a.)

	Zustand des frischgeschlüpften Jungen*)	Körpergewicht des erwachs. ♀ kg/g	Eigewicht g	Verhältnis Eigewicht zu Körpergewicht %	Eizahl in einem Gelege	Verhältnis Gelegegewicht zu Körpergewicht %	Brutdauer Tage
Ratiten							
Struthio (Strauß)	F	90 kg	1500	$1/60$; $1^3/_4$	± 15	$1/4$; 25	42
Rhea (Nandu)	F	20 kg	575	$1/85$; $2^3/_4$	11—15	$2/5$; 36	35
Dromaeus (Emu)	F	40 kg	600	$1/66$; $1^1/_2$	13	$1/5$; 20	56—58
Apteryx (Kiwi)	F	2,5 kg	455	$1/5$; 20	1	$1/5$; 20	?
Colymbiformes							
Podiceps cristatus (Haubentaucher)	F	1 kg	40	$1/25$; 4	4	$1/7$–$1/8$ 16	25
Sphenisciformes							
Aptenodytes pat. (Königspinguin)	H	32 kg	450	$1/70$; $1^2/_5$	1	$1/70$; $1^2/_5$	52
Spheniscus demersus (Brillenpinguin)	H	2,5 kg	105	$1/24$; $4^1/_4$	2	$1/12$; $8^1/_2$	42—43

*) H = Nesthocker   F = Nestflüchter

	Zustand des frisch-geschlüpften Jungen*	Körpergewicht des erwachs. ♀ kg/g	Eigewicht g	Verhältnis Eigewicht zu Körpergewicht %	Eizahl in einem Gelege	Verhältnis Gelegegewicht zu Körpergewicht %	Brutdauer Tage
Tubinares							
Diomedea (Albatros)	H	7,5 kg	470	$1/_{16}$; $6^{1}/_{4}$	1	$1/_{16}$; $6^{1}/_{4}$	60
Fulmarus (Eissturmvogel) .	H	680 g	105	$1/_{6}$; 15	1	$1/_{6}$; 15	60
Hydrobates pelagicus (Sturmschwalbe)	H	40 g	7	$1/_{6}$; 17	1	$1/_{6}$; 17	36
Steganopodes							
Pelecanus onocrotalus . . .	H	10 kg	165	$1/_{60}$; $1^{3}/_{4}$	2—3	$1/_{23}$; $4^{1}/_{3}$	38
Phalacrocorax carbo (Kormoran)	H	2,5 kg	47	$1/_{53}$; 2	3—4	$1/_{15}$; 7	23—24
Ciconiae							
Ciconia alba (weißer Storch) .	H	3,5 kg	118	$1/_{32}$; $3^{1}/_{10}$	3—5	$1/_{7}-1/_{8}$; 13	30
Ardea cin. (Fischreiher) . . .	H	1,5 kg	60	$1/_{25}$; 4	5	$1/_{5}$; 20	25—26
Phoenicopteri							
Phoen. ruber (Flamingo) . .	F	3 kg	160	$1/_{19}$; $5^{1}/_{4}$	2—3	$1/_{9}-1/_{10}$ 11	30—32
Anseres							
Somateria (Eiderente) . . .	F	2 kg	107	$1/_{19}$; $5^{1}/_{4}$	4—5	$1/_{4}$; 25	28
Anas platyrhynchos (Stockente)	F	1 kg	53	$1/_{19}$; $5^{1}/_{4}$	11	$3/_{5}$; 60	26
Hausenten	F	2,5 kg	75	$1/_{33}$; 3	—	—	28
Anser ans. (Graugans) . . .	F	3,5 kg	175	$1/_{12}$; $5^{1}/_{4}$	6—10	$1/_{3}$; 36	28—29
Aix sponsa (Brautente) . . .	F	630 g	48	$1/_{13}$; $7^{3}/_{4}$	11	$11/_{13}$; 85	31
Cygnus olor (Höckerschwan) .	F	9 kg	350	$1/_{26}$; 4	5—8	$1/_{4}$; 25	35
Falconiformes							
Gyps fulvus (Gänsegeier) . .	H	7 kg	240	$1/_{30}$; $3^{1}/_{3}$	1	$1/_{30}$; $3^{1}/_{3}$	51
Haliaeëtus albicilla (Seeadler)	H	5 kg	140	$1/_{36}$; $2^{3}/_{4}$	2—3	$1/_{14}$; 7	35 ?
Buteo but. (Mäusebussard) .	H	800 kg	60	$1/_{13}$; $7^{3}/_{4}$	3—4	$1/_{4}$; 25	28—31
Accipiter nisus (Sperber) . .	H	250 g	19	$1/_{14}$; 7	4—5	$1/_{3}$; 31	31
Falco t. (Turmfalk)	H	220 g	19	$1/_{11}-1/_{12}$; $8^{1}/_{2}$	4—6	$2/_{5}$; 43	28
Catharthes							
Vultur gr. (Kondor)	H	11 kg	275	$1/_{40}$; $2^{1}/_{2}$	1—2	$1/_{20}$; 5	55
Coragyps atrata (Rabengeier)	H	1,75 kg	115	$1/_{15}$; $6^{2}/_{3}$	2—3	$1/_{7}-1/_{8}$; $13^{1}/_{4}$	40
Galliformes							
Megapodius (Großfußhuhn) .	F	600 g	100	$1/_{6}$; 17	—	—	—
Pavo cr. (Pfau)	F	3 kg	85—100	$1/_{35}$; $2^{3}/_{4}$	6—7	$1/_{16}$; 17	26—28
Phasianus col. (Jagdfasan). .	F	900 g	30	$1/_{30}$; $3^{1}/_{3}$	13—17	$1/_{2}$; 50	24
Gallus gall. (Haushuhn) . . .	F	1,5 kg	60	$1/_{25}$; 4	—	—	20,5
Perdix p. (Rebhuhn)	F	375 g	13	$1/_{30}$; $3^{1}/_{3}$	15	$1/_{2}$; 50	23,5
Coturnix coturnix (Wachtel) .	F	100 g	7	$1/_{14}$; 7	8—14	$3/_{4}$; 75	18
Tetrao urogallus (Auerhahn) .	F	3,5 kg	50	$1/_{50}$; 2	6—8	$1/_{7}$; 14	26—28
Rallidae							
Fulica atra (Bläßhuhn) . . .	F	650 g	38	$1/_{17}$; 6	5—9	$2/_{5}$; 40	22—23
Gruidae							
Grus grus (Kranich)	F	5 kg	200	$1/_{26}$; 4	2	$1/_{13}$; 8	33

Anhang 3

	Zustand des frischgeschlüpften Jungen*)	Körpergewicht des erwachs. ♀ kg/g	Eigewicht g	Verhältnis Eigewicht zu Körpergewicht %	Eizahl in einem Gelege	Verhältnis Gelegegewicht zu Körpergewicht %	Brutdauer Tage
Limicolae							
Vanellus v. (Kiebitz)	F	200 g	25	$1/8$; $12^1/2$	4	$1/2$; 50	25—26
Scolopax rusticola (Waldschnepfe)	F	275 g	26	$1/{10}$–$1/{11}$; $9^1/2$	4	$2/5$; 38	20
Gallinago g. (Bekassine) . . .	F	100 g	16	$1/6$; 17	4	$2/3$; 68	19,5
Laridae							
Larus argentatus (Silbermöve)	F	1 kg	90	$1/{11}$; 9	3	$1/4$; 25	26
Lar. ridibundus (Lachmöve) .	F	250 g	38	$1/6$; 15	3	$1/2$; 50	24
Alcidae							
Uria lomvia (Lumme) . . .	F	1 kg	102	$1/{10}$; 10	1	$1/{10}$; 10	30—33
Pterocles							
Syrrhaptes paradoxus (Steppenflughuhn)	F	300 g	20	$1/{15}$; $6^2/3$	2—3	$1/6$; 18	28
Columbae							
Columba livia (Felsentaube) .	H	300 g	17	$1/{18}$; $5^1/2$	2	$1/9$; 11	17
Cuculi							
Cuculus canorus (Kuckuck) .	H	100 g	3	$1/{33}$; 3	—	—	12,5
Tauraco leucotis (Pisangfresser)	—	250 g	25	$1/{10}$; 10	2	$1/5$; 20	—
Opisthocomi							
Opisthocomus crist. (Schopfhuhn)	H–F	—	—	—	—	—	—
Psittaci (Papageien)							
Ara	H	1 kg	35	$1/{30}$; $3^1/3$	2	$1/{15}$; 7	23—25
Cacatua moluccensis (Molukkenkakadu)	H	850 g	32	$1/{27}$; $3^1/4$	2	$1/{13}$; $7^1/2$	—
Psittacus erithacus (Jako) . .	H	400 g	21	$1/{19}$; $5^1/4$	3—4	$1/5$; 18	30
Agapornis	H	40 g	2,35	$1/{18}$; $5^1/2$	—	—	21
Melopsittacus (Wellensittich)	H	30 g	2,3	$1/{12}$; $7^3/4$	4—6	$2/5$; 40	18
Nasiterna (Spechtpapagei) .	H	13 g	1,5	$1/9$; 11	—	—	—
Coraciiformes							
Coracias (Blaurake).	H	140 g	14	$1/{10}$; 10	4—5	$1/2$; 50	19
Alcedo (Eisvogel)	H	35 g	4,5	$1/8$; $12^1/2$	6—7	$3/4$–$6/7$; 75	21
Bucorvus (Hornrabe)	H	3,5 kg	87	$1/{40}$; $2^1/2$	—	—	—
Upupa (Wiedehopf)	H	80 g	4	$1/{20}$; 4	4—7	$1/4$; 25	16
Striges (Eulen)							
Bubo (Uhu)	H	3 kg	75	$1/{37}$; $2^3/4$	2—3	$1/{15}$; 7	35
Strix aluco (Waldkauz) . . .	H	500 g	40	$1/{13}$; $7^3/4$	3—4	$2/7$; 30	28,5
Tyto alba (Schleiereule) . . .	H	330 g	18,5	$1/{18}$; $5^1/2$	4—7	$1/4$; 25	30
Glaucidium (Sperlingskauz) .	H	75 g	9	$1/8$; $12^1/2$	4—7	$2/3$; 66	—
Caprimulgi							
Caprimulgus (Ziegenmelker) .	H	80 g	8	$1/{10}$; 10	2	$1/5$; 20	16

	Zustand des frisch-geschlüpften Jungen*)	Körpergewicht des erwachs. ♀ kg/g	Eigewicht g	Verhältnis Eigewicht zu Körpergewicht %	Eizahl in einem Gelege	Verhältnis Gelegegewicht zu Körpergewicht %	Brutdauer Tage
Cypseli (Segler)							
Apus (Mauersegler)	H	43 g	3,6	$1/12$; $8\,1/3$	2	$1/6$; 17	20
Trochilidae (Kolibris)							
Mellisuga	H	2 g	0,18–0,2	$1/10$; 10	2	$1/5$; 20	—
Ricordia ricordi	H	3,25 g	0,45	$1/8$; $12\,1/2$	2	$1/4$; 25	16 ?
Picidae (Spechte)							
Dryocopus martius (Schwarz-specht)	H	300 g	10—12	$1/25$–$1/30$; 3–4	3—5	$1/7$; 14	13
Dendrocopus maj. (gr. Buntspecht)	H	80 g	5,2	$1/15$–$1/16$; $6\,1/2$	4—8	$3/10$; 30	12—13
Jynx torquilla (Wendehals)	H	37 g	2,7	$1/14$; 7	7—8	$1/2$; 53	13
Passeriformes (Sperlingsvögel)							
Corvus corax (Kolkrabe)	H	1,3 kg	30	$1/45$; $2\,1/4$	4—6	$1/9$; 11	20—21
C. corone (Rabenkrähe)	H	500 g	17	$1/30$; $3\,1/3$	4—5	$1/7$; 14	18
Pica p. (Elster)	H	200 g	10	$1/20$; 5	5	$1/3$; 33	18
Paradisea apoda (Paradies-vogel)	H	300 g	12	$1/25$; 4	2	$1/12$; 8	—
Sturnus (Star)	H	77 g	6,5	$1/12$; $8\,1/3$	5—7	$1/2$; 50	14
Turdus merula (Amsel)	H	100 g	6—9	$1/13$; 8	4—5	$3/10$; 35	15
Luscinia (Nachtigall)	H	22 g	2,74	$1/8$; $12\,1/2$	5	$5/8$; 63	13
Phoenicurus (Rot-schwänzchen)	H	17 g	2,4	$1/7$; 14	5	$5/7$; 70	14
Troglodytes (Zaunkönig)	H	9,5 g	1,3	$1/7$; 14	6—7	$9/10$; 90	14—16
Passer domesticus (Haus-sperling)	H	30 g	3	$1/10$; 10	4—6	$1/2$; 50	12—13
Menura (Leierschwanz)	H	—	—	—	—	—	—

MAMMALIA (nach Asdell, Eisentraut, Fleay, Hanson, Hediger, Hill, Portmann, Schaller, Watzka u. a.)

MONOTREMATA (Prototheria)	Brutdauer	Graviditätsdauer	Eizahl	Eigröße
Tachyglossus	± 15 Tage ?	?	1	12:13 mm
Ornithorhynchus	12 Tage	13—14 Tage	2	15:17 mm

MARSUPIALIA (Metatheria)	Zahl der Jungen in einem Wurf	Graviditätsdauer
Didelphis virg. (amerik. Opossum)	8—12	12,5 Tage
Dasyurus viverrinus	6	8—14 Tage ?
Trichosurus vulpecula (austr. Opossum)	1	16 Tage
Macropus gig. (Riesenkänguruh)	1	38—40 Tage
PLACENTALIA (EUTHERIA)		
Insectivora		
Elephantulus myurus	2	
Chrysochloris	2	
Erinaceus (Igel)	4	34—49 Tage
Tenrec	16—32	
Talpa (Maulwurf)	1—6	28 Tage
Sorex (Spitzmaus)	6—7	13—19 Tage

Anhang 3

	Zahl der Jungen in einem Wurf	Graviditätsdauer
Chiroptera		
Rhinoloph. ferrumequinum	1	
Eptesicus fuscus	1—4 ?	
Myotis myotis	1	50 Tage
Pipistrellus pipistrellus	1	44 Tage
Pteropus (Flughunde)	1 (2)	± 6 Mon.
Primates		
Tupaia glis	1—3	45 Tage
Tarsius (Koboldmaki)	1 (2)	
Galago senegalensis	1—2	120 Tage
Lemur	1 (2)	146 Tage
Callithrix (Krallenäffchen)	2	140—150 Tage
Cebus (Kapuziner)	1	180 Tage
Alouatta (Brüllaffe)	1	140 Tage
Ateles (Klammeraffe)	1	140 Tage
Cercopithecus aethiops (Meerkatze)	1	210 Tage
Macaca irus	1	160—170 Tage
Macaca nemestrinus (Schweinsaffe)	1	170 Tage
Macaca mulatta	1	163 Tage
Papio hamadryas (Mantelpavian)	1	183 Tage
Hylobates (Gibbon)	1	?
Pongo pygmaeus (Orang)	1	233 Tage
Pan troglodytes (Schimpanse)	1	231 Tage (202—261) Tage
Gorilla gorilla	1	251—289 Tage
Homo	1	267 Tage (250—285) Tage
Carnivora		
Ursus americanus	1—4	210 Tage
Ursus arctos (Braunbär)	2	210 Tage
Thalarctos mar. (Eisbär)	2—4	240 Tage
Procyon lotor (Waschbär)	3—4	63 Tage
Nasua (Nasenbär)	4—5	77 Tage
Mustela erminea (Hermelin)	6—13	60 oder 240—270 Tage
Mustela furo (Frettchen)	8	42 Tage
Mustela vison (Mink)	4—5	39— 74 Tage
Gulo gulo (Vielfraß)	1—5	60 Tage
Canis (Hund)	1—10	58— 63 Tage
Vulpes vulpes (Fuchs)	3—7	49— 55 Tage
Crocuta crocuta (Hyäne)	1—2	110 Tage
Felis catus (Katze)	4	63 Tage
Panthera leo (Löwe)	2—6	108 Tage
Panthera tigris (Tiger)	1—6	105—109 Tage
Panthera pardus (Leopard)	1—4	92— 95 Tage
Lynx lynx (Luchs)	2—3	63 Tage
Zalophus calif. (Seelöwe)	1	345 Tage
Phoca vitul. (Seehund)	1—2	300 Tage
Odobenus (Walroß)	1	330—360 Tage
Cetacea (Wale)		
Delphinus delphinus	1	276 Tage
Phocaena (Tümmler)	1	183 Tage
Balaenoptera	1	360 Tage
Edentata		
Bradypus (Faultier)	1	120—180 Tage ?
Myrmecophaga	1	190 Tage
Dasypus novemc. (Gürteltier)	Polyembryonie	150 Tage

	Zahl der Jungen in einem Wurf	Graviditätsdauer
Lagomorpha		
Lepus europ. (Hase)	1—7	42 Tage
Oryctolagus cuniculus (Kaninchen)	5—19	30—32 Tage
Rodentia*)		
Sciurus (Eichhörnchen)	3 (1—6)	35 Tage
Castor (Biber)	1—6	90 Tage
Mesocricetus auratus (Goldhamster)	1—12	16 Tage
Microtus arvalis (Feldmaus)	5—6	20 Tage
Mus musc. (Maus)	4—7	18—20 Tage
Rattus rattus (Ratte)	7—9	21 Tage
Acomys (Stachelmaus)	2—3 (1—5)	35—38 Tage
Cavia (Meerschweinchen)	2 (1—8)	68 Tage
Hydrochoerus (Wasserschwein)	2 ?	120 Tage
Ungulata		
Procavia (Klippschliefer)	1—3	225 Tage
Elephas (indischer Elefant)	1	623 Tage
Hippopotamus (Flußpferd)	1	237 Tage
Sus scrofa (Schwein)	6—12	114 Tage
Kamel	1	406 Tage
Cervus elaph. (Hirsch)	1	234 Tage
Bos taurus (Rind)	1	280 Tage
Ovis aries (Schaf)	1—3	150 Tage
Diceros bicorn.	1	540 Tage
Equus cab. (Pferd)	1	330 Tage
E. asinus (Esel)	1	365 Tage
Tapirus terrestris (Tapir)	1	390 Tage

*) Ausführliche Daten zur Ontogenese der Nager siehe bei F. DIETERLEN. Z. Säugetierkunde 28, 1963.

Literatur

Allgemeines, Lehr- und Handbücher

Morphogenetica, de. 1948. (Fol. bioth.). A symposium, with contributions by C. P. Raven, F. E. Lehmann, E. Fauré-Fremiet, G. Reverberi.
AREY, L.: Developmental Anatomy. Philadelphia 1940.
BALINSKY, B. I. An introduction to embryology. Saunders, Philadelphia 1970.
BARGMANN, W.: Histologie und mikroskopische Anatomie des Menschen. 5. Aufl. Stuttgart 1964.
BAUTZMANN, H.: Die Bedingungen der embryonalen Gestaltung. Verh. dtsch. path. Ges. 1935.
BAUTZMANN, H.: Über einige neuere Beiträge zur Entwicklungsphysiologie der frühen Amphibienentwicklung. Verh. Anat. Ges. Kiel 1951.
BAUTZMANN, H.: Natur und Entfaltung organischer Gestalten. Hamburg 1948.
BECHER, H.: Über die Zweckmäßigkeitsforschung in der Embryologie und eine finale Betrachtung einiger Wachstumsvorgänge und Einrichtungen in der Plazenta. Anat. Anz. 56, 1923.
BERTALANFFY, L. v.: Kritische Theorie der Formbildung. Abh. z. theor. Biol. H. 27, Berlin 1928.
BERTALANFFY, L. v.: Theoretische Biologie. Bd. 1 u. 2, 1/Berlin 1932, 2/Bern 1952.
BETHE, BERGMANN, EMBDEN, ELLINGER: Handbuch der normalen und pathologischen Physiologie. Fortpflanzung Bd. 14, 1. Berlin 1926.
BRACHET, A.: L'œuf et les facteurs de l'ontogénèse. Paris 1931.
BRACHET, A.: Traité d'embryologie des vertébrés. 2. éd. Dalcq et Gérard. Paris 1935.
BRACHET, J.: The Biochemistry of development. London, Oxford, New York, Paris 1961.
BROMAN, I.: Normale und abnormale Entwicklung des Menschen. Wiesbaden 1911.
CAULLERY, M.: La morphogenèse et les progrès récents de la biologie. Revue suisse zool. 43, 1936.
CHILD, C. M.: Patterns and problems of development. Chicago 1941.
CORNER, G. W.: Ourselves unborn. An Embryologist's essay on man. New Haven 4 ed. 1948.
CORNING, H. K.: Lehrbuch der Entwicklungsgeschichte des Menschen. Wiesbaden 1921.
DA COSTA, A. C.: Éléments d'Embryologie. 2. éd. Paris 1948.
DALCQ, A.: L'organisation de l'œuf chez les Chordés. Étude d'Embryologie causale. Paris 1935.
DALCQ, A.: Form and causality in early development. Cambridge 1938.
DALCQ, A.: L'œuf et son dynamisme organisateur. Paris 1941.
FISCHEL, A.: Entwicklung des Menschen. Wien, Berlin 1929.
GIROUD, A., et A. LELIÈVRE: Éléments d'embryologie. Paris 1938.
GOERTTLER, K.: Entwicklungsgeschichte des Menschen. Berlin, Göttingen, Heidelberg 1950.
GURWITSCH, A.: Die histologischen Grundlagen der Biologie. Jena 1930.
HAMBURGER, V.: A manual of experimental embryology. Chicago 1942.
HAMILTON, W. J., J. D. BOYD, H. W. MOSSMANN: Human Embryology. Baltimore 1952.
HARMS, J. W.: Die Fortpflanzung der Tiere. Handb. d. Biol. III, Konstanz, ohne Jahr.
HARRISON, R. G.: Embryology and its relations. Science 85. 1937.
HARTMANN, M.: Allgemeine Biologie. 3. Aufl. Jena 1947.
HEILBRUNN, L. V.: An outline of general physiology. Philadelphia London 1947.
HERTWIG, O.: Handbuch der vergleichenden und experimentellen Entwicklungslehre der Wirbeltiere. 3 in 6 Bänden. Jena 1906.
HUETTNER, A. F.: Fundamentals of comparative embryology of the vertebrates. New York 1949.
HUXLEY, J. S., G. R. DE BEER: Elements of experimental embryology. Cambridge 1934.
KEIBEL, F., F. P. MALL: Handbuch der Entwicklungsgeschichte des Menschen. Bd. 1 u. 2. Leipzig 1910/11.
KERR, GRAHAM J.: Text-Book of Embryology. 2. Vertebrata with the exception of Mammalia. London 1919.
KORSCHELT, E.: Vergleichende Entwicklungsgeschichte der Tiere. Bd. 1 u. 2. Jena 1936.
KÜHN, A.: Vorlesungen über Entwicklungsphysiologie. Berlin, Göttingen, Heidelberg 1955.
LANGMAN, J.: Medizinische Embryologie. Thieme, Stuttgart 1970
LEHMANN, F. E.: Einführung in die physiologische Embryologie. Basel 1945.
LILLIE, F. R.: The development of the chick. New York 1940.
MOHR, H., P. SITTE: Molekulare Grundlagen der Entwicklung. (Akademie-Verlag) Berlin 1971.
NEEDHAM, J.: Chemical embryology. Cambridge 1931.
NEEDHAM, J.: Biochemistry and Morphogenesis. Cambridge 1950.
NELSEN, O. E.: Comparative Embryology of the Vertebrates. New York 1953.
PARKES, A. S.: Marshall's physiology of reproduction. London 2, 1952.
PETER, K.: Die Zweckmäßigkeit in der Entwicklungsgeschichte. Berlin 1920.
PETER, K.: Grundlagen einer funktionellen Embryologie. Bios 19, Leipzig 1947.
PFLUGFELDER, O.: Lehrbuch der Entwicklungsgeschichte und Entwicklungsphysiologie der Tiere. Jena 1962.
ROTMANN, E.: Entwicklungsphysiologie der Wirbeltiere. Naturf. u. Med. in Deutschland 1939–1946. 53. Biol. Teil 2. Wiesbaden 1948.
ROTMANN, E.: Entwicklungsphysiologie. Fortschr. d. Zool. N. F. 7. 1943.
SCHLEIP, W.: Die Determination in der Primitiventwicklung. Leipzig 1929.
SEIDEL, F.: Entwicklungsphysiologie der Tiere. Bd. 1 u. 2. Göschen-Samml. 1162–1163, Berlin 1953.
SIEWING, R.: Lehrbuch der vergleichenden Entwicklungsgeschichte der Tiere. Parey, Berlin 1969.
SPEMANN, H.: Experimentelle Beiträge zu einer Theorie der Entwicklung. Berlin 1936.
STARCK, D.: Vergleichende Entwicklungsgeschichte der Wirbeltiere. Fortschr. d. Zool. N. F. 8, 9. 1947/1952.
STARCK, D.: Ontogenie und Entwicklungsphysiologie der Säugetiere. Berlin 1959.
TUCHMANN-DUPLESSIS, H., G. DAVID, P. HAEGEL: Illustrated human embryology. 1. Embryogenesis. 2. Organogenesis New York-London-Paris 1972
WEISS, P.: Entwicklungsphysiologie der Tiere. Dresden/Leipzig 1930.
WEISS, P.: Principles of development. New York 1939.
WILLIER, B. H., P. M. WEISS, V. HAMBURGER: Analysis of development. Philadelphia, London 1955. Neudruck 1956,
WITSCHI, E.: Development of Vertebrates. Philadelphia, London 1956.
ZIEGLER, H. E.: Lehrbuch der vergleichenden Entwicklungsgeschichte der niederen Wirbeltiere. Jena 1902.

Gonaden, Keimzellen, Keimzellbildung und Reifung, Corpus luteum, Befruchtung, Sexualität

Conference on Problems of general and cellular physiology relating to Fertilization. I. II. III. Amer. Naturalist 83, 1949.
ALLEN, B. M.: The embryonic development of the ovary and testis of the mammals. Amer. J. Anat. 3, 1904.
ALLEN, E.: Ovogenesis during sexual maturity. Amer. J. Anat. 32, 1923/24.
ÅNBERG, Å.: The Ultrastructure of the human spermatozoon. Acta obstetr. gyn. Scand. 36 Suppl. 2 1957.
ANDRÉ, J.: Etude morphologique au microscope électronique de l'ovocyte de la tégénaire (Aranéidae). Bull. Microsc. appl. 8 1958.
ANDRÉ, J., C. ROUILLER: The ultrastructure of the vitelline body in the oocyte of the spider Tegenaria parietina. J. Biophys. Biochem. Cytol. 3 1957.
ATHIAS, M.: Recherches sur les cellules interstitielles de l'ovaire des Chéiroptères. Arch. biol. 30, 1920.
AUSTIN, C. R.: The Mammalian egg. Oxford (Blackwell) 1961.
AUSTIN, C. R., E. C. AMOROSO: Das Säuger-Ei. Endeavour 18, 1959.
AUSTIN, C. R., M. W. H. BISHOP: Fertilization in mammals. Biol. Rev. 32, 1957.
AUSTIN, C. R., J. SMILES: Phase contrast microscopy in the study of fertilization and early development of the rat egg. J. Roy. Microsc. Soc., 68, 1948.
BACHMANN, R.: Untersuchungen über den Ovulationstermin. Z. mikrosk. anat. Forsch. 40, 1936.
BALTZER, F.: Über die experimentelle Erzeugung und die Entwicklung von Triton-Bastarden ohne mütterliches Kernmaterial. Verh. Schweiz. naturforsch. Ges. 1920.
BALTZER, F.: Über die Herstellung und Aufzucht eines haploiden Triton taeniatus. Verh. Schweiz. naturforsch. Ges. 103, 1922.
BALTZER, F.: Untersuchungen über die Entwicklung und Geschlechtsbestimmung der Bonellia. Pubbl. Staz. zool. Napoli 6, 1925.
BALTZER, F.: Über die Vermännlichung indifferenter Bonellia-Larven durch Bonellia-Extrakte. Rev. suisse zool. 33, 1926.
BALTZER, F.: Über metagame Geschlechtsbestimmung und ihre Beziehung zu einigen Problemen der Entwicklungsmechanik und Vererbung. Verh. dtsch. zool. Ges. 1928.
BALTZER, F.: Über die Entwicklung des Tritonmerogons Triton taeniatus ♀ x cristatus ♂. Rev. suisse zool. 37, 1930.
BALTZER, F.: Entwicklungsphysiologische Analyse der Intersexualität. Rev. suisse zool. 44, 1937.
BALTZER, F.: Entwicklungsmechanische Untersuchungen an Bonellia viridis III. Über die Entwicklung und Bestimmung des Geschlechts und die Anwendbarkeit des Goldschmidtschen Zeitgesetzes der Intersexualität bei Bonellia viridis. Pubbl. staz. zool. Napoli 16, 1937.
BALTZER, F.: Analyse des Goldschmidtschen Zeitgesetzes der Intersexualität auf Grund eines Vergleiches der Entwicklung der Bonellia- und Lymantria-Intersexe. Zeitlich gestaffelte Wirkung der Geschlechtsfaktoren (Zeitgesetz), Faktorengleichzeitigkeit (Gen-Gleichgewicht). Roux Arch. 136, 1937.
BALTZER, F.: The behaviour of nuclei and cytoplasm in amphibian interspecific crosses. Symposia Soc. Exper. Biol. 6, 1952.
BATAILLON, E.: Etudes cytologiques et expérimentales sur les œufs immatures de Batraciens. Roux Arch. 117, 1929.
BEAMS, H. W., J. F. SHEEHAN: The yolk-nucleus complex of the human ovum. Anat. Rec. 81, 1941.
BEDFORD, J.M.: An electron microscopic study of sperm penetration into the rabbit egg after natural mating. Amer. J. Anat. 133, 1972, 213–254.
v. BERENBERG-GOSSLER, H.: Die Urgeschlechtszellen des Hühnerembryos am 3. und 4. Bebrütungstage mit besonderer Berücksichtigung der Kern- und Plasmastrukturen. Arch. mikrosk. Anat. 81, 1912.
v. BERENBERG-GOSSLER, H.: Über Herkunft und Wesen der sogenannten primären Urgeschlechtszellen der Amnioten. Anat. Anz. 47, 1914.
BHATTACHARYA, B. C.: Die verschiedene Sedimentationsgeschwindigkeit der x- und y-Spermien und die Frage der willkürlichen Geschlechtsbestimmung. Z. wiss. Zool. 166, 1962.
BIELIG, H. J., F. Graf MEDEM: Wirkstoffe der tierischen Befruchtung. Experientia 5, 1949.
BIELIG, H. J., P. DOHRN: Zur Frage der Wirkung von Echinochrom A und Gallerthüllensubstanz auf die Spermatozoen des Seeigels Arbacia lixula (A. pustulosa.). Z. Naturforsch. 5b, 1950.
BISHOP, M. W. H., C. R. AUSTIN: Die Spermien der Säuger. Endeavour 16, 63, 1957.
BLANDAU, R. J., D. L. ODOR: Observations on sperm penetration into the ooplasm and changes in the cytoplasmic components of the fertilizing spermatozoon in rat ova. Fertility and Steril. 3, 1952.
BOUIN, M.: Histogenèse de la glande génitale femelle chez Rana temporaria. Arch. biol. 17, 1901.
BOUIN, M., P. ANCEL: Recherches sur les cellules interstitielles du testicule des mammifères. Arch. Zool. expér. et gen. 4, 1903.
BOUNOURE, L.: L'origine des cellules reproductrices et le problème de la ligne germinale. Collect. des actualités biol. Paris 1939.
BOVERI, TH.: Ein geschlechtlich erzeugter Organismus ohne mütterliche Eigenschaften. S.ber. Ges. Morph. Phys. München 5, 1889.
BOVERI, TH.: Das Problem der Befruchtung. Jena 1902.
BOVERI, TH.: Über die Charactere von Echinidenbastardlarven bei verschiedenen Mengenverhältnissen väterlicher und mütterlicher Substanzen. Verh. Phys. med. Ges. Würzburg, N. F. 43, 1914.
BOVERI, TH.: Zwei Fehlerquellen bei Merogonieversuchen und die Entwicklungsfähigkeit merogonischer und partiell merogonischer Seeigelbastarde. Roux Arch. 44, 1918.
BRACHET, A.: L'œuf et les facteurs de l'ontogénèse. Paris 1930.
BRADEN, A. W. H., C. R. AUSTIN, H. A. DAVID: The reaction of the zona pellucida to sperm penetration. Aust. J. Biol. Sci. 7, 1954.
BRADEN, A. W. H., C. R. AUSTIN: Fertilization of the mouse egg and the effect of delayed coitus and of hot-shock treatment. Aust. J. Biol. Sci. 7, 1954.
BRADFIELD, J. R. G.: Radiographic studies on the formation of the hen's egg shell. J. Exper. Biol. 28, 1951.
BRAMBELL, F. W. R.: The development and morphology of the gonads of the mouse. I. Proc. Roy. Soc. B. 101, 1927.
BREWER, J. I.: Studies of the human corpus luteum. Amer J. Obstetr. Gynec. 44, 1942.
BURR, J. H., J. J. DAVIS: The vascular system of the rabbit ovary and its relationship to ovulation. Anat. Rec. 111, 1951.
CASPERSON, T.: Nukleinsäureketten und Genvermehrung. Chromosoma 1, 1939.
CHANG, M. C.: Der gegenwärtige Stand der Säugetierei-Transplantation. Wien. tierärztl. Mschr. 37, 1950.
CHANG, M. C., G. PINCUS: Physiology of fertilization in mammals. Physiol. Rev. 31, 1951.
CHIQUOINE, A.D.: The identification, origin and migration of the primordial germ cells in the mouse embryo. Anat. Rec. 118, 1954, 135.
CLERMONT, Y., C.P. LEBLOND: Spermiogenesis of man, monkey, ram and other mammals as shown by periodic acid-Schiff technique. Amer. J. Anat. 96, 1955, 229.
CLERMOND, Y., C.P. LEBLOND: Renewal of spermatogonia in the rat. Amer. J. Anat. 93, 1953, 475.
CLERMOND, Y., C.P. LEBLOND: Differentiation and renewal of spermatogonia in the monkey. Amer. J. Anat. 104, 1959, 237.
CLERMOND, Y., C. HUCKINS: Microscopic anatomy of the sex glands and seminiferous tubules in growing and adult male albino rats. Amer. J. Anat. 108, 1961, 78.
CLERMOND, Y., B. PERY: Quantitative study of the cell population of the seminiferous tubules in immature rats. Amer. J. Anat. 100, 1957, 241.
CORNER, G. W.: Cytology of the ovum, ovary and Fallopian tube. Special cytology 2. ed. New York 1932.
CORNER, G. W.: The fate of the corpora lutea and the nature of the corpora aberrantia in the Rhesus monkey. Contrib. Embryol. 30, 1942.
CORNER, G. W., C. G. HARTMANN, G. W. BARTELMEZ: Develop-

ment, organization and breakdown of the corpus luteum in the Rhesus monkey. Contrib. Embryol. 31, 1945.
DA COSTA, A. C.: Les Gonocytes primaires chez les Mammifères. C. r. Ass. anat. 27, 1932.
DALCQ, A. M.: L'organisation de l'oocyte et du follicule ovarien chez les mammifères. C. r. Ass. anat. 61, 1951.
DANTSCHAKOFF, V.: Der Aufbau des Geschlechts beim höheren Wirbeltier. Jena 1941.
DUBREUIL, G.: Les glandes endocrines de l'ovaire féminin. Leur variabilité, leurs variations d'après des observations morphologiques personelles. Gynéc. et obstétr. 49, 1950.
ELERT, R.: Der Mechanismus der Eiabnahme im Laparoskop. Zbl. Gynäk. 69, 1947.
EVERETT, N. B.: The present status of the germ cell problem in vertebrates. Biol. Rev. 20, 1945.
FALIN, L. I.: The development of genital glands and the origin of germ cells in human embryogenesis. Acta Anat. 72, 1969, 195–232.
FANKHAUSER, G., C. MOORE: Cytological and experimental studies of polyspermy in the newt Triturus viridescens. J. Morph. 68, 1941.
FAWCETT, D. W.: The development of mouse ova under the capsule of the kidney. Anat. Rec. 108, 1950.
FAWCETT, D. W., M. H. BURGOS: Observations of the cytomorphosis of the germinal and interstitial cells of the human testis. Ciba Foundation Coll. Ageing. 2, 1956.
FAWCETT, D. W., D. M. PHILLIPS: The fine structure and development of the neck region if the Mammalian spermatozoon. Anat. Rec. 165, 1969, 153–184.
FELIX, W.: Die Entwicklung der Harn- und Geschlechtsorgane. In Handbuch d. Entwicklungsgesch. Keibel-Mall, Bd. 2, Leipzig 1911.
FERNER, H., I. MÜLLER: Die Bildung der Kopfkappe (Akrosom) bei der Spermienentwicklung des Mauswiesels (Mustela nivalis L.). Z. Zellfg. 54, 1961.
FRIEDLÄNDER, M. H. G.: Observations on the structure of human spermatozoa. An electron microscope inquiry. Proc. Roy. Soc. B 140, 1952.
GILLMAN, J.: The development of the gonads in man, with a consideration of the role of the fetal endocrines and the histogenesis of ovarian tumors. Contrib. Embryol. 32, 1948.
GOLDSCHMIDT, R.: Die sexuellen Zwischenstufen. Berlin 1931.
GOLDSCHMIDT, R.: Lymantria. Bibliogr. Genetica 11, 1934.
GOLDSCHMIDT, R.: The time law of intersexuality. Genetica 20, 1938.
GOLDSCHMIDT, R.: The interpretation of the structure of triploid intersexes in Solenobia. Arch. Jul.-Klaus-Stiftung 21, 1946.
HADEK, R.: Mammalian fertilization. An atlas of ultrastructure Academic Press, New York-London 1969.
HAMILTON, W. J.: Phases of maturation and fertilization in human ova. J. Anat. 78, 1944, 1.
HÄMMERLING, J.: Entwicklung und Formbildungsvermögen von Acetabularia mediterranea. Biol. Zbl. 51, 1931.
HÄMMERLING, J.: Entwicklung und Formbildungsvermögen von Acetabularia mediterranea. Biol. Zbl. 52, 1932.
HÄMMERLING, J.: Über formbildende Substanzen bei Acetabularia mediterranea, ihre räumliche und zeitliche Verteilung und ihre Herkunft. Roux Arch. 131, 1934.
HÄMMERLING, J.: Über Genomwirkung und Formbildungsfähigkeit bei Acetabularia. Roux Arch. 132, 1934.
HARMS, W.: Körper und Keimzellen, Bd. 1, 2. Berlin 1926.
HARTMANN, M.: Die Sexualität. Jena 1943.
HARTMANN, M.: Allgemeine Biologie. 3. Aufl. Jena 1947.
HAUENSCHILD, C.: Befruchtung und Gamone. Fortschr. d. Zool. 10, 1956.
HEDBERG, E.: The chemical composition of the human ovarian oocyte. Acta Endocrinol. 14, 1954.
HENKING, H.: Untersuchungen über die ersten Entwicklungsvorgänge in den Eiern der Insekten. Z. wiss. Zool. 51, 1891.
HENKING, H.: Über Spermatogenese und deren Beziehung zur Eientwicklung bei Pyrrhocoris apterus. Z. wiss. Zool. 54, 1892.
HERBST, C.: Vererbungsstudien X. Roux Arch. 39, 1914.
HERTIG, A. T.: The primary human oocyte: Some observations on the fine structure of Balbianis body the origin of theannulate lamellae. Amer. J, Anat. 122, 1968, 107–138.
HERTWIG, G.: Parthenogenesis bei Wirbeltieren, hervorgerufen durch artfremden radiumbestrahlten Samen. Arch. mikrosk. Anat. 81, 1913.
HERTWIG, G.: Die Entfaltung der Erbanlagen. Z. indukt. Abstamm.-Vererb.lehre 27, 1922.
HERTWIG, G.: Die Verpflanzung haploidkerniger Zellen, eine Methode embryonaler Transplantation. Roux Arch. 105, 1925.
HERTWIG, G., P. HERTWIG: Triploide Froschlarven. Arch. mikrosk. Anat. 1920 (Hertwig-Festschrift).
HERTWIG, P.: Bastardierung und Entwicklung von Amphibieneiern ohne mütterliches Kernmaterial. Z. indukt. Abstamm.-Vererb.lehre 27, 1922.
HERTWIG, R.: Eireife und Befruchtung. Hdb. vgl. u. exper. Entwicklungslehre d. Wirbeltiere, Bd. 1, 1906.
HILSCHER, W., H. B. MAKOSKI: Histologische und autoradiographische Untersuchungen zur „Praespermatogenese" und „Spermatogenese" der Ratte. Z. Zellforsch. 86, 1968, 327 bis 350.
HOLSTEIN, A. F., H. WARTENBERG, E. WULFHEKEL: Zytomorphologische Studien an der Spermatogenese des Menschen. Verh. Anat. Ges. 45. Vers. 1971a. 91–93.
HOLSTEIN, A. F., H. WARTENBERG, J. VOSSMEYER: Zur Cytologie der pränatalen Gonadenentwicklung beim Menschen. III. Die Entwicklung der Leydigzellen im Hoden von Embryonen und Feten. Z. Anat. 135, 1971b, 43–66.
HOLSTEIN, A. F., H. WARTENBERG: On the cytomorphology of human Spermatogenesis. Morphol. aspects of Andrology (HOLSTEIN, HORSTMANN, Hrsg.) 1, 1970, 8–12.
HOLSTEIN, A. F., U. WULFHEKEL: Die Semidünnschnitt-Technik als Grundlage für eine cytologishe Beurteilung der Spermatogenese des Menschen. Andrologie 3, 1971, 65–69.
HORSTMANN, E.: Elektronenmikroskopische Untersuchungen zur Spermiohistogenese beim Menschen. Z. Zellfg. 54, 1961.
HORSTMANN, E.: Elektronenmikroskopie des menschlichen Nebenhodenepithels. Z. Zellfg. 57, 1962.
JOHNSTON, P. M.: The embryonic history of the germ cells of the largemouth black bass, Micropterus salmoides (Lacépède). J. Morph. 88, 1951.
JONES-SEATON, A.: Etude de l'organisation cytoplasmique de l'œuf des rongeurs, principalement quant à la basophilie ribonucléique. Arch. biol. 61, 1950.
KELLER, L.: Das Bindegewebegerüst des Eierstockes und seine funktionelle Bedeutung. I. Morph. Jb. 88, 1943; II. Z. mikrosk.-anat. Forsch. 52, 1942.
KELLER, L.: Beobachtungen über die Genese der Luteinzellen. Arch. Gynäk. 177, 1950.
KNIEP, H.: Geschlechterverteilung bei den Pflanzen. Tabulae biol. 5, 1929.
KOHN, A.: Über den Bau des embryonalen Pferdeeierstockes (ein Beitrag zur Kenntnis der Zwischenzellen). Z. Anat. 79, 1926.
KORSCHELT, E.: Über Bau und Entwicklung von Dinophilus apatris. Z. wiss. Zool. 37, 1882.
KORSCHELT, E.: Ophryotrocha puerilis. Z. wiss. Zool. 57, 1894.
KUMMERLÖWE, H.: Vergleichende Untersuchungen über das Gonadensystem weiblicher Vögel. I. II. III. Z. mikrosk.-anat. Forsch. 21, 22, 24. 1930, 1931.
LANDAU, R.: Der ovariale und tubale Abschnitt des Genitaltractus beim nicht-graviden und beim früh-graviden Hemicentetes-Weibchen. Biomorphosis, 1. 1939.
LEBLOND, C. P.: Spermiogenesis of rat, mouse, hamster, and guinea pig as revealed by the "periodic acid-fuchsin sulfurous acid" technique. Amer. J. Anat. 90, 1952, 167.
LUDWIG, W., CH. BOOST: Die Abhängigkeit des menschlichen Geschlechtsverhältnisses von Erb- und Umwelteinflüssen, insbesondere vom Kriege. Klin. Wschr. 22, 1943.
LUDWIG, W., CH. BOOST: Über Beziehungen zwischen Elternalter, Wurfgröße und Geschlechtsverhältnis bei Hunden. Z. Vererb.lehre 27, 1951.
LUDWIG, W., CH. BOOST: Über Certation und Spermiendimorphismus bei Tier und Mensch. Z. Naturforsch. 2, 1947.
MANCINI, R. E., R. NARBAITZ, J. S. LAVIERI: Origin and development of the germinative epithelium and Sertoli cells in the human testis; cytological, cytochemical and quantitative study. Anat. Rec. 136 (1960), 477.
MARCHAL, E. et E.: Recherches expérimentales sur la sexualité des spores chez les mousses dioiques. Mém. Acad. Belg. 2, s. 1, 1906.

Marchal, E. et E.: Aposporie et sexualité chez les mousses. I. II. III. Bull. Acad. Belg. 1907, 1909, 1911.
Marshall, F. H. A.: Physiology of reproduction. London 1922.
Matthey, R.: Les chromosomes des vertébrés. Lausanne 1949.
Meisenheimer, J.: Geschlecht und Geschlechter im Tierreich. Jena, Bd. 1, 1921; Bd. 2, 1930.
Merker, H. J.: Elektronenmikroskopische Untersuchungen über die Bildung der Zona pellucida in den Follikeln des Kaninchenovars. Z. Zellfg. 54, 1961.
Moore, A. R.: The relation of ions to the appearance and persistence of the fertilization and hyaline membranes in the eggs of the sea urchin. Amer. Naturalist 83, 1949.
Moricard, R., J. Bossu: De la pénétration du spermatozoide dans les ovocytes des mammifères. Etude après ponte artificielle in vivo. Action de l'hyaluronidase in vitro. C. r. Ass. anat. 55, 1949.
Mossman, H. W., K. L. Duke: Comparative morphology of the Mammalian ovary. Madison, London, 1973, 461 pgs.
Nachtsheim, H.: Künstliche Jungfernzeugung beim Säugetier. Umschau 45, 1941.
Nieuwkoop, P. D.: Experimental investigations on the origin and determination of the germ cells and on the development of the lateral plates and germ ridges in Urodeles. Arch. Néerland. Zool. 8, 1946.
Noyes, R. W.: Fertilization of follicular ova. Fertility and Steril. 3, 1952.
Nussbaum, M.: Zur Differenzierung der Geschlechter im Tierreich. Arch. mikrosk. Anat. 18, 1880.
Nussbaum, M.: Zur Entwicklung des Geschlechts beim Huhn. Verh. Anat. Ges. 15, 1901.
Odeblad, E., H. Boström: A time-picture relation study with autoradiography on the uptake of labelled sulphate in the graafian follicles in the rabbit Acta radiol. Stockholm 39, 1953.
Odor, D. L.: Electron microscopic studies on ovarian oocytes and unfertilized tubal ova in the rat. J. biophys. biochem. Cytol. 7, 1960.
Odor, L. D., R. J. Blandau: Observations of fertilization phenomena in rat ova. Anat. Rec. 103, 1949.
Odor, L. D., R. J. Blandau: Observations on fertilization and the first segmentation division in rat ova. Amer. J. Anat. 89, 1951.
Oehler, I. E.: Beitrag zur Kenntnis des Ovarialepithels und seiner Beziehungen zur Oogenese. Untersuchungen an foetalen und kindlichen Ovarien. Acta anat. 12, 1951.
Oltmanns, F.: Morphologie und Biologie der Algen. Bd. 1–3. Jena 1922/23.
Ortmann, R.: Zur Darstellung der Gesamtlipoide an Pflügerschen Schläuchen und Oozyten im Hundeovar. Morph. J. 95, 1955.
Padoa, E.: Storia naturale del sesso. ed. 1948.
Patzelt, V.: Der Eierstock der Säugetiere und die Phylogenese. Ergeb. Anat. 35, 1956.
Patzelt, V.: Über das Ovarium der Huftiere. Z. mikr. anat. Fg. 62, 1956.
Petry, G.: Die Konstruktion des Eierstockbindegewebes und dessen Bedeutung für den ovariellen Zyklus. Z. Zellforsch. 35, 1950.
Pincus, G.: The eggs of mammals. New York 1936.
Pincus, G., B. Saunders: The comparative behavior of mammalian eggs in vivo and in vitro. VI. The maturation of human ovarian ova. Anat. Rec. 75, 1939.
Politzer, G.: Die Keimbahn des Menschen. Z. Anat. 100, 1933.
Ponse, K.: Le problème du sexe et l'évolution de l'organe de Bidder du crapaud. Proc. soc. Inst. Congr. sex. Res. London 1931.
Ponse, K.: La différenciation du sexe et l'intersexualité chez les vertébrés. Lausanne 1949.
Raven, Chr. P.: Oogenesis, the storage of developmental information. Oxford, London, New York, Paris 1961.
Reisinger, E.: Die cytologische Grundlage der parthenogenetischen Dioogonie. Chromosoma 1, 1940.
Roosen-Runge, E. C., F. B. Barlow: Quantitative studies on human spermatogenesis. I. Spermatogonia. Amer. J. Anat. 93, 1953.
Roosen-Runge, E. C.: Kinetics of spermatogenesis in mammals. Ann. N. Y. Acad. Sc. 55, 1952.

Rubaschkin, W.: Über die Urgeschlechtszellen bei Säugetieren. Anat. Hefte 39, 1909.
Rubaschkin, W.: Zur Lehre von der Keimbahn bei Säugetieren. Über die Entwicklung der Keimdrüsen. Anat. Hefte 46, 1912.
Rückert, J.: Über Polyspermie. Anat. Anz. 37, 1910.
de Rudder, B.: Knabengeburt und Krieg. Dtsch. med. Wschr. 75, 1950.
Runnström, J.: Some results and views concerning the mechanism of initiations of development in the sea-urchin egg. Pubbl. Staz. zool. Napoli 21, 1949.
Schirren sen. C. G., A. F. Holstein, C. Schirren: Über die Morphogenese rundköpfiger Spermatozoen. Andrologie 3, 1971, 117–125.
Schröder, R.: Weibliche Genitalorgane, in v. Möllendorff, Hdb. d. mikrosk. Anat. d. Menschen, Bd. 7, 1, Berlin 1929.
Schwarz, W., P. M. Carsten, H. J. Merker: Elektronenmikroskopische Untersuchungen an den Mitochondrien der Eizellen im Primärfollikel des Kaninchens. Proc. Europ. Congr. on Electr. Micr. 1960, 2.
Seiler, J.: Resultate aus der Kreuzung parthenogenetischer und zweigeschlechtlicher Schmetterlinge. Arch. Jul.-Klaus-Stift. 17, 1942.
Seiler, J.: Bemerkungen zu Goldschmidts Interpretation der intersexen Solenobien. Arch. Jul.-Klaus-Stift. 16, 1946.
Seiler, J.: Deutung des Phänomens der Intersexualität. Verh. internat. Zool. Kongr. Paris 1948.
Seiler, J.: Resultate aus einer Artkreuzung zwischen Solenobia triquetrella F. R. und Sol. fumosella H. (Lep. Psych.), Intersexualität in F_1. Arch. Jul.-Klaus-Stift. 24, 1949.
Seiler, J.: Das Intersexualitätsphänomen. Zusammenfassende Darstellung des Beobachtungsmaterials an Solenobia triquetrella (Lep. Psychidae) und Deutungsversuch. Experientia 5, 1949.
Seiler, J., E. Humbel, H. Ammann: Das sexuelle Mosaik diploider Intersexe aus der Kreuzung Solenobia triquetrella x S. fumosella (Lep. Psych.). Experientia 5, 1949.
Shettles, L. B.: Ovum humanum. Wachstum, Reifung, Ernährung, Befruchtung und frühe Entwicklung. München, Berlin 1960.
Smith, A. N.: Fertilization in vitro of the mammalian egg. Biochem. Soc. Symposia Nr. 7, 1951.
Sotelo, J. R., K. R. Porter: An electron microscope study of the rat ovum. J. biophys. biochem. Cytol. 5, 1959.
Stärck, O. J.: Entwicklung der Gonaden und Geschlechtszellen bei Triton alpestris, cristatus und taeniatus, mit besonderer Berücksichtigung ihrer Verschiedenheiten. Z. Zellfg. 41, 1955.
Stegner, H. E.: Die elektronenoptische Struktur der Eizelle. Ergeb. Anat Entwickl.-Gesch. 39, 1967, 1–113.
Stegner, H. E., H. Wartenberg: Elektronenmikroskopische und histotopochemische Befunde an menschlichen Eizellen. Arch. Gynaekol. 196, 1961.
Stegner, H. E., H. Wartenberg: Elektronenmikroskopische und histotopochemische Untersuchungen über Struktur und Bildung der Zona pellucida menschlicher Eizellen. Z. Zellfg. 53, 1961.
Stieve, H.: Männliche Genitalorgane, in v. Möllendorff, Hdb. mikrosk. Anat. d. Menschen, Bd. 7, 2, Berlin 1930.
Strauss, F.: Die Befruchtung und der Vorgang der Ovulation bei Ericulus aus der Familie der Centetiden. Biomorphosis 1, 1939.
Strauss, F.: Die Bildung des Corpus luteum bei Centetiden. Biomorphosis 1, 1939.
Strauss, F., F. Bracher: Das Epoophoron des Goldhamsters. Rev. suisse zool. 61, 1954.
Telkkä, A., D. W. Fawcett, A. K. Christensen: Further observations on the structure of the mammalian sperm tail. Anat. Rec. 141, 1961.
Thomson, A.: The maturation of the human ovum. J. Anat. 53, 1919.
Torrey, Th. W.: Intraocular grafts of embryonic gonads of the rat. J. Exper. Zool. 115, 1950.
Urbani, E.: Ricerche comparative sui nuclei vitellini di alcune specie animali. Riv. biol. n. s. 41, 1949.
Vossmeyer, J.: Zur Cytologie der pränatalen Gonaden-Entwicklung. I. Die Histogenese des Hodens, an Eporschnitten untersucht. Z. Anat. 134, 1971, 146–164.

VAN WAQENEN, G., M. E. SIMPSON: Embryology of the Ovary and Testis. Homo Sapiens and Macaca mulatta. Yale Univ. Press, New-Haven 1965, 256, 90 Tfen.
WARTENBERG, H.: Elektronenmikroskopische Untersuchungen über den Rindenbereich der Amphibienoocyte und über die Veränderungen vor und nach der Befruchtung. Symposion on Germ Cells and Development 1960.
WARTENBERG, H.: Elektronenmikroskopische und histochemische Studien über die Oogenese der Amphibieneizelle. Z. Zellfg. 58, 1962.
WARTENBERG, H., A. F. HOLSTEIN und J. VOSSMEYER: Zur Cytologie der pränatalen Gonaden-Entwicklung. II. Elektronenmikroskopische Untersuchungen über die Cytogenese von Gonocyten und fetalen Spermatogonien im Hoden. Z. Anat. 134, 1971, 165–185.
WARTENBERG, H., W. SCHMIDT: Elektronenmikroskopische Untersuchungen der strukturellen Veränderungen im Rindenbereich des Amphibieneies im Ovar und nach der Befruchtung. Z. Zellfg. 54, 1961.
WARTENBERG, H., H. E. STEGNER: Über die elektronenmikroskopische Feinstruktur des menschlichen Ovarialeies. Z. Zellfg. 52, 1960.
WARTENBERG, H., H. E. STEGNER: Die Feinstruktur des menschlichen Ovarialeies. Verh. 1. Europ. Anat. Kongr. Straßburg 1960, Jena 1962.
WATSON, M. L.: Spermatogenesis in the albino rat as revealed by electron microscopy. A preliminary report. Biochim. biophysica acta 8, 1952.
WEISMANN, A.: Die Kontinuität des Keimplasmas. Jena 1885.
WIESE, L.: Gamone. Fortschritte d. Zool. 13, 1961.
WILSON, E. B.: The cell in development and heredity. 3d ed. 1928.
DE WINIWARTER, H.: Etudes sur la spermatogénèse humaine. Arch. biol. 27, 1912.
DE WINIWARTER, H., K. OGUMA, New York: Nouvelles recherches sur la spermatogénèse humaine. Arch. biol. 36, 1926.
WISLOCKI, G. B.: Cytochemical reactions of human spermatozoa and seminal plasma. Anat. Rec. 108, 1950.
WITSCHI, E.: Experimentelle Untersuchungen über die Entwicklungsgeschichte der Keimdrüsen von Rana temporaria. Arch. mikrosk. Anat. 85, 86, 1914.
WITSCHI, E.: Ergebnisse der neueren Arbeiten über die Geschlechtszellen bei Amphibien. Z. indukt. Abstamm.-Vererb.lehre 31, 1923.
WITSCHI, E.: Studies on sex differentiation and sex determination in amphibians. I. J. Exper. Zool. 52, 1929.
WITSCHI, E.: Sex development in parabiotic chains of the California newt. Proc. Soc. Exper. Biol. Med. 27, 1930.
WITSCHI, E.: Studies on sex differentiation and sex determination in amphibians. V. Range of the cortex-medulla antagonism in parabiotic twins of Ranidae and Hylidae. J. Exper. Zool. 58, 1931.
WITSCHI, E.: Sex deviations, inversions and parabiosis. Sex and Internal Secretions. Baltimore 1932.
WITSCHI, E.: Genes and inductors of sex differentiation in amphibians. Biol. Rev. 9, 1934.
WITSCHI, E.: Die Amphisexualität der embryonalen Keimdrüse des Haussperlings Passer domesticus L. Biol. Zbl. 55, 1935.
WITSCHI, E.: Hormonal regulation of development in lower vertebrates. Cold Spring Harb. Symp. Quant. Biol. 10, 1942.
WITSCHI, E.: Geschlechtsbestimmung durch Chemikalien. Arch. Jul.-Klaus-Stift. 23, 1948.
WITSCHI, E.: Migration of germ cells of human embryos from the yolk sac to the primitive gonadal folds. Contrib. Embryol. 32, 1948.
ZUCKERMAN, S., A. M. MANDL, P. ECKSTEIN: The Ovary I. 619 S. II. 600 S. Academic Press, New York-London 1962.

Genetik und ihre cytologischen Grundlagen

Symposium on Cytology and cell culture Genetics of man Americ. J. of Human Genetics 12, 1960.
  ed. BAUR, E., M. HARTMANN: Handbuch der Vererbungswissenschaft. Berlin seit 1928.
  ed. JUST, G.: Handbuch der Erbbiologie des Menschen. Berlin 1940.
ANDRES, A. H., M. S. NAVASCHIN: Ein Beitrag zur morphologischen Analyse der Chromosomen des Menschen. Z. Zellforsch. 24, 1936.
ANFINSEN, C. B.: The molecular basis of evolution. New York – London 1961.
AUERBACH, Ch.: Chemical mutagenesis. Biol. Rev. Cambridge Philos. Soc. 24, 1949.
AUSTIN, C. R.: Fertilization, early cleavage and associated phenomena in the field vole (Microtus agrestis). J. of Anat. (Br.) 91, 1957.
BAUER, H.: Der Aufbau der Chromosomen und seine Abänderungen. Jena. Z. Naturw. 75, 1942.
BEADLE, G. W.: Genetics and metabolism in Neurospora. Physiol. Rev. 25, 1945.
BEADLE, G. W.: Genes and the chemistry of the organism. Science in progress. 1947.
BEADLE, G. W.: Physiological aspects of genetics. Ann. Rev. Physiol. 10, 1948.
BEADLE, G. W., F. L. TATUM: Genetic control of biochemical reactions in Neurospora. Proc. Nat. Acad. sci. 27, 1941.
BECKER, E.: Die Gen-Wirkstoffsysteme der Augenausfärbung bei Insekten. Naturw. 26, 1938.
BEERMANN, W.: Cytologische Aspekte der Informationsübertragung von Chromosomen in das Cytoplasma. 13. Coll. d. Ges. f. Phys. Chem. 1962.
BELAR, K.: Die cytologischen Grundlagen der Vererbung. Hb. d. Vererbw. Bd. 1. 1928.
BOGEN, H. J.: Knaurs Buch der modernen Biologie. Droemersche Verlagsanstalt, München 1967.
BONNER, D.: Biochemical mutations in Neurospora. Cold Spring Harb. Symp. 11, 1946.
BRESCH, C.: Klassische und molekulare Genetik. Berlin, Göttingen, Heidelberg, 1964.
BRIDGES: Salivary chromosome maps. J. Hered. 26, 1935.
BRIDGES, C. B.: Triploid intersexes in Drosophila melanogaster. Sc. 54, 1921.
BURGEFF, H.: Marchantia. Jena 1943.
BUTENANDT, H.: Chemische Untersuchungen zur Wirkungsweise der Erbfaktoren. Klin. Wschr. 27, 1949.
BUTENANDT, A., W. WEIDEL, H. SCHLOSSBERGER: 3 Oxy-Kynurenin als cn – Genabhängiges Glied im intermediären Tryptophan-Stoffwechsel. Z. Naturf. 4 b, 1949.
CASPERSON, T.: Studien über den Eiweißumsatz der Zelle. Naturw. 29, 1940.
CASPERSON, T.: Nucleinsäureketten und Genvermehrung. Chromosoma 1, 1940.
CASTLE, W. E.: Heredity in relation to evolution in animal breeding. New York, London 1911.
CASTLE, W. E.: Dominant and recessive black in mammals. J. Hered. 42, 1951.
CASTLE, W. E., S. WRIGHT: Studies of inheritance in Guinea pigs and rats. Carneg. Inst. Washington Publ. 241, 1926.
CATCHESIDE, D. G.: Gene action and mutation. Biochemic. J. 44, 1949.
CATSCH, A., A. KANELLIS, CH. RADU, P. WELT: Über die Auslösung von Chromosomenmutationen bei Drosophila melanogaster mit Röntgenstrahlen verschiedener Wellenlänge. Naturw. 32, 1944.
CATSCH, A., O. PETER, P. WELT: Vergleich der chromosomenmutationsauslösenden Wirkung von Röntgenstrahlen und schnellen Neutronen bei Drosophila melanogaster. Naturw. 32, 1944.
COCCHI, U., H. GLOOR, H. R. SCHINZ: Kurze Einführung in die Humangenetik. Dtsch. med. Wschr. 75, 1950.
CORRENS, K.: Gesammelte Abhandlungen zur Vererbungswissenschaft. Berlin 1924.
DANEEL, R.: Die Wirkungsweise der Grundfaktoren für die Haarausfärbung beim Kaninchen. Naturw. 26, 1938.
DANEEL, R., L. KAHLO: Untersuchungen über die dominant erbliche Haarlosigkeit bei der Hausmaus. Z. Naturforsch. 2, 6, 1947.
DEMEREC, M.: A comprehensive study of the structure and development of an insect that has become an important laboratory animal. Biology of Drosophila. 1950.
DIEL, K., O. v. VERSCHUER: Zwillingstuberkulose. Bd. 1 u. 2. Jena 1933/1936.
DOBZHANSKY, TH.: Die genetischen Grundlagen der Artbildung. Jena 1939.

FEDERLEY, H.: Das Inzuchtproblem. Hdb. d. Vererbungsw. Berlin 1928.
FREY-WYSSLING, A.: Submicroscopic morphology of Protoplasm and its derivatives. New York, Amsterdam, London, Bruxelles 1948.
FRIEDRICH-FREKSA, H.: Genabhängige biochemische Reaktionen bei Neurospora. Z. Naturforsch. 3 b, 1948.
GEITLER, L.: Grundriß der Cytologie. Berlin 1934.
GEITLER, L.: Chromosomenbau. Protoplasma Monograph. 14, Berlin 1938.
GEITLER, L.: Das Wachstum des Zellkerns in tierischen und pflanzlichen Geweben. Erg. Biol. 18, 1941.
GOLDSCHMIDT, R.: Physiologische Theorie der Vererbung. Berlin 1927.
GOLDSCHMIDT, R.: Gen und Außeneigenschaft. Z. indukt. Abstamm.-Vererb.lehre 69, 1935.
GOLDSCHMIDT, R.: Chromosomes and Genes in ,,The cell and Protoplasm" Publ. Amer. Ass. Adv. Sci. 14, Washington 1940.
GOLDSCHMIDT, R.: Fifty years of genetics. The Amer. Naturalist 818, 1950.
GRÜNEBERG, H.: Animal genetics and Medicine. London 1947.
GRÜNEBERG, H.: The Genetics of the mouse. Den Haag 1952.
HEILBRONN, A., C. KOSSWIG: Principia Genetica. Hamburg, Berlin 1961.
HOROWITZ, N. H., D. BONNER, H. K. MITCHELL, F. L. TATUM, G. W. BEADLE: Genic control of biochemical reactions in Neurospora. Amer. Naturalist 79, 1945.
KÜHN, A.: Über die Änderung des Zeichnungsmusters von Schmetterlingen durch Temperaturreize. Nachr. Ges. Wiss. Göttingen 1926.
KÜHN, A.: Die Pigmentierung von Habrobracon juglandis Ashmead, ihre Praedetermination und ihre Vererbung durch Gene und Plasmon. Nachr. Wiss. Göttingen. Math. phys. Kl. 1927.
KÜHN, A.: Vererbung und Entwicklungsphysiologie. Wiss. Woche z. Frankfurt-M. 1, 1935.
KÜHN, A.: Entwicklungsphysiologisch-genetische Ergebnisse an Ephestia kühniella. Z. indukt. Abstamm.-Vererb.lehre 73, 1937.
KÜHN, A.: Kern- und Plasmavererbung. Züchtungskunde 12, 1937.
KÜHN, A.: Die Auslösung von Entwicklungsvorgängen durch Wirkstoffe. Angew. Chemie 52, 1939.
KÜHN, A.: Grundriß der Vererbungslehre. 2. Aufl. Heidelberg 1950.
KÜHN, A., CASPARI, PLAGGE: Über hormonale Genwirkungen bei Ephestia kühniella. Nachr. Ges. Wiss. Göttingen Biol. 2, 1935.
KUHN, R.: Über einige Probleme der biochemischen Genetik. Angew. Chemie 61, 1949.
LUDWIG, W.: Faktorenkopplung und Faktorenaustausch bei normalem und aberrantem Chromosomenbestand. Leipzig 1938.
MATTHEY, R.: Les Chromosomes des Vertébrés. Lausanne 1949.
MATTHEY, R.: Les chromosomes des Mammifères euthériens. Liste critique et essai sur l'évolution chromosomique. Arch. Jul.-Klaus-Stiftung 33, 1958.
MAYR, E.: Animal species and evolution. Cambridge Mass. 1963.
MICHAELIS, P.: Über das genetische System der Zelle. Naturw. 34, 1947.
MICHAELIS, P.: Über Plasmon-induzierte Genlabilität. Naturw. 36, 1949.
MICHAELIS, P.: Über die allgemeine Verbreitung plasmatischer Erbträger und ihre Bedeutung für die Entwicklungsphysiologie. Ber. dtsch. bot. Ges. 64, 1951.
MICHAELIS, P.: Der Nachweis der Plasmavererbung (das Princip und seine praktische Durchführung beim Weidenröschen, Epilobium). Acta biotheor. 11, 1953.
MORGAN, TH. H.: Die stoffliche Grundlage der Vererbung. Deutsch von H. Nachtsheim. Berlin 1921.
MORGAN, TH. H.: The theory of the gene. New Haven 1928.
MULLER, H. J.: Genmutation und Evolution. Universitas 3, 1948.
MULLER, H. J.: Our load of mutations. Amer. J. Human Genetics 2, 1950.
NACHTSHEIM, H.: Die Genetik einiger Erbleiden des Kaninchens, verglichen mit ähnlichen Krankheiten des Menschen. Dtsch. Tierzt. Wschr. 44, 1936.
NACHTSHEIM, H.: Erbpathologie des Kaninchens. Ein Überblick über den gegenwärtigen Stand der Analyse seiner krankhaften Erbanlagen. Erbforsch. 4, 1937.
NACHTSHEIM, H.: Erbpathologie des Stützgewebes der Säugetiere. Hdb. α. Erbbiol. d. Menschen, Bd. 3, Berlin 1940.
NACHTSHEIM, H.: Allgemeine Grundlagen der Rassenbildung. Hdb. Erbbiol. d. Menschen, Bd. 1, Berlin 1940.
NACHTSHEIM, H.: Vom Wildtier zum Haustier. Berlin 1949.
NACHTSHEIM, H.: Kritische Betrachtungen zu einigen modernen Begriffen der Genetik: Phaenokopie und Genokopie, Embryopathie und Genopathie. Arch. Jul.-Klaus-Stiftung 36, 1961.
OEHLKERS, FRIEDRICH: Mutationsauslösung durch Chemikalien. Springer, Heidelberg 1949.
OEHLKERS, FRIEDRICH: Über Erbträger außerhalb des Zellkerns. Ber. Naturforsch. Ges. Freiburg i. Br. 39, 1949.
OEHLKERS, F., G. LINNERT: Neue Versuche über die Wirkungsweise von Chemikalien bei der Auslösung von Chromosomenmutationen. Z. Vererb.lehre 83, 1949.
PAINTER, T. S.: A comparative study of the chromosomes of mammals. Amer. Naturalist 59, 1925.
PAINTER, T. S.: Salivary chromosomes and the attack on the gene. J. Hered. 25, 1934.
PLAGGE, E.: Gen-bedingte Praedeterminationen (sogenannte mütterliche Vererbung) bei Tieren. Naturw. 26, 1938.
RENNER, O.: Die pflanzlichen Plastiden als selbständige Elemente der genetischen Konstitution. Ber. Sächs. Akad. Wiss. Math. Phys. Kl. 86, 1934.
SINNOTT, E., L. C. DUNN: Principles of Genetics. London-New York 1939.
SRB, A. M., N. H. HOROWITZ: The ornithine cycle in Neurospora and its genetic control. J. Biol. Chem. 154, 1944.
STERN, C.: Fortschritte der Chromosomentheorie der Vererbung. Erg. Biol. 4, 1928.
STERN, C.: Die Bedeutung von Drosophila melanogaster für die genetische Forschung. Züchter 1, 1929.
STERN, C.: Multiple Allelie. Hdb. d. Vererbungswiss., Bd. 1, G, 1930.
STERN, C.: Zytologisch genetische Untersuchungen als Beweise für die Morgansche Theorie des Faktorenaustausches. Biol. Zbl. 51, 1931.
STERN, C.: Faktorenkoppelung und Faktorenaustausch. Hdb. d. Vererbungswiss., Bd. 1, H, 1933.
STERN, C.: The problem of complete y-linkage in man. Amer. J. hum. Gen. 9, 1957.
STERN, C.: The chromosomes of man. J. med. Educ. 34, 1959.
STOCKARD, CH. R., and Collaborators: The genetic and endocrinic Basis for differences in form and behavior. Amer. Anat. Mem. 19, Philadelphia 1941.
STRAUB, J.: Chromosomenstruktur. Naturw. 31, 1943.
STUBBE, H.: Probleme der Mutationsforschung. Wiss. Woche z. Frankf. M. 1, 1935.
STUBBE, H.: Spontane und strahleninduzierte Mutabilität. Leipzig 1937.
STUBBE, H.: Gemutationen. Hdb. d. Vererbungswiss., Bd. 2, Berlin 1938.
STUBBE, H.: Über Heterogenie gleicher Pläne. Biol. Zbl. 68, 1949.
STURTEVANT, A. H., G. W. BEADLE: An introduction to genetics. Philadelphia 1939.
TATUM, E. L., G. W. BEADLE: Biochemical genetics of Neurospora. Ann. Mo. Bot. Gard. 32, 1945.
TATUM, E. L., D. BONNER: Indole and serine in the biosynthesis and breakdown of tryptophane. Proc. Nat. Acad. Sci. 30, 1944.
TJIO, H. J., A. LEVAN: The chromosome numbers of man. Hereditas (Lund) 42, 1956.
TJIO, H. J., T. T. PUCK: The somatic chromosomes of man. Roy. nat. Acad. Sci. Wash, 1958.
TIMOFÉEFF-RESSOVSKY, N. W.: Verknüpfung von Gen und Außenmerkmal (Phänomenologie der Genmanifestierung). Wiss. Woche z. Frankf. M. 1, 1935.
TIMOFÉEFF-RESSOVSKY, N. W.: Experimentelle Mutationsforschung in der Vererbungslehre. Dresden, Leipzig 1937.
TIMOFÉEFF-RESSOVSKY, N. W.: Eine biophysikalische Analyse des Mutationsvorganges. Nova Acta Leopold., N. F. 9, 1940.

Timoféeff-Ressovsky, N. W., K. G. Zimmer, Delbrück: Über die Natur der Genmutation und der Genstruktur. Nachr. Ges. Wiss. Göttingen Biol. 1, 1935.
Timoféeff-Ressovsky, N. W., K. G. Zimmer: Das Trefferprinzip in der Biologie. Biophysik 1, Leipzig 1947.
Verschuer, O. v.: Ergebnisse der Zwillingsforschung. Verh. Ges. phys. Anthrop. 6, 1931.
Verschuer, O. v.: Erbpathologie. Med. Praxis, Bd. 18, Dresden, Leipzig 1945.
Verschuer, O. v.: Erbe und Umwelt als Gestaltungskräfte. Anthropologische Beobachtungen an Zwillingen durch 25 Jahre. Homo 2, 1951.
v. Verschuer, O. Frhr.: Genetik des Menschen. München-Berlin (Urban, Schwarzenberg) 1959.
Vogel, F.: Moderne Anschauungen über Aufbau und Wirkung der Gene. Dtsch. med. Wschr. 84, 1959.
Vogel, F.: Lehrbuch der allgemeinen Humangenetik. Berlin, Göttingen, Heidelberg 1961.
Waddington, C. H.: Organizers and Genes. Cambridge Biol. Studies, Cambridge 1947.
Waddington, C. H.: Genetic factors in morphogenesis. Rev. suisse zool. 57, 1950.
Weber, W.: Genetical studies on the skeleton of the mouse. III. Skeletal variation in wild populations. J. Genet. 50, 1950.
Weidel, W.: Genabhängige biosynthetische Reaktionsketten und ihre Analyse. Naturw. 39, 1952.
Weicker, H.: Vererbung, physiologische Grundlagen. In: W. Siegenthaler (Hrsg.): Klinische Pathophysiologie. Thieme, Stuttgart, 1970 S. 2–32.
Wettstein, F. v.: Morphologie und Physiologie des Formwechsels der Moose auf genetischer Grundlage. Z. indukt. Abstamm.-Vererb.lehre 33, 1924; II. Bibliotheca Genetica 10, 1928.
Wettstein, F. v.: Bastardpolyploidie als Artbildungsvorgang bei Pflanzen. Naturw. 20, 1932.
Wettstein, F. v.: Über plasmatische Vererbung und das Zusammenwirken von Genen und Plasma. Wiss. Woche z. Frankf. M. 1, 1935.
Wettstein, F. v.: Die genetische und entwicklungsphysiologische Bedeutung des Cytoplasmas. Z. indukt. Abstamm.-Vererb.lehre 73, 1937.
Wilson, E. B.: The cell in development and heredity. 3. ed. New York 1925.
Wright, S.: Physiology of the gene. Physiol. Rev. 21, 1941.
Zimmermann, W.: Vererbung erworbener Eigenschaften und Auslese. Jena 1938.

Chromosomenaberrationen beim Menschen und Geschlechtschromatin, Intersexualität

Barr, M. L.: Das Geschlechtschromatin in Overzier. C. Die Intersexualität. Stuttgart 1961.
Bender, M. A., E. Chu: The chromosomes of Primates. Evolutionary and genetic Biology of Primates (ed. Buettner-Janusch). I, London 1963.
Davidson, W. M., D. R. Smith: Das Kerngeschlecht der Leukocyten in Overzier. C. Die Intersexualität. Stuttgart 1961.
Ford, C. E.: Die Zytogenese der Intersexualität des Menschen in Overzier. C. Die Intersexualität. Stuttgart 1961.
Ford, C. E., K. W. Jones, P. E. Polani, J. C. de Almeida, J. H. Briggs: A sex chromosome anomaly in a case of gonadal dysgenesis (Turners syndrome). The Lancet 4. IV. 1959 No. 7075.
Ford, C. E., K. W. Jones, O. J. Miller, U. Mittwoch, L. S. Penrose, M. Ridler, A. Shapiro: The chromosomes in a patient showing both mongolism and the Klinefelder Syndrome. Lancet. 4. IV. 1959 No. 7075.
Hamerton, J. L., H. P. Klinger, D. E. Mutton, E. M. Lang: The somatic chromosomes of the Hominoidea. Cytogenetics 2, 1963.
Hienz, H. A.: Zellkernmorphologische Geschlechtserkennung bei Säugetier und Mensch. Dtsch. med. Wschr. 82, 1957.
Hohlweg, W.: Die Bedeutung der Sexualhormone in der Foetalperiode für die Determination der Sexualorgane und des Sexualtriebes. Wien. Klin. Wschr. 80, 1968, 445–448.
Jacobs, P. A., A. G. Baikie, W. M. Court Brown, J. A. Strong: The somatic chromosomes in mongolism. The Lancet 4. IV. 1959 No. 7075.
Klinger, H. P.: Das Sex-Chromatin in polyploiden Kernen. Verh. Anat. Ges. 55. Vers. Frankf. M. 1958.
Kosin, I. L., H. Ishizaki: Incidence of sex chromatin in Gallus domesticus. Science 130, 1959.
Lenz, W.: „Superfemales" (xxx Zustand, Triplo-x-Zustand). Dtsch. med. Wschr. 86, 1961.
Lenz, W., H. Nowakowski, A. Prader, C. Schirren: Die Aetiologie des Klinefelder Syndroms. Schweiz. Med. W. 89, 1959.
Ludwig, K. S.: Das Geschlechtschromatin. Theoretische Grundlagen und praktische Anwendung. Umschau 1959.
Ludwig, K. S., H. P. Klinger: Eine einfache und sichere Färbemethode für das Sex-Chromatin-Körperchen und dessen feinere Struktur. Geburtsh. u. Frauenheilk. 18, 1958
Lüers, Th.: Zur Problematik der Chromosomenpathologie beim Menschen. Z. mensch. Vererb. Konstl. 36, 1961.
Nachtsheim, H.: Chromosomenaberrationen beim Säuger und ihre Bedeutung für die Entstehung von Mißbildungen. Naturw. 46, 1959.
Nachtsheim, H.: Chromosomenaberrationen beim Menschen und ihre Bedeutung für die Entstehung von Mißbildungen. II. Naturw. 47, 1960.
Nachtsheim, H.: Kritische Betrachtungen zu einigen modernen Begriffen der Genetik: Phänokopie und Genokopie, Embryopathie und Genopathie. Arch. Jul.-Klaus-Stiftung 36, 1961.
Nachtsheim, H.: Ursachen angeborener Mißbildungen. Umschau 62. 1962.
Nachtsheim, H.: Chromosomenaberrationen beim Menschen und ihre Bedeutung für die Entstehung von Mißbildungen. III. Naturw. 49, 1962.
Overzier, C.: Die Intersexualität. Stuttgart 1961.
Park, W. W.: Sex chromatin in early human and macaque embryos. J. Anatomy (Br.) 91, 1957.
Witschi, E.: Sex chromatin and sex differentation in human embryos. Science 126, 1957.
Wittmann, H. G.: Übertragung der genetischen Information. Naturw. 50, 1963.
Wolf-Heidegger, G.: Über das Geschlechtschromatin. Verh. Anat. Ges. 55. Vers. Frankf. M. 1958.
Wolf-Heidegger, G.: Das Geschlechtschromatin und seine Bedeutung in Wissenschaft und Praxis. Schweiz. Med. Wschr. 89, 1959.
Wolf-Heidegger, G., H. P. Klinger: Zur Frage der Darstellung des Geschlechtschromatins bei Mollusken, Amphibien und Nagern. Verh. Anat. Ges. 55. Vers. Frankf. M. 1958.

Gastrulation und Primitiventwicklung der Holoblastier, Entwicklungsphysiologie

Andres, G.: Untersuchungen an Chimären von Triton und Bombinator. II. Die funktionelle Einordnung von ordnungsfremden Labyrinth-Akustikus-Systemen. Z. vergl. Physiol. 32, 1950.
Andres, G.: Experimentelle Erzeugung von Teratomen bei Xenopus. Rev. suisse zool. 57, 1950.
Auerbach, R., C. Grobstein: Inductive interaction of embryonic tissues after dissociation and reaggregation. Exp. Cell. Res. 15, 1958.
Balinsky, B. I.: Die Formierung des definitiven Darmkanales bei den Amphibien (nach Versuchen der Vitalfarbmarkierung). C. r. Acad. Sci. URSS. 27, 1940.
Balinsky, B.: An introduction to embryology. Saunders, Philadelphia and London 1960.
Baltzer, F.: Über erbliche letale Entwicklung und Austauschbarkeit artverschiedener Kerne bei Bastarden. Naturw. 28, 1940.
Baltzer, F., V. de Rocke: Über die Entwicklungsfähigkeit haploider Tritonalpestris-Keime und die Aufhebung der Entwicklungshemmung bei Geweben letaler bastardmerogo-

nischer Kombinationen durch Transplantation in einen normalen Wirt, Rev. suisse zool. 43, 1936.
BÁNKI, Ö.: Die Lagebeziehungen der Spermiumeintrittsstelle zur Medianebene und zur ersten Furche, nach Untersuchungen mit örtlicher Vitalfärbung am Axolotlei. Verh. Anat. Ges. Kiel 1927.
BARTH, L. G.: Neural differentiation without organizer. J. Exper. Zool. 87, 1941.
BARTH, L. G., L. J. BARTH: The energetics of development. New York 1954.
BARTH, L. G., L. J. BARTH: Differentiation of cells of the Rana pipiens gastrula in unconditioned medium. J. Embryol. exp. Morph. 7, 1959.
BARTH, L. G., L. J. BARTH, S. GOLDHOR: Factors influencing the expression of differentiation potencies of presumptive epidermis cultured in vitro. Anat. Rec. 137, 1960.
BAUTZMANN, H.: Experimentelle Untersuchungen zur Abgrenzung des Organisationszentrums bei Triton taeniatus. Roux Arch. 108, 1926.
BAUTZMANN, H.: Über Induktion sekundärer Embryonalanlagen durch Implantation von Organisatoren in isolierte ventrale Gastrulahälften. Roux Arch. 110, 1927.
BAUTZMANN, H.: Über bedeutungsfremde Selbstdifferenzierung aus Teilstücken des Amphibienkeimes. Naturw. 17, 1929.
BAUTZMANN, H.: Über Züchtung von Organanlagenstücken junger Embryonalstadien von Urodelen und Anuren in Bombinatorhautbläschen. Sber. Ges. Morph. München 39, 1929.
BAUTZMANN, H.: Induktionsvermögen nach Abtötung durch Hitze. Naturw. 20, 1932.
BAUTZMANN, H.: Über Determinationsgrad und Wirkungsbeziehungen der Randzonenteilanlagen (Chorda, Ursegmente, Seitenplatten und Kopfdarmanlage) bei Urodelen und Anuren. Roux Arch. 128, 1933.
BAUTZMANN, H.: Die Problemlage des Spemannschen Organisators. Verh. Ges. Deutsch. Natf. Ärzte 98. Vers. Freiburg i. Br. 1955.
BAUTZMANN, H., J. HOLTFRETER, H. SPEMANN, O. MANGOLD: Versuche zur Analyse der Induktionsmittel in der Embryonalentwicklung. Naturw. 20, 1932.
BECKER, U.: Untersuchungen über die Abhängigkeit der Linsenbildung von der Wirtsregion bei Triturus vulgaris. Arch. Entw. Mech. Org. 152, 1960.
BELL, E.: Some observations on the surface coat and intercellular matrix material of the Amphibian ectoderm. Exp. Cell. Res. 20, 1960.
BELLAIRS, R.: The development of the nervous system in chick embryos, studied by electron microscopy. J. Embryol. exp. Morph. 7, 1959.
BRACHET, J.: Tissue interactions: embryonic induction. Biological organization 1959.
BRACHET, J.: The biochemistry of development. London 1960.
BRACHET, J.: The role of sulfhydryl groups in morphogenesis. 13. Coll. d. Ges. f. Phys. Chem. 1962.
BRACHET, J., T. KUUSI, S. GOTHIE: Une étude comparative du pouvoir inducteur en implantation et en microinjection des acides nucléiques et des constituants cellulaires nucléoprotéiques. Arch. Biol. 63, 1952.
BRAGG, A. N.: The organization of the early embryo of Bufo cognatus as revealed especially by the mitotic index. Z. Zellforsch. 28, 1938.
BRAHMA, S. K.: Induction through the surface coat ectoderm. Proc. zool. Soc. Beng. Moorkerjee Memor. Vol. 1957.
CASPERSSON, T.: Studien über den Eiweißumsatz der Zelle. Naturwschft. 29, 1941.
CERFONTAINE, P.: Recherches sur le développement de l'Amphioxus. Arch. biol. 22, 1905.
CHUANG, H.: Induktionsleistungen von frischen und gekochten Organteilen (Niere, Leber) nach ihrer Verpflanzung in Explantate und verschiedene Wirtsregionen von Tritonkeimen. Roux Arch. 139, 1939.
CHUANG, H.-H.: Untersuchungen über die Reaktionsfähigkeit des Ektoderms mittels sublethaler Cytolyse. J. Acad. Sinica 4, 1955.
CHUANG, H.-H., M.-P. TSENG: An experimental analysis of the determination and differentiation of the mesodermal structures of neurula in urodeles. Scientia Sinica 6, 1956.

CONKLIN, E. D.: The embryology of Amphioxus. J. Morph. 54, 1932.
DALCQ, A.: L'organisation de l'œuf chez les chordés. 1935.
DALCQ, A.: L'œuf et son dynamisme organisateur. Paris 1941.
DALCQ, A.: La régulation morphogénétique chez les amphibiens. Année biol. 26, 1950.
DALCQ, A.: La génèse du complexe inducteur chez les chordés. Rev. suisse zool. 57, 1950.
DALCQ, A.: Germinal organization and induction phenomena. Fundam. asp. of norm. and malign. growth, Amsterdam 1960.
DANIEL, FRANK, YAREWED: The early embryology of Triturus torosus. Univ. California Publ. Zool. 43, 1939.
DE BEER, G. R.: Embryos and ancestors. Oxford 1951.
DETWILER, S. R.: Unilateral reversal of the antero-post. axis of the medulla in Amblystoma. J. Exper. Zool. 84, 1940.
DEUCHAR, E. M.: The regional properties of Amphibian organizer tissue after disaggregation of its cells in alkali. J. exp. Biol. 30, 1953.
DEVILLERS, CH.: Mécanisme de l'épibolie gastruléenne. C. r. Acad. Sc., Paris 230, 1950.
DUSPIVA, F.: Zur Biochemie der normalen Wirbeltierentwicklung. Verh. Ges. Deutsch. Natf. Ärzte. 98. Vers. Freiburg i. Br. 1955.
DUSPIVA, F.: Die Amphibienentwicklung in biochemischer Sicht. 13. Coll. d. Ges. f. Phys. Chem. 1962.
EAKIN, R. M.: Further studies in regulatory development of Triturus torosus. Univ. California Publ. Zool. 43, 1939.
EAKIN, R. M.: An electronmicroscopic study of amphibian ectoderm. Anat. Rec. 129, 1957.
EAKIN, R. M., F. LEHMANN: An electronmicroscopic study of developing amphibian ectoderm. Arch. EntwMech. Org. 150, 1957.
EBERT, J. D.: The acquisition of biological specificity. The Cell. New York 1959.
ENGLÄNDER, H.: Die Differenzierungsleistungen des Triturus- und Amblystoma-Ektoderms unter der Einwirkung von Knochenmark. Roux Arch. EntwMech. 154, 1962.
ENGLÄNDER, H., A. JOHNEN: Untersuchungen zur Klärung der Leistungsspezifität verschiedener abnormer Induktoren bei der Embryonalentwicklung der Urodelen. Experentia 9, 1953.
EYAL-GILADI, H.: Dynamic aspects of neural induction in Amphibia. Arch. Biol. 65, 1954.
FAUTREZ, J.: Organogénèse et cytodifférenciation. Ann. Soc. Roy. méd. et Sc. natur. Bruxelles 5, 1952.
FISCHER, F. G., E. WEHMEIER, H. LEHMANN, L. JÜHLING, K. HULTZSCH: Zur Kenntnis der Induktionsmittel in der Embryonalentwicklung. Ber. dtsch. chem. Ges. 68, 1935.
FISCHER, F. G., H. HARTWIG: Vergleichende Messungen der Atmung des Amphibien-Keimes und seiner Teile während der Entwicklung. Biol. Zbl. 58, 1938.
GALLERA, J.: L'action inductrice de la plaque préchordale sur l'ectoblaste qui était auparavant influencé par la chorde (Triturus alpestris). Acta anat. 35, 1958.
GALLERA, J.: La facteur «temps» dans l'action inductrice du chordomesoblaste et l'âge de l'ectoblaste réagissant. J. Embryol. exp. Morph. 7, 1959.
GALLERA, J.: L'action inductrice du chordo-mésoblaste au cours de la gastrulation et de la neurulation et les effets de la culture in vitro sur les manifestations. J. Embryol. exp. Morph. 8, 1960.
GASSER, E.: Zur Entwicklung von Alytes obstetricans. Sber. Ges. Naturw. Marburg 1882.
GOETTE, A.: Die Entwicklungsgeschichte der Unke. 1875.
GROBSTEIN, C.: Passage of radioactivity into a membrane filter from spinal cord pre-incubated with tritiated amino acids or nucleosides. Actes du coll. int. sur «La culture organotypique. Associations et dissocciations d'organes en culture in vitro» Paris 1961.
GROBSTEIN, C.: Cell contact in relation to embryonic induction Exp. Cell. Res. (Suppl.) 8, 1961.
GROBSTEIN, C.: Autoradiography of the interzone between tissues in inductive interaction. J. Exp. Zool. 142, 1959.
GROBSTEIN, C.: Differentiation of vertebrate cells. The Cell. New York 1959.
GROBSTEIN, C.: Tissue interaction in the morphogenesis of

mouse embryonic rudiments in vitro. Aspects of synthesis and order in growth 1955.
GROBSTEIN, C.: Morphogenetic interaction between embryonic mouse tissues separated by a membrane filter. Nature, London 172, 1953.
GROENROOS, H.: Zur Entwicklungsgeschichte des Erdsalamanders. Anat. Hefte 6, 1895.
GROENROOS, H.: Die Gastrula und die primitive Darmhöhle des Erdsalamanders. Anat. Anz. 11, 1898.
GURWITSCH, N.: Über zweifache Verwertung embryonaler Elemente im Laufe der Embryogenese. Anat. Anz. 58, 1924.
HAYASHI, Y.: The effects of pepsin and trypsin on the inductive ability of pentose nucleoprotein from guinea pig liver. Embryologia 4, 1958.
HAYASHI, Y.: The effect of ribonuclease on the inductive ability of liver pentose nucleoprotein. Develop. Biol. 1, 1959.
HAYASHI, Y., K. TAKATA: Morphogenetic effects of subfractions of pentose nucleoprotein from the liver separated by means of ultracentrifugation. Embryologia 4 1958.
HOLTFRETER, J.: Experiments on the formed inclusions of the amphibian egg. II, III. J. Exper. Zool. 101, 1946; 103, 1946.
HOLTFRETER, J.: Observations on the migration, aggregation and phagocytosis of embryonic cells. J. Morph. 80, 1947.
HOLTFRETER, J.: Neural induction in explants which have passed through a sublethal cytolysis. J. Exper. Zool. 106, 1947.
HOLTFRETER, J.: Significance of the cell membrane in embryonic processes. Ann. N. Y. Acad. Sc. 49, 1948.
HOLTFRETER, J.: Concepts on the mechanism of embryonic induction and its relation to parthenogenesis and malignancy. Symp. Soc. exp. Biol. Growth 1948.
HOLTFRETER, J.: Some aspects of embryonic induction. Growth Symp. 10, 1951.
HOLTFRETER, H., V. HAMBURGER: Embryogenesis: Progressive differentiation. Amphibians, Analysis of Development 1955.
HOLTFRETER, J., T. R. KOSZALKA, L. L. MILLER: Chromatographic studies of amino acids in the eggs and embryos of various species. Exper. Cell Res. 1, 1950.
HORI, R., P. NIEUWKOOP: Induction phenomena with denatured inductor. Proc. Acad. Sci. Amst. ser. C. 58, 1955.
TER HORST, J.: Beitrag zur Frage der Determination des Neurulamesoderms von Triton. Z. Naturforsch. 1, 1946.
HÖRSTADIUS, S.: Über die Determination des Keims der Echinodermen. Acta Zool. 9, 1935.
HÖRSTADIUS, S.: Investigations as to the localization of the micromere-, the skeleton- and the entoderm-forming material in the unfertilized egg of Arbacia punctulata. Biol. Bull. 73, 1937.
HÖRSTADIUS, S.: The mechanics of sea urchin development studied by operative methods. Biol. Rev. 14, 1939.
HÖRSTADIUS, S.: Transplantation experiments to elucidate interactions and regulations within the gradient system of the developing sea urchin egg. J. Exper. Zool. 113, 1950.
HÖRSTADIUS, S., I. J. LORCH, J. F. DANIELLI: Differentiation of the sea urchin egg following reduction of the interior cytoplasm in relation to the cortex. Exper. Cell Res. 1, 1950.
HÖRSTADIUS, S., St. STRÖMBERG: Untersuchungen über Umdeterminierung von Fragmenten des Seeigeleies durch chemische Agentien. Roux Arch. 140, 1940.
HUXLEY, J. S.: Spemanns Organisator und Childs Theorie der axialen Gradienten. Naturw. 18, 1930.
JOHNEN, A. G.: Experimentelle Untersuchungen über die Bedeutung des Zeitfaktors beim Vorgang der neuralen Induktion. Arch EntwMech. Org. 153, 1961.
KAESTNER, A.: Lehrbuch der speziellen Zoologie, Wirbellose. I, 5. Jena 1963.
KARLSON, P.: Biochemie der Morphogenese. Dtsch. med. Wschr. 88, 1963.
KOLLROS, J.: The disappearence of the balancer in Amblystoma larvae. J. Exper. Zool. 85, 1940.
KRUGELIS, E., J. NICHOLAS, M. VOSGIAN: Alkaline phosphatase activity and nucleic acids during embryonic development of Amblystoma punctatum at different temperatures. J. exp. Zool. 121, 1952.
KUHL, W.: Untersuchungen über das Verhalten künstlich getrennter Furchungszellen und Zellaggregate einiger Amphibienarten mit Hilfe des Zeitrafferfilmes. Roux Arch. 136, 1937.

KUUSI, T.: Über die chemische Natur der Induktionsstoffe mit besonderer Berücksichtigung der Rolle der Proteine und der Nukleinsäuren. Ann. soc. zool. bot. fenn. Vanamo 14, 1951.
KUUSI, T.: On the properties of the mesoderm inductor. I. II. Arch. Soc. zool. bot. fenn. Vanamo, 11, 1957; 12, 1957.
KUUSI, T.: The mesoderm induction process in Amphibians, studied with the aid of radioactive tracers. I. II. Arch. Soc. zool. bot. fenn. Vanamo 13, 1959; 14, 1960.
KUUSI, T.: The effect of urea denaturation on the inductor properties of a protein fraction of the bone-marrow. Acta embryol., morph. exp. 4, 1961.
LEHMANN, F. E.: Organisationszentrum und autonomes Anlagenmuster bei der Gastrula der Amphibien. Naturw. 28, 1940.
LEHMANN, F. E.: Die Beteiligung von Transplantats- und Wirtsgewebe bei der Gastrulation und Neurulation induzierter Embryonalanlagen. Roux Arch. 125, 1932.
LEHMANN, F. E.: Einführung in die physiologische Embryologie. Basel, 1945.
LEHMANN, F. E.: Die Morphogenese in ihrer Abhängigkeit von elementaren biologischen Konstituenten des Plasmas. Rev. suisse zool. 57, suppl. 1950.
LEHMANN, F. E.: Zellbiologische und biochemische Probleme der Morphogenese. 13. Coll. d. Ges. f. Phys. Chem. 1962, 1-20.
LEWIS, W. H.: Mechanics of invagination. Anat. Rec. 97, 1947.
LILLIE, F. R.: Differentiation without cleavage in the egg of the annelid Chaetopterus pergamentaceus. Roux Arch. 14, 1902.
LILLIE, F. R.: The relation of ions to contractile processes. I. The action of salt solutions on the ciliated epithelium of Mytilus edulis. Amer. J. Physiol. 17, 1906.
LUTZ, H.: Sur la production expérimentale de la polyembryonie et de la monstruosité double chez les oiseaux. Arch. anat. microsc. 38, 1949.
MANGOLD, C.: Totale Keimblattchimären. Naturwiss. 36, 1949.
MANGOLD, O.: Grundzüge der Entwicklungsphysiologie der Wirbeltiere mit besonderer Berücksichtigung der Mißbildungen auf Grund experimenteller Arbeiten an Urodelen. Acta genet. med. et gemel. 10, 1961.
MANGOLD, O.: Molchlarven ohne Zentralnervensystem und ohne Ektomesoderm. Arch. EntwMech. Org. 152, 1961.
MANGOLD, O., C. v. WOELLWARTH: Das Gehirn von Triton. Ein experimenteller Beitrag zur Analyse seiner Determination. Naturw. 37, 1950.
MARINELLI, W.: Über die Urgestalt der Metazoen. Verh. Deutsch. zool. Ges. Graz 1957, Lpzg. 1958.
MASUI, Y.: Effect of LiCl upon the organizer and the presumptive ectoderm. Annot. zool. jap. 29, 1956.
MASUI, Y.: Induction of neural structures under the influence of lithium chloride. Annot. zool. jap. 32, 1959.
NIEUWKOOP, P., and others: Activation and organization of the central nervous system in amphibians. J. Exper. Zool. 120, 1952.
NIEUWKOOP, P. D.: Origin and establishment of organization patterns in embryonic fields during early development in amphibians and birds, in particular in the nervous system and its substrate. I, II. Proc. Acad. Sci. Amst. ser. C. 58, 1955.
NIEUWKOOP, P. D.: Neural competence of the gastrula ectoderm in Amblystoma mexicanum. An attempt at quantitative analysis of morphogenesis. Acta embryol. morph. exp. 2, 1958.
NIEUWKOOP, P. D.: The "Organization centre". I. Induction and determination. Acta Biotheor. 16, 1962.
NIEUWKOOP, P. D., F. E. LEHMANN: Erzeugung von zelletalen Schädigungsmustern bei Tritonkeimen durch ein Chloraethylamin (Nitrogen-Mustard). Rev. suisse zool. 59, 1952.
NIEUWKOOP, P. D., G. NIGTEVECHT: Neural activation and transformation in explants of competent ectoderm under the influence of fragments of anterior notochord in Urodeles. J. Embryol. exp. Morph. 2, 1954.
NIU, M. C.: In vitro study of induction. Anat. Rec. 117, 1953.
NIU, M. C.: Identification of the organizing substance. Anat. Rec. 122, 1955.
NIU, M. C.: New approaches to the problem of embryonic induction Cellular mechanisms in differentiation and growth 1956.
NIU, M. C.: Thymus ribonucleic acid and embryonic differentiation. Proc. nat. Acad. Sci. Wash. 44, 1958.

Oppenheimer, J. M.: Embryology and evolution: Nineteenth century hopes and twentieth centruy realities. Quart. Rev. Biol. 34, 1959.

Osanai, K.: On the cortical granules of the toad egg. Sci. Rep. Tohoku Univ. Ser. 4, 26, 1960.

Pasteels, J.: Les effets de la centrifugation sur la blastula et la jeune gastrula des Amphibiens. III. Interactions entre ébauches primaires et secondaires. IV. Discussion générale et conclusions. J. Embryol. exp. Morph. 2, 1954.

Peter, K.: Untersuchungen über die Entwicklung des Dotterentoderms. 5. Die Entwicklung des Entoderms bei Amphibien. Z. mikrosk.-anat. Forsch. 47, 1940.

Pollister, A. W., J. A. Moore: Tables for the normal development of Rana sylvatica. Anat. Rec. 68, 1937.

Ranzi, S.: The Proteins in the cell and in embryonic development. Experientia 7, 1951.

Ranzi, S.: The biochemical and structural basis of morphogenesis. Proteins, protoplasmic structure and determination. Arch. néerl. Zool. 10, 1952.

Heatley, N. G., P. Lindahl. Studies on the nature of the Amphibian organization centre. V. The distribution and nature of glycogen in the Amphibian embryo. Proc. Roy. Soc. London 122, 1937.

Hertwig, O.: Die Coelomtheorie. Jena 1881.

Holtfreter, J.: Studies on the diffusibility, toxicity and pathogenic properties of "inductive" agents derived from dead tissues. Exp. Cell. Res. 3, 1955.

Holtfreter, J.: Defekt- und Transplantationsversuche von Leber und Pankreas jüngster Amphibienkeime. Roux Arch. 105, 1925.

Holtfreter, J.: Über die Aufzucht isolierter Teile des Amphibienkeimes. I. Methode einer Gewebezüchtung in vivo. Roux. Arch. 117, 1929.

Holtfreter, J.: Über die Aufzucht isolierter Teile des Amphibienkeimes. II. Züchtung von Keimteilen in Salzlösung. Roux Arch. 124, 1931.

Holtfreter, J.: Die totale Exogastrulation, eine Selbstablösung des Ektoderms von Entomesoderm. Entwicklung und Verhalten nervenloser Organe. Roux Arch. 129, 1933.

Holtfreter, J.: Eigenschaften und Verbreitung induzierender Stoffe. Naturw. 21, 1933.

Holtfreter, J.: Nachweis der Induktionsfähigkeit abgetöteter Keimteile. Roux Arch. 128, 1933.

Holtfreter, J.: Organisierungsstufen nach regionaler Kombination von Entomesoderm mit Ektoderm. Biol. Zbl. 53, 1933.

Holtfreter, J.: Nicht typische Gestaltungsbewegungen, sondern Induktionsvorgänge bedingen medullare Entwicklung von Gastraläktoderm. Roux Arch. 127, 1933.

Holtfreter, J.: Der Einfluß von Wirtsalter und verschiedener Organbezirke auf die Differenzierung von angelagertem Gastraläktoderm. Roux Arch. 127, 1933.

Holtfreter, J.: Formative Reize in der Embryonalentwicklung der Amphibien, dargestellt an Explantationsversuchen. Arch. exper. Zellforsch. 15, 1934.

Holtfreter, J.: Der Einfluß thermischer, mechanischer und chemischer Eingriffe auf die Induzierfähigkeit von Tritonkeimteilen. Roux Arch. 132, 1934.

Holtfreter, J.: Über die Verbreitung induzierender Substanzen und ihre Leistungen im Tritonkeim. Roux Arch. 132, 1934.

Holtfreter, J.: Über das Verhalten von Anurenektoderm in Urodelenkeimen. Roux Arch. 133, 1935.

Holtfreter, J.: Morphologische Beeinflussung von Urodelenektoderm bei xenoplastischer Transplantation. Roux Arch. 133, 1935.

Holtfreter, J.: Regionale Induktionen in xenoplastisch zusammengesetzten Explantaten. Roux Arch. 134, 1936.

Holtfreter, J.: Differenzierungspotenzen isolierter Teile der Anurengastrula. Roux Arch. 138, 1938.

Holtfreter, J.: Differenzierungspotenzen isolierter Teile der Urodelengastrula. Roux Arch. 138, 1939.

Holtfreter, J.: Veränderungen der Reaktionsweise in alterndem isoliertem Gastraläktoderm. Roux Arch. 138, 1938.

Holtfreter, J.: Studien zur Ermittlung der Gestaltungsfaktoren in der Organentwicklung der Amphibien. I. Dynamisches Verhalten isolierter Furchungszellen und Entwicklungsmechanik der Entodermorgane. II. Dynamische Vorgänge an einigen mesodermalen Organanlagen. Roux Arch. 139, 1939.

Holtfreter, J.: Gewebeaffinität, ein Mittel der embryonalen Formbildung. Arch. exper. Zellforsch. 23, 1939.

Holtfreter, J.: Properties and functions of the surface coat in amphibian embryos. J. Exper. Zool. 93, 1943.

Holtfreter, J.: A study of the mechanics of gastrulation. I, II. J. Exper. Zool. 94, 1943; 95, 1944.

Holtfreter, J.: Experimental studies on the development of the pronephros. Rev. canad. biol. 3, 1944.

Holtfreter, J.: Neural differentiation of ectoderm through exposure to saline solution. J. Exper. Zool. 95, 1944.

Holtfreter, J.: Neuralization and epidermization of Gastrula ectoderm. J. Exper. Zool. 98, 1945.

Holtfreter, J.: Structure, motility and locomotion in isolated embryonic amphibian cells. J. Morph. 79, 1946.

Holtfreter, J.: Experiments on the formed inclusions of the amphibian egg. J. Exper. Zool. 103, 1946.

Ranzi, S., P. Citterio, M. Copes, C. Samuelli: Proteine e determinazione embrionale nella Rana, nel riccio di mare e negli incroci dei rospi. Acta embryol. morph. exp. 1, 1957.

Raunich, L.: Sulla capacitá inducente dell'endoderma branchiale in trapianti ed espianti negli anfibi anuri. Boll. Soc. biol. sper. Napoli 24, 1948.

Raunich, L.: Von welchem Keimbezirk wird die Riechgrube der Amphibien induziert? Experientia 6, 1950.

Reisinger, E.: Allgemeine Morphologie der Metazoa. Morphologie der Coelenteraten, acoelomaten und pseudocoelomaten Würmer. Fortschr. Zool. 13, 1961.

Remane, A. siehe O. Steinböck.

Ruumbler, L.: Zur Mechanik des Gastrulationsvorganges, insbesondere der Invagination. Roux Arch. 14, 1902.

Roth, H.: Unverträglichkeitsreaktionen bei Amphibienchimären. Rev. suisse zool. 56, 1949.

Roth, H.: Die Entwicklung xenoplastischer Neuralchimären. (Transplantationen von Bombinator pachypus in Triton alpestris.) Rev. suisse zool. 57, 1950.

Rotmann, E.: Neuere Untersuchungen über das Induktionsgeschehen in der tierischen Entwicklung. Decheniana Bonn, 100, 1941.

Rotmann, E.: Zur Frage der Leistungsspezifität abnormer Induktoren. Naturw. 30, 1942.

Rotmann, E.: Entwicklungsphysiologie. Fortschr. Zool., N. F. 7, 1943.

Rotmann, E.: Das Induktionsproblem in der tierischen Entwicklung. Ärztl. Forschg. 3, 1949.

Roux, W.: Gesammelte Abhandlungen über Entwicklungsmechanik der Organismen. 1, 2. Leipzig 1895.

Runnström, J.: Some results and views concerning the mechanism of initiation of development in the sea-urchin egg. Pubbl., Staz. zool. Napoli 21, 1949.

Rutz, H.: Wachstum, Entwicklung und Unverträglichkeitsreaktionen bei Artchimären von Triton. Rev. suisse zool. 55, 1948.

Saxén, L.: Transfilter neural induction of Amphibian ectoderm Develop. Biol. 3, 1961.

Saxén, L., S. Toivonen: Inductive action of normal and leukemic bone-marrow of the rat. Experiments with Amphibian embryos. Ann. Med. exp. Fenn. 34, 1956.

Saxén, L., S. Toivonen: Primary embryonic induction. London (Acad. Press). 1961.

Schechtman: Unipolar ingression in Triturus torosus, a hitherto undescribed movement in the pregastrula stages of an Urodele. Univ. of California Publ. 39, 1934.

Schechtman: Mechanism of ingression in the egg of Triturus torosus. Proc. Soc. Exper. Biol. Med. 32, 1935.

Schenk, R.: Über die Beeinflussung der Eientwicklung durch weibliche Sexualhormone. Der Einfluß von Oestradiol und Stilboestrol auf die Gewebsdifferenzierung bei Triton alpestris. Roux Arch. 144, 1950.

Schotté, O. E., V. Mac Edds: Xenoplastic induction of Rana pipiens adhesive disca on balancer site of Amblystoma punctatum. J. Exper. Zool. 84, 1940.

Seidel, F., E. Bock, G. Krause: Die Organisation des Insekteneies. Naturw. 28, 1940.

Seidel, F.: Die Entwicklungspotenzen einer isolierten Blastomere des Zweizellenstadiums im Säugetierei. Naturw. 39, 1952.

Spemann, H.: Entwicklungsphysiologische Studien am Tritonei. I, II. Roux Arch. 12, 1901; 15, 1902.
Spemann, H.: Experimentelle Beiträge zu einer Theorie der Entwicklung. Berlin 1936.
Steinböck, O.: Zur Theorie der Regeneration beim Menschen. Forschungen u. Forscher 4, 1954–1956.
Steinböck, O., A. Remane: Diskussion und Schlußwort (Verwandtschaft und Ableitung niederer Metazoen). Verh. Deutsch. zoolog. Ges. Graz 1957, Leipzig 1958.
Takata, C.: The differentiation in vitro of the isolated endoderm under the influence of the mesoderm in Triturus pyrrhogaster. Embryologia 5, 1960.
Takata, C.: The differentiation in vitro of the isolated endoderm in the presence of the neural fold in Triturus pyrrhogaster. Embryologia 5, 1960.
Takata, C., T. Yamada: Endodermal tissues developed from the isolated newt ectoderm under the influence of guinea pig bone marrow. Embryologia 5, 1960.
Takata, K.: On the distribution of RNA within the Amphibian embryo. Zool. Mag., Tokyo 59, 1950.
Tiedemann, H.: Ein Verfahren zur gleichzeitigen Gewinnung deuterencephaler und mesodermaler Induktionsstoffe aus Hühnerembryonen. Z. Naturf. 14, 1959.
Tiedemann, H.: Neue Ergebnisse zur Frage nach der chemischen Natur der Induktionsstoffe beim Organisatoreffekt Spemanns. Naturwissenschaften 46, 1959.
Tiedemann, H.: Biochemische Untersuchungen über die Induktionsstoffe und die Determination der ersten Organanlagen bei Amphibien. 13. Coll. d. Ges. f. Phys. Chem. 1962.
Tiedemann, H., H. Tiedemann: Induktionsstoffe aus Embryonalextrakt bei der Pepsinhydrolyse. Naturwissenschaften 42, 1955.
Tiedemann, H., H. Tiedemann: Zur Gewinnung von Induktionsstoffen aus Hühnerembryonen. Experientia 8, 1957.
Tiedemann, H., H. Tiedemann: Wirkungsabnahme eines spinocaudalen Induktionsstoffes nach Acetylierung. Hoppe-Sey. Z. 314, 1959.
Tiedemann, H., H. Tiedemann: Versuche zur Gewinnung eines mesodermalen Induktionsstoffes aus Hühnerembryonen. Hoppe-Sey. Z. 314, 1959.
Tiedemann-Waechter, H.: Die Selbstdifferenzierungsfähigkeit und Induktionsfähigkeit medianer und lateraler Teile der Rumpfmedullarplatte bei Urodelen. Arch. EntwMech. Org. 152, 1960.
Töndury, G.: Zur Kenntnis der Wirkung der Sexualhormone auf die embryonale Entwicklung. Vjschr. naturf. Ges. Zürich 97, 1952.
Toivonen, S.: Die regionale Verschiedenheit der Induktionsleistungen des Lebergewebes von gut ernährten und hungernden Meerschweinchen im Implantatsversuch. Experientia 8, 1952.
Toivonen, S., T. Kuusi: Implantationsversuche mit in verschiedener Weise vorbehandelten abnormen Induktoren bei Triton. Ann. Soc. zool. bot. fenn. Vanamo 13, 1948.
Toivonen, S., L. Saxén: Über die Induktion des Neuralrohrs bei Trituskeimen als simultane Leistung des Leber- und Knochenmarkgewebes vom Meerschweinchen. Ann. Acad. Sci. fenn. ser. A, IV, 30, 1955.
Townes, P. I., J. Holtfreter: Directed movements and selective adhesion of embryonic Amphibian cells. J. exp. Zool. 128, 1955.
Trinkaus, J. P.: The differentiation of tissue cells. Amer. Nat. 90, 1956.
Ubisch, L. v.: Über die Entwicklung von Ascidienlarven nach frühzeitiger Entfernung der einzelnen organbildenden Keimbezirke. Roux Arch. 139, 1939.
Urbani, E.: Studi di embriologia e zoologia chimica degli anfibi. R. C. Ist. lombardo B. 92, 1971.
Veit, O.: Die Lehre von der Spezifität der Keimblätter bei den Wirbeltieren. Naturw. Rdsch. 1912.
Vogt, W.: Gestaltungsanalyse am Amphibienkeim mit örtlicher Vitalfärbung. I, II. Roux Arch. 120, 1929.
Vogt, W.: Über die Sonderung der Anlagen im Mesoderm. Verh. Anat. Ges. Königsberg 1937.
Waddington, C. H.: Organizers and Genes. Cambridge 1947.
Waddington, C. H.: Passage of P^{32} from dried yeast into amphibian gastrula ectoderm. Nature 166, 1950.
Waddington, C. H., J. Needham, D. M. Needham: Physico-chemical experiments of the Amphibian organizer. Nature, London 132, 1933.
Waddington, C. H., J. Needham, D. M. Needham: Beobachtungen über die physikalisch-chemische Natur des Organisators. Naturwissenschaften 21, 1933.
Waddington, C. H., J. Needham, W. Nowinski, D. M. Needham, R. Lemberg: Active principle of the Amphibian organization centre. Nature, London 134, 1934.
Waddington, C. H., J. Needham: Evocation, individuation and competence, in amphibian organizer action. Proc. Acad. Sci., Amst. 39, 1936.
Weiss, P.: The so-called organizer and the problem of organization in amphibian development. Physiol. Rev. 15, 1935.
Weiss, P.: Principles of development. A text in experimental embryology. New York 1939.
Weiss, P.: Perspectives in the field of morphogenesis. Quart. Rev. Biol. 25, 1950.
Weiss, P.: Specificity in growth control. Biological specifity and growth 1955.
Weiss, P.: Cell contact. Int. Rev. Cytol. 7, 1958.
Winkler, H.: Chimären und Burdonen. Biologe 9, 1935.
von Woellwarth, C.: Entwicklungsphysiologie der Wirbeltiere. Fortschr. Zool. N. F. 10, 1956.
Woerdeman, M. W.: Über Glykogenstoffwechsel des Organisationszentrums in der Amphibiengastrula. Proc. Acad. Sci. Amst. 36, 1933.
Woerdeman, M. W.: Over de toepassing van serologische methodes in de experimentele embryologie. Koninkl. nederl. Akad. v. Wetensch. (Amsterdam) 59, 1950.
Woerdeman, M. W.: Serological methods in the study of morphogenesis. Arch. Neder. Zool. 10 suppl. I 1953.
Woerdeman, M. W.: Immunological approach to some problems of induction and differentiation. Biological specifity and growth 1955.
Woerdeman, M. W., C. P. Raven: Research in Holland. Experimental embryology. New York, Amsterdam 1946.
Yamada, T.: Über den Einfluß von Wirtsalter auf die Differenzierung von verpflanztem Ursegmentmaterial des Molchembryos. Jap. J. Zool. 8, 1939.
Yamada, T.: Embryonic induction. A symposium on chemical basis of development, 1958.
Yamada, T.: A chemical approach to the problem of the organizer. Advanc. Morph. 1, 1961.
Yamada, T., K. Takata: An analysis of spino-caudal induction by the guinea pig kidney in the isolated ectoderm of the Triturus-gastrula. J. exp. Zool. 128, 1955.
Yamada, T., K. Takata: Spino-caudal induction by pentose nucleo-protein isolated from the kidney. Embryologia 3, 1956.
Yntema, C. L.: An analysis of induction of the ear from foreign entoderm in the salamanderembryo. J. Exper. Zool. 113, 1950.

Frühentwicklung der Meroblastier (Fische, Sauropsiden)

Assheton, R.: Gastrulation in birds. Quart. J. Microsc. Sc. 58, 1912.
Ballowitz, E.: Die Gastrulation bei der Ringelnatter bis zum Auftreten der Falterform der Embryonalanlage. Z. wiss. Zool. 70, 1901.
Ballowitz, E.: Die Entwicklungsgeschichte der Kreuzotter. I. Die Entwicklung vom Auftreten der ersten Furche bis zum Schluß des Amnions. Jena 1903.
Ballowitz, E.: Die Gastrulation bei der Blindschleiche (Anguis fragilis). I. Die Gastrulationserscheinungen im Flächenbild. Z. wiss. Zool. 73, 1905.
Ballowitz, E.: Die erste Entstehung der Randsichel der Archistomrinne und der Urmundplatte am Embryonalschild der Ringelnatter. Z. wiss. Zool. 105, 1913.
Boeke, J.: Beiträge zur Entwicklungsgeschichte der Teleostier. I. Die Gastrulation und Keimblätterbildung bei den Muraenoiden. Petrus Camper 2, 1903.
Brachet, A.: Recherches sur l'embryologie des Reptiles. Acrogénèse, Céphalogénèse et Cormogénèse chez Chrysemys marginata. Arch. biol. 29, 1914.

BRAUER, A.: Beiträge zur Kenntnis der Entwicklungsgeschichte und der Anatomie der Gymnophionen. Zool. Jb., Abt. Anat. 10, 1897; 12, 1899.

CLAVERT, J.: Déterminisme de la symétrie bilatérale dans l'oeuf des oiseaux. I. II. III. Arch. Anat. micr. Morph. exp. 48, 1959, 49, 1960.

DEAN, B.: Reminiscence of holoblastic cleavage in the egg of the shark Heterodontus (Cestracion) japonicus Macleay. Annot. zool. japon. 4, 1901.

DEAN, B.: Chimaeroid fishes and their development. Carnegie Inst. Publ. 32, 1906.

EYCLESHYMER, J. M. WILSON: The gastrulation and embryo formation in Amia calva. Amer. J. Anat. 5, 1906.

FÜLLEBORN, F.: Beiträge zur Allantoisentwicklung der Vögel. Diss. Berlin 1895.

GERHARDT, U.: Die Keimblattbildung bei Tropidonotus natrix. Anat. Anz. 20, 1901/02.

GROSSER, L.: Gastrulation und Primitivstreifenbildung bei der Ringelnatter. Abh. deutsch. Akad. Wiss. Prag. Math. naturw. Kl. 10, 1943.

GUDGER, E. W.: The breeding habits and the segmentation of the pipefish, Siphonostoma floridae. Proc. U. S. nat. Mus. 29, Washington 1906.

HAMBURGER, V., H. L. HAMILTON: A series of normal stages in the development of the chick embryo. J. Morph. 88, 1951.

HERTWIG, O.: Die Lehre von den Keimblättern. Hdb. vergl. exper. lehre d. Wirbeltiere, Bd. 1, 1906.

HILL, J. P., J. H. WOODGER: The origin of the endoderm in the sparrow. Biomorphosis 1, 1938.

HOADLEY, L.: Developmental potencies of parts of the early blastoderm of the chick. J. Exper. Zool. 43, 1926.

HOADLEY, L.: Concerning the organization of the potential areas in the chick blastoderm. J. Exper. Zool. 48, 1927.

HOFFMANN, C. K.: Beiträge zur Entwicklungsgeschichte der Selachii. Morph. Jb. 24, 1896.

HOLMDAHL, D. E.: Die zweifache Morphogenese des Vertebratenorganismus. Die primäre (indirekte) und sekundäre (direkte) Körperentwicklung. Z. mikrosk.-anat. Forsch. 57, 1951.

JACOBSON, W.: The early development of the avian embryo. I. Entoderm formation. II. Mesodermformation and the distribution of presumptive embryonic material. J. Morph. 62, 1938.

KERR, J. G.: The development of Lepidosiren paradoxa. Quart. J. Microsc. Sc. 45, 1901.

KERR, J. G.: The development of Polypterus senegalus. The Budgett Mem. Vol. Cambridge 1907.

KERR, J. G.: Textbook of Embryology. II. Vertebrata with the exception of Mammalia. London 1919.

KOECKE, H. U.: Entwicklungsphysiologie der Vögel. Fortschr. d. Zool. 16, 1963.

KOPSCH, FR.: Experimentelle Untersuchungen am Primitivstreifen des Hühnchens und an Scylliumembryonen. Verh. Anat. Ges. Kiel 1898.

KOPSCH, FR.: Gemeinsame Entwicklungsformen bei Wirbeltieren und Wirbellosen. Verh. Anat. Ges. Kiel 1898.

KOPSCH, FR.: Die Entwicklung der äußeren Form des Forellenembryos. Arch. mikrosk. Anat. 51, 1898.

KOPSCH, FR.: Homologie und phylogenetische Bedeutung der Kupfferschen Blase. Anat. Anz. 17, 1900.

KOPSCH, FR.: Die Entstehung des Dottersackentoblasts und die Furchung bei Belone acus. Internat. Mschr. Anat. Physiol. 18, 1903.

KOPSCH, FR.: Untersuchungen über Gastrulation und Embryobildung bei den Chordaten. Leipzig 1904.

KOPSCH, FR.: Die Entstehung des Dottersackentoblasts und die Furchung bei der Forelle (Salmo fario). Arch. mikrosk. Anat. 78, 1911.

KOPSCH, FR.: Primitivstreifen und organbildende Keimbezirke beim Hühnchen, untersucht mittels elektromagnetischer Marken am vital gefärbten Keim. Z. mikrosk.-anat. Forsch. 8, 1927.

KOPSCH, FR.: Die organbildenden Keimbezirke im zentralen Felde der Keimscheibe des unbebrüteten Hühnereies. Z. mikrosk.-anat. Forsch. 53, 1918.

KOPSCH, FR.: Bildung und Längenwachstum des Embryos, Gastrulation und Konkreszenz bei Scyllium canicula und Scyllium catulus. Z. mikrosk.-anat. Forsch. 56, 1950.

KRULL, J.: Die Entwicklung der Ringelnatter vom ersten Auftreten des Proamnions bis zum Schluß des Proamnions. Z. wiss. Zool. 85, 1905.

LILLIE, F. R.: The development of the chick. New York 1940.

LUTHER, W.: Entwicklungsphysiologische Untersuchungen am Forellenkeim. Biol. Zbl. 55, 1935.

MEHNERT, E.: Gastrulation und Keimblätterbildung bei Emys lutaria taurica. Morph. Arb. 1, 1891.

MEHNERT, E.: Zur Frage nach dem Urdarmdurchbruche bei Reptilien. Anat. Anz. 11, 1895.

MITSUKURI, ISHIKAWA: On the formation of the germinal layers in Chelonia. Quart. J. Microsc. Sc. 27, 1886.

OELLACHER, T.: Beitrag zur Entwicklungsgeschichte der Knochenfische nach Beobachtungen am Bachforellenei. Z. Zool. 22, 1872; 23, 1873.

OPPENHEIMER, J. M.: Experimental studies on the developing perch. Proc. Soc. Exp. Biol. Med. 31, 1934.

OPPENHEIMER, J. M.: Experiments on early developing stages of Fundulus. Proc. Nat. Acad. Sc. 20, 1934.

OPPENHEIMER, J. M.: Processes of localization in developing Fundulus. J. Exper. Zool. 72, 1936.

OPPENHEIMER, J. M.: Transplantation experiments in developing teleosts. J. Exper. Zool. 72, 1936.

PASTEELS, J.: Etudes sur la gastrulation des vertébrés méroblastiques. I. Téléostéens. Arch. biol. 47, 1936. II. Reptiles. Arch. biol. 48, 1937. III. Oiseaux. Arch. biol. 48, 1937. IV. Conclusions générales. Arch. biol. 48, 1937.

PASTEELS, J.: On the formation of the primary entoderm of the duck (Anas domestica) and on the significance of the bilaminar embryo in birds. Anat. Rec. 93, 1945.

PATTEN, B. M.: The early embryology of the chick. Philadelphia, Toronto 1948.

PATTERSON, J. T.: Gastrulation in the pigeons egg. J. Morph. 20, 1909.

PETER, K.: Einiges über die Gastrulation der Eidechse. Arch. mikrosk. Anat. 63, 1904.

PETER, K.: Die erste Entwicklung des Chamaeleons (Chamaeleon vulgaris) verglichen mit der Eidechse (Ei, Keimbildung, Furchung, Entodermbildung). Z. Anat. 103, 1934.

PETER, K.: Die innere Entwicklung des Chamaeleonkeimes nach der Furchung bis zum Durchbruch des Urdarmes. Z. Anat. 104, 1835.

PETER, K.: Untersuchungen über die Entwicklung des Dotterentoderms. I. Hühnchen. II. Taube. III. Reptilien. Z. mikrosk.-anat. Forsch. 43, 44, 1938.

PETER, K.: Untersuchungen über die Entwicklung des Dotterdarmes. 4. Das Schicksal des Dotterentodermes beim Hühnchen. Z. mikrosk.-anat. Forsch. 36, 1939.

PETER, K.: Die Entwicklung des Entoderms bei Amphibien. Z. mikrosk.-anat. Forsch. 47, 1940.

PETER, K.: Gastrulation und Chordaentwicklung bei Reptilien. Z. Anat. 109, 1939.

PETER, K.: Die Genese des Entoderms bei den Wirbeltieren. Erg. Anat. 33, 1941.

RAGOSINA, M. N.: Die Embryonalentwicklung des Haushuhnes in ihrer Beziehung zum Dotter und den Eihüllen. Moskau 1961. Russ.

RAGOSINA, M. N.: Die Entwicklung des Haushuhn-Embryos in seinen Beziehungen zum Dotter und zu den Eihäuten. Autor-Referat des in russischer Sprache erschienenen Buches in J. f. Ornithol. 104, 1963.

RAWLES, M. E.: A study in the localization of organforming areas in the chick blastoderm of the head process stage. J. Exper. Zool. 72, 1935/36.

RAWLES, M. E., B. H. WILLIER: A study in the localization of organ forming areas in the chick blastoderm of the head process stage. Anat. Rec. Suppl. 58, 1934.

ROMANOFF, A. L., A. J. ROMANOFF: The avian egg. New York 1949.

ROMANOFF, A. L.: The avian embryo. Structural and functional development. New York 1960.

RÜCKERT, J.: Weitere Beiträge zur Keimblattbildung bei Selachiern. Anat. Anz. 4, 1889.

RÜCKERT, J.: Die erste Entwicklung des Eies der Elasmobranchier. Festschr. f. Kupffer, Jena 1899.

RÜCKERT, J.: Über den Urmund und die zu ihm in Beziehung stehenden Entwicklungsvorgänge im hinteren Körperabschnitt der Selachierembryonen. Morph. Jb. 53, 2.

Schauinsland, H.: Beiträge zur Entwicklungsgeschichte der Wirbeltiere I–III. Zoologica 16, 1903.
Schauinsland, H.: Die Entwicklung der Eihäute der Reptilien und der Vögel. Hertwig Hdb. vergl. u. exper. Entw.lehre d. Wirbeltiere Bd. 1_2, Jena 1906.
Sobotta, J.: Die morphologische Bedeutung der Kupfferschen Blase. Verh. physik. med. Ges. Würzburg 32, 3. 1898.
Spratt jr., N. T.: An in vitro analysis of the organization of the eyeforming area in the early chick blastoderm. J. Exper. Zool. 85, 1940.
Spratt jr., N. T.: Location of organ-specific regions and their relationship to the development of the primitive streak in the early chick blastoderm. J. Exper. Zool. 89, 1942.
Spratt jr., N. T.: Formation of the primitive streak in the explanted chick blastoderm marked with Carbon particles. J. Exper. Zool. 103, 1946.
Spratt jr., N. T.: Localization of the prospective neural plate in the early chick blastoderm. J. Exper. Zool. 120, 1952.
Spratt jr., N. T.: Analysis of the organizer center in the early chick embryo. I. II. III. I. Localization of the prospective notochord and somite cells. J. exp. Zool. 128, 1955; 134, 1957; 135, 1957.
Spratt jr., N. T., H. Haas: Morphogenetic movements in the lower surface of the unincubated and early chick blastoderm. J. exp. Zool. 144, 1960.
Spratt jr., N. T., H. Haas: Importance of morphogenetic movements in the lower surface of the young chick blastoderm. J. exp. Zool. 144, 1960.
Spratt jr., N. T., H. Haas: Integrative mechanisms in development of the early chick blastoderm. I. II. III. IV. J. exp. Zool. 145, 1960; 147, 1961; 147, 1961; 149, 1962.
Spratt jr., N. T., H. Haas: Development in vitro of the unincubated chick blastoderm on synthetic culture media. Anat. Rec. 142, 338–339 (1962).
Spratt jr., N. T., H. Haas: Primitive streak and germ layer formation in the chick. A reapraisal. Anat. Rec. 142, 1962.
Sumner, F. B.: A study of early fish development. Roux Arch. 17, 1904.
Vakaet, L.: A propos du raccourcissement de la ligne primitive du blastoderme du poulet. J. Embryol. exp. Morph. 8, 1960a.
Vakaet, L.: Quelques précisions sur la cinématique de la ligne primitive chez le poulet. J. Embryol. exp. Morph. 8, 1960b.
Vakaet, L.: Some new data concerning the formation of the definitive endoblast in the chick embryo. J. Embryol. exp. Morph. 10, 1962.
Vanderbroek, G.: Les mouvements morphogénétiques au cours de la gastrulation chez Scyllium canicula. Arch. Biol. 47, 1936.
Veit, O.: Alte Probleme und neue Arbeiten auf dem Gebiete der Primitiventwicklung der Fische. Erg. Anat. 24, 1923.
Vintemberger, P., J. Clavert: Sur le déterminisme de la symétrie bilatérale chez les oiseaux. C. R. Soc. Biol. (Paris) 152, 1958.
Vintemberger, P., J. Clavert: Sur le déterminisme de la symétrie bilatérale chez les oiseaux. XI. Le moment de la détermination de l'axe embryonnaire, d'après les résultats de nos expériences de retournement de l'œuf de poule dans l'utérus. C. R. Soc. Biol. (Paris) 153.
Virchow, H.: Das Dotterorgan der Wirbeltiere. Z. Zool. Suppl. 53, 1892.
Virchow, H.: Der Dottersack des Huhnes. Festschr. f. R. Virchow, Internat. Beitr. wiss. Med. 1. 1891.
Waddington, C. H.: Developmental mechanics of chick and duck embryos. Nature 125, 1930.
Waddington, C. H.: Experiments on the Development of Chick and Duck Embryos in vitro. Phil. Transact. Roy. Soc. London B. 476, 221, 1932.
Waddington, C. H.: Induction by the endoderm in birds. Roux Arch. 128, 1933.
Waddington, C. H.: The competence of the extraembryonic ectoderm in the chick. J. Exper. Biol. 11, 1934.
Waddington, C. H.: Experiments on coagulated organizers in the chick. J. Exper. Biol. 11, 1934.
Waddington, C. H.: Development of isolated parts of the chick blastoderm. J. Exper. Zool. 71, 1935.
Waddington, C. H.: Organizers and Genes. Cambridge 1947.
Waddington, C. H.: Processes of induction in the early development of the chick. Année biol. 26, 1950.
Waddington, C. H.: The Epigenetics of birds. Cambridge 1952
Wetzel, R.: Urmund und Primitivstreifen. Erg. Anat. 29, 1931.
Wetzel, R.: Primitivstreifen und Urkörper nach Störungsversuchen am 1–2 Tage bebrüteten Hühnchen. Roux Arch. 134, 1936.
Will, L.: Beiträge zur Entwicklungsgeschichte der Reptilien. 1. Zool. Jb. Abt. Anat. 6, 1892. 2. Zool. Jb. Abt. Anat. 6, 1893. 3. Zool. Jb. Abt. Anat. 9, 1895.
Witschi, E.: Utilization of the egg Albumen by the avian fetus. Ornithologie als biolog. Wissenschaft (Stresemann Festschr.) Heidelberg 1949.
Yntema, C. L.: A series of stages in the embryonic development of Chelydra serpentina. J. Morph. 125, 1969, 219–252.
Ziegler, H. E.: Lehrbuch der vergleichenden Entwicklungsgeschichte der niederen Wirbeltiere. Fischer, Jena 1902.

Sexualhormone, Oestruscyclus der Säugetiere

Allen, E.: The oestrus cycle in the mouse. Amer. J. Anat. 30, 1922.
Allen, E., E. A. Doisy: The induction of a sexually mature condition in immature females by injection of the ovarian follicular hormone. Amer. J. Physiol. 69, 1924.
Allen, E., and others: Hormone of the ovarian follicle. Its localization and action in test animals and additional points bearing upon the internal secretion of the ovary. Amer. J. Anat. 34, 1924.
Asdell, S. A.: Patterns of Mammalian reproduction. Ithaca New York 1946.
Bartelmez, G. W.: The follicular phase of the menstrual cycle in the rhesus monkey. Science 111, 1950.
Brown, Emerson, C.: Rearing wild animals in captivity and gestation periods. J. Mammal. 17, 1936.
Bullough, W. S.: Vertebrate sexual cycles. London 1951, VIII, 117.
Corner, G. W.: Physiology of the corpus luteum. The effect of very early ablation of the corpus luteum upon embryos and uterus. Amer. J. Phys. 86, 1928.
Corner, G. W.: The sites of formation of estrogenic substances in the animal body. Phys. Rev. 18, 1938.
Corner, G. W.: The hormones in human reproduction. 1942.
Corner, G. W., W. M. Allen: Production of a special uterine reaction (Progestational proliferation) by extract of corpus luteum. Amer. J. Physiol. 88, 1929.
Corner, G. W., W. M. Allen: Inhibition of menstruation by crystalline progesterone. Proc. Soc. Exp. Biol. Med. 34, 1936.
Courrier, R.: Le cycle sexuel chez la femelle des Mammifères. Arch. biol. 34.
Courrier, R.: Étude sur le déterminisme des caractères sexuels secondaires chez quelques mammifères à activité testiculaire périodique. Arch. biol. 37, 1927.
Courrier, R.: Les hormones sexuelles femelles. Soc. Biol. 107, 1931.
Eckstein, P.: Patterns of Mammalian sexual cycle. Acta anat. 7, 1949.
Enders, R. K., O. P. Pearson, A. K. Pearson: Certain aspects of reproduction in the fur seal. Anat. Rec. 94, 1946.
Evans, H. M., H. H. Cole: An introduction to the study of the oestrus cycle in the dog. Mem. Univ. Calif. 9, 1931.
Hammond, J.: Reproduction in the rabbit. Edinburgh, London 1925.
Hansson, A.: The physiology of reproduction in the mink (Mustela vison Schreb.) with special reference to delayed implantation. Acta zool. 28, 1947.
Harrison-Matthews, L.: The female sexual cycle of the British horseshoe bats Rhinolophus ferrum equinum B. H. and Rhin. hipposiderus minutus Montagu. Trans. Zool. Soc. London 23, 1937.
Harrison-Matthews, L.: Reproduction in the spotted hyaena (Crocuta crocuta Erxl.). Phil. Trans. Roy Soc. London B 230, 1939.
van der Horst, C. J.: Mechanism of ovulation and corpus luteum formation in Elephantulus. Nature 145, 1940.
van der Horst, C. J.: Some remarks on the biology of reproduction in the female of Elephantulus. Transact. Roy Soc. S. Africa 31, 1946.

Miescher, K.: Des hormones oestrogènes, de leur découverte à leur synthèse totale. Experientia 5, 1949.
Mossmann, H. W., I. Judas: Accessory corpora lutea, lutein cell origin and the ovarian cycle in the Canadian porcupine. Amer. J. Anat. 85, 1949.
Pearson, O. P.: Reproduction in the shrew (Blarina brevicauda). Amer. J. Anat. 75, 1944.
Pearson, O. P.: Reproduction of a South American rodent the mountain Viscacha. Amer. J. Anat. 84, 1949.
Pearson, A. K., R. K. Enders: Further observation on the reproduction of the alaskan fur seal. Anat. Rec. 111, 1951.
Reynolds, H. C.: Studies on reproduction in the opossum (Didelphis virginiana virginiana). Univ. Calif. Publ. Zool. 52, 1952.
Romeis, B.: Über ein beinahe 8 Jahre altes Hodentransplantat mit erhaltener inkretorischer Funktion. Klin. Wschr. 12, 1933.
Rowlands, I. W.: Postpartum breeding in the guinea pig. J. Hyg. 47, 1949.
Spatz, H.: Neues über die Verknüpfung von Hypophyse und Hypothalamus. Acta Neuroveg. 3, 1951.
Stieve, H.: Ovarialcyklus vom Standpunkt der vergleichenden Anatomie. Naturw. 37, 1950.
Strauss, F.: Der Brunftzyklus der Haustiere. Z. Tierzüchtg. Züchtungsbiol. 76, 1962.
Ward, M. C.: A study of the estrous cycle and the breeding of the golden hamster Cricetus auratus. Anat. Rec. 94, 1946.
Watzka, M.: Über die Beziehung zwischen Corpus luteum und verlängerter Tragzeit, Z. Anat. 114, 1949.
Wells, L. J.: Hormones and sexual differentiation in placental mammals. Arch. anat. microsc. 39, 1951.
Wimsatt, W. A.: Growth of the ovarian follicle and ovulation in Myotis lucifugus lucifugus. Amer. J. Anat. 74, 1944
Zuckerman, S.: The breeding seasons of mammals in captivity. Proc. Zool. Soc. London 122, 1953.

Allgemeine Mißbildungslehre, Mehrlinge

Badtke, G., K. H. Degenhardt, O. E. Lund: Tierexperimenteller Beitrag zur Aetiologie und Phaenogenese kraniofacialer Dysplasien. Z. Anat. 121, 1959.
Barrow, M. V., A. J. Steffek, C. T. G. King: Thalidomide syndrome in Rhesus monkeys (Macaca mulatta) Fol. Prim. 10, 1969, 195–203.
Bernard, R.: Ein Beitrag zur Schädelentwicklung und zum Symmetrieproblem auf Grund von Untersuchungen am Schädel eines anchyoten, prosophthalmen, kephalothorakopagen Kaninchens mit rudimentärer Oberkieferanlage. Acta Anat. 38, 1959.
Brandt, W.: Die Entstehungsursachen der Gliedmaßenmißbildungen und ihre Bedeutung für das Vererbungsproblem beim Menschen. Leipzig 1937.
Breitinger, E.: Lebende Vierlinge. Umschau 50, 1950.
Büchner, F.: Die angeborenen Mißbildungen des Menschen in der Sicht der modernen Pathologie. Dtsch. med. Wschr. 81, 1956.
Chomette, G.: Entwicklungsstörungen nach Insulinschock beim trächtigen Kaninchen. Beitr. path. Anat. allg. Path. 115, 1955.
Courtney, K. D., D. A. Valerio: Teratology in the Macaca mulatta. Teratol. 1, 1968, 163–172.
Delahunt, C. S., L. J. Lassen: Thalidomide syndrome in monkeys. Science 146, 1964, 1300–1301.
Feller, Sternberg: Über Sirenenbildung. Frankf. Z. Pathol. 47, 1934.
Frädrich, G.: Beitrag zur Frage der Sirenenbildung. Virchows Arch. 297, 3, 1936.
Frädrich, G.: Über die sireniformen Mißbildungen des Menschen. Veröff. Konst.- u. Wehrpathol. 10. 1. H. 34. 1938.
Frutiger, P.: Zur Frage der Arhinencephalie, Acta Anat. 73, 1969, 410–430.
Giroud, A. H., Tuchmann-Duplessis, L. Mercier-Parot: Observations sur les répercussions tératogènes de la Thalidomide chez la souris et le lapin. C. R. s. Soc. Biol. 66, 1962, 765.
Giroud, A. H., Tuchmann Duplessis, L. Mercier-Parot: Influence de la thalidomide sur le développement foetal. Bull. Acad. nat. med. 146, 1962, 343–344.
Giroud, A.: Influences des facteurs toxiques sur les malformations infantiles. Rev. Path. gén. et comparée 651, 1953.
Giroud, A.: Malformations embryonnaires d'origine carentielle. Biol. Rev. 29, 1954.
Giroud, A.: Fréquence et cause des malformations. Maternité 1954.
Giroud, A.: Les malformations congénitales et leur causes. Biol. Méd. 44, 1955.
Giroud, A., J. Boisselot: Répercussions de l'Avitaminose B 2 sur l'embryon du rat. Arch. françaises de Pédiatre. IV. N. 4, 1947.
Giroud, A., J. Lefebvres: Malformations oculaires d'origine carentielle. Bull. Soc. Ophtal. Paris 9, 1951.
Giroud, A., J. Lefebvres: Anomalies provoquées chez le foetus en l'absence d'acide folique. Arch. franç. Pediat. 8, 1951
Giroud, A., J. Lefebvres: Anomalies secondaires des membres par carence en acide pantothénique. C. r. ass. Anat. 40. Bordeaux 1953.
Giroud, A., J. Lefebvres, H. Prost: Au sujet de la micromélie et de la syndactylie dues à la carence B 2. Arch. franç. Pediat. 10, 1953.
Giroud, A., M. Martinet: Fentes du palais chez l'embryon de rat par hypervitaminose A. Comp. Rend. Séanc. Soc. Biol., 148, 1954.
Giroud, A., M. Martinet: Hydramnios et Anencéphalie. Gynéc. Obstet. 54, 1955.
Giroud, A., M. Martinet: Morphogenèse de l'anencéphalie. Arch. d. Anat. micr. et de Morph. exp., 46, p. 247–264, 1957.
Gloor, H., H. R. Schinzel: Kurze Einführung in die allgemeine Mißbildungslehre. D. med. Wochenschrft. 75. 1950. 911–918.
Gluecksohn, S. Schoenheimer, L. C. Dunn: Sirens, aprosopi and intestinal abnormalities in the house mouse. Anat. Rec. 92, 201, 1945.
Gluecksohn, S. Schoenheimer: The effects of a lethal mutation responsible for duplications and twinning in mouse embryos. J. exp. zool. 110, 1949.
Goerttler, K.: Über terminologische und begriffliche Fragen der Pathologie der Praenatalzeit. Virchows Arch. 330, 1957.
Gruber, G. B.: Sirenoide Fehlbildungen: in „Schwalbe", Morph. d. Mißbildungen d. Men. u. d. Tiere III. 1. K. 7.
Hale, F.: Pigs born without eyballs. J. Heredity 24, 1933.
Hale, F.: The relation of Vitamin A deficiency to anophthalmos in pigs. Amer. J. Ophth. 18, 1935.
Hamburgh, M.: Malformations in mouse embryos induced by trypan blue. Nature (Lond.) 169, 1952.
Hamlett, G. W. D., G. B. Wislocki: A proposed classification for types of twins in Mammals. Anat. Rec. 61, 1934.
Hendrickx, A. G., L. R. Axelrod, L. D. Clayborn: "Thalidomide"-syndrome in baboons. Nature 210, 1966, 958–959.
Hövels, O.: Gesichtspunkte zum ursächlichen Zusammenhang zwischen Wiedemann-Syndrom und Thalidomid. Fortschr. Med. 87, 1969, 718–720.
Hueck, W.: Halbseitiger Riesenwuchs als Doppelbildung. Ber. math. phys. Kl. sächs. Akad. Wiss. Lpzg. 83. 1931.
Hueck, W.: Über die Bedeutung der menschlichen Doppelbildungen insbesondere für eine Logik der Morphologie. Ber. math. phys. Kl. sächs. Akad. d. Wiss. Lpzg. 83. 1931.
Kaven, A.: Das Auftreten von Gehirnmißbildungen nach Röntgenbestrahlung von Mäuseembryonen. Z. menschl. Vererb. Konst.lehre 22, 1938.
Kaven, A.: Röntgenmodifikationen bei Mäusen. Z. menschl. Vererb. u. Konst.lehre 22, 1938.
Klein-Obbink, H. J., M. L. Dalderup: Effects of Thalidomide in the rat foetus. Experientia 19, 1963, 645–646.
Klein Obbink, H. J., L. M. Dalderup: Effects of Thalidomide on the skeleton of the rat fetus. Experientia 20, 1964, 283.
Kreipe, U.: Mißbildungen innerer Organe bei Thalidomid-Embryopathie. Ein Beitrag zur Bestimmung der sensiblen Phase bei Thalidomideinnahme in der Frühschwangerschaft. Arch. Kinderheilk. 176, 1967, 33–61.
Landauer, W.: Insulin-induced abnormalities of beak, extremities and eyes in chickens. J. exp. Zool. 105, 1947.
Landauer, W.: Hereditary abnormalities and their chemically induced phenocopies. Growth Symp. 12. 171–200. 1948.

LANDAUER, W.: The effect of Insulin on development of duck embryos. J. exp. Zool. 117, 1951.

LEFEBVRES-BOISSELOT, J.: Role tératogène de la déficience en acide pantothénique chez le rat. Ann. Méd. 52, 1951.

LEHMANN, F. E.: Die embryonale Entwicklung, Entwicklungsphysiologie und experimentelle Teratologie. Hdb. allgem. Path. VI, 1. Berlin, Göttingen, Heidelberg 1955.

LEMSER, H.: Zur Eiigkeitsdiagnose bei Zwillingen und über die Grenzen ihrer Sicherheit. Der Erbarzt 1937. 9.

LENZ, W.: Der Einfluß des Alters der Eltern und der Geburtennummer auf angeborene pathologische Zustände beim Kind. Acta genet. 9, 1959, 169–201.

LENZ, W.: Der Einfluß des Alters der Eltern und der Geburtennummer etc. Teil II (Spezieller Teil). Acta genet. 9, 1959, 249–283.

LENZ, W.: Malformations caused by drugs in pregnancy. Amer. J. Dis. Child. 112, 1966, 99–106.

LENZ, W.: Die sensible Phase der Thalidomid-Embryopathie bei Affe und Mensch. Dtsch. med. Wschr. 92, 1967, 2186–2187.

LENZ, W.: Der Einfluß von Thalidomid auf das Absterben von Embryonen. Referat tierexperim. Ergebnisse. Fortschr. Med. 85, 1967, 413.

LENZ, W.: Die sensible Phase der Thalidomid-Embryopathie bei Affe und Mensch. Dtsch. med. Wschr. 92, 1967, 2186 bis 2187.

LENZ, W.: Ein Vergleich der sensiblen Phase für Thalidomid im Tierversuch und beim Menschen. Arch. Kinderheilk. 177, 1968, 259–265.

LENZ, W.: Der Zeit an der menschlichen Organogenese als Maßstab für die Beurteilung teratogener Wirkungen. Fortschr. Med. 87, 1969, 520–526.

LOUSTALOT, P.: Über Mißbildungen des caudalen Körperendes; ein Beitrag zur Frage der sirenoiden Fehlbildungen. Acta anat. 9, 1950.

NAGER, F. R.: Die Labyrinthmißbildungen im Lichte der heutigen Vererbungslehre. Pract. oto-rhino-laryng. 13, 1951.

NAUJOKS, H.: Der Einfluß kurzfristigen Sauerstoffmangels auf die Entwicklung des Hühnchens in den ersten fünf Bruttagen. Beitg. path. Anat. allg. Path. 113, 1953.

NEWMAN, H. H.: Multiple human births: Twins, triplets, quadruplets and quintuplets. New York 1940.

NEWMAN, H. H., F. N. FREEMAN, K. J. HOLZINGER: Twins: a study of heredity and environment. Chicago 1937.

NOWACK, E.: Die sensible Phase bei der Thalidomid-Embryopathie. Humangenetik 1, 1965, 516–536.

PATTERSON, J. T.: Polyembryonic development in Tatusia novemcincta. J. Morph. 24, 1913.

POLITZER, STERNBERG: Über einen mißbildeten menschlichen Embryo des ersten Monats. Frankf. Z. Pathol. 37, 1929.

ROSENBAUER, K. A. (Hrsg.): Exogene Mißbildungen. Entwicklung, Wachstum, Mißbildungen und Altern bei Mensch und Tier. Wiss. Verlagsges., Stuttgart 1969, S. 99–141.

RÜBSAAMEN, H.: Über die teratogenetische Wirkung des Sauerstoffmangels in der Frühentwicklung; ein Beitrag zur Kausalgenese der Mißbildungen bei Mensch und Tier. Beitr. path. Anat. allg. Path. 112, 1952.

RÜBSAAMEN, H.: Mißbildungen durch Sauerstoffmangel im Experiment und in der menschlichen Pathologie. Naturw. 42, 1955.

RÜBSAAMEN, H., O. LEDER: Zu den Ursachen menschlicher Mißbildungen. Beitr. path. Anat. allg. Path. 115, 1955.

SACHS, B.: Über die Genese des angeborenen partiellen Riesenwuchses und ihre Beziehung zur Zwillings- und Geschwulstentstehung. Arch. Kinderheilk. 136, 1949.

SCHWALBE, E.: Morphologie der Mißbildungen des Menschen und der Tiere. Jena 1906/07.

SCHULTZ, A. H.: The occurrence and frequency of pathological and terratological conditions and of twinning among non-human Primates. Primatologia I, Basel, New York 1956.

SOBOTTA, J.: Eineiige Zwillinge und Doppelmißbildungen des Menschen im Lichte neuerer Forschungsergebnisse der Säugetierembryologie. Stud. z. Pathol. d. Entwicklung 1, 1914.

THALHAMMER, O.: Praenatale Erkrankungen des Menschen. Thieme, Stuttgart 1968.

THEILER, K.: Die Mißbildung als embryologisches Problem. Vjschft. natf. Ges. Zürich 98, 1953.

THEILER, K.: Wirkungsweise teratogener Agentien. Wien. med. Wschr. 118, 1968, 53–64.

TÖNDURY, G.: Zur Kenntnis der Fehlbildungen mit Defekten des hinteren Körperendes. Arch. J. Klausstiftg. 19, 1944.

TÖNDURY, G.: Beitrag zur Kenntnis der Embryopathia rubeolosa und ihrer Wirkung auf die Entwicklung des Auges. Klin. Mbl. Augenheilk. 119, 1951.

TÖNDURY, G.: Embryopathia rubeolosa. Zur Wirkung der Rubeola in graviditate auf das Kind. Rev. Suisse de Zool. 54, 1951.

TÖNDURY, G.: Zur Wirkung des Erregers der Rubeolen auf den menschlichen Keimling. Helvetica Paediatr. Acta 7, 2.

TÖNDURY, G.: Embryopathien. Pathologie u. Klinik in Einzeldarstellungen 11. Berlin, Göttingen, Heidelberg 1962.

TÖNDUNG, G.: Die Gefährdung des Lebens vor der Geburt. Erkenntnisse heutiger Forschung über das praenatale Leben. Univ. 23, 1908, 1027–1038.

TUCHMANN-DUPLESSIS, H.: Interpretation of teratogenic tests in animals. Proc. Congen. Anomalies Res. Assoc. Japan. 7th ann. meeting Nagasaki 1967, 11–13.

WARKANY, J.: Congenital anomalies. Pediatrics 7, 1951.

WEBER, W.: Über Art, Häufigkeit und Genfrequenz der Mißbildungen unserer Haustiere nebst einem Fall von Agenesie des Geruchsapparates bei einem Kalb. Schweiz. Arch. Tierheilkde. 88, 1946.

WERTHEMANN, A.: Allgemeine Teratologie mit besonderer Berücksichtigung der Verhältnisse beim Menschen. Hdb. d. allgem. Pathol. 6, 1. Berlin, Göttingen, Heidelberg 1955.

WILSON, J.G., J. A. GAVAN: Congenital malformations in non-human primates. spontaneous and experimentally induced. Anat. Rec. 158, 1967, 99–110.

WOLFF, E.: Production expérimentale de la symélie chez le poulet. Cpt. rend. Soc. Biol. Paris 1934, 116.

WOLFF, E.: Les bases de la tératogénèse expérimentale des vertébrés amniotes d'après les résultats de méthodes directes. Arch. d'Anat. 22, 1936.

WRETE, M.: Die kongenitalen Mißbildungen, ihre Ursachen und Prophylaxe. Stockholm 1955.

WRIGHT, S.: Genetics of abnormal growth in the guinea pig. Cold Spring Harb. Symp. quant. biol. 2, 137, 1934.

WRIGHT, S., K. WAGNER: Types of subnormal development of the head from inbred strains of guinea pigs and their bearing on the classification and interpretation of vertebrate monsters. Am. J. Anat. 54, 1934.

V. ZIMMERMANN. W.: Die Häufigkeit von Extremitätenmißbildungen in Hamburg in den Jahren 1960 bis 1962. Z. menschl. Vererb.- u. Konstit.-Lehre 37, 1963, 26–44.

Brutpflege und Placentation bei Nichtsäugern

CATE-HOEDEMAKER, N. J., ten: Beiträge zur Kenntnis der Placentation bei Haien und Reptilien. Der Bau der reifen Placenta von Mustelus laevis Risso und Seps chalcides Merr (Chalcides tridactylus Laur). Z. Zellforsch. 18, 1933.

FLYNN: On the occurence of a true allantoplacenta of the conjoint type in an Australian lizard. Rec. Austral. Mus. 14, 1923.

GIACOMINI: Matériaux pour l'étude du développement de Seps chalcides. Arch. ital. biol. 16, 1891.

GIACOMINI: Über die Entwicklung von Seps chalcides. Anat. Anz. 6, 1891.

GIACOMINI: Sulla maniera di gestazione e sugli annessi embrionali di Gongylus ocellatus (Frosk). Accad. Scienze, Bologna, Ser. 6, 3, 1906.

HARRISON, B. A., H. C. WEEKES: On the occurence of placentation in the scincid lizard, Lygosoma entrecasteauxi. Proc. Linn. Soc. N. S. Wales 50, 1925.

KRYZANOVSKY, S. G.: Die Atmungsorgane der Fischlarven (Teleostomi). Zool. Jb. 58, 1934.

MÜLLER, J.: Über den glatten Hai des Aristoteles. Berlin 1840.

NEUMANN, C. W.: Brutpflege und Elternfürsorge im Tierreich. Wege u. Wissen 74, Berlin 1927.

TORTONESE, E.: Studi sui Plagiostomi. III. La viviparità: un fondamentale carattere biologico degli Squali. Arch. zool. ital. 35, 1950.

TURNER, C. L.: Pseudoamnion, pseudochorion and follicular pseudoplacenta in poeciliid fishes. J. Morph. 67, 1940.
WEBER, R.: Transitorische Verschlüsse von Fernsinnesorganen in der Embryonalperiode bei Amnioten. Rev. suisse zool. 57, 1950.
WEEKES, H. C.: A note on reproductive phenomena in some lizards. Proc. Linn. Soc. N. S. Wales 52, 1927.
WEEKES, H. C.: Placentation and other phenomena in the scincid lizard, Lygosoma (Hinulia) quoyi. Proc. Linn. Soc. N. S. Wales 52, 1927.
WEEKES, H. C.: On placentation in reptiles. Proc. Linn. Soc. N. S. Wales 54, 1929. II. Proc. Linn. Soc. N. S. Wales 55, 1930.
WEEKES, H. C.: On the distribution, habitat, and reproductive habits of certain European and Australian snakes and lizards, with particular regard to their adoption of viviparity. Proc. Linn. Soc. N. S. Wales 58, 1933.
WERNER, F.: Über westafrikanische Reptilien. Verh. zool. bot. Ges. Wien 1902.
WUNDER: Nestbau und Brutpflege bei Reptilien. Erg. Biol. 10, 1934.

Brutpflege – Placentation bei Säugetieren, Allgemeines

AMOROSO, E. C.: Placentation. Chap. 15 in Marshall's Physiology of Reproduction 3d ed. London, New York, Toronto 1952.
BOYD, J. D., W. J. HAMILTON: Cleavage, early development and implantation of the egg. in Marshall's Physiology of Reproduction Bd. 2, 3d ed. London, New York, Toronto 1952.
ENDERS, A., S. SCHLAFKE: Cytological aspects of trophoblast uterine interaction in early implantation. Amer. J. Anat. 125, 1969, 1–30.
FRICK, H., D. STARCK: Vom Reptil zum Säugerschädel. Z. Säugetierkde. 28, 1963.
GROSSER, O.: Vergleichende Anatomie und Entwicklungsgeschichte der Eihäute und der Placenta. Wien, Leipzig 1909.
GROSSER, O.: Frühentwicklung, Eihautbildung und Placentation des Menschen und der Säugetiere. Dtsche Frauenheilkde. in Einzeldarstellungen, Bd. 5, München 1927.
GROSSER, O.: Human and comparative placentation. The Lancet 1933.
GROSSER, O.: Über vergleichende Anatomie und Phylogenese der Placenta. Verh. Anat. Ges. Jena 1935.
GROSSER, O.: Zur Frage der Abstammung der Säugetiere. Erg. Anat. 33, 1941.
GROSSER, O.: Entwicklungsgeschichte des Menschen von der Keimzelle bis zur Ausbildung der äußeren Körperform. Vergl. und menschl. Placentation. in Seitz Amreich, Biol. u. Pathol. d. Weibes, 2. Aufl. Bd. 7, 1, Berlin, Wien 1942.
HARTMANN, C. G.: The phylogeny of menstruation. J. Amer. Med. Ass. 27, 1931.
HEDIGER, H.: Brutpflege bei Säugetieren. Ciba Z. 129, 1952.
HINTZSCHE, E.: Über Beziehungen zwischen Placentarbau, Urniere und Allantois (nach Untersuchungen an Microcebus murinus und an Centetidae). Z. mikrosk.-anat. Forsch. 48, 1940.
HUBRECHT, A. A. W.: Die Phylogenese des Amnions und die Bedeutung des Trophoblastes. Verh. koninkl. Akad. v. Wetensch. 4, 1895.
HUBRECHT, A. A. W.: Early ontogenetic phenomena and their bearing on our interpretation of the phylogeny of vertebrates. Quart. J. microsc. sci. 53, 1908.
DE LANGE, D.: Quelques remarques sur le développement phylogénétique possible des annexes foetales chez les vertébrés amniotes. C. r. Assoc. anat. 1923.
DE LANGE, D. jun.: Die Bildung der Foetalanhänge und der Placenta bei den Amnioten. Anat. Anz. 58, 1924.
DE LANGE, D. jun.: Placentarbildung, in Hdb. d. vergl. Anat. d. Wirbeltiere, Bolk, Göppert, Kallius, Lubosch. Berlin, Wien, Bd. 6, 1933.
LUDWIG, K. S.: Zur vergleichenden Histologie des Allantochorion Rev. Suisse Zool. 75, 1968, 819–831.

MARKEE, J. E.: The morphological basis for menstrual bleeding. Anat. Rec. 94, 1946.
MARSHALL'S: Physiology of Reproduction. Vol. 2, 3d ed. London, New York, Toronto 1952.
MOSSMAN, H. W.: Comparative Morphogenesis of the fetal membranes and accessory uterine structures. Contrib. Embryol. 26, 1937.
MOSSMAN, H. W.: Circulatory cycles in the vertebrates. Biol. Rev. 23, 1948.
MOSSMAN, H. W.: The Principal Interchange Vessels of the Chorioallantoic Placenta of Mammals. Organogenesis, De Haan, Ursprung Hrsg. Holt, Rinhart, Winston, N. Y. 1965 771–786 (31).
NEEDHAM, J.: Chemical Embryology. Cambridge 1931.
NOER, R.: A study of the effect of flow direction on the placental transmission, using artificial placentas. Anat. Rec. 96, 1946.
PECILE, A., C. FINZI (Hrsg.): The foeto-placental unit Symposion Milano 1969. Amsterdam 1969, 425 S.
PETRY, G., W. KÜHNEL, H. M. BEIER: Untersuchungen zur normalen Regulation der Praeimplantationsphase der Gravidität. I. Cytobiol. 2, 1970, 1–32.
PHELPS, D.: Endometrial vascular reactions and the mechanism of nidation. Amer. J. Anat. 79, 1946.
PINCUS, G.: The eggs of Mammals. New York 1936.
REYNOLDS, S. R. M.: The relation of hydrostatic conditions in the uterus to the size and shape of the conceptus during pregnancy. A concept of uterine accomodation. Anat. Rec. 95, 1946.
REYNOLDS, S. R. M.: Adaption of uterine blood vessels and accomodation of the products of conception. Contrib. Embryol. 33, 1949.
SEIDEL, F.: Entwicklungspotenzen des frühen Säugetierkeimes. Ag. d. Landes Nordrhein-Westf. 193, 1969, 1–87.
STARCK, D.: Was lehrt die Embryologie für die Stammesgeschichte der Säugetiere? Aufs. u. Reden d. Senckenberg. naturforsch. Ges. 8, Ffm. 1948.
STARCK, D.: Vergleichende Entwicklungsgeschichte der Wirbeltiere. Fortschr. der Zool. N. F. 8 u. 9, 1947, 1952.
STARCK, D.: Über die Länge der Nabelschnur bei Säugetieren. Z. Säugetierkde 22, 1957.
STARCK, D.: Ontogenie und Entwicklungsphysiologie der Säugetiere. Berlin (de Gruyter) 1959.
STARCK, D.: Vergleichende Anatomie und Evolution der Placenta. Verh. Anat. Ges. 56. Zürich 1960.
STARCK, D.: Die Evolution des Säugetiergehirns. Sitzungsber. wiss. Ges. Univ. Frankfurt M. 1, 1962.
STARCK, D.: Die Neencephalisation in Heberer, 100 Jahre Abstammung des Menschen, Stuttgart 1965.
STRAHL, H.: Die Embryonalhüllen der Säuger und die Placenta, in O. Hertwig, Hdb. d. vergl. u. exper. Entwicklungslehre d. Wirbeltiere Bd. 1, 2, Jena 1906.
STRAUSS, F.: Die Implantation des Keimes, die Frühphase der Placentation und die Menstruation im Licht vergleichend-embryologischer Erfahrungen. Bern 1944.
STRAUSS, F.: Die Bedeutung des placentaren Blutbeutels in vergleichender Betrachtung. Rev. suisse zool. 51, 1944.
STRAUSS, F.: Die Abhängigkeit der Implantation von der Anordnung und dem Funktionszustand der Uterusgefäße. Mschr. Geburtsh. 118, 1944.
STRAUSS, F.: Zum Problem der Gefäßversorgung des Endometriums Schweiz. med. Wschr. 79, 1949.
THENIUS, E., H. HOFER: Stammesgeschichte der Säugetiere. Berlin, Göttingen, Heidelberg 1960.

Superfetatio, Superfecundatio

FÖDERL, V.: Superfetatio. Ein beweisender Fall. Arch. Gynäk. 148, 1932.
GEYER, E.: Ein Zwillingspärchen mit 2 Vätern. Arch. Rassenbiol. 34, 1940.
HARTLEY, R. W.: Superfecundation. Veterin. Rec. 59, 1947.
HASELHORST, G., M. WATZKA: Superfetatio. Geburtsh. u. Frauenhk. 10, 1950.
HEDIGER, H.: Die Zucht des Feldhasen (Lepus europaeus Pallas) in Gefangenschaft. Physiol. comp. et Oecol. 1, 1948.
ROLLHÄUSER, H.: Superfetation in a Mouse. Anat. Rec. 105, 1949.

Shackelford, R. M.: Superfetation in the ranch mink. Amer. Naturalist 86, 1952.
Stowell, R. E.: A case of probable superfetation in a mouse. Anat. Rec. 81, 1941.

Primitiventwicklung und Placentation der Säugetiere*)

a) Monotremata

Caldwell, W. H.: The embryology of Monotremata and Marsupialia. I. Phil. Trans. 178 B. 1887.
Caldwell, W. H.: On the development of Monotremes and Ceratodus. Roy. soc. of N. S. W. J. and Proc. 18, 1888.
Fleay, D.: New facts about the family life of the Australian Platypus. Zoo Life 5, 1950.
Flynn, T. T., J. P. Hill: The development of the Monotremata. IV. Growth of the ovarian ovum, maturation, fertilization and early cleavage. Transact. Zool. Soc. 24, 1939.
Flynn, T. T., J. P. Hill: The development of the Monotremata. VI. The later stages of cleavage and the formation of the primary germ layers. Transact. Zool. Soc. 26, 1947.
Hill, D. J.: The development of the Monotremata p. I. The histology of the oviduct during gestation. Transact. Zool. Soc. 24, 1933.
Hill, C. J.: The development of the Monotremata. V. Further observations on the histology and secretory activities of the oviduct prior to and during gestation. Transact. Zool. Soc. 25, 1941.
Hill, C. J.: The development of the Monotremata. II. The structure of the egg shell. Transact. Zool. Soc. 24, 1933.
Hill, J. P., J. B. Gatenby: The corpus luteum of the Monotremata. Proc. Zool. Soc. 47, 1926.
Hill, J. P., C. J. Martin: On a Platypus embryo from the intrauterine egg. Proc. Linn. Soc. N. S. W. 10, 2nd ser. 1894.
Semon, R.: Zur Entwicklungsgeschichte der Monotremen. Zool. Forschungsreisen in Australien etc. 2. Lfg. 1, 1894.
Wilson, J. T., J. P. Hill: Primitive knot and early gastrulation cavity co-existing with independent primitive streak in Ornithorhynchus. Proc. Roy. Soc. 71, 1903.
Wilson, J. T., J. P. Hill: Observation on the development of Ornithorhynchus. Phil. Transact. Roy. Soc. 1907.
Wilson, J. T., J. P. Hill: The embryonic area and so-called primitive knot area in the early Monotreme egg. Quart. J. Microsc. Sc. 61, 1915.

b) Marsupialia

Flynn, T. T.: The phylogenetic significance of the marsupial allantoplacenta. Proc. Linn. Soc. N. S. Wales 47, 1922.
Flynn, T. T.: The yolk-sac and allantoic placenta in Perameles. Quart. J. Microsc. Sc. 67, 1923.
Flynn, T. T.: The uterine cycle of pregnancy and pseudopregnancy as it is in the diprotodont marsupial, Bettongia cuniculus. Proc. Linn. Soc. N. S. Wales 55, 1930.
Hartmann, C. G.: Studies in the development of the opossum (Didelphys virginiana L.). I. History of the early cleavage. II. Formation of the blastocyst. J. Morph. 27, 1916. III. Description of new material on maturation, cleavage and entoderm formation. IV. The bilaminar blastocyst. J. Morph. 32, 1919.
Hartmann, C. G.: The breeding season of the opossum (Didelphys virginiana) and the rate of intra-uterine and postnatal development. J. Morph. 46, 1928.
Hill, J. P.: On the foetal membranes, placentation and parturition of the native cat (Dasyurus viverrinus). Anat. Anz. 18, 1900.
Hill, J. P.: On a further stage in the placentation of Perameles. Quart. J. Microsc. Sc. 43, 1900.
Hill, J. P.: Thea early development of the Marsupialia IV. Dasyurus. Quart. J. Microsc. Sc. 56, 1910.
Hill, J. P.: The early development of Didelphys aurita. Quart. J. Microsc. Sc. 63, 1918.

Hill, J. P.: The allantoic placenta of Perameles. Proc. Linn. Soc. 161, 1948 (1949).
McCrady, E. jr.: The embryology of the Opossum. Amer. Anat. Mem. 16, 1938.
Reynolds, H. C.: Studies on reproduction in the opossum (Didelphis virginiana virginiana). University of California Publications in Zoology 52, 1952.
Spurgeon, C. H., R. J. Brooks: Implantation and early segmentation of the opossum ovum. Anat. Rec. 10, 1916.

c) Insectivora

Bluntschli, H.: Die Frühentwicklung eines tiefstehenden Placentaliers und ihre Bedeutung für die Auffassung der Säugetierentogenese überhaupt. Mitt. Naturforsch. Ges. Bern 1937.
Bluntschli, H.: Die Frühentwicklung eines Centetinen (Hemicentetes semispinosus). Rev. suisse zool. 44, 1937.
Feremutsch, K.: Der praegravide Genitaltrakt und die Praeimplantation. Rev. suisse zool. 55, 1948.
Feremutsch, K., F. Strauss: Beitrag zum weiblichen Genitalzyklus der madagassischen Centetinen. Rev. suisse zool. 56, Suppl. 1, 1949.
Goetz, R. H.: Studien zur Placentation der Centetiden. I. Eine Neuuntersuchung der Centetesplacenta. Z. Anat. 106, 1936.
Goetz, R. H.: Studien zur Placentation der Centetiden. II. Die Implantation und Frühentwicklung von Hemicentetes semispinosus (Cuvier). Z. Anat. 107, 1937.
Goetz, R. H.: Studien zur Placentation der Centetiden. III. Die Entwicklung der Fruchthüllen und der Placenta bei Hemicentetes semispinosus (Cuvier). Z. Anat. 108, 1938.
Goetz, R. H.: On the early development of the Tenrecoidea (Hemicentetes semispinosus). Biomorphosis 1, 1939.
van der Horst, C. J.: Early stages in the embryonic development of Elephantulus. S. Afr. J. Med. Sc. 7, Biol. Suppl. 1942.
van der Horst, C. J.: Further stages in the embryonic development of Elephantulus. S. Afr. J. Med. Sc. 9, Biol. Suppl. 1944.
van der Horst, C. J.: Some remarks on the biology of reproduction in the Female of Elephantulus. Transact. Roy. Soc. of S. Afr. 31, 1946.
van der Horst, C. J.: A human-like embryo of Elephantulus. Proc. Zool. Soc. 117, 1947.
van der Horst, C. J.: Some early embryological stages of the golden mole, Eremitalpa granti (Broom). Rob. Broom Commem. Vol. 1948.
van der Horst, C. J.: The placentation of Tupaia javanica. Koninkl. nederl. Akad. v. Wet. 52, 1949.
van der Horst, C. J.: Amniogenesis, Bijdr. dierk. 28, 1949.
van der Horst, C. J.: Some natural experiments in the embryological development of Elephantulus. Arch. biol. 60, 1949.
van der Horst, C. J.: The placentation of Elephantulus. Transact. Roy. Soc. S. Afr. 32, 1950.
van der Horst, C. J.: The mammalian trophoblast as interpreted by the development of Elephantulus. Proc. Zool. Soc. 115, 1945.
van der Horst, C. J., J. Gillman: Extreme polyovulation and the factors determining the survival of a single embryo in each uterine horn in Elephantulus. S. Afr. J. Sc. 27, 1940.
van der Horst, C. J., J. Gillman: The menstrual cycle in Elephantulus. S. Afr. J. Med. Sc. 6, 1941.
van der Horst, C. J., J. Gillman: Preimplantation abortion in Elephantulus. S. Afr. J. Med. Sc. 7, 1942.
van der Horst, C. J., J. Gillman: The reactions of the uterine blood vessels before, during and after pregnancy in Elephantulus. S. Afr. J. Med. Sc. 11, Biol. Suppl. 1946.
van der Horst, C. J., J. Gillman: The spontaneous development of Deciduomata in Elephantulus. S. Afr. J. Med. Sc. 7, 1942.
Hubrecht, A. A. W.: Studies in mammalian embryology. I.: The placentation of Erinaceus europaeus, with remarks on the phylogeny of the placenta. Quart. J. Microsc. Sc. 30, 1889. II.: The development of the germinal layers in Sorex vulgaris. Quart. J. Microsc. Sc. 31, 1890. III.: The placentation of the shrew (Sorex vulgaris, L.). Quart. J. Microsc. Sc. 35, 1893; or Verh. Koninkl. Akad. v. Wetensch. 3.

---

*) Ausführliche Literaturhinweise zur Primitiventwicklung der Säugetiere siehe bei Starck, D. „Ontogenie und Entwicklungsphysiologie der Säugetiere", Berlin 1959.

HUBRECHT, A. A. W.: Frühe Entwicklungsstadien des Igels und ihre Bedeutung für die Vorgeschichte (Phylogenese) des Amnions. Zool. Jb. Suppl. 15, 2, 1912.

DE LANGE jr., D., H. F. NIERSTRASS: Tabellarische Übersicht der Entwicklung von Tupaia javanica Horsf. Ontogenese der Wirbeltiere in Übersichten, H. 1, Utrecht 1932.

MEISTER, W., D. D. DAVIS: Placentation of a primitive Insectivore Echinosorex gymnura. Fieldiana, Zoology 35, 1953.

MOSSMAN, H. W.: The epitheliochorial placenta of an American mole, Scalopus aquaticus. Proc. Zool. Soc. ser. B 109, 1939.

OWERS, N.: Studies on the cytochemistry of the placenta. I. The occurence and distribution of glycogen and iron in the embryonic stages of an insectivore, Crocidura caerulea. Proc. Nat. Inst. Sc. India 17, 1951.

PEARSON, O. P.: Reproduction in the shrew (Blarina brevicauda). Amer. J. Anat. 75, 1944.

SANSOM, G. S.: The placentation of the Indian musk shrew (Crocidura coerulea). Transact. Zool. Soc. 23, 267.

STARCK, D.: Ein Beitrag zur Kenntnis der Placentation bei den Macroscelididen. Z. Anat. 114, 1949.

STRAUSS, F.: Ovarialbeutelkissen bei einem Centetiden. Schweiz. med. Wschr. 71, 1941.

STRAUSS, F.: Vergleichende Beurteilung der Placentation bei den Insektivoren. Rev. suisse zool. 49, 1942.

STRAUSS, F.: Die Placentation von Ericulus setosus. Rev. suisse zool. 50, 1943.

STRAUSS, F.: Ein Deutungsversuch des uterinen Zyklus von Ericulus. Rev. suisse zool. 53, 1946.

VERNHOUT, J. H.: Über die Placenta des Maulwurfs (Talpa europaea, L.). Anat. Hefte, 5, 1895.

WIMSATT, W. A., G. B. WISLOCKI: The placentation of the American shrews, Blarina brevicauda and Sorex fumeus. Amer. J. Anat. 80, 1947.

WISLOCKI, G. B.: The placentation of Solenodon paradoxus. Amer. J. Anat. 66, 1940.

WISLOCKI, G. B., W. A. WIMSATT: Chemical cytology of the placenta of two North American shrews (Blarina brevicauda and Sorex fumeus). Amer. J. Anat. 81, 1947.

d) Chiroptera

BRANCA: Sur le développement morphologique de la vésicule ombilicale chez le Murin. C. r. Ass. anat. 1912.

DUVAL, M.: Sur la vésicule ombilicale du murin. C. r. Acad. sc. Paris 124, 1897.

EISENTRAUT, M.: Beobachtung über Begattung bei Fledermäusen im Winterquartier. Zool. Jb., Abt. Syst. Ökol. 78, 1949.

GOPALAKRISHNA, A.: Studies on the embryology of Microchiroptera, p. IV. An analysis of implantation and early development in Scotophilus wroughtoni (Thomas). Proc. Indian Acad. Sc. 30, 1949.

GOPALAKRISHNA, A.: Studies on the embryology of Microchiroptera, p. V. Placentation in the Vespertilionid bat Scotophilus wroughtoni (Thomas). Proc. Indian Acad. Sc. 31, 1950.

GOPALAKRISHNA, A.: Studies on the embryology of Microchiroptera, p. VI. Structure of the placenta in the Indian vampire bat Lyroderma lyra lyra (Geoffroy) (Megadermatidae). Proc. Nat. Inst. Sc. of India 16, 1950.

GUTHRIE, M. J.: Reproductive cycles of some cave bats. J. Mammal. 14, 1933.

GUTHRIE, M. J., K. R. JEFFERS: The ovaries of the bat Myotis lucifugus lucif. after injection of hypophyseal extract. Anat. Rec. 72, 1938.

GUTHRIE, M. J., K. R. JEFFERS: Growth of follicles in the ovaries of the bat Myotis lucifugus lucifugus. Anat. Rec. 71, 1938.

GUTHRIE, M. J., K. R. JEFFERS: A cytological study of the ovaries of the bats Myotis lucifugus and Myotis grisescens. J. Morph. 62, 1938.

GUTHRIE, M. J., K. R. JEFFERS, E. W. SMITH: Growth of follicles in the ovaries of the bat Myotis grisescens. J. Morph. 88, 1951.

HAMLETT, G. W. D.: Implantation und Embryonalhüllen bei zwei südamerikanischen Fledermäusen. Anat. Anz. 79, 1934.

LEVI, G.: Le modalità della fissazione dell'uovo dei Chirotteri alla parete uterina. Monit. zool. ital. 25, 1914.

RASWEILER, J. J,: Reproduction in the long-tongued bat Glossophaga soricina II. Am. J. Anat. 139, 1974, 1–18.

SANSOM, G. S.: Notes on some early blastocysts of the South American bat, Molosus. Proc. Zool. Soc., 1932.

SRIVASTAVA, S. CH.: Placentation in the mouse-tailed bat, Rhinopoma kinneari (Chiroptera). Proc. Zool. Soc. Bengal 5, 1952.

VAN DER SPRENKEL, H. B.: Persistenz der Dottergefäße in den Embryonen der Fledermäuse und ihre Ursache. Z. mikrosk.-anat. Forsch. 28, 1932.

VAN DER STRICHT, O.: La fixation de l'œuf de chauve-souris à l'intérieur de l'utérus (Vesperugo noctula). Verh. Anat. Ges. Tübingen 1899.

VAN DER STRICHT, O.: Méchanisme de la fixation de l'œuf de chauve-souris (Vesperugo noctula) dans l'utérus. C. r. Ass. anat. 1911.

WIMSATT, W. A.: An analysis of implantation in the bat Myotis lucifugus lucifugus. Amer. J. Anat. 74, 1944.

WIMSATT, W. A.: The placentation of a vespertilionid bat Myotis lucifugus lucifugus. Amer. J. Anat. 77, 1945.

WIMSATT, W. A.: The nature and distribution of lipoids in the placenta of the bat (Myotis lucifugus lucifugus) with observations on the Mitochondria and Golgi apparatus. Amer. J. Anat. 82, 1948.

WIMSATT, W. A.: Cytochemical observations on the fetal membranes and placenta of the bat Myotis lucifugus lucifugus. Amer. J. Anat. 84, 1949.

WIMSATT, W. A.: A reinterpretation of the structure of the placental barrier in Chiroptera. Amer. Soc. Zool. 1953.

WIMSATT, W. A.: The fetal membranes and placentation of the tropical american vampire bat Desmodus rotundus murinus. Acta Anat. 21. 1954.

WIMSATT, W. A., H. TRAPIDO: The reproductive cycle of the vampire bat Desmodus rotundus murinus. Anat. Rec. 112, 1952.

WISLOCKI, G. B., D. W. FAWCETT: The placentation of the Jamaican bat (Artibeus jamaicensis parvipes). Anat. Rec. 81, 1941.

e) Edentata, Pholidota, Tubulidentata

BECHER, H.: Zur Kenntnis der Placenta von Bradypus tridactylus. Z. Anat. 61, 1921.

BECHER, H.: Placenta und Uterusschleimhaut von Tamandua tetradactyla (Myrmecophaga). Morph. Jb. 67, 1931.

FERNANDEZ, M.: Die Entwicklung der Mulita. Rev. museo de la Plata 21, 1915.

HEUSER, C. H., G. B. WISLOCKI: Early development of the sloth (Bradypus griseus) and its similarity to that of man. Contrib. Embryol. 25, 1935.

VAN DER HORST, C. J.: An early stage of placentation in the Aard Vark, Orycteropus. Proc. Zool. Soc. 119, 1949.

HUISMAN, F. J., D. DE LANGE jr.: Tabellarische Übersicht der Entwicklung von Manis javanica Desm. Ontogenese der Wirbeltiere in Übersichten, H. 2, Utrecht 1937.

NEWMAN, H. H., J. T. PATTERSON: The development of the nine-banded Armadillo from the primitive streak stage to birth; with especial reference to the question of specific polyembryony. J. Morph. 21, 1910.

VAN OORDT, G. J.: Early developmental stages of Manis javanica, Desm. Verh. Koninkl. Akad. v. Wetensch. 2, 21, 1921.

PATTERSON, J. T.: Polyembryonic development in Tatusia novemcinctus. J. Morph. 24, 1913.

STRAHL, H.: Über den Bau der Placenta von Dasypus novemcinctus. I. Anat. Anz. 44, 1913; II. 47, 1914.

TURNER, W.: On the placentation of the Cape-Anteater (Orycteropus capensis). J. Anat. Physiol. 10, 1876.

WEBER, M.: Beitrag zur Anatomie und Entwicklung der Gattung Manis. Zool. Ergebn. Reise Niederl. Ost-Indien, Bd. 2, 1892.

WISLOCKI, G. B.: On the placentation of the twotoed anteater (Cyclopes didactylus). Anat. Rec. 39, 1928.

WISLOCKI, G. B.: On the placentation of the sloth (Bradypus griseus). Contrib. Embryol. 16, 1925.

WISLOCKI, G. B.: On the placentation of the tridactyl sloth (Bradypus griseus) with a description of the characters of the fetus. Contrib. Embryol. 19, 1927.

WISLOCKI, G. B.: Further observations upon the minute structure of the sloth (Bradypus griseus). Anat. Rec. 40, 1928.

f) Rodentia, Lagomorpha

ADAMS, F. W., H. H. HILLEMANN: Morphogenesis of the vitelline and allantoic placentae of the golden hamster (Cricetus auratus). Anat. Rec. 108, 1950.

ALDEN, R. H.: Implantation of the rat egg. I. J. Exper. Zool. 100, 1945. II. Anat. Rec. 97, 1947. III. J. Anat. 83, 1948.

AUSTIN, C. R., J. SMILES: Phase contrast microscopy in the study of fertilization and early development of the rat egg. J. Roy. Microsc. Soc. 68, 1948.

VAN BENEDEN, E.: Recherches sur l'embryologie des Mammifères: La formation des feuillets chez le lapin. Arch. biol. 1, 1880.

VAN BENEDEN, E., CH. JULIN: Recherches sur la formation des annexes foetales chez les Mammifères (Lapin et Chéiroptères). Arch. biol. 5, 1884.

BISCHOFF, T. L. W.: Entwicklungsgeschichte des Kanincheneies. Braunschweig 1842.

BISCHOFF, T. L. W.: Entwicklungsgeschichte des Meerschweinchens. Gießen 1853.

BLANDAU, R. J.: Observations on implantation of the guinea pig ovum. Anat. Rec. 103, 1949.

BLANDAU, R. J.: Embryo-endometrial interrelationship in the rat and guinea pig. Anat. Rec. 104, 1949.

BOYER, C.: Chronology of development for the golden hamster. J. Morph. 92, 1953.

DEMPSEY, E. W.: Electron microscopy of the visceral yolk-sac epithelium of the Guinea pig. Amer. J. Anat. 93, 1953.

DENKER, H. W.: Topochemie hochmolekularer Kohlenhydratsubstanzen in Frühentwicklung und Implantation des Kaninchens I. II. Zool. Jb. Phys. 75, 1970, 141–308.

DENKER, H. W.: Fürchung beim Säugetier: Differenzierung von Trophoblast und Embryonalknotenzellen. Verh. Anat. Ges. 66. Vers. 1971. Fisher Jena 1972.

DUVAL, M.: Les placentas discoidales en général à propos du placenta des rongeurs. C. r. soc. biol. Paris ser. 8, 5, 1888.

DUVAL, M.: Le placenta des rongeurs: Le placenta du lapin. J. anat. physiol. 25, 1889; 26, 1890.

DUVAL, M.: Le placenta des rongeurs. III. Le placenta de la souris et du rat. J. anat. physiol. 27, 1891.

EVERETT, J. W.: Morphological and physiological studies of the placenta in the albino rat. J. Exper. Zool. 70, 1935.

FISCHER, Th. V., H. W. MOSSMAN: The fetal membranes of Pedetes capensis and their taxonomic significance. Amer. J. Anat. 124, 1969, 89–116.

FOOTE, C. L., W. P. NORMAN, F. M. FOOTE: Formation of the extraembryonic cavities of the hamster. Am. J. Anat. 95, 1954.

GRAUMANN, W.: Die Histotopik von Polysaccharidverbindungen während der Eiimplantation. Verh. Anat. Ges. Marburg 1952.

GREGORY, P. W.: Early embryology of the rabbit. Contrib. Embryol. 21, 1930.

HENNEBERG, B.: Normentafel zur Entwicklungsgeschichte der Wanderratte (Rattus norvegicus Erxleben). Normentafeln zur Entwicklungsgeschichte der Wirbeltiere 15 (Erg.-H.), 1937.

HUBER, G. K.: The development of the albino rat, Mus norvegicus albinus. I/II. Mem. Wistar Institut of Anatomy and Biology 5, Philadelphia 1915.

JOLLIE, W. P.: Nuclear and cytoplasmic annulate lamellae in Trophoblast giant cells of rat Placenta. Anat. Rec. 165, 1969. 1–14.

KREHBIEL, R. H.: Cytological studies of the decidual reaction in the rat during early pregnancy and in the production of deciduomata. Physiol. Zool. 10, 1937.

KREHBIEL, R. H.: The production of deciduomata in the pregnant lactating rat. Anat. Rec. 81, 1941.

KUHL, W.: Untersuchungen über die Cytodynamik der Furchung und Frühentwicklung des Eies der weißen Maus. Abh. Senckenberg. Naturf. Ges. 456, Frankfurt/M. 1941.

KUHL, W., H. FRIEDRICH-FRESKA: Richtungskörperbildung und Furchung des Eies sowie das Verhalten des Trophoblasten der weißen Maus. Verh. Zool. Ges. 38, 1936.

LEE, T. G.: On the early development of Spermophilus tridecimlineatus, a new type of mammalian placentation. Science n. s. 15, 1902.

LEE, T. G.: Notes on the early development of rodents. Amer. J. Anat. 2, proc. 1903.

LEE, T. G.: The early development of Geomys bursarius. Lancet 2, (und Brit. Med. J. 2), 1906.

LEE, T. G.: The preplacental development in Geomys bursarius. Science n. s. 25, 1907.

LEE, T. G.: The formation of the decidual cavity in Geomys bursarius. Anat. Rec. 1, 1907.

LEE, T. G.: The implantation stages of various North American rodents. Verh. Anat. Ges. Brüssel 1910.

LEE, T. G.: On the implantation and placentation in the sciuroid rodents. Anat. Rec. 9, 1915.

LEE, T. G.: The implantation of the blastocyst and the formation of the decidual cavity in Dipodomys. Anat. Rec. 14, 1918.

LEWIS, W. H., E. S. WRIGHT: On the early development of the mouse egg. Contrib. Embryol. 148, 25, 1935.

LOEB, L.: Über die experimentelle Erzeugung von Knoten von Deziduagewebe in dem Uterus des Meerschweinchens nach stattgefundener Kopulation. Zbl. allg. Path. 18, 1907.

MACLAREN, N., T. H. BRYCE: The early stages in the development of Cavia. Transact. Roy. Soc. Edinburgh 57, 1933.

MARKEE, J. E.: Intrauterin distribution of ova in rabbit. Anat. Rec. 88, 1944.

MAXIMOW, A.: Zur Kenntnis des feineren Baues der Kaninchenplacenta. Arch. mikrosk. Anat. 51, 1898.

MAXIMOW, A.: Die ersten Entwicklungsstadien der Kaninchenplacenta. Arch. mikrosk. Anat. 56, 1900.

MOSSMAN, H. W.: The rabbit placenta and the problem of placental transmission. Amer. J. Anat. 37, 1926.

MOSSMAN, H. W., T. V. FISCHER: The preplacenta of Pedetes, the Träger and the maternal circulatory pattern in rodent placentae. J. Reprod. Fert. 6, 1969, 175–184.

MOSSMAN, H. W., F. L. HISAW: The fetal membranes of the pocket gopher, illustrating an intermediate type of rodent membrane formation. I. From the unfertilized tubal egg to the beginning of the allantois. Amer. J. Anat. 66, 1940.

ORSINI, M. W.: The trophoblastic giant cells and endovascular cells associated with pregnancy in the hamster, Cricetus auratus. Amer. J. Anat. 94, 1954.

PYTLER, R., H. STRASSER: Die Vorgänge im Meerschweinchenuterus von der Inokulation des Eies bis zur Bildung des Placentardiskus. Z. Anat. 76, 1925.

RYDER, J. A.: A theory of the origin of placental types and on certain vestigiary structures in the placentae of the mouse, rat and field mouse. II. The inversion of the germinal layers in Hesperomys (now Peromyscus). III. The vestiges of a zonary decidua in the mouse. Amer. Naturalist 21, 1887.

SANSOM, G. S.: Early development and placentation in Arvicola (Microtus) amphibius with special reference to the origin of placental giant cells. J. Anat. 56, 1922.

SANSOM, G. S.: The giant cells in the placenta of the rabbit. Proc. Roy. Soc. London B 101, 1927.

SANSOM, G. S., J. P. HILL: Observations of the structure and mode of implantation of the blastocyst of Cavia. Transact. Zool. Soc. 21, 1931.

SELENKA, E.: Keimblätter und Primitivorgane der Maus. Studien über Entwicklungsgesch. 1, 1883.

SELENKA, E.: Die Blätterumkehr im Ei der Nagetiere. Studien über Entwicklungsgesch. 3, 1884.

SOBOTTA, J.: Die Befruchtung und Furchung des Eies der Maus. Arch. mikrosk. Anat. 45, 1895.

SOBOTTA, J.: Die Entwicklung des Eies der Maus vom Schlusse der Furchungsperiode bis zum Auftreten der Amnionsfalten. Arch. mikrosk. Anat. 61, 1903.

SPEE, F., Graf: Die Implantation des Meerschweincheneies in die Uteruswand. Z. Morph. Anthrop. 3, 1901.

SQUIER, R. R.: The living egg and early stages of its development in the Guinea pig. Contrib. Embryol. 23, 1932.

VÖLKER, O.: Normentafel zur Entwicklungsgeschichte des Ziesels (Spermophilus citellus). Keibels Normentafeln z. Entw.gesch. d. Wirbeltiere 13, 1922.

WARD, M. C.: A study of the estrous cycle and the breeding of the golden hamster, Cricetus auratus. Anat. Rec. 94, 1946.

WARD, M. C.: The early development and implantation of the golden hamster, Cricetus auratus, and the associated endometrial changes. Amer. J. Anat. 82, 1948.

WARD-ORSINI, M.: The trophoblastic giant cells and endovascular cells associated with pregnancy in the hamster Cricetus auratus. Amer. J. Anat. 94, 1954.
WILLIAMS, M. F.: The vascular architecture of the rat uterus as influenced by estrogen and progesterone. Amer. J. Anat. 82, 1948.
YOUNG, W. C., E. W. DEMPSEY, H. I. MYERS: Cyclic reproductive behavior in the female Guinea pig. J. Comp. Physiol. Psychol. 19, 1935.

g) Carnivora

ANDERSON, J. W.: Ultrastructure of the placenta and fetal membranes of the dog. I. The placental labyrinth. Anat. Rec. 165, 1969, 15–36.
BISCHOFF, T. L. W.: Entwicklungsgeschichte des Hundeeies. Braunschweig 1845.
BONNET, R.: Beiträge zur Embryologie des Hundes. I, II, III. Anat. Hefte 9, 1897; 16, 1901; 20, 1902.
DUVAL, M.: Le placenta des Carnassiers. J. anat. physiol. 29, 30, 31 (Hund u. Katze), 1893.
GROSSER, O.: Über vergleichende Anatomie und Phylogenese der Placenta. Verh. Anat. Ges. Jena 1935.
HAMILTON, W. J.: The early stages in the development of the ferret. Fertilization to the formation of the prochordal plate. Transact. Roy. Soc. Edinburgh 58, 1934.
HAMILTON, W. J.: The early stages in the development of the ferret. The formation of the mesoblast and notochord. Transact. Roy. Soc. Edinburgh 59, 1937.
HILL, J. P., M. TRIBE: Early development of the cat (Felis domestica). Quart. J. Microsc. Sc. 68, 1924.
STRAHL, H.: Über die Placenta von Putorius furo. Anat. Anz. 4, 1889.
STRAHL, H.: Untersuchungen über den Bau der Placenta. I. Die Anlagerung des Eies an der Uteruswand. Arch. Anat. Physiol. 1889.
STRAHL, H.: Untersuchungen über den Bau der Placenta. III. Der Bau der Hundeplacenta. Arch. Anat. Physiol., Anat. Sect. 1890.
STRAHL, H.: Zur Kenntnis der Frettchenplacenta. Anat. Anz. 12, 1896.
STRAHL, H.: Über die Placenta der Raubtiere. Verh. Ges. Dtsch. Naturf. Ärzte 69, 1898.
STRAHL, H., E. BALLMANN: Embryonalhüllen und Placenta von Putorius furo. Abh. Preuß. Akad. Wiss. (phys. math. Kl.) 1915.

h) Ungulata

ANDRESEN, A.: Die Placentome der Wiederkäuer. Morph. Jb. 57, 1927.
ASSHETON, R.: The segmentation of the ovum of the sheep, with observations on the hypothesis of a hypoblastic origin of the trophoblast. Quart. J. Microsc. Sc. 41, 1898.
ASSHETON, R.: The morphology of the ungulate placenta. Particularly the development of that organ in the sheep, and notes upon the placenta of the elephant and hyrax. Philos. Transact. Roy. Soc. London B 198, 1906.
BARCROFT, J., D. H. BARRON: Observations upon the form and relations of the maternal and fetal vessels in the placenta of the sheep. Anat. Rec. 94, 1946.
BUECHNER, H. K., H. W. MOSSMAN: The opening between the allantoic vesicle and the uterine cavity in the kob conceptus. J. Reprod. Fert. 6, 1969, 185–187.
EWART, J. C.: Studies on the development of the horse. I. Development during the 3d week. Transact. Roy. Soc. Edinburgh 1951.
HAMILTON, W. J., F. T. DAY: Cleavage stages of the ova of the horse with notes on ovulation. J. Anat. 78, 1944.
HAMILTON, W. J., J. A. LAING: Development of the egg of the cow up to the stage of blastocyst formation. J. Anat. 80, 1946.
HEUSER, C. H.: A study of the implantation of the ovum of the pig from the stage of the bilaminar blastocyst to the completion of the fetal membranes. Contrib. Embryol. 19, 1927.
HITZIG, W. H.: Über die Entwicklung der Schweineplacenta. Acta anat. 7, 1949.
VAN DER HORST, C. J.: On the size of the litter and the gestation period of Procavia capensis. Science 93, 1941.
KOLSTER, R.: Die Embryotrophe placentarer Säuger mit besonderer Berücksichtigung der Stute. Anat. Hefte 18, 1902.
KOLSTER, R.: Weitere Beiträge zur Kenntnis der Embryotrophe bei Indeciduaten (Rind, Schaf, Schwein, Reh, Hirsch). Anat. Hefte 20, 1903.
KOLSTER, R.: Über die Zusammensetzung der Embryotrophe der Wirbeltiere. Erg. Anat. 16, 1906.
KÜPFER, M.: Beiträge zur Morphologie der weiblichen Geschlechtsorgane bei den Säugetieren. Vjschr. Naturf. Ges. Zürich 68, 1923.
SAKURAI, T., G. KEIBEL: Normentafel zur Entwicklungsgeschichte des Rehes (Cervus capreolus). Jena 1906.
SCHAUDER, W.: Untersuchungen über die Eihäute und Embryotrophe des Pferdes. Arch. Anat. Physiol. 1912.
SCHAUDER, W.: Über Anatomie, Histologie und Entwicklung der Embryonalanhänge des Tapirs. Morph. Jb. 60, 1929.
SCHAUDER, W.: Über das Uterusepithel und den Trophoblasten der Placenta des Schweines. Tierärztl. Rdsch. 47, 1941.
SCHAUDER, W.: Der gravide Uterus und die Placenta des Tapirs mit Vergleich von Uterus und Placenta des Schweines und Pferdes. Morph. Jb. 89, 1944.
STRAHL, H.: Zur Kenntnis der Placenta von Tragulus javanicus. Anat. Anz. 26, 1905.
STRAHL, H.: Über die Semiplacenta multiplex von Cervus elaphus L. Anat. Hefte 31, 1906.
STREETER, G. L.: Development of the mesoblast and notochord in pig embryos. Contrib. Embryol. 19, 1927.
STURGESS, I.: The early embryology and placentation of Procavia capensis. Acta zool. 29, 1948.
TEUSCHER, R.: Anatomische Untersuchungen über die Fruchthüllen des Zwergflußpferdes (Choeropsis liberiensis Mort.). Z. Anat. 107, 1937.
TÖNDURY, G.: Zum Feinbau des Chorionepithels der Schweineplacenta. Rev. suisse zool. 51, 1944.
WIMSATT, W. A.: New histological observation on the placenta of the sheep. Amer. J. Anat. 87, 1950.
WIMSATT, W. A.: Observations on the morphogenesis, cytochemistry and significance of the binucleate giant cells of the placenta of ruminants. Amer. J. Anat. 89, 1951.
WISLOCKI, G. B.: An unusual placental form in the Hyracoidea. Contrib. Embryol. 21, 1930.
WISLOCKI, G. B.: Notes on the female reproductive tract (ovaries, uterus and placenta) of the collared peccary (Pecari angulatus bangsi Goldman). J. Mammal. 12, 1931.
WISLOCKI, G. B., O. P. VAN DER WESTHUYSEN: The placentation of Procavia capensis with a discussion of the placental affinities of the Hyracoidea. Contrib. Embryol. 28, 1940.

i) Cetacea, Sirenia

CATE-HOEDEMAKER TEN, N. J.: Mitteilungen über eine reife Placenta von Phocaena phocaena (Linnaeus). Arch. néerld. zool. 1, 1935.
KÜKENTHAL, W.: Vergleichende anatomische und entwicklungsgeschichtliche Untersuchungen an Walthieren. Denkschr. Med.-nat. Ges. Jena 3, 1893.
ROBINS, J. P.: Ovulation and pregnancy corpora lutea in the ovaries of the humpack whale. Nature 173, 1954.
SINHA, A. A., U. S. SEAL, A. W. ERICKSON, H. W. MOSSMAN: Morphogenesis of the fetal membranes of the whitetailes deer. Amer. J. Anat. 126, 1969, 201–242.
SLIJPER, E. J.: Die Cetaceen, vergleichend anatomisch und systematisch. Capita Zoologica 6, 7, 1936.
SLIJPER, E. J.: On some phenomena concerning pregnancy and parturition of the Cetacea. Bijdr. dierk. 1949.
WISLOCKI, G. B.: On the placentation of the harbor porpoise (Phocaena phocaena L.). Biol. Bull. 65, 1933.
WISLOCKI, G. B.: The placentation of the manatee (Trichechus latirostris). Mem. Mus. Comp. Zool. Harvard Coll. 54, 1935.
WISLOCKI, G. B., R. K. ENDERS: The placentation of the bottlenosed porpoise. Amer. J. Anat. 68, 1941.

k) Primaten

Embryology of the rhesus monkey (Macaca mulatta). Collected papers of the Contrib. Embryol. 1941 (Sammelband).
BLUNTSCHLI, H.: Frühe Entwicklungsstadien von Microcebus murinus. Biomorphosis 1, 1939.
CORNER, G. W.: Ovulation and menstruation in Macacus rhesus. Contrib. Embryol. 15, 1923.
COVENTRY, A. F.: The placenta of the Guinea baboon (Cynocephalus papio, Desmar). Anat. Rec. 25, 1923.

DARON, G. H.: The arterial pattern of the tunica mucosa of the uterus in Macacus rhesus. Amer. J. Anat. 58, 1936.
ELDER, J. H., C. G. HARTMAN, C. H. HEUSER: A ten and one half day chimpanzee embryo "Yerkes A". J. Amer. Med. Ass. 111, 1938.
FIEDLER, W.: Übersicht über das System der Primates. Primatologia I. (ed. Hofer, Schultz, Starck) Basel, New York 1956.
GÉRARD, P.: Contribution à l'étude de la placentation chez les Lémuriens. Arch. anat. microsc. 25, 1929.
HARTMANN, C. G.: Description of parturition in the monkey Pithecus (Macacus) rhesus, together with data on the gestation period and the phenomena incident to pregnancy and labor. Bull. Johns Hopkins Hosp. 43, 1928.
HARTMAN, C. G.: Studies in the reproduction of the monkey Macacus (Pithecus) rhesus, with especial reference to menstruation and pregnancy. Contrib. Embryol. 23, 1932.
HARTMAN, C. G.: Contributions of studies on primate animals to gynecologic thought. Amer. J. Obstetr. Gynec. 44, 1942.
HARTMAN, C. G., G. W. CORNER: The first maturation divisions of the Macaque ovum. Contrib. Embryol. 29, 1941.
HERTIG, A. T.: Angiogenesis in the early human chorion and in the primary placenta of the macaque monkey. Contrib. Embryol. 25, 1935.
VAN HERWERDEN, M.: Beitrag zur Kenntnis des menstruellen Zyklus. Mschr. Geburtsh. 24, 1906.
HEUSER, C. H.: Early development of the primitive mesoblast in embryos of the rhesus monkey. Coop. Res. Carn. Inst. 1938.
HEUSER, C. H., G. L. STREETER: Development of the Macaque embryo. Contrib. Embryol. 29, 1941.
HILL, J. P.: The developmental history of the primates. Philos. Transact. Roy. Soc. London B 221, 1932.
HILL, F. E. I., A. S. RAU: The development of the fetal membranes in Loris, with special reference to the mode of vascularization of the chorion in the Lemuroidea and its phylogenetic significances. Proc. Zool. Soc. London 2, 1928.
HINTZSCHE, E.: Über Beziehungen zwischen Placentarbau, Urniere und Allantois (nach Untersuchungen an Microcebus murinus und an Centetidae). Z. mikrosk.-anat. Forsch. 48, 1940.
HOUSTON, M. L.: The villous period of Placentogenesis in the Baboon (Papio spec.). Amer. J. Anat. 126, 1969, 1–16.
HOUSTON, M. L.: The development of the Baboon (Papio spec.) placenta during the fetal period of gestation. Amer. J. Anat. 126, 1969, 17–30.
HUBRECHT, A. A. W.: Die Keimblase von Tarsius. Festschr. für C. Gegenbaur, Engelmann, Leipzig 1896.
HUBRECHT, A. A. W.: Über die Entwicklung der Placenta von Tarsius und Tupaja, nebst Bemerkungen über deren Bedeutung als haematopoietische Organe. Proc. 4th Internat. Congr. of Zool. Cambridge 1899.
HUBRECHT, A. A. W.: Die Säugetierontogenese in ihrer Bedeutung für die Phylogenie der Wirbeltiere. Jena 1909.
HUBRECHT, A. A. W., F. KEIBEL: Normentafeln zur Entwicklungsgeschichte des Koboldmaki (Tarsius spectrum) und des Plumplori (Nycticebus tardigradus). Normentafel Wirbelt. 7. 1907.
KUHN, H. J., A. SCHWAIER: Implantation, early placentation and the chronology of embryogenesis in Tupaia belangeri. Z. Anat. 142. 1973, 315–340.
LEWIS, W. H., C. G. HARTMAN: Early cleavage stages of the egg of the monkey (Macacus rhesus). Contrib. Embryol. 24, 1933.
LEWIS, W. H., C. G. HARTMAN: Tubal ova of the rhesus monkey. Contrib. Embryol. 29, 1941.
LUCKETT, W. P.: Comparative development and evolution of the placenta in Primates Contrib. Primat. 3. 1974, 142–234.
NOBACK, C. R.: Placentation and angiogenesis in the Amnion of a Baboon (Papio papio). Anat. Rec. 94, 1946.
PANIGEL, M.: Comparative anatomical, physiological and pharmacological aspects of placental permeability and haemodynamics in the non-human primate placenta and in the isolated perfused human placenta. Experta med. Internat. Congress Ser. Nr. 183, Milan Sept. 4–6, 1968, 279–295.
PANIGEL, M., J.-L. BRUN (1): Anatomie vasculaire histologie et ultrastructure du placenta à la fin de la gestation chez certains primates: Macaca (Cynomolgus) irus et Cercopithecus (Erythrocebus) patas. Bull. de L'Assosciation des Anatomistes, 53 Congrès (Tours, 7–11 Avril 1968) No. 142, 1271 bis 1286.
RAMSEY, E. M.: The vascular pattern of the endometrium of the pregnant Rhesus monkey (Macaca mulatta). Contrib. Embryol. 33, 1949.
ROSSMAN, I.: The deciduomal reaction in the Rhesus monkey (Macaca mulatta). Amer. J. Anat. 66, 1940.
ROSSMAN, I.: Cyclic changes in the endometrial lipins of the rhesus monkey. Amer. J. Anat. 69, 1941.
SAGLIK, S.: Ovaries of Gorilla, Chimpanzee, Orang Utan and Gibbon. Contrib. Embryol. 27, 1938.
SCHULTZ, A. H., F. F. SNYDER: Observations on reproduction in the chimpanzee. Bull. Johns Hopkins Hosp. 57, 1935.
SELENKA, E.: Affen Ostindiens. Studien über Entwicklungsgeschichte der Tiere. Wiesbaden 5, 1892.
STARCK, D.: Primitiventwicklung und Plazentation der Primaten. Primatologia I. 1956.
STIEVE, H.: Der Bau der Primatenplazenta. Anat. Anaz. 96, 1948.
STRAHL, H.: Uteri gravidi des Orang-Utan. Anat. Anz. 22, 1902.
STRAHL, H.: Die Rückbildung der Uterusschleimhaut nach dem Wurf bei Tarsius spectrum. Verh. Koninkl. Akad. v. Westensch. 1903.
STRAHL, H.: Primaten-Placenten. Selenka's Studien über Entwicklungsgesch. 12, 1903.
STRAHL, H.: Doppelt-diskoidale Placenten bei amerikanischen Affen. Anat. Anz. 26, 1905.
STRAHL, H.: Beiträge zur vergleichenden Anatomie der Placenta (Lemuriden, Viverra civetta und Centetes ecaudatus). Abh. Senckenberg. Naturforsch.Ges. 27, 1905.
STRAHL, H., H. HAPPE: Neue Beiträge zur Kenntnis von Affenplacenten. Anat. Anz. 24, 1904.
STREETER, G. L.: Characteristics of the primate egg immediately preceding its attachment to the uterine wall. Carneg. Inst. Wash. publ. 501 Coop. in Res. 1938.
STREETER, G. L.: Origin of the gut endoderm in macaque embryos. Anat. Rec. 70 Supl. 1938.
STURGIS, S. H.: The mechanism and control of primate ovulation. Fertility and Steril. 1, 1950.
WISLOCKI, G. B.: Remarks on the placentation of a platyrrhine monkey (Ateles geoffroyi). Amer. J. Anat. 36, 1926.
WISLOCKI, G. B.: On the placentation of the primates, with a consideration of the phylogeny of the placenta. Contrib. Embryol. 20, 1929.
WISLOCKI, G. B.: On a series of placental stages of a platyrrhine monkey (Ateles geoffroyi), with some remarks upon age, sex, and breeding period in platyrrhines. Contrib. Embryol. 22, 1930.
WISLOCKI, G. B.: Placentation in the marmoset (Oedipomidas geoffroyi) with remarks on twinning in monkeys. Anat. Rec. 52, 1932.
WISLOCKI, G. B.: On the female reproductive tract of the Gorilla, with a comparison of that of other primates. Contrib. Embryol. 135, 1932.
WISLOCKI, G. B.: Gravid reproductive tract and placenta of the chimpanzee. Amer. J. Phys. Anthropol. 18, 1933.
WISLOCKI, G. B., G. L. STREETER: On the placentation of the Macaque (Macaca mulatta) from the time of implantation until the formation of the definitive placenta. Contrib. Embryol. 27, 1938.

Menstruation, Primitiventwicklung und Placentation des Menschen.
Junge menschliche Embryonen

ATWELL, W. J.: A human embryo with 17 pairs of Somites. Contrib. Embryol. 21, 1930.
AUSTIN, C. R.: Sex Chromatin in embryonic and fetal tissue. Acta cytol. 6, 1962.
BACSICH, P., C. F. V. SMOUT: Some observations on the foetal vessels of the human plazenta with an account of the corrosion technique. J. Anat. 72, 1938.
BARTELMEZ, G. W., H. M. EVANS: The development of the human embryo during the period of somite formation, includ-

ing embryo with 2–16 pairs of somites. Contrib. Embryol. 17, 1926.
BARTELMEZ, G. W.: The human uterine mucous membrane during menstruation. Amer. J. Obstet. Gynec. 21, 1931.
BARTELMEZ, G. W.: Histological studies on the menstruating mucous membrane of the human uterus. Contrib. Embryol. 24, 1933.
BOE, F.: Studies on the vascularization of the human placenta. Acta obst. scand. 32 Suppl. 5, 1953.
BOERNER-PATZELT, D., W. SCHWARZACHER: Ein junges menschliches Ei in situ. Z. Anat. 68, 1923.
BOYD, J. D., W. J. HAMILTON: The human Placenta. Heffer, Cambridge 1970, 365 S.
BREWER, J.: A normal human ovum in a stage preceding the primitive streak (The Edwards-Jones-Brewer ovum). Amer. J. Anat. 61, 1937.
BREWER, BAIRD: A human embryo in the bilaminar blastodisc stage. Contrib. Embryol. 27, 1938.
BRYCE, TH. H.: Observations on the early development of the human embryo. Transact. Phil. Soc. Edinburgh 53, 1921/22.
CAFFIER, P.: Die proteolytischen Fähigkeiten von Ei und Eibett. Zbl. Gynäk. 53, 1929.
COMBS, J. D.: Maternal circulation of the Torpin ovum. Anat. Rec. 81, 1941.
CORNER, G. W.: A well preserved human embryo of 10 somites. Contrib. Embryol. 20, 1928.
CORNER, G. W., E. M. RAMSEY, H. STRAN: Patterns of myometrial activity in the Rhesus monkey in pregnancy. Amer. J. Obstet. Gyn. 85, 1963.
DANDY, W. E.: A human embryo with 7 pairs of somites, mensuring about 2 mm in length. Amer. J. Anat. 10, 1910.
DAVIS, C. L.: Description of a human embryo having 20 paired somites. Contrib. Embryol. 19, 1923.
DIBBLE, G. H., C. M. WEST: A human ovum at the previllous stage. J. Anat. 75, 1941.
FABER, V.: Beobachtungen an einem etwa 2 Wochen alten menschlichen Ei. Z. mikrosk.-anat. Forsch. 48, 1940.
FAHRENHOLZ, C.: Ein junges menschliches Abortivei. Z. mikrosk.-anat. Forsch. 8, 1927.
FETZER, M.: Über ein durch Operation gewonnenes menschliches Ei. Verh. Anat. Ges. Brüssel 1910.
FLORIAN, J.: The formation of the connecting stalk and the extension of the amniotic cavity towards the tissue of the connecting stalk in young human embryos. J. Anat. 64, 1930.
FLORIAN, J.: Die Entwicklung des Blastoporus beim Menschen. Verh. Anat. Ges. Mailand 1936.
FRIEDHEIM, E. A. H.: Die Züchtung von menschlichen Chorionepithel in vitro, ein Beitrag zur Lehre vom Chorionepitheliom. Virchows Arch. 272, 1929.
GEORGE, W. C.: A presomite human embryo with chorda canal and prochordal plate. Contrib. Embryol. 30, 1942.
GROSSER, O.: Zur Kenntnis der Trophoblastschale bei jungen menschlichen Eiern. Z. Anat. 66, 1922.
GROSSER, O.: Junge menschliche Embryonen der dritten und vierten Woche. Erg. Anat. 25, 1924.
GROSSER, O.: Die systematische Stellung der menschlichen Placenta und deren biologische Bedeutung. Med. Klin. 24, 1928.
GROSSER, O.: Über die Bedeutung des intervillösen Raumes. Arch. Gynäk. 137, 1929.
GROSSER, O.: Human and comparative placentation. Lancet 224, 1933.
GROSSER, O.: Die Herkunft des Mesoderms beim Menschen. Z. mikrosk. Forsch. 46, 1939.
GROSSER, O.: Die Wahrung der Eigenart von Mutter und Kind bis zur Geburt. Forsch. Fortschr. 16, 1940.
GROSSER, O.: Zur Frage der Abstammung der Säugetiere. Erg. Anat. 33, Anat. Forsch. 46, 1939.
GROSSER, O.: Jüngste menschliche Embryonen. Wien. klin. Wschr. 54, 1941.
GROSSER, O.: Zur Kenntnis des Synzytiums in der menschlichen Placenta. Abh. dtsch. Akad. Wiss. Prag. math. naturw. Kl. H. 12, 1943.
GRUNER: Die ersten 10 Lebenstage des menschlichen Eies. Zbl. Gynäk. 67, 1943.
GUGGISBERG, H., W. NEUWEILER: Über Züchtungsversuche der menschlichen Placenta in vitro. Zbl. Gynäk. 50, 1926.

GUTHMANN, H., K. H. HENRICH: Der Arsengehalt der Uterusschleimhaut und des Blutes. Arch. Gynäk. 172, 1941.
HAMILTON, W. J.: Phases of maturation and fertilization in human ova. J. Anat. 78, 1944.
HAMILTON, W. J.: Early stages of human development. Ann. Roy. Coll. of Surgeons of England, London 4, 5, 1949.
HAMILTON, W. J., J. D. BOYD: Observations on the human placenta. Proc. Roy. Soc. Med. 44, 1951.
HERTIG, A. T.: Angiogenesis in the early human chorion and in the primary placenta of the macaque monkey. Contrib. Embryol. 25, 1935.
HERTIG, A. T.: On the development of the amnion and exocoelomic membrane in the previllous human ovum. Yale J. Biol. a. Med. 18, 1945.
HERTIG, A. T., J. ROCK: Two human ova of the previllous stage having an ovulation age of about 11 and 12 days respectively. Contrib. Embryol. 29, 1941.
HERTIG, A. T., J. ROCK: On a normal human ovum of approximately 7½–8 days of age. Anat. Rec. 88, 1944.
HERTIG, A. T., J. ROCK: On a normal human ovum of approximately 8 days of age. Anat. Rec. 88, 1944.
HERTIG, A. T., J. ROCK: Two human ova of the previllous stage, having a developmental age of about 8 and 9 days respectively. Contrib. Embryol. 31, 1945.
HERTIG, A. T., J. ROCK: On a human blastula recovered from the uterine cavity 4 days after ovulation. Anat. Rec. 94, 1946.
HERTIG, A. T., J. ROCK: Two human ova of the previllous stage having a developmental age of about 8 and 9 days respectively. Contrib. Embryol. 33, 1949.
HERTIG, A. T., J. ROCK: A series of potentially abortive ova recovered from fertile woman prior to the first missed menstrual period. Amer. J. Obstetr. Gynec. 58, 1949.
VAN HERWERDEN, M.: Beitrag zur Kenntnis des menstruellen Zyklus. Mschr. Geburtsh. 24, 1906.
HEUSER, C. H., A. T. HERTIG, J. ROCK: Two human embryos showing early stages of definitive yolk sac. Contrib. Embryol. 31, 1945.
HINSELMANN, H.: Die Pathologie der menschlichen Plazenta. Biologie u. Pathologie des Weibes. (ed. L. Seitz) 2. Erg. bd. 1957.
HINTZSCHE, E.: Über regressive Veränderungen in der praemenstruellen Uterusschleimhaut. Bull. histol. appl. etc. 25, 1948.
HINTZSCHE, E.: Änderungen der Kerngröße in Oberflächenepithel und Drüsen des menschlichen Uterus. Gynaecologia 128, 1949.
HIRAMATSU, K.: Ein junges Menschenei (Ei Ando). Fol. anat. jap. 14, 1936.
HÖRMANN, G.: Die Reifung der menschlichen Chorionzotte im Lichte der ökonomischen Zweckmäßigkeit. Zbl. Gynäk. 70, 1948.
HÖRMANN, G.: Ein Beitrag zur funktionellen Morphologie der menschlichen Placenta. Arch. Gynäk. 184, 1953.
HOLMDAHL, D. E.: Eine ganz junge (etwa 10 Tage alte) menschliche Embryonalanlage. Upsala Läkareför. Förhandl. N. F. 441. Anat. Ber. 40, 1940.
IMCHANITZKY-RIES, M., J. RIES: Die arsenspeichernde Funktion der Uterindrüsen als Ursache der Menstruation. Münch. med. Wschr. 59, 1912.
JOACHIMOVITS, R.: Studien zur Menstruation, Ovulation, Aufbau und Pathologie des weiblichen Genitales bei Mensch und Affe (Pithecus fascicularis mordax). Biol. gen. 4, 1928.
JAVERT, C. T., C. REISS: The origin and significance of macroscopic intervillous coagulation hematomas (red infarcts) of the human placenta. Surg. etc. 94, 1952.
JOHNSON, F. P.: A human embryo of 24 pairs of somites. Contrib. Embryol. 2, 1917.
JONES, O. H., J. I. BREWER: A normal human ovum in the primitive streak stage (approximately 18½ days). Surg. etc. 60, 1935.
JONES, O. H., J. I. BREWER: A human embryo in the primitive streak stage (Jones-Brewer Ovum I). Contrib. Embryol. 29, 1941.
KLINGER, H. P., K. S. LUDWIG: Sind die Septen und großzelligen Inseln der Placenta aus mütterlichem oder kindlichem Gewebe aufgebaut? Z. Anat. 120, 1957.

Kindrey, J. E.: The trophoblast of a young human embryo. Anat. Rec. 103, 1949 (Am. Ass. A.).

Krafka, J. jr.: The Tropin Ovum, a presomite human embryo. Contrib. Embryol. 29, 1941.

Krafka, J. jr., L. Bowles: The amniotic duct as key to the direction of growth of the human placenta and its orientation in the uterus. Anat. Rec. 94, 1946.

Lemtis, H. G.: New insights into the maternal circulatory system of the human placenta. The foeto-placental unit. Intern. Sympos. Milan. 1968. 23–33.

Lemtis, H. G.: I. Fortschritte auf dem Gebiete der Plazenta-Physiologie. II. Neue Forschungsergebnisse über den mütterlichen Plazentarkreislauf. Bibl. Gynaecol. 54. 1970. 1–82.

Linzenmeier, G.: Ein junges menschliches Ei in situ. Achr. Gynäk. 102, 1914.

Low, A.: Description of a human embryo of 13–14 mesodermic somites. J. Anat. Physiol. 42, 1908.

Ludwig, E.: Über einen operativ gewonnenen menschlichen Embryo mit einem Ursegmente (Embryo Da 1). Morph. Jb. 59, 1928.

Marchetti, A. A.: A previllous human ovum accidentally recovered from a curettage specimen. Contrib. Embryol. 31, 1945.

Meyer, R.: Die pathologische Anatomie der Gebärmutter. Der mensuelle Zyklus und die Menstruation; Menstruation und Corpus luteum. Hdb. spez. path. Anat. Hist. Bd. 7, 1. Berlin 1930.

v. Möllendorff, W.: Über das jüngste bisher bekannte menschliche Abortivei (Ei SCH), ein Beitrag zur Lehre von der Einbettung des menschlichen Eies. Z. Anat. 62, 1921.

v. Möllendorff, W.: Über einen jungen, operativ gewonnenen menschlichen Keim (Ei OP). Z. Anat. 62, 1921.

v. Möllendorff, W.: Zur Frage der Bildung der Decidua capsularis nach Präparaten vom Ei (Wolfring). Z. Anat. 74, 1924.

v. Möllendorff, W.: Das menschliche Ei (Wolfring), Implantation: Verschluß der Implantationsöffnung und Keimesentwicklung beim Menschen vor Bildung des Primitivstreifens. Z. Anat. 76, 1925.

v. Möllendorff, W.: Über die Bildung der Decidua capsularis und die Schicksale des Embryonalknotens bei der Implantation des menschlichen Eies. Z. mikrosk.-anat. Forsch. 5, 1926.

v. Möllendorff, W.: Über die Implantation des Eies beim Menschen. Jkurse ärztl. Fortbild. 28, 1937.

Mossman, H. W.: Origin of placental trophoblast. Lancet 1, 1950.

Müller, S.: Ein jüngstes menschliches Ei. Z. mikrosk.-anat. Forsch. 20, 1930.

Neuweiler, W.: Über Explantationsversuche menschlicher Placenta. Mschr. Geburtsh. 77, 1927.

Nikolov, S. D., T. H. Schiebler: Über das fetale Gefäßsystem der reifen menschlichen Plazenta. Z. Zellfg. 139. 1973, 333–350.

Nikolov. S. D., T. H. Schiebler: Über die Gefäße der Basalplatte der reifen menschlichen Placenta. Licht- und elektronenmikroskop. Untersuchungen. Z. Zellfg. 139. 1973 319–332.

Ortmann, R.: Über die Placenta einer in situ fixierten menschlichen Keimblase aus der 4. Woche. Z. Anat. 108, 1938.

Ortmann, R.: Die Frage der Zottenanastomosen in der menschlichen Placenta. Z. Anat. 111, 1941.

Ortmann, R.: Untersuchungen an einer in situ fixierten menschlichen Placenta vom 4.–5. Schwangerschaftsmonat. Arch. Gynäk. 172, 1941.

Ortmann, R.: Neue cytologische Untersuchungen an Trophoblastzellen der menschlichen Placenta. Anat. Nachr. 1, 1950.

Ortmann, R.: Über Kernsekretion, Kolloid- und Vakuolenbildung in Beziehung zum Nukleinsäuregehalt in Trophoblast-Riesenzellen der menschlichen Placenta. Z. Zellforsch. 34, 1949.

Ortmann, R.: Morphologie der menschlichen Placenta. Verh. Anat. Ges. 56. Zürich 1960.

Panigel, M., M. Pascaud: Les orifces artériels d'entrée du sang maternel dans la chambre intervilleuse du placenta humain. Bull. de l'Association des Anatomistes, 53. Congrès (Tours) No. 142, 1968, 1288–1297.

Payne, F.: General description of a 7 somite human embryo Contrib. Embryol. 12, 1924.

Peter, K.: Placenta-Studien: 1. Zotten und Zwischenzottenräume zweier Placenten aus den letzten Monaten der Schwangerschaft. Z. mikrosk.-anat. Forsch. 53, 1943.

Peter, K.: Placenta-Studien: 2. Verzweigung und Verankerung der Chorionzottenstämme und ihrer Äste in geborenen Placenten. Z. mikrosk.-anat. Forsch. 56, 1950.

Peters, H.: Über die Einbettung des menschlichen Eies und das früheste bisher bekannte Placentationsstadium. Leipzig, Wien 1899.

Politzer, G.: Über einen menschlichen Embryo mit 18 Ursegmentpaaren. Z. Anat. 87, 1928.

Ramsey, E. M.: The Yale embryo. Contrib. Embryol. 27, 1938.

Ramsey, E. M.: Circulation in the maternal placenta. Anat. Rec. 118, 1954.

Ramsey, E. M., G. W. Corner, M. W. Donner: Serial cineradioangiographic viscualization of maternal circulation in the Primate (hemochorial) Placenta. Amer. J. Obstet. Gynec. 86, 1963.

Reynolds, S. R. M.: The relation of hydrostatic conditions in the uterus to the size and shape of the conceptus during pregnancy; a concept of uterine accomodation. Anat. Rec. 95, 1946.

Reynolds, S. R. M.: Adaption of uterine blood vessels and accomodation of the products of conception. Contrib. Embryol. 33, 1949.

Reynolds, S. R. M.: The proportion of Wharton's jelly in the umbilical cord in relation to distention of the umbilical arteries and vein, with observations on the folds of Hoboken. Anat. Rec. 113, 1952.

Robertson, G. G., S. L. O'Neill, R. H. Chappell: On a normal human embryo of seventeen days development. Anat. Rec. 100, 1948.

Rock, J., A. T. Hertig: Some aspects of early human development. Amer. J. Obstet. Gynec. 44, 1942.

Romney, S. L.: Spiral arterial structures in the fetal placenta. Proc. Soc. Exper. Biol. Med. 71, 1949.

Rossenbeck, H.: Ein junges menschliches Ei. Ovum humanum Peh 1 Hochstetter. Z. Anat. 68, 1923.

Sadovsky, A., D. M. Serr, G. Kohn: Composition of the placental septa as shown by nuclear sexing. Science 126, 1957.

Schlagenhaufer, F., J. Verocay: Ein junges menschliches Ei. Arch. Gynäk. 105, 1916.

Schröder, R.: Über das Verhalten der Uterusschleimhaut um die Zeit der Menstruation. Mschr. Geburtsh. 39, 1914.

Sengupta, B.: Placenta in der Gewebekultur. Arch. exper. Zellforsch. 17, 1935.

Shordania, J.: Über das Gefäßsystem der Nabelschnur. Z. Anat. 89, 1929.

Singer, M., G. B. Wislocki: The affinity of syncytium, fibrin and fibrinoid of the human placenta for acid and basic dyes under controlled conditions of staining. Anat. Rec. 102, 1948.

Snoeck, J.: Le placenta humain. Paris 1958.

Spanner, R.: Mütterlicher und kindlicher Kreislauf der menschlichen Placenta und seine Strombahnen. Z. Anat. 105, 1935.

Spanner, R.: Beitrag zur Kenntnis des Baues der Placentarsepten, gleichzeitig ein Versuch zur Deutung ihrer Entstehung. Morph. J. 75, 1935.

Spanner, R.: Betrachtungen zum Placentarkreislauf des Menschen. Zbl. Gynäk. 64, 1940.

Spanner, R.: Zellinseln und Zottenepithel in der zweiten Hälfte der Schwangerschaft. Morph. Jb. 86, 1941.

Spee, F. Graf: Neue Beobachtungen über sehr frühe Entwicklungsstufen des menschlichen Eies. Arch. Anat. u. Physiol. Anat. Abt. 1896.

Spee, F. Graf: Anatomie und Physiologie der Schwangerschaft. Döderleins Hdb. d. Geburtsh. Bd. 1, 1915.

Starck, D.: Neue Befunde und neue Deutungen zur Frühentwicklung des Menschen. Asklepios 11, 1951.

Starck, D.: Die Frühphase der menschlichen Embryonalentwicklung und ihre Bedeutung für die Beurteilung der Säugerontogenese. Ergeb. Anat. 35, 1956.

Stieve, H.: Ein 13½ Tage altes, in der Gebärmutter erhaltenes und durch Eingriff gewonnenes menschliches Ei. Z. mikrosk.-anat. Forsch. 7, 1926.

Stieve, H.: Die Dottersackbildung beim Ei des Menschen. Verh. anat. Ges. Breslau, 1931.
Stieve, H.: Ein ganz junges, in der Gebärmutter erhaltenes menschliches Ei (Keimling WERNER). Z. mikrosk.-anat. Forsch. 40, 1936.
Stieve, H.: Über den Bau der menschlichen Placenta. Verh. Anat. Ges. Jena 1935.
Stieve, H.: Über das Wachstum der menschlichen Placenta. Anat. Anz. 90, 1940.
Stieve, H.: Die Entwicklung und der Bau der menschlichen Placenta. 1. Zotten, Trophoblastinseln und Scheidewände in der ersten Hälfte der Schwangerschaft. Z. mikrosk.-anat. Forsch. 48, 1940.
Stieve, H.: Die Entwicklung und der Bau der menschlichen Placenta. 2. Zotten, Zottenraumgitter und Gefäße in der zweiten Hälfte der Schwangerschaft. Z. mikrosk.-anat. Forsch. 50, 1941.
Stieve, H.: Anatomie der Placenta und des intervillösen Raumes. Biol. Path. d. Weibes, Bd. 2, Aufl. 7, Berlin, Wien 1942.
Stieve, H., J. Strure: Über die Entwicklung des Dottersackkreislaufes beim Menschen. Z. mikrosk.-anat. Forsch. 32, 1933.
Strahl, H.: Über einen jungen menschlichen Embryo nebst Bemerkungen zu C. Rabls Gastrulationstheorie. Anat. Hefte 54, 1916.
Strahl, H., R. Beneke: Ein junger menschlicher Embryo. Wiesbaden 1910.
Strauss, F.: Gedanken zur Entwicklung des Amnions und des Dottersackes beim Menschen. Rev. suisse zool. 52, 1945.
Strauss, F.: Bau und Funktion der menschlichen Placenta. Fortschr. Geburtsh. Gynäk. 17, 1964.
Strauss, F.: Weibliche Geschlechtsorgane. Handbuch der Zoologie (ed. v. Lengerken, Helmcke, Starck, Wermuth), VIII, T. 9. 1964. Berlin.
Strauss, F.: Die Ovoimplantation beim Menschen. Gyn. Rdsch. I, 1964, 3–32.
Streeter, G. L.: A human embryo (Mateer) of the presomite period. Contrib. Embryol. 9, 1919.
Streeter, G. L.: Weight, sitting hight, head size, foot length and menstrual age of the human embryo. Contrib. Embryol. 11, 1920.
Streeter, G. L.: The „Miller" ovum the youngest normal human embryo thus far known. Contrib. Embryol. 31, 1926.
Streiter, A.: Ein menschlicher Keimling mit 7 Urwirbelpaaren (Keimling Ludwig). Z. mikrosk.-anat. Forsch. 57, 1951.
Teacher, J. H.: On the implantation of the human ovum and development of the trophoblast. Z. Anat. 76, 1925.
Veit, O.: Untersuchungen eines in situ fixierten operativ gewonnenen menschlichen Eies der vierten Woche. Z. Anat. 63, 1922.
Veit, O.: Die Entwicklung des Menschen bis zur Geburt. Lebenskunde 4, Leipzig 1922.
Wagner, G. A.: Der intervillöse Raum. Arch. Gynäk. 137, 1929.
Waldeyer, A.: Ein junges menschliches Ei in situ (Ei Schönholz). Z. Anat. 90, 1929.
Wallin, I. E.: A human embryo of 13 somites. Amer. J. Anat. 15, 1913.
Watt, J. C.: Description of 2 young twin human embryos with 17–19 somites. Contrib. Embryol. 2, 1915.
Wen, J. C.: The anatomy of human embryos with 17–23 somites. J. comp. Neur. 54, 1928.
Wenner, R.: Über den placentaren Blutkreislauf bei eineiigen Zwillingen. Schweiz. med. Wschr. 77, 1947.
West, C. M.: Description of a human embryo of 8 somites. Contrib. Embryol. 21, 1930.
West, C. M., J. H. Dibble: A very early human embryo. J. Anat. 74, 1939.
Wienbeck, J.: Beitrag zur Histologie und Physiologie der Placentarzotte. Z. mikrosk.-anat. Forsch. 39, 1936.
Wilkin, P.: Contribution à l'étude de la circulation placentaire d'origine foetale. Gynéc. Obstet. 53, 1954.
Wilkin, P.: Changes in area of the placenta with gestational age, in C. A. Villee, The placenta and fetal membranes, Baltimore 1960.
Wilkin, P., M. Bursztein: Étude quantitative de l'évolution, au cours de la grossesse, de la superficie de la membrane d'échange du placenta humain, in J. Snoek. Le placenta humain, Paris 1958.
Wilson, K. M.: A normal human ovum of sixteen days development (The Rochester Ovum). Contrib. Embryol. 31, 1945.
Wislocki, G. B.: The histology and cytochemistry of the basal plate and septa placentae of the normal human placenta delivered at full term. Amer. Ass. Anat., Anat. Rec. 109, 1951.

Physiologie und Histochemie der Placenta

Barclay, A. E., J. Barcroft, D. H. Barron, K. J. Franklin: A radiographic demonstration of the circulation through the heart in the adult and in the foetus and the identification of the ductus arteriosus. Brit. J. Radiol. 12, 1939.
Barclay, A. E., K. J. Franklin, M. M. L. Prichard: The foetal circulation and cardiovascular system and the changes they undergo at birth. Oxford 1944.
Barcroft, J.: Foetal circulation and respiration. Physiol. Rev. 16, 1936.
Barcroft, J.: Foetal respiration and circulation. Chap. 17 in Marshall's Physiology of Reproduction Vol. 2, 3d ed. London, New York, Toronto 1952.
Barron, D. H.: The sphincter of the ductus venosus. Anat. Rec. 82, 398, 1942.
Barron, D. H.: The changes in the fetal circulation at birth. Physiol. Rev. 24, 1944.
Barron, D. H., G. Alexander: Placental morphology and fetal respiration II. oxygen transfer across the haemochorial placenta. Amer. Ass. Anat. 65. Sess. Anat. Rec. 112, 1952.
Brambell, F. W. R., W. A. Hemmings, M. Henderson, W. T. Rowlands: The selective admission of antibodies to the foetus by the yolk-sac splanchnopleure in rabbits. Proc. Roy. Soc. Cambr. 137, 1950.
Brody, S.: Interrelations between nucleic acids and growth of the human placenta. Exper. Cell Res. 3, 1952.
Cooper, K. E., A. D. M. Greenfield, A. St. G. Huggett, D. Mc. K. Kerslake: Umbilical blood flow in the foetal sheep. 17. Internat. Congr. Physiol. Oxford 1947.
Cooper, K. E., A. D. M. Greenfield, A. St. G. Huggett:: The umbilical blood flow in the foetal sheep. J. Physiol. 108, 1949.
Davies, J.: Permeability of the rabbit placenta to glucose and fructose. Amer. Ass. Anat., Anat. Rec. 118, 1954.
Dempsey, E. W., G. B. Wislocki: Observations on some histochemical reactions in the human placenta with special reference to the significance of the lipoids, glycogen and iron. Endocrinology 35, 1944.
Dempsey, E. W., G. B. Wislocki: Histochemical reactions associated with basophilia and acidophilia in the placenta and pituitary gland. Amer. J. Anat. 76, 1945.
Dempsey, E. W., G. B. Wislocki: Histochemical contributions to physiology. Physiol. Rev. 26, 1946.
Dempsey, E. W., G. B. Wislocki: Further observations on the distribution of phosphatases in mammalian placentas. Amer. J. Anat. 80, 1947.
Everett, N. B., R. J. Johnson: The use of radioactive phosphorus in studies of fetal circulation. Anat. Rec. 103, 1949.
Flexner, L. B., A. Gellhorn: Comparative physiology of placental transfer. Amer. J. Obstetr. Gynec. 43, 1942.
Franklin, K. J., E. A. Barclay, M. M. L. Prichard: The circulation in the foetus. Oxford 1949.
Hartley, P. W.: Communication to the pathological and bacteriological society. 1949 nach Hugett cit.
Hickl, E. J.: Das Krankheitsbild der fetomaternellen Transfusion. Münch. med. Wschr. 106, 1964.
Huggett, A. St. G.: The role of the placenta in foetal nutrition. Influence of diet on pregnancy I. 1944.
Huggett, A. St. G.: Diet in pregnancy. Proc. Nutr. Soc. 2, 1944.
Huggett, A. St. G.: Some applications of prenatal nutrition to infant development. Brit. Med. Bull. 4, 1946.
Huggett, A. St. G.: Nutrition and viable Young. Brit. J. Nutr. 3, 1949.
Huggett, A. St. G.: Foetal physiology and child health. Arch. of Disease of Childhood 25, 1950.
Huggett, A. St. G., J. Hammond: Physiology of the placenta. Chap. 16 in Marshall's Physiology of reproduction Vol. 2, 3d ed. London, New York, Toronto 1952.
Huggett, A. St. G., F. L. Warren, V. N. Winterton: Origin and site of formation of fructose in the foetal sheep. Nature 164, 1949.

HUGGETT, A. ST. G., F. L. WARREN, V. N. WINTERTON: Fructose metabolism in the foetus. 1. Internat. Congr. Biochem. Cambridge 1949.
HUGGETT, A. ST. G., W. F. WIDDAS: Iron supplies in foetal and newborn rats. J. Physiol. 110, 1949.
KOLSTER, R.: Über die Zusammensetzung der Embryotrophe der Wirbeltiere. Erg. Anat. 16, 1906.
MARTIN, H., W. WÖRNER, L. FISCHER, E. KLEINHAUER: Fetomaternelle Transfusion in einer Sippe mit Elliptozytose. Med. Klinik 59, 1964.
NEUWEILER, W.: Über den diaplacentaren Stoffaustausch. Schweiz. med. Wschr. 78, 1948.
NOER, R.: A study of the effect of flow direction on the placental transmission, using artificial placentas. Anat. Rec. 96, 1946.
NOER, H. R., H. W. MOSSMAN: Surgical investigation of the function of the inverted yolk sac placenta in the rat. Anat. Rec. 98, 1947.
OWERS, N.: Studies on the cytochemistry of the placenta. Part I. The occurrence and distribution of glycogen and iron in the embryonic stages of an insectivore, Crocidura caerulea (Anderson). Proc. Nat. Inst. Sci. India 17, 1951.
POPJAK, G.: Synthesis of phospholipids in foetus. Nature 160, 1947.
POPJAK, G.: Maternal and foetal tissue- and plasmalipids in normal and cholesterol-fed rabbits. J. Physiol. 105, 1946.
REYNOLDS, S. R. M., F. W. LIGHT, G. M. ADRIAN, M. M. L. PRICHARD: The qualitative nature of pulsatile flow in umbilical blood vessels, with observations on flow in the Aorta. Bull. Johns Hopkins Hosp. 91, 1952.
ROCKENSCHAUB, A.: Eigenfluoreszenz und Hormonbildung in der Placenta. Mikrosk. 7. 1952.
ROMNEY, S. L., D. E. REID: Observations on the fetal aspects of placental circulation. Amer. J. Obstet. Gynec. 61, 1951.
SCHIEBLER, T.H., O. PFEIFFER: Über örtliche Aktivitätsunterschiede der alkalischen Phosphatase in menschlichen Placenten. Arch. Gynaek. 207, 1969, 438–442.
SCHLOSSMANN, H.: Der Stoffaustausch zwischen Mutter und Frucht durch die Placenta. München 1933.
SINGER, M., G. B. WISLOCKI: The affinity of syncytium, fibrin and fibrinoid of the human placenta for acid and basic dyes under controlled conditions of staining. Anat. Rec. 102, 1948.
SMITH, K., J. L. DUHRING, J. W. GREENE, D. B. ROCHLIN, W. S. BLAKEMORE: Transfer of maternal erythrocytes across the human placenta. Obstet. Gynec. 18, 1961.
STARCK, G.: Zur Biochemie der Placenta. Anat. Anz. Erg. Heft 106/107. 1960.
WINDLE, W. F.: Physiology of the foetus. Philadelphia, London 1940.
WISLOCKI, G. B., H. W. DEANE, E. W DEMPSEY: The histochemistry of the rodents placenta. Amer. J. Anat. 78, 1946.
WISLOCKI, G. G., E. W. DEMPSEY: Histochemical reactions in the placenta of the cat. Amer. J. Anat. 78, 1946.
WISLOCKI, G. G., E. W. DEMPSEY: Histochemical reactions of the placenta of the rat. Amer. J. Anat. 78, 1946.
WISLOCKI, G. G., E. W. DEMPSEY: The chemical histology of the human placenta and Decidua with reference to mucopolysaccharids, glycogen, lipids and acid phosphatase. Amer. J. Anat. 83, 198.

Postembryonalentwicklung, Zahl der Nachkommen, Reifezustand der Neugeborenen

DIETERLEIN, F.: Vergleichende Untersuchungen zur Ontogenese von Stachelmaus (Acomys) und Wanderratte (Rattus norvegicus). Beiträge zum Nesthocker-Nestflüchter-Problem bei Nagetieren. Z. Säugetierkde. 28, 1963.
HAARDICK, H.: Wachstumsstufen in der Embryonalentwicklung des Hühnchens. Biol. gen. 15, 1941.
HEDIGER, H.: Brutpflege bei Säugetieren. Ciba Z. 129, 1952.
HEINROTH, O.: Die Beziehungen zwischen Vogelgewicht, Eigewicht, Gelegegewicht und Brutdauer. J. Ornithol. 70. 1922.
HEINROTH, O.: Aus dem Leben der Vögel. Berlin 1938.
HUXLEY, J. S.: Constant differential growth ratios and their significance. Nature 114, 1924.
HUXLEY, J. S., G. TEISSIER: Zur Terminologie des relativen Größenwachstums. Biol. Zbl. 56, 1936.
KEIBEL, F.: Über die Veränderung des M. complexus der Vögel zur Zeit des Ausschlüpfens. Z. Morph. Anthrop. 18, 1914.
KEIBEL, F.: Wie zerbricht der ausschlüpfende Vogel die Eischale? Anat. Anz. 41, 1912.
LUDWIG, W., C. BOOST: Beziehungen zwischen Elternalter, Wurfgröße und Geschlechtsverhältnis bei Hunden. Z. indukt. Abstamm.-Vererb.lehre 83, 1951.
NIETHAMMER, G.: Handbuch der deutschen Vogelkunde. I., II., III. Leipzig 1937, 1938, 1942.
PORTMANN, A.: Die Ontogenese der Vögel als Evolutionsproblem. Acta bioth. 1, 1935.
PORTMANN, A.: Beiträge zur Kenntnis der postembryonalen Entwicklung der Vögel I. Vergl. Untersuchungen über die Ontogenese der Hühner und Sperlingsvögel. Rev. suisse zool. 45, 1938.
PORTMANN, A.: Die Ontogenese der Säugetiere als Evolutionsproblem I., II. Biomorphosis 1, 1938.
PORTMANN, A.: Nesthocker und Nestflüchter als Entwicklungszustände von verschiedener Wertigkeit bei Vögeln und Säugern. Rev. suisse zool. 46, 1939.
PORTMANN, A.: Die biologische Bedeutung der ersten Lebensjahre beim Menschen. Schweiz. med. Wschr. 71, 1941.
PORTMANN, A.: Die Tragzeit der Primaten und die Dauer der Schwangerschaft beim Menschen, ein Problem der vergleichenden Biologie. Rev. suisse zool. 48, 1941.
PORTMANN, A.: Die Ontogenese und das Problem der morphologischen Wertigkeit. Rev. suisse zool. 49, 1942.
PORTMANN, A.: Biologische Fragmente zu einer Lehre vom Menschen. Basel 1944.
PORTMANN, A.: Die Ontogenese des Menschen als Problem der Evolutionsforschung. Verh. Schweiz. naturf. Ges. Freiburg 1945.
PORTMANN, A.: Die cerebralen Indices beim Menschen. Rev. suisse zool. 55, 1948.
PORTMANN, A.: Cerebralisation und Ontogenese. Med. Grundlagenfg. 4, 1962.
PORTMANN, A., E. SUTTER: Über die postembryonale Entwicklung des Gehirns bei Vögeln. Rev. suisse zool. 47, 1940.
PORTMANN, A., K. WIRZ: Die cerebralen Indices beim Okapi. Acta Trop. 7, 1950.
RÖHRS, M.: Neue Ergebnisse und Probleme der Allometrieforschung. Z. wiss Zool. 162. 1959.
SCHALLER, G. B.: The Mountain Gorilla. Chicago 1963.
SCHLABRITZKY, E.: Die Bedeutung der Wachstumsgradienten für die Proportionierung der Organe verschieden großer Haushuhnrassen. Z. Morph. u. Ökol. Tiere 41, 1953.
SCHWENZER, A. W.: Untermaßige Kinder im Vaterschaftsgutachten. Dtsch. med. Wschr. 87, 1962.
SIERTS-ROTH, U.: Geburts- und Aufzuchtgewichte von Rassehunden. Z. Hundeforsch. N. F. 20, 1953.
STARCK, D.: Über den Reifegrad neugeborener Ursiden im Vergleich mit anderen Carnivoren. Säugtk. Mitt. 4. 1956.
STARCK, D.: Der heutige Stand des Fetalisationsproblems. Z. Tierzüchtung. Züchtungsbiol. 77, 1962.
STARCK, D., B. KUMMER: Zur Ontogenese des Schimpansenschädels. Anthrop. Anz. 25, 1962.
STEINMETZ, H. jr.: Beobachtungen und Untersuchungen über den Schlüpfakt. J. Ornithol. 80, 1932.
STEINMETZ, H. jr.: Embryonalentwicklung des Bläßhuhns (Fulica atra) unter besonderer Berücksichtigung der Allantois. Morph. Jb. 64, 1930.
SUTTER, E.: Studien zur vergleichenden Morphologie der Vögel I. Über das embryonale und postembryonale Hirnwachstum bei Hühnern und Sperlingsvögeln. Denkschr. Schweiz. naturf. Ges. 75, 1943.
WEBER, R.: Transitorische Verschlüsse von Fernsinnesorganen in der Embryonalperiode bei Amnioten. Rev. suisse zool. 57, 1950.
WIRZ, K.: Zur quantitativen Bestimmung der Rangordnung bei Säugetieren. Acta anat. 9, 1950.

Nervensystem

ARIENS-KAPPERS, C. U.: The evolution of the nervous system in invertebrates, vertebrates and man. Haarlem 1929.
ARIENS-KAPPERS, C. U., G. C. HUBER, E. C. CROSBY: The comparative Anatomy of the Nervous System of Vertebrates including Man. Vol. 1, 2. New York 1936.
BARCROFT, J., D. H. BARRON: The development of behaviour in foetal sheep. J. comp. Neur. 70, 1939.

BARGMANN, W.: Die Epiphysis cerebri. Hdb. d. mikr. Anat. d. Menschen, v. Möllendorff Bd. 6, 4, Berlin 1943.
BECCARI, N.: Morfogenesi filetica e morfogenesi embryonale del sistema nervoso dei vertebrati. Monit. Zool. Ital. 56, suppl. 1948.
DETWILER, S. R.: Neuroembryology. New York 1936.
DIEPEN, R.: Der Hypothalamus. Handb. mikr. Anatom. d. Menschen (v. Möllendorff-Bargmann) IV, 7. Berlin, Göttingen Hdlbg. 1962.
FLEXNER, L. B.: The development of the meninges in amphibia: a study of normal and experimental animals. Contrib. Embryol. 20, 1929.
FRANZ, V.: Haut, Sinnesorgane und Nervensystem der Akranier. Jena. Z. Naturw. 59, N. F. 52, 1923.
GILBERT, M. S.: The early development of the human diencephalon. J. comp. Neur. 62, 1935.
ANGULO Y GONZALEZ, A. W.: The prenatal development of behaviour in the albino rat. J. Comp. Neur. 55, 1932.
HAMBURGER, V.: Motor and sensory hyperplasia following limb bud transplantation in chick embryos. Physiol. Zool. 12, 1939.
HANSTRÖM, B.: Vergleichende Anatomie des Nervensystems der wirbellosen Tiere. Berlin 1928.
HINES, M.: Studies in the growth and differentiation of the telencephalon in man. J. Comp. Neur. 34, 1922.
HOCHSTETTER, F.: Beiträge zur Entwicklungsgeschichte des menschlichen Gehirns Bd. 1. 2. Wien, Leipzig 1919, 1929.
HOCHSTETTER, F.: Über das Cavum septi pellucidi. Morph. Jb. 75, 1935.
HOCHSTETTER, F.: Über die Entwicklung und Differenzierung der Hüllen des Rückenmarkes beim Menschen. Morph. Jb. 74, 1933.
HOCHSTETTER, F.: Über die Entwicklung und Differenzierung der Hüllen des menschlichen Gehirnes. Morph. Jb. 83, 1939.
HOCHSTETTER, F.: Über die harte Hirnhaut und ihre Fortsätze bei den Säugetieren nebst Angaben über die Lagebeziehung der einzelnen Hirnteile dieser Tiere zueinander, zu den Fortsätzen der harten Hirnhaut und zur Schädelkapsel. Denkschr. Akad. Wiss. Wien. Math. naturw. Kl. 106, 1942.
HOCHSTETTER, F.: Beiträge zur Entwicklungsgeschichte der kraniozerebralen Topographie des Menschen. Denkschr. Akad. Wien, Math. naturw. Kl. 106, 1943.
HOMEYER, B.: Die Ontogenese cytoarchitektonischer Einheiten im Vorderhirn von Triturus vulgaris. L. Zool. Jb. Abt. allg. Zool. u. Physiol. 63, 1951.
HOOKER, D.: Foetal behaviour. On the Interrelationship of mind and body. Baltimore 1939.
HOOKER, D.: The prenatal origin of behaviour. Kansas 1952.
IKEDA, Y.: Beiträge zur normalen und abnormalen Entwicklungsgeschichte des kaudalen Abschnittes des Rückenmarks bei menschlichen Embryonen. Z. Anat. 87, 1930.
KAHLE, W.: Studien über die Matrixphasen und die örtlichen Reifungsunterschiede im embryonalen menschlichen Gehirn. I. Mitteilung. Die Matrixphasen im allgemeinen. Dtsch. Z. Nervenhk. 166, 1951.
KAHLE, W.: Über die längszonale Gliederung des menschlichen Zwischenhirns. in Pathophysiol. diencephalica. Wien 1958.
LE GROS CLARK, W. E.: The development of the hypothalamus in „The Hypothalamus". London 1938.
MANGOLD, O., C. v. WOELLWARTH: Das Gehirn von Triton. Ein experimenteller Beitrag zur Analyse seiner Determination. Naturw. 37, 1950.
PAPEZ, J. W.: The embryological development of the hypothalamic area in Mammals in the hypothalamus and central level of autonomic function. Baltimore 1940.
ROMEIS, B.: Hypophyse. Hdb. d. mikr. Anat. d. Menschen, v. Möllendorff, Bd. 6, 3, Berlin 1940.
SCHNEIDER, R.: Ein Beitrag zur Ontogenese der Basalganglien des Menschen. Anat. Nachr. 1, 1949.
SPATZ, H.: Zur Ontogenese des Striatum und des Pallidum. Dtsche. Z. Nervenhk. 81, 1924.
SPATZ, H.: Über die Entwicklungsgeschichte der basalen Ganglien des menschlichen Großhirns. Verh. Anat. Ges. Wien 1925.
STEINBÖCK, O.: Ergebnisse einer von E. Reisinger und O. Steinböck mit Hilfe des Rask-Orsted-Fonds durchgeführten Reise in Grönland 1926. 2. Nemertoderma bathycola nov. gen. spec. Vidensk. Medd. fra Dansk naturh. Forening 90, 1930/1931.
STEINBÖCK, O.: Über die Stellung der Gattung Nemertoderma Steinböck im System der Turbellarien. Acta Soc. pro Fauna et Flora Fennica 62, 1938.
STERNBERG, H.: Beiträge zur Kenntnis des vorderen Neuroporus beim Menschen. Z. Anat. 82, 1927.
TAYLOR, A. C.: Development of the innervation pattern in the limb bud of the frog. Anat. Rec. 87, 1943.
WEISS, P.: Secretory activity of the inner layer of the embryonic midbrain in the chick, as revealed by tissue culture. Anat. Rec. 58, 1934.
WEISS, P.: Principles of development. New York 1939.
WEISS, P.: Nerve patterns. The mechanics of nerve growth. 3th Growth Symposion 1941.
WEISS, P.: Genetic Neurology. Chicago 1950.
WINDLE, W. F.: Physiology of the foetus. Philadelphia, London 1940.

Neuralleiste, Plakoden, Mesektoderm, Kopfnerven, vegetatives Nervensystem

ADELMANN, H. B.: The development of the neural folds and cranial ganglia of the rat. J. comp. Neur. 39, 1925.
ARIENS KAPPERS, J.: Kopfplakoden bei Wirbeltieren. Erg. Anat. 33, 1941.
BARTELMEZ, G. W.: The subdivisions of the neural folds in man. J. comp. Neur. 35, 1923.
BARTELMEZ, G. W.: The origin of the otic and optic primordia in man. J. comp. Neur. 34, 1922.
BAXTER, J. S., J. D. BOYD: Observations of the neural crest of a ten somite human embryo. J. Anat. 73, 1939.
BRAUER, A.: Beiträge zur Kenntnis der Entwicklung und Anatomie der Gymnophionen IV. Die Entwicklung der beiden Trigeminusganglien. Zool. Jb. Suppl. 7, 1904.
VAN CAMPENHOUT, E.: Le système nerveux cranien de l'embryon de Porc de 3 mm. Mém. Roy. soc Canada sect. 5, 1935.
VAN CAMPENHOUT, E.: Origine du ganglion acoustique chez le porc. Arch. biol. 46, 1935.
VAN CAMPENHOUT, E.: Le rôle des placodes épiblastiques au cours du développement embryonnaire du porc et du poulet. Bull. Acad. Méd. Belg. 1937.
VAN CAMPENHOUT, E.: Les placodes du nerf trijimeau de l'embryon de poulet. C. r. Ass. anat. 1937.
VAN CAMPENHOUT, E.: Le rôle de la crête ganglionnaire dans la formation du mésenchyme céphalique chez l'embryon du poulet. C. r. Soc. biol. 124, 1937.
VAN CAMPENHOUT, E.: Le rôle des placodes épiblastiques craniennes chez l'embryon de canard. C. r. Soc. biol. 130, 1939.
DA COSTA, A. C.: Note sur la crête ganglionnaire crânienne chez le Cobaye. C. r. Soc. biol. 83, 1920.
DA COSTA, A. C.: La portion prosencéphalique de la crête neurale crânienne chez le Cobaye. C. r. Ass. anat. 1927.
DA COSTA, A. C.: Sur les ébauches des ganglions nerveux du crâne chez les Mammifères. C. r. Soc. biol. 106, 1930.
DA COSTA, A. C.: Mésenchyme céphalique et crête ganglionnaire chez les Mammifères (Cobaye). C. r. Ass. anat. 1931.
DA COSTA, A. C.: Sur la constitution et le développement des ébauches ganglionnaires crâniennes chez les Mammifères. Arch. biol. 42, 1931.
DA COSTA, A. C.: Les étapes de la différenciation neurale du Sympathique. C. r. Ass. anat. 1947.
DA COSTA, A. C.: Origem e formacão do sistema nervoso. Lisboa 1947.
DETWILER, S. R.: Observations upon the migration of neural crest cells and upon the development of the cranial ganglia and vertebral arches in Amblystoma. J. Anat. 61, 1937.
FRORIEP, A.: Zur Entwicklungsgeschichte der Kopfnerven. I. Über die Entwicklung des Trochlearis bei Torpedo. II. Über die Kiemenspaltenorgane der Selachierembryonen. Verh. Anat. Ges. München 1891.
HARRISON, R. G.: Über die Histogenese des peripheren Nervensystems bei Salmo salar. Arch. mikrosk. Anat. 57, 1901.
HARRISON, R. G.: Experimentelle Untersuchungen über die Entwicklung der Sinnesorgane der Seitenlinie der Amphibien. Arch. mikrosk. Anat. 63, 1904.

Harrison, R. G.: The outgrowth of the nerve fiber as a mode of protoplasmic movement. J Exper. Zool. 9, 1910.
Harrison, R. G.: Die Neuralleiste. Verh. Anat. Ges. Königsberg 1937.
Harrison, R. G.: On the origin and development of the nervous system studied by the methods of experimental Embryology. The Croonian Lecture. Proc. Roy. Soc. London 118, 1935.
Hörstadius, S.: The neural crest. London, New York, Toronto 1950.
Hörstadius, S., S. Sellman: Experimentelle Untersuchungen über die Determination des knorpligen Kopfskeletes bei Urodelen. Nova Acta reg. soc. scient. Upsal. Ser. 4, 13, f. 2, 1946.
Holmdahl, D. E.: Die Entstehung und weitere Entwicklung der Neuralleiste (Ganglienleiste) bei Vögeln und Säugetieren. Z. mikrosk.-anat. Forsch. 14, 1928.
Holmdahl, D. E.: Die Neuralleiste und Ganglienleiste beim Menschen. Z. mikrosk.-anat. Forsch. 36, 1934.
Knouff, R. A.: The origin of the cranial ganglia of Rana. J. Comp. Neur. 44, 1927.
Knouff, R. A.: The developmentals pattern of ectodermal placodes in Rana pipiens. J. Comp. Neur. 62, 1935.
Kuntz, A.: Experimental studies on the histogenesis of the sympathetic nervous systems. J. Comp. Neur. 34, 1922.
v. Kupffer, C.: Die Entwicklung der Kopfnerven der Vertebraten. Verh. anat. Ges. München 1891.
v. Kupffer, C.: Studien zur vergleichenden Entwicklungsgeschichte des Kopfes der Kranioten. I–IV. München, Leipzig 1893–1900.
Landacre, F. L.: The epibranchial placodes of Ameiurus. Ohio Naturalist 8, 1908.
Landacre, F. L.: The origin of the sensory components of the cranial ganglia. Anat. Rec. 4, 1910.
Landacre, F. L.: The origin of the cranial ganglia in Ameiurus. J. Comp. Neur. 20, 1910.
Landacre, F. L.: The theory of nerve components and the forebrain vesicle. Transact. Amer. Micr. Soc. 30, 1911.
Landacre, F. L.; M. F. McLellan: The cerebral ganglia of the embryo of Rana pipiens. J. Comp. Neur. 22, 1912.
Landacre, F. L.: The epibranchial placodes of Lepidosteus osseus and their relation to the cerebral ganglia. J. Comp. Neur. 22, 1912.
Landacre, F. L.: Embryonic cerebral ganglia and the doctrine of nerve components. Fol. neurobiol. 8, 1914.
Landacre, F. L.: The cerebral and early spinal nerves of Squalus acanthias. J. Comp. Neur. 27, 1916.
Landacre, F. L.: The origin of cerebral ganglia. Ohio J. Sc. 20, 1920.
Landacre, F. L.: The fate of the neural crest in the head of the Urodels. J. Comp. Neur. 33, 1921.
Landacre, F. L.: The primitive lines of Amblystoma jeffersonianum. J. Comp. Neur. 40, 1926.
Landacre, F. L.: The differentiation of the preauditory and postauditory lines in to preauditory and postauditory placodes, lateralis ganglia and migratory lateral line placodes in Amblystoma jeffersonianum. J. Comp. Neur. 44, 1927.
Landacre, F. L.: The epibranchial ganglion of the glossopharyngeal nerve in Amblystoma jeffersonianum. Ohio J. Sc. 31, 1931.
Landacre, F. L.: Data on the relative time of formation of the cerebral ganglia of Amblystoma jeffersonianum. J. Comp. Neur. 53, 1931.
Landacre, F. L.: The epibranchial placode of the facial nerve of the rat. J. Comp. Neur. 56, 1932.
Landacre, F. L.: The epibranchial placode of the facial nerve in Amblystoma jeffersonianum. J. Comp. Neur. 58, 1933.
Levi-Montalcini, R.: Experimental research on the origin of the ganglia of the glosso-pharyngeal and vagus in the chick embryo. Atti. d. Acad. Naz. dei Lincei Roma 1946.
Müller, E., S. Ingvar: Über den Ursprung des Sympathicus beim Hühnchen. Arch. mikrosk. Anat. 99, 1923.
Neumayer, L.: Histogenese und Morphogenese des peripheren Nervensystems. Hdb. d. vergl. u. exper. Entw.gesch. Hertwig, Bd. 2, 3, 1906.
Niessing, C.: Die Entwicklung der cranialen Ganglien bei Amphibien. Morph. Jb. 70, 1932.
Ortmann, R.: Über Placoden und Neuralleiste beim Entenembryo, ein Beitrag zum Kopfproblem. Z. Anat. 112, 1943.

Platt, J.: Ontogenetic differentiations of the ectoderm in Necturus. II. On the development of the peripheral nervous system. Quart. J. Micr. Sc. 38, 1896.
Platt, J.: Ectodermic origin of the cartilages of the head. Anat. Anz. 8, 1893.
Platt, J.: Ontogenetische Differenzierung des Ektoderms in Necturus. Arch. mikrosk. Anat. 43, 1894.
Platt, J.: The development of the cartilaginous skull and of the branchial and hypoglossal musculature in Necturus. Morph. Jb. 25, 1897/1898.
Raven, C. P.: Zur Entwicklung der Ganglienleiste I., II., III., IV., V. Roux Arch. 125, 1931; 129, 1933; 130, 1933; 132, 1935; 134, 1936.
Raven, Ch.: Experiments on the origin of the sheath cells and the sympathic neuroblasts in Amphibia. J. Comp. Neur. 67, 1937.
Reisinger, E.: Entwicklungsgeschichtliche Untersuchungen am Amphibienvorderdarm. Roux Arch. 129, 1933.
Speidel, C. C.: Studies of living nerves I. J. Exper. Zool. 61, 1932. II. Amer. J. Anat. 52, 1933. IV. Biol. Bull. 68, 1935.
Speidel, C. C.: Correlated studies of sense organs and nerves of the lateral-line in living frog tadpoles. The regeneration of denervated organs. J. Comp. Neur. 87, 1947.
Speidel, C. C.: Living cells in action. Science in progress, New Haven 1947.
Speidel, C. C.: Adjustments of peripheral nerve fibers; in Genetic Neurology. Chicago 1950.
Starck, D.: Über einige Entwicklungsvorgänge am Kopf der Urodelen. Morph. Jb. 79, 1937.
Starck, D.: Die Bedeutung der Entwicklungsphysiologie für die vergl. Anatomie, erläutert am Beispiel des Wirbeltierknopfes. Biol. gen. 17, 1943/44.
Stone, L. S.: Experiments on the development of the cranial ganglia and the lateral line sense organs in Amblystoma punctatum. J. Exper. Zool. 35, 1922.
Stone, L. S.: Experiments on the transplantation of placodes of the cranial ganglia in the amphibian embryo I. J. Comp. Neur. 38, 1924.
Stone, L. S.: Further experiments on the exstirpation and transplantation of mesectoderm in Amblystoma punctatum. J. Exper. Zool. 44, 1926.
Stone, L. S.: Primitive lines in Amblystoma and their relation to the migratory lateral line primordia. J. Comp. Neur. 45, 1928.
Stone, L. S.: Experiments on the transplantation of placodes of the cranial ganglia in the amphibian embryo. II. heterotopic transplantation of the ophthalmic placode upon the head and body of Amblystoma punctatum. J. Comp. Neur. 47, 1928.
Stone, L. S.: Experiments on the transplantation of placodes of the cranial ganglia in the amphibian embryo. III. Preauditory and postauditory placodal materials interchanged. J. Comp. Neur. 47, 1928.
Stone, L. S.: Experiments on the transplantation of placodes of the cranial ganglia in the amphibian embryo IV. Heterotopic transplantations of the postauditory placodal material upon the head and body of Amblystoma punctatum. J. Comp. Neur. 48, 1929.
Stone, L. S.: Experiments showing the role of migrating neural crest (mesectoderm) in the formation of head skeleton and loose connective tissue in Rana palustris. Roux Arch. 118, 1929.
Stone, L. S.: Induction of the ear by the medulla and its relation to experiments on the lateralis system in Amphibia. Science n. s. 74, 1931.
Tello, J. F.: Les différenciations neuronales dans l'embryon du poulet pendant les premiers jours de l'incubation. Trav. Labor. Rech. Biol. Univ. Madrid 21, 1923.
Theiler, K.: Studien zur Entwicklung der Ganglienleiste. II. Befunde zur Frühentwicklung der Ganglienleiste beim Menschen. Acta anat. 8, 1949.
Veit, O.: Kopfganglienleisten bei einem menschlichen Embryo von 8 Somitenpaaren. Anat. Hefte 56, 1919.
Veit, O.: Zur Theorie der Entstehung der Nervenbahnen. Anat. Anz. 62, 1926/27.
Wagner, G.: Die Bedeutung der Neuralleiste für die Kopfgestaltung der Amphibienlarven. Untersuchungen an Chi-

maeren von Triton und Bombinator. Rev. suisse zool. 56, 1949.
Weiss, P.: In vitro experiments on the factors determining the course of the outgrowing nerve fiber. J. Exper. Zool. 68, 1934.
Weiss, P.: Nerve patterns, the mechanics of nerve growth. 3d Growth Symposium, 1941.
Weiss, P.: (ed.) Genetic Neurology. Chicago 1950.
Weiss. P., A. C. Taylor: Further experimental evidence against „Neurotropism" in nerve regeneration. J. Exper. Zool. 95, 1944.

Pigmentzellen und Farbmusterbildung

Proceedings of the second conference on the biology of normal and atypical Pigment Cell growth. Abstracts of papers. Zoologica New York 35, 1950.
Baltzer, F.: Untersuchungen an Chimaeren von Urodelen und Hyla. I. Die Pigmentierung chimaerischer Molch- und Axolotllarven mit Hyla (Laubfrosch) Ganglienleiste. Rev. suisse zool. 48, 1941.
Barden, R. B.: The origin and development of the chromatophores of the amphibian eye. J. Exper. Zool. 90, 1942.
Child, C. M.: Inhibition of pigment cell migration in Triturus torosus. Physiologic. Zool. 23. 1950.
Dorris, F.: Differentiation of pigment cells in tissue cultures of chick neural crest. Proc. Soc. Exp. Biol. Med. 34, 1936.
Dorris, F.: The production of pigment in vitro by chick neural crest. Roux Arch. 138, 1938.
Dorris, F.: The production of pigment by chick neural crest in grafts to 3-day limb bud. J. Exper. Zool. 80, 1939.
Dorris, F.: The behaviour of chick neural crest in grafts to the chorioallantoic membrane. J. Exper. Zool. 86, 1941.
Du Shane, G. P.: The source of pigment cells in Amphibia. Anat. Rec. 60, 1934.
Du Shane, G. P.: An experimental study of the origin of pigment cells in Amphibia. J. Exper. Zool. 72, 1936.
Du Shane, G. P.: The role of embryonic ectoderm and mesoderm in pigment production in Amphibia. J. Exper. Zool. 82, 1939.
Du Shane, G. P.: The embryology of vertebrate pigment cells I. Amphibia. Quart. Rev. Biol. 18, 1943.
Du Shane, G. P.: The embryology of vertebrate pigment cells II. Birds. Quart. Rev. Biol. 19, 1944.
Du Shane, G. P.: The development of pigment cells in vertebrates. Spec. Publ. New York Acad. Sc. 4, 1948.
Eastlick, H. L.: Reciprocal heterotransplantation of limb primordia between duck, turkey, guinea and chick embryos. Nature 1939.
Eastlick, H. L.: A study of feather character in limbs transplanted between embryos of different bird species. Proc. Nat. Acad. Sc. 25, 1939.
Eastlick, H. L.: The pigment forming capacity of the blastoderm of the Barred Plymouth Rock embryos as shown by transplants to White Leghorn hosts. Anat. Rec. 73, 1939.
Eastlick, H. L.: The point of origin of the melanophore in chick embryos as shown by means of limb bud Transplants. J. Exper. Zool. 82, 1939.
Eastlick, H. L.: The rôle of herdity versus environment in limb bud transplants between different breeds of fowl. Science 1, 1939.
Eastlick, H. L.: The localization of pigment forming areas in the chick blastoderm at the primitive streak. stage. Physiol. Zool. 13, 1940.
Eastlick, H. L., R. A. Wortham: The origin of the subcutaneous melanophores in the Silkie Fowl. Anat. Rec. 94, Suppl. 1946.
Hardy, M. H.: The development of mouse hair in vitro with some observation on pigmentation. J. Anat. 83, 1949.
Lillie, F. R., H. Wang: Physiology of development of the feather. V Experimental morphogenesis. Physiol. Zool. 14, 1941.
Rawles, M. E.: The production of Robin pigment in White Leghorn feathers by grafts of embryonic Robin tissue. J. Gen. 38, 1939.
Rawles, M. E.: The pigment forming potency of early chick blastoderms. Proc. Nat. Acad. Sc. USA 26, 1940.
Rawles, M. E.: The migration of melanoblasts after hatching into pigmentfree skin grafts of common fowl. Physiol. Zool. 17, 1944.
Rawles, M. E.: Behavior of melanoblasts derived from the coelomic lining in interbreed grafts of wing skin. Physiol. Zool. 18, 1945.
Rawles, M. E.: Origin of pigment cells from the neural crest in the mouse embryo. Physiol. Zool. 20, 1947.
Rawles, M. E.: Origin of melanophores and their rôle in development of color patterns in vertebrates. Physiol. Rev. 28, 1948.
Rawles, M. E., B. H. Willier: The localization of pigment producing potency in presomite chick blastoderms. Anat. Rec. 73, suppl. 1939.
Ris, H.: An experimental study on the origin of melanophores in birds. Physiol. Zool. 14, 1941.
Rosin, S.: Zur Frage der Pigmentmusterbildung bei Urodelen (Transplantationen von Amblystoma mexicanum auf Triton palmatus). Rev. suisse zool. 47, 1940.
Schmidt, W. J.: Einige Versuche mit Bruno Blochs „Dopa" an Amphibienhaut. Derm. Z. 27, 1919.
Schmidt, W. J.: Über das Verhalten der verschiedenartigen Chromatophoren beim Farbwechsel des Laubfrosches. Arch. mikrosk. Anat. 93, 1920.
Starck, D.: Herkunft und Entwicklung der Pigmentzellen. Handbuch d. Haut-Geschl. Krankheiten. Ergänzungswerk. Berlin, Göttingen, Heidelberg 1964.
Twitty, V. C.: Correlated genetic and embryological experiments on Triturus I., II. J. Exper. Zool. 74, 1936.
Twitty, V. C.: Chromatophore migration as a response to mutual influences of the developing pigment cells. J. Exper. Zool. 95, 1944.
Twitty, V. C.: The developmental analysis of specific pigment patterns. J. Exper. Zool. 100, 1945.
Twitty, V. C., D. Bodenstein: Correlated genetic and embryological experiments on Triturus. III. further transplantation experiments on pigment development. IV. The study of pigment cell behavior in vitro. J. Exper. Zool. 81, 1939.
Twitty, V. C., D. Bodenstein: The effect of temporal and regional differentials on the development of grafted chromatophores. J. Exper. Zool. 95, 1944.
Twitty, V. C., M. C. Niu: Causal analysis of chromatophore migration. J. Exper. Zool. 108, 1948.
Weidenreich, F.: Die Lokalisation des Pigmentes und ihre Bedeutung in Ontogenie und Phylogenie der Wirbeltiere. Z. Morph. Anthrop. 2, 1912.
Willier, B. H.: An analysis of feather color pattern produced by grafting melanophores during embryonic development. Amer. Naturalist 75, 1941.
Willier, B. H., M. E. Rawles: Feather characterization as studied in host-graft combinations between chick embryos of different breeds. Proc. Nat. Acad. Sc. 24, 1938.
Willier, B. H., M. E. Rawles: The control of feather color pattern by melanophores grafted from one embryo to another of a different breed of fowl. Physiol. Zool. 13, 1940.
Willier, B. H., M. E. Rawles, E. Hadorn: Skin transplants between embryos of different breeds of fowl. Proc. Nat. Acad. Sc. 23, 1937.

Paraganglien, Nebenniere

Bachmann, R.: Die Nebenniere. Hdb. d. mikr. Anat. d. Menschen, v. Möllendorff, Bd. 6, 5, 1954.
Boyd, J. D.: The development of the human carotid body. Contrib. Embryol. 26, 1937.
da Costa, A. C.: Sur le développement des capsules surrénales du chat. Bull. soc. Portug. sc. natur. 7, 1916.
da Costa, A. C.: Origine et développement de l'appareil surrénal et du système nerveux sympathique chez les Chéiroptères. Mém. soc. Portug. sc. nat. 4, 1917.
da Costa, A. C.: Le tissu paraganglionnaire, Bull. Histol. appl. 3, 1926.
da Costa, A. C.: Sur le développement du tissu paraganglionnaire chez le hérisson et sur d'autres types évolutifs de ce tissu. C. r. Ass. anat. 1926.
da Costa, A. C.: Le cortex surrénal. C. r. Ass. anat. 1933.
da Costa, A. C.: Sur les rapports entre les ébauches du corpuscule carotidien et du sympathique cervical chez les chéiroptères. C. r. Ass. anat. 1935.

DA COSTA, A. C.: Paraganglia and carotid body. J. Anat. 69, 1935.
DA COSTA, A. C.: Sur le développement comparé du système paraganglionnaire des Mammifères. C. r. XIIe Cong. internat. Zool. Lisbonne 1935.
DA COSTA, A. C.: Les paraganglions cervicaux des embryons de Chéiroptères. C. r. Soc. biol. 122, 1936.
DA COSTA, A. C.: Sur les éléments paraganglionnaires des embryons des Mammifères. C. r. Ass. anat. 1936.
DA COSTA, A. C.: Nouvelles recherches sur le développement des paraganglions chez certains Chéiroptères de la famille des Vespertilionidés. Arch. portug. sc. Biol. 5. 1936.
DA COSTA, A. C.: Les paraganglions du cœur chez l'embryo. C. r. Soc. biol. 123, 1936.
FORBES, TH. H.: Studies on the reproductive system of the Alligator IV. Observations on the development of the gonad, the adrenal cortex and the Müllerian duct. Contrib. Embryol. 28, 1940.
IWANOW, G.: Über die Ontogenese des chromaffinen Systems beim Menschen. Z. Anat. 84, 1927.
IWANOW, G.: Das chromaffine und interrenale System des Menschen. Erg. Anat. 29, 1932.
KOHN, A.: Die Paraganglien. Arch. mikrosk. Anat. 62, 1903.
KOHN, A.: Anencephalie und Nebenniere. Roux Arch. 102, 1924.
POLITZER, G.: Über die Frühentwicklung der Nebennierenrinde beim Menschen. Z. Anat. 106, 1936.
POLL, H.: Die vergl. Entwicklungsgeschichte des Nebennierensystems der Wirbeltiere. Hertwig, Hdb. vgl. u. exper. Entw.lehre Bd. 3, 1, 1906.
SCHNEIDER, R.: Über die Beziehungen zwischen Epithelkörperchen und Glomus caroticum bei verschiedenen Vogelarten. Z. mikrosk.-anat. Forsch. 57, 1951.
WATZKA, M.: Über die Verbindungen inkretorischer und neurogener Organe. Verh. Anat. Ges. Amsterdam 1930.
WATZKA, M.: Über die Entwicklung des Paraganglion caroticum der Säugetiere. Z. Anat. 97, 1937.
WATZKA, M.: Die Paraganglien. Hdb. d. mikr. Anat. d. Menschen, v. Möllendorff, Bd. 6, 4, 1943.
DE WINIWARTER, H.: Origine et développement du ganglion carotidien. Arch. biol. 50, 1938.

Integument und Sinnesorgane

AMPRINO, R.: Developmental correlations between the eye and associated structures. J. Exper. Zool. 118, 1951.
ANSON, J. B., T. H. BAST: The development of the auditory ossicles and associated structures in man. Ann. Otol. Rhinol. 55, 1946.
ANSON, J. B., T. H. BAST: The development of the otic capsule in the region of the vestibular aqueduct. Quart. Bull. Northwest. Med. School. 25, 1951.
ANSON, B. J., T. H. BAST, E. CAULDWELL: The development of the auditory ossicles, the otic capsule and the extracapsular tissues. Ann. Otol. Rhinol. 57, 1948.
BACH, L., R. SEEFELDER: Atlas zur Entwicklungsgeschichte des menschlichen Auges. Leipzig 1914.
BRESSLAU, E.: Der Mammarapparat (Entwicklung und Stammesgeschichte). Erg. Anat. 19, 1909.
DETWILER, S. R., R. H. VAN DYKE: The role of the medulla in the differentiation of the otic vesicle. J. Exper. Zool. 113, 1950.
FILATOFF, D.: The removal and transplantation of the auditory vesicle of the embryo of Bufo. Rev. zool. Russe 1, 1916.
FILATOFF, D.: Die Aktivierung des Mesenchyms durch eine Ohrblase und einen Fremdkörper bei Amphibien. Roux Arch. 110, 1927.
FRICK, H.: Über die Entwicklung der Schneckenfensternische beim Menschen. Arch. Ohr. usw. Hk. 162, 1953.
HAMMAR, A.: Entwicklungsgeschichte des Mittelohrraums und des äußeren Gehörganges. Anat. Anz. 20, 1901.
HAMMAR, A.: Studien über die Entwicklung des Vorderdarms und einiger angrenzender Organe. Arch. mikrosk. Anat. 59, 1902.
HOCHSTETTER, F.: Entwicklungsgeschichte der Ohrmuschel und des äußeren Gehörganges des Menschen. Denkschr. Akad. Wiss. Wien. Math.-Natw. Kl. 108, 1949.
KAUTZKY, R., H. PICHLER: Zur Entwicklungsgeschichte der ableitenden Tränenwege des Menschen. Morph. Jb. 81, 1938.

KEIBEL, F.: Ontogenie und Phylogenie von Haar und Feder. Erg. Anat. 5, 1895.
KOLMER, W.: Gehörorgan. Hdb. d. mikr. Anat. d. Menschen ed. v. Möllendorff, Bd. 3, 1. Berlin 1927.
KOLMER, W.: Entwicklung des Auges. Hdb. d. mikr. Anat. d. Menschen ed. v. Möllendorff, Bd. 3, 2. Berlin 1936.
LEVI, G.: Sullo sviluppo della cornea e della camera anteriore dell' occhio. Monit. Zool. Ital. 40, 1929.
LUTHER, A.: Entwicklungsmechanische Untersuchungen am Labyrinth einiger Anuren. Soc. sci. Fenn. Comment. Biol. 2, 1924.
MANGOLD, O.: Das Determinationsproblem I. Erg. Biol. 3, 1928.
v. MIHALIK, P.: Über die Entwicklung des Glaskörpers. Anat. Anz. 90, 1941.
REICH, H.: Zur Entwicklung der Milchdrüsen bei der weißen Hausmaus. Z. Anat. 104, 1935.
ROHEN, J.: Die funktionelle Gestalt des Auges und seiner Hilfsorgane. Abh. math. naturw. Kl. Akad. d. Wiss. u. Lit. Mainz Nr. 4, 1953.
ROTMANN, E.: Der Anteil von Induktor und reagierendem Gewebe an der Entwicklung der Amphibienlinse. Roux Arch. 139, 1939.
ROTMANN, E.: Die Bedeutung der Zellgröße für die Entwicklung der Amphibienlinse. Roux Arch. 140, 1940.
ROTMANN, E.: Über den Auslösungscharakter des Induktionsreizes bei der Linsenentwicklung. Biol. Zbl. 62, 1942.
SATO, T.: Beiträge zur Analyse der Wolffschen Linsenregeneration, I., II. Roux Arch. 122, 1930; 130, 1933.
SCHAFFER, J.: Die Hautdrüsenorgane der Säugetiere. Berlin, Wien 1940.
SEEFELDER, R.: Die Entwicklung des menschlichen Auges. Hdb. d. Ophthalm. Bd. 1, 1930.
SPEMANN, H.: Die Entwicklung des invertierten Hörgrübchens zum Labyrinth. Roux Arch. 30, 1910.
SPEMANN, H.: Zur Entwicklung des Wirbeltierauges. Zool. Jb. Abt. allg. Zool. 32, 1912.
SPEMANN, H.: Experimentelle Beiträge zu einer Theorie der Entwicklung. Berlin 1936.
STONE, L. S.: Return of vision and functional polarization in the retinae of transplanted eyes. Trans. Ophthalm. Soc. 67, 1947.
STONE, L. S.: Functional polarization in developing and regenerating retinae of transplanted eyes. Ann. New York Acad. Sc. 49, 1948.
STONE, L. S.: Development of normal and reversed vision in transplanted eyes. Acta XVI. Cong. Ophthalm. Britannia 1950.
STONE, L. S.: The role of retinal pigment cells in regenerating neural retinae of adult salamander eyes. J. Exper. Zool. 113, 1950.
STONE. L. S.: An experimental study of the inhibition and release of lens regeneration of Triturus viridescens viridescens. J. Exper. Zool. 121, 1952.
STONE, L. S., F. S. ELLISON: Return of vision in eyes exchanged between adult salamanders of different species. J. Exper. Zool. 100, 1945.
STONE, L. S., P. SAPIR: Experimental studies on the regeneration of the lens in the eye of anurans, urodeles and fishes. J. Exper. Zool. 85, 1940.
STREETER, G. L.: Development of the membranous labyrinth and acoustic ganglion in the human embryo. Amer. J. Anat. 4, 1904; 5, 1905.
STREETER, G. L.: On the development of the membranous labyrinth and the acoustic and facial nerves in the human embryo. Amer. J. Anat. 6, 1907.
STREETER, G. L.: The factors involved in the excavation of the cavities in the cartilaginous capsule of the ear in the human embryo. Amer. J. Anat. 22, 1917.
STREETER, G. L.: The histogenesis and growth of the otic capsule and its contained periotic tissue spaces in the human embryo. Contrib. Embryol. 7, 1918.
TWITTY, V. C.: Influence of the eye on the growth of its associated structures, studied by means of heteroplastic transplantation. J. Exper. Zool. 61, 1932.
WACHS, H.: Restitution des Auges nach Exstirpation von Retina und Linse bei Tritonen. Roux Arch. 46, 1920.
WOLFF, G.: Entwicklungsphysiologische Studien I. Die Regeneration der Urodelenlinse. Roux Arch. 1, 1894.

Gesichtsentwicklung, Gaumen, Nase, Gesichtsmißbildungen

HOCHSTETTER, F.: Über die Bildung der inneren Nasengänge oder primitiven Choanen. Verh. Anat. Ges. München 1891.
HOCHSTETTER, F.: Über die Bildung der primitiven Choanen beim Menschen. Verh. Anat. Ges. Wien 1892.
HOCHSTETTER, F.: Beiträge zur Entwicklungsgeschichte des menschlichen Gaumens. Morph. Jb. 77, 1936.
HOCHSTETTER, F.: Über die von Bolk als Verschlußleiste, Konkreszenzfurche und frenulum tectolabiale des menschlichen Keimlings bezeichneten Bildungen. Morph. Jb. 78, 1936.
HOCHSTETTER, F.: Über die Art und Weise, in welcher sich bei Säugetieren und beim Menschen aus der sog. Riechgrube die Nasenhöhle entwickelt. Z. Anat. 113, 1944.
HOCHSTETTER, F.: Über einen Fall von geringgradiger Hasenscharte bei einem menschlichen Keimling X 27 von 21,3 mm Scheitel-Steiß-Länge. Sber. österr. Akad. Wiss. math. naturw. Kl. Abt. 1, 157, 1948.
HOCHSTETTER, F.: Über die Entwicklung der Formverhältnisse des menschlichen Antlitzes. Denkschr. Akad. Wiss. Wien Math. naturw. Kl. 109, 1953.
HOEPKE, H., H. MAURER: Über die Bildung von Hasenscharten. Z. Anat. 105, 1938.
HUBER, W.: Die Gaumenspalte beim Pekingesen. 8. Jber. d. schweiz. Ges. f. Vererbungsforsch. Arch. Jul. Klausstift. 23, 1948.
LEGAL, E.: Zur Entwicklung des Tränennasenganges bei Säugetieren. Diss. Breslau 1881.
MAURER, H.: Die Entstehung der Lippenkieferspalte bei einem Keimling von 22 mm. Z. Anat. 105, 1936.
PETER, K.: Entwicklung des Geruchsorgans. Erg. Anat. 20, 1911.
PETER, K.: Modelle zur Entwicklung des menschlichen Gesichtes. Anat. Anz. 39, 1911.
PETER, K.: Atlas der Entwicklung der Nase und des Gaumens beim Menschen. Jena 1913.
PETER, K.: Neuere Anschauungen von der formalen Genese der Gesichtsspalten. Kinderärztl. Prax. 4, 1935.
PETER, K.: Die Beteiligung der Gesichtsfortsätze an der Bildung des primitiven Gaumens. Anat. Anz. 97, 1949.
POLITZER, G.: Die Grenzfurche des Oberkieferfortsatzes und die Tränenrinne beim Menschen. Z. Anat. 105, 1936.
POLITZER, K.: Neue Untersuchungen über die Entstehung der Gesichtsspalte. Mschr. Ohrenhkde. 71, 1937.
STEINIGER, F.: Über experimentelle Beeinflussung der Ausbildung erblicher Hasenscharten bei der Maus. Z. menschl. Vererb.- u. Konstit.lehre 24, 1939.
STEINIGER, F.: Neue Beobachtungen an der erblichen Hasenscharte der Maus. Z. menschl. Vererb.- u. Konstit.lehre 23, 1939.
STEINIGER, F.: Polare Genmanifestierung am Zwischenkiefer bei der erblichen Hasenscharte. Dtsche Zahn- usw. Hk. 7, 1940.
STEINIGER, F.: Die Entstehung und Vererbung der Hasenscharte. Fortschr. Erbpath. usw. 4, 1940.
STEINIGER, F.: Über Hasenschartencysten. Z. menschl. Vererb.- u. Konstit.lehre 25, 1940.
STEINIGER, F.: Die erbliche Hasenscharte der Maus als Modell der menschlichen Hasenscharten I., II. Reichs-Gesdh.bl. 1940.
STEINIGER, F.: Die erbliche Hasenscharte des Hundes. Z. d. Fachschft. f. dtsch. Schäferhde. 1941.
STEINIGER, F.: Fragen der Vererbung und der Umweltwirkung bei der Entstehung der Hasenscharte. D. Dtsch. Sonderschule 7, 1941.
STROER, W. F. H.: Über die Hasenscharte eines menschlichen Embryo von 18 mm. Z. Anat. 109, 1939.
TIEMANN, H.: Über die Bildung der primitiven Choane bei Säugetieren. Verh. Phys.-Med. Ges. Würzburg 30, 1896.
TÖNDURY, G.: Zum Problem der Gesichtsentwicklung und der Genese der Hasenscharte. Acta anat. 11, 1950.
TÜFFERS, P.: Die Entwicklung des nasalen Endes des Tränenganges bei einigen Säugetieren. Anat. Hefte 49, 1913.
VEAU, V.: Étude anatomique du bec de lièvre unilateral total. Ann. anat. path. 5, 1928.
VEAU, V.: Le squelette du bec de lièvre. Ann. anat. path. 11 1934.
VEAU, V.: Bec de lièvre. Ann. anat. path. 12, 1935.
VEAU, V.: Die klinischen Formen der einseitigen Hasenscharte. Dtsch. Z. Chir. 244, 1935.
VEAU, V.: Embryologie de la face et bec de lièvre. Bull. Acad. méd. 120, 1938.
VEAU, V.: Hasenscharten menschlicher Keimlinge auf der Stufe 21–23 mm Scheitel-Steiß-Länge. Z. Anat. 108, 1938.
VEAU, V.: Fünf Hasenscharten bei Hundekeimlingen von 11 bis 14 mm Scheitel-Steiß-Länge. Z. Anat. 111, 1941.
VEAU, V., G. POLITZER: Embryologie du bec de lièvre et le palais primaire (Formation, Anomalie). Ann. anat. path. 13, 1936.

Darmkanal und Respirationsorgane

BARGMANN, W.: Die Schilddrüse. Hdb. mikr. Anat. d. Menschen, ed. von Möllendorff, Bd. 6, 2, Berlin 1939.
BARGMANN, W.: Der Thymus. Hdb. mikr. Anat. d. Menschen, ed. von Möllendorff, Bd. 6, 4, Berlin 1943.
BOYD, J.: Development of the thyroid and parathyroid glands and the thymus. Ann. Coll. Surg. England 7, 1950.
BROMAN, I.: Die Lehre Albert Fleischmanns über den Entwicklungsmodus der Lungen. Anat. Anz. 89, 1939.
CRISAN, C.: Die Entwicklung des thyreo-parathyreothymischen Systems der weißen Maus. Z. Anat. 104, 3, 1935.
EKMAN, G.: Experimentelle Untersuchungen über die Entwicklung der Kiemenregion einiger anurer Amphibien. Morph. Jb. 47, 1913.
ELIAS, H.: A reexamination of the structure of the mammalian liver. I, II. Amer. J. Anat. 84, 85, 1944.
ELIAS, H.: Functional morphology of the liver. Res. in the Service of Med. 37, 1953.
ELIAS, H.: Observations on the general and regional anatomy of the human liver. Anat. Rec. 117, 1953.
ENBOM, G.: Gegenseitige Abhängigkeit der Gefäß- und Organentwicklung im Bauche beim Opossum. Lund 1937.
HAMMAR, A.: Studien über die Entwicklung des Vorderdarmes und einiger angrenzender Organe. Arch. mikrosk. Anat. 59, 1902.
HEISS, R.: Über die frühe Entwicklung der menschlichen Lunge, nebst einem Versuch einer mechanischen Begründung der Lappen. Anat. Anz. 41, 1912.
HEISS, R.: Bau und Entwicklung der Wirbeltierlunge. Erg. Anat. 24, 1922.
HILBER, H.: Der formative Einfluß der Luft auf die Atemorgane. Morph. Jb. 71, 1932.
HILBER, H.: Über das Wesen der regenerativen Lungenhyperplasie. Z. Anat. 112, 1943.
HJORTSJÖ, C. H.: De epitheliala lungenanlagens tidiga morfogenes hos Felis catus L. Lund 1945.
HJORTSJÖ, C. H.: The earlier pulmonal morphogenesis of the albino rat and the dog during 24 and 60 hours respectively. Lunds Univ. Arskr. (2) 42, 1946.
HJORTSJÖ, C. H.: Studies on the earliest pulmonary development in mammals. Lunds Univ. Arskr. (2) 46, 1950.
JOHNSTON, J. B.: The limit between ectoderm and entoderm in the mouth, and the origin of taste buds. Amer. J. Anat. 10, 1910.
KIESSELBACH, A.: Der physiologische Nabelbruch. Erg. Anat. 34, 1946.
KINGSBURY, B. F.: On the fate of the ultimobranchial body within the human thyroid gland. Anat. Rec. 61, 1935.
LANGMAN, J.: Esophageal atresia and esophageo-tracheal fistula. Acta Neerld. morph. 6, 1950.
LEHNER, J., H. PLENK: Die Zähne. Hdb. mikr. Anat. d. Menschen, ed. von Möllendorff, Bd. 5, 3, Berlin 1936.
MEYER, W.: Normale Histologie und Entwicklungsgeschichte der Zähne des Menschen. München 1951.
NEUBERT, K.: Bau und Entwicklung des menschlichen Pankreas. Roux Arch. 111, 1927.
NORRIS, E. H.: The morphogenesis and histogenesis of the thymus gland in man. Contrib. Embryol. 27, 1938.
NORRIS, E. H.: The parathyroid glands and the lateral thyroid in man. Contrib. Embryol. 26, 1937.
ODGERS, P. N. B.: Some observations on the development of the ventral pancreas in man. J. Anat. 65, 1931.
PERNKOPF, E.: Die Entwicklung der Form des Magen-Darm-Kanales beim Menschen. Z. Anat. 64, 1922; 73, 1924; 77, 1925; 85, 1928.

Pernkopf, E.: Ein neuer Fall von partiellem Situs inversus der Eingeweide beim Menschen mit besonderen Mißbildungen am Herzen. Z. Anat. 87, 1928.
Pischinger, A.: Kiemenanlagen und ihre Schicksale bei Amnioten. Schilddrüse und epitheliale Organe der Pharynxwand bei Tetrapoden. Hdb. vergl. Anat. d. Wirbeltiere Bd. 3, ed. Bolk, Göppert, Kallius, Lubosch. Berlin, Wien 1937.
Politzer, G., F. Hann: Über die Entwicklung der branchiogenen Organe beim Menschen. Z. Anat. 104, 1935.
Reisinger, E.: Entwicklungsgeschichtliche Untersuchungen am Amphibienvorderdarm. Roux Arch. 129, 1933.
Rolshoven, E.: Beiträge zur Kenntnis der ersten Anlage der Lungen beim Säugetier. Morph. Jb. 70, 1932.
Russu, I. G., A. Vaida: Neue Befunde zur Entwicklung der Bauchspeicheldrüse. Acta Anatomica 38, 1959.
Siwe, St.: Pankreasstudien. Morph. Jb. 57, 1926.
Sjögren, S. J.: Über die Embryonalentwicklung des Sauropsidenmagens. Acta anat. 1, 1946.
Starck, D.: Über einige Entwicklungsvorgänge am Kopf der Urodelen. Morph. Jb. 79, 1937.
Tischer, W.: Die Genese der lateralen, branchiogenen Halsfisteln. Wiss. Z. K. Marx Univ. Leipzig. Math. naturw. Reihe 6, 1956/57.
Verdun, P.: Contribution à l'étude des dérivés branchiaux chez les vertébrés supérieurs. Toulouse 1898.
Vogt, W.: Morphologische und kausalanalytische Untersuchungen über die Lageentwicklung des menschlichen Darmes. Z. angew. Anat. 2, 1917.
Vogt, W.: Zur Morphologie und Mechanik der Darmdrehung. Verh. Anat. Ges. Jena 1920.
Vogt, W.: Situsstudien an der menschlichen Bauchhöhle. I, II, III. Z. Anat. 80, 1926; Morph. Jb. 67, 1931.
Vogt, W.: Lage- und Formveränderungen des Digestionstraktus, insbesondere Ptose und Divertikel. Verh. Ges. Verdauungskrkh. 10, 1931.
Weissberg, H.: Beiträge zur Kenntnis der Pankreasentwicklung bei der Ente. Z. mikrosk.-anat. Forsch. 11, 1927.
Weissberg, H.: Zur Entstehung der akzessorischen Pankreasanlagen. Virchows Arch. path. Anat. 281, 1931.
Weissberg, H.: Beiträge zur Entwicklungsgeschichte des Pankreas und der Leber nach Untersuchungen an Schweineembryonen. Morph. Jb. 66, 1931.
Weissberg, H.: Beiträge zur Pankreasentwicklung des Menschen. Morph. Jb. 74, 1934.
Weissberg, H.: Ein Pancreas annulare bei einem menschlichen Embryo von 16 mm Länge. Anat. Anz. 79, 1935.
Wells, L. J., E. A. Boyden: The development of the bronchopulmonary segments in human embryos of horizons XVII to XIX. Amer. J. Anat. 95, 1954.
Zuckerkandl, E.: Die Entwicklung der Schilddrüse und der Thymus bei der Ratte. Anat. Hefte 66, 1902.

Coelom – Zwerchfell

Brachet, A.: Die Entwicklung der großen Körperhöhlen und ihre Trennung voneinander. Ergeb. Anat. 7, 1897.
Broman, I.: Die Entwicklungsgeschichte der Bursa omentalis und ähnlicher Rezeßbildungen bei den Wirbeltieren. Wiesbaden 1904.
Broman, I.: Über die Entwicklung und Bedeutung der Mesenterien und der Körperhöhlen bei den Wirbeltieren. Erg. Anat. 15, 1905.
Broman, I.: Warum wird die Entwicklung der Bursa omentalis in Lehrbüchern fortwährend unrichtig beschrieben? Anat. Anz. 86, 1938.
Frick, H.: Über den Abschluß der Verbindung zwischen Pleura und Perikard bei menschlichen Embryonen. Z. Anat. 114, 1949.
Hochstetter, F.: Perikardhöhle usw. In Hdb. vergl. exper. Entwickl.lehre, ed. Hertwig, Bd. 3, 2, 1906.
Körner, F.: Über die Muskularisierung des Zwerchfells. Z. Anat. 109, 1938.
Lang, A.: Beiträge zu einer Trophocöltheorie. Jena. Z. Naturw. 38, N. F. 31, 1903.
du Marchie Sarvaas, A. E.: La théorie du coelome. Proefschrift Utrecht 1935.
Uskow, N.: Über die Entwicklung des Zwerchfells, des Perikardiums und des Cöloms. Arch. mikrosk. Anat. 22, 1883.
Vogl, E.: Rudimente des branchialen Cöloms bei einem menschlichen Embryo. Z. Anat. 77, 1925.

Gefäßsystem, Herz, lymphatische Organe, Blutzellen

Asami, I.: Beitrag zur Entwicklung des Kammerseptums im menschlichen Herzen mit besonderer Berücksichtigung der sogenannten Bulbusdrehung. Z. Anat. Entwickl.-Gesch. 128, 1969, 1–17.
Asami, I.: Beitrag zur Entwicklungsgeschichte des Vorhofseptums im menschlichen Herzen, eine lupenpraeparatorischphotographische Darstellung. Z. Anat. Entwickl.-Gesch. 139, 1972, 55–70.
Barthel, H.: Mißbildungen des menschlichen Herzens, Entwicklungsgeschichte und Pathologie. Stuttgart 1960.
Bethge, A.: Das Blutgefäßsystem von Salamandra maculata, Triton taeniatus und Spelerpes fuscus; mit Betrachtungen über den Ort der Atmung beim lungenlosen Spelerpes fuscus. Z. wiss. Zool. 63, 1898.
Bluntschli, H.: Seltene Verlaufsvarietäten der Oberschenkel- und Beckenbodenarterien. Schweiz. med. Wschr. 68, 1938.
Born, G.: Beiträge zur Entwicklungsgeschichte des Säugetierherzens. Arch. mikrosk. Anat. 33, 1889.
Butler, E. G.: The relative rôle played by the embryonic veins in the development of the mammalian vena cava posterior. Amer. J. Anat. 39, 1927.
Butler, H.: The development of the azygos veins in the albino rat. J. Anat. 84, 1950.
Congdon, E. D.: Transformation of the aortic arch system during the development of the human embryo. Contrib. Embryol. 14, 1922.
Davis, C. L.: Development of the human heart from its first appearance to the stage found in embryos of 20 paired somites. Contrib. Embryol. 19, 1927.
Doerr, W.: Über Mißbildungen des menschlichen Herzens mit besonderer Berücksichtigung von Bulbus und Truncus. Virchows Arch. path. Anat. 310, 1943.
Doerr, W.: Über ein formales Prinzip der Koppelung von Entwicklungsstörungen der venösen und arteriellen Kammerostien. Z. Kreisl.forsch. 41, 1952.
Dziallas, P.: Die Entwicklung der Venae diploicae beim Haushunde und ihr Einschluß in das knöcherne Schädeldach. Morph. Jb. 92, 1953.
Ekman, G.: Experimentelle Beiträge zur Herzentwicklung der Amphibien. Roux Arch. 106, 1925.
Ekman, G.: Experimentelle Untersuchungen über die früheste Herzentwicklung bei Rana fusca. Roux Arch. 116, 1929.
Elze, C.: Beschreibung eines menschlichen Embryos von etwa 7 mm Länge unter besonderer Berücksichtigung der Frage nach der Entwicklung der Extremitätenarterien und nach der morphologischen Bedeutung der lateralen Schilddrüsenanlage. Anat. Hefte 106, 1907.
Evans, H. M.: On an instance of two subclavian arteries of the early arm bud of man and its fundamental significance. Anat. Rec. 2, 1908.
Evans, H. M.: On the earliest blood vessels in the anterior limb buds of birds and their relation to the primary subclavian artery. Amer. J. Anat. 9, 1909.
Evans, H. M.: On the development of the aortae, cardinal and umbilical veins, and the other blood vessels of vertebrate embryos from capillaries. Anat. Rec. 3, 1909.
Evans, H. M.: Über die Entwicklung des Blutgefäßsystems. Hdb. d. Entwicklungsgesch. d. Menschen. F. Keibel u. F. P. Mall ed., Bd. 2, Leipzig 1911.
Fedorov, V.: Über die Entwicklung der Lungenvene. Anat. Hefte 40, 1910.
Flint, I. M.: The development of the lungs. Amer. J. Anat. 6, 1906.
van Gelderen, Chr.: Venensystem mit einem Anhang über Dottersack- und Placentarkreislauf. Hdb. d. vergl. Anatomie, Bd. 6, 1933.
Göppert, E.: Die Beurteilung der Arterienvarietäten der oberen Gliedmaße bei den Säugetieren und beim Menschen auf entwicklungsgeschichtlicher und vergleichend-anatomischer Grundlage. Erg. Anat. 14, 1904.
Göppert, E.: Über die Entwicklung von Varietäten im Arterien-

system. Untersuchungen an der Vordergliedmaße der weißen Maus. Morph. Jb. 40, 1909.
GÖPPERT, E.: Die Entwicklungsgeschichte der Arterienvarietäten. Klin.-therap. Wschr. 9, 1911.
GOERTTLER, Kl.: Entwicklungsgeschichte des Herzens. In Bargmann-Doerr; Das Herz des Menschen. Stuttgart 1963.
GOERTTLER, Ku.: Die Bedeutung der ventrolateralen Mesodermbezirke für die Herzanlage der Amphibienkeime. Verh. Anat. Ges. Frankfurt/M. 1928.
GRODZINSKI, Z.: Über die Entwicklung der Gefäße des Dotterdarmes bei Urodelen. Bull. internat. Acad. sc. Cracovie, sér. B, 1924.
GRODZINSKI, Z.: Weitere Untersuchungen über die Blutgefäßentwicklung bei Urodelen. Bull. internat. Acad. sc. Cracovie, sér. B, 1925.
GRÜNWALD, P.: Die Entwicklung der Vena cava caudalis beim Menschen. Z. mikrosk.-anat. Forsch. 43, 1938.
HAHN, H.: Experimentelle Studien über die Entstehung des Blutes und der ersten Gefäße beim Hühnchen. I. Intraembryonale Gefäße. Roux Arch. 27, 1909.
HARTMANN, A.: Die Entstehung der ersten Gefäßbahnen bei Embryonen urodeler Amphibien (Salamandra atra und Axolotl) bis zur Rückbildung des Dotterkreislaufes. I–III. Z. Anat. 63, 67, 70, 1922–23.
HEINE, H.: Zur Darstellung des Perikardansatzes beim Wirbeltierherzen. Acta anat. (Basel) 83, 1972, 30–41.
HERTIG, A. T.: Angiogenesis in the early human chorion and in the primary placenta of the macaque monkey. Contrib. Embryol. 25, 1935.
HOCHSTETTER, F.: Über den Ursprung der Arteria subclavia der Vögel. Morph. Jb. 16, 1890.
HOCHSTETTER, F.: Über die Entwicklung der Arteria vertebralis beim Kaninchen nebst Bemerkungen über die Entstehung der Ansa Vieussenii. Morph. Jb. 16, 1890.
HOCHSTETTER, F.: Über Varietäten der Aortenbögen, Aortenwurzeln und der von ihnen entspringenden Arterien bei Reptilien. Morph. Jb. 29, 1901.
HOCHSTETTER, F.: Die Entwicklung des Blutgefäßsystems. Hdb. d. vergl. u. exper. Entw.lehre. Hertwig, Bd. 3, Jena 1902.
HOCHSTETTER, F.: Die Entwicklung des Blutgefäßsystems (des Herzens nebst Herzbeutel und Zwerchfell, der Blut- und Lymphgefäße, der Lymphdrüsen und der Milz in der Reihe der Wirbeltiere). Hdb. d. vergl. u. exper. Entw.lehre d. Wirbeltiere, ed. O. Hertwig, Bd. 3, 2, Jena 1906.
HOLMDAHL, D. E.: Beitrag zur Kenntnis der Entwicklung des Blutgefäßsystems und des Blutes beim Menschen. Z. mikrosk. anat. Forsch. 54, 1943.
HUGHES, A. F. W.: The heart output of the chick embryo. J. Microsc. Soc. 69, 1949.
HUNTINGTON, G. S.: The development of the mammalian jugular lymphsac, of the tributary primitive ulnar lymphatic and of the thoracic ducts from the viewpoint of recent investigations of vertebrate lymphatic ontogeny together with a consideration of the genetic relations of lymphatic and haemal vascular channels in the embryos of amniotes. Amer. J. Anat. 16, 1914.
HUNTINGTON, G. S., and CH. F. W. MCCLURE: The development of the veins in the domestic cat (Felis domestica) with special reference 1) to the share taken by the supracardinal veins in the development of the postcava and azygos veins and 2) to the interpretation of the variant conditions of the postcava and its tributaries, as found in the adult. Anat. Rec. 20, 1920/21.
KAMPMEIER, O. F.: The development of the thoracic duct in the pig. Amer. J. Anat. 13, 1912.
KAMPMEIER, O. F.: Ursprung und Entwicklungsgeschichte des Ductus thoracicus nebst Saccus lymphaticus jugularis und Cysterna chyli beim Menschen. Morph. Jb. 67, 1931.
KISS, A., E. PERNKOPF, H. PARTILLA: Die Transposition der Venenmündungen. Virchows Arch. path. Anat. 324, 1954.
KÖRNER, F.: Das Herz der Schwanzlurche. Jena. Z. Naturw. 71, 1937.
KRAMER, T. C.: The partitioning of the truncus and conus and the formation of the membranous portion of the interventricular septum in the human heart. Amer. J. Anat. 71, 1942.
LEWIS, W. H.: Outgrowth of endothelium and capillaries in tissue culture. Bull. Johns Hopkins Hosp. 48, 1931.

MCCLURE, F. W., E. G. BUTLER: The development of the vena cava inferior in man. Amer. J. Anat. 35, 1925.
MCINTYRE, D.: The development of the vascular system in the human embryo prior to the establishment of the heart. Transact. Roy. Soc. Edinburgh 55, 1926.
MOSSMAN, H. W.: Circulatory cycles in the vertebrates. Biol. Rev. 23, 1948.
MÜLLER, E.: Beiträge zur Morphologie des Gefäßsystems. I. Die Armarterien des Menschen, Anat. Hefte 22, 1903. II. Die Armarterien der Säugetiere. Anat. Hefte 27, 1904. III. Zur Kenntnis der Flügelarterien der Pinguine. Anat. Hefte 35, 1908.
ODGERS, P. N. B.: The formation of the venous valves, the foramen secundum and the septum secundum in the human heart. J. Anat. 69, 1935.
ODGERS, P. N. B.: The development of the pars membranacea septi in the human heart. J. Anat. 72, 1938.
ODGERS, P. N. B.: The development of the atrioventricular valves in man. J. Anat. 73, 1939.
O'DONOGHUE, C. H. A., E. ABBOTT: The blood vascular system of the spiny dog fish Squalus acanthias and Squalus sucklii. Transact. Roy. Soc. Edinburgh 55, 1928.
ORTS LLORCA, F.: Über die Entwicklung der Arterienbogen beim Schwein. Z. Anat. 102, 1934.
OTTERBACH, K.: Beiträge zur Kenntnis des Lungenkreislaufes. II. Die Genese des Myokardüberzuges des Mündungsteiles der Vena pulmonalis. Morph. Jb. 81, 1938.
PADGET, D. H.: The development of the cranial arteries in the human embryo. Contrib. Embryol. 32, 1948.
PATTEN, B. M.: The changes in circulation following birth. Amer. Heart J. 6, 1930.
PERNKOPF, E.: Das Wesen der Transposition. Virchows Arch. path. Anat. 295, 1935.
PERNKOPF, E., W. WIRTINGER: Die Transposition der Herzostien, ein Versuch der Erklärung dieser Erscheinung. Z. Anat. 100, 1933.
RABL, H.: Die erste Anlage der Arterien der vorderen Extremitäten bei den Vögeln. Arch. Anat. 69, 1906.
REAGAN, F. P.: The earliest blood vessels of the mammalian embryo studied by means of the injection method. Univ. California Publ. 28, 1926.
REAGAN, F. P.: Certain blood vessels of the early embryos of birds and mammals. J. Anat. 61, 1927.
REAGAN, F. P., A. ROBINSON: The later development of the inferior vena cava in man and in carnivora. J. Anat. 61, 1927.
REAGAN, F. P., M. TRIBE: The early development of the postrenal vena cava in the rabbit. J. Anat. 61, 1927.
RICHARDSON, K.: The embryology of veins. In "A monograph on veins (Franklin)", Baltimore 1937.
RÜCKERT, J.: Über die Abstammung der bluthaltigen Gefäßanlagen beim Huhn und über die Entstehung des Randsinus beim Huhn und bei Torpedo. S.ber. math.-phys. Cl. kgl. bayr. Akad. Würzburg 22, 1902.
RÜCKERT, J.: Über die Entwicklung der ersten Blutgefäße und des Herzens bei Torpedo in morphologischer und histogenetischer Hinsicht. I, II. Z. Anat. 63, 1922; 67, 1923.
RÜCKERT, J., S. MOLLIER: Die erste Entstehung der Gefäße und des Blutes bei Wirbeltieren. Hdb. vergl. u. exper. Entw.lehre d. Wirbeltiere, Hertwig, Bd. 1, 1 u. 2, Jena 1906.
SABIN, F. L.: On the origin of the lymphatic system from the veins and the development of the lymph hearts and thoracic duct in the pig. Amer. J. Anat. 1, 1902.
SCHMEIDEL, G.: Die Entwicklung der Arteria vertebralis des Menschen. Morph. Jb. 71, 1933.
SCHORNSTEIN, TH.: Beiträge zur Kenntnis des Lungenkreislaufes. I. Frühstadien der Genese der Vena pulmonalis. Morph. Jb. 67, 1931.
SCHORNSTEIN, TH.: Beiträge zur Herzentwicklung der Säugetiere. Z. Kreisl.forsch. 23, 1931.
SCHORNSTEIN, TH.: Beiträge zur Kenntnis der Klappen- und Septenentwicklung im venösen Abschnitt des Säugetierherzens. Morph. Jb. 70, 1932.
SCHULTE, H. v.: Early stages of vasculogenesis in the cat (Felis domestica) with especial reference to the mesenchymal origin of endothelium. Mem. Wistar Inst. Anat. Biol. 3, 1914.
SENIOR, H. D.: The development of the arteries of the human lower extremity. Amer. J. Anat. 25, 1919.
SENIOR, H. D.: The description of the larger direct or indirect

muscular branches of the human femoral artery. A morphogenetic study. Amer. J. Anat. 33, 1924.
SENIOR, H. D.: An interpretation of the recorded arterial anomalies of the human pelvis and thigh. Amer. J. Anat. 36, 1925.
SENIOR, H. D.: Abnormal branching of the human popliteal artery. Amer. J. Anat. 44, 1929.
SLONIMSKI, P.: Recherches expérimentales sur la genèse du sang chez les Amphibiens. Arch. biol. 42, 1931.
SLONIMSKI, P.: Über Entwicklung der roten Blutkörperchen bei Wirbeltieren. Verh. Anat. Ges. Königsberg 1938.
SPITZER, A.: Über die Ursache und den Mechanismus der Zweiteilung des Wirbeltierherzens. I. Die Beziehungen zwischen Lungenatmung und Herzseptierung. Roux Arch. 45, 1919.
SPITZER, A.: Über den Bauplan des normalen und mißbildeten Herzens (Versuch einer phylogenetischen Theorie). Virchows Arch. path. Anat. 243, 1923.
STÖHR, PH.: Über Explantation und Transplantation embryonaler Amphibienherzen. Naturw. 12, 1924.
STREETER, G. L.: Development horizons in human embryos: age: group XI, 13–20 somites and age group XII, 21–29 somites. Contrib. Embryol. 30, 1942.
TANDLER, J.: Zur Entwicklungsgeschichte der Kopfarterien bei den Mammalia. Morph. Jb. 30, 1902.
TANDLER, J.: Zur Entwicklungsgeschichte der arteriellen Wundernetze. Anat. Hefte 31, 1906.
TANDLER, J.: Die Entwicklungsgeschichte des Herzens. Hdb. d. Entw.gesch. d. Menschen, ed. Keibel, F., u. F. P. Mall, Leipzig, Bd. 2, 1911.
TANDLER, J.: Anatomie des Herzens. Bardelebens Hdb. d. Anat., Bd. 3, Jena 1913.
TAUSSIG, H. B.: Congenital malformations of the heart. The Common Wealth Fund. 1947.
WIRTINGER, W.: Die Analyse der Wachstumsbewegungen und der Septierung des Herzschlauches. Anat. Anz. 84, 1937.

Urogenitalorgane

BREMER, J. L.: The interrelations of the mesonephros, kidney and placenta in different classes of mammals. Amer. J. Anat. 19, 1916.
VAN DEN BROECK, A., G. J. VAN OORDT, G. C. HIRSCH: Urogenitalsystem in Bolk, Göppert, Kallius, Lubosch, Hdb. d. vergl. Anat. d. Wirbeltiere, Bd. 5, Berlin 1938.
BROMAN, I.: Beiträge zur Kenntnis der Embryonalentwicklung der äußeren Geschlechtsorgane beim Menschen. Lunds Univ. Arsskr. 1946.
BURNS, R. K.: The origin and differentiation of the epithelium of the urogenital sinus in the opossum, with a study of the modifications induced by estrogens. Contrib. Embryol. 30, 1942.
BURNS, R. K.: The differentiation of the phallus in the opossum and its reactions to sex hormons. Contrib. Embryol. 31, 1945.
BURNS, R. K.: The effects of male hormone on the differentiation of the urogenital sinus in young opossums. Contrib. Embryol. 31, 1945.
CAMBAR, R.: Démonstration expérimentale du rôle inducteur du canal de Wolff dans la morphogenèse du mésonéphros chez les amphibiens anoures. Acad. sc. Paris 225, 1947.
CAMBAR, R.: Nouvelle preuve expérimentale du rôle inducteur du canal de Wolff sur la morphogenèse du mésonéphros des amphibiens anoures. Acad. sc. Paris 225, 1947.
CHWALLA, R.: Über die Entwicklung der Harnblase und der primären Harnröhre des Menschen mit besonderer Berücksichtigung der Art und Weise, in der sich die Ureteren von den Urnierengängen trennen, nebst Bemerkungen über die Entwicklung der Müllerschen Gänge und des Mastdarms. Z. Anat. 83, 1927.
CHWALLA, R.: Über einige Fälle von Ureterenverdoppelung bei menschlichen Embryonen. Z. Anat. 84, 1927.
DAVIES, J.: The pronephros and the early development of the mesonephros in the duck. J. Anat. 84, 1950.
ENGELS, H. G.: Über Umbildungsvorgänge im Kardinalvenensystem bei Bildung der Urniere (nach Untersuchungen am Frosch). Morph. Jb. 76, 1935.
FELIX, W.: Die Entwicklung der Harn- und Geschlechtsorgane. Hdb. d. Entw.gesch. d. Menschen, ed. Keibel, F., und F. P. Mall, Leipzig, Bd. 2, 1911.
FELIX, W., BÜHLER: Die Entwicklung der Harn- und Geschlechtsorgane. Hdb. d. vergl. u. exper. Entw.lehre, O. Hertwig ed., Bd. 3, 1, Jena 1906.
FISCHEL, A.: Über die Entwicklung der Keimdrüsen des Menschen. Z. Anat. 92, 1931.
FORBES, TH. R.: Studies on the reproductive system of the alligator. IV. Observations of the development of the gonad, the adrenal cortex and the Müllerian duct. Contrib. Embryol. 28, 1940.
FORSBERG, J. G.: Derivation and differentiation of the vaginal epithelium. Lund 1963.
GERSH, I.: The correlation of structure and function in the developing mesonephros and metanephros. Contrib. Embryol. 26, 1937.
GRÜNWALD, P.: Über Form und Verlauf der Keimstränge bei Embryonen der Säugetiere und des Menschen. I–III. Z. Anat. 103, 1934.
GRÜNWALD, P.: Die Entwicklung der Keimstränge und der Bauplan der Keimdrüse beim Menschen. Arch. Gynäk. 160, 1936.
GRÜNWALD, P.: Unterscheiden sich bei jungen menschlichen Embryonen Hoden und Eierstock durch ihre Lage? Z. Anat. 105, 1936.
GRÜNWALD, P.: The mechanism of kidney development in human embryos revealed by an early stage in the agenesis of the ureteric buds. Anat. Rec. 75, 1939.
GRÜNWALD, P.: The relation of the growing Mullerian duct to the Wolffian duct and its importance for the genesis of malformations. Anat. Rec. 81, 1941.
GRÜNWALD, P.: The development of the cords in the gonads of man and mammals. Amer. J. Anat. 70, 1942.
GRÜNWALD, P.: The normal changes in the position of the embryonic kidney. Anat. Rec. 85, 1943.
GYLLENSTEN, L.: Contributions to the embryology of the urinary bladder. I. The development of the definitive relations between the openings of the Wolffian ducts and the ureters. Acta anat. 7, 1949.
HEIDENHAIN, M.: Synthetische Morphologie der Niere des Menschen. Leiden 1937.
HINTZSCHE, E.: Über Beziehungen zwischen Placentarbau, Urniere und Allantois, nach Untersuchungen an Microcebus murinus und an Centetidae. Z. mikrosk.-anat. Forsch. 48, 1940.
HUNTER, R. H.: Observations on the development of the human female genital tract. Contrib. Embryol. 22, 1930.
HUNTER, R. H.: Notes on the development of the prepuce. J. Anat. 70, 1935.
JOHNSON, F. P.: The later development of the urethra in the male. J. Urol. 4, 1920.
KEIBEL, F.: Zur Entwicklungsgeschichte des menschlichen Urogenitalapparates. Arch. Anat. 1896.
KEMPERMANN, C. T.: Beitrag zur Frage der Genese der menschlichen Vagina. Morph. Jb. 66, 1931.
KEMPERMANN, C. T.: Beiträge zur Entwicklung des Genitaltraktus der Säuger. II. Die Entwicklung der Vagina des Hausschweines bis 3 Tage nach dem Wurf. Morph. Jb. 74, 1934.
KEMPERMANN, C. T.: Beitrag zur Entwicklung des Genitaltraktus der Säuger. III. Das Schicksal der kaudalen Enden der Wolffschen Gänge beim Weibe und ihre Bedeutung für die Genese der Vagina. Morph. Jb. 75, 1935.
KINDAHL, M.: Zur Entwicklung der Exkretionsorgane von Dipnoern und Amphibien, mit Anmerkungen bezüglich Ganoiden und Teleostier. Acta zool. 19, 1937.
KOFF, A. K.: Development of the vagina in the human fetus. Contrib. Embryol. 24, 1933.
KOZLIK, F., B. ERBEN: Die Form und die histologische Differenzierung menschlicher Urnierenkanälchen. Z. mikrosk.-anat. Forsch. 38, 1935.
KOZLIK, F.: Anastomosen im Nierensystem der Wirbeltiere. Z. Anat. 110, 1940.
KOZLIK, F.: Das Nephron der Gymnophionen. 3 Mitt. zu: „Über den Bau des Nierenkanälchens vergl. anatom. Untersuchungen". Z. Anat. 110, 1940.
LIPPMANN, R. v.: Beitrag zur Entwicklungsgeschichte der menschlichen Vagina und des Hymens. Z. Anat. 110, 1939.
LÖFGREN, F.: Das topographische System der Malpighischen Pyramiden der Menschenniere. Lund 1949.

Lowsley, O. S.: The development of the human prostate gland with reference to the development of other structures at the neck of the urinary bladder. Amer. J. Anat. 13, 1912.

Ludwig, K. S.: Über die Beziehungen der Kloakenmembran zum Septum urorectale bei menschlichen Embryonen von 9–33 mm SSl. 2. Anat. 124, 1965, 401–413.

Mathis, J.: Das Epoophoron, ein innersekretorisches Organ. Wien. klin. Wschr. 32, 1932.

Meisenheimer, J.: Die Exkretionsorgane der wirbellosen Tiere. Erg. u. Fortschr. d. Zool. 2, 1909.

Meyer, R.: Zur Frage der Entwicklung der menschlichen Vagina. I-V. Arch. Gynäk. 158, 1934; 163, 1936; 164, 1937; 165, 1938; 166, 1938.

Mijsberg, W. A.: Über die Entwicklung der Vagina, des Hymens und des Sinus urogenitalis beim Menschen. Z. Anat. 74, 1924.

Mitchell, A. G. G.: The condition of the peritoneal vaginal processes at birth. J. Anat. 73, 1939.

Moskowicz, L.: Das Gubernaculum Hunteri und seine Bedeutung für den Descensus testiculorum beim Menschen. Z. Anat. 105, 1935.

Moskowicz, L.: Morphologie und Sinn des Descensus testiculorum. Acta Neerl. morph. 2, 1939.

O'Conner, R. J.: Experiments on the development of the pronephric duct. J. Anat. 73, 1938.

Peter, K.: Untersuchungen über Bau und Entwicklung der Niere. Jena 1927.

Politzer, G.: Über Zahl, Lage und Beschaffenheit der „Urkeimzellen" eines menschlichen Embryos mit 26–27 Ursegmentpaaren. Z. Anat. 87, 1928.

Politzer, G.: Die Keimbahn des Menschen. Z. Anat. 100, 1930.

Politzer, G.: Über die Entwicklung des Dammes beim Menschen. Z. Anat. 95, 1931.

Politzer, G.: Über die Entwicklung des Dammes beim Menschen. II. Nebst Bemerkungen über die Bildung der äußeren Geschlechtsteile und über die Fehlbildungen der Kloake und des Dammes. Z. Anat. 97, 1932.

Politzer, G.: Die Ergebnisse einer Untersuchung über die Entwicklung des Dammes beim Menschen. Zbl. Gynack. 56, 1932, 579–585.

Popper, R.: Die Entwicklung des Praeputium clitoridis mit Bemerkungen über die Homologisierung von Praeputium penis und Praeputium clitoridis und über das Praeputium der Hypospaden. Z. Anat. 107, 1937.

Portmann, A.: Die Tiergestalt. Basel 1948.

Sonntag, K.: Über die Formenentwicklung des menschlichen Nierenbeckens. Z. Anat. 112, 1943.

Spaulding, M. H.: The development of the external genitalia in the human embryo. Contrib. Embryol. 13, 1921.

Starkenstein, W.: Über die Anlage und die Wanderung der Nachniere beim Menschen. Morph. Jb. 81, 1938.

Swezy, O., H. M. Evans: The human ovarian germ cells. J. Morph. 49, 1930.

Szenes, A.: Über Geschlechtsunterschiede am äußeren Genitale menschlicher Embryonen, nebst Bemerkungen über die Entwicklung des inneren Genitales. Morph. Jb. 54, 1924.

Vilas, E.: Über die Entwicklung der menschlichen Scheide. Z. Anat. 98, 1952.

Vilas, E.: Über die Entwicklung des Utriculus prostaticus beim Menschen. Z. Anat. 99, 1933.

Vilas, E.: Über die Entwicklung des Müllerschen Hügels und des Hymens beim Menschen. Z. Anat. 101, 1933.

Wilson, K. W.: Origin and development of the rete ovarii and the rete testis in the human embryo. Contrib. Embryol. 17, 1926.

v. Winiwarter, H.: La constitution et l'involution du corps de Wolff et le développement du canal de Müller dans l'espèce humaine. Arch. biol. 25, 1910.

Wislocki, G. B.: Location of testes and body temperature in mammals. Quart. Rev. biol. 8, 1933.

Witschi, E.: Migration of the germ cells of human embryos from the yolk sac to the primitive gonadal fold. Contrib. Embryol. 32, 1948.

Wollmann-Kozlik, F.: Beobachtungen zur Nierenentwicklung der Teleostier. 5. Mitt. zu: „Über den Bau des Nierenkanälchens". Vergl. anat. Untersuchungen. Z. Anat. 111, 1942.

Zuckerman, S., P. L. Krohn: The hydatids of Morgagni under normal and experimental conditions. Phil. Transact. Roy. Soc. London B. 228, 1937.

Skelet und Muskulatur

Amprino, R., M. Camosso: Analisi sperimentale dello sviluppo dell' ala nell' embronie di pollo. Roux Arch. 150, 1958.

Amprino, R., M. Camosso: On the role of the "apical ridge" in the development of the chick embryo limb bud. Acta Anat. 38, 1959.

Asang, E.: Zur radikulären Innervation (Myotome, Sklerotome, Dermatome) der unteren Extremität an Hand eines Sympus monopus. Z. Anat. 116, 1952.

Ask, O.: Studien über die embryologische Entwicklung des menschlichen Rückgrats und seines Inhaltes unter normalen Verhältnissen und bei gewissen Formen von Spina bifida. Upsala läk.för. förh. 46, 1941.

Augier, M.: „Squelette céphalique" in Poirier – Charpy. Traité d'Anatomie humaine, Bd. 1, 4. éd. Paris 1931.

Augier, M.: Fréquence, rapports, variations et origine du cartilage synotique ou cranien postérieur chez le fétus humain. C. r. Ass. anat. 1935.

Augier, M.: Voûte chondrocranienne et cerveau. Arch. Anat. etc. 21, 1936.

Bardeen, Ch. R., W. H. Lewis: Development of the limbs, body wall and back in man. Amer. J. Anat. 1, 1901.

de Beer, G. R.: The development of the vertebrate skull. Oxford 1937.

v. Bochmann, G.: Die Entwicklung der Säugetierwirbel der hinteren Körperregionen. Morph. Jb. 79, 1937.

Braus, H.: Die Entwicklung der Form der Extremitäten und des Extremitätenskeletes. Hdb. vergl. exp. Entw.lehre Wirbelt. ed. O. Hertwig, Bd. 3, 2, 1906.

Braus, H.: Experimentelle Untersuchungen über die Segmentalstruktur der motorischen Nervenplexus. Anat. Anz. 34, 1909.

Braus, H.: Präparatorische und experimentelle Untersuchungen über die motorischen Nerven der Selachierflosse. Anat. Hefte 40, 1910.

Braus, H.: Angeborene Gelenkveränderungen, bedingt durch künstliche Beeinflussung des Anlagematerials. Roux Arch. 30, 1910.

Braus, H.: Die Nervengeflechte der Haie und Rochen. Jena. Z. Naturw. 47, 1911.

Broman, I.: Die Entwicklungsgeschichte der Gehörknöchelchen. Anat. Hefte 11, 1899.

Bucher, E. O.: The development of the somites in the white rat, the fate of the myotomes, neural tube and gut in the tail. Amer. J. Anat. 44, 1929.

Deggeler, C.: Beitrag zur Kenntnis der Architektur des fötalen Schädels. Z. Anat. 111, 1942.

Dziallas, P.: Die Entwicklung der Venae diploicae beim Haushunde und ihr Einschluß in das knöcherne Schädeldach. Morph. Jb. 92, 1952.

Dziallas, P.: Zur Entwicklung des menschlichen Schädeldaches. Anat. Anz. 100, 1954.

Edgeworth, F. H.: The cranial muscles of vertebrates. Cambridge 1935.

Egli, A.: Beitrag zur Kenntnis der Fehlbildungen am Kreuzbein. Z. Anat. 112, 1942.

Eijgelaar, A., J. H. Bijtel: Congenital cleft sternum. Thrax 25, 1970. 490.

Emelianov, S.: Die Entwicklung der Rippen der Tetrapoden. Trav. Labor. Morph. évol. Leningrad 1933.

Fawcett, E.: Some observations on the roof of the primordial human cranium. J. Anat. 57, 1923.

Fischer, E.: Genetik und Stammesgeschichte der menschlichen Wirbelsäule. Biol. Zbl. 53, 1933.

Frick, H.: Die Entwicklung und Morphologie des Chondrokraniums von Myotis Kaup. Stuttgart 1954.

Frick, H., D. Starck: Vom Reptil- zum Säugerschädel. Z. Säugetierkde. 28, 1963.

Gaupp, E.: Alte Probleme und neuere Arbeiten über den Wirbeltierschädel. Erg. Anat. 10, 1901.

Gaupp, E.: Die Entwicklung des Kopfskeletes. In Hertwig, Hdb. vergl .u. exper. Entw.lehre Bd. 2, 3, Jena 1906.

Gaupp, E.: Die Reichertsche Theorie. Arch. Anat. Suppl. 1912.

Gaupp, E.: Das Schläfenbein und seine Darstellung im anatomischen, besonders im osteologischen Unterricht. Arch. Anat. Phys. 1915.

GILBERT, P. W.: The origin and development of the extrinsic ocular muscles in the domestic cat. J. Morph. 81, 1947.

GOODRICH, E. S.: Studies on the structure and development of vertebrates. London 1930.

GÖPPERT, E.: Untersuchungen zur Morphologie der Fischrippen. Morph. Jb. 23, 1895.

GRÄFENBERG, E.: Die Entwicklung der menschlichen Beckenmuskulatur. Anat. Hefte 23, 1904.

GRUBE, D.: Das Primordialcranium eines menschlichen Embryo von 80 mm SchSTLge. Med. Diss. Heidelberg 1969. 91 S.

HADORN, E.: Experimentell bewirkte Blockierung der histologischen Differenzierung in der Chorda von Triton. Roux Arch. 144, 1951.

HÄGGQVIST, G.: Gewebe und Systeme der Muskulatur. Hdb. d. mikrosk. Anat. d. Menschen, ed. v. Möllendorff, Bd. 2, 3. Berlin 1931.

HAMPÉ, A.: Contribution à l'étude du développement et de la régulation des déficiences et des excédents dans la patte de l'embryon de poulet. Arch. Anat. micr. Morph. exp. 48, 1959.

HAYEK, H.: Über das Schicksal des Proatlas und über die Entwicklung der Kopfgelenke bei Reptilien und Vögeln. Morph. Jb. 53, 1922.

HAYEK, H.: Über den Proatlas und über die Entwicklung der Kopfgelenke beim Menschen und bei einigen Säugetieren. S.ber. Akad. Wiss. Wien, Math.-Naturw. Kl. III 130, 1922.

HAYEK, H.: Über die Querfortsätze und Rippenrudimente in den Hals- und Lendensegmenten. Morph. Jb. 60, 1928.

HESSER, C.: Beitrag zur Kenntnis der Gelenkentwicklung beim Menschen. Morph. Jb. 55, 1926.

HOCHSTETTER, F.: Über die Entwicklung der Form der menschlichen Gliedmaßen. Denkschr. Österr. Akad. Wiss. naturw. Kl. 109, 1952.

HÖRSTADIUS, S.: The neural crest. Oxford 1950.

HOLMGREN, N.: An embryological analysis of the mammalian carpus and its bearing upon the question of the origin of the tetrapod limb. Acta zool. 33, 1952.

HOWELL, A. B.: The phylogenetic arrangement of the muscular system. Anat. Rec. 66, 1936.

HUBER, E.: Evolution of facial musculature and facial expression. Baltimore, London 1931.

HUBER, G. C.: On the anlage and morphogenesis of the chorda dorsalis in mammalia, in particular in the guinea pig. Anat. Rec. 14, 1918.

KEMPERMANN, C. TH.: Ein Beitrag zum Problem der Regionenbildung der Wirbelsäule. Morph. Jb. 60, 1929.

KERNAN, J. D.: The chondrocranium of a 20 mm human embryo. J. Morph. 27, 1916.

KIENY, M.: Rôle du mésoderme inducteur dans la différenciation précoce du bourgeon de membre chez l'embryon de poulet. J. Embryol. exp. Morph. 8, 1960.

VAN DER KLAAUW, C. J.: Size and position of the functional components of the skull. I.–III. Arch. néerld. Zool. 9, 1948 bis 1952.

KLATT, B.: Studien zum Domestikationsproblem I. Untersuchungen am Hirn. Bibl. Genetica 2, 1921.

KLIMA, M.: Early development of the human sternum and the problem of homologization of the so called suprasternal structures. Acta anat. (Basel) 69, 1968.

KLIMA, M.: Die Frühentwicklung des Schultergürtels und des Brustbeins bei den Monotremen (Mammalia. Prototheria). Ergeb. Anat. Entwickl.-Gesch. 47, 1973, 1–79.

KUMMER, B.: Untersuchungen über die ontogenetische Entwicklung des menschlichen Schädelbasiswinkels. Z. Morph. Anthrop. 43, 1952.

LACOSTE, A.: La croissance du crâne chez le mouton, étude anatomique et histologique. Thèse Paris 1923.

LACROIX, P.: L'organisation des os. Paris-Liège 1949.

LEWIS, W. H.: The development of the muscular system. Hdb. d. Entwickl.gesch. d. Menschen, ed. Keibel-Mall, Bd. 1, 1910.

LEWIS, W. H.: The cartilaginous skull of a human embryo 21 mm in length. Contrib. Embryol. 9, 1920.

LOW, A.: Further observation on the ossification of the human lower jaw. J. Anat. Phys. 44, 1909.

LUBOSCH, W.: Vergleichende Anatomie der Skeletverbindungen. Hdb. vergl. Anat. d. Wirbeltiere, Bd. 5, Berlin, Wien 1938.

MACKLIN, C. C.: The skull of a human foetus of 40 mm. Amer. J. Anat. 16, 1914/1916.

MACKLIN, C. C.: The skull of a human foetus of 43 mm greatest length. Contrib. Embryol. 10, 1921.

MALL, F. P.: On ossification centers in human embryos less than 100 days old. Amer. J. Anat. 5, 1906.

MANGOLD, O.: Das Determinationsproblem II. Die paarigen Extremitäten der Wirbeltiere in der Entwicklung. Erg. Biol. 5, 1929.

MATTHES, E.: Neuere Arbeiten über das Primordialcranium der Säugetiere. Erg. Anat. 23, 1921.

NEAL, H. V.: The history of the eye muscles J. Morph. 30, 1901.

NOBACK, C. R.: Some gross structural and quantitative aspects of the developmental anatomy of the human embryonic, fetal and circumnatal skeleton. Anat. Rec. 87, 1943.

NOBACK, C. R.: The developmental anatomy of the human osseous skeleton during the embryonic, fetal and circumnatal periods. Anat. Rec. 88, 1944.

NUSSBAUM, M.: Die Entwicklung der Binnenmuskeln des Auges der Wirbeltiere. Arch. mikrosk. Anat. 58, 1901.

ÖRVIG, T.: Histologic studies of Placoderms and fossil Elasmobranchs. Arkiv Zool. 2, 1951.

PAUWELS, F.: Grundriß einer Biomechanik der Frakturheilung. Verh. Dtsch. orthop.Ges. 1940.

PAUWELS, F.: Die Bedeutung der Bauprinzipien des Stütz- und Bewegungsapparates für die Beanspruchung der Röhrenknochen. Z. Anat. 114, 1948.

PAUWELS, F.: Die Bedeutung der Bauprinzipien der unteren Extremität für die Beanspruchung des Beinskeletes. Z. Anat. 114, 1950.

POPOWSKY, J.: Zur Entwicklungsgeschichte der Dammuskulatur beim Menschen. Anat. Hefte 12, 1899.

PRADER, A.: Die frühembryonale Entwicklung der menschlichen Zwischenwirbelscheibe. Acta anat. 3, 1947.

PRADER, A.: Die Entwicklung der Zwischenwirbelscheibe beim menschlichen Keimling. Acta anat. 3, 1947.

RAWLES, M., W. L. STRAUSS jun.: An experimental analysis of the development of the trunk musculature and the ribs in the chick. Anat. Rec. 100, 1948.

REINBACH, W.: Zur Entwicklung des Primordialcraniums von Dasypus novemcinctus. I., II. Z. Morph. Anthropol. 44, 45, 1953.

REINBACH, W.: Das Cranium eines menschlichen Feten von 93 mm Scheitel-Steiß-Länge. Z. Anat. 124, 1963.

REITER, A.: Die Frühentwicklung des Brustkorbes und des Brustbeines beim Menschen. Z. Anat. 111, 1942.

REITER, A.: Die Frühentwicklung der menschlichen Wirbelsäule. Z. Anat. 112, 1942.

REITER, A.: Die Kausalgenese der Wirbelsäulenvarietäten und die Phylogenese sowie Ontogenese der Wirbelsäulenregionen beim Menschen. Z. menschl. Vererb.- u. Konstit.lehre 29, 1949.

REMANE, A.: Wirbelsäule und ihre Abkömmlinge. Hdb. d. vergl. Anat. d. Wirbelt., ed. Bolk, Göppert, Kallius, Lubosch, Bd. 4, Berlin, Wien 1936.

RENSCH, B.: Neuere Probleme der Abstammungslehre. 2. Aufl. Stuttgart 1954.

RÖHRS, M.: Neue Ergebnisse und Probleme der Allometrieforschung. Z. wiss. Zoologie 162, 1959.

ROMER, A. S.: Cartilage an embryonic adaptation. Amer. Naturalist 76, 1942.

ROSENBERG, E.: Die verschiedenen Formen der Wirbelsäule des Menschen und ihre Bedeutung. Jena 1920.

SAUNDERS jr., J. W.: The proximo-distal sequence of origin of the parts of the chick wing and the role of the ectoderm. J. exp. Zool. 10 8, 1948.

SAUNDERS jr., J. W., J. M. CAIRNS, M. T. GASSELING: The role of the apical ridge of ectoderm in the differentiation of the morphological pattern and inductive specifity of limb parts in the chick. J. Morph. 101, 1957.

SCHINZ, H. R., G. TÖNDURY: Die Frühossifikation der Wirbelkörper. Fortschr. Röntgenstr. 66, 1942.

SCHMIDT-EHRENBERG, CH.: Die Embryogenese des Extremitätenskeletes der Säugetiere. Rev. suisse zool. 49, 1942.

STARCK, D.: Zur Morphologie des Primordialcraniums von Manis javanica Desm. Morph. Jb. 86, 1941.

STARCK, D.: Beitrag zur Kenntnis der Morphologie und Ent-

wicklungsgeschichte des Chiropterencraniums. Z. Anat. 112, 1943.
STARCK, D.: Morphologische Untersuchungen am Kopf der Säugetiere, besonders der Prosimier, ein Beitrag zum Problem des Formwandelns des Säugerschädels. Z. wiss. Zool. 157, 1954.
STARCK, D.: Das Cranium eines Schimpansenfetus (Pan troglodytes Blumenbach 1799) von 71 mm Scheitel-Steiß-Länge, nebst Bemerkungen über die Körperform von Schimpansenfeten. Morph. Jb. 100, 1960.
STEINER, H.: Über die embryonale Hand- und Fußskelett-Anlage bei den Crocodiliern, sowie über ihre Beziehungen zur Vogelflügelanlage und zur ursprünglichen Tetrapodenextremität. Rev. suisse zool. 41, 1934.
STEINER, H.: Beiträge zur Gliedmaßentheorie. Die Entwicklung des Chiropterygium aus dem Ichthyopterygium. Rev. suisse zool. 42, 1935.
STEINER, H.: Der Aufbau des Säugetier-Carpus und -Tarsus nach neueren embryologischen Untersuchungen. Schweiz. zool. Ges. Fribourg 1942.
STEINIGER, F.: Die Genetik und Phylogenese der Wirbelsäulenvarietäten und der Schwanzreduktion. Z. menschl. Vererb.- u. Konstit.lehre 22, 1939.
TÖNDURY, G.: Über den Bauplan des fötalen Schädels. Rev. suisse zool. 49, 1942.
TÖNDURY, G.: Entwicklungsgeschichte und Fehlbildungen der Wirbelsäule. Stuttgart 1958.
TOURNEUX, F., J. TOURNEUX: Présentation d'une série de dessins concernant le développement de la base du crâne chez quelques mammifères et, en particulier, chez l'homme, avec note explicative. C. r. Ass. anat. 1907.
VEIT, O.: Über Sympodie. Anat. Hefte 38, 1909.
VEIT, O.: Über das Problem Wirbeltierkopf. Kempen 1947.
VOIT, M.: Das Primordialcranium des Kaninchens unter Berücksichtigung der Deckknochen. Anat. Hefte 38, 1909.
VAN WEEL, P.: Histophysiology of the limb bud of the fowl during its early development. J. Anat. 82, 1948.
WEIDENREICH, F.: Knochenstudien I., II., VI. Z. Anat. 69, 1923; 81, 1926.
WEIDENREICH, F.: Das Knochengewebe. Hdb. d. mikrosk. Anat. d. Menschen, ed. v. Möllendorff, Bd. 2, 2. Berlin 1930.
WERTHEMANN, A.: Die Entwicklungsstörungen der Extremitäten. Hdb. spez. pathol. Anatom. u. Histol., ed. Lubarsch. Henke, Rössle, Bd. 9, 6. Berlin, Göttingen, Heidelberg 1952.
ZECHEL, G.: Über Muskelknospen beim Menschen, ein Beitrag zur Lehre von der Differenzierung des Myotoms. Z. Anat. 74, 1924.

Kopfproblem

ADELMANN, H. B.: The significance of the prechordal plate, an interpretative study. Amer. J. Anat. 31, 1922.
ADELMANN, H. B.: The development of the premandibular head cavities and the relations of the anterior end of the notochord in the chick and robin. J. Morph. 42, 1926.
ADELMANN, H. B.: The development of the prechordal plate and mesoderm of Amblystoma punctatum. J. Morph. 54, 1932.
BALFOUR, F. M.: Collected papers 1878, A monograph of the development of Elasmobranch fishes. London 1876.
DE BEER, G. R.: The segmentation of the head in Squalus acanthias. Quart. J. Microsc. Sc. 66, 1922.
DAMAS, H.: Le développement de la tête de la lamproie (Lampetra fluviatilis L.). Ann. soc. r. zool. Belg. 73, 1942.
DAMAS, H.: Recherches sur le développement de Lampetra fluviatilis L. Contribution à l'étude de la céphalogénèse des vertébrés. Arch. biol. 55, 1944.
DART, R. A.: The anterior end of the neural tube and the anterior end of the body. J. Anat. 58, 1924.
FRORIEP, A.: Zur Entwicklungsgeschichte der Kopfnerven. Verh. Anat. Ges. München 1891.
FRORIEP, A.: Zur Frage der sogenannten Neuromerie. Verh. Anat. Ges. Wien 1892.
FRORIEP, A.: Entwicklungsgeschichte des Kopfes. Erg. Anat. 3, 1894.
FRORIEP, A.: Über die Ganglienleiste des Kopfes und des Rumpfes und ihre Kreuzung in der Occipitalregion. Arch. Anat. 1901.
FRORIEP, A.: Zur Entwicklungsgeschichte des Wirbeltierkopfes. Verh. Anat. Ges. Halle 1902.
FRORIEP, A.: Einige Bemerkungen zur Kopffrage. Anat. Anz. 21, 1902.
FRORIEP, A.: Die Kraniovertebralgrenze bei den Amphibien (Salamandra atra). Beitrag zur Entwicklungsgeschichte des Wirbeltierkopfes. Arch. Anat. Physiol. Anat. Abt. 1917.
FÜRBRINGER, M.: Über die spinoocipitalen Nerven der Selachier und Holocephalen und ihre vergleichende Morphologie. Festschr. C. Gegenbaur III. 1897.
GAUPP, E.: Die Metamerie des Schädels. Erg. Anat. 7, 1898.
GEGENBAUR, C.: Über die Kopfnerven des Hexanchus und ihr Verhältnis zur Wirbeltheorie des Schädels. Jen. Z. Naturw. 6, 1870/71.
GEGENBAUR, C.: Untersuchungen zur vergleichenden Anatomie der Wirbeltiere III. Das Kopfskelet der Selachier. Leipzig 1872.
GEGENBAUR, C.: Die Metamerie des Kopfes und die Wirbeltheorie des Schädels. Morph. Jb. 13, 1888.
GOODRICH, E. S.: Metameric segmentation and homology. Quart. J. Microsc. Sc. 59, 1913.
GOODRICH, E. S.: Studies an the structure and development of vertebrates. London 1930.
v. GRUBER, J.: Versuch einer entwicklungsmechanischen Analyse menschlicher Kopfmißbildungen. Arch. Jul.-Klaus-Stiftg. 23, 1948.
HATSCHEK, B.: Studien zur Segmenttheorie des Wirbeltierkopfes IV. Morph. Jb. 61, 1929.
HUXLEY, T. H.: On the theory of the vertebrate skull. Croonian Lect. Proc. Roy. Soc. London 9, 1858/59.
KINGSBURY, B. F., H. B. ADELMANN: The morphological plan of the head. Quart. J. Microsc. Sc. 68, 1924.
KÖLLIKER, A.: Allgemeine Betrachtungen über die Entstehung des knöchernen Schädels der Wirbeltiere. 2. Ber. kgl. zool. Anstalt Würzburg 1849.
KOLTZOFF, N. K.: Entwicklungsgeschichte des Kopfes von Petromyzon planeri. Ein Beitrag zur Lehre über Metamerie des Wirbeltierkopfes. Bull. Soc. imp. Nat. 15. Moskau 1902.
KÜHN, A.: Anton Dohrn und die Zoologie seiner Zeit. Pubbl. Staz. zool. Napoli Suppl. 72, 1950.
v. KUPFFER, C.: Über die Entwicklung des Kiemenskeletes von Ammocoetes und die organogene Bestimmung des Exoderms. Verh. Anat. Ges. Basel 1895.
v. KUPFFER, C.: Studien zur vergleichenden Entwicklungsgeschichte des Kopfes der Kranioten. München-Leipzig. I. Entwicklung des Kopfes von Acipenser sturio. 1893; II. Entwicklung des Kopfes von Ammocoetes planeri 1894; III. Entwicklung des Kopfnerven von Ammocoetes planeri 1895; IV. Zur Kopfentwicklung von Bdellostoma, 1900.
DE LANGE, D.: The head problem in Chordates. J. Anat. 70, 1936.
LEHMANN, F. E.: Die Sonderstellung des Zwischenhirns in der vergleichenden und experimentellen Embryologie. Schweiz. med. Wschr. 71, 1941.
LEHMANN, F. E.: Stehen die Erscheinungen der Otocephalie und der Zyklopie bei Triton mit Axialgradienten oder mit Störungen bestimmter Organisatorregionen im Zusammenhang. Rev. suisse zool. 43, 1936.
MANGOLD, O.: Totale Keimblattchimären bei Triton. Naturw. 36, 1949.
MANGOLD, O.: Der Wirbeltierkopf entwicklungsphysiologisch gesehen. Ber. naturforsch. Ges. Freiburg Br. 40, 1950.
NAGER, F. R., J. P. REYNIER: Das Gehörorgan bei den angeborenen Kopfmißbildungen. Pract. Oto-Rhino-Laryng. Suppl. 2, 1948.
NEUMAYER, L.: Studie über die Entwicklung des Kopfes von Acipenser. Acta zool. 13, 1932.
ORTMANN, R.: Über Placoden und Neuralleiste beim Entenembryo, ein Beitrag zum Kopfproblem. Z. Anat. 112, 1943.
PEYER, R.: Goethes Wirbeltheorie des Schädels. Vjschr. naturforsch. Ges. Zürich 94, 1949.
RAUNICH, L.: Sulla capacità inducente dell'entoderma branchiale in trapianti ed espianti negli anfibi anuri. Boll. soc. ital. biol. sper. 24, 1948.
RAUNICH, L.: Ricerche sperimentali sopra l'induzione dell'organo olfattorio negli Anfibi Urodeli. Arch. sc. biol. 34, 1950.
SEWERTZOFF, A.: Die Entwicklung der Occipitalregion der niederen Vertebraten. Bull. Soc. imp. Nat. Moscou 2, 1895.

Sewertzoff, A.: Studien zur Entwicklungsgeschichte des Wirbeltierkopfes, I., II. Bull. Soc. imp. Nat. Moscou 13. 1899.
Starck, D.: Über einige Entwicklungsvorgänge am Kopf der Urodelen. Morph. Jb. 79, 1937.
Starck, D.: Die Bedeutung der Entwicklungsphysiologie für die vergleichende Anatomie, erläutert am Beispiel des Wirbeltierkopfes. Biol. gen. 17, 1944.
Starck, D.: Die Metamerie des Kopfes der Wirbeltiere. Zoolog. Anz. 170, 1963.
Veit, O.: Zur Theorie des Wirbeltierkopfes. Anat. Anz. 49, 1916.
Veit, O.: Entwicklungsgeschichte und vergleichende Anatomie in ihren Wechselbeziehungen zueinander, erörtert an dem Problem des Wirbeltierkopfes. Anat. Anz. 58, 1924.
Veit, O.: Beiträge zur Kenntnis des Kopfes der Wirbeltiere, II., III. Morph. Jb. 53, 1924; 84, 1939.
Veit, O.: Über das Problem Wirbeltierkopf. Kempen 1947.
Vialleton, L.: La région branchiale et le cou chez les vertébrés. C. r. Ass. anat. 1923.
van Wijhe, W.: Über die Mesodermsegmente und die Entwicklung der Nerven des Selachierkopfes. Verh. Akad. Wetensch. 1883, Neudruck 1915.
Ziegler, H. E.: Die phylogenetische Entstehung des Kopfes der Wirbeltiere. Jen. Z. Naturw. 43, 1908.
Ziegler, H. E.: Das Kopfproblem. Anat. Anz. 48, 1915.
Ziegler, H. E.: Der jetzige Stand des Kopfproblems. Anat. Anz. 57, 1923.

Verzeichnis der im Text erwähnten Tier- und Pflanzennamen

Aal 85
Accipitres 251
Acetabularia 68f
Acipenser 188, 576
Acoela 125, 355
Acomys 350f
Acrania 112f, 124, 128f, 464
Agnathi 571
Agouti 304
Affen 75, 253, 256, 272, 291, 310f, 312, 317f, 333, 350, 525, 583
Albatros 179
Algen 78
Alouatta 312, 315
Alpensalamander 267, 269
Alytes 39, 100, 115, 163, 267
Ambystoma 97f, 100f, 139, 152, 194, 343, 395, 399f, 406, 421, 611
Ameisenigel 110, 204, 350
Ameiurus 408, 411
Amia 188, 576
Amiurus 408, 411
Amnioten 163, 177, 179, 345, 502, 535, 623
Amorpha populi 70
Amphibien 7, 12, 32, 96ff, 113ff, 130f, 163f, 178, 193f, 215, 344, 380, 394f, 404f, 421, 426, 431, 442, 455, 469, 483, 501f, 535f, 552, 571, 575, 577, 581, 613, 624
Anamnia 179
Anaspiden 460
Anneliden 112, 442, 627
Anser, 177, 347
Antedon 9
Anthropoidea 310
Antilope 293, 296, 344, 351
Anuren 195, 342, 411
Aotes 310
Aphiden 50, 74
Apis mellifica 39, 50
Appendicularia 355
Apterygota 111
Arbacia 8, 71
Archiannelida 90
Artemia salina 39
Arthropoda 627
Articulata 625
Artiodactyla 280, 350, 525
Ascaris 8, 11, 30, 39, 103, 157
Ateles 75, 310
Axolotl 97f, 100, 101, 139, 152, 194, 343, 400f, 406ff, 421, 611

Bären 273, 285
Bakterien 66f
Batrachus 193
Baumwollratte 351
Bdellostoma 452
Bekassine 347
Beutelbär 351
Beutelratte 277
Beuteltiere 110, 204f, 207, 213, 277, 350
Biber 350, 520
Blarina 307
Blattläuse 50, 74
Blindwühlen 7, 100, 163, 167, 187, 388
Blütenpflanzen 39, 57, 70
Bombinator 395, 421, 576
Bonellia 90f
Brachystola 73
Bradypus 279, 295
Branchiostoma 7, 39, 94, 112f, 124, 128f, 163, 356, 417, 442, 452, 501f, 576, 625
Branchiotremata 128
Branta canadensis 353
Brautente 353
Brückenechse 165, 275, 345
Brüllaffe 312, 315
Bufo 84, 265, 421

Callicebus 310
Callithrichidae 310
Callithrix 75, 313
Canis s. Hund
Captorhinus 595
Carnivora 17, 215, 279, 281, 296, 437, 441, 519, 525
Castorimorpha 350
Catarrhina 310, 316f, 332
Cavia 6, 39, 220, 225, 291, 301f, 304, 453
Caviamorpha 350
Ceboidea 309
Cebus 75, 310
Cephalaspiden 460, 571, 584
Cephalopoden 32
Cercopitheciden 310, 312
Cercopithecus 75
Cestoden 625
Cetacea 280f, 350, 518
Chaetognatha 128, 501
Chaetopterus 121
Chalcides 275
Chamäleon 165, 178f, 182
Chenonetta jubata 397

Cheirogaleus 309
Chimaera 109, 188, 414, 518
Chiroptera 285, 296 s. auch Fledermaus
Chondrichthyes 188
Chordata 128, 356, 489, 625, 627
Chrysochloris 273, 306
Cichliden 267
Ciliaten 125
Cladophora 92
Coelenteraten 112, 125, 128, 625
Colobus 75
Coregonus 191
Crocidura 307
Crocodylus 414
Crocuta 350
Crossopterygier 605
Crustaceen 30, 111
Cyclostomen 7, 162, 344, 380, 409, 455, 461, 464, 571, 576, 624

Daphnien 50
Darwinfrosch 267
Dasypus 103, 308
Dasyurus 8, 110, 207f, 277
Daubentonia 309
Dendrobates 267
Dermoptera 280, 308
Deuterostomier 112
Didelphis 8, 87, 204, 277, 282, 506, 585, 595, 607
Dinophilus apatris 90
Dipnoer 7, 108, 188, 537, 576, 578, 605
Dipteren 51, 57
Drosophila 39, 42f, 52f, 57f, 78, 81
Drossel 348

Echinodermen 32, 71f, 104f, 128, 625
Ectocarpus 92
Edentata 280f, 519, 525, 575
Egernia 267, 276
Eichelwürmer 128, 347, 355, 625
Eidechsen 164f, 267, 276f, 468, 537
Elasmobranchier 108, 188, 571
Elefant 280, 308, 350, 525
Elefantenspitzmaus 6, 19, 153, 215f, 222f, 273, 306
Elephantulus 6, 19, 153, 215f, 222f, 273, 306
Elephas 280, 308, 350, 525
Ente 177, 262, 402, 409

Entenvögel 349
Enteropneusten 128, 347, 355, 625
Ephestia kühniella 62
Erdbeere 74
Erdferkel 308, 519
Eremitalpa 6, 306
Erethizon 22
Erinaceus 31, 221, 270, 291, 306
Esel 293
Etmopterus 621
Eudorina 92
Eurypharynx 452
Eusthenopteron 595, 605
Eutheria 8, 206f, 213, 251, 269, 277, 282f, 351

Fadenwürmer 501
Farne 39
Fasan 402
Faultier 279, 295
Feldhase 265, 351
Feldmaus 291
Felis s. Katze
Feuerwanze 72
Fische 32, 179, 187ff, 267, 345, 394, 409f, 414, 427, 443, 456, 460, 552, 576, 595, 624
Flattermaki 280, 307, 308
Fleckenhyäne 350
Fledermaus 19, 111, 210, 213, 222, 225, 252, 254, 269, 271, 279f, 296, 393, 413
Flughund 221, 271
Flußpferd 285, 293
Forelle 188, 192f
Fragaria 74
Frettchen 210
Frosch 8, 25, 39, 97f, 101, 115ff, 123, 164, 187, 196, 265, 345, 362, 408, 410, 420
Fruchttaube 347
Fundulus 192

Gänse 177, 347
Galaginae 75, 309, 311
Galago 75, 309, 311
Galeopithecus 280, 307, 308f
Gallus 39
Ganoiden 7, 108, 188
Gans 177
Gasterosteus 192
Geburtshelferkröte 39, 100, 115, 163, 267
Gecko 165
Giraffe 253, 293, 335
Glossobalanus 355
Gobius 193
Goldhamster 208, 210, 261, 351, 520
Goldmull 272, 306
Gorilla 75, 77, 310
Grasfrosch 421
Großfußhühner 348, 351
Gürteltier 103, 279, 308
Gymnarchus 193
Gymnophionen 7, 100, 163, 167, 187, 388

Haifisch 6, 108f, 187f, 267, 268, 342, 460, 571
Halbaffen 75, 219, 225, 279, 309, 311f
Hamster 219, 301
Hase 17, 297, 350
Haushuhn 74
Hemichordata 355, 625
Hermelin 273
Heterodontus 188
Hirsche 252, 285, 293, 296
Holoblastier 537
Holocephalen 188f
Honigbiene 39, 50, 74
Hühnchen 167f, 371, 580, 617
Huftiere 279f, 285, 296, 343f, 351, 518, 525
Huhn 158, 167f, 178f, 187, 347, 349
Hund 8, 10, 208f, 214, 252, 285, 296f, 583
Hundsaffen 309f, 353
Hydra 124
Hydrobates 347
Hyla 401
Hylobates 75, 77, 310, 595
Hypogeophis 163
Hyracoidea 350
Hystricomorpha 350

Ichthyophis 163
Igel 31, 221, 270f, 291, 306
Iltis 285
Indri 310
Insekten 32, 80, 111
Insectivoren 17, 252, 270f, 273, 279, 284f, 289, 305f, 319, 343, 440, 518, 525

Jynx 349

Känguruh 268
Kammolch 151
Kaninchen 17f, 21, 102f, 161, 208f, 215, 221, 253f, 261f, 268, 271, 285, 289, 297ff, 303, 437, 453, 520, 581
Katze 9, 17f, 285, 583
Katzenhai 6, 39, 188
Kaulquappe 345
Kiebitz 179
Klammeraffe 310
Kleinfledermäuse 222
Klippschliefer 309, 525
Knoblauchkröte 115
Knochenfische 7, 85, 108, 191, 460, 535f, 583
Knorpelfische 188, 413, 455
Koala 351
Koboldmaki s. Tarsius
Krallenäffchen 310
Krallenfrosch, afrikanischer 135, 265
Kraniche 349
Krebse 111
Kreuzotter 267
Kröte 84
Krokodile 275, 345, 414, 537
Kuckuck 347

Lacerta 8, 39, 164f, 378
Lagomorpha 279, 298, 350
Lemur 75, 280, 310f
Lemuroidea 75, 280, 309f, 311, 519
Lepidoptera 50
Lepidosiren 108, 187, 605
Lepisosteus 108, 187
Lepus 265, 351
Löwe 583
Lophobranchier 192
Loris 225, 310
Lorisidae 310
Loxodonta 309
Lungenfische 7, 108, 188, 537, 576, 578, 605
Lygosoma 276
Lymantria 62, 69, 81f

Macaca 6, 8, 39, 75, 211, 220, 233, 311, 595
Macropus 268
Macroscelides 289f, 305, 307
Macroscelididae 153, 223, 271, 285, 290, 351
Madoqua 293
Maikäfer 7
Mais 58
Manis 293, 440, 453
Mantelpavian 315f
Manteltiere 355f
Marder 17, 252, 273
Marsupialia 110, 204f, 207, 213, 277, 350
Maultier 265
Maulwurf 22, 278, 307, 462
Maus 13, 25, 39, 208, 210, 216, 219, 261ff, 263, 269, 285, 301, 450, 485, 519, 560, 581, 583, 607
Meerschweinchen 149, 208, 216, 219f, 225, 261, 263, 266, 272, 274, 277, 301f, 304, 462
Megachiroptera 221, 271
Megapodidae 348, 351
Megapodius 348, 351
Mehlmotte 62
Melolontha 7
Menschenaffen 75, 77, 269, 298, 309, 310, 353
Menura 275
Meroblastier 108, 163, 537
Metatheria 110, 204f, 207, 213, 277, 350
Metazoa 124
Microcebus 310, 509
Microchiroptera s. Fledermaus
Microtus 8, 75, 291
Miniopterus 297
Molch s. Triturus
Mollusken 32, 72, 501
Molossus 271
Monotremen 7f, 110, 163f, 169f, 203f, 206, 213, 267, 275, 283, 345, 350, 575
Moose 39, 58, 81
Möwen 347
Muraena 193
Muriden 303, 485
Mus s. Maus

Musca domestica 39, 111
Mustela 273
Mustelus 267
Myomorpha 352
Myotis 213, 415, 453
Myriapoden 111
Myxine 7, 163, 342, 502
Myxinoiden 7, 163, 342, 502

Nachtaffe 310
Nager 271, 301f, 351
– hystricomorphe 277, 352
Nagetiere 271, 301f, 351
Nasalis 313
Nasilio 307
Natrix natrix 109
Nemertoderma bathycola 354
Neoceratodus 108, 187
Neunaugen 163
Neurospora crassa 63f
Neuweltgeier 275
Nilpferd 285, 293
Nototrema 267
Nyctalus 297
Nycticebus 310
Nyctomys 350

Oligomera 625
Onychophora 267
Ophryotrocha 90
Opossum 8, 87, 204, 277, 282, 506, 565, 595, 607
Orang 75, 310
Ornithorhynchus 110, 203, 267
Orycteropus 279, 308, 519
Oryctolagus s. Kaninchen

Paarhufer 280, 350, 525
Pan 75, 77, 310
Pantotheria 204
Papageien 347
Papio 159, 312, 313f, 352
Paracentrotus lividus 39
Paramaecium 92
Passer 169
Passeriformes 251, 275, 349
Pavian 159, 312, 313, 352
Pelobates 115
Pelzrobbe 261
Perameles 267, 277
Peripatus 267
Perissodactyla 350
Perlhuhn 402
Perodicticus 310
Petromyzon 7, 128, 131, 163, 378, 460, 485, 501f
Ptychodera 355
Pferd 209, 252, 279f, 293, 308, 350
Phascolarctos 277, 351
Phascolomys 277
Pholidota 279, 281
Phoronis 625
Phragmatobia 53
Pilze 39, 78
Pinnipedia 350
Pipa 267
Placentalia 204, 208, 266, 277, 282
Plattwürmer 500
Platyrrhina 309, 312f, 317

Plethodontidae 570
Pluteuslarve 106
Poduriden 111
Polychaeta 71
Polymera 501
Polypterus 108, 188, 605
Pongiden 75, 77, 309f, 313, 318, 353
Pongo 75, 77, 309f, 353
Potamogale 281
Presbytis 313
Primaten 153, 159, 237, 251f, 260, 267, 279f, 285, 309f, 352f, 467, 535, 587
Pristiurus 187, 190
Proboscidea 280, 350
Procavia 279f, 308, 311
Prosimiae 217, 310f
Protisten 81, 94, 124
Protochordaten 341, 460
Protopterus 108
Protostomier 112
Prototheria 203f, 283
Protozoen 81, 94, 124
Pyrrhocoris 72

Rallen 349
Rana 8, 25, 39, 97f, 101, 115ff, 123, 164, 187, 196, 265, 345, 302, 408, 410, 420
Ratte 17, 35, 39, 65, 208, 218f, 253, 255, 261, 269, 271ff, 289, 300f, 344, 411, 440, 519
Raubtiere 17, 215, 279, 281, 296, 351, 437, 441, 519, 525
Raubvögel 251
Regenwurm 501
Reh 285
Reiher 349
Reptilien 7, 109, 164, 167, 178, 240, 275f, 281, 285, 345, 351, 414, 455, 468, 537, 592
Rhesusaffe 6, 19, 21, 207, 211, 225, 233, 251, 266, 271f, 291
Rhinoderma 267
Rhinolophiden 413
Rhinolophus 32, 214, 297
Rind 85f, 279, 285, 293, 295, 308, 414, 440, 520
Robben 273, 350
Rochen 108f, 188, 571
Rodentia 271f, 301f, 351
Rotatorien 50, 501
Rüsselspitzmaus 153, 223, 271, 285, 289, 290, 305, 307, 351

Säugetiere 163, 165, 167, 203ff, 440, 454
Salamander 25, 39, 100, 101, 115, 164, 343, 426, 513, 570
Salmo 187
Sauropsiden 109f, 178, 213, 216, 469, 537
Scalopus 279, 281, 307
Schaf 285, 293, 296, 602f
Schildkröten 165, 275, 345, 537
Schimpanse 75, 77, 310
Schlangen 165, 275, 468, 537
Schlitzrüßler 307

Schmalnasen 309f, 313
Schnabeltiere 110, 203, 267, 351
Schnepfen 347
Schuppentier 293, 440, 453
Schwein 85, 209, 219, 225, 265, 279, 281, 284, 292, 463, 506f, 518
Sciuromorpha 350
Scyllium 6, 39, 187
Seeigel 8, 45, 51, 71f, 104f, 108, 209
Seepferdchen 267, 342
Selachier 6, 163, 188, 394, 502, 536, 576, 624
Sepia 604
Seps 267, 275f, 281
Setifer 272, 305
Sigmodon 350
Simiae 310f, 518
Singvögel 349
Siphonops 163
Sirenia 279f, 519
Skinke 275
Smerinthus ocellata 70
Solenobia 82f
Solenodon 307
Sorex 217, 307
Sparus 85
Spechte 275, 347
Sperling 169
Sperlingsvogel 251, 275, 349
Spitzhörnchen s. Tupaia
Spitzmaus 17, 19, 217, 279, 296, 307
Springaffe 310
Spulwurm 81
Squalus 188
Stachelschweine 350
Stegocephalen 576
Stichling 192, 267
Stör 188, 576
Störche 349
Strauß 275
Stubenfliege 111
Sturmschwalbe 347
Sus 85, 209, 219, 225, 265, 279, 281, 284, 292, 463, 506f, 518
Sylvicapra 293
Synapsida 204

Tachyglossus 110, 204, 350
Tagraubvögel 349
Talpa 217, 307
Tapir 293
Tarsius 225, 241, 279f, 308f, 311f, 352, 518, 583
Tauben 347, 349
Tegenaria 9f
Teleostei 7, 108, 191, 163, 164, 189f, 191f, 460, 501f, 535f, 572, 583
Tenrec 271, 350
Tenrecidae 18, 271, 350
Tentaculata 625
Tetrapoden 605
Thallophyten 92
Therapsida 204
Tiliqua 267, 275
Tintenfisch 604

Torpedo 187, 189, 627
Toxoplasma gondii 162
Trichechus 279
Triturus 29, 39, 51, 96f, 100ff., 114ff, 123, 139f, 144, 150, 152, 163, 187, 189, 421, 581, 611, 630
– cristatus 150
– rivularis 401
– simulans 401
– torosus 401f
Trutta 188, 192f
Tunicaten 1, 11, 128, 355
Tupaia 210, 217, 279f, 296, 307f, 310
Türkenente 347
Turbellarien 32, 125, 354
Turdus merula 31
Tylopoda 293

Ungulata 217, 279f, 285, 296, 343, 351, 518, 525
Unke 395, 421, 576
Urodelen 195, 362f, 395, 421, 426, 457, 610
Urogale 75

Vanellus 179
Vespertilio 111
Vespertilionidae 413
Vesperugo 111
Viren 67
Viviparus viviparus 30
Vögel 108, 167, 168f, 177, 195, 275, 345, 364, 370
Volvox 92

Wabenkröte 267
Wachtel 348
Wale 8, 279, 293, 342, 350, 525
Waschbär 285
Wellensittich 177
Westaffen 309, 314f
Wombat 277
Würmer, amere 500
– oligomere 489

Xenarthra 296
Xenopus 135, 264f

Ziege 85f, 293
Zorilla 285
Zwergohreule 347
Zwergschneegans 347
Zwergwels 408, 411

Namenverzeichnis

Acevedo 37
Adams 209
Adelmann 622
Aeby 397
Alden 274
Allen 13, 17, 255, 263
Amoroso 8, 292
Amprino 412, 610, 612
Ånberg 24
Ancel 253
d'Ancona 85
Ando 233
André 9, 11
Ariens 406, 409
Aristoteles 267
Aschheim 253, 262
Asdell 19
Ask 471
Assheton 193
Augier 586, 594, 597
Austin 8, 47, 322
Axelrod 37, 159

v. Baer 2, 130, 170, 239
Baikie 78
Baker 393
Balbiani 8
Balfour 191, 411, 624
Balinsky 123, 610
Ballowitz 165
Baltzer 51, 69, 91, 395, 399, 401, 630
Bánki 99
Barcroft 285
Bargmann 324, 330, 336, 378
Barr 78
Barron 285, 569
Barrow 159
Bartelmez 19, 269
Barth 139
Bataillon 49
Bautzmann 138, 187
Beadle 63
Becher 161
Beclard 250
Bedford 48
de Beer 125, 341, 394, 457
Bell 123
Bender 75
van Beneden 48
Beneke 239
Bennet 336
Benninghoff 542, 571
Bertram 78

Bianco 265
Bielig 72
Bischoff 208
Björkman 295
Black 262
Blandau 17, 272, 274
Bloch 399
Bloom 295
Bluntschli 269, 281
Bodenstein 399
Boeke 193
Boeving 269, 271
Bolk 343
von Bonin 495
Bonnet 2, 49, 101
Böök 78
Boost 80
Borcea 397
Born 98
Boström 3
Bouin 253
Bounoure 11,
Boveri 11, 42, 69
Boyd 236, 324, 547
Boyden 471
Brachet 3, 138, 141
Braden 2, 47
Brandt 610, 611
Brauer 164
Braus 576, 610
Bremer 509, 534
Bresslau 350
Bridges 81
Broman 412, 473, 491f
Brown 261
Bütschli 92
Buffon 101
Bujard 573
de Burlet 428
Burns 86
Burr 3
Busanny-Caspary 334
Butenandt 255
Butler 567
Bytinski-Salz 163

Caffier 274
Cajal 359f
van Campenhout 409, 411
Carus 624
Casperson 9, 52, 359
ten Cate 276
Cerfontaine 95, 113
Child 147

Chu 75, 76
Chuang 132, 134, 144
Chwalla 527
Clara 464
Clayborn 159
Coghill 345
Colucci 421
Corner 19, 255, 269, 273
Correns 51, 70
da Costa 177, 368, 411, 414
Courrier 254
Crick 67

Dalcq 11, 147, 428
Damas 394
Dandy 488
Dantschakoff 86f
Darwin 624
Dathe 267
Davidson 80
Davis 3
Dean 163, 188
Deane 305
Dedekind 420
Degenhardt 161, 581
Delahunt 159
Delbrück 68
Dempsey 219, 302, 305, 324
Denker 212
Detwiler 362, 364, 610
Diepen 416
Dieterlen 351
Disse 291
Doerr 551
Doflein 163
Dohrn 72, 394
Doisy 255, 263
Dorris 398
Driesch 101
Dührssen 31
Dürken 124
Duspiva 66
Duval 168, 298, 303
Dziallas 571, 595

Eastlick 402
Edgeworth 435
Ekman 195
Elert 17
Elias 397, 485
Elze 240
Engels 545
Eternod 239

Evans 13, 197, 254, 263, 534f
Everett 13
Eycleshymer 108

Faber 236
Falin 12
Fawcett 24, 25, 29, 589
Feremutsch 22, 271
Fick 575, 576
Fiedler 309
Filatow 431, 610
Fischel 543
Fischer 138
Fischer, A. 141, 200
Fischer, I. 200
Fleay 206
Flexner 287
Flynn 110, 170, 206
Föderl 265
Forbes 414
Ford-Jones 78
Forsberg 520
Forssmann 360
Fox 159
Fraccaro 78
Franz, V. 342, 501
Frassi 239
Frick 204, 497, 586, 619
Friedheim 262, 274
Friedmann 18, 336
Froboese 289
Froriep 624, 630
Frutiger 148
Fürbringer 604, 630

Galli-Mainini 265
Garstang 341
Gatenby 206
Gaupp 416, 550, 592, 598
Gegenbaur 604, 624f
Gérard 236, 307, 311
Gerhardt 165
Gersh 509
Geyer 265
Giles 76
Gillman 215, 222, 307
Giroud 158f
Glaessner 114
Göppert 197, 560
Goerttler, K. 177, 195
Goerttler, Kl. 542, 543
Goethe 624
Goetz 281, 286, 305

Goldschmidt, R. 82
Goldstein 263
Goodale 114
Goodrich 501, 584
Goronowitsch 393
de Graaf 14, 16, 263
Gräper 168, 172, 177, 500
Graham-Kerr 604
Graumann 573
Graves 393
Gregg 157, 161
Grosser 165f, 236, 239f, 278f, 291f, 305f
Grüneberg 65, 66
Grünwald 567
Guggisberg 274
Gurwitsch 104
Guthmann 274

Haas 113
Hadek 48
Hadorn 576, 630
Hadži 125
Haeckel 124, 341, 624f
Haemmerling 68f
Hahn 197
Hale 158
Haller 101
Ham 23
Hamada 89
Hamburger 362
Hamerton 77
Hamilton 47, 236, 295, 547
Hammar 434, 437
Hammond 336
Hampé 610, 612
Hansson 273
Hard 305
Harms 84
Harrison 295, 359f, 393, 394f, 410, 610
Hartman 19, 210, 269
Hartmann 71, 90, 92
Hartley 287
Hartwig 141
Harvey 105
Haselhorst 265
Hatta 163
Hauch 510
v. Hayek 481, 528
Heape 208
Hedberg 11
Hediger 265, 351
Heidenhain 509
Heider 625
Heine 550
Heinroth 345f
Heiss 471
Hellmann 569
Hendrickx 159
Henking 72
Henrich 274
Henry 261
Herbst 69, 91
Hertig 208, 225, 229, 236, 273, 534
Hertwig, G. 49

Hertwig, O. 45, 49, 104, 131, 166f, 190
Hertwig, P. 49
Hesser 575
Heuser 225, 236, 241
Hilber 470
Hill, J.P. 17, 110, 168, 206f, 225, 236, 277, 281, 292, 306f, 312
Hintzsche 509, 609
Hjortsjö 469
His 191, 393, 411
Hisaw 291
Hitzig 289, 292
Hochstetter 239, 370f, 386, 391, 437, 444f, 558, 608
Hoedemaker 276
Hoepke 450
Hörstadius 69, 106, 393f, 630
Hofer 206, 309, 582
Hoffmann 189, 190
Hohlweg 89
Holmdahl 132
Holmgren 571
Holstein 35, 37
Holtfreter 118f, 136, 138f, 398, 411, 455, 630
Holzapfel 349
Horowitz 64
van der Horst 215, 222, 272, 281, 291, 306f
Horstmann 24, 36, 37
Hortega 358
Huber 240, 619
Hubrecht 167, 236, 281, 307f, 312
Hueck 157
Huggett 287, 336
Hughes 324
Huntington 567
Huxley, T.H. 624
Hydén 9

Ince 308
Imchanitsky 274
Ingalls 239
Ingvar 411
Ishikawa 37
Ishizaki 79
Iwanow 625

Jacobs 76
Jacobson 168
Janssen 42
Jarisch 397
Jones 412
Jones-Seaton 11
Judas 22

Kaestner 112, 128
Kahle 388
Kahmann 468
Kampmeier 569
Kappers 361
Kappers jr. 406, 409
Kastschenko 393
Kaven 148

Keibel 167, 239, 240
Kempermann 519, 582
Kerr 108
Kido 336
Kieny 612
van der Klaauw 582
Klatt 583
Klein-Obbrink 159
Klinger 75, 79, 322
Klinefelter 78, 81
Knaus 260f
Knight 96
Knoop 324, 330
Knouff 408f
Kölliker 397
Körner 500
Koff 519
Kohn 22, 322, 414
Koltzoff 409
Kopsch 173, 191
Korschelt 90
Kosin 79
Kowalevsky 356
Kozlik 505
Kramer 17
Kreibich 397
Kroemer 240
Krull 165
Kuhn 308
Kühn 42, 61, 624
Kummer 343, 571
Kummerlöwe 84
Kuntz 412
v. Kupffer 193, 405, 409
Kuusi 144

Lacoste 602
Lacroix 572
Landacre 394, 404, 409
Landauer 158
Lang 501
de Lange 281, 292, 306f, 624
Langhans 323f
v. Lanz 30
Laqueur 255
Leeuwenhoek 23
Lehmann, F. 96, 118, 137, 141f, 581
Lemser 155
Lenz 159
Levan 75
Levi 200
Lewin 255
Lewis 202, 210
Leydig 37, 397
Lieberkühn 239, 240
Lillie 121
Lillie, F.R. 71
Lindtston 78
Linzenmeier 233
v. Lippmann 519
Loeb, J. 49
Long 255
Lopashov 428
Lubosch 575
Ludwig 80, 240, 322, 482, 528

Lüers 76
Luther 431

McClure 567
Macklin 587
Mahler 451
Malpighi 101, 515
Mangold 103, 137, 145
Marchal 58
Marcus 24
Markee 209, 257, 271
Martin 287
Matthes 587
Matthey 39
Matveiev 573
Maupas 92
Mayr, E. 68, 92
Mazer 263
Meckel 101
Mehnert 166, 239
Meinertz 619
Mendel 42, 59
Merbach 168
Merker 2, 3, 5
de Meyer 71
Meyer, G. 571
Mijsberg 519
Minot 191
Mitsukuri 165
v. Möllendorff 233, 236
Moevus 92
Montalcini 412
Moore 97
Moquin-Tandon 625
Morgan 44, 53
Moricard 11
Mossman 22, 236, 266, 271, 281, 285, 289f, 298, 433, 557
Müller 262
Muller 54f
Müller, Joh. 267
Mulligan 209

Nachtsheim 65, 158
Naef 342
Naujoks 161
Neuweiler 274
Needham 138
Neumann 89
Neumayer 409
Newman 155
Niendorf 5
Niethammer 346
Nieuwkoop 11, 145f
Noer 286
Nürnberger 31
Nussbaum 11

Odeblad 3
Oehler 13
Okada 138
Oken 624
Olivo 195, 539
Olmsted 411
Oppenheimer 192
Ortmann 10, 275, 288, 322, 329f, 336, 409, 624f

Ørvig 457, 571
Otterbach 545
Overzier 87f

Padget 554, 556
Painter 74
Pander 8, 130
Papanicolaou 263
Parker 265
Pasteels 147, 165f, 170f, 192
Patterson 168
Pauwels 571f
Pearson 261
Pernkopf 543
Peter 132, 165f, 179, 341, 394, 444f, 450
Peters 233
Petry 17
Pfannenstiel 240
Pflüger 14
Pichler 495
Pickhahn 57
Pincus 273
Platt 393
Politzer 12, 481, 528
Pollister 97
Ponse 84
Popjâk 287
Portmann 275, 280, 342f, 425, 460, 525

Rabl 397
Ragosina 186
Ramsey 333, 335
Raunich 630
Raven 393, 411
Rawles 178, 398, 402, 617
Raynaud 86
Reinbach 466
Reinhardt 613
Reis 193
Reisinger 125, 401, 627
Reiter 582
Remak 411
Remane 124, 125, 309, 342, 625
Renner 70
Rensch 583
Resink 307
Reynolds 241f
Riess 274
Robbins 265
Rock 208, 225, 229, 236, 273
Röhrs 583
Roland 351
Rollhäuser 265
Rolshoven 30f
Romeis 37, 254
Romer 571
Rosenbauer 158
Rosenberg 604
Rosin 399
Rossenbeck 239
Rotmann 147, 151f, 421
Roullier 9
Roux 98, 101, 571

de Rudder 80
Rübsaamen 159
Rückert 197
Rugh 265
Runner 274
Runnström 46
Russu 485

Sabin 569
Sadovsky 322
Sagemehl 624
Salensky 108
Sansom 307
Saunders 610
Saxén 141f
Schaffer 440
Schauder 289, 292
Schaudinn 92
Schauinsland 179
Schechtmann 115
Schifferli 348
Schleip 105
Schmalhausen 428
Schmidt 122, 397
Schmidt, W. 122, 123
Schmidt-Ehrenberg 607
Schmorl 579
Schneider, R. 416
Schornstein 545
Schotté 153
Schröder 271
Schultz, A. H. 309, 343
Schultze 98
Schwenzer 251
Seidel 103, 112
Seiler 52, 82f
Sellmann 393f, 457, 630
Sengupta 274
Serr 322
Sewertzoff 341f, 573
du Shane 398, 402
Shettles 47, 209
Siegert 609
Singer 334
Slijper 343
Slonimski 194
Slotta 255
Smith 287
Sobotta 193
Sonntag 510
Sotelo 9
Spanner 333
Spatz 388, 416
v. Spee 239, 240
Speidel 364
Spek 118
Spemann 51, 102f, 137, 142, 152f, 420
Spencer 159
Sperry 426
Spiegelhoff 255
Spratt jr. 169f
Spuler 519
Srb 64
Starck 167, 204, 222, 228, 266, 277, 281, 285, 288f, 305f, 343, 394, 404, 583, 586, 622, 624f

Steffen King 158
Stegner 23
Steinach 253
Steinböck 125, 354
Steiner 605
Steiniger 450
Stensiö 571
Stent 68
Stern 74
Stieve 13, 14, 236, 253, 308, 327, 332
Stockard 59, 263
Stöhr 624
Stone 394, 408, 426f
Strahl 239
zur Strassen 103
Strasser 361
Strauss 22, 32, 208, 236, 258, 269, 272, 288, 305, 318, 617
Streeter 225, 313, 318, 412
van der Stricht 111
Sturgess 309, 311
Sturtevant 44
Subba Rau 225, 308
Sulman 262
Sutter 349
Swett 610
Swezy 13
v. Szily 420

Takaki 37
Tandler 542, 543, 550
Tatum 63
Telkka-Fawcett-Christensen 24, 29, 30
Tello 411
Teuscher 292
Thalhammer 162
Thenius 309
Tiedemann 145
Tjio 75
Timoféeff-Ressovsky 59, 61
Tischer 465
Töndury 157, 161, 281, 289, 292, 393, 446, 576, 580f
Toivonen 141f
Torrey 411
Trampusch 428
Troitzky 602
Trujillo-Cenoz 9
Tschermak 51
Tuchmann-Duplessis 158
Twitty 399

Urbani 9
Uzel 111

Vaida 485
Vakaet 175
Vanderbroek 188
Varangot 255
Veit, J. 329

Veit, O. 128, 131, 163, 167, 190, 240, 341, 394, 409, 532, 534, 624f
Vernhout 307
v. Verschuer 153
Viefhaus 165
Vilas 519
Virchow 191
Vogel 74
Vogt, C. 624
Vogt, W. 100, 114, 472f, 492f
Vossmeyer 35
de Vries 51

Wachs 426
Wagner 394f, 457
Wang 418
Warkany 158, 161
Wartenberg 2, 3, 22, 123
Watson 67
Watzka 5, 265, 273, 414
Weber 351, 425
Wedin 622
van Weel 573
Wehmeier 138
Weidenreich 397, 457, 571
Weismann 50, 51, 92
Weiss, P. 138, 358f, 418, 571
Weissberg 483f
Weissenberg 163
Wells 471
Wenglowski 466
Werthemann 613
van der Westhuyzen 309, 311
v. Wettstein 58
Wetzel 172
Whitman 108
Wiedemann 159
Wiese 92
van Wijhe 405, 624, 630
Will 165
Wilson 159
Wimsatt 213, 275, 292, 297, 307, 336
Wislocki 219, 225, 281, 287, 292, 302, 305f, 324, 334, 336
Witschi 13, 84f, 186, 262
Wolf-Heidegger 79
Wolff 421
Wolff, C. F. 101
Wolff, Et. 86f, 614
Wolff, J. 571
Woodger 168
Wright 148

Yamada 144
Yntema 428

Ziegler 190
Zondek 253, 262
Zwilling 428

Sachverzeichnis

A

Abbreviation 342
Abderhaldensche Reaktion 278
Abducensbrücke 592
Abgliederungsgelenk 575
Abortiveier 45
Acardius 145, 157
Acceleration 573
Acephalus 157
Achsenfaden 25, 29
Achsenskelet 576
Ackerknechtsches Organ 454
Acoelentheorie 125
Adamantoblasten 457
Adeciduata 278
Adenin 67
Adenohypophyse 389, 391
Adrenalin 413
Adrenalorgan 313 f
adrenogenitales Syndrom 89
Adultgewicht 353
Aequationsspalt 40 f
Aequationsteilung 44
äußerer Gehörgang 437
äußeres Ohr 437
Affenplacenta 317
Afterbucht 442
Akrosom 25, 36, 46
Akrosomfilament 46
Akrosomreaktion 46, 72
Aktionssystem 150
Ala orbitalis 590
– temporalis 590
Albumenschicht 6, 209
Alisphenoid 598
Allantois 182 f, 186, 215, 275, 277, 280, 292, 297, 305, 312
Allantoisdivertikel 237
Allantoisgang 198, 526
Allantoiskreislauf 183, 198, 536
Allen-Doisy-Test 263
Allocortex 388
allometrisches Wachstum 583
Allophoren 397
Altersbestimmung menschlicher Keime 249 f
Alveolarepithel 470
Alveolarperiost 459
Amboß 594
Amelie 160, 613
Aminosäuren 138
Aminosäurensequenz 67, 68
Amnion 173, 178 f, 215, 219, 221, 232 f, 277, 344

Amnionbildung 178, 221
Amnionfalten 179 f, 215, 222
Amnionhöhle 178 f, 222, 226, 230 f
Amnionnabel 180, 186, 236
Amnionnaht 180
Amnionschwanzfalte 180
Amnionstrang 236
amniotische Stränge 162
Amorphus 147, 157
Amphibien 95 f, 113 f
– Gefäßbildung 194
Amphibienei 95 f
Amphimixis 92
Analhöcker 528 f
Analkanal 528
Analmembran 442, 526 f
Analring 528
Anamnier, Ontogenesetyp 179, 344
Anastomosis intercardinalis cranialis 505
– intersubcardinalis 566
Androgamon 71 f
androgene Hormone 37, 414
Androsteron 253 f
Anencephalie 162
Angioblasten 534
Angliederungsgelenk 575
Angulare 594
Anhangsorgane, fetale 280 f
Anheftung 229, 232
Anheftungspol 229, 232
animale Differenzierung 105 f
animaler Pol 95 f, 105
Anlagepläne 135
Anoestrus 255, 261
anovulatorische Blutungen 258
Antheridien 58
Antifertilisin 71 f
Antikörper 287
Antitragus 437
Antrum folliculi 14
Anulus fibrosus 549, 580
– inguinalis 522
Aorta 551
– ventralis 551
Aorten, dorsale 551
– ventrale 551
Aortenkörper 413
Apertura interna des Aquaeductus cochleae 431
– mediana ventriculi IV 373
– nasalis interna 445
Aperturae laterales ventriculi IV 373
Apparatus suspensorius lentis 424

Appendices epididymidis 521
Appendix vermiformis 480
Apposition 602
– cochlea, Apertura interna 431
Archamnionhöhle 217
Archegonien 58
Archenteron 112, 128
Archicortex 382, 388
Archimetameren 625
Archipallium 382
Area alveololingualis 453
– chorioidea 383
– infranasalis 444
– opaca 168, 173
– pellucida 164, 168
– vasculosa 168, 197
– vitellina 168
Areolae 292
Arhinencephalie 148
Arhinie 149
Arm, Arterien 558
Armanlage 606
Arteria alveolaris inferior 554 f
– axillaris 557, 558
– basilaris 554 f
– brachialis superficialis 459
– caroticotympanica 556
– carotis 553
– – communis 553
– – externa 555
– – interna 553 f
– coeliaca 557
– communicans posterior 554
– facialis 555
– femoralis 560
– genus descendens 560
– hyalis 554
– hyaloidea 424, 556
– iliaca interna 560
– interossea 558 f
– ischiadica 560
– lingualis 555
– mandibularis 554
– maxillaris 555
– mediana 559
– meningea media 555
– mesenterica 557
– – inferior 557
– – superior 557
– occipitalis 555
– omphalomesenterica 198, 485, 557
– ophthalmica 556
– poplitea 560
– pulmonalis 553
– radialis 559

Arteria saphena 560
- stapedialis 555
- subclavia 554
- testicularis 557
- tibialis anterior 560
- - posterior 560
- tympanica superior 556
- ulnaris 559
- vertebralis 554
- - cerebralis 554
- - cervicalis 554
Arteriae digitales 558
- iliacae 560
- mesonephridicae 505, 556
- phrenicae inferiores 557
- plantares
- renales 557
- suprarenales 557
- umbilicales 198f, 534, 557
Arterien des Armes 558
- des Auges 556
- des Beines 560
- des Kopfes 553f
- Entwicklung 551
Arterienbogen 551f
Arterienstämme, Stenosen 551
Articulare 434, 594
Ascensus medullae spinalis 367f
Aschheim-Zondek-Reaktion 262
Ascorbinsäure 337
aspondyle Wirbel 576
Asymmetrien des Vorderendes der menschlichen Embryonalanlage 240
Atlas 578
Atlasassimilation 581
Atmungsorgane 466
Atrioventrikularklappen 549
Atrioventrikularostium 549
Atrioventrikulartrichter 549
Atrium 539f
Auge 416
- Arterien 556
- Hilfsorgane 525
- mesenchymale Anteile 425
- Regenerationsfähigkeit 426
Augenbecher 417f
Augenbecherspalte 419
Augenblase 416f
Augenblasenstiel 419f
Augenkammer, vordere 425
Augenlider 425
Augenmuskeln 620f
Augenmuskelnerven 622
Auricularhöcker 437
Auricularkanal 540
Austauschhäufigkeit 44
Autochromosomen 72
Autoneuralisation 141
Autopodium 606
Autosomen 72f
Axialfilamenkomplex 30
Axis 578
Axocoel 625

B

Babinskischer Fußsohlenreflex 389
v. Baersche Regel 170

Balancer 152
Balbianischer Dotterkern 8
Balken 389
Bandscheibe 580
Basalganglien 376, 383ff
Basalis 258, 269, 288f
Basalplatte 332, 334
Basidorsale 576
Basiventrale 576
Basophilie 11, 288, 330, 336
Bastardmerogone 51, 629
Bauchfortsatz des Myotoms 616
Bauchhöhlenschwangerschaft 338
Bauchmuskel 617
Bauchstiel 241
Bauchwandspalte 527
Bauplan des Wirbeltierkörpers 623
Becheraugen 416
Beckenboden, Muskulatur 622
Beckengürtel 606
Befruchtung 45f, 71, 208
- automiktische 91
- Theorie 91
Befruchtungsmembran 45
Befruchtungsort 208
Befruchtungsstoffe 71
Begattung 32
Bein, Arterien 560
Beinanlage 608
Berührungszone 168
Besamung 32, 47, 71
Beutelknochen 350
Bewegungskoordination 348
Beziehungen zwischen Körpergröße, Eigröße, Gelegegröße und Brutdauer 346
Biddersches Organ 84
Bildungsplasma 109
Bindegewebe 200
biogenetisches Grundgesetz 341f
bisexuelle Potenz 91f
black-and-tan-Färbung 403
Bläschendrüsen 528
Bläschenfollikel 14
Blasenknorpel 572
Blasenspalte 527
Blastaea 124
Blastem 573
- metanephrogenes 509
Blastocoel 99f, 112, 164
Blastocoelrest 164, 215
Blastocyste 206f, 215, 225f, 229, 267, 269f, 318
Blastoderm 94, 111, 168, 188, 191
Blastomeren 93f, 100, 103, 108f, 111, 207f, 209
Blastoporus 112f, 114f, 165f
Blastoporuslippe 114
- dorsale 114, 141
Blastoporusschluß 117
Blastula 115, 215
Blockwirbelbildung 581
Blue babies 551
Blut 193
- Entwicklung bei Vögeln 195
Blutbildung 237
Bluterkrankheit 53
Blutgefäßbildung 193, 551
Blutgefäßsystem 193, 532

Blutinsel 194f, 570
Blutlymphknoten 569
Blutplasma 570
Blutstränge 193ff
Blutungen, anovulatorische 258
Blutzellbildung 193, 570
Bodenplatte 365
Bogengang 428f
Bogengangstasche 429
Borsäure 158
Bowmansche Kapsel 505
Branchialbögen 247, 553
Branchialmuskulatur 619
Branchialbaum 470
Branchialnerven 553, 629
Branchialregion 247
branchiogene Organe 341, 460, 464
Branchiomerie 460, 627, 629
Bronchialbaum 470
Bronchialknospen 471
Bronchialterritorien 470f
Brückenbeuge 372, 376
Brustkorb 582
Brunst 252
Brunstperiode 252, 255
Brunstzeichen 255
Brutbeutel 204, 267, 350
Brutdauer 346
Brutflecke 349
Brutpflege bei niederen Tieren 266
Brutpflegeinstinkte 266f
Brutzeit 346
Bürstensaum der Placenta 324
Bulbus cordis 538, 547
Bulbusseptum 547
Bulbuswulst 547
Bulla ethmoidalis 600
Bursa infracardiaca 491
- omentalis 492
- ovarica 17

C

Caecum 480f
- mobile 495
Calcaneus 607
Calyces 509f
Canaliculi lacrimales 426
Canalis craniopharyngeus 389, 590
- musculotubarius 436
- neurentericus 225, 240
- urogenitalis 531
Capsula interna 385
Carotiskanal 436
Carotiskörperchen 414
Carpalia 606f, 609
Carpus 606f
Cartilago paraseptalis 593
Carunculae 293
Catarrhina, Placentation 316
Caudalvenen 566
Caudatum 386
Cavum epiptericum 591
- folliculi 15
- interventriculare 379
- leptomeningicum 392
- oris 443
- pericardiaco-pleuro-peritonaeale 489

Sachverzeichnis 691

Cavum pleuropericardiacum 489
– septi pellucidi 389
– subarachnoidale 392
– supracochleare 436
– tympani 932 f
Centrale 607
Centralfibrille 29 f
Centralia 607
Centriole 9, 29
Centrosom 46
Cephalothoracopagus 156
Cerebellum 374
Cerebralisation 349
Cervix uteri 520
Chalazen 170
Cheilognathouranoschisis 452
Cheiloschisis 450
Chemotaxis 359
Chemotropismus 359
Chiasma 42
Chiasmatypie 42
Chievitzsches Organ 454
Chimaeren 395
Chiropterygium 603
Chloroplasten 70
Chondrocranium 584
Chorda 112 f, 117, 127, 137, 140, 164, 166, 225, 578
– arteriae umbilicalis 569
– dorsalis s. Chorda
– ductus arteriosi 569
– – venosi 478, 569
– tympani 432, 436, 454
– uteroinguinalis 519, 522
– venae umbilicalis 569
Chordakanal 225, 239
Chordamesoblastkanal 166
Chordaplatte 127
Chordareticulum 580
Chordascheidenstrang 580
Chordasegmente 580
Chordome 584
Chorioidea 424
Chorion 180, 183, 228, 237, 275. 277, 311, 322, 336, 536
– frondosum 327
– laeve 298, 310, 327, 339
Chorionallantois 275
Chorionallantoisplacenta 266, 277
Chorionamnionband 186
Chorionbindegewebe 279
Chorionblasen 292
Chorionepithel 279, 292
Chorionepitheliom 253, 336
Chorionhöhle 180
Chorionkreislauf 532
Chorionmesenchym 232, 322, 329
Chorionplacenta 266
Chorionplatte 330
Chorionvitellinplacenta 277
Chorionzotten 228, 292, 296, 322, 330
choriovitelline Stränge 241
chromaffine Zellen 404, 413 f
Chromatiden 40 f
Chromatidenstückaustausch 41
Chromatophoren 397 f
Chromogen 398
Chromomeren 40, 55 f

Chromonemata 52
Chromosomen 51 f
Chromosomenaberrationen 57 f
Chromosomenkarte 42 f
Chromosomenkonjugation
Chromosomenmutationen 57
Chromosomensatz 39
Chromosomenstruktur 51
Chromosomentheorie der Vererbung 51
Chromosomenzahl 39
– Mensch 39
Chromreaktion 413
Clavicula 606
Clitoris 529, 531
Cochlearis 404, 430
Coeloblastula 95
Coelom 127, 178, 179 f, 442, 488, 496 f, 500, 503, 505, 614, 627
– Aufteilung 496
– extraembryonales 178
Coelomspalt 178
Coelomtheorie 127
Coelomverbindung 170, 501
Colchicin 58, 75, 275
Colliculus ganglionaris 383 f
Coloboma 420
– chorioideae 420
Colon 475, 480 f, 495
– sigmoideum 481
– transversum, Retroposition 496
Colonflexur 475, 480
Columella auris 434
Columnae renales (Bertini) 512
Commissura anterior 389
– posterior 378
– suprafacialis 436
Compacta 257
Concha inferior 600
Conchae nasales 466
Contergan 159 f
Conus arteriosus 536
– inguinalis 523
– medullaris 367
– vaginalis 523
Copula 454
Cor biloculare 551
– triloculare 551
Corium 438
Cornea 425
Corona radiata 72
Corpus albicans 19
– callosum 389
– cavernosum penis 532
– ciliare 419, 425
– geniculatum laterale 378
– luteum 18 f
– mamillare 377
– pineale 378
– spongiosum penis 532
– vertebrae binucleare 579
– vitreum 423 f
Cortex 386 f
Cortisches Organ 431
Cotyledonen 293
Craniopagus 155
Cranium 582 f
– Gestaltwandel 583
Crista galli 585

Crista terminalis 545
– transversa 588
Cristae ampullares 431
Crossing over 42
Crura cerebri 374, 376
Cumulus oophorus 16
Cutisblatt 202, 438
Cyclopie 148, 416
Cyproteron 89
Cysten, Zahnfleisch 450
Cystenniere 512
Cytofertilisin 71
Cytosin 67
Cytotrophoblast 274, 291, 313, 318, 329 f
– der Zellsäulen 329
Cytotrophoblastinseln 329
Cytotrophoblastsäulen 329

D

Damm 526 f
– Muskulatur 622
Darm 442
– Entwicklung 442 f
Darmanomalien 496
Darmbildung 442
Darmdrehung 475 f
– Inversion 496
Darmentoderm 167
Darmkanal, Lageanomalien 494 f
Darmpforte 180, 240, 442
– vordere 537
Darmrinne 442
Darmrohr 240
– Gliederung 442
Darmsitus, Mißbildungen 494
Darmwand 443, 481, 619
Darmwandplexus 562
Dauer der Tubenwanderung 208
Dauereier 51
Dauergebiß 459
Decidua 260, 302, 305, 427, 340
– basalis 327
– capsularis 306, 310, 327
Decidua marginalis 327
– parietalis 327
Deciduata 278
Deciduazellen 260, 270, 289 f, 319
Deciduome 271, 274, 289
Deckknocher 395, 573, 594 f
Deckplatte 365
Deitersscher Kern 374
Delamination 165, 168, 188, 192
Delaminationsentoderm 170
Deletion 58
Dens axis 578
Dentale 593 f, 601
Dentin 395, 457 f
Dentinbildung 458
Dermatocranium 584
Dermatom 202, 438
Descensus der Gonaden 521 f
– des Herzens 532
– testis 87, 521
Desmosomen 324
Desoxyribonucleinsäuren 67

Determination 107, 113, 135ff, 150, 210
- der Extremitäten 610f
- der Furchungszellen 212
Determinationsperiode, teratogenetische 160
Deuterentoderm 164, 167, 170
Deutometameren 625
Deutoplasma 7
Deviation 342
Dextrokardie 551
Diagnose des Geschlechts 532
Diaphyse 574
Dicephalus 156
Dickdarm 475, 480f, 495
Didelphis 109, 207
Diencephalon 371, 377f, 417
Differenzierung 193, 200
- abhängige 103
- animale 107
Differenzierungszentren 630
Dihydroxyphenylalanin 398
Dioestrus 255, 263
Diplocheirie 613
Diploidie 58
Diplophase 39
Diplopodie 613
Diplospondylie 576
Diplotaenstadium 40
Discus intervertebralis 580
Diskus 575
Dissepimente 501
Dopa 398f
Dopaoxydase 398
Doppelbildungen 155
Dorsalsack 378
dorsolaterale Reihe 407
Dorsolateralplakode 407, 408f
Dorsum sellae 584, 588
Dotter, 1, 7, 108, 168, 182f, 187f, 267
- weißer 97
Dotterbildung 8
Dotterbildungszentrum 8
Dotterblatt 165
Dotterelimination 109, 207
Dotterentoderm 168f
Dotterfragmentation 109
Dottergewicht 346
Dottergradient 146
Dotterhaut 7
Dotterkreislauf 198, 532f
Dottermembran 2
Dottermenge 7, 276
Dotterpfropf 114f, 167
Dotterreichtum 345
Dottersack 180, 182, 210, 216, 219, 226, 240, 248, 277, 442, 442, 475, 534, 536, 570
- definitiver 226, 233
- primärer 226, 233
Dottersackkreislauf 198, 532
Dottersackplacenta 241, 266, 277
Dottersyncytium 108f, 189
Dotterumwachsung 192
Dottervakuole 109, 207
Dottervene 198, 562
Dotterverteilung 108
Dotterzellen 164, 167

Drillinge 153, 155
Drosophilatyp 73
drum-stick 80
Ductuli aberrantes 505
- efferentes 514
Ductus arteriosus Botalli 553, 554, 567f
- cervicalis 462, 466
- choledochus 483, 485, 492
- cochlearis 430
- craniopharyngeus 585
- Cuvieri 497, 539, 542, 5ß0f
- cysticus 482, 485
- deferens 514
- ejaculatorius 526
- endolymphaticus 430
- lactiferi 441
- mesonephridicus 504
- nasalacrimalis 426
- nasopalatinus 450
- omphaleontericus 180, 182, 442, 475
- pancreaticus major 482
- pharyngobranchialis 462
- pleuroperitonealis 497f
- reuniens 430
- thoracius 569
- thymopharyngeus 462
- thyreoglossus 464
- venosus Arantii 487, 562, 567f
Dünndarm 475f
Duftdrüsen 440
Duodenum 475, 482
Duplicitas anterior 156
Duplikation 58
Dura mater 391
Duralsack 392
Durchdringungszone 319
Durchschnürungsversuch 102, 153
Dysmelie-Syndrom 159
Dysostosis mandibularis 148

E

Ectopia vesicae 527
Effekte, paradoxe 87
Ei, Tubenwanderung 208
Eiabnahmemechanismus 17
Eiballen 14, 514
Eigewicht 346
Eigröße 346
Eihüllen 188
Eiigkeit 153
Eimembranen 6
Eischale 109
Eisenresorption 288
Eiweißresorption 338
Eiweißsäckchen 186
Eiweißschicht 345
Eiweißsynthese 330
Eizahl 346
Eizelle 1, 5, 206
- bilaterale Symmetrie 10
- Größe 7
- Polarität 10
Ektoblast 112, 168, 174, 176
Ektoderm 113, 138f, 165
- praesumptives 226

Ektodermhöhle 219
Ektoplacenta 219
Ektoplacentarhöhle 219
Ektoplacentarkonus 219
Elasmobranchier, Primitiventwicklung 188
Embryo, aktive Bewegungen 249
- menschlicher, äußere Körperform 243
Embryobildung 112
Embryoblast 212, 213, 215, 226, 318
Embryocoel, Embryocoelom 178, 180, 496
Embryocystis 219
Embryokinesis 187
Embryonalanlage 237
- Abfaltung vom Dottersack 178, 240
- menschliche, Asymmetrien des Vorderendes 240
Embryonalhüllen 178f
Embryonalknoten 215, 226, 229
Embryonalperiode 269, 345
Embryonalschild 275f
Embryonalzeit, frühe, Größenvariabilität 239
- funktionelle Anpassung 340
Embryopathia rubeolica 161
Embryopathie 157
Embryotrophe 288
Eminentia conica 163
Empfängnishügel 45, 47
Enddarm 475, 481
Endhirn 371, 378
Endocranium 584
Endokardpolster 541, 543, 546, 548f
Endokardrohr 537
Endokardschlauch 537
Endokardverdickungen 541, 543, 545
Endometrium 225, 269, 273f
Endoskelet 581, 585
Endothel 194, 570
Endothelzelle 197
Enterocoelbildung 128, 131
Entoblast 112f, 168, 173
- Zentrum 174, 176
Entoderm 112f, 116, 131, 139, 183, 215, 237, 442
- ektoplacentares 303
- primäres 164, 227f
- sekundäres 168
Entodermbildung 164f, 168f, 188, 192, 206
Entodermplatte 226, 232
Entodermzellen, primäre 226
Entomesoderm 139, 428
Entwicklung des Ohres 427
- der peripheren Gefäße 551
Entwicklungsanregung 49
Entwicklungsphysiologie der Wirbelsäule 580
Entypie 216
- des Keimfeldes 215
Epiblast 168
Epibolie 112, 123
epibranchiale Reihe 407

Epibranchialplakode 407, 409
Epidermis 438
Epidermisplakoder 633
Epidermisverdickungen 406
Epiduralraum 391
epigame Geschlechtsbestimmung 91
Epigenese 101, 107
Epigenitalis 505, 515
Epiglottis 469
Epiglottiswulst 469
Epikard 537, 549
Epiorchium 524
Epiphysen 574
Epiphysenkern 574
Epiphysennaht 575
Epiphysenscheibe 574 f
Epiphysis cerebri 378
Epipterygoid 592
Episternum 582
Epithalamus 377 f
epitheliale Stränge 236
Epithelkörperchen 416, 462 ff
Epithelmauer 444 f
Epitrichium 438
Epiturbinalia 466
Epoophoron 505
Erbanalagen 55
Erbfaktoren 53 f
Erbsubstanz 51, 67
erbungleiche Teilung 108
Ergänzungshöhle 115, 164
Ergänzungskanal 503
Ergastoplasma 9
Eröffnungszone 574
Ersatzgebiß 455
Ersatzknochen 573, 594
Ersatzzähne 459
Ersatzzahnleiste 457, 459
Erythroblasten 570
Erythroblastosis 338
Erythrocyten 194, 570
Erythrophoren 397
Erythropoese 569, 570
Ethmoid 600
Ethmoturbinalia 466
Euchromatin 52
Eutheria, Primitiventwicklung 208
Eventeration 480 f
Evolution 101, 107, 204, 281, 583
Evolutionsfaktoren 57
Evolutionsmaterial 57
Excavation, zentrale 303
– – Dach der 303
Exkretionsorgane 500
Exocoel 178 ff, 219, 225, 227, 232, 240 f, 277, 292, 496
Exocoelblase 228, 233, 236
Exocranium 584
Exogastrulae 139 f, 148
Exogastrulation 139 f, 455
Exoskelet 571
Expansionswirbel 477
Extrachromosomen 76
extracranialer Raum 591
Extrauteringravidität 272, 274
Extravasate 296
Extremitäten 603
– Determination 610 f
– Mißbildungen 159, 161, 610 f

Extremitätenfeld 610 f
Extremitätenknospe 398, 401
Extremitätenmißbildungen 159, 161, 610 f
Extremitätenmuskulatur 617
Extremitätenskelet 606, 609
Extremitätenwanderung 582

F

Facialis 373, 435, 454
Facialiskanal 436
Facialismuskulatur 619
Faktorenaustausch 42
Faktorenkoppelung 53
Faltamnion 236, 284
Falx 392
Farbenblindheit 53
Farbmarkierungen, vitale 99, 113, 115, 135, 173 f
Farbmusterbildung 399, 401
Farbstoffbildung 399
Farbstoffe 397
Färbungsmuster 401
Feder 397, 439
Federanlagen 348
Federkeime 348
Felsenbein 572, 598
Feminisierung, testikuläre 89
Fenestra, orbitonasalis 592
– rotunda 430
Fermente, proteolytische 17, 274
Fertilisin 71 f
Fetalanhänge 265, 283
fetale Entzündung 162
Fetalisation 343
fetomaterne Grenze 334 f
Fett 305
Fettgewebe, braunes 438
Fettorgane 438
Fettzellen, plurivakuoläre 438
Fibrin 334
Fibrinoid 319, 334
Filum terminale 367
Fische, Entwicklung 187
Fischflosse 603
Fissura lateralis 381
– metotica 589
– orbitalis superior 590
– sterni congenita 582
Fisteln, branchiogene 464
Flaschenzellen 118, 123
Flexura duodenojejunalis 475, 478, 480
Flocculus 376
Flossen 604
Fluchtreflex, larvaler 345
Flügelplatte 366
Follikelatresis 16
Follikelepithel 2
Follikelflüssigkeit 18
Follikelhormon 87, 252
Follikelsprung 16 f
Follikelstimulierungshormon 252
Follikulin 86
Folsäure 158
Fontanellen 601

Foramen caecum 464
– epiploicum 491, 494
– incisivum 450, 452
– interventriculare cerebri 379
– – cordis 546, 548
– jugulare 589
– occipitale magnum 587 f
– ovale 567
– – cranii 590
– – persistens 545
– – primum 542
– – secundum 543
– perilymphaticum 431
– stylomastoideum 437
Formbildung 200
Fortpflanzungsperioden 252
Fossa hypophyseos 588
– lateralis 381
Fossula fenestrae rotundae 431
free martin 85
Friedmann-Test 18, 262, 336
Frontoturbinalia 466
Frühentwicklung des Menschen 229
Frühgeburten 250
Fruchthüllenmotorik 187
Fruchtkammer 272
Fruchtwasser 482
Fruktose in der Placenta 337
Füllgelenke 575
Functionalis 257, 269, 271, 289
Funktionswechsel 341, 460, 623
Furchung 93 ff, 104, 106 ff, 112, 162, 165, 167, 209, 212, 229
– Bilateraltyp 94
– der Knochenfische 191
– Spiraltyp 94
Furchungen und Windungen 381
Furchungsebene 95, 100, 104
Furchungshöhle 100, 108, 115, 163 f, 188, 192
Furchungsteilung 101 ff
Furchungstypen 93 f
Furchungszellen 95, 108, 167
– Determination 212

G

Gallenblase 482, 485
Gallenwege 482
Gallertgewebe 467
Gallertkern 580
Galvanotropismus 361
Gameten 1 ff
Gametophyt 39
Gamone 71
Ganglienhügel 383 f
Ganglienleiste 393
Ganglienzellen 354 f
Ganglion ciliare 412
– geniculi 430, 436
– opticum 413
– pterygopalatinum 412
– semilunare 590
– submandibulare 413
– vestibulare Scarpae 430
Gartnerscher Gang 505, 515
Gasaustausch 337

Gastraea 124
Gastraeatheorie 124, 341
Gastrocoel 112, 163, 189
Gastrula 115
Gastrulation 112ff, 117, 120, 123, 125, 141, 143, 163f, 168, 190, 193
Gaumen 443, 447
- Mißbildungen 452
- primärer 444f
Gaumenentwicklung 447
Gaumenfortsätze 448
Gaumenrinne, primitive 446
Gaumenspalte 452
Geburt 344
Geburtsgewicht 279, 353
Geburtstermin 353
Gefäße, große, Transposition 550
- periphere, Entwicklung 551
Gefäßbildung 237
- bei Amphibien 194
Gefäßentwicklung 531
Gefäßhof 197
Gefäß-Pankreasstiel 475, 478, 482, 489, 492
Gefäßsystem 193
- Entwicklung bei Vögeln 195
Gefäßwand, primäre 194, 337
- sekundäre 194, 196
Gefiederfärbung 262
Gehirn, Bauplan 369
Gehörgang, äußerer 437
Gehörgangsplatte 437
Gehörknöchelchen 432, 434
Gelegegewicht 346
Gelegegröße 346
Gelenkentwicklung 575
Gelenkform 575
Genaustausch 42
Gene 55
- Definition 68
- holandrische 74
- Wirkungsmechanismus 59
genetische Information 65f
Genitalleiste 512
Genitaltrichter 501
Genitoanalhöcker 529f
Genkarten 55
Genmanifestierung 60
Genmechanismus 63f
Genmutationen 58
Genom 70
Genwirkung 63
- letale 64
- pleiotrope 58f, 63
Geschlecht, Diagnose 529, 532
geschlechtsbestimmende Wirkstoffe 85
Geschlechtsbestimmung 72, 84, 90f
- epigame 91
- phaenotypische 90
- progame 90
- bei Wirbeltieren 85
Geschlechtschromatin 78f
Geschlechtschromosomen 73, 75, 81
Geschlechtsdiagnose 79
Geschlechtsdifferenzierung 81, 84f, 87
Geschlechtsdimorphismus 91

Geschlechtsdrüsen, akzessorische 253, 526f
Geschlechtsfalten 529
Geschlechtshormone 252
Geschlechtsorgane 500, 513f
- äußere 529
Geschlechtsrealisatoren 81
Geschlechtswege, ableitende 514
Geschlechtswülste 529, 531
Geschmacksfasern 408
Geschmacksknospen 408, 410, 455
Geschmacksneurone 404, 408
Geschmackssystem 408f, 411
Gesicht 443
- Entwicklung 443, 447
- Mißbildungen 450
- Relief 446
Gesichtsbildung 248, 443
Gesichtsfortsätze 446f, 450
Gesichtsspalte, schräge 452
Gesichtswülste 446f, 450
Gestaltungsbewegungen 115, 121, 139, 174f, 177, 240
Gestaltswandel des Cranium 483
Gewebe, metanephrogenes 509
Giraldèsches Organ 506
glande myométrial 288
Glandula submandibularis 454
- parotis 454
- thyreoidea 464
Glandulae labiales 453
- parathyreoideae 462, 464
- sublinguales 454
- vesiculosae 528
Glans clitoridis 531
- penis 532
Glaskörper 423f
Glia 396
Gliagewebe 358
Gliazellen 364
Gliedmaßen 248, 603
- freie 604, 606
- Mißbildungen 610, 613
Gliedmaßenanlage 604
Gliedmaßenarterien 558f
Glioblasten 358
Globus pallidus 385
Glomerulus 505
- äußerer 503
- innerer 503
Glomus 503
- caroticum 414, 416
Glossopharyngeus 373
Glukose 337
Glykogen 141, 289, 305, 337
Golgiapparat 37
Golgi-Komplex 25
Gonaden 489, 500, 505, 513f, 521
- Descensus 521, 524
Gonadenanlagen 12, 414, 513f
Gonadenhormone 253
gonadotrope Hormone 252, 335
Gonadotropinbildung 336
Gonadotropine 251, 335
Goniale 594
Gonocoeltheorie 501
Gonocyten 35
Gonodukttheorie 501
Gonostom 501

de Graafscher Follikel 14, 16
Gradiententheorie 147
Granulosaeversion 23
Granulosafaltung 19
Granulosaluteinzellen 19
Granulosazellen 253
grauer Halbmond 98f, 144, 137
Gravidität 260
- Dauer 353
Graviditätsreaktionen 274
Greifhand 607
Grenzrinne 178
Grenzstrang 411f
Größenvariabilität in der frühen Embryonalzeit 239
Grossers Placentartypen 278
Großhirn 381
Großknochen 572
Grundplatte 366
Guanin 67
Guanophoren 397
Gubernaculum 522
Gürtelplacenten 285, 296
Gynogamone 45, 71f

H

Haarbalg 439
Haare 438
Haarpapille 439
Haarwechsel 439
Haarzapfen 439
Haarzwiebel 439
Haberula 377
Haemalbogen 577
Haemocytoblasten 570
Haemoglobin 197, 570
Haemophilie 53
Haemotrophe 288
Haftdrüsen 152
Haftfaden 151, 345
Haftorgane 345
Haftstiel 225, 236f, 240, 310, 312, 534, 569
Haftzotten 313, 332
Halbaffen, Placenta 311
Halbembryo 101
Halbmond, grauer 98f, 114, 137
Halsbucht 462
Halsfisteln 464
- branchiogene 464f
Halsrippen 581
Halszyste 465
Hammer 594
Handplatte 608
Handverdoppelung 613
Haploidie 58
Haplophase 39
Harnblase 481, 526f
Harnleiter 503f
- primärer 505
Harnorgane 500f
Harnröhre 527f
Harnsamenröhre 531
Hartsubstanzen 571
Hasenscharte 450
Hassallsche Körperchen 464
Hauptkanal 504

Hauptplacenta 266, 281, 339
Haut 438 f
Hautdrüsen 440
Hautknochenpanzer 584
Hautnabel 182
Hautsensibilität 408
Helicotrema 431
Hemiembryo 101, 103
Hemisphärenblasen 373
Hemisphärenblasenstiel 383, 385
Hemmungsbildungen 445
Henlesche Schleife 511
Hensenscher Knoten 170, 177
Hepatitis epidemica 161
Hermaphroditismus 87f, 153
Herpes simplex 161
Hertwigsche Wurzelscheide 458
Herz 194, 196, 248, 534, 537f
– Descensus 553
– Mißbildungen 161f, 550
– Scheidewandbildung 541
– Septierung 537, 541
Herzabschnitte 539
Herzanlage 197f, 537
Herzbeutel 197, 489, 498, 537, 549
Herzbeutelhöhle 550
Herzbuckel 246, 248
Herzentwicklung 194f, 537f
Herzgekröse 537
Herzklappen 548
Herzostien, Transposition 548
Herzschlauch 497, 537 539f, 542
– Torsion 543
Herzschleife 539f, 543
Heterochromatin 52
Heterochromosom 73
Heterochronie 572
Heterogenie 60
Heterozygote 59
Heusersche Membran 229, 232f, 241
Hiatus canalis facialis 437
Hilfsorgane des Auges 425
Hinterkopforganisator 144, 630
Hinterkopfregion 143, 630
Hippocampusformation 382f
Hippomanes 293
Hirnanlage 354, 370
Hirnbläschen 370
Hirngewicht 353
Hirnhäute 391 f
Hirnmantel 372
Hirnnervenganglien 404
Histiotrophe 288f.
Histochemie der Placenta 287, 296, 300, 302
Histogenese der Skeletgewebe 573
– der Stützsubstanzen 571
Hobokensche Falten 242
– Knoten 242
Hoden 514
Hodenhüllen 524
Hodenkanälchen 513
Hofbauer-Zellen 330
Hogben-Test 265
Holoblastier 94, 112, 163
Holonephrostheorie 504
Hominoidea, Placentation 317
Homoiothermie 345

Homozygote 59
Hormonbildung in der Placenta 335
Hormone, androgene 414
– gonadotrope 252, 335
– östrogene 336
Hornzähnchen 152, 455
Hüftbeine 608f
Hüftluxation 576
Hüllen des Hodens 524
Hüllmembran 6
Hufeisenniere 510
Hyalbogen 434, 437, 462
Hyalhöhle 622
Hyaluronidase 72, 80
Hyaluronsäure 72
Hydramnion 158
Hydrocephalus 162
Hydrocoel 625
Hydroxylapatit 458
Hymen 520
Hypoblast 165, 168f.
hypobranchiale Organe 460
Hypobranchialrinne 464
hypochordale Spange 578
Hypoglossus 373
Hypoglossusarterie 554
Hypophyse 389, 416, 464
Hypophysengrube 584
Hypophysenhöhle 390
Hypophysenhinterlappen 390
Hypophysenstiel 391
Hypophysenvorderlappen 252
Hypophysen-Zwischenhirn-System 18
Hypospadie 531
Hypothalamus 372f, 377, 391
Hypozentrum 577

I

Ichthyopterygium 603, 605
Idiochromosomen 73
Idiosom 73
Idiotie, mongoloide 76, 78
Implantation 229, 266, 269f, 271ff, 299, 301, 312, 318
– verzögerte 273
Implantationsareale 258, 273
Implantationsmechanismen 269
Implantationsort 271f
Implantationspol 232
Implantationssyncytium 275
Incus 434, 462, 586, 594
Induktion 106, 138, 141f, 177, 611, 630
– neurale 140
Induktionseffekt 143
Induktionsleistung 576, 630
Induktionsmechanismen 142
Induktionsreiz 152
Induktionsvorgang 138, 145
Induktor 137, 143, 145, 149, 151, 421, 611
– abnormer 138
Influenza 161
Infundibulum 390

Inguinalband 522
– der Keimdrüse 513
Insectivora, Placenta 305
Insertio velamentosa 340
Insertion der Nabelschnur 340
Instinkthandlungen 349
Insula 382
Insulin 158
Integument 438f
Integumentalorgane 438
Interdorsale 572
Interkostalarterien 557
Intermaxillare 600
Interparietale 597
Interrenalorgan 414
Intersexe 80, 82, 85, 87
Intersexualität 87, 89f
Interstitielle Zellen 21, 253
Interturbinalia 466
Interventrale 576
Intervertebralscheide 577
intervillöser Raum 285f, 317, 323, 330, 334
– – Kreislauf 317, 333
Interzellularflüssigkeit 202
Invagination 115f, 164, 168, 170, 188f, 195f, 225, 240
Invaginationsgastrula 113
Inversion 55, 58
– der Darmdrehung 496
Iridocyten 397
Iris 418, 422, 425
– Muskulatur 615
Iristroma 425
Ischiopagus 156
Ischium 609
Isocortex 388
Isolation 57
Isotopenmarkierung 138
Isthmus rhombencephali 370

J

Jacobsonsches Organ 466, 593
Januskopf 155
Josephsche Zellen 356
Juncturen 575

K

Kainogenese 168, 341
Kaninchenplacenta 299
Kammerscheidewand 545
Kammerseptum 545
Kapillarplexus 535
Kardinalvenen 535, 560f, 564
kardiogene Platte 537
Karunkel 330
Kaumuskulatur 619
Kehlkopfknorpel 470
Keimbahn 11, 83
Keimbläschen 2
Keimblase 292
Keimblatt 113, 124, 131, 170, 202, 322, 393f
Keimblattbegriff 130
Keimblattlehre 130, 341

Keimblattumkehr 217, 219, 222, 300, 303
Keimdrüse 521
- Inguinalband 513f
Keimdrüsenanlage 513f
Keimdrüsenband 521f
Keimdrüsenfalte 522
Keimdrüsenligamente 513, 521
Keimepithel 13, 523
Keimfeld 215
Keimplasma 11, 52, 92
Keimring 206
Keimscheibe 94, 108, 164f, 168, 175, 188f, 206, 236, 239
Keimschildektoderm 226, 232
Keimstränge 514
Keimwall 168
- äußerer 168
- innerer 168
Keimzellen 1, 22
Kernkonjugation 70
Kernphasenwechsel 39
Kernsekretion 336
Ketosteroide 336
Kieferbogen 444, 462, 592
Kiefergelenk 204, 434f, 594
- primäres 593
- sekundäres 575
Kieferspalte 452
Kiemen 345, 460
Kiemenapparat 583
Kiemenarterienbögen 552
Kiemenatmung 536
Kiemenbögen 395
Kiemenbogenarterien 535, 551, 554
Kiemenbogengliederung 629
Kiemenbogenskelet 341
Kiemenbogentheorie 604
Kiemendarm 355f, 460, 552, 627, 629
Kiemendarmderivate des Menschen 462
Kiemendarmentoderm 630
Kiemenfurchen 460
Kiemenkorb 341, 460
Kiemenspalten 460
Kiementaschen 460
Kindsbewegungen 249
Kindspech 482
Kleinhirn 374
Kleinhirnwulst 374
Klestadtsche Zahnfleischfisteln 450
Klinefelter-Syndrom 78, 81, 89
Kloake 526f, 529
Kloakenhörner 527
Kloakenmembran 237, 240, 443, 481, 527
Knäuelarterie 273
Knickung der menschlichen Schädelbasis 587
Knochen 571
Knochenbälkchen, Reihenfolge des Auftretens der ersten 594
Knochenbildung 571
- desmale 573
Knochenentwicklung 571, 574
Knochenfische, Furchung 191
Knochenfische, Primitiventwicklung 191

Knochengewebe 571f
Knochenkerne in den freien Gliedmaßen 609
Knochenmark 570
- rotes 248, 570
Knorpelbildung, Induktion von
Knorpelgewebe 571, 574
Körperende, Bildung des caudalen 131
Körperform, menschliche 248f
- des menschlichen Embryo, äußere 243
Körpergewicht 353
Körpergröße 346f, 583
Körpergrundgestalt 143
Körperkreislauf 536
Kohlenhydratstoffwechsel 141
Kolbenhaar 439
Kollektivbewegungen 122
Kommissuren 389
Kompetenz 151
Konkreszenz 192
Konkreszenzwirbel 577
Kontaktpunkt 505
Konturfasern 549
Konzeption 260
Konzeptionsoptimum 260
Kopf 623
Kopfarterien 554, 556
Kopfdarm 443
Kopffortsatz 170, 239
Kopfganglien 409, 412
- sensible 403f
Kopfgebiet 178
Kopfhöhlen 620f
Kopfinduktor 142
Kopfmißbildungen 148, 630
- Determination 162
Kopfmuskulatur 614f
Kopforganisator 162
Kopfproblem 623, 625, 629
Kopfregion 355
Kopfskelet 395, 582, 630
Koppelung 44
Koppelungsgruppen 42, 53, 55
von Korffsche Fasern 457
Kreislauf 195, 532, 535
- fetaler 567f
- im intervillösen Raum 333
- Organe 532
- in der Placenta 285
Kreislaufsystem 193
kritische Periode 148
- Phase 158
Kropfmilch 349
Kryptorchismus 524
Kupffersche Blase 193
Kynurenin 63

L

Labia majora 531
- minora 531
Laboratoriumsnager, Sexualzyklus 261
Labyrinth, Placentar- 290
Labyrinthbläschen 246, 429
Labyrinthkapsel 428

Labyrinthorgan 427f
- mesenchymale Hüllen 431
Labyrinthplacenta 285f, 298
Labyrinthplakode 427
Lacrimale 600
Lageanomalien des Darmkanals 493
Laktation 441
Laktationshormon 441
Lamina affixa 383
- epithelialis 383
- parietalis 588
- quadrigemina 376
- rostralis 389
- terminalis 389
Langerhanssche Inseln 485
Langhans-Zellen 288, 322f, 328f
Langhanssches Fibrin 335
Längszonen 366
Lanugohaare 439
Larvenstadium 345
Laryngotrachealrinne 468
Larynx 468
- Muskulatur 619
Lateralissystem 404, 410
Leber 482, 485, 487, 492
Leberbucht 485
Leberfeld 482
Leberläppchen 488
Leberrinne 482
Lebersinusoide 562
Leberwulst 248
Lecithophor 164
Leibeshöhle 488f,
- primäre 128
- sekundäre 128
Leibeswand-Myomerie 629
Leibeswand, Venen 564
Leibeswandspalten 162
Leistenbruch 523
Leistenkanal 523
Lemuren, Placenta 311
Lentoide 421
Leptomeninx 396
Leptotaenstadium 41
Leydigsche Zwischenzellen 21
Ligamentum arteriosum 554, 569
- denticulatum 391
- gastrocolicum 492
- gastrolienale 570
- hepatoduodenale 492
- hepatogastricum 492
- phrenicolienale 570
- suspensorium ovarii 522
- teres hepatis 487, 562, 569
- - uteri 519, 522
- umbilicale laterale 569
- venosum 562, 569
Limbus foraminis ovalis 545
Linse 420f
Linsenbildung 420
Linsenepithel 422
Linsenfasern 422f
Linsenkapsel 425
Linsenkern 423
Linsenplakode 420
Linsenregeneration 421
Lipofuscin 396f
Lipoide 289, 337

Lipophoren 397
Lipoproteingranula 141
Lippen 453
Liquor amnii 179f
Lithiumchlorid 107, 148, 581
Lithiumeffekt 107, 148
Lobus olfactorius 382
– pyramidalis 464
Lungen 468f
Lungenanlage 469, 472f, 491
Lungenatmung 536
Lungenkreislauf 536, 568
Lungenlappen 470
Lungenleiste 496
Lungensegmente 470
Lungenvenen 536, 545, 569
Lungenwurzel 497
Lutein 19
Luteinisierungshormon 253
Luteohormon 255, 258, 273
Lymantria-Intersexe 70, 81
lymphatische Organe 569
Lymphgefäße 569
Lymphgefäßsystem 569
Lymphknoten 569, 571
Lymphocyten 570f

M

Macula sacculi 431
– utriculi 431
Magen 443, 474f, 487, 494
Magendrehung 475
Magma reticulare 236, 240
Makromeren 95, 100f, 104ff, 112, 115
Malleus 434, 462, 586
Malpighische Körperchen 511
Mamma 351, 440
Mammaorgane 440
Mammillarhöcker 377
Mandibula 593, 594
Mandibularbogen 434, 593
Mandibulare 593f
Mandibularhöhle 622
Mangelernährung 158
Mantelschicht 359
Marginalplasma 97f
Marginalzone 95, 168, 359, 386
Markamnionhöhle 219, 221
Markierung 114
Markierungsversuche 174
Markraum, primärer 574
Markscheide 367
Markscheidenbildung 364, 368
Marsupialia, Primitiventwicklung 207
Marsupium 204, 350
Materialbewegungen 122
Matrix, ventrikuläre 386, 388
Matrixphasen 388
Matrixzone 388
Maxilla 600
Maxillare 593, 600
Maxilloturbinale 467, 582, 594
Mazer-Goldstein-Reaktion 263f
Meatus acusticus internus 431

Meckelscher Knorpel 395, 434f, 462, 586, 594, 601
Meckelsches Divertikel 475, 485
Meconium 482
Medulla oblongata 373
Medullarin 87
Medullarplatte 142, 225, 240, 354, 369
Medullarrohr 125, 240, 370
Medullarwulst 240, 393
Mehrfachbildungen 613
Mehrlinge 103, 153, 210
Mehrlingsbildungen 103, 153
Meiosis 37, 39, 41f, 44f, 52
Melanin 397
Melaninpigment 397
Melaninsynthese 397
Melanoblasten 397
Melanophoren 397
Membrana branchialis 460
– buccouasalis 445
– buccopharyngea 442, 445
– cloacalis 442
– decidua 278
– granulosa 14
– pleuropericardiaca 499
– pleuroperitonealis 497
– tympani secundaria 431
– vitellina 2
Mendelsche Regeln 59
Mendelsche Spaltungsgesetze 59
Meninx primitiva 391
Meniskus 575
Mensch, Chromosomenzahl 74f
– Frühentwicklung 229
– Placentation 318ff
menschliche Körperform 237
Menstruation 255f
Menstruationsareale 258
Menstruationszyklus 255f, 258
mensuelle Felder 258
Meroblastier 94, 108, 163
– Primitiventwicklung 163
Merocyten 49
Merogonie 49, 51, 69
Mesektoderm 394f, 404, 409, 571, 586
Mesektodermbildung 202, 409
Mesencephalon 370
Mesenchym 131, 193, 202, 226, 228, 232, 394, 404, 571
– extraembryonales 228
mesenchymale Hüllen des Labyrinthorgans 431
Mesenchymbildung 200, 222, 237, 322, 396
Mesenchymbildungsorte 202
Mesenchymdifferenzierung 193, 200, 202
Mesenterialrezesse 489
Mesenterium 488f
– commune 488, 494
– ventrale 492, 496
Mesoblast 112, 131
Mesoblastbildung 177
Mesocolon 489, 492, 496
Mesoderm 112, 116, 127, 131, 137, 139f, 164, 166, 177, 202, 216, 219

Mesodermbegriff 131
Mesodermbildung 117, 125, 171, 177, 190, 202, 240
– gastrale 166
Mesoduodenum 482
mesodermfreie Sichel 171f
mesodermfreies Feld 171f
Mesodermsäckchen 166, 177
Mesogastrium 489, 492
– dorsale 492, 568
Mesohepaticum 492, 494, 496
Mesokard 537, 539, 550
Mesomeren 104
Mesomerie 629
Mesonephros 500, 503
Mesoplacentarium 304
Mesopneumonium 472, 489
Mesorchium 522
Mesosalpinx 522
Mesosoma 625
Mesosomcoelom 625
Mesovarium 522
Messenger-RNS 68
Metacarpalia 610
Metamerie 460, 578, 625
– der Wirbellosen 625
Metamorphose 345
Metampulle 540
Metanephridien 501
metanephrogenes Gewebe 504, 509
Metanephros 500, 504, 506
Metarsalia 625
Metasoma 625
Metasomcoelom 625
Metathalamus 378
Metazoen, Ursprung 124
Metoestrus 256
Mikromeren 95, 100f, 104ff, 112, 115
Mikropyle 7
Mikrovilli 3, 324
Mikrozotten 3, 324
Milchdrüse 440
Milchflecken 492
Milchgebiß 455, 459
Milchleiste 440
Milchsekretion 441
Milchtritt 351
Milchzähne 455
Milz 487, 569f
mimische Muskulatur 619
Mischgeschwülste 156
Mischknochen 573, 595
Mißbildungen 104, 147f, 153, 157, 447, 450
– des caudalen Körperendes 614
– des Darmsitus 494
– des Gesichtes und des Gaumens 450
– sirenoide 614
– durch Strahlenschäden 161
– durch Virus-Infektion 157
Mißbildungstypen 153
Mitochondrien 8, 28, 324
Mitose 39
– ventrikuläre 357
Mitteldarm 442
Mittelhirnhöcker 248
Mittelohr 432f

Mittelohrkapsel 436
Mittelplatte 166
Mittelschmerz 255
Molaren 459
mongoloide Idiotie 75
Monophylie 206
Monosomie 75, 78
Monospondylie 577
Monotremen, Primitiventwicklung 203, 206
Morgagnische Hydatiden 505
morphogenetisches Potential 147
Morula 213, 269
Morulamesenchym 322, 534
Mosaikarbeit 107
Mosaikentwicklung 104, 107
Mosaiklehre 102
Mossmansche Regel 285f, 291
Mucopolysaccharide 2, 6, 330
Müllersche Gänge 88, 514f, 517, 519
Müllersche Hügel 517
Müllersches Epithel 520
Mumps 161
Mundbildung 443
Mundbucht 442f
Mundepithel 457
Mundhöhle 453
– primäre 448
Mundhöhlenepithel 457
Mundöffnung 443, 453
Mundwinkel 454
Musculus ciliaris 425
– dilatator pupillae 425
– intercostalis 617
– sphincter pupillae 425
– stapedius 436
– tensor tympani 436
– transversus 499
– trapezius 604
Muskelgewebe 614
Muskelsystem 614
Muskulatur, branchiogene 614
– der Iris 615
– Larynx 470
– mimische 619
– somatische 615
– viscerale 619
– der Zunge 622
Mutabilität 57
Mutationen 57, 64, 66
Mutationsmechanismus 67
Mutationsrate 57
Myelinbildung 364
Myoblasten 615
Myoepikardmantel 195, 537
Myokard 197, 537, 548
Myokardschlauch 542
Myomerie 627
Myotom 577, 615f

N

Nabelarterien 568
Nabelbläschen 340
Nabelbruch 428f
– physiologischer 248, 478

Nabelcoelom 241
Nabelschleife 475, 481, 492
Nabelschnur, Insertion 340
Nabelschnurknoten, falscher 242
Nabelstrang 183, 198, 241, 478, 526
Nabelvenen 485, 487, 562
Nachbrunst 255
Nachfurchung 192
Nachgeburt 278, 340
Nachniere 500, 505, 509
Nackenbeuge 247, 371
Nackenteil der Hypophyse 391
Nägel 440
Nasale 600
Nase 444, 447
– Entwicklung 443
Nasenboden 592
Nasenflügel 447
Nasenform 447
Nasenfortsatz 447, 450, 453
– medialer 445
– seitlicher 445
Nasenhöhle 446, 467
Nasenkapsel 585, 592, 600
Nasennebenhöhlen 467
Nasenregion 592
Nasenscheidewand 585
Nasenseptum 450, 585
Nasenwülste 247
Nasoturbinale 466
Nebeneierstock 505
Nebengekröse 492
Nebenhoden 514
Nebenmesenterium 490
Nebennieren 413f, 438
Nebennierenmark 413f, 416
Nebennierenrinde 414
Nebenplacenta 266, 280, 338
Neocortex 383, 388
Neocranium 624
Neopallium 382
Neotonie 343
Nephridium 501
Nephromixien 501
Nephrone 510f
Nephrostome 501, 503
Nephrostomkanal 503
Nephrotom 177, 501
Nervenfasern 359, 364
– Auswachsen von 360
Nervennetz, diffuses 355
Nervenrohr 358
Nervensystem 354
– diffuses 354
– peripheres 393, 403
– Segmentierung 363
– vegetatives 411
Nervenzellen 354
Nervus auriculotemporalis 435
– facialis 430, 435f, 589
– hypoglossus 622
– laryngeus superior 470, 553, 554
– lingualis 454
– octavus 429, 430
– ophthalmicus 409
– pelvicus 481
– petrosus superficialis major 436
– phrenicus 499
– recurrens 470, 554, 567

Nervus statoacusticus 404f, 407, 429, 430
– vagus 470, 554
Nestbau 267
Nestbautrieb 349
Nestflüchter 267, 279, 344f, 350f
Nesthocker 251, 344, 347, 350f, 353, 425, 437
Netzhaut 416, 418
Netztheorie 535
Neugeborenes, Reflexverhalten 388
Neuralbogen 576
Neuralgewebe 139
Neuralleiste 131, 366, 393, 395f, 398f, 401f, 409, 425, 428, 457
Neuralleistenabkunft der Pigmentzellen 398
Neuralleistenmaterial 394
Neuralleistenzelle 403f
Neuralplatte 354
Neuralrohr 364, 580
Neuralwulst 395
Neurobiotaxis 362
Neuroblasten 357f, 404, 408
Neurocranium 583
Neurogenese 359
Neurohypophyse 377, 389
Neuromeren 373
Neuroporus 307, 389
Neurotropismus 359
Neurulation 125
Nidation 273
Nieren 489, 505f
Nierenbecken 509
– primäres 509
Nierenbläschen 510
Nierencysten 510
Nierenkugeln 510, 512
Nierenlappen 512
Nierenvenen 567
Nisslsubstanz 359
Nitabuchscher Fibrinstreifen 330, 335
Nucleinsäurebausteine 67f
Nucleinsäuren 67f
Nucleolus 9
Nucleoproteide 138, 141
Nucleoside 67
Nucleotide 67
Nucleus caudatus 385
– motorius tegmenti 374
– ruber 374, 376

O

O_2-Mangel 161
Oberflächenfilm 121ff, 140
Oberflächenschicht 120
Oberkieferbein 600
Oberkieferwülste 444ff, 453
Oberlippe 447, 450
Oberlippenspalte 450
Occipitalsomite 454
Occipitalwirbel, Manifestation des 581
Octavussystem 371, 430
Odontoblasten 394, 457f,

Oesophagotrachealfistel 473 f
Oesophagus 442, 466, 469, 473 f,
– Atresie 473
Oestrogene 253, 271, 273, 441
oestrogene Hormone 336
Oestron 283
Oestrus 255, 258, 263 f
Oestruszyklus 253, 255, 258, 263
Ohr, äußeres 437
– Entwicklung 437
Ohrbläschen 428, 430
Ohrkanal 540
Ohrkapsel 431, 585 f, 588 f
Ohrmuschel 437
Ohrmuschelgrube 437
Ohrplakode 428
Omentum majus 492
– minus 492, 494
Omphalochorion 277
omphaloide Placentation 277
Omphalopleura 266
– trilaminäre 277
Ontogenese 340
Ontogenesetyp 343 f, 350 f
– bei Anamniern 344
– und postembryonale Entwicklung der Säugetiere 351
– bei Primaten und Mensch 352
Oocyte 13
Oogenese 11, 13, 36
Oogonien 13
Oolemma 2
Oortsche Anastomose 430
Opercularisation 381
Ophthalmencephalon 376, 408 f
Ora serrata 419
Orbitosphenoid 597
Orbitotemporalregion 590
Organanlagen, präsumptive 135
Organe, branchiogene 460
– erythropoetische 570
– des Kreislaufs 532
– lymphatische 569
Organisation 200
– des Wirbeltierkopfes 633
Organisationszentrum 175
Organisator 135, 137, 148
Organisin 146
Organon vomeronasale 467
Orificium urethrae 531
Orthosympathicus 411
Os frontale 600
– ilium 609
– incisivum 553, 599
– maxillare 553
– occipitale 595
– parietale 595, 599, 600, 602
– perioticum 431
– petrosum 431
– praemaxillare 553, 599
– pubis 609
– sphenoidale 597
– temporale 435, 598
– thoracale 609
Ossicula Bertini 598
– mentalia 594
Ossifikation, chondrale 572, 574
– enchondrale 574
Ossifikationszentren 595, 601

Osteoblasten 459, 573 f
Osteocranium 594
Osteocyten 574
Osteoklasten 459
Ostium abdominale tubae 515
– atrioventriculare 425
Otocephalie 143, 148 f, 631
Ovar 514
Ovarialhormone, Synergismus 255
Ovarialhormonquotient 255
Ovarien, alternierende Tätigkeit 261
Ovidukt 514
Ovipare 1
Oviparie 266
Ovoviviparie 267
Ovulation 16 ff, 19, 22, 206, 208, 253, 256, 258 f, 273
– provozierte 17
– spontane 18
Ovulationstermin 260
Oxytocin 336

P

Pachymeninx 391 f
Pachytaenstadium 40
Palaeocortex 382, 388
Palaeocranium 624
Palaeopallium 382
Palatinum 593, 600
Palatoquadratum 395, 593 f
Palatoschisis 452
Pallidum 385
Pallium 372, 376, 381 f
Pancreas anulare 485
Pankreas 482, 485
Papilla duodeni major 482
– – minor 484
Parachordalia 585 f
Paraganglien 404, 413
– parasympathische 413
Paraganglion suprarenale 414
Paragenitalis 505
Paraluteinzellen 19
Paraphyse 378
Paraplacentareinrichtungen 266, 280
Paraseptalknorpel 468, 593
Parasympathicus 412
Parathyreoidea 460, 462
Paroophoron 504, 529
Parotis 453
Pars infundibularis 391
– mastoidea 431
– membranacea septi 551
– squamosa 598
– tuberalis 391
– tympanica 598
Parthenogenese 46, 48 f, 69, 74
Paukenhöhle 435, 462
Periblast 108 f
Periderm 438
Periduralraum 391
Perikard 498, 549
Perikardialhöhle 497, 549
Perikardialraum 539
Perikardumschlagstellen 550

Perikaryon 359
perilymphatische Gewebe 431
perilymphatische Räume 431
Perilymphe 431
Perinealregion 527, 528
Perineum 527
Periodontium 459
Periorchium 524
Perioticum 598
Peritonealhöhlen 497, 499
Peromelie 613
Petrosum 589, 598
Pflügersche Schläuche 14
Pfortader 485, 487
Phaenogenese 450
Phaenokopie 157
phaenotypische Geschlechtsbestimmung 90
Phallus 529, 531
Pharynx 465 f
Philtrum 447
Phokomelie 613
Phosphatasen 288, 308, 337
Photorezeptoren 417
Phylembryogenese 343
Phylogenese 204, 279, 285, 343 f, 346, 571, 576
Phylogenie der Placentarbildungen 283
– der Primaten 309
Pigment 396, 401, 439
– und Pigmentmuster beim Vogel 401
Pigmentbildung 399, 401
– bei Säugern 402
Pigmentblatt 427
Pigmentepithel 418, 425
Pigmentfleck 356
Pigmentierungsstörungen 162
Pigmentkappe 99
Pigmentmuster 401
Pigmentstraße 99
Pigmentzellen 397 f, 402, 425
– Neuralleistenabkunft 398
Pilocarpin 158
Pinocytose 47, 288, 324
Placenta 183, 200, 204, 219, 225, 251 f, 262, 266, 269, 271, 275 ff, 278 ff, 284, 295 ff, 303, 305, 310, 313, 317, 336, 487, 506
– Ablösung 341
– abnorme Form 338
– abnormer Sitz 338
– allantoide 277
– bidiscoidalis 313
– bilobulata 338
– cotyledonaria 285
– diffusa 285, 292
– discoidalis 285
– endotheliochoriale 296
– epitheliochoriale 292
– Fruktose 337
– Funktion 335
– grüner Saum 296
– der Halbaffen 311
– Histochemie 287
– Hormonbildung 335
– der Insectivora 305
– Kreislauf 333

Placenta der Lemuren 311
- menschliche, elektronenmikroskopische Untersuchung 324
- - quantitative Angaben 335
- - reife 327 ff
- - Stoffwechselfunktion 336
Placenta multilobulata 338
- multiplex 285
- olliformis 330, 333
- praevia 338
- Progesteronbildung 336
- pseudozonaria 338
- Stoffaustausch 287
- succenturiata 338
- syndesmochoriale 293, 295 f
- vera 296
- villosa 333
- zonaria 285
Placentalier 180
Placentarbildungen, Phylogenie 276, 280 f
Placentarextrakt 336
Placentarkreislauf 333
Placentarschranke 337
Placentarsepten 322
Placentartypen, Grosser 278
Placentation 269 ff
- bei Catarrhina 312
- bei Hominoidea 317
- des Menschen 318
- omphaloide 277
- bei Platyrrhina 312
- der Primaten 308
- bei Reptilien 275
- bei Säugetieren 276
Placentationstypen 276, 278
Placentom 293
Plakoden 403 f, 406
Plakoidorgane 455
Plasmabewegung 99
Plasmalemm 2
Plasmotypus 70
Plastiden 70
Platyrrhina, Placentation 317
Platzhalterfunktion 497
Pleiotropie 64 f
Pleura 472, 499
Pleurahöhle 488, 491, 499 f
Pleuramnion 219
Pleuroperitonealhöhle 496
Pleuroperitonealkanal 497
Pleurozentrum 577
Plexus chorioideus 372 f
- - ventriculi 377
Plica urogenitalis 515
Poliomyelitis 161
Polknorpel 585
Polocyte 45
Polröhren 509
Polydactylie 613
Polyembryonie 103
Polygenie 59
Polyinvagination 168 f
Polyovulation 153, 222
Polyphaenie 59
Polyphylie 206
Polyploidie 57, 76
Polysomie 76
Polyspermie 48 f, 109, 188

Pons 375, 376
Portio vaginalis 520
Position effect 61
Postembryonalentwicklung
postlabyrinthäre Plakode
Postoestrus 255
Postreduktion 41
Potenz 136
- bisexuelle 91, 93
- prospektive 103 f, 135
Prachtgefieder 262
Prächordalplatte 127, 166, 239
Praedentin 457 f
Praeformation 101, 107
prägravide Phase 256, 271
prägravide Veränderungen 271
präimplantative Veränderungen 271
praelabyrinthäre Plakode 410
Praemandibularhöhle 622
Praemaxillare 600
Praepollex 607
Praeputium 532
Praereduktion 41
Praespermiden 32
Praesternum 582
primärer Gaumen 444
Primärfollikel 14
Primärzotten 317 f
Primaten 308
- Phylogenie 309
- Placentation 308
- Systematik 309
Primatenplacenta 308
Primitiventwicklung der Eutheria 208
- der Fische 187
- der Holoblastier 94
- der Marsupialia 207
- des Menschen 229
- der Meroblastier 163
- der Monotremen 206
- der Reptilien 164
- der Säugetiere 203
- der Vögel 167
Primitivgrube 225
Primitivknoten 170, 177 f, 224, 240, 354
Primitivplatte 165, 168
Primitivrinne 170
Primitivsäckchen 165
Primitivstreifen 169, 170, 172, 197, 202, 225, 237 f, 239
Proamnion 178, 277
Proampulle 540
Processus anterior Folii 434
- ascendens palatoquadrati 592
- basipterygoideus 592
- coracoideus 609
- globulares 444
- Kerkringi 597
- mastoideus 590, 598
- pterygoideus 590, 597
- recessus 431
- styloideus 586, 598
- vaginalis peritonei 523
Procoracoid 582
Proctodaeum 442, 481, 528

progame Geschlechtsbestimmung 90
Progesteron 253, 255, 260, 271, 441
Progesteronbildung in der Placenta 336
Prolactin 19, 253, 441
Prolanausscheidung 336
Prolane 253
Proliferationsknoten 324
Proliferationsphase 256, 271
Proliferationszentrum 176
Prolongation 342
Pronephros 501 f, 505
Prooestrus 255, 263
Prooticum 431
Proportionsverschiebungen 583
Prosencephalon 357, 369 ff, 373, 376, 416
Prosoma 625
prospektive Bedeutung 103, 135, 137
- Potenz 103, 136
Prostata 528
Proteinsynthese 336
Protenortyp 73
Protentoderm 168
Protochordalplatte 202, 239
Protonephridien 500 f
Protosomcoelom 625
Pseudocoel 128
Pseudogravidität 256
Pseudohermaphroditismus 87, 532
Pseudometamerie 460
Pseudoreduktion 40
Pterygia 603
Pterygoid 597
Pubertätsdrüse 257
Puerperium 340
Pulmonalisstenose 551
Pulpahöhle 458
Punktmutationen 58, 68
Pupillarmembran 425
Pupillarrand 421
Putamen 384 f
Pygopagus 156
Pyramiden 374
Pyramidenbahn 366, 388

Q

Quadratoarticulargelenk 434, 593
Quadratum 434, 594

R

Radiale 607
Radius 607
Rachen 460
Rachenmembran 389, 443, 537
Rami communicantes 412
Randdotter 108
Randhaematom 296
Randkappe 608
Randkerbe 190
Randleiste 580, 611 f
Randring 193

Randschleier 359
Randsinus 198, 317
Raubersches Deckschicht 216
Randsyncytium 303
Randwulst 175, 188f
Randzone 112, 114f, 168, 173f, 367
Randzonenmaterial 116
Rathkesche Tasche 389, 443
Raubersche Deckschicht 216
Rautenhirn 373, 428
Rautenlippe 373f
Reaktionssystem 150, 421
– bei Induktion 150f
Recessus cavopericardiacus 498
– ethmoturbinalis 467
– frontalis 467
– frontoturbinalis 467
– hepatoentericus 492
– infundibularis 390
– infundibuli 390
– labyrinthi 429
– mammillaris 377
– maxillaris 467
– pancreaticoentericus 492
– pneumatoenterici 491
– praeopticus 377
– retroventricularis 492
Rectum 481
Recurrens 554
Reduktion 39
Reduktionsspalt 41
Reduktionsteilung 39, 41
Reduplikation 67f
Reflexverhalten des menschlichen Neugeborenen 388
Regeneration 611
Regenerationsfähigkeit des Auges 426
regionalspezifische Induktionen 143f
– Unterschiede 141f
Regulation 103
Regulationseier 104
Reichert-Gauppsche Theorie 434f, 594
Reichertsche Membran 219
Reichertscher Knorpel 435, 586, 599
Reifegrad 350
Reifeteilung 16
Reifezeichen 250, 441, 609
Reiffollikel, solide 222
Reifung 41, 43
Reifungsteilung 35f
Reifungsvorgänge 36
Reizleitungssystem 549
Rekapitulation 341
Rekapitulationsgesetz 342
Rekombination 68
Relaxin 253
Relief des Gesichtes 447
Renculi 512
Reptilien, Placentation 275
– Primitiventwicklung 164
Resorption 602
Resorptionsknoten 324, 328
Respirationsorgane 442f, 466f
Restknorpel 592
Rete testis 515
Reticulum, endoplasmatisches 4

Reticulumzellen 570
Retina 417f, 421, 424, 426
Retrobranchialleiste 462
Retroposition des Colon transversum 496
Rezeptoren 416
Rh-Antikörper 287
Rh-Faktor 338
Rhachischisis anterior 581
Rhesusfaktor 338
Rhombencephalon 356, 369f, 373, 377, 630
Riboflavin 158
Ribonucleinsäuren 9, 37, 67
Ribonucleoproteide 288, 331
Ribosomen 68
Richtungskörperchen 45
Riechgruben 444, 450
Riechhirn 371, 389
Riechlappen 382
Riechplakode 444
Riechsack 445
Riechschleimhaut 467
Riesenchromosomen 52f, 55, 57
Riesenzellen 291, 302f
– fetale 291, 302
Rindendifferenzierung, Phylogenese 386f
Rippen 582
RNS 9, 37, 67
Rodentia 286, 301f
Röteln 161
Rohrsches Fibrin 335
Rubeoleninfektion 161
Rückenkrümmung 135
Rückenmark 356, 362, 364, 366f, 371, 376
– Ascensus 367f
Rückenmarkshäute 391, 396
Rückenmuskulatur 616
Rückenwulst 192
Rückkreuzung 54
Rumpf 623
Rumpfcoelom 625
Rumpfdarm 442
Rumpfganglion 355f
Rumpfneuralleiste 396
Rumpforganisation 624
Rumpfschwanzknospe 614
Rumpfschwanzorganisator 142
Rumpfschwanzregion 630
Rumpfwandmuskulatur 616

S

Sacculus 429f
Säugetiere 109
– mesozoische 204
– Pigmentbildung 402
– Placentation 276
– Primitiventwicklung 203f
– Stammesgeschichte 283
Säugetierei 6
Säulenknorpel 572
Samenstrang 523f
Samenzellen 13
Sammelrohre 509
Saugakt 351

Saugmaul 152
Saugnäpfe 345
Scala tympani 431
– vestibuli 431
Scapula 606
Schädel 582f
– Wachstumsvorgänge 602
Schädelanlage 394
Schädelbasis, menschliche, Knickung 587
schalleitender Apparat 482, 434
Scheidewandbildung im Herzen 541
Scheinträchtigkeit 256
Scheitelbeuge 247, 371
Scheitelauge 378
Schilddrüse 464f
Schillerfarben 397
Schizamnion 219, 221
Schizocoel 128
Schläfenbein 598
Schleimbeutel 575
Schleimknorpel 571
Schlundtaschen 460
Schmelz 457
Schmelzglocke 455, 457
Schmelzleiste 455
Schmelzorgane 455
Schmelzpulpa 457f
Schmelzzellen 457
Schneckenfensternische 431
Schneckengang 430
Schollenstadium 263
Schultergürtel 606
Schuppen 397, 439
Schwärmschicht 386
Schwangerschaft, Dauer 250, 353
– Frühdiagnose 263
Schwangerschaftsreaktionen 262f
– hormonale 262
– an Kaltblütlern 264
Schwannsche Zellen 361, 363f, 396, 404, 407, 412
Schwanz 247
Schwanzfalte, Amnion 179
Schwanzknospe 132, 135, 367
Schwanzregion 179
Schwarzlohfärbung 403
Schweißdrüsen 440
Sclera 424
Sclerotom 202
Scrotum 523, 525, 531
Seesselsche Tasche 389
Segmentalarterie 553f, 557
Segmentalorgan 501
Segmentierung 627
– des Nervensystems 363
Segmenttheorie 633
Segregation 168
Sehnervenfasern 419f
Sehventrikel 411, 416
Seitenfaltentheorie 604
Seitenlinie 407, 410
Seitenplatten 127, 172, 202
Seitenventrikel 379
Seitenwand, primäre 592
Sekretionsphase 256, 258, 270
Sekundärknorpel 577, 594
Sekundärzotten 319, 322

Selbstdifferenzierung 102, 136, 139, 416
Selektion 57
Semilunarklappen 548
Semiplacentae 278, 292, 309, 504
Septen, Placenta 329
Septenbildung 541f
Septierung des Herzens 537, 541
Septum, aorticopulmonales 547
– bulbi 547
– interventriculare 546
Septum oesophagotracheale 469
– pellucidum 389
– pleuropericardiacum 489, 496, 499
– primum 542
– secundum 543f
– spurium 543
– transversum 497
– urorectale 481
Serosa 178
Serosa-Amnionkanal 186
Serressche Körperchen 457
Sertoli-Zellen 32, 35f, 254
Setifer 305
Sex-chromatin 78f, 322, 335
Sexualdimorphismus 62
Sexualhormone 83, 86f, 253f
Sexualität 72
– relative 92
– Theorie 92f
Sexualproportion 80, 84
Sexualzyklus der Laboratoriumsnager 261
sexuelle Zwischenstufen 81f, 87
siamesische Zwillinge 147, 155f
Sichel, primitive 392
Sichelleiste 392
Siebbein 600
Sinnesorgane 354, 416
– der Seitenlinie 410
Sinneszellen, sekundäre 410
Sinneszentrum, rostrales 356
Sinus bulbi 519
– cavernosus 565
– cervicalis 462
– coronarius 545
– sagittalis 564
– – superior 392
– sphenoidalis 467
– terminalis 198f, 367
– transversus 539, 564
– – pericardii 550
– urogenitalis 481, 514, 519, 525, 527, 529f
– venosus 539ff, 545
Sinushörner 541
Sinusklappe 545
Sinusknoten 549
Sinusquerstück 541
Sirenen 613
sirenoide Mißbildungen 613
Situationsreiz, komplexer 153
Situs inversus 495
Skeletgewebe, Histogenese 571
Skeletsystem 571f
Solenocyte 501
Solum tympani 435
somatische Muskulatur 615

Somatocoel 625
Somatopleura 127, 171, 179, 503, 536
Somiten 171, 202, 503, 615
Somitenstiel 177, 503
Sommereier 51
Spaltamnion 232, 284, 308, 313
Spaltamnionbildung 228, 313
Spaltbildungen 582
Spatium interseptovalvulare 544
Speicheldrüsen 453, 464
Speiseröhre 473
Spermabahn 99f
Spermatocyten 32
Spermatogenese 32, 35
Spermatogonien 32, 35
Spermatophor 32
Spermiden 32
Spermien 23f
– Becherhülse 24
– Bewegungsfähigkeit 30
– Mittelstück 23
– Schwanz 23, 29
– Schwanzstück 29
– Übertragungsmechanismus 32
– Verbindungsstück 29
Spermienabschnitte, Terminologie 24
Spermiendimorphismus 30
Spermienformen, atypische 30
Spermiocyten 32
Spermiogenese 32
Spermiogenesewelle 30, 35f
Spermiohistogenese 33, 35
Sperren 349
Sphaerocephalie 148
Spina bifida 581
Spinalganglien 365f, 402f
Spinalnerven 365f
Spinalnervenwurzeln 366
Spiralarterien 260, 333
Splanchnocranium 584f
Splanchnopleura 127, 171, 182, 194, 277, 443, 488, 536f, 614, 619
Spongioblasten 359
Spongiosa 257, 289
Sporenkapsel 58
Sporophyt 39, 58
Sprache 353
Spritzloch 460
Squamosadentalgelenk 434
Squamosum 599
Stammesgeschichte 572, 584
– der Säugetiere 204, 282
Stammplatte 127, 170, 177
Stapes 434, 462
Statocyste 355
Steatoblasten 438
Stenosen 481
– der großen Arterienstämme 551
Stereotropismus 361
Sterilität 25
Sternalleiste 582
Sternum 576, 582
Steroidhormone 253f
Stieldrehung 496
Stielkonus 377
Stirnfortsatz 443f, 450

Stirnwulst 247
Stoffaustausch in der Placenta 287
Stoffwechselfunktion der menschlichen Placenta 336
Stomodaeum 105, 443
Strahlenschäden, Mißbildungen 161
Strangbildung 236
Stratum fibrosum 424
– vasculosum 424
Streifenhügel 385f
Strepsitaenstadium 40
Striatum 385f
Stückverlust 55
Stylopodium 606
subchorialer Spalt 330
Subcutis 438
Subgerminalhöhle 109, 165, 168, 206
Subitaneier 52
Subkardinalvenen 566
Subplacenta 303ff
Substantia reticularis 374
Subthalamus 377
Sulcus alveololabialis 453
– alveololingualis 448
– hypothalamicus 404
– interampullaris 540
– intercotyledonarius 299, 300
– limitans 366, 374f
– nasolacrimalis 446
– opticus 416
– telodiencephalicus 374
Sulcus terminalis 541
– ventriculobulbaris 541
Superfecundatio 265
Superfetatio 265f
Suprakardinalvenen 566
Supraoccipitale 597
Supraperikardinalkörper 414
surface coat 120
Sympathicoblasten 411f
Sympathicogonien 415
Sympathicus 403, 411, 413
Sympathicusganglien 413
Symplasmen 291, 299, 302
Sympodie 614
Synarthrosen 575
Syncytiotrophoblast 274, 318
Syncytium 225, 274f, 277, 328
Systematik der Primaten 309

T

Taenia chorioidea 373
– clinoideocarotica 592
Talgdrüsen 440
Talus 609
Tarsiusplacenta 311
Tarsus 600, 606
Tectum 370f, 376
– posterius 588
– synoticum 589
Tegmen tympani 435, 437
Tegmentum 371, 374
Teilung, erbungleiche 108
Teilungsrhythmus 100

Tela chorioidea 373
– – prosencephali 392
Telencephalon 371, 377, 417
– medium 378
Temperaturregulierung 351
Tentorium 393
teratogenetische Determinationsperiode 160
– Terminationsperiode 160
Teratome 156f
Terminalhaare 439
Terminalorgane 501f
Tertiärzotten 322
testikuläre Feminisierung 89
Testosteron 86, 253f, 255
Tetrade 40
Tetrapodengliedmaße 604
Thalamus 373, 377f, 383
Thalidomid 159f
Theca folliculi 15
– interna 19
Thecaluteinzellen 19
Thoracopagus 155
Thymin 67
Thymus 460, 463ff
Thyreoidea 345, 464
Tomessche Fasern 457
Tomesscher Fortsatz 458
Tonsilla palatina 463
Tonsillarbucht 463
Topfplacenta 285, 287, 308, 330, 333
Torsion 608
– des Herzschlauches 543
Toxoplasmose 162
T-Riesen 157
Trabeculae 395, 585
Trabekel 395, 585
Trachea 468f, 473
Trachealknorpel 470
Trachealrinne 469
Tractus genitalis 517
– olfactorius 382
Träger 219
Tränendrüse 425
Tränenkanal 426
Tränennasenrinne 426
Tränenröhrchen 426
Tränenwege 426
Tragus 437
Tragzeit, verlängerte 273
Transfer-RNS 68
Transformation 145f
Translokation 55, 58, 78
Transposition der großen Gefäße 549
– der Herzostien 548
tribosphenischer Zahn 204
Trigeminus 376
Trigeminusarterie 554
Trigeminusneuralleiste 404
Trigonum vesicae 526
Triploidie 57
Trisomie 76
Tritometameren 627
Trituruskopf 395
Trommelfell 437f
trommelschlegelartige Ausstülpung 79, 80

Trophoblast 213, 215, 219, 222, 225f, 228, 230, 237, 269, 272ff, 277, 291, 297, 312f, 317f, 322, 337
– basaler 329
Trophoblastdifferenzierung 231
Trophoblastriesenzellen 219, 291
Trophoblastschale 329
Trophoblastwucherung 273
Trophospongia 312
Truncus arteriosus 539
– brachiocephalicus 553
– coeliacus 557
– pulmonalis 553
– vitello-umbilicalis 561
Truncusseptum 547f
Tryptophan 63
Tuba auditiva 432, 462
Tubargravidität 338
Tuben 514, 517
Tubenwanderung 207, 209, 225, 229
– Dauer 207
– des Eies 207
Tuberculum impar 454, 464
tubo-tympanaler Raum 431f, 462
Tubuli seminiferi 514
Tunica albuginea 17, 32
– vaginalis testis 524
Turbinalia 466
Turner-Syndrom 90
Tympanicum 435, 594, 599
Tyrosin 399
Tyrosinase 399

U

Ullrich-Turner-Syndrom 78
ultimobranchialer Körper 460
Umbilikalgefäße 569
Umbilikalkreislauf 536
Umlagerungszone 335
Umwachsungsrand, peripherer 168
Umwelteinflüsse 157
Unfruchtbarkeit, periodische 260
Unterbau 290
Unterkiefer 573, 593, 601
Unterkieferwülste 443
Unterlagerung 142
Urachus 528
Urachuscysten 528
Uracil 67
Uranoschisis 452
Urdarm 112, 114f, 117, 128, 165
Urdarmbildung 112, 128, 164, 168
Urdarmdach 115, 165, 192, 421
Urdarmrinne 116
Urdarmsäckchen 165, 240
Ureter 504, 526
Ureter fissus 510
– Verdoppelung 510
Ureterbäumchen 509f
Ureterknospe 506, 509
Uretersporn 526
Urethra 481, 525, 531
Urethralplatte 530
Urkeimzellen 12, 32, 513

Urmund 114, 117f, 162, 164
Urmundplatte 165, 167
Urniere 281, 414, 500, 503ff, 513f, 517, 566
– Zwerchfellband 521, 529
Urnierenbläschen 505
Urnierengang 505, 514, 526f
Urogenitalfalte 513, 517
Urogenitalmembran 481, 529f
Urogenitalsystem 500
Urogenitalverbindung 514
Uterindrüsen 271
Uterinmilch 288
Uterovaginalkanal 519
Uterus 515, 517, 519f
– bicornis 519
– bipartitus 519
– duplex 519
– simplex 519
Uterusepithel 257, 292
Uterusmucosa 269, 273
Utriculus 429, 431
– prostaticus 521, 529

V

Vagina 515, 519, 531
Vaginalepithel 520
Vaginalplatte 519
Vaginalschleimhaut 262
Vagus 373, 554
Vakuolen 324
Valleculae 469
Valvula forminis ovalis 544, 569
– sinus coronarii Thebesii 545
– venae cavae inferioris Eustachii 545
– venosa 544
Vasa allantoidea 183
– umbilicalia 183, 277
vegetative Leistungen 106
vegetativer Sockel 97
Vena advehens hepatis 485
– – – communis 562
– azygos 566f
– brachiocephalica 566f
– – sinistra 565
– capitis lateralis 564f
– – medialis 564f
– cardinalis dextra 566
– cava inferior 545, 566f
– – superior 566
– hemiazygos 566
– hepatica 485
– iliaca communis 566
– obliqua atrii sinistri 566
– omphalomesenterica 561
– portae 485, 492, 501
– renalis 567
– – sinistra 566
– revehens 485
– – communis 562
– – hepatis 487
– subcardinalis 567
– subclavia 565
– subintestinalis 195f
– suprarenalis 567

Vena testicularis 567
- umbilicalis 241, 487, 492, 562, 567
Venae advehentes 488
- cardinales 561, 564
- - caudales 566
- cavae 564
- hepatis advehentes 562
- - revehentes 567
- ilicae 566f
- mesonephridicae advehentes 566f
- omphalomesentericae 198, 485, 489, 496, 561
- revehentes hepatis 562
- sacrocardinales 566
- thoracicae longitudinales 566
- umbilicales 487, 497, 536f, 561
- vitellinae 561f
Venen der Leibeswand 564
Venensinus 565
Venensystem 560
Ventilebene 548
Ventrikel 539
Ventrikelseptum 537, 545
Verdoppelung des Ureters 510
Vererbung, Chromosomentheorie 51
- plasmatische 68
Vermehrungszahl 353
Vernix caseosa 482
Vesicula cervicalis 462
Vesikel 324
Vestibulum bursae omentalis 492
- oris 453
- vaginae 529, 531
Vierlinge 153, 155
Vierstrangstadium 40
Virusinfektion 161
- Mißbildungen 161
Visceralbogen 444, 554, 585
viscerale Muskulatur 619
Visceralskelet 395, 593
Viscerocranium 584
Vitalfärbung 99, 176
Vitalfärbungsversuch 99, 104, 107
Vitalmarkierung 99, 104, 167, 173, 176
Vitamin A 158
- B_2 158
- C 337
Vitellocyten 204
Vivipare 1
Viviparie 267, 345
Vogel, Entwicklung des Blutes 195
- - des Gefäßsystems 195
- Pigment und Pigmentmuster 401
- Primitiventwicklung 167
Vomer 600
Vorbrunst 255
Vorderdarm 442, 468
Vorderhirnhöcker 247
Vorderkopfregion 630
Vorderlappenhormon, gonadotropes 264
Vorhofleiste 454

Vorhofsepten 542, 544f,
- Defekt 551
Vorniere 500, 503, 505
Vornierengang 503

W

Wachstum 200
- allometrisches 583
Wachstumsvorgänge am Schädel 602
Wärmeregulation 348
Wangen 443
Watson-Crick-Modell 67f
Wehen, Auslösung 337
Weichteillippen 443, 453
weiße Infarkte 335
- Substanz 366
Weißei 183f, 187
weißer Dotter 97f
Whartonsche Sulze 243, 340
Wimperschopf 105
Wimpertrichter 500
Wintereier 51
Wirbelkanal 581
Wirbelkörper 577f
Wirbelkörperspalten 581
Wirbellose, Metamerie 625
Wirbelsäule 576ff, 581
- Entwicklungsphysiologie 580
- Mißbildungen 581
- Regionenbildung 581
Wirbeltiere, Geschlechtsbestimmung 83
Wirbeltierkörper, Bauplan 623
Wirbeltierkopf, Organisation 633
Wirbeltypen 576
Wirkstoffe, geschlechtsbestimmende 85
Wolffsche Gänge 87, 504ff, 514f, 517, 526f
Wolfsrachen 452
Wollhaare 438
Wurzelhaut 459

X

Xanthophoren 397
Xiphopagus 156

Z

Zäpfchen 452
Zahn 455
- tribosphenischer 204
Zahndurchbruch 459
Zahnentwicklung 455
Zahnfleischfisteln 450
Zahnkrone 458
Zahnleiste 453, 455, 459
Zahnpapille 456f, 458f

Zahnpulpa 458
Zahnsäckchen 455
Zahnwechsel 456, 459
Zahnwurzel 458
Zellen, chromaffine 404
- formative 207
- interstitielle 21, 37, 253f
- myeloische 570
Zellbewegungen 168
Zellfermente 288
Zellinseln 329f
Zellknoten 330
Zellproliferation 175
Zementbildung 459
Zentralkanal 305
Zentralkonus 303
Zentralnervensystem 246, 354, 356
- Entwicklung 364
- Gliederung 371
Zentralplasma 97f
Zeugopodium 607
Zirbeldrüse 378
Zitze 441
Zona pellucida 2, 5f, 11, 14f, 219, 272
- - Auflösung 272, 303
- radiata 17
Zonalschicht 386
Zondek-Sulman-Black-Reaktion 264
Zonula ciliaris 425
Zotten 313
Zottenanastomosen 317f
Zottendurchmesser 335
Zottenform 330
Zottenkapillarnetz 333
Zottenkern 322
Zottenoberfläche 335
Zottenplacenta 285, 313
Zottenraumgitter 332
Zottenverbindungen 332
Zottenverzweigung 330
Zuckerkandlsches Organ 413
Zunge 448, 450, 454f
- Muskulatur 455, 614, 622
Zungenbein 586
Zuwachsknochen 436, 573, 609
Zuwachszähne 459
Zwerchfell 488, 491f, 496, 499, 617
- Muskulatur 499
Zwerchfellband der Urniere 521, 529
Zwerchfellpfeiler 499
Zwicke 85f
Zwillinge 147, 153, 155
- siamesische 147, 156
Zwillingsbildungen 103
Zwillingsforschung 153
Zwischenhirn 373, 377
Zwischenkiefer 459
Zwischenlappen 390
Zwischenwirbelscheibe 577f, 580
Zwischenzellen 21, 265, 514
Zwitter 88f
Zygomaticum 600
Zygote 1, 39, 45, 93
Zyklus 258, 260f